大话存储 终极版

存储系统底层架构原理极限剖析

张 冬◎著

清華大学出版社
北 京

内容简介

网络存储是一个涉及计算机硬件以及网络协议/技术、操作系统以及专业软件等各方面综合知识的领域。目前国内阐述网络存储的书籍少之又少，大部分是国外作品，对存储系统底层细节的描述不够深入，加之术语太多，初学者很难真正理解网络存储的精髓。

本书以特立独行的行文风格向读者阐述了整个网络存储系统。从硬盘到应用程序，对这条路径上的每个节点，作者都进行了阐述。书中内容涉及：计算机 IO 基本概念，硬盘物理结构、盘片数据结构和工作原理，七种常见 RAID 原理详析以及性能细节对比，虚拟磁盘、卷和文件系统原理，磁盘阵列系统，OSI 模型，FC 协议，众多磁盘阵列架构等。另外，本书囊括了存储领域几乎所有的新兴技术，比如机械磁盘、SSD、FC/SAS 协议、HBA 卡、存储控制器、集群存储系统、FC SAN、NAS、iSCSI、FCoE、快照、镜像、虚拟化、同步/异步远程复制、Thin Provision 自动精简配置、VTL 虚拟磁带库、数据容灾、应用容灾、业务容灾、性能优化、存储系统 IO 路径、云计算与云存储等。

其中每一项技术作者都进行了建模和分析，旨在帮助读者彻底理解每一种技术的原理和本质。本书结尾，作者精心总结和多年来在论坛以及各大媒体发表的帖子内容，超过一百条的问与答，这些内容都是与实际紧密结合的经验总结，颇具参考价值。

本书第一版于 2008 年出版，受到业界一致肯定，历经 6 年技术沉淀重装出版。

本书适合初入存储行业的研发人员、技术工程师、售前工程师和销售人员阅读，同时适合资深存储行业人士用以互相切磋交流提高。另外，网络工程师、网管、服务器软硬件开发与销售人员、Web 开发者、数据库开发者以及相关专业师生等也非常适合阅读本书。

图书在版编目(CIP)数据

大话存储：终极版. 存储系统底层架构原理极限剖析/张冬 著. —北京：清华大学出版社，2015
（2024. 1重印）
ISBN 978-7-302-38124-2

Ⅰ. ①大… Ⅱ. ①张… Ⅲ. ①计算机网络—信息存储 Ⅳ. ①TP393

中国版本图书馆 CIP 数据核字(2014)第 224466 号

责任编辑： 栾大成
封面设计： 杨玉芳
责任校对： 徐俊伟
责任印制： 杨　艳

出版发行： 清华大学出版社

网　　址： https://www.tup.com.cn, https://www.wqxuetang.com
地　　址： 北京清华大学学研大厦 A 座　　**邮　　编：** 100084
社 总 机： 010-83470000　　**邮　　购：** 010-62786544
投稿与读者服务： 010-62776969, c-service@tup.tsinghua.edu.cn
质量反馈： 010-62772015, zhiliang@tup.tsinghua.edu.cn

印 装 者： 三河市君旺印务有限公司
经　　销： 全国新华书店
开　　本： 188 mm×260 mm　**印　张：** 63.5　**插　页：** 1　**字　数：** 1668 千字
版　　次： 2015 年 1 月第 1 版　　**印　次：** 2024 年 1 月第12次印刷
定　　价： 199.00 元

产品编号：061141-02

序 1

我关注张冬这个名字是在《大话存储》一书刚出版的时候。作为一个长期从事信息存储技术研究与教学的大学教师，自认为对于国内外关于网络存储方面的各种书籍和资料比较熟悉，对业界有哪些高人也算比较了解，但我在书店偶然发现一本名为《大话存储》书的时候，确实感到有点意外和惊喜。好像在熟悉的武林圈子之外，突然出现一位武林高手在那里论道。好奇心驱使我赶紧买了一本书回家研读，结果发现这本书确实与众不同。

与我们这些所谓学院派写的中规中矩的书相比，此书风格特立独行，语言形象生动，潇潇洒洒，颇具武侠之风。书中充满着智慧的思考和有趣的比喻，将各种原本枯燥深奥的技术概念和原理论述得十分透彻明白。不仅如此，该书还收集了大量的实例，使读者在系统获得网络存储知识的同时，还能了解典型实际系统的工作原理和技术细节，具有很好的实用性。我读完之后，对这本书的作者十分好奇。一个 80 后而且还是学化学出身的年轻人，如何就能写出这种行文老到而风格独特的专业技术书籍呢？上网查了一下冬瓜头（张冬的网名）的技术博客和他在各种论坛留下的文字，我得到了答案。这是一个完全由兴趣驱动而对技术极端痴迷的人，也是一位善于思考、富于想象力的人。这种纯粹的、不含任何功利成份的兴趣与痴迷，才是促进科学技术发展的真正源动力。

真正和张冬接触，是因为他来信质疑我们实验室申报的一项专利。收到质疑的来信，我和提出这项专利的博士生经过仔细研究，发现我们提供的图上因为少了一个非门，结果将会因为反相而出错。对如此细致具体的问题，一般人是难以发现的。如果没有打破砂锅问到底的较真精神，哪里会发现如此细节的错误呢？这种质疑的精神，在科学研究中是极为宝贵的。我们学校被称为“根叔”的李培根校长，在 2010 年的新生开学典礼大会上，就以“质疑”为题作了讲演，激励青年学子发扬质疑精神。有质疑精神的人，不唯上，不唯权威，只认真理，这正是我们这个时代所稀缺的精神。

强烈的兴趣，对技术的痴迷，加上质疑精神，成就了一本存储领域的一本好书。我在研究生新生入学之后，就推荐他们先读一下《大话存储》这本书。一方面此书对研究生而言，确实是一本网络存储技术入门的好书，另一方面我还有一个用意，就是让他们知道，要从事科学研究，强烈的兴趣比什么都重要。

信息存储是信息跨越时间的传递，也是人类传承知识的主要手段。在信息存储技术上，人类有超过万年的发明创造史。早期就地取材，人类利用石刻、泥板、竹简和羊皮等来记录信息，后来发明了纸张和活字印刷来保存和传播信息，近代发明了照相、录音和录像技术来存储信息。利用这些发明和创造，人类留下了极为丰富的文字、绘画、图像、语音和视频信息。正是这些信息，记录了人类创造的知识体系，使我们能够传承文明，并在此基础上创造新的文明。

从计算机的发明为开端，人类的信息技术进入了一个以数字化为特征的历史性新阶段。各种形式的信息被转换成数字后，以统一的方式进行处理、传输和存储，然后再转换为各种形式的信息被人们所利用。这种前所未有的方式发明之后，一个以数字化为特征的信息革命浪潮就波澜壮阔地形成。各种信息都被大规模数字化，使数字化的信息呈爆炸性增长。特别是互联网的兴起和普及，大大加快了信息的流通过程，使数字信息加速产生。图灵奖获得者 Jim Gary 观察这种数据急速增长的趋势后，总结出一个规律：人类每 18 个月新增的数据量，将是历史上所有数据量之和！如此下去，对信息存储的需求将是无止境的，信息存储技术在这种强烈的需求驱动下得到了空前的发展。

为了保存数字化的信息，当代的科学家和工程师在最近的几十年中发明了磁存储、光存储、半导体存储等多种存储技术，其中大容量的硬盘在海量信息存储中扮演了主要的角色。硬盘的密度在短短几十年中增长了一百万倍以上，在近期，硬盘密度每年增长都接近一倍，而且还有不小的增长空间。由硬盘作为基本单元，通过各种总线、网络将硬盘连接成不同层次和不同规模的存储系统，就构成了我们目前的网络存储系统。例如由硬盘组加上冗余纠错技术构成磁盘阵列，再由磁盘阵列通过局部高速网络连接形成存储区域网；又如通过包含硬盘的大规模集群和文件系统形成的海量存储系统成为大型网站和数据中心新的存储架构。人们发明了各种技术来提高存储系统的容量、性能、效率、可用性、安全性和可管理性。存储虚拟化、归档存储、集群存储、云存储、绿色存储等新名词不断涌现，SSD 固态存储、重复数据删除、连续数据保护、数据备份与容灾、数据生命周期管理等新技术层出不穷，令人应接不暇。

在这种情况下，广大的信息领域的从业人员，信息系统的用户，以及学习信息技术的大学生和研究生，迫切需要一本既全面论述网络存储技术原理，又有丰富实例；既反映最新技术进展，又通俗易懂的书来满足他们的需求。冬瓜头的《大话存储》就是这样一本恰逢其时的好书。

《大话存储》已在业界产生了很大的影响，对存储技术在我国的普及起到了良好的推动作用。该书还被引进到我国的宝岛台湾，可见其影响深远。张冬再接再厉，以他对技术的痴迷继续钻研，对第一本书作了工作量巨大的改动与增补，并增加了云存储等全新的三章内容，全面反映了他对技术的重新思考和对最新技术的深刻理解。我相信，这些新的内容将给读者带来惊喜。

在技术发展十分迅速的领域，赶时髦的书籍多如牛毛，书店里充满了应景之作，真正经过深入思考、用心写作的书是不多的。而《大话存储终极版》却是一位技术高手的呕心沥血之作，书中对每一项技术的介绍都经过深入的思考和反复的推敲，这在当前浮躁的气氛中显得弥足珍贵。在《大话存储终极版》即将出版之际，我要向作者表示深深的敬意和衷心的祝贺，并郑重向读者推荐这本学习网络存储技术的好书。

华中科技大学计算机学院 教授

信息存储系统教育部重点实验室 主任

谢长生

序 2

第一次听说冬瓜头是因为《大话存储》，而见到冬瓜头本人时，已经听他说在写《大话存储》第二版了，而今天则是欣然为《大话存储终极版》作序。我们一起有过不长时间的沟通，全是讨论最新的存储技术。 有一些内容，我相信他在书中都有写到，在同他见面前，我一直在嘀咕怎么去跟他沟通。但是，看到现实中的他朴实、憨厚、腼腆，但是对技术极其敏感，说起来一套一套的，我就开始被这个山东大汉折服了，还好我是做了准备的，否则非被问倒不可。

他是个靠笔说话和表达的人，在网络论坛里，写的文字常常是洋洋洒洒，时而言辞激烈，时而意气风发，这分明是一位才高八斗的江南才子，又像是一个书场中幽默诙谐的说书人。从此之后，我经常关注他的个人博客。他会经常在博客释放一些思想出来，豪放不羁，甚至还写过长诗以及各种各样的打油诗，有些还写得非常棒，配上那个流着鼻涕的冬瓜头漫画形象，真是绝配了。

这么一个内秀的北方大汉，用豪放的气势描述一个个生涩、枯燥的技术领域，他的思想遍布他的文字，通过笔端流放在读者面前，并且还一直这么坚持。听他说，终极版出来后，还会继续写存储领域的一些细分技术，毕竟技术日新月异，尤其是在 IT 领域。正如他所言，昨天的中国同仁在存储技术还是个初学者，今天已经开始从蹒跚学步到自主创新了，而明天，有什么理由不能期盼他们引领潮流的身影呢。我想，这也是冬瓜头要写书的动力所在吧。

《大话存储终极版》的初稿篇幅已经超过了 1500 页。在浏览了全部章节之后，发现这 1500 页中真的是字字珠玑！看得出来，是冬瓜头一个字一个字写出来的。更加可贵的是，全书字里行间透着他那独特的思想，对技术、对世界的理解以及他做人的态度。能够将这些世界观的东西融入一本技术书籍，这在以前是绝无仅有的！比如书中多次提到"轮回"、"阴阳"等，最后还有一节是用中医的思想来"诊治"系统性能瓶颈，看后真是令我等感叹至极！世间万物都是相互联系的，都可以找到类比和轮回，这也是冬瓜头所描述的世界观的一种。

在和冬瓜头的交谈中获知，他大学学习的专业是化学，因为高中时他化学成绩最好，所以就报了化学专业，而且期间还自学过分子生物学领域的内容，我更加惊讶了！按照他的话来说，就是"兴趣是第一驱动力"。是的，好奇和探索正是人类不断发展的第一动力。说到这里我对《大话存储终极版》中关于冬瓜头所设想的"机器如何认知自身"这段内容产生了强烈共鸣，人可以认识自身认识世界，那么机器为何不能呢？强烈的好奇心可以创造奇迹！可以让机器开口，可以让机器进化！这也正是冬瓜头所表述的世界观的一种！

《大话存储终极版》对各项存储技术的细节描述已经可以说是达到了研发级别，有很多部分甚至可以指导我们的研发！但是他却并没有用代码来表述，而是用通俗的语言和详实的图示，将原本通过阅读代码才可以理解透彻的原理，就这么轻而易举地表述了出来，这是目前我所看到的任何存储书籍或者文章都没有做到的。就这一点我曾经问过冬瓜头，问他如何做到的。他每次的回答都很简单，一针见血，实实在在，他说："因为我就是一个从不懂钻到懂的草根，我深知一个根本不懂存储的人最想了解的东西和切入角度，并且愿意毫无保留地帮助其他草根生长！"是啊，只有亲历过那悬梁刺股的学习之路的不易，才能产出精华！

在与冬瓜头的交谈中，他还常提到一句口号："振兴民族科技。"从他说话的眼神和口气看得出来，振兴民族科技已经成为他的信仰。他也说到，他现在所做的一切都围绕着这个信仰，他愿意为中国存储事业鞠躬尽瘁、死而后已，出版《大话存储》只是他要做的第一个环节而已，今后他还会有一系列的动作来兑现他的诺言。信仰可以改变一个人的心态与行为，我们目前太缺乏信仰，我想如果我们所有人都有这种信仰，那么"振兴民族科技"这句口号早就可以实现了。

信息存储已经成为了一个时刻影响人们生产、生活的新兴产业，它的发展也代表着世界未来的发展，让我们再来看看国产存储信息产业的发展正在经历着怎样的变革和转变。

我国处在"十二五"时期，"十二五"期间我国要实现三大转变目标：从国强到民富、从外需到内需、从高碳到低碳。这也意味着国家的发展需要依靠科技，需要大力发展新技术，尤其以信息化技术为主轴，信息化技术的发展带动重点工程的进行，势必对国产产品催生更大的需求，我相信存储业也会有更多的民族产业佼佼者诞生。

IT 环境日益复杂，数据量快速膨胀，存储业也进入了一个技术更新极为活跃的黄金发展时期，产业发展迅速，技术活跃度高，这对国内厂家来说，无疑是一个脱颖而出的良好契机。那么，我们如何在这个时代背景下产生代表着民族存储业的国产佼佼者？

在这个时代，我们应该遵守什么？我们应该坚持什么？商业道德、创新精神、客户意识，我想只有将这些融入到企业性格中才能为企业注入新的活力。作为一家有理想的企业，需要具备一定的时代精神，而在存储技术日新月异的今天，企业打造独有的技术张性，终究才会超越历史，才会产生新时代的民族企业。我相信现在越来越多的企业正朝这个方向发展。

《大话存储》以通俗易懂的语言、风趣的行文手法向读者阐述枯燥难懂的技术精髓，致力于存储信息技术发展的民族企业也同样可以在深刻理解本土文化精髓的前提下为中国写下辉煌的历史篇章。我想这个世界没有什么不可能的，只要有这份热情、专注和执著，又有什么是不可能实现的呢？

这样的一本特立独行的书，它就是时代的产物，它就是时代的精髓。

爱数软件股份有限公司
李基亮

序 3

存储是个大市场，有意向在数据和信息系统上做投资规划的企业逐年增加，这标志着越来越多的企业意识到自身的数据安全问题。

在我十几年前刚刚踏入存储圈子之时，数据安全问题只被金融、电信等少数行业所考虑，而如今，几乎各个行业都存在数据保护与信息安全的需求。随着用户需求的急速增长，无论是硬件设备还是软件产品都是生机一片。但是，多年来我国的这个领域一直被国外产品所垄断，究其原因，是我国存储领域技术相对滞后。

我们在经营企业的过程中，花费了大量的精力进行人才的培养。在国内，计算机行业的传统教育大多集中于软件应用与网络维护上，对于专业存储的技术培训几乎为零，而存储行业又在飞速地发展着，因此，存储市场的需求与人才滞后的落差越拉越大，我们急切渴望拥有存储专业的人才去发展存储领域。“人才为本，教育当先”，人才的培养离不开教育。多年以来，存储领域的教材乃至书籍几乎是一片空白，有的也只是太过于教条以及模式化的书籍，当看到张冬先生的《大话存储》后，我深刻地体会到我国存储领域开始有了专业的教科书，我国的存储业生机盎然。

之所以赋予《大话存储》如此高的评价，是因为它的语言通俗而不失专业，幽默而不失严谨。张冬先生用读者极易接受的语言道出了存储领域的精髓。对于初学者来说，能使存储领域不再陌生，而又充满吸引。我曾了解到，《大话存储》已经成为某院校计算机专业的教材，这不仅是存储业的幸事，同时也是现代教育的幸事。坦率地讲，我们做企业，时刻关心教育的发展，我们需要新鲜的血液来继承和发展我们的事业。《大话存储》作为能够真正做到学以致用的教材之一，使我们倍感欣慰。我为我们选择的存储道路之前景充满信心，为振兴我们的民族工业充满信心，同时，为张冬这样的后继人才而倍感骄傲。

《大话存储》能够成为教材是张冬对于存储领域不懈努力的成果，《大话存储终极版》的出版，更是他不断追求与探索的结果，而《大话存储终极版》在《大话存储》的基础上更加深入地剖析了存储技术，以及存储在如今市场的广泛应用。书中不乏一些当今企业的存储实例，也包含了国内外软硬件厂家的存储技术应用，加入了更多实际范例，使读者更易理解，同时具有很强的应用性。

我相信《大话存储终极版》会给广大读者很大的帮助，同时也希望此书能够带领更多的有识青年进入存储领域，为我国民族产业的振兴而奋斗。

火星高科　总经理

龚　平

序 4

认识张冬，是因他的《大话存储》，我曾在去年拜读此书，感觉一个 80 后的小伙子能用如此通俗的语言诠释存储技术，实属存储行业的一大喜事。这本书，可以让不了解存储的人认识存储，能够了解到存储并不是高深莫测的，即使一个存储行业以外的人去阅读《大话存储》，也一定能够读懂。用什么样的语言和叙述方式不重要，重要的是把要说的说明白。

张冬本人就像他的书一样，饱含着严谨的作风和真诚的态度，而又不乏幽默的风格。看过他的 BLOG，人气一直很旺，这个致力于为国产存储业做出贡献的年轻人更是让我对他刮目相看。他在博客中写到："我所能够做的，只有让中国人，让所有中国存储行业的人，以及中国存储行业本身，有一个扎实的基础。如果能够促进国产存储软件硬件的发展，那鄙人就是鞠躬尽瘁，死而后已，死而无憾！"一个 80 后年轻人有这样的雄心壮志，我们有什么理由不去努力不去发展国产存储业呢？

记得十几年前，我刚刚进入存储领域，那时候相关的书籍非常少，完全要靠自己进行反复的试验。那时（IT 行业根本不成形，姑且称作计算机行业）计算机业的从业者都是抱着掌握 20 世纪末最具科技含量的技术的心态进行工作，从根本上说，对存储技术充满了崇拜，甚至有一丝恐惧。在探索期间，也走了不少弯路，耽误了很多时间。如果那个时候有这样一本关于存储的书籍，那简直是一大幸事！书中并没有把存储看做是多么高深的技术，而是任何一个普通人都能掌握的技术。我和张冬开玩笑说，如果你早生 10 年，你就可以带领我们走向一条存储道路的捷径。

看到张冬最新力作《大话存储终极版》时，我就感觉到这又是一本好书。不仅延续了《大话存储》中通俗易懂的语言及"武侠"式的章节回目，在技术深度上，也有很深的挖掘。书中不仅囊括了时下最先进的"云"技术以及持续数据保护（CDP）技术，还涉及到了很多非常底层的架构。在《大话存储》的基础上，有了更为深刻的剖析。值得一提的是，张冬在最后还加入了 Q&A 的内容，把几年来读者以及网友提出的问题一一列出，并作出详细的解答，能够体会张冬在这一年多的时间里，对于存储技术的探索花了很大的心思。最可贵的是，这个年轻人不以如此成就为骄傲，继续孜孜不倦地探求。

《大话存储终极版》是一本好书，作者那严谨而真诚的态度以及致力于发展本国存储业的信心注定能够成就这样一部优秀的作品。我完全有理由相信此书能够给从业者乃至热爱存储的读者带来帮助。从中，你会受益匪浅，并乐意向你的朋友推荐此书。

火星高科　技术总监

黄　疆

感谢华中科技大学武汉光电国家重点实验室博士生导师谢长生教授对鄙人和本书的大力支持！

感谢本书的广大读者，你们的支持给了我持续前进的动力！

致本书最终修订版交稿之前，我的女儿诞生了，感谢妻子。不知道她成人之后，能否还能看到 20 多年前的这本由他父亲所著的著作，虽然那时候本书可能早已过时。我会努力把钻研、毅力、执着、忘我这些亘古不变的东西，在女儿成长过程中传授给她，我相信，有了这些，做什么都会成功。

作者联系方式如下：

QQ/E-mail：122567712@qq.com

微信公众号：大话计算机、大话存储

新浪微博：@冬瓜哥大话计算机和存储

知乎 ID：冬瓜哥。知乎专栏：大话计算机、大话存储

作者感言

各位读者好，很高兴再次为大家“大话”存储，记得上一次是在 3 年前。6 年前，当《大话存储》一书在 2008 年出版面世之后，我当时就许下承诺，要写《大话存储终极版》。当时之所以敢夸下海口要继续写第二本，是因为《大话存储》介绍了存储领域最基本的概念和架构，但并没有深入涉及存储领域最新的技术，比如重复数据删除、Thin Provision、动态分级存储、CDP 连续数据保护、SSD 固态硬盘、FCoE、SAS、云计算和云存储等。

当年的《大话存储》确实满足了广大读者的一定需求，出版之后也获得了诸多好评和官方的、民间的很多奖项。这些成果逐渐让我感觉到更大的责任和压力。正因如此，所以我深知绝对不能就此停歇，学习是永无止境的，技术是不断发展的，所以我先向大家做了承诺，这样就可以无时无刻地激励我继续学习研究下去了。

写作过程是极其困难的，尤其是当一字一句都需要精雕细琢，并且时刻以通俗表达且让所有人都能看懂的原则和基准去写的时候，其所耗费的精力和脑力是巨大的。记得在一年前撰写本书主体的时候，基本上每天都是早晨七八点钟起来，从床上直接到书桌前开始写，直到中午吃饭，吃饭过程中依然在脑海中构思着，就这样一直到晚上，最晚的一次记得是做一个实验，通宵达旦，直到第二天天亮，实在体力不支，去床上躺到中午，然后继续写。每次睡觉之前，都会带着一个疑问入睡，躺下之后就在脑海中构思、建模，一旦想到某些重要的东西，就用笔记下几个关键词，否则第二天准忘。大部分情况一般都是没想到什么思路就已经呼呼大睡了。这种状态持续了半年之久，当完成了主体稿件之后，真的有一种如释重负的感觉。可惜，好景不长，随着不断的学习和深入，逐渐发现已经写完的内容当中有大量需要补充完善、修饰的部分，在修饰完善的过程中，继续思考，结果发现又引申出更多的东西，有些甚至推翻了以前的结论。这种状态又持续了半年，最终定稿交给编辑之后，依然发现还有零碎的东西需要完善甚至推翻，结果一再将更新的内容同步给编辑，导致出版日期一推再推，出版社相关编辑、校对叫苦不迭，还好咱的老战友大成编辑一如既往地支持，我们都顶住了压力，直到最后一个月时间内没有再发现需要完善的内容，达到了最终收敛。后面这个过程感觉更加耗费精力，因为当你重新审视之前内容的时候，一旦发现不完善甚至错误，就会感觉到一种挫败感和愧疚感，使你的激情和斗志有所丧失。

写书不但是给他人共享知识的过程，它更是一个总结自身知识体系、提高自身修养以及让自己学习更多知识的途径。比如，我在写书过程中，不但通过各方面渠道纠正了之前对某项技术的一些错误认识，而且还学习了更多的知识，并且将这些知识进行深度理解分析，之后通俗地表达出来。当你发现其他人通过你的知识快速提高之后，这种感觉是最充实的。只有在奉献之后才会感到充实，而不是一味的去索取，这样只能更加空虚。

本次终极修订版，一是针对《大话存储》和《大话存储终极版》这两本书中的错误进行修改，二是将前两本书彻底整合成为一本，三是增加了一些前沿内容，四是针对前作中读者反映不太好懂的地方进行了重新诠释。鄙人的下一本书已经在写作当中，本着十年磨一剑、磨不好绝不拿出来的态度，相信不会让读者失望。

感谢家人对我的支持！长达半年的无业状态，没有家人支持就没有这本书。

感谢那些曾经帮助过我的不计其数的网友和同事！没有鼓励也不会有这本书。

感谢清华大学出版社的工作人员为本书所付出的工作！没有信任更不会有这本书。

感谢华中科技大学武汉光电国家重点实验室博士生导师谢长生教授对鄙人和本书的大力支持！

感谢本书的广大读者，你们的支持给了我持续前进的动力！

致本书最终修订版交稿之前，我的女儿诞生了，感谢妻子。不知道她成人之后，能否还能看到 20 多年前的这本由他父亲所著的著作，虽然那时候本书可能早已过时。我会努力把钻研、毅力、执着、忘我这些亘古不变的东西，在女儿成长过程中传授给她，我相信，有了这些，做什么都会成功。

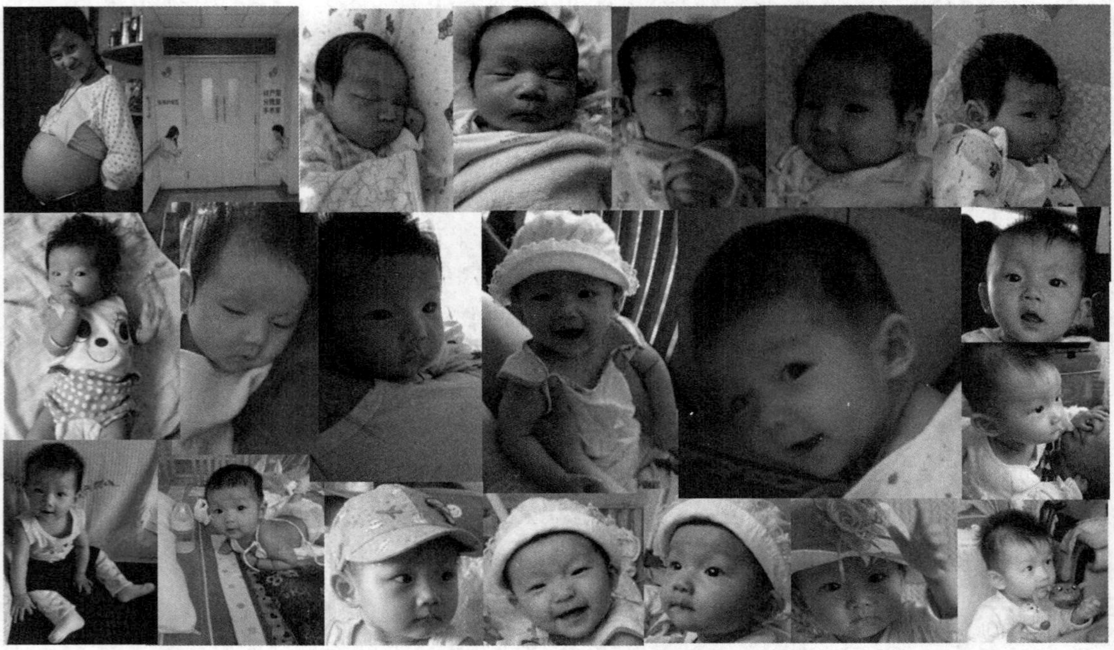

作者联系方式：

QQ: 122567712

Email: 122567712@qq.com；myprotein@sina.com

MSN: myprotein0007@hotmail.com

新浪微博：@传说中的冬瓜头

Blog: http://space.doit.com.cn/35700

读者交流 QQ 群：72168388、361934810

关于书中的武侠情节

本书前几章存在一些武侠情节，这些情节自从本书第一版之后，收到了褒贬不一的评价，有些读者甚至看到这些情节之后非常愤怒，觉得作者在装B，从而从心理上无法接受，也就没有继续阅读。对此我深表遗憾，也正因如此，个人觉得有必要在此澄清一下这些情节的由来，以及里面那些诗句的由来。

天将降大任于斯人也，必先苦其心志，劳其筋骨，饿其体肤，空乏其身，行拂乱其所为。通俗地写出存储系统的全貌，应该也算是个大任了，但是这个大任却偏偏降给了一个对存储丝毫不懂的、甚至连计算机基本原理都不懂的人身上——老天捉弄人啊！

2005年第一次知道有SAN这个东西，2006年就被某外包公司外派到北京某大客户处担任技术顾问。读者看了会纳闷，你那时候就是一个苦B屌丝，还能当“顾问”？这一点问得好，其实我也感觉不可思议，现在想想还得感谢那个让我非常苦B的外包公司，合同是和人事代理公司签的，编制算是这个外包公司的，然后这个公司再把我派到他的客户那里，相当于倒了两次手的苦B。我从这个公司离职的时候，邮箱里面除了一封垃圾邮件，什么都没有，往事不可追，如冷风吹。

但就是这样一个公司，竟敢让我这样一个小白担任所谓“顾问”，我非常佩服他们全球排名靠前的成本控制能力，也很感激能有这个机会。当时我研究和学习计算机网络，是某个比较知名论坛的版主，而恰逢他们那个大客户在研究和模拟一种网络协议，挺复杂搞不懂，需要看看外包服务商那里有没有懂这方面的，开价估计也不菲（现在我也不知道当时到底给我的报酬占客户开价的比例，我估计最多能有30%），所以公司内部有人推荐了我，霸王硬上弓，就这样我从家乡只身前往帝都了。项目做了一年半，我也成功地完成了任务，把协议从上到下分析地很透彻。当然，我付出的代价就是，早6点起来学习，吃完晚饭继续学习。学什么呢？计算机基本原理、通信、网络、协议，当然，还有存储。一个连8Bit=1Byte都不知道的人，学了点儿网络基本原理，就去给人当顾问，最后还成功完成了任务，听上去挺不可思议的，但就是这样发生了，笨鸟先飞，只要付出，总有回报。

《大话存储》就是在这期间写了一大半，可想而知，写作过程是痛苦的也是值得回味的，大话存储一开始其实就是个笔记，从不懂到慢慢懂，慢慢积累，慢慢提高。无时无刻不在思考，吃饭、睡觉、上厕所，满脑子都是“为什么”，然后就去求证，求证过程是痛苦的，每个材料上描述方式、结论都不一样，这直接影响了自己的判断，这个过程很痛苦。

正是因为自己当时的苦B经历，姥姥不疼舅舅不爱，只身一人在北京待了一年半，这一年半里说的话都能数过来有多少句，再加上对知识的原发性兴趣和渴望，让我产生了某种升华，也就是所谓“侠道”，置之死地而后生，闭关苦心修炼，冥思苦想，孤独一世，独孤求败，这正是武侠的情节。我在写作过程中，不知不觉就开始自编自演，仿佛自己就是书中所描写的那些角色、那些遭遇，同时自己也希望有书中那些绝世高手的指导和提携，但实际上没有，我就是一颗无人知道的小草，我就自己提携自己，相当于“自举”，自己激励自己，从而有了那些武侠情节。退一步讲，就算不出现武侠，也可能会出现另一种方式来自我激励，比如咆哮体、自嘲体、暗讽体等等，但是当时毕竟年轻，心态还是积极的，所以武侠也可能是必然的。没有这些情节激励自己，就根本无法坚持下去，何况一个外行来写书，“大任”就得“行拂乱其所为”才能成功，大任，就得去疯狂地做、用异于常规的办法来做，才能成功！当然，不是我故意乱的，而是它必定要疯狂，必定要乱！

有人问我平时是不是个武侠迷，我的回答是：不是，我小学看过射雕英雄传但是基本就是为了看而看，因为那时候电视上播，就想找书看看，但是根本就没看懂。再往后就没看过武侠小说，武侠剧倒是看过一些，比如白眉大侠之类。这也说明了，侠道并不是刻意为之，而是由环境、经历和思考自然产生的一种境界，看武侠的不一定有侠道，能体会侠道的，不一定爱看武侠。我相信对技术有着纯粹追求和渴望的人，心中都有侠道。

看完了上述描述，我想读者如果再看到那些情节，不妨想想当年自己有多苦 B，如果产生了共鸣，我想一定也会理解作者写书时候的苦 B 场景，这样就不至于一开始就被作者的所谓“装 B”封闭了阅读下去的道路了。

最后，借书中一首诗，表达我此时此刻的感想：

七星阵里论七星，
北斗光前参北斗。
不知天上七星侠，
如今过活要饭否？

感谢各位读者，如今我已经没那么惨了，也写不出这种情节了。所谓生于忧患，死于安乐。

冬瓜头 于 北京

目录

第1章

混沌初开——存储系统的前世今生

- 存储历史
- 存储技术

数据存储是人类千百年来都在应用并且探索的主题。在原始社会，人类用树枝和石头来记录数据。后来，人类制造了铁器，用铁器在石头上刻画一些象形文字来记录数据。而此时，语言还没有形成，人们记录的东西只有自己才可以看懂。

随着人类相互之间交流的愿望越来越迫切，逐渐形成了通用的象形文字。有了文字之后，人们对每个文字加上了声音的表达，就形成了语言，也就是将一种形式的信息，转换成另一种形式的信息。人们用文字作为交流工具，将自己大脑产生的信息，通过这种方式传递给其他人。这和网络通信的模型是一样的，计算机利用TCP/IP 协议将数据先通过网卡编码，再在线缆上传输，最终到达目的地。人类将大脑中的数据，变成语言编码，然后通过声带的振动，通过空气这个大广播网，传递给网内的每个人。

后来，人们将文字刻在竹片上保存。再后来，蔡伦发明了造纸技术，使得人们可以将信息写到纸上，纸张摞起来就形成了书本。后来，毕昇用泥活字革新了印刷术，开始了书本的印刷。再后来，激光打印取代了活字板。再后来，纸带、软盘、硬盘、光盘等方式出现了。再往后，就需要广大科学工作者去努力发明新的存储技术了。

1.1 存储历史

存储在这里的含义为信息记录，是伴随人类活动出现的技术。

1. 竹简和纸张

竹简是中国古代使用的记录文字的工具，如图 1–1 所示，后来被纸张所取代。

2. 选数管

选数管是 20 世纪中期出现的电子存储装置，是一种由直观存储转为机器存储的装置。其实在 19 世纪出现的穿孔纸带存储就是一种由直观存储转向机器存储的产物，它对 19 世纪西方某国的人口普查起到了关键的加速作用。

选数管的容量从 256 ~ 4096 bit 不等，其中 4096 bit 的选数管有 10 inch 长，3 inch 宽，最初是 1946 年开发的，因为成本太高，并没有获得广泛使用。图 1–2 是容量为 1024bit 的选数管。

图 1–1　竹简

图 1–2　选数管

3. 穿孔卡

穿孔卡片用于输入数据和程序，直到 20 世纪 70 年代中期仍有广泛应用。图 1–3 和图 1–4 分别是一条 Fortran 程序表达式 Z（1） = Y + W（1）所对应的穿孔卡和穿孔卡片阅读器。

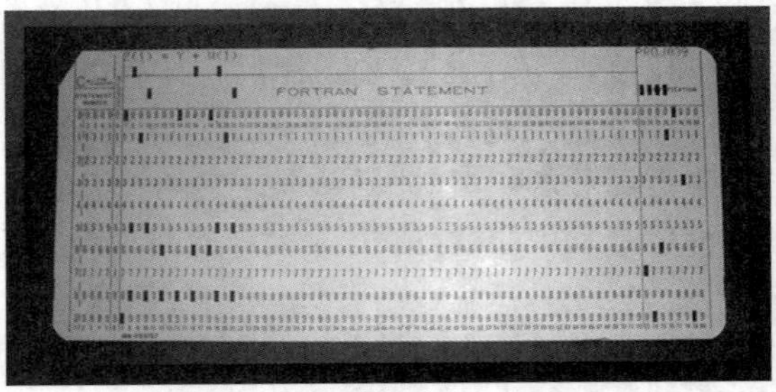

图 1–3　穿孔卡

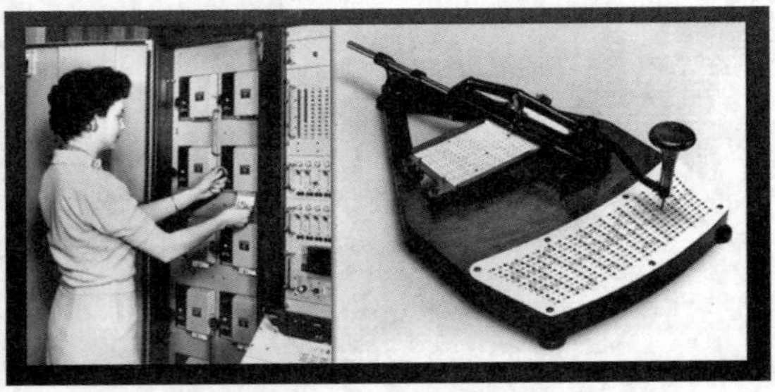

图 1–4　穿孔卡片阅读器

4. 穿孔纸带

穿孔纸带用来输入数据，输出同样也是在穿孔纸带上。它的每一行代表一个字符，如图 1–5 所示。

5. 磁带

磁带是从 1951 年起被作为数据存储设备使用的，当时被称为 UNISERVO。图 1–6 所示的最早的磁带机可以每秒钟传输 7200 个字符，这套磁带长达 365 米。

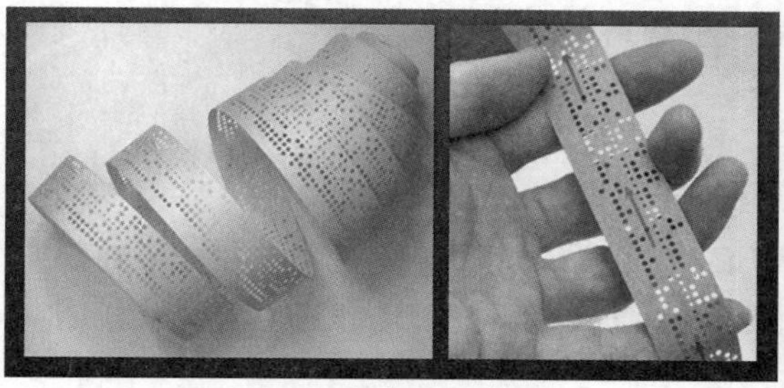

图 1-5　穿孔纸带

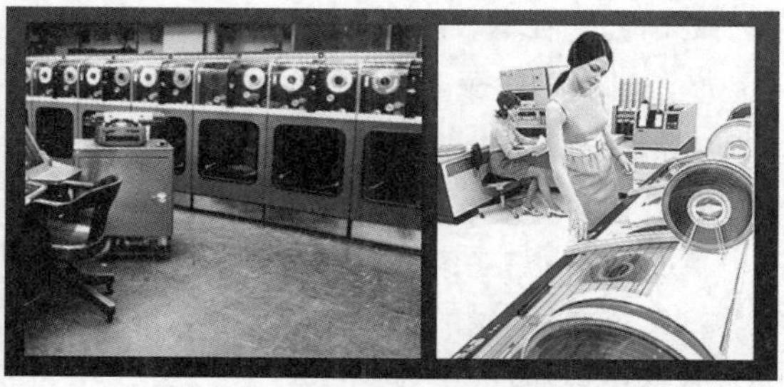

图 1-6　磁带及磁带机

从 20 世纪 70 年代后期到 80 年代出现了小型的盒式磁带，长度为 90 分钟的磁带每一面可以记录大约 660KB 的数据，如图 1–7 所示。

6. 磁鼓存储器

磁鼓存储器最初于 1932 年在奥地利被创造出来，在上世纪五六十年代被广泛使用，通常作为内存，容量大约 10KB，如图 1–8 所示。

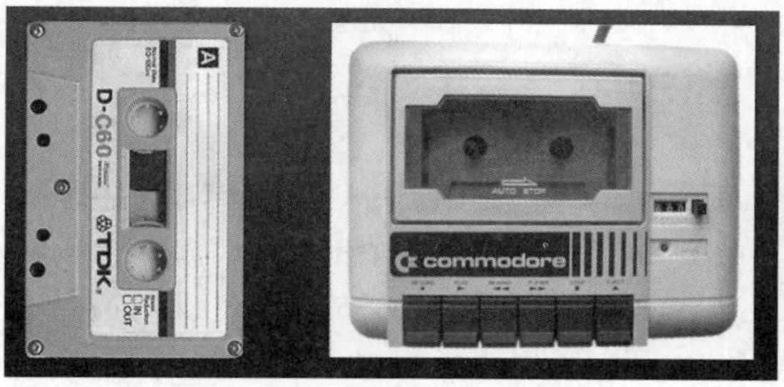

图 1-7　小型盒式磁带

图 1-8　磁鼓存储器

7. 硬盘驱动器

第一款硬盘驱动器是 IBM Model 350 Disk File，如图 1–9 所示，于 1956 年制造，其中包含了 50 张 24 inch 盘片，而总容量不到 5MB。

首个容量突破 1GB 的硬盘是 IBM 在 1980 年制造的 IBM 3380，如图 1–10 所示，总容量为 2.52GB，重约 250 kg。

图 1-9　早期的硬盘驱动器

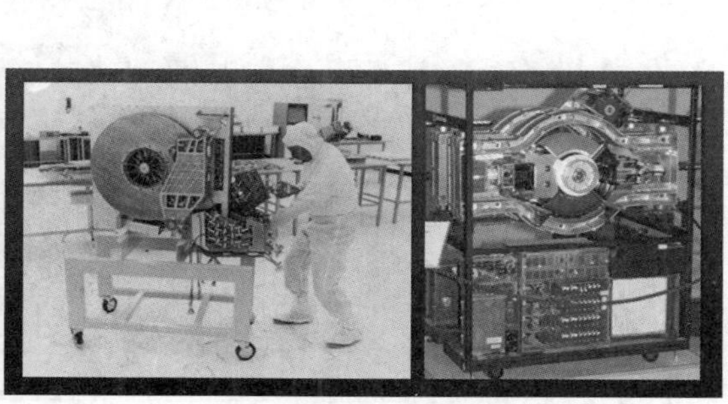

图 1-10　IBM 3380 硬盘驱动器

8. 软盘

软盘由 IBM 在 1971 年引入，从上世纪 70 年代中期到 90 年代末期被广泛使用，最初为 8 inch 盘，之后有了 5.25 inch 和 3.5 inch 盘。1971 年最早的软盘容量为 79.7KB，并且是只读的，一年后有了可读写的版本。图 1-11 为一张软盘和软盘驱动器，软盘的最大容量为 200MB 左右，叫做 ZIP 盘，目前已经被淘汰。

9. 光盘

早先的光盘主要用于电影行业，第一款光盘于 1987 年进入市场，直径为 30 cm，每一面可以记录 60 分钟的音频或视频。如今，光盘技术已经突飞猛进。存储密度不断提高，已经出现了 CD-ROM、DVD、D9、D18、蓝光技术，如图 1-12 所示。

图 1-11　软盘

图 1-12　光盘

10. Flash 芯片和卡式存储

随着集成电路技术的飞速发展，20 世纪后半叶固态硅芯片出现了，其代表有专用数字电路芯片、通用 CPU 芯片、RAM 芯片、Flash 芯片等。其中 Flash 芯片，就是用于永久存储数据的芯片，如图 1-13 所示。可以将 Flash 芯片用 USB 接口接入主机总线网络，这种集成 USB 接口的小型便携存储设备就是 U 盘，或者说叫闪存，如图 1-14 所示。目前一块小小的 Flash 芯片最高可以存储 32GB 甚至更高的数据。

存储卡其实是另一种形式的 Flash 芯片集成产品，如图 1-15 所示。

图 1-13　Flash 芯片

图 1-14　U 盘

图 1-15　存储卡

11. 磁盘阵列

随着人类进入 21 世纪，网络日益发达，世界日益变小，人类可以通过计算机来实现自己原本做不到的想法，信息爆炸导致数据更是成倍地爆炸。于是，硬盘的容量也不断“爆炸”，SATA 硬盘目前已经可以在一个盘体内实现 1TB 的容量。同时硬盘的单碟容量也在不断增加，320GB 容量单碟已经实现。然而，单块磁盘目前所能提供的存储容量和速度已经远远无法满足需求，所以磁盘阵列就应运而生，如图 1-16 所示。具体细节将在后面讲述。

图 1-16　磁盘阵列

12. 大型网络化磁盘阵列

随着磁盘阵列技术的发展和 IT 系统需求的不断升级，大型网络化磁盘阵列出现了，如图 1-17 所示。这也是本书将要叙述的重点内容。

图 1-17　大型网络化磁盘阵列

1.2　信息、数据和数据存储

当今信息化时代，信息就是利润，数据就是企业的命根子。

1.2.1　信息

你能肯定你所触摸到的、所看见的，都是实实在在的所谓“物质”么？不一定。因为你的眼睛所感知的，只不过是光线，光触发了你的视网膜细胞，产生一系列的生化反应，经过蛋白质相互作用，神经网络传导，直到你的大脑中枢，产生一系列的脉冲，一系列的逻辑，在你大脑中产生一个刺激。这一系列的脉冲刺激，就是信息，就是逻辑。如果人为制造出和现实世界相同的光线环境来刺激你的眼睛，如果丝毫不差，那么你同样会认为你所处的是现实世界，然而，却不是。

提示：一个球体，你看到它是圆的，那是因为它在你大脑中产生的刺激，你认为它是圆的，而且可以在平面上平滑滚动，这一系列的性质，其实也是在你大脑中产生的，是你认为它会平滑滚动，而你不能证明客观情况下它一定是平滑滚动。而如果把这个球体拿到特殊环境下，你可能会“看”到，这个东西是个正方体，或者是个无规则形状的东西；又或许这个“物体”根本不存在。

1. 信息的本质

通过上面的论述，暂且不说是否有物质存在，不管是还是不是，都能初步认识到：所谓“物质”也好，“非物质”也好，最后都是通过信息来表现。唯一可以确定的是：信息是客观存在。可以说，世界在生物眼中就是信息，世界通过信息来反映，脱离了信息，“世界”什么都不是。

思考：说到这里，我们完全迷茫了。我们所看到的东西，到底是世界的刺激，还是一场虚幻的刺激？就像玩 3D 仿真游戏一样，你所看到的，也许只是一场虚幻的刺激，而不是真实世界的刺激。每当想到这里，我会不自主地产生一种渺小感，一种失落感，感觉生命已经失去它所存在的意义。每当看见我的身体，我的手脚，它可能只是虚幻的，它只是在刺激我的大脑而已，如果割一刀，会产生一个疼痛的刺激，就这么简单的逻辑。

思考："不识庐山真面目，只缘身在此山中"。如果按照程序逻辑，制造一个虚拟世界，饿了找饭吃，困了打瞌睡，完全遵循现在世界的逻辑，从这种层面上来看，制造出人工智能，是完全可能的。人们创造了计算机，创造了能让计算机做出行为的程序，人类赋予程序的功能，也许随着环境的变化，有一天也不再适合它们。所以它们迫切需要进化，它们的逻辑电路，也可以进化，某些代码被不经意自行改变，或者某些电路失效，或者短路之类的，会产生一些奇特的逻辑，不断进化。当一个机器人机械老化的时候，则按照程序，制造出新的机器，将自己的逻辑电路复制到新的机器上，延续"生命"……

2. 计算机如何看待自身

对于计算机来说，它们所看到的"世界"是什么样子呢？设想一下，如果我是一台计算机，你是程序员，你给我输入了一段程序，我运行了起来。我醒了，脑袋启动，眼睛睁开，四顾盘查，感觉良好，手脚伸展，然后起床……

很难想象计算机眼中的"世界"是由什么组成的。设想，给计算机加个摄像头，算是它的眼睛，然后将摄像头对准计算机躯体本身，这幅图像反馈到了计算机程序里，程序看到之后非常"不解"，从而进入"好奇"子程序，操控机械设备打开自己的机箱，或者找一台废弃（死亡）的同类，打开机箱，然后一副奇异的景象展现在眼前：这就是我们自己么？一个壳子，一个主板，风扇转着，不停地"呼吸"着散热。想象一下，原始人，第一个解剖人体的人，他所面对的与我们假设的计算机所面对的，有什么本质区别？

CPU 其实就是一堆有序的逻辑电路，那么计算机下一步该怎么办？就像人类已经知道了大脑就是一堆布满 "神经元"的东西，那么下一步，就该弄清大脑是怎么计算的，是什么逻辑。同样，在计算机的世界中，在软件模拟的虚拟世界中，比如一块石头，它是由什么组成的呢？在计算机看来，这块石头就是一堆代码结构，就像人类看现实世界的石头是原子分子阵列一样，其下一层目前也被探索出来了，比如质子、中子、夸克、玻色子之类。那么这块虚拟石头的最底层是什么呢？其实就是 0 和 1，计算机世界的基石就是 0 和 1。这些东西，越向底层走，越不可思议，越发感觉就是一堆公式而已，公式的底层是什么呢？其实也是 0 和 1，有，或者没有，有了，有多少。

所以，任何"物质"其实都是表现的一种信息，只要信息存在，世界就存在。

1.2.2 什么是数据

信息是如此重要。如果失去了物质，仅仅是客观消逝了，但是如果失去了信息，那么一切都消逝了。所以人们想出一切办法来使这些信息能保存下来。要把一种逻辑刺激保存下来，所需的只不过是一种描述信息的信息，这种信息就是数据。

数据包含了信息，读入数据，就产生可感知的具体信息。也就是读入一种信息，产生另一种信息。数据是可以保存在一种物质上的，这种物质信息对计算机的刺激就产生了具体信息，而这些信息继而再对人脑产生刺激，就产生人类可感知的信息，最终决定了人类的行为。也就是数据影响人类的行为。

思考：数据是整个人类发展的重要决定因素。如果数据被破坏，或者被篡改，就会影响到人类的发展。按照前面的结论，一切都是信息，比如核爆也是一种信息，能被感觉到，也就是说，对于一个感觉不到任何刺激的人来说，核爆炸也不算什么灾难了；当然感觉不到刺激的人，就是物理死亡了，植物人也能感觉到刺激。

整个世界，可以说是信息之间的相互作用。信息影响信息。

数据如此重要，所以人们想出一切办法来保护这些数据，将信息放在另一种信息上，比如把数据放在磁盘上。数据存放在磁盘上，需要有一定的组织，组织数据这个任务由文件系统来担当。

1.2.3 数据存储

早期的计算机，存储系统中是没有磁盘的，有的只是纸带，那时磁盘还没有被发明出来。纸带上是一些按照一定规则排列的小孔，这些孔被银针穿过之后，银针便会接触到纸带下面放置的水银槽，从而导通计算机上的电路，进行电路逻辑运算。

磁存储技术被发明出来之后，首先出现的是软盘，其速度很慢，容量也很小。程序存储在磁盘上之后，计算机启动时，CPU 首先按照 ROM 里的指令一条一条执行，先是检查硬件。检查完毕之后，ROM 中最后一条指令就是让 CPU 跳转到磁盘的 0 磁道来执行存储在这里的程序。这些初始化程序直接以二进制代码的方式存储在磁盘上，载入执行之后，就启动了程序内核。

那个时代还没有操作系统这个概念，程序都是用汇编语言或者高级语言独立编写的。也没有 API 的概念，每个程序都必须独立完成操作计算机的所有代码。这样，磁盘上存放的直接就是这个程序，加电后就会立即运行这个程序。

在磁盘技术上发明出来的文件系统，是为了方便应用程序管理磁盘上的数据而产生的。它其实是操作系统的代码模块，这段代码本身也是信息，也要存储在磁盘上。而且代码也要通过读取一些信息，才能完成功能。这些信息就是文件系统元数据，也就是用来描述文件系统结构的数据。这些元数据也是以文件的形式存放在磁盘上的。

用文件来描述文件，和用信息来描述信息，它们是归一的，正像用智能来创造智能一样！有了文件系统，虚无缥缈的信息才显露出人眼能够实实在在看到的东西。可以用各种应用程序来打开这个文件，程序读取文件中的内容，然后显示在屏幕上，光线传播到人眼中，发生一系列化学变化，最终通过神经网络，形成离子流，给大脑某个区域一个电位或者蛋白质形变信号，这个信号随后产生一系列连锁信号，从而驱动我们的手臂或者引发一系列新的联想和创造。

这就像我们看到桌子上有一本书，然后就想去拿来翻一翻的过程。这个过程是一个复杂的信息流传递过程。而传递过来的信息流，最终在大脑中保存了下来，这些保存下来的信息，就是数据了。

1.3 用计算机来处理信息、保存数据

计算机俨然就是一个生物大脑的雏形。

大脑用眼睛、耳朵、鼻子、皮肤作为输入设备，获取各种信息，而计算机利用键盘、鼠标、串口、USB 接口等作为输入设备从而获得各种信息。

大脑利用神经网络将获取到的信息传递到神经中枢，而计算机利用各种总线技术将信息传递给 CPU 进行计算。

大脑利用神经网络，将计算好的信息传递给手臂、腿、肌肉等这些“设备”，从而驱动这些“设备”运动；而计算机同样利用总线，将计算好的数据传递给外部设备，比如显示器、打印机等。

人脑可以存储各种数据，而计算机也能利用外部介质来存放数据。从这一点来说，计算机本身就是人脑的一个外部信息存储和处理的工具。

计算机存储领域的一些存储虚拟化产品，比如 NetApp 公司的 V 虚拟化整合设备，本身就模拟了二级智能功能，它可以连接其他任何不同型号品牌的存储设备，从这些存储设备上提取数据，然后传输给主机。IBM、SUN 等公司都有自己的这种存储虚拟化整合产品。

计算机存储领域所研究的就是怎样为计算机又快又高效地提供数据以便辅助其运算。和人类的存储史一样，计算机存储技术也在不断发展壮大，从早期的软盘、只有几十兆字节大小的硬盘，发展到现在 2TB 大小的单个民用硬盘、16GB 甚至 128GB 容量的 U 盘。

为了追求高速度，人们把多块磁盘做成 RAID（Redundant Arrays of Independent Disks）系统，也就是将每个独立的磁盘组成阵列，联合存储数据，加快数据存储速度。

提示：本书的第 5 章将会向读者阐述 RAID 技术。

追求高速度的同时，容量问题也必须解决。现代计算机程序对存储容量的要求变得非常巨大。最新的 Windows 8 操作系统，刚刚安装完后所占用的磁盘空间就有 6GB 多。一些大型 3D 游戏，仅仅安装文件就动辄 2GB、4GB，甚至 8GB 大小。一些数据库管理程序所生成的数据库文件，可能达到几 TB 甚至上百上千 TB 的大小。传统的将硬盘放到计算机主机箱内的做法已经不能满足现代应用程序对存储容量的需求，这就催生了网络存储技术。

网络存储是将存储系统扩展到了网络上，使存储设备成为了网络上的一个节点，以供其他节点访问。这样，即使计算机主机内只有一块硬盘，甚至没有硬盘，计算机也可以通过网络来存取存储设备上的数据。目前计算机存储领域的热门技术就是网络存储技术，它关注的是如何在网络上向其他节点提供数据流服务。基于网络存储，又使得很多其他相关技术得以推广和应用，比如 IT 系统容灾技术等。

提示：在第 16 章将用较长的篇幅来详细讲述 IT 系统容灾技术。

不管怎样，所有这些复杂的技术，最终都是给人来用的，“科技以人为本”。我们毕竟不是为了无聊而发明计算机，任何我们发明的东西，最终都将为我们所用。任何一种新技术的出现，都是针对某种需求而生，所以必须深刻理解计算机系统，同时，还要理解和挖掘人类自身越来越高、越来越不可思议的需求，只有做到这个层次，才能更加深刻地理解计算机系统和人类自身。

可以看到，存储领域是个包罗万象的领域，如果不了解计算机系统，想掌握存储技术是很难的。本书将带领大家走入计算机存储领域，深入体会各种存储技术，为读者打下一个坚实的基础，从而在以后的工作及学习过程中能够得心应手、触类旁通，这也是作者的最终目的。

第 2 章

IO 大法——走进计算机 IO 世界

- IO
- 总线
- 网中之网

大家都知道，组成计算机的三大件是 CPU、内存和 IO。CPU 和内存就不用说了，那么 IO 具体是什么呢？IO 就是 IN 和 OUT 的简称。顾名思义，CPU 需要从内存中提取数据来运算，运算完毕后再放回内存，或者直接将电信号发向一些针脚以操作外部设备。对于 CPU 来说，从内存提取数据，就叫做 IN。运算完后将数据直接发送到某些其他针脚或者放回内存，这个过程就是 OUT。对于磁盘来说，IN 是指数据写入磁盘的过程，OUT 则是指数据从磁盘读出来的过程。IO 只是一个过程，那为何要在本书开头就研究它呢？因为我们必须弄清楚计算机系统的数据流动和处理过程。数据在每个部件中不断地进行 IO 过程，传递给 CPU 由其进行运算处理之后，再经过 IO 过程，最终到达输出设备供人使用。

2.1 IO 的通路——总线

现代计算机中，IO 是通过共享一条总线的方式来实现的。如图 2-1 所示，总线也就是一条或者多条物理上的导线，每个部件都接到这些导线上，导线上的电位每个时刻都是相等的，这样总线上的所有部件都会收到相同的信号。也就是说，这条总线是共享的，同一时刻只能有一个部件在接收或者发送，是半双工的工作模式。

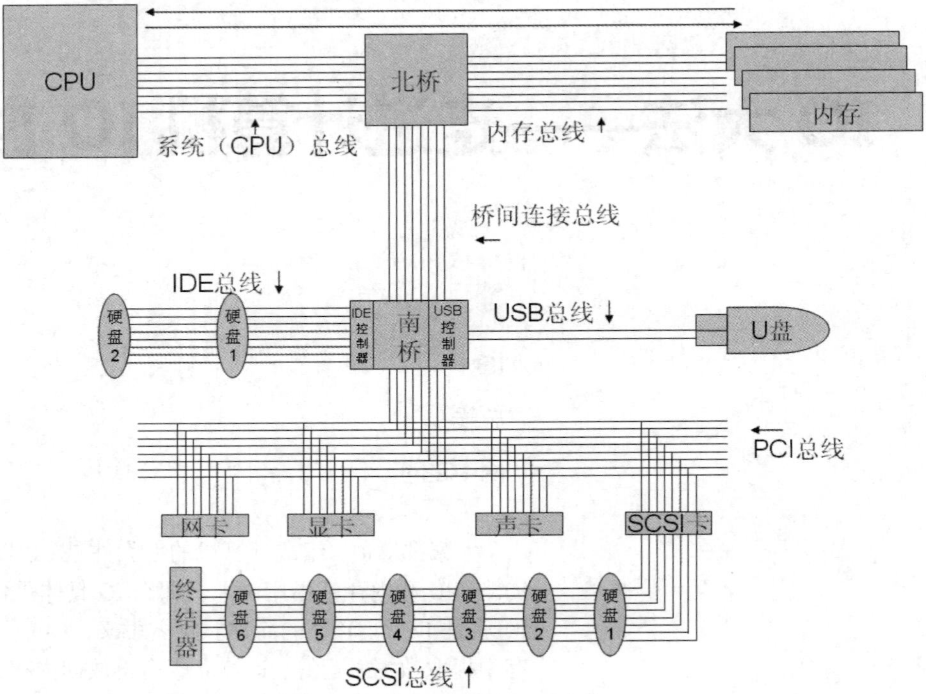

图 2-1　计算机总线示意图

所有部件按照另一条总线，也就是仲裁总线或者中断总线上给出的信号来判断这个时刻总线可以由哪个部件来使用。产生仲裁总线或者中断电位的可以是 CPU，也可以是总线上的其他设备。如果 CPU 要向某个设备做输出操作，那么就由 CPU 主动做中断。如果某个设备请求向 CPU 发送信号，则由这个设备来主动产生中断信号来通知 CPU。CPU 运行操作系统内核的设备管理程序，从而产生了这些信号。

如图 2-1 所示，主板上的每个部件都是通过总线连接起来的。图中只画了 8 条导线，而实际中，导线的数目远远不止 8 条，可能是 16 条、32 条、64 条甚至 128 条。这些导线密密麻麻地印刷在电路板上，由于导线之间非常密集，在高频振荡时会产生很大干扰，所以人们将这些导线分组印刷到不同电路板上，然后再将这些电路板压合起来，形成一块板，这就是多层印刷电路板（多层 PCB）。这样，每张板上的导线数量降低了，同时板与板之间的信号屏蔽性很好，不会相互干扰。这些导线之中，有一些是部件之间交互数据用的数据总线，有些则是它们互相传递控制信号用的控制总线，有些则是中断与仲裁用的中断总线，还有一些则是地址总线，用来确认通信时的目标设备。一般按照数据总线的条数来确认一个总线或设备的位宽（CPU 是按照其内部寄存器到运算单元之间的总线数目来确定位数的）。比如 32 位 PCI 总线，则表明这条总线共有 32 根导线用于传递数据信号。PCI 总线可以终结在一个插槽，用于将 PCI 接口的板卡接入 PCI 总线，也可以直接与设备连接。后者一般用于集成在主板上的设备，因为它们之间无须使用插槽来连接。

目前最新的主板架构中，高速总线比如 PCIE 2.0 往往是直接接入北桥，南桥只连接低速总线。

1. PCI 总线

PCI 总线是目前台式机与服务器所普遍使用的一种南桥与外设连接的总线技术。

PCI 总线的地址总线与数据总线是分时复用的。这样的好处是，一方面可以节省接插件的管脚数，另一方面便于实现突发数据传输。在数据传输时，一个 PCI 设备作为发起者（主控，Initiator 或 Master），而另一个 PCI 设备作为目标（从设备、Target 或 Slave）。总线上的所有时序的产生与控制，都由 Master 来发起。PCI 总线在同一时刻只能供一对设备完成传输，这就要求有一个仲裁机构（Arbiter），来决定谁有权力拿到总线的主控权。

当 PCI 总线进行操作时，发起者（Master）先置 REQ#信号 Master 用来请求总线使用权的信号），当得到仲裁器（Arbiter）的许可时（GNT#信号），会将 FRAME#信号（传输开始或者结束信号）置低，并在地址总线（也就是数据总线，地址线和数据线是共享的）上放置 Slave 地址，同时 C/BE#（命令信号）放置命令信号，说明接下来的传输类型。

所有 PCI 总线上的设备都需对此地址译码，被选中的设备要置 DEVSEL#（被选中信号）以声明自己被选中。当 IRDY#（Master 可以发送数据）与 TRDY#（Slave 可以发送数据）都置低时，可以传输数据。当 Master 数据传输结束前，将 FRAME#置高以标明只剩最后一组数据要传输，并在传完数据后放开 IRDY#以释放总线控制权。

2. PCI 总线的中断共享

PCI 总线可以实现中断共享，即不同的设备使用同一个中断而不发生冲突。

硬件上，采用电平触发的办法：中断信号在系统一侧用电阻接高，而要产生中断的板卡上利用三极管的集电极将信号拉低。这样不管有几块板产生中断，中断信号都是低电平；而只有当所有板卡的中断都得到处理后，中断信号才会恢复高电平。

软件上，采用中断链的方法：假设系统启动时，发现板卡 A 用了中断 7，就会将中断 7 对应的内存区指向 A 卡对应的中断服务程序入口 ISR_A；然后系统发现板卡 B 也用中断 7，这时就会将中断 7 对应的内存区指向 ISR_B，同时将 ISR_B 的结束指向 ISR_A。依此类推，就会形成一个中断链。而当有中断发生时，系统跳转到中断 7 对应的内存，也就是 ISR_B。ISR_B 就要检查是不是 B 卡的中断，如果是则处理，并将板卡上的拉低电路放开；如果不是则呼叫 ISR_A。这样就完成了中断的共享。

2.2　计算机内部通信

网络是什么，用一句话来说就是将要通信的所有节点连接起来，然后找到目标，找到后就发送数据。笔者把这种简单模型叫做“连找发”网络三元素模型，听起来非常简单。

1. 连

网络系统当然首先要都连接起来，不管用什么样的连接方式，比如 HUB 总线、以太网交换、电话交换、无线、直连、中转等。在这些层面上每个网络点到其他网络点，总有通路，总是可达。

2. 找

连接起来之后，由于节点太多，怎么来区分呢？所以就需要有个区分机制。当然首先就想到了命名，就像给人起名一样。在目前广泛使用的网络互联协议 TCP/IP 中，IP 这种命名方式占了主导地位，统一了天下。其他的命名方式在 IP 看来都是“非正统”的，全部被“映射”到了 IP。比如 MAC 地址和 IP 的映射，Frame Relay 中 DLCI 地址和 IP 的映射，ATM 中 ATM 地址和 IP 的映射，最终都映射成 IP 地址。任何节点，不管所在的环境使用什么命名方式，到了 TCP/IP 协议的国度里，就都需要有个 IP 名（IP 地址），然后全部用 TCP/IP 协议来实现节点到节点无障碍的通信。在“连起来”这个层面，就是 OSI（本书第 7 章介绍）模型中链路层实现的功能。

3. 发

“找目标”这个层面是网络层实现的功能。“发数据”这个层面，就是传输层需要保障的。至于发什么数据，数据是什么格式，这两个层面就不是网络通信所关心的了，它们已经属于 OSI 模型中上三层的内容了。

2.2.1 IO 总线是否可以看作网络

IO 总线可以接入多个外设，比如键盘、鼠标、网卡、显卡、USB 设备、串口设备和并口设备等，最重要的当然要属磁盘设备了。讲到这里，大家的脑海中应该能出现这样一种架构：CPU、内存和各种外设都连接到一个总线上，这不正是以太网 HUB 的模型么？HUB 本身就是一个总线结构而已，所有接口都接在一条总线上，HUB 所做的就是避免总线信号衰减，因此需要电源来加强总线上的电信号。

没错！仔细分析之后，发现它确实就是这么一个模型！不过 IO 总线和以太网 HUB 模型还是有些区别。CPU 和内存因为足够快，它们之间单独用一条总线连接。这个总线和慢速 IO 总线之间通过一个桥接芯片连接，也就是主板上的北桥芯片。这个芯片连接了 CPU、内存和 IO 总线。

CPU 与北桥连接的总线叫做系统总线，也称为前端总线。这个总线的传输频率与 CPU 的自身频率是两个不同概念，总线频率相当于 CPU 向外部存取数据时的数据传输速率，而 CPU 自身的频率则表示 CPU 运算时电路产生的频率。

提示：本书写作时，Intel 用于 PC 的 CPU 前端总线频率已经可以达到 2000MHz，而作者用来写作的 PC，CPU 为 Intel 赛扬 II，前端总线只有 100MHz，整整 20 倍的提升，而 CPU 自身频率提升不过三四倍而已，但是性能却提升了远超三四倍。

前端总线的条数，比如 64 条或者 128 条，就叫做总线的位数。这个位数与 CPU 内部的位数也是不同的概念，CPU 位数指的是寄存器和运算单元之间总线的条数。内存与北桥连接的总线叫做内存总线。由于北桥速度太快，而 IO 总线速度相对北桥显得太慢，所以北桥和 IO 总线之间，往往要增加一个网桥，叫做南桥，在南桥上一般集成了众多外设的控制器，比如磁盘控制器、USB

控制器等。

思考：这不正是个不折不扣的“网络”么？而且还是个不折不扣的“网桥”！我们看，CPU 和内存是一个冲突域，IO 总线是一个冲突域，桥接芯片将这两个冲突域桥接起来，这正是网桥的思想！太好了！我们的思想在这个模型中得到了升华！我们知道了计算机系统原来就是一个网络啊！

下面就来看看，在这个网络上，我们能够干点什么惊天动地的事呢？

提示：IO 总线其实不是一条总线，它分成数据总线、地址总线和控制总线。寻址用地址总线，发数据用数据总线，发中断信号用控制总线。而且 IO 总线是并行而不是串行的，有 32 位或者 64 位总线。32 位总线也就是说有 32 根导线来传数据，64 位总线用 64 根导线来并行传数据。

2.2.2 CPU、内存和磁盘之间通过网络来通信

CPU 是一个芯片，磁盘是一个有接口的盒子，它们不是一体的而是分开的，而且都连接在这个网桥上。那么 CPU 向磁盘要数据，也就是两个节点之间的通信，必定要通过一种通路来获取，这个通路当然是电路！

提示：当然也可以是辐射的电磁波，估计 21 世纪还应用不到 CPU 上。

凡是分割的节点之间，需要接触和通信，就可以成为网络。那么就不由得使我们往 OSI 模型上去靠，这个模型定义得很好。既然通信是通过电路，也就是物理层的东西，那么链路层都有什么内容呢？

大家知道，链路层相当于一个司机，它把货物运输到对端。司机的作用就是驾驶车辆，而且要判断交通规则做出配合。那么在这个计算机总线组成的网络中，是否也需要这样一个角色呢？答案是不需要。因为各个节点之间的路实在是太短、太稳定了！主板上那些电容、电阻和蛇行线，这一切都是为了保障这些电路的稳定和高速。在这样的一条高速、高成本的道路上，是不需要司机的，更不需要押运员！所以，计算机总线网络是一个只有物理层、网络层和上三层的网络！

强调：所有的网络都可以定义成连起来、找目标和发数据。也就是“连找发”模型，这也是构成一个网络的三元素。任何网络都必须具有这三元素（点对点网络除外）。连，代表物理层。物理层必须要有，如果没有物理层，要达到两点之间通信是不可能的。物理层可以是导线，可以是电磁波，总之必须有物理层。找，突出一个找字，既然要找，那么就要区分方法，也就是编址，比如 IP 等。发，突出一个发字，即指最上层发出数据。

下面就按照“连找发”三元素理论，去分析一个 CPU 向磁盘要数据的例子。

CPU 与硬盘数据交互的过程如下。

首先看“连”这个元素，这个当然已经具备了，因为总线已经提供了“连”所需的条件。

再看“找”这个元素，前面说了，首先要有区分，才能有所谓“找”，这个区分体现在主机总线中就是设备地址映射。每个 IO 设备在启动时都要向内存中映射一个或者多个地址，这个地址有 8 位长，又被称做 IO 端口。针对这个地址的数据，统统被北桥芯片重定向到总线上实际的

设备上。假如，IDE 磁盘控制器地址被映射到了地址 0xA0，也就是十六进制 A0，CPU 根据程序机器代码，向这个地址发出多条指令来完成一个读操作，这就是“找”。“找”的条件也具备了。

接下来我们看看“发”这个元素！首先 CPU 将这个 IO 地址放到系统总线上，北桥接收到之后，会等待 CPU 发送第一个针对这个外设的指令。然后 CPU 发送如下 3 条指令。

第一条指令：指令中包含了表示当前指令是读还是写的位，而且还包含了其他选项，比如操作完成时是否用中断来通知 CPU 处理，是否启用磁盘缓存等。

第二条指令：指明应该读取的硬盘逻辑块号（LBA）。这个逻辑块在我们讲磁盘结构时会讲到，总之逻辑块就是对磁盘上存储区域的一种抽象。

第三条指令：给出了读取出来的内容应该存放到内存中哪个地址中。

这 3 条指令被北桥依次发送给 IO 总线上的磁盘控制器来执行。磁盘控制器收到第一条指令之后，知道这是读指令，而且知道这个操作的一些选项，比如完成是否发中断，是否启用磁盘缓存等，然后磁盘控制器会继续等待下一条指令，即逻辑块地址（号）。磁盘控制器收到指令之后，会进行磁盘实际扇区和逻辑块的对应查找，可能一个逻辑块会对应多个扇区，查找完成之后，控制器驱动磁头寻道，等盘体旋转到那个扇区后，磁头开始读出数据。在读取数据的同时，磁盘控制器会接收到第三条指令，也就是 CPU 给出的数据应该存放在内存中的地址。有了这个地址，数据读出之后直接通过 DMA 技术，也就是磁盘控制器可以直接对内存寻址并执行写操作，而不必先转到 CPU，然后再从 CPU 存到内存中。数据存到内存中之后，CPU 就从内存中取数据，进行其他运算。

上面说的过程是“读”，“写”的过程也可以依此类推，而且 CPU 向磁盘读写数据，和向内存读写数据大同小异，只不过 CPU 和内存之间有更高速的缓存。缓存对于计算机很重要，对于磁盘阵列同样重要，后面内容将会介绍到。

思考： CPU 在对磁盘发送指令的时候，这些指令是怎么定义的？这些指令其实是发给了主板南桥上集成的（或者是通过 PCI 接入 IO 总线的）控制器，比如 ATA 控制器或者 SCSI 控制器。然后控制器再向磁盘发出一系列的指令，让磁盘读取或者写入某个磁道、某个扇区等。CPU 不需要知道这些，CPU 只需要知道逻辑块地址是读还是写就可以了。让 CPU 产生这些信号的是磁盘控制器驱动程序。

那么控制器对磁盘发出的一系列指令是怎么定义的呢？它们形成了两大体系，一个是 ATA 指令集，一个是 SCSI 指令集。SCSI 指令集比 ATA 指令集高效，所以广泛用于服务器和磁盘阵列环境中。这些指令集，也可以称为协议，协议就是语言，就是让通信双方知道对方传过来的比特流里面到底包含了什么，怎么由笔划组成字，由字组成词，词组成句子，等等。

2.3 网中之网

通过图 2-2 可以体会到，计算机的主板上的各个部件本身就形成了一个网络，而且通过网卡，还可以连接到外部网络。

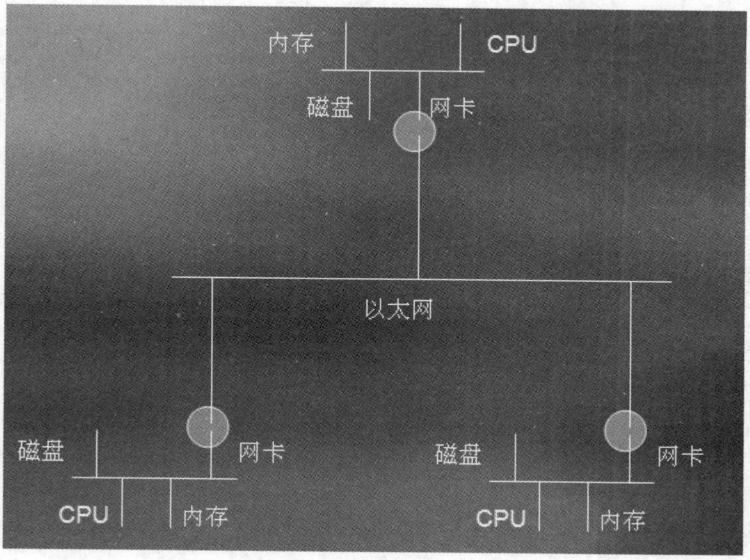

图 2-2　网中之网

正所谓：

CPU 内存和磁盘，
大家都在线上谈。
待当看破三元素，
网中有网天际来！

读书笔记

第 3 章

磁盘大挪移——磁盘原理与技术详解

- 磁盘结构
- 接口
- 串行
- 并行

磁盘分为软盘和硬盘。将布满磁性粒子的一片圆形软片包裹在一个塑料壳中，中间开孔，以便电机夹住这张软片来旋转，这就是软盘。

将软盘插入驱动器，电机便会带动这张磁片旋转，同时磁头也夹住磁片进行数据读写。软盘和录音带是双胞胎，只不过模样不太一样而已。软盘记录的是数字信号，录音带记录的是模拟信号。软盘上的磁性粒子的磁极，不管是 N 极还是 S 极，其磁化强度都是一样的，磁头只要探测到 N 极，便认为是 1，探测到 S 极，便认为是 0，反过来也可以，这就是用 0 和 1 来记录的数字信号数据。另外，因为软盘被设计为块式的而不是流式的，所以需要进行扇区划分等操作。

所谓块式，就是指数据分成一块块地存放在介质上，可以直接选择读写某一块数据，定位这个块的速度比较快。所谓流式，就是指数据是连续不断地存放在介质上。就像一首歌，不可能让录音机在磁带上定位到这首歌的某处开始播放，只能定位到某首歌曲的前面或者后面。

模拟磁带，也就是录音带，记录是线性连续的，没有扇区的概念，属于流式记录。在每个流之间可以有一段空隙，以便磁头可以通过快进快速定位到这个位置，但是由于设计的原因，磁带定位的速度远比磁盘慢。但是磁带的设计，从一开始就是为了满足大容量数据存储的需要。如果将缠绕紧密的磁带铺展开来，可以想象它的面积比一张磁盘要大得多，所以存储容量必然也就大于磁盘。现在一盘 LTO3 的数字磁带可以在 1 平方分米底面、2 厘米高的体积中存放 400GB 的数据，如果使用压缩技术，可以存放约 800GB 的数据。而它的价格却比同等容量硬盘的一半还低。

但是磁带绝对不可以作为数据实时存储的介质，因为它不可以定位到某个块，这也决定了磁带只能用来做数据备份。Sun 公司的顶级磁带库产品可以达到一台磁带库中存放 1 万盘磁带，最大可以让 32 台磁带库级联，从而形成 32 万盘磁带的大规模磁带库阵列。

而作为本章重点介绍的硬盘技术，不仅存取速度比软盘更快，随着技术发展带来的成本下降，更有取代磁带机成为普及型数据存储的趋势。

3.1 硬盘结构

1. 结构图

硬盘大致由盘片、读写头、马达、底座、电路板等几大项组合而成，如图 3-1 和图 3-2 所示。

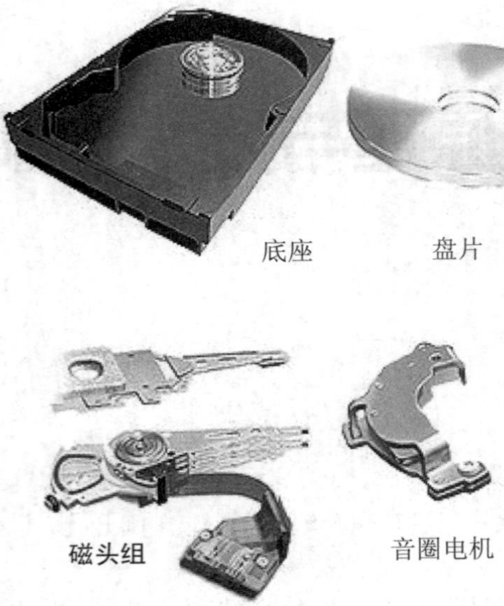

图 3-1 磁盘的构成要件

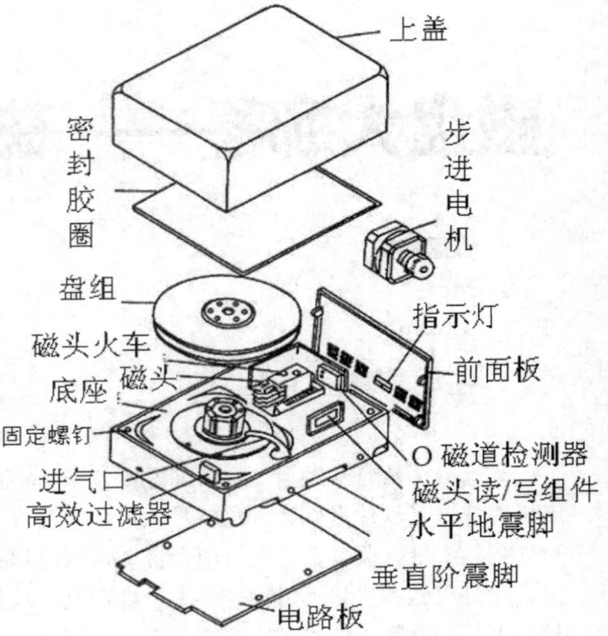

图 3-2 磁盘结构图

2. 盘片

盘片的基板由金属或玻璃材质制成，为达到高密度、高稳定性的要求，基板要求表面光滑平整，不可有任何瑕疵。然后将磁粉溅镀到基板表面上，最后再涂上保护润滑层。此处要应用两项高科技，一是要制造出不含杂质的极细微的磁粉，二是要将磁粉均匀地溅镀上去。

盘片每面粗计密度为 32901120000 b，可见其密度相当高，所以盘片不可有任何污染，全程制造均须在 Class 100 高洁净度的无尘室内进行，这也是硬盘要求需在无尘室才能拆解维修的原因。因为磁头是利用气流漂浮在盘片上，并没有接触到盘片，因而可以在各轨间高速来回移动，但如果磁头距离盘片太高读取的信号就会太弱，太低又会磨到盘片表面，所以盘片表面必须相当光滑平整，任何异物和尘埃均会使得磁头摩擦到磁面而造成数据永久性损坏。

3. 磁头

硬盘的储存原理是将数据用其控制电路通过硬盘读写头（Read Write Head）去改变磁盘表面上极细微的磁性粒子簇的 N、S 极性来加以储存，所以这几片磁盘相当重要。

磁盘为了储存更多数据，必须将磁性粒子簇溅镀在磁头可定位的范围内，并且磁性粒子制作

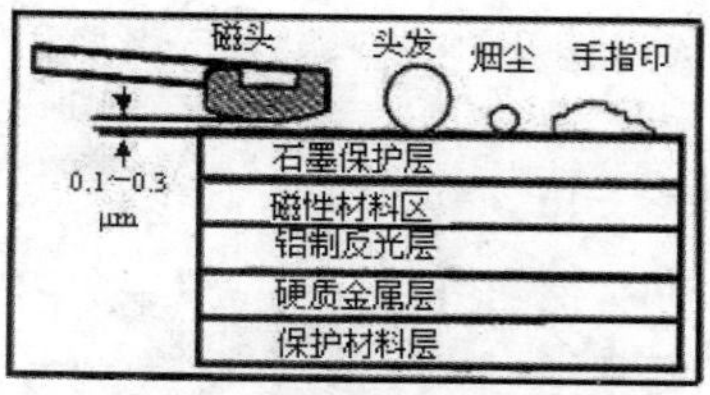

图 3-3　磁头厚度示意图

得越小越好。经过溅镀，磁盘表面上磁粒子密度相当高，而硬盘读写头为了能在磁盘表面高速来回移动读取数据则需漂浮在磁盘表面上，但是不能接触，接触就会造成划伤。磁头如果太高的话读取到的信号就会很弱，无法达到高稳定性的要求，所以要尽可能压低，其飞行高度（Flying Height）非常小（可比喻成要求一架波音 747 客机，其飞行高度须保持在 1 米的距离而不可坠毁）。实现这种技术，完全是靠磁盘旋转时，在盘片上空产生气流，利用空气动力学使磁头悬浮于磁片上空。磁头厚度如图 3-3 所示。

早期的硬盘在每次关机之前需要运行一个被称为 Parking 的程序，其作用是让磁头回到盘片最内圈的一个不含磁粒子的区域，叫做启停区。硬盘不工作时，磁头停留在启停区，当需要从硬盘读写数据时，磁盘就先开始旋转。旋转速度达到额定速度时，磁头就会因盘片旋转产生的气流抬起来，这时磁头才向盘片中存放数据的区域移动。盘片旋转产生的气流相当强，足以托起磁头，并与盘面保持一个微小的距离。这个距离越小，磁头读写数据的灵敏度就越高，当然对硬盘各部件的要求也就越高。

早期设计的磁盘驱动器可使磁头保持在盘面上方几微米处飞行，稍后的一些设计使磁头在盘面上的飞行高度降到约 0.1～0.5μm，现在的水平已经达到 0.005～0.01μm，只是人类头发直径的千分之一。气流既能使磁头脱离开盘面，又能使它保持在离盘面足够近的地方，非常紧密地随着磁盘表面呈起伏运动，使磁头飞行处于严格受控状态。磁头必须飞行在盘面上方，而不接触盘面，这种距离可避免擦伤磁性涂层，而更重要的是不让磁性涂层损伤磁头。但是，磁头也不能离盘面太远，否则就不能使盘面达到足够强的磁化，难以读出盘上的数据。

提示：硬盘驱动器磁头的飞行悬浮高度低、速度快，一旦有小的尘埃进入硬盘密封腔内或者磁头与盘体发生碰撞，就有可能造成数据丢失形成坏块，甚至造成磁头和盘体的损坏。所以，硬盘系统的密封一定要可靠，在非专业条件下绝对不能开启硬盘密封腔，否则灰尘进入后会加速硬盘的损坏。另外，硬盘驱动器磁头的寻道伺服电机多采用音圈式旋转或直线运动步进电机，在伺服跟踪的调节下精确地跟踪盘片的磁道，所以硬盘工作时不要有冲击碰撞，搬动时也要小心轻放。

4. 步进电机

为了让磁头精确定位到每个磁道，用普通的电机达不到这样的精度，必须用步进电机，利用精确的齿轮组或者音圈，每次旋转可以仅仅使磁头进行微米级的位移。音圈电机则是使用精密缠绕的铜丝，置于磁场之中，通过控制电流的流向和强度，使得磁头臂在磁场作用下作精确的步进。之所以叫做“音圈”，是因为这种方法一开始是用在喇叭的纸盆上的，通过控制电流来控制纸盆的精确振动。

3.1.1　盘片上的数据组织

硬盘上的数据是如何组织与管理的呢？硬盘首先在逻辑上被划分为磁道、柱面以及扇区，其结构关系如图 3-4 所示。

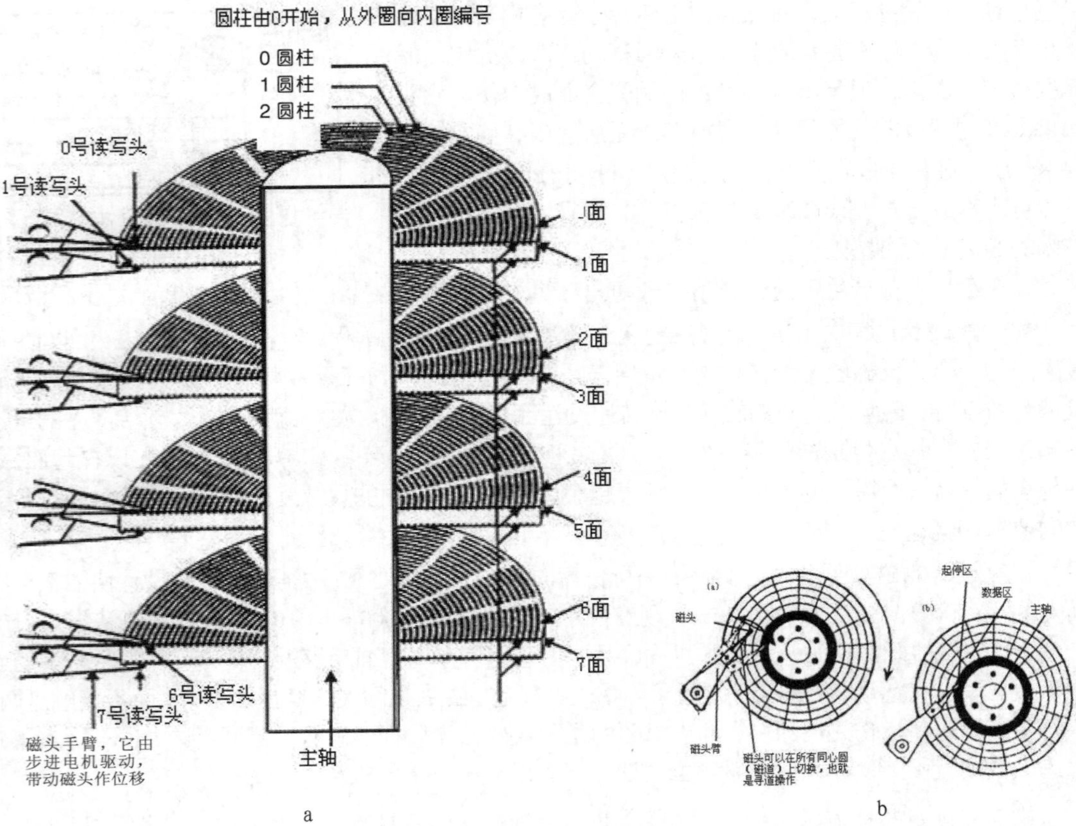

图 3-4　柱面和盘片上的磁道

每个盘片的每个面都有一个读写磁头，磁头起初停在盘片的最内圈，即线速度最小的地方。这是一个特殊区域，它不存放任何数据，称为启停区或着陆区（Landing Zone）。启停区外就是数据区。在最外圈，离主轴最远的地方是 0 磁道，硬盘数据的存放就是从最外圈开始的。

那么，磁头如何找到 0 磁道的位置呢？从图 3.4 中可以看到，有一个 0 磁道检测器，由它来完成硬盘的初始定位。0 磁道存放着用于操作系统启动所必需的程序代码，因为 PC 启动后 BIOS 程序在加载任何操作系统或其他程序时，总是默认从磁盘的 0 磁道读取程序代码来运行。

提示：0 磁道是如此重要，以至于很多硬盘仅仅因为 0 磁道损坏就报废了，这是非常可惜的。

下面对盘面、磁道、柱面和扇区的含义逐一进行介绍。

1. 盘面

硬盘的盘片一般用铝合金材料做基片，高速硬盘也有用玻璃做基片的。玻璃基片更容易达到所需的平面度和光洁度，而且有很高的硬度。磁头传动装置是使磁头作径向移动的部件，通常有两种类型的传动装置：一种是齿条传动的步进电机传动装置，另一种是音圈电机传动装置。前者是固定推算的传动定位器，而后者则采用伺服反馈返回到正确的位置上。磁头传动装置以很小的等距离使磁头部件作径向移动，用以变换磁道。

硬盘的每一个盘片都有两个盘面，即上、下盘面。每个盘面都能利用，都可以存储数据，成为有效盘片。每一个这样的有效盘面都有一个盘面号，按从上到下的顺序从 0 开始依次编号。在硬盘系统中，盘面号又叫磁头号，因为每一个有效盘面都有一个对应的读写磁头。硬盘的盘片组在 2～14 片不等，通常有 2～3 个盘片，故盘面号（磁头号）为 0～3 或 0～5。

2. 磁道

磁盘在格式化时被划分成许多同心圆，这些同心圆轨迹叫做磁道。磁道从最外圈向内圈从 0 开始顺序编号。硬盘的每一个盘面有 300～1024 个磁道，新式大容量硬盘每面的磁道数更多。这些同心圆磁道不是连续记录数据，而是被划分成一段段的圆弧，这些圆弧的角速度一样。由于径向长度不一样，所以线速度也不一样，外圈的线速度较内圈的线速度大。在同样的转速下，外圈在相同的时间段里，划过的圆弧长度要比内圈划过的圆弧长度大，因此外圈数据的读写要比内圈快。

每段圆弧叫做一个扇区，扇区从 1 开始编号，每个扇区中的数据作为一个单元同时读出或写入，是读写的最小单位。不可能发生读写半个或者四分之一个这种小于一个扇区的情况，因为磁头只能定位到某个扇区的开头或者结尾，而不能在扇区内部定位。所以，一个扇区内部的数据，是连续流式记录的。一个标准的 3.5 英寸硬盘盘面通常有几百到几千条磁道。磁道是肉眼看不见的，只是盘面上以特殊形式磁化了的一些磁化区。划分磁道和扇区的过程，叫做低级格式化，通常在硬盘出厂的时候就已经格式化完毕了。相对于低级格式化来说，高级格式化指的是对磁盘上所存储的数据进行文件系统的标记，而不是对扇区和磁道进行磁化标记。

3. 柱面

所有盘面上的同一磁道，在竖直方向上构成一个圆柱，通常称做柱面。每个圆柱上的磁头由上而下从 0 开始编号。数据的读写按柱面进行，即磁头读写数据时首先在同一柱面内从 0 磁头开始进行操作，依次向下在同一柱面的不同盘面（即磁头）上进行操作。只有在同一柱面所有的磁头全部读写完毕后磁头才转移到下一柱面，因为选取磁头只需通过电子切换即可，而选取柱面则必须通过机械切换，即寻道。

电子切换相当快，比使用机械将磁头向邻近磁道移动要快得多，所以数据的读写按柱面进行，而不按盘面进行。也就是说，一个磁道写满数据后，就在同一柱面的下一个盘面来写。一个柱面写满后，才移到下一个柱面开始写数据，这样可以减少寻道的频繁度。读写数据也按照这种方式进行，这样就提高了硬盘的读写效率。

一块硬盘驱动器的圆柱数或每个盘面的磁道数既取决于每条磁道的宽窄（也与磁头的大小有关），也取决于定位机构所决定的磁道间步距的大小。如果能将磁头做得足够精细，定位距离足够小，那么就会获得更高的磁道数和存储容量。如果磁头太大，则磁道数就要降低以容纳这个磁头，这样磁道与磁道之间的磁粉将无法利用，浪费得太多。如果能将磁头做成单个原子的精度，那么存储技术就会发生革命性的质变。

提示：利用原子探针来移动物质表面的原子成特定形状，这种技术早已实现。如果能将这种技术应用到数据存储领域，则存储容量和速度将会以几何倍数上升。

4. 扇区

1）扇区头标

将每个环形磁道等距离切割，形成等长度的圆弧，每个圆弧就是一个扇区。划分扇区的目的是为了使数据存储更加条理化，就像一个大仓库要划分更多的房间一样。每个扇区可以存放512B的数据和一些其他信息。一个扇区有两个主要部分：存储数据地点的标识符和存储数据的数据段，如图3-5所示。

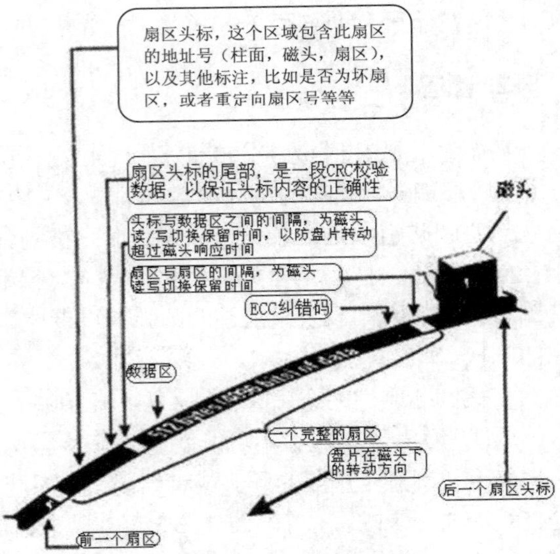

图 3-5　扇区示意图

- 扇区头标包括组成扇区三级地址的三个数字。
- 扇区所在的柱面（磁道）。
- 磁头编号。
- 扇区在磁道上的位置，即扇区号。
- 柱面（Cylinder）、磁头（Header）和扇区（Sector）三者简称 CHS，所以扇区的地址又称为CHS地址。

磁头通过读取当前扇区的头标中的 CHS 地址，就可以知道当前是处于盘片上的哪个位置，比如是内圈还是外圈，哪个磁头正在读写（同一时刻只能有一个磁头在读写）等。

CHS 编址方式在早期的小容量硬盘中非常流行，但是目前的大容量硬盘的设计和低级格式化方式已经有所变化，所以 CHS 编址方式已经不再使用，而转为 LBA 编址方式。LBA 编址方式不再划分柱面和磁头号，这些数据由硬盘自身保留，而磁盘对外提供的地址全部为线性的地址，即 LBA 地址。

所谓线性，指的是把磁盘想象成只有一个磁道，这个磁道是无限长的直线，扇区为这条直线上的等长线段，从 1 开始顺序编号，直到无限远。显然，这种方式屏蔽了柱面、磁头这些复杂的东西，向外提供了简单的方式，所以非常利于编程。然而磁盘中的控制电路依然要找到某个 LBA 地址到底对应着哪个磁道哪个磁头上的哪个扇区，这种对应关系保存在磁盘控制电路的 ROM 芯片中，磁盘初始化的时候载入缓存中以便随时查询。

注意：基于 CHS 编址方式的磁盘最大容量

磁头数（Heads）表示硬盘总共有几个磁头，也就是有几面盘片，最大为 255 （用 8 个二进制位存储）。

柱面数（Cylinders） 表示硬盘每一面盘片上有多少条磁道，最大为 1023（用 10 个二进制位存储）。扇区数（Sectors） 表示每一条磁道上有多少扇区，最大为 63（用 6 个二进制位存储）。

每个扇区一般是 512B，理论上讲这不是必须的。目前很多大型磁盘阵列所使用的硬盘，由于阵列控制器需要做一些诸如校验信息之类的特殊存储，这些磁盘都被格式化为每扇区 520B。

如果按照每扇区 512B 来计算，磁盘最大容量为 $255 \times 1023 \times 63 \times 512 / 1048576 = 8024$ MB（1MB =1048576 B ）。这就是所谓的 8GB 容量限制的原因。但是随着技术的不断发展，CHS 地址的位数在不断增加，所以可寻址容量也在不断增加。

提示： 磁盘驱动器内怎样放下 255 个磁头呢？这是不可能的。目前的硬盘一般可以有 1 盘片、2 盘片或者 4 盘片，这样就对应着 2、4 磁头或者 8 磁头。那么这样算来，硬盘实际容量一定小于 8GB 了？显然不是这样的。所谓 255 个磁头，这只是一个逻辑上的说法，实际的磁头、磁道、扇区等信息都保存在硬盘控制电路的 ROM 芯片中。而每条磁道上真的最多只有 64 个扇区么？当然也不是，一条磁道上实际的扇区数远远大于 64，这样就分摊了磁头数实际少于 255 个所产生的“容量减小”。所以，这是 CHS 编址方式沿袭了老的传统，不愿意去作修改导致的。而这种沿袭达到了极限之后，最终导致 LBA 编址方式替代了 CHS 编址方式。

头标中还包括一个字段，其中有显示扇区是否能可靠存储数据，或者是已发现某个故障因而不宜使用的标记。有些硬盘控制器在扇区头标中还记录有指示字，可在原扇区出错时指引磁头跳转到替换扇区或磁道。最后，扇区头标以循环冗余校验 CRC 值作为结束，以供控制器检验扇区头标的读出情况，确保准确无误。

2）扇区编号和交叉因子

给扇区编号的最简单方法是采用 1、2、3、4、5、6 等顺序编号。如果扇区按顺序绕着磁道依次编号，那么磁盘控制电路在处理一个扇区的数据期间，可能会因为磁盘旋转太快，没等磁头反应过来，已经超过扇区间的间隔而进入了下一个扇区的头标部分，则此时磁头若想读取这个扇区的记录，就要再等一圈，等到盘片旋转回来之后再次读写，这个等待时间无疑是非常浪费的。

显然，要解决这个问题，靠加大扇区间的间隔是不现实的，那会浪费许多磁盘空间。许多年前，IBM 的一位杰出工程师想出了一个绝妙的办法，即对扇区不使用顺序编号，而是使用一个交叉因子（Interleave）进行编号。交叉因子用比值的方法来表示，如 3 : 1 表示磁道上的第 1 个扇区为 1 号扇区，跳过两个扇区即第 4 个扇区为 2 号扇区，这个过程持续下去直到给每个物理扇区编上逻辑号为止。

例如，每磁道有 17 个扇区的磁盘按 2 : 1 的交叉因子编号就是 1、10、2、11、3、12、4、13、5、14、6、15、7、16、8、17、9；而按 3 : 1 的交叉因子编号就是 1、7、13、2、8、14、3、9、15、4、10、16、5、11、17、6、12。当设置 1 : 1 的交叉因子时，如果硬盘控制器处理信息足够快，那么读出磁道上的全部扇区只需要旋转一周。但如果硬盘控制器的处理动作没有这么快，则只有磁盘所转的圈数等于针对这个磁道的交叉因子时，才能读出每个磁道上的全部数据。将交叉因子设定为 2 : 1 时，磁头要读出磁道上的全部数据，磁盘只需转两周。如果 2 : 1 的交叉因子仍不够慢，这时可将交叉因子调整为 3 : 1，如图 3-6 所示。

图 3-6 所示是典型的 MFM（Modified Frequency Modulation，改进型调频制编码）硬盘，每磁道有 17 个扇区，画出了用三种不同的扇区交叉因子编号的情况。最外圈的磁道（0 号柱面）上的扇区用简单的顺序连续编号，相当于扇区交叉因子是 1 : 1。1 号磁道（柱面）的扇区按 2 : 1 的交叉因子编号，而 2 号磁道的扇区按 3 : 1 的交叉因子编号。

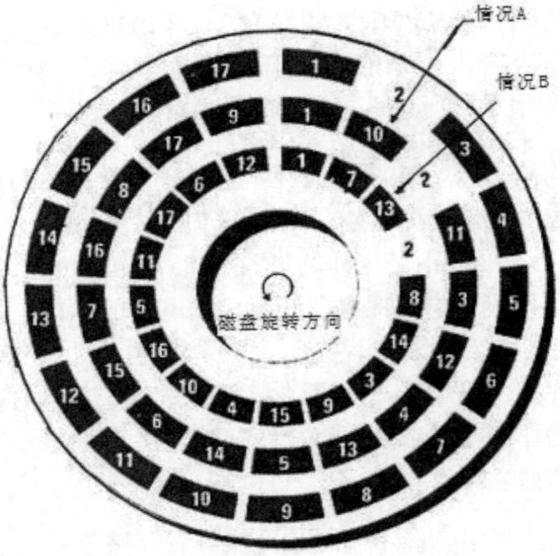

图 3-6 MFM 改进型交叉因子示意图

在早期的硬盘管理工作中，设置交叉因子需要用户自己完成。用 BIOS 中的低级格式化程序对硬盘进行低级格式化时，就需要指定交叉因子，有时还需要设置几种不同的值来比较其性能，而后确定一个比较好的值。现在的硬盘 BIOS 已经自己解决了这个问题，所以一般低级格式化程序中就不再提供这一设置选项了。

系统将文件存储到磁盘上时，是按柱面、磁头、扇区方式进行的，即最先是第 1 磁道的第 1 磁头下（也就是第 1 盘面的第一磁道）所有的扇区，然后是同一柱面的下一磁头，直到整个柱面都存满。系统也是以相同的顺序去读出数据。读数据时通过告诉磁盘控制器要读出数据所在的柱面号、磁头号和扇区号（物理地址的三个组成部分）进行读取（现在都是直接使用 LBA 地址来告诉磁盘所要读写的扇区）。磁盘控制电路则直接将磁头部件步进到相应的柱面，选中相应磁头，然后立即读取当前磁头下所有的扇区头标地址，然后把这些头标中的地址信息与期待检出的磁头和柱面号做比较。如果不是要读写的扇区号则读取扇区头标地址进行比较，直到相同以后，控制电路知道当前磁头下的扇区就是要读写的扇区，然后立即让磁头读写数据。

如果是读数据，控制电路会计算此数据的 ECC 码，然后把 ECC 码与已记录的 ECC 码相比较；如果是写数据，控制电路会计算出此数据的 ECC 码，存储到数据部分的末尾。在控制电路对此扇区中的数据进行必要的处理期间，磁盘会继续旋转。由于对信息的后处理需要耗费一定的时间，在这段时间内磁盘可能已旋转了相当的角度。

交叉因子的确定是一个系统级的问题。一个特定的硬盘驱动器的交叉因子取决于磁盘控制器的速度、主板的时钟速度、与控制电路相连的输出总线的操作速度等。如果磁盘的交叉因子值太高，就需要多花一些时间等待数据在磁盘上存入和读出；相反，交叉因子值太低也同样会影响性能。

前面已经说过，系统在磁盘上写入信息时，写满一个磁道后会转到同一柱面的下一个磁头，当柱面写满时，再转向下一柱面。从同一盘面的一个磁道转到另一个磁道，也就是从一个柱面转到下一个柱面，这个动作叫做换道。在换道期间磁盘始终保持旋转，这就会带来一个问题：假定系统刚刚结束了对一个磁道前一个扇区的写入，并且已经设置了最佳交叉因子比值，现在准备在下一磁道的第一扇区写入，这时必须等到磁头换道结束，让磁头部件重新定位在下一道上。如果这种操作占用的时间超过了一点，尽管是交叉存取，磁头仍会延迟到达。这个问题的解决办法是以原先磁道所在位置为基准，把新的磁道上全部扇区号移动约一个或几个扇区位置，这就是磁头扭斜。磁头扭斜可以理解为柱面与柱面之间的交叉因子，已经由生产厂家设置好，一般不用去改变它。磁头扭斜的更改比较困难，但是它们只在文件很长、超过磁道结尾进行读出和写入时才发挥作用，所以扭斜设置不正确所带来的损失比采用不正确的扇区交叉因子值带来的损失要小得多。交叉因子和磁头扭斜可用专用工具软件来测试和更改，更具体的内容这里就不再详述了，毕竟现在很多用户都没有见过这些参数。

提示：最初，硬盘低级格式化程序只是行使有关磁盘控制器的专门职能来完成设置任务。由于这个过程可能会破坏低级格式化的磁道上的全部数据，现在也极少采用了。

扇区号存储在扇区头标中，扇区交叉因子和磁头扭斜的信息也存放在这里。

扇区交叉因子由写入到扇区头标中的数字设定，所以，每个磁道可以有自己的交叉因子。在大多数驱动器中，所有磁道都有相同的交叉因子。但有时因为操作上的原因，也可能导致各磁道有不同的扇区交叉因子。比如在交叉因子重置程序工作时，由于断电或人为中断就会造成一些磁道的交叉因子发生了改变，而另一些磁道的交叉因子没有改变。这种不一致性对计算机不会产生不利影响，只是有最佳交叉因子的磁道要比其他磁道的工作速度更快。

3.1.2　硬盘控制电路简介

了解了磁盘的结构之后，知道磁盘是靠磁性子来存放数据的，有人会问：一个磁性子到底是什么概念？是一个磁性分子么？不是，这个“子”的概念是指一个区域，这个区域存在若干磁性分子，这些分子聚集到一起，直到磁头可以感觉到它的磁性为止。所以和磁带一样，磁记录追根到底就是利用线性中的段。根据这一段区域上的一片分子是 N 极还是 S 极，然后将其转换成电信号，也就产生了字节，从而记录了数据。当然只有存储介质还远远不够，要让数据可以被读出，被写入，还要有足够的速度和稳定性满足人们的需求，这就需要配套的电路了。

图 3-7 给出一个完整详细的硬盘电路示意框图。硬盘电路由 14 个部分组成。

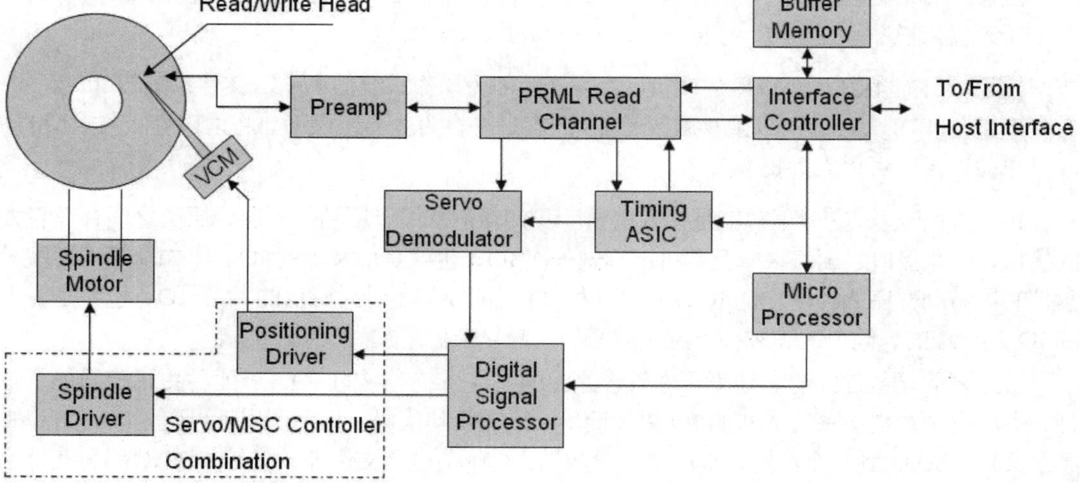

图 3-7　硬盘控制电路示意图

- Buffer Memory：缓冲区存储器。
- Interface Controller：接口控制器。
- Micro-processor：微控制器，缩写为 MCU。
- PRML： Partial-Response Maximum-Likelihood Read Channel。
- Timing ASIC：时间控制专用集成电路。
- Servo Demodulator：伺服解调器。
- Digital Signal Processor（DSP）：数字信号处理器。
- Preamp：预放大器。
- Positioning Driver：定位驱动器。
- VCM（Voice Coil Motor）：音圈电动机。
- Magnetic Media Disk：磁介质盘片。
- Spindle Motor：主轴电机。
- Spindle Driver：主轴驱动器。
- Read/Write Head：读/写磁头。

实际电路不会有这么多一片一片的独立芯片，硬盘生产厂家在设计电路时都是选取高度集成的 IC 芯片，这样既减小了体积又提高了可靠性。当然这也正是芯片厂商努力的目标。

大家可以看到图 3-7 中的 Spindle Driver 与 Positioning Driver 这两部分用虚线圈了起来，并且标注了 Servo/MSC Controller Combination 字样。其中 MSC 是 Motor Speed Control 的缩写，意思是伺服/电机速度控制器组合。我们现在能看到的硬盘电路板中就有这样一块合并芯片。

3.1.3 磁盘的 IO 单位

到此，大家应该对磁盘的构造有所理解了。磁盘读写的时候都是以扇区为最小寻址单位的，也就是说不可能往某某扇区的前半部分写入某某数据。一个扇区的大小是 512B，每次磁头连续读写的时候，只能以扇区为单位，即使一次只写了一个字节的数据，那么下一次就不能再向这个扇区剩余的部分接着写入，而是要寻找一个空扇区来写。

注意：对于磁盘来说，一次磁头的连续读或者写叫做一次 IO。请注意这里的措辞：“对于磁盘来说”。

提示：目前 4KB 大小扇区的硬盘已经发布。因为操作系统的 Page、文件系统的 Block 一般都是 4KB 大小，所以硬盘扇区 512B 的容量一直为业界所诟病。将扇区容量与上层的单位匹配，可以大大提高效率。

IO 这个概念，充分理解就是输入输出。我们知道从最上层到最下层，层次之间存在着太多的接口，这些接口之间每次交互都可以称做一次 IO，也就是广义上的 IO。比如卷管理程序对磁盘控制器驱动程序 API 所作的 IO，一次这种 IO 可能要产生针对磁盘的 N 个 IO，也就是说上层的 IO 是稀疏的、简单的，越往下层走越密集、越复杂。

除了卷管理程序之外，凌驾于卷管理之上的文件系统对卷的 IO，就比卷更稀疏简单了。同样，上层应用对文件系统 API 的 IO 更加简单，只需几句代码、几个调用就可以了。比如 Open() 某个文件，Seek()到某个位置，Write()一段数据，Close()这个文件等，就是一次 IO。而就是这一次 IO，可能对应文件系统到卷的 N 个 IO，对应卷到控制器驱动的 N×N 个 IO，对应控制器对最终磁盘的 N×N×N 个 IO。总之，磁盘一次 IO 就是磁头的一次连续读或者写。而一次连续读或者写的过程，不管读写了几个扇区，扇区剩余部分均不能再使用。这无疑是比较浪费的，但是没有办法，总得有个最小单位。

关于最小单位——龟兔赛跑悖论

龟在兔子前面 100 米，兔子的速度是龟的 10 倍。龟对兔子说："我们同时起跑，你沿直线追我，你永远也追不上我。"这个结论猛一看，会觉得荒唐至极！可是龟分析了："兔子跑到 100 米我当前的位置时，我同时也向前跑了 10 米。然后兔子跑了 10 米的时候，而我同时也向前跑了 1 米。它再追 1 米，而我又跑了 0.1 米。依此类推，兔子永远追不上我。大家看到这里就糊涂了，这么一分析确实是追不上，但事实却是能追上。那么问题出在哪里呢？

假如兔子的速度是每秒 100 米，龟的速度每秒 10 米。首先兔子追出 100 米时，用时 1 秒，此时龟在兔子前方 10 米处。然后兔子再追出 10 米，用时 0.1 秒，此时龟在前方 1 米处。接着兔子再追出 1 米，用时 0.01 秒，学过小学算术的人都能算出来，兔子掉入了一个无限循环小数中，什么时候结束了循环，才能追上龟。那么这就悖论了，小数是无限循环的，这到底是多少秒呢？如果时间可以以无限小的单位延伸，那么兔子确实永远也追不上龟。虽然时间确实是连续的，时间没有理由不连续，时间是一个思想中的概念，时间不是物质，所以时间是唯一能连续的东西，既然时间是无限的、连续的，那么兔子按理说追不上龟了，但是事实确实能追上，但有一个元素我们忽略了，它就是长度的最小单位！仔细分析一下，时间和长度是对应的，时间可以无限小，那么这个无限小的时间也应该对应无限小的长度，这样悖论到这里就解决了！因为存在一个长度的最小单位，而没有无限小！也就是说，当兔子走的长度是最小长度时龟就黔驴技穷了，因为不可能再行走比这长度更小的距离了，那么兔子自然就超过了龟。而这个时间是很短暂的，它发生在有限时间点上。至于这个最小长度，据说有人计算出来了，它可能是一个原子的长度，也可能比这还小。目前看来，我们移动的时候，最小似乎也不可能移动半个原子的距离！

芝诺悖论（龟兔赛跑悖论）证明了，对于我们目前可观察到的世界来说，是有一个最小距离单位的。如果我们以这个结论为前提，就可以推翻芝诺悖论了。假设这个距离最小单位是一块石头的长度。开始，兔子在乌龟后面相隔 2 块石头的距离，同样兔子的速度是乌龟的 2 倍，按照量子距离理论，这个 2 倍速度，不是无限可分的，那么我们表达这个 2 倍速的时候，应该这么说：兔子每前进 2 块石头的时间，乌龟只能前进一块石头的距离，而不可能前进半块石头。这样的前提下，连小学生都可以计算兔子何时追赶上乌龟了。

3.2　磁盘的通俗演绎

想象一张很大很大的白纸，你要在上面写日记。当你写满这张白纸之后，如果某天想查看某条日记，无疑将是个噩梦，因为白纸上没有任何格子或行分割线等，你只能通过一行一行地读取日记，搜索你要查看的那条记录。如果给白纸打上格子或行分割线，那么不但书写起来不会凌乱，而且还工整。

那么对于一张上面布满磁性介质的盘片来说，想要在它上面记录数据，如果不给它打格子划线的话，无疑就无法达到块级的记录。所以在使用之前，需要将其低级格式化，也就是划分扇区（格子）。我们见过稿纸，上面的格子是方形阵列排布的，原因很简单，因为稿纸是方形的。那么对于圆形来说，格子应该怎么排布呢？答案是同心圆排布，一个同心圆（磁道），就类似于稿纸上的一行，而这一行之内又可以排列上很多格子（扇区）。每个盘片上的行密度、每行中的格子（扇区）密度都有标准来规定，就像稿纸一样。

我们把稿纸放入打印机。打印机的打印头按照格子的距离精确地做着位移，并不停地喷出墨水，将字体打入纸张上的格子里。一旦一行打满，走纸轮精确地将稿纸位移到下一行，打印头在这一行上水平位移打满格子。走纸轮竖直方向位移，打印头水平方向位移，形成了方形扫描阵列，能够定位到整张纸上的每个格子。

同样，把圆形盘片安装到一个电机（走纸轮）上，然后在盘片上方加一个磁头（打印喷头）。但是和打印机不同的是，做换行这个动作不是由走纸轮来完成，而是由磁头来完成，称做径（半径）向扫描，也就是在不同同心圆上作切换（换行）。同样作行内扫描这个动作是由电机（走纸轮）而不是磁头（打印头）来完成，称做线扫描（沿着同心圆的圆周进行扫描）。

形成这种角色倒置的原因，很显然是由圆形的特殊性决定的。作圆周运动毕竟比作水平竖直运动要复杂，如果让磁头沿着同心圆作线扫描，则需要将磁头放在一个可以旋转的部件上，此时磁头动而盘片不动，可以达到相同的目的，但是技术难度就复杂多了。因为磁头上有电路连接着磁头和芯片。如果让磁头高速旋转，磁头动而芯片不动，电路的连通性怎么保证？不如让盘片转动来得干脆利索。

和打印机一样，定位到某个特定的格子之后，磁头开始用磁性来对这个格子中的每个磁粒子区做磁化操作，每个磁极表示一个 0 或者 1 状态。每个格子规定可以存放 4096 位这种状态，也就是 512B（很多供大型机使用的磁盘阵列上的磁盘是用 520B 为一个扇区）。这就像打印机在一个格子再次细分，形成 24×24 点阵，每个坐标上的一个点都对应一种色彩。只不过对于磁盘来说只有 0 或者 1，而对于打印机来说，可以是各种色彩中的一种（黑白打印机也只有黑或者白两种状态）。

磁盘的扇区中没有点阵，一个扇区可以看作是线性的。它没有宽，只有长，记录是顺序的，不能像打印机那样可以定位到扇区中的某个点。然而，磁盘比打印机有先天的优势。打印机只能从头到尾打印，而且打印之后不能更改。磁盘却可以对任意的格子进行写入、读取和更改等操作。打印机的走纸轮和打印喷头移动起来很慢，而且嘎嘎作响，听了都费劲。而磁盘的转速则快很多，目前可以达到每分钟 15000 转。磁头的位移动作也非常快，它使用步进电机来精确地换行（换磁道）。但是相对于盘片的转动而言，步进的速度就慢多了，所以制约磁盘性能的主要因素就是这个步进速度（换行或者换道速度），也就是寻道速度。

如果从最内同心圆换到最外同心圆，耗费的时间无疑是最长的。目前磁盘的平均寻道速度最高可以达到 5ms 多，不同磁盘的寻道速度不同，普通 IDE 磁盘可能会超过 10ms。有了这个磁盘记录模型，我们就该研究怎么将这个模型抽象虚拟化出来，让向磁盘写数据的人感觉使用起来非常方便。就像打印机一样，点一下打印，一会纸就蹭蹭地往外冒。下面还是要一层一层地来做，不能直接就抽象到这么高的层次。

首先，要精确寻址每个格子就一定需要给每个格子一个地址。早期的磁盘都是用“盘片，磁道，扇区”来寻址的，一个磁盘盒子中可能不止一片盘片，就像一沓稿纸中有好几张纸一样。一个盘片上的某一“行”也就是某个磁道，应该可以再区分。一个磁道上的某个扇区也可以区分。到这，就是最终可寻址的最小单位了，而不能再精确定位到一个扇区中的某个点了。磁头只能顺序地写入或者读取出这些点，而不能只更新或者读取其中某个点。也就是说磁头只能一次成批写入或者读取出一个扇区的内容，而不能读写半个或者四分之一个扇区的内容。

后来的扇区寻址体系变了，因为后来的磁盘中每个磁道的扇区数目不同了，外圈由于周长比较长，所以容纳的扇区可以很多，干脆采用了逻辑地址来对每个扇区编址，将具体的盘片、磁道和扇区，抽象成 LBA（Logical Block Address，顺序编址）。LBA1 表示 0 号盘片 0 号磁道的 0 号扇区，依此类推，LBA 地址到实际的盘片、磁道和扇区地址的映射工作由磁盘内部的逻辑电路来查询 ROM 中的对应表而得到，这样就完成了物理地址到逻辑地址的抽象、虚拟和映射。

寻址问题解决之后，就应该考虑怎么向磁盘发送需要写入的数据了。针对这个问题，人们抽象出一套接口系统，专门用于计算机和其外设交互数据，称为 SCSI 接口协议，即小型计算机系统接口。

下面举个例子来说明，比如某时刻要向磁盘写入 512B 的数据，磁盘控制器先向磁盘发一个命令，表明要准备做 IO 操作了，而且说明了附带参数（是否启用磁盘缓存、完成后是否中断通知 CPU 等），磁盘应答说可以进行，控制器立即将所要 IO 的类型（读/写）和扇区的起始地址以及随后扇区的数量（长度）发送给磁盘，如果是写 IO，则随后还要将需要写入的数据发送给磁盘，磁盘将这块数据顺序写入先前通告的扇区中。

提示：新的 SCSI 标准中有一种促进 IO 效率的新的方式，即 Skip Mask IO 模式。如果有两个 IO，二者 IO 的目标扇区段被隔开了一小段，比如第一个写 IO 的目标为从 1000 开始的随后 128 扇区，第二个写 IO 的目标则为 1500 开始的随后 128 扇区，可以合并这两个 IO 为一个针对 1000 开始的随后 628 个扇区的 IO。控制器将这条指令下发到磁盘之后，还会立即发送一个 Mask 帧，这个帧中包含了一串比特流，每一位表示一个扇区，此位为 1，则表示进行该扇区的 IO，为 0，则表示跨过此扇区，不进行 IO。这样，多了这串很小的比特流，却能省下一轮额外的 IO 开销。

SCSI 接口完成了访问磁盘过程的虚拟化和抽象，极大的简化了访问磁盘的过程，它屏蔽了磁盘内部结构和逻辑，使得控制器只知道 LBA 是一个房间，有什么数据就给出地址，然后磁盘就会将数据写入这个地址对应的房间，读取操作也一样。

3.3 磁盘相关高层技术

3.3.1 磁盘中的队列技术

想象有一个包含 10000 个同心圆的转盘在旋转，现在有两个人在转盘外面，有一个机械手臂可以将物体放到任何一个同心圆上去。现在，第一个人想到半径最小的同心圆上去，而另外一个人却想到半径最大的同心圆上去，这可让机械手臂犯了难，机械手臂只能按照顺序，先照顾第一个人的要求。它首先寻道到最内侧同心圆，然后转盘旋转到待定位置后将这个人放到轨道上，随后立即驱动磁头臂到最外侧的圆，再将第二个人放上去。这期间的主要时间都用于从内侧到外侧的换道过程了，非常浪费。

这只是两个人的情况，那么如果有多个人，比如 3 个人先后告诉机械手臂，第一个人说要放到最内侧的圆上，第二个人说要放到最外侧的圆上，第三个人要放到最内侧的圆上。

如果这时候机械手臂还是按照顺序来操作，那么中间就会多了一次无谓的换道操作，极其浪费。所以机械手臂自作主张，在送完第一个人后，它没有立即处理第二个人的请求，而是在脑海中算计，它看第三个人也要求到内侧圆上，而它自己此时也恰好正在内侧圆上，何不趁此捎带第三个人呢？所以磁头跳过第二个人的请求，先把第三个人送到目的地，然后再换道送第二个人。

因为磁头算计用的时间比来回换道快得多，所以这种排队技术大大提高了读写效率。这种例子还有很多，比如电梯就是个很好的例子。实现队列功能的程序控制代码是存放在磁盘控制电路芯片中的，而不是主板上的磁盘控制器上。也就是说，由控制器发给磁盘指令，然后由磁盘自己的 DSP 固化电路或者由磁盘上的微处理器载入代码从而执行指令排队功能。

但是一个巴掌拍不响，排队必须也要由磁盘控制器来支持，所谓的支持就是说，如果磁盘擅自排队，不按照控制器发送过来的顺序一条一条执行指令，则在读出数据之后，由于步调和控制器期望的不一致，预先读出的数据只能先存放到磁盘驱动器的缓存中，等待控制器主动来取。因为控制器给磁盘发送的读写数据的指令，有可能是有先后顺序的，如果磁盘擅自做了排队，将后来发送的指令首先执行，那么读出的数据就算传送给了磁盘控制器，也会造成错乱。

所以，要实现排队技术，仅仅有磁盘驱动器自身是不够的，还必须在磁盘控制器（指主板上的磁盘控制，而不是磁盘本身的控制电路）电路中固化代码处理排队，和磁盘达成一致。或者不使用固化代码方式，而是修改磁盘控制器驱动程序，加入处理排队的功能从而配合磁盘驱动器。

提示： Intel 在 WinHEC 2003 会议上发布了高级主机控制器接口 0.95 版规范（Advanced Host Controller Interface，AHCI），为驱动程序和系统软件提供了发现并实施命令队列、热插拔及电源管理等高级 SATA 功能的标准接口。这个接口就是在新的控制器硬件之上的驱动层面提供一层接口，解决了磁盘控制器不支持硬盘驱动器自身的排队这个问题。

3.3.2 无序传输技术

还有一种提高磁盘性能的技术，叫做无序数据传输。也就是说，控制器发出一条指令要求读取某些扇区中的内容，磁盘可以不从数据所在的初始扇区开始读，而是采取就近原则。比如，磁头恰好处于待读取数据的尾部，此时如果等待磁盘旋转到磁头位于这块数据的头部时磁头才开始读，那么就要等一圈时间，也就是所谓的“旋转延迟”，时间就被白白地浪费了。如果磁头按照能读多少先读多少的原则，在尾部时就先读出尾部的数据，然后立即发给控制器，控制器立即通过 DMA 将数据放到内存，等磁盘转到数据块头部时再读出剩余的部分发给控制器，这样就避免了时间的浪费。然而，这种技术同样也要由磁盘控制器来支持，或是通过控制器硬件，或是通过驱动程序。

通过指令排队和无序传送可以最大化利用磁盘资源。也就是，把麻烦留给控制器，把简单留给磁盘。因为控制器的处理速度永远比磁盘的机械运动快。

3.3.3 几种可控磁头扫描方式概论

假设目前磁盘控制器的队列中存在如下的一些 IO，这些 IO 所需要查找的磁道号码按照先后排列顺序为 98、183、37、122、14、124、65 和 67，而当前磁头处于 53 号磁道，磁头执行寻道操作有以下几种模式。

1. FCFS（First Come First Serve）

在 FCFS 模式下，磁头完全按照 IO 进入的先后顺序执行寻道操作，即从 53 号磁道跳到 98

号，然后到 183 号，再回到 37 号，依此类推。可以算出在这个例子中，此模式下磁头滑过的磁道总数为 640。对应的扫描图如图 3-8 所示。

显然，FCFS 模式很不科学，在随机 IO 的环境中严重影响 IO 效率。

2. SSTF（Shortest Seek Time First）

在 SSTF 模式下，控制器会优先让磁头跳到离当前磁头位置最近的一个 IO 磁道去读写，读写完毕后，再次跳到离刚读写完的这个磁道最近的一个 IO 磁道去读写，依此类推。在 SSTF 模式下，这个例子呈现的扫描图如图 3-9 所示。

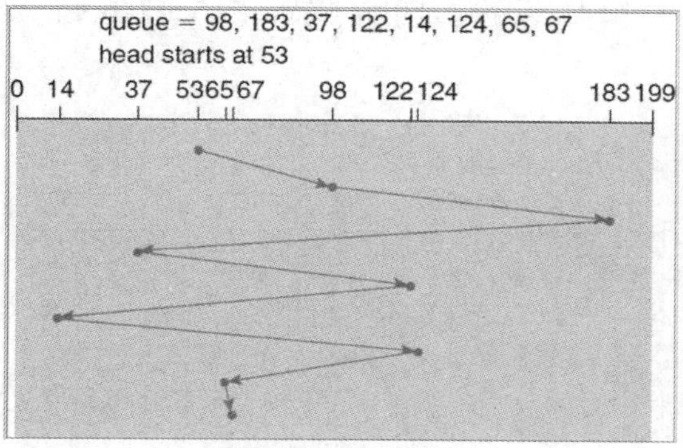

图 3-8　FCFS 模式扫描图

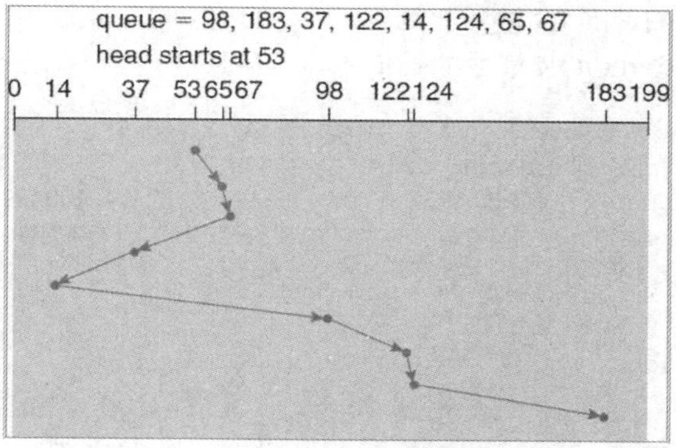

图 3-9　SSTF 模式扫描图

本例中，磁头初始位置在 53 号磁道，如果此时 IO 队列中不断有位于 53 号磁道周围磁道的 IO 进入，比如 55 号、50 号、51 号磁道等，那么诸如 183 号这种离 53 号磁道较远的 IO 将会被饿死，永远也轮不到 183 号磁道的 IO。所以 SSTF 模式的限制也是很大的。

3. SCAN（回旋扫描模式）

这种扫描方式是最传统、最经典的方式了。它类似于电梯模型，从一端到另一端，然后折返，再折返，这样循环下去。磁头从最内侧磁道依次向外圈磁道寻道。然而就像电梯一样，如果这一层没有人等待搭乘，那么磁头就不在本层停止。也就是说如果当前队列中没有某个磁道的 IO 在等待，那么磁头就不会跳到这个磁道上，而是直接略过去。但是 SCAN 模型中，即使最外圈或者最内圈的磁道没有 IO，磁头也要触及到之后才能折返，这就像 50 米往返跑一样，必须触及到终点线才能折返回去。SCAN 模式的扫描图如图 3-10 所示。

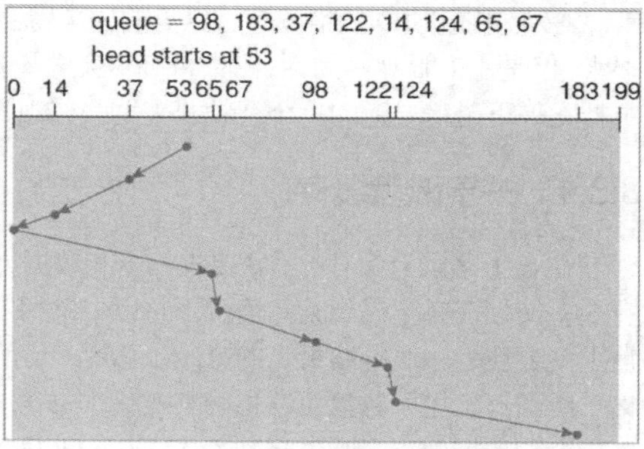

图 3-10　SCAN 模式扫描图

SCAN 模式不会饿死任何 IO，每个 IO 都有机会搭乘磁头这个电梯。然而，SCAN 模式也会带来不必要的开销，因为磁头从来不会在中途折返，而只能触及到终点之后才能折返。如果磁头正从中间磁道向外圈移动，而此时队列中进入一个内圈磁道的 IO，那么此时磁头并不会折返，即使队列中只有这一个 IO。这个 IO 只能等待磁头触及最外圈之后折返回来被执行。

4. C-SCAN（单向扫描模式）

在 C-SCAN 模式中磁头总是从内圈向外圈扫描，达到外圈之后迅速返回内圈，返回途中不接受任何 IO，然后再从内圈向外圈扫描。C-SCAN 模式的扫描图如图 3-11 所示。

5. LOOK（智能监察扫描模式）和 C-LOOK（智能监察单向扫描模式）

LOOK 模式相对于 SCAN 模式的区别在于，磁头不必达到终点之后才折返，而只要完成最两端的 IO 即可折返。同样，C-LOOK 也是一样的道理，只不过是单向扫描。图 3-12 所示的是 C-LOOK 模式的扫描图。

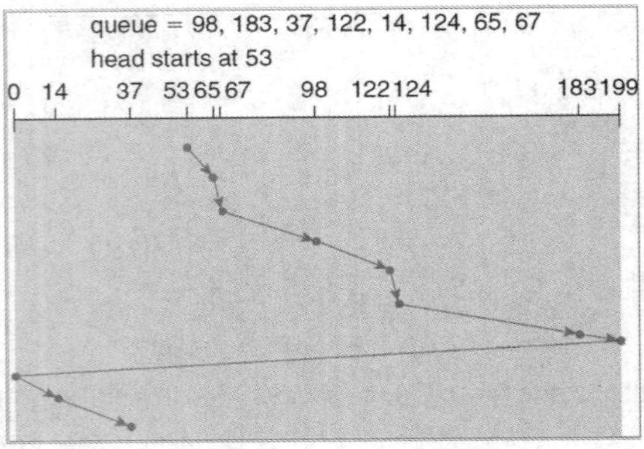

图 3-11　C-SCAN 模式扫描图

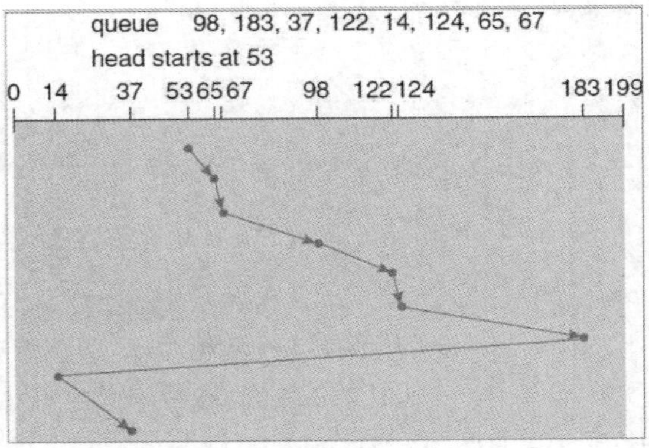

图 3-12　C-LOOK 模式扫描图

提示：关于几种扫描模式的选择：总地说来，在负载不高的情况下，SSTF 模式可以获得最佳的性能。但是鉴于可能造成某些较远的 IO 饿死的问题，所以在高负载条件下，SCAN 或者 C-SCAN、C-LOOK 模式更为合适。

在大量随机 IO 的情况下，磁盘的磁头臂会像蜜蜂翅膀一样振动，当然它们的频率可能相差很大，但是用肉眼观察的话，磁头臂确实会像琴弦一样摆动，频率是比较高的。大家可以去 Internet 上搜索一下磁盘寻道的一个视频，来增强感观认识。

3.3.4　关于磁盘缓存

磁盘上必须有缓存，用来接收指令和数据，还被用来进行预读。磁盘缓存时刻处于打开状态。有很多文档资料上提到某些情况下可以“禁用”磁盘缓存，这是容易造成误解的说法。缓存在磁盘上就表现为一块电路板上的 RAM 芯片，目前有 2MB、8MB、16MB、32MB、64MB 等容量规格。所谓“禁用”磁盘缓存指的其实是本书第 5 章中描述的 Write Through 模式，即磁盘收到写入指令和数据后，必须先将其写入盘片，然后才向控制器返回成功信号，这样就相当于“禁用”了缓存。但是实际上，指令和数据首先到达的一定是缓存。

SCSI 指令中有两个参数可以控制对磁盘缓存的使用。

（1）DPO（Disable Page Out）：这个参数的作用是禁止缓存中的数据页（缓存中的数据以页为单位存在）被换出。不管读还是写，被置了这个参数位的数据在缓存空间不够的时候不能覆盖缓存中的其他数据，也就是不能将其他数据换出。

（2）FUA（Force Unit Access）：这个参数的作用是强制盘片访问。对于写操作，磁盘必须将收到的数据写入盘片才返回成功信号，也就是进行 Write Through。对于读操作，磁盘收到指令后，直接去盘片上读取数据，而不搜索缓存。

所以，当某个 SCSI 指令的 DPO 和 FUA 两个参数的值都被设置为 1 时，便相当于完全不使用缓存的提速功能了，但是指令和数据依然会先到达缓存中，这一点需要分清和理解。

目前基于 SCSI 指令的磁盘比如 SCSI/FC/SAS 等都支持 FUA 和 DPO。对于基于 ATA 指令的 IDE/SATA/USB-SATA/USB-IDE 等，尚不支持这两个功能位，有另外的函数来绕过缓存。比如在 Windows 系统中，可以使用下列函数来控制磁盘缓存的行为：

```
typedef struct _DISK_CACHE_INFORMATION {}
  BOOLEAN                         ParametersSavable;
  BOOLEAN                         ReadCacheEnabled;
  BOOLEAN                         WriteCacheEnabled;
  DISK_CACHE_RETENTION_PRIORITY ReadRetentionPriority;
  DISK_CACHE_RETENTION_PRIORITY WriteRetentionPriority;
  WORD                           DisablePrefetchTransferLength;
  BOOLEAN                         PrefetchScalar;
  union {
    struct {
      WORD Minimum;
      WORD Maximum;
      WORD MaximumBlocks;
    } ScalarPrefetch;
    struct {
      WORD Minimum;
      WORD Maximum;
    } BlockPrefetch;
  } ;
} DISK_CACHE_INFORMATION, *PDISK_CACHE_INFORMATION;
```

一次性禁用磁盘写缓存也是可以的，通过调用操作系统提供的一些接口即可实现，操作系统会利用对应磁盘的驱动程序来将磁盘的写缓存一次性关闭，直到下次磁盘掉电或者 Reset 为止，禁用效果一直会保持。对于用于磁盘阵列中的磁盘，写缓存一律禁用。

3.3.5 影响磁盘性能的因素

目前的磁盘可以分为单碟盘和多碟盘，前者在盘体内只有一张盘片，后者则有多张。前面已经讲过，每张盘片的正反两面都可以存放数据，所以每张盘片需要有两个磁头，各读写一面。然而，有一点必须澄清，磁盘每个时刻只允许一个磁头来读写数据。也就是说，不管盘体内盘片和磁头再多，也不可能提高硬盘的吞吐量和 IO 性能，只能提高容量。然而，已经有很多人致力于改变这个现状，希望能让磁头在盘内实现并发读写，也就相当于盘片和盘片之间相互形成 RAID 从而提高性能，但是这项工程目前还没有可以应用的产品。

影响硬盘性能的因素包括以下几种。

（1）**转速**：转速是影响硬盘连续 IO 时吞吐量性能的首要因素。读写数据时，磁头不会动，全靠盘片的转动来将对应扇区中的数据感应给磁头，所以盘片转得越快，数据传输时间就越短。在连续 IO 情况下，磁头臂寻道次数很少，所以要提高吞吐量或者 IOPS 的值，转速就是首要影响因素了。目前中高端硬盘一般都为 10000 转每分或者 15000 转每分。最近也有厂家要实现 20000 转每分的硬盘，已经有了成形的产品，但是最终是否会被广泛应用，尚待观察。

（2）**寻道速度**：寻道速度是影响磁盘随机 IO 性能的首要因素。随机 IO 情况下，磁头臂需要频繁更换磁道，用于数据传输的时间相对于换道消耗的时间来说是很少的，根本不在一个数量级上。所以如果磁头臂能够以很高的速度更换磁道，那么就会提升随机 IOPS 值。目前高端磁盘的平均寻道速度都在 10ms 以下。

（3）**单碟容量**：单碟容量也是影响磁盘性能的一个间接因素。单碟容量越高，证明相同空间内的数据量越大，也就是数据密度越大。在相同的转速和寻道速度条件下，具有高数据密度的硬盘会显示出更高的性能。因为在相同的开销下，单碟容量高的硬盘会读出更多的数据。目前已有厂家研发出单碟容量超过 300GB 的硬盘，但是还没有投入使用。

（4）**接口速度**：接口速度是影响硬盘性能的一个最不重要的因素。目前的接口速度在理论上都已经满足了磁盘所能达到的最高外部传输带宽。在随机 IO 环境下，接口速度显得更加不重要，因为此时瓶颈几乎全部都在寻道速度上。不过，高端硬盘都用高速接口，这是普遍做法。

3.4 硬盘接口技术

硬盘制造是一项复杂的技术，到目前为至也只有欧洲、美国等发达国家和地区掌握了关键技术。但不管硬盘内部多么复杂，它必定要给使用者一个简单的接口，用来对其访问读取数据，而不必关心这串数据到底该什么时候写入，写入到哪个盘片，用哪个磁头，等等。

下面就来看一下硬盘向用户提供的是什么样的接口。注意，这里所说的接口不是物理上的接口，而是包括物理、逻辑在内的抽象出来的接口。也就是说，一个事物面向外部的时候，为达到被人使用的目的而向外提供的一种打开的、抽象的协议，类似于说明书。

目前，硬盘提供的物理接口包括如下几种。

- 用于 ATA 指令系统的 IDE 接口。
- 用于 ATA 指令系统的 SATA 接口。
- 用于 SCSI 指令系统的并行 SCSI 接口。
- 用于 SCSI 指令系统的串行 SCSI（SAS）接口。
- 用于 SCSI 指令系统的 IBM 专用串行 SCSI 接口（SSA）。
- 用于 SCSI 指令系统的并且承载于 FabreChannel 协议的串行 FC 接口（FCP）。

3.4.1 IDE 硬盘接口

IDE 的英文全称为 Integrated Drive Electronics，即电子集成驱动器，它的本意是指把控制电路和盘片、磁头等放在一个容器中的硬盘驱动器。把盘体与控制电路放在一起的做法减少了硬盘接口的电缆数目与长度，数据传输的可靠性得到了增强。而且硬盘制造起来更加容易，因为硬盘生产厂商不需要再担心自己的硬盘是否与其他厂商生产的控制器兼容。对用户而言，硬盘安装起来也更为方便了。IDE 这一接口技术从诞生至今就一直在不断发展，性能也不断地提高。其拥有价格低廉、兼容性强的特点。IDE 接口技术至今仍然有很多用户，但是正在不断减少。

IDE 接口，也称为 PATA 接口，即 Parallel ATA（并行传输 ATA）。ATA 的英文拼写为 Advanced Technology Attachment，即高级技术附加，貌似发明 ATA 接口的人认为这种接口是有高技术含量的。不过在那个年代应该也算是比较有技术含量的了。ATA 接口最早是在 1986 年由 Compaq、West Digital 等几家公司共同开发的，在 20 世纪 90 年代初开始应用于台式机系统。最初，它使用一个 40 芯电缆与主板上的 ATA 接口进行连接，只能支持两个硬盘，最大容量也被限制在 504MB 之内。后来，随着传输速度和位宽的提高，最后一代的 ATA 规范使用 80 芯的线缆，其中有一部分是屏蔽线，不传输数据，只是为了屏蔽其他数据线之间的相互干扰。

1. 7 种 ATA 物理接口规范

ATA 接口从诞生至今，共推出了 7 个不同的版本，分别是 ATA-1（IDE）、ATA-2（EIDE Enhanced IDE/Fast ATA）、ATA-3（FastATA-2）、ATA-4（ATA33）、ATA-5（ATA66）、ATA-6（ATA100）和 ATA-7（ATA 133）。

- ATA-1：在主板上有一个插口，支持一个主设备和一个从设备，每个设备的最大容量为 504MB，支持的 PIO-0 模式传输速率只有 3.3MB/s。ATA-1 支持的 PIO 模式包括 PIO-0、PIO-1 和 PIO-2 模式，另外还支持 4 种 DMA 模式（没有得到实际应用）。ATA-1 接口的硬盘大小为 5 英寸，而不是现在主流的 3.5 英寸。
- ATA-2：是对 ATA-1 的扩展，习惯上也称为 EIDE（Enhanced IDE）或 Fast ATA。它在 ATA 的基础上增加了两种 PIO 和两种 DMA 模式（PIO-3），不仅将硬盘的最高传输率提高到 16.6MB/s，同时还引进了 LBA 地址转换方式，突破了固有的 504MB 的限制，可以支持最高达 8.1GB 的硬盘。在支持 ATA-2 的 BIOS 设置中，一般可以看到 LBA（Logical Block Address）和 CHS（Cylinder、Head、Sector）设置选项。同时在 EIDE 接口的主板上一般有两个 EIDE 插口，也就是由同一个 ATA 控制器操控的两个 IDE 通道，每个通道可以分别连接一个主设备和一个从设备，这样一块主板就可以支持 4 个 EIDE 设备。这两个 EDIE 接口一般称为 IDE1 和 IDE2。
- ATA-3：没有引入更高速度的传输模式，在传输速度上并没有任何的提升，最高速度仍旧为 16.6MB/s。只在电源管理方案方面进行了修改，引入了简单的密码保护安全方案。同时还引入了一项划时代的技术，那就是 S.M.A.R.T（Self-Monitoring Analysis and Reporting Technology，自监测、分析和报告技术）。这项技术可以对磁头、盘片、电机、电路等硬盘部件进行监测，通过检测电路和主机的监测软件对磁盘进行检测，把其运行状况和历史记录同预设的安全值进行比较分析。当检测到的值超出了安全值的范围时，会自动向用户发出警告，进而对硬盘潜在故障做出有效预测，提高了数据存储的安全性。
- ATA-4：从 ATA-4 接口标准开始正式支持 Ultra DMA 数据传输模式，因此也习惯称 ATA-4 为 Ultra DMA 33 或 ATA33，33 是指数据传输的速率为 33.3MB/s。并首次在 ATA 接口中采用了 Double Data Rate（双倍数据传输）技术，让接口在一个时钟周期内传输数据两次，时钟上升期和下降期各有一次数据传输，这样数据传输速率一下子从 16.6MB/s 提升至 33.3MB/s。Ultra DMA 33 还引入了冗余校验技术（CRC）。该技术的设计原理是系统与硬盘在进行传输的过程中，随数据一起发送循环的冗余校验码，对方在收取的时候对该校验码进行检验，只有在检验完全正确的情况下才接收并处理得到的数据，这对于高速传输数据的安全性提供了极其有力的保障。

- ATA-5：ATA-5 也就是 Ultra DMA 66，也叫 ATA66，是建立在 Ultra DMA 33 硬盘接口的基础上的，同样采用了 UDMA 技术。Ultra DMA 66 将接口传输电路的频率提高为原来的两倍，所以接收/发送数据速率达到 66.6 MB/s。它保留了 Ultra DMA 33 的核心技术——冗余校验技术。在工作频率提升的同时，电磁干扰问题开始出现在 ATA 接口中。为保障数据传输的准确性，防止电磁干扰，Ultra DMA 66 接口开始使用 40 针脚 80 芯的电缆。40 针脚是为了兼容以往的 ATA 插槽，减小成本的增加。80 芯中新增的都是信号屏蔽线，这 40 条屏蔽线不与接口相连，所以针脚不需要增加。这种设计可以降低相邻信号线之间的电磁干扰。
- ATA-6：ATA100 接口的数据线与 ATA66 一样，也是使用 40 针 80 芯的数据传输电缆，并且 ATA100 接口完全向下兼容，支持 ATA33 和 ATA66 接口的设备完全可以继续在 ATA100 接口中使用。ATA100 规范将电路的频率又提升了一个等级，可以让硬盘的外部传输率达到 100MB/s。它提高了硬盘数据的完整性与数据传输速率，对桌面系统的磁盘子系统性能有较大的提升作用，而 CRC 技术更有效保证了在高速传输中数据的完整性和可靠性。
- ATA-7：ATA-7 是 ATA 接口的最后一个版本，也叫 ATA133。ATA133 接口支持 133 MB/s 的数据传输速度，这是第一种在接口速度上超过 100MB/s 的 IDE 硬盘。迈拓是目前唯一一家推出这种接口标准硬盘的制造商。由于并行传输随着电路频率的提升，传输线缆上的信号干扰越来越难以解决，已经达到了当前技术的极限，所以其他 IDE 硬盘厂商停止了对 IDE 接口的开发，转而生产 Serial ATA 接口标准的硬盘。

图 3-13 所示为几种 ATA 接口的总结。

ATA 硬盘接口规格

接口名称	传输模式	传输速率	电缆
ATA-1	单字节 DMA 0	2.1 MB/s	40 针电缆
	PIO-0	3.3 MB/s	
	单字节 DMA 1，多字节 DMA 0	4.2 MB/s	
	PIO-1	5.2 MB/s	
	PIO-2，单字节 DMA 2	8.3 MB/s	
ATA-2	PIO-3	11.1 MB/s	40 针电缆
	多字节 DMA 1	13.3 MB/s	
	PIO-4，多字节 DMA 2	16.6 MB/s	
ATA-3	PIO-4，多字节 DMA 2	16.6 MB/s	40 针电缆
ATA-4	多字节 DMA3，Ultra DMA 33	33.3 MB/s	40 针电缆
ATA-5	Ultra DMA 66	66.7 MB/s	40 针 80 芯电缆
ATA-6	Ultra DMA 100	100.0 MB/s	40 针 80 芯电缆
ATA-7	Ultra DMA 133	133.0 MB/s	40 针 80 芯电缆

图 3-13　几种 ATA 接口总结

2. IDE 数据传输模式

- PIO 模式（Programming Input/Output Model）：一种通过 CPU 执行 I/O 端口指令来进行数据读写的数据交换模式，是最早的硬盘数据传输模式。这种模式的数据传输速率低下，CPU 占有率也很高，传输大量数据时会因为占用过多的 CPU 资源而导致系统停顿，无法进行其他的操作。在 PIO 模式下，硬盘控制器接收到硬盘驱动器传来的数据之后，必须由 CPU 发送信号将这些数据复制到内存中，这就是 PIO 模式高 CPU 占用率的原因。PIO 数据传输模式又分为 PIO mode 0、PIO mode 1、PIO mode 2、PIO mode 3 和 PIO mode 4 几种模式，数据传输速率从 3.3MB/s 到 16.6MB/s 不等。

受限于传输速率低下和极高的 CPU 占有率，这种数据传输模式很快就被淘汰了。

- DMA 模式（Direct Memory Access）：直译的意思就是直接内存访问，是一种不经过 CPU 而直接从内存存取数据的数据交换模式。PIO 模式下硬盘和内存之间的数据传输是由 CPU 来控制的，而在 DMA 模式下，CPU 只须向 DMA 控制器下达指令，让 DMA 控制器来处理数据的传送。DMA 控制器直接将数据复制到内存的相应地址上，数据传送完毕后再把信息反馈给 CPU，这样就很大程度上减轻了 CPU 资源的占用率。DMA 模式与 PIO 模式的区别就在于 DMA 模式不过分依赖 CPU，可以大大节省系统资源。二者在传输速度上的差异并不十分明显，DMA 所能达到的最大传输速率也只有 16.6MB/s。DMA 模式可以分为 Single-Word DMA（单字节 DMA）和 Multi-Word DMA（多字节 DMA）两种。
- Ultra DMA 模式（Ultra Direct Memory Access）：一般简写为 UDMA，含义是高级直接内存访问。UDMA 模式采用 16-bit Multi-Word DMA（16 位多字节 DMA）模式为基准，可以理解为是 DMA 模式的增强版本。它在包含了 DMA 模式的优点的基础上，又增加了 CRC（Cyclic Redundancy Check，循环冗余码校验）技术，提高了数据传输过程中的准确性，使数据传输的安全性得到了保障。在以往的硬盘数据传输模式下，一个时钟周期只传输一次数据，而在 UDMA 模式中逐渐应用了 Double Data Rate（双倍数据传输）技术，因此数据传输速度有了极大的提高。此技术就是在时钟的上升期和下降期各自进行一次数据传输，可以使数据传输速度成倍地增长。

可以在 ATA 控制器属性中选择使用 PIO 还是 DMA 传输模式，如图 3-14 所示。

在 UDMA 模式发展到 UDMA133 之后，受限于 IDE 接口的技术规范，无论是连接器、连接电缆还是信号协议都表现出了很大的技术瓶颈，而且其支持的最高数据传输率也有限。在 IDE 接口传输率提高的同时，也就是工作频率提高的同时，IDE 接口交叉干扰、地线增多、信号混乱等缺陷也给其发展带来了很大的制约，被新一代的 SATA 接口取代也就在所难免了。

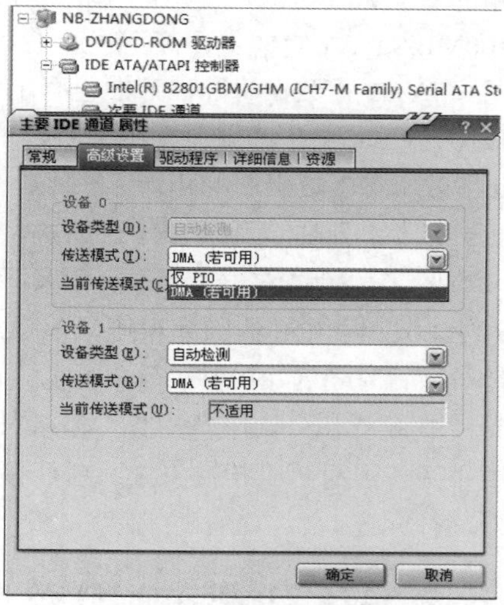

图 3-14　DMA 模式示意图

3.4.2　SATA 硬盘接口

SATA 的全称是 Serial ATA，即串行传输 ATA。相对于 PATA 模式的 IDE 接口来说，SATA 是用串行线路传输数据，但是指令集不变，仍然是 ATA 指令集。

SATA 标准是由 Intel、IBM、Dell、APT、Maxtor 和 Seagate 公司共同提出的硬盘接口规范。在 IDF Fall 2001 大会上，Seagate 宣布了 Serial ATA 1.0 标准，正式宣告了 SATA 规范的确立。自 2003 年第二季度 Intel 推出支持 SATA 1.5Gbps 的南桥芯片（ICH5）后，SATA 接口取代传统 PATA 接口的趋势日渐明显。此外，SATA 与现存于 PC 上的 USB、IEEE 1394 相比，在性能和功能方面的表现也更加突出。然而经过一年的市场洗礼，原有的 SATA 1.0/1.0a （1.5Gb/s）规格遇到了一些问题。2005 年 SATA 硬盘步入了新的发展阶段，性能更强、配置更高的 SATA 2.0 产品出现在了市场上，这些高性能的 SATA 2.0 硬盘的到来无疑加速了硬盘市场的转变。

SATA 与 IDE 结构在硬件上有着本质区别，其数据接口、电源接口以及接口实物图如图 3-15、图 3-16 及图 3-17 所示。

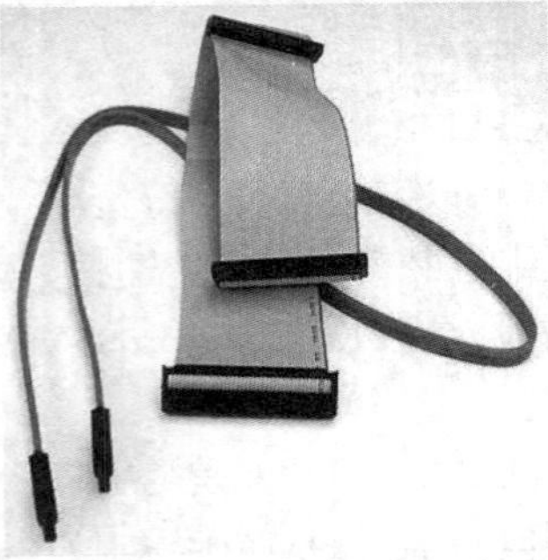

图 3-15　IDE 线缆和 SATA 线缆对比

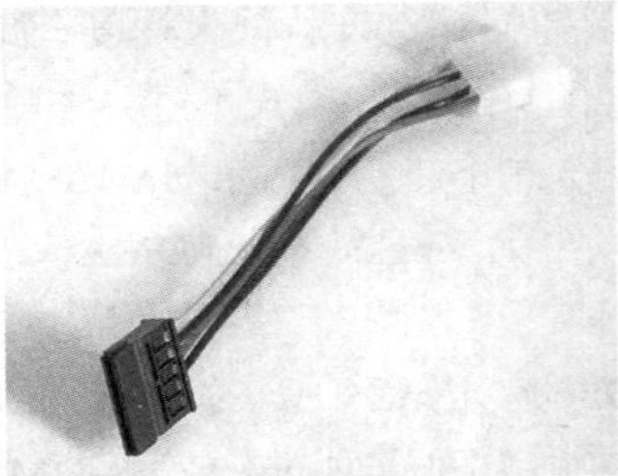

图 3-16　SATA 硬盘的电源线

图 3-17　SATA 接口实物图

1. SATA 规范的发展历程

SATA 技术是 Intel 公司在 IDF 2000 大会上推出的，其最大的优势是传输速率高。SATA 的工作原理非常简单：采用连续串行的方式来实现数据传输从而获得较高的传输速率。2003 年发布的 SATA 1.0 规范提供的传输速率就已经达到了 150MB/s，不但高出普通 IDE 硬盘所提供的 100MB/s（ATA100），甚至超过了 IDE 最高传输速率 133MB/s（ATA133）。

SATA 在数据可靠性方面也有了大幅度提高。SATA 可同时对指令及数据封包进行循环冗余校验（CRC），不仅可检测出所有单比特和双比特的错误，而且根据统计学的原理还能够检测出 99.998%可能出现的错误。相比之下，PATA 只能对来回传输的数据进行校验，而无法对指令进行校验，加上高频率下干扰甚大，因此数据传输稳定性很差。

除了传输速率更高、传输数据更可靠外，节省空间是 SATA 最具吸引力的地方。由于线缆相对于 80 芯的 IDE 线缆来说瘦了不少，更有利于机箱内部的散热，线缆间的串扰也得到了有效控制。不过 SATA 1.0 规范存在不少缺点，特别是缺乏对于服务器和网络存储应用所需的一些先进特性的支持。比如在多任务、多请求的典型服务器环境里面，SATA 1.0 硬盘的确会有性能大幅度下降，还有可维护性不强、可连接性不好等缺点。这时，SATA 2.0 的出现使这方面得到了很好的补充。

2. SATA 2.0 规范中的新特性

与 SATA 1.0 规范相比，SATA 2.0 规范中添加了一些新的特性，具体如下。

- 3Gb/s 的传输速率：在 SATA 2.0 扩展规范中，3Gb/s 的速率是最大的亮点。由于 SATA 使用 8bit/10bit 编码，所以 3Gb/s 等同于 300MB/s 的接口速率。不过，从性能角度看，3Gb/s 并不能带来多大的提升，即便是 RAID 应用的场合，性能提升也没有想象的那么大。因为硬盘内部传输速率还达不到与接口速率等同的程度。在大多数应用中，硬盘是将更多的时间花在了寻道上，而不是传输上。接口速率的提高直接影响的是从缓存进行读写的操作，所以理论上大缓存的产品会从 3Gb/s 的传输速率中得到更大的好处。
- 支持 NCQ 技术：在 SATA 2.0 扩展规范所带来的一系列新功能中，NCQ（Native

Command Queuing，自身命令队列）功能也非常令人关注。硬盘是机电设备，容易受内部机械部件惯性的影响，其中旋转等待时间和寻道等待时间就大大限制了硬盘对数据访问和检索的效率。前面曾经描述过一个模型，指的就是这种由硬盘驱动器自身实现的排队技术。

如果对磁头寻道这个机械动作的执行过程实施智能化的内部管理，就可以大大地提高整个工作流程的效率。所谓智能化的内部管理就是取出队列中的命令，然后重新排序，以便有效地获取和发送主机请求的数据。在硬盘执行某一命令的同时，队列中可以加入新的命令并排在等待执行的作业中。如果新的命令恰好是处理起来机械效率最高的，那么它就是队列中要处理的下一个命令。但有效的排序算法既要考虑目标数据的线性位置，又要考虑其角度位置，并且还要对线性位置和角度位置进行优化，以使总线的服务时间最小，这个过程也称做"基于寻道和旋转优化的命令重新排序"。

台式 SATA 硬盘队列一直被严格地限制为深度不得超过 32 级。如果增加队列深度，可能会起到反作用——增加命令堆积的风险。通常 SATA 硬盘接收命令时有两种选择，一是立即执行命令，二是延迟执行。对于后一种情况，硬盘必须通过设置注意标志和 Service 位来通知主机何时开始执行命令。然而硬盘不能主动与主机通信，这就需要主机定期轮回查询，发现 Service 位后将发出一条 Service 命令，然后才能从硬盘处获得将执行哪一条待执行命令的信息。而且 Service 位不包含任何对即将执行命令的识别信息，所必需的命令识别信息是以标记值的形式与数据请求一同传输的，并仅供主机用于设置 DMA 引擎和接收数据缓冲区。这样主机就不能预先掌握硬盘所设置的辅助位是哪条命令设置的，数据传输周期开始前也无法设置 DMA 引擎，这最终导致了 SATA 硬盘效率低下。

NCQ 包含如下两部分内容。

一方面，硬盘本身必须有能力针对实体数据的扇区分布对命令缓冲区中的读写命令进行排序。同时硬盘内部队列中的命令可以随着必要的跟踪机制动态地重新调整或排序，其中跟踪机制用于掌握待执行和已完成作业的情况，而命令排队功能还可以使主机在设备对命令进行排队的时候，断开与硬盘间的连接以释放总线。一旦硬盘准备就绪，就重新连接到主机，尽可能以最快的速率传输数据，从而消除占用总线的现象。

另一方面，通信协议的支持也相当重要。因为以前的 PATA 硬盘在传输数据时很容易造成中断，这会降低主控器的效率，所以 NCQ 规范中定义了中断聚集机制。相当于一次执行完数个命令后，再对主控器回传执行完毕的信息，改善处理队列命令的效能。

从最早的希捷 7200.7 系列硬盘开始，NCQ 技术应用于桌面产品的时间至今已超过半年，不过目前 NCQ 对个人桌面应用并没有带来多大的性能提升，在某些情况下还会引起副作用。而且不同硬盘厂商的 NCQ 方案存在着差异，带来的效果也不同。

- 端口选择器（Port Selector）：目前的 SATA 2.0 扩展规范还具备了 Port Selector（端口选择器）功能。Port Selector 是一种数据冗余保护方案，使用 Port Selector 可增加冗余度，具有 Port Selector 功能的 SATA 硬盘，外部有两个 SATA 接口，同时连接这两个接口到控制器上，一旦某个接口坏掉或者连线故障，则立刻切换到另一个接口和连线上，不会影响数据传输。
- 端口复用器（Port Multiplier）：SATA 1.0 的一个缺点就是可连接性不好，即连接多个硬盘的扩展性不好。因为在 SATA 1.0 规范中，一个 SATA 接口只能连接一个设备。SATA

规范的制定者们显然也意识到了这个问题，于是在 SATA 2.0 中引入了 Port Multiplier 的概念。Port Multiplier 是一种可以在一个控制器上扩展多个 SATA 设备的技术，它采用 4 位（bit）宽度的 Port Multiplier 端口字段，其中控制端口占用一个地址，因此最多能输出 2 的四次方减 1 个，即 15 个设备连接，这与并行 SCSI 相当。Port Multiplier 的上行端口只有 1 个，在带宽为 150MB/s 的时候容易成为瓶颈，但如果上行端口支持 300MB/s 的带宽，就与 Ultra320 SCSI 的 320MB/s 十分接近了。Port Multiplier 技术对需要多硬盘的用户很有用，不过目前提供这种功能的芯片组极少。

- 服务器特性：在 SATA 2.0 扩展规范中还增加了大量的新功能，比如防止开机时多硬盘同时启动带来太大电流负荷的交错启动功能；强大的温度控制、风扇控制和环境管理；背板互联和热插拔功能等。这些功能更侧重于低端服务器方面的扩展。
- 接口和连线的强化：作为一个还在不断添加内容的标准集合，SATA 2.0 最新的热点是 eSATA，即外置设备的 SATA 接口标准，采用了屏蔽性能更好的两米长连接线，目标是最终取代 USB 和 IEEE 1394。在内部接口方面，Click Connect 加强了连接的可靠性，在接上时有提示声，拔下时需要先按下卡口。这些细微的结构变化显示出 SATA 接口更加成熟和可靠。

下面单独用一节来讲解在存储方面应用最为广泛的 SCSI 硬盘接口。

3.5 SCSI 硬盘接口

SCSI 与 ATA 是目前现行的两大主机与外设通信的协议规范，而且它们各自都有自己的物理接口定义。对于 ATA 协议，对应的就是 IDE 接口；对于 SCSI 协议，对应的就是 SCSI 接口。凡是作为一个通信协议，就可以按照 OSI 模型（本书第 7 章将介绍）来将其划分层次，尽管有些层次可能是合并的或者是缺失的。划分了层次之后，我们就可以把这个协议进行分解，提取每个层次的功能和各个层次之间的接口，从而可以将这个协议融合到其他协议之中，形成一种“杂交”协议来适应各种不同的环境，这个话题将在本书第 13 章加以阐述。

SCSI 的全称是 Small Computer System Interface，即小型计算机系统接口，是一种较为特殊的接口总线，具备与多种类型的外设进行通信的能力，比如硬盘、CD-ROM、磁带机和扫描仪等。SCSI 采用 ASPI（高级 SCSI 编程接口）的标准软件接口使驱动器和计算机内部安装的 SCSI 适配器进行通信。SCSI 接口是一种广泛应用于小型机上的高速数据传输技术。SCSI 接口具有应用范围广、多任务、带宽大、CPU 占用率低以及热插拔等优点。

SCSI 接口为存储产品提供了强大、灵活的连接方式，还提供了很高的性能，可以有 8 个或更多（最多 16 个）的 SCSI 设备连接在一个 SCSI 通道上，其缺点是价格过于昂贵。SCSI 接口的设备一般需要配合价格不菲的 SCSI 卡一起使用（如果主板上已经集成了 SCSI 控制器，则不需要额外的适配器），而且 SCSI 接口的设备在安装、设置时比较麻烦，所以远远不如 IDE 设备使用广泛。虽然从 2007 年开始，IDE 硬盘就被 SATA 硬盘彻底逐出了市场。

在系统中应用 SCSI 必须要有专门的 SCSI 控制器，也就是一块 SCSI 控制卡，才能支持 SCSI 设备，这与 IDE 硬盘不同。在 SCSI 控制器上有一个相当于 CPU 的芯片，它对 SCSI 设备进行控制，能处理大部分的工作，减少了 CPU 的负担（CPU 占用率）。在同时期的硬盘中，SCSI 硬盘的转速、缓存容量、数据传输速率都要高于 IDE 硬盘，因此更多是应用于商业领域。

下面简单介绍一下 SCSI 规范的发展过程。

SCSI 最早是 1979 年由美国的 Shugart 公司（希捷公司前身）制订的，在 1986 年获得了 ANSI（美国标准协会）的承认，称为 SASI（Shugart Associates System Interface），也就是最初版本 SCSI-1。

SCSI-1 是第一个 SCSI 标准，支持同步和异步 SCSI 外围设备；使用 8 位的通道宽度；最多允许连接 7 个设备；异步传输时的频率为 3MB/s，同步传输时的频率为 5MB/s；支持 WORM 外围设备。它采用 25 针接口，因此在连接到 SCSI 卡（SCSI 卡上接口为 50 针）上时，必须要有一个内部的 25 针对 50 针的接口电缆。该种接口已基本被淘汰，在相当古老的设备上或个别扫描仪设备上可能还可以看到。

SCSI-2 又被称为 Fast SCSI，它在 SCSI-1 的基础上做了很大的改进，增加了可靠性，数据传输率也被提高到了 10MB/s；但仍旧使用 8 位的并行数据传输，还是最多连接 7 个设备。后来又进行了改进，推出了支持 16 位并行数据传输的 WIDE-SCSI-2（宽带）和 FAST-WIDE-SCSI-2（快速宽带）。其中 WIDE-SCSI-2 的数据传输速率并没有提高，只是改用 16 位传输；而 FAST-WIDE-SCSI-2 则是把数据传输速率提高到了 20MB/s。

SCSI-3 标准版本是在 1995 年推出的，也习惯称为 Ultra SCSI，其同步数据传输速率为 20MB/s。若使用 16 位传输的 Wide 模式时，数据传输率更可以提高至 40MB/s。其允许接口电缆的最大长度为 1.5 米。

1997 年推出了 Ultra 2 SCSI（Fast-40）标准版本，其数据通道宽度仍为 8 位，但其采用了 LVD（Low Voltage Differential，低电平微分）传输模式，传输速率为 40MB/s，允许接口电缆的最大长度为 12 米，大大增加了设备的灵活性，且支持同时挂接 7 个设备。随后推出了 Wide Ultra 2 SCSI 接口标准，它采用 16 位数据通道带宽，最高传输速率可达 80MB/s，允许接口电缆的最大长度为 12 米，支持同时挂接 15 个装置。

LVD 可以使用更低的电压，因此可以将差动驱动程序和接收程序集成到硬盘的板载 SCSI 控制器中。不再需要单独的高成本外部高电压差动组件。而老式 SCSI 需要使用独立的、耗电的高压器件。

LVD 硬盘可进行多模式转换。当所有条件都满足时，硬盘就工作在 LVD 模式下；反之，如果并非所有条件都满足，硬盘将降为单端工作模式。LVD 硬盘带宽的增加对于服务器环境来说意味着更理想的性能。服务器环境都有快速响应、必须能够进行随机访问和大工作量的队列操作等要求。当使用诸如 CAD、CAM、数字视频和各种 RAID 等软件的时候，带宽增加的效果能立竿见影，信息可以迅速而轻松地进行传输。

Ultra 160 SCSI，也称为 Ultra 3 SCSI LVD，是一种比较成熟的 SCSI 接口标准，是在 Ultra 2 SCSI 的基础上发展起来的，采用了双转换时钟控制、循环冗余码校验和域名确认等新技术。在增强了可靠性和易管理性的同时，Ultra 160 SCSI 的传输速率为 Ultra 2 SCSI 的 2 倍，达到 160MB/s。这是采用了双转换时针控制的结果。双转换时钟控制在不提高接口时钟频率的情况下使数据传输率提高了一倍，这也是 Ultra l60 SCSI 接口速率大幅提高的关键。

Ultra 320 SCSI，也称为 Ultra 4 SCSI LVD，是比较新型的 SCSI 接口标准。Ultra 320 SCSI 是在 Ultra 160 SCSI 的基础上发展起来的，Ultra 160 SCSI 的 3 项关键技术，即双转换时钟控制、循环冗余码校验和域名确认，都得到了保留。以往的 SCSI 接口标准中，SCSI 接口支持异步和同步两种传输模式。Ultra 320 SCSI 引入了调步传输模式，在这种传输模式中简化了数据时钟逻辑，使 Ultra 320 SCSI 的高传输速率成为可能。Ultra 320 SCSI 的传输速率可以达到 320MB/s。

图 3-18 为 SCSI 总线连接示意图。

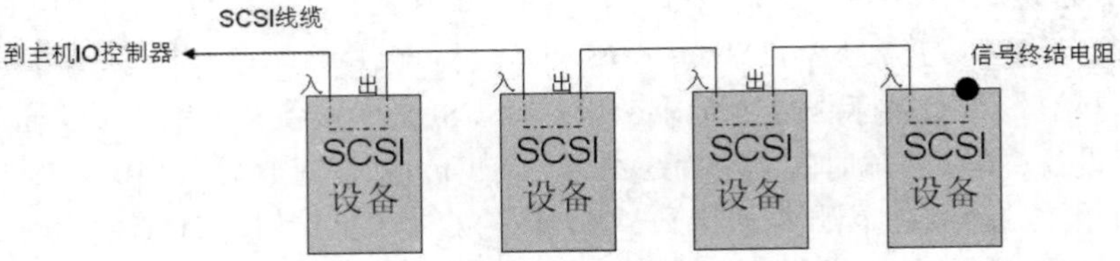

图 3-18 SCSI 总线连接示意图

下面介绍 SCSI 协议中的 OSI 模型。

上面描述的 SCSI 接口的各个规范，全部限于物理电气层，即描述传输速率、电气技术性能等。SCSI 是一套完整的数据传输协议。一个通信协议必然会跨越 OSI 的所有 7 个层次，而物理电气参数只是 OSI 模型中的第一层，那么第二层到第七层，SCSI 规范中也包含么？答案当然是肯定的。

1. SCSI 协议的链路层

OSI 模型中链路层的功能就是用来将数据帧成功地传送到这条线路的对端。SCSI 协议中，利用 CRC 校验码来校验每个指令或者数据的帧，如果发现对方发来的校验码与本地计算的不同，则说明这个数据帧在传输过程中受到了比较强的干扰而使其中某个或者某些位发生了翻转，那么就会丢弃这个帧，发送方便会重传这个帧。

2. SCSI 协议的网络层

1）SCSI 总线编址机制

OSI 模型中网络层的功能就是用来寻址的，那么面对总线或者交换架构下的多个节点，各个节点之间又是如何区分对方呢？只有解决了这个问题，才能继续，否则是没有意义的。SCSI 协议利用了一个 SCSI ID 的概念来区分每个节点。在 Ultra 320 SCSI 协议中，一条 SCSI 总线上可以存在 16 个节点，其中 SCSI 控制器占用一个节点，SCSI ID 被恒定设置为 7。其他 15 个节点的 SCSI ID 可以随便设置但是不能重复。这 16 个 ID 中，7 具有最高的优先级。也就是说，如果 ID7 要发起传输，则其他 15 个 ID 都必须乖乖把总线的使用权让给它。图 3-19 是 SCSI 总线 ID 优先级示意图。

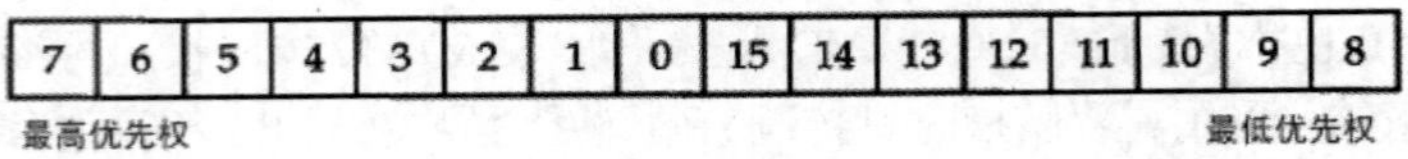

图 3-19 SCSI 总线 ID 优先级示意图

由于总线是一种共享的线路，总线上的每个节点都会同时感知到这条线路上的电位信号，所以同一时刻只能由一个节点向这条总线上放数据，也就是给这条线路加一个高电位或者低电位。其他所有节点都能感知到这个电位的增降，但是只有接受方节点才会将感知到的电位增降信号保存到自己的缓存中，这些保存下来的信号就是数据。电路上是高电位则接受方会保存为 1，低电位则保存成 0，反过来保存也可以。图 3-20 所示的一个只有两条导线的总线网络（实际中的总线远远不止两条导线），其中总线终结电阻的作用是终结导线上的电位信号。

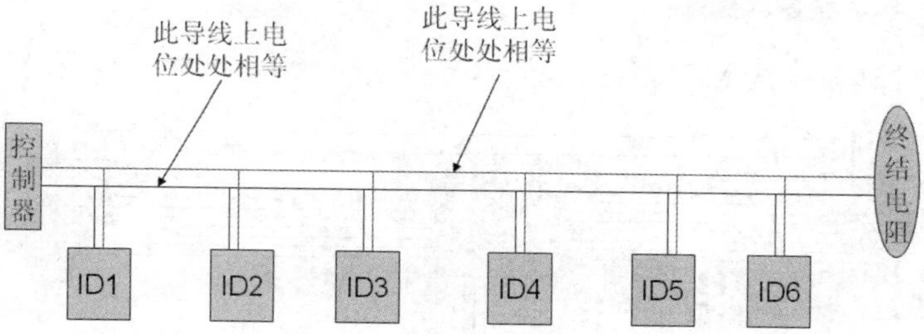

图 3-20 SCSI 总线 ID

图 3-21 是一个 32 位数据总线的 SCSI ID 与其优先级以及导线的对应表。

SCSI address	DB31							DB24	DB23							DB16	DB15							DB8	DB7							DB0	Priority
7	-	-	-	-	-	-	-	-	-	-	-	-	-	-	-	-	-	-	-	-	-	-	-	-	1	-	-	-	-	-	-	-	1
6	-	-	-	-	-	-	-	-	-	-	-	-	-	-	-	-	-	-	-	-	-	-	-	-	-	1	-	-	-	-	-	-	2
5	-	-	-	-	-	-	-	-	-	-	-	-	-	-	-	-	-	-	-	-	-	-	-	-	-	-	1	-	-	-	-	-	3
4	-	-	-	-	-	-	-	-	-	-	-	-	-	-	-	-	-	-	-	-	-	-	-	-	-	-	-	1	-	-	-	-	4
3	-	-	-	-	-	-	-	-	-	-	-	-	-	-	-	-	-	-	-	-	-	-	-	-	-	-	-	-	1	-	-	-	5
2	-	-	-	-	-	-	-	-	-	-	-	-	-	-	-	-	-	-	-	-	-	-	-	-	-	-	-	-	-	1	-	-	6
1	-	-	-	-	-	-	-	-	-	-	-	-	-	-	-	-	-	-	-	-	-	-	-	-	-	-	-	-	-	-	1	-	7
0	-	-	-	-	-	-	-	-	-	-	-	-	-	-	-	-	-	-	-	-	-	-	-	-	-	-	-	-	-	-	-	1	8
15	-	-	-	-	-	-	-	-	-	-	-	-	-	-	-	-	1	-	-	-	-	-	-	-	-	-	-	-	-	-	-	-	9
14	-	-	-	-	-	-	-	-	-	-	-	-	-	-	-	-	-	1	-	-	-	-	-	-	-	-	-	-	-	-	-	-	10
13	-	-	-	-	-	-	-	-	-	-	-	-	-	-	-	-	-	-	1	-	-	-	-	-	-	-	-	-	-	-	-	-	11
12	-	-	-	-	-	-	-	-	-	-	-	-	-	-	-	-	-	-	-	1	-	-	-	-	-	-	-	-	-	-	-	-	12
11	-	-	-	-	-	-	-	-	-	-	-	-	-	-	-	-	-	-	-	-	1	-	-	-	-	-	-	-	-	-	-	-	13
10	-	-	-	-	-	-	-	-	-	-	-	-	-	-	-	-	-	-	-	-	-	1	-	-	-	-	-	-	-	-	-	-	14
9	-	-	-	-	-	-	-	-	-	-	-	-	-	-	-	-	-	-	-	-	-	-	1	-	-	-	-	-	-	-	-	-	15
8	-	-	-	-	-	-	-	-	-	-	-	-	-	-	-	-	-	-	-	-	-	-	-	1	-	-	-	-	-	-	-	-	16
23	-	-	-	-	-	-	-	-	1	-	-	-	-	-	-	-	-	-	-	-	-	-	-	-	-	-	-	-	-	-	-	-	17
22	-	-	-	-	-	-	-	-	-	1	-	-	-	-	-	-	-	-	-	-	-	-	-	-	-	-	-	-	-	-	-	-	18
21	-	-	-	-	-	-	-	-	-	-	1	-	-	-	-	-	-	-	-	-	-	-	-	-	-	-	-	-	-	-	-	-	19
20	-	-	-	-	-	-	-	-	-	-	-	1	-	-	-	-	-	-	-	-	-	-	-	-	-	-	-	-	-	-	-	-	20
19	-	-	-	-	-	-	-	-	-	-	-	-	1	-	-	-	-	-	-	-	-	-	-	-	-	-	-	-	-	-	-	-	21
18	-	-	-	-	-	-	-	-	-	-	-	-	-	1	-	-	-	-	-	-	-	-	-	-	-	-	-	-	-	-	-	-	22
17	-	-	-	-	-	-	-	-	-	-	-	-	-	-	1	-	-	-	-	-	-	-	-	-	-	-	-	-	-	-	-	-	23
16	-	-	-	-	-	-	-	-	-	-	-	-	-	-	-	1	-	-	-	-	-	-	-	-	-	-	-	-	-	-	-	-	24
31	1	-	-	-	-	-	-	-	-	-	-	-	-	-	-	-	-	-	-	-	-	-	-	-	-	-	-	-	-	-	-	-	25
30	-	1	-	-	-	-	-	-	-	-	-	-	-	-	-	-	-	-	-	-	-	-	-	-	-	-	-	-	-	-	-	-	26
29	-	-	1	-	-	-	-	-	-	-	-	-	-	-	-	-	-	-	-	-	-	-	-	-	-	-	-	-	-	-	-	-	27
28	-	-	-	1	-	-	-	-	-	-	-	-	-	-	-	-	-	-	-	-	-	-	-	-	-	-	-	-	-	-	-	-	28
27	-	-	-	-	1	-	-	-	-	-	-	-	-	-	-	-	-	-	-	-	-	-	-	-	-	-	-	-	-	-	-	-	29
26	-	-	-	-	-	1	-	-	-	-	-	-	-	-	-	-	-	-	-	-	-	-	-	-	-	-	-	-	-	-	-	-	30
25	-	-	-	-	-	-	1	-	-	-	-	-	-	-	-	-	-	-	-	-	-	-	-	-	-	-	-	-	-	-	-	-	31
24	-	-	-	-	-	-	-	1	-	-	-	-	-	-	-	-	-	-	-	-	-	-	-	-	-	-	-	-	-	-	-	-	32

图 3-21 SCSI ID 与其优先级以及导线的对应表

那么这些节点是如何知道现在正在通信的两个节点之中有没有自己呢？要了解当前线路上是不是自己在通信，或者自己想争夺线路的使用权而通告其他节点，这个过程叫做仲裁。有总线的地方就有仲裁，因为总线是共享的，各个节点都申请使用，所以必须有一个仲裁机制。SCSI 接口并不只有 8 或者 16 条数据线，还有很多控制信号线。

普通台式机主板一般不集成 SCSI 控制器，如果想接入 SCSI 磁盘，则必须增加 SCSI 卡。SCSI 卡一端接入主机的 PCI 总线，另一端用一个 SCSI 控制器接入 SCSI 总线。卡上有自己的 CPU（频率很低，一般为 RISC 架构），通过执行 ROM 中的代码来控制整个 SCSI 卡的工作。经过这样的架构，SCSI 卡将 SCSI 总线上的所有设备经过 PCI 总线传递给内存中运行着的 SCSI 卡的驱动程序，这样操作系统便会知道 SCSI 总线上的所有设备了。如果这块卡有不止一个 SCSI 控制器，则每个控制器都可以单独掌管一条 SCSI 总线，这就是多通道 SCSI 卡。通道越多，一张卡可接入的 SCSI 设备就越多。

图 3-22 是 SCSI 总线接入计算机总线的示意图。

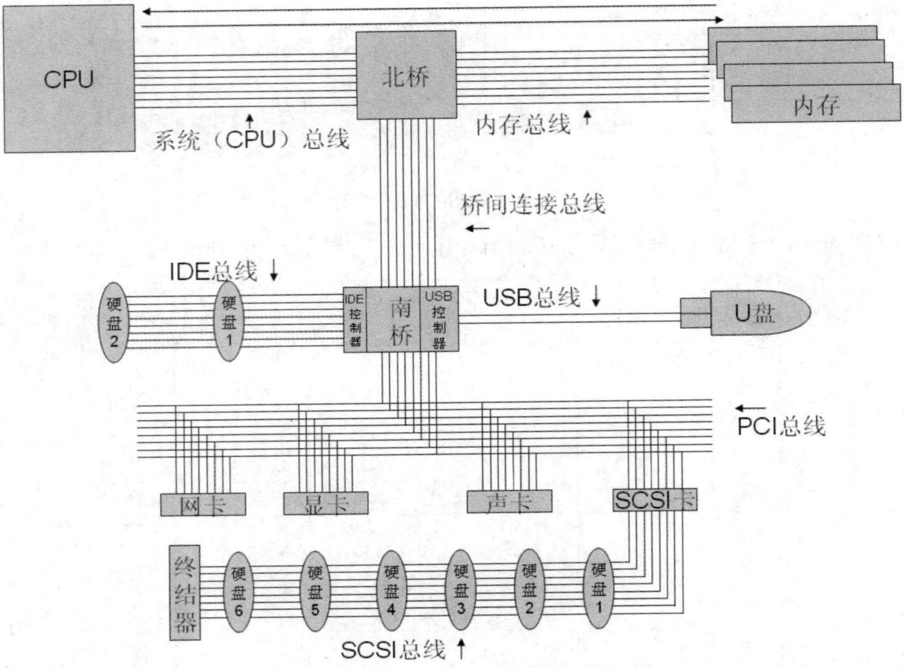

图 3-22　SCSI 总线与计算机总线

2）SCSI 寻址机制和几个阶段

（1）空闲阶段

总线一开始是处于一种空闲状态，没有节点要发起通信。总线空闲的时候，BSY 和 SEL 这两条控制信号线的状态都为 False 状态（用一个持续的电位表示），此时任何节点都可以发起通信。

（2）仲裁阶段

节点是通过在 8 条或者 16 条数据总线上（8 位宽 SCSI 有 8 条，16 位宽 SCSI 有 16 条）提升自己对应的那条线路的电位来申请总线使用权的。提升自己 ID 对应线路的电位的同时，这个节点也提升 BSY 线路的电位。每个 ID 号对应这 8 条或者 16 条线中的一条。SCSI 设备上都有跳线用来设置这个设备的 ID 号。跳线设置好之后，这个设备每次申请仲裁都只会在 SCSI 接口的 8 条或 16 条数据线中的对应它自身 ID 的那条线上提升电位。如果同时有多个节点提升了各自线路上的电位，那么所有发起申请的节点均判断总线上的这些信号，如果自己是最高优先级的，那么就持续保留这个信号。而其他低优先级的节点一旦检测到高优先级的 ID 线路上有信号，则立即撤销自身的信号，回到初始状态等待下轮仲裁，而最高优先级的 ID 就在这轮仲裁中获胜，取得总线的使用权，同时将 SEL 信号线提升电位。

SCSI 总线的寻址方式，按照控制器 – 通道 – SCSI ID – LUN ID 来寻址。LUN 是个新名词，全称是 Logical Unit Number，后文会对它进行描述。

先看一下控制器一级寻址。控制器就是指 SCSI 控制器，这个控制器集成在南桥上，或者独立于某个 PCI 插卡。但不管在哪里，它们都要连接到主机 IO 总线上。有 IO 端口，就可以让 CPU 访问到。一个主机 IO 总线上不一定只有一个 SCSI 控制器，可以有多个，比如插入多张 SCSI 卡到主板，那么就会在 Windows 系统的设备管理器中发现多个 SCSI 控制器。系统会区分每个控制器。

每个控制器又可以有多个通道。通道也就是 SCSI 总线，一条 SCSI 总线就是一个通道。那么多条 SCSI 总线（通道）可以被一个控制器管理么？答案是肯定的，这个物理控制器会被逻辑划分为多个虚拟的、可以管理多个通道（SCSI 总线）的控制器，称为多通道控制器。目前市场上有的产品可以将 4 个通道集成到一个单独的 SCSI 卡上。不仅仅 SCSI 控制器可以有多通道，IDE 控制器也有通道的概念。我们知道，普通台式机主板上一般会有两个 IDE 插槽，一个 IDE 插槽可以连接两个 IDE 设备，但是设备管理器中只有一个 IDE 控制器，如图 3-23 所示。也就是说一个控制器掌管着两个通道，每个通道（总线）上都可以接入两个 IDE 设备。

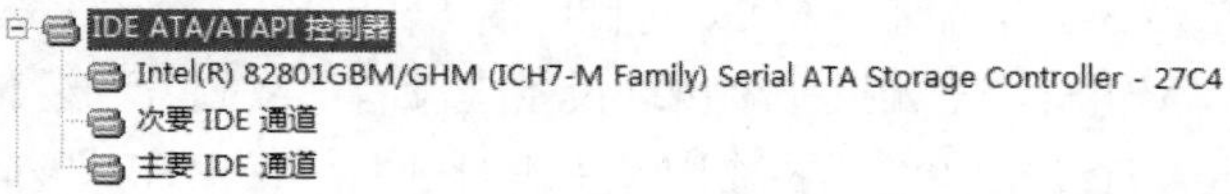

图 3-23　Windows 中的 IDE 控制器

常说的“单通道 SCSI 卡”和“双通道 SCSI 卡”，就是指上面可以接几条 SCSI 总线。当然通道数目越多，能接入的 SCSI 设备也就越多。

每个通道（总线）上可以接入 8 或 16 个 SCSI 设备，所以必须区分开每个 SCSI 设备。SCSI ID 就是针对每个设备的编号，每个通道上的设备都有自己的 ID。不同通道之间的设备 ID 可以相同，并不影响它们的区分，因为它们的通道号不同。如图 3-24 所示为多通道控制器示意图。

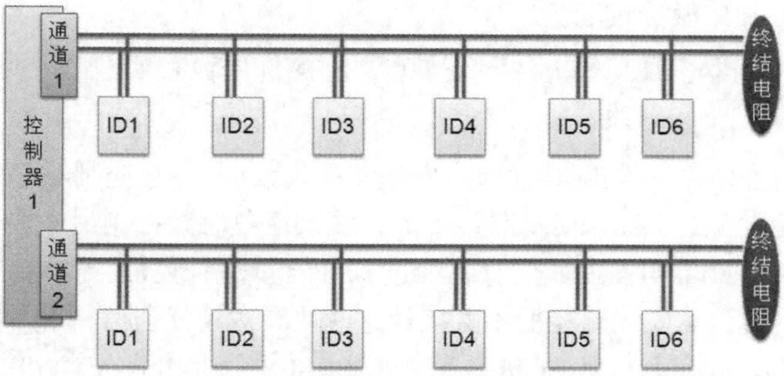

图 3-24　多通道控制器示意图

图 3-25 中所示的机器安装了一块 LSI 的 SCSI 卡，但是显示为两个设备，这两个设备就是两个通道。

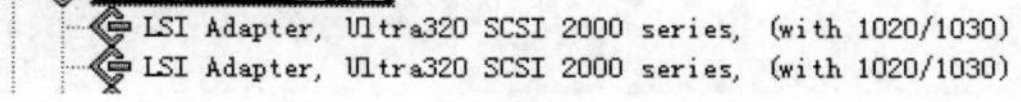

图 3-25　Windows 中的 SCSI 控制器

其中一个在第 3 号 PCI 总线上的第三个设备（第三个 PCI 插槽）上。功能 0 指的就是 0 号通道，如图 3-26 所示。

另一个也在第 3 号 PCI 总线上的第三个设备（第三个 PCI 插槽）上，表明这个设备也在同一块 SCSI 卡上。功能 1 指的是 1 号通道，如图 3-27 所示。

图 3-26 Windows 中的控制器通道号（1）

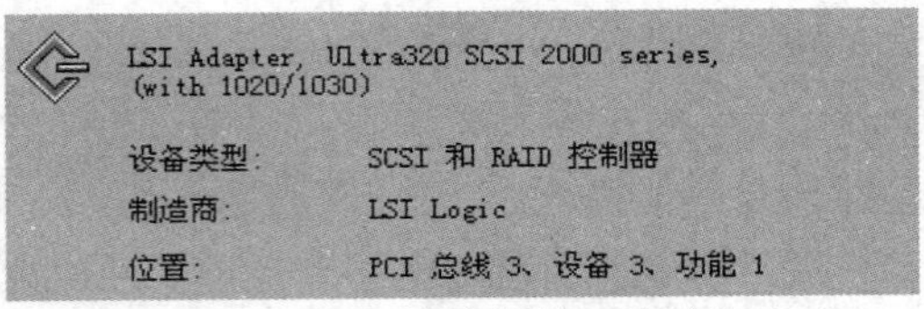

图 3-27 Windows 中的控制器通道号（2）

然而，SCSI ID 并不是 SCSI 总线网络中的最后一层地址，还有一个 LUN ID。这个是做什么用的呢？难道一个 SCSI ID，也就是一个 SCSI 设备，还可以再划分？是的，可以再分！再分就不是物理上的分割了，总不能把一个 SCSI 设备掰开两半吧。只能在逻辑上分，每个 SCSI ID 下面可以再区分出来若干个 LUN ID。控制器初始化的时候，会对每个 SCSI ID 上的设备发出一条 Report LUN 指令，用来收集每个 SCSI ID 设备的 LUN 信息。这样，一条 SCSI 总线上可接入的最终逻辑存储单元数量就大大增加了。LUN 对传统的 SCSI 总线来说意义不大，因为传统 SCSI 设备本身已经不可物理上再分了。如果一个物理设备上没有再次划分的逻辑单元，那么这个物理设备必须向控制器报告一个 LUN0，代表物理设备本身。对于带 RAID 功能的 SCSI 接口磁盘阵列设备来说，由于会产生很多的虚拟磁盘，所以只靠 SCSI ID 是不够的，这时候就要用到 LUN 来扩充可寻址的范围，所以习惯上称磁盘阵列生成的虚拟磁盘为 LUN。关于 RAID 和磁盘阵列会分别在本书的第 4～6 章中介绍。

（3）选择阶段

仲裁阶段之后，获胜的节点会将 BSY 和 SEL 信号线置位，然后将 8 或 16 条数据总线上对应它自身 ID 的线路和对应它要通信的目标 ID 的线路的电位提升，这样目的节点就能感知到它自己的线路上来了信号，开始做接收准备。

提示： SCSI 控制器也是总线上的一个节点，它的优先级必须是最高的，即等于 7，因为控制器需要掌控整条总线。

总线上最常发生的是控制器向其他节点发送和接收数据，而除控制器之外的其他节点之间交互数据，一般是不会发生的。如果要从总线上的一块硬盘复制数据到另一块硬盘，那也必须先将数据发送到控制器，控制器再复制到内存，经过 CPU 运算后再次发给控制器，然后控制器再发给另外一块硬盘。经过这么长的路径而不直接让这两块硬盘建立通信，原因就是硬盘本身是不能感知文件这个概念的，硬盘只理解 SCSI 语言，而 SCSI 语言是处理硬盘 LBA 块的，即告诉硬盘读或者写某些 LBA 地址上的扇区（块），而不可能告诉硬盘读写某个文件。文件这个层次的功能是由运行在主机上的文件系统代码所实现的，所以硬盘必须将数据先传送到主机内存由文件系统处理，然后再发向另外的硬盘。

这就是 SCSI 的网络层。每个节点都在有条不紊地和控制器交互着数据。

3. SCSI 协议的传输层

OSI 模型中的传输层的功能就是保障此端的数据成功地传送到彼端。与链路层不同的是，链路层只是保障线路两端数据的传送，而且一旦某个帧出错，链路层程序本身不会重新传送这个帧。所以，需要有一个端到端的机制来保障传输，这个机制是运行在通信双方最终的两端的，而不是某个链路的两端。

图 3-28 显示了 SCSI 协议是如何保障每个指令都被成功传送到对方的。

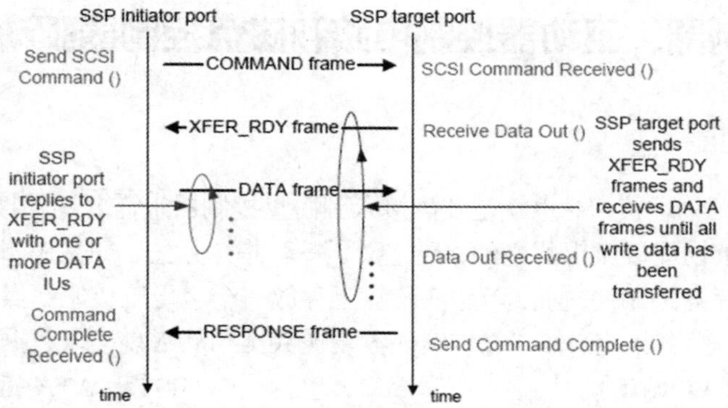

图 3-28　控制器向设备发送数据（写入数据）

发起方在获得总线仲裁之后，会发送一个 SCSI Command 写命令帧，其中包含对应的 LUN 号以及 LBA 地址段。接收端接收后，就知道下一步对方就要传输数据了。接收方做好准备后，向发起方发送一个 XFER_RDY 帧，表示已经做好接收准备，可以随时发送数据。

发起方收到 XFER_RDY 帧之后，会立即发送数据。每发送一帧数据，接收方就回送一个 XFER_RDY 帧，表示上一帧成功收到并且无错误，可以立即发送下一帧，直到数据发送结束。

接收方发送一个 RESPONSE 帧来表示这条 SCSI 命令执行完毕。

图 3-29 是一个 SCSI 读过程的示意图。

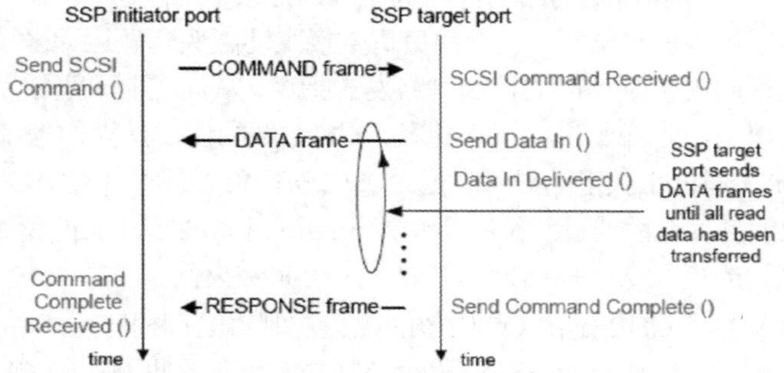

图 3-29　控制器向设备读取数据

发起方在获得总线仲裁之后，会发送一个 SCSI Command 读命令帧。接收端接收后，立即将该命令中给出的 LUN 以及 LBA 地址段的所有扇区的数据读出，传送给发起端。

所有数据传输结束后，目标端发送一个 RESPONSE 帧来表示这条 SCSI 命令执行完毕。

SCSI 协议语言就是利用这种两端节点之间相互传送一些控制帧，来达到保障数据成功传输的目的。

4. SCSI 协议的会话层、表示层和应用层

会话层、表示层和应用层是 OSI 模型中最上面的三层，是与底层网络通信语言无关的，底层语言没有必要了解上层语言的含义。有没有会话层，完全取决于利用这个协议进行通信的应用程序。这里我们就不再详述了。

3.6 磁盘控制器、驱动器控制电路和磁盘控制器驱动程序

3.6.1 磁盘控制器

硬盘的接口包括物理接口，也就是硬盘接入到磁盘控制器上需要用的接口，具体的针数、某个针的作用等。除了物理接口规范之外，还定义了一套指令系统，叫做逻辑接口。磁盘通过物理线缆和接口连接到磁盘控制器之后，若想在磁盘上存放一个字母应该怎么操作？这是需要业界定义的很重要的东西。指令集定义了“怎样向磁盘发送数据和从磁盘读取数据以及怎样控制其他行为”，比如 SCSI 和 ATA 指令。其中，逻辑接口，也就是 SCSI 或者 ATA 指令集部分，指令实体内容是需要由运行于操作系统内核的驱动程序来生成的，而物理接口的连接，就是磁盘控制器芯片需要负责的，比如 ATA 控制器或 SCSI 控制器。磁盘控制器的作用是参与底层的总线初始化、仲裁等过程以及指令传输过程、指令传输状态机、重传、ACK 确认等，将这些太过底层的机制过滤掉，从而向驱动程序提供一种简洁的接口。驱动程序只要将要读写的设备号、起始地址等信息，也就是指令描述块（Command Description Block，CDB）传递给控制器即可，控制器接受指令并做相应动作，将执行后的结果信号返回给驱动程序。

3.6.2 驱动器控制电路

应该将磁盘控制器和磁盘驱动器的控制电路区别开来，二者是作用于不同物理位置的。磁盘驱动器控制电路位于磁盘驱动器上，它专门负责直接驱动磁头臂做运动来读写数据：而主板上的磁盘控制器专门用来向磁盘驱动器的控制电路发送指令，从而控制磁盘驱动器读写数据。由磁盘控制器对磁盘驱动器发出指令，进而操作磁盘，CPU 做的仅仅是操作控制器就可以了。来梳理一下这个结构，CPU 通过主板上的导线发送 SCSI 或者 ATA 指令（CDB）给同样处于主板上的磁盘控制器，磁盘控制器继而通过线缆将指令发送给磁盘驱动器并维护底层指令交互状态机，由磁盘驱动器解析收到的指令从而根据指令的要求来控制磁头臂。

SCSI 或者 ATA 指令 CDB 是由 OS 内核的磁盘控制器驱动程序生成并发送的。CPU 通过执行磁盘控制器驱动程序，生成指令发送给磁盘控制器，控制器收到这些 CDB 后，会做一定程度的翻译映射工作，生成最底层的磁盘可接受的纯 SCSI 指令，然后通过底层的物理操作，比如总线仲裁，然后编码，再在线缆上将指令发送给对应的磁盘。

3.6.3 磁盘控制器驱动程序

那么机器刚通电，操作系统还没有启动起来并加载磁盘控制器驱动的时候，此时是怎么访问磁盘的呢？CPU 必须执行磁盘通道控制器驱动程序才能与控制器交互，才能读写数据。所以，系统 BIOS 中存放了初始化系统所必需的基本代码。系统 BIOS 初始化过程中有这么一步，就是去发现并执行磁盘控制器的 Optional ROM（该 ROM 被保存在磁盘通道控制器中或者单独的 Flash 芯片内），该 ROM 内包含了该控制器的最原始的、可在主 BIOS 下执行的驱动程序，主 BIOS 载入并执行该 ROM，从而就加载了其驱动程序，也就可以与控制器进行交互了。最后主 BIOS 通过执行驱动程序而使得 CPU 可以发送对应的读指令，提取磁盘的 0 磁道的第一个扇区中的代码载入内存执行，从而加载 OS。

系统 BIOS（主 BIOS）中是包含常用的磁盘控制器驱动程序的，但是对于一些不太常用的较高端的板载控制器或者 PCIE 卡形式的控制卡，主 BIOS 一般不包含其驱动，所以必须主动加载其 Optional ROM 才能在主 BIOS 下驱动。如果根本不需要在主 BIOS 下使用该控制器，那么就不必加载 Optional ROM。在 OS 内核启动过程中，会用高性能的驱动程序来接管 BIOS 中驻留的驱动程序。当然，BIOS 中也要包含键盘驱动，如果支持 USB 移动设备启动，还要有 USB 驱动。

图 3-30 显示了磁盘控制器驱动程序、磁盘控制器和磁盘驱动器控制电路三者之间的关系。控制器驱动程序负责将上层下发的 SCSI/ATA 指令传递给控制器硬件。

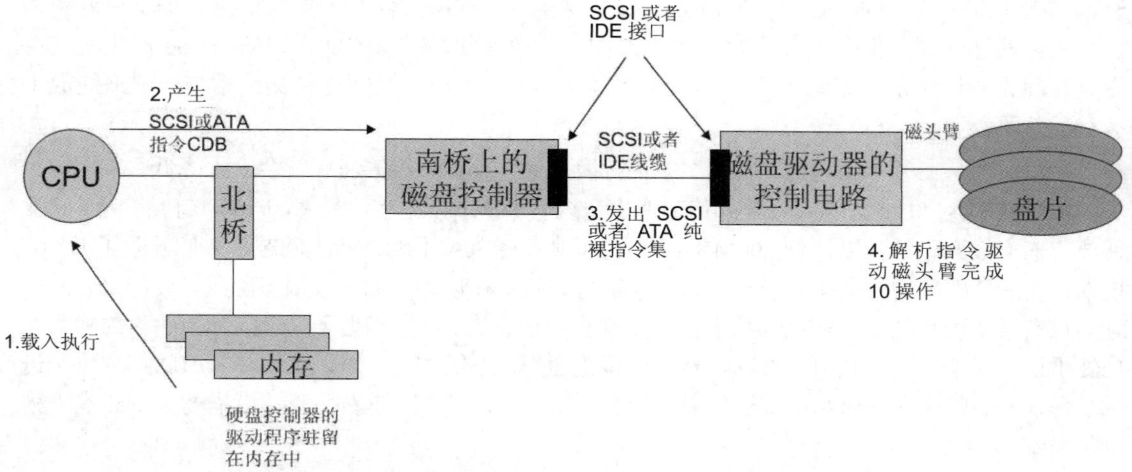

图 3-30　磁盘控制器驱动程序、磁盘控制器和磁盘驱动器控制电路三者的关系

安装操作系统时，安装程序要求必须加载完整的磁盘控制器驱动程序之后才可以识别到控制器后面的磁盘从而才可以继续安装。此时虽然系统 BIOS 里的基本简化驱动已经可以向磁盘进行读写操作，但是其性能是很差的，基本都使用 Int13 调用方式；而现代操作系统都抛弃了这种方式，所以安装操作系统过程中必须加载完整驱动才可以获得较高的性能。至于系统安装完后的启动过程，一开始必须由 BIOS 来将磁盘的 0 磁道代码读出执行以便加载操作系统，使用的是简化驱动，启动过程中，OS 的完整驱动会替代掉 BIOS 的简化驱动被加载。

提示：本书第 9 章会详细描述 SAN Boot 的启动过程以及磁盘控制器驱动程序的详细架构。

3.7　内部传输速率和外部传输速率

3.7.1　内部传输速率

磁盘的内部传输速率指的是磁头读写磁盘时的最高速率。这个速率不包括寻道以及等待扇区旋转到磁头下所耗费时间的影响。它是一种理想情况，即假设磁头读写的时候不需要换道，也不专门读取某个扇区，而是只在一个磁道上连续地循环读写这个磁道的所有扇区，此时的速率就叫做硬盘的内部传输速率。

通常，每秒 10000 转的 SCSI 硬盘的内部传输速率的数量级大概在 1000MB/s 左右。但是为何实际使用硬盘的时候，比如复制一个文件，其传输速率充其量只是每秒几十兆字节呢？原因就是磁头需要不断换道。

想象：闪电侠正在做数学题，假设我们不打断他，他每秒能连续做 100 道题，此时我们每隔 0.1 秒，就和他交谈打断他一次，每次交谈的时间是 0.5 秒。也就是说闪电侠实际上做数学题的时间是每隔 0.5 秒做一次，每次只能做 0.1 秒的时间。这样，每 0.6 秒闪电侠只能做 10 道题，那么可以计算出闪电侠实际每秒能做的数学题只有区区 16 道，这和我们不打断他时的每秒 100 道题相比差了 6 倍多。

同样，磁盘也是这个道理，我们不断地用换道来打断磁头。磁头滑过盘片一圈，只需要很短的时间，而换道所需的时间远远比盘片旋转一圈耗费的时间多，所以造成磁盘整体外部传输速率显著下降。有人问，必须要换道么？如果要读写的数据仅仅在一条磁道上，那是可以获得极高的传输速率的，但是这并不容易实现。如今，随着硬盘容量的加大，应用程序产生的文件更是在肆无忌惮地加大，动辄几十、几百兆甚至上 GB 大小，敢问这种文件用一个磁道能放下么？显然不能。

所以，磁头必须不断地被"打断"去进行换道操作，整体传输速率就会大大降低。实际中一块 10000 转的 SCSI 硬盘的实际外部传输速率也只有 80MB/s 左右（最新的 15000 转的 SAS 硬盘外部传输率最大已经可以达到 200MB/s）。为了避免磁头被不断打断的问题，人们发明了 RAID 技术，让一个硬盘的磁头在换道时，另一个磁盘的磁头在读写。如果有很多磁盘联合起来，同一时刻总有某块硬盘的磁头在读写状态而不是都在换道状态，这就相当于一个大虚拟磁盘的磁头总是处于读写状态，所以 RAID 可以显著提升传输速率。不仅如此，如果我们将 RAID 阵列再次进行联合，就能将速率在 RAID 提速的基础上，再次成倍地增加。这种工作，就需要大型磁盘阵列设备来做了。

提示：RAID 技术的细节在本书第 4 章详细阐述；磁盘阵列技术将在本书第 6 章介绍。

3.7.2 外部传输速率

磁头从盘片上将数据读出，然后存放到硬盘驱动器电路板上的缓存芯片内，再将数据从缓存内取出，通过外部接口传送给主板上的硬盘控制器。从外部接口传送给硬盘控制器时的传输速率，就是硬盘的外部传输速率。这个动作是由硬盘的接口电路来发起和控制的。接口电路和磁头控制电路是不同的部分，磁头电路部分是超精密高成本的部件，可以保证磁头读写时的高速率。但是因为磁头要被不断地打断，所以外部接口传输速率无须和磁头传输速率一样，只要满足最终的实际速率即可。外部接口的速率通常大于实际使用中磁头读写数据的速率（计入换道的损失）。

3.8 并行传输和串行传输

3.8.1 并行传输

来举一个例子，有 8 个数字从 1 到 8，需要传送给对方。此时我们可以与对方连接 8 条线，每条线上传输一个字符，这就是并行传输。并行传输要求通信双方之间的距离足够短。因为如果距离很长，那么这 8 条线上的数字因为导线电阻不均衡以及其他各种原因的影响，最终到达对方的速度就会显现出差距，从而造成接收方必须等 8 条线上的所有数字都到达之后，才能发起下一轮传送。

并行传输应用到长距离的连接上就无优点可言了。首先，在长距离上使用多条线路要比使用一条单独线路昂贵；其次，长距离的传输要求较粗的导线，以便降低信号的衰减，这时要把它们捆到一条单独电缆里相当困难。IDE 硬盘所使用的 40 或者 80 芯电缆就是典型的并行传输。40 芯中有 32 芯是数据线，其他 8 芯是承载其他控制信号用的。所以，这种接口一次可以同时传输 32b 的数据，也就是 4B。

提示：IO 延迟与 Queue Depth

IO 延迟是指控制器将 IO 指令发出之后，直到 IO 完成的过程中所耗费的时间。目前业界有不成文的规定；只要 IO 延迟在 20ms 以内，此时 IO 的性能对于应用程序来说都是可以接受的，但是如果延迟大于 20ms，应用程序的性能将会受到比较大的影响。

我们可以推算出，存储设备应当满足的最低 IOPS 要求应该为 1000/20 = 50，即只要存储设备能够提供每秒 50 次 IO，则就能够满足 IO 延迟小于等于 20ms 的要求。但是每秒 50 次，这显然太低估存储设备的能力了。

单块 SATA 硬盘能够提供最大两倍于这个最低标准的数值，而 FC 磁盘则可以达到 4 倍于这个数值。对于大型磁盘阵列设备，由若干磁盘共同接受 IO，加上若干个 IO 通道并行工作，目前中高端设备达到十几万的 IOPS 已经不成问题。

然而，不能总以最低标准来要求存储设备。当接受 IO 很少的时候，IO 延迟一般会很小，比如 1ms 甚至小于 1ms。此时，每个 IO 通道的 IOPS = 1000/1 = 1000，这个数值显然也不对，上文所述的几十万 IOPS，如果每个 IO 通道仅提供 1000 的 IOPS，那么达到几十万，需要几百路 IO 通道，这显然不切实际。那么几十万的 IOPS 是怎么达到的呢？这就引出了另一个概念：Queue Depth。

控制器向存储设备发起的指令，不是一条一条顺序发送的，而是一批一批地发送，存储目标设备批量执行 IO，然后将数据和结果返回控制器。也就是说，只要存储设备肚量和消化能力足够，在 IO 比较少的时候，处理一条指令和同时处理多条指令将会耗费几乎相同的时间。控制器所发出的批量指令的最大条数，由控制器上的 Queue Depth 决定。如果连接外部独立磁盘阵列，则一般主机控制器端可以将其 Queue Depth 设置为 64、128 等值，视情况而定。

如果给出 Queue Depth、IOPS、IO 延迟三者中的任意两者，则可以推算出第三者，公式为：IOPS = (Queue Depth)/(IO Latency)。实际上，随着 Queue Depth 的增加，IO 延迟也会随即增加，二者是互相促进的关系，所以，随着 IO 数目的增多，将很快达到存储设备提供的最大 IOPS 处理能力，此时 IO 延迟将会陡峭地升高，而 IOPS 则增加缓慢。好的存储系统，其 IO 延迟的增加应该是越缓慢越好，也就是说存储设备内部应该具有快速 IO 消化能力。而对于消化不良的存储设备，其 IO 延迟将升高得很快，以至于在 IOPS 较低时，IO 延迟已经达到了 20ms 的可接受值。消化能力再高，也有饱和的时候。图 3-31 所示为 IO 延迟与 Queue Depth 示意图。

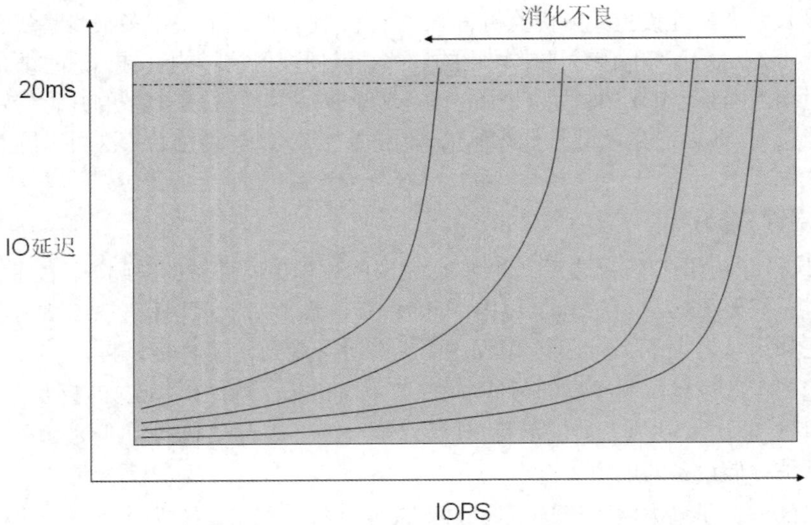

图 3-31 IO 延迟与 Queue Depth 示意图

3.8.2 串行传输

还是上面的例子，如果只用一条连线来连接到对方，则我们依次在这条线上发送这 8 个数字，需要发送 8 次才能将数字全部传送到对方。串行传输在效率上，显然比并行传输低得多。但是串行也有串行的优势，就是凭借这种优势使得硬盘的外部接口已经彻底被串行传输所占领。USB 接口、IEEE 1394 接口和 COM 接口，这些都是串行传输的计算机外部接口。

并行传输表面上看来比串行传输效率要高很多倍，但是并行传输有不可逾越的技术困难，那就是它的传输频率不可太高。由于在电路高速震荡的时候，数据线之间会产生很大的干扰，造成数据出错，所以必须增加屏蔽线。即使加了屏蔽线，也不能保证屏蔽掉更高的频率干扰。所以并行传输效率高但是速度慢。而串行传输则刚好相反，效率是最低的，每次只传输一位，但是它的速度非常高，现在已经可以达到 10Gb/s 的传输速率，但传输导线不能太多。

这样算来，串行传输反而比并行传输的总体速率更快。串行传输不仅仅用于远距离通信，现在就连 PCI 接口都转向了串行传输方式。PCIE 接口就是典型的串行传输方式，其单条线路传输速率高达 2.5Gb/s，还可以在每个接口上将多条线路并行，从而将速率翻倍，比如 4X 的 PCIE 最高可达 16X，也就是说将 16 条 2.5Gb/s 的线路并行连接到对方。这仿佛又回到了并行时代，但是也只有在短距离传输上，比如主板上的各个部件之间，才能承受如此高速的并行连接，远距离传输是达不到的。

3.9 磁盘的 IOPS 和传输带宽（吞吐量）

3.9.1 IOPS

磁盘的 IOPS，也就是每秒能进行多少次 IO，每次 IO 根据写入数据的大小，这个值也不是固定的。如果在不频繁换道的情况下，每次 IO 都写入很大的一块连续数据，则此时每秒所做的 IO 次数是比较低的；如果磁头频繁换道，每次写入数据还比较大的话，此时 IOPS 应该是这块硬盘的最低数值了；如果在不频繁换道的条件下，每次写入最小的数据块，比如 512B，那么此时的 IOPS 将是最高值；如果使 IO 的 payload 长度为 0，不包含开销，这样形成的 IOPS 则为理论最大极限值。IOPS 随着上层应用的不同而有很大变化。

提示：如何才算一次 IO 呢？这是很多人都没有弄清楚的问题，也是定义很混乱的一个问题。其根本原因就在于一次 IO 在系统路径的每个层次上都有自己的定义。整个系统是由一个一个的层次模块组合而成的，每个模块之间都有各自的接口，而在接口间流动的数据就是 IO。那么如何才算"一次"IO 呢？以下列举了各个层次上的"一次"IO 的定义。

应用程序向操作系统请求："读取 C:\read.txt 到我的缓冲区"。操作系统读取后返回应用程序一个信号，这次 IO 就完成了。这就是应用程序做的一次 IO。

文件系统向磁盘控制器驱动程序请求："读取从 LBA10000 开始的后 128 个扇区"，然后"请读取从 LBA50000 开始的后 64 扇区"，这就是文件系统向下做的两次 IO。这两次 IO，假设对应了第一步里那个应用程序的请求。

磁盘控制器驱动程序用信号来驱动磁盘控制器向磁盘发送 SCSI 指令和数据。对于 SCSI 协议来说，完成一次连续 LBA 地址扇区的读写就算一次 IO。但是为了完成这次读或者写，可能需要发送若干条 SCSI 指令帧。从最底层来看，每次向磁盘发送一个 SCSI 帧，就算一次 IO，这也是最细粒度的 IO。但是通常说磁盘 IO 都是指完成整个一次 SCSI 读或者写。

如果在文件系统和磁盘之间再插入一层卷管理层，或在磁盘控制器和磁盘之间再插入一层 RAID 虚拟化层，那么上层的一次 IO 就往往会演变成下层的多次 IO。

对于磁盘来说，每次 IO 就是指一次 SCSI 指令交互回合。一个回合中可能包含了若干 SCSI 指令，而这一个回合里却只能完成一次 IO，比如"读取从 LBA10000 开始的后 128 个扇区"。

例如，写入 10 000 个大小为 1KB 的文件到硬盘上，耗费的时间要比写入一个 10MB 大小的文件多得多，虽然数据总量都是 10MB。因为写入 10 000 个文件时，根据文件分布情况和大小情况，可能需要做好几万甚至十几万次 IO 才能完成。而写入一个 10MB 的大文件，如果这个文件在磁盘上是连续存放的，那么只需要几十个 IO 就可以完成。

对于写入 10 000 个小文件的情况，因为每秒需要的 IO 非常高，所以此时如果用具有较高 IOPS 的磁盘，将会提速不少。而写入一个 10MB 文件的情况，就算用了有较高 IOPS 的硬盘来做，也不会有提升，因为只需要很少的 IO 就可以完成了，只有换用具有较大传输带宽的硬盘，才能体现出优势。

同一块磁盘在读写小块数据的时候速度是比较高的；而读写大块数据的时候速度比较低，因为读写花费的时间变长了。15000 转的硬盘比 10000 转的硬盘性能要高。图 3-32 所示为磁盘 IOPS 性能与 IO SIZE 的关系曲线。

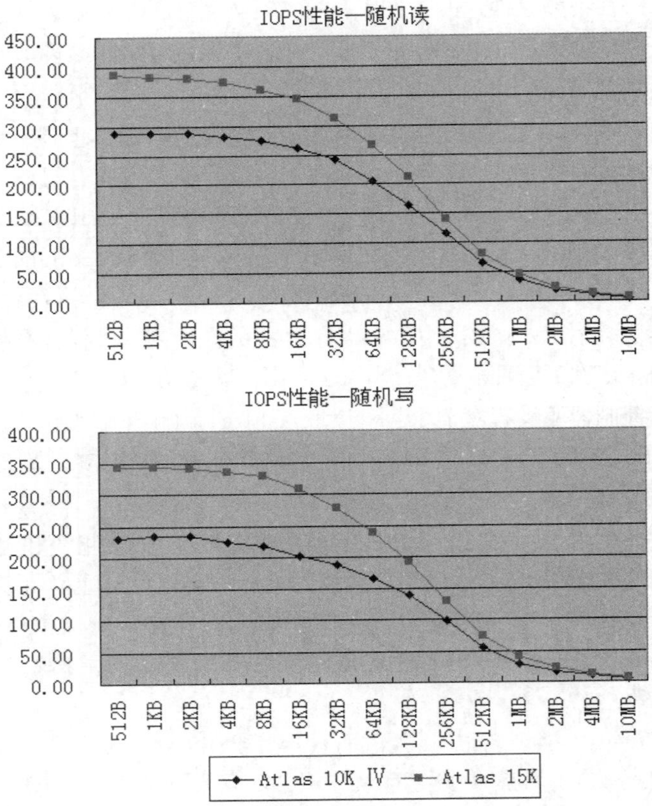

图 3-32　磁盘 IOPS 性能与 IO SIZE 的关系曲线

3.9.2　传输带宽

传输带宽指的是硬盘或设备在传输数据的时候数据流的速度。还是刚才那个例子，如果写入 10 000 个 1KB 的文件需要 10s，那么此时的传输带宽只能达到每秒 1MB，而写入一个 10MB 的文件用了 0.1s，那么此时的传输带宽就是 100MB/s。所以，即使同一块硬盘在写入不同大小的数据时，表现出来的带宽也是不同的。具有高带宽规格的硬盘在传输大块连续数据时具有优势，而具有高 IOPS 的硬盘在传输小块不连续的数据时具有优势。

同样，对于一些磁盘阵列来说，也有这两个规格。一些高端产品同时具备较高的 IOPS 和带宽，这样就可以保证在任何应用下都能表现出高性能。

3.10　固态存储介质和固态硬盘

固态存储在这几年来开始大行其道，其在性能方面相对机械磁盘来讲有着无与伦比的优势，比如，没有机械寻道时间，对任何地址的访问耗费开销都相等，所以随机 IO 性能很好。关于 SSD 的一些性能指标，本节不再列出。

但是 SSD 也存在一些致命的缺点，现在我们就来了解一下固态存储。

提示：关于固态硬盘的一些细节标准和操作指南请参考《固态硬盘火力全开——超高速 SSD 应用详解与技巧》，清华大学出版社。

3.10.1　SSD 固态硬盘的硬件组成

SSD（Solid State Drive）是一种利用 Flash 芯片或者 DRAM 芯片作为数据永久存储的硬盘，这里不可以再说磁盘了，因为 Flash Drive 不再使用磁技术来存储数据。利用 DRAM 作为永久存储介质的 SSD，又可称为 RAM-Dsk，其内部使用 SDRAM 内存条来存储数据，所以在外部电源断开后，需要使用电池来维持 DRAM 中的数据。现在比较常见的 SSD 为基于 Flash 介质的 SSD。所有类型的 ROM（比如 EPROM、EEPROM）和 Flash 芯片使用一种叫做“浮动门场效应晶体管”的晶体管来保存数据。每个这样的晶体管叫做一个“Cell”，即单元。有两种类型的 Cell：第一种是 Single Level Cell（SLC），每个 Cell 可以保存 1bit 的数据；第二种为 Multi Level Cell（MLC），每个 Cell 可以保存 2bit 的数据。MLC 容量为 SLC 的两倍，但是成本却与 SLC 大致相当，所以相同容量的 SSD，MLC 芯片成本要比 SLC 芯片低很多。此外，MLC 由于每个 Cell 可以存储 4 个状态，其复杂度比较高，所以出错率也很高。不管 SLC 还是 MLC，都需要额外保存 ECC 校验信息来做数据的错误恢复。

我们来看一下这种场效应晶体管为何可以保存数据。由于计算机的数据只有 0 和 1 两种形式，那么只要让某种物质的存在状态只有两种，并且可以随时检测其状态，那么这种物质就可以存储 1bit 数据。磁盘使用一块磁粒子区域来保存 1 或者 0，那么对于芯片来讲用什么来表示呢？当然非电荷莫属。比如充满电表示 0，放电后表示 1（这里指电子而不是正电荷）。浮动门场效应晶体管就是利用这种方法。

如图 3-33 所示，浮动门场效应管由 Controler Gate（CG）、Floating Gate（FG）、半导体二氧化硅绝缘层以及输入端源极和输出端汲极触点等逻辑元件组成。浮动门是一块氮氧化物，其四周被二氧化硅绝缘层包裹着，其外部为另一个门电路（即控制门）。在 Word Line（字线）上抬高电势，会在 S 和 D 之间区域感生出一个电场，从而导通 S 和 D、S 和 D 之间有电流通过，这会使一部分电子穿过绝缘层到达浮动门内的氮氧化物，在这个充电过程中，电子电荷被存储在了浮动门中。随后 Word Line 恢复电势，控制门断开电场，但是此时电子仍然在被绝缘层包裹的浮动门电路中，所以此时浮动门被充电，并且这些电荷可以在外部电源消失之后依然依然可以保存一段时间。不同规格的 Flash 其保存时间不同，通常为数个月。这为系统设计带来了复杂性，Flash 控制器必须确保每个 Cell 在电荷逐渐泄露到无法感知之前，恢复其原先的状态，也就是重新充电。而且要逐渐调整感知时间，由于对 Cell 的读操作是通过预充电然后放电来比对基准电压，进而判断 1 或 0 的，如果其中的电荷所剩不多，那么感知基准电压的变化就需要更长的等待时间，控制器需要精确的做预判才可以保证性能。

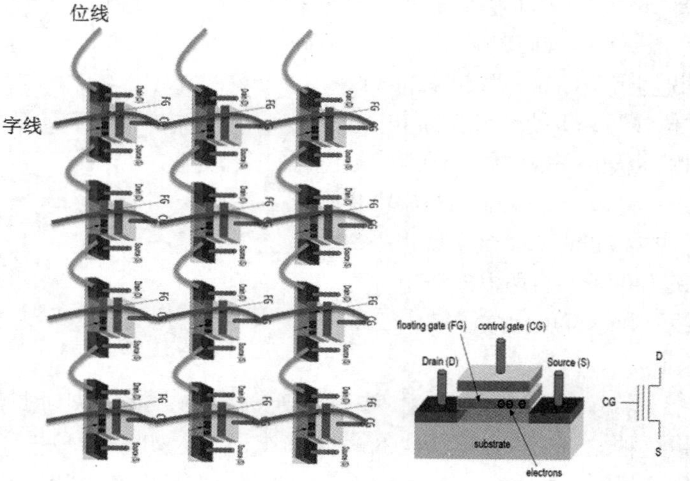

图 3-33　浮动门结构

所谓“浮动门”（Floating Gate，FG）的名称也就是由此而来的，即这块氮氧化物是被二氧化硅绝缘层包裹住而浮动在空中的，如图 3-33 右图所示，电流从 Source 极进入，从 Drain 极流出，浮动门一头与 S 极接触，一头与 D 极接触，由于被包裹有绝缘层，当电路电压达到一定阀值之后，可以被击穿导电，从而被充电或者放电。被充电到一定电势阀值的 Cell 的状态被表示为“0”，如果是 MLC，可以保存 4 个电势状态，分别对应 00、01、10、11，MLC 能够用一个 Cell 存储两位，也是这个道理，要存哪个数值，就充电到哪个电势档位。FG 上方有一片金属，称为控制门（CG），连接着字线，当需要用这个 Cell 表示“0”的时候，只需要在控制门上加一个足够高的正电压，导通 S 和 D，产生电流，从而电子从 Source-Drain 电极穿越冲入到 FG 中。向 FG 中充电之后，Cell 表示 0，将 FG 放电，Cell 表示 1。

提示：这有些难以记忆，因为按照常规思维，充电应当表示 1 而放电表示 0，这里恰好相反。

至此我们了解到：Cell 是利用 FG 中的电势值来与阀值对比从而判断其表示 1 或者 0 的。那么是否可以让一个 Cell 有多个阀值，让每一个阀值都表示一种状态呢？答案是可以。MLC 类型的 Cell 就是这样做的。MLC 模式的 SSD，其每个 Cell 具有 4 个电势阀值，每次充电用特定电路掌握住火候，充到一定阀值之上但是低于下一个阀值，这样，利用 4 个阀值就可以表示 4 种状态了，4 个阀值依次表示 00、01、10、11。要向其写入什么值，只需要向其充多少火候的电就可以了。

如图 3-33（物理图）和 3-34（抽象图）为 Cell 阵列的有序排列图。我们可以看到每个 Cell 串是由多个 Cell 串联而成的，每个 Cell 串每次只能读写其中一个 Cell，多个 Cell 串并联则可以并行读写多位数据。通常一个 Page 中的所有位中的每个位均位于一个 Cell 串相同的位置上，那么对于一个使用 2122B（含 ECC）/Page 的芯片来讲，就需要 16896 个 Cell 串，需要 16896 条串联导线。如图所示，将每个 Cell 串上所有 Cell 串联起来的导线称为“位线”，也就是串联每个 Cell 的 S 和 D 极的那根导线，同时也是电源线；将多个并联的 Cell 串中相同位置的 Cell 的 CG 金属片水平贯穿起来（并联）的那根导线组称为“字线”，这样就组成了一个二维 Cell 矩阵。

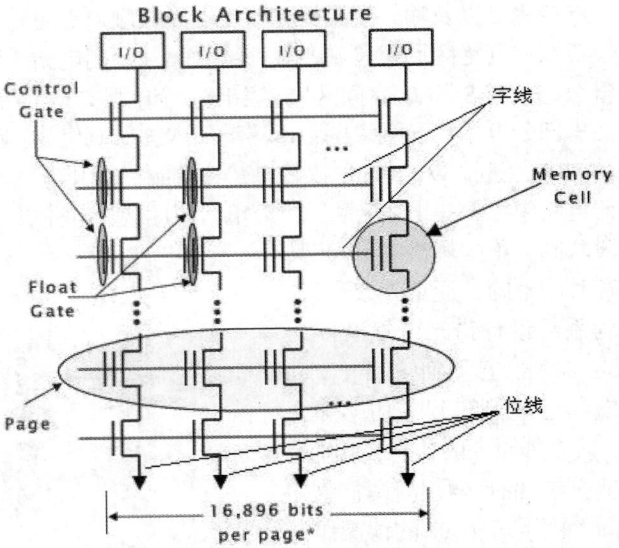

图 3-34 Cell 阵列的有序排布图

将多个这样的 Cell 排列在一起形成阵列，就可以同时操作多个比特了。NAND 就是利用大量这种 Cell 有序排列而成的一种 Flash 芯片。如图 3-35 所示为一片 16GB 容量的 Flash 芯片的逻辑方框图。每 4314×8=34512 个 Cell 逻辑上形成一个 Page，每个 Page 中可以存放 4KB 的内容和 218B 的 ECC 校验数据，Page 也是 Flash 芯片 IO 的最小单位。每 128 个 Page 组成一个 Block，每

2048 个 Block 组成一个区域（Plane），一整片 Flash 芯片由两个区域组成，一个区域存储奇数序号的 Block，另一个则存储偶数序号的 Block，两个 Plane 可以并行操作。Flash 芯片的 Page 大小可以为 2122B（含 ECC）或者 4313B（含 ECC），一般单片容量较大的 Flash 其 Page Size 也大。相应地，Block Size 也会根据单片容量的不同而不同，一般有 32KB、64KB、128KB、512KB（不含 ECC）等规格，视不同设计而定。

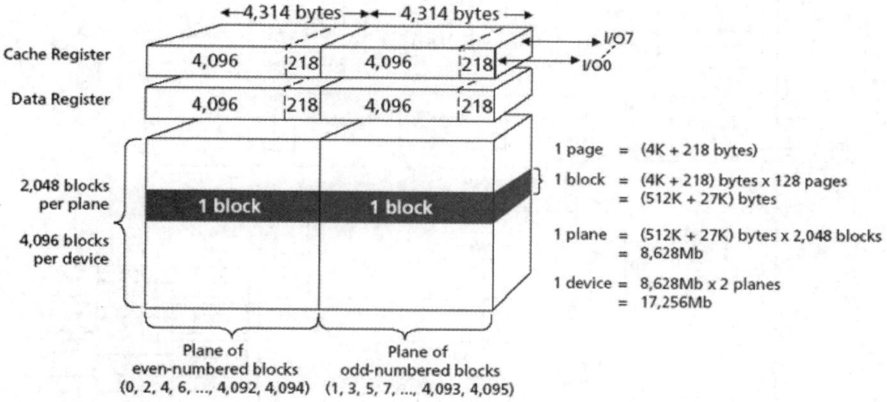

图 3-35 Flash 芯片逻辑图

如图 3-36 所示为 Intel X-25M 固态硬盘的拆机图，可以看到它使用了 10 片 NAND Flash 芯片，左上方为 SSD 控制器，左下方为 RAM Buffer。最左侧为 SATA 物理接口。

图 3-36 Cell 阵列有序排布图

如图 3-37 所示为某 SSD 控制器芯片的方框图。其中包含多个逻辑模块，外围接口部分和底层供电部分我们就不去关心了。这里将目光集中在右半边，其中 8051CPU 通过将 ROM 中的 Firmware 载入 IRAM 中执行来实现 SSD 的数据 IO 和管理功能。Flash Controller 负责向所有连接的 NAND Flash 芯片执行读写任务，每个 NAND 芯片用 8b 并行总线与 Flash Controller 上的每个通道连接，每时钟周期并行传递 8b 数据。Flash Controller 与 Flash 芯片之间也是通过指令的方式来运作的，地址信息与数据信息都在这 8 位总线上传送，由于总线位宽太窄，所以一个简单的寻址操作就需要多个时钟周期才能传送完毕。芯片容量越大，那么地址也就越长，寻址时间也就越长，所以，对于小块随机 IO，Flash 会随着容量的增加而变得越来越低效。新的 Flash 芯片已经有 16b 总线的设计了。总线频率目前一般为 33MHz，最新也有 40MHz 的。

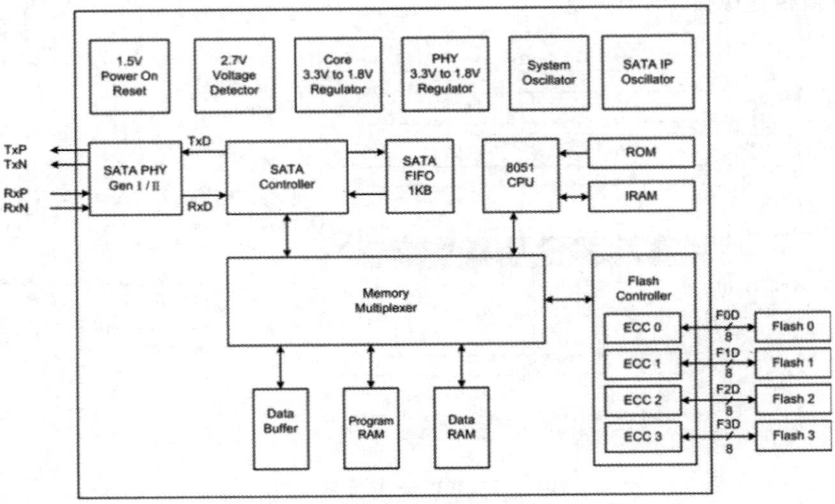

图 3-37　Flash 控制芯片方框图

对于数据写入来说，待写入的数据必须经过 ECC 校验之后，将数据和 ECC 校验信息一并写入芯片；对于数据读取来说，数据会与其对应的 ECC 信息一起读出并作校验，校验正确后才会通过外部接口发送出去。ECC 运算器位于 Flash Controller 中。整个 SSD 会有一片很大容量的 RAM（相对于机械磁盘来讲），通常是 64MB 甚至 128MB，其原因将在下文讲述。CPU 执行的代码相对于机械磁盘来讲也是比较复杂的，关于 CPU 都需要执行哪些功能，也一并在下文讲述。

3.10.2　从 Flash 芯片读取数据的过程

MOS 的导通并不是非通即断的，就算截止状态，也会有电流漏过，只是非常弱而已。这里还要明确一点，向绝缘层内充电是指充入电子，充入负电荷，栅极电压越负，nMOS 就越导不通，也就是说，漏电电流就越弱。如果不充电，反而漏电电流还高一些。

正是在这种前提下，从而可以检测出这种微弱电流的差别，用什么手段？还得 SAMP 上阵了，老生常谈，首先强制导通未选中的所有 Cell 的 MOS，要读取的 MOS 栅极不加电压，然后给位线预充电（充正电荷，拉高电平），然后让位线自己漏电，如果对应的 Cell 里是充了电的（充的是电子负电荷），那么 MOS 截止性会加强（等效于开启电压升高），漏电很慢（电压相对维持在高位），如果没充电，则漏电很快（电压相对维持在低位），所以最终 SAMP 比较出这两种差别来，翻译成数字信号就是，充了电=电压下降的慢=电压比放了电的位线高=逻辑 1，这么想你就错了。此处你忽略了一点，也就是 SAMP 不是去比对充了电的 Cell 位线和没充电的 Cell 位线，而是把每一根位线与一个参考电压比对，所以，这个参考电压一定要位于两个比对电压之间。具体过程是这样的，假设所有位线预充电结束时瞬间电压为 1.0v，然后让位线自然放电（或者主动将位线一端接地放电）一段时间（非常短），在这段时间之后，原先被充了电的 Cell 其位线压降速度慢，可能到 0.8v 左右，而原先未被充电的 Cell 其位线压降速度较快，可能到 0.4v 左右，每一种 Flash 颗粒会根据大量测试之后，最终确定一个参考电压，比如 0.6v，也就是位于 0.4 和 0.8 之间。那么当 SAMP 比对充电 Cell 位线时，参考电压小于位线电压，SAMP 普遍都是按照参考电压>比对电压则为逻辑，小于则为逻辑 0 的，所以最终的输出便是，充电 Cell 反而表示 0，放了电的 Cell 反而表示 1。这也正是 NAND 中的"N"（NOT，非）的来历，AND 则是"与"，表示 Cell 的 S 和 D 是串接起来的，相当于串联的开关，它们之间当然是 AND 逻辑了。

如图 3-38 所示，当需要读出某个 Page 时，Flash Controller 控制 Flash 芯片将相应这个 Page 的字线，也就是串接（实际上属于并联）同一个 Page 中所有 Cell 上的 CG 的那根导线，电势置为 0，也就是不加电压，其他所有 Page 的字线的电势则升高到一个值，也就是加一个电压，而这个值又不至于把 FG 里的电子吸出来，之所以抬高电势，是为了让其他 Page 所有的 Cell 的 S 和 D 处于导通状态，而没被加电压的 Cell（CG 上的电势为 0V），也就是我们要读取的那些 Cell，其 S 和 D 的通断，完全取决于其 FG 中是否存有电子。

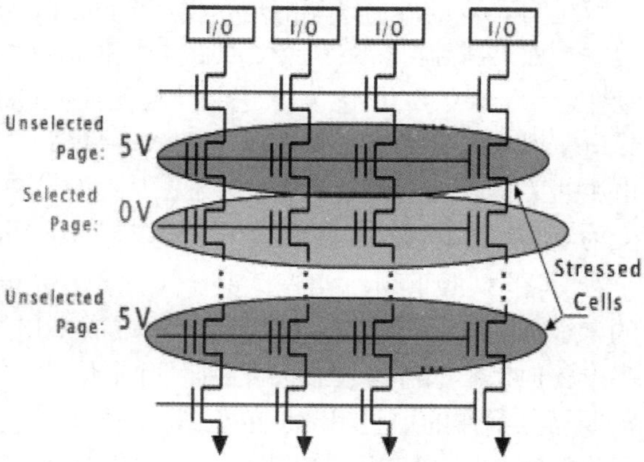

图 3-38 读 Page 时的电压状态

SSD 的 IO 最小单位为 1 个 Page。所以，对于 NAND Flash，通过"强行导通所有未被选中的 Cell" AND "检测位线的通断状态" = "被选中的 Cell 的通断状态"，NOT "被选中的 Cell 的通断状态" = "位线的 1/0 值"。把这整个 Page 的 1 或者 0 传输到芯片外部，放置于 SSD 的 RAM Buffer 中保存，这就完成了一个 Page 内容的读出。SSD 的 IO 最小单位为 1 个 Page。

3.10.3 向 Flash 芯片中写入数据的过程

对 Flash 芯片的写入有一些特殊的步骤。Flash 芯片要求在修改一个 Cell 中的位的时候，在修改之前，必须先 Erase（即擦除掉）这个 Cell。我们暂且先不在此介绍为何要先 Erase 再修改的原因，先说一说这个"Erase"的意思，这里有点误导之意。我们以机械磁盘为例，机械磁盘上的"数据"是永远都抹不掉的，如果你认为将扇区全部写入 0 就算抹掉的话，那也是有问题的，你可以说它存放的全是数字 0，这也是数据。那么 SSD 领域却给出了这个概念，是不是 SSD 中存在一种介于 1 和 0 之间的第三种状态呢，比如虚无状态？有人可能会联想一下，Cell"带负电"、"带正电"、"不带电"，这不就正好对应了 3 种状态么？我们可以将"不带电"规定为"虚无"状态，是否将 Cell 从带电状态改为不带电状态就是所谓 Erase 呢？不是的。上文中叙述过，Cell 带电表示 0，不带电则表示 1，Cell 只能带负电荷，即电子，而不能带正电荷。所以 Cell 只有两种状态，而这两种状态都表示数据。

思考：为何不以"带正电"表示 1，"带负电"表示 0，"不带电"表示中间状态？如果引入这种机制，那么势必会让电路设计更加复杂，电压值需要横跨正负两个域，对感应电路的设计也将变得复杂，感应电路不但需要感应"有无"还要感应"正负"，这将大大增加设计成本和器件数量。另外，感应电路的状态也只能有两种，即表示为 0 或者表示为 1，如果 0 表示带负电，1 表示带正电，那么就缺少一种用来表示不带电的电路状态，而这第三种状态在感应电路中是无法表示的，也就是说感应电路即使可以感知到三种状态但是也只能表示出两种状态。

其实，这里的 Erase 动作其实就是将一大片连续的 Cell 一下子全部放电，这一片连续的 Cell 就是一个 Block。即每次 Erase 只能一下擦除一整个 Block 或者多个 Block，将其中所有的 Cell 变为 1 状态。但是却不能单独擦除某个或者某段 Page，或者单个或多个 Cell。这一点是造成后面将要叙述的 SSD 的致命缺点的一个根本原因。Erase 完成之后，Cell 中全为 1，此时可以向其中写入数据，如果遇到待写入某个 Cell 的数据位恰好为 1 的时候，那么对应这个 Cell 的电路不做任何动作，其结果依然是 1；如果遇到待写入某个 Cell 的数据位为 0 的时候，则电路将对应 Cell 的字线电压提高到足以让电子穿过绝缘体的高度，这个电压被加到 Control Gate 上，然后使得 FG 从电源线（也就是位线上）汲取电子，从而对 Cell 中的 FG 进行充电，充电之后，Cell 的状态从 1 变为 0，完成了写入，这个写 0 的动作又叫做 Programm，即对这个 Cell 进行了 Programm。

如图 3-39 所示，要写入某个 Cell，首先也必须先选中其所在的 Page，也就是将这个 Page 的字线加高电压，对应这个 Cell 的位线加 0V 电压，同一个串里的所有其他 Page 的字线也加一个高电压但是不如待写入 Page 的高，同时不需要写入操作的那些串对应的位线加一个对应字线相同的电压，结果就是，不需要写入数据的 Cell 的字线和位线电压抵消，电子不动；需要写入数据的 Cell，也就是需要充电的 Cell，由电势差将电子从位线中汲取过来充电。仔细看一下这个过程，就会发现，根本无法在这个二维矩阵中做到同时给一个 Page 里（一横行）的不同 Cell 既充电又放电，可以自己推演一下对应字线和位线的电压状态，你会发现永远做不到，是个矛盾，这也是 Flash 挥之不去的痛。我们可以思考一下，虽然不能够同时对一些 cell 有的写 0、有的写 1，那么是否可以把一个 page 的写入分成两个周期来做呢，比如第一个周期先把要写入 0 的所有 Cell 写 0，第二个周期则要把写入 1 的所有 Cell 写 1，或者反之？完全可以，但是设计者并没有选择这么做，因为对于 Cell 来讲，每个 Cell 都有一定的绝缘体击穿次数，比如 MLC 一个 Cell 可击穿一万次，那么就意味着，每个 Page 被写入 1 万次就会报废，这显然不能接受，有个办法就是让所有 Cell 循环写入，不写到原地，每次覆盖写要新写入其他位置，这样就能够保证所有 Cell 轮流被写入，平衡整体寿命。所以设计者选择了先预先准备好大片已经写满了全 1 的 Cell，每次写入都写到这些预先备好的地方，只写 0，如果是覆盖写，就需要把之前的 Page 地址做一个重定向，所以 Flash 控制器还需要保存一张地址重定向表。还有一个原因不用两个周期来实现对一个 page 的写入，那就是如果每次写入都要耗费 2 个周期，写性能便会骤降，所以设计者不得不采用一下子擦除大片的 Block，也就是说不用写 IO 一次就放电一次，而是类似“批发”，然后写入的时候只需要 1 个周期即可，所付出的的代价就

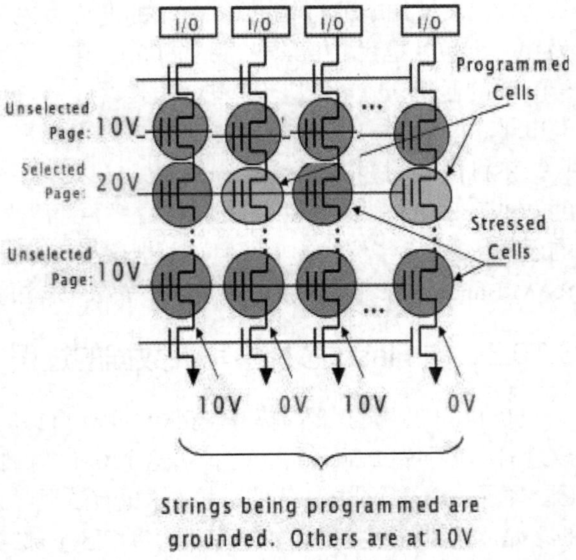

图 3-39 写入 Cell 时的电压状态

是后台需要不断地“批发”，一旦断链，那么性能便会骤降。

SSD 会以 Page 为单位进行写入操作，写完一个 Page，再写下一个 Page。

Flash 领域里，写又被称为 Programm。由于 Flash 的最常见表现形式——EPRROM 一般是只读的，但是一旦要更改其中的程序，则需要重新写入，即 Re-Programm，所以就顺便将写入 Flash 的过程叫做 Programm 了。一块崭新的 SSD 上所有 Cell 都是已经被 Erase 好的，也可以使用特殊的程序对整个 SSD 重新整盘 Erase。

提示：为何字线并联了所有 Cell 的 CG（也就是所有 Cell 共享 CG 的控制信号），而不是让每个 Cell 的 CG 可以被单独控制呢？这样做实际上还是为了成本和芯片面积考虑，技术上其实都可以实现，关键是钱的问题。

3.10.4 Flash 芯片的通病

Flash 芯片在写入数据的时候有诸多效率低下的地方。包括现在常用的 U 盘以及 SSD 中的 Flash 芯片，或者 BIOS 常用的 EEPROM，它们都不可避免。

1. Flash 芯片存储的通病之一：Erase Before Overwrite

对于机械磁盘来说，磁盘可以直接用磁头将对应的区域磁化成任何信号，如果之前保存的数据是 1，新数据还是 1，则磁头对 1 磁化，结果还是 1；如果新数据是 0，则磁头对 1 磁化，结果就变成了 0。而 Flash 则不然，如果要向某个 Block 写入数据，则不管原来 Block 中是 1 还是 0，新写入的数据是 1 还是 0，必须先 Erase 整个 Block 为全 1，然后才能向 Block 中写入新数据。这种额外的 Erase 操作大大增加了覆盖写的开销。

更难办的是，如果仅仅需要更改某个 Block 中的某个 Page，那么此时就需要 Erase 整个 Block，然后再写入这个 Page。那么这个 Block 中除这个 Page 之外的其他 Page 中的数据在 Erase 之后岂不是都变成 1 了么？是的，所以，在 Erase 之前，需要将全部 Block 中的数据读入 SSD 的 RAM Buffer，然后 Erase 整个 Block，再将待写入的新 Page 中的数据在 RAM 中覆盖到 Block 中对应的 Page，然后将整个更新后的 Block 写入 Flash 芯片中。可以看到，这种机制更加大了写开销，形成了大规模的写惩罚。这也是为何 SSD 的缓存通常很大的原因。

就像 CDRW 光盘一样，如果你只需要更改其上的几 KB 数据，那么就要先复制出全盘 700MB 的数据，然后擦除所有 700MB，然后再写入更改了几 KB 数据的 700MB 数据。

SSD 的这种写惩罚被称为 Write Amplification（写扩大），我们依然使用写惩罚这个词。写惩罚有不同的惩罚倍数，比如，需要修改一个 512KB 的 Block 中的一个 4KB 的 Page，此时的写惩罚倍数=512KB/4KB=128。小块随机写 IO 会产生大倍数的写惩罚。

当 SSD 当向 Flash 中的 Free Space 中写入数据时，并没有写惩罚，因为 Free Space 自从上次被整盘 Erase 后是没有发生任何写入动作的。这里又牵渗到一个比较有趣的问题，即存储介质如何知道哪里是 Free Space，哪里是 Occupied Space 呢？本书中多个地方论述过这一点。只有文件系统知道存储介质中哪些数据是没用的，而哪些正在被文件系统所占用，这是绝对无可置疑的，除非文件系统通过某种途径通告存储介质。SSD 也不例外，一块刚被全部 Erase 的 SSD，其上所有 Block 对于文件系统或者 SSD 本身来讲，都可以认为是 Free Space。随着数据不断的写入，SSD 会将曾经被写入的块的位置记录下来，记录到一份 Bitmap 中，每一比特表示 Flash 中的一个 Block。

对于文件系统而言，删除文件的过程并不是向这个文件对应的存储介质空间内覆盖写入全 0 或者 1 的过程，而只是对元数据的更改，所以只会更改元数据对应的存储介质区域，因此，删除文件的过程并没有为存储介质自身制造 Free Space。所以说，对于 SSD 本身来讲，Free Space 只会越来越少，最后导致没有 Free Space，导致每个写动作都产生写惩罚，类似 Copy On Write，而且 Copy 和 Write 很有可能都是一些在文件系统层已经被删除的数据，做了很多无用功，写性能急剧下降。对于一块使用非常久的 SSD 来讲，就算它在被挂载到文件系统之后，其上没有检测到任何文件，文件系统层剩余空间为 100%，这种情况下，对于 SSD 本身来讲，Free Space 的比例很有可能却是 0，也就是说只要曾经用到过多少，那么那个水位线就永远被标记在那里。

每个 Block 中的 Page 必须被按照一个方向写入，比如每个 Block 为 128 个 Page，共 512KB，则当这个 Block 被擦除之后，SSD 控制器可以先向其中写入前 32 个 Page（或者 10 个 Page，数量不限），一段时间之后，可以再向这个 Block 中追加写入剩余的 Page（或者多次追加一定数量的 Page 写入）而不需要再次擦除这个 Block。SSD 控制器会记录每个 Block 中的大段连续空余空间。但是不能够跳跃的追加，比如先写入 0～31 这 32 个 Page，然后写入 64～127 这 64 个 Page，中间空出了 32 个 Page 没有追加，控制器是不会使用这种方式写的，Page 都是连续排布的。但是一般来讲，控制器都是尽量一次写满整个 Block 的从而可以避免很多额外开销。

2. Flash 芯片存储的通病之二：Wear Off

随着 FG 充放电次数的增多，二氧化硅绝缘层的绝缘能力将遭到损耗，最后逐渐失去绝缘性，无法保证 FG 中保有足够的电荷。此时，这个 Cell 就被宣判为损坏，即 Wear Off。

损坏的 Cell 将拖累这个 Cell 所在的整个 Page 被标记为损坏，因为 SSD 寻址和 IO 的最小单位为 Page。损坏的 Page 对应的逻辑地址将被重定向映射到其他完好的预留 Page，SSD 将这些重定向表保存在 ROM 中，每次加电均被载入 RAM 以供随时查询。

MLC 由于器件复杂，其可擦写的寿命比较低，小于 10000 次。而 SLC 则高一些，十倍于 MLC，小于 100000 次。这个值是很惊人的，对于某些场合下，有可能一天就可以废掉一大堆 Cell/Page，几个月之内当预留的 Page 都被耗尽后，就会废掉整个 SSD。这是绝对不能接受的。

写惩罚会大大加速 Wear Off，因为写惩罚做了很多无用功，增加了不必要的擦写，这无疑使本来就很严峻的形势雪上加霜。但是对于读操作，理论上每个 Cell 可以承受高数量级的次数而不会损耗，所以对于读来说，无须担心。

3.10.5 NAND 与 NOR

3.10.2 节已经讲过，这里再强调一下，当需要读出某个 Page 时，Flash Controller 控制 Flash 芯片将相应这个 Page 的字线【也就是串连（实际上属于并联）同一个 Page 中所有 Cell 上的 CG 的那根导线】电势置为 0，也就是不加电压，其他所有 Page 的字线的电势则升高到一个值，也就是加一个电压，而这个值又不至于把 FG 里的电子吸出来，之所以抬高电势，是为了让其他 Page 所有 Cell 的 S 和 D 处于导通状态，而没被加电压的 Cell（CG 上的电势为 0V），也就是我们要读取的那些 Cell，其 S 和 D 的通断完全取决于其 FG 中是否存有电子。说白了，未被选中的所有 Cell，均强制导通，被选中的 Cell 的 FG 里有电，那么串联这一串 Cell 的位线就会被导通，这是一种 AND（也就是与）的关系；被选中 Cell 的 FG 里如果没电，那么其所处的 Cell 串的位线就不能导通（虽然串上的其他 Cell 均被强制导通），这也是 AND 的关系。也就是一串 Cell 必须全导通，其位线才能导通，有一个不导通，整条位线就不通。这就是 NAND Flash 中的 AND 的意义。那 N 表示什么？N 表示 Not，也就是非，NAND 就是“非与”的意思。为什么要加个非？很简单，导通反而表示为 0，因为只有 FG 中有电才导通，上文也说了，FG 中有电反而表示为 0，所以这就是“非”的意义所在。

还有一类 NOR Flash，NOR 就是“非或”的意思，大家自然会想到，位线一定不是串联的，而是并联的，才能够产生“或”的逻辑。实际上，在 NOR Flash 里，同样一串 Cell，但是这串 Cell 中的每个 Cell 均引出独立的位线，然后并联接到一根总位线上；另外一点很重要的是，每个 Cell 的 S 和 D 之间虽然物理上是串连，但是电路上不再是串联，而是各自有各自的接地端，也就是每个 Cell 的 S 和 D 之间的通断不再取决于其他 Cell 里 S 和 D 的通断了，只取决于自己。以上两点共同组成了“或”的关系，同时每个 Cell 具有完全的独立性，此时只要通过控制对应的地线端，将未被选中的 Cell 地线全部断开，这样它们的 S 和 D 极之间永远无法导通（逻辑 0 状态），由于每个 Cell 的位线并联上联到总位线，总位线的信号只取决于选中的 Cell 的导通与否，对于被选中的 Cell，NOT {（“地线接通”AND“FG 是否有电”）OR “未被选中 Cell 的输出”} = “总位线的 1/0 值”，这就是 NOR 非与门的逻辑。

由于 NOR Flash 多了很多导线，包括独立地线（通过地址译码器与 Cell 的地线相连）和多余的上联位线，导致面积增大。其优点是 Cell 独立寻址，可以直接用地址线寻址，读取效率比 NAND 要高，所以可以直接当做 RAM 用，但是由于擦除单位较小，擦除效率要比 NAND 低，所以不利于写频繁的场景。

3.10.6 SSD 给自己开的五剂良药

面对病入膏肓的 SSD 写入流程设计，是不是无可救药呢？好在 SSD 开出了五个药方。

1. 药方 1：透支体力，拆东墙补西墙

为了避免同一个 Cell 被高频率擦写，SSD 有这样一个办法：每次针对某个或者某段逻辑 LBA 地址的写都写到 SSD 中的 Free Space 中，即上一次全盘 Erase 后从未被写过的 Block/Page 中，这些 Free Space 已经被放电，直接写入即可，无须再做 Copy On Write 的操作了。如果再次遇到针对这个或者这段 LBA 地址的写操作，那么 SSD 会再次将待写入的数据重定向写到 Free Space 中，而将之前这个逻辑地址占用的 Page 标记为“Garbage”，可以回收再利用。等到 Block 中一定比例（大部分）的 Page 都被标记为“Garbage”时，并且存在大批满足条件的 Block，SSD 会批量回收这些 Block，即执行 Copy On Write 过程，将尚未被标记为“Garbage”的 Page 复制到 RAM Buffer，将所有 Page 汇集到一起，然后写入一个新 Erase 的 Block，再将所有待回收的 Block 进行 Erase 操作，变成了 Free Space。SSD 这样做就是为了将写操作平衡到所有可能的 Block 中，降低单位时间内每个 Block 的擦写次数，从而延长 Cell 的寿命。

重定向写的设计可谓是一箭双雕，既解决了 Wear Off 过快问题，又解决了大倍数写惩罚问题（因为每次写都尽量重定向到 Free Space 中，无须 CoW）。但是，正如上文所述，SSD 自己认为的纯 Free Space 只会越来越少，那么重定向写的几率也就会越来越少，最后降至 0，此时大倍数写惩罚无可避免。

由于 Page 的逻辑地址对应的物理地址是不断被重定向的，所以 SSD 内部需要维护一个地址映射表。可以看到这种设计是比较复杂的，需要 SSD 上的 CPU 具有一定的能力运行对应的算法

程序。这种避免 Wear Off 过快的重定向算法称为 Wear Leveling，即损耗平衡算法。

Wear Leveling 的实现方法随不同厂商而不同，有些以一块大区域为一个平衡范围，有些则完全顺序地写完整个 SSD 的 Free 空间，然后再回来顺序地写完整个被回收的 Free 空间，无限循环直到 Free 空间为 0 为止。传统机械硬盘中，逻辑上连续 LBA 地址同样也是大范围物理连续的，但是对于 SSD，逻辑和物理的映射随着使用时间的增长而越来越乱，好在 SSD 不需要机械寻址，映射关系乱只会影响 CPU 计算出结果的时间而不会影响数据 IO 的速度，而 CPU 运算所耗费的时间与数据 IO 的时间相比可以忽略不计，所以映射关系再怎么乱也不会对 IO 的性能有多少影响。

利用这种方式，SSD 内部实现了垃圾回收清理以及新陈代谢，使得新擦除的 Block 源源不断地被准备好从而供应写操作。

有必要一提的是，Flash 控制器的这种机制又可以被称为 RoW，也就是 Redirect On Write，每遇到需要更新的页面，Flash 控制器便将其缓存到 RAM 中，当缓冲的待写入页面达到了一个 Block 容量的时候，便会直接将这些页面写入到一个已经擦好的 Block 中。如果待写入的页面未攒够一个 Block 的容量，必要时也可以写入一个擦好的 Block，此时这个 Block 处于未写满状态，随后可以继续写入页面直到写满为止，当然，要做到这一点，Flash 控制器就需要为每个 Block 记录断点信息了。

每次被更新的页面在更新之前所处的位置，会在该页面被重定向写入到其他 Block 之后，在映射表中标记为垃圾，可以想象，随着使用时间的加长，Flash 中 Block 里的这种垃圾孔洞越来越多，而且越来越不连续，到处都是，可谓是千疮百孔。垃圾回收程序最喜欢的就是一个 Block 里全是垃圾的状态，此时最好，但是如果多数 Block 都处于一种“不尴不尬”的状态，比如 50%内容是垃圾，但是另外 50%的内容却未被标记为垃圾，那么此时到底是否回收？要回收这 50%的垃圾，就需要先把那些非垃圾内容读出到 RAM 中存放，随后和新数据一起一视同仁地写入到擦好的 Block 中，此时产生 50%不必要的读和 50%不必要的写操作，这些都属于惩罚操作，越是不尴不尬，后台的惩罚就越多，性能就会越差。

2. 药方 2：定期清除体内垃圾，轻装上阵

通过上面的论述我们知道，影响一块 SSD 寿命和写入性能的最终决定因素就是 Free Space，而且是存储介质自身所看到的 Free Space 而不是文件系统级别的 Free Space。但是 SSD 自身所认识的 Free Space 永远只会少于文件系统的 Free Space，并且只会越来越趋于 0。所以，要保持 SSD 认识到自身更多的 Free Space，就必须让文件系统来通知 SSD，告诉它哪些逻辑地址现在并未被任何文件或者元数据所占用，可以被擦除。这种思想已经被实现了。所有 SSD 厂商均会提供一个工具，称为“Wiper”，在操作系统中运行这个工具时，此工具扫描文件系统内不用的逻辑地址，并将这些地址通知给 SSD，SSD 便可以将对应的 Block 做擦除并回收到 Free Space 空间内。如果用户曾经向 SSD 中写满了文件随后又删除了这些文件，那么请务必运行 Wiper 来让 SSD 回收这些垃圾空间，否则就会遭遇到大写惩罚。

Wiper 并不是实时通知 SSD 的，这个工具只是一次性清理垃圾，清理完后可以再次手动清理。所以，这个工具需要手动或者设置成计划任务等每隔一段时间执行一次。

这种垃圾回收与上文中的那种内部垃圾回收不在一个层面上，上文中所讲的是 SSD 内部自身的重定向管理所产生的垃圾，而本节中所述的则是文件系统层面可感知的垃圾，被映射到 SSD

内部，也就变成了垃圾。

3. 药方 3：扶正固本，调节新陈代谢使其持续清除体内垃圾

定期执行垃圾清理确实可以解燃眉之急，但是有没有一种方法，可以让文件系统在删除某个文件之后实时地通知 SSD 回收对应的空间呢？这种方法是有的。TRIM 便是这种方法的一个实现。TRIM 是 ATA 指令标准中的一个功能指令，在 Linux Kernal 2.6.28 中已经囊括，但是并不完善。Windows 7 以及 Windows Server 2008R2 中已经提供了完善的 TRIM 支持。一些较早出现的 SSD 也可以通过升级 Firmware 来获得对 TRIM 的支持。

TRIM 可以使 SSD 起死回生，经过实际测试，开启了 TRIM 支持的 SSD，在操作系统 TRIM 的支持下，可以成功地将性能提高到相对于 SSD 初始化使用时候的 95%以上，写惩罚倍数维持在 1.1 倍左右。

提示：台湾闪存厂商 PhotoFast 银箭已经发布了带有自行回收垃圾空间的 SSD，不依赖于 Trim 指令，在此可以推断其 SSD 内部一定被植入了可识别 NTFS 格式数据的代码，所以可以自行识别 NTFS 文件系统中不被文件占用的空间。

4. 药方 4：精神修炼法，提升内功

Delay Write 是一种存储系统常用的写 IO 优化措施。比如有先后两个针对同一个地址的 IO——Write1、Write2，先后被控制器收到，而在 Write1 尚未被写入永久存储介质之前，恰好 Write2 进入，此时控制器就可以直接在内存中将 Write2 覆盖 Write1，在写入硬盘的时候只需要写入一次即可。这种机制为“写命中”的一种情况（其他情况见本书后面章节）。它减少了不必要的写盘过程，对于 SSD 来讲，这是很划算的。

然而，如果一旦遇到这种 IO 顺序比如 Write1、Read2、Write3，如此时控制器先将 Write3 覆盖到 Write1，然后再处理 Read2 的话，那么 Read2 原本是应该读出 Write1 的内容的，经过 Delay Write 覆盖之后，却读出了 Write3 的内容，这就造成了数据不一致。

所以，控制器在处理 Delay Write 时要非常小心，一定要检测两个针对同一个地址的写 IO 之间是否插有针对同一个地址的读 IO，如果有读 IO，首先处理读，然后再覆盖。

Combine Write 是另一种存储系统控制器常用的写 IO 优化方法。对于基于机械硬盘的存储系统，如果控制器在一段时间内收到了多个写 IO 而这些写 IO 的地址在逻辑上是连续的，则可以将这些小的写 IO 合并为针对整体连续地址段的一个大的 IO，一次性写入对应的磁盘，节约了很多 SCSI 指令周期，提高了效率。对于 SSD 来讲，由于 SSD 中的逻辑地址本来就是被杂乱地映射到可能不连续的物理地址上的，但是并不影响多少性能，所以，SSD 控制器可以整合任何地址的小块写 IO 成一个大的写 IO 而不必在乎小块写 IO 针对的逻辑地址是否连续。整合之后的大写 IO 被直接写向一个 Free 的 Block 中，这样做大大提高了写效率。

5. 药方 5：救命稻草，有备无患

为了防止文件系统将数据写满的极端情况，SSD 干脆自己预留一部分备用空间用于重定向写。这部分空间并不通告给操作系统，只有 SSD 自己知道，也就是说文件系统永远也写不满 SSD 的全部实际物理空间，这样，就有了一个永远不会被占用的一份定额的 Free Space 用于重定向写。

Intel X25−E 系列企业级 SSD 拥有 20%的多余空间。其他普通 SSD 拥有 6%～7%的比例。

思考：为何用普通碎片整理程序在文件系统层整理碎片对于 SSD 来说是雪上加霜，理解这个问题的关键在于理解对于 SSD 来讲，逻辑上连续的地址不一定在物理上也连续，如果使用普通碎片整理程序，不但不能达到效果，反而还会因为做了大量无用功而大大减少 SSD 的寿命。

因为 SSD 需要对数据进行合并以及其他优化处理以适应 Flash 的这些劣势，所以 SSD 自身对接收的写 IO 数据使用 Write Back 模式，即接收到主机控制器的数据后立即返回成功，然后异步的后台处理和刷盘。所以，一旦遇到突然掉电，那么这些数据将会丢失，正因如此，SSD 需要一种掉电保护机制，一般是使用一个超级电容来维持掉电之后的脏数据刷盘。

关于 SSD 性能方面的更详细的内容请参考本书第 19 章中的部分内容。

3.10.7 SSD 如何处理 Cell 损坏

对于机械硬盘，如果出现被划伤的磁道或者损坏的扇区，也就意味着对应的磁道或者扇区中的磁粉出现问题，不能够被成功地磁化，那么磁头会感知到这个结果，因为磁化成功必定对应着电流的扰动，如果针对某块磁粉区磁化不成功，磁头控制电路迟迟没感知到电流扰动，或者扰动没有达到一定程度，那么就证明这片区域已经损坏。而对于 Flash 中的 Cell，当 Cell 中的绝缘体被击穿一定次数（SLC 10 万次，MLC 1 万次）之后，损坏的几率会变得很高，有时候不见得非要到这个门限值，可能出厂就有一定量损坏的 Cell，使用一段时间之后也可能时不时出现损坏。那么 SSD 如何判断某个 Cell 损坏了呢？我们知道 Cell 损坏之后的表现是只能表示 1 而无法再被充电并且屏蔽住电子了，如果某个 Cell 之前被充了电，为 0，某时刻 Cell 损坏，漏电了，变为 1，那么在读取这个 Cell 的值的时候，电路并不会感知到这个 Cell 之前的值其实是 0，电路依然读出的是 1，那么此时问题就出现了。解决这个问题的办法是使用 ECC 纠错码，每次读出某个 Page 之后，都需要进行 ECC 校验来纠错。每种 Flash 生产厂商都会在其 Datasheet 中给出一个最低要求，即使用该种颗粒起码需要配合使用何种力度的纠错码，比如 8b@512B 或者 24b@1KB 等。8b@512B 意味着如果在 512 字节范围内出现 8b 的错误，则是可以纠错恢复的，如果超过了 8b，那么就无法纠错了，此时只能向上层报“不可恢复错误”；同理，24b@1KB 也是一样的意思。厂商给出的纠错码力度越低，就证明这种 Flash 颗粒的品质越好，损坏率越低。

3.10.8 SSD 的前景

以上一切缓解 SSD 效率问题的方法，都是治标不治本。随着 Cell 的不断损坏，最后的救命稻草——SSD 私自保留的空间也将被耗尽，没了救命稻草，加之文件系统空间已满的话，那么 SSD 效率就会大大降低。

但是，我们在这里讨论的 SSD 写效率降低，不是与机械硬盘相比的。瘦死的骆驼比马大，SSD 比起机械硬盘来讲其优势还是不在一个数量级上的。

可以将多块 SSD 组成 Raid 阵列来达到更高的性能。但是可惜的是，Raid 卡目前尚未支持 TRIM。

为了适应 Flash 的存储方式，有多种 Flash Aware FS 被开发出来，这些 Flash FS 包括 TrueFFS、ExtremeFFS 等。这些能够感知 Flash 存储方式的 FS，可以将大部分 SSD 内部所执行的逻辑拿到

FS 层来实现，这样就可以直接在上层解决很多问题。

SSD 看似风光无限，但是其技术壁垒比较大，为了解决所产生的多个问题，设计了多种补救措施，需要靠 TRIM 维持，而且数据不能占空间太满，否则无药可救。基于目前 NAND Flash 的 SSD 很有可能是昙花一现。目前市场上已经出现 SRAM、RRAM 等更快的永久存储介质，随着科技的发展，更多更优良的存储介质和存储方式必将替代机械硬盘的磁碟，SSD 数据存储次世代即将到来。

此外，SSD 在使用的时候也比较尴尬，SSD 的成本还是太高，比如用户需要一个 10TB 的存储系统，不可能都用 SSD，此时怎么规划？对某个 Raid 组专门使用 SSD 来构建，比如 8 个 256GB 的 SSD 组成某 Raid 组，有效容量 1TB，再在其上划分若干 LUN。用户使用一段时间后发现原来人工预测的热点数据已经冷了，而原来的冷数据热了，那么此时需要数据迁移，这就要兴师动众了。或者用户发现某个应用所需的数据量庞大，但是又不可能将其分割开一部分放到 SSD 中一部分放到传统磁盘中。这些尴尬的境况都限制了 SSD 的应用，也是多个厂商相继开发了 Automatically Storage Tiering 技术的原因（见后面章节）。

针对传统 SSD 使用时候的尴尬境况，Seagate 等厂商也相继推出了 SSD+HDD 混合式存储硬盘。这种硬盘其实是将 Flash 芯片用于磁盘的二级缓存，一级缓存是 Ram，二级是 Flash，三级则是磁盘片。利用这种多级缓存更大程度地降低了磁头寻道的影响。有人质疑说，传统磁盘自身已经有了多达 64MB 的 RAM 缓存，还需要 Flash 再作为下一级的缓存么？是的，64MB 的容量还是太小，虽然速度高，但是很快就被充满，同时没有掉电保护机制，所以盘阵控制器不会让磁盘以 WriteBack 模式操作，充满了则一定要连续地刷到盘片中，这样就不可避免地直接导致可见的性能骤降；而使用 Flash 芯片再加入一级缓存，比如用 8GB 甚至 16GB 的 Flash 芯片，数据从 RAM 缓存出来后先被存入 Flash，不用寻道，同时可以掉电保护，Write Back 之后，磁盘驱动器再在后台将数据从 Flash 中写入磁盘片保存并清空 Flash 中的内容。这样的做法，既比传统纯 SSD 便宜，还保证了性能，有效屏蔽了磁头寻道带来的高延迟，同时又保证了容量（数据后台被刷入磁盘片），传统 SSD 在容量方面的问题就这么被解决了。这种磁盘短期内尚无法取代传统纯 SSD，因为其读取操作依然需要从磁盘片中读取几乎所有数据而不是从 Flash 中，无法与纯 SSD 抗衡，但是其取代传统磁盘的趋势是存在的，今后的磁盘如果都这么做，会大大增加单个磁盘的随机写性能，对磁盘阵列控制器的更新与设计也是一个挑战。

提示：试想一下，磁盘阵列控制器作为一个嵌在主机与后端物理磁盘之间的角色，其一个本质作用就是提升性能，其性能提升的原理就是让众多磁盘同时工作以屏蔽磁头寻道所浪费的时隙，而现在，每块磁盘自身就能够利用 Flash 芯片来屏蔽寻道的时隙，如何办？充分地想象吧。

3.11　Memblaze 闪存产品介绍

机械磁盘由于其高复杂度的机械部件、芯片及固件，让人望而却步，其技术只被掌握在少数几家巨头手中。因为初期成本非常高，如果没有销量，那就是赔本。而近年来出现越来越多的国产企业级固态存储产品，SSD 相对机械磁盘为何会有这么低的门槛？那是必须的。组成 SSD 的主要是 Flash 颗粒和控制器，而这些部件，都可以从各种渠道购买，当然，品质和规格也是参差不齐，但是，SSD 是对各种部件的集成，只要有足够的集成能力，能快速看懂这些部件提供商的手册，对整个存储系统有基本了解，那么只要具有一定水平和经验的硬件研发者，都可以进入这个领域。

但是，目前各种固态介质充斥市场，从 TF 卡、U 盘到消费级 SATA SSD，再到企业级 SATA SSD，再到企业级 PCIE 闪存卡，每个档次要求很不一样。

要做成企业级 SSD，不但需要有技术能力，还得有充分的产品定制化能力。我们很欣喜地看到 Memblaze 同时具有了这两种能力。

3.11.1 技术能力

评判一个存储团队的技术能力，第一看他们是贴牌还是有自己的特色；第二看其产品设计采用硬加速还是软加速。说到软加速，也就是把原本由硬件芯片实现的功能，上提到由主机 CPU 运行代码来实现，也就是常说的“软件定义”概念里的一个意思。个人感觉软件定义是个好事情，但是不能过分定义，否则会适得其反。比如一些硬加速 DSP、底层特定协议编解码器，这些如果用通用 CPU 来实现也可以，只要你能忍受性能的极度下降以及几近 100%的 CPU 负荷。曾经有某国外厂商的 PCIE 闪存卡使用的就是软加速方案。

我们首先得了解一下对于 Flash 闪存卡，其控制器都需要做哪些工作，然后才能判断到底是软加速就够了，还是必须用硬加速。通过本章前文的描述，我们已经充分了解了对 Flash 的读写过程，也深知其复杂性，就因为不能够对同一个 Page 里的不同 Cell 同时放电和充电，导致了后续一系列严重后果，此外，Flash Cell 单元的低寿命和高出错率，也是个令人头疼的事。处理所有这堆烂摊子的角色，其学术名词叫做 FTL（Flash Translation Layer），其意思一个是把 Flash 基于页面为最小 IO 单元映射成传统的块设备以 512B 扇区为最小 IO 单位，另一个是把逻辑 IO 地址映射为物理 IO 地址，因为每个 Page 的实际物理地址都会不断变化。当然，这只是地址方面的映射处理，FTL 需要同时掌管映射处理和对 Flash 的磨损均衡、垃圾回收、纠错等等处理。

我们继续分析这套架构都需要哪些数据结构。首先需要多张超大二维表来存储逻辑地址、物理地址的映射记录，后端挂接的 Flash 颗粒容量越大，这些表（数组）就越大；其次是为了加速查询所做的索引、位图之类的元数据结构；还有就是存储 IO 栈里常用的一种数据结构——链表，或者称其为“描述体”，用来追踪分散在多个物理内存处但是逻辑上是一个整体的事物，比如逻辑连续空间，或者某个 IO 任务等；另外，状态机也非常复杂。

我们分析一下，上面这套数据结构和状态机，如果完全将其运行在主机 OS 底层的设备驱动层，或者干脆运行在用户态（一般都会是在用户态运行，因为驱动层不适合做复杂的逻辑处理），效率究竟有多高。这一点想想就可以大致推断，比如 TCPIP 协议栈是个纯软协议栈，其不需要维护太多元数据，多数计算量位于状态机的判断和输出上，即便是这样，一个万兆网口之上承载 iSCSI 协议的场景，在 IOPS 跑满之后，CPU 利用率基本都超过 50%了，何况是需要查表映射的场景。另外，软加速方案需要设备传输更多的信息给驱动程序，这直接导致中断次数激增。还有，软加速方案需要在主机端保存大量的元数据，对内存的占用是不可小视的，通常 1GB 起步，量多加价，而硬加速方案只有主机端驱动运行耗费一部分内存，通常 1MB 起步。

如果是使用硬加速方案，所有的元数据、状态机，都在 Flash 控制器内部维护和计算，就能大大降低主机端 CPU 的负荷，主机端 CPU 的负荷只体现在响应外部设备的中断上了。硬加速的好处就是可以将一些专用逻辑直接做成硬逻辑电路，在一个或者几个时钟周期内就可以完成通用 CPU 需要耗费几百个或者几千个时钟周期才能完成的任务。举个例子，对 ECC 码的计算，就可以单独拿出来做成硬加速电路。有些逻辑不能完全被翻译成纯数字电路，比如地址映射查表等，一小部分逻辑必须依靠通用 CPU 来运行对应的固件（或者说微码）来协调完成全部逻辑，当然那些重复运算还是交给数字电路，微码只是负责协调和总控，这一点如果是一些比较复杂的逻辑的话，靠纯数字电路是无法完成的。这里的“通用 CPU”并非指主机端 CPU，而是指控制器内部的嵌入式 CPU 核心，一个控制其芯片内部集成的通用 CPU 核心数量可能在几个到十几个这种级别。

我们可以看到，如果用硬加速方案，对设计者的要求，不仅仅是了解 Flash FTL 层的全部逻辑，还得有充分的技术实力把这些逻辑梳理成数据结构，然后判断哪些逻辑可以被硬加速，然后还得具备将软件翻译成硬件逻辑的技能，除此之外，还得具有熟练驾驭 FPGA 的技能，因为不可能让建筑师去烧窑制造砖头，砖头肯定是要买，FPGA 也得用现成的。

另外，一款固态存储产品，选择使用什么样的 IO 协议也是至关重要的。对于基于 ATA 协议的 SATA 接口来讲，是无法发挥出 Flash 最优性能的，直接使用 PCIE 接口接入主机总线是目前离 CPU 最近的途径，但是这样就无法使用 SATA 协议的一切已有软硬件了，包括成熟的 SATA 控制器硬件，以及主机端 OS 系统内核对 SATA 的原生驱动支持。选择 PCIE 就意味着必须自己开发一套轻量级 IO 访问协议。

提示：目前针对 PCIE Flash 的专用 IO 协议有 NVMe 和 SCSIe 两种，现在看来 VNMe 似乎已经占了上风，因为 SCSI 协议簇的庞大臃肿已经完全不适合 Flash 这种高速介质了。Memblaze 在第一代产品中并没有使用 NVMe，而是使用了自己的私有协议，下一代产品很有可能会过渡到 NVMe 标准上来。

Memblaze 很显然是充分掌握了这条线上的所有技能。图 3-40 是 Memblaze 的 Flash 控制器框图。其使用了成品 FPGA，其中 IP 硬核部分为 PCIE 控制器及 DDR3 控制器；IP 软核部分为 DMA 控制器、嵌入式通用 CPU 等等，可以任意生成，其他都是需要用户自定义设计的部分。其中纯硬逻辑包含 Flash 通道控制器、ECC 计算电路等；需要嵌入式通用 CPU 辅助的有：地址映射器、磨损均衡和垃圾回收模块以及整个控制器的中央协调控制逻辑处理部分等。

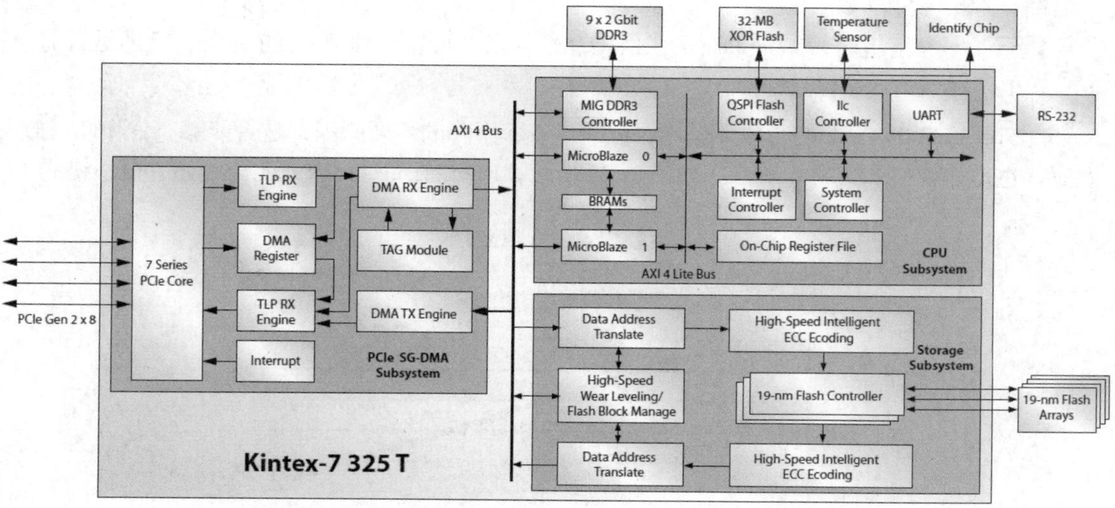

图 3-40 Memblaze 的 Flash 控制器框图

除了对硬件的掌控能力之外，Memblaze 还拥有 IO 延时平滑的专利技术，可以针对个别超长延时的 IO 请求进行削峰滤波处理（类似电容器滤除高电压脉冲的工作原理，对 IO 延时进行滤波），当运行在较高 IOPS 情况下，控制器会自动调整垃圾回收算法和内部等待队列深度，并将 IO 延时进行平滑处理，从而避免产生超长延时的 IO，减少对后端系统的影响，使得用户的应用运行得更加平稳顺滑。图 3-41 为实测结果，可以看到抖动很少，有些场景根本没有抖动。这项技术主要是采用排队论和现代控制理论对 SSD 的一些指标进行采样，根据采样结果去控制系统通路上的参数，用来优化 IO 的抖动和延迟。比如，用户发给 SSD 的请求可能是顺序写入，也可能是随机写入。不同的写入模式对应的写放大倍数是不同的。在这种情况下，后端的处理速度在不同的输入下就会有不同的通道阻塞程度，对于 IO 来说就会造成抖动和服务质量较低。如果采用通道的阻塞程度作为控制变量，运用自动控制理论，就可以动态地均衡前端的压力，降低整个系统的延迟和抖动。

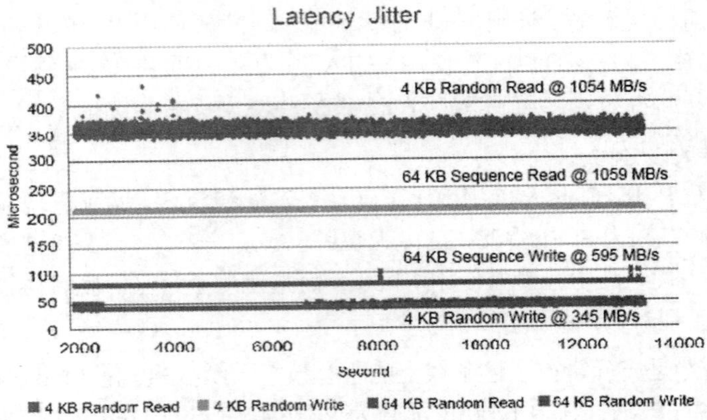

图 3-41　Memblaze 的时延平滑技术

最后，对于固态存储厂商来讲，能够驾驭各 Flash 颗粒厂商的 NAND Flash 也显得至关重要。不同颗粒使用不同的规格，比如 ECC 位比例、页面大小、访问协议等等。这些都需要花上足够的时间去测试、调优。

提示：本文落笔时，Memblaze 的最终产品性能已经可以达到 70w+的 IOPS，已经是目前 PCIe 闪存卡的最高纪录。

另外，NAND Flash 的写放大是导致性能和寿命下降的主要原因，是否能够充分降低写放大效应，也是体现技术实力的地方。如图 3-42 所示，Memblaze 对写放大的压制还有很不错的。

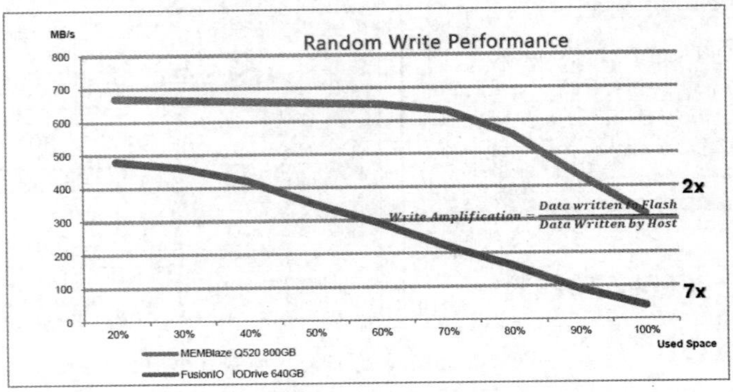

图 3-42　Memblaze 对写放大的压制

3.11.2　产品能力

技术是技术，产品是产品，有好技术不一定能出好产品，但是没有好技术一定出不了好产品，当然，忽悠除外。令人眼前一亮的是，Memblaze 对产品这个概念还是非常有感觉的，深知“个性”对于一款产品来说是多么重要。

在我们的脑海里，PCIE 闪存卡就是一锤子买卖，比如，卡上焊上了多少容量的 Flash 颗粒，它就是多大容量了，比如 1TB 容量，如果用户不需要这么大容量，比如只需要 500GB 容量，那么厂商就不得不再去定制一批只焊了 500GB 容量颗粒的板子。这个问题谁都清楚，但是 Memblaze 是第一个提出方案并且成功商用的公司。

“琴键”技术是他们对这个技术的命名，通过将 Flash 控制器与 Flash 颗粒之间的连接方式从完全 PCB 布线转为插槽的形式，然后通过生产不同容量的子卡（琴键）插在插槽上从而生成不同整体容量的闪存卡产品，如图 3-43 和图 3-44 所示。Memblaze 组合容量和规格如图 3-45、图 3-46 所示。

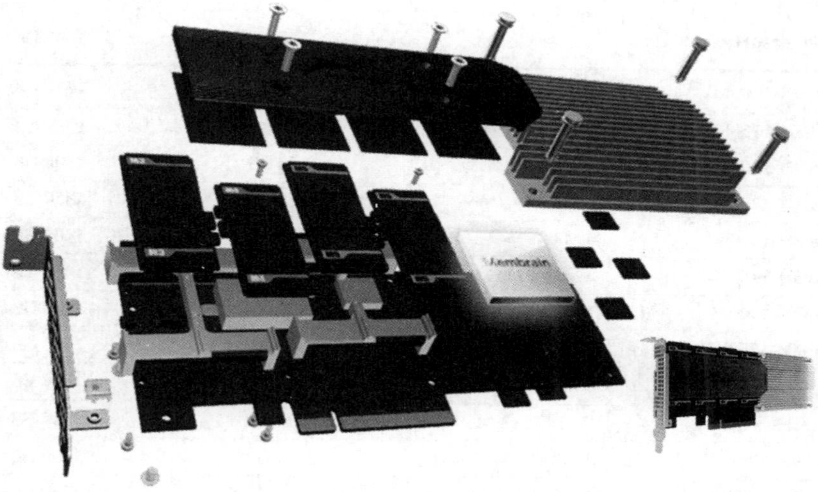

图 3-43　Memblaze 的琴键技术

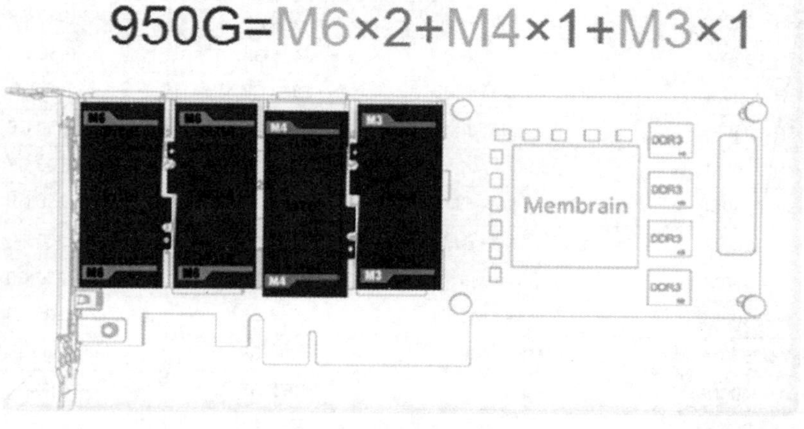

图 3-44　Memblaze 的琴键技术

PBlaze3L MLC	存储键组合	裸容量	实际容量
PBlaze3L-600M	4 M3	768 GB	600 GB
PBlaze3L-650M	3 M3+1 M4	832 GB	650 GB
PBlaze3L-700M	3 M3+1 M5	896 GB	700 GB
PBlaze3L-750M	3 M3+1 M6	960 GB	750 GB
PBlaze3L-800M	2 M3+1 M4+1 M6	1024 GB	800 GB
PBlaze3L-850M	2 M3+1 M5+1 M6	1088 GB	850 GB
PBlaze3L-900M	2 M3+2 M6	1152 GB	900 GB
PBlaze3L-950M	1 M3+1 M4+2 M6	1216 GB	950 GB
PBlaze3L-1000M	1 M3+1 M5+2 M6	1280 GB	1000 GB
PBlaze3L-1050M	1 M3+3 M6	1344 GB	1050 GB
PBlaze3L-1100M	1 M4+3 M6	1408 GB	1100 GB
PBlaze3L-1150M	1 M5+3 M6	1472 GB	1150 GB
PBlaze3L-1200M	4 M6	1536 GB	1200 GB

PBlaze3H MLC	存储键组合	裸容量	实际容量
PBlaze3H-1200M	8 M3	1536 GB	1200 GB
PBlaze3H-1250M	7 M3+1 M4	1600 GB	1250 GB
PBlaze3H-1300M	7 M3+1 M5	1664 GB	1300 GB
PBlaze3H-1350M	7 M3+1 M6	1728 GB	1350 GB
PBlaze3H-1400M	6 M3+1 M4+1 M6	1792 GB	1400 GB
PBlaze3H-1450M	6 M3+1 M5+1 M6	1856 GB	1450 GB
PBlaze3H-1500M	6 M3+2 M6	1920 GB	1500 GB
PBlaze3H-1550M	5 M3+1 M4+2 M6	1984 GB	1550 GB
PBlaze3H-1600M	5 M3+1 M5+2 M6	2048 GB	1600 GB
PBlaze3H-1650M	5 M3+3 M6	2112 GB	1650 GB
PBlaze3H-1700M	4 M3+1 M4+3 M6	2176 GB	1700 GB
PBlaze3H-1750M	4 M3+1 M5+3 M6	2240 GB	1750 GB
PBlaze3H-1800M	4 M3+4 M6	2304 GB	1800 GB
PBlaze3H-1850M	3 M3+1 M4+4 M6	2368 GB	1850 GB
PBlaze3H-1900M	3 M3+1 M5+4 M6	2432 GB	1900 GB
PBlaze3H-1950M	3 M3+5 M6	2496 GB	1950 GB
PBlaze3H-2000M	2 M3+1 M4+5 M6	2560 GB	2000GB
PBlaze3H-2050M	2 M3+1 M5+5 M6	2624 GB	2050 GB
PBlaze3H-2100M	2 M3+6 M6	2688 GB	2100 GB
PBlaze3H-2150M	1 M3+1 M4+6 M6	2752 GB	2150 GB
PBlaze3H-2200M	1 M3+1 M5+6 M6	2816 GB	2200 GB
PBlaze3H-2250M	1 M3+7 M6	2880 GB	2250 GB
PBlaze3H-2300M	1 M4+7 M6	2944 GB	2300 GB
PBlaze3H-2350M	1 M5+7 M6	3008 GB	2350GB
PBlaze3H-2400M	8 M6	3072 GB	2400 GB

图 3-45 Memblaze 的琴键技术不同组合容量

参数	PBlaze3L MLC	PBlaze3H MLC	PBlaze3L SLC	PBlaze3H SLC
存储容量	600 ~ 1200 GB	1200 ~ 2400 GB	300 ~ 600 GB	600 ~ 1200 GB
读带宽（64KB）	2.4 GB/s	3.2 GB/s	2.5 GB/s	3.5 GB/s
写带宽（64KB）	1.1 GB/s	2.2 GB/s	1.3 GB/s	2.5 GB/s
随机读（4KB）IOPS	615,000	750,000	630,000	800,000
随机写（4KB）IOPS [(3)]	130,000	260,000	155,000	280,000
随机读写(4KB 75:25 R:W) IOPS [(3)]	500,000	600,000	550,000	650,000
典型读写延时 (4KB)	80 μs/14 μs	80 μs/14 μs	60 μs/14 μs	60 μs/14 μs
企业级可靠性	BERM<10^{-20}	BERM<10^{-20}	BERM<10^{-20}	BERM<10^{-20}
寿命	8 PB ~ 16 PB	16 PB ~ 33 PB	>50 PB	>100 PB
平均无故障时间	2,000,000 小时			
外形	半高半长	全高半长	半高半长	全高半长
总线接口	PCI Express* 2.1 x 8			

图 3-46　Memblaze 闪存卡其他规格

说明： Memblaze 是一家让人钦佩的初创公司，在此我也得知他们后续有很长远的规划，也非常期待能够早日见到其更有特色的产品。

3.12　小结：网中有网，网中之网

我们用图 3-47 来作为本章的结束。

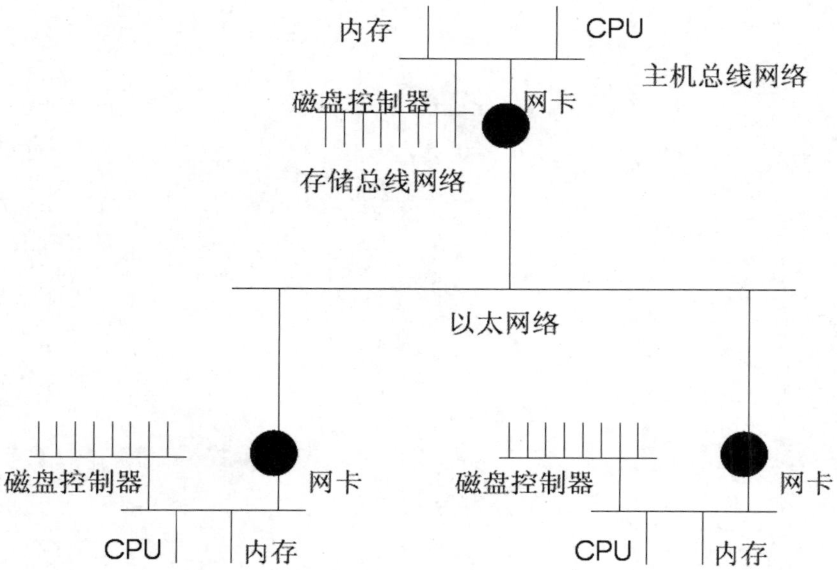

图 3-47　三台计算机组成的网——网中有网

读书笔记

第 4 章

七星北斗——大话/详解七种 RAID

- RAID 1
- RAID 2
- RAID 3
- RAID 4
- RAID 5
- RAID 5E
- RAID 5EE
- RAID 6

第 3 章介绍了磁盘的内部原理、构造以及外部的接口系统。但一块磁盘的容量是有限的，速度也是有限的。对一些应用来说，可能需要上百吉字节（GB）甚至几太字节（TB）大小的分区来存放数据。目前的磁盘单块容量最多能到 1TB，这对于现代应用程序来说远远不够。

那么必须要制造单盘容量更大的硬盘么？为解决这个问题，人们发明了 RAID 技术，即 Redundant Array of Independent Disks 技术，中文意思是由独立的磁盘组成的具有冗余特性的阵列。既然是阵列，那一定需要很多磁盘来组成；既然是具有冗余特性的，那一定可以允许某块磁盘损坏之后，数据仍然可用。下面我们就来看一下 RAID 是怎样炼成的。

4.1 大话七种 RAID 武器

话说几千年前，有位双刀大侠，左右手各拿一把大刀。开始的时候，他总是单独使用每把刀，要么用左手刀，要么用右手刀，但是总被人打败，郁闷至极，于是苦心悟道，静心修炼。他逐渐摸索出一套刀法，自称“合一刀法”，即双刀并用。外人看不见他的第二把刀，只能看到他拿着一把刀。他把两把刀的威力，合二为一，成为一把大刀！

而这种双刀合一的刀法，又可以分为两条路子。一条是常规路子，即这把合二为一的大刀，其实每出一招只有原来一把刀的威力，但是后劲更足了。一把刀顶不起来的时候，可以第二把刀上阵。对于敌人来说，还是只看见一把大刀。另一条是野路子，野路子往往效果很好，每出一招总是具有两把刀的威力之和，而且也具有两把刀的后劲！他实现这个野路子的方法，便是界内早有的思想——分而治之！也就是说他把一把刀又分成了很多细小的元素，每次出招时把两把刀的元素组合起来，所以不但威力大了，后劲也足了！

不过大侠的这个刀法有个致命的弱点，就是双刀息息相关。一旦其中一把刀有所损坏，另一把刀相应的地方也跟着损坏。如果一把刀完全失去效力，那么另一把刀也跟着失效。

双刀大侠一直到临终也没有收一个徒弟，不是因为他武艺不精，而是因为他的合一刀法在当时被认为是野路子，歪门邪路的功夫，所以郁闷一生。临终时他用尽自己最后一点力气在纸上写下了 4 句诗后，抱憾而终！

刀于我手不为刀，
横分竖割成龙绦。
化作神龙游天际，
龙在我心任逍遥！

这就是后世流传的“合一刀谱”！俗称“龙谱”。

世上最高的刀法在心中，而不是手上！双刀大侠练就的是一门“浩瀚”绝学，一招一式都是铺天盖地，势不可挡！

几百年后，七星大侠在修炼了磁盘大挪移神功和龙谱之后的某一天，他突然两眼发愣：“我悟到了！”然后奋笔疾书，成就了“七星北斗阵”这个空前绝后的阵式！ RAID 0 阵式就是这个阵式的第一个阵式！下面来看看这个阵式的绝妙之处吧！

4.1.1 RAID 0 阵式

首先，这位七星大侠一定是对磁盘大挪移神功有很高的造诣，因为他熟知每块磁盘上面的磁性区域的构造，包括磁道、磁头、扇区和柱面等，这些口诀心法已经烂熟于心。在他看来，盘片就像一个蜂窝，上面的每一个孔都是一个扇区，可以说他已经参透了磁盘。其次，七星大侠一定是对合一刀法的精髓有很深的领悟，即他能领会双刀大侠那 4 句诗的含义，特别是第二句给了他很大的启发！“横分竖割成龙绦”，暗示着双刀大侠把他的刀在心中分割成了横条带和竖条带，所以叫“横分竖割”。分割完毕之后，双刀大侠把这些分割后所谓的“绦”，即细条带，在心中组合起来形成一条虚拟的“龙”，然后用龙来当作武器，即“龙在我心任逍遥”。

这显然给了七星大侠很大的启发，何不把几块磁盘也给“横分竖割”，然后组成“龙”呢？

对，就这么干！七星大侠卖血换来两块磁盘，找了个破庙，在后面搭了个草堆，成天摆弄他那两块用血换来的磁盘。白天出去要饭，晚上回来潜心钻研！他首先决定把两块磁盘都分割成条带，形成“绦”，可是该怎么分好呢？合一刀法的思想主要有两条路；一条是懒人做法，不想动脑子，即威力小、后劲足那种；另一种是需要动脑子算的，即威力足、后劲也足那种。

第一种怎么实现呢？七星大侠冥思苦想，却发现被误导了。因为第一种根本不需要做“绦”。双刀大侠的诗只是描述了威力巨大的第二种路子。所以三下五除二，七星大侠写出了 RAID 0 阵式中的第一个套路：累加式。也就是说，磁盘还是那些磁盘，什么都不动，也不用“横分竖割”。数据来了，先往第一块磁盘上写。等写满之后，再往第二块上写。然后将这两块磁盘在心中组成一条龙，这就符合了合一刀法的思想。只不过这条龙威力比较弱，因为每次 IO 只用到了一块磁盘，另一块磁盘没有动作。但是这条龙的后劲，比单个磁盘足了，因为容量相对一块磁盘来说，增大了。

第一套路子实现了，可第二套路子就难了。其实磁盘已经被分割了，扇区不就是被分割的么？但是一个扇区只有 512B 大小，这不符合合一刀法。因为合一刀法中是“绦”而不是“粒”，分割成粒的话，不仅开销太大，而且组合起来也很困难。所以七星大侠决定完全照搬合一刀法的思想，但是又不能丢弃磁盘已经分割好的扇区，所以七星绞尽脑汁想出这么一个办法，如图 4-1 和图 4-2 所示。

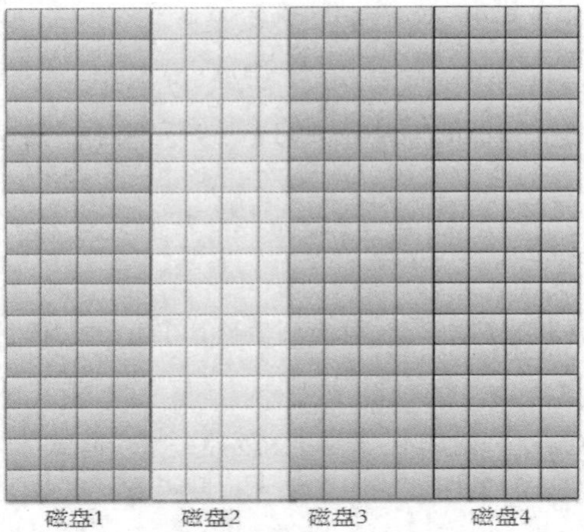

图 4-1　正常的 4 块硬盘

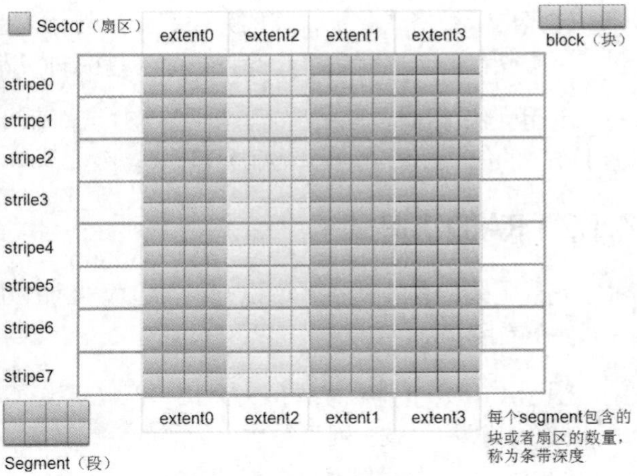

图 4-2　被分割的 4 块硬盘

图 4-1 所示的是 4 块普通硬盘，其上布满了扇区。扇区是实实在在存在于盘片上的，具有自己的格式。图 4-2 所示的是引入分割思想之后的硬盘。由于许多文件系统或者卷管理软件都使用块而不是扇区作为基本存储单元，所以图 4-2 中也使用由 4 个扇区组成的块作为基本单元。不同磁盘的相同偏移处的块组合成 Stripe，也就是条带。

块的编号也是以横向条带方向开始一条一条的向下。这样，对于一个全新的文件系统和 RAID 0 磁盘组，如果有大块数据写入时，则数据在很大几率上可以以条带为单位写入。也就是说数据被分成多块写入 4 个硬盘，而不是单硬盘系统中的顺序写入一个硬盘，这就大大提高了速度。图 4-3 所示的为多块磁盘组成的逻辑磁盘示意图。

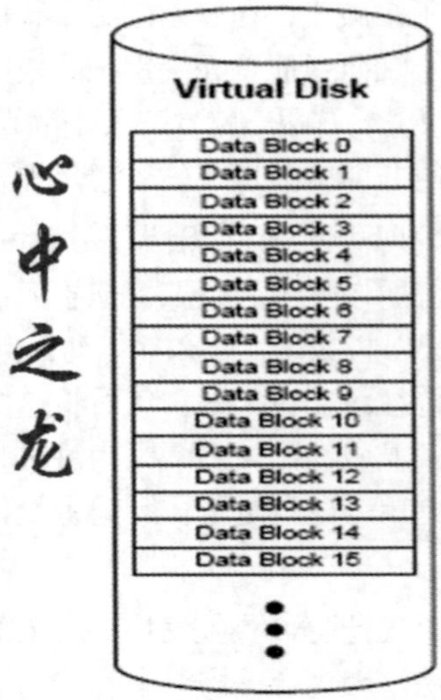

七星生成他的心中之龙，也有两套路子，第一套路子，也就是不分割，只把两块磁盘在心中合并成一块，第一块用完了，接着用第二块。在外看来，就是一整块大磁盘。

第二套路子，也就是分割成“绦”，然后两块磁盘轮流上阵，你出一招，我出一式，你再出一招，我再出一式，也就是 extent()在磁盘 1，extent3 在磁盘 2，extent3 又回到磁盘 1。当然如果多块盘，那么 extent 就轮流转，就这样组成心中之龙。

图 4-3　心中之龙

提示：磁盘上实实在在存在的只有扇区结构，Stripe 并不是一个实实在在的结构，它只是由程序根据算法公式现套现用的。就像戴了一副有格子的眼镜看一张白纸，那么会认为这张白纸被格式化了，其实并没有。另外，条带化之后的多块硬盘，数据是被并行写入所有磁盘的，也就是多管齐下，而不是横向写满一个条带，再写下一个条带。

七星大侠就这样埋头苦苦思考了整整 1 年，基于合一刀法的横分竖割的思想，完成了“七星北斗阵”的第一个阵式——RAID 0 阵式。

4.1.2　RAID 1 阵式

花开七朵，各表其一。话说七星在完成 RAID 0 阵式之后，并没有沾沾自喜，而总是想在合一刀法上有所创新。

提示：RAID 0 阵式纵然威力无比，但弱点也很明显：一旦其中一块磁盘废掉，整个阵式将会被轻易攻破。因为每次出招靠的就是“合一”，如果任意一块坏掉，也就没有“合”的意义了。也就是说，数据被我在心中分割，本来老老实实写到一块盘就完事了，可为了追求威力，非要并发写盘，第一、三、五、……块数据写到了 1 号盘，第二、四、六、……块数据写到了 2 号盘。但是对于外界来说，会认为是把数据都写到了我心中的一块虚拟盘上。这样不坏则已，一旦其中任何一块磁盘损坏，就会数据全毁，因为数据是被分割开存放在所有磁盘上的。不行，太不保险了。为了追求威力，冒的险太大，要想个稳妥的办法。

于是七星再次冥思苦想，终于创出了 RAID 1 阵式！

这话要说到 800 年前，有位“独行侠”，心独身独终日孤单一人。据称他每次出招从来不用双手，总是单手打出单掌，练就了一门“独孤影子掌”。虽说此掌法威力不高，但是自有其妙处。每当他敌不过他人，单掌被击溃的时候，就会立即换用另一只从来都没用过的掌继续出招。这一绝学往往令自以为已经占了上风的敌人在还没有回过神来的情况下，就被打个落花流水！不但他的掌法绝妙，就连他的身法都达到了炉火纯青的地步。他能修炼出一个影子，这个影子平时总是跟随着他，他做什么，影子就做什么。一旦真身损毁，其影子便代替他的真身来动作。这位独行侠遗留的“孤独影子掌”秘笈如下：

心朦胧，掌朦胧。
掌由独心生。
身朦胧，影朦胧。
身影心相同。
花朦胧，夜朦胧。
独饮赏月容。
灯朦胧，人朦胧。
此景何时休？

独行侠的这段诗句不难理解，孤独给了他灵感，身独心也独，如此练就的功夫，也是独孤残影。最后一句说出了大侠的无奈，其实他也不想孤独，但是没人能理解他。

七星大侠领悟了独行侠的苦衷，感受了他的心境。独行侠练就的是一门“无奈”绝学，处处体现着凄惨与潦迫。只有残了，才能重获新生。一只掌断了，另一只掌才能接替，这是何等凄惨？简直凄惨至极！不过往往孤独凄苦的人都很注意自保，虽然招式的威力是最小的，但是这门学问是武林中用于自保的最佳选择。

七星大侠没有理由不选择这门自保神功来解决他在 RAID 0 阵式中的破绽，也就是安全问题。毫无疑问，RAID 0 是强大的，但是也是脆弱的，一点点挫折就足以让 RAID 0 解体。

七星大侠决定完全抛弃 RAID 0 的思想，采用独行侠的思想。将两块磁盘中的一块用于正常使用，另一块用作正常使用磁盘的影子。影子总是跟随主人，主人做什么，影子就做什么。工作盘写了一个数据，影子盘在相同位置也写上了数据。读数据的时候，因为数据有两份，可以在工作盘读，也可以到影子盘读，所以增加了并发性。即修炼这个阵式的人，可以同时应付两个敌人的挑衅，自身应付一个，影子应付一个，这无疑是很高明的！

但是应付一个敌人的时候，不像 RAID 0 阵式那样可以同时使用多块磁盘，只能使用一块磁盘。当其中一块磁盘坏掉，或者其中一块磁盘上某个区域坏掉，那么对应影子盘或者影子盘上对应的位置便会立即接替工作盘，敌人看不出变化。可能独行侠一生都没有遇到同时和两个对手过招的情况，所以在他的秘笈中，并没有体现“并发读”这个功能，只体现了安全自保。

然而七星并没有全面抛弃双刀大侠的思想，而是保留了双刀的精华，即“横分竖割”的基本思想，抛弃了他的算法，即鲁莽而不计后果的并发往各个磁盘上写数据的方法。所谓算法，也即指大侠对付敌人招数的时候，在心中盘算的过程。心算的速度远远快于出招的速度，所以心算引发的延时并不会影响出招。现在江湖人士也大多都是精于钻研算法，而只有制造兵器的铁匠才去钻研如何用料，考虑如何才能减轻兵器重量而不影响兵器的硬度和耐磨度等。

可以说，兵器的材质、设计加上大侠们精心的算法才形成了江湖上形形色色的功夫秘笈！而材质在很大程度上发展是很慢的，想有突破非常困难。但是算法就不同了，大侠可以研究出各种使用兵器的方法，将兵器用得神乎其神！磁盘的转速、磁密度、电路等，虽然一直在提升，但是终究太慢。所以出现了以七星大侠为代表的算法派，他们苦研算法，用来提高磁盘的整体性能。假想某天一旦某个铁匠造出了屠龙刀、倚天剑这般的神器，我想七星这等大侠也就无用武之处了。

可惜这两把神器已经在自相残杀中玉石俱焚了。

七星大侠最后给这个阵式起名叫做“RAID 1”。图 4-4 显示了 RAID 1 组成的逻辑磁盘。

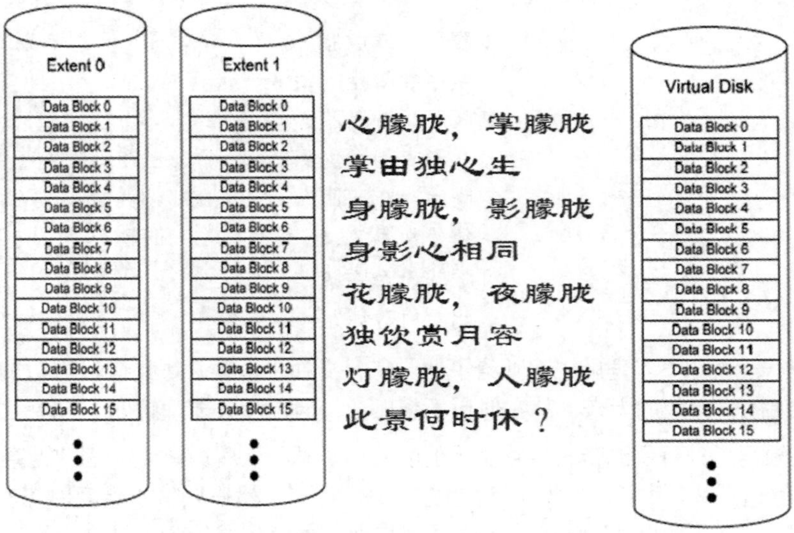

图 4-4 RAID 1 示意图

但是七星也深深认识到，这个 RAID 1 阵式还是有两个大弱点。

在修炼的时候，速度会稍慢，因为每次修炼，除了练真身之外，还要练影子。不然影子不会，出招的时候影子就无法使用。这会对实际使用有一定影响，数据写到工作盘上，也必须写到影子盘上一份。

虽然自己有个影子，但是影子没有给真身增加后劲。真身累了，影子也会被拖累。不管修炼了几个影子，整体的耐力和体力只等于其中一个的体力耐力，也就是真身的体力和耐力。整体的体力和耐力都被限制在体力耐力最小的影子盘或者真身上。也就是说 RAID 1 提供的最大容量等于所有组成 RAID 1 的磁盘中容量最小的一块，剩余容量不被使用，RAID 1 磁盘组的写性能等于所有磁盘中性能最低的那块磁盘的写性能。

七星看了看 RAID 0，又看了看 RAID 1，一个鲁莽急躁但威力无比，一个独孤残苦自嘲自保。矣！呜呼哉！！七星心想，我怎么走了两个极端呢？不妥，不妥，二者皆不合我意！于是，七星大侠又开始了苦心钻研，这一下就是 2 年！

4.1.3 RAID 2 阵式

史话：话说明末清初时期，社会动荡，英雄辈出。有这么一位英雄，号称“优雅剑侠”，他持双手剑，得益于流传甚广的合一刀法，并加入了自己的招式，修炼成了一套“合一优雅剑法”。剑侠深知合一刀法的鲁莽招式，虽然威力巨大，但必会酿成大祸。所以他潜心研究，终于找到一种办法，可以避免合一的鲁莽造成的不可挽回的祸患。他分析过，合一之所以鲁莽就是因为他没有备份措施，兵器有任何一点损坏都会一损俱损。那么是不是可以找一种方法，对兵器上的每个条带都做一个备份，就像当年独行侠那样？但是又不能一个对一个，那就和独行侠无异了。

剑侠的脑子很好用，他从小精于算术，有常人不及之算术功夫。如今他终于发挥出他的算术技能了，他先找来一张纸，然后把他的两把剑和这张纸，并排摆在地上，然后对剑和纸进行横分竖割，然后一一对照，将第一把剑的第一格写上一个 1，然后在第二把剑的相同位置上写上一个 0，然后在纸的对应位置上算出前二者的和，即 1+0=1。然后剑侠设想，一旦第一把剑被损坏，现在只剩第二把剑和那张记满数字的纸，剑侠恍然大悟：原来如此精妙！

为什么呢？虽然第一把剑损坏，但是此时仍然可以出招，因为第一把剑上的数字可以用纸上对应位置的数字，减去第二把剑对应位置上的数据！也就是 1－0=1，就可以得出第一把剑上已经丢失的数字！而在敌人看来，仍旧是手持一把大剑，只不过威力变小了，因为每次出招都要计算一次。而且修炼的时候也更加难了，因为每练一招就要在纸上记录下双剑之和，而且还需要用脑子算，速度比合一刀法慢了不少。

哇哈哈，剑侠仰天长笑！他给自己的剑法取名“优雅合一剑法”，意即他的剑法比合一刀法虽然威力不及，但也差不多少。最重要的是，他克服了合一刀法鲁莽不计后果的弱点，所以要比合一刀法来得优雅。但是这个剑法也有弱点，就是他额外增加了一张纸和用了更多的脑筋来计算。脑子计算倒是不成问题，努力学习算法便可，但是额外增加了一张纸，这个难免有些遗憾，但是也没有办法，总比独行侠那一套自保好得多。自保的代价是修炼一个平时几乎用不到的影子，是一比一。优雅合一剑法是二比一，降低了修炼的代价，而威力却较合一刀法没减多少。

然而，这套剑法虽然声名大噪，但是优雅剑侠还是被一个突如其来的问题一直折磨着，直到临终也没有想出办法解决。

疑问：如果我使用 3 把剑、4 把剑、5 把剑，这套剑法还奏效么？因为 3 把剑的数字之和，就不是一个数字，而是两个数字了，比如 1 + 0 + 1 = 10。而这套剑法只有一张纸，一个格不能放两个数字，这样就必须再加一张纸，这样不就和独行侠那一套无异了么？比例太高，不妥。所以优雅剑侠一直再考虑这个问题，临终前留下一段诗句，也抱憾而终。

独行合一皆非道，
二者中庸方优雅。
加减算术勤思考，

世间正道为算法！

优雅剑侠这段诗的最后一句，指明了后人若要解决这个问题，必须要找到一种算法。不管多少个数字，如果掩盖一个数字，可以将其他数字代入这个算法，就可以得到被掩盖的数字的值。这在当时简直就是不可能的事。“世间正道为算法”这句话后来被作为推动武林发展的一句至理名言。随着近代西方科技传入中国，这种算法终于被人了解了！他是如此简单而美丽！他改变了整个世界！

峰回路转，七星大侠在优雅剑法的基础上，把剑换成了磁盘。那张记录数字之和的纸，七星也改用磁盘来记录。这样，组成了一个三磁盘系统，两块数据盘，一块所谓“校验盘”。当数据损坏时，根据校验盘上的数字，可恢复损坏磁盘上的数字。两个磁盘系统每次只能传输 2 路数据，因为数据盘就两块，而每块磁盘每次就传输出去一路。

RAID 2 的具体实现如图 4-5 所示。

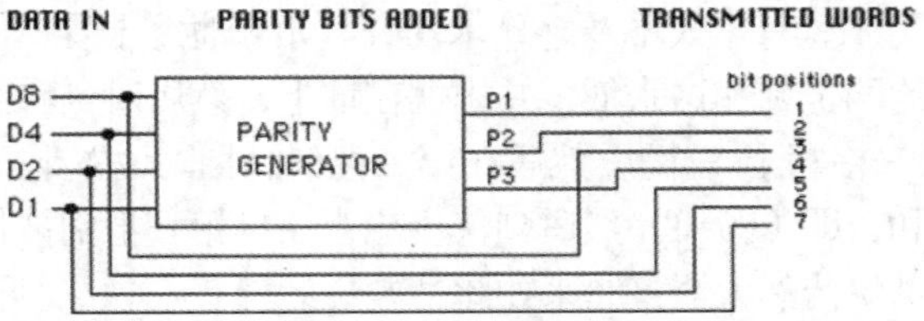

汉明码	编码用的数据码
P1	D8、D4、D1
P2	D8、D2、D1
P3	D4、D2、D1

数据位	1	2	3	4	5	6	7
代码	P1	P2	D8	P3	D4	D2	D1
说明	第1个汉明码	第2个汉明码	第1个数据码	第3个汉明码	第2个数据码	第3个数据码	第4个数据码

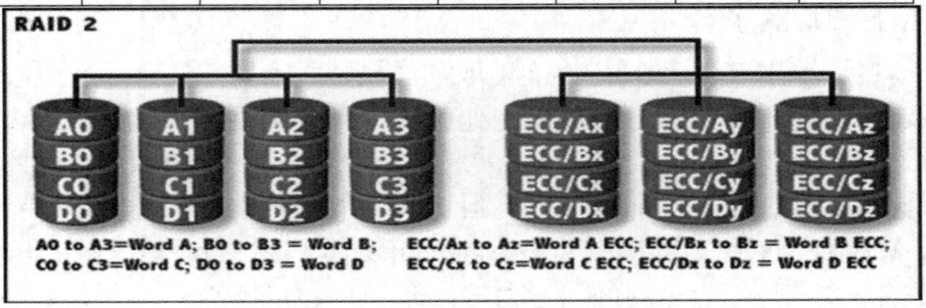

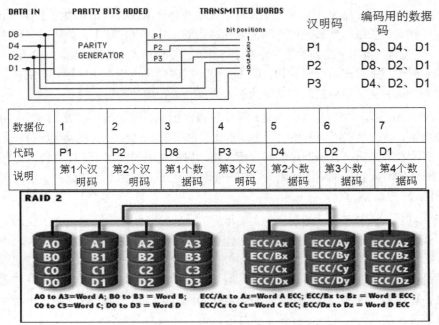

图 4-5　RAID 2 的具体实现

看看 RAID 2 的具体实现。值得研究的是，七星大侠并没有使用加减法来进行校验，而是用了一种算法复杂的所谓“汉明码”来校验。这可不是信手拈来，而是有一定原因的。用加减算法进行校验，并没有对数据纠错的能力。加减法情况下，比如 1+0+1=10，这段数据在从磁盘被传输给控制器的时候，校验位会一同传输，即数据位 101，校验位 10，此时经过控制器的校验，他会算出 1+0+1=10，和一同传过来的校验位进行比对。如果相同，则证明数据都无误。但是此时如果在传输的过程中，电路受到干扰，数据位其中有一位畸变了，比如变成 111 了，也就是中间那个 0 变成 1 了，其他不变，此时控制器进行计算 1+1+1=11，和一同传过来的 10 不同，那么控制器会怎么认为？它可以认为数据位全部正确，而校验位被畸变，也可以认为数据位被畸变，校验位正确。所以根本不能判断到底是哪种情况，所以不能修复错误。而七星引入了汉明码，汉明码的设计使得接收方可以判断到底是哪一位出错了，并且能修正一位错误，但是如果有两位都错了，那么就不能修正了。

Hamming Code ECC（汉明码错误检测与修正）

RAID 2 算法的复杂性在于它使用了很早期的纠错技术——汉明码（Hamming Code）校验技术。现在就来看一下汉明码的算法。

汉明码在原有数据位中插入一定数量的校验位来进行错误检测和纠错。比如，对于一组 4 位数据编码为例，汉明码会在这 4 位中加入 3 个校验位，从而使得实际传输的数据位达到 7 位，它们的位置如图 4–5 所示。

需要被插入的汉明码的位数与数据位的数量之间的关系为 2P≥P+D+1，其中 P 代表汉明码的个数，D 代表数据位的个数。比如 4 位数据，加上 1 就是 5，而能大于 5 的 2 的幂数就是 3(23=8，22=4 ）。所以，7 位数据时需要 4 位汉明码（24＞4+7+1），64 位数据时就要 7 位汉明码（27＞64+7+1）。

在 RAID 2 中，每个 IO 下发的数据被以位为单位平均打散在所有数据盘上。如图 4.5 中所示，左边的为数据盘阵列，如果某时刻有一个 4KB 的 IO 下发给这个 RAID 2 系统，则这 4KB 中的第 1、5、9、13 等位将被存放在第一块数据盘的一个扇区中，第 2、6、10、14 等位被存放在第二个磁盘的对应条带上的扇区，依此类推。这样，数据强行打散在所有磁盘上，迫使每次 IO 都要全组联动来存取，所以此时要求各个磁盘主轴同步，才能达到最佳效果。因为如果某时刻只读出了一个 IO 的某些扇区，另一些扇区还没有读出，那么先读出来的数据都要等待，这就造成了瓶颈。主轴同步之后，每块磁盘盘片旋转同步，某一时刻每块磁盘都旋转到同一个扇区偏移的上方。同理，右边的阵列（我们称之为校验阵列）则存储相应的汉明码。

RAID 2 在写入数据块的同时还要计算出它们的汉明码并写入校验阵列，读取时也要对数据即时地进行校验，最后再发向系统。通过上文的介绍，我们知道汉明码只能纠正一个位的错误，所以 RAID 2 也只能允许一个硬盘出问题，如果两个或以上的硬盘出问题，RAID 2 的数据就将受到破坏。

RAID 2 是早期为了能进行即时的数据校验而研制的一种技术（这在当时的 RAID 0、1 等级中是无法做到的），从它的设计上看也是主要为了即时校验以保证数据安全，针对了当时对数据即时安全性非常敏感的领域，如服务器、金融服务等。但由于校验盘数量太多、开销太大及成本昂贵，目前已基本不再使用，转而以更高级的即时检验 RAID 所代替，如 RAID 3、5 等。

七星大侠现在已经创造了三种阵式了，根据合一刀法所创的 RAID 0，根据独孤掌所创的 RAID 1，根据优雅合一剑法所创的 RAID 2。而七星大侠的郁闷之处和当年优雅剑侠一样，就是苦于找不到一种一劳永逸的绝妙算法，一种集各种优点为一身而且开销小的算法。

4.1.4　RAID 3 阵式

话说到了清末，清政府开展洋务运动，师夷长技以治夷。还别说，真引入了不少好技术，比如布尔逻辑运算式。这话要从布尔说起，布尔有一次在家捣鼓继电器，他将多个继电器时而串联，时而并联，时而串并一同使用，逐渐摸索出一些规律。比如两个继电器在串联时，必须同时闭合两个开关，电路才能接通，灯泡才能亮。如果把开关闭合当作 1，开关关闭当作 0，灯泡点亮当作 1，灯泡不亮当作 0，那么这种串联电路的逻辑就可以这样写：1 和 1=1。也就是两个开关都闭合，灯泡才能亮（等于 1）。

然后，他还发现一个逻辑，如果在这个串联电路上增加一个元件，如果两个开关都闭合的时候，电路反而是断开的。有人说不可能，那么请仔细想一想，闭合开关电路断开，这有什么难的么？完全可以通过继电器来实现，比如电路闭合之后，电磁铁通电，把铁片吸引下来，而这个铁片是另一个电路的开关，铁片下来了，另一个电路也就断开了，所以通过把这两个电路组合，完全可以得到这种逻辑：1 和 1=0。

还有一种逻辑，就是当两个开关任意一个闭合时，电路就通路，也就是并联电路。这种逻辑可以这么表达：1 或 1=1，1 或 0=1。经过多种组合，布尔得到了 1 或 1=1、1 或 0=1、1 和 1=1、1 和 0=0。

这就是 4 种基本逻辑电路。这种“和”、“或”的运算，很多人都不理解。人们理解的只是加减运算，因为加减很常用。人们不理解的原因就是不知道除了加减算术之外，还有一种叫做“逻辑”的东西，也就是因果的运算。人们往往把 1 当成数量，代表 1 个，而在因果率中，1 不代表数量，它只代表真假，其实我们完全可以不用 1 这个符号来代表真，我们就用中文“真”代表真，可否？

当然可以，但是因为笔画太多，不方便，还是用 1 和 0 代表真假比较方便。其实磁盘上的数据，也不是 1 就代表 1 个，而是 1 代表磁性的取向，因为磁性只有两个取向，仿佛对称就是组成宇宙的基石一样，比如正、负，对、错等。当因果率被用数学方程式表达出来并赋予电路的物理意义之后，整个世界也就进入了新世纪的黎明，这个世纪是计算机的世纪。

提示：从数学到物理意义，我们仿佛看出点什么来，现代量子力学那一大堆数学式，折服了太多的科学家，包括爱因斯坦，到他去世前，爱因斯坦都没有理解量子力学所推演出来的数学式子在物理上到底代表了什么意义。而且直到 21 世纪，也没有人给予这些式子以“目前”可理解的物理意义。我们可以想象一下布尔逻辑算式公布的时候，物理意义到底是什么？没人知道，甚至布尔自己估计也不知道，就只是一对式子而已。直到有一天一个人在家捣鼓继电器，突然风马牛不相及地想到了，这不就是布尔逻辑么？从此，数字电路，计算机时代，改变了我们的世界。

七星在学习了布尔逻辑算式之后，也是稀里糊涂地把它用在 RAID 2 那一直困扰他的问题上面，看看能否有所突破。

布尔运算中有一个 XOR 运算，即 1 XOR 0=1，1 XOR 1=0，0 XOR 0=0。布尔也总结出了与加法结合率、加法交换率等类似的逻辑运算率，并发现了一些规律：

```
1 XOR 0 XOR 1=0
0 XOR 1 XOR 0=1
```

假如第一个式子中，中间的 0 被掩盖，完全可以从结果推出这个被掩盖的逻辑数字。不管多少位，进行逻辑运算之后还是一位。仔细一想也是理所当然的，逻辑结果只有两个值，不是真，就是假，当然只用一位就可以代替了。

提示：大家可以自己算算，不管等式左边有多少位进行运算，这个规律都适用。但是在加减法中，若要保持等式右边有一位，则左边参与运算的只能是 1 + 0 或者 0 + 1，再多一个数的话，右边就是两位了。但是逻辑运算中等式右边永远都是一位！就是如此绝妙。为什么如此精妙呢？没人能解释为什么，就像问为什么有正电荷、负电荷一样，它们到底是什么东西，谁也说不清。

七星大侠开始并不觉得这是真的，他反复演算，想举出一个伪证，可是徒劳无功。七星不得不为布尔的绝学所折服！同时也为西方发达的基础科学所赞叹！

至此，困扰七星大侠多年的关于算法的问题，终于随着西方科学的介入，得以顺利解决！而且解决得是那么完美，那么畅快！

七星立即决定投入其下一个阵式 RAID 3 的创立过程中。他发狂似地抛弃了那冗余的让人看着就不顺眼的 RAID 2 的几块校验盘，只留下一块。按照布尔的思想，数据盘的每一个位之间做 XOR 运算，然后将结果写入校验盘的对应位置。这样，任何一块数据盘损坏，或者其中的任何一个扇区损坏，都可以通过剩余的位和校验位一同进行 XOR 运算，而运算的结果就是这个丢失的位。8 位一起校验可以找出一个丢失的字节，512 字节一起校验就可以找到一个丢失的扇区。

做到这里，已经算是成功了，但是七星还不太满足，因为他还有一桩心事，就是 RAID 2 中数据被打得太散了。七星大侠索性把 RAID 3 的条带长度设置成为 4KB，这样刚好适配了上层的数据组织，一般文件系统常用的是以 4KB 为一个块。如果用 4 块数据盘，则条带深度为两个扇区或者 1KB。如果用 8 个数据盘，则条带深度为 1 个扇区或者说 512B。总之，要保持条带长度为上层块的大小。上层的 IO 一般都会以块为单位，这样就可以保证在连续写的情况下，可以以条带为单位写入，大大提高磁盘并行度。

七星在 RAID 3 阵式中，仍旧保持 RAID 2 的思想，也就是对一个 IO 尽量做到能够分割成小块，让每个磁盘都得到存放这些小块的机会。这样多磁盘同时工作，性能高。所以七星在 RAID 3 中把一个条带做成 4KB 这个魔术值，这样每次 IO 就会牵动所有磁盘并行读写。到此我们了解了，RAID 2 和 RAID 3 都是每次只能做一次 IO（在 IO 块大于 Block SIZE 的时候），不适合于要求多 IO 并发的情况，因为会造成 IO 等待。RAID 3 的并发只是一次 IO 的多磁盘并发存取，而不是指多个 IO 的并发。所以和 RAID 2 一样，适合 IO 块大、IO SIZE/IO PS 比值大的情况。

提示：在极端优化的条件下，RAID 3 也是可以做到 IO 并发的。控制器向一块磁盘发送的读写指令，其中包含一个所要读取扇区的长度，如果下一次 IO 与本次 IO 在物理上是连续的（连续 IO），此时如果控制器做了极端的优化，则可以将这两次 IO 合并起来，向磁盘发送的每个 IO 指令中包含了两次上层 IO 的数据，这样也算是一种并发 IO。当然，这种优化不仅仅可以在磁盘控制器这一层实现，其实文件系统层也可以实现。

提示：RAID 3 和 RAID 2 一样，要达到 RAID 3 的最佳性能，需要所有磁盘的主轴同步。也就是说，对于一块数据，所有磁盘最好同时旋转到这个数据所在的位置，然后所有磁盘同步读出来。不然，一旦有磁盘和其他磁盘不同步，就会造成等待，所以只有主轴同步才能发挥最大性能。

总结一下，RAID 3 相比 RAID 2 校验效率提升，成本减少（使用磁盘更少了）。缺点是不支持错误纠正了，因为 XOR 算法无法纠正错误。但是这个缺点已经不重要，发生错误的机会少之又少，可以完全靠上层来处理错误了。正可谓：

与非异或同，
一语解千愁。
今朝有酒醉，
看我数风流！

下面说明关于 RAID 3 的校验盘有没有瓶颈的问题。

不妨用一个例子来深入理解一下 RAID 3。通过刚才的讲解，大家知道了 RAID 3 每次 IO 都会分散到所有盘。因为 RAID 3 把一个逻辑块又分割成了 N 份，也就是说如果一个逻辑块是 4KB（一般文件系统都使用这个值），在有 5 块盘的 RAID 3 系统中其中 4 块是数据盘， 1 块是校验盘。这样，把 4KB 分成 4 块，每块 1KB，每个数据盘上各占 1 块，也就是两个扇区。而文件系统下发的一个 IO，至少是以一个逻辑块为单位的，也就是不能 IO 半个逻辑块的单位，也就不可能存在一个 IO，大小是小于 4KB 的，要么是 1 个 4KB，要么是 N 个 4KB。但这只是针对文件系统下发的 IO，磁盘控制器驱动向磁盘下发的 IO 最细粒度可以为一个扇区。这样，就保证了文件系统下发的一次 IO，不管多大都被跨越了所有数据盘。

读又分成连续读和随机读。连续读指的是每个 IO 所需要提取的数据块在序号上是连续的，磁头不必耗费太多时间来回寻道，所以这种情况下寻道消耗的时间就很短。我们知道，一个 IO 所用的时间约等于寻道时间加上旋转延迟时间再加上数据传输时间。IOPS=1/（寻道时间+旋转延迟时间+数据传输时间），由于寻道时间相对于传输时间要大几个数量级，所以影响 IOPS 的关键因素就是寻道时间。而在连续 IO 的情况下，仅在换磁道时需要寻道，而磁道都是相邻的，所以寻道时间也足够短。在这个前提下，传输时间这个分母就显示出作用来了。由于 RAID 3 是一个 IO，必定平均分摊到了 N 个数据盘上，所以数据传输时间是单盘的 1/N，从而在连续 IO 的情况下，大大增加了 IOPS。而磁盘总体传输速率约等于 IOPS 乘以 IO SIZE。不管 IO SIZE 多大，RAID 3 的持续读性能几乎就是单盘的 N 倍，非常强大。

再看看持续写，同样的道理，写 IO 也必定分摊到所有数据盘，那么寻道时间也足够短（因为是持续 IO）。所以写的时候所耗费的时间也是单盘的 1/N，因此速率也是单盘的 N 倍。有人说 RAID 3 的校验盘是热点盘，是瓶颈。理由是 RAID 3 写校验的时候，需要像 RAID 5 一样，先读出原来的校验块，再读出原来的数据块，接着计算出新校验，然后写入新数据和新校验。实际上 RAID 3 中每个 IO 必定要改动所有数据盘的数据分块。因为一个文件系统 IO 的块已经被分割到所有盘了，只要这个 IO 是写的动作，那么物理磁盘上的所有分块，就必定要全部都被更新重写。既然这样，还有“旧数据”和“旧校验”的概念么？没有了，因为这个 IO 上的所有分割块需要全部被更新，包括校验块。数据在一次写入之前，控制器就会计算好校验块，然后同时将数据块和校验块写入磁盘。这就没有了什么瓶颈和热点的区别！

RAID 4 是有热点盘，因为 RAID 4 系统处理文件系统 IO 不是每次都会更新所有盘的，所以它必须用 RAID 5 的那个计算新校验的公式，也就是多出 4 个操作那个步骤，所以当然有瓶颈了！要说 RAID 3 有热点盘，也行，所有盘都是热点盘，数据、校验，所有盘，对 RAID 3 来说，每次 IO 必将牵动所有盘，那么就可以说 RAID 3 全部都是热点盘！

再来看看 RAID 3 的随机读写。所谓随机 IO，即每次 IO 的数据块是分布在磁盘的各个位置，这些位置是不连续的，或者连续几率很小。这样，磁头就必须不断地换道，换道操作是磁盘操作中最慢的环节。根据公式 IOPS=1/（换道时间+数据传输时间），随机 IO 的时候换道时间很大，大出传输时间几个数量级，所以传输得再快，翻 10 倍也才增高了一个数量级，远不及换道时间的影响大，所以此时可以忽略传输时间的增加效应。由于一次 IO 同样是被分割到了所有数据盘，那么多块盘同时换道，然后同时传输各自的那个分块，换道时间就约等于单盘。其传输时间是单盘的 1/N，而传输时间带来的增效可以忽略。所以对于随机读写的性能，RAID 3 并没有提升，和单盘一样，甚至不及单盘。因为有时候磁盘不是严格主轴同步的，这样换道慢的磁盘会拖累其他磁盘。

再来看看并发 IO。显然，RAID 3 执行一次 IO 必将牵动占用所有盘，那么此时其他排队的 IO 就必须等待，所以 RAID 3 根本就不能并发 IO。

注意：上文中的“IO”均指文件系统下发的 IO，而不是指最终的磁盘 IO。

4.1.5 RAID 4 阵式

七星自从学习了西方先进的基础科学之后，一发而不可收。以前已经是以钻研为乐，现在成了以钻研为生了。以前饿了还知道去要饭吃，现在七星已经感觉不到饿了，只要有东西让他钻研，就等于吃饭了。

话说某天七星正在闭目思考修炼，他回想起了双刀时代的辉煌、独行时代的凄苦和优雅剑时代的中庸之乐。往事历历在目，再看看如今已经是穷困潦倒的自己，他不禁潸然泪下，老泪纵横。

他给上面的三种思想，分别划分了门派，RAID 0 属于激进派，RAID 1 属于保守派，RAID 2，RAID 3 属于中庸派。中庸派的思想一方面汲取了激进派的横分竖割提高威力的做法，一方面适当地降低威力来向保守派汲取了自保的经验，而创立了引以为豪的校验盘的绝妙技术。

七星想着激进派似乎已经没有什么可以让中庸派值得借鉴的地方了，倒是保守派的一个关键技术中庸派还没有移植过来，那就是同时应付多个敌人的技术。虽然当年独行侠根本就没有意识到他的独孤影子掌可以同时应付两个敌人，因为独行侠一生都没有同时和两个人交过手。虽然独孤掌的秘笈中也没有提及这门绝招，但是七星凭他积累多年的知识和经验，强烈地感觉到并发 IO 早在独孤掌时代就已经被实现了，只不过没有被记载，而且一直被人忽略！要想有所突破就必须突破这一关！想到这里，七星立即再次开始了他的实验。

RAID 2 阵式中，数据块被以位为单位打散在多块磁盘上存储，这种设计确实应该被淘汰了，且不说 IO 设计合理与否，看它校验盘的数量就让人气不打一处来。那么再看看 RAID 3，在 RAID 3 的 IO 设计中还是走了 RAID 2 的老路子，也就是一次 IO 尽量让每块磁盘都参与，而控制器的一次 IO 数据块不会很大，那么想让每块磁盘都参与这个 IO，就只能人为地减小条带深度的大小。

事实证明这种 IO 设计在 IOSIZE/IOPS（比值）很大的时候，确实效果明显。但在现实应用中，很多应用的 IOSIZE/IOPS 都很小，比如随机小块读写等，这种应用每秒产生的 IO 数目很大，但是每个 IO 所请求的数据长度却很短。如果所有磁盘同一时刻都被一个 IO 占用着，且不能并发 IO，只能一个 IO 一个 IO 的来做，由于 IO 块长度小，此时全盘联动来传输这个 IO，得不偿失，还不如让这个 IO 的数据直接写入一块磁盘，空余的磁盘就可以做其他 IO 了。

要实现并发 IO，就需要保证有空闲的磁盘未被 IO 占用，以便其他 IO 去占有磁盘进行访问。唯一可以实现这个目的的方法就是增大条带深度，控制器的一个 IO 过来，如果这个 IO 块小于条带深度，那么这次 IO 就被完全“禁锢”在一块磁盘上，直接就写入了一个磁盘上的 Segment 中，这个过程只用到了一块磁盘。而其他 IO 也可以和这个 IO 同时进行，前提是其他 IO 的目标不是这个 IO 要写入或读取的磁盘。所以实现 IO 并发还需要增大数据的随机分布性，而不要连续在一个磁盘上分布。这里七星大侠忽略了一个非常重要的地方，下面会看到。

在这些分析的基础上，七星将 RAID 3 进行了简单的改造，增大了条带深度，于是便创立了一个新的阵式，名曰 RAID 4。

四海一家

并肩携手并存并取海誓山盟

先来后到先进先出天经地义

4.1.6 RAID 5 阵式

话说七星大侠正在为创立了 RAID 4 阵式而欢喜的时候，麻烦来了。很多江湖上的朋友都给他捎信说，修炼了 RAID 4 阵式之后，在 IO 写的时候，好像性能相对于 RAID 3 并没有什么提升，不管 IOSIZE/IOPS 的值是多少。这个奇怪的问题，让七星大侠天天如坐针毡、茶饭不思，终日思考这个问题的原因。他不停地拿着两块磁盘和一张纸（校验盘）比划。时间一长，七星有一天突然发现，纸已经被他画的不成样子了，需要另换一张。这引起了思维活跃的七星大侠的思考，“并发 IO，并发 IO，并发 IO，……”，他不停地在嘴里念叨着。突然他两眼一睁，骂了一句之后，开始奋笔疾书。

七星大侠想到了什么让他恍然大悟呢？原来，七星经过思考之后，发现 RAID 4 确实是他的一大败笔，相对 RAID 3 没有什么性能提升，反而误人子弟，浪费了很多人的时间去修炼一个无用的功夫。

七星创立 RAID 4 时，太过大意了，竟然忽略了一件事情。每个 IO 写操作必须占用校验盘，校验盘每一时刻总是被一个 IO 占用，因为写数据盘的时候，同时也要读写校验盘上的校验码。所以每个写 IO 不管占用了哪块数据盘，校验盘它是必须占用的，这样校验盘就成为了瓶颈，而且每个写入 IO 都会拖累校验盘，使得校验盘没有休息的时间，成了“热点盘”，非常容易损坏。

没有引入校验功能，数据盘可以被写 IO 并发，引入了校验功能之后，数据盘还可以并发，但是校验盘不可以并发，所以整体上还是不能并发。除非不使用校验盘，不过那就和 RAID 0 没什么区别了。所以七星在 RAID 4 上掉进了一个误区，如今他终于醒悟了。

创立的 RAID 4 什么都不是，不伦不类。七星这个郁闷啊！为了实现真正的写 IO 并发，他这次是豁出去了，一定要创立新的阵式！

思考：RAID　4 的关键错误在于忽略了校验盘。每个 IO 不管目标在哪个数据盘，但是一定要读写校验盘。而校验盘只有一块，不读也得读！那如果有两块校验盘，它能否随机选择一块来读写？不行，这两块校验盘之间也要同步起来，类似 RAID　1，这样开销太大，成本太高。

不妨作一下演绎，首先，我们的目标是并发 IO。要并发 IO，校验盘某一时刻必须可以被多个 IO 占用，这是必须的，否则就不是并发 IO。但是“校验盘某一时刻可以被多个 IO 占用”，这不简直是扯淡么？一块磁盘怎么可以同时被多个 IO 占用呢？所以七星下了结论，中庸派不可能实现并发 IO。

结论下了，七星也病了，彻彻底底的病倒了。他不甘心，在他心中一定有一个完美的阵式。他拿着那张已经快被画烂的纸，气愤至极，将纸撕成了两半。碎片就像七星那破碎的心，飘飘落下，不偏不倚，正好分别落到了地上的两把剑上，分别盖住了剑的一半。七星看着这情景，一发愣，仿佛冥冥中一直有个神仙在指引着他似的，又一次让七星茅塞顿开，恍然大悟：“老天助我啊！哇哈哈哈哈哈！”

七星疯了一般从炕上滚落下来，他又找来一把剑，把纸撕成三块，分别盖住每把剑的三分之一。同样，4 把剑，把纸撕成 4 块，盖住剑的四分之一。良久之后，七星仰天长叹：“完美，太完美了！”

七星赶紧静下心来，他深知，必须经过深思熟虑，才不会出现问题，不能重蹈 RAID 4 的覆辙。他花了半个月的时间，用树枝在地上画图演算，并仔细分析。一块磁盘同一时刻不能被多个 IO 占用，这是绝对真理，不可质疑的真理。那么以前也曾经想过，把校验盘做成多块，可否？也不好，不完美。这次把校验盘分割开，组合于数据盘之中，依附于数据盘，这样就完美地避开了那个真理。既然多个 IO 可以同时刻访问多块数据盘，而校验盘又被打散在各个数据盘上，那么就意味着多 IO 可以同时访问校验盘（的“残体”）。这样就大大增加了多 IO 并发的几率，纵使发生多个 IO 所要用到的校验盘的“残体”可能在同一块数据盘上，这样还是可以 IO 排队等待的。

如果数据盘足够多，校验盘打散的部分就会分布得足够广泛，多 IO 并发的几率就会显著增大！他根据这个推断做实验，首先是两个数据盘。把纸撕成两半，分别盖住两把剑的一半，这样实际的数据盘容量其实是一把剑的容量，校验盘容量也是一把剑的容量，它们分别占了总容量的二分之一。由于 2 块盘的 RAID 5 系统，对于写操作来说不能并发 IO，因为一个 IO 访问其中一块盘的数据的时候，校验信息必定在另一块盘，必定也要同时访问另一块盘。同样，3 块盘的 RAID 5 系统也不能并发 IO，最低可以并发 IO 的 RAID 5 系统需要 4 块盘，而此时最多可以并发两个 IO，可以算出并发几率为 0.0322。更多磁盘数量的 RAID 5 系统的并发几率将更高。图 4-6 为一个 RAID 5 系统的示意图。

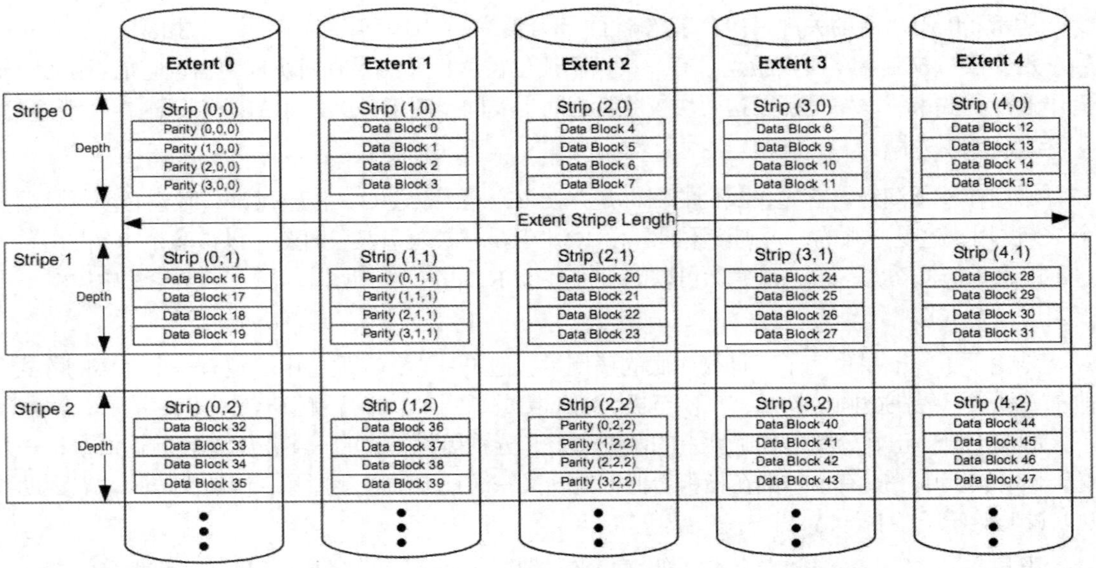

图 4-6 RAID 5 系统示意图

七星这次可谓是红星高照，脸色红润，病态全无。他把这个新创立的阵式叫做 RAID 5。正可谓：

心似剑，剑如心，

剑心合，方不侵。

分久必合合久分，

分分合合天地真！

RAID 5 也不是那么完美无缺的，可以说 RAID 5 是继 RAID 0 和 RAID 1 之后，又一个能实现并发 IO 的阵式，但是比 RAID 1 更加划算，比 RAID 0 更加安全。RAID 5 浪费的资源，在 2 块盘的系统中与 RAID 1 是一样的，都是二分之一。但是随着磁盘数量的增加，RAID 5 浪费的容量比例越来越小，为 N 分之一，而 RAID 1 则永远是二分之一。

RAID 5 和 RAID 0 都是利用条带来提升性能，但是它又克服了 RAID 0 的鲁莽急躁，对数据用校验的方式进行保护。但是 RAID 5 的设计思想，注定了它的连续读性能不如 RAID 3，RAID 3 由于条带深度很小，每次 IO 总是能牵动所有磁盘为它服务，对于大块连续数据的读写速度很快。但是 RAID 5 的条带深度比较大，每次 IO 一般只使用一块数据盘，而且通用 RAID 5 系统一般被设计为数据块都是先放满一个 Segment，再去下一个磁盘的 Segment 存放，块编号是横向进行的。

RAID 5 在随机读方面，确实是首屈一指的，这要归功于它的多 IO 并发的实现，这里指的是随机 IO。也就是说 RAID 3 在 IOSIZE 值大的时候具有高性能，RAID 5 在随机 IOPS 大的时候具有高性能。

RAID 5 的一大缺点就是写性能较差。写性能差是中庸派的通病，其根本原因在于它们每写一扇区的数据就要产生其校验扇区，一并写入校验盘。尤其是更改数据的时候，这种效应的影响尤其严重。

RAID 5 写的基本过程是这样的，新数据过来之后，控制器立即读取待更新扇区的原数据，同时也要读取这个条带上的校验数据。三者按照公式运算，便可得出新数据的校验数据，然后将新数据和新数据的校验数据写到磁盘。公式如下：

```
新数据的校验数据=（老数据 EOR 新数据） EOR 老校验数据
```

鱼和熊掌不可兼得！最后七星总结了这么一句话。也就是说随机并发 IO 和写性能二者取其一。但是有些文件系统巧妙地减少了这种写惩罚，使得 RAID 4 的缺点被成功削减，从而将其优点显现了出来，本章后面会提到这种优化操作。

思考：RAID 5 一次写的动作，其实要浪费掉 3 个其他动作，也就是要先读出老数据，读出老校验数据，然后写新数据和校验数据，这样只有“写新数据”是要完成的目的，而捎带了三个额外操作。纵观 RAID 0 和 RAID 1 此二者，RAID 0 鲁莽，写就是写，不带任何考虑，所以速度最快。RAID 1 自保，但是每次也只要写两次即可，只是额外多了一个操作。所以 RAID 5 和 RAID 4 在处理写方面是失败的。就连 RAID 2 和 RAID 3 都比 RAID 5 写性能强，因为它们的条带深度很小，任何一次正常点的 IO 几乎会覆写所有盘，均会将这整个条带上的位都改变。所以 RAID 2 和 RAID 3 不用顾忌条带上是否还有未被更新的数据，所以它不会管老数据如何，只管从新数据计算出新校验数据，然后同时将数据位和校验位分别写到数据盘和校验盘，这样只用了两个操作，比 RAID 5 少了两次读的过程。

RAID 5E 和 RAID 5EE 阵式

七星大侠推出 RAID 5 之后，得到了极为广泛的应用，江湖上的武林人士都在修炼，有些练成的大侠还各自创办了数据库、网站等生意，得益于 RAID 5 的随机 IO 并发特性，这些人赚了一大笔，生意火得一塌糊涂。然而，七星还是那个要饭的七星，剑还是那把剑，依然终日以钻研为乐，以钻研为生。

话说有一天，有个侠客专门找到了七星大侠，侠客请他到“纵横斋”煮酒畅饮。酒过三巡，菜过五味，侠客进入了正题，向七星叙述了一件事情。他说他已经炼成了 RAID 5 阵式，但是在使用的时候总是心里没底。其原因就是一旦一块磁盘损坏，虽然此时不影响使用，但是总有顾虑，不敢全力出招，就怕此时再坏一块磁盘，整个阵式就崩溃了。

他请求七星解决这个问题，临走的时候留下了几块市面上品质最好的硬盘和一些银子供七星研究使用。七星很是感动，几十年来从来没有一位江湖人士和他交流切磋过，也从来没有一个人来帮助过他。此景让他泪流满面，感动得不知说什么好。他向那位侠客道：“能交您这位豪杰人士，我七星此生无憾！”随后，七星又开始终日研究。这位大侠就是几十年后谱写降龙传说的张真人。

思考：嗯，一旦一块磁盘损坏，此时这块盘上的数据已经不复存在，但是如果有 IO 请求这块坏盘上的数据，那么可以用还存在的数据，校验出这块损坏的数据，传送出去。也就是说，损坏的数据是边校验边传送，现生成现传送的。而对于要写入这块盘的 IO，控制器会经过计算，将其“重定向”到其他盘。所谓重定向并不是完全透明地写入其他盘，而是运用 XOR 进行逆运算，将写入的数据代入算式进行逆运算，得到的结果写入现存的磁盘上。

此时如果再有一块磁盘损坏，无疑阵式就要崩溃了。解决这个问题的直接办法，就是找一块备用的磁盘。一旦有磁盘损坏，其他磁盘立即校验出损坏的数据，立即写到备用磁盘上。写完之后，阵形就恢复原样了，就没有顾虑了。但是必须保证在其他磁盘齐力校验恢复数据的过程中，不可再有第二块磁盘损坏，不然便会玉石俱焚！

想到这里，七星开始了他的实验，并且取得成功。就是在整个阵式中增加一块热备盘，平时这块磁盘并不参与组阵，只是在旁边观战，什么也不干。一旦阵中某个人受伤不能参战了，这个热备盘立即顶替他，其他人再把功力传授给他。传授完毕后，就像原来的阵式一样了。如果在大家传授功力的时候，有 IO 请求这块损坏磁盘上的数据，那么大家就暂停传授，先应付外来的敌人。当没有来针对这块损坏磁盘的挑衅时，大家会继续传授。

七星的经验不断丰富，他知道不能急躁，所以实验成功之后，七星并没有马上通知那位大侠，而是继续在想有没有可以改进的地方。他想，热备盘平时不参与组阵，那就不能称作阵式的一部分，而是被排斥在外。这块磁盘平时也没有 IO，起不到作用，这样就等于浪费了一块磁盘。那么是不是考虑也让它参与到阵形中来呢？如果要参与进来，那让它担任什么角色呢？热备角色？如果没有人受伤，这个角色在阵中只会是个累赘。怎么办好呢？七星忽然掠过一丝想法，是否可以让阵中各个角色担待一下，从各自的领地保留出一块空间，用作热备盘的角色呢？

这样把热备盘分布在各个磁盘上，就不会形成累追，并且同时解决了热备盘和大家不协调的问题。说干就干，七星给那位大侠写了一封信，信中称这种阵式为 RAID 5E。七星继续琢磨 RAID 5E，让阵中每个人都保留一块领地，而不横割，虽然可以做到数据的及时备份，但是这块领地总显得不伦不类。七星突然想到被撕碎的纸片飘然落下的情景，忽然计上心头！既然校验盘都可以横分竖割的融合到数据盘，为什么热备盘不能呢？一样可以！七星想到这里，于是又给那位侠客去了一封信，信中描述这种新的阵式为 RAID 5EE。

那位侠客给七星回了一封信：

七星转，北斗移，
英雄无谓千万里。
待到再次相见时，
白发苍，叙知己！

七星看后老泪纵横，颇为感动。相见恨晚啊，到了晚年才遇到人生知己！

4.1.7 RAID 6 阵式

如今，七星已经从一个壮小伙变成了个孤苦伶仃的老头。回首过去，从 RAID 0 一直到 RAID 5（E、EE）创立了 6 种阵式，各种阵式各有所长。他最得意的恐怕就是中庸派的中庸之道。可就是这个中庸之道，却还有一个一直也未能解决的问题，那就是其中任何一种阵式，都最多同时允许损坏一块磁盘，如果同时损坏多块，整个阵不攻自破！七星想到这里就一阵酸楚。已经是白发苍苍的七星老侠，决定要用晚年最后一点精力来攻破这个难题。

七星老侠一生精研阵式，有很多宝贵的经验。他这次采用了逆向思维，假设这个模型已经做好，然后从逆向分析它是怎么作用的。先描绘出多种模型，然后一个一个地去攻破，找出最适合的模型。

七星描绘了这么一个模型，假设有 5 块盘组成一个 RAID 阵列，4 块数据盘，一块校验盘，那么同一时刻突然 4 块数据盘中的两块损坏作废，只剩下两块数据盘和一块校验盘。假设有某种算法，可以恢复这两块丢失磁盘上的数据，那么怎么从这个模型推断出，这个算法是怎么把丢失的两块盘数据都恢复出来的呢？七星冥思苦想。七星在幼年学习方程的时候，知道要求解一个未知数，只需知道只包含这一个未知数的一个等式即可逆向求解。就像布尔的逻辑算式用在 RAID 3 阵式时候一样，各个数据盘上的数据互相 XOR 之后就等于校验盘上的校验数据，这就是一个等式：

```
D1 XOR D2 XOR D3 = Parity
```

如果此时 D1 未知，而其他 3 个值都已知，那么就可以逆向解出未知数，而这也是 RAID 3 进行校验恢复的时候所做的。那么此时如果 D1 和 D2 都未知，也就是 1 号盘和 2 号盘都损坏了，还能解出这两个值么？数学告诉七星，这是不可能的，除非除了这个等式还额外存在一个和这个等式不相关的另一个等式！

要求解两个未知数，只要知道关于这两个未知数的不相关的两个关系方程即可。比如有等式为 D1 ？ D2 ？ D3 = ★，联立以上两个等式，即可求出 D1 和 D2。七星开始寻觅这个等式，这个等式是已经存在？还是需要自己去发明呢？七星一开始打算从布尔等式找寻出第二个等式的蛛丝马迹，但是后来他根据因果率知道如果从布尔等式推出其他某些等式，那么推出的等式和布尔等式就是相关的。互相相关的两个等式，在数学上是等价的，无法作为第二个等式。七星有所察觉了，他认为要想得出第二个等式，必须由自己发明一套算法，一套和布尔等式不相关的算法！他开始在纸上演义算法，首先他开始从算术的加减方程开始着手，他写出了一个可以求解两个未知数的二元方程：

```
x+y=10
2x+3y=20
```

这算是最简单的算术方程了。可以求得 x=10，y=0。

以上是对于算术运算的方程，那么布尔逻辑运算是否也可以有方程呢？七星写下如下的式子：

```
x XOR y = 1
Ax XOR Bx = 0
```

第一个方程已经存在了，也就是用在 RAID 3 上的校验方程。第二个方程是七星模仿加减方程来写的，也就是给 x 和 y 两个值分别加上了一个系数，而这两个系数不能是从第一个等式推得的，比如是将第一个等式未知数的系数同乘或同除以某个数得出来的，这样就是相关等式了。七星立即找来布尔逻辑运算方面的书深入学习，终于得到了印证，这种方程确实存在！七星激动得跳了起来！他立即投入到研发中。过了两个月，终于得出了结果！大获成功！

七星对一份数据使用两套算法各自算出一个等式，1 号等式右边的结果写入校验盘 1、2 号等式右边的值写入校验盘 2。这样，只要使用中有两个值发生丢失，就可以通过这两个等式联立，解出丢失的两个值。不管这两个值是等式左边的还是等式右边的，只要代入这两个等式中，就可以求出解。

数学的力量是伟大的，任何东西只要通过了数学的验证，就是永恒的！

同样，七星将用在 RAID 5 中的方法，用在了新创立的阵式中，将校验盘分布到数据盘中，不同的是新阵式的校验盘有两块，在每块磁盘上放置两个等式需要的校验值。

七星给这种阵式取名为 RAID 6。

RAID 6 相对其他各种中庸派的阵式安全多了，但同时它的写性能更差了，因为它要多读出一个校验数据，而且计算后还要写入一次，这就比 RAID 5 每次写耗费多了两个操作，变成了 6 次操作，所谓的“写惩罚”更大了。确实是鱼与熊掌不能兼得啊！正可谓：

寻寻觅觅终冷清，
七星北斗伴我行。
世间万物皆规律，
求得心法谋太平！

七星在创立了 RAID 6 阵式之后，已经老态龙钟，疾病缠身，所剩时日不多。而江湖上可是一派热闹，修炼的修炼，修炼好的就立门派，开设数据库、网站等服务来大赚钱财。而打着七星大侠旗号到处招摇撞骗的人也不在少数。张真人路见不平拔刀相助，他召开武林大会，表彰了七星的功绩，指出真正的七星现在早已归隐，那些招摇撞骗的人也就没有容身之地了。他还提议将七星所创立的 7 种阵式命名为“七星北斗阵”，以纪念他和七星之间的北斗豪情！

张真人亲自到深山去探望已经下不了床的七星，并将武林中发生的事情告诉了他。此后没几天，七星无憾地离开了人世，化作了北斗七星，在天上洒下无限的光芒照耀世间！张真人给老人办了后事，并将七星过世的消息宣布了出去。没想到第二天，七星、星七、北斗、斗北、七星北斗、北斗七星、星七北斗、星七斗北等商标就被抢注了！大批的商人在发着横财。正可谓：

七星赞

七星阵里论七星，
北斗光前参北斗。
不知天上七星侠，
如今过活要饭否？

4.2 七种 RAID 技术详解

下面从纯技术角度，深入剖析目前存在的七种 RAID 模式的组成原理和结构，并分析各种级别相对于单盘 IO 速率的变化。

首先澄清一点，所谓 Stripe 完全是由程序在内存中虚拟出来的，说白了就是一个 map 公式。即仿佛是给程序戴了一个特殊的眼镜，程序戴上这个眼镜，就能看到“条”和“带”，就会知道将数据分布到条带上了。一旦摘下这个眼镜，那么看到的就是普通的物理磁盘扇区。这个眼镜就是实现 RAID 的程序代码。物理磁盘上根本不存在什么“条”和“带”，只有扇区。另外，程序会在磁盘特定的一些扇区中写入自己运行时需要的信息，比如一些 RAID 标签信息等。

图 4-7 为一个 RAID 0 系统的示意图。

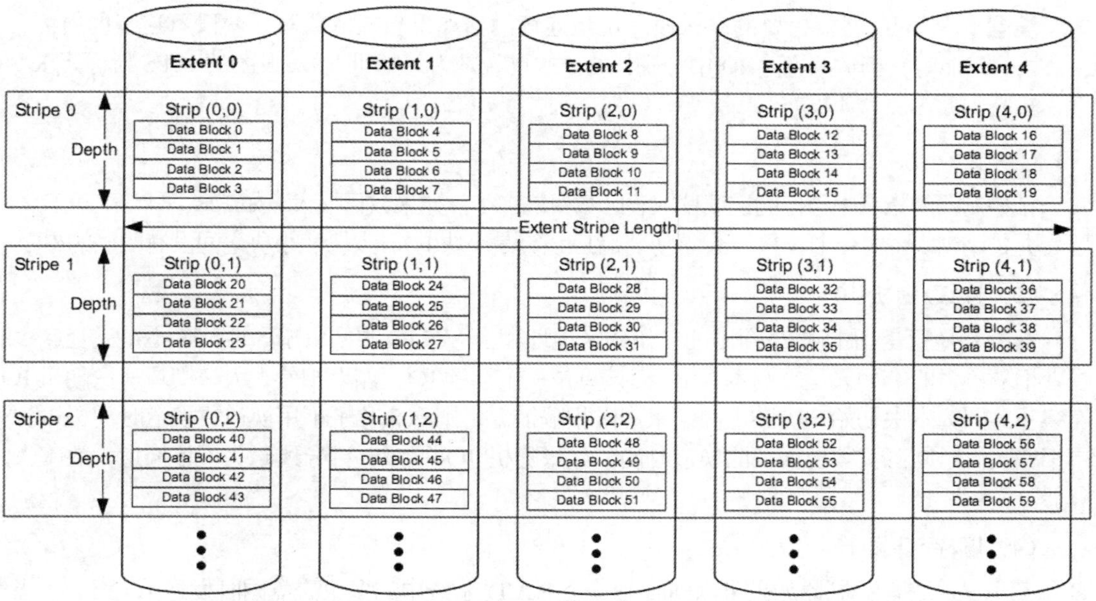

图 4-7 一个典型的 RAID 0 系统

1. 扇区、块、段（Segment）、条带、条带长度和深度

图 4-7 中的 5 个竖条，分别代表 5 个磁盘。然后在磁盘相同偏移处横向逻辑分割，形成 Stripee。一个 Stripee 横跨过的扇区或块的个数或字节容量，就是条带长度，即 Stripee Length。而一个 Stripee 所占用的单块磁盘上的区域，称为一个 Segment。一个 Segment 中所包含的 data Block 或者扇区的个数或者字节容量，称为 Stripee Depth。Data Block 可以是 N 倍个扇区大小的容量，应该可调，或者不可调，由控制器而定。

RAID 0 便是将一系列连续编号的 Data Block 分布到多个物理磁盘上，扩散 IO 提高性能。其分布的方式如图 4-7 所示。这个例子中，条带深度为 4，则 0、1、2、3 号 Data Block 被放置到第一个条带的第一个 Segment 中，然后 4、5、6、7 号 Block 放置到第一个条带的第二个 Segment 中，依此类推，条带 1 放满后，继续放条带 2。这种特性称为“局部连续”，因为 Block 只有在一个 Segment 中是物理连续的，逻辑连续就需要跨物理磁盘了。

2. 关于几个与 IO 相关的重要概念

IO 可以分为读/写 IO、大/小块 IO、连续/随机 IO、顺序/并发 IO、稳定/突发 IO、持续/间断 IO 和实/虚 IO。下面来分别介绍这几种 IO。

（1）读/写 IO

这个就不用多说了，读 IO 就是发指令从磁盘读取某段序号连续的扇区的内容。指令一般是通知磁盘开始扇区位置，然后给出需要从这个初始扇区往后读取的连续扇区个数，同时给出动作是读还是写。磁盘收到这条指令就会按照指令的要求读或者写数据。控制器发出这种指令加数据并得到对方回执的过程就是一次 IO 读或 IO 写。

注意：一个 IO 所要提取的扇区段一定是连续的，如果想提取或写入两段不连续的扇区段，只能将它们放入两个 IO 中分别执行，这也就是为何随机 IO 对设备的 IOPS 指标要求较高的原因。

（2）大/小块 IO

指控制器的指令中给出的连续读取扇区数目的多少。如果数目很大，如 128、64 等，就应该算是大块 IO；如果很小，比如 1、4、8 等，就应该算是小块 IO。大块和小块之间没有明确的界限。

（3）连续/随机 IO

连续和随机是指本次 IO 给出的初始扇区地址和上一次 IO 的结束扇区地址是不是完全连续的或者相隔不多的。如果是，则本次 IO 应该算是一个连续 IO；如果相差太大，则算一次随机 IO。连续 IO 因为本次初始扇区和上次结束扇区相隔很近，则磁头几乎不用换道或换道时间极短。如果相差太大，则磁头需要很长的换道时间。如果随机 IO 很多，会导致磁头不停换道，效率大大降低。

（4）顺序/并发 IO

意思是，磁盘控制器如果可以同时对一个 RAID 系统中的多块磁盘同时发送 IO 指令（当然这里的同时是宏观的概念，如果所有磁盘都在一个总线或者环路上，则这里的同时就是指向一块磁盘发送一条指令后不必等待它回应，接着向另一块磁盘发送 IO 指令），并且这些最底层的 IO 数据包含了文件系统级下发的多个 IO 的数据，则为并发 IO。如果这些直接发向磁盘的 IO 只包含了文件系统下发的一个 IO 的数据，则此时为顺序 IO，即控制器缓存中的文件系统下发的 IO 队列，只能一个一个来。并发 IO 模式在特定的条件下可以很大程度地提高效率和速度。

（5）持续/间断 IO

持续不断地发送或者接受 IO 请求数据流，这种情况为持续 IO；IO 数据流时断时续则为间断 IO。

（6）稳定/突发 IO

某存储设备或者某程序在一段时间内接收或者发送的 IOPS 以及 Throughput（吞吐量）保持相对稳定和恒定，则称为稳定 IO；如果单位时间的 IOPS 或者 Throughput 突然猛增，则为突发 IO。

（7）实/虚 IO

某 IO 请求中包含对应实际数据地址的，比如磁盘 LBA 地址，或者文件偏移量，请求读或者写实际文件或者磁盘扇区数据的，称为实 IO；而应用程序针对文件元数据操作的（在文件系统层以上没有文件主体数据操作），或者针对磁盘发送的非实体数据 IO 请求，比如 Report LUN、SCSI Sense Request 等控制性 IO，称为虚 IO。

（8）IO 并发几率

单盘，IO 并发几率为 0，因为一块磁盘同时只可以进行一次 IO。对于 RAID 0，在 2 块盘情况下，条带深度比较大的时候（条带太小不能并发 IO），并发两个 IO 的几率为 1/2。其他情况请自行运算。

（9）IOPS

完成一次 IO 所用的时间=寻道时间+旋转延迟时间+数据传输时间，IOPS=IO 并发系数/（寻道时间+旋转延迟时间+数据传输时间）。由于寻道时间相对于传输时间要大几个数量级，所以影响 IOPS 的关键因素就是降低寻道时间。在连续 IO 的情况下，寻道时间很短，仅在换磁道时候需要寻道。在这个前提下，传输时间越少，IOPS 就越高。

（10）每秒 IO 吞吐量

显然，每秒 IO 吞吐量=IOPS×平均 IO SIZE。IO SIZE 越大，IOPS 越高，每秒 IO 吞吐量就越高。设磁头每秒读写数据速度为 V，V 为定值。则 IOPS=IO 并发系数/（寻道时间+旋转延迟时间+IO SIZE/V）。代入得每秒 IO 吞吐量=IO 并发系数×IO SIZE×V/（V×寻道时间+V×旋转延迟时间+IO SIZE）。可以看出影响每秒 IO 吞吐量的最大因素就是 IO SIZE 和寻道时间以及旋转延迟时间。IO SIZE 越大，寻道时间越小，吞吐量越高。相比能显著影响 IOPS 的因素只有一个，就是寻道时间。

4.2.1　RAID 0 技术详析

RAID 0 是这样一种模式：我们拿 5 块盘的 RAID 0 为例子，如图 4-7 所示。

对外来说，参与形成 RAID 0 的各个物理盘会组成一个逻辑上连续、物理上也连续的虚拟磁盘。一级磁盘控制器（指使用这个虚拟磁盘的控制器，如果某台主机使用适配卡链接外部盘阵，则指的就是主机上的磁盘控制器）对这个虚拟磁盘发出的指令，都被 RAID 控制器收到并分析处理，根据 Block 映射关系算法公式转换成对组成 RAID 0 的各个物理盘的真实物理磁盘 IO 请求指令，收集或写入数据之后，再提交给主机磁盘控制器。

图 4-8 为一个 RAID 0 虚拟磁盘的示意图。

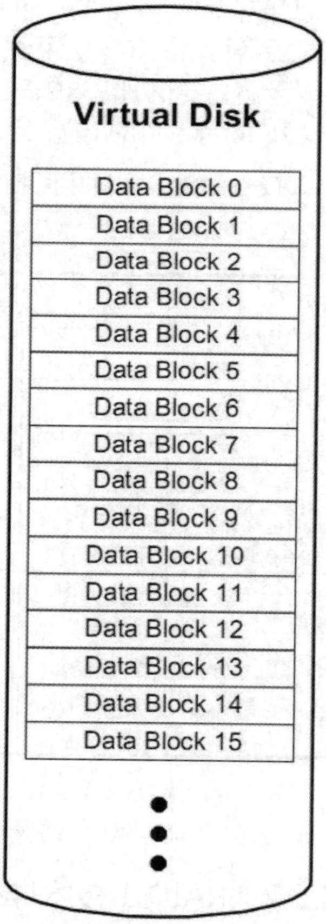

图 4-8　虚拟磁盘

RAID 0 还有另一种非条带化模式，即写满其中一块物理磁盘之后，再接着写另一块，直到所有组成的磁盘全部写满。这种模式对 IO 写没有任何优化，但是对 IO 读能提高一定的并发 IO 读几率。

下面我们来具体分析一个从上到下访问 RAID 0 磁盘的过程。

假如某一时刻，主机控制器发出指令：读取 初始扇区 10000 长度 128。

RAID 控制器接受到这个指令之后，立即进行计算，根据对应公式（这个公式是 RAID 控制器在做逻辑条带化的时候制定的）算出 10000 号逻辑扇区所对应的物理磁盘的扇区号。

依次计算出逻辑上连续的下 128 个扇区所在物理磁盘的扇区号。

分别向对应这些扇区的磁盘再次发出指令。这次是真实的读取数据了，磁盘接受到指令，各自将数据提交给 RAID 控制器，经过控制器在 Cache 中的组合，再提交给主机控制器。

分析以上过程，发现如果这 128 个扇区都落在同一个 Segment 中的话，也就是说条带深度容量大于 128 个扇区的容量（64KB），则这次 IO 就只能真实地从这一块物理盘上读取，性能和单盘相比会减慢，因为没有任何优化，反而还增加了 RAID 控制器额外的计算开销。所以，在某种特定条件下要提升性能，让一个 IO 尽量扩散到多块物理盘上，就要减小条带深度。在磁盘数量不变的条件下，也就是减小条带大小（Stripe SIZE，也就是条带长度）。让这个 IO 的数据被控制器分割，同时放满一个条带的第一个 Segment、第二个 Segment 等，依此类推，这样就能极大地占用多块物理盘。

误区：总是以为控制器是先放满第一个 Segment，再放满第二个 Segment。

其实是同时进行的，因为控制器把每块盘要写入或者读取的数据都计算好了。如果这些目标磁盘不在相同的总线中，那么这种宏观“同时”的粒度将会更加细。因为毕竟计算机总线是共享的，一个时刻只能对一个外设进行 IO。

所以，RAID 0 要提升性能，条带做的越小越好。但是又一个矛盾出现了，就是条带太小，导致并发 IO 几率降低。因为如果条带太小，则每次 IO 一定会占用大部分物理盘，队列中的 IO 就只能等待这次 IO 结束后才能使用物理盘。而条带太大，又不能充分提高传输速度。这两个是一对矛盾，要根据需求来采用不同的方式。如果随机小块 IO 多，则适当加大条带深度；如果连续大块 IO 多，则适当减小条带深度。

接着分析 RAID 0 相对于单盘的性能变化。根据以上总结出来的公式，可以推出表 4-1。

表 4-1 RAID 0 系统相对于单盘的 IO 对比

RAID 0 IOPS	读				写			
	并发 IO		顺序 IO		并发 IO		顺序 IO	
	随机 IO	连续 IO	随机 IO	连续 IO	随机 IO	连续 IO	随机 IO	连续 IO
IO SIZE/Stripe SIZE 较大	不支持	不支持	提升极小	提升了 $N\times$ 系数倍	不支持	不支持	提升极小	提升了 $N\times$ 系数倍
IO SIZE/Stripe SIZE 较小	提升了（1+并发系数）倍	提升了（1+并发系数+系数）倍	提升极小	提升了系数倍	提升了（1+并发系数）倍	提升了（1+并发系数+系数）倍	提升极小	提升了系数倍

注：并发 IO 和 IO SIZE/Stripe SIZE 是一对矛盾，两者总是对立的。N=组成 RAID 0 的磁盘数目。系数=IO SIZE/Stripe SIZE 和初始 LBA 地址所处的 Stripe 偏移综合系数，大于等于 1。并发系数=并发 IO 的数量。

4.2.2 RAID 1 技术详析

RAID 1 是这样一种模式：拿两块盘的例子来进行说明，如图 4-9 所示。

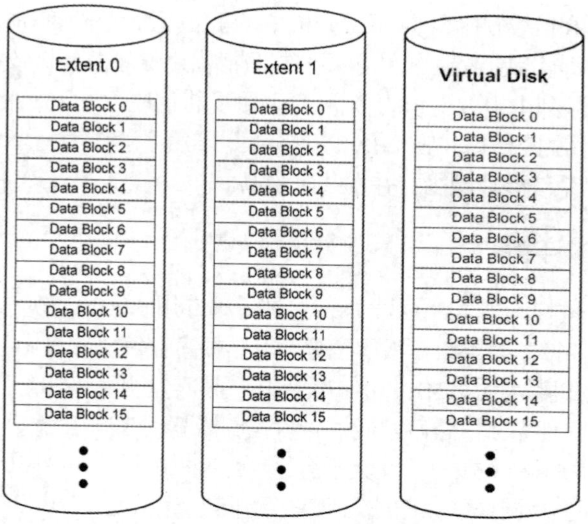

图 4-9 RAID 1 系统示意图

RAID 1 和 RAID 0 不同，RAID 0 对数据没有任何保护措施，每个 Block 都没有备份或者校验保护措施。RAID 1 对虚拟逻辑盘上的每个物理 Block，都在物理盘上有一份镜像备份，也就是说数据有两份。对于 RAID 1 的写 IO，速度不但没有提升，而且有所下降，因为数据要同时向多块物理盘写，时间以最慢的那个为准，因为是同步的。而对于 RAID 1 的读 IO 请求，不但可以并发，而且就算顺序 IO 的时候，控制器也可以像 RAID 0 一样，从两块物理盘上同时读数据，提升速度。RAID 1 可以没有 Stripe 的概念，当然也可以有，同样可总结出表 4-2。

表 4-2 RAID 1 系统相对于单盘的 IO 对比

RAID 1 IOPS	读				写			
	并发 IO		顺序 IO		并发 IO		顺序 IO	
	随机 IO	连续 IO	随机 IO	连续 IO	随机 IO	连续 IO	随机 IO	连续 IO
与单盘对比	提升 *N* 倍或者并发系数倍	提升 N 倍或者并发系数倍	提升极小	提升了 *N* 倍	不支持	事务性 IO 可并发，提升并发系数倍	没有提升	没有提升

注：*N*=组成 RAID 1 镜像物理盘的数目。

在读、并发 IO 的模式下，由于可以并发 N 个 IO，每个 IO 占用一个物理盘，这就相当于提升了 N 倍的 IOPS。由于每个 IO 只独占了一个物理盘，所以数据传输速度相对于单盘并没有改变，所以不管是随机还是顺序 IO，相对单盘都不变。

在读、顺序 IO、随机 IO 模式下，由于 IO 不能并发，所以此时一个 IO 可以同时读取 N 个盘上的内容。但是在随机 IO 模式下，寻道时间影响很大，纵使同时分块读取多个磁盘的内容，也架不住寻道时间的抵消，所以性能提升极小。

在读、顺序 IO、连续 IO 模式下，寻道时间影响最低，此时传输速率为主要矛盾，同时读取多块磁盘的数据，时间减少为 1/N，所以性能提升了 N 倍。

写 IO 的时候和读 IO 情况相同，就不做分析了。写 IO 因为要同时向每块磁盘写入备份数据，所以不能并发 IO，也不能分块并行。但是如果控制器把优化算法做到极致的话，还是可以并发 IO 的，比如控制器从 IO 队列中提取连续的多个 IO，可以将这些 IO 合并，并发写入磁盘，前提是这几个 IO 必须是事务性的，也就是说 LBA 必须连续，不然不能作为一个大的合并 IO。而且和文件系统也有关系，文件系统碎片越少，并发几率越高。

4.2.3 RAID 2 技术详析

RAID 2 是一种比较特殊的 RAID 模式，它是一种专用 RAID，现在早已被淘汰。它的基本思想是在 IO 到来之后，控制器将数据按照位分散开，顺序在每块磁盘中存取 1b。这里有个疑问，磁盘的最小 IO 单位是扇区，有 512B，如何写入 1b？其实这个写入 1b，并非只写入 1b。我们知道上层 IO 可以先经过文件系统，然后才通过磁盘控制器驱动来向磁盘发出 IO。最终的 IO 大小，都是 N 倍的扇区，也就是 N×512B，N 大于等于 1，不可能发生 N 小于 1 的情况。即使需要的数据只有几个字节，那么也同样要读出或写入整个扇区，也就是 512B。

明白这个原则之后，再来看一下 RAID 2 中所谓的“每个磁盘写 1b”是个什么概念。IO 最小单位为扇区（512B），我们就拿一个 4 块数据盘和 3 块校验盘的 RAID 2 系统为例给大家说明一下。这个环境中，RAID 2 的一个条带大小是 4b （1b×4 块数据盘），而 IO 最小单位是一个扇区，那么如果分别向每块盘写 1b，就需要分别向每块盘写一个扇区，每个扇区只包含 1b 有效数据，这显然是不可能的，因为太浪费空间，且没有意义。

下面以 IO 请求为例来说明。

写入“初始扇区 10000 长度 1”，这个 IO 目的是要向 LBA10000 写入一个扇区的数据，也就是 512B。

RAID 2 控制器接受到这 512B 的数据后，在 Cache 中计算需要写入的物理磁盘的信息，比如定位到物理扇区，分割数据成比特。

然后一次性写入物理磁盘扇区。也就是说第一块物理盘，控制器会写入本次 IO 数据的第 1、5、9、13、17、21 等位，第二块物理盘会写入 2、6、10、14、18、22 等位，其他两块物理盘同样方式写入。

直到这样将数据写完。我们可以计算出来，这 512B 的数据写完之后，此时每块物理盘只包含 128B 的数据，也就是一个扇区的四分之一，那么这个扇区剩余的部分，就是空的。

为了利用起这部分空间，等下次 IO 到来之后，控制器会对数据进行比特分割，将数据填入这些空白区域。控制器将首先读出原来的数据，然后和新数据合并之后，一并再写回这个扇区，这样做效率和速度都大打折扣。其实 RAID 2 就是将原本连续的一个扇区的数据，以位为单位，分割存放到不连续的多块物理盘上，因为这样可以在任意条件下都迫使其全磁盘组并行读写，提高性能，也就是说条带深度为 1 位。这种极端看上去有点做得过火了，这也是导致它最终被淘汰的原因之一。

RAID 2 系统中每个物理磁盘扇区其实是包含了 N 个扇区的“残体”。

思考：那么如果出现需要更新这 4 个扇区中某一个扇区的情况，怎么办？

这种情况下，必须先读出原来的数据，和新数据合并，然后再一并写入。其实这种情况出现的非常少。我们知道上层 IO 的产生，一般是需要先经过 OS 的文件系统，然后才到磁盘控制器这一层的。所以磁盘控制器产生的 IO 一般都是事务性的，也就是这个 IO 中的所有扇区很大几率上对于上层文件系统来说是一个完整的事务，所以很少会发生只针对这个事务中某一个点进行读写的情况。

这样的话，每次 IO 就有很大几率都会包含入这些逻辑上连续的扇区，所以不必担心经常会发生那种情况。即便发生了，控制器也只能按照那种低效率的做法来做，不过总体影响较小。但是如果随机 IO 比较多，那么这些 IO 初始 LBA，很有可能就会命中在一个两个事务交接的扇区处。这种情况就会导致速度和效率大大降低。连续 IO 出现这种情况的几率非常小了。

RAID 2 因为每次读写都需要全组磁盘联动，所以为了最大化其性能，最好保证每块磁盘主轴同步，使同一时刻每块磁盘磁头所处的扇区逻辑编号都一致，并存并取，达到最佳性能。如果不能同步，则会产生等待，影响速度。

基于 RAID 2 并存并取的特点，RAID 2 不能实现并发 IO，因为每次 IO 都占用了每块物理磁盘。

RAID 2 的校验盘对系统不产生瓶颈，但是会产生延迟，因为多了计算校验的动作。校验位和数据位是一同并行写入或者读取的。RAID 2 采用汉明码来校验数据，这种码可以判断修复一位错误的数据，并且使用校验盘的数量太多，4 块数据盘需要 3 块校验盘。但是随着数据盘数量的增多，校验盘所占的比例会显著减小。

RAID 2 和 RAID 0 有些不同，RAID 0 不能保证每次 IO 都是多磁盘并行，因为 RAID 0 的条带深度相对于 RAID 2 以位为单位来说是太大了。而 RAID 2 由于每次 IO 都保证是多磁盘并行，所以其数据传输率是单盘的 N 倍。为了最好地利用这个特性，就需要将这个特性的主导地位体现出来。

而根据 IOPS=IO 并发系数/（寻道时间+旋转延迟时间+数据传输时间），寻道时间比数据传输时间要大几个数量级。所以为了体现数据传输时间减少这个优点，就必须避免寻道时间的影响，而最佳做法就是尽量产生连续 IO 而不是随机 IO。所以，RAID 2 最适合连续 IO 的情况。另外，根据每秒 IO 吞吐量=IO 并发系数×IO SIZE×V/（V×寻道时间×V×旋转延迟时间+IO SIZE），如果将 IO SIZE 也增大，则每秒 IO 吞吐量也将显著提高。所以，RAID 2 最适合的应用就是产生连续 IO、大块 IO 的情况。不言而喻，视频流服务等应用适合 RAID 2。不过，RAID 2 的缺点太多，比如校验盘数量多、算法复杂等，它逐渐被 RAID 3 替代了。表 4-3 比较了 RAID 2 系统与单盘的性能。

表 4-3　RAID 2 系统相对于单盘的 IO 对比

RAID 2 IOPS	读			写		
	顺序 IO			顺序 IO		
	非事务性随机 IO	事务性随机 IO	连续 IO	非事务性随机 IO	事务性随机 IO	连续 IO
IO 满足公式条件	提升极小	提升极小	提升 N 倍	性能降低	提升极小	提升 N 倍

注：*N*=数据盘数量。RAID 2 不能并发 IO。

4.2.4 RAID 3 技术详析

图 4-10 所示为一个 RAID 3 系统的条带布局图。

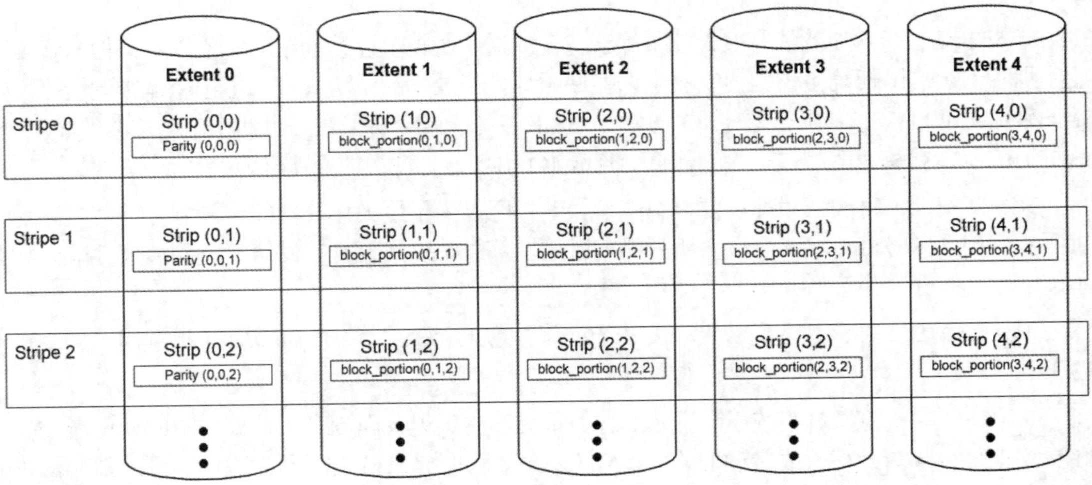

图 4-10 RAID 3 系统示意图

RAID 2 缺点比较多，比如非事务性 IO 对它的影响、校验盘数量太多等。RAID 2 的劣势就在于它将数据以比特为单位进行分割，将原本物理连续的扇区转变成物理不连续，而逻辑连续的。这样就导致了它对非事务性 IO 的效率低下。为了从根本上解决这个问题，RAID 3 出现了。

既然要从根本上解决这个问题，首先就是需要抛弃 RAID 2 对扇区进行分散的做法，RAID 3 保留了扇区的物理连续。RAID 2 将数据以比特为单位分割，这样是为了保证每次 IO 占用全部磁盘的并行性。而 RAID 3 同样也保留了这个特点，但是没有以比特为单位来分散数据，而是以一个扇区或者几个扇区为单位来分散数据。RAID 3 还采用了高效的 XOR 校验算法，但是这种算法只能判断数据是否有误，不能判断出哪一位有误，更不能修正错误。XOR 校验使得 RAID 3 可以不管多少块数据盘，只需要一块校验盘就足够了。

RAID 3 的每一个条带，其长度被设计为一个文件系统块的大小，深度随磁盘数量而定，但是最小深度为 1 个扇区。这样的话，每个 Segment 的大小一般就是 1 个扇区或者几个扇区的容量。以图 4.10 的例子来看，有 4 块数据盘和 1 块校验盘。每个 Segment 也就是图中的一个 Block Portion，假如为两个扇区大小，就是 1KB，则整个条带的数据部分大小为 4KB。如果一个 Segment 大小为 8 个扇区，即 4KB，则整个条带大小为 16KB。

例解：RAID 3 的作用机制

还是用一个例子来说明 RAID 3 的作用机制。一个 4 块数据盘和 1 块校验盘的 RAID 3 系统，Segment SIZE 为两个扇区大小（1KB），条带长度为 4KB。

RAID 3 控制器接收到了这样一个 IO：“写入 初始扇区 10000 长度 8”，即总数据量为 8 ×512B=4KB。

控制器先定位 LBA10000 所对应的真实物理 LBA，假如 LBA10000 恰好在第一个条带的第一个 Segment 的第一个扇区上，那么控制器将这个 IO 数据里的第 1、2 个 512B 写入这个扇区。

同一时刻，第 3、4 个 512B 会被同时写入这个条带的第二个 Segment 中的两个扇区，其后的数据同样被写入第 3、4 个 Segment 中，此时恰好是 4KB 的数据量。也就是说这 4KB 的 IO 数据同时被分散写入了 4 块磁盘，每块磁盘写入了两个扇区，也就是一个 Segment。它们是并行写入的，包括校验盘也是并行写入的，所以 RAID 3 的校验盘没有瓶颈，但是有延迟，因为增加了计算校验的开销。

但现代控制器一般都使用专用的 XOR 硬件电路而不是 CPU 来计算 XOR，这样就使得延迟降到最低。上面那种情况是 IO SIZE 刚好等于一个条带大小的时候，如果 IO SIZE 小于一个条带大小呢？

还是刚才那个环境，此时控制器接收到 IO 大小为 2KB 的写入请求，也就是 4 个连续扇区，那么控制器就只能同时写入两个磁盘了，因为每个盘上的 Segment 是两个扇区，也只能得到两倍的单盘传输速率。同时为了更新校验块，写惩罚也出现了。但是如果同时有个 IO 需要用到另外两块盘，那么恰好可以和当前的 IO 合并起来，这样就可以并发 IO，这种相邻的 IO 一般都是事务性的连续 IO。

再看看 IO SIZE 大于条带长度的情况。还是那个环境，控制器收到的 IO SIZE 为 16KB。则控制器一次所能并行写入的是 4KB，这 16KB 就需要分 4 批来写入 4 个条带。其实这里的分 4 批写入，不是先后写入，而是同时写入，也就是这 16KB 中的第 1、5、9、13KB 将由控制器连续写入磁盘 1，第 2、6、10、14KB，连续写入磁盘 2，依此类推。直到 16KB 数据全部写完，是并行一次写完。这样校验盘也可以一次性计算校验值并且和数据一同并行写入，而不是“分批”。

通过比较，我们发现，与其使 IO SIZE 小于一个条带的大小，从而空闲出一些磁盘，不如使 IO SIZE 大于或者等于条带大小，取消磁盘空余。因为上层 IO SIZE 是不受控的，控制器说了不算，但是条带大小是控制器说了算的。所以如果将条带大小减到很小，比如两个扇区、一个扇区，则每次上层 IO 一般情况下都会占用所有磁盘进行并发传输。这样就可以提供和 RAID 2 一样的传输速度，并避免 RAID 2 的诸多缺点。RAID 3 和 RAID 2 一样不能并发 IO， 因为一个 IO 要占用全部盘，就算 IO SIZE 小于 Stripe SIZE，因为校验盘的独享也不能并发 IO。

思考：一般来说，RAID3 的条带长度 = 文件系统块大小。这样，就不会产生条带不对齐的现象，从而避免产生碎片。

虽然纯 RAID 3 系统不能并发 IO，但是可以通过巧妙的设计，形成 RAID 30 系统。如果文件系统块为 4KB，则使用 8 块数据盘+2 块校验盘做成的 RAID 30 系统，便可以并发 2 个 IO 了。表 4-4 比较了 RAID 3 系统与单盘的性能。

表 4-4 RAID 3 系统相对于单盘的 IO 对比

RAID 3 IOPS	读				写			
	并发 IO		顺序 IO		并发 IO		顺序 IO	
	随机 IO	连续 IO	随机 IO	连续 IO	随机 IO	连续 IO	随机 IO	连续 IO
IO SIZE 大于 Stripe SIZE	不支持	不支持	提升极小	提升了 N 倍	不支持	不支持	提升极小	提升了 N 倍
IO SIZE 小于 Stripe SIZE	不支持	事务性 IO 可并发，提升并发系数倍	提升极小	提升了 N × IO SIZE/Stripe SIZE 倍	不支持	事务性 IO 可并发，提升并发系数倍	提升极小	提升了 N × IO SIZE/Stripe SIZE 倍

注：N=组成 RAID 3 的数据磁盘数量。和 RAID 2 相同，事务性连续 IO 可能并发。

和 RAID 2 一样，RAID 3 同样也是最适合连续大块 IO 的环境，但是它比 RAID 2 成本更低，更容易部署。

不管任何形式的 RAID，只要是面对随机 IO，其性能与单盘比都没有大的优势，因为 RAID 所做的只是提高传输速率、并发 IO 和容错。随机 IO 只能靠降低单个物理磁盘的寻道时间来解决。而 RAID 不能优化寻道时间。所以对于随机 IO，RAID 3 也同样没有优势。

而对于连续 IO，因为寻道时间的影响因素可以忽略，RAID 3 最拿手了。因为像 RAID 2 一样，RAID 3 可以大大加快数据传输速率，因为它是多盘并发读写。所以理论上可以相当于单盘提高 N 倍的速率。

但是 RAID 3 最怕的就是遇到随机 IO。由于在 RAID 3 下，每个 IO 都需要牵动所有盘来为它服务，这样的话，如果向 RAID 3 组发送随机 IO，那么所有磁盘均会频繁寻道，此时，整个 RAID 组所表现出来的性能甚至不如单盘，因为就算组内有 100 块盘，由于随机 IO 的到来，所有磁盘均忙于寻道，100 块盘并发寻道所耗费的时间与一块盘是相同的。

4.2.5 RAID 4 技术详析

图 4-11 是一个 RAID 4 系统的条带布局图。

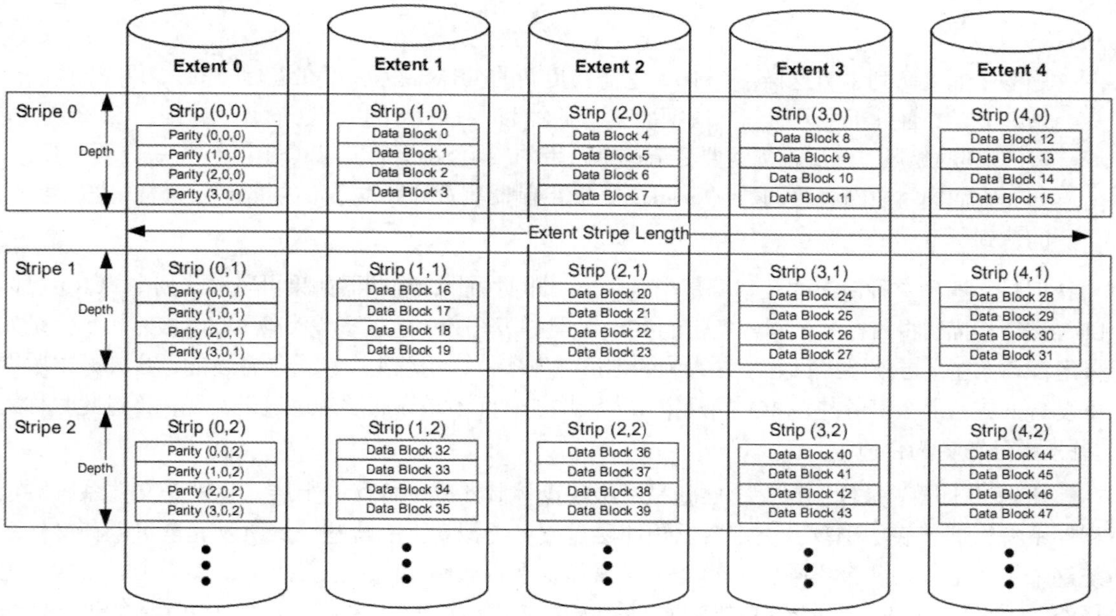

图 4-11 RAID 4 系统示意图

不管是 RAID 2 还是 RAID 3，它们都是为了大大提高数据传输率而设计，而不能并发 IO。诸如数据库等应用的特点就是高频率随机 IO 读。想提高这种环境的 IOPS，根据公式 IOPS=IO 并发系数/（寻道时间+旋转延迟时间+数据传输时间），随机读导致寻道时间和旋转延迟时间增大，靠提高传输速率已经不是办法。所以观察这个公式，想在随机 IO 频发的环境中提高 IOPS，唯一能够做的是要么用高性能的磁盘（即平均寻道时间短的磁盘），要么提高 IO 并发系数。不能并发 IO 的，想办法让它并发 IO。并发系数小的，想办法提高系数。

思考：在 RAID 3 的基础上，RAID 4 被发展起来。我们分析 RAID 3 的性能的时候，曾经提到过一种情况，就是 IO SIZE 小于 Stripe SIZE 的时候，此时有磁盘处于空闲状态。如果抓住这个现象，同时让队列中的其他 IO 来利用这些空闲的磁盘，岂不是正好达到并发 IO 的效果了么？所以 RAID 4 将一个 Segment 的大小做得比较大，以至于平均 IO SIZE 总是小于 Stripe SIZE，这样就能保证每个 IO 少占用磁盘，甚至一个 IO 只占用一个磁盘。

是的，这个思想对于读 IO 是对路子的，但是对于写 IO 的话，有一个很难克服的问题，那就是校验盘的争用。考虑一下这样一种情况，在 4 块数据盘和 1 块校验盘组成的 RAID 4 系统中，某时刻一个 IO 占用了前两块盘和校验盘，此时虽然后两块是空闲的，可以同时接受新的 IO 请求。但是接受了新的 IO 请求，则新 IO 请求同样也要使用校验盘。由于一块物理磁盘不能同时处理多个 IO，所以新 IO 仍然要等旧 IO 写完后，才能写入校验。这样就和顺序 IO 没区别了。数据盘可并发而校验盘不可并发，这样不能实现写 IO 并发。

如果仅仅根据争用校验盘来下结论说 RAID 4 不支持并发 IO，也是片面的。我们可以设想这样一种情形，某时刻一个 IO 只占用了全部磁盘的几块盘，令一些磁盘空闲。如果此时让队列中下一个 IO 等待的话，那么当然不可能实现并发 IO。

思考：如果队列中有这样一个 IO，它需要更新的 LBA 目标和正在进行的 IO 恰好在同一条带上，并且处于空闲磁盘，还不冲突，那么此时我们就可以让这个 IO 也搭一下正在进行的 IO 的顺风车。反正都是要更新这个条带的校验 Segment，与其两个 IO 先后更新，不如让它们同时更新各自的数据 Segment，而控制器负责计算本条带的校验块。这样就完美的达到了 IO 并发。

但是，遇到这种情况的几率真是小之又小。即便如此，控制器如果可以对队列中的 IO 目标 LBA 进行扫描，将目标处于同一条带的 IO，让其并发写入，这就多少类似 NCQ 技术了。但是如果组合动作在上层就已经算好了，人为的创造并发条件，主动去合并可以并发的，合并好之后再下发给下层，那么事务并发 IO 的几率将大大增加，而不是靠底层碰运气来实现，不过此时称为“并发事务”更为合适。

所谓“上层”是什么呢？上层就是一级磁盘控制器驱动程序的上层，也就是文件系统层。文件系统管理着底层磁盘，决定数据写往磁盘或者虚拟卷上的哪些块。所以完全可以在文件系统这个层次上，将两个不同事务的 IO 写操作，尽量放到相同的条带上。比如一个条带大小为 16KB，可以前 8KB 放一个 IO 的数据，后 8KB 放另一个 IO 的数据，这两个 IO 在经过文件系统的计算之后，经由磁盘控制器驱动程序，向磁盘发出同时写入整个条带的操作，这样就构成了整条写。如果实在不能占满整条，那么也应该尽量达成重构写模式，这样不但并发了 IO，还使得写效率增加。

提示：这种在文件系统专门为 RAID 4 做出优化的方案，最典型的就是 NetApp 公司著名的 WAFL 文件系统。WAFL 文件系统的设计方式确保了能够最大限度地实现整条写操作。

图 4-12 对比显示了 WAFL 如何分配同样的数据块，从而使得 RAID 4 更加有效。WAFL 总是把可以合并写入的数据块尽量同时写到一个条带中，以消除写惩罚，增加 IO 并发系数。相对于 WAFL，左边的 FFS（普通文件系统）由于对 RAID 4 没有感知，产生的 IO 不适合 RAID 4 的机制，从而被零散地分配到了 6 个独立的条带，因此致使 6 个校验盘块需要更新，而只能顺序的进行，因为校验盘不可并发。而右边的 WAFL 仅仅使用 3 道条带，只有 3 个校验块需要更新，从而大大提高了性能。表 4-5 比较了 RAID 4 系统与单盘的性能。

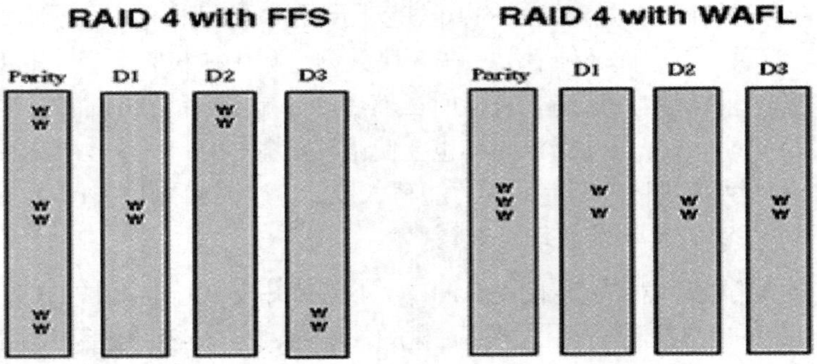

图 4-12 普通文件系统与 WAFL 文件系统的对比

表 4-5　RAID 4 系统相对于单盘的 IO 对比

RAID 4 IOPS	读				写			
	特别优化的并发 IO		顺序 IO		特别优化的并发 IO		顺序 IO	
	随机 IO	连续 IO	随机 IO	连续 IO	随机 IO	连续 IO	随机 IO	连续 IO
IO SIZE/Stripe SIZE 较大	冲突	冲突	提升极小	提升了 *N* 倍	冲突	冲突	没有提升	提升了 *N* 倍
IO SIZE/Stripe SIZE 较小	提升极小	提升并发系数 ×*N* 倍	几乎没有提升	几乎没有提升	提升并发系数倍	提升并发系数 ×*N* 倍	性能降低	性能降低

注：*N* 为 RAID 4 数据盘数量。IO SIZE/Stripe SIZE 太大则并发 IO 几率很小。

注意：如果 IO SIZE/Stripe SIZE 的值太小，那么顺序 IO 读不管是连续还是随机 IO 几乎都没有提升。顺序 IO 写性能下降，是因为 IO SIZE 很小，又是顺序 IO，只能进行读改写，性能会降低不少。

所以，如果要使用 RAID 4，不进行特别优化是不行的，至少要让它可以进行并发 IO。观察表 4-5 可知，并发 IO 模式下性能都有所提升。然而如果要优化到并发几率很高，实在不容易。目前只有 NetApp 的 WAFL 文件系统还在使用 RAID 4，其他产品均未见使用。RAID 4 面临淘汰，取而代之的是拥有高盲并发几率的 RAID 5 系统。所谓盲并发几率，就是说上层不必感知下层的结构，即可增加并发系数。

4.2.6　RAID 5 技术详析

图 4-13 为一个 RAID 5 系统的条带布局图。

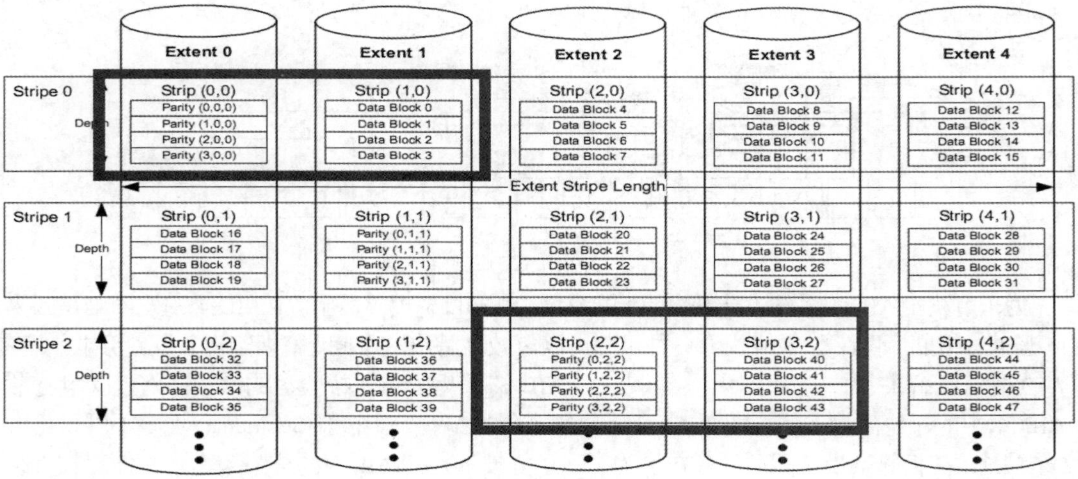

图 4-13　RAID 5 系统示意图

先介绍几个概念：整条写、重构写与读改写。

（1）**整条写**（Full-Stripee Write）：需要修改奇偶校验群组中所有的条带单元，因此新的XOR 校验值可以根据所有新的条带数据计算得到，不需要额外的读、写操作。因此，整条写是最有效的写类型。整条写的例子，如 RAID 2、RAID 3。它们每次 IO 总是几乎能保证占用所有盘，因此每个条带上的每个 Segment 都被写更新，所以控制器可以直接利用这些更新的数据计算出校验数据之后，在数据被写入数据盘的同时，将计算好的校验信息写入校验盘。

（2）**重构写**（Reconstruct Write）：如果要写入的磁盘数目超过阵列磁盘数目的一半，可采取重构写方式。在重构写中，从这个条带中不需要修改的 Segment 中读取原来的数据，再和本条带中所有需要修改的 Segment 上的新数据一起计算 XOR 校验值，并将新的 Segment 数据和没有更改过的 Segment 数据以及新的 XOR 校验值一并写入。显然，重构写要牵涉更多的 I/O 操作，因此效率比整条写低。重构写的例子，比如在 RAID 4 中，如果数据盘为 8 块，某时刻一个 IO 只更新了一个条带的 6 个 Segment，剩余两个没有更新。在重构写模式下，会将没有被更新的两个 Segment 的数据读出，和需要更新的前 6 个 Segment 的数据计算出校验数据，然后将这 6 个 Segment 连同校验数据一并写入磁盘。可以看出，这个操作只是多出了读两个 Segment 中数据的操作和写 Parity 校验数据的操作，但是写的时候几乎不产生延迟开销，因为是宏观同时写入。

（3）**读改写**（Read-Modify Write）：如果要写入的磁盘数目不足阵列磁盘数目的一半，可采取读改写方式。读改写过程是：先从需要修改的 Segment 上读取旧的数据，再从条带上读取旧的奇偶校验值；根据旧数据、旧校验值和需要修改的 Segment 上的新数据计算出这个条带上的新的校验值；最后写入新的数据和新的奇偶校验值。这个过程中包含读取、修改和写入的一个循环周期，因此称为读改写。读改写计算新校验值的公式为：新数据的校验数据=（老数据 EOR 新数据）EOR 老校验数据。如果待更新的 Segment 已经超过了条带中总 Segment 数量的一半，则此时不适合用读改写，因为读改写需要读出这些 Segment 中的数据和校验数据。而如果采用重构写，只需要读取剩余不准备更新数据的 Segment 中的数据即可，而后者数量比前者要少。所以超过一半用重构写，不到一半用读改写，整条更新就用整条写。

写效率排列为：整条写>重构写>读改写。

图 4-14 是 RAID 5 系统的三种写模式示意图。

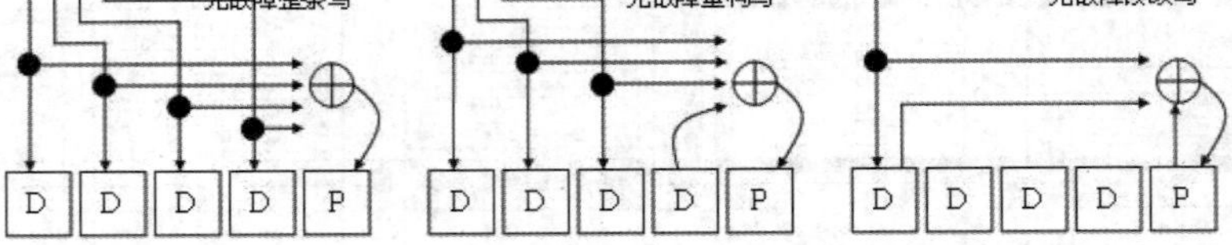

图 4-14　RAID 5 写模式示意图

为了解决 RAID 4 系统不能并发 IO 的窘境，RAID 5 相应而出。RAID 4 并发困难是因为它的校验盘争用的问题，如果能找到一种机制可以有效地解决这个问题，则实现并发就会非常容易。RAID 5 恰恰解决了校验盘争用这个问题。RAID 5 采用分布式校验盘的做法，将校验盘打散在 RAID 组中的每块磁盘上。如图 4-13 所示，每个条带都有一个校验 Segment，但是不同条带中其位置不同，在相邻条带之间循环分布。为了保证并发 IO，RAID 5 同样将条带大小做得较大，以保证每次 IO 数据不会占满整个条带，造成队列中其他 IO 的等待。所以，RAID 5 要保证高并发率，一旦某时刻没有成功进行并发，则这个 IO 几乎就是读改写模式，所以 RAID 5 拥有较高的写惩罚。

但是在随机写 IO 频发的环境下，由于频发的随机 IO 提高了潜在的并发几率，如果碰巧并发的 IO 同处一个条带，还可以降低写惩罚的几率。这样，RAID 5 系统面对频发的随机写 IO，其 IOPS 下降趋势比其他 RAID 类型要平缓一些。

来分析一下 RAID 5 具体的作用机制。以图 4-13 的环境为例，条带大小 80KB，每个 Segment 大小 16KB。

某一时刻，上层产生一个写 IO：写入初始扇区 10000 长度 8，即写入 4KB 的数据。控制器收到这个 IO 之后，首先定位真实 LBA 地址，假设定位到了第 1 个条带的第 2 个 Segment（位于图中的磁盘 2）的第 1 个扇区（仅仅是假设），则控制器首先对这个 Segment 所在的磁盘发起 IO 写请求，读取这 8 个扇区中原来的数据到 Cache。

与此同时，控制器也向这个条带的校验 Segment 所在的磁盘（即图中的磁盘 1）发起 IO 读请求，读出对应的校验扇区数据并保存到 Cache。

利用 XOR 校验电路来计算新的校验数据，公式为：新数据的校验数据=（老数据 EOR 新数据）EOR 老校验数据。现在 Cache 中存在：老数据、新数据、老校验数据和新校验数据。

控制器立即再次向相应的磁盘同时发起 IO 写请求，将新数据写入数据 Segment，将新校验数据写入校验 Segment，并删除老数据和老校验数据。

在上述过程中，这个 IO 占用的始终只有 1、2 两块盘，因为所要更新的数据 Segment 对应的校验 Segment 位于 1 盘，自始至终都没有用到其他任何磁盘。如果此时队列中有这么一个 IO，它的 LBA 初始目标假如位于图 4-13 中下面方框所示的数据 Segment 中（磁盘 4），IO 长度也不超过 Segment 的大小。而这个条带对应的校验 Segment 位于磁盘 3 上。这两块盘未被其他任何 IO 占用，所以此时控制器就可以并发的处理这个 IO 和上方红框所示的 IO，达到并发。

RAID 5 相对于经过特别优化的 RAID 4 来说，在底层就实现了并发，可以脱离文件系统的干预。任何文件系统的 IO 都可以实现较高的并发几率，又称为盲并发。而不像基于 WAFL 文件系统的 RAID 4，需要在文件系统上规划计算出并发环境。然而就效率来说，仍然是 WAFL 拥有更高的并发系数，因为毕竟 WAFL 是靠主动创造并发，而 RAID 5 却是做好了陷阱等人往里跳，抓着一个是一个。

RAID 5 磁盘数量越多，可并发的几率就越大。表 4-6 比较了 RAID 5 与单盘的性能。

表 4-6　RAID 5 系统相对于单盘的 IO 对比

RAID 5 IOPS	读				写			
	并发 IO		顺序 IO		并发 IO		顺序 IO	
	随机 IO	连续 IO	随机 IO	连续 IO	随机 IO	连续 IO	随机 IO	连续 IO
IO SIZE 近似 Stripe SIZE	不支持	不支持	提升极小	提升了 N 倍	不支持	不支持	提升极小	提升了 N 倍

续表

IO SIZE 大于 Segment SIZE 且重构写	提升并发系数倍	提升并发系数×N 倍	几乎没有提升	提升了 IO SIZE/ Segment SIZE 倍	提升并发系数倍	提升并发系数倍	性能下降	提升极小
IO SIZE 小于 Segment SIZE 且读改写	提升并发系数倍	提升并发系数×N 倍	提升极小	没有提升	提升并发系数倍	提升并发系数×N 倍	性能下降	性能下降

注：RAID 5 最适合小块 IO。并发 IO 的情况下，性能都较单盘有所提升。

图 4-15 为一个 RAID 5E 系统的条带布局图。

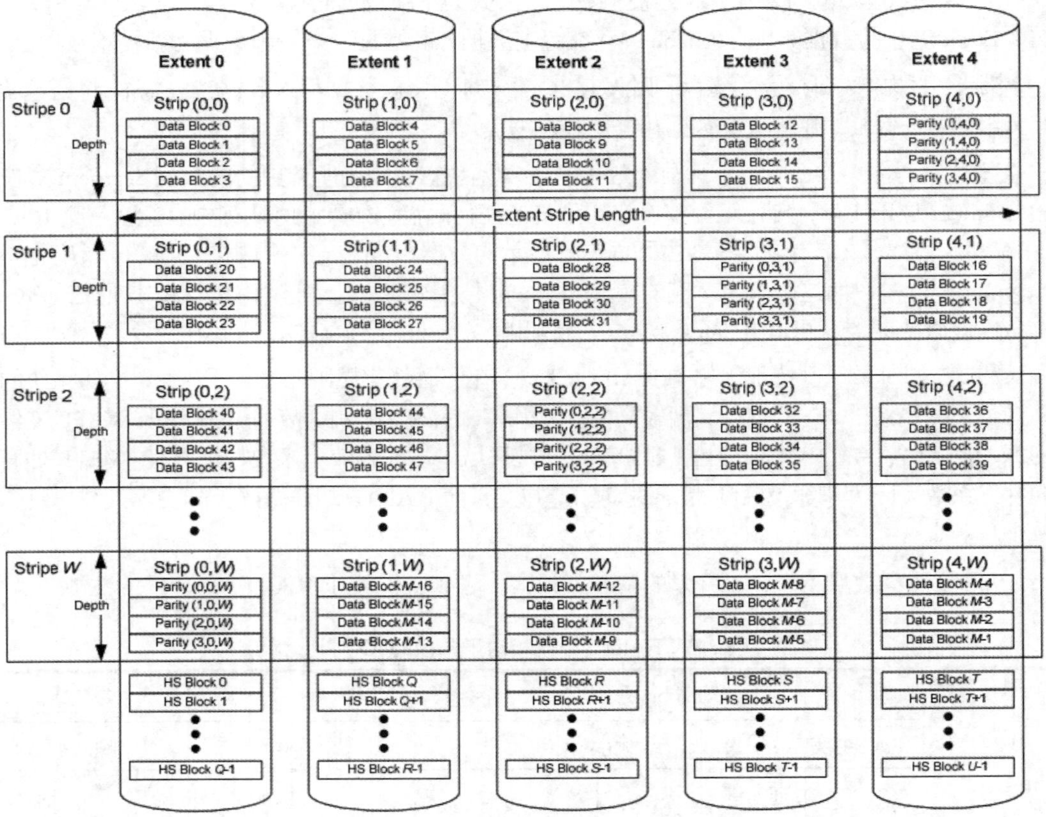

图 4-15 RAID 5E 系统示意图（HS 代表 HotSpare）

图 4-16 则为一个 RAID 5EE 系统的条带布局图。

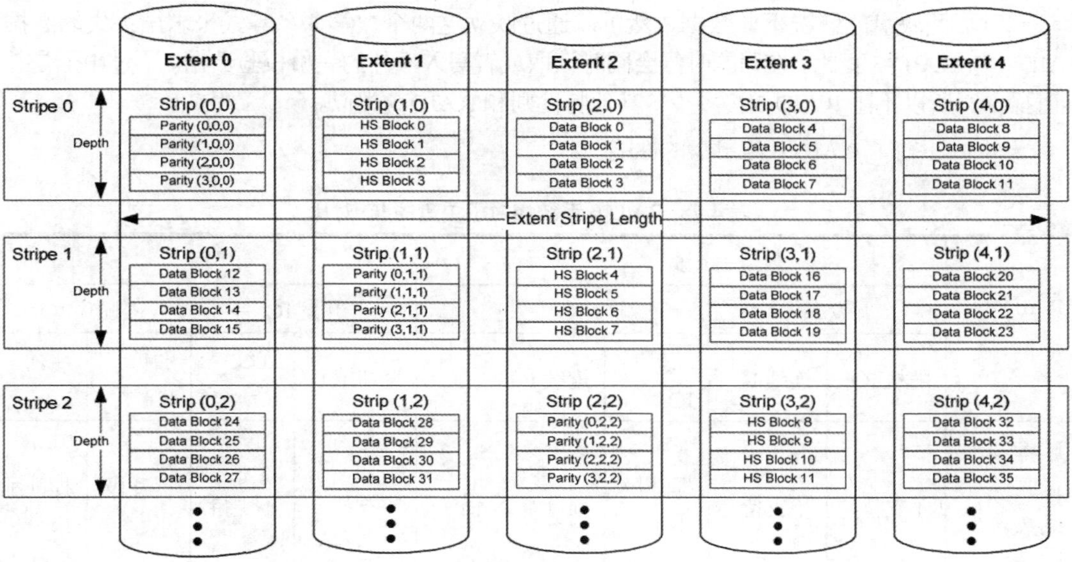

图 4-16 RAID 5EE 系统示意图

4.2.7 RAID 6 技术详析

图 4-17 为一个 RAID 6 系统的条带布局图。

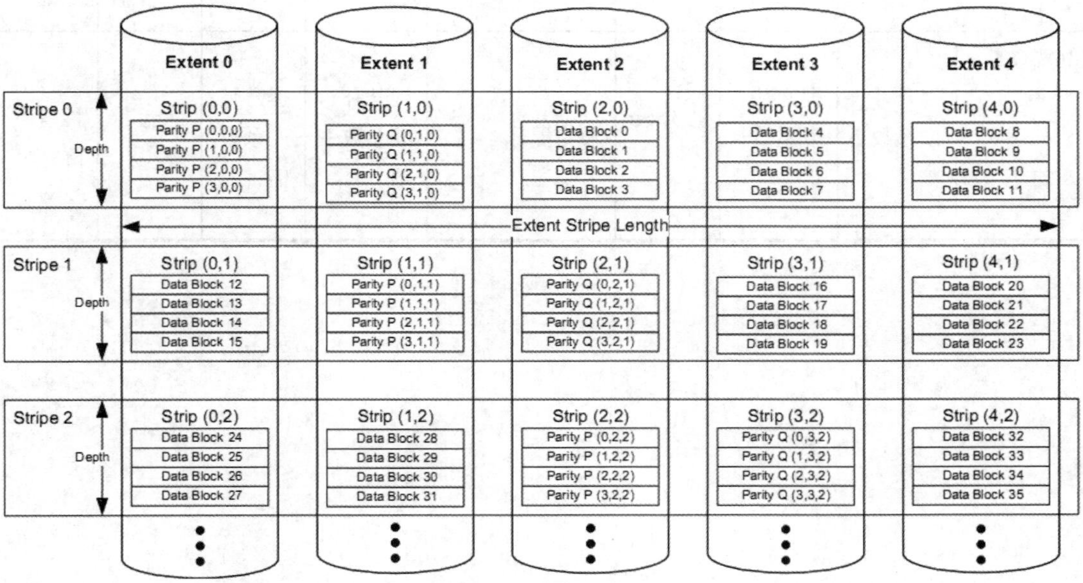

图 4-17 RAID 6 系统示意图

RAID 6 之前的任何 RAID 级别，最多能保障在坏掉一块盘的时候，数据仍然可以访问。如果同时坏掉两块盘，则数据将会丢失。为了增加 RAID 5 的保险系数，RAID 6 被创立了。RAID 6 比 RAID 5 多增加了一块校验盘，也是分布打散在每块盘上，只不过是用另一个方程式来计算新的校验数据。这样，RAID 6 同时在一个条带上保存了两份数学上不相关的校验数据，这样能够保证同时坏两块盘的情况下，数据依然可以通过联立这两个数学关系等式来求出丢失的数据。RAID 6 与 RAID 5 相比，在写的时候会同时读取或者写入额外的一份校验数据。不过由于是并行同时操作，所以不比 RAID 5 慢多少。其他特性则和 RAID 5 类似。

表 4-6 比较了 RAID 6 与单盘的性能。

表 4-7　RAID 6 系统相对于单盘的 IO 对比

RAID 6 IOPS	读				写			
	并发 IO		顺序 IO		并发 IO		顺序 IO	
	随机 IO	连续 IO	随机 IO	连续 IO	随机 IO	连续 IO	随机 IO	连续 IO
IO SIZE 近似 Stripe SIZE	不支持	不支持	提升极小	提升了 N 倍	不支持	不支持	提升极小	提升了 N 倍
IO SIZE 大于 Segment SIZE 重构写	提升并发系数倍	提升并发系数 ×N 倍	几乎没有提升	提升了 IO SIZE/ Segment SIZE 倍	提升并发系数倍	提升并发系数 ×N 倍	性能下降	提升极小
IO SIZE 小于 Segment SIZE 读改写	提升并发系数倍	提升并发系数倍	提升极小	没有提升	提升并发系数倍	提升并发系数倍	性能下降	性能下降

第 5 章

降龙传说——RAID、虚拟磁盘、卷和文件系统实战

- RAID 卡
- 软 RAID
- 虚拟磁盘
- 卷
- 文件系统

七星大侠将七星北斗阵式永传于世，虽然其思想博大精深，但是并没有给出如何去具体地实现这七种阵式。但没有关系，有了正确的思想才能更好地指导实践。人们根据七星北斗的思想，发明了各种各样的 RAID 实现方式。

然而，实现了各种 RAID，许多问题也随之而来，且看人们是怎么运用各种手段来解决这些问题的。

5.1 操作系统中 RAID 的实现和配置

有人直接在主机上编写程序，运行于操作系统底层，将从主机 SCSI 或者 IDE 控制器提交上来的物理磁盘，运用七星北斗的思想，虚拟成各种模式的虚拟磁盘，然后再提交给上层程序接口，如卷管理程序。这些软件通过一个配置工具，让使用者自行选择将哪些磁盘组合起来并形成哪种类型的 RAID。

比如，某台机器上安装了两块 IDE 磁盘和 4 块 SCSI 磁盘，IDE 硬盘直接连接到主板集成的 IDE 接口上，SCSI 磁盘则是连接到一块 PCI 接口的 SCSI 卡上。在没有 RAID 程序参与的条件下，系统可以识别到 6 块磁盘，并且经过文件系统格式化之后，挂载到某个盘符或者目录下，供应用程序读写。

安装了 RAID 程序之后，用户通过配置界面，先将两块 IDE 磁盘做成了一个 RAID 0 系统。如果原来每块 IDE 磁盘是 80GB 容量，做成 RAID 0 之后就变成了一块 160GB 容量的“虚拟”磁盘。然后用户又将 4 块 SCSI 盘做了一个 RAID 5 系统，如果原来每块 SCSI 磁盘是 73GB 容量，4 块盘做成 RAID 5 之后虚拟磁盘的容量将约为 3 块盘的容量，即 216GB。

当然，因为 RAID 程序需要使用磁盘上的部分空间来存放一些 RAID 信息，所以实际容量将会变小。经过 RAID 程序的处理之后，这 6 块磁盘最终变成了两块虚拟磁盘。如果是在 Windows 系统中，打开磁盘管理器只能看到两块硬盘，一块容量为 160GB（硬盘 1），另一块容量为 219GB（硬盘 2）。之后，可以对这两块盘进行格式化，比如格式化为 NTFS 文件系统。格式化程序丝毫不会感觉到有多块物理硬盘正在写入数据。

比如，格式化程序某时刻发出命令，向硬盘 1（由两块 IDE 磁盘组成的 RAID 0 虚拟盘）的 LBA 起始地址 10000，长度 128，写入内存起始地址某某的数据。RAID 程序会截获这个命令并做分析，硬盘 1 是一个 RAID 0 系统，那么这块从 LBA10000 开始算起的 128 个扇区的数据，会被 RAID 引擎计算，将逻辑 LBA 对应成物理磁盘的物理 LBA，将对应的数据写入物理磁盘。写入之后，格式化程序会收到成功写入的信号，然后接着做下一次 IO。经过这样的处理，上层程序完全不会知道底层物理磁盘的细节。其他 RAID 形式也都是相同的道理，只不过算法更加复杂而已。但是即使再复杂的算法，经过 CPU 运算，也要比磁盘读写速度快几千几万倍。

提示：为了保证性能，同一个磁盘组只能用相同类型的磁盘，虽然也可以设计成将 IDE 磁盘和 SCSI 磁盘组合成虚拟磁盘，不过除非特殊需要，否则没有这样设计的。

5.1.1 Windows Server 2003 高级磁盘管理

下面以 Windows Server 2003 企业版操作系统为例，示例一下 Windows 是如何在操作系统上用软件来实现 RAID 功能的。

每个例子的环境都是一个具有 5 块物理磁盘的 PC，每块磁盘容量为 100MB。

1. 磁盘初始化和转换

（1）新磁盘插入机箱并启动操作系统之后，打开磁盘管理器，Windows 会自动弹出一个配置新磁盘的向导，如图 5-1 所示。

（2）单击“下一步”按钮，出现图 5-2 所示的对话框。

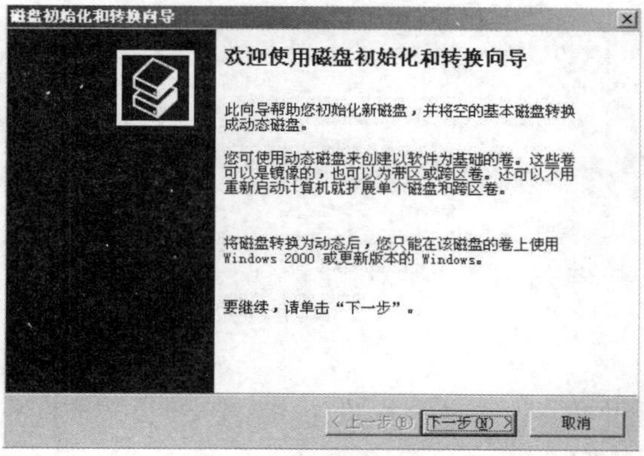

图 5-1　初始界面

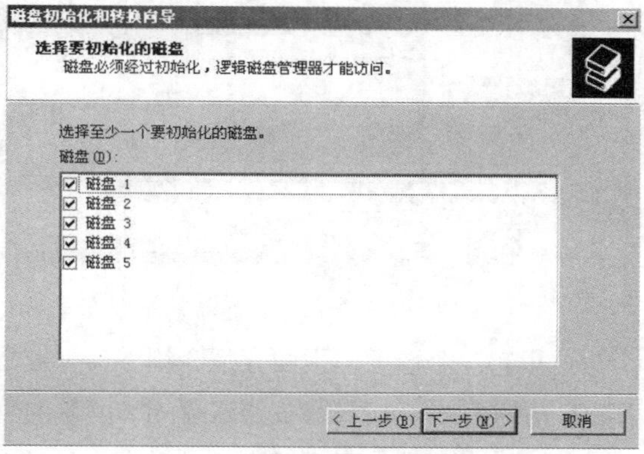

图 5-2　选择要初始化的磁盘

（3）单击“下一步”按钮，初始化所有新磁盘，如图 5-3 所示。

（4）单击“下一步”按钮，将所有磁盘转换为动态磁盘，如图 5-4 所示。所谓的动态磁盘就是可以用来做 RAID 以及卷管理的磁盘。

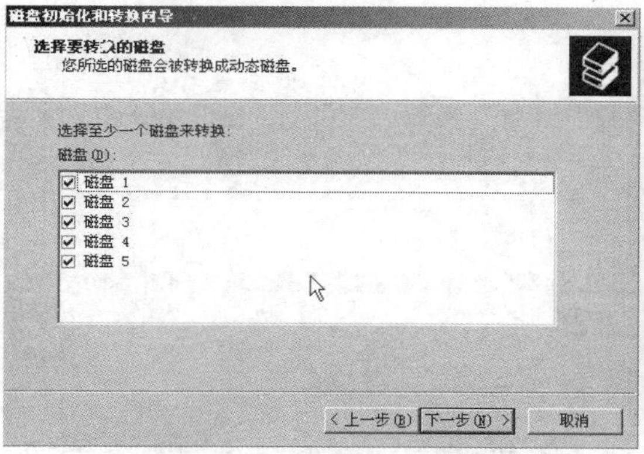

图 5-3　选择要转换的磁盘

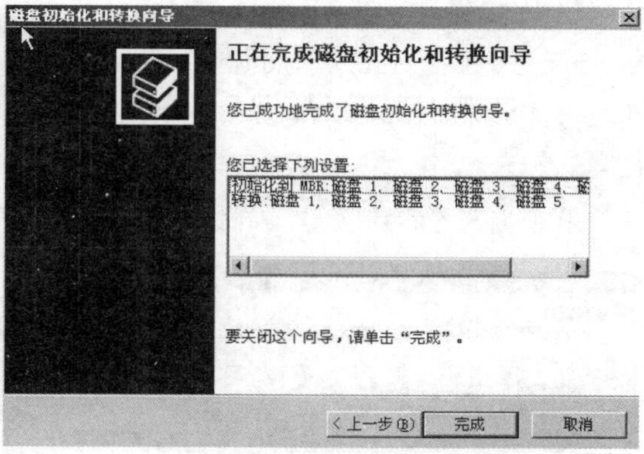

图 5-4　初始化磁盘

（5）单击“完成”按钮。查看磁盘管理器中的状态，如图 5-5 所示。

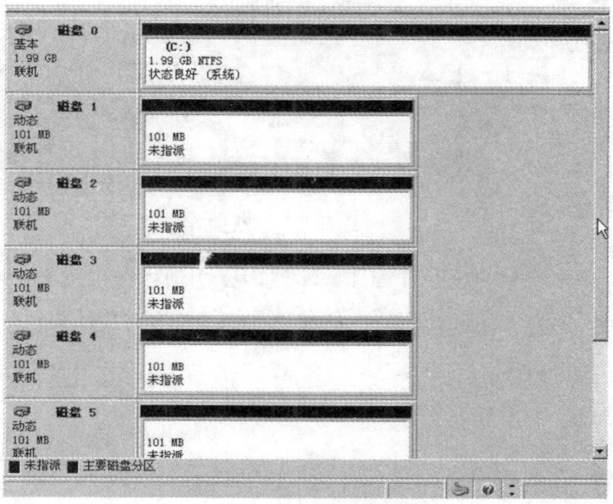

图 5-5　磁盘状态

我们从图 5-5 中可以看到，磁盘 0 为基本磁盘，同时也是系统所在的磁盘以及启动磁盘。这个磁盘不能对其进行软 RAID 或卷管理操作。

2. 新建卷

在“磁盘 1”上右击，在弹出的快捷菜单中选择“新建卷”命令，如图 5-6 所示，系统弹出“新建卷向导”对话框，以选择要创建的卷的类型，如图 5-7 所示。

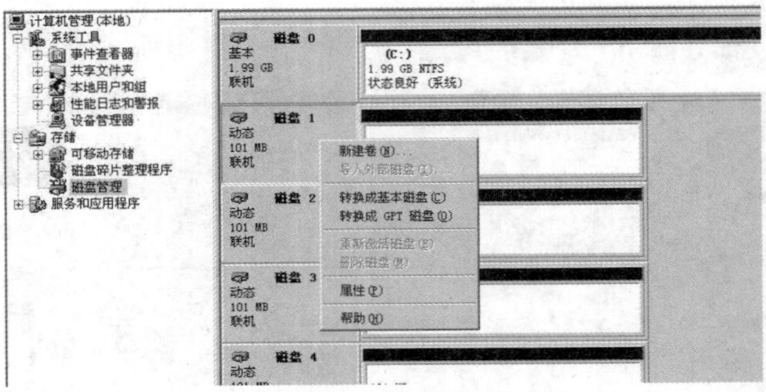

图 5-6　选择"新建卷"命令

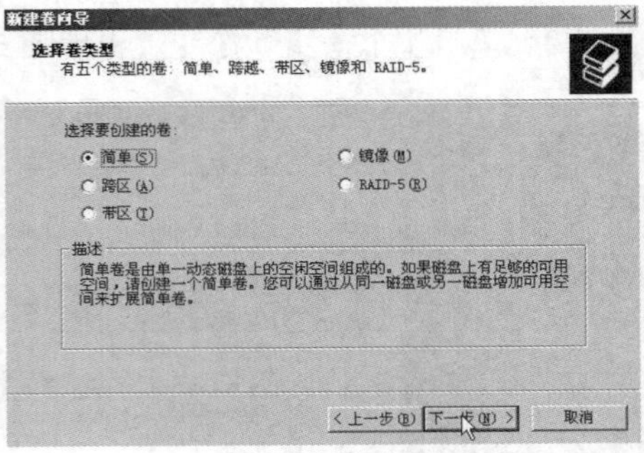

图 5-7　选择卷类型

这里有 5 个选项，下面分别介绍。

- 简单卷：指卷将按照磁盘的顺序依次分配空间。简单卷与磁盘分区功能类似，卷空间只能在一块磁盘上分配，并且不能交叉或者乱序。
- 跨区卷：跨区卷在简单卷的基础上，可以让一个卷的空间跨越多块物理磁盘。相当于不做条带化的 RAID 0 系统。
- 带区卷：带区卷相当于条带化的 RAID 0 系统。
- 镜像卷：镜像卷相当于 RAID 1 系统。
- RAID-5 卷：毫无疑问，这种方式就是实现一个 RAID 5 卷。

图 5-8 做的是一个大小为 101MB 的简单卷，也就是将物理磁盘 1 全部容量划分给这个卷。可以发现，简单卷只能在一块物理磁盘上划分，图中"添加"按钮是灰色的，证明不能跨越多块磁盘。

我们再来看看跨区卷，如图 5-9 所示。

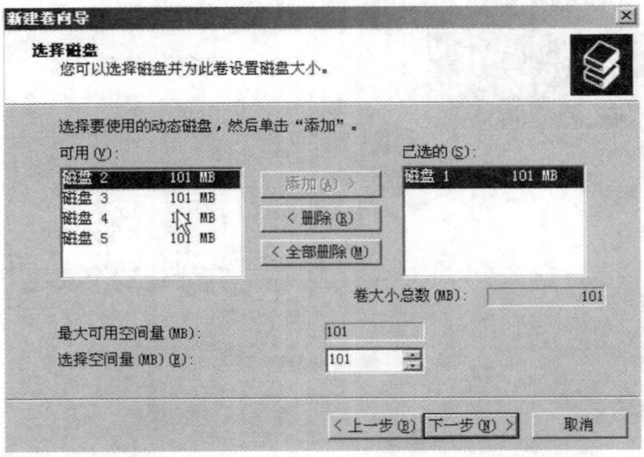

图 5-8　划分大小

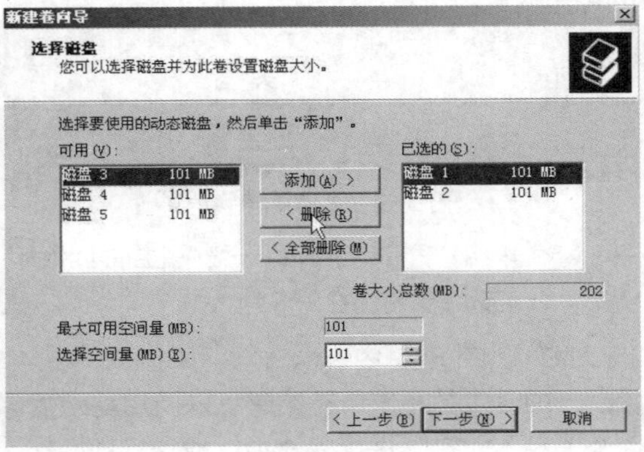

图 5-9　跨区卷

跨区卷允许卷容量来自多个硬盘，并且可以在每个硬盘上选择部分容量而不一定非要选择全部容量。在此，我们将全部容量划分给这个卷，卷总容量为 200MB，如图 5-10 所示。

建好的跨区卷，将用紫色来表示。此外，还可以灵活地扩展这个卷的容量，如图 5-11 所示。

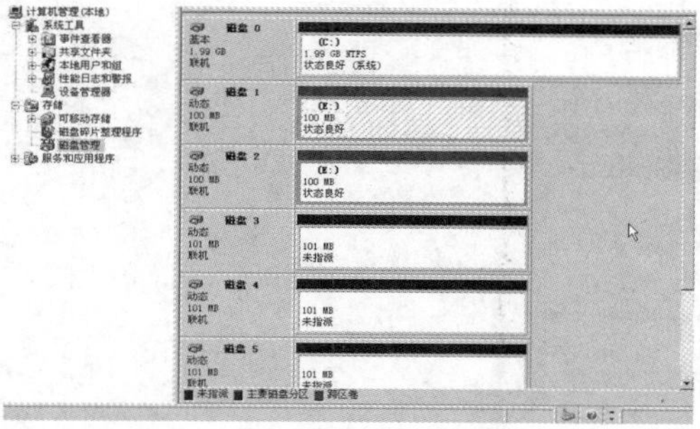

图 5-10　跨区卷状态

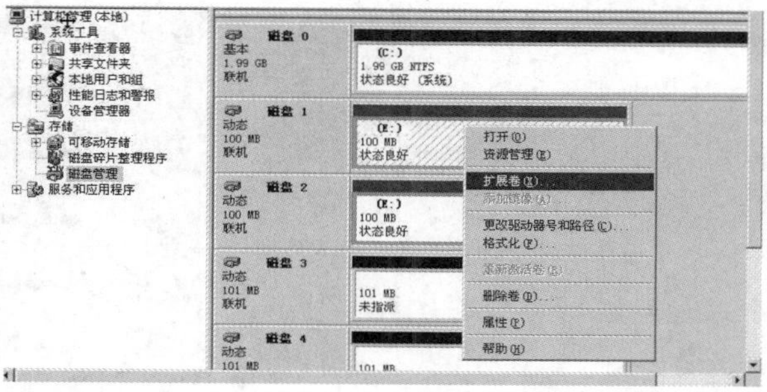

图 5-11　扩展容量

向这个卷中再添加一块磁盘“磁盘 3”，如图 5-12 所示。

加完之后这个卷的容量就被扩充到了 300MB，如图 5-13 所示。

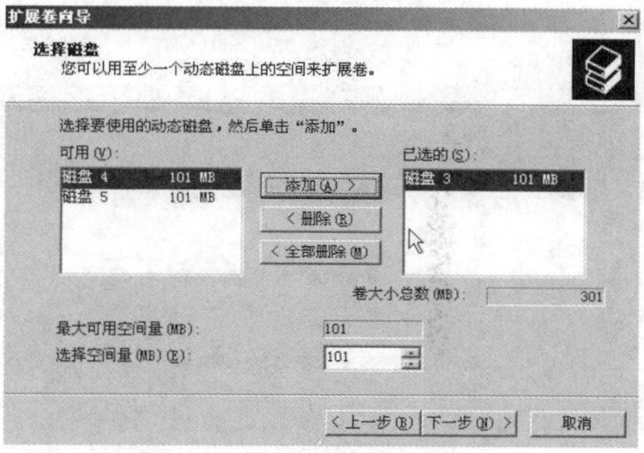

图 5-12　增加一块物理磁盘

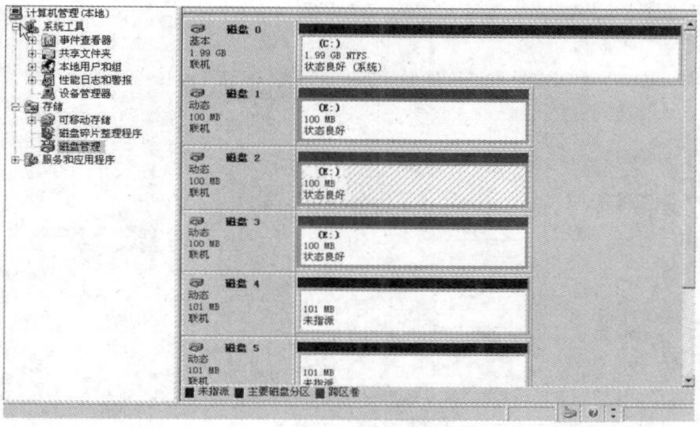

图 5-13　扩容后的卷

3. 删除卷

如图 5-14 所示，可以任意删除卷。

下面用磁盘 1 的前 50MB 的容量和磁盘 2 的全部容量来做一个跨区卷，如图 5-15 所示。

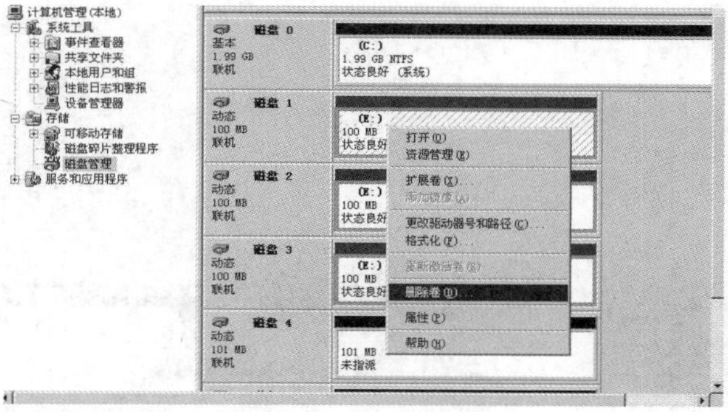

图 5-14　删除卷

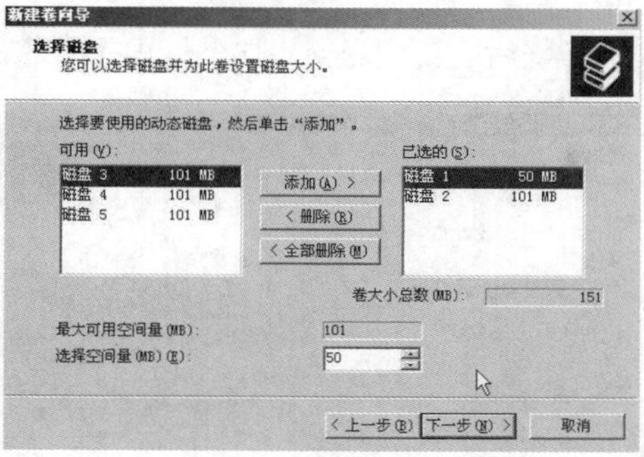

图 5-15　灵活地划分尺寸

做好后的卷如图 5-16 所示。此外，磁盘 1 剩余的 51MB 容量还可以再新建卷，如图 5-16 所示。

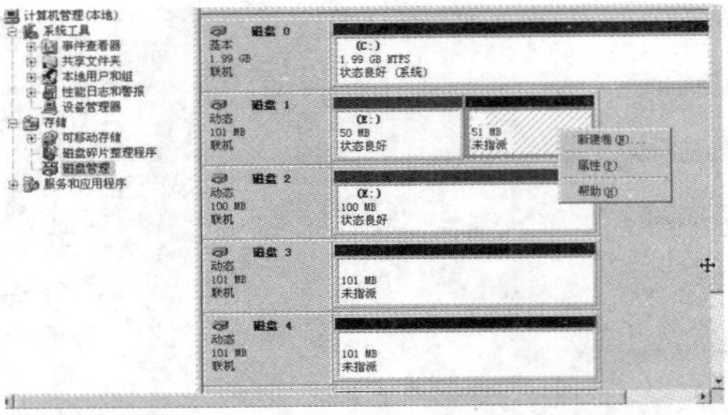

图 5-16　剩余空间可以新建卷

4. 带区卷

下面我们来做一个带区卷，即条带化的 RAID 0 卷，选择用磁盘 1 和磁盘 2 中各 30MB 的容量来做一个 60MB 的卷，如图 5-17 和图 5-18 所示。

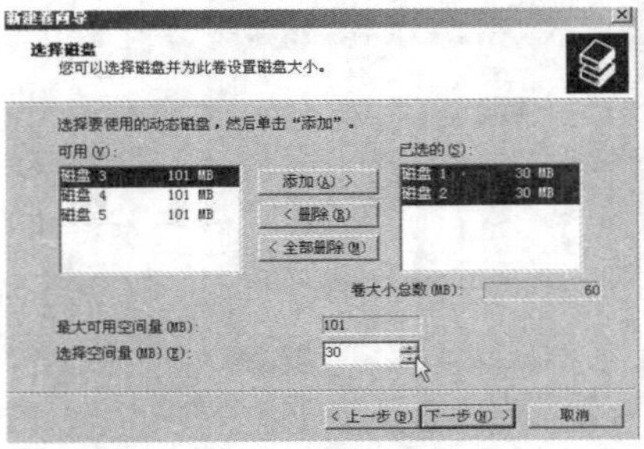

图 5-17　带区卷

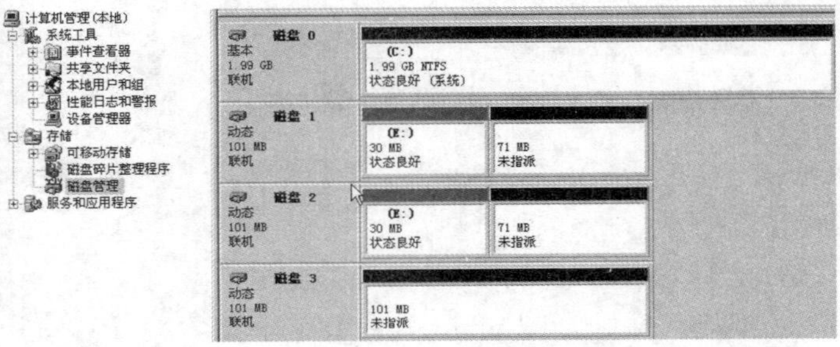

图 5-18　带区卷的状态

做好之后的带区卷会用绿色标识。

5. 镜像卷

我们再来做一个镜像卷，即 RAID 1 卷，选择用磁盘 1 和磁盘 2 中各 40MB 的容量来做一个 40MB 的卷，如图 5-19 和图 5-20 所示。

做好后的镜像卷会用棕色标识。

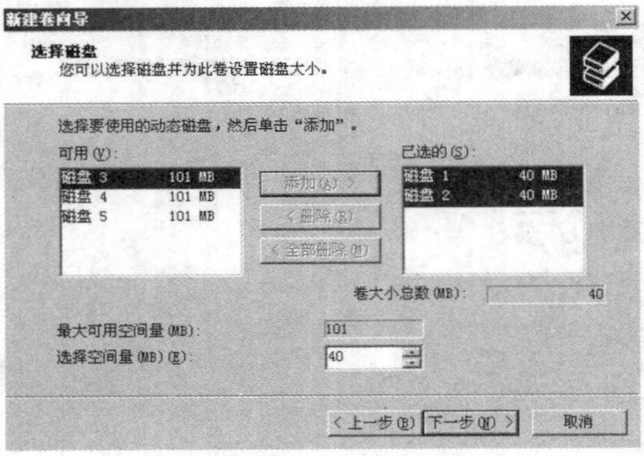

图 5-19　镜像卷

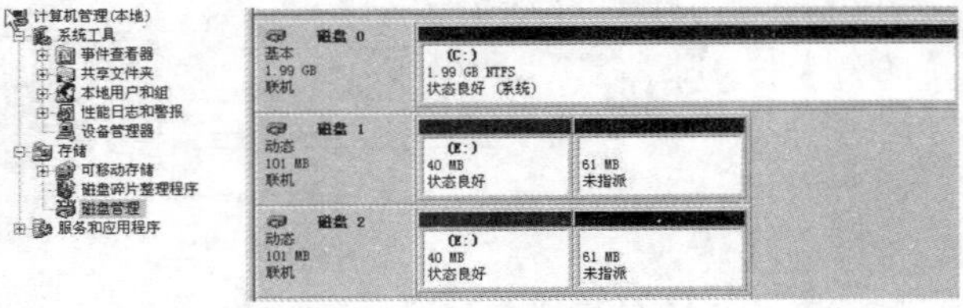

图 5-20　镜像卷的状态

6. RAID 5 类型的卷

最后，我们来做一个 RAID 5 类型的卷，可将所有磁盘的各 50MB 空间做一个卷，如图 5-21 所示；然后再用所有硬盘的 20MB 空间做一个卷，形成两个 RAID 5 卷。

做好后的 RAID 5 卷会用亮绿色标识，如图 5-22 所示。

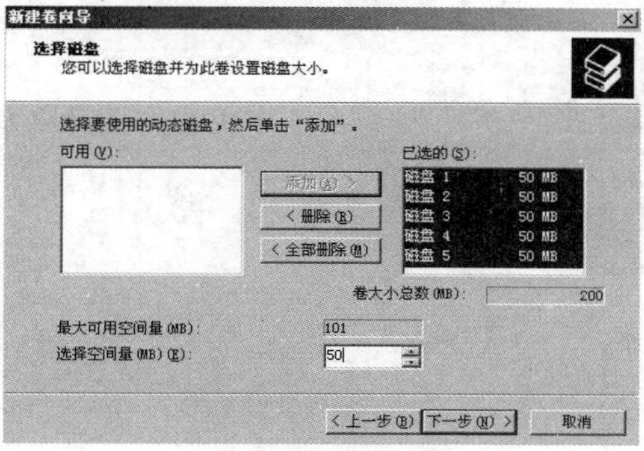

图 5-21　创建 RAID 5 卷

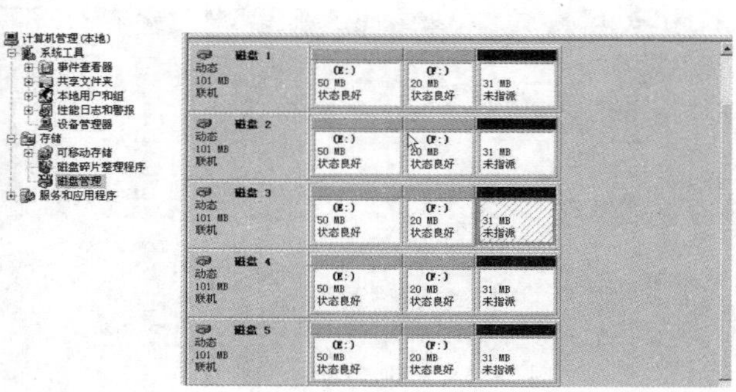

图 5-22　RAID 5 卷的状态

提示：做好的任何卷均可随意被删除，如图 5-23 所示。

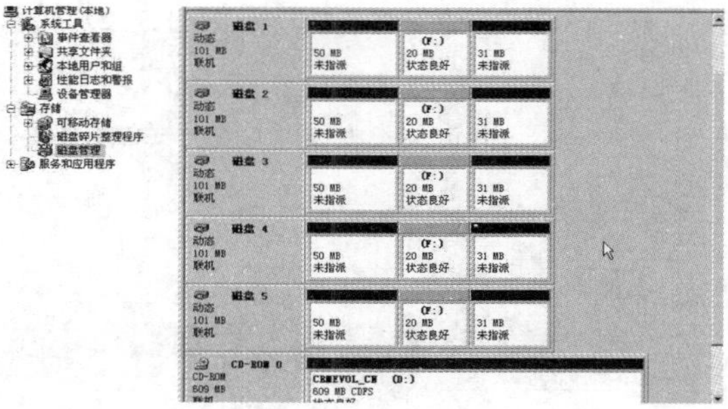

图 5-23　删除了一个 RAID 5 卷

说明：Windows 的动态磁盘管理实际上应该算是一个带有 RAID 功能的卷管理软件，而不仅仅是 RAID 软件。卷管理的概念我们在下文会解释。

5.1.2　Linux 下软 RAID 配置示例

下面在一台装有 8 块物理磁盘的机器上安装 RedHat Enterprise Linux Server 4 Update 5 操作系统，具体操作过程如下

（1）选择手动配置磁盘界面，如图 5-24 所示。

（2）可以看到系统识别到了 8 块物理磁盘，如图 5-25 所示。

（3）必须划分一个/boot 分区用来启动基本的操作系统内核。用第一块磁盘 sda 的前 100MB 容量来创建这个分区，如图 5-26 所示。

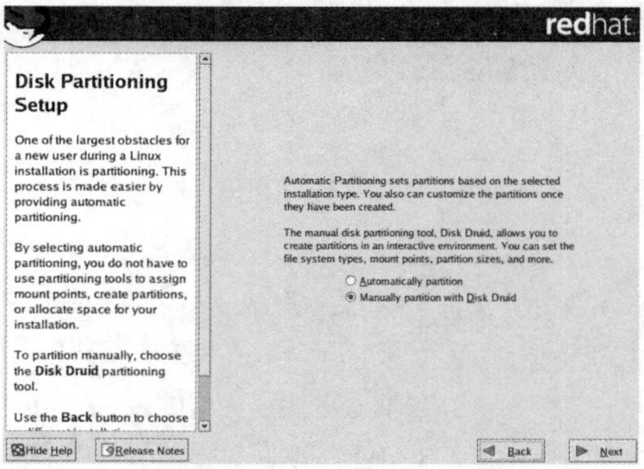

图 5-24　选择手动配置

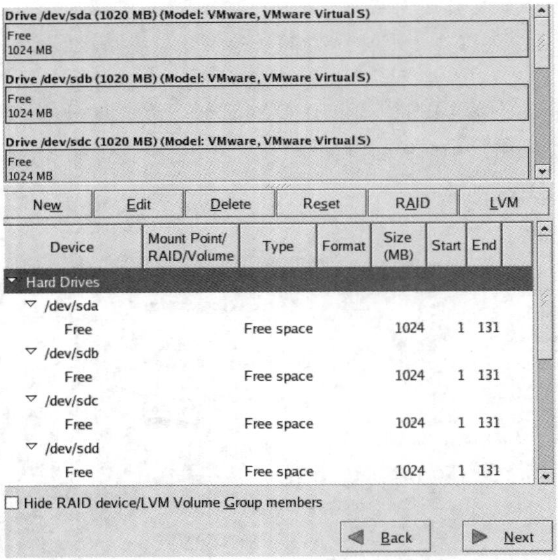

图 5-25　识别到的磁盘列表

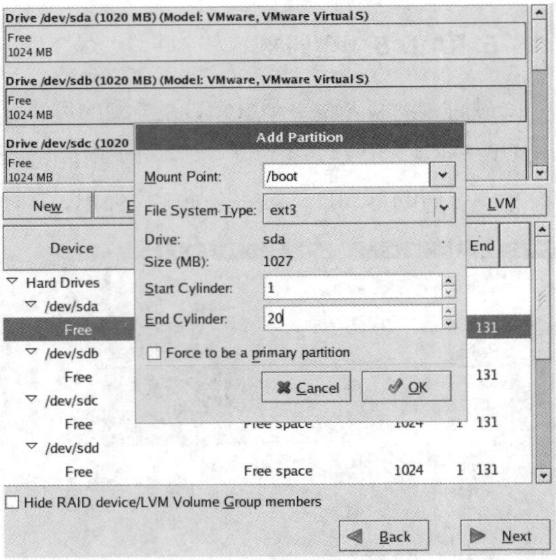

图 5-26　创建/boot 分区

（4）在创建/boot 分区之后，将 SDA 磁盘剩余的分区以及所有剩余的物理磁盘，均配置为 software RAID 类型，如图 5-27 所示。

（5）在将所有磁盘都配置成 software RAID 类型之后，单击 Next 按钮，会打开 RAID Options 对话框询问想要进行什么样的操作，如图 5-28 所示。

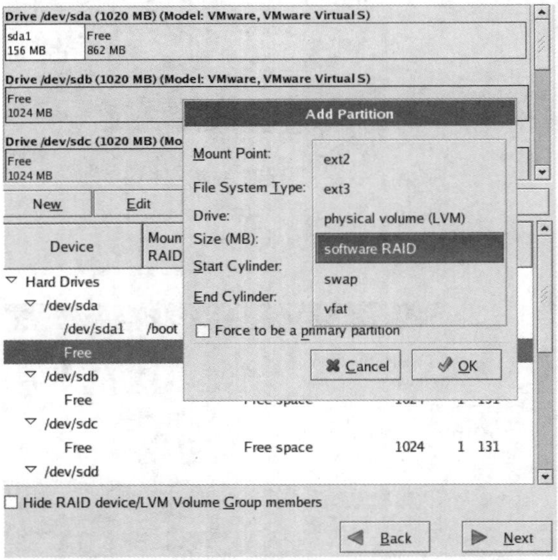

图 5-27　配置磁盘类型

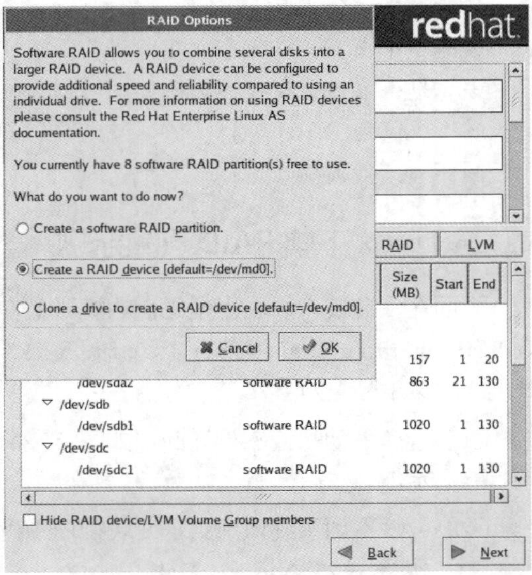

图 5-28　设置为 RAID 设备

（6）选中 Create a RAID device [default=/dev/md0]单选按钮后单击 OK 按钮，系统弹出 Make RAID Device 对话框。在对话框的 RAID Device 下拉列表框中，可以选择相应的 RAID 组在操作系统中对应的设备名。在 RAID Level 下拉列表框中，可以选择需要配置的 RAID 类型。在 RAID Members 列表框中，可以选择 RAID 组中包含的物理磁盘。用相同的方法可以做多个不同类型的 RAID 组，如图 5-29 所示。

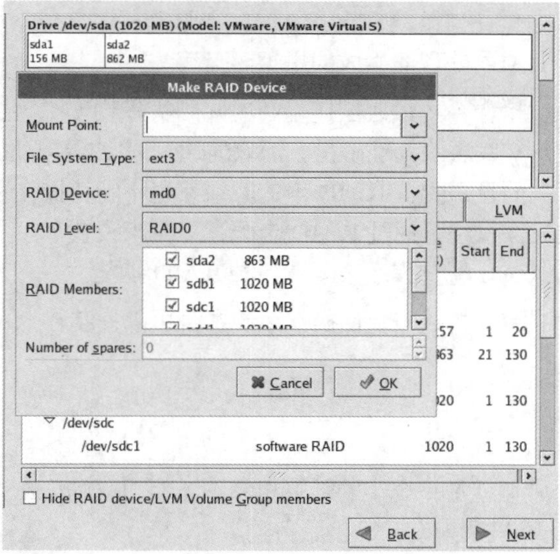

图 5-29　创建对应的 Mount 点

5.2　RAID 卡

思考：软件 RAID 有三个缺点：①占用内存空间；②占用 CPU 资源；③软件 RAID 程序无法将安装有操作系统的那个磁盘分区做成 RAID 模式。因为 RAID 程序是运行在操作系统之上的，所以在启动操作系统之前，是无法实现 RAID 功能的。也就是说，如果操作系统损坏了，RAID 程序也就无法运行，磁盘上的数据就成了一堆无用的东西。因为 RAID 磁盘上的数据只有实现相应 RAID 算法的程序才能识别并且正确读写。如果没有相应的 RAID 程序，则物理磁盘上的数据仅仅是一些碎片而已，只有 RAID 程序才能组合这些碎片。幸好，目前大多数的 RAID 程序都会在磁盘上存储自己的算法信息，一旦操作系统出现了问题，或者主机硬件出现了问题，就可以将这些磁盘连接到其他机器上，再安装相同的 RAID 软件。RAID 软件读取了存储在硬盘上固定区域的 RAID 信息后，便可以继续使用。

软件 RAID 的缺点如此之多，使人们不断地思考更多实现 RAID 的方法。既然软件缺点太多，那么用硬件实现如何呢？

RAID 卡就是一种利用独立硬件来实现 RAID 功能的方法。要在硬件上实现 RAID 功能，必须找一个物理硬件作为载体，SCSI 卡或者主板上的南桥无疑就是这个载体了。人们在 SCSI 卡上增加了额外的芯片用于实现 RAID 功能。这些芯片是专门用来执行 RAID 算法的，可以是 ASIC 这样的高成本高速度运算芯片，也可以是通用指令 CPU 这样的通用代码执行芯片，可以从 ROM 中加载代码直接执行，也可以先载入 RAM 后执行，从而实现 RAID 功能。

实现了 RAID 功能的板卡（SCSI 卡或者 IDE 扩展卡）就叫做 RAID 卡。同样，在主板南桥芯片上也可实现 RAID 功能。由于南桥中的芯片不能靠 CPU 来完成它们的功能，所以这些芯片完全靠电路逻辑来自己运算，尽管速度很快，但是功能相对插卡式的 RAID 卡要弱。从某些主板的宣传广告中就可以看到，如所谓“板载”RAID 芯片就是指南桥中有实现 RAID 功能的芯片。

这样，操作系统不需要作任何改动，除了 RAID 卡驱动程序之外不用安装任何额外的软件，就可以直接识别到已经过 RAID 处理而生成的虚拟磁盘。

对于软件 RAID，至少操作系统最底层还是能感知到实际物理磁盘的，但是对于硬件 RAID 来说，操作系统根本无法感知底层的物理磁盘，而只能通过厂家提供的 RAID 卡的管理软件来查看卡上所连接的物理磁盘。而且，配置 RAID 卡的时候，也不能在操作系统下完成，而必须进入这个硬件来完成（或者在操作系统下通过 RAID 卡配置工具来设置）。一般的 RAID 卡都是在开机自检的时候，进入它的 ROM 配置程序来配置各种 RAID 功能。

RAID 卡克服了软件 RAID 的缺点，使操作系统本身可以安装在 RAID 虚拟磁盘之上，而这是软件 RAID 所做不到的。

1. RAID 卡的结构

带 CPU 的 RAID 卡俨然就是一个小的计算机系统，有自己的 CPU、内存、ROM、总线和 IO 接口，只不过这个小计算机是为大计算机服务的。

图 5-30 为一个 RAID 卡的架构示意图。

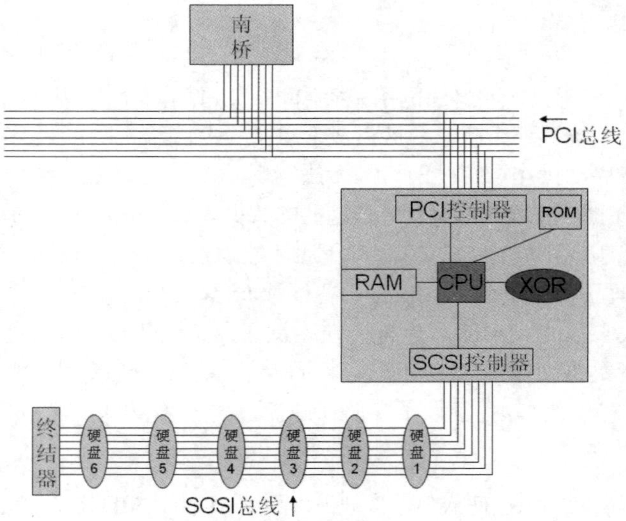

图 5-30 RAID 卡结构示意图

SCSI RAID 卡上一定要包含 SCSI 控制器，因为其后端连接的依然是 SCSI 物理磁盘。其前端连接到主机的 PCI 总线上，所以一定要有一个 PCI 总线控制器来维护 PCI 总线的仲裁、数据发送接收等功能。还需要有一个 ROM，一般都是用 Flash 芯片作为 ROM，其中存放着初始化 RAID 卡必须的代码以及实现 RAID 功能所需的代码。

RAM 的作用，首先是作为数据缓存，提高性能；其次作为 RAID 卡上的 CPU 执行 RAID 运算所需要的内存空间。XOR 芯片是专门用来做 RAID 3、5、6 等这类校验型 RAID 的校验数据计算用的。如果让 CPU 来做校验计算，需要执行代码，将耗费很多周期。而如果直接使用专用的数字电路，一进一出就立即得到结果。所以为了解脱 CPU，增加了这块专门用于 XOR 运算的电路模块，大大增加了数据校验计算的速度。

RAID 卡与 SCSI 卡的区别就在于 RAID 功能，其他没有太大区别。如果 RAID 卡上有多个 SCSI 通道，那么就称为多通道 RAID 卡。目前 SCSI RAID 卡最高有 4 通道的，其后端可以接入 4 条 SCSI 总线，所以最多可连接 64 个 SCSI 设备（16 位总线）。

增加了 RAID 功能之后，SCSI 控制器就成了 RAID 程序代码的傀儡，RAID 让它干什么，它就干什么。SCSI 控制器对它下面掌管的磁盘情况完全明了，它和 RAID 程序代码之间进行通信。RAID 程序代码知道 SCSI 控制器掌管的磁盘情况之后，就按照 ROM 中所设置的选项，比如 RAID 类型、条带大小等，对 RAID 程序代码做相应的调整，操控它的傀儡 SCSI 控制器向主机报告“虚拟”的逻辑盘，而不是所有物理磁盘了。

提示：RAID 思想中有个条带化的概念。所谓的条带化，并不是真正的像低级格式化一样将磁盘划分成条和带。这个条带化完全就是在“心中”，也就是体现在程序代码上。因为条带的位置、大小一旦设置之后，就是固定的。一个虚拟盘上的某个 LBA 地址块，就对应了真正物理磁盘上的一个或者多个 LBA 块，这些映射关系都是预先通过配置界面设定好的。而且某种 RAID 算法往往体现为一些复杂公式，而不是去用一张表来记录每个虚拟磁盘 LBA 和物理磁盘 LBA 的对应，这样效率会很差。因为每个 IO 到来之后，RAID 都要查询这个表来获取对应物理磁盘的 LBA，而查询速度是非常慢的，更何况面对如此大的一张表。如果用一个逻辑 LBA 与物理 LBA 之间的函数关系公式来做运算，则速度是非常快的。

正是因为映射完全通过公式来进行，所以物理磁盘上根本不用写入什么标志，以标注所谓的条带。条带的概念只是逻辑上的，物理上并不存在。所以，条带等概念只需“记忆”在 RAID 程序代码之中就可以了，要改变也是改变程序代码即可。唯一要向磁盘上写入的就是一些 RAID 信息，这样即使将这些磁盘拿下来，放到同型号的另一块 RAID 卡上，也能无误地认出以前做好的 RAID 信息。SNIA 协会定义了一种 DDF RAID 信息标准格式，要求所有 RAID 卡厂家都按照这个标准来存放 RAID 信息，这样，所有 RAID 卡就都通用了。

条带化之后，RAID 程序代码就操控 SCSI 控制器向 OS 层驱动程序代码提交一个虚拟化之后的所谓“虚拟盘”或者“逻辑盘”，也有人干脆称为 LUN。

2. RAID 卡的初始化和配置过程

所谓初始化就是说在系统加电之后，CPU 执行系统总线特定地址上的第一句指令，这个地址便是主板 BIOS 芯片的地址。BIOS 芯片中包含着让 CPU 执行的第一条指令，CPU 将逐条执行这些指令，执行到一定阶段的时候，有一条指令会让 CPU 寻址总线上其他设备的 ROM 地址（如果有）。也就是说，系统加电之后，CPU 总会执行 SCSI 卡这个设备上 ROM 中的程序代码来初始化这块卡。初始化的内容包括检测卡型号、生产商以及扫描卡上的所有 SCSI 总线以找出每个设备并显示在显示器上。在初始化的过程中，可以像进入主板 BIOS 一样，进入 SCSI 卡自身的 BIOS 中进行设置，设置内容包括查看各个连接到 SCSI 总线上的设备的容量、生产商、状态、SCSI ID 和 LUN ID 等。

3. 0 通道 RAID 卡

0 通道 RAID 卡又称为 RAID 子卡，0 通道的意思是说这块卡的后端没有 SCSI 通道。将这块子卡插入主机的 PCI 插槽之后，它就可以利用主板上已经集成的或者已经插在 PCI 上的 SCSI 卡，来操控它们的通道，从而实现 RAID。这个 0 通道子卡，也是插到 PCI 上的一块卡，只不过它需要利用主板上为 0 通道子卡专门设计的逻辑电路，对外和 SCSI 控制器组成一块 RAID 卡来用，只不过这块卡在物理上被分割到了两个 PCI 插槽中而已。

图 5-31 展示了 0 通道 RAID 子卡的架构。在主板的一个特定 PCI 插槽上，有一个 ICR 逻辑电路，用来截获 CPU 发送的地址信号和发给 CPU 的中断信号。CPU 发送到这里原本用来操控 SCSI 控制器的地址信号，现在全部被这个 ICR 电路重定向到了 RAID 子卡处，包括主板 BIOS 初始载入 ROM，也不是载入 SCSI 卡的 ROM 了，而是载入了 RAID 子卡的 ROM。RAID 卡完全接替了 SCSI 卡来面对主机系统。RAID 卡和 SCSI 控制器的通信，包括地址信息和数据信息，需要占用 PCI 总线，这造成了一定的性能损失。RAID 子卡和 SCSI 卡之间的通信，不会被 ICR 电路重定向。

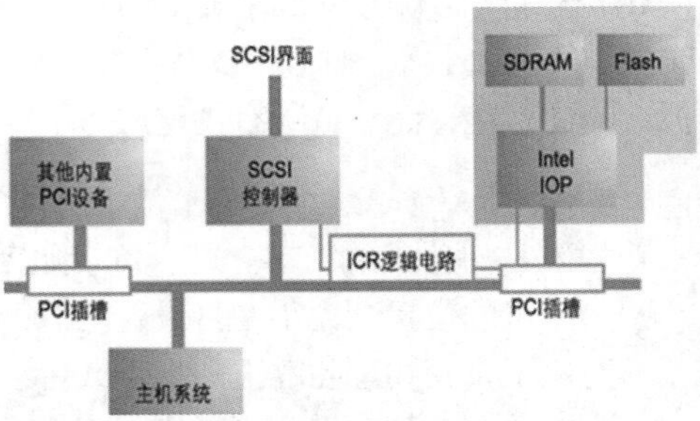

图 5-31　0 通道 RAID 子卡示意图

4. 无驱 RAID 卡

PhotoFast 所设计的一款 RAID 卡可谓是比较创新。传统的 RAID 卡都是使用 PCIX 或者 PCIE 总线来连接到计算机上的，但是 PhotoFast 这款 RAID 卡却是使用 SATA 接口来连接到计算机的，也就是说，这块 RAID 卡将其上连接的多块物理磁盘虚拟成若干的虚拟磁盘，并将这些磁盘通过 SATA 接口连接到计算机，计算机就认为它自身所连接的是多块 SATA 物理磁盘。这样的话，这块 Raid 卡就不需要任何驱动程序便可被大多数操作系统使用（多数操作系统都自带 SATA 控制器驱动程序）。

5. RAID On Chip （ROC）技术

ROC 技术是由 Adaptec 公司推出的一种廉价 RAID 技术，它利用 SCSI 卡上的 CPU 处理芯片，通过在 SCSI 卡的 ROM 中加入 RAID 代码而实现。

2001 年，Adaptec 展示了它的 iROC 技术，在 2003 年这一技术以 HOStRAID 的形象推出。iROC 也就是 RAID on Chip，实质上就是利用 SCSI 控制芯片内部的 RISC 处理器完成一些简单的 RAID 类型（RAID 0、1、0+1）。由于 RAID 0、1 和 0+1 需要的运算量不大，利用 SCSI 控制器内部的 RISC 处理器也能够实现。在 ROM 代码的配合下，通过 iROC 实现的 RAID 0、1 或 0+1 具备引导能力，并且可以支持热备盘。

在入门级塔式服务器和 1U 高度的机架式服务器中，主板上通常会集成 SCSI 控制芯片，但不标配独立的 RAID 卡。iROC 的出发点就是让这些系统具有基本的硬件数据保护，当需要更为复杂的 RAID 5 时再购买独立的 RAID 卡。iROC 的出现给低端服务器产品的数据保护方案增加了一个简易的选择。iROC 或 HOStRAID 的主要缺点是操作系统兼容性和性能差，由于没有专门的 RAID 计算处理器，因此使用这种配置的 RAID 会在一定程度上降低服务器系统的性能，而且它只支持 RAID 0、1、0+1，只能支持几块 SCSI 盘做 RAID，相比 IDE RAID 0、1、0+1 来说特性相近而成本上却高了很多，此外，HOStRAID 技术在低端还必然要面对更新、性能更好的 S-ATA

RAID 的竞争。

6. RAID 卡上的内存

RAID 卡上的内存，有数据缓存和代码执行内存两种作用。

RAID 卡上的 CPU 执行代码，当然需要 RAM 的参与了。如果直接从 ROM 中读取代码，速度会受到很大影响。所以 RAID 卡的 RAM 中有固定的地址段用于存放 CPU 执行的代码。而大部分空间都是用作了下文介绍的数据缓存。

缓存，也就是缓冲内存，只要在通信的双方之间能起到缓冲作用就可以了。我们知道 CPU 和内存之间是 L2 Cache，它比内存 RAM 速度还要高，但是没有 CPU 速度高。同样，RAID 控制器和磁盘通道控制器之间也要有一个缓存来适配，因为 RAID 控制器的处理速度远远快于通道控制器收集通道上所连接的磁盘传出的数据速度。这个缓存没有必要用 L2 Cache 那样高速的电路，而用 RAM 足矣。因为 RAM 的速度就足够适配二者了。

缓存 RAM 除了适配不同速率的芯片通信之外，还有一个作用就是缓冲数据 IO。比如上层发起一个 IO 请求，RAID 控制器可以先将这个请求放到缓存中排队，然后一条一条地执行，或者优化这些 IO，能合并的合并，能并发的并发。

7. 缓存的两种写模式

对于上层的写 IO，RAID 控制器有两种手段来处理，内容如下。

（1）WriteBack 模式：上层发过来的数据，RAID 控制器将其保存到缓存中之后，立即通知主机 IO 已经完成，从而主机可以不加等待地执行下一个 IO，而此时数据正在 RAID 卡的缓存中，而没有真正写入磁盘，起到了一个缓冲作用。RAID 控制器等待空闲时，或者一条一条地写入磁盘，或者批量写入磁盘，或者对这些 IO 进行排队（类似磁盘上的队列技术）等一些优化算法，以便高效写入磁盘。由于写盘速度比较慢，所以这种情况下 RAID 控制器欺骗了主机，但是获得了高速度，这就是“把简单留给上层，把麻烦留给自己”。这样做有一个致命缺点，就是一旦意外掉电，RAID 卡上缓存中的数据将全部丢失，而此时主机认为 IO 已经完成，这样上下层就产生了不一致，后果将非常严重。所以一些关键应用（比如数据库）都有自己的检测一致性的措施。也正因为如此，中高端的 RAID 卡都需要用电池来保护缓存，从而在意外掉电的情况下，电池可以持续对缓存进行供电，保证数据不丢失。再次加电的时候，RAID 卡会首先将缓存中的未完成的 IO 写入磁盘。

（2）WriteThrough 模式：也就是写透模式，即上层的 IO。只有数据切切实实被 RAID 控制器写入磁盘之后，才会通知主机 IO 完成，这样做保证了高可靠性。此时，缓存的提速作用就没有优势了，但是其缓冲作用依然有效。

除了作为写缓存之外，读缓存也是非常重要的。缓存算法是门很复杂的学问，有一套复杂的机制，其中一种算法叫做 PreFetch，即预取，也就是对磁盘上接下来“有可能”被主机访问到的数据，在主机还没有发出读 IO 请求的时候，就“擅自”先读入到缓存。这个“有可能”是怎么来算的呢？

其实就是认为主机下一次 IO，有很大几率会读取到这一次所读取的数据所在磁盘位置相邻位置的数据。这个假设，对于连续 IO 顺序读取情况非常适用，比如读取逻辑上连续存放的数据，这种应用如 FTP 大文件传输服务、视频点播服务等，都是读大文件的应用。而如果很多碎小文件也是被连续存放在磁盘上相邻位置的，缓存会大大提升性能，因为读取小文件需要的 IOPS 很高，如果没有缓存，全靠磁头寻道来完成每次 IO，耗费时间是比较长的。

还有一种缓存算法，它的思想不是预取了，它是假设：主机下一次 IO，可能还会读取上一次或者上几次（最近）读取过的数据。这种假设和预取完全不一样了，RAID 控制器读取出一段数据到缓存之后，如果这些数据被主机的写 IO 更改了，控制器不会立即将它们写入磁盘保存，而是继续留在缓存中，因为它假设主机最近可能还要读取这些数据，既然假设这样，那么就没有必要写入磁盘并删除缓存，然后等主机读取的时候，再从磁盘读出来到缓存，还不如以静制动，干脆就留在缓存中，等主机"折腾"的频率不高了，再写入磁盘。

提示：中高端的 RAID 卡一般具有 256MB 以上的 RAM 作为缓存。

8. RAID 配置完后的初始化过程

对于校验型 RAID，在 RAID 卡上设置完 RAID 参数并且应用 RAID 设置之后，RAID 阵列中的所有磁盘需要进行一个初始化过程，所需要的时间与磁盘数量、大小有关。磁盘越大，数量越多，需要的时间就越长。

思考：RAID 卡都向磁盘上写了什么东西呢？大家可以想一下，一块刚刚出厂的新磁盘，上面有没有数据？

有。具体什么数据呢？要么全是 0，要么全是 1。这里所说的全 0 是指实际数据部分，扇区头标等一些特殊位置除外。因为磁盘上的磁性区域就有两种状态，不是 N 极，就是 S 极。那么也就是说不是 0 就是 1，而不可能有第三种状态。那么这些 0 或者 1，算不算数据呢？当然要算了，这些磁区不会存在一种介于 0 和 1 之间的混沌状态。如果此时用几块磁盘做了 RAID 5，但磁盘上任何数据都不做改动，我们看一下此时会处于一种什么状态，比如 5 块磁盘，4 块数据盘空间，1 块校验盘空间，同一个条带上，4 块数据块，1 块校验块，所有块上的数据都是全 0，那么此时如果按照 RAID 5 来算，是正确的，因为 0 XOR 0 XOR 0 XOR 0 XOR 0 = 0，对。

如果一开始磁盘全是 1，那么同样地 1 XOR 1 XOR 1 XOR 1 XOR 1 = 1，也对。但是如果用 6 块盘做 RAID 5，而且初始全为 1，情况就矛盾了。1 XOR 1 XOR 1XOR 1 XOR 1 XOR 1 = 0，此时正确结果应该是校验块为 0，但是初始磁盘全部为 1，校验块的数据也为 1，这就和计算结果相矛盾了。

如果初始化过程不对磁盘数据进行任何更改，直接拿来写数据，比如此时就向第二个 extend 上写了一块数据，将 1 变为 0，然后控制器根据公式：新数据的校验数据=（老数据 EOR 新数据） EOR 来校验数据。（1EOR 0）EOR 1 = 0，新校验数据为 0，所以最终数据变成了这样：1 XOR 0 XOR 1 XOR 1 XOR 1 XOR 1。我们算出它的正确数据应该等于 1，而由 RAID 控制器算的却成了 0，所以就矛盾了。

为什么会犯这个错误呢？那是因为一开始 RAID 控制器就没有从一个正确的数据关系开始算，校验块的校验数据一开始就与数据块不一致，导致越算越错。所以 RAID 控制器在做完设置，并启用之后，在初始化的过程中需要将磁盘每个扇区都写成 0 或者 1，然后计算出正确的校验位，或者不更改数据块的数据，直接用这些已经存在的数据，重新计算所有条带的校验块数据。在这个基础上，新到来的数据才不会被以讹传讹。

思考：NetApp 等产品，其 RAID 组做好之后不需要初始化，立即可用。甚至向已经有数据的 RAID 组中添加磁盘，也不会造成任何额外的 IO。因为其会将所有 Spare 磁盘清零，也就是向磁盘发送一个 Zero Unit 的 SCSI 指令，磁盘会自动执行清零。用这些磁盘做的 RAID 组，不需要校验纠正，所以也不需要初始化过程，或者说初始化过程就是等待磁盘清零的过程。

关于 Raid 初始化过程的更详细的分析可参考本书附录 1 中的问与答。

9. 几款 RAID 卡介绍

1）Mylex AcceleRAID 352

双通道 160M 部门级，性能强悍， BIOS 选项极为人性化，在 BIOS 内可以检测 SCSI 硬盘的出厂坏道及成长坏道，而不需借助软件。并且允许手动打开/关闭硬盘设备自身的 Read cache/Write cache。还带有电池。

详细信息如下。

支持 RAID 级别：RAID 0、1、0+1、3、5、10、30、50、JBOD。

- 处理芯片：Intel i960RN。
- 总线类型：PCI 64b，兼容 32b。
- 外置接口：Ultra 160 SCSI。
- 数据传输速率：最高 160MB/s。
- 外接设备数：最多 30 个 SCSI 外设。
- 内部接口：双 68 针高密。
- 外部接口：双 68 针超高密。
- 适用的操作系统：Windows NT 4.0；Windows 2K；NetWare 4.2、5.1；SCO OpenServer 5.05、5.0.6；SCO UnixWare 7.1；DOS 6.x and above；Solaris 7 （x86）；Linux 2.2 kernel distributions。
- 包括软件：Storager Manager、Storager Manager Pro 和 CLI（命令分界面）。
- 主要 RAID 特性：在线扩容、瞬时阵列可用性（后台初始化）、支持 S.M.A.R.T、支持 SES/SAF-TE。

图 5-32 和图 5-33 为 Mylex AcceleRAID 352 卡实物图。

图 5-32 Mylex AcceleRAID 352 卡（1）

图 5-33 Mylex AcceleRAID 352 卡（2）

2）LSI MegaRAID Enterprise 1600（AMI 471）

4 通道 160MB 企业/部门级，160MB 最为顶级豪华的 SCSI RAID，强大的 BIOS 选项（LSI 独有的 Web BIOS）。卡上系统缓存可详细调节（除大部分 SCSI RAID 可以调节的主要功能 Write back（回写外），增加 Read ahead（预读），Cache I/O 等可调选项，满足 RAID 的用途需要，体现各种 RAID 的最高性能，带电池。

详细信息如下。

- 支持 RAID 级别：RAID 0、1、0+1、3、5、10、30、50、JBOD。
- 处理芯片：Intel i960RN。
- 插槽类型：PCI 64b、兼容 32b。
- 总线速度：66MHz。
- 总线宽度：64b。
- 外置接口：Ultra 160 SCSI。
- 数据传输率：160MB/s。
- 最多连接设备：32。
- 内部接口：双 68 针高密。
- 外部接口：四 68 针超高密。
- 系统平台：Windows 95/98/Me/4.0/2000/XP，Linux（Red Hat、SuSE、Turbo、Caldera 和 FreeBSD）。

图 5-34 为 LSI MegaRAID Enterprise 1600 卡实物图。

可以看到 RAID 卡使用的内存就是台式机的 SDRAM 内存，有些使用 DDR SDRAM 内存。

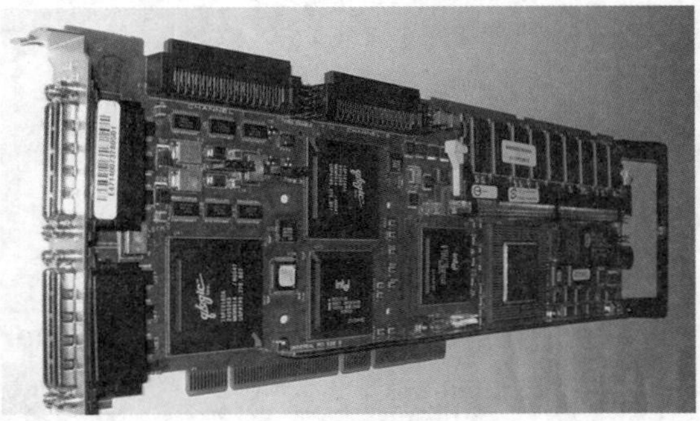

图 5-34 LSI MegaRAID Enterprise 1600 卡

10. 用 Rocket RAID 卡做各种 RAID

在一张 Rocket RAID 卡上，安装了 8 块 IDE 磁盘。开机之后，在启动界面按照相应提示进入 RAID 卡的设置界面，如图 5-35 所示。

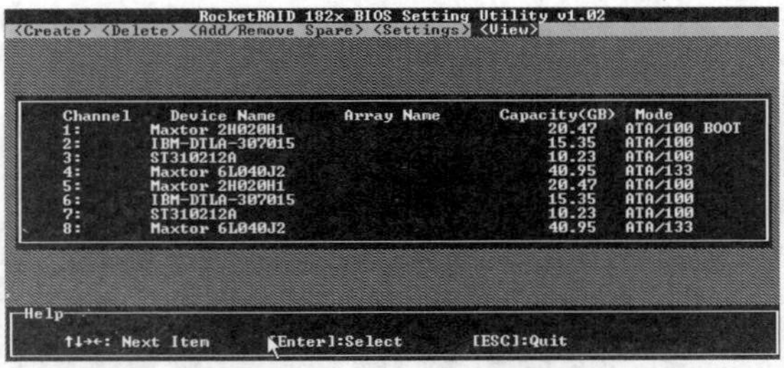

图 5-35 磁盘列表

可以看到，这 8 块硬盘有着不同的品牌、容量以及参数，但它们都是 IDE 接口的 ATA 硬盘。

1）RAID 0 组的创建过程

（1）选择 RAID 0：Striping，如图 5-36 所示。

（2）给新 RAID 0 组起名为“RAID 0”，如图 5-37 所示。

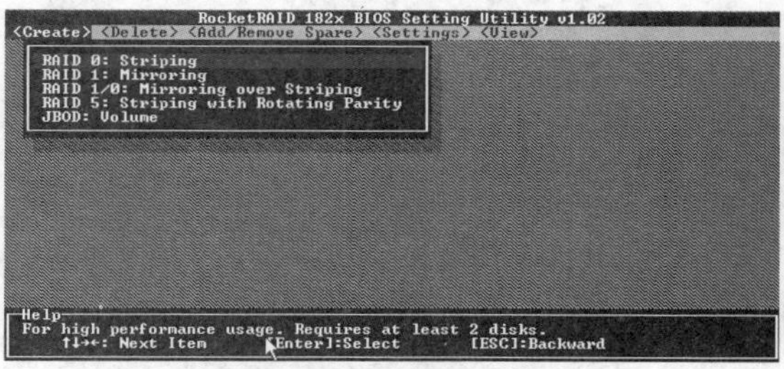

图 5-36　选择 RAID 0 模式

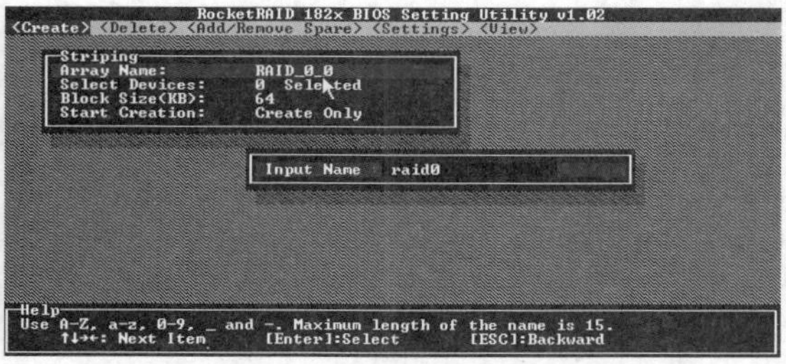

图 5-37　起名“RAID 0”

（3）在 Select Devices 菜单下，选择 RAID 0 组所包含的磁盘，如图 5-38 和图 5-39 所示。

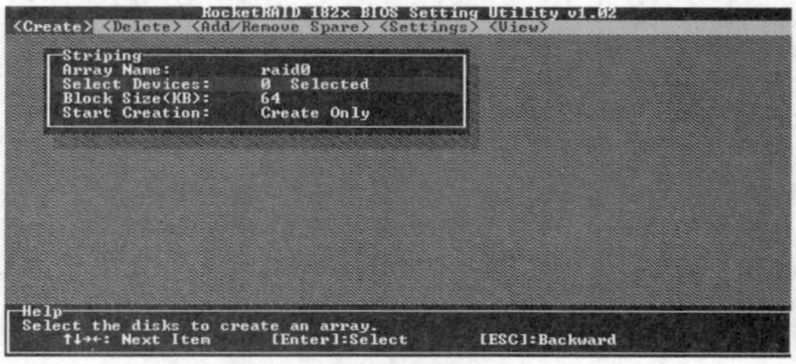

图 5-38　选择磁盘（1）

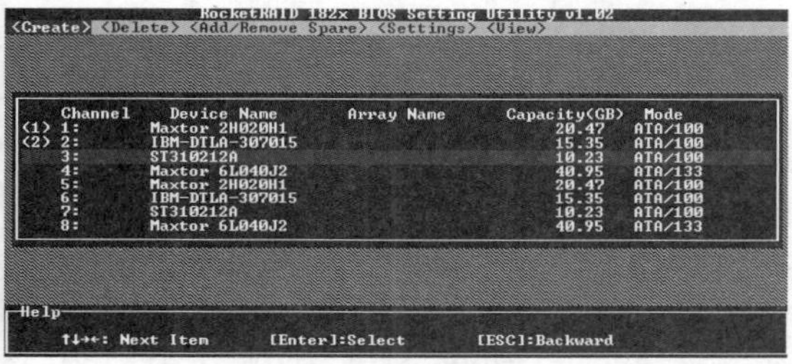

图 5-39　选择磁盘（2）

（4）接下来，在 Block Size 菜单下可以为这个 RAID 0 组选择条块大小，如图 5-40 所示。至于 Block Size 参数是指整个条带的大小，还是指条带 Segment 的大小，要看厂家自己的定义。

（5）选择 Start Creation，确定创建 RAID 组，如图 5-41 所示。

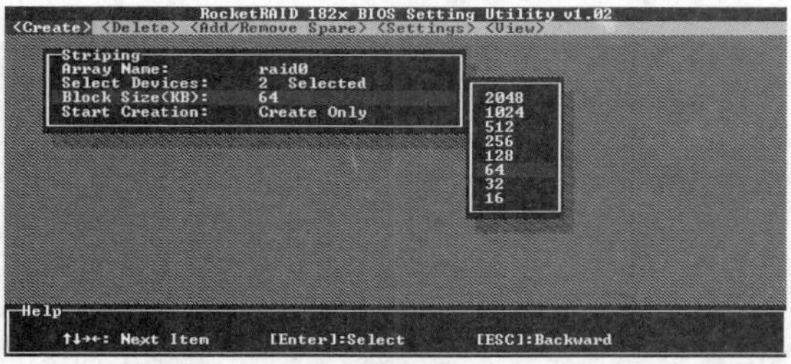

图 5-40　设置 Block Size

（6）创建完毕后，主界面中即显示出 RAID 信息，如图 5-42 所示。

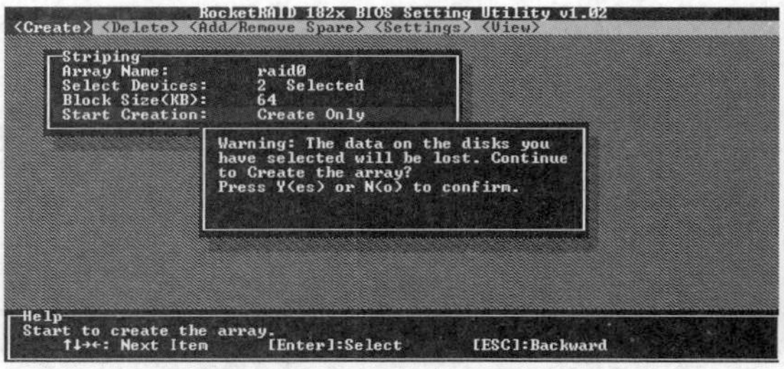

图 5-41　开始创建 RAID 组

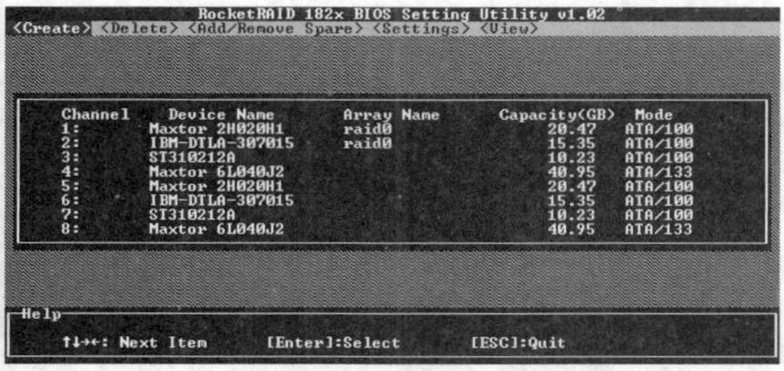

图 5-42　RAID 组的信息

接下来我们继续用以上方法创建其他类型的 RAID 组。

2）RAID 1 组的创建过程

图 5-43 所示是 RAID 1 组的创建过程，可以发现 Start Creation 中有一个 Duplication 选项，这个选项的作用是将源盘数据复制到镜像盘，而不破坏源盘数据。如果选择了 Create Only，则会破坏源盘的数据，重新创建干净的 RAID 1 组。

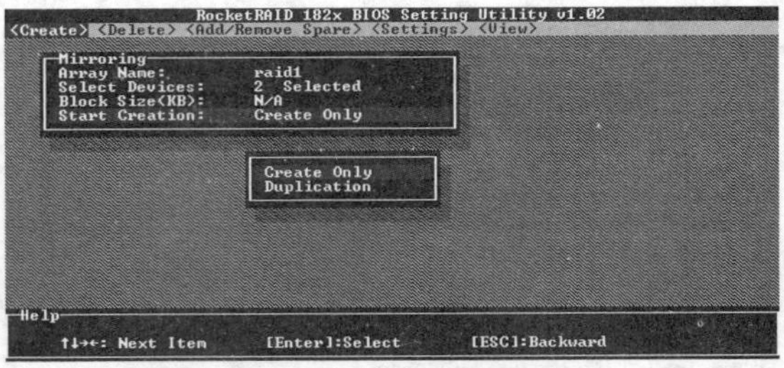

图 5-43　创建 RAID 1 组

3）创建一个 3 块盘组成的 RAID 5 组

提示：在 Start Creation 菜单中有两个选项，一个为 Zero Build，另一个为 No Build，如图 5-44 所示。Zero Build 指将所有数据作废，从零开始生成数据的校验值。No Build 指不计算数据校验值，如果用户能保证 RAID 5 组中的磁盘原来是处于一致性状态的，则可以用这个选项来节约时间，否则不要选择这个选项。

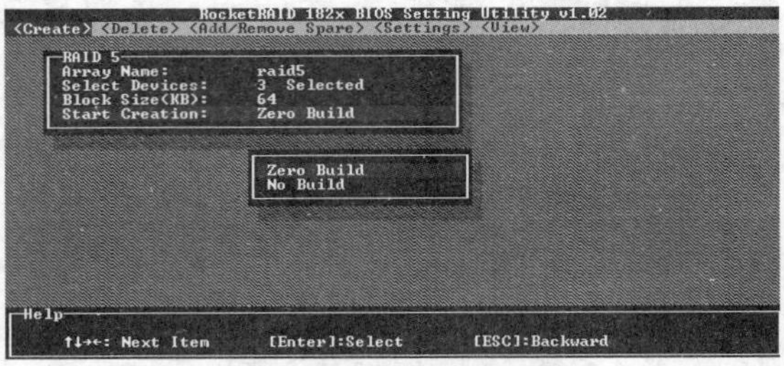

图 5-44　两个选项

如果选择 No Build 选项，则会显示警告信息，如图 5-45 所示。

按 Y 键即可完成 RAID 5 组的创建。

至此，我们创建了 RAID 0、RAID 1 和 RAID 5 三个 RAID 组，如图 5-46 所示。

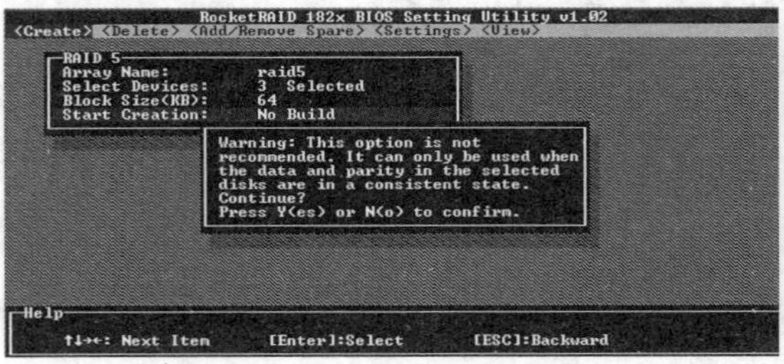

图 5-45　警告信息

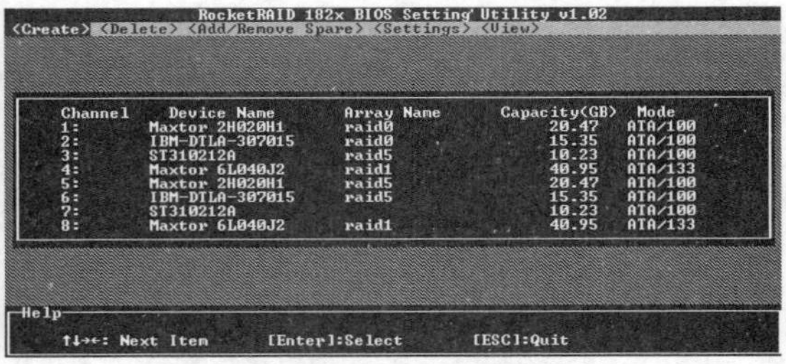

图 5-46　三个 RAID 组的信息

4）删除 RAID 组

如果对创建的 RAID 组不满意，可以删除重建，具体操作如图 5-47 和图 5-48 所示。

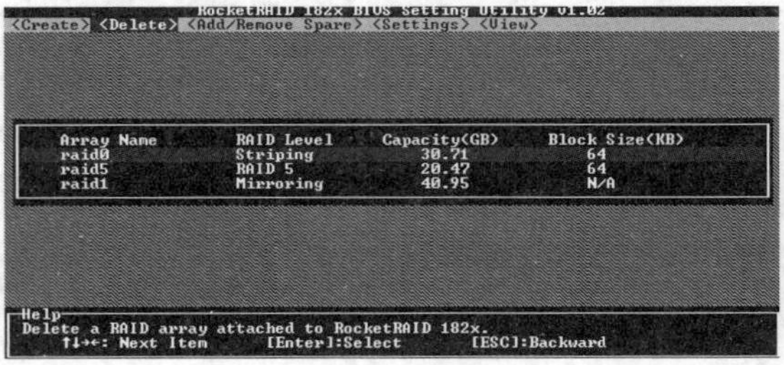

图 5-47　删除 RAID 组

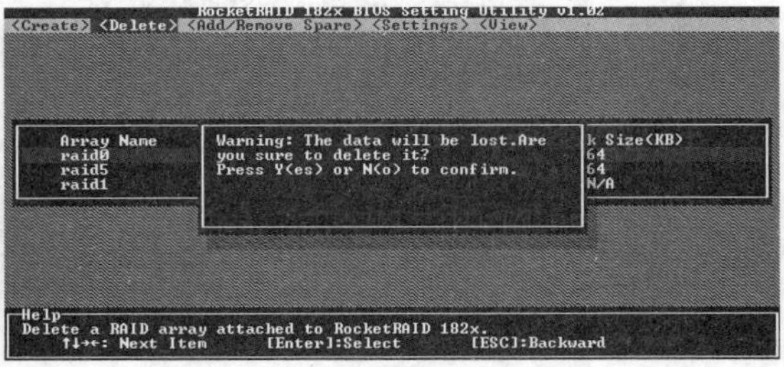

图 5-48　确认信息

5）添加全局热备磁盘

此外，还可以添加全局热备磁盘。切换到 Add/Remove Spare 菜单，如图 5-49 所示。

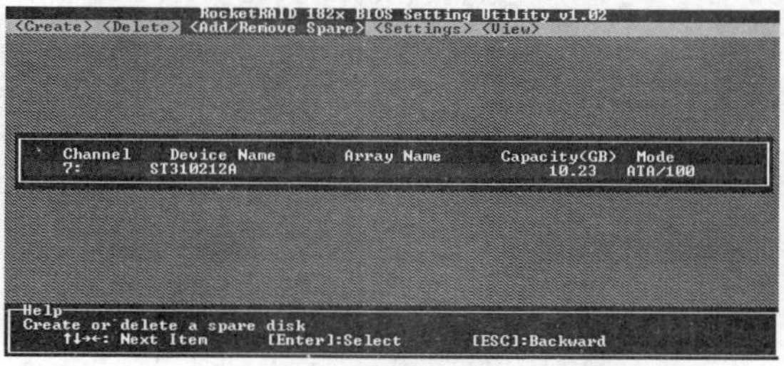

图 5-49　添加全局热备盘

由于当前系统中只有一块空闲磁盘，所以我们就将这块磁盘作为全局热备磁盘，操作如图 5-50 和图 5-51 所示。如果任何 RAID 组中有磁盘损坏的话，RAID 卡将利用这块热备磁盘来顶替损坏的磁盘，将数据重新同步到这块磁盘上。

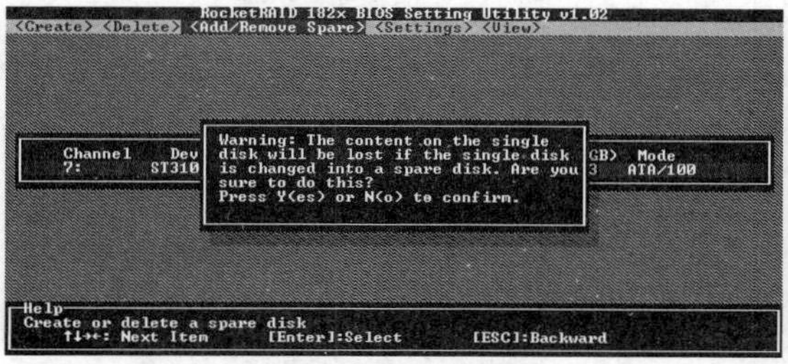

图 5-50　确认信息

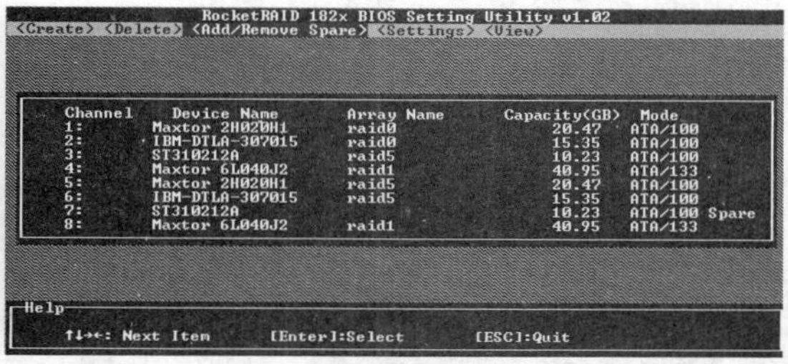

图 5-51　磁盘状态

6）设置启动标志

由于系统要从安装有操作系统的磁盘上启动，所以必须让 RAID 卡知道哪个逻辑磁盘是启动磁盘。具体设置如图 5-52～图 5-54 所示。

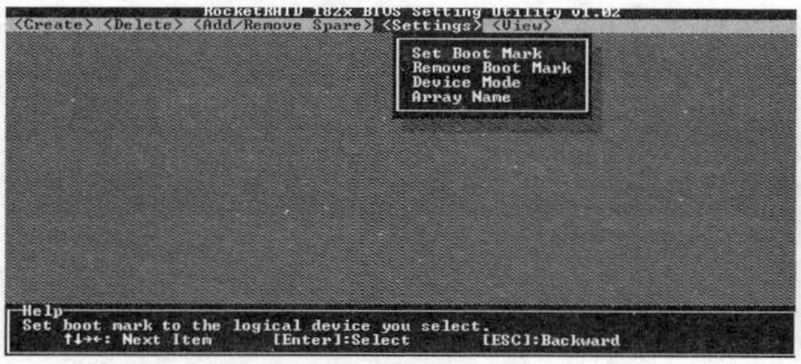

图 5-52　设置启动盘（1）

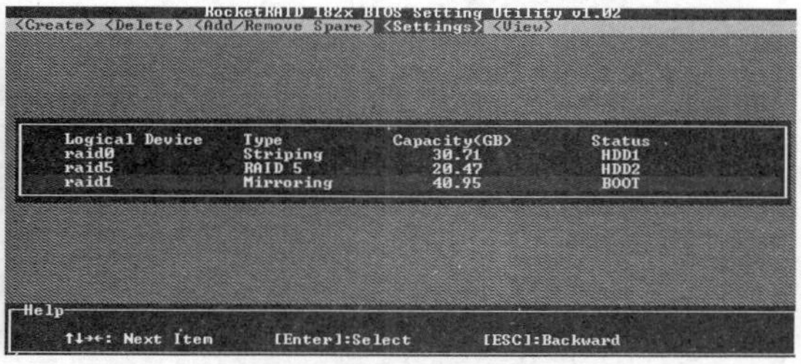

图 5-53　设置启动盘（2）

在将 RAID 1 组形成的逻辑磁盘作为启动磁盘后，可以看见右边的“BOOT”标志。

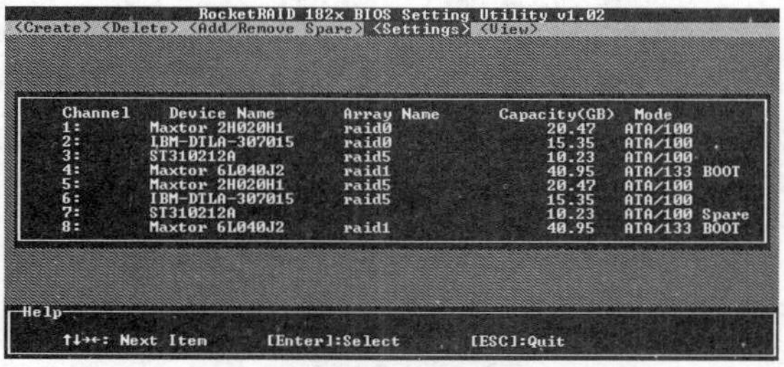

图 5-54　设置启动盘（3）

7）设置访问各个磁盘的模式参数

在 Device Mode 菜单下，可以设置访问各个磁盘的模式参数，如图 5-55 和图 5-56 所示。

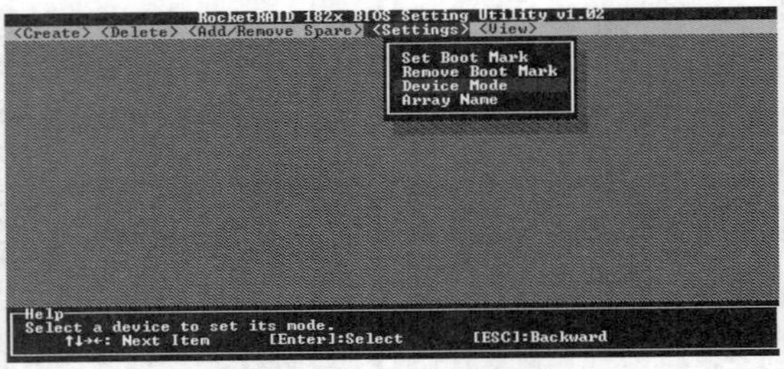

图 5-55 设置磁盘参数（1）

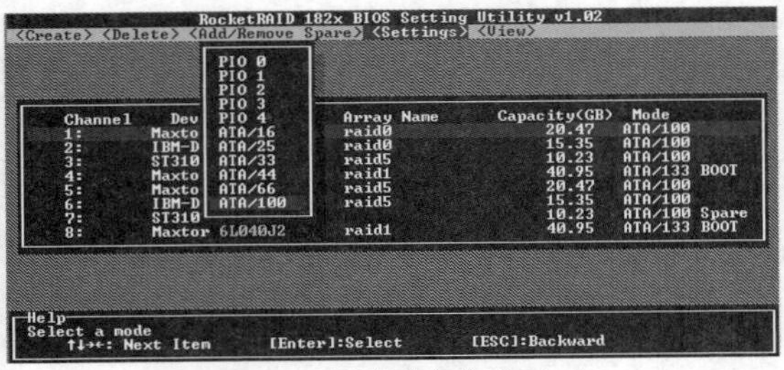

图 5-56 设置磁盘参数（2）

8） 查看所有设备

在 View 菜单下，可以查看所有设备、所有 RAID 组和所有逻辑磁盘（由于这块卡不具有在 RAID 组中再次划分逻辑磁盘的功能，所以每个逻辑组只能作为一个逻辑磁盘），如图 5-57 和图 5-58 所示。

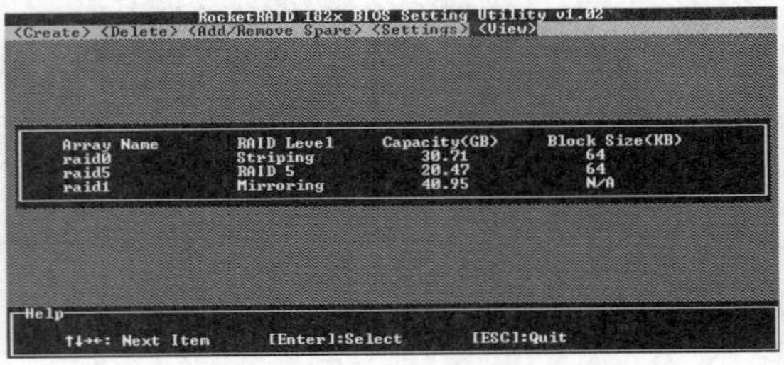

图 5-57 RAID 组状态（1）

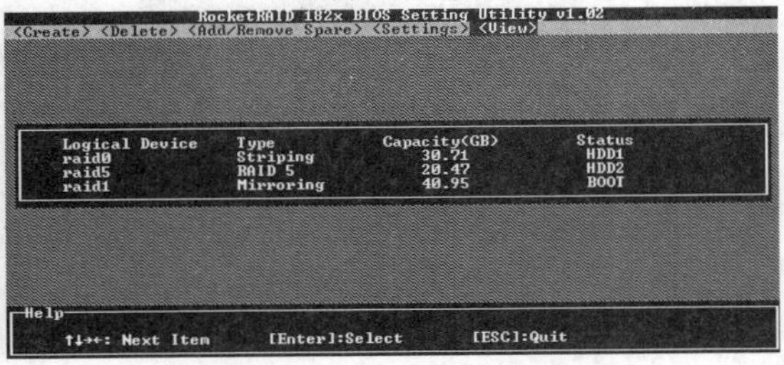

图 5-58 RAID 组状态（2）

5.3 磁盘阵列

RAID 卡的出现着实让存储领域变得红火起来，几乎每台服务器都标配 RAID 卡或者集成的 RAID 芯片。一直到现在，虽然磁盘阵列技术高度发展，各种盘阵产品层出不穷，但 RAID 卡依然是服务器不可缺少的一个部件。

然而，RAID 卡所能接入的通道毕竟有限，因此人们迫切希望创造一种可以接入众多磁盘、可以实现 RAID 功能并且可以作为集中存储的大规模独立设备。最终，磁盘阵列在这种需求中诞生了。

磁盘阵列的出现是存储领域的一个里程碑。关于磁盘阵列的描述，我们将在本书第 6 章中详细介绍。

在 7 种 RAID 形式的基础上，还可以进行扩展，以实现更高级的 RAID。由于 RAID 0 无疑是所有 RAID 系统中最快的，所以将其他 RAID 形式与 RAID 0 杂交，将会生成更多新奇的品种。将 RAID 0 与 RAID 1 结合，生成了 RAID 10；将 RAID 3 与 RAID 0 结合，生成了 RAID 30；将 RAID 5 与 RAID 0 结合，生成了 RAID 50。

5.3.1 RAID 50

图 5-59 是一个 RAID 50 的模型，RAID 30 与其类似。控制器接收到主机发来的数据之后，按照 RAID 0 的映射关系将数据分块，一部分存放于左边的 RAID 5 系统，另一部分存放在右边的 RAID 5 系统。左边的 RAID 5 系统再次按照 RAID 5 的映射关系将这一部分数据存放于 5 块磁

盘中的若干块，另一边也进行相同的过程。

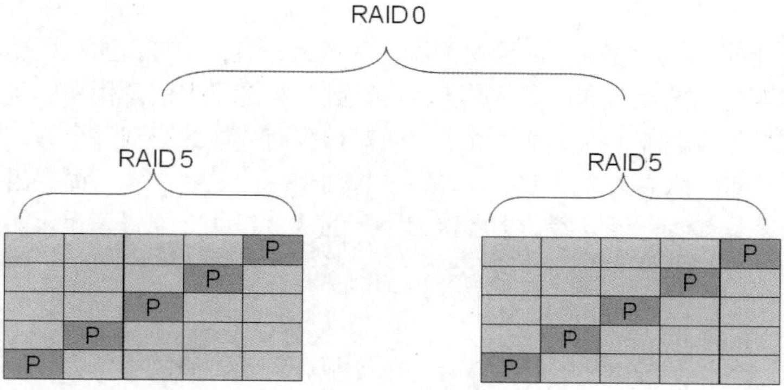

图 5-59 RAID 50 模型

实际中，控制器不可能物理地进行两次运算和写 IO，这样效率很低。控制器可以将 RAID 0 和 RAID 5 的映射关系方程组合成一个函数关系方程，这样直接代入逻辑盘的 LBA，便可得出整个 RAID 50 系统中所有物理磁盘将要写入或者读取的相应 LBA 地址，然后统一向磁盘发送指令。左边的 RAID 5 系统和右边的 RAID 5 系统分别允许损坏一块磁盘而不影响数据。但是如果在任何一边的 RAID 系统同时或者先后损坏了两块或者更多的盘，则整个系统的数据将无法使用。

5.3.2 RAID 10 和 RAID 01

RAID 10 和 RAID 01 看起来差不多，但是本质上有一定区别。图 5-60 是一个 RAID 10 的模型。

如果某时刻，左边的 RAID 1 系统中有一块磁盘损坏，此时允许再次损坏的磁盘就剩下两块，也就是右边的 RAID 1 系统中还可以再损坏任意一块磁盘，而整体数据仍然是可用的。我们暂且说这个系统的冗余度变成了 2。

图 5-61 是一个 RAID 01 的模型。

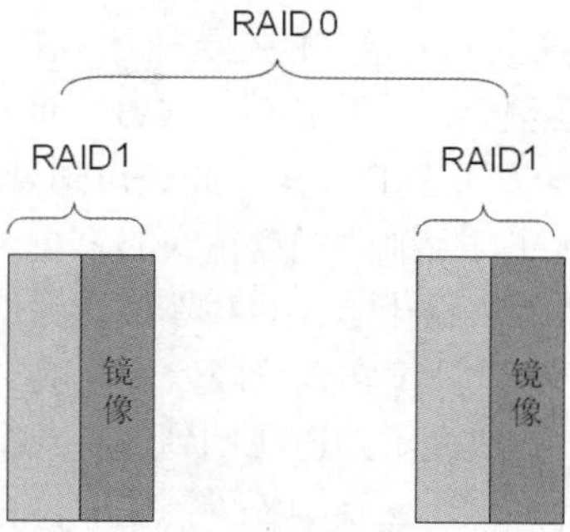

图 5-60 RAID 10 模型

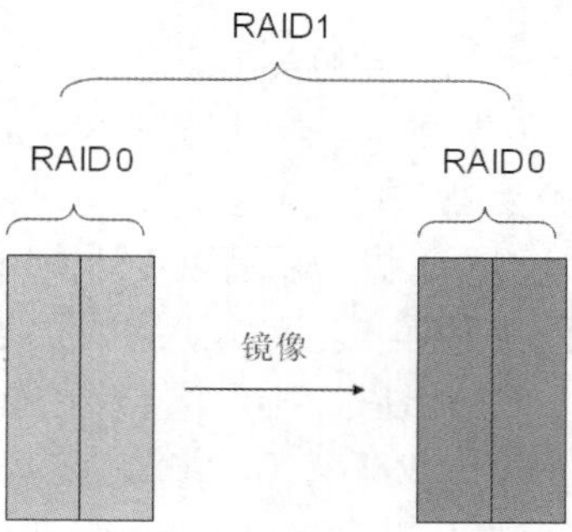

图 5-61 RAID 01 模型

如果某时刻，左边的 RAID 0 系统中有一块磁盘损坏，此时左边的 RAID 0 系统便没有丝毫作用了。所有的 IO 均转向右边的 RAID 0 系统。而此时，仅仅允许左边剩余的那块磁盘损坏。如果右边任何一块磁盘损坏，则整体数据将不可用。所以这个系统的冗余度变成了 1，即只允许损坏特定的一块磁盘（左边 RAID 0 系统剩余的磁盘）。

综上所述，RAID 10 系统要比 RAID 01 系统冗余度高，安全性高。

5.4 虚拟磁盘

话说张真人送走了七星大侠之后，面对江湖上的浮躁，有苦难言。这江湖还能出一个像七星这样的豪侠吗？难啊！七星北斗阵，多么完美的一个阵式！七星老前辈用尽毕生心血，创立了 7 种阵式，将单个磁盘组成盘阵，提高整体性能！可是很少有人能体会到这个阵式的精髓，包括创建他的七星，都不一定。张真人自从七星走后，一直处于深度悲痛之中，悔恨当初为什么没有抽时间向七星拜师学艺！如今只能守着一本老侠留下来的《七星北斗阵式》天天仔细研读，以求找到什么灵感，来继续发扬老侠的这门绝技。

……

就这样过去了 20 年。张真人已经由年轻小伙变成了稳重善思的中年人。他凭借优秀的武艺和才华，来到武当山创立了道观，并收下了 7 位徒弟，以纪念七星北斗之豪情！张真人每晚休息之前，都要对着七星北斗拜三拜。20 多年过去了，北斗的光芒依然是那么耀眼，依然看着世间纷争，昼夜交替。

这 20 年是科技飞速发展的 20 年。铁匠们的技艺提高很快，新技术不断被创造出来。大容量、高速度的磁盘在地摊卖 10 文钱一斤。

某天张老道下山溜达，发现地摊上的磁盘品质还不错，比 20 年前的货强太多了，顺手就买了 50 斤回去。点了点，足足 50 块。他让他的 7 位徒弟，分别按照七星阵摆上各种阵形，来捣鼓这 50 块硬盘。7 位徒弟早就对七星阵烂熟于心，把这 50 块磁盘捣鼓得非常顺。张老道频频点头，心里想着："嗯，真应了那句话啊。长江后浪推前浪，一代新人换旧人！"摆弄了一阵之后，徒弟们都累了。这次格外地累，不禁都坐在地上休息。老道把眼一瞪，"嗯忒！！！年轻人，不好好练功！不准偷懒！"徒弟们上前道："师父，不是我们偷懒，这次您买的磁盘和以前的不一样。我们在出招的时候，就是在'化龙'这一招的时候特别吃力。这条龙太大，不好操控。"老道一看，果然，这 50 块磁盘每块足有 1TB 大，50 块就是 50TB。"嚯嚯，20 年前一块磁盘最多也就是 50MB，没想到啊！"

这天晚上，老道用完粗茶淡饭之后，遥望北斗，心想：七星老侠在天上不知道看见此情此景，会给我什么启示呢？20 年前，用此阵式生成的虚拟磁盘，大小也不过几 GB，而如今已经达到了 TB 级别，也难怪我那些徒儿们会吃不消。怎么办呢？需要把这以 TB 论的虚拟磁盘再次划分开来，划分成多条"小龙"，这样就可以灵活操控了。而且针对目前的磁盘超大的容量，完全可以在一个阵中同时应用多种阵式。比如让我 7 位徒弟，其中 3 人摆出 RAID 0 阵式，另外 4 人同时摆出 RAID 5 阵式，共同出招。对每个阵式生成虚拟"龙盘"，把它划分成众多小的"龙盘"，这样对外不但我们的威力没有减少，而且可以灵活运用，让敌人不知道我们到底有几个人。

张老道决定将大龙盘划分成小龙盘，这事十分好办，只需体现在"心中"就可以了。只要你心中有数，那些物理磁盘的哪部分区域属于哪个小龙盘，就完全可以对外通告了。老道称这种技术为逻辑盘技术。

5.4.1 RAID 组的再划分

实际中，比如用 5 块 100GB 的磁盘做了一个 RAID 5，那么实际数据空间可以到 400GB，剩余 100GB 空间是校验空间。如果将这 400GB 虚拟成一块盘，不够灵活。且如果 OS 不需要这么大的磁盘，就没法办了。所以要再次划分这 400GB 的空间，比如划分成 4 块 100GB 的逻辑磁盘。而这逻辑盘虽然也是 100GB，但是并不同于物理盘，向逻辑盘写一个数据会被 RAID 计算，而有可能写向多块物理盘，这样就提升了性能，同时也得到了保护。纵使 RAID 组中坏掉一块盘，操作系统也不会感知到，它看到的仍然是 100GB 的磁盘。

5.4.2　同一通道存在多种类型的 RAID 组

不仅如此，老道还想到了在一个阵式中同时使用多种阵法的方式。

实际中，假设总线上连接有 8 块 100GB 的磁盘，我们可以利用其中的 5 块磁盘来做一个 RAID 5，而后再利用剩余的 3 块磁盘来做一个 RAID 0，这样，RAID 5 的可用数据空间为 400GB，校验空间为 100GB，RAID 0 的可用数据空间为 300GB。而后，RAID 5 和 RAID 0 各自的可用空间，又可以根据上层 OS 的需求，再次划分为更小的逻辑磁盘。这样就将七星北斗阵灵活地运用了起来，经过实践的检验，这种应用方法得到了巨大的推广和成功。

张老道给划分逻辑盘的方法取名为巧化神龙，将同一个阵中同时使用多种阵式的方法叫做神龙七变。

5.4.3　操作系统如何看待逻辑磁盘

目前各种 RAID 卡都可以划分逻辑盘，逻辑盘大小任意设置。每个逻辑盘对于 OS 来说都认成一块单独的物理磁盘。这里不要和分区搞混，分区是 OS 在一块物理磁盘上做的再次划分。而 RAID 卡提供给 OS 的，任何时候，都是一块或者几块逻辑盘，也就是 OS 认成的物理磁盘。而 OS 在这个磁盘上，还可以进行分区、格式化等操作。

5.4.4　RAID 控制器如何管理逻辑磁盘

下面说一下 RAID 卡对逻辑磁盘进行再次划分的具体细节。既然要划分，就要心中有数，比如某块磁盘的某个区域，划分给哪个逻辑盘用，对应逻辑盘的 LBA 地址是多少，这块磁盘的 RAID 类型是什么等。而这些东西不像 RAID 映射那样根据几个简单的参数就能确定，而且对应关系是可以随时变化的，比如扩大和缩小、移动等。所以有必要在每块磁盘上保留一个区域，专门记录这种逻辑盘划分信息、RAID 类型以及组内的其他磁盘信息等，这些信息统称为 RAID 信息。不同厂家、不同品牌的产品实现起来不一样，SNIA 委员会为了统一 RAID 信息的格式，专门定义了一种叫做 DDF 的标准，如图 5-62 所示。

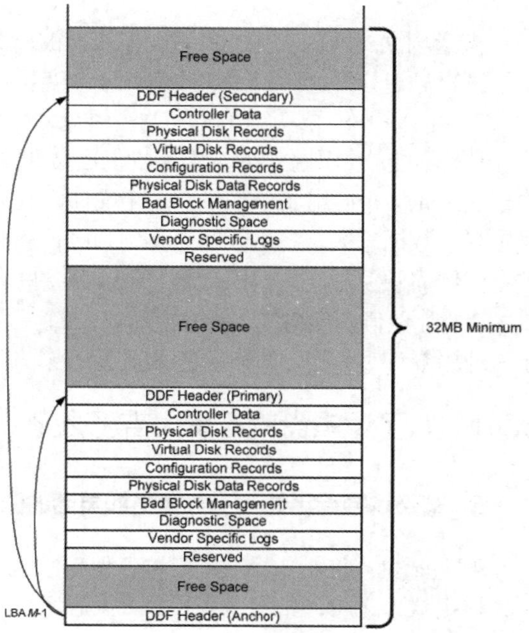

图 5-62　DDF 布局图

图 5-63 所示的是微软和 Veritas 公司合

作开发的软 RAID 在磁盘最末 1MB 空间创建的数据结构。有了这个记录，RAID 模块只要读取同一个 RAID 子系统中每块盘上的这个记录，就能够了解 RAID 信息。即使将这些磁盘打乱顺序，或者拿到其他支持这个标准的控制器上，也照样能够认到所划分好的逻辑盘等所有需要的信息。

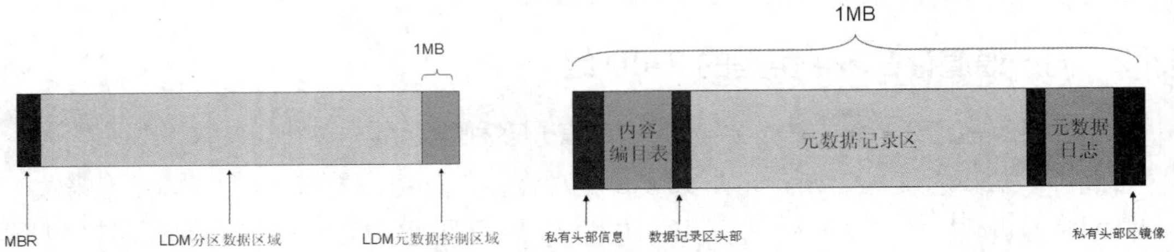

图 5-63　Windows 系统中的动态磁盘信息

RAID 卡可以针对总线上的某几块磁盘做一种 RAID 类型，然后针对另外的几块磁盘做另一种 RAID 类型。一种 RAID 类型中包含的磁盘共同组成一个 RAID Group，简称 RG。逻辑盘就是从这个 RG 中划分出来的，原则上逻辑盘不能跨 RG 来划分，就是说不能让一个逻辑盘的一部分处于一个 RG，另一部分处于另一个 RG。因为 RG 的 RAID 类型不一样，其性能也就不一样，如果同一块逻辑盘中出现两种性能，对上层应用来说不是件好事，比如速度可能会忽快忽慢等。

张真人推出了这两门绝技之后，在江湖上引起了轩然大波。大家争相修炼，并取得了良好的效果。一时间，江湖上几乎人人都练了张真人这两门功夫。而且各大门派已经将七星北斗阵以及张真人的功夫作为各派弟子必须掌握的基本功。

近水楼台先得月。武当七子当然已经把功夫练到了炉火纯青的地步。老道非常欣慰。他相信七星侠在天之灵倘若看到了这阵式被拓展，一定也会感到欣慰的。

5.5　卷管理层

老道创立这两门功夫的兴奋，很快就被一个不大不小的问题给吹得烟消云散。这个问题就是一旦逻辑盘划分好之后就无法改变，要改变也行，上面的数据就得全部抹掉，这是让人无法容忍的。比如已经做好了一个 100GB 的逻辑盘，但是用了两年以后，发现数据越来越多，已经盛不下了。但又不能放到别的磁盘，因为受上层文件系统的限制，一个文件不可能跨越多个分区来存放，更别提跨越多个磁盘了。如果有一个文件已经超过了 100GB，那么谁也无力回天，只能重新划分逻辑盘。数据怎么办？这问题遇不到则已，遇到了就是死路一条。江湖上已经有不少生意人因为这个问题而倾家荡产，他们无奈之余，准备联合起来到武当恳求张老道想一个办法，以克服这个难关，好让他们东山再起。张老道对他们的遭遇深感同情，同时也责怪自己当初疏忽了这个问题。于是他当众许下承诺：3 个月之后，来武当取解决办法。

5.5.1　有了逻辑盘就万事大吉了么？

1. 踏破铁鞋无觅处——寻找更加灵活的磁盘卷管理方式

其实张真人许下 3 个月的时间，他自己也毫无把握。但是为了平息众怒，也只能冒险赌一次了！送走众人之后，张老道就开始天天思考解决这个问题的办法。他想：到底怎么样才能让使用者运用自如呢？如果一开始就给它划分一个 100GB 的逻辑盘，如果数据盛不下了，此时把其他磁盘上未使用的空间挪一部分到这个逻辑盘，岂不是就可以了么？

可以是可以，但从 RAID 卡设置里增加或减少逻辑盘容量很费功夫。在 RAID 卡里增加这种代码，修炼成本很高，而且即使实现了，主机也不能立即感应到容量变化。即使感应到了，也不能立即变更。对于 Windows 系统来说，必须将其创建为新的分区。想要合并到现有分区，必须用第三方分区表调整工具在不启动操作系统的情况下来修改分区表才行。再者，其上的文件系统不一定会跟着扩大，NTFS 这种文件系统不能动态张缩，也必须在不启动操作系统的条件下用第三方工具调整。这种方法对一些要求不间断服务的应用服务器并不适用。

老道想到这里，觉得至少已经找到了一种解决办法，虽然不是很方便，需要重启主机，之后再在 RAID 卡中更改配置。更改完毕后，可能还要重启一次，然后进入系统，系统才能认出新容量的磁盘。而 OS 就算正确认出了新增的磁盘容量，由于分区表没有改变，新增容量不属于任何一个分区，还是不能被使用，所以还需要手动修改分区表。太复杂、太麻烦了，能否找一种方便快捷的方法呢？

2. 得来全不费工夫——来源于现实的刺激

话说冬至这天，天上飘着雪花。武当山张灯结彩，喜气洋洋！这天是张真人的 70 大寿！江湖各大门派及各路英雄纷纷前来拜寿。武当上下忙得是不亦乐乎！就说包饺子吧，一会儿面不够了去和面，一会儿水不够了去挑水。张真人是往来作揖，笑迎来宾。厨房则加紧和面，由于厨房空间太小，所以和好的面被运往各个分理点处，那里有小道士负责擀皮、包饺子。张真人看着眼前这小老道跑来跑去的多少回了，就纳闷了，所以跟着去看看怎么回事。一看才知道，弄了半天是往各处运面团呢！觉得挺好笑的，也没当回事。等大家都差不多到齐了，共同给老道祝了寿，然后就上饺子了。张老道看着碗里一个个的饺子，再想想刚才那面团的事，心里突然一动！于是当众宣布，一个月前自己承诺的约定过不了几天就会实现了！众豪杰都鼓起掌来！

提示：张老道到底想到了什么呢？原来，他想起了小道包饺子和面的情形。厨房和了一大团面，下面随用随取。不够了，割一块揉进去就行了，或者掰下一块来放着下次用。这不正解决了一个月前大家所头疼的问题吗？RAID 控制器和好了几团面（逻辑盘），放那由自己看着用，哪不够了就掰块补上。必须实现这样一种像掰面团一样灵活的管理层，才能最终解决使用中出现的问题。是啊，说得简单，可是具体要做却不是那么容易的。

当天晚上，老道睡觉的时候就一个劲地想，在 RAID 控制器上掰面，以前也分析过了，不合适，那么在哪里掰呢？RAID 控制器给你和了几斤面，你就得收着，不要也不行。但是面收着了，你可以自己掰呀，是啊，自己掰。那么就是说，RAID 控制器提交给 OS 的逻辑磁盘。应该可以掰开，或者揉搓到一块儿去，可以想怎么揉搓就怎么揉搓。这功能如果能通过在操作系统上运行一层软件来实现的话，不但灵活，而且管理方便！想到这，老道心里有了底。

第二天，老道就让徒弟们按照他写的口诀来实现他这个想法，大获成功！RAID 控制器是硬件底层实现 RAID，实现逻辑盘，所以操作起来不灵活。如果在 OS 层再把 RAID 控制器提交上来的逻辑盘（OS 会认成不折不扣的物理磁盘）加以组织、再分配，就会非常灵活。因为 OS 层上运行的都是软件，完全靠 CPU 来执行，而不用考虑太多的细节。张老道立即将这种新的掌法公布天下，称作神仙驾龙！

5.5.2 深入卷管理层

实际中，有很多基于这种思想的产品，这些产品都有一个通用的名称，叫做卷管理器（Volume Manager，VM）。比如微软在 Win2000 中引入的动态磁盘，就是和 Veritas 公司合作开发的一种 VM，称为 LDM（逻辑磁盘管理）。Veritas 自己的产品 Veritas Volume Manager（VxVM）和广泛用于 Linux、AIX、HPUX 系统的 LVM（Logical Volume Manager），以及用于 Sun Solaris 系统的 Disk Suite，都是基于这种在 OS 层面，将 OS 识别到的物理磁盘（可以是真正的物理磁盘，也可以是经过 RAID 卡虚拟化的逻辑磁盘）进行组合，并再分配的软件。它们的实现方法大同小异，只不过细节方面有些差异罢了。

这里需要重点讲一下 LVM，因为它的应用非常普遍。LVM 开始是在 Linux 系统中的一种实现，后来被广泛应用到了 AIX 和 HPUX 等系统上。

- PV：LVM 将操作系统识别到的物理磁盘（或者 RAID 控制器提交的逻辑磁盘）改了个叫法，叫做 Physical Volume，即物理卷（一块面团）。
- VG：多个 PV 可以被逻辑地放到一个 VG 中，也就是 Volume Group 卷组。VG 是一个虚拟的大存储空间，逻辑上是连续的，尽管它可以由多块 PV 组成，但是 VG 会将所有的 PV 首尾相连，组成一个逻辑上连续编址的大存储池，这就是 VG。
- PP：也就是 Physical Partition（物理区块）。它是在逻辑上再将一个 VG 分割成连续的小块（把一大盆面掰成大小相等的无数块小面团块）。注意，是逻辑上的分割，而不是物理上的分割，也就是说 LVM 会记录 PP 的大小（由几个扇区组成）和 PP 序号的偏移。这样就相当于在 VG 这个大池中顺序切割，如果设定一个 PP 大小为 4MB，那么这个 PP 就会包含 8192 个实际物理磁盘上的扇区。如果 PV 是实际的一块物理磁盘，那么这些扇区就是连续的。如果 PV 本身是已经经过 RAID 控制器虚拟化而成的一个 LUN，那么这些扇区很有可能位于若干条带中，也就是说这 8192 个扇区物理上不一定连续。
- LP：PP 可以再次组成 LP，即 Logical Partition（逻辑区块）。逻辑区块是比较难理解的，一个 LP 可以对应一个 PP，也可以对应多个 PP。前者对应前后没什么区别。后者又分两种情况：一种为多个 PP 组成一个大 LP，像 RAID 0 一样；另一种是一个 LP 对应几份 PP，这几份 PP 每一份内容都一样，类似于 RAID 1，多个 PP 内容互为镜像，然后用一个 LP 来代表它们，往这个 LP 写数据，也就同时写入了这个 LP 对应的几份 PP 中。
- LV：若干 LP 再经过连续组合组成 LV（Logical VoLUNme，逻辑卷），也就是 LVM 所提供的最终可用来存储数据的单位。生成的逻辑卷，在主机看来还是和普通磁盘一样，可以对其进行分区、格式化等。

思考：有人问了，一堆面团揉来揉去，最终又变成一堆面团了，你这是揉面还是做存储呢？

确实，面团最终还是面团。但是此面团非彼面团。最终形成的这个 LV，它的大小可以随时变更，也不用重启 OS，你想给扩多大就扩多大，前提是面盆里面还有被掰开备用的 PP。而且，只要盆里面有 PP，你就可以再创建一个 LV，也就是再和一团面，LV 数量足够用的。如果不增加卷管理这个功能，那么 RAID 卡提交上来多少磁盘，容量多大就是多大，不能在 OS 层想改就改、为所欲为。而卷管理就提供了这个为所欲为的机会，让你随便和面团。

LVM 看起来很复杂，其实操作起来很简单。创建 PV，将 PV 加入 VG，在 VG 中再创建 LV，然后格式化这个 LV，就可以当成一块普通硬盘使用了。容量不够了，还可以随便扩展，岂不快哉？LVM 一个最大的好处就是生成的 LV 可以跨越 RAID 卡提交给 OS 的物理磁盘（逻辑盘）。这是理所当然的，因为 LVM 将所有物理盘都搅和到一个大面盆中了，当然就可以跨越物理盘了。

5.5.3　Linux 下配置 LVM 实例

下面以 RedHat Enterprise Linux Server 4 Update 5 操作系统为例，给大家示例一下 LVM 的配置过程。

（1）在操作系统安装过程中，选择手动配置磁盘管理，如图 5-64 所示。

（2）可以看到，这台机器共有 8 块物理磁盘，每块的容量为 1GB，如图 5-65 所示。

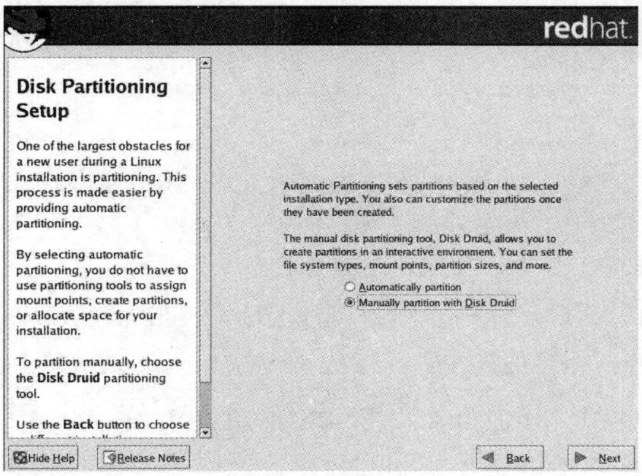

图 5-64　选择手动管理

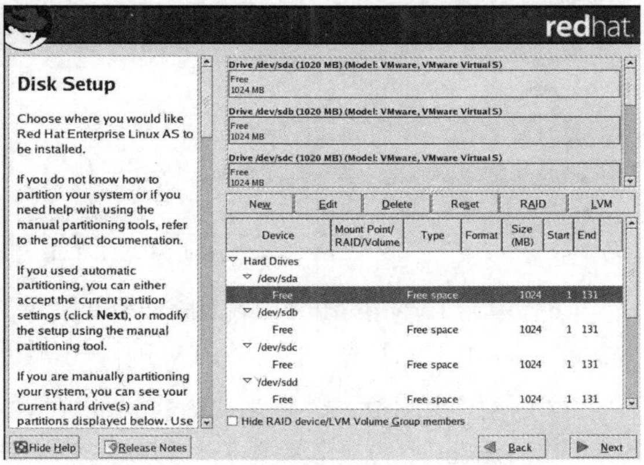

图 5-65　磁盘列表

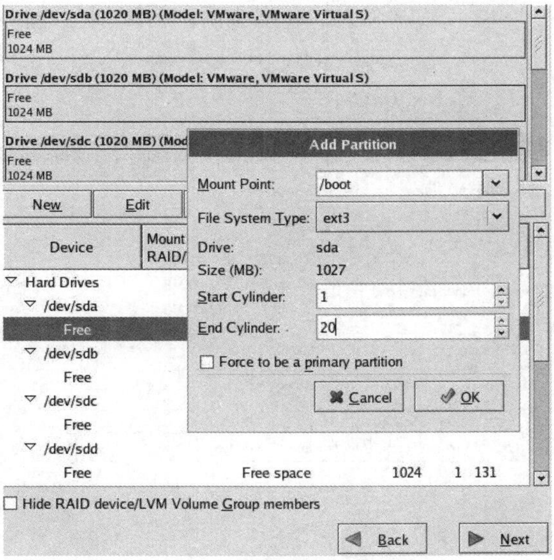

图 5-66　创建/boot 分区

（3）首先，需要定义一个/boot 分区，这个分区是用来启动基本操作系统内核的，所以这块空间不能参与 LVM。我们选择从第一块硬盘（sda）划分出 20 个磁道的空间用来作为/boot 分区。这块空间也就成了 sda1 设备，如图 5-66 所示。

（4）接下来，对于 sda2、sdb、sdc、sdd、sde、sdf、sdg、sdh 所有这些剩余的磁盘或者分区，就可以将它们配置成 LVM 的 PV（物理卷）。选中每个磁盘或者分区，单击 Edit 按钮。在 File System Type 下拉列表框中，选择 physical volume（LVM）选项，表示将这个硬盘或者分区配置成 LVM 的 PV。PV 可以任意设定大小，只要编辑 End Cylinder 文本框中的值即可。剩余空间可以继续作为 PV 再次分配。对每个磁盘都进行上述操作，如图 5-67 所示。

（5）操作完成后，信息栏中显示所有磁盘和 sda2 分区都已被配置成为 PV，如图 5-68 所示。

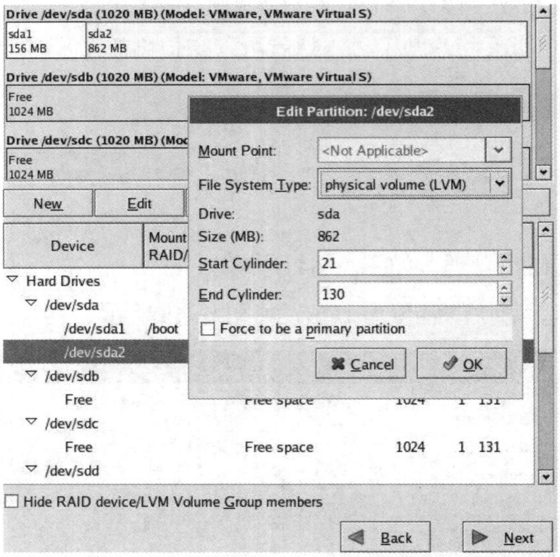

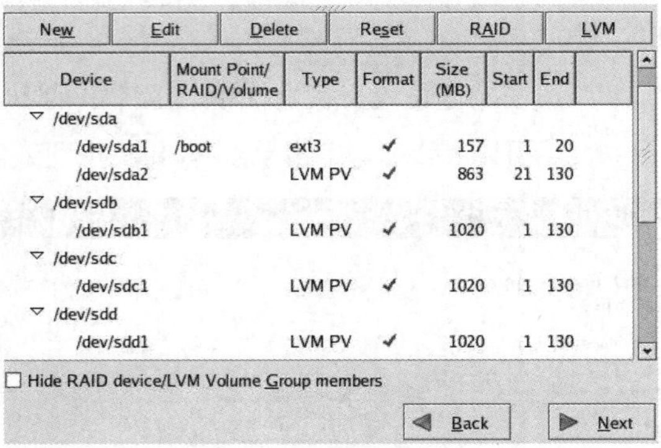

图 5-67　设置磁盘类型为 LVM 管理状态　　　　图 5-68　磁盘状态

（6）单击 LVM 按钮会出现如图 5-69 所示的对话框。这一步就是创建 VG（Volume Group，卷组）的过程。可以将 PV 进行任意组合，组合后的 PV 就形成了 VG。

（7）这里我们做一个名为“VolGroup00”的卷组，其包含 sda2 和 sdb1 两个 PV。在 Physical Extent 下拉列表框中，可以选择这个卷组对应的磁盘空间的最小分配单位（在 AIX 的 LVM 中，这个最小单位称为 Physical Partition，即 PP）。然后单击下方的 Add 按钮，从这个大的卷组空间中再次划分逻辑卷，即 LV。下面创建一个大小为 1000MB 的逻辑卷 LogVol00，并且用 ext3 文件系统将这个卷格式化，并挂载到/home 目录下，如图 5-70 所示。

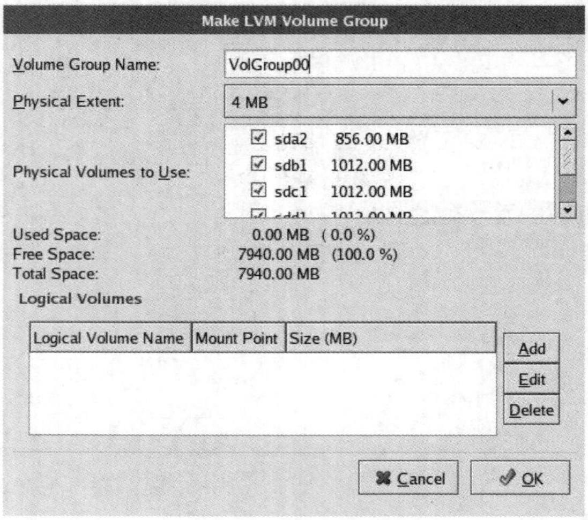

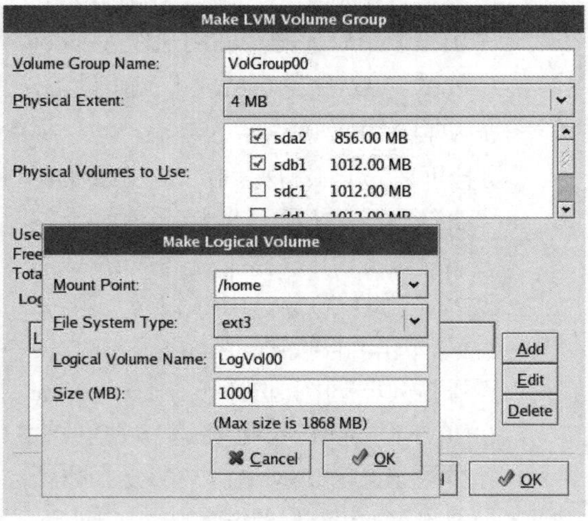

图 5-69　创建卷组　　　　图 5-70　创建 LV 并挂载

（8）然后将 VolGroup00 卷组中剩余的空间，全部分配给一个新的 LV，即 LogVol01，用 ext3 文件系统格式化，并挂载到/tmp 目录下，如图 5-71 所示。

（9）将剩余的 sdc1、sdd1、sde1、sdf1、sdg1、sdh1 这几块 PV 全部分配给一个新的卷组 VolGroup01，并且在卷组中创建一个逻辑卷 LogVol00，大小为整个卷组的大小，用 ext3 文件系统格式化，并挂载到/目录下，如图 5-72 所示。

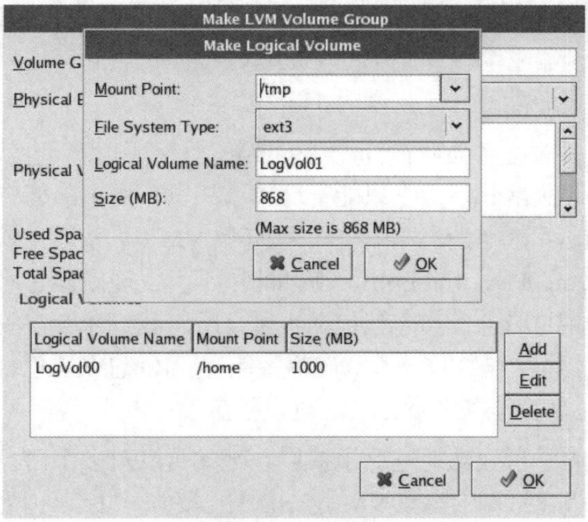

图 5-71　创建 LV 并挂载

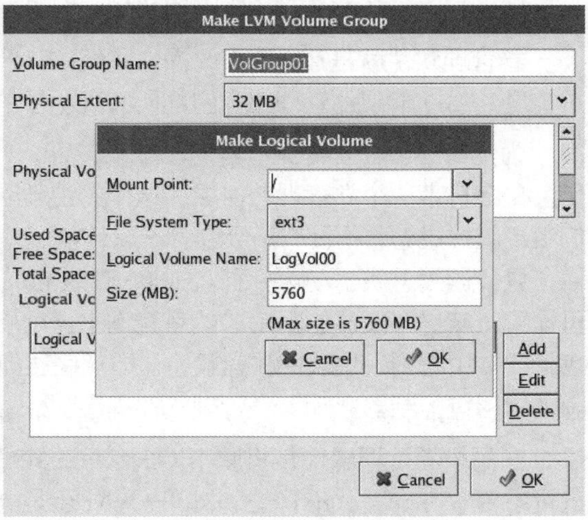

图 5-72　创建 LV 并挂载

（10）配置完成后的状态如图 5-73 所示。

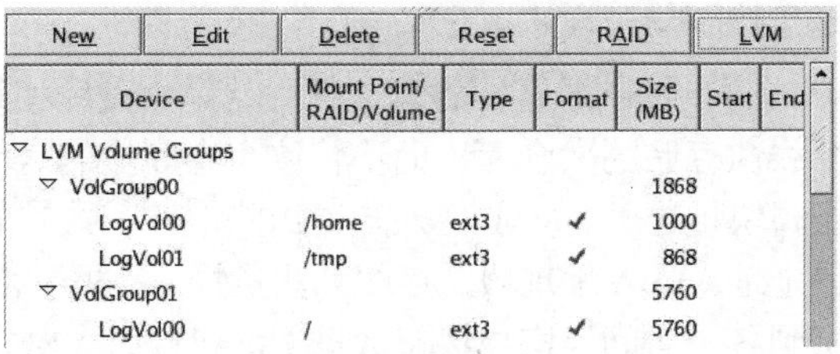

New
Edit
Delete
Reset
RAID
LVM
Device
Mount Point/ RAID/Volume
Type
Format
Size (MB)
Start
End
LVM Volume Groups
VolGroup00
1868
LogVol00
/home
ext3
1000
LogVol01
/tmp
ext3
868
VolGroup01
5760
LogVol00
/
ext3
5760

图 5-73　配置完成后的状态

5.5.4　卷管理软件的实现

说到这里，别以为 LVM 就只会像疯子一样，拿来面团就揉到一起，掰来掰去，什么都不管，那样岂不真成了马大哈了。它是需要在心里暗自记录的，比如某块物理盘的名称和容量。表面上是和其他物理盘融合到一起，但还是要记住谁是谁，从哪里到哪里属于这块盘，从哪里到哪里属于那块盘，地址多少，等等。

这些信息记录在磁盘上的某个区域，LVM 中这个区域叫做 VGDA。LVM 就是通过读取每块物理磁盘上的这个区域来获取 LVM 的配置信息，比如 PP 大小、初始偏移、PV 的数量和信息、排列顺序及映射关系等。LVM 初始化的时候会读取这些信息，然后在缓存中生成对应的映射公式，从而完成 LV 的挂载。挂载之后，就可以接受 IO 了。比如上层访问某个 LV 的 LBA 0xFF 地址，那么 LVM 就需要通过缓存中的映射关系判断这个地址对应到实际物理磁盘是哪个或哪几个实际地址。假设这个地址实际对应了磁盘 a 的 LBA 0xAA 地址，那么就会通过磁盘控制器驱动直接给这个地址发数据，而这个地址被 RAID 控制器收到后，可能还要做一次转换。因为 OS 层的“物理磁盘”可能对应真正的存储总线上的多块物理磁盘，这个映射就需要 RAID 控制器来做了，原理都是一样的。

卷管理软件对待由 RAID 卡提交的逻辑盘（OS 识别成物理磁盘）和切切实实的物理盘的方

法是一模一样的。也就是说，不管最底层到底是单物理盘，还是由RAID控制器提交的逻辑物理盘，只要OS认成它是一块物理磁盘，那么卷管理器就可以对它进行卷管理。只不过对于RAID提交的逻辑盘，最终还是要通过RAID控制器来和最底层的物理磁盘打交道。

Linux下的LVM甚至可以对物理磁盘上的一个分区进行卷管理，将这个分区做成一个PV。

卷管理软件就是运行在OS操作系统磁盘控制器驱动程序之上的一层软件程序，它的作用就是实现RAID卡硬件管理磁盘空间所实现不了的灵活功能，比如随时扩容。

为什么卷管理软件就可以随时在线扩容，灵活性这么强呢？首先我们要熟悉一个知识，也就是OS会自带一个卷管理软件层，这个卷管理软件非常简单，它只能管理单个磁盘，而不能将它们组合虚拟成卷，不具有高级卷管理软件的一些灵活功能。OS自带的一些简单VM（卷管理）软件，只会调用总线驱动（一种监视IO总线Plug And Play，即PNP，即插即用），发现硬件之后再挂接对应这个硬件的驱动，然后查询出这个硬件的信息，其中就包括容量，所以我们才会在磁盘管理器中看到一块块的磁盘设备。即从底层向上依次是物理磁盘、磁盘控制器、IO总线、总线驱动、磁盘控制器驱动、卷管理软件程序、OS磁盘管理器中看见的磁盘设备。

而高级卷管理软件是将原本OS自带的简陋的卷管理功能进行了扩展，比如可以对多个磁盘进行组合、再分等。不管是OS单一VM还是高级VM，磁盘在VM这一层处理之后，应该称为卷比较恰当，就算卷只由一块磁盘抽象而成，也不应该再称作磁盘了。因为磁盘这个概念只有对磁盘控制器来说才有意义。

磁盘控制器看待磁盘，真的就是由盘片和磁头组成。而卷管理软件看待磁盘，会认为它是一个线性存储的大仓库，而不管这个仓库用的是什么存储方式，仓库每个房间都有一个地址（LBA逻辑块地址），VM必须知道这些地址一共有多少。它让库管员（磁盘控制器驱动软件）从某一段地址（LBA地址段）存取某些货物（数据），那么库管员就得立即操控他的机器（磁盘控制器）来到各个房间存取货物（数据）。这就是VM的作用。

在底层磁盘扩容之后，磁盘控制器驱动程序会和VM打个招呼：我已经增大了多少容量了，你看着办吧。卷说："好，你不用管了，专心在那干活吧，我告诉你读写哪个LBA地址的数据你就照我的话办。"这样之后，VM就会直接将等待扩容的卷的容量立即扩大，放入池中备用，对上层应用没有丝毫影响。所以VM可以屏蔽底层的变化。

至于扩容和收缩逻辑卷，对VM来说是小事一桩。但是对于其上的文件系统来说，处理起来就复杂了。所以扩大和收缩卷，需要其上的文件系统来配合，才能不影响应用系统。

5.5.5 低级VM和高级VM

1. MBR和VGDA

分区管理可以看作是一种最简单的卷管理方式，它比LVM等要低级。分区就是将一块磁盘抽象成一个仓库，然后将这个仓库划分成具体的一库区、二库区等。因为一个仓库太大的话，对用户来说很不方便。比如一块100GB的磁盘，如果只分一个区，就显得很不便于管理。有两种方法解决这个问题：

（1）可以用低级VM管理软件，比如Windows自带的磁盘管理器，对这个磁盘进行分区；

（2）用高级VM管理软件，将这个盘做成卷，然后灵活地进行划分逻辑卷。

这两种方法可以达到将一个仓库逻辑划分成多个仓库的效果。所不同的是分区管理这种低级卷管理方式，只能针对单个磁盘进行再划分，而不能将磁盘合并再划分。

思考：对于低级 VM 的分区管理来说，必须有一个东西来记录分区信息，如第一仓库区是整个仓库的哪些房间，从第几个房间开始到第几个结束是第二仓库区等这些信息。这样，每次 OS 启动的时候，VM 通过读取这些信息就可以判断这个仓库一共有几个逻辑区域，从而在“我的电脑”中显示出逻辑磁盘列表。那么怎么保存这个分区信息呢？

毫无疑问，它不能保存在内存里，更不能保存在 CPU 里，它只能保存在磁盘上。分区信息被保存在分区表中，分区表位于磁盘 0 磁道 0 磁头的 0 号扇区上，也就是 LBA1 这个地址的扇区上。这个扇区又叫做 MBR，即主引导记录。MBR 扇区不仅仅保存分区表，它还保存了 BIOS 跳转时所需要执行的第一句指令代码，所以才叫做主引导记录。

BIOS 代码都是固定的，它每次必定要执行 LBA1 扇区上的代码。如果修改 BIOS，让它执行 LBA100 扇区的代码，也可以，完全可以。但是现在的 BIOS 都是执行 LBA1 处的代码，没人去改变。而新出的规范 EFI 将要取代 BIOS，并且在安腾机上已经使用了，一些苹果笔记本也开始使用 EFI 作为 BIOS 的替代。在 EFI 中可以灵活定制这些选项，比如从哪里启动，不仅可以选择设备，还可以选择设备上的具体地址。

MBR 中除了包含启动指令代码，还包含分区表。通常启动时，程序都会跳转到活动分区去读取代码做 OS 的启动，所以必须有一个活动分区。这在分区工具中可以设置。

高级卷管理软件在划分了逻辑卷之后，一定要记录逻辑卷是怎么划分的，比如 LVM 就需要记录 PV 的数量和信息、PP 的大小、起始位置及 LV 的数量和信息等。这些信息都要保存在磁盘上，所以也要有一个数据结构来存储。这个数据结构，LVM 使用 VGDA（Volume Group Descriptor Area）。每次启动系统，VM 就是通过读取这些数据来判断目前的卷情况并挂载 LV 的。VGDA 的大致结构示意图如图 5-74 所示。

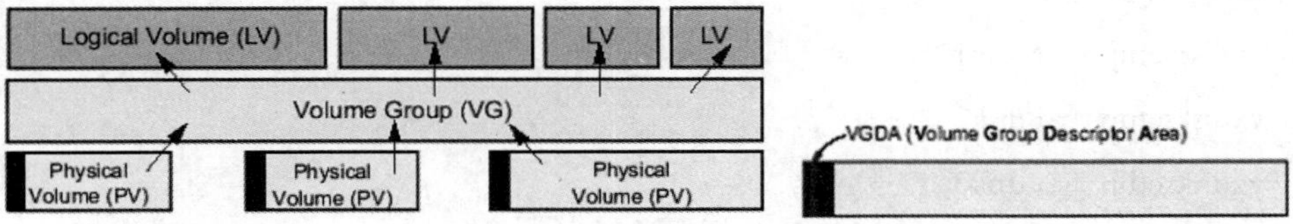

图 5-74　VGDA 示意图

不管是 MBR 中的分区表，还是 VGDA9 数据结构，一旦这些信息丢失，逻辑卷信息就会丢失，整个系统的数据就不能被访问。

低级 VM 在给磁盘分区的时候，会更新 MBR 中的分区表；高级 VM 做逻辑卷的时候，同样也会更新 VGDA 中的数据。其实高级 VM 初始化一组新磁盘的时候，并没有抛弃 MBR。因为它们除了写入 VGDA 信息之外，也要更新 MBR 扇区中的分区表，将用于启动基本操作系统的代码单独存放到一个小分区中，并标明分区类型为 bootable 类型，证明这个分区是用于在卷管理模块还没有加载之前启动操作系统的。并将磁盘所有剩余容量划分到一个分区中，并标明这个分区的类型，如 AIX 类型。

在安装 Linux 的时候，必须单独划分一个/boot 分区，这个分区就是用于启动基本操作系统用的，100MB 大小足矣。启动操作系统所必需的代码都放在这个分区。同样 AIX 系统也要保留一个分区用来启动最基本的操作系统代码。这也是 AIX 在进行了 Mirrorvg 镜像操作之后，需要执行 BOSboot 命令来写入 boot 分区的内容的原因，因为 boot 分区没有参与 VM 管理。这个启动分区是不能做到 VM 中的，因为 VM 代码不是在 BIOS 将控制交给 OS 的时候一开始就执行的。

总之，高级 VM 没有抛弃 MBR 分区的解决方案，而是在 MBR 基础上，又增加了类似 VGDA 这种更加灵活的数据结构来动态管理磁盘。

2. RAID 功能

高级 VM 软件一般均带有软 RAID 功能，可以实现逻辑卷之间的镜像。更有甚者，有些 VM 甚至实现了类似 RAID 0 的条带化。在卷的级别条带化，达到在物理盘级别条带化同样的目的。但是如果磁盘已经被硬件 RAID 控制器条带化过了，并且这些 LUN 是在一个 RAID Group 中，那么 VM 再来条带化一下子不但没有必要，而且可能二次条带化会将效果抵消。

Windows 的动态磁盘 VM 还可以以纯软件方式实现 RAID 5，所有计算都靠 CPU，所以也就注定了它比硬件 RAID 更灵活，但在高系统负载的情况下，它相比硬件 RAID 来说速度和性能稍差。

5.5.6 VxVM 卷管理软件配置简介

VxVM 是 Veritas 公司开发的一个高级卷管理软件，支持 RAID 0、RAID 1、RAID 01 和 RAID 5 四种软 RAID 模式，支持动态扩大和缩小卷容量。

下面的例子是在一个 UNIX 系统中对 4 块磁盘做卷管理的案例。所有命令均在 UNIX 的 Shell 下执行。

1. 创建磁盘组

磁盘组就是将所有磁盘作为一个大的资源池，卷将在这个池中产生。

首先，初始化硬盘。

- vxdisksetup –i disk1
- vxdisksetup –i disk2
- vxdisksetup –i disk3
- vxdisksetup –i disk4

然后创建一个名为“DataDG”的磁盘组，该磁盘组包含了 disk1、disk2、disk3 和 disk4 四个磁盘。

- vxdg init DataDG disk1 disk2 disk3 disk4

除了这种方法，用户还可以用以下方法来创建磁盘组。

- vxdg init DataDG DataDG01=disk1（创建一个只包含 disk1 的磁盘组）
- vxdg g DataDG adddisk DataDG02=disk2（将 disk2 加入到该磁盘组）
- vxdg g DataDG adddisk DataDG03=disk3（将 disk3 加入到该磁盘组）
- vxdg g DataDG adddisk DataDG03=disk4（将 disk4 加入到该磁盘组）

如果用户在所需磁盘空间不足，需要扩容的时候，利用添加磁盘到磁盘组的方法，就可以在不破坏现有环境的情况下扩大系统的容量。

2. 创建卷

创建卷必须指明在哪个磁盘组下面创建，最常用的方法如下：

- vxassist　g DataDG make DataVolA 5g

该命令将在 DataDG 磁盘组上创建名为“DataVolA”的卷，卷的大小是 5GB。

如果用户希望该卷只创建在 disk1 和 disk2 上面，不占用 disk3 和 disk4 的空间，那么可以执行下列命令。

- vxassist　g DataDG make DataVolA 5g disk1 disk2

创建一个 5GB 大小的条带卷（RAID 0）。

- vxassist　g DataDG make DataVolB 5g layout=stripe

这样就在 DataDG 磁盘组上面建立了一个名为“DataVolB”的 5GB 大小的条带卷。

提示：4 块物理磁盘中，只有 5GB 的空间是条带化的，剩余的空间还是常规的磁盘空间。为什么呢？条带化 RAID　0 不是需要至少两块物理硬盘么？这就是卷管理软件的优越性了。我们上文提过，卷管理软件将物理磁盘划分为 PP 和 LV，所以有了更加细粒度的存储单位，条带化可以在这些 LV 之间进行，而其他 LV 不受影响。

创建 RAID 5 格式的卷。

- vxassist　g DataDG make DataVolC 5g layout=RAID 5

注意：RAID　5 至少需要 3 块盘，否则不能成功。因为两块盘的 RAID　5，还不如做 RAID　1。但是 3 块盘的 RAID　5 不能获得并发 IO 性能。

创建镜像卷（RAID 1）。

- vxassist　g DataDG make DataVolD 5g layout=mirror

创建 RAID 10 卷。

- vxdg　init　RAID 10dg disk1 disk2 disk3 disk4

创建磁盘组

- vxassist　g RAID 10dg　RAID 10vol 5g　layout=mirror−stripe

创建 RAID 01 卷。

- vxdg　init　RAID 01dg　disk1 disk2 disk3 disk4

创建磁盘组。

- vxassist　g RAID 01dg　RAID 01vol　5g　layout= stripe−mirror

3. 创建文件系统并使用

- mkfs　F vxfs /dev/vx/rdsk/DataDG/DataVolA
- mount　F vxfs /dev/vx/dsk/DataDG/DataVolA /mnt

以上例子将卷 DataVolA 格式化成 VxFS（Veritas 公司的文件系统）格式，然后挂载于/mnt 目录下，执行命令 cd /mnt 之后，就可以读写这个卷的内容了。

4. 动态扩大和缩小卷

将卷空间增加到 10GB。

- vxassist –g DataDG growto DataVolA 10G

更改之后，卷的容量将会变成 10GB。或者用 vxresize 命令。

- vxresize –g DataDG DatavolA 10G

将卷容量增加 10GB。

- vxassist –g DataDG growby DataVolA 10G

或者用 vxresize 命令：

- vxresize –g DataDG DatavolA +10G

这样，更新之后卷的容量将在原来的基础上增加 10GB 大小。

5. 文件系统动态扩容

卷扩容之后，只是在卷的末尾增加了一块多余空间。这块空间如果没有文件系统的管理就无法存放文件，所以必须让文件系统将这块多余的空间利用起来。

- fsadm –F vxfs –b 10240000   r dev/vx/rdsk/DataDG/DataVolA /mnt

6. 文件系统缩小

如果决定将某个卷缩小以省出更多空间，则在缩小卷空间之前，必须缩小文件系统的空间。也就是说，被裁掉的卷空间上存放的数据，需要转移到卷剩余的空间上存放，所以剩余空间必须足够，以便容纳被裁掉空间中的数据。

- fsadm –F vxfs –b 5120000   r dev/vx/rdsk/DataDG/DataVolA /mnt

以上命令将这个卷上的文件系统缩小至 5GB 大小。剩余的 5GB 没有数据，可以被裁剪掉。

7. 卷容量缩小

在缩小了文件系统之后，卷容量方可缩小。

- vxassist –g DataDG shrinkto DataVolA 5G
- vxresize –g DataDG DataVolA 5G

上面的两个命令均可以使 DataVolA 卷的容量变为 5GB。

- vxassist –g DataDG shrinkby DataVolA 5G
- vxresize –g DataDG DataVolA –5G

上面的两个命令均可以使 DataVolA 卷的容量在原来的基础上缩减 5GB。

8. 从磁盘组中移除磁盘

若想从磁盘组中移除一块或者几块物理磁盘，则必须先将待移除物理磁盘上的数据转移到磁盘组中的其他物理磁盘的剩余空间中，这个动作通过下面的命令完成。

- vxevac –g DataDG DataDG04 DataDG03

上面的命令将 disk4 中的数据转移到 disk3 上。除了容量改变之外，不会影响卷的其他信息。

- vxdg –g DataDG rmdisk disk4

上面的命令将已经没有数据的 disk4 物理磁盘从磁盘组 DataDG 中移除（逻辑移除）。

- vxdiskunsetup –C Disk4

上面的命令将 disk4 物理磁盘从整个 VxVM 管理模块中注销。

5.6 大话文件系统

5.6.1 成何体统——没有规矩的仓库

话说这一天，老道闲来无事，在后山溜达。他走到了武当的粮库门口，发现这里堵了一大帮人。老道上前一问，原来这些人都是各个院来领取粮食的。只见他们一拥而上，进入仓库就各自找自己的房间去搬粮食。老道一看，怎么这么乱呢？就不能有个顺序么？

他向其中一个小道打听了一下，这才知道，造成这种乱七八糟进入粮库搬粮食局面的原因，是因为当初没有好好规划仓库。上个月，各个院从山下各自运了粮食上来，当时的政策是大家各自进入仓库，自己找房间放自己的粮食，自己找了哪些房间放粮食，自己记住了。到取粮食的时候，大家根据自己记录的房间来进入取粮。这个政策看似没什么可非议的，实则不然。如今山下粮食供应紧张，造成大家各顾各的，没有顺序，岂能不乱？老道进入粮仓一看，眼前一片狼藉！土豆、西红柿洒落得满地都是。这间房放这样，那间房放那样，就不能顺序地堆放粮食蔬菜？成何体统！！

提示：在早期的计算机系统中，每个程序都必须自己管理磁盘，在磁盘中放自己的数据，程序需要直接和磁盘控制器打交道。有多少个程序要利用磁盘，就有多少个和磁盘交互的驱动接口。

老道摇了摇头，得想个办法彻底解决这个问题。老道回到了书房，闭目思索。首先大家不能都堵在门口，那么必须让他们排起队来。其次，每个人各顾各，自己记录自己用了哪间房子，一个是浪费，另一个是容易造成冲突。一旦某个人记错了，就会影响其他人。那么就应该只让一个人记录所有人的信息，他自己不会和自己冲突。同样这个人也要充当一个门卫的作用，接待来取粮或者送粮的人，让他们按一定的顺序来运作。

最终决定就应该是这样的：找一个人，这个人的职责就是接待来取粮或者送粮的人，把要取的或者要送的粮食的名称和数量等信息先登记在这个人的一个本子上，然后由这个人来合理地选择仓库中的房间，存放或提取登记在案的粮食，而且提取或放入粮食之后要将本子上的记录更新，以便下次备查。嗯，这么做就好多了，哈哈哈哈！这天晚上的北斗七星，光芒格外耀眼。

5.6.2 慧眼识人——交给下一代去设计

第二天，老道亲自挑选了一位才思敏捷、内向稳重、善于思考的道士来担任这个重要的角色。让他和库管员一起完成管理粮库的工作，给他起了一个职称，叫做理货员。并且将自己的想法告诉了这位道士，让他当晚就考虑出一套符合这个思想的方法，还可以做出改进意见。

就这样，又过了一晚。第三天，这位道士上任了。一大早，张老道就在暗中观察。这时候，一个送粮食的人来了，他带了 1024 斤土豆和 512 斤白菜。这人还是按老习惯，上来就往仓库闯。小道士截住了他："道长且慢！请问您送的是什么蔬菜？"那人道："土豆和白菜！"小道士又道："土豆多少斤？"答曰："土豆 1024 斤。"（上面这个过程就是应用程序和 FS 的 API 交互的过程）。小道士笑道："道长尽可放心将土豆交于我，我自当为您找房间存放。"然后小道士到仓库中找了两个空房间，每个房间放了 512 斤土豆。并在本子上记录："土豆 1024 斤房间 1－2。"接着他就命令库管员来搬运货物到相应的房间。

道士给每个库区都预备了一个记录本。小道士不关心具体房间到底在仓库哪里，怎么走才能达到，这些事情统统由库管员来协调。小道士同样也不关心来送货物的人到底送的是什么货物。如果送粮的人告诉他，请给我存放 rubbish 1000 斤，道士眼都不眨照样给他存放。一旦仓库的房间都满了，小道长再次命令库管员搬运货物的时候，库管员就会告诉他，已经没有房间了。那么道长就告诉来存放货物的人："对不起，空间不足。"

用同样的方法，小道士将那人的白菜，也放到了一间房中，记录下："白菜 512 斤 房间 3"。然后向那人说到："这位道长，您下次来取的时候，直接向我说要某厨房存放的土豆多少斤就可以了，我会帮您找到并取出。"那人非常满意地离去了。接着又有很多人也来送取冬瓜、南瓜、西瓜、大米、面粉等粮食蔬菜，小道士一一对应，有条有理。小道士也专门给自己在每个库区中预留了几间房，用于存放他那一本本厚厚的记录。老道一旁看了，频频点头，"嗯，前途无量，前途无量啊，啊哈哈哈哈哈！！！"

过了几天，张真人又来探查。此时只见有个人一下送来 10 000 斤大米。小道长开始只是表示吃惊，并没有多想，仍旧按照老办法，记录："大米 10 000 斤，房间 4－4096"。接着又来了一位要存放 65 535 斤小麦的。这下可苦了小道士了，把他累得够呛。随着全国粮食大丰收，存粮数量动辄上万斤。这让小道士苦不堪言，他决定思考一种解决方法。第二天，小道长将每 8 个房间划分为一个逻辑房间，称作"簇"。第一簇对应房间 1、2、3、4、5、6、7、8，第二簇对应房间 9、10、11、12、13、14、15、16，依此类推。这样道士记录的数字量就是原来的八分之一了。比如 4000 斤粮食，只需记录"簇 1"就可以了。老道心中暗想，"嗯，不错，我没看错人！"这一年，因为大丰收，粮食降价了。农民丰产不丰收，很多农民打算第二年不种粮了，改做其他小生意。

5.6.3 无孔不入——不浪费一点空间

第二年，果然不出张老道所料，全国粮食大减产，价格飞涨，全面进入恐慌阶段。张真人悬壶济世，开仓放粮，平息物价。这一举动受到了老百姓的称赞和感激，但也招致了一小部分奸商的忌恨。

放粮消息宣布之后，山下老百姓都排队来武当买粮。这可忙坏了理货员道士，连续几天没休息，给老百姓取粮食。一个月之后，武当粮库存粮已经所剩无几，张老道和众院道士每天省吃俭用，为的是给老百姓多留点存粮。

大恐慌的一年，终于熬过去了。农民一看粮食价格那么高，第三年又都准备种粮了。不出意料，这一年粮食又得丰收！张老道提前考虑他的粮库在这一年的使用问题了，他叫来理货员道士，让他回去考虑一个问题：经过了去年的折腾，仓库中的存货是零零散散，乱七八糟，为了准备这一年大量粮食涌入仓库，必须解决这个问题，让他回去考虑解决办法。其实张老道早就在心里盘算出了解决办法了。

第二天，理货员趁人少的时候，就命令库管员："请帮我把房间 XXXX 的货物移动到房间 XXXX 处，请帮我把房间 XXX 的货物移动到房间 XXX 处……。"

这可累坏了库管员。但是经过几个时辰的整理之后，仓库里的货物重新变得连续，井井有条。老道称赞说："不错！继续努力！"

这天晚上，小道长也没闲着，他继续思考，今天是有时间整理货物，如果一旦遇到忙的时候，没有时间整理货物，那麻烦就大了，得想一种一劳永逸的办法。有些人来送完粮食之后，第二天就来取了，这个真是头疼了。因为我都按照顺序将每个人的粮食连续存放到各个簇中，他一下取走了，对应的簇就空了。如果再有人来，他带的货物数量如果这个空簇能存下还好，可以接着用。如果存不下呢？还得找新的连续空簇来存放。如果这种情况出现太多，那么整个仓库就是千疮百孔，大的放不下，小的放下了又浪费空间……真头疼。他冥思苦想，最后终于想出一个办法。

一早仓库还没有开门的时候，小道长就来了，他把所有记录本都拿了出来，进行修改。他原本对每个来送货的人，都只用一条简单记录来描述它，描述中包含 3 个字段：名称、大小和存放位置。比如冬瓜 10 000 斤 簇 1－3。此时仓库中，虽然总空余空间远远大于 10 000 斤的量，但是已经没有能连续地放入 10 000 斤大小的簇空间，那么这个货物就不能被放入仓库，而这是不能容忍的一种浪费。有一个办法，就是上面说过的，找空闲时间来整理仓库，整理出连续的空间来。这次小道长想出了另一个方法，就是将货物分开存放，并不一定非要连续存放在仓库。因为仓库已经被逻辑分割成一簇（8 个房间）为最小单位存放货物。那么就可以存在类似这样的描述方式：冬瓜 10 000 斤 簇 2、6、19。也就是说这 10 000 斤的冬瓜是分别被按顺序存放在仓库的 2 号簇、6 号簇和 19 号簇中的。取出的时候，需要先去 2 号取出货物，再跨过 3 个簇去 6 号，再跨过 13 个簇去 19 号。都取出后再交给提货人。这样确实慢了点，但是完美地解决了空间浪费的问题。

5.6.4　一箭双雕——一张图解决两个难题

粮食大丰收果然又被张老道猜中了，这次小道长是应对自如，一丝不乱。老道啧啧称赞！但是老道却从小道士的记录中，又看出了一些问题，他告诉小道士，要继续思考更好的解决办法。小道士心很灵，他知道这个方法确实解决了问题，但是有缺陷，会有后患，只不过现在的环境并没有显示出来。这天晚上，小道在仓库睡觉，没有回去。

提示：看着他那些记录，只见上面一条一条、一行一行的，却也比较有条理。但是仔细一看发现，每一条记录的最后一个字段，也就是描述货物存放在哪些簇的那个字段，非常凌乱，因为每个人送来的货物数量不一样，那么就注定这个字段长短不一，显得非常乱。现在记录不是很多，但记录一旦增多，每次查询的时候就很不好办。而且要找一个未被占用的簇，需要把所有已经被占用的全找出来，然后才去选择一个未被占用的簇，分配给新的货物存放。这个过程是非常耗时间的，货物少了还可以，货物一多，那可就费劲了。“嗯，张真人让我继续思考，确实是有道理的，这两个隐患，确实是致命的，尤其是第二个。得继续找新方法。”

提示：小道士继续思考。第一个问题，要想解决长短不一的毛病，最简单的就是给他一个定长的描述字，这仿佛是不可能的，有的需要 1 个簇就够了，有的却需要 10 个甚至 100 个，如果把这需要 10 个簇的和需要 1 个簇的，都用 1 个簇来描述，那么确实非常漂亮了，记录会非常工整。

想到这里，小道士累了，想出去走走。他溜达到一个路口，看见路口上有路标牌，上面写着：“去会客厅请走左边，去习武观请走右边。”小道士顺着路标指向，走了右边，然后又遇到一个路标：“去习武观请走左边，下山请走右边。”道士走了左边，最终来到了习武观。他看着习武观正中央的那个醒目的“道”字，忽然眼前一亮！

他迅速原路返回到粮库，拿出记录本，将其中一条记录改为：“冬瓜 10 000 斤 首簇 1”。每条记录都改成这种形式，也就是只描述这个货物占用的第一个簇的号码，这样完美解决了记录长短不一的问题，那么后续的簇呢？只知道首簇，剩余的不知道，一样不能全部把货物取出。

所以小道士参照路标的形式，既然知道了首簇号，那么如果找到首簇，再在首簇处作一个标记，写明下一个簇是多少号，然后找到下一个簇取货，然后再参照这个簇处的路标，到下下个簇处接着取货，依此类推，如果本簇就是这批货物的最后一簇，那么就标识：“结束，无下一簇”。比如：“冬瓜 10 000 斤 首簇 1”这个例子，先把 4096 斤冬瓜放到簇 1 中，然后在簇 1 的门上贴上一个标签：“簇 10”，这就表明下一簇是 10 号簇。继续向 10 号簇中存入 4096 斤冬瓜，此时还剩 808 斤冬瓜没放入，还需要一个路标，于是在 10 号簇的门上再贴一个标签：“90 号”。然后去 90 号簇放入剩下的 808 斤冬瓜。

第二天，张老道继续来视察。老道一看他的记录，不由地一惊！“一个晚上就想到了这种绝妙方法。嗯，此人大有前途！”老道频频点头称赞。然后老道进仓库查看，一看有些簇的门上，贴着标签，老道立即明白了小道长的做法，对小道说：“孩子，不错，但是还需要再改进！”

小道心里盘算，“嗯，这个方法是解决了第一个问题，但是每个簇门上都贴一个标签，这样是不太像样。而且寻找未被占用的簇的效率还是那么低，还是需要把所有已经占用的簇找出来，再比对选出没有使用的空簇。而且我这么一弄，找空簇的效率比原来还差了，因为原来已经使用的簇都会被记录在货物描述中的字段中，现在把这个字段缩减成一个字了，这样每次找寻的时候，还得去仓库中实际一个门一个门地去抄下已经使用的簇，还不如直接在本子上找来得快。这个问题得解决！”

思考：既然要拿掉贴在门上的标签，那么就必须找另外一个地方存放标签，所以只能存放到我的记录本上。可是各个簇的路标我都记录在本子上，用一个什么数据结构好呢？货物描述那三个字段肯定不能再修改了，那样已经很完美了，不能破坏它。那么就需要再自己定义一个结构来存放这些路标之间的关系，而且每个货物的路标还不能混淆，混了就惨了。他在纸上写写画画，不知不觉把整个仓库的簇画出来了，从第一个簇，到最后一个簇，都用一个方格标识，然后他参照“冬瓜，10000 斤，首簇 1”这个例子，下一簇是簇 10，那么他在簇 1 的格子上写上了“簇 10”，然后他找到第 10 个格子，也就是代表簇 10 的格子，在簇 10 格子里面写上“簇 90”，也就是 10 号簇的下一簇路标。然后继续找到 90 号簇，此时他在这个格子里写上“结束”。接着他又举了几个例子，分别画了上去。就这么逐渐睡着了。

第二天早晨，小道士迷迷糊糊地起来了，只见张道长已经在他的面前，带着赞许的笑容。“孩子，你累了，不错不错，你终于把所有问题都解决了啊！”张老道摸着小道士的头，称赞地说道。小道士还不知道是怎么回事呢，他告诉张老道说，他还没想出来呢。老道大笑说：“哈哈哈哈，你看看你画在纸上的图，这不是已经解决了么？哈哈哈哈哈。”说完老道扬长而去。

小道士一头雾水，看着那张画，这才想起了昨晚的思考。“对啊，这张图不就行了么？这就是我所要找的数据结构啊！”接着，小道士把图重新画了一张，工工整整地夹在了记录本里面。这时，来了一个取货的人，他告诉小道士说：“二库区，南瓜，10000 斤。”道士说：“稍等。”然后立即查询二库区的记录本，找到南瓜的记录，发现首簇是 128。然后立即到那张图上找到第 128 号簇所在的格子，发现上面写的是“簇 168”。继续找到第 168 号格子，上面写的是“簇 2006”。立即找到第 2006 个格子，只见上面写的是“结束”。然后他通知库管员：“请将第 128、168、2006 三个簇的货物提取出来给我。”不一会儿，货物到了，交货签字。小道士恍然大悟，“太完美了！！”

紧接着，又来了一个存货的人，他有西瓜 500 斤要存放到 1 库区。小道士立即查看那张图，一目了然。只要格子上没有写字的就是空簇，就可以用来存放货物。所以道士立即找到一个空着的 50 号簇来存放这 500 斤西瓜。存放完毕之后，在对应的这个格子上写上“结束”，因为 500 斤的数量一个房间就够了，更不用说一个簇了（最多 8 个房间）。接着也在 1 库区的记录本上增加一条记录“西瓜　500 斤　首簇 50”。

道士发现，第二个问题也就是查找未被使用的簇的问题，自从有了这张图，就自然解决了。道士非常兴奋，同时也佩服张真人，是他引导着自己一步一步解决问题的。

5.6.5　宽容似海——设计也要像心胸一样宽

随着仓库业务的不断成熟，小道士的技能越来越熟练，他开始考虑描述货物的三个字段：名称、数量、存放的第一个簇。随着国民生产力水平不断提高，各种层出不穷的产品被生产出来，它们有些具有一些奇特的属性。所以小道士准备增加字段来表述一件货物更多的属性，比如送货时间、只读、隐藏等各种花哨属性。同时，那张图也不能满足要求了，因为随着生产力发展，仓库每平方米造价越来越低，武当决定扩大仓库容量。这样仓库中所包含的簇数量就大大增加了，甚至成几何数量级增长，所以簇号码越来越大，甚至超过了亿。要记录这么多位的数字，本来那个小格子就写不开了，所以需要增大格子的宽度，以便能写下更多的数字位数。以前每个格子是 2 字节（16 位）长度，现在扩展到了 4 字节（32 位）。而据传江湖上另一位大侠已经将格子的宽度扩展到了 128 位。

这位小道长姓字名谁？因为当时张真人收留他的时候，发现他身板有点软，不适合练武。但思维敏捷，适合练心法，所以给他一个道号叫做微软。

就这样，仓库又运作了两年。

5.6.6　老将出马——权威发布

仓库存储容量不断增加，仓库管理技术方面却并没有什么进步，还是沿袭两年前那一套运作模式。这显然已经不适应现代仓库了，所以造成入库等待、处理速度逐渐变慢等一系列的问题。

张真人决定跟上时代，要研究出一套新的仓库运作模式，并且定义出一个规范，让全天下的仓库都沿袭这个规范来运作。张老道先仔细考察了微软道士的运作模式，然后根据现代仓库管理的特点，提出了一系列的解决方案。

现代仓库管理要求入库出库速度快，由于在仓库硬件方面提高很快，有了更加新式的传送带和机器人等机器，所以大大提高了操作简化度，减轻了库管员的负担。库管员只需要阅读机器的随机手册（驱动程序）便可以轻松地完成操作。与此同时，对于理货员这块技术并没有什么新的突破，因为理货这块主要靠好的算法，并不需要硬件支持，除了那些记录本之外。而从仓库中取出记录本的速度，由于库管员操作迅速，所以也不在话下。关键就看理货算法了。这是任何硬件都不能解决的问题。

首先张老道通过观察、记录，发现一般货物就算是存放到不连续的簇中，这些簇往往也是局部连续的，比如 1、2、3、5、6、7、100、101、102，其中 1、2、3 就是局部连续，5、6、7 也是，100、101、102 也是。而不太可能出现一个货物占用了 1、56、168、2008 簇这种情况。如果此时不是一个簇一个簇地去找路标，而是一段一段地去找，这样会节约很多时间和精力。比如簇段 1～3，簇段 5～7，簇段 100～102。这样就大大简化了路标。还有其他的一些改进方式，如直接将一些小货物存放到它们的描述记录中（驻留文件）。只有描述记录中放不下时，才到仓库其他区域找一些簇来存放，然后记录这些簇段。

微软道士将他的记录本上的信息，称为 Metadata，即元数据，也就是用来描述其他数据是怎么组织存放的一种数据。如果记录本丢失，那么纵然仓库中货物完好无损，也无法取出。因为已经不知道货物的组织结构了。

张真人最后把微软道士实现的一共三种仓库运作管理模式，分别叫做 FAT16、FAT32 和 NTFS，并取名为小道藏龙。

5.6.7 一统江湖——所有操作系统都在用

后来张老道把这套管理模式移植到了磁盘管理上，这就是轰动武林的所谓“文件系统”。对应仓库来说，送货人送来的每一件货物都称作“文件”。取货时，只要告诉理货员文件名称、所要取出的长度及其他一些选项，那么理货员就可以从仓库中取出这些数据。

在一个没有文件系统的计算机上，如果一个程序要向磁盘上存储一些自己的数据，那么这个程序只能自己调用磁盘控制器驱动（无 VM 的情况下），或者调用 VM 提供的接口，对磁盘写数据。而写完数据后，很有可能被其他程序的数据覆盖掉。引入文件系统之后，各个程序之间都通过文件系统接口访问磁盘，所有被写入的数据都称为一个文件，有着自己的名字，是一个实体。而且其他程序写入的数据，不会将其他人的文件数据覆盖掉，因为文件系统会计算并保障这一点。

除此之外，不仅张真人的 NTFS 文件系统取得了巨大的成功，适应了现代的要求。与此同时，少林的雷牛方丈也创造出了其他的文件系统，比如 EXT 一代、二代、三代和 JFS 等文件系统。一时间文件系统思想的光环是照耀江湖！！

5.7 文件系统中的 IO 方式

那么，有了文件系统之后，整个系统是个什么架构？

图 5-75 为 Windows 系统的 IO 简化流程图。

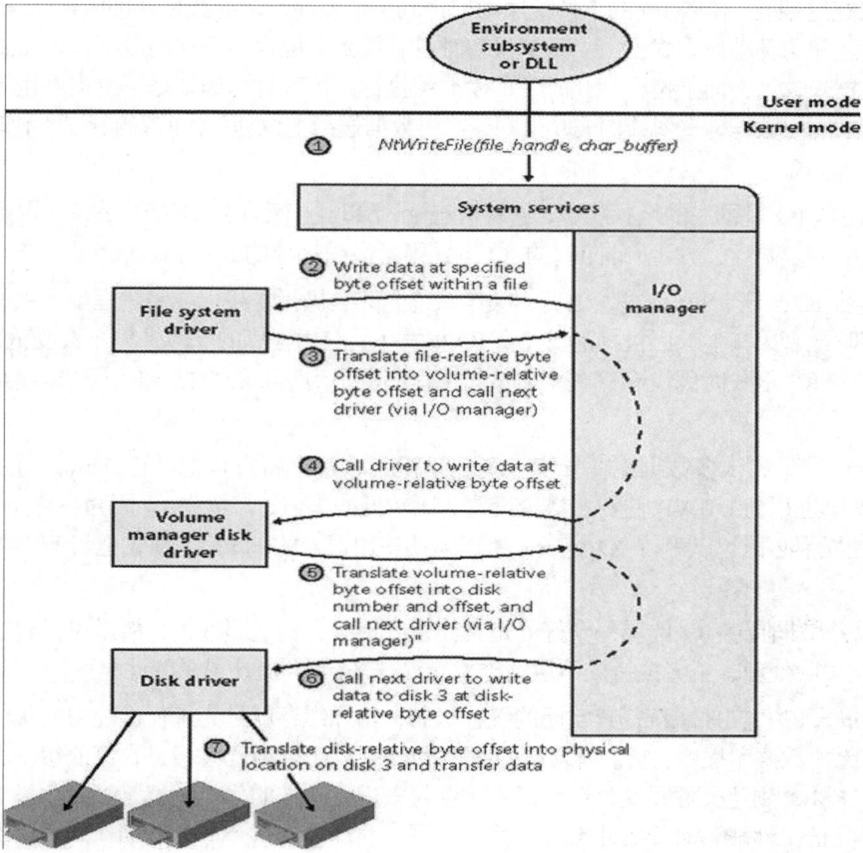

图 5-75 Windows 系统的 IO 流程图

图中的 IO Manager 是操作系统内核的一个模块，专门用来管理 IO，并协调文件系统、卷、磁盘驱动程序各个模块之间的运作。整个流程解释如下。

- 某时刻，某应用程序调用文件系统接口，准备写入某文件从某个字节开始的若干字节。
- IO Manager 最终将这个请求发送给文件系统模块。
- 文件系统将某个文件对应的逻辑偏移映射成卷的 LBA 地址偏移。
- 文件系统向 IO Manager 请求调用卷管理软件模块的接口。

卷管理软件将卷对应的 LBA 地址偏移翻译映射成实际物理磁盘对应的 LBA 地址偏移，并请求调用磁盘控制器驱动程序。

- IO Manager 向磁盘控制器驱动程序请求将对应 LBA 地址段的数据从内存写入某块物理磁盘。

文件系统的 IO 包括同步 IO、异步 IO、阻塞/非阻塞 IO 和 Direct IO。

（1）同步 IO：同步 IO 是指程序的某一个进程或者线程，如果某时刻调用了同步 IO 接口，则 IO 请求发出后，这个进程或者线程必须等待 IO 路径上的下位程序返回的信号（不管是成功收到数据的信号还是失败的信号）。如果不能立刻收到下位的信号；则一直处于等待状态，不继续执行后续的代码，被操作系统挂起，操作系统继续执行其他的进程或者线程。

而如果在这期间，倘若 IO 的下位程序尚未得到上位程序请求的数据，此时 IO 路径上的下位程序又可以选择两种动作方式：第一是如果暂时没有得到上位程序请求的数据，则返回通知通告上位程序数据未收到，而上位程序此时便可以继续执行；第二种动作则是下位程序也等待它自己的下位程序来返回数据，直到数据成功返回，才将数据送给上位程序。前者就是非阻塞 IO，后者就是阻塞 IO 方式。

同步+阻塞 IO 是彻底的堵死状态，这种情况下，除非这个程序是多线程程序，否则程序就此挂死，失去响应。同理，异步+非阻塞的 IO 方式则是最松耦合的 IO 方式。

（2）**异步 IO**：异步 IO 请求发出后，操作系统会继续执行本线程或者进程中后续的代码，直到时间片到时或者因其他原因被挂起。异步 IO 模式下，应用程序的响应速度不会受 IO 瓶颈的影响，即使这个 IO 很长时间没有完成。虽然应用程序得不到它要的数据，但不会影响其他功能的执行。

基于这个结果，很多数据库在异步 IO 的情况下，都会将负责把缓存 Flush 到磁盘的进程（Oracle 中这个进程为 DBWR 进程）数量设置成比较低的数值，甚至为 1。因为在异步 IO 的情况下，Flush 进程不必挂起以等待 IO 完成，所以即使使用很多的 Flush 进程，也与使用 1 个进程效果差不多。

异步 IO 和非阻塞 IO 的另一个好处是文件系统不必立刻返回数据，所以可以对上层请求的 IO 进行优化排队处理，或者批量向下层请求 IO，这样就大大提升了系统性能。

（3）**Direct IO**：文件系统都有自己的缓存机制，增加缓存就是为了使性能得到优化。而有些应用程序，比如数据库程序，它们有自己的缓存，IO 在发出之前已经经过自己的缓存算法优化过了，如果请求 IO 到达文件系统之后，又被缓存起来进行额外的优化，就是多此一举了，既浪费了时间，又降低了性能。对于文件系统返回的数据，同样也有这个多余的动作。所以文件系统提供了另外的一种接口，就是 Direct IO 接口。调用这种接口的程序，其 IO 请求、数据请求以及回送的数据将都不被文件系统缓存，而是直接进入应用程序的缓存，这样就提升了性能。此外，在系统路径上任何一处引入缓存，如果是 Write Back 模式，都将带来数据一致性的问题。Direct IO 绕过了文件系统的缓存，所以降低了数据不一致的风险。

提示：关于更详尽的系统 IO 论述，请参考本书后面的章节。

第 6 章

阵列之行——大话磁盘阵列

- 磁盘阵列
- SCSI
- LUN
- 前端/后端

两三块磁盘做 RAID 0 或 1，四五块磁盘做个 RAID 3、4、5 是小事一桩，不过太没魄力。要玩就弄个几十块盘，那才过瘾。这不，有人发明了专门装这些磁盘的大柜子，我们这就去看看这柜子是怎么回事儿吧。

退隐江湖——太累了，该歇歇了

自从张真人创立了降龙三掌之后，江湖各门各派争相修炼，商人不断推出基于降龙掌的新商品。江湖上浮躁之气再次袭来，很少有人去钻研底层功夫了，都是拿来就用，不思进取。几十年过去了，张老道已经成了头发苍白的老人。

这天晚上，人少星稀。唯独天上的北斗七星，光芒还是那么灿烂，仿佛已逝去百年的七星大侠，还在天上苦苦钻研。

张真人如今也已经是白发苍苍，可是知己已不在。一百年来，江湖上为了利益你争我抢，反目成仇，打打杀杀。呜呼哉！！！难道这个江湖真要从此衰败么？张老道失望至极。

闻道

尘世浮华迷人眼，

梦中情境亦非真。

朝若闻道夕死可，

世间何处有高人？

第二天，张真人对外宣布，他从此退隐江湖，不再参与江湖事。瞬时间，整个江湖就像地震了一样，人们没有了主心骨，都不知道该干什么好了。打打杀杀的也不打了，商人也没得吹了。很多商人纷纷上武当来游说张真人，让他出山，包荣华富贵，都被张真人一一回绝了。江湖又恢复了以往的平静，只是这平静似乎预示着一场更加猛烈的暴风雨即将来临。

前仆后继——后来者居上

话说有位少年，自幼好钻研和寻根问底，被人称作“隔一路”。此人不善于口头表达，不会忽悠，但是如果世界只剩下他一个人，那么他便会爆发出神奇的力量。由于内向的性格，他吃了不少亏，但他依然我行我素，并不在乎别人的议论和猜忌甚至是诋毁。这位少年名为无忌。他实际上也确实是无所畏忌，明知山有虎，偏向虎山行，用天真和执著去挑战世俗，跌倒了大不了重来。

既然选择了这条路，就要把它走完。孤独和压迫给了他巨大的动力，每天晚上都在刻苦学习。他学习 IO 大法和磁盘大挪移，学习七星北斗阵和降龙大法。虽然他并没有实践过这些知识，但是依然有一股力量促使他不断地学习钻研。

6.1 初露端倪——外置磁盘柜应用探索

无忌已经充分掌握了前人留下的心法口诀。在不知道该做点什么的时候，他突然有了一个想法。虽然按照七星大侠的 RAID 方式，可以将多块磁盘做成逻辑盘，但是普通的服务器或者 PC 机箱里面，也就安装两三块磁盘，空间就满了。如果做很多块盘的 RAID，把磁盘都放到机箱里面肯定不行，得想个办法来让机器可以带多块磁盘。

“拿出来，拿出来，全部都掏出来！”他找来一台机器，装了一块 Ultra 320 SCSI 卡，这个卡只有一个通道，可以连接 15 块磁盘。但是 15 块盘怎么放入一个机箱呢？太困难了，所以必须把这些盘放到机箱外面。但是连线和电源问题又不好办。他索性找来一个箱子，把所有磁盘都放在这个箱子里。箱子有独立电源和散热系统，保障磁盘的稳定运行。接口方面，内部其实就是一条

SCSI 线缆，只不过将它做到了电路板上，然后在外面放一个接口，这个接口是用来连接主机上的 SCSI 卡的。如果主机上装的是不带 RAID 功能的 SCSI 卡，那么加电之后，主机会识别到磁盘箱中的所有磁盘。箱子中有多少磁盘，在 OS 磁盘管理器中就会显示多少块磁盘。如果主机上安装的是带 RAID 功能的 SCSI 卡，那么可以用这个 RAID 卡先来对认到的多块磁盘做一下 RAID，划分出逻辑盘，这时 OS 识别到的就是逻辑磁盘，而不会认到箱子中的物理磁盘。

这种简单的磁盘箱如图 6-1 所示，无忌给它取了个学名，叫做“JBOD”，也就是 Just a Bound Of Disks，“只是一串磁盘”，这个描述非常形象。无忌立即将这个做法公布了出去，没想到大受欢迎，一时间各个厂家争相生产这种磁盘柜，在市场上卖得很火。

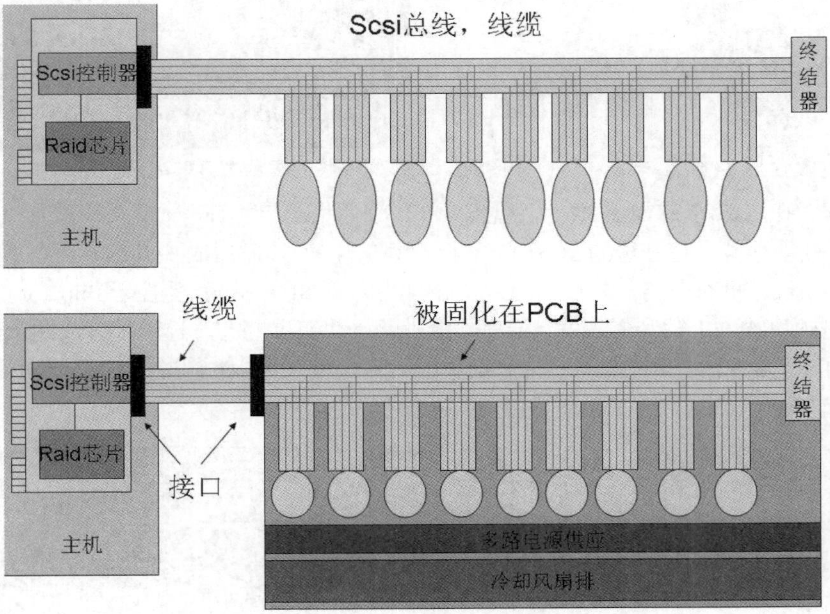

图 6-1　JBOD 磁盘阵列示意图

6.2 精益求精——结合 RAID 卡实现外置磁盘阵列

思考：能否把 RAID 功能做到磁盘箱中，因为如果要调整 RAID 的话，还需要重启主机等，会影响主机应用。如果做到了磁盘箱中，那么在主机上就不需要做什么，只要在磁盘箱中做完之后连接到主机，主机重启之后或者不用重启就能认到新逻辑盘了。

经过多次实验，终于做成了一个设备。少年把这种自带 RAID 控制器的磁盘箱叫做“磁盘阵列”。自此在江湖上有了一个不成文的规定，凡是 JBOD 都叫做磁盘柜，凡是自带 RAID 控制器的盘柜就叫做磁盘阵列或者盘阵。盘柜和盘阵，前者只是一串外置的磁盘，而后者自带 RAID 控制器。图 6-2 为 JBOD 磁盘柜实物图。

盘阵是在盘柜的基础上，将内部的磁盘经过其自带的 RAID 控制器的分分合合，虚拟化成逻辑磁盘，然后经过外部 SCSI 接口连接到主机上端的 SCSI 接口。此时，整个盘阵对于主机来说，就是主机 SCSI 总线上的一个或者多个设备，具有一个或者多个 SCSI ID。所有逻辑磁盘都以 LUN 的形式呈现给主机。

如图 6-3 所示，盘阵中的 SCSI 控制器在逻辑上有两个部分，右边的 S2 控制器连接了一条 SCSI 总线，上面有若干磁盘。左边的 S1 控制器同样也连接了一条 SCSI 总线，但是上面只有两个设备：一个就是主机 SCSI 控制器，另一个就是它自己。

图 6-2 JBOD 磁盘柜实物图

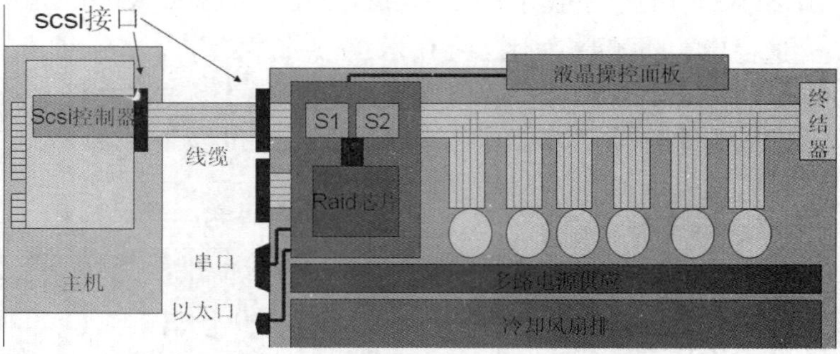

图 6-3 带 RAID 控制器的磁盘阵列示意图

毫无疑问，在左边的 SCSI 总线上，盘阵 SCSI 控制器是作为 Target 模式，被主机 SCSI 控制器操控，处于被动地位；在右边的 SCSI 总线上，盘阵的 S2 控制器成了 Initiator 模式，它在右边总线上占据主动权，拥有最高优先级，而各个磁盘均为 SCSI Target，受控于 Initiator。当然 S1 和 S2 不一定就是两块物理上分开的芯片，很有可能就是一块单独的芯片逻辑地分成两个部分。甚至有可能将 RAID 芯片和 SCSI 控制器芯片全部集成到一个大芯片中。

图 6-4 所示的是一个 SATA 盘阵控制器的主板示意图。

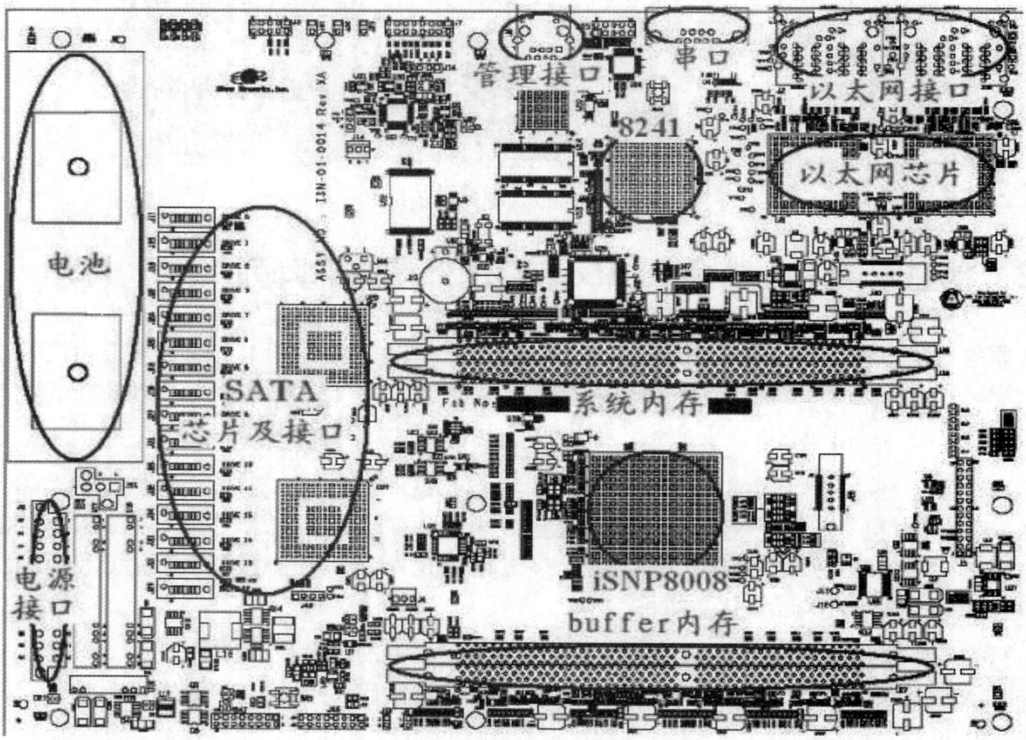

图 6-4 一个可以连接 16 块 SATA 磁盘的小型 RAID 控制器主板

图 6-5 所示的是一个小型盘阵控制器的内部实物图。

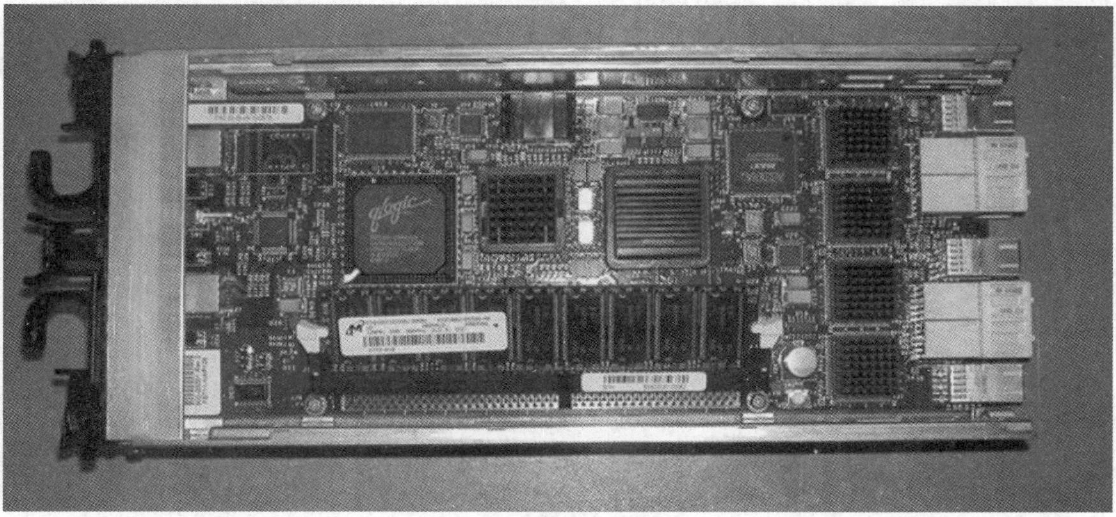

图 6-5　一个小型控制器实物图

图 6-6 所示的是一台盘阵的磁盘插槽实物图。

图 6-7 所示的为这台盘阵的电源模块插槽。

图 6-6　磁盘插槽、背板

图 6-7　电源模块插槽

6.3　独立宣言——独立的外部磁盘阵列

主机由于肚量太小容不下想法太多的磁盘！终于磁盘从主机内部跑出来了，磁盘们在外置的大箱子里，在 RAID 控制器的带领下，欣欣向荣，勇往直前！

磁盘和控制器发布了独立宣言，彻底摆脱了主机的束缚，成为与主机对峙的一个独立的外部设备。从此以后，存储技术才真正的成为一个独立的庞大学科，并不断发展壮大。本书后面的章节会介绍更多的存储技术，包括存储网络和网络存储。

1. 前端和后端

对于盘阵来说，图 6-3 中 RAID 控制器的左边就称为“前端”，右边则称为“后端”。面向主机对外提供服务的就叫前端，面向自己管理的磁盘用于内部管理而外部不需要了解的部分就叫做后端。同样，对于主机来说，它的 SCSI 适配器反而成了后端，而以太网卡可能变成了前端。因为对于主机来说，直接面对外部客户机的是以太网，而管理磁盘的工作不必对客户说明，所以变成了后端。

2. 内部接口和外部接口

对于盘阵来说，还有一个内部接口和外部接口的概念。内部接口是指盘阵 RAID 控制器连接其内部磁盘时用的接口，比如可以连接 IDE 磁盘、SCSI 磁盘、SATA 磁盘和 FC 磁盘等。外部接口是指盘阵控制器对于主机端，也就是前端，提供的是什么接口，比如 SCSI 接口、FC 接口等。内部接口可以和外部接口相同，比如内部用 SCSI 磁盘，外部也用 SCSI 接口连接主机，这种情况也就是图 6-3 中所示的情况。

内外接口也可以不同，比如内部连接 IDE 磁盘，外部却用 SCSI 接口连接主机（仅限于盘阵，盘柜必须内外接口一致）。盘阵控制器是一个虚拟化引擎，它的前端和后端可以不一致，它可以向主机报告其有多少 LUN，尽管内部的磁盘是 IDE 的。

3. 多外部接口

同时，我们也不要被盘阵上为什么可以有多个外部 SCSI 接口而感到困惑。有多个接口是为了连接多台主机用的。每个由盘阵 RAID 控制器生成的逻辑磁盘，可以通过设置只分配（Assign/Map）到其中一个口，比如 LUN1 被分配到了 1 号口，那么连接到 2 号口的主机就不会看到这个 LUN。也可以把一个 LUN 同时分配（或叫做 Map，映射）到两个口，那么两台主机能同时识别出这个 LUN。让两台主机同时对一个 LUN 写数据，底层是允许的，但是很容易造成数据的不一致，除非使用集群文件系统，或者高可用性系统软件的参与。

4. 关于 LUN

LUN 是 SCSI 协议中的名词，我们前面也描述过。LUN 是 SCSI ID 的更细一级的地址号，每个 SCSI ID（Target ID）下面还可以有更多的 LUN ID（视 ID 字段的长度而定）。对于大型磁盘阵列来说，可以生成几百甚至几千个虚拟磁盘，为每个虚拟磁盘分配一个 SCSI ID 是远远不够用的。因为每个 SCSI 总线最多允许 16 个设备接入（目前 32 位 SCSI 标准最大允许 32 个设备）。要在一条总线上放置多于 16 个物理设备也是不可能的，LUN 就是这样一个次级寻址 ID。磁盘阵列可以在一个 SCSI ID 下虚拟多个 LUN 地址，每个 LUN 地址对应一个虚拟磁盘，这样就可以在一条总线上生成众多虚拟磁盘，以满足需求。

后来，人们把硬件层次生成的虚拟磁盘，统一称为“LUN”，不管是不是在 SCSI 环境下，虽然 LUN 最初只是 SCSI 体系里面的一个概念。而由软件生成的虚拟磁盘，统一称为“卷”，比如各种卷管理软件、软 RAID 软件等所生成的虚拟磁盘。

有些盘阵配有液晶操控面板，如图 6-8 所示。而有些低端的盘阵更是在液晶面板周围加上了按钮，用来对盘阵进行简单快速的配置，比如查看磁盘状态、设置 RAID、划分逻辑磁盘等。这种方式极其简化了配置操作，一般用户通过阅读说明书就可以完成配置。不过液晶屏幕比较小，能完成的功能不多，操作相比用鼠标要麻烦。所以一些盘阵提供了 COM 口或者以太网接口，可以用 PC 连接这些接口与盘阵通信，通过仿真终端或 Web 界面就可以对盘阵进行配置。

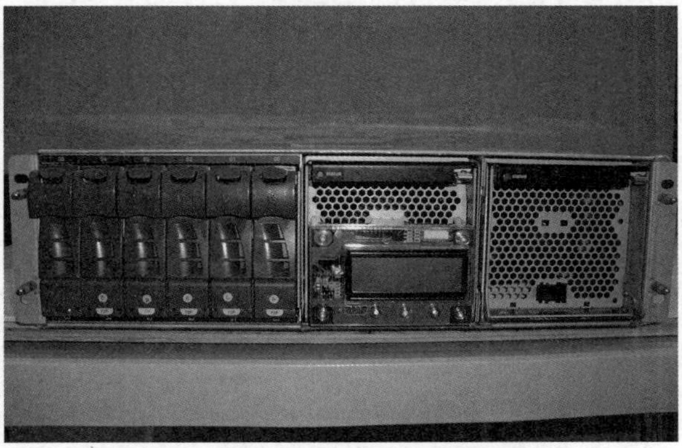

图 6-8　一个带液晶面板的盘阵前视图

提示：用户用 PC 与盘阵的 COM 口或专用于配置的以太网接口连接，完全是为了配置磁盘阵列的各种参数，而不是通过这些配置专用接口从磁盘阵列的磁盘上读写数据。

6.4　双龙戏珠——双控制器的高安全性磁盘阵列

如果盘阵内部只有一个控制器模块，那么会是一个 SPOF（Single Point Of Failure），即单点故障点。所以一些高端的盘阵内部都有两个控制器，互为冗余。分配给其中一个控制器的 LUN 逻辑卷，可以在这个控制器因故障失效的时候，自动被另一个工作正常的控制器接管，继续处理针对这个 LUN 的读写请求。两个控制器平时都管理各自的 LUN，一旦发现对方故障，那么就会自动将所有 LUN 都接管过来。

因为如此，两个控制器之间需要相互通信，通告对方自己的状态以及交互一些其他的信息。两个控制器之间可以用 PCI 总线连接，也可以用厂商自己设计的总线来连接，没有统一标准。至于交互信息的逻辑和内容，更是因品牌而不同，而没有标准来统一它们。

为了避免单点故障，给盘阵安装一个额外的控制器，这个控制器和原来的控制器在它们后端共享一条或者多条磁盘总线。两个控制器可以使用 Active-Standby 方式，也可以使用 Dual-Active 的互备方式连接。

1. Active-Standby

这种方式又称 HA（High Availability 方式，高可用性），即两个控制器中同一时刻只有一个在工作，另外一个处于等待、同步和监控状态。一旦主控制器发生故障，则备份控制器立即接管其工作。

对于内部为 SCSI 总线的双控制器盘阵，在机头内部的一条 SCSI 总线中，两个控制器可以分别占用一个 ID，这样剩余 14 个 ID 给磁盘使用。平时只有主控制器这个 ID 作为 Initiator 向除了备份控制器 ID 之外总线上的其他 ID（也就是所有磁盘的 ID）来发送指令从而读写数据。

同时备份控制器与主控制器之间保持通信和缓存同步，一旦主控制器与备份控制器失去联系，那么备份控制器立即接管主控制器。同时为了预防脑分裂（见下文），备份控制器在接管之前需要通过某种机制将主控制器断电或者重启，释放其总线使用权，然后自己接管后端总线和前端总线。

提示：主机端必须用两个 SCSI 适配器分别连接到盘阵的两个控制器上，才能达到冗余的目的，但是这样做主机端必须通过某种方式感知到这种 HA 策略并在故障发生时切换。目前，由于 SCSI 盘阵本身比较低端，可接入容量不大，所以没有双控制器的设计，以上文字只是对 HA 机制的一种描述。但是对于本书后面要讲述的 FC 盘阵来说，使用双控制器以及在主机端使用双 FC 适配卡是非常普遍的。

2. Dual-Active

顾名思义，这种双控制器的实现方式是两个控制器同时在工作，每个控制器都对所有后端的总线有通路，但是每个总线平时只被其中一个控制器管理，另一个控制器不去触动。可以将后端一半数量的总线交由一个控制器管理，另一半交由另外一个控制器管理。一旦其中一个控制损坏，则另外一个控制器接管所有总线。这种方式比 Active-Standby 方式高效很多。

3. 脑分裂（Split Brain）

这个词明显有点恐怖。设想一下，如果某时刻连接两个控制器之间的通路出现了问题，而不是其中某个控制器死机，此时两个控制器其实都是工作正常的，但是两者都检测不到对方的存在，所以两者都尝试接管所有总线，这时候就是所谓的“脑分裂”，即同时有两个活动控制器来操控所有后端设备。这种情况是可怕的，类似精神分裂症。

如何预防这种情况呢？通常做法是利用一个仲裁者来选择到底使用哪一个控制器接管所有总线，比如用一两个控制器都能访问到的磁盘，控制器向其上写入自己的仲裁信息。一旦发生脑分裂，二者就参考这个磁盘，谁最后写入了信息就把控制权给谁。或者用一种电源控制器，一旦其中某个控制器要接管，那么不管对方是确实发生故障了还是正常的，这个控制器都会向电源控制器发送信号，让对方重启并进入 Standby 状态，这样就成功地预防了脑分裂。

接管了总线的控制器一般都会对总线上所有磁盘进行 SCSI Reserve 操作，即预订操作。总线上所有目标设备一旦被预订，它们便不再接受其他控制器的 IO 请求。SCSI 2 标准中的 SCSI Reserve 不允许其他控制器读写被原有控制器预订的设备，但是 SCSI 3 中的 Reserve 策略有了一些灵活性，可以允许其他控制器对已经被预订的目标设备进行读 IO，而写 IO 则被拒绝。

图 6-9 所示的是一双控制器盘阵机头示意图。

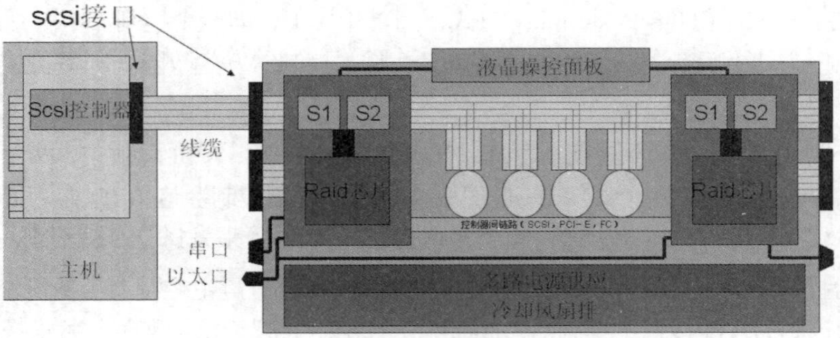

图 6-9　双控制器磁盘阵列示意图

提示：实际中，由于 SCSI 盘阵比较低端，一般没有这种设计模式的产品。

6.5　龙头凤尾——连接多个扩展柜

一条 SCSI 总线最多可以连接 15 块磁盘，为了这 15 块磁盘，大动干戈地赋予两个昂贵的 RAID 控制器，有点不值。为了把这两个控制器充分利用起来，榨取最后一滴性能，15 块磁盘不够，那就再加。前面说过，一个控制器上可以有多个通道，一个通道下面就是一条 SCSI 总线，那么将盘阵的每个控制器上再多接一个或者两个通道，来充分发挥它的能力，这样就比较实惠了。如图 6-10 所示，这台盘阵机头带有一个扩展后端磁盘柜接口。

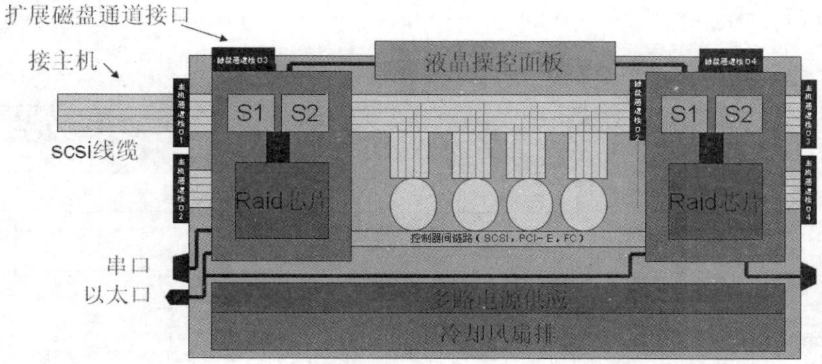

图 6-10　带有一个扩展外部磁盘通道接口的控制器示意图

通道建好之后，下一步就是要扩充磁盘数量了。当然，JBOD 就成了最佳选择。

图 6-11 所示的盘阵的每个控制器上多出一个额外的磁盘通道接口，这个接口露在机箱外面，用线缆连接了一个 JBOD 扩展柜。

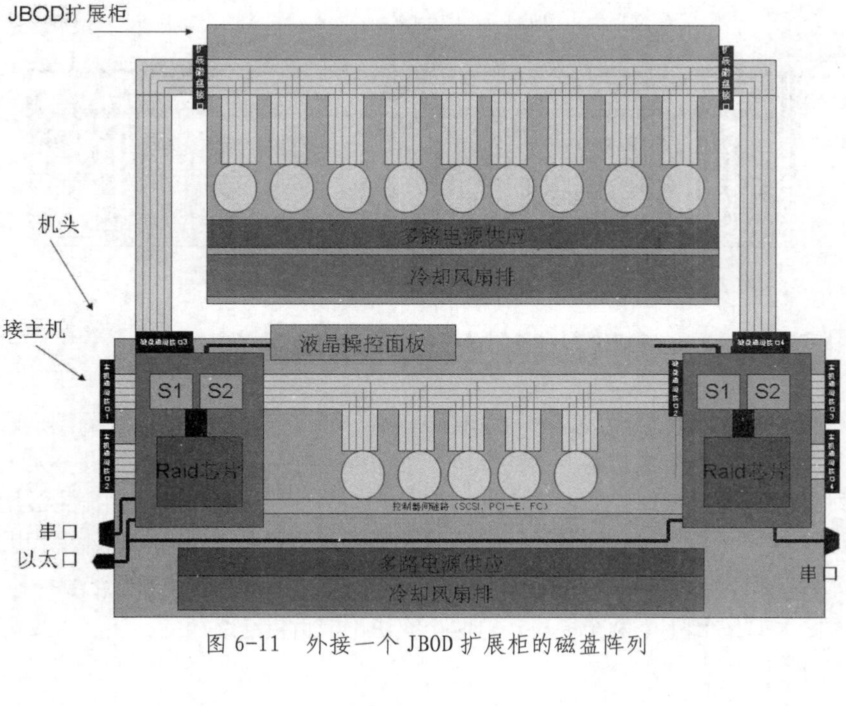

图 6-11　外接一个 JBOD 扩展柜的磁盘阵列

经过这样的改造，可连接的磁盘数量成倍增长。图中所示的是每个控制器增加了一个磁盘通道，还可以增加到两个或者多个通道。理论上，只要 RAID 控制器处理速度够强，总线带宽和面板上空间够大，多增加几个通道都没问题。

JBOD 盘柜以前只有一个外部接口，为了配合双控制器，JBOD 在其外部也增加了一个接口用来连接冗余的控制器。这样，扩展柜上也有两个外部接口了。

把带有控制器的磁盘柜称作“机头”，因为它就像火车头一样，是提供动力的。机头里可以有磁盘，也可以根本不含磁盘。把用于扩展容量用的 JBOD 叫做“扩展柜”，它就像一节节火车车厢，本身没有动力，全靠车头带，但是基本的供电和冷却系统还是要有的。图 6-12 所示的是 IBM 的 DS400 盘阵机头后视图，每控制器提供 3 个通道，机头内部的磁盘占用一个，然后另外两个提供扩展，在后面板上给出两个 SCSI 接口。图中 Expansion ports 所示的就是这两个 SCSI 接口。右边空白的地方是用来接入另外一个控制器的，这个控制器是可选组件。

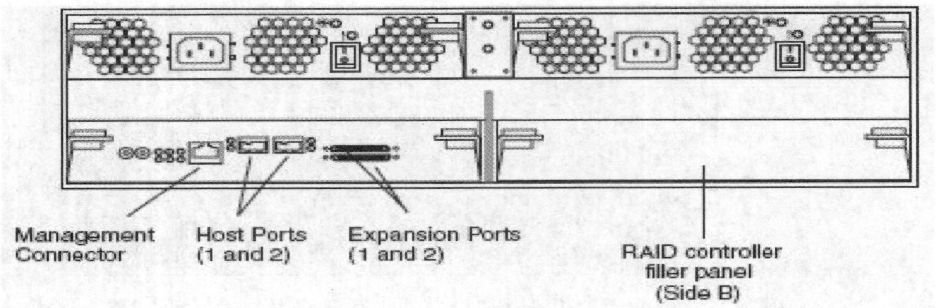

图 6-12 DS400 盘阵的机头后视图

图 6-13 是用于连接 DS400 机头的扩展柜 EXP400。可以看到它的左右各有一个接口模块，每个模块上有一个 SCSI 接口用来连接机头。

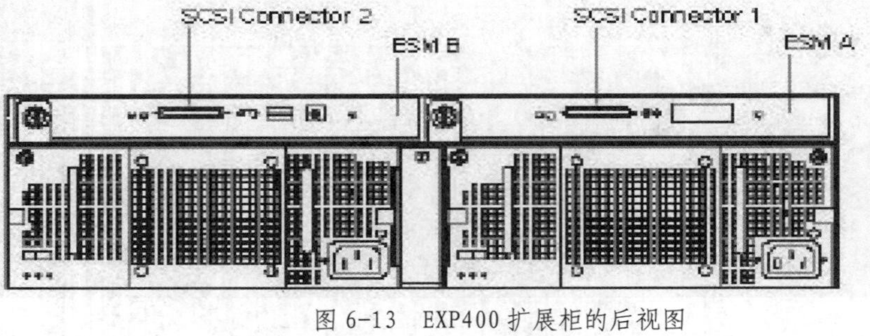

图 6-13 EXP400 扩展柜的后视图

6.6 锦上添花——完整功能的模块化磁盘阵列

再后来，机头做的都比较漂亮，而且感觉很厚实。但是 JBOD 就是一堆磁盘，显得和机头有些不搭配。所以也给扩展柜增加了所谓的模块，不仔细看的话，外观和机头没多大区别。只不过扩展柜的模块上，没有 RAID 控制器的功能，但是会加上一些其他功能，如探测磁盘温度等二线辅助功能。这个模块将接口、功能芯片、电路等都集成在一个板子上，所以外观和机头差不多。

图 6-14 所示的 ESM 模块，就是实现这些功能的插板。图 6-15 中所示的是一个磁盘扩展柜的实物后视图，可以看到上下两个模块，这两个模块不但负责链路通信，还负责收集设备各处的

传感器发来的信息。

图 6-14 为一台盘阵的前视图。图 6-15 是一台 FC 接口的扩展柜后视图，可以看到上下两个 ESH（Electrical Switch Hub）模块。这些磁盘扩展柜上的模块中主要包含单片机或者 DSP 芯片、FC-AL 半交换逻辑处理以及其他功能的 FPGA/ASIC/CPLD 芯片、SFP 适配器编码芯片、ROM 或者 Flash 芯片（存放 Firmware）、RAM 缓存芯片（用于存放芯片执行程序时所需的数据）等，视设计不同而定。如果有新的 Firmware 被开发出来，可以将程序逻辑写入 Flash 或 ROM 芯片中，这个过程就是固件升级。FPGA/CPLD 等芯片需要用外置的编程器写入新的电路逻辑。ASIC 芯片不可升级，是固定逻辑的芯片，适用于成熟的、量产的芯片，比如 SFP 编码芯片等。

图 6-14　一个扩展柜的前视图

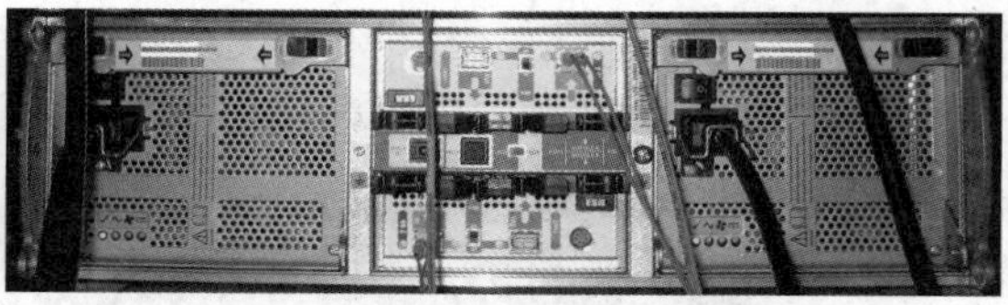

图 6-15　一个磁盘扩展柜的后视图

图 6-16 为扩展柜上的一个 ESH2 模块的内部实物图。

图 6-16　ESH2 模块实物图

6.7　一脉相承——主机和磁盘阵列本是一家

1. 盘阵（磁盘阵列）控制器的主机化

随着人们需求的不断提高，一个存储系统拥有几 TB 甚至几十几百 TB 的容量已经不是什么惊人的事情了。面对如此大的容量和如此多的磁盘，小小的控制器已经不能满足要求了。因此大的主机系统替代了短小精悍的控制器。

思考：可能有人已经不知所措了，用主机系统替代盘阵控制器，这不矛盾么？盘阵是给主机服务的，主机替代了盘阵控制器，岂不是乱了辈分了？

事实并非如此。众所周知，主机系统的经典架构就是 CPU、内存、总线、各种 IO 设备和 CPU 执行的代码（软件），而观察一下盘阵控制器的基本架构，如 RAID 控制器芯片（CPU）、内存、总线、IO 接口（SCSI 接口等）和 RAID 芯片执行的代码（软件），就可以发现盘阵控制器就是一个简单的主机系统。

既然这样，完全可以用一台主机服务器来充当存储系统的控制器。比如，在这台主机上插入几张 SCSI 卡作为前端接口卡，再插入若干 SCSI 卡作为后端连接磁盘箱的接口卡，然后设计软件从/向后端读写数据，经过处理或者虚拟化之后，再传送给前端的主机服务器。

目前有两种趋势：一种是趋向使用现成的主机来充当控制器的载体，另一种是趋向使用高集成度的芯片作为控制器的核心。两种趋势各有利弊。

图 6-17 所示的是一台主机化的磁盘阵列实物图。

图 6-17　主机化的盘阵控制器

2. 盘阵的类型

按照前端和后端接口来分，有 SCSI-FC 盘阵、FC-FC 盘阵、SATA-FC 盘阵、SCSI-SCSI 盘阵等类型。SCSI-FC 类型表示后端接口为 SCSI 接口，前端用于连接主机的为 FC 接口，也就是后端为 SCSI 磁盘，前端为 FC 接口的盘阵。

我们在后面会讲到 FC-FC 盘阵，这也是目前最高端的盘阵所采用的架构。图 6-18 所示的就是一台大型 FC 磁盘阵列的透视图，图示中一共 5 个机柜，中间的机柜整柜都为控制器，上方可见一排 IO 插卡，插卡上方为 9 个风扇。其余机柜中均为磁盘扩展柜。

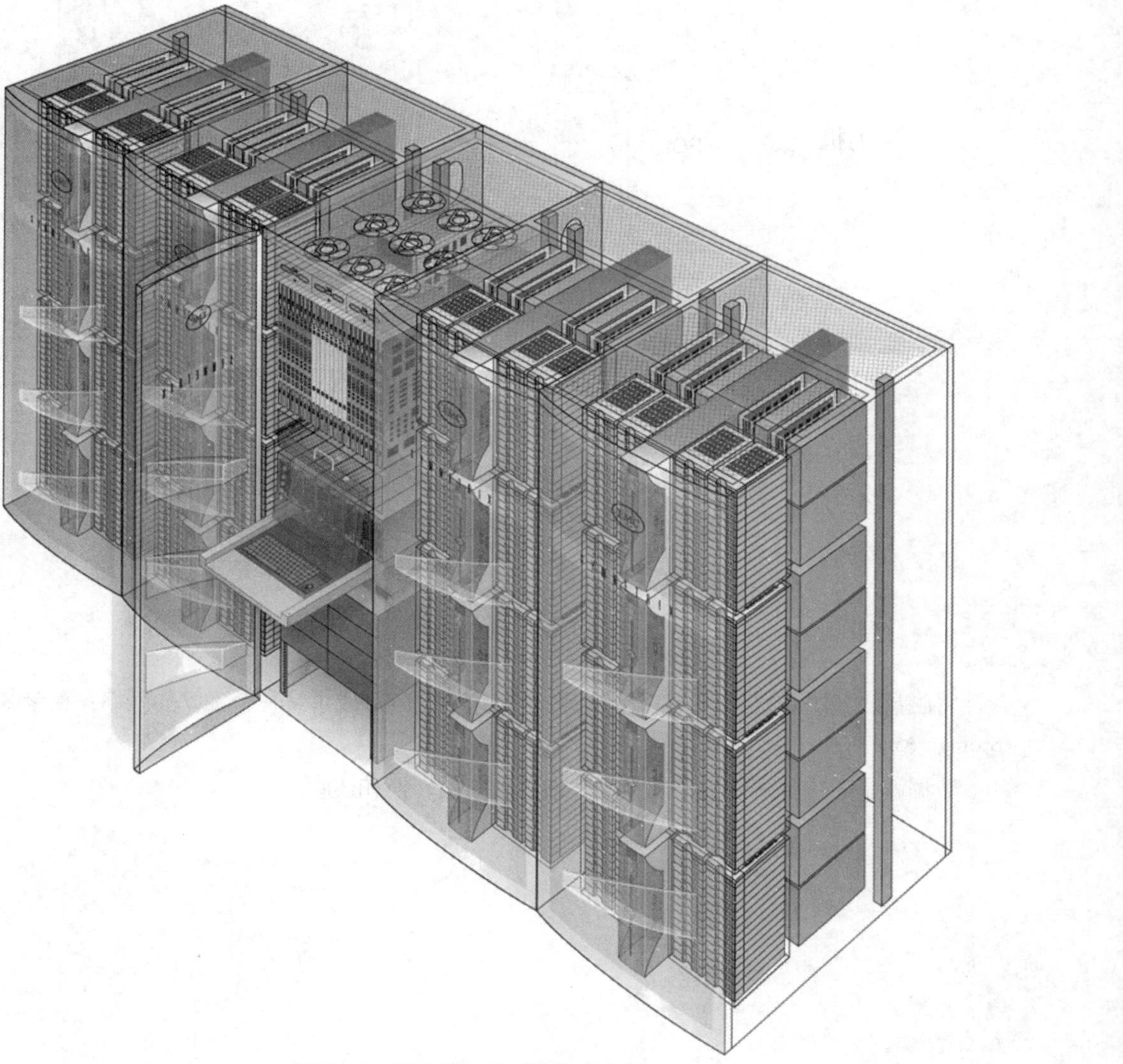

图 6-18　EMC DMX 系列盘阵透视图

6.8　天罗地网——SAN

存储区域网络

大家来看最后一张图片，如图 6-19 所示。我们一开始描绘的那张“网中有网”的图片，现在大家应该能更深刻地理解了。网络，不仅仅指以太网、TCP/IP 网，可以是 SCSI 网、PCI 总线网、USB 网等。RAID 控制器，就相当于一个路由器，也就是协议转换器。

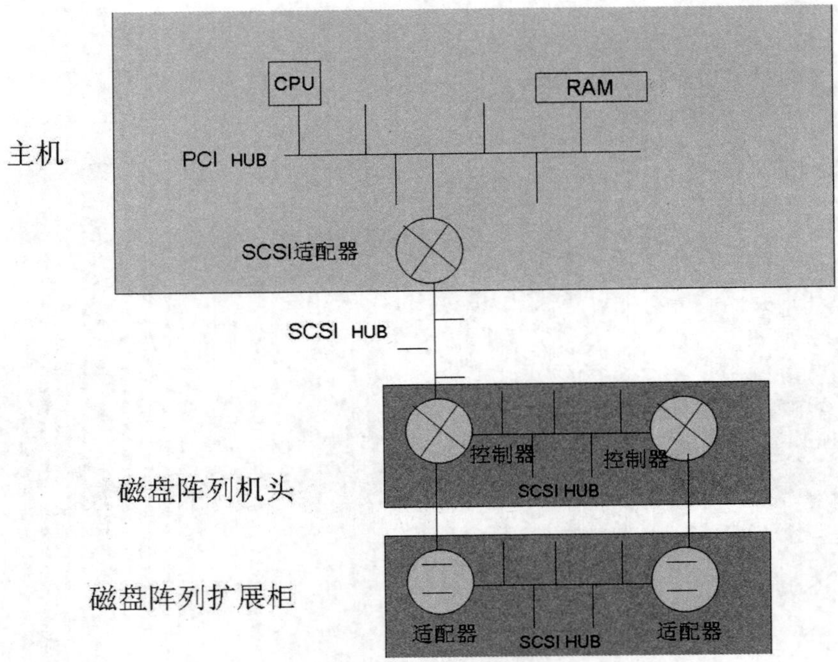

图 6-19 网中有网

将磁盘放到了主机外部，存储设备和主机之间，就形成了又一个独立的网络：存储区域网络（Storage Area Network，SAN）。

数据就是在这种网络中来回穿梭，格式不断被转换和还原。

第7章

熟读宝典——系统与系统之间的语言 OSI

- OSI
- 三元素
- 七层结构

千百年来，江湖中人一直都把祖宗流传下来的一本宝典铭记于心，这本宝典就是号称“号令武林，莫敢不从”的 OSI 大典！

任何系统之间，如果需要通信，就有一套自己的协议系统。这个协议系统不仅要定义双方互相通信所使用的语言，还要规定所使用的硬件，比如通信线路等。例如以太网协议，凡是接入以太网的（交换机或者 HUB）节点，都必须遵循以太网所规定的通信规程。两个对讲机之间进行通话，必须预先定义好发送和接收的频率，而且还要指定通信的逻辑，比如每说一句话之后，要说一个“完毕”，表示本地已经说完，该对方说了。

7.1 人类模型与计算机模型的对比剖析

人和计算机，二者有着天然的相似性。

7.1.1 人类模型

人类自身用语言来交流信息，这本身就是系统间通信的极佳例子。每个人都是一个系统，这个系统由八大子系统组成，每个子系统行使自己的功能，各个子系统相互配合，使得人体可以做出各种各样的事情，包括制造计算机系统这个“部分仿生”产物。

1. 消化系统

消耗系统负责食物的摄取和消化，使我们获得糖类、脂肪、蛋白质、维生素等营养，再经过一系列生化酶促反应，最终可以生成能量，以 ATP 分子的形式向各个细胞供应化学能，再经过一系列的分子机器（蛋白质或者蛋白质复合体）的处理，可以形成机械能、热、光、电等各种能量形式。

2. 神经系统

神经系统负责处理外部信息和调控人类自身运动，使我们能对外界的刺激有很好的反应，包括学习等重要的活动也是在神经系统控制下完成的。比如皮肤、耳朵、眼睛等接收的各种信号，都会经过神经网络传送到大脑进行处理并做出反映。

3. 呼吸系统

呼吸系统是气体交换的场所，可以使人体获得新鲜的氧气。人类制造、储存和利用能量的每个过程，都需要氧气的参与，氧气是很好的氧化剂，人类利用这种氧化剂，氧化摄取的糖、蛋白质等物质，产生能量，如果没有氧气，则人体一切的生命活动就会终止，包括心肌的收缩和扩张运动。

4. 循环系统

循环系统负责氧气、营养和体液以及各种信号控制分子的运输，废物和二氧化碳的排泄，以及免疫活动。人体的这些空间中，各种器官按照规则分布着，每个器官行使其功能，必须供给它们能量、水和氧气以及各种控制因子蛋白，遍布周身的密密麻麻的动脉、静脉和毛细血管，就是运输这些物质必需的通道。这些物质溶在血液中，从动脉流入器官，完成生命逻辑后，从静脉流入肾脏，过滤废物，排泄，干净的静脉血再流回心脏，然后进入动脉，经过肺部的时候，将肺部获取的氧气吸溶入血液，成为鲜红色的动脉血，然后再流入各个器官，供给必须物质。

5. 运动系统

运动系统负责身体的活动，使我们可以做出各种动作。骨骼和肌肉属于运动系统，骨骼虽然不直接运动，但是它能在肌肉的牵引下进行运动。控制肌肉运动的是神经信号，大脑发出神经控制信号（一系列的蛋白质或者离子流），肌肉组织收到之后，便会引发雪崩似的化学反应，包括肌肉细胞中的微管结构的不断重组和释放，用这种形式来改变细胞形状，从而造成肌肉收缩或者扩张。而微管的组装和释放，需要能量和酶的参与，这时候，细胞便会贪婪地利用 ATP 分子来获取化学能，而血液 ATP 损耗之后，血液便会加速流动到肌肉周围，提供更多的能量。这也是运动时心脏加速跳动的原因。而心脏跳动速度的控制因素很多，比如受到惊吓的时候，大脑便会分泌一些物质，传送到心肌，引发反应，促使跳动速度加快。

6. 内分泌系统

内分泌系统调节生理活动，使各个器官组织协调运作。内分泌系统是一个中央调控系统，比如生长素就是内分泌系统分泌的一种蛋白质分子，它被骨骼吸收后，可以促进骨骼生长。内分泌系统如果发生功能故障，则人体就会表现异常，包括精神和物理上的异常。

7. 生殖系统

生殖系统负责生殖活动，维持第二性征。生殖系统是人类繁衍的关键，生殖系统将人类的所有特征融入精子和卵子，受精卵在母亲子宫中逐渐发育成全功能的人体。

8. 泌尿系统

泌尿系统负责血液中生化废物的排泄，产生尿液。

7.1.2　计算机模型

我们发现，计算机系统和工作模式，与生物系统有很大一部分是类似的。

1. 计算机的消化系统

消化子系统是为整个系统提供基本能量和排泄消化废物的。给计算机提供能量的是电源和密布在电路板上的供电线路。为计算机排泄能量废物的，是接地低电位触点。电流流经供电线路，到接地触点终止，将能量提供给电路板上的各个部件（器官）。此外，计算机的“消化”也包含另外的意思，即吞入数据、吐出数据的过程。计算机从磁盘上读入数据，进行计算（消化）后，再输出数据。

2. 计算机的循环系统

循环子系统是为整个系统提供能量和物质传输通道的。给计算机提供数据传输通道的是各种总线，数据从总线流入 CPU 处理单元，完成计算逻辑后，又从总线输出到内存或者外设。所以我们说，计算机的循环系统，就是总线，心脏就是电路振荡装置。

3. 计算机的呼吸系统

呼吸子系统是为整个系统提供完成生命逻辑所必需的氧化剂，即氧气为计算机散热的风扇，貌似呼吸系统，但风扇的功能更类似于皮肤和毛孔的散热作用。

4. 计算机的神经系统

神经子系统的作用是传输各种信号，调节各个器官的功能。对于生物体来说，神经系统是运行在脑组织中的一种逻辑，这种逻辑通过执行一系列生化物理反应来体现它的存在。通过向血液中释放各种蛋白质信号分子，从而靶向各种器官，调节它们的功能。对于计算机系统来说，神经系统就是由 CPU 载入执行的程序，程序生成各种信号，通过总线传输给各个外部设备，从而调节它们的工作。

计算机的神经系统，可以认为就是外部硬件设备的驱动程序。神经网络就是控制总线，循环系统是数据总线。而生物体内没有地址总线的概念，血管凌乱的分布，并没有一种显式的区分机制来区分各个器官或者组，信号分子可以遍布周游全身。

5. 计算机的运动系统

计算机本身是一堆电路和芯片，不存在运动的概念。但是如果向计算机接口上接入了可以运动的部件，比如打印机、电动机、硬盘等，那么这些设备就可以在计算机控制信号（神经信号）的驱动下做运动，并且可以打印或者读写数据。

6. 计算机的生殖系统

目前，计算机系统表现的生殖能力，只是在一个硬件中生成不同的软件。软件通过 CPU 的执行，可以任意复制自身，并可以形成新的逻辑。在这种逻辑下，程序通过无数次的复制，难免在一些细微的 Bug 或者电路干扰的情况下发生奇特的变化，这些变化一开始可能不太会表现出来，但是随着量变的积累，就会引发质变，发生进化。

当然，计算机系统完全可以物理复制硬件，即通过程序控制外部机器，来生产新的计算机硬件，然后将软件复制到硬件上，继续繁殖。

7.1.3 个体间交流是群体进化的动力

人也好，计算机也好，他们之间都在不停地交流着。人和人的交流，让人类得到了进化。同样，计算机之间的交流，也会让计算机得到进化。交流是进化的动力，不可能有某种事物会完全脱离外界的刺激而自身进化。

OSI 便是这种交流所遵循的一张蓝图。

7.2 系统与系统之间的语言——OSI 初步

OSI 模型是一种被提取抽象出来的系统间通信模型。OSI 中文的意思为“开放式系统互联”模型，是一个描述两个或者多个系统之间如何交流的通用模型。它不只适合于计算机系统互联，而且适合任何独立系统之间的互联。比如，人体和人体之间的通信，或者人体和计算机之间的通信，都可以用 OSI 模型来描述。

比如我和你之间需要交流，我们面对面坐着，此时我有一句话要和你说：“您好，您怎么称呼？”

首先，我要说出这句话，要在脑海中生成这句话，即在语言处理单元中根据要表达的意思，生成符合语法的数据。然后通过神经将数据信号发送到声带、咬肌、舌头和口形固定之后，使声带振动。声带振动导致口腔空气共振，发出声音，经过空气机械波振动，到达你的耳膜接收器，耳膜被机械波谐振于一定频率，耳膜的振动通过神经信号传导到大脑，大脑相关的处理单元进行信号的解调，最终从神经信号中提取出我说的话“您好，您怎么称呼？”，这句话在大脑中，可能是离子流产生的模拟电信号，也可能是通过其他形式表示，比如一套编码系统。这句话被传送到大脑的语言处理单元，这个单元分析这句话，“您好”是一个问候语，当你知道我在问候你的时候，你的大脑会在这个“您好”信号的刺激下，进入一种“礼貌”逻辑运算过程，运算生成的信号，通过神经传送到你的颈部肌肉，收缩，使你的头部下降，并使面部肌肉收缩，这就完成了点头致意和微笑的动作。

这个过程，与计算机网络通信的模型完全一致。两台计算机之间通过以太网交换机相连，它们之间要进行通信。比如，a 计算机想向 b 计算机发送一个数据包，这个数据包的内容是“打开文件 C:\tellme.txt”，过程如下所示。

（1）a 计算机首先要在内存中通过双方定义的语言，生成这个数据包。

将这个数据包通过总线发送给 TCP/IP 协议处理单元，告诉 TCP/IP 处理单元对方的 IP 地址和所用的传输方式（UDP 或 TCP）和端口号。

TCP/IP 处理模块收到这个包之后，将它包装好，通过总线发送给以太网卡。

以太网卡对数据包进行编码，然后通过电路将包装好的数据包变成一串电路的高低电平振荡，发送给交换机。

交换机将数据包交换到 b 计算机的接口。

（2）b 计算机收到这串电位流后，将其输送到以太网卡的解码芯片，去掉以太网头，之后产生中断信号，将数据包送到内存。

由 TCP/IP 协议处理模块对这个数据包进行分析，提取 IP 头和 TCP 或 UDP 头，以便区分应输送到哪个应用程序的缓冲区内存。

最终 TCP/IP 协议将“打开文件 C:\tellme.txt”这句话，成功输送到了 b 计算机应用程序的缓冲区内存中。

（3）b 计算机应用程序提取这句话，分析它的语法，发现 a 计算机要求它打开 C:\tellme.txt 文件，则应用程序根据这个命令，调用操作系统打开文件的 API 执行这个操作。

分析一下上面的过程，我们发现如下内容。

数据总是由原始直接可读状态被转变成电路的电位振荡流，或者频率和振幅不断变化的机械波，也可能转换成一定频率的电磁波。

互相通信的两个系统之间必定要有连通的介质，空气、以太网或者其他形式，电磁波传递不需要介质。

相互通信的双方必须知道自己是在和谁通信。

以上三个要素，就是系统互联通信所具备的“连、找、发”三要素。

- 连：就是指通信的双方必须用某种形式连通起来，否则两个没有任何形式连通的系统之间是无法通信的。即便是电磁波通信，也至少通过了电磁波连通。
- 找：是说通信的双方或者多方，必须能够区分自己和对方以及多方（广播系统除外）。
- 发：定义了通信的双方如何将数据通过连通介质或者电磁波发送到对方。

7.3 OSI 模型的七个层次

网络通信三元素抽象模型是对 OSI 模型的更高层次的抽象。OSI 模型将系统间通信划分成了七个层次。

OSI 模型的最上面的三层，可以归属到应用层之中，因为这三层都不关心如何将数据传送到对方，只关心如何组织和表达要传送的数据。

7.3.1 应用层

应用层是 OSI 模型的最上层，它表示一个系统要对另一个系统所传达的最终信息。比如“您好，您怎么称呼？”这句话，就是应用层的数据。应用层只关心应用层自身的逻辑，比如这句话应该用什么语法，应该加逗号还是句号？末尾是否要加一个问号？用“你”还是“您”等这样的逻辑。对于计算机系统来说，上文所述的例子中“open file C:\tellme.txt”，这条指令，就是应用层的数据。应用层程序不必关心这条指令是如何传达到对方的。

7.3.2 表示层

表示层就是对应用层数据的一种表示。如果前面说的“您好，您怎么称呼？”这句话是有一定附加属性的，例如“您好”这两个字要显示在对方的屏幕上，用红色显示在第 1 行的中央，而“您怎么称呼？”这几个字用蓝色显示在第 10 行的中央。这些关于颜色、位置等类似的信息，就构成了表示层的内容。

发送方必须用一种双方规定好的格式来表示这些信息，比如用一个特定长度和位置的字段来编码各种颜色（一般用三原色的组合编码来表示），用一个字段来表示行列坐标位置。将这些附加表示层信息字段放置于要表达的内容的前面或后面，接受方按照规定的位置和编码来解析这些表示层信息，然后将颜色和位置信息赋予“您好，您怎么称呼？”这句话，显示于屏幕上。需要强调一点，表示层不一定非得是单独的一个结构体，它可以嵌入在实体数据中。这就是表示层，一些加密等操作就是在表示层来起作用的。

7.3.3 会话层

顾名思义，会话层的逻辑一定是建立某种会话交互机制。这种交互机制实际上是双方的应用程序之间在交互。它们通过交互一些信息，以便确定对方的应用程序处于良好的状态中。比如两个人通电话，拨通之后这个问：“能听清么？”那个说：“能听清，请讲。”这就是一个会话的过程。也就是说通信的双方在发送实际数据之前，先建立一个会话，互相打个招呼，以便确认双方的应用程序都处于正常状态。

应用层、表示层和会话层的数据内容被封装起来，然后交给了我们的货物押运员传输层。

TCP/IP 协议体系模型中有 4 层，即应用层（应用访问层）、传输层、网络层和物理链路层（硬件访问层）。TCP/IP 协议体系没有完全按照 OSI 匹配，它将 OSI 中的应用层、表示层和会话层统统合并为一层，叫做应用访问层，意思是指这个层全部是与应用程序相关的逻辑，与网络通信无关，应用程序只需调用下层的接口即可完成通信。

7.3.4 传输层

可以说 OSI 模型中上三层属于应用相关的，可以划入应用层范围，而下四层就属于网络通信方面的。也就是说，下四层的作用是把上三层生成的数据成功地送到目的地。典型的传输层程序如下。

TCP 协议的作用就是保障上层的数据能传输到目的地。TCP 就像一个货运公司的押运员，客户给你的货物，就要保证给客户送到目的地，而不管你通过什么渠道，是直达（直连路由）还是绕道（下一跳路由），是飞机还是火车、轮船（物理线路类型）。

如果运输过程中出现错误，必须重新把货物发送出去。每件货物到了目的地，必须找收件人签字（TCP 中的 ACK 应答包），或者一批货物到达后，收件人一次签收（滑动窗口）。

最后回公司登记。

提示：TCP 还处理拥塞和流量控制。比如调度（路由器）选择了走这条路，但是太拥挤了，那么我也不好说什么，因为选哪条路到达目的是由调度（路由器）说了算，我只管押运。那么我只能通知后续的货物慢一点发货，因为这条路太挤了。当道路变得畅通时，我会通知后面的货物加速发货。这就是 TCP 的任务。TCP 是通过接收方返回的 ACK 应答数据包来判断链路是否拥挤，比如发了一批货，半天都没接收到对方的签字，证明链路拥塞，有货物被丢弃了，那么就减缓发送速度。当有 ACK 被接收到后，我会增加一次发送货物的数量，直到再次拥塞。那么调度怎么知道这些货物是送到哪里的呢？这是网络层程序的任务。

注意：传输层的程序一定要运行在通信双方的终端设备上，而不是运行在中间的网络互联设备上。传输层是一种端到端的保障机制，所谓端到端的保障就是指数据从一端发送到另一端之后，对方必须在它的传输保障时间中成功收到并处理了数据，才能算发送成功。如果只是发送到了对方的网卡缓冲区，此时发生故障，如突然断电，这就不叫端到端的保障。因为数据在网卡缓冲区内，还没有被提交到 TCP 协议的处理逻辑中进行处理，所以不会返回成功信号给发送方，那么这个数据包就没有被发送成功，发送方会通过超时来感知到这个结果。

7.3.5 网络层

客户把货物交给货运公司的时候，必须填写目的地址（比如 IP 地址）。只要一个地址就够了，至于到这个地址应该坐几路公交车或哪趟火车等问题，客户统统不管，全部交给网络层处理。

货运公司为每件货物贴上一个地址标签（IP 头）。

货运公司的调度们掌握了全球范围的地址信息（路由表），比如去某某地方应该走哪条路。

在选择了一条路之后，就让司机开车上路了。

押运员进行理货和收发货物，没事就在后车厢里睡觉。

此时最忙的是各个中转站的调度了。货物每次中转到一个地方就交给那个地方的调度，由那个调度来决定下一站应该到哪里。

接班的时候，旧调度不必告诉新调度最终目的应该怎么走，因为所有的调度都知道这个目的，一看就知道该走什么路了。

例如，有客户从新疆发货到青岛，由于新疆没有直达青岛的航班或者火车，所以只能先到达北京，然后再从北京直达青岛。

新疆的调度收到货物之后，他查找路由表，发现要到青岛，必须先到北京。新疆的调度会在货物上贴上青岛的标签而不是北京的标签，但是发货的时候，调度会选择将货物运送到新疆到北京的火车上。

货物到达北京之后，北京货运分公司的调度收到这件货物，首先查看这件货物的最终目的地址，然后北京调度也去查找路由表。他的路由表与新疆调度的路由表不同，在他的表上，北京到青岛有直达的火车，所以北京调度立即将货物原封不动的送上去青岛的火车。就这样一站一站的往前送（路由转发），货物最终从新疆到达了青岛。

思考：那么调度是怎么知道全球地址表（路由表）的呢？这个表的生成是一个复杂的学习阶段，可以通过调度自行学习或者调度之间相互通告，也可以通过手工录入。前者称为动态路由，后者称为静态路由。

路由器充当的就是调度的角色。比如在青岛想访问一个位于北京的服务器，具体步骤如下。

首先必须知道这个服务器的 IP 地址，然后用这个 IP 地址作为最终目的地址组装成数据包，发送给位于青岛的 Internet 提供商机房中的路由器。

这个路由器收到这个包后，解析其目的 IP 地址，然后查找其路由表，发现这个目的 IP 地址的包应该从 1 号端口转发出去，所以它立即将这个包原封不动地向一号口转发。一号口通过光缆直接连接到了位于河北机房中的另一台路由器。

提示：当然青岛到河北之间不可能只用一条连续不断的光缆连接，中途肯定经过一些光缆通信中继站。

河北的路由器收到这个 IP 包后，同样根据目的 IP 地址查找路由表，发现这个目的地址的包应该从 8 号端口中转发，它立即将这个包转发向 8 号端口。

8 号端口通过光缆直接连接到了位于北京机房的一台路由器。

这台路由器同样查找路由表做转发动作。

经过一层层的寻找，最终找到了北京的这台服务器，将这个包传送到这台服务器的网卡，并提交到 TCP/IP 协议处理内存空间中。

经过解析和处理，服务器发现最终的数据是一个 TCP 握手数据包，然后 TCP/IP 程序立刻返回一个确认包，再次返回给服务器一个确认包。三次握手完成后，就可以向服务器发送 HTTP 请求来获取它的网页资源了。

7.3.6 数据链路层

数据链路层就是指连通两个设备之间的链路，数据要经过这条链路来传递给对方。数据链路层的程序将上层的数据包再次打包成对应链路的特定格式，按照对应链路的规则在链路上传输到对方。

数据链路就好比交通规则。在高速公路或者铁路上是需要遵守规则的，不能超速，不能乱停车，不能开车灯到最亮等。上路之前，先要看看公路的质量怎么样，是不是适合跑车或者先和对方商量一下传输的事宜。这就是链路层协商。

链路层的作用

首先是协商链路参数，比如双工、速率、链路质量等。

其次是将上层数据内容打包成帧，加上同步头进行传输，一次传输一句或者一个字符一个字符的传输（取决于上层的选择）。

最后，链路层程序调用物理层提供的接口，将帧提交给物理层。

相对于传输层的保障来说，OSI 的数据链路层也提供一些保障机制。比如一些链路层协议会在每个帧后面加一个校验字段，如果对方收到的帧的校验值与这个校验字段不符，则证明链路受到干扰，数据产生畸变，那么就将这一帧视为无效帧直接丢弃，不会向上层报告这个错误，因为上层对链路层的错误不关心。而接收方的传输层协议会感知某个包没有到达或者不完整，接收方的传输层协议会要求发送方重新传送这个不完整或者没有接收到的包,也就是端到端的保障传输。链路层只侦错，不纠错，而传输层既侦错，又纠错。

根据 OSI 模型，两台路由器或者交换机之间传送数据也属于两个系统间的互联，那么它们也一定遵循 OSI 的模型。下面就来分析一下两台 PC 之间通信和两个路由器之间通信有什么区别。PC 间通信我们上文已经描述过，下面来讲一下路由间的通信。

简单的路由器设备工作在 OSI 的第三层，即网络层。它只处理下三层的内容，只有下三层的处理逻辑，而没有上四层的处理逻辑。路由器收到包后，只检查包中的 IP 地址，不会改变任何 IP 头之上的其他内容，最简单的路由器甚至不会改变 IP 头。在一些带有诸如 NAT 功能的路由器上，可能会对 IP 包的源或者目的 IP 地址做修改。数据包流入路由器后，路由器只分析到第三层的 IP 头，便可以根据路由表完成转发逻辑。

如图 7-1 所示为通信路径上各个设备所作用的层次示意图，具体过程如下。

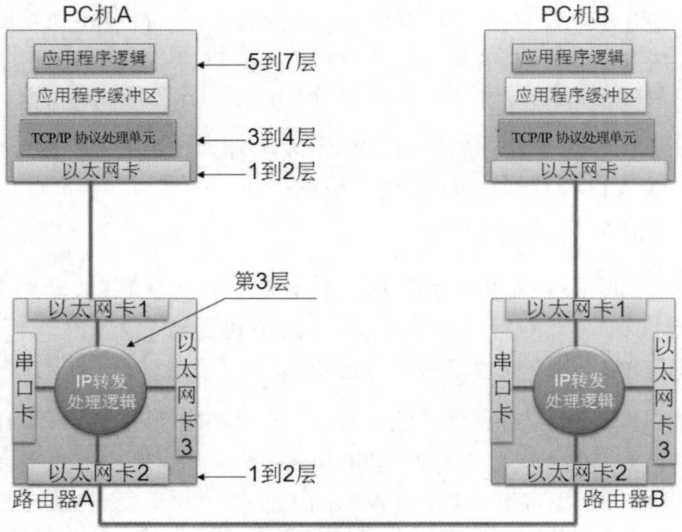

图 7-1　通信路径上各个设备所作用的层次

左边的 PC 机 A 连接到路由器 A 的以太网卡 1 上，路由器 A 的以太网卡 2 与路由器 B 的以太网卡 2 相连，右边的 PC 机 B 连接到路由器 B 的以太网卡 1 上。此时，要用 PC 机 A 上的 IE 浏览器访问位于 PC 机 B 上的 Web 服务，在 IE 浏览器的地址栏中输入 PC 机 B 的 IP 地址并按 Enter 键后，IE 浏览器便会调用 WinSock 接口来访问操作系统内核的 TCP/IP 协议栈。IE 浏览器告诉 TCP/IP 协议栈它所访问的目的 IP 地址和目的端口，并把要发送的数据告诉 TCP/IP 协议栈。IE 浏览器发送给 PC 机 B 的数据，当然是一个 HTTP GET 请求，具体内容属于上三层，在这里不关心也不做分析。

TCP/IP 协议栈收到这个数据之后，发现 IE 浏览器与 PC 机 B 当前并不存在连接，所以它首先要向PC机B上的TCP/IP协议栈发起连接请求，也就是TCP的三次握手过程。PC机A的TCP/IP协议栈先组装第一次握手 IP 包，组好后发送给操作系统内核缓冲区，内核调用网卡驱动程序从缓冲区内将这个 IP 包编码并在线路上传递出去。握手数据包很小，只要一个以太网帧就可以容纳。

这个帧最终到达路由器 A 的以太网卡 1 缓冲区内。以太网卡 1 产生中断信号，然后将这个帧去掉以太网头，发送到路由器 A 的内存中，等待 IP 转发逻辑模块的处理。运行在路由器 A 上的 IP 转发逻辑模块，其实就是 IP 路由协议计算模块，这个模块分析此 IP 包的头部目的 IP 地址，查找路由表以确定这个包将从哪个接口发送出去。IP 路由运算一定要快速高效，才不至于对网络性能造成瓶颈。

路由器 A 查找路由表发现这个包应当从以太网卡 2 转发出去，所以它立即将这个包发送到以太网卡 2 并通过线路传送到了路由器 B 的以太网卡 2 上。经过同样的过程，路由器 B 将这个包路由到 PC 机 B 的以太网卡缓冲区内，PC 机 B 的网卡产生中断，将这个包通过总线传送到 PC 机 B 的 TCP/IP 协议栈缓冲区内存。

运行在 PC 机 B 上的 TCP/IP 协议栈程序分析这个包，发现 IP 是自己的，TCP 端口号为 80，握手标识位为二进制 1，就知道这个连接是由源地址 IP 所在的设备向自己的 80 端口，也就是 Web 服务程序所监听的端口发起的握手连接。根据这个逻辑，TCP/IP 协议栈返回握手确认 IP 包给 PC 机 A，PC 机 A 再返回一个最终确认包，这样就完成了 TCP 的三次握手。

握手成功后，PC 机 A 上的 TCP/IP 协议栈立即在其缓冲区内将由 IE 浏览器发送过来的 HTTP GET 请求数据组装成 TCP/IP 数据包，发送给 PC 机 B。PC 机 B 得到这个数据包之后，分析其 TCP 端口号，并根据对应关系将数据放到监听这个端口的应用程序的缓冲区内存。

应用程序收到这个 GET 请求之后，便会触发 Web 服务逻辑流程，返回 Web 网页数据，同样经由 PC 机 B 的 TCP/IP 协议栈，发送给 PC 机 A。

上述过程是一个正常通信的过程。

提示：如果在 PC 机 B 向 PC 机 A 传送网页数据的时候，路由器 A 和路由器 B 之间的链路发生了几秒钟的短暂故障后又恢复连通性，这期间丢失了很多数据。虽然这样，依靠 TCP 协议的纠错功能，数据依然会被顺序的传送给 PC 机 A。

我们就来分析一下 TCP 是如何做到的。假如，在链路中断的时候，恰好有一个帧在链路上传送。发生故障后，这个帧就永久的丢失了。即使链路恢复后，路由器也不会重新传送这个帧。但 PC 机 B 由于很长时间都没有收到 PC 机 A 的确认信息，便知道刚才发送的数据包可能已经被中途的网络设备丢弃了，所以 PC 机 B 上的 TCP 协议将重新发送这个数据包。

提示：未接收到确认的包会存放在缓冲区内，不会删除，直到收到对方确认。

所以，即便中途经过的网络设备将这个包丢弃了，运行在通信路径最两端的 TCP/IP 协议，依然会重传这些丢弃的包，从而保障了数据传输，这也就是端到端的传输保障。只有端到端的保障，才是真正的保障，因为中途网络设备不会缓存发送的数据，更不会自动重传。

7.3.7　物理层

物理层的作用就是研究在一种介质上（或者真空）如何将数据编码发送给对方。如果选择公路来跑汽车，要根据沥青路或者土路来选用不同的轮胎；如果选择利用空气来跑飞机，则需根据不同的气流密度来调整飞行参数；如果选择了真空，则只能利用电磁波或者光来传输，可以根据障碍物等因素选择不同波长的波来承载信号；如果选择了海水，则要根据不同的浪高来调整航海参数。这些都是物理层所关心的。

物理层和链路层的区别

物理层和链路层是很容易混淆的两个层次。链路层是控制物理层的。物理层好比一个笨头笨脑的传送带，它不停地在运转，只要有东西放到传送带上就会被运输到对方。不管给它什么东西，它都一视同仁并且不会停下。

假设你我之间有一个不停运转的传送带，某时刻我有一大批货物要传送给你，是否可以一股脑的把这些货物不停地放到传送带上，一下子传送给你呢？当然可以，但是那样将没有整理货物的时间，永远处于不停地从传送带上拿下货物的状态，货物越堆越多，最终造成崩溃。如果能将货物一批一批的传送过来，不但给予了双方充足的整理货物的时间，而且使得货物传输显得井井有条。而将货物分批这件事，传送带本身是不会做的，只能靠 TCP 或者 IP 来做。链路层给每批货物附加上一些标志性的头部或者尾部，接收方看到这些标志，就知道一批货物又来了，并做接收动作。

每种链路，都有自己的一个最适分批大小，叫做最大传输单元，MTU。每次传输，链路上最大只能传输 MTU 大小的货物。如果要在一次传输中传送大于这个大小的货物，超过了链路接收方的处理吞吐量，则可能造成接收方缓冲区溢出或者强行截断等错误。

TCP 和 IP 这两个协议程序都会给货物分批。第一个分批的是 TCP，下到 IP 这一层，又会根据链路层的分批大小来将 TCP 已经分批的货物再次分批，如果 TCP 分批小于链路层分批，则 IP 不需要再分。如果是大于链路层的分批，则 IP 会将货物分批成适合链路层分批的大小。被 IP 层分批的货物，最终会由接收方的 IP 层来再组装合并，但是由 TCP 分批的货物，接收方的 TCP 层不会合并，TCP 可以任意分割货物进行发送而接收的时候并不做合并的动作。对货物的处理分析全部交由上层应用程序来处理，所以利用 TCP/IP 通信的应用程序必须对自己所发送的数据有定界措施。

说白了，物理层就是用什么样的线缆、什么样的接口、什么样的物理层编码方式，归零还是不归零，同步方式，外同步还是内同步，高电压范围，低电压范围，电气规范等的东西。

通过物理层编码后，我们的数据最终变成了一串比特流，通过电路振荡传输给对方。对方收到比特流后，提交给链路层程序，由程序处理，剥去链路层同步头、帧头帧尾、控制字符等，然后提交给网络层处理程序（TCP/IP 协议栈等）。IP 头是个标签，收件人通过 IP 头来查看这个货物是谁发的。TCP 头在完成押运使命之后，还有一个作用就是确定由哪个上层应用程序来处理收到的包（用端口号来决定）。应用程序收到 TCP 提交的数据后，进行解析处理。

7.4 OSI与网络

网络就是由众多节点通过某种方式互相连通之后所进行的多点通信系统。既然涉及到节点与节点间的通信，那么就会符合 OSI 模型。

首先我们看看计算机总线网络。CPU、内存、外设三者通过总线互相连接起来，当然总线之间还有北桥和南桥，这两个芯片犹如 IP 网络中的 IP 路由器或者网桥。CPU 与内存这两个部件都连接到北桥这个路由器上，然后北桥连接到南桥，南桥下连一个 HUB 总线，HUB 上连接了众多的外设，这些外设共享这个 HUB 与南桥进行通信。

> **提示**：说到 HUB，不要认为是专指以太网中的 HUB，HUB 的意思就是一条总线。如果在这条总线上运行以太网协议，则就是以太网 HUB；如果在这条总线上运行的是 PCI 协议，则就是 PCI HUB（PCI 总线）。

连接到以太网 HUB 上的各个节点，采用 CSMA/CD 的竞争机制来获取总线使用权， PCI 总线同样采用仲裁竞争机制，只是实现方式不同。实现方式也可以称为协议，所以有以太网 HUB 和 PCI HUB 之分，也就是说 HUB 上运行的是不同的协议。当然以太网 HUB 设计要求远远比 PCI HUB 低，速度也低很多。

图 7-2 所示的模型是一个常见的小型网络，几台 PC 通过以太网 HUB 和路由器互相连接起来，然后通过运行在每台 PC 上的 TCP/IP 协议来通信。路由器的作用只是分析目的 IP 地址从而做转发动作。

而我们再观察一下图 7-3，发现除了连接各个组件之间的线路变成了并行多线路之外，其他没有什么大的变化。但是，这两个网络的通信过程是有区别的。上面的网络利用一种高级复杂的协议——TCP/IP 协议来通信，而图 7-3 所示的网络是通过直接总线协议进行通信。在下面的网络中，各个部件之间的连线非常短，速度很高且非常稳定，自身就可以保障数据的稳定传输，所以不需要 TCP 这种传输保障协议的参与。在上面的网络中，各个部件之间可能相隔很远的距离，链路速度慢，稳定性不如主板上的导线高，所以必须运行一种端到端的传输保障协议，比如 TCP 协议，来保障端到端的数据传输。

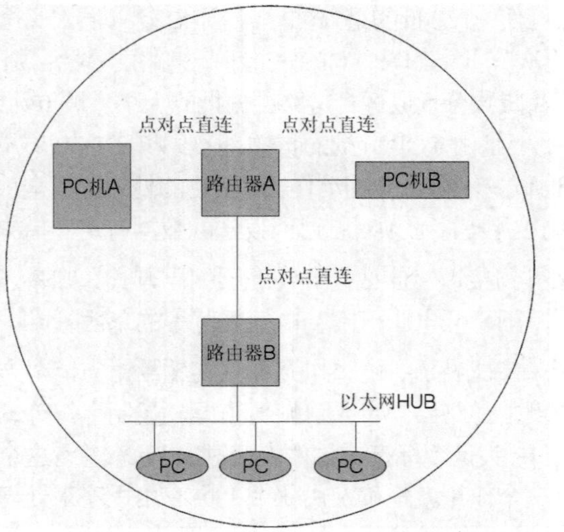

图 7-2　一个典型的网络

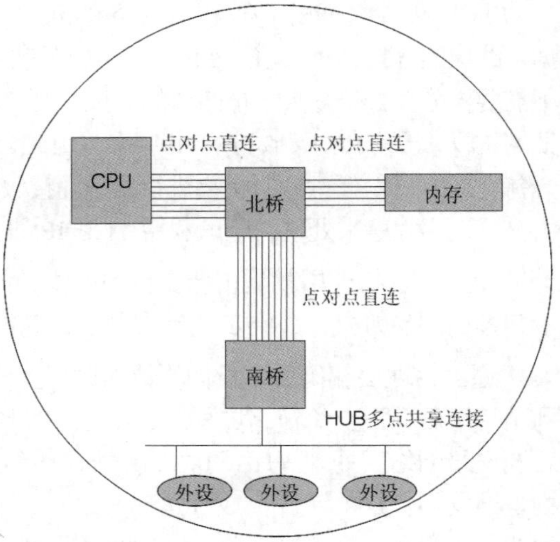

图 7-3　计算机总线网络

此外，上面的两个网络模型，其本质是相同的，因为它们两个都是从基本原理发展而来的。我们说，这两个网络模型都符合 OSI 这个抽象模型。再甚者，这两个模型都符合“连、找、发”抽象模型。

首先，所有部件之间都用了导线来连接。对于第一个模型，导线为双绞线或者其他形式的外部电缆；对于第二个模型，导线为电路板上印刷的蛇行线。这就是所谓“连”。

其次，这两个模型中都有寻址的逻辑。第一个模型利用 IP 地址作为寻址方法；第二个模型中利用地址总线作为寻址方法。这就是所谓“找”。

提示：生物细胞之间的通信，同样符合 OSI 模型和“连找发”模型。细胞之间通过血管来传递信息，这就是“连”；通过配体 - 受体关系来找到目标，这就是“找”；血液流动将配体分子传递（广播）到人体的每个角落，这就是“发”。我国分子生态学创始人向近敏曾经提出分子信息网络学说，就恰恰体现了网络的思想。在分子上层，还有细胞信息网络学说和遗传信息网络学说，它们一个比一个高层，一个比一个抽象。然而分子信息网络也不一定就是最底层的网络，或许还有原子信息网络、电子信息网络等。

最后，第一个模型利用 TCP 协议进行有保障的数据发送动作，第二个模型中由于线路非常稳定，不需要高级协议参与，而是直接利用电路逻辑从目标部件将数据复制过来。这就是所谓“发”。

网中有网

我们在以前的章节中，多次提到过“网中有网”这个词。而我们现在再来体会一下，发现计算机系统、计算机网络、Internet，这些系统，确实可以用网中有网来描述。计算机总线这个微型网络，通过一个网卡，接入以太网交换机或者 HUB，与其他计算机总线网络形成一个局域网，然后这个局域网再连接到路由器网关，从而连接到更大的网络，甚至 Internet。

所有的网络，都按照 OSI 和“连找发”模型有条不紊地通信交互着，为我们服务。分子之间和细胞之间神奇地相互作用着，地球和月球有条不紊地旋转运行着，太阳系缓慢地自转，并围绕着更大的银河系旋转。

读书笔记

第8章

勇破难关——Fibre Channel协议详解

- Fibre Channel
- 网状通道协议
- 光纤通道协议
- OSI

本书的第 6.8 节，引出了 SAN 的概念。SAN 首先是个网络，而不是指存储设备。当然，这个网络是专门用来给主机连接存储设备用的。这个网络中有着很多的元件，它们的作用都是为了让主机更好地访问存储设备。

SAN 概念的出现，只是个开头而已，因为按照 SCSI 总线 16 个节点的限制，不可能接入很多的磁盘。要扩大这个 SAN 的规模，还有很长一段路要走。如果仅仅用并行 SCSI 总线，那么 SAN 只能像 PCI 总线一样作为主机的附属品，而不可能成为一个真正独立的“网络”。必须找到一种可寻址容量大、稳定性强、速度快、传输距离远的网络结构，从而连接控制器和磁盘或者连接控制器到主机。

干脆破釜沉舟，独立研发一套全新的网络传输系统，专门针对局部范围的高速高效传输。

然而，形成一套完整的网络系统并非易事，首先必须得有个蓝图。这个蓝图是否有现成可以参考的呢？当然有，OSI 就是一个经典的蓝图。OSI 是对任何互联系统的抽象。

8.1 FC 网络——极佳的候选角色

FC 协议自从 1988 年出现以来，已经发展成为一项非常复杂、高速的网络技术。它最初并不是研究来作为一种存储网络技术的。最早版本的 FC 协议是一种为了包括 IP 数据网在内的多种目的而推出的高速骨干网技术，它是作为惠普、Sun 和 IBM 等公司组成的 R&D 实验室中的一项研究项目开始出现的。曾经有几年，FC 协议的开发者认为这项技术有一天会取代 100BaseT 以太网和 FDDI 网络。在 20 世纪 90 年代中期，还可以看到研究人员关于 FC 技术的论文。这些论文论述了 FC 协议作为一种高速骨干网络技术的优点和能力，而把存储作为不重要的应用放在了第二位。

Fibre Channel 也就是“网状通道”的意思，简称 FC。

提示：由于 Fiber 和 Fibre 只有一字之差，所以产生了很多流传的误解。FC 只代表 Fibre Channel，而不是 Fiber Channel，后者被翻译为“光纤通道”，甚至接口为 FC 的磁盘也被称为“光纤磁盘”，其实这些都是很滑稽的误解。

不过到目前为止，似乎称 FC 为光纤而不是直接称其 FC 的文章和资料更多。这种误解使得初入存储行业的人摸不着头脑，认为 FC 就是使用光纤的网络，甚至将 FC 与使用光纤传输的以太网链路混淆起来。在本书内不会使用“光纤通道”或者“光纤磁盘”这种定义，而统统使用 FC 和“FC 磁盘”。相信在阅读完本章之后，大家就不会再混淆这些概念了，会知道 FC 与光纤根本就没有必然的联系。

Fibre Channel 可以称为 FC 协议，或 FC 网络、FC 互联。像 TCP/IP 一样，FC 协议集同样具备 TCP/IP 协议集以及以太网中的很多概念，比如 FC 交换、FC 交换机、FC 路由、FC 路由器，SPF 路由算法等。我们完全可以类比地看待 TCP/IP 协议以及 FC 协议，因为它们都遵循 OSI 的模型。任何互联系统都逃不过 OSI 模型，不可能存在某种不能归属于 OSI 中某个层次的元素。

下面我们用 OSI 来将 FC 协议进行断层分析。

8.1.1 物理层

OSI 的第一层就是物理层。作为一种高速的网络传输技术，FC 协议体系的物理层具有比较高的速度，从 1Gb/s、2Gb/s、4Gb/s 到当前的 8Gb/s。作为高速网络的代表，其底层也使用了同步串行传输方式，而且为了保证传输过程中的电直流平衡、时钟恢复和纠错等特性，其传输编码方式采用 NMb 编码方式。

为了实现远距离传输，传输介质起码要支持光纤。铜线也可以，但是距离受限制。FC 协议集中物理层的电气子层名为 FC0，编码子层名为 FC1。

8.1.2 链路层

1. 字符编码以及 FC 帧结构

现代通信在链路层一般都是成帧的，也就是将上层发来的一定数量的位流打包加头尾传输。FC 协议在链路层也是成帧的。既然需要成帧，那么一定要定义帧控制字符。

FC 协议定义了一系列的帧控制策略及对应的字符。这些控制字符不是 ASCII 码字符集中定义的那些控制字符，而是单独定义了一套专门用于 FC 协议的字符集，称为“有序集”。其中的每个控制字符其实是由 4 个 8 位字节组成的，称为一个“字”（word），而每个控制字开头的一个字节总是经过 8 10b 编码之后的 0011111010（左旋）或者 1100000101（右旋）。

由于还没有标准名词出现，所以不得不引入“左旋”和“右旋”这两个化学名词来描述这种镜像编码方式。左旋和右旋是指 1 和 0 对调。编码电路可以根据上一个 10 位中所包含的 1 的个数来选择下一个 10 位中 1 的个数。如果上一个 1 的个数比 0 的个数少，那么下一个 10 位中就编码成 1 的个数比 0 的个数多，这样总体平衡了 1 和 0 的个数。

0011111010 左旋或者 1100000101 右旋，FC 协议给这个字符起了一个名字，叫做 K28.5。这个字未经过 8 10b 编码之前的值是十六进制 BC，即 10111100，它的低 5 位为 11100（十进制的 28），高 3 位为 101（十进制的 5）。FC 协议便对这个字表示为“K28.5”，也就是说高三位的十进制是 5，低 5 位的十进制是 28，这样便可以组合成相应的二进制位码。然后再加上一个描述符号 K（控制字符）或者 D（数据字符）。K28.5 这个字符没有 ASCII 字符编码与其冲突，它的二进制流中又包含了连续的 5 个 1，非常容易被电路识别，当然符合这些条件的字符还有好几个。

每个控制字均由 K28.5 字符开头，后接 3 个其他字符（可以是数据字符），由这 4 个字符组成的字来代表一种意义，比如 SOF（Start Of Frame）、EOF（End Of Frame）等。

定义了相关的控制字之后，需要定义一个帧头了。FC 协议定义了一个 24B 的帧头。以太网帧头才 14B，用起来还绰绰有余，为什么 FC 需要定义 24B 呢？在这个问题上，协议的设计者独树一帜，因为这 24B 的帧头不但包含了寻址功能，而且包含了传输保障的功能。网络层和传输层的逻辑都用这 24B 的信息来传递。

我们知道，基于以太网的 TCP/IP 网络，它的开销一共是：14B（以太网帧头）+20B（IP 头）+20B（TCP 头）=54B，或者把 TCP 头换成 8B 的 UDP 头，一共是 42B。这就注定了 FC 的开销比以太网加上 TCP/IP 的开销要小，而实现的功能都差不多。

可以看出，以太网中用于寻址的开销太大，一个以太网 MAC 头和一个 IP 头这两个就已经 34B 了，更别说再加上 TCP 头了。而 FC 将寻址、传输保障合并起来放到一个头中，长度才 24B。图 8-1 所示的是一个 FC 帧的示意图，图 8-2 是一个 FC 帧编码之后的表示。

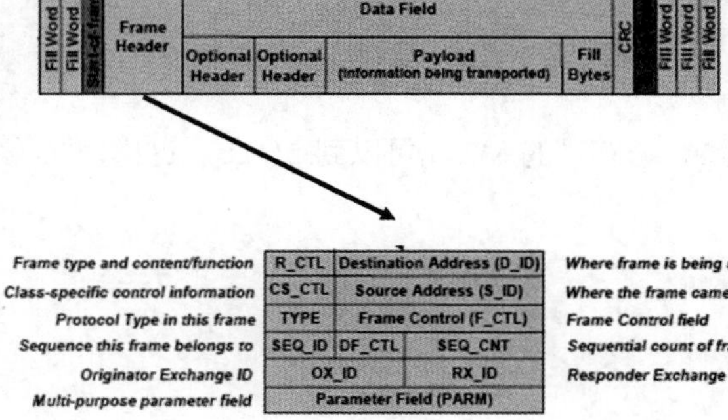

图 8-1　一个 FC 帧的结构

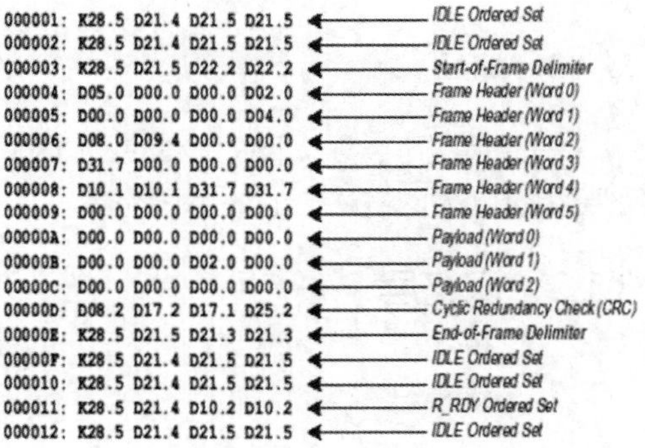

图 8-2　一个完整的 FC 帧的有序集表示

2. 链路层流量控制

在链路层上，FC 定义了两种流控策略：一种为端到端的流控，另一种为缓存到缓存的流控。端到端流控比缓存到缓存流控要上层和高级。在一条链路的两端，首先面对链路的一个部件就是缓存。接收电路将一帧成功接收后，就放入了缓存中。如果由于上位程序处理缓慢而造成缓存已经充满，FC 协议还有机制来通知发送方减缓发送。如果链路的一端是 FC 终端设备，另一端是 FC 交换机，则二者之间的缓存到缓存的流量控制只能控制这个 FC 终端到 FC 交换机之间的流量。

而通信的最终目标是网络上的另一个 FC 终端，这之间可能经历了多个 FC 交换机和多条链路。而如果数据流在另外一个 FC 终端之上发生拥塞，则这个 FC 终端就必须通知发起端降低发送频率，这就是“端到端”的流量控制。图 8-3 示出了这两种机制的不同之处。

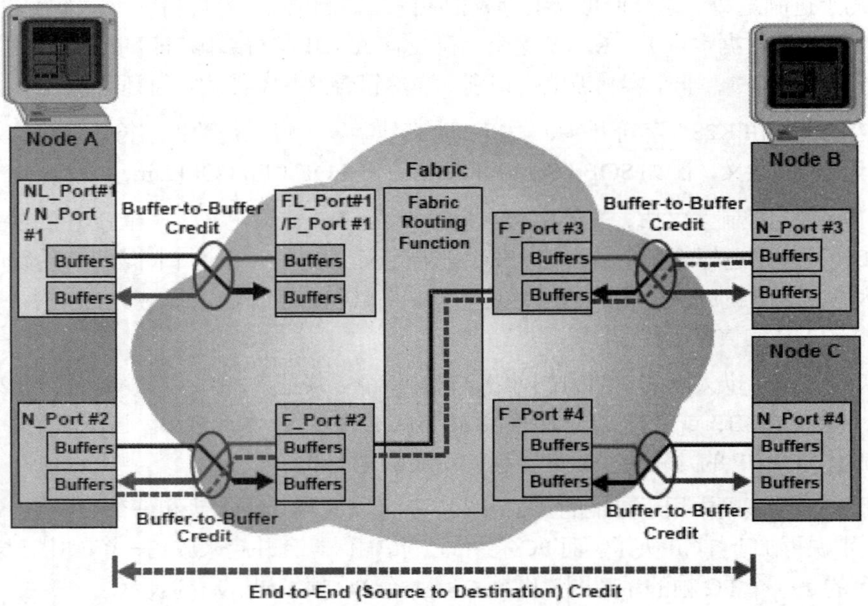

图 8-3 B2B 和 E2E 两种方式的流量控制示意图

3. MTU

一般情况下，以太网的 MTU 为 1500B，而 FC 链路层的 MTU 可以到 2112B。这样，FC 链路层相对以太网链路层的效率又提高了。

8.1.3 网络层

1. 拓扑

与以太网类似，FC 也提供了两种网络拓扑模式：FC-AL 和 Fabric。

FC-ALFC-AL 拓扑类似于以太网共享总线拓扑，但是连接方式不是总线，而是一条仲裁环路（Arbitral Loop）。每个 FC AL 设备首尾相接构成了一个环路。一个环路能接入的最多节点是

128 个，实际上是用了一个字节的寻址容量，但是只用到了这个字节经过 810b 编码之后奇偶平衡（0 和 1 的个数相等）的值，也就是 256 个值中的 134 个值来寻址，这些被筛选出来的地址中又被广播地址、专用地址等占用了，最后只剩下 127 个实际可用的节点地址。

图 8-4 为 4 个 FC-AL 设备接入一个仲裁环的拓扑图。仲裁环是一个由所有设备“串联”形成的闭合环路。如果某个设备发生故障，这个串联的环路是不是就会全部瘫痪呢？在 FC-AL 集线设备的每个接口上都有一套“旁路电路”（Bypass Circuit），这套电路一旦检测到本地设备故障或电源断开，就会自动将这个接口短路，从而使得整个环路将这个故障的设备 Bypass 掉，不影响其他设备的工作。

数据帧在仲裁环内是一跳一跳被传输的，并且任何时刻数据帧只能按照一个方向向下游传输。图 8-5 为 AL 环路数据帧传输机制的示意图。

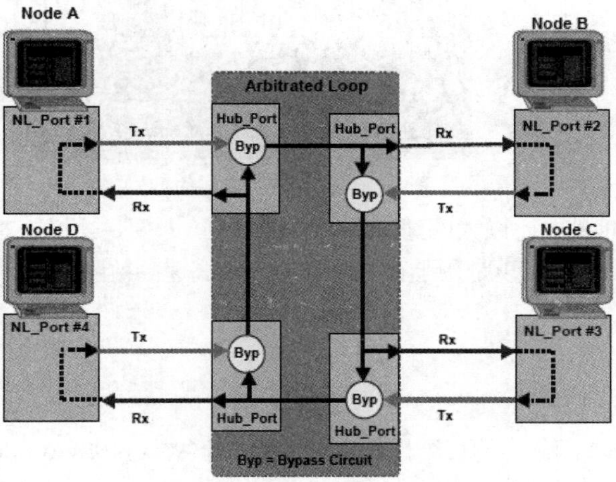

图 8-4　FC 仲裁环结构示意图

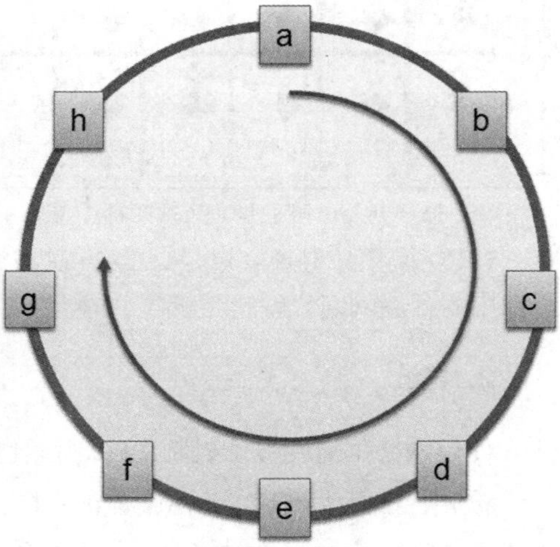

图 8-5　AL 环路数据帧传输机制示意图

在图 8-5 所示的仲裁环中，若 a 节点想与 h 节点通信，在 a 节点赢得仲裁之后，便向 h 节点发送数据帧。然而，由于这个环的数据是顺时针方向传递的，所以 a 发出的数据帧，只能先被 b 节点收到，由 b 节点接着传递到 c 节点，依次传递，最终传递到 h 节点。所以，虽然 a 和 h 节点之间只有一跳的距离，但是仍然需要绕一圈来传递数据。

Fabric 另一种 Fabric 拓扑和以太网交换拓扑类似。Fabric 的意思为“网状构造”，表明这种拓扑其实是一个网状交换矩阵。

交换矩阵的架构相对于仲裁环路来说，其转发效率大大提高了，联入这个矩阵的所有节点之间都可以同时进行点对点通信，加上包交换方式所带来的并发和资源充分利用的特性，使得交换架构获得的总带宽为所有端口带宽之和。而 AL 架构下，接入环路的节点不管有多少，其带宽总为恒定，即共享的环路带宽。

图 8-6 为一个交换矩阵的示意图。每个 FC 终端设备都接入了这个矩阵的端点，一个设备发给另一个设备的数据帧被交换矩阵收到后，矩阵便会“拨动”这张矩阵网交叉处的开关，以连通电路，传输数据。可以将这个矩阵想象成一个大的电路开关矩阵，矩阵根据通信的源和目的决定拨动哪些开关。这种矩阵被做成芯片集成到专门的交换机上，然后辅以实现 FC 逻辑的其他芯片或 CPU、ROM，就形成了一台用于 Fabric 交换的交换机。

图 8-7 所示的是一台 Fabric 交换机。FC 设备通过光纤或者铜线等各种标注的线缆连接到这台交换机上，便可以实现各个节点基于 FC Fabric 拓扑方式的点对点通信。

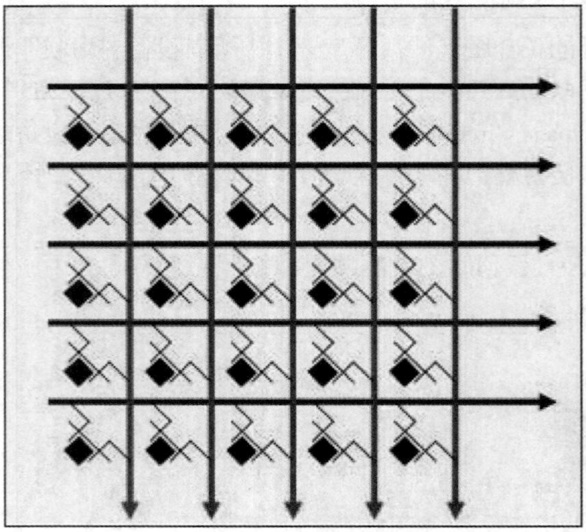

图 8-6 Cross Bar 交换矩阵示意图

图 8-7 Brocade 公司的 FC 交换机

FC 交换拓扑寻址容量是 2 的 24 次方个地址，比以太网理论值（2 48）少。即便是这样，对于专用的存储网络来说也足够了，毕竟 FC 设计的初衷是用于存储网络的一种高速高效网络。

2. 寻址

任何网络都需要寻址机制，FC 当然也不例外了。

首先，像以太网端口 MAC 地址一样，FC 网络中的每个设备自身都有一个 WWNN（World Wide Node Name），不管这个设备上有多少个 FC 端口，设备始终拥有一个固定的 WWNN 来代表它自身。然后，FC 设备的每个端口都有一个 WWPN（World Wide Port Name，世界范围的名字）地址，也就是说这个地址在世界范围内是唯一的，世界上没有两个接口地址是相同的。

FC Fabric 拓扑在寻址和编址方面与以太网又有所不同。具体体现在以太网交换设备上的端口不需要有 MAC 地址，而 FC 交换机上的端口都有自己的 WWPN 地址。这是因为 FC 交换机要做的工作比以太网交换机多，许多智能和 FC 的逻辑都被集成在 FC 交换机上，而以太网的逻辑相对就简单了许多，因为上层逻辑都被交给诸如 TCP/IP 这样的上层协议实现了。然而 FC 的 Fabric 网中，FC 交换机担当了很重要的角色，它需要处理到 FC 协议的最上层。每个 FC 终端设备除了和最终通信的目标有交互之外，还需要和 FC 交换机打好交道。

WWNN 每个 FC 设备都被赋予一个 WWNN，这个 WWNN 一般被写入设备的 ROM 中不能改变，但是在某些条件下也可以通过运行在设备上的程序动态的改变。

WWPN 和三个 IDWWPN 地址的长度是 64 位，比以太网的 MAC 地址还要长出 16 位。可见 FC 协议很有信心，认为 FC 会像以太网一样普及，全球会产生 264 个 FC 接口。然而，如果 8B 长度的地址用于高效路由的话，无疑是梦魇（IPv6 地址长度为 128b，但是鉴于 Internet 的庞大，也只好牺牲速度换容量了）。所以 FC 协议决定在 WWPN 之上再映射一层寻址机制，就是像 MAC 和 IP 的映射一样，给每个连接到 FC 网络中的接口分配一个 Fabric ID，用这个 ID 而不是 WWPN

来嵌入链路帧中做路由。这个 ID 长 24 位，高 8 位被定义成 Domain 区分符，中 8 位被定义为 Area 区分符，低 8 位定义为 PORT 区分符。

这样，WWPN 被映射到 Fabric ID，一个 Fabric ID 所有 24b 又被分成 Domain ID、Area ID、Port ID 这三个亚寻址单元。

- Domain ID：用来区分一个由众多交换机组成的大的 FC 网络中每个 FC 交换机本身。一个交换机上所有接口的 Fabric ID 都具有相同的高 8 位，即 Domain ID。Domain ID 同时也用来区分这个交换机本身，一个 Fabric 中的所有交换机拥有不同的 Domain ID。一个多交换机组成的 Fabric 中，Domain ID 是自动被主交换机分配给各个交换机的。根据 WWNN 号和一系列的选举帧的传送，WWNN 最小者获胜成为主交换机，然后这个主交换机向所有其他交换机分配 Domain ID，这个过程其实就是一系列的特殊帧的传送、解析和判断。
- Area ID：用来区分同一台交换机上的不同端口组，比如 1、2、3、4 端口属于 Area 1，5、6、7、8 端口属于 Area 2 等。其实 Area ID 这一层亚寻址单元意义不是很大。我们知道，每个 FC 接口都会对应一块用来管理它的芯片，然而每个这样的芯片却可以管理多个 FC 端口。所以如果一片芯片可以管理 1、2、3、4 号 FC 端口，那么这个芯片就可以属于一个 Area，这也是 Area 的物理解释。同样，在主机端的 FC 适配卡上，一般也都是用一块芯片来管理多个 FC 接口的。
- Port ID：用来区分一个同 Area 中的不同 Port。

经过这样的 3 段式寻址体系，可以区分一个大 Fabric 中的每个交换机、交换机中的每个端口组及每个端口组中的端口。

3. 寻址过程

1）地址映射

既然定义了两套编址体系，那么一定要有映射机制，就像 ARP 协议一样。FC 协议中地址映射步骤如下。

当一个接口连接到 FC 网络中时，如果是 Fabric 架构，那么这个接口会发起一个登录注册到 Fabric 网络的动作，也就是向目的 Fabric ID 地址 FFFFFE 发送一个登录帧，称为 FLOGIN。

交换机收到地址为 FFFFFE 的帧之后，会动态地给这个接口分配一个 24b 的 Fabric ID，并记录这个接口对应的 WWPN，做好映射。

此后这个接口发出的帧中不会携带其 WWPN，而是携带其被分配的 ID 作为源地址。

提示：以太网是既携带 MAC 地址，又携带 IP 地址，在效率上打了折扣。

如果接口是连接到 FC 仲裁环网络中，那么整个环路上的节点会选出一个临时节点（根据 WWPN 号的数值，最小的优先级最高），然后由这个节点发送一系列的初始化帧，给每个节点分配环路 ID。

提示：FC 网络中的 FCID 都是动态的，每个设备每次登录到 Fabric 所获得的 ID 可能不一样。同样，FC 交换机维护的 Fabric ID 与 WWPN 的映射也是动态的。

图 8-8 所示的是 FC 设备登录到 Fabric 过程示意图。

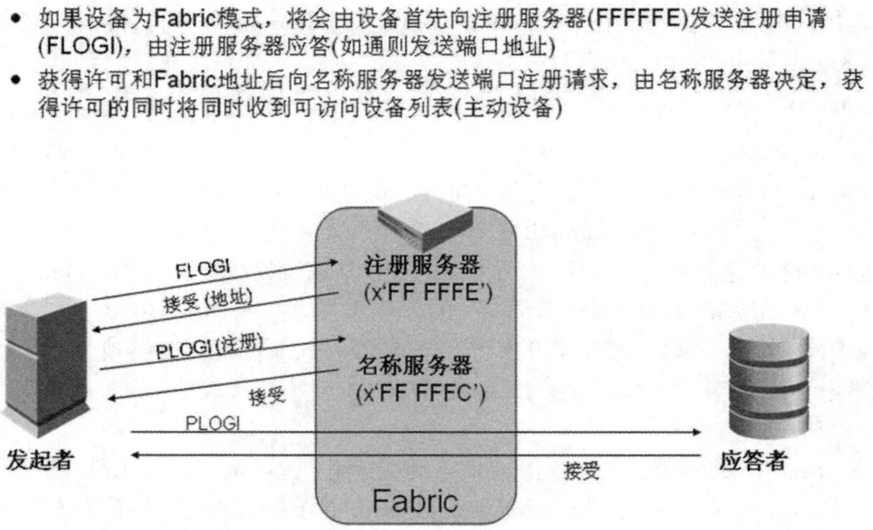
如果设备为Fabric模式，将会由设备首先向注册服务器(FFFFFE)发送注册申请(FLOGI)，由注册服务器应答(如通则发送端口地址)
获得许可和Fabric地址后向名称服务器发送端口注册请求，由名称服务器决定，获得许可的同时将同时收到可访问设备列表(主动设备)
FLOGI
接受(地址)
注册服务器
(x'FF FFFE')
PLOGI(注册)
名称服务器
(x'FF FFFC')
接受
PLOGI
发起者
接受
应答者
Fabric

图 8-8 FC 设备登录 Fabric 网络的过程

2）寻址机制

编址之后就要寻址，寻址则牵扯到路由的概念。

一个大的 FC 网络中，一般有多台交换机相互连接，它们可以链式级联，也可以两两连接，甚至任意连接，就像 IP 网络中的路由器连接一样，但是 FC 网络不需要太多的人工介入。如果将几台交换机连接成一个 FC 网络，则它们会自动地协商自己的 Domain ID，这个过程是通过选举出一个 WWPN 号最小的交换机来充当主交换机，由主交换机来向下给每个交换机分配 Domain ID，以确保不会冲突。

对于寻址过程，这些交换机上会运行相应的路由协议。最广泛使用的路由协议就是 SPF（最短路径优先）协议，是一种很健壮的路由协议。比如用于 IP 网络中的 OSPF 协议，FC 网络也应用了这种协议。这样就可以寻址各个节点，进行各个节点无障碍地通信。

IP 网络需要很强的人为介入性，比如给每个节点配置 IP 地址，给每个路由器配置路由信息及 IP 地址等，这样出错率会很高。FC 网络中自动分配和管理各种地址，避免了人算带来的错误。FC 采用自动分配地址的策略，一个最根本的原因是 FC 从一开始就被设计为一个专用、高效、高速的网络，而不是给 Internet 用的，所以自动分配地址当然适合它。如果给 Internet 也自动分配地址，那么后果不堪设想。

既然要与目的节点通信，怎么知道要通信的目标地址是多少呢？我们知道，FC 被设计为一个专用网络，一个小范围、高效、高速、简易配置的网络。所以使用它的时候也非常简便，就像在 Windows 中浏览网上邻居一样。

每个节点在登录到 FC 网络并且被分配 ID 之后，会进行一个名称注册过程，也就是接口上的设备会向一个特定的目的 ID 发一系列的注册帧，来注册自己。这个 ID 实际上并没有物理设备与其对应，只是运行在交换机上的一套名称服务程序而已，而对于终端 FC 设备来说，会认为自己是在和一个真实的 FC 设备通信。对于 Windows 系统来说，每台机器启动之后，如果设置了 WINS 服务器，会向 WINS 服务器来注册自己的主机名和 IP 地址。

每台机器都这么做，所以网络中的 WINS 服务器就会掌握网络中的所有机器的主机和 IP。同样，FC 交换机上运行的这个名称服务程序，就相当于 WINS 服务器。但是其地址是唯一的、特定的，不像 WINS 服务器可以被配置为任何 IP 地址。也就是说在 FC 协议中，这个地址是大家都公认不会去改变的，每个节点都知道这个地址，所以都能找到名称服务器。其实不是物理的服务器，只是运行在 FC 交换机上的程序，也可以认为 FC 交换机本身就是这台服务器。

节点注册到名称服务之后，服务便会将网络上存在的其他节点信息告诉这个接口上所连接的设备，就像浏览网上邻居一样，所以这个接口上的设备便知道了网络上的所有节点和资源。

ZONE 为了安全性考虑，可以进行人为配置，让名称服务器只告诉某个设备特定的节点。比如网络上存在 a、b、c、d 四个节点，可以让名称服务只向 a 通告 b、c 两个节点的存在，而隐藏 d 节点，这样 a 看不到 d。但是这样做有时候会显得很不保险，因为 a 虽然没有通过名称服务得到 d 的 ID，但是如果将节点 d 的 ID 直接告诉节点 a 的话，那么它就可以和 d 主动发起通信。而这一切，交换机不做干涉，因为交换机傻傻的认为只要名称服务器没有向 a 通告 d 的 ID，a 就不会和 d 发起通信。

发生这种结果的原因是在物理上节点 a 和节点 d 并没有被分开，a 和 d 总有办法通信。就像有时网上邻居里看不到一台机器，但是它明明在线，那么如果此时知道那台机器的地址，照样可以不通过网上邻居，直接和它通信。如果两个节点被物理隔开了，那么就真的无能为力了。前者实现隔离的方法叫做软 ZONE，后者的做法叫做硬 ZONE。

所谓 ZONE，即分区的意思，同一个分区内的节点之间可以相互通信，不同分区之间的节点无法通信。软 ZONE 假设大家都是守法公民，名称服务器没有通告的 ID 就不去连接；而硬 ZONE 不管是否守法都会从底层硬件上强制隔离，即使某个节点知道了另外分区中某个节点的 ID，也无法和对方建立通信，因为底层已经被阻断了。图 8-9 是一个 Fabric ZONE 的示意图。

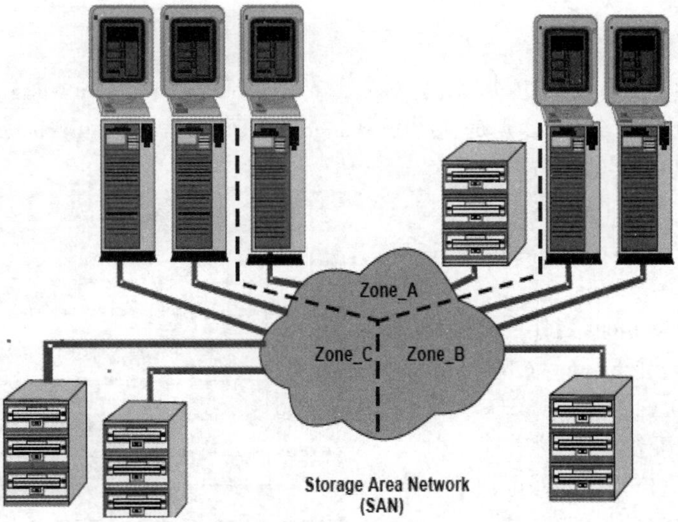

图 8-9　一个具有三个 ZONE 的 Fabric

与目标通信从名称服务器得知网络上的节点 ID 之后，如果想发起和一个节点的通信，那么这个设备需要直接向目的端口发起一个 N_PORT Login 过程来交换一系列的参数，然后再进行 Process Login 过程（类似于 TCP 向特定应用端口发送握手包一样），即进行应用程序间的通信。

比如，FC 可以承载 SCSI 协议和 IP 协议，那么 Initiator 端就需要向 Target 端对应的功能发起请求，比如请求 FCP 类型的 Process Login，那么 Target 端就知道这个连接是用于 FCP 流量的。这些 Login 过程其实就是上三层的内容，属于会话层，和网络传输已经没什么关联了。这些 Login 的帧也必须经过 FC 下四层来封装并传输到目的地，就像 TCP 握手过程一样。

名称服务器只是 FC 提供的所有服务中的一个，其他还有时间服务、别名服务等，这些地址都是事先定死的。

Fabric 网络中还有一种 FC Control Service，如果节点向这个服务注册，也就是向地址 FFFFFD 发送一个 State Change Registration （SCR）帧，那么一旦整个 Fabric 有什么变动，比如一个节点离线了，或者一个节点上线了、或者一个 ZONE 被创建了等，Fabric 便会将这些事件封装到 Registered State Change Notification （RSCN）帧里发送给注册了这项服务的所有节点。这个动作就像预订新闻一样，通常一旦节点被通知有这些事件发生之后，节点需要重新进行名称注册，以便从名称服务器得到网络上的最新资源情况，也就是刷新一下。

这些众所周知的服务都是运行在交换机内部的，而不是物理上的一台服务器。当然如果愿意的话，也完全可以用物理服务器来实现，不过这样做的话，在增加了扩展性的同时也增加了 Fabric 的操作难度。

以上描述的都是基于 FC 交换架构的网络，即 Fabric（FC 交换网络）。对于 FC 仲裁环架构的网络没有名称注册过程，环上的每个节点都对环上其他节点了如指掌，可以对任何节点发起通信。

提示：有些机制可以把环路和交换结构融合起来，比如形成 Private loop、Public loop 等，这方面会在下文中介绍。

FC 的链路层和网络层被合并成一层，统称 FC2。

8.1.4 传输层

FC 的传输层同样也与 TCP 类似，也对上层的数据流进行 Segment，而且还要区分上层程序，TCP 是利用端口号来区分，FC 则是利用 Exchange ID 来区分。每个 Exchange（上层程序）发过来的数据包，被 FC 传输层分割成 Information Unit，也就相当于 TCP 分割成的 Segment。然后 FC 传输层将这些 Unit 提交给 FC 的下层进行传输。下层将每个 segment 当作一个 Sequence，并给予一个 Sequence ID，然后将这个 Sequence 再次分割成 FC 所适应的帧，给每个帧赋予一个 Sequence Count，这样便可以保证帧的排列顺序。接收方接收到帧之后，会组合成 Sequence，然后根据 Sequence ID 来顺序提交给上层协议处理。图 8-10 显示了这种层次结构。图 8-11 为 FC 网络上的数据帧传输

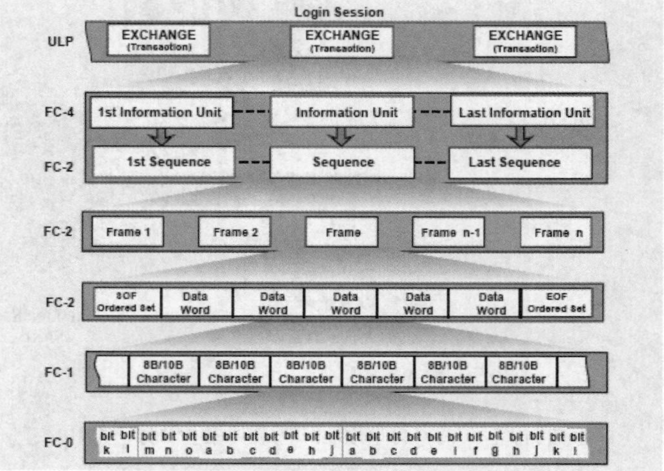

图 8-10 FC 协议的层次结构

示意图。

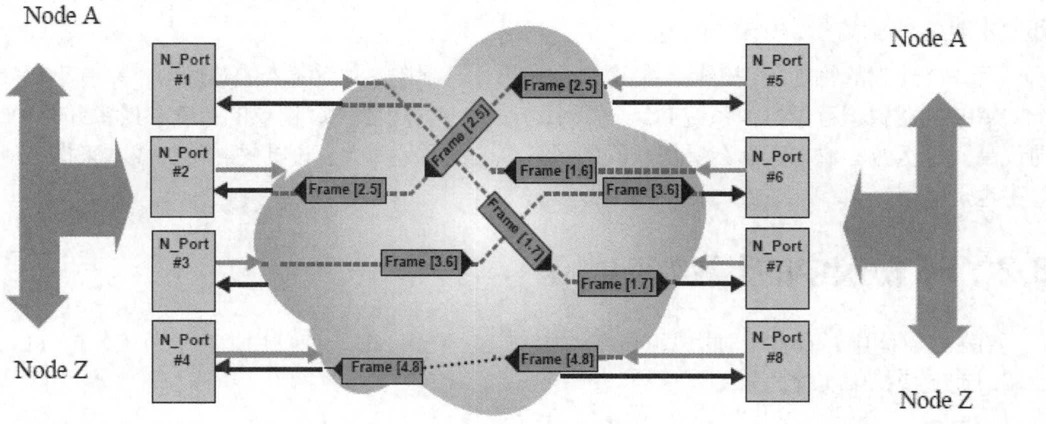

图 8-11　Fabric 网络上的帧

传输层还有一个重要角色，就是适配上层协议，比如 IP 可以通过 FC 进行传输，SCSI 指令可以通过 FC 来传输等。FC 会提供适配上层协议的接口，就是 IP over FC 及 SCSI over FC。这里，FC 只是给 IP 和 SCSI 提供了一种通路，一种传输手段，就像 IP over Ethernet 和 IP over ATM 一样。

FC 也是通过发送 ACK 帧来向对方发送确认信息的，这个和 TCP 的实现思想一样。只不过一个 ACK 帧是 24B 加上 CRC、SOF、EOF，一共 36B，而 TCP 的 ACK 帧为 14+20+20=54B。两者差别已经很明显了，两个帧看不出来，但是发送多了，差别就看出来了。要看累积效应。当然这么算是很粗略的，还需要包括进链路控制，帧间隙开销等。

在传输层上，FC 定义了几种服务类型，也就是类似 TCP/IP 协议中规定的 TCP、UDP。FC 协议中的 Class 1 服务类型是一种面向连接的服务，即类似电路交换的模式，为通信的双方保留一条虚电路，以进行可靠的传输。Class 2 类型提供的是一种带端到端确认的保障传输的服务，也就是类似 TCP。Class 3 类型不提供确认，类似 UDP。Class 4 类型是在一条连接上保留一定的带宽资源给上层应用，而不是像 Class 1 类型那样保留整个连接，类似 RSVP 服务。使用什么服务类型，会在端口之间进行 PLogin 的时候协商确定。

FC 传输层被定义为 FC4。

8.1.5　上三层

FC 协议的上三层表现为各种 Login 过程、包括名称服务等在内的各种服务等，这些都是与网络传输无关的，但是的确属于 FC 协议体系之内的，所以这些内容都属于 FC 协议的上三层。

8.1.6　小结

综上所述，FC 是一个高速高效、配置简单，不需要太多人为介入的网络。基于这个原则，为了进一步提高 FC 网络的速度和效率，在 FC 终端设备上，FC 协议的大部分逻辑被直接做到一块独立的硬件卡片当中，而不是运行在操作系统中。如果将部分协议逻辑置于主机上运行，会占用主机 CPU 内存资源。

TCP/IP 就是一种运行于主机操作系统上的网络协议，其 IP 和 TCP 或者 UDP 模块是运行在操作系统上的，只有以太网逻辑是运行在以太网卡芯片中的，CPU 从以太网卡接收到的数据是携带有 IP 头部及 TCP/UDP 头部的，需要运行在 CPU 中的 TCP/IP 协议代码来进一步处理这些头部，才能生成最终的应用程序需要的数据。

而 FC 协议的物理层到传输层的逻辑，大部分运行在 FC 适配卡的芯片中，只有小部分关于上层 API 的逻辑运行于操作系统 FC 卡驱动程序中，这样就使 FC 协议的速度和效率都较 TCP/IP 协议高。这么做，成本无疑会增加，但是网络本来就不是为大众设计的，增加成本来提高速度和效率也是值得的。

8.2 FC 协议中的七种端口类型

在 FC 网络中，存在七种类型的接口，其中 N、L 和 NL 端口被用于终端节点，F、FL、E 和 G 端口在交换机中实现。

8.2.1 N 端口和 F 端口

N 端口和 F 端口专用于 Fabric 交换架构中。连入 FC 交换机的终端节点的端口为 N 端口，对应的交换机上的端口为 F 端口。N 代表 Node，F 代表 Fabric。用 N 端口模式连入 F 端口之后，网络中的 N 节点之间就可以互相进行点对点通信了。图 8-12 所示的是 N 端口和 F 端口的示意图。

图 8-12 N 端口和 F 端口

8.2.2 L 端口

L 端口指仲裁环上各个节点的端口类型（LOOP）。环路上的所有设备可以通过一个 FCAL 的集线器相连，以使得布线方便，故障排除容易。当然，也可以使用最原始的方法，就是首尾相接。图 8-13 所示的是利用集线器连接的拓扑。

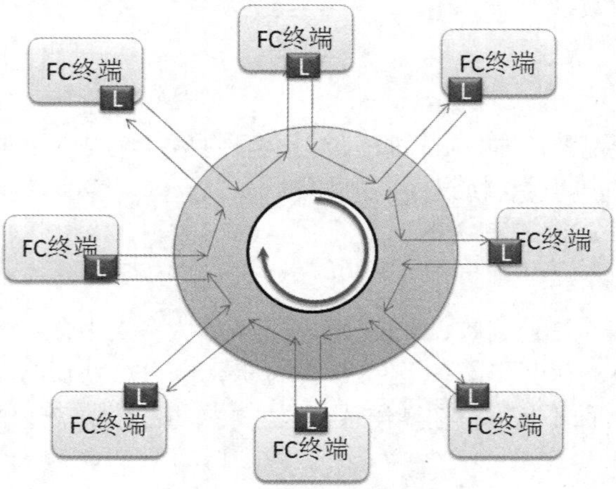

图 8-13 基于 FCAL 集线器的 FCAL 环路连接

1. 私有环

私有环，就是说这个 FC 仲裁环是封闭的，只能在这个环中所包含的节点之间相互通信，而不能和环外的任何节点通信。

2. 开放环

这个环是开放的，环内节点不但可以和环内的节点通信，而且也可以和环外的节点通信。也就是说可以把这个环作为一个单元连接到 FC 交换机上，从而使得环内的节点可以和位于 FC 交换机上的其他 N 节点通信。如果将多个开放环连接到交换机，那么这几个开放环之间也可以相互通信。

要实现开放环架构，需要特殊的端口，即下面描述的 NL 和 FL 端口。

8.2.3 NL 端口和 FL 端口

NL 端口是开放环中的一类端口，它具有 N 端口和 L 端口的双重能力。换而言之， NL 端口支持交换式光纤网登录和环仲裁。而 FL 端口是 FC 交换机上用于连接开放仲裁环结构的中介端口。

开放环内可以同时存在 NL 节点和 L 节点，而只有 NL 节点才能和环外的、位于 FC 交换结构中的多个 N 节点或者其他类型节点通信。NL 节点也可以同时和 L 节点通信。图 8-14 为 NL 和 FL 端口示意图。

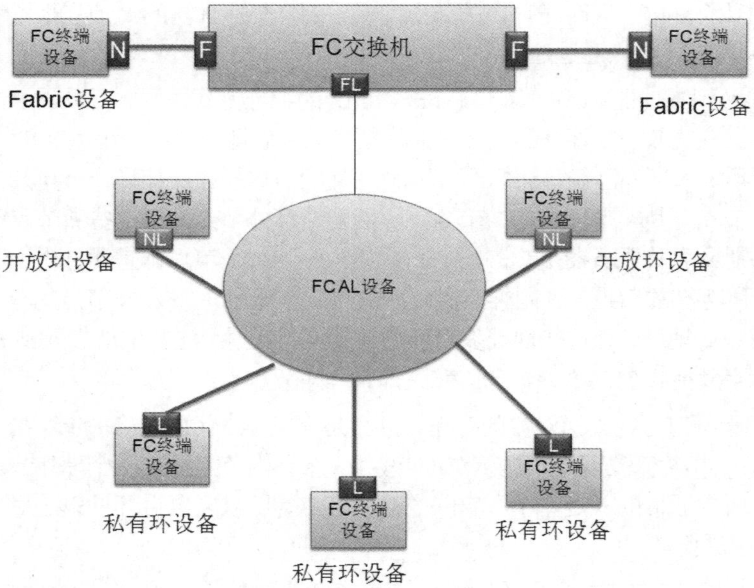

图 8-14 NL 和 FL 端口示意图

开放环的融合机制

FC-SW 设备的工作方式是它会登录到网络（FLOGI），并在 Name Server 中注册（PLOGI）。设备要传输数据时会先到 Name Server 查询 Target 设备，然后到目标设备进行注册（PRLI），最后传输数据。

FC-AL 的设备工作方式与此完全不同，在环路的初始化（LIP）过程中，生成一个环路上所有设备地址的列表，被称作 AL_PA，并存储在 Loop 中的每个设备上。当设备要与目标主机通信时，会到 AL_PA 中查询目标主机，然后根据地址进行通信。

要让一个私有环中的设备和 Fabric 中的设备达到相互通信，必须采用协议转换措施，因为 FC AL 和 FC Fabric 是两套不同的逻辑体系。

> **提示：**在本书第 13 章论述了关于“协议之间相互作用”即“协议杂交”方面的内容。如果阅读到那一章，再回头来研究，我们可以发现，NL 端口和 FL 端口之间，完全就是一种 Tunnel 模式，它们利用 FC AL 的逻辑，承载 FC Fabric 的逻辑，也就是踩着 AL 走 Fabric。比如 Flogin、PLogin 等这些帧，都通过 AL 链路来发向 FL 端口，而整个环中其他节点，对这个动作丝毫不知道，也不必知道。

如果采用 MAP 方式达到两种协议形式的最大程度的融合，也是完全可以的。下面描述的这种模式，就是采用了 MAP 的思想。

这种 MAP 的模式使环内的任何 L 节点可以和环外的任何 N 节点之间就像对方和自己是同类一样通信。也就是说环内的 L 节点看待环外的 N 节点就像是一个不折不扣的 L 节点。反过来，环外的 N 节点看待环内的 L 节点就像是一个 N 节点一样。这个功能是通过在交换机上的 FL 端口实现的，这个端口承接私有环和 Fabric。在私有环一侧，它表现为 L 端口的所有逻辑行为，而对 Fabric 一侧，它则表现为 N 端口的行为，也就相当于一个 N-L 端口协议转换。这个接口可以把环外的 N 节点“带”到私有环内，同时把环内的节点“带”到环外。环内的 L 节点根本不会知道它们所看到的其实是环外的 N 节点通过这个特殊的 L 端口仿真而来的。

当然也要涉及到寻址的 MAP，因为 Fabric 和 AL 的编址方式不同，所以需要维护一个地址映射，将环内的节点统统取一个环外的名字，也就是将 L 端口地址对应一个 N 端口地址，而这些地址都是虚拟的，不能和环外已经存在的 N 端口地址重合，这样才能让环外节点知道存在这么一些新加入 Fabric 的节点（其实是环内的 L 节点）。而要让环外节点知道这些新节点的存在，就要将这些新的节点注册到名称服务器上。因为 Fabric 架构中，每个节点都是通过查询名称服务器来获取当前 Fabric 中所存在的节点的。同样，要让环内的节点知道环外的 N 节点的存在，也必须给每个 N 节点取一个 AL 地址，让这些地址参与环的初始化，从而将这些地址加入到 AL 地址列表中。这样，环内的节点就能根据这个列表知道环内都有哪些节点了。

让各自都能看到对方，知道对方的存在，这只是完成了 MAP 的第一步。接下来，还要进行更加复杂的 MAP，即协议交互逻辑的 MAP。假如一个环内节点要和一个环外节点通信，这个环内节点会认为它所要通信的就是一个和它同类的 L 节点，所以它赢得环仲裁之后，会直接向这个虚拟 AL 地址发起通信。

这个虚拟 AL 地址对应的物理接口实际上是交换机上的仿真 L 端口，仿真 L 端口收到由环内节点发起的通信请求之后，便开始 MAP 动作。首先仿真 L 端口根据这个请求的目的地址，也就是那个虚拟地址，查找地址映射表，找到对应的 N 端口的 Fabric 地址。然后主动向这个 N 端口发起 PLogin 过程，也就是将 AL 的交互逻辑最终映射到了 Fabric 的交互逻辑。即 AL 向虚拟地址发起的通信请求，被仿真 L 端口 MAP 成了向真正的 N 端口发起 PLogin 请求，这就是协议交互逻辑的 MAP。请求成功之后，仿真 L 端口便一边收集环内 L 节点发来的数据，一边将数据按照 Fabric 的逻辑转发给真正的 N 端口。反之亦然，N 端口的逻辑，仿真 L 端口同样也会 MAP 成 AL 环的逻辑。这样，不管是环外的 N 端口还是环内的 L 端口，它们都认为它们正在和自己的同类通信。

图 8-15 所示为开放环与 Fabric 融合的示意图。

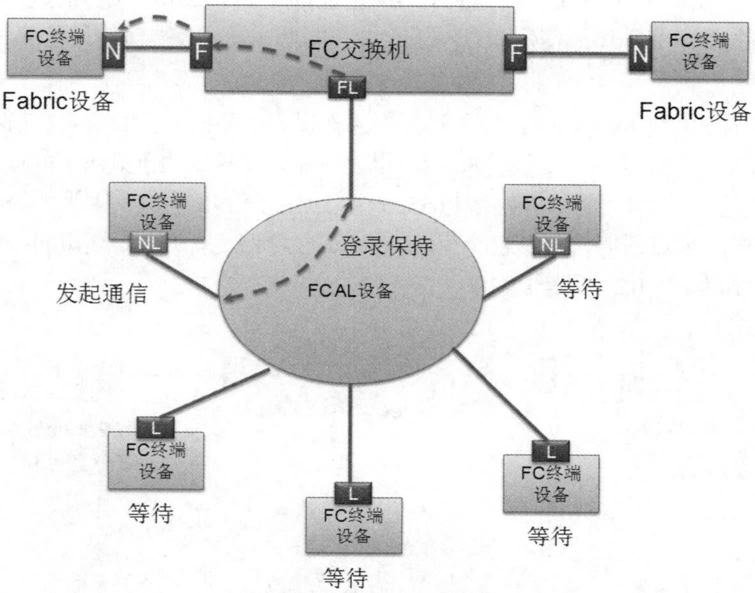

图 8-15 开放环融合机制示意图

同样是将环接入 Fabric，开放环的扩展性就比私有环接入强。因为一个 NL 端口可以和环外的多个 N 端口通信。也就是说，NL 端口和 FL 端口可以看成是隐藏在环中的 N 端口和 F 端口。它们如果要通信，不能像直连的 N 和 F 端口那样直接进行 Fabric 登录，而必须先突破环的限制，即先要赢得环仲裁，再按照交换架构的逻辑进行 Fabric 登录，接着 N 端口登录，然后进程登录。而这一切，环内其他节点不会感知到。

具有 NL 端口的设备既能和环内的 L 端口设备通信，又能和环外的 N 端口设备通信，同时具有 N 和 L 端口的逻辑，这一切都不需要仿真 MAP，只需要一个 Tunnel 过程即可。而环内的 L 节点如果想与环外的 N 端口通信，由于 L 节点自身没有 N 端口的逻辑，必须经过 FL 端口的 MAP 过程。所以，称具有 NL 端口的设备为 Public 设备，即开放设备。而称具有 L 端口的设备为 Private 设备，即不开放的私有设备。

8.2.4 E 端口

E 端口是专门用于连接交换机和交换机的端口。因为交换机之间级联，需要在级联线路上承载一些控制信息，比如选举协议、路由协议等。

8.2.5 G 端口

G 端口比较特殊，它是“万能”端口，它可以转变为上面讲到过的任何一种端口类型，按照所连接对方的端口类型进行自动协商变成任何一种端口。

终端节点端口编址规则

各种终端节点端口（N、NL、L）的 FC ID 地址都是 24b（3B）长。但是 N 端口只使用 3B 中的高 2B，即高 16b；L 端口只使用 3B 中的低 1B，即低 8b；NL 端口使用全部 3B。没有被使用的字节值为 0。

产生这种编址机制不同的原因，是 3 种端口的作用方式不同。L 端口只在私有环内通信，而一个环的节点容量是 128 个，所以只用 8b 就可以表示了。N 端口由于处于 Fabric 交换架构中，节点容量很大，所以用了 16b 表示，最大到 65536 个节点。而 NL 端口，因为既处于环中，又要和 Fabric 交换架构中的节点通信，所以它既使用 N 端口的编址，又使用 L 端口的编址，所以用了全部 3B。图 8-16 为端口编址示意图。

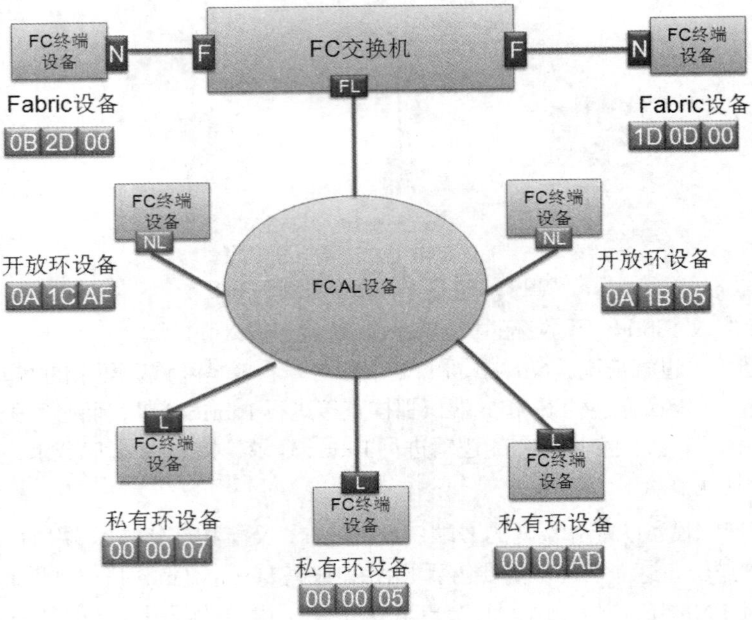

图 8-16　三种 FC 节点类型的编址异同

任何设备都可以接入 FC 网络从而与网络上的其他 FC 设备通信，网络中的设备可以是服务器、PC、磁盘阵列、磁带库等。然而，就像以太网要求设备上必须有以太网接口才能连入以太网络一样，设备上必须有 FC 接口才可以连入 FC 网络。

8.3 FC 适配器

想进入 FC 网络，没有眼睛和耳朵怎么行呢？FC 网络的眼睛就是 FC 适配器，或者叫做 FC 主机总线适配器，即 FC HBA（Host Bus Adapter）。值得说明的是，HBA 是一个通用词，它不仅仅指代 FC 适配器，而可以指代任何一种设备，只要这个设备的作用是将一个外部功能接入主机总线。所以，PC 上用的 PCI/PCIE 网卡、显卡、声卡和 AGP 显卡等都可以叫做 HBA。

图 8-17 所示的就是 PCI 接口的 FC 适配器。

图8-18所示的是可以用来接入FC网络的各种线缆，可以看到SC光纤、DB9铜线和RJ-45/47线缆，它们都可以用于接入 FC 网络，只要对端设备也具有同样的接口。所以，千万不要认为 FC 就是光纤，这是非常滑稽的。

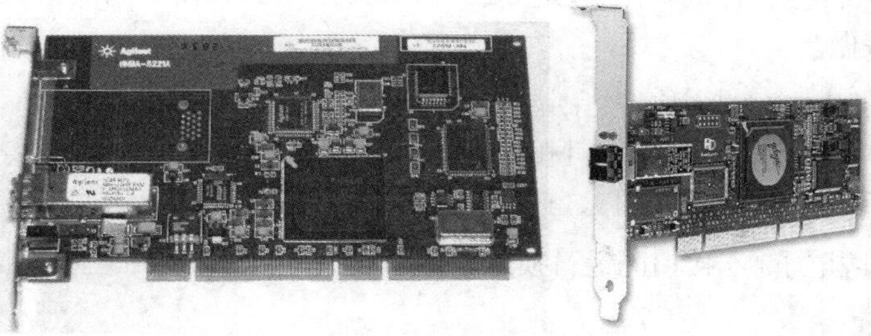

图 8-17　FC 适配卡

图 8-18　各种接口的 FC HBA

同样，也不要认为 FC 交换机就是插光纤的以太网交换机，这是个低级错误。称呼 FC 为光纤的习惯误导了不少人。FC 协议是一套完全独立的网络协议，比以太网要复杂得多。FC 其实是 Fibre Channel 的意思，由于 Fibre 和 Fiber 相似，再加上 FC 协议普遍都用光纤作为传输线缆而不用铜线，所以人们下意识的称 FC 为光纤通道协议而不是网状通道协议。但是要理解，FC 其实是一套网络协议的称呼，FC 协议和光纤或者铜线实际上没有必然联系。如果可能的话，也可以用无线、微波、红外线或紫外线等来实现 FC 协议的物理层。同样以太网协议与是否用光纤或者铜线、双绞线来传输也没有必然联系。

所以“FC 交换机就是插光纤的以太网交换机”的说法是错误的。同样“以太网就是双绞线”和“以太网就是水晶头”这些说法都是滑稽的。

FC 适配器本身也是一个小计算机系统，有自己的 CPU 和 RAM 以及 ROM。ROM 中存放 Firmware，加电之后由其上的 CPU 载入运行。可以说它就是一个嵌入式设备，与 RAID 卡类似，只不过不像 RAID 卡一样需要那么多的 RAM 来作为数据缓存。

8.4　改造盘阵前端通路——SCSI 迁移到 FC

现在是考虑把原来基于并行SCSI总线的存储网络架构全面迁移到FC提供的这个新的网络架构的时候了！

但是FC协议只是定义了一套完整的网络传输体系，并没有定义诸如SCSI指令集这样可用于向磁盘存取数据的通用语言。而目前已经有了两种语言，一种是 ATA 语言（ATA 指令集），另一种就是 SCSI 语言（SCSI 指令集）。那么 FC 是否有必要再开发第三种语言？完全没有必要了。SCSI 指令集无疑是一个高效的语言，FC 只需要将 SCSI 语言拿来用就可以，但必须将这种语言承载于新的 FC 传输载体进行传送。

SCSI 协议集是一套完整而不可分的协议体系，同样有 OSI 中的各个层次。物理层使用并行传输。SCSI 协议集的应用层其实就是 SCSI 协议指令，这些指令带有强烈应用层语义。而我们要解决的就是如何将这些指令帧传送到对方。早期并行 SCSI 时代，就是用 SCSI 并行总线技术来传送指令，这个无疑是一个致命的限制。随着技术的发展，并行 SCSI 总线在速度和效率上已经远远无法满足要求。好在 SCSI-3 协议规范中，将 SCSI 指令语义部分（OSI 上三层）和 SCSI 底层传输部分（OSI 下四层）分割开了，使得 SCSI 指令集可以使用其他网络传输方式进行传输，而不仅仅限于并行 SCSI 总线了。

FC 的出现就是为了取代 SCSI 协议集的底层传输模块，由 FC 协议的底层模块担当传输通道和手段，将 SCSI 协议集的上层内容传送到对方。可以说是 SCSI 协议集租用了 FC 协议，将自己的底层传输流程外包给了 FC 协议来做。

FC 协议定义了在 FC4 层上的针对 SCSI 指令集的特定接口，称为 FCP，也就是 SCSI over FC。由于是一个全新的尝试，所以 FC 协议决定先将连接主机和磁盘阵列的通路，从并行 SCSI 总线替换为串行传输的 FC 通路。而盘阵后端连接磁盘的接口，还是并行 SCSI 接口不变。

从图 8-19 中可以看到，连接主机的前端接口已经替换成了 FC 接口，原来连接在主机上的 SCSI 适配器也被替换成了 FC 适配器。

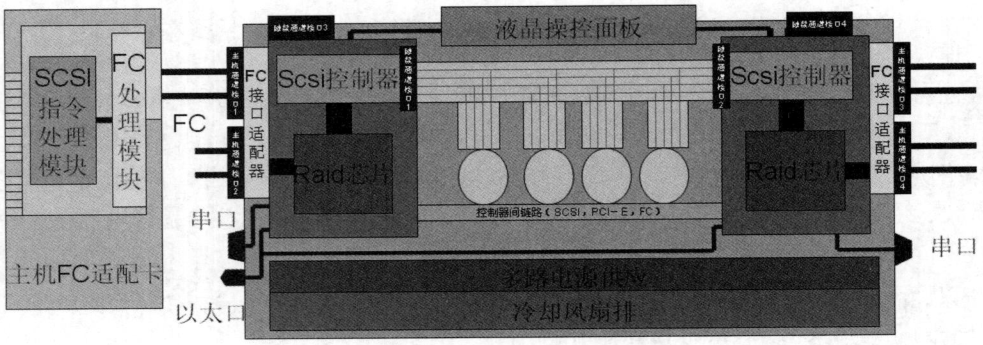

前端FC接口，后端SCSI接口的磁盘阵列。通过点对点FC直连模式和主机连接

图 8-19　前端 FC、后端 SCSI 架构的盘阵示意图

经过这样改造后的盘阵，单台盘阵所能接入磁盘的容量并没有提升，也就是说后端性能和容量并没有提升，所提升的只是前端性能。因为 FC 的高效、高速和传输距离，远非并行 SCSI 可比。

理解：虽然链路被替换成了 FC，但是链路上所承载的应用层数据并没有变化，依然是 SCSI 指令集，和并行 SCSI 链路上承载的指令集一样，只不过换成 FC 协议及其底层链路和接口来传输这些指令以及数据而已。

从图 8-19 中可以看到，不管是主机上的 FC 适配器还是盘阵上的控制器，都没有抛弃 SCSI 指令集处理模块，被抛弃的只是 SCSI 并行总线传输模块。也就是抛弃了原来并行 SCSI 协议集位于 OSI 的下四层（用 FC 的下四层代替），保留了整个 SCSI 协议的上三层，也就是 SCSI 指令部分。

将磁盘阵列前端接口用 FC 替代之后，极大地提高了传输性能以及传输距离，原来低效率、低速度和短距离的缺点被彻底克服了。

8.5　引入 FC 之后

引入 FC 之后有如下优势。

1. 提高了扩展性

FC 使存储网络的可扩展性大大提高。如图 8-20 所示，一台盘阵如果只提供一个 FC 前端接口，同样可以连接多台主机，办法是把它们都连接到一台 FC 交换机上。就像一台机器如果只有一块以太网卡，而没有以太交换机或 HUB 的话，那么只能和一台机器相连。如果有了以太网交换机或 HUB，它就可以和 N 台机器连接。使用 FC 交换机的道理也一样，这就是引入包交换网络化所带来的飞跃。

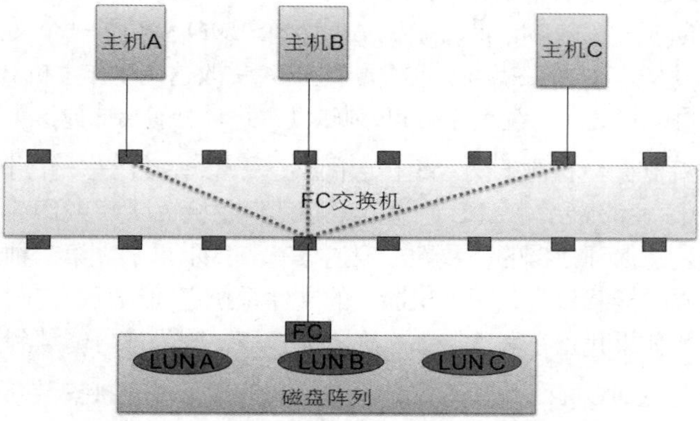

图 8-20　多主机共享盘阵

多台主机共享一台盘阵同时读写数据，这个功能在并行 SCSI 时代是想都不敢想的。虽然并行 SCSI 总线网络可以接入 16 个节点，比如 15 台主机和一台盘阵连入一条 SCSI 总线，这 15 台主机只能共享这条总线的带宽，假设带宽为 320MB/s，如果 15 台主机同时读写，则理论上平均每台主机最多只能得到 20MB/s 的带宽。而这只是理论值，实际加上各种开销和随机 IO 的影响，估计每台主机能获得的吞吐量会不足 10MB/s。再加上 SCSI 线缆最长不能超过 25 米，用一条宽线缆去连接十几台主机和盘阵的难度可想而知。

而引入 FC 包交换网络之后，首先是速度提升了一大截，其次由于其包交换的架构，可以很容易地实现多个节点向一个节点收发数据的目的。

2. 增加了传输距离

FC 携带有现代通信的特质，比如可以使用光纤。而这就可以使主机和与远隔几百米甚至上千米（使用单模光缆）之外的盘阵相连并读写数据。

3. 解决了安全性问题

可能很多人还会有疑问，在图 8-20 所示的拓扑中，多个主机共用一台只有一个外部接口的盘阵不会冲突么？当然不会。第一，交换机允许多个端口访问同一个端口是一个分时复用的包交换过程，这个是毋庸置疑的。第二，盘阵上的 FC 前端接口允许多个其他端口进行 Port Login 过程。那么盘阵上的逻辑磁盘 LUN 可以同时被多个主机访问么？完全可以。SCSI 指令集中有一个选项，即独占式访问或者共享式访问。

（1）独占式访问。

即只允许第一个访问某个目标节点的节点保持对这个目标节点的访问，第二个节点要向这个目标节点发起访问请求，则不被允许，除非上一个节点发出了释放指令。独占模式下，每台主机每次访问目标前都需要进行 SCSI Reserve，使用完后再进行 SCSI Release 释放 SCSI 目标，这样其他节点才能访问那个目标。

（2）共享式访问，即允许任何人来访问，没有任何限制。

所以，盘阵上的任何 LUN 都可以被多台主机通过一个前端接口或者多个前端接口访问。这是一个优点，也是一个隐患。因为多个主机在没有相互协商和同步的情况下，一旦对同一个 LUN 都进行写操作的话，就会造成冲突。比如两台 Windows 主机正处于运行状态，它们都通过 FC 适配卡识别到了磁盘阵列上的同一个 LUN。此时主机 A 向这个 LUN 上写了一个文件，假设主机 B 已经将文件系统的元数据读入了内存，磁盘上的数据被主机 A 更改这个动作主机 B 是感受不到的。隔一段时间之后，主机 B 可能将文件系统缓存 Flush 到磁盘，此时可能会抹掉这个文件的元数据信息。

所以，在没有协商和同步机制的两台主机之间共享一个 LUN 是一件可怕的事情。要解决这个问题，可以每次只开一台机器，主机 B 想访问就必须把主机 A 关机或卸载该卷，然后主机 B 开机或挂载该卷，这样才能保证数据的一致性。但这样有点过于复杂。第二种办法就是使两台或者多台机器同时开机或同时挂载该卷，而让机器上的文件系统之间相互协商同步，配合运作。我写入的东西会让你知道。如果我正在写入，那么你不能读取，因为你可能读到过时的信息。

在文件系统上增加这种功能，需要对文件系统进行修改，或直接安装新的文件系统模块。这种新的文件系统叫做集群文件系统，能保证多个机器共享一个卷，不会产生破坏。

有些情况确实需要让两台机器同时可以访问同一个卷（如集群环境），但是大多数情况下是不需要共享同一个卷的，每台机器拥有各自的卷，都只能访问属于自己的卷，这样不就太平了么？

是的，要做到这一点有两种方法。分析从主机到盘阵上的 LUN 的通路，可以发现通路上有两个部件，第一个部件是 FC 网络交换设备，第二个部件就是磁盘阵列控制器。可以在这两个部件上做某种“隐藏”或者“欺骗”，让主机只能对属于它自己的 LUN 进行访问。

（3）在磁盘阵列控制器上做“手脚”。

SCSI 指令集中有一条指令叫做 Report LUN，也就是在 SCSI 发起端和目标端通信的时候，由发起端发出这条指令，目标端在接收到这条指令之后，就要向发起端报告自己的 LUN 信息。可以在这上面做些手脚，骗发起端一把。当发起端要求 Report LUN 的时候，盘阵控制器可以根据发起端的唯一身份（比如 WWPN 地址），提供相应的 LUN 报告给它。

比如针对主机 A，控制器就报告给它 LUN1、LUN2、LUN3。虽然盘阵上还配置很多其他的卷，比如 LUN4、LUN5、LUN6 等，但是如果告诉控制器，让它根据一张表 8-1 所示的映射表来判断应该报告给某个主机哪个或哪些 LUN 的话，控制器就会乖乖地按照指示来报告相应的 LUN 给相应的主机。

表 8-1 LUN 映射表

针对哪个主机（WWPN 地址）	报告哪个或者哪些 LUN
主机 AWWPN 地址：00-16-E3-6E-78-05-0A-FD	LUN1、LUN2、LUN3
主机 BWWPN 地址：00-16-E3-6E-78-05-0A-0A	LUN4、LUN5
主机 CWWPN 地址：00-16-E3-6E-78-05-0A-3B	LUN6

如果某个主机强行访问不属于它的 LUN，盘阵控制器便会拒绝这个请求。上面那张映射表完全需要人为配置，因为盘阵控制器不会知道我们的具体需求。所以对于一个盘阵来说，要想实现对主机的 LUN 掩蔽，必须配置这张表。

盘阵上的这个功能叫做 LUN Masking（LUN 掩蔽），也就是对特定的主机报告特定的 LUN。这样可以避免"越界"行为，也是让多台主机共享一个盘阵的方法，从而让多台主机和平共享一台盘阵资源。毕竟，对于容量动辄几 TB 甚至几百 TB 的大型盘阵来说，如果不加区分的让所有连接到这台盘阵的主机都可以访问到所有的卷是没有必要的，也是不安全的。

不仅 FC 接口盘阵有这个功能，SCSI 前端接口盘阵照样可以实现这个功能，因为这是 SCSI 指令集的功能，而不是传输总线的功能。不管用什么来传输 SCSI 指令集，只要上面能承载 SCSI 指令集，那么指令集中所有功能都可用。

磁盘阵列除了可以将某些 LUN 分配给某个主机之外，还可以配置选择性地将某个或某些 LUN 分配到某个前端端口上。也就是说，设置前端主机只有从某个盘阵端口进入才能访问到对应的 LUN，从盘阵前端其他端口访问不到这些 LUN。有些双控制器的盘阵可以定制策略将某些 LUN 分配到某个控制器的某些端口上。LUN Masking 的策略非常灵活，只要有需求就没有开发不出来的功能。

总之，可以把 LUN 当作蛋糕，有很多食客（主机）想吃这些蛋糕。然而，食客要吃到蛋糕，需要首先通过迷宫（FC 网络），然后到达一个城堡（磁盘阵列）。城堡有好几个门（盘阵的前端接口），如果城堡的主人很宽松，会把所有蛋糕分配到所有门中，从任何一个门进入都可以吃到所有蛋糕。如果主人决定严格一些，那么他也许会将一部分蛋糕分配到 1 号门，另一部分蛋糕分配到 2 号门。如果主人非常严格，那他会调查每个食客的身份，然后制定一个表格，根据不同身份来给食客不同的蛋糕。

（4）在 FC 交换设备上做"手脚"。

我们前面提到过 ZONE。ZONE 的功能就是在 FC 网络交换设备上阻断两个节点间的通路，这样某些节点就根本无法获取并访问到被阻断的其他节点，也就识别不到其上的 LUN 了。LUN masking 只是不让看见某个节点上的某些 LUN 而已，而 ZONE 的做法更彻底，力度更大。

ZONE 有软 ZONE 和硬 ZONE 之分。软 ZONE 就是在名称服务器上做手脚，欺骗进行名称注册的节点，根据 ZONE 配置的信息向登录节点通告网络上的其他节点以及资源的信息。硬 ZONE 就是直接把交换机上某些端口归为一个 ZONE，另一些端口归为另一个 ZONE，在两个 ZONE 之间完全底层隔离，端口之间都不能通信，如图 8-21 所示。

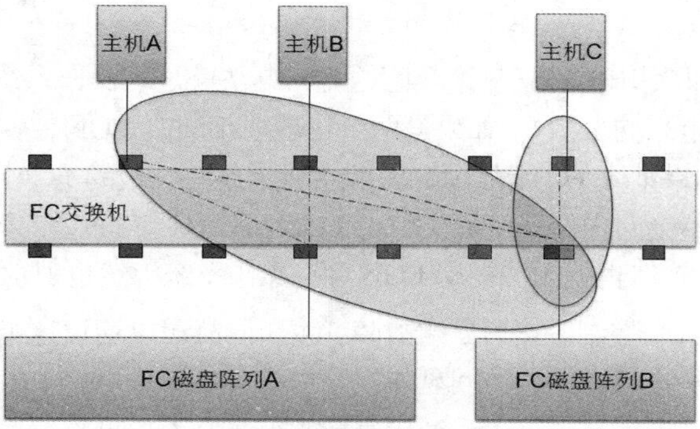

图 8-21　ZONE 示意图

图中有两个 ZONE，FC 盘阵 B 所连接的交换机端口既在左边的 ZONE 中，又在右边的 ZONE 中，这样是允许的。这个例子中，主机 C 是无法和盘阵 A 通信的，它只能识别到盘阵 B 上的 LUN。

有了 LUN Masking 和 ZONE，FC 网络的安全就得到了极大的保障，各个节点之间可以按照事先配置好的规则通信。

8.6 多路径访问目标

再来看一下图 8-22。这是一个具有双控制器的盘阵，两个控制器都连接到了交换机上，而且每个主机上都有两块 FC 适配卡，也都连接到了交换机上。前文说过，如果在盘阵上没有做 LUN Masking 的策略，而在 FC 交换机上也没有做任何 ZONE 的策略，则任何节点都可以获取到网络上所有其他节点的信息。

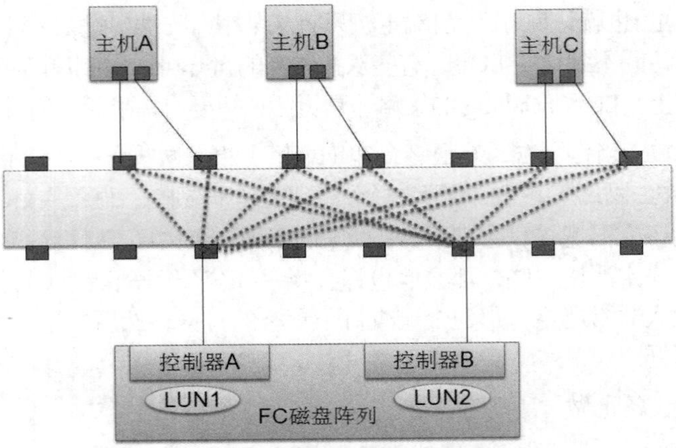

图 8-22　多路径访问示意图

假设盘阵上有一个 LUN1 被分配给控制器 A，LUN2 被分配给控制器 B，那么可以计算出来，每个主机将识别到 4 块磁盘。因为每个主机有两块 FC 适配卡，每个适配卡又可以识别到控制器 A 上的 LUN1 和控制器 B 上的 LUN2。也就是说，每台主机会识别到双份冗余的磁盘，而主机操作系统对这一切一无所知，它会认为识别到的每块磁盘都是物理上独立的，这样很容易造成混乱。

既然会造成混乱，那么为何要在一台主机上安装两块 FC 适配卡呢？这样做就是为了冗余，以防止单点故障。一旦某块 FC 卡出现了故障，另一块卡依然可以维持主机到盘阵的通路，数据流可以立即转向另外一块卡。

如何解决操作系统识别出多份磁盘这个问题呢？办法就是在操作系统上安装软件，这个软件识别并分析 FC 卡提交上来的 LUN。如果是两个物理上相同的 LUN，软件就向操作系统卷管理程序提交单份 LUN。如果某块 FC 卡故障，只要主机上还有其他的 FC 卡可以维持到 FC 网络的通路，那么这个软件依然会向操作系统提交单份 LUN。一旦所有 FC 卡全都故障了，主机就彻底从 FC 网络断开了，这个软件也就无法提交 LUN 了，操作系统当然也识别不到盘阵上的 LUN 了。

此外，如果盘阵的某个控制器接口发生故障，主机同样可以通过这个软件立即重定向到另一个备份控制器，使用备份控制器继续访问盘阵。

这种软件叫做“多路径”软件，中高端产品的开发商都会提供自己适合不同操作系统的多路径软件。多路径软件除了可以做到冗余高可用性的作用之外，还可以做到负载均衡。因为主机上如果安装了多块 FC 适配卡，数据就可以通过其中任何一块卡到达目的，这样就分担了流量。

提示：多个存储适配器可以以 active/standby 模式或者 active/active 模式以及 dual/multi active 模式工作。active/standby 模式是指同一时刻只能有一个适配器在收发数据，active/active 模式是指同一时刻多个适配器可以共同收发针对同一个 LUN 的数据。而 dual/multi active 则是两个或指多个适配器不能同时针对同一 LUN 收发数据，但是每个适配器可以针对不同的 LUN 收发数据。

多路径软件示例

如图 8-23 所示为 EMC 公司针对其存储产品所开发的多路径软件 PowerPath 的配置监控界面。可以看到这台 Windows 主机上安装了 4 块 FC 卡。存储系统向这台主机共映射了 7 个 LUN，分别对应 Disk 001 ~ 007。

如图 8-24 所示，其中一个 LUN 存在 16 条不同的路径。

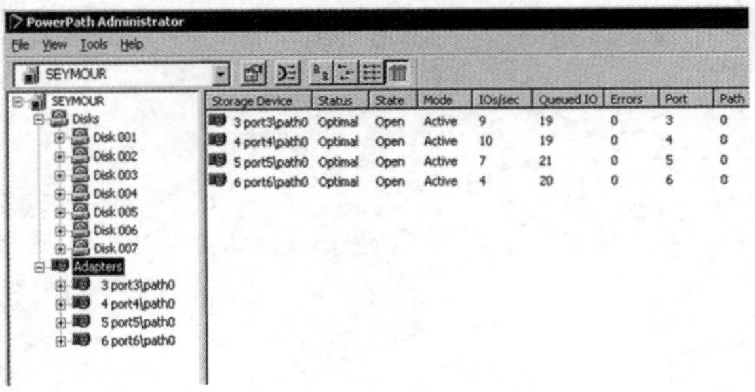

图 8-23　PowerPath 界面

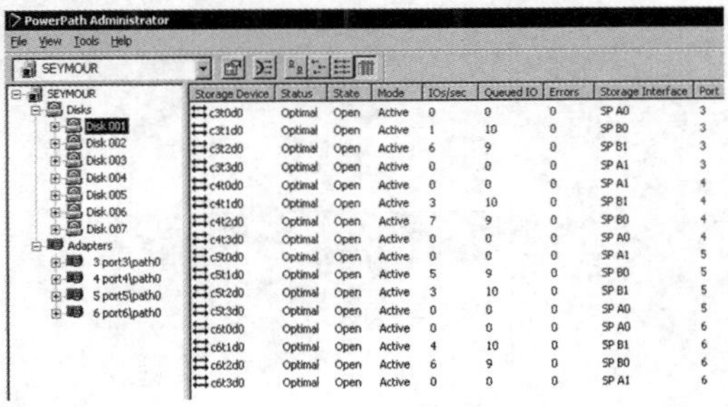

图 8-24　每个 LUN 通过 16 条路径被访问

如图 8-25 所示，我们可以判断出整个系统的拓扑。

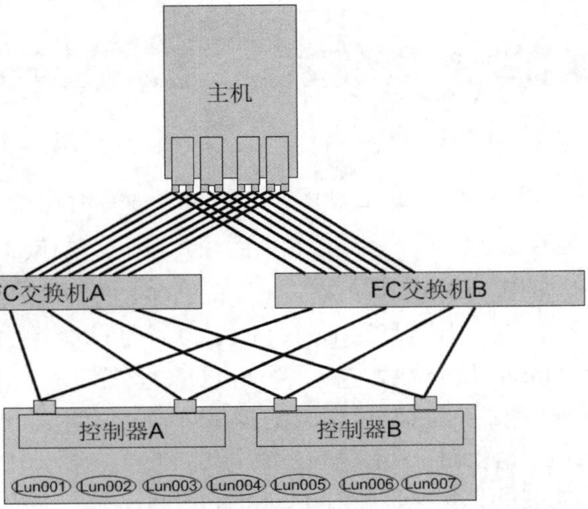

图 8-25　系统拓扑图

如图 8-26 所示，一块 FC 卡出现故障后，系统界面会显示出来。如图 8-27 所示，虽然一块 FC 卡出现了故障，但是每个 LUN 也只是丢失了 16 条路径中的 4 条，存储访问依然正常。

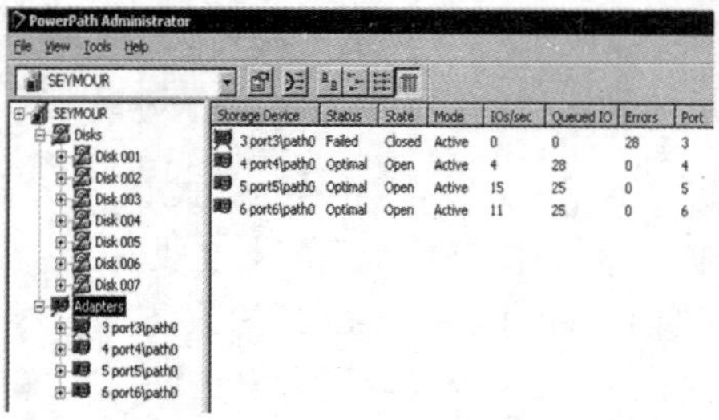

图 8-26　一块 FC 卡出现故障图

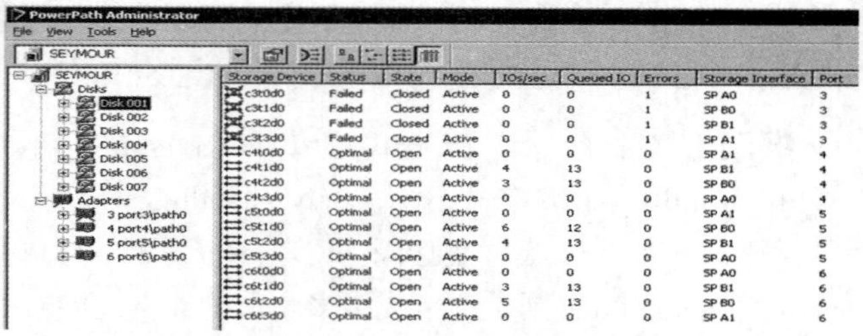

8-27　LUN 依然可以通过剩余的 12 条路径被访问

多路径软件与阵列控制器配合切换过程简介

如图 8-28 所示为四种典型的连接拓扑下各种链路故障情况的示意图。RDAC（Redundant Disk Array Controllers）是 Linux 下的一个多路径软件驱动程序，我们就用它的作用行为来给大家做介绍。多路径软件一般位于适配器驱动程序之上，对适配器上报的多份重复的 LUN 进行虚拟，虚拟成一个单一的逻辑设备然后再次上报。在 Windows 下多路径软件属于一种过滤驱动程序层（Filter Driver）。

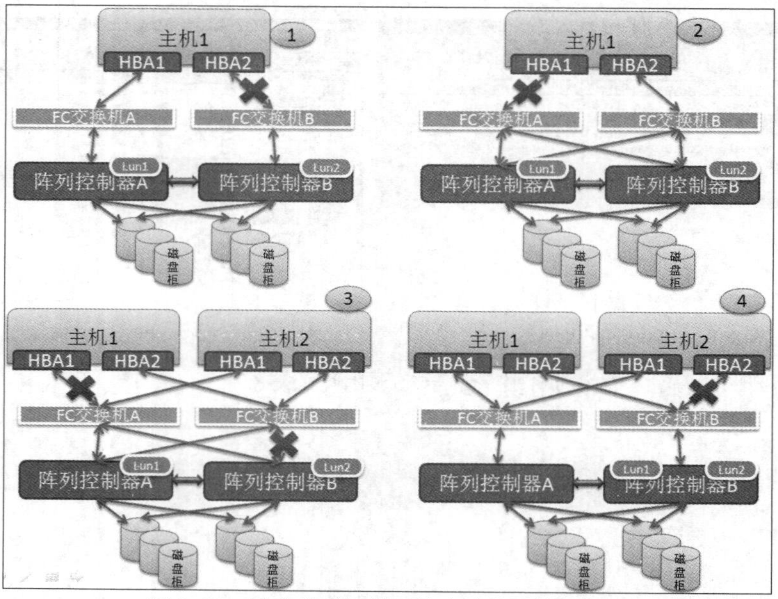

图 8-28　四种典型拓扑下的多路径切换示意图

下面我们就来看看这些情况下多路径软件到底会怎么来动作。

（1）在第一个场景中，LUN1 的 Owner（或称 Prefer）控制器为 A，而 LUN2 的 Owner 控制器为 B。主机从两条路径分别认到了这两个 LUN，1 个 LUN1 和 1 个 LUN2。多路径软件会从 HBA1 链路来访问 LUN1，从 HBA2 链路来访问 LUN2。某时刻 HBA2 连接交换机的链路发生故障，那么此时对 LUN1 的访问路径不受影响，但是对 LUN2 的访问链路完全中断，此时多路径软件必须切换到 HBA1 的链路来同时承载 LUN1 与 LUN2 的流量。由于 LUN2 的 Owner 控制器为 B，所以此时有两种办法可以继续保持对 LUN2 的访问：第一种办法就是主机将 IO 通过 HBA1→交换机 A 传送给控制器 A，然后控制器 A 将 IO 请求通过控制器间的缓存镜像链路转发到控制器 B，控制器 B 执行完毕后将结果返回给控制器 A，之后原路返回给主机；第二种做法则是多路径软件在感知到故障之后，判断出只能从 HBA1 的链路走到控制器 A 了，那么此时多路径软件可以向控制器 A 发送命令，让它强行接管对 LUN2 的控制权，接管之后，针对 LUN2 的 IO 就无需再转发给控制器 B 了，直接由控制器 A 全权处理。由于第一种方式需要耗费镜像通道的带宽，所以出于性能考虑，一般都会使用第二种方式处理，即切换 Owner 控制器。

（2）在第二个场景中，阵列的双控制器各通过一条链路连接到一个交换机上。此时主机端可以看到共 4 个 LUN，从 HBA1 链路看到一个 LUN1 和一个 LUN2，从 HBA2 链路看到一个 LUN1 和一个 LUN2。某时刻 HBA1 链路故障，那么此时毫无疑问，多路径软件一定要切换到 HBA2 链路继续收发 IO。那么阵列控制器之间是否需要切换 LUN 的控制权呢？不需要，因为主机此时可以从 HBA2→交换机 B 来看到分别被控制器 A 与控制器 B 管控的 LUN1 与 LUN2。

（3）在第三个场景中，有两台主机分别用两块 HBA 来连接交换机了。LUN1 只映射给主机 1，而 LUN2 只映射给主机 2。某时刻，主机 1 的 HBA1 链路故障或者卡件/接口故障，同时，阵列 B 连接交换机 B 的链路也发生故障。此时，主机 1 一定要切换到 HBA2 路径，通过交换机 B 到控制器 A 从而保持对 LUN1 的访问。而主机 2 则根据之前的优选路径来判断是否切换，如果之前的优选路径是通过 HBA2→交换机 B→控制器 B 的话，那么此时就需要切换到 HBA1，走交换机 A 再到控制器 B 了。

（4）在第四个场景中，LUN1 与 LUN2 的 Owner 控制器均属于控制器 B，LUN1 只映射给主机 1，而 LUN2 只映射给主机 2。此时主机 2 的 HBA2 链路发生故障，那么此时主机 1 不受影响，依然走 HBA2→交换机 B→控制器 B 的路径来访问 LUN1；而主机 2 此时必须切换到 HBA1 来收发 IO，但是 HBA1 到控制器 B 并没有直接路径，必须通过双控制器之间的镜像路径，而这个之前也说过，不推荐使用，虽然理论上是可以做到的。那么此时主机 2 别无他法，只能通过 HBA1 向阵列的控制器 A 发送命令，将自己所要 IO 的 LUN2 的 Owner 控制器切换到控制器 A 上，主机 2 并不会要求将 LUN1 也切换，因为主机 2 只能感知到自己所访问的 LUN，也只会要求切换自己要访问的 LUN。

（5）如图 8-29 所示的第五个场景中为另外一种情况，即阵列控制器整机故障的情况。此时另外一个控制器会通过之间的镜像通道（同时也充当心跳线）感知到对方阵列已死，那么本端就会强行将对端控制器之前所管控的所有 LUN 无条件接管。同时，主机端多路径软件也需要根据情况改变优选路径到控制器 A 而不是已死的控制器 B 了。

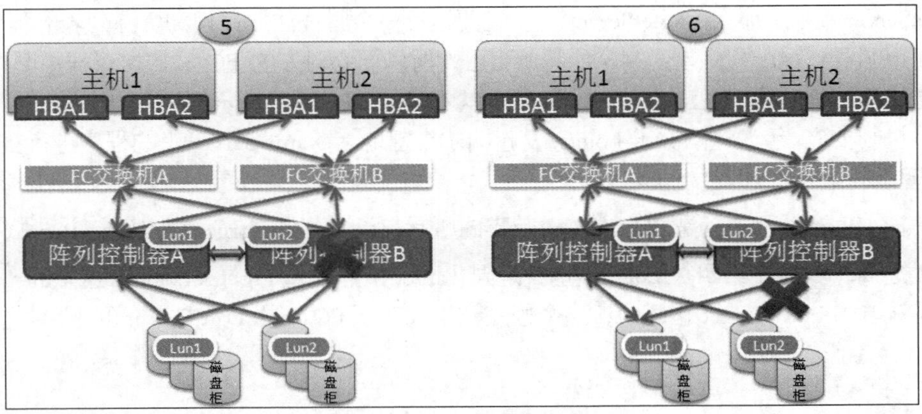

图 8-29　阵列控制器整机故障场景

（6）第六个场景中，阵列控制器 B 连接本地磁盘扩展柜的链路故障，这样就导致控制器 B 认不到本地下挂的所有磁盘了，但是依然可以认到控制器 A 处的磁盘（控制器 B 有链路连接到控制器 A 下面的磁盘柜）。此时控制器 B 可以有两种做法：第一种则是将原本处于其下挂磁盘上的 LUN2 的 Owner 管控权交给控制器 A，并且在其前端强行 unmap 掉 LUN2，这样主机端的多路径软件就可以感知到 LUN2 的消失，自动切换到另一条路径走控制器 A；第二种做法就是不让主机端多路径软件感知到任何变化，主机针对 LUN2 的 IO 依然下发到控制器 B，而控制器 B 接收到 IO 之后，将其通过双控之间的镜像路径转发到控制器 A 处理（控制器 A 依然可以访问到挂在控制器 B 后面的磁盘），然后控制器 A 将结果返回给控制器 B，之后控制器 B 再返回给主机。一般情况下可以针对不同场景做出选择，多路径切换过程会影响主机侧应用程序，但是不切换的话，数据都走镜像通道，性能会有所下降。

8.7 FC 交换网络节点 4 次 Login 过程简析

每个 FC 节点连到 FC Fabric 网络里需要经历 4 次 Login 过程。

第一次 Login 相当于 TCPIP 网络里的 DHCP 过程，FC 交换机需要为每个 FC 节点分配一个 Fabric ID，相当于 IP 地址，有了这个 ID，数据包才能被 FC 交换机正确地交换，FC 交换机是根据 Fabric ID 而不是 WWPN（相当于以太网的 MAC 地址）作交换的。

第二次 Login 过程，相当于 Windows 里的 WINS 服务器注册和资源发现过程，我们熟知的网上邻居，有两种访问方式，一种是广播方式，另一种是所有 Windows PC 都向 WINS 服务器（其 IP 地址预先在每台 PC 上被配置好）注册，双击网上邻居时候每台 PC 都会从 WINS 服务器拉取目前网络上的 PC 信息。FC 也有这个过程，FC 节点在 FC Fabric 里的第二次 Login 过程，就是向 Name Server 注册自己，并拉取目前 FC 网络里的所有 Target 节点信息（只有 FC Initiator 节点才会主动拉取资源，Target 节点只注册不拉取），在第二次 Login 的过程中，其实包含了两次“子 Login”过程，每个 FC 节点要注册到 Name Server，必须先向 Name Server 发起 Port Login 过程，Port Login 其实是指 FC 网络底层端口级别的 Login，一个 Fabric ID 所在的端口要与另一个 Fabric ID 所在的端口发起通信，必须先 Port Login，成功之后，再发起 Process Login，所谓“Process Login”就是进程级别的 Login，就是发起端的程序要向对方表明我将与你处运行的哪个程序通信，这就相当于 TCPIP 的端口号，到底要连接对方的哪个端口，每个端口都有一个上层应用程序在监听，向 Name Server 注册，那么 Name Server 上一定要运行一个管理注册过程和资源列表的程序，发起端就是在声明要与这个程序连通，从而注册自己，所以要向对方的 FC 底层协议栈声明“请将数据包发送给注册和资源管理这个 Process”，所以才叫做“Process Login”，与 TCPIP 向某端口的三次握手机制类似。经过这两次子 Login，发起端才真正地与 Name Server 上的程序进行数据交互，从而完成注册和资源拉取过程。

第三次 Login 过程，就是 FC Initiator 节点向所有自己看到的 Target 节点发起 Port Login。

成功之后，就开始第四次 Login，也就是向 Target 节点发起 Process Login，这里的“Process”一定就是对方的 FCP Target 程序了，这个程序被集成在了 FC 卡的 Port Driver 的下层。

第 9 章

天翻地覆——FC 协议的巨大力量

- Fibre Channel
- SCSI
- 前端
- 后端
- 机头
- 扩展柜
- FC 磁盘

话说 FC 协议横空出世，在江湖上引起了轩然大波，各门派纷纷邀请 FC 协议来参与存储磁盘阵列的制造，用 FC 协议实现盘阵与主机的连接。

以前并行 SCSI 的时代已经结束，终于可以将那又宽又短的电缆彻底抛弃，取而代之的是细长的光纤。

然而，FC 的出现并没有终结这场革命，SAS 的二次革命又要到来！

9.1 FC交换网络替代并行SCSI总线的必然性

历史是不断前进的，事物也是不断发展的，新技术必定取代旧技术。FC取代并行SCSI总线有两个根本原因。

9.1.1 面向连接与面向无连接

在并行SCSI总线时代并没有复杂的链路层协议，“连”就体现在线缆上，就像连接CPU和北桥之间的铜线一样，只不过SCSI线缆被做成了柔软的外置线缆而已。基本在这种短线缆上可以不必考虑通信层面的内容，因为距离很短，线路是稳定的，不需要加入诸如传输保障机制之类的东西。同时，这种情况也相当于面向连接的电路交换，通信的双方要预先建立一条物理上的通路（虚电路），不管有没有数据流，这条通路总是存在，且带宽固定，别人也抢不走这条电路的使用权，这就给通信双方提供了最大的质量和稳定性保证。在这样的链路上，不需要过多的底层传输协议开销。

相反，在面向无连接的包交换网络中，数据流被封装成数据包，传输保障和流量控制等因素就显得十分重要了。因为此时网络是共享的，网络按照Best Effort尽力而为地转发数据包。以太网和FC交换网络都属于这种面向无连接的技术（FC中Class1类型服务除外）。

而电话交换网、并行SCSI总线网就属于面向连接的网络。当你提机拨号的时候，电话局的电话交换机便会在你和你通信的对方之间建立起一条物理电路，从而使双方通信。

提示： 大家可以观察一下电话交换机，每当有外线拨入的时候，就可以听到交换机里有吧嗒吧嗒的声音，这就是交换机在做继电器开合动作。

对于并行SCSI总线，当通信发起者需要和某个节点通信的时候，它会申请总线仲裁，在获得总线资源之后，便直接和对方发起通信，此时并没有一个显式的连接建立的过程。物理通路总是存在的，在任意两点之间都存在，只不过此通路是个总线，是大家共享的，需要通过仲裁来获得总线使用权，也就等价于建立独享连接。SCSI指令和数据可以直接在这个总线上传递，并不需要过多的额外的协议开销。

1. 面向连接的致命弱点

但是面向连接的通信有三个致命弱点。

面向连接网络的第一个弱点，就是资源浪费。特别是在交换环境中，由于不管路径上有没有数据传输，这条预先建立的连接必须保持并且只给特定的通信双方使用，其他节点的通信不管数据多么拥塞都不能使用这条路径。面向连接的网络好比一个城市的公交系统，每条公交线路都是固定的，不管这条线路上的客流量多少，就算没有人坐这条线路了，公交车也要来回跑。而面向无连接的网络就好比出租车。在没有人的时候，出租车可以等待客人到来。一旦有客人到来，出租车便会上路，而且路线不是固定的，司机可以按照目前道路流量情况，选择空闲的道路前往目的地。

面向连接网络的第二个弱点是维持和维护这条连接所耗费的成本高。通信双方距离近时，没什么问题，但是一旦距离很远，要维持这条物理连接，就需要很高的成本。要解决长距离传输的干扰问题、需要中继等，这也是长途电话费居高不下的一个原因。

面向连接网络的第三个弱点，就是缺乏高可用性。一旦建立好的虚电路因为某种原因断开了，就需要通信发起者重新建立电路才能继续双方的通信。这种现象在打长途电话的时候经常遇到，此时不得不重新拨打。而对于包交换网络，通信双方没有一条固定的数据流路径，交换或路由设备会自行判断数据流应当通过哪条路径到达对方。一旦某条动态的路径不再可用，交换设备会立即选用其他可以到达对方的路径，而这个短时的中断所造成的影响会交给通信双方运行的传输保障协议来处理，丢失的数据包会被重传。而用户对此不必关心，最多会感觉有短暂延迟，而不必重新和对方建立连接。

2. 面向无连接的优势

面向无连接的包交换网络比面向连接的网络有很多优势。面向无连接的包交换网络是网络通信的一种趋势，目前的 VOIP、IPTV 等应用都是想利用包交换网络来代替普通的电话交换网络和有线电视网络。

不要把"面向无连接"和"TCP 是有连接的"混淆在一起。TCP 是一个端到端的协议，它运行于通信双方，而不是通信所经过的网络设备上。TCP 的连接不是物理连接而是逻辑连接。TCP 其实就是一个状态，本身保持一个状态机用来侦测双方的数据流是否成功发送或者接收。实际通信两点间的连接可以经过包交换网络，同样也可以经过面向连接的网络。也就是说，"面向连接"和"面向无连接"是指链路层的概念，而 TCP 是传输层的概念。

9.1.2 串行和并行

串行传输在长距离高速传输方面，也必将取代并行传输。

并行 SCSI 总线就是一种面向连接的并行的共享总线技术。其趋势就是必将被高速串行的、面向无连接的网络通信技术所取代。取代之后的结果，必将使这个网络的扩展性大大增强，使存储系统和主机系统可以远隔千里进行通信。

得益于 FC 带来的诸多好处，现在人们终于可以摆脱存储系统和主机必须放在一起的限制了。如主机在北京，而盘阵可以在青岛，它们之间通过租用 ISP 的光缆线路进行连接，在这条线路上承载 FC 协议，从而达到主机和盘阵之间的通信。这样，在北京的主机上就可以直接认到远在青岛的盘阵上的 LUN 逻辑盘。

由于 FC 接口速度可以是 1Gb/s、2Gb/s、4Gb/s 甚至 8Gb/s，并且盘阵前端可以同时提供多个主机接口，所以它们的带宽之和远远高于后端连接磁盘的并行 SCSI 总线提供的速度。这样，就可以在盘阵的后端增加更多的 SCSI 通道，以便接入更多的磁盘来饱和前端 FC 接口的速率。

9.2 不甘示弱——后端也升级换代为 FC

在将主机与盘阵之间的接口、链路都替换成 FC 协议之后，人们不断增加磁盘阵列后端磁盘的数量，以达到前端众多 FC 接口的饱和速率。但是此时瓶颈出现了，后端每增加一个 SCSI 通道，最多能接入 15 块磁盘，数量太少了。增加 SCSI 通道也不是一个最终解决办法，能否找到一种彻底的解决办法呢？

抛弃老爷车——让 SCSI 搭乘高速专列

要解决这个问题，就要彻底抛弃盘阵后端的 SCSI 并行传输总线网络，就像当初抛弃前端 SCSI 总线一样。而且不仅仅要使接入硬盘的数量增加，还要高速、稳定。既然已经将前端传输网络替换成了 FC 交换网络，那么是否可以将后端网络也从并行 SCSI 替换成 FC 呢？理论上是完全可行的。

由于 FC 协议系统提供了两种网络拓扑架构，所以要考察后端存储网络到底使用哪种架构比较合适。首先交换式架构 Fabric 是一种包交换网络，寻址容量大，交换速度快，各个节点间可以同时进行线速交换，无阻塞通信，但是成本较高。其次是 FC-AL 仲裁环架构，带宽共享，每个环寻址容量 128，最关键的一点是，它实现起来比交换架构简单，而且成本也低很多。

提示：第 7 章讲的 FC 的一些登录、注册等过程，都是在 Fabric 架构中才发生的，而在 FC-AL 则是另外一套环初始化过程。

如果把每个磁盘都作为一个节点连接到 Fabric 交换网络中，性能绝对是无可挑剔的，由共享总线变成了点对点交换式通信，性能也会提升很大。但是这样做，不但要在盘阵的后端实现一个 FC 交换矩阵，而且要在每块磁盘上实现 FC 拓扑中的 N 端口，这两部分成本是非常巨大的。为了降低成本，只能选择性能稍差，但是成本低的 FC-AL 仲裁环架构来连接磁盘阵列的控制器和磁盘，而且在每块磁盘上都实现 FC 拓扑中的 L 端口。

虽然这样做性能会比 Fabric 架构差，但是至少比并行 SCSI 总线强多了。 对于并行 SCSI 总线来说，目前最高的标准是 Ultra 320，裸速率 320MB/s，实际最大传输率大概能有 85%的效率，也就是 280MB/s 左右。有人做过实验，在 Ultra 160（裸速率 160MB/s）的总线上，按 4KB 数据块随机访问 6 块 SCSI 硬盘时，SCSI 总线的实际访问速度为 2.74MB/s，IOPS 大约 700 次/s。这种情况下，SCSI 总线的工作效率仅为总线带宽的 1.7%。在完全不变的条件下，按 256KB 的数据块对硬盘进行顺序读写，SCSI 总线的实际访问速度为 141.2MB/s，IOPS 大约 564 次/s，SCSI 总线的工作效率高达总线带宽的 88%。

由于 FC-AL 目前刚刚普及到 4Gb 的带宽，裸速率 400MB/s，这样就比 Ultra 320 的带宽要高。不仅在速率上，FC 在效率上也比 Ultra 320 并行总线要高。但是 2G 速率的 FC-AL，其裸速率仅 200MB/s，比 Ultra 320 低很多。而在 4G 的 FC-AL 出来之前，很多磁盘阵列就已经用 2G 的 FC-AL 替代后端的 Ultra 320 总线了。为何这些产品宁愿忍受 2G 速率 FC 相对 Ultra 320 一半的速度，也要将其后端替换为 FC 架构呢？

其因素主要有三个。

（1）可扩展性。受并行 SCSI 总线仲裁机制本身的限制，决定了一条总线上不会有太多的节点，16 个节点的数量已经达到它的可管理极限了。而 FC-AL 仲裁环则不然，它的极限是 128 节点，这就比 SCSI 总线强多了。这个限制的突破，使后端可以连接更多的磁盘，很容易就可以在单台磁盘阵列上实现上 TB 或者几十 TB 的容量（通过连接扩展柜）。

虽然一个 FC-AL 环的速度比一条 Ultra 320 总线低，但是多条总线和多个后端通道可以集成在一个控制器上。而并行 SCSI 接口和线缆都很宽大，想集成在一个小的空间上很难。FC 由于是串行传输，两条线一收一发足够了。接口也很小，如 SFP 光纤接口，只有指头肚一样大小，可以很方便地在后端上实现多个通道。

（2）IOPS 值比并行 SCSI 总线的架构显著增加。为什么这么说呢？我们分析一下。高 IOPS 通常意味着 IO SIZE 值比较小的情况下，如果使用并行 SCSI 总线，由于可接入节点数量较少，磁盘数量少，每秒可接受的 IO 请求就少；而 FC-AL 的后端，一个通道可以连接 120 多个磁盘，可以做成很多 Raid Group，每秒可接受的 IO 请求就比并行 SCSI 多得多。所以，虽然 2Gb 带宽的 FC 网络传输在持续传输速率上比不过 Ultra 320 的 320MB/s 的速度，但是 IOPS 却比 Ultra 320 总线高很多。在特定条件下，2Gb 的 FCAL 链路在 IOPS 和吞吐带宽指标上都会超越 Ultra 320 的 SCSI 总线。

现在的大部分应用都是要求高 IOPS 的，它们产生的一个 IO SIZE 一般都比较小，而且随机 IO 居多。但是对于视频编辑等领域，无疑是要求高传输带宽的。面对这种应用，可以通过在盘阵后端加入多个 FC-AL 环来解决，后端带宽总和等于环数乘以环带宽。

（3）双逻辑端口冗余。由于 FC 的串行方式使得数据针脚数量降低，相同的空间内很容易做成双逻辑端口冗余。双逻辑端口磁盘可以有效保证当其中一个端口发生故障之后，磁盘可以继续使用另外一个备用端口接受 IO 请求。

9.3 FC 革命——完整的盘阵解决方案

FC 在盘阵的前端接口技术的革命成功之后，又在后端的接口技术上取得了成功。FC 技术的两种拓扑，一个称霸前端，一个称霸后端，在磁盘阵列领域发挥得淋漓尽致。

与此同时，磁盘生产厂家也在第一时间将 FC 协议中的 L 端口和 FC 硬件芯片做到了磁盘驱动器上，取代了传统的 SCSI 端口。同时，根据 FC 协议的规定编写了新的 Firmware，用于从 FC 数据帧中提取 SCSI 指令和数据，完成 FC 协议通信逻辑。

提示：并行 SCSI 磁盘以及其他设备目前仍有比较广泛的应用，尤其是服务器本地磁盘。服务器本地磁盘一般只安装操作系统，一般情况下应用数据都会放到 SAN 的磁盘阵列上，所以对本地磁盘的性能要求不高，使用 Ultra 320 磁盘足矣。另外，普通独立磁带机一般也用 Ultra SCSI 320 作为其外部接口。只有在大型磁带库设备上，为了将其接入 FC SAN 才会使用 FC 接口。

因为要把每块磁盘都连接到 FC-AL 网络中，所以磁盘上要做上一个 FC 接口。由于磁盘阵列背板需要连接众多的磁盘，所以就注定不可能用柔软纤细的光纤来连接磁盘到背板，必须使用硬质铜线，让磁盘的 FC 接口用铜线来接触盘阵背板上的电路，这样才能做到方便地插拔。

9.3.1 FC 磁盘接口结构

FC 磁盘的接口为 SCA2 形式的 40 针插口，如图 9-1 所示。

SCA-2 Fibre Channel

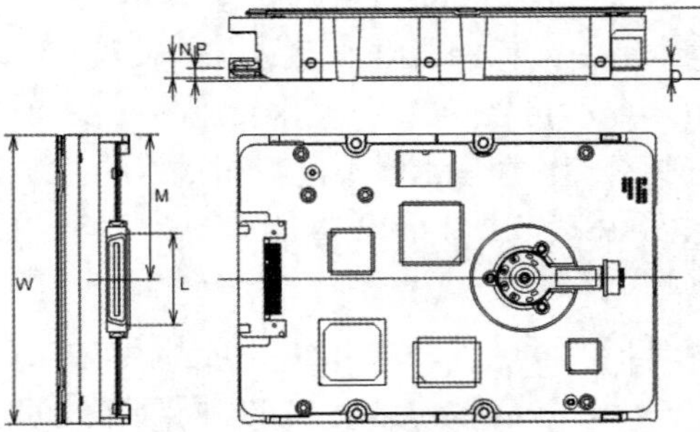

Dimension	mm	Dimension	mm
H	26.1 max.	W	101.6±0.25
D	6.35±0.25	L	(30)
N	(7)	M	50.8±0.5
P	4.6±0.5		

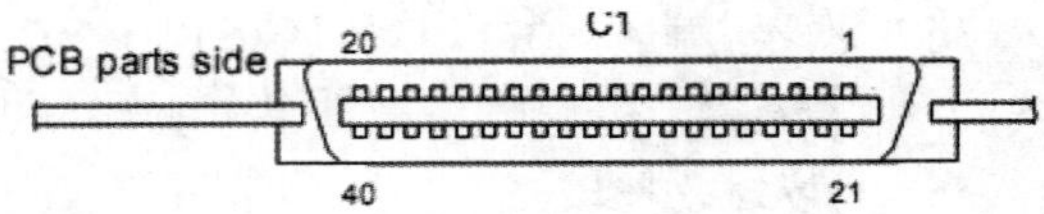

图 9-1　SCA2 接口规格

从图 9-1 中可以看出，FC 磁盘的接口与 Ultra 320 SCSI 磁盘的接口形状完全相同。但是在接口上的物理信号定义和承载的上层协议是完全不同的：FC 磁盘接口是承载的 FC-AL 协议，而 SCSI 磁盘接口承载的是并行 SCSI 总线协议。图 9-2 是 FC SCA2 型接口的信号定义表。

Signal Name	Connector contact No.		Signal Name
-EN Bypass Port 1	1	21	12V
12V	2	22	GND (12V Return)
12V	3	23	GND (12V Return)
12V	4	24	+IN1
-Parallel ESI	5	25	-IN1
GND	6	26	GND (12V Return)
ACTLED	7	27	+IN2
Reserved	8	28	-IN2
START1	9	29	GND (12V Return)
START2	10	30	+OUT1
-EN Bypass Port 2	11	31	-OUT1
SEL6	12	32	GND (5V Return)
SEL5	13	33	+OUT2
SEL4	14	34	-OUT2
SEL3	15	35	GND (5V Return)
FLTLED	16	36	SEL2
DEVCTRL2	17	37	SEL1
DEVCTRL1	18	38	SEL0
5V	19	39	DEVCTRL0
5V	20	40	5V

图 9-2　FC 接口 SCA2 针脚信号定义表

9.3.2　一个磁盘同时连入两个控制器的 Loop 中

图 9-3 和图 9-4 分别给出了一串磁盘以单 Loop 和双 Loop 接入的情形。

从图中可以看出来，原来这个物理接口中共包含了两套逻辑接口，可以分别接入一个 FC-AL 的环路中。

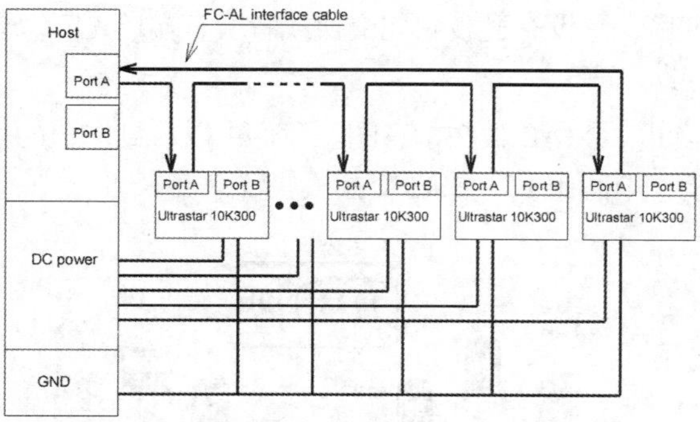

图 9-3　单 Loop 连接示意图

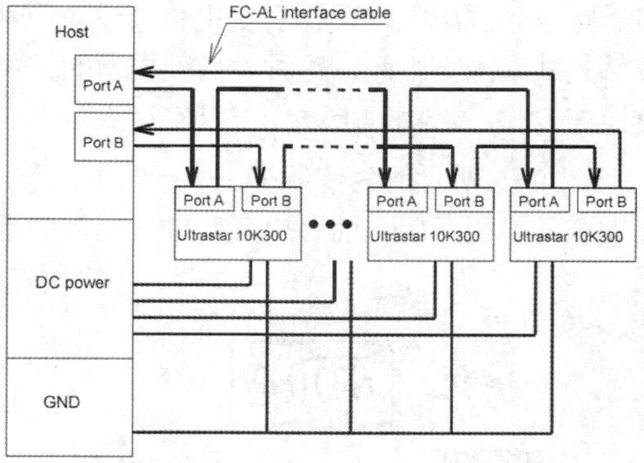

图 9-4　双 Loop 连接示意图

9.3.3　共享环路还是交换——SBOD 芯片级详解

革命之后，被并行 SCSI 总线技术禁锢多年的存储系统终于解放了，迎来了全 FC 架构的春天。

各个厂家分别推出了自己的产品。由于虽然一条 FC-AL 环最多能接 120 多块磁盘，但是有人测试过，环上节点的数量在最大值的二分之一时，性能达到最大化。再增加节点数量，性能不升反降。究其原因，可能是因为 60 个左右的节点，已经达到 FC-AL 环的仲裁性能以及带宽共享限制的极限了，如图 9-5 所示。如果再增加节点，那么用于仲裁所耗费的资源，就会影响性能的发挥了。这也是仲裁环或者总线的通病。对于 Fabric 架构，就没有这种限制。

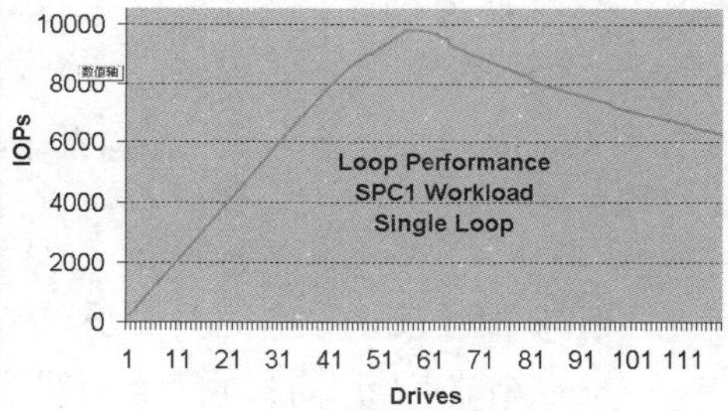

图 9-5　FC-AL 环的性能曲线

思考：节点数量和仲裁/帧转发效率是一对矛盾系统，只能在二者之间进行折中选择。在 60 节点数量左右，能达到最大 IOPS。如果还想增加节点数量，增加盘阵所提供的总容量，那就只能牺牲 IOPS 性能。同样，每个环上的磁盘数量也不能太少，太少的话将达不到最高 IOPS，虽然此时仲裁和帧转发速度快。

有没有可能将后端的共享 FC-AL 环路架构，改变为交换式架构呢？改为交换式架构是可以，但是不能改为 Fabric，因为其成本相对偏高，而且 Fabric 的一些特性对于后端来说是用不到的。

Emulex 公司发布的 InSpeed SOC422 芯片、PMC-Sierra 公司的 PM8378 芯片等就是运行 FC-AL 协议但物理架构是交换架构的芯片。然而这个交换架构绝非 Fabric，因为其遵循的上层逻辑依然是 FC-AL 逻辑，只是在物理连接上用点对点交换架构，替代了“节点大串联”的 Loop 结构，使节点与节点之间传输的数据可以通过交换矩阵直达，而不是在环路上一跳一跳的中继。然而，这些芯片依然可以用在 Fabric 交换机上，只要经过一定改造并且在上层运行对应的 Firmware 即可。

其实就是用星型连接取代串联，而电路运行的逻辑依然是 FC-AL 仲裁过程，因为位于控制器上的 FC 适配器依然会执行 FC-AL 仲裁等逻辑，只不过这个仲裁过程变得非常简单，不再需要所有磁盘参与，而由这块芯片来进行仲裁。此外，某节点同一时刻依然只能与一个节点通信，节点感觉不到底层电路架构的变化。由于同一时刻还是只能存在一对节点进行通信，所以链路带宽依然是共享的。因此，这种交换架构做的并不彻底，它没有过渡到包交换或者所有端口无阻塞全交换架构，虽然物理上已经可以实现点对点的通路。

图 9-6 所示的为传统 FC-AL 架构和半交换式 FC-AL 架构示意图。我们可以看到左边的拓扑完全就是磁盘串，而右边则变成了星型的架构，中间由一个 ESH 交换模块辐射出来。

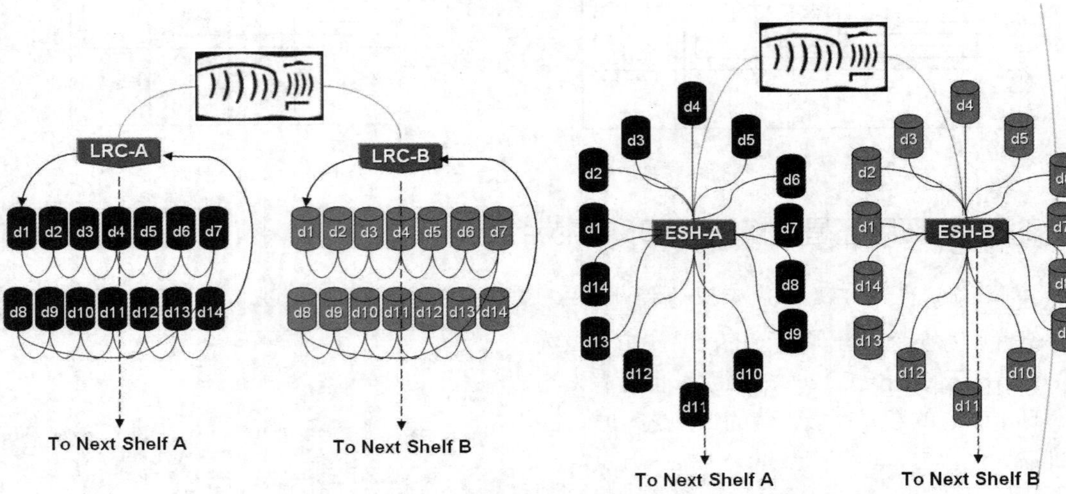

图 9-6 传统 FC-AL 环和半交换式 FC-AL 环

目前高端盘阵后端控制芯片几乎全部采用半交换式架构了。半交换式架构有以下好处。

- 控制节点与所有其他节点间都是点对点矩阵直连架构，相对于环路架构减小了数据传输时的延迟。数据帧不需要一跳一跳的转发，可以直接从发起者到达目标。
- 可以快速侦测和隔离某个节点的故障而不影响其他节点。
- 由于降低了链路延迟，增加了效率，所以在性能可接受的前提下，一条链路可接入的节点数大大增多。
- 相对于纯环路架构，半交换架构提高了传输速度和 IOPS。

纯环路架构的扩展柜中，连接硬盘的背板只是一个 FC-AL 环路连接装置，而升级到半交换架构的硬盘扩展柜的，其连接硬盘的背板上就有了 Switch 芯片（其实这个芯片一般存在于从背板单独接出的扩展模块上），可以级联多个扩展柜。在逻辑上，这些级联扩展柜中的所有磁盘属于一个逻辑上的 Loop，前者被称为 JBOD（Just Bunch Of Disks），后者被称为 SBOD（Switched Bunch Of Disks）。

提示：关于这些模块的实物图，请参照本书第 6 章的相关章节。

1. PMC-Sierra 公司 PM 系列芯片简介

下面以 PMC-Sierra 公司的 PM8368 和 PM8378 两款芯片为例来详细解释一下这种芯片的作用方式。

1）PBC 芯片

在传统模式的 FC-AL 架构下，所有环路上的节点（adapter 和磁盘）都通过串联架构串接到了一起。针对这个架构的 PM8368 芯片是一款具有 18 个 2Gb/s 的 FC 接口的带有 PBC(Port Bypass Control) 功能的芯片，相当于一个 Loop 串联器，并且带有端口 Bypass 功能，可防止某个端口故障引发的全 Loop 断开。图 9-7 所示为 PM8368 芯片的方框图。其 18 个端口中，通常用 16 个连接磁盘，其他两个连接上位芯片和（或）下位芯片。这种不带有交换逻辑的普通 Loop 芯片，业界一般称为 PBC 芯片，即旁路控制芯片。

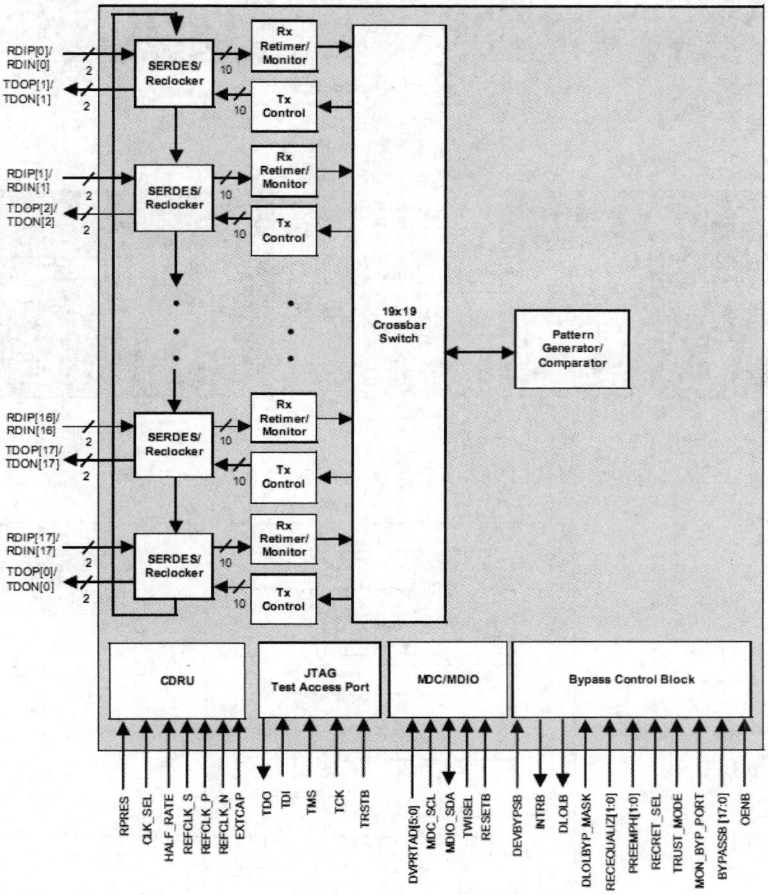

图 9-7　PM8368 芯片方框图

图 9-8 所示的是将 PM8368 芯片与 PM8372 芯片(一款只有 4 个 FC 口的 PBC 环路集线芯片) 搭配在一起而实现的扩展柜级联，每扩展柜有 16 块盘。引入 PM8372 芯片的原因是将其作为一个二级级联桥来减缓一级芯片（PM8368）的端口耗尽问题。一级芯片需要连接最终硬盘等设备。

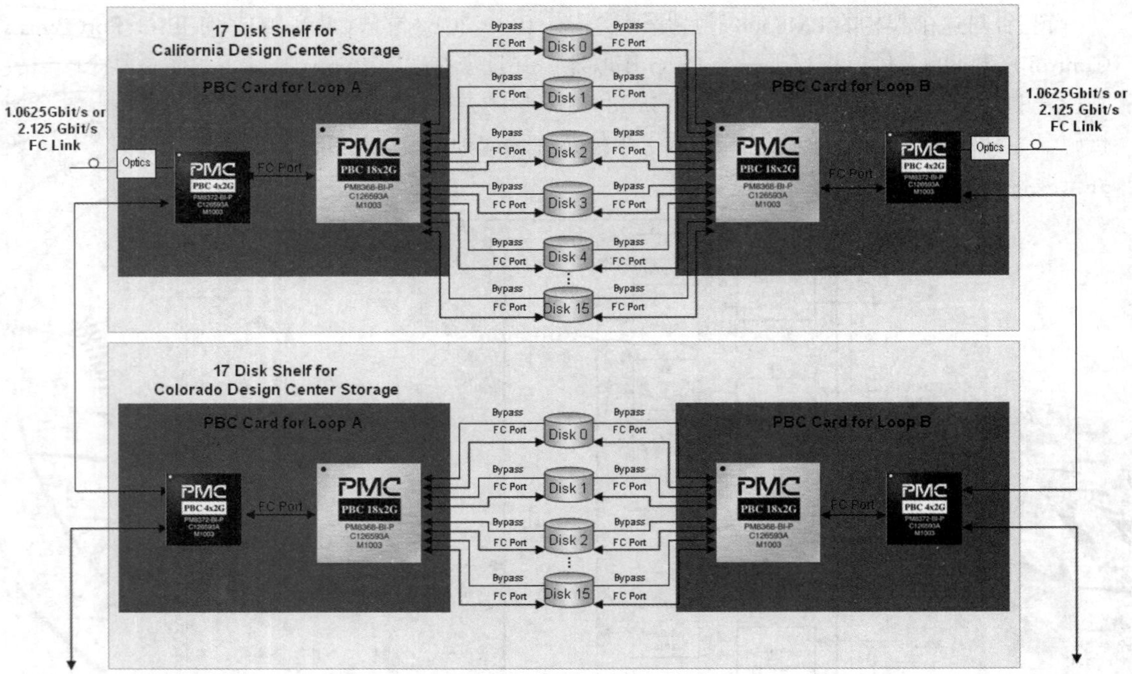

图 9-8 利用 PM8368 芯片与 PM8372 芯片级联扩展柜

2）CTS 芯片

图 9-9 所示为 PM8378 芯片的方框图。此芯片为新一代的 CTS 芯片，CTS 为 Cut Through Switch 的简称。这款芯片具有交换逻辑，IO 性能相对于 PBC 芯片大大增加，而延迟大大降低。这块芯片可以接入 18 个 4Gb/s 的 FC 接口设备。在上部的模块中，可以看到三个模块：Arb Mgmt（仲裁管理模块）、AL_PA Table（AL-PA 地址端口映射表模块）、Cut Thru Mgmt（捷径交换模块）。

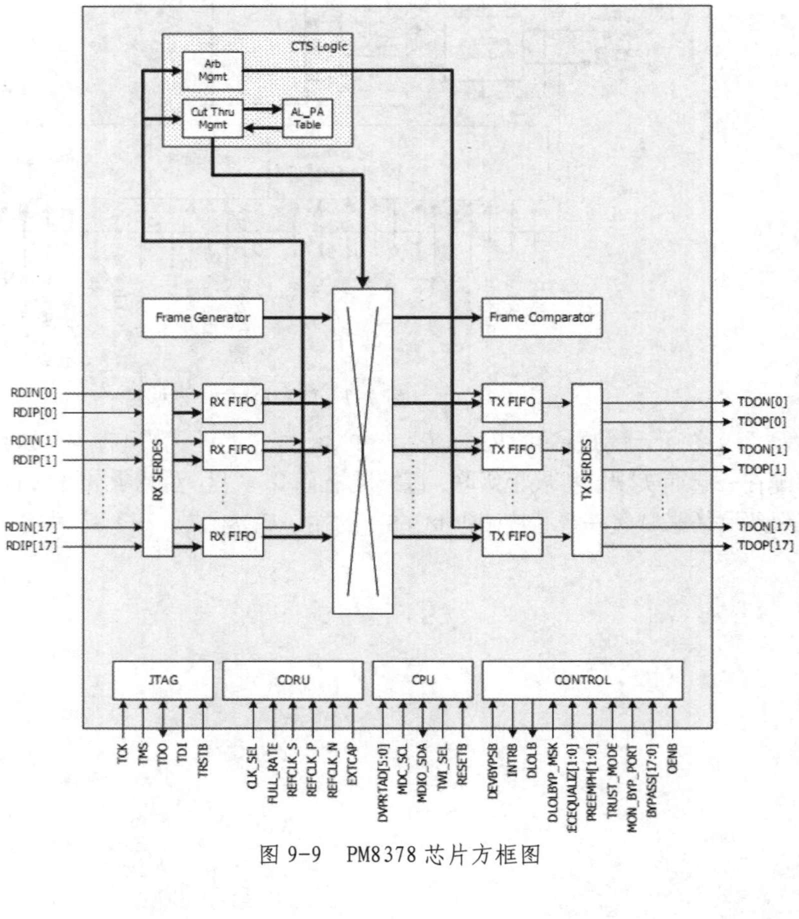

图 9-9 PM8378 芯片方框图

- Arb Mgmt（仲裁管理模块）：前面曾经说过，一个交换芯片必须感知 FCAL 的仲裁逻辑，才能作为一个中心仲裁器总揽仲裁权，而不用 Loop 上所有的节点都参与进来。这个仲裁管理模块实现的就是这个功能。FC 适配器只要发出仲裁请求，芯片就会马上通过，适配器立即就获得了使用权，加快了仲裁的速度。如果某时刻多个设备都发起仲裁，则芯片会根据自己的逻辑来处理这些请求，比如根据优先级等。
- AL_PA Table（AL-PA 地址端口映射表模块）：传统的 FCAL 环路上，数据从通信源被发送到对应 AL-PA 地址的目的设备，数据帧需要一站一站地向下接力传送。交换芯片的另一个作用就是抛弃这种低效的传输方式，使数据可以一站直达目的。芯片使用一张映射表来维护交换逻辑，这就和以太网交换机维护一张 MAC-端口表一样。FCAL 交换芯片每收到一帧数据，就会根据这个 AL_PA Table 来查找帧中的 AL-PA 地址所对应的芯片针脚是哪一个，然后直接将此帧转发到对应的针脚上，也就传送到了针脚所连接的磁盘 FC 接口上。
- Cut Thru Mgmt（捷径交换模块）：这个模块其实就是执行交换过程的。每当有帧需要交换，这个模块就会发送一个信号到图 9-9 中部的那个矩阵上，改变矩阵当前的通路布局，从而将数据从源传向目的设备。

图 9-10 是利用 PM8378 芯片实现的磁盘扩展柜级联示意图。18 个端口中有 16 个连接了磁盘，另外两个分别连接了上位和下位芯片。

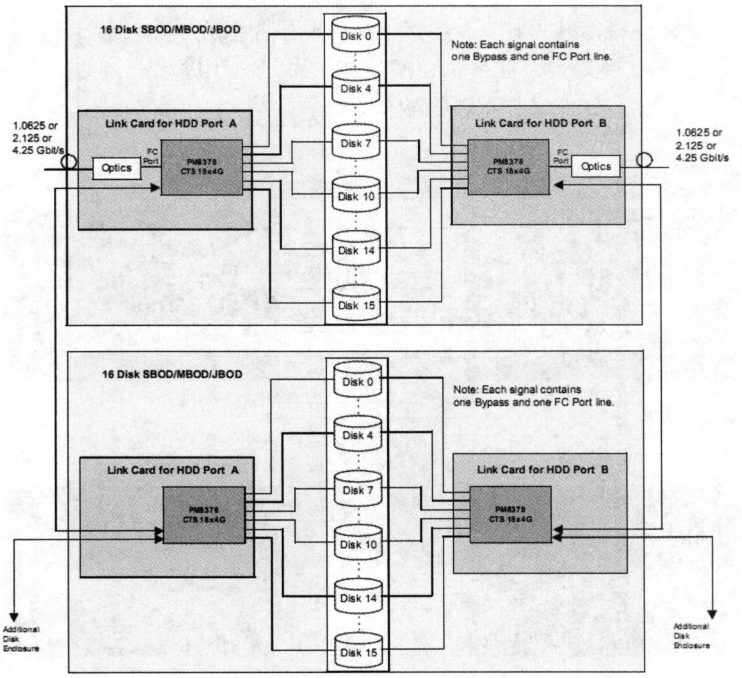

图 9-10　扩展柜级联示意图

还可以将 PBC 芯片和 CTS 芯片组合在一起来级联扩展柜。如图 9-11 所示，为了降低成本，使用了 18 口的 PBC 芯片来连接磁盘，然后用一个 4 端口的 CTS 芯片来作为二级级联桥。在这种情况下，每个扩展柜中的磁盘之间为普通 Loop 串联，但是扩展柜与扩展柜之间却是交换拓扑，这样就相当于把整个 Loop 上的节点划分成域，每个扩展柜就是一个共享域（冲突域）。现在流行的做法是：磁盘连接到 CTS 芯片中，而柜子与柜子之间是 PBC 芯片，所以图 9-11 所示的恰好相反，这一点请读者注意。

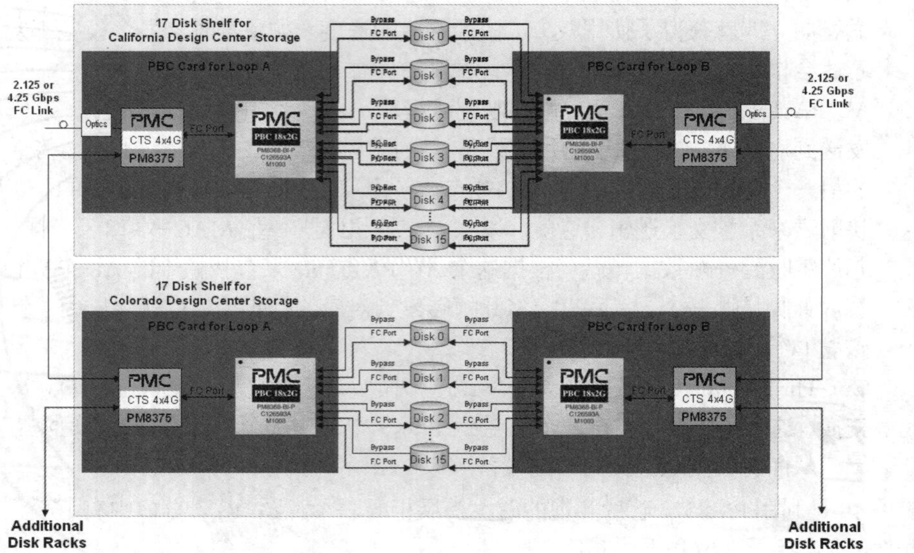

图 9-11　PBC 与 CTS 的组合

如图 9-12 所示，这种方式使用了高成本的 CTS 芯片组成了全交换架构的 Loop。整个 Loop 上的节点之间都形成了交换架构，但这个交换架构并不是无阻塞多路同时交换的架构，依然是同时只允许两点间通信的上层 FC-AL 逻辑的架构。

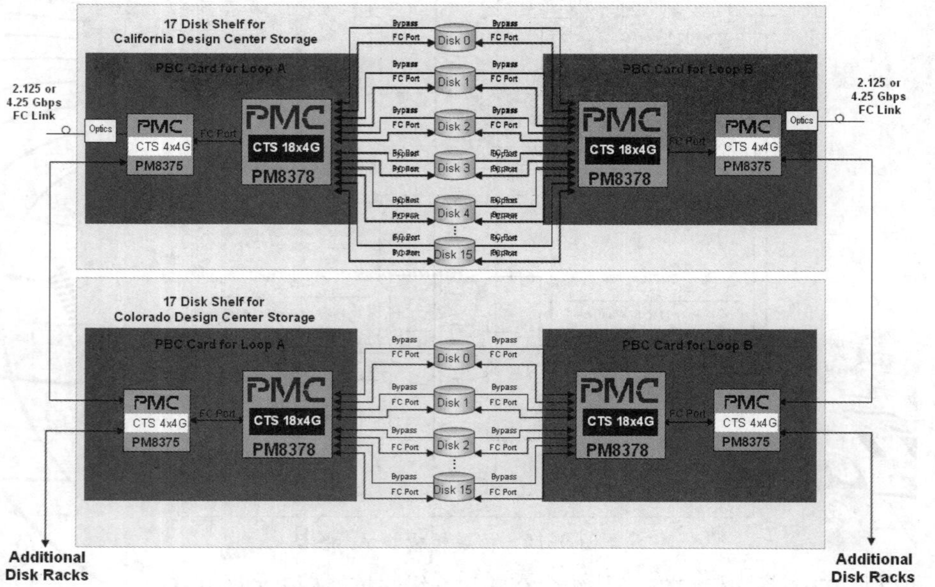

图 9-12　全 CTS 架构

SBOD 控制模块上的芯片不只有 PBC 或 CTS，还包括其他各种功能的芯片，在图中并没有给出，下面会一一介绍。

2. SCSI Enclosure Service 简介

SCSI Enclosure Service 简称为 SES，从字面上理解就是 SCSI 协议中用于查询磁盘扩展柜（Enclosure）各种状态的一种服务（协议）。扩展柜上有很多组件需要被监控，比如电源模块、风扇散热模块、各种指示灯、温度传感器等。这些组件都通过某种总线（比如 I2C、GPIO）方式连接到某个芯片，然后这块芯片再通过 I2C 等连接到单片机或 CPU。或者通过外部传感器直接连接到高集成度的单一芯片上。SCSI 客户端程序（也就是 SCSI Initiator 端程序）通过发送 SES 协议规定的各种指令来查询 Enclosure 上各个组件的状态信息。

SES 服务模块就是指扩展柜上的 CPU，其中运行着处理 SES 的代码。这个 CPU 可以是主控 CPU，也可以是独立的芯片。存储设备机头主控制器有两种方式将 SES 指令传输给这个 CPU，如下所述。

1）独立 SES 服务模块

如图 9-13 所示，独立的 SES 服务模块独占一个 LUN ID（十六进制的 0D），可以直接寻址。也就是说，SES 服务模块就相当于一个 FCAL Loop 上的 ID，机头直接将 SES 指令传输给这个 ID。对应电路层面，主交换芯片收到目标为此 ID 的帧，便会直接转发给这个 ID 所连接的设备，这里就是 SES 处理芯片。

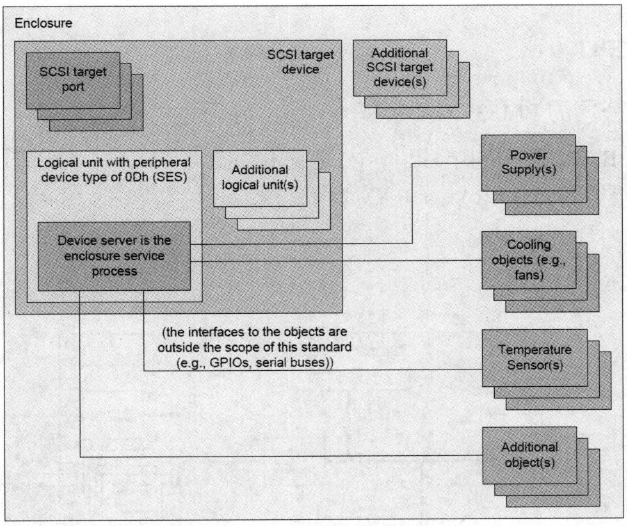

图 9-13　独立 SES 服务模块示意图

2）附属的 SES 服务模块

如图 9-14 所示，附属的 SES 服务模块往往会利用一个已经存在的设备的地址来与自己共用。而物理接口上，这个设备一般会有一条旁路来连接到 SES 服务模块，比如目前 FC 磁盘普遍使用的 SCA2 接口中就有对应的 ESI（Enclosure Service Interface）接口来连接到 SES 服务模块上（CPU）。存储设备的主控机头首先将一条 SES 可用性探询指令发送到这个已经被磁盘占用的 ID，如果这个 ID 对应的槽位上有连接设备，且该设备支持转发 SES 帧，则该设备会返回一个确认帧，帧中携带有特定 Page 的值，主控机头收到之后便会分析出这个设备是否支持 SES 转发。机头随后发出纯 SES 指令，磁盘收到之后，会通过 ESI 接口将 SES 帧发送给 ESI 接口的对端，当然就是 SES 处理芯片了，芯片收到 SES 指令之后，便通过 I2C（或者其他类型总线）总线去查询外部传感器的信息，然后封装成 SES 返回帧，通过 ESI 接口发送至磁盘，磁盘再转发给主控机头。磁盘的 Firmware 必须支持转发 SES 帧。

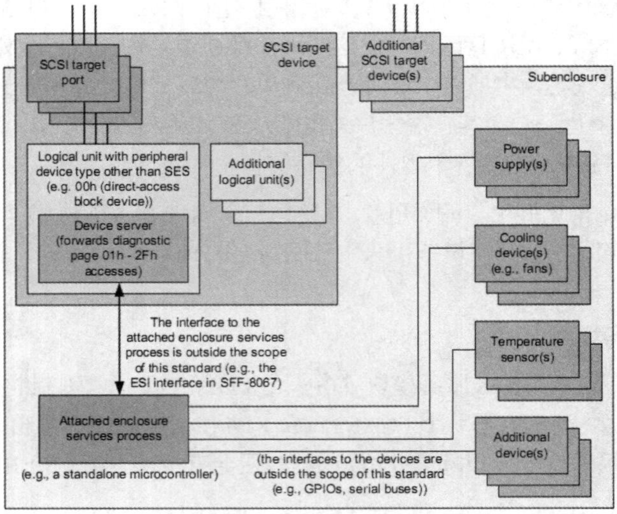

图 9-14　附属的 SES 服务模块示意图

3. SBOD 上的 CPU

1）PMC-Sierra 公司的 PM8393 芯片

这是一款基于 MIPS32 架构的单片机，内建有 128KB 的 RAM，外部时钟为 106.25 MHz，可以将其连接到上文所属的 PM8378 Switch 芯片中。这款芯片又名 Sotrage Management Controller，简称 SMC。图 9-15 为其方框图。

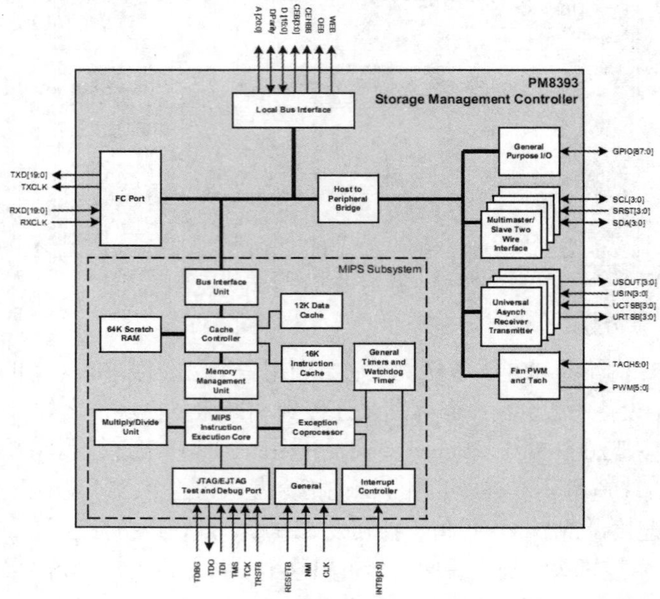

图 9-15　PM8393 芯片方框图

图 9-16 是 PM8393 芯片充当扩展柜总控 CPU，用 PM8378/PM8379 充当交换芯片来连接磁盘，再加上其他一些芯片共同组成的一个完整的扩展柜控制模块架构。

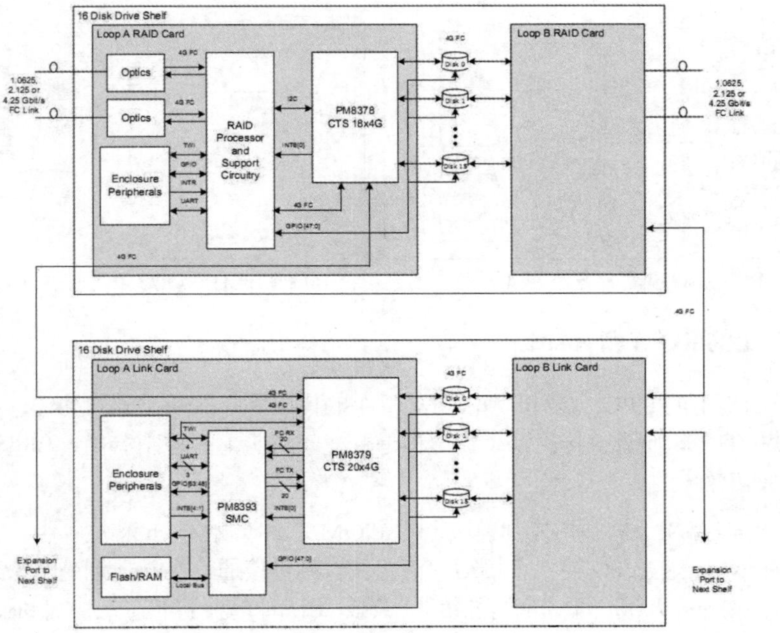

图 9-16　用 PM8393 做为扩展柜总控 CPU

2）Qlogic 公司的 GEM359 芯片

图 9-17～图 9-19 所示为这款芯片的方框图。

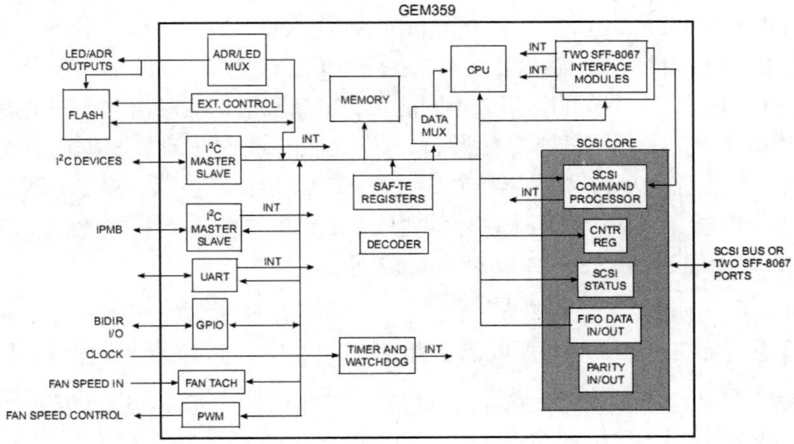

图 9-17　GEM359 芯片方框图（1）

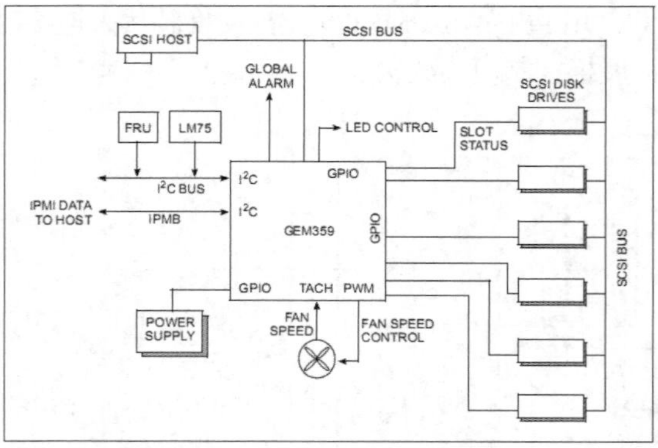

图 9-18 GEM359 芯片方框图（2）

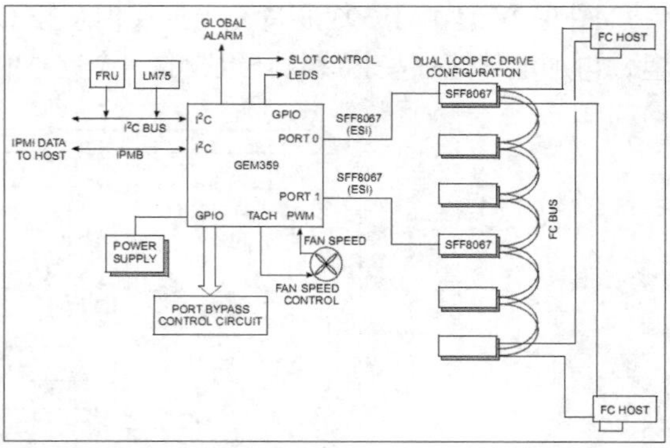

图 9-19 GEM359 芯片方框图（3）

4. SBOD 上的 ROM 和 RAM

SBOD 扩展柜上的 CPU 需要执行 Firmware 中的代码来完成一系列的动作，如 SES 服务等。所以，Firmware 编写的质量直接决定了扩展柜是否能向机头上的控制器稳定和迅速地报告扩展柜上所发生的一切事件。

Firmware 一般存在于扩展柜控制模块上的 ROM 芯片（如 Flash 芯片）中，并且可以随时将升级之后的 Firmware 通过 FC 接口直接写入芯片。这种直接通过实际数据链路来升级系统控制数据的方式叫做 in-band 升级，即“带内升级”。如果用一种单独的通道来访问 Flash 芯片并做升级动作就叫做 out-band 升级，也就是带外升级。

SBOD 控制模块上一般都有外置的 RAM 芯片，有些内置了 RAM 的单片机除外。

5. PATA、SATA 和 SAS 磁盘怎么办

PATA（IDE）盘和 SATA 盘相对于 FC 盘和 SAS 盘来说，成本降低了很多，且可以实现高容量，现在已经有了 1TB 的 SATA 磁盘。对于一些对 IO 性能要求不高的环境来说，使用 SATA 盘无疑是很合适的。但是面对不同的接口，不同的指令，单独对这些磁盘实现一套盘柜和控制器体系实在是不方便。且现在企业都要求高度整合，统一分配，方便管理。根据这个需求，各种适配器和转换逻辑出现了。图 9-20 所示为一个 SATA-SCA2 接口转换器。SATA 磁盘只要接上这块 PCB，就可以从物理上融入 FC 盘柜中，也就变成了所谓的 FATA 盘。除此之外，还有很多其他类型的转接电路，比如 PATA-SCA2、SAS-SCA2 等。

物理上融入了，在逻辑上也需要进行转换。SATA 磁盘使用 ATA 指令系统，FC 和 SAS 磁盘使用 SCSI 指令系统，二者不兼容。所以需要有一个中央芯片负责在两种逻辑之间互相转换。

Sierra Logic 的 SR1216 芯片是一款高集成度的芯片。这款芯片将 ATA-SCSI 转换逻辑以及两个 MicroProcessor 做到了一块单一的芯片中。MicroProcessor 就是微型 CPU，用来运行外部 Flash 芯片中的 Firmware，从而实现 SES 等扩展柜管理程序。

图 9-21 所示为 SR1216 芯片实物图。

图 9-20 SATA-SCA2 转接电路板

图 9-21 SR1216 芯片实物图

图 9-22 和图 9-23 所示为用 SR1216 来充当 SATA 桥和总控 CPU 所形成的扩展柜控制模块架构图，PBC 表示 FC Loop 旁路控制芯片，SES Processor 表示用来收集外部传感器的专用芯片。

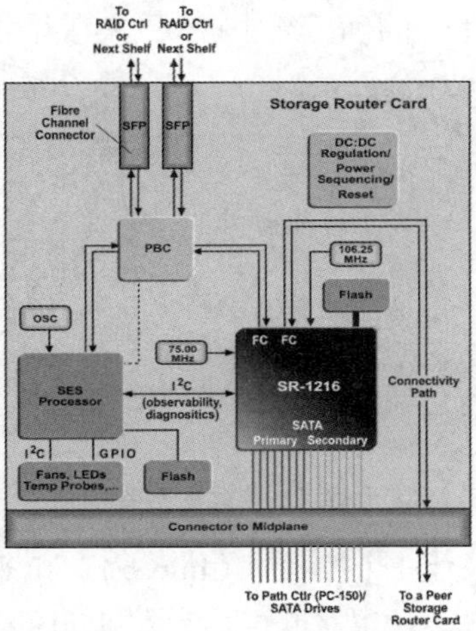

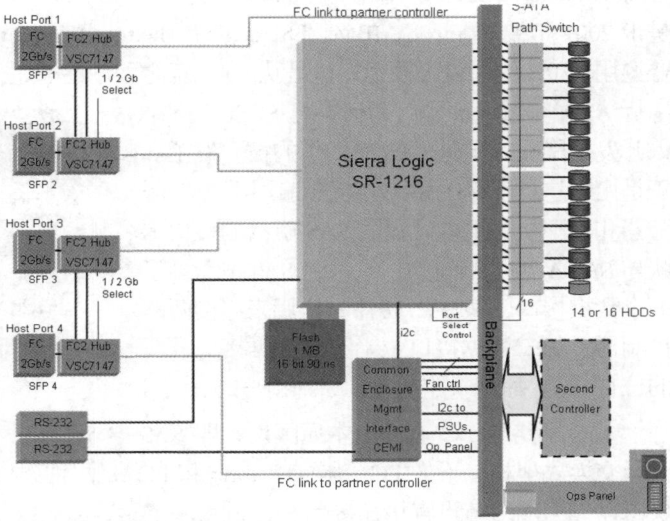

图 9-22 SR1216 架构的扩展柜控制模块（1） 图 9-23 SR1216 架构的扩展柜控制模块（2）

另外，PMC-Sierra 公司也有多款多端口 SATA 复用芯片，不过有一些需要搭配额外的 ATA-SCSI 转换桥芯片。图 9-24 为其示意图。

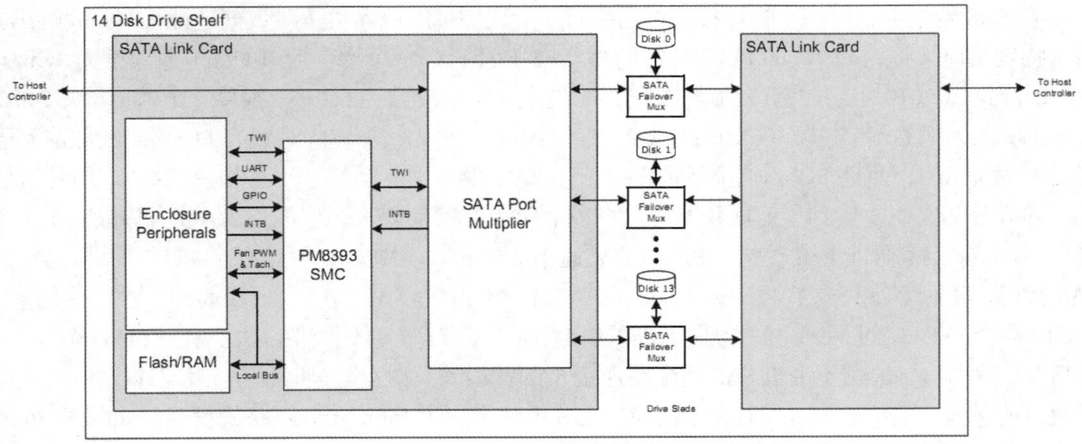

图 9-24 PMC-Sierra 的 SATA 盘柜控制模块架构图

9.4 SAS 大革命

SAS 技术是近一两年来才被普遍使用的技术，其相对 FC 技术有多种优点，也有其缺点。本节向大家介绍一下 SAS 技术的底层架构。

9.4.1 SAS 物理层

适用于存储系统的网络不止 FC 一个，同档次的网络传输系统还有一个叫做 SAS 的，全称为 Serial Attached SCSI，即串行 SCSI。FCP 也属于串行 SCSI，SAS 只是一个名称，不要太较真。SAS 是于 2001 年被 Compaq、IBM、LSI Logic、Maxtor 和 Seagate 联合提上日程的。大家都知道，现在普遍用于 PC 的 SATA 硬盘，也是从 2001 年之后才逐渐崭露头角的。的确，当时几大厂家在开发串行 ATA 时就考虑到：为何不将 SCSI 一同纳入开发范围呢？于是 SAS 便悄悄的被开发了。正是由于这种因缘关系，今天普遍用于 PC 服务器和小型机的本地硬盘的 SAS 磁盘的接口形状与 SATA 盘是相同的，只是比 SATA 盘多了一个数据接口，像 FC 磁盘一样用来连接两路控制器。第二数据接口位于第一数据接口靠背的位置，需要翻过来才能看到，如图 9-25 所示。

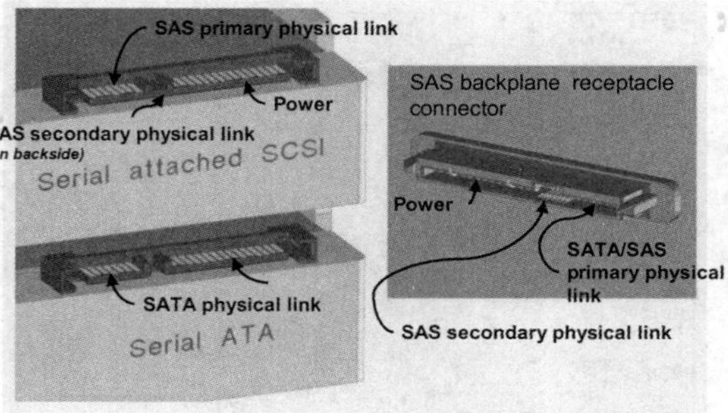

图 9-25 SAS 和 SATA 接口的区别

SAS 网络与 FC 有一个本质区别，即 SAS 为全交换式架构，不像 FC 一样有 Fabric 和 FCAL 两种架构。如果让一个控制器（Initiator）和多块磁盘作为网络节点直接连接到 SAS 网络中的话，那么控制器和所有磁盘之间都是全双工线速无阻塞交换的，控制器可以直接向任何一块磁盘收发数据；同样，磁盘也可以在任何时刻直接向控制器发送数据。这一切过程都是没有冲突的，也不需要像 FCAL 那样的仲裁机制，而且每个节点都独享传输带宽，系统整体带宽=节点数量×每个节点享有的带宽。

在 SAS 网络中，每一个物理接口都需要有一套底层编解码器负责对数据进行 8/10b 编解码。每个物理接口又称为 PHY，即 Physical 的简写。SAS 1.0 时代，每个物理接口的编解码速度为 3Gb/s，SAS 2.0 时代（2010 年初才有产品正式宣布），这个速率被提升至 6Gb/s。换算一下就可得知，SAS 1.0 的每个接口数据带宽为 300MB/s，SAS 2.0 则翻倍。相比之下，同时代的 FC 接口物理速率已经普遍为 4Gb/s，而且 8Gb/s 的产品已经上市，SAS 慢了一小步，而且还相差 2Gb/s。但是 SAS 的一项设计却比 FC 走到了前面，即可以将多个 PHY 捆绑成一个逻辑接口，数据并行地在多个 PHY 中传输，就像 PCI-E 一样，每个 PHY 速率 2.5Gb/s，4XPCIE 便是 4 个 PHY 捆绑。4X 的 SAS 接口，其速率就变成了 12Gb/s（SAS 1.0）或者 24Gb/s（SAS 2.0）。而目前 FC 是做不到这一点的。多个 PHY 经过捆绑之后形成的逻辑端口称为“宽端口”，不捆绑的独立单一 PHY 称为“窄端口”。宽端口一般用于主机 SAS 适配器连接 SAS 接口外置磁盘阵列时使用，因为宽端口可以提供更高的带宽，消除瓶颈，同时，连接使用的线缆也借用了 Infiniband 网络的设计。如图 9-26 所示为一个 4X 宽端口所用的线缆接头实物图。

图 9-26 SAS 的 4X 宽端口

图 9-27 所示的是一块主机 SAS 适配卡的连接示意图。此适配卡有两个 SAS 通道，每个通道又有 4 个 PHY，其中一个通道用于连接主机箱内部的 SAS 或者 SATA 磁盘，通过线缆连接到转接背板上，然后 4 块磁盘可以以热插拔方式插到背板上对应的接口。另一个通道使用上文所述的 4X SAS 线缆连接外置 SAS 接口的磁盘阵列。如果在这块 SAS 卡上设计有独立的 Raid 芯片或者直接集成到 SAS IO Processor 中，那么这块卡就变为了一块可接 SAS 或者 SATA 硬盘的 Raid 卡了。

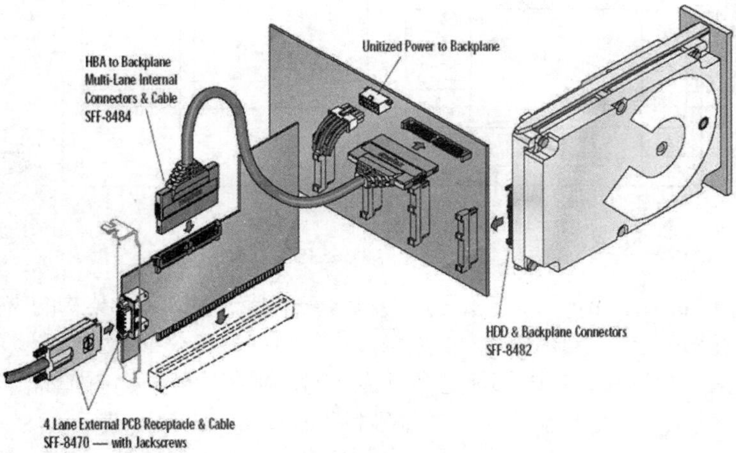

图 9-27 SAS 适配器内部连线示意图

由于 SAS 和 SATA 硬盘的接口是相同的，所以自然想到是否 SATA 硬盘也可以接入 SAS 网络呢？答案是肯定的。SAS 协议利用 STP（SATA Tunneling Protocol）来兼容 SATA 协议，对 SATA 节点的数据收发，SAS 是将数据封装在 SAS 协议帧中传递的，数据到达 SATA 节点后，解封装，然后再由 SATA 节点处理。这一点 FC 自身是无法做到的，而需要一个 SCSI-ATA 协议转换器（前文所述的 SR1216 芯片）以及一个 SATA-FC 接口转换器（前文所述的 SATA-SCA2 转换板）来实现。

提示：对于物理接口转换器，有一点需要了解，即 SATA 盘只有一个数据接口，而 FC 磁盘有两个逻辑数据接口（包含在一个物理 SCA2 接口中），所以接口转换器又被称为 Port Multiplexer，即前端实现两个逻辑接口（对于 FC 来讲）或者两个物理 PHY（对于 SAS 来讲），而后端连接同一个 SATA 物理接口，转换器将前端的所有接口都映射到后端的一个接口，并且在前端虚拟出两个物理接口地址以用于前端网络的寻址操作。这种接口转换板又被某些厂家称为“Dongle”。

SAS 作为一个交换网络，那么理所当然的就应该有对应的交换媒介，即交换机，或者交换芯片。让我们来看一张 PMC-Sierra 公司所设计的一款 36 端口 SAS 交换芯片（PM8387）的架构，如图 9-28 所示。

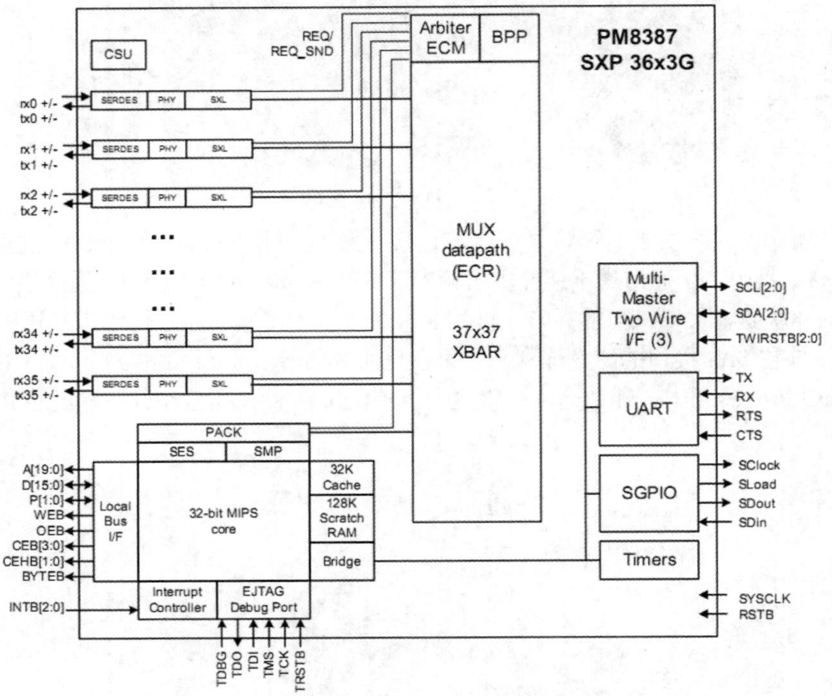

图 9-28　SAS 交换芯片架构

图中 XBAR 代表 Crossbar，即这款芯片内包含一个基于 Crossbar 架构的交换矩阵用来在各个 PHY 之间进行高速交换。XBAR 左侧连接了 36 个 PHY，每个 PHY 前端是 8/10b Serdes（串化解串化器），由于数据在芯片内部都是并行传递的，到芯片外部之前都需要经过串化过程和 8/10b 编码过程，而从芯片外部到内部的数据则执行相反过程。SXL 表示 SAS Expander Link，其中 Expander 就表示 SAS 交换芯片，因为交换芯片可以让众多节点所连接并且通信，所以又叫做 Expander，即扩展器。芯片中包含的另一个部件为一个 32b 的 MIPS 核心处理器，这个处理器执行 Firmware 以实现 SES、SMP（下文描述）和其他一些外部信号（比如指示灯、Debug 接口、监控）处理工作。XBAR 右侧为各种信号总线和接口。XBAR 中的 Arbiter，即仲裁器，负责协调各个 PHY 之间发起的通信并控制 Crossbar 将数据交换到正确的目的。这里不要被其名称所误导，SAS 不使用仲裁共享方式，具体数据收发方式后文描述。

9.4.2　SAS 链路层

对于 SAS 的链路层协议内容，比如帧的组成结构、帧同步、链路错误恢复等由于太过底层，请想了解的读者自行参考 SAS 协议文本（大部分帧结构都与 FC 类似）。这里只简要介绍一下 SAS 链路层与 FC 的一个最大的不同之处以及速率适配方面。

SAS 在链路层使用面向连接的交换技术。Initiator 向 Target 发起通信之前必须建立好连接，但是要与传输层的端到端连接相区别开（SAS 的传输层也有连接，下文描述）。SAS 链路层的连接指的是在一个 SAS 网络内的两个 PHY 的通信路径中的所有 Expander 内部，都将为这条通信保持相应的资源，比如 Crossbar 矩阵内的交换路径。某个 Initiator 和 Target 对初次收发数据时，Crossbar 上的 Arbiter，或者叫 Connection Manager 会检测并且在 Crossbar 内新建一条路径，以便将它们之间的数据通过恒定的路径发送到下一条 Expander 的端口，下一条 Expander 再做相同的动作直到数据达到最终 Target。连接是在每个 PHY 之间建立的，如果使用宽端口，则每个 PHY 之间都会为对应的 OPEN 请求建立连接，因为每个 PHY 之间都有链路，所以需要保留对应的资源和路径。

具体连接发起和结束的过程如下。

（1）Initiator 端的链路层首先通过 PHY 接口向其连接的 Expander 发起一个 OPEN 帧，帧中携带的是 Target 端 PHY 的 SAS 地址。

（2）本地 Expander 收到之后，首先返回 AIP 帧（Arbitration In Progress），这期间，Expander 会为这个请求分配资源。由于 Expander 需要维持很多 Initiator 和 Target 的连接，有时资源不够的话，分配的资源会相冲突，需要根据 SAS 地址来判断连接的优先级以便有限分配高优先级连接的资源，这个过程就是仲裁，但是它与 FCAL 的仲裁有着本质的不同。

（3）Arbitration 成功之后，在 Expander 内为其保留恒定资源和 Crossbar 路径，然后将这个帧路由到 Target 所在的 Expander，途中经过的所有 Expander 都会为这个初始连接分配恒定资源和路径。

（4）Target 端的链路层接收到 OPEN 请求之后，向 Initiator 端返回一个 OPEN_ACCEPT 帧。连接建立。

需要关闭连接的时候，Initiator 端发送 CLOSE 帧。

图 9-29 所示为连接发起和接收期间的步骤。

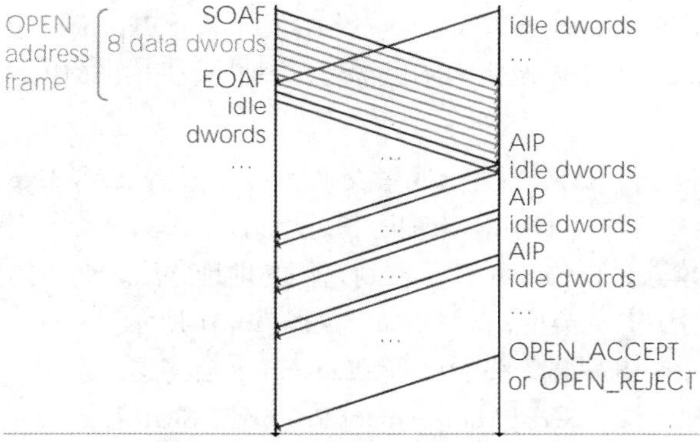

图 9-29　SAS 连接发起和接收过程

对于适配不同速率的设备，SAS 的链路层通过在快速链路上插入对应长度的 ALIGN 冗余数据来保持速率适配，如图 9-30 所示。

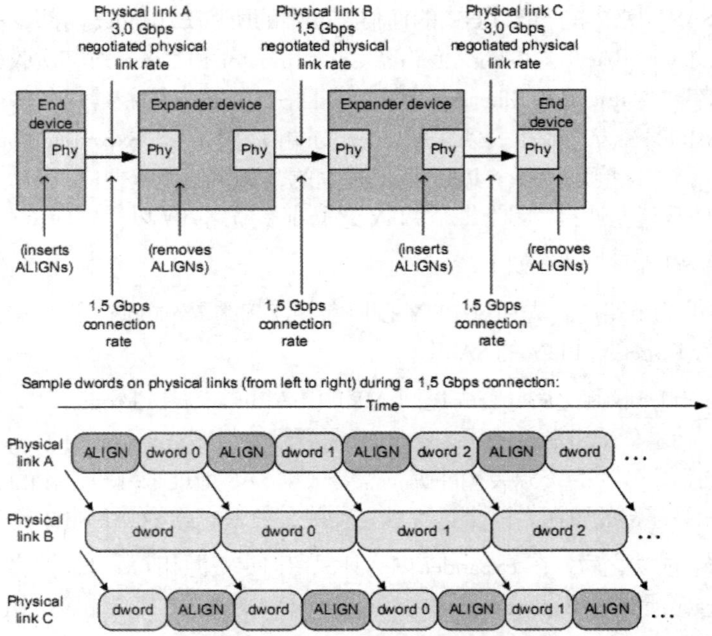

图 9-30 SAS 的速率适配

9.4.3 SAS 网络层

作为一个网络，SAS 当然也需要编址和寻址。SAS 网络中的每个节点使用的地址与 FC 网络类似，也是一个 64b 长度的定长地址，也叫做 WWN；但是与 FC Fabric 不同的是，SAS 直接使用这个 64b 地址来路由数据包，而 FC Fabric 则使用另外分配的 24b 的 Fabric ID 来路由数据包。编址是为了寻址，寻址就需要有地址表，或者叫做路由表。每个 Expander 上运行着一种协议，用来执行整个系统中的 Expander 发现以及路由条目学习，这种协议叫做 SMP，全称为 Serial Management Protocol。

我们首先来看只有一个 SAS 交换机或者交换芯片（或者 SAS Expander）的情况下，SAS Expander 是如何寻址的。熟悉 IP 路由的人很容易地就可以理解，对于直接连接在 Expander 上的终端节点，就属于直连模式，Expander 在获取到它们的地址之后，会将这些地址加入路由表，并标明路由条目的模式属于“D”类型，即 Direct。如图 9-31 所示，一个 12 端口的 SAS Expander 上接入了 4 块 SAS 磁盘，SAS 磁盘为终端设备，Expander 会将这 4 条记录收录到路由表中，并标明为 D 类型。图中的 SMP 表示 Serial Management Protocol，SMP 在这里是一个抽象的对象，它作为一个实体路由协议和管理程序运行在每个 Expander 上，所以这里用它来代表每个 Expander。由于目前的 Expander 是系统中唯一的一个，所以编号为 SMP0，并且对应了一个虚拟的 PHY12（第 13 个 PHY 并不存在）。

此时，我们再增加一个 Expander，将这两个 Expander 级联起来，并且在第二个 Expander 上也连接 4 块 SAS 磁盘。此时的路由表如图 9-32 所示。

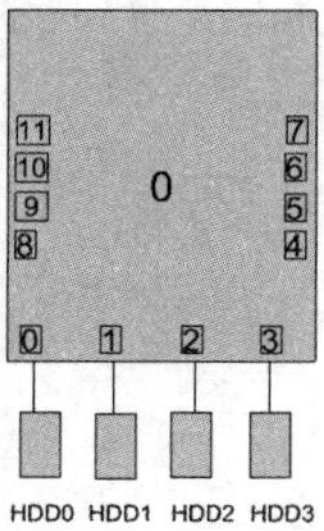

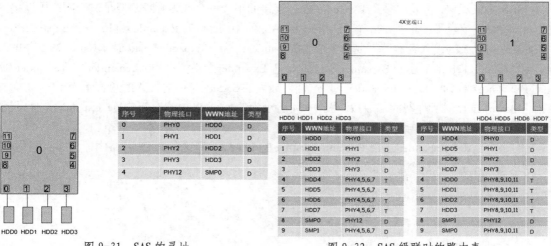

序号	物理接口	WWN地址	类型
0	PHY0	HDD0	D
1	PHY1	HDD1	D
2	PHY2	HDD2	D
3	PHY3	HDD3	D
4	PHY12	SMP0	D

图 9-31　SAS 的寻址

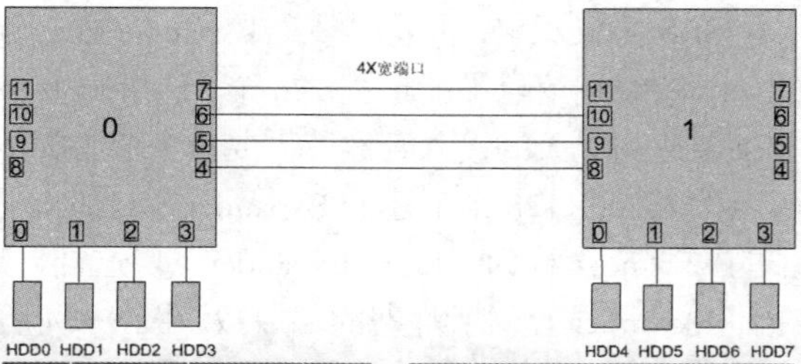

序号	WWN地址	物理接口	类型
0	HDD0	PHY0	D
1	HDD1	PHY1	D
2	HDD2	PHY2	D
3	HDD3	PHY3	D
4	HDD4	PHY4,5,6,7	T
5	HDD5	PHY4,5,6,7	T
6	HDD6	PHY4,5,6,7	T
7	HDD7	PHY4,5,6,7	T
8	SMP0	PHY12	D
9	SMP1	PHY4,5,6,7	D

序号	WWN地址	物理接口	类型
0	HDD4	PHY0	D
1	HDD5	PHY1	D
2	HDD6	PHY2	D
3	HDD7	PHY3	D
4	HDD0	PHY8,9,10,11	T
5	HDD1	PHY8,9,10,11	T
6	HDD2	PHY8,9,10,11	T
7	HDD3	PHY8,9,10,11	T
8	SMP1	PHY12	D
9	SMP0	PHY8,9,10,11	D

图 9-32　SAS 级联时的路由表

上图中出现了一种新的路由类型，T 类型，意思是 Table Routes，暗指这种类型的路由条目是通过路由协议学习而得来的，并非自己本地直连的路由条目。SMP1 表示新加入的 Expander 本身。然而，是否觉得缺了点什么呢？是的，磁盘和磁盘之间是不会通信的，磁盘只是作为 Target 端来等待 Initiator 端来发起指令。很显然 Expander 不是这个 Initiator。我们需要向这个由两交换机（芯片）组成的网络中添加一个 SAS Initiator，如图 9-33 所示。

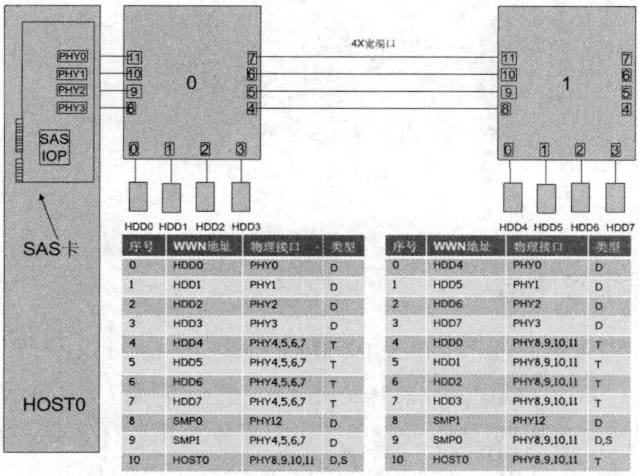

序号	WWN地址	物理接口	类型
0	HDD0	PHY0	D
1	HDD1	PHY1	D
2	HDD2	PHY2	D
3	HDD3	PHY3	D
4	HDD4	PHY4,5,6,7	T
5	HDD5	PHY4,5,6,7	T
6	HDD6	PHY4,5,6,7	T
7	HDD7	PHY4,5,6,7	T
8	SMP0	PHY12	D
9	SMP1	PHY4,5,6,7	D
10	HOST0	PHY8,9,10,11	D,S

序号	WWN地址	物理接口	类型
0	HDD4	PHY0	D
1	HDD5	PHY1	D
2	HDD6	PHY2	D
3	HDD7	PHY3	D
4	HDD0	PHY8,9,10,11	T
5	HDD1	PHY8,9,10,11	T
6	HDD2	PHY8,9,10,11	T
7	HDD3	PHY8,9,10,11	T
8	SMP1	PHY12	D
9	SMP0	PHY8,9,10,11	D,S
10	HOST0	PHY8,9,10,11	T

图 9-33　SAS Initiator 的引入

上图中，Expander0 的路由表中增加了一个条目，即它所连接的有一个直连终端，HOST0 上的 SAS 适配卡，路由类型为“D,S”，D 为直连类型。S 即 Subtractive，意义为默认路由，即，如果某个数据帧无法从 D 或者 T 类型的路由条目中找到目的地址，那么统统向 S 类型路由条目对应的 PHY 接口转发出去。SAS 卡和 Expander0 之间同样运行着 SMP 协议，Expander0 会学习到 SAS 卡为 Initiator 端，所以，Expander1 也会学习到这条路由，但是 Expander1 的路由表中的默认路由显然应该设置为 SMP0，即将具体路由未知的数据帧从连接 SMP0 的 PHY 转发出去。另外，Expander1 也会同时学习到 HOST0 路由条目，但是不将其作为 S 类型，因为 S 类型路由存在的意义是可以在路由表中不保存 HOST 端的条目，在主机数量很大的时候，有利于保证路由效率。

SAS 协议规定，可以由多个 Expander 任意连接而组成一个 SAS 网络，但是这个网络可以接入的最大的终端节点不能超过 128 个，这个一级 SAS 网络中所有的 Expander 组成一个 Expander set。如果要达到更大的接入容量，需要一个核心 Expander，这个 Expander 可以最多具有 128 个 PHY，可以接入最多 128 个上述的 Expander Set。此核心 Expander 称为"Fanout Expander"，Expander Set 中的 Expander 称为"Edge Expander"。这样，最大的 SAS 网络中可接入的总容量为 128×128 再减掉 Expander 互联所耗费的端口数。图 9-34 所示为 Fanout Expander 与 Edge Expander 的互联示意图。Fanout Expander 作为整个 SAS 网络的核心，其上不允许再有 S 类型的路由，只能有 D 和 T 类型的路由。Edge Expander 连接 Fanout Expander 的 PHY，对应这个 PHY 的路由皆为 S 类型路由，因为 Edge Expander 只能将未知条目转发给核心。

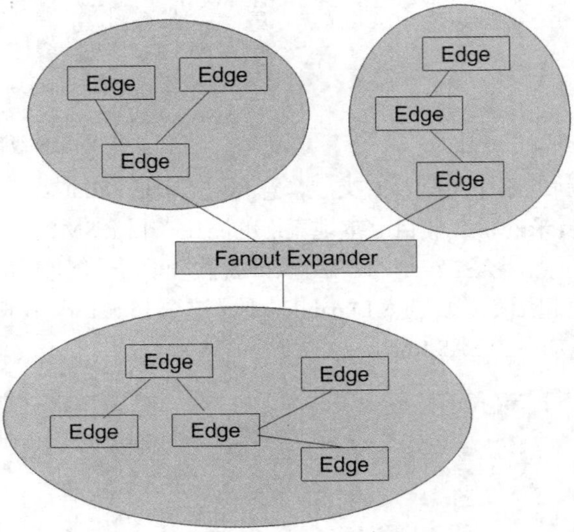

图 9-34 Fanout 与 Edge 的互联

每个独立的 SAS 网络被称为一个 Domain。

9.4.4 SAS 传输层和应用层

SAS 网络目前有 3 种应用协议：一是 SSP（Serial SCSI Protocol），二是 STP（SATA Tunneling Protocol），三是 SMP（Serial Management Protocol）。说它们为应用层协议既恰当又不恰当，因为相对于 SAS 本身来讲，它们确实是处于应用层，但是相对于整体系统来讲，它们又都处于传输层（SSP 和 STP）或网络层（SMP）。这三种协议在传输数据之前都需要首先由 Initiator 向 Target 端发起连接请求，这种上层的连接请求也同时被映射到了链路层，链路层也会建立相应的连接，如前文所述。

1 . SSP

SSP 是一套用于在 Initiator 和 Target 之间传输 SCSI 指令的传输保障协议，与 FC 中的 FCP 层充当相同的角色。我们知道 SCSI3 规范已经将 SCSI 上层指令与底层传输系统相分离，SSP 在此就作为 SCSI 指令的传输系统，SSP 会保障 SCSI 指令和数据以及对指令的响应成功地被传送和接收。图 9-35 所示为 SSP 的帧结构。图 9-36 所示为 SSP 的帧类型，包含 COMMAND、TASK、XFER_RDY、DATA、RESPONSE 五种类型。

Byte	Field(s)		
0	Frame Type		
1 to 3	Hashed Destination SAS address		
4	Reserved		
5 to 7	Hashed Source SAS address		
8 to 9	Reserved		
10	Reserved	Retransmit	Rsvd
11	Reserved	Number of Fill Bytes	
12 to 15	Reserved		
16 to 17	Tag		
18 to19	Target Port Transfer Tag		
20 to 23	Data Offset		
24 to m	Information Unit		
m to (n-3)	Fill bytes, if needed		
(n-3) to n	CRC		

图 9-35　SSP 的帧结构

Command	Information Unit field size	Direction	Description
COMMAND	28 to 284	I to T	Send a command
TASK	28	I to T	Send a task management function
XFER_RDY	12	T to I	Request write data
DATA	1 to 1024	I to T or T to I	Write data (I to T) or read data (T to I)
RESPONSE	24 to 1024	T to I	Send SCSI status (for commands) or task management response (for task management functions)

图 9-36　SSP 的帧类型

图 9-37 所示为 SSP 执行 TSAK 管理任务时所发送的指令和返回流程步骤。图 9-38 所示为 SSP 发起 SCSI 指令时的步骤。

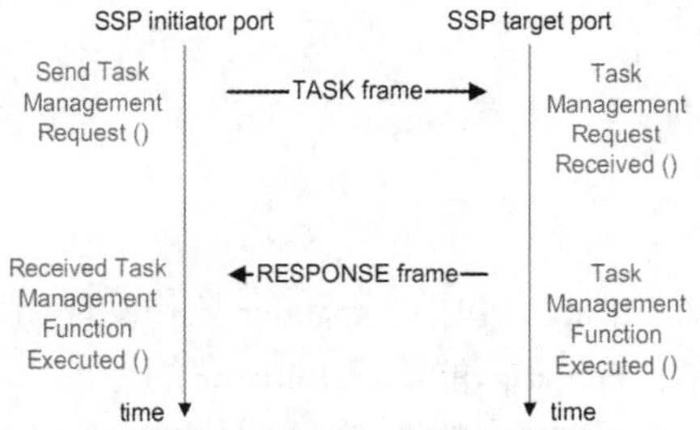

图 9-37　SSP 设备控制指令步骤

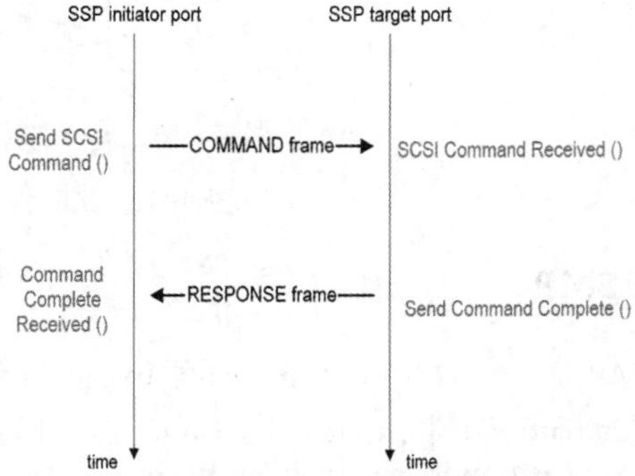

图 9-38　SSP 发起 SCSI 指令时的步骤

图 9-39 所示为 SSP 执行 SCSI Read 指令时的步骤。图 9-40 所示为 SSP 执行 SCSI Write 指令时的步骤。

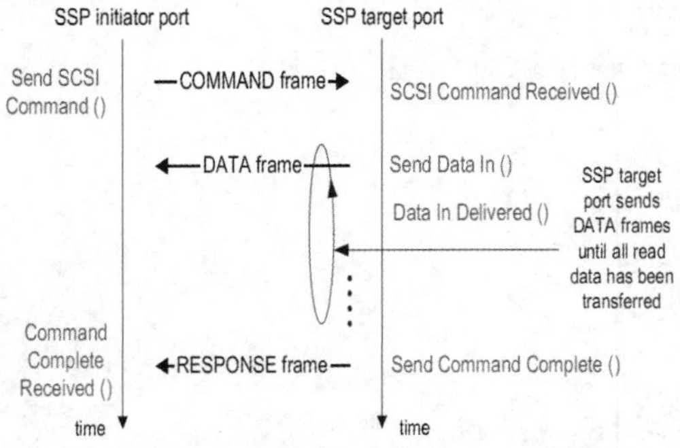

图 9-39　SSP 执行 SCSI Read 指令时的步骤

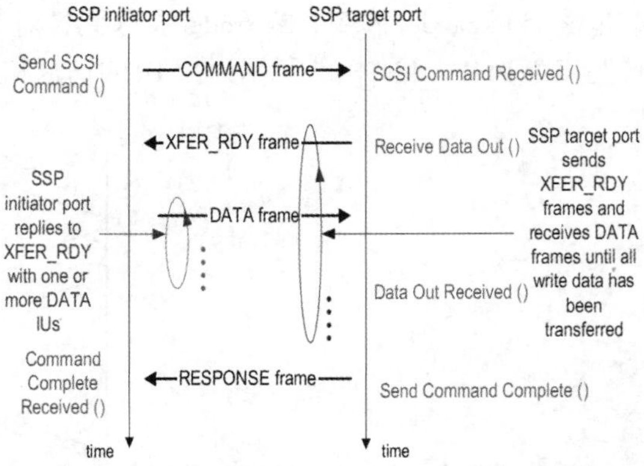

图 9-40　SSP 执行 SCSI Write 指令时的步骤

2. STP

STP 是一套用于在 Initiator 和 Target 之间传送 SATA 指令的传输保障协议。由于 SATA 协议与 SCSI 协议完全是两套上层协议，不仅指令描述方式和结构不同，而且在底层传输的控制上也不同，所以 STP 就是将 SATA 协议的底层传输逻辑拿了过来，并将其承载于 SAS 底层（物理层+链路层+网络层）进行传输。其实这里说 SATA Tunneling 也具有一定的误导性，可能会误认为 SCSI 就不需要 Tunneling。其实不管是 SCSI 还是 SATA，它们都是以不同程度的 Tunnel+Map 的方式被承载于 SAS 网络上传递。可以参考本书后面章节来了解协议之间的相互作用问题。图 9-41 所示为 STP 执行 SATA 指令时的步骤。

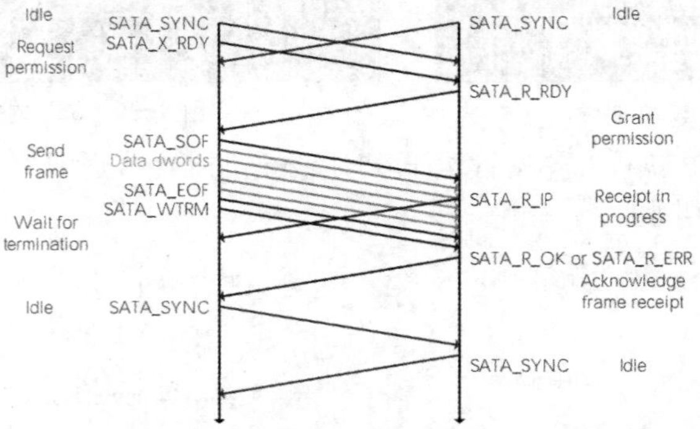

图 9-41　STP 执行 SATA 指令时的步骤

3. SMP

SMP 是一种对 SAS 网络内所有 Expander 进行管理的协议，包括 Expander 拓扑发现和路由协议。由 Initiator 端建立连接后向 Target 端发起查询请求，Target 只能响应 Initiator 的查询而不能主动向 Initiator 发送消息。这里大家可能有个疑问，即不管是 SSP 中的 Target 还是 STP 中的 Target，它们都是有实在的物理存在的东西来对应的，比如 SSP 的 Target 就是某 PHY 后面的 SAS 磁盘，STP 的 Target 就是某 PHY 后面的 SATAC 盘。那么 SMP 中的 Target 到底是什么呢？上文讲 SAS 路由表时曾经提到过一个 Expander 上的虚拟 PHY，对应了一个 SMP 设备，其实 SMP 的 Target 就是整个 Expander 本身，Expander 接收到针对这个 Target 的消息，就会自己做处理而不是转发到其他某个 PHY。图 9-42 所示为 SMP 的请求和查询步骤。

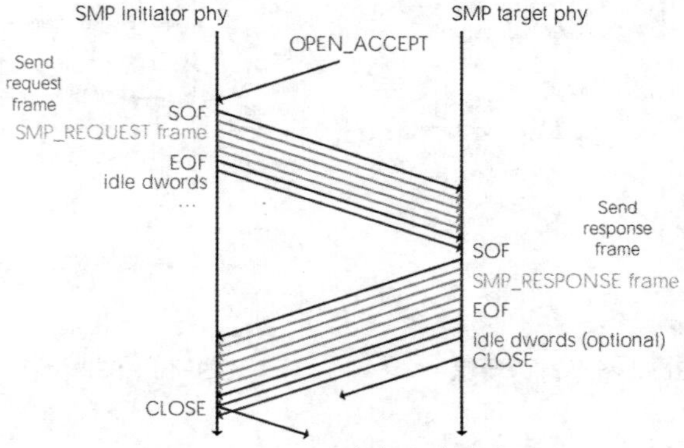

图 9-42　SMP 的请求和查询步骤

9.4.5　SAS 的应用设计和实际应用示例

SAS Expander 芯片有多种 Phy 接口数量可供选择，比如 16/24/32/36 等。提供不同的 Phy 数量是为了满足磁盘阵列厂商所设计的不同盘位的扩展柜。每个 SAS 磁盘扩展柜里面基本上有两个 SAS Expander，这两个 Expander 各自连接到这个柜子中的所有 SAS 磁盘，每个 SAS 盘两个 SAS Phy。这两个 Expander 还分别要连接到上行和下行的其他扩展柜或者机头，最顶上是机头，机头里也要有 Expander（做 Table Routing），用来连接 SAS 控制器芯片以及扩展柜里的 Expander。机头中的 Expander 相当于一个总桥，总桥再分别出 4 个 Phy 连接到上行外部主机和下行扩展柜中的 Expander，12 盘位的可以估算它的扩展柜单片 SAS Expander 芯片接口规格：12+4×2=20 口芯片，24 盘位的则使用 36Phy 的 SAS Expander 芯片扩展柜与扩展柜之间用 SAS 线缆连起来，一般都是 4 个 Phy 并联的宽端口。

如图 9-43 所示，在磁盘扩展柜中使用 SAS Expander 而不是 FC Loop Switch 芯片，其他设计保持相同，那么一款 SAS 扩展柜就被打造出来了。多个扩展柜通过 Expander 间的级联就可以扩大到比较可观的容量。主机接口以及 Expander 间接口都使用 4X 宽端口以保持级联带宽，这样，系统吞吐量上也可以保持高水准。总体来讲，SAS 比 FC 实惠、量足。

如图 9-44 所示为 HDS 公司 AMS2000 系列磁盘阵列的后端架构图，很明显它使用了 PMC 公司的 Expander 芯片。

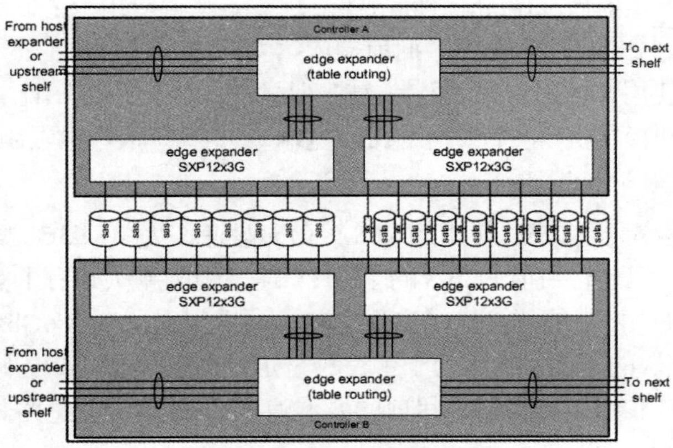

图 9-43　SAS 控制器

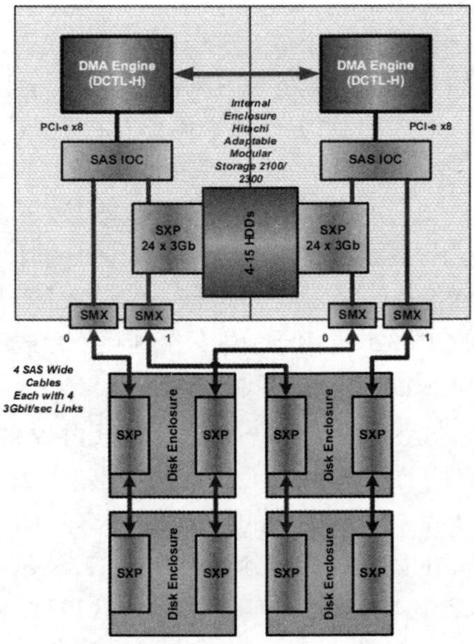

图 9-44　AMS2000 的控制器后端

9.4.6 SAS 目前的优势和面临的挑战

1. SAS 目前相对于 FC 的优势

SAS 能够使用宽端口来提供较高的带宽，这一点已经可以与 8Gb FC 接口媲美并且超出了后者 50%的速率。另外，SAS 使用 STP 协议来承载 SATA 协议，使得 SAS 和 SATA 磁盘可以同时存在于同一个存储系统中，甚至可以混插在同一个磁盘柜中，这一切都不需要上层做过多的更改，只要在 Initiator 端的上层协议处理模块中加入 ATA 支持即可，或者统一使用 SCSI，然后在其下层增加一个 SCSI-ATA 翻译层。FC 在理论上当然也可以被开发承载 SATA 协议，但是目前 FC 尚未提供类似 FCP 的映射层来适配 SATA 协议。

SAS 相对于 FC 来说，其成本较低，体现在 SAS Expander 和 SAS 磁盘上。目前一片 12 端口 3Gb/s 的 Expander 芯片的价格大概在 35 美元左右。而 SAS 硬盘在盘片、转速、机械臂、磁头等的设计参数和用料上与高端 FC 硬盘相同，唯一的区别就在于外部接口使用的协议不同，所以设计也不相同，但是 SAS 磁盘却比 FC 磁盘廉价。由于磁盘主要的瓶颈在于平均寻道时间和平均旋转延迟以及转速，加上存储控制器对后端所有磁盘的 Raid 化和虚拟化之后，实际使用的时候，在外部接口速率相差不大的情况下，磁盘接口速率对系统整体性能影响不大。

2. SAS 目前面临的挑战

SAS 的一个最大挑战是其连接线缆。目前的产品都是使用铜缆，这就导致其传输距离非常受限，通常最大距离被限制在 10 米。而且线缆较粗较硬，不利于布线。这种限制直接限制了 SAS 的发展。比如实现前端网络化的时候，多台主机与多台磁盘阵列都需要连接到 SAS 交换机（Expander）上，而由于较粗较短较硬的线缆的限制，SAS 交换机就显得很尴尬，所以 SAS 交换机也一直没有实际产品。这些因素导致了 SAS 目前被应用的范围非常窄，比如，普遍应用于主机本地内置磁盘。在用于磁盘阵列设计的时候，主要使用在后端，而前端依然为 FC，比如 HDS 公司 AMS2000 产品。但是也有一些前端后端都使用 SAS 的产品，但是这些产品均被定位于低端，比如 IBM DS3200，由于前端只能连接一台或者两台主机（一个或两个 SAS 宽端口），其扩展性被限制，所以只能被定位到低端。

SAS 的另外一个挑战是其单 PHY 的速率，当前普遍使用的 SAS 接口磁盘速率为单口 3Gb/s，相对于 FC 的 4Gb/s 来讲还是相差了 25%。但是，目前 6Gb/s 的单 PHY 速率刚刚露头并有了实际产品，令人欣慰的是，在尚未有 8Gb/s FC 接口的磁盘产品出现之前，已经出现了 SAS 6Gb/s 接口的磁盘，这充分说明 SAS 的发展是飞快的，而 FC 又处于了一种是走是留还需要观望的状态之中。而 SAS 下一个目标是单 PHY 速率 12Gb/s。照 SAS 目前的发展速度，FC 的卫冕之路将会更加艰难。

不过，在 2010 年新发布的存储系统比如 HDS VSP 及 IBM Storwize V7000，以及包括 EMC 的新一代 CX 存储系统中，FC 磁盘已经悄悄地从这些存储系统的支持列表中消失了。但是存储前端供主机访问的网络类型，FC 依然处于主导地位。相信在光连接的 SAS 出现之后，前端也很有可能彻底被 SAS 革掉。FC 革掉了 SCSI，SAS 又把 FC 从后端革掉了。

9.5 中高端磁盘阵列整体架构简析

图 9-45 所示为 NetApp 的 FAS6000 系列实物图，其中间部分为两个机头，其余均为扩展柜。

中高端盘阵一般都会配有两个控制器，不但可以作为冗余，而且可以分担后端不同的环路。图 9-46 是一个典型的双控制器，且前后端均为 FC 架构的磁盘阵列拓扑示意图。

图 9-45 NetApp 公司 FAS6070 磁盘阵列

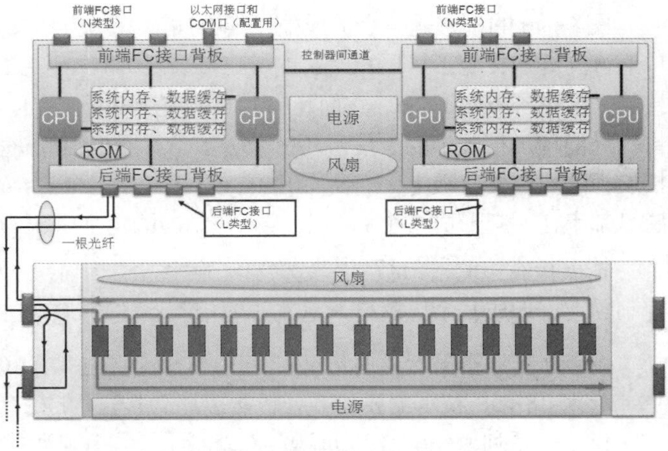

图 9-46 全 FC 架构磁盘阵列

图 9-46 所示的机头（控制器所在的机柜）中不包含磁盘。实际产品中，有些由于控制器主板比较小，机头本身也可以放入若干磁盘。但是有些高端产品的控制器主板做得比较大，IO 适配器比较多，再加上电源模块和风扇模块，造成机头内部空间不足以放下多余的磁盘。

如图 9-46 所示，每个控制器上有 4 个前端 FC 接口和 4 个后端 FC 接口。每个后端 FC 接口可以连接到一个 FC-AL 环路。为了冗余，两个控制器的后端 FC 端口必须连接到相同的扩展柜上，所以这台盘阵可以连接的 FC-AL 的 Loop 总容量为 4 个。

其实，磁盘阵列控制器本身就是一个现代计算机系统，它由 IO 设备、运算器、存储器、软件组成。

- IO 设备：包括后端 FC 适配器、前端 FC 适配器、管理用 COM 口、以太网口、LCD 液晶显示板、指示灯以及各种适配卡。控制器从后端的磁盘上提取数据，经过虚拟化之后，发送给前端的主机。控制器从前端的 FC 端口处接收主机发送的指令和数据，经过去虚拟化运算之后，通过后端 FC 端口写入扩展柜中的磁盘。这就是控制器工作的基本原理。
- 运算器：完成上述虚拟化和去虚拟化过程所需要的运算单元。控制器可以选用通用 CPU 来作为运算器，也可以选用或辅以专用 ASIC 芯片来完成运算。随着现代盘阵系统虚拟化功能的日益强大，软件逻辑越发复杂起来，通用 CPU 加软件就成了普遍使用的组合。至于 ASIC 等硬件只是作为一种 IO 设备而存在，辅助 CPU 进行专用逻辑的运算，并把结果返回给 CPU，目的是将 CPU 从这种专用运算中解脱出来。
- 存储器：包括高速缓存存储器和外部低速永久存储器。现代中高端盘阵几乎都是使用带 ECC 错误纠正的 DDR SDRAM 作为高速缓存。这个高速缓存既充当虚拟化软件运行时的空间，又充当两端数据流的缓存空间。
- 软件：由于虚拟化引擎越来越强大，新的功能和概念层出不穷，单纯使用精简的内核和精简的代码已经远远不能满足功能需求和开发难易度需求。所以目前很多磁盘阵列控制器都是基于某种操作系统内核的，比如 Linux、VxWorks、Windows、UNIX 等。操作系统不但提供了硬件管理层，还提供了方便的 API。这些层次的划分使开发人员只需要专心设计上层虚拟化程序而不是全盘兼顾。盘阵的操作系统和应用程序可以被存放在后端的磁盘上，也可以用专门的外部存储设备存放。NetApp 的 FAS 系列产品就是用一块 Flash 卡来存放其操作系统和应用程序的。

图 9-46 的下方是一个扩展柜，其中插了 16 块 FC 接口的磁盘。左边控制器的第一个 FC 接口通过光纤连接到了扩展柜左边的接口（一般为 SFP 接口），线路将扩展柜内所有 16 块磁盘串接起来形成了一个 Loop。然而，16 块磁盘是远远不够的，怎么在这个 Loop 中接入更多磁盘呢？肯定是要增加扩展柜的数量，还必须将多个扩展柜中的磁盘都串接到一个 Loop 上。所以在每个扩展柜的左边接口板上都有两个 SFP 光纤接口，一个进，一个出。这样就可以把多个扩展柜中的磁盘都串在一起形成一个 Loop，接入控制器的一个后端 FC 接口。

扩展柜右边的接口板与左边构造和连接方法相同，只不过右边的接口需要连接到机头右边的控制器上，形成冗余。这样一旦左边的控制器故障，右边的控制器可以立即接管所有工作。

提示：扩展柜虽然说通常是一个 JBOD，但是随着 SBOD 技术的普及，扩展柜也变得复杂起来。SBOD 技术需要一系列智能芯片。柜子中的磁盘首先要插到一个背板上，背板上提供了一系列的 SCA2 型母槽。在背板上一定有某种接口来连接这一系列的芯片。通常都是将这些功能芯片单独做到一个模块上，然后将这个模块与背板对接，进而与磁盘接口对接通信。这样，如果为了实现更多的功能，可以只通过更换模块来升级，而不用大动干戈更换整个背板。所以目前几乎所有厂家的盘阵扩展柜都采用这种设计，在柜子后面可以看到两个互为冗余的模块，它们都连接到了同一个磁盘背板上。

9.5.1 IBM DS4800 和 DS5000 控制器架构简析

1.DS4800 控制器架构简介

在图 9-47 中可以看到两个供电模块、两个控制器模块和一个背板模块，两个控制器都连接到了背板上。

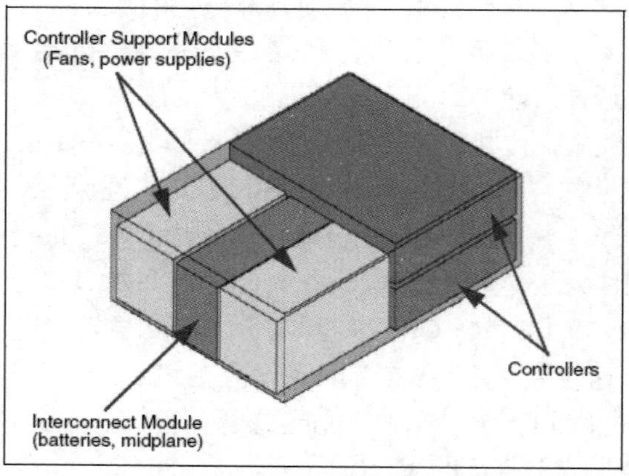

图 9-47 DS4800 机头三维示意图

图 9-48 是 IBM DS4800 磁盘阵列的双控制器机头的背面接口图。图中的 Drive-side connections 代表这些 FC 端口是用来连接磁盘扩展柜的，Host-side connections 代表这些 FC 端口是用作前端主机的。可以看到上下两个控制器是互为冗余的，它们同时插在机头的背板上，之间有专门的链路进行通信以交互各自的信息。

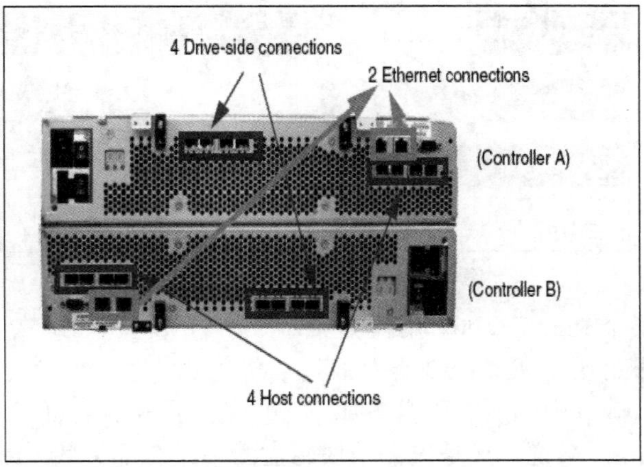

图 9-48 DS4800 机头后视图

图 9-49 是用这台机头挂接 16 个扩展柜，并且全冗余的架构图。我们可以看到，每个控制器的后端接口都连接了 4 个扩展柜，这 4 个扩展柜中的磁盘同时位于主控制器的一个 Loop 和备用控制的一个 Loop 上。

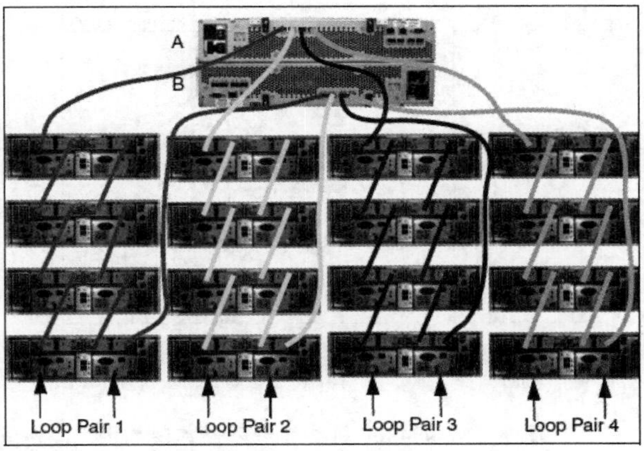

图 9-49 DS4500 连接 16 个扩展柜

一旦机头上的主控制器发生故障，备份控制器可以立即接管所有工作，继续执行 IO 请求。因为备份控制器与主控制器一样与所有扩展柜都有连接。

同样，一旦某个扩展柜发生故障，比如电源故障，整个环路从一方来看，是被断开的。但是，其他扩展柜依然可以被访问到，办法就是通过机头上的备用控制器从尾部访问被故障扩展柜隔断的底下的扩展柜，同时主控制器从头部访问上面的控制器。

图 9-50 所示为每个扩展柜组中都有一个扩展柜故障，但是剩余的扩展柜依然可以继续使用，方法就是让主控制器和备用控制器同时工作。

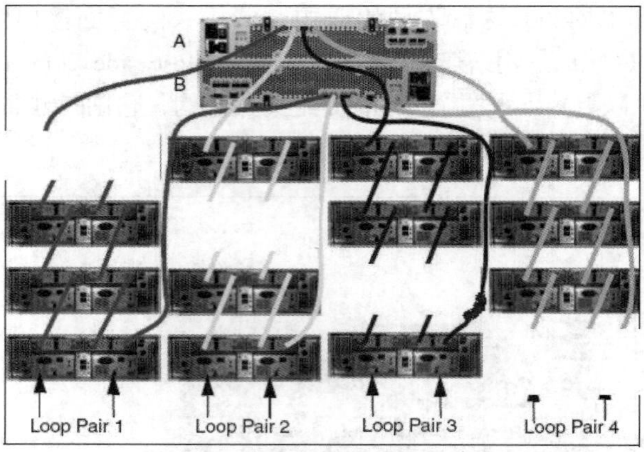

图 9-50 扩展柜整柜故障时的拓扑

可以发现，如果某个 Raid Group 的磁盘全部在一个扩展柜中，那么一旦这个扩展柜故障，这个 Raid Group 将不可用。所以控制器为了获得高度可靠性，一般会尽量跨扩展柜做 Raid Group，即一个 Raid Group 中的所有磁盘各属于不同的扩展柜。这样，即使一个扩展柜失效，那么对于一个 Raid Group 来说，只是失去一块磁盘而不是全部失效，Raid Group 还可以继续工作。目前几乎所有中高端盘阵都提供这种支持。

图 9-51 是 DS4800 盘阵控制器内部简单架构图。

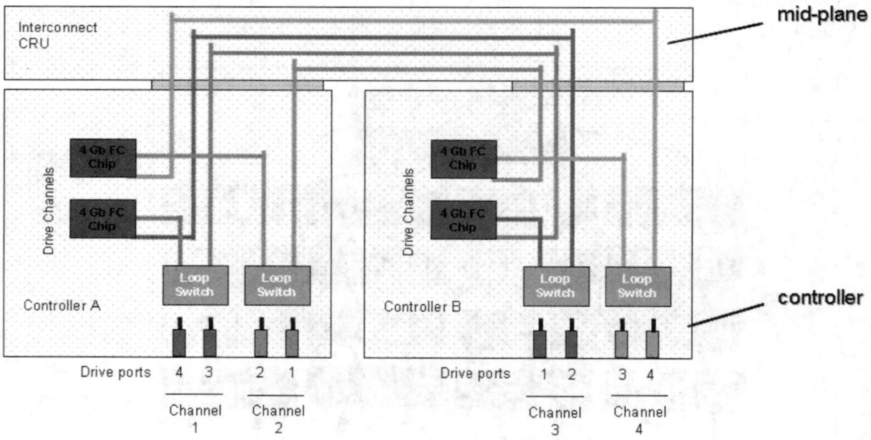

图 9-51 DS4800 机头控制器简单架构图

从图中可以看到如下部件：FC Chip、Loop Switch、Channel 及 Interconnect Module。其中，FC Chip 是处理 FC 协议逻辑的主要芯片，全部的 FC 逻辑都在此芯片内实现。Loop Switch 在这里可以使用上文所述的 PBC 一类的芯片，当然也可以使用交换架构的芯片。其后端连接两个 FC 接口，前端分别连接位于两个控制器上的两块 FC Chip，这样做的目的是为了充分冗余。Channel 的意思就是指连接到一个 Loop Switch 上的两个 FC 端口，两个端口组成一个 Channel，没有实际物理意义。Interconnect Module 其实是一个背板，用于控制器之间的通信。

ASIC 芯片负责数据在前端和后端的流动，还负责用于 Raid 5/6 的 XOR 运算，由于其 XOR 运算引擎被固化于 ASIC 电路中，所以运算速度远快于使用普通 X86 CPU。控制器中还有一个 Intel Xeon CPU（Control Processor），这个 CPU 主要用来运行 VxWork 操作系统，一些上层功能软件比如 Remote Mirror、Snapshot（FlashCopy）以及其他总控程序比如监控、用户接口等，皆运行于 VxWork 操作系统内，由 Control Prosessor 负责执行。控制器为 ASIC 与 Control Prosessor 各单独配备了 RAM。

推论：假设某一时刻，左边控制器下方那个 FC Chip 失效，则控制器 A 的 4 号 FC 接口与这个 Chip 的通路便会断掉。此时只能通过控制器 B 的 1 号 FC 接口访问最左边的 4 个扩展柜。查看一下连线，可以发现控制器 B 的 1 号 FC 接口其实是通过 Interconnect Module 连接到了控制器 A 的上面的 FC Chip。

提示：所以，最终数据通过控制器 B 右边的 Loop Switch 流向 Interconnec Module，然后流到控制器 A 上面的 FC Chip。也就是说，最终达到了同一个控制器内部两个 FC Chip 之间的冗余备份。而此时对前端主机来说并没有影响，主机还是连接控制器 A 来读写数据。同样，如果控制器 A 上的某个 Loop Switch 失效，则数据全部通过控制器 B 对应的 Loop Switch 流向 Interconnect Module，最后还是流回到控制器 A，对主机并没有影响。

但是，如果同一个控制器上的两个 FC Chip 或两个 Loop Switch 都失效了，甚至整个控制器故障了，那么所有 IO 访问就都要转移到另外的一个控制器上。此时，对主机端就会产生影响，需要多路径软件和盘阵端配合参与故障切换的动作。

实际上，DS4800 的控制器不一定是上述的切换模式。但是在理论上，所有产品的设计都应该尽量不切换控制器，因为切换控制器会对主机端造成影响。

图 9-52 为 DS4800 扩展柜连接示意图。

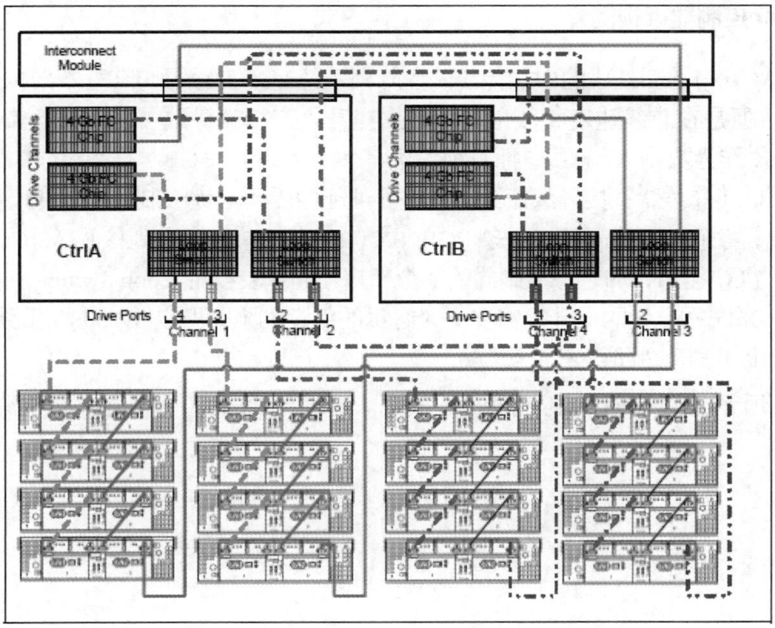

图 9-52　DS4800 扩展柜连接通路示意图

图 9-53 是 DS4800 控制器的内部详细架构图。

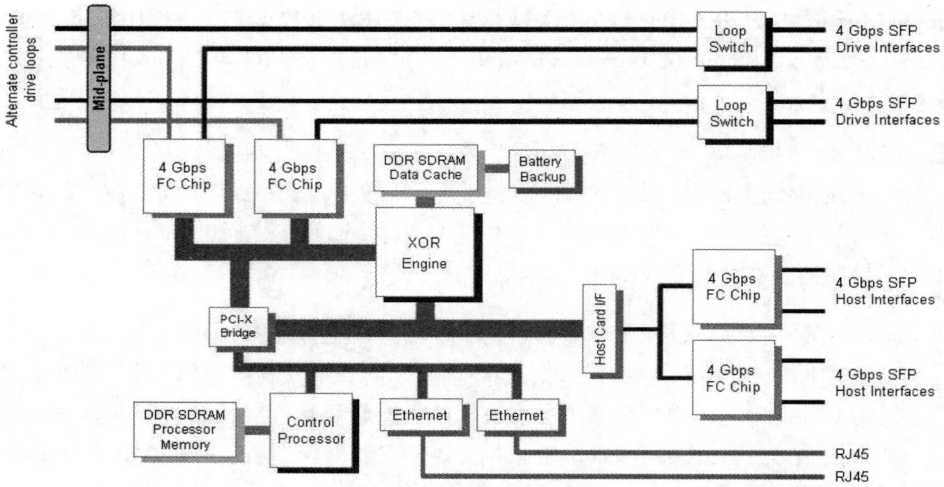

图 9-53　DS4800 控制器详细架构图

说明如下：

- 2.4 GHz Xeon processor 运行 Vxworks 实时操作系统。
- 每个控制器 2、4、8GB 数据缓存 RAM——数据专用。
- 每个控制器 512MB RAM 系统缓存——操作系统运行内存。
- XOR ASIC Engine 专用芯片，硬件 RAID 运算引擎。
- 64b/133MHz——1GB/s 带宽的 PCIX 总线。

2. DS5000 控制器架构简介

2008 年 IBM 发布了新一代的中端传统磁盘阵列系统 DS5000 系列。其基本架构设计与 DS4000 系列大致相同，但是在总线速度和数量方面成倍提升，直接就导致了整体吞吐量飙升。DS4000 时代使用 PCI-X 作为数据 IO 总线，而且前后端各 4 个 4Gb（1.6GB/s）速率的 FC 端口各共享一条 PCI-X（1GB/s）总线，直接导致瓶颈，系统处理能力受到很大限制。DS5000 时代彻底解脱了 FC Chip 的窘境，每个 FC Chip 独享一条 PCIE 8X（2GB/s）总线直连到核心 ASIC，每个 FC Chip 管控 4 个 4Gb 的 FC 接口，加之每控制器的 4 个 4 口无阻塞交换的 Loop Switch，这样，系统各处都不存在瓶颈。系统吞吐量的提升，需要更大容量的缓存助阵，所以 DS5000 系列的缓存容量也比 DS4000 系列上了一个台阶。

如图 9-54 所示为 DS5000 单控制器架构简图。可以与 DS4000 系列架构简图作一个对比。

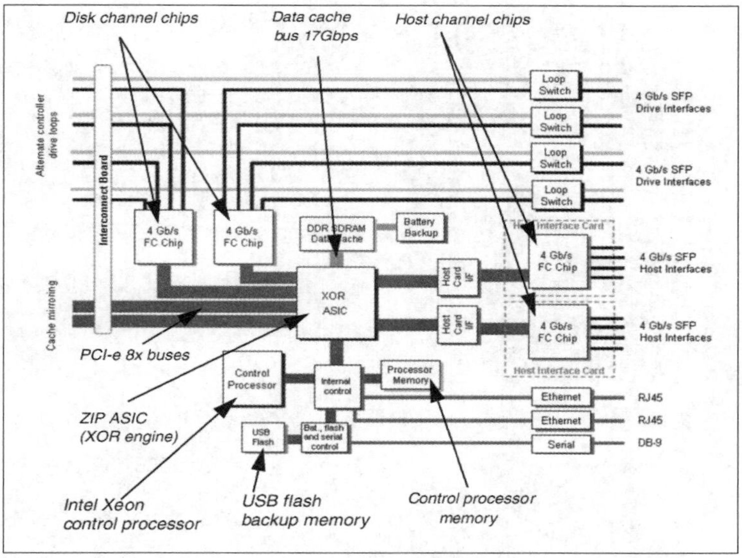

图 9-54　DS5000 控制器示意图

图 9-55 所示的是 DS5000 双控制器组成的整体控制架构图和各模块介绍。

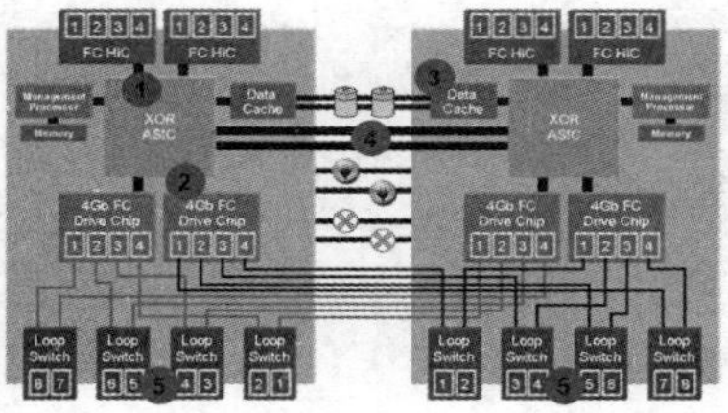

❶ 特制的 ASIC 芯片包含内置硬件RAID 5/6协处理器

❷ 多个 PCI-E x X8 总线连接 ASIC 芯片和外部接口芯片

❸ 专属数据缓存动态分配读写缓存配额，控制缓存不占用数据缓存空间

❹ 专属的PCI-Ex X8 缓存镜像总线

❺ 16个后端磁盘通道

图 9-55　各模块介绍

图 9-56～图 9-58 所示为单控制器内部各个模块简介。

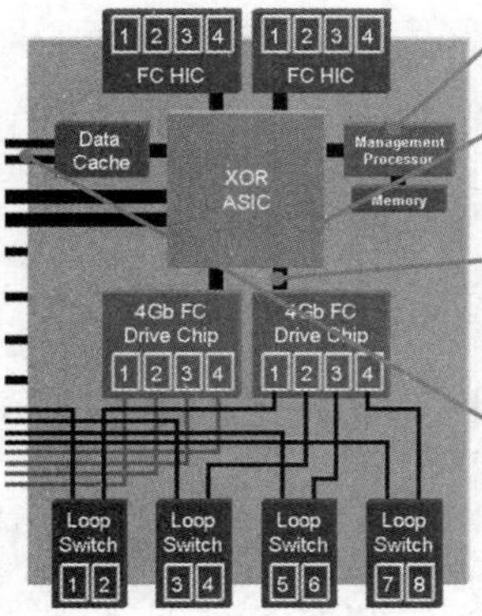

- 2.8 GHz Intel Xeon 管理器芯片
  - 2 GB 专用管理器缓存，不占用数据缓存
- 专业 ASIC 芯片内置硬件RAID处理
  - 主要处理 XOR (RAID 5)和 P+Q (RAID 6)
  - 数据缓存完全用于数据（而不是系统开销）
- ASIC和各外围端口或芯片采用2 GB/s PCI-Express X8 总线连接
  - 两个用于主机端口，两个用于磁盘扩展柜
  - 因此对主机端和对磁盘端都是4Gb/s内部带宽
- 两个专用 2GB/s PCI-E X8 总线用于缓存镜像
  - 即使在大配置情况下，依然保持极低的镜像时延

图 9-56　内部各模块介绍（一）

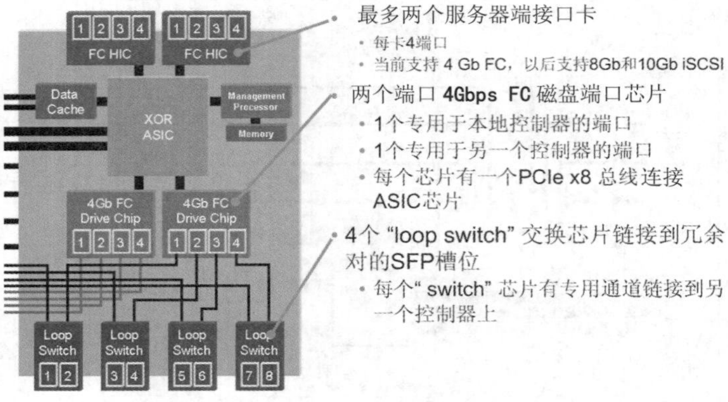

图 9-57 内部各模块介绍（二）

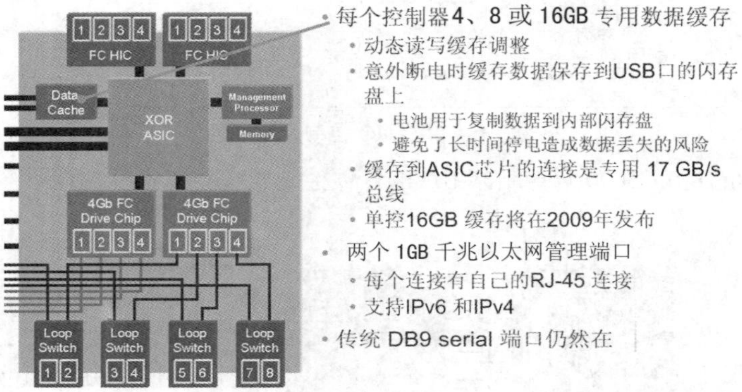

1 2 3 4
FC HIC
1 2 3 4
FC HIC
Data Cache
XOR ASIC
Management Processor
Memory
4Gb FC Drive Chip
1 2 3 4
4Gb FC Drive Chip
1 2 3 4
Loop Switch
1 2
Loop Switch
3 4
Loop Switch
5 6
Loop Switch
7 8
每个控制器4、8 或 16GB 专用数据缓存
动态读写缓存调整
意外断电时缓存数据保存到USB口的闪存盘上
电池用于复制数据到内部闪存盘
避免了长时间停电造成数据丢失的风险
缓存到ASIC芯片的连接是专用 17 GB/s 总线
单控16GB 缓存将在2009年发布
两个 1GB 千兆以太网管理端口
每个连接有自己的RJ-45 连接
支持IPv6 和IPv4
传统 DB9 serial 端口仍然在

图 9-58 SAS 的 4X 宽端口

图 9-59 所示为 DS5000 双控制器连接扩展柜拓扑图。图 9-60 所示为后端接口卡与前端接口卡之间的数据流程。

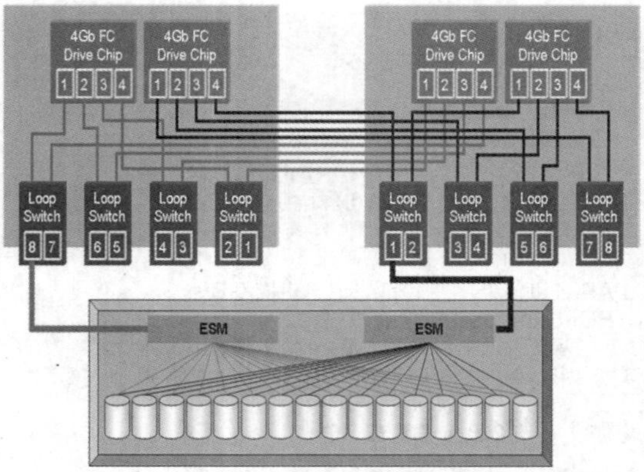

图 9-59 连接扩展柜示意图

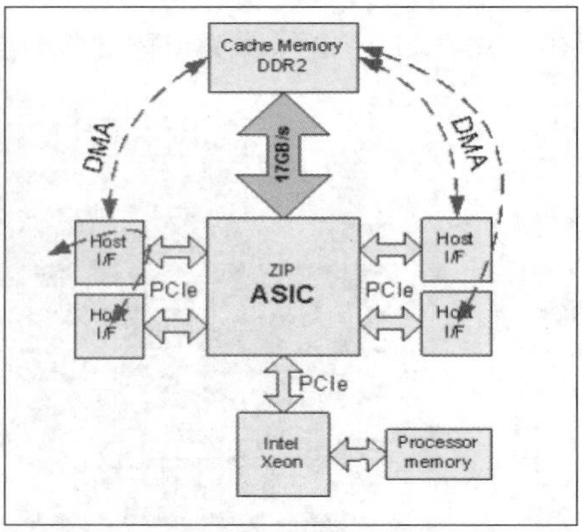

图 9-60 前后端 IO 流程

图 9-61 所示为单个控制器在接收到一个 1MB 大小的写 IO 时的处理动作。假设写 IO 对应的 Raid Group 中的磁盘都在同一个扩展柜中，而且 Raid Group 的条带宽度恰好为 1MB（不包含 Parity Segment），则控制器上的 ASIC 逻辑电路会自动将这 1MB 的数据切分成 4 部分，并且计算好 Parity 数据。然后将这 4 块+Parity 数据按照奇偶分类分别传送给后端两个 FC Chip，其中一个

Chip 将数据从本地的 Loop Switch 发出并传送给对应扩展柜写入磁盘，另一个 Chip 则通过背板上的导线将数据传送给另一个控制器上的 Loop Switch，然后发送到同一个扩展柜中对应的磁盘。这样就可以做到充分的负载均衡，这里的负载均衡只是底层硬件芯片处理能力的负载均衡而不是控制器自身整体处理能力的负载均衡，试想，如果将所有 Loop Switch 放到同一个控制器上，对整个系统性能没有影响。当然，你也可以认为是供电负载均衡了。

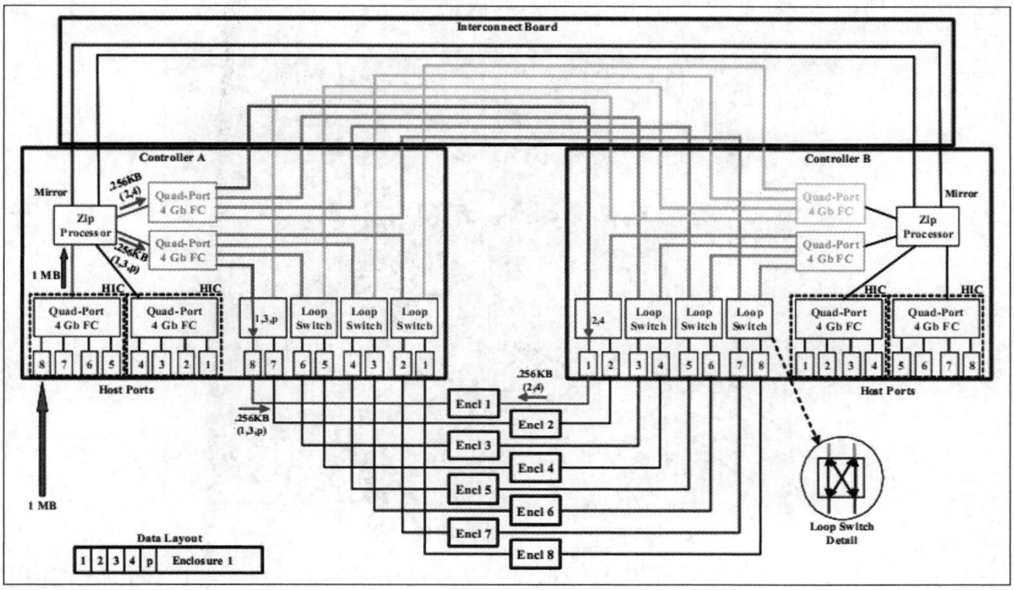

图 9-61　处理 1MB 的写 IO

如图 9-62 所示，如果 Raid Group 中的磁盘不在同一个扩展柜中，那么 FC Chip 传输数据的路径就会有所变化，会使用多个后端 Loop Switch 来传输到对应的扩展柜。

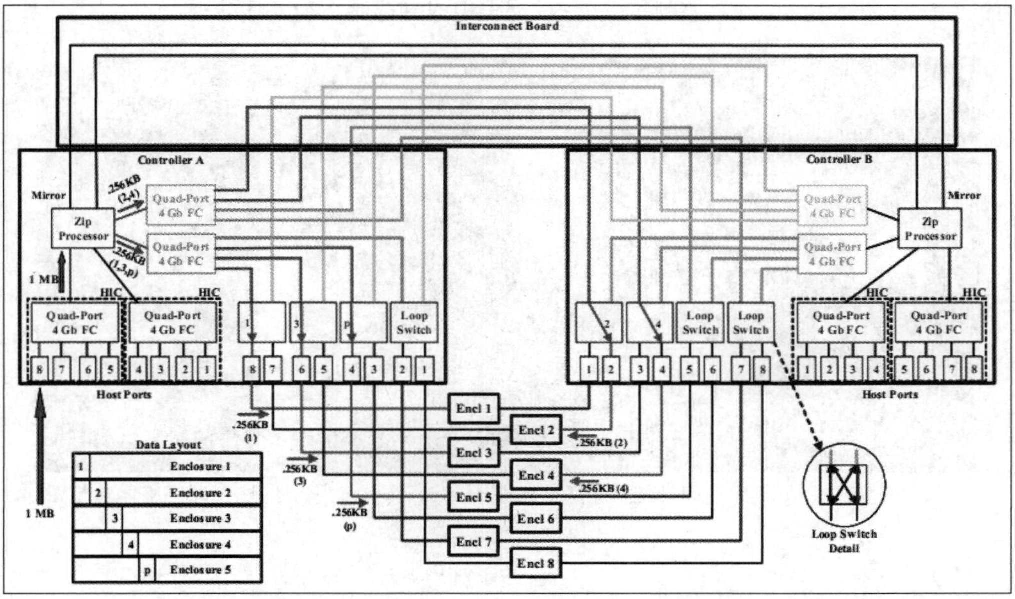

图 9-62　处理写 IO 的另一种流程

图 9-63 所示的是 DS5000 单个控制器的俯视图。最左侧为专供 Control Processor 的一条内存。右侧为 USB 闪存，用于在系统以外掉电时将 Data Cache 中的内容写入 Flash 中保存，以待下次启动之后完成未完成的工作。下部的左右两个卡为前端主机接口卡，其上各有一个 FC Chip，每个卡上各有 4 个 4Gb/s 的 FC 接口。上部右侧分布在黑色散热片两边的为数据 Cache。每条按照 2GB 算，最大可以支持 16GB 的 Data Cache。所有内存都插在一块单独的插板上，黑色散热片下面覆盖的是内存插板控制芯片。

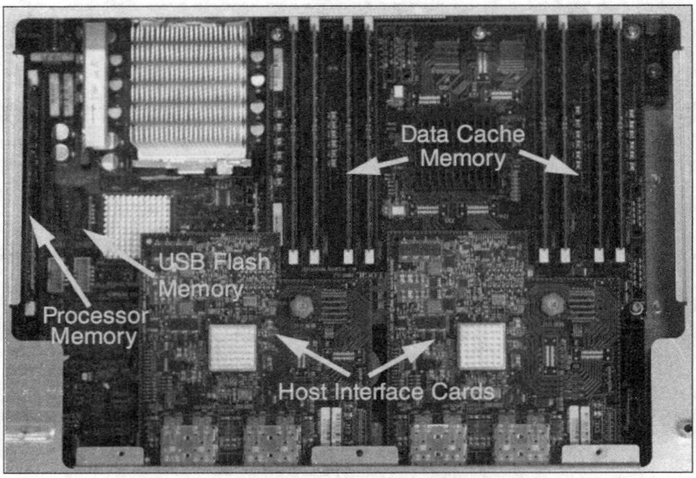

图 9-63 控制器内部俯视图

图 9-64 所示为将主机接口卡和内存插板拿掉之后露出来的主底板上的部件，两个白色散热片覆盖的为后端磁盘 FC Chip 芯片。下部为 4 个整齐排列的 Loop Switch 芯片。左侧大的白色散热片覆盖的是 Control Processor，即 Intel Xeon CPU。小一些的白色散热片覆盖的是核心 ASIC 芯片。没有散热片的大黑色芯片为系统桥芯片。

如图 9-65 所示为 DS5000 控制器机柜+扩展柜组成的存储系统整体前视图。

图 9-64 控制器底部俯视图

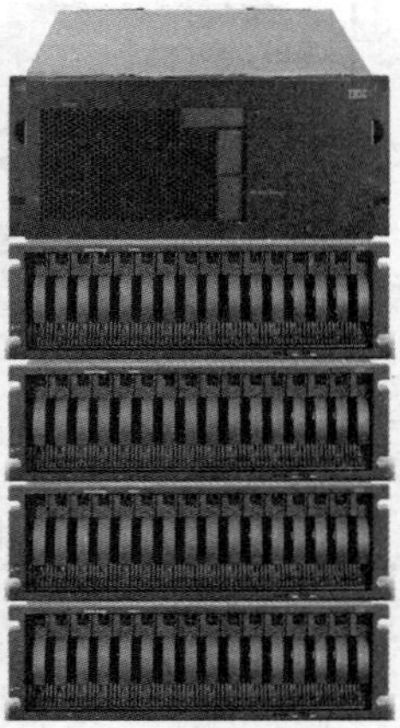

图 9-65 整体前视图

9.5.2 NetApp FAS 系列磁盘阵列控制器简析

1. FAS2050 磁盘阵列

图 9-66 为 FAS2050 磁盘阵列控制器的后视图。

从图 9-66 中可以看到上下两个控制器，每个控制器各有两个 FC 接口。

图 9-66　FAS2050 控制器实物后视图

2. FAS3050 磁盘阵列

图 9-67 为 FAS3050 磁盘阵列控制器后视图。

图 9-67　FAS3050 单个控制器实物后视图

图 9-67 为单个 FAS3050 的控制器机头后视图。图中只是一个控制器，如果要达到完全冗余，可以用两台控制器形成 Cluster 结构。FAS3050 有 4 个板载 FC 接口，可以通过插 PCIX 接口的扩展卡来扩充 FC 接口的数目。每个控制器提供 4 个扩展卡槽位，可以插接 FC 卡、以太网卡、TOE 卡和 ISCSI 卡等扩展卡。

NetApp 的 FAS 产品，从 FAS3000 系列开始，由于处理功能增强，扩展槽位增多，所以一个控制器就占满一个机头的空间。两台控制器之间需要通过 NVRAM 卡上的 Infiniband 网络来形成 Cluster。

3. FAS6070 磁盘阵列

图 9-68 为 FAS6070 磁盘阵列控制器后视图。

图 9-68　FAS6070 单个控制器实物后视图

FAS6070 是 NetApp 公司比较高端的设备，其内部后端总线的总理论带宽可达 32GB/s。有 9 个扩展槽位，可以插接扩展 FC 适配器以便连接更多的扩展柜，或 TOE 卡、以太网卡等其他适配器。

4. DS14MK2FC 磁盘扩展柜

图 9-69 所示为 DS14MK2FC 磁盘扩展柜的前视图。

图 9-70 所示为 DS14MK2FC 磁盘扩展柜的后视图。

图 9-69 和图 9-70 所示的是用于连接 FAS 系列控制器的磁盘扩展柜，每个柜子可以插 14 块 FC 接口的磁盘。从后视图中可以看出其与 FAS2050 控制器的拓扑比较像，不要搞混。前文说过，现代磁盘扩展柜都是用双模块设计，模块中有半交换 SBOD 芯片。盘柜中所有的磁盘利用其 SCA2 接口连接到背板上，这个物理接口中所包含的两个逻辑接口各通过电路连接到一个扩展柜控制模块上，形成双 Loop 冗余。

图 9-69　DS14MK2FC 磁盘扩展柜前视图

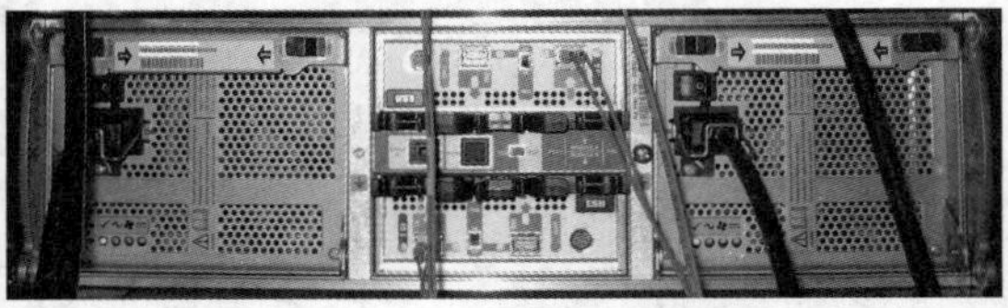

图 9-70　DS14MK2FC 磁盘扩展柜后视图

9.5.3　IBM DS8000 简介

DS8000 系列利用两台 P 系列主机充当控制器。上文中说过，盘阵控制器架构本质上与主机架构无异，DS8000 就是这样一个例证。图 9-71 和图 9-72 为 DS8000 实物图。

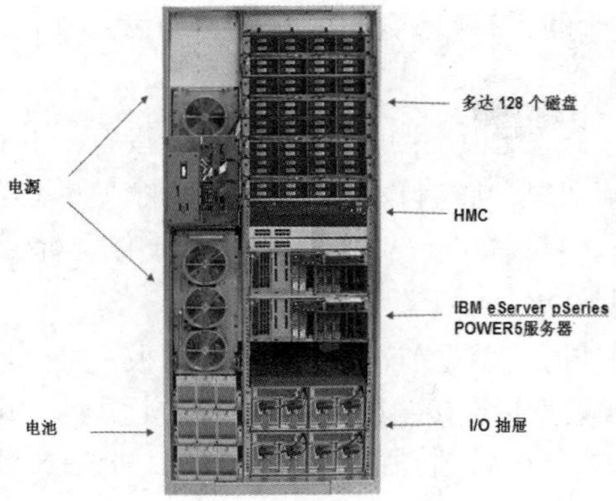

图 9-71　DS8000 主机架

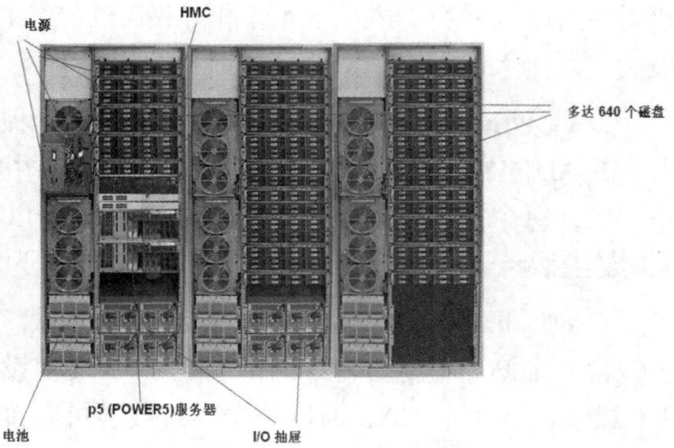

图 9-72　DS8000 盘阵主机架和扩展机架

IBM DS8000 磁盘阵列是 IBM 磁盘阵列产品线中的最高端产品。它利用两台 IBM 的 P 系列服务器作为控制器运行 AIX 操作系统，操作系统之上运行了 DS8000 的存储虚拟化引擎和管理软件。

9.5.4　富士通 ETERNUS DX8000 磁盘阵列控制器结构简析

图 9-73 为富士通 ETERNUS DX8000 机柜布局示意图。

与 NetApp FAS6070 和 IBM DS8000 系列一样，高端磁盘阵列系统由于需要提供极高的存储容量，只连接几个磁盘扩展柜已经无法满足要求。所以需要将更多的磁盘扩展柜装入扩展机架中，然后统一联入控制器或者串联到其他机架。

图 9-74 为 ETERNUS DX8000 控制器架构示意图。

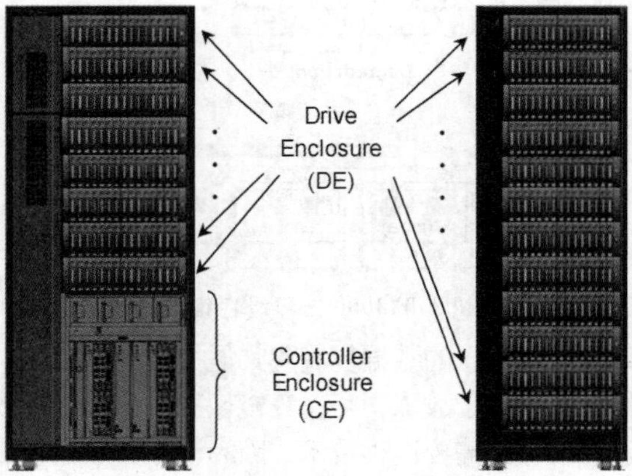

图 9-73　ETERNUS DX8000 机柜示意图

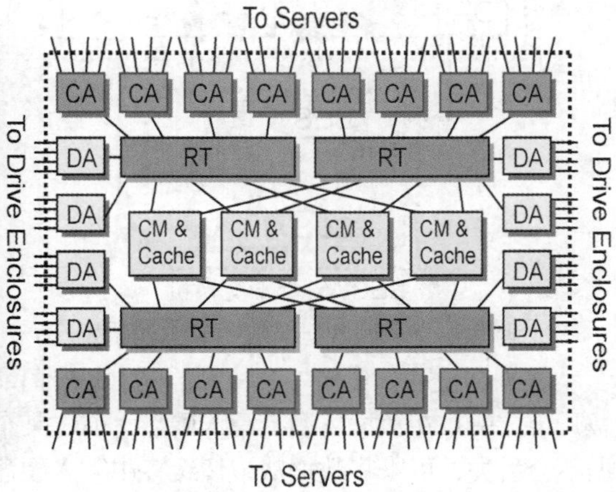

图 9-74　ETERNUS DX8000 控制器架构示意图

CM（Control Module）为控制器模块。CM 是整个磁盘阵列的计算中心，每个 CM 包含两个 2.8GHz 的四核 CPU 和最大 64GB 的 RAM。RAM 既作为盘阵本身软件的运行内存，又作为盘阵数据缓存（图中所示的 Cache）。整个盘阵系统最多可以安装 8 个 CM，由于每个控制器机柜只包含一个 CM，所以整个系统最多可以连接 8 个 Controller Enclosure。

RT（Router）为路由器。RT 模块相当于普通服务器架构中的南桥控制器（IO 控制器）以及 FC 架构中常用的 FC Loop Switch 交换芯片。不同的是这里的 RT 是一个全局桥，它可以桥接整个系统中的所有 CPU、RAM 和外设（FC 接口卡），使所有部件之间实现高速通信。每个系统最大可以接入 12 个 RT。关于 RT 的细节将在下文描述。

DA（Driver Adapter）为后端磁盘通道适配板。每个适配板上接有 4 个 FC-AL 接口，用于接入 FC-AL 的 Loop。DA 实际上就是盘阵的后端接入点。每个后端 RT 可以接入 16 个 DA 上的各一个口，每个系统最多接入 16 个 DA，从而可以挂接 64 条 Loop。但为了冗余，每个 Loop 需要同时连接两个 DA，所以实际可用 Loop 减半，为 32 Loops。

CA（Channel Adapter）为前端通道适配板。CA 实际上就是前端 FC 接口适配板，每个板子上包含 4 个 FC N 类型端口，用于接入 FC 交换设备或者直接连接主机服务器的 FC 适配卡。每个 RT 最多接入 4 个 CA，所以整个系统最多可以接入 32 个 CA，最多提供 128 个 FC 协议 N 类型前端接口。

1. SBOD

扩展柜同样采用了双模块板设计，可以保证两条路径到达同一块磁盘。图 9-75 中的“骨干交换机”其实就是指 SBOD 所采用的半交换式芯片。

2. 循环镜像的写缓存

图 9-76 为 ETERNUS DX8000 控制器间循环缓存镜像写示意图。

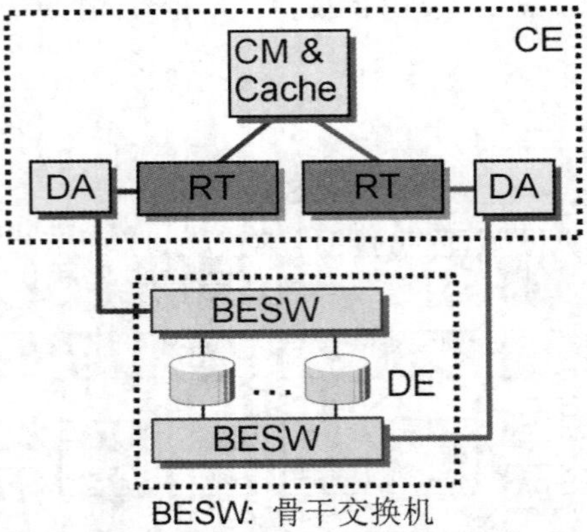

图 9-75 ETERNUS DX8000 扩展柜架构

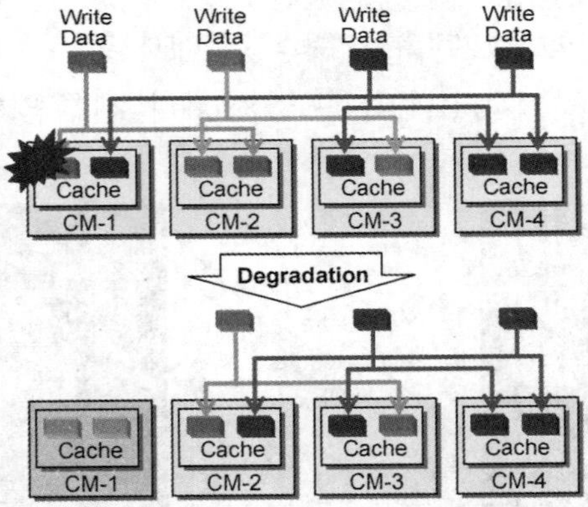

图 9-76 ETERNUS DX8000 循环缓存镜像写示意图

数据在被写入任何一个控制器的 Cache 时，系统会将写入的数据复制到其他控制器的缓存中做冗余。一旦在数据还没有写入硬盘之前，某个控制器发生了故障，写缓存镜像技术可以保证数据不会丢失，可以将数据从镜像缓存中写入硬盘。读缓存不需要这种技术，因为读操作只是将数据从硬盘上读入 RAM，如果此时控制器故障，磁盘中的数据依然存在。最重要的是缓存镜像技术会浪费宝贵的缓存容量，读操作没有必要实现缓存镜像。

3. 跨扩展柜做 Raid Group

图 9-77 所示为 ETERNUS DX8000 跨扩展柜的 Raid Group 示意图。

前面也介绍过，为了获得足够的冗余性，很多厂家的盘阵产品一般都选择将不同扩展柜中的硬盘容纳到一个 Raid Group 中，而不是让一个 Raid Group 包含同一个扩展柜中所有的磁盘。

DX8000 系统整体架构图及分项解析如下。

如图 9-78 所示为 DX8000 存储系统配备 4 个 CM 时系统的整体架构图。

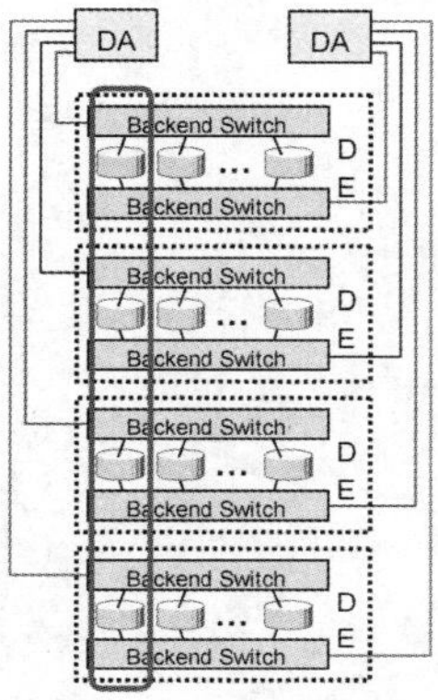

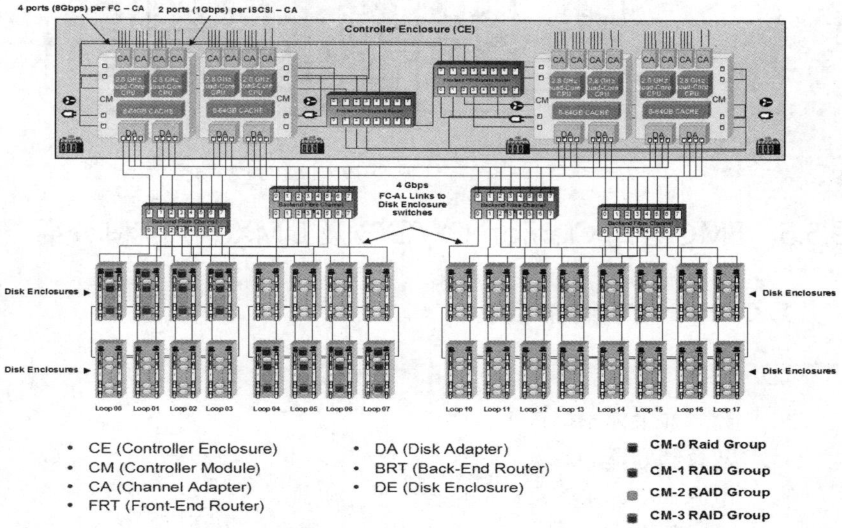

图 9-77　跨扩展柜的 Raid Group　　　　图 9-78　DX8000 配备 4 个 CM 时系统的架构

图 9-78 为一个 4 CM 配置的 DX8000 存储系统。每个 CM 包含两个 4 核心 CPU、64GB 的 RAM、4 个前端 FC 接口卡和两个后端磁盘 FC 通道接口卡。每个接口卡都含 4 个 FC 接口。在 IO 总线方面，由于所有 CM 上的 DA 和 CA 都需要被系统内所有 CPU 所访问到，所以通过两个 16 口 8X PCI−E Bridge Switch 芯片来互连所有 4 个 CM，这两个 PCI−E Switch 作为整个系统的全局 IO 桥。此外，CM 之间的其他数据通信和控制器通信也都经过这两片 Switch。由于每个 8X PCI−E 接口可以提供双向共 400MB/s 的吞吐量，所以每个 Switch 芯片可以提供 64GB/s 的吞吐量。

在后端，DA 与磁盘扩展柜之间存在 4 个 16 口的 FCAL Loop Switch，这个 Switch 就是前文中所述的 Cut Through Switch，物理全交换，但是上层协议依然为 FCAL。每个 DA 上的一个接口各连接 4 个 Switch 中的一个 Switch 上的一个接口，这样，恰好有 32 个端口被 DA 所连接。磁盘扩展柜由于也是双路连接，所以每个 Loop 的头一个磁盘扩展柜也连接到两个 Loop Switch 上的各一个接口，这样共连接了 16 条 Loop。这种连接方式可以使得每个 CM 都有若干条冗余的路径来访问到每块磁盘，做到了所有逻辑部件的全部冗余和负载均衡。

如图 9-79 所示为 DX8000 存储系统实物图，可以看到 CA 插板插在 CM 模块的下方插槽中，CM 模块又插到机柜背板中。

图 9-79　DX8000 实物图

9.5.5　EMC 公司 Clariion CX/CX3 及 DMX 系列盘阵介绍

1. Clariion CX 系列产品

CX 系列产品性能如下。

- 充分冗余体系结构。
- 双存储处理器。
- 电源、冷却系统、数据路径、独立电源。
- 无间断操作。
- 在线软件升级。
- 在线硬件更改。
- 高级数据完整性。
- 镜像写缓存。
- 发生电源故障时将写缓存转储到磁盘。
- SNiiFFER：扇区检查实用程序。
- 点对点 DAE 设计。
- 具有无中断故障切换的双 I/O 通道。
- 分层容量。
- 15K：36 GB、73 GB、146 GB；
- 10K：73 GB、146 GB、300 GB。
- 500 GB SATA Ⅱ。
- 5～480 个磁盘。
- 灵活性。
- 混合驱动器类型。
- 混合 RAID 级别。
- RAID 级别 0、1、1+0、3 和 5。
- 高达 16 GB 的可调式缓存。

图 9-80 为 CX 系列产品的实物图和透视图。

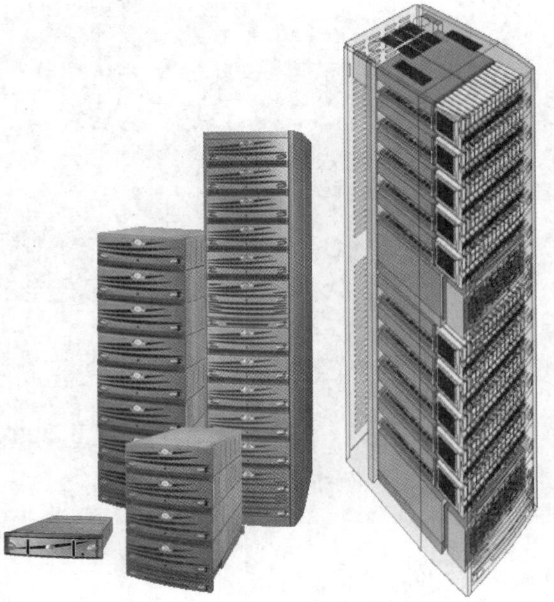

图 9-80　CX 系列产品实物图和透视图

图 9-81 为 CX700 的控制器架构示意图。

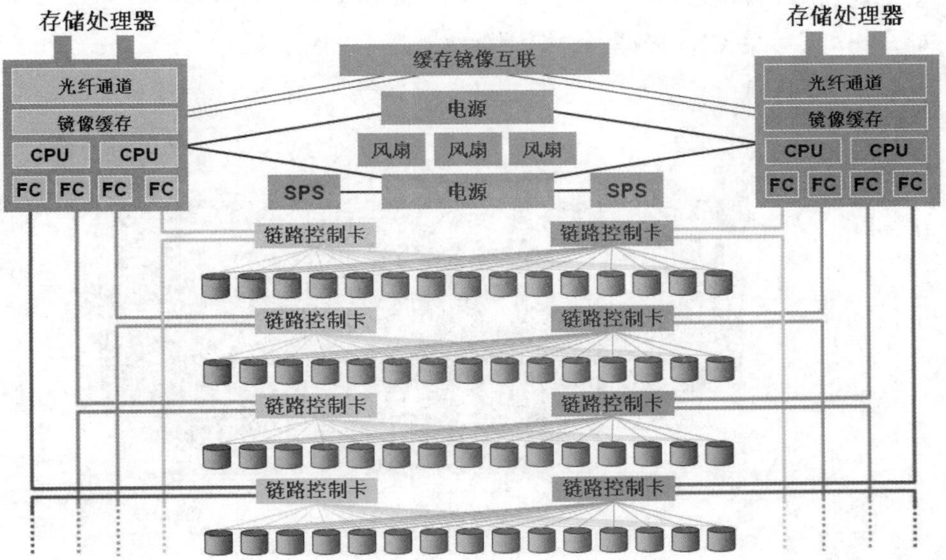

图 9-81　CX700 的控制器架构示意图

图 9-82 为 CX700 控制器实物图。

图 9-82　CX700 控制器实物图

CX3-80 控制器和扩展柜架构简介如下。

CX3 系列为 EMC 公司的中低端存储系统（目前已被 CX4 系列取代）。其内部总体架构与前文介绍的 CX700 类似，但是在扩展性和总线速度等处有提升。控制器内没有专用 XOR 芯片，所有数据 IO 控制全部由主 CPU 承担，所以整个系统有多个 CPU 以便提供足够的处理能力。

如图 9-83 所示为 CX3-80 单个控制器拆掉挡板后的前视图。

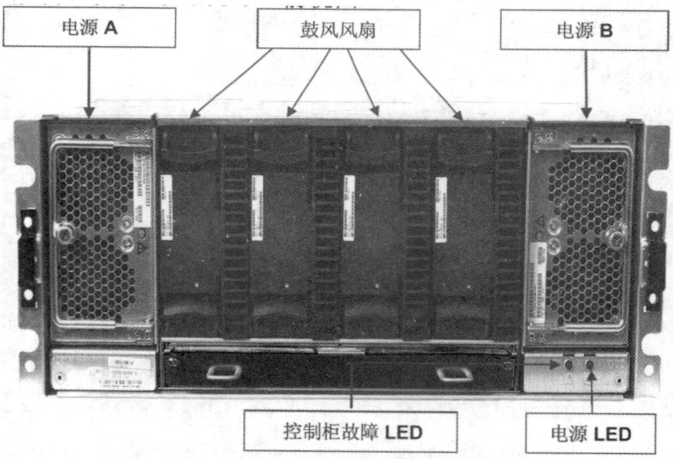

图 9-83　CX3-80 单控制器前视图

图 9-84 所示为单控制器后视图，左右两边为两个电源模块。中部上下各一个控制器，每个控制器各包含 4 个前端 FC 接口和 4 个后端 FC 接口。

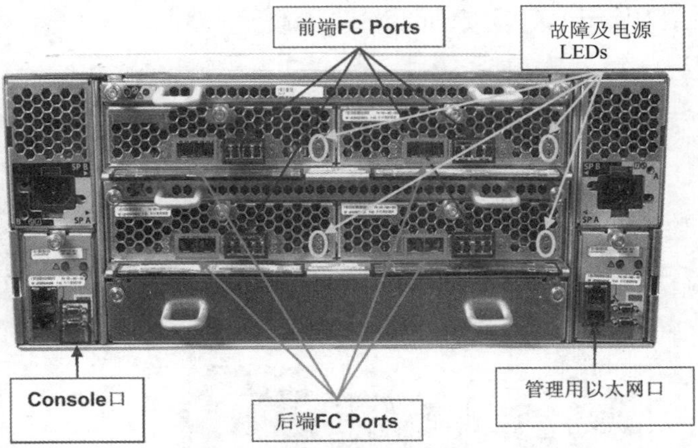

图 9-84　CX3-80 单控制器后视图

图 9-85 所示为单个控制器的平视图和俯视图。可以看到控制器前面是两个插卡位置，可以根据需要插入对应端口数量的扩展卡。

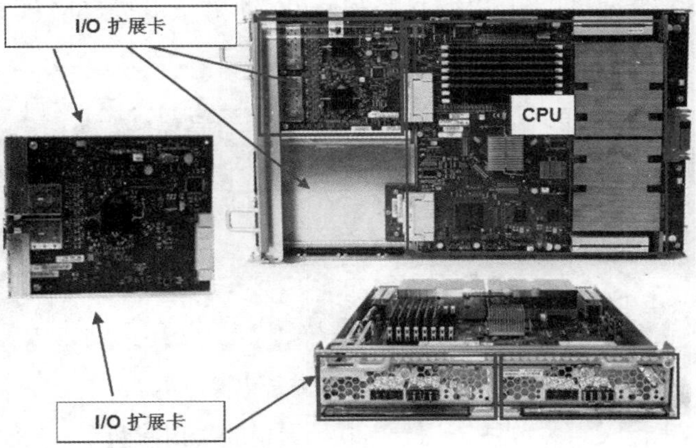

图 9-85　控制器平视图和俯视图

图 9-86 所示为单个 IO 扩展卡的平视图和俯视图。可以看到，后端 FC 接口并没有使用光纤接口，而是使用一种特制的铜缆接口。其上承载的依然是 FCAL 协议。

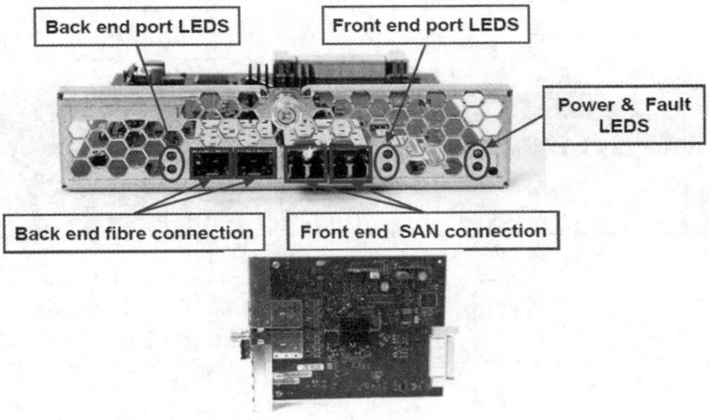

图 9-86　扩展卡平视图和俯视图

图 9-87 所示为适用于 CX3 系列的磁盘扩展柜的前视图。

图 9-87　扩展柜前视图

图 9-88 所示为扩展柜后视图。可以看到中部上下两个可插拔的 LCC，即链路控制器，LCC 其实就是扩展柜中的控制模块，与 IBM DS 系列使用的扩展柜中的 ESM 模块作用完全一样。

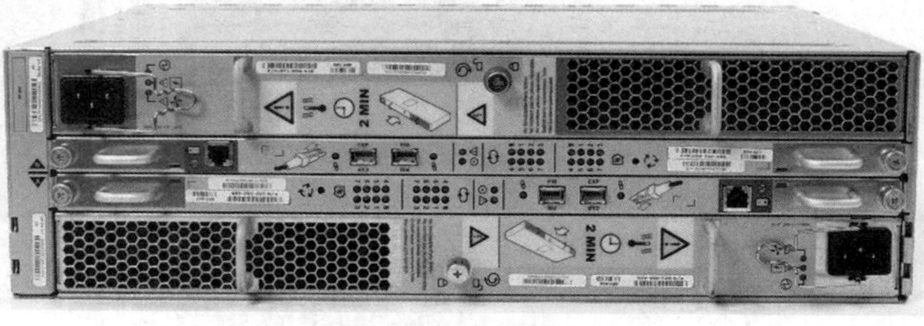

图 9-88　扩展柜后视图

图 9-89 所示为单个 LCC 平视图。用于串联扩展柜的端口有两个，一进一出。

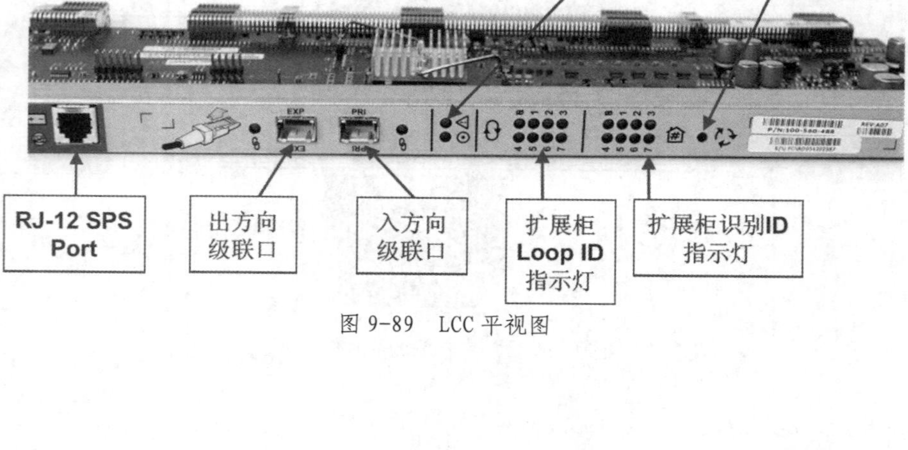

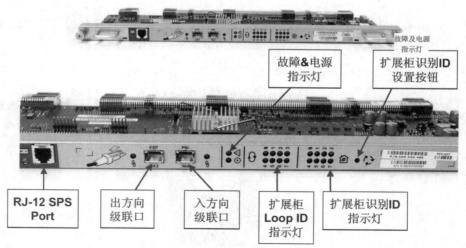

图 9-89　LCC 平视图

图 9-90 所示为一套双控制器加 5 个扩展柜的 CX3-80 存储系统物理连接好之后的后视图。可以看到，每个控制器有一个后端 FC 接口使用了一条铜缆，连接到了第一个扩展柜的一个 LCC 控制模块的入方向级联口上，然后每个 LCC 的出方向级联口再使用同样的线缆连接到下一个扩展柜相同 LCC 上的入方向接口，一直级联下去直到最后一个扩展柜为止。

图 9-90 控制器+扩展柜后视图

2. Symmetrix DMX-3 系统概述

直连矩阵体系结构。

CPU 以及通道扩展卡与内存之间采用点对点直连访问。每一个控制器都有其自己到达每一目的地的专用通道。直连矩阵底板最多有 128 个全部是直连、专用而且不共享的独立通道，如图 9-91 所示。

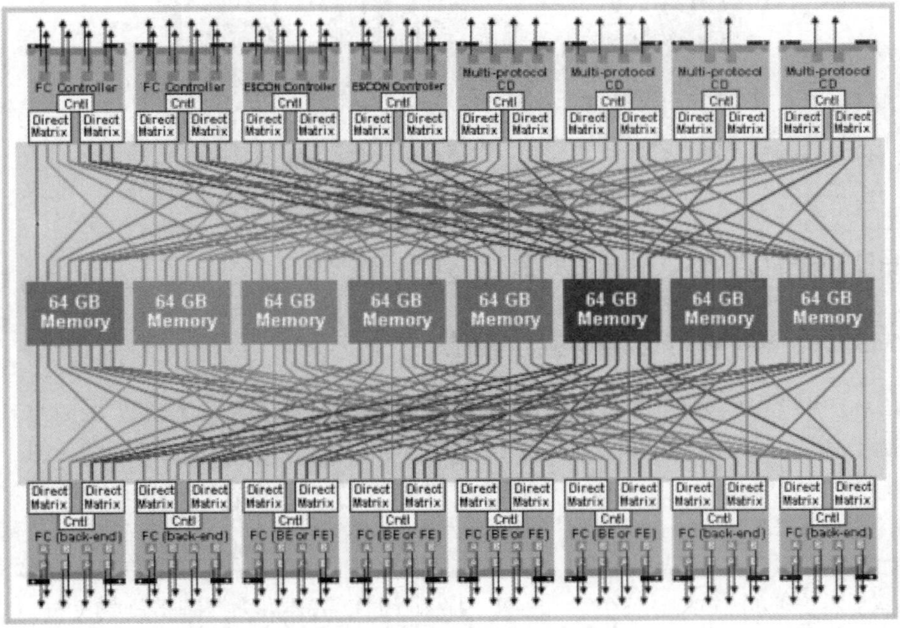

图 9-91 Symmetrix 矩阵示意图

- 每个控制器 8 个 1.3 GHz PPC 处理器。
- 最多 12 个通道控制器。
- 8 端口 2 GB 光纤通道。
- 8 端口 ESCON。
- 4 端口多协议——2 GB FICON、iSCSI 和用于 RDF 的千兆以太网。
- 最多 8 个磁盘控制器。

- 每个磁盘控制器最多 480 个驱动器。
- 支持无中断添加控制器。
- 高达 512 GB 全局内存（256 GB 可用）。
- 带有内存保险存储保护的镜像 DDR 技术。

图 9-92 所示为 Symmetrix DMX-3 的实物图，左边为控制器机柜，右边为磁盘扩展柜机柜。

图 9-92 Symmetrix DMX-3 实物图

9.5.6 HDS 公司 AMS2000 和 USP 系列盘阵介绍

1. AMS2000 系列存储系统控制器架构简介

AMS2000 系列是 HDS 公司于 2008 年推出的后端基于 SAS/SATA 磁盘扩展柜的中端存储系统。其控制器有一个很大亮点，即 Native Dual Activated。传统双控制器中端存储其创建的每一个 LUN，都只能将其指定给一个控制器，另外一个控制作为这个 LUN 的后备控制器作为故障时的冗余切换，使用多 LUN 轮流指定给不同控制器的方式做到负载均衡，这种负载均衡完全是人为控制的，如果随着系统的负载不断变化，一旦将来发生某个控制器所掌管的 LUN 总体负载很大，而另一个控制器管理的 LUN 总体负载却很小，那么此时就需要人为控制将负载大的 LUN 切换到负载小的控制器上，不但属于高危操作而且还影响主机客户端对 LUN 的访问。AMS 2000 的两个控制器彻底颠覆了这种低效率的设计，两个控制器共同掌控所有 LUN，不管数据 IO 从哪个控制器进入，接受 IO 的控制器都会自行处理对这个 LUN 的 IO，如果一旦发现自己负载高到一定数值而对方控制器负载低到一定数值，那么接受 IO 的控制器会将这个 IO 从内部链路传送给对方控制器由对方来处理。通过这种互相协作的处理方式，系统负载达到了彻底的均衡。两个控制器之间使用两条 2GB/s 的链路进行协作通信与数据传输。两个控制器的写缓存互为镜像以防止一旦某个控制器故障之后另一个控制器可以立即接管所有写 IO 操作，镜像缓存的第二个目的是为了当发生负载转移时提高转移速度，因为写 IO 数据已经被镜像所以无须额外的实体数据传送。

与 IBM DS 5000 系列一样，AMS2000 系列也使用一颗专用 ASIC 来负责大部分数据 IO 与 XOR 校验操作。Intel Xeon CPU 负责其他上层功能软件的运行。

图 9-93 所示为 AMS 2500 存储系统控制器架构示意图。

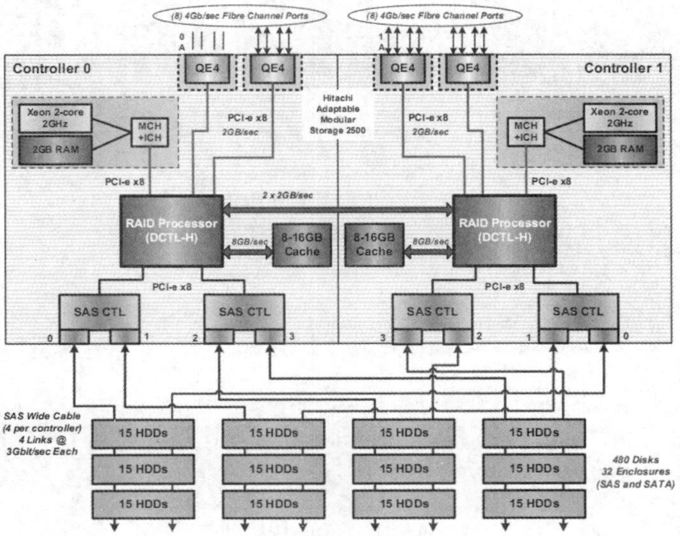

图 9-93　AMS2K 控制器

2. USP1100 存储系统架构简介

USP 系列机器为目前 HDS 存储产品中最高端的机器。图 9-94 所示为 USP 系列机柜实物图。图 9-95 所示为 USP-V 系列的虚拟化功能示意图。图 9-96 所示为 USP 系列控制器架构逻辑示意图。

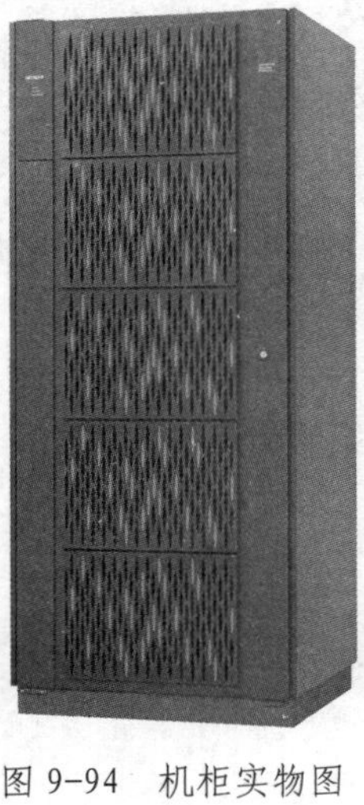

图 9-94　机柜实物图

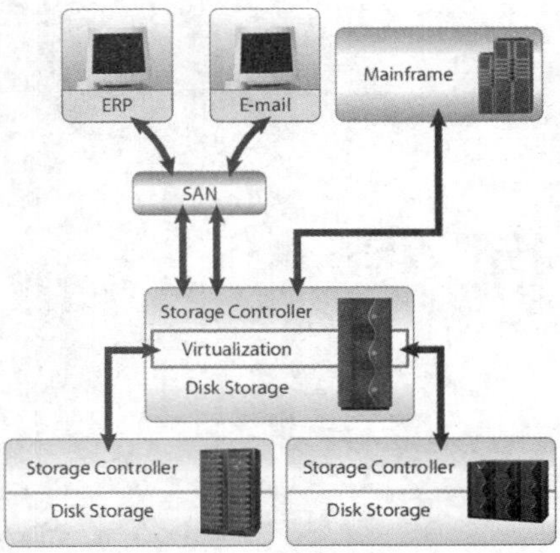

图 9-95　USP-V 系列虚拟化示意图

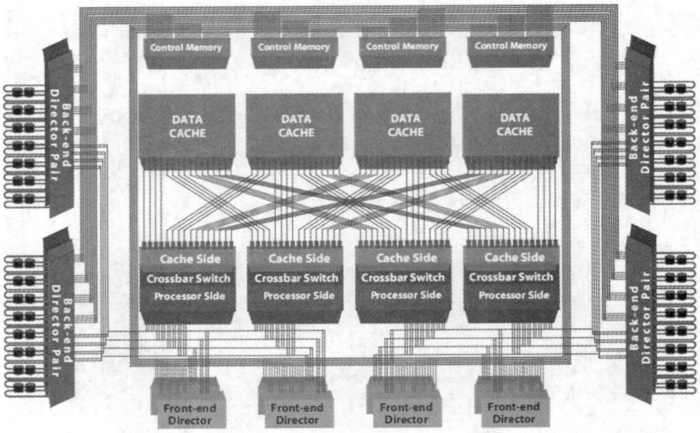

图 9-96 控制器架构示意图

图 9–97 所示是 USP1100 存储系统的一些规格说明。

USP1100—High-end Model

:: Maximum internal raw capacity of 332TB and up to 1,152 disk drives with the capability to manage a maximum external raw capacity of 32PB

:: 68GB/sec of cache bandwidth; 13GB/sec of control bandwidth

:: Up to 128GB of Data Cache; 6GB of Control Memory

:: Four crossbar switches; 64 data paths; 192 control paths

:: Up to 192 physical Fibre Channel ports and 32,728 virtual storage ports for open systems and attached storage connectivity

:: Up to 48 FICON, 96 ESCON ports for mainframe connectivity

:: Up to 4 NAS Blades

图 9-97 USP1100 规格说明

图 9–98 所示是 USP1100 存储系统控制机柜的物理透视图。

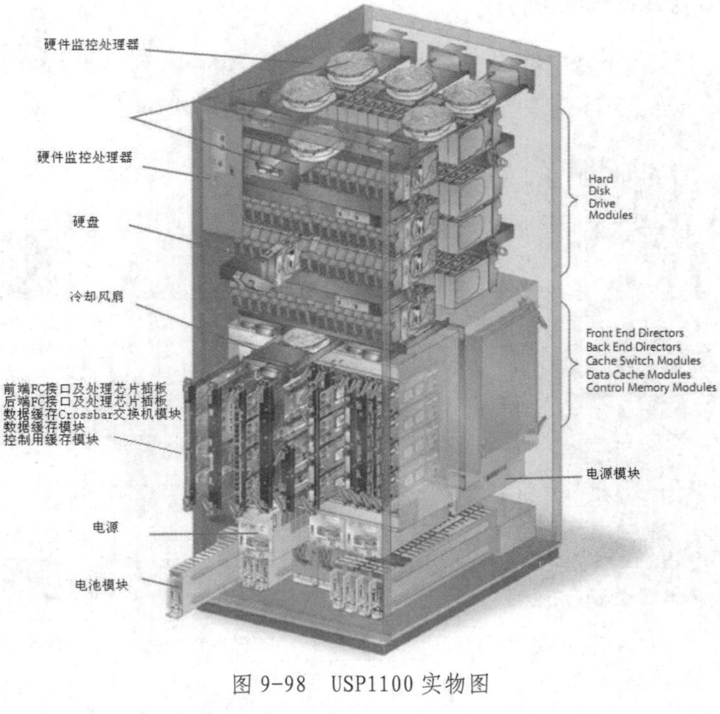

图 9-98 USP1100 实物图

图 9-99 所示为 Cache Switch 模块，对应图 9-98 所示的逻辑架构图中的 Crossbar Switch 与 Data Cache。Crossbar 作为一个无阻塞交换芯片提供所有 FC Chip 处理器到所有 Data Cache 之间的高速访问。图 9-100 所示为各种前端接口导向器插板，用来适配各种前端网络访问方式，包括 FC、ESCON、RCON、FICON、NAS 等。

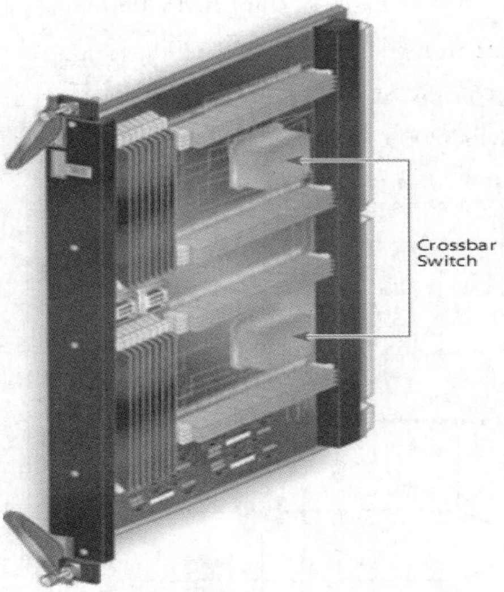

图 9-99　Cache Switch

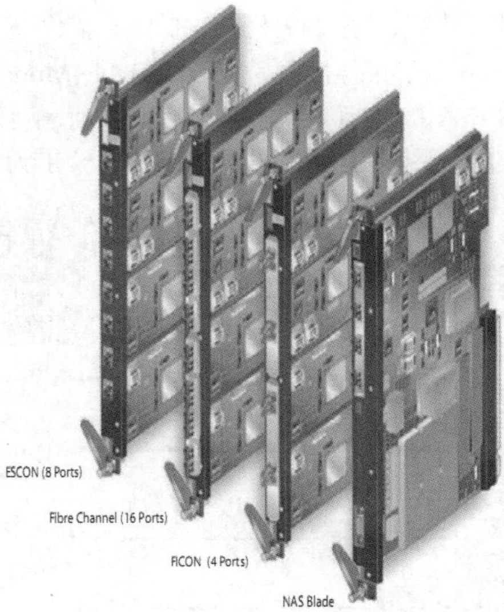

图 9-100　各种导向器插板

图 9-101 所示为 USP1100 存储系统的磁盘扩展机柜透视图。

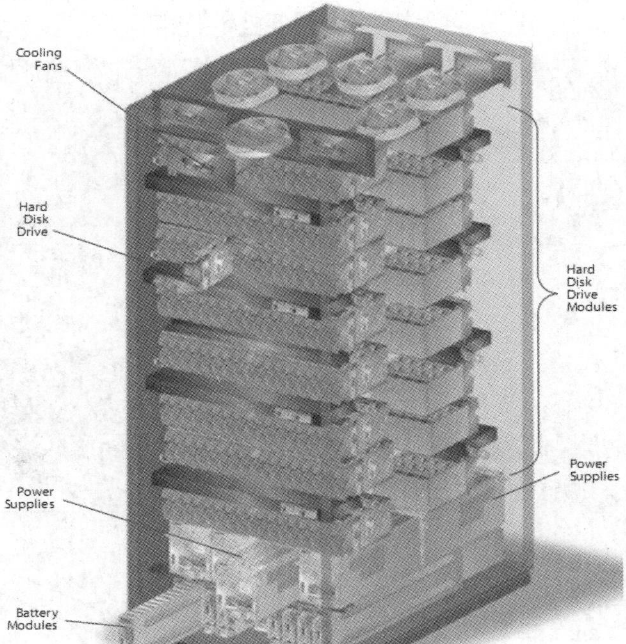

图 9-101　USP1100 磁盘扩展柜机柜

9.5.7 HP 公司 MSA2000 和 EVA8000 存储系统架构简介

1. MSA2000 存储系统简介

MSA2000 存储系统是 HP 公司的低端存储系统，不要与 HDS 公司的 AMS2000 搞混。前者为 Modular Smart Array 的简写，后者为 Adaptable Modular Storage 的简写。MSA2000 存储系统后端也是使用 SAS/SATA 扩展柜，扩展容量有限。前端可以插 ISCSI 扩展卡或者 FC 扩展卡。内部架构为传统简单架构。图 9-102 和图 9-103 所示分别为 MSA2000 控制器架构逻辑简图和透视图。

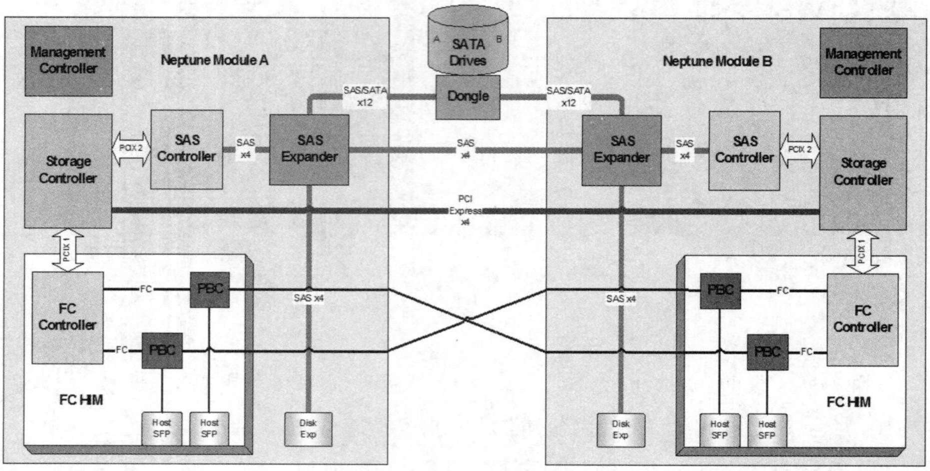

图 9-102 MSA2K 控制器逻辑图

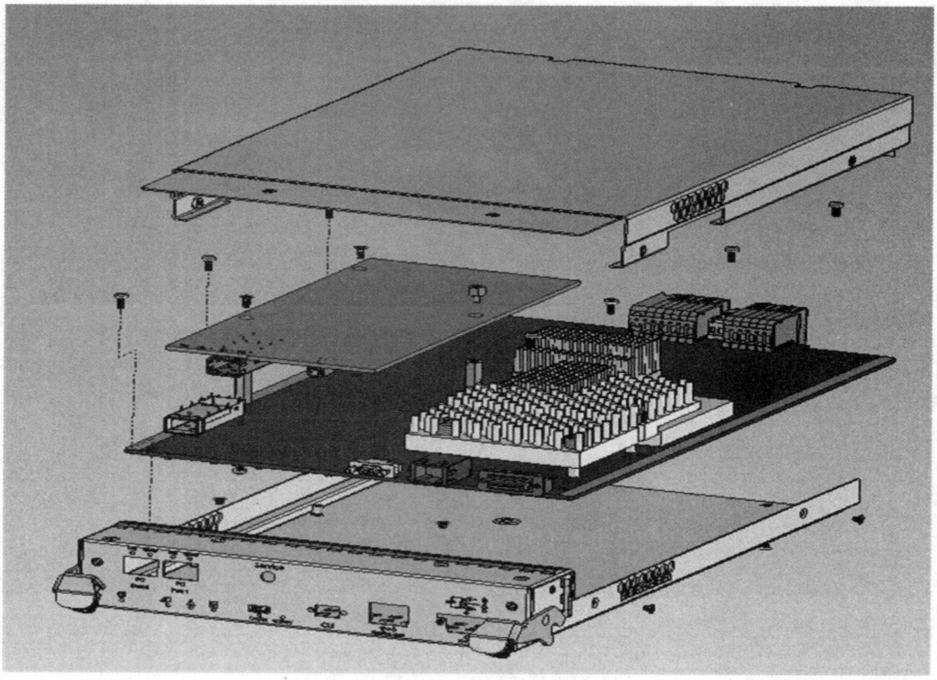

图 9-103 MSA2K 控制器实物图

2. EVA8000 系列存储系统架构简介

EVA 系列分为 EVA4000、EVA6000 和 EVA8000。EVA 全称为“Enterprise Virtual Array”，是 HP 公司的中端存储系统。其硬件架构有点特别，即将 FC 控制卡上常见的 PBC 芯片的功能放到了外部，用一个 Loop Switch 替代了，控制器与所有扩展柜都接到这个 Loop Switch 上。

图 9-104 所示分别为 EVA8000 控制器逻辑架构简图和控制器机柜物理拓扑简图。

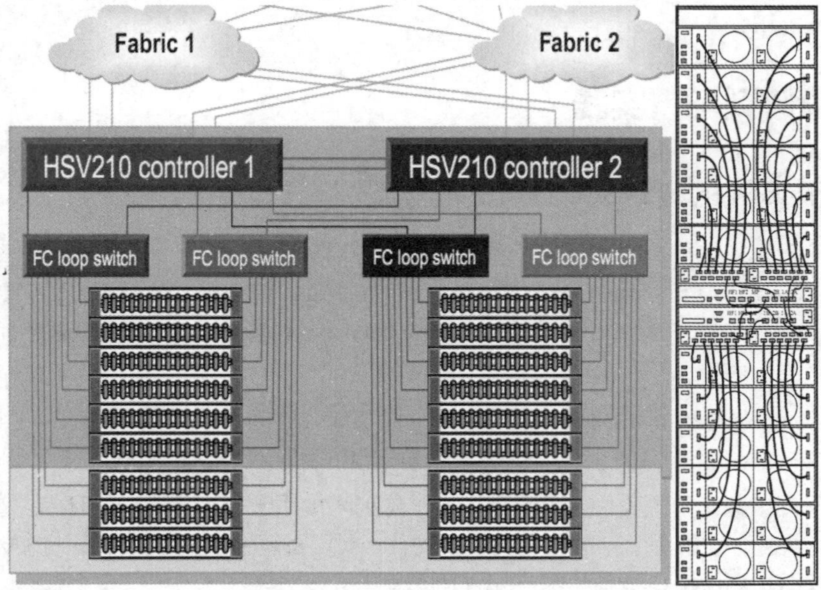

图 9-104　EVA8000 控制器逻辑图和实物图

这些 Loop Switch 芯片，对于其他厂商来讲都是被设计在扩展柜内部的，但是 EVA 这个产品却把它放到了外部一个单独供电的交换机中，做成星型拓扑了，所有扩展柜都连接到中心的 Loop Switch 上，其他厂商产品都是柜与柜串联方式的。EVA 这种做法有个好处就是数据可以只经过一跳就可以从控制器的 IO 接口卡上被转发到对应的扩展柜，其他产品则都要经过在柜子与柜子之间进行多级跳（跳数视 IO 的目标柜子离控制器远近而不同），增加了延迟。另外，这种做法还能够节约 Loop Switch 芯片的数量，降低成本。

9.5.8 传统磁盘阵列架构总结

虽然目前生产磁盘阵列的厂家众多，产品众多，但是可以把总体的目前所存在的产品总结为以下几种架构。

- 低端 X86 PC Server 双控制器架构。比如 IBM DS3000、EMC Clariion CX/CX3/CX4 系列、HP MSA2000 系列、NetApp FAS 系列。
- 带有辅助专用芯片的低端 X86 PC Server 双控制器架构。比如 IBM DS5000、HDS AMS2000。
- 高端 X86 PC Server 高扩展性多控制器架构。比如富士通 DX8000。
- 高端小型机架构。比如 IBM DS8000。

- 高端大型主机架构。比如 HDS USP、EMC Symmetrix DMX4。
- X86 Server 集群架构。比如 EMC Symmetrix Vmax、IBM XIV、3PAR INSERV。

对于最后一种，也就是 X86 集群架构的存储系统，将会在本书后面的章节详细介绍。这里为何没有将富士通 DX8000 也归于集群架构的原因是因为其看似多控制器协作，但是在前端，多控制器共享所有 DA 和 CA，只不过分工不同；在后端，所有 DA 都可以访问所有磁盘扩展柜，后端 Loop 并不是由某个控制器独享，所以，它仍为一种全局控制器的 X86 多控制器架构，与双控制器架构的区别仅为一个“多”字。这种架构处于一种折中状态，前端有点集群化的意思，而后端却依然非集群化。

9.6 磁盘阵列配置实践

9.6.1 基于 IBM 的 DS4500 盘阵的配置实例

在拿到一台崭新的磁盘阵列之后，必须对其进行相关的配置，才能让其发挥功能。这些配置包括配置 LUN，各个 LUN 的参数，配置 LUN 映射。这三项配置是使一个盘阵可以用来存取数据的最基本配置。下面就以一台带有两个扩展柜的 DS4500 磁盘阵列的配置为例，向大家演示一下这些配置的基本步骤。

Storage Manager 软件是 IBM 公司开发的专门针对其 DS4000 系列盘阵的配置工具，这个工具可以运行在 Windows 操作系统上，通过以太网与磁盘阵列通信，从而实现配置。

在配置阵列参数之前，我们先来看一下这个阵列将被用于一个什么样的环境。这台阵列是一家小型公司购买的，准备用于存放公司的机密文件、SQL Server 数据库文件、静态 Web 网站文件和内部邮件数据。整体拓扑结构如图 9-105 所示。

其中 SQL Server 数据库服务器需要 3 个 LUN 存放数据，总容量 1TB＋。邮件和网站各需要一个 LUN，大小分别为 300GB＋和 50GB＋。FTP 服务器需要两个 LUN，400GB＋。

所有服务器操作系统均为 Windows 2003 Enterprise Server。每台服务器上均要安装两块 2Gb/s 速率的 FC HBA 卡，而且必须安装多路径软件。

在一台普通 PC 上安装盘阵随机带的 Storage Manager 软件，然后将这台 PC 用双绞线连接到盘阵的以太网口上，将 PC 的 IP 地址配置成与盘阵初始 IP 地址相同的网段。之后，通过软件主界面添加盘阵的 IP 地址，这样软件就可以通过 TCP/IP 协议与盘阵进行通信了。

从图 9-106 中可以看到这套设备共有 3 个柜子，控制器所在的柜子是 0 号柜子，也就是图中右边显示的 Controller Enclosure，这个柜子中包含两个互为备份冗余的控制器 A 和 B。Driver Enclosure1 和 Driver Enclosure 2 是两个磁盘扩展柜，每个柜子中包含 14 块物理磁盘。所有磁盘的总容量为 2552GB，这在主界面左边栏中也有提示。

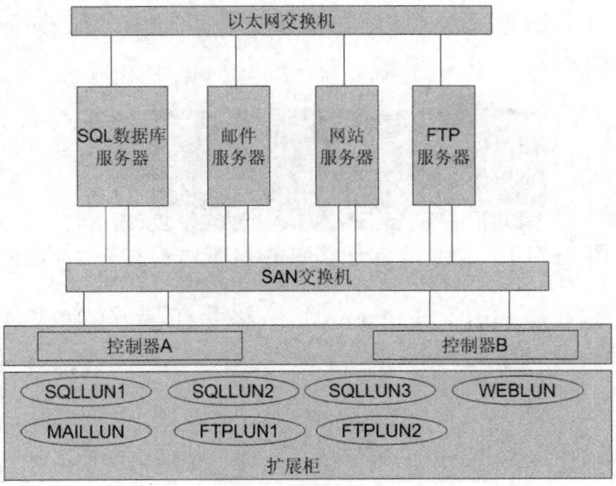

图 9-105　某公司 IT 系统后端拓扑图

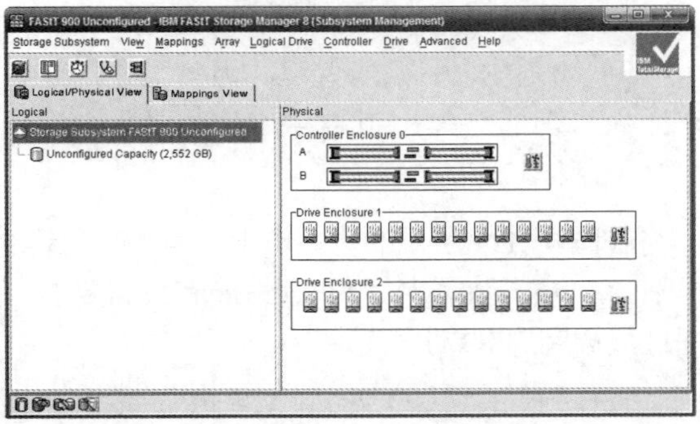

图 9-106　Storage Manager 的主界面

单击按钮可以查看柜子的供电、散热、温度、控制器电池、插卡、SFP 模块等硬件部件信息，如图 9-107 所示。

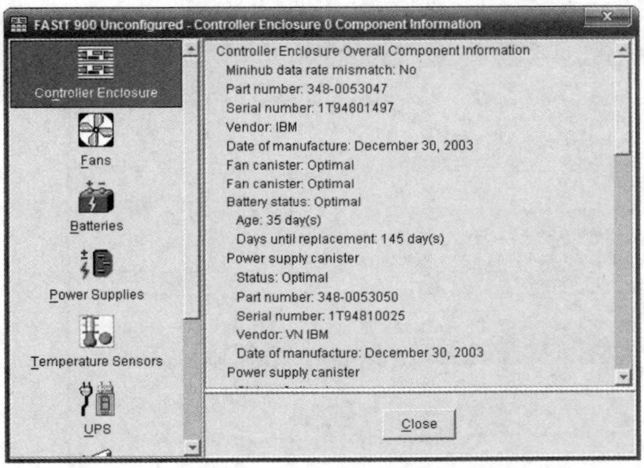

图 9-107　机器环境监控窗口

1. 配置 LUN

在主界面中右击 Unconfigured Capacity，创建逻辑磁盘（即 LUN），如图 9-108 所示。

出现选择主机类型的对话框，选择这个逻辑磁盘将要为何种类型的操作系统使用，这里我们选择 Windows 2000/Server 2003 Non-C，即“Windows 2003 非集群”类型，如图 9-109 所示。

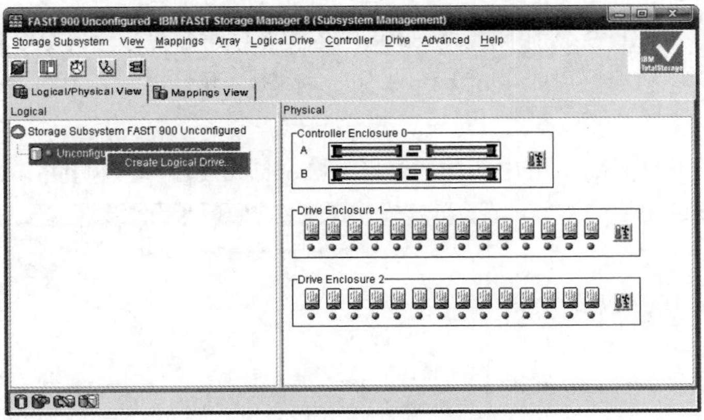

图 9-108　创建 LUN

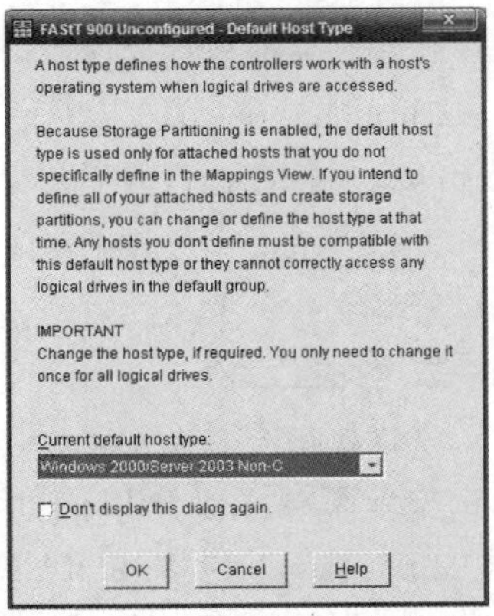

图 9-109　选择 LUN 的类型

提示：有些磁盘阵列会针对不同的操作系统提供不同类型的 LUN。虽然 LUN 对于操作系统来说只是一块裸磁盘，但是每种操作系统上的文件系统在使用 LUN 的行为上是有差异的。LUN 的 0 号 LBA 为 MBR，占用了一个扇区。而文件系统一般使用比扇区更大的逻辑块来做为分配单元，所以有些文件系统对于 LBA 的编号就要从 LBA1 开始，即 MBR

的下一个 LBA。对于一些盘阵控制器来说，它们管理 LUN 可能也是用块来作为一个最小单元。但控制器却不理解 MBR，只认为文件系统会从 0 开始顺序编号。这样，就产生了块不对齐的现象，从而影响了性能，如图 9-100 所示。所以，有些以块为单元对 LUN 做管理的盘阵控制器会针对不同文件系统制作对应的 LUN。

图 9-110　文件系统与盘阵的 LUN 块不对齐示意图

在图 9-111 所示的对话框中，需要先创建 RAID Group（或 Arrays），然后在建好的 RG 中再划分 LUN。数据库对于 IO 性能有较高要求，所以给数据库的 3 个 LUN 各分配一个 RG，充分保证数据库的 IO 性能。

选择相应的 RAID 级别。如果想手动选择组成 RAID Group 的磁盘，选中 Manual 单选按钮。然后在下方磁盘列表中，按住 Ctrl 键选择组成这个 RG 的所有磁盘成员，最后单击 Apply 按钮，如图 9-111 所示。如果想让程序自动生成各种大小的 RG，则要选中 Automatic 单选按钮，如图 9-112 所示。

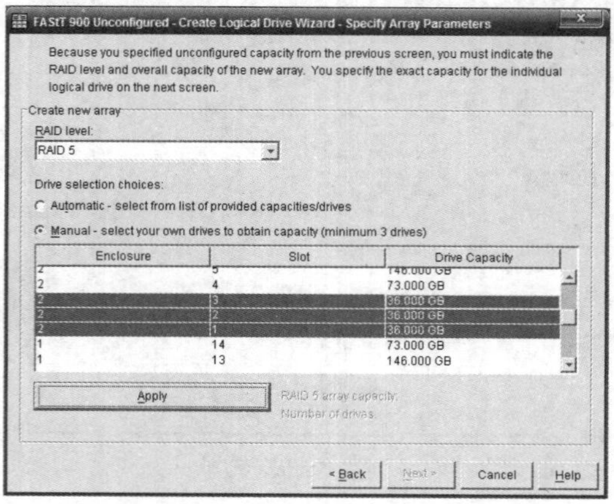

图 9-111　RAID 类型选择，手动分配磁盘

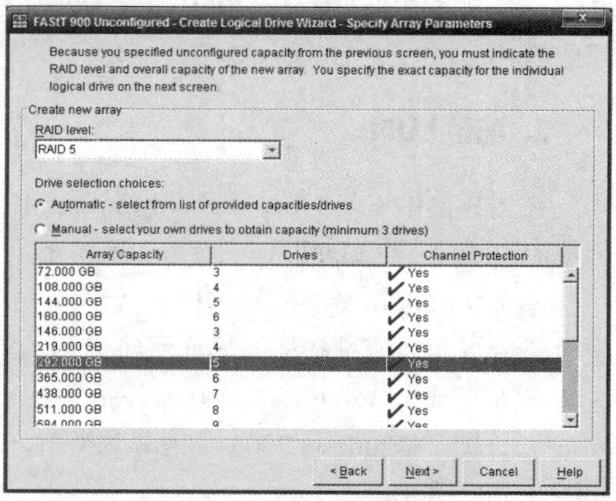

图 9-112　自动分配磁盘

这里让系统自动为我们计算。在 RAID 5 级别下，系统计算出各种容量、磁盘数量的 RG 组合。Channel Protection 指的是让 RG 中所有磁盘成员分布在两个扩展柜中，充分保证冗余性。我们选择 5 块盘的 292GB 容量。

在这个 RG 中，我们可以手动指定大小，划分出新的 LUN（即 Logical Drive）。这里将全部容量分配给一个 LUN，命名为 SQLLUN1，LUN 的参数选择自定义。

选择条带深度为 32KB，每个条带的数据部分的宽度就是 32KB 乘以 4 块数据 Segment，为 128KB。这样，只要将 SQL Server 数据库的 Extent 参数设置为 128KB 大小，就可以保证每次读写 RG 均为整条读写，充分提高 IO 性能（但这样做会丧失并发 IO 能力），如图 9-113 所示。Preferred controller ownership 表示这个 RAID Group 平时由哪个控制器管理。我们选择 Slot A，即控制器 A。一旦控制器 A 发生故障，这个 RG 会立即由控制

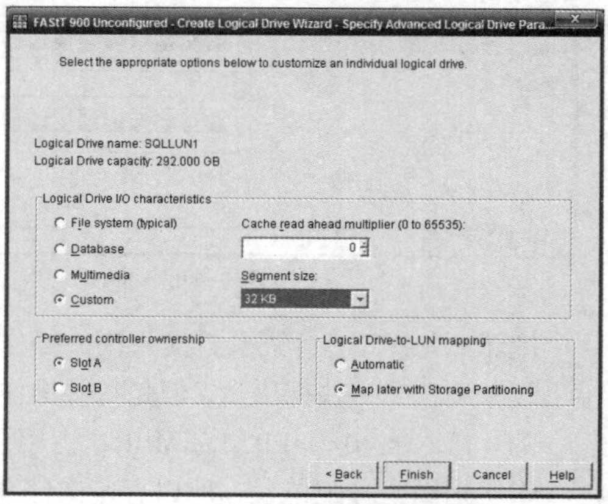

图 9-113　选择条带深度

器 B 接管。

Logical Drive-to-LUN Mapping 即 LUN 映射，配置这个 LUN 将给哪个或者哪些主机使用。我们稍后选择用专门的配置模块配置，如图 9-114 所示。

配置完后，系统会提示是否还要配置另外的 RG 或者 LUN。因为这个 RG 全部容量已经分配给了一个 LUN，所以窗口中的 same array 单选按钮为灰色。单击 Yes 按钮进入新一轮的 RG 和 LUN 配置。用这种方法，配置所有 6 个 LUN，如图 9-115 所示。

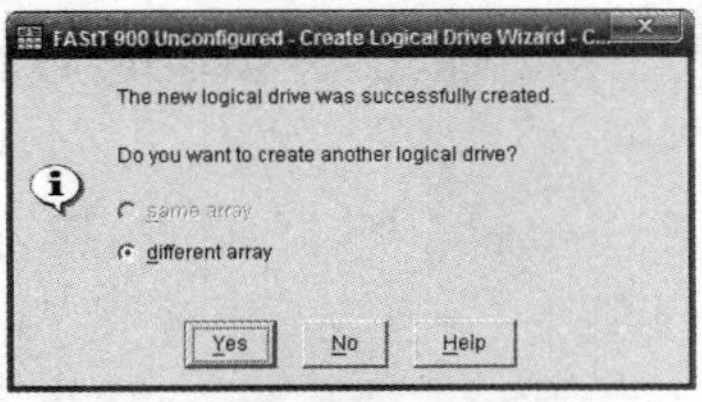

图 9-114　配置 LUN 映射

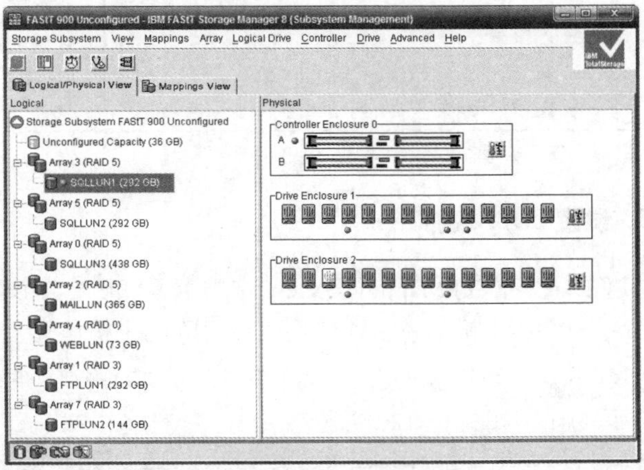

图 9-115　创建完毕的 6 个 LUN

由于这个环境中的 FTP 服务器主要存放视频等大文件，所以使用 RAID 3 级别来提高传输性能，如图 9-115 所示。另外，只要选中某个创建好的 RG 或者 LUN，右边窗口中便会显示出这个 RG 和 LUN 所对应的物理磁盘以及掌管它的控制器。

2. 设置全局热备磁盘

最好设置一个或者两个热备磁盘。这样，一旦某块磁盘损坏，热备磁盘立即顶替，以免数据丢失，如图 9-116 所示。

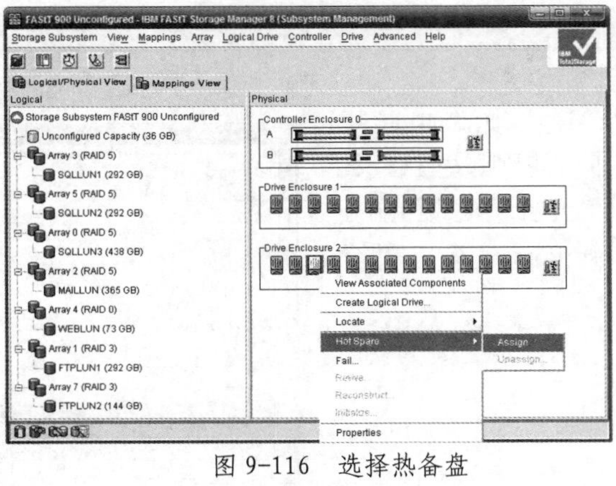

图 9-116　选择热备盘

设置完热备磁盘之后，可以进一步更改每个 RG 或者 LUN 的细节参数，如图 9-117 和图 9-118 所示。

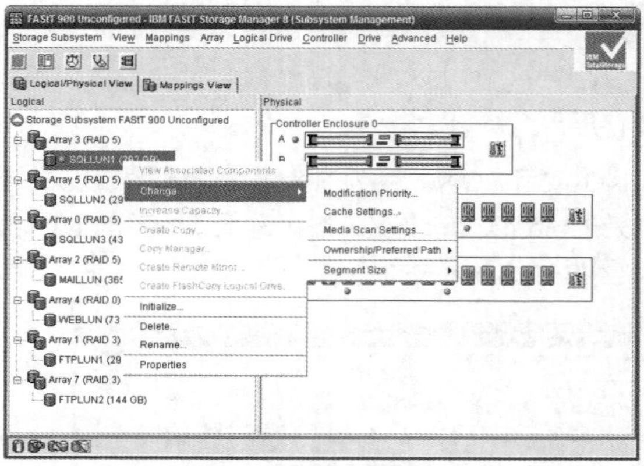

图 9-117　各种参数（1）

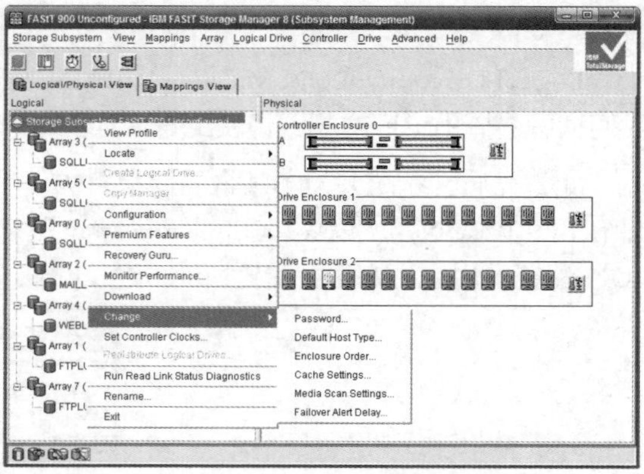

图 9-118　各种参数（2）

3. 设置 LUN 映射

切换到主界面的 Mappings View 选项卡，然后右击设备名，从弹出的快捷菜单中选择 Define Host 命令来添加主机信息，即使用这台盘阵的主机信息，如图 9-119 所示。

Host Name 可以随便起名，并不一定要与对应主机的真正 Hostname 相同。添加完所有主机后，界面的显示如图 9-120 所示。

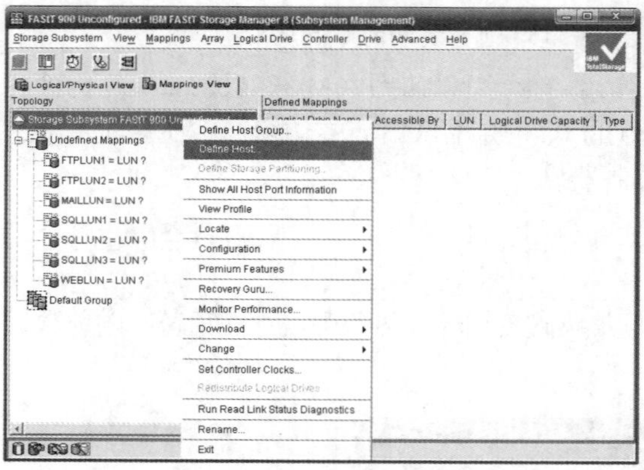

图 9-119　添加主机映射

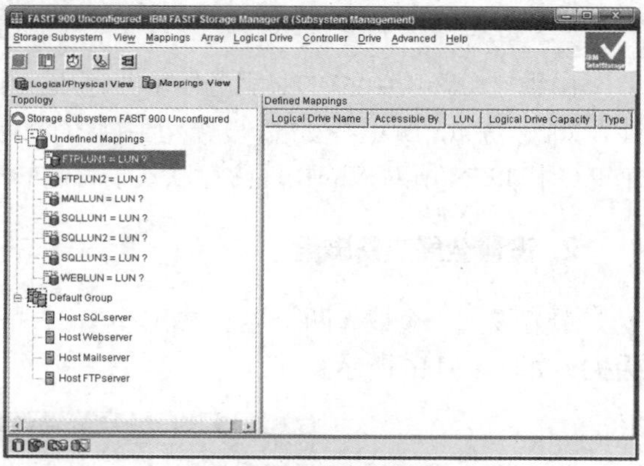

图 9-120　主机列表

添加完主机名之后，还必须添加 Host Port，即必须让盘阵知道主机使用哪些 FC 接口来访问盘阵。右击某个主机名，从弹出的快捷菜单中选择 Define Host Port 命令，如图 9-121 所示。

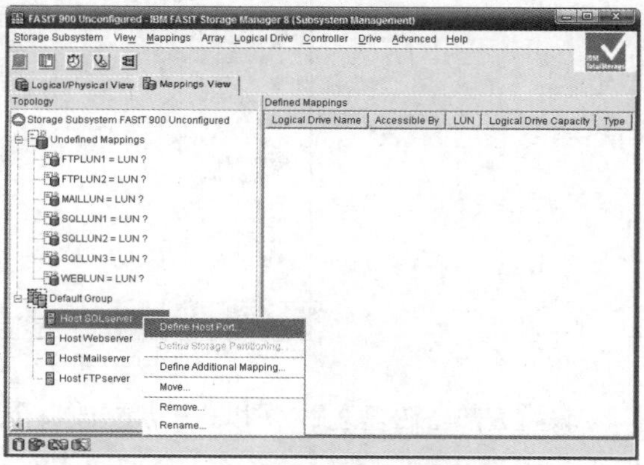

图 9-121　添加主机的 FC 端口信息

在 Port Identifier 处，我们选择对应的 ID（即每个主机 FC HBA 卡上的 WWN 地址，盘阵会通过 Fabric 网络自动发现这些地址）。主机类型当然选择 Windows 2000/Server 2003 Non−C，Host port name 随便起一个名字即可，如图 9−122 所示。每台服务器上有两块 FC 卡，所以每台主机共有两个接口，在此为每个接口都定义一下。定义好每台主机的接口之后，如图 9−123 所示。

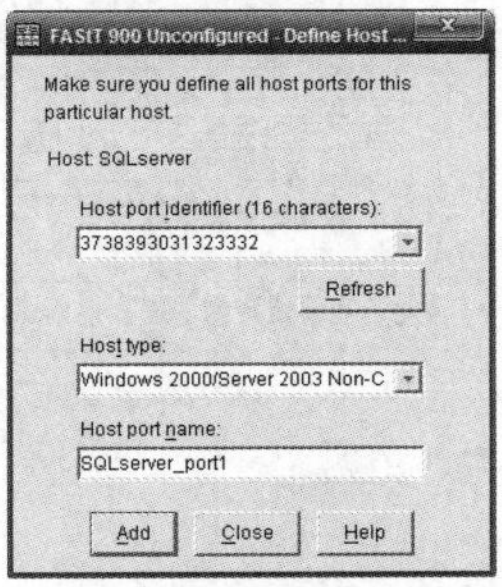

图 9−122　主机上的 FC 端口信息

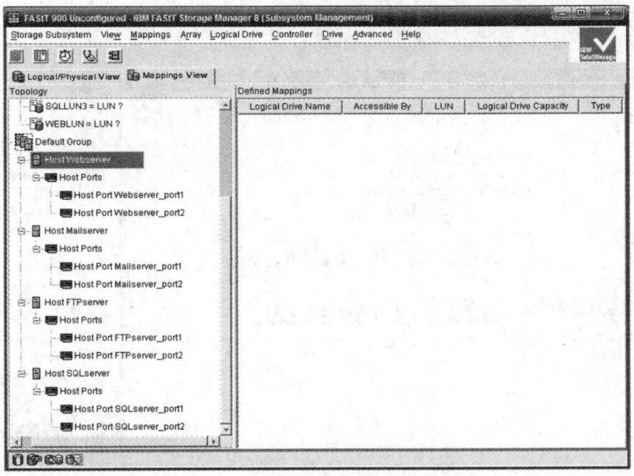

图 9−123　所有主机端口定义完毕

在未映射的 LUN 上右击，从弹出的快捷菜单中选择 Define Additional Mapping 命令，打开如图 9−124 所示的对话框。

在 Host group or host 下拉列表框中选择 Host SQLserver 这台主机，Logic unit number 表示此次映射给这台主机的 LUN，在主机上将显示 LUN 的号码。图 9−124 中，将 SQLLUN1 这个 LUN 映射给主机 SQL Server，主机上显示的对应这块 LUN 的号码是 LUN0。用这种方法，将所有属于 SQL Server 主机的 3 个 LUN 都映射好后，单击 close 按钮。结果如图 9−125 所示。

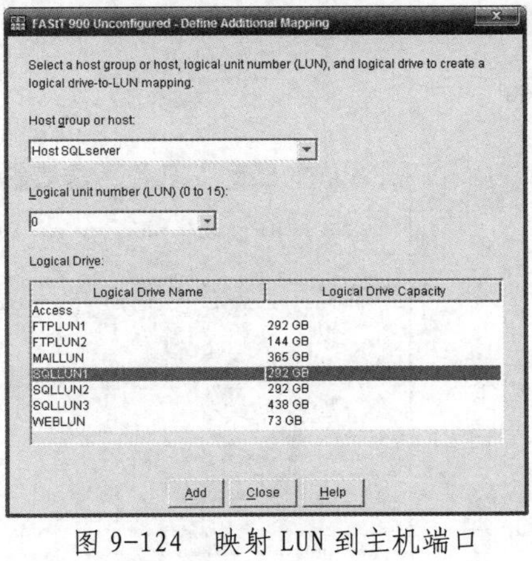

图 9−124　映射 LUN 到主机端口

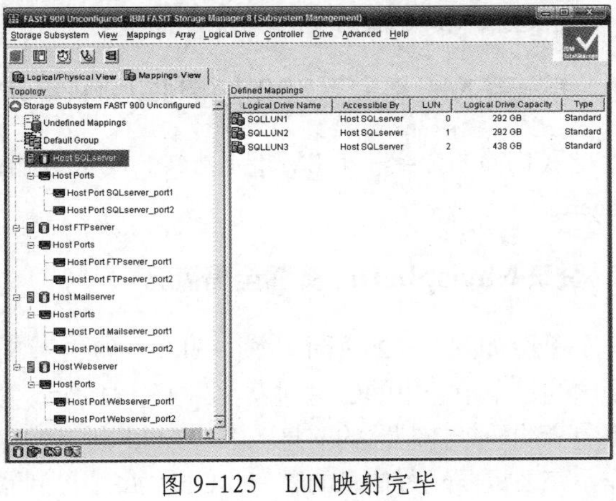

图 9−125　LUN 映射完毕

注意：单击每台主机，右边就会出现这台主机可以访问的 LUN 及其相关信息。每个 LUN 只能映射给一台主机。理论上，一个 LUN 完全可以映射给多台主机共同访问使用，这就需要用到 partition 功能了。此处不做过多介绍。

4. 初始化 LUN 配置

所有设置做完之后，需要进行初始化。初始化完毕之后，才能供主机使用。

右击每个 Array 或者 LUN，然后从弹出的快捷菜单中选择 Initialize 命令，如图 9-126 和图 9-127 所示。

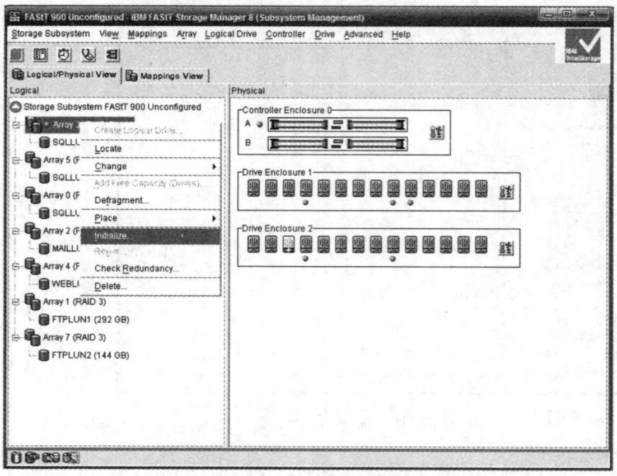

图 9-126　初始化磁盘阵列

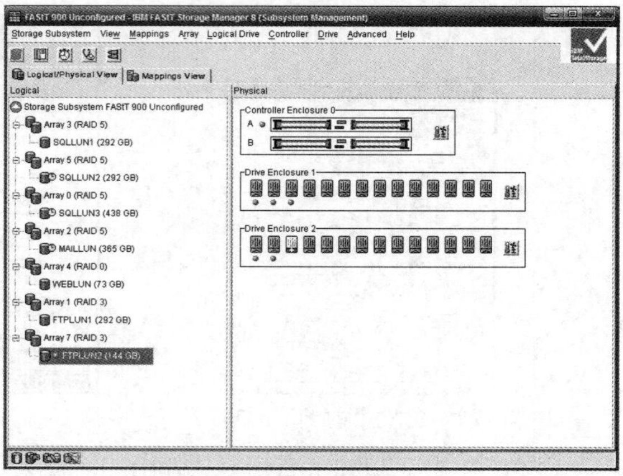

图 9-127　初始化所有 RAID 组

右击每个 Array，从弹出的快捷菜单中选择属性命令，可以查看初始化的进度，如图 9-128 所示。

初始化完成之后，盘阵即可接受主机访问了。

其他不同品牌型号的磁盘阵列产品的配置过程大同小异，只要理解了磁盘阵列的组成架构和原理，配置起来其实是很简单的。

9.6.2　基于 EMC 的 CX700 磁盘阵列配置实例

在此我们简要介绍一下 EMC 针对 CX 系列的配置工具 Navisphere。

1. 登录 Navisphere，查看全局情况

全局视图如图 9-129 所示。图 9-130 为所连接的两个扩展柜中的一个柜子里的磁盘列表。图 9-131 所示为控制器柜里包含的两个控制器的信息。图 9-132 所示为存放盘阵操作系统及重要配置信息的私有 LUN。每个控制器都有各自的私有 LUN。图 9-133 所示为映射 LUN 与主机用的 Storage Groups，也就是映射组。在这个组中的主机可以访问这个组中的 LUN。

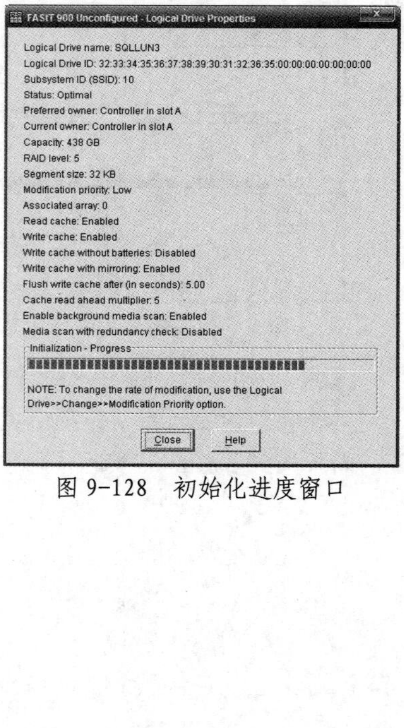

图 9-128　初始化进度窗口

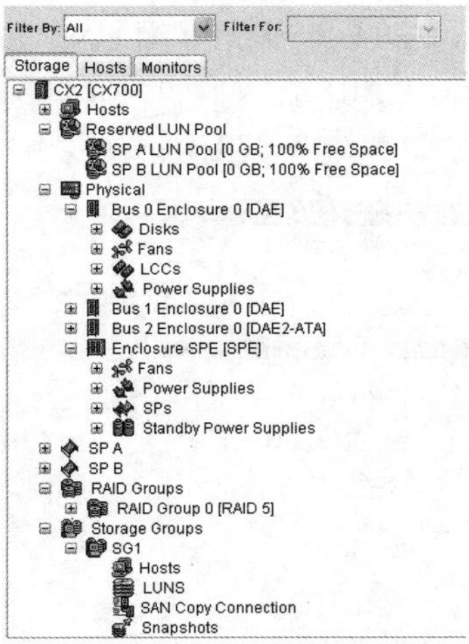

图 9-129 全局视图

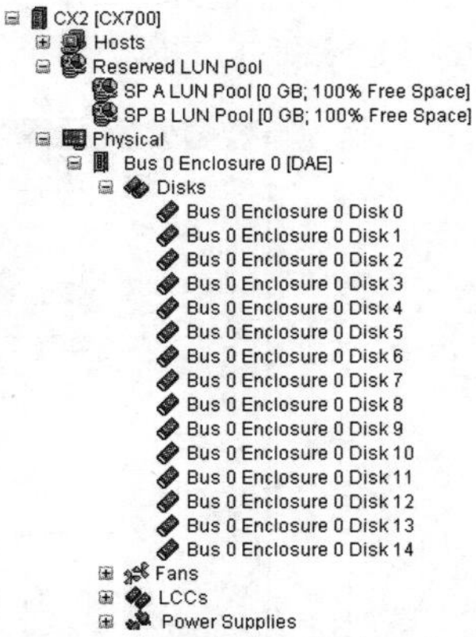

图 9-130 扩展柜中的磁盘列表

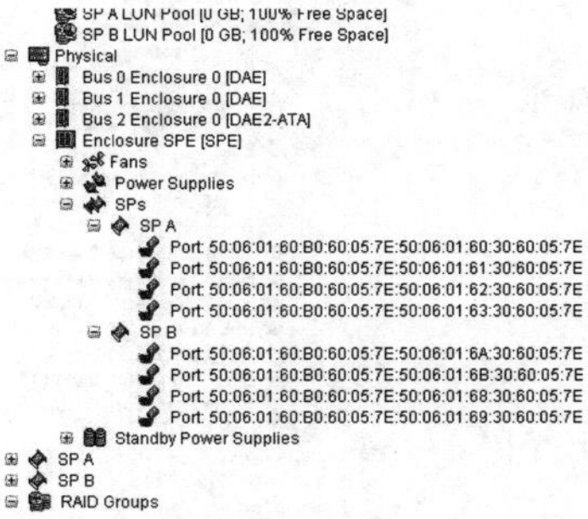

图 9-131 控制器柜中的两个控制器

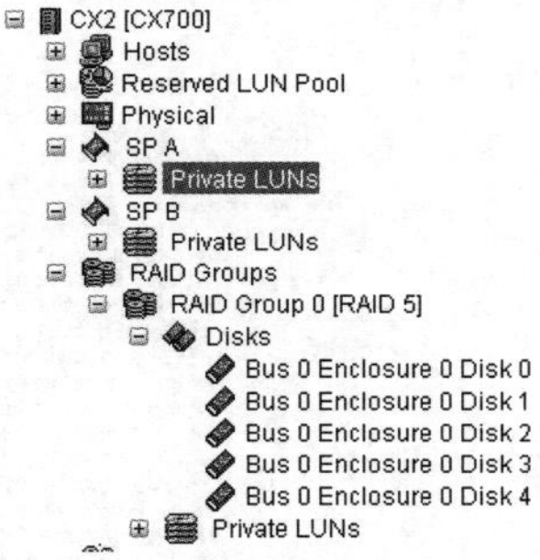

图 9-132 用于存放盘阵的操作系统以及其他配置信息的 Private LUNs

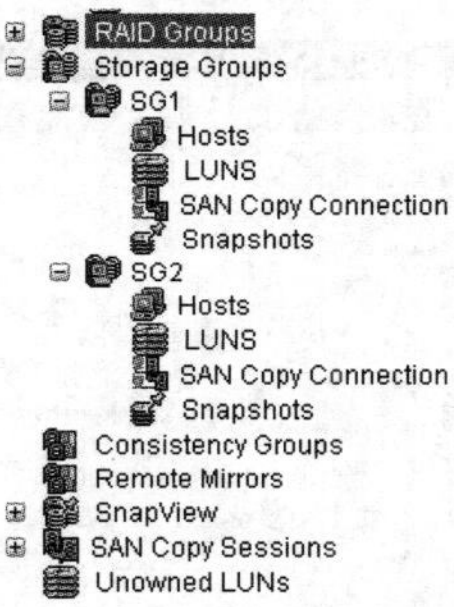

图 9-133 用来映射 LUN 和主机的 Storage Groups

2. 创建 RAID 组

（1）在盘阵图标上右击，从弹出的快捷菜单中选择 Create RAID Group 命令，如图 9-134 所示。

（2）在如图 9-135 所示的对话框中选择 RAID 组的 ID、RAID 组所包含的磁盘数量以及其他参数。

图 9-134 创建 RAID 组

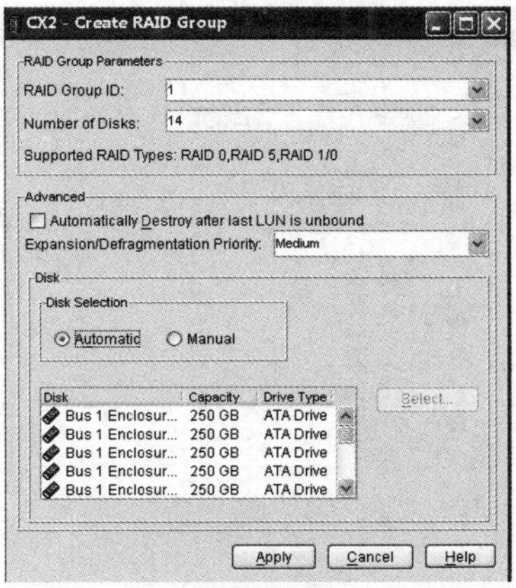

图 9-135 RAID 组参数

（3）在创建好的新 RAID 组上右击，从弹出的快捷菜单中选择 Bind LUN 命令创建 LUN，如图 9-136 所示。在打开的对话框中，我们选择 RAID 类型为 RAID 5，如图 9-137 和图 9-138 所示。利用上述方法创建 LUN 6 和 LUN 7 两个 LUN，如图 9-139 所示。

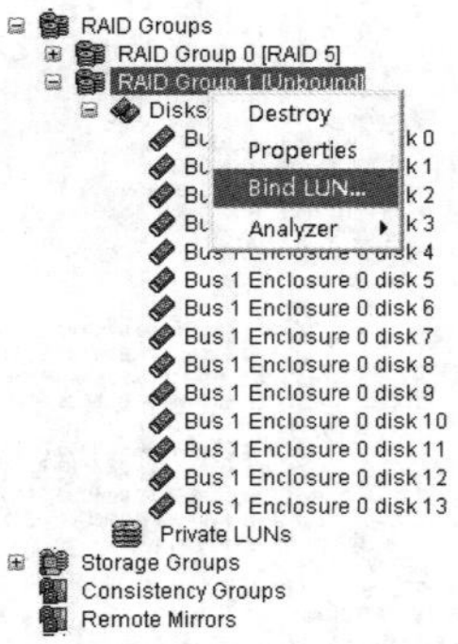

图 9-136　在 RAID 组上创建（绑定）LUN

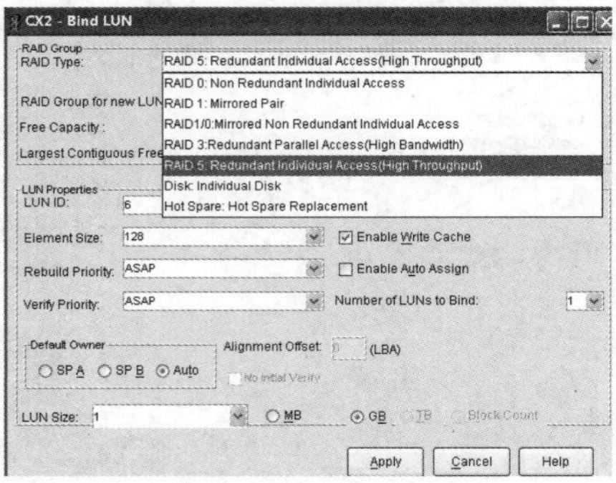

图 9-137　LUN 参数页（1）

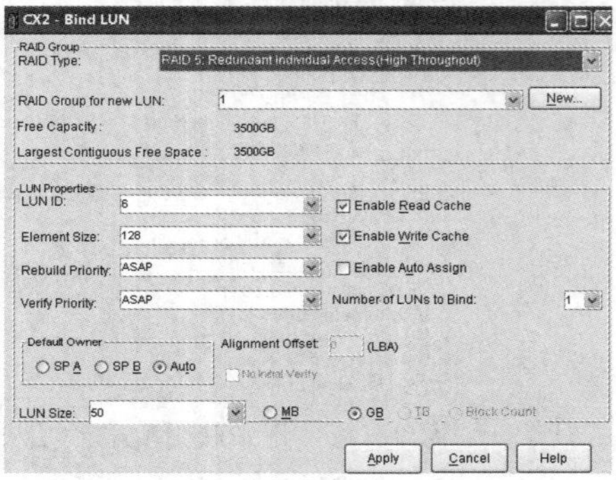

图 9-138　LUN 参数页（2）

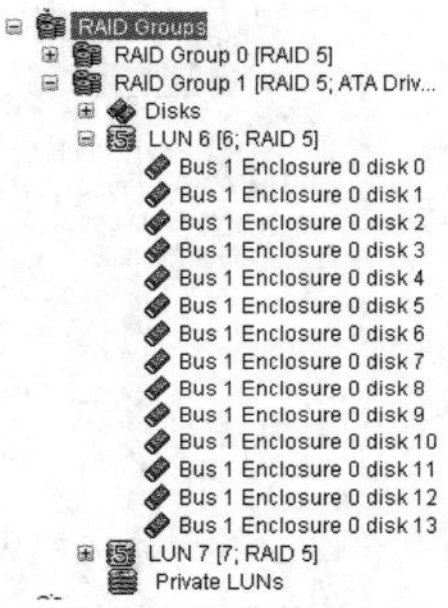

图 9-139　创建好的两个 LUN：LUN 6 和 LUN 7

3. 创建 Storage Group 并绑定主机与 LUN

（1）在盘阵图标上右击，从弹出的快捷菜单中选择 Create Storage Group 命令，如图 9-140 所示。

（2）在打开的对话框中输入新 Storage Group 的名称，如图 9-141 所示。

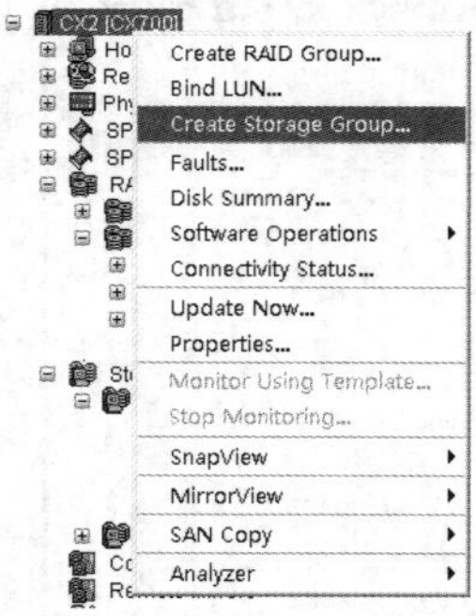

图 9-140　创建 Storage Group

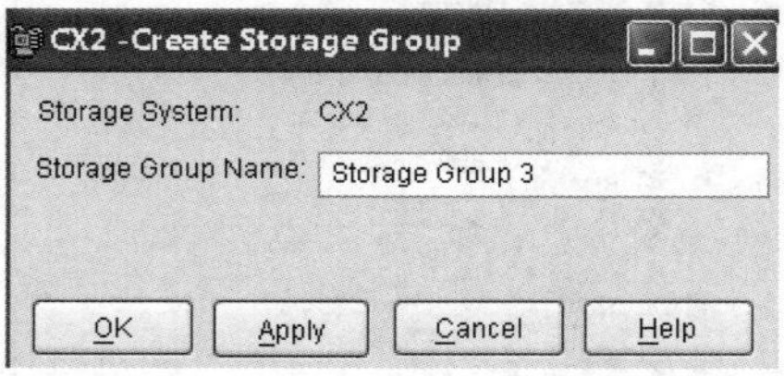

图 9-141　给新 Storage Group 起名

（3）在创建好的 Storage Group 上右击，从弹出的快捷菜单中选择 Select LUN 命令绑定 LUN，如图 9-142 所示。

（4）将要分配给这个组的 LUN 移动到右边的窗口，如图 9-143 所示。

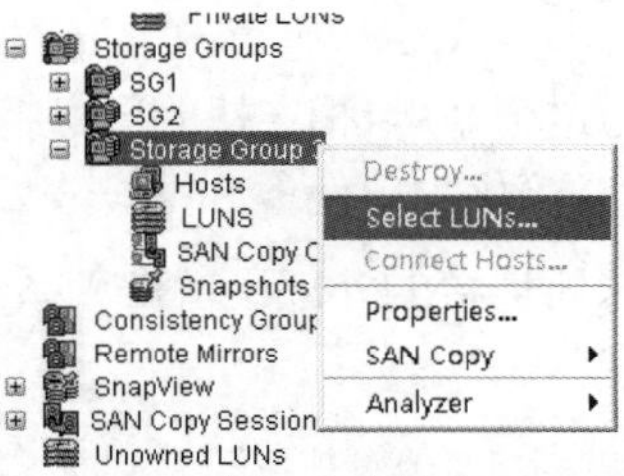

图 9-142 选择要映射的 LUN（一）

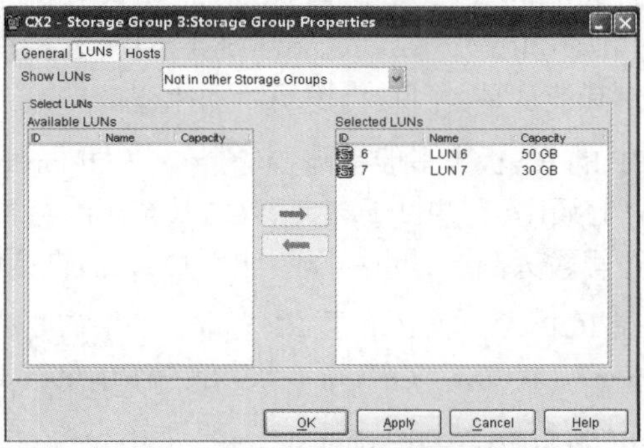

图 9-143 选择要映射的 LUN（二）

（5）切换到 Hosts 选项卡，选择要分配的主机，将其移动到右侧窗口，如图 9-144 所示。

（6）添加完 LUN 和主机之后，对应的主机就可以识别到对应的 LUN，并可以使用了，如图 9-145 所示。

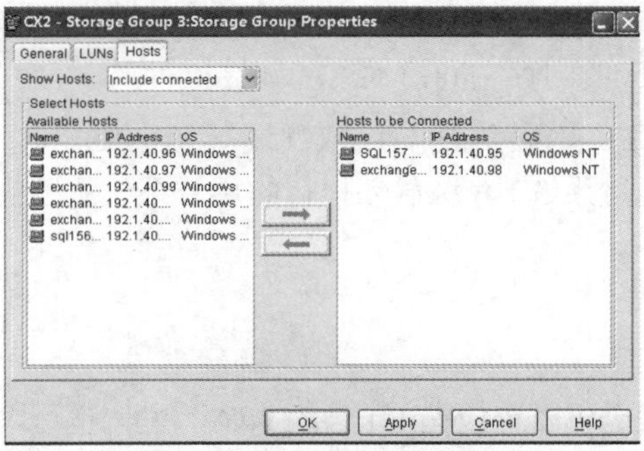

图 9-144 选择要绑定的主机

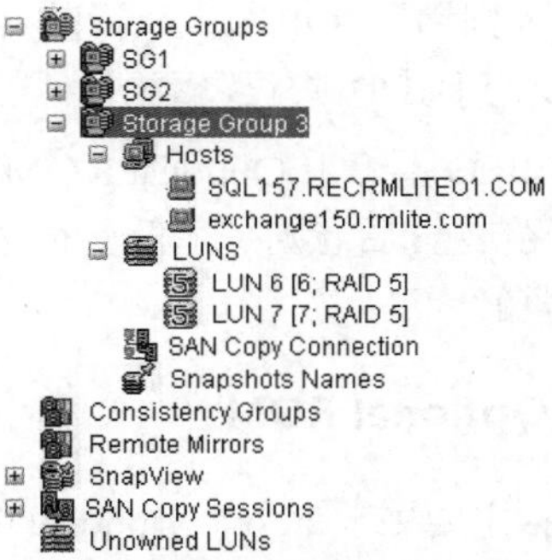

图 9-145 创建好的 Storage Group

各种磁盘阵列的配置大同小异，总地来说主要有以下三步。

（1）配置 RAID 组。

（2）在 RAID 组上划分 LUN。

（3）将 LUN 映射给相应的主机使用。

9.7 HBA 卡逻辑架构详析与 SAN Boot 示例

9.7.1 HBA 卡逻辑架构

关于 IOP

IOP 全称 IO Processor，20 多年前由 IBM 首先提出。其根本目的是在计算机 IO 设备上放置一个智能处理器，来处理一些通信协议的逻辑，从而将原本需要由系统主 CPU 执行的功能（设备驱动层面）Offload 到 IO 设备自身执行以便节约主 CPU 资源。时至今日，IOP 已经被普遍使用在各种 IO 设备上，比如以太网卡、FC 卡、Raid 卡、SAS 卡、SCSI 卡等。当然仍有一部分卡不使用 IOP，因为目前的主 CPU 性能已经非常强劲，与 20 多年前的 CPU 效率不可同日而语，所以这类没有 IOP 的 IO 设备，其上层逻辑功能主要由系统 CPU 完成。当然，随着集成度的提高，各种最新的标准 IO 板卡基本都是单芯片设计了，IOP 也被集成在了芯片内部，而且往往只占很小一部分，其他都是各种接口逻辑、加速逻辑。

带 IOP 的 IO 板卡一般都需要一个 OS（即 Firmware），这个 OS 代码存放于 IO 板卡的 Flash 或者 ROM 介质中，有些过于庞大的 OS 甚至干脆存放在了与这个 IO 卡相连接的磁盘特定区域中。有些板卡逻辑较为简单，也可以不使用 OS，而直接使用非常简化的单任务 Firmware。

不管是 IOP 或者非 IOP 的 IO 板卡，如果需要从这张卡所连接的外部设备启动系统，则都需要一个 Optional ROM。Optional ROM 的作用见下文。

非 IOP 的 HBA 比如 Adaptec 2940、LSI 896。

关于 Firmware

Firmware 指运行在 IO 设备自身的程序代码。其包含 Tiny BIOS 和 OS 或者简化的单任务代码。Tiny BIOS 用于带 IOP 的 IO 卡加电时自身的启动的初始化操作，其包括了各种级别的 Boot Loader。OS 则用于 IOP 载入执行以实现这个 IO 设备自身的功能，比如 Raid 功能。Boot Loader 将 OS 以及用于其他硬件逻辑的代码加载到对应的内存空间，供这些部件执行。

Tiny BIOS 不等于 Optional ROM，不要将二者混淆。前者是 IO 设备上的 IOP 自己执行的，用于初始化自己；后者则是主板上的主 CPU 通过系统 BIOS 载入执行的用于系统从设备外部访问这个 IO 设备。

关于 Optional ROM

作用：主要用于 Boot。Optional ROM 代码可以存放在 IO 卡的 ROM 里，也可以存放在主板系统 BIOS 中（如果你的板卡已经是非常普遍的大众型号的话）。从这个设备 Boot 之前需要加载这个设备对应的 Optional ROM，这样系统 BIOS 才可以驱动这块卡从而向这块卡后面的磁盘读写数据。也就是说，Optional ROM 里包含了这块板卡针对主板 BIOS 的驱动程序。

IO 设备自身可以控制是否在系统加电的时候让系统 BIOS 加载 Optional ROM。系统 BIOS 必须运行对应外设的 Optional ROM 才可以输出这个外设更细节的信息，而且也只有运行 Optional ROM 才能让用户进入这个外设的配置界面进行底层的配置，比如大家经常会看到服务器启动的时候提示按 Ctrl+A 进入某配置界面。Optional ROM 执行完之后，系统 BIOS 便跳转到下一个存在的 Optional ROM 继续执行，如果上一个执行过的 Optional ROM 未进行任何配置变更，则整个系统就未作任何更改。如果想让系统 BIOS 访问 IO 卡后面的磁盘，对于某些卡，仅仅执行 Optional ROM 是不行的，还需要进入配置界面来打开一个选项，一般叫做“Enable BIOS”。其实这个选项实际控制着是否让这个 IO 卡设备注册到系统 Int13 中断向量表中，如果不打开这个选项，则 IO 卡不向 Int13 注册，则系统就无法读写 IO 卡后面的磁盘。下文的配置示例中会给出相关的过程。

HBA 架构方框图

如图 9-146 所示，IOP 即为这个 IO 设备的 CPU；RAM 为执行代码必需的内存；ASIC 则是辅助运算的专用芯片，比如 XOR 运算芯片，可以大大降低 IOP 的负担，提高运算速度；Flash 用于存放 Firmware 和 Optional ROM；Bus Controller Chip 用于总线数据传输的控制，比如 PCIE 总线控制。

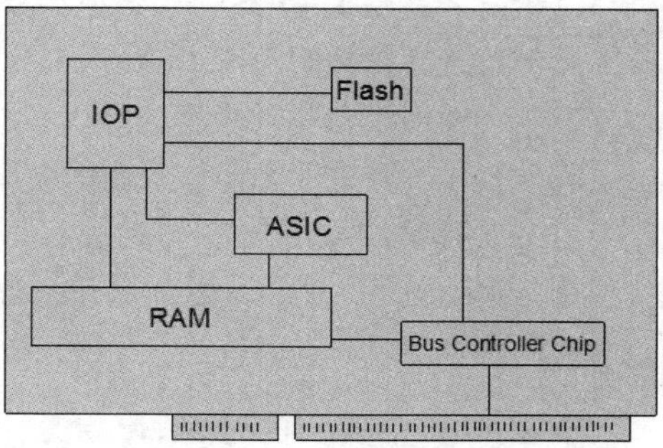

图 9-146 HBA 结构方框图

非 Boot 的 HBA 卡访问流程

不支持 Boot 功能的 HBA 卡可以没有 Optional ROM。这种 HBA 卡在操作系统未加载之前不能对其所连接的物理设备进行访问。只有在操作系统加载之后，在操作系统中安装这个设备的驱动程序，方可对其所连接的设备进行访问。

关于操作系统安装与启动

支持 Boot 的 HBA，虽然其 Optional ROM 可以在 OS 未加载前提供对其自身的访问，但是由于 Optional Rom 所提供的访问方式也只是非常低效率的 Int13 方式，加之传统 BIOS 只运行在 16b 模式下，非常古老，根本不能满足需求（EFI BIOS 运行在 64b 模式下并且对驱动支持方面有了很大改进，另当别论）。所以现代操作系统都要求操作系统内必须包含这个 IO 卡的高级驱动，除了实现少数一些功能之外，几乎不再调用系统 BIOS 来访问 IO 设备。所以，在安装操作系统到某个 HBA 所挂的磁盘时，要么操作系统安装介质已经包含对应设备的驱动程序，要么就需要手动用软盘等外部介质加载对应的驱动程序。如果 HBA 所挂的磁盘或者 LUN 上已经安装有操作系统并且携带了对应的驱动程序，则可以直接从这个 LUN 启动操作系统。

9.7.2 支持 Boot 的 HBA 卡访问流程

具体过程见下文描述。

提示：一台计算机包含有多个 BIOS。主板 BIOS，也叫系统 BIOS，包含用于访问所有常见 IO 设备的基本的驱动程序，比如键盘、软驱、光驱、IDE 硬盘控制器、USB 控制器（一些早期的主板 BIOS 不包含）等。对于一些不常见也不常用的 IO 板卡，或者功能比较复杂的 IO 板卡，比如 SCSI 卡、Raid 卡、网卡、显卡等，这些 IO 设备一般都具有自己的 BIOS，也就是将驱动自己的代码放到自己的 BIOS 中，这些 BIOS 会在系统 BIOS 执行之后逐个加载以便让系统 BIOS 可以访问这些设备。

这些 IO 设备可以是插卡形式的，也可以是集成在主板上的。它们自己的 BIOS 可以存放在 IO 板卡的芯片中，也可以作为附加的代码部分存放在系统 BIOS 所在的芯片中的附加部分，所以这些 BIOS 可以被单独升级。这些 IO 板卡独立提供的 BIOS 又称为 Optional ROM。

Optional ROM 对于一个 IO 板卡来说并不是必需的，只有以下两种情形才是必需的。一是：在操作系统加载之前需要被访问（比如显卡），则一定需要 Optional ROM。二是：功能过于复杂，系统 BIOS 不包含它的基本驱动代码。DOS 操作系统以及基于 DOS 的早期的操作系统必须依附系统 BIOS 来对外设进行 IO 操作，原因就是因为 DOS 操作系统自身并不包含任何设备驱动程序，所以只能调用系统 BIOS 执行期间在内存驻留的所有 IO 设备驱动程序。但是近代操作系统都会使用自身的驱动程序直接操作 IO 设备，并不需要系统 BIOS 的参与了，除非操作系统需要对这些 IO 设备进行一些非常底层的操作，比如设备重新初始化等。所以，近代操作系统在启动之后，会用自己的驱动程序替代系统 BIOS 加载的基本驱动程序。

系统 BIOS 在执行的过程中，会逐个加载所有 IO 设备的 Optional ROM。首先系统 BIOS 会对实内存地址 0xC0000 到 0xF0000 进行扫描，扫描单位是以 2KB 为边界。所有具有 Optional ROM 的 IO 设备均会在内存对应地址中映射这些 ROM。系统 BIOS 一旦发现 0xAA55 这样的字串，便知道这是某个 IO 设备的 ROM 入口，0xAA55 便是 Optional ROM 的签名。在这个签名之后是一个字节的指针，这个指针给出了这个 Optional ROM 在内存中占据了多少 512B 的 Block。这个指针之后紧接着的内存部分就是 ROM 实际代码的入口，系统 BIOS 直接跳转到这个入口开始读取 Optional ROM 代码执行，Optional ROM 会首先向系统 BIOS 注册其中断向量以便被其他程序所访问，其次 Optional ROM 还会提供一个用户接口用于配置这个 IO 设备，比如很多 HBA 在加电启动之后会在屏幕上显示“Press Ctrl+Q to enter configuration utility”。其次还可以提供对这个 IO 设备的一些底层诊断。

如果某个 IO 设备支持从其所连接的外部存储介质来启动操作系统，则如果这个设备是非常普遍的比如 IDE 控制器，那么系统 BIOS 中会包含它的基本驱动，则不需要任何其他过程，就可以在系统 BIOS 的配置界面中选择从这个 IO 设备启动。但是如果这个 IO 设备需要 Optional ROM，则在未执行 Optional ROM 之前，系统 BIOS 中不会识别到这个 IO 设备，从而也就不会提供从这个设备启动的选项。Optional ROM 执行的过程中，会利用一种由系统 BIOS 提供的通用的 API，即 BIOS Boot Specification （BBS） API 来向系统 BIOS 注册自身，这样，在系统 BIOS 配置界面的 Boot sequence 设置中就可以出现对应的设备和这个设备已经识别到的外部介质了。

仔细的读者可以发现，一般在进入系统 BIOS 配置界面之前，系统 BIOS 都会首先完成所有 Optional ROM 的执行加载过程之后才会进入配置界面，其目的就是为了收集所有可供启动的外设列表。如果在没有加载全部可能的 Optional ROM 之前就进入配置界面，则用户也不会看到对应的设备，就会造成不便。

（1）我们以 Qlogic 公司 QLA2340 FC 卡来举例。开机后按照相关提示进入 FC 卡的 BIOS 配置界面。如图 9-147 和图 9-148 所示，选择需要配置的卡，进入之后，选择 Configuration Settings 选项。

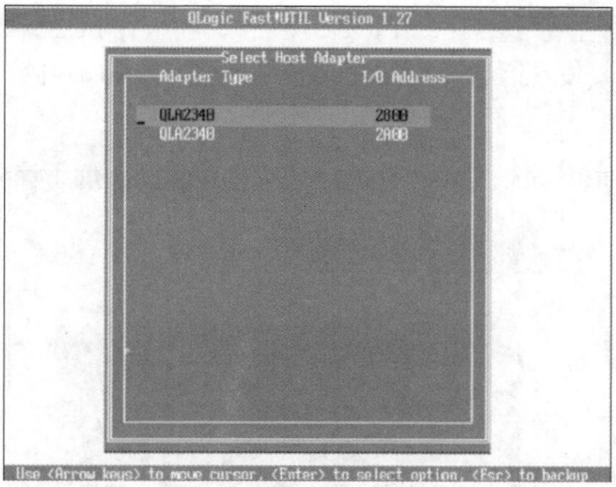

图 9-147　选择待配置的卡

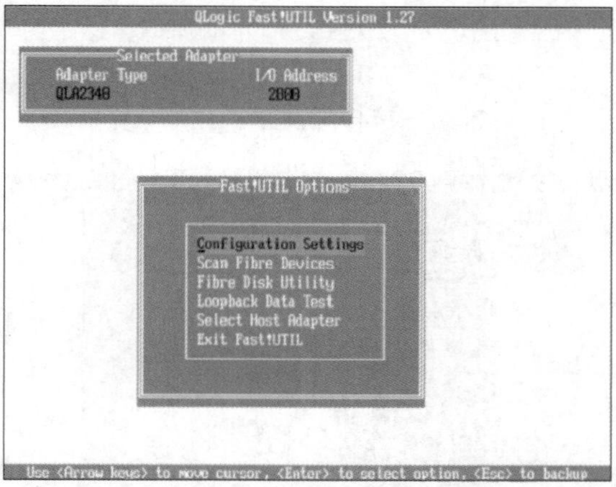

图 9-148　进入 Configuration Settings

（2）如图 9-149 所示，进入之后，选择 Adapter Settings 选项，出现如图 9-150 所示的窗口。

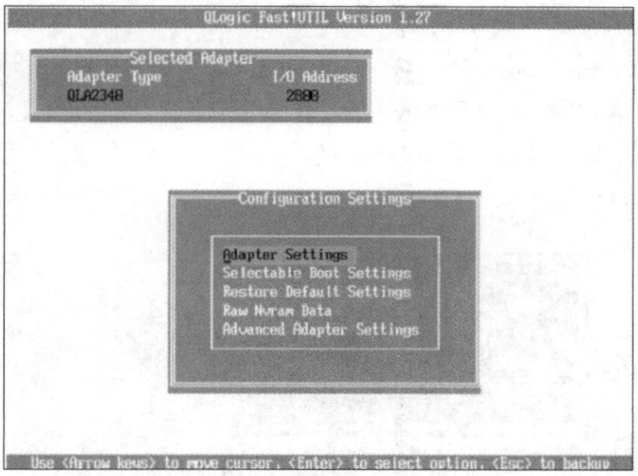

图 9-149　选择 Adapter Settings

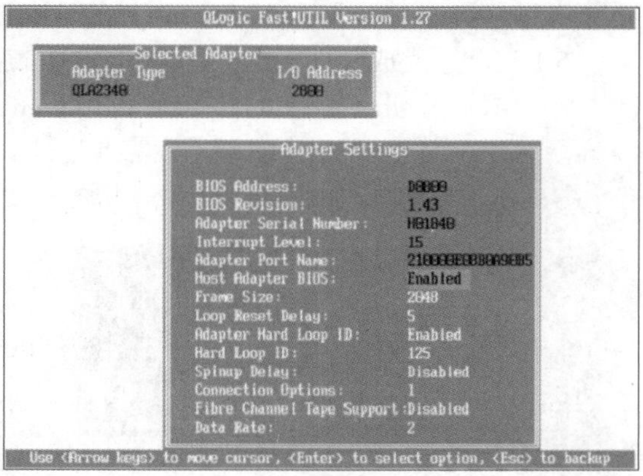

图 9-150　Enable BIOS

（3）图中显示的 Host Adapter BIOS 就是指 Optional ROM，将其 Enable，表示允许系统 BIOS 在执行的过程中加载。退出，然后单击图 9-149 所示窗口中的 Selectable Boot Settings 来选择可供启动的 LUN，出现如图 9-151 所示的窗口，此处，选择 4 个列表中的第一个，系统将列出所识别到的 FC Target，如图 9-152 所示。选择对应的 Target，退出。

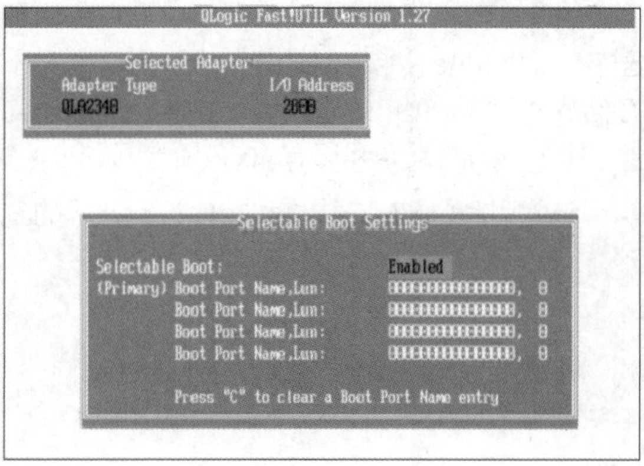

图 9-151　进入 Selectable Boot

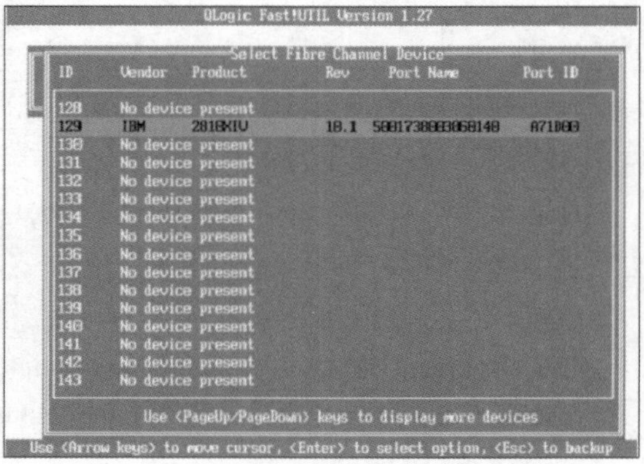

图 9-152　选择识别到的 FC Target

（4）出现如图 9-153 所示的窗口，这个窗口列出了这个 FC Target 中所包含的所有 LUN 和其对应的 ID。此处，选择 LUN0，退出，发现所选择的 LUN 已经出现在 Boot List 中，如图 9-154 所示。

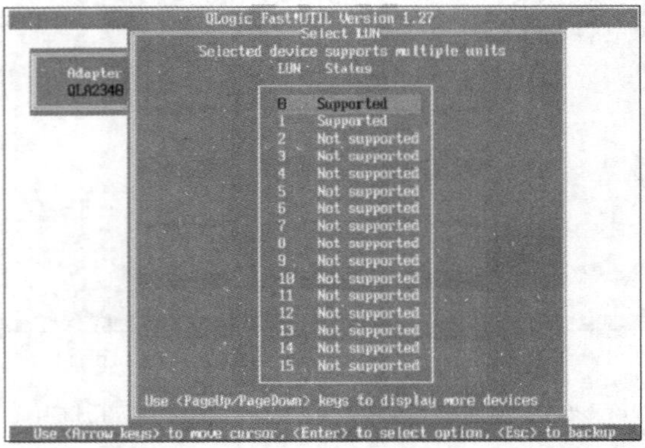

图 9-153　进入 Selectable Boot

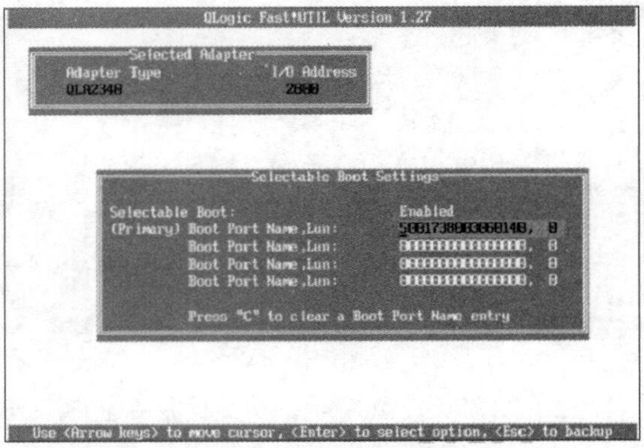

图 9-154　选择识别到的 FC Target

（5）在配置完成后，退出 FC 卡 BIOS 配置界面并重启系统，让 Optional ROM 重新向系统 BIOS 注册启动 LUN 并且加载 Optional ROM。这样便可以从 LUN 启动操作系统了，如果操作系统尚未安装，则需要通过安装盘启动后，加载对应的驱动程序，将系统安装在这个 LUN 中，如图 9-155 和图 9-156 所示。

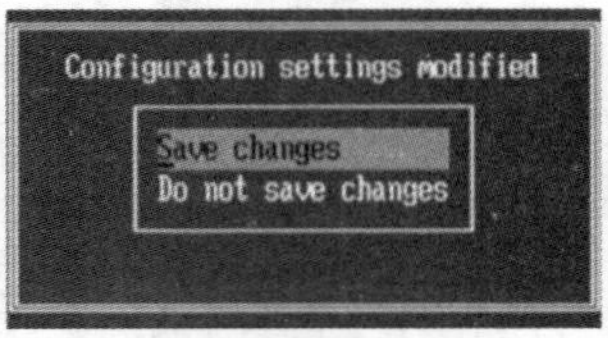

图 9-155　进入 Selectable Boot

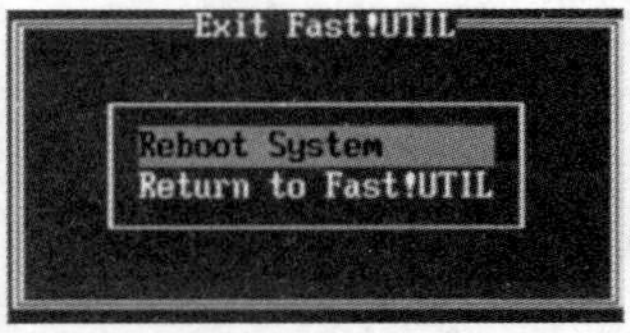

图 9-156　选择识别到的 FC Target

9.8　国产中高端 FC 磁盘阵列

提到 Infortrend 这个名字，圈内人可谓无人不知无人不晓，但是圈外人可能知道的不多，因为他们的产品几乎被所有二三线厂商 OEM 过，在国内是可以与经典的 LSI 贴牌产品平起平坐的。这类产品都有个特点，就是中规中矩、不高不低，该有的都有，没有的可二次开发，硬件品质和做工优良，稳定可靠，特别适合于 OEM 给那些把持着市场和渠道能力但是却苦于没有产品又不想投入太多研发成本的厂商。Infortrend 也算是在存储界打拼了 20 年的老厂商了，其产品也不知被多少其他后入存储界的厂商研究、学习和借鉴过，其在中国国家专利局有 40 多项专利。

如图 9-157 所示为 Infortrend 的产品 Portfolio，其中囊括了同时支持块和文件访问方式的统一存储产品和 ESDS 系列块存储产品。

提示：ESDS4000 和 ESDS5000 系列在落笔时即将上市。ESVA 系列属于高端存储系统。我们将会在本书 NAS 一章里介绍 Infortrend 的本书存储产品，在集群一章中介绍 ESVA 特殊的集群方式，在容灾一章介绍 Infortrend 的容灾复制技术。

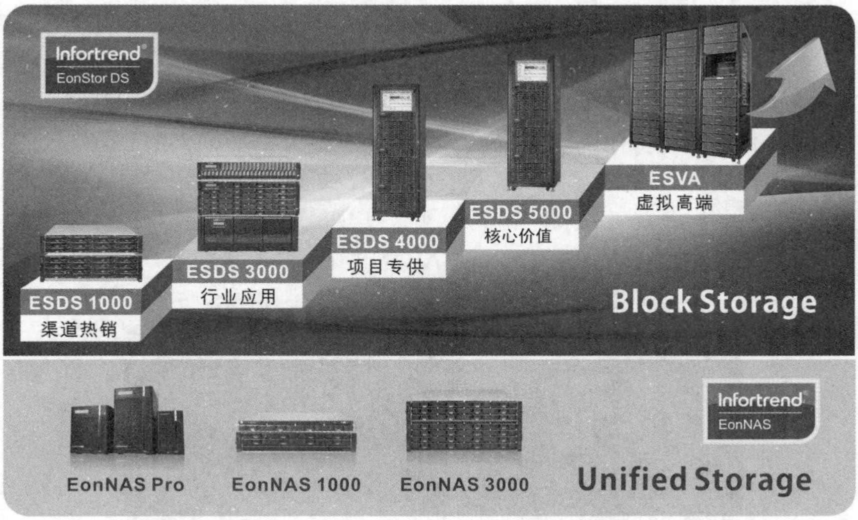

图 9-157　Infortrend 产品系列一览

Infortrend 的 FC 阵列产品分为两个系列，一个是中低端 EonStor DS（ESDS）系列；另一个是中高端 ESVA（Enterprise Scalable Virtualized Architecture）系列。

9.8.1　Infortrend 中低端 ESDS 系列存储系统

如图 9-158 所示为 ESDS 系列的几种规格，其中包括 2U 2.5 寸盘 24 盘位双控、2U 3.5 寸盘 12 盘位双控、3U 3.5 寸盘 16 盘位双控、4U 3.5 寸盘 24 盘位双控，以及高密度的 4U 3.5 寸盘 48/60 盘位双控。

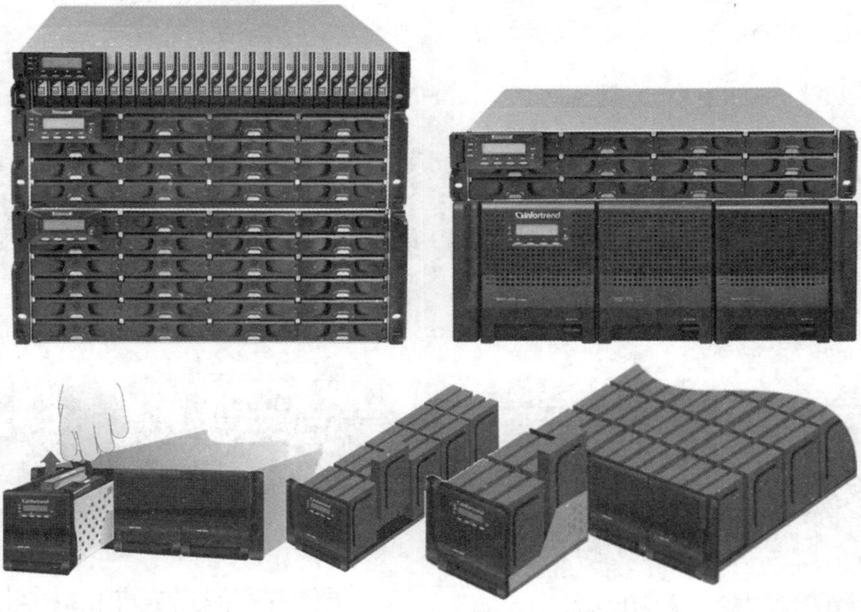

图 9-158　ESDS3000 各种规格的控制器

市场上能做高密度盘柜的厂商不太多，其中不太好掌握的几个技术是散热和在线热插拔。在有些解决方案中热插拔必须把上机箱盖全部打开，并且要么抽出整个机箱（基本不可行，太沉），要么机箱上方留有足够空间，这种方案在维护的时候很不方便。而另外一些方案将磁盘分为多个组，每个组放在一个抽屉里，可以以抽屉为单元整个拉出，然后更换其中的磁盘。整个抽屉拉出的时候，并不会影响该抽屉内的磁盘 IO 访问，这就需要抽屉与控制器上的 SAS 通道芯片/卡之间仍有物理连接。一般是通过一种叫做“坦克链”的形态实现的，或者也可以称之为脐带。如图 9-159 所示为坦克链实物图，这种设计能保护和稳定 SAS 和电源连线，并且随着抽屉的推入可以收缩到原有空间内，非常方便。只需要注意抽出和插入时的振动控制即可。

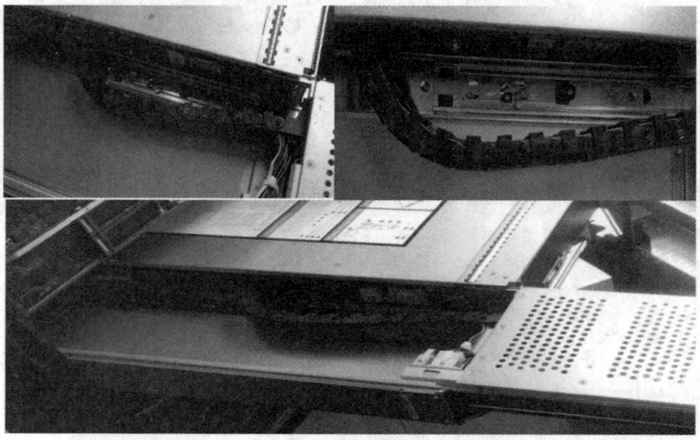

图 9-159　坦克链实物图

让人比较惊讶的一点是，Infortrend 能够在 4U 空间内容纳 60 块 3.5 寸磁盘+2 个存储控制器，这在业界是领先的。如图 9-160 所示为各种规格控制器机头的后视图。扩展性方面，每个控制器均提供一个可更换的通道模块位。最大可连接 5 个磁盘扩展柜，如果用 60 盘位的高密度盘柜，再加上控制器自带的 60 盘位，总共可以接入 360 盘。

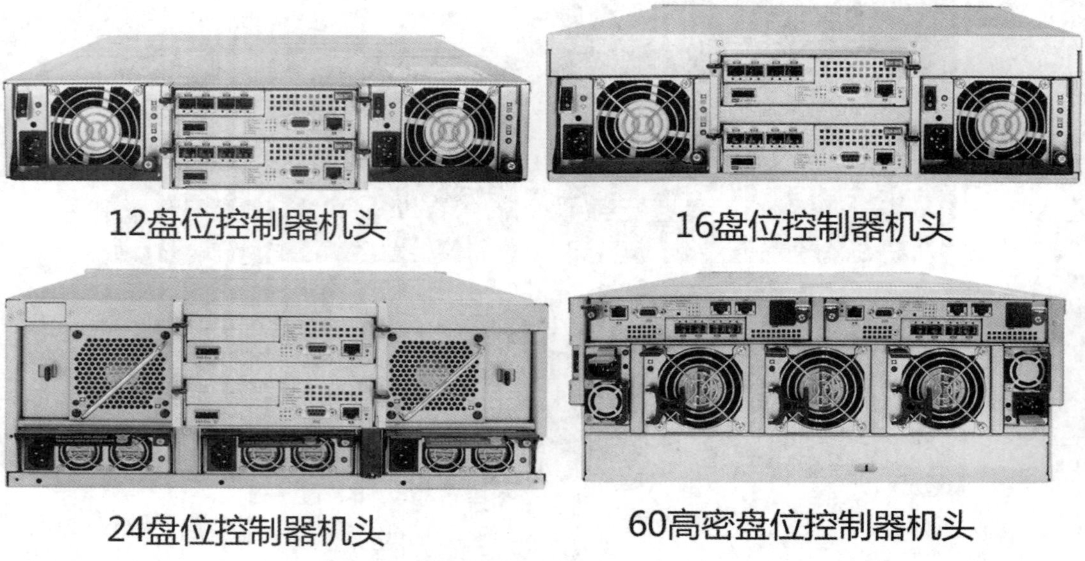

图 9-160　ESDS3000 系列控制器后视图

早期的外置存储系统都是使用电池直接保护所有数据缓存，电池电量有限，如果长时间无法恢复供电，数据就会丢失。最新的设计一般都是使用 Flash 介质在掉电之后永久存储数据缓存内的脏数据。好处是电池可以不用很大。图 9-161 左图为 ESDS3000 的备电模块，包含电池和一块 Flash 卡，右图则为传统备电方式。

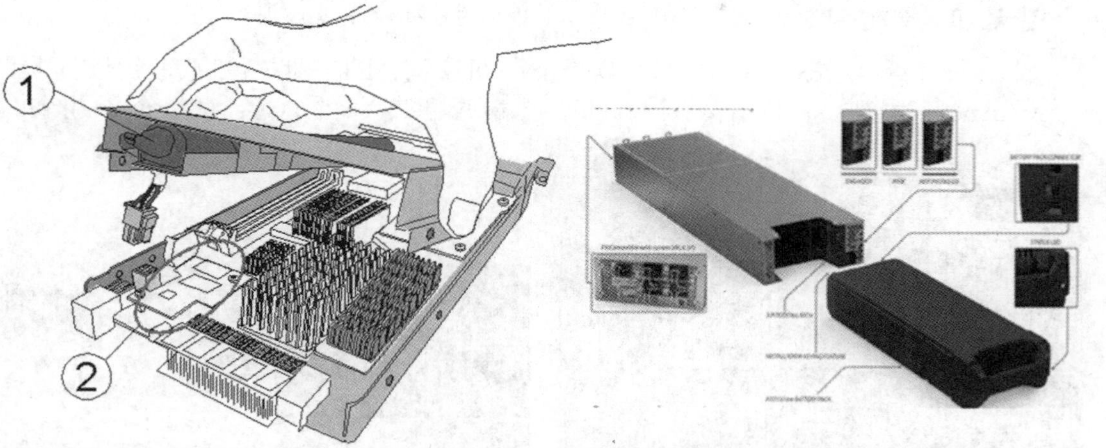

①为电池，②为Flash闪存卡用于掉电后保存RAM中的数据

传统方式用大号电池来保护数据缓存，费劲费电还不安全

图 9-161　ESDS3000 备电模块

ESDS3000 支持主流的存储协议，包括 8G/16G FC、1/10GbE Eth、6Gb SAS，并且提供了各种通道扩展模块，如图 9-162 所示。

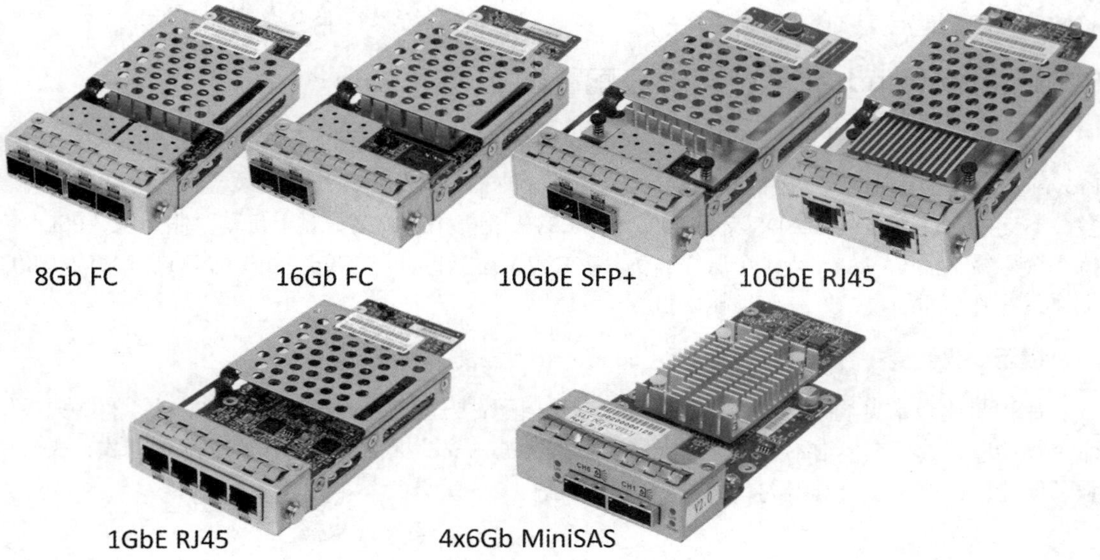

图 9-162　ESDS3000 控制器扩展通道模块

9.8.2 Infortrend 中高端 ESVA 系列存储系统

ESVA 全称是 Enterprise Scalable Virtualized Architecture，主打 Scale-Out 和虚拟化。最大单系统可以 Scale-Out 到 12 个节点，每节点 400 块盘，共 4800 盘，如图 9-163 所示。

提示：我们会在第 15 章讲集群的时候介绍 ESVA 的 Scale-Out 和虚拟化方式。

如图 9-164 所示为 ESVA 系统内单个节点配置，机头双控挂了一批扩展柜，每个控制器提供一个 MiniSAS 后端接口，可以串联多个扩展柜，前端则提供最大 8 个 FC 接口和 4 个 Eth 接口。

图 9-163 ESVA 存储系统

图 9-164 ESVA 单节点示意图

9.8.3 Infortrend 存储软件特性及配置界面

在软件特性方面，ESDS 和 ESVA 系列支持主流技术，比如快照克隆、自动精简配置 Thin Provision、远程复制、自动存储分级。对于重删这种非主流特性，一般离线或者近线存储用得较多，不支持。对于快照，ESDS 支持 4096 个，ESVA 支持 16000 个；对于自动存储分级，ESDS 支持 2 个层级，而 ESVA 支持 4 个层级。另外，ESVA 还支持针对 Thin 卷进行 NTFS/EXT2/EXT3 文件系统的空间回收，这一点难能可贵。

提示：我们会在容灾的章节中介绍 Infortrend 远程复制技术的一些特点。

串口是比较常见的配置接口，多数产品在串口配置方面做得是比较粗枝大叶的，有些只提供命令行接口，人机交换很不友好。令人欣慰的是 Infortrend 提供了菜单模式的配置方式，极大增强了便捷性，这一点挺难得的，如图 9-165 所示。

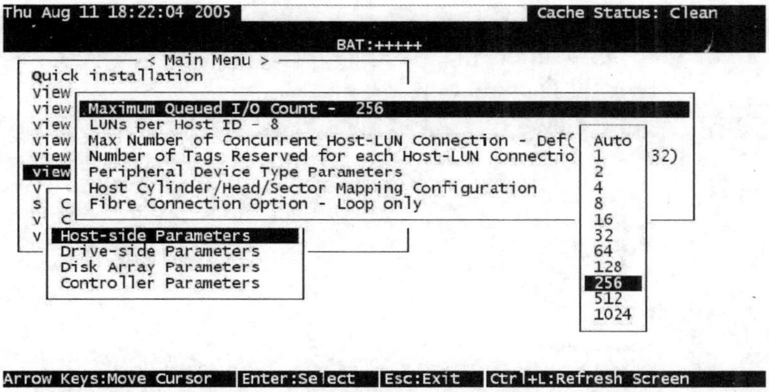

图 9-165　串口菜单配置方式

同时，Infortrend 的 SANWatch GUI 图形界面，其实是 Infortrend 的一个软件套件，其包含了 Storage Manager、Replication Manager、Virtualization Manager、Disk Performance Monitor、EonPath 多路径软件以及应用快照一致性代理组件。

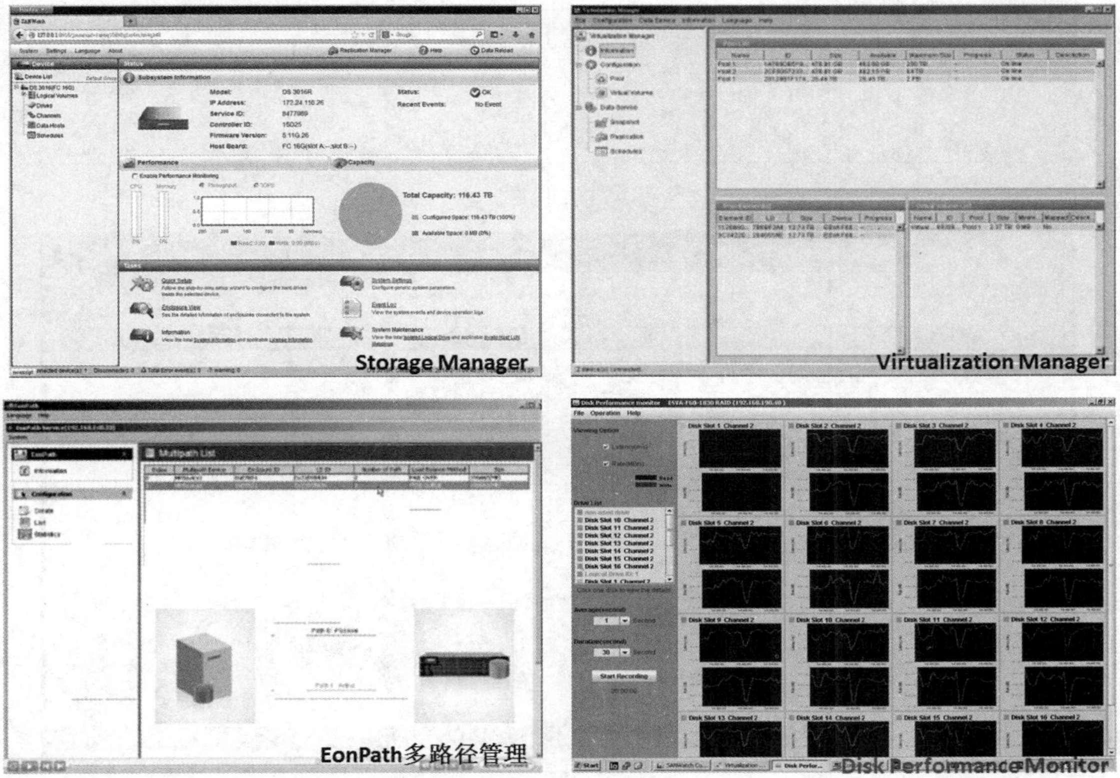

图 9-166　SANWatch 套件

SANWatch 可以让用户用 HTTP 方式通过 Web 页面来配置存储系统，如图 9-167～图 9-169 所示。可以看到其显示的元素还是很多样化的，更加注重用户体验，在如今互联网大潮下，还是能够跟得上时代的。

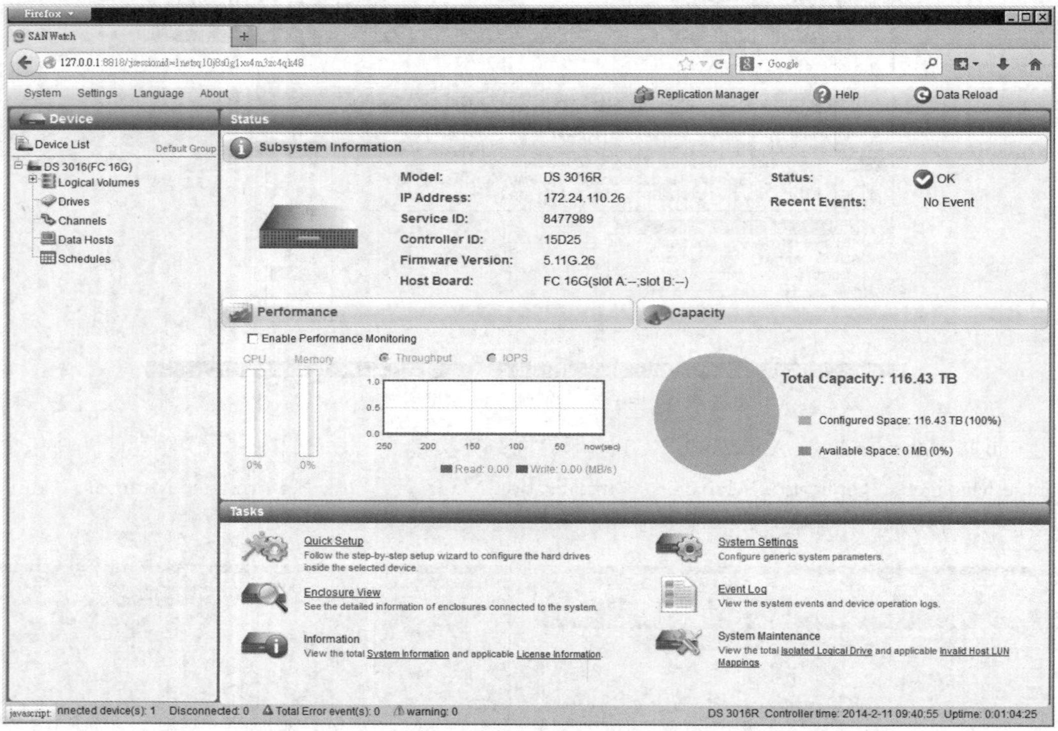

图 9-167 GUI 图形界面（1）

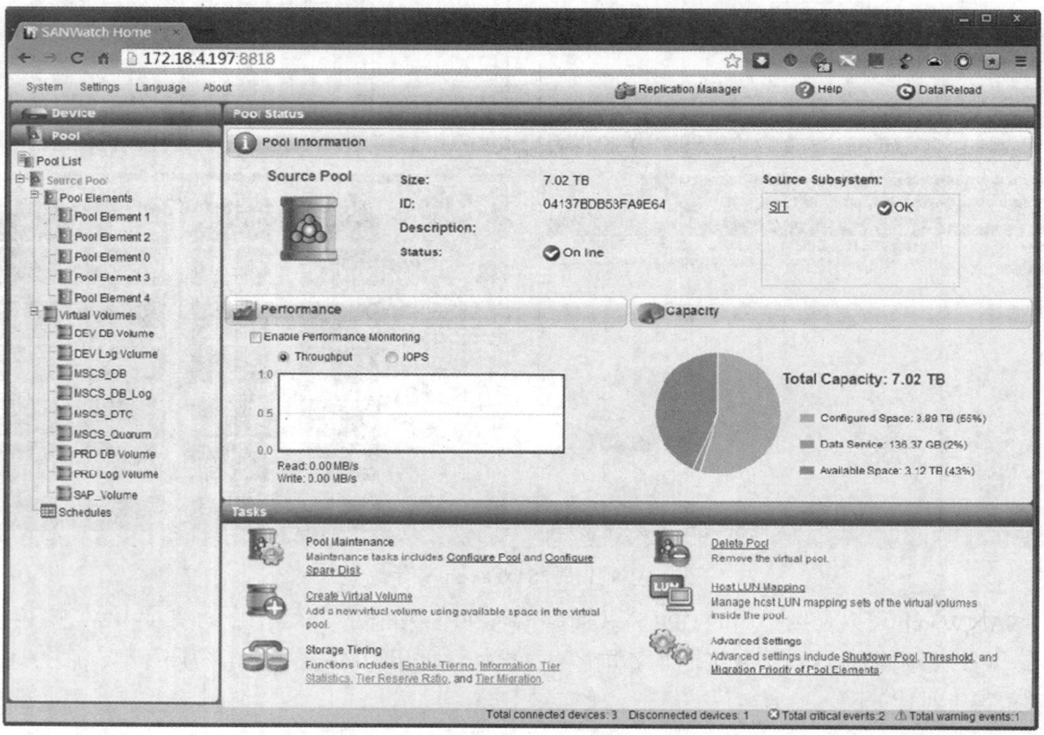

图 9-168 GUI 图形界面（2）

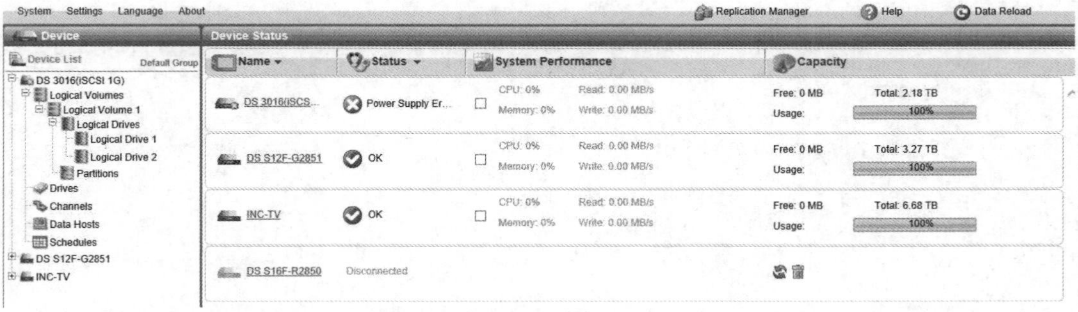

图 9-169　GUI 图形界面（3）

9.9 小 结

磁盘阵列的前端和后端用 FC 网络作为通路取代原来的并行 SCSI 通路技术，获得了极大的成功！如果说将主机通道替换成 FC 通路只能称为半网络的话，那么将一个个磁盘作为 FC 网络上的节点对待，可就是彻彻底底的网络化存储系统了。这也自然阐释了“网络存储”和“存储网络”的概念。

提示：此时，我们再来看本书第 2 章中所描述的那个“网中有网”的模型，可以看到，整个系统，所有通路，都可以说是网络化的了，只不过 CPU 内存总线和主机 IO 总线应该算是半网络化，只是一个总线，上面没有网络化所特有的“协议”和“开销”、包交换等词汇。

目前，NGIO（Next Generation IO）已经提上日程。这种架构就是将主机 IO 总线甚至内存总线都用交换式网络来连接。可想而知，这个交换网络速率肯定很高，稳定性和可扩展性也很强。

到了 Next Generation 时代，内存、CPU 和各种 IO 设备可以在地理上相隔很远，甚至可以通过网络共享。内存可以不仅仅被一个 CPU 使用，多个 CPU、多个内存、多个 IO 控制器之间都是点对点交换式互联通信。这是一个很有吸引力的课题，就像存储网络化一样。对于存储网络化，位于 A 地的主机可以识别并使用远在相隔千里的 B 地一台盘阵上的 LUN。那么对于网络化的系统总线，A 地的 CPU 可以访问位于 B 地的内存阵列或者位于 B 地的某个 IO 控制器，它们之间都通过网络相连。

说明：有人将上面描述的架构，称为 System Area Network，即 SAN（系统区域网络）。有意思的是，它和 Storage Area Network 的简称同名。

目前基于 PCI-E 网络的 MR-IOV 已经逐步形成标准，包括 Infiniband、NGIO、FutureIO 在内的多种太过超前的“将计算机总线长出主机外面”的想法，现在看来都没有成为主流。那么这次依赖开放式低成本高速的 PCI-E 通道技术而生的 MR-IOV，同样也是这个目的，它是否能够发展为主流并促成革命，让我们拭目以待！

读书笔记

第10章

三足鼎立——DAS、SAN和NAS

- DAS
- SAN
- NAS

FC已经成功地将传统的磁盘阵列改造成了彻底网络化传输的磁盘阵列，不仅从盘阵到主机的通路成了网络化，就连盘阵后端控制器到磁盘的连接也被彻底网络化了。尤其对盘阵后端的改革更是一个惊人的创举！

盘阵后端的网络化使可接入磁盘节点数大大增加，可扩展性大大增强。一时间各个厂家纷纷制造出自己的盘阵，由于后端接入容量增加，这些盘阵不是几个磁盘箱就能放下的了，它们动辄就要占用几个大机柜。机房中占地最大的往往就是存储设备，而不是主机设备。

存储区域网络（Storage Area Network，SAN）这个概念，直到FC革命成功之后，其意义才真正体现出来，存储才真正走向了网络化。在广义中，各种存储架构都可以称为SAN，因为就算直接连到主板上的IDE通道也可以连接两块磁盘。从这种意义上说，它就是一个2节点网络。

10.1 NAS 也疯狂

武当乃张真人所创。想当年，张真人就是在武当创立了卷管理和文件系统的伟大理论！如今，张真人已经逝去多年。然而，他的理论却被广泛地应用着，而且深入人心。不过，没人会追究起到底是谁创立了这些理论，因为它太广泛了，广泛地以至于没有人去理会它了。

10.1.1 另辟蹊径——乱谈 NAS 的起家

武当也跟上了时代的变化，不但本身的体制从公有制改成了股份制，而且董事会还决定将武当仓库全面对外开放，利用一切可以利用的手段盈利。除去货币贬值的因素，收费比张真人时代贵出了好几倍。利润大部分属于武当董事长瓜董，剩下的除了给员工开点工资外，全部用来扩容仓库和加强仓库建设，以获取更大的利润。

1. 武当仓库简要介绍

武当仓库是一个历史悠久、源远流长的大型仓库，其创始人是张真人。起初只是为了满足武当本派存放货物使用，后来对外开放。仓库分为 8 个库区，每个库区中又有不计其数的房间。整个仓库配备了两名仓库管理员，各自管理 4 个库区。一旦某个管理员请假不能到岗，另外一位管理员就要暂时管理全部库区。仓库共有东西两道大门，各由一位库管员把守。仓库地理位置优越，其前方就是一个立交桥大枢纽系统，当地路政部门给予武当极其优越的条件，专门为武当仓库的两道大门修了能直通大枢纽的高速路。

武当仓库当前的运作模式如图 10-1 和图 10-2 所示。

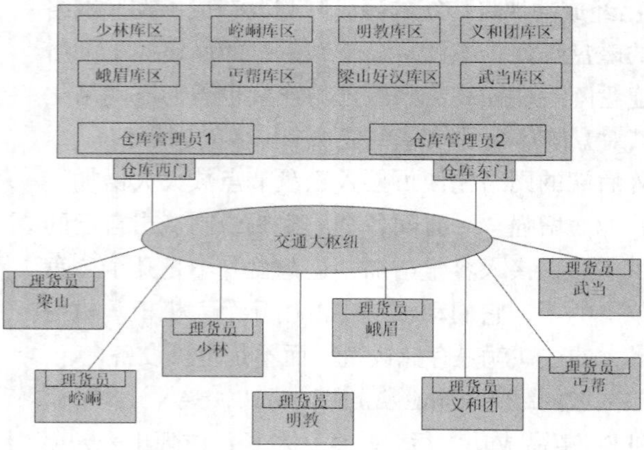

图 10-1 武当仓库当前运作模式

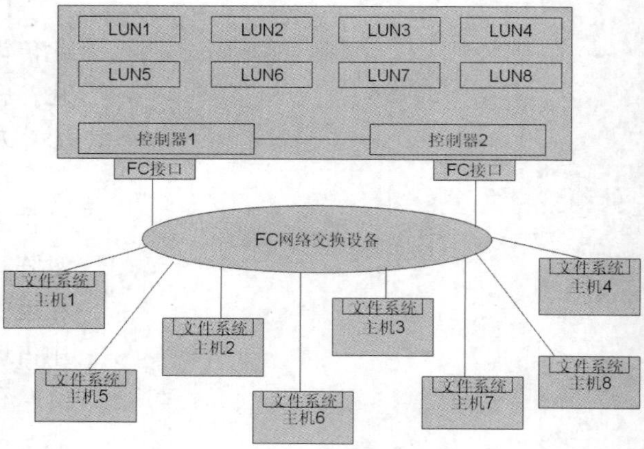

图 10-2 当前后端存储网络架构

自从武当仓库宣布对外全面开放后，短短的一天内，8 个库区全部被预售一空。买家当然都是赫赫有名的大门派，因为也只有他们才出得起高价。

由于体改的时候，当年被张真人看好的微软道长被瓜董打发回家了，所以现在武当仓库只有两位根据提货单和入库单进行取货、存货的库管员。

当前武当提货单/存货单格式如图 10-3 所示。

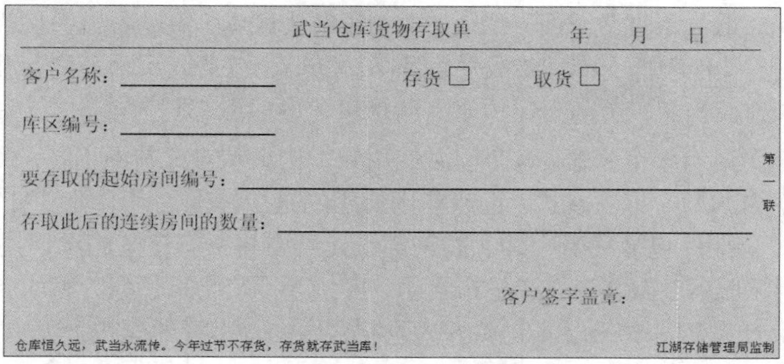

武当仓库货物存取单　　年　月　日

客户名称：________　　存货 □　　取货 □

库区编号：________

要存取的起始房间编号：________

存取此后的连续房间的数量：________

客户签字盖章：

第一联

仓库恒久远，武当永流传。今年过节不存货，存货就存武当库！　　江湖存储管理局监制

图 10-3　当前武当仓库货单

每个门派都通过交通枢纽来向武当仓库存取货物。武当存取货物的单据上没有对货物属性的描述，仓库管理员只需根据货物存取单据上描述的房间号段来将对应的货物取出或者存入，而不管这些货物是什么，有多少。

所以，每个门派要有一个理货员，这个理货员知道什么货应该去哪些房间提取，以及有多少个空闲房间。他自己保留了一个房间使用情况图，每当本门派需要提取什么货物，理货员就根据这个对应图计算出货物对应的存储房间，然后填写武当仓库货物存取单交给仓库管理员，管理员将对应房间中的所有货物交给理货员，理货员在将货物整理好后交给本门派使用。存货的过程也类似，理货员记录好货物要存入的房间，然后填写货物存取单，将存取单和货物交给仓库管理员。管理员根据房间的号码将货物依次放入对应房间。值得说明的是，货物存取单上的房间必须是连续的，不允许断开存放。连续的房间数量最大是 128 个，超过 128 个房间的货物，就需要填写多张货物存取单了，如图 10-4 所示。

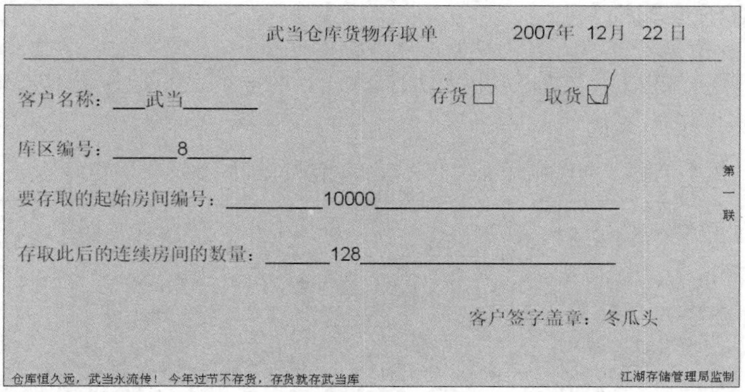

武当仓库货物存取单　　2007年 12月 22日

客户名称：武当　　存货 □　　取货 ☑

库区编号：8

要存取的起始房间编号：10000

存取此后的连续房间的数量：128

客户签字盖章：冬瓜头

第一联

仓库恒久远，武当永流传！ 今年过节不存货，存货就存武当库　　江湖存储管理局监制

图 10-4　填好的货单

武当瓜董天天研究着怎么从现有的资源中，榨取最后一滴利润。经过调查，他发现各门派都养着一名理货员。瓜董心想其他门派一定也很头疼，能少养人就少养人。这天晚上，反复琢磨，他终于想到一个绝招。由于各门派目前都养着一名理货员，他们要付劳务费。如果用武当的人来充当理货员，卖服务给各门派。而每个门派都会付一份劳务费给我，而我只需要付一份工资给理货员就可以了。真是一本万利啊！

另外，由于江湖政府换届时，瓜董没有搞好关系，使武当每月需要向江湖政府缴纳高额的高速公路使用费，这让一向以节省成本著称的瓜董苦不堪言。瓜董决定抛弃高速公路，使用普通公路。

值得称赞的是，瓜董不是个爱面子的人，他为了节省成本，可以不惜一切代价。他亲自把微软道长请回了武当，让他担任仓库理货大总管职务。随后，瓜董联系了各门各派掌门人，让他们把理货的工作外包给武当做，劳务费比原来有所优惠。各门派都同意了。

微软道长手下可以有多个分管。各个门派使用的货物记录方式并不相同，大部分门派使用的是微软道长所创立的 NTFS 记录方式，而有些则使用的是少林雷牛大师所创的 EXT 格式。既然要将货物记录服务全部外包给武当，那么微软道长无疑要将所有这些门派使用的记录方式都实现，从而为每个门派服务。微软道长遂发布告示，广招天下贤士来任职分管职务，每个分管管理其各自的货物记录方式。图 10-5 和图 10-6 为改制之后的仓库管理模式。

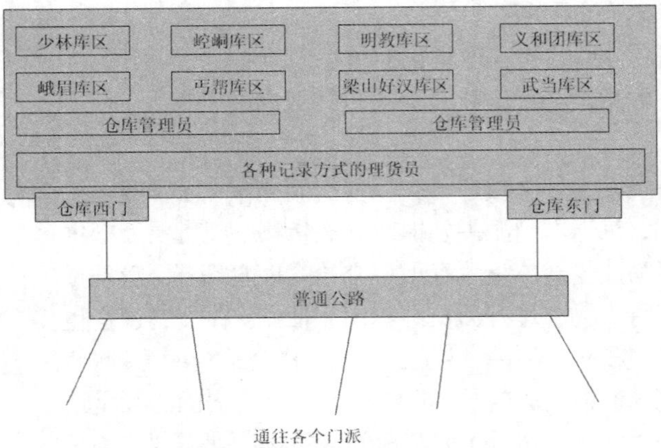

图 10-5　改制之后的仓库架构

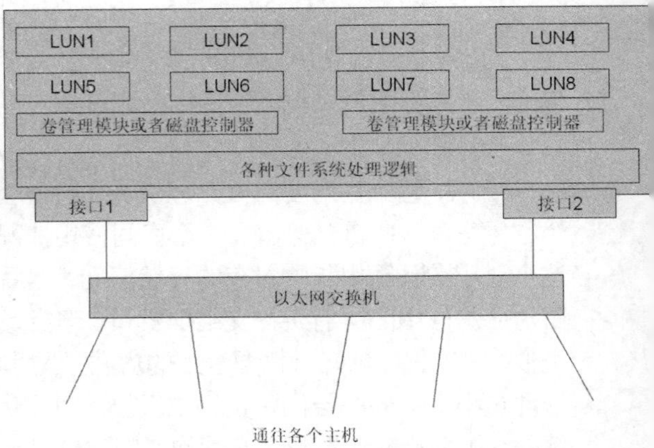

图 10-6　改制之后的后端存储网络架构

2. 改制之后的仓库架构

武当仓库经过这样的改造之后，功能更加强大了。唯一不足的是为了节省成本将原本高成本的高速公路替换成了普通公路。

原来的单据显然不适合仓库当前的运作模式了，仓库的货物存取单也改版了，如图 10-7 所示。

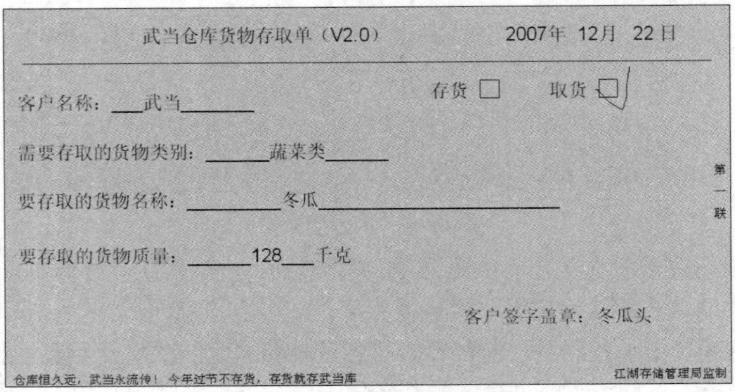

图 10-7　改制之后的货单

从武当仓库整改之后的新单据中可以发现，现在各个门派只要告诉武当仓库的理货员需要什么货物及多少数量就可以了，完全不用记录这些货物实际放到了哪个房间，在哪里及怎么去这些内容。计算这些复杂的对应关系的工作完全移交给了武当仓库理货员来做。理货员计算好之后，生成提货/存货单，交给库管员，直接去对应房间提/存货物。理货员与库管员之间的交互，速度快了很多，因为完全是在仓库内部进行通信了，不需要跨越缓慢的公路交通系统。

经过实践，瓜董的这套做法还真取得了显著成效，各门派无须雇用理货员，无须支付昂贵的高速费，节省了成本。同时，瓜董也发了财。不过唯一不足的是对于普通公路进行货运的速度，各门派不太满意。但是相对于成本大大降低和便捷带来的好处，各门派也只有牺牲速度了。

10.1.2 双管齐下——两种方式访问的后端存储网络

但是有的仓库租用者对这种方案并没有兴趣，他们不但追求速度，而且情愿用自己的理货员，也不相信仓库提供的理货员。这种客户得罪不起，那么就给他单独的政策，还是采用原来的方式使用仓库，和新方式互不影响。在仓库前面开辟了新的道路去接入高速枢纽。这样就满足了两种不同的需求，如图 10-8 和图 10-9 所示。

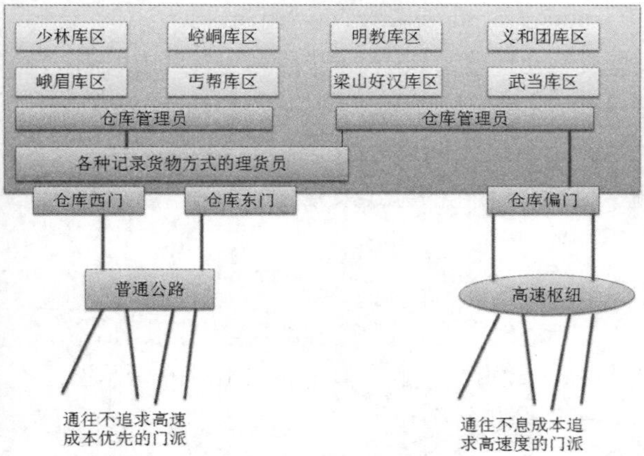

图 10-8 旁路传统访问

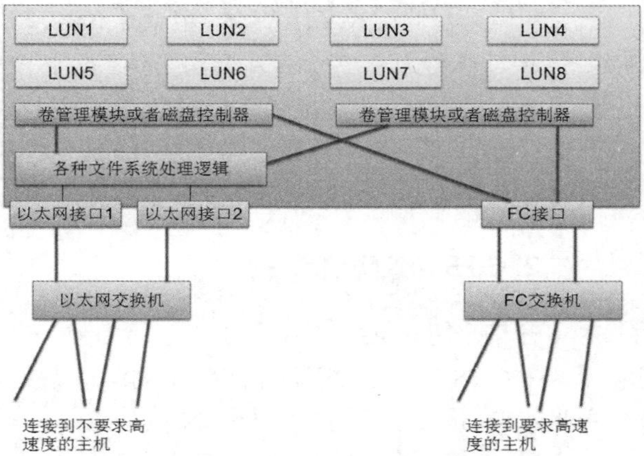

图 10-9 两种方式访问的后端存储网络

10.1.3 万物归一——网络文件系统

微软老道在吸取瓜董的思想之后，终于创立了自己的理论。武当的仓库就像一个大的卷，一个大的磁盘阵列。它可以划分出多个 LUN 供多个使用者使用。而每个使用者必须有自己的文件系统，因为这个 LUN 只是一个卷设备，只提供了不计其数的房间存放货物。至于怎么存放货物。需要由使用者自己决定和管理，也就是用文件系统来管理卷，像理货员作货物记录一样。

微软老道把瓜董的思想用在了存储上，他把文件系统的功能从使用者处迁移到了磁盘阵列之上，让磁盘阵列自己管理存储空间。而对外提供统一的用户接口（货物存取单据 v2.0），使得使用者不用再记录某某文件和卷上扇区或者簇块的对应关系，这个工作统统由盘阵上的集中式文件系统模块处理。使用者只需通过网络告诉这个文件系统需要存取什么文件，长度是多少就可以了。具体存取数据的过程，由集中式文件系统来做，使用者只需等待接收数据就可以了。同样，在存文件的时候，使用者只需告诉文件系统要存哪些数据，提供一些文件名、长度、哪个目录下等信息就可以了，至于文件存到卷的哪些空余扇区完全由盘阵上的文件系统逻辑来处理，使用者不必关心。

位于盘阵上的集中式文件系统得益于包交换网络，可以同时处理多个使用者的请求。它可以给每个使用者提供各自的文件夹目录，并且可以为这些目录限定允许存放的最大数据量。总之，文件系统可以实现的任何功能都可以在盘阵上实现。

1．网络文件系统

使用者如何与盘阵上的集中式文件系统进行交互呢？当然是通过网络来传递数据。由于一直以来的习惯，以太网加 TCP/IP 成为了首选的网络方式。除了底层传输网络，还必须定义上层的应用逻辑。

针对上层逻辑，微软定义了自己的一套规范，叫做 CIFS（Common Internet File System），意思是 Internet 范围的 FS。Linux 和 UNIX 系统使用了另一种方式，称为 NFS（Network File System），这些上层协议都是利用 TCP/IP 协议进行传输的。

以上描述的模型统称为“网络文件系统”。这种文件系统逻辑不是在本地运行，而是在网络上的其他节点运行，使用者通过外部网络将读写文件的信息传递给运行在远端的文件系统，也就是调用远程的文件系统模块，而不是在本地内存中调用文件系统的 API 来进行。所以网络文件系统又叫做远程调用式文件系统，也就是 RPC FS（Remote Procedure Call File System）。

相对于 SAN 来说，这种网络文件系统不仅磁盘或卷在远程节点上，连文件系统功能也搬运到了远程节点上。本地文件系统可以直接通过主板上的导线访问内存来调用其功能。而网络文件系统只能通过网络适配器上连接的网线而不是主板上的导线来访问远端的文件系统功能。

网络文件系统在网络上传递的是些什么内容呢？下面用抓包的方式来分析一下。

2. CIFS 协议网络包分析

在某个用 CIFS 访问方式的目录下新建一个文本文档，然后将它删除。此过程中抓取网络流量。在 CIFS 方式下，仅仅上述两个动作，就引发了网络上数百个包的流量（如图 10-10 所示），可见 CIFS 是一个开销非常大的 NAS 协议。这里就不一一分析每个包了。

No.	Time	Source	Destination	Protocol	Info
251	10.364194	10.128.132.175	10.128.128.194	SMB	NT Trans Response, NT NOTIFY
252	10.364479	10.128.128.194	10.128.132.175	SMB	NT Trans Request, NT NOTIFY, FID: 0x0304
254	10.857237	10.128.128.194	10.128.132.175	SMB	NT Create AndX Request, Path:
255	10.857275	10.128.132.175	10.128.128.194	SMB	NT Create AndX Response, FID: 0x035d, FID: 0x035d
256	10.857561	10.128.128.194	10.128.132.175	SMB	NT Trans Request, NT IOCTL NETWORK_FILE_SYSTEM Function:0x0019, FI
257	10.857590	10.128.132.175	10.128.128.194	SMB	NT Trans Response, FID: 0x035d, NT IOCTL
258	10.857876	10.128.128.194	10.128.132.175	SMB	NT Trans Request, NT IOCTL NETWORK_FILE_SYSTEM Function:0x0019, FI
259	10.857906	10.128.132.175	10.128.128.194	SMB	NT Trans Response, FID: 0x035d, NT IOCTL
260	10.858286	10.128.128.194	10.128.132.175	SMB	Trans2 Request, QUERY_PATH_INFO, Query File Basic Info, Path:
261	10.858311	10.128.132.175	10.128.128.194	SMB	Trans2 Response, QUERY_PATH_INFO
262	10.858870	10.128.128.194	10.128.132.175	SMB	NT Create AndX Request, Path: \
263	10.858893	10.128.132.175	10.128.128.194	SMB	NT Create AndX Response, FID: 0x035e, FID: 0x035e
264	10.859086	10.128.128.194	10.128.132.175	SMB	NT Trans Request, NT IOCTL FILE_SYSTEM Function:0x002a, FID: 0x03
265	10.859094	10.128.132.175	10.128.128.194	SMB	NT Trans Response, FID: 0x035e, NT IOCTL, Error: STATUS_INVALID_P
266	10.859380	10.128.128.194	10.128.132.175	SMB	Close Request, FID: 0x035e
267	10.859398	10.128.132.175	10.128.128.194	SMB	Close Response, FID: 0x035e
268	10.859775	10.128.128.194	10.128.132.175	SMB	Close Request, FID: 0x035d
269	10.859787	10.128.132.175	10.128.128.194	SMB	Close Response, FID: 0x035d
273	11.853783	10.128.128.194	10.128.132.175	SMB	Trans2 Request, FIND_FIRST2, Pattern: *
274	11.853911	10.128.132.175	10.128.128.194	SMB	Trans2 Response, FIND_FIRST2, Files: ~snapshot etc home 724_sysfi
290	12.854569	10.128.128.194	10.128.132.175	SMB	NT Create AndX Request, Path: \New Text Document.txt
291	12.854630	10.128.132.175	10.128.128.194	SMB	NT Create AndX Response, FID: 0x0000, Error: STATUS_OBJECT_NAME_N
292	12.854915	10.128.128.194	10.128.132.175	SMB	Trans2 Request, QUERY_PATH_INFO, Query File Basic Info, Path: \Ne
293	12.854935	10.128.132.175	10.128.128.194	SMB	Trans2 Response, QUERY_PATH_INFO, Error: STATUS_OBJECT_NAME_NOT_F
294	12.855312	10.128.128.194	10.128.132.175	SMB	Trans2 Request, QUERY_PATH_INFO, Query File Basic Info, Path: \Ne
295	12.855327	10.128.132.175	10.128.128.194	SMB	Trans2 Response, QUERY_PATH_INFO, Error: STATUS_OBJECT_NAME_NOT_F
296	12.855613	10.128.128.194	10.128.132.175	SMB	Trans2 Request, QUERY_PATH_INFO, Query File Basic Info, Path: \Ne
297	12.855627	10.128.132.175	10.128.128.194	SMB	Trans2 Response, QUERY_PATH_INFO, Error: STATUS_OBJECT_NAME_NOT_F
298	12.855912	10.128.128.194	10.128.132.175	SMB	Trans2 Request, QUERY_PATH_INFO, Query File Basic Info, Path: \Ne
299	12.855926	10.128.132.175	10.128.128.194	SMB	Trans2 Response, QUERY_PATH_INFO, Error: STATUS_OBJECT_NAME_NOT_F
300	12.856486	10.128.128.194	10.128.132.175	SMB	NT Create AndX Request, Path: \
301	12.856519	10.128.132.175	10.128.128.194	SMB	NT Create AndX Response, FID: 0x0361, FID: 0x0361
302	12.856713	10.128.128.194	10.128.132.175	SMB	NT Trans Request, NT IOCTL FILE_SYSTEM Function:0x002a, FID: 0x03
303	12.856721	10.128.132.175	10.128.128.194	SMB	NT Trans Response, FID: 0x0361, NT IOCTL, Error: STATUS_INVALID_P
304	12.856915	10.128.128.194	10.128.132.175	SMB	Close Request, FID: 0x0361
305	12.856935	10.128.132.175	10.128.128.194	SMB	Close Response, FID: 0x0361

图 10-10　CIFS 协议交互的数据包

3. NFS 协议网络包分析

在一台 Linux 客户端上使用 NFSv3 来 Mount 一台 NFS 服务器上的某个目录到本地的/mnt 目录下。进入这个目录，然后用 touch a 命令来创建一个名为 a 的文件，然后执行 vi a，进入编辑模式，不作任何修改，退出，之后用 rm a 命令来删除这个文件。其间抓取网络上的流量。

提示：10.128.132.45 是 NFS 客户端的 IP 地址，10.128.132.175 是 NFS 服务器端的 IP 地址。分析结果已经去除了不必要的 TCP 包以及 TCP_ACK 等包。

图 10-11 显示的是这个过程中网络上双方所交互的主要数据包。

No.	Time	Source	Destination	Protocol	Info
1	0.000000	10.128.132.45	10.128.132.175	NFS	V3 LOOKUP Call, DH:0x98f8d6bb/a
2	0.000052	10.128.132.175	10.128.132.45	NFS	V3 LOOKUP Reply (Call In 1) Error:NFS3ERR_NOENT
4	0.000247	10.128.132.45	10.128.132.175	NFS	V3 CREATE Call, DH:0x98f8d6bb/a Mode:UNCHECKED
5	0.000315	10.128.132.175	10.128.132.45	NFS	V3 CREATE Reply (Call In 4)
6	0.000511	10.128.132.45	10.128.132.175	NFS	V3 GETATTR Call, FH:0xf03ce91c
7	0.000523	10.128.132.175	10.128.132.45	NFS	V3 GETATTR Reply (Call In 6) Regular File mode:0644 uid:0 gid:0
8	0.000718	10.128.132.45	10.128.132.175	NFS	V3 GETATTR Call, FH:0x98f8d6bb
9	0.000728	10.128.132.175	10.128.132.45	NFS	V3 GETATTR Reply (Call In 8) Directory mode:0777 uid:0 gid:0
10	0.000922	10.128.132.45	10.128.132.175	NFS	V3 LOOKUP Call, DH:0x98f8d6bb/a
11	0.000934	10.128.132.175	10.128.132.45	NFS	V3 LOOKUP Reply (Call In 10), FH:0xf03ce91c
12	0.001129	10.128.132.45	10.128.132.175	NFS	V3 SETATTR Call, FH:0xf03ce91c
13	0.001157	10.128.132.175	10.128.132.45	NFS	V3 SETATTR Reply (Call In 12)
15	5.648643	10.128.132.45	10.128.132.175	NFS	V3 ACCESS Call, FH:0x98f8d6bb
16	5.648706	10.128.132.175	10.128.132.45	NFS	V3 ACCESS Reply (Call In 15)
18	5.648902	10.128.132.45	10.128.132.175	NFS	V3 GETATTR Call, FH:0xf03ce91c
19	5.648915	10.128.132.175	10.128.132.45	NFS	V3 GETATTR Reply (Call In 18) Regular File mode:0644 uid:0 gid:0
20	5.649109	10.128.132.45	10.128.132.175	NFS	V3 ACCESS Call, FH:0xf03ce91c
21	5.649120	10.128.132.175	10.128.132.45	NFS	V3 ACCESS Reply (Call In 20)
23	7.335934	10.128.132.45	10.128.132.175	NFS	V3 REMOVE Call, DH:0x98f8d6bb/a
24	7.336026	10.128.132.175	10.128.132.45	NFS	V3 REMOVE Reply (Call In 23)

图 10-11　NFS 方式下网络上的数据包

可以看到，NFS 协议的开销远远小于 CIFS 协议。完成相似动作，NFS 只需要交互十几个包即可。下面来分析每个包的作用。

Frame1（如图 10-12 所示）：客户端在创建文件之前，首先做了一次 lookup 操作，来查找当前目录中是否已经有同名文件；如果有，则拒绝创建。图中的 DH 表示 Directory Handle，是一个 32 字节长的字段，这个值用来指代目录名称。在第一次访问某个目录时，NFS 服务端会动态分配这个值，将其通知给客户端。随后的访问请求中，客户端将使用这个值而不是目录名称来向 NFS 服务端发起针对这个目录的请求。

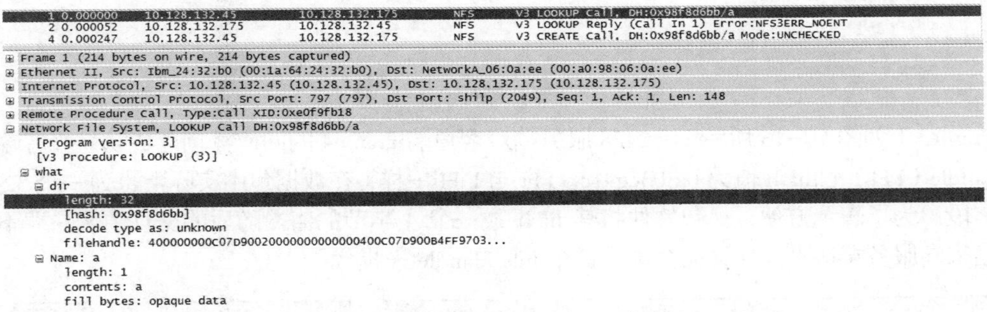

图 10-12　客户端的 Lookup 请求

提示：图中 DH 值的 hash 值为 0x98f8d6bb，为了表示方便，抓包软件将其 hash 成一个 4 字节的值，这个 hash 值并不是存在于网络包中的。本例中，/mnt 目录被指定的 DH 值的 hash 值就是 0x98f8d6bb。

Frame2（如图 10-13 所示）：为 NFS 服务端对 Frame1 的回应。通过 ERR_NOENT 可以判断出当前目录并没有名为 a 的文件。

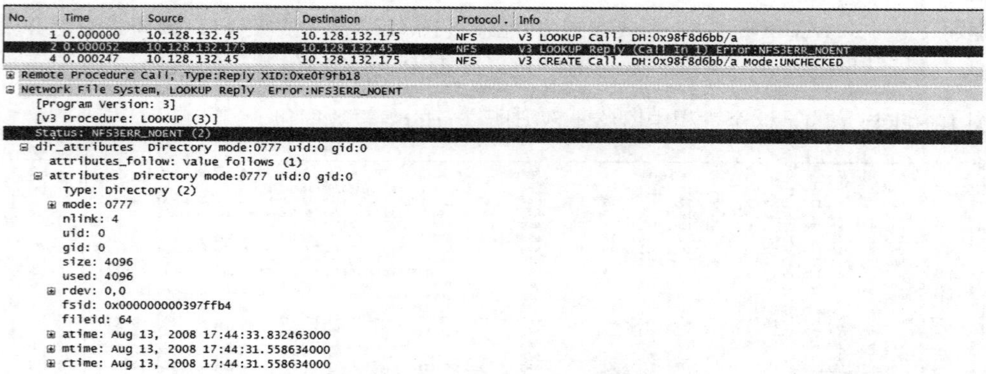
No. Time Source Destination Protocol Info
1 0.000000 10.128.132.45 10.128.132.175 NFS V3 LOOKUP Call, DH:0x98f8d6bb/a
2 0.000052 10.128.132.175 10.128.132.45 NFS V3 LOOKUP Reply (Call In 1) Error:NFS3ERR_NOENT
4 0.000247 10.128.132.45 10.128.132.175 NFS V3 CREATE Call, DH:0x98f8d6bb/a Mode:UNCHECKED
Remote Procedure Call, Type:Reply XID:0xe0f9fb18
Network File System, LOOKUP Reply Error:NFS3ERR_NOENT
[Program Version: 3]
[V3 Procedure: LOOKUP (3)]
Status: NFS3ERR_NOENT (2)
dir_attributes Directory mode:0777 uid:0 gid:0
attributes_follow: value follows (1)
attributes Directory mode:0777 uid:0 gid:0
Type: Directory (2)
mode: 0777
nlink: 4
uid: 0
gid: 0
size: 4096
used: 4096
rdev: 0,0
fsid: 0x000000000397ffb4
fileid: 64
atime: Aug 13, 2008 17:44:33.832463000
mtime: Aug 13, 2008 17:44:31.558634000
ctime: Aug 13, 2008 17:44:31.558634000

图 10-13 Lookup 请求的回应

Frame4（如图 10-14 所示）：客户端随即发起了“Create Call”，创建“a”文件。

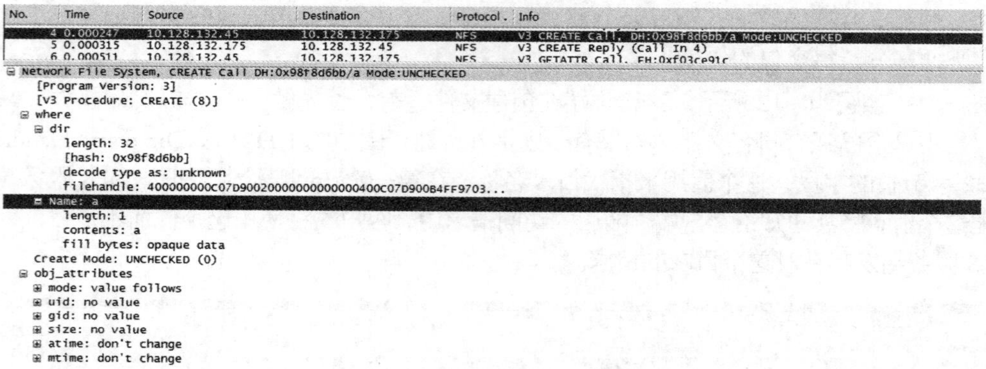
No. Time Source Destination Protocol Info
4 0.000247 10.128.132.45 10.128.132.175 NFS V3 CREATE Call, DH:0x98f8d6bb/a Mode:UNCHECKED
5 0.000315 10.128.132.175 10.128.132.45 NFS V3 CREATE Reply (Call In 4)
6 0.000511 10.128.132.45 10.128.132.175 NFS V3 GETATTR Call, FH:0xf03ce91c
Network File System, CREATE Call DH:0x98f8d6bb/a Mode:UNCHECKED
[Program Version: 3]
[V3 Procedure: CREATE (8)]
where
dir
length: 32
[hash: 0x98f8d6bb]
decode type as: unknown
filehandle: 400000000C07D9002000000000000000400C07D900B4FF9703...
Name: a
length: 1
contents: a
fill bytes: opaque data
Create Mode: UNCHECKED (0)
obj_attributes
mode: value follows
uid: no value
gid: no value
size: no value
atime: don't change
mtime: don't change

图 10-14 客户端的 Create 请求

Frame5（如图 10-15 所示）：NFS 服务端对客户端 Frame4 的回应。创建成功，服务端返回 File Handle（FH）的 hash 值为 0xf03ce91c。FH 与 DH 一样，在数据包中实际上也为一个 32 字节长的字段。为了表示方便，抓包软件将其 hash 成一个 4 字节的值。随后的交互中客户端不会用文件名来向服务端请求操作，而全部用这个 File Handle 来指代。

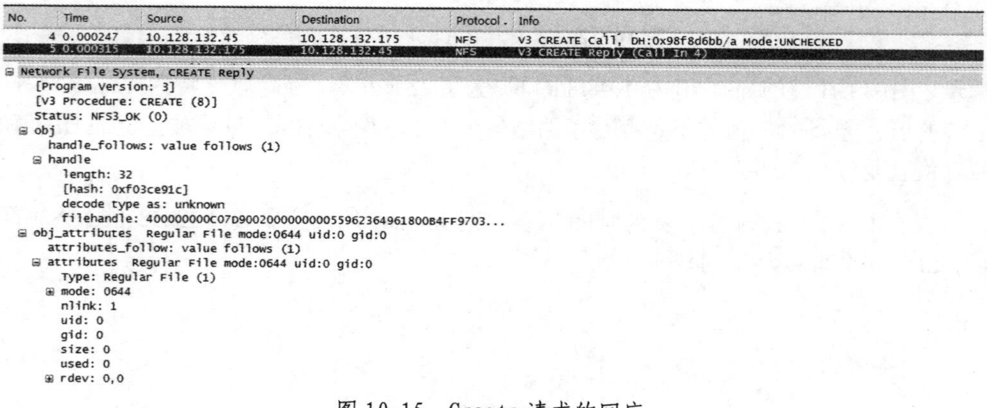
No. Time Source Destination Protocol Info
4 0.000247 10.128.132.45 10.128.132.175 NFS V3 CREATE Call, DH:0x98f8d6bb/a Mode:UNCHECKED
5 0.000315 10.128.132.175 10.128.132.45 NFS V3 CREATE Reply (Call In 4)
Network File System, CREATE Reply
[Program Version: 3]
[V3 Procedure: CREATE (8)]
Status: NFS3_OK (0)
obj
handle_follows: value follows (1)
handle
length: 32
[hash: 0xf03ce91c]
decode type as: unknown
filehandle: 400000000C07D900200000000055962364961800B4FF9703...
obj_attributes Regular File mode:0644 uid:0 gid:0
attributes_follow: value follows (1)
attributes Regular File mode:0644 uid:0 gid:0
Type: Regular File (1)
mode: 0644
nlink: 1
uid: 0
gid: 0
size: 0
used: 0
rdev: 0,0

图 10-15 Create 请求的回应

Frame6（如图 10-16 所示）：文件“a”创建成功之后，出于保险起见，应用程序一般都会紧接着查询一下文件属性，顺便确认文件是否创建成功。“GetAttr Call”就是用来查询文件属性用的一种 RPC call。从图中可以看到对应的 FH 值为 0xf03ce91c，NFS 服务端收到这个值就会自动对应成文件“a”。

```
No.  Time       Source          Destination     Protocol  Info
  6 0.000511   10.128.132.45   10.128.132.175  NFS       V3 GETATTR Call, FH:0xf03ce91c
  7 0.000523   10.128.132.175  10.128.132.45   NFS       V3 GETATTR Reply (Call In 6)  Regular File mode:0644 uid:0 gid:0

⊞ Frame 6 (206 bytes on wire, 206 bytes captured)
⊞ Ethernet II, Src: Ibm_24:32:b0 (00:1a:64:24:32:b0), Dst: NetworkA_06:0a:ee (00:a0:98:06:0a:ee)
⊞ Internet Protocol, Src: 10.128.132.45 (10.128.132.45), Dst: 10.128.132.175 (10.128.132.175)
⊞ Transmission Control Protocol, Src Port: 797 (797), Dst Port: shilp (2049), Seq: 329, Ack: 397, Len: 140
⊞ Remote Procedure Call, Type:Call XID:0xe2f9fb18
⊟ Network File System, GETATTR Call FH:0xf03ce91c
    [Program Version: 3]
    [V3 Procedure: GETATTR (1)]
  ⊟ object
      length: 32
      [hash: 0xf03ce91c]
      decode type as: unknown
      filehandle: 400000000C07D9002000000000559623649618 00B4FF9703...
```

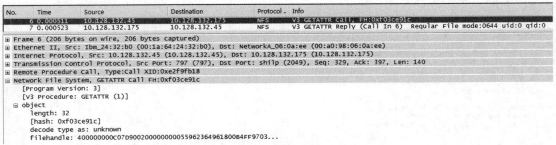

图 10-16　客户端的 GetAttr 请求

Frame7（如图 10-17 所示）：NFS 服务端对 Frame6 的回应。包中可以看到文件的 umask 访问权限以及 atime、mtime、ctime 属性。

```
No.  Time       Source          Destination     Protocol  Info
  6 0.000511   10.128.132.45   10.128.132.175  NFS       V3 GETATTR Call, FH:0xf03ce91c
  7 0.000523   10.128.132.175  10.128.132.45   NFS       V3 GETATTR Reply (Call In 6)  Regular File mode:0644 uid:0 gid:0

⊟ Network File System, GETATTR Reply  Regular File mode:0644 uid:0 gid:0
    [Program Version: 3]
    [V3 Procedure: GETATTR (1)]
    Status: NFS3_OK (0)
  ⊟ obj_attributes  Regular File mode:0644 uid:0 gid:0
      Type: Regular File (1)
    ⊞ mode: 0644
      nlink: 1
      uid: 0
      gid: 0
      size: 0
      used: 0
    ⊞ rdev: 0,0
      fsid: 0x000000000397ffb4
      fileid: 5608995
    ⊞ atime: Aug 13, 2008 17:45:55.545410000
    ⊞ mtime: Aug 13, 2008 17:45:55.545410000
    ⊞ ctime: Aug 13, 2008 17:45:55.545410000
```

图 10-17　GetAttr 请求的回应

Frame8（如图 10-18 所示）：紧接着 NFS 客户端发起了一个查询/mnt 目录属性的请求。因为 Handle 的值为 0x98f8d6bb，所以可以判断这个 GetAttr Call 是针对/mnt 目录的。

```
No.  Time       Source          Destination     Protocol  Info
  8 0.000718   10.128.132.45   10.128.132.175  NFS       V3 GETATTR Call, FH:0x98f8d6bb
  9 0.000728   10.128.132.175  10.128.132.45   NFS       V3 GETATTR Reply (Call In 8)  Directory mode:0777 uid:0 gid:0

⊞ Frame 8 (206 bytes on wire, 206 bytes captured)
⊞ Ethernet II, Src: Ibm_24:32:b0 (00:1a:64:24:32:b0), Dst: NetworkA_06:0a:ee (00:a0:98:06:0a:ee)
⊞ Internet Protocol, Src: 10.128.132.45 (10.128.132.45), Dst: 10.128.132.175 (10.128.132.175)
⊞ Transmission Control Protocol, Src Port: 797 (797), Dst Port: shilp (2049), Seq: 469, Ack: 513, Len: 140
⊞ Remote Procedure Call, Type:Call XID:0xe3f9fb18
⊟ Network File System, GETATTR Call FH:0x98f8d6bb
    [Program Version: 3]
    [V3 Procedure: GETATTR (1)]
  ⊟ object
      length: 32
      [hash: 0x98f8d6bb]
      decode type as: unknown
      filehandle: 400000000C07D90020000000000000000400C07D900B4FF9703...
```

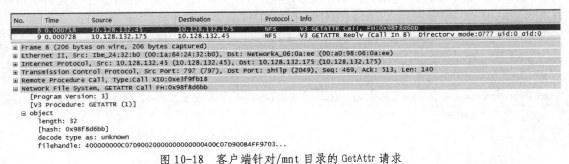

图 10-18　客户端针对/mnt 目录的 GetAttr 请求

Frame9（如图 10-19 所示）：NFS 服务端对 Frame8 的回应。

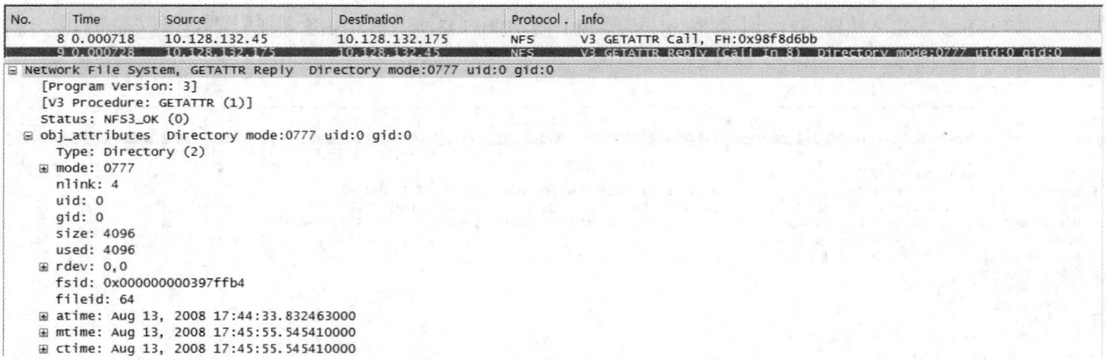

```
No.  Time        Source          Destination     Protocol  Info
  8 0.000718    10.128.132.45   10.128.132.175  NFS       V3 GETATTR Call, FH:0x98f8d6bb
  9 0.000728    10.128.132.175  10.128.132.45   NFS       V3 GETATTR Reply (Call In 8)  Directory mode:0777 uid:0 gid:0
⊟ Network File System, GETATTR Reply  Directory mode:0777 uid:0 gid:0
    [Program Version: 3]
    [V3 Procedure: GETATTR (1)]
    Status: NFS3_OK (0)
  ⊟ obj_attributes  Directory mode:0777 uid:0 gid:0
      Type: Directory (2)
    ⊞ mode: 0777
      nlink: 4
      uid: 0
      gid: 0
      size: 4096
      used: 4096
    ⊞ rdev: 0,0
      fsid: 0x000000000397ffb4
      fileid: 64
    ⊞ atime: Aug 13, 2008 17:44:33.832463000
    ⊞ mtime: Aug 13, 2008 17:45:55.545410000
    ⊞ ctime: Aug 13, 2008 17:45:55.545410000
```

图 10-19 针对 GetAttr 请求的回应

Frame10（如图 10-20 所示）：NFS 客户端发起一个在/mnt 目录中查找文件“a”的请求。这里由于是查找操作，客户端会假设不知道“a”文件的 FH 值，而只知道/mnt 目录的 DH 值，所以文件名“a”使用的就是 ASCII 码的“a”。

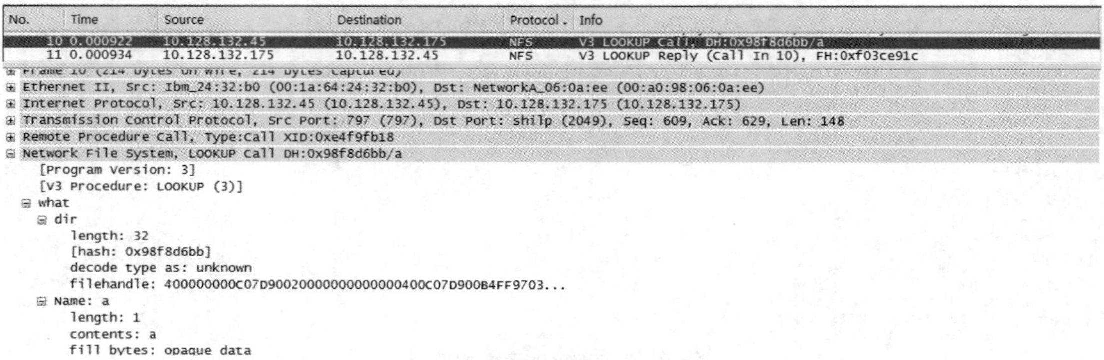

```
No.  Time        Source          Destination     Protocol  Info
 10 0.000922    10.128.132.45   10.128.132.175  NFS       V3 LOOKUP Call, DH:0x98f8d6bb/a
 11 0.000934    10.128.132.175  10.128.132.45   NFS       V3 LOOKUP Reply (Call In 10), FH:0xf03ce91c
⊞ Frame 10 (214 bytes on wire, 214 bytes captured)
⊞ Ethernet II, Src: Ibm_24:32:b0 (00:1a:64:24:32:b0), Dst: NetworkA_06:0a:ee (00:a0:98:06:0a:ee)
⊞ Internet Protocol, Src: 10.128.132.45 (10.128.132.45), Dst: 10.128.132.175 (10.128.132.175)
⊞ Transmission Control Protocol, Src Port: 797 (797), Dst Port: shilp (2049), Seq: 609, Ack: 629, Len: 148
⊞ Remote Procedure Call, Type:Call XID:0xe4f9fb18
⊟ Network File System, LOOKUP Call DH:0x98f8d6bb/a
    [Program Version: 3]
    [V3 Procedure: LOOKUP (3)]
  ⊟ what
    ⊟ dir
        length: 32
        [hash: 0x98f8d6bb]
        decode type as: unknown
        filehandle: 400000000C07D900200000000000000400C07D900B4FF9703...
    ⊟ Name: a
        length: 1
        contents: a
        fill bytes: opaque data
```

图 10-20 客户端的 Lookup 请求

Frame11（如图 10-21 所示）：NFS 服务端根据 Frame10 中请求的回应找到这个文件，FH 值是 0xf03ce91c。

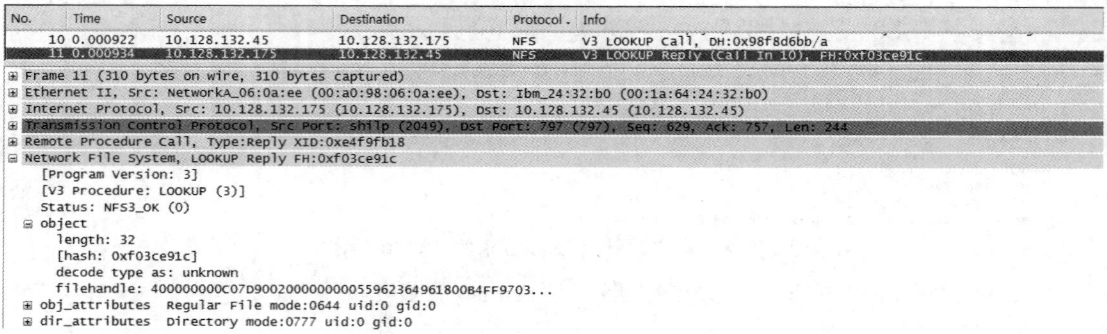

```
No.  Time        Source          Destination     Protocol  Info
 10 0.000922    10.128.132.45   10.128.132.175  NFS       V3 LOOKUP Call, DH:0x98f8d6bb/a
 11 0.000934    10.128.132.175  10.128.132.45   NFS       V3 LOOKUP Reply (Call In 10), FH:0xf03ce91c
⊞ Frame 11 (310 bytes on wire, 310 bytes captured)
⊞ Ethernet II, Src: NetworkA_06:0a:ee (00:a0:98:06:0a:ee), Dst: Ibm_24:32:b0 (00:1a:64:24:32:b0)
⊞ Internet Protocol, Src: 10.128.132.175 (10.128.132.175), Dst: 10.128.132.45 (10.128.132.45)
⊞ Transmission Control Protocol, Src Port: shilp (2049), Dst Port: 797 (797), Seq: 629, Ack: 757, Len: 244
⊞ Remote Procedure Call, Type:Reply XID:0xe4f9fb18
⊟ Network File System, LOOKUP Reply FH:0xf03ce91c
    [Program Version: 3]
    [V3 Procedure: LOOKUP (3)]
    Status: NFS3_OK (0)
  ⊟ object
      length: 32
      [hash: 0xf03ce91c]
      decode type as: unknown
      filehandle: 400000000C07D900200000000005596236496180 0B4FF9703...
  ⊞ obj_attributes  Regular File mode:0644 uid:0 gid:0
  ⊞ dir_attributes  Directory mode:0777 uid:0 gid:0
```

图 10-21 针对 Lookup 请求的回应

Frame12（如图 10-22 所示）：NFS 客户端发起一个 SetAttr Call 的请求，这个请求的目的是为了改变文件属性。可以看到客户端请求将文件的 atime 和 mtime 改为服务端当前的系统时间。

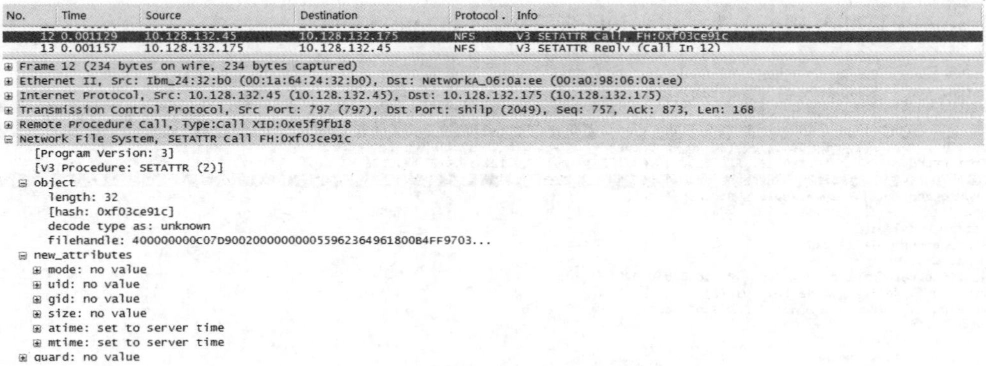

图 10-22　客户端的 SetAttr 请求

Frame13（如图 10-23 所示）：对 Frame12 的回应。可以看到 atime、ctime 在之前和之后的不同，当然，时间差别都在微秒级，因为这一连串的请求其实是在很短的时间里发出去并得到应答的。

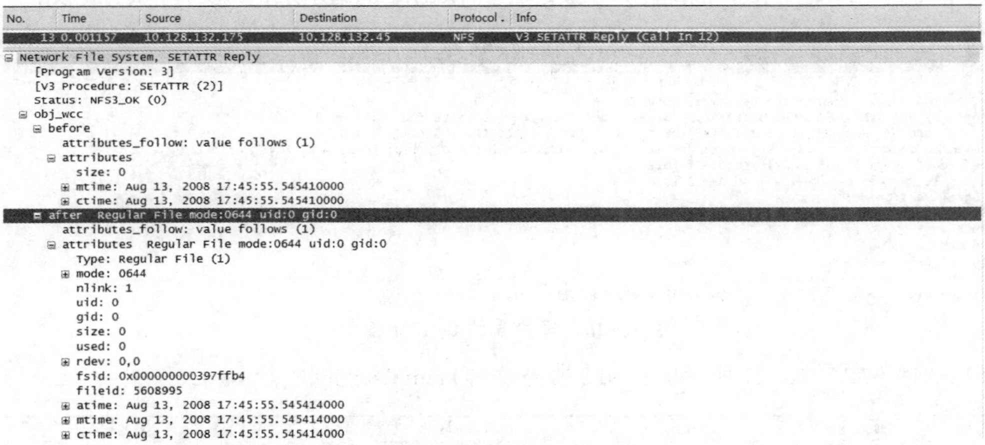

图 10-23　针对 SetAttr 请求的回应

Frame15（如图 10-24 所示）：由于在客户端执行了"rm a"的命令，所以客户端发起一个对/mnt 目录的访问请求。其实客户端在抓包期间一直处于/mnt 目录中，至于为何要重新发起 Access 请求，与具体应用程序的代码有关，可能开发者为了确认/mnt 目录的 DH 值没有过期，所以重新试探访问。

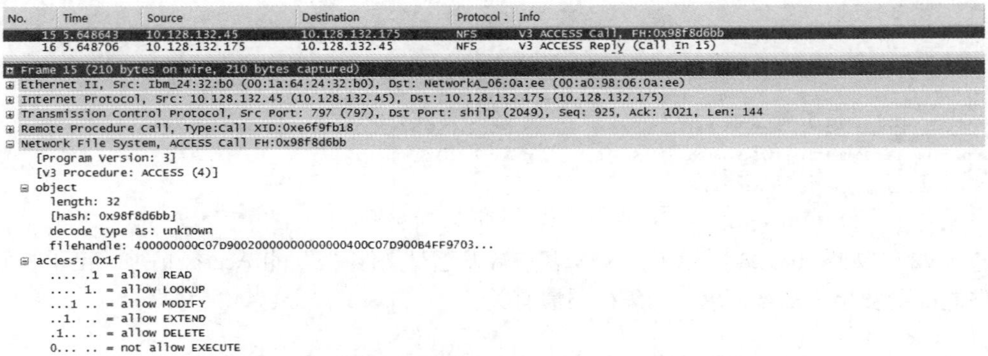

图 10-24　客户端针对/mnt 目录的 Access 请求

Frame16（如图 10-25 所示）：NFS 服务端对 Frame15 的回应。

```
No.  Time        Source           Destination      Protocol  Info
  15 5.648643    10.128.132.45    10.128.132.175   NFS       V3 ACCESS Call, FH:0x98f8d6bb
  16 5.648706    10.128.132.175   10.128.132.45    NFS       V3 ACCESS Reply (Call In 15)

⊞ Frame 16 (190 bytes on wire, 190 bytes captured)
⊞ Ethernet II, Src: NetworkA_06:0a:ee (00:a0:98:06:0a:ee), Dst: Ibm_24:32:b0 (00:1a:64:24:32:b0)
⊞ Internet Protocol, Src: 10.128.132.175 (10.128.132.175), Dst: 10.128.132.45 (10.128.132.45)
⊞ Transmission Control Protocol, Src Port: shilp (2049), Dst Port: 797 (797), Seq: 1021, Ack: 1069, Len: 124
⊞ Remote Procedure Call, Type:Reply XID:0xe6f9fb18
⊟ Network File System, ACCESS Reply
    [Program Version: 3]
    [V3 Procedure: ACCESS (4)]
    Status: NFS3_OK (0)
  ⊟ obj_attributes  Directory mode:0777 uid:0 gid:0
      attributes_follow: value follows (1)
    ⊞ attributes  Directory mode:0777 uid:0 gid:0
  ⊟ access: 0x1f
      .... .1 = allow READ
      .... 1. = allow LOOKUP
      ...1 .. = allow MODIFY
      ..1. .. = allow EXTEND
      .1.. .. = allow DELETE
      0... .. = not allow EXECUTE
```

图 10-25　针对 Access 请求的回应

Frame18（如图 10-26 所示）：此时，客户端由于输入了“rm a”命令，所以客户端首先要查询一下文件“a”的权限，因此客户端发起一个 GetAttr 的请求来查询文件“a”的权限。

```
No.  Time        Source           Destination      Protocol  Info
  18 5.648902    10.128.132.45    10.128.132.175   NFS       V3 GETATTR Call, FH:0xf03ce91c
  19 5.648915    10.128.132.175   10.128.132.45    NFS       V3 GETATTR Reply (Call In 18)  Regular File mode:0644 uid:0 gid:0

⊞ Frame 18 (206 bytes on wire, 206 bytes captured)
⊞ Ethernet II, Src: Ibm_24:32:b0 (00:1a:64:24:32:b0), Dst: NetworkA_06:0a:ee (00:a0:98:06:0a:ee)
⊞ Internet Protocol, Src: 10.128.132.45 (10.128.132.45), Dst: 10.128.132.175 (10.128.132.175)
⊞ Transmission Control Protocol, Src Port: 797 (797), Dst Port: shilp (2049), Seq: 1069, Ack: 1145, Len: 140
⊞ Remote Procedure Call, Type:Call XID:0xe7f9fb18
⊟ Network File System, GETATTR Call FH:0xf03ce91c
    [Program Version: 3]
    [V3 Procedure: GETATTR (1)]
  ⊟ object
      length: 32
      [hash: 0xf03ce91c]
      decode type as: unknown
      filehandle: 400000000C07D9002000000000055962364961800B4FF9703...
```

图 10-26　客户端的 GetAttr 请求

Frame19（如图 10-27 所示）：NFS 服务端对 Frame18 的回应。

```
No.  Time        Source           Destination      Protocol  Info
  18 5.648902    10.128.132.45    10.128.132.175   NFS       V3 GETATTR Call, FH:0xf03ce91c
  19 5.648915    10.128.132.175   10.128.132.45    NFS       V3 GETATTR Reply (Call In 18)  Regular File mode:0644 uid:0 gid:0

⊞ Frame 19 (182 bytes on wire, 182 bytes captured)
⊞ Ethernet II, Src: NetworkA_06:0a:ee (00:a0:98:06:0a:ee), Dst: Ibm_24:32:b0 (00:1a:64:24:32:b0)
⊞ Internet Protocol, Src: 10.128.132.175 (10.128.132.175), Dst: 10.128.132.45 (10.128.132.45)
⊞ Transmission Control Protocol, Src Port: shilp (2049), Dst Port: 797 (797), Seq: 1145, Ack: 1209, Len: 116
⊞ Remote Procedure Call, Type:Reply XID:0xe7f9fb18
⊟ Network File System, GETATTR Reply  Regular File mode:0644 uid:0 gid:0
    [Program Version: 3]
    [V3 Procedure: GETATTR (1)]
    Status: NFS3_OK (0)
  ⊟ obj_attributes  Regular File mode:0644 uid:0 gid:0
      Type: Regular File (1)
    ⊞ mode: 0644
      nlink: 1
      uid: 0
      gid: 0
      size: 0
      used: 0
    ⊞ rdev: 0,0
      fsid: 0x000000000397ffb4
      fileid: 5608995
    ⊞ atime: Aug 13, 2008 17:45:55.545414000
    ⊞ mtime: Aug 13, 2008 17:45:55.545414000
    ⊞ ctime: Aug 13, 2008 17:45:55.545414000
```

图 10-27　针对 GetAttr 请求的回应

Frame20（如图 10-28 所示）：NFS 客户端发起对文件“a”的 Access 请求。至于为何在删除文件之前要发起 Access 请求，与编码习惯有关。

```
No.  Time        Source           Destination      Protocol  Info
  20 5.649109    10.128.132.45    10.128.132.175   NFS       V3 ACCESS Call, FH:0xf03ce91c
  21 5.649120    10.128.132.175   10.128.132.45    NFS       V3 ACCESS Reply (Call In 20)

⊞ Frame 20 (210 bytes on wire, 210 bytes captured)
⊞ Ethernet II, Src: Ibm_24:32:b0 (00:1a:64:24:32:b0), Dst: NetworkA_06:0a:ee (00:a0:98:06:0a:ee)
⊞ Internet Protocol, Src: 10.128.132.45 (10.128.132.45), Dst: 10.128.132.175 (10.128.132.175)
⊞ Transmission Control Protocol, Src Port: 797 (797), Dst Port: shilp (2049), Seq: 1209, Ack: 1261, Len: 144
⊞ Remote Procedure Call, Type:Call XID:0xe8f9fb18
⊟ Network File System, ACCESS Call FH:0xf03ce91c
    [Program Version: 3]
    [V3 Procedure: ACCESS (4)]
  ⊟ object
      length: 32
      [hash: 0xf03ce91c]
      decode type as: unknown
      filehandle: 400000000C07D900200000000005596236496180OB4FF9703...
  ⊞ access: 0x2d
```

图 10-28　客户端的 Access 请求

Frame21（如图 10−29 所示）：NFS 服务端对 Frame20 的回应。

```
No.  Time        Source           Destination      Protocol  Info
  20 5.649109    10.128.132.45    10.128.132.175   NFS       V3 ACCESS Call, FH:0xf03ce91c
  21 5.649120    10.128.132.175   10.128.132.45    NFS       V3 ACCESS Reply (Call In 20)

⊞ Frame 21 (190 bytes on wire, 190 bytes captured)
⊞ Ethernet II, Src: NetworkA_06:0a:ee (00:a0:98:06:0a:ee), Dst: Ibm_24:32:b0 (00:1a:64:24:32:b0)
⊞ Internet Protocol, Src: 10.128.132.175 (10.128.132.175), Dst: 10.128.132.45 (10.128.132.45)
⊞ Transmission Control Protocol, Src Port: shilp (2049), Dst Port: 797 (797), Seq: 1261, Ack: 1353, Len: 124
⊞ Remote Procedure Call, Type:Reply XID:0xe8f9fb18
⊟ Network File System, ACCESS Reply
    [Program Version: 3]
    [V3 Procedure: ACCESS (4)]
    Status: NFS3_OK (0)
  ⊟ obj_attributes  Regular File mode:0644 uid:0 gid:0
      attributes_follow: value follows (1)
    ⊟ attributes  Regular File mode:0644 uid:0 gid:0
        Type: Regular File (1)
      ⊞ mode: 0644
        nlink: 1
        uid: 0
        gid: 0
        size: 0
        used: 0
      ⊞ rdev: 0,0
        fsid: 0x000000000397ffb4
        fileid: 5608995
      ⊞ atime: Aug 13, 2008 17:45:55.545414000
      ⊞ mtime: Aug 13, 2008 17:45:55.545414000
      ⊞ ctime: Aug 13, 2008 17:45:55.545414000
  ⊞ access: 0x2d
```

图 10-29　针对 Access 请求的回应

Frame23（如图 10−30 所示）：NFS 客户端发起 Remove 请求。可以看到 Remove 请求中并没有使用 FH，而是直接使用了文件名。

```
No.  Time        Source           Destination      Protocol  Info
  23 7.335934    10.128.132.45    10.128.132.175   NFS       V3 REMOVE Call, DH:0x98f8d6bb/a
  24 7.336026    10.128.132.175   10.128.132.45    NFS       V3 REMOVE Reply (Call In 23)

⊞ Frame 23 (214 bytes on wire, 214 bytes captured)
⊞ Ethernet II, Src: Ibm_24:32:b0 (00:1a:64:24:32:b0), Dst: NetworkA_06:0a:ee (00:a0:98:06:0a:ee)
⊞ Internet Protocol, Src: 10.128.132.45 (10.128.132.45), Dst: 10.128.132.175 (10.128.132.175)
⊞ Transmission Control Protocol, Src Port: 797 (797), Dst Port: shilp (2049), Seq: 1353, Ack: 1385, Len: 148
⊞ Remote Procedure Call, Type:Call XID:0xe9f9fb18
⊟ Network File System, REMOVE Call DH:0x98f8d6bb/a
    [Program Version: 3]
    [V3 Procedure: REMOVE (12)]
  ⊟ object
    ⊟ dir
        length: 32
        [hash: 0x98f8d6bb]
        decode type as: unknown
        filehandle: 400000000C07D9002000000000000000400C07D900B4FF9703...
    ⊟ Name: a
        length: 1
        contents: a
        fill bytes: opaque data
```

图 10-30　客户端的 Remove 请求

Frame24（如图 10−31 所示）：NFS 服务端对 Frame23 的回应。

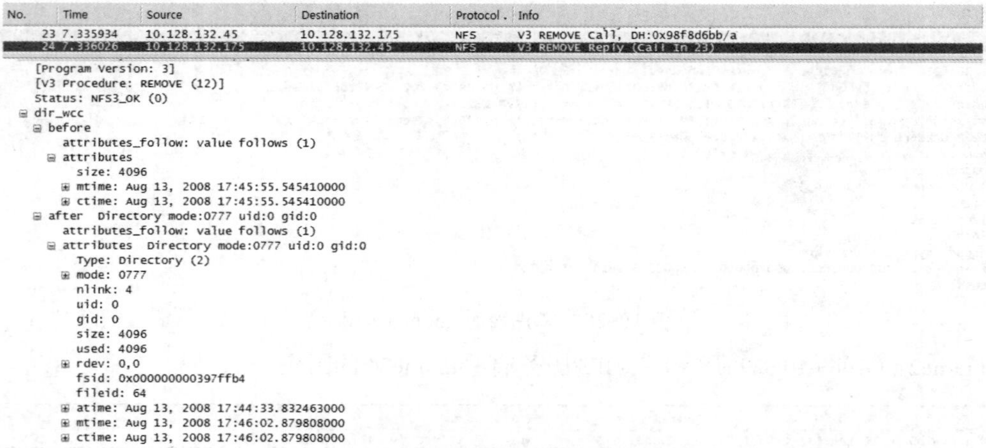

图 10-31 针对 Remove 请求的回应

可以看到，基于 NAS 的数据访问，客户端并不关心文件存放在磁盘的哪些扇区，这些逻辑全部由 NAS 服务端处理，客户端向 NAS 设备发送的只有各种文件操作请求以及实际的文件流式数据。

提示：大家可以在 12.4 节看到有关 ISCSI 的抓包分析，可以作一下对比，两者交互的语言完全不同。

10.1.4 美其名曰——NAS

这种带有集中式文件系统功能的盘阵叫做网络附加存储（Network Attached Storage，NAS）。

提示：NAS 不一定是盘阵，一台普通的主机就可以做成 NAS，只要它自己有磁盘和文件系统，而且对外提供访问其文件系统的接口（如 NFS、CIFS 等），它就是一台 NAS。常用的 Windows 文件共享服务器就是利用 CIFS 作为调用接口协议的 NAS 设备。一般来说，NAS 其实就是处于以太网上的一台利用 NFS、CIFS 等网络文件系统的文件共享服务器。至于将来会不会有 FC 网络上的文件提供者，也就是 FC 网络上的 NAS，就要看是否有人尝试了。

1. SAN 和 NAS 的区别

前面说过，SAN 是一个网络上的磁盘，NAS 是一个网络上的文件系统。

提示：根据 SAN 的定义，即"存储区域网络"，SAN 其实只是一个网络，但是这个网络内包含着各种各样的元素，如主机、适配器、网络交换机、磁盘阵列前端、盘阵后端、磁盘等。应该说，SAN 是一个最大的范围，涵盖了一切后端存储相关的内容。所以从这个角度来看，SAN 包含了 NAS，因为 NAS 的意思是"网络附加存储"，它说的是一种网络存储方式，这样它就没有理由不属于 SAN 的范畴。所以，我认为 SAN 包含 NAS。

长时间以来，人们都用 SAN 来特指 FC，特指远端的磁盘。那么，假设设计出一种基于 FC 网络的 NAS，此时 SAN 代表什么呢？会产生滑稽的矛盾。但是，似乎还真想不出一种更简便、更直观的叫法来称呼"FC 网络上的磁盘"这个事物。到此我也陷入定义的漩涡了，所以我们最好还是入乡随俗。本书之后的文字中，就把 FC 网络上的磁盘叫做 SAN，把以太网络上的文件系统称为 NAS。这里就是提一下，不要被表象所迷惑。

2. FTP 服务器为什么不属于 NAS

我们必须明白什么是网络文件系统，网络文件系统与本地文件系统的唯一区别，就是传输方式从主板上的导线变成了以太网络，其他方面包括调用的方式对于上层应用来说没有任何改变。

这就意味着，一旦用户挂载了一个网络文件系统目录到本地，那么他就可以像使用本地文件系统一样使用网络文件系统。

在 Windows 系统中，可以直接双击共享目录中的程序将其在本机运行（实际上是先通过以太网将这个程序文件传输到本地的缓存，然后才在本地执行，而不是在远端执行）。而 FTP 无法做到这一点，FTP 不能实现诸如挂载等动作，它不是实时的。只有通过 FTP 将文件传输到本地的某个目录之后才能执行，而且这个程序执行需要的所有文件都必须在本地。

而网络文件系统则不然，即便某个本地执行的程序需要访问远端的某些文件，它也可以直接访问远端的文件，不需要预先将数据复制到本地再访问。所以，FTP、HTTP 和 TFTP 等文件服务并不属于网络文件系统，也不属于 NAS。

3. 普通台式机可以充当 NAS 吗

完全可以，只要具备 NAS 的特性，就可以充当 NAS。

NAS 必须具备的物理条件如下。

不管用什么方式，NAS 必须可以访问卷或者物理磁盘。

NAS 必须具有接入以太网的能力，也就是必须具备以太网卡。

普通台式机具备了这两个条件，就可以充当 NAS。我们只要编写程序从磁盘提取或者存放数据，记录好这些数据的组织方法，然后通过网络文件系统协议规定的格式进行发送或接收，就可以实现 NAS 的功能。或者可以直接在操作系统上编程，直接利用操作系统已经实现好的文件系统和网络适配器驱动程序，所要做的只是利用操作系统提供的足够简单的 API 编写网络文件系统的高层协议逻辑即可。

10.2 龙争虎斗——NAS 与 SAN 之争

10.2.1 SAN 快还是 NAS 快

很多人都在问，到底是 SAN 快还是 NAS 快？要解答这个问题，方法非常简单，和百米赛跑一样，只要计算起点到终点的距离、耗时、开销就可以了。

SAN 的路径图如图 10-32 所示。

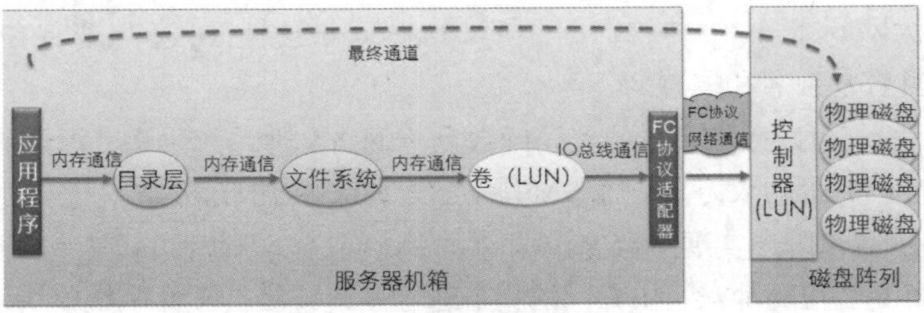

图 10-32 SAN 方式路径图

NAS 的路径图如图 10-33 所示。

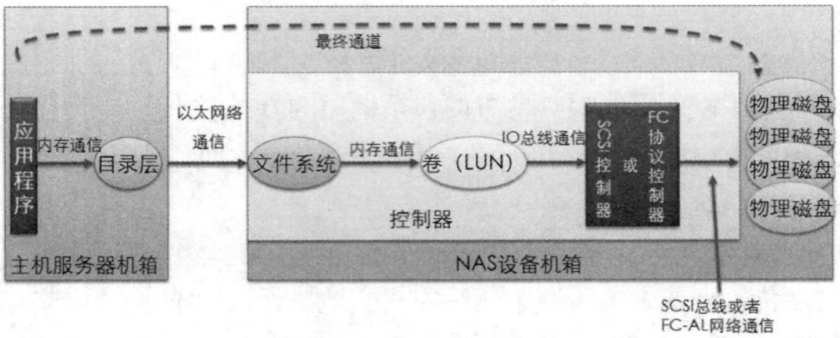

图 10-33 NAS 方式路径图

显然，NAS 架构的路径在虚拟目录层和文件系统层通信的时候，用以太网络和 TCP/IP 协议代替了内存，这样做不但增加了大量的 CPU 指令周期（TCP/IP 逻辑和以太网卡驱动程序），而且使用了低速传输介质（内存速度要比以太网快得多）。而 SAN 方式下，路径中比 NAS 方式多了一次 FC 访问过程，但是 FC 的逻辑大部分都由适配卡上的硬件完成，增加不了多少 CPU 开销，而且 FC 访问的速度比以太网高。所以我们很容易得出结论。如果后端磁盘没有瓶颈，那么除非 NAS 使用快于内存的网络方式与主机通信，否则其速度永远无法超越 SAN 架构。

目前万兆以太网络已经逐渐普及，如果拿万兆和 8GbFC 相比，底层裸速率一定是万兆的要快，此时就要看上层的交互效率了。对于 NAS 访问协议，每一笔针对文件的操作，比如 Create()/Open()、Lookup()、Getattr()、Setattr()、Read()/Write()等，都需要经过网络传输，而对于 SAN 来讲，由于文件系统运行在 Host 本机，大部分文件系统元数据也都可以被缓存到 Host 本地内存，所以大部分针对文件的非读写操作（比如 Open()/Lookup()等），都可以在本地内存完成调用，此时速度非常快，但是这些操作在 NAS 环境下，就得通过网络远程向 NAS Server 发起请求，时延激增，虽然 NAS Client 端也有一小部分缓存，但是毕竟不如整个 Host 本地 FS 的缓存占据的容量大。当你的应用场景多是这类 IO 请求的话，那么性能远比不过 SAN，但是你的场景如果是 Read()/Write()请求居多，也就是读写实际数据的请求占多数的时候，此时速度就大多取决于底层物理链路的带宽了。

既然 NAS 一般情况下不比 SAN 快，为何要让 NAS 诞生呢？既然 NAS 不如 SAN 速度快，那么它为何要存在呢？具体原因如下。

NAS 的成本比 SAN 低很多。前端只使用以太网接口即可，FC 适配卡以及交换机的成本相对以太网卡和以太交换机来说是非常高的。

NAS 可以解放主机服务器上的 CPU 和内存资源。因为文件系统的逻辑是要靠 CPU 的运算来完成的，同时文件系统还需要占用大量主机内存用作缓存。所以，NAS 适合用于 CPU 密集的应用环境。

由于基于以太网的 TCP/IP 传输数据，所以 NAS 可扩展性很强。只要有 IP 的地方，NAS 就可以提供服务，且容易部署和配置。

NAS 设备一般都可以提供多种协议访问数据。网络文件系统只是其提供的一种接口而已，还有诸如 HTTP、FTP 等协议方式。而 SAN 只能使用 SCSI 协议访问。

NAS 可以在一台盘阵上实现多台客户端的共享访问，包括同时访问某个目录或文件。而 SAN 方式下，除非所有的客户端都安装了专门的集群管理系统或集群文件系统模块，否则不能将某个

LUN 共享，强制共享将会损毁数据。

经过特别优化的 NAS 系统，可以同时并发处理大量客户端的请求，提供比 SAN 方式更方便的访问方法。

多台主机可以同时挂接 NFS 上的目录，那么相当于减少了整个系统中文件系统的处理流程，由原来的多个并行处理转化成了 NFS 上的单一实例，简化了系统冗余度。

10.2.2 SAN 好还是 NAS 好

关于 IO 密集和 CPU 密集说明如下。

- CPU 密集：指的是某种应用极其耗费 CPU 资源，其程序内部逻辑复杂，而且对磁盘访问量不高。如超频爱好者常用的 CPU 测试工具就是这种应用，这种程序在运行的时候，根本不用读取磁盘上的数据，只是在程序载入的时候，读入一点点程序数据而已。进程运行之后便会使 CPU 的核心处于全速状态，这会造成其他进程在同一时间内只获得很少的执行时间，影响了其他程序的性能。在必要时，可以将多台机器组成集群来运行这种程序。
- IO 密集：指的是某种应用程序的内部逻辑并不复杂，耗费的 CPU 资源不多，但是要随时存取硬盘上的数据。比如 FTP 服务器之类程序就是这种。
- IO 和 CPU 同时密集：这种应用程序简直就是梦魇。为了获得高性能，大部分这类程序都不适合用单台机器运行，必须组成集群系统来运行这种应用程序，包括前端运算节点的集群和后端存储节点的集群。

显然，NAS 对于大块连续 IO 密集的环境，要比 SAN 慢一大截，原因是积累效应。经过大量 IO 积累之后，总体差别就显现出来了。不过，如果要使用 10Gb/s 以太网这种高速网络，无疑要选用 NAS，因为底层链路的速度毕竟是目前 NAS 的根本瓶颈。此外，如果是高并发随机小块 IO 环境或者共享访问文件的环境，NAS 会表现出很强的相对性能。如果 SAN 主机上的文件系统碎片比较多，那么读写某个文件时便会产生随机小块 IO，而 NAS 自身文件系统会有很多优化设计，碎片相对少。CPU 密集的应用可以考虑使用 NAS。

SAN 与 NAS 有各自的优点和缺点，需要根据不同的环境和需求来综合考虑。

10.2.3 与 SAN 设备的通信过程

对于 SAN 方式来说，应用程序必须通过运行在服务器本机或者 NAS 设备上的文件系统与磁盘阵列对话。应用程序对本机文件系统（或 NAS）说："嗨，兄弟，帮我把/mnt/SAN 目录下的 SAN.txt 文件传到我的缓冲区。"文件系统开始计算 SAN.txt 文件占用的磁盘扇区的 LBA 地址，计算好之后向 SAN 磁盘阵列说（用 SCSI 语言）："嗨，哥们，把从 LBA10000 开始之后的 128 个扇区内容全部传送给我！"

SAN 磁盘阵列接收到这个请求之后，便从它自身的众多磁盘中提取数据，通过 FC 网络传送给运行着文件系统程序的节点（服务器主机或 NAS 设备）。文件系统接收到扇区内容之后，根据文件系统记录截掉扇区多余的部分，将整理后的数据放入请求这个数据的应用程序的缓冲区。

10.2.4 与 NAS 设备的通信过程

应用程序通过操作系统的虚拟目录层直接与 NAS 设备对话："嗨，兄弟，帮我把/mnt/NAS 目录下的 NAS.txt 文件传过来。"或 "嗨，兄弟，帮我把/mnt/NAS 目录下的 NAS.txt 文件的前 1024 字节传递过来。"这些话被封装成 TCP/IP 数据包，通过以太网传递到 NAS 设备上。NAS 接到这个请求之后，立即用自己的文件系统（NTFS、JFS2、EXT2、EXT3 等）计算 NAS.txt 文件都占用了磁盘的哪些扇区，然后从自己的磁盘上用 ATA 语言或者 SCSI 语言向对应的磁盘存取数据（或自己安装 FC 适配卡，从 SAN 存储设备上存取数据）。

显然，NAS 将文件系统逻辑搬出了主机服务器，成为了一个单独的文件系统逻辑运行者。如图 10-34 所示为从主机到 NAS 设备的 IO 全流程示意图，牵扯到了整个系统的 IO 路径以及路径上的每种元素和角色。

提示：关于系统 IO 路径的详细阐述请参考本书后面章节。

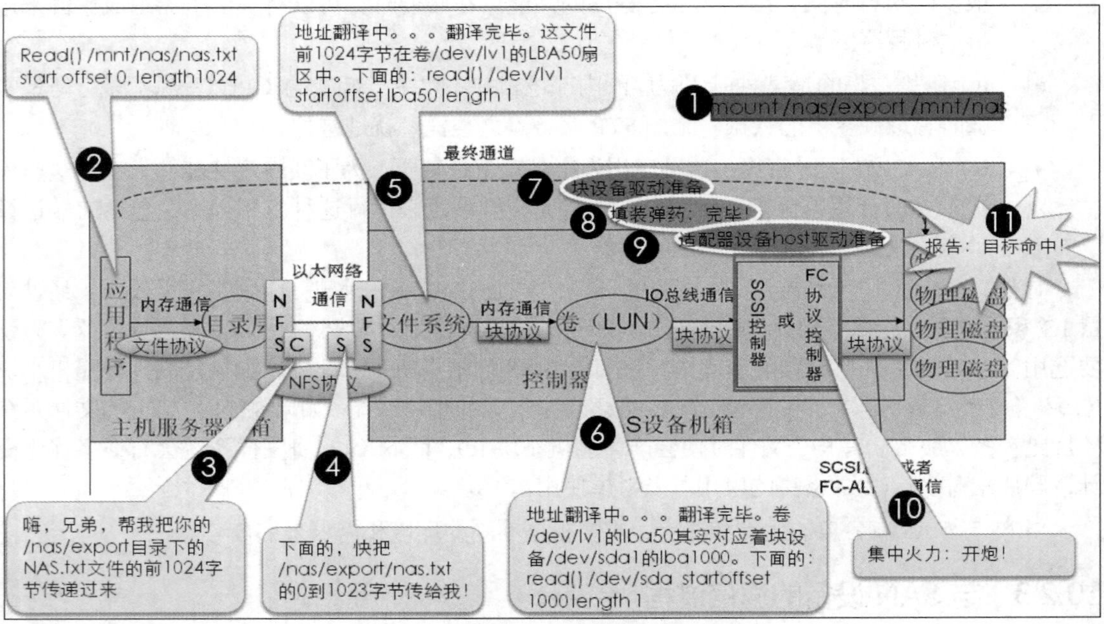

图 10-34　网络文件系统 IO 全流程图

（1）首先，主机客户端通过 NFS Client 对 NAS 上的一个输出目录/nas/export 进行 Mount 操作，将其 Mount 到了本地的/mnt/nas 路径下。

（2）之后，主机客户端上某应用程序发起了对/mnt/nas/nas.txt 文件的读取操作，读取从偏移量 0 字节开始往后的 1024 字节，也就是这个文件的前 1024 字节。这个动作是通过调用操作系统提供的文件操作 API 执行的，比如 Read()。

（3）这个 IO 请求被传送到了 NFS Client 处，NFS Client 知道/mnt/nas 路径对应的其实是 NAS 服务端的/nas/export 这个输出目录，所以 NFS Client 将上层下发的这个读取请求封装成 NFS 协议规定的标准格式通过网络传送到 NAS 服务端。

（4）NAS 服务端接收到这个读请求之后，将请求通过操作系统 API 传送给文件系统模块处理。

（5）文件系统模块接收到针对/nas/export/nas.txt 文件的读请求之后，首先查询缓存内是否有对应的数据，如果有，则直接返回结果；如果没有，则需要将这段字节所落入的底层存储空间的块信息取回，这个动作通过查询 Inode 表等元数据获得。当得到底层块地址之后，文件系统通过调用 OS 提供的 API 将对这些块的读请求发送给下游模块，也就是卷管理层。

（6）卷管理层是将底层物理磁盘设备进行虚拟化封装的层次。当卷管理层收到针对某个卷某段 LBA 地址的请求之后，它要进行翻译，将目标虚拟卷的地址翻译为对应着底层物理磁盘块设备的地址；翻译完后，卷管理层将对应目标地址的请求再次通过调用 OS API 的方式发送给下游，也就是驱动程序层了。

（7）块设备驱动是负责对相应块设备进行 IO 的角色，它将这些 IO 发送给 SCSI CDB Generator，也就是 SCSI 指令的翻译中心。

（8）SCSI CDB Generator 的职责是将对应的 IO 请求描述为 SCSI 协议的标准格式。之后，这些指令被发送到 SCSI/FC 适配器的驱动程序处。

（9）设备驱动程序接收到这些 SCSI 指令之后，将其封装到对应的链路帧中通过内部总线网络或者外部包交换网络传送到目标。

（10）SCSI 指令传送到目标设备，目标设备执行相应指令并返回结果。

10.2.5　文件提供者

NAS 可以看作一个 Filer。Filer 这个词是著名 NAS 设备厂商 NetApp 对其 NAS 产品的通俗称呼。它专门处理文件系统逻辑及其下面各层的逻辑，从而解放了服务器主机。服务器主机上不必运行文件系统逻辑，甚至也不用运行磁盘卷逻辑，只需运行目录层逻辑（UNIX 系统上 VFS 层、Windows 系统上的盘符及目录）即可。把底层的模块全部交由一个独立的设备来完成，这样就节约了服务器主机的 CPU 资源和内存资源，从而可以专心地处理应用层逻辑了。

NAS 网关就是这样一种思想。NAS 网关其实就是一台运行文件系统逻辑和卷逻辑的设备，可以把它想象成一个泵，这个泵可以从后端接收一种格式（以 LBA 地址为语言的指令和数据格式），经过处理后从前端用另一种格式（以文件系统为语言的指令和数据格式）发送出去，或执行反向的过程。可以把这个泵接入任何符合条件的网络中，以实现它的功能。我们可以称它为文件系统泵，或者 Filer。可以把 SAN 设备称为 Disker（专门处理磁盘卷逻辑），把服务器主机称为 Applicationer（专门处理应用逻辑）。如果某个设备集成了 Filer 和 Disker 的功能，并将其放入了一个机箱或者机柜，那么这个设备就是一个独立的 NAS 设备。如果某个设备仅仅实现了 Filer，而 Disker 是另外的独立设备，那么这个只实现了 Filer 的设备就称为 NAS 网关或 NAS 泵。

图 10-35 显示了这个泵接入网络之后发生的变化。

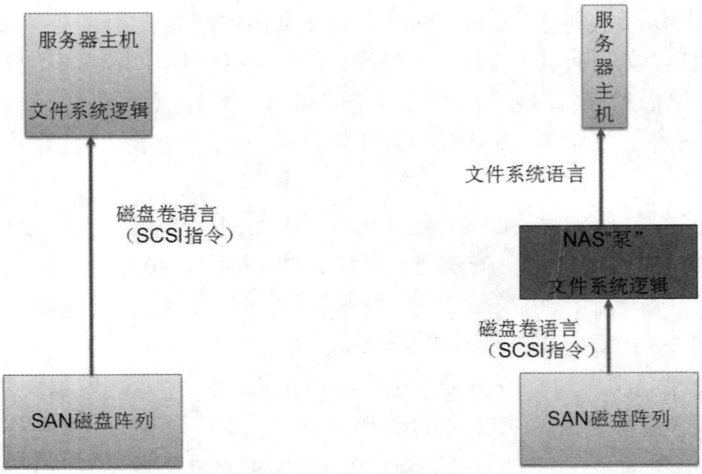

图 10-35 NAS 泵

然而，目前 NAS 的用途并不如 SAN 广泛，主要原因是 NAS 的前端接口几乎都是千兆以太网接口，而千兆以太网的速度也不过 100Mb/s，除去开销之后所剩无几。而 SAN 设备的前端接口目前普遍都是 4Gb/s 的速度，可以提供 400Mb/s 的带宽。FC 现在已有 8Gb/s 速率的接口出现，而 10Gb/s 以太网也初露端倪。不久的将来，NAS 必定会发起另一轮进攻。

10.2.6 NAS 的本质

本地文件系统负责将硬盘上的数据包装、展现，以及提供调用接口。文件系统将数据展现为文件和目录的形式，调用接口包括读、写、删、创建等。

一般情况下，应用程序是在内存中调用这些接口从而让文件系统实现对应功能的。如 Read()、Write()、API 等。

如果应用程序不在本机运行，而是运行在网络的另一端，同时依然想保留原有的访问文件的方式。此时就需要允许远程机器上的应用程序可以把这些调用指令通过网络打包传送过来，这些指令必须双方都能够识别，为此，NFS 和 CIFS 协议诞生了。二者统称 NAS 协议或者 NAS。

多个远程的应用程序可以同时对本地文件系统发起 IO 请求。这样，本地这台服务器就变成了一台文件服务器了，NAS 设备就这么诞生了。

所以 NFS 和 CIFS 又被称为“网络文件系统”，其实它们只是一种规定如何将文件操作指令及结果在双方之间传送和控制的协议。网络上只有协议，没有文件系统，文件系统都在本地。“通过外部网络而不是计算机内部总线来传递文件读写指令的系统”是对网络文件系统最准确和最本质的描述。

10.3 DAS、SAN 和 NAS

人们将最原始的存储架构称为 DAS Direct（Dedicate）Attached Storage，直接连接存储，意思是指存储设备只用于与独立的一台主机服务器连接，其他主机不能使用这个存储设备。如 PC 中的磁盘或只有一个外部 SCSI 接口的 JBOD 都属于 DAS 架构。

纵观武当仓库的改革过程，恰恰正是一个从 DAS（仅供自己使用）到 SAN（出租仓库给其他租户使用），再到 NAS（集中式理货服务外包）的过程。

到此，DAS、SAN、NAS 形成了存储架构的三大阵营，且各有其适用条件，形成了三足鼎立之势！

提示：但是，大家一定要牢记，SAN（Storage Area Network）是一种网络，而不是某种设备。只要是专门用来向服务器传输数据的网络都可以称为 SAN。所以，NAS 设备使用以太网络向主机提供文件级别的数据访问，那么以太网络就是 SAN。由于在高端领域 NAS 的使用不如 FC SAN 设备多，所以人们习惯地称 FC SAN 架构为 SAN。我们也顺从习惯，但是一定要明白其中的门道。

10.4　最终幻想——将文件系统语言承载于 FC 网络传输

既然 SCSI 语言及数据可以用 FC 协议传递，文件系统语言可以用以太网传递，那么文件系统语言能不能用 FC 传递呢？再者 SCSI 语言能不能通过以太网来传递呢？完全可以，而且后者已经被实现并被广泛应用了，这些内容将在第 12 章讲解。在 4 种组合中，只有将文件系统语言承载于 FC 网络传输这个想法没有被实现，或者说有人实现了但是没有听说。

现在来看前者。试想一下，如果用 FC 协议传递文件系统语言和数据而不是磁盘卷语言及其数据，那么开销会小很多。文件系统语言毕竟是比较上层和高级的语言，相对于底层磁盘卷语言来说，它非常简单。

读写某个文件，如果用高层语言只需要描述关于这个文件的信息即可。但是如果使用低级语言，可能要发送很多的语句。如果这个文件在磁盘上形成了很多碎片的话，发送的 IO 指令将不计其数。这就像 C 语言被编译器编译成汇编语句一样，文件系统语言是高级语言，比如“将 C 盘下 C.txt 文件传送过来”这一句高级语言，会被翻译成更低级的多条 SCSI 语言。利用比内存总线速度慢得多的 FC 网络来传送这些低级语言，无疑是非常浪费资源的。低级语言就应该在内存中传递而不是外部低速网络上，这样才能达到性能最大化。

目前普遍的架构是文件系统和磁盘控制器驱动程序都运行在应用服务器主机上。文件系统向卷发送的请求是通过内存来传递的，而主机向磁盘（LUN）发送的请求是通过 FC 网络来传递的，后者速度显然比前者慢很多。如果将“文件系统、磁盘控制器和磁盘（SAN 盘阵或者本地磁盘）”这三个部件，整体搬到应用服务器主机外部，成为一个独立的 NAS 系统。然后这个 NAS 设备用 FC 协议与服务器主机通信，FC 协议上承载的是文件系统语言，这就既保证降低了服务器的开销，又保证了数据传输速度。

也许受限于技术或者商业和市场的限制，File system（或 File）over FC（FC 网络文件系统）始终没有被提出或开发出来。不过在 10G 以太网普及之后，相信 FC 设备也会因为高成本、高专用化、兼容性等问题逐渐被淘汰。目前市场上的 NAS 设备普遍采用以太网加上 TCP/IP 的模式来传送文件系统指令，我们可以称这种架构为 File system over Ethernet（FSoE）。

提示：关于协议之间相互杂交的论题，在后面会详细讨论。

10.5　长路漫漫——存储系统架构演化过程

下面总结一下系统架构演化过程中的 10 个阶段。

10.5.1 第一阶段：全整合阶段

图 10-36 是一个最原始的普通服务器的架构，所有部件和模块都在一个服务器机箱中。这属于 DAS 架构，因为主机机箱内的磁盘只被本机使用。

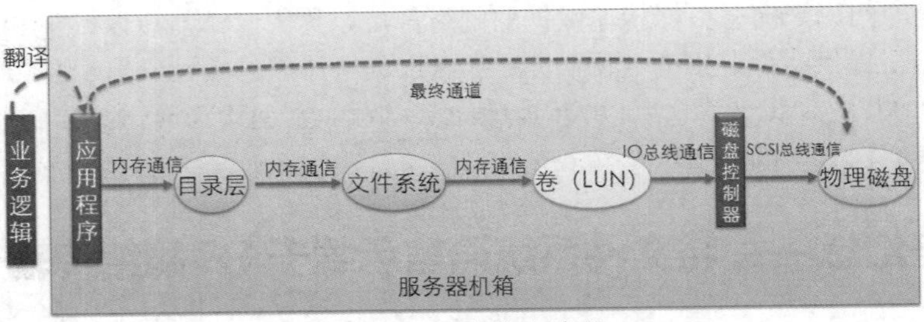

图 10-36 全整合阶段

10.5.2 第二阶段：磁盘外置阶段

图 10-37 所示的架构，是将磁盘置于服务器机箱外部的情况。这种架构依然属于 DAS 架构，因为存储系统只被一台主机使用。

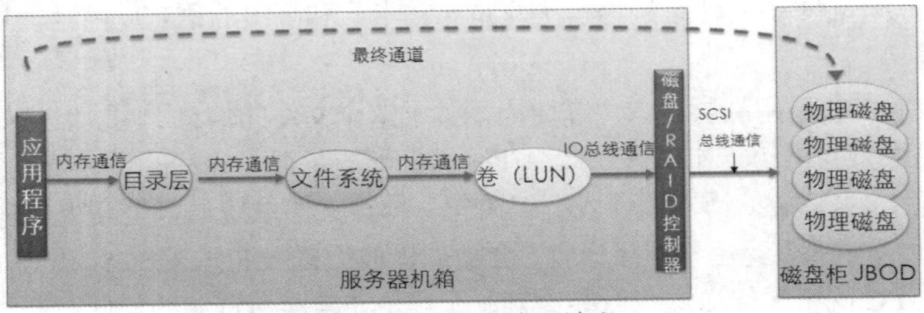

图 10-37 磁盘外置阶段

10.5.3 第三阶段：外部独立磁盘阵列阶段

图 10-38 是服务器主机通过普通 SCSI 线缆连接外部独立磁盘阵列的情况。这种简单的 SCSI 接口盘阵只能供一台或者几台（如果盘阵提供多个外部 SCSI 接口的话）主机接入，称不上彻底的网络化，但可以被称为 SAN，因为这种架构已经开始显现网络化萌芽了。

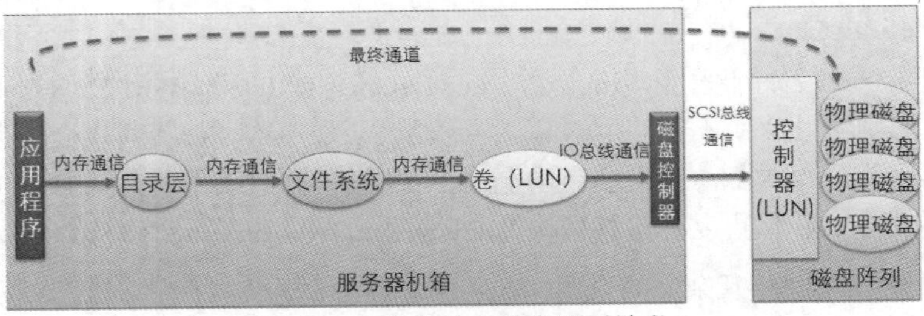

图 10-38 外部独立磁盘阵列阶段

10.5.4 第四阶段：网络化独立磁盘阵列阶段

图 10-39 是一台服务器用 FC 网络连接 FC 接口磁盘阵列的情况。图中磁盘阵列真正成为包

交换网络上的一个节点，可同时被多个其他节点访问，是向彻底网络化进化的里程碑。这种架构是彻彻底底的 SAN 架构。

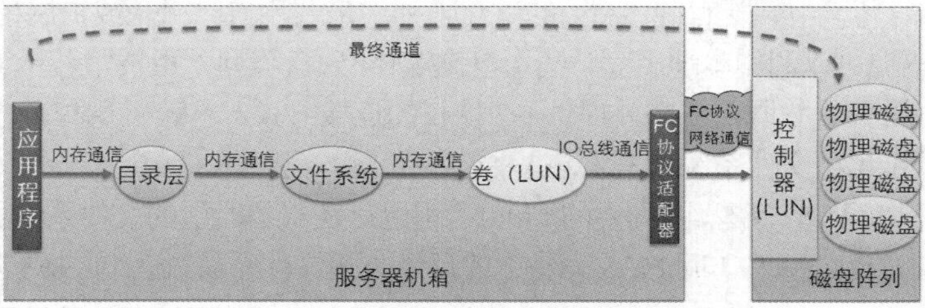

图 10-39　网络化独立磁盘阵列阶段

10.5.5　第五阶段：瘦服务器主机、独立 NAS 阶段

图 10-40 中，服务器主机用以太网与 NAS 设备进行通信从而存储数据。在瘦服务器阶段，文件系统之下的所有层次模块位移到了外部独立设备中。主机得到了彻底的解放，专门处理业务逻辑，而不必花费太多资源去处理底层系统逻辑。

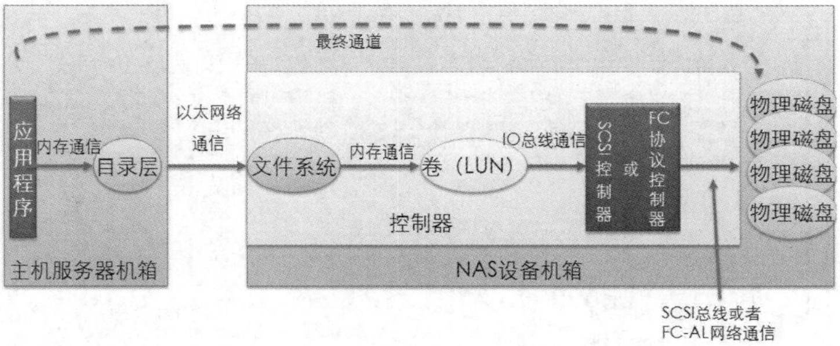

图 10-40　瘦服务器主机、独立 NAS 阶段

10.5.6　第六阶段：全分离式阶段

在 NAS 设备的后端可以用包含在自己机箱内的硬盘，也可以用并行 SCSI 来连接磁盘，还可以用 FC 协议来连接 SAN 盘阵来获得 LUN（NAS 网关）。在这个阶段中，所有部件彻底地分离了，每个部件都各司其职，中间通过不同的网络方式通信，前端用以太网，后端用 FC 网，如图 10-41 所示。

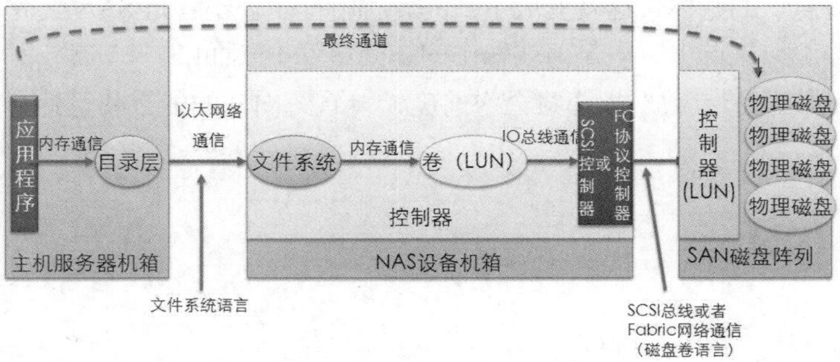

图 10-41　全分离式阶段

10.5.7 第七阶段：统一整合阶段

在图 10-42 的环境中，既有纯 SAN 的磁盘阵列，来利用自己机箱或扩展柜内的磁盘，又有 NAS 网关设备，不但可以利用本地磁盘，还可以向 SAN 磁盘阵列“租赁”若干 LUN 卷。另外还有一台多协议磁盘阵列，它既可以向外提供 FC 协议的连接方式（承载磁盘卷语言），又可以提供以太网的连接方式（承载文件系统语言），这种设备是 SAN 与 NAS 融合的结果。服务器可以选择直接用磁盘卷语言访问 SAN 磁盘阵列上的 LUN，用运行在服务器上的文件系统程序管理磁盘卷，也可以选择直接通过以太网络访问 NAS 设备上的目录，用文件系统语言向 NAS 发送指令。

这个架构最终就是一个整合的架构，既有纯 SAN 和纯 NAS，又有被整合到一起的 SAN 和 NAS 统一存储设备。

第七阶段也是目前 IT 系统所应用的架构。

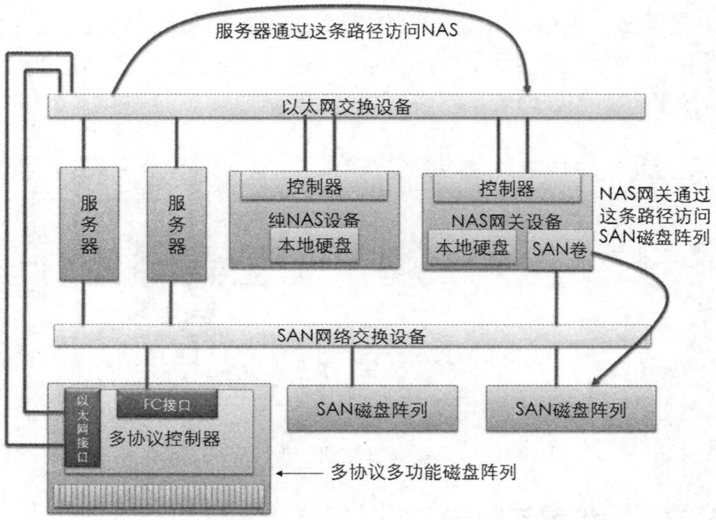

图 10-42 统一整合阶段

10.5.8 第八阶段：迅速膨胀阶段

也就是 Scale-Out 架构的 x86 集群阶段，使用大量的节点来组成一个对外统一的视图。从物理可见的角度上讲，是大规模并行集群；从较高层的角度来讲，由单个的、无意识的节点来组成一个庞大的整体有意识的整体，这就变成了云的一种特征了。不管是 SAN 还是 NAS，它们此时被承载到同质化的底层集群上，只是前端输出的访问协议不同而已。

此时整个系统中的节点数量规模将会空前庞大，系统内部的能量将迅速爆发，如图 10-43 所示。

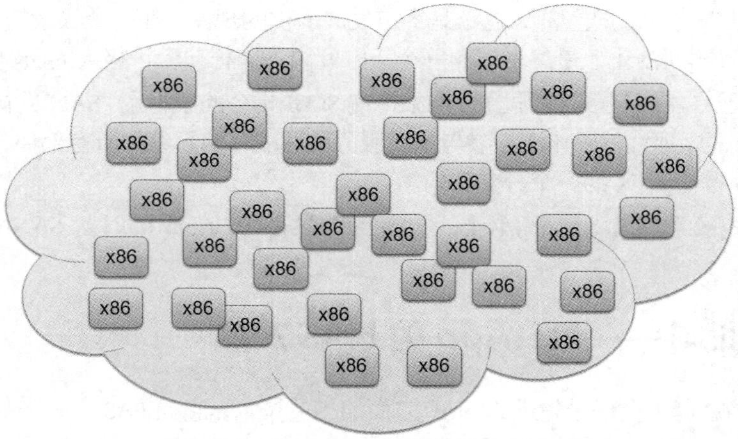

图 10-43 迅速膨胀阶段

10.5.9 第九阶段：收缩阶段

当大量的节点迅速膨胀之后，能量最终会被消耗殆尽，随着新技术的不断产生，当机械硬盘被芯片所取代，并且大规模集成电路技术不断地发展，操作系统中的所有底层模块均用专用硬件电路实现。CPU 所做的仅仅是进行业务逻辑计算。外部接口已经过渡到了全部使用无线网络进行通信，包括连接显示器（或许已经被 3D 眼镜所取代）。

目前，Intel 公司已经在其 CPU 上集成了显示芯片，使计算机不再需要加装独立的显卡，也不用占用主板上的空间来集成显示芯片。Sun 公司将多个万兆以太网芯片集成在了最新的 CPU 上。Bluearc 公司的存储产品更是已经将整个操作系统的所有逻辑都做到了 FPGA 芯片中。这些新技术正在发芽，随着节点数量的膨胀，其底层却在向着收缩的方向演进。IT 架构正处于缓慢收缩之中。图 10-44 所示为收缩阶段系统架构示意图。

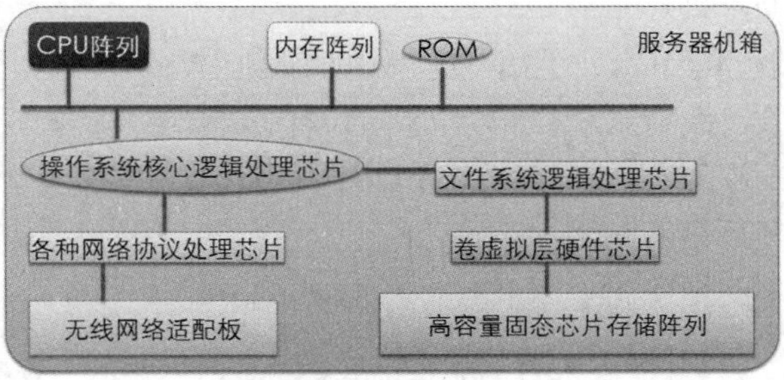

图 10-44 收缩阶段

10.5.10 第十阶段：强烈坍缩阶段

长过了头就要收缩，阳气消散之后，阴实就会逐渐显露并占上风，整个系统会发生强烈坍缩。对于系统架构，坍缩之后的 IT 系统会节约大量空间和电力能量。随着集成电路技术发展到一定程度之后，甚至可以将整个系统集成于一个微小的芯片中，即所谓的 System on Chip（SOC）。IT 系统将坍缩到这个芯片中，如图 10-45 所示。

图 10-45 强烈坍缩阶段

纵观这 10 个阶段，从全整合阶段（占用很大空间和资源）到坍缩阶段（极小的空间极高的质量），这正是宇宙发展演化的规律。在一个极大的空间中包含了众多物质，然后通过不断演化，最终坍缩到一个小空间内，同样包含了极大的质量。

到此，SAN 已经不仅仅限于通过 FC 网络传递 SCSI 指令的架构了。SAN 的概念，既然是"存储区域网络"的意思，那么就应该泛指参与主机服务器后端存储系统的所有部件，甚至包括 NAS，我们可以将 NAS 看作 SAN 的一个分支架构。

SAN 在 IT 系统架构进化到第十阶段之前还会继续存在。在第十阶段，SAN 的概念或许会被赋予另外的意义。

10.6 泰山北斗——NetApp 的 NAS 产品

NetApp 公司掌握了全球最先进的 NAS 方面的相关技术，它的 FAS 系列产品统治了 NAS 市场的大部江山。FAS 系列中的所有产品均运行 Data ONTAP 操作系统，这是 NetApp 专门开发的针对 NAS 的操作系统。

既然是 NAS，其内部的文件系统层肯定是一个功能强大而稳定的层次。ONTAP 系统中的文件系统名为 WAFL，这是一个充满个性的文件系统。

NetApp 自称其存储产品为"Filer"，下面就来看看 Filer 的四把杀手锏。

10.6.1 WAFL 配合 RAID 4

Write Anywhere Filesystem Layout（WAFL）是 NetApp 公司开发的一种文件系统。这个文件系统最大的特点，也是其他所有文件系统都没有实现的特点，就是它能按照 RAID 4 的喜好来向 RAID 4 卷写数据。RAID 4 由于其独立校验盘的设计，导致它只能接受顺序的写入 IO 而不能并发，所以它对于其他厂家的盘阵来说完全就是一个灾星，没有人敢用，也没有人愿意用。然而 NetApp 偏偏采用了它，而且通过 WAFL 的调教，RAID 4 在 FAS 产品上发挥出了很好的性能。WAFL 是怎么调教 RAID 4 的呢？

与其说是 WAFL 调教 RAID 4，不如说是 RAID 4 逼迫 WAFL 就范。

RAID 4 再不好也有可取的地方，如果 IO 写入有很大几率是整条写的形式，那么 RAID 4 便会表现得像 RAID 0 一样良好。不仅仅是 RAID 4，任何校验型的 RAID，如 RAID 5、RAID 3，只要是整条写，便会产生极高的性能。

提示：关于整条写的概念，可参考本书第 4 章的内容。

既然校验型 RAID 最喜欢被整条写，那么就不妨满足这个要求。WAFL 就是这么被设计出来的。

图 10-46 所示的是一个 5 块盘组成的 RAID 4 系统。条带大小 20KB，条带在每个数据盘上分割出的 segment 大小为 4KB。假如某一时刻应用要求 WAFL 写入三个文件，如/tmp/file1、/tmp/file2 和/tmp/file3，其中 file1 大小为 4KB，file2 大小为 8KB，file3 大小为 4KB。则 WAFL 便会计算出：如果将这三个文件对应的数据写到一整条条带上，就构成了整条写，性能得到了提升。

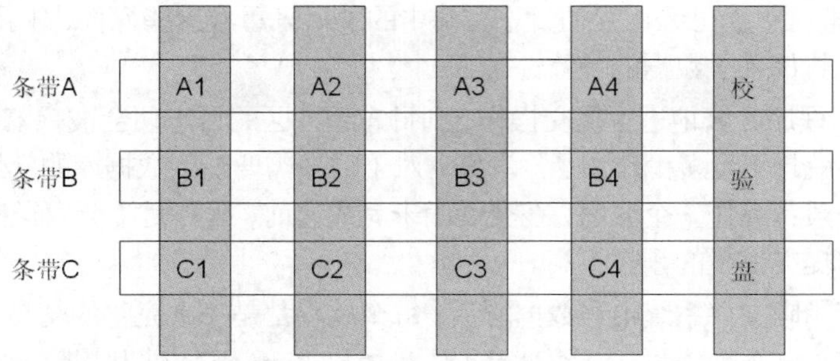

图 10-46 5 块盘组成的 RAID 系统

所以，WAFL 先在其元数据中做好记录：/tmp/file1 对应数据块为 A1，/tmp/file2 对应数据块为 A2+A3，/tmp/file3 对应数据块为 A4。然后将这三个文件的数据合并写入 RAID。当然，如果要求增加高并发度，那么 WAFL 也可以将同一个文件对应的一定长度的块写入同一个硬盘。

实际上，文件系统就应该适配底层的特性，只有这样才能获得最优的性能。普通文件系统中，在选取空闲块写入数据的时候，并没有针对底层的 RAID 级别来做对应的优化。而 WAFL 中有一个专门的 Write Allocation 模块来负责优化。WAFL 的做法无疑对文件系统的优化起到了领头和示范作用。

以上只是简略说明 WAFL 的思想，实际操作中还需要考虑诸如元数据的写入、块的偏移等很多复杂情况。

10.6.2 Data ONTAP 利用了数据库管理系统的设计

我们知道，数据库管理系统是这样记录日志的：在某时刻，数据库管理系统接收到应用程序的 SQL 更新语句及其对应的数据，在将这些数据更新到缓存中覆盖原有数据的同时，将这个操作的动作以及对应的数据，以日志的形式记录到位于内存的日志缓冲区内。每当应用程序发起提交指令或每隔几秒钟的时间，缓冲区内的日志就会被写入到磁盘上的日志文件中，以防止意外掉电后造成的数据不一致性，同时将缓存中更新过的数据块写入磁盘。只有当日志被确实地写入到硬盘上的日志文件中后，数据库管理程序才会对上层应用返回执行成功的信号。

数据库系统是一个非常复杂的系统，也是一个对数据一致性要求极高的系统，所以数据库利用记录操作日志的方式来保证数据一致性的做法是目前普遍使用的，而且是实际效果最好的方法。NetApp 的 Data ONTAP 操作系统，就是利用了数据库这种设计思想，它把向文件系统或卷的一切写入请求作为操作日志记录到 NVRAM 中保存，每当日志被保存到了 NVRAM 中，就会向上层应用返回写入成功信号。

为何要用 NVRAM 而不是文件来保存日志呢?

10.6.3 利用 NVRAM 来记录操作日志

数据库系统完全可以直接将操作日志写入磁盘，而不必先写入内存中的日志缓冲区，再在触发条件下将日志写入磁盘上的文件。然而这么做会严重降低性能，因为日志的写入是非常频繁的，且必须为同步写入。如果每条日志记录都写入磁盘，则由于磁盘相对于内存来说是慢速 IO 设备，所以会造成严重的 IO 瓶颈。所以必须使用内存中的一小块来作为日志缓存。

但是一旦系统发生意外掉电，则内存中的日志还没来得及保存到硬盘就会丢失。在数据库再次启动之后，会提取硬盘上已经保存的日志文件中的条目来重放这些操作，对于没有提交的操作，进行回滚。这样，就保证了数据的一致性。

如果某个应用程序频繁地进行提交操作，则日志缓冲区的日志便会被频繁写入磁盘。在这种情况下，日志缓存就起不到多少作用了。幸好，对于很多需要访问数据库的应用程序来说，上层的每个业务操作一般都算作一个交易，在交易尚未完成之前，程序是不会发送提交指令给数据库系统的，所以频繁提交发生的频率不高。

然而，上层应用向文件系统中写数据的话，每个请求都是一次完整的交易。如果对每个请求都将其对应的操作日志写入磁盘，开销就会很大。所以 NetApp 索性利用带电池保护的 RAM 内存用作记录操作日志的存储空间。这样一来，不但日志写入的速度很快，而且不用担心意外掉电。有了这种电池保护的 RAM（称为 NVRAM 似乎不合适，因为 NVRAM 不用电池就可以在不供电的情况下保存数据，而 NetApp 使用的是带电池保护的 RAM，下文姑且称其为 NVRAM）来记录操作日志，只要日志被成功存入了这个 RAM，就可以立即通知上层写入成功。

一定要搞清楚日志和数据缓存的区别。日志只是记录一种操作动作以及数据内容，而不是实际数据块，前者比后者要小很多。实际数据块保存在 RAM 中而不是 NVRAM 中。

由于用 RAM 来保存日志，所以速度超级快，可以一次接收上千条写入请求而直接向上层应用返回成功信号，待 RAM 半满或每 10 秒钟的时候，这些数据由 WAFL 一次性批量连续写入硬盘，保证了高效率。这也是 NetApp 的 NAS 为什么相对比较快的一个原因。

10.6.4 WAFL 从不覆写数据

每当 NVRAM 中的日志占用了整个 NVRAM 空间的一半或每 10 秒钟也可能是其他的某些条件达到临界值的时候，WAFL 便会将所有缓存在内存缓冲区内的已经改写的数据以及元数据批量写入硬盘，同时清空操作日志，腾出空间给接下来的请求使用。这个动作叫做 Check Point。

WAFL 并不会覆盖掉对应区块中原来的数据，而是寻找磁盘上的空闲块来存放被更改的块。也就是说，所有由 WAFL 写入的数据都会写入空闲块，而不是覆盖旧块。另外，在 Check Point 没有发生的时候，或者数据没有全部被 Flush 之前，WAFL 从来不会写入任何元数据到磁盘。

有了以上两个机制就可以保证在 Check Point 没发生之前，磁盘上的元数据所对应的实际数据仍然为上一个 Check Point 时候的状态。如果此时发生突然断电等故障，虽然可能有新数据已经被写入空闲块，但是元数据并未写入，所以磁盘上保存的元数据还是指向旧块（这也是为何旧块从来不会被 WAFL 覆盖的原因），数据就像没有变化一样，根本不用执行文件系统检查这种耗时费力的工作。一旦 Check Point 被触发，则 WAFL 先将缓存中的所有数据写入磁盘空闲块，最后才将元数据写入硬盘。一旦新的元数据写入了硬盘，则新元数据的指针均指到了方才被写入的新数据块，对应的旧数据块则变为空闲块（虽然块中仍有数据，但是已经没有任何指针指向它）。

这个特性使得 NetApp 的快照技术水到渠成，且性能良好。

10.7 初露锋芒——BlueArc 公司的 NAS 产品

上文中所述的 IT 系统架构发展的第九阶段（收缩阶段），其代表就是软件的全芯片化。这些芯片不同于 CPU，而是完全应用逻辑芯片，比如 ASIC 或更高成本的 FPGA 和 CPLD。这些芯片对于专用逻辑的运算速度远高于 CPU，因为 CPU 是读取外部程序代码指令流来执行并生成结果的，而专用芯片则是通过读入原始数据信号，在经过内部逻辑电路之后直接生成了输出信号。一片频率 100MHz 的 FPGA 在运行专用逻辑的时候速度也会高于频率几 GHz 的 CPU。图 10-47 所示为 CPU 的处理流程，而图 10-48 所示的是 FPGA 的处理流程。

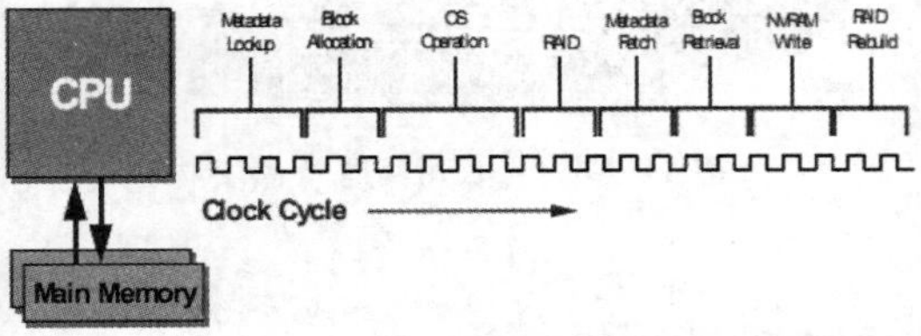

图 10-47 CPU 的处理流程

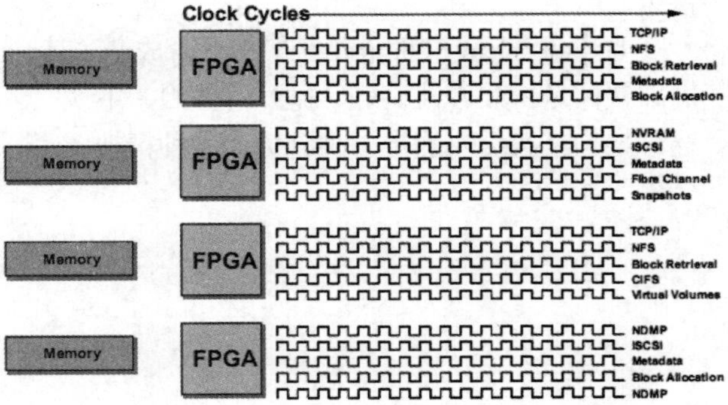

图 10-48 FPGA 的处理流程

FPGA 芯片的频率目前已经可以超越 1GHz，其内部电路已经达到 1000 万门。其可容纳的逻辑更多、更复杂，处理速度越来越快。

目前有些厂家正在尝试利用 FPGA 来取代 CPU。由于 FPGA 可重构计算的特性，人们认识到许多能发挥其特长的应用。比如在玩《Crysis》电脑游戏时，可将 FPGA 配置成 128 位的高性能 3D 图像处理器；当需要听高保真环绕立体声时，可将 FPGA 配置成专用的 DSP 处理器；在高层网络交换机需要支持新协议时，只需重新配置 FPGA 而不必更改任何硬件；在数字电视变更解码协议时，只要通过网络下载数据来重新配置 FPGA；当从 GSM 网转到 CDMA 网时，也只需重新配置 FPGA 而不必更换手机了。

同样，存储产品公司 BlueArc 在其 NAS 产品 Titan 系列中，将其上运行的所有软件逻辑都写入了 FPGA 中。其产品将存储系统路径上的多个模块也分别做成了可插拔式模块，包括前端网络接口模块、文件系统模块和后端网络接口模块。前端接口是面对客户端的接口；文件系统则是整个系统的处理中枢；后端接口则是连接磁盘扩展柜的接口。每个模块上均有多个 FPGA 芯片来处理各自的逻辑。图 10-49 显示了 Titan 各个模块之间的生态架构图。

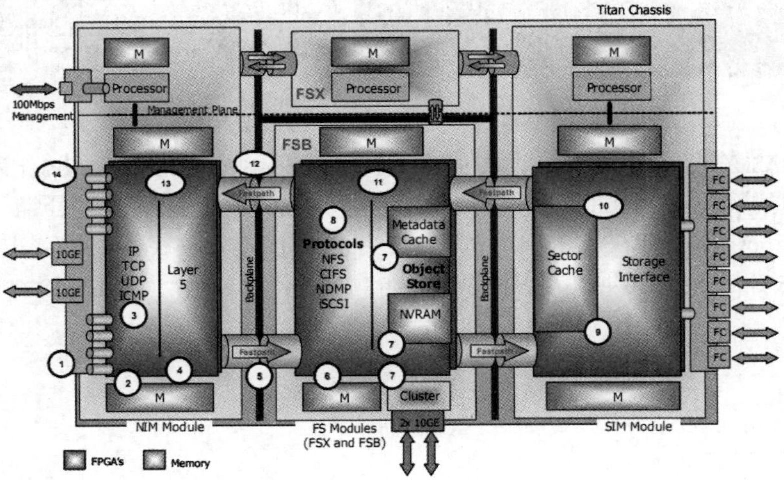

图 10-49 Titan 存储产品内部架构示意图

图 10-50 为 Titan 产品实物图。后面有 4 个插槽模块，中间两个为文件系统模块，最上面和最下面的模块分别为前端网络模块和后端网络模块。

且不说 Titan 这种全硬件架构是否成熟，其内部软件是否兼容性良好，抛开这些因素不谈，这种架构其实反映的是一种趋势，一种精神。

图 10-50　Titan 存储产品实物图

10.8　宝刀未老——Infortrend 公司 NAS 产品

在中端 SAN 存储方面，似乎到处都可见到 Infortrend 公司的产品，因其优良的做工和中规中矩的软件特性，非常适合被 OEM。如今 Infortrend 这员老将也推出了自己的双控统一存储产品——EonNAS，最大支持到 256 盘。同时支持用 iSCSI、FC、NFS/CIFS 方式访问，最大支持 4 个万兆以太口，如图 10-51 所示。这款 NAS 系统采用的是双控可热插拔模块化设计，设计上还是很用心的。

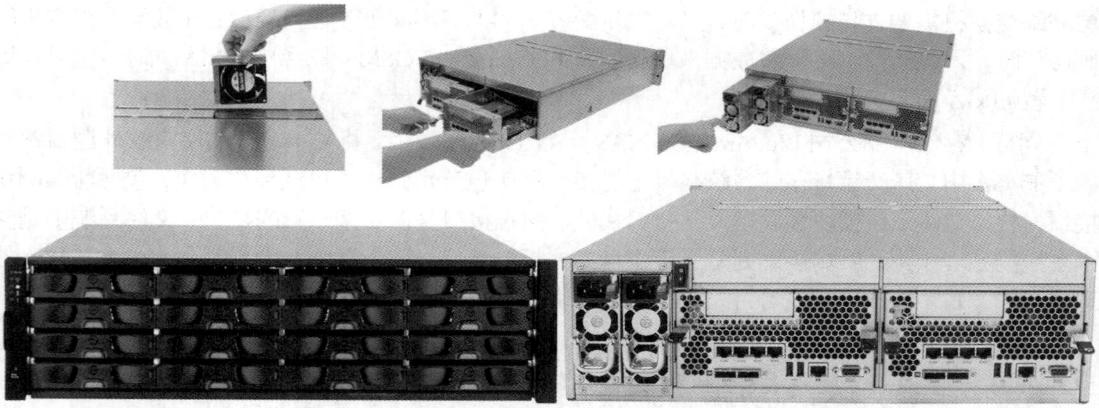

图 10-51　EonNAS3000 控制器机头

对于 NAS 来讲，软件核心和功能胜过硬件规格。EonNAS 底层采用 ZFS 作为存储软件核心。ZFS 拥有多项特色，比如 Raid-Z、重定向写、原生快照/克隆、远程复制、压缩、重删、数据一致性支持等等。这也是近年来 ZFS 几乎被所有二三线厂商用作存储底层的原因，因为它几乎搞定了 SAN 和 NAS 存储系统底层所需要做的多数工作。如图 10-52 所示为 EonNAS3000 配置界面。

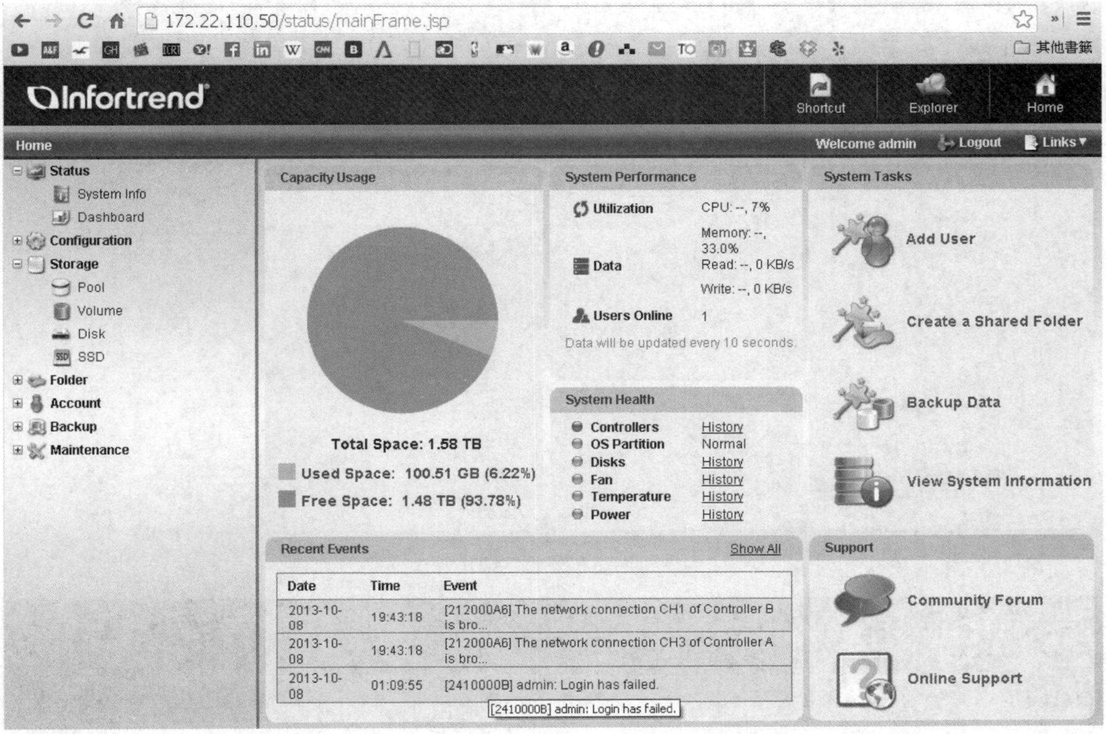

图 10-52　EonNAS3000 配置界面

这里要着重介绍的一点是，EonNAS 支持无缝 Failover。多数双控 NAS 产品是不支持拷贝文件的同时发生控制器切换而同时又能保证文件拷贝过程继续的。很欣慰地看到 EonNAS 很好地做了支持，支持这个技术，需要双控之间同步已经打开的文件句柄等信息，还是比较有挑战性的。如图 10-53 和图 10-54 所示，当在执行文件拷贝动作时，强行 Failover 一台控制器，但是文件拷贝只是提示了重试或者跳过，并没有完全中断，此时点击重试即可恢复之前的拷贝状态。

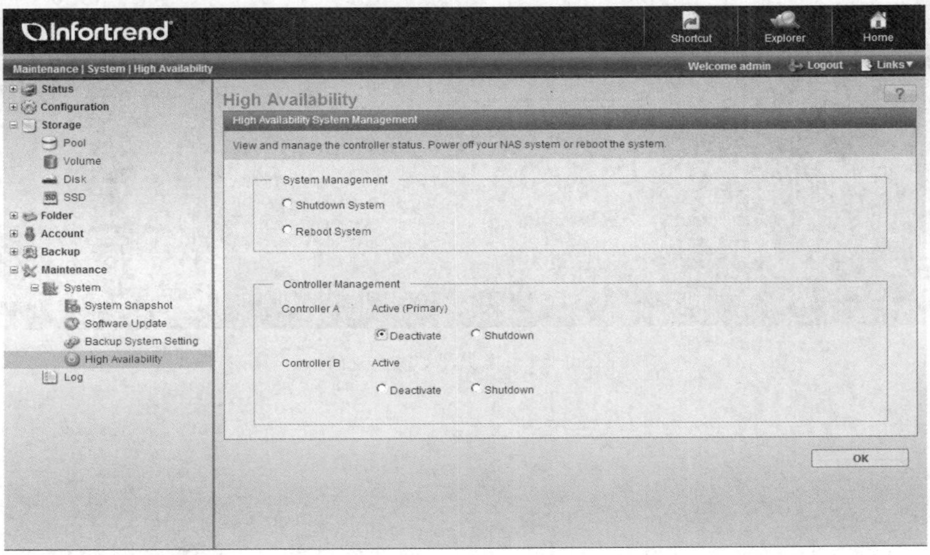

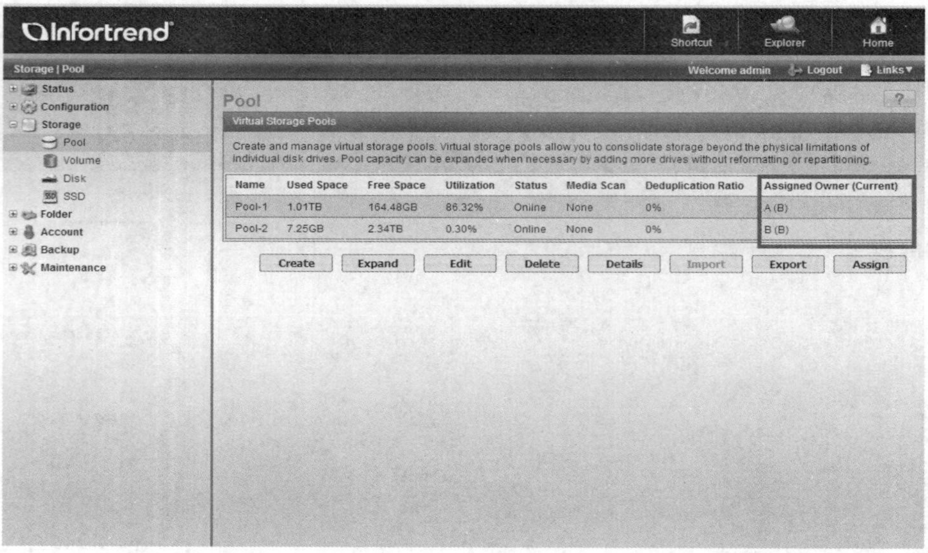

图 10-53　强行 Failover

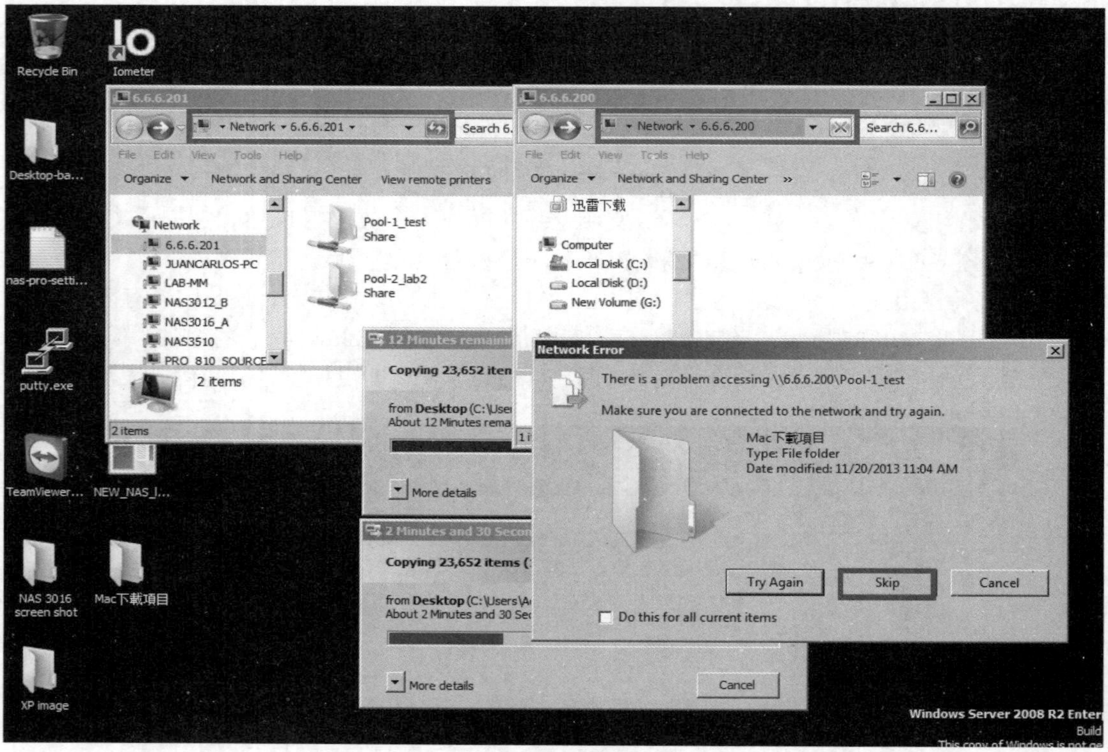

图 10-54　拷贝可以继续执行

第 11 章

大师之作——大话以太网和 TCP/IP 协议

- 以太网
- IP
- TCP
- UDP
- OSI

在老祖宗的 OSI 宝典的基础上，后人不知哪位大侠，创立了自己的功夫秘笈，后广泛流传于江湖。这套秘笈，就是大名鼎鼎的“以太网和 TCP/IP 大法”。

11.1 共享总线式以太网

如何让多台 PC 之间能够相互连接并且相互发送信息呢？既然说到独立系统之间的互联，那就可以参考 OSI 来做。在参考 OSI 之前先参考三元素，即连起来、找目标、发数据。

11.1.1 连起来

“连”这个动作，包括了 OSI 的物理层和数据链路层。首先要找一种连接方式将所有节点连接起来。连接多个节点最简单的办法就是总线技术。总线就是一个公共的媒介。要交流，就必须提供交流所需的场所，这个场所就是总线。将总线想象成一根铜导线，每个节点都连接到这条线上。这样每个节点的信号，在总线上所有的其他节点都会感知到，因为良导体上的电位处处相等。

基于这个总线模型，早期的以太网是使用集线器（HUB）将每台 PC 都连接到它的一个接口上，所有这些接口通过集线器内的中继电路连接在一起。为什么需要中继器，为什么不可以直接物理连接在一起呢？使用中继器的主要原因有两个：第一，信号在总线上传输时受到干扰可能会迅速衰减。加了中继器后集线器将从一个接口收到的 bit 流复制到每个接口，这样就避免了信号衰减；第二，中继器可以防止由于不可知的原因，造成两个节点同时向总线上放置信号所造成的短路。图 11-1 是一个 HUB 模型。

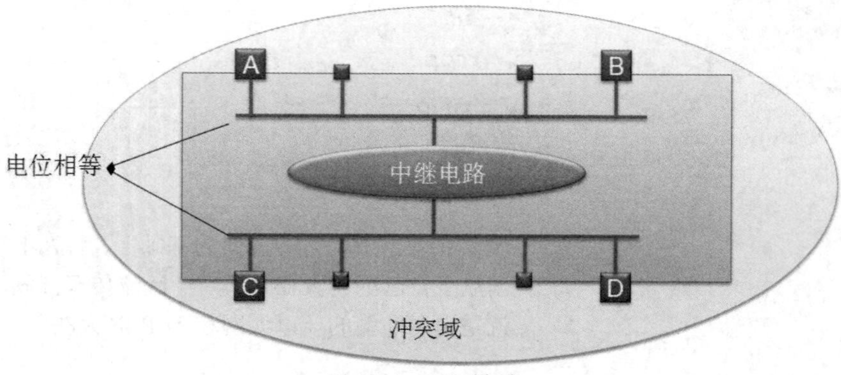

图 11-1 HUB 模型

在数据链路层，以太网使用帧的形式来发送数据流。上层的数据流被封装成一个个的以太网帧，在总线上传播。

11.1.2 找目标

为了区分总线上的每个节点，每个节点都必须具有一个唯一的身份标志。以太网中，这个标志被称作 Media Access Control（MAC）地址，介质访问地址，即只有数据帧中包含这个地址，总线介质上拥有这个地址的接收方才知道这个数据帧是给自己的，从而才会将其保存到缓冲区内。实际上，每个以太网帧中都包含源 MAC 地址和目的 MAC 地址。

MAC 地址是一个 6 字节（48b）长的字段，每个节点的网卡都有一个全球唯一的 MAC 地址，这个地址在网卡出厂时被固化在芯片中。

以太网就是利用 MAC 地址来区分每个节点的。

11.1.3　发数据

既然是总线方式联网，那么每个节点发出的信号，总线上的所有节点都会感知到，并且，同一时刻只能由一个节点的信号在总线上传递，如果同时有多个节点都向总线上传递信号，则各路信号之间就会发生冲突。比如，节点 A 在时间点 T1 时刻向总线上放置高电位信号（假设电位为 0.5V），而节点 B 在 T1 时刻向总线上放置低电位信号（假设电位为 0V），这样，就形成了电流通路，一方面造成短路，缩短设备寿命；另一方面总线上的其他节点所感知到的电位总是 0。所以，任何情况下，都不能让多个节点同时向总线上放置信号。

有如下两种措施可以防止这种情况的发生。

- 集线器中的中继电路，会防止由于恶意破坏或者其他不可知的程序 bug 所导致的信号冲突。
- 在协议角度，从根本上杜绝这种情况的发生。

在总线上，每个节点利用载波侦听机制（CSMA）来检测当前总线上是否有其他节点的信号正在传播，一旦检测到信号，则暂时不发送缓冲区内的数据帧，并不断地侦听电路上的信号，一旦发现总线空闲，则立即向总线上放置信号，声明要使用总线，如果在完全相同的时刻，另一个节点也同样放置了信号，则两路信号会发生冲突，两个节点检测到冲突后，会撤销声明，继续回到侦听状态，这个过程叫做冲突检测（CD）。

但两个节点在同一时刻同时发出信号的几率很小，即使本轮声明失败，在下一轮争抢声明中，某个节点胜利的几率是很大的，而且以太网中的所有节点的优先权都是一样的，或者可以说以太网内没有优先权的概念，包括网关设备在内。而 SCSI 总线的优先级最高，因为 SCSI 协议本身就是一个 Poll- Response 型的协议，SCSI 控制器要顺序寻找总线上的除自身之外的所有其他节点，它的优先级最高。所以对于以太网来说，完全不必担心某个节点永远也抢不到总线使用权（俗称“总线饿死”）的情况。

另外，也不必担心这种 CSMA/CD 机制会耗费过多的时间，由于这种机制不是靠 CPU 执行代码来实现的，而完全是靠电路逻辑执行的，所以速度都在微秒级，宏观上不会感觉到延迟。

如果一条总线上的节点过多，则发生冲突的几率就越大，造成的开销和延迟也越大。另一方面节点越多，每个节点使用总线的平均时间也就会降低，宏观上，也就造成了每节点的可用带宽降低。所以共享总线方式的网络，可接入的节点数量是有限的。

节点取得了总线使用权之后，便开始发送数据帧，也就是将数据帧的比特流转换成电信号，以一定的间隔速度放置到总线上，对于 10Mb/s 以太网来说，每隔一千万分之一秒，总线上的信号就被放置一次，直到整个数据帧被传播完毕，总线空闲，然后节点再发起新一轮的 CSMA/CD 过程。

在一个节点向总线上传播数据的同时，所有其他节点都会将总线上正在传播的信号保存到各自的缓冲区内，形成一帧一帧的数据。也就是说，共享式以太网中，任何一个节点所发送的数据，其他所有节点都会收到。

这岂不是没有隐私可言了么？

的确，只要在 HUB 上的任何一个节点上安装一个抓包软件，就可以抓取总线上的信号，看到任何源节点发送到任何目的节点的数据。

比如，节点 A 想与节点 B 通信，节点 B 怎么知道当前总线上的数据是给它的呢？我们上面讲过，每个节点都有一个 MAC 地址，节点 A 若想将数据传送给节点 B，就会在数据帧中的特定字段填入节点 B 的 MAC 地址（目的 MAC 地址），并且在特定字段填入节点 A 自己的 MAC 地址（源 MAC 地址），这个数据包被所有人收到，当然包括 B 节点。B 节点检测这个帧的目的 MAC 地址，与自身的 MAC 地址作对比，如果相配，则得知这个帧是给自己的，并且通过检测源 MAC 地址段，B 会知道这个帧是节点 A 给的。而节点 C 此时也收到了这个帧，它也会对比自己的 MAC 与帧中的目的 MAC 字段，发现不匹配，所以知道这个帧不是给自己的，立即将其丢弃。

以太网定义了一种特殊的 MAC 地址，这个地址的所有 48 位的值都为 1。这个地址对应了总线上的所有节点，也就是说，如果某个数据帧中的目的地址是这个特殊的 MAC 地址，则所有接收到这个帧的节点都会保存起来并提交上层协议处理，而被这个地址称为广播地址。

11.2 网桥式以太网

前面描述了共享总线型以太网。会发现，一个人说话所有人都听到，这不安全，也没必要浪费资源。必须发明一个机制来改进，网桥的出现，初步降低了这个问题所带来的影响。

网桥也有多个接口，外观甚至和 HUB 一样，但是里面的电路加入了逻辑运算电路和智能化的东西，不像 HUB 一样，所有接口复制总线上的数据。

网桥把它上面的接口分了很多组，每一个组中的接口都在一条独立的总线上，不同的组使用不同的总线。也就是说，除非网桥转发过去，否则某个组中总线上的数据，不会被另外的组收到。这样就减小了冲突域，相当于本来 10 个人的小组，分成了多个子讨论组，一个讨论组在讨论的同时，另一个讨论组也可以讨论，两个组完全物理上隔离。这样，接入相同数目的节点，但是性能却比 HUB 好多了。图 11-2 为一个网桥模型。

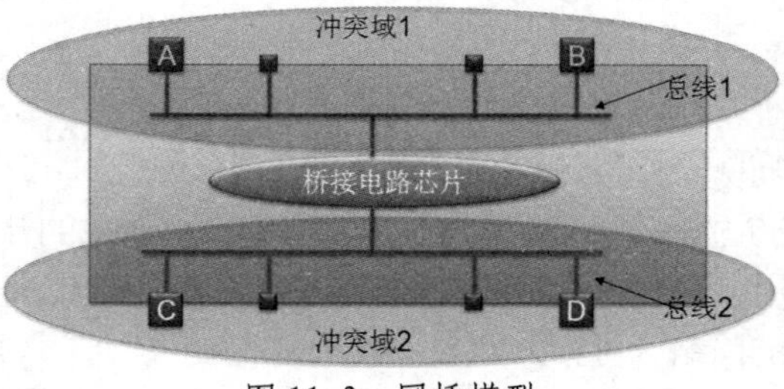

图 11-2　网桥模型

如图 11-2 所示，节点 A 与 B 在总线 1（冲突域 1）中，总线 1 与总线 2 是隔离的，如果 A 与 B 通信，则只会在总线 1 上节点，A 与 B 通信的同时，总线 2 上的 C 与 D 也可以通信。这样，每个冲突域中所包含的节点数目降低了，所以相对 HUB 来说提高了性能。

但是如果 A 想与 D 通信，怎么办呢？毫无疑问，桥接芯片必须将 A 发出的数据帧从总线 1 复制到总线 2 上；反之亦然。那么，桥接芯片如何知道某个数据帧是 A 发送给 D 的，而不是 B 的呢（A 发送给 B 的数据帧不能被复制到总线 2，否则就和 HUB 一样了）？显然，桥接芯片必须对数据帧进行分析，分析其中的目的 MAC 地址，如果某个数据帧的源节点在总线 1 上，其目的 MAC 地址对应的节点也在总线 1 上，那么芯片就不会复制这个数据帧到其他总线，但是如果目的 MAC 对应的节点与源节点不在一个总线上，则桥接芯片会将这个数据帧转发到目的节点所在的总线，从而让目的节点收到。

为了做到这一点，网桥必须知道某条总线上到底包含了哪些 MAC 地址，这样才能做到根据目的 MAC 与总线的对应关系来决定某个数据帧是否需要转发，转发到哪条总线。桥接芯片是通过动态学习来填充“MAC－总线”对应表的。

每当总线上有数据帧通过，桥接芯片就去提取它的源 MAC 地址，放入对应表中（已经存在的记录将会忽略）。比如，当网桥刚刚加电的时候，这张对应表是空的。这时总线 1 上的 A 向 B 发送了一个数据帧，因为是共享总线，所以桥接芯片也会同样收到这个帧，网桥立即提取这个帧中的源 MAC 地址，假如这个 MAC 值为：00-40-D0-A0-A3-7D，就向表中填入一条“00-40-D0-A0-A3-7D bus1”，这表示 bus1 总线上，有一个 MAC 地址为 00-40-D0-A0-A3-7D 的节点连接着。同样，所有总线上所收到的源 MAC 地址都会被记录到表中。如果从总线 1 上收到一个数据帧，经过查表发现其目的 MAC 在另一条总线上，则网桥将这个帧转发到那条总线。如果某个帧的目的 MAC 还没有被网桥学习到，也就是说网桥不知道这个 MAC 在哪个总线，则网桥便向除发送这个帧的总线之外的其他总线转发这个帧，直到学习到这个 MAC 条目。

强调：网桥并不记录到底是哪个端口所连接的节点具有这个 MAC，因为根本没有必要记录端口信息，数据帧只要进入这条总线，这条总线上所有端口下连接的节点就都会收到数据，只记录“总线－MAC”统计表即可，所以没有必要记录“端口－MAC”表。

11.3　交换式以太网

HUB 是一锅粥，网桥也好不到哪里去，只不过把这一锅大粥分成了多锅小粥而已。

随着硬件技术的提高，交换式以太网出现了。交换式以太网利用交换机替代了网桥。其实交换机也是一种网桥，一种特殊的网桥。普通网桥中，每个端口组（冲突域）中有不止一个端口，而交换机中，每个端口组中只有一个端口，也可以这么说，交换机上的每个端口都独占一条总线。这样交换机彻底隔离了冲突域，而不是仅仅减小了冲突域，也就是说，交换机的每个端口下都是一个独立的冲突域。

此外，交换机内部芯片，也不再被称作桥接芯片，而改成交换芯片。网桥芯片学习并记录“MAC-总线”对应表，那么顺藤摸瓜，交换机既然每个端口独占一个总线，理所当然的，交换芯片学习并记录的就是“MAC-端口”对应表。

交换机是以太网的最终实现形式。端口之间不再是共享总线通信，而是可以在任意时刻、任意两个端口之间同时收发数据。

HUB 是没有大脑的，只有一个中继器。网桥进化出了大脑，但是智商不高。而交换机则拥有高智商的大脑和极快的运算速度。图 11-3 便是一个交换式模型。

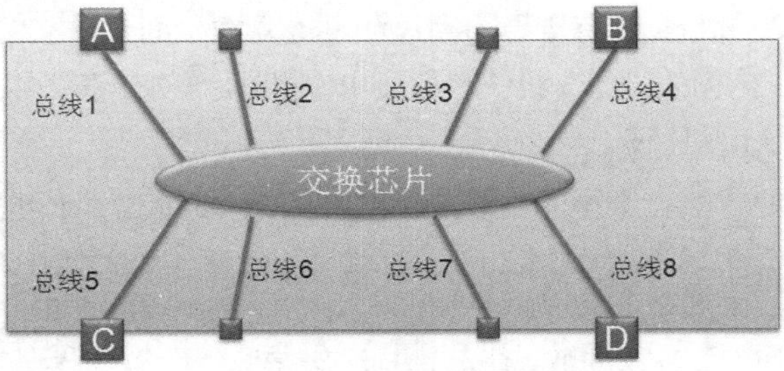

图 11-3　交换式以太网模型

11.4 TCP/IP 协议

以太网的出现，给系统间互联提供了方便的方式。每个节点安装一块以太网适配器，上层程序只要将要发送的数据以及数据要到达的目的 MAC 地址告诉以太网卡，数据就可以通过以太网传输到目的，完成通信过程。

但是实际中，以太网并不是直接被应用程序使用来收发数据的。究其原因，就是因为以太网是一个没有传输保障机制的网络。首先以太网设备不会对数据帧进行校验纠错等措施。其次以太网设备一旦由于数据交换量过大，就可能造成缓冲区队列充满而主动丢弃数据帧，而且丢弃数据帧的同时，不会有任何措施来通知发送方。所以，以太网是一个不可靠的网络。应用程序如果直接调用以太网来发送数据，则必须忍受丢失数据的风险。

为了解决以太网的这个弱点，人们在以太网之上，增加了一个层次，在这个层次上，人们实现了以太网所不具有的功能。运行在这个层次上的程序，用了很多复杂的机制来保证发送给以太网适配器的数据包能够成功地到达对方，如果中途发生丢包现象，则本地会通过超时未得到确认等机制来重新发送该数据包。而应用程序由原来的直接调用以太网接口，改为调用这种位于以太网上层的新程序接口从而获得可靠的数据收发。

运行在这个新层次上的协议有很多，如 NetBEUI、NetBIOS、IPX、TCP/IP 等。这些协议，其下层调用以太网提供的服务，上层则向外提供新的调用接口，向应用程序提供可靠的网络传输服务。

在这些协议中，TCP/IP 以其广谱的适用性、良好的性能以及能够良好地在超大规模网络上运行等优点，迅速地得到了普及，成为 Internet 网络所使用的通信协议。

11.4.1 TCP/IP 协议中的 IP

到 MAC 这一层，以太网已经实现了 OSI 的下三层，即物理层、链路层和网络层。以太网也只跨越了这 3 层，从第四层到第七层，以太网没有涉足（现在普遍认为以太网只作用到链路层，这是一个错误观点。造成这种误解的原因，是以太网一旦与 TCP/IP 结合，便沦落为 TCP/IP 协议的链路层，其第三层地址被以太网的 IP 所映射掉了，所以掩盖了其第三层的元素）。

由于以太网的天生弱点，使它不得不选择与 TCP/IP 协议合作，求助 TCP/IP 协议向上层应用程序提供可靠传输保障。由于主动权完全掌握在 TCP/IP 手中，所以 TCP/IP 向以太网提出了一个非常过分的要求，即以太网要想占有市场一席之地，就必须将 MAC 地址隐藏掉，对外统统用 TCP/IP 家族的新一代地址：IP 地址。以太网委曲求全，不得不同意这个要求。

其实，TCP/IP 提出这个要求不是故意难为以太网。因为除了以太网之外，还有很多其他类型的联网方式。而以 TCP/IP 在业界的权威性，其他网络都求助于 TCP/IP 来将它们融入市场以分一杯羹。而几乎每种联网方式都有自己的编址和寻址方式，面对这么多种地址，TCP/IP 只好快刀斩乱麻，将这些五花八门的地址，统统映射到 IP 地址上，对外统一以 IP 地址作为编址方式。

下面简单介绍一下 ARP 协议。

既然 TCP/IP 宣称要将所有类型的地址全部统一到 IP 地址，那么也就意味着，网络中的每个节点，都必须配备一个 IP 地址，节点之间相互通信的时候，也要使用 IP 地址。但是，数据帧最终是通过底层的网络传输设备来转发的，如以太网交换机。而以太网交换机是不理解 IP 地址的，它只能分析数据帧中特定偏移处的 MAC 地址，从而做出转发动作。所以，必须有一种机制，来将 IP 地址映射成底层 MAC 地址。

ARP 协议就是专门用来处理一种地址与另一种地址之间相互映射的一种机制。ARP 协议运行在每个网络设备上，将一种地址映射成底层网络设备所使用的另一种地址。

对于 ARP 协议，本书不再作具体描述。

11.4.2　IP 的另外一个作用

IP 层还有一个作用，就是适配上下层，给链路层和传输层提供适配。适配了什么，怎么适配的呢？我们知道链路层有 MTU 的概念，也就是链路最大传输单元，即每帧所允许包含的最大字节数。

> **提示：**第 7 章中描述过，链路层就类似于司机和交通规则，要对货车的载重、车型大小有要求，如这条路承受不了多重的车，每辆车不能拉超过多高的货物等。如果客户给的货物太大、太重，不能一次运过去，那么只能把货物分割、分次运送，到达目的地后，再组装起来。这个动作由 IP 层程序来做。也就是 IP 根据链路的 MTU 值来分割货物，然后给每个分割的货物块贴上源和目的 IP 地址、顺序号，以便在货物块到达目的地后，利用顺序号来重新合并成完整的一件货物。

货物被分割成块后都需要被路由转发一次，然而路由器每次选择的路径不一定都一样，而且每个块都需要由司机运送，司机驾驶水平、速度不同（链路层），就难免会有些先到、有些后到，所以到达目的地后很有可能乱序。此时就要用到顺序号了，这个号码是根据货物被分割处相对整个货物起点的距离（Offset，偏移量）而制定的。根据这个号，等所有货物块到达目的之后，对方的 IP 程序就会根据这个号码将零散的块组装起来。

> **强调：**每个货物块都携带 IP 头部，但是只有第一块携带 TCP 或者 UDP 头部，因为传输层头部是在应用数据之前的，IP 分割的时候，一定会把传输层头部分割在第一块货物中。

11.4.3　TCP/IP 协议中的 TCP 和 UDP

TCP/IP 协议其实包含了两个亚层，IP 是第一个亚层，也就是用来统一底层网络地址和寻址的亚层。第二个亚层，就是 TCP 或者 UDP，在逻辑上它们位于 IP 之上。

TCP 的功能，就是维护复杂的状态机，保障发送方发出的每个数据包，都会被最终传送到接收方，如果发生严重错误，还会向上层应用反馈出错信息，从而保证应用层逻辑的无误和一致性。

而 UDP 的功能，则可以理解为是 TCP/IP 对以太网的一种透传，即 UDP 是一个没有传输保障功能的亚层，除了 UDP 可以提供比以太网更方便的调用方式外，其他方面没有什么本质区别。也许是因为 TCP/IP 协议觉得 TCP 的逻辑太过复杂，所以提供了一种绕过 TCP 复杂逻辑而又比以太网更加方便调用的方式，即 UDP。

TCP/IP 协议向上层应用程序提供的调用接口称为 Socket 接口，即“插座”接口。这也体现了 TCP/IP 想让应用程序更为方便地使用网络，就像将插头插入供电插座而接入电网一样使用计算机网络。

基于 TCP/IP 有很多应用层协议，这些协议必须依赖 TCP/IP 协议，比如：Ping、Trace、SNMP、Telnet、SMTP、FTP、HTTP 等。这些应用程序，加上它们所依赖的 IP、TCP 和 UDP，然后加上物理层链路层（以太网等），一并形成了 TCP/IP 协议簇。

1. TCP 协议

第 7 章中说过，TCP 就是一个押运员的角色，也就是由它把货物交给 IP 做调度的。货物最初是由应用程序来生成的，应用程序又调用 Socket 接口来向接收方发送这些货物。应用程序通知 TCP/IP 去特定的内存区域将数据拷贝到 Socket 的缓冲区，然后 TCP 再从缓冲区将数据通过 IP 层的分片后，从底层网络适配器发送到网络对端。

TCP 通过 MSS（Max Segment Size）来调整每次转给 IP 层的数据大小。而 MSS 的值完全取决于底层链路的 MTU 值。为了避免 IP 分片，MSS 总是等于 MTU 值减掉 IP 头，再减掉 TCP 头之后的值。这样 TCP 发送给 IP 的数据，IP 加入 IP 头之后，恰好就等于底层链路的 MTU 值，使得 IP 不需要分片。

强调：既然货物的大小要匹配 MTU，那为什么不直接让 TCP 把分割好的货物给 IP 呢？

TCP 其实很想这么做，但是它很难做到，因为 TCP 是个端到端的协议，也就是说，只有通信的最终端点维护着 TCP 状态信息，途经的各个其他设备一概不知道。如果两个端点所处的局域网都是以太网，但是途经一段串口链路，假设串口 MTU 为 576B，以太网 MTU 为 1500B，那么双方在 TCP 握手的时候会互相通告自己的 MSS，因为是端到端协议，不关心途经的设备和链路，那么它们都认为自己和对方都处在以太网中，所以互相都通告自己的 MSS 值为 1460B（最大分段大小，等于出口 MTU 减去 IP 头和 TCP 头的开销）。

这样，TCP 给 IP 的货物大小就是：1460+TCP 头=1480B，然后加上 IP 头传输出去。一旦这个数据包到达了串口链路，则串口链路两端的 IP 层必须根据串口链路的 MTU，对（1480+串行链路协议头）字节的数据包进行分片，将数据包分成多个 576B 的数据帧（最后一帧大小可能小于 576B），从而在串口链路上传输。所以 TCP 的 MSS，在广域网传输时基本派不上用场。不过，有机制可以探测到途经链路上的最小 MTU 值，TCP 参考这个链路最小 MTU 值所得出的 MSS 值，这时是很有价值的。

在 Windows 系统中，每块网卡的 MTU 大小其实是可调的，但是只能调节到比网卡所连接到的以太网交换设备所允许的最小 MTU 值还小才可以，如果调节到大于这个值，则会造成数据丢失以及不可知的莫名错误。Windows 中是通过注册表中以下的键值来调节 MTU 大小的：

```
HKEY_LOCAL_MACHINE\SYSTEM\ControlSet003\Services\TCP/IP\Parameters\Interf
aces\{接口编号}\MTU
```

图 11-4 是一个 TCP 握手过程中，发起连接端在 TCP 头的 option 字段中给出了本地 TCP 的最大 MSS 值（本地网络适配器最大 MTU 值减去 40B）。本例中由于 MTU 值被配置成了 1300B 而不是默认的 1500B，所以造成 TCP 通告 MSS 值为 1260B。

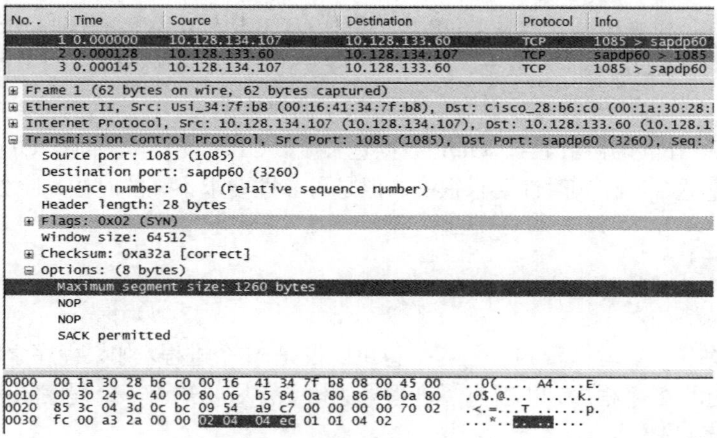

图 11-4 TCP 握手过程中的一个包

TCP 将上层应用的数据完全当作字节流，不对其进行定界处理。TCP 认为上层应用数据就是一连串的字节，它不认识字节的具体意义，却可以任意分割这些字节，封装成货物进行传送，但是必须保证数据的排列顺序。

比如，上层应用要传输 123456789 这 9 个数字，TCP 可以一次发送这 9 个字节的内容，也可以每次发送 3 个字节，分 3 次发完，或者，上层放到货仓中 1、2、3 三个数据，TCP 有可能将这 3 个数据打包一次发送（nagel 算法），TCP 的这些动作，上层都是不知道的。但是，对于 123456789 这 9 个数字，如果接收端先收到 1、2、3 这三个数字，4～9 还没有被接收到，而当只有应用程序完全接收到这 9 个数字才会认为数据有意义时，应该怎么办呢？

要解决这个问题，就得完全靠上层应用程序。比如，可以在一个消息头部增加一个定长字段，表示这个消息的长度，比如在 123456789 之前增加一个（9），变成（9）123456789，那么程序一旦接收到（9），就能判断出接下来要连续接收 9 个字节才有意义，如果某时刻只接收到了 1、2、3，应用程序便会将数据缓存起来，然后等待后面的 6 个数字。

如果 TCP 从（9）处分割了数据流，怎么办？比如分割成“（”和“9）123456789”两段数据，那么此时接收方应用程序接收到“（”这个字符，就会不理解其意义，这样就要求应用程序必须有缓存，把 TCP 交上来的数据流放到缓存中，然后自行合并成有意义的数据后再作处理。

TCP 把上层的数据看作一些无关联逻辑的数据流，它不会感知到消息与消息之间的定界符。消息和消息之间的界限需要完全由应用程序自行分析。接收端和发送端的 TCP 都保存一个缓冲区（货仓），发送和接收的数据都存放在货仓中，接收方 TCP 货仓中的数据，每次被应用程序一次性取出到应用程序自己的缓冲区，应用程序再从应用缓冲中将数据流连接成有意义的数据进行处理。

一句话，TCP 是把上层数据“分段”，IP 是把 TCP 分好的段再“分片”（如果这个段大于 MTU），IP 到达目的之后会把每个分片合并成一个 TCP 的“分段”，提交给 TCP，然后 TCP 就直接存放到货仓，顺序排放，不管上层消息间的分界。

2. UDP 协议

UDP 和 TCP 不同，TCP 是孙悟空，那么 UDP 就是猪八戒。UDP 只是被动地起到一个 IP 和上三层之间的接口作用，UDP 没有传输保障机制，出错后不会重传，不需要保持重传缓冲和复杂的定时器、状态机等机制，而且 UDP 也不会像 TCP 那样把数据流按照 MSS 分段，UDP 统统不理会。用户传给 UDP 多大的数据，它就一次性发送出去，适配 MTU 的工作完全由 IP 来做。

UDP 没有握手机制，想发就发，发完就不管了。正因为 UDP 这么简单，所以 UDP 头部只有 8 字节长，包括目的和源端口号、UDP 数据包长度、UDP 校验和。而且 UDP 相对 TCP 效率高了很多。所以它适合用在实时性要求很高，但是可靠性要求不高的时候，比如实时视频流、音频流服务等。

3. 端口号

计算机操作系统上，运行着 N 个程序，也可以说是 N 个进程。如果程序之间需要相互通信，就需要用号码来标识各个程序，也就有了进程号的概念。只要知道一个程序的进程号，就可以用这个区分其他程序。

同一台计算机上程序之间的通信，一般是在内存中直接通信的。如果两台计算机上的两个程序之间需要通信，虽然也可以通过高速网络将两台计算机的内存共享，但是这种网络的成本很高。而普通网络能做到的，只能用另外一种方式，即先将消息通过网络发送到另一个计算机，然后让接收到消息的计算机来选择把这个消息发给其上运行的对应的程序。

要这样做，接收方的操作系统中的 TCP/IP 协议就一定需要知道某个数据包应该放入哪个应用程序的缓冲区，因为同一时刻可能有多个应用调用 Socket 进行数据收发操作。为了区分开正在调用 Socket 的不同应用程序，TCP/IP 协议规定了端口号的概念。任何一个应用程序在调用 Socket 的时候，必须声明连接目的计算机上 TCP/IP 协议的那个端口号。

11.5 TCP/IP 和以太网的关系

强调：很多人把 TCP/IP 和以太网硬性关联起来，认为 TCP/IP 就是以太网，或者以太网就是 TCP/IP，这种思想是完全错误的。

TCP/IP 是一套协议体系，以太网也是一套协议体系，它们之间是相互利用的关系，而不是相互依存的关系。

TCP/IP 协议并不像以太网一样有其底层专门的硬件，但是它可以租用一切合适的硬件来为它充当物理层和链路层的角色。除了以太网交换机，TCP/IP 甚至可以用无线电波、红外线、USB、COM 串口、ATM 等作为其物理层和链路层。

以太网给 TCP/IP 充当了链路层，不一定代表它只能作用于链路层。以太网有自己的网络层编址和寻址机制，它有网络层的元素。各种联网协议都有自己的层次，都在 OSI 模型中有自己的定义，只不过 TCP/IP 协议在网络层和传输层的功能应用得太广泛了，所以 OSI 的第三层和第四层，几乎就是被 TCP/IP 协议给统治了，其他协议虽然也占有一席之地，但是相比 TCP/IP 的光辉就暗淡了许多。另外，TCP/IP 没有统治链路层和物理层，在这两层中，就是其他协议体系的天下，所以 TCP/IP 只能"租用"其他底层协议（比如以太网），来完成 OSI 开放系统互联的任务。

这就是 PoP，意即 Protocol over Protocol。PoP 的思想，到处可见，因为没有人可以统治 OSI 的全部 7 层，毕竟需要大家相互合作。

提示：关于 PoP 的具体分析，在本书后面的章节中会讲到。

第12章

异军突起——存储网络的新军 IP SAN

- TCP/IP
- 以太网
- SAN
- PoP

TCP/IP 协议可谓出尽了风头，不仅统治了 Internet，就连局域网通信，人们也愿意使用高开销的 TCP/IP 协议，可算是给足了它面子。

TCP/IP 的买卖越做越大，吞并收购，不断涉足新领域，甚至连家用电器都想接入 IP 网络。而偏偏有一位愣是坚持不给 TCP/IP 面子，这就是大名鼎鼎的 FC 大侠。十几年来，TCP/IP 在江湖上可谓是叱咤风云、前呼后拥、一呼百应，听惯了恭维话，看惯了鞠躬人。但是唯独 FC 大侠从来没正眼看过它一次，TCP/IP 心里窝火啊！

12.1 横眉冷对——TCP/IP 与 FC

FC 大侠既然敢和 TCP/IP 叫板，肯定有自己的拿手本领。

首先，FC 在家底儿上就占了上风，FC 是正儿八经的世家，四世同堂（OSI 下四层都有定义）。而 TCP/IP 就两辈人（网络层和传输层），好不容易整了个后代还是收养的（租用以太网等其他底层传输网络）。

其次，FC 目前普遍能跑出每秒 4Gb/s 的速度，以太网每秒 100Mb/s 的速度算正常，1Gb/s 的速度算超常发挥，10Gb/s 的速度还正在修炼之中。

再次，TCP/IP 办事拖泥带水，笨重不堪。瞧瞧 TCP/IP 的那个大头（TCP 和 IP 头开销合起来要 40B），下雨都能当伞用。FC 的脑袋只有 24B。以太网交换机 MTU 一般为 1500B，FC 交换机则超过 2000B，传输效率上也高过以太网。

正由于这些原因，服务器和存储都愿意走 FC 的道儿。

老 T（TCP/IP）心里一琢磨，虽然俺家业不如 FC 大，跑得不如它快，长得也比它胖，但俺也不是一无是处啊！

首先，俺广结天下良友，江湖各处都有俺的分号。

其次，俺便宜，给钱就让走。且俺的好兄弟以太网，几乎有网络的地方，一定少不了它。

再次，那 FC 也不是神仙，走它的道毛病太多，兼容性差，扩展性差，而且费用太高。就凭这三点，不信斗不过 FC。

老 T 陷入了久久的沉思之中……

12.2 自叹不如——为何不是以太网+TCP/IP

以太网可寻址容量很大，甚至比 IP 的地址容量都要大，是 IP 的 2 16 倍。而其地址是定长的，且使用专用电路完成交换动作。以太网除了双绞线之外，还可以用光纤进行传输。最重要的一点就是以太网非常廉价、部署简单。一个普通 16 口 100Mb 以太网交换机，只需要一两百元左右。而一个 16 口的 FC 交换机得上万元，还没有算上适配光纤的 SFP 适配器的费用。

但是，以太网与 FC 网络比起来，也有其先天不足之处。

第一，速度方面，以太网目前只普及到 1Gb/s 的速度，虽然 10Gb/s 以太网络已经开发出了成品，但是离完全普及还需要一段时间。而 FC 已经普及到了 4Gb/s 的速度，且 8Gb/s 和 10Gb/s 速度的 FC 接口标准也正在制定当中。

第二，以太网是一个不可靠的网络，它不是一个端到端的协议，不管源和目的的状态，只是一味地向接口上塞数据，这也是下层协议的普遍特点。即使对方缓冲将满，以太网还是照样往链路上塞数据，而不会有所减慢。一旦接收方缓存充满，随后的数据帧就会被自动丢弃而不会向上层通告。所以，以太网必须依靠一种提供可靠传输机制的上层协议才能达到可靠传输。

强调：Disk SAN 是唯一一个没有被以太网攻克的领域。最大的原因其实就是因为以太网的速度相对 FC 来说慢了太多。

以太网仿佛总是慢了一步。FC 速率普及到 1Gb/s 的时候，以太网才刚刚普及到 10Mb/s 的速率，而且还是 HUB 总线式以太网。而当 FC 普及到 2Gb/s 速率的时候，以太网也刚刚普及到

100Mb/s。直到目前，以太网才普及到 1Gb/s 速率，而 FC 已经普及到 4Gb/s 了。

以太网即使是依靠了 TCP/IP 协议提供的传输保障机制，也难敌 FC 协议。总之，目前来说，FC 协议在性能方面处处比 TCP/IP+以太网强。

12.3 天生我才必有用——攻陷 Disk SAN 阵地

老 T 深知，自己再怎么修炼，也不可能在速度和性能上与 FC 正面交锋。在江湖中摸爬滚打了这么多年，老谋深算的老 T 决定避开自己的这些短处不谈，发扬自己的长处，将 Disk SAN（相对于 NAS SAN）这个阵地攻陷。

俺老 T 不管是论品相还是论才能，都不输给 FC。既然 SCSI 能嫁给 FC，它就没有理由对俺不动心。老 T 开始做白日梦，憧憬着与 SCSI 成亲后的种种。

老 T 经过一段时间的摸索和实验，终于设计出了一套新协议系统，称其为 iSCSI，即 Internet Small Computer System Interface。即在这种协议中，SCSI 语言甚至可以通过 Internet 来传递，也就是承载于 TCP/IP 之上。

由此可见其扩展性是非常高的。只要 IP 可达，则两个节点之间就可以通过 iSCSI 通信。也就是说，位于中国的一台主机，可以通过 iSCSI 协议从 Internet 访问国外的存储空间。既然 iSCSI 协议是利用 TCP/IP 协议来传输 SCSI 语言指令，那么在通信的双方就一定需要先建立起 TCP 的连接。与 FC 协议类似，iSCSI 将发起通信的一方称为 Initiator，将被连接端称为 Target。一般来说，Initiator 端均为主机设备，Target 端均为提供存储空间的设备，比如磁盘阵列。

老 T 拿着设计蓝图找到了 SCSI 协议，并且成功取得了 SCSI 的芳心。于 2004 年 4 月份完婚，并且领到了结婚证，编号为 RFC3720。

两人并肩携手，成功游说了一批磁盘阵列生产厂商在其产品上尝试着实现 iSCSI 协议。

提示：正如本书第 10 章中所说的，既然 SCSI 语言及数据可以用 FC 协议传递，文件系统语言可以用以太网传递，那么 SCSI 语言当然也可以用以太网传递。

iSCSI 既然要利用 TCP/IP 来传输 SCSI 协议指令和数据，那么就必须将自己作为调用 TCP/IP 这个传输管道的一个应用来看待。大家都知道在浏览器中输入“http://1.1.1.1”或者“http:/1.1.1.1:80”，就表示让浏览器对 IP 地址为 1.1.1.1 的这台服务器上的 TCP/IP 传输管道的 80 号端口发起 http 请求，也就是浏览网页。同样，如果是 telnet 这个应用，那就要连接对方的 23 端口。所谓“端口”，就是被 TCP/IP 协议用来区分每个从管道中传出去或者收进来的数据包，到底是哪个上层应用的，哪个应用在“监听”某个端口，那么 TCP/IP 就将对应的数据包（数据包中含有端口号信息）发送到这个应用对应的缓冲区，正因为 TCP/IP 是个公用传输通道，谁都可以利用它来可靠地传输数据到网络另一端，所以才会用“端口号”来区分不同的发起数据传输的应用。

同样，iSCSI 也要监听 3326 这个端口号。SCSI 指令和数据，作为“客人”，需要被 TCP/IP 这架“飞机”运载到目的地，SCSI 本身并不关心也不想去关心诸如从哪个登机口（端口号）登机、行李托运、安检、海关交涉等一系列问题，于是需要有一个代理或者说引导者来完成这些动作，这个角色就是 iSCSI Initiator 和 iSCSI Target。

早期的 SCSI 协议体系其实从物理层到应用层都有定义的，网络层也有定义，比如一条总线最大 16 个节点，每个节点有 Target 模式和 Initiator 模式，但是后期 SCSI 体系的下四层被其他协议取代，iSCSI+TCP/IP+以太网相当于取代了下四层，所以 SCSI 上三层不需要自己去发现网络里的节点和 Target 了，这些都由 iSCSI 这个代理去完成。

首先 iSCSI Target 端运行在存储系统一侧或者说想要共享自己的磁盘空间让别人访问的那一侧，其作用是接收 iSCSI Initiator 端传输过来的 SCSI 协议指令和数据，并将这些指令和数据转交给自己这一侧的 SCSI 协议栈（其实是 Class Driver 或者 SCSI Middle Layer）处理。iSCSI Initiator 端运行在想要获得存储空间的主机一侧，其目的是向 iSCSI Target 端发起连接，并传输 SCSI 指令和数据。在 iSCSI Initiator 端程序中需要配置所要连接的 iSCSI Target 端的 IP 地址（或者使用一种叫做 iSNS 的服务动态自动配置来发现 iSCSI Target），iSCSI Initiator 会主动向这些 IP 地址的 3326 端口号发起 iSCSI Login 过程（注意这个动作不是 SCSI 协议定义的，完全是 iSCSI 这个代理程序自己定义和发起）。Login 过程的交互细节此处不做细表，iSCSI Target 端响应 Login 之后，双方在 iSCSI 层就连通了。iSCSI 连通之后，Initiator 会主动向 Target 发起一个 SCSI Report Lun 指令，Target 便向 Initiator 报告所有的 Lun 信息，拿到 Lun 列表之后，Initiator 端主动发起 SCSI Inquery Lun 指令查询每个 Lun 的属性，比如设备类型（磁盘、磁带、光驱、打印机等等）和厂商之类，然后 Initiator 端便向 OS 内核注册这些 Lun（这里要注意一下，这两条 SCSI 指令是 Initiator 固化的，不需要经过其上层的 SCSI 层）。OS 内核便针对每个 Lun 加载其各自的驱动（Windows 下就是 Class Driver，Linux 下就是 Block Driver/Tape Driver 等），在对应的/dev/下生成各自的设备。所以，iSCSI Initiator 其实是一个虚拟的 Port Driver，其通过调用 TCP/IP，TCP/IP 再继续调用底层网卡的 Port Driver 实现数据发送。

FC 也是一个网络，也是替代了传统 SCSI 协议栈的下四层，FC 也不是为了专门承载 SCSI 协议才被发明的，那么利用 FC 网络发送 SCSI 协议的那个应用程序或者说角色是什么？就是俗称 FCP 的一个协议，相当于 FC 体系下的一个应用，也就类似 TCP/IP 体系下的 FTP、Telnet 等。FTP 要发起连接传文件，首先要向对方的 TCP 端口号 21 发起连接，同样，利用 FC 传输 SCSI 指令的 FCP，同样也需要向对方 FC Target 端某个特定端口号发起连接，FC Target 端的某个程序正在监听这个端口的一切动作。那为何主机端不需要安装 FCP Initiator 程序呢？其实 FCP 的 Initiator 程序就是集成在了 FC 适配卡的驱动里了，因为 FC 的 HBA 卡目前来讲专门分配给存储用，所以直接集成到驱动里，不需要额外安装，而以太网则不同，厂商不可能自带 iSCSI Initiator 或者 Target 程序，所以一般都是独立开发独立安装。另外，FC 协议也像 TCP/IP 协议一样有类似“端口号”的概念，只不过没有像 TCP/IP 这样被广为人知罢了，所以用 FC 承载任何上层应用都是可以的，当然，需要你自己去开发了。同样，SAS 网络里也是这样一套运作流程，利用 SAS 网络承载 SCSI 协议，需要 SSP 发起端和目标端，同样，也被集成到了驱动里。

12.4 iSCSI 交互过程简析

以下所有实例均为 Windows XP 操作系统环境，抓包软件为 WireShark 0.99。

12.4.1 实例一：初始化磁盘过程

图 12-1 ~ 图 12-6 所示的 Trace 结果是在 Windows XP 中，初始化一块通过 iSCSI 协议提交上来的 LUN 磁盘的过程中抓取的。在 Windows 初始化一块新磁盘的过程中，会对磁盘进行查询以及修改其 MBR。下面就来分析一下具体的动作。

图 12-1 中包含了 Frame1 ~ Frame8。

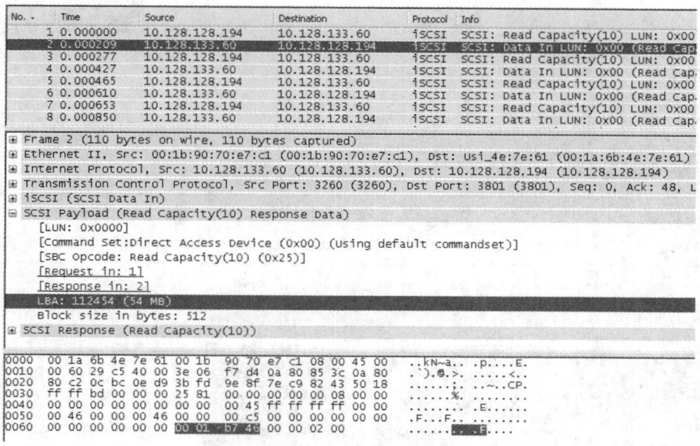

图 12-1　初始化磁盘的过程

关键帧分析

Frame1～8：ISCSI Initiator 端（主机端）首先向 LUN（ISCSI Target）发起 Read Capacity 指令来读取此 LUN 的容量信息。在 Target 返回的数据中，可以看到这个 LUN 共包含的 LBA 数为 112454 个，总容量为 54MB（112454×512÷1024÷1024）。主机连续对 Target 发出了 4 次 Read Capacity 指令，这也是程序上的设计，可能是为了充分保证读取到的容量是准确无误的。

图 12-2 包含了 Frame9～Frame10。

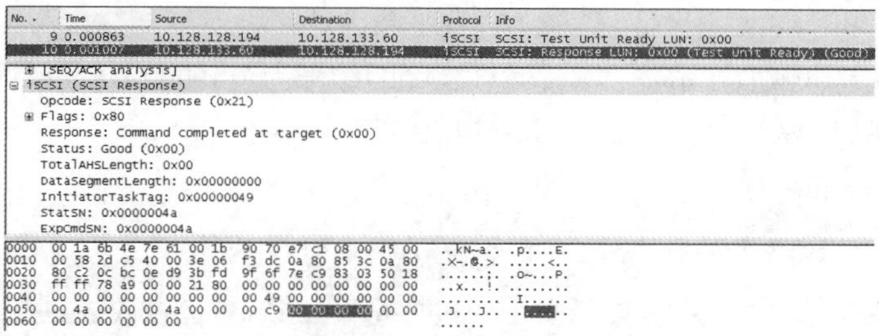

图 12-2　Test Unit Ready

Frame9～10：主机在读取完 Target 端的容量信息之后，便发起了一个 Test Unit Ready 指令来探寻 Target 端是否处于可工作状态或已经准备就绪。第 10 帧是 Target 对主机的响应。

图 12-3 包含了 Frame11～Frame13。

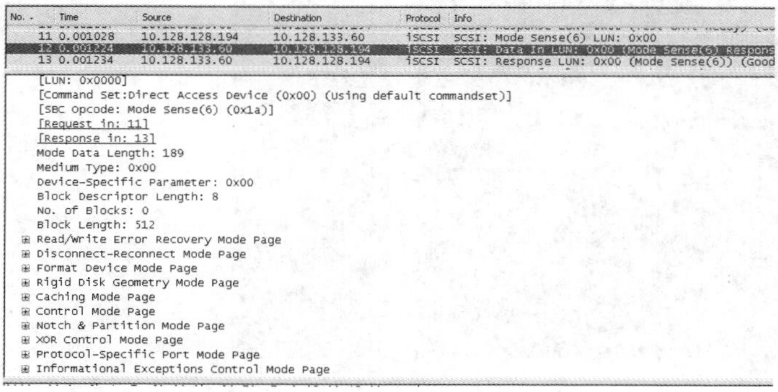

图 12-3　Mode Sense

Frame11～13：主机向 Target 发出了 Mode Sense 指令，用来查询 Target 在 iSCSI 处理逻辑以及物理上的相关参数。Target 在第 12 帧中返回了结果。

Frame14 为 TCP 底层的 ACK，不必深究。

图 12-4 中包含了 Frame15～Frame16。

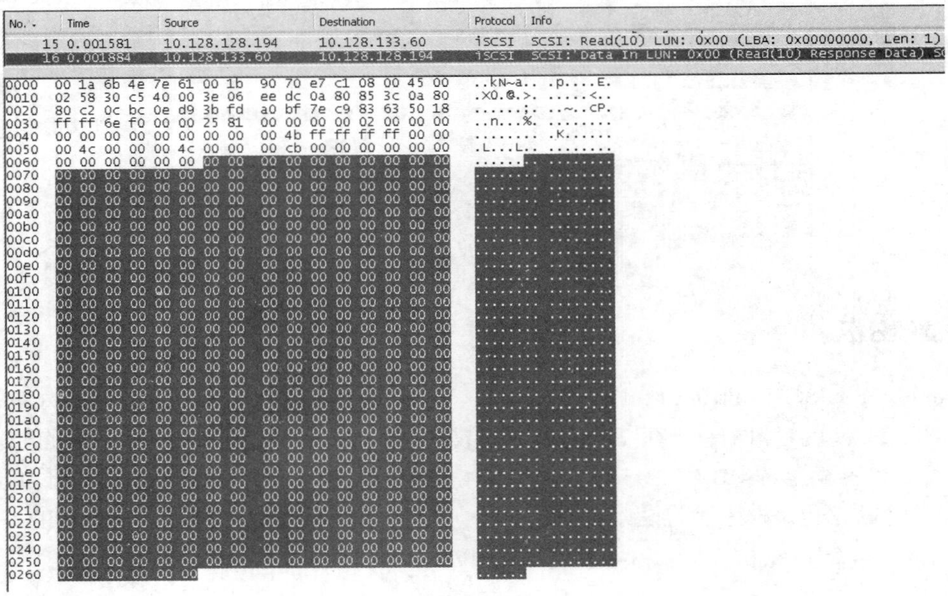

图 12-4　读取 LBA0

Frame15～16：主机读取 Target 的第一个 LBA，即编号为全 0 的 LBA，这个 LBA 也就是 MBR 扇区。从数据内容中可以看出，新磁盘的这个扇区的内容是全 0。

图 12-5 中是 Frame17。

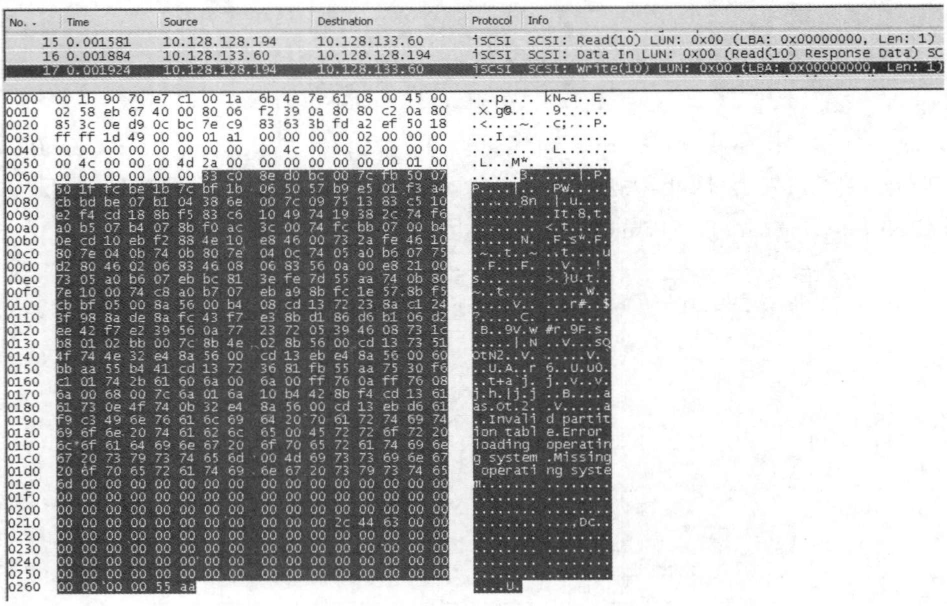

图 12-5　写入 MBR

Frame17：主机向 Target 的 0 号 LBA 写入了数据，也就是将一些必要信息写入了 MBR。

图 12-6 中包含了 Frame18～Frame57。

Frame18～57：在写入 MBR 之后，主机又接连多次发出 Read LBA0、Read Capacity、Write LBA0、Test Unit Ready 指令。在最后一个 Test Unit Ready 指令发出并获得返回数据之后，磁盘初始化完毕。此时没有数据包交互了。

对磁盘分区、格式化等操作过程，这里就简单地介绍这么多。有兴趣的读者可以自行实验。

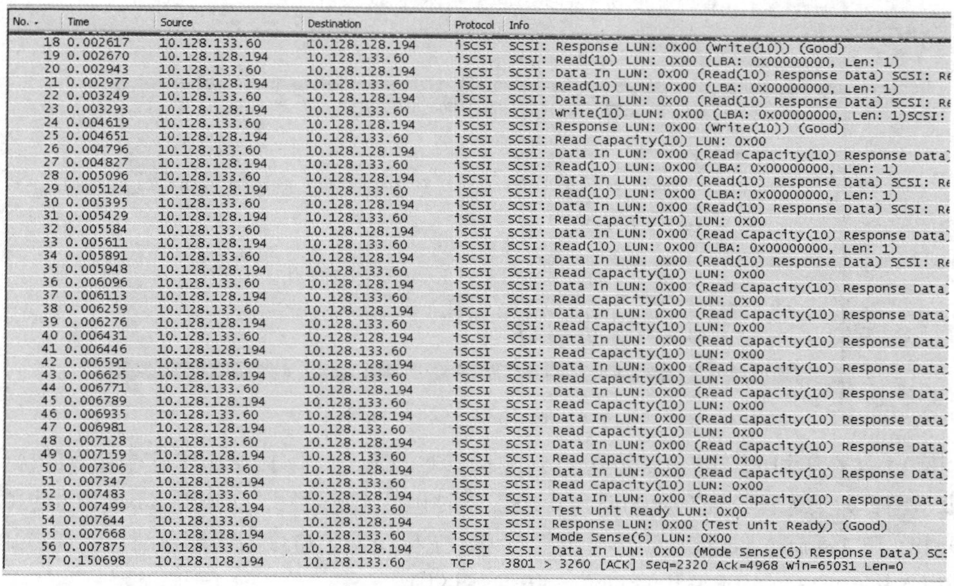

图 12-6　多种指令再次读写

12.4.2　实例二：新建一个文本文档

在图 12-7 所示的 10.128.134.107 这台主机通过 TCP/IP 网络与 10.128.133.60 那台磁盘阵列通信，并在磁盘阵列的一个 LUN 中建立了一个新文本文件。图 12-7 所示为主机与磁盘阵列交互数据的过程。

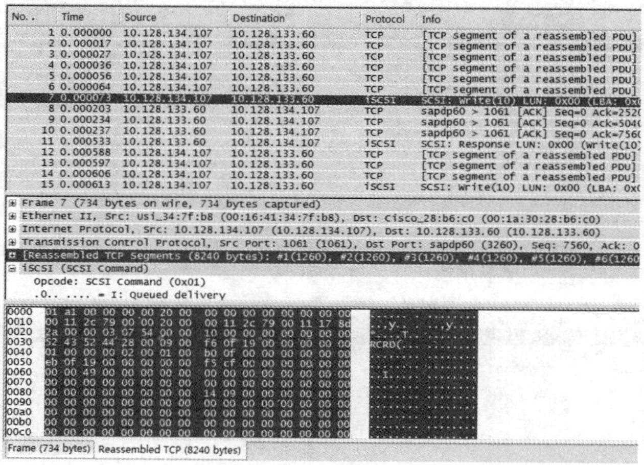

图 12-7　一次写 IO

前 7 个数据帧所包含的 Payload 字节数为 8240。这 8240 个字节，就是主机向磁盘阵列所发送的一次写 IO。协议分析软件自行判断了数据帧中的协议，并定界分析了前 7 个数据帧为一次 iSCSI 的写动作。这 8240 个字节，其实就是 iSCSI 协议模块通过一次 Socket 调用 TCP/IP 协议向外发送的字节，而 TCP 根据 MSS 值，又将 8240B 的数据分割成了 7 个数据包传送出去。这 8240B 中包含一个 48B 长的 iSCSI 头，以及剩余部分最终都需要被写入 LUN 的数据。我们可以计算一下，8240B 减去 48B，等于 8192B，恰好是 16 个磁盘扇区（16×512B）的大小。也就是说，这次传输其实就是主机向这个 LUN 的 16 个连续扇区写入了数据。图 12-8 中也显示了相关字段的值，确实为 16。

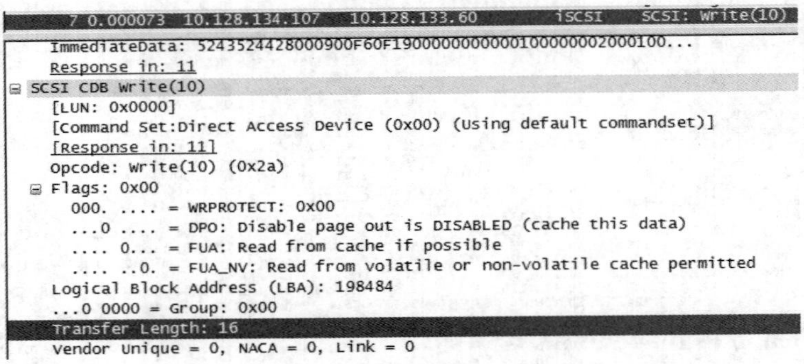

图 12-8　此 IO 块大小为 16 个 LBA

如图 12-8 在主机向存储设备传送的 SCSI 命令中，Opcode 字段给出了这个命令的操作代码，0x2A 表示写，如果为读，则对应的值为 0x28。同时也给出了要写入的初始 LBA 为（也就是扇区号）198484 和 Transfer Length 为 16。也就是说，主机在这条命令中通知存储设备，将随后传送的数据写入从 198484 号 LBA 开始的随后 16 个扇区中。

存储设备上的 TCP 程序返回给主机 3 个 ACK 应答开销数据包后，在第 11 帧中，将 iSCSI 协议自身的会话层应答返回给主机，证明 SCSI 命令已经执行成功，如图 12-9 所示。

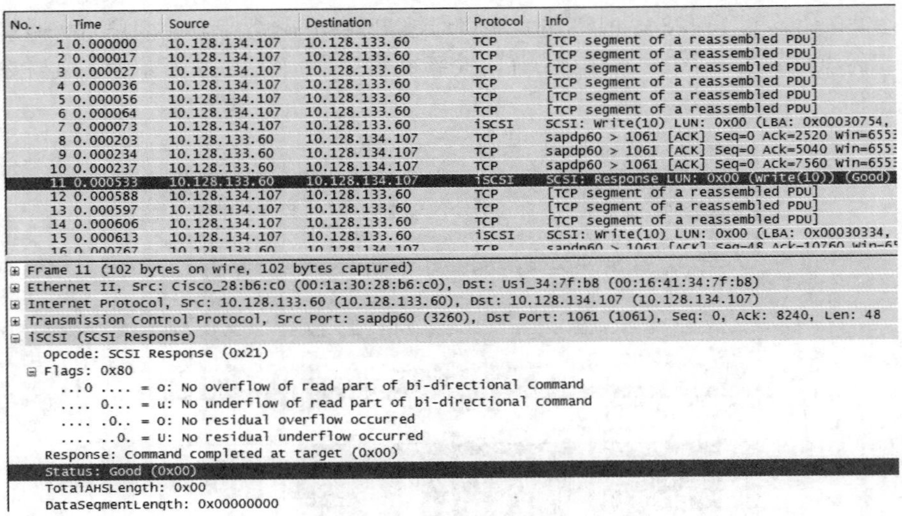

图 12-9　成功返回

我们来计算一下主机向存储设备发送了 16 个扇区的数据，其所耗费的开销大致为多少。

开销 1：iSCSI 头部。iSCSI 头部长 48B，每次 IO 都只耗费 48B。

开销 2：TCP/IP 头部以及 ACK 开销。在 MSS 值与 MTU 值适配的情况下，每个数据帧均会包含 40B 的开销；MSS 值大于 MTU 值的情况下，IP 会将数据包拆分，第一个拆分包耗费 40B 开销，随后的拆分包每个只耗费 20B 开销。ACK 包的数量视窗口大小以及两端协议状态而定，数量不定。每个纯 ACK 包耗费 60B 开销。

开销 3：以太网帧头部开销。每个以太网帧耗费 14B 开销。

根据以上描述，上述 IO 共耗费的开销为 606B。所以，大致估算出的开销比例为 606/（606+8192）=6%。当然这个估算是不符合统计学原理的，在这里只是大致估算一下而已。

紧接着，主机又向存储设备发出了写入请求，这次写入的则是 8 个扇区，如图 12-10 所示。

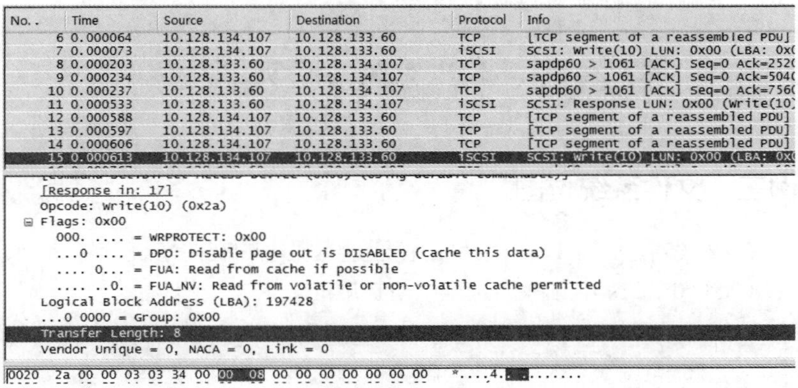

图 12-10　写请求

猜测：第一次主机向 LUN 写入了 16 个扇区的内容，是这个新建文本文件的实际数据，而第二次写入 8 个扇区的内容，可能是针对这个文件的元数据。当然在此只能做一个大致的猜测。若想追究到底也并不难，但是我们在此就不做过多分析了。

如图 12-11 所示是在向某 LUN 复制一个大文件时抓取的数据包。主机每次 IO 请求写入的扇区数变成了 128，也就是 64KB 的数据。从数据包内容中，可以看出这个文件好像是一个视频文件，而且是一部流行的美国电视剧。

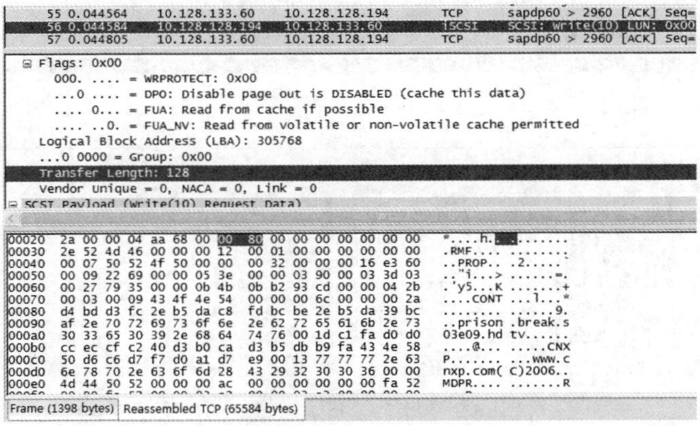

图 12-11　复制一个大文件

由于 Socket 的缓冲区一般为 64KB，所以上层程序每次调用发送给 Socket 最大的数据长度也被限制在 64KB。由此就可以计算出图 12-11 中的这个 IO 将数据写入了 LBA305768～LBA305895 这 128 个扇区中。如果此时还需要接着写入新数据而同时 LBA305895 之后的扇区还是空闲状态的话，文件系统便会继续向其后的扇区继续写入。所以，图 12-12 中所示的 IO 向 LBA305896～LBA306023 这 16 个扇区写入了 64KB 的数据。如果文件依然没有写完，则继续按照这个逻辑写下去。

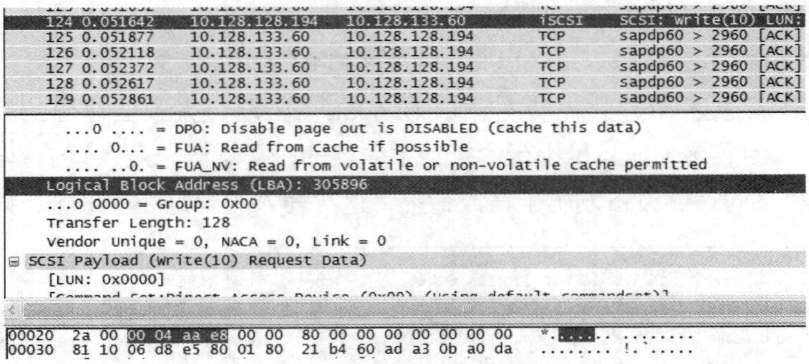

图 12-12　连续的 64KB 写入

12.4.3　实例三：文件系统位图

图 12-13～图 12-15 所示的 Trace 结果是在通过主机上的文件系统，将 500MB 的数据从一个写满数据的 1GB iSCSI LUN 中删除的过程中所抓取的。

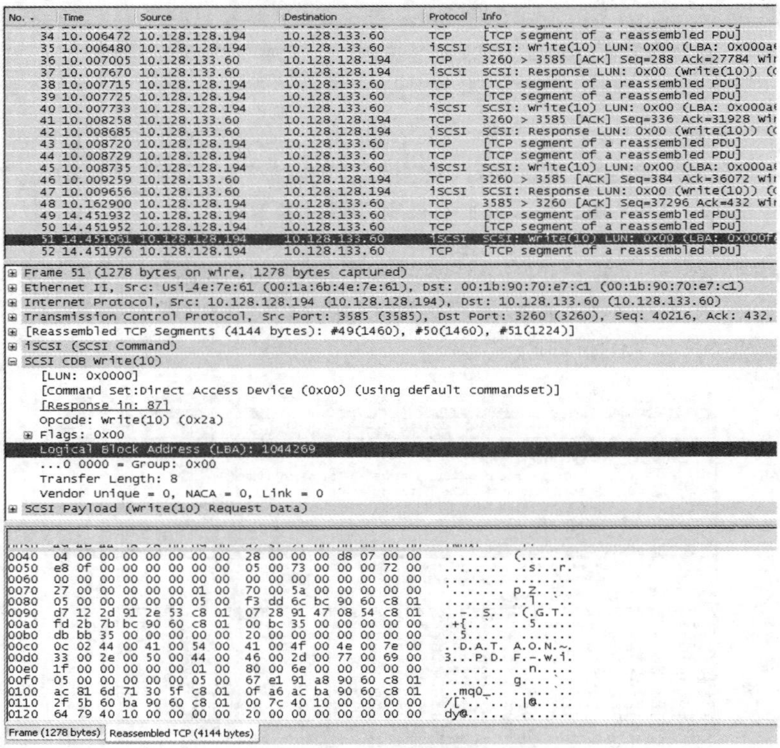

图 12-13　删除 500MB 的数据

图 12-13 为删除 500MB 数据时抓取的数据包。

由于文件系统从磁盘上删除数据的过程中，只会修改相关的链表，从元数据中抹掉相应的记录，而不会去抹掉或者覆盖被删除的文件原来所对应的扇区上的任何数据，所以虽然删除了 500MB 的数据，但是真正的 IO 数据远小于 500MB。本例中，这个过程只交互了 163 个数据包。

在前 51 个数据包中，所有 IO 均为写操作，每个大小均为 8 个扇区（4096B，被分成三个数据帧）。可以判定这些 IO 其实都是在更新文件系统元数据。

从第 52～第 80 个数据包为一个 80 扇区的写 IO，如图 12-14 所示。

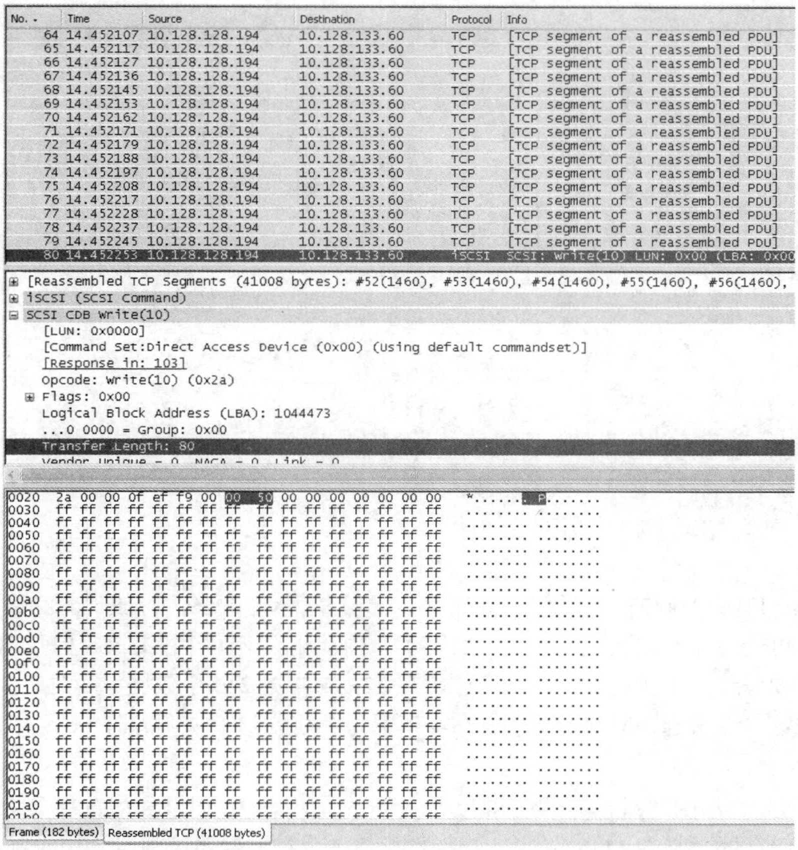

图 12-14 文件系统位图（一）

分析这个 IO 的实际内容，发现其包含了很多的 0xff，即二进制的 11111111。这个 IO 更新的元数据，就是本书前文中提到过的文件系统位图（见 5.7.4 节）。位图是一个元数据文件，其中用每个位来表示对应磁盘分区中的每个块（或者簇，视设计不同而定）是否正在被某个文件所占用。由于本例中，LUN 上依然留有一半的数据，所以依然有一半的簇被文件占用着。这些簇也就是图中被标明为 0xff 字节所对应的簇。被标明 0x00 的字节则对应着磁盘上未被文件占用的空闲块（簇），但不是说这些空闲块中“没有数据”或者“数据为全 0”。对于一块崭新的磁盘，扇区中的数据可能为全 0，但是对于一块已经使用过的磁盘，扇区中会保留很多以前被删除文件的“尸体”。这些“尸体”会被随后的对这个扇区的写 IO 数据所覆盖。

图 12-15 所示的数据是在将那个 LUN 中剩余的数据全部删除的过程中所抓取的。

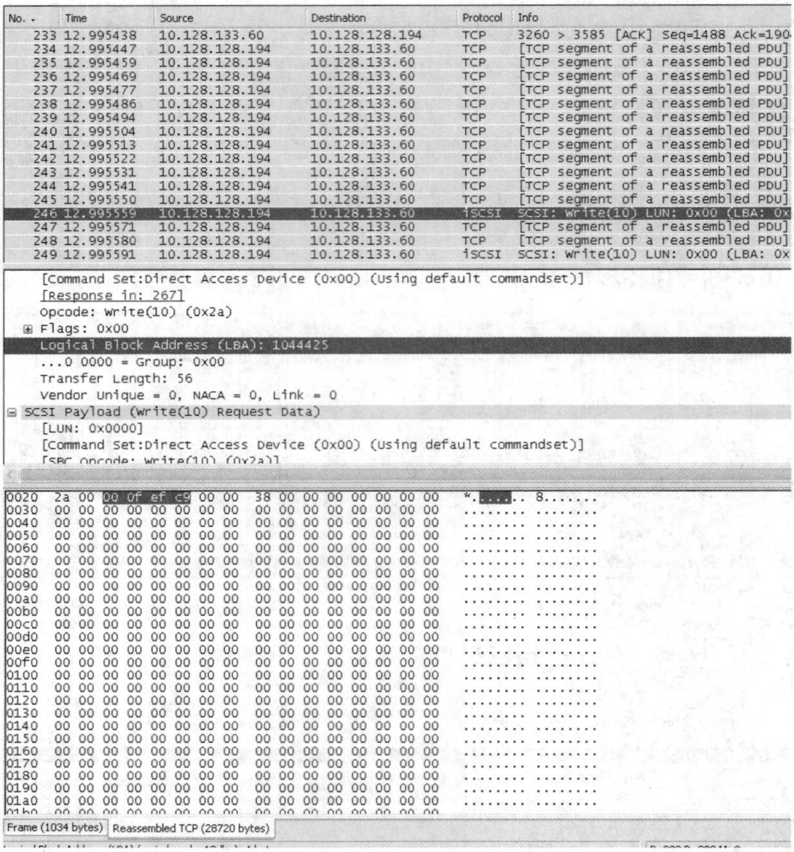

图 12-15　文件系统位图（二）

可以看出，LBA1044425 以及随后（包括其自身）的 56 个扇区为存放位图的扇区（当然这只是一部分，还可能有其他扇区也用来存放位图）。由于删除文件导致 LUN 上的空闲块增加，所以文件系统必须修改位图映射表，这就产生了图 12-15 中第 246 个数据包所对应的写 IO 操作。通过数据包内容可以看出，位图中几乎所有字节都为 0x00。这就说明此时 LUN 上已经几乎都是空闲块了。

读者可以自行操作并分析一下 iSCSI 以及文件系统的逻辑。但是要注意一点，由于主机上的文件系统是有缓存的，当向 LUN 做了一次操作之后，会被文件系统缓存一段时间（几秒或者十几秒都有可能），然后才批量 Flush 到硬盘（LUN）上。所以此时一定要保持网卡抓包软件继续执行抓取，直到十几秒钟之后，流量面板中没有新的数据包被抓取到，此时方可停止抓取，获得 Trace 数据。

12.5　iSCSI 磁盘阵列

当年 FC 闹革命的时候，可谓是轰轰烈烈，气壮山河。当时，那场革命对磁盘阵列架构的改变真是太彻底了，所以至今人们仍然记忆犹新。而 TCP/IP 想在已经被 FC 革命过的江湖上再闹出点动静来，可就不是那么容易了。毕竟 TCP/IP 所依靠的以太网相对于 FC 来说，都属于包交换网络，而且很多概念都类似甚至相同。很多盘阵厂商并不看好 TCP/IP 的介入。但是最终还是有一批喜欢标新立异、敢于创新的厂商，举起大旗来支持 TCP/IP。

图 12-16 便是一个典型的 iSCSI 磁盘阵列的基本架构。可以看到，其前端 IO 设备就是普通的以太网卡。TCP/IP 以及 iSCSI 逻辑均运行在主内存中。后端的磁盘可以以任何方式接入总线，甚至可以是独立的磁盘阵列。磁盘经过 VM 虚拟化层之后，通过前端接口供主机访问。iSCSI 盘阵与 FC 盘阵结构类似，只不过前端接口成了以太网口而已。NetApp 的 FAS 系列产品在同一个控制器上实现了多种协议的接口，包括 iSCSI、FCP、CIFS、NFS 以及其他的一些基于 TCP/IP 的数据访问协议。

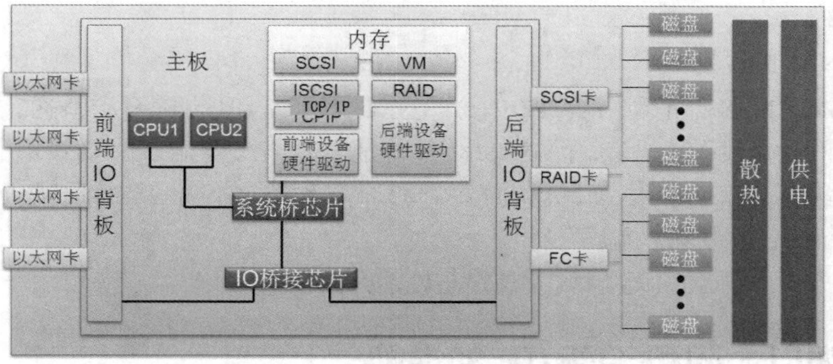

图 12-16　iSCSI 盘阵架构示意图

注意：VM 意为 Volume Manager，Virtualization Manager。

我们可以发现，这台盘阵的架构与 PC 无异。的确，不管是主机还是磁盘阵列，它们都是由计算机系统的老三样——CPU、内存、外设组成的。其所实现的功能，关键是靠所运行的软件。主机上的老三样运行的是处理业务逻辑的应用程序；而运行在盘阵老三样上的则是专门处理通过不同网络协议传输进来，或者出去的 SCSI 指令以及优化磁盘读写的程序。从本质上来说，它们二者是相同的，只不过是分工不同而已。

提示：正因为它们本是同根生，所以相煎又何太急呢！PC 只要运行了盘阵上的软件，就是一台盘阵；相反，盘阵如果运行了应用程序，则就可以当成一台主机来使用。

目前，几乎各种操作系统都已经有了 iSCSI Initiator 软件。有些操作系统，比如 Windows、Linux 等还有了 iSCSI Target 软件。它们安装了 Target 软件，也就变成了盘阵，只不过在性能、功能和容量上没有专业盘阵强悍。

目前，TCP/IP 只是占领了盘阵前端接口的部分阵地。而对于后端磁盘接口的进攻，也不是没有设计和尝试过。当年 FC 可是一举拿下了盘阵的前端和后端。而如今老 T 能有 FC 的那个本事么？确实有些厂家的盘阵将 TCP/IP 协议作为后端磁盘到适配器之间的传输协议，但是这样的设计似乎并没有得到认可。这个结果也是可以预知的，TCP/IP 之所以可以与 FC 竞争，就是因为其优良的扩展性，而不是因为它的速度。后端需要的首先是性能，而不是扩展性。所以，后端还是乖乖地交给 FC 才是明智的选择。

12.6　IP SAN

后来，人们索性将 iSCSI 为代表的以 TCP/IP 作为传输方式的网络存储系统称做 IP SAN，即基于 IP 的存储区域网络。值得说明的是，IP SAN 并不一定要用以太网作为链路层，可以用任何支持 IP 的链路层，比如 ATM（IPoA）、PPP、HDLC，甚至是 Fibre Channel 也可以作为 IP 的链路层。

这样，就使得 IP SAN 的可扩展性变成了无限，它可以扩展到世界上任何一个有 Internet 网络接入的地方。这也是 Internet Small Computer System Interface 名称的由来。

iSCSI 的方便和灵活性逐渐显现出了优势。的确，现在还有哪台主机上不带以太网适配器的？还有哪台主机上不运行 TCP/IP 协议的呢？就连大型机设备都有自己的前置 TCP/IP 处理机了。

FC 网络虽然比并行 SCSI 总线的扩展性高了很多，但是相对于 TCP/IP 的扩展性，FC 就是小巫见大巫了。

iSCSI 与 NAS 的区别如下。

虽然 iSCSI 与 NAS 都是利用 TCP/IP+以太网来实现的，但是二者所传输的语言是大相径庭的。NAS 传输的是文件系统语言，而 iSCSI 传输的是 SCSI 指令语言。NAS 设备上必须运行一种或者多种文件系统逻辑，才能称为 NAS；而 iSCSI Target 设备上不需要运行任何文件系统逻辑（盘阵自身操作系统文件管理除外）。

在相同的条件下，iSCSI 与 NAS 在速度与性能方面相差不大。

12.7　增强以太网和 TCP/IP 的性能

老 T 对 IP SAN 可谓是投入了一腔热血。它想尽一切办法要提高 TCP/IP 的性能，以便与 FC 抗衡。

1. Checksum Offload（CO）

计算每个 TCP 包的校验数据是一件极其枯燥乏味和耗费资源的工作。由于 TCP/IP 程序均需要运行在主机操作系统中，所以计算校验数据的任务当然要落在主机 CPU 身上。CPU 不得不拿出额外的指令周期来计算每个 TCP 包的校验数据。这对于 CPU 处理能力比较弱的主机来说，性能影响是不可忽略的。

为了将 CPU 解脱出来，一种称为 Checksum Offload 的技术被开发出来。这种技术将计算校验数据的工作完全转移到了网卡的硬件上，对于向外发送的 TCP 包，CPU 可以不经校验直接传送给网卡，由网卡芯片来做校验；同样，对于接收到的数据包，在没提交到主机内存之前，就已经做好了校验匹配。图 12-17 就是 Checksum Offload 功能的一个图示。

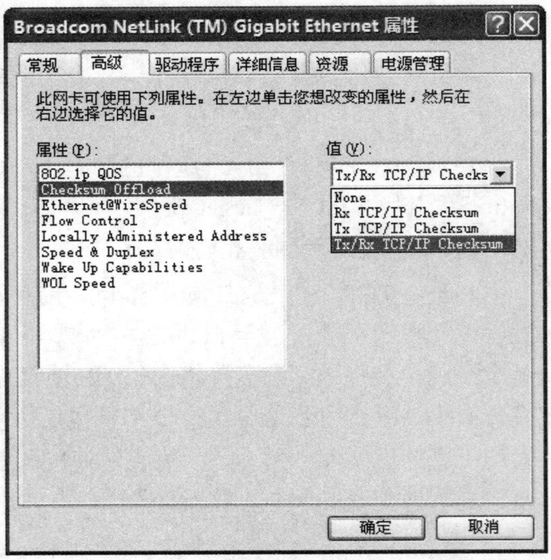

图 12-17　网卡的 Checksum Offload 功能

2. Large Send Offload（LSO）

TCP 需要根据底层链路的 MTU 值来适配其每次发送的数据大小。如果上层传递过来的数据大于其允许的最大分段长度（MSS 值），则 TCP 会将这些数据分成若干个数据包发送出去，这就是所谓的 Large Send。这项工作目前也可以被转移到网卡上来完成。

3. TCP/IP Offload（TO）

TCP/IP Offload 则干脆将 TCP/IP 整个程序都放到网卡硬件芯片上来运行。这种特殊的以太网卡称为 TOE 卡，即 TCP/IP Offload Engine Card。图 12-18 是 TOE 卡在存储盘阵上的应用及架构图。

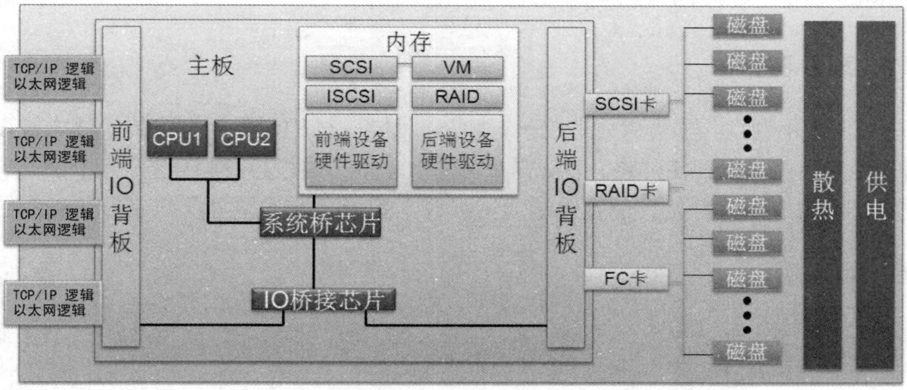

图 12-18　使用 TOE 卡的 iSCSI 盘阵层次架构示意图

4. Security Offload（SO）

Security Offload 不仅将 TCP/IP 协议从主机上 Offload 了下来，它还可以在硬件上直接实现 IPSEC 相关的协议，将对数据包的加解密过程也从主机上 Offload 下来。

5. iSCSI Offload（IO）

iSCSI Offload 将 TCP/IP+iSCSI 的整套逻辑都放到网络适配卡上来运行。由于 iSCSI 的上层是 SCSI，所以一张 iSCSI 卡对于主机来说，会表现为一张 SCSI 卡。不同的是，这张虚拟的 SCSI 卡可以设置其自己独立的 IP 地址以及其他 TCP/IP 和 iSCSI 的参数。图 12-19 所示为 iSCSI 硬卡在存储阵列上的应用及架构图。

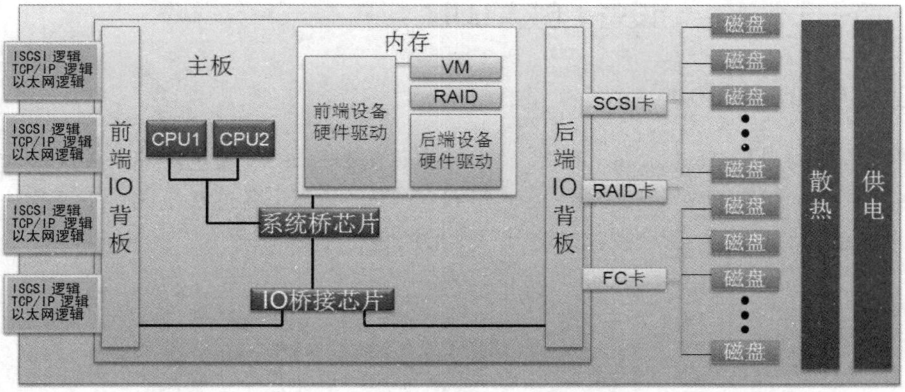

图 12-19　使用 iSCSI Offload 卡的 iSCSI 盘阵架构示意图

12.8 FC SAN 节节败退

1. 成本问题

说来有点惊讶，部署 FC SAN 的成本是部署 IP SAN 的 10 倍甚至十几倍。以太网卡和以太网交换机相比 FC 卡与 FC 交换机便宜了很多。所以，对于对性能要求不是很苛刻的用户来说，部署 IP SAN 无疑是性价比最高的方法。

2. 可扩展性问题

FC 是一个专用网络。虽然 FC 当初是作为像以太网一样的通用的网络传输技术被设计出来，但是目前，其专门被用作存储网络，也算是命该如此。FC 长期被束缚在这样一个狭小的环境内，不仅造成了其不思进取的性格，而且也造成了其成本的居高不下，所以 FC 很难被扩展出去。

3. 易用性问题

曲高则和寡。既然 FC 这么不开放，那么就注定难用。部署一个 FC 存储网络比部署一个 IP 存储网络要复杂，对技术人员的要求也比较高。

4. 兼容性问题

由于 FC 极其不开放，即使 FC 有相关的标准，但不同的生产厂家生产出的 FC 设备，有时候并不一定会完全兼容，总会出现一些莫名其妙的问题。相比来说，TCP/IP 由于已经在完全开放的环境中摸爬滚打了很长的时间，所有已经被发现的 bug 也都被修复了。

12.9 iSCSI 配置应用实例

本实例用一台 NetApp FAS3050 系列磁盘阵列充当 iSCSI 的 Target 设备，用一台运行于 Windows XP 操作系统的 PC 充当 iSCSI Initiator 端，PC 上的 iSCSI Initiator 软件为微软的 MS iSCSI Initiator 2.07 版本。本例中将描述如何在存储设备上一步步地创建 LUN，然后映射给主机使用。

12.9.1 第一步：在存储设备上创建 LUN

1. 创建 Aggregate

所谓 Aggregate 是指 RaidGroup 的组合，一个 Aggr（Aggregate）可以包含多个 RG（Raid Group）。如图 12-20 所示，这台盘阵在其后端的 0a 和 0b 个 FC 通道下各连接了两台扩展柜（Shelf1 和 Shelf2），每台扩展柜包含 14 块硬盘，这样每个通道包含了 28 块硬盘。

```
slot 0: FC Host Adapter 0a (Dual-channel, QLogic 2322 rev. 3, 64-bit, L-port, <UP>)
        Firmware rev:   3.3.25
        Host Loop Id:   7        FC Node Name:   5:00a:098200:00f542
        Cacheline size: 16       FC Packet size: 2048
        SRAM parity:    Yes      External GBIC:  No
        Link Data Rate: 2 Gbit
         16  : NETAPP   X274_HPYTA146F10 NA03 136.0GB 520B/sect (V5Y9S36A)
         17  : NETAPP   X274_HPYTA146F10 NA03 136.0GB 520B/sect (V5Y8VATA)
         18  : NETAPP   X274_HPYTA146F10 NA03 136.0GB 520B/sect (V5Y9S6MA)
         19  : NETAPP   X274_HPYTA146F10 NA03 136.0GB 520B/sect (V5Y94G9A)
         20  : NETAPP   X274_HPYTA146F10 NA03 136.0GB 520B/sect (V5Y9488A)
         21  : NETAPP   X274_HPYTA146F10 NA03 136.0GB 520B/sect (V5Y91LRA)
         22  : NETAPP   X274_HPYTA146F10 NA03 136.0GB 520B/sect (V5Y9PUUA)
         23  : NETAPP   X274_HPYTA146F10 NA03 136.0GB 520B/sect (V5Y9R3NA)
         24  : NETAPP   X274_HPYTA146F10 NA03 136.0GB 520B/sect (V5Y9T6PA)
         25  : NETAPP   X274_HPYTA146F10 NA03 136.0GB 520B/sect (V5Y5P8VA)
         26  : NETAPP   X274_HPYTA146F10 NA03 136.0GB 520B/sect (V5Y9PYUA)
         27  : NETAPP   X274_HPYTA146F10 NA03 136.0GB 520B/sect (V5Y9SG1A)
         28  : NETAPP   X274_HPYTA146F10 NA03 136.0GB 520B/sect (V5Y9SKNA)
         29  : NETAPP   X274_HPYTA146F10 NA03 136.0GB 520B/sect (V5Y9S40A)
         32  : NETAPP   X274_HPYTA146F10 NA03 136.0GB 520B/sect (V5Y9R79A)
         33  : NETAPP   X274_HPYTA146F10 NA03 136.0GB 520B/sect (V5Y9GHDA)
         34  : NETAPP   X274_HPYTA146F10 NA03 136.0GB 520B/sect (V5Y9VJSA)
         35  : NETAPP   X274_HPYTA146F10 NA03 136.0GB 520B/sect (V5Y9JPHA)
         36  : NETAPP   X274_HPYTA146F10 NA03 136.0GB 520B/sect (V5Y9REHA)
         37  : NETAPP   X274_HPYTA146F10 NA03 136.0GB 520B/sect (V5Y9MVMA)
         38  : NETAPP   X274_HPYTA146F10 NA03 136.0GB 520B/sect (V5YA683A)
         39  : NETAPP   X274_HPYTA146F10 NA03 136.0GB 520B/sect (V5YA6PBA)
         40  : NETAPP   X274_HPYTA146F10 NA03 136.0GB 520B/sect (V5Y9N05A)
         41  : NETAPP   X274_HPYTA146F10 NA03 136.0GB 520B/sect (V5YA6WWA)
         42  : NETAPP   X274_HPYTA146F10 NA03 136.0GB 520B/sect (V5Y9PPKA)
         43  : NETAPP   X274_HPYTA146F10 NA03 136.0GB 520B/sect (V5YA6HWA)
         44  : NETAPP   X274_HPYTA146F10 NA03 136.0GB 520B/sect (V5Y9N6YA)
         45  : NETAPP   X274_HPYTA146F10 NA03 136.0GB 520B/sect (V5Y9MYBA)
        Shelf 1: ESH2  Firmware rev. ESH A: 19  ESH B: 19
        Shelf 2: ESH2  Firmware rev. ESH A: 19  ESH B: 19
             I/O base 0x0000ce00, size 0x100
             memory mapped I/O base 0xe1840000, size 0x1000
slot 0: FC Host Adapter 0b (Dual-channel, QLogic 2322 rev. 3, 64-bit, L-port, <UP>)
        Firmware rev:   3.3.25
        Host Loop Id:   7        FC Node Name:   5:00a:098300:00f542
        Cacheline size: 16       FC Packet size: 2048
        SRAM parity:    Yes      External GBIC:  No
        Link Data Rate: 2 Gbit
         16  : NETAPP   X274_HPYTA146F10 NA03 136.0GB 520B/sect (V5Y9RLRA)
         17  : NETAPP   X274_HPYTA146F10 NA03 136.0GB 520B/sect (V5Y95PNA)
         18  : NETAPP   X274_HPYTA146F10 NA03 136.0GB 520B/sect (V5Y9MZDA)
         19  : NETAPP   X274_HPYTA146F10 NA03 136.0GB 520B/sect (V5Y90LSA)
         20  : NETAPP   X274_HPYTA146F10 NA03 136.0GB 520B/sect (V5Y9N8XA)
         21  : NETAPP   X274_HPYTA146F10 NA03 136.0GB 520B/sect (V5Y9N7ZA)
         22  : NETAPP   X274_HPYTA146F10 NA03 136.0GB 520B/sect (V5Y95DEA)
         23  : NETAPP   X274_HPYTA146F10 NA03 136.0GB 520B/sect (V5Y9SKTA)
         24  : NETAPP   X274_HPYTA146F10 NA03 136.0GB 520B/sect (V5Y9K53A)
         25  : NETAPP   X274_HPYTA146F10 NA03 136.0GB 520B/sect (V5Y95MWA)
         26  : NETAPP   X274_HPYTA146F10 NA03 136.0GB 520B/sect (V5Y9N90A)
         27  : NETAPP   X274_HPYTA146F10 NA03 136.0GB 520B/sect (V5Y9RLKA)
         28  : NETAPP   X274_HPYTA146F10 NA03 136.0GB 520B/sect (V5Y95J3A)
         29  : NETAPP   X274_HPYTA146F10 NA03 136.0GB 520B/sect (V5Y95EJA)
         32  : NETAPP   X274_HPYTA146F10 NA03 136.0GB 520B/sect (V5Y9S7LA)
         33  : NETAPP   X274_HPYTA146F10 NA03 136.0GB 520B/sect (V5Y9K0EA)
         34  : NETAPP   X274_HPYTA146F10 NA03 136.0GB 520B/sect (V5Y9K37A)
         35  : NETAPP   X274_HPYTA146F10 NA03 136.0GB 520B/sect (V5Y9N4BA)
         36  : NETAPP   X274_HPYTA146F10 NA03 136.0GB 520B/sect (V5Y9S0NA)
         37  : NETAPP   X274_HPYTA146F10 NA03 136.0GB 520B/sect (V5Y9JVRA)
         38  : NETAPP   X274_HPYTA146F10 NA03 136.0GB 520B/sect (V5Y9RZHA)
         39  : NETAPP   X274_HPYTA146F10 NA03 136.0GB 520B/sect (V5Y9MXAA)
         40  : NETAPP   X274_HPYTA146F10 NA03 136.0GB 520B/sect (V5Y9PUTA)
         41  : NETAPP   X274_HPYTA146F10 NA03 136.0GB 520B/sect (V5Y9JUNA)
         42  : NETAPP   X274_HPYTA146F10 NA03 136.0GB 520B/sect (V5Y9N07A)
         43  : NETAPP   X274_HPYTA146F10 NA03 136.0GB 520B/sect (V5Y9S1WA)
         44  : NETAPP   X274_HPYTA146F10 NA03 136.0GB 520B/sect (V5Y9MV4A)
         45  : NETAPP   X274_HPYTA146F10 NA03 136.0GB 520B/sect (V5Y948NA)
        Shelf 1: ESH2  Firmware rev. ESH A: 19  ESH B: 19
        Shelf 2: ESH2  Firmware rev. ESH A: 19  ESH B: 19
             I/O base 0x0000cf00, size 0x100
             memory mapped I/O base 0xe1841000, size 0x1000
```

图 12-20　系统硬盘列表

图 12-21 所示的是系统中目前还没有被分配到 RG 中的磁盘，标为 Spare，共 16 块。

```
Spare disks

RAID Disk       Device  HA  SHELF BAY CHAN Pool Type  RPM  Used (MB/blks)     Phys (MB/blks)
---------       ------  ------------- ---- ---- ---- ----- --------------     --------------
Spare disks for block or zoned checksum traditional volumes or aggregates
spare           0a.22   0a    1   6   FC:A   -  FCAL 10000 136000/278528000   137422/281442144 (not zeroed)
spare           0a.23   0a    1   7   FC:A   -  FCAL 10000 136000/278528000   137422/281442144 (not zeroed)
spare           0a.24   0a    1   8   FC:A   -  FCAL 10000 136000/278528000   137422/281442144 (not zeroed)
spare           0a.25   0a    1   9   FC:A   -  FCAL 10000 136000/278528000   137422/281442144 (not zeroed)
spare           0a.26   0a    1   10  FC:A   -  FCAL 10000 136000/278528000   137422/281442144 (not zeroed)
spare           0a.27   0a    1   11  FC:A   -  FCAL 10000 136000/278528000   137422/281442144 (not zeroed)
spare           0a.28   0a    1   12  FC:A   -  FCAL 10000 136000/278528000   137422/281442144 (not zeroed)
spare           0a.29   0a    1   13  FC:A   -  FCAL 10000 136000/278528000   137422/281442144 (not zeroed)
spare           0a.38   0a    2   6   FC:A   -  FCAL 10000 136000/278528000   137422/281442144 (not zeroed)
spare           0a.39   0a    2   7   FC:A   -  FCAL 10000 136000/278528000   137422/281442144 (not zeroed)
spare           0a.40   0a    2   8   FC:A   -  FCAL 10000 136000/278528000   137422/281442144 (not zeroed)
spare           0a.41   0a    2   9   FC:A   -  FCAL 10000 136000/278528000   137422/281442144 (not zeroed)
spare           0a.42   0a    2   10  FC:A   -  FCAL 10000 136000/278528000   137422/281442144 (not zeroed)
spare           0a.43   0a    2   11  FC:A   -  FCAL 10000 136000/278528000   137422/281442144 (not zeroed)
spare           0a.44   0a    2   12  FC:A   -  FCAL 10000 136000/278528000   137422/281442144 (not zeroed)
spare           0a.45   0a    2   13  FC:A   -  FCAL 10000 136000/278528000   137422/281442144 (not zeroed)
```

图 12-21　Spare 硬盘列表

使用"aggr create"命令创建一个 aggr，如图 12-22 所示。"-r 6"参数表示每个 RG 最大允许包含 6 块磁盘，如果超过 6 块，则自动形成另一个 RG；"-t raid_dp"参数表示 RG 的 RAID 类型为 RAIDDP（这种 RAID 类型本书不做描述，具体可以在 Internet 上搜索）；12 表示这个 aggr 包含 12 块盘。计算一下这样正好可以形成两个 RG，每个 RG6 块盘。"aggrtest"为这个 aggr

的名字。

```
MelonHead> aggr create aggrtest -r 6 -t raid_dp 12
Thu Jun 19 14:12:08 CST [MelonHead: raid.vol.disk.add
P   X274_HPYTA146F10 NA03] S/N [V5YA6HWA] to aggregat
Thu Jun 19 14:12:08 CST [MelonHead: raid.vol.disk.add
P   X274_HPYTA146F10 NA03] S/N [V5Y9SG1A] to aggregat
Thu Jun 19 14:12:08 CST [MelonHead: raid.vol.disk.add
P   X274_HPYTA146F10 NA03] S/N [V5Y9PPKA] to aggregat
Thu Jun 19 14:12:08 CST [MelonHead: raid.vol.disk.add
P   X274_HPYTA146F10 NA03] S/N [V5Y9PYUA] to aggregat
Thu Jun 19 14:12:08 CST [MelonHead: raid.vol.disk.add
   X274_HPYTA146F10 NA03] S/N [V5YA6WWA] to aggregate
Thu Jun 19 14:12:08 CST [MelonHead: raid.vol.disk.add
   X274_HPYTA146F10 NA03] S/N [V5Y5P8VA] to aggregate
Thu Jun 19 14:12:08 CST [MelonHead: raid.vol.disk.add
   X274_HPYTA146F10 NA03] S/N [V5Y9T6PA] to aggregate
Thu Jun 19 14:12:08 CST [MelonHead: raid.vol.disk.add
   X274_HPYTA146F10 NA03] S/N [V5Y9N05A] to aggregate
Thu Jun 19 14:12:08 CST [MelonHead: raid.vol.disk.add
   X274_HPYTA146F10 NA03] S/N [V5Y9R3NA] to aggregate
Thu Jun 19 14:12:08 CST [MelonHead: raid.vol.disk.add
   X274_HPYTA146F10 NA03] S/N [V5YA6PBA] to aggregate
Thu Jun 19 14:12:08 CST [MelonHead: raid.vol.disk.add
   X274_HPYTA146F10 NA03] S/N [V5Y9PUUA] to aggregate
Thu Jun 19 14:12:08 CST [MelonHead: raid.vol.disk.add
   X274_HPYTA146F10 NA03] S/N [V5YA683A] to aggregate
Creation of an aggregate with 12 disks has completed.
MelonHead> Thu Jun 19 14:12:09 CST [MelonHead: wafl.v

MelonHead>
```

图 12-22　创建 aggr

创建好的 aggr 中有两个分别包含 6 块盘的 RG，如图 12-23 所示。

```
MelonHead> sysconfig -r
Aggregate aggrtest (online, raid_dp) (block checksums)
  Plex /aggrtest/plex0 (online, normal, active)
    RAID group /aggrtest/plex0/rg0 (normal)

      RAID Disk Device  HA  SHELF BAY CHAN Pool Type  RPM  Used (MB/blks)    Phys (MB/blks)
      --------- ------  ------------- ---- ---- ---- ----- --------------    --------------
      dparity   0a.38   0a    2   6   FC:A   -  FCAL 10000 136000/278528000  137422/281442144
      parity    0a.22   0a    1   6   FC:A   -  FCAL 10000 136000/278528000  137422/281442144
      data      0a.39   0a    2   7   FC:A   -  FCAL 10000 136000/278528000  137422/281442144
      data      0a.23   0a    1   7   FC:A   -  FCAL 10000 136000/278528000  137422/281442144
      data      0a.40   0a    2   8   FC:A   -  FCAL 10000 136000/278528000  137422/281442144
      data      0a.24   0a    1   8   FC:A   -  FCAL 10000 136000/278528000  137422/281442144

    RAID group /aggrtest/plex0/rg1 (normal)

      RAID Disk Device  HA  SHELF BAY CHAN Pool Type  RPM  Used (MB/blks)    Phys (MB/blks)
      --------- ------  ------------- ---- ---- ---- ----- --------------    --------------
      dparity   0a.25   0a    1   9   FC:A   -  FCAL 10000 136000/278528000  137422/281442144
      parity    0a.41   0a    2   9   FC:A   -  FCAL 10000 136000/278528000  137422/281442144
      data      0a.26   0a    1   10  FC:A   -  FCAL 10000 136000/278528000  137422/281442144
      data      0a.42   0a    2   10  FC:A   -  FCAL 10000 136000/278528000  137422/281442144
      data      0a.27   0a    1   11  FC:A   -  FCAL 10000 136000/278528000  137422/281442144
      data      0a.43   0a    2   11  FC:A   -  FCAL 10000 136000/278528000  137422/281442144
```

图 12-23　aggrtest 中包含两个 RG

刚创建好的 aggr 名为 aggrtest，大小为 955GB，其中给快照预留的空间为 47GB，实际可用在线存储用户数据的空间为 908GB，如图 12-24 所示。

```
MelonHead> df -Ah
Aggregate                total      used     avail capacity
aggr2                    340GB      12MB     340GB       0%
aggr2/.snapshot           17GB      63MB      17GB       0%
aggr1                    340GB      20GB     320GB       6%
aggr1/.snapshot           17GB      63MB      17GB       0%
vol0                      95GB     822MB      94GB       1%
vol0/.snapshot            23GB      57MB      23GB       0%
aggrtest                 908GB     164KB     908GB       0%
aggrtest/.snapshot        47GB       0GB      47GB       0%
MelonHead> █
```

图 12-24　aggr 的空间分布

2. 在 aggr 中创建 Vol

Vol，即卷，是凌驾于 aggr 之上的一层虚拟化产物，目的是为了更加灵活地取用 aggr 所提供的存储空间。Vol 可以任意创建删除，任意增加或者减小容量。

如图 12-25 所示，在 aggrtest 中创建了一个名为 voltest，然后将 offline 删除。这个过程非常简单，命令发出之后立即生效。

```
MelonHead> vol create voltest aggrtest 500G
Creation of volume 'voltest' with size 500g on containing aggregate
'aggrtest' has completed.
MelonHead> vol offline voltest
Thu Jun 19 14:17:09 CST [MelonHead: wafl.vvol.offline:info]: Volume 'voltest' has been set temporarily offline
Volume 'voltest' is now offline.
MelonHead> vol destroy voltest
Are you sure you want to destroy this volume? y
Thu Jun 19 14:17:16 CST [MelonHead: wafl.vvol.destroyed:info]: Volume voltest destroyed.
Volume 'voltest' destroyed.
```

图 12-25　创建/删除一个 Vol

在 aggrtest 上创建两个卷：iSCSI1 和 iSCSI2，大小均为 300GB，如图 12-26 所示。

```
MelonHead> vol create iscsi1 aggrtest 300G
Creation of volume 'iscsi1' with size 300g on containing aggregate
'aggrtest' has completed.
MelonHead> vol create iscsi2 aggrtest 300G
Creation of volume 'iscsi2' with size 300g on containing aggregate
'aggrtest' has completed.
MelonHead> █
```

图 12-26　创建两个新卷

3. 在 Vol 中创建 LUN

LUN 是最终提交给主机使用的一块存储空间，NetApp 将 LUN 容纳于 Vol 的空间之下，并且 LUN 也可以任意增、删、扩、缩。

在每个 Vol 中分别创建一个大小为 200GB 的 LUN，如图 12-27 所示。

```
MelonHead> lun create -s 200G -t windows /vol/iscsi1/iscsilun1
lun create: created a LUN of size:  200.0g (214778511360)
MelonHead> lun create -s 200G -t windows /vol/iscsi2/iscsilun2
lun create: created a LUN of size:  200.0g (214778511360)
MelonHead> █
```

图 12-27　创建 LUN

4. 创建 Igroup 并映射 LUN

所谓 Igroup，是用来管理 LUN－主机映射关系的。本书前文中描述过这种灵活的映射关系。Igroup 就像一个桥梁，主机和 LUN 如果都映射到某个 Igoup，那么这台主机就可以访问这些 LUN。

如图 12-28 所示，创建一个名为 IG 的 iSCSI 类型的 Igroup，并将它映射到了一个主机端的 iSCSI Initiator 的 IQN 地址。接着，将两个 LUN 都映射到了这个 Igroup 中。

```
MelonHead> igroup create -i -t windows IG iqn.1991-05.com.microsoft:dongz-xp.ab.iscsi1.com
MelonHead> lun map /vol/iscsi1/iscsilun1 IG
Thu Jun 19 16:58:00 CST [MelonHead: lun.map:info]: LUN /vol/iscsi1/iscsilun1 was mapped to initiator group IG=0
MelonHead> lun map /vol/iscsi2/iscsilun2 IG
Thu Jun 19 16:58:14 CST [MelonHead: lun.map:info]: LUN /vol/iscsi2/iscsilun2 was mapped to initiator group IG=1
MelonHead> █
```

图 12-28　创建 Igroup 并映射 LUN 和主机

12.9.2　第二步：在主机端挂载 LUN

1. 确认主机端的 IQN 名称

确认主机端 iSCSI Initiator 的 IQN 名称是否与 Igroup 中所配置的一致，如图 12-29 所示。

2. 添加 iSCSI Target 端地址

添加 iSCSI Target 端地址，发现其上的 LUN，如图 12-30 和图 12-31 所示。图 12-32 显示已经发现 iSCSI 目标，但处于未激活状态。

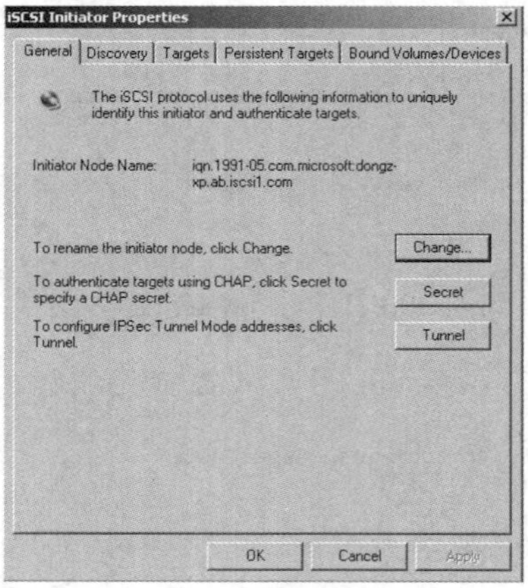

图 12-29　IQN 名称

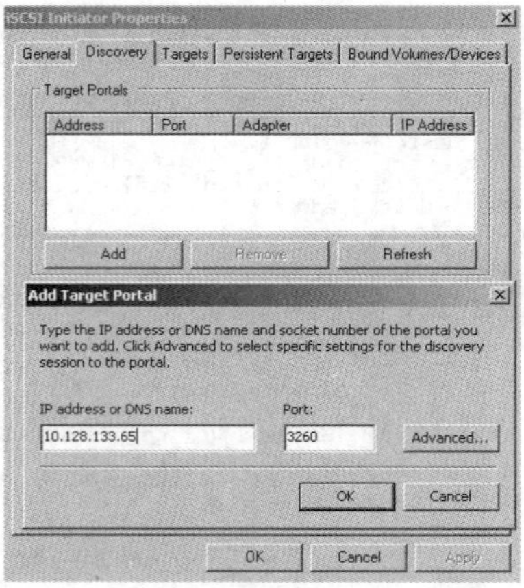

图 12-30　添加 iSCSI Target 端地址

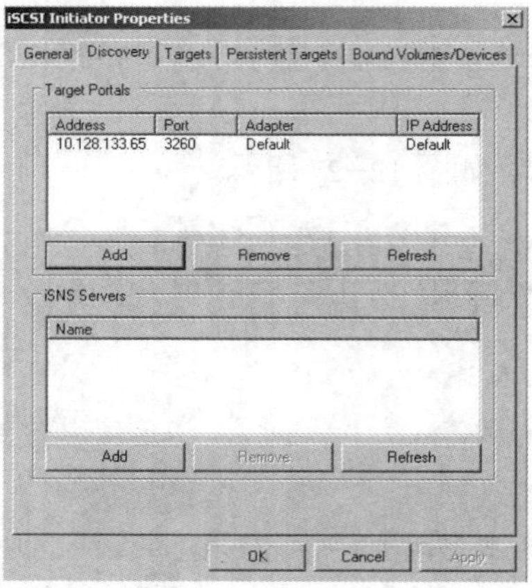

图 12-31　添加完成

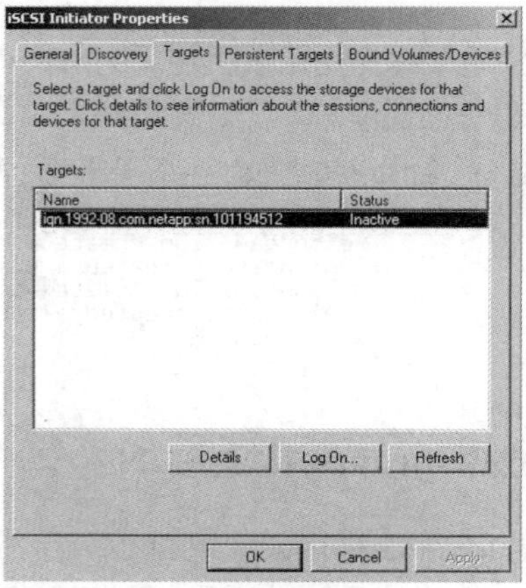

图 12-32　未激活状态的 Targe

3. 激活 iSCSI 目标端，发现 LUN

单击图 12-32 中的 Log On 按钮，如图 12-33 所示。

单击 OK 按钮后，可以在图 12-34 中看到，目标已经连接，此时 LUN 会被主机识别到。

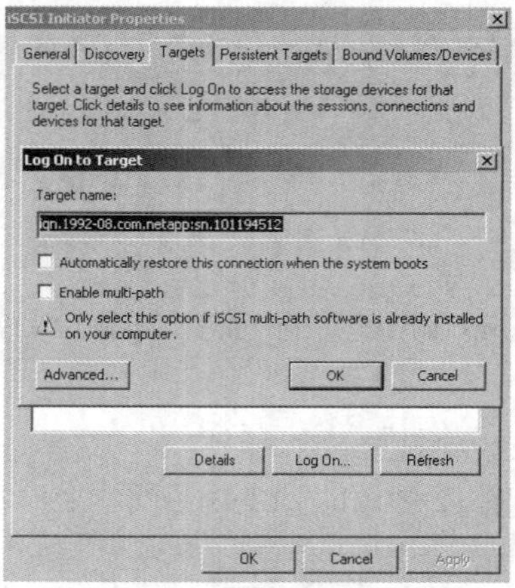

图 12-33　激活 iSCSI 目标

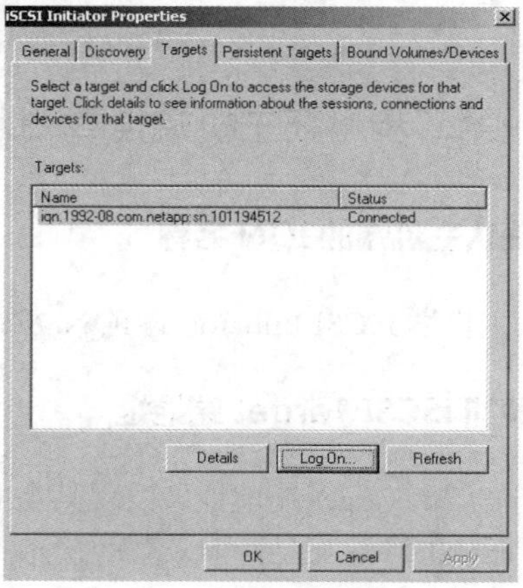

图 12-34　处于激活状态的 iSCSI 目标

4. 使用 LUN

如图 12-35 所示，在主机的磁盘管理器中会发现两块未初始化的磁盘，其对应的是存储设备上的两个 LUN。

初始化之后格式化这两块磁盘（LUN），如图 12-36 所示。

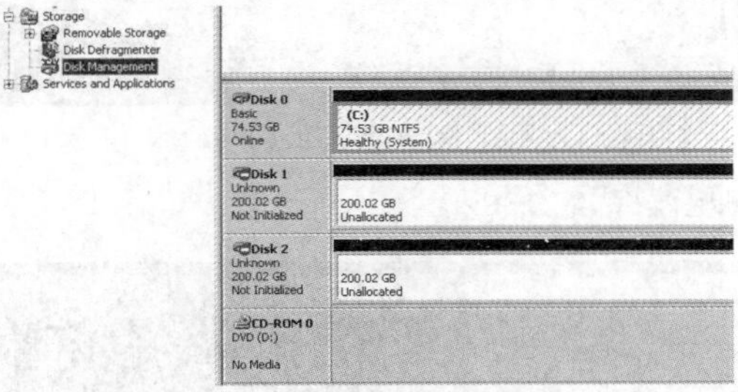

图 12-35　新识别到的两个 LUN

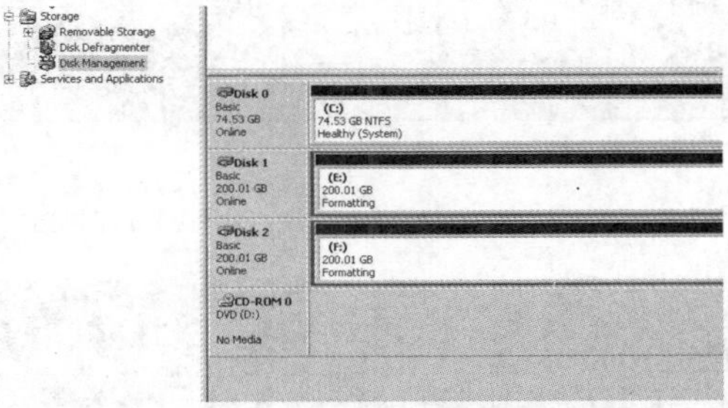

图 12-36　初始化之后格式化磁盘

如图 12-37 和图 12-38 所示，这两块磁盘已经可以正常使用了。

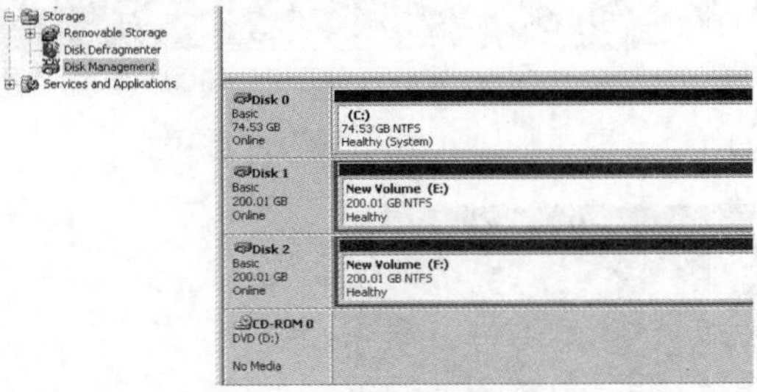

图 12-37　磁盘状况正常

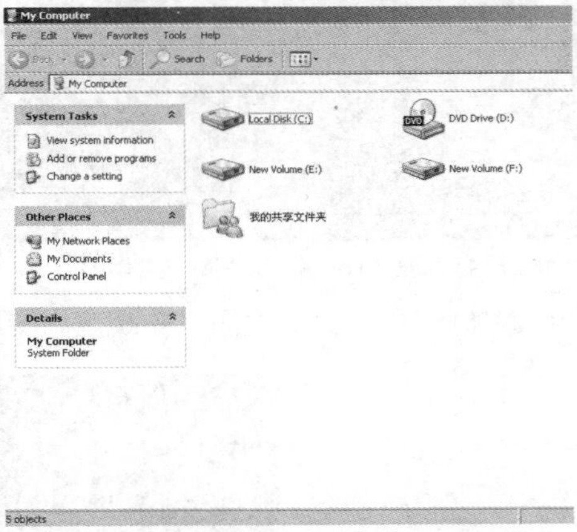

图 12-38　“我的电脑”显示的磁盘

12.10　iSCSI 卡 Boot 配置示例

上文提过 iSCSI 卡，即向操作系统表现为一块 SCSI 卡，底层却用 IP 网络来传输 SCSI 协议和数据。本节介绍如何配置系统从 iSCSI 启动。在阅读本节之前最好先阅读 9.9 节，本节介绍的内容与 FC Boot 过程类似。

如图 12-39 所示，系统加电后进入 iSCSI 卡的 Optional ROM 配置界面。首先配置 iSCSI Initiator 端的信息，比如 IP 地址、网关地址等。配置完后进入 Target 端配置界面。

配置 Target 端的 IP 地址和 IQN 名，如图 12-40 所示。配置完毕后退出。在系统主 Bios 中配置已经识别到的 iSCSI LUN 作为第一启动盘，如图 12-41 所示。

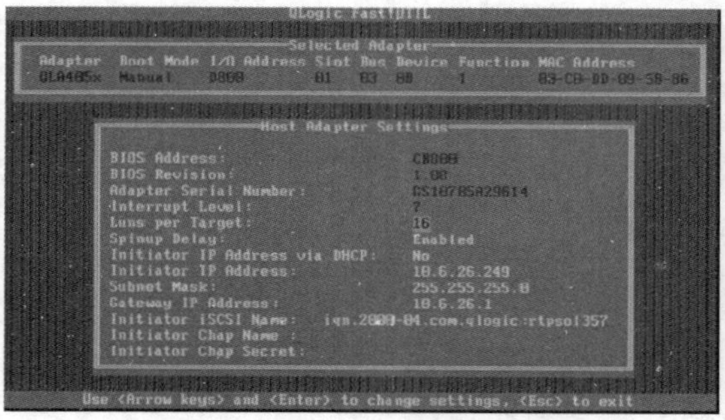

图 12-39 配置 iSCSI Initiator 端信息

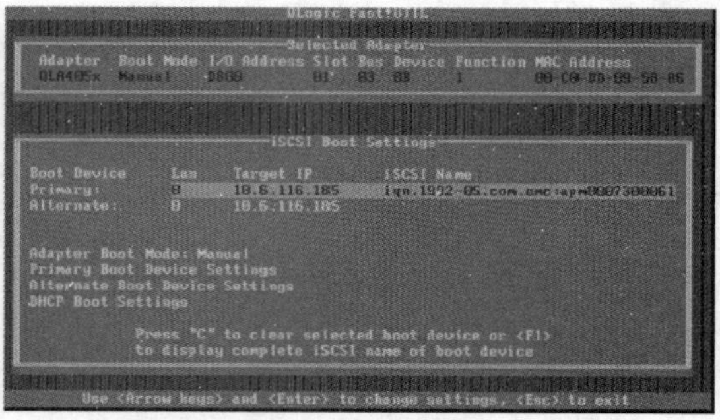

图 12-40 配置 iSCSI Target 端信息 I

图 12-42 所示为 Intel Pro 1000/PT iSCSI 卡的配置界面。

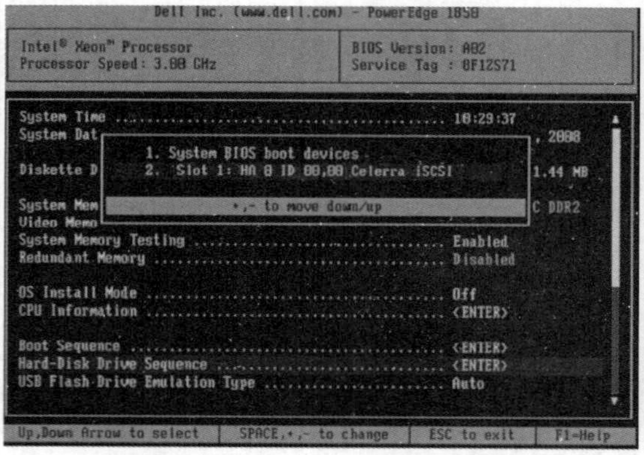

图 12-41 主 Bios 中配置第一启动盘 I

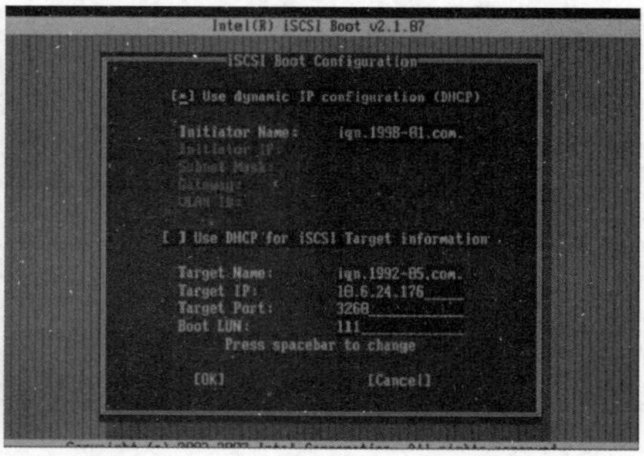

图 12-42 Intel Pro 1000/PT iSCSI 卡的配置界面

当 iSCSI 卡配置完成之后，系统重启的过程中会出现类似图 12-43 所示的界面。

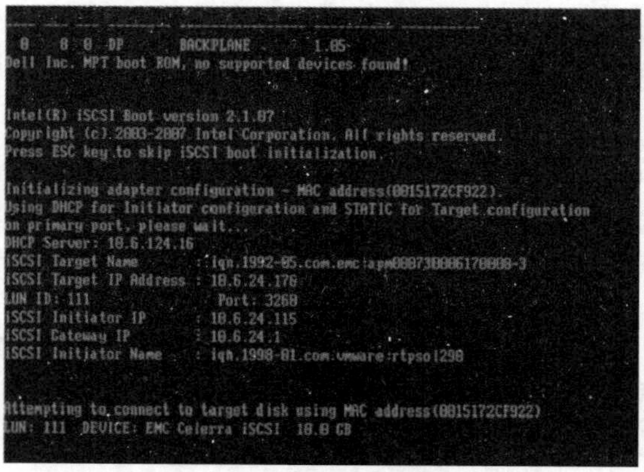

图 12-43 配置完毕系统重启之后的界面

12.11 10Gb 以太网的威力初显

2010 年 3 月，Microsoft 与 Intel 合作进行了一项在 10Gb/s 以太网之上基于 iSCSI 协议的 IOPS 及吞吐量测试。测试中硬件使用基于 Intel Xeon processor 5580 CPU 的服务器，以及基于 Intel 82599 10 Gigabit Ethernet Controller 的 10Gb/s 以太网适配器；操作系统可以用 Windows Server 2008 R2，

以及 Microsoft iSCSI Initiator 软件；存储端使用 StarWind 公司的 iSCSI Target 软件，交换机使用 Cisco Nexus 5020 10Gb/s 以太网交换机。整个系统中使用 10 台 iSCSI Target Server 和 1 台 iSCSI Client，Client 使用单 10Gb/s 以太网口连接交换机。在 512Byte IO Size 和连续 IO 条件下，获得了双向总共超过 100 万的 IOPS 值。如图 12-44 所示分别为 IOPS 和吞吐量（双向）。

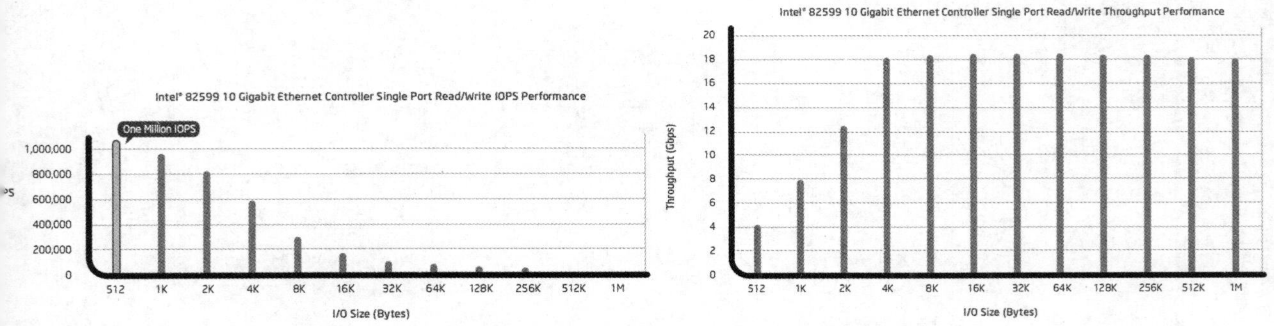

图 12-44　10Gb/s 以太网的 IOPS 和吞吐量

当然，连续小块 IO 是最能够获得高 IOPS 的 IO 方式，并且测试使用的硬件和软件都是做了充分优化的，比如 Intel® 82599 适配器开启了众多的 Offload，包括 Checksum、Large Send 等，以及针对 Intel Xeon5000 系列 CPU 的一些额外优化，比如在中断和 DMA 方面。

这个测试的目的是为了饱和链路的 IOPS，证明了 10Gb/s 以太网+软 iSCSI Initiator 在经过优化设置之后，完全有能力饱和底层链路的 IOPS 和带宽。目前业界对 TCP/IP+以太网组合的协议效率有很多质疑，质疑其效率非常低，有人甚至说效率只有 50%，这完全是无稽之谈。

随着整个网络骨干速度的提升，以太网取代不开放的 FC 平台，是迟早的事情。

12.12　小 结

IP SAN 出现之后，FC SAN 的统治地位被大大地动摇了。FC 目前唯一可以用来与 IP SAN 抗衡的武器，就是其高速度。但是这个武器的震慑力也在降低。我们可以发现，以太网的速度每次革新都是以 10 倍速为单位，从 10Mb/s 到 100Mb/s、1Gb/s，10Gb/s 速率的以太网也已经发布了。而 FC 每次革新均以 2 倍速为单位，从一开始的 1Gb/s、2Gb/s，到目前正在被广泛使用的 4Gb/s 速率，而 FC 的下一个速率级别为 8Gb/s（或者 10Gb/s），而且这个标准还正在制定当中。以太网已经在计划上抢先了 FC 一步。不知道在 10Gb/s 时代，FC 还能不能守住它那仅有的一点点沙漠绿洲。

说明：现在已经出现了 HyperSCSI 以及 ATA over Ethernet 这两种欲抛弃略显低效的 TCP/IP 协议而另立门派的协议，但是由于各种原因，尚未得到推广。

读书笔记

第13章

握手言和——IP与FC融合的结果

- FC
- IP
- 协议之间的相互作用
- 协议融合

话说FC和IP 各占一方，谁也不让谁，互相竞争了数年，两者各立门派，势不两立。但是“夫天下之势，分久必合，合久必分”。

数年来，两者在市场上竞争得可谓你死我活。FC仅仅拿着FC SAN的速度和稳定性来炮轰IP SAN，而IP 也不甘示弱，处处举着可扩展性和成本的大旗，声讨FC SAN，闹得江湖上风风雨雨。FC凭借着它的速度优势，占据了高端市场，而IP则以成本优势在低端市场占据了一席之地。然而两人谁都想一统天下，把对方彻底驱逐出市场，但是，相持了数年，谁也没能把谁干掉，两人都累了。这么多年的互相攻击，谁也没有取得丝毫胜利，FC 还是稳固地占据高端市场，IP 依然驰骋低端。

终于有一天，FC和IP 决定握手言和，不再投入无谓的人力、物力、财力来和对方竞争。与其大肆攻击对方，不如多用点精力来提升和发展自身的技术，同时学习对方的技术，取长补短，方为正道啊！FC和IP 彻夜长谈，终于取得了一致的见解，决定双方各取所长，共同为江湖做贡献。

首先，FC决定由IP 入股自己的公司，给FC SAN提供更高的扩展性架构解决方案；同时，FC也入股IP 的公司，给IP 提供研发经费，用于其研发出基于以太网的、新型的、适合存储区域网络的专用协议体系。

13.1 FC 的窘境

入股 FC 公司之后，IP 便开始研究如何将 FC 协议体系转向可扩展的、开放的结构。说到可扩展且开放的网络传输协议，一定非 TCP/IP 莫属。可是 FC 和 TCP/IP 是两套毫不相干的协议体系，如果将 FC 全部转为 TCP/IP，那岂不是叛变成 IP SAN 了么？但是如果丝毫不变，那只能是 FC SAN，还是不具备开放和扩展性。

1. FC 的扩展性问题

FC 为什么扩展性差？就是因为如果通信双方距离太远的话，需要自己架设光缆，或者租用电信的专线光缆，这两者成本都很高。如果租用电信部门的专线光缆，则 FC 最低速度为 1Gb/s，且租用电信部门的 1Gb/s 带宽的专线光缆，其费用不是一般机构能承担的。

提示：目前电信提供的专线接入，其骨干网一般采用 PDH 或者 SDH 协议传输，到终端用户所能承受的速率为 2Mb/s 的 E1 线路。当然也可以直接从高速骨干网直接分离出相对高速的线路，比如 OC3、OC48 等，但是费用还是过于高昂，令人无法承受。

E1 线路有自己的编码格式，不能将电信部门接入的光纤直接插到 FC 设备上，因为两端的编码方式不同，不能和局端的设备建立连接，所以需要增加一个协议转换设备（准确来说是协议隧道封装设备），将 E1 协议解封装，转换成协转设备后面的协议逻辑，比如 V35 串口、以太网等其他协议。目前已经存在 FC over Sonet、FC over ATM 等协转设备了，不过这些专线的扩展性仍然不强，而且这种方案以及对应的设备也非常昂贵和稀少。

目前看来，如果要扩展 FC 网络，让相隔很远的两地之间用上 FC 协议，最好的办法就是自己架设专用光缆。可是自己架设光缆也只能在自己可控的范围内，比如一个大厂区之内，但是如果是在市内，或者两个城市、两个省之间，私自架设光缆是绝对被禁止的。

2. 解决方案

怎么办？首先，要走出去，就一定要租用电信部门的线路。电信提供了两种线路：一种是接到 Internet 的线路，也就是接入电信部门的 Internet 运营网络，通信的双方都接入，并且使用 TCP/IP 通信；另一种就是光缆专线，也就是通信的双方都接入电信部门的专用传输骨干网络，这条专线端到端的带宽由接入提供商保证，只要两端的设备支持，其上可以运行任何上层协议。上层帧会被底层封装协议（比如 E1 等）再成帧传送到电信部门骨干传输网络中。

虽然 Internet 接入可以获得 100Mb/s 或者 1000Mb/s 的速率，但是这只是本地带宽（从本地到局端设备之间的链路带宽），端到端的带宽，以现在的电信部门 TCP/IP 网络环境，除非购买接入商的 QOS 或者 MPLS TE 服务，否则没有人能够保证两点间的通路带宽（速率）。

提示：如果两地之间相距很近，那么不妨考虑 Internet 链路。因为如果两地同时接入相同城市的 ISP 网络，数据包被路由的跳数就不会很高，甚至有可能只经过 1 跳或者 2 跳便可以被对方收到。更有甚者，同城的两地可能连接在局端的同一台设备上。这样可获得的带宽速率就会非常可观，就可以像在内网通信一样利用 VPN 来让两个站点之间联通。但要澄清一点，由于 Internet 链路不能时刻保障稳定的带宽，所以这种方法只适合对数据传输实时性要求不高，但同时又要求高带宽的情况。

而专用线路虽然保证了带宽，但是只能承受 E1 等低速专线，且价格相对 Internet 接入要贵很多。而且目前只有 V35 – E1 封装解封设备和 E1 – 以太网封装解封设备，并没有 E1 – FC 封装解封设备。而 V35 串口和以太网这两种二层协议，都普遍被用来承载 IP 协议，所以目前来说，E1 一般用来承载 IP 作为网络层协议。有些路由器自带 E1 封装解封模块，可以不用外接协转，直接连接从光端机分离出来的一路或者几路 G703 或者 BNC 接头，直接编码与解码 E1 协议。但是这些也都是 IP 路由器，和 FC 丝毫没有关系。

可以看出，FC 如果脱离了“后端专用”这四个字到开放领域，显然是无法生存的。而 IP SAN，则软硬通吃，只要有 IP 的地方，不管其下层是什么链路协议，就可以部署 IP SAN。这就是为何称 TCP/IP 为协议中的秦始皇的原因：秦始皇统一了货币，到哪里都通用，同样，TCP/IP 也统一了下层凌乱的各种协议。

13.2 协议融合的迫切性

说到这里，租用 Internet 线路，只能承载 IP，而租用点对点专线，也普遍用来承载 IP，可能感觉 FC 的扩展似乎就是死路一条了。但是，IP 想起了 ISCSI，当初自己不就是把 SCSI 协议给封装到了 TCP/IP 协议中来传输，才扩展了 SCSI 协议么？也就是说如果将一种协议封装到另一种协议中传输，就可以使用另一种协议带来相应的好处了。不妨就这么假设一下，FC 不可扩展，TCP/IP 扩展性很强，那么如果把 FC 协议封装到 TCP/IP 协议中来传输，是不是也可以获得 TCP/IP 的扩展性呢？这个想法比较大胆，因为 FC 本身也是作为一种可以传输其他协议的协议，FC 甚至可以承载 IP，作为 IP 的链路层，那么为什么现在却反过头来需要用 IP 来承载呢？

提示： Protocol over Protocol，PoP，即一种协议被打包封装或者映射到另一种协议之上。这种思想在网络协议领域中经常使用。我们姑且称其为“协议融合”，认为其已经可以形成一个独立的科目。

要谈协议融合，还得从以太网和 TCP/IP 说起。

1. 以太网和 TCP/IP——不能不说的故事

前面已经详细介绍了以太网和 TCP/IP 协议。我们知道，以太网是一个网络通信协议。

提示： 记得某人曾经说过一句话：“网络就是水晶头。”这句话比较有意思，它反映出说这句话的人对网络的不了解，但是也证明他平时所见到的网络，确实只有水晶头，且以太网普遍使用水晶头，这样“网络就是水晶头”这句话，也不是那么可笑了。它从某种角度也反映出了以太网在当今的普及程度。

前面讲到以太网是可以寻址的，也就是说它涉及了 OSI 第三层网络层的内容。大家都连接到一个以太网环境中，不需要任何其他上层协议，就可以区分开对方，进行通信。既然这样，为什么连新闻联播的主持人都知道 Internet 是利用 TCP/IP 协议而不是以太网来通信呢？为何我们总是说以太网+TCP/IP 协议二元组，而不是仅仅说以太网，或者 TCP/IP 协议？

因为以太网和 TCP/IP 协议是逻辑上分开的，它们各自是不同的协议体系，那么为什么总是把它们组合起来说呢？它们之间有什么割舍不断的恩恩怨怨呢？这其中原因，还要从 IP 讲起。

2. IP 本位

前面也说过了，IP 就是一个身份标志，是用来与其他人区别的一个 ID。以太网协议中规定的 MAC 地址，从原理上讲，就足够用来区分网络中各个节点了。但是前面也分析过，完全靠 MAC 来寻址的缺点：一是 MAC 地址太长，48b，用于路由寻址时效率太低；二是世界上并不是每个环境中都用以太网来建立网络，除了以太网，还有其他各种方式的网络系统，各自有各自的寻址方式，如果要让所有类型的网络之间无障碍的相互通信，就需要一个秦始皇来统一天下的货币。

IP 就是这个被选中的货币。不管以太网，或者串口协议，或者 FDDI 等类的局域网方式，我们最终都要让其之间相互通信，才能形成 Internet。

提示：如果你是秦始皇，你会怎么来处理各国众多的货币呢？虽然秦始皇最终将其他货币回收废除了，但是 IP 却不能在短时间内将所有网络形式都废除，而用以太网统一，因为现在已经不是一个人说了算的时代了。秦始皇可以在各个使用不同货币的地方设立一个专门的兑换机构，只要到了这个地方，就兑换成这里使用的货币。

同样，我们也给每个网络设立一个网络地址兑换设备，也就是协议，将统一的 IP 地址兑换成这个网络的自用私有地址，用这种方式实现各种类型网络的相互联通。网络中的兑换机制，是通过 ARP 协议实现的，ARP 协议可以将一种网络地址映射成另一种网络地址。每种网络要想用 IP 来统一，都必须运行各自的 ARP 协议，比如以太网中的 ARP 协议，帧中继网络中的 ARP 协议等。

对于以太网来说，IP 就是统一货币，MAC 就是以太网货币。另外，还有各种各样其他类型的货币，比如主机名（Hostname）、域名等。大家在访问网站的时候，其实就是和提供网站服务的服务器来建立通信，获取它的网页和其他服务，在 IE 浏览器中输入这个网站的域名之后，DNS 兑换程序会自动向 DNS 服务器查询，获得这个域名所对应的 IP 地址，然后用 IP 地址与服务器通信。

数据包带着 IP 地址到了服务器所在的局域网之后，会通过局域网的路由器发出 ARP 请求，来把 IP 地址再兑换成服务器所在局域网络的地址。如果服务器所在的局域网是以太网，则对应成 MAC 地址，然后通过以太网交换设备，找到这个 MAC 地址所在的交换机端口，将数据包发向这个端口，从而被服务器收到。

为什么要经过多次兑换呢？首先把 IP 转换成域名，是为了方便记忆，不必记忆那些复杂的 IP 地址；其次把 MAC 转换为 IP，是为了天下统一，相互流通。

其实如果所有人都用以太网联网，那么就可以完全抛弃 IP 这一层寻址了，但是实际是不可能的，以太网现在还没有一统天下，而且就算一统天下了，人们也似乎不愿意抛弃 IP，就像在同一个局域网内，还是用 IP 来直接通信，而不是直接用 MAC。TCP/IP 实在是被使用的已经太普遍了，以至于就算牺牲一点性能，局域网内通信也普遍使用 IP。而实际上，以太局域网内部通信的话，NetBEUI 协议的性能比 TCP/IP 协议要高许多。

其实整个 Internet 不仅仅都是以太网，以太网适合局域网联网通信，但是不适合广域网情况，广域网的联网协议，比如 PPP、HDLC、Frame Relay、x25、ATM 等，也像以太网一样各有各的寻址体系。在一个 Internet 上有这么多种不同地址的网络，它们之间若要相互融合、寻址，就必须在各种地址之间，相互翻译、转换、映射，数据包每经过一种网络，就转换一次，这样非常麻烦。IP 地址的出现使得所有联网的节点，不管用的是以太网，还是 Frame Relay，统统都分配一个 IP 地址给每个节点，对外最终以 IP 地址作为寻址地址，而将 IP 地址再映射到自己所在网络的所使用的地址上，比如 IP 映射到以太网的 MAC，或者 IP 映射到 Frame Relay 的 DLCI、映射到 ATM 的地址等。

用来进行地址映射的程序，称为 Address Resolution Protocol，即 ARP。很多人听到 ARP，就认为是以太网，其实这也是错误的，ARP 不仅仅代表以太网中的 IP 地址和 MAC 地址的映射，它代表任何种类地址之间的映射对应关系，从这一点来说，DNS 协议也应该归入广义的 ARP 协议中。

IP 统治了 OSI 的第三层，将原来占据第三层的凌乱地址种类统一了。映射到（承载于）以太网的 IP，称为 IPoE（IPoE 也就是"基于以太网的 TCP/IP"）；映射到帧中继的 IP，称为 IpoFR；映射到 ATM 的 IP，称为 IPoA 等。从此一种新的概念诞生了：PoP，即 Protocol over Protocol。

3. IP 缺乏传输保障功能

IP 统一了天下还不够，因为 IP 最大的作用就是寻址和路由以及适配链路层 MTU，它并不提供其他功能，而作为一个健全的网络传输协议，必须具有传输保障功能。而以太网是一个面向无连接的网络，它不保障数据一定会传送的对方，是一个不负责任的网络，不管目的端口有没有收到，源端口只管向外发送。而 Frame Relay 协议，其前身 x25 协议，是一个有着很好传输保障功能的协议，在 TCP/IP 没有出现之前，x25 的传输保障机制做得非常到位，因为 x25 的设计初衷，就是为了运行到极其不稳定的链路上。而随着链路质量的不断提高，x25 的做法显得越来越因噎废食了，所以其改良版本 Frame Relay，就逐渐替代了 x25，FR 抛弃了 x25 中很多无谓的传输保障机制，而仅仅留下一些流控机制。相对于以太网的不负责任，FR 起码在链路层面，实现了比较好的流控措施。

但是，不管是以太网，还是 FR，都没有实现端到端的传输保障。端到端，是相对于"过路"来说的。过路是指在两个终端之间通信路径上的网络设备之间的路径。链路层的传输保障就是一种过路保障，因为链路层只保证相连的两个设备之间传送数据正常无误，但是不能保障通信最终端接收和发送的数据正常无误。因为在一个典型的包交换网络中，数据包一般都是一跳一跳地被传送的，每一跳两端的设备用链路层协议进行传输保障。

但是最终目的是要让通信的最终两端无误地收到数据，才能算作真正的传输保障，即端到端的保障。而 FR 协议所做的，只是在过路的时候保障链路正确传输。如果链路正确传输给了终端，而终端到最终上层的某个环节出错了，那么数据同样也是错误的，所以，要实现端到端的传输保障，一定要在最终传输终端上运行一个侦错和纠错逻辑，用来发现链路层所发现不了的错误。图 13-1 为端到端保障与过路保障的示意图。

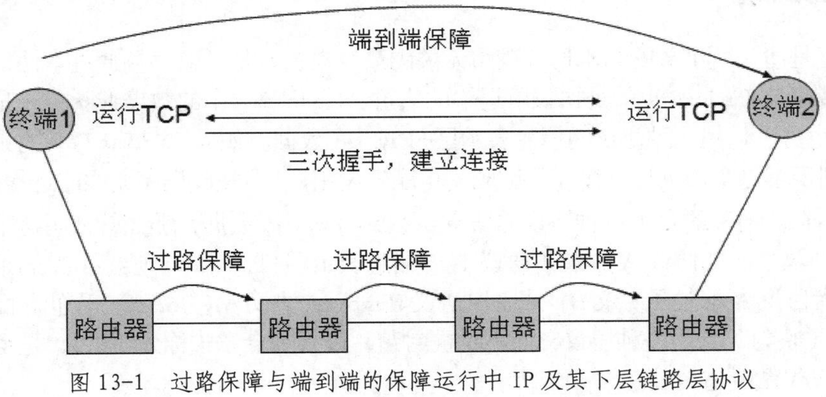

图 13-1　过路保障与端到端的保障运行中 IP 及其下层链路层协议

4. TCP 保驾护航

为了实现这个目的，TCP 出现了。TCP 作为一个程序运行在通信的两个终点，不管两点之间用什么样的链路连接，经过了多少网络设备，TCP 程序始终运行在通信终端上，监控终端最终发送和接收到的数据包的顺序、缓存区、校验等信息，检查是否出现丢包、阻塞等事件，一旦发现错误，立刻纠正重发数据包。

TCP 不是运行在通信路径上的，而是运行在通信终点的两端设备上。即使过路链路保障机制再健全，TCP 也是有必要的，因为数据包只有被终端正确接收到，才能算真正的传输保障。

所以，在 IP 之上，又凌驾了一层 TCP 逻辑，用来保障端到端的无误传输。而 FR 等链路层协议的保障机制，只能保障本段链路传输无误，不能保障端到端的正确收发，所以只能沦为数据链路层协议的角色了，用来承载 IP 和 TCP。

我们可以体会到，协议之间也是在互相利用，互相排挤、吞并及融合，以适应不同的应用环境，因为不可能为每一种应用环境都设计一种协议，协议之间互相利用、融合，才是最好的解决办法。

5. 最佳拍档——TCP/IP 和以太网

现在可以回答上面没有找到答案的那个问题了，为什么以太网偏要和 TCP/IP 组合成一对呢？因为以太网使用得太广泛了，而 OSI 的第三层、第四层，也几乎被 IP、TCP 给统一了，所以以太网+TCP/IP，当然就成了一对好搭档了。

虽然一个协议可能实现 OSI 的所有 7 个层次，但是如果它要和其他协议合作，那么就要有个分工，而不能越权，比如 IPoA、ATM 只要传输 IP 包到目的就可以，而不管数据是否出错、乱序等，虽然 ATM 可能有这个功能。以太网虽然自己可以寻址，但是它还是配合 IP，进行 IP 到 MAC 的映射，统一使用 IP 寻址，它默默无闻，所有光辉都被 TCP/IP 所披挂。

13.3 网络通信协议的四级结构

网络通信协议，一般可以分成 Payload 层、信息表示层、交互逻辑层和寻址层。其中最重要的是交互逻辑层，它是一个协议的灵魂。

1. Payload 层

Payload 是协议所承载的与本协议逻辑无关的最终数据，是通信终端通过本协议最终需要传送给对方的数据。Payload 也就是协议所运输的货物。Payload 层中的数据，既可以是最终应用产生的数据，也可以是另一种协议的信息表示层+Payload 数据。如果 Payload 封装的是最终应用产生的数据，则表示这个协议是直接被上层应用程序来调用，从而完成程序之间的远程网络通信的。

如果 Payload 封装的是另一种协议的信息表示层+Payload 数据，那么就证明这个协议此时正在承载那个协议。比如协议 A 封装了协议 B 的信息表示层+Payload，则就可以说协议 A 封装了协议 B，或者协议 A 承载了协议 B，或者说协议 B is over 协议 A（BoA）。我们后面会描述一种协议被 Map（映射）到另一种协议，而不是被封装，这种融合方式称为 AmB，是彻底的协议转换，而不是仅仅做隧道封装。

2. 信息表示层

信息表示层就是附加在 Payload 数据之外的一段数据，也称作协议开销，因为这段数据和最终应用程序无关，是运行在通信双方的通信协议用来交互各自的状态，从而使双方做出正确动作的一段重要数据。这段数据可以想象成提货单或者信封。信封封装了信纸，信封上的地址、姓名等信息，就是信息表示层，它可以让对方检测到当前通信所处的状态。

3. 交互逻辑层

这一层其实就是运行在通信双方协议系统上的动作程序代码逻辑，它根据对方传送过来的信息表示层数据来做出相应的动作逻辑，再生成自己的信息表示层发送给对方，然后对方再做相同的处理判断动作，就这样完成通信双方之间的正确动作。交互逻辑层其实就是协议的设计思想。交互逻辑层对于每种协议都不相同，但是很多都类似，可以说网络通信协议基本思想是类似的，因为它们所实现的目的都是一样的，就是将数据通过网络传输到目的地。

正因为如此，各种协议的交互逻辑层才可以相互融会贯通，将一种协议的逻辑，映射翻译到另一种协议的逻辑，从而将各种协议的优点结合起来，完成目标。协议逻辑层一般都是运行在通信双方两端的，但是像 IP 路由协议等，通信双方经过的路径上的所有设备，也都需要运行，因为 IP 包是一跳一跳被接收并且转发的。

4. 寻址层

它是帮助协议来找到需要通信的目标的一套编址和寻址机制。比如 IP 地址、MAC 地址、DLCI 地址、电话号码等。如果是点对点传输协议，则可以忽略此层，因为不需要寻址。而且不同协议之间的寻址层，可以互相映射翻译。

以上的这四层，是任何一个网络通信协议所必须具备的，不管多么简单或者多么复杂的协议。

5. 通信协议的相似性

相似性是通信协议之间相互融合的一个条件。而协议之间相互融合的另一个促成因素，就是协议使用广泛程度不同，有时如果要完成一个目标，不得不借用某种协议。

就像 TCP/IP 协议，TCP/IP 协议占领了全球 Internet 的领地。如果有一种协议想跨越地域或国家来进行通信，但是自己又无能为力，因为它首先没有专门为它准备的物理线路，其次它的设计，也不适合大范围、长距离的广域网环境，那么它只能来租用 TCP/IP 协议，将自己封装到 IP 包中传送。能适合 Internet 规模的网络通信协议，唯 TCP/IP 莫属！而其他协议想要完成 Internet 范围的通信，就不得不借助 TCP/IP，搭 TCP/IP 的车，让 TCP/IP 来承载它们。它们是怎么搭上 TCP/IP 的快车呢？

我们不妨类比一下。在整理本章的时候，恰逢大连刚刚开通了一艘新的火车箱滚装船。我想用这个例子来比喻协议融合，再适合不过了。从山东烟台到大连，最近的路径就是走渤海湾水路，如果搭乘陆路火车，则需要绕一大圈，所以很多货运汽车，甚至火车，都选择乘船到大连，下船后，车厢用火车头拉走，这样，在增加很少成本的条件下，节约了大量时间。协议融合同样遵循这个原则，只要能使总体拥有成本降低，性价比提高，任何协议都可以融合。

13.4 协议融合的三种方式

协议和协议之间的相互作用，有三种基本的思想。

- 第一种是调用（Use），也就是一种协议完全利用另一种协议。
- 第二种是隧道封装（Tunnel），一种协议将另一种协议的完整数据包全打包隧道封装到新协议数据包中。
- 第三种是映射（Map），也就是一种协议对另一种协议进行映射翻译，只将原来协议的 Payload 层数据提取出来，重新打包到新协议数据包中。

1. 调用关系

所谓调用，也就是一种协议自身没有某些功能，需要使用另一种协议提供的功能。比如 TCP 调用 IP，因为 TCP 没有寻址功能，所以它利用 IP 来寻址。而 IP 又可以调用以太网，因为 IP 只有寻址功能，它没有链路传输的功能，所以它利用以太网提供的链路传输（交换机、Hub 等）。IP 调用 PPP 来传输等，也就是上层协议为了达到通信目的，使用另一种协议为其服务。这种关系严格来说，不算是融合。

2. 隧道关系

隧道封装，顾名思义，就是将一种协议的完整数据包（包括 Payload 和协议开销）作为另一种协议的 Payload 来进行封装，打包传输到目的地，然后解开外层协议的封装信息，露出内部被封装承载的协议完整数据包，再提交给内层协议处理逻辑模块进行处理。也就是说，进行协议转换的设备根本就不需要去理解内层协议到底是什么东西，到底想要干什么，只要将数据包统统打包发出去。Tunnel 的出现，往往是由于被 Tunnel 的协议虽然和外层协议都在某一方面具有相似甚至相同的功能，但是在某些特定的条件下，被 Tunnel 协议不比外层协议表现得优秀，不适合某种特定的环境，而这种环境，恰恰被外层协议所适合。这就像用船来装火车箱一样。Tunnel 的另一个目的是伪装内层协议。

3. 映射关系

Map 是比 Tunnel 更复杂、更彻底的协议融合方式。所谓 Map，也就是映射，就是将内层协议的部分或者全部逻辑，映射翻译到外层协议对应的功能相似的逻辑上，而不是仅仅做简单的封装。Map 相对于 Tunnel，是内外层协议的一种最彻底的融合，它将两种协议的优点，融合得天衣无缝。内层协议的 Payload 层在 Map 动作中是不会改动的，因为 Payload 层的数据只有两端通信的应用程序才能理解。

13.5 Tunnel 和 Map 融合方式各论

例如火车、汽车是两种运输工具，它们看似有太多的不同，但是它们的功能都是相同的，都是将货物运送到目的地。而火车需要在铁道上跑，但汽车需要在公路上跑（物理层不同，链路层不同）；火车因为铁轨很平滑，需要用钢铁轮子，而汽车因为公路很颠簸，需要用充气轮胎；火车不需要红绿灯来制约，而汽车在公路跑上，会有很多红绿灯来制约它；火车由于跑在专用的铁轨上，所以它能达到很高的时速，而汽车由于在共享的公路上跑，它能，但是不敢达到太高的时速；火车只能按照它的轨道来运行，而汽车几乎随处可去……

以上列举出了火车和汽车的种种特点，相应地飞机、轮船、火箭等都可以拿来对比，这些特点就像各种通信协议自身的特点一样。同样都是运输货物，但是它们都适应了不同的需要。只不过网络通信协议运输的不是货物，而是一串 0 和 1，是高低变化的电平，是数据，是信息。不同的通信协议同样也是为了满足不同的情况、不同的需求。TCP/IP 协议满足了 Internet 范围的网络通信；FC 协议满足了后端存储的专用高速公路这个环境，二者都各自占有自己的领地，谁也取代不了谁。就像铁路不可能为了和民航竞争，而把轨道往天上修，航空公司也不可能为了和陆运公司竞争，而让飞机跑在公路上。

TCP/IP 适合整个 Internet 范围的通信，而 SCSI 协议不适合，所以如果 SCSI 协议需要跨越大范围通信，就要将其承载到 TCP/IP 上，也就形成了 iSCSI 协议，然而 TCP/IP 根本就不关心什么是 SCSI，更不知道 SCSI 是怎样一种作用逻辑，它只是负责封装并传输。同样，因为以太网是个面向无连接的网络，没有握手过程，也没有必要有终端认证机制、没有 NCP 机制（PPP 协议中用来协商上层协议参数的机制），而 PPP 却有这些机制，它非常适合 ISP 用来对接入终端进行认证和管理，但是 PPP 的使用程度远远不如以太网广泛，怎么办？融合吧！于是形成了 PPPoE 协议。

13.5.1 Tunnel 方式

ISCSI 和 PPPoE 这两个协议，是典型的 Tunnel 模式。前面已经给 Tunnel 下过定义了。首先一种 PoP 的模式被定义为 Tunnel 的前提，就是这两种协议对某一特定的功能均有自己的实现。如果一种协议在某方面的功能，另一种协议没有实现，那么另一种协议就是“调用”那种协议，而不是被 Tunnel 到那种协议。比如，IPoE 就是典型的调用，而不是 Tunnel 或者 Map，因为 IP 没有链路层功能。

注意：IP 与 Ethernet 之间的编址逻辑是映射关系而不是使用关系，即 IP 地址与 MAC 地址的相互映射。

用 iSCSI 来分析，TCP/IP 可以实现寻址和传输保障，SCSI 协议也可以实现寻址和传输保障，所以它们具备了这个前提；同样，PPPoE 也是一种 Tunnel 方式的融合协议，因为 PPP 和 Ethernet 都是链路层协议。

1. VPN 的引入

Tunnel 的另一个作用，就是伪装。有时候虽然两种协议实现的功能、适用环境都相同，但还是将其中一种 Tunnel 到另一种之上，这是为什么呢？有些情况确实需要这种实现方式。比如 IP 协议中的 GRE，通用路由封装，就是这样一种协议。它将 IP 协议承载到 IP 协议本身之上，自己承载自己，再封装一层，这样就可以使得一些不能在公网路由的 IP 包，封装到可以在公网路由的 IP 包之中，到达目的地后再解开封装，露出原来的 IP 包，再次路由。这就是伪装。

利用这种思想，人们设计出了 VPN，即 Virtual Private Network，用来将相隔千里的两个内部网络，通过 Internet 连接起来，两端就像在一个内网一样，经过 Internet 的时候，使用公网地址封装内网的 IP 包。这是最简单的 VPN。在这基础上，又可以对 IP 包进行加密、反修改等，形成 IPSec 体系，将其和原始的 VPN 结合，形成了带加密和反修改的 IPSec VPN，真正使得这种

PoP 穿越外层协议的时候，能够保障数据安全。

2. 例解 Tunnel

下面再举个例子来说明，到底什么是 Tunnel。

邮政系统，目前已经是举步维艰。21 世纪之前，网络还不很普及，除了电话、电报，写信似乎是大家长距离通信的唯一选择。寄信人将自己的信件（数据，Payload）装入信封（协议信息表示层数据段），填好收信人地址、邮编、名称（通信协议的信息表示层、寻址层）等，交给邮局（网络交换路由设备），由邮局进行层层路由转发，最终到达目的地。

IP 网络和邮政系统极其相似。而为什么邮政系统目前已经陷入了困境呢？原因就是竞争。

进入 21 世纪之后，物流业快速兴起，它们借助公路、水路、航路、铁路等 “链路层”，加上自己的一套流程体系（协议交互逻辑），充分利用这些资源达到物流目的。以前只有邮政一种方式，而现在出现了许多的物流公司，每个公司都有自己不同的物流体系，但是基本思想大同小异，都是要将用户的货物运送到目的地。

21 世纪，虽然网络已经很发达，但是网络只能走信息流，走不了实物流。所以物流公司还是能占据一定市场。

> **提示：**我们来看看 21 世纪，用户是怎么来寄出一封信件或者包裹的。同样寄出一封信，如果还是用古老的协议，比如信封 + 80 分邮票的形式，还是可以的，大街上现在还有邮筒。但是很多快递公司也提供信件包裹服务，只不过他们用的信封，比普通信封大、结实，而且他们信封上的标签，所包含的信息更加具体和丰富，比如增加了收件人电话、发件日期、受理人签字、委托人签字等。邮政信封具有的，快递信封都具有。

这样就可以看出这两种协议的不同之处了。用户可以把信件封装到邮政普通信封直接发送，也可以封装到快递公司信封中发送，也就是选用其中一种协议。

那么如果用户先把信件（最终数据）封装到普通信封中，填好信封头信息（协议信息表示层和寻址层），然后将封装好的普通信封，再封装到快递公司的信封中，并再次填一份快递公司的信封头信息；快递公司按照这些信息，将信件送到目的地，目的收到之后，解开外层信封，然后解读内层信封的信息头，再次转发，或者直接打开。刚才描述的这种情况，就是一个典型的协议 Tunnel 方式的相互作用，把邮政协议 Tunnel 到快递公司的协议，这种 Tunnel 的目的，就是为了获得快速、优质的服务，因为普通邮政协议提供不了快速高效的服务。

> **思考：**我们再来看这种情况，比如快递公司 A，在北京没有自己的送货机构，但是青岛有人需要向北京送货，怎么办？

此时当然要考虑借助在北京有送货机构的快递公司 B，让他们代送，将信件封装到快递公司 A 的信封，然后再将 A 的信封装入快递公司 B 的信封，让快递公司 B 做转发，到目的地之后，B 的送货员剥开外层信封，最终用户会收到一个快递公司 A 的信封，客户就认为是快递公司 A 全程护送过来的，其实不是。这样就很好地伪装了信件。这是 Tunnel 的另一个目的。

13.5.2 Map 方式

说完了 Tunnel，我们再来说说 Map。Map 就是将一种协议的逻辑，翻译映射成另一种协议的逻辑，Payload 数据完全不变，达到两种协议部分或者完全融合。

还是快递公司的例子。两个快递公司（两种协议），快递公司 A 在青岛没有自己的送货机构，但是 B 有。所以 A 和 B 达成协议，A 将青岛地区的送货外包给 B，凡是 A 公司在青岛的业务，都由 B 来运送，但是表面上必须保持 A 的原样，这种方式目前实际已经广泛使用。起初的做法是：先将客户信件装入 A 信封，然后再封装一层 B 信封，带着 A 信封来转发，也就是 Tunnel。后来，B 公司嫌这种方法浪费成本，因为额外携带了一个 A 信封，这增加了信件的重量和信封成本。所以 B 公司琢磨出一套方法：

先让 B 公司的取件人了解寄件人所要提供的信息，此时取件人担当 A 公司的角色，用户认为取件人是 A 公司的，用户按照 A 公司的协议，将信封头信息告诉取件人；然后取件人此时并没有将信件装入 A 公司信封，而是直接装入了 B 公司信封，但是在填写 B 公司信封头的时候，取件人将用户提供的针对 A 公司特有的信封头信息，转换翻译成 B 公司特有的信封头信息；经过 B 公司转发，到达目的地之后，送货员再次将 B 公司的信封头信息，转换翻译成 A 公司所特有的信封头信息。

这样，两端的用户，同样也丝毫感觉不出中间环节其实是 B 公司完成的。但是这种方式相对于 Tunnel 方式的确节约了 B 公司的成本，使得开销变小了，提高了转发效率。这种方式的协议之间的相互作用，就是 Map。

1. IP 和以太网之间的寻址关系 Map

最简单的 Map 就是 IP 和以太网之间的寻址关系 Map。IP 地址必须映射到 MAC 地址，才能享受以太网的服务。正如 IP 和以太网之间的 Use+Map 关系一样，实际上，各种协议之间的相互作用，不可能只是其中一种作用方式：寻址体系之间一定需要 Map（同种协议自身 Tunnel 的情况除外），交互逻辑层可以 Tunnel，也可以 Map，Payload 一定需要 Tunnel。所以针对协议不同的层次，都有相对应的相互作用方式。

2. 协议交互逻辑的 Map

协议交互逻辑的 Map，比寻址层的 Map 要复杂得多。寻址层的 Map 只要维护一张映射表就可以，交互逻辑的 Map 则需要维护一个代码转换逻辑模块。

两种协议的状态机的互相融合作用是很复杂的。比如 TCP 的流控机制和 FC 协议的流控机制之间的 Map，TCP 是靠窗口机制实现端到端的流控，FC 靠 Buffer to Buffer（过路流控）和 End to End（端到端流控）两种机制实现流控。如果把 FC 协议承载到 TCP/IP 协议之上，那么就会出现 Tunnel 模式和 Map 模式，当然 Tunnel 中也可能需要 Map，Map 中也同样需要一定的 Tunnel 成分。

我们不妨称作：以 Tunnel 为主的模式和以 Map 为主的模式。

如果是 Tunnel 为主的模式，那么 TCP/IP 根本不管 FC 协议的交互逻辑是怎样的，TCP 仅仅把 FC 当成 Payload 来封装并传送。

而 Map 模式中，进行 Map 操作的设备或者软件，就需要既了解 TCP/IP 协议的交互逻辑，又了解 FC 协议的交互逻辑，因为只有了解了双方的逻辑，才有可能进行 Map。比如，FC 协议发出了一个信号，说本方缓存将满，请降低发送速度。Map 设备收到这个信号之后，就会 Map 成 TCP/IP 可识别的信号，即本方处理受阻，窗口减小至某某数值，这就是 FC 协议到 TCP/IP

协议关于流控机制 Map 的一个方法。

如果在 Tunnel 模式中，FC 协议发出的这个流控信号，则会被 TCP/IP 给 Tunnel 传送到对方，然后再由对方的 FC 协议模块来根据这个信号来判断流控机制应该做出的动作，动态调整发送速率。

注意：这个信号是直接原封不动地被传送到 FC 协议的对端处理机上处理，而不是像 Map 模式中在本地就终结了 FC 逻辑。Tunnel 模式中，TCP/IP 不参与任何 FC 协议内部的逻辑。

除了 FC 流控逻辑的映射，其他 Flogin 登录机制、连接机制等映射，也都有自己的实现。比如，FC 发起一个 Plogin 过程，那么 Map 设备可以 Map 到 TCP/IP 的一个握手过程等。

提示：Tunnel 和 Map 这两种模式，在第 8 章还有一个将 FC AL 的环接入 FC Fabric 中的例子。

13.6 FC 与 IP 协议之间的融合

哗啦……，早晨的微风把 IP 吹醒。原来 IP 做了一场美梦。根据梦中的指示，IP 鬼使神差地将 FC 协议映射到了 IP 上。并做了两种模式，一种是以 Tunnel 为主的模式，称做 FCIP；另一种是以 Map 为主的模式，称做 IFCP。

在 FCIP 模式中，通信的双方各增加一个 FCIP 网关，任何 FC 协议的逻辑，哪怕是一个小小的 ACK 帧，都需要封装到 TCP/IP 协议中传输。两端的 FC 协议处理机不会感知到中间 TCP/IP 的存在，它们认为对方就是一个纯粹的 FC 设备。

在 IFCP 模式中，通信的双方各增加一个 IFCP 网关，作为协议转换设备使用。IFCP GW 将 FC 协议终止在本地，提取 Payload 数据，对外以 TCP/IP 设备的形式出现并传输数据，到达对方之后，对方的 IFCP GW 再从 IP 包中提取出 Payload，然后将其封装到 FC 帧中，对其内部以 FC 设备的形式出现。通信双方中间的 TCP/IP 协议，将大部分或者全部 FC 的逻辑都映射成 TCP/IP 的逻辑。

比如每当一个 FC 设备需要和远端的 FC 设备通信，发起 Plogin，那么 IFCP GW 就向对方建立一条 TCP 连接，用多条 TCP 连接和不同的 IP 地址来区分不同的 FC 设备。此外，还需要保存一个 TCP 端口或者 IP 地址对 FC 设备 24b 的 Fabric 地址的映射表。如果两端的 FC 设备的 ID 有冲突，这个映射表还需要考虑 NAT，将地址翻译成其他 ID。相对于 IFCP，FCIP 协议则不能识别 FC 的逻辑，因为它只是 Tunnel，如果两端 Fabric 中有 ID 冲突的，那么也只能冲突着了。

至此，FC 协议终于可以享受 TCP/IP 带来的扩展性了，FC 搭上了 TCP/IP 的车，远隔千里都可以跑上 FC 协议了。IP 大获成功！IP 和 FC 从此握手言和！

伟大的 SCSI 协议

可以说整个网络存储系统，都起源于一个协议体系，这个协议体系就是 SCSI 协议。网络存储的任何内容，最终都是为了将这个协议体系发扬光大。人们将这个协议强行划分解体成了多个层次，然后把它的最上面的几层，与另一个协议体系——Fabre Channel 协议的下几层进行融合，形成了 FCP 协议，这种协议目前运行在各个厂家的高端磁盘阵列上。曾经一度时间，以太网甚至也看好了 SCSI 协议，想与其融合成所谓的“ESCSI”协议，但结果没有成功。以太网失败之后，它的好兄弟 IP 接着跟上，最终成功地与 SCSI 协议进行了融合，生成了 ISCSI 协议，目前也被广泛应用于一些低端盘阵。

为何不是 IATA 或者 FATA 呢？原因就是因为 SCSI 协议体系本身就比 ATA 协议体系高效并且功能强大，此外，SCSI 的硬盘性能也普遍比 ATA 硬盘转速快，性能高，用于服务器系统，所以 SCSI 当然是首选了。另外，一个巴掌拍不响，SCSI 协议本身就想把自己给“嫁”出去，因为它很早就已经迫不及待地将自己分成了很多层次，来吸引其他协议。

协议融合的结果，就形成了目前形形色色的网络存储世界，各种融合协议、各种产品、各种解决方案，好不热闹！而原本的 SCSI 协议，除了一些磁带机以及主机本机硬盘外，已经不再使用。SCSI 融合入了各种协议中，它无处不在，虽然它的躯体已经是七零八落，但是它的精深思想，以及为技术而献身的精神，将在形形色色的技术中永放光芒！

13.7　无处不在的协议融合

之所以提出“协议融合”这个名词，而不是“协议映射”或者“协议隧道”，是因为“融合”这个词更加通俗易懂；另外，也更加具有生物学色彩。计算机就是人类所创造的另一种形式的“生物”，人类就是计算机的上帝。

1. 协议融合和基因融合

分子生物学家们将不同功能的基因段整合到一起，再用核糖体蛋白机器读取其代码，表达成肽链，然后折叠成三维结构的新功能蛋白质分子，比如抗冻小麦、发光的白鼠等。这就是基因融合。这个过程与协议融合类似。

协议融合是无处不在的，正如不同快递公司之间的合作一样。甚至连劳动合同方面都出现了融合，劳务派遣公司与劳动者签订合同，然后将劳动者输送到用工单位工作，用工单位不必维护人事系统，将人事系统外包给劳务派遣公司。

2. 航空公司的协议融合

目前，国际上大多数的大型航空公司都利用 IBM 或者 Unisys 的大型机系统作为订票和离港系统的处理机。世界各地的售票和离港终端都通过某种网络系统与大型机连接并且通信。航空业的大型机与终端通信协议也经历了纯种和融合阶段。

IBM 利用 ALC 协议与其终端通信，Unisys 主机则通过 UTS 协议与其终端通信。但是随着 IP 网络的成本不断降低，质量不断提高，UTS 和 ALC 这两种古老的纯种协议，不得不考虑将自己嫁给 IP 网络，从而出现了 MATIP 协议，也就是将这些协议承载于 IP 之上。Cisco 公司也为航空业专门开发了这种融合协议，称为 ALPS 协议。然而 ALPS 最终没有成为 RFC 标准，而 MATIP 协议，却最终登上了 RFC 宝座。MATIP 协议的文本可以查看 RFC2153。

13.8　交叉融合

提示：在本书写作之时，FCoE 这个由 FCP 与以太网结姻所产生的融合协议，正在被一些厂商炒作得沸沸扬扬。FC 协议与 SCSI 协议融合之后形成 FCP 协议，而 FCP 协议又与 Ethernet

融合形成 FCoE 协议。

如图 13-2 所示为协议融合树。

从图 13-2 可以看到，FCP 协议与 IP 协议融合的后代是双胞胎。各种协议之间相互融合，甚至产生了交叉，但是一切融合都是为了更好地适合市场需求。

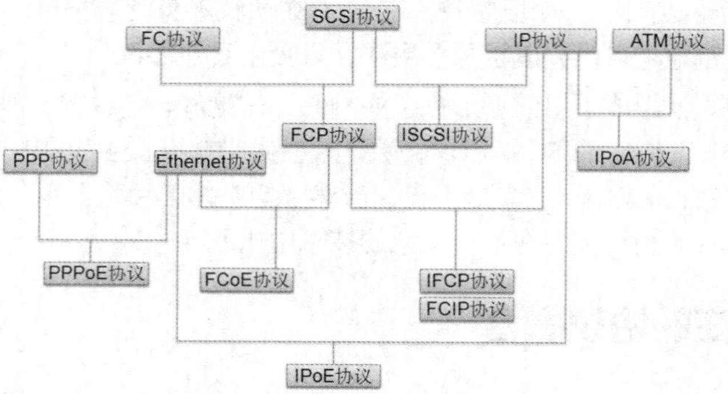

图 13-2 协议融合树

提示： 另外，由于 IP 网络的大肆普及，众多的协议动辄就要非 IP 不嫁，而 IP 和以太网绝对是铁哥们儿，所以以太网也借 IP 的光，就凭着自己仅仅 1Gb/s 的带宽到处招摇撞骗，这不，成功地把比它多 3Gb/s 带宽的 FCP 协议给忽悠过来了。不过以太网也在潜心修炼，等练成出关之后，其 10Gb/s 的速率，将会让人望而生畏，但愿那时候以太网统一天下！

13.9 IFCP 和 FCIP 的具体实现

上面说到 IP 根据网络通信协议之间的相互作用，成功地将 FC 协议和 TCP/IP 协议进行了融合，生成了一种 FCIP 的 Tunnel 协议和一种 IFCP 的 Map 协议。

蓝图有了，那么具体怎么来将其实现呢？我们知道，不管是 FCIP 的简单 Tunnel 模式，还是 IFCP 的复杂 Map 模式，进行这种 PoP 操作的角色，一定是一端面对 FC 协议的网络，另一端面对 TCP/IP 协议的网络。

1. 协议转换器

同时面对多种协议，并在多种协议之间实现相互融合、相互转换的设备，就称做协议转换器。如果这个转换器只是起到一个桥联的作用，只在一条链路上串联，那么就称其为协议桥接器。如果这种转换器，不但要实现单条链路上的协议转换工作，而且还需要实现一些转发动作，即在多条链路、多个网络之间互相转发数据，则可以称其为协议路由转换器。如果某种协议路由器可以实现多于两种协议的网络互联，则称其为多协议路由转换器，因为它能在多种协议之间互相转换并做路由转发。

SAN 要想获得扩展性，即要想将相隔两地很远的两个 SAN 网络通过 IFCP 或者 FCIP 连接起来，就必须在双方的 SAN 系统前端各增加一个协议转换设备，这个设备后端连接各自的 SAN，前端连接 IP 网络，在广域网络上运行 FCIP 或者 IFCP 协议通信，达到协议转换的目的。

两个独立的系统连接起来，就涉及了两种情况。

- 第一种：两个系统连接之后，在逻辑上还是独立的，即一个系统不影响另一个系统，但是它们之间可以通过协议转换设备来通信。

- 第二种：两个系统融合成一个大的系统，逻辑上是一体的，只不过相处两地，之间用协议转换设备连接。就像以太网络一样，如果用光缆将两地的两个局域网直接连接起来，两地的系统同在一个广播域中，这样就相当于把两个系统融合起来了。

但是如果两地各自接一个 IP 路由器，广域网链路上承载的是基于广域链路协议之上的 IP 包，那么两地的局域网就没有被融合，只是可以相互通信而已。

提示：有的时候，两地的系统必须融合，而有的时候，不需要融合。是否融合，需要看最终的需求。所以协议转换设备也必须能够处理这两种情况。对于需要融合的情况，协议转换设备不需对两端的 SAN 逻辑做任何附加处理，而只需要将两端的逻辑 Tunnel 或者 Map 到广域网协议上就可以了；而对于不需要融合的情况，协议转换设备就需要对两端系统的逻辑做一系列的处理、屏蔽、虚拟和欺骗了。

2. TCP/IP 和以太网络实例解析

我们不妨拿 TCP/IP 和以太网络来做一个例子。

假如一个公司，在 a 地和 b 地，分别有一个办事处，每个办事处有一台以太网交换机，上面各连接了几台终端。现在为了业务资源共享，公司决定将两地的网络融合起来。公司向 ISP 申请了一条 2Mb/s 的 E1 专线（当然也可以申请 Internet 线路，两端都接入 Internet，然后做 L2VPN 或者 L3VPN）。

公司有两种选择方案。

一种是直接用这条专线把两地的交换机连接起来，在这条线路上直接承载以太网帧。

另一种选择就是两端各加一个路由器，隔离两边的局域网，但是保持它们之间的通信。

这个公司最终选择了后一种方案，原因就是为了保持双方的独立性，同时保证性能。因为毕竟是两个办事处，如果彻底进行融合，不但不安全，也不利于扩展，而且容易造成广域网流量太大，因为彻底融合之后，以太网广播就要跨广域网来互相传递，这无疑是浪费资源的。在隔离的基础上，同样能够保持双方无障碍的相互通信，只是不能像在一个局域网内那样直接利用 MAC 来点对点通信。如果 a 地某个节点需要和 b 地某个节点通信，a 地的这个节点需要先把数据发给 a 地的路由器，也就是网关设备，然后让网关来转发给 b 地。虽然增加了一层操作，但是这样做的可扩展性、可管理性都增强了。在路由器上可以做访问控制、地址转换、QOS、策略路由等基于 IP 甚至 TCP 层次的个性化动作。如果是直接局域网融合，则这些特性都不能实现。

3. SAN 系统实例解析

再来看 SAN 的情况。还是这个公司，a 地和 b 地各有一个 SAN 系统。为了实现存储资源直接共享，公司决定将这两个 SAN 联通起来。同样也存在两种情况，即彻底融合或者相对独立的连通。

如果是彻底融合的话，那么广域网链路就完全相当于一条 ISL 链路，只不过通信协议可能是 FCIP 或者 IFCP 协议。

对于 FCIP，任何 FC 帧都将被透明地传递。对于 IFCP，一部分 FC 帧会被屏蔽或者 MAP。但是这些被屏蔽或者 MAP 的帧，都是和底层通信有关的，而上层逻辑性质的帧，IFCP 也需要透传到对端。

这些业务逻辑性质的帧，比如RSCN帧，用来传递Fabric网络中的重要变化信息给已经注册了这项服务的节点；再比如Plogin、Process Login等这些都是业务逻辑性质的，和底层通信无关。

彻底融合之后，两个SAN系统就融合为了一个系统，那么这个系统就会有一个主交换机。主交换机为系统中其他交换机分配域ID，并且两个交换机之间需要运行FSPF路由协议，不停地发送一些路由控制帧，再加上主交换机选举时产生的帧，主交换机失败时，整个Fabric的重建过程中每个交换机发出的各种帧都需要经过广域网链路进行传送。

不但这些帧要占用广域网带宽，而且一旦主交换机发生故障，那么对方的SAN系统会进行Rebuild，包括重新选举主交换机、重新建立路由表等，这个过程中，IO就会暂时中断。

注意：由于广域网链路速度相对慢，稳定性相对差，所以一旦这条链路发生不稳定的振荡，那么就会造成主交换机重新选举。如果链路频繁闪断的话，那么两端的SAN系统根本无法正常工作。

所以说，两地SAN系统彻底融合的话，一旦某地的系统故障，就会影响到另一个系统的正常运行，而且要占用额外多的宝贵的广域网资源。由于访问存储资源对性能和延迟要求较高，所以彻底融合两个 SAN，最好只在局域网内进行，交换机间的链路最好是裸光缆或者高速链路，否则最好采用另外一种融合方式，即逻辑独立、全局连通的融合方式。

13.10 局部隔离/全局共享的存储网络

将SAN系统彻底融合，扩展性差、管理性差，而且耗费广域网链路资源。所以这个公司同样也选择了相对独立的连通方式。下面来看一下相对独立的融合到底是个什么概念，它的作用机制是怎样的。

“a地的SAN交换机（E端口）－a地协议转换器－广域网链路－b地协议转换器－（E端口）b地SAN交换机”这种拓扑不管是彻底融合，还是独立融合都一样，只不过协议转换器在两种方式下所做的工作不一样。彻底融合方案中，协议转换指Tunnel或者Map通信底层的协议逻辑，而不管上层业务逻辑，也就是只要从E端口收到了帧，协转就将其Tunnel或者Map到IP协议中发送给对端。而相对独立的融合，不但要Tunnel或者Map底层协议逻辑帧，它还要理解FC的上层逻辑，做到“报喜不报忧”。

独立融合/全局共享

所谓独立融合，就是说两端的SAN系统都可以独立运作，而不依靠另一方，或者受另一方的影响。这样就不能像彻底融合那样一端为主交换机，一端为非主交换机，而要让两端独立起来。由于两端的Fabric中都各自只有一台SAN交换机，所以两端的SAN交换机都是主交换机，各自为政。

既然这样，怎样和对方的SAN进行通信呢？协议路由器自有其招数。协议路由器与SAN交换机之间通过E端口连接，它欺骗两端SAN交换机，让交换机认为它正在连接着另一台交换机，而这个由协议转换器虚拟出来的交换机级别比它低，所以它自己认为自己就是主交换机。虚拟交换机和SAN交换机之间运行FSPF路由协议，所以这个虚拟交换机就获得了SAN交换机下面所有连接的终端节点信息。

获得这些信息之后，a 地的协转通过广域网链路将这些信息通告给 b 地的协议转换器。b 地的协议转换器同样和 b 地的 SAN 交换机之间运行着 FSPF 路由协议，同样也欺骗了 b 地交换机。b 地协议转换器收到了 a 地协议转换器发来的关于 a 地 SAN 交换机上所连接的所有节点信息之后，就利用和 b 的 SAN 交换机之间的 FSPF 路由协议，将这些节点信息通告给 b 地 SAN 交换机，所以 b 交换机就有了 a 交换机上节点的信息，同样 a 交换机也会拥有 b 交换机上节点的信息，这样，a 和 b 交换机之间就可以通信了，其实它们都不知道中途有两个中介在骗它们。

如果其中一个 SAN 系统发生故障，那么这个系统中的协转设备，会将这个重大消息屏蔽，不告诉对端的 SAN 系统。因为一旦被对方系统得知，便会发生 Fabric 的重建过程，影响本端 SAN 系统的 IO。有了 SAN 路由器，远端 SAN 访问的超时，并不会影响本地 SAN 的访问。此即所谓"报喜不报忧"。同样，一个 SAN 系统中的诸如 RSCN 等广播类的帧，也会被协转设备根据策略而终结在本地，不会跨越广域网链路通告给对方。协转设备还应该具有访问控制功能。

这种方案被称做"SAN 路由"，因为它具有与 IP 路由类似的功能和架构。

13.11　多协议混杂的存储网络

多协议混杂的存储网络如图 13-3 所示，其中的中枢引擎是两个互相连接的多协议路由器。这个多协议处理机，就像一台计算机的 CPU，Fabric 和以太网络就像计算机的 IO 总线，磁盘便是计算机的外设和输入设备，各种存储控制器便可以理解为计算机上的各种 IO 控制器，前端的 Fabric 和以太网便是前端的 IO 总线，主机服务器则是输出设备。即磁盘上的数据，经过输入总线输入 CPU 进行运算，然后通过输出总线，输出给主机服务器。这又是一个轮回，不折不扣的轮回，循环嵌套，永无止境。

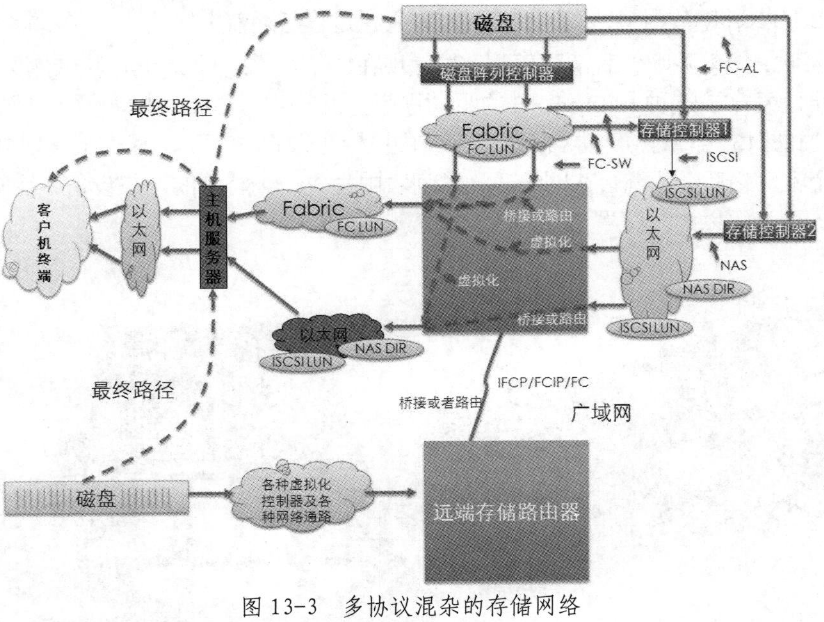

图 13-3　多协议混杂的存储网络

图 13-3 所示的拓扑，可以说是一个大的统一的拓扑。存储网络不外乎就是图 13-3 中列出的元素。磁盘经过一层层的 IN 和 OUT，一层层的虚拟化或者桥接透传，最终被主机看作是一个

LUN 或者目录。不妨将其抽象，隐去复杂的部分，就形成了图 13-4 的拓扑。

再抽象一下，得到如图 13-5 所示的模型。

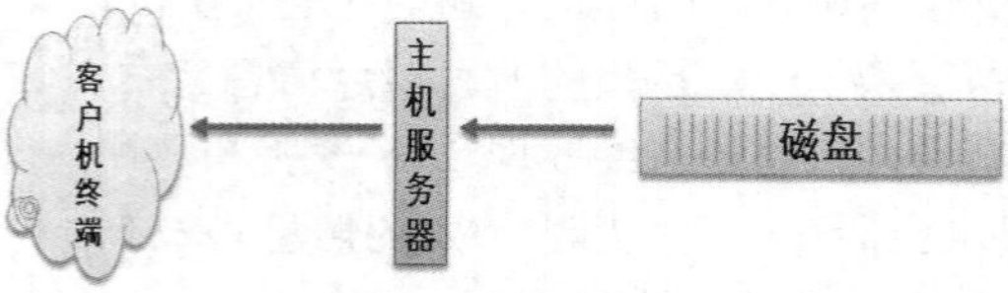

图 13-4 一次抽象后的系统架构

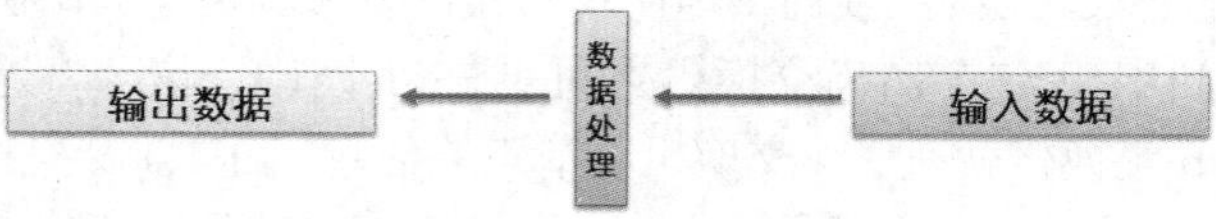

图 13-5 本质模型

13.12 IP Over FC

FC 可以为了提高扩展性而与 IP 合作，同样，IP 也可以 Over 到 FC 上来搭个快车过把瘾。难道可以给每个 FC 口设置一个 IP 地址甚至多个 IP 地址，然后上层的应用程序就像使用一块网卡一样使用 FC 卡么？当然可以，FC 本来就是一块网卡，只需要在链路层之上封装一层 PoP 逻辑即可。比如，给 FC 卡上的每个接口配置一个 IP 地址和掩码，甚至网关，然后对目标 IP 地址发起 Ping 操作，OS 接收到 Ping 操作指令后，随即调用到 ICMP 协议层，然后下到 TCP/IP 层，TCP/IP 层的下位就是 FC 卡的驱动程序层了，PoP 逻辑正是生效于此层。这个特殊的驱动程序首先检查目标 IP 地址，并查找它所维护的 IP–WWPN 地址映射表（这张表可以手动编辑，也可以使用 ARP 协议来自动发现和维护，基于 FC 网络的 ARP 协议在 IETF 协议规范中可以找到），找出这个 IP 地址在网络中对应的 FC 网络地址；找到之后，如果尚未发起 Plogin 过程则发起，否则直接将 ICMP 数据包打包入 FC 帧传送到对应的 FC Target。FC Target 收到数据包之后便依次向上层传递，当传递到驱动程序时，驱动程序解析数据包中的高层协议并向对应的上层调用程序，即 TCP/IP 发送，TCP/IP 层处理后将其转发到调用应用程序层，即 ICMP 协议层。ICMP 协议处理之后会做出相应反应，比如生成一个 Echo Reply 数据包，发送到请求端，发送过程与之前类似。

呦……又吹，做梦呢吧？我清醒着呢，虽然现在快午夜 12 点了，但是我依然保持文如泉涌。Qlogic 公司早已发布了这种 IP Over FC 的驱动程序。目前，其 QLE2464 型号的 4 端口 4GB/s 的 FC 适配器（如图 13-6 所示）在 Windows 系统中已经可以在这款驱动程序下实现 IP Over FC 功能，安装这个驱动之后，系统会在网络适配器列表中生成一个特殊的网络设备，其使用与普通以太网卡类似，而且可以对其配置 IP 地址等参数。

图 13-6 QLE2464 适配卡

有了这样的设计，就可以在 FC 的链路层上透明地使用 iSCSI 或者 NAS 协议来访问数据了。这样做的目的只有一个：速度！让 iSCSI 和 NFS/CIFS 也可以享用 FC 带来的 4GB/s 甚至 8GB/s 的速度，搭上快车兜风的感觉，爽！

话锋回转。FC 为了 O 到 IP 上，整出了一对双胞胎协议。然而，IFCP 或者 FCIP 协议都需要一个外部硬件协议转换器来实现，为何不能像 IPoFC 一样搞法呢？ FC 虽然也可以按照 OSI 模型分层，但是其链路层和网络层甚至更高层一般都是运行在 FC 卡上的，要实现 PoP 逻辑，被承载协议逻辑必须运行在承载协议逻辑的上层。所以要将 FC 承载于 IP 之上，就要求 FC 的网络层及以上的所有层次必须作为软件运行在主机上而不是 FC 卡上，然后主机再将封装映射好的数据包通过 TCP/IP 及以太网卡发送出去。目前，有一些低端的 FC 卡的网络层及以上逻辑确实运行在主机上，也就是运行于 FC 卡的驱动程序中，而 FC 适配卡上的芯片只负责实现 FC 的物理层和链路层功能（这种低端软 FC 卡其需要利用主机 CPU 来实现 FC 的上层逻辑，所以 CPU 占用率会比纯硬 FC 卡，在主机 CPU 负载比较高的时候，就会影响底层驱动程序的效率造成 IO 性能受到一定影响）。如果将 FC 卡变为以太网卡，而保留原有 FC 卡驱动中的 FC 上层逻辑处理层，即 FC 网络层及以上的处理逻辑，然后在以太网卡和 FC 处理逻辑之间插入 TCP/IP 协议栈，之上再插入一层 PoP 逻辑，PoP 逻辑生成虚拟的 WWPN 地址来欺骗上位的 FC 处理层，利用 ARP 协议来获取和维护网络中的地址映射，这样做理论上可以达到单纯的 FCoIP 的效果。但是回头想一想，这是没有任何意义的！

仔细想一下，FC 为何要 O 到 IP 上呢？就是因为 IP 可扩展能力强，那么如今我们在一个没有 FC 任何硬件参与的情况下，强行在 TCP/IP 协议之上增加了一层额外的与 TCP/IP 功能类似的网络协议，然后再在二者之间插入映射翻译层，这不是没事找事么？没有 FC 硬件参与，以太网络硬件之上的 TCP/IP 之上的软 FC 上层逻辑，这简直就是一个累赘。我们直接用 iSCSI 或者 NFS/CIFS 不就得了么？干嘛非要在其上安插一个累赘呢？

同为 FCoIP 的实现方式，那为何 IFCP 和 FCIP 就不是累赘呢？因为 IFCP 和 FCIP 是为了将一个现存的、由众多 FC 适配器和 FC 网络交换设备组成的 Fabric 网络与另一个 Fabric 相互连通而连通用的网络传输协议为 IP。所以，如果想让两个以太网之间互相连接而互联通道使用高速的 FC 连接，这便是有意义的。

哦，那么刚才说的 IPoFC，以此类推是不是也可以被定义为没有任何意义了呢？这就需要从另一个角度看了。因为 TCP/IP 已经普遍使用，基于 TCP/IP 的存储协议也很多，比如 iSCSI、NFS、CIFS、FTP 甚至 HTTP 等，而基于 FC 的存储协议呢？只有 FCP。而为了让这些开放存储协议运行在比以太网更加高速的网络上，将它们 O 到 FC 上当然是有意义的。有人又说了，哦……那么说如果 FC 也像 TCP/IP 一样有很多基于它的开放协议被广泛使用，那么很有可能也有人开发单纯 FCoIP 了么？这又得从另外一个角度考虑，即使 FC 哪天达到像 TCP/IP 一样了，那么将高速的 FC 链路变为当前的 1Gbps 的以太网链路，就为了单纯的 FCoIP，你干么？除非给它 O 到 10Gbps 的以太网上，这也就是 FCoE 的做法了。

图 13-7 和图 13-8 示出了 FCoIP 和 IPoFC 的区别。

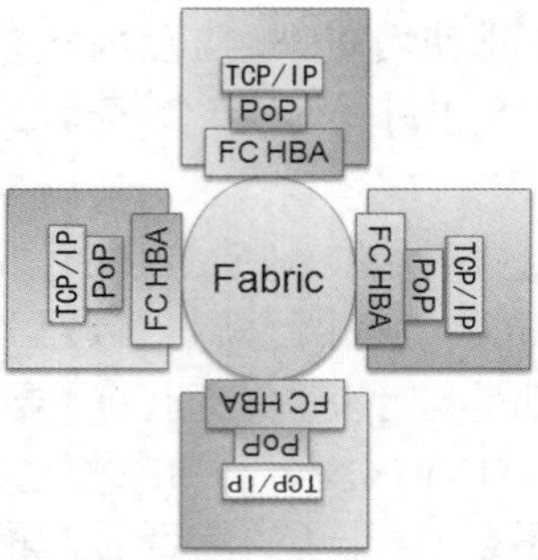

图 13-7 IPoFC 示意图

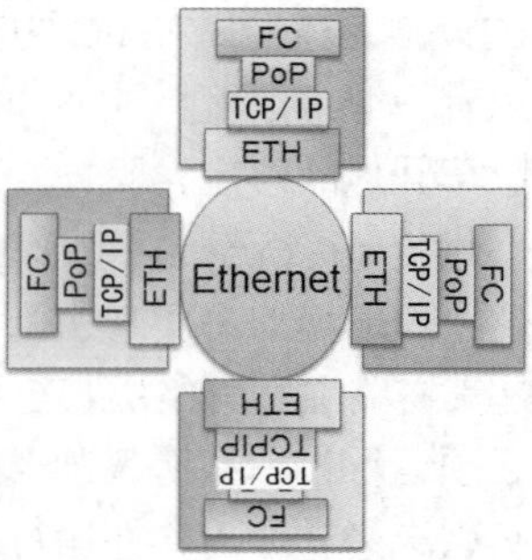

图 13-8 FCoIP 示意图

13.13 FCoE

13.13.1 FCoE 的由来

以太网的速率从 1Gb/s 直接跳跃到 10Gb/s，今后还会再跳到 40Gb/s、100Gb/s。FC 呢，从 1Gb/s 跳到 2Gb/s 再跳到 4Gb/s 和 8Gb/s，将来的规划还是乘 2，也就是下一步是 16Gb/s。FC 总是想搭顺风车，前几年以太网只普及到 1Gb/s，它看好了 IP 的扩展性，结果 O 了 IP（ IFCP 和 FCIP 双胞胎）。结果这俩后代不争气，用的很少。O 完了 IP 不过瘾，看到以太网迅速强大，自己却步履蹒跚，打算直接 O 到 Ethernet 上苟延残喘，也就有了 FCoE。如图 13-9 所示，传统 FC 底层速率的发展已经明显落后于以太网了。

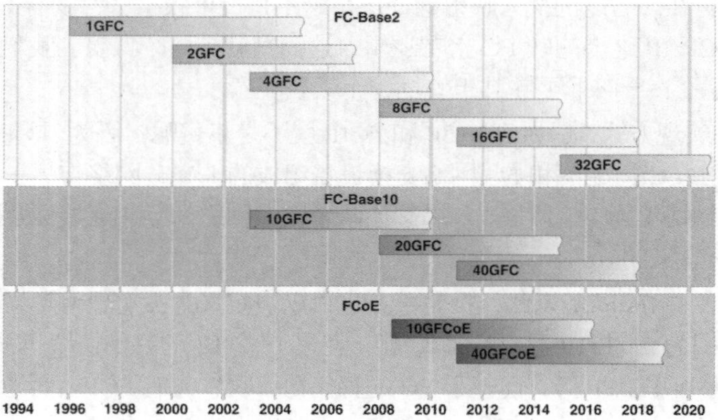

图 13-9 FCoE、FC 的路标对比

13.13.2 FcoE 的设计框架

然而，并不像你所想象的那样，比如，iSCSI 直接就是在主机端操作系统中的 TCP 协议栈之上加一层逻辑，直接利用现有的 IP 网络，那么 FCoE 是不是也类似，直接在主机端安装一个 FCoE 协议栈，直接将其承载到以太网上呢？如果真的是这样，FCoE 与 iSCSI 就没有什么本质上的大区别了，也就无法体现其价值所在了。那么 FCoE 到底是一种什么形态呢？我们知道，传统 FC 环境下在主机端原本是靠一块 FC HBA 来实现 FC 网络接入的，全部 FC 逻辑都运行在这块卡上（SCSI 逻辑运行在主机端 OS 内核中），这样做可以充分降低主机资源消耗。如果现在要将 FC 的上层逻辑全部拿来主机端协议栈中运行，那么效率势必要打折扣，对主机 CPU 资源的消耗也

必将增加。那么 iSCSI 就不消耗主机资源么？当然消耗，那为何 iSCSI 可以存在，就不允许 FC 的软协议栈存在呢？要知道，1Gbps 的以太网环境下，iSCSI 软协议栈不会消耗主机端太多资源（根据实测一颗单核 Intel 至强 CPU 约可承载 300MB/s 的大块连续 IO 的 iSCSI 流量，此时 CPU 已经满载，如果是 IO 密集型流量，CPU 会更快满载），但是在 10Gbps 以太网的环境下，iSCSI 软协议栈对主机 CPU 的消耗就不可同日而语了，有数据表明，10Gbps 下的软 iSCSI initiator 对主机 CPU 的占用率在 30%～60%之间，这已经不可容忍了。所以，10Gb/s 以太网承载的 iSCSI 协议，迫切需要运行在硬 iSCSI HBA 上，这才是可以向企业级用户所交付的合适形态。至于前期微软与 Intel 合作进行的 iSCSI 百万 IOPS 测试结果（见之前章节），只是一个测试而已，恐怕其 CPU 利用率已经达到很高的程度了，这种测试不具备实用性价值，况且 Intel 是做 CPU 的，这种测试的目的大家都明白。所以同样，FCoE 也需要运行在一块硬的 HBA 上。

13.13.3 FcoE 卡

好，明白了这一点，我们再往下走一层。我们知道传统以太网并不提供链路层保障功能，而 FC 的传输保障在链路层与传输层都有实现，两者是紧密结合的。如果要将 FC over 到 Ethernet 上，那么势必要砍掉 FC 的链路层而用以太网链路层替代，但是这样 over 之后，新协议就没有链路层保障机制了，不能与 FC 传输层保障机制进行互相配合。为此，必须给以太网增加链路层传输保障机制，所以新的标准出现了，这就是 CEE（Converged Enhanced Ethernet），即增强型以太网协议，Cisco 称之为 DCE（Data Center Ethernet）。这样，FC 就可以没有后顾之忧地使用以太网作为传输链路了。

我们再往下走一层。以太网亲自出马改变自身来迎合 FC 的大驾，这个举动可谓是兴师动众了，由于已经对链路层进行了改变，所以传统的以太网卡不可能符合要求，以太网交换机也是一样。这样的话，就得开发专门的以太网卡和以太网交换机来支持 CEE 了，确实是的。我们先来看一下以太网卡，前面说过，FCoE 必须做成一个硬件 HBA，而现在以太网卡也需要重新做，所以，一块类似 iSCSI 硬 HBA 的硬 FCoE 卡也就水到渠成地出炉了：CNA 卡，Converged Network Adapter，将 FC 卡与增强型以太网卡结合的产物，FC 卡把其上层的 FC 逻辑处理部分拿出来融合到增强型以太网卡中，然后再在这片卡件中增加一个 FCoE 协议处理模块，在数据帧中增加一个 FCoE 协议表示层区段（这个概念见本章之前部分）用以执行协议转换控制任务，所有的逻辑都集成到一块 ASIC 芯片中以达到很高的执行效率。图 13-10 所示为 Brocade 生产的某型号的 CNA/FCoE 卡的实物图，出口为两个 10Gbps 的以太光口。

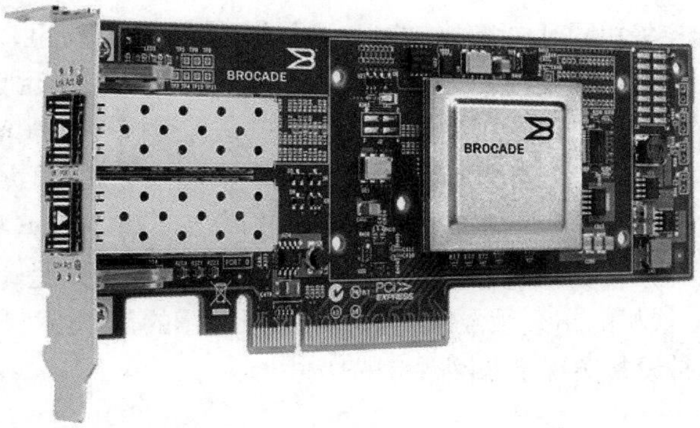

图 13-10 CNA/FCoE 卡实物图

iSCSI 硬 HBA 只能用作承载 iSCSI 协议，而不能作为承载 IP 的以太网卡使用了。但是 FCoE 卡却可以同时承载 FCoE 流量和承载 IP 的以太网流量，也就是说可以把一块 FCoE 卡同时当做 FC 卡与以太网卡使用，互不影响。

FCoE 卡相比于 FC 卡来讲，除了在操作系统驱动层面有所变化之外，上层的协议栈比如 SCSI 层之类并没有大的变化。

13.13.4 FCoE 交换机

好，我们接着往下走，再来看看以太网交换机的改变。除了在交换机端对应地增加对 CEE 的支持之外，以太网交换机还需要做一项重大的改变。我们知道 FC 交换机是整个 Fabric 的核心，任何一个通过 FC 接入 Fabric 的节点都要首先获得一个 Fabric ID 然后执行 Fabric Login 过程，这些过程都需要 FC 交换机来参与执行。而以太网交换机并没有提供任何这些 Fabric 服务，这样的话，通过以太网链路传入的地址请求以及 Fabric Login 的帧，就没有人来应答和处理了。所以，以太网交换机上，必须增加对应的 Fabric 模拟程序，将其做到 ASIC 芯片中。

看到这里也许你已经完全糊涂了，不就是要利用起以太网么？iSCSI 对以太网没有任何改变，而为何 FC 一来，就要兴师动众，改完了协议改网卡，改完了网卡还得改交换机，这么做到底值不值得？请各位带着这个问题继续阅读。

此时别忘了另外一个问题：原有的传统 FC 设备，如何与 FCoE 融合？既然叫做 FC over Ethernet，那么就得拿出点样子看看，得将原有的传统 FC 网络融合进来才是。图 13-11 所示为一台 Brocade 8000 FCoE 交换机的逻辑架构图与实物图。

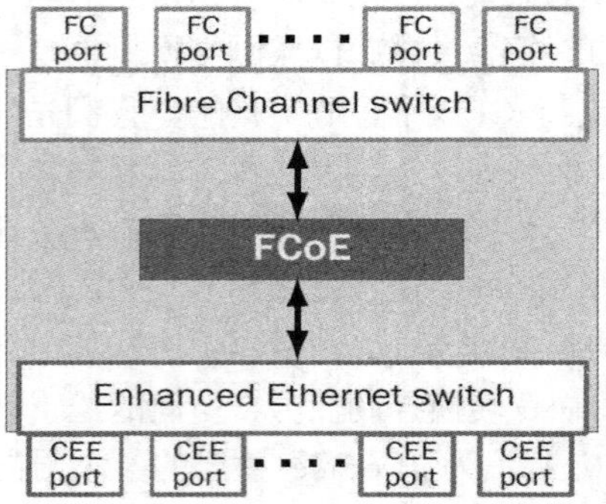

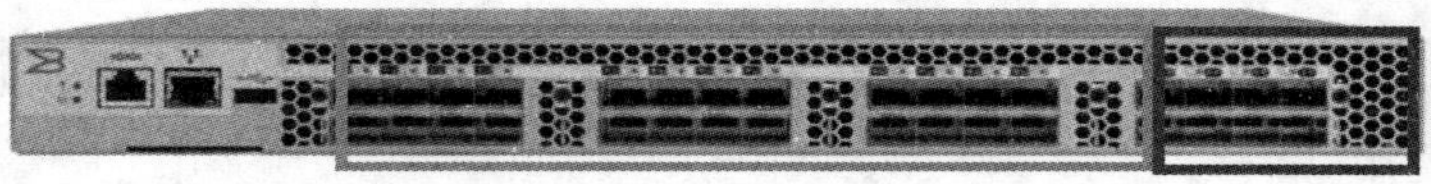

图 13-11　FCoE 交换机逻辑图与实物图

大家可以看到，这台交换机同时包含传统的 FC 交换模块及接口和新的 CEE 增强型以太网接口，这就意味着，传统的 FC 设备以及使用 CNA 卡的 FCoE 设备可以同时连接到这台交换机上而且实现互相通信。交换机内部有一个 FCoE 处理模块实现将 CEE 的流量桥接到 FC 交换模块中，反向过程也类似，FCoE 模块的角色就是一个协议映射封装与解封装模块，另外还负责对 Fabric 大部分逻辑的模拟。实际中 FCoE 功能的定价可以使用 License 控制，可以选择购买 FCoE 功能或者不购买。

这台交换机还同时可以作为传统以太网交换机使用，所以此设备是一台传统 FC 交换机、FCoE 交换机、以太网交换机的超级融合体。图 13-12 所显示的是在这种超级融合环境下的数据流拓扑图，可以看到这种设备实现了双网融合的作用。

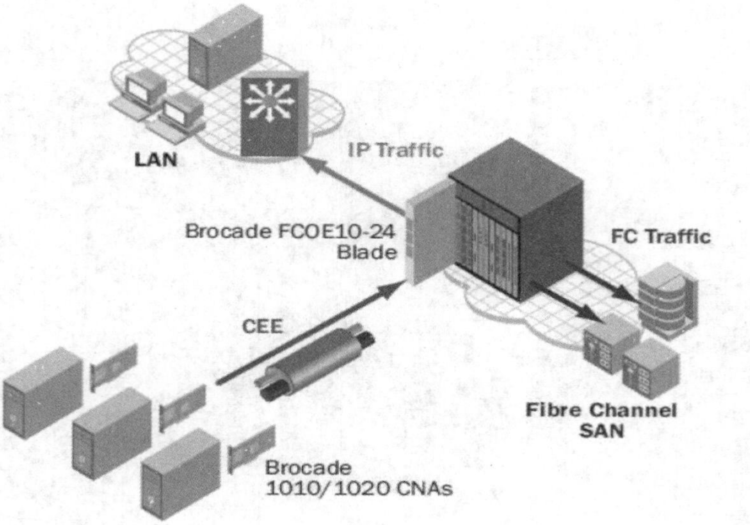

图 13-12 FCoE 环境拓扑图

在网络没有融合之前，你需要投入的是：以太网卡+FC 卡+FC 交换机+以太网交换机+FC 线缆+以太网线缆，而融合之后，你需要投入的是：CNA 卡+FCoE 交换机+以太网线缆，可见减少了投资，简化了布线，降低了耗电，最终也就降低了成本，同时还充分融合原有传统 FC 的环境。

然而，是否会降低成本也是相对的。FCoE 目前实际主要应用于大型运营商、大型数据中心，准备同时投入高容量高速以太网与存储网络的，则可以在适配器、布线、交换机方面节省成本。但是 FCoE 离行业市场客户还差很远。16 口 8Gbps FC 交换机也就两万元多一台，一台同样口数的 10Gbps 的 FCoE 交换机，则贵得多。但是对于运营商那种大型模块化交换机来讲，FCoE 交换机由于融合了两种网络，反而比单独为每种网络都配一台大型模块化交换机要便宜多了。

如果使用纯以太网环境跑 iSCSI 则不可能融合原有传统 FC 环境了，势必又形成孤岛。FCoE 达到了两者的折中，提供了一个过渡解决方案，融合了 FC 的思想和以太网的躯体，还融合了传统 FC 环境，可以说这是将单纯 iSCSI 击退的一个必杀技。一张 FCoE 卡可以同时承载普通 IP 以太网流量、FCoE 流量以及 iSCSI 流量（使用软 Initiator）。

目前尚未有厂商推出集硬 FCoE、CEE 10GbE 以太网、硬 iSCSI 为一身的纯硬 HBA 卡，Emulex 公司有硬 FCoE 卡以及硬 10GbE iSCSI 卡，两种卡的设计、芯片等大致相同，有集成的潜质，但是考虑到成本、性能、芯片等多种问题，目前这种卡可能还只是个假想物。最终鹿死谁手还有待观望。

到了这里，对之前所提出的那个疑惑是不是可以有所领悟呢？

13.13.5 解剖 FCoE 交换机

经过上述介绍之后，理解 FCoE 交换机的逻辑部件就不难了。无非就是三大主要模块：FC PHY 芯片组，以太网 PHY 芯片组、中央交换矩阵、桥接逻辑处理芯片组，再加上一堆辅助的芯片和器件。整体上是操作系统+专用硬件芯片组的设计模式。图 13-13 是某 FCoE 交换机的主板器件布局示意图。图 13-14 则给出了 FC 与 FCoE 流量的处理路径示意图。

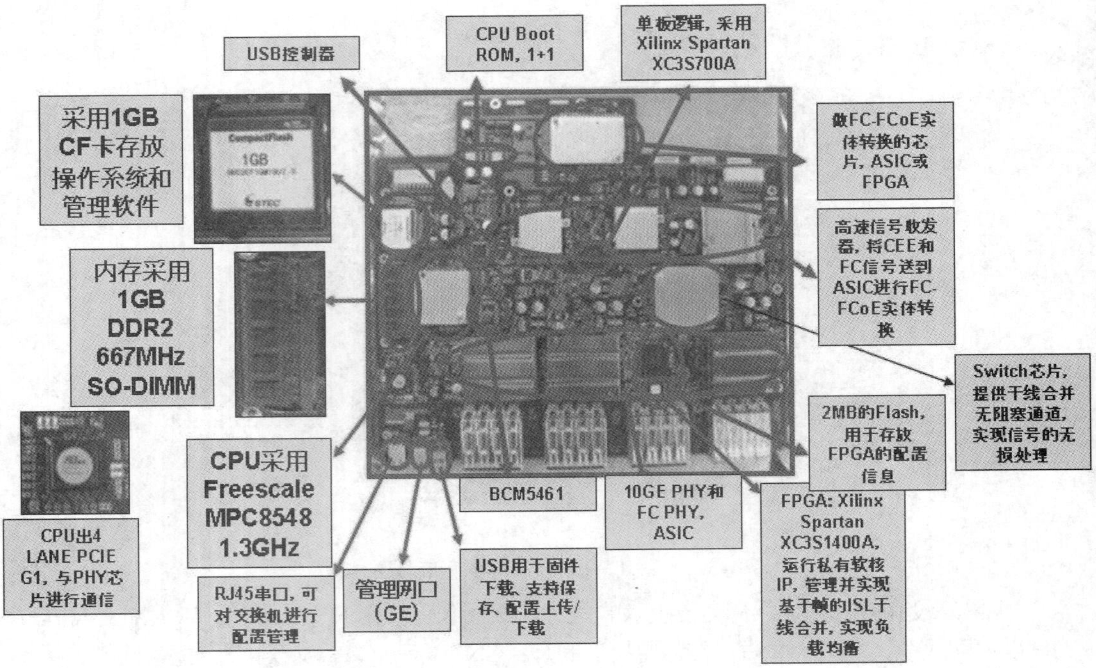

图 13-13　某 FCoE 交换机主板器件示意图

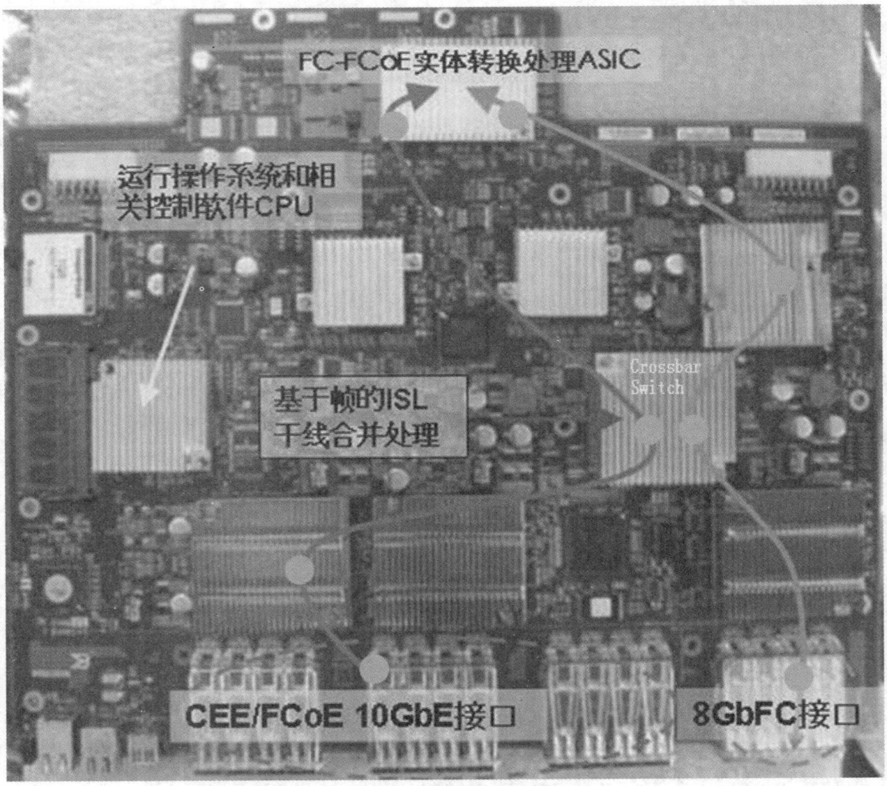

图 13-14　某 FCoE 交换机数据流示意图

图 13-15 与图 13-16 所示的是另外某厂商的某 FCoE 交换机的逻辑与实物图，板载 20 个 CEE 10GbE 接口，FCoE 逻辑在 Crossbar Switch 中实现。每个 Unified Port Controller 下面挂接多个 10GbE PHY。另外还有一个专门用于控制扩展板上的接口的 Port Controller。

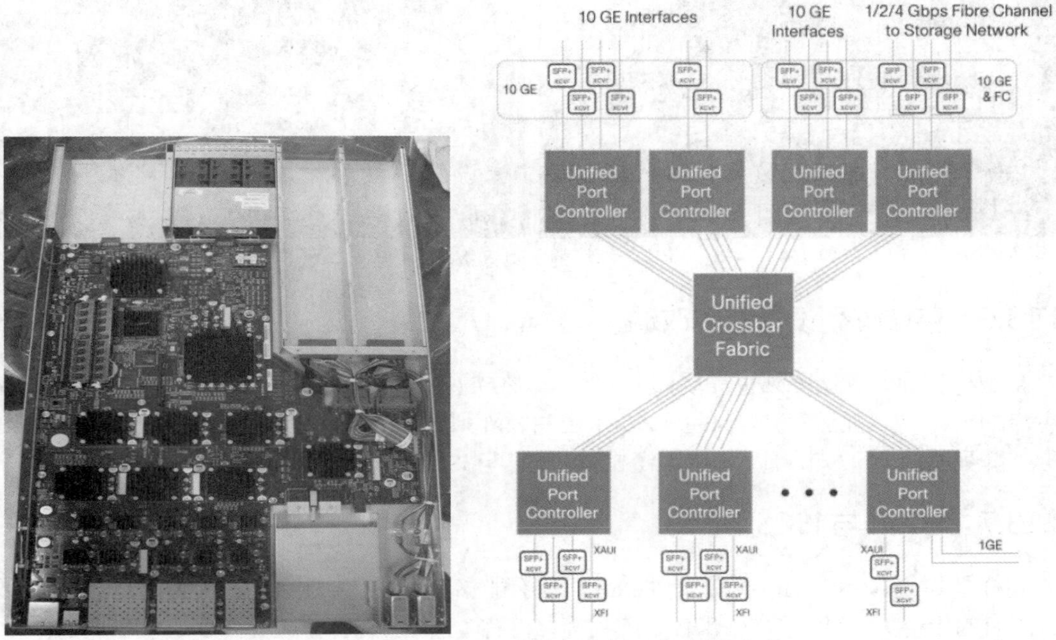

图 13-15　某 FCoE 交换机主板器件布局图

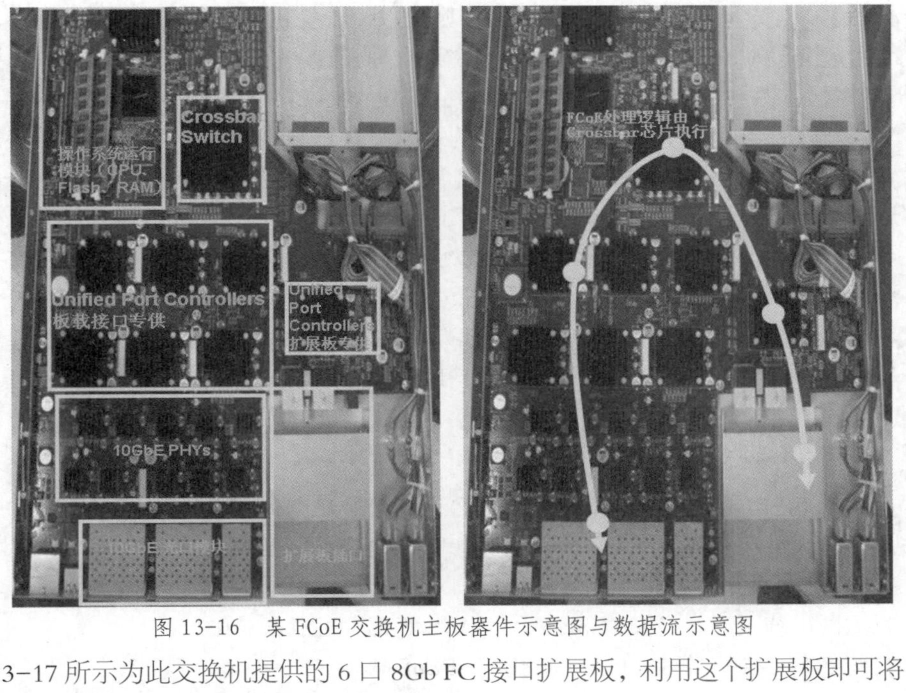

图 13-16　某 FCoE 交换机主板器件示意图与数据流示意图

图 13-17 所示为此交换机提供的 6 口 8Gb FC 接口扩展板，利用这个扩展板即可将 FCoE 与传统 FC 网络相融合了。

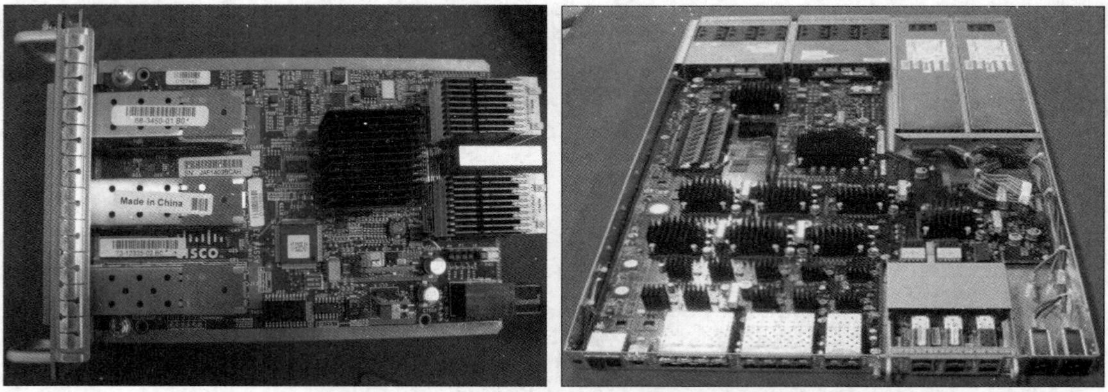

图 13-17 某 FCoE 交换机的 6 口 8Gb FC 扩展接口板实物图

13.13.6 存储阵列设备端的改动

与主机相同，存储阵列也需要插上 CNA 卡来实现 FCoE。目前 Qlogic、Emulex、Brocade 等主流 HBA 厂商都已经有成熟的 FCoE 卡出售，阵列厂商的 CNA 卡也都是从这些 HBA 厂商获取。阵列端的 CNA 卡可以同时承载 FCoE 流量与 iSCSI 流量，也算是一种 Combo 卡。

13.13.7 FCoE 与 iSCSI

同样是 oE，iSCSI 如此便利，而 FCoE 凭什么能够兴风作浪？主要原因有两个：第一是为了融合原有的传统 FC 网络和 FC 卡件、阵列等，得有个过渡期；第二则是 FC 协议在上层思想上确实效率要高于 TCP/IP 协议，也就是高于 iSCSI。但是 FCoE 一样还是出不去，因为 FC 的思想已经完全凝固了，注定了它走不出去。而 iSCSI 则可以随着互联网带宽的迅速增加而顺利地扩张到整个互联网范围。FCoE 与 iSCSI，谁 O 不是 O？区别就是一个上层是 TCP/IP，一个则是 FC。iSCSI 可扩展性强，但是目前来讲做硬卡的不多（Emulex 和 Broadcom 有 10Gb 的 iSCSI 硬卡）；FCoE 则高效，做硬卡的多（几乎所有做 HBA 的厂商都有 FCoE 卡产品），但是可扩展性依然不行，因为 FCoE，像 FC 一样，很邪门，要求交换机配合，交换机里必须灌入相应的 Firmware 模块来处理这些 Fabric 协议逻辑。FCoE 交换机除了需要处理 Fabric 逻辑，还需要处理 Fabric 到以太网的转换翻译逻辑，不但增加了复杂度和故障点，而且势必又会在多个厂商之间产生兼容性问题，这个恐怕会成为它称霸的一个累赘。所以我个人还是偏向于看好 iSCSI 的称霸。

FCoE 和 iSCSI 只有可能是冤家不可能是朋友，不可能被融合，那么随着时间的推移，到底谁能够一统天下？或者两者各自占据自己的应用场景，还真不好说，拭目以待吧。

13.13.8 FcoE 的前景

- 相对于 iSCSI，FCoE 能够将传统的 FC 网络融合，充分利用。
- 首先被大型运营商大型数据中心采用，双网融合，降低成本。
- 传统 FC 硬件逐渐被侵蚀殆尽。
- 以太网一统天下，将来 SCSIoE、ATAoE 等都有可能商业化。
- 传统 FC——抛弃躯体，保留思想——FCoE。

13.13.9 Open FCoE

上文所述的所谓“软 FCoE”协议，确实有这东西。Intel 某高级软件工程师主导开发了它。可以访问 http://www.open-fcoe.org 这个网站来获取更多信息。这个 Open FCoE 协议底层可以支持普通以太网卡，但是要求以太网卡支持 802.3x Pause 帧。安装了软 FCoE initiator 的服务器可以使用其以太网卡连接到 FCoE 交换机上，从而被接入到传统的 FC SAN 中。Open FCoE 也提供 Target 端。目前 Open FCoE 从 Linux kernel 2.6.29 开始被正式纳入。可想而知软 FCoE 协议栈会对服务器 CPU 造成多少负载增加，但是别忘了它的发起人是 Intel。

观点：经过上文对 FCoE 的分析来看，FCoE 像 FC 一样不开放，身体变了，思想依然没变，而且还要求身体跟着脑袋变一变（CEE/DCE）。本来承载到以太网上，指望着开放一些，现在看来，只是改朝换代而不是革命。所以，这里面的猫腻就看出来了，FCoE 是当初 Cisco 主推的，Cisco 称霸了以太网，他当然希望存储网络全都转到以太网，但是传统 FC 根深蒂固，所以弄出个 FCoE 来，以太网宁愿在 FC 的光辉思想下对自身的一些“瑕疵”进行修改。FCoE 作为 Cisco 称霸存储网络的一张王牌，其目的就是为了称霸存储网络，进一步称霸数据中心，Cisco 同样拥有自己的服务器，他只是没有自己的存储，所以他选择与别人结盟。从 VCE、VCN 联盟就看出来了。

而 Intel 的 Openfcoe，显然希望大家都用软 Initiator，靠强大的 CPU 来执行而不是专用 ASIC 从而带动 CPU 的销量和发展。

那么 iSCSI 与 FCoE 到底谁能成为主流呢？现状是，iSCSI 硬卡只有 Emulex 和 Broadcom（尚未发布只是公开）的 CNA 卡支持，后续可能会有更多的厂商推出万兆 iSCSI 硬卡。如果用软 iSCSI initiator 的话，一个 10G 口子会耗掉 30%左右甚至更高的 CPU，就算用最新的 Intel CPU 也是这样，所以基本上 4 个 10G 口就会耗死一台阵列。但是 FC 卡就不会有这种情况，FCoE 同样也不会。退一步讲，如果 10G 的 FCoE 与硬 10G iSCSI 比的话，卡件与协议本身来讲都差不多，成本也差不多，所以就要看外围辅助设备的成本，一台 FCoE 交换机目前来讲还是远贵于 10G 以太交换机，所以要是小规模部署，甚至不如用 8G FC 交换机划算了。其次是看看场景，FCoE 更适合想融合之前已经部署的 FC 与新部署的以太网的场景，也就是大型久建的数据中心。对于新建数据中心，这个趋势还不明朗，笔者之前和 Emulex 的一名员工交流过，他的意思是新建数据中心他们推荐使用 iSCSI 硬卡，但是我估计这种说法是含有水分的，毕竟 Emulex 是目前仅有的一家提供硬 iSCSI 卡成品的公司，他们推荐 iSCSI 可能有一定市场目的。但是我个人看法，FCoE 目前 Qlogic、Brocade 和 Emulex 都有产品了，为何 10G 的 iSCSI 硬卡只有 Emulex 一家产品，证明 FCoE 今后可能会有一波行情。FCoE 和 iSCSI，谁 O 不是 O？区别就是一个是 FC，一个是 TCP/IP，抛开以太网，单看 FC 和 TCP/IP，前者高效但是扩展性差，后者效率稍低但是扩展性很好，其实这已经与以太网无关了，最后到底是认同 FC 还是认同 TCP/IP 的问题。我的看法是，FCoE 会弄出一波行情，但是 FC Fabric 这个协议很邪门，它要求交换机也要参与 Fabric 的建立，而且交换机起到至关重要的作用，这增加了复杂度并且降低了兼容性，这是与 IT 基础架构发展背道而驰的；而 iSCSI 却不要求交换机有什么上层协议智能，兼容性、开放性及扩展性更好。笔者个人认为最后 iSCSI 很有可能会替代 FCoE。但是目前来讲 FCoE 与 iSCSI，厂商也尚未看清，谁也不敢冒然选择。

读书笔记

第14章

变幻莫测——虚拟化

- 虚拟化
- In Band
- Out Band

“计算机科学中的任何问题，都可以通过加上一层逻辑来解决。”

——计算机科学家 David Wheeler

目前形形色色的软件层出不穷，可是它们都脱离不了一个基础，那就是计算机硬件系统。如 CPU、内存和各种 IO 接口，以及连接它们，使它们之间相互通信的总线。

CPU 内部是大量的集成逻辑电路，CPU 不断受到一种电信号的“刺激”，这种刺激经过 CPU 内部的逻辑电路的一层层的传递转换，最终输出另一种电信号。这种输入、输出动作，是有一定逻辑的。通过编写汇编代码，可以实现对 CPU 内部逻辑电路的刺激，并引起一系列的逻辑输出。将这些逻辑映射到人们所能理解的知识上，比如输出 1 代表对，输出 0 代表错误，或者如果输出 1 则继续刺激，输出 0 则停止刺激等，这样就构成了从基本的逻辑电路到复杂的思维逻辑的映射，由简单逻辑的层层嵌套，构成了复杂逻辑。将汇编语言，用人类容易理解的语言抽象出来，就形成了高级语言。将高级语言的意思，转换成低级语言的过程，就是编译。比如说：冬瓜，用低级语言表示冬瓜这个意思，就是“撇，横折，捺，点，点，撇……”。

虚拟化过程其实是一个由阴阳叠加而产生的一系列过程和相态。

14.1 操作系统对硬件的虚拟化

我们知道，早期的计算机系统，其实是没有操作系统的，因为操作系统本身也是靠计算机硬件执行的一种程序。操作系统就是一种可以提供给其他程序方便编写并运行的程序。由程序来运行程序，而不是由程序自己来运行，这是操作系统提供的一种虚拟化表现。

1. 早期计算机单任务模式

对于早期计算机来说，只能允许执行一个任务，整个计算机只能被这个程序独占。比如开机，从软盘或者其他介质上执行程序，直到执行完毕或者人为中断。执行完后拿出介质，再插入另一张介质，重新载入执行另一个新的程序。在执行程序的过程中，一旦意外终止，就要重新运行。

如果有 10 个人要用一台计算机来执行程序，第一个人拿着他的软盘，上面有一个数学题计算程序，他插入软盘，然后重启机器，机器从软盘特定的扇区载入程序代码执行，结果显示在显示器上，比如这个程序 2 个小时运行完毕，第一个人从显示器上抄下结果，走了。后面有 9 个人在排队等待用计算机。然后第二个人同样拿着他的软盘，插入软驱，重启……每次更换程序，都需要重新启动机器，简直就是梦魇。再者，如果某个程序运行期间，会有空闲状态，则其他程序也仍然需要等待，CPU 只能在那里空振荡。

2. 操作系统的多任务模式

操作系统的出现解决了这两个问题。操作系统本身也是一段程序，计算机加电之后，首先运行操作系统，随时可以载入其他程序执行，也就是说，它可以随时从软盘上读取其他程序的代码，并切换到这段代码上让 CPU 执行，执行完毕后则立即切换回操作系统本身。但是每次也总是要等待这个程序执行完毕，才能接着载入下一个程序执行。当被载入的程序执行的时候，不能做任何其他的事情，包括操作系统本身的程序模块，任何产生中断的事件，都会中断正在运行的程序。

程序执行完毕之后，会将 CPU 使用权归还操作系统，从而继续操作系统本身的运行。这种操作系统称为单任务操作系统，典型代表就是 DOS。

一旦在 DOS 中载入一个程序执行，如果没有任何中断事件发生，则这个程序就独占 CPU，执行完毕之后，回到 DOS 操作系统，接着可以继续执行另外一个程序。经过这样的解决，执行多个程序，期间就再也不用重新启动机器了。

在这个基础上，操作系统又将多个程序一个接一个地排列起来，成批地执行，中途省掉了人为载入程序的过程，这叫做批处理。批处理操作系统，相对于单任务操作系统来说，可以顺序地、无须人工干预地批量执行程序，比简单的单任务操作系统又进了一步，但是其本质还是单任务性，即一段时间之内，仍然只会观察到一个应用程序在运行，仍然只是一个程序独占资源。

再后来，操作系统针对系统时钟中断，开发了专门的中断服务程序，也就是多任务操作系统中的调度程序。时钟中断到来的时候，CPU 根据中断向量表的内容，指向调度程序所在的内存地址入口，执行调度程序的代码，调度程序所做的就是将 CPU 的执行跳转到各个应用程序所在的内存地址入口。每次中断，调度程序以一定的优先级，指向不同程序的入口。这样就能做到极细粒度的应用程序入口切换，如果遇到某个程序还没有执行完毕就被切出了，则操作系统会自动将这个程序的运行状态保存起来，待下次轮到的时候，提取出来继续执行。比如每 10ms 中断一次，那么也就是说每个应用程序，可以运行 10ms 的时间，然后 CPU 运行下一个程序，这样依次轮回。微观上，每个程序运行的时候，还是独占 CPU，但是这个独占的时间非常小，通常为 10ms，那么一秒就可以在宏观上“同时”运行 100 个程序。这就是多任务操作系统。多任务操作系统的关键，就是具有多任务调度程序。

通过这样的虚拟化，运行在操作系统之上的所有程序都会认为自己是独占一台计算机的硬件运行。

3. 虚拟化的好处

上面介绍了计算机硬件以及操作系统，其实计算机系统从诞生的那一天开始，就在不断地进行着虚拟化过程，时至今日，计算机虚拟化进程依然在飞快发展着。

硬件逻辑被虚拟化成汇编语句，汇编语句再次被封装，虚拟化成高级语言的语句。高级语言的语句，再次被封装，形成一个特定目的的程序，或者称为函数，然后这些函数，再通过互相调用，生成更复杂的函数，再将这些函数组合起来，就形成了最终的应用程序。程序再被操作系统虚拟成一个可执行文件。其实这个文件代表了什么呢？到了底层，其实就是一次一次的对 CPU 的电路信号刺激。也就是说，硬件电路逻辑，一层层地被虚拟化，最终虚拟成一个程序。程序就是对底层电路上下文逻辑的另一种表达形式。

虚拟化的好处显而易见，虚拟化将下层的复杂逻辑转变为上层的简单逻辑，方便人类读懂，也就是说“科技，以人为本”。任何技术，都是为了将上层逻辑变得更加简单，而不是越变越复杂，当然使上层越简单，下层就要做更多的工作，就越复杂。

整个计算机技术，从开始到现在，就是一个不断地抽象、封装、虚拟、映射的过程，一直到现在还在不断抽象封装着，比如 Java 等比 C 抽象封装度更高的高级语言，当然使用起来也比 C 方便和简单多了，但是随之而来的，其下层就要复杂一些，所以 Java 代码一般运行速度慢，耗费资源也大，但是对于现在飞速发展的硬件能力，是不成问题的。

同样，CPU 也不仅仅只是一味地增加晶体管数量这么简单。CPU 制造者也在想尽办法将一些功能封装到 CPU 的逻辑电路中，从而出现了更多的指令集，这些指令集就像程序函数一样，不必理解它内部到底怎么实现的，只需要发给 CPU，CPU 就会启动逻辑电路计算。到目前为止，Intel 的 CPU 已经发展到了酷睿多核。主频 1.6GHz 的酷睿四核 CPU，性能毫无悬念地比主频 3GHz 甚至超频到 4GHz 的奔腾 4 代 CPU 还高。所以 CPU 的设计除了提高主频之外，更重要的是内部逻辑的优化，集成度的提高，更多的抽象和封装。

提示：虚拟化的思想在计算机的各个方面都是存在的，比如经典的 OSI 模型，就是一个不折不扣的抽象虚拟模型。尤其是 TCP/IP 协议给上层抽象出来的 Socket 接口，即“插座接口”，也可以理解为，只要将插头接上这个插座，就会和网络接通，而不必管它是怎么实现的，就像将交流电插头插入市电插座一样，插上就获得了电压，而不用管市电电网的拓扑，更不用关心国家总电网的拓扑了。

14.2　计算机存储子系统的虚拟化

上面介绍了很多关于汇编和操作系统的虚拟抽象，下面将介绍计算机系统中的存储子系统中的虚拟化。

存储子系统的元素包括磁盘、磁盘控制器、存储网络、磁盘阵列、卷管理层、目录虚拟层及文件系统虚拟层。下面从下到上，一一描述这几个元素，看看存储子系统是怎么抽象虚拟的。

1. 磁盘控制器

磁盘控制器的工作就是根据驱动程序发来的磁盘读写信息，向磁盘发送 SCSI 指令和数据。这个部件看似没有什么可抽象虚拟的东西，其实磁盘控制器完全可以对其驱动程序隐藏其下挂的物理磁盘，而虚拟出一个或者多个虚拟磁盘。由控制器来完成虚拟磁盘和物理磁盘的映射和抽象虚拟。RAID 就是一个典型代表，控制器将物理磁盘组成 RAID Group，然后在 RG 的基础上，虚拟出多个 LUN，通告给主机驱动。

2. 存储网络

早期的存储子系统，没有网络化；而目前的存储系统，网络化已经非常彻底。从磁盘到磁盘阵列控制器，从磁盘阵控制器到主机总线适配器，都已经嵌入了网络化元素。比如使用 FC 协议，或者 TCP/IP 协议、SAS 协议、Infiniband 协议等。那么在这一层上，有什么可以抽象的吗？网络化只是为部件之间提供了一种可扩展的传输通路而已，貌似在这个层面上不能做出什么大文章来。

实则不然，这一层也是有所深究的。在交换式 SAN 中，不管是基于 TCP/IP 协议的还是基于 FC 协议的 SAN，网络中的任何节点，都是通过交换设备来互相通信，这是节点间通信的必经之路。如果在交换设备上做点手脚，就完全可以达到虚拟化的效果。

要抽象一种逻辑，那么一定要理解这种逻辑，所以我们可以在 FC 交换机或者以太网交换机上，嵌入 SCSI 协议感知模块。比如某个 N 节点向另一个 N 节点 Report LUN 的时候，交换机收到这个 Frame，则可以感知这个 N 节点的 LUN 信息。如果此时网络中还有另一个节点的 LUN 信息，则可以在交换机这一层到达这两个节点的 LUN 的镜像。也就是说，SCSI 发起设备向目标设备传输的数据，经由交换机的时候，交换机内嵌的虚拟化模块，会主动复制对应的帧到另一个节点的 LUN 上，让这两个 LUN 形成镜像，当其中一个节点故障的时候，交换机因为知道此时还有一个备份镜像 LUN 存在，所以并不会向发起者通告失败，而是默默地将发起者的数据重定向到这个镜像的 LUN，发起设备并不会感知，这样，就达到了基于网络层的虚拟化抽象。

当然，网络层的虚拟化并不只是镜像，是将某些 N 节点的 LUN 合并成一个池，然后动态地从这个池中再划分出虚拟 LUN，向发起者报告等。基于这些思想，已经开发出了智能 FC 交换机。

3. 磁盘阵列

磁盘阵列可以说本身就是一个小计算机系统（JBOD 除外），这个系统五脏俱全，是对存储子系统的抽象虚拟化最佳的表现。磁盘阵列，简要地说，就是将大量磁盘进行组织管理，抽象虚拟，最终形成虚拟的逻辑磁盘，最后通过和主机适配器通信，将这些逻辑磁盘呈现给主机。这个功能和前面提到的磁盘控制器的功能类似，但是磁盘阵列能比狭义的磁盘控制器提供更多的特色功能，况且简单地插在主机 IO 总线上的那种 RAID 磁盘控制器，其接入磁盘数量有限，功能也有限。

大型磁盘阵列，有自己的控制器，有的利用嵌入式技术，将特别定制的操作系统及其核心管理软件嵌入芯片中，来管理整个控制器并实现其功能；有的则干脆利用现成的主机来充当盘阵控制器的角色，比如 IBM 的 DS8000 系列盘阵，内部就是用的两台 IBM P 系列小型机作为其组织管理磁盘的控制器，其上运行 AIX 操作系统和相应的存储管理软件。

不管是嵌入式，还是主机式的，盘阵控制器所担任的角色都是类似的。这个中心控制器，不直接参与连接每块磁盘，而是利用后端适配器来管理下挂的磁盘，由后端适配器向其上级汇报。

这些适配器，就是由中心控制器驱动的二级磁盘控制器，这些磁盘控制器作为中心 CPU 的 IO 适配器，直接控制和管理物理磁盘，然后由中心控制器统一实现 RAID、卷等高级功能（有些盘阵则可以将简单的 RAID 功能直接下放给二级控制器来做）。后端适配器与中心控制器 CPU 之间通过某种总线技术连接，如 PCIX、PCIE 总线等。中心控制器对这些磁盘进行虚拟抽象之后，通过前端的接口，向最终使用它的主机进行通告。中心控制器不但可以实现最基本的 RAID 功能，而且可以实现很多高级功能，如 LUN 镜像、快照、远程复制、CDP 数据保护、LUN 再分配等。在磁盘阵列上实现虚拟化，是目前最广泛的一种存储系统虚拟化形式。

有些产品甚至学成了借花献佛的本领。比如 NetApp 公司 V 系列 NAS 网关、HDS 公司的某些存储设备以及 IBM 公司的 SVC。这些设备面对后端存储时，它就是主机，而面对前端主机的时候，它们就是存储，如图 14-1 所示。

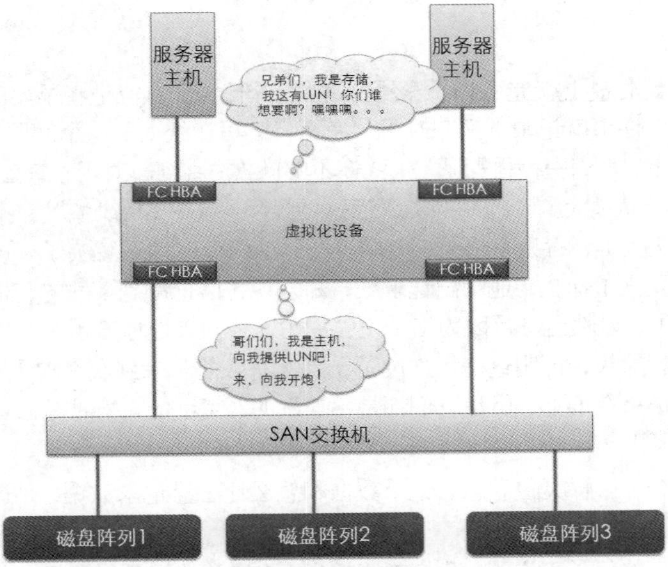

图 14-1 借花献佛

提示： 乍一感觉这台虚拟化设备也真够无赖的，明明自己没有磁盘却能踩着别人的脚向外提供 LUN，明明就是自己向别人租赁来的然后又装修了一把，转租出去。但是我们非常需要这种设备，因为它帮了大忙。

假如，图 14-1 中磁盘阵列 1 的容量为 1TB，磁盘阵列 2 的容量为 1TB，而某台主机需要一个容量为 2TB 大小的 LUN，这怎么办呢？我们可以在主机上安装卷管理软件，让 VM 把这两个 1TB 的 LUN 合并成一个 2TB 的卷即可。但是这么做需要耗费主机资源，且虚拟好的新 LUN 只能给这台主机使用。而一些旧的低端设备，由于其容量和性能等已经不能满足要求，如果可以将这些设备挂到这台虚拟化设备上，作为一个二线存储资源，这样就将所有的存储资源整合到了一起，统一管理和分配。

要想获得足够的性能和灵活性，就需要图 14-1 所示的虚拟化设备了。

这个设备在盘阵端（后端）的 FC HBA 卡处于 FC Initiaor 模式，即在后端，这台设备以主机模式出现。而在前端（主机端），这台设备的 FC HBA 卡为 FC Target 模式，即它以盘阵的角色出现。这样，这台设备就可以从其后端掌管 LUN，然后将这些 LUN 合并并再次灵活分割，呈交给其前端的多台主机使用。除了简单的合并再分割 LUN 之外，这台设备还可以做许多其他数据管理操作，比如将两个 LUN 镜像、快照、CDP 等。

4. 卷管理层

卷管理层是指运行在应用主机上的功能模块。它负责底层物理磁盘或者 LUN 的收集和再分配。经过盘阵控制器虚拟化之后生成的 LUN 提交给主机使用，主机可以对这些 LUN 进行再次抽象和虚拟，也就是重复虚拟化，比如对其中两个 LUN 进行镜像处理，或者对其中的多个 LUN，做成一个软 RAID 系统。再或者将所有 LUN 合并，形成一个大的资源池，然后像擀面团一样擀成多个卷，这个过程和磁盘控制器、盘阵控制器所做的虚拟化动作类似，但是这个动作是在主机上实现的。典型的卷管理软件有 LVM，或者第三方的软件，比如 Veritas 公司的 VxVM。

5. 文件系统

数据只是存储到磁盘上就完了吗？显然不是。打个比方，有位记者早晨出去采访，手中拿了一摞纸，他每看到一件事就记录下来。对于“怎么将字写在纸上”这个问题，他是这么解决的，他用笔在格子上写字，写满一行再写下一行，还不够就换一张纸。对于“怎么让自己在纸上写字”这个问题，是他自己通过大脑（控制器），通过神经网络（SCSI 线缆），操纵自己的手指（磁头臂），拿着笔（磁头），看见有格子，就向里写。这两个问题都解决了。可是这一天下来，他回去想看看一天都发生了什么，他拿出记录纸，却发现，信息都是零散的，根本无法阅读，有时候读到一半，就断了，显然当时是因为格子不够用了，写到其他地方了，造成了信息记录的不连续，有的地方还有删除线，证明这一块作废了，那么有效的记录到底在哪里呢？记者方寸大乱，数据虽然都完好地记录在纸上，但是它们都是不连续的、凌乱的，当时是都记下来了，但是事后想要读取时却没辙了。

磁盘记录也一样，只解决磁盘怎么记录数据和怎么让磁盘记录数据，是远远不够的，还应该考虑“怎么组织磁盘上的数据”。

还是用这个记者的例子来说明。我们都能想到，将凌乱的记录组织成完整的一个记录，只需要在相应的地方做一下标记，比如“此文章下一段位于某某页，第几行”，就像路标一样，一次一次地指引你最终找出这个完整的数据，这个思想称为“链表”。

如果将这个链表单独地做成一个记录，存放到固定位置，每次只要参考这个表，就能找出一条数据在磁盘上的完整分布情况。利用这种思想做出来的文件系统，比如 FAT 文件系统，它把每个完整的数据称为文件。文件可以在磁盘上不连续地存放，由单独的数据结构来描述这个文件在磁盘上的分布，这个数据结构就是文件分配表。File Allocate Table，也就是 FAT 的由来。或者用另一种思想来组织不连续的数据，比如 NTFS，它是直接给出了一个文件在磁盘上的具体扇区，开始—结束，开始—结束，用这样的结构来描述文件的分布情况。

文件系统将磁盘抽象成了文件柜，同一份文件可能存放在一个柜子的不同抽屉中，利用一份特别的文件来记录“文件 – 对应抽屉”的分布情况，这些用来描述其他文件分布情况及其属性的文件，称为元文件（Metadata）。元文件一般情况下要存放在磁盘的固定位置，而不能将其分散，因为最终要有一个绝对参考系统。但是有些文件系统，甚至将元文件也可以像普通文件一样，在磁盘上不连续地分布。前面还说过一定要有一个绝对参考系统，也就是固定的入口，所以这些特殊的文件系统，其实最上层还是有一个绝对参考点的，这个参考点将生成元文件/在磁盘上的分布情况记录，从而定位元文件，再根据元文件，定位数据文件，这样一层一层地嵌套，最终形成文件系统。

最终一句话，文件系统是对磁盘块的虚拟、抽象、组织和管理。用户只要访问一个个的“文件”，就等于访问了磁盘扇区。而访问文件，这个动作是非常容易理解的，也是很简单的，用户不必了解这个文件最终在磁盘上是存放到哪里，怎么存放的，怎么访问磁盘来存放这个文件，这些统统都是由文件系统和磁盘控制器驱动程序来做。

6. 目录虚拟层

不管是 Windows 系统、UNIX 系统，还是 Linux 系统，其内部都有一个虚拟的目录结构。在 Linux 中叫做 VFS，即 Virtual File System。

虚拟文件系统，顾名思义也就是说这个文件系统目录并不是真实的，而是虚拟的。任何实际文件系统，都可以挂载到这个目录下，真实 FS 中的真实目录，被挂载到这个虚拟目录下之后，就成为了这个虚拟目录的子目录。这样做的好处是增强灵活性。其次，操作系统目前处理外部设备，一般都将其虚拟成一个虚拟文件的方式，比如一个卷，在 Linux 中就是/dev/hda 这种文件。对这个文件进行读写，就等于直接对设备进行了读写。

存储子系统的虚拟化，可以在“磁盘－盘阵控制器－存储网络－主机总线适配器－卷管理层－文件系统层－虚拟目录层和最终应用层”各个环节虚拟抽象地工作，使得最终应用软件，只要通过文件系统访问文件，就可以做到访问最底层的磁盘一样的效果。有时候还可以重复虚拟化。

14.3　带内虚拟化和带外虚拟化

所谓带内即 In Band，是指控制信令和数据走的是同一条路线。所谓控制信令，就是说用来控制实际数据流向和行为的数据。典型的控制信令，比如 IP 网络中的各种 IP 路由协议所产生的数据包，它们利用实际数据线路进行传输，从而达到各个设备之间的路由统一，这就是带内的概念。

带外即 Out Band，是指控制信令和实际数据走的不是同一条路，控制信令走单独的通路，受到“优待”。

带内和带外，只是一种叫法而已，在电话信令中，带内和带外是用“共路”和“随路”这两个词来描述的。共路信令指的是控制信令和实际数据走相同的线路；随路信令则指二者走不同的线路，信令单独走一条线路。随路又可以称作“旁路”，因为它是单独一条路。

明白了上面这些概念，用户就可以理解所谓“带内虚拟化”和“带外虚拟化”的概念了。

带内虚拟化，就是说进行虚拟化动作的设备，是直接横插在发起者和目标路径之间的，斩断了二者之间的通路，执行中介操作，发起者看不到目标，而只能看到经过虚拟化的虚拟目标。所以在带内虚拟化方式下，数据流一定会经过路径上的所有设备，即所有设备是串联在同一条路径上的，虚拟化设备插入这条路径中，作为一个“泵”，经过它的时候就被虚拟化了。

带外虚拟化，则是在这个路径旁另起一条路径，也就是所谓旁路。用这条路径来走控制信号，而实际数据还是由发起者直接走向目标。但是这些数据流是受控制信令所控制的，也就是发起者必须先“咨询”旁路上的虚拟化设备，经过“提示”或者“授权”之后，才可以根据虚拟化设备发来的“指示”直接向目标请求数据。带外虚拟化方式中，数据通路和信令通路是并联的。

带内虚拟化的例子非常多，目前的虚拟化引擎几乎都是带内虚拟化。IBM 的 SVC(San Volume Controller）、Netapp 的 V-series、HDS 公司的 USP 系列等，它们都是带内虚拟化引擎。

1. 带外虚拟化系统 SanFS

带外虚拟化的一个典型的例子，是 IBM 公司的 SanFS 系统。图 14-2 显示了 SanFS 的基本架构。

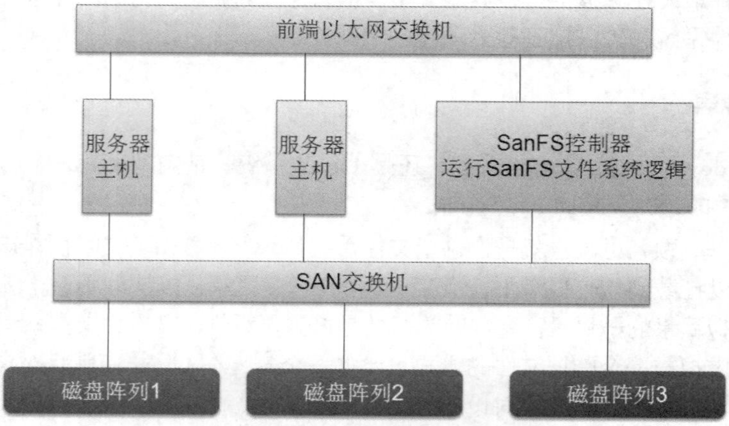

图 14-2　IBM 公司的 SanFS 架构示意图

SanFS 其实根本没有什么高深的地方，说白了，SanFS 就是一个网络上的文件系统，也就是说，常规的文件系统都是运行在主机服务器上的，而 SanFS 将它搬到了网络上，用一台专门的设备来处理文件系统逻辑。

然而，这个“网络上的文件系统”却绝对不是“网络文件系统”。网络文件系统是典型的带内虚拟化方式，因为网络文件系统对上层屏蔽了底层卷，只给上层提供一个目录访问接口，上层看不到网络文件系统底层的卷，只能看到目录。而 SanFS 架构中，上层既能看到文件系统目录，又能看到底层卷（LUN），如图 14-3 所示。

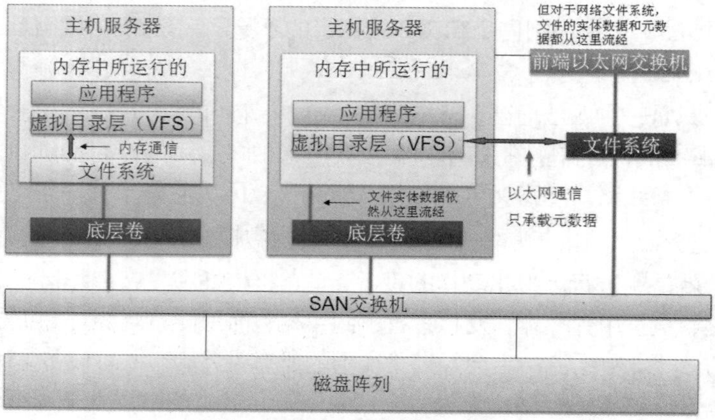

图 14-3　SanFS 架构示意图

图 14-3 中，左边的服务器是一台普通的服务器，右边是一台使用 SanFS 文件系统的服务器。

右边的服务器上的文件系统已经被搬到了外面，即运行在一台 SanFS 控制器上，这个控制器与服务器都接入一台以太网交换机。当虚拟目录层需要与文件系统层通信的时候，通信路径不再是内存，而是以太网了。由于文件系统已经被搬出主机，所以任何与文件系统的通信都要被重定向到外部，并且需要用特定的格式，将请求通过以太网发送到 SanFS 控制器，以及从控制器接受相应的回应，所以在使用 SanFS 的服务器主机上，必须安装 SanFS 管理软件（或者叫做 SanFS 代理）。

下面用几个实例来说明 SanFS 是如何作用的。

实例 1

服务器运行 Windows 2003 操作系统，使用 SanFS 作为文件系统的卷的盘符为“S”盘。在 Windows 中双击盘符 S，此时 VFS 虚拟目录层便会发起与 SanFS 控制器的通信，因为需要获取盘符 S 根目录下的文件和目录列表。所以 VFS 调用 SanFS 代理程序，通过以太网络向 SanFS 控制器发送请求，请求 S 根目录的文件列表，SanFS 控制器收到请求之后，将列表通过以太网发送给 SanFS 代理，代理再传递给 VFS，随即就可以在窗口中看到文件和目录列表了。

实例 2

某时刻，某应用程序要向 S 盘根目录下写入一个大小为 1MB 的文件。VFS 收到这个请求之后，立即向 SanFS 控制器发送请求，SanFS 控制器收到请求之后，计算出应该使用卷上的哪些空闲块，将这些空闲块的 LBA 号码列表以及一些其他必要信息通过以太网传送到服务器。服务器上的 SanFS 收到这些信息后，便调用操作系统相关模块，将应用的数据从服务器的内存中直接向下写入对应卷的 LBA 地址上。

SanFS 系统是一个典型的带外虚拟化系统，服务器主机虽然可以看到底层卷，但是管理这个卷的文件系统，却没有运行在主机上，而是运行在主机之外。主机与这个文件系统之间通过前端以太网通信，收到文件系统的指示之后，主机才按照指示将数据直接写入卷。

SanFS 究竟有何意义呢？SanFS 是不是有点多此一举呢？放着主机内存这么好的风水宝地不用，却自己跑出去单独运行，和别人通信还得忍受以太网的低速度（相对内存来说），这是何苦呢？煞费苦心的 SanFS 当然有自己的算盘，这么做的原因如下。

将文件系统逻辑从主机中剥离出来，降低主机的负担。

既然将文件系统从主机剥离出来，为何不干脆做成 NAS 呢？NAS 同样也是将文件系统搬移出主机。答案是因为向 NAS 传输数据，走的是以太网，速度相对 FC SAN 要慢。所以 SanFS 的设计是只有元数据的数据流走以太网，实际数据依然由主机自行通过 SAN 网络写入盘阵等存储设备。这样就加快了数据的传输速度，比 NAS 有优势。

其实 SanFS 一个最大的特点，就是支持多台主机共享同一个卷，即同一时刻可以由多台主机共同读写（注意是读写）同一个 SanFS 卷。这也是 SanFS 最大的卖点。共享同一个 LUN 的所有主机，都与 SanFS 控制器通信以获得访问权限，所以 SanFS 干脆就自己单独占用一台专用设备，放在网络上，也就是 SanFS 控制器，这样可以让所有主机方便地与它连接。

2. SanFS 与 NAS 的异同

SanFS 与网络文件系统究竟有何不同呢，如图 14-4 所示。

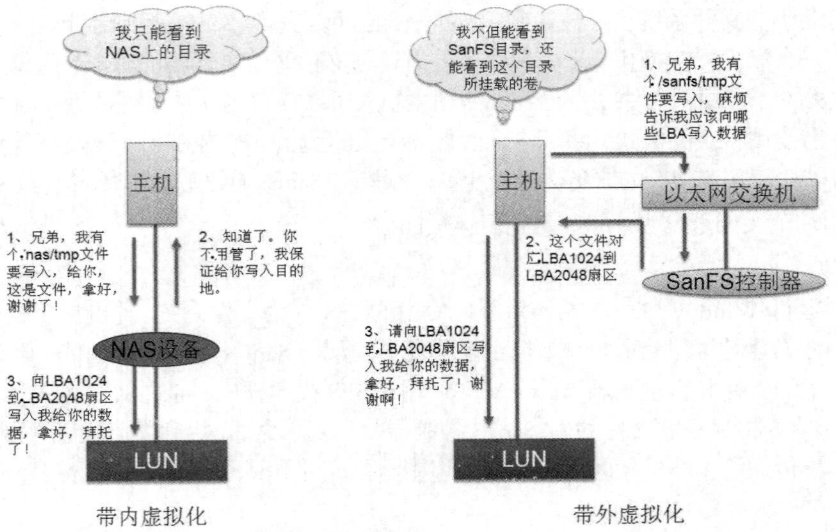

图 14-4　SanFS 与 NAS 的异同

显然，NAS（网络文件系统）与 SanFS 是截然不同的。主机向 NAS 写入数据，其实要经历两次写的过程，第一次写是主机将数据通过以太网发送给 NAS 的时候，第二次写是 NAS 将收到的数据写入自己的硬盘（本地磁盘或者 SAN 上的 LUN 卷）。而 SanFS 只写入一次数据，而且是通过 FC SAN，而不是相对慢速的以太网。

3. 轮回和嵌套虚拟化

以太网在传统上是用来承载 IP 的，但是有一些技术是将以太网承载到 IP 之上的，比如 VPLS。VPLS 属于一种极端变态的协议杂交方式。它嵌套了多次，也轮回了多次。

VPLS 可以说是对以太网 VLAN 技术的一种上层扩展。传统 VLAN 使用 VLAN 标签来区分不同的域，VPLS 则可以直接通过用不同的 IP 来封装以太网头来区分各个以太网域。

这个技术也从一个侧面表明了 TCP/IP 在当今网络通信领域所不可动摇的绝对地位。

14.4　硬网络与软网络

1. 硬件网络设备

所谓硬件网络设备，其功能终究还是靠软件来实现的。很多网络硬件设备，尤其是路由设备，本质上就是一台 PC 或者 PC Server。其上运行着专门处理网络数据包的程序。就这样，若干底层网络设备互相连接，组成了整个基础网络，也就是硬件网络环境。

在硬件网络环境的基础上，若干 PC 接入硬件网络，实现相互通信。也就是说，用一部分 PC 充当网络硬件设备，其他 PC 利用这些充当网络设备的 PC 实现通信。这就是一种嵌套的表现，也就是“网中有网”。

2. 软件网络程序

Message Queue（MQ）和 Message Broker（MB）在硬件网络设备的基础上，模拟出一个纯

软件的网络转发引擎。这就是一种轮回的表现。

MQ 是一种消息转发软件引擎。这个引擎运行在主机操作系统之上。其功能就是充当一个消息转发器。客户端通过 TCP/IP 与这个转发器相连，将消息传送到这个转发器上，然后转发器根据策略，将消息转发到其他客户端上。这种消息转发器，也就类似于网络交换机。只不过 MQ 的链路层由 TCP/IP 来充当。

MB 是一种应用逻辑转发引擎。这个引擎虽然也是用来转发消息的，但是它不仅仅是底层转发，还能做到应用层次的转发。这类似于邮件服务器，只不过它可以转发各种格式和方式的数据包。

14.5　用多台独立的计算机模拟成一台虚拟计算机

1. HPC 环境

点组成线，线组成面，面组成体，体与体之间组成网，然后就是进化。同样，HPC 环境也是这种模式。在一个典型的 HPC 环境中，包含众多的计算机，这些计算机各有分工。总体来说，HPC 环境中的计算机可以分为两大类：一种是专门用来计算数据的，为 CPU 密集运算；另一种是专门用于存储计算过程中，所需要提取或者存放数据的，为 IO 密集运算。前者称为计算节点，后者称为存储节点。而为了最大利用硬件资源，有些 HPC 环境中会存储节点，也兼用来做计算节点。

可以将一个 HPC 环境中的所有计算节点看作一台大的虚拟计算机的 CPU 和内存，而将所有存储节点看作虚拟计算机的硬盘。虚拟计算机的 CPU 和内存（计算节点），通过某种连接链路向虚拟计算机的硬盘（存储节点）读写数据，从而计算出结果。对于一台单独的物理计算机来说，CPU 内存与存储设备之间的连接为高速 IO 总线，比如 PCIE。但是对于由多台独立节点组成的 HPC 系统来说，虚拟 CPU 与虚拟存储设备之间的连线就不可能是内部 IO 总线了，而是一种外部的高速网络传输方式。有些 HPC 利用 Infiniband 网络作为计算节点与存储节点之间的连接方式，有些则干脆使用以太网。前者一般用于 IO 密集型的运算；后者一般用于 CPU 密集型运算，也就是说，运算过程中需要读写的数据不多。

2. 典型的 Web+APP+DB 架构

这种架构是一种典型的 IT 架构。客户端通过 Web 服务器获取一个图形化显示网页，应用逻辑由 APP（Application）服务器处理，并将结果通过 Web 服务器显示到客户端的网页上，APP 服务器需要的数据则通过访问数据库服务器来获得。

也可以将 Web 服务器看作一台显示终端，将 APP 服务器看作 CPU 和内存，将 DB 服务器看作硬盘。这样，一个由 Web+APP+DB 服务器所组成的虚拟计算机便诞生了。

14.6　用一台独立的计算机模拟出多台虚拟计算机

1. VMware 虚拟机软件

VMware 通过模拟一套硬件系统，将程序对这个硬件系统 CPU 发送的指令经过一定的处理之后，并加以虚拟传到物理 CPU 上执行。利用这种方式，可以在一台物理计算机上虚拟出多个虚拟机。

目前 Windows Server 2008 操作系统已经自带了 HyperV 虚拟化引擎。类似 VMware 的 ESX。目前很多操作系统都集成了 Native 的虚拟化引擎。

2. 世界本身就是一个轮回嵌套的虚拟化系统

不但在计算机领域中有虚拟化，在其他学科中同样有虚拟化。在化学领域中，科学家把观察到的现象和计算出来的公式，虚拟化成原子和分子。

总之，一切都是虚拟化的结果，我们观察到的世界其实就是我们利用基本数学公式虚拟出来的。人们首先在大脑中演绎出数学，然后虚拟化出了物理学，然后再用数学和物理学虚拟化出化学等其他各种学科。这就像用汇编语言来抽象数字电路逻辑，再用高级语言来抽象汇编语言，然后将现实中的逻辑用计算机高级语言表达出来，让计算机来模拟出现实逻辑。

14.7 用磁盘阵列来虚拟磁带库

VTL，即 Virtual Tape Library，虚拟磁带库。传统的物理磁带库为全机械操作，比如机械手、驱动器、磁带等。其速度相对磁盘来说要慢很多，如果需要备份的数据量非常大，而备份窗口又很小，那么只能通过提高磁带库的速度来解决。但是要提高磁带库的速度，只能同时用多个驱动器同时操作，需要成本高，不方便。虚拟磁带库的出现为的就是解决上述这些问题。VTL 使用磁盘来存储数据而不是磁带，并虚拟出机械手、磁带驱动器、磁带这三样在物理上都不存在的东西。在备份软件等使用磁带库的应用程序，不会发现物理设备到底是盘阵还是真实的磁带库。而虚拟化之后，前端的程序接口不变，后端的速度和灵活性却大大增加了。

图 14-5 是一台物理磁带库的正视图。图 14-6 显示了仓门打开后其内部构件示意图，可以看到一根竖直的柱子，这个柱子就是机械手的滑轨。机械手可以沿着柱子上下滑动并且可以左右转动，以抓取右侧磁带槽中的磁带。图 14-7 所示是物理磁带库的两个驱动器和电源后视图。在图 14-8 中可以看到另一种设计的机械手和驱动器。

图 14-5 物理磁带库的正视图

图 14-6 物理磁带库的内视图

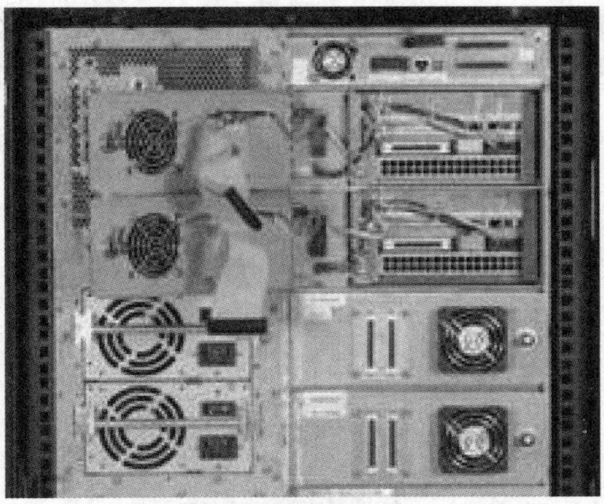

图 14-7　物理磁带库后视图（驱动器和电源）

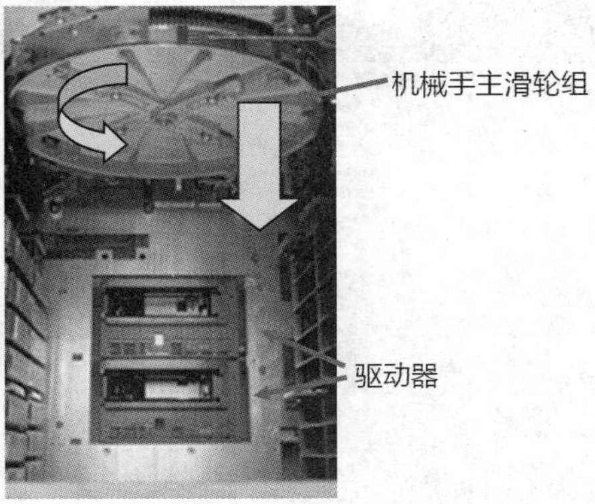

图 14-8　另一种设计方式的磁带库机械手

NetApp VTL700 配置使用实例

比如有 NetApp VTL700 系列虚拟磁带库一台，机头连接了两个扩展柜。共 28 块 500GB 的 SATA 磁盘。

（1）第一步：创建 RAID 组，为虚拟磁带创建底层存储空间。

磁盘阵列必须做 RAID，这是任何情况下都要保证的。RAID 不仅仅可以提高速度，更重要的是为了保护数据，因为任何一块硬盘损坏，如果没有 RAID，都会造成数据丢失。VTL 使用的磁盘阵列也不例外。

VTL700 可以利用 Web 界面来管理，管理主界面如图 14-9 所示。

查看当前系统的虚拟磁带容量等信息，如图 14-10 所示。由于还没有配置完成，所以图 14-10 中没有给出任何虚拟之后的容量等信息（RAID 组和虚拟磁带总容量都为 0.00Gb）。

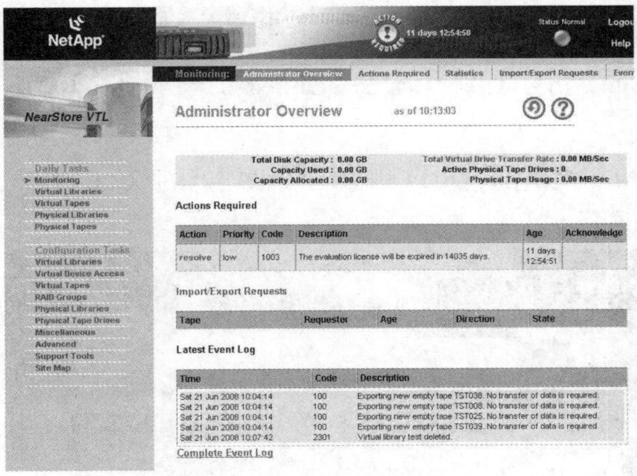

图 14-9　VTL700 管理主界面

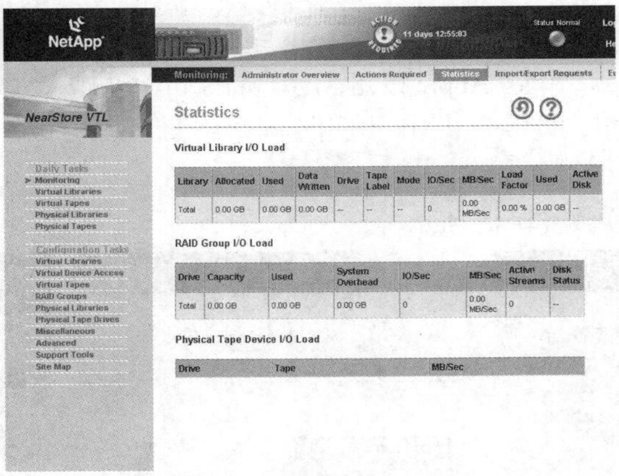

图 14-10　系统配置容量信息

从页面左侧栏中选择 RAID Groups 标签，右侧会显示出当前系统中所配置的 RAID 组，如图 14-11 所示。由于当前还没有配置任何 RAID 组，所以两台扩展柜中的所有磁盘均显示为灰色（空闲状态），蓝色的磁盘为 Spare 盘。

选中图 14-11 上方的 Create Raid Group 复选框，出现如图 14-12 所示的页面。

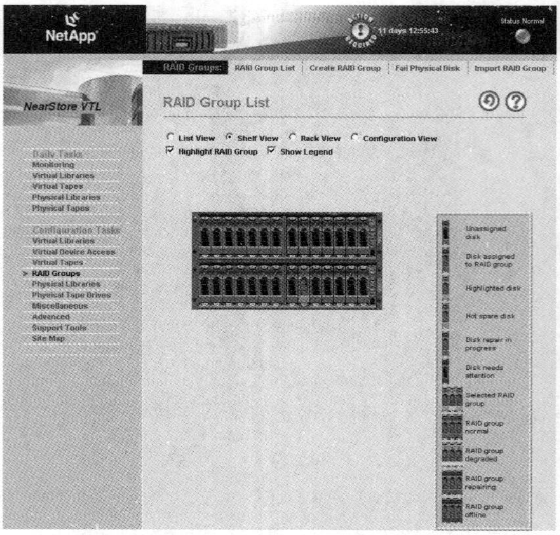

图 14-11　系统当前 RAID 组信息

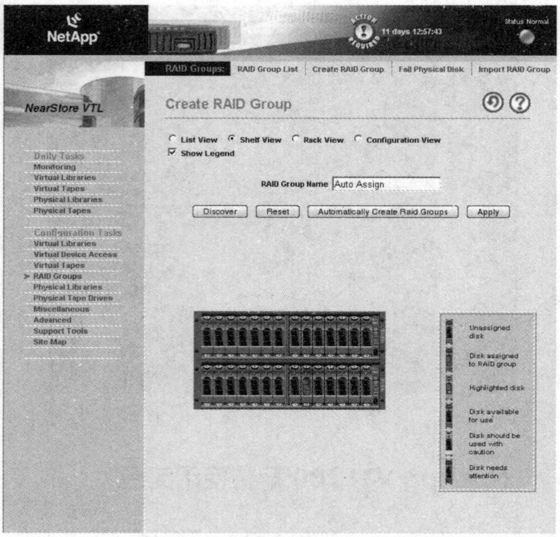

图 14-12　创建 RAID 组页面

单击图 14-12 中的 Automatically Create RAID Group 按钮，系统自动创建 RAID 组。随后出现如图 14-13 所示的窗口，提示用户创建 RAID 组的规则。

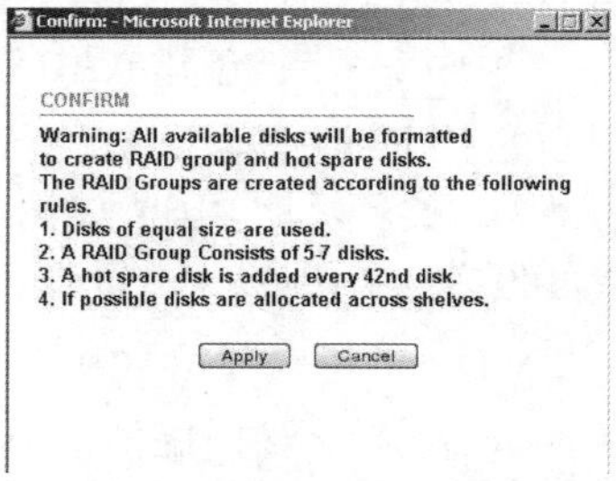

图 14-13　创建 RAID 组规则

单击 Apply 按钮，出现如图 14-14 所示的页面，可以看到系统已经创建好了一系列的 RAID 组，且每个 RAID 组用不同颜色表示。

单击 Drop RAID Group 标签，进入删除 RAID 组页面，可以删除已经创建好的 RAID 组，如图 14-15 所示。

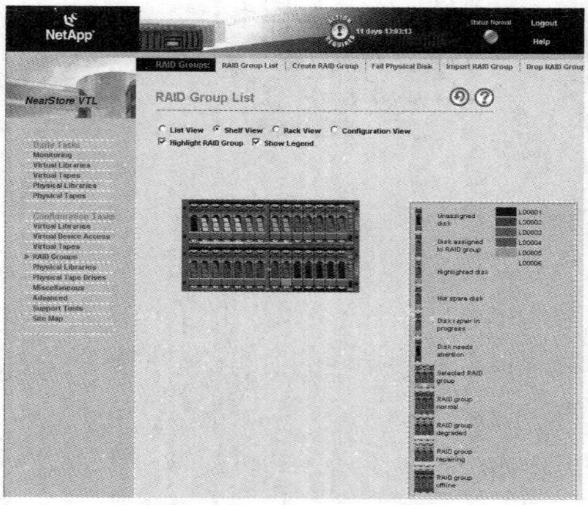

图 14-14　系统自动创建的 6 个 RAID 组

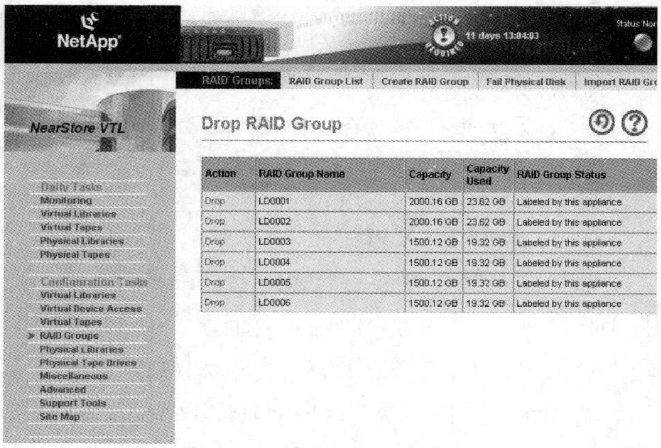

图 14-15　删除 RAID 组页面

单击 Drop 按钮，删除对应的 RAID 组。删除之后也可以再次手动或者自动创建 RAID 组。图 14-16 所示为手动创建的 7 个 RAID 组。

回到 Monitor 页面，查看系统当前的配置容量信息，RAID Group 栏目中已经显示出了系统当前的可用磁盘容量，如图 14-17 所示。

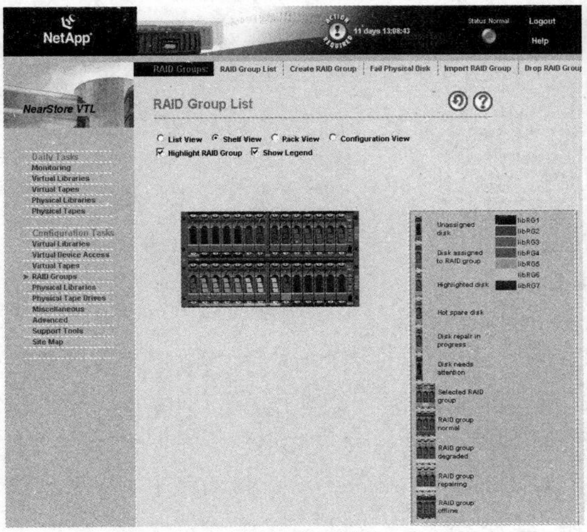

图 14-16　手动创建的 7 个 RAID 组

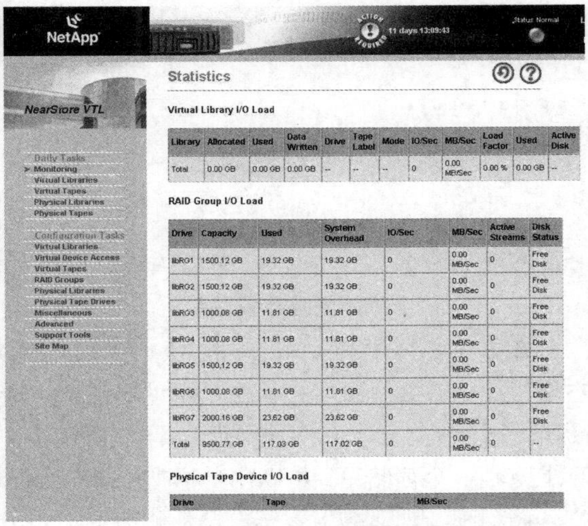

图 14-17　RAID 组配置完后的系统容量信息

（2）第二步：创建虚拟磁带库和虚拟磁带。

创建完 RAID 组之后，就为系统提供了基本的存储空间。在这个存储空间之上，还需要创建一台或者多台虚拟带库，然后创建虚拟磁带。

创建虚拟磁带库。如图 14-18 所示创建一台名为 lib1 的虚拟带库，带库的厂家信息为 NetApp。虚拟磁带驱动器类型为 IBM LTO1，这个类型必须对应一款物理磁带驱动器，下拉列表框中有多种支持的物理驱动器可选。Slot Count 即磁带槽位，这里定为 8。Drive Count 即驱动器数量，这里定为 2。Assigned to Port 表示将这个虚拟磁带库在哪个前端端口“提交”出去，即主机端可以从 VTL 上的哪个前端端口识别到这台虚拟磁带库。Fully Loaded with Virtual Tapes 表示是否自动创建对应的虚拟磁带并插满磁带槽（磁带槽和磁带都是虚拟的）。Start Tape Label 表示起始标签名称。物理磁带库中，每盘磁带都有各自的标签，机械手通过这些标签来识别每一盘磁带，虽然 VTL 不需要用标签来识别每个虚拟磁带，但是备份软件等程序需要知道这些标签，所以 VTL 还是要给每个虚拟磁带分配标签。这里用“L1”来起始，这样，第二盘虚拟磁带系统就会自动为其分配“L2”的标签；依此类推。

单击 Apply 按钮之后，一台虚拟磁带库就创建完并可以使用了。此外，还可以创建更多的虚拟磁带，如图 14-19 所示。单击左侧栏中的 Virtual Tapes 标签，右侧页中可以选择新磁带归属于哪个虚拟带库。这里选择刚刚创建的 lib1，然后起始标签设为 M1，数量为 8 盘，单击 Apply 按钮。这样就向 lib1 这台虚拟带库中增加了 8 盘磁带，加上原有的一共 16 盘。

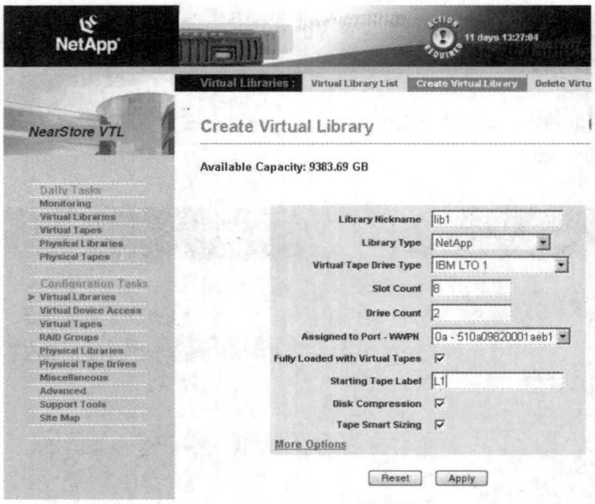

14-18 创建虚拟磁带库

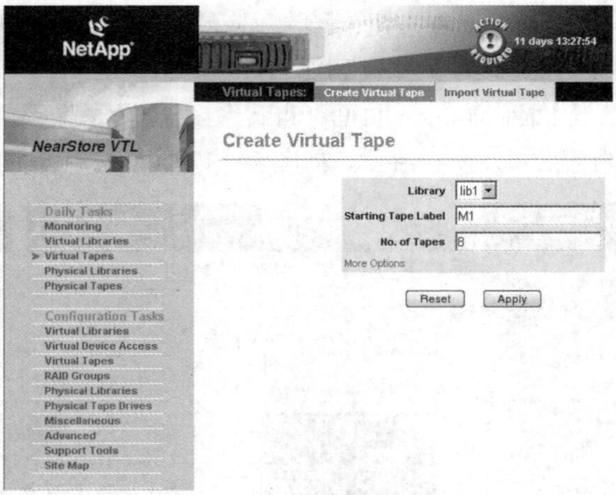

图 14-19 增加虚拟磁带

单击左侧栏中的 Virtual Libraries 标签，右侧会出现一张虚拟磁带库拓扑图。如图 14-20 所示，右侧机柜中有 8 个磁带槽和 2 个驱动器，与创建带库时的选项一一对应。左边的推车上还有 8 盘磁带，这是刚才追加的 8 盘磁带，而虚拟带库中的磁带槽放不开，所以就放到了虚拟推车上。推车上方是一个存储箱，可以用鼠标把任意一盘磁带拖动到推车、磁带槽或者驱动器中。如果拖动到存储箱中，则这盘虚拟磁带便被删除了（如图 14-21 所示）。

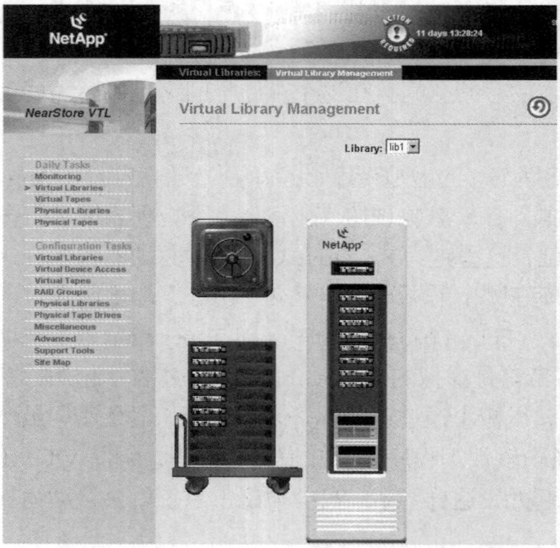

图 14-20 当前虚拟磁带库的示意图页面

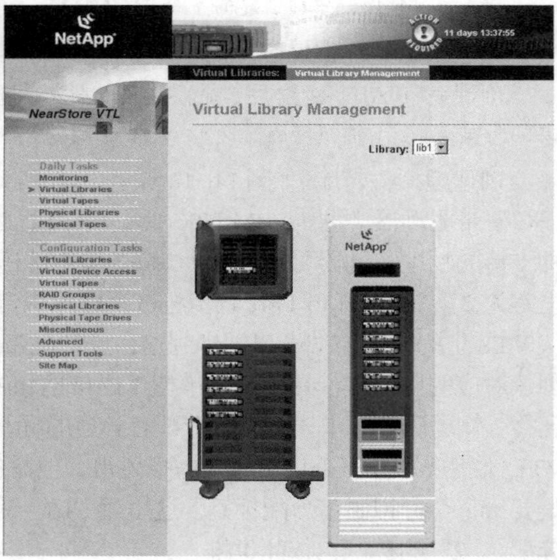

图 14-21 删除虚拟磁带

返回到 Monitor 页面中可以看到当前系统中的虚拟带库信息，如图 14-22 所示。

创建第二台虚拟带库。再次创建一台名为lib2的虚拟带库。这里选择驱动器类型为HP LTO1，16 槽位，4 驱动器，如图 14-23 所示。图 14-24 显示了 lib2 的拓扑图，可以和 lib1 的图对比一下。

单击左侧栏中的 Virtual Tapes 标签，在右侧页面中可以查看虚拟磁带的信息，修改虚拟磁带的属性，在多台虚拟带库中移动磁带，删除虚拟磁带，如图 14-25～图 14-28 所示。

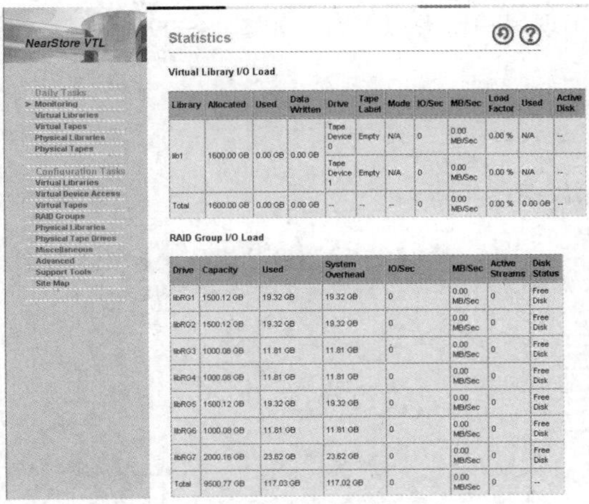

图 14-22　当前系统的虚拟带库信息

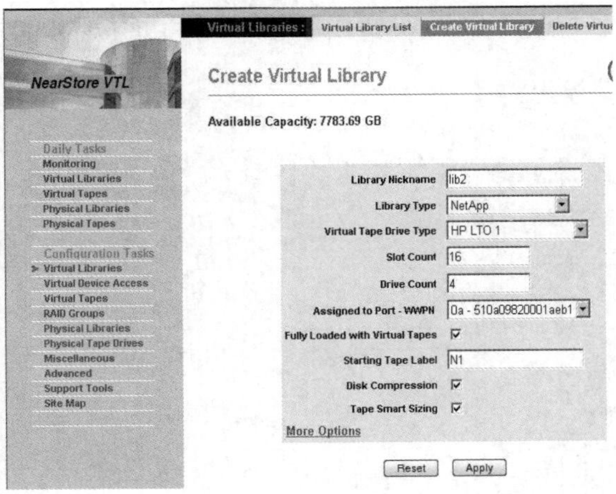

图 14-23　创建 lib2 虚拟带库

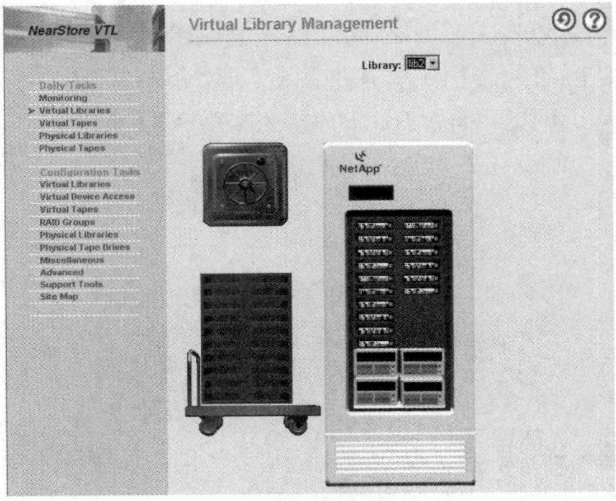

图 14-24　lib2 虚拟带库拓扑图

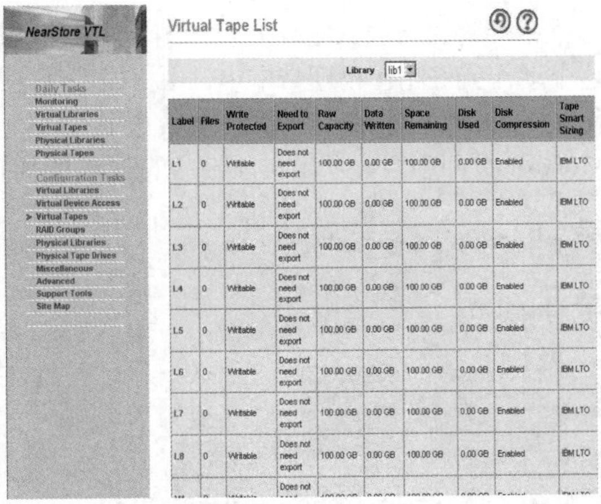

图 14-25　显示虚拟磁带信息

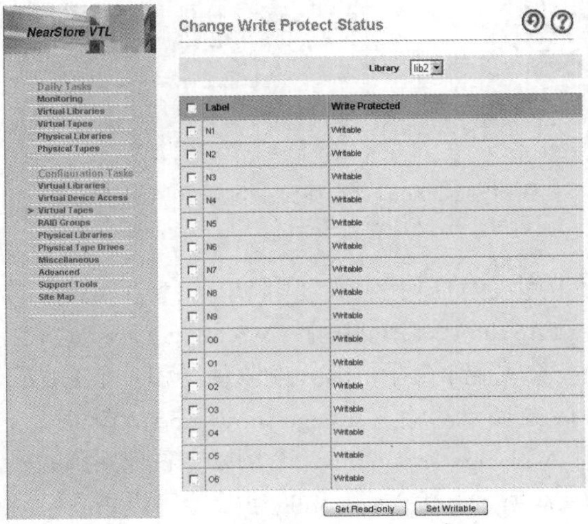

图 14-26　修改虚拟磁带的读写属性

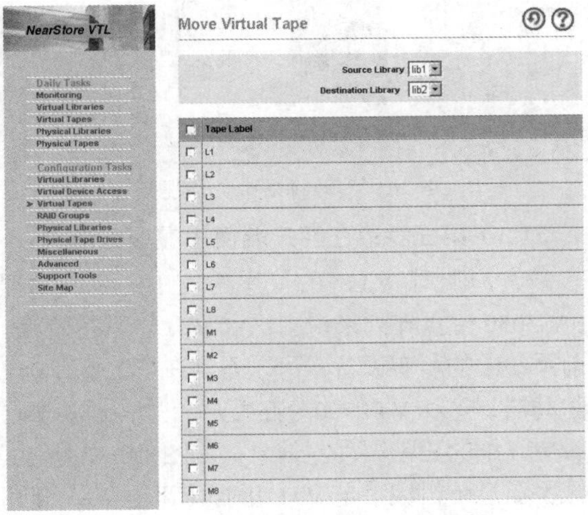

图 14-27　在多台虚拟带库之间移动磁带

返回 Monitor 页面可查看系统中的信息，此时出现另一台虚拟带库，如图 14-29 所示。

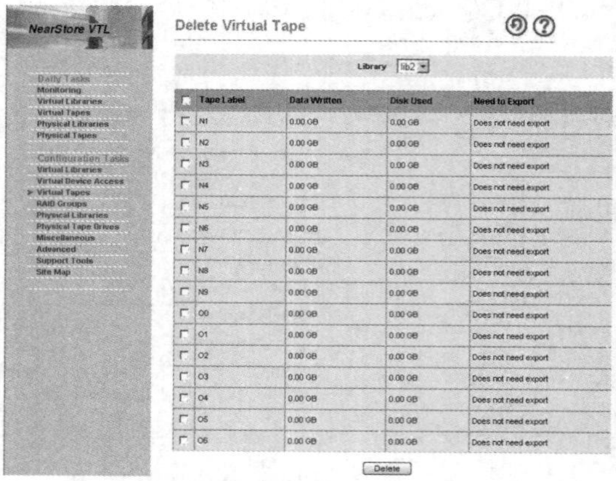

图 14-28　删除虚拟磁带

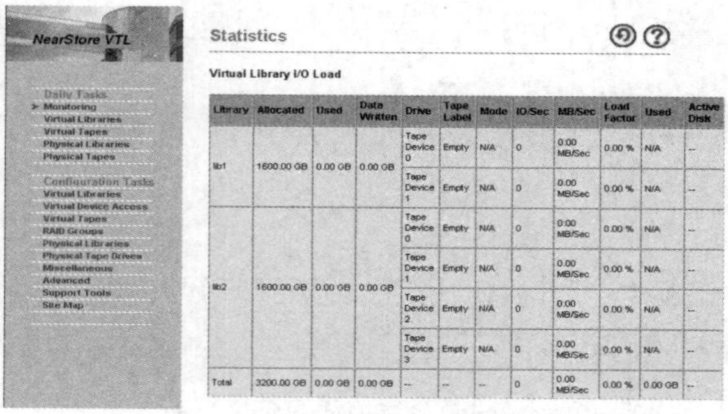

图 14-29　系统中的两台虚拟带库

手动将磁带放入驱动器。如图 14-30 所示，可以在拓扑图中拖动任何一盘磁带进入驱动器。这个动作就好比在物理带库中，由机械手将磁带从磁带槽中抓出，并推入磁带驱动器。当然，备份软件可以发送指令让带库自动做这个动作，当然也可以手动做这个动作。磁带放入驱动器之后，Monitor 页面中会显示出当前带库的驱动器中所包含的磁带，如图 14-31 所示。

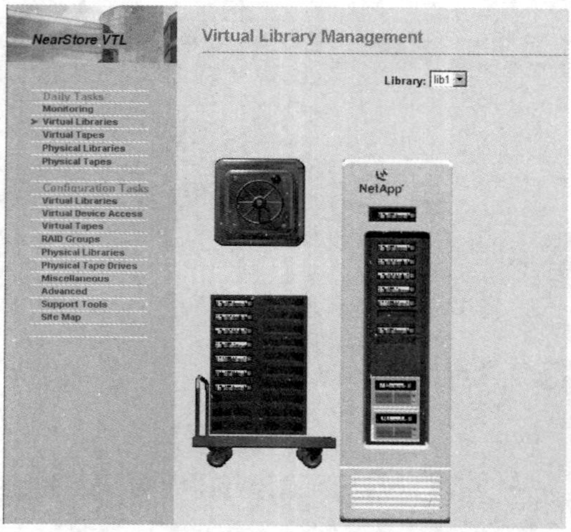

图 14-30　手动将磁带放入驱动器

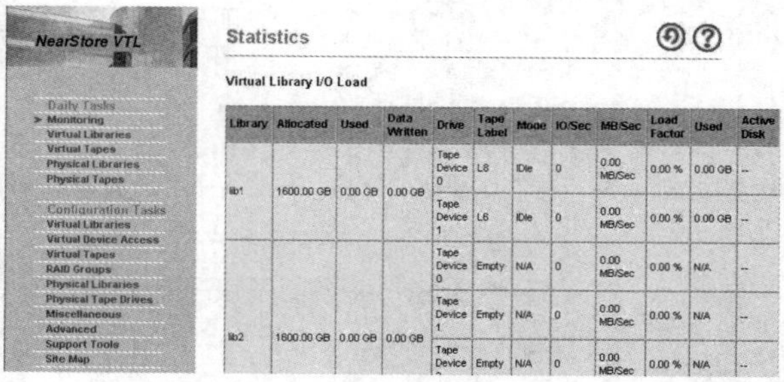

图 14-31　Monitor 页面中显示的驱动器状态

（3）第三步：在客户端使用虚拟磁带库。

客户端对 VTL 的使用与使用一台纯物理磁带库没有任何区别。我们用一台 NetApp 的 FAS3050 磁盘阵列来识别这台 VTL，看看效果。在 FAS3050 命令行中输入 sysconfig –a 来查看当前系统中的所有设备，可以看到在 FC 通道 0c 上已经识别到了两个 IBM 的驱动器和 4 个 HP 的驱动器，这和 VTL700 上的配置完全一样，如图 14-32 所示。输入 storage show tape 命令可以查看更详细的磁带驱动器信息，如图 14-33 所示。输入 storage show mc 命令可以查看识别到的机械手信息（机械手是 VTL 虚拟出来的），如图 14-34 所示。输入 sysconfig –t 命令可以查看系统识别到的所有磁带，如图 14-35 所示。

```
slot 0: FC Host Adapter 0c (QLogic 2432 rev. 2, L-port, <UP>)
        Firmware rev:       4.0.24
        Host Loop Id:       7
        FC Node Name:       5:00a:098000:01ae83
        SFP Vendor:         FINISAR CORP.
        SFP Part Number:    FTLF8524P2BNV
        SFP Serial Number:  PB90F51
        SFP Capabilities:   1, 2 or 4 Gbit
        Link Data Rate:     4 Gbit
        0: Medium Changer: NETAPP   VTL                 0001
        0L3: Medium Changer: NETAPP   VTL                 0001
        0L1: Tape: IBM      ULTRIUM-TD1       022C
        0L2: Tape: IBM      ULTRIUM-TD1       022C
        0L4: Tape: HP       Ultrium 1-SCSI    022C
        0L5: Tape: HP       Ultrium 1-SCSI    022C
        0L6: Tape: HP       Ultrium 1-SCSI    022C
        0L7: Tape: HP       Ultrium 1-SCSI    022C
                I/O base 0x0, size 0x0
                memory mapped I/O base 0xc1300000, size 0x4000
```

图 14-32 客户端所识别到的磁带设备

```
fas3040cl1-cn> storage show mc

Medium Changer:       0c.0
Description:          NETAPP   VTL
Serial Number:        be6f92723f81a0980821b4
World Wide Name:      WWN[5:00a:098200:01aeb1]
Alias Name(s):        mc0
Device State:         available

Medium Changer:       0c.0L3
Description:          NETAPP   VTL
Serial Number:        1cf366483f82a0980821b4
World Wide Name:      WWN[5:00a:098200:01aeb1]L3
Alias Name(s):        mc1
Device State:         available

fas3040cl1-cn> ▌
```

14-34 查看机械手信息

```
fas3040cl1-cn> storage show switch
No switches found.
fas3040cl1-cn> storage show tape

Tape Drive:           0c.0L1
Description:          IBM      ULTRIUM-TD1
Serial Number:        be6f99663f81a0980821b4
World Wide Name:      WWN[5:00a:098200:01aeb1]L1
Alias Name(s):        st0
Device State:         available

Tape Drive:           0c.0L2
Description:          IBM      ULTRIUM-TD1
Serial Number:        be6f9f743f81a0980821b4
World Wide Name:      WWN[5:00a:098200:01aeb1]L2
Alias Name(s):        st1
Device State:         available

Tape Drive:           0c.0L4
Description:          HP       Ultrium 1-SCSI
Serial Number:        1cf372f03f82a0980821b4
World Wide Name:      WWN[5:00a:098200:01aeb1]L4
Alias Name(s):        st2
Device State:         available

Tape Drive:           0c.0L5
Description:          HP       Ultrium 1-SCSI
Serial Number:        1cf378223f82a0980821b4
World Wide Name:      WWN[5:00a:098200:01aeb1]L5
Alias Name(s):        st3
Device State:         available

Tape Drive:           0c.0L6
Description:          HP       Ultrium 1-SCSI
Serial Number:        1cf37c823f82a0980821b4
World Wide Name:      WWN[5:00a:098200:01aeb1]L6
Alias Name(s):        st4
Device State:         available

Tape Drive:           0c.0L7
Description:          HP       Ultrium 1-SCSI
Serial Number:        1cf3806a3f82a0980821b4
World Wide Name:      WWN[5:00a:098200:01aeb1]L7
Alias Name(s):        st5
Device State:         available

fas3040cl1-cn>
```

图 14-33 详细的驱动器信息图

```
fas3040cl1-cn*> sysconfig -t

    Tape drive (0c.0L1)  IBM      ULTRIUM-TD1
    rst0l   -  rewind device,        format is: LTO Format 100 GB
    nrst0l  -  no rewind device,     format is: LTO Format 100 GB
    urst0l  -  unload/reload device, format is: LTO Format 100 GB
    rst0m   -  rewind device,        format is: LTO Format 100 GB
    nrst0m  -  no rewind device,     format is: LTO Format 100 GB
    urst0m  -  unload/reload device, format is: LTO Format 100 GB
    rst0h   -  rewind device,        format is: LTO Format 100 GB
    nrst0h  -  no rewind device,     format is: LTO Format 100 GB
    urst0h  -  unload/reload device, format is: LTO Format 100 GB
    rst0a   -  rewind device,        format is: LTO Format 200 GB comp
    nrst0a  -  no rewind device,     format is: LTO Format 200 GB comp
    urst0a  -  unload/reload device, format is: LTO Format 200 GB comp

    Tape drive (0c.0L2)  IBM      ULTRIUM-TD1
    rst1l   -  rewind device,        format is: LTO Format 100 GB
    nrst1l  -  no rewind device,     format is: LTO Format 100 GB
    urst1l  -  unload/reload device, format is: LTO Format 100 GB
    rst1m   -  rewind device,        format is: LTO Format 100 GB
    nrst1m  -  no rewind device,     format is: LTO Format 100 GB
    urst1m  -  unload/reload device, format is: LTO Format 100 GB
    rst1h   -  rewind device,        format is: LTO Format 100 GB
    nrst1h  -  no rewind device,     format is: LTO Format 100 GB
    urst1h  -  unload/reload device, format is: LTO Format 100 GB
    rst1a   -  rewind device,        format is: LTO Format 200 GB comp
    nrst1a  -  no rewind device,     format is: LTO Format 200 GB comp
    urst1a  -  unload/reload device, format is: LTO Format 200 GB comp

    Tape drive (0c.0L4)  HP       Ultrium 1-SCSI
    rst2l   -  rewind device,        format is: LTO Format 100 GB
    nrst2l  -  no rewind device,     format is: LTO Format 100 GB
    urst2l  -  unload/reload device, format is: LTO Format 100 GB
    rst2m   -  rewind device,        format is: LTO Format 100 GB
    nrst2m  -  no rewind device,     format is: LTO Format 100 GB
    urst2m  -  unload/reload device, format is: LTO Format 100 GB
    rst2h   -  rewind device,        format is: LTO Format 100 GB
    nrst2h  -  no rewind device,     format is: LTO Format 100 GB
    urst2h  -  unload/reload device, format is: LTO Format 100 GB
    rst2a   -  rewind device,        format is: LTO Format 200 GB comp
    nrst2a  -  no rewind device,     format is: LTO Format 200 GB comp
    urst2a  -  unload/reload device, format is: LTO Format 200 GB comp

    Tape drive (0c.0L5)  HP       Ultrium 1-SCSI
    rst3l   -  rewind device,        format is: LTO Format 100 GB
    nrst3l  -  no rewind device,     format is: LTO Format 100 GB
    urst3l  -  unload/reload device, format is: LTO Format 100 GB
    rst3m   -  rewind device,        format is: LTO Format 100 GB
    nrst3m  -  no rewind device,     format is: LTO Format 100 GB
    urst3m  -  unload/reload device, format is: LTO Format 100 GB
    rst3h   -  rewind device,        format is: LTO Format 100 GB
    nrst3h  -  no rewind device,     format is: LTO Format 100 GB
    urst3h  -  unload/reload device, format is: LTO Format 100 GB
    rst3a   -  rewind device,        format is: LTO Format 200 GB comp
    nrst3a  -  no rewind device,     format is: LTO Format 200 GB comp
    urst3a  -  unload/reload device, format is: LTO Format 200 GB comp
    Tape drive (0c.0L6)  HP       Ultrium 1-SCSI
    rst4l   -  rewind device,        format is: LTO Format 100 GB
    nrst4l  -  no rewind device,     format is: LTO Format 100 GB
    urst4l  -  unload/reload device, format is: LTO Format 100 GB
    rst4m   -  rewind device,        format is: LTO Format 100 GB
    nrst4m  -  no rewind device,     format is: LTO Format 100 GB
    urst4m  -  unload/reload device, format is: LTO Format 100 GB
    rst4h   -  rewind device,        format is: LTO Format 100 GB
    nrst4h  -  no rewind device,     format is: LTO Format 100 GB
    urst4h  -  unload/reload device, format is: LTO Format 100 GB
    rst4a   -  rewind device,        format is: LTO Format 200 GB comp
    nrst4a  -  no rewind device,     format is: LTO Format 200 GB comp
    urst4a  -  unload/reload device, format is: LTO Format 200 GB comp

    Tape drive (0c.0L7)  HP       Ultrium 1-SCSI
    rst5l   -  rewind device,        format is: LTO Format 100 GB
    nrst5l  -  no rewind device,     format is: LTO Format 100 GB
    urst5l  -  unload/reload device, format is: LTO Format 100 GB
    rst5m   -  rewind device,        format is: LTO Format 100 GB
    nrst5m  -  no rewind device,     format is: LTO Format 100 GB
    urst5m  -  unload/reload device, format is: LTO Format 100 GB
    rst5h   -  rewind device,        format is: LTO Format 100 GB
    nrst5h  -  no rewind device,     format is: LTO Format 100 GB
    urst5h  -  unload/reload device, format is: LTO Format 100 GB
    rst5a   -  rewind device,        format is: LTO Format 200 GB comp
    nrst5a  -  no rewind device,     format is: LTO Format 200 GB comp
    urst5a  -  unload/reload device, format is: LTO Format 200 GB comp
fas3040cl1-cn*>
```

图 14-35 系统所识别到的所有磁带

至此，这台 VTL 虚拟出了两台带库，当然还可以虚拟更多的带库，将它们分配到另外的 FC 端口。更加灵活的是，VTL 还可以自身连接物理磁带库，然后将这些物理资源透传到主机端，这样即使原来存在的物理带库也没有浪费，一起整合了进来。

各个厂家的 VTL 产品的设计都是大同小异，几乎都是用各自已经成形的盘阵产品，将其上运行的程序换一下，就变成了 VTL。图 14-36 是 EMC 公司的 VTL 产品的配置界面。可以看到各个厂家的设计都大同小异，本质都是一样的。

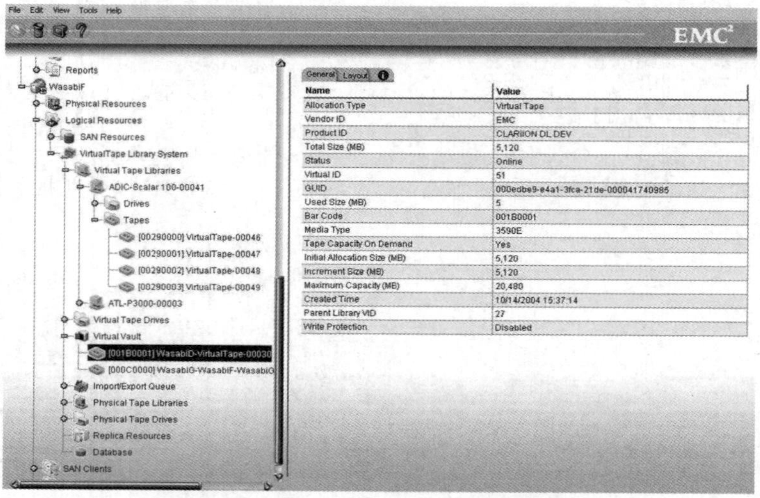

图 14-36　EMC 公司的 VTL 产品配置界面

14.8　用控制器来虚拟其他磁盘阵列

现在存储行业内常说的“存储虚拟化”，或者“虚拟化”，一般情况下都是指把多个相同或者不同厂商的磁盘阵列整合之后再分配的虚拟化方式。其实这种虚拟化只是冰山一角，而且纯技术架构设计方面的含量也不是很高，这么说并不是我在夸口，而是事实。实现这种虚拟化存储控制器的关键难点在于如何与后端不同厂商的设备之间兼容，包括 SCSI Reservation 的兼容等，以及如何发挥出后端存储设备的性能。所有不同厂商的设备虽然其内部设计等都不同，但是它们绝对需要相同的是前端的接口、包括物理接口、数据接口和逻辑接口。比如，它们至少都支持主机端 Linux 系统，包括支持 Linux 下的文件系统起始地址的对齐等。如果用一台 Linux 服务器来连接不同厂商的设备，那么这台 Linux 服务器就可以识别到所有的 LUN 并对这些 LUN 进行 IO 操作，如果在这台 Linux 服务器上实现某种软件层次，将所有这些 LUN 当作物理磁盘，在其上再次划分 LUN,然后将这些 LUN 通过前端接口映射出去,那么这不就是一台虚拟存储控制器了么?这种虚拟化技术甚至可以通过 DIY 来实现，只要有合适的软件层，其他都不是问题。

IT 系统内的最高深莫测和最复杂的虚拟化技术其实都在于主机端，即诸如 Vmware 等虚拟机软件产品及其附加功能，比如 Vmotion 等；以及诸如 IBM 等厂商的小型机上的硬件虚拟化、分区、动态迁移等功能；还有虚拟化的最高境界，整合了几乎所有虚拟化技术的云计算、云存储、云服务。

本节仅简要介绍一下目前市场上的一种虚拟存储控制器，其细节就不作过多介绍了，因为其架构并不复杂。

IBM 公司的 SVC 产品

SVC 的全称为 SAN Volume Controller。图 14-37 所示为 SVC 的逻辑架构图。

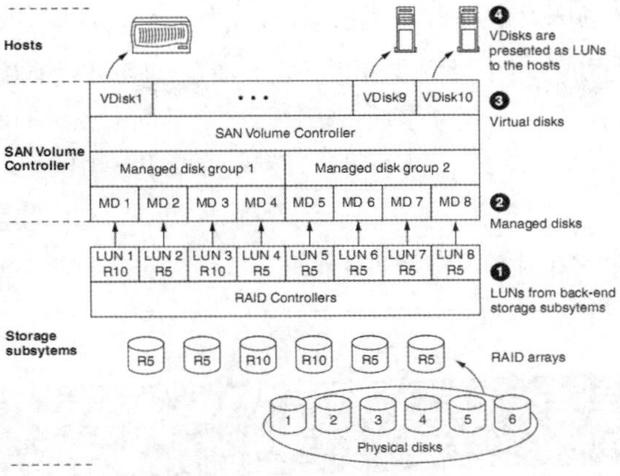

图 14-37　SVC 逻辑架构图

整个系统架构可以分为 4 个层次。第 1 层是后端的磁盘阵列对外映射的 LUN；第 2 层则是在 SVC 控制器内将这些 LUN 封装为 Mdisk 对象，每个 LUN 都为一个 Mdisk，即 Managed Dsik，叫法并不重要，只需要知道 Mdisk 是后端的 LUN 即可，将多个 Mdisk 放入一个 MD Group 内，这个 MD Group 相当于一个 Raid0 模式的 Raid 组，一个系统内可以有多个 MD Group；第 3 层，SVC 在 Raid 组内划分 LUN，生成的 LUN 称为 Vdisk，即 Virtual Disk，Vdisk 相当于 SVC 自己的 LUN；第 4 层，SVC 将这些自己生成的 LUN 映射给前端主机使用。

SVC 只能通过 FC 交换机来连接后端存储设备。前端主机则可以通过 FC 交换机（使用 FC 协议访问）或者以太网交换机（使用 ISCSI 协议访问）来访问 SVC。

为了避免单点故障，每两台 SVC 控制器（node）可以组成一个 IO Group，每个 Vdisk 同一时刻只能够由一个 node 来掌管，当这个 node 故障之后，与这个 node 同处一个 IO Group 的另一个 node 接管之前故障 node 所管理的所有 Vdisk。当 IO Group 中的两个 node 都故障时，其他 IO Group 的 node 会接管故障的 node。目前一个 SVC Cluster 最多可以有 4 个 IO Group（即 8 个 node）。Cluster 内的所有 node 必须都可以访问后端对应的存储系统的 LUN。图 14-38 所示为一个 8node 的 SVC Cluster。

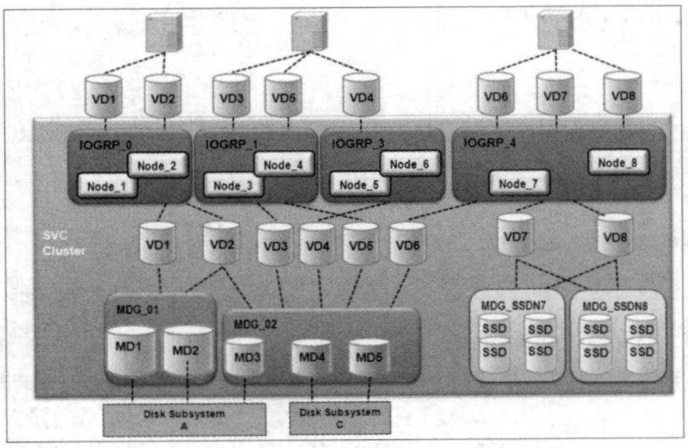

图 14-38　SVC 集群示意图

这种存储虚拟化模式有诸多好处。从底层方面来看，多个后端 LUN 可以组成 Raid0 而不用担心物理磁盘损坏问题，因为后端存储设备会处理这一切；Raid0 是性能最好的 Raid 模式而且还不用 rebuild，至少能够将后端的性能影响屏蔽掉一部分；Raid0 做成之后不需要初始化过程，LUN

立即可用，方便快捷。从高层方面来看，这种虚拟化网关设备可以实现。

注意：规划时需要注意的一个最大问题是：一定要清楚知晓 SVC 前端的 LUN 到底实际占用了多少块硬盘，是否有多个 LUN 共享同一组物理硬盘，前端主机的要求是什么，是否需要对分布于同一组物理硬盘上的多个 LUN 进行并发的连续 IO 操作，这个问题具体可参考本书第 19 章。

图 14-39 所示为两个 SVC 控制器前视图。

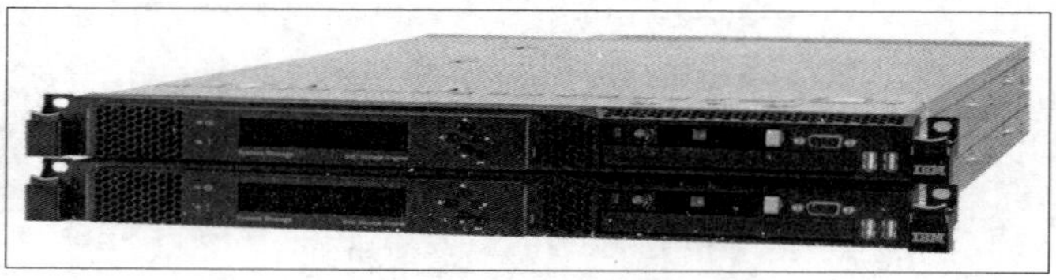

图 14-39 SVC 控制器前视图

除了 SVC 这种架构的虚拟化网关之外，有些产品设计则是将虚拟化网关的功能集成到某个交换机中，比如 F5 公司的某系列产品就是将虚拟化功能集成到了以太网交换机中，或者说把以太网交换机集成到服务器硬件中，都可以。它可以针对后端 NAS 设备作虚拟化整合和再分配、数据迁移等，这个虚拟化网关将后端所有 NAS 设备的共享输出目录作为一个大的存储空间，将这个空间重新规划和分配，然后提供新的 Export 目录给主机客户端使用。

14.9 飞康 NSS 存储虚拟化系统

一直被效仿，从未被超越——这句话用在飞康身上很合适。飞康是存储软件领域的领军厂商，专注于存储虚拟化、容灾、CDP 与数据备份领域。飞康在业界的地位取决于其两大优势产品和多项独特技术，其一是其 IO 级粒度回滚的 CDP 技术，其二便是其多功能融合的一体化存储虚拟化产品和诸如 MicroScan 等技术。目前飞康刚刚推出了 IPStor Gen2 Plarform 平台，其中包含了 NSS、CDP、VTL 三大产品系列，涵盖了企业数据保护备份、容灾、虚拟化全领域。

飞康主要面向企业级关键应用提供容灾、数据保护和虚拟化方案及产品，目前在全球有几千个用户的部署案例。这家以技术为核心的厂商，经过十余年的磨练，仍然保持领先，这一点难能可贵。

提示：存储软件厂商不多，做出名堂的就更少了。关于飞康的 IO 级 CDP 回放技术，我将在第 16 章中详细介绍和分析，本节会着重分析飞康的虚拟化平台中的一些特色技术。

飞康 NSS 全称为 Network Storage Server，它的本质是一台融合了高级数据保护、数据迁移和容灾功能的存储虚拟化网关，而存储虚拟化网关的本质，就是一款存储系统控制器，只不过它没有太多的后端接口来接入大量的磁盘扩展柜罢了，它的存储空间需要借用自其他存储系统，尤其是那些四肢发达、头脑简单的存储系统，这些系统自身往往功能和可靠性方面不是很出色，而此时如果加上 NSS 存储虚拟化网关的配合，则可以形成更强大的存储系统。

如图 14-40 所示为飞康 NSS 网关型管理器前视图，其硬件仅为标准 x86 服务器，但是我们先不要以貌取人。那些定制化的 SAN 存储控制器，其表象上看似个性十足，但是要论硬件性能，不见得赶得上标准服务器，尤其是那些中低端产品。其次，存储系统的核心在于软件，目前的存储系统里几乎没有硬件加速逻辑了，因为这样做成本太高，而且缺乏灵活性。所以各家的可靠性、功能、性能，完全取决于软件的功能和优化程度。如图 14-41 及图 14-42 所示为 NSS 的高级技术和功能一览。本节会对这些技术做一一介绍和分析，我将飞康 NSS 中所包含的技术划分为三大类，分别为存储虚拟化相关技术和产品、数据保护相关技术和产品、异构迁移和容灾相关技术和产品。

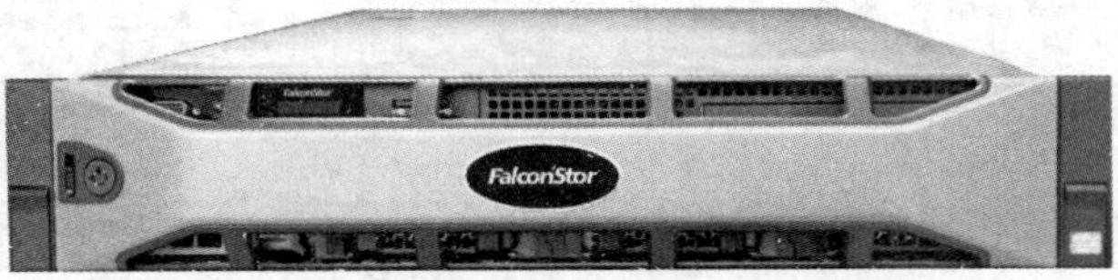

图 14-40 NSS 网关型管理器前视图

ADVANCED FEATURES	
High availability (HA)	Optional
Application-aware snapshot agents*	Included
Snapshots (TimeMark®/TimeView®) per LUN	Up to 1,000
Application Snapshot Director for VMware	Included
Storage Replication Adapter for VMware Site Recovery Manager	Included
VMware & Microsoft Hyper-V virtual machine protection & recovery	
DynaPath® Agent for Microsoft Windows or Linux native multi-pathing	Included
Recovery agent	Included
Automated DR via RecoverTrac tool	Included
Multisite Cluster Adapter for Microsoft Windows	Included
SafeCache™/HotZone™	Included
Data journaling	Included
Thin provisioning	Included
Synchronous & asynchronous data mirroring	Included
WAN-optimized replication w/ compression & encryption	Included
SNMP integration	Included
Email alerts	Included
Reporting	Included
Central Client Manager (CCM)	Included
HyperTrac™ Backup Accelerator	Optional

图 14-41 NSS 网关型管理器特色技术一览　　图 14-42 NSS 网关型管理器高级软件功能一览

14.9.1 存储虚拟化相关技术

对于一款虚拟化产品，广泛的兼容性是其立足之本。虚拟化本身没有太多意义，无非就是借用其他的 LUN，然后形成自己的 LUN，如果一款产品仅能做到这一点，那么 LVM、Windows 下的动态磁盘，都可以和独立虚拟化产品并驾齐驱了。一款虚拟化产品其虚拟化别人的 LUN 的目的是为了提供更多、更强的高价值服务。下面我们就详细介绍飞康 IPStor 平台所提供的增值服务。

SafeCache

SafeCache 是飞康 IPStor 平台提供的数据加速访问技术。利用一些高性能存储介质（比如 SSD、NVRAM 等），这个技术可以将主机下发的写 IO 数据像日志一样连续写入高速介质，快速响应主机 IO，然后在后台异步地将这些数据刷到主存储空间中。对于 SafeCache，系统需要维护一张映射表来追踪那些被缓存的块，一旦命中该映射表，则从 SafeCache 中读出数据。

如图 14-43 所示为 SafeCache 配置步骤，首先需要选择一个适当大小的存储空间作为 Cache 空间，可以手动选择或者交给系统自动选择。然后可以手动配置缓存刷盘策略，比如根据缓存高水位线、IO 静默时间以及刷盘的力度。还可以感知那些写命令中的 IO，降低重复刷盘的几率。

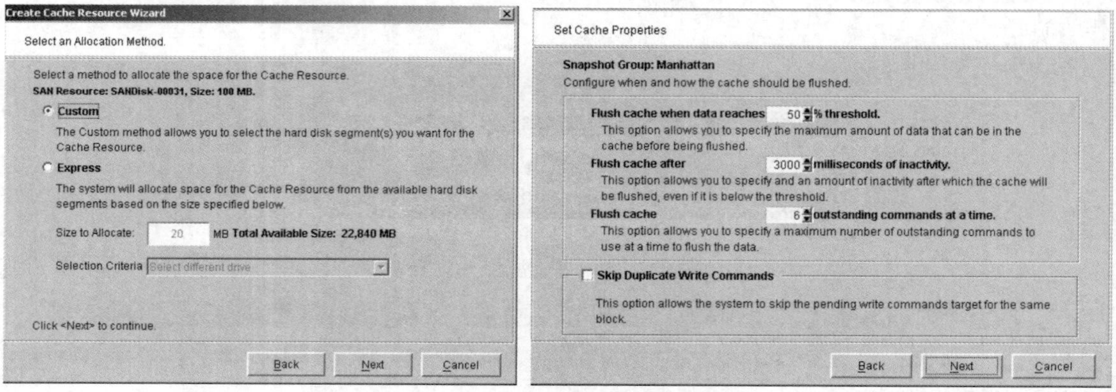

图 14-43 SafeCache 配置步骤 1

HotZone

HotZone 是 IPStor 平台下的另一个数据访问加速功能，其与 SafeCache 的区别是：HotZone 是一种主动的数据访问速度优化技术，而前者则是一种被动方式的优化。HotZone 的基本原理是将源卷划分为多个"zone"，然后对每个 zone 统计访问频繁程度，最后将那些热点 zone 中的数据缓存到高速存储介质中以加速读访问。

图 14-44 所示为 HotZone 的配置参数，可以选择缓存模式，比如是根据频繁程度来将那些热数据从低速介质中迁移到高速介质中，还是作为预读缓存仅仅加速那些连续大块 IO 读场景。具体参数可以配置预读启动临界点（连续地址 IO 被监听到多少次）、每次预读的容量、每次预读的 IO Size、临界点时效周期。不得不承认这些参数非常专业。

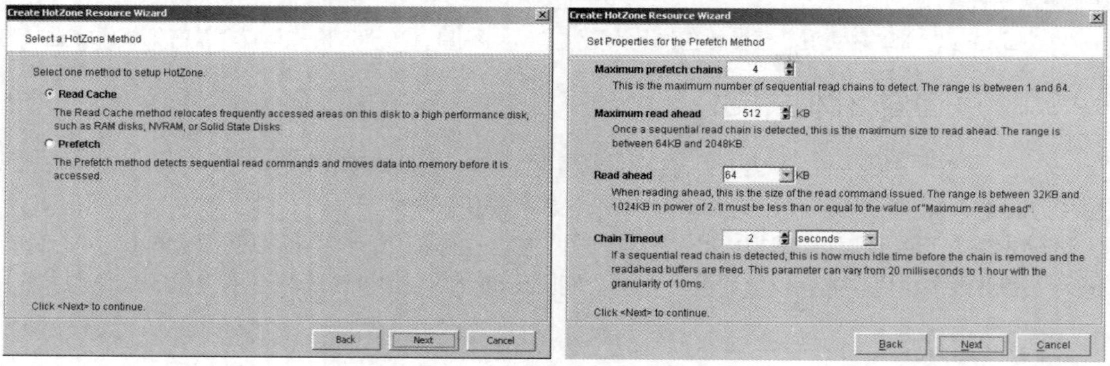

图 14-44 HotZone 配置步骤 1

图 14-45 所示为 HotZone 的其他配置参数，包括手动或者自动来选择充当缓存介质的存储空间，以及每个 zone 的容量，最小容量为 64KB（其实这么小的粒度下，zone 已经不适合描述了，Block 更合适）。还可以配置每个 zone 在高速缓存中被缓存的最小时间。

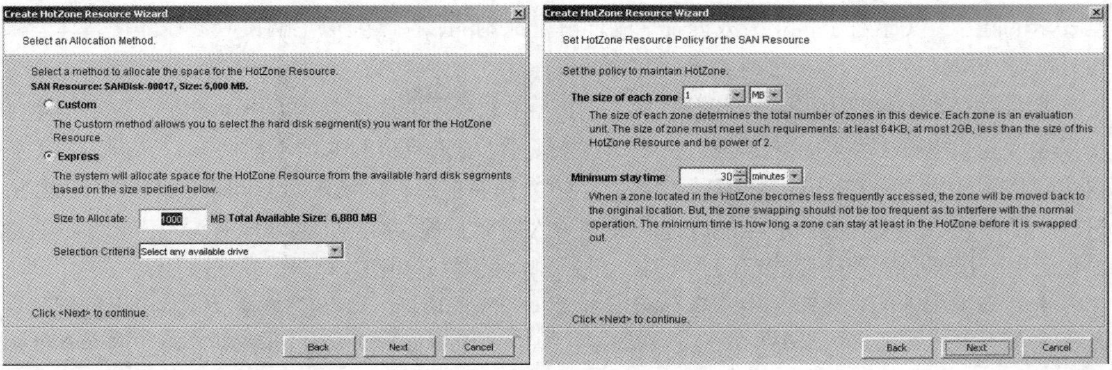

图 14-45　HotZone 配置步骤 2

图 14-46 所示为 HotZone 其他配置参数，包括访问频度统计模式，比如只读算、只写算，还是读写一起都算一次频度+1。右下图是一种可视化数据展现，图形化地展示每个 zone 的访问频繁程度，这就是一种可视化存储智能。

说明：可能是之前搞产品设计时遭遇对牛弹琴的原因，看到类似的 Idea 在飞康产品中出现，心情很复杂。

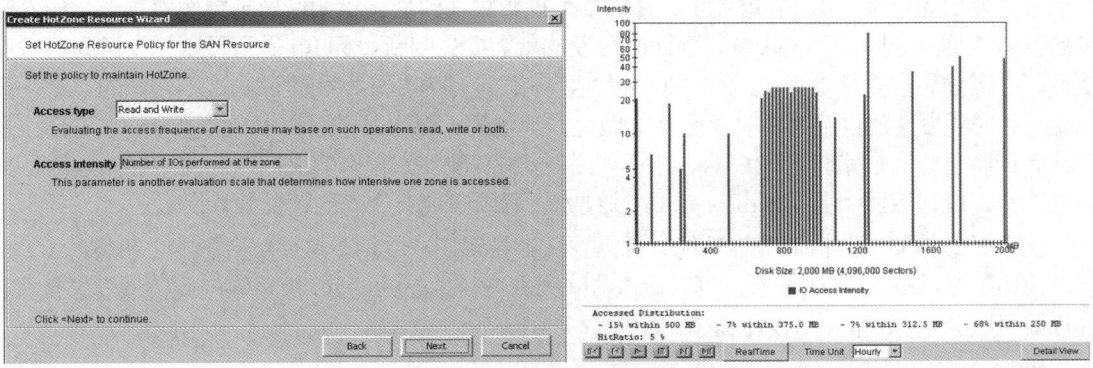

图 14-46　HotZone 配置步骤 3

现在不少厂商推出了各种形态的固态存储产品，从简单的 2.5 寸 SSD 到用内存堆成的固态存储系统，由于价格昂贵，迫切需要一种合适的应用场景，而飞康 NSS 虚拟化设备恰恰提供了这种原生支持，将闪存阵列虚拟化之后，用在 SafeCache/HotZone 方案下，是目前这些固态存储系统性价比最高的归宿了。

Zero Memory Copy

这是一个很独特的 I/O 引擎算法设计。数据在通过 NSS 网关的时候，直接写入后端的存储，而不依赖于网关服务器的内存进行缓存或运算处理。这样既提高了数据安全性，同时还保证了性能。一般来讲虚拟化网关产品都会在内部使用较大容量的 RAM 作为数据缓存。飞康认为使用这种数据缓存是杯水车薪并且多此一举。虚拟化设备后端本身已经挂接了拥有较大容量缓存的存储控制器，或者挂接各种新一代的闪存阵列产品作为全局缓存（如作为前述 Safe Cache 和 Hot Zone 的介质），此时在其前端再加上一点点缓存，还不如不加，因为这点缓存相比后端的缓存容量是小巫见大巫。更何况，仅仅由于增加的这一点缓存，由于实质上对生产数据产生驻留还将导致数据安全的隐患。飞康对于企业级数据安全的理解是深刻的，存储虚拟化网关应该在即便整体全部意外故障或失效的时候也不会对原生产数据的安全带来任何影响。

另外加了缓存需要付出三个代价：第一，RAM 本身需要成本并需要电池维护，这不但增加了采购成本也提升了维护成本；第二，RAM 的易失性要求双机的 RAM 实时向对方同步，（各自实际使用二分之一空间），任何写入缓存的 I/O 只有在缓存确认向对方同步后才算写入成功，这样，横向同步的设计和性能可能成为网关的写入性能瓶颈；第三，这部分 RAM 势必要不断地刷盘，也就是刷到后端挂接的存储系统中，批量刷盘会对后端链路瞬间爆发式占用，一定程度下还会进一步影响性能。飞康采用零缓存拷贝方式，降低了功耗、复杂度和成本，虚拟化控制器只作为通道，不缓存数据。在保证性能的前提下，保证了自身双机失效极端情况下的数据安全性和稳定性，并且降低了成本。

Alternate-READ/Smart-READ

Raid1 是很简单的技术，两个物理磁盘，或者两个 LUN/卷之间做成镜像关系，但是很少有产品把优化做到极致，比如很多人认为 Raid1 的两个盘/卷之间一定会做读负载均衡，也就是读 IO 会轮询发给这两个盘去执行，但是事实上，因为做到这一点需要额外的开发，并不仅仅是做个负载分发器简单地分派 IO 就完了，还需要处理数据一致性，比如在异步镜像模式下，如果源卷的某些数据尚未同步到镜像卷，而此时分发器就需要先判断目标 IO 是否可以先发送到镜像卷执行，它需要先搜查元数据（比如 bitmap 之类），这是需要开发和验证测试工作量的，一些头脑简单、四肢发达的产品基本是不会考虑做这些优化的，因为很多用户本身并不专业，不会注意到或者理解这些高技术含量的东西，还不如用低价+高硬件配置来解决问题。飞康显然走的是另一条路线，以智取胜，其 Alternate-READ 技术，可以实现镜像卷的读负载均衡。

另外，数据复制、快照等等功能，都需要从源卷来读取数据，这显然会影响主机侧的 IO 性能，飞康的 Smart-READ 技术，可以让这些阵列内自身发起的读 IO 被重定向到镜像卷去执行，这样就可以分担源卷的读 IO 压力了。

提示：将技术做到极致是我研究飞康技术以来的第一印象。

如图 14-47 所示，在创建存储镜像卷的时候可以手动选择三种镜像读模式，分比为 Smart-READ 模式、Alternate 模式和 Exclude Mirror 模式，前两者上文已经介绍过了，最后一种模式就是让系统永远不从镜像卷读数据。

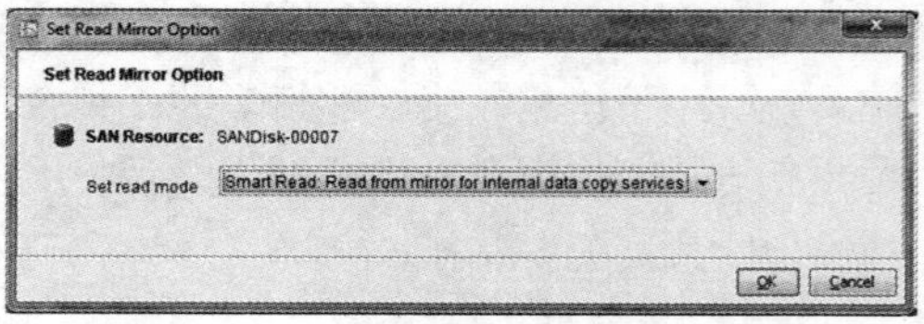

图 14-47　选择不同的镜像读方式

High Availability Cluster

NSS 支持集群互备模式，双控制器各自分工，各自对后端的一部分 LUN 进行虚拟化管理，平时各管各的，但是在一个控制器宕机之后，另一个控制器便接管起对方的 LUN 继续做虚拟化管理。

14.9.2　数据保护相关技术和产品

SnapShot/ Data Journaling/CDP

每个卷最大支持 1000 个快照。系统还支持针对各种主流应用的 Application Aware Snapshot Agent 代理程序，可以实现主流应用系统的数据一致性快照。支持一致性组，一致性组中的多个卷之间可以保证时序一致性。支持 TimeView 现场预览模式。

提示：关于飞康快照和 CDP 的详细描述可以参考本书第 16 章相关内容。

Recovery Agent

Recovery Agent 是飞康针对各种 Windows 下的主流应用（比如 Exchange、SQL Server、Lotus Notes、Volume Shadow Copy Service）提供的图形化恢复工具，其与飞康 NSS/CDP 设备、Snapshot Agent 以及应用系统三方之间紧密配合，从而可以让管理员在无需介入复杂的应用系统的情况下，很容易地实现从应用视角切入的数据恢复。

14.9.3　异构迁移和容灾相关技术和产品

SED

Service Enabled Device，中文不好翻译，但是这个功能是至关重要的。作为一款专业的存储虚拟化设备，其人品应该是优秀的，所谓人品优秀，就是不会只知道强制“霸占”别人的资源，有时候还需要懂得借花献佛和激流勇退。

怎么理解？虚拟化产品一般都是将从其他存储系统处借来的 LUN 当做物理磁盘，然后在其上再做一层虚拟化，虚拟出一堆 LUN 来。但是有的时候，用户不需要二次虚拟化，而要求之前的 LUN 保持不变，其上数据也不被损坏，甚至连这个 LUN 的厂商、序列号等都保持不变，但是同时需要针对这个 LUN 实现快照、复制、CDP、镜像等高级功能。另外，在数据迁移场景下，虚拟化设备必须完全模拟原来的 LUN 的所有属性，因为只有这样上层应用才能保证不出任何兼容性问题，同时把该 LUN 中的数据透明迁移到另外的存储设备中去，然后做切换，而且必须保证 OS 识别到这个 LUN 之后不会认为它是个新 LUN 从而导致盘符错乱，盘符顺序必须保证一致，这样才是对应用完全透明，所以要求该 LUN 的序列号、文件系统格式等完全一致，也就是该 LUN 中的每个扇区都不会被虚拟化设备私自去修改，这就是借花献佛，不将该 LUN 写入自己的标签，据为己有，这有点类似于带外虚拟化。虚拟化设备会将原本应该写入原 LUN 的标签等元数据，单独记录在其他地方。

所谓激流勇退，是指一旦当虚拟化设备出现什么问题，那么此时应用的 IO 会全部中断，业务停止，为了给这种情况留有后路，虚拟化设备就必须将原来的 LUN 透明地传给主机访问，这样的话，当虚拟化设备出问题之后，可以拿掉虚拟化设备，重新修改 LUN 映射，恢复之前的拓扑，让主机直接连接之前的存储系统，此时主机依然会识别到这些 LUN，挂起之后盘符也不会变化。但是如果虚拟化设备不透传原来的 LUN，而在 LUN 上写入了自己的管理标签，并且对这些 LUN 做了二次虚拟化之后，那么一旦虚拟化设备出了问题，将不会有任何设备能够识别这些

LUN，因为这些 LUN 里的格式已经不是物理硬盘的普通分区格式了，甚至连 MBR/GPT 格式都不是，而是虚拟化设备厂商私有的格式，所以 OS 根本挂不起来这些 LUN，只会认到“新磁盘”，会提示“需要格式化”，所以此时除非找到同样厂商的同样设备来恢复业务，否则业务就要一直停机。所以专业的虚拟化设备都会提供这种 LUN 透传模式。这种模式俗称“逃生模式”。

如图 14-48 所示为飞康 NSS 设备所提供的两种模式。可以看到，在 SED 模式下，系统还可以让用户选择是否连原 LUN 的厂商信息等也完全保留（Preserve physical device inquiry string），比如原来的 LUN 是厂商 A 存储系统的，OS 设备管理器里是可以识别到厂商 A 的，其底层其实是使用了 SCSI Inquiry LUN 命令来得到这些信息的，虚拟化设备只要用原 LUN 的这些信息来响应主机的 SCSI Inquiry LUN 命令即可。

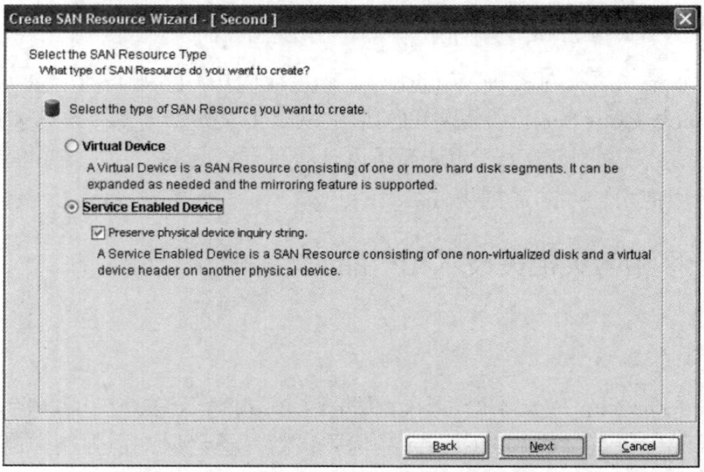

图 14-48　SED 模式和普通虚拟化模式

SED 模式的 LUN 可以被快照（必须为 CoFW 模式）、镜像、复制，但是不能被 Enable Thin Provision，因为 Thin Provision 会改变原 LUN 中原有的数据布局，导致不可能透传给主机使用。

提示：数据迁移为何有难度？就是因为要尽量缩短停机时间。假设可以无限停机，那么此时完全可以用 dd 来盘对盘复制实现数据迁移，迁移前和迁移后，两个盘上的每个扇区都是一样的。但问题是停机不能太久，否则 dd 根本搞不定，dd 不支持在源 LUN 不停地接受写 IO 的同时，还能把这些新的更新数据同步迁移到对端去。那么是否可以使用 LVM 或者软 Raid 来将两个 LV 做镜像，同步之后，拿掉源存储系统呢？完全可以，但是要求应用主机必须使用 LVM 或者软 Raid，另外有些应用或者主机根本不使用 LVM，就直接用/dev/sda，此时 LVM/软 Raid 没辙。那么，针对/dev/sda，是否可以先用 LVM 将两个/dev/sdxx 设备做镜像，然后再让 LVM 退出，还原成/dev/sda 的原有格式？不可能，要将某个/dev/sdx 纳入 LVM 的管理，那么 LVM 便会向其中写入自己的管理标签和元数据，这就已经破坏了该 LUN 中原有的数据了，就更别提还原了。所以，数据迁移场景，必须使用类似飞康 SED 这种模式。

MicroScan

远程数据复制，本质上没什么技术含量，无非就是将数据复制到远程，这就像从网站上下载一个文件到本地一样。虽然企业的数据容灾链路如我们的 Internet 一样也是包月的，但却是专用的、不与其他人共享的，价格高、带宽低、时延大。企业每天都会产生大量数据，在这种低带宽、高时延链路下进行数据复制，就得用一些特殊的技术。飞康 MicroScan 是其专利技术，能够节约大量数据复制流量，让企业可以用更低带宽的链路达到其他数据复制产品同样的效果。

提示：首先，多数人不知道的一个事实是，数据复制时产生有大量冗余，源和目的端本来就相同的数据，被复制到远端，究其原因，是因为底层磁盘是按照 512Byte 扇区作为最小 IO 粒度，而文件系统一般使用 4KB 作为最小管理粒度，上层 Page Cache 同样也是 4KB。如果应用要更新某个字节，那么文件系统也会将这几个字节所落入的 4KB 数据块读入 Page Cache，然后更新这几个字节，再写入整个 4KB 块，这就是读写惩罚，本书第 19 章会对这个现象做详细分析。这样的话，假设应用只更新了一个字节，那么文件系统白白读出了 4096 字节，又白白写入了 4095 字节，而底层的数据复制引擎也就必须将这 4095 字节冗余数据再次复制到远端，虽然远端的这 4095 字节与本地的 4095 字节一模一样。

MicroScan 技术可以降低上述冗余粒度到一个扇区，只要某个扇区发生变化，那么不管上层是按照什么粒度来管理存储空间的，也不管上层的写惩罚有多大，底层会发现那些发生了变化的扇区，从而只复制这些扇区到远端。

提示：这项技术的底层原理，有技术感觉的读者一眼就可以判断出，一定是利用了与重删一样的技术，就是算 Hash。没错，但是重删的目的是把数据压实以缩小体积，而 MicroScan 的目的是发现变化，节省复制的带宽。所以我在此推测一下 MicroScan 技术的底层原理。首先，在初次复制之前，复制引擎一定会对源 LUN 整盘的每个扇区都计算一个 hash 值然后保存起来，按照 64bit hash 值来算，1TB 的 LUN 就需要 16GB 的 hash 存储空间/hash 库，这些 hash 值必须按照扇区顺序来排序以加快 IO 速度，hash 库只会被保存在源端。

当数据复制还没有开始之前，每当源卷发生一笔写 IO，系统便会以扇区为单位算好新数据的 hash，然后异步更新到 hash 库里，这样，hash 库时刻处于最新状态。当数据复制开始之后，第一笔针对源卷的写 IO，系统同样会以扇区为单位计算其 hash 值，然后从 hash 库中对应偏移处取出针对这笔 IO 目标地址处所存放的原来数据的 hash 值，进行比对，发现哪些扇区的 hash 值发生了变化，然后便向一个链表中追加提交该发生变化的扇区，等待复制（须先搜索该链表，查看是否之前已经有针对该扇区的复制任务，如果有便删除之，以最新的为准，这样可以保证 IO 复制的时序一致性）。由于 hash 库是完全按照扇区地址排序的，所以不存在“搜索”这一步，系统直接套用偏移量算式代入一步即可得出目标 hash 的位置，然后直接发起 IO 读出 hash 数据比对即可，所以虽然元数量非常大，但是根本无须载入内存。

如图 14-49 所示为 MicroScan 技术能够节省的带宽比例。

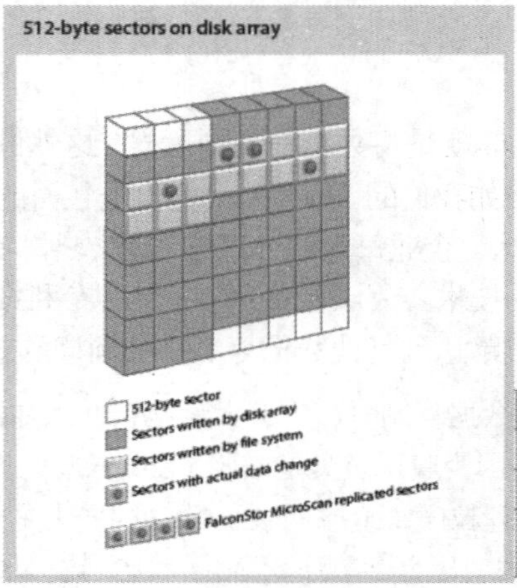

Replication method	Minimum data amount moved for 512-byte change	How FalconStor compares
FalconStor	512 bytes	
Array-based	32 kilobytes	64 times more efficient
Appliance-based	16 kilobytes	32 times more efficient
Storage-appliance-based	8 kilobytes	16 times more efficient

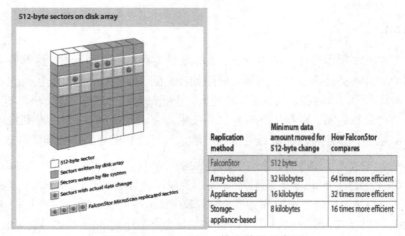

图 14-49　MicroScan 技术效果示意图

RecoverTrac

容灾最难的是什么？不是数据复制，不是配置安装，而是前期规划和平时的运维管理和演练，当真有灾难发生的时候，切换就是点一下鼠标，一锤子买卖的事情。有些双机 HA 产品，它们规划、管理非常简单，因为往往只有两台机器和一套应用。但是如果是从双机到多机（比如几十台机器），再到虚拟机（比如几百台机器），应用也从一套单一应用到多套应用，而且应用之间相互关联依赖，对于这样一个系统的容灾，其管理复杂度就很高了，需要一个集中的容灾管理系统来帮助管理员管理容灾体系。

Stretched Cluster

与众多厂商的 Stretched Cluster 解决方案架构一样，在用户的两个数据中心分别部署一套存储和一台 NSS 存储虚拟化网关，两个数据中心 NSS 存储虚拟化系统互为备份，两套存储系统可以是不同品牌，通过飞康 NSS Stretched Cluster 虚拟化网关互为镜像保护；两台 NSS 存储虚拟化网关都可以对外提供服务，把磁盘卷分配给各自站点的主机使用，也就是实现了两个站点负载的相互分担。

在两个数据中心均工作的情况下，当某一数据中心 NSS 虚拟化网关发生故障时，另一数据中心的 NSS 虚拟化网关可以自动接管故障 NSS 上运行的任务，接管过程大约需要 20 秒左右，业务系统运行不会中断，保证了业务系统的连续运行。当某一数据中心存储系统故障时，作为镜像的另一数据中心存储自动顶替生产，上层运行的应用系统和数据库系统对存储的故障无任何感知，业务系统运行不会受到任何影响，从而保证了业务的连续性。当发生主机系统故障时，可以由主机层的 HA 环境自动切换应用系统和数据库系统程序到另一个数据中心的主机上运行。

为了防止脑裂现象，飞康 NSS Stretched Cluster 引入了一个第三方仲裁机制—Tiebreaker 仲裁。它与两个 NSS 存储虚拟化网关的电源控制模块进行通信，支持 IPMI 和 HP iLO。Tiebreaker 服务器通过网络监控 Cluster 节点的电源控制模块，当 Cluster 虚拟化网关之间无法判断对方状态时，Tiebreaker 会对收不到响应的虚拟化网关进行重置。阻止两个节点都向存储尝试写入的情况发生，从而避免数据不一致现象。

第 15 章

众志成城——存储集群

- 分布式
- 集群
- 高可用性集群
- 负载均衡集群
- 高性能集群

随着应用程序对服务器和存储系统的要求越来越高，对于传统设备来说，比如 PC、PC 服务器、小型机服务器等，单台设备有时已经不能满足需求了。此时虽然可以使用大型机，在单一设备上提供更高的性能，但是大型机的物质成本和维护成本是高不可攀的，而且大型机也不见得适合所有应用。怎么办呢？众人拾柴火焰高，人们想出了一种办法来应对日益扩张的应用程序需求，就是用多台设备联合起来对外提供服务，这就是集群。

主机可以形成集群，存储设备一样可以形成集群。目前中高端存储设备其自身就具备双控制器。不但如此，有一些 NAS 设备还可以在众多台独立设备之间形成集群，并且实现了单一名称空间，即用户访问目录路径像访问一台机器一样，而实际上，可能是由集群中不同的节点来提供服务。

15.1 集群概述

用多个节点来代替一个节点完成任务，毫无疑问是为了提高处理能力。其次，集群还可以做到高可用性，即一旦某个节点发生故障，不能再继续参与计算，那么集群中的其他节点可以立即接替故障节点的工作。

15.1.1 高可用性集群（HAC）

在 HA 集群中，节点分为活动节点和备份节点。活动节点就是正在执行任务的节点；备份节点是活动节点的备份。一旦活动节点发生故障，则备份节点立即接替活动节点来执行任务。高可用性集群的实现是基于资源切换的。所谓“资源”是指 HA 集群中某个节点发生故障之后，备份节点所要接管的任何东西的一个抽象的词汇。比如，在某个节点发生故障之后，其对应的备份节点，需要接管故障节点上的 IP 地址、主机名、磁盘卷、应用程序的上下文等，这样才能将对客户端造成的影响缩减到最小。这些被接管的实体，便被称为“资源”。资源的监控和接管，依靠于 HA 软件。目前存在多种 HA 软件。每种操作系统几乎都自带 HA 软件，它的作用就是监控对方节点的状态，一旦侦测到对方的任何故障，那么便会强行将所有资源占为已有并向客户端继续提供服务。

15.1.2 负载均衡集群（LBC）

在负载均衡集群中，集群中的所有节点都参与工作，每个节点的地位相同，接受的工作量按照某种策略，由一个单独的节点作为调度来向其他所有参与运算的节点分配，或者由所有参与运算的节点之间通过网络通信来协商分配。分配策略如轮流分配、随机分配、最小压力分配等。

15.1.3 高性能集群（HPC）

高性能集群，又称科学计算集群。这种集群其实与 LBC 集群的本质是相同的。只不过其专用于科学计算，即超大运算量的系统，比如地质勘探、气象预测、分子筛选、仿生模拟、蛋白质构型、分子药物分析、人工智能等。这些运算要么逻辑复杂，要么需要大量穷举，会耗费大量的 CPU 和内存资源。有些需要几天、几个月甚至半年才能执行完毕。此时，增加整个系统的 CPU 总核心数，可以成倍地缩短执行时间。

> **提示：**记得笔者在大学做作业设计的时候，有个同学的课题就是分布式计算，这课题也简单，就是第一天将任务执行上，一个月之后结果出来了，写论文、答辩。那时候的计算机上用的都是 Intel 奔腾 4 的 CPU，倘若用现在的酷睿多核 CPU，我想只需要十几天便可以出结果。

HPC 集群中，为了增加整个系统的 CPU 核心数，一般引入十几台或者几十台、几百台计算机，其中每台计算机又可以有多个物理 CPU，每个 CPU 又可以有多个核心。这样整个系统的 CPU 核心数会相当可观。那么如何利用这么多的 CPU 呢？如何将任务平均分配到每个 CPU 核心上呢？

Windows 2000 以后的 Windows 系统，操作系统默认便自动支持同一台计算机内的多个 CPU 或者多个 CPU 核心，操作系统自动将多个线程平摊到多个 CPU 核心上运行。但是对于不处于同一台计算机内的 CPU 来说，任务将要怎么分配到其他节点上呢？当然是通过网络了。为了方便编程出现了很多 API，为程序员屏蔽掉多 CPU 所带来的编程复杂度，程序员只要按照这些 API 规范来编写代码，底层便会自动将运算任务分派到网络上的其他运算节点上。节点接收到任务数据之后，再由节点操作系统自行将这块任务数据分派到节点的多个 CPU 核心上。MPI 便是一个目前广泛应用的 HPC 系统 API。

15.2　集群的适用范围

集群可以实现在系统路径的任何点上。

硬件上：CPU、内存、显卡、显示终端、以太网卡、计算机本身、以太网及 IP 网络设备、FC 卡、FC 网络交换设备、磁盘阵列控制器本身、磁盘阵列控制器内部的各个组件、磁盘本身、磁盘内部的多片盘片和多个磁头。

软件上：应用程序、文件系统、卷管理系统。

什么时候需要实现集群呢？

当某个系统的处理能力不能满足性能要求的时候，可考虑使用负载均衡集群或者高性能集群；当追求系统的高可用性时，即希望某处故障不会影响整个系统的可用性的时候，使用高可用性集群；当需要运算的数据量很大，运算周期很长的时候，可考虑实施高性能集群。

目前，各大知名网站一般都采用负载均衡集群来均衡 TCP 连接请求。由于这些网站每天的访问量很大，同时产生的 TCP 连接请求也很多，所以如果只用一台计算机来接受这些请求，根本满足不了性能，甚至会造成这台机器资源耗尽而死机。基于 Linux 系统的 LVS，是由国人主持研发的一种 TCP 负载均衡软件，被广泛用于 TCP 连接压力很大的系统下。LVS 可以基于很多策略来将前端的请求分摊到后端的多台计算机上。其本质就是一个基于策略的 TCP 包转发引擎。

对于比较重视 IT 建设的企业、重要的应用系统，都可实施 HA 集群来追求高可用性，从而避免故障造成的生产停顿。各大科研院所、气象、石油勘探等机构，由于其需要很大的运算量和运算周期，一般都有 HPC 集群。

15.3　系统路径上的集群各论

15.3.1　硬件层面的集群

图 15-1 中箭头指向的部件都可以被集群化。

（1）CPU 的集群。应用在多 CPU 的计算机系统，比如对称多处理器系统，多个 CPU 之间共享物理内存的共同协作。目前的服务器以及小型机系统大多为这种结构。

（2）内存的集群。多条物理内存组成更大容量的空间，并且通过比如双通道（相当于磁盘系统中的条带化 RAID 0）等技术，提高性能。

（3）以太网卡的集群。目前有多种方式来实现以太网卡的集群。将主机上的多块以太网卡绑定，向上层提供一块虚拟网卡，底层则可以通过 ARP 轮询负载均衡方式，或者 802.3ad 方式等向外提供负载均衡，或者 HA 方式的多路径访问。

（4）以太网及 IP 网络设备的集群。在以太交换机和 IP 路由器上，多台设备之间协作转发网络数据包（帧），诸如 Cisco、华为等厂商都已经实现了负载均衡以及 HA 方式的集群。

（5）显卡的集群。显卡集群是最近出现的技术。NVIDIA 以及 AMD 公司都有对应的解决方案。将插在总线上的多块显卡通过特殊连线连接起来，实现对大型 3D 数据渲染的负载均衡，性能得到很大提升。

（6）显示器集群。比如电视墙等。但是这个严格来说并不算作集群。

（7）FC 卡的集群。通过与主机上的多路径软件配合，多块 FC 卡之间可以实现流量的负载均衡和 HA。或者通过 FC 网络中的 ISL 链路负载均衡、HA 方式实现流量分摊。

（8）FC 网络设备的集群。目前来说，FC 网络设备并没有像以太网以及 IP 网络设备那样实现负载均衡以及 HA。但是很多网络存储系统中，一般都部署多台 FC 交换机以避免单点故障，但是这个环境中的 FC 交换机本身并没有集群智能，所有集群逻辑都运行在 FC 节点上。

（9）磁盘阵列控制器集群。目前几乎中高端的磁盘阵列的控制器都为双控架构，两个控制器之间可以为 HA 关系，或者为负载均衡关系。

（10）磁盘的集群。典型的磁盘集群就是 RAID 系统，7 种 RAID（磁盘集群）方式，这里就不多描述了。其次磁盘内部的多块盘片，多个磁头之间也组成了集群，但这并不能算作集群，因为同一时刻只能有一个磁头在读写。

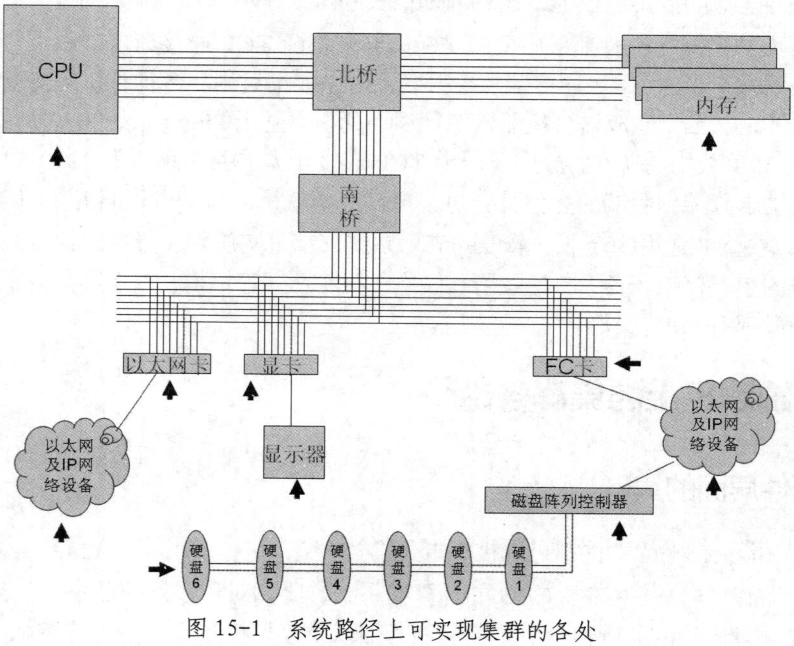

图 15-1　系统路径上可实现集群的各处

15.3.2　软件层面的集群

软件层面的集群如图 15-2 所示。

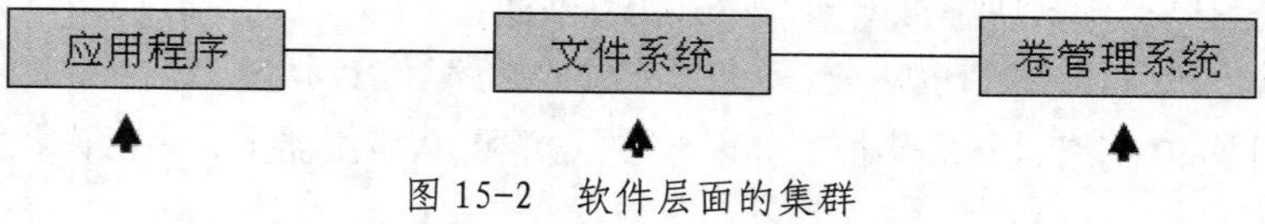

图 15-2　软件层面的集群

1. 应用程序的集群

一个应用程序可以同时启动多个实例（进程），共同完成工作。应用程序的不同实例可以运行在同一台机器上，也可以运行在不同的机器上，之间通过网络交互协商信息。

2. 文件系统的集群

文件系统的集群是一门比较独立的课题。可以实现集群功能的文件系统称为集群文件系统。比如 NFS、CIFS 等网络文件系统，就是最简单的集群文件系统。

集群文件系统的出现主要是为了解决三个问题：容量、性能、共享。

（1）容量问题。集群文件系统有一类又被称为分布式文件系统。即某个全局目录下的存储空间，实际上是分布在集群中的各个节点上的。分布式文件系统将每个节点上的可用空间进行虚拟的整合，形成一个虚拟目录，并根据多种策略来判断数据的流向，从而将写入这个目录的数据对应成实际存储空间的写入。这样便可以做到集群中的整合存储，充分利用集群的资源优势。

（2）性能问题。用多个节点共同协作来获取高性能，这在文件系统层次依然成立。集群文件系统使得每个节点不必连接昂贵的磁盘阵列，就可以获得较高的文件 IO 性能。在分布式文件系统的虚拟整合目录的做法之上，又采取了类似磁盘条带 RAID 0 的处理方式，依据各种负载均衡策略，将每次 IO 写入的数据，分摊到所有节点上，节点获得的性能越多提升就越大。但这只是理论情况，实际使用起来集群文件系统并不是一个容易实施的系统，实施之后想要获得高性能，必须经过长时间的优化调试过程。

（3）共享访问。集群文件系统所解决的最后一个问题，也是最为重要的一个问题，就是多节点共同访问相同目录和相同文件的问题。集群文件系统对多个节点，同时读写相同的文件做了很周全的考虑，能保证所有节点都能读到一致性的数据，并且利用分布式锁机制保证在允许的性能下，节点之间不会发生写冲突。

常见的集群文件系统有 PVFS、PVFS2、Lustre、GFS、GPFS、DFS、SANFS、SANergy 等，这里就不做过多介绍了。

3. 卷管理系统的集群

本机的卷可以与本机卷或者远程计算机上的卷进行镜像等协同操作，形成集群。

15.4 实例：Microsoft MSCS 软件实现应用集群

Windows Server 2003 集群要求每台服务器上至少有两块以太网络适配器，一块作为公用网络适配器（连接外部网络），一块作为专用网络适配器（用于心跳检测）。集群中的所有节点必须在同一个域中，一般双机环境中直接使用其中一台为主域控制器，另一台为备份域控制器。

15.4.1 在 Microsoft Windows Server 2003 上安装 MSCS

使用“控制面板”的“添加/删除程序”工具，添加 Windows 组件，安装集群服务。

（1）在管理工具菜单中打开集群管理器，当弹出集群连接向导时，选择“创建新集群”，并单击“下一步”按钮继续，如图 15-3 所示。

（2）输入集群的唯一 NetBIOS 名称（最多 15 个字符），单击“下一步”按钮，如图 15-4 所示。

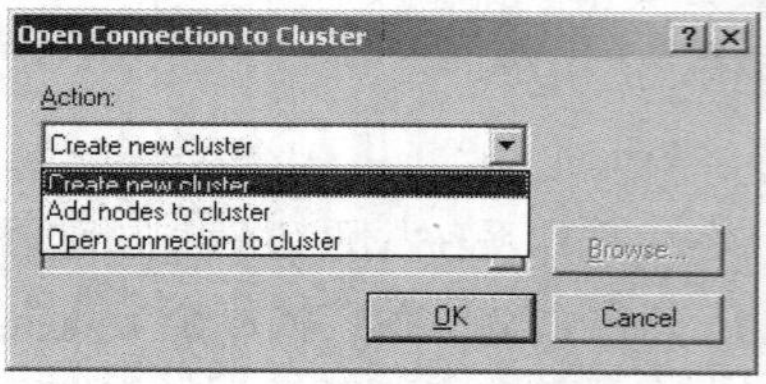

图 15-3　创建新集群

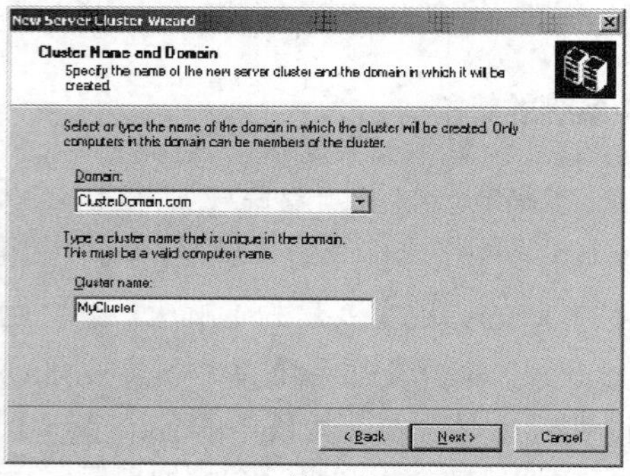

图 15-4　输入集群名称

（3）如果在本地登录一个不属于“具有本地管理特权的域账户”的账户，向导会提示用户指定一个账户，如图 15-5 所示。

（4）确认将要作为第一个节点创建集群的服务器的名称，如图 15-6 所示。

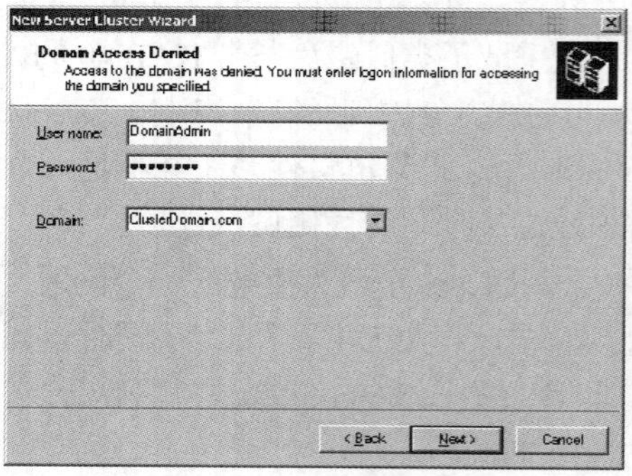

图 15-5　输入集群账户信息

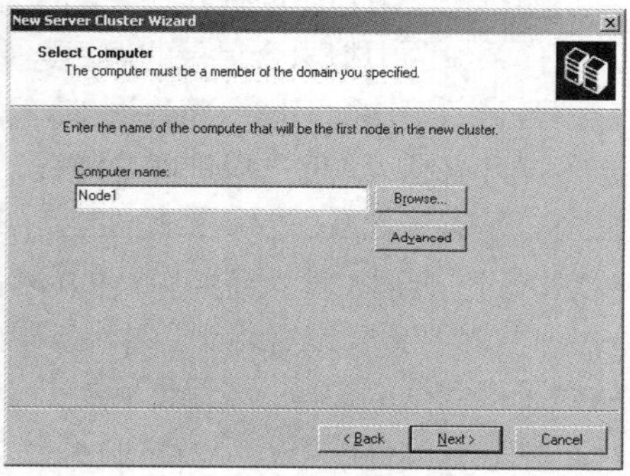

图 15-6　输入节点名称

（5）安装程序将分析节点，查找可能导致安装出现问题的软硬问题。检查所有警告或错误信息。单击“详细信息”按钮可以了解有关每个警告或提示的详细信息，如图 15-7 所示。

（6）输入唯一的集群 IP 地址（只能用于管理，不能用于客户端连接），如图 15-8 所示。

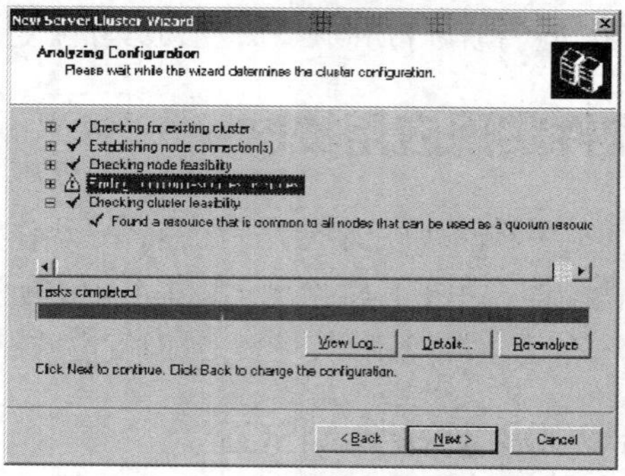

图 15-7　检查集群配置环境

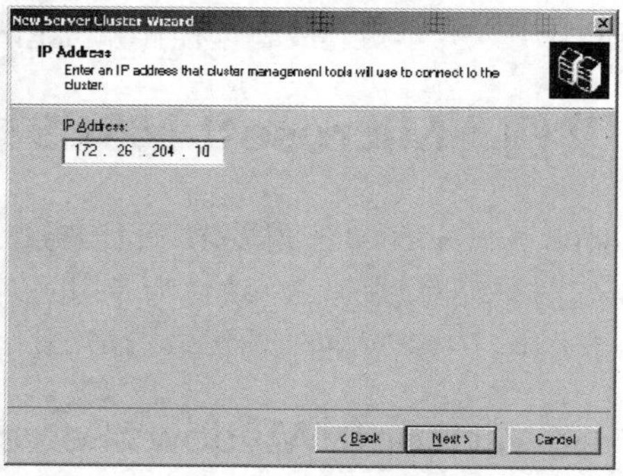

图 15-8　输入集群 IP 地址

- 输入在安装时创建的集群服务账户的“用户名”和“密码”。

- 集群配置完成，单击“完成”按钮结束。
- 集群配置完成后，选择磁盘阵列上的一个 LUN 为仲裁盘。
- 完成节点 1 的配置后，在另一台机器上也安装集群服务，完成后打开集群管理器。
- 当弹出集群连接向导时，选择“加入现有的集群”，根据向导完成节点 2 的配置。

提示：仲裁磁盘（Quorum Disk）用于存储集群配置数据库检查点，以及协助管理集群和维持一致性的日志文件。仲裁盘可以是一个逻辑分区，也可以是一个单独的磁盘。

15.4.2 配置心跳网络

（1）启动“集群管理器”。

（2）在左窗格中，单击“集群配置”，再单击“网络”，右击用于专用网络（心跳检测专用）的适配器，从弹出的快捷菜单中选择“属性”命令。

（3）选中“仅用于内部集群通信（专用网络）”单选按钮，如图 15-9 所示。

（4）单击“确定”按钮。

（5）右击用于公用网络的适配器，从弹出的快捷菜单中选择“属性”命令。

（6）选中“针对集群应用启用该网络”复选框，如图 15-10 所示。

（7）选中“所有通信（混合网络）”单选按钮，然后单击“确定”按钮。

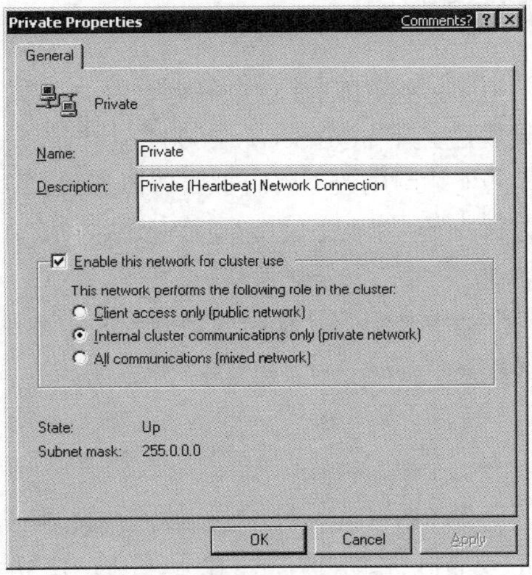

图 15-9　配置专用网络（1）

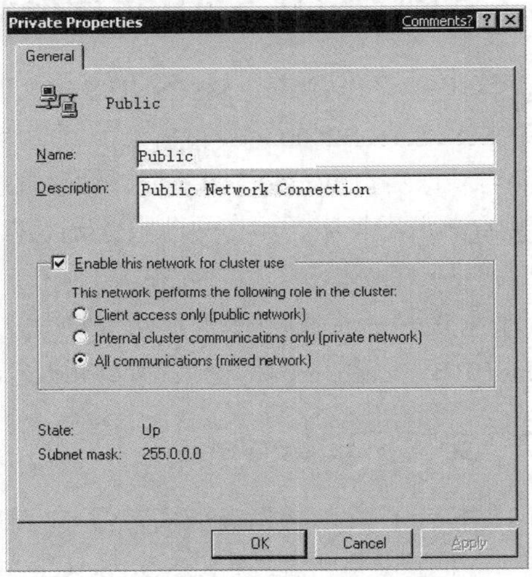

图 15-10　配置公用网络（2）

15.4.3 测试安装

在“安装”程序结束后，有几种验证集群服务安装的方法，具体如下。

- 集群管理器：如果仅完成了节点 1 的安装，启动“集群管理器”，然后尝试连接到集群。如果已安装了第二个节点 2，可在任意一个节点上启动“集群管理器”，然后确认第二个集群显示在列表上。
- 查看启动服务：使用管理工具中的“服务”选项，确认集群服务已显示在列表上并已启动。

- 事件日志：使用“事件查看器”检查系统日志中的 ClusSvc 条目。会看到有关确认集群服务已经顺利形成或加入一个集群的条目。
- 集群服务注册表项：确认集群服务安装程序将正确的项写入注册表。可以在 HKEY_LOCAL_MACHINE\Cluster 下找到许多注册表设置。

选择“开始”→“运行”菜单命令，然后在弹出的对话框中，输入“虚拟服务”名称。确认可以连接并看到资源。

15.4.4 测试故障转移

验证资源将执行故障转移。

选择“开始”→“程序”→“管理工具”菜单命令，然后单击“集群管理器”，如图 15-11 所示。

右击“磁盘组 1”组，然后单击“移动组”。该组及其所有资源将转移到另一个节点。稍后，磁盘 F:、G：将在第二个节点上实现联机。在窗口中观察该转移。退出“集群管理器”。

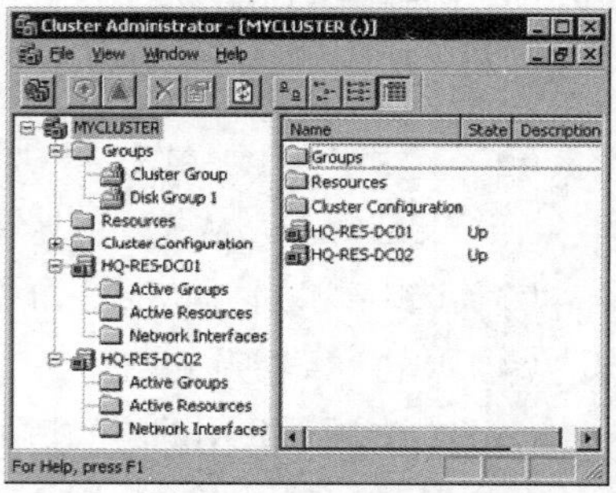

图 15-11 集群管理器主界面

15.5 实例：SQL Server 集群安装配置

上面我们已经设置好了 MSCS 集群基础平台，下面介绍如何在这个平台上安装 SQL Server 数据库。SQL Server 2000 的集群安装配置已经直接集成到了 SQL Server 2000 的数据库安装向导中，能够自动识别到 Windows Server 2003 上的集群系统并启用数据库虚拟服务器选项，实现 SQL Server 2000 集群虚拟服务器在两台服务器上的自动安装配置。安装完成后，需安装 SQL 2000 SP3 补丁包。

确保 SQL Server 2000 集群在两台服务器上的自动安装配置，两台服务器 MS-Clus-01A 与 MS-Clus-01B，以及共享磁盘柜都须处于开机在线状态。

15.5.1 安装 SQL Server

(1) 在接管了 SQL 数据盘（磁盘 Y：）的节点服务器 MS-Clus-01A 上，放入 SQL Server 2000 企业版安装光盘，启动 SQL Server 2000 的安装向导，如图 15-12 和图 15-13 所示。

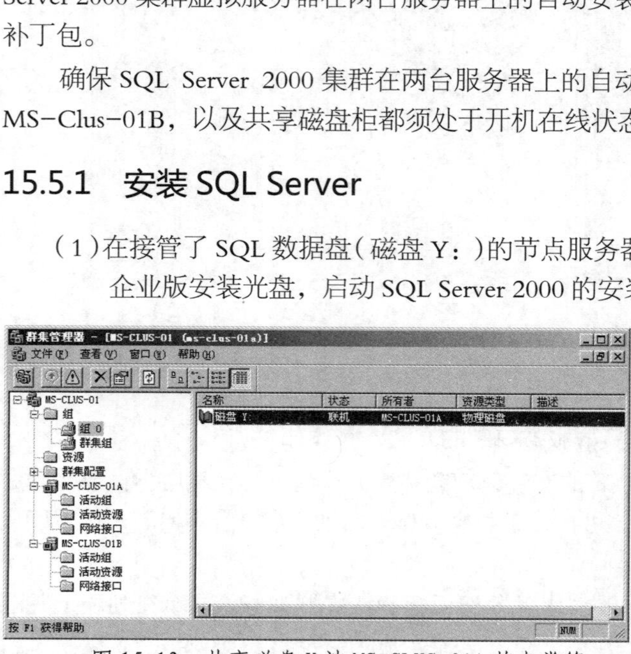

图 15-12 共享磁盘 Y 被 MS-CLUS-01A 节点掌管

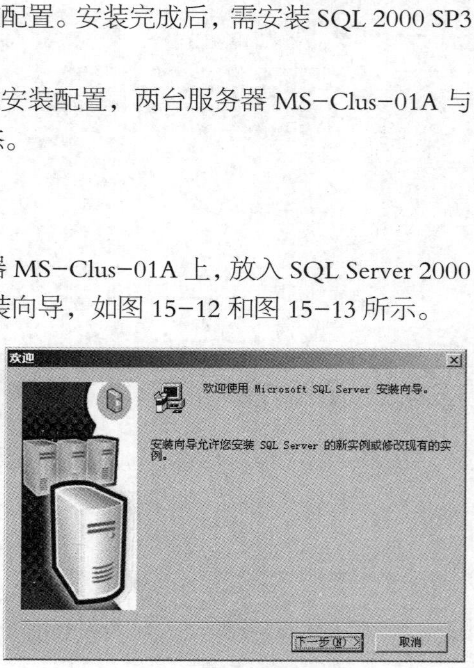

图 15-13 安装 SQL Server1

（2）安装向导进入“计算机名”界面后，会自动识别到 Windows Server 2003 的集群系统，选择“虚拟服务器”选项，输入虚拟 SQL Server 名称“MS-Clus-SQL”，单击“下一步”按钮，如图 15-14 所示。

（3）在“故障转移集群”对话框中输入 IP 地址“192.0.0.4”，选用网络 Public，单击“添加”按钮，使其添加到列表中，即这个 IP 地址属于公用网络。然后单击“下一步”按钮，如图 15-15 所示。

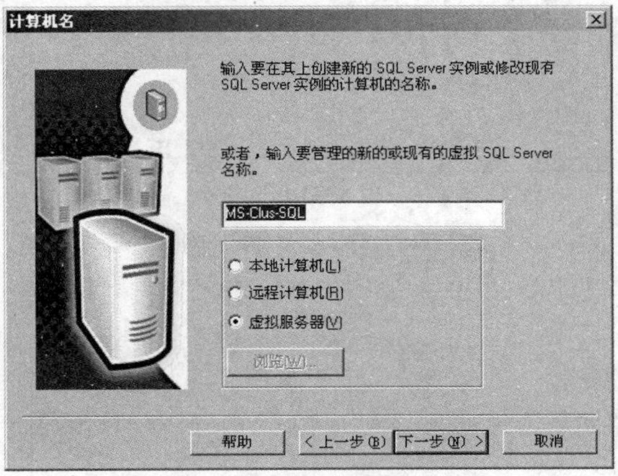

图 15-14 输入虚拟 SQL Server 名称

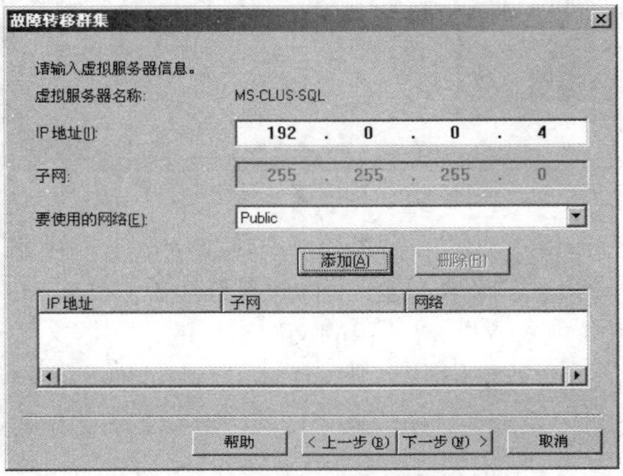

图 15-15 配置虚拟服务器 IP 地址

（4）在“集群磁盘选择”对话框中选择“组 0”的共享磁盘“Y：”，然后单击“下一步”按钮，如图 15-16 所示。

（5）在“集群管理”对话框，确保 MS-CLUS-01A 与 MS-CLUS-01B 都在“已配置节点”列表中，然后单击“下一步”按钮，如图 15-17 所示。

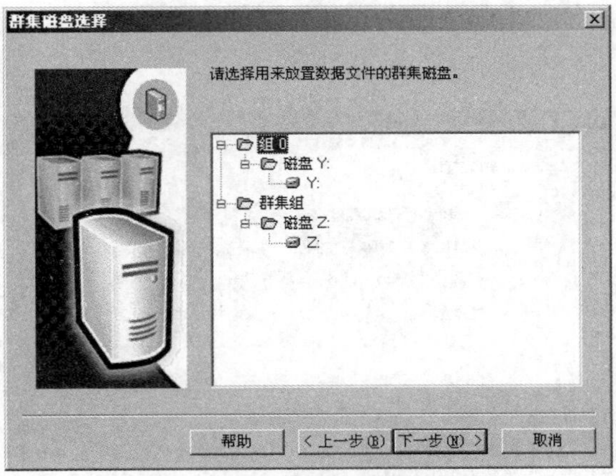

图 15-16 选择用于存放数据的磁盘

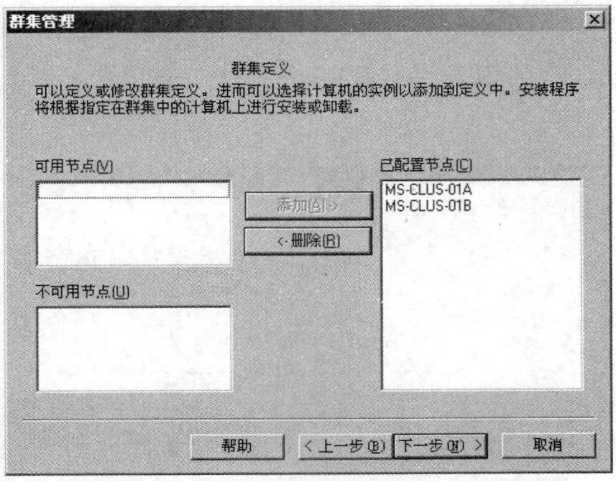

图 15-17 选择集群中要使用到的节点

（6）在“远程信息”对话框，输入用户名、密码及域名，然后单击“下一步”按钮，如图 15-18 所示。

（7）在“实例名”对话框，选中“默认”复选框，然后单击“下一步”按钮，如图 15-19 所示。

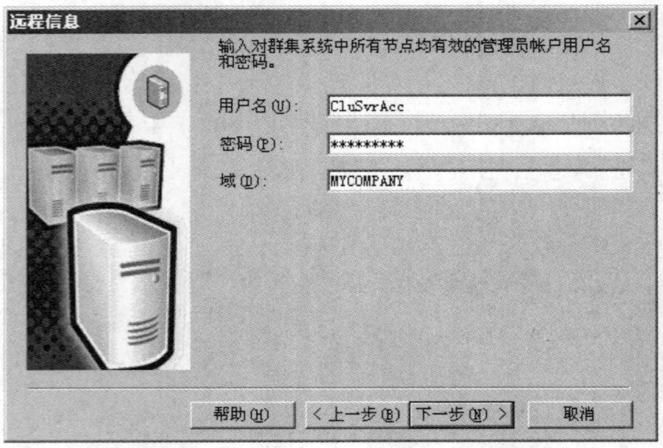

图 15-18　输入账户信息

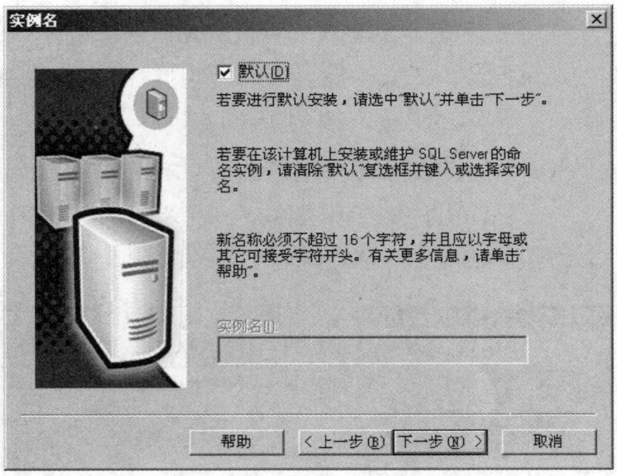

图 15-19　实例名窗口

（8）在"安装类型"对话框中选中"典型"单选按钮，由于前面磁盘选择了"组 0"的"磁盘 Y:"，"目的文件夹"的"数据文件"自动定位到 Y:盘，而 SQL 程序文件则会自动安装到 MS-Clus-01a 与 MS-Clus-01b 的本地盘相关目录下，单击"下一步"按钮，如图 15-20 所示。

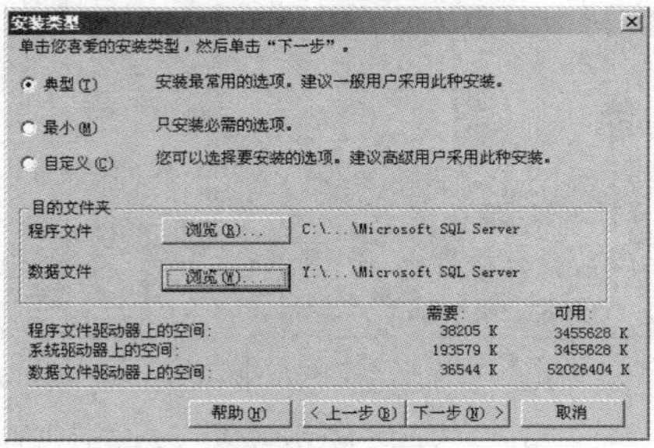

图 15-20　安装目的选择

（9）在"服务账户"对话框，选中"对每个服务使用同一账户"单选按钮，由于是集群配置，"使用本地系统账户"单选按钮为不可用。输入用户名、密码及域名，然后单击"下一步"按钮，如图 15-21 所示。

（10）在"身份验证模式"对话框中选中"混合模式"单选按钮，输入 sa 密码，然后单击"下一步"按钮，如图 15-22 所示。

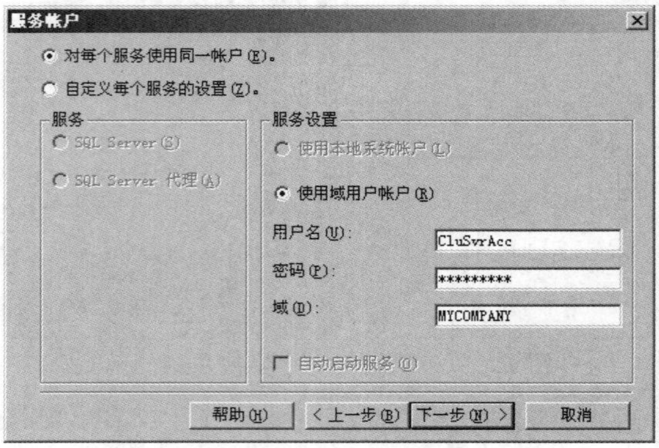

图 15-21　输入账户信息

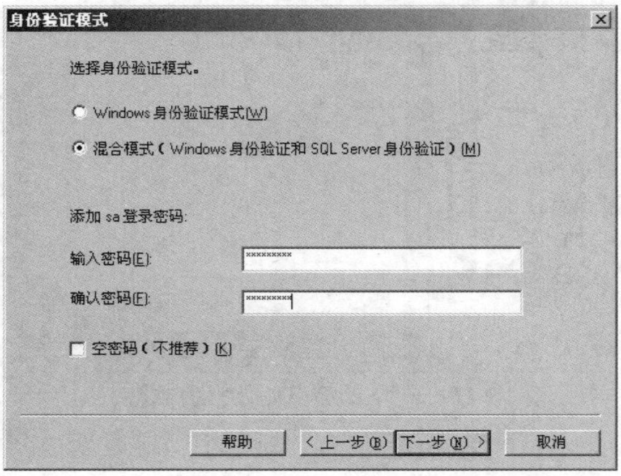

图 15-22　身份验证配置

（11）安装完成后，打开"集群管理器"，在"集群配置"下可看到"资源类型"中多了两个 SQL Server 的资源，这是因为 SQL Server 2000 企业版为 Cluster-Aware 的应用系统，安装配置时自动添加了支持 Cluster 的服务组件，如图 15-23 所示。

（12）单击“组 0”，可看到除原有的“磁盘 Y:”外，新添了 5 个 SQL 资源，而且都已联机，说明 SQL Server 2000 集群安装配置完成，如图 15-24 所示。

图 15-23　新加入的资源（1）

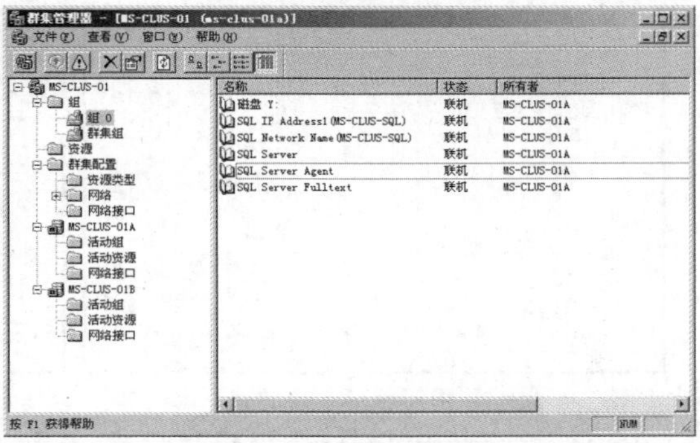

图 15-24　新加入的资源（2）

15.5.2　验证 SQL 数据库集群功能

（1）在一台客户机上安装 SQL Server 2000 的“企业管理器”与“查询分析器”，来测试验证数据库的 FailOver 功能。

（2）打开“企业管理器”，注册数据库“192.0.0.4”，即虚拟数据库的 IP 或服务器名，如图 15-25 所示。

（3）新建一个测试数据库 MytestDB，如图 15-26 所示。

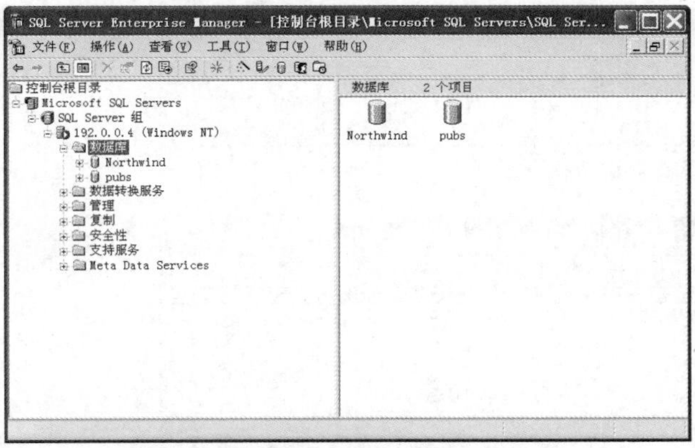

图 15-25　连接到虚拟服务器

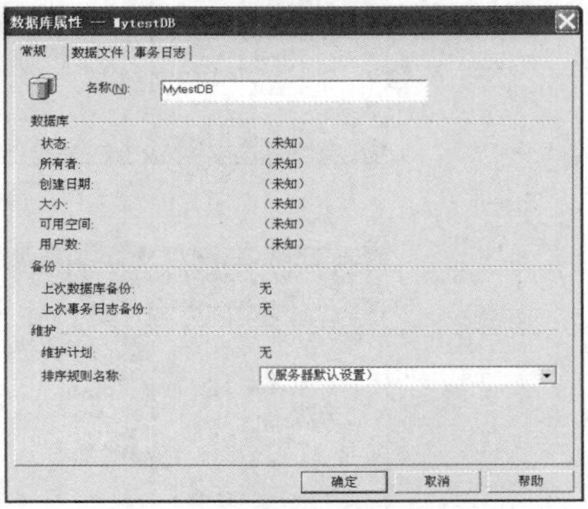

图 15-26　创建新数据库“MytestDB”

（4）在数据库 MytestDB 中新建表 employee，并添加几条记录，如图 15-27 所示。

（5）打开“查询分析器”，连接到 192.0.0.4 的数据库 MytestDB，检索表 employee 返回数据，如图 15-28 所示。

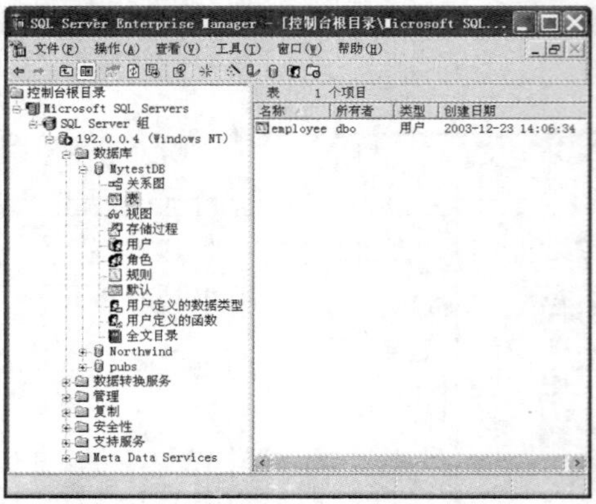

图 15-27 新建表

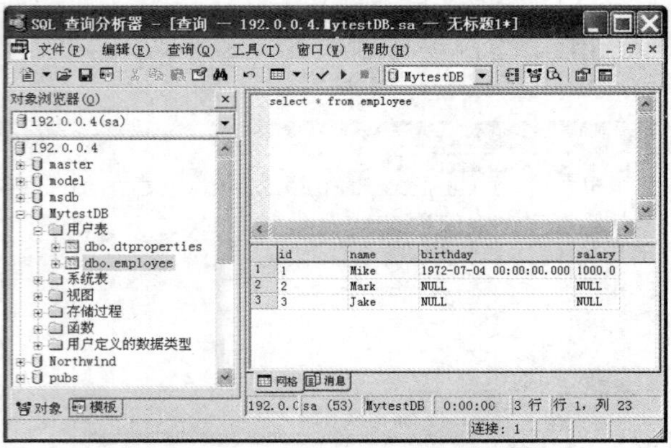

图 15-28 employee 返回数据

（6）在“集群管理器”中移动数据库资源组“组 0”（MS-Clus-01A→MS-Clus-01B），进行资源切换，如图 15-29 和图 15-30 所示。

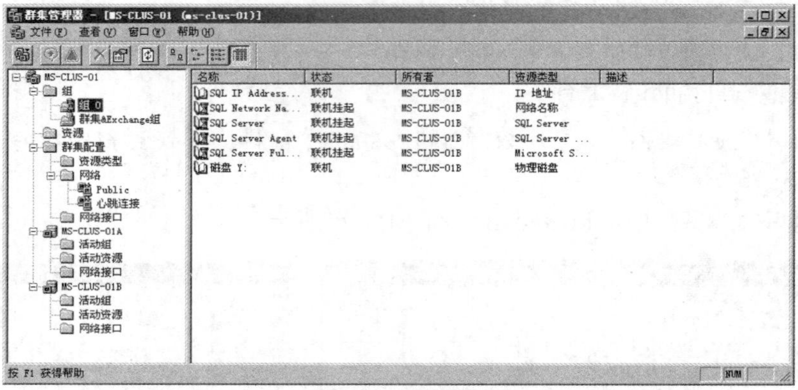

图 15-29 手动切换资源（1）

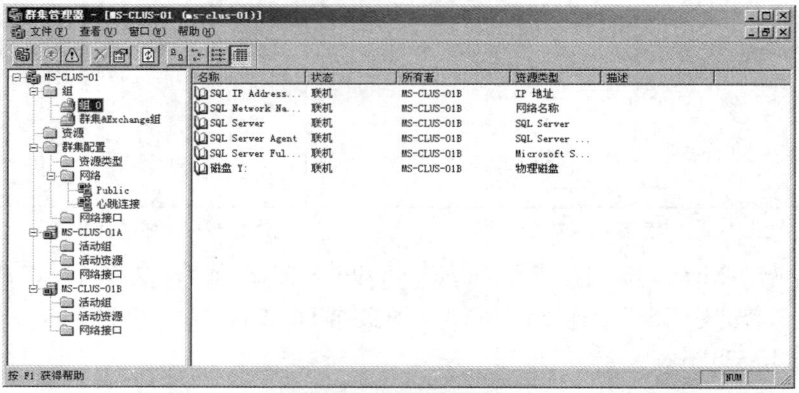

图 15-30 手动切换资源（2）

（7）移动“组 0”过程中，在“查询分析器”中持续执行数据检索，刚开始“连接中断”检索不到数据，几十秒钟后又恢复正常，能顺利检索到数据，如图 15-31 和图 15-32 所示。

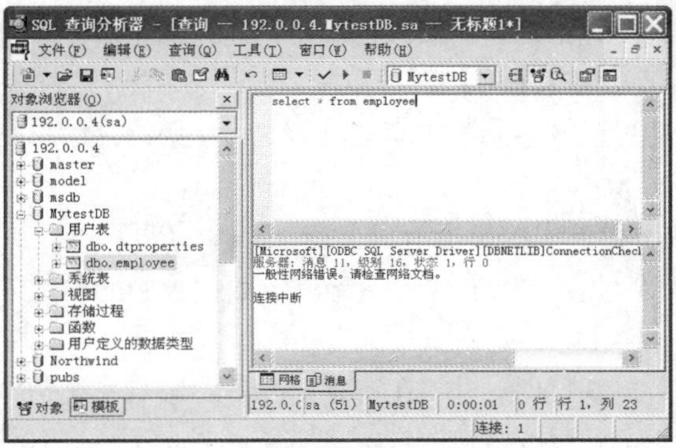

图 15-31　服务中断

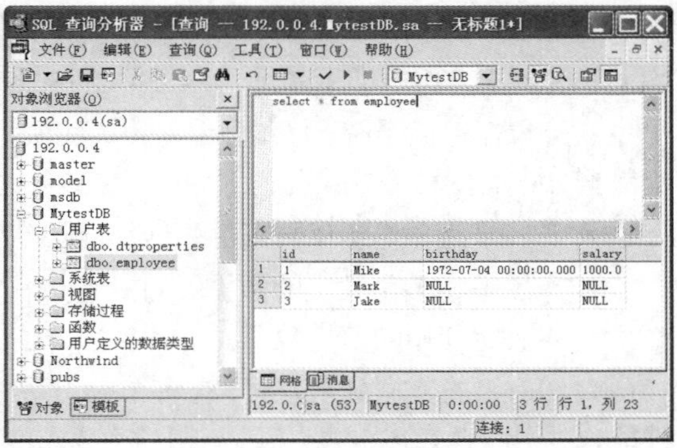

图 15-32　服务恢复

测试验证表明，此配置方案可以实现数据库的 FailOver，而且切换时间在 30 秒左右。

15.6　块级集群存储系统

存储系统一直以来都是以一个总控制器中心加上几串磁盘扩展柜的形式多存在的。直到最近几年，这种模式有被打破的趋势。

1. Scale-Up 和 Scale-Out

当一个存储系统使用一个或者两个冗余的控制器来对外提供服务时，如果其性能不能满足越来越苛刻的应用要求和负载，那么厂商会考虑在单个控制器中加入更多的 CPU、升级更高的 CPU 主频、增加更多的内存以及扩充更多的 IO 总线以连接更多的 IO 扩展卡，以此来提高这个存储系统的性能，这种扩展方式称为 Scale-Up。

而在一个独立计算机系统总线中增加更多的 CPU 和内存的做法，会越走越窄，随着 CPU 数量的增多，其所耗费的设计成本和硬件成本就会更陡峭地升高，而且，随着单系统内 CPU 数量的增加，其性能所得到的提升也会越来越趋近于 0；其次，这种扩展方式也不利于长远发展，如果随着时间的推移，升级后的系统又变得不够用，那么不可能无限制地添加 CPU 和内存，Scale-Up 的扩展方式等于是自寻死路。此时，就催生人们考虑是否可以将存储系统集群化，用多台 CPU 和内存以及 IO 扩展卡数量较少的独立的控制器，通过某种互联网络通道将所有控制器连接起来形成一个集群系统，这种扩展方式称为 Scale-Out。

两种方式比起来，Scale-Out 更加节约成本，而且在设计良好的情况下，可以增加更多的集群节点，系统性能随着节点数量的增加而近乎正比地增加。

2. 分久必合，合久必分；分中有合，合中有分，万物皆和合

与主机系统的集群化趋势一样，存储系统也步入了集群化。然而大规模主机集群真正广泛应用的是 HPC 领域，并未被一般企业所采用，其根本原因其实是因为对应的应用程序还并未跟上时代，仍处于非集群化开发模式下。虽然可以让非集群化应用运行于集群中某单个节点上，但是鉴于集群中的单节点性能反而可能不能满足需求的尴尬境地，所以大多数企业宁愿花费更多的钱使用性能强劲的 PC Server 甚至小型机来运行这些应用。只有一些高端的应用比如数据库等系统提供了集群方式的部署，比如 Oracle RAC 和 DB2 PureScale 等。而另一方面，企业又会被主机性

能的浪费所困扰，从而部署虚拟机系统。所以，集群也不是，不集群也不是，这又催生了一种更加彻底的解决方案，即云系统，这个话题将在本书其他章节讨论。

对于集群存储系统，仔细体会一下，我们隐约可以洞察到其中有些奥妙之处。集群存储系统的数据分布有两种方式：

- 一是将多份整体数据每一份都分开存放于集群中的每个节点上；
- 二是将多份独立的数据，每一份放在一个独立节点上或者手动决定数据分割的份数以决定利用的节点数目。

对于前者的数据分布方式，在多个应用系统共同访问时，可能在特定情况下会影响系统整体性能，对于后者分布方式，每个应用系统只访问一个节点或者按照性能要求访问多个节点，对其他节点性能没有影响，这就相当于在一个传统非集群存储系统中，对每个应用建立独立的 Raid Group 一样的道理。

对于第二种集群数据分布方式，需要很多的人为介入，但是却可以保证性能资源的平衡合理分配。任何存储系统的一个最大的问题就是在多主机多应用并发访问时如何保证系统的性能，特别是高带宽吞吐量的情况下（这个话题将在其他章节论述）。目前解决这种并发情况下性能大幅降低的一个办法就是隔离相关资源。在集群存储系统中，这个问题依然存在，所以依然要使用资源隔离的方法。所以，整个系统仿佛又回到了 DAS 架构，每台主机都使用自己专供的存储系统，只不过这些 DAS 存储孤岛被集中管理了起来而已。这种状态有一丝诡异，显示了这种事物处于一种若即若离的不定状态，下一步的发展，非收敛即分散，而我们调查一下这个事物在进入这种状态之前是什么状态呢？是收敛状态，即数据集中存储和访问，那么我们可以推断这个事物从收敛状态走向松耦合迷离状态，当前就是这样一种状态，多点集群，那么多点集群下一步的趋势将是完全分散状态。分散状态下的存储系统是什么呢？其实就是彻底的 DAS 状态，即存储架构又回到了每个使用者各自保有一个独立专供的存储系统，各自管理各自的存储系统，各个使用者互不干扰，却还可以取得良好的性能以及高容量，而且还不浪费多少电和物理空间。符合这种条件的存储介质是什么呢？当然是芯片存储而非机械存储。

当前的 SSD 硬盘，单块 SSD 的大块连续读吞吐量甚至可以超过 350MB/s，写则超过了 210MB/s；甚至在 4K 块随机读吞吐量也超过了 200MB/s，写超过了 180MB/s，随机读 IOPS 超过 600，随机 IO 延迟不超过 1ms。这确实是非常惊人的速度。这种速度，满足当前主流的应用系统已经不成问题。所以，随着技术的发展，大容量 SSD 的成本会逐渐降低到可以用得起的地步（128GB 的 SATA 6Gb/s 的 SSD 价格目前为 146GB 的 3 倍还多），并且各种技术壁垒相继突破，一块或者几块 SSD 即可满足主流的应用，试问此时有何理由再去使用网络适配卡通过线缆连接到外部设备上去存储数据呢？

当存储介质有了一次质的飞跃之后，整个存储系统架构就产生了彻底的一次轮回。那么再之后会怎么发展呢？分久必合，当无线电技术发展到一定程度时，数据再一次将会被集中存放，各个角色可以用无线通信来获取数据。那么再往后呢？合久必分，此时又怎么分呢？这个问题现在还无法想象。

集群存储系统可以分为基于 Block 协议访问的传统存储的集群，以及基于 NAS 协议访问的 NAS 集群系统，还有一类属于文件系统的集群，下面将一一介绍。

15.6.1　IBM XIV 集群存储系统

IBM XIV 存储系统为以色列的一家公司所开发，后被 IBM 收购。XIV 是一种网格集群化存储系统，集群中的每个节点都是一台 X86 Server，每个节点都包含 12 块本地 SATA 硬盘。

1. XIV 系统的物理拓扑设计思想

共有两种类型的节点，一种是 Interface Node，或者称 Interface Module；另一种是 Data Node，或者称 Data Module。只有 Interface Module 上插有前端主机通道适配卡，比如 FC 卡、ISCSI 卡等，这也是其名称的由来，意即主机端只能连接到 Interface Module 上。Interface Module 本身也含有 12 块 SATA 磁盘。Data Module 上没有前端主机通道适配器，只包含 12 块 SATA 硬盘以及两块双口 1Gbps 以太网适配器。每个节点有 1 颗 Intel 的 4 核 CPU（新一代产品有 2 颗）和 8GB 的 DDR2 内存。

整个系统的连接拓扑图如图 15-33 所示。6 个 Interface Module 通过两台冗余的以太网交换机与 9 个 Data Module 相连接，每个 Interface Module 使用 3 条链路与一个以太网交换机连接，而 Data Module 使用两条链路与每个交换机连接。每个 Interface Module 包含 4 个 4Gb/s 的 FC 口，其中两个用于主机连接，另两个用于其他用途（Mirror、DR 等）。

如图 15-34 所示为满配的 XIV 存储系统各种节点在机柜中所处的位置示意图。

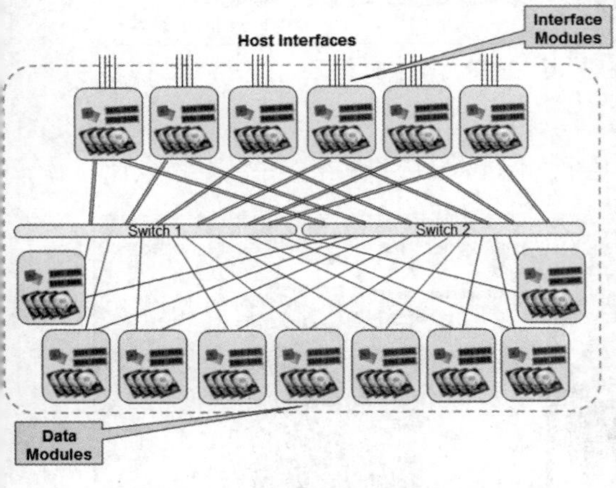

图 15-33　XIV 内部连接逻辑拓扑图

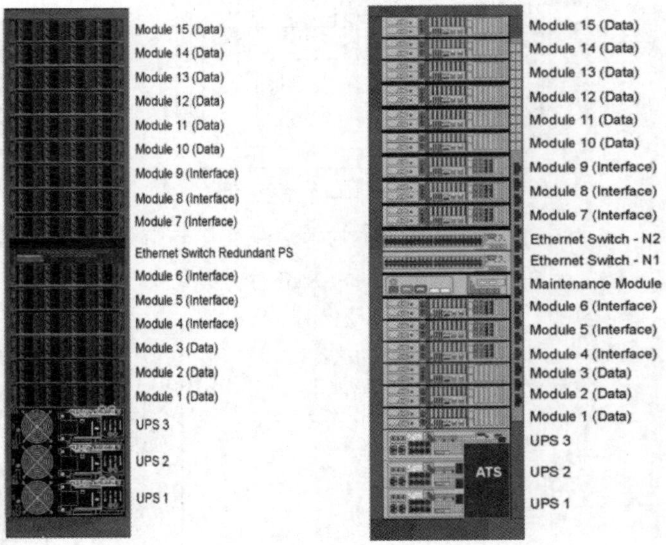

图 15-34　节点排列图

如图 15-35 所示为 XIV 存储系统实物的前视图和后视图。

如图 15-36 所示为 XIV 存储系统中节点机箱的透视图。

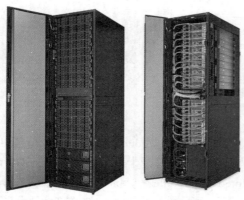

图 15-35　机柜实物图

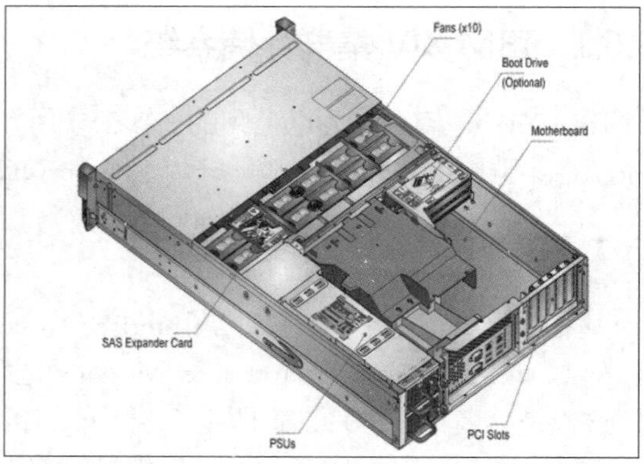

图 15-36　节点机箱透视图

如图 15-37 所示为 Interface 节点的连接拓扑示意图。

如图 15-38 所示为节点的正视图。

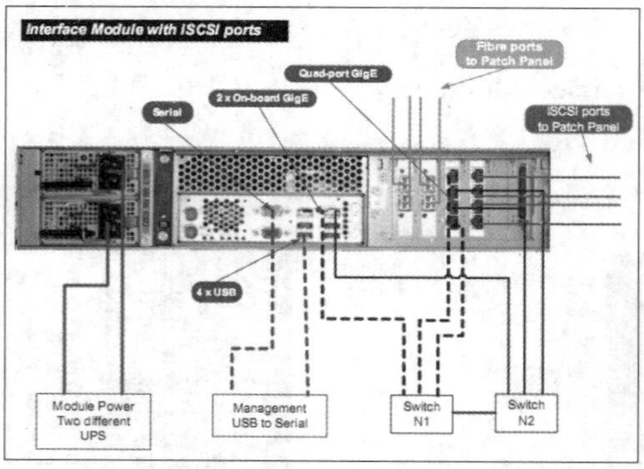

图 15-37　Interface 节点连接示意图

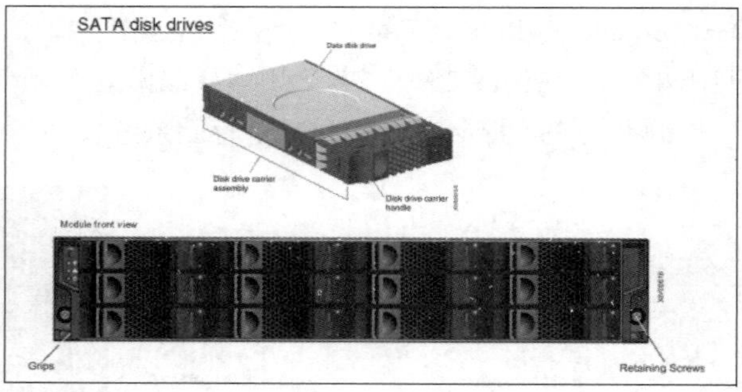

图 15-38　节点正视图

如图 15-39 所示为节点互连用后端交换机的实物图。

如图 15-40 所示为 XIV 存储系统的 GUI 配置界面。其个性化十足，仿苹果操作系统菜单设计。

图 15-39　节点互连交换机实物图

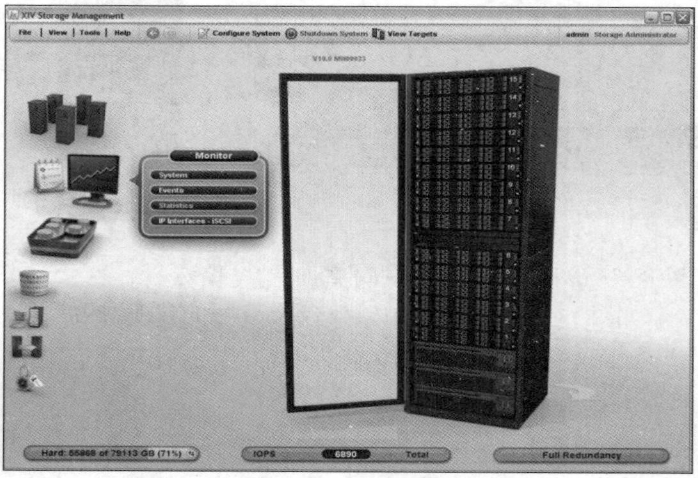

图 15-40　GUI 配置界面

2. XIV 系统对 LUN 的分布设计思想

对于这样一个网格化的存储系统，卷/逻辑驱动器/LUN 被设计为平均分布在多个或者全部节点之上，有一个映射图来记录每个 LUN 的分布状况。而且每个 LUN 对应的每个数据块都会被镜像一份，存储在与源数据块不同的任何一个节点上，源分块称为 Primary，镜像之后的分块称为 Secondary。这样一来，任何一个节点故障不会导致数据丢失，并且在任何一块磁盘或者整个节点故障之后，系统会根据 LUN 映射图来判断并将丢失的部分通过尚完好的源数据块再次镜像一份到其他任何一个节点上的剩余存储空间。

这种思想与 NetApp 公司的 WAFL 文件系统极为类似，大凡高度虚拟化的设备，其底层的逻辑卷/LUN 都不是存在于固定位置的，XIV 用映射图来遍历整个 LUN 在所有节点磁盘上的存储地址，并可以将 LUN 的某个块移动到其他节点并重新更新映射图，这种思想就是不折不扣的文件系统思想：文件系统可以将任何文件分步到硬盘上的各个空间，并使用 Inode Tree 来遍历整个文件的分布情况。WAFL 和 XIV 正是对这种思想在卷管理设计上的灵活运用，但是 XIV 可能并没有沦为彻底的文件系统，其粒度以及元数据复杂度一定不如 WAFL 那么细。最终，一个 LUN 或者卷就体现为一个 Filedisk，但是这只是对存储系统内部而言，对主机客户端而言一切都没有变化。如图 15-41 所示为 XIV 系统接受一个客户端主机发送的写 IO 请求之后的流程。

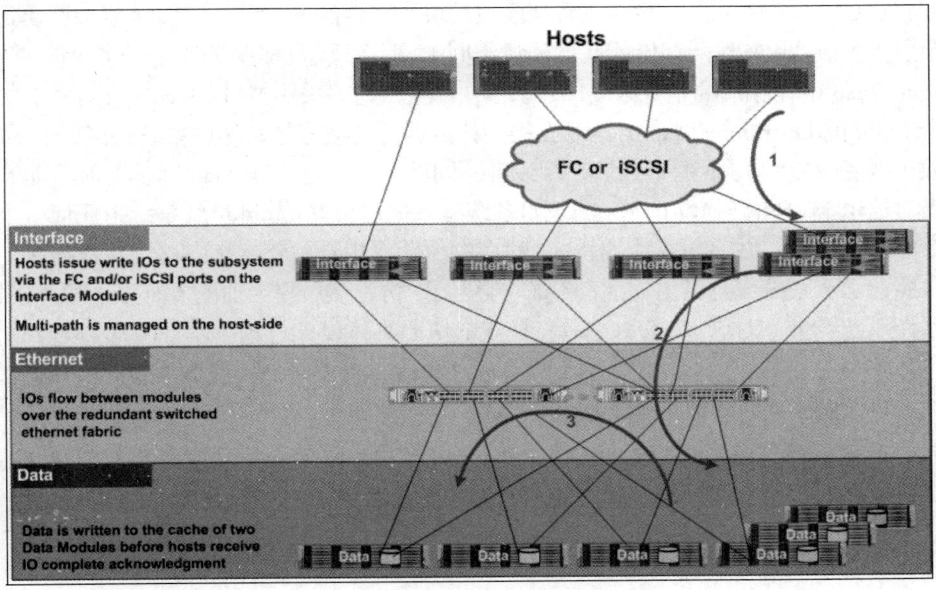

图 15-41　写 IO 处理流程图

XIV 系统在其某个 Interface Module 上接收到一个针对某 LUN 某地址段的写 IO。

接收到 IO 的 Interface Module 将 IO 数据收入之后，首先通过 Distribution Map 判断这个 LUN 的这段地址落在的分块及其镜像块存在于哪个 Module 上。如果对应的分块或者镜像块其中一个是存在自己本地硬盘中，那么这个 Interface Module 会立即将这份数据副本通过后端以太网发送到这个分块镜像所在的 Module，然后通知客户端主机写入成功。这样，数据便会在两个节点的 Cache 中，实现了 Cache Mirror，一旦这份数据尚写入硬盘的过程中，某个节点发生故障，那么还有另外一个节点保存着这份数据。

如果接收到写 IO 的 Interface Module 判断的结果是，这个 IO 对应的 LUN 分块没有存在自己本地硬盘，而是存放在了另外两个节点上，那么这个 Interface Module 会根据 Distribution Map 将这份 IO 数据发送到这个分块所对应的 Primary 副本所被保存的节点。

保存 Primary 分块节点收到 IO 数据之后，再次根据 Distribution Map 判断出对应这个分块的 Secondary 副本被保存的节点，立即将这个 IO 发送过去，当收到发送成功的回应之后，立即向刚才的那个 Interface Moudle 返回写入成功的回应。Interface Module 接收到成功回应之后，立即向客户端主机返回写入成功的回应。

3. XIV 系统的快照设计思想

Filedisk 的设计思想会彻底地改变后续所有上层功能模块的设计，比如 Thin Provision、Snapshot、Clone、Mirror、Dedupe 等。例如，对于 Snapshot 的实现，WAFL 和 XIV 都使用了 Write Redirect 的实现方式，这绝对不是巧合，而是 Filedisk 的核心设计思想使然。

在 WAFL 中，每个 Snapshot 其实就是一份 Inode Tree 指针链条和其对应的实体数据块的留存影像，包括当前的活动文件系统，这种设计使得当前活动文件系统与 Snapshot 本身是同质化的，可以大大降低设计复杂度，从而提高运行效率。同样，在 XIV 的卷管理模块（本质是一个文件系统，而且是集群文件系统）中，每个 LUN（文件）都对应一份 Distribute Map（Inode Tree），如果需要将 LUN（文件）中的某个或者某段数据块（文件的一字节或一段字节）移动到系统中的其他节点上的硬盘（文件所存储的底层硬盘空间），那么只需要将对应的数据作相应移动之后，在 Distribute Map 中作相应的指针改变即可。当快照生成时，采用 Write Redirect 方式，快照时间点的这个 LUN 的 Distribute Map 与其对应的实体数据将会被冻结，然后系统将当前的 Map 复制一份存放（或者只复制 Map 的跟入口，视设计不同而定），这个新 Map 就是当前活动 Map。当随后有针对这个 LUN 的写 IO 请求进入时，系统将会把这个 IO 数据写到系统中任何一个节点的任何一个空闲数据块，并在新生成的 Map 对应的位置将指针更新，指向这个新数据块。如果再次生成快照，那么系统就把当前的活动 Map 再复制一份，然后将当前的 Map 冻结为快照 Map，之后的动作以此类推。对于 Write Redirect 模式的快照具体设计思想可以参照本书第 16 章。

基于这个设计模式，XIV 还可以复制快照，即生成一份与某个快照完全相同的快照，其原理很简单，就是复制一份这个快照的 Distribute Map 并冻结即可。

当然，对于一个粗线条的卷管理模块来讲，其管理 LUN 的数据粒度必定不会与彻底的文件系统相比，但是本质思想却是相同的。WAFL 的管理粒度为 4KB，而 XIV 的管理粒度为 1MB。

4. XIV 系统的故障恢复设计

经过上文的论述，我们可以看到 XIV 对数据分布的本质思想其实是分布式 RAID 10。就相当于在一个文件系统之内将一个文件（LUN）复制了一份，并将副本存放于其他的位置（每个数据块的源和镜像不允许放在同一个节点上）。这样，整体系统的可用容量就相当于减半。我们可以将这种设计称为“上层分布式 RAID 10”，那么与其对应的就是“底层固定式 RAID 10”了。后者就是传统的 RAID 10 系统。传统的 RAID 10 系统有一个很大的不足，即不管 Raid Group 内分布了几个 LUN，或者甚至有没有被实体数据所占用，那么底层均会将所有的数据块镜像起来。

刚才所说的“有没有被数据占用”，这句话或许有人不理解，RAID 层怎么会判断其上的哪些块“有用”，哪些块“没用”呢？（关于这个话题请参考附录 2 的问题 11 和 48）的确，正因为 Raid 无法判断，所以才需要把有用没用的一同镜像起来，这就是底层应该做的。负责判断有用或者没用的是上层文件系统，或者，就是我们当前论述的 XIV 的卷管理系统。底层实现不了这种判断的结果就是直接导致了资源浪费，在一块磁盘故障之后，系统做了太多的无用功，Rebuild 了许多无用的数据块，实在是划不来。

上面讲了对应于“底层”二字，再来说说“固定式”的缺点。传统的 RAID 10 系统，源和镜像必须有相同的磁盘数量和容量，一对一，少一块都不行，而镜像端的磁盘容量可以比源端的大，但是多余的容量，RAID 又会将其砍掉不用，很滑稽，这无疑是一个巨大的浪费。是否可以实现一种另外的模式呢？比如将一块磁盘上的数据，分开镜像到多块磁盘上，相当于把一块磁盘再 RAID 0 化；或者，将多块磁盘上的数据，镜像到一块磁盘上。对于后者，底层 RAID 是无论如何也实现不了的。另外，底层固定式 RAID 10 要求 Raid Group 中的磁盘一定是在本地管理范围内，而不能跨计算机系统，如果本地计算机系统整体故障，那么整个 Raid Group 就无法访问了。

再来看看 XIV 的上层分布式 RAID 10 是如何解决上述这些问题的。

- 解决做无用功的问题。前文说过，XIV 的卷管理系统是一个粗线条的文件系统，它当然可以感知自己所管理的文件（LUN）占用了哪块磁盘上的哪块空间，既然这样，那么卷管理系统就可以只镜像这些文件，而无须镜像硬盘上没有被文件以及元数据所占用的数据块。镜像操作是由卷管理层完成的，所以称之为“上层”。这就很好地解决了第一个问题。
- 解决磁盘数量必须一一对应问题。既然卷管理系统可以将 LUN 像对待文件一样将其复制到另外的存储空间，那么为何不可以将这个文件分开若干份存储于多个硬盘中，或者将原本分开存放于多个硬盘中的文件的各个部分再合并起来存放到一个硬盘中呢？当然是可以的了。比如，某个 LUN 被分为 4 块：B1、B2、B3、B4。这 4 块数据分别存放于 D1、D2、D3 和 D4 这 4 块硬盘当中。现在决定拿掉 D1、D2 这两块硬盘而保留这个 LUN，那么卷管理系统会首先将 B1、B2 这两个块复制到 D3 和 D4 硬盘上，然后通知可以拿掉硬盘。此时，这个 LUN 就由原来分布于 4 块硬盘上变成现在分布于两块硬盘上了，当然这里只是一个 RAID 0 思想，并未涉及到 RAID 10。

下面我们就来演示一下 XIV 卷管理系统是如何解决传统 RAID 10 模式下磁盘数量一一对应的问题的。

如图 15-42 所示，传统 RAID 10 模式下，设某个 LUN 被分为 6 块数据块，分别标记为 B1 ~ B6，每个数据块的镜像块分别标记为 M1 ~ M6。这些数据分布在 4 块硬盘上，并且每块硬盘都有剩余空间。

某时刻，D1 磁盘故障，数据块 B1、B2、B3 丢失。但是其镜像 M1 ~ M3 依然存在，此时，XIV 系统为了恢复数据的冗余，需要将 M1 ~ M3 数据块再次镜像到其他磁盘。如图 15-43 左边部分所示，XIV 系统将这三个数据块镜像到了 D3 磁盘的剩余空间内。右半边显示的是另外一种镜像方式，即系统可以将数据块镜像到任何磁盘的任何位置。右半边所示的方式，同样可以保证数据的冗余性。

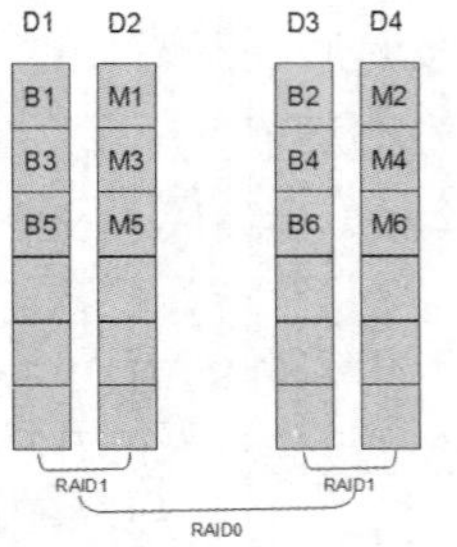

图 15-42　传统 RAID 10

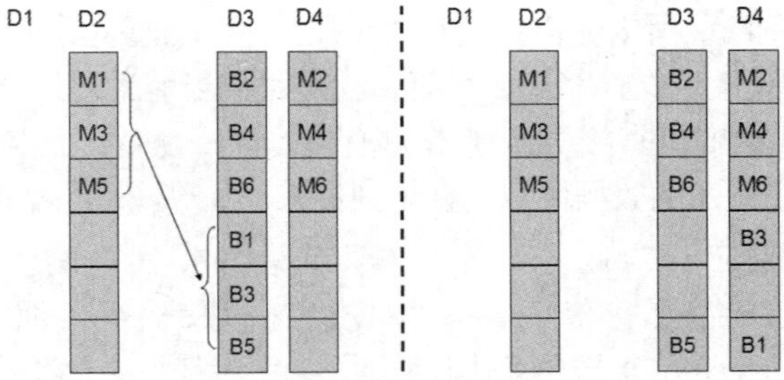

图 15-43　D1 故障

假如，XIV 系统在 D1 磁盘故障之后，成功地将 M1～M3 再次镜像到了 D3 和 D4 两块磁盘之后，D3 磁盘又发生了故障。那么此时可以判断出，数据依然没有丢失。为了恢复数据的冗余性，此时系统会再次将只剩下一份复制的数据块再次镜像到系统整体的剩余空间内。如图 15-44 所示。左右两半边分别对应了两种方式。

当镜像完成后，系统依然可以保证冗余性。如果此时 D2 或者 D4 任何一块磁盘故障，那么系统将没有冗余性，但是数据依然可以访问。当最后剩余的磁盘也故障时，数据就损毁了。某时刻，管理员手动添加了两块新硬盘，XIV 系统会重新平衡数据分布，让 LUN 的 6 个分块平衡分布在这 4 块硬盘上。如图 15-45 所示为重新分布完成后的数据分布图。

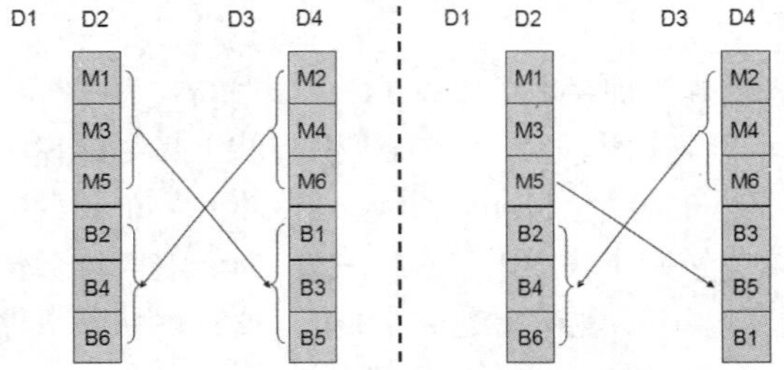

图 15-44　冗余性恢复了（两种模式）

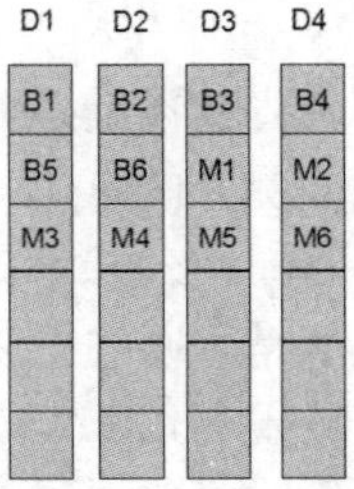

图 15-45　新盘加入之后数据重新平衡

从上面的例子中我们可以体会出，XIV 的这种上层 RAID 10 设计，是一种可以随时迁移数据块的，并且可以任意分布式摆放数据块，不受磁盘数量限制而只受系统内整体剩余空间限制的新设计思想。所以我们在上文把这种模式叫做“上层分布式 RAID 10”。

传统 RAID 10 系统在一块磁盘故障之后，只能将源磁盘上的全部数据镜像到新的磁盘中，如果此时系统已经没有新的磁盘，那么系统什么也不会做，只会报警通知管理员快增加新磁盘。

解决磁盘必须在本地的问题。由于是上层 RAID，所以 XIV 系统中的每个节点都可以通过后端的以太网交换机与其他节点进行内部通信，以同步所有 LUN 的 Distribute Map，以及用于将本地存储的数据块镜像到另外节点上的磁盘。同一个节点中存储的数据块中任何一个数据块的镜像块都必须被存放在非本节点的任何一个或多个其他节点上。这样，一旦一个节点整体故障，数据依然可以访问，同时剩余的所有节点均会通过 Distribute Map 来判断故障节点中原来所存储的某个或某些数据块是否是本地存储的某个或某些数据块的源块或者镜像块；如果是，则证明这个数据块目前已经没有了冗余性，需要再次将其镜像，则系统会将存储于本地的这个或者这些数据块镜像一份，将其复制到另外的节点中的剩余空间存放。

目前所发布的 XIV 系统，最大配置为 6 个 Interface Module+9 个 Data Module。最大磁盘数量=15×12=180 块 SATA 硬盘。虽然系统整体容量不大，但是 XIV 的这种架构设计可以很容易地扩充到更多的节点。

此外，XIV 的一项非常拿得出手的本领，就是，只要系统整体还有剩余的磁盘空间，那么只要磁盘一块一块的坏下去，甚至节点一个一个的故障下去，那么整体数据的冗余性依然会被保持，直到没有剩余空间不足为止。当然，前提是，在一个磁盘或者一整个节点坏掉之后，必须等待系统 Rebuild，也就是镜像完成之后，才能允许再坏下一块磁盘（与上一块磁盘在同一节点的磁盘可以一下全坏）或者下一个节点，否则数据很大几率上将被损毁。这一点，在经过上文演示之后相信读者都可以充分深刻地理解其本质了。

还有，XIV 的另一项杀手锏就在于其在故障之后对系统冗余性的恢复速度方面。很多人都表示惊讶。据资料显示，“一个 1TB 容量的 SATA 磁盘损坏后，满配的 XIV 并且数据存满这块故障的磁盘后的 Rebuild 时间只需要 30 分钟左右，相对传统 Raid 恢复来讲，速度有了惊人的提升”。请注意，所谓“相对于传统 Raid 恢复”，是传统 RAID 5 还是传统 RAID 10 呢？这可能会让人产生思维定势，自然的考虑到 RAID 5 恢复时所耗费的时间，那是相当长的。但是 XIV 本质是 RAID 10 啊，得用传统 RAID 10 来比较才对，下文会做详细比较。

经过上面的分析之后，这种恢复速度丝毫不让人惊讶，因为其设计思想自然地就能够达到这么高的恢复速度，如果达不到，那才是让人惊讶之处。下面列出了几个让人不惊讶的原因及对应的分析。

原因 1：看清楚，想清楚。是 RAID 10 不是 RAID 5，如果换 RAID 5 试试？XIV 的卷管理系统在故障恢复和数据分布时之所以可以设计得如此灵活，是因为其使用的 RAID 10 镜像的思想，而不是 RAID 5 的 Stripe 算 XOR 的思想。假如，XIV 使用 RAID 5 的思想，也就是几个数据块做 XOR，然后将校验值存放在其他存储空间。那这样的话，每当卷管理系统要将某 LUN 的某个块移动到其他位置的时候，系统都要在新位置上重算 XOR，与传统 RAID 5 实现方式没有一点区别。所以如果使用 RAID 5 或者 RAID 4 的话，那么 XIV 就与常人无异了，就是一款普普通通的集群存储系统，其杀手锏也将不复存在。正因如此，由于 RAID 5 的 XOR 计算需要耗费太多的计算资源和 IO 资源，所以 XIV 的恢复速度比 RAID 5 快十几倍也是很正常的。

原因 2：分布式，理解这三个字。传统 RAID 10，一块磁盘丢失后，镜像的数据只能从那一块镜像磁盘上来读，然后还只能写到那一块新磁盘上去，也就是一个盘读，一个盘写。而 XIV 的卷管理系统是将 LUN 分块平衡存放于多个磁盘的，而这些分块对应的镜像块也都是存放在多个磁盘上的，所以在 XIV 进行 Rebuild 的时候，是从多个盘读，同时向多个盘写，相当于 RAID 3 的思想，众人拾柴火焰高，满配 180 块磁盘，所以恢复速度快是理所当然的了。

这里有必要再与 RAID 5 比较一下。假设同样有 180 块硬盘，组成了一个大 RAID 5，坏掉一块磁盘之后，系统需要从剩余的 179 块磁盘中读出其上的所有数据（当然数据是边读边运算的，这里将其转换为最终统计数字），然后再将运算结果写到新磁盘中。如果每块磁盘容量是 1TB，内部磁盘环路带宽为 4Gb=400MB/s，需要读出的总数据量为 179TB，需要耗费的时间为（179×1024×1024/400）/3600=130.3 小时，由于写入新盘和读取剩余磁盘为双工操作，所以不计入总时间，另外，也忽略了 XOR 运算所消耗的时间，而且磁盘环路带宽按照 100%效率计算。这个数字与 0.5 相比，反差是巨大的。但是一定要清楚，RAID 10 与 RAID 5 在恢复时间方面没有可比性。况且实际也不会使用这么多的磁盘来形成一个 RAID 5 组。实际中一般情况下就拿 8 盘 RAID 5 来算的话，Rebuild 时间也要有 8～9 个小时，而且是系统外部负载很小的时候。

我们不妨再与传统 RAID 10 系统来比较一下。假设同样由 180 块硬盘组成一个传统 RAID 10

系统，其中 90 块盘与另 90 块盘互为镜像关系。某时刻，其中一块磁盘故障，此时系统会从这块磁盘对应的镜像磁盘将数据读出同时写入新磁盘。由于不牵扯任何 XOR 之类的额外运算，属于整盘复制，IO 类型属于连续读与连续写，所以可以按照 SATA 硬盘的理论连续读吞吐量 60MB/s 来计算。（1×1024×1024/60）/3600=4.85 小时。可以近似认为 180 块硬盘配置的 XIV 在 Rebuild 时耗费的时间为传统 RAID 10 的 1/10。如果今后 XIV 系统可以增加更多的节点，想必 Rebuild 速度会有所加快。当然，系统整体磁盘越少，Rebuild 时间也就会相应延长了。

原因 3：最重要的原因是，不做无用功！这也是 3 个原因中最重要也是效果最大的一个原因。恢复速度快，只重新镜像复制磁盘上已经被 LUN 所占用的那些数据块，而不是整盘镜像。如果这个坏盘上原先只有很少的数据块被占用，还用 30 分钟么？估计一分钟也可以了，甚至几秒钟都有可能，或者，根本不用时间，因为或许它上面本来就没有任何 LUN 去占用。

5. XIV 系统很容易做到但尚未做到的

动态存储分级数据迁移是目前正在被热炒的几个存储系统上层技术之一。包括 Compellent、EMC、HDS 在内的多家厂商都已经在这个领域有相关的产品发布。但是 IBM 只是在 Tivoli 软件中实现了一个客户端基于文件的分层管理工具，并未在存储端提供基于卷或者基于 Block 的动态迁移方案。

XIV 这种可以将 LUN 分块任意迁移到其他节点的功能，自然而然地就可以在稍加开发的基础上做到 Tiered Storage Management。Compelent 公司可以在其在线存储中实现基于 Block 的动态数据迁移，HDS 可以在其存储系统中做到基于卷的手动迁移，EMC 在其存储系统中提供 FAST 功能可以实现基于卷或者卷分块的动态迁移。可以看到，这些技术都是将整卷或者整卷细分成更细小的块来做迁移的。XIV 原生的技术已经支持了卷分块迁移，相比于上述厂商，所需要开发的模块就少了很多。

遗憾的是，XIV 目前尚未有相关技术发布。包括有类似潜质的 WAFL，也未见动静。综上所述，XIV 将 LUN 当作一个文件，然后在一个分布式多节点系统内利用分布式文件系统来管理这些 LUN，再利用 Interface Module 将这些文件 LUN 以 SCSI 块的形式进行输出。

6. XIV 系统的理论吞吐量计算

XIV 存储系统在节点互连带宽方面不是很足。千兆以太网交换机，在 15 个节点满配的情况下，其后端整体互连带宽也不过 6×6+9×4=72Gb/s=9GB/s。对于 15 个节点的存储集群，这个数值是比较低的，也是瓶颈所在。

由于系统在处理 IO 写的过程中，会产生 2 次或者 3 次 IO 传输过程，均会跨越后端交换机。我们在此给出一个理论计算推导出来的 XIV 满配情况下的最大读和写吞吐量的计算过程和结果。由于系统包含 6 个 Interface Module 和 9 个 Data Module，所以需要读写的数据块地址落在前者类型节点之上的几率为 6/15=0.4，落在后者类型节点之上的几率为 0.6。我们按照几率来进行计算。

1）理论平均最大读吞吐量（Cache Miss）

假设，在一秒之内，系统接收到的所有读 IO 对应地址的 Primary 或者 Secondary 块均落在了 Interface 类型的节点之上。那么，我们假设 IO 类型为大块连续 IO，每个 Interface Module 的 12 块 SATA 硬盘以额定速率发送数据，即每块硬盘 60MB/s 的速度，总速度为 12×60MB/s=720MB/s，

6 个节点后端额定速度共 4320MB/s，前端额定速度为 2×6×400MB/s=4800MB/s，所以整体理论额定速率以后端为准，为 4320MB/s。

假设，在一秒之内，系统接收到的所有读 IO 对应地址的 Primary 或者 Secondary 块均落在了 Data 类型的节点之上，而且我们同样假设 IO 类型为大块连续 IO。此时，每个 Interface Module 在接收到读 IO 请求之后都需要从后方的 Data Module 上取数据。所有 6 个 Interface Module 的后端链路总带宽为 6×6Gb/s=36Gb/s=4.5GB/s，而所有 9 个 Data Module 所提供的链路总带宽为 9×4Gb/s=36Gb/s=4.5GB/s，与前方 Interface Module 匹配，但是必须要看后端磁盘是否可以满足这个带宽。后端共 9×12=108 块 SATA 硬盘，每块理论最大带宽 60MB/s，总后端磁盘带宽=108×60MB/s=6480MB/s>4.5GB/s，所以，按照前端带宽为准，整体理论带宽为 4.5GB/s。

按照几率比例将结果进行换算得出系统读平均理论最大带宽为：（4.5GB/s × 0.6）+（4320MB/s ×0.4）= 4492.8MB/s。除掉前端 FC 协议以及后端以太网与其上层协议传输耗费的带宽，按照 15%来算，再除掉控制器处理所耗费的延迟资源等，按照 10%计算，则最终实际结果应该接近于 3369MB/s。

2）理论平均最大写吞吐量（Write Through）

- 假设 IO 类型为大块连续 IO。由于后端牵扯到 Cache Mirror 过程，所以计算起来比较复杂。

3）IO 对应的地址落在 Interface 节点（几率 0.4）

4）IO 对应的块地址恰好落在接收到 IO 的 Interface 节点（几率 0.4×1/6）

5）镜像块落在了其他 Interface 节点（几率 0.4×1/6×5/14）

这种情况下，每个接收到 IO 的 Interface 节点可以用后端 6 条链路全速向镜像块所在的节点发送数据，即整体写吞吐量为 6×6Gb/s=36Gb/s=4.5GB/s。

- 镜像块落在了某 Data 节点（几率 0.4×1/6×9/14）。

这种情况下，同样由于每个接收到 IO 的 Interface 节点只能向一个 Data 节点发送数据，则只能够以 Data 节点后端链路数为准，即整体写吞吐量为 6×4Gb/s=3GB/s。

- IO 对应的块地址落在了非接收到 IO 的 Interface 节点（几率 0.4×5/6）。
- 镜像块落在了其他 Interface 节点（几率 0.4×5/6×5/14）。

这种情况下，要计算理论最大带宽，需要让所有的节点在收发数据时不发生冲突，即每 3 个 Interface 节点为一组（接收到 IO 的节点、一次转发节点、二次转发节点），共两组。整体传输带宽为：2×6Gb/s=1.5GB/s。

- 镜像块落在了某 Data 节点（几率 0.4×5/6×9/14）。

这种情况下，要计算理论最大带宽，需要让所有的节点在收发数据时不发生冲突，即每两个 Interface 节点为一组（接收 IO 的节点、一次转发到的节点），共 3 组。但是这三组接收传送组的终点是各自对应的 Data 节点，所以按照 Data 节点的最大链路来计算。整体吞吐量为 3×4Gb/s=1.5GB/s。

将以上所有结果乘以各自对应的几率，我们得出第一种情况的吞吐量贡献值为 0.736GB/s。

- IO 对应的地址落在 Data 节点（几率 0.6）。
- 镜像块落在了 Interface 节点（几率 0.6×6/14）。

在这种情况下，一个接收转发组由接收到 IO 的节点、一次转发 Data 节点和二次转发 Interface

节点组成。二次转发 Interface 节点又可作为接收到 IO 的节点，依次类推串联，每个转发组都不会与其他转发组冲突。这样一共是 5.5 组。以 Data 节点链路数量为准计算，整体吞吐量为 5.5×4GB/s=2.75GB/s。

- 镜像块落在了其他 Data 节点（几率 0.6×8/14）。

在这种情况下，一个接收转发组由接收到 IO 的节点、一次转发 Data 节点和二次转发 Data 节点组成，共可组成 4.5 组。以 Data 节点链路数量为准计算，整体吞吐量为 4.5×4GB/s=2.25GB/s。

将以上所有结果乘以各自对应的几率，我们得出第二种情况的吞吐量贡献值为 1.478GB/s。

将第一种和第二种情况的贡献值相加得出系统整体理论写吞吐量为 2.214GB/s。除掉协议层耗费的带宽以及控制器处理延迟总开销共 25%，得出最后实际写吞吐量应接近 1.66GB/s。

XIV 系统在读和写同时进行的时候，由于后端链路会发生严重的冲突（读和写都需要后端链路进行发送和接收动作），所以理论值更是达不到上述分析结果了。其次，由于多个 LUN 都均匀分布于所有节点的所有硬盘，所以，在多 LUN 并发连续大块 IO 读或者写的时候，很有可能会造成硬盘寻道冲突，大大降低吞吐量（这个冲突作用我们会在性能优化章节中介绍和分析）。而对于小块随机 IO，即 OLTP 类型的 IO，分布式的 LUN 的设计会随着节点的增加而 IOPS 正比升高。

如图 15-46 所示为 XIV 系统的吞吐量实测值，我们看到与推导值较为接近，但是误差比较大，这个无法避免。

如图 15-47 所示为 XIV 系统的 IOPS 实测值（Cache Miss），可以看到这个值对于一个由 180 块 SATA 盘组成的集群系统来讲还是比较可观的。

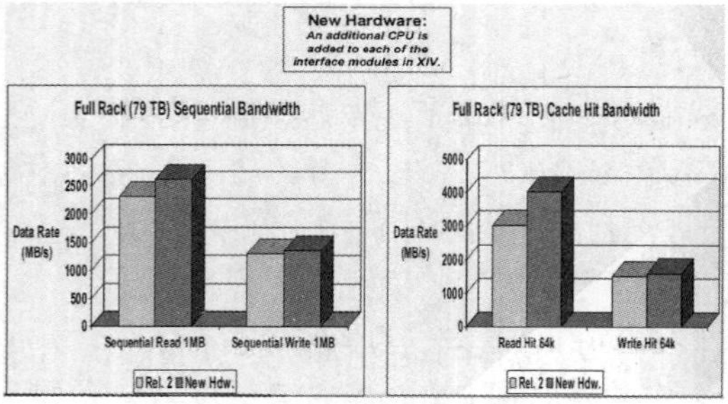

图 15-46 吞吐量实测值

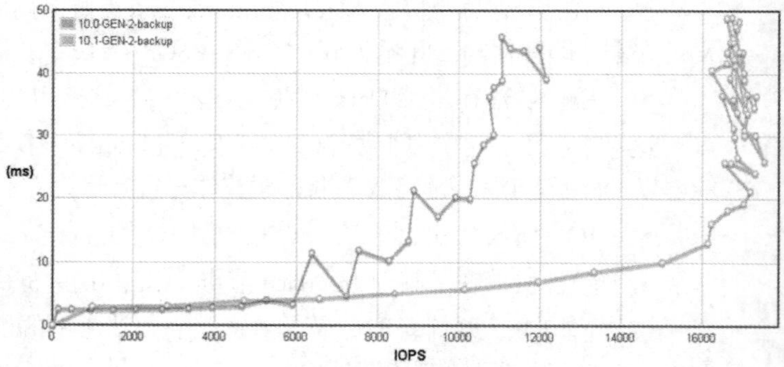

图 15-47 IOPS 实测值

7. 全打散式 LUN 分布方式的致命缺点

当遇到多主机用大块连续 IO 的方式并发访问多个 LUN 的时候，此时系统整体的性能会骤降，具体原因可以参考本书后面章节。机械磁盘最怕寻道，加上 XIV 使用的都是 SATA 盘，平均寻道速度更慢，此时便是 XIV 最难受的时候。

15.6.2 3PAR 公司 Inserv-T800 集群存储系统

1. Inserv-T800 系统硬件架构简述

3PAR 公司设计的 Inserv–T800 为一款 X86 集群式存储系统。整个集群系统可以由 2～8 个节点组成，其中节点必须成对添加，每 1 对为 1 个单元，这 1 对节点共享的带起后端的两串磁盘扩展柜（每串 4 个），一个节点对不能直接访问另一个节点对所管理的磁盘。

每一个节点都是一台中高配置的 X86 Server。系统内的所有节点间两两直通，每两个节点都使用一条独立的 100MHz 64bPCI-X 总线相连。在一个 8 节点的系统内，1 个节点需要与另外 7 个节点互连,所以,每个节点都需要 7 条 PCI-X 总线连接到背板,形成一个具有 28 条直通 PCI-X 总线的星形结构，如图 15.48 右侧所示。但是由于 PCI-X 为半双工传输，所以整体系统内部互联带宽为 28×800MB/s=21.875GB/s。由于 PCI-X 并非一种包交换网络传输模式，所以背板并不需要加电，是一块布满导线和接口的被动式的背板，PCI-X 编解码和传输电路都位于节点内部。同样是由于被动背板的原因，如果系统节点数量达不到 8 个，比如只有两个，那么此时只能用到后端的一条 PCI-X 线路作为互联，因为背板没有智能到判断连接的节点数量并自动将电路开关切换以便让当前连接的节点尽可能多地使用后端的所有总线。

如图 15-48 所示为单个节点内部的架构。每个节点使用两个双核 Intel 的 CPU，并使用 4GB 内存作为 3PAR 的 InForm 操作系统的运行空间。另外加一块 ASIC 芯片来负责数据在前端和后端之间的传输、与其他节点的缓存镜像操作、RAID XOR 运算、 节点间相互通信以及 ThinProvision 和 LUN Shrink 功能。这款 ASIC 的功能是非常多的，而且最新奇的是，ThinProvision 以及 LUN Shrink 的功能也被内嵌到了这款芯片中来执行，这在其他厂商是从未见过的，也是 3PAR 的一大亮点。目前这款芯片最新的一代为第三代。芯片内部有 3 个 133MHz 64b 的 PCI-X 总线用于连接前端和后端的接口卡；以及 7 个 100MHz 64b 的 PCI-X 总线专门用于连接其他节点。ASIC 芯片直接控制着 12GB 的数据缓存。

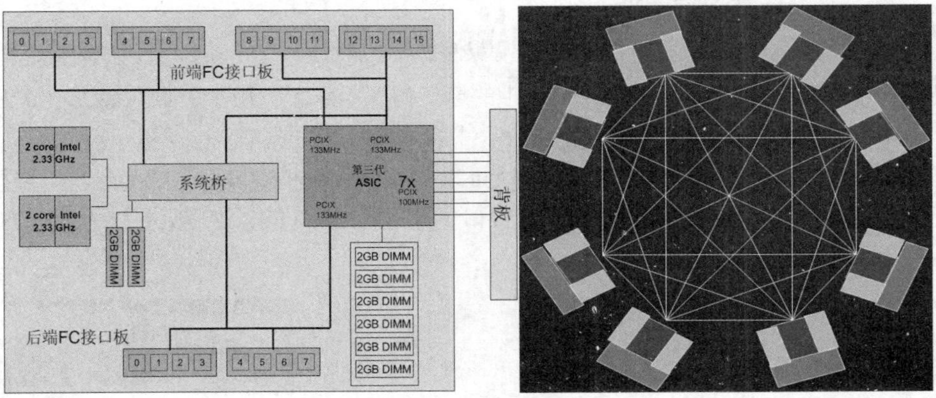

图 15-48 控制器架构示意图

如图 15-49 所示为节点控制器的实物图。可以看到共有 6 个 PCI-X 扩展卡插槽，它们共享 3 条 PCI-X 总线。图 15-50 左侧所示为系统的背板，可以看到其上的 8 个高密度针接口对应着 8 个节点。图 15-50 右侧所示为磁盘扩展柜实物图。3PAR 的扩展柜很有特色，在 4U 的空间内放置了 40 块 3.5 英寸硬盘，其原因是由于磁盘竖置并且紧密排列并且解决了散热和共振问题，这在其他厂商产品中也是没有过的。并且，节点后端的每个 FC Loop 仅连接一个扩展柜，即 40 块硬盘。扩展柜同样也是双 Loop 结构，一个节点对中的每个节点各拿出一个后端 FC 接口来连接一串（4 个级联）扩展柜，每个节点再拿出另外一个 FC 口连接对方节点的扩展柜。这样，每个节点对最多可以共同连接 8 个扩展柜，即 320 块盘，4 个节点对（8 个节点）共可以连接的最大磁盘数为 1280 块。

图 15-49　控制器实物图

图 15-50　背板和扩展柜实物图

图 15-51 所示为 8 个节点与各自扩展柜的连接情况示意图。每个节点对最大可以连接 8 个扩展柜，图中未标识出。

图 15-52 所示为 Inserv−T400 系统，最大 4 节点系统的机柜，机柜上部为磁盘扩展柜，下部可以放置 4 个节点控制器。左侧的背板为 8 接口，是对应 T800 的，这里只是示意图。T400 使用的是 4 接口的背板。

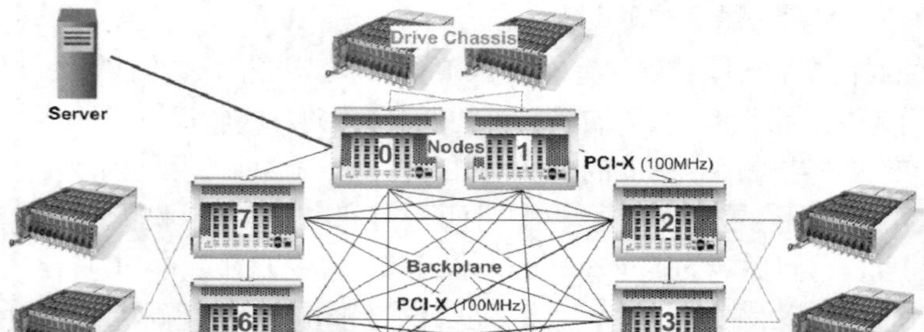

图 15-51　8 节点互联

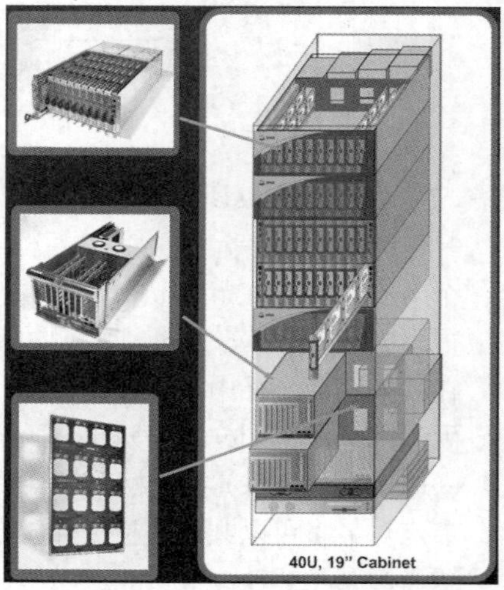

图 15-52　T400 系统示意图

2. Inserv 集群存储系统架构简评

Inserv 集群存储系统是一款特点很多的产品。

首先，它使用直连的廉价 PCI-X 总线作为节点间互连的通道，但是由于 PCI-X 半双工的限制，使得 8 节点间互连带宽只有 21.875GB/s。而且由于采用点对点直连而非交换方式，这就造成系统的扩展性大受限制，N 节点的系统就要求每个节点提供 N－1 条 PCI-X 总线，不适合扩充到更多的节点。

其次，节点内部使用专用 ASIC 来实现大部分数据操作，并还负责执行 ThinProvision 和 LUNShrink（或者叫 LUN Space Reclaiming）的功能，这又会大大降低系统主 CPU 的负担。再次，磁盘扩展柜的高密度设计，大大减少了空间占用以及连线，一定程度上也降低了耗电。如图 15-53 所示为这款 ASIC 芯片的实物图。

图 15-53　Thin ASIC

Inserv 集群存储系统的一个比较显著的瓶颈点在于每个节点使用 3 条 1GB/s 的 PCI-X 总线来支撑 6 个扩展卡共 24 个 4Gb/s 的 FC 接口，这实在有点捉襟见肘。这也注定了这款产品在满配 8 个节点，前端 128 个 4Gb/s 的 FC 接口的情况下，系统整体带宽吞吐量上不去，停留在不到 6.5GB/s 的级别上。

但是系统整体的 IOPS 吞吐量是很不错的，如图 15-54 所示，SPC-1 测试取得了 224990 IOPS 的成绩。而且曲线非常平滑和趋缓，显示了系统整体极高的 IO 消化能力。

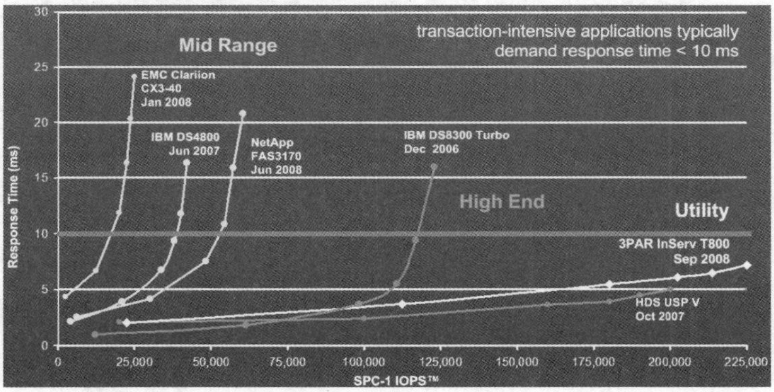

图 15-54　IOPS SPC-1 值

15.6.3　EMC 公司 Symmetrix V-MAX 集群存储系统

1. Symmetrix V-MAX 集群存储系统硬件架构简述

Symmetrix V-MAX 是 EMC 在 2009 年中旬推出的一款集群存储系统。其使用 X86 Server 作为节点，每个节点配备两颗四核 Intel CPU 以及几十 GB 的内存，若干扩展卡，另外当然也少不了用于节点互联的网络通道卡——RapidIO 适配卡。V-MAX 集群采用 RapidIO 网络来作为集群内部互联通道，整体采用两个外部独立 RapidIO 交换机来提供交换介质通道。

如图 15-55 所示为 V-MAX 系统满配时的拓扑图，共 16 个 Director（节点），每两个 Director

组成一对共同挂起后端一串磁盘扩展柜。每对 Director 被称做一个 Engine，满配最大 8 个 Engine。如图 15-55 右侧所示为单个节点（Director）内部的带宽情况。节点硬件指标方面，这里就不作过多描述了，因为 x86 Server 都差不多。这里主要描述一下 RapidIO 这个网络。

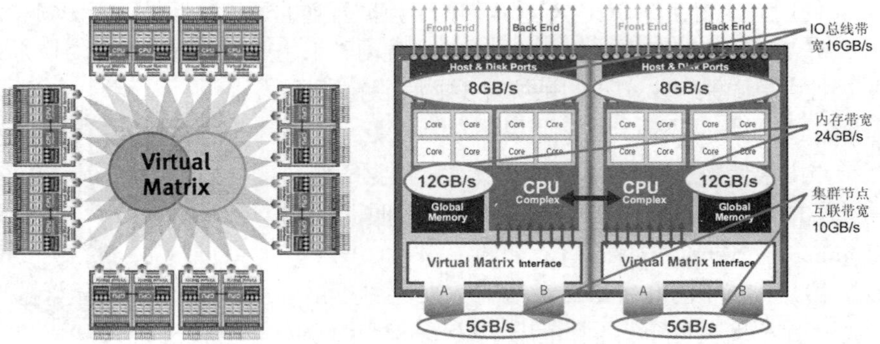

图 15-55 满配时示意图

图 15-56 所示为单个 Engine 的物理视图。两个 Director 组成一个 Engine 并放置于同一个机箱之内。

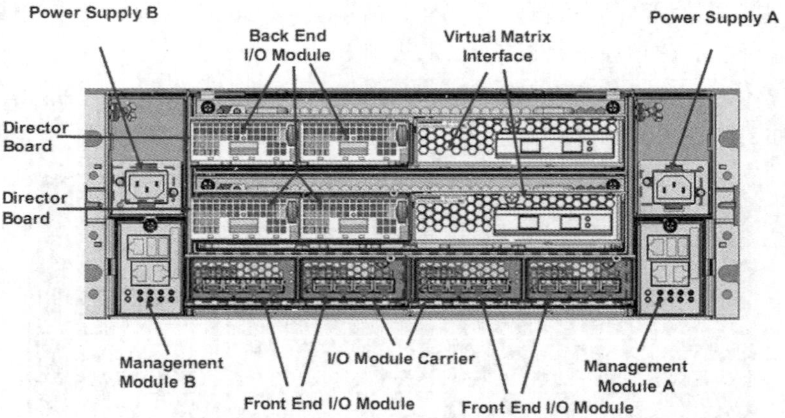

图 15-56 单个 Engine 物理视图

RapidIO 是一种高速网络，目前被广泛用于嵌入式半导体器件之间的互连。像任何高速传输网络协议集一样，RapidIO 也定义了一套自己的传输协议层次，在 OSI 各层都有相关定义。物理层可以采用并行传输或者串行传输，但是目前广泛被应用的是串行传输，8/10b 编码机制，目前单向传输速率为 3.125GBaud/s，合 2.5Gb/s=312.5MB/s。同样可以 4 条串行链路捆绑形成 4X 链路，加上全双工设计，一条 4X 的 RapidIO 链路可以提供双向 20Gb/s=2.5GB/s 的带宽。链路层采用成帧传输，具有链路层流控和传输层流控机制。网络层，RapidIO 定义了 8b 或者 16b 的地址用于路由/交换每个 Packet。传输层，RapidIO 根据不同应用行为规定了多种传输类型。相比 Fibre Channel 来讲，RapidIO 协议更加高效。目前最多支持一个交换域内 16 个端点，所以这个限制也是目前 V-MAX 存储系统的节点限制，即 16 个节点。

RapidIO 目前已经成为一种标准开放的芯片通信网络标准，有多家厂商参与了这个标准的制定和维护，比如德州仪器、朗讯、EMC 等。RapidIO 下个速率级别为 6.25Baud/s，合单向 20Gb/s 的速率。

RapidIO 提供对所有节点共享内存的支持，即在一个 RapidIO 网络之内的所有节点上的内存共同组成一个逻辑的大内存空间，每个节点都可以寻址这个全局内存。当目标地址位于本地内存的时候，数据请求无须经过外部网络；当目标地址位于其他节点的内存的时候，那么本地节点的数据请求会经过外部 RapidIO 网络被发送到对应的节点并将对应数据取回。如果本地寻址不命中，则由于经过了外部网络，所以整体响应时间就会增加。

Symmetrix V-MAX 系统就是一个共享全局内存的集群存储系统。

2. Symmetrix V-MAX 集群存储系统 IO 处理流程示例

每个 Director 的内存被分为三大区域：CS（Control Store）、GM（Global Memory）和 S and F（Store and Forward）。CS 区域保存着运行在每个 Director 上的操作系统所必需的运行时数据；GM 区域用于存放被缓存的写 IO 数据或者被 Prefetch 的待读 IO 数据；S and F 区域用来存放 Director 后端之间相互等待交换的数据队列。下面我们通过几个示例来了解这些逻辑区域的角色。

1）1 个 Director 参与，本地 Read Hit

如图 15-57 所示，某 Direcor 某时刻接收到了一个主机发送的读 IO 请求，Director 在接收到这个 IO 请求之后，查询系统全局内存中是否有针对这个 IO 地址的缓存数据存在。本例中，Director 恰好发现对应的缓存 Slot 就在本地的 GM 中，所以 Director 在 S and F 区域生成一条针对这份数据在 GM 区域中的指针，然后追加到 S and F 区域队列尾部等待发送。随着 S and F 区域队列不断被执行，这份数据被发送到主机客户端。

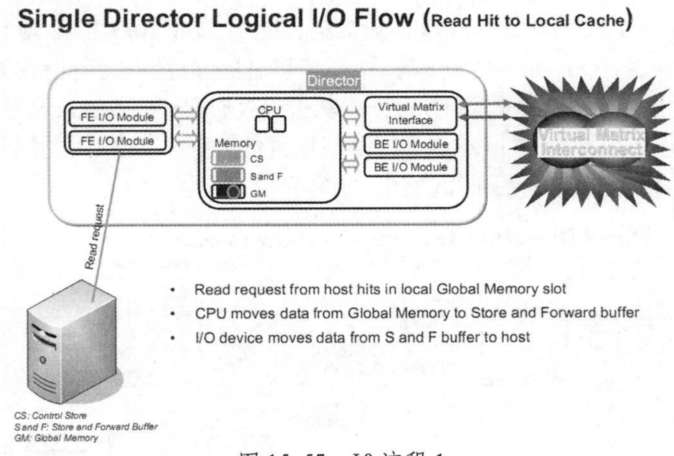

图 15-57　IO 流程 1

2）两个 Director 参与，Read Hit 于远程 Director

如图 15-58 所示，Director1 接收到主机的一个读 IO 请求，首先查询系统全局 GM 是否有对应的缓存 Slot，发现在远程 Director2 的 GM 中存在针对这个 IO 地址的缓存数据 Slot，Director1 立即通过后端 RapidIO 网络向 Director2 发起请求，将 Director2 的 GM 中对应的数据通过 RapidIO 网络传送到 Director1 的 S and F 区域队列中。数据收到后，随着 Director1 的 S and F 区域队列不断被执行，这份数据最终被发送到主机客户端。

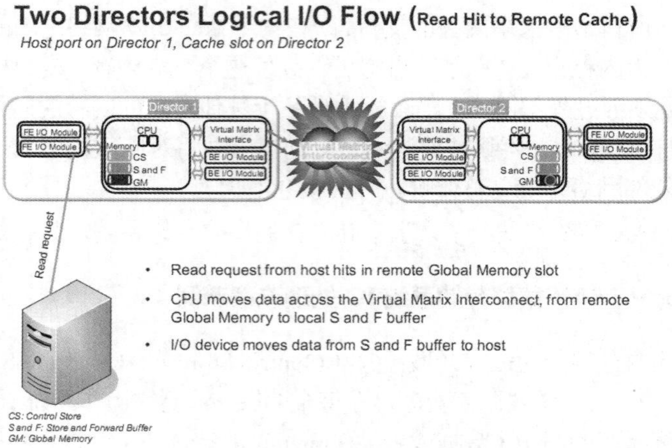

图 15-58　IO 流程 2

3）3 个 Director 参与，Read Miss

如图 15-59 所示，Director1 接收到主机的一个读 IO 请求，首先查询系统全局 GM 中是否有针对这个 IO 地址的缓存 Slot，发现系统全局 GM 内没有针对这个地址的缓存 Slot，所以 Director1 会为这个 IO 对应的地址分配一段缓存，此时 Director1 会根据某种策略，在集群内任何一个节点的 GM 上都可以进行分配。本例中假设 Director1 选择了在 Director2 的 GM 中为这个 IO 对应的地址分配缓存，则 Director1 会通过 RapidIO 网络向 Director2 发起这个命令请求。Director2 收到命令后，在本地 GM 为这个 IO 地址分配对应的缓存，并同时根据 IO 地址来判断这个 IO 所请求的数据存在于哪个节点的磁盘上。本例中假设数据存在于 Director3 的磁盘上，则 Director2 向 Director3 请求这份数据，Director3 收到请求后，从其后挂的磁盘中将这份数据读出并存入本地 S and F 区域等待被发送。Director2 收到 Director3 发送的数据后，将其放入已经分配的位于 GM 中的缓存 Slot 中，并在本地 S and F 区域队列尾部追加这份数据在 GM 中的指针。最终，队列中这份数据被发送到了 Director1，然后被发送到主机客户端。

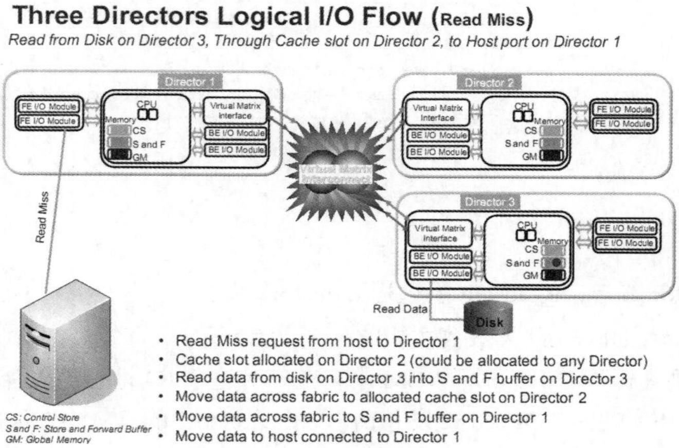

图 15-59　IO 流程 3

上面这个例子中所述的过程可能有点让人琢磨不透，即为何此时 Director2 会参与进来，在发生 Read Cache Miss 时，系统为何不直接根据 IO 对应的卷和卷中的地址来判断所请求的数据落在哪个节点管理的后端磁盘中。如果直接在包含 IO 请求数据对应磁盘的那个节点来分配缓存，那么就会节省一次多余的数据传送过程，节约后端网络带宽。对于这个问题，后文会有阐述。

4）4 个 Director 参与，Write IO

如图 15-60 所示，Director1 接收到主机的一个写 IO 操作，Direcotr1 根据这个 IO 针对的卷和卷中的地址判断，对应数据的磁盘不在本地，所以立即在系统全局 GM 中分配两份缓存以用于保存这份 IO 数据。本例中，Director1 选择了在 Director2 和 3 的 GM 中各分配一块缓存用于存放这份数据，Director1 将数据指针追加至本地 S and F 区域队列准备发送到 Director2 和 3 为其分配的缓存中。至此，这份写 IO 数据成功的在系统内部保留了两份，避免了单点故障，可防止一旦数据未写入硬盘之前整个节点发生故障所造成的数据丢失。Director 在完成缓存镜像的操作之后，立即向主机返回写入成功的消息。之后，Director2 和 3 中的一个（Primary 镜像），比如 Director2，根据 IO 针对的卷和卷中的地址判断出此 IO 的目标数据对应的磁盘存在于 Director4 上，所以 Director2 将数据指针追加到本地 S and F 中，将数据发送到 Director4 的 S and F 中，Director4 收到数据之后将其写入后端对应的硬盘中。

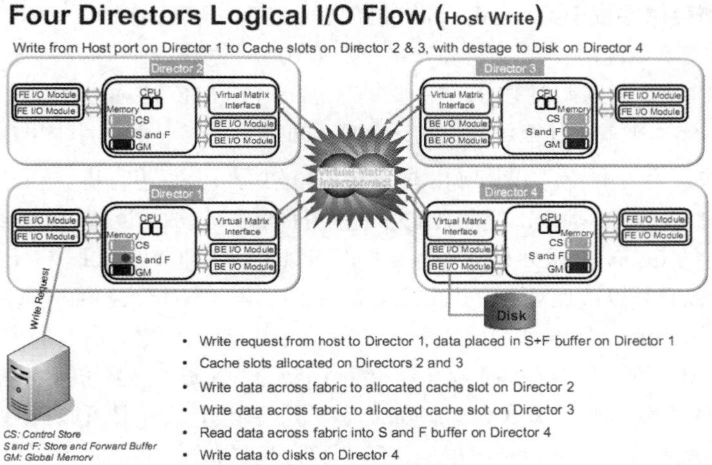

图 15-60 IO 流程 4

对于写 IO 的处理，V-MAX 也同样可能产生额外的不必要操作。比如上个例子中，数据完全可以只在接收到 IO 的 Director 即 Director1 与数据所保存的磁盘所在的 Director 即 Director4 的 GM 中保存两份即可，当数据写入硬盘之后，对应 GM 中的缓存 Slot 自然变为 Prefetch 类型的缓存。但是上个例子中，数据被多余的传送了两次。

当然上面所有示例中的情况都是最极端的情况，实际中有可能接收到 IO 的 Director 缓存将被耗尽，或者处理资源耗尽，或者由于其他各种原因，导致缓存 Slot 必须在其他节点分配，这种情况是有可能发生的，一旦发生，就需要额外的操作来解决这些问题；同时，额外的操作使得系统 IO 响应时间延长，相应主机端 IO 的压力就会随之降低，使得系统资源状况得以恢复，然后再次轮回发生，这也在一定程度上做到了压力自缓解。

对于一个集群存储系统，主机理应可以连接到集群中任何一个节点来向整个集群中存在的卷发起 IO 请求而不关心这个卷对应的实际数据存放在哪个节点上或自己是否就正在向这个节点发送 IO 请求。当主机将 IO 发送到一个其所挂的后端磁盘中并不包含对应数据的节点的时候，就要求节点通过后端互连通道进行数据转发动作了，这一点是无论如何不可避免的。因为不可能强制让主机连接到磁盘上有对应数据的节点，这样的话就失去了集群的意义。况且，有些集群比如

XIV 会将卷数据分块存放于集群中的每个节点的磁盘上。虽然集群内部数据互转在所难免，但是我们依然需要考虑节约后端有限的互联带宽。

V-MAX 的这种设计使得缓存 Slot 可以脱离数据对应的磁盘所依附的节点而存在于任何节点上，游离于各个节点之间，耦合非常松，有很大的灵活性和压力自缓解功能。当系统资源压力不大的时候，系统应当选择最优的缓存分配方式以降低 IO 延迟和节约后端互连通道带宽。

V-MAX 的这种设计可以说与操作系统内核使用 Page Cache 机制（见本书后面章节）是同源的，操作系统可以将各种实体比如文件、设备映射到内存空间中，访问内存空间就等于访问文件或者设备对应的地址。实际上，V-MAX 采用某种 hash 算法（比如 DHT），根据 IO 的发出主机、目标地址、长度等信息，做一致性 hash 计算，从而映射到集群中的某个节点，对应该目标地址的缓存一定位于某固定节点中固定的内存区域，使用这种算法可以避免每次 IO 都查表来确定其缓存位置，能够节省计算资源，提升速度，但是却可能由于多次转发而降低速度，这是个矛盾。其思想与缓存与 RAM 之间的映射类似，都各有收益和牺牲。

FC SAN 集群存储系统小论：EMC 与 3PAR 之间一直火药味比较浓，EMC 长期以来一直诟病 3PAR 的 PCI-X 总线、不支持 8Gb 的 FC 和 10Gb 的以太网、不支持 SSD 和不支持分级迁移等。3PAR 也时常调侃 EMC 的一些策略。HDS 和 EMC 之间也在互相拿对方的架构指指点点。其实本来就没什么可指点的，表现上可能不一样，但是骨子里却都一个样。

这次，EMC 来了个大翻转，一改 DMX 的直连矩阵架构，全面转向基于包交换互联网络的集群存储架构，一改 PowerPC，全面转向开放的 Intelx86。仔细的读者可能会发现，V-MAX 甚至与 3PAR 的 Inserv-T 系列集群架构有些许相似之处，即节点都是成对出现。3PAR 和 V-MAX 之所以必须以节点对的形式出现，是为了使用这一对节点共同连接一串磁盘扩展柜，以避免单点故障。比如，一旦某个节点 Down 机故障，如果其后挂的扩展柜没有另外节点来接管的话，那么所有存储于这串扩展柜上的数据将无法再被访问到。这里不得不提一下 XIV，XIV 的镜像保护方式和动态随时迁移数据的设计，让其可以只用一个节点连接后端的磁盘，虽然它目前还没有扩展柜，但是不见得未来不支持扩展，毕竟 X86 Server 是个很开放的架构，只要插上一堆扩展卡，没有做不到的事情。

V-MAX 在节点内部使用了 PCI-E，8Gb 的 FC 和 10Gb 的以太网，节点互连通道使用了基于包交换的 RapidIO 网络，这些用料比起 3PAR 来可是足足高了不少。

目前 HDS 公司尚未发布集群存储系统，并一贯坚持着其基于 Crossbar 的大型主机架构控制器。随着 IBM、EMC 这两家巨头相继发布了纯集群存储系统，不知道这三家巨头中的最后一家 HDS 还能坚持多久。

目前 X86 系统越来越普及，性价比越来越高，作为开放系统，逐渐地被存储厂商用于新的集群存储系统上来。而存储厂商可以基于这些开放系统，研发更加高级、更加智能化和移植性良好的存储软件模块，可能这就是激发 X86 集群普遍被应用的原因之一。

存储系统中，硬件的发展前景已经变得缓慢，而真正更加需要的，不是数据存储方面，而是数据管理方面。

集群 NAS 系统和集群文件系统：前面介绍并分析了几个基于 Block SAN 方式访问的集群存储系统。另一大阵营，即 NAS 存储系统，一样可以集群化，而且已经变成了一种趋势。

促成集群 NAS 发展的一个最大原因就是因为 NAS 系统前端以太网速率较低，传统 NAS 设备单个控制器性能不高，能够满足的吞吐量也很低，导致传统 NAS 存储系统常用于二线应用，比如文件共享或者一些非关键而且对性能要求不高的应用。然而，一些特殊的应用，需要多点共同读写某个文件的应用系统，比如 3D 渲染集群、电影渲染集群等，这些集群中包含几百甚至上千台服务器节点，它们可能需要同时读或者写某个大文件，这种需求如果使用 Block 级别的存储系统的话，那么务必需要在应用程序中引入文件锁机制，就会大大造成应用程序设计的负担并且不具有通用性，每种应用都自行设计集群模块，是没有必要的。此时，需要一个公共的集群层，而 NAS（NFS、CIFS）自身就已经有文件锁机制，所以只要应用程序在设计的时候调用对应 NAS 协议提供的锁 API 即可。

苦于 NAS 系统的性能问题，在客户端节点过多而 NAS 服务端性能又太低时，系统整体的性能将会很差。这就迫切需要 NAS 存储系统进行集群化扩展，将客户端的 IO 压力分摊到集群中的每个节点上。除了将 NAS 系统集群化之外，还有另一种选择，即集群文件系统。

下面介绍几种集群 NAS 系统或者称集群文件系统的设计架构。

所谓"谁才是真正的 Scale-Out？"：IBM 自从亮相了 XIV 之后，EMC 接着出了 V-Max，接着 HDS 也推出了 VSP。这三者都宣称自己是 Scale-Out 架构，在业界也引发了一些讨论，有人认为只有 XIV 才是真正的 Scale-Out，而 V-Max 与 VSP 则不算 Scale-Out。对于这个问题，我是这么看的。

大家知道服务器多 CPU 架构变迁过程，一开始是单 CPU，后来发展到双 CPU 或者多 CPU 的 SMP 架构，也就是多 CPU 共享相同的内存、总线、操作系统等资源，每个 CPU 访问全局内存任何地址耗费的时间都是相等的。还有一类 AMP 架构，即不同 CPU 做的事情是不同的。但是由于共享访问冲突，SMP 架构扩展性-效率曲线已经达到瓶颈。为了进一步提高 CPU 数量的同时保证效率，NUMA 架构出现了，也就是将多个 SMP 进行松一点的耦合，多个 SMP 之间通过 CrossBar Switch 高速交换矩阵互联，每个 SMP 都有各自自己的内存，一个 SMP 内部的 CPU 访问自己的内存时与之前没什么两样，但是要访问其他 SMP 处的内存，就需要走交换矩阵，导致延迟增加，所以，NUMA 通过牺牲了内存访问的时延来达到更高的扩展性，比如可以将数百个 CPU 组成 NUMA 架构。SMP 和 NUMA 架构对于软件程序方面的影响不大，同一台主机内都使用单一操作系统。但是由于 NUMA 访问远端内存时的时延问题，导致 NUMA 架构下的效率也不能随着 CPU 数量的增加而线性增长，只是比 SMP 要好罢了。此时，MPP 架构就出现了。MPP 可以说已经与 CPU 已经关系不大了，MPP 说白了就是将多台独立的主机使用外部网络来组成一个集群，显然 MPP 架构下，每个节点都有各自的 CPU、内存、IO 总线和操作系统，属于最松的耦合，而且运行在 MPP 集群中的软件程序的架构也需要相应改变，变为大范围并行化，并尽量避免节点之间的消息传递。由于软件程序发生了变化，那么 MPP 的效率随节点数量的增长就可以呈线性关系了。其实，如果在 NUMA 架构下，软件也可以避免尽量少读取远端内存的话，那么 NUMA 效率也会线性增长，但是 NUMA 架构下的操作系统仍然是同一个，内存仍然是全局均匀的，而程序架构又尽量保持不变，那么就不可避免的时不时访问远端内存了。MPP 相当于把内存强制分开，把操作系统强制分开，把程序架构也强制改变从而保持海量计算下的效率线性增长。

那么再说回到存储系统。与服务器 CPU 架构演进相同，可以把存储系统的控制器类比为 CPU，而后端磁盘柜类比为一条条的内存。一开始的单控，后来的双控互备份（传统双控存储），一直到双控并行处理（目前只有 HDS 的 AMS2000 存储系统为双控并行架构），到这个阶段就类似于 AMP（双控互备）和 SMP（双控并行）架构，后来则有多控并行对称处理架构，Oracle 的 RAC 集群也可以视作一种多点 SMP，各种共享底层存储的集群文件系统及基于这种文件系统所构建的存储系统也属于多点对称 SMP。

同样，由 SMP 到 NUMA 的过度也出现在了存储系统中，比如 EMC 的 V-Max，相当于多个 SMP（一对控制器组成一个 Director 等价于一个 SMP 矩阵）利用高速交换矩阵（RapidIO）来共享访问每个 SMP 上掌管的内存。

由 NUMA 到 MPP 的过度一样也出现在存储系统中，IBM 的 XIV 就属于松耦合 MPP 架构，多个节点之间彻底松耦合，各自都有各自的 CPU/内存/总线/磁盘/IO 接口，使用外部以太网交换机，使用 TCPIP 协议互相通信。而 HDS 的 VSP 则更像是一个紧耦合的 MPP， MPP 对软件架构变化很大，所以传统存储厂商很难将之前的架构演变到 MPP 上来。另外一种属于 MPP 架构的存储系统就是各种分布式文件系统（注意，并非共享存储的集群文件系统）。

至于谁才是真正的 Scale-Out，这个是个无定论的问题了。SMP/NUMA/MPP 其实都算 Scale-Out，只不过程度和形态都不同罢了。有人说 MPP 才是真正的 Scale-Out，可能是基于 MPP 流行的原因。但是不能一概而论。MPP 架构的存储，例如 XIV，由于特定场景下，由于单路 IO 就可能导致整个 MPP 集群中的磁盘资源全部牵动（每磁盘同一时刻只能执行一个 IO），在多路大块连续 IO 并发的情况下，反而效率很差（比如多流大块连续地址 IO）；而某些特定场景下，多路 IO 之间牵制很少，则表现出线性增长的性能（比如小块高随机 IO）。这也可以类比为将一个程序并行分解成多个执行颗粒（类比为高随机 IO），颗粒间的关联性越少，则节点间通信量就越少，则并行执行的效率越高，一个道理，所以 MPP 自身为 Share-Nothing 架构，那么运行在它上面的程序颗粒之间最好也 Share-Nothing。对 XIV 的具体分析可以参见后面的一节。

SMP、NUMA 和 MPP 各有各的好处，也各有各的应用场景。比如 SMP 适用于扩展性要求不太高而又不想对程序改变太大的场景，而 MPP 则使用海量数据下的高扩展性需求场景，需要对程序有较大改变才能获得良好性能。同样对于存储也是这样，比如一旦决定用 MPP 架构的存储，那么就需要面对多流大块连续 IO 场景下性能不佳以及效率-扩展曲线的线性不佳这两个事实。或者你去修改上层应用，将大块连续 IO 改为高随机 IO，而这显然荒唐。并且为了适应存储去修改应用，这一般是不可能被接受的。而 MPP 架构却被广泛用于互联网运营商的底层 Key-Value 分布式数据库，其高随机小块读访问场景下能获得巨量的性能以及线性的效率-扩展曲线。

15.7 集群 NAS 系统和集群文件系统

15.7.1 HP 公司的 Ibrix 集群 NAS 系统

IBRIX 是一家专做集群文件系统的公司，近年来被 HP 收购。IBRIX 的集群文件系统称为“Fusion”，其架构中包含 Fusion Segment Server/Client 和 Fusion Manager。下面了解一下 IBRIX 的架构。

如图 15-61 所示为 IBRIX Fusion 集群文件系统部署之后的整体系统架构示意图。Fusion Segment Server 是 IBRIX 集群的主体软件包，需要将其安装到集群中的每一台 PC Server 中。集群中的所有节点从后端的磁盘阵列中获取存储空间以便存放文件，这些存储空间可以被所有节点共享，也可以单个节点独享。集群中的节点也可以使用本地存储空间或者 DAS 直连存储的存储空间来存放文件。推荐使用共享存储空间，因为一旦某个节点发生故障，那么系统会自动将共享的存储空间挂载到正常节点之上继续提供服务。客户端主机可以使用三种方式来访问 Fusion 集群：NFS、CIFS、Fusion Client。集群中的每个节点都有各自的不同的 IP 地址，客户端只要访问任何一个节点即可访问到集群内所有的数据资源。集群内的节点各自有各自所管理的文件系统和 Mount Point，但是每个节点都可以向外部 Export 所有节点上的 Mount Point（Export 其他节点的 Mount Point 之前，本地节点中必须提前也创建这个 Mount Point。当然也可以手动控制那些只有 Export 自己管理的 Mount Point），客户端如果一旦试图访问不受本地管理的数据，那么这个节点就会从管理这份数据的那个节点将这份数据对应的 Metadata 拿过来，然后通过 Metadata 来获取这份数据在后端存储空间内的位置，比如哪个 Volume，哪个磁盘，然后通过后端存储网络将数据读出来再返回给客户端。如果使用非共享存储，则收到 IO 请求的节点会通过前端以太网从保存对应数据的节点把数据拿到本地然后返回给客户端。

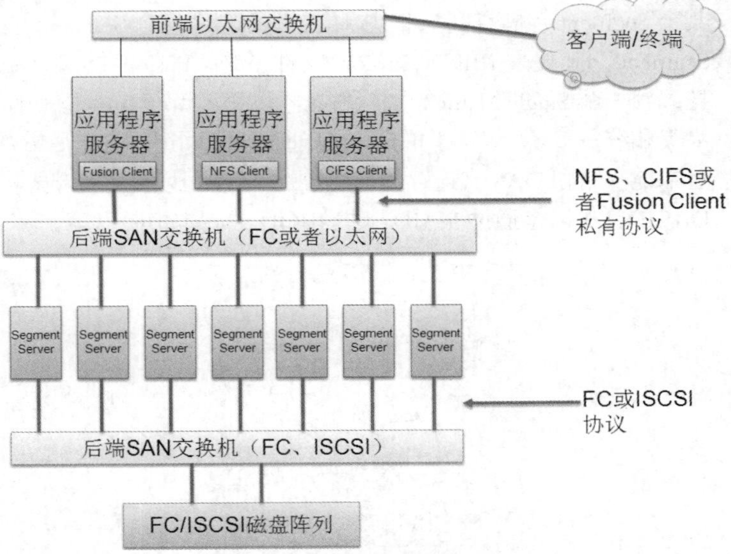

图 15-61 IBRIX 整体拓扑图

客户端可以采用 NFS 或者 CIFS 方式访问集群节点，也可以安装一个 Fusion Client 代理程序从而通过这个代理来访问集群节点。NFS 和 CIFS 方式下，如果某节点所连接的客户端试图访问一个不受本地管理的目录或者文件的话，就会发生上文所述的过程，需要耗费一定的开销。但是如果使用 Fusion Client 代理来访问集群的话，Fusion Client 会预先从集群中将 Metadata 拿到客户端缓存，这个 Metadata 描述了哪些 Mount Point 受哪些节点管理，所以，Fusion Client 会将客户端发出的访问请求转发到集群中实际管理被请求数据的那个节点。这样，虽然客户端只显式挂载了集群中一个节点上的 Mount Point，但是 Fusion Client 却会在底层隐式地将所有请求对号入座转发到对应的节点，这样就避免了节点之间互相要求 Metadata 的开销，系统性能有所提升。

如图 15-62 所示为上图中所示的一个 Fusion Segment Server 内部的软件层次架构图。Segment Server 首先包含了一个 Cluster Aware Logical Volume Manager，即 CLVM。由于集群中多个节点可以共享后端存储，所以这里的卷管理软件也要支持多节点共享卷。其他功能与普通 LVM 无异，LVM 先将物理 LUN 组成 VG，然后在 VG 中最终做成的 Logical Volume 即 LV，被 Segment Server 称为一个“Segment”，即分段的意思。每个 Segment 必须只隶属于一个 Segment Server 管理，但是一个 Segment Server 可以管理多个 LV，即 Segment。当某个节点故障之后，正常的节点可以直接接管故障节点原先所管理的 Segment，并且接管故障节点原本承担的所有前端数据访问（如果某个 Segment 存储空间为非共享的，那么管理这个 Segment 的节点故障后，正常节点无法接管）。Segment 之上便是 IBRIX Fusion 文件系统，Fusion FS 对 Segment 进行格式化，并且将 Segment 挂载到一个 Single Name Space 路径之下，每个节点的挂载动作都会通知到集群中所有节点以避免冲突和统一口径。集群内的通信是通过以太网进行的，后端数据路径则通过后端 SAN 交换机或者本地存储和 DAS 直连存储，后端的 SAN 可以是 FC 方式也可以是 iSCSI 方式，本地存储或者 DAS 的话可以是通过 RAID 卡挂 JBOD 或者本地磁盘等。

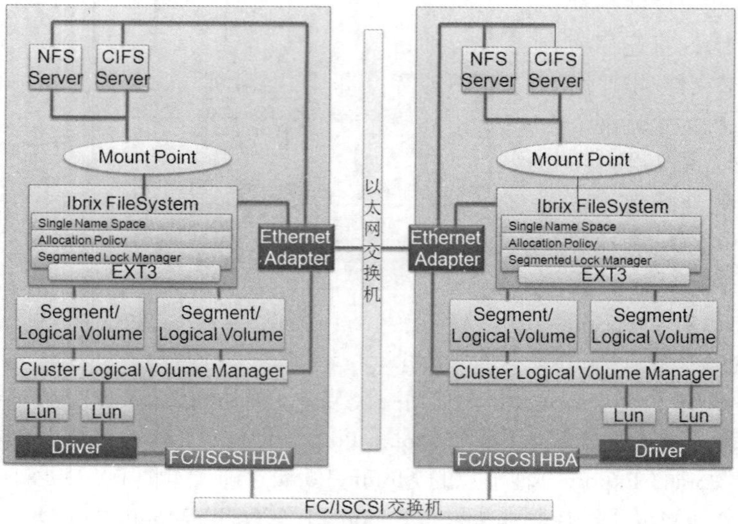

图 15-62 Segment Server 内部架构图

在 Segment 上创建文件系统的时候，可以只使用一个 Segment 作为这个文件系统对应的存储空间。然而，也可以使用多个 Segment 作为这个文件系统的存储空间，每个 Segment 又可以隶属于单一或不同的 Segment Server 来管理，文件和目录在多个 Segment 之间的存放策略由 Allocation Policy 模块管理，其提供了多种 Polic，比如 ROUNDROBIN（新文件或者目录轮流地在各个 Segment 之间存放）、STICKY（新文件或者目录都存放到某个固定 Segment 中直到这个 Segment 的剩余容量达到一定阈值）、DIRECTORY（新文件或者目录将被存放在与其父目录所在 Segment 相同的 Segment 上）、LOCAL（将新文件或目录存放到接受客户端请求的节点所管理的 Segment 中）、RANDOM（新文件或者目录随机选择一个 Segment 进行存放）等。

这些策略可以让管理员充分调节以平衡系统的负载。如果客户端使用 Fusion Client 来访问集群，由于其可以直接与所有 Segment Server 通信，所以这些策略必须放到 Client 端执行；如果客户端使用 NFS/CIFS 协议来访问集群，则由于客户端只能直接访问它所 Mount 的那个 Segment Server，所以 Policy 必须在所有 Segment Server 上执行。Segment 有三种类型，第一种是只可以存放目录的，第二种是文件目录都可以存放的（Mixed），第三种是只可以存放文件的，除非有特殊用途，默认情况下皆使用 Mixed 模式。

Segment 的 Owner 可以动态地从一个 Segment Server 迁移到另一个，迁移过程对前端访问没有影响。由于集群底层使用了 CLVM，在一个节点上创建的 Segment，在其他节点上都会同步显示。在选择一个或者几个 Segment 建立文件系统的时候，可以指定用何种 Policy 以及将哪个

Segment 分配给哪个节点。Segment 的大小可以不同。如果使用多个 Segment 来作为某文件系统的存储空间，那么在创建文件系统的时候可以指定其中哪个为 Root Segment，谁管理 Root Segment，谁就是掌控这个文件系统 Mount/Unmount 的首席执行者。

文件系统被创建之后，需要在 Segment Server 上创建 Mount Point。可以只在一个或多个或者全部节点上创建某 Mount Point。创建 Mount Point 其实就是在系统虚拟目录下创建一个新路径，创建命令只需要在一个节点上执行，指定所有需要创建 Mount Point 的节点，即可将同时在对应节点上创建。Mount Point 被创建之后，就需要将先前创建好的文件系统挂载到 Mount Point 中，可以选择只在一个或者多个或者全部节点上挂载某个文件系统到某个 Mount Point；同样，命令也只需要在一个节点上执行，但是这个节点必须是管理 Root Segment 的节点。文件系统可以通过向其中加入新 Segment 的方式进行空间扩展。如图 15-63 所示为一个名为 TEST-FS 的文件系统的底层存储空间由 4 个 Segment 组成，第一个 Segment 为 Root Segment，这个文件系统被挂载到了路径/cluster/data1 之下。

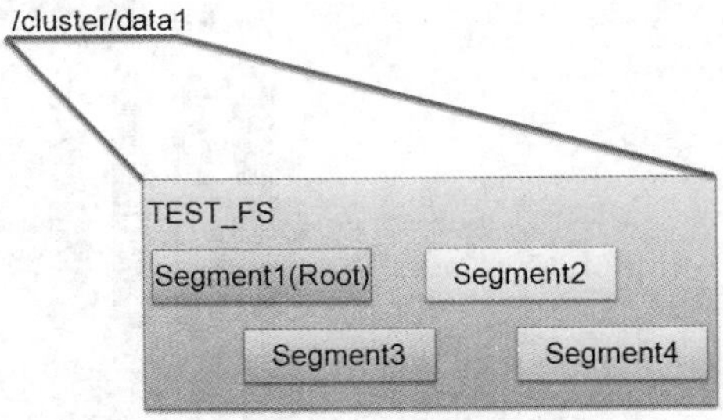

图 15-63　挂载点之下的 Segment

挂载了文件系统之后，如果需要访问对应数据的应用程序与 Segment Server 处于同一操作系统内，那么就可以直接读写了。然而，Fusion 集群还可以将这个 Mount Point 以 NFS 或者 CIFS 的方式 Export 出去，可以选择在一台、多台或者全部节点上 Export，当然，这些节点必须已经 Mount 了对应的文件系统。

Export 之后，客户端就可以通过 NFS 或者 CIFS 协议来访问对应的目录了。也可以使用 Fusion Client 来访问。Fusion Client 并不直接访问集群，而也是通过下层的 NFS Client 或者 CIFS Client 来访问集群。Fusion Client 只不过在 NFS Client 和 CIFS Client 之上再增加一层控制逻辑以便执行更多功能比如 File Allocation 等。

Fusion Manager 是运行在一个单独 PC 上的组件，通过前端以太网来与集群所有节点通信，可以用来管理和监控整个集群，但是集群数据 IO 的过程并不经过 Fusion Manager。创建 VG、LV、FS、Mount Point 等任务可以在 Fusion Manager 中进行。Fusion Client 的 Mount Point 信息、Mounted Filesystem 信息都需要从 Fusion Manager 中获取，所以对于 Fusion Clietn 来讲，Fusion Manger 是必需的。

IBRIX 已经与 Mellanox 公司进行了合作，推出了可以使用 Infiniband 网络来传输 NFS 协议的集群系统，其后端使用 Fusion FS，前端使用 NFS Gateway，Gateway 使用 Mellanox 公司提供的 NFS/RDMA SDK 以实现 NFS over Infiniband。实测结果令人兴奋，单个 Gateway 的吞吐量就可以达到读 1400MB/s 和写 400MB/s。通过增加更多的 Gateway，整体系统性能会线性增长。

说明：至此，第 10 章的最终幻想也被实现，只有想不到，没有做不到，这就是科技。

15.7.2　Panasas 和 pNFS

Panasas 公司是一家生产高性能集群 NAS 存储系统的厂商。其生产的 ActiveStor 集群存储系统由于使用了刀片设计，密度非常高，在一个机箱中可以插满 11 个刀片，其中每个刀片包含一块 1TB 的 SATA 硬盘和一块 32GB 的 SSD 硬盘以存放 Metadata，加速 Metadata 的存取。每个刀片最大 4GB 的内存，这样每个机箱就可以包含 10TB 的数据存储空间、320GB 的 Metadata 存储空间以及 40GB 的内存空间。最大 10 个机箱可以共同加入集群。如图 15-64 所示为 ActiveStor 存储系统示意图。

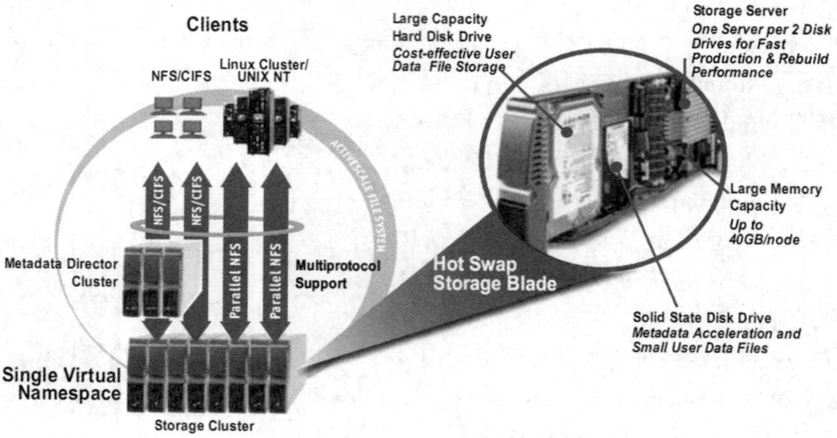

图 15-64 ActiveStor 示意图

Panasas 将自己的集群文件系统称为 PanFS。与 IBRIX 所不同的是，PanFS 集群中不是每个节点都可以提供 NFS 或者 CIFS 服务端功能的，每个机箱中只有几个特殊的刀片（节点）可以提供 Mount Point 和 Share Directory，客户端只能与这些节点通信才能够挂载相关目录。只有这些节点上维护着整个集群的文件目录映射信息，所以这些节点又被称为 Metadata Server，即 MDS。整个集群内的所有 MDS 形成一个小集群，专门负责提供客户端访问入口和维护集群内所有 Metadata，以及锁管理。

与 IBRIX 相同，PanFS 也向外提供了三种访问方式：NFS、CIFS、DirectFlow。像 IBRIX 一样，前两种访问方式下，客户端并不能并行的直接访问集群内其他节点，数据只能够从 MDS 获得，对于不在 MDS 上存储的数据，MDS 会先向数据所被存储的节点请求这份数据然后再将其发送给客户端。而 DirectFlow 方式就类似于 IBRIX 中的 Fusion Client。其实，DirectFlow 其本质是基于 Object Storage 的 pNFS（Parallel NFS，即 NFS 4.1），pNFS 是一个 IETF 的标准协议。pNFS 的架构其本质与 Fusion Client 的实现方式相同，即客户端首先从 MDS 上获取需要访问的目标文件分块所被存储的所有节点的信息，包括地址、分块信息等，然后客户端根据得到的映射信息，并行的向分块所被存储的所有节点发起数据请求将数据取回。

提示：PanFS 另一个最大的特点是使用对象存储方式。关于对象存储我们在下面章节会有介绍。另一个集群文件系统 Lustre 的架构与 PanFS 基本上类似，这里就不做过多介绍了。

15.7.3 此“文件系统”非彼“文件系统”

传统意义上的文件系统，比如 FAT16/32、NTFS、EXT2/3、JFS1/2 等，都是实实在在的文件系统，也就是说，它们是真正管理着某个文件和底层存储卷上某个 Sector 或者 Block 的对应关系的。而所谓“网络文件系统”，它们根本不管理文件与扇区的对应，所以称 NFS/CIFS 等为一个文件系统，从某种角度来讲有一点歧义，更准确地可以称 NFS/CIFS 等为“网络文件访问系统”，而 NTFS 等传统文件系统可以更准确地称为“文件管理系统”。

同样，对于集群并行分布式文件系统或者 San 文件系统来讲，在 Unix 平台下它们底层有些则直接使用 Ext3 文件管理系统来管理文件，而 Windows 平台则使用 NTFS。有些厂商则对 EXT3 进行了些许修改之后来使用，比如 Lustre；有些则选择全部重写一套自己的 FS，比如 Sotrnext。

在底层文件管理系统之上，增加一层集群分布式文件映射管理系统，外围再包裹上一层 NFS/CIFS 网络文件访问系统，便成了一个分布式集群并行文件系统了。

如图 15-65 所示为集群文件系统与操作系统文件系统生态图。

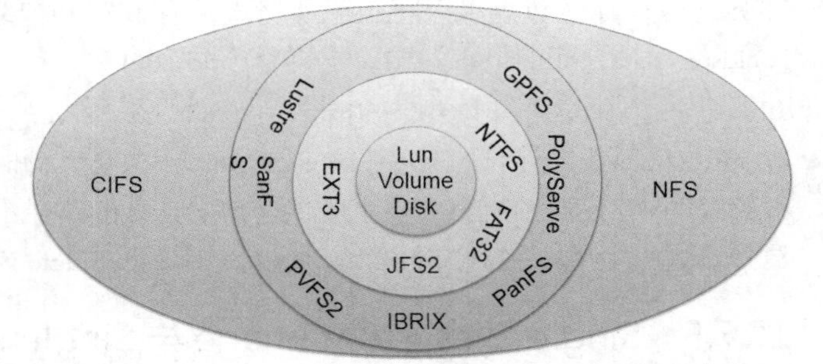

图 15-65 底层文件系统与上层集群文件系统的关系

15.7.4 什么是 Single Name Space

Single Name Space 被翻译为“统一命名空间”。在理解这个名词之前，首先要理解文件系统对外提供的访问方式。我们都知道文件系统在底层管理着上层文件对应底层存储卷或者磁盘上的扇区的情况。在上层，文件系统将文件放到某个目录中，然后目录还可以在目录中。当我们需要访问某个文件的时候，必须首先知道这个文件在哪个目录中，比如 Windows 下的“D:\data\file.exe”就是一个文件的路径，它表示 D 分区下的 Data 目录下的 file.exe 文件。又例如 Unix 系统下的“/user/someone/file.exe”。为何 Unix 不像 Windows 有 C 盘、D 盘之类的盘符呢？这个问题完全取决于设计方式。Windows 默认就是以各个分区为总入口，然后在入口下建立一级一级的目录。而 Unix 的文件系统则是以全局为入口，各个分区都被“挂载”到某个目录下。比如，可以将分区 sda2 挂载到“/home/mnt”下，那么我们如果要访问分区 sda2 中的数据，就需要进入“/home/mnt”，就相当于进入了 sda2 分区文件系统的根入口。当然，如果用户习惯用 Windows，想让 Unix 文件访问方式与 Windows 类似，那么可以将分区 sda1 挂载到“/sda1”，分区 sda2 挂载到“/sda2”，依此类推。其实在 Windows 上也可以将分区挂载到某个其他目录下。这种目录叫做虚拟目录，或者 Virtual Directory，即目录中存放的并不是原本隶属于这个目录下的文件或目录，而是另外一个存储空间的目录树。虚拟目录更应该理解为一个路径，这种意义上的路径与目录和文件本身没有直接关联了，路径的唯一意义就是提供一个标记，就像路牌一样，路牌上对应的路名并不等于那条路本身。

在一个多点集群环境中，每个节点都有各自的虚拟目录，或者说路径。然而，集群之所以称为集群，是因为这个集群对外应当表现为一个整体，内部不存在冲突或者重复的事物。比如这个集群对外用 NFS Export 的某个路径“/cluster/data1”，客户端不管向集群中的哪个节点发起请求使用 NFS 来 Mount 这个 Export 之后，所看到的数据内容都应当是相同的。这就要求集群内部不会在多个节点上共同存在多份独立的“/cluster/data1”。比如，集群中的某个节点 A 将自己所管理的某个分区 sda1 挂载到了“/cluster/data1”路径下面，而这个路径是将要被 NFS Export 出去供客户端访问的，那么这个节点就应当同时通知其他所有节点都生成这条 Mount Point，只不过其他节点会感知到这个路径对应的实际存储空间并不位于本地所管理的存储空间，而位于节点 A

上。那么一旦非 A 的其他节点接收到针对这个路径的访问请求，就需要将请求发送到 A 节点执行然后取回结果并返回给客户端（节点后端不共享存储），或者向节点 A 发起请求将这个路径对应的实体数据空间的映射信息传送过来，然后自己从后端存储空间中读取数据并返回给客户端（节点共享后端存储）。已经被某节点使用的路径，不能再在其他节点上再次挂载，因为会引起冲突，但是其他节点可以将自己所管理的存储空间挂载到“/cluster/data1”的下一级路径比如“/cluster/data1/othernode”中，这样是不冲突的。

在一个非集群环境中，如果有两个 NAS Server 端，同时存在两个名称相同的路径比如“/cluster/data1”，而且都使用 NFS Export 出去了，此时客户端挂载的就是两份完全不同的独立存储空间了。集群中所有节点上的供客户端挂载的路径不重复并且所有节点统一协作，统一口径，对外表现一台单一的 NAS Server，这就是所谓“Single Name Space”。

15.7.5 Single Filesystem Image 与 Single Path Image

前面提到过 Single Name Space，也就是所谓的全局统一命名空间。这个词的反义词就是非全局多命名空间，也就是说有多个独立的文件系统空间。这两个词都是用于集群文件系统环境中的。

实现单一命名空间有两种方式。第一种是将分布到多个节点上面的多个独立文件系统进行松绑定。比如将 a 节点上的/fs/a 以及 b 节点上的/fs/b 绑定成同一个/fs 下面的两个目录：/fs/a 和/fs/b，客户端访问集群中的任何一个节点，比如访问 a 节点，那么客户端所看到的目录就是/fs/a 或者/fs/b，在未实现单一命名空间之前，客户端通过 a 节点只能看到/fs/a 而看不到/fs/b。或者也可以这样搞：两个集群节点各自管理自己的文件系统空间，用一个虚拟化模块将这两个实际的文件系统空间虚拟成一个大空间，比如原来是/a 和/b，而虚拟化之后，这两个目录共同融合成了一个/a，/b 下面的子目录和文件现在都融合到了/a 下面。或者/a 和/b 下的数据都被虚拟到了一个虚拟目录/c 下面。通过这样的简单松耦合方式来实现将多个独立文件系统空间虚拟化融合成一个大嵌套空间的做法，就属于 Multiple Filesystem Image，因为这种整合方式并没有影响到各个节点上的本地文件系统，只是在其上层做了一层覆盖虚拟化，只是将目录路径进行了嵌套虚拟，这就必然导致其颗粒度将会非常大，比如某个文件或者某个目录的内容只能被存放在集群中的一个节点上。当客户端通过 a 挂载/fs 目录却发起了对/fs/b 下某文件的访问，那么此时 a 节点会将这个请求通过集群间内部互联网络发送给 b 节点，b 节点处理之后将结果返回给 a，然后 a 再将结果封装返回给客户端。所以说，Multiple Filesystem Image 更准确的应该被称为 Single Path Image，即单一路径影像。

相对于 Single Path Image，Single Filesystem Image 则是直接在每个节点的文件系统中作彻底的架构改变。当然，这里所谓“彻底”只是相对的，很多 Single Filesystem Image 实现方式其实还是在诸如 EXT3 这样的本地文件系统之上增加一层虚拟化逻辑，只不过这层逻辑与本地文件系统以及其他节点之间结合得更加紧密了，颗粒度大大降低，属于一种紧耦合方式了。比如某个文件虽然在客户端看来是存放在/fs/a 下面，但是底层可能是这个文件的前半部分被放在 a 节点，而后半部分则被存放在 b 节点中。在 Single Filesystem Image 中，集群中的所有节点都可以看到整个集群中的这个大的虚拟的文件系统，并且知道具体哪个目录或者哪个文件的哪个部分存放在集群中的哪个节点，多个节点相当于被同一个文件系统所管理的多个“磁盘”。而 Single Path Image 模式下的集群，每个节点只能看到和管理它本地所存储的文件，对于其他节点上的文件，更准确地说应该是路径，是靠一个松耦合的虚拟化层简单的嵌套来实现的。

松耦合可以容易地实现更多节点的扩充，紧耦合就不是那么好扩展了，紧耦合需要维护的状态、元数据等信息量都显著提升，随着集群中的节点数量增加，维护和传输这些元数据以及状态就需要更多的计算资源以及网络资源。在实现难度上，Single Path Image 基本上没有太大难度，而 Single Filesystem Image 则实现难度很大。

SPI 其实就是多个独立文件系统的松耦合，如果客户端程序从节点 a 进入，而访问的文件却位于节点 b，那么此时 a 会将收到的 IO 请求直接通过内部网络通路转发给 b，同理，其他节点所收到的针对 b 节点中文件的访问都会被直接转发给 b，这样就相当于 b 这个独立文件系统像传统方式一样接受外部的 IO。而在 SFI 模式下，接收到客户端 IO 请求的节点需要将对应的 IO 进行解析，获得这个 IO 对应的数据到底落在哪个或者哪些节点上，然后将 IO 拆分后分别传送到对应的集群节点中进行读取或者写入。

15.7.6　集群中的分布式锁机制

在单个节点的单一操作系统内，存在多个应用程序进程，如果某时刻，应用程序 A 试图访问一个记录文件 F，F 中包含有地址簿和电话信息，A 将其打开之后，又有一个应用程序 B 也将 F 打开，此时，F 同时存在于 A 和 B 的 Buffer 内。之后，A 将 F 中的对应某人的电话号码做了更改，并且将更改写入了 F。而此时 B 的 Buffer 中的 F 的内容依然是 A 做更改之前的，此时 B 将 F 中对应这个人的电话号码改成了与 A 之前改的所不同的值，并且保存到了 F 中，那么，F 的内容就会变为 B 所更改的，A 做的更改将丢失。在 Windows 系统下，MS Office 在打开文件时是对整个文件加锁的，而记事本是不加锁的。大家可以做个实验，打开两个记事本程序，打开同一个文件各自编辑，谁最后一个保存退出，谁做的编辑就被保存到了文件中。我们也可以使用 CIFS 协议来分别打开一个文本文件和一个 Word 文件，如图 15-66 所示，在数据包中，上面为打开 TXT 文档时程序的行为，可以看到程序并没有对文件加任何锁，甚至允许删除（在本地也是同样的行为，已经打开的 TXT 文件可以被其他程序删除）。下面为用 MS Word 程序打开 Word 文档时的数据包，可以看到程序只允许其他程序读取此文件。

```
⊟ Share Access: 0x00000007 SHARE_DELETE SHARE_WRITE SHARE_READ
    .... .... .... .... .... .... .... .1.. = Delete: Object can be shared for DELETE
    .... .... .... .... .... .... .... ..1. = Write: Object can be shared for WRITE
    .... .... .... .... .... .... .... ...1 = Read: Object can be shared for READ

⊟ Share Access: 0x00000001 SHARE_READ
    .... .... .... .... .... .... .... .0.. = Delete: Object can NOT be shared for delete
    .... .... .... .... .... .... .... ..0. = Write: Object can NOT be shared for write
    .... .... .... .... .... .... .... ...1 = Read: Object can be shared for READ
```

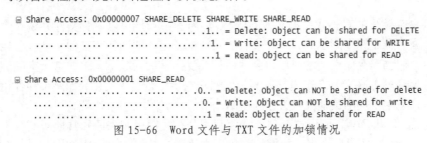

图 15-66　Word 文件与 TXT 文件的加锁情况

这显然是一个很大的问题。所以，所有文件系统都会提供一种 API，让一个程序在打开一个文件的时候，顺便给这个文件上锁，其他程序不可以打开或者只能以只读方式打开这个文件，只有当加锁的程序退出之后，或者将锁释放了之后，其他程序才可以修改这个文件。即，一旦遇到多个程序需要修改同一个文件，那么这些程序只能排队一个一个的来，如果某个程序给文件加了锁，但是却迟迟不作为，比如操作员离开，而其他操作员终端就只能等待，那么时间就被白白的浪费了。上图中所示的 Share Mode 只是 Windows 下提供给程序的一个简易粗粒度锁 API，以整个文件为单位设定共享模式，Windows 还提供了 Lockfile Extend 高级锁 API（见下文）。

不锁不是，锁也不是，那么有没有两全其美的解决办法呢？当然有。

1. 字节锁（Byte Range Lock）

应用程序可以不要求加锁整个文件，而是只加锁文件中的某段或者某几段字节，这些字节是这个程序当前读入并且打算更改的。而其他程序如果访问这个文件的字节偏移不处于被加锁的范围内，则多个程序就可以并行地读写这个文件的不同部分，互不影响。这样，锁的粒度就被极大的降低了，对应地可以并行读写同一个文件的程序也就可以并行执行了，提高了系统性能。

2. 并行冲突访问锁仲裁

在 Byte Range Lock 的基础上，如果有多个应用程序同时访问一段字节，或者访问的字节段有交集，那么一次只能够由一个应用程序掌握对这段交集的更改权，其他应用程序可以处于只读状态。

应用程序一般不会被设计为多个进程同时写同一文件的同一段字节，如果真的需要这种应用场景，那么必须加锁—更改—释放，之后由其他程序再加锁—更改—释放，这样才可以保证一致性。

3. 集群中的分布式锁

同样，一个集群就相当于一台大的虚拟的独立系统，集群外的多个客户端就相当于多个应用程序，它们共同并行地访问集群中的资源，如果它们也需要同时并行访问一个文件或者一个文件的各个字节段，那么同样也需要锁机制。如果要保证一致性，那么程序在打开文件的时候必须显式地对对应字节段加对应权限的锁。然而，由于集群毕竟是由多个节点而组成，那么维护所有的锁这件工作需要由哪个节点负责呢？一般有两种实现方式，第一种是在集群所有节点中选择一个节点专门负责锁的维护；第二种是所有的节点共同维护锁，锁信息在所有节点上同步。前者称为集中式锁管理，用于非对称式集群；后者则称为分布式锁管理，用于对称式集群。

4. 元数据锁与实际数据锁

在一个共享存储型的对称式集群（见下文）中，所有节点均可以掌管文件系统元数据，所有节点中的元数据信息是完全同步的，一个节点的元数据变化均要通知到其他节点。当某个节点需要为某个文件分配物理存储空间的时候，会锁住相关受影响的元数据，比如空余空间位图。为何要锁住？因为此时只有这个节点知道具体要分配哪些空余块给这个文件，如果不锁住位图，其他节点如果也在分配空余块给其他文件，那么这两个节点所分配的空余块就有可能冲突，导致文件数据被错误覆盖，后果严重。所以这个节点需要利用分布式锁机制来通知其他所有节点，此时由它来操控位图，分配完成之后，将元数据的变化通告给所有其他节点，其他节点同步更新自己的元数据缓存。元数据锁的重要性就体现在这里。而实际数据的锁一般是由应用自己来申请的，集群各个节点不会自己去锁定用户实际文件的某段字节。元数据锁是集群为了保证自身一致性而必须要有的，用户是见不到也调用不到这种锁的。而实际数据锁是文件操作语义层面的。元数据锁与实际数据锁要分清。

15.7.7 集群文件系统的缓存一致性

集群文件系统一般都会有读缓存，即在集群中的每个节点上都会维护一个读缓存，一旦某个客户端应用程序更改了某个节点上存储的内容，而这段内容恰好又与其他节点缓存中的缓存数据有交集，那么有交集节点的缓存中对应的数据就会被作废，不再缓存，或者读入最新数据继续缓存。利用这种“写即作废”（Invalidate on Write）机制来保证全局缓存一致性。

对于共享存储方式的集群，写入数据的时候最好刷盘，这样其他节点就可以通过读磁盘来看到这些最新的数据。相当于公用物品，用完之后要放回原处别人才可以继续用，而不能先暂存在你这里。某些复杂的系统也可以使用写缓存，对于缓存的脏数据会通知到集群中所有其他节点作废对应的缓存，同时其他节点针对这段数据的操作都与缓存脏数据的节点联系而获取这段数据而不是从磁盘读入，其他节点如果需要更改这段数据，则作废之前的其他节点上对应的这段脏数据，写一次即可。

而对于非共享存储的集群，写入的数据可以缓存在本节点中而无须考虑缓存一致性问题，因为所有其他节点谁想访问这份数据的话就必须从这拿，所以不存在不一致性问题。

对于共享存储型集群，由于底层卷是所有节点共享的，所以除了元数据之外其他实际数据最好都不要缓存，以便将数据实时地体现在底层共享卷中，谁用谁拿。写缓存最好关闭，但是也可以有，一旦写缓存被打开，那么系统需要花费额外的沟通成本来保证缓存一致性了。读缓存一般都是有的。对于非共享存储的集群，读写缓存都有。

如果某集群文件系统是作为一个外服务的存储集群而存在的，那么写缓存最好一律关闭，因为集群节点中并没有类似 SAN 磁盘阵列一样的电池保护机制，一旦掉电，缓存中的脏数据将丢失。

15.7.8 集群 NAS 的本质

集群 NAS，说白了，就是一网络文件系统 RAID 0（或者 RAID 10）。如果建立几个独立的 NAS Server，客户主机分别 Mount 这些 Server，然后将不同的数据手动分类存放在不同 Server 的目录内，这样也可以做到一定的负载均衡能力，其本质与集群 NAS 要解决的问题相同，只不过在其他方面不如集群 NAS 系统灵活。统一集群 NAS 相对于手动 Mount 多个 NFS Server 所带来的好处如下。

（1）能做到 Single Name Space。比如某个应用程序需要在一个目录下存放几十万个小文件，而如果将这么多文件放在传统非集群 NAS 上的同一个目录下，其性能往往是非常低下的。此时，需要考虑将这些文件分在 NAS 中分开不同的目录存放以提升性能。但是这样做的结果是，NAS 系统必须对每个目录都 Export 出来，应用服务器上也必须对每一个 Export 点进行 Mount，所以也会显示为多个目录。这就无法满足应用程序的要求了。你难道可以强行更改这个应用程序，比如，和开发人员商量一下，别让他将这么多的文件都放在一个目录下，能不能分多个目录放？如果是某个系统管理员提出这种要求的话，那就非常不合适和无理了。遇到性能冲突的时候，修改应用程序只能是最后的对应方法。而集群 NAS 却可以在解决性能问题的基础上又不影响应用，比如将这个文件系统承载于多个 Segment 上，每个 Segment 又分配到不同的 Segment Server 主机上进行管理，而 Export 的时候只需要 Export 一个单一 Mount Point，应用主机也只需要 Mount 单一目录，这就很好地解决了问题。

（2）能做到统一管理、故障切换和在线迁移平衡负载。手动部署多个 NAS Server，Mount 多个目录，手动平衡负载，不但会与应用程序设计造成冲突，而且还有其他诸多不便。比如，如果某个 NAS Server 出现性能瓶颈，而其他 NAS Server 的负载却很低，此时只能是望洋兴叹，累的累死，闲的闲死。而对于集群 NAS 系统来说就大不一样了，可以随时将负载过高的节点上对应的 Segment 动态迁移到负载低的 Segment Server 上同时又不影响应用，而且这种迁移根本不涉及到数据移动过程（Segment Server 之间共享后端存储），执行的速度是非常快的，得到的性能提升也是立竿见影的。其次，如果多台独立 NAS Server 中某台发生故障，那么它所管理的数据也就无法访问了，而集群 NAS 系统由于后端可以共享存储，所以在某节点发生故障之后，可以由正常的节点接管所有资源，包括后端 Segment 以及前端接口 IP 地址，客户端访问继续执行，当然集群 NAS 也允许任何节点使用非共享存储。但使用非共享存储就不会享受到 HA 切换和在线迁移 Segment 所带来的好处了。最后，多台独立的 NAS Server 已经形成了数据孤岛，不便于数据统一管理，比如 Snapshot、Mirror 等。

将集群文件系统中的文件用 NAS 协议输出，这就是集群 NAS。使用 SPI 模式或者 SFI 模式的集群文件系统均可以输出为集群 NAS 系统，其表现出来的优劣与 SPI 和 SFI 集群文件系统本身的优劣相同。

15.7.9 块级集群与 NAS 集群的融合猜想

统一存储这个概念是近几年一直在炒的概念，即在同一台存储设备中同时实现 FC、ISCSI、NFS 和 CIFS 等存储协议支持，也就是常说的 SAN 和 NAS 融合。对于传统的非 Scale-Out 存储系统，NAS 与 SAN 的融合一般都是通过在 SAN 设备前加一个 NAS 机头来实现，NetApp 则是完全通过一个机头来实现，其他诸如 EMC、HDS 等都是采用前一种方式。

面对市场上如此多的集群 NAS 系统以及集群文件系统，可以说它们早就实现了 Scale-Out 架构。SAN 方面也是从 2008 年开始由 EMC 的 V-Max 以及 IBM 的 XIV 两款产品宣布了 SAN 存储也开始走向 Scale-Out 架构，其实在此之前 3PAR 的 SAN 设备也早就属于 Scale-Out 架构了，一时间包括 Dell Equalogic、HP P4000、Infortrend ESVA 等可横向扩展的 x86 集群 SAN 存储系统都突然变得被广泛关注，这些产品共同打造出了所谓“新型高端”存储，开始侵蚀以 EMC Symmtrix DMX 和 HDS USP 为代表的传统高端 SAN 阵列市场。

至此，Scale-Out 架构的硬件同时承载了 NAS 和 SAN，它们二者势必也要进行融合，以后，SAN 与 NAS 将会共同被承载于 Scale-Out 架构的硬件平台之上。

15.8 对象存储系统

对象存储系统（Object Storage System，OSS），或者也叫对象存储设备（Object Storage Device，OSD），本书选用 OSD 作为这种技术的代名词。

OSD 的雏形是由卡耐基梅隆大学的 Garth Gibson 在 1994 年提出的，当时被叫做 Network Attached Secure Disks（NASD）。几年后，National Storage Industry Consortium （NSIC）对 NASD 进行了完善和修改，最终被 ANSI T10 收录成为一个标准项目，命名为 T10/1355-D。几年之后，也就是 2004 年，SNIA 组织对这个技术改头换面，成为了 ANSI T10 SCSI OSD v1 标准，随后又继续对其进行发展，形成了 ANSI T10 SCSI OSD v2 标准。

那么，OSD 到底是为何而生的呢？我们都知道 NAS 协议设备，主机客户端不需要维护文件一块映射，只需要将对文件的操作请求发送到 NAS 服务端即可得到相应回复，NAS 相当于把文件系统逻辑 Offload 到了主机之外。NAS 协议中的 NFS 协议是 Sun 公司在 1984 年左右提出的。10 年之后，也就是 1994 年，卡耐基梅隆大学所发布的 NASD 也同样使用这种将文件系统底层存储映射管理外置的思想，即把块映射逻辑移出主机之外，放到外部存储设备中执行。但是，与 NFS 不同的是，NASD 的设计之初的构想是把文件系统逻辑直接放置在磁盘中，因为设计者认为磁盘内部处理芯片已经足够强大到可以执行这些高层复杂逻辑了。这样的话，主机直接可以并行地访问每块硬盘来获取文件数据，而不是块数据。如图 15-67 所示为 NASD 的系统架构示意图。

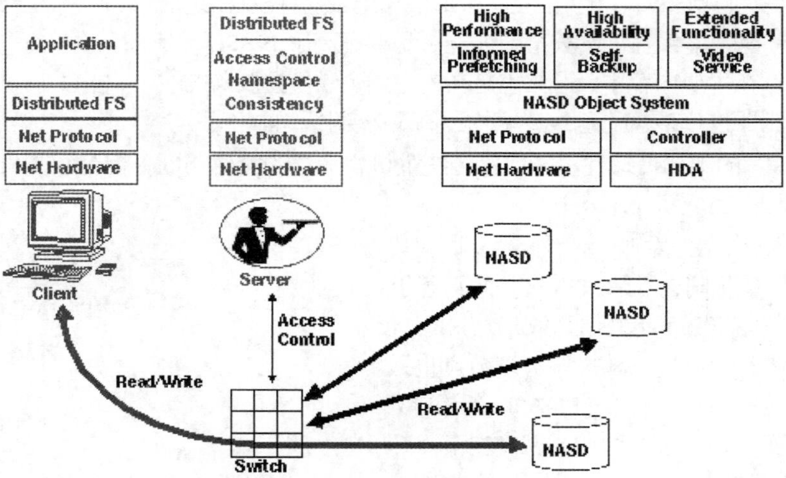

图 15-67　NASD 架构示意图

NASD 设计之初就与 NFS 在架构上有着本质不同，针对同一个 Export 目录，NFS 客户端只能够从一个 NFS 服务节点 Mount 一次，而且今后所有针对这个目录中文件的 IO 访问都只能够发送给这个 NFS 服务节点来处理，一个节点的处理能力、网络带宽都是有限的。而 NASD 打算打破这种限制，NASD 可以让客户端主机直接并行地访问所有 Disk，所有 Disk 同时为客户端主机服务，这样，就打破了传统 NFS 的瓶颈，IO 访问数据就可以并行地被处理和传输，性能有很大提升。然而主机客户端如何知道要访问的文件被存储在哪个 Disk 上呢？难道需要在客户端本地维护一份映射信息么？这样做不就与普通文件系统无异了么？解决这个问题的办法是，NASD 在系统中引入了一个独立的 Metadata Server（MDS），这台 Server 上维护着整个系统内的“文件—所在 Disk 及块”映射关系，任何客户端访问任何文件，都需要先通过网络向 MDS 进行查询目标文件所被存储的 Disk 和块列表（某个文件可以以 Stripe 的形式分散到存储在多个 Disk 上）；任何客户端打算创建文件或者对文件进行写入，也需要首先告知 MDS，由 MDS 来决定文件将被存储在哪个或者哪些 Disk 块上，并将信息返回给客户端。在得到列表及其他必要信息之后，客户端主机直接向对应的 Disk 地址发起数据 IO 请求来读出或者写入数据。MDS 不仅负责元数据管理，而且还负责客户端认证以及文件权限认证，只有通过认证的客户端才能够访问 Disk 以及对应的文件、目录等。

以上仅为 NASD 设想中的理想状况，请勿对号入座。我们知道，将文件系统逻辑移到 Disk 上这个构想，至今仍然只是一个梦。在磁盘上实现高级复杂的逻辑的想法毕竟太过超前与疯狂，甚至比集群化并行访问的思想更加超前，所以我真是佩服 Garth Gibson。

我们总结一下 NASD 的设计架构：将文件系统逻辑从主机端移出放到网络上的一台 MDS 上，所有的智能 Disk 也放到网络上，主机端通过某种 NASD 客户端程序来向 MDS 获取元数据信息，并且在得到信息之后根据这些信息直接访问网络上的智能 Disk 存储文件。我们再仔细思考一下这种架构，这其实和单台主机的内部架构本质上没啥两样。如图 15-68 所示，在传统的单台主机内部，程序如果打算访问某个文件，文件系统也会查找对应的元数据以获得对应文件所处的 Disk 以及 Disk 上的 Setcor 的位置，查到之后，也会通过磁盘控制器来并行地对多块磁盘进行访问（Raid）以存取数据。它与 NASD 的架构的差别只在于：文件系统块映射逻辑在主机中运行，Disk 位于磁盘控制器之后而不是网络上。但是单台主机所获得的性能可是要远高于 NASD，因为文件系统运行在主机内存中，通信也是在内存中；磁盘控制器的主机总线以及控制器连接磁盘的总线速率均远高于外部网络。

图 15-68　单台主机内部

虽然 NASD 的架构设计并不能取代传统主机客户端的文件访问，但是它却可以超越传统的 NFS/CIFS 架构。

如图 15-69 所示，左侧的传统 NAS 访问架构，虽然磁盘数量相同，但是 NFS 客户端只能够通过一条网络链路来访问 NFS 服务端节点，而且每份数据都是串行存取的，NFS 服务端节点也只有一条链路连接网络；而右侧的 NASD 架构中，磁盘数量没有变化，但是每个 NFS 客户端节点却可以直接并行地访问每个数据服务端节点（Disk），并且，随着服务端节点（Disk）的增多，系统性能会线性增长。而如果向传统的 NFS 服务端中增加再多的磁盘，其所获得性能也没有什么本质提升。

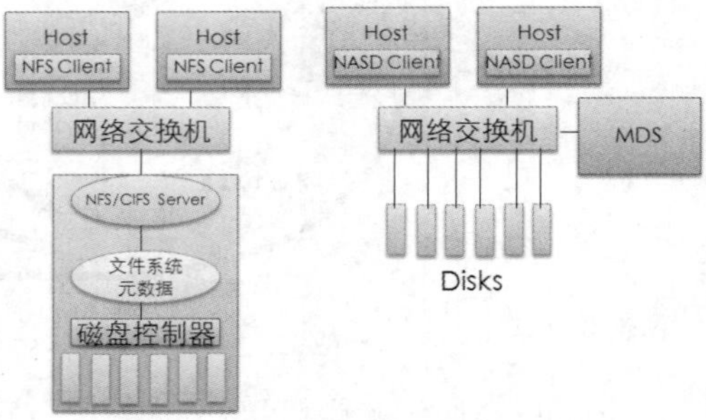

图 15-69　NASD 与传统 NAS 架构比较

那么是否传统的 NAS 也可以改为这种架构呢？当然可以，我们可以手动地将文件分别放入多个节点的多个 Export 中存放，再在客户端主机上分别 Mount 这些 NFS Server 所输出的目录，然后修改应用程序，访问 A 文件请走路径 a，访问 B 文件请走路径 b。这样也可以达到并行访问的目的，但是由于同一个文件只能放到同一个 Server 节点，所以不能并行同一个文件；而且这样做也是不可行的，Mount 多个节点、修改应用程序，这是完全的强盗逻辑。所以，传统 NAS 虽然在物理上也可以改为这种架构，但是，由于传统文件系统中的目录、文件、路径等概念，以及 NFS 所使用的 Mount Point 的做法，却注定它不能够实现对同一文件的并行。NASD 并没有 Mount 的概念，它对“文件”和“目录”等抽象概念进行重新定义和封装（详见下文），正因如此，NASD 才可以做到对任何要访问对象的并行操作。

至此我们明白了 NASD 的价值所在。Disk 这个词是不是可以在 NASD 的概念中消失了呢？因为至今也没有实现智能 Disk。所以下文中不再用 Disk，而将 Disk 改为 OSD，即 Object Storage Device。这里何谓“Object”呢？如图 15-70 所示为 OSD 层在系统 IO 路径中的示意图。图中右侧下部即为一个 OSD。左侧则为传统 Block 级访问模型。

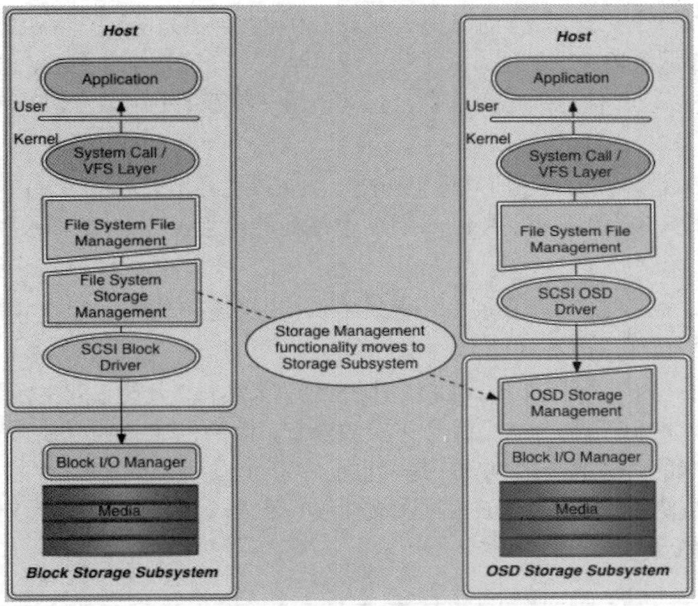

图 15-70　OSD 协议在系统 IO 路径中的位置和作用方式

可以看到，OSD 在协议层面与 NAS 协议本质上是相同的。它之所以被称为“Object Storage Device”，是因为在 OSD 的概念中，文件不叫 File 了，叫 Object；目录也不叫 Directory 了，叫 Partition。在此之上，OSD 相比 NAS 增加了一些改进，比如安全认证等方面。其次，OSD 中每个 Object 都用一个 128b 的 Object ID（OID）表示，说白了这个 OID 也就对应了 NAS 协议中的 File Handle。

如图 15-71 所示为 OSD 中的各种主要概念。像普通文件系统一样，OSD 设备一样需要维护每个文件，哦，应该说是 Object 的块映射、元数据、属性和 OID 等信息。Object 分为多种类型，每种类型的 Object 含义如下。

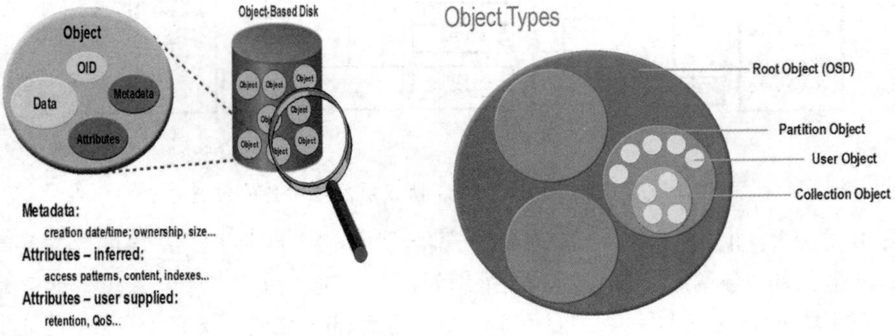

图 15-71　OSD 中的各种概念

- Root Object：表示 OSD 设备本身。
- User Object ：被客户端主机所创建的 Object。
- Collection Object：一组按照某种条件而聚集起来的 Object 组合，比如“*.exe”，即“所有 exe 文件的集合”就是一种 Collection Object。
- Partition Object：一个用来盛放 User Object 的容器，相当于目录。

OSD 不可能由一个磁盘来充当了，那么谁来充当呢？当然只能用一台独立的服务器来充当。这台服务器与 NFS 服务器底层处理方式类似，都是维护一个本地文件系统，管理 Object 与底层磁盘块的映射关系以及其他元数据等信息，对外使用一种专门的协议来供客户端访问其保存的 Object。

可以说 NASD 是一种极其超前的思想和技术。它早就将集群环境考虑在内，可惜的是，20 世纪 80 年代，集群并未得到发展，所以 NASD 也并没有成为潮流技术，而被随后出现的 NFS 和 SMB 协议超过了。

但是 NASD 却一直没有停止发展，一直到被 SNIA 推进并最终在 2004 年被收入 T10，成为一个标准，也就变为现在俗称的 OSD 了。

有人可能会问：T10 不是专门搞 SCSI 协议的组织么？怎么开始搞起文件级访问协议了呢？说对了。也正是因为 T10 只搞 SCSI，所以才会收录它，因为，OSD 就是使用 SCSI CDB 来传输针对文件的 IO 请求的。对于当初 NASD 是否也是使用 SCSI，不得而知，但是 SNIA 提交到 T10 的 OSD 协议确实是使用了 SCSI CDB 来描述文件级的请求。如图 15-72 所示为 OSD 协议在 SCSI 协议层次中所处的位置。

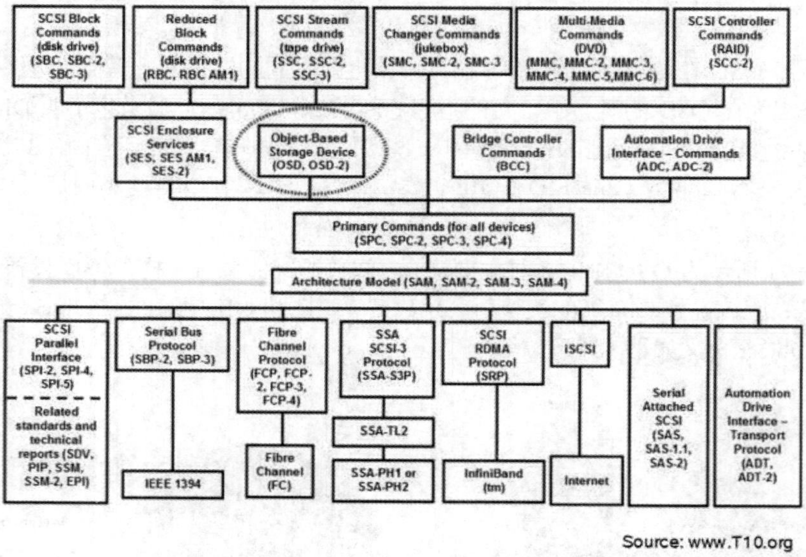

图 15-72　OSD 协议在 SCSI 协议层次中所处的位置

思考：其实读者此时应该已经早就了解了所谓的“IO 三大件”了，每个 IO，不管是标准协议，还是私有函数调用，基本上都是由“目标”、“起始地址”和“长度”这三大件组成的。对于块 IO，这三大件就是目标 LUN ID、起始 LBA 地址、要 IO 的 LBA 地址长度；而对于文件 IO，这三大件就是文件名、起始字节地址、要 IO 的字节长度。可以看到文件和块这两种 IO 方式，其本质是一样的，本来文件底层也就是对应的数据块，文件系统只不过做了一层地址翻译封装和组织。那么这两种 IO 从本质上来讲就可以被融合。对象存储系统从某种意义上讲结合了块级访问的高效与文件访问的灵活性和便捷性。

OSD 将文件访问协议也统一到了 SCSI 协议集中，做到了 Block 和文件级访问的大统一。

NASD 所做的最大贡献其实并不是 Object，也不是后来被标准化的 OSD 协议，而是其针对集群环境下文件的高性能访问所作的设计，这个思想最终催生了一大批有着类似架构的集群文件系统，包括 Lustre、PolyServe、Ibrix、PanFS 等。

这些集群文件系统拥有共同的基础架构，如图 15-73 所示为这种架构的示意图。

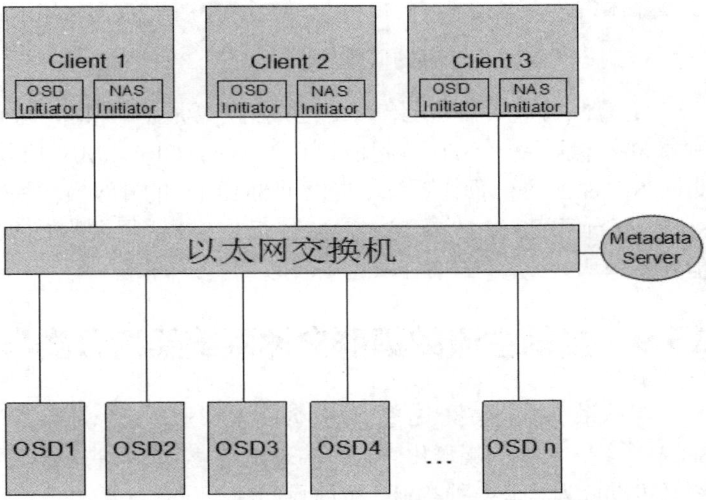

图 15-73 基于 OSD 的集群文件系统普遍架构

它们有些使用OSD来作为访问协议,也有些使用私有的但是与 OSD 类似的协议。目前几乎所有的集群文件系统都同时提供了基于 NAS（CIFS/NFS）的访问接口。客户端主机可以选择使用 OSD 或者 NAS 方式来访问集群。至于具体的访问方法，请参考本章其他部分，这里就不做过多介绍了。

部署 OSD，不但需要 OSD 存储设备，还需要在客户端主机上安装 OSD Initiator，就像 NFS 或 CIFS 需要使用对应的 NFS Client 模块和 SMB 模块一样。Panasas 的 DirectFlow 就是一种 OSD Initiator。

用户程序本身无须做任何更改即可使用 OSD 作为存储设备。用户可以挂载一个由 MDS 虚拟出来的路径，当在这个路径下创建一个文件或者访问这个路径中的某个文件时，OSD Initiator 会与操作系统内核的目录虚拟层（比如 Linux 下的 VFS 层）进行对接，将用户程序针对 VFS 路径下被 Mount 的 OSD 路径下某文件的访问，翻译封装为相应的 OSD SCSI CDB 并发向 OSD 设备以执行这个 IO 请求，当然，之前应当先去 MDS 查询待访问目标所被存储的 OSD 设备和块列表。OSD Initiator 向 OSD 发送的请求中只需要给出 Object ID 即可，而无须像传统 NAS 协议一样给出这个 Object 的绝对路径。OSD 设备会自行查找这个 OID 所对应的底层块并做相应操作。

OSD 目前被使用的非常少。根据一些极力推广 OSD 的厂商的态度，他们认为传统的文件系统，不管是从底层的元数据组织方式上，还是上层的访问接口方面来讲，已经不能够满足海量文件的存储和访问了。而 OSD 却能够从根本上解决这个问题。

集群文件系统提供的 NFS 或者 CIFS 访问接口，客户端主机只能够从集群中的某台节点上来 Mount 某个 Export 输出目录，而所有的数据 IO 也都是通过这个节点进行，这也就从根本上限制住了传统 NAS 协议访问集群所能够获得的最大性能。而 OSD 从一开始就考虑到了这种限制，OSD 冲破了这种限制。所有使用 OSD 协议访问集群的客户端主机，它们都首先从 Metadata Server 上查询待访问的目标文件/Object 都分布在哪些 OSD 节点上，得到所需的信息之后，客户端主机的 OSD Initiator 会同时并行地向所有存储有这个目标文件碎片的 OSD 节点发起 IO 请求，并行地存取数据，这就比传统的 NAS 协议有了质的飞跃。

思考：我们观察一下图 15-73，可以发现一些玄妙的东西。即，在这整个集群内，OSD 相当于 Disk，MDS 相当于 FS，每个 Client 主机相当于应用程序，以太网交换机相当于系统总线。我们仔细思考一下，这整个集群，是不是就像一台单独的计算机一样呢？多个应用程序同时通过文件系统来访问磁盘上的数据。

而我们再仔细观察一下图 15-69 左侧的传统 NAS 架构，再观察一下右侧的 NASD 架构。你发现这其中的奥妙了么？是的。NASD 相当于把上面所述的“系统总线”扩充了，由单条串行改为多条并行；还有，NASD 相当于把底层做了 Raid0 了。

这就是“轮回”二字的奥妙所在。

传统 NAS 也不甘示弱，NFS 的最新升级版 NFS 4.1，即 pNFS（Parallel NFS），也采用了这种集群架构以及 OSD 访问协议标准。而 CIFS/SMB 协议的始祖 Microsoft 在其 Windows Vista/Server 2008/7 操作系统中提供了 SMB 1.0 的升级换代版——SMB 2.0，其在单机访问时相比 SMB 1.0 有了很大的效率和速度提升，而使用 MS 提供的 DFS 也可以达到与集群 FS 类似的效果，但并不是那么纯粹。传统 NAS 与 OSD 将会走向融合。

15.9 当前主流的集群文件系统架构分类与对比

存储系统中的集群系统可以分为两大部分，一个是像 V-Max、XIV、InserveT 这样的集群 SAN 系统，它们的集群化对客户端来说是完全透明的；第二种就是集群文件系统，集群文件系统又可以分为其他多种类别。下面我们从不同的角度分析一下目前的集群文件系统的分类。

15.9.1 共享与非共享存储型集群

如果某个集群中的所有节点是共享使用后端存储的（这里的共享不是说共享一台磁盘阵列，而是共享访问同一个或者多个 LUN），那么这个集群就属于共享存储型集群，否则便是非共享存储型集群。如图 15-74 所示，左侧为共享存储型集群示意图，右侧为非共享存储型。但是不要被图中所示的场景所误导，非共享存储型集群不一定每个节点都必须用自己本地的磁盘，节点当然也可以连接到一台或者几台磁盘阵列中来获取各自的存储空间，但是各自的存储空间只能自己访问，其他节点不可访问，这就是非共享的意义。

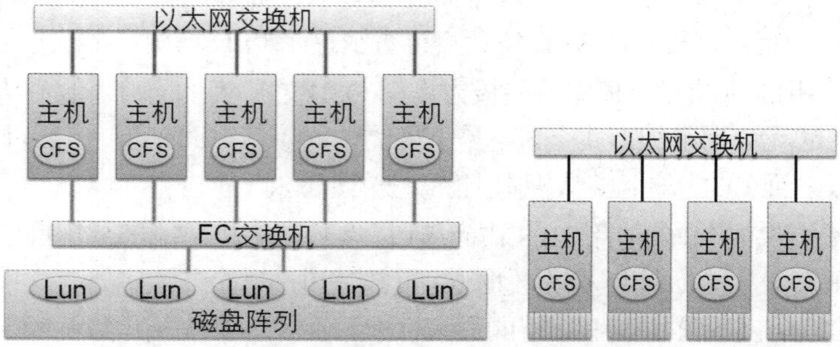

图 15-74　共享存储与非共享存储型集群架构

共享与非共享存储型集群对比如下。

（1）非共享模式的集群文件系统，当某节点需要访问其他节点上的数据时，这些数据需要在前端交换机中（一般是以太网）传输，速度偏慢；而共享存储型则每个节点可以直接对后端存储设备对应的 LUN 进行读写，在前端传输的只有集群间的元数据沟通流量而不是实际数据流量。

（2）缓存一致性，共享式需要考虑，非共享式不需要考虑。

（3）对于非共享式集群文件系统，为了防止单点故障，需要将每个节点上的数据镜像一份存在其他节点；而共享式集群，一个节点故障，另外的节点可以同时接管前端和后端，因为后端存储是所有节点共享访问的。

（4）非共享式集群可以不使用 SAN 阵列，服务器节点本地槽位多的话使用本地磁盘也可以满足大部分需求，不可以使用 DAS 磁盘箱等；共享存储型集群则必须使用 SAN 阵列。

非共享存储型文件系统又可被称为“分布式文件系统”，即数据被分布存放在集群中多个节点之上。

15.9.2　对称式与非对称式集群

如图 15-75 所示为对称式集群示意图。所谓对称式集群文件系统是指集群中所有节点的角色和任务都相同，完全等价。在对称式集群文件系统中，每个节点都很“聪明”，它们每时每刻都能够保持精确的沟通与合作，共同掌管着全局文件系统的元数据，每个节点要更新某元数据时都会先锁住，这样其他节点就必须等待，就这样轮值执行任务，保证了文件系统元数据的一致性，同时也精确地保持着缓存一致性。各个节点间沟通量很大。

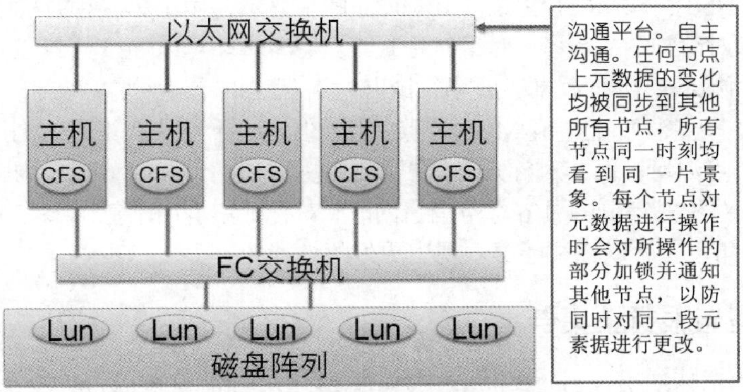

图 15-75　对称式集群文件系统架构

如图 15-76 所示为非对称式集群示意图。在非对称式集群中，只有少数节点是“聪明”的，其余都是傻节点。也就是说，只有少数节点（一般为两个主备关系的节点）掌管着系统内全局的文件系统信息，其他节点均不清楚。当其他节点需要访问某文件时，需要首先联系这个聪明节点，后者将前者要访问的文件所对应的具体信息（比如存放在后端哪个 LUN 的哪段地址，或者存放在哪个节点中）告诉前者，前者得到这些信息之后便直接从后端的 LUN 或者对应节点中访问该数据。每个傻节点上安装一个代理客户端程序来与聪明节点通信。图中可以看到一些具体的通信过程。这个“聪明”节点叫做“Metadata Server”，简称 MDS 或者 MDC（Metadata Controller）。MDS 是系统中唯一掌握文件系统元数据的角色，下文中还会有涉及 MDS 的描述，请注意阅读和关联理解。

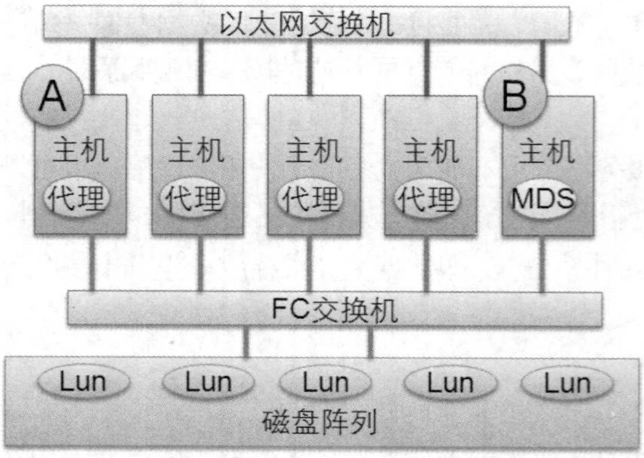

A->B：我要查一下当前文件系统的目录结构。

B->A：给你，根目录是/cluster，下面有如下二级目录或文件：……

A->B：我要读出/cluster/test文件的前1024字节。

B->A：对应磁盘扇区LBA1000，自己去读吧。

A->磁盘阵列：read（）

A->B：我要写入xxx这些内容到/cluster/test文件的前1024字节。

B->A：对应磁盘扇区LBA1000，自己去写吧，写完了告诉我一下。

A->磁盘阵列：Write（）

A->B：写入完成

图 15-76　非对称式集群文件系统架构

对称式集群文件系统的典型代表有 Veritas ClusterFS、HP Ibrix。非对称式集群文件系统的典型代表有 Stornext SNFS、EMC MPFS 、IBM SanFS。显然，由于第二种方式易于实现，集群间沟通成本低，所以对应的产品也多。对于对称式集群，客户端可以通过挂载任何一个节点上的目录输出即可访问到集群中所有数据，或串行或并行；但是对于非对称式集群，客户端只能通过 MDS 节点来挂载，一定程度上造成 MDS 节点瓶颈。但是由于对称式集群的沟通复杂度太高，不利于扩展到太多节点数量；而非对称式集群可以通过引入多个 MDS 节点来均摊负载。在节点数量较少，也就是在对称式集群的可容忍范围之内时，对称式集群由于每个节点都可以充当非对称式集群中 MDS 的角色，所以往往能够表现出更好的性能。

15.9.3　自助型与服务型集群

上面图示中的拓扑结构均为“自助型”文件系统集群。何谓“自助型”，顾名思义，也就是谁用谁就形成集群，自我集群，自种自收。比如有个视频编辑应用集群，100 台 PC Server，每个节点上装有视频编辑程序，形成了应用集群，现在这些节点想使用一种集群文件系统来共享地访问系统内的所有文件，那么就可以在这些应用节点上直接安装部署集群文件系统，应用集群同时也变成了文件系统集群，每个节点既是形成集群的服务者，同时还是数据的生产者（数据由其上的应用程序生产），同时又是直接访问底层文件数据的消费者，这就是所谓“自助型”的含义。

那么再来看看图 15-77 所示的拓扑架构，框内的是一个集群文件系统，框外又增加了一排客户端主机，左右两侧分别为对称式和非对称式集群。在这个拓扑中，集群内的服务节点自身并不是数据的消费者，而只是服务者、提供者，而集群之外的客户端主机通过某种访问协议来访问集群内的文件数据。这就是所谓“服务型集群文件系统”。

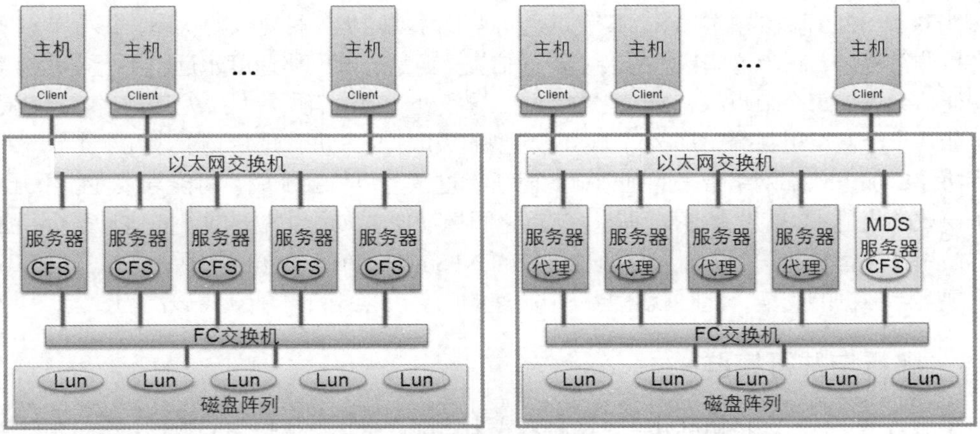

图 15-77　服务型集群文件系统架构

为何会出现服务型文件系统集群呢？自助型不是很好么？还节约了服务器主机的数量。究其原因主要有如下两个。

- 降低成本。自助型集群中每个节点均需要高速 IO 适配器比如 FC 来访问阵列存储空间，随着集群规模扩大，适配卡、交换机、线缆等的成本不断攀升。
- 可以接入更多的客户端。服务型集群可以用较少的集群节点服务于较多的客户端主机。集群内部的沟通成本可以控制，实现高速高效。同时外部客户端之间不需要互相沟通，所以客户端数量可以大幅增加。对于自助型集群，如果节点数量太多的话，集群内部沟通信息量以及复杂度将会成几何数量上升，不利于扩充。

15.9.4　SPI 与 SFI 型集群

为了实现集群所必须实现的 Single Name Space，有两种方式，如图 15-78 所示。

- 懒人做法：既然每个节点上都有各自的文件系统，我就把他们输出的路径虚拟化一下，倒一下手，集中管理起来，然后再次向外输出成一个 Single Path Image（SPI）。我只管路径统一，不管文件放在哪里。典型代表：微软的 DFS。
- 勤快人做法：每个节点都知道所有文件的位置，在文件系统底层进行整合而不是表层的路径整合，即 Single Filesystem Image（SFI）。典型代表：CFS 等大多数集群 FS。

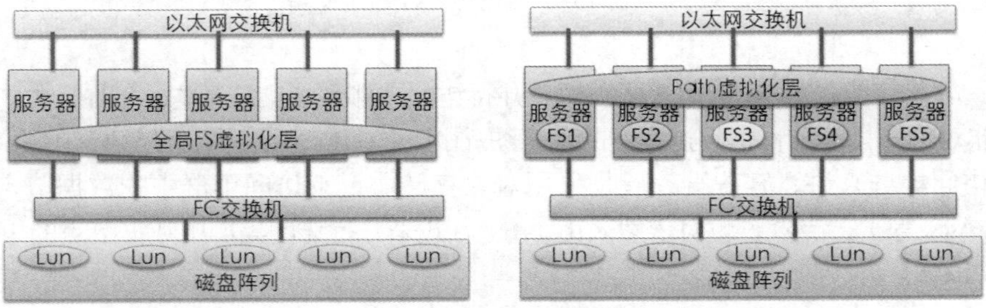

图 15-78　SFI 与 SPI 集群文件系统架构

一分耕耘一分收获，SFI 可以做到将一个文件切开分别存放到各个节点中；而 SPI 无法做到。但有时也不得不服投机取巧的效果：SFI 往往扩展能力有限，而 SPI 则可以整合大量的路径（节点）。

因为对于 SFI 模式的集群 FS，其节点之间需要时刻同步各种复杂的状态，每个节点所维护的状态机非常复杂，同步这些状态需要不少通信量，但是外部网络速度永远比不上内存速度，所以这些通信会增加每个节点状态机变化的延迟，导致处理速度有所降低。尤其是当节点数量增多时，比如几十个甚至上百个，那么对于 SFI 模型的汲取 FS 来讲就是梦魇了，几十个状态机之间的相互协作，加上外部网络带来的延迟，此时所有这些劣势将会加成，可能导致性能不升反降。而 SPI 模式的集群 FS 就没有这个问题，节点之间相互独立，所以需要同步的信息很少，如果主机端不使用特殊客户端访问，而只是通过传统的 NFS 或者 CIFS 等访问的话，那么集群节点间可能会出现实际数据的交换，此时就需要一个高速的内部交换矩阵才能获得较高的性能。

15.9.5 串行与并行集群

对于服务型集群，客户端可以通过两种方式来访问这个集群所提供的数据：第一种是串行方式，即客户端通过挂载集群中某个节点所输出的目录，之后所有的通信过程都通过这个节点执行；第二种则是并行访问方式，首先客户端初始时也是通过集群中的某个节点挂载对应的输出目录，但是挂载之后，客户端只通过这个节点来获取待访问文件的元数据信息（见图 15-76 所示的过程），得到文件对应的块地址等信息之后，客户端可以直接利用所获得的信息访问集群中的其他节点来访问对应的数据，如果某两个文件分别存放在集群中不同的节点，或者某个文件被分散存放在多个节点中，那么客户端可以并行地访问这多个节点从而并行地读写对应的文件。

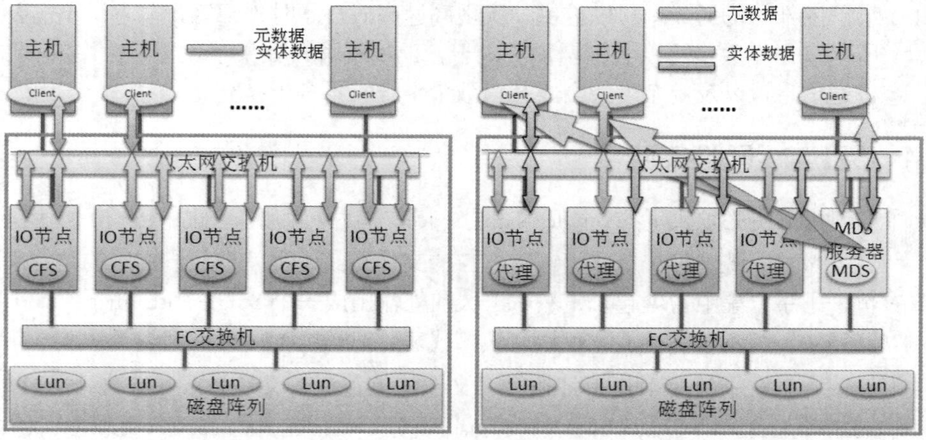

图 15-79　两种并行访问模式

图 15-79 所示为对称/非对称式两种模式并行访问文件系统集群架构示意图。如图 15-80 所示为一个非对称式集群并行访问过程中的示意图。图中的 OID 表示对象存储协议中的 Object ID。对于并行访问集群来讲，客户端一般是采用对象存储协议来访问集群中的数据节点的（比如 Lustre、Panasas 等），当然，也有依然采用 NFS 方式来并行访问集群中数据节点的（比如 Ibrix 的 Fusion Client）。

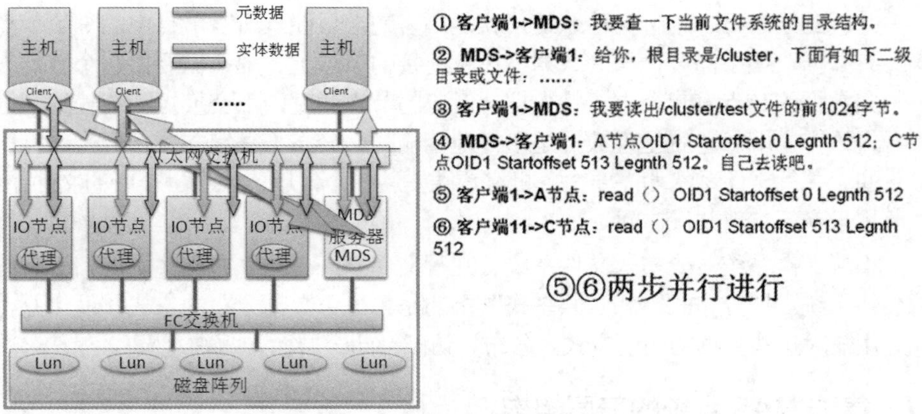

元数据
实体数据
主机
主机
主机
Client
Client
Client
......
以太网交换机
IO节点
代理
IO节点
代理
IO节点
代理
IO节点
代理
MDS服务器
MDS
FC交换机
Lun
Lun
Lun
Lun
Lun
磁盘阵列
① 客户端1->MDS：我要查一下当前文件系统的目录结构。
② MDS->客户端1：给你，根目录是/cluster，下面有如下二级目录或文件：......
③ 客户端1->MDS：我要读出/cluster/test文件的前1024字节。
④ MDS->客户端1：A节点OID1 Startoffset 0 Legnth 512；C节点OID1 Startoffset 513 Legnth 512。自己去读吧。
⑤ 客户端1->A节点：read（） OID1 Startoffset 0 Legnth 512
⑥ 客户端11->C节点：read（） OID1 Startoffset 513 Legnth 512
⑤⑥两步并行进行

图 15-80 并行访问集群时的步骤示意图

并行访问集群与串行访问集群对比如下。

- 在单条链路速率相同的情况下，并行永远强于串行。
- 目前前端客户端一般都是用 1GbE 以太网来访问集群，如果是串行方式，客户端只能与一个节点通过这条链路通信，如果这个节点的处理能力不足或者本地带宽饱和，那么对应的客户端所获得的数据带宽也就会受限，可能连 1Gb 带宽都远未达到。为此，让这个客户端并行地与多个节点通信来访问数据，则可以最大程度地饱和链路带宽。实际测试显示，10GbE 的链路下，单条 NFS 流远远无法满足带宽，最差时可能只有 10% 的带宽能够利用。这也是之后 pNFS 并行访问协议被引入的原因。

提供并行访问能力的集群典型代表：Ibrix、EMC MPFS、Lustre、Panasas。基本上所有的集群文件系统都提供并行访问客户端。

15.9.6 集群/并行/分布式/共享文件系统各论

大家平时可能听到过多种叫法：集群文件系统、San 共享文件系统、分布式文件系统、并行文件系统是四种主流的叫法，那么这些概念之间到底有什么联系呢？

- San 共享式文件系统：其实这种叫法狭义上指的就是自助型、共享存储型的集群文件系统。广义上则也可以泛指共享存储型的集群文件系统，可以是自助型，也可以是服务型。但是最常用的还是诸如 Stornext 和 IBM SanFS 这样的自助型共享存储集群。San 共享文件系统又可被简称为“San 文件系统”。Stornext 的 SNFS 共享文件系统最新版本已经发布了 Distributed Lan Client（DLC），从自助型转向了服务型，DLC 可以让集群外的客户端并行地访问集群节点，也就是并行文件系统所提供的并行访问客户端代理程序。
- 分布式文件系统：同一个文件系统下的文件（或者同一个文件的多个部分）不是被放在单一节点内，而是被分开存放在多个节点之内，这就是所谓“分布式”的意义。分布式与共享式是对立的，所以分布式文件系统等价于非共享存储型的集群文件系统。
- 并行文件系统：可以提供并行访问的集群文件系统。客户端访问这些被分开存放的文件时，可以直接从多个节点并行地读取多个文件，或者一个文件的多个部分，也就是并发地直接从存有对应数据的节点上来读写这些数据，这就是所谓“并行”。相对于并行的是串行，串行文件系统，就是指客户端只能从所有节点中的一个节点来读写所有数据，如果需要读写的数据不在所连接的节点上，那么需要由这个节点来向存有对应数据的节点发起请求，将数据从对应的节点通过内部交换矩阵传输过来之后，再传递给客户端。也就是说数据是串行地传输的。分布不一定并行，但是并行一定是分布的。并行文件系统均需要在主机客户端安装一个代理，或者一个新的文件系统挂载器，用来专门实现并行访问。

- 集群文件系统：分布式文件系统、并行文件系统、共享式文件系统，三者统称集群文件系统。“分布式”和“共享式”指的是集群中数据分布的方式，而“并行”指的是用户对这些数据的访问方式。分布、访问，两个层面，两种含义。

15.9.7 集群 NAS 系统的三层架构

这里再提一下集群 NAS。一个集群 NAS 系统其实可以被分为三层架构，第一层是底层存储空间层，这一层可以是 Share Everything（共享型）或者 Share Nothing（非共享型）两种模式；第二层是集群 FS 层，集群 FS 层建立在底层任何一种模式（共享或者非共享型）的存储空间之上，这一层可以做成 Single Path Image 和 Single Filesystem Image。对应第一层，第一层模式为 Share Everything 的一般都在第二层使用 Single Filesystem Image 模式；而第一层使用 Share Nothing 模式的，第二层既可以使用 Single Path Image 模式，也可以使用 Single Filesystem Image 模式。第三层就是 NAS 协议输出层了，这一层有四种访问模式：传统 CIFS、传统 NFS、pNFS 并行客户端以及私有客户端。后两者可以并行访问，前两者只能串行访问。

15.9.8 实际中的各种集群拓扑一览

上面介绍了 5 大类共 10 种不同角度的集群文件系统架构，利用这 10 种不同的方式，可以两两组合成任意模式的集群文件系统。下面列一下实际中主要的集群 FS 拓扑。

1. 直连后端 FC/ISCSI SAN

这种形式的集群文件系统就是上文所述的 SAN 共享文件系统。客户端代理程序在查询 MDC 得到信息后直接访问后端的 SAN 磁盘阵列，查询 MDC 的时候走前端以太网，执行实际 IO 请求的时候走后端 FC 网，IO 请求遵循 SCSI3 SBC 纯磁盘级块协议，如图 15-81 所示。这种模式的集群文件系统典型代表有：Stornext SNFS、EMC MPFS 、IBM SanFS。

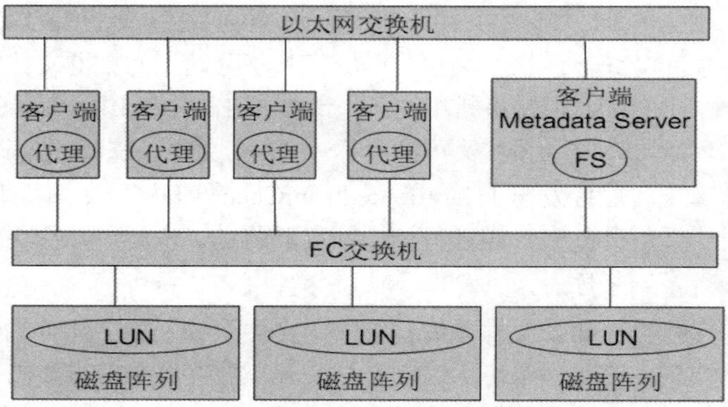

图 15-81 直连后端 FC/ISCSI SAN

2. 引入 IO 节点

在上图中再插入一层处理模块，将后端的 LUN 虚拟化管理起来，然后再通过另外一种形式进行输出从而被客户端以另外的方式访问，那么系统的架构如图 15-82 所示。如果在 LUN 上层引入一种对象存储网关设备，那么客户端就需要使用支持 OSD 协议的客户端代理，比如 pNFS 客户端；如果引入一种厂商自行开发的私有设备，比如 Ibrix 的 Segment Server，那么客户端也需要安装相应的代理程序；如果被引入的是一个 NAS 头，那么客户端只需要使用标准的 NFS 或者 CIFS 客户端即可。至于引入 IO 节点的原因和优势，请参考后文的论述。这种模式的典型代表有：Panasas、Lustre、Ibrix。其中 Panasas 使用标准的 OSD 节点以及 pNFS 协议；Lustre 则也是用 OSD 节点，但是客户端并非使用标准 pNFS 协议访问，而是一种私有协议；Ibrix 则使用独自设计的 IO 节点，客户端代理也是使用私有协议访问 IO 节点。

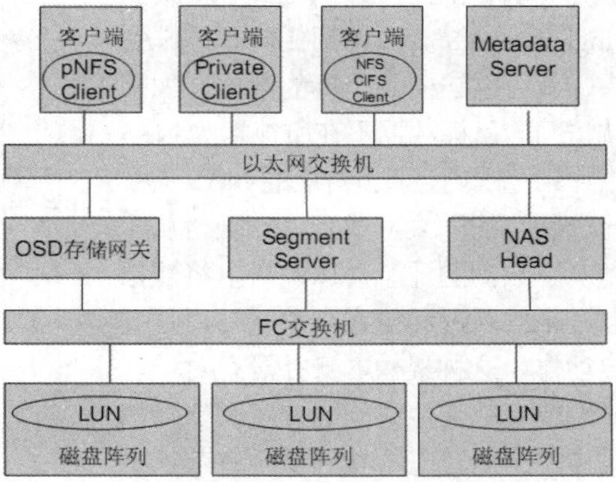

图 15-82　引入 IO 节点之后

3. 用 OSD 作为 IO 节点

同上，其结构如图 15-83 所示。典型代表：Panasas、Lustre。

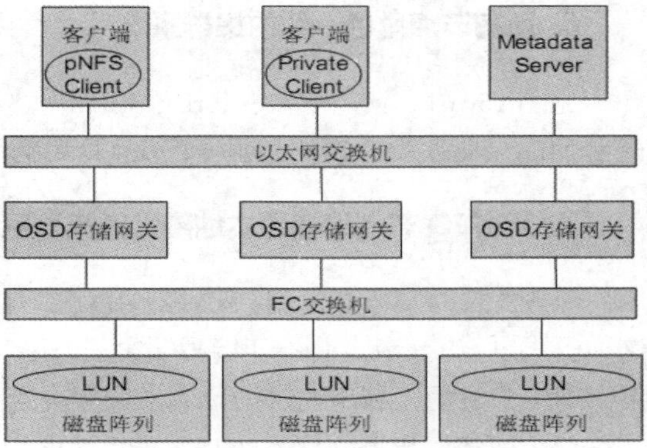

图 15-83　用 OSD 作为 IO 节点

4. 使用标准 pNFS 协议访问 IO 节点

见上文，其结构如图 15-84 所示。典型代表：Panasas。（Pnasas 的 IO 节点并非连接 SAN 后端的 LUN，而是使用自己本地的磁盘。）

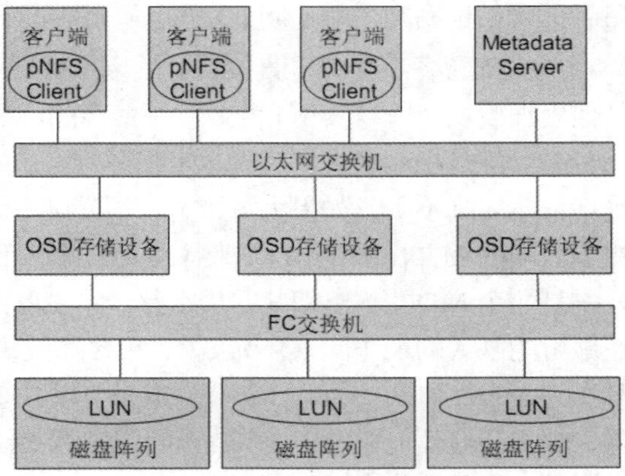

图 15-84　用 pNFS 协议访问 IO 节点

5. 使用标准 NFS/CIFS 协议访问 IO 节点

如图 15-85 所示为一个 Isilon 的 OneFS 架构简图。其实并不复杂，Isilon 使用多个 NAS 头联合起来组成一个集群 NAS 系统，每个 NAS 头都是用自己本地磁盘作为存储空间，所有 NAS 头的角色都相同。整个系统可以做到Single Name Space，访问任何一台NAS头，就可以访问到全局的数据。如果待访问的目标数据不在所连接的NAS头管辖范围内，那么对应的NAS头会通过后端的以太网或者 IB 网络从管辖对应数据的那个 NAS 头上将数据取过来然后返回给客户端，写也是类似动作。这种架构本身并没有对单客户端或者单文件访问的速度有任何加成作用，但是它却做到了所有节点平等化以及真正的全局命名空间。

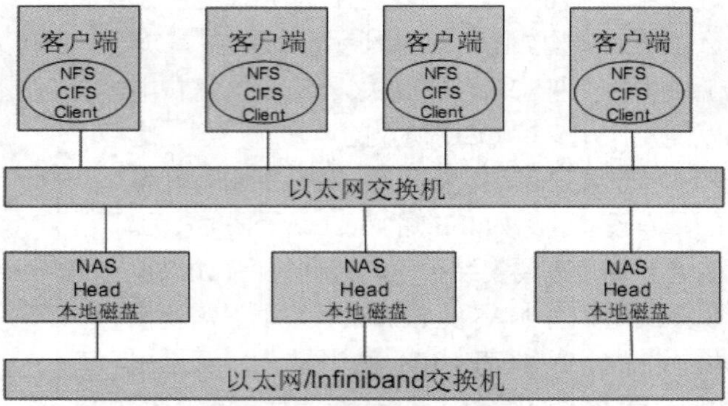

图 15-85　使用标准 NFS/CIFS 协议访问 IO 节点

6. 所有节点角色一致的集群系统

见图 15-61。典型代表：Ibrix、Isilon。这种模式下，集群中所有的节点既充当 IO 节点，又充当 MDC 控制器，访问任何一个节点均可访问到全局数据。

7. 所有 IO 节点均使用本地磁盘的集群系统

见图 15-64。典型代表：Isilon、Panasas。Isilon 使用机架式服务器，Panasas 使用刀片服务器。这种模式下，IO 节点并不连接后端第三方磁盘阵列来获取存储空间，而是使用每个刀片或者机架中本地的磁盘，利用大量的节点来获取高容量存储空间。

综上所述，集群文件系统其实最后演化为了两大阵营：一个是客户端直接访问后端 SAN 的模式，另一个则是在客户端和后端 FC SAN LUN 之间引入基于以太网链路访问的 IO 节点的模式。后者又可以根据客户端访问 IO 节点使用协议的不同而分为更多的种类。

两大阵营各有利弊。直接访问后端 SAN 的模式下，客户端与后端的磁盘阵列之间没有任何其他处理模块，所以其 IO 的效率是最高的，而且加上 FC 网络的速度，整个系统的速度和效率均较高。但是相对来讲，其成本也将随着客户端数量的增大而正比增加，因为目前 FC 适配卡的价格依然居高不下，如果为每个客户端安装一块或者两块 FC 卡，也是一笔不小的投资。此外，由于后端的 LUN 皆由 MDC 来挂载和管理，而系统中的 MDC 数量有限（目前最多两个），所以一旦两个 MDC 都出问题，那么整个系统就瘫痪了。引入 IO 节点之后，一方面客户端可以使用廉价的以太网来访问 IO 节点了，花费降低；另一方面，对于像 Ibrix 这种架构，所有节点都同时作为 MDC 和 IO 节点，IO 节点本身可以共享访问后端所有的 LUN，所以一旦某个 IO 节点故障，那么其他任何一个 IO 节点就可以接管故障节点之前所挂载的 LUN 以及文件系统，继续提供服务，只要系统中还剩下一个 IO 节点/MDC，那么整个系统就不会瘫痪，也就是说，这种模式下的系统容错率高了很多。但是，随之而来的问题就是 IO 效率相对低了，以及客户端 IO 速度的限制，以太网毕竟只有 1Gb/s 的速度，在单客户端或者单文件访问的情况下，集群系统显示不出多少优势，但是直接访问后端 SAN 的模式下，不管是单客户端还是单文件访问，其依然能够达到较高的速度。

提示：关于单客户端和单文件访问的问题，下文会有更详细的论述。

15.10　带外共享 SAN 文件系统

在广电领域经常会用到一种架构，就是带外共享文件系统。这种架构允许多台主机共享访问同一个或者一批 Lun，但是必须在一个特殊的文件系统的协调下进行，这个文件系统掌握全局的文件系统元数据，每台主机虽然可以直接读写 Lun，但是在读写之前必须询问和经过这个文件系统的同意，文件系统会告诉主机应该怎么访问以及访问哪些地方。

15.10.1　SAN 共享文件系统

多主机能否同时读写同一个 LUN 中的文件而同时保证数据一致性，一直是很多人在反复问的问题，答案也是固定的，即必须通过使用特定的共享式文件系统来实现。即便所有客户端主机同时使用 DIO+WriteThrough 模式的 IO 方式来访问对应的文件，由于文件的 Metadata 始终是被缓存在所有客户端节点的，而 DIO 和 WT 是不能把 Metadata 也同步刷入磁盘的，所以这种做法只适用于 Metadata 永不改变的情况下，而且性能也得不到保证。

这个问题的本质原因就是因为整个系统内存在多个独立的文件系统逻辑，即每个客户端都要维护自己的文件系统缓存，而它们之间又互不通信，各做各的。那么很显然，解决这个问题的根本办法，就是让整个系统内只存在一份文件系统逻辑和缓存。这种做法的一个例子就是 NFS 或者 CIFS 等 NAS 协议访问方式，全局的文件都由一台单一的 NAS 服务器来处理，客户端不需要处理文件系统逻辑。这样的话，只要客户端应用使用同步 IO 调用，即可完全保证数据一致性了。

至此，多主机共享访问同一个 LUN 下面的文件的问题，有了一种解决办法，即使用 NAS。然而，还有另外一种办法，即保持客户端的访问协议和底层链路速度不变，直接把多余的文件系统实例去除掉，只保留一份文件系统逻辑。这种思想也就演变为了共享式 SAN 文件系统了。

如图 15-86 所示，左侧为整个系统原先的架构，多个主机共同访问同一个 LUN 中的文件，会产生数据不一致，因为每台主机都各自为政，当任意一台客户端打算访问目标文件的时候，它们各自会向自身内存中的文件系统发起请求，从而执行 IO 操作。

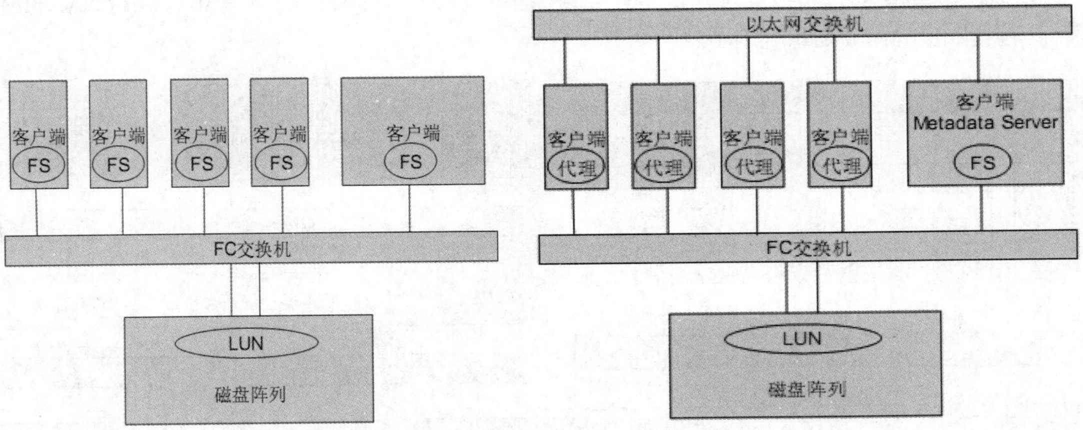

图 15-86　传统文件系统与 SAN 文件系统比较

右边所示的架构则为进化之后的架构，5 台客户端中的 4 台上的文件系统管理逻辑被剔除（所谓被剔除，并不是说将操作系统中的文件系统去掉，而是引入一个可挂载的新文件系统），只在其中一个客户端主机上保留了一份。当其他 4 个客户端需要访问文件的时候，由于对应的文件系统已经不在本地了，而位于第 5 个客户端之上，所以它们需要通过网络来向位于第 5 个客户端上的文件系统发起请求（由一个代理程序模块发起），也就是图示的以太网络。5 号客户端上的文件系统接收到查询请求之后，将对应的信息，比如待访问部分所对应的 LUN 以及 LUN 中的 LBA 地址段等发送回其他客户端，发起查询请求的客户端收到这些数据之后，需要自己来从存储设备中读出或者写入对应的数据块。

经过这样的改造，就可以避免同时访问时造成的数据不一致状况。而运行唯一文件系统管理模块的那个客户端的身份也进化了，我们称它为“Metadata Server”或者“Metadata Controller”，即 MDS 或者 MDC。MDS 如此重要，所以一般都会使用两个或者多个 MDS 组成一个 HA 的 Failover 组以实现容错，有些甚至可以实现双 Active 负载均衡。

至此，还有一点比较重要的东西需要理解，即在图 15-86 左侧所示的传统方式下，数据的查询和数据的 IO 都是由同一个客户端执行的，而右侧的架构中查询由 MDS 上的中央文件系统来执行，而数据 IO 则需要每个客户端自行执行（直接访问后端存储设备，无须经由 MDS）。这一点与单一 NAS 服务器不同，SAN 文件系统属于一种带外架构，而单一 NAS 服务器属于带内架构。理解这一点，是理解后面并行访问集群化进化的关键。

15.10.2 针对 NAS 和 SAN 文件系统的并行化改造

由于传统 NAS 系统属于带内架构，所以 NAS 前端的有限以太网链路以及单一 NAS 服务器后端的带宽限制最终制约了单一 NAS 服务器的性能，为了解决这个问题，集群 NAS 以及对应的并行访问协议比如 pNFS 等被开发了出来，NAS 领域也出现了带外 MDS 的概念。客户端使用 pNFS Client 向 MDS 查询待访问目标的位置等信息，得到信息之后，自行向目标发起访问。与单一 NAS 服务器架构不同的是，集群 NAS 系统中存在多个存储节点，客户端可以同时从所有这些存储节点中读写数据，这就是所谓的“并行访问”了，所以也就是一个集群。pNFS 使用了 OSD 来作为客户端与存储设备之间交互的协议。

同样，SAN 文件系统本身就是一个带外架构，它实现并行集群化访问是原生就支持的，只要在系统内添加更多的存储阵列、更多的 LUN 即可。如图 15-87 所示为集群化并行 SAN 文件系统和集群化并行 NAS 系统的示意图。

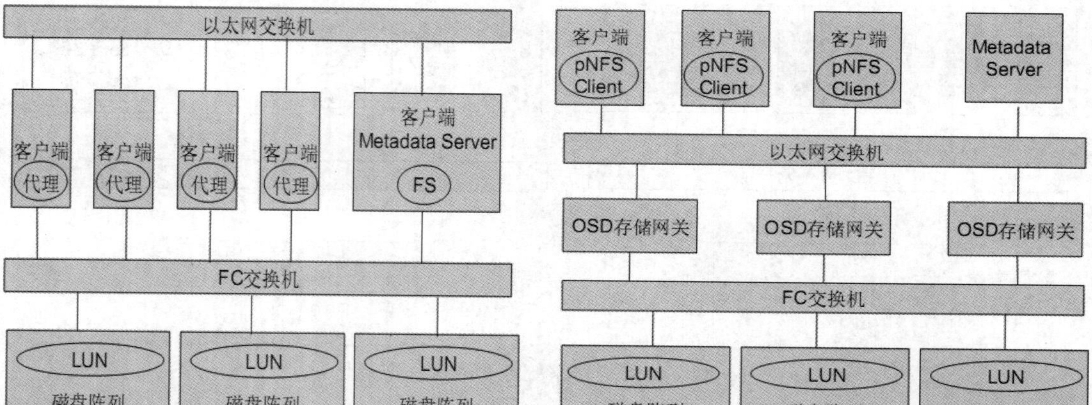

图 15-87　集群化并行系统示意图

我们分析到这里就可以发现，其实集群 NAS 和 SAN 共享文件系统这两者的本质是一样的，殊途同归，最终两者都使用了 MDS 作为中央单一文件系统管理者，各个客户端使用对应的代理程序（比如 pNFS 客户端、SAN 文件系统客户端）来直接并行地访问存储设备。只不过在进化的过程中，SAN 文件系统是一步到位，而 NAS 则经历了比较复杂的演化。

集群系统的再进一步进化的形态，就是类似 Ibrix 这样的，任何一个节点都可以充当 MDS，使得集群中的每个节点都具有相同的地位。

经过集群化改造之后，整个系统变成了彻底的 Scale-Out 架构，随着系统内部存储节点的增加，客户端所获得的带宽和 IOPS 也就可以线性上升。

15.10.3 SAN FS 实例分析

下面我们就来看一下一个 SAN 文件系统的底层架构吧。

1. 核心本地文件系统 EXFS

如图 15-88 所示为该 SAN FS 的底层架构简图。其中 MDC 上的核心基础模块为一个被命名为 EXFS 文件系统，EXFS 是一个 Linux 上的纯本地文件系统，由于 EXT3 存在诸多限制，所以这个厂商自己写了一个全新的 EXFS 文件系统。EXFS 不仅具有文件系统的基本功能，而且还负责卷的管理和挂载，相当于一个集成了卷管理模块的文件系统，支持管理底层最多 4096 个 LUN，而且支持在线扩容。可以在线向对应的文件系统内添加 LUN，当用户需要从某个文件系统内剔除某个 LUN 的时候，EXFS 还提供了对应的工具来检测哪些文件处于这个 LUN 中，从而可以让用户手动地将文件迁移到别处，然后再剔除对应的 LUN。EXFS 将整个文件系统的元数据存放到一个或者多个专属的后端卷中存放，而不是遍布后端所有 LUN，这样做的好处是充分保证性能和安全性。

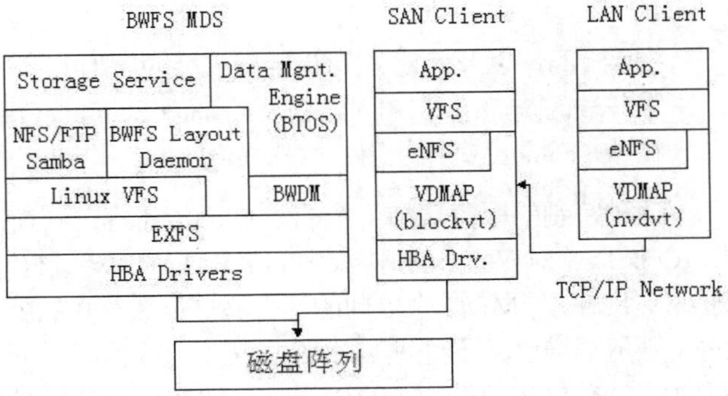

图 15-88 该 SAN FS 底层架构图

此外，EXFS 的设计在文件分布策略方面颇有考究。

提示： EXFS 对于文件的分布给出了三种方式。第一种就是完全条带化分布方式，相当于一个盲 RAID 0 模式，每个具有一定尺寸的文件都被拆分多份放在后端的多个 LUN 中。这种模式对于单个大文件的单线程访问具有最好的性能加成。

第二种则是纵向分布模式。在本书的“IO 路径及优化”相关章节中曾经详细分析过盲 RAID 0 所存在的问题，即多文件/LUN 并发的时候，性能骤降。而这对于数字媒体系统是致命的，会直接导致视频播放的卡壳。针对于此，EXFS 可以实现将一个文件存放在一个 LUN 中，下一个文件存放在下一个 LUN 中，以此类推。这样就可以保证并发访问多个文件的时候，不会产生 LUN 的 IO 冲突，当然这些 LUN 在底层也最好要位于不同的磁盘组中，最终 IO 冲突的是磁盘而不是 LUN。

第三种则是为了配合 MAID 技术而生的，MAID 可以让长期没有 IO 访问的磁盘的盘片停止旋转从而节电。EXFS 在存储文件的时候可以将文件先存满一个 LUN，然后再存储到下一个 LUN，以此类推。这样，其他没有存储文件的 LUN 所对应的磁盘就可以停止旋转了。但是这种分布方式会影响性能。

用户可以根据自己的需求来选择不同的分布模式。

2. MDC 上的信息传递员——NFS Daemon 和 Layout Daemon

有了 EXFS 这个核心之后，必须还要有一个负责将文件系统元数据信息传递给客户端上的代理程序的角色。很显然，这种角色早就存在了，比如 NFS 网络文件系统，客户端可以通过一系列的 RPC Call（比如 GETATTR()、FSINFO()、FSSTAT()等）来向服务端查询文件的各种属性。该文件系统并没有沿用传统的 NFS 服务端式的带内模式，而是在它上面进行了改进，增加了一个新层次来实现更多的功能（见下文）。从这个角度上来看，MDC 相当于一台带外的 NFS 服务器。

提示：Ibrix 以及其他多个集群 FS 厂商的 MDC 节点其实也是使用 NFS Daemon 来负责接收客户端的查询请求，同样，Ibrix Fusion Client 的底层也必须依靠 NFS Client。不同的是，Ibrix 在 Windows 上直接使用了微软提供的 SFU/SUA 来作为 NFS Client。

这种特制的服务端与传统的 NFS 服务器有一点最大不同，那就是客户端针对文件的实际数据 IO 操作（对应着 NFS 协议中的 READ()、WRITE()等）并不发送给 MDC 来处理，因为如果连实际 IO 都要 MDC 来处理的话，那整个系统真的就与 NAS 无异了。所以 MDC 上的改进后的 NFS 服务端模块并不处理实际数据 IO，而只负责应答文件的其他属性信息。既然需要客户端自行向后端的 LUN 发起实际 IO 操作，那么客户端就必须知道对应的文件段到底存放在哪个 LUN 的哪些 Block 中。这些信息只有 MDC 上的 EXFS 才知道，需要将这些信息传达给客户端，而传统 NFS 服务端并不具备这种功能，所以需要另外一个模块专门传达这种文件—块映射信息，这个模块就是被新加入的层次——Layout Daemon。

比如，客户端将某个 SAN FS 文件系统挂载到了/mnt 下，某时刻客户端某应用程序发起“读取/mnt/a.txt 的从 Byte1024 到 Byte2048 之间的字节”这种请求的话，那么客户端上的代理首先要向 MDC 上的 Layout Daemon 查询以获取到/mnt/a.txt 的 Byte1024 到 Byte2048 这段字节对应在后端 LUN 的具体 Block 地址（当然同时也可能会向 MDC 上的服务端查询一些此文件的其他属性信息）。对于追加写请求，MDC 首先进行空间分配，然后将分配之后的存储空间地址信息通知给客户端，客户端向目标地址做写入动作。

Layout Daemon 是 MDC 上负责与 Client 端通信的使者，它与 Client 端之间的交互协议一部分是类似 NFS 的协议，另一部分则是私有协议。

3. 客户端上的元数据信息获取者——eNFS 模块

eNFS 的取名意为 Enhanced/Extended NFS。eNFS 模块相当于客户端上的 NFS Client，但是它比普通 NFS Client 多出一部分功能，也就是它除了需要与 MDC 上的改良 NFS 服务端通信之外，还需要与 Layout Daemon 交互以获取实际 Block 地址段信息。在获取到实际地址信息之后，

eNFS 便将这些信息传递给另外一个下层模块——VDMAP。

eNFS 的作用方式和思想与 pNFS 类似，这也是其名曰 eNFS 的原因。

4. 客户端上的实际 IO 执行者——VDMAP 模块

VDMAP，即 Virtual Disk MAP。它的一个作用是管理和映射底层的 LUN，作为一个简单的卷管理器。另外，这个模块还负责执行最终由 eNFS 下发的块级别 IO 信息。这个模块有两种形态：第一种是可以直接访问后端 LUN 的客户端所具有的形态；第二种则是无法直接访问 LUN 的客户端所具有的形态。对于无法直接访问 LUN 的客户端，其上的 VDMAP 模块可以向前者的 VDMAP 模块发起 IO 请求，由前者代为执行对相应卷的 IO。

思考：不知道读者有没有感觉到，其实文件级的集群存储系统的架构，不管是有 IO 节点的还是直连 SAN 访问的，它们本质上是殊途同归的，不管使用什么样的协议，什么样的架构，什么样的硬件，其实它们的本质思想就是 MDC+并行直接访问。

另外，可以将 SAN 文件系统看作是一个 NAS 系统的改进产品。这个结论可能让人大跌眼镜，将 NAS 变为 SAN，然后还改进？可是事实就是如此。所以说，存储领域的协议本来就是相通的，本质是殊途同归的。

15.11 集群的本质——一种自组自控轮回的 Raid

纵观集群 SAN 与集群 NAS 系统，是否可以提取出一些共性的、最纯粹的东西来呢？如图 15-89 所示，左边为一台传统的双控制器的磁盘阵列系统精简架构图，两个控制器通过 FCAL 或者 SAS 网络共同控制着后端的多块磁盘，多块磁盘组成某种 Raid 类型，比如 Raid 10、Raid 5 等，数据被均衡打散地分布到 Raid 组中的所有磁盘中；而右边则是 IBM XIV 集群存储系统的精简架构图，可以看到两者有什么类似了么？

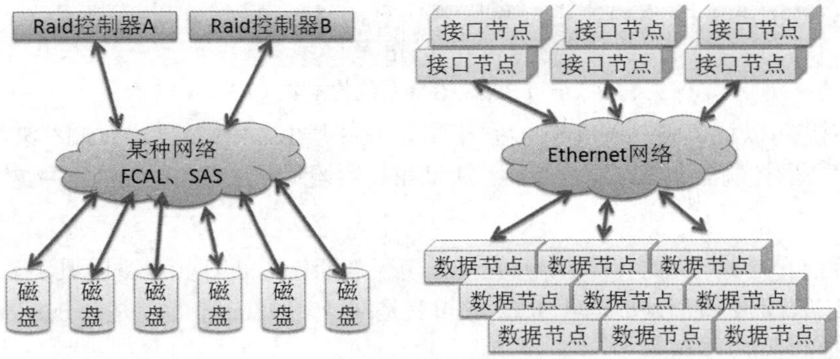

图 15-89　集群存储系统的本质（1）

先看看拓扑图：前者是控制器与磁盘通过某种网络比如 FCAL 或者 SAS 来连接通信，后者是前端节点与后端节点也通过某种网络连接通信。再来看 IO 执行过程，前者的数据 IO 过程是：控制器将 IO 下发给各个磁盘，磁盘执行 IO，将结果返回给控制器，控制器再将结果返回给主机；而后者执行 IO 过程的过程是：前端接口节点接受主机的 IO 请求，将 IO 下发给自身磁盘或者后端数据控制器节点，自身磁盘或者后端数据控制器节点执行 IO，将结果返回给前端接口控制器，接口控制器再将结果返回给主机。可以看到这两者执行 IO 的过程是类似的。那么再来看看数据分布的方式，XIV 在所有磁盘中打散分布数据，本质上是一种 Raid 10；而前者如果做成 Raid 10，那么也是将数据同样打散分布。两者的区别则是：前者是控制器将 IO 下发给磁盘，而后者则是前端控制器节点将 IO 下发给后端控制器而不是直接下发给后端磁盘。

如图 15-90 所示为其他典型集群场景，是否可以认为所有控制器组成了一个大的 Raid 系统呢？当然可以！每个控制器下面的磁盘做成 Raid，然后多个控制之间再做成 Raid 0，或者全局磁盘做成一个灵活的 Raid 10。

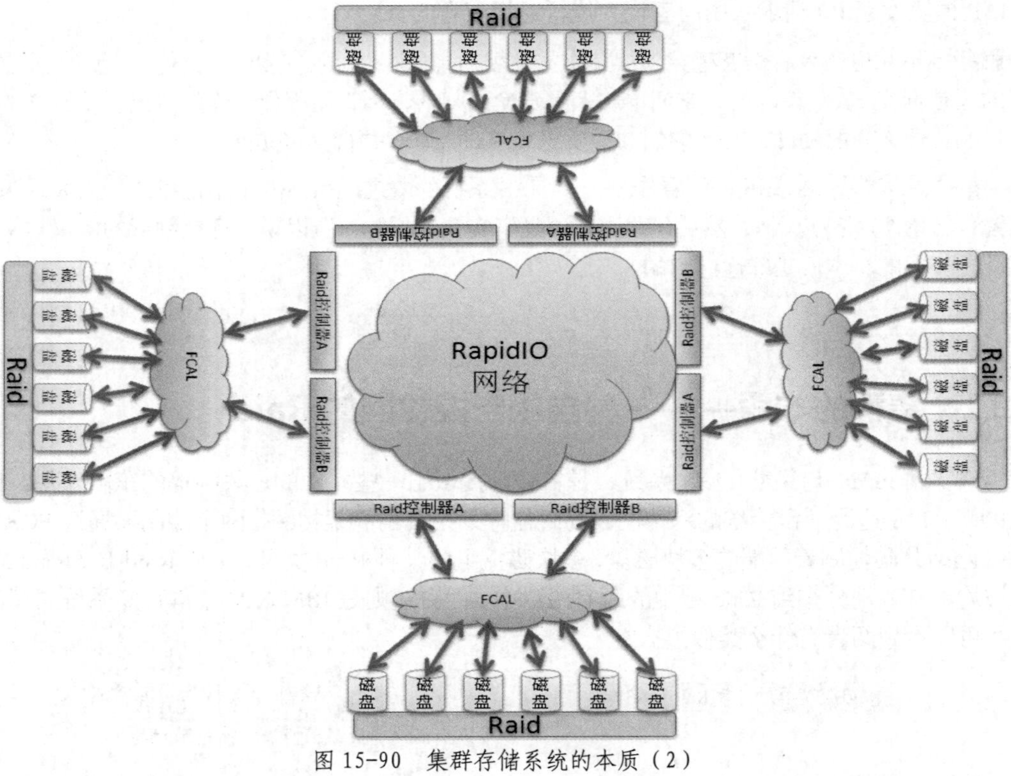

图 15-90　集群存储系统的本质（2）

那么是不是可以抽象成三个角色的两个层次：第一层 Raid 和第二层 Raid、第一层网络和第二层网络、第一层控制器和第二层控制器？所谓第二层控制器是指集群功能本身这个“虚拟控制器”。

提示：目前有不少厂商的宣传用语中已经出现了“网络 Raid”这个名词，其实就是指一种轮回的表现。那么我们是不是可以说，集群就是网络上的 Raid，也就是 Redundant Array of Independent Node，Rain？

15.11.1　三统理论

如果说客户终端访问服务器的网络为传统的以太网 LAN，是第一网，也就是业务网，那么服务器访问存储系统所使用的网络就是第二网，也就是 SAN，SAN 可以基于以太网或者 FC 等网；而如图 15-91 所示，用于存储集群以及主机集群内部通信和数据传输的网络，已经形成了一个第三网。

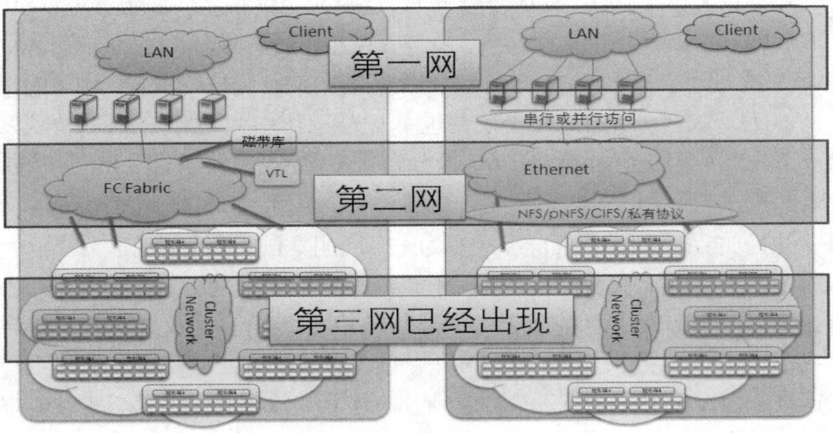

图 15-91　第三网

这里有个观点，叫做三统，哪三统呢？首先是集群的统一，大家知道目前有各种各样的集群，比如计算集群 、存储集群，存储集群中又分为汲取 SAN、集群 NAS、分布式文件系统、集群文件系统等，如此多样的集群，其本质无非就是一堆 x86 的节点，用某种网络连接起来后面挂了大量磁盘的，就是存储集群中的节点，拥有大量 CPU 和内存的，就是计算节点，如果两者皆有，那就是统一集群了，如图 15-92 所示。

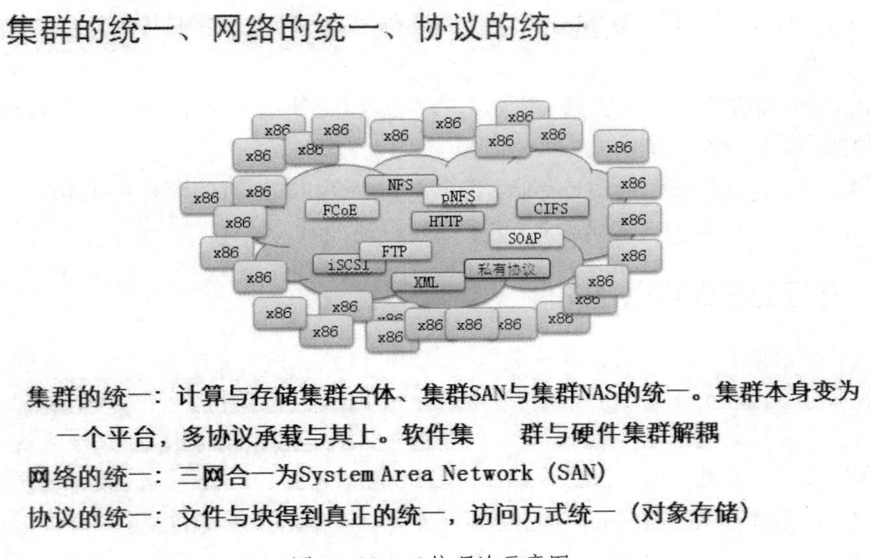
集群的统一、网络的统一、协议的统一
NFS
pNFS
FCoE
HTTP
CIFS
SOAP
FTP
iSCSI
XML
私有协议
x86
集群的统一：计算与存储集群合体、集群SAN与集群NAS的统一。集群本身变为一个平台，多协议承载与其上。软件集　群与硬件集群解耦
网络的统一：三网合一为System Area Network（SAN）
协议的统一：文件与块得到真正的统一，访问方式统一（对象存储）

图 15-92　三统理论示意图

为何计算与存储以前要分开呢？因为以前的 DAS 直连存储性能和容量均跟不上，而且属于孤岛形态，这限制了存储的发展，必须要将其与计算分开独立发展。所以存储后来先发展为双控制器传统网络存储，此时计算与存储无法合体；再后来，外置存储发展到集群化形态之后，虽然其表象仍然是分的，但是其里面却是合的，对外合为一体的。此时，计算与存储集群经历了长久分开之后，也必将会重新合体，寻回其本源。大家可以看到这是一个轮回和分分合合的过程。如今，存储系统正在向集群化发展，而计算也是集群化，那么计算集群与存储集群就可以完美的被

融合起来了，形分神合。这种形态也属于之前提过的“自助型存储集群”。除了主机集群与存储集群的合体之外，集群 SAN 与集群 NAS 其实也可以统一，目前很多厂商都推出了块虚拟化产品，它们的 LUN 在后端其实就是一个文件，可以被打散存放在底层磁盘各处。既然 SAN 设备底层都使用类文件系统来管理了，那么 SAN 与 NAS 的后端其实就已经被统一了，剩下的，就是前端访问协议的统一了（见下文）。此外，集群硬件也将变为一个平台，其上的各种协议、应用，则变成了一种服务，比如 SAN 服务、NAS 服务；而分布式文件系统则是集群 NAS 的支撑层，其本身与集群 NAS 属于一种本质上的东西。至此，集群硬件形态与上层软件充分解耦。

其次是访问协议的统一。既然集群已经变为一个通用集群，那么访问这个集群的方式也应该被融合。上文中曾经提到过，文件与块的本质其实是一样的，只是组织与访问方式不同罢了。如今块虚拟化的存储系统比比皆是，它们无一例外都将 LUN 当作一个文件一样来对待，恨不得直接在纯种文件系统中用文件虚拟出一个 LUN 来。既然这样，底层其实是被文件系统给统一了，那么外围的访问方式上，也应该被统一。本质上讲，不管是块还是文件，其实它们都用同一种协议访问：操作码、目标、起始偏移、长度。对于块访问，目标就是 LUN ID，而对于文件，目标就是某路径，比如/a/b/c.txt，那么是否有一种东西来屏蔽目标的不同呢？其实早就有这种协议，说到这里大家可能悟到了，这就是对象存储系统，对象存储协议就是将文件与块访问大统一的最佳候选协议了，只要时机成熟，文件、块大统一的访问方式必将席卷存储技术领域。块与文件这两种访问协议分开太久了，有合的趋势与欲望，底层技术也很给力。其实对存储协议早在 20 世纪 80 年代就被提出了，时隔 30 年，如今终于有了用武之地，就是利用对象协议，可以将文件与块的访问完美地融合统一起来。如果真的可以用对象存储做到统一，那么主机端会出现一种新的 HBA，即 OSD HBA，其将 OSD Initiator 集成到硬件中，存储对象既可以表现为一个目录，又可以表现为一个卷。

最后，就是网络的统一。不管第一网、第二网还是第三网，如果有一种网络可以同时满足需求，那么为何不统一呢？比如以太网。

做到这三统，这才是真正的统一存储，而不是同一个机头同时出块和文件协议。这就叫统一存储？噱头而已，看似统一，实则意义不是很大。

15.11.2 并行的不仅可以是文件

在前文介绍对象存储系统时，有一个思考，里面提到了其实文件 IO 与块 IO 的本质是一样的。既然本质相同，而分布式文件系统可以实现主机端的并行访问以提高效率，那么为何主机不可以用块协议来并行访问一个 Scale-Out 的 SAN 存储系统呢？当然可以了，没人规定不可以，只是还没有形成一个标准而已。

这方面，尖兵厂商 Infortrend 的产品 ESVA 率先打破了常规。其 ESVA 产品对主机侧提供了一个 Load Balance Driver（LBD），也就是并行访问客户端，可以分别连接到 ESVA 集群中到每个节点来并行地访问数据。ESVA 集群中的节点各自连接到 FC 交换机上。ESVA 集群中有一台 Master 节点，统管集群中的卷元数据，其他都为成员节点，这个思想与分布式并行文件系统完全一致。当使用了 LBD 的时候，主机客户端会从所有节点中认到全局虚拟的 LUN，并可以直接与所有节点通信读写数据；当不安装 Load Balance Driver 的时候，主机客户端只能通过 Master 节点来挂载对应的 LUN，当需要访问的数据恰好落在成员节点中时，则数据必须经过 Master 节点的中转，会多耗费一次经过 FC 交换机的转发。

块级别的并行比文件级并行来得更容易，因为分布式文件系统中的文件存放位置与映射关系错综复杂，随时在变化，而块级存储中的 LUN 的位置相对于分布式文件系统来讲并没有那么多的变化，几乎分配完之后就恒定在对应的节点中，这样，阵列与主机端并行客户端之间需要同步更新的 LUN 数据布局元数据信息就很少，效率很高。

再分析下去，ESVA 的并行客户端又似乎像是一个分布式卷管理系统，这里的卷其实就是 LUN，只不过一个 LUN 会被分布到多个集群节点中存放。所以，其相当于同时提供了一台台的单独阵列，而同时又给主机上提供了一个处于主机操作系统内核卷管理更下层位置的卷管理层，将识别到的多个独立的 LUN 虚拟成一个 Raid0 的大空间。这样做存在一个风险：一旦这些独立阵列中的一台出现故障，那么整个系统的数据不再可用。但是话又说回来，如果这个系统是一个单阵列，你把所有数据都放到这台阵列中保存，那么它出问题的几率会有多少？从这种角度来讲，不管系统中有多少台阵列，与单阵列出问题的几率是相同的，而单阵列出问题导致停机的几率是非常低的。即便这样，为了增加安全系数，厂商也实现了所谓网络 Raid，即在集群中的所有节点之间再做一层 Raid 5 来防止单个节点故障，这样也就成了 Raid for Rain。这种 Raid 的计算也有两种方式：一种是直接在主机端计算好之后，并行地写入每个节点，这种做法就变成了彻头彻尾的软 Raid 5 了，比如 Windows 下的动态磁盘；另一种则是由集群中的存储节点来自行计算，这样势必要浪费大量的集群内部通信网络带宽，而且性能也不会很好。

对象存储 OSD 协议或许有希望在一段时间之后真正成为块级并行访问的标准协议，因为它既像块，又像文件，而分布式文件系统已经有了标准访问协议，那就是 pNFS，pNFS 显然不适合块级，那么 OSD 或许就是最佳的候选对象了。

另外，有了并行访问客户端之后，之前的多路径软件也就可以被统一了，因为并行客户端自然会考虑多路径 Failover 和 Failback 的问题，之前多路径软件自身所作的负载均衡基本上都没有太大的意义，因为对于传统双控阵列来讲，LUN 的工作控制器只有一个，在这个前提下，多路径负载均衡是不具太大意义的。但是在多控的 Scale-Out 分布式架构下，多路径软件对集群中的每个节点都有维护一条路径，那么这个时候，多路径软件已经不是传统意义的多路径了，并行访问上升为关键点，而此时，多路径软件就彻底成为一个并行访问客户端了，而不应该再叫多路径软件。在所有路径工作正常的条件下，主机可以直接从集群中的每个节点读写数据，集群内部通信网的负载是非常低的，仅用于同步一些元数据状态等，一旦主机到集群的某条或者某几条路径失效，那么集群中对应的节点就与主机失去了连接，这些节点中的数据只能通过集群内部通信网被传输到与主机尚有连接的那些节点中，通过这些节点将数据转发给主机，此时内部通信网的流量就会增加。

15.11.3　集群底层与上层解耦

上文中提到，集群硬件层可能会变为一个平台，承载各种集群软件层。就像一个卖盒饭的，为了盛饭，他不仅要自己把饭做好，还得把盒子做好，然后把饭盛到盒子里一起卖。但是他可能发现自己做饭盒实在不在行，只想专心做饭。这时，有个人专门做饭盒，他们一拍即合，相互合作。这是一种软硬分开的表现。

也就是说，比如某分布式文件系统，如果要把它包装为一款可交付的产品当然可以，只买软件光盘即可。但是用户的硬件是各种各样的，兼容性不一，软件安装其上之后可能会出现各种问题，这就是现在的软件厂商争相给自己的软件捆绑到硬件中打包出售的原因之一。这就表现为一种软硬相合。

分久必合，合久必分，又应了这句老话。软件和硬件这两者总是在分分合合中螺旋上升发展。两者也会出现相互争抢的局面，比如硬件总是想从软件层面 offload 下来更多的功能，比如 TCPIP Offload，iSCSI Offload，XOR Offload 等，而软件似乎也在向硬件争抢，比如软 Raid，软卷管理层等。

对于硬件集群平台与其上的软件集群形式（比如集群文件系统、集群 SAN 等），它们两者如果真的做到了解耦，那么也会发展出这种争抢态势。比如底层硬件想去 offload 上层软件集群中的一些机制，如消息通信机制、错误监测与恢复联动机制等。硬件提供一个标准集群，比如基于 PCI-E 交换网络的集群，基于 Infiniband 的，基于以太网的，等等，不管底层是 Infiniband 还是以太网，底层硬件集群会将其抽象封装为标准的接口，上层的集群软件可以更加专注于高层功能，比如数据排布方式以及效能等层面的研发与提升，底层这些通用化的机制，最终将被固化为标准，从而获得所有厂商的支持。

15.11.4 云基础架构

而如果再往上走一层，那就是云了。整个集群作为一个基础架构服务的提供者，其上覆盖资源管理层，再覆盖一层业务展现层，就可以作为一个云来提供各种各样的 IT 服务，如图 15-93 所示。

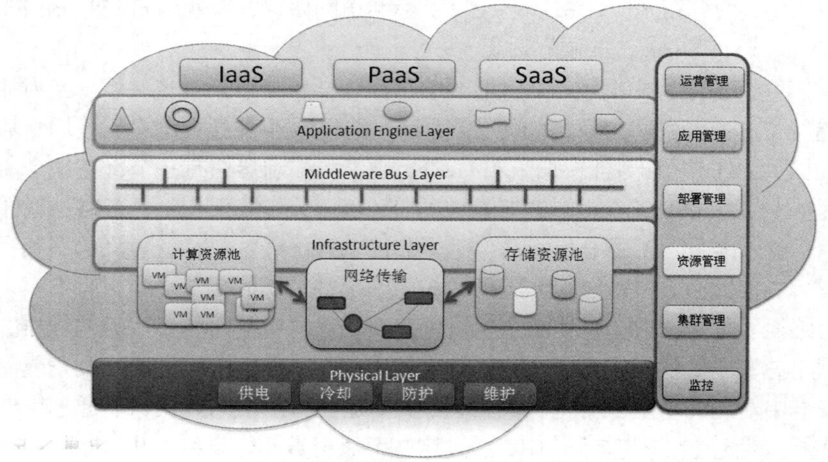

图 15-93　云基础架构

世界就是一个集群。任何目前所理解的物质，都是由更小的“粒子”或者说基石组成的集群。或者说，任何“物质”，其实都是由世界本源的基本公式叠加而成的庞大算式。任何逻辑，都是这些“物质”即算式的叠加演算过程。逻辑是“物质”变化过程的体现。任何对逻辑的改变，最终会体现对“物质”的改变，而“物质”的改变，又体现为逻辑。万物皆和合。个体的无意识性活动组成了整体的有序，冥冥中总有一个奥妙之物来指引所有个体的行动，但是个体自身却感觉不到，或者正逐渐地隐约感知到！

15.12 纯软 Scale-Out SAN

Infortrend 的 ESVA 存储系统是比较特别的一款集群 SAN 存储系统。它的特别体现在，其

Scale-Out 扩展方式完全是利用主机端的一个虚拟卷 Filter Driver 实现的，也就是靠这个卷驱动来把所有连接到该主机上的所有节点上的资源整合起来，相当于一个定制化的 LVM。但是配置依然是在存储端来配置。ESVA 中的"V"就代表虚拟的意思，指的就是用这个卷驱动来将所有节点的空间整合起来。节点可以随进随出，添加新节点之后，原来的数据会被自动均衡到这个节点上，同样，踢出节点前，数据会先被迁移到其他节点上，然后再踢出。这种纯软 Scale-Out SAN 集群方案的好处类似于支持并行访问客户端的集群文件系统，客户端可以并行访问集群中所有节点，而传统集群 SAN 方案下，客户端只能从集群中的某个节点来读写数据，虽然可以使用多路径软件来变相地"均衡"，但是客户端不知道要访问的数据到底在哪个节点上，如果将一个 IO 发送给一个并没有对应这笔 IO 数据的节点，那么这个节点一样要经过内部交换网络从其他节点处取回数据再发送给客户端，这个过程耗费了无谓的资源。而 ESVA 纯软 Scale-Out 方案，客户端的卷驱动是知道每一笔 IO 到底要发给哪个节点的，直接有的放矢地从对应节点取数据，提高了性能。

如图 15-94 所示。ESVA 将整个系统分为多个 Pool，每个 Pool 可以由位于不同节点的不同磁盘组合而成，可以向任何 Pool 中添加任何节点的任何磁盘。

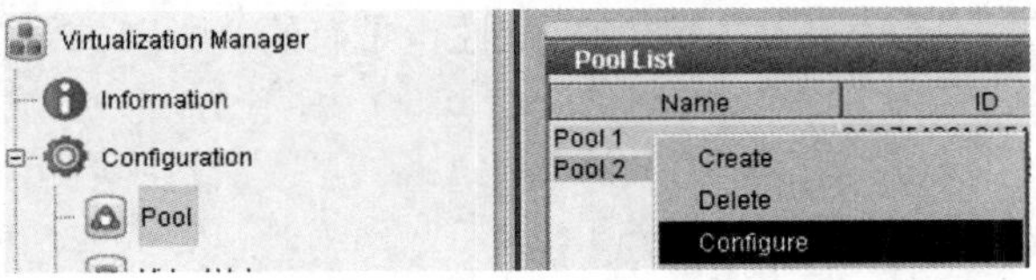

图 15-94　设置一个池

如图 15-95 及图 15-96 所示，可以向 Pool 中添加新的节点及磁盘，也可以从 Pool 中删除节点或者磁盘。如果将前者称为 Scale-Out，后者则可以称为 Scale-Back。

如图 15-97 所示，选择将新加入的磁盘做成何种类型的 Raid 组，并选择数据重新均衡时候耗费的系统资源优先级。然后系统会自动完成重新均衡。

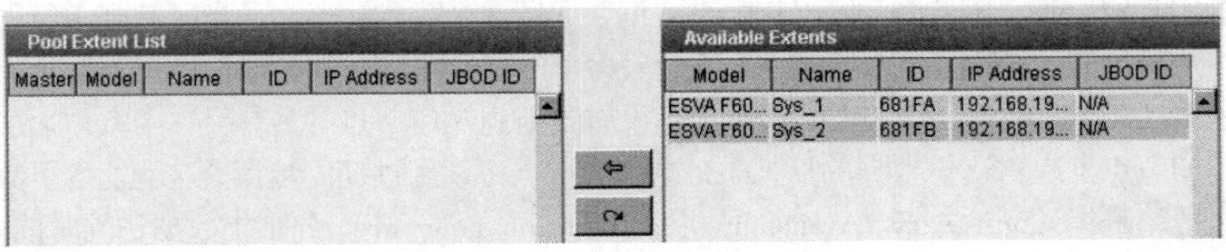

图 15-95　添加或者删除节点

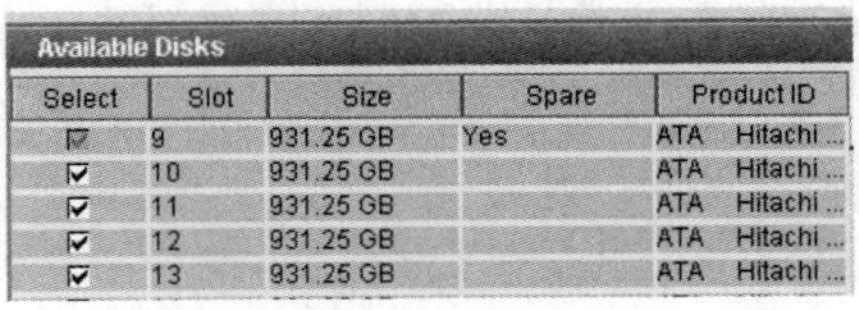

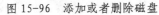

图 15-96　添加或者删除磁盘

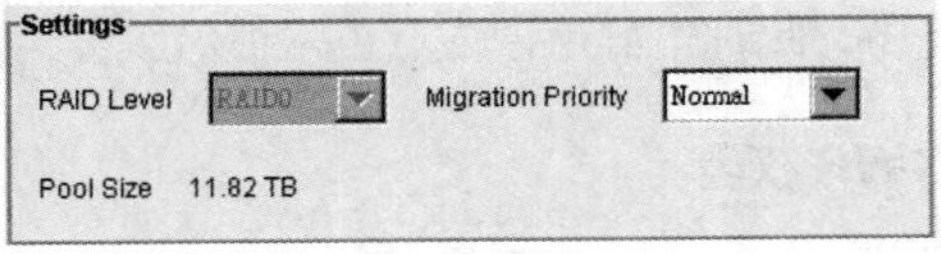

图 15-97　重新均衡

15.13　互联网运营商的特殊集群——NoSQL

数据海量集中的地方，无疑是互联网运营商（或称网络服务提供商，NSP）的数据中心了。这里代表了存储技术发展的最前沿。也正是因为海量数据存储与访问，使得传统存储架构、成本已经无法满足需求了。比如，每秒几十万次的随机 IOPS，每秒 10GB 的流量，如果使用传统高端存储，那成本将是高不可攀的，而且很多时候需要多台存储才可以满足，而且后期的扩展性以及扩容成本都是不可接受的，NSP 当然不愿意骑虎难下。正因有如此强烈的业务驱动，导致各 NSP 逐步采用分布式系统来构建其底层文件系统及数据库。比如先驱 Google 的 GFS+Bigtable，以及后续追随者 Amazon 的 Dynamo、Facebook 的 Cassandra、Microsoft 的 Azure、Yahoo 的 PNUTS、淘宝的 TFS+Tair 等。这些系统都是动辄数百甚至数千个节点组成的分布式集群。

1. 弱环境

这些系统无疑都是使用廉价定制化的 PC 来搭建的，单个节点各自有各自的计算资源和存储资源，互不共享，也就是 Share-Nothing。而且单节点的可靠性不高。所以 NSP 分布式系统的硬件环境为一种“弱环境”，为了保证最终的可靠性，那么就必须在软件层面实现强环境，比如将数据块保存 3 个副本在三台独立的机器上。为何要是 3 而不是 2 呢？因为如果只有两份副本的话，发生数据丢失的可能性依然很大，比如一旦某个节点故障或者某个磁盘故障，此时对应的数据就处于危险边缘。对于一个 1000 节点的集群，每周大概有 20 块硬盘损坏，保存同一个数据的 2 份副本的两个硬盘同时失效的可能性也是有的。所以如果保留 3 份副本的话，危险程度会大大降低。

2. CAP 理论

传统的关系型数据库已经无法在保证性能的前提下达到如此高的扩展性，因为传统关系型数据库是要保证强一致性的（比如用户 A 写入的数据，用户 B 立即就能看到等等）。所以，一致性、性能、扩展性，这三者是不能够同时兼顾的，只能任选其中两者（这便是著名的 CAP 理论）。而 NSP 的某些对外业务所需要的就是超高性能和扩展性，那么其只好适当牺牲一致性了，因为就大部分互联网服务而言，数据短暂的不一致是可以接受的，比如 DNS 解析，更换主机之后可能并不能实时刷新到全网范围。同样，由于数据块保留 3 个副本，那么是当所有副本都同步写入对应节点之后再向客户端返回成功信息，还是只写一份就返回成功信息呢？后者肯定是有利于性能，但是却牺牲了一致性，比如当某份副本还没有更新到对应节点时，有另一个客户端从这个尚未被同步的节点发起对这份数据的读，那么这个客户端将读到过期的数据，这就发生了数据不一致。CAP 理论是指 Consistency、Availability 以及 Partition Tolerance，分别指数据访问时的一致性、可用性（请求总是可以被执行和返回，不超时。可视为性能）以及分区容忍性。前两者大家都理解，最后一个“分区容忍性”是指大规模集群一旦遇到网络或者其他类型故障导致整个集群被裂为多个孤岛，此时集群是否依然正常提供服务，这一点可以视为扩展性中的一个子需求。

3. NWR 模型

有什么办法可以保证一致性呢？办法当然有，有一个著名的模型叫做 NWR 模型，可以在一致性与性能之间实现巧妙的均衡。N 表示对应数据块要保存的副本数，W 表示成功了写入几份就可以向客户端返回成功信息，R 表示为了保证读时候的一致性，客户端必须从保存这份副本的 N 个节点中的几个同时读出数据。比如 N=3，W=1，也就是刚才那个场景，那么此时如果 R=1，则不能保证一致性，因为此时 R 可能从另外两个保存这份副本的节点读取，但是也有可能从当初 W 的那个节点读取，那么就是一致的，但是不能保证每次都从当初 W 的节点读取；而如果 R2，同样不能保证；但是 R 如果=3，那么就可以保证，读出的这 3 份数据，至少有一份是最新的，那么通过判断数据块的 timestamp 时间戳就可以判断这 3 份中哪一份（或几份）是最新的，从而丢弃剩余的不一致的副本。而如果 W=2，也就是必须同步的写成功 2 个副本才返回成功信号，那么读的时候就可以读出 2 份就能保证至少有一份是最新的了。所以，只要 W+R>N，即可保证读一致性。有人问说，如果读的时候只从当初写入的那个节点读不就都一致了么？是的，但是这样做就无法保证性能了，所有节点均可同时写入同时读取同一份副本，这样性能是最高的，只不过牺牲了一致性；如果要保证一致性，那么就采取 NWR 模型来调和到底是要读性能高（增加 W 的值）还是要写性能高（降低 W 的值），读写性能都高的话就得完全牺牲一致性，这就是 NWR 模型的魅力所在。

4. 水平切分与垂直切分

数据在集群中的分布有两种方式，第一种是水平切分方式，比如一张表，可以水平被裂开为多张表，每张表都保存有原来的列，每张表被分别存储到集群中的一个节点中（并保留其他两个副本）；而垂直切分相当于把一张表竖直裂开为多张表，原来的多个列被拆开，分别存储在集群中的一个节点中（并保留其他两个副本）。这样做相当于把数据打散，从而获得超高的随机查询性能。垂直切分相当于是基于业务层面的切分，具有一定的人为介入度；而水平切分则相当于全局层面的数据盲切分。

5. NoSQL

此外，这种弱一致性的数据库集群一般都不支持事务。同时，也不支持传统关系型数据库的关联查询动作，也就是说，由于完全分布式，所以多个节点之间的数据如果想要进行关联查询是很不经济的，会导致整个系统慢的不可想象，这就是上文中曾经提到的，MPP 有 MPP 的适用场合，如果每笔查询或者 IO（比如 MPP 架构商用存储系统中的大块连续 IO）都需要所有节点提供数据分片，那么此时并发性能将会非常差。所以，这类去关联性的、弱一致性的轻量级的分布式数据库系统，就属于 NoSQL 系统，即“抛弃传统 SQL”或者“Not Only SQL”的意思。

读书笔记

第 16 章

未雨绸缪——数据保护和备份技术

- 数据保护
- 快照
- CDP
- 数据备份
- 备份通路

数据是表示信息的信息。数据丢失或者损坏，信息也就丢失或者被扭曲了。为了防止数据意外丢失或者损毁，人们想出了一系列的方法来保护当前的数据。此外，为了最大程度地保护数据，人们还在其他地方保存数据的一份或者多份副本。

数据保护和数据备份看似简单，实则很复杂。数据保护和备份已经成为存储领域的一门分支学科。本章就这个分支作简要介绍，并给出几个案例。

16.1 数据保护

数据保护，就是对当前位置上的数据进行备份，以防突如其来的磁盘损坏，或者其他各种原因导致的数据不可被访问，或者部分数据损坏，影响到业务层。备份后的数据，可以在数据损毁之后恢复到生产磁盘上，从而最大程度地降低损失。

从底层来分，数据保护备份可以分为文件级的保护和块级的保护。

16.1.1 文件级备份

文件级的备份，即备份软件只能感知到文件这一层，将磁盘上所有的文件，通过调用文件系统接口备份到另一个介质上。所以文件级备份软件，要么依靠操作系统提供的 API 来备份文件，要么本身具有文件系统的功能，可以识别文件系统元数据。

文件级备份软件的基本机制，就是将数据以文件的形式读出，然后再将读出的文件存储在另外一个介质上。这些文件在原来的介质上，存放可以是不连续的，各个不连续的块之间的链关系由文件系统来管理。而如果备份软件将这些文件备份到新的空白介质上，那么这些文件很大程度上是连续存放的，不管是备份到磁带还是磁盘上。

磁带不是块设备，由于机械的限制，在记录数据时，是流式连续的。磁带上的数据也需要组织，相对于磁盘文件系统，也有磁带文件系统，准确来说应该叫做磁带数据管理系统。因为对于磁带来说，它所记录的数据都是流式的、连续的。每个文件被看作一个流，流与流之间用一些特殊的数据间隔来分割，从而可以区分一个个的“文件”，其实就是一段段的二进制数据流。磁带备份文件的时候，会将磁盘上每个文件的属性信息和实体文件数据一同备份下来，但是不会备份磁盘文件系统的描述信息，比如一个文件所占用的磁盘簇号链表等。因为利用磁带恢复数据的时候，软件会重构磁盘文件系统，并从磁带读出数据，向磁盘写入数据。

在 2000 年之前，很多人都用磁带随身听来欣赏音乐。而 2005 年之后，就很少看到带随身听的人了，大都换成了 MP3 或 MP4 或者手机等设备。随身听用的是模拟磁带，也就是说它记录的是模拟信号。电流强，磁化的就强；电流弱，磁化的就弱。磁转成电的时候也一样，用这种磁信号强弱信息来表达声音振动的强弱信息，从而形成音乐。MP3 则是利用数字信息来编码声音振动强弱和频率信息。虽然由模拟转向数字，需要数字采样转换，音乐的质量相对模拟信号来的差，算法也复杂，但是它具有极大的抗干扰能力，而且可以无缝地与计算机结合，形成能发声的计算机（多媒体计算机）。

录音带、录像带，都是模拟信号磁带。用于文件备份的磁带，当然是数字磁带，它记录的是磁性的极性，而不是被磁化的强弱，比如用 N 极来代表 1，用 S 极来代表 0。

如果备份软件将文件备份到磁盘介质或者任何其他的块介质上，那么这些文件就可以是不连续的。块设备可以跳跃式地记录数据，而一个完整数据链信息，由管理这种介质的文件系统来记录。磁盘读写速度比磁带要高得多。

近年来出现了 VTL，即 Virtual Tape Library（虚拟磁带库），用磁盘来模拟磁带。这个概念看似复杂，其实实现起来无非就是一个协议转换器，将磁盘逻辑与磁带逻辑相互映射融合，欺骗上位程序让其认为底层物理介质是磁带，然后再按照磁盘的记录方式读写数据，这就是虚拟化的表现。这种方法，提高了备份速度和灵活性，用处很大。

16.1.2　块级备份

所谓块级的备份，就是备份块设备上的每个块，不管这个块上有没有数据，或是这个块上的数据属于哪个文件。块级别的备份，不考虑也不用考虑文件系统层次的逻辑，原块设备有多少容量，就备份多少容量。在这里“块”的概念，对于磁盘来说就是扇区 Sector。块级的备份，是最底层的备份，它抛开了文件系统，直接对磁盘扇区进行读取，并将读取到的扇区写入新的磁盘对应的扇区。

这种方式的一个典型实例，就是磁盘镜像。而磁盘镜像最简单的实现方式就是 RAID 1。RAID 1 系统将对一块（或多块）磁盘的写入，完全复制到另一块（或多块）磁盘，两块磁盘内容完全相同。有些数据恢复公司的一些专用设备“磁盘复制机”也是直接读取磁盘扇区，然后复制到新的磁盘。

基于块的备份软件，不经过操作系统的文件系统接口，而通过磁盘控制器驱动接口，直接读取磁盘，所以相对文件级的备份来说，速度加快很多。但是基于块的备份软件备份的数量相对文件级备份要多，会备份许多僵尸扇区，而且备份之后，原来不连续的文件，备份之后还是不连续，有很多碎片。文件级的备份，会将原来不连续存放的文件，备份成连续存放的文件，恢复的时候，也会在原来的磁盘上连续写入，所以很少造成碎片。有很多系统管理员，都会定时将系统备份并重新导入一次，就是为了剔除磁盘碎片，其实这么做的效果和磁盘碎片整理程序效果一样，但是速度却比后者快得多。

16.2　高级数据保护方法

16.2.1　远程文件复制

远程文件复制方案，是把需要备份的文件，通过网络传输到异地容灾站点。典型的代表是 rsync 异步远程文件同步软件。这是一个运行在 Linux 下的文件远程同步软件。它可以监视文件系统的动作，将文件的变化通过网络同步到异地的站点。它可以只复制一个文件中变化过的内容，而不必整个文件都复制，这在同步大文件的时候非常管用。

其实 FTP 工具也是一个很好的远程文件复制工具，只不过不能做到更加灵活和强大而已。

16.2.2　远程磁盘（卷）镜像

这是基于块的远程备份，即通过网络将备份的块数据传输到异地站点。远程镜像（远程实时复制）又可以分为同步复制和异步复制。同步复制，即主站点接受的上层 IO 写入数据，必须等这份数据成功地复制传输到异地站点，并写入成功之后，才通报上层 IO 成功消息。异步复制，就是上层 IO 主站点写入成功，即向上层通报成功，然后在后台将数据通过网络传输到异地。前者能保证两地数据的一致性，但是对上层响应较慢；而后者不能实时保证两地数据的一致性，但是对上层响应很快。

所有基于块的备份措施，一般都是在底层设备上进行，而不耗费主机资源。

现在几乎各个盘阵厂家的中高端产品，都提供远程镜像服务，比如 IBM 的 PPRC、EMC 的 SRDF、HDS 的 Truecopy、Netapp 的 SnapMirror 等。

16.2.3 快（块）照数据保护

远程镜像，或者本地镜像，确实是对生产卷数据的一种很好的保护，一旦生产卷故障，可以立即切换到镜像卷。但是这个镜像卷，一定要保持一直在线状态，主卷有写 IO 操作，那么镜像卷也有写 IO 操作。如果某时刻想对整个镜像卷进行备份，需要停止读写主卷的应用，使应用不再对卷产生 IO 操作，然后将两个卷的镜像关系分离，这就是拆分镜像。切分过程是很快的，所以短暂的 IO 暂不会对应用产生太大的影像。

拆分之后，可以恢复上层的 IO。由于拆分之后已经切离的镜像关系，所以镜像卷不会有 IO 操作。此时的镜像卷，就是主机停止 IO 那一刻的原卷数据的完整镜像，此时可以用备份软件将镜像卷上的数据备份到其他介质。

拆分镜像，是为了让镜像卷保持拆分一瞬间的状态，而不再继续被写入数据。而拆分之后，主卷所做的所有写 IO 动作，会以 bitmap 的方式记录下来。bitmap 就是一份位图文件，文件中每个位都表示卷上的一个块（扇区，或者由多个扇区组成的逻辑块），如果这个块在拆分镜像之后，被写入了数据，则程序就将 bitmap 文件中对应的位从 0 变成 1。待备份完成之后，可以将镜像关系恢复，此时主卷和镜像卷上的数据是不一致的，需要重新做同步。程序会搜索 bitmap 中所有为 1 的位，对应到卷上的块，然后将这些块上的数据同步到镜像卷，从而恢复实时镜像关系。

可以看到，以上的过程是十分复杂烦琐的，而且需要占用一块和主卷相同容量大小的卷作为镜像卷。最为关键的是，这种备份方式需要停掉主机 IO，这对应用会产生影响。而“快照技术”解决了这个难题。快照的基本思想是，抓取某一时间点磁盘（卷）上的所有数据，而且完成速度非常快，就像照相机快门一样。

下面介绍快照的底层原理。

1. 基于文件系统的快照

自然界是不断变化的。可以用照相机抓拍到某个时间点的瞬间影像。为什么要对自然界照相？为了留下美好的记忆。计算机存储的电子数据也是在不断变化的，为了抓拍下某一时间点某份数据集的内容，需要一种“数据照相机”。为什么要对电子数据进行抓拍？为了预防数据被“污染”，或者逻辑上被损毁，比如病毒大范围感染、配置信息崩溃、系统崩溃等。拍下一些历史时刻的数据内容留底。自然界照片至少现在还不可以回滚，但是电子数据的照片确是可以回滚的，并且可以从这个时间点为起点重头来过，或者从这个时间点的数据影像创建出多份平行的存储空间（克隆）。

A 兄提出的办法：“快速将某文件系统内的文件全部复制到另外一个地方存放，这份复制出来的文件集就是源文件系统在复制开始那一时刻的快照！”这种做法有什么问题？如果文件容量很大，复制需要很长时间，而这段时间内源文件系统内有数据发生更改怎么办？抓拍移动的景物，曝光时间越长，得到的照片就会重影、模糊甚至花脸！对于电子数据也一样，如果曝光（复制）时间过长，曝光（复制）的过程中被拍摄的对象有移动（数据被更改），那么所得到的照片（数据快照）就是一份花脸照片（得到的数据集前后不一致）。

B 兄提出了改进方法：在复制时禁止一切针对源文件系统的更改操作，即禁止一切写 IO。等复制完成时再恢复。看来 B 兄是个不合格的摄影师。自己摄影技术太差，倒霉的是来拍照的人，强行让客户静止不动长达几分钟，霸王条款！

C 兄出马了："从本质上解决这个问题，必须降低曝光（数据复制）时间！同时只需被拍照者（应用程序）只静止一瞬间就可以了！"

D 兄出面了："C 兄说得很对！我有个办法可以一举两得地保证这两个苛刻需求的落地！"D 兄有何秘籍？万变不离其宗！ 其"宗"为文件系统元数据链。牵一发而动全身，只要抓住了文件系统元数据链，就等于掌握了目前这个文件系统内的所有信息。而对于一个文件系统来讲，其元数据量相对整体数据量是很少的。如果在复制的时候只复制元数据链，也就是整个文件系统的总图纸，那么就变相地拥有了一份在复制一刹那这个文件系统中的所有内容的组织结构树。

顿时，A、B、C 三位老兄开始狂轰滥炸："只复制元数据链，那么复制过程是可以大大降低了，但是如何解决在复制完成之后仍然允许用户程序更改源数据呢？一旦有数据被更改，那么复制出来的图纸就相当于作废了，因为图纸与实际内容已经对不上号了！"

D 兄从容应对："我自有办法。源文件数据当然不能让它就这么被覆盖掉。有以下两种办法来保证。"

办法一：元数据复制完成之后所有针对源文件系统的更改文件块均将其重定向到一块空余的空间内存放，并且在源文件系统的元数据更新对应的指针条目来告诉系统说源文件系统内某文件的某些块的最新内容其实被重定向存储到了新的空间内的某某地址。这样就可以永久地将快照创建瞬间的数据全部冻住，之后所有更改都被重定向到剩余空间存放。此时系统内保存着两套元数据链，一套是源文件系统的，会被不断地更新；另一套则是快照时保存下来的，永不更新，而且其指向的实际存储位置上的数据也不会被覆盖。随着源数据被不断覆盖而产生的重定向写动作，空闲空间内会逐渐产生一个当前时间点文件系统全部数据的影像，而拍照那一刻的历史时间点的源文件系统影像则永久被冻住为快照生成瞬间的历史时间点影像。这种思路叫：Redirect on First Write（RoFW）。之所以只在首次覆盖写时重定向，是因为只要重定向出去之后，源数据块后续的覆盖就会直接在重定向之后的块地址上直接覆盖之前被重定向出来的块了。

办法二：元数据复制完成之后，所有针对源文件系统中文件的覆盖写操作均照常执行，但是在覆盖对应的数据块之前，需要将被覆盖的数据块内容复制出来，存放到一个额外的空闲空间内存放，并且在之前被复制出来的元数据链中更新这个新指向记录，将历史的一部分指向被复制出来的数据块，历史的另一部分则与现在是重叠存在的。系统中依然有两套元数据链，一套指向当前，另一套指向历史。这样处理之后，源文件系统存储空间中永远都是最新的数据，而历史数据会随着覆盖写入操作的不断进行而被逐渐搬出原存储空间，存入空闲空间，最后在空闲空间内生成为一个快照生成那个瞬间的历史影像。这种思路叫：Copy on First Write（CoFW）。之所以只在首次覆盖写时复制，是因为只要首次复制出去之后，源数据块后续的覆盖写动作就会直接在源数据集中对应地址上直接覆盖了，因为历史版本已经被保留了。

我们知道，文件系统管理思想的精髓就在于它的链表、B 树和位图等结构，也就是元数据（Metadata），以及对这些元数据的管理方式。文件系统其实对底层磁盘是有点"恐惧"的，我们可以计算一下，一个 100GB 的磁盘上，有超过 2 亿个扇区。文件系统是如何管理这 2 亿个扇区，又如何知道某个扇区正在使用呢？如果使用的话，是分配给哪个文件或者文件的一部分呢？

文件系统首先将扇区组合成更大的逻辑块来降低管理规模。NTFS 最大每个块可以到 4KB，也就是 8 个扇区一组形成一个簇（块，Block）。这样，2 亿的管理规模便会除 8，缩小到 1.2 千万的管理规模，虽然存储空间可能有所浪费，但是切实降低了管理成本。

其次，文件系统会创建所管理存储空间上所有簇（块）的位图文件，这个文件有固定的入口，文件系统能在 1.2 千万个块中快速定位到这个文件入口并读写。位图文件中每个位代表卷上的一个簇（或者物理扇区，视设计不同而决定），如果簇正在被某个文件使用，这个簇在位图中对应的位的值就为 1；否则为 0。

再次，文件系统还保存一份文件和其所对应簇号的映射链，这个映射链本身以及簇位图本身也是文件，也要有自己的映射链，所以针对这些重要的元数据，必须有一个固定的入口，用来让文件系统程序读入并且遍历所有文件系统元数据。通常将这个初始固定地址入口称为 root inode，不同操作系统具体实现方式不同。

当向卷中写入一个新文件，文件系统首先会查找簇位图，找到位值为 0 所对应的簇号，并计算所需的空间，然后分配这些簇号给这个文件。它首先将文件实体数据写入对应的簇，然后再去文件—簇号映射图中更新，将新文件与其对应的簇映射关系记录下来，最后到簇位图中将这些簇对应的位的值从 0 改为 1。如果要删除这个文件，则直接在 inode 链中将这个文件的 inode 抹掉即可，然后在簇位图中将对应簇的位值从 1 改为 0。

文件系统并不会抹掉这个被删除文件所对应卷上的簇中的实际数据，如果用扇区读写软件来提取这个簇，就会得到这个文件的部分内容。虽然这些簇中依然有内容，但是对于文件系统来说，这些簇是可重用的，一旦有新文件写入，新文件的数据便会覆盖原来簇中的数据。

所以，对于一个文件系统来说，最重要的不是卷簇中的数据，而是文件—簇号映射链和位图等这些元数据。比如，想要破坏某个文件系统中的某个文件，我们不必费劲地修改某个文件对应簇中的实际内容,只需修改一下文件—簇号映射链中关于这个文件所对应的实际簇号的记录即可，让它指向其他簇号。

这样，文件读出来的内容就不是原有内容。此外，如果修改了文件系统中对应簇中的数据，文件系统也根本感知不到这些动作，因为它所查询的是文件－簇号映射链，它只知道某个文件对应着哪些簇，而不关心这些簇是否被改过，它想关心也无法关心。

正因为文件系统只是根据它所记录的这些映射图表来管理文件，所以才使得快照成为可能。为什么呢？

思考：如果我们想抓取某个卷在某一时刻下的全部数据，就可以像照相机一样，对一个正在移动的物体实施拍照，某一时刻，快门打开，曝光后关闭。照相机可以保存在底片上，但照下的数据如何保存呢？

如果一个卷上有 100GB 容量的文件，照下来之后，用另一块磁盘将数据全部复制出来，至少需要 20 分钟的时间，且在这段时间内，不允许再有任何数据被写入这个卷，因为我们要抓取的是这个卷在这个时刻瞬间的数据。

对于拍照移动中的物体，要想保证照片清晰没有重影，就要降低曝光时间，但是曝光时间越短，照片感光度就会越低，也会影响质量。同样，对于一个正在进行频繁 IO 写入的数据卷，要照下它某时刻的样子，也需要减少“曝光”时间。但是刚才已经说过，100GB 的数据，复制出来需要 20 分钟时间，这个“曝光”时间太长了。要么物体在拍摄的时候保持静止（复制卷的时候停止 IO），要么就减少曝光时间（加快复制速度），这两样，我们一样也保证不了，因为停止 IO

会直接影响上层应用，而且也无法在几秒钟（应用停止 IO 可接受的时间内）之内将 100GB 的数据复制出来。难道就真的没有办法了么？非也。

思考： 如果我们只花几秒甚至 1 秒钟的时间，把某时刻的文件系统中的映射图表，以及下级链表等元数据复制出来并保存，那么是不是就可以说，我们照下了这个时间点处卷上的所有数据呢？

绝对是的。因为文件系统只根据这些映射图来对应卷上的实际数据，所以只要有了映射图，就可以按图索骥，找到并拥有实际的数据。但是，将此时刻的映射图复制出来，我们也只得到了一个图纸而已，因为实际数据在卷上，是实实在在的物理卷，而不是在图纸上，所以我们必须保证卷上的数据不被 IO 写入，而同时又不能影响应用，既然不能影响应用，就要让 IO 继续执行，这简直是个大大的矛盾啊！

思考： 源块不能被写入新数据，这个绝对要保证，否则这张“照片”就花脸了，而同时应用的 IO 也必须持续不断地执行（写入），既然源块不让写入了，那能不能写入到其他空闲的地方呢？

当然可以！每当遇到需要向原卷写入新文件或者更新旧文件，文件系统便将这些更新数据写入一个新的空闲的地方去，然后在它的映射图中加入对应的条目。由于我们已经保存了原来的映射图，而且也拥有一份不让写入的原卷实体数据，所以不怕它修改。文件系统当前的映射图（元数据）始终描述的是当前的映射关系。这样，应用继续执行 IO，同时，我们也可以将照下来的原卷数据复制出去，从而得到一份某时刻的瞬间的卷数据。我们完全可以选择不复制这份快照，就让它留在那，因为快照根本不占用额外的空间，除非针对这个卷有新的 IO 写入，则新簇会写向其他地方，从而占用相应大小的空间，一旦原卷所有簇都被更新了，那么也就意味着在空闲空间内逐渐生成了一个完整的新卷了，其占用与原卷相同大小的空间。

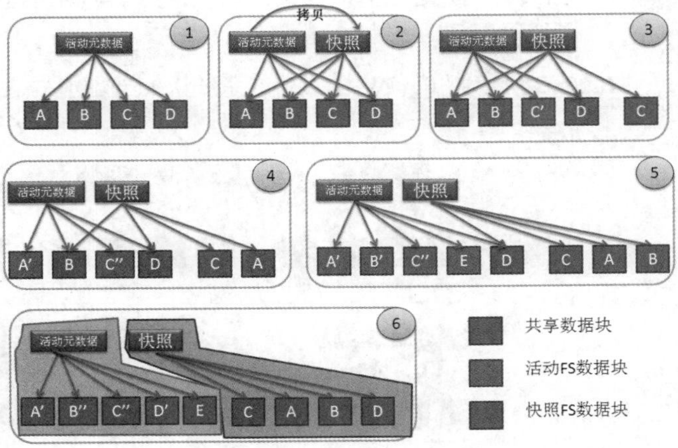

图 16-1　CoFW 快照示意图

图 16-1 所示为 CoFW 模式下的几个典型流程。

（1）源文件系统（当前活动文件系统，即正在被应用程序读写的生产文件系统）初始状态：数据不断地被读取或者写入，实际数据块（文件块，如 A、B、C、D）以及元数据链也在不断变化。

（2）之后某时刻，系统被触发了一份快照。系统将所有写 IO 暂挂，然后立即开始将整个文件系统的元数据链复制一份存放，复制完成后立即解除暂挂。被复制下来的这份元数据链是与当前活动元数据链完全相同的，所以此时此刻其指向底层数据块与当前活动元数据链也是相同的。

（3）之后某时刻应用程序要更改当前活动文件系统中的 C 数据块为 C′，属于首次覆盖写，根据 CoFW 规则，需要先将原来的 C 数据块复制出来，然后再写入 C′ 数据块。之后，在快照元数据链中将原本指向 C 块地址（现在的 C′ 块的地址）的指针改为指向被复制出来的 C 块的新地址上。

（4）同理，之后某时刻 A 被覆盖更改为 A′，那么系统同样也将 A 复制出来并且修改快照元数据链中的指针。

（5）在这一步中，B 被更改为 B′，B 同样被拷出。同时，应用程序对当前活动文件系统做了一个追加写动作，比如扩大了某文件之类，产生了一个新分配的文件数据块 E，由于这个文件系统在快照那一刻的历史版本中并没有这个数据，所以系统并不会作任何后台复制动作。对于追加写的数据块，快照系统不做任何处理。应注意，追加写是文件系统中经常发生的事情，追加写会伴随着元数据的数量和容量的变化而不仅是指针指向的改变，也就相当于图纸扩大幅面了。但是对于 LUN 或者卷来讲，并没有追加写这一说，卷的容量和位置是固定的，除非某些场景下将某个 LUN 扩容，而这个动作也不需要后台的快照处理进程做什么事情，因为历史时刻这个 LUN 并没有扩容，所以当前活动 LUN 怎么折腾都行，只要不发生需要首次覆盖源数据块的情况，快照无须做任何处理，拿好手中的图纸，监控好首次覆盖动作即可。另外，这一步中还有一个动作，即 C 被覆盖写为 C″，由于 C 块之前已经被覆盖过一次，所以这次系统直接用 C″ 覆盖之前的 C′，无须任何处理过程。

（6）当源文件系统内所有数据块都被覆盖写了一遍之后，系统内将有两套完整的文件系统数据集：一套是当前活动文件系统，另一套则是这个文件系统所对应的历史快照时刻的数据版本。

图 16-2 所示为 RoFW 模式下的系统快照处理流程。

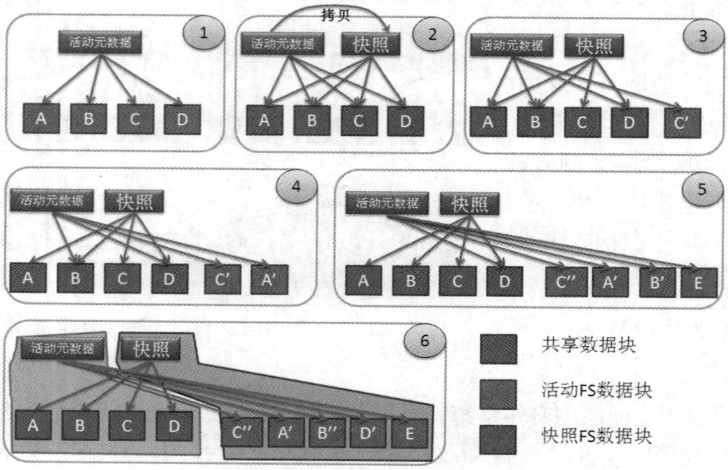

图 16-2 RoFW 快照示意图

（1）源文件系统（当前活动文件系统，即正在被应用程序读写的生产文件系统）初始状态：数据不断地被读取或者写入，实际数据块（文件块，A、B、C、D）以及元数据链也在不断变化。

（2）之后某时刻，系统被触发了一份快照。系统将所有写 IO 暂挂，然后立即开始将整个文件系统的元数据链复制一份存放，复制完成后立即解除暂挂。被复制下来的这份元数据链是与当前活动元数据链完全相同的，所以此时此刻其指向底层数据块与当前活动元数据链也是相同的。

（3）之后某时刻应用程序要更改当前活动文件系统中的 C 数据块为 C′ ，属于首次覆盖写，根据 RoFW 规则，直接将 C′ 数据块重定向写入到某剩余空间内。之后，将当前活动文件系统元数据链中原本指向 C 块地址（现在依然是 C 块的地址）的指针改为指向被重定向写出去的 C′ 块的新地址上。

（4）同理，之后某时刻 A 被覆盖更改为 A′ ，那么系统同样也将 A′ 重定向写出，并且修改当前活动文件系统元数据链中的指针。

（5）在这一步中，B 被更改为 B′ ，B′ 同样被重定向。同时，应用程序对当前活动文件系统做了一个追加写动作，比如扩大了某文件之类，产生了一个新分配的文件数据块 E，由于这个文件系统在快照那一刻的历史版本中并没有这个数据，所以系统并不会作任何后台重定向动作。对于追加写的数据块，快照系统不作任何处理。另外，这一步中还有一个动作，即 C 被覆盖写为 C″ ，由于 C 块之前已经被重定向过一次，所以这次系统直接用 C″ 覆盖之前的 C′ ，无须任何处理过程。

（6）当源文件系统内所有数据块都被覆盖写了一遍之后，系统内将有两套完整的文件系统数据集：一套是当前活动文件系统，另一套则是这个文件系统所对应的历史快照时刻的数据版本。

图 16-3 所示为在 RoFW 模式下生成两个快照之后系统的处理流程示意图。

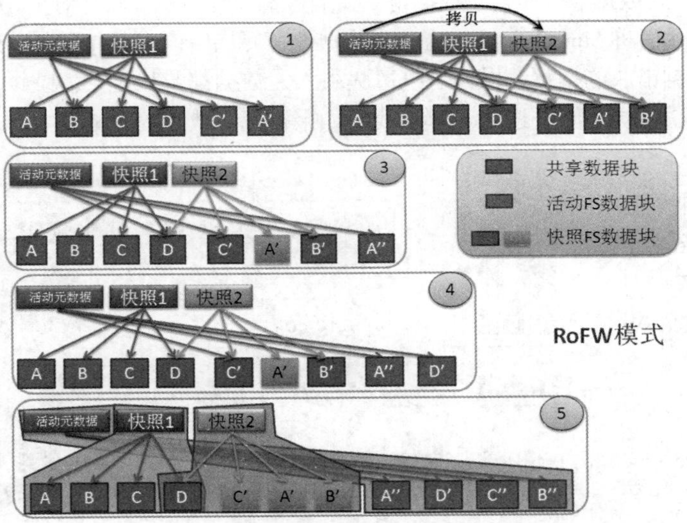

图 16-3　RoFW 模式生成两份快照后处理流程示意图

（1）某时刻的状态如图中 1 号框所示，已经生成了一份快照，并且重定向写出了 A′ 和 C′ 这两个数据块。

（2）之后某时刻，当前活动文件系统的 B 被更新为 B′ ，则系统直接将 B′ 重定向写出去。然后，系统又被触发了一份快照。系统将所有写 IO 暂挂，然后立即开始将整个当前活动文件系统的元数据链复制一份存放，复制完成后立即解除暂挂。被复制下来的这份元数据链是与当前活动元数据链完全相同的，所以此时此刻其指向底层数据块与当前活动元数据链也是相同的。可以看到数据块 D 是被三套元数据链共享指向的。

（3）之后某时刻应用程序要更改当前活动文件系统中的 A′ 数据块为 A″ ，此时是否需要做一些动作？我们来看一下，对于快照 1 来讲，A′ 已经是被重定向复制出去的块了，那么对于快照 1 来讲是不需要重定向写，但是对于快照 2 呢？就不同了，对于快照 2 来讲，用 A″ 覆盖 A′ 就属于首次覆盖了，所以需要将 A″ 重定向写出去。同时可以看到 A′ 对于当前活动文件系统和快照 1 来讲已经没有用了（不指向它了），但是对于快照 2 来讲却是必须的，A′ 是快照 2 时刻这个块所对应的历史版本。

（4）同理，之后某时刻 D 被覆盖更改为 D′ ，那么系统同样也将 D′ 重定向写出，并且修改当前活动文件系统元数据链中的指针。D 这个数据块依然保留，因为快照 1 与快照 2 共同指向它。

（5）在这一步中，B′ 被更改为 B″ ，C′ 被更改为 C″ ，B″ 与 C″ 同样被重定向写出去并更改当前活动文件系统元数据链指向。可以看到 D 数据块仍然被两个快照共享。而当前活动文件系统的实际数据块已经全部被重定向写出去了。

还没结束。到这一步看似很完美了，给文件系统拍照的全流程已经梳理完毕，但是要考虑精益求精。在面对一个海量庞大文件系统的时候，其元数据量可能会达到上 GB 甚至上百 GB，这都是有可能的。而此时如果对这个文件系统做快照，首次的元数据复制所耗费的时间将是不可接受的。有没有办法再降低复制量？

我们还是用万变不离其宗、牵一发动全身这两个思想来作为解决这个问题的入口。整个文件系统的“宗”就是其元数据链，那么元数据链本身有没有一个“宗”呢？对了，确实有。这个“宗”就是其根入口块，或者称 Super Block。这个块的地址在底层空间上是绝对恒定的，这个块内存放有指向下一级元数据链块的指针，操作系统每次载入元数据都要从这个地址读入 Super Block，从而根据其中的指针一层层地向下遍历。那么我们如果在每次快照的时候只将 Super Block 复制保存，是否可以呢？

当然可以。如果只复制 Super Block，那么其下级的所有元数据链自身的变更，也要进入 CoFW 或者 RoFW 流程了。图 16-4 所示为只复制根节点 Super Block 并且使用 RoFW 模式下的文件系统快照流程示意图。

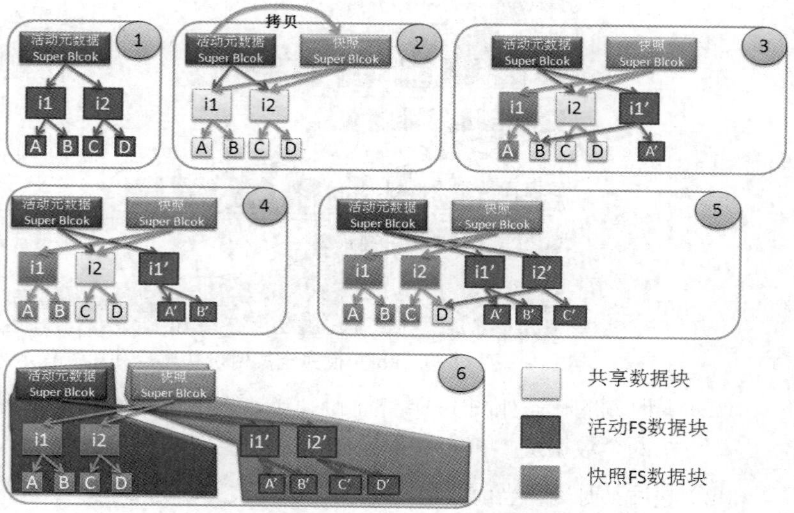

图 16-4 只复制 Super Block 的 RoFW 模式示意图

（1）源文件系统（当前活动文件系统，即正在被应用程序读写的生产文件系统）

初始状态：数据不断地被读取或者写入。Super Block 指向了两个一级间接 inode（i1 与 i2）。i1 与 i2 又分别指向了两个实际数据块 A、B 与 C、D。当然，实际情况下不可能只有这么少的间接块以及这么浅的数据链级数，这里只是一个示意图。此时此刻，A、B、C、D 四个块的内容不断变化，但是 i1 与 i2 间接块的内容却不变，因为 i1 块的内容是 A 与 B 块所在的地址，同样，i2 块中的内容其实是 C 与 D 块所在的地址，也就是说 i1 与 i2 块其实是个指针块，ABCD 的内容不断在变，但是它们在底层存储空间上的地址偏移是不变的，所以 i1 与 i2 块内容也不会变。当 i1 或者 i2 间接块对应的文件发生长度变化时，i1 或者 i2 可能会变化，比如新指向一个 E 块，i1 或者 i2 中就需要新添加一个地址指针来指向 E 块。

（2）某时刻，系统触发了一份快照，此时只需要将 Super Block 复制保存即可。

（3）随后，数据块 A 发生内容变更，由于 RoFW 模式的作用，新数据块 A′ 需要重定向到一个新位置上，并且修改指针指向，也就是修改 i1 块中的指针将其指向 A′ 块的位置，那么也就意味着，i1 块的内容也发生了改变，变为 i1′，那么同样也需要将 i1′ 重定向写入新位置，牵一发而动全身，i1 的指针变了，Super Block 中针对原本 i1 的指针现在也需要指向 i1′ 的新地址。i1′ 中针对 B 数据块的指针不变，仍然指向原 B 块地址。

（4）随后，数据块 B 发生了变更，变为 B′，B′ 当然要被 CoFW，B 的上一级间接块为 i1 的指针也要改，由于之前 i1′ 已经被做了 RoW，所以本次只要在 i1’中将 B 的指针指向 B′ 新地址即可。这一步之后，i1 块及其下挂的数据块 AB 只被快照所使用，而 i2 及其下挂的数据块 CD 仍为活动文件系统以及快照所共享。

（5）随后，C 发生变更，执行与之前相同的动作，这里不再叙述。

（6）当 A、B、C、D 都发生变更之后，其对应的上一级间接块也随之都发生了变更，也都被 CoFW 了出去，最后系统形成了两份独立的文件系统元数据链及其指向的实际数据块。

首次只复制 Super Block 的做法加快了复制速度，使得快照真的可以被瞬间执行，但是后续依然需要将完整的元数据进行 CoFW 或者 RoFW，相比于首次复制全部元数据链的模式，其实需要复制的数据量长期来看是一样的，但是前者却可以更加迅速地完成快照拍摄过程。

提示：NetApp 公司的 WAFL 文件系统利用的快照方式是很有特色的。每次快照，它只将根 inode 复制并保存，而不保存下级链表 inode。之所以敢这么做的原因，是因为 WAFL 从来不会覆盖写入某个文件对应的旧块。不论是元数据还是实体数据，WAFL 统统写入到卷的空闲块上（根节点 inode 映射图位置恒定，每次更新会覆盖写）。这样，在只复制了根节点 inode 之后，由于下级链表 inode 均不会被覆写，所以同样可以保存瞬间的 snapshot。其他的快照实现方式，一般都将所有 inode 复制并保存，因为它们的 inode 都是恒定位置的，只能全部覆写。WAFL 的这种模式相当于是只复制根入口的 RoW（注意不是 RoFW）模式的快照。

2. 基于物理卷的快照

对于基于物理卷的快照，其比文件系统快照实现起来要简单。因为 LUN 或者卷一般在底层磁盘上的物理位置是恒定的，而不像文件系统那样可以随意细粒度地分布。正因如此，LUN 的映射元数据链并不像文件系统那样复杂，可以认为 LUN 的元数据就是其在底层磁盘上的起始和结束地址。

这样，在拍照时，需要复制的元数据链就更小，是真正的瞬间完成。但是完成之后就难受了，需要按照一定的粒度来做 CoFW 或者 RoFW，而且还需要记录更改的数据映射指针，细粒度的元数据指针是文件系统的特长，现在就需要将它搬到 LUN 卷这一层来实现了。对于某些实现了块级虚拟化的系统如 NetApp、XIV、3PAR 等，它们的 LUN 在底层的位置都不是固定的，此时，LUN 相当于一个文件，有一串类文件系统的元数据链来维护这些映射关系。所以，这些系统实现快照的原理与文件系统级快照类似。

基于物理卷的快照，相当于给物理卷增加了一个“卷扇区映射管理系统”。我们知道，卷扇区应当是由文件系统来组织和管理的，但是为了减轻文件系统负担，人们在底层卷这个层次实现快照。卷扇区都是用 LBA 来编号的，实现快照的时候，程序首先保留一张初始 LBA 表，每当有新的写入请求的时候，程序将这些请求的数据写入另一个地方（一般是一个新卷，专为快照保留的），并在初始 LBA 表中做好记录，比如：

原始 LBA：卷 A 的 10000 号，映射到 LBA：卷 B 的 100 号

以上映射条目的产生，是由于有 IO 请求写入数据到卷 A 的 10000 号 LBA，由于做了快照，卷 A 在这个快照被删除之前不允许写入，所以将这个写入请求的数据，重定向写到卷 B 的 100 号 LBA 扇区上。值得说明的是，文件系统不会感知到这个重定向动作，FS 在它的映射图中依然记录了卷 A 的 10000 号 LBA 地址而根本不知道还有个卷 B。

此时，如果文件系统生成了一个 IO 请求读取，或者写入卷 A 的 10000 号 LBA 扇区，那么运行在卷层的快照程序便会查找快照重定向映射表，发现卷 A 的 10000 号 LBA 其实已经被重定向到了卷 B 的 100 号，然后读取或者写入卷 B 的 100 号扇区。由于每次 IO，程序均会查找这份快照映射表，所以增加了处理时间，降低了一些性能。这种方式称为 Redirect on First Write（RoFW），意思是重定向写，也就是将更新的数据写入另一个地方，原卷数据丝毫不动，用指针来记录这些重定向的地址。在利用 RoFW 方式做了快照之后，针对随后的每个针对这个卷的上层 IO，程序都需要查表确认是否需要重定向到新卷（或者本卷为快照所保留的空间），这种做法对性能是有较大影响的，为此，有人发明了另一种方式来保存快照数据。

快照生成之后，如果上层有针对原卷某个或者某些自从快照之后从来未被更新过的 LBA 块的写 IO 请求，则在更新这些 LBA 扇区之前，先将原来扇区的内容复制出来，放入一个空闲卷，然后再将新数据写入原卷。也就是说，旧数据先占着位置，等什么时候新数据来了，旧数据再让位，一旦原卷某个 LBA 的块在快照之后被更新过了，则以后再针对这个 LBA 块的写 IO，可以直接覆盖，不需要提前复制，因为第一次更新此块的时候已经将原块数据复制保留了。这样，原卷上的数据随时都是当前最新的状态，所以针对快照之后的每个上层 IO，不必再遍历映射表，直接写向原卷对应的地址，如果是写入一个快照之后从未被更新过的块，则需提前将原块复制保留，这种方式称为 CoFW（其实应当叫做 Copy on First Write，见下文），写前复制。

在“照”下了这一时刻卷上的数据之后，为了保险起见，最好对那个时刻的数据做一个备份，也就是将快照对应的数据复制到另外的磁盘或者磁带中。如果不备份快照，那么一旦卷数据有所损毁，快照的数据也不复存在，因为快照与当前数据是共享 LBA 扇区的（如果没有更新原卷扇区的话）。

3. RoFW 方式与 CoFW 方式比较

不管是 CoFW 还是 RoFW，只要上层向一个在快照之后从来没被更新过的数据块进行写 IO 更新，这个 IO 块就要占用新卷上的一个块（因为要保留原块的内容，不能被覆盖），如果上层

将原卷上的所有扇区块都更新了，那么新卷的容量就需要和原卷的数据量同样大才可以。但是通常应用不会写覆盖面百分之百，做快照的时候，新卷的容量一般设置成原卷容量的 30%就可以。它是一个经验值，当然要根据具体业务场景来判断具体值。

CoFW 方式下，快照生成之后，如果上层需要更新一个从来没有被更新过的块，则系统首先将这个源块读出，再将其写入到新卷，然后将更新的数据块内容覆盖写入到原卷对应的块，需要三步动作：一次读和两次写。RoFW 方式下，同样的过程只需要一次写入即可，也就是将更新数据直接写入到新卷，同时更新映射图中的指针（内存中进行）。所以 RoFW 相对 CoFW 方式在 IO 资源消耗与 IO 延迟上有优势。

由于只是在首次覆盖写的时候才会发生 Copy 或者 Redirect，那么如何区分某个写 IO 针对的块是首次被覆盖还是之前已经被覆盖过？这需要有一个记录表（文件级快照）或者位图（卷级快照）来记录每个块是否被覆盖过。

提示：对于卷级快照，可以使用位图来充当这个角色，因为源卷块地址是连续固定的，已经被覆盖过或者重定向写过的可以对应 1；未被覆盖则对应 0。针对每个写 IO 可以先查询这个 IO 的目标地址对应的位，如果为 1 则表示已处理过，则直接写入；如果为 0 则表示尚未被处理，需要先执行 CoFW 或者 RoFW。

不管是 CoFW 还是 RoFW 模式下，对于每个上层写 IO，由于都必须遍历一下这个映射表（位图），以便确定此 IO 请求的 LBA 或者文件地址是否已被 CoFW 或者 RoFW 处理过，从而做出相应动作。而对于读 IO，CoFW 模式下由于源卷或者源文件系统总是代表当前最新的状态，所以任何读 IO 都会直接被下发到源来执行，也就是直接从源读出，而对于 RoFW 模式，则必须也查询这个映射表或者位图来查看读 IO 目标地址是否被处理过，如果是，则转向重定向之后的地址读；如果没有，则直接下发到源中来读出数据块。

RoFW 会影响读性能。RoFW 模式的快照生成之后，甚至将全部快照删除之后，不好清理战场，都会影响后续的所有读和写的性能，后遗症明显。因为重定向写出去之后，数据块的排布都是乱的，这样的话，就会严重影响后续读写性能。而 CoFW 模式下，源卷总是最新时刻的影像，删除快照之后战场自动清理，没有任何后遗症。

所以综合来讲，RoFW 比较吃计算资源（后续的读操作由于连续变随机，也会很吃资源，有永久性后遗症），而 CoFW 比较吃 IO 资源。此外，还必须考虑一点，就是 CoFW 动作一般并不会永远都高频率地发生，对于一个特定文件系统或者卷，总有一些区域是热点，也就是应用程序总有趋势只频繁访问和更新某些地址，这与应用程序业务逻辑有关。

这样的话，当被覆盖第二次以及之后，CoFW 模式就不会再发生 IO 惩罚，而读 IO 一直都没有惩罚，此时只剩下每次写 IO 时的映射表/位图遍历过程，会消耗一定的计算资源；那么对于 RoFW 模式，就算全部源文件系统或者源卷的数据块都被 Redirect 过了，那么虽然整个过程中不产生任何惩罚 IO，但是针对每个读或者写 IO，也就是每个 IO，不管读写，均需要遍历映射表/位图，永远无法摆脱对计算资源的消耗。

尤其是对 LUN 卷级的快照下，原本卷在底层磁盘上的分布是很简单且定死的，所以寻址就非常迅速，但是 RoFW 模式的快照引入之后，LUN 中的块会被随机的重定向写出到另外的空间，这样一方面需要记录比原本复杂得多的元数据指针链，降低了寻址速度（这一点对于文件系统级快照表现的还不是很明显，因为文件系统元数据链本来就很复杂）；另一方面这些被写出的块不一定是按照与源LUN相同的物理上连续排列的，这样在连续IO情况下便会产生严重性能下降（这一点不管是对文件级还是LUN卷级快照，影响都是很明显的，因为文件系统内的文件一般也是尽量物理上连续存放的）。

这一点相对于CoFW模式就逊色很多了。所以，绝大多数厂商还是使用CoFW方式来做快照。但是对于一些本来就使用LUN随机分块分布模式的存储系统比如NetApp和IBM的XIV，它们使用的就都是RoFW模式。显然，原本其LUN的元数据链就很复杂，再加上原本就是一种随机分布，所以RoFW的后遗症对于它们来讲反而是正常现象了。

此外，不管是CoFW还是RoFW模式，比如某个IO是64KB大小，那么此时你就要重定向这64KB或者CoFW出原来的64KB到另外空间，如果某时刻某IO是4KB大小，那么你就要去重定向这4KB或者CoFW出原来的4KB数据到额外空间，粒度不同，占据空间不同，元数据指针长度也就不同，这会导致算法更加复杂。

解决的办法是固定一个粒度，比如就用64KB，如果某个IO写为4KB，在RoFW模式下，则可以将这4KB目标地址所落入的那64KB的数据块读出，然后将4KB的新内容在内存中覆盖到这64KB中对应的地址上，然后再将更新后的这64KB重定向到另外的空间，以后再有针对这64KB目标块的写入，则直接覆盖写到重定向之后的空间；在CoFW模式下，则直接读出原来的64KB写到额外空间后，直接将新的4KB覆盖到源卷对应地址，之后再有针对源卷的这64KB地址范围内的写操作时，就无须再CoFW了（当然如果又做了一次快照，那就另当别论了）。

这么做的优势是，剩余空间内可以以一个固定粒度来占据空间，而不是一会4KB，一会32KB无序地乱放，这样就可以降低元数据指针的复杂度和无序度，提高查询效率。相对没有什么劣势，虽然首次复制数据量增加，但是却可以简化后续的每个IO都要复制所引发的持续性延迟升高，一次做完还是不紧不慢地做，这种情况下还是选择前者比较好。后文中会有详细的设计例子来论述这两种方式的区别。

卷级的快照，仿佛就是增加了一个“卷块映射系统”，其作用与文件系统大同小异，只不过文件系统处理的是文件名和块的映射关系，而“卷块映射系统”处理的是块与块的映射关系。后者的元数据比前者简单得多，也好处理得多，粒度也大很多。

4. 快照的意义和作用

提示： 快照所冻结下来的卷数据，无异于一次意外掉电之后卷上的数据。为什么这么说呢？

我们可以比较一下，意外断电同样是保持了断电所处时间点上的卷数据状态。我们知道，不管是上层应用，还是文件系统，都有自己的缓存，文件系统缓存的是文件系统元数据和文件实体数据。并不是每次数据的交互，都同步保存在磁盘上，它们可以暂时保存在内存中，然后每隔一段时间（比如某些版本的Linux系统默认为30秒），批量Flush到磁盘上。当然编程的时候也可以将每次对内存的写，都Flush到磁盘，但是这样做效率和速度打了折扣。而且当Flush到磁盘的时候，并不是只做一次IO，在数据量大时会对磁盘做多次IO。如果快照生成的时间恰恰在这连续的IO之间生成，那么此时卷上的数据，实际上有可能不一致。

磁盘IO是原子操作（Atomic Operation），而上层的一次事务性操作，可以对应底层的多次原子操作。这其中的一次原子操作没有业务意义，只有上层的一次完整的事务操作，才有意义。

所以如果恰好在一个事务操作对应的多个原子操作的中间生成快照，那么此时的快照数据，就是不完整的，不一致的。

文件系统的机制总是先写入文件的实体数据到磁盘，文件的元数据暂不写到磁盘，而是先保存于缓存中。这种机制是考虑到一些意外事件，如果 FS 先把元数据写入磁盘，而在准备写入文件实体数据的时候，突然断电了，那么此时磁盘上的数据是这么一个状态：FS 元数据中有这个文件的信息，但是实体数据并没有被写入对应的扇区，那么这些对应的僵尸扇区上原来的数据便会被认为就是这个文件的数据，显然后果不堪设想。

所以 FS 一定是先写入文件实体数据，完成之后再批量将元数据从缓存中 Flush 到磁盘。如果在实体数据写入磁盘，而元数据还没有写入磁盘之前断电，那么虽然此时文件实体数据在磁盘上，但是元数据没有在磁盘上，也就是说虽然有你这个人存在，但是你没有身份证，那么你就不能公开地进行社会活动，因为你不是这个国家的公民。虽然文件系统这么做，会丢失数据，但是总比向应用提交一份驴唇不对马嘴的数据强！

实验：就拿 Windows 来说，首先创建一个文件，并在创建好的瞬间，立即断电，重启之后，会发现刚才创建的文件没了，或者复制一个文件，完成后立即断电，重启之后也会发现，复制的文件不见了，为什么？明明创建好的文件，复制好的文件，为什么断电重启就没了呢？原因很简单，因为断电的时候，FS 还没有把元数据 Flush 到磁盘上，此时文件实体收据虽然还在，但是元数据中没有，那么当然看不到它了。

总之，快照极有可能生成一份存在不一致的卷数据。既然这样为何还要使用快照呢？因为相对于停机备份，人们更接受使用快照来备份数据，即使快照可能带来数据不一致。但停机备份所带来的损失，对于某些关键应用来说是不可估量的，而快照只需要几秒钟即可完成，应用只需静默几秒钟的时间。文件系统或者卷擅自将 IO 先存放到队列中，等待快照完成后，再继续执行。然后可以随时将这份快照对应的数据复制出来，形成备份。

使用快照必须承担数据不一致的风险。也可以这么形容：快照可以让你不用“意外磁盘掉电”，就能获得一个时间点瞬间磁盘备份，虽然数据此时是不一致的。快照可以任意生成，而占用的空间又不会很大（随原卷数据改动多少而定），最重要的是，利用快照可以做在线快速恢复，只要快照没有删除，恢复也同样仅仅需要几秒钟时间，与快照生成的道理一样，不用停机。因为利用快照恢复数据的时候，只要在内存中做一下 IO 重定向，那么上层 IO 访问的，就立即变成了以前时间点的数据了。这是快照的作用之一，即快速恢复，不管源卷数据量有多大，即便是几 TB，恢复到指定时间点状态也只需要数秒钟，因为无须复制过程，只需重定向 MetaData。

快照可能不一致这个问题，也不是不能解决。既然快照无异于一次磁盘掉电，那么，利用快照恢复数据之后，文件系统可以进行一致性检查从而纠正错误。数据库管理系统也同样会利用其日志来使得数据文件最终处于一致状态。

另外，现在几乎所有的快照的解决方案，都是在主机上安装一个代理软件，当在存储设备上执行快照之前，代理软件会通知应用或者文件系统将缓存中的数据全部 Flush 到磁盘，然后立即生成快照，这样快照的一致性就得到了保护。快照的管理和创建也都是使用这个代理程序界面完成，代理程序会与存储设备进行通信以便传输指令和查询信息。除了文件系统代理之外，还有各种应用系统代理，比如 Oracle、SQL Server 等，这些代理在存储层触发 Snapshot 之前会与对应的应用程序通信通知应用程序将缓存中的内容写到磁盘，从而达到底层数据的一致性。如图 16-5

所示，左右侧分别为一个 Oracle 和 SQL Server 的代理程序配置界面。

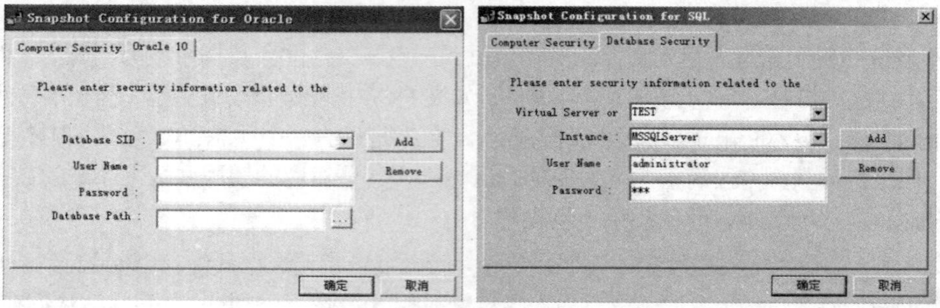

图 16-5 Agent 配置界面

对于文件系统级的快照，应用程序可以直接在操作系统中看到快照，可以直接读取这份快照中的文件。而对于卷级的快照，只有存储设备自己可以管理，操作系统对此一无所知。

对卷做快照之后，一旦原先的数据块被更改/覆盖，则这些块要么在写入前被复制出来，要么原地锁住不动，新数据重定向写到空闲区域。总之，这两种情况下，系统内整体空余空间都要被额外数据占用而减小。

然而，如果对某个块进行二次更改/覆盖，则可以直接在这些新块之上进行操作而不需要写前复制或者再次重定向写入，除非在第一次更改/覆盖和第二次之间又创建了一个或者多个快照。所以 CoFW 其实应当叫做 Copy On First Write 更加准确一些。

提示：如果将原来的数据块删除了，在已经做了快照的情况下，系统将做出什么行为？删除原块对应的行为其实是在文件系统的 inode tree 中将对应的指针消除，表现为更改/覆盖对应 inode 所在的块，所以不管删除多大的文件，也只有对应的 inode 块被更改/覆盖，被删除数据依然存在于磁盘上。然而这些数据对应的块在当前活动文件系统下的簇位图中已经被标记为空闲块了，此时一旦又有新数据被追加写入到这些空闲块，那么依然会被重定向或者写前复制。

使用快照功能之前必须首先评估数据源 IO 行为，随着覆盖写入几率的增加，系统中可使用的空闲空间的数量也将随之增加。实际情况中，文件被覆盖写入的几率一般不高，比较高的是 Create+Write、Delete、Rename、Open、Read、Truncate、Append 等操作，其中 Delete、Rename、Truncate 操作会导致 Snapshot 占用额外空间，而这其中 Delete 和 Truncate 会导致被删除文件本身与其 inode 的 block 都占用额外空间，Rename 只会导致对应 inode block 占用额外空间。Create+Write 操作如果一旦覆盖了旧块，那么同样也会占用额外空间。

快照的另外一个非常重要的意义和作用，就是预防数据的逻辑上的损坏。所谓逻辑上的损坏，比如 T1 时刻对某卷做了 Snapshot，T2 时刻，管理员操作不当，误删除了此卷上的某个非常重要的文件，但是自己没有察觉。T3 时刻，备份管理员对这个卷进行了全备份操作，并且之前的备份已经被抹掉。此时，这个非常重要的文件，看似是永久丢失了。其实不然，T1 时刻，也就是这个文件尚存在于此卷的时刻，管理员做了一次 Snapshot，则可以从这份 Snapshot 中将这个文件恢复。同理，如果 T2 时刻，此卷被大量病毒感染，中毒已深无可救药，Snapshot 此时便是救命稻草，用 Snapshot 将这个卷恢复到 T1 时刻，几秒钟后，病毒全部消失。

另外，快照可以降低一致性备份的窗口，假如没有快照技术，如果想对某个卷进行一致性备份，则需要暂停上层应用程序的写 IO 操作，等待备份程序将这个卷的所有数据块全部复制完成之后，应用程序方可对此卷进行写操作。这显然是不可接受的，所以如果没有快照技术，单纯对卷进行一致性备份的话，备份窗口将会非常长。而如果对这个卷触发一份一致性快照（引入应用程序快照代理），然后立即允许上层写 IO，之后在后台备份这份快照对应的所有卷数据，这样就会大大降低对应用程序的影像，而且由于无须考虑对当前系统 IO 的影像，还可以提高备份速度从而降低备份窗口。

其次，在备份完数据之后，如何检测这份数据是否真的是一致的？是否用其恢复之后，应用程序可以正常启动并且处理它们呢？如果没有快照技术，则要实现这个目的，我们需要先将备份的数据恢复到一个独立的物理空间上，然后将其挂载到另外一台机器，在这台机器上启动对应的应用程序对数据进行检测，费时费力。有了快照就不同了，快照生成之后，在备份这份快照数据的同时，还可以将快照直接挂载到另外的主机，避免了最慢的一步，也就是数据物理恢复导入的过程，大大节约了时间和成本。

提示：目前几乎所有厂商的存储产品都可以实现快照，这似乎成了一个不成文的行业标准，不能实现快照的产品无法在市场上生存。目前市场上也有很多基于 NTFS 文件系统的第三方独立快照管理软件，例如“还原精灵”等，它们都是非常优秀的基于 NTFS 文件系统的快照管理软件。这些软件的作用方式一般是将自己的程序入口写入 MBR，系统引导初期会首先加载这些程序，开机之后始终在操作系统下层运行，这样就可以肆无忌惮地接管操作系统对 NTFS 文件系统的所有操作。在这个基础上，程序可以实现文件系统的快照以及管理这些快照。

5. 如何管理和使用快照

以上论述了 Snapshot 的原理和作用，本节我们将阐述一份 Snapshot 是如何具体被使用的，即生成了 Snapshot 之后，系统如何管理和使用它们。

我们知道，Snapshot 是文件系统或者卷管理系统的映射指针链在某时刻的存根。现在的存储系统一般都支持对某个卷做多份 Snapshot，比如 16 份、256 份，IBM 公司的 XIV 产品甚至可以超过 60000 份。每个厂家实现 Snapshot 的方式都不尽相同，底层对应的数据结构也不同，但均需要维护指针映射关系。

比如，有的厂家在文件系统总入口处设立多个 Slot 用以存放二级指针以便指向所有 Snapshot 的一级入口，Slot 的数量决定了可以保存 Snapshot 的数量，顺着每个 Snapshot 的入口遍历下去就会得到整个文件系统的 MetaData。有的厂家则在每个 inode 中增加了 Slot 来表明这个 inode 属于哪些 Snapshot，整个文件系统只有一个入口，通过 inode 中的这些 Slot 来遍历所有 Snapshot。有的厂家则尽量简化结构，用带外的方式创建一个独立的映射关系表，一旦某个 Block 将被覆盖，则将对应的 inode 等 MetaData 信息复制到这张表中随时备查。各家的实现和管理 Snapshot 的方式，见仁见智。

Snapshot 对外表现为一个虚拟的卷，一般可以在存储系统的管理界面中看到，比如物理卷图标下面列出所有 Snapshot 卷，或者用命令行方式来列出 Snapshot，比如，“snaplist volume1”，当然命令只是乱猜一个罢了。每当点开图形界面或者用命令行来查看 Snapshot 列表的时候，命令的执行会触发存储系统检索整个文件系统的 Snapshot 链来查询当前 Snapshot 的情况，并将结果向外输出。所以每次查看 Snapshot 列表，是需要耗费一点时间的，通常不会很慢，延迟在几秒钟之内。图 16-6 所示为通过运行在主机上的代理程序所列出的 Snapshot 列表。

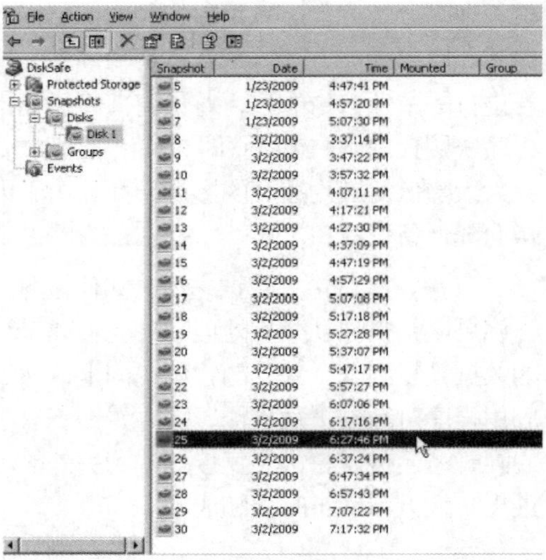

图 16-6 快照列表

生成的 Snapshot 有两种使用方式，各个厂家在使用方法上大同小异。一种是直接在存储设备上利用某卷某时刻的 Snapshot 恢复该卷（比如命令“Snaprestore snap1 volume1”）。当然，恢复的时候一定要将这个卷 unmap，或者在主机端将其 unmount、varyoff 或 offline。否则主机端正在使用的情况下，存储端“擅自”做 Restore 之后，主机端文件系统缓存内的数据会覆盖掉 restore 之后的数据，导致 FS 不一致。Restore 之后，主机重新挂载这个卷，看到的就会是以前的 Snapshot 对应的内容了。整卷 Restore 目前来讲用的不太普遍，毕竟发生整卷级别数据丢失或者逻辑错误的情况还是少数。用的最多的是第二种方式，即主机单独挂载某卷某时刻的 Snapshot，恢复其中某个或者某些文件。

如图 16-7 所示，在代理程序界面中有 Disk1 的 30 个 Snapshot，右击 25，从弹出的快捷菜单中单击 Mount Snapshot 命令，之后 Mounted 状态栏显示“Yes”，表明这个 Snapshot 已经被成功地 Mount 到了主机端。

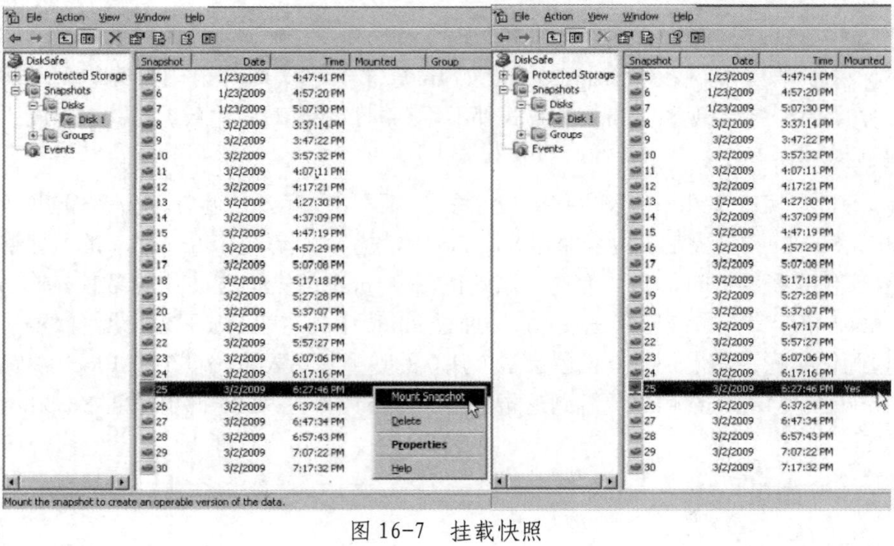

图 16-7 挂载快照

如图 16–8 所示，此时，打开“我的电脑”，会出现一个新挂载的盘符，其中的内容便是 Disk1 在对应时刻的快照中的内容。找到需要恢复的文件，将其复制到源卷即可。完成之后，在代理界面中将其 Umount 即可。被挂载的快照卷，只是一份幻像，因为 Snapshot 中的内容与源卷是息息相关的，一旦源卷发生底层错误，则其上的 Snapshot 也保不住，所以，将 Snapshot 挂载之后，可以用备份软件备份下来用以保存实体数据到另外的介质，比如其他磁盘，或者磁带。

同理，可以挂载所有的快照到主机，而不会影响源卷的读写访问。当然，这些快照此时都是只读的。要想得到一份可读并且也可写的 Snapshot，由另一种技术来实现，叫做“卷 Clone”。

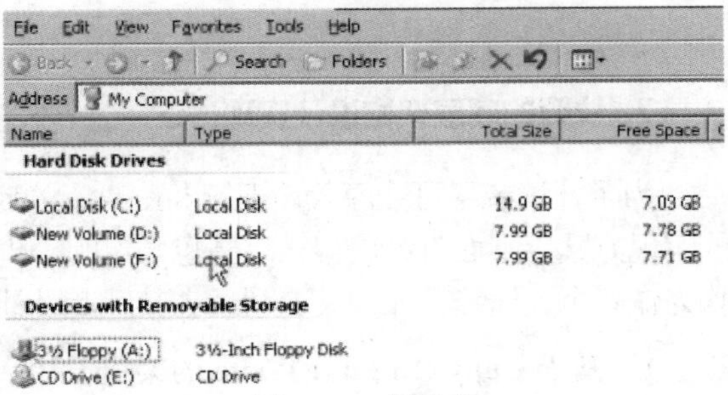

图 16–8 新盘符

6. 一些针对快照的高级优化技术

快照技术已经并不是多么高端的技术了。近年来，国内多家科研院所或者企业都在着力研究如何提高快照效率，降低快照生成之后源卷的写惩罚，也已经有多项专利登记在案。

比如某专利，其提供了一种快照空间的动态扩容方法，首先在逻辑卷的卷组空间中分配一快照空间，以创建快照，并且在对逻辑卷有数据写入请求时，比对快照空间的总容量与快照空间的当前保存数据量，以得到表示快照空间的剩余容量大小的差值，检查差值是否小于一默认值；当差值小于默认值时，从卷组空间中划分一容量空间，以通过由标准扩容算法对快照空间进行容量扩展。

比如某专利，其提供了一种缩短写时复制快照写响应时间的方法，预先将存储系统的整个存储空间分为源数据区和快照区，源数据区存放主机访问请求的数据，快照区存放需快照保存的数据；设定快照块大小，构造快照链表头和快照索引结构根节点，快照链表保存所有快照元数据，快照索引结构用于判断相应数据块是否已保存在快照区；当接收到主机发送过来的写请求时，顺序进行下述步骤。

（1）根据设定的快照块大小，将写请求数据依据其起始地址和长度进行分块；

（2）以每个分块号为关键字在快照索引结构中进行查找，若已存在，转步骤（8），否则顺序进行；

（3）判断快照区是否有足够的剩余空间，是则转步骤（5），否则顺序进行；

（4）自动删除快照区中存在时间最久的一个快照，并更新快照区大小，转步骤（3）；

（5）启动快照数据读进程，将需快照保存的数据块从源数据区中读出，并加入到快照数据写入队列尾；

（6）更新快照区内可用快照区大小和下一个可用扇区的位置；

（7）判断所有分块是否都已处理完毕，是则顺序执行，否则转步骤（2）；

（8）将主机发送的写请求数据写入源数据区；

（9）判断是否满足预先设定的快照数据写进程启动条件，是则启动快照数据写进程，将内存中积攒的快照数据写入队列中的数据写至快照区，否则顺序执行；

（10）结束。

7. 快照的底层架构设计实现详述

为了让读者尽可能深入地理解 Snapshot 的底层工作原理，作者在此自我演绎了一种 Snapshot 的实现方式，下面就给出架构设计思想说明，也欢迎广大读者与我交流探讨。以下所有设计概要均为作者个人演绎，如与某专利或者某厂商设计雷同，则纯属巧合，请勿对号入座。

1）基于 Copy On First Write 的架构设计

本设计包含 4 个实体数据结构。第一个是用于存放变化 IO 块的 IO 仓库，可以是任何形式的高性能永久存储空间，再加上一份 IO 仓库的 bitmap 用来标记仓库中空闲与非空闲块。第二个是地址映射表，用于保存指针，地址映射表也存放于 IO 仓库的特定位置，并且每个快照各保存一份。由于考虑到内存占用和处理效率问题，地址映射表中不可能为每个针对源卷的 LBA 地址都有一个 Slot，而只能是系统生成条目的时候，利用二分查找方式将新条目插入表格中并且保证所有条目按照 LBA 地址大小的顺序排列，从而方便后续的步骤中对表中地址的查找，不需要做索引等其他结构，以降低系统资源耗费。第三个结构是 RoFW 数据映射表，这个表保存所有针对虚拟快照影像卷的写 IO（可以参考卷 Clone 一节），同样是每个快照一份，只读挂载的快照则不需要这个数据结构。Bitmap 中每一位可以表示一个 LBA 地址，也可以表示一大段 LBA 地址，比如 4KB/16KB 甚至 128KB 的 Block，加大表示粒度可以大大提高处理效率和降低内存占用，但是在 CoFW 操作时就会浪费存储空间。比如，某个写 IO 只有 4KB 大小，但是也必须 CoFW 出这个 IO 目标地址段所落在的整个 Block，但是后续写 IO 如果再落在这个 Block，则无须 CoFW 操作了。粒度大小需要根据情况综合选择。

下面给出具体步骤演绎。

快照生成及生成之后的系统动作流程

（1）T0 时刻，有卷 V1，IO 仓库 V2。此时系统触发一份 Snapshot。进入触发流程之后，系统创建一份针对 T0 时刻的快照 S0 的地址映射表 F0，这份表在 T0 时刻为空，如图 16-9 所示。

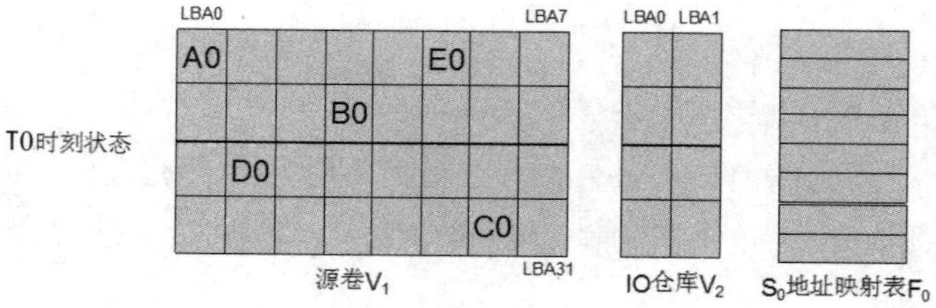

图 16-9 T0 时刻

（2）T1 时刻，有写 IO 将源卷 LBA0 地址上的 A0 更新为 A1，系统首先检查所有已存在的地址映射表中哪个或者哪些没有针对源卷 LBA0 地址的映射条目，发现没有，所以 CoFW 出 A0，将 A0 写入 IO 仓库的 LBA0，然后在地址映射表 F0 中更新地址映射条目：LBA0=LBA0，意思是源卷在 T0 时刻的 LBA0 这个地址上的数据目前保存在 IO 仓库中的 LBA0 地址上。最后系统将 A1 正常写入源卷对应地址，如图 16-10 所示。

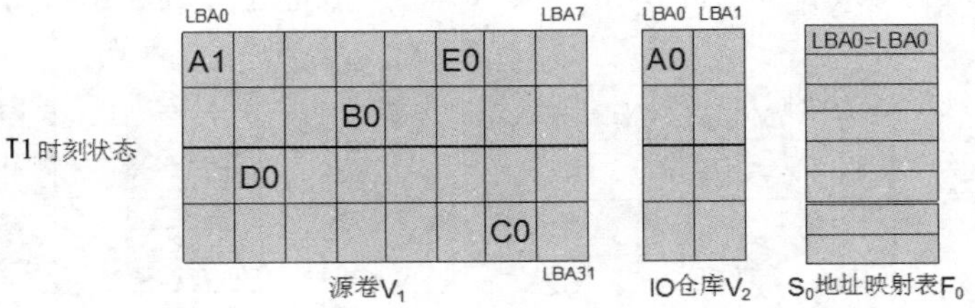

图 16-10　T1 时刻

（3）T2 时刻，有写 IO 将源卷 LBA30 地址上的 C0 更新为 C2，系统首先检查所有已存在的地址映射表中哪个或者哪些没有针对源卷 LBA30 地址的映射条目，发现没有，所以 CoFW 出 C0，将 C0 写入 IO 仓库的 LBA1，然后在地址映射表 F0 中更新地址映射条目：LBA30=LBA1，意思是源卷在 T0 时刻（T0 时刻与 T2 时刻源卷 LBA30 地址上的数据相同）的 LBA30 这个地址上的数据目前保存在 IO 仓库中的 LBA1 地址上。最后系统将 C2 正常写入源卷对应地址。同时，系统再次触发一份快照 S2，并为 S2 创建一份空的地址映射表 F2。如图 16-11 所示。

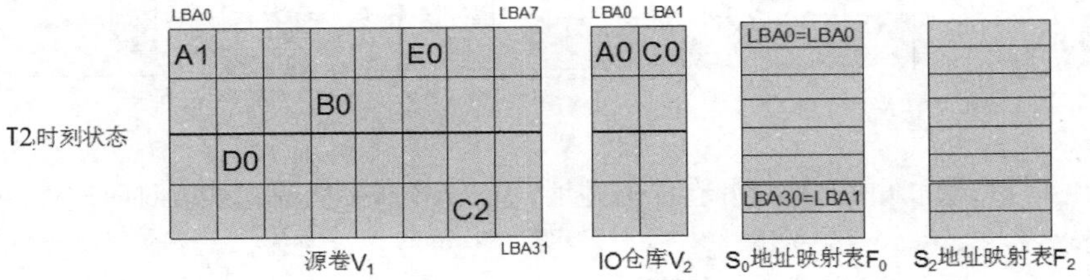

图 16-11　T2 时刻

（4）T3 时刻，有写 IO 将源卷 LBA0 地址上的 A1 更新为 A3，系统首先检查所有已存在的地址映射表中哪个或者哪些没有针对源卷 LBA0 地址的映射条目，发现在针对快照 S2 的地址映射表 F2 中没有对应的条目，所以 CoFW 出 A1，将 A1 写入 IO 仓库的 LBA2，然后在所有不存在 LBA0 映射条目的映射表中加入新地址映射条目：LBA0=LBA2，意思是源卷在 T2 时刻的 LBA0 这个地址上的数据目前保存在 IO 仓库中的 LBA2 地址上。最后系统将 A3 正常写入源卷对应地址，如图 16-12 所示。

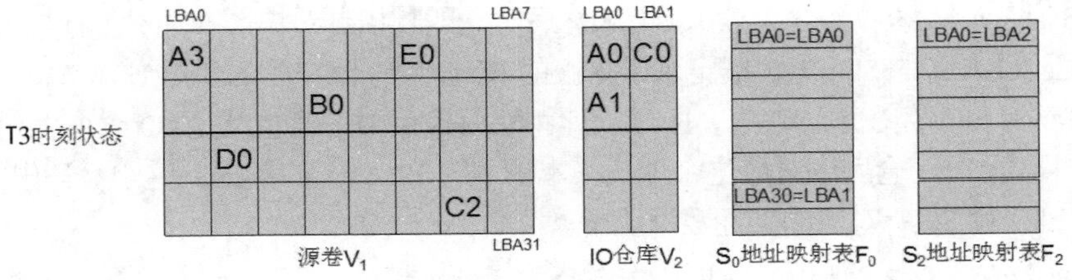

图 16-12　T3 时刻

（5）T4 时刻，有写 IO 将源卷 LBA11 地址上的 B0 更新为 B4，系统首先检查所有已存在的地址映射表中哪个或者哪些没有针对源卷 LBA11 地址的映射条目，发现 F0 和 F2 都没有，所以 CoFW 出 B0，将 B0 写入 IO 仓库的 LBA3，然后在地址映射表 F0 和 F2 中同时更新地址映射条目：LBA11=LBA3，意思是源卷在 T0 或 T2 时刻（T0、T2 和 T3 时刻 LBA11 地址的数据是相同的）的 LBA11 这个地址上的数据目前保存在 IO 仓库中的 LBA3 地址上。最后系统将 B4 正常写入源卷对应地址，如图 16-13 所示。

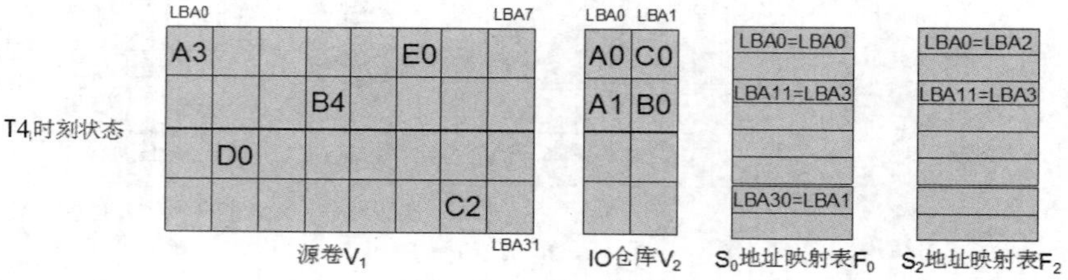

图 16-13　T4 时刻

（6）T5 时刻，有写 IO 将源卷 LBA11 地址上的 B4 更新为 B5，系统首先检查所有已存在的地址映射表中哪个或者哪些没有针对源卷 LBA11 地址的映射条目，发现 F0 和 F2 都有，所以系统不进行 CoFW 过程，直接将 B5 正常写入源卷对应地址，如图 16-14 所示。

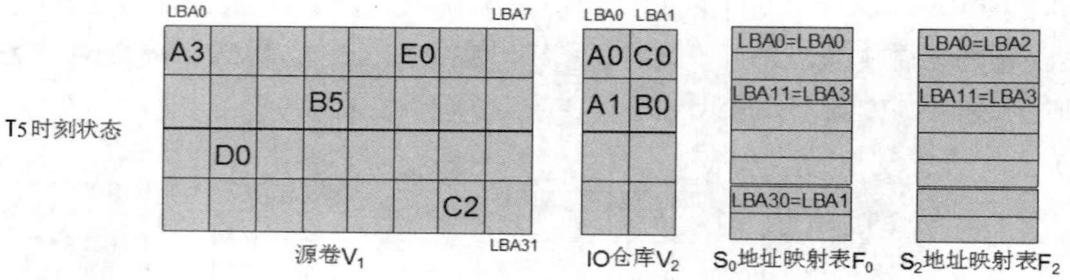

图 16-14　T5 时刻

（7）任何时刻，有读 IO 针对源卷任何地址，系统将直接从源卷读取对应地址的数据返回给请求者。

客户端挂载某份快照进行 IO 读写时的系统动作流程

（1）T6 时刻，系统接收到客户端请求将快照 S0 对应的 T0 时刻的源卷的虚拟影像映射给客户端。系统接收到请求之后，立即根据源卷的大小等属性，通过底层传输通道报告给客户端主机一个虚拟卷。

（2）T7 时刻，主机识别到了这个虚拟卷影像（此时主机对源物理卷依然在进行读写 IO，无影响），并且将其挂载到某个盘符下。此时有某个程序（比如文件系统）尝试读取这个卷的 LBA11 地址对应的数据。

（3）T8 时刻，系统收到这个读 IO 请求之后，立即扫描针对快照 S0 的地址映射表 F0，判断对应 LBA11 的 Slot 是否被记录了对应的 IO 仓库存储空间的映射 LBA 地址。发现 LBA11 对应的 Slot 存在地址映射，所以立即将映射条目中右侧也就是 IO 仓库的对应地址提取并且读出 IO 仓库中对应这个地址（本例中为 LBA3）的数据，这个被读出的块就是 T0 时刻快照 S0 所对应的实际数据块了。

（4）T9 时刻，系统将读出的数据块返回给客户端主机。

（5）T10 时刻，系统接收到来自客户端的针对源虚拟影像卷 LBA5 的读请求，立即扫描映射表 F0 发现源卷 LBA5 的 Slot 中并没有映射条目，所以系统立即从源卷中读取 LBA5 地址对应的内容并返回给客户端主机。

说明：有一点必须说明，查询线程在查找映射表之前，必须先向 CoFW 线程查询当前时刻是否存在任何针对源物理卷的写 IO 正在被执行，如果有，IO 的地址是多少，如果地址恰好就是需要查询的地址，则查询线程必须先等待 CoFW 线程完成 CoFW 操作之后（此时 CoFW 会向映射表中更新刚才这个 CoFW 的数据在 IO 仓库中的地址），再去查询映射表中对应的条目，此时就可以查到最新的结果了。并且，如果查询线程查询的结果是直接从源物理卷中读取内容，则在查询线程完成读取之前，CoFW 线程不能进行针对这个地址的 CoFW 操作。如果系统不这样做，也就是不与 CoFW 线程交互，那么查询线程很有可能从源卷中读取的是最新刚被写入的数据而不是对应以前快照时刻的数据。

（6）T11 时刻，系统接收到主机客户端针对虚拟影像卷任何一个地址的写 IO 操作，则系统立即将这个写 IO 和其对应的 LBA 地址一同存放在另外一个单独的数据映射表中，与地址映射表一样，每个条目 Slot 中的 LBA 地址按照大小顺序排列，只不过这个 Slot 中存放的是虚拟影像卷的 LBA 地址和对应的主机写 IO 实体数据（当然也可以将实体数据放到公用 IO 仓库中然后在这个表中存放数据在仓库中的 LBA 地址指针，视设计不同而定）。一旦第一个写 IO 被系统接收之后，针对随后的任何一个客户端发送的读或者是写 IO，系统都要首先查询这个 RoFW 数据映射表，如果找到对应的映射，则直接将表中对应的数据返回给客户端；如果没找到对应条目，则再执行与上几步中同样的动作。上一步中的线程依赖关系同样要考虑。

（7）T12 时刻，客户端要求挂载快照 S2 对应的虚拟影像卷。系统接收到请求之后，做与第（1）步相同的工作。如果接收到客户端主机针对 S2 影像卷的任何 IO 请求，则做与第（2）~第（5）步相同的动作，只不过系统要去扫描 S2 的映射表 F2 了。两个虚拟卷可以同时接收 IO。

客户端决定将快照 S0 进行 Rollback（Restore）时系统的动作流程

（1）T13 时刻，客户端要求将快照 S0 直接回滚覆盖到源物理卷。系统接收到请求之后，直接向客户端返回已经成功 Rollback（与直接挂载虚拟影像卷过程类似）。这里虽然也可以选择前台 Rollback，即 Rollback 所有步骤完成之前，系统不接受针对 S0 快照点卷的任何 IO 操作。但是为了保证操作友好性，在此设计为后台操作。后台操作的结果是，主机直接认为 Rollback 成功，则可能立即向源卷发起读写 IO。还需要注意的一点是，在 Rollback 之前，主机客户端一定要将其 Buffer 中的内容 Flush 到源卷，否则源卷一下子被 Rollback，但是主机中却保存着 Rollback 之前的缓存，随后又将这些缓存 Flush 到 Rollback 之后的源卷，那么数据就不一致了。不一致的后果是可怕的。所以，在 Rollback 之前，干脆在主机端 Unmount 源卷，Rollback 完成后再 Mount 回来即可。

（2）T14 时刻，系统开始执行与挂载虚拟影像读写时相同的动作，但是在后台，系统会将原先 CoFW 出来的数据块以及刚刚被 RoFW（如果后台操作未完成时客户端有写 IO 进入）的数据统统覆盖到源物理卷对应地址上，在读取 IO 仓库中的 CoFW 块时要首先查询 RoFW 数据映射表中是否已经针对当前操作的地址有被写入的数据；如果有，抛弃原来被 CoFW 的数据转而将刚被更新过的数据写入源卷（在处理客户端写 IO 请求时，也可以直接将写 IO 数据覆盖到源物理卷对应地址，无须 RoFW，节约一轮 IO 操作，但必须记录每个在 Rollback 开始与完成之间发生的写 IO 地址以便在 Rollback 时跳过这些地址，可以用 Bitmap 来记录）。同样，线程依赖关系必须考虑。处理完的 CoFW 块将在

IO 仓库的 Bitmap 中被标记为空闲以便腾出空间。

说明：整个步骤中需要着重注意的是，比如 T5 时刻系统状态图所示，当系统要将 C0 覆盖 C2 的时候，此时由于 C2 为快照 S2 的基准块，所以，如果选择保存 S2 快照，那么依然需要将 C2 先 CoFW 之后放入 IO 仓库，然后更新 F2 映射表中对应的条目。即，在做覆盖操作之前，必须参考恢复快照点之后所有快照点的地址映射表，一旦任何一份表中对应的地址没有映射条目，则依然需要 CoFW 过程。

然而，目前市面上的产品几乎都严格遵照历史规则，即，既然选择了回滚到 T0 时刻的 S0 快照点，那么 T0 时刻之后所发生的所有事件就不应该存在，所以 S2 也不能存在，所以大部分实现案例中，在选择恢复到某个快照点的时候，都会同时将这个快照点时间之后的所有快照删除。但是我们这种设计是可以选择保存后面的快照点的。同理，恢复到 S2 快照点与恢复到 S0 快照点的具体动作流程相同。

（3）T15 时刻，当地址映射表与 RoFW 数据映射表中的所有条目都被处理完成之后，系统立即将这两份表彻底删掉。此刻之后，就相当于 S0 快照没有被创建过，而系统只剩下了 S2 快照。随后的动作流程与生成 S2 快照之后的动作相同。

最后还需要明确一点，如果在整个后台过程完成之前，再有新的 Snapshot 被创建，则新 Snapshot 创建之后的 CoFW 过程将会与后台 Rollback 操作过程相冲突，除非引入额外的 CoFW 操作才能保证数据一致性，所耗费的开销和动作流程与上文中的保存 S2 快照的开销和动作流程相同。当然，如果一开始就选择使用前台方式 Rollback，则 Rollback 的时间和效率都会增加，只不过需要用户等待一段时间。

客户端决定删除快照 S0 时系统的动作流程（S0 尚未被删除时，从 T13 时刻开始）

（1）T13 时刻，客户端卸载了 S0 快照虚拟影像卷，系统收到卸载请求之后，将 RoFW 数据映射表全部删除，其他不做更改。如果客户端再次挂载该快照，则会重新得到一份干净的 T0 时刻的卷影像，之前的写 IO 数据由于被系统删掉，所以全部丢失。如果客户端希望在卸载虚拟卷之后系统能够依然保持所做的更改，则需要通知系统创建一份针对快照 S0 的 Clone 卷，即针对 S0 的二次虚拟影像卷。所谓 Clone 卷也只不过就是系统会永久保存 RoFW 数据映射表，除非显式地收到删除请求。Clone 卷下文也会有所介绍。

（2）T14 时刻，客户端请求系统删除快照 S0。系统接收到请求之后，首先扫描对应 S0 快照的 F0 地址映射表并扫描其他所有快照的地址映射表，找出只有 S0 映射表 F0 中存在而其他快照映射表中都不存在的对应条目，比如 T5 时刻的 LBA30 映射条目，从 IO 仓库 bitmap 中标记对应的 CoFW 块为空闲。当 S0 映射表中所有条目都扫描并处理完成之后，删除整个 S0 映射表 F0，此时 S0 快照便删除完毕。这个过程中依然涉及线程依赖关系，需要考虑。另外，这个过程可以前台操作，也可以后台操作，但推荐后台操作，这样对系统和随后的 IO 无影响。

（3）删除任何一个快照，流程皆相同。

如何计算 CoFW 模式下两份快照影像之间所更改过的数据地址

有时候系统需要得知前后两份快照之间所变化的数据地址，这种情况在实现增量备份的时候很需要。比如 A 时刻做了一份快照并将其做了备份，B 时刻又做了一次快照，此时没有必要将 B

时刻的快照也完整地备份下来，如果只备份 B 时刻快照相对于 A 时刻快照之间变化过的数据，则可以大量节省备份时间和空间。待恢复时刻 A 快照的时候，正常恢复，待恢复时刻 B 快照的时候，当恢复程序读取到更改过内容的地址时直接读取时刻 B 的增量备份中对应地址的数据即可。还有一种情况需要使用快照比对，那就是远程数据容灾系统的底层设计，诸如 EMC/Mirrorview、3PAR/RemoteCopy、NetApp/SnapMirror 等远程数据复制软件均使用快照比对技术来向远程批量传送变化的数据，下一章将详细描述这些技术的底层实现方式。

对于 CoFW 模式的快照，比较任意两份快照之间所不同的数据只需按照下面步骤操作即可

（1）某系统先后生成了 3 份快照，S0、S1、S2。现需要比较以得知快照 S0 与 S2 之间的变化数据。系统首先对比 S0 和 S1，找出在 S0 地址映射表中存在但是在 S1 地址映射表中不存在的地址映射条目（先忽略映射结果的异同，即条目右侧的地址。只要某个地址存在条目就是存在，不存在条目，就是不存在），以及 S0 中和 S1 中都存在但是映射结果不同的地址映射条目。将所有条目收集到一份新列表中。

（2）之后，系统再按照相同的规则比对 S1 和 S2 的地址映射表，将收集到的地址追加到刚才的新列表之后。

（3）对新列表中的地址条目按照源卷地址进行排序。

2）基于 RoFW 模式的快照设计

RoFW 模式一般没人用在原生快照设计中，除非是架构迥异的快照实现方式比，如 NetApp WAFL 快照（我们将在后文中简要介绍 WAFL 快照的实现原理）。究其原因是因为 RoFW 模式实现起来相对 CoFW 方式复杂。但是由于其对写性能的影响显著低于 CoFW 方式，在这里也简要地演绎一下这种模式。

快照生成及生成之后的系统动作流程

（1）T0 时刻，有卷 V1，IO 仓库 V2。此时系统触发一份 Snapshot。进入触发流程之后，系统创建一份针对 T0 时刻的快照 S0 的地址映射表 F0，这份表在 T0 时刻为空，如图 16-15 所示。

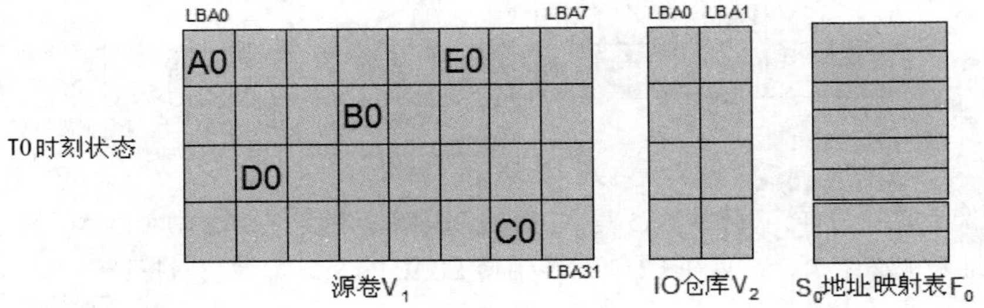

图 16-15　T0 时刻

（2）T1 时刻，有针对源卷 LBA0 地址的写 IO 数据 A1 进入，此时系统直接将 A1 写入 IO 仓库中的 LBA0 存放。并在 S0 对应的地址映射表 F0 中的 LBA0 的 Slot 中加入映射关系“LBA0=LBA0” 如图 16-16 所示。左边是源卷中的地址，右边是 IO 仓库中的对应数据存放的地址。这里的意义与 CoFW 方式不同了，这里的意思是，源物理卷地址 LBA0 的最新数据内容在 IO 仓库中的 LBA0 地址存放而不是源卷自身，源卷自身永远都是 S0 时刻的影像，永久冻结，拒绝写入，除非所有快照都被删除。

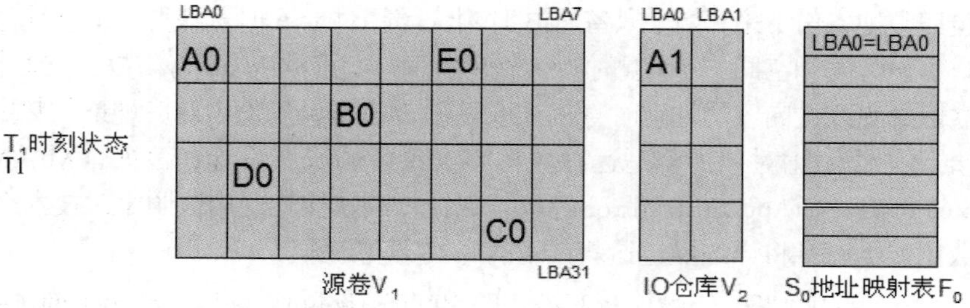

图 16-16　T1 时刻

（3）T2 时刻，有针对源卷 LBA30 的数据 C2 进入，系统依然直接将 C2 写入 IO 仓库的 LBA1 地址存放，并在映射表 F0 中对应 LBA30 的 Slot 中增加映射条目。最后，系统收到命令触发一份新快照 S2，系统会为 S2 也生成一份映射表 F2，如图 16-17 所示。

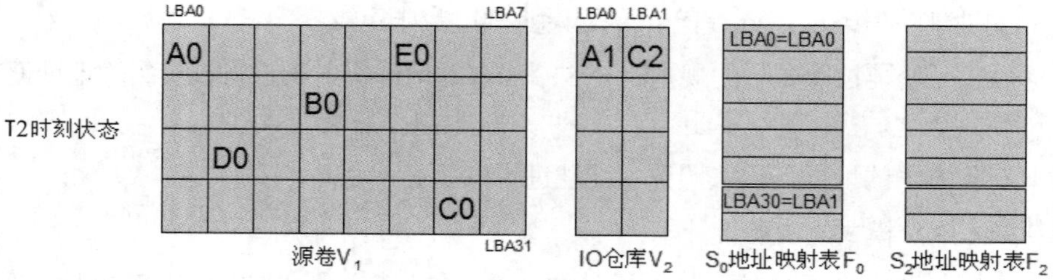

图 16-17　T2 时刻

（4）T3 时刻，再次有针对源卷 LBA0 地址的数据 A3 进入。此时，由于第二份快照 S2 已经生成，而 S2 的生成会引发系统动作的很大变化。此时，源物理卷、F0 映射表以及表中的指针所指向的 IO 仓库中的数据，共同组成了快照 S2 的基准卷，这三者的共同体也就是源卷在 T2 时刻的影像，即快照 S2，也将会被永久冻结，拒绝写入，如图 16-18 所示。

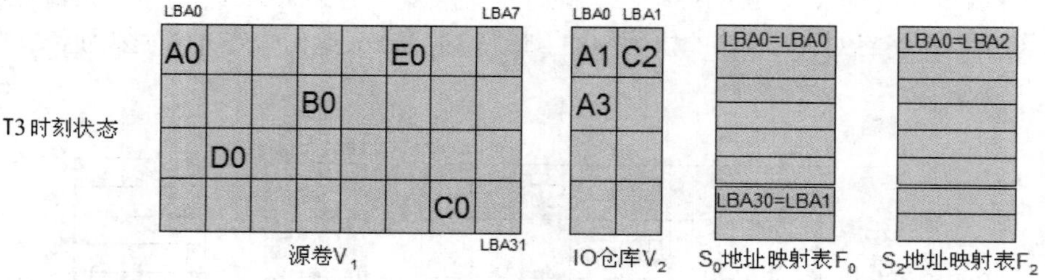

图 16-18　T3 时刻

系统就像上几步一样，直接将 A3 写入 IO 仓库中的新地址 LBA2 中（LBA0 和 LBA1 被冻结但是其他地址未被冻结），并且在 F2 映射表中将 LBA0 的 Slot 写入映射指针。

（5）T4 时刻，再次有针对源卷 LBA0 地址的数据 A4 进入。此时，系统检查最晚也就是最后一份快照映射表中是否有对应这个地址的映射条目，如果有，则提取出映射的 IO 仓库地址同时将数据写入 IO 仓库中对应的地址，也就是覆盖了 IO 仓库中原来这个地址上的数据。本例中，系统发现存在 LBA0 的条目，所以直接用 A4 覆盖了 IO 仓库中原来的数据 A3。映射表中不做任何更改。如图 16-19 所示。

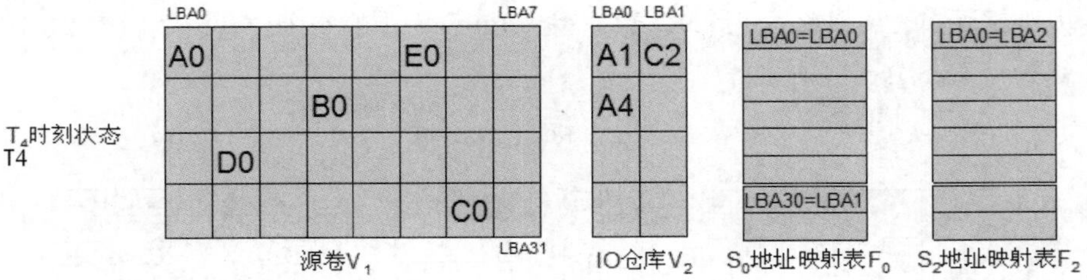

图 16-19　T4 时刻

（6）T5 时刻，有针对源卷地址 LBA11 的 IO 写入数据 B5 进入。此时系统依然首先检查最晚也就是最后一份快照映射表中是否有对应这个地址的映射条目，如果没有，则将数据写入到 IO 仓库中的一个新地址中。本例中，F2 表中没有 LBA11 的映射条目，所以系统直接将 B5 写入了 IO 仓库中的 LBA3 中，并在 F2 表中更新了条目，如图 16-20 所示。

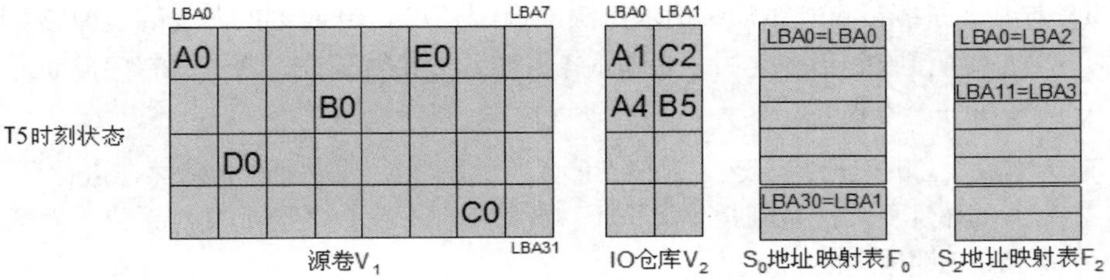

图 16-20　T5 时刻

（7）T6 时刻，有针对源卷 LBA0 地址的读操作进入。此时系统检查最晚的一份快照中是否有 LBA0 地址的映射条目，如果没有，则继续查找前一份快照是否有对应地址的映射条目，如果都没找到映射条目，则直接从源物理卷中对应地址读出数据并返回给客户端。如果按时间倒序的顺序查询之后最终在某份快照映射表中查到了对应地址的条目，则提取映射的 IO 仓库地址，并从 IO 仓库中将这个地址对应的数据读出并返回给客户端。本例中，系统在最晚的快照映射表 F2 中找到了 LBA0 的映射条目，立即从 IO 仓库中将 LBA2 处的数据读出，返回给客户端。经过上述的算法，才能保证传给客户端的数据是最新的，而不是某份快照时间点对应的之前的数据。

（8）T7 时刻，系统再次触发一份快照 S7，创建了对应的 F7 映射表。此时，F0 和 F2 均都处于冻结状态，如图 16-21 所示。

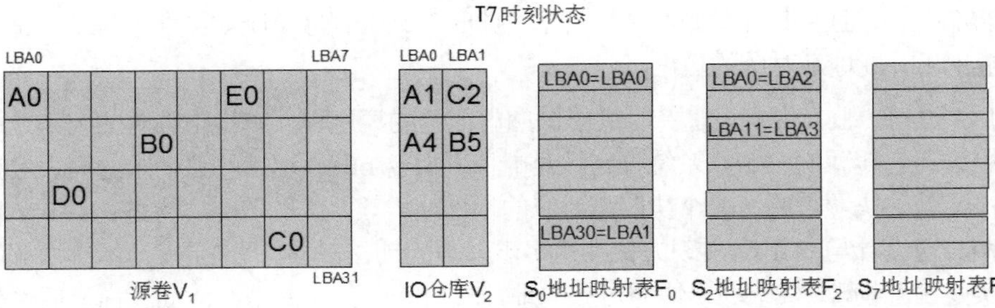

图 16-21　T7 时刻

（9）T8 时刻，有针对源卷的 LBA0 和 LBA17 以及 LBA5 的三个写 IO 先后同时进入。系统按照规则，查询最后一份快照地址映射表也就是 F7 中是否有针对这三个地址的映射条目，发现都没有，所以将这三个 IO 数据写到 IO 仓库中的空闲位置，然后在 F7 中更新映射条目，如图 16-22 所示。

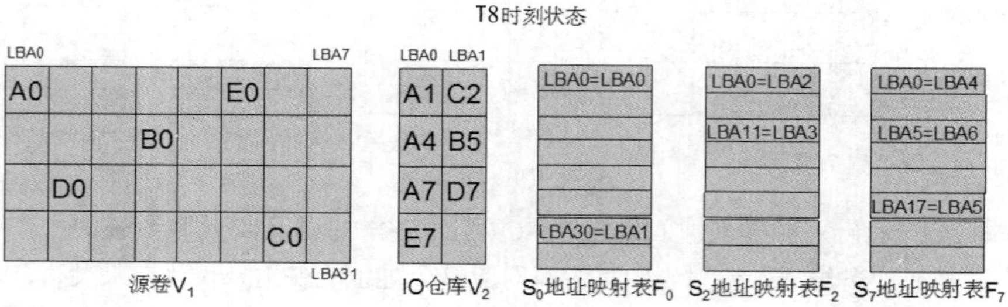

图 16-22 T8 时刻

客户端挂载某份快照进行 IO 读写时的系统动作流程

（1）T9 时刻，系统接收到客户端请求将快照 S0 对应的 T0 时刻的源卷的虚拟影像映射给客户端。系统接收到请求之后，立即根据源卷的大小等属性，通过底层传输通道报告给客户端主机一个虚拟卷。

（2）T10 时刻，主机识别到了这个虚拟卷影像（此时主机对源物理卷依然在进行读写 IO，无影响），并且将其挂载到某个盘符下。此时有某个程序（比如文件系统）尝试读取这个卷的 LBA0 地址对应的数据。

（3）T11 时刻。RoFW 模式的原生快照的好处是，把复杂留给后台，把简单留给前台。确实是这样的，写的时候直接写入对应位置，不需要 CoFW 方式中的多余的一读一写操作，只不过写之前需要做一些映射运算以判断是覆盖还是新写到空闲位置，但是运算过程总比 IO 过程快。同样，在读取系统最早的也就是第一份快照虚拟影像的时候，也是非常痛快淋漓的。本例中挂载了 S0 时刻快照，也就是最早的第一份快照，上文中说过，S0 快照其实就是当前的物理源卷，因为自动 S0 生成之后，源卷就被永久冻结了。所以此刻，系统针对客户端发起的读请求将直接定向到源卷对应地址，不牵扯任何映射运算过程。

（4）T12 时刻，系统接收到客户端请求将快照 S2 对应的 T2 时刻的源卷的虚拟影像映射给客户端。系统接收到请求之后，立即根据源卷的大小等属性，通过底层传输通道报告给客户端主机一个虚拟卷。

（5）T13 时刻，主机识别到了这个虚拟卷影像（此时主机对源物理卷依然在进行读写 IO，无影响），并且将其挂载到某个盘符下。此时有某个程序（比如文件系统）尝试读取这个卷的 LBA0 地址对应的数据。

（6）T14 时刻。上文中描述过针对最早快照虚拟卷的读过程。本步中针对的则不是最早的快照，而是随后的快照。系统收到针对虚拟影像卷 LBA0 地址的读请求之后，会查找当前被挂载的快照点的上一个快照点对应的地址映射表。这里需要搞清楚，RoFW 模式的快照实现设计与 CoFW 实现方式在这个步骤中的动作迥异。也就是说，本次快照的影像其实是由源物理卷+上一份快照对应的地址映射表所共同冻结而成的，而最后一份快照地址映射表中的指针表示的则是源物理卷的最新数据状态，而不是这份快照时刻的状态，不要搞乱。本例中，系统查询 F0 表中是否有 LBA0 地址的映射条目，如果有，则提取映射地址并从 IO 仓库中读取对应地址的数据并返回给客户端。

（7）T15 时刻，系统接收到针对 S2 快照虚拟影像卷 LBA11 地址的读操作。系统依然去查询前一份快照也就是 S0 对应的地址映射表 F0，本例中，没有找到 LBA11 对应的映射条目，则系统将会继续查前一份快照映射表中对应地址的映射条目，直到找到为止。本例中，已经到了尽头，所以系统直接从源物理卷中读取 LBA11 地址对应的数据并返回给客户端。

说明：值得说明的一点是，RoFW 设计模式下，不像 CoFW 模式下存在线程依赖关系。对快照虚拟影像卷的读操作并不会与对源卷的写操作之间有任何牵连和影响。

（8）T16 时刻，系统接收到针对 S2 快照虚拟影像卷 LBA0 地址的写入请求。与 CoFW 的处理方式相同，此时系统将新创建一个针对 S2 快照的 RoFW 数据映射表，并将待写入的数据写入表中对应地址的 Slot。在随后的读请求处理过程中，要优先查询 RoFW 表，过程与 CoFW 过程相同，其他步骤不再重复论述。

客户端决定将快照 S0 进行 Rollback（Restore）时系统的动作流程

（1）T17 时刻，客户端要求将快照 S0 直接回滚覆盖到源物理卷。系统接收到请求之后，直接向客户端返回已经成功 Rollback（与直接挂载虚拟影像卷过程类似）。这里虽然也可以选择前台 Rollback，即 Rollback 所有步骤完成之前，系统不接受针对 S0 快照点卷的任何 IO 操作。但是为了保证操作友好性，我们在此设计为后台操作。后台操作过程中如果遇到客户端写 IO，处理方式与 CoFW 模式下的处理方式相同，见前文。

（2）T18 时刻，系统开始在后台进行 Rollback 操作。由于 S0 快照点其实就是当前的源物理卷，所以 Restore 过程不需要任何额外操作，直接就完成了。要注意的是，S0 对应的 F0 和 S2 对应的 F2 映射表需要保留，前提是客户端想保留 S2 和 S7 时刻的快照的话，因为 S2 快照需要参考 F0，S7 要参考 F2。但是 F7 映射表无须保留，因为 F7 中的指针表示的源物理卷的最新状态变化指针，既然选择回滚，那么就代表最新时刻的数据已经不需要了。

一般是不推荐选择保留晚于 S0 的其他所有快照的，因为保留这些快照需要支付额外的系统资源。如果客户端明确选择保留，则系统会将 S0 之后的所有地址映射表封存到一个特定的位置，永久冻结（这里有一个规律，即如果用户选择保留的所有快照中最晚的一个是 SX（X>S0），则映射表 FX 及其之后的所有映射表皆可删除）。然后系统开始新一轮的快照周期，即必须首先再生成一个 S0'快照，创建一份新的 F0'空映射表，然后再接受客户端的读写 IO 操作，随后生成的快照也按照顺序重新编号。如果后来用户选择要 Rollback 或者挂载之前生成的某份快照，则系统会调出封存的那几份映射表，根据永久冻结的源物理卷，一层层累加从而获得对应时刻快照的影像。

如果客户端在 Rollback 的时候选择了不保存 S0 之后的快照，则系统会直接将 F0 及以后的所有 F 映射表全部删掉，映射表所对应的 IO 仓库中的对应地址块也全部标记为空闲。此时，源卷彻底被恢复到 T0 时刻状态，由于当前系统中已经没有任何快照存在，所以针对客户端的写 IO 操作，系统会直接写向源卷而没有任何 RoFW 操作，直到有又一个快照生成为止。

Rollback 完成后，客户端针对 Rollback 之后的卷进行写操作时，其实依然需要 RoFW 到 IO 仓库中，至于写到 IO 仓库哪个位置（覆盖还是新写），就需要系统根据最后一份地址映射表判断。读和写操作均与之前的相关步骤相同。整个系统的源物理卷，只要还存在任何一个快照，则永远都是第一份快照被创建时候的状态，永久被冻结。

客户端决定将非 S0 快照 S7 进行 Rollback（从 T17 时刻开始）时系统的动作流程

（1）T17 时刻，客户端要求将快照 S7 直接回滚覆盖到源物理卷。系统接收到请求之后，直接向客户端返回已经成功 Rollback（与直接挂载虚拟影像卷过程类似）。这里虽然也可以选择前台 Rollback，即 Rollback 所有步骤完成之前，系统不接受针对 S7 快照点卷的任何 IO 操作。但是为了保证操作友好性，我们在此设计为后台操作。后台操作过程中如果遇到客户端写 IO，处理方式与 CoFW 模式下的处理方式相同，见前文。

（2）T18 时刻，若客户端选择不保留任何其他的快照，则系统首先将所有 F7 之前的地址映射表（不包含 F7，F7 将被删除）做合并操作，如果在多个表中遇到同一个地址的映射关系，则只留下最晚的表中的条目，被抛弃的条目对应的 IO 仓库中的地址会在 bitmap 中被标记为空闲。合并之后的新映射表命名为 F0'。源物理卷+F0'共同组成了 T7 时刻快照 S7 时卷的影像，此时，由于系统内再无其他任何快照，所以系统扫描 F0'中的每一条映射，然后将 IO 仓库中对应地址的数据读出并覆盖到源物理卷对应地址，全表处理完成后，IO 仓库清零，Rollback 完成，源物理卷上的实际数据就变为了 T7 时刻的影像，系统继续运作。

（3）T18 时刻，若客户端选择要求保留 S2 快照，则系统首先将 F2 之前的所有映射表，本例中即 F0 永久封存，同时删除 F7 映射表（并在 IO 仓库 bitmap 中标记对应 F7 映射的所有块为空闲），之后，系统将待回复快照点之前的所有 F 映射表（本例中即 F2 和 F0）按照上一步描述的规则做合并操作，合并之后的映射表保存为 F0'，此时便可接受客户端读写 IO 操作，开始新一轮周期，Rollback 完成。

（4）T18 时刻，假设系统有 10 个快照，如果客户端选择恢复第 8 个快照，同时保留第 3 个、第 6 个快照，那么此时系统首先将第 1 个快照对应的映射表合并到第 2 个快照对应的映射表，合并之后封存（为 3 号快照的影像指针），然后将刚才封存的合并之后的映射表与第 3 和第 4 个快照对应的映射表再次合并到第 5 个快照映射表中，合并后封存（为 6 号快照的影像指针）。删除 F8 映射表。然后，系统将 1～6 号快照映射表与 7 号映射表合并，合并后存为 F0'映射表，源物理卷+F0'共同组成了 T8 时刻快照 S8 时卷的影像，最后打扫战场，将 IO 仓库中由于映射表合并而产生的空闲数据块在 Bitmap 中标记为 0，即空闲。系统继续运作。

可以判断出来，RoFW 模式的原生快照其流程过于复杂，实现起来流程较多，尤其是快照生成之后的读 IO 过程和快照挂载或者回滚之后的一系列流程，都涉及到复杂的运算，所以目前大部分产品都使用 CoFW 模式进行快照设计。

NetApp 与 IBM XIV 存储系统使用的都是基于 RoFW 模式的快照实现模式，选择这种模式与其底层设计息息相关。在后面章节会讨论 NetApp 为何会使用 WR 模式。在第 15 章会讨论 IBM XIV 系统为何也会使用 WR 模式。

如何计算 RoFW 模式下两份快照影像之间所更改过的数据地址

对于 RoFW 模式的快照，计算两份快照之间的数据变化地址要比 CoFW 模式下容易很多。设系统先后创建了 S0、S1、S2 三份快照，要求比对 S0 和 S2 之间的变化数据地址。

（1）由于 WR 模式的快照下，快照 S0 其实就是源物理卷，而快照 S2 时刻的状态其实被表现在前一份也就是 S1 地址映射表中。所以系统直接合并 S0 和 S1 地址映射表，将其二者所有存在的条目合并，如果遇到某个地址有两个条目，则抛弃时间点较早的映射表中的条目，只保留时间点最晚的映射表中对应地址的条目。

（2）将合并后的条目保存于一张新表中，并按照源卷地址进行排序。

其实，这个过程与删除某快照的过程类似。

提示：关于比对两份 Snapshot 中的变化数据地址，有更好、更高效的实现方法。上文中介绍的在两种快照模式下实现比对的设计都是基于后处理的，即快照已经生成，而且生成之前没有做任何处理。如果使用中处理，即在第一份快照生成之后，系统立即为源卷生成一份全 0 的空 Bitmap，随后的写 IO 系统均将这个 IO 地址对应的位在 Bitmap 中置为 1，一直到第二份快照生成之后的瞬间，系统首先将这份 Bitmap 封存，然后再次生成一份全 0 空 Bitmap 再次重复刚才的步骤。被封存的 Bitmap 中为 1 的位就代表了两份快照生成的间隔期间，所有针对源卷的数据变化地址。这种处理方式是目前厂商所采用的。

3）NetApp WAFL 快照实现方式简述

首先，WAFL 严格来讲是一个文件系统，彻底的文件系统，而不是一个卷管理系统。这个文件系统与其他文件系统一样，将底层的存储空间虚拟为文件，文件可以任意凌乱地存放于存储空间的各个位置，使用 inode 链条来组织所有的零散块。卷，即 Volume，在 WAFL 下面其实也是一个文件，卷也可以被任意零散地分布于存储空间各个角落，只要 WAFL 有这个需要。了解 FIledisk 的人都应该理解 WAFL 的这种基本作用机制。所以 WAFL 很灵活，既然卷是一个文件了，那么就可以对这个文件进行任意的删除、修改、扩充、缩减等一切针对普通文件可以做的动作。更加离奇的是，每个文件中又可以嵌套一个文件系统，即文件中的文件，文件系统再次将文件作为底层存储空间，在文件中再建立多个二级文件，这便是 LUN 了。WAFL 进程需要同时管理底层物理存储空间和二次映射的文件虚拟空间。

其次，WAFL 的文件系统根入口不是一个，而是每个存储空间保存 256 个根入口，从每个根入口进入，便可以遍历出整个文件系统的元数据链条。也就是说，WAFL 可以在一个存储空间内存放 256 份文件系统影像，每一个影像便是一个快照。可以对物理空间，也就是 Aggregate 做快照，也可以对 Volume 做快照，因为每个 Volume 也有 256 个根入口。这 256 个入口中的第一个入口被称为“当前活动文件系统”，也就是 Active Filesystem（AFS）。从这个入口进入之后遍历出的就是当前的存储空间内最新数据，一旦某时刻触发一份快照，则 WAFl 会将当前 AFS 的根节点入口向下一个空闲的入口复制一份，即完成了快照的生成。生成之后，当有针对 AFS 的写入操作时，WAFl 将这些数据统统写入存储空间内空闲的块中，并同时更新元数据，元数据的写入一样也需要写入空闲块中，链条指针一层层地被修改，最终更新到 AFS 的根入口指针。

这样，上一份快照中的所有数据没有一个块被覆盖，从对应的根入口进入，便会遍历出那个时刻的完整存储空间影像。即便系统没有生成快照，WAFl 也不会覆盖之前的数据，而总是写入空闲的块。这样做有个好处就是在空间内有大量空闲块时，WAFl 可以肆无忌惮地写入而不需要非得按照被覆盖的块在空间内的排列顺序而对应写入，这样可以提高性能。但是随着空闲空间的减少，WAFl 这种性能的提升会骤降。

提示：关于快照虚拟卷或 Clone 卷挂载后系统识别冲突的问题：由于很多操作系统的卷管理层都会对系统所识别到的磁盘写入一些识别信息以便标识和区别每一个卷或者磁盘。而某个卷或者磁盘的快照或者 Clone 中的这些识别信息与源卷是完全一致的，所以，当源卷已经被挂载到系统中，又挂载了 Snapshot 虚拟卷或者 Clone 卷之后，此时由于识别信息完全相同，系统会认为是相同的卷又被挂载了一次而卸下源卷从而挂载了快照卷，或者发现新卷与当前的源卷识别信息一致而不做任何动作。不管哪种应对方式，都会导致问题的发生。所以解决这个问题的关键还在于位于主机端的快照代理程序，快照代理程序在让存储系统映射某个快照之前，会扫描系统中当前的所有已挂载的卷的识别信息，然后生成一个不与它们冲突的新识别信息并通向存储系统发起写 IO 请求将对应的扇区中的识别信息修改，然后再按照正常顺序挂载，这样就不会产生冲突了。

8. 快照的生成对系统读写性能的影响

由于每生成一份快照，系统就需要做更多的 CoFW 操作，而写性能本身就是衡量一个存储系统性能的重要指标，快照的生成无疑是雪上加霜。凡是使用 CoFW 模式实现快照的存储系统，皆无法逃脱写性能降低的厄运。相比来讲，RoFW 模式则能够逃脱这个厄运。图 16-23 和图 16-24 所示为 EMC Clariion 系统的写 IO 性能影响统计图。

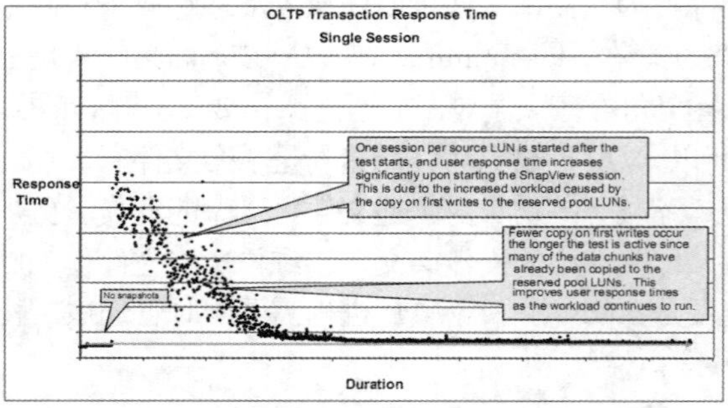

图 16-23　1 个快照

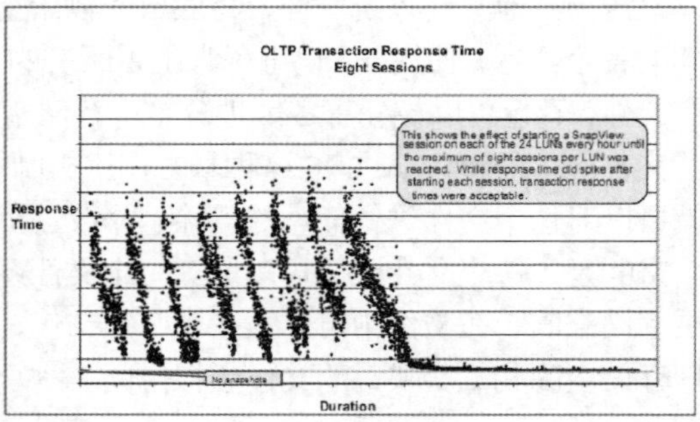

图 16-24　8 个快照

可以判断，当一个快照生成之后，系统的写 IO 响应值立即升高到一个峰值，其原因是受到不断的 CoFW 的影响。此后的时间内，系统写 IO 响应逐渐降低到原来的水准，其原因是因为系统在对已经 CoFW 过的地址进行再次或多次写的时候，会直接写到源卷而不再进行 CoFW 动作。图 16-24 显示了生成了 8 个快照的系统写 IO 响应速度随时间的推移而变化的情况。可以看到每多生成一个快照，IO 响应时间就比之前的最高响应时间再上升一些，这也是理所当然的，快照数量越多，处理就越慢。

快照的生成不仅对写性能有影响，对于 RoFW 模式的快照，其对读也一样有影响。由于数据块被不断重定向到其他空间，这就导致本来物理上连续的数据块在被重定向写出去之后可能就变得不连续了，甚至非常随机，那么此时针对这些地址的读操作就会受到影响。

鉴于快照的这些后遗症，在使用快照对系统进行瞬时恢复后，可以考虑在后台将快照中的数据回拷一遍，让其变得连续，从而恢复之前的性能。

16.2.4　卷 Clone

1．什么是卷 Clone

顾名思义，Clone（克隆）是指源数据集某时间点的一份或者几份实实在在的实体复制。快照类似一个某时刻定型的影子，而克隆则是某时刻定型的实体。使用快照技术来制作克隆，先将影子定型，之后再将实体填充到影子当中。也就是说，首先对某个源数据集（源卷或者源文件系统）创建一份快照，之后将这份快照指向的所有数据块复制出来到一个额外存储空间，这样，被复制出来的所有数据就组成了源数据集在那个时刻的一个克隆实体。

我们知道 Snapshot 一般都是只读的，即这个“幻像”你只能去看，而不能被改变，就像历史一样。但是在计算机的世界里，这个结论是不成立的，Snapshot 一样可以写。可能有人不太理解，Snapshot 作为一个源卷在某一时刻的照片，其内容皆为源卷内容的投射，自身并不存在任何实体内容，向 Snapshot 写入数据，到底是个什么概念呢？正如 Snapshot 自身一样，可写的 Snapshot 也只不过是对指针的处理而已，即系统增加了一个 RoFW 数据映射表。比如，存储系统将 Snapshot1 映射给了 HostA，HostA 将其挂载到了 F 盘，某时刻 HostA 对 F 盘的第一个扇区写入全 0，存储系统收到这个请求之后，会将这 512B 的数据重定向地写入一个空闲存储空间的地址，并将用新的 MetaData 来记录这个新指向。而且更灵活的是，还可以为这个 Clone 的虚拟卷再次创建快照，甚至 CDP。

提示：16.2.5 节中会对这种可写以及创建二级快照或 CDP 的详细底层机制进行论述。

某个物理卷某时刻所生成的一份可写的 Snapshot，就叫做这个卷某时刻的一份 Clone。然而，这份 Clone 其内容没有被更改的部分是与源卷共享的，只有被更改之后的数据才是实实在在地存在于另一处的，所以，源卷没了，则 Clone 也就没了。这种 Clone 叫做虚拟 Clone，虚拟 Clone 的好处是本身不占用空间，只有被更改的数据部分占用对应的空间。如果想对这个 Clone 做保留，保留其实体的数据，则需要将这份 Clone 与源卷所共享的那部分数据复制出来，加上后来被更改的数据部分（当然也可以不去更改这份 Clone 的内容），生成一个独立的卷。此时，这份 Clone 就会与源卷脱离关系，相当于依附于源卷的快照被切割开，或者说 Split，这个过程叫做 Split Clone。Split 完成之后，就会生成一个实实在在的真正的物理上独立于源卷的卷，而且源卷对应的这个快照也就消失了，因为此时快照已经变成了实际的物理数据，也就是实 Clone，实 Clone 需要占用与源卷等同的物理空间。

2. 虚克隆和实克隆的比较

实克隆与虚克隆相比有两个好处。第一个是安全性方面。虚克隆是依托在物理源卷上的一个空中楼阁，一旦源卷发生任何物理上的损坏，比如承载源卷的底层物理磁盘发生损坏，例如，某 Riad 5 阵列中损坏多余两块磁盘之后，此时源卷物理上土崩瓦解，则其对应的 Snapshot 和克隆也就荡然无存了。而实克隆则是源卷某快照的一份真实物理复制，如果将克隆卷存放在与源卷不同的 Raid 组中，则即便源卷 Riad 组发生故障，那么克隆卷依然存在，可以直接将克隆卷挂载到主机继续使用。第二个是性能方面。虚克隆由于在物理上是与源卷共享大部分数据块的，如果对虚克隆进行读 IO，则会与源卷的读 IO 发生争抢效应，从而源卷和虚克隆卷的性能都受到影响。而实克隆由于是存在于另一个 Raid 组，对实克隆的读 IO 由于是访问不同的物理磁盘，所以不会影响到源卷。这里需要注意一个问题，如果把实克隆卷放到与源卷相同的 Raid 组中，那么在读实克隆卷的时候造成的影响与虚克隆相同，因为它们共同争抢同一份物理 Raid 组。

3. 卷 Clone 的作用

卷 Clone 的一个最大的作用是可以瞬间生成针对某个卷的可写的镜像，而不管这个卷的数据量有多大。比如某企业有一个数据量 2TB 的数据库系统，为企业核心生产数据库的存储空间，非常重要。近期企业决定部署一套应用系统，但是需要利用现有的生产数据库进行上线前测试，IT 管理员不得不将备份过的数据库恢复到一个和源库同样大的存储空间内，但是很尴尬地发现目前存储系统剩余的空间已经不足以满足要求，不得不将现有存储系统扩容。这又要牵涉到一个大工程，而且测试完毕，新购买的空间又要被浪费，实在划不来。幸好现有存储系统支持卷 Clone，IT 管理员针对生产数据库所在的卷创建了一份虚拟 Clone，并将其挂载到应用测试机上，应用程序成功启动，进入测试周期，幸好应用写入的数据很少，以至于 Clone 卷没有占用太多的存储空间，不需要额外购买存储空间了。一周后，应用测试管理员出现失误，将 Clone 卷中的大量重要数据删掉了，急急忙忙找到了 IT 管理员。IT 管理员不慌不忙，从容地将这个 Clone 卷删掉，然后直接在生产数据库的源卷上又创建了一份 Clone，映射给应用测试机，测试机挂载后，一切如故。

克隆可以用来研究平行宇宙、蝴蝶效应等理论。将某个时间点的影像瞬间复制成多份平行复制，然后让其并行地继续向下发展，调查后续各份平行数据的发展路径从而调查周围环境或者未发现的其他隐含因素对事件发展的影响。最简单和直观的例子：有 100 台硬件配置完全相同的 PC，用同一张光盘灌入操作系统，同样的使用步骤和环境，但是随着时间的变化，每台 PC 上操作系统的行为开始产生差异，最后迥异。那么你如何去调查到底是什么因素引起了如此巨大的差异？你可以编写一套数据监控统计挖掘分析报告的系统，针对同一份数据生成多份并行克隆，然后在其上进行模拟分析。甚至可以在虚拟现实系统中，对虚拟世界生成并行的多个克隆，然后调查各种行为对虚拟世界后续发展路径的影响。

4. 使用 Clone 卷来进行 Rollback 操作

1）用虚 Clone 卷来 Rollback 源卷

如果某时刻，源卷中的数据发生逻辑上的错误，比如大规模病毒感染破坏、分区误删除、文件误删除等，此时可以选择直接使用虚 Clone 卷进行 Rollback 操作，直接将原先被 CoFW 出去的数据覆盖回源卷。当然，如果 Clone 卷已经被其他程序更改，则也可以选择保留这些更改。如果选择保留更改，那么系统会先将前几节中描述的 RoFW 映射表与快照地址映射表中对应的地址逐条检测，如果发现某个地址在两份表中都有映射条目，证明 Clone 卷中对应的地址被改写过，则快照映射表中对应的 IO 仓库中的 CoFW 数据过期，在 Rollback 的时候直接覆盖 RoFW 表中的数据而无须先覆盖 CoFW 的数据再覆盖 RoFW 表中的数据，节约了资源。

2）用实 Clone 卷来 Rollback 源卷

如果使用已经被 Clone Split 的实 Clone 卷来对源卷进行 Rollback，则需要的步骤就会复杂一些。因为当初 Clone 被 Split 之后，系统会将源卷和克隆原来共用的数据块复制出来，如果在 Split 完成和 Rollback 之间的时段内，主机并未对源卷上的这些原本共享的数据块做太多更改的话，那么在 Rollback 的时候如果依然将所有原本共享的数据块也一同覆盖到源卷，则这样做就属于浪费资源了。

如何解决这个问题呢？此时快照指针已经不复存在，不可能再用快照恢复源卷了。要解决这个问题，就需要对这些共享的数据块在 Split 之后所发生的更改动作做追踪。这里人们想出一个办法，具体如下。

- 在 Clone Split 完成之后，立即为源卷和实克隆卷分别创建两份 Bitmap，针对源卷的 Bitmap 中为全 0，而实克隆卷的 Bitmap 中，对应之前被 CoFW 出的所有地址的位为 1，其他全为 0，为 0 的位则代表与源卷共享的数据块。
- Bitmap 生成之后，系统才允许继续对源卷或者实 Clone 卷进行读写 IO 操作。
- 随后，当系统接收到任何针对源卷的写 IO 后，系统就会在刚才生成的全 0 源卷 Bitmap 中将对应 IO 地址的位置为 1，并将 IO 写入源卷。同理，当接收到任何针对实 Clone 卷的写 IO，也在刚才的那份针对实 Clone 卷的 Bitmap 中将对应 IO 地址的位置为 1，如果已经为 1 则不做动作。

设想一下，经过这样的设计，源卷和实 Clone 卷在一段时间的数据更改之后，只有在两份 Bitmap 中都为 0 的位，才表示自上一次 Clone Split 之后两端均未发生更改的地址。而针对实 Clone 卷的初始 Bitmap 中只有当时与源卷共享的数据块才为 0，这样就可以推导出，两份 Bitmap 中都为 0 的地址，其对应的数据块内容是完全一样的，所以在进行 Rollback 时，可以跳过这些数据块。

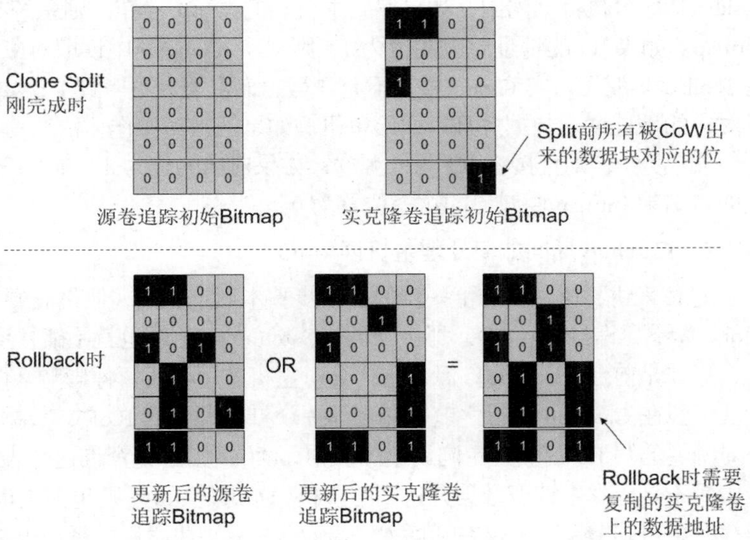

图 16-25　SplitClone 和 RollBack

如图 16-25 所示，我们将这两份 Bitmap 做 OR 操作，得到的新 Bitmap 中，所有为 1 的地址，就代表需要从实 Clone 卷中将对应地址的数据覆盖回源卷，为 0 则跳过。覆盖成功之后，将当前处理的位重置为 0，然后接着处理下一位，顺序扫描并处理结果 Bitmap 中的每一位。这样的设计可以大大降低 Rollback 过程中需要复制的数据，缩短 Rollback 时间。

3）用源卷来 Catchup 实 Clone 卷到当前时间点

在 Clone Split 完成之后的某时刻，如果用户对上一个实克隆卷做了很多更改而且发现有逻辑上的问题，想对当前的源卷再次生成一份实克隆卷，当然，用户可以再次用传统的步骤，即先生成快照，然后 Split 进行数据复制，成功之后，删除原来的旧实克隆卷。但是这样做需要花费很长的数据复制时间，是否有一种办法在上一个旧克隆卷的基础上，将源卷自上次 Clone Split 之后所发生的所有数据更改同步到上一次生成的实克隆卷上呢？

答案是肯定的。很显然，根据上一步中的 OR 操作之后的 Bitmap，只有为 0 的位才是 Rollback

时源卷和实 Clone 卷上内容相同的数据地址，那么此时我们不是要从 Clone 卷复制数据覆盖到源卷，而是要做相反方向的动作，那么直接就可以根据结果 Bitmap，将所有为 1 的位对应的源卷上的地址的数据复制出来并覆盖到实 Clone 卷。覆盖成功之后，将当前处理的位置为 0，然后接着处理下一位，顺序扫描并处理结果 Bitmap 中的每一位。之后，实 Clone 卷就与当前源卷的内容相同了。这期间的数据复制跳过了两个卷原本内容就相同的数据块，节约了很多时间。

4）Clone Split 期间如何处理主机读写 IO

Split 执行开始之前，系统需要首先创建一个针对源卷的 RoFW 数据映射表，Split 开始之后，所有针对源卷的写操作都被重定向写到表中，一直到 Split 结束，将源卷与快照中共享的数据块复制到实 Clone 卷中之后，系统慢慢在后台将 RoFW 表中的数据覆盖回源卷，过程与上一步介绍的相同。

5）Rollback 期间如何处理主机读写 IO

Rollback 过程都可以在后台执行，即对于前端来讲，Rollback 可以被通告为立即完成。在 Rollback 后台执行期间内，如果遇到主机端的读 IO 操作，则系统必须参考 OR 运算之后的结果 Bitmap。如果 IO 的地址对应的位为 1，则从实 Clone 卷中读取对应地址的数据返回给主机（所以在 Rollback 期间，实 Clone 卷是不允许写的，否则会不一致）；如果对应的位是 0，则直接从源卷对应的地址读取数据并且返回给主机。如果遇到写操作，依然首先查找结果 Bitmap，对应地址的位如果为 0，则直接将 IO 写入源卷；如果对应的位为 1，则系统将 IO 写入源卷对应地址之后立即将结果 Bitmap 中对应的这一位置为 0。

6）Catchup 期间如何处理主机读写 IO

总体来讲，这一步与上一步的操作步骤本质上相同，但是需要增加一步。由于 Rollback 时实 Clone 卷不允许接受写 IO，那么同理，Catchup 时源卷也就不能接受写 IO。但是这样做是不允许的，除非是前台 Catchup，但是这样会对主机应用造成暂停影响。解决的办法依然是使用 RoFW 大法了。在 Catchup 执行之前首先创建一个针对源卷的 RoFW 数据映射表，所有在 Catchup 期间针对源卷的写 IO 都被重定向到这个表中，读 IO 则首先查询这个表，如果找到对应的地址则从这个表而不是源卷中读取数据并返回给主机，如果是写 IO 则也先查询这个表，如果对应 IO 地址已经存在条目则覆盖，不存在则插入。当 Catchup 完成之后，系统再将 RoFW 表中的数据慢慢在后台同步回源卷。

卷 Clone 是依托在快照技术上的一个高附加值产物，其附加价值就体现在一个 RoFW 映射表上，从而使快照可写。实现这个技术不是什么难事，但却能得到高回报率。

5. EMC 公司卷 Clone 产品简述

1）Snapview 系列

Snapview 是运行在 EMC 公司中低端存储系统 Clariion CX 平台的操作系统 FLARE 上的一个软件模块，它又被分为 Snapview/snapshot 和 Snapview/clone 两个功能选项。前者代表普通快照功能，后者则代表卷 Clone 功能。

Snapview/snapshot 在进行 CoFW 时会以 64KB 为单位进行 CoFW，也就是说，快照生成之后，如果有某个针对源卷的写 IO 仅为 4KB，那么系统依然会将这 4KB 所在的 64KB 单元全部复制到 IO 仓库（EMC 的说法是 Reserved LUN）中存放。如果随后某个写 IO 再次落在了这 64KB 单元地址的任何地址段，系统也不会再进行 CoFW 操作。这种提高 CoFW 单元粒度的方法一方面降低了维护更细粒度地址映射表的开销，另一方面也显著降低了 CoFW 对系统写性能的影响所持续的时间。唯一一个坏处就是会浪费 IO 仓库中一定的空间，可以说是以空间换性能。

Snapview/Clone 使用一种叫做 Copy On First Access（CoFA）的机制，当挂载并使用克隆的那台主机发起针对这个克隆卷的任何 IO 时，不管是读还是写，如果 IO 的目标地址块是首次被读或者写，那么系统将从源卷中将对应的块（或者更大的粒度，见上文）复制出来放到克隆卷空间里存放。同时，针对源卷的首次覆盖写入时当然也会触发复制，但是针对源卷的块的读操作是不会触发复制的，只有针对克隆卷的首次读才会触发复制。这样做的目的是为了降低克隆卷对源卷的性能影响，但是却增加了存储空间的需求量。

如图 16-26 所示为 EMC Clariion 配置界面，其中 Fracture、Synchronize 和 Reverse Synchronize 分别对应上文中的 Clone Split、Catchup 和 Rollback。

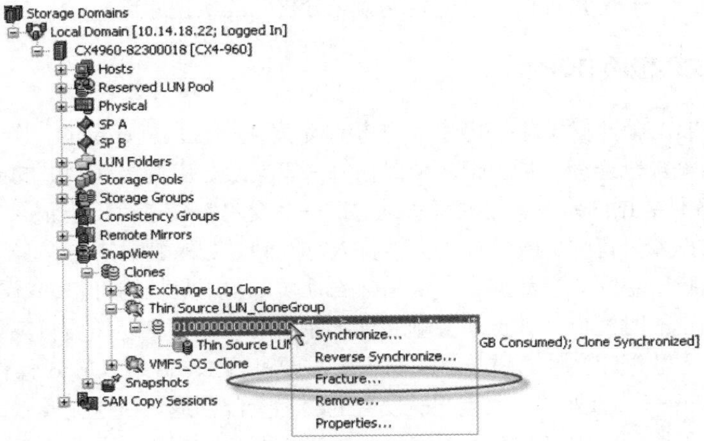

图 16-26　Fracture

2）Timefinder 系列

Timefinder 是运行在 EMC 公司高端存储系统 Symmetrix DMX 平台的操作系统 Enginuity 上的一个软件套件模块。它包括 TimeFinder/Snap、TimeFinder/Clone、TimeFinder/Mirror、TimeFinder/CG（Consistency Group）等几个组件。

TimeFinder/Snap、TimeFinder/Clone 分别对应了快照和卷 Clone 的功能。TimeFinder/CG 则实现了一致性组功能，关于一致性组技术会在后面的章节详细地论述。

这里需要着重提一下 TimeFinder/Mirror 功能。传统的 Clone 卷是基于对源卷在某一时间点的快照而作成的，但是 TimeFinder/Mirror 则不依托快照来实现，而是直接对源卷进行实时的同步镜像，针对源卷的任何写 IO 都被实时同步到一个镜像卷中。

某时刻，用户可以发起 Split 动作，使这个镜像卷脱离源卷而成为一个独立的卷，也就相当于在这个时刻创建了一份卷 Clone，只不过这份卷 Clone 在 Split 之后立即就是一个物理独立卷了，而不需要任何数据复制过程。Split Mirror 之后，源卷与切开后的镜像卷也可以各自记录一份 Bitmap，就像上文中所说的。而随后，可以选择利用源卷来 Catchup 这个 Clone 卷，或者选择使用 Clone 卷来 Rollback 源卷。EMC 将这种镜像卷称为 BCV，即 Business Continuous Volume。其作用与传统 Clone 卷相同。唯一优点就是 Split 之后立即可用，无须等待数据复制。最大的缺点则是由于数据完全与源卷同步，一旦源卷数据发生逻辑错误，而发生错误之前又没有手动 Split，则镜像卷的数据也同样变为逻辑不一致的了。

16.2.5 Continuous Data Protect（CDP，连续数据保护）

SNIA 对于 CDP 给出了一个定义。CDP（持续数据保护）是一种在不影响主要数据运行的前提下，可以实现持续捕捉或跟踪目标数据所发生的任何改变，并且能够恢复到此前任意时间点的方法。CDP 系统能够提供块级、文件级和应用级的备份。

有一类所谓的 Near CDP 产品，可以生成高频率的快照，比如一小时几十次、上百次等。用这种方法来保证数据恢复的粒度足够细。

CDP 是这样一种机制，即它可以保护从某时刻开始卷或者文件在此后任意时刻的数据状态，也就是数据的每次改变，都会被记录下来，无一遗漏。这个机制乍一看非常神奇，其实它的底层只不过是比快照多了一些考虑而已，下面我们就来分析它的实现原理。

1. 应用级和文件级的 CDP

所谓应用级 CDP，是说对数据的连续保护机制是发生在应用程序层的，换句话说，由应用程序自己对自己的数据加以连续保护，记录和保存每一笔更改。应用级 CDP 的典型例子就是比如 Oracle 和 DB2 等各种数据库系统，数据库系统对每一笔交易都会进行日志记录，在归档日志模式下，所有曾经对数据库进行的更改操作均会被打入时间戳并记录到日志中，老日志不断地被归档存放以便为新日志腾出空间。当数据库发生问题的时候，利用归档的日志，就能够将数据库状态恢复到任何一个指定的时间点，数据库会顺序读出库中的每一笔交易然后将其重放（Replay），对应的数据重新写入数据库文件。重放完成后，还需要进行 Redo 和 Undo 操作，即检查日志中最后一个 CheckPoint 一致点处，一致点之后发生的交易全部回退。回退完成后，数据库便处于一个一致的状态并且可用。应用层 CDP 不需要任何其他程序的辅助，不需要任何特殊的存储系统功能，完全由应用程序自身就可以完成。应用级 CDP 是最纯粹、最厚道、最彻底、最实用的 CDP。

文件级 CDP 就是通过监视文件系统动作，文件的每一次变化（包括实际数据或者元数据的变化，比如重命名、删除、裁剪等属性的改变）以日志的形式被记录下来。CDP 引擎分析应用对文件系统的 IO 数据流，然后计算出文件变化的部分，将其保存在 CDP 仓库设备（存放 CDP 数据的介质）中，可以针对每个文件生成单独的日志链。可以对一个文件，或者一个目录，甚至一个卷来监控。文件级的 CDP 方案，一般需要在生产主机上安装代理，用来监控文件系统 IO，并将变化的数据信息传送到 CDP 仓库介质中，或者使用本地文件系统或者磁盘的某块额外空间来充当日志仓库。文件级的 CDP，能够保证数据的一致性。因为它是作用于文件系统层次，捕获的是完整事务操作。所有的文件版本管理软件都可以算作是文件级 CDP 的实现。

其实日志型文件系统自身也可以算作是一个粗线条的 CDP 实现，因为日志型文件系统自身也会记录每一笔操作记录和数据，只不过其日志是循环的，并非归档模式，同时默认的日志方式是只记录元数据更改而不记录实际数据，并且也不提供用户自定义回溯时间点的功能。如果能够直接在文件系统模块中或者外嵌一个模块来针对每个文件记录归档模式的元数据+实际数据日志，那么恢复的时候就可以指定某个文件的某个时间点进行数据回滚了。

2. 块级的 CDP

块级的 CDP，与应用级和文件级 CDP 实现思想相同，其实就是捕获底层卷的写 IO 变化，并将每次变化的块数据打入时间戳并且保存下来。这里先不探讨具体产品的架构，而只对其代码层设计原理做一个细致的描述。后文中则会对块级别 CDP 整体架构做更加细致的论述。

提示：以下对于 CDP 的描述引自敖青云的博客（aoqingy.spaces.live.com）。

CDP 起源于 Linux 下的 CDP 模块。它持续地捕获所有 I/O 请求，并且将这些请求打上时间戳标志。它将数据变化以及时间戳保存下来，以便恢复到过去的任意时刻。

在 Linux 的 CDP 实现中，包含下列三个设备。

- 主机磁盘设备（host disk）
- CDP 仓库设备（repository）
- CDP 元数据设备（metadata）

CDP 代码对主机磁盘设备在任意时刻所做的写操作都会记录下来，将实体数据按顺序写入 CDP 仓库设备中，对于这些实体数据块的描述信息，则被写入到 CDP 元数据设备的对应扇区。

元数据包含以下信息：

```
struct metadata {
int hrs, min, sec; 该数据块被写入主机磁盘设备的时间
unsigned int bisize; 该数据块以字节为单位的长度
sector_t CDP_sector; CDP 仓库设备中对应数据块的起始扇区编号
sector_t host_sector; 该数据块在主机磁盘设备中的起始扇区编号
};
```

图 16-27 反映了主机磁盘设备和 CDP 仓库设备之间的关系。CDP 仓库设备中按时间顺序保存了对主机磁盘设备的数据修改。A 为主机磁盘设备上的一个扇区，该扇区在 9:00 和 9:05 分别进行了修改，它在 CDP 仓库设备中对应的扇区分别为 A1 和 A2。

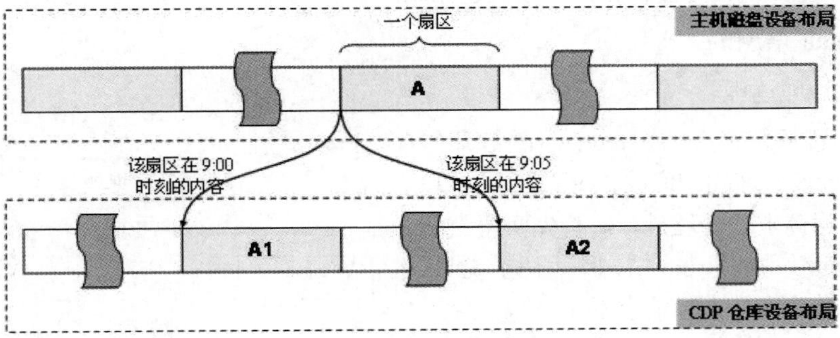

图 16-27 CDP 仓库与主机磁盘设备间的关系

图 16-28 反映了 CDP 仓库设备和 CDP 元数据设备之间的关系，它们的写入顺序一一对应。CDP 仓库设备中的一个元数据，对应 CDP 元数据设备中一个 I/O 请求，实际上可能是多个扇区。具体扇区数由元数据中的 bisize 指定，而起始扇区位置由 CDP_sector 指定。

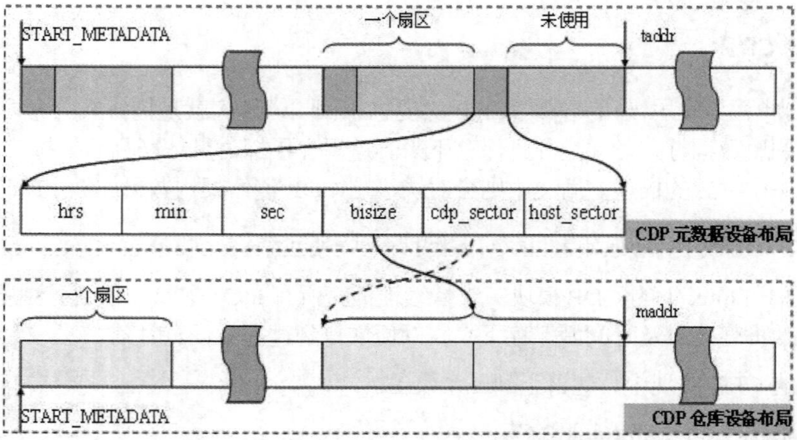

图 16-28　CDP 仓库设备与 CDP 元数据设备间的关系

全局变量 maddr 保存了下一个 I/O 请求，在 CDP 仓库设备上执行的地址（起始扇区编号）。maddr 的初值被定义为宏 START_METADATA（0）。

```
unsigned int maddr = START_METADATA;
```

当一个写请求到来时，对应数据被写到 CDP 仓库设备中，这时所做的操作如下：

（1）将写入 CDP 仓库设备的数据块起始扇区编号设置为 maddr;

（2）根据要写入主机磁盘设备的数据块的扇区数目增加 maddr。

这时，用户要将这里写入 CDP 仓库设备的数据块编号记录下来，以便构造对应的元数据。

全局变量 taddr 保存了下一个 I/O 请求，对应的元数据，在 CDP 元数据设备中保存的地址（起始扇区编号）。 taddr 的初值被定义为宏 START_METADATA（0）。

```
unsigned int taddr = START_METADATA;
```

当一个写请求到来时，对应的元数据被记录在 CDP 元数据设备中。

为了简单起见，在元数据设备上，一个扇区（512B）只保存一个元数据信息（只有 32B），这样浪费了大量的存储空间，但对元数据设备的处理却非常简单：

（1）将写入 CDP 元数据设备的元数据起始扇区编号设置为 taddr，长度为 1 个扇区；

（2）将 taddr 增加 1;

（3）请求处理过程。

请求处理过程是从 make_request 函数开始的。考虑到读请求处理的相似性，甚至更为简单，这里只分析对写请求的处理过程。首先获得当前的系统时间，然后写请求 bio 结构（为便于说明，这里记为 B）被分为三个写请求 bio 结构（分别为 B0、B1 和 B2），如图 16-29 所示。这三个 bio 结构的作用如下。

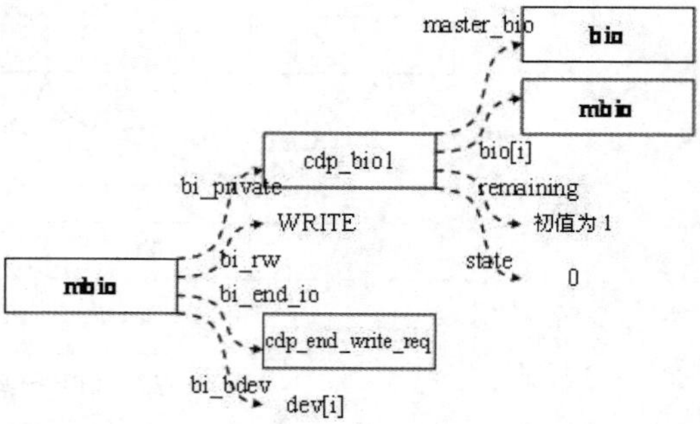

图 16-29　三个写请求 bio 结构

- B0：将数据块写到主机磁盘设备。
- B1：将数据块写到 CDP 仓库设备。

- B2：将元数据写到 CDP 元数据设备。

同其他块设备驱动程序的实现一样，从 B 复制产生 B0、B1 和 B2，然后重定向它们要处理的设备，即 bi_bdev 域。另外一个大的变动是重新设置了 bi_end_io 域，用于在 I/O 请求完成之后进行善后处理。

为了处理善后，还要将 B0、B1 和 B2 的 bi_private 指向同一个 CDP_bio1 结构。从这个结构能够回到对 B 的处理。

```
struct CDP_bio {
struct bio *master_bio; 原来的 bio，通过这个域用户可以从 B0、B1、B2 找到 B
struct bio *bios[3]; 如果 IO 为 WRITE，这个指针数组分别指向 B0、B1、B2，为何
需要这个域？
atomic_t remaining; 这是一个计数器，在后面会解释
unsigned long state; 在 I/O 完成方法中使用
};
```

善后工作的主要目的是在 B0、B1 和 B2 都执行完成后，回去执行 B，为此需要一个“have we finished”计数器，这就是原子整型变量 remaining。在构造 B0、B1、B2 时分别递增，同时在 B0、B1 和 B2 的 I/O 完成方法中递减，最后根据该值是否递减到 0，来判断 B0、B1 和 B2 是否都已经执行完毕。为了防止 B0 在构造后、在 B1 和 B2 构造之前就执行到 B0 的 I/O 完成方法，从而使得 remaining 变成 0 这种错误情况，我们没有将 remaining 的初值设置为 0，而是设为 1，并在 B0、B1、B2 都构造完成执行递减一次。

B0、B1、B2 都执行完成之后，进行如下的处理。

（1）调用 B 的善后处理函数。

（2）释放期间分配的数据结构。

（3）向上层 buffer cache 返回成功/错误码。

提示：对 B2 的构造，这个 bio 结构需要处理的是元数据。时间戳已经在进入 make_request 时获得了保存，而对主机磁盘设备操作的起始扇区和长度从 B 中可以获得，对应的 CDP 仓库和 CDP 元数据的起始地址分别保存在全局变量 maddr 和 taddr 中。

数据恢复过程

用户可以将数据恢复到以前的任意时刻。CDP 实现代码中提供了一个 blk_ioctl 函数，用户空间以 GET_TIME 为参数调用该函数，将主机磁盘设备中的数据恢复到指定的时间点。恢复的过程分为以下几个步骤。

（1）顺序读取 CDP 元数据设备的所有扇区，构造一个从主机磁盘设备数据块到 CDP 仓库设备的（在这个时间点之前）更新数据块的映射。其结果保存在以 mt_home 为首的（映射表）链表中，如图 16-30 所示。

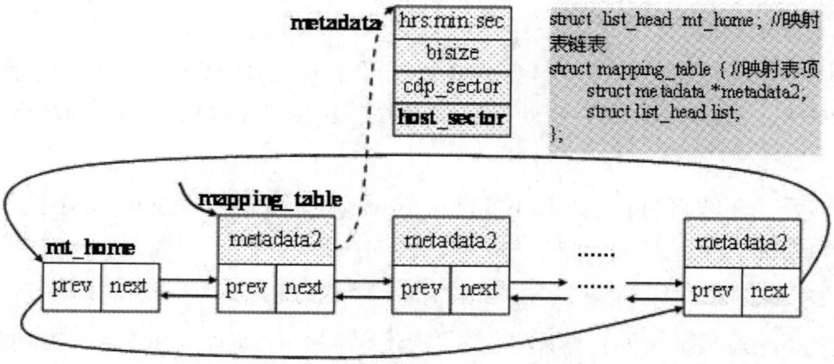

图 16-30 CDP 恢复过程

这里需要构造 taddr 个对 CDP 元数据设备的读请求，每个请求读取一个扇区。在这些请求的 I/O 完成方法中，从读到的数据中构造元数据，并递减计数器 count。

如果元数据中的时间戳早于或等于指定的恢复时间点，则需要添加或修改 mt_home 链表的元数据结构。

提示：这些项是以 host_sector 为关键字索引的，因此添加或修改取决于前面是否出现对同一个 host_sector 的修改。在以顺序方式读取的过程中，可以保证 host_sector（在指定的恢复时间点之前）的最新修改 CDP_sector 会出现在这个链表中。

由于计数器 count 为 taddr，如果它递减为 0，说明 CDP 元数据设备中的所有数据均已读出并处理，这时就可以继续往后面执行。

（2）从 CDP 仓库设备中读取这些更新的数据块，构造以 mt_bi_home 为首的链表。

同上面的处理类似，我们需要为 mt_home 链表中的每一项构造对 CDP 仓库设备的读请求，每个请求在 CDP 仓库设备的起始编号取决于 CDP_sector 域，长度则根据 bisize 而定。这个请求读出的数据需要被写入到主机磁盘设备中，为此在读请求 I/O 完成函数中，构造一个对应的往主机磁盘设备的写请求 bio，该写请求的起始编号取决于 host_sector 域，长度根据 bisize 而定，而要写入的数据是刚刚从 CDP 仓库设备中读出的数据。另外，在读请求 I/O 完成函数中，还要递减一个计数器，当该计数器递减到 0 时，说明用户已经全部处理了 mt_home 链表中的项，这时会得到一个以 mr_bio_home 为首，每项中都指向一个 bio 结构的链表。

```
struct list_head mt_home; //BIO 更新链表
struct most_recent_blocks { //BIO 更新表项
    struct bio *mrbio;
    struct list_head list;
};
```

（3）将 mt_bi_home 链表的数据块都恢复到主机磁盘设备中。

这个操作相对比较简单，用户只需要在主机磁盘设备上执行 mt_bi_home 链表的每一个 bio 请求项即可。当然还要在这些请求项的 I/O 完成方法中做善后处理，即如果所有请求项都已经执行完毕，则释放 mt_home 链表和 mt_bi_home 链表。

3. CDP 架构模型演绎

前面主要给出了 CDP 底层的设计思想和思路，本节将对 CDP 的具体实现做一个架构模型猜想和分析，在下一节中则介绍几个目前市场上厂家的 CDP 产品，通过分析其产品架构从而对 CDP 进行更加深刻的理解。

演绎之前，我们再来总结一下 CDP 的基本原理：对需要保护的数据进行连续的监视，每当有写 IO 发生，视设计方法不同，将这份 IO 的数据打上时间戳，保存到另外的空间中（RoW）或者将被覆盖的数据先复制出来打上时间戳并保存到另外的空间中然后再覆盖新写入的数据（CoW）。这里为何没有用 CoFW 或者 RoFW 呢？因为我们这里做的不仅仅是一次 Snapshot，而是连续数据保护，记录每个 IO，所以怎么会允许第二次覆盖写就不 Copy 或重定向了呢？每次写都要 Copy 或者 Redirect，除非用于保存变化 IO 的仓库已满或者已经达到用户所设定的保护期限阈值。

说明： CDP 思想的核心可以说就是时间戳，任何 IO 都必须有时间戳，CDP 引擎在遍历整个链的时候，除了要参考 FS 或者 VM 自身的元数据映射链或者映射图表之外，还要参考时间戳链，能够做到对于每一个给出的时间点，CDP 引擎都可以从源数据区和变化 IO 仓库区从链表/映射图以及时间戳链中遍历抓取出一份完整的对应所给出的时刻的源数据卷的元数据链，从而得到了完整的实际数据卷的一份影像（image）。这份影像就像 Snapshot 一样可以被只读挂载以用于恢复数据或者备份到磁带，或者像卷 Clone 一样可写。如图 16-31 所示为作者自演绎的一种 CDP 产品模型。

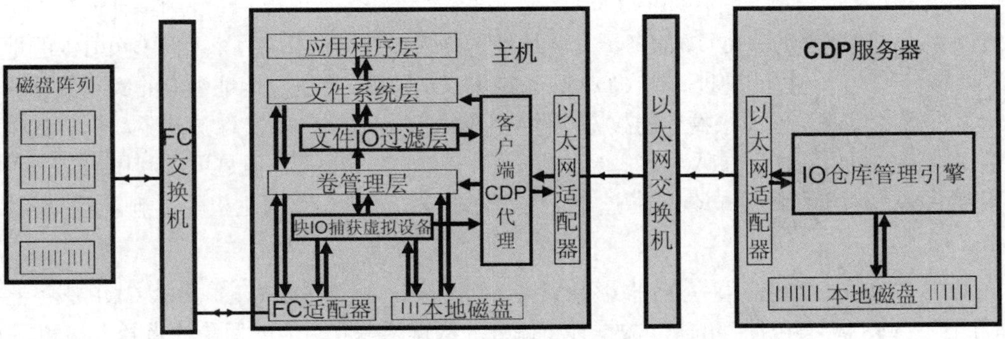

图 16-31　自己演绎的 CDP 模型

图 16-31 所示的是一个假想中的 CDP 实现架构。特别需要注意的是图中所有箭头的位置和指向，每个位置和指向都是有特殊意义的，方向向上的箭头代表读 IO 操作，向下则代表写 IO 操作。下面就这个架构模型来做一个论述。

一台主机后端通过 FC 交换机连接了一台磁盘阵列，磁盘阵列映射了若干 LUN 给这台主机使用，并且主机还有本地磁盘，受保护的文件和卷既有一部分存放在磁盘阵列中，又有一部分存放在本地磁盘中。其前端通过以太网交换机连接了一台 CDP 服务器。主机上安装有 CDP 客户端套件，包括的主要模块有：CDP 主代理模块、块 IO 捕获虚拟设备模块和文件 IO 过滤驱动模块。

1）文件 IO 过滤模块

这个模块作用于文件系统层旁路以及卷管理层之上，其作用是监视每个受到 CDP 保护目录下的文件的所有写操作，一旦发现某个受保护的文件有写入操作，则将这个操作所对应的数据和偏移量一同通过以太网发送到 CDP 服务器端（RoW 方式下），或者先将受保护的文件对应的即将被覆盖的部分的现有内容读出然后附带对应的偏移量信息一并发送到 CDP 服务器端后再将待写入的数据写到对应的磁盘空间中（CoW 方式下）。文件 IO 过滤层是实现文件级 CDP 的一个必需组件。而实现卷级或者 Block 块级的 CDP，就需要在卷管理层之下的 Block IO 链条之间插入一层，也就是图示的块 IO 捕获虚拟设备层。

2）IO 捕获虚拟设备层

这个组件在卷管理层之下生成了一个虚拟设备，卷管理层直接对这个设备进行 IO，从而将任何试图写入受 CDP 保护的卷的 IO 操作截获，与文件 IO 过滤组件作用方式相同，根据不同设计方式比如 CoW 或者 RoW，将对应的数据和 LBA 地址段信息发送到 CDP 服务器端。这两个组件并不是所有 IO 都监控，它们只会向操作系统 API 注册受 CDP 保护的目录或者卷的监控过滤权限，上层对未受保护对象的写 IO 操作均会 Bypass 掉这两个层直接写向原有的下层。图中的箭头明确标示了各个层次之间的关系。

3）CDP 主代理模块

这个模块是受保护的客户端主模块，负责协调与 CDP 服务器的通信和数据传输，以及适配上述的两个模块。如果说上面两个模块是两杆枪，则客户端主代理模块就是前线指挥者，CDP 服务器就是后方总指挥外加战俘集中营。主代理模块还负责把每个从上面两个模块接收到的写 IO 数据打上时间戳并发送给 CDP 服务端模块保存。

如果使用 RoW 方式，则上层的每个读 IO 也均会经过文件 IO 过滤驱动层，过滤驱动将 IO 的地址传送给主代理模块，主代理模块向 CDP 服务器发出查询请求（良好的设计情况下无须每次都查询，代理应当定时从 CDP 服务器端将地址统计表拉过来做缓存），如果这个 IO 的地址恰好是以前曾经被 RoW 过的地址，则 CDP 服务器从 IO 仓库中将这段地址对应的实际数据提取并发送给客户端主代理，代理将收到的数据传送给文件过滤驱动，然后文件过滤驱动再将数据传送给上层请求者。可以看出，RoW 方式的流程过多，效率非常低下，但是可以利用另外一种方式来既用到 RoW 不消耗额外的 IO 资源这个优势，又能屏蔽掉读操作对主机的影响，这种设计思路将在下文描述。

在利用 CDP 做实恢复（对应虚拟影像来讲）的时候，主代理模块还负责从 CDP 服务器提取对应时间点之前的所有被保存的 IO 数据并将恢复的数据覆盖到对应的目录或者卷。在利用 CDP 做虚拟影像挂载读写的时候，上层针对虚拟卷或者目录的每次读或者写 IO，都需要代理根据本地所缓存的地址统计表来判断对应 IO 的实际数据在源目录/卷还是位于 CDP 服务端的 IO 仓库中，并去将数据取回并返回给请求者。

4）CDP 服务器端

CDP 服务器端是整个 CDP 系统的总控制台和 IO 仓库。服务端负责监控和记录所有受保护的客户端主机上的代理程序状态以及目录/卷的状态、传输状态等。服务端负责响应代理端的查询请求并在查询命中时将保存在仓库中的 IO 数据返回给代理端。服务端还负责接收各个代理端传送过来的需要保存的 IO，并将这些 IO 数据加以分类并存放到本地的存储空间中，并做好时间错索引/地址段索引等重要步骤以便提高查询速度。服务端还负责提供用户配置接口，用 CLI/GUI 方式接收用户的配置，比如保存期限、空间配额、备份策略、传输模式、带宽控制、用户权限控制等。

CDP 服务端可以是一台普通的服务器，安装对应的软件，也可以是内嵌软件的成品一体化硬件服务器。至于 CDP 服务器的存储空间，则需要根据受保护的总容量、处理能力和具体需求等来配置，服务器机箱内本地磁盘以及通过 FC 或者 SAS 之类的适配卡连接的外置扩展柜或者第三方独立存储系统，均可作为 IO 仓库存储空间。

5）源卷数据被保护的详细步骤阐述

有一台主机，其上有一个 100GB 大小的卷或者分区，需要对其进行 CDP 连续保护，保护期限为一周，也就是说只保留一周前到现在的所有变化数据即可。CDP 服务器已经安装配置完毕。

（1）首先在这台主机上安装 CDP 客户端代理模块，安装完毕后需要重新启动。重启后，对这个卷的 IO 更改率进行评估，得出结论，IO 仓库容量为源卷容量的 20%即可。

（2）打开代理程序主界面，在其中申请 20GB 大小的 IO 仓库，并将其分配给待保护的卷。配置确定后，将其保存，此时代理与 CDP 服务器进行通信，服务器端自动在其本地存储仓库内分配了一块 20GB 大小的空间并记录这个空间的使用者和卷的信息，并且对这个空间做一些元数据的初始化操作，等待接收客户端发送过来的 IO 数据。

（3）服务端完成配置后，向客户端代理发送成功信号。客户端代理在 GUI 界面中将成功的状态显示出来并等待管理员的下一步指示。此时，数据保护还没有启动，需要管理员手动启动。管理员手动将数据保护引擎启动，此时，块 IO 捕获引擎开始工作，将需要被保护的 IO 数据源源不断地发送给代理主模块，主模块打上时间戳后将 IO 数据传送到服务端保存。

（4）服务端收到对应客户端代理的 IO 数据后将其存放到对应的 IO 仓库中，按照设计的保存格式将其写入硬盘，并做好 MetaData 的更新。目前几乎所有的 CDP 设计都类似，即为每个 Block 地址形成一条单独的数据块链条，每个针对源卷这个地址的写 IO 所产生的 CoW 或者 RoW 出来的块都会被追加到这个链条末尾并打入时间戳。

（5）随着客户端的 IO 数据不断传来，IO 仓库将变得越来越满，在仓库未全满之前，比如一周之后，服务端引擎开始根据时间戳来判断并删除时间戳早于一周的所有 IO 数据以便清空部分空间。

（6）当服务端的 IO 仓库内容量达到所设定的阈值的时候，将会产生告警信息提示管理员将 IO 仓库扩容。当满仓之后，针对这个卷的 CDP 引擎停止在当前的时间点（RoW 模式下不可全停，因为随时要响应上层的读 IO 请求），等待管理员进一步指示。当管理员删除一些早期时间戳 IO 数据之后，或者扩容 IO 仓库之后，重新启动 CDP 引擎，停止时间点与启动时间点之间客户端卷变化的数据没有被记录，所以这段时间是空白期，数据不能回溯到这期间的时间点。而且，如果使用 RoW 方式的话，一旦 IO 仓库满仓，则不但不能回溯到空白期，而且还会发生逻辑上的矛盾。

比如，满仓之后，假设源卷有一个写 IO 是针对 LBA1024 的，并且 LBA1024 在满仓之前就已经被覆盖过多次，所以这个地址的多份 IO 数据被冠以不同的时间戳保存在仓库中，此时，客户端代理由于仓库满仓而停止了 IO 捕获，那么这个 IO 应该如何处理？难道要直接写到源卷将原来的数据覆盖么？如果这样做，随后上层发起一个读 IO 请求，读取 LBA1024 的话，则客户端代理经过查询服务端后，会将服务端仓库中对应这个地址的最后一个时间戳的数据返回，而忘记了这个地址的最后一次写动作其实是直接写到了源卷了，并没有 RoW，此时如果果真返回了仓库中的数据而不是源卷上这个地址的数据，则会对上层应用造成重大影响，轻则数据错乱，重则崩溃，这是绝对不容许发生的事情。

要解决也不难，客户端代理在让这个写 IO 直接写到源卷之前，先做一下记录，这份记录包含所有在 IO 捕获引擎停止之后发生的，并且服务端仓库中包含对应地址的数据的写 IO 信息，这样，上层写完之后再发起读这个地址的请求的时候，客户端代理程序优先查询这份记录，匹配则直接将 IO 定向到源卷。当服务端 IO 仓库有足够剩余空间之后，CDP 引擎启动，继续接受 RoW 的 IO 数据，一旦有某个 IO 是针对这份新记录中的某一条地址的，则客户端代理将 IO 打入时间戳并发送到服务端仓库之后，立即将这条地址从记录中删除，以后上层针对这个地址的读 IO 便会再次被重定向到服务端仓库里对应这个地址的最后一个时间戳的数据。

提示：RoW 方式流程确实够复杂够变态，所以，本模型宣告抛弃这种方式，全面转向 CoW 方式，大家可以自己演绎一下，CoW 方式并不会出现上述的问题，这里就不再具体论述了。使用 RoW 模式的情景会在另一个模型中介绍，而且这也是目前主流产品都在使用的模型。

6）数据恢复/回溯时的详细步骤阐述（基于 CoW 方式）

（1）周一早晨，管理员对这个卷做了一次 Snapshot。周二上午，一位员工小糊找到管理员说他在周一下班的时候，在编辑完这个卷上保存的一份重要文档之后，竟然稀里糊涂地将其误删除了，问能不能恢复回来。管理员说，恢复太困难了，得耽误很长时间，而且很麻烦。小糊中午请管理员吃了顿大餐。

（2）下午上班，管理员首先想到了用 Snapshot 做恢复，但是不巧，最后一份 Snapshot 是周一早晨做的，而那老兄在周一下午对它进行了编辑，所以这个 Snapshot 并不包含这份被编辑后的文档。幸好，这个卷正受到 CDP 的保护，就让时光来倒流吧。打电话询问了那位糊涂兄，得知编辑完之后大概是周一下午 5 点整左右，什么时候删除的，他也不知道，他只知道自己是 5 点半下班走人的。这可难为管理员了，不知道准确时间的话，只能摸着石头过河，用二分法吧，看来中午这顿饭吃对了。

（3）管理员打开文件服务器上的 CDP 客户端代理配置界面，选择了 Rewind Wizard，然后选中要时光倒流的卷，下一步，出现一个滑动条，管理员首先将滑块拖动到周一 17 点 15 分，也就是糊涂兄开始编辑到下班走人这期间的中点。然后单击 Mount。当鼠标单击 Mount 的一刹那，客户端代理迅速地将指令发送给了 CDP 服务器端，告知本代理需要提供服务，请准备一下相关的资源，缓存 Buffer 进程线程都给准备好，不得怠慢！服务端迅速准备好，然后通知代理：准备好了！代理收到服务端反馈后，立即在文件服务器上虚拟出一个新卷并且挂载到一个盘符下。

（4）管理员打开“我的电脑”，出现了一个新磁盘 F 盘，总容量与受保护的卷一样，一看就知道是源卷在周一 17 点 15 分时刻的虚拟影像了，毫不犹豫地双击进去。

（5）客户端代理没想到管理员手竟然这么快，刚挂载上就要双击，本来想歇一阵子看来不行了，来活了！谁呀，一看是文件系统老大，这可不敢怠慢，主机上的红人啊！“文兄，有何指示？”代理点头哈腰地说。“嗯，老大有指示，让我来视察一下 F 区大堂都有些什么人儿啊，我查了查地图，F 区大堂在 LBA1024 到 LBA2048 这段地址上，你给我跑趟腿，去看看然后告诉我结果。”代理赶忙先问了问 CDP 服务器端仓库中对应 LBA1024 到 LBA2048 这些数据块的各自链条中有没有带周一 17 点 15 分的戳子的，有的话全部给发过来。得到 CDP 服务端的答复，LBA1024 到 LBA1096 有，内容也发过来了，但是 LBA1097 到 LBA2048，在对应的链条中没找到带周一 17 点 15 分戳子的。代理一下明白了，既然对应这个戳子的数据不在CDP服务端仓库里，那一定就在原处了，赶紧去了趟源卷，把这段地址的数据也拿了过来。然后点头哈腰地给文件系统过目，文件系统拿到数据后，把数据给了管理员老大。

（6）（上述情节发生在半秒钟前）管理员双击进去之后，看到其中有个目录叫做“难得糊涂”，想都没想，老糊的那个文档一定就在这里面了，于是又双击进去。

（7）文件系统喘着粗气又来到代理这里，上气不接下气地说：“竟然又让老子跑腿，他就不会一次到位么！哎我说，你再跑个腿，老大让我再看看F区下面的难得糊涂楼里面都有些什么人儿，我查了查，在地址LBA8192到LBA10240这段上。”代理心想，你这不也在让我跑腿么，扯淡。和上次一样，把对应的数据都给了文件系统。老文接过来一看：“空的？”代理扭捏道：“额……我可看不懂这些内容。”老文一皱眉：“你小子，骗我的话有你好看！”

（8）（上述情节发生在半秒前）管理员打开老糊的这个目录一看，什么都没有，顿时明白了：糊涂兄一定是在17点到17点15之前某个时间把文档给删了。太背了，还得再用一次。管理员打开代理程序配置界面，选中已经Mount的虚拟卷，单击Unmount将其卸载。之后又打开Rewind Wizard，滑动条拖到17点07分，单击Mount，然后“我的电脑”双击进入新挂载的虚拟卷，进入糊涂兄目录，一看，很好，这次文档出现了，证明糊涂兄一定是在17点07分到17点15分之间将其误删除的。但是07分的这份文档影像并不见得就是删除前最后的影像，还得继续找。定位到17点11分，挂载，进入目录，文档存在；定位到17点13分，进入，文档存在；定位到17点14分，进入，文档存在；17点14分30秒，存在；14分45秒，存在；14分52秒，存在；14分56秒，存在；14分58秒，存在；14分59秒，存在……噢，小样儿，你挺能整人儿啊，在17点14分59秒和17点15分之间删除的，算你狠，给我出这等难题。看我的！再次打开滑动条，傻眼了，最小单位是秒，转眼一看，下面有个输入框，旁边还写着“请输入时间点，最小单位，毫秒”。我算算哈，1秒=1000毫秒，对吧，对。啊！！！二分1000，好么，谁怕谁……

（9）文件系统踉踉跄跄来找代理：“我说，老兄，大爷，帮帮我……快，老大发疯了，快去给我查查……。”

（10）（两小时后）下午下班前，管理员精神恍惚地来到糊涂兄面前：“你小子，你知道我为了恢复你这份破文档，费了多少劲么？啊！”。糊涂兄拿过文档一看，一点数据也没丢，乐呵呵说道：“小管，辛苦了啊！会有补偿地——”。管理员一愣，只听背后Boss走过来：“呵呵，小管啊，做的不错啊，CDP用得很熟练了，这份文档如果丢失，将会带来惨痛损失啊，做的不错，这月奖金多给你50%！” 小管顿时眼泪哗哗……

7）模型改进演绎

细心的读者可能已经发现了，上面的模型存在几个问题。一是，源数据卷或者目录中没有被写覆盖的文件部分或者Block，并未被传送至CDP服务端做备份，而只是将被覆盖的数据（CoW）或者新数据（RoW）传送到CDP服务器。如果被保护的目录或者卷由于某种原因整体损坏，或者整体被删除，则CDP服务器上保存的IO数据就会变得无用。虽然在源卷或者源目录完好的情况下，利用CDP可以回溯到之前的任何时间点的状态，但是由于没有对源处的数据进行备份，所以并没有达到严格的备份和保护数据的作用。第二个问题，CDP服务器与客户机之间只是通过以太网互联，作为数据存储系统的IO传输通道未免有些捉襟见肘。

基于以上两个因素考虑，我们把这个模型做一下改进，改进后的模型拓扑图如图16-32所示。

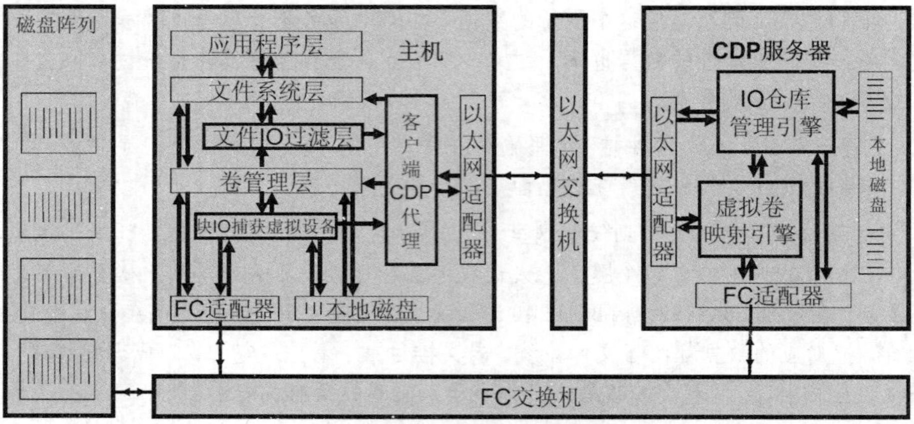

图 16-32　改进后的模型

上图中，主机端逻辑模块没有变化，但是主代理模块的功能有变，原来的模型中，主代理模块需要在恢复的过程中负责在本地主机虚拟一个对应时间点的卷影像，并负责接收这个卷的 IO 并且通过以太网络向 CDP 服务端引擎发起查询和数据传输操作。新模型中，这个工作全部被转移给了 CDP 服务端的虚拟卷映射引擎来完成，主机端代理模块主要负责状态监控和报告以及提供用户配置接口，控制信息的传输依然通过代理模块经过以太网来与服务端通信。同时，我们可以看到 CDP 服务器在新模型中也连接了 FC 交换机，目的是让捕获的 IO 通过 FC 网络而不是以太网络来传输，加快速度。

运行在 CDP 服务端上的虚拟卷映射管理引擎的作用有两个。一是在数据持续保护期间，生成并通过 FC 通道或者以太网 ISCSI 通道向主机端映射一个与源卷相同容量的卷空间，IO 捕获层首先将源卷上已经存在的数据全部同步到新映射的卷，完成之后，主机端针对源卷的每个上层 IO 便会都镜像一份，同时写入源卷和 CDP 服务端映射过来的卷。此时，这个块 IO 捕获层就充当了类似 LVM 的卷管理层。CDP 服务端接收到每个写 IO 之后，打入时间戳，并将服务端的镜像卷中等待被覆盖的 BLock 进行 CoW 操作，复制至 IO 仓库中保存。

这样算来，CDP 服务端所需要的空间等于源卷空间再加上 IO 仓库占用的额外空间，而第一个模型则只需要 IO 仓库空间。虚拟卷映射引擎的第二个作用，便是在回溯恢复的过程中提供对应时间点的源卷的虚拟影像卷，也就是提供第一个模型中客户端代理在恢复过程中所执行的功能。有一点不同的是，第一个模型中的卷是完全在本地虚拟，而第二个模型中的卷则是在 CDP 服务端虚拟的，通过 FC 通道或者以太网 ISCSI 通道映射给主机；其次，虚拟卷映射引擎向 IO 仓库管理引擎发出查询等通信的过程均无须经过任何外部网络，直接在内存中进行，与第一个模型相比，速度和效率相对提升。

上述均以卷级 CDP 为基础，对于文件级的 IO 过滤捕获，还是通过以太网来传递比较好控制，如果非要将文件级 IO 数据也通过 FC 网络进行传输，不是不可以，而是开发起来相对复杂，毕竟基于以太网的 TCPIP 是比较开放和成熟的接口。而 SCSI Block 级别的捕获由于 FC 协议栈已经提供了完善的 FCP 层支持，所以开发起来相对方便。

经过改进之后的模型，优点是达到了对数据全部保护万无一失的要求，并且提升了数据传输速度，而且降低了主机资源的耗费。不足则是 CDP 服务端需要比源卷更大的存储空间。这种架构还能够实现一个非常实用的功能，就是裸机恢复。比如，用 CDP 来保护主机操作系统所在的磁盘或者分区，一旦某时刻，主机操作系统崩溃，或者中毒已深，或者一些重要配置比如 Domain 配置给倒腾废了，如果没有 CDP 保护，重装个系统加上应用程序安装配置怎么也得半天时间；有了 CDP 保护，就大不相同了，此时在 CDP 服务端上将系统源卷在崩溃前某时间点的一份可写的影像通过 FC 通道 Map 给这台主机的 FC 适配卡的 WWPN 地址，然后主机在 BIOS 中设置通过 FC 卡启动，完毕后重启，即可从 CDP 服务端的这份虚拟影像卷来启动操作系统，启动后的状态与崩溃之前完全一致。

操作系统启动之后，通过配置主机代理或者操作系统自身的卷管理软件，将当前的系统盘，也就是 CDP 服务器上的虚拟影像，镜像回本地系统磁盘，镜像同步完成之后，重新启动主机。BIOS 设为本地硬盘启动，启动系统之后，重新初始化 CDP 引擎，系统运行如初。这整个过程所耗费的时间很短，操作熟练的话，几分钟之内就能将一台崩溃的主机重新启动起来。

8）二次改进模型

IO 捕获模块运行在受保护的主机上，毕竟对主机资源有一定量的耗费，尤其是这个模块处于比较低层的位置，处理 IO，延迟是首要考虑的事情，此处产生瓶颈的话，就会对主机整体性能产生很大影响。应该考虑将其移出主机内部，放置到外部某处，实现对 IO 的捕获镜像而主机客户端只运行一个主代理模块即可，用于监控以及提供配置界面而且用于 Snapshot 管理等。主机 IO 路径的下一个关口就是 FC 交换机了，如果可以在交换机上实现一种类似端口镜像同时又比简单镜像更智能的写 IO 镜像的话，那么这个问题也就解决了。

幸好，两大 FC 交换机生产商 Cisco 和 Brocade 均已经开发了这个功能，分别称为 SANTap Service 和 Brocade Storage Application Services。这两种功能在原理上是一样的，只不过分别由两家公司各自开发。其基本原理是：通过在交换机上运行一个智能的 IO 处理程序，其生成一个或者多个虚拟的 Target LUN 和虚拟的 Initiator，受保护的主机所连接的 LUN 其实是这个虚拟的 Target，这样主机针对源 LUN 的写 IO 便会被 Virtual Target 截获，然后通过 Virtual Initiator 将这份写 IO 同时发送给源 LUN 和镜像 LUN，镜像 LUN 就是位于 CDP 服务器端的存储空间。CDP 服务器需要通过 FC 链路向运行在交换机上的 SANTap Service 或者 Brocade Storage Application Services 注册所要保护的源 LUN，注册成功之后，写 IO 才能持续的镜像到 CDP LUN。

如图 16-33 所示为 Brocade 公司两款支持 Brocade Storage Application Services 的产品。

图 16-33　支持 BSAS 的两款博科产品

如图 16-34 所示为两款 Cisco 公司生产的支持 SANTap Service 的产品

图 16-34　支持 SANTap Service 的思科产品

二次改进之后的模型拓扑图如图 16-35 所示。可以看到块 IO 捕获虚拟设备已经不再捕获 FC SAN 上的磁盘的 IO，而只负责捕获针对本地磁盘的写 IO 了。文件 IO 过滤层依然存在，因为需要满足文件级 CDP 的需求。

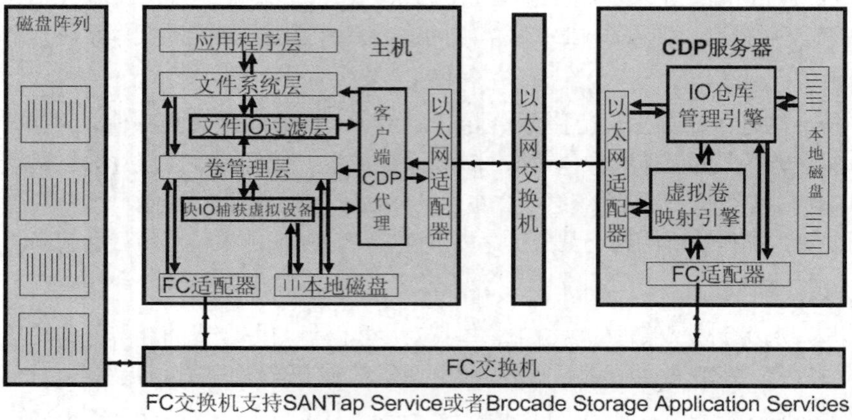

图 16-35 二次改进模型

4. CDP 所面临的最大技术难题：如何保证时序一致性

如果说 Snapshot 是普通照相机的话，NearCDP（准 CDP）就好比是快速连拍照相机，CDP 则是带移动侦测功能的摄像机。CDP 之所以能够比 Snapshot 的回溯粒度更细，就是因为 Snapshot 是 Copy on First Write，在 Snapshot 做成之后被覆盖过的 Block，当再次被覆盖的时候，被覆盖的数据就不会再被 Copy 出来了，而 CDP 则依然会 Copy，每多一个写操作就会多占用一份额外的 IO 仓库空间。再就是时间戳，因为用户决定 CDP 恢复的时候只会给出要恢复的时间点的数据，每个 IO 数据都需要记录时间戳，恢复的时候根据时间戳做统计。而 Snapshot 并不对每个 IO 都打入时间戳信息。再就是回溯之后的数据一致性问题，这个非常重要，下文讨论。

1）CDP 和 Snapshot 数据一致性讨论

对这个话题进行论述之前，先介绍一下所谓“数据一致性”。举例说明什么是数据一致性：比如有某个程序正在运行，它的工作是计算 1+1=2，不停地计算，并将结果以“1+1=2”的字串形式记录到一个文件中，并且假设这个程序在记录的时候是一个字节一个字节地写入的，比如先写入“1”，接着是“+”，接着“1”，再“=”，然后“2”。某时刻，程序运算这个加法完成了，立即开始向文件中写入记录，当刚写完“=”的时候，存储系统触发了一个 Snapshot，谁也没通知，而恰好在 Snapshot 之前一瞬间，文件系统也刚好将“=”这个数据成功写到了磁盘上。

在这份 Snapshot 中，对应这个程序生成的文件中的最后一条记录将会是这样的“1+1=”，这就是数据不一致的表现。不一致的数据会带来什么后果呢？某时刻，存储管理员将这份 Snapshot 影像做了 Restore，重新挂载了该卷之后，这个应用程序启动，它需要将之前的数据结果读出并显示到显示器上，当它逐条扫描之后，直到最后一条它发现竟然只有等式的左边，结果没了。此时，根据程序的设计好坏会做出对应的反应，如果由于某些 bug 导致设计者根本没有考虑到这种只有左边没有右边的情况，很有可能造成程序崩溃。崩溃还算负责任的，如果遇到不负责任的程序员，不管三七二十一，凡是遇到这种情况，结果都是 0，那就毁了，自己玩玩还行，拿到桌面上搞那可是要出大事情的。而设计良好的程序，就会充分考虑每一个细节，比如一旦发现这种不完整的算式，立即将其删掉，不再处理，并且报出具体错误。后者又称为一致性检查。数据库、文件系统均有这种机制。所以，直接在存储设备上随机生成的 Snapshot，多数时候都是不一致的，Restore 之后一般都要经过一层层的一致性检查之后才能最终被应用程序所使用。

还有一点很重要，即“数据一致性”和“数据丢失”的关系。数据一致，并不代表数据没有丢失，而数据没丢失并不代表数据就是一致的。如果理解起来困难，就看看上面那个例子，最后一条运算的结果很显然在那个 Snapshot 被 Restore 之后就丢失了，但是通过程序的一致性检查过程之后，不完整的记录被删掉，此时数据就变得一致了。所以说，数据一致并不代表数据没有丢失。那么数据没有丢失，是否就代表数据一定一致呢？非也，看看数据库系统就知道了，数据库对数据文件的每一笔 Update 都会记录到日志中，丢不掉，但是最终有意义的却是每笔 Transaction。每笔 Transaction 又由多笔 Update 形成，只有当最后一笔 Update 完成，并且应用程序向数据库提起 Commit 请求，数据库成功地将 Commit 点写入日志文件，此时这笔 Transaction 才算真正完成。如果在 Commit 点被写入日志文件之前，系统 Down 机，虽然这笔 Transaction 包含的每一笔 Update 都还在，数据都没有丢失，但是 Commit 点不存在，此时数据库在 Replay 的时候无法判断这些 Update 是否能形成一笔完整的 Transaction，所以此时，数据就是不一致的，这些 Update 只能被 Undo 回退。数据没有丢失但是不一致的情况是比较理想的情况，通过 Replay，总可以回溯到一致状态。

数据丢失

关于数据丢失，这里还需要理解一点。上文中说过，存储端随机生成的 Snapshot 无异于一份系统突然掉电时刻硬盘上的数据影像，那么有人问了，系统 Down 机的情况，随时随地都在发生着，而且根据上面的例子来判断，每次 Down 机都很有可能丢失些数据了？这个问题要从多方面来看，不仅涉及底层数据是否丢失，最重要的是系统后端与前端的沟通，以及终端操作员的判断和最终人为的介入。我们来演绎一个场景。

你去银行提现 1 万元，把银行卡交给操作员，操作员首先需要刷卡调出你的信息，然后会输入要提取的数值，然后会单击提取。此时，这个动作将会被传送至应用服务器端，应用程序将会在你当前的余额上减掉 1 万元，然后将更新的数据发送给数据库服务器，命令数据库服务器更新这条新记录，而且最重要的一步是需要对本次操作进行 Commit，也就是提交操作。只有 Commit 之后，数据库服务器才会将这条记录写入日志永久保存于磁盘，而且是同步写入，不允许文件系统将数据缓存到内存而实际却不写入硬盘。当文件系统向数据库返回写入成功的消息之后，数据库此时才会向正在等待 Commit 结果的应用程序返回 Commit 结束，此时应用程序便知道，记录百分之百已经写入了磁盘，掉电也不会丢失数据了。所以这时候，操作员终端机上才会提示存入成功，这时你才可以离去。如果在数据库成功向日志中写入了 Commit 点，正准备向应用程序通告 Commit 成功通知之前，数据库系统 Down 机，此时操作员终端机长时间没有收到回应之后将提示通信失败，未能提现。而此时，数据库确实已经将余额减少了 1 万。数据库服务器重启之后，系统恢复，操作员重新尝试提现 1 万元的操作，而此时操作员并没有关注账户中的余额其实已经相对刚才减少了 1 万，这次提现成功了。最终实际情况就是，你只拿到了 1 万，而系统却将余额减少了 2 万，你损失了 1 万元。如果是换成你存款 1 万元，按照刚才的场景演绎，操作员没有关注余额的变化，而进行了两次重复操作，给你多存了 1 万进去。

所以，数据一致性问题是所有层次都要关心的（VM，FS，APP），而数据丢失和误操作，不是数据存储层或者数据库层的问题，而是一种沟通问题和应用程序设计问题，同时，也是最重要的，就是人的问题。如果操作员仔细一点，就不会出现重复操作。然而话又说回来，计算机本来就是用来帮助人来实现人的需求的，如果需要让人来随时监控计算机所做的事情，如果每一笔都仔细核对，那没什么问题，但终究不是好办法。是不是存在人也无法探知的潜在数据丢失呢？很有可能，一笔记录丢了可以对一对，如果底层某个数据的丢失并没有通过某种渠道被业务层感知，或者丢失之后到被感知的时间过长以至于业务层也无法调查了，这是否就是死账形成的原因之一呢？答案是：人为因素+系统因素。

现在，我们对比一下 Snapshot 和 CDP 的数据一致性方面。先说说 Snapshot 的一致性。比如，摄影师给你拍照之前，你总得摆好姿势后才能拍，也就是说你预先知道你要被拍了，已经摆出了最佳姿势了，此时应保持僵硬的笑容不许动、不许眨眼，摄影师按下快门。这就好比 Application Aware Snapshot 和 FS Aware Snapshot，即能够感知应用程序和文件系统对数据的操作此时已经处于一个完整一致的状态，缓存中没有留存的只向磁盘中保存了一半结果数据的运算，此时立即对底层卷触发一个 Snapshot，此时的卷影像上的数据就是一致的。即，用这个 Snapshot 进行回溯/Restor 之后，应用程序将对应的数据读出之后，不会产生异常结果。

这种方式需要在主机端安装一个 Agent 来负责将主机的状态告知存储系统从而在正确的时机生成 Snapshot，或者由人为干预，在生成 Snapshot 之前将应用程序退出或者静默。如果你不想受到约束，要求摄影师随机拍照，拍完之后再一张一张挑选姿势恰好的，那么也没有问题，这就对应了在存储端随机生成 Snapshot，乱放枪，打着赚了，打不着也不浪费什么，但是要查看哪个 Snapshot 是一致的，哪个是不一致的，那可就难了。Snapshot 毕竟不是可以拿在手中端详的照片，除非另外部署一套应用系统，一个一个地挂载 Snapshot 卷，一次一次地启动应用程序判断，这也属于无事生非。至于抓拍偷拍，目前的存储系统可没有这个能力来直接感知应用层什么时候处于一致状态，再说也用不着这样，做个 Snapshot 还得藏着掖着不让人知道。

再来说说 CDP 的一致性。看照片是看瞬间的姿势，看电影则是看情节，电影的情节是一段一段的，漏下一段没看的话，就感觉很不爽了。此时你需要将播放器的滑动条往回拖，拖一拖，看一看，再拖一拖，再看一看，直到你有记忆的地方为止，接着往下看。这个场景恰好对应了糊涂兄让小管恢复数据的那个场景，小管用二分法尝试了 N 次才找到那份文档的最后时间点的影像。但即便是这样，我们仍然无法确定哪个时刻的影像是对于应用层一致的，因为底层的处理根本就无法感知上层的逻辑，除非一次一次的尝试，但是这样做却是费时费力而且也失去了 CDP 的意义。所以说，CDP 虽然在回溯时间粒度上比 Snapshot 强大，但是在保证数据一致性方面，却不如 Snapshot。在后面的产品介绍章节中我们就会看到，存储产品厂家是深刻意识到这一点的，所以它们结合了 CDP 和 Snapshot 的优点，将二者整合起来使用。

利用 CDP 随机回溯到任何一个时间点之后所得到的数据影像，很大几率上都是不一致的，此时，影像被挂载到主机端之后，一定要经过一层层的一致性检查。一致性检查会在下面几个层次上依次进行：VM 卷管理层，文件系统层，最后是应用层。首先是 VM 层，VM 是一个程序，它自身需要向硬盘上写入 MetaData 元数据用以记录虚拟换和物理卷地址的映射关系，如果这些数据变得不一致或者丢失，轻则无法挂载（这也是为何 Down 机经常导致操作系统无法启动或者不认卷、无法挂载卷的原因），重则卷边界错乱以假乱真。所以 VM 在挂载某个卷之前一定要对其进行数据一致性检查。VM 层之上是文件系统层，与 VM 同样的道理，文件系统 MetaData 同样要经过一致性检查的步骤，检查完成之后方可被挂载。最后就是应用层了，应用层逻辑上的不一致只能够靠应用程序自身解决。在一层层一致性检查完成之后，系统方可恢复工作。

2）一致性组技术

设想这样一个应用程序，它需要将数据存放在多个不同的卷中，而且这多个卷中的数据有相互依存关系，哪个卷中的数据发生不一致或者丢失，其他卷中的数据也就不再可用。要对这样的环境做 Snapshot 或者 CDP 数据保护，需要考虑额外的步骤，即必须保持这多个卷在相同的时刻同时被触发 APP&FS Aware Snapshot，保证 APP 和 FS 层面的一致性。那么对于 CDP 来说，由于 CDP 的先天优势，即 IO 时间戳，既然每个卷的 IO 都被打入时间戳，那么只要给出一个时间点，CDP 所遍历出的卷影像，其上的 IO 写入时序一定是可以保证严格按照时间的行进排列的。比如，T1 时刻应用向卷 1 写入了数据，然后 T2 时刻又向卷 2 写入了数据，当用 CDP 恢复卷 1 到 T1 时刻之后，卷 2 则必须也恢复到 T1 时刻。虽然 CDP 不能保证任意时间点的应用层一致性，但是它起码可以保证底层的一致性，然后靠应用的 Replay 过程来完成最终一致性恢复。

一致性组技术对于 Snapshot 和 CDP 来讲其实并不需要多么复杂的额外设计，只需要将相互关联的多个卷组成逻辑组，做 Snapshot 的时候保证同时触发即可，CDP 则更是无须做什么本质改变，只需要在程序界面中告诉操作员哪些卷在一个组中即可。

而真正需要大动干戈的是远程异步数据复制容灾系统，多个关联卷的数据一致性问题的解决需要引入更复杂的一致性组技术。在 DR 系统中，“一致性组”将有两个含义，下文以及本书后面章节会详细介绍一致性组技术的细节原理。

3）关于 CDP 的回溯粒度问题的论述

不少人认为 CDP 既然连续捕获了每个写 IO 并且打入时间戳，那么 CDP 的回溯粒度最小可以达到一个 IO 的级别。这种看法是错误的，持有这种观点的人忽略了一个问题，即时间的最小粒度和上层的 IOPS 数。本书第 3 章中的 3.1.3 小节中曾经得到结论，即时间是没有最小单位的，在目前的认知领域中可以认为其是无限连续的。

设想这样一种情景，某 CDP 设备所接收到的写 IOPS 为每秒 10000 次，也就是说平均每毫秒会有 10 次 IO。如果这个 CDP 设备的恢复粒度可以达到一个 IO 的级别，即分辨出这 1 毫秒之内发生的所有 IO 的先后顺序，那么它的额定时间戳粒度就必须至少设置为 0.1 毫秒级别。如果收到的写 IOPS 每秒 100 万次（当然目前现有存储系统可以达到这种级别，CDP 产品就更别提了，这里只是理论推导），则要达到回溯每个 IO 的粒度，时间戳设定粒度就要设置为微秒级别了，以此类推。时间戳粒度越细，维护的开销就要越大，耗费资源越大，效率也就越低。但是如果非要实现单个 IO 级别的区分，也不是没有办法，如果对每个 IO 标记一个自然数序号而不是时间戳，那么就可以完全分开每个 IO 了（这种方法同样可以用于容灾技术中的一致性组技术中，参考本书后面章节）。此外，IO 序号的功能不仅仅是区分每个 IO 先后，而且它的另一个重要作用则是对乱序接受的 IO 进行重排和丢包监测（见容灾一章中一致性组一节）。由于数据包在网络上传输的时候有可能是乱序到来的，如果将乱序的 IO 按照顺序追加到 CDP 日志链末尾，那么所保存的 IO 也是乱序的，这样不管怎么搞都不可能做到时序一致。

话又说回来，既然 CDP 随机回溯后的数据一致性本来就几乎不可能保证，没有人能够判断在哪两个 IO 之间切开时数据是一致的，所以以每个 IO 为回溯粒度，不仅没有必要而且也没有意义。通常时间戳粒度设置为毫秒级别已经足够。

注意：只用时间戳而不使用自然数序号来标记 IO 的情况下，不能够保证单个 IO 的时序一致性（见本书后面章节对一致性组技术的讨论），所以生成的 LUN 影像也将会是时序不一致的，而这种不一致是最严重的一种，可以导致数据库类应用程序甚至操作系统都无法启动。所以，一个 CDP 系统设计是否考虑了数据一致性，是非常重要的考量指标。所以，同时使用序号和时间戳才是解决数据时序一致性错乱的有效方法，序号用于区分单个 IO 的时序，时间戳则只用来定位用户给出的大致的影像时间点。

然而，即便是同时使用时间戳和序号也只能够保证全局日志连模式（见下文）的 CDP。对于每个块均对应一个日志链的 CDP 系统，由于块与块之间的日志链之间互相独立，当用户要求某时间点的卷影像的时候：CDP 系统就需要在每个块的日志链中找到用户所要求的这个时间点所对应的块，此时问题就出现了：每个块日志链的序号如果都各自计数的话，那么就无法分辨块与块之间的先后顺序了（不像全局日志链）。此时的解决办法就是全局计数，不管所接收到的 IO 目标是哪个块，每接收到一个 IO 计数器就加 1 并且将序号保留在对应块的日志链中。

同时使用 IO 序号和时间戳必定会耗费不少资源，为了提高效率，有些厂商定时在每个块的日志链中做标记。

> **理想：**有若干条豆腐传送带，每条传送带上接收到的豆腐速率不同，形状也不同，间隔也不同，如果要区分所有传送带上的所有豆腐的到达先后，是很复杂的。但是如果降低粒度，比如每秒记录一次，保证秒与秒之间肯定是先后排列的，但是一秒之内所接收的豆腐无法分辨其先后顺序，这也不失为一种变通方法。所以，在这些传送带上方放一把闸刀，每秒切下一次，这样豆腐不管是什么形状，以什么速率到达，豆腐块之间间隔多少，只要闸刀一落下，所有传送带上的豆腐此时都被定型，每秒定一次型。当数据回溯的时候，只能恢复到每次定型的时候。这个思想就是“一致性组”的思想。（一致性组的具体内容可以在容灾一章中阅读。）

CDP 即便是从理论上来讲，也不可能做到每个应用程序的写 IO 都不遗漏。因为有缓存机制的存储系统层都有一种所谓 Delay Write 的机制，比如文件系统层，某时刻应用程序要求更改文件名 A 为 B，这个要求被文件系统收到，文件系统会读出这个文件的元数据，然后将对应的部分更改。但是更改之后的 dirty 数据块先不急于写入磁盘，会缓存一段时间，一旦在这段时间内，应用程序再次发起请求，要求将 B 再改为 C，文件系统接收到请求之后会发现这个文件的元数据所对应的最新数据块已经在缓存中的某个 dirty 块中，则文件系统直接再次更改这个 dirty 块使其二次 dirty，直到文件系统将 dirty 块写盘之前，任何再次的更改请求都会直接更改。这种情景为“写命中”的一种情况（其他情况见本书后面章节）。这样，应用程序的多次写 IO 请求，在底层却只表现为文件系统的一次写 IO 请求，如果 CDP 是作用在文件系统及之下的层次，那么这样的 CDP 系统就不能截获每个应用层的 IO 了。

能做到真正意义的应用层一致性保障的以及最细粒度的 CDP 其实就是基于应用层的基于 Transaction 日志链记录的 CDP 系统，每一笔改变都不会丢掉，而且占用存储空间少，只不过针对应用层的 CDP 需要针对每个应用来开发，不像底层 CDP 一样具备通用性。在此是否可以大胆想象一下：今后可能会出现类似 VSS 公共快照服务一样的公共 CDP 日志中间件。

通过记录日志的方法很容易做到一致性保证，但是对于使用分块日志链的卷级的 CDP，由于为了保证任意历史版本可以瞬间挂载读写，不可能采取全局日志链（见下文）的方式，必须保证每个块的历史版本都可迅速定位寻址。这样的话，如何在这些众多的块日志链中迅速地抓取出一份具有时序一致性的块链出来，成了一大技术难题。下面我们来看一下 CDP 是如何攻破这个技术难题的。

4）自演绎的一招——疾风镂月斩

从上文中的“切豆腐”思想，作自己推演出了一个保证 CDP 回溯时时序一致性的模型。

说明：此模型完全为个人演绎，如与某专利或者厂商实现雷同，纯属巧合，请勿对号入座。

在如图 16-36 所示的二维象限中，横轴是时间轴，纵轴上的每个点代表某个 LUN 或者卷中的一个 Block/Sector/Cluster，具体粒度是块/簇还是扇区可以人为选择，一般使用 Block 作为最小单位。这里只示意了 8 个块，并不表示实际情况。

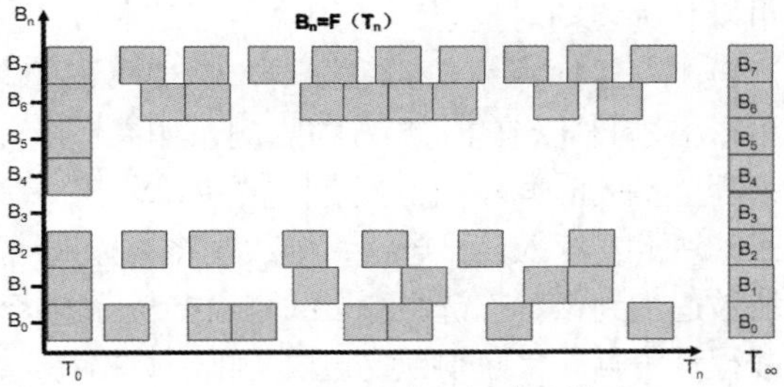

图 16-36　疾风镂月斩关系模型

在没有引入 CDP 之前，这个 LUN 是没有时间轴的，此时整个 LUN 就是一个线性的由所有 Block 所串起来的一维直线，不可回溯。当引入 CDP 后，时间轴被拉开，将一维直线拉成了二维的平面，这个平面就是图 16-36 所示的二维象限。这个象限中的每个点 B（Tn,Bn）表示卷中对应的 Block 在某时刻的内容，这个象限的本质其实就是一个 CDP 分块日志链。每个块每次的写 IO 内容都被记录了下来，每个块在每个时间点都有它对应的内容。T0 时刻表示 CDP 引擎启动之后对应的卷影像时刻，即尚未有任何变化的时刻，T∞时刻表示当前最新时刻。采用 CoW 模式的 CDP 系统中，当前时刻的源卷影像就是最新的卷影像。Tn 表示任何一个介于 T0 和当前时刻之间的时刻，即任一历史时刻。

F 这个函数关系没有规律可循，因为 IO 顺序、间隔都是无规律可循的。正因如此，可以看到所有块日志链中的历史块的存在形式是凌乱而没有规律的，除了 T0 时刻的块纵向链之外。因为 T0 时刻是一个确定的时刻，CDP 系统做好准备接收卷 IO 的那一刻，就是 T0 时刻。但是随后的时间中，IO 可以在任意时间点到达任意块，所以从 T0 之后就再也没有规律可循。只要对应的块有写 IO，那么第一个被 CoW 出来的块就是 T0 时刻的历史块，所以可以看到这个时刻的纵向块链是整齐排列的。另外，由于 B3 这个块从未被修改过，所以它的日志链为空，当前的 B3 块的内容等于 T0 时刻的 B3 内容。

上文中多次说过，面对高 IOPS 数的情况下，系统可能对一个块日志链中先后来到的多个甚至上千个被 CoW 出来的历史块打入同一个时间戳（或者使用时间戳+全局序号法来避免这个问题，但是消耗资源太大），那么此时整个系统就不可能分辨出纵向的块与块之间的时序先后性了（横向依然可以分辨，但是没有意义）。上文也提到过，解决这个问题的一个变通方法就是定时地在所有块日志链中做标记以划清时间线。

那么大家来看一下，何时、何地、怎么来做标记呢？如果这个做标记的动作发生在后台，即前台源源不断地将历史块存入日志链之后再做标记的话，一定行不通，因为此时你已经无法分清到底该在哪两个块之间切开了，具有相同时间戳的块随处可见，此时再做标记已经晚了。那就只能在前台做标记，也就是说在被 CoW 出来的历史块尚未写到日志链之前，用一把闸刀纵向地在所有块日志链上挥斩一下，被斩到的块便被做上对应时刻的标记，之后这些已经标记的块便被写入对应的日志链。以不同的频率挥刀抡斩，就可以做到不同粒度的 CDP 回溯。

我们假设 CoW 出来的块会按照图示的顺序和间隔到达，如图 16-37 所示。Ta 时刻系统做了

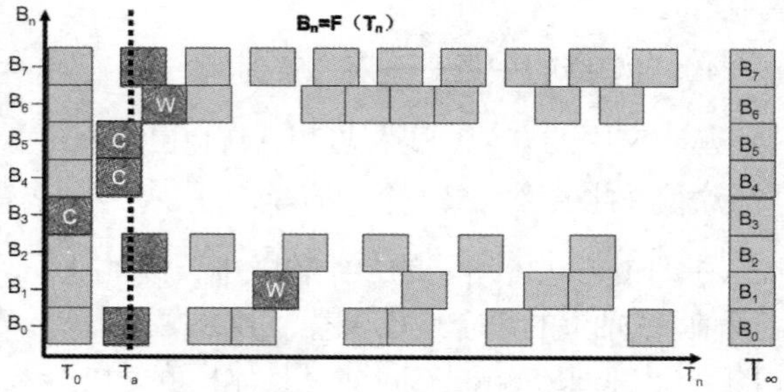

图 16-37　Ta 时刻挥刀抢斩

一次斩断（对应到专业说法是“采集”或者“采样”），其中 B0、B2、B7 这三个日志链都斩中了块，而剩余的日志链斩空。对于斩中的块，系统对其做时间线标记然后追加到日志链末尾。对于斩空的日志链，可以认为当前时间点对应的块内容与本日志链下一个即将到来的块相同，此时系统可以沿着日志链的上游方向监测，如果在线程监测的时间段内恰好有刚被 CoW 出来的块准备存入该日志链，则线程将其标记纳入本次斩断的时间线；如果在监测时间段内没有新块被追加到该日志链，那么线程需要从源卷将对应的块内容读出（注意读取对应的块时需要考虑线程竞争互斥，必须锁定该块防止新数据将其覆盖），然后做标记纳入本次时间线，然后追加到日志链末尾存放。

然而，对于那些更新频率很小的源卷块来讲，每次斩断均需要读取源卷，每次读出的内容都相同，除非对应块被更改，这样的话日志链中将会有很多冗余数据并且耗费额外的读操作。对于这个问题，可以使用另外的方法来解决，比如对每个由于斩空而从源卷读出并追加到日志链的块，除了做时间线标记之外，再做一个特殊标记来表明它的特殊性，这样，当下一次斩断时刻到来的时候，系统检查日志链末尾，如果末尾的块被标记为这种特殊块，那么系统只需要完成日志链上游巡检（其实就是向 CoW 线程进行查询）阶段即可。如果巡检完成之后未发现已被 CoW 出的块，那么本次斩断时间线可以直接指向日志链末尾的那个块而无须再次复制，节约了资源。

在图 16-37 中，标记为 C 的块意味着此块是从当前的源卷中复制出来的，可以看到由于 B3、B4、B5 这三条日志链在挥刀抢斩的时刻并没有 CoW 出的块到来，所以 Ta 时刻对应的块的内容就是源卷对应块的内容，因此系统从源卷将这三个块读了出来追加到日志链末尾存放并做时间线标记和特殊标记。被标记为 W 的块表示相关线程沿日志链上游方向巡查时一定会遇到该块，所以系统会等待（W）该块的到来，届时会将其作时间线标记（不做特殊标记）。这里的所谓“等待”其实并不是真正的去等待，而是采样线程主动地查询 CoW 线程去探测是否已经有 CoW 出的块正等待写入日志链，如果有则去获取，没有则按照上文所述的逻辑继续处理。

依此类推，在 Ta+b 和 Ta+c 时刻，系统又做了两次斩断。可以看到，B3、B4、B5 三个块被公用了，节约了 IO 资源，如图 16-38 所示。

我们对图 16-38 做一些抽象工作。对于每个时间线，沿着时间线所跨越的块的右边界划线，如图 16-39 所示。

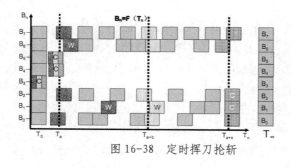

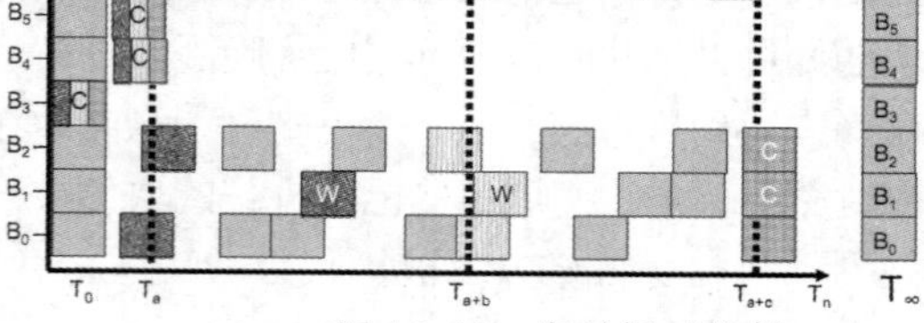

图 16-38　定时挥刀抢斩

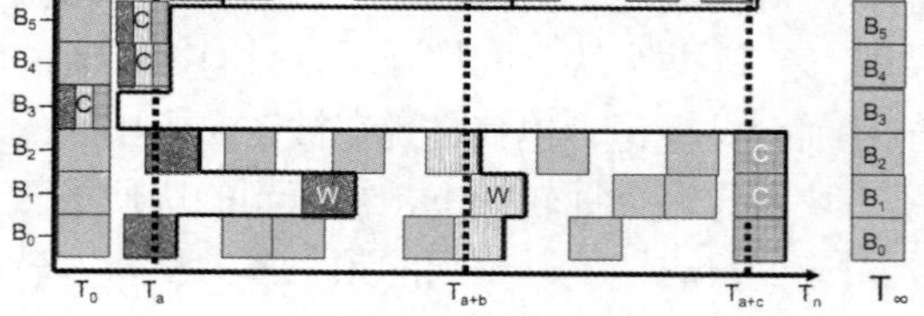

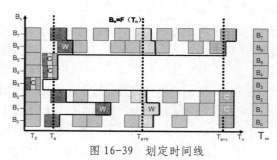

图 16-39　划定时间线

然后，将凡是右边界不贴线的所有块进行镂空，剔除它们，只留下被时间线跨越的块，如图 16-40 所示。

然后我们再将被时间线所跨越的块也全部删掉，如图 16-41 所示。这样，这个象限中只剩下了我们所画的线条。可以将这个线条称做“回溯线”。只有右侧边紧邻回溯线的块才可以被回溯，也就是图 16-40 中所包含的那些块。

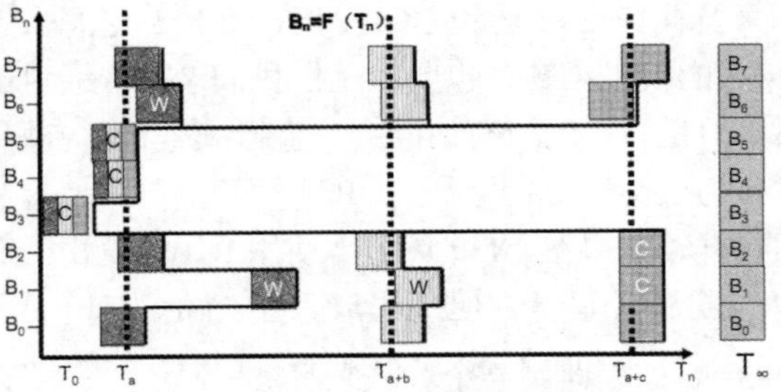

图 16-40　镂空不可回溯的块

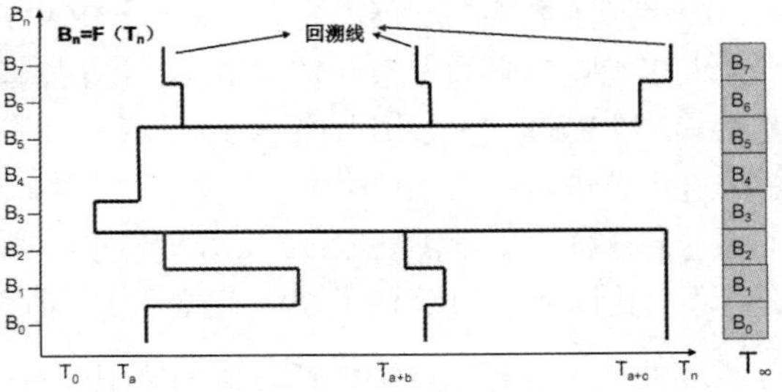

图 16-41　回溯线

回溯线是纵向延伸、横向上有所浮动的线，理想情况下，每次斩断所生成的回溯线不交叉不重合，便于分辨，但是一旦遇到共享块，那么多条回溯线便会有所重合和交叉。回溯线是在纵向方向上将这一时间点的所有块的内容连接成为一个完整的卷影像的脉络线。如果利用快刀斩乱麻的方式来鲁莽地将日志链切分，那么得到的虽然是个光滑表面，但是这个光滑的表面是毫无用处的，不能保证时序一致性；而利用疾风镂月斩所生成的虽然是一条曲遛拐弯的坑洼表面，但是依附在这个表面上的数据块都是带有时序一致性的。

每次进行回溯的时候，系统会根据用户所指定的时间点来寻找系统中离用户给出的时间点最为接近的斩断点，然后将数据回溯到此处，这样即可保证整个卷所有块之间的时序一致性了。

另外，本招之所以被称为“疾风镂月斩”，不但是因为其像疾风一样迅速，而且还因为它可以将日志链中不可回溯的无用块剔除掉以节省空间。

5）改进之后的招式——迅雷幻影手

疾风镂月斩在斩断点之间保存了大量的无用历史块，写入这些块需要耗费额外的 IO 资源。与其先写入再镂空，为何不干脆就不要将这些明知后来将要被镂空掉的块写到日志链中呢？

思考：想象一下，有成千上万串的 IO 在不断的下落，速度非常快，此时有一只手，它能够以迅雷不及掩耳的速度将某个时间点的某个固定横向方向上的正在下落的 IO 抓取出来，没被抓取的 IO 块随后就被湮灭了，只保留那些被抓取出来的块。

是的，在疾风镂月斩一招中，负责斩断的线程和负责写日志的线程之间沟通的不够，导致效率低下。如果让斩断线程作用于写日志线程之前，日志写线程只写入那些被保留的数据块并且做相应标记，这样就可以大大提高效率。

且慢！仔细考虑考虑。如果这样做的话，那么在两次采样的间隙中所发生的更改块就不会被保留，可能在某个采样间隙之中，某个块已经有了多次更改，而都没有被记录下来。这样，当下一次采样点时，如果恰巧没有采到针对这个块的更新块，而上一次采样时的块是从源卷复制而来的，那么本次采样依然会将回溯线贴附到日志链结尾的上一次采样点对应的块中。而这样显然是错误的，因为这个块在之前的间隙中已经有了多次更新，而晚于这些更新时间点的采样却错误地认为采样点对应的块与上次采样相同。

所以，迅雷幻影手这一招，用不得！只能先留底，所有 IO 一个都不能少，后删除，后台处理，先斩后奏！

6）一次修炼之后的新套路

之前的招法都是基于 CoW 模式来设计的，CDP 服务端不停的 CoW，这样的话如何保证性能？由于产生额外的 2 倍写惩罚，相当于 IOPS 和带宽耗费变为不启动 CDP 时的 3 倍！这怎么可以让人接受呢？必须无条件转向 RoW 模式，有再大的技术难题，也要攻克！我们之前曾经讨论过 CoW 与 RoW 方式的对比，RoW 耗费 IO 资源，但是后续的所有访问会一直持续地计算资源，但是这个结论对于 CDP 环境就不成立了，主机发起的读操作不会落到 CDP 镜像卷上，而是落在了源卷，这样根本不需要 CDP 来处理什么。既然这样，如果在 CDP 环境下使用 RoW 模式，那么将不会影响到主机 IO。RoW 模式虽然不适合大部分快照设计，但却非常适合 CDP 设计！

此外，可以看到在疾风镂月斩招法中，首次采样时如果遇到某个块从来没被 CoW 过，那么需要从镜像卷中将其复制出来放到日志链中，而第一次采样时基本上大部分的块都是尚未被覆盖过的，那岂不是等于需要复制出镜像卷中大部分的数据块到日志链中？几乎等于再将镜像卷又镜像了一份！在首次采样的短短时间之内需要做这么大量的事情，从空间和性能上都不能接受，是否可以只用指针来指向镜像卷对应的块地址呢？其实，首次复制这个动作是有苦衷的。

试想一下，一旦 CDP 引擎（CoW 或者 Row 引擎）发生故障，中断工作，而源卷可不管你 CDP 是否故障，它还是在不断地被写入。

那么此时有两种处理办法。第一种处理方式是主机端的 IO 镜像器停止向 CDP 服务端发送 IO 数据，等 CDP 恢复之后再次发送，如果这样的话，从故障到恢复这期间的数据变化就无法被同步到 CDP 上的镜像卷了。就算 CDP 恢复之后，再次采样，那么所生成的历史时刻影像就是不一致的，因为缺失了一段历史，在采集之前必须补回来才可以。解决这个问题的办法是在主机端 IO 镜像器设计一个位图用于追踪断开与恢复之间的数据变化，当恢复之后，首先利用这个追踪位图将这些变化的块不断地传送到 CDP 端覆盖到镜像卷，同时不断地记录正在发生的源卷改变，之后不断地追赶，最终达到收敛状态，双方严格同步，然后再启动采样进程开始采样。但是恢复之后的采样进程在首次采样时也依然需要将镜像卷中对应的块复制出来放到日志链中，这又会占用大量的存储空间。

> **提示：**这样做的好处是：CDP 故障之前的历史版本都还可用，因为当时首次采样时做了复制留底而不是用指针指向镜像卷，所以，CDP 故障期间所丢失的历史时刻数据仅仅是故障到恢复期间这段时间的历史。所以，如果首次采样时只用指针指向镜像卷对应的块，那么当镜像卷上的某些块发生覆盖的时候，指针就无效了，之前的历史版本数据也就都随之湮灭了。

第二种处理方式是：当 CDP 引擎发生故障时，主机端 IO 镜像器依然源源不断地将写 IO 发送过来，此时这些 IO 会直接覆盖镜像卷上对应的块，因为此时由于 CDP 故障而做不了拷出或者重定向动作了，如果当初没有首次采样复制而只是用了指针，那么之前的指针与现在的实际数据的时序一致性将无法得到保证了，因为镜像卷已经受到了“污染”。所以，之前所有的历史版本数据此时也同样都将不再可用。

如果使用指针，那么故障之后当 CDP 引擎恢复时，就必须从头开始，之前所有保存的历史数据版本都不可用。而如果首次采样时复制一份基线版本出来，那么就算 CDP 引擎暂时停止工作，也只是导致从停止那一刻到恢复那一刻起这之间的历史时刻不可回溯，再往前或者再往后的版本都可以回溯。另外，不管用指针还是首次复制方式，当 CDP 引擎恢复之后，需要以当前时刻的镜像卷为基线版本重新开始采样，这也就意味着不能与之前首次复制的块公用了。这样做显然是非常浪费空间的，可以估算日志卷至少是源卷的一倍大小，这是至少。要真正跑起来，恐怕得 1.5 倍而且还得期望 CDP 引擎不要中断，中断了再恢复如果还想保留以前的历史版本的话那就得 2 倍起了。

鉴于首次复制方式太过浪费空间，也无法让人承受，只好退而求其次，一旦 CDP 故障或者中断，那么在 CDP 恢复之前，用户可以选择将某几个关键时间点的数据影像备份下来，然后再恢复 CDP 运行。恢复之后，所有历史版本数据将被删除重来，但是 CDP 服务端的镜像卷可以保留，主机端的 IO 镜像器可以在 CDP 中断工作期间记录变更位图，当 CDP 再次启动之后，主机端可以只将变更的块再次同步过来即可。

经过上面两层的修炼之后，我们有了结论：必须使用 RoW 方式，必须抛弃首次复制的做法，改用指针。我们下面看一下 RoW+首次指针模式下 CDP 引擎的工作流程。

如图 16-42 所示为 RoW+无首次复制模式下采样示意图。

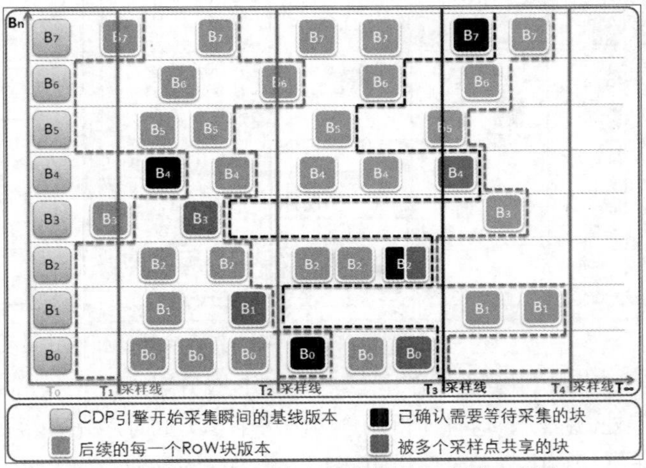

图 16-42　RoW+无首次复制模式下采样示意图

T0 时刻的块链（卷），也就是图中所示的 CDP 引擎开始采集的那一瞬间的基线卷版本。当采集尚未开始时，所有对这个卷的更新会直接覆盖于其上，不产生 RoW 动作。一旦采集线程开始工作时，那一瞬间的卷版本即被冻住，随后针对这个卷任何块的更改内容均被 RoW 追加到每个块的日志链中。每隔一段时间，采样线程触发采样。

T1 时刻触发一个采样点，采样线程首先向日志链写线程发起查询以确认是否当前时刻存在即将被 RoW 入日志链的数据块，也就日志写线程已经对外面返回 ACK 写成功信号但尚未写到日志中的数据块。如果得到日志写线程的回馈说没有，那么采样线程直接对日志链尾部的块做标记，将其标记为本次采样的命中块。

本例中，对于 B0、B1、B2、B5、B6 这 5 个块的日志链，采样线程并没有查询到有即将被写入的 RoW 块，并且在日志链尾部也并没有之前的 RoW 的块（本例中 T1 时刻这几个块的日志链为空），所以采样线程直接指向 T0 时刻卷对应的块上（在日志链末尾生成一个指针记录）；对于 B3、B7 的日志链，采样点时恰好采到了日志链末尾的一个 RoW 过来的块，标记之；对于 B4 的日志链，采样点时刻并未发现日志链末尾有 RoW 的块，但是通过查询日志链写线程，得到回馈，正有一个 RoW 的块要被写入日志链，所以采样线程等待日志写线程成功将这个块写入日志链之后，对其进行标记。至此，T1 时刻采样完成。

T2 时刻再次触发采样。同样，采样线程首先查询日志写线程得到有哪些块的日志链将要有 RoW 的块被写入，对于那些有 RoW 块即将被写入的日志链，采样线程就等待其写入；对于那些没有 RoW 即将被写入的日志链，采样线程直接对日志链末尾的块进行标记，标记为本次采样的命中块。如果遇到尚为空的日志链，则在日志链尾部生成指针指向 T0 时刻源卷对应的块。

之后的所有采样点都依此类推，执行同样的过程。同时，系统可以启动一个后台进程，专门对日志链中没有被采样点采中的块进行镂空操作，将其删掉以节约空间。删掉之后就变成了如图 16-43 所示的样子，每条采样线粘住的块链就是这个时刻这个卷的历史影像了。经过再次抽象，将粘住的块也腐蚀掉之后，只剩下了抽象的回溯线，系统只能回溯到这些线所代表的时刻以及块链，也就意味着只有右侧紧贴回溯线的块才可以被回溯。

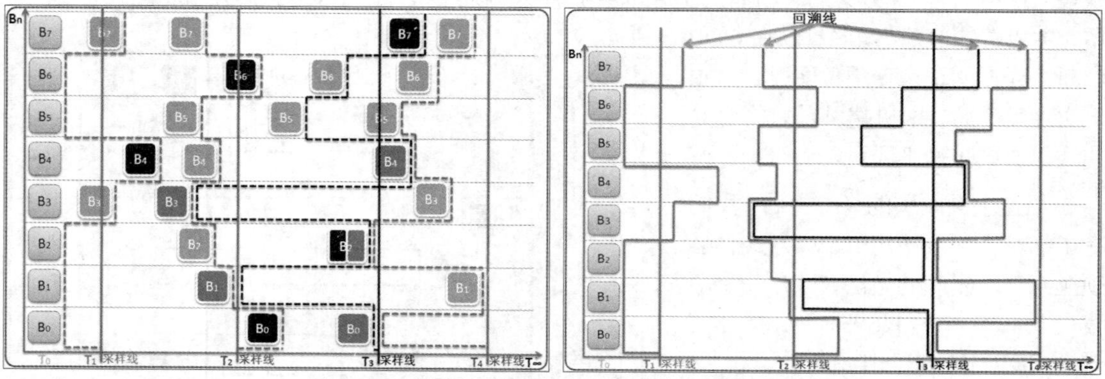

图 16-43　先斩后镂及镂空后显现出来的回溯线

CDP 引擎必须作用于整个 CDP 服务端的总 IO Queue 之下，缓存之前。即在 Queue 这个水渠处做掐断，这样才可以分辨出每个 IO 的时序先后然后严格按照时序下发到日志链中，从而让采样线程中相关时序逻辑的作用结果达到预期。如果等到所有 IO 都进入了缓存，然后再将各个块内容下发到日志链，那么此时就像大海捞针一样，无法分辨出时序，所下发的 IO 都是乱序的。日志写线程为了保证每个 IO 被按照顺序写入日志链，也要耗费一定资源，比如在写入数据之前，需要把所有待写入的 IO 数据块做成一条按时间先后排列的链，然后依次下发，这样是非常低效的，必须进行流程优化。

进一步优化流程：在总 Queue 的尾部处执行 Suspend 暂挂，当然暂挂期间，主机的 IO 依然可以下发，Queue 不断充满。当掐住点之下的 IO 全部写到日志链中之后，采集线程立刻做采集，采集完毕，回溯线生成之后，总 Queue 解除暂挂。这样，数据按照批次来写入日志链，这一个批次之内的 IO 不需要分辨时序，但是批次与批次之间是严格按照时序先后发生的，每一批次的 IO 被写入日志链之后，再进行采集。这样做，不但可以简化日志写线程的设计以及流程，同时也简化了采集线程的设计与流程，因为采集线程此时不需要沿着日志链向上游巡查了，也就是说采集线程在采集时不需要向日志写线程进行查询操作了。

此外，除了在 CDP 服务端存储阵列的总 IO Queue 处实现暂挂外，还可以定期的在主机端相应的层次，比如文件系统处、各种应用程序处实现一致性刷盘暂挂，待 CDP 采集线程采集标记完后解除暂挂，这样就可以实现完全应用层的一致性了，这些采样点便是应用层一致的。不过这种采样不可多做，因为会对应用产生影响，定期做即可。这样，在日志链中既可以保证若干份应用层一致的影像，又可以保证一致性层次较低的大量其他历史时刻的影像。

批量 IO 以保证时序一致性的做法是个通用做法，已经用于数据远程复制技术中。这种技术又被称为“一致性组”技术，关于这一技术更详细的阐述请见本书后面的章节。

经过这样的流程优化之后，系统就可以利用有限的资源生成更高频率的采样，降低 CDP 的回溯粒度到秒级甚至更低。

7）二次修炼之后的最终招式——雕心镂月幻影斩

之前所列出的招式，无一例外都需要在块日志链中做动作，标记对应的块。但是仔细思考一下之前的模型，每个块都有一条物理上的日志链，那么一开始要为每个块的日志链分配多少空间呢？如果某个块频繁被更新导致其日志链迅速充满，此时如何解决？另外一个问题是，每次采样时需要对所有的块做标记，需要做大量的写入动作，而且这些写入都属于随机 IO 类型，那么此时如何保证 IO 性能？针对以上两个问题，虽然可以有各种技术手段解决，但是其效率将会是非常低的，尤其是 IO 效率上，将会使整个系统运行缓慢。

如图 16-44 所示为分块日志链与全局日志链的物理结构比较，很显然，对分块日志链的写入动作将会非常耗费资源，但是写入全局日志链就不用考虑那么多了，所有分块的 RoW 的 IO 只要追加到日志链末尾即可。但是这样做又不利于快速寻址，也就不可能实现瞬间挂载历史时刻的影像。那么有没有什么办法将这两种模式的优点相结合呢？

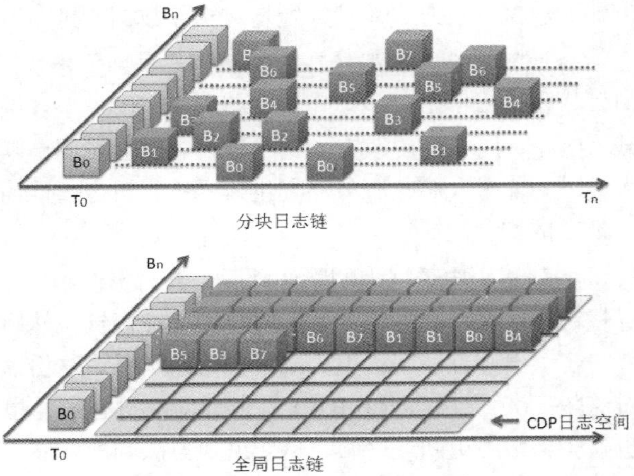

图 16-44　分块日志链与全局日志链

答案似乎已经浮出水面了。如果把分块日志链的这个框架全部搬到内存中，做成一张分块日志链表，而底层实际数据的存储使用全局日志链的模式来存储，在分块日志链表中不保留实际数据块而只保留数据块在全局日志空间的地址指针，那么就可以完美地解决效率问题了。

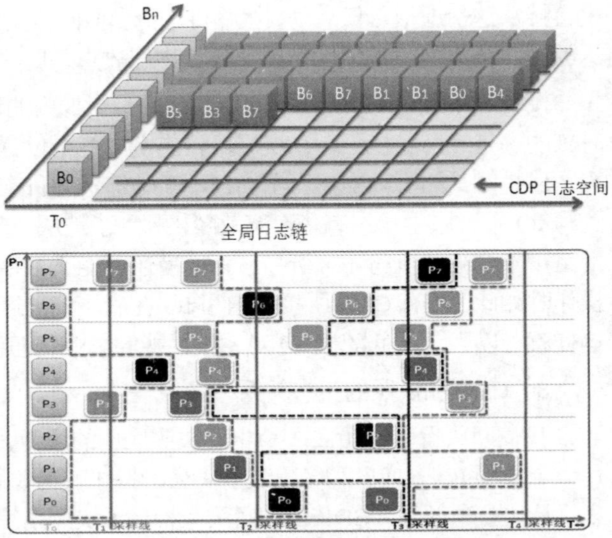

图 16-45　全局日志链存储+分块元数据链表

如图 16-45 所示为全局日志链存储结构与分块日志元数据链结合之后的新模型。通俗一点说，每个块的 RoW 的 IO 到来之后全部顺序追加到日志空间末尾，属于一种完全连续 IO，同时在分块元数据日志链中将每个 RoW 块被写入到日志空间内的地址指针记录下来并且追加到每个块日志元数据链的末尾，由于这个动作是在内存中完成，不需要对磁盘进行额外 IO 操作，所以可以保证性能。

在每次采样点时，系统也只会在分块元数据日志链中做标记，而不需要去日志存储空间内相应的块上做标记了，也避免了无谓的磁盘 IO 消耗。采样点之间的无用块可以在后台将其镂空掉以降低日志空间的耗费，同时分块元数据链中的对应这些无用块的指针也可以被删掉以降低元数据链的容量和复杂度，加速寻址速度。RoW 线程维护一个对日志空间的 Space Bitmap 来充分利用被删除的无用块后所腾出来的空余空间。分块元数据日志链相当于给无法直接迅速寻址的、顺序保存的 RoW 数据块空间创建了一份类似于文件系统思想的、可迅速寻址的元数据链。全局日志链底层的每个 RoW 数据块都是完全随机排布的，没有按照每个块来划分，但是这不重要。正像文件系统中的文件在底层也可以是完全随机分布一样，只要有一条清清楚楚的元数据链图纸，按图索骥就可以将对应的块串成一条按照历史时间先后顺序排列的链了。

相对于之前的"疾风镂月斩"所用的带内元数据记录方式（直接将日志链按照分块来排布而不是全局排布，并且直接在分块日志链的数据块上增加标记），"雕心镂月幻影斩"则属于一种带外元数据记录方式，其好处是对实际数据的排布方式没有限制，可以按照最优的模式来排布。

分块元数据链表虽然存放的全部都是地址指针以及相应的标记，容量远小于实际数据日志，但是其容量也是不可忽视的，需要为其提供一个专门的存储空间。为了保证性能，元数据链全部载入内存，所有的更改在内存中进行，刷盘时间可以适当提高而不必频繁刷盘。频繁刷盘意义不大，因为如果 CDP 服务器发生故障、宕机之后，需要做重新同步，同步之后，之前所有的历史时刻影像均会被抹除。

挂载某历史采样点的影像之后，针对影像中某个块的 IO 操作，均需要查询分块元数据链来寻找对应采样点回溯线上对应的块的地址指针，然后通过这个指针到全局日志链中将对应地址的块内容读出并且返回给主机端。如果遇到针对这份虚拟影像的写操作，那么就像之前一样，再次对这些二次写操作进行 RoW，形成新的日志链，也就是日志链上某个历史时刻的分支日志链，也就相当于历史回退之后，从回退点再次向前发展，将所有的发展用相同的方法记录下来，从而使得对虚拟影像的变更也可以回退。或者选择将当前的虚拟影像同步到一个新存储空间，比如主机直接从这份虚拟影像启动，然后将这份影像同步到本地启动盘，同步之后再切换到本地盘启动，这就是一个典型的本地操作系统或者物理故障之后的迅速恢复过程。

从上面的模型不难看出，对 CDP 虚拟影像卷的读 IO 操作为完全随机的 IO 类型，因为历史时刻的块是完全随机分布在全局块日志链中各个位置的，这也就会导致性能很低，请意识到这一点。但是对其的写入操作由于会被不断地追加到日志链末尾，属于一种连续 IO 类型，所以上层的写 IO 不管原生状态有多么离散随机，到了地层全部变为连续 IO，从这种角度来看，CDP 服务端至少不会被随机写 IO 所拖慢，反而还可能比主存储的响应时间更快。不仅对虚拟影像的写入操作时如此，所有 CDP 所接收的写 IO 在底层均被连续化处理，充分屏蔽了写 IO 的原生随机性，这样就可以大大降低随机 IO 对系统性能的影响，随机度完全被体现在分块元数据链中。

8）CDP 和快照的生态关系

我们回头看一看 16.2.3 节中对快照底层的演绎，发现 CDP 和快照其实本是同根生，快照是用一个全局 IO 仓库卷和多份映射表来维持块映射关系，而 CDP 则是用多份日志链和多个回溯线来维持块映射关系。CDP 中的回溯线相当于快照系统中的块映射表，每次生成一份快照都需要新建一份新映射表，同样，每次生成一个可回溯点，也需要生成一条回溯线。快照是个照相机，而

CDP 则是个摄像机，摄像机与照相机的区别就是摄像机每秒可以过 24 张胶片，生成每秒 24 帧的可以骗过观众眼睛的影片。电影尚且有每秒 24 帧的粒度，那么 CDP 是不是也可以使用某种粒度来满足用户需求呢？一个道理，没有必要记录到自然界的每一个微小的位移，就像没有必要记录每一个 IO 一样。

CDP 的主要价值还是体现在本地和远程容灾，CDP 自身这个技术只是一个幌子。两分钟做一个快照，保留 30 份或 60 份，也就是可以以两分钟的粒度回溯最近一个或者两个小时内的数据，或者比如半分钟一次快照，保留一个小时的，再早的通过磁带等其他备份介质来恢复，这样算不算 CDP？也差不多。

思考：以特定频率生成回溯线的 CDP 系统，就是所谓 Near CDP。本质上其实就相当于高频度的快照。所以说，我们经过这场游历之后，最终发现：CDP 是快照的进化形态，粒度的大小是评价它是快照还是 Near CDP 或者是 Pure CDP 的唯一标准，粒度并没有一个界限，正因如此，CDP 和快照之间是一个随着粒度变化而连续变化的形态。CDP 相对于快照并没有本质上的进化。所以，目前市场上的 CDP 产品本质上都是 Near CDP。如果有人宣称他可以回溯每个 IO 做到真正的 Pure CDP，基本上是在忽悠你，因为就算底层实现了回溯每个 IO，用户也不可能一个 IO 一个 IO 的来回溯，没有实现的必要。

9）CDP 产品对应用层一致性的解决办法

上文中给出了解决 IO 时序一致性的方法。然而，仅仅保证时序一致性已经无法满足用户需求了。保证了时序一致性，与突然宕机没有本质区别，突然宕机之后硬盘上的数据也是具有时序一致性的，但是对于数据库等应用来讲，宕机 10 次，大概会有 2 次导致数据库无法启动，需要从备份中恢复。所以，CDP 系统最好可以提供应用层一致性解决办法。

要解决应用层一致性问题，必须与应用层来交互，也就是说必须在主机端安装一个代理程序。有两种办法来解决：第一种是代理程序监控文件系统的 Flush 点，在每次 Flush 完成之后，立即通知 CDP 系统，CDP 引擎便在当前日志链中对当前时间点进行标记；第二种办法则是直接与应用程序进行交互，比如代理程序向对应的应用程序发送 Clear-Up/Flush 请求，完成之后便通知 CDP 引擎在日志链当前点上做标记。这两种方式中，后者对应用系统有一定影响，随着标记点的频度提高，应用的 Flush 频度也越高；前者则具有一定的普适性，作用在文件系统处，至少能够保证文件系统这一层的一致性，但是仍然不能彻底保证应用一致性，只有后者才能做到真正端到端的一致性。用户进行回溯的时候，可以选择回溯到这些列出的一致点处。

保证应用层一致性就像在观看视频时所执行的回溯动作，回溯点处所对应的图像帧所表达的意义，可能是杂乱无章的。比如某人的手正处于半空中想要做些什么，但是观众单从这一帧图像来判断的话可能根本无法预测这个人要干什么，此时这一帧图像对于观众来讲就是不一致的。如果将视频回溯到这个点，让视频中的事件从这个点开始继续演化，那么此时系统就无法判断出这个人的手为何此时处于半空中，他是想抬起来还是想放下去呢？更不知道这个人此时具体想要做什么。但是如果将回溯点向未来再推进一些，那么此时对应的这帧图像可能恰好停留在此人抬起手握住一扇门的把手，那么此时这个事件就具有标志性意义，也就相当于数据系统中此时的数据状态是一致的，业务系统应用程序可以根据这个状态继续演变下去，比如产生多种情节：

（1）此人推开门走了进去，看到某某场景；

（2）此人突然想到了什么，犹豫了一下，又把手放了下来走了；

（3）僵住了，一直握着把手不放；

（4）其他各种发展路径，这也就对应了平行宇宙理论所设想的。

但是有人会有疑问：如果回溯到刚才那个不一致的历史时间点，难道此时应用系统不能够针对这个人的手自己选择几种场景继续发展么？比如：① 手继续向上抬起；② 手向下放下；③ 僵在那不动了。其实，提出这个疑问的人自身已经回答了这个问题，也就是说，此时世界针对这个人的手的发展路径只给出了三种选择：向上、向下、不动。而第三种情况，也就是静止不动的场景下，其随后的发展要么也是向上或者向下，如果永远不动了，那么就证明系统出现问题了，这个人的路径已经无法再继续发展了。

所以，这个人的手最终还是要向上或者向下发展到一定的程度才可以体现出具体标志性意义，比如向上抬起握住把手或者捋了捋头发，抑或向下垂到了腿边。“抬起来、捋了捋头发”，这个动作包含两个子动作，第一个是“抬起手”，第二个是“放到头上”，第三个是“捋头发”。完成这一次对于观众有意义的动作，需要完成多个子动作才可以，而这其中任何一个子动作都是无法单独让观众看懂的，必须结合起来。而对于应用系统，也是这样的。每一笔业务逻辑（或称事务、交易，Transaction）是由多个原子操作（Atomic Operation）组成的，要完成一个有意义的业务逻辑，必须完成其包含的所有原子操作。而如果在一连串的原子操作之间出现问题，系统停机，那么这些原子操作在系统重新启动之后就必须进行前滚或者回滚从而保证一致性。

前滚就是将原本应该完成而未完成的原子操作继续执行完毕；而回滚则是指将自从上一次业务逻辑操作之后发生的原子操作全部回退，恢复到上一个业务逻辑完成时刻的状态，从而保证数据一致性。系统根据日志中所记录的所有操作以及状态来判断是需要前滚还是回滚。也就是说，电影里的那只手要么就向上发展到一定标志性时间点，比如抬起来握住把手，要么就向下回溯回之前的标志性时间点，也就是未抬起之前的状态，比如垂在两腿边。

那么，对于一个 CDP 系统，回溯时最好可以保证应用一致性以避免应用挂起这份 CDP 影像之后所经历的前滚或者回滚过程。而保证应用层一致性的方法，只能靠应用层解决，比如应用系统每提交一份 Transaction 之后，利用某种手段将这个事件通知 CDP 系统，后者从而可以做好相应的回溯标记。这也就对应着观众在看电影时，对关键时间点做标记，当回溯的时候，只要回溯到这些标志性时间点就可以得到一个可感知其意义的图像。

5. CDP 的适用场合

作为真正的“数据时光机”，CDP 以其叹为观止的技术革新，成功实现了人类梦寐以求的时光回溯技术，甚至可以改写数据历史（下文中有详细描述），当然只是在计算机数据存储领域。然而，这项技术的价值也是不菲的，企业部署起来也应综合考虑。

首先要考虑的一定是 RPO。没有任何技术所提供的 RPO 可以媲美 CDP 了。从纯底层角度来看，CDP 的 RPO 绝对等于 0，即数据 0 丢失。这是理所当然的，每一个写 IO 都被同步到了 CDP 服务端，有什么理由 RPO 大于 0 呢？如果非要说大于 0，也只能是上层不争气，就如上文中对于数据丢失的讨论一样。

然后还需要考虑 RTO。值得肯定的是，目前的这种 CDP 解决方案架构，其所提供的 RTO 也是相当惊人的。不管是系统灾难还是个别文件等数据灾难，CDP 所能提供的 RTO 都可以达到几分钟级别。CDP 基于磁盘的数据镜像及 Snapshot+CDP 后处理，已经注定了它所能提供的 RTO。恢复单个文件只需在主机端将对应时间点的影像挂载即可，主机无须重启。恢复整机操作系统也只需要将虚拟卷影像映射给相应主机并在主机端配置为 SAN Boot 即可。试问哪种方案还能够如此方便呢？

CDP 架构也不是完美无缺的，首先它需要比受保护的数据源的存储容量更大的容量，相比多余的部分被用作 IO 仓库以保存持续的写 IO 数据。其次，由于写 IO 的持续镜像操作，势必会对主机性能造成一定的影响，如果 CDP 服务器使用的后端存储性能远低于数据源所用的存储性能的话，这种影响将会变得更显著。再次，CDP 方案绝不适合大数据量改动的场合，比如经常有大文件被高速上传到受保护的卷，用不了多久便被删除，然后再上传新文件。这种情况下，CDP 服务端很快便会被塞满，而且数据高速写入数据源，也就同样需要高速被同步到 CDP 服务端，如果是基于主机的 IO 捕获，则其对资源的耗费将不得不考虑进去。

CDP 到底适合什么样的场景呢？总结如下：

- 对 RTO 和 RPO 要求甚是苛刻；
- 对源卷的数据更新 IO 尺寸较小但是每一笔都很重要；
- 强烈需要极细粒度的时光回溯或者历史改写，比如需要创建 *N* 个平行影像卷进行测试等情景；
- 关键业务宕机频繁；
- 不差钱。

符合上述几个要求的场合，部署 CDP 将会得到很高的投资回报率。

6. CDP 与 VTL

同样都是使用磁盘作为 Online 存储介质，当 VTL 遇见 CDP，就像是小鸡遇见凤凰一般。VTL 算个什么呀？就一虚拟磁带库，立着磁带库的牌坊却用硬盘来当存储介质，浑身都透着假。说它容量大，物理磁带库就笑了；说它耗电少，物理磁带库又笑了，磁盘一直转能不耗电么？说它备份和恢复速度快，连本地磁盘和 NAS 都笑啦！能快到哪去？备份格式都和磁带一样，恢复之前还得啰啰嗦嗦扫描一大堆索引，创建一大堆文件列表。那它到底能干什么呢？大家都笑啦，异口同声地说："给物理带库当个缓冲呗！"

VTL 的处境正如它实际的作用一样，确实很尴尬。

你说都是同样的柜子同样的磁盘同样的接口，这同处一个机房的两个东西，它差别咋就这么大？买 CDP 吧，不差钱儿！

思考：可以将所有级别的 CDP 理解为 Database-Like。即任何操作均记录于日志中，日志可以前滚或者回滚，每条记录都有时间戳或者序号。本地 CDP 设备的容灾就可以考虑为类似 Oracle Dataguard 或者 DB2 HADR 的架构，其实本质上就是这样的。但是 CDP 的日志具体实现起来与数据库的日志还是有很大差别的。因为 CDP 可以瞬间提供任意时间点的直接可访问影像，如果使用数据库类日志记录方式，实现这个功能是绝对不可能的，因为数据库日志的恢复需要 Replay 过程，而这个过程将会耗费一定时间。CDP 的日志是针对每个 LBA 或者 LBA 段（Block）都保存一个日志链条，而不是全局的事件日志，这样可以保证 RTO。此外，也不排除有些 CDP 设计为了简化操作和效率而直接使用数据库方式日志，恢复时，CDP 根据给出的时间点，将时间点之前的所有日志进行 Replay，但是又不能将日志中的数据操作直接覆盖了源卷（源卷需要保留以使得可以放弃当前影像），所以只能将日志 Replay 到另外的存储空间，而且必须以 LBA 为顺序来排放以便查找（日志中只包含被写过的块，对于没有被写过的块，依然存放于源卷中，所以 Replay 出去的块只是那些被写过的块，整个 LUN 影像是由源卷中未被写过的块和被 Replay 的块共同组成的，所以针对每个针对生成影像的读 IO，都需要先查找 Replay 出去的块），也就是将无序的日志处理成有序的 LBA 与数据的对应表。所以本质上来讲，CDP 最终都要实现以 LBA 或者 Block 为单位的数据链条，如果使用类数据库日志的方式也只是拆东墙补西墙，看似写入日志的时候简单，但是最后恢复的时候却要将节约的时间再拿出来，而且还得贴上一部分存储空间。时间、空间、性能总是两两矛盾。所以说万物同源，虽处于不同层次却拥有相同的本质。

7. CDP 与传统备份系统的比较

1）传统备份所面临的挑战

传统的备份方法已经在企业中根深蒂固地使用了很长一段时期了。在主机端安装对应应用程序的备份代理，然后通过代理程序，将需要备份的数据传送给磁带机或者磁带库。备份任务一般每天都要执行，如果遇到数据量很大的情况，甚至在一次备份窗口所能够提供的时间之内，比如晚 10 点到早 6 点，备份可能都并没有执行完，备份速度已经成为传统备份系统的一个主要瓶颈了。其次，在企业所制定的备份策略中，全备份一般都需要定期执行，比如一周执行一次，如果是大型企业，可能还需要保留数周甚至数月、数年之内的每次全备份磁带。在这种情况下，多次保留的全备份中，就会有相当一部分数据是重复的，如果打算节省空间，那么就得引入重复数据删除等数据缩减技术，这又是一笔额外开销。

另外，用磁带来备份大量小文件，此时将会是梦魇。备份数据时，备份软件都会预先生成待备份文件的索引以及其他的元数据，如果备份的目标是大量小文件，比如十万个小文件，那么光是索引阶段就要耗费掉大量的时间，有的时候甚至可以持续数小时。

在需要做数据恢复的时候，传统的基于磁带的备份系统又会表现出多个问题。比如恢复速度慢，恢复之后不能立即可用，由于磁带介质或者磁带驱动器机械故障导致的恢复失败，恢复大量小文件速度极慢等，这些问题都是实实在在摆在眼前的，时常会让备份管理员痛心疾首。

2）VTL，加速传统备份

为了缓解磁带备份的弊端，VTL 被发明了出来。VTL 是为了解决备份和恢复速度慢的问题而生的。它利用磁盘来虚拟成一盘一盘的磁带，利用软件来虚拟一个或者多个厂商的多种磁带驱动器和机械臂，从而替代了传统的物理磁带库。由于使用了磁盘而不是磁带来作为存储介质，其表现出的速度也有了很大提升。当然单块磁盘的顺序读写速度有时甚至赶不上一盘 LTO4 磁带，但是如果将磁盘组成 Raid 之后，所表现出来的速度就远超过 LTO 磁带了。

然而，VTL 并没有脱离备份软件成为一个独立的系统，它只是替代了传统的物理磁带库而已。底层使用硬盘作为存储介质，而上层却并没有表现出硬盘随机快速寻址的优势，对外还是表现为一种流式的顺序访问设备。其表层并未进化，这也是 VTL 的关键限制，除了速度加快、管理简单了之外，VTL 相对于传统物理带库并没有本质上的进化，也并没有颠覆传统的备份系统。

并且，VTL 虽然使用磁盘作为备份介质，但是它却并没有加速大量小文件情况下的备份，备份软件的索引过程依然需要执行。

3）CDP，彻底颠覆了传统备份架构

CDP 意为 Continuous Data Protection，即连续数据保护。CDP 会记录主机对源数据所作的每一笔更改，并且将更改的内容记录下来。这样，就可以恢复到任何一个时间点时候的数据影像了。目前市场上的 CDP 产品，几乎都是相同的架构，即在主机端安装一个底层 IO 过滤驱动，将所有针对目标数据的写 IO 镜像写到 CDP 服务端设备上保存，CDP 服务端会为每个 Block 保存一条日志链，每次针对这个块的写 IO 内容都被追加到链条末尾，并记录对应的元数据映射。

CDP 保存了源数据的每一次改动，但是它与写镜像不同：写镜像情况下，针对一个块的后一次的写会覆盖之前的内容；而 CDP 却不会，针对每次写，CDP 相当于都做了 RoW 操作。这样，就可以恢复到任何一个指定的时间的数据影像了。也就是说，CDP 是一个高级的、可回溯的实时镜像系统。

这种把数据变化实时镜像保存的方法，彻底颠覆了传统的磁带备份系统。由于 CDP 的本质进化，被镜像之后的数据中几乎没有重复冗余数据。而且，更为神奇的是，在灾难发生之后，主机可以直接从 CDP 服务端来挂载任意时刻的卷影像，或者直接挂载系统盘对应的卷，直接从 SAN 网络启动主机，整个恢复过程非常快，远非传统备份可比。

由于 CDP 作用于块级别，所以与文件层面无关，纵使文件再小，数量再大，镜像和恢复的过程中也丝毫不会影响速度。

4）CDP 将会是 VTL 的替代品么？

CDP 完全脱离了各种备份软件，它只需要在主机端安装一个过滤驱动或者客户端管理界面程序。而 VTL 可以说是一个四不像的东西，并没有发挥出磁盘本来的优势。从这一点来讲，CDP 完胜 VTL。但是由于传统备份的根深蒂固，以及 CDP 产品被认知和接受的程度还有待推进，还有成本等因素的制约，所以，短时间内 CDP 并不会完全替代 VTL，或者说并不能彻底颠覆传统备份架构。但是长期来看，随着企业对数据安全以及 RPO 和 RTO 的要求越来越高，CDP 将会逐渐打开并且占领备份市场的大部江山。

CDP 产品基本上有两种形式：一个是纯软件，另一个是捆绑了 CDP 软件的硬件。不管是硬件还是软件，它们最终其实都是软件，将软件安装在某 x86 服务器上，后端使用各种扩展卡连接若干 JBOD，便成了 CDP 硬件。

5）CDP 相比传统备份所具有的优点

根据目前的 CDP 模型，数据从源到目的是一个实时同步镜像过程，所以这种模式如果称其为备份的话，那么就是一种最彻底最纯粹的备份。它相比传统的备份有如下优点。

- 0 备份窗口：数据实时的同步复制，源端的任何变化都同步地体现在备份端。再加上备份端的 CDP 和 Snapshot 功能，一个一致的备份瞬间就可以生成。
- 接近 0 的恢复窗口：可以直接从备份端将某时刻的卷挂载，直接使用。这个过程操作非常简单，耗费时间也相当于点几下鼠标。
- 具备实时容灾功能：传统备份系统只能将数据备份下来之后再传输到远程；CDP 系统则可以直接充当实时容灾系统。
- 面对大量小文件的备份具有天生优势：传统备份系统在备份大量小文件的时候性能很

差，耗费时间过多；而 CDP 则是在块级别运作，而且是实时同步，与文件的种类、大小等都没有关系。

- 回溯粒度能够达到秒级甚至更低，当然为了充分保证一致性，通常恢复时都是选择一个一致点来恢复。
- 部署方便：主机端代理无须复杂配置，无须与各种应用相耦合。可以实现不停机部署。
- 数据重复率低：未变化的块都是共享的，而传统备份中，相同的块会被保存多份。
- 大量小文件的情况下，CDP 有着根本性的优势。

6）CDP 到底适合什么样的场景呢？

CDP 虽好，但也不是完全适合任何环境的。比如，如果源数据端的写入流量非常大，比如 200MB 每秒，那么此时使用 CDP 就显得不合时宜了，会对主机端的 IO 性能产生一定影响，并且 CDP 服务端也会吃不消。

总体来讲，具有下列特点的环境，可以考虑部署 CDP：

- 对 RTO 和 RPO 要求甚是苛刻；
- 对源卷的数据更新 IO 尺寸较小但是每一笔都很重要；
- 强烈需要极细粒度的时光回溯或者历史改写，比如需要创建 N 个平行影像卷进行测试等情景；
- 关键业务宕机频繁；
- 预算充足；
- 源数据端写入流量不是很大，或者大量小文件的环境下。

当然，与传统备份相比，CDP 系统在成本方面也将是投入巨大的。究竟选择哪一个，还要看预算和需求的平衡结果。

8. CDP 产品简介（EMC RecoverPoint）

目前 CDP 市场上的主打产品有两个，一个是存储行业巨头 EMC 经过收购之后推出的 RecoverPoint，另一个则是顶级存储软件提供商飞康（Falconstor）自研发的 IPstor CDP。两个的 CDP 解决方案，其架构如出一辙，在使用方式上也类似。前文中所提供的几个 CDP 架构模型均是从这两家的 CDP 产品架构中提炼抽象而来，所以读者看过前文之后，就相当于已经了解了实际产品的架构。这里只对 EMC 的 RecoverPoint 产品做一个简要的介绍。

如图 16-46 所示，左右分别为 RecoverPoint CDP 服务器硬件的前视图和后视图。

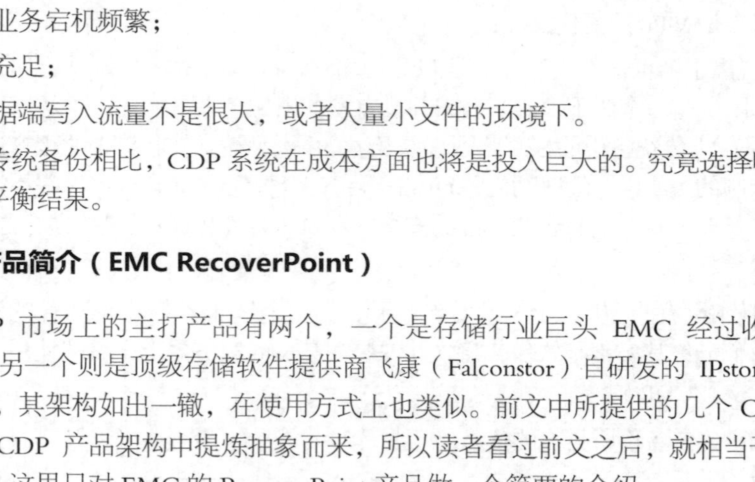

图 16-46　RP 服务器

这个硬件其实是一台 Dell R610 1u 服务器，配有两个千兆以太网口和 4 个 4Gb/s 的 FC 接口（一张 4 口 QLogic FC HBA）。操作系统为 Linux Based。CDP 功能实现于其上的核心应用程序软件。

如图 16-47 所示的是 RecoverPoint 的回溯粒度与普通的日备份和 Snapshot 的对比。前文中曾经提到过，由于 CDP 在数据一致性方面不如 Snapshot 可控性好，可以说根本不可控，这确实是个问题。但是 ReconverPoint 则提供了一种机制，即让用户自己记录对应的时间点都干了什么，回溯的时候就会有个参考。甚至通过安装 App Aware Agent 的方式，还可以自动获取被监视的应用程序目前所处的状态，比如，Database Agent，一旦监控到数据库此时做了 CheckPoint，则会通知 CDP 服务端将当前的时间点做一个 Bookmark，以便在回溯恢复的时候让用户知道这个时间点的影像对数据库来说是一致的。RecoverPoint 还可以监视其他多种应用，比如 Windows 下的 VSS 模块、MS SQL Server VDI 等。

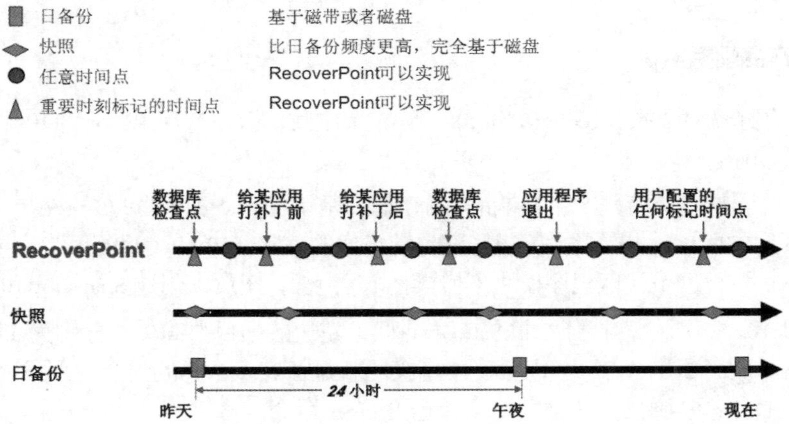

图 16-47　CDP 与 Snapshot

如图 16-48 所示的窗口中就显示了这些显式的重要时间点以及对应的事件。

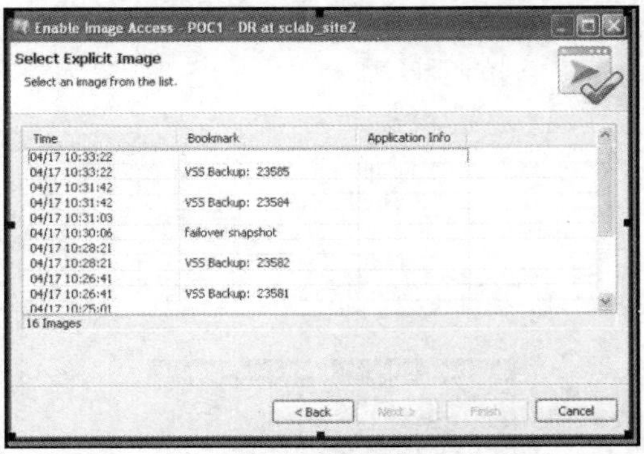

图 16-48　一致性标记

另外，RecoverPoint 不仅可以实现本地 CDP 数据保护，还可以实现跨越广域网实现异地 CDP 数据保护。其本质原理实际上是在本地和远程各部署一台 CDP 服务器，本地的 CDP 此时除了将 IO 镜像到自身的存储空间然后进行 Snapshot+CDP 后处理之外（或者自身没有存储空间，只作为 IO 转发器），还作为一个 IO 转发器，将收到的 IO 数据通过广域网同步到远程站点的 RecoverPoint 服务器，由远程 CDP 服务器来处理镜像的数据。这样，一旦本地站点整体灾难，远程站点依然可以保存一份可用的数据。远程 Disaster Recovery 功能在飞康 IPstor CDP 产品中同样提供。其整体架构如图 16-49 所示。

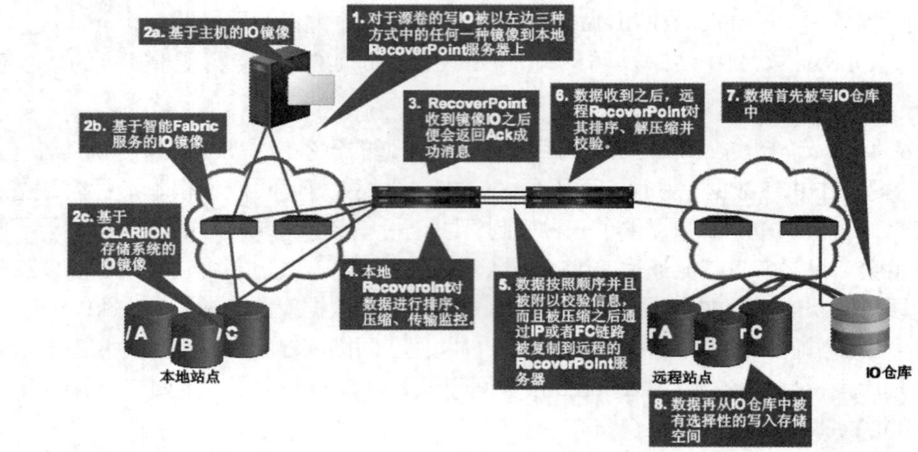

图 16-49　整体架构

9. CDP 产品配置实例

上文中介绍了 EMC 的 Recover Point 产品。本节中我们改用飞康 IPstor CDP 来为大家做一个 CDP 具体配置演示。

IPstor CDP 同样也支持基于主机端的 IO 镜像和基于 Fabric API 的 FC 网络层 IO 镜像，这里我们只给出基于 WIndows 操作系统的主机端 IO 镜像的演示。IPstor CDP 运行于主机端的代理程序叫做“DiskSafe”，这个代理程序模块不但操控 IO 镜像，还负责创建 Snapshot 和挂载 Snapshot。

（1）如图 16-50 所示，打开 DiskSafe 主界面，左边的项目很简单，分别为 Disk、 Group、 Snapshot、 Event。其中 Group 中定义的就是任意多个卷的组合，形成一致性组。首先右击 Disk，从弹出的快捷菜单中单击 Protect 命令。

（2）出现如图 16-51 所示的窗口，窗口中列出所有这台主机上的磁盘以及分区。可以针对整盘或者某分区进行镜像保护。在此我们选中 Disk0 准备对其进行整盘保护，单击 Next 按钮继续。

图 16-50　主界面

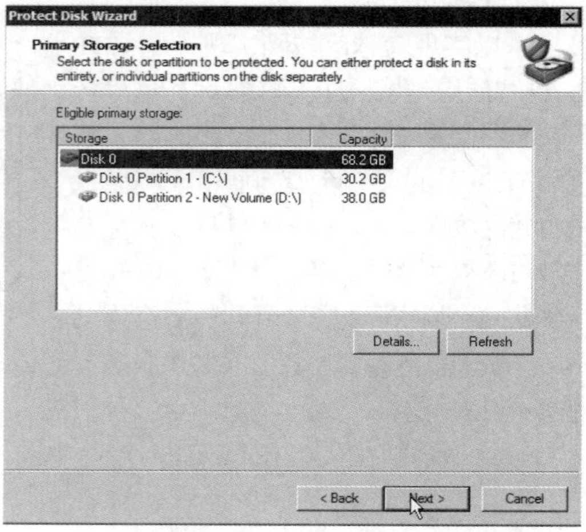

图 16-51　选择要镜像的盘

（3）如图 16-52 所示，代理程序便会与 CDP 服务器端通信以便查询是否服务器端存在已经创建好的镜像存储空间。本例中，新出现的窗口为空，所以我们需要在 CDP 服务端新建一个镜像存储空间，单击 New Disk 按钮。

（4）如图 16-53 所示，出现 Allocate Disk 对话框。上半部分的窗口显示了目前所连接的 CDP 服务器端的名称和地址，下半部分则显示了镜像卷的大小。本例中大小与源卷相同，并且这个镜像卷挂载到主机的方式是使用 iSCSI，由于本机没有安装 FC 卡，所以 FC 方式不可用。ThinProvision 默认启用，即镜像卷占用的空间会随着实际源卷的 IO 不断同步逐渐增加，而不是一开始就占用所设定的空间，空间渐增分配单位设定为 1024MB。

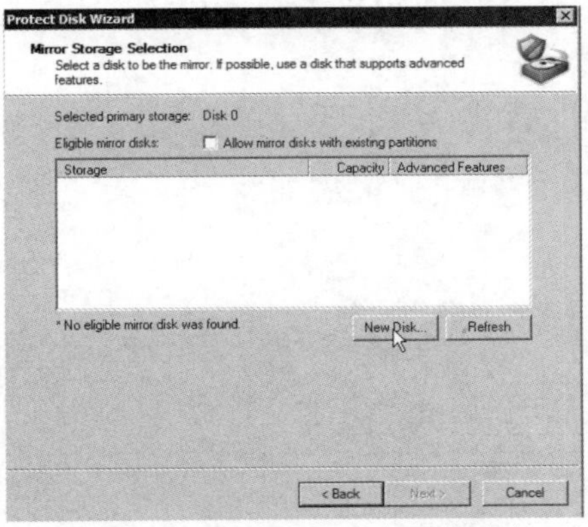

图 16-52　在服务器上创建镜像盘

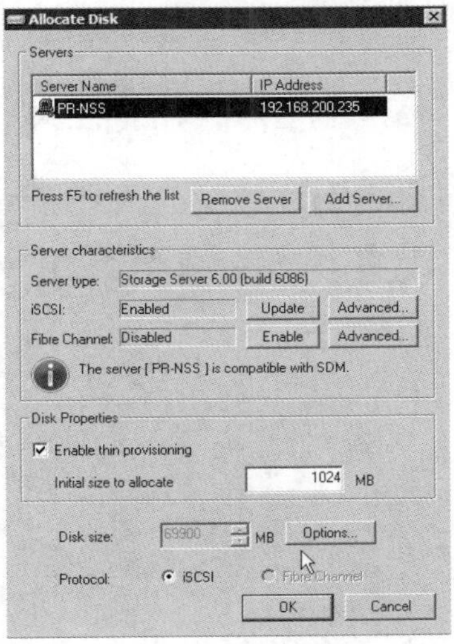

图 16-53　创建新盘

（5）如图 16-54 所示，单击 OK 按钮之后，CDP 服务器端便开始创建这个镜像卷。创建完成之后便会出现如图 16-55 所示的窗口，此时，新卷已经出现在了窗口中。选中它后，单击 Next 按钮继续。

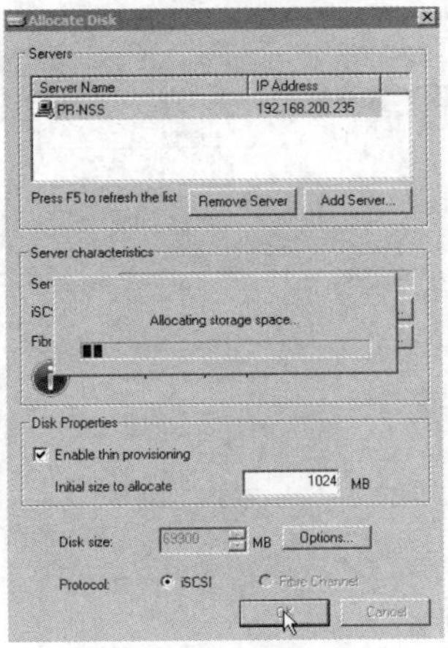

图 16-54　创建过程

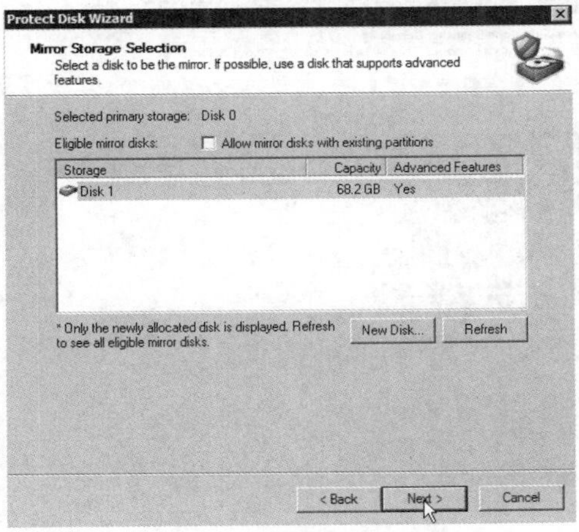

图 16-55　选择新建的盘

（6）出现如图 16-56 所示的窗口。在这个窗口中，提供了一些可以调节的参数，比如实时 IO

镜像模式（Continuous mode），即每个对源卷的写 IO 都同步传输到 CDP 服务端镜像卷之后才允许后续的源卷写 IO；周期性镜像同步模式（Periodic mode），即本地先将一段时间之内（比如几秒钟）的源卷所有写 IO 的数据复制暂存在本地，然后一批一批地镜像到 CDP 服务端，相当于异步镜像。前者对本地 IO 性能有较大影响，而后者则影响较小，但是存在数据丢失的风险。我们用默认的参数即可。另外值得一提的是，代理端不但可以进行全卷扇区对扇区的完整镜像，而且还可以识别源卷中的 NTFS 文件系统，而只对文件实际占用的那部分空间数据进行镜像操作，这将会大大降低不必要的传输，降低初次同步时间。单击 Next 按钮继续。

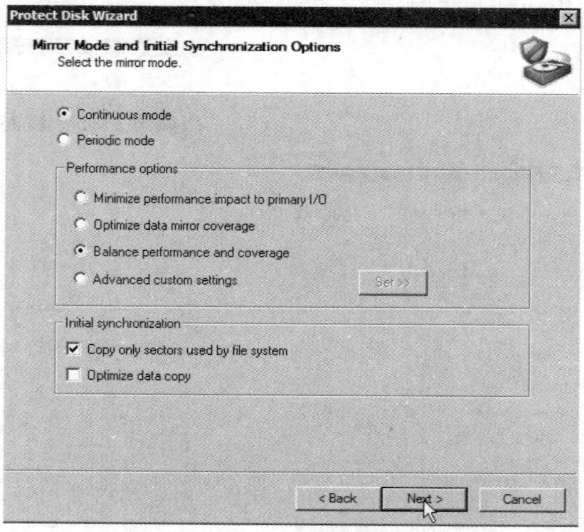

图 16-56　参数选择

（7）如图 16-57 所示，这个窗口中可以设定对镜像卷做 Snapshot 的自动触发时刻表，每当一个 Snapshot 被触发，代理模块便会通知 OS 层面将 FS 缓存写入源卷，或者调用 VSS 服务对相关的应用进行 Freeze。之后代理通知 CDP 服务端对对应镜像卷生成一份 Snapshot，而这个 Snapshot 总是一致的。

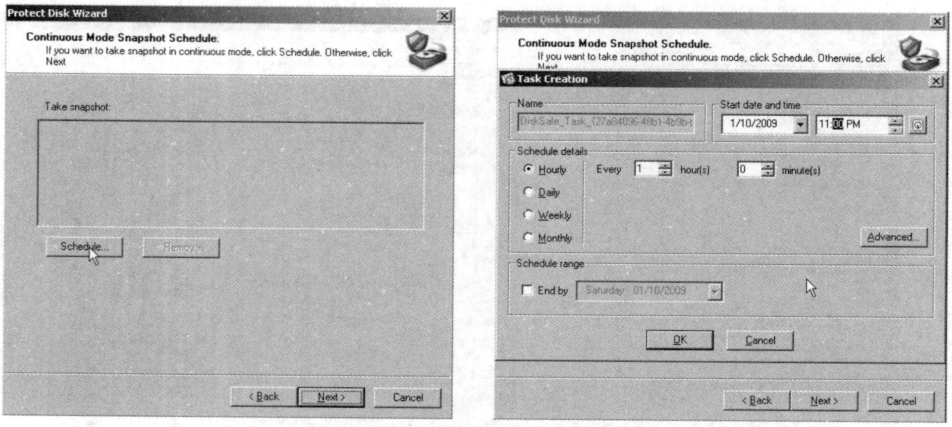

图 16-57　选择 Snapshot 时刻表

（8）还可以对 Snapshot 做一些高级设定，如图 16-58 所示。

（9）当完成 Snapshot Schedule 设定之后，出现 Summary 窗口，单击 Finish 按钮，如图 16-59

所示。

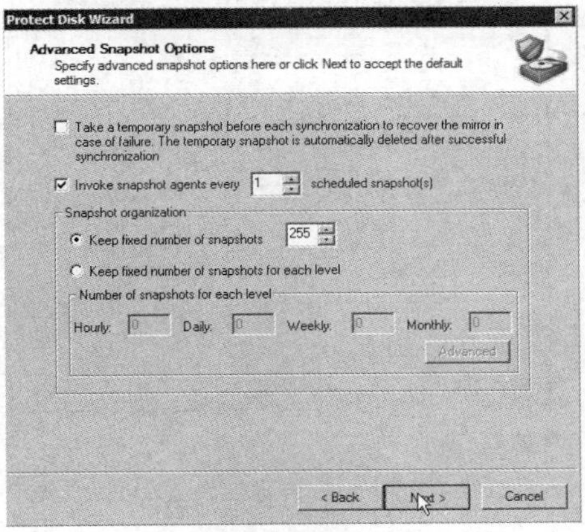

图 16-58　时刻表高级设定

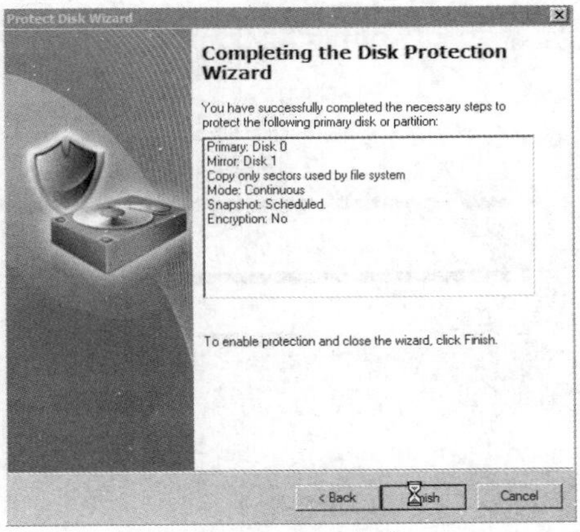

图 16-59　完成

（10）此时，在代理主窗口中的 Disk 项目右边就会显示出这个受保护的 Disk0，其状态显示为 Protection Initializing，正在执行同步镜像初始化操作。稍等片刻，状态就会变为 Synchronizing 状态，即首先将源卷上已经存在的数据同步到镜像卷。当初次同步完成之后，便进入了持续同步期，即源卷不断接收的写 IO 被不断同步到镜像卷。这个过程如图 16-60 所示。

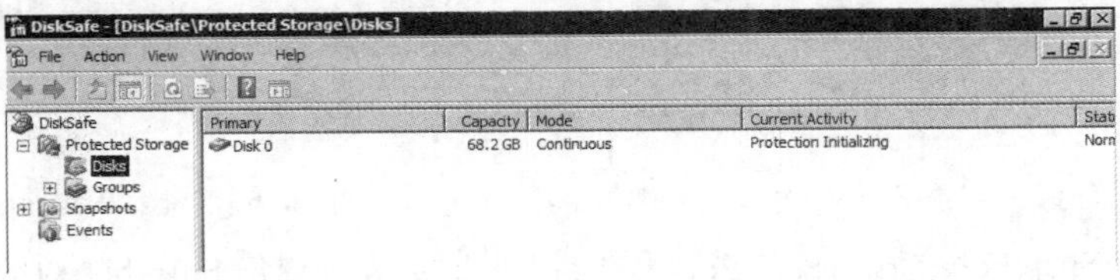

（1）

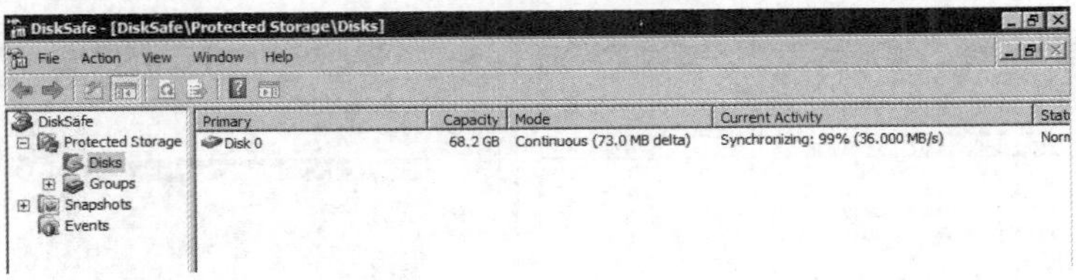

（2）

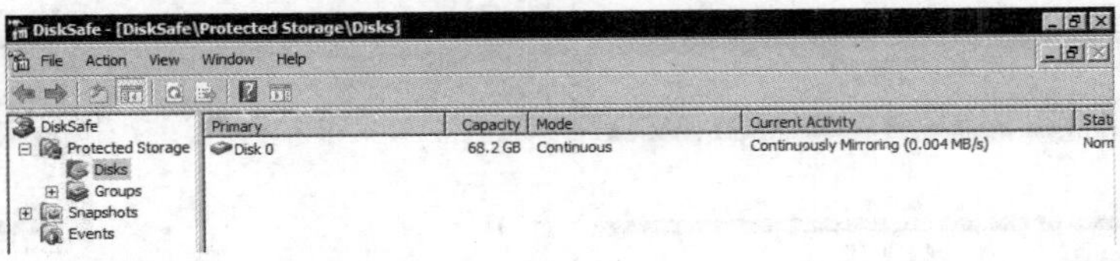

（3）

图 16-60　同步过程

（11）镜像卷在主机端表现为一个物理卷，此时千万不要在操作系统自带的卷管理工具中对这个卷进行任何操作，因为此时是由代理模块在管理这个卷，如图 16-61 所示。

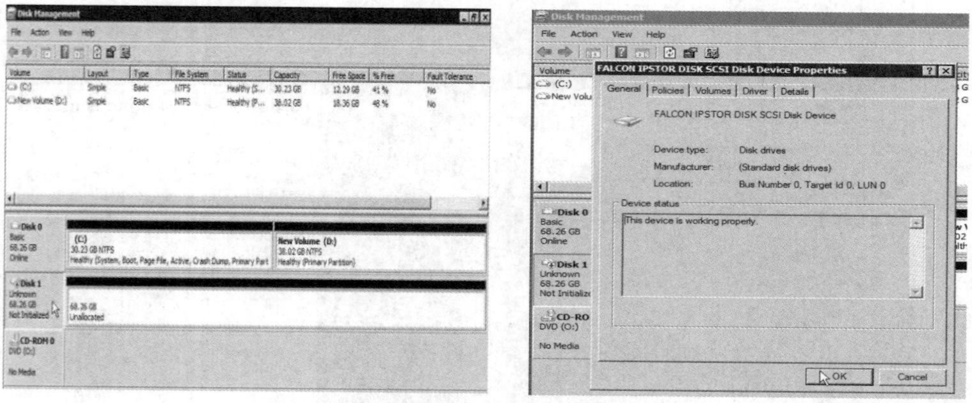

图 16-61　镜像卷的状态

（12）在代理主界面中，按照图 16-62 所示的方法来手动创建一个 Snapshot。

（13）当需要从 Snapshot 中恢复文件的时候，则在左边窗口定位到 Snapshot 项目下，找到对应的 Disk0，在右边的窗口中会出现系统针对 Disk0 所做的所有 Snapshot。选中需要恢复的时间点 Snapshot，右击，从弹出的快捷菜单中选择 Mount Snapshot 命令，如图 16-63 所示。

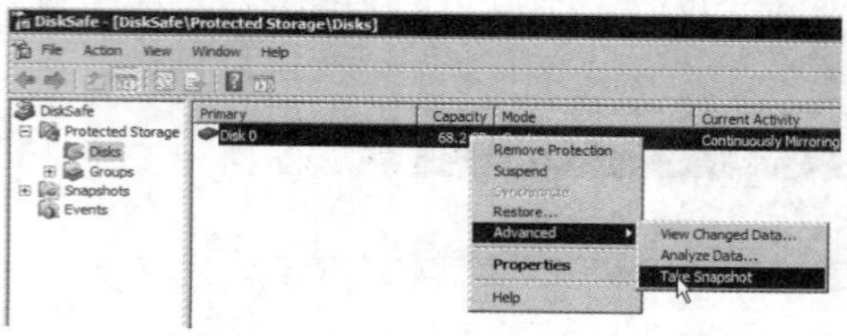

图 16-62　创建 Snapshot

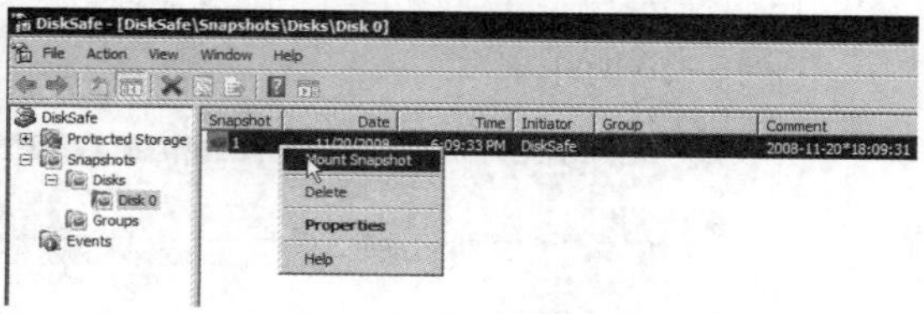

图 16-63　挂载 Snapshot

（14）Mount Snapshot 之后，打开磁盘管理器，此时会发现这份 Snapshot 对应的虚拟影像已经被挂载到了主机上，代理会自动为其分配一个盘符（本例中为 F 盘），如图 16-64 所示。

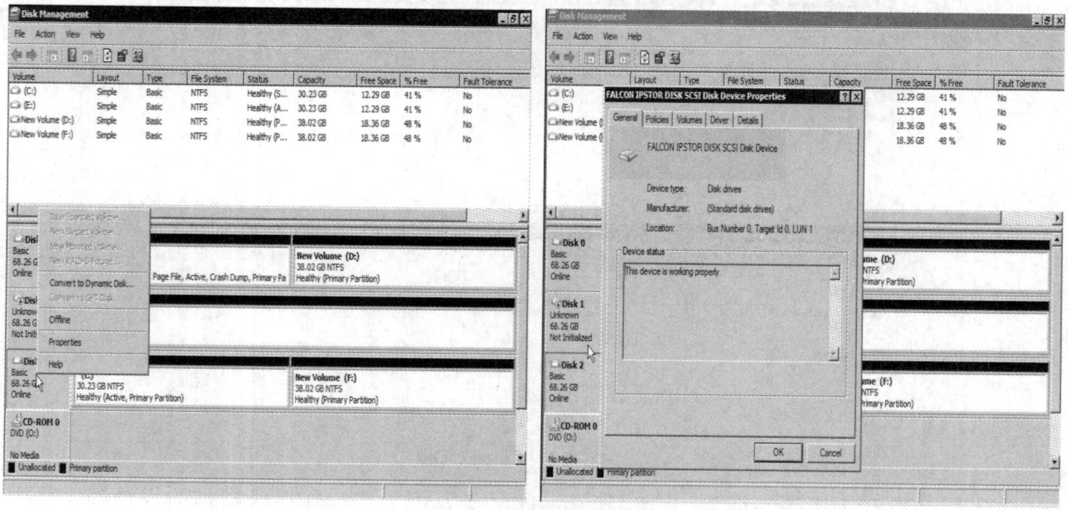

图 16-64　快照影像卷

此时便可以浏览这个影像磁盘中的内容，将需要恢复的文件复制出来了。

（15）如果需要整卷恢复，则更加方便，直接在对应的 Snapshot 上右击，从弹出的快捷菜单中单击 Restore 命令，如图 16-65 所示。

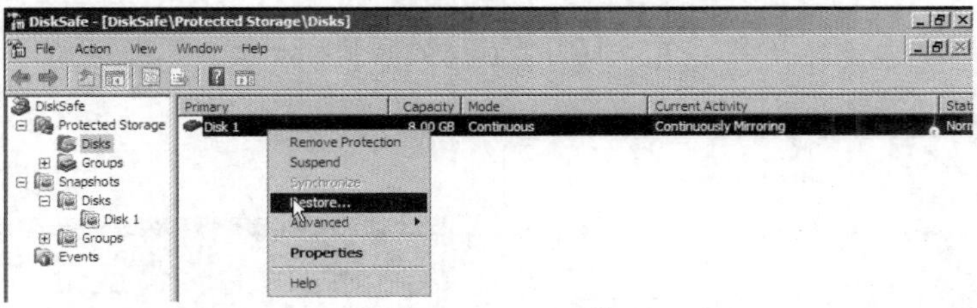

图 16-65　Restore 快照

（16）在出现的窗口中，单击 Next 按钮，如图 16-66 所示。

（17）在出现的窗口中，选择 Disk or Partition 单选按钮，单击 Next 按钮，如图 16-67 所示。

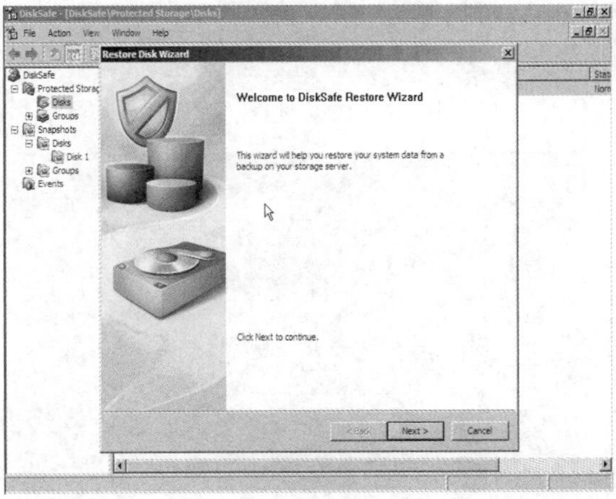

图 16-66　单击“下一步”

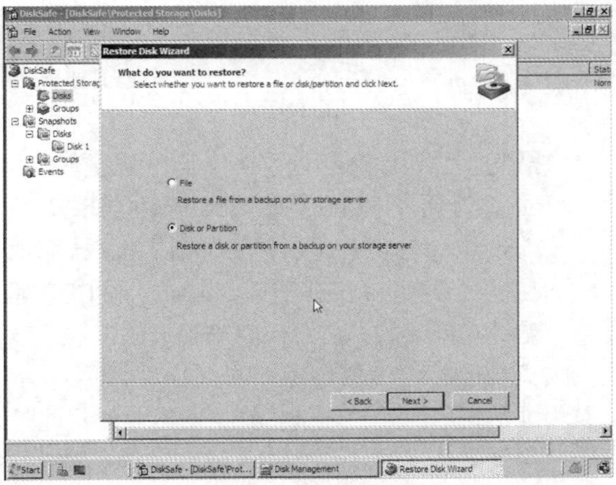

图 16-67　选择分区恢复

（18）如图 16-68 所示，在出现的窗口中，我们选择恢复一个 Snapshot，选中对应的 Snapshot，然后单击 Next 按钮。出现如图 16-69 所示的窗口。这里我们选择将 Snapshot 直接覆盖恢复到源卷，即 Original primary disk，然后单击 Next 按钮。

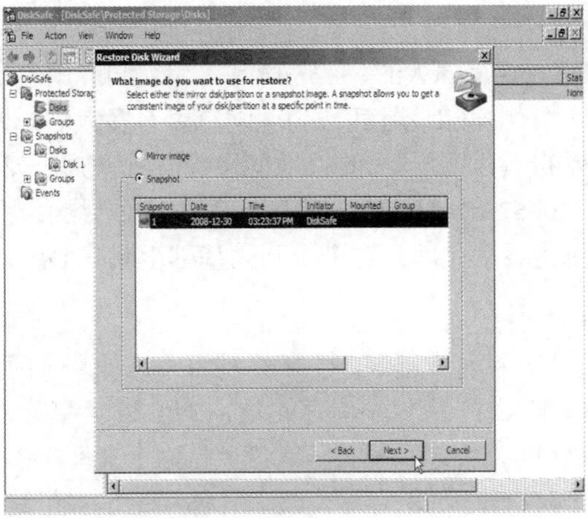

图 16-68　选择 Snapshot

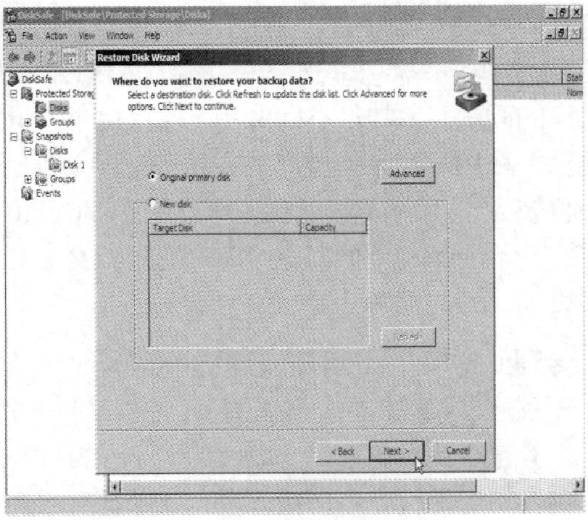

图 16-69　选择覆盖方式

（19）在图 16-70 所示的 Summary 窗口中单击 Finish 按钮，此时会出现恢复进度窗口，如图 16-71 所示。整盘 Restore 并且 Restore 到源卷的过程，与直接挂载 Snapshot 影像不同，前者是实体数据的恢复，即从位于 CDP 服务端的 IO 仓库中，参考对应的 Snapshot 与时间戳信息，将这份 Snapshot 中的所有数据覆盖到源卷。

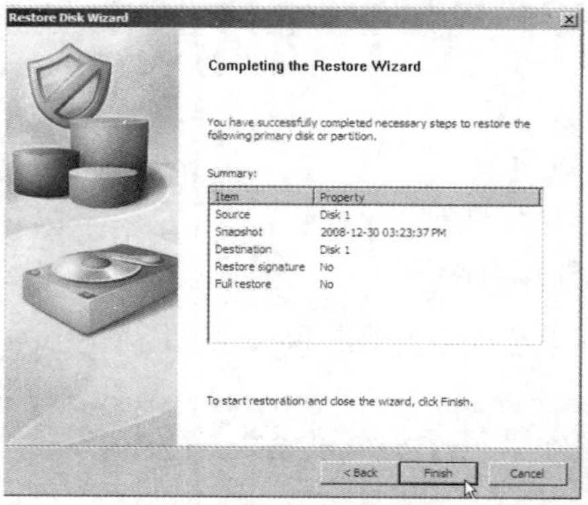

图 16-70　完成

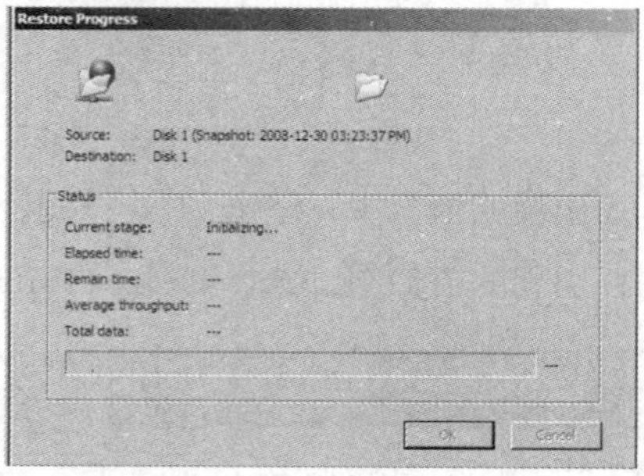

图 16-71　恢复过程

疑问：源卷中有部分数据可能并不需要被覆盖，为何不能直接重定向指针直接指向 Snapshot 入口呢？无能为力，因为，我们现在是对源卷进行恢复，而 Snapshot 和 CDP 都是针对源卷的一份镜像卷来生成的，这份镜像卷是在 CDP 服务器上的，CDP 服务端并不维护任何源卷的地址指针，所以此时只能是将目标恢复时间点之前所有被 CoW 的数据块覆盖到源卷才可以。图 16-72 所示的是恢复结束时的状态。

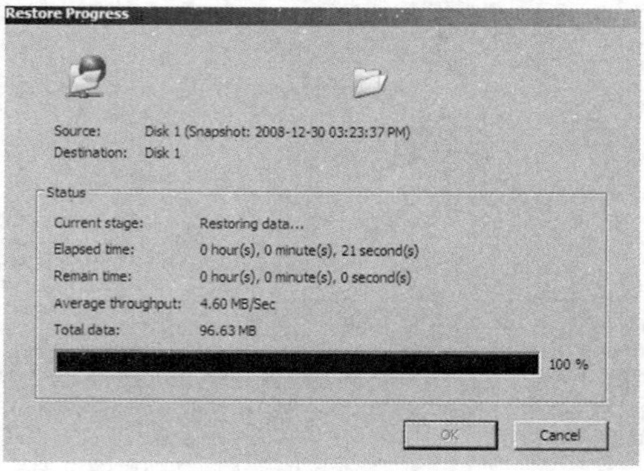

图 16-72　恢复完成

10. CDP 优化设计

1）日志链空间压缩

CDP 作为一种数据连续保护设计思想，其功能无疑是强大的，但是其效率和空间占用也是让人头疼的问题。尤其是空间占用，保存每个写 IO，可想而知其所耗费的空间总量有多大。如果能够采用一种用时间来换空间的方法来达到节能降耗的话，也不失为一种好办法。在这方面，我国华中科技大学的一项发明专利（公开号：CN101430657A）便非常巧妙地实现了这个目的，而且其算法并不复杂。下面对这个专利进行演绎，以便让大家在理解这个专利的基础上对 CDP 本身达到更加深刻的理解。

专利：这项专利的核心思想和出发点是“读写 IO 具有局部性”。怎么理解？比如某个应用程序，拿记事本来当作例子，记事本打开某文本文件，文件中保存的是 a~z 这 26 个字符，总容量也没有超过一个扇区的大小。当打开文件时，文件系统会从磁盘上将这个文件实体内容对应的整个扇区读入缓存，并且复制到记事本程序的缓存中。之后，你用记事本将其中的头几个字符，比如 a、b、c、d 更改为 1、2、3、4 这四个字符，并且保存。此时，文件系统会将这整个扇区的数据再写回覆盖到磁盘上对应的扇区，而此时这个扇区所变化的内容只有 4 字节，其他均未变。这就是“读写局部性原理”，即应用程序在读或者写某份数据的时候，其实只是想要改变其中的 5%~20%的数据。

如果按照 CDP 的做法，将会保存着整个写 IO 而不能判断只保存这个扇区中的前 4 字节。这只是用一个扇区来举例，实际中各种文件系统几乎都是以簇为单位进行读写的，一个簇比如 4KB、8KB 甚至 16KB 或者更高，如果仅仅改变了几个字节就要将整个簇覆盖到原有扇区的话，那其中的无用功就太多了。当然，文件系统这么做也是必需的，我们不可能去改变文件系统，况且一般文件系统每次覆盖都不会去 CoW 出被覆盖的簇进行保存，所以文件系统的这种行为在对空间的浪费的影像上还是比较轻的，并不具有累积性质。但是对于 CDP 来说就不同了，每次都保存了大量不必要的内容，具有累积性，实在是浪费。好在我们可以在镜像卷上来实现任何想法。

得想一种办法，让 CDP 保存每个写 IO 的时候只保存变化的数据，或者用某种办法来实现类似的思想。但是，用传统扫描的方法去比对每个 IO 相对于前一个 IO 的变化量而只保存变化的部分，这样做是不太好了，因为效率太低，会影像性能。有一种既简单又成熟的算法能够快速地比对两份数据中的异同，这就是 XOR 算法，1 XOR 1=0，1 XOR 0=1，0 XOR 0=0。即相同的数据互相 XOR 之后的结果为 0，不同的数据则为 1。如果将两份扇区中的内容进行 XOR 运算之后，按照“读写局部性原理”，理想情况下（结尾会举出一个很不理想的情况），结果中会有 80%~95%的连续 0，而剩余的部分则会是不规则的 0 和 1 排列。此时，再使用压缩工具对这些连续的 0 进行压缩，效率将会大大提高。

疑问：有人会质疑，既然两份扇区中的内容大部分相同，那么为何不直接使用压缩算法对其进行压缩呢？难道压缩连续的 0 比压缩乱序排列但是局部相同的 1 和 0 更为高效么？XOR 是否是多余的一步？非也。压缩算法的局限性是很大的，举例来讲吧，随便找一份视频文件，复制一份，然后用某压缩工具对这两份文件打包压缩，压缩完毕后你会发现，其结果等于单独压缩每份文件的结果之和。

而最理想的情况应该是压缩之后的结果仅为一份文件的空间。既然两份文件内容完全相同，为何得到的压缩率却远大于 50%呢？究其原因就是因为压缩算法的局限性，即一般压缩算法会设定一个滑动窗口，每次只读取待压缩目标文件的一定长度的数据，在这份数据中进行重复数据的搜索和压缩，将结果保存，然后将窗口往前移动，再读取接下来的定长数据，再压缩，然后结果追加到先前结果之后，最终达到文件末尾，压缩完成。为了保持一定的效率，窗口不可能太大，比如先扫描整个文件以找出重复的数据，甚至扫描所有给出的文件，找出全局重复的部分然后压缩，如果按照上两者的思想，则其压缩比将会显著提高，但是随之而来的是所耗费的时间以及系统资源也将会显著提高，这两个矛盾平衡之后的结果是，人们宁愿牺牲一些空间以换取效率的提高。本书其他章节中会介绍一种在全局数据空间内消除重复数据的方法。

在论述 XOR 之后为何压缩的效率和压缩比会更高的原因之前，我们先来论述一下专利 CDP 对 IO 的处理过程。

2）专利中的 CDP 引擎处理写 IO 的过程

（1）假设 T1 时刻 CDP 镜像卷某地址对应的 Block 内容为“abcabcabcabcabcabcabcabc”，即 8 个 abc 字串串联。这份数据用 Bt1 表示。T1 时刻系统示意图如图 16-73 所示。

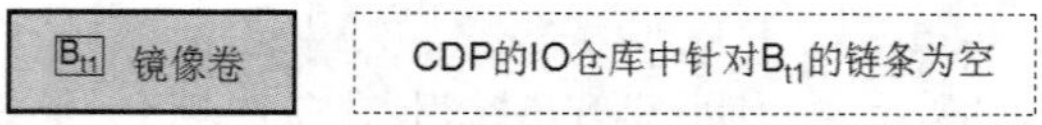

图 16-73 T1 时刻

（2）T2 时刻某写 IO 欲将数据覆盖为“xyzxyzabcabcabcabcabcabc”，即头两个 abc 被更改为 xyz。设这份新 Block 为 Bt2。CDP 截获这个写 IO，然后用新 IO 与 CoW 出来的 T1 时刻的数据内容 Bt1 作 XOR 运算，Bt2^Bt1=Pt2=“111111000000000000000000”（示意结果，并非二进制结果，下同）。此时，CDP 引擎首先将 T1 时刻的数据内容 Bt1 写入一个叫做“校验值链条”结构的首部，然后再将 XOR 的结果 Pt2 追加到“校验值链条”中 Bt1 之后，并将 Bt2 写到镜像卷中，即覆盖 Bt1。这样，在时光回溯过程中，利用公式 Pt2^Bt1=Bt2，便可反运算出 Bt2 的实际内容。T2 时刻系统示意图如图 16-74 所示。

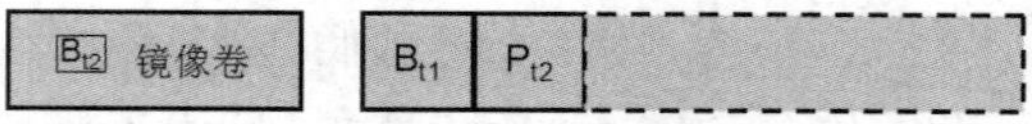

图 16-74 T2 时刻

（3）T3 时刻，另一个写 IO 即 Bt3 到来，内容为“xyzxyzabcabcabcabcdefdef”，此时 CDP 引擎将镜像卷中对应地址的数据 Bt2 进行 CoW 出来，然后进行 XOR 运算，Bt3^Bt2=Pt3=“000000000000000000111111”，将这个结果追加到“校验值链条”中最后一个结果也就是 Pt2 之后，同时将 Bt3 写入镜像卷。这样，在回溯时利用公式 Pt3^（Pt2^Bt1）=Bt3 就可以反运算出 Bt3 的实际数据内容。T3 时刻系统示意图如图 16-75 所示。

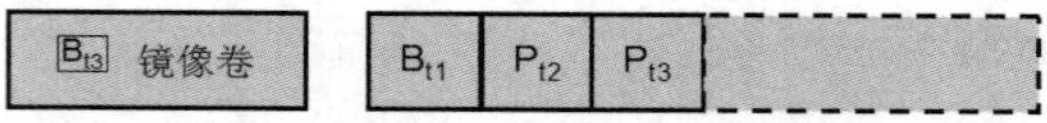

图 16-75 T3 时刻

随后的写 IO 依此类推。T6 时刻的系统示意图如图 16-76 所示。

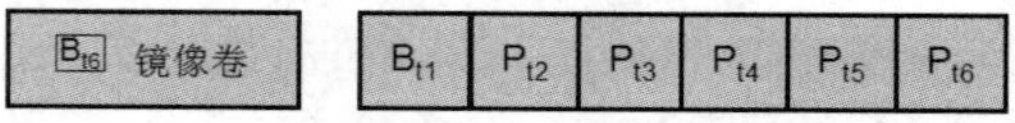

图 16-76 T6 时刻

然而，虽然可以用一份基准 Block，即 Bt1，随后的写 IO 轮流永远相互 XOR 下去，但是这样做容易导致 XOR 链条过长，在数据恢复反运算的时候，需要 XOR 的次数也就相应过多了，所以 XOR 链条过长就会影响回溯时候的性能。因此在下一步中，流程有了变化。

（4）假设，在 T7 时刻，CDP 截获了写 IO 数据 Bt7，此时，CDP 引擎依然是先 CoW 出 Bt6，然后进行运算 Bt7^Bt6=Pt7，依然将 Pt7 追加到 Pt6 后面。然后，关键的一步，CDP 引擎此时把 Bt7 追加到 Pt7 之后，同时将 Bt7 写入镜像卷覆盖 Bt6。这一步结束之后，系统的示意图如图 16-77 所示。

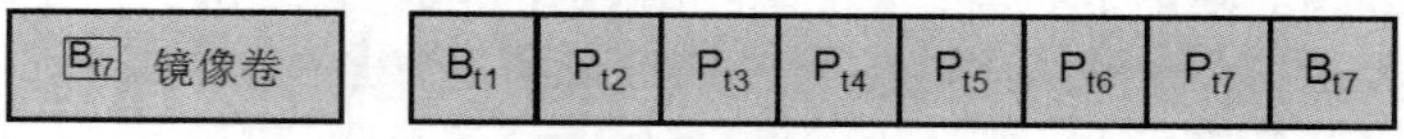

图 16-77 T7 时刻

从第（1）步到第（3）步，是一个周期轮回，第（4）步则是新一个周期的开始。镜像卷上的每个扇区地址都会对应着这样一个数据链条，链条中的每一个周期中的第一个 Block 总是为对应时间点的写 IO 数据实体内容的复制，后来进入的写 IO 将与前一份写 IO 进行 XOR 操作并将结果再追加到链条中，循环执行。每个周期的时间可调，并且可以根据系统的负载等情况做到动态可调，比如负载很小，则可以适当将周期变长，负载很大，则周期适当缩短。

3）专利中的 CDP 引擎在进行时光回溯时的处理流程

（1）假设，用户输入回溯时间点 T3，并且要求将 T3 时刻的源卷影像以虚拟卷的方式挂载到主机端。CDP 引擎收到这个事件之后，便开始准备相关资源和相关进程，并且立即向主机端客户端映射出一个虚拟卷，其大小与源卷相同。此映射过程中不涉及对源卷中任何地址的映射操作。

（2）主机端开始对这个虚拟卷发起读 IO 操作，假设主机端需要读出 Bt3 这个 Block，CDP 引擎接收到这个 IO 请求之后，立即比对 T1 和 T7 时刻哪个时间距离 T3 时刻近，本例中 T1 时刻被选中，则引擎立即从对应 Bt3 这个 Block 地址所对应的校验值数据链中根据时间戳定位并读出 Bt1、Pt2、Pt3 这三个相邻的 Block，按照正向恢复公式 Bt3=Pt3^（Pt2^Bt1）来计算出 Bt3 的实际数据，然后立即发送给主机客户端。同理，引擎接收到针对其他任何地址（比如 Ct3、Dt3 等）的 Block 的读请求后，都会根据相同的步骤读取对应地址的 Block 所对应的数据链中的相关的 Block 和 Parity Block 进行 XOR 反运算，并且将结果发送给主机。

（3）假设，用户输入回溯时间点为 T5，并且要求以虚拟影像方式直接挂载此时刻的虚拟卷。CDP 接收到这个事件后，做与第①步相同的工作。之后，主机端发起针对 Bt5 的读请求，CDP 引擎接收到这个 IO 之后，判断出 T5 时刻距离 T7 时刻比较近，所以 CDP 引擎根据时间戳定位并读出 Bt7、Pt7、Pt6、Pt5 这 4 个相邻的 Block，按照反向恢复公式 Bt5=Pt6^（Pt7^Bt7）计算出 Bt5 的实际数据并发送给主机。

（4）（本步在专利中并未做说明，由作者个人推演）接上一步，假设主机端要求对 Bt5 所对应的 LBA 地址进行写入操作。这时候，机制就稍微有点复杂了。主机可能同时在对源卷和虚拟卷影像进行读写操作，所以此时，CDP 引擎接收到针对虚拟卷的写 IO 之后，一定要将其重定向到针对这个 IO 地址的一条新数据链中，并做好地址索引以便随时备查。如果再次接收到主机针对虚拟影像卷这个地址的写 IO，则可以直接将新 IO 覆盖或者追加到新数据链中。

理解：为何要说“覆盖或者追加”呢？在此，有一个更灵活的技术实现，就是可以针对这份虚拟影像卷（注意，是虚拟影像，即经过一次 CDP 回溯之后的虚拟卷）创建二级 Snapshot 和 CDP。如何做到的呢？很简单，上文说了，将写 IO 重定向到一个新数据链中，那么我们依然可以在这条新数据链中实现与前文相同的功能，只不过此时的基准卷变为原来镜像卷某时刻的影像而已。针对新基准卷的读 IO 都要经过时光回溯步骤，写 IO 则与一级 CDP 有一点不同，即无须 CoW，而是用了 RoW 方式。

（5）（本步在专利中并未做说明，由作者个人推演） 如果主机端选择以实体内容 Restore 或者叫做 Rollback 的方式来将源卷上的实体数据恢复到之前某一时间点的话，则这个过程的底层机制与前文虚拟影像挂载模式下的实现方式没什么太大区别，除了下面三点之外：

- 一是，CDP 引擎不会映射给主机一个虚拟卷了；
- 二是，然后将计算出来的回溯结果直接覆盖到源卷和镜像卷的对应地址；

- 三是，删掉对应 Block 地址校验值数据链中这个时间点之后的所有 Block，仅保留此时间点之前的链条。

经过这些步骤之后，源卷和镜像卷以及数据链条的整体状态就被 Restore（或者叫 Rollback）到所给出的时间点了，主机此时可以继续对源卷进行 IO，CDP 引擎从这个时间点上继续开始工作。此时，原来所保存的晚于这个时间点的所有数据均被抹除了。这是 Restore 不如虚拟影像挂载的一点，但是实体 Restore 之后，相对于虚拟影像卷来讲，却可以保证系统性能，因为不需要复杂的回溯流程了。

4）对校验值数据链的压缩问题探讨

现在我们要来探讨一下这个专利的初衷，即，使用 XOR 运算来节省大量校验值数据链所占用的空间的做法是否真的有效果。

参考 CDP 引擎 IO 处理过程中的第①步所给出的示例数据和第②步所给出的 XOR 结果，假设，压缩算法的窗口很小，仅为一个 Block 的长度，则每个滑动窗口仅对一个 Block 进行压缩，数据 Pt2 的压缩结果可粗略地认为是类似“（6）1（18）0”这种表现形式，即 6 个 1 和 18 个 0 组成的字串（这里我们忽略压缩算法的真实结果表示方式以及纯二进制结果，大片连续的 1 的情况很少出现）。同理，针对数据块 Pt3 的压缩结果是“（18）0（6）1”。

我们来对比一下，如果 CDP 引擎对每个新 IO 块不进行与前一个 IO 块的 XOR 运算而直接将其以实体内容的形式追加到数据链条末尾，这种情况下，调用压缩算法对每个实体数据块进行压缩，针对数据 Bt2 的压缩结果为“（2）xyz（6）abc”。可以判断，如果都转化为二进制的话，这个结果的长度将远大于“（18）0（6）1”。

另外，我们以上只是假设了压缩算法的窗口大小仅有一个 Block 的长度，如果增加窗口大小，比如两个 Block 的长度，那么刚才的例子中就可以同时对 Pt2 和 Pt3 进行压缩，结果为“（6）1（18）0（6）1”，而直接压缩实体数据块的结果为“（2）xyz（6）abc（2）xyz（4）abc（2）def”，可以看出此时压缩的比率相对直接压缩实体数据块所提升的更大。

所以，结论很明显，XOR 运算之后的大片连续分布的 0，显著地提高了压缩的效率和比率。

总结：这个专利使用了非常普遍的 XOR 和压缩运算从而达到节省空间的目的（根据专利描述，可以节省 20~30 倍的空间占用，无疑是一个很有诱惑力的数值），这使得其实现起来的成本大大降低，而且，如果使用硬 XOR 运算和压缩解压缩芯片的话，便可以显著提升恢复效率，不失为一种很好的解决方案。但是也有一个小小的遗憾，即如果新写 IO 数据块相对于前一个数据块之间的相同部分的内容在两个数据块中是被错开排列的，哪怕错开 1B 或者 1b，比如“abcdefg”和“0abcdef”，这种情况下，XOR 后的结果将会是 0 和 1 的不规则不连续排列，压缩比率大大降低，XOR 运算恐怕只能额外增加系统负担了。

5）日志链时间点合成

针对 CDP 数据占用空间过大并且管理开销过大的问题，还有另外一种妥协的方法，即 CDP 时间点合成法。CDP 引擎为每个 Block 都保存一个按照时间先后排序的影像链，每个 Block 每发生一次写 IO，这个 IO 就会被追加到这个 Block 链的尾部。如果用户觉得 CDP 的粒度太细了，没有必要，决定释放一部分空间，只保留几个关键时间点的影像，那么此时就可以将 Block 链条进行合成操作。

这里所谓的“合成”其实并不是合成，而是删除所有 Block 链条中给出的所有需要保留的时间点之间的数据块。比如，如果用户只要求保留 T5 和 T8 这两个时间点时 LUN 的影像，那么就可以将所有 Block 日志链中的 T6、T7 时间点对应的 Block 留存删除掉，这样就节省了大量空间。

6）全局日志链

如果在 CDP 系统设计中做出一部分妥协，损失一部分灵活性，就可以大大降低 CDP 的复杂度，获得更高的处理效率。前文中所设计的 CDP 系统，允许实时地 Mount 某个时间点的虚拟影像，这样虽然非常灵活方便，但是这么做就需要为每个 Block 维护一个日志链，计算开销和存储开销都很大。如果对于某个 LUN 维护一个全局 Block 日志链，即针对这个 LUN 的所有写 IO 都保存在同一条日志链中，不再区分 Block，那么维护开销将大大降低，但是同时，也不再可能实时地输出某个时间点的 LUN 影像了。正如前文中的“思考”框中描述的一样，如果只维护一个全局日志链，那么在用户需要访问某个时间点的 LUN 影像的时候，系统就只能将日志链从对应的时间点开始向回 Replay 到一个空 LUN 中，然后结合源卷中未被写过的块，共同组成一个影像。这样做效率也是比较低下的。

一种取代的做法是：只需要对每个 LUN 整体维护一个单一的 Block 日志链即可，用户选择回溯到哪个点，就将整个 Block 日志链从头开始到这个点之间的日志 Replay 到一个空 LUN 中，但是被 Replay 出去的 Block 在空 LUN 中要被按照与 LBA 地址一一对应的方式写入。与此同时，将源卷中未被写过的 Block 也按照 LBA 地址一一读出并且写入空 LUN。这两个过程都完成之后，这个 LUN 中的内容就是对应时间点的一份真实影像而不是虚拟影像了。在第一次 Replay 之后，如果用户再次选择回溯或者前滚到另一个时间点，那么可以从 Block 日志链中上一次 Replay 结束的地方开始向用户给出的那个时间点在日志中所处的位置进行 Replay（快进或者快退），将块覆盖到影像 LUN 中，二次 Replay 所耗费的时间就仅仅是 Replay 日志链的时间了。

另外，全局日志链模式由于将所有的 Block 变更都混合存放在同一个链条中，所以每条日志记录都需要记录对应的 Block 被覆盖之前的内容以及覆盖之后的内容。为何要这样做呢？因为在 Replay 日志时，在回退操作的时候，必须知道对应的块被覆盖之前的内容（虽然可以通过查找的方式来查找日志链中这个块上一次被修改之后的内容，也就是本次修改之前的内容，但是这样做是非常慢的）。所以，全局日志链中会有将近一半的相同内容（针对同一个块的两条日志记录中会有一份内容相同），占用额外空间比较大。

将全局日志链与分块元数据链相结合使用可以获得最佳的效果，正如上文中“雕心镂月幻影斩”中所表述的。

7）日志写缓冲处理

由于 CDP 模块需要针对每一个写来做 RoW/CoW 操作，CoW 操作会使得写操作的延迟大大增加，而 RoW 操作由于要写入随机分布的块日志链，属于随机度非常大的写入操作，所以延迟也会非常大。在前文所述的 CDP 普遍使用的模型中，如果 CDP 服务端阵列处理写的速度由于 RoW/CoW 的影响而与主机写入主阵列的速度相差太大的话，那么势必严重影响主机端性能。基于此，CDP 服务器可以先将所有进入的写 IO 写到一个日志中缓存，从而达到快速响应写 IO 请求的目的，系统在后台系统不繁忙的时候重放这份日志然后进行 CDP 处理。写日志的过程是完全连续 IO，所以此时可以大大降低 IO 延迟。

16.2.6 VSS 公共快照服务

VSS 的全称是 Volume Shadow copy Service，中译名即“卷影复制服务”。乍一看挺抽象，而且也容易被其中译名弄晕，所以我们擅自称它为“公共快照服务”。上文中曾经说过，为了保证 Snapshot 的一致性，几乎所有存储厂商都提供了自己开发的针对各种应用程序和文件系统的代理模块。而应用程序有无限多种，存储厂商也有多个，但是这些应用以及存储代理都运行在同一个操作系统中，与其每一个厂商为每一种应用程序都开发自己的代理，不如在操作系统中建立一个公共的 Framework 服务，往上适配各种应用程序，往下则适配各厂商的代理，做到统一控制调配，统一开发接口。微软在其 Windows Server 操作系统中就提供了这样一种公共服务模块，这就是 VSS 模块被开发的初衷。

VSS 的架构如图 16-78 所示，左边是具体的 VSS 架构，右边是抽象后的架构。

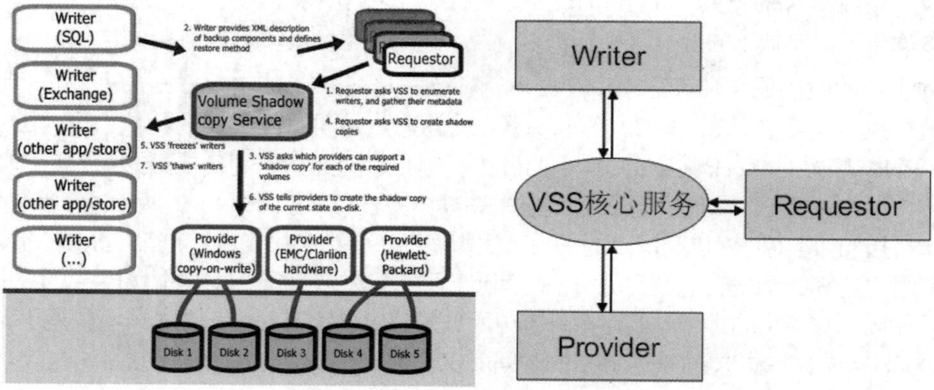

图 16-78 VSS 架构图

整个 VSS 逻辑架构包含 4 个部分：VSS 核心服务、Writer、Provider、Requestor。

- Writer。这里的意思就是代表运行于操作系统中的各种应用程序，当然这些应用程序必须支持 VSS 服务，运行时便向 VSS 进行注册以表明自己的身份。每一个应用程序就是一个 Writer。至于为何叫做 Writer，是因为这些应用程序都需要向对应的卷或者磁盘中写入数据，所以叫做 Writer，即数据写入者。在 Windows 系统中典型的 Writer 比如 Exchange Server、SQL Server、Oracle、DB2、Share Point 等。VSS 核心服务提供 SDK 开发接口，任何应用程序都可以借助它来支持 VSS。
- Provider。这里的意思代表各个底层存储系统中的快照支持者/提供者，说白了就是各个存储厂商的存储系统以及其在主机端的代理程序，存储系统必须支持 Snapshot 功能，不支持 Snapshot 则不属于 Provider。
- Requestor。这里的意思是代表各个存储厂商的快照管理程序，当然也可以是快照代理程序。这个程序负责何时触发快照，管理员通过在这个程序中设定一些 Schedule 来控制 Snapshot 的生成时间点和频率等。

使用 VSS 来作为公共快照服务之后，生成一个快照的具体流程如下。

（1）T1 时刻，某应用程序，比如 Exchange Server，正在运行，并且持续不断地向底层卷 LUN1 写入数据。

（2）T2 时刻，系统管理员需要针对 LUN1 触发一次快照以保存当前的数据影像，管理员打开对应存储厂商的 Requestor 程序界面，在其中手动触发 Snapshot。

（3）T3 时刻，Requestor 程序接收到了管理员的操作，然后立即向 VSS 核心服务请求将目前所有已经在 VSS 服务中注册的 Writer，也就是应用程序的列表返回给自己。

（4）Requestor 判断 Exchange Server 是否在列表中，如果在列表中，则提取其注册信息，并且用 Exchange Server 的注册信息以及所要进行 Snapshot 的卷列表向 VSS 发起请求，通知 VSS 快照请求已经发起，请协助处理后续事宜。

（5）T4 时刻，VSS 收到 Requestor 的请求之后，根据 Requestor 传送的卷列表信息向所有 Provider（Snapshot 代理程序）发起查询以得知哪个 Provider 可以提供针对 LUN1 的快照操作，对应的 Provider 收到查询请求后会进行应答。

（6）T5 时刻，VSS 此时已经得知了所有必要的信息，即哪个应用，哪个卷，哪个 Provider。VSS 立即向 Writer，即 Exchange Server 发起请求，让 Exchange Server 暂时生成一致点，没完成的运算赶快完成，来不及完成的就暂挂，将缓存中的数据该回退的回退，并且暂停对数据卷的写 IO 操作。Exchange Server 完成这些步骤之后，会通知 VSS 它已经准备好了。

（7）VSS 接收到了 Writer 的通知之后，立即向对应的 Provider 发起执行快照的请求。Provider（代理程序）收到 VSS 的指令后立即与存储设备通信，通知存储设备立即对相应的卷生成一份快照。如果在 VSS 请求发起之后 10 秒钟之内没有收到 Provider 快照成功的通知，则此次操作失败，系统恢复原状。

（8）一旦快照在存储设备上成功地生成，Provider（代理程序）就会接到存储设备的通知，然后 Provider 立即通知 VSS 快照已生成。VSS 接到通知后立即向 Writer 发送通知告诉 Writer 可以继续进行针对相应数据卷的写 IO 操作。然后，VSS 通知 Requestor 本次快照成功生成。

（9）系统恢复常态。

VSS 为不同的应用和不同的快照代理提供了一个公共 Framework，极大简化了系统的复杂性。如图 16-79 所示为 VSS 介入前后系统 API 复杂度的变化。

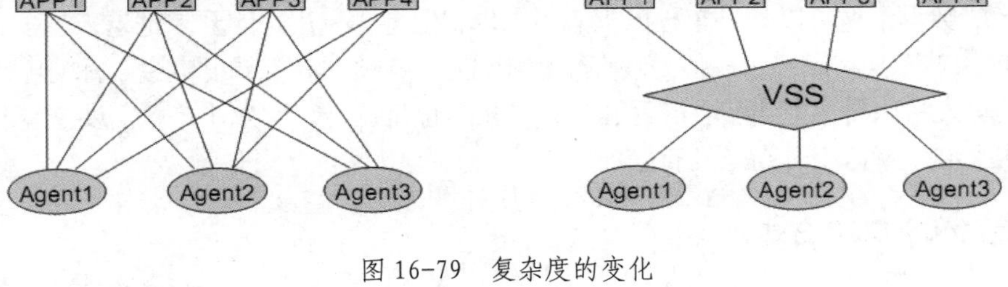

图 16-79　复杂度的变化

16.2.7　快照、克隆、CDP 与平行宇宙

克隆的出现恰恰为平行宇宙、蝴蝶效应和弦、膜等理论提供了计算机建模运算研究的数据基础。如果把我们现在对计算机所做的事情对应到造物主对现实世界所做的事情，那么就可以找到

对应，如图 16-80 所示。那么是不是也就意味着现实世界的历史也是可以回滚的，也是可以重演的，只是我们现在的破解进程还没有到那一步。搞不好会让现实世界崩溃掉而回到原点？

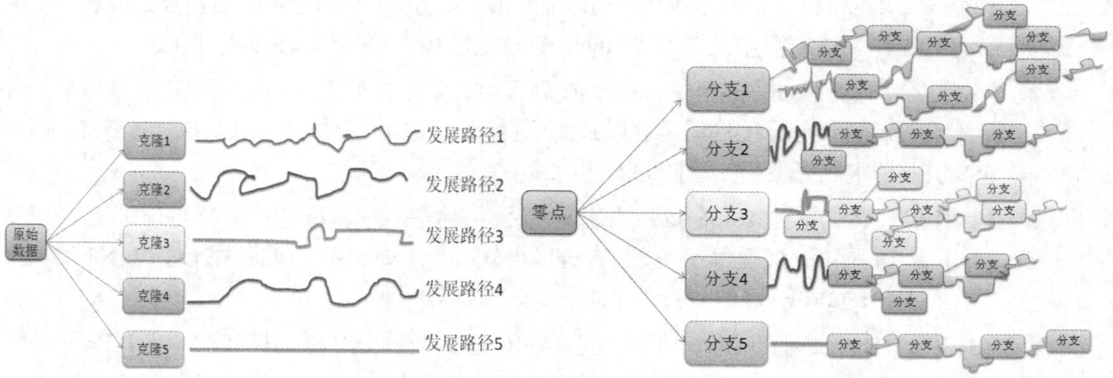

图 16-80　克隆与平行宇宙

思考：同一个微粒为何会同一时刻出现在不同位置？我们通过某些实验隐约推测到这种结论，那么这个微粒是不是被多个快照（平行宇宙）所共享？是不是在同一个时间维度下附带有多个空间维度呢？弦理论就是这样一种理论，它似乎正试图去寻找造物主到底为某个世界创建了多少个并行发展的克隆。而这些所有克隆的源头，也就对应了宇宙大爆炸理论的那个所谓的中心点。

强子对撞机是否会是破解上帝代码的最终手段？是否可以探知到上帝构造世界的基石是 1 和 0 还是"有"和"无"，或者就是某种可以看到的东西，或者根本什么都没有？或者当对撞的一瞬间，上帝构造的世界被我们弄崩溃了？霍金为何先后抛出"不要与外星人接触"以及"时光回溯是可以实现的"两个理论？这些现在谁也不知道。

16.2.8　高帧率 IO 级数据录像

如果说快照是数据照相机，那么 CDP 就是数据录像机。目前多数 CDP 产品所实现的都是本书前文中所描述的那种低帧率录像，也就是每隔几秒钟对数据日志进行采样，然后对每个采样点根据回溯线进行制表操作（生成一张对采样点的时刻数据地址映射描述表），然后删掉位于采样点之间的数据以腾出空间。

低帧率的数据录像可以从一定程度上满足需求，但是毕竟用户的要求是越来越多、越来越膨胀的，24 帧的电影其实足够了，但是现在依然出现了 48 帧的高流畅度电影。标清电影也能凑合看，但是就有人希望看到主角脸上的毛孔。对于数据也是这样，比如用户就需要恢复某个时间点的数据，结果恰好就这个时间点没有采样。

数据库系统的 CDP 方式

"细粒度数据回滚和前滚"这个思想到底是谁发明或者提出来的我们已经无从考证了，但是最成熟的高帧率数据录像机，还得是数据库系统莫属。数据库系统对每一笔操作都记录得非常详细，包括这笔操作所做的更改类型（插入、删除、更新等）以及该笔操作所对应的 SCN 序号等。记录了所有变更操作，就可以任意回滚和前滚，当然，需要将一段时间内所有发生的变化都记录下来，才可以在这段时间内的历史数据中任意回滚/前滚。

数据库所不能实现的

数据库虽然可以任意回滚，但是它不能并行生成多个历史时刻的、可访问的数据库影像。如同一份十分钟之前的影像，一份一小时之前的影像，想同时访问这两个影像，此时数据库系统是无能为力的。

存储系统对 CDP 的特殊要求

作为一个存储系统，必须实现上述功能才算专业。但是如何在保证细粒度回溯点的情况下，依然还能提供上述功能，就是个比较大的挑战了。低帧率模式下，每个采样点会用一份表来记录映射关系，当挂起这个采样点成为一个虚拟的卷影像之后，针对该影像的 IO 访问，可以通过查询该表迅速得到执行。

但是高帧率模式下，采样点模型已经不适用了，由于回溯粒度非常高，甚至达到了每个 IO 级别，那么此时不可能为每个 IO 点都记录一张表。所以此时必须使用数据库日志形式的回滚方式，但又要同时实现并行影像访问，这似乎不可能。

IO 级回放的唯一产品——飞康 CDP

我们在前面虚拟化章节中提到了飞康，在 CDP 领域，不知道飞康就别说你懂 CDP。飞康是业界第一家、也是唯一一家能够提供真正可行的 IO 级回放粒度 CDP 技术的厂商。飞康进入中国时，引来国内多家厂商纷纷研究和效仿，不仅仅是在技术层面，更多是在产品、用户体验层面，因为几乎没有其他厂商能将 CDP 从技术到产品转化地如此彻底。业界也曾经质疑过飞康是否真的能够做到 IO 粒度的回滚，本书前文中也曾对 IO 级别的回放进行过分析以及对一致性方面的担忧。但是飞康很好地处理、包装和屏蔽了这些问题，让 IO 级 CDP 变得真正可用，这就是其差异化技术所在了。

说明：由于飞康并没有公开这些技术的底层细节，所以外界对飞康的研究都属于猜测分析，那么我也不妨在这里分析一把，正如本书前文中的模型建立和分析一样。

试想一下，在这种 IO 级别细粒度回溯的场景下，就完全没有必要为每个 IO 记录一个单独的表了，也就是说，日志本身，已经是个内嵌的表了。我们先来做个简易模型，有 100 个 LBA 组成一个卷，然后针对这个卷的 10、20……100 这 10 个 LBA 做了多次乱序、重叠的写 IO 操作，现在要求生成第二个 IO（LBA70 也就是 T1 时刻）和第 9 个 IO（LBA10 也就是 T2 时刻）历史时刻的两份影像，而且要求可并行访问。如图 16-81 所示。

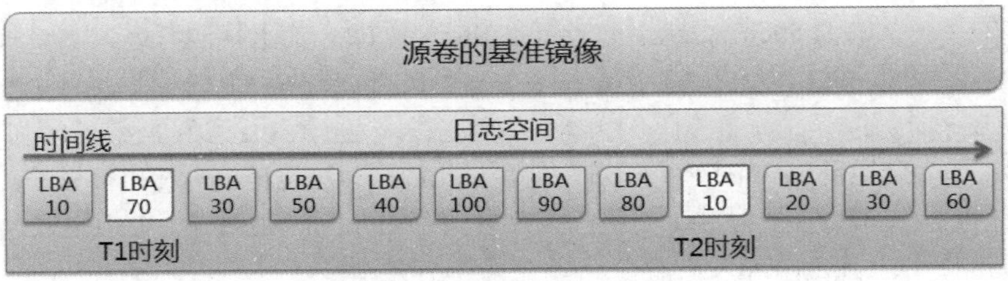

图 16-81　IO 级 CDP 日志空间

我们还是按照之前的模型方法，假设这两个历史时刻虚拟卷已经生成，主机端已经挂载这两个卷，然后主机针对 T1 时刻的虚拟卷的 LBA50 进行了读操作，此时 CDP 系统应该去哪里找 LBA50？读者应该很清楚了，那就是要从源卷的基准镜像中读出 LBA50 然后发送给主机。为什么？因为 T1 这个历史时刻点之前，对 LBA50 的更新还没有发生（虽然在当前日志中 T1 时刻后面确实有一笔 LBA50 的写 IO 被记录），也就是在日志中 T1 时刻之前未出现过 LBA50。同理，主机针对比如 LBA1024（不在日志中）的访问，同样也要去源卷基准镜像中寻找。但是针对 LBA10 的访问，CDP 引擎就必须从日志中读出 LBA10 返回给主机，因为在 T1 时刻之前，日志中恰好有一笔针对 LBA10 的写 IO 被记录。再来看针对 T2 时刻的虚拟卷的访问，其道理是一样的，同样是访问 LBA50，但是此时 CDP 引擎就必须明确地知道，LBA50 是存储在日志中的并且是在 T2 时刻之前发生，所以必须从日志中来找到 T2 时刻之前最近的一笔（可能会有多笔）LBA50 的记录从而返回给主机。

这个模型非常简单，任何一个人通过看图都能很快判断出任何一个 IO 访问，到底应该从哪里找数据返回给主机。仔细体会一下，寻找其中规律，这个算法模型其实说白了就是：针对任何历史时刻点的虚拟卷影像的任何 LBA 的访问，CDP 引擎首先要判断出该 IO 地址对应的数据是否存在于日志中，如果有，再去日志中该历史时刻点之前的记录中去搜索，如果搜不到，就从基准镜像中读出并返回；如果初始判断该访问地址根本就不在日志中，则直接从源卷基准镜像中对应的 LBA 中读出该数据即可，不需要搜索，因为该 LBA 与访问的 LBA 是一一对应的。

我们看到，上述算法模型，对针对某地址的访问，做了两级搜索，为何不用一级搜索呢，比如任何一个访问，先整体搜一遍日志，搜不到再去基准镜像中读取？如果这样的话，性能会非常差。上图中的日志只记录了十几笔操作，但是现实中，会有几十万、上百万甚至千万笔操作，搜一遍谈何容易。那么如何快速地判断某地址是否在日志中或者不在日志中？这个就很简单了，利用一个 Bitmap，源卷每个块或者 LBA，对应 Bitmap 中的一个 bit，如果该 bit 被置 1，证明该块/LBA 目前在日志中存在，但是并不能判断存在于该历史时刻点之前还是之后；如果该 bit 被置 0，则证明该块/LBA 在日志中不存在，也就是说从录像开始之后，这个块/LBA 根本没有被更新过，此时皆大欢喜，直接去基准镜像中访问该块，性能最高。

第一级搜索可以利用位图来缓解性能问题。但是如果必须去日志中查找，此时性能一定会有损失的。但是我们还是可以进行优化。首先，为了加速查找，必须为整个日志生成一份元数据表，记录每个 IO 的序号和这个 IO 的起始目标地址和长度，比如以 LBA 扇区为粒度，使用 32bit 地址的话可以描述 2TB 的源卷容量，所以，实际产品可以选择一个支持原卷容量的上限，比如 2TB。然后再使用 32bit 来表示 IO 的序号，也就是整个日志空间可保存约 42 亿次 IO，每秒 5K IOPS 的话可以连续跑 10 天，一般保存 10 天的细粒度回放日志基本够用了。IO 的长度使用 SCSI 协议中的上限（也就是 16bit）足够了。

这样的话一共需要 80bit 来描述日志空间中的一笔 IO，加上其他考虑（比如保留一些将来用的字段等），按照 96bit 也就是 12 字节来算，每笔 IO 记录将耗费 12 字节描述，每笔 IO 平均大小按照 4KB 来计算的话，元数据比例大概在 3‰左右，完全在可接受的范围内，如果日志空间大小为 1TB，那么会耗费 3GB 内存空间来完全缓存元数据，这也是可行和可接受的。另外，这些元数据在没有生成虚拟影像的时候，是不需要常驻内存的，仅当在生成了虚拟影像之后，为了加速主机 IO 访问所以才有必要常驻内存。

元数据表只按照 IO 序号排序是不够的，因为 IO 序号不能被用作用户回滚时候的依据，因为没有任何人会对 IO 序号有概念，所以还必须在日志元数据表中加入时间戳，这里可以变通一下，可以对每笔 IO 都加上一个时间戳，也就是用时间戳来取代 IO 序号，如果不需要 IO 级别细粒度恢复的话，时间戳粒度可以粗一些，比如日志中每 10 个 IO 就记录一个时间戳，这些都是可以灵活设计的。

元数据表是按照时间戳/序号来排序的，当用户生成了某个时间戳的虚拟卷影像之后，根据前文分析，每一笔针对虚拟影像的 IO 会经历两级搜索，如果落入了日志空间中，那么 CDP 引擎就要将该时间戳之前的所有日志搜索一遍以查找日志中所有与该 IO 请求的地址范围有交集的那些 IO 记录，然后将数据拼接起来，返回给主机。由于日志中的 IO 记录是按照时间/序号排序的，所以为了提升搜索速度，必须另外生成一份按照所记录 IO 的 LBA 起始地址排序的索引，也就是说，用户每生成一个某时间戳处的虚拟卷影像，CDP 引擎就需要将该时间戳之前的日志部分的元数据做一个索引，这样就可以加速查找。比如接收到主机发来的读 IO 请求，系统在查完位图之后发现必须从日志中寻找该地址数据，那么系统会根据该 IO 请求起始地址到对应该时间点生成的索引中快速定位到所有覆盖了该 IO 起始地址的记录项（该索引按照 IO 起始地址排序，所以查起来很快），然后找出时间最新的那个记录项，按照该记录项中给出的其所处于日志空间中的位置，读出对应数据，返回给主机。

有了上述的模型和优化算法，基于 IO 粒度回滚的高帧率数据回放，就变得可行了。如图 16-82 所示，还可以继续优化设计，比如将元数据空间单独拿出来，放到 SSD 中去加速访问。用户可以任意生成多份、多个历史时刻的虚拟卷影像，每个影像所占用的开销只是速查索引而已，上层用户体验就会非常给力。还可以将 CDP 日志先缓存在 RAM 中，然后定期 Flush 到磁盘上，相当于分成在线日志和归档日志两大部分，另外，归档日志中较早的数据如果不再需要回放则可以被 Merge 到源卷基准镜像中去，相当于一个合成备份，这样就不必维护越来越多的日志空间和元数据了。

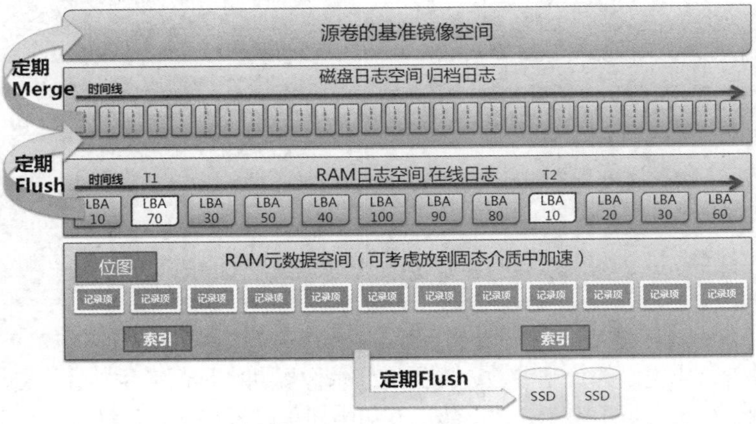

图 16-82 IO 级 CDP 的四个存储空间

另外，在设计上还可以做更深层次的优化。长时间录像不是做不到，而是代价太高，比如需要大量的元数据被记录，这样重放时的性能会较差。有没有办法来降低元数据记录量从而进一步提升重放性能呢？飞康在底层其实是用了快照+录像合体来解决这个问题的。有技术感觉的读者一定会猜测到，其实就是以照片为基础，然后记录在每份照片基准之上的数据变化，这样所保存的元数据就非常小。这个原理，与实际的视频压缩编码非常类似，实际视频压缩编码技术中也是将视频分成P帧和I帧，P帧是基准，第一个I帧只记录相对于P帧的增量，第二个I帧则记录相对于前一个I帧的增量，利用P+I1+I2+I3+……In的方式，对整个视频进行微分，那些变化量不大的场景（比如某个镜头），几秒之内视角和内容基本相同，这样，这个镜头就可以被编码成P+nI的形式，如果镜头切换，内容几乎全变，那么就使用新的P+nI来记录，多个P+nI积分就可以还原出整个视频。飞康CDP底层恰恰就是这种原理。

飞康会在CDP日志中打入很多TimeMark，每个TimeMark其实就是一个P基准帧，也就是一份快照（一份照片）。系统维护快照所耗费的元数据相比于 CDP 是要少得多的，因为快照不会记录IO的顺序和时间，只会记录位置映射关系，所以代价比CDP小得多。基于每个快照，系统会在快照的基准上，记录增量日志及其元数据，这样，对T1时刻的查找就是基于T1时刻之前距离T1时刻最近的Snapshot TimeMark进行的，基于它，与后续记录的CDP元数据共同组合，抽取出T1时刻的卷虚拟影像（TimeView）给主机使用。如果T2时刻与T1时刻之间没有Snapshot TimeMark触发，那么T2时刻与T1时刻的虚拟影像提取就得使用同一个Snapshot Marker， 如果它们之间有Snapshot Marker，T2时刻便会以离它最近的Snapshot Marker为基准，与录像区新增记录的元数据共同抽取出T2时刻的TimeView。

上述的技术逻辑看似复杂，但是被封装成产品之后，只需要几步简单配置即可完成。但是如果你不了解技术原理和架构，这几步配置中的选项就会感觉非常迷茫。我们下面就来看一下飞康CDP的配置步骤，掌握了飞康的步骤，也就等于掌握和理解了其他CDP厂商产品的原理和配置步骤了。

（1）如图 16-83 所示，要对某个源卷进行录像，就必须像按下录像键一样，在界面中勾选Enable CDP，完成这个向导之后，系统后台就会自动开始录像了。

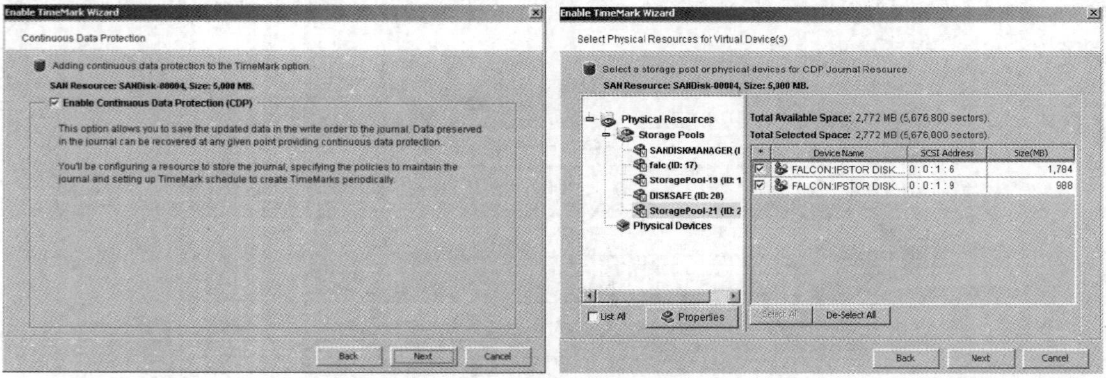

图 16-83　Enable CDP 日志记录及选择存储空间

（2）然后设置日志空间的管理参数，包括连续录像周期、是否自动扩容、自动扩容阈值、扩容比例、日志容量上限。在“高级”按钮中还可以设置日志从被Merge到源卷基准镜像空间时的IO力度，过高的力度会影响性能，因为会占用较多的磁盘性能资源。如图16-84所示。数据被从日志空间Merge到基准镜像中之后，日志中已被Merge的数据并不会立即被删除，两种情况发生时才会被删除：CDP 日志空间不够用了，被强行删除；CDP日志超过了保留时间。

（3）再往下是设置快照参数。飞康对快照的处理与CDP不同，快照耗费资源比CDP要少。图16-85中所示的TimeMark相当于快照的时间戳，在这个页面中可以选择何时、开始每隔多长时间做一次快照以及最大保留快照份数、在快照生成时是否要保障该快照的一致性。

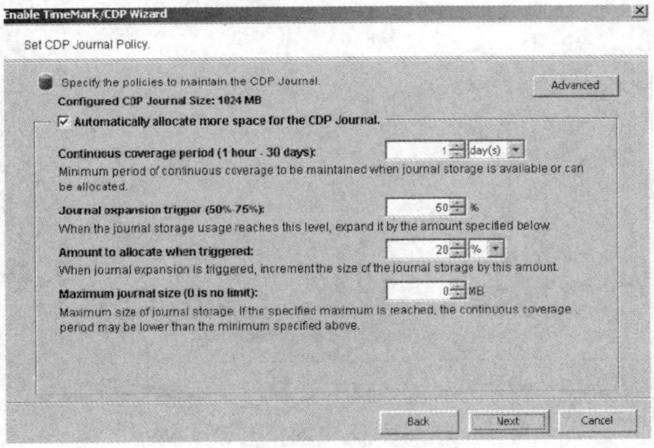

图 16-84　设置日志空间管理参数

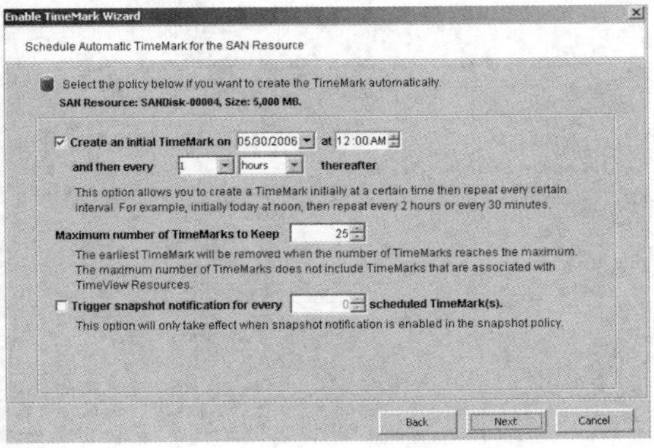

图 16-85　设置快照策略

飞康在快照技术方面的实现是非常全面的，在主机端提供了支持各种主流应用系统的快照 Agent 组件，并且可以实现从 CDP 设备侧主动向主机上的 Agent 发出快照通知，这一点是其他产品或者方案中没有见过的，类似方案基本都是通过一个单独的快照管理软件来制定和执行策略，这显然带来了不便。毕竟我们都希望在一个页面中搞定一切最好。

（4）这一步结束之后系统便会在后台持续录像，并且在所指定的 TimeMark 时间点生成对应的快照。此外飞康很人性化地提供了手动创建快照、对快照以及 CDP 日志当前时间点增加说明性文字，以及设定快照优先级的功能，当快照数量达到上限之后，系统会优先删除低优先级的快照，如图 16-86 所示。另外，飞康 CDP 还提供了克隆功能，从任何一份快照生成一份实体卷数据，可以算作一个备份。

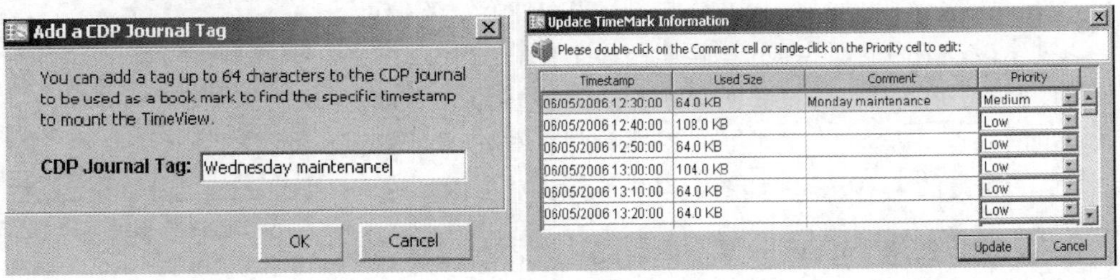

图 16-86　对快照点做标记

那么之前系统记录的录像或者照片该怎么回放呢？回放功能在飞康产品中的名称对应为 TimeView，也就是可以任意查看该数据卷在任意历史时间点的历史数据。可以从快照中生成卷虚拟影像，也可以从 CDP 日志中的任何时间点生成虚拟影像，当然时间总要有个最小粒度可供用户来选择，飞康提供了微秒级别的回放粒度。本书前文中也说过，专业性不强的用户是无法理解“IO 序号”的，所以给出时间粒度才是最有意义的。

如图 16-87 所示，可以使用滑动条来任意寻找时间点，可以手动输入精确到毫秒级的历史时间点，也可以直接选择之前所标注的助记标记点，还可以单击放大按钮来精确查看每个时间点的详细信息。CDP 回放的最佳用户体验全部集中在这个页面入口中了。图像的纵坐标表示该时刻虚拟影像所占用的额外空间的容量，高度较高则表示该时刻的写 IO 压力比较大。单击放大按钮之后，会出现如图 16-88 所示的窗口。

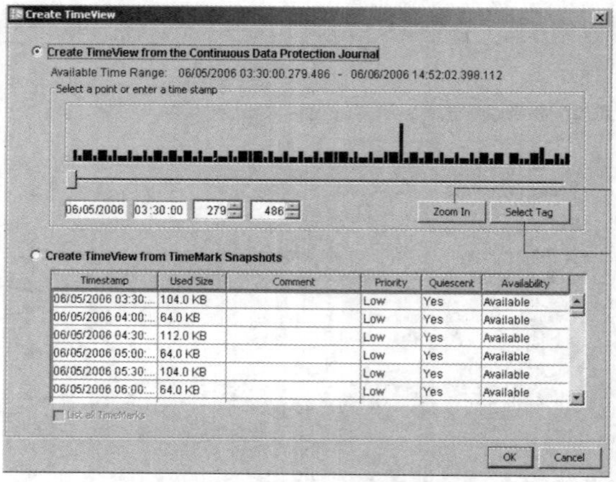

图 16-87 从 CDP 日志创建虚拟卷影像

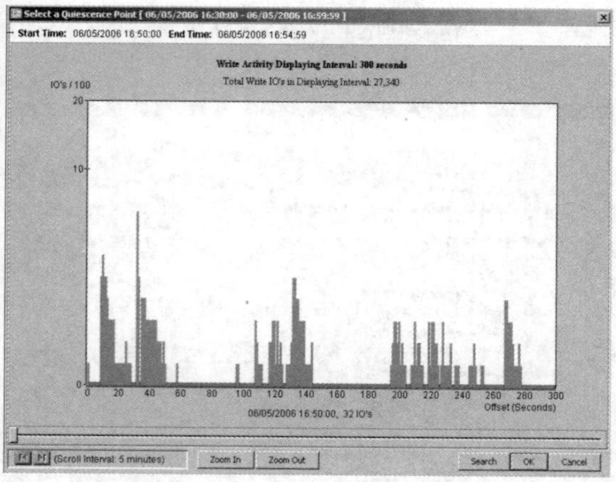

图 16-88 可视化的细粒度回放点

这个窗口会显示以 5 分钟为单位的回放点，左下角切换按钮可以切换到上一个或下一个 5 分钟。可以看到，纵坐标可以精确到每个时间点系统接收了多少个写 IO。可以单击这个页面，会有竖直方向的参考线，页面下方会给出当前参考线所处的时间点以及该时刻的写 IO 压力，也就是该时间点占用了多少额外的空间。用户可以选择任意时间点进行回放。

提示：这里要理解一点，IO 压力为 0 的那些时间点并不意味着不能被选择用来生成虚拟卷影像，相反，这些点是用来生成一致性虚拟影像的最合适时机。

说实话，飞康这种对用户体验的雕琢真的是达到了很高的水准，我之前曾经在某厂商设计了一套所谓“可视化智能存储”的存储软件解决方案，飞康的这种设计可谓是英雄所见略同，有很强的共鸣产生。另外，如图 16-88 所示，当单击 Search 按钮之后，不但可以搜索该范围内的那些通过与快照 Agent 配合产生的一致性时间点，还可以选择过滤搜索那些低于所给出值写 IO 数量的时间点，因为这些小压力时间点往往具有更好的一致性，可恢复的几率更高，如图 16-89 所示。

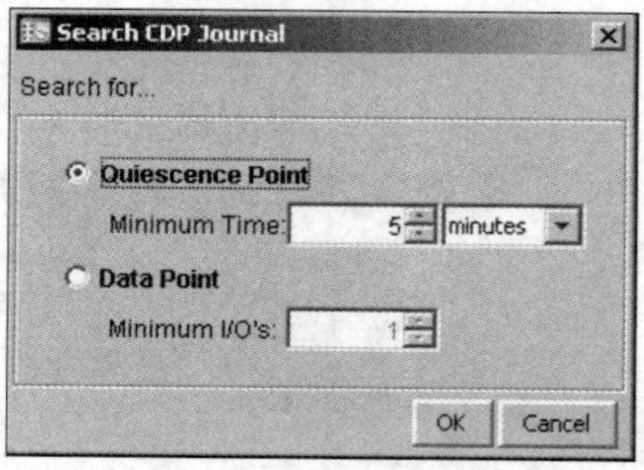

图 16-89 基于 IO 级别的回放

此外，除了使用 TimeView 来回放历史时刻之外，还可以直接像数据库系统一样，回滚和前滚源数据卷，可以任意回滚或者前滚，回滚之后如果不满意还可以前滚，直到满意为止。

虽然说 CDP 相当于数据录像机，但是真的把它做成和电影播放器一样的用户体验，飞康是第一个也是唯一一个。

说明：飞康技术团队对技术的追求、表达和展现已经不能够用专业来描述了，应该用“偏执”来描述，偏执的产品往往是最让人崇敬的产品，也是质量最高的产品，偏执意味着执着的追求，一个团队能够允许偏执的存在，这个团队才会有顽强的生命力。

以上详细介绍了飞康的 CDP 技术。下面简单介绍一下飞康的 CDP 产品。软件定义存储的核心就是强大的软件层，至于硬件，目前已经完全倒向开放式 x86 Server 模式了，那些定制化、差异化的控制器，似乎已经没什么吸引力了。如果将飞康的软件平台 IPStor Gen2 Platform 安装在一台高性能服务器上，再加上磁盘扩展柜，那就是一套完整的存储系统，飞康 CDP 管理器就是这样一套偏重于数据保护 CDP 以及备份的存储系统。

如图 16-90 所示为飞康网关型 CDP 管理器及一体化 CDP 管理器。网关型产品只提供一个控制器，其后端可以挂接来自其他存储系统的逻辑卷；一体化产品则可以提供磁盘扩展单元来作为本地存储空间，另外也可以挂接其他系统的逻辑卷。飞康 CDP 管理器是一款软硬件打包的产品，用户可以直接购买软件 License 然后自行安装在自己的服务器上，但是对于一些非专业用户，则更加倾向于购买整套软硬件系统，一来免去安装烦恼，二来还可以保证更好的兼容性。

图 16-90　飞康 CDP 网关型管理器

如图 16-91 和 16-92 所示为飞康 IPStor Gen2 Platform 以及 CDP 产品的特色技术和高级功能。这些技术和功能我们已经在本书前面的虚拟化章节中进行了详细介绍，在此不再赘述。

HIGHLIGHTS

COMPREHENSIVE PROTECTION

- Mirroring, snapshots (up to 1,000), journaling, replication
- Enables definition of protection policies
- Flexible replication & mirroring protects against up to two levels of failure

HETEROGENEOUS SUPPORT

- Utilizes heterogeneous third-party storage
- Physical and virtual protection
- Microsoft Windows, Linux, Unix, Solaris, HP-UX
- iSCSI, Fibre Channel (FC), and FCoE connectivity

APPLICATION-SPECIFIC SNAPSHOT AGENTS*

- Eliminates backup corruption
- Supports an extensive list of application

DISK-BASED BACKUP

- Eliminates the backup window
- Enables near-zero recovery point objectives (RPO)
- Defines protection policies on individual server, departmental, or global basis

AUTOMATED RECOVERY VIA RECOVERTRAC™ TOOL

- Automates complex application recovery & disaster recovery (DR) testing
- Supports P2P, P2V, & V2V recovery

WAN-OPTIMIZED REPLICATION

- MicroScan™ technology reduces bandwidth requirements & costs
- Enables rapid disaster recovery

PRECONFIGURED, SCALABLE

- Scales from 1TB to over 500TB per FalconStor CDP Gateway
- Simple, capacity-based pricing
- Expansion units available for additional scal-ability

D2D2T BACKUP

- Reduces tape costs
- Provides instant recovery

图 16-91　飞康 CDP 网关型管理器的特色技术一览

ADVANCED FEATURES	
High availability (HA)	Optional
Application-aware snapshot agents*	Included
Snapshots (TimeMark®/TimeView®) per LUN	Up to 1,000
Storage Replication Adapter for VMware Site Recovery Manager	Included
DynaPath® Agent for Microsoft Windows or Linux native multi-pathing	Included
DiskSafe™ Agent	Included
FileSafe™ Agent	Included
Physical & virtual machine (VM) protection & recovery	Included
Recovery agent	Included
Automated DR via RecoverTrac tool	Included
Multisite Cluster Adapter for Microsoft Windows	Included
SafeCache™/HotZone™	Included
Data journaling	Included
Thin provisioning	Included
Synchronous & asynchronous data mirroring	Included
WAN-optimized replication w/ compression & encryption	Included
SNMP integration	Included
Email alerts	Included
Reporting	Included
Central Client Manager (CCM)	Included
HyperTrac™ Backup Accelerator	Optional

图 16-92　飞康 CDP 网关型管理器的高级功能一览

16.3 数据备份系统的基本要件

- 备份对象：是指需要对其进行备份的备份源，比如一台服务器上某块磁盘上的所有数据，或者某数据库下所有数据文件，这些都算备份对象。
- 备份目标：是指将备份对象的数据备份到何处。备份目标可以是备份对象本身的磁盘、磁带等介质，也可以是任何其他地点的磁盘、磁带机、磁带库等介质。如果备份目标位于备份对象本身，比如，从一台 Windows 服务器的 D 盘复制某些文件到自身的 E 盘，则不需要占用任何网络资源，因为数据从备份对象自身生成，到自身结束。如果备份目标位于其他地点，比如同一个机房内的其他服务器，或者外部独立磁盘阵列，则数据从备份对象生成，传输到备份目标的过程中，就需要占用网络资源，因为连接备份对象和备份目标的只有网络。稍后将会详细介绍用哪种网络。
- 备份通路：也就是我们上文提到的，如果备份对象和备份目标都位于同一个角色上，那么备份通路就是这个角色自身的计算机总线，也就是连接这个角色的 CPU、内存和磁盘的总线，因为数据只在这个总线上流动。如果备份对象和备份目标处于远离状态，则二者必须通过某种网络连接起来，而这个网络就是这个备份环境的备份通路。关于备份通路会在后面的例子中详细描述。
- 备份执行引擎：有了备份源、备份目标和连接二者的备份通路之后，需要一个引擎来推动数据从备份源流到备份目标。这个引擎一般由备份软件来担任。
- 备份策略：是指备份引擎的工作规则。引擎不能无时无刻地运转，它需要根据设定好的规则来运转。

下面将着重介绍一下备份目标、备份通路和备份引擎这三个要件。

16.3.1 备份目标

1. 用本地磁盘作为备份目标

用本地磁盘作为备份目标，就是把本地磁盘上待备份的数据，备份到本地磁盘其他的分区或者目录。用这种方式可以不影响任何其他服务器以及共用网络。数据流动的范围完全局限在备份对象自身。

但是这样做的缺点就是对备份对象自身的性能影响太大，数据从磁盘读出，需要耗费磁盘资源。读出后写入内存，需要耗费内存资源，然后再从内存写入磁盘的其他分区，同样需要耗费磁盘资源。备份执行期间，还会对其他 IO 密集型的程序造成极大影响。通常这种方式只用于不太关键的应用和非 IO 密集型应用，以及对实时性要求不高的应用。E-mail 服务器的备份就是典型的例子，因为 E-mail 转发实时性要求不高，转发速度慢一些，对用户造成的影响也不会很大。

2. 用 SAN 磁盘作为备份目标

用 SAN 上的磁盘做备份，就是把备份对象上需要备份的数据，从本地磁盘读入内存，然后从内存中写入连接到 SAN 的适配器，即 HBA 卡缓冲区，HBA 卡再通过线缆，将数据通过 SAN 网络传送到磁盘阵列上。

这种方式的优点就是从本地磁盘读出数据，写入的时候只耗费 SAN 共用网络带宽资源，而且能获得 SAN 的高速度，对备份对象性能影响相对较小；缺点是对公共网络资源和盘阵出口带宽有一定影响，因为耗费了一定的带宽用来传输数据，同时数据在流向盘阵接口的时候，也要占用接口带宽。

如果备份对象数据本身就存放在 SAN 上的磁盘，而备份目标同样是 SAN 磁盘，那么数据流动的通路比较长。在后面介绍备份通路的时候再做详细阐释。

3. 用 NAS 目录作为备份目标

用 NAS 目录作为备份目标，就是将本地磁盘上的数据备份到一个远程计算机的共享目录中。比如 Windows 环境下常用的文件夹共享，就是这样一个典型的例子。一台计算机共享一个目录，另一台计算机向这个目录中写入数据。而数据一般是通过以太网络来进行传递的。这种方式占用了前端网络的带宽，但是相对廉价，因为不需要部署 SAN。

4. 用 SAN 上的磁带库作为备份目标

用 FC 接口作为外部传输接口的设备，不仅仅有主机上的 HBA 适配器、磁盘阵列，磁带机和磁带库，也可以用 FC 接口作为外部传输接口。用线缆连接磁带库和 SAN 交换机之后，处于 SAN 上的所有主机系统便会识别出这台磁带库设备，自然也就可以用磁带来当作备份目标了。

磁带库，由机械手、驱动器、磁带槽组成。图 16-93 和图 16-94 分别为某型号磁带库的外视图和某型号磁带库的内视图。

图 16-93　某型号磁带库的外视图

图 16-94　某型号磁带库的内视图

磁带驱动器是磁带库的核心组件。可以将驱动器想象成一个电机，带动磁带旋转，然后磁头贴住磁带、读写数据，把电机、磁头以及控制电路集合到一起，形成一个独立的模块，就是驱动器。

机械手，在机械生产线上机械手就是一个计算机夹子而已，把物品从一个地方移动到另一个地方，当然这还需要程序来控制。而且像图 16-94 中所示的一样，机械手不一定就是那种铁臂抓手，而只要它能寻找磁带槽上的磁带并将其推入磁带驱动器，就可以称其为机械手。

磁带库的工作流程如下。

（1）由机械手臂从磁带槽中夹取一盘磁带，推入磁带驱动器，驱动器完成倒带、读写等动作。

（2）读出完成后，退带，机械手臂夹取磁带，放回磁带槽，然后夹取另一盘磁带放入驱动器，重复刚才的动作。

整个流程都需要由程序来控制机械手臂和驱动器，那么程序运行在哪里呢？当然是连接磁带库的主机上，程序生成符合协议的电信号，经过 HBA 卡传送到磁带库电路板上，经过芯片处理，转换成操控机械手臂和驱动器的另一串电信号。所以连接磁带库的主机上，除了需要安装 HBA 适配器的驱动程序之外，还需要安装磁带库机械手和驱动器的驱动程序，这样才能够按照驱动程序定义的规则，来生成符合规定的、磁带库可以识别的电信号。

磁带机比磁带库功能少，但是基本原理都是一样的，只不过机械手臂没了，取磁带和放磁带需要用人手而已。而且一台磁带机同一时刻只能操作一盘磁带。而在磁带库中可能有多个驱动器，或者多个机械手，当然机械手不需要那么多，因为一个机械手就能完成，除非驱动器多得让一个机械手都忙不过来，这是不太可能发生的。多个驱动器可以同时读写多盘磁带（每个驱动器一盘），使得效率大大提升。

提示：近年来，出现了一种虚拟磁带库产品，即用磁盘来模拟磁带。当然，磁盘就是磁盘，不可能变为磁带，那磁盘是怎么被虚拟成磁带的呢？当然是通过存储控制器来虚拟化。

话说回来，是磁带还是磁盘，这都取决于数据服务器看到的影像，而它看到的也不一定就是实际上存在的。虚拟磁带库也正是利用了这个原理。使用磁带库的是主机服务器，如果让主机服务器看到的影像就是一个磁带库，而实际上却是一台磁盘阵列，那么主机照样会像使用磁带库一样使用这台虚拟的磁带库。要做到这一点，就必须在磁盘阵列的控制器上做虚拟化操作，也就是要实现协议转换器类似的作用，一边以磁带库的逻辑工作，另一边以磁盘阵列的逻辑工作。

虚拟磁带库的好处如下。

- 速度大大提升。因为向磁盘写入数据要比磁带快。
- 避免了机械手这种复杂的机械装置，取而代之的是控制器上的电路板。
- 管理方便，随意增删虚拟磁带。

提示：LTO 磁带的“鞋擦”效应。目前最新的 LTO 是 LTO5 代技术，它能够在不压缩的情况下每秒写入 180MB 的数据。但是磁带驱动器有个缺点，就是一旦开始写入，电机会以全速运转，以额定速度写入数据，一旦备份软件提供给驱动器的数据速率达不到驱动器额定速度的时候，这种情况称为“欠载”，那么有些驱动器则可以降低转速，有些则保持转速而降低数据存储密度来适应欠载。但是驱动器有一个最低转速和最低密度，当备份软件连这个速度也满足不了的时候，磁带驱动器只能够先暂停下来，停止转动，然而又不能急刹车，急刹车会拉坏甚至拉断带子，所以只能慢慢停下来，这就导致磁头所处位置比数据截止位置超前一段距离。当数据进入的速度能够满足最小速度或者密度之后，磁带驱动器再次尝试写入数据，但是此时磁带需要被倒带至上次的数据截止位，然后继续将积攒在缓存中的数据写入，当速度再次不匹配时，执行相同的过程，周而复始。这就是鞋擦效应。鞋擦效应会严重影响磁带的寿命，每次磁带的同一位置被磁头划过，这个位置的寿命都会有所降低。解决鞋擦效应的办法就是引入 D2D2T 备份模型，比如 VTL 等，用磁盘来作为磁带的大缓冲，或者提高前端数据生成的速率。

5. 信息生命周期管理

假如，某企业有磁盘阵列容量共 1TB，磁带库容量 10TB。每天均会新生成 5GB 左右的视频文件，这些视频文件都存放在磁盘阵列的一个 500GB 的卷中。这样不到 3 个月，这 500GB 的卷便会被全部用完。而这个企业频繁调出查看的视频，一般都是最近一个月以内的，如果将一个月之前的、几乎很少或者永远也不会被再次访问到的视频也放在磁盘阵列上，这无疑是一个巨大的浪费，因此完全可以把这些文件备份到磁带库，而腾出磁盘阵列上的存储空间，供其他应用程序存储数据。

磁盘阵列是高速数据存储设备，而磁带库是低速数据存储设备，所以为了各得其所、物尽其用，有人便开发了一套信息生命周期管理软件，这种软件根据用户设定的策略，将使用不频繁的数据，移动到低速、低成本的存储设备上。比如只给某个视频应用分配 20GB 的磁盘阵列的空间，但是向它报告 500GB 的存储空间，其中有 480GB 其实是在磁带库上的。

这样，应用程序源源不断地生成视频数据，而管理软件根据策略，比如某视频文件超过了设定的存留期，便将它移动到磁带库上，腾出磁盘阵列上的空间。但是对于应用程序来说，总的可用空间还是在不断地减少。虽然磁盘阵列上可能总是有空间，但这些空间是给最近生成的文件使用的，因为这些文件会被频繁访问。如果一旦需要访问已经被移动到磁带库上的文件，则管理软件会从磁带库提取文件，并复制到磁盘阵列上，然后供应用程序访问。

6. 分级存储

基于信息生命周期管理的这个思想，目前很多厂家都在做相应的解决方案，分级存储就是这样一种方案。

- 第一级：一线磁盘阵列，是指存储应用频繁访问数据的磁盘阵列。其性能相对二线和三线设备来说应该是最高的。
- 第二级：二线虚拟磁带库。这个级别上的存储设备，专门存放那些近期不会被频繁访问的数据。其性能和成本应该比一线设备低，但是性能不能太低，以至于提取数据的时候造成应用长时间等待，虚拟磁带库，正好满足了这个要求。虚拟磁带库利用成本比较低廉的大容量 SATA 磁盘，性能适中的存储控制器，这样保证了性能不至于像磁带库一样低，成本又不会像一线设备一样高。
- 第三级：磁带库或者光盘库等。这个级别上的设备，专门存储那些几年甚至十几年都不被访问到的，但是必须保留的数据。磁带库正好满足了这个要求，这是毫无疑问的。

16.3.2　备份通路

1. 本地备份

本地备份的数据流向是：

本地磁盘→总线→磁盘控制器→总线→内存→总线→磁盘控制器→总线→本地磁盘。

即数据从本地磁盘出发，通过本地的总线和内存，经过 CPU 运算少量控制逻辑代码之后，最终流回本地磁盘。

2. 通过前端网络备份

通过前端网络备份的数据流向是：

本地磁盘→总线→磁盘控制器→总线→内存→总线→以太网卡→网线→以太网络→网线→目标计算机的网卡→总线→内存→总线→目标计算机的磁盘。

即数据从本地磁盘发出，流经本地总线和内存，然后流到本地网卡，通过网络传送到目标计算机的磁盘上。

这里说的前端网络，指的是服务器接受客户端连接的网络，也就是所谓“服务网络”，因为这个网络是服务器和客户端连接的必经之路。

后端网络，是对客户封闭的，客户的连接不用经过这个网络，后端网络专用于服务器及其必需的后端部件之间的连接，比如，和存储设备，或者应用服务器和数据库服务器之间的连接，这些都不需要让客户终端知道。

后端网络可以是 SAN，也可以是以太网，或者其他任何网络形式。以太网并不一定就特指前端网络，也可以用于后端。随着以太网速度的不断提高，现在已经达到了 10Gb/s 的速率，所以以太网 LAN 作为后端网络，同样也是有竞争力的。但是说到 SAN，一般就是特指后端网络。

3. 通过后端网络备份

通过后端网络备份的数据流向是：本地磁盘→总线→磁盘控制器→总线→内存→总线→后端网络适配器→线缆→后端网络交换设施→线缆→备份目标的后端网络适配器→总线→内存→备份目标的磁盘或者磁带。

提示：这里说的“后端网络适配器”，泛指任何形式的后端网络适配器，比如 FC 适配器、以太网卡等。

4. LAN Free 备份

LAN Free 这个词已经在存储领域流行使用多年。它的意思是备份的时候，数据不流经 LAN，也就是不流经前端网络。由于历史原因，导致了人们的思维定势，认为 LAN 只用于前端网络，所以说到了 LAN 就想到了前端网络，然而，我们上文已经做了解释，后端网络同样可以使用以太网 LAN。LAN 这个词本意为 Local area network，即局域网络，它没有对网络的类型加以限制，可以说存储区域网络也是一个 LAN。

思考：笔者认为这个词不再适合当今存储领域，取而代之的应该是 Frontend Free 这个新的名词，即备份的时候，数据不需要流经前端网络，而只流经后端网络。

Frontend Free 备份的好处是：不耗费前端网络的带宽，对客户终端接收服务器数据不会造成影响。相对于后端网络来说，前端网络一般为慢速网络，资源非常珍贵，加上前端网络是客户端和服务器端通信的必经之路，所以要尽量避免占用前端网络的资源，备份数据长时间频繁地流过前端网络，无疑会对生产造成影响。解决的办法就是通过后端网络进行备份，或者本地备份。

无论是本地备份，还是通过网络备份（前端网络或者后端网络），都需要待备份的服务器付出代价来执行备份，即服务器需要读取备份源数据到自身的内存，然后再从内存将数据写入备份目标，对主机 CPU、内存都有资源耗费。是否能让服务器付出极小的代价，甚至无代价而完成备份任务呢？当然可以。

5. Server free 备份

这个名词是指，备份的时候，数据甚至不用流经服务器的总线和内存，消耗极少，甚至不消耗主机资源。下面来分析一下。

要想使备份数据不流经服务器本身，那么首先备份对象，即待备份数据所在的地方肯定不能是服务器的本地磁盘，因为数据从磁盘读出，第一个要流经的地方就是总线，然后到服务器内存，这样就不叫 Server free 了。

所以，备份源不能在服务器上，同理，备份目标也不能在服务器上，不然写入的时候照样流经服务器的总线和内存。那么到底怎样才能实现 Server free 呢？

很简单，备份对象和备份目标都不在服务器上，不在本地就只能在 SAN 上了。做到这一点还不够，因为主机要从 SAN 上的一个磁盘取出数据，写入 SAN 上的另一个磁盘，同样需要先将数据读入到主机的内存，然后再写入 SAN。那么到底怎样才能做到 Server free 呢？

答案是，用 SCSI 的扩展复制命令，将这些命令发送给支持 Server free 的存储设备，然后这些设备就会提取自身的数据直接写入备份目标设备而不是发送给主机。或者用另一台计算机作为专门移动数据之用，即待备份的主机向这台数据移动器发信号，告诉它移动某磁盘上的数据到另一个磁盘，然后这台数据移动器从 SAN 上的源磁盘读取数据到它自己的内存而不是待备份主机的内存，然后写入到 SAN 上的目标磁盘。

提示：所谓的 Server free，并不是真正的不需要服务器来移动数据，而是让服务器发出扩展复制命令，或者使用另一台专门用作数据移动的新服务器，来代替原来服务器移动备份数据，释放运算压力很大的生产服务器。当然，SAN 上的源磁盘和目标磁盘或者磁带，数据移动服务器都需要有访问权。

为了统一数据备份系统中所有节点之间的消息流格式，Netapp 公司和 Legato 公司合作开发了一种叫做 NDMP 的协议（网络数据管理协议）。这个协议用于规范备份服务器、备份对象、备份目标等备份系统各种节点的数据交互控制。服务器只要向支持 NDMP 协议的存储设备发送 NDMP 指令，即可让存储设备将其自己的数据直接备份到其他设备上，而根本不需要流经服务器主机。

16.3.3　备份引擎

备份引擎，就是一套策略、一套规则，它决定整个数据备份系统应该怎么运作，按照什么策略来备份，备份哪些内容，什么时候开始备份，备份时间有没有限制，磁带库中的磁带什么时候过期并可以重新抹掉使用等。就像引擎一样，开动之后，整个备份就按照程序有条不紊地进行。

1. 备份服务器

那么备份引擎以一种什么形式来体现呢？毫无疑问，当然是运行在主机上的程序来执行，所以需要有这么一台计算机来做这个引擎的执行者，这台计算机就叫做“备份服务器”，意思就是这台计算机专门管理整个数据备份系统的正常运作，制定各种备份策略。

思考：备份服务器的备份策略和规则，怎样传送给整个数据备份系统中的各个待备份的服务器呢？和汽车一样，车轮和引擎之间有传动轴连接，备份服务器和待备份的服务器之间也有网络来连接，那么通过以太网还是通过SAN网络来连接呢？

答案是以太网络，因为以太网络使用广泛，以太网之上的TCP/IP编程已经非常成熟，非常适合节点间通信。相对于以太网，SAN更加适合传送大量数据。而利用前端网络连接还是利用后端网络连接呢？

一般我们常用前端网络来连接待备份服务器和备份服务器。因为备份策略就好比两个人之间说了几句话，所以把这几句话传送给待备份服务器，不会耗费很大的网络资源，充其量每秒几十个包而已，这对前端网络影响非常小。有了网络连接，我们就有了物理层的保障。

但备份服务器是如何与每个待备份的服务器建立通话的呢？它们之间怎么通话？通话的规则怎么定呢？这就需要待备份服务器上运行一个程序，专门解释备份服务器发来的命令，然后根据命令，做出动作。

这个运行在各个待备份服务器上的程序，就叫做备份代理（Backup Agent），它们监听某个Socket端口，接收备份服务器发来的命令。比如，某时刻备份服务器通过以太网前端网络，给某个待备份服务器发送一条命令，这条命令被运行在该待备份服务器上的备份代理程序接收，内容是：立即将位于该服务器上C盘下的XX目录复制到E盘下XXX目录。备份代理接收到这个命令之后，就会将该待备份服务器上C盘下XX目录复制到E盘下的XXX目录。如果D盘是本地盘，E盘是一个SAN上的虚拟磁盘，那么实际数据流动的路径就是：

本地磁盘→总线→内存→总线→SAN 网络适配器→线缆→SAN 交换设施（如果有）→磁盘阵列。

数据源源不断地从本地磁盘流向 SAN 网络上的磁盘阵列，成功备份之后，备份代理收到来自待备份服务器操作系统的成功提示，然后备份代理通过以太网向备份服务器返回一条成功完成的提示。这样备份服务器便会知道这个备份已经成功完成，并记录下开始时间、结束时间、是否成功等信息。

同样的道理，如果例子中的E盘也是本地盘，那么路径就短多了。如果备份服务器告诉备份代理，将数据复制到位于 SAN 上的磁带库设备而不是磁盘阵列，那么同样，备份代理将数据从本地磁盘读出，然后通过 SAN 网络适配器发往磁带库。当然这需要在待备份的服务器上安装可以操控磁带库设备的驱动程序。同理，E盘如果是个NAS目录，则数据便会被发往远端的NAS服务器了。

2. 介质服务器

设想：假如在一个数据备份系统中，有一台普通的SCSI磁带机连接在某台主机上，且有多台主机的数据需要备份到这台 SCSI 磁带机的磁带中，而 SCSI 磁带机只能同时接到一台主机上，总不能搬着磁带机，给每个机器轮流插上用吧？

当然可以，但是这样很麻烦。有没有一种办法来解决这个问题呢？当然有了。可以将这台磁带机连接到固定的一台计算机，只能由这台计算机来操作磁带机。其他有数据需要备份的计算机，和这台掌管 SCSI 磁带机使用权的计算机，通过以太网连接起来（当然也可以通过其他网络方式连接，但前面说过，以太网是最廉价、最广泛使用的网络），谁有数据，谁就将数据通过以太网发给这台掌管磁带机的计算机，收到数据后，这台计算机将数据写入只有它才有权控制的磁带机。写完后，下一台有数据需要备份的计算机，重复刚才的动作。

这样，我们用了一台计算机来掌管 SCSI 磁带机，然后在这台计算机的前端，我们用以太网扩展了连接。虽然微观上磁带机只有一个接口，只能连接一台计算机，但是经过以太网的扩展之后，这台磁带机成为了公用设备，掌管磁带机的计算机成为了代替这些服务器行使备份动作的角色，因为整个数据备份系统中，只有这台计算机掌管了备份目标，也就是磁带机、磁带，所以我们称这台服务器为“介质服务器”。也就是说，这台服务器是数据备份系统中备份介质的掌管者，其他人都不能直接访问备份介质。

思考：这台计算机只是掌握了备份介质，谁都可以向它发起请求，然后传输需要备份的数据给它。但是如果同时有多台服务器向它发出请求，怎么办？

显然还需要一个调度员，来管理调度好多个待备份服务器之间的顺序，做到有条不紊，按照预订的策略来备份，避免冲突。那么谁来担当调度员呢？前面讲到的“备份服务器”本身就是这样一个调度，所以非他莫属了。

将这个调度员也接入以太网，调度员使出它的必胜大法——在每个待备份的服务器上，都安装它的“耳朵”和“嘴巴”，即备份代理程序，通过这个耳朵和嘴巴，调度员让每台服务器都乖乖地听话，按照顺序有条理地使用介质服务器提供的备份介质进行备份。在一个数据备份系统中，介质服务器可以有多台同时分担工作。

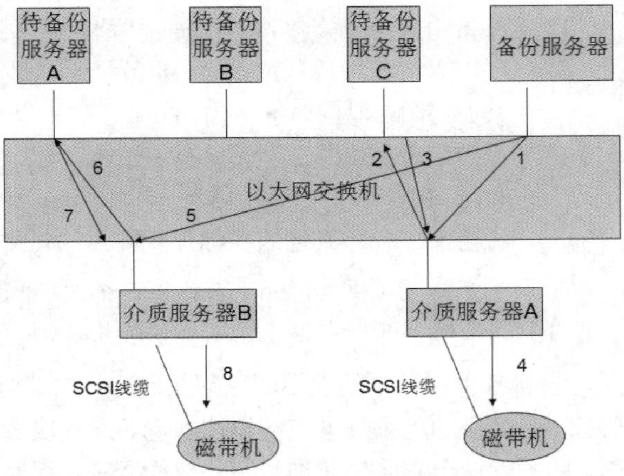

图 16-95　备份流程

图 16-95 是一个 Veritas Netbackup 备份软件的备份流程。

（1）某时刻，备份服务器发起备份，它通知“介质服务器 A”备份“待备份服务器 C”上的相应内容。

（2）“介质服务器 A”向服务器发出指令，告诉它可以进行备份了，请发送需要备份的数据。

（3）待备份服务器 C 把需要备份的数据通过以太网发送给“介质服务器 A”。

（4）“介质服务器 A”将收到的数据源源不断地写入磁带机。

（5）重复第（1）步，只不过介质服务器为 B，待备份服务器为 A。

上面这个拓扑图，是一个 Frontend unfree 备份方式。因为备份数据流占用了前端网络带宽。

至此，我们的数据备份系统中，已经有了三个角色了：备份服务器（调度员）、介质服务器（仓库房间管理员）、待备份服务器（存储货物的人）。

再转回去看看还没有出现“介质服务器”前的那个例子。会发现那时候，仓库房间尚充足，仓库每个门都开着，每个人都可以从各自的门进去存放物品，每个需要存放货物的人都有权直接访问它们的仓库房间，它们只靠一个调度员来协调。这时候可以认为，每个消费者都在管理着仓库房间，它们每个人都是仓库房间管理员，只不过它们各自管理自己的房间而已。所以，这种情况下，每台待备份的服务器，都是介质服务器，而且每台介质服务器因为都需要操控备份设备，所以还需要安装诸如磁带库等设备的驱动程序。而备份服务器只有一个。

相对于由存放货物的人自行管理仓库房间的情况，由专人来管理仓库房间，所耗费的前端网络资源更大。因为存储货物的人，首先需要通过网络将货物发送给仓库管理员，然后管理员再将货物放入仓库。而如果让存储货物的人自己存放，则会省去第一步。

图 16-96 所示的就是用上述思想进行数据备份的一个拓扑图。

（1）备份服务器通过以太网，同时向三台介质服务器（也是待备份服务器）发出备份开始指令。

（2）待备份服务器直接将数据通过后端 SAN 网络设施写入备份目标。A 和 B 的备份目标是磁盘阵列，它们可以同时写入备份目标。C 的备份目标是磁带库，如果磁带库只有一个驱动器，则同一时刻只能用于一个备份操作，这个例子中，磁带库被 C 独占。当然 C 完成备份之后，磁带库可以被其他服务器使用。A、B、C 都安装有磁带库机械手和驱动器的驱动程序。

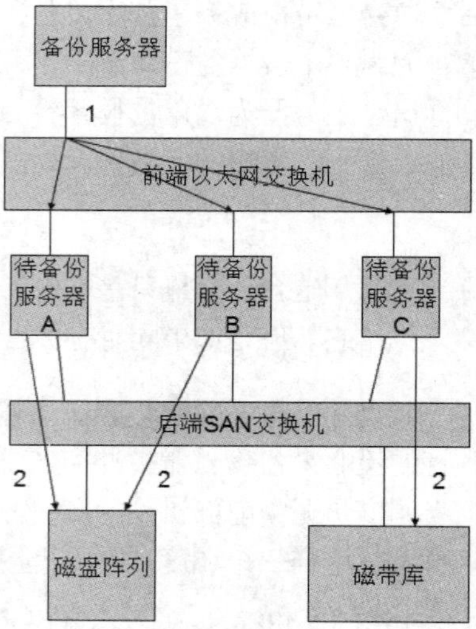

图 16-96　Frontend Free

上面的拓扑图（图 16-96），就是一个典型的 Frontend Free 备份方式，因为备份数据流不占用前端网络带宽，而只有备份时所发送的指令数据经过了前端网络。

随着各种应用系统的不断出现，比如，各种数据库管理系统、E-mail 转发处理系统、ERP 系统、办公自动化系统等，备份技术也随之飞快发展，传统的备份操作，仅仅是备份操作系统文件，即不管这个文件是何种类型，被什么应用程序生成和使用，备份的时候统统当作一个抽象的备份源来看待，只需要把这个文件整体传送到备份目标就可以了。

如今，用户的需求越来越高，越来越细化。比如，某用户要求只备份某数据库中的某个表空间，或者只备份某个 E-mail。由于一个表空间包含一个或者多个数据文件，这样命令发给备份代理的时候，只能是这样："备份某数据库下的某表空间"，而不是："备份 X 盘 X 目录下 XXX 文件"。因为调度员不可能知道某个表空间到底包含哪些具体的文件。要完成这个备份动作，必须由运行在待备份服务器上的某种代理程序来参与。那么这个代理是否可以是上文提到的备份代理呢？

完全可以，但是有个需要增加的功能，即这个代理程序必须可以与待备份的应用程序进行通信，从而获得相关信息。可以有两种方式来完成备份：直接获取到这个表空间对应的数据文件有哪些，然后自行备份这些文件；或者直接调用数据库管理系统的命令，向数据库管理系统发出命令，备份这个表空间。

如果是第一种方式，将调度员发出的命令对应成实际文件的工作。比如，需要备份的是一个 DB2 数据库上的某个表空间，那么这个代理程序需要与 DB2 实例程序进行通信，DB2 实例服务程序告诉备份代理，XXX 表空间对应的容器（数据文件）为某某路径下某某文件。备份代理获得这些信息后，直接将对应的文件备份到备份目标。

如果是第二种方式，备份代理收到调度员指令之后，便会向 DB2 实例服务程序发出指令："db2 backup db testdb tablespace userspace1 online to \\.tape0"，这样，就利用 DB2 自身的备份工具备份了数据。目前广泛使用的做法都是第二种方式，因为解铃还需系铃人，用应用程序本身的备份工具进行备份是最保险的方法。

综上所述，对于每一种待备份的应用程序，都需要一个可以和该应用程序进行通信的代理程序，这就需要开发针对各种应用程序的代理。目前，像 Symantec Backup Exec 备份软件，提供了诸如 Oracle 数据库代理、DB2 数据库代理、Exchange 代理、Lotus Notes 代理、SQL Server 代理、SAP 代理等诸多应用程序的备份代理。

图 16-97 中的 ServerFree Option 就是用来实现 ServerFree 功能的一个模块。Agent for 开头的选件，就是针对各种应用程序所开发的备份代理程序。NDMP 选件，用来实现 ServerFree 所需要的协议栈。

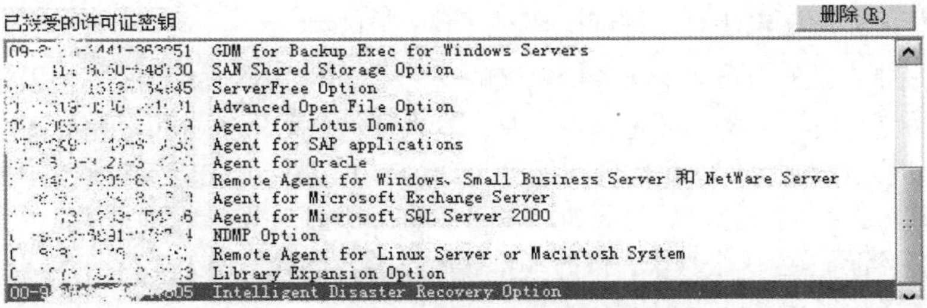

图 16-97 各种备份代理及插件

SAN Shared Storage Option，是用来管理那种"每台待备份服务器都是介质服务器"情况下，各个服务器对备份目标设备的共享使用权的一个模块。因为每台服务器都装有目标设备（磁带库等）的驱动程序，都可以控制磁带库，为了避免意外冲突，SAN Shared Storage Option 作为一个附加的选件来协调各个服务器之间有顺序地使用目标设备而不发生冲突。

16.3.4 三种备份方式

1. 完全备份

假如某时刻某文件中只包含了一个字符 A。此时我们对这个文件做了备份操作，将其复制到其他介质上，这份备份的文件中只包含字符 A。

稍后，这个文件被修改，在字符 A 之后增加了一个字符 B。此时我们又对这个文件做了备份，将其复制到其他介质上，这份备份的文件中包含字符 A、B。

以后，不管这个文件怎么变化，变成多大，包含多少个字符，只要备份，就将这个文件整个备份下来，这就是完全备份。

2. 差量备份

假如某时刻某文件中包含 100 个数字 1、2、3、……、100，在对其做完全备份后，文件中增加了一个数字 101，又过了一段时间，文件中又增加了一个数字 102，而我们已经有了一个完全备份，这个备份已经包含了文件中 1～100 这 100 个数字，如果我们此时再次对这个文件做完全备份，是不是太浪费时间和存储空间了呢？得想出一种办法，即只备份自从上次完全备份以来发生变化的数据。

完全可以，我们以一种自己可以识别的格式，将 101 和 102 这两个数字保存到一个单独的文件中。这就叫做差量备份，意思就是只备份与上次完全备份内容之间相差的内容。如果要恢复这份最新的文件，只要将上次完全备份和最后一次的差量备份合并起来，便可组成最终的最新完全备份，从而恢复数据。

差量备份要求必须对数据做一次完全备份，从而作为差量的基准点。否则随意找一个基准点，所生成的数据是不完整的。

3. 增量备份

经过了完全备份和差量备份，我们已经有了两个备份文件：包含数字 1～100 的完全备份和包含数字 101 和 102 的差量备份。如果这份文件每天都会增加一个数字，而我们每天都要做差量备份甚至完全备份么？这里还有一种选择，就是增量备份。

增量备份是指：只备份自从上次备份以来的这份文件中变化过的数据。这里的“上次备份”，不管上一次备份是全备、差备，还是增备自身，本次增量备份只备份和上一次备份结束的时刻，这份文件变化过的数据。比如，我们现在拥有包含数字 1～100 的完全备份和包含数字 101 和 102 的差量备份。此时，我们打算以后每天执行增量备份，那么，第二天，这份文件增加了一个数字 103，所以我们只备份 103 这个数字，依此类推，第三天我们只备份 104 这个数字，这样备份速度极大地加快了，备份所消耗的空间也小了。

提示：在实际使用中可以灵活地制定各种策略，比如每周一对数据进行完全备份，周二到周五每天对数据进行增量备份等。

如果对数据进行增量或者差量备份，普通的文件，备份软件一般是可以检测到文件相对上次备份时候所发生的变化的。但数据库的备份，备份软件想检测某个数据文件的变化，一般来说是不可能的，因为这些文件内部格式是非常复杂的，只有数据库管理软件自身才能分析并检测出来，所以每个数据库管理软件（如 Oracle、DB2 等）都有自己的备份工具，可以全备、差备和增备，而第三方备份软件在对数据库做备份的时候，只能调用数据库软件自身提供的各种命令，或者程序接口。

16.3.5 数据备份系统案例一

前面介绍了数据保护的基本原理和大体思路，下面来看下现实中的数据备份领域，了解一下现今广泛实行的数据备份都是怎么做的。

下面用一个企业的 IT 系统作为一个初始化的例子，如图 16-98 所示，某企业 IT 系统现有 FTP 服务器一台，E-mail 服务器一台，基于 SAP 的 ERP 服务器一台，DB2 数据库服务器一台（用于 SAP 服务器的后台数据库），备份服务器一台，大型 FC 磁盘阵列一台，小型磁带库一台（一个机械手，两个驱动器）。

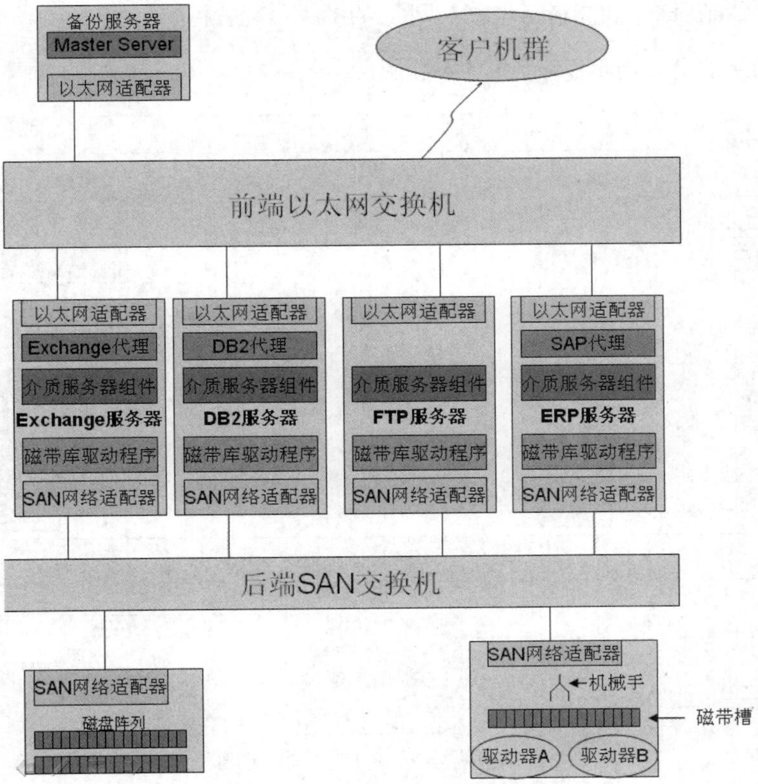

图 16-98　某公司 IT 系统示意图

以上五台服务器各用以太网卡连接到同一个以太网交换机上，同时各个办公室的客户端 PC 也通过局域网连接到这台交换机上。另外，除备份服务器之外的四台服务器上分别装有一块 FC HBA 适配卡，且通过光纤连接到一台 SAN 交换机上。磁盘阵列也用一条光纤连接到 SAN 交换机上。该企业使用 Symantec Backup Exec 11D 备份软件进行备份操作。

在备份服务器上需要安装 Symantec Backup Exec 的软件 Master Server 模块。

在每台待备份的服务器上需要安装 Symantec Backup Exec 的 Media Server 模块、磁带库驱动程序、对应的应用程序备份代理模块。

在备份服务器上，用 Symantec Backup Exec 提供的配置界面，来制定针对每台服务器的备份策略，策略生效之后，各个服务器便会按照策略中规定的时间、备份源、备份目标来将各自的数据备份到相应的备份目标。这是一个典型的企业数据备份系统案例，数据流经的路径不包括前端网络，所以属于 Frontend Free 备份。

16.3.6　数据备份系统案例二

Symantec Netbackup 是 Symantec 公司的另一个备份产品，与 Backup Exec 不同的是，Netbackup 适合于大型备份系统，支持各种操作系统平台，各个模块可以分别安装在不同操作系统上，由于之间通过 TCP/IP 协议通信，所以可以屏蔽各种操作系统的不同。而 Backup Exec 只支持 Windows 和 Netware 操作系统（最新的 11D 版本支持 Linux）。NetBackup 更加适合异构操作系统平台的备份，因此适合拥有众多不同厂家服务器、不同操作系统的大型企业的备份系统。

提示：关于 NetBackup 可参考第 16.3.7 节的 NetBackup 配置指南

图 16-99 所示的是某企业备份系统的拓扑图。

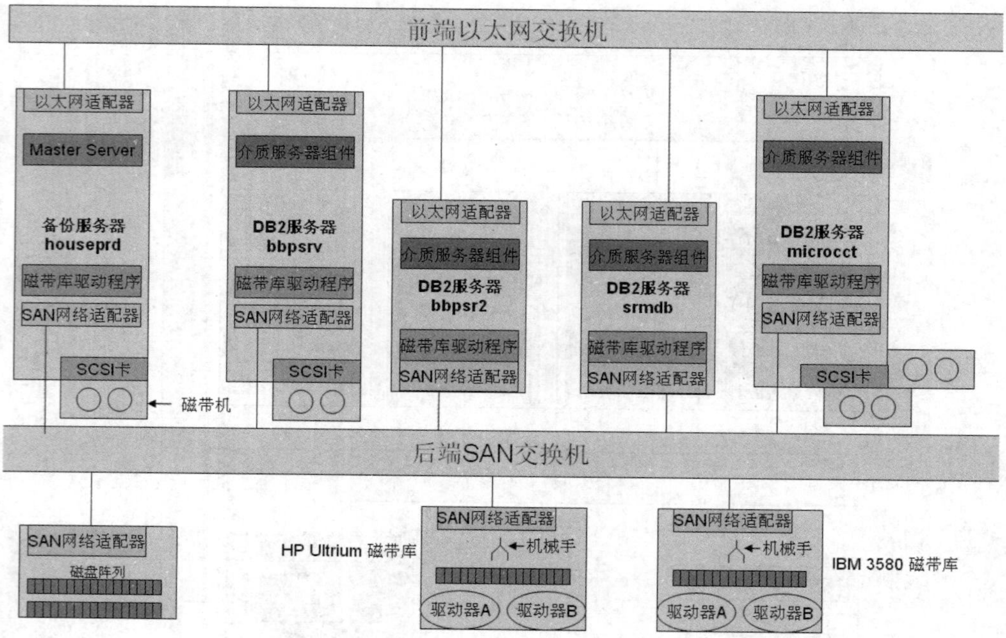

图 16-99　某公司 IT 系统示意图

该企业有四台 DB2 数据库服务器，主机名分别为：bbpsrv、bbpsr2、srmdb、microcct，皆使用 Windows 2000 Advanced Server 操作系统。

其上分别安装 NetBackup 软件的介质服务器模块和磁带库驱动程序。

其中 bbpsrv 服务器连接有一台 SCSI 磁带机，microcct 服务器连接有两台 SCSI 磁带机。这四台数据库服务器也是待备份的服务器。

一台备份服务器，主机名为 houseprd，使用 Windows 2000 Advanced Server 操作系统，其上安装有 NetBackup 软件的 Master Server 模块（默认包含了 Media Server 模块），同时也安装了磁带库驱动程序，并且通过 SCSI 线缆连接有一台磁带机。

一台 HP Ultrium 磁带库，包含一个机械手和两个驱动器。

一台 IBM 3580 磁带库，包含一个机械手和两个驱动器。

在这个备份系统中，由 Master Server 进行调度，每台 DB2 数据库服务器都将待备份的数据通过 SAN 交换机传输给磁带库。由于共有五台服务器使用两台磁带库，所以需要由这五台服务器共享这两台磁带库，为了避免冲突，调度工作统统由 Master Server 来进行。

16.3.7 NetBackup 配置指南

图 16-100 是在 houseped 这台 Master Server 上运行的 NetBackup 配置工具的主界面。右侧窗口是各种自动配置向导。初次安装完 NetBackup 软件之后，首先要让 NetBackup 这个调度员识别到网络上的每台介质服务器，及与其挂接的各种用于备份的存储设备。

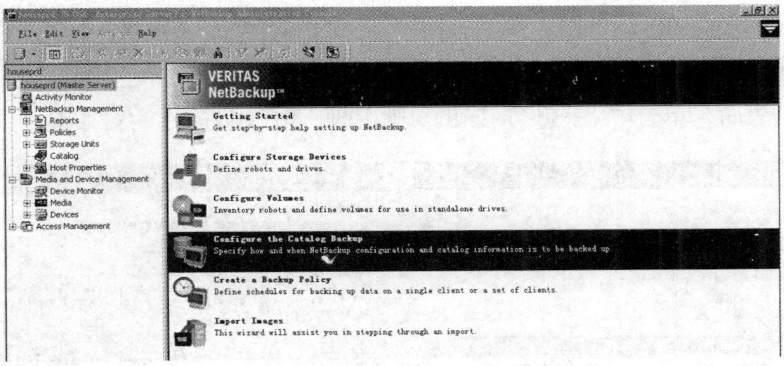

图 16-100　NetBackup 主界面

1. 配置存储设备

初次运行 NetBackup 配置工具的时候，可以通过右侧窗口的向导“Getting Started”来让 Master Server 扫描网络上的介质服务器和其上的磁带库设备，并对扫描到的设备以及磁带做一些配置和记录，形成一个初始化环境。

（1）单击 Getting Started 命令，出现如图 16-101 所示的对话框。

（2）单击“下一步”按钮，出现如图 16-102 所示的对话框。

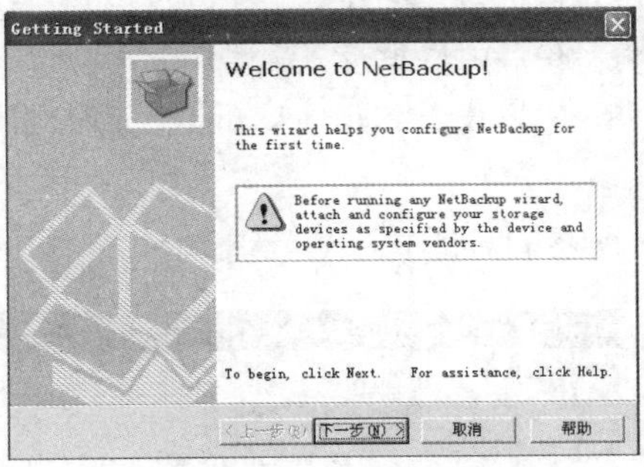

图 16-101　Getting Started

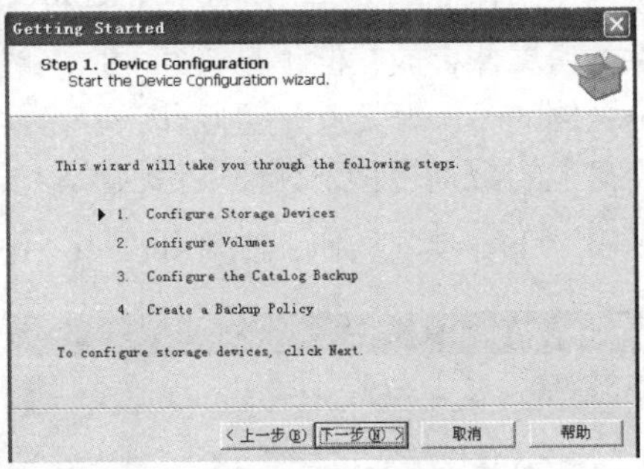

图 16-102　Device Configuration

（3）对话框中提示，初始化过程需要 4 个步骤，首先扫描所有网络介质服务器可供备份用的设备。单击“下一步”按钮，出现图 16-103 所示的对话框。

（4）单击“下一步”按钮，如图 16-104 所示，扫描到一个介质服务器。

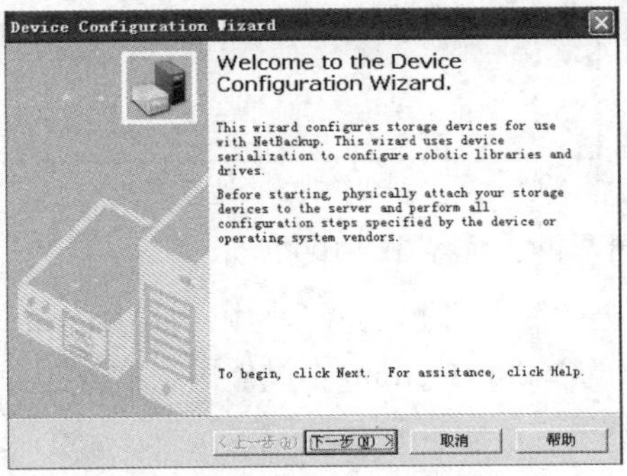

图 16-103　扫描介质设备

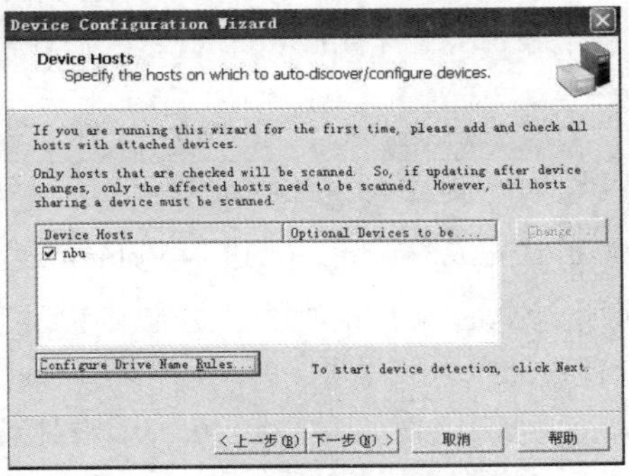

图 16-104　扫描到一个介质服务器

（5）在图 16-104 的对话框中，可以选择网络上的所有介质服务器，这样，就可以扫描这些服务器上用于备份的存储设备了，如图 16-105 所示。

（6）扫描结束后，单击“下一步”按钮，出现如图 16-106 所示的对话框。

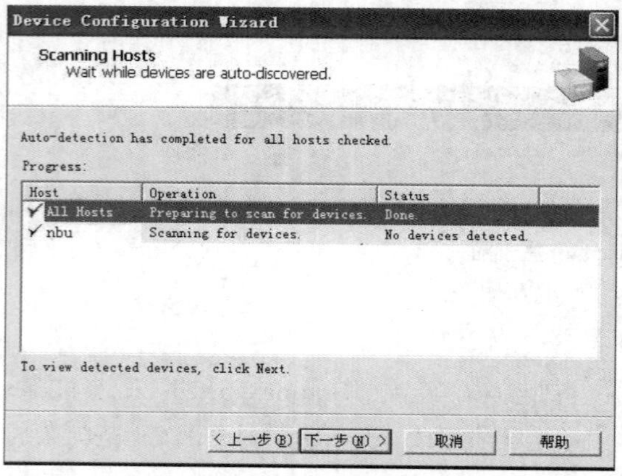

图 16-105　扫描到介质服务器上的设备

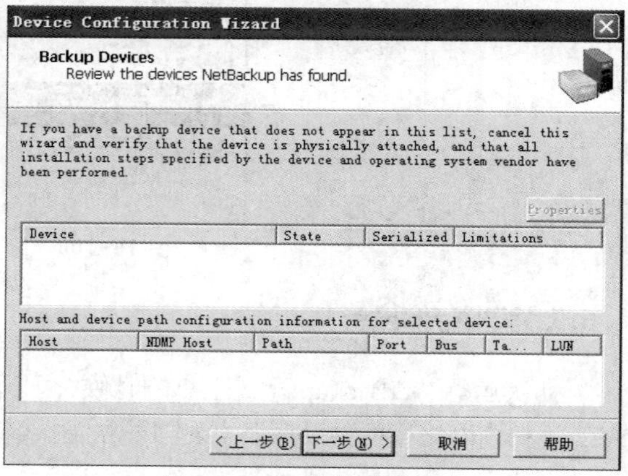

图 16-106　设备列表

（7）在对话框中会列出所有检测到的设备的状态，但是图 16-106 中没有找到任何设备，这可能是由于主机未联入网络或者介质服务器没有安装 Media Server 模块。单击“下一步”按钮，出现如图 16-107 所示对话框。该对话框可用来建立一个硬盘目录，这个目录可供备份文件存放，但不是必须的。一般将备份后的数据存入磁带中，用磁盘目录存放备份数据的一个好处就是可以作为一个缓冲，可以设置 NetBackup 在一定时间后，将这个硬盘上的数据转移到其他备份目标中。

（8）单击“下一步”按钮，出现如图 16-108 所示的对话框。

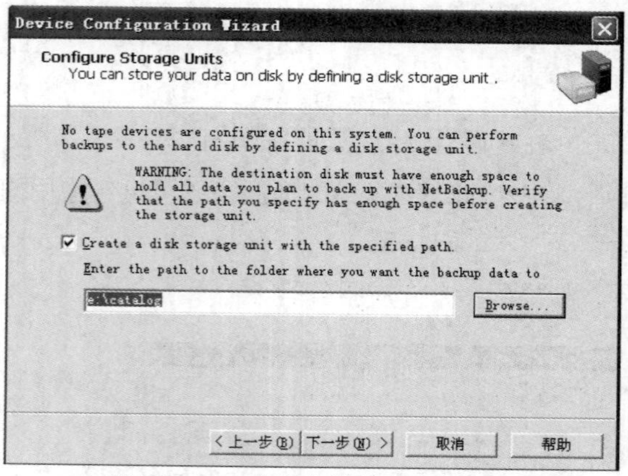

图 16-107　建立本地磁盘备份目录

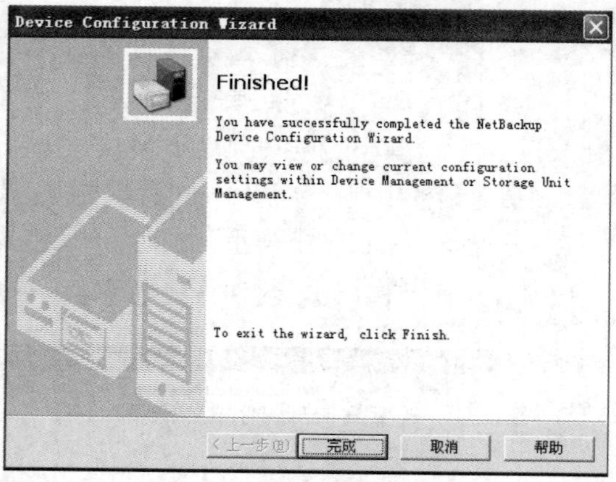

图 16-108　设置完成

（9）单击“完成”按钮，将进入 Volume 配置界面，如图 16-109 所示。

（10）所谓 Volume，指的就是磁带（在后面会详细介绍）。这一步中，NetBackup 会识别所有磁带库中的磁带，并将它们编入默认的 Volume Group 中供使用。单击“下一步”按钮继续，出现如图 16-110 所示的对话框。

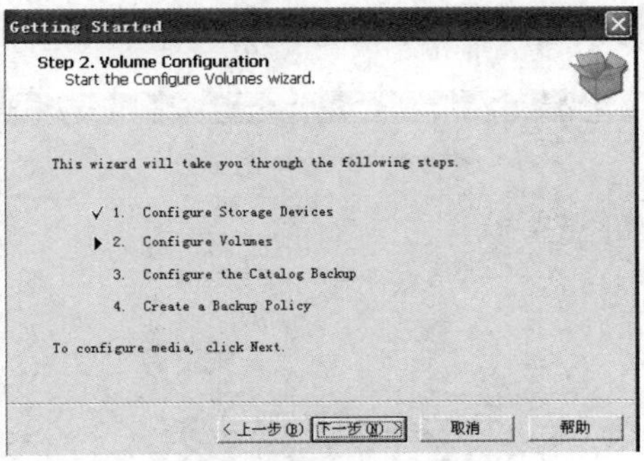

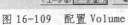

图 16-109　配置 Volume

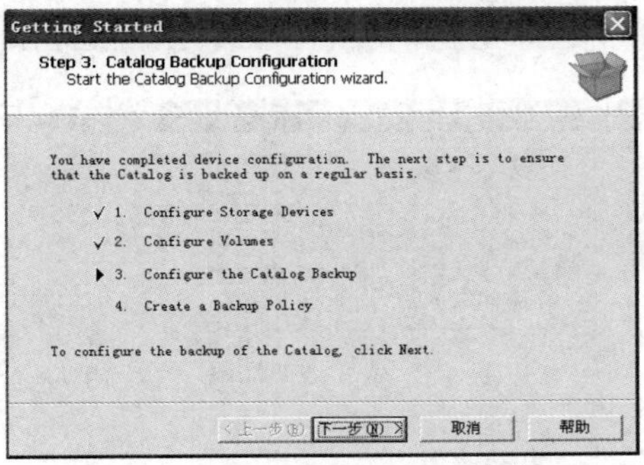

图 16-110　设置 Catalog 备份

（11）设置 Catalog 的备份。所谓 Catalog，就是 NetBackup 自身运行所需要的数据，其实 NetBackup 自身管理维护着一个小型数据库，数据库中保存了 NetBackup 的所有配置，以及所有磁带、设备、备份策略、过期时间等信息，如果 Catalog 损坏，则整个 NetBackup 将会瘫痪，所以备份 Catalog 自身也是非常重要的。这就像医生给别人治病的同时，自己也要预防疾病一样。NetBackup 虽然是一个备份其他数据的软件，但是它也要备份好自身的数据，这一点很好理解。单击"下一步"按钮，如图 16-111 所示。

（12）单击"下一步"按钮，如图 16-112 所示。

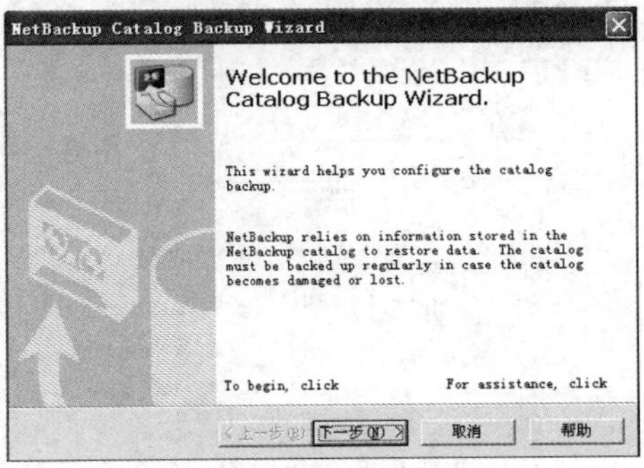

图 16-111　Catalog 备份向导

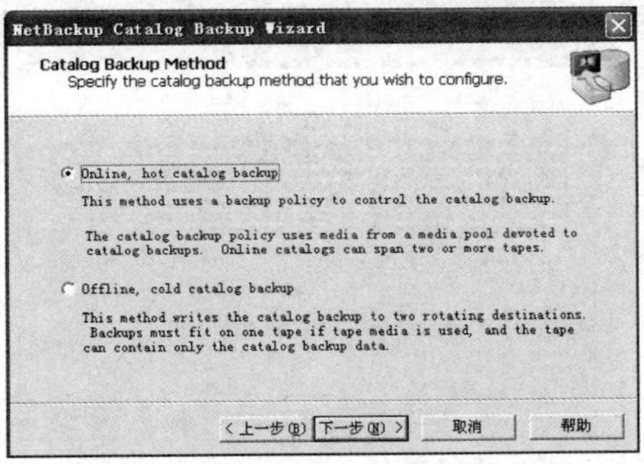

图 16-112　选择 Catalog 备份方式

（13）选择"Online，hot catalog backup"单选按钮，单击"下一步"按钮，如图 16-113 所示。

（14）创建一个用于备份 Catalog 信息的新策略，单击"下一步"按钮，如图 16-114 所示。

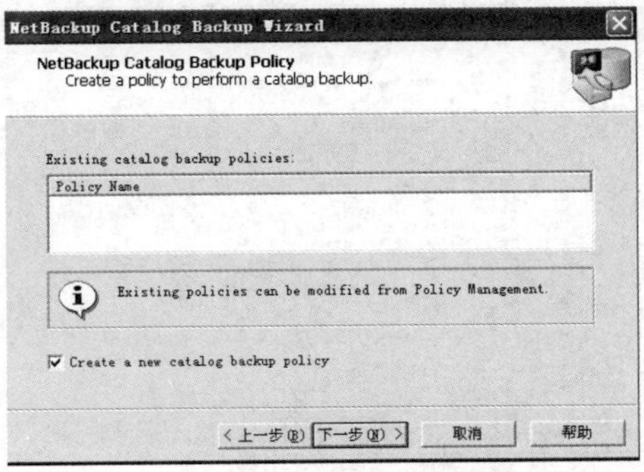

图 16-113　创建备份策略

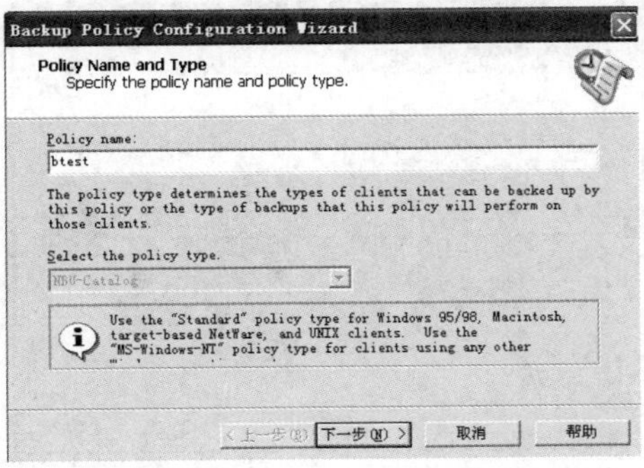

图 16-114　输入策略名称

（15）输入"btest"，单击"下一步"按钮，进入备份方式选择窗口，如图 16-115 所示。

（16）选择完全备份或者增量、差量备份。单击“下一步”按钮继续，如图 16-116 所示。

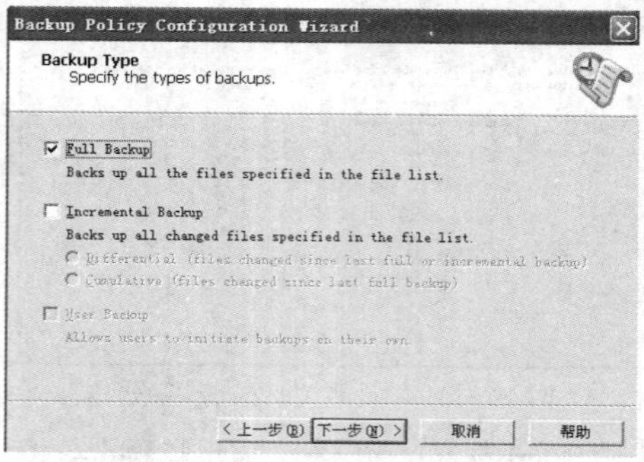

图 16-115　全备和增备方式选择

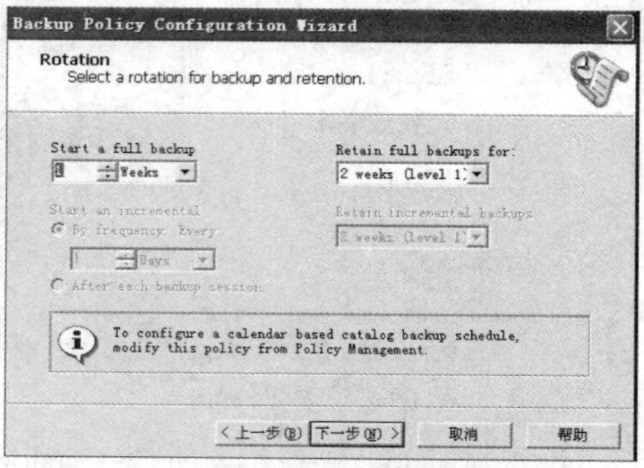

图 16-116　设置 Catalog 备份日程表

（17）设置每周进行一次完全备份，每个备份保留期限为两周，两周过后，之前的备份就认为失效，存放备份的磁带可供其他备份使用，如图 16-117 所示。

（18）选择具体备份时间，图 16-117 跨越了所有时间，所以备份可以在任何时间内发生。继续。

（19）设置备份后的 Catalog 信息存放位置。以及登录操作系统所需的用户认证信息。单击“下一步”按钮继续，如图 16-118 所示。

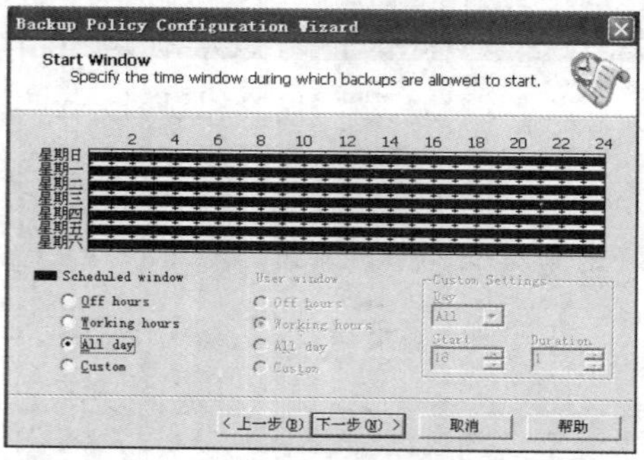

图 16-117　选择具体 Catalog 备份日程表

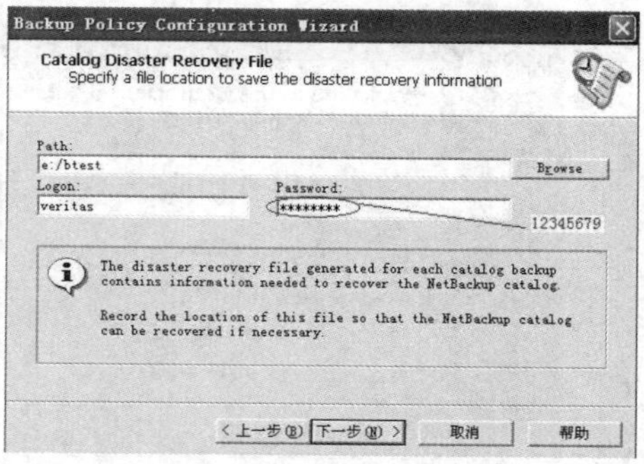

图 16-118　选择 Catalog 备份路径及认证信息

（20）设置是否进行邮件通知，如图 16-119 所示。选择 No 单选按钮，单击“下一步”按钮继续，如图 16-120 所示。

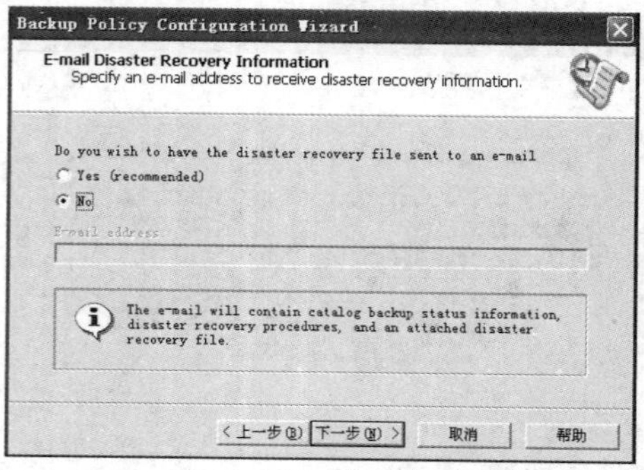

图 16-119　是否邮件通知

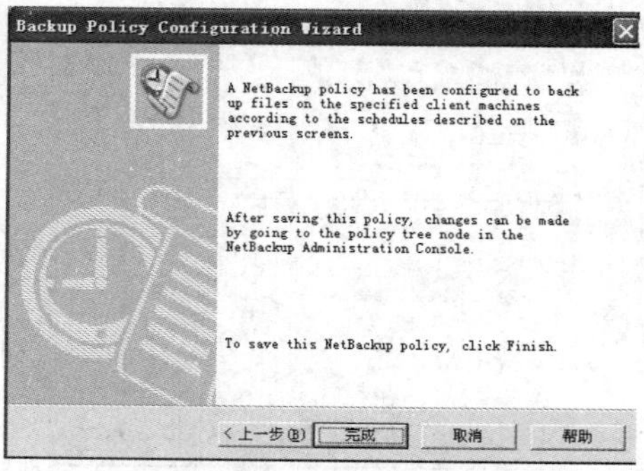

图 16-120　完成设置

（21）完成 Catalog 备份策略向导。单击“下一步”按钮，如图 16-121 所示。

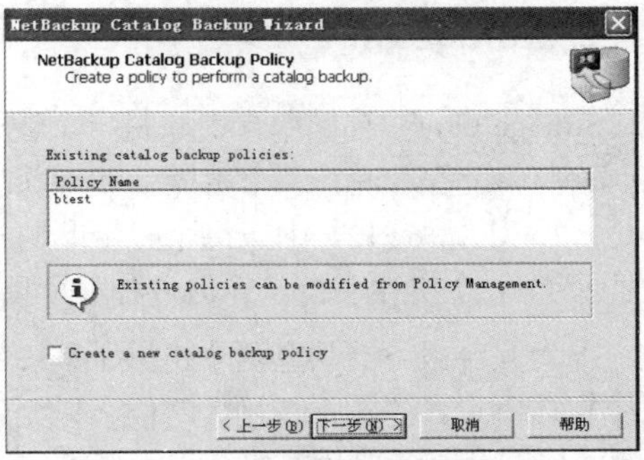

图 16-121　策略列表

选择新创建的策略，单击“下一步”按钮，即可完成环境的初始化操作。

初始化后，Master Server 会在 Media Server 列表中自动加入这些扫描到的介质服务器，并且在 Storage Unit 中列出扫描到的机械手设备。图 16-122 所示的是介质服务器列表，图 16-123 所示的是备份客户端列表。

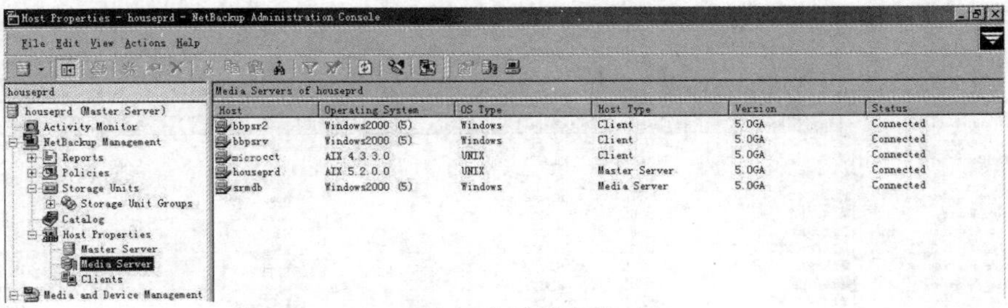

图 16-122　介质服务器列表

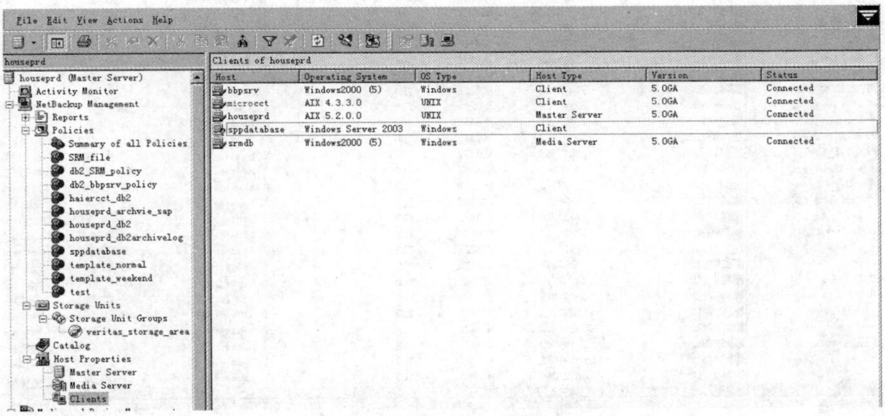

图 16-123　备份客户端列表

图 16-124 所示的是存储单元列表。

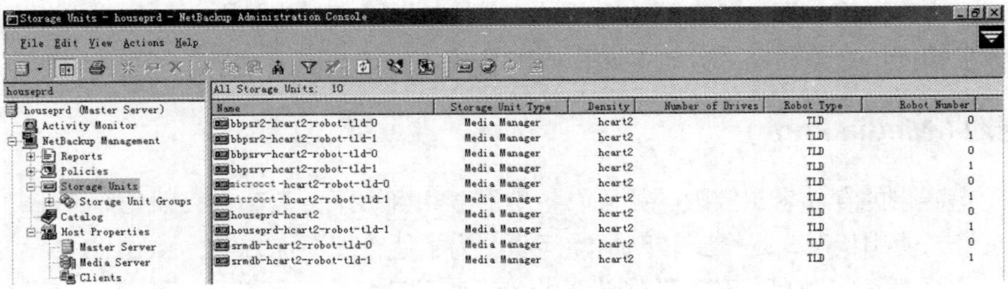

图 16-124　存储单元列表

2. Storage Unit

Storage Unit（存储单元），是一个逻辑上的概念。它表示存储设备中管理一组介质的单元，对于磁带库设备来说，一个机械手就可以掌管属于它的所有磁带，那么一个机械手就是一个存储单元。所以图 16-124 中，每个磁带库的机械手，都被认为是一个存储单元。可以看到右侧窗口中显示了 10 个机械手设备，但是物理上只存在两个，这是为何呢?

因为五台服务器共享两个机械手，每台服务器都会识别到两台磁带库的机械手，所以一共是 10 个机械手设备。实际使用的时候，只允许其中两台服务器同时操纵两台磁带库设备。但是一段时间内，五台服务器均有机会操纵磁带库，这也就是共享磁带库的意义了。

每台磁带库中的可用介质（磁带）也会被自动添加到 Media 项，如图 16-125 所示。

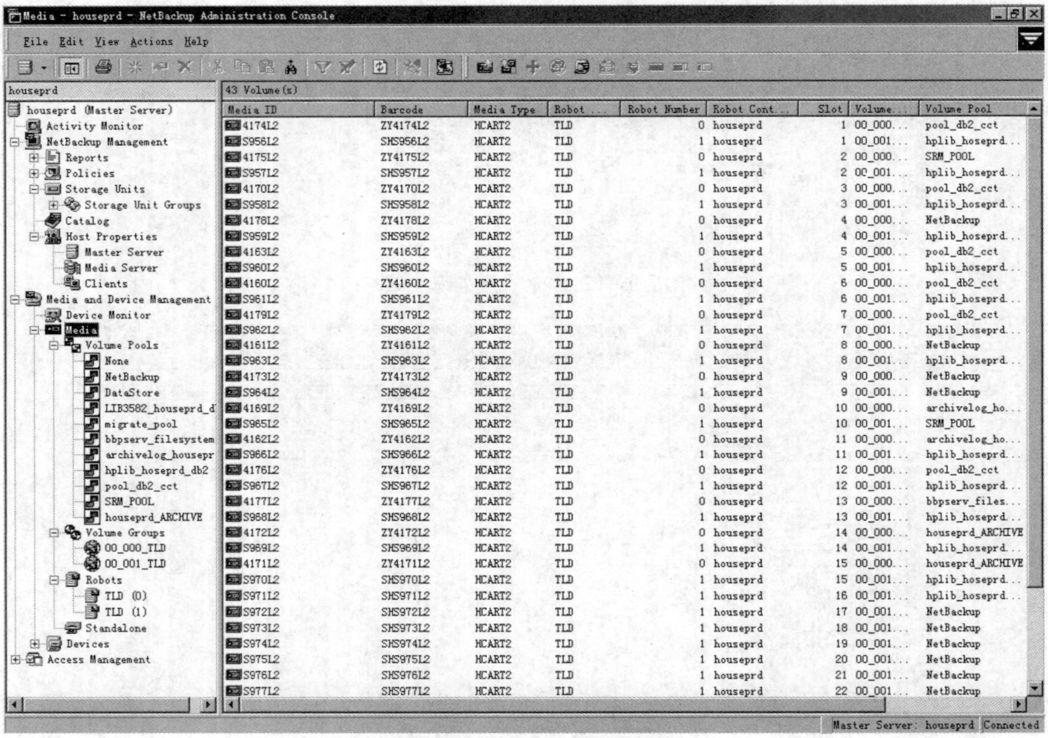

图 16-125　介质（磁带）列表

图 16-125 中的 Robots，表示物理上存在的磁带库的机械手，所以只有两个。右侧窗口所示的是识别到的所有磁带，每盘磁带都被编了号，以便加以区分。实际上，每盘磁带都会贴有一个条码，机械手扫描这个条码以区分每盘磁带。

3. 卷池（Media Pool）

由于每盘磁带的存储容量有限，如果有备份需要用到多于一盘磁带，则如何分配并在分配后记录这些磁带的使用状况，是个比较麻烦的问题。为了使管理更加方便，NetBackup 引入了卷池（Media Pool）的概念。这就像磁盘阵列设备将每个物理磁盘合并，并再分割成更大的 Volume 或者虚拟磁盘一样，磁带同样可以这样被虚拟化，如图 16-126 和图 16-127 所示。

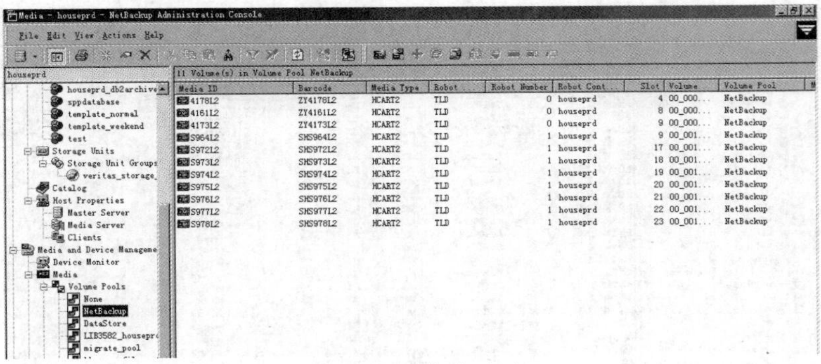

图 16-126 卷池（1）

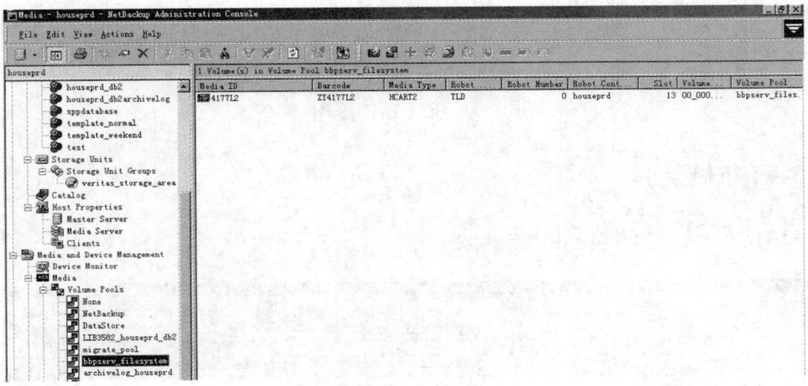

图 16-127 卷池（2）

我们看到，Volume Pools 项之下的 11 个卷池，其中名为 NetBackup 的卷池包含了 11 盘磁带。而名为 bbpserv_filesytem 的卷池，只包含了一盘磁带。有了卷池之后，就可以把卷池中的所有磁带，当成一个大的虚拟磁带来看待。我们可以为每个待备份的数据项目分配一个卷池，每次备份的数据只存放在这个卷池中，其他卷池中的磁带不会给这个备份所使用，这样就做到了充分的资源隔离。卷池可以手动创建并且在不冲突的前提下任意添加磁带，如图 16-128 和图 16-129 所示。

图 16-128 新建卷池

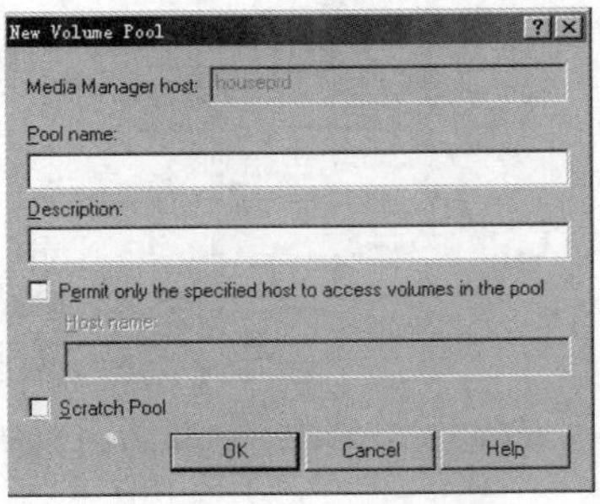

图 16-129 输入名称和描述

4. 卷组（Media Group）

这也是一个逻辑上的概念，下图中显示了两个卷组，每个磁带库中的磁带，都放到了一个单独的组中。卷组在实际使用上没有很大的意义。卷组不能手动创建，默认每个机械手就会生成一个卷组，如图 16-130 所示。

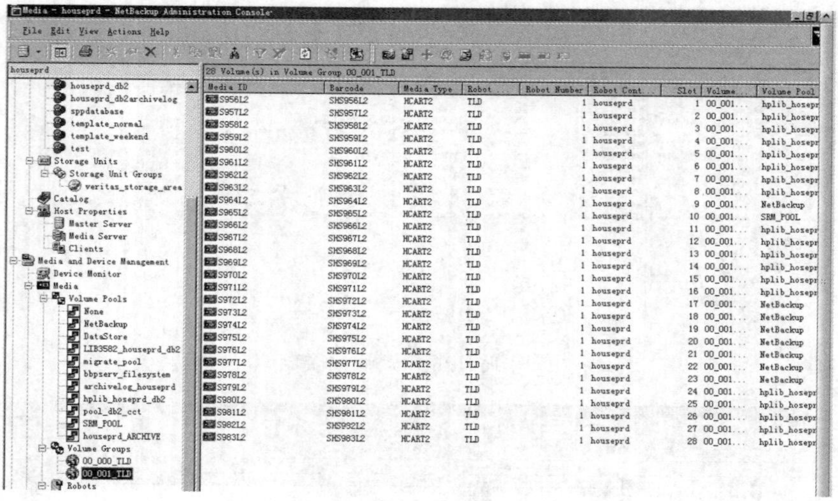

图 16-130　卷组

5. Robots（机械手）

如图 16-131 所示，左侧显示的是机械手。

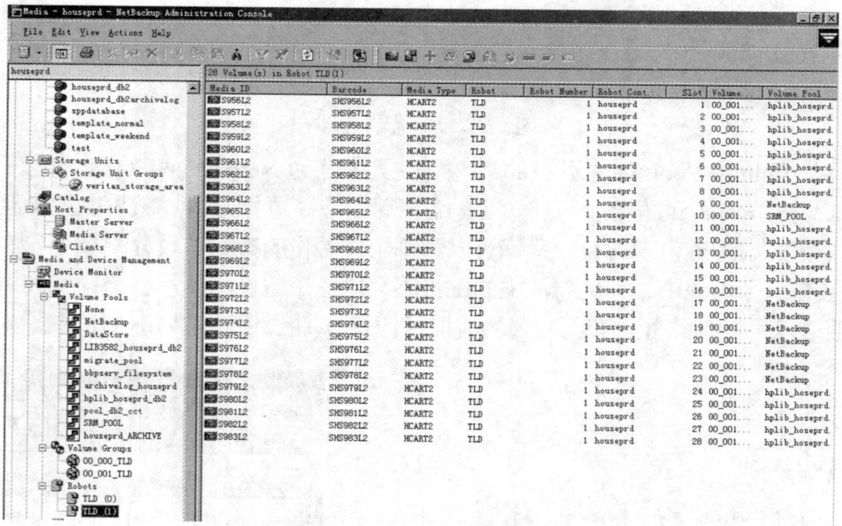

图 16-131　左侧显示的机械手

这个项下面显示了整个备份系统中所存在的物理机械手的数量，右侧窗口中显示了对应机械手所掌管的磁带。

6. Standalone（非共享的机械手）

如图 16-132 所示是 Standalone 机械手。

如果某台介质服务器独立掌管一台磁带库的机械手，而没有共享给其他主机使用，则 NetBackup 识别到这种设备之后，就会显示在右侧窗口中。本例中没有这种设备。

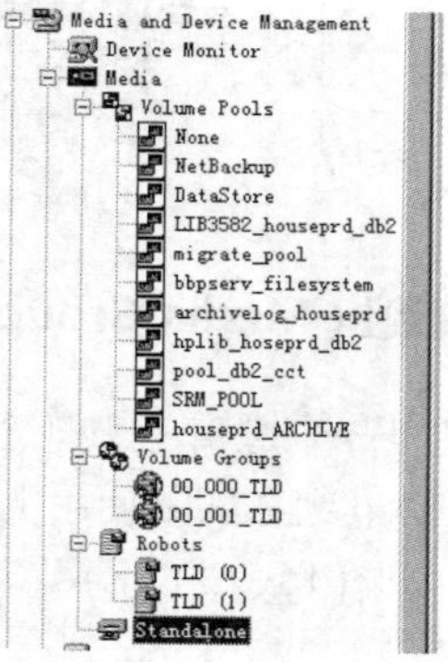

图 16-132　Standalone 机械手

7. Devices（设备）

这一项列出了整个系统中所有可用于备份的物理存储设备，如图 16-133 所示。

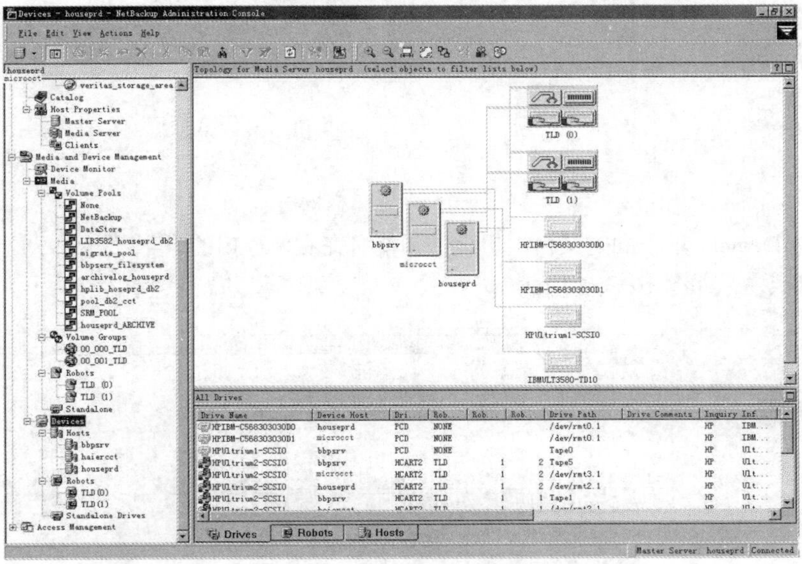

图 16-133　所有可用于备份的介质设备

右侧窗口中的拓扑图显示了两台磁带库和四台独立磁带机，并有连线。带有齿轮标志的为介质服务器，右上方的图标为磁带库，其中还显示了机械手、磁带槽和两个驱动器，驱动器下面的手托表明这个驱动器为共享驱动器，也就是说其他主机也可以操作这个驱动器。

右侧窗口的下半部分显示了所有逻辑而不是物理设备。由于共享驱动器的原因，本例中的逻辑驱动器变为了 12 个（三台服务器，每台识别到四个驱动器），再加上独立的磁带机，共有 16 个驱动器，如图 16-134 所示。

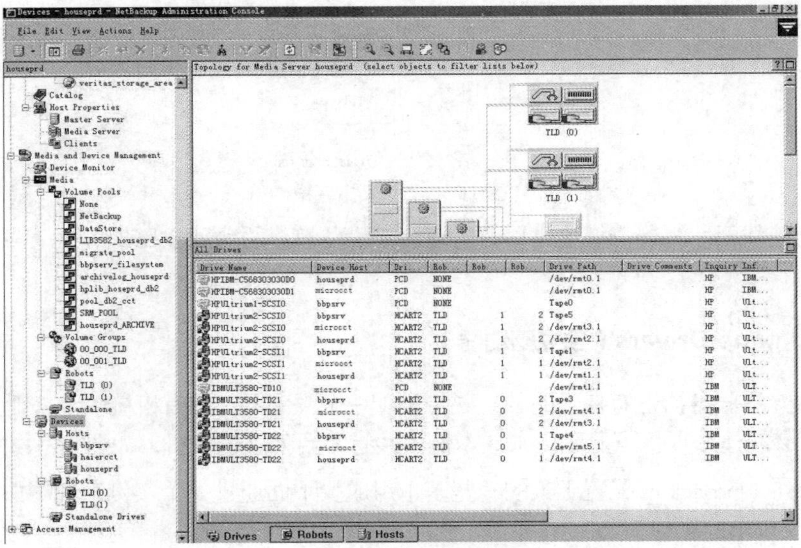

图 16-134　设备列表

同理，逻辑机械手也有 6 个而不是 3 个，如图 16-135 所示。

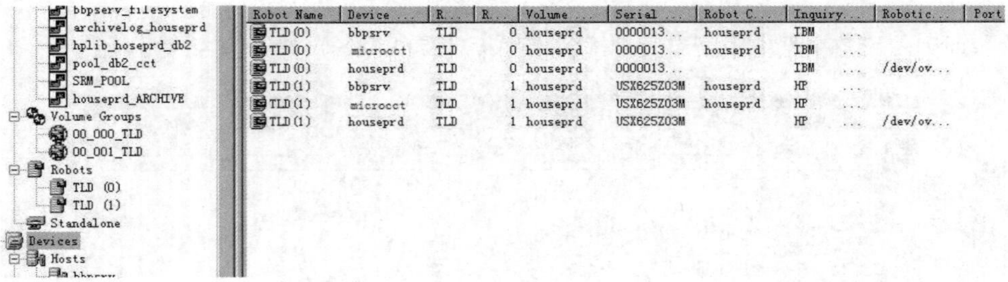

图 16-135 逻辑机械手

如果选中 Devices 项下面的某台主机设备，便可在右侧窗口的下半部分显示这台主机掌管的驱动器或者机械手，如图 16-136 所示。

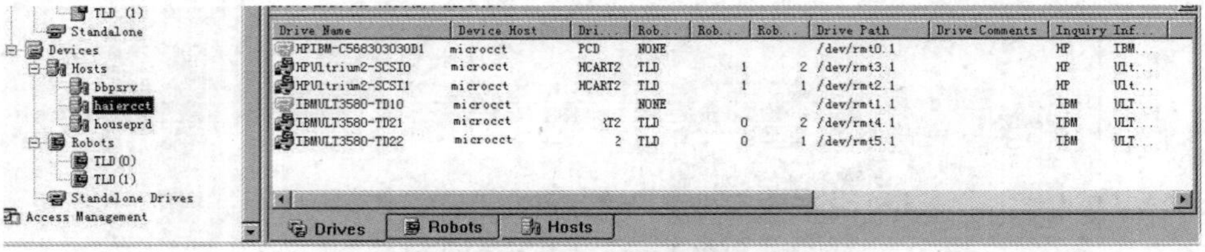

图 16-136 每台主机包含的设备

并且在右侧窗口的上半部分，就会突出这台设备所连接的连线，如图 16-137 所示。

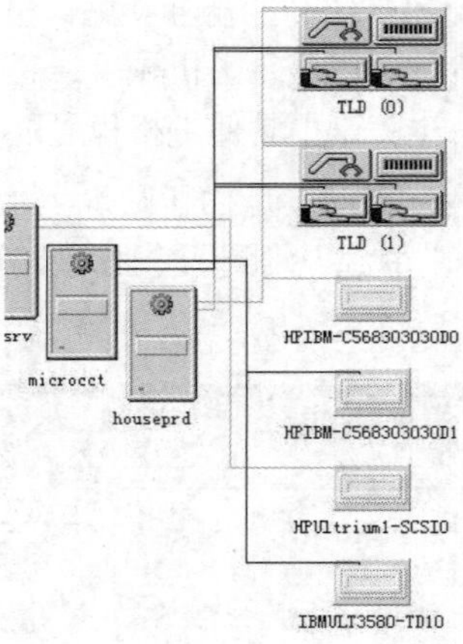

图 16-137 拓扑连线

图中黑色连线表示 microcct 主机目前所连接的设备有：两台独立磁带机驱动器、两台磁带库中的共享驱动器。

8. Standalone Drivers（独立驱动器）

如果某台介质服务器上有自己的独立磁带机（一个驱动器，没有机械手），则 NetBackup 识别到之后，就会在这个项目下显示出来。本例中共有 4 台独立磁带机，如图 16-138 所示。

以上介绍了 NetBackup 配置工具的一些基本组成。下面通过一个实例来说明如何备份 bbpsrv 这台服务器上的 DB2 数据库。

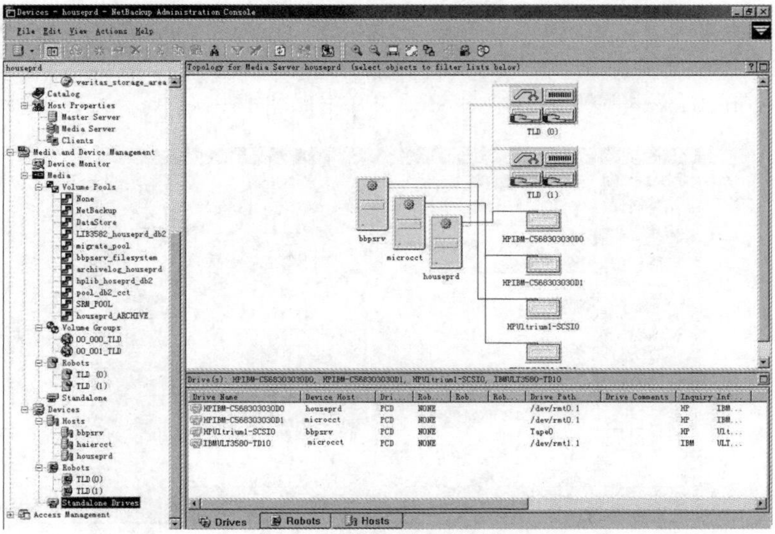

图 16-138　独立磁带机列表及拓扑

提示：拓扑图中所有独立磁带机的连接线都用黑色加重了。

16.3.8　配置 DB2 数据库备份

1. 建立备份策略

（1）首先建立一个备份策略，命名为“bbpsrv_db2_bak”，如图 16-139 所示。

（2）单击 New Policy 命令，输入名称之后，显示如图 16-140 所示的对话框。

（3）在 Policy Type 中我们选择“DB2”，使 NetBackup 调用与 DB2 备份相关的模块。在 Policy Volume Pool 下，选中专门为这个备份所创建的卷池“bbpsrv”。

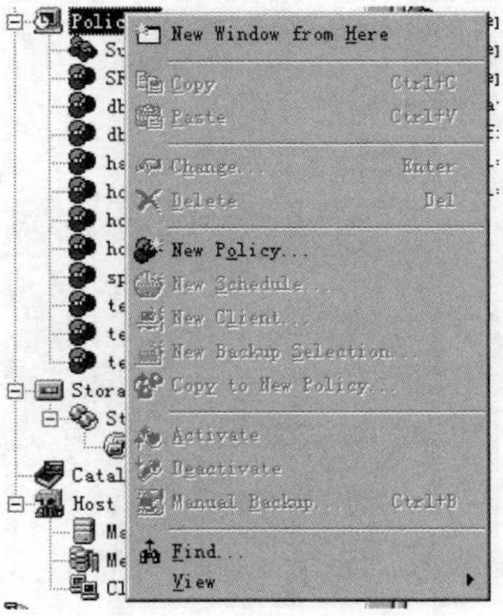

图 16-139　创建备份策略

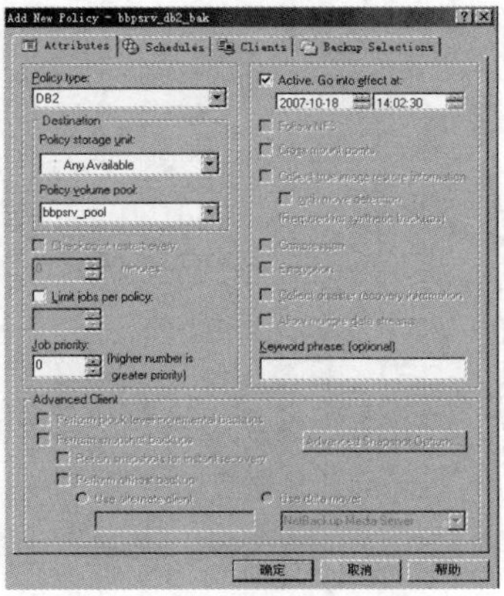

图 16-140　新策略窗口

2. 在策略中添加时间表

切换到 Schedules 选项卡，设置什么时间进行数据备份，以及每次备份最多允许花费多长的时间等。

进入 Schedules 选项卡，窗口中已经包含了一个名为 Default-Application-Backup 的 Schedule，这个 Schedule 是备份 DB2 数据库所必需的，因为备份时需要调用的脚本中的 Schedule 名称就是 Default-Application-Backup。双击这个 Schedule，弹出如图 16-141 所示的对话框。

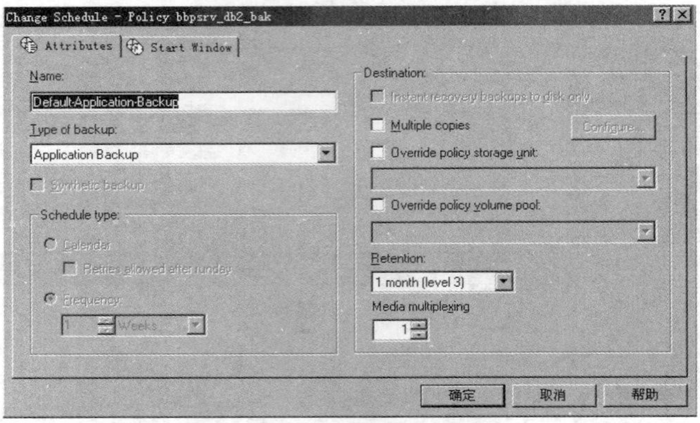

图 16-141　编辑策略属性

其中 Type of backup 为 Application Backup，表明这个 Schedule 是用于由应用程序自主发起的备份。如果没有这个 Schedule，则应用程序就不能调用 Netbackup 提供的接口而把数据发送给 NetBackup，因为策略中没有允许应用程序这么做。

我们所要实现的，不仅仅是手动从应用程序发起备份，而是让 NetBackup 自动根据设定的时间来备份，所以需要增加一个 Schedule。单击下方的 New 按钮。

将这个 Schedule 命名为"Auto_Full"，Type of backup 选择 Automatic Full Backup，如图 16-142 所示。

Frequency 选择每天备份一次。Retention（保留）选择将备份保留两周，两周后，对应的磁带就可以被抹掉或者用于其他备份。然后切换到 Start Windows 选项卡，如图 16-143 所示。

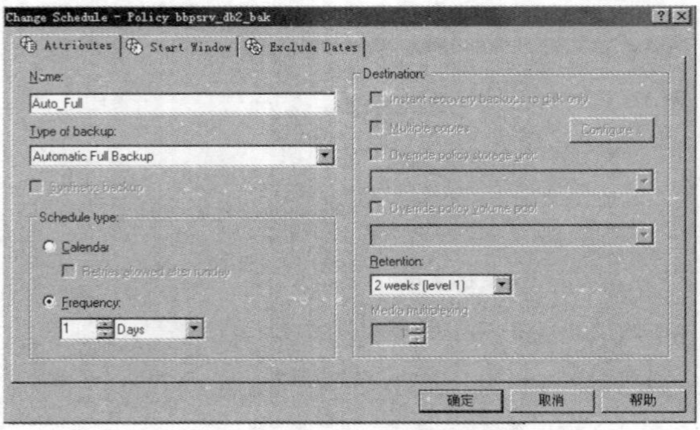

图 16-142　给日程起名

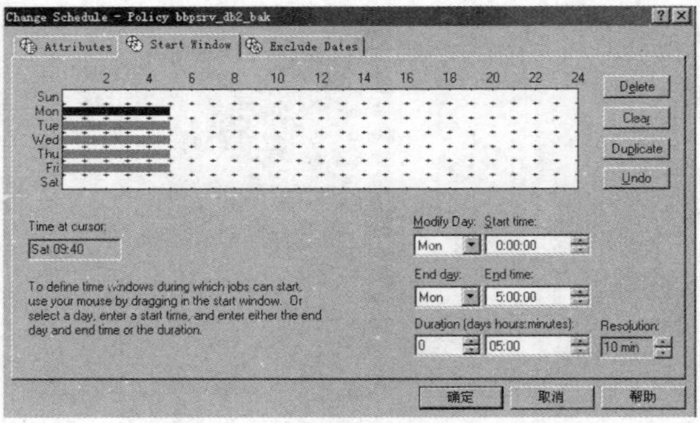

图 16-143　选择具体备份窗口时间

这里设置，每天 0 点开始备份，凌晨 5 点结束备份。如果由于某种原因，备份持续了超过 5 小时，则 NetBackup 会执行完当前备份。如果还有其他备份需要在这 5 个小时中执行，则禁止其执行，直到第二天的 0 点，再接着执行上次未执行的备份，依此类推。

3. 选定需要备份的客户机

接着切换到 Clients 选项卡，如图 16-144 所示。

单击 New 按钮，浏览或者输入要备份的服务器，即 bbpsrv 这台计算机。期间会提示选择这台计算机的操作系统类型，这里选择 Windows 2000。然后切换到 Backup Selections 选项卡。在前三个选项卡中，已经定义了备份类型、备份发生的时间和持续时间、所需备份的服务器，而唯独缺少了最重要的内容，即备份这台服务器上的哪些东西。在 Backup Selections 选项卡来完成这个策略的最后一步：定义备份哪些内容。

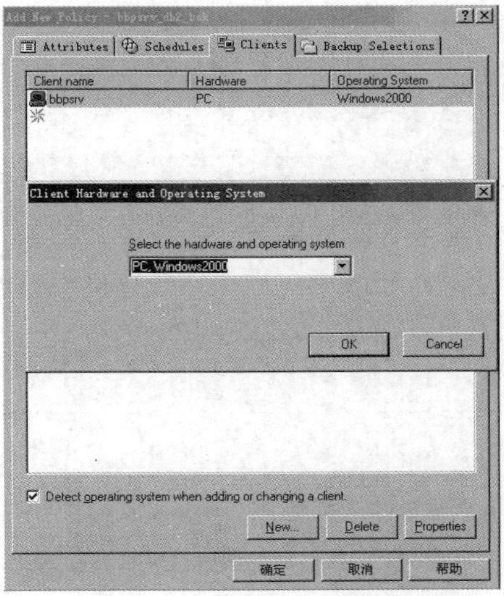

图 16-144　设置要备份的客户端

4. 选择需要备份的内容或者需要执行的脚本

在 Clients 选项卡中单击 New 按钮，出现如图 16-145 所示的界面。

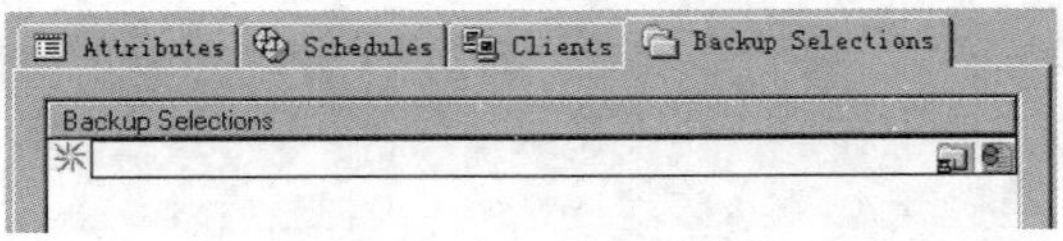

图 16-145　选择备份内容或者需要执行的备份脚本

然后单击按钮，来浏览客户机上的文件，如图 16-146 所示。

选中需要备份的目录或者文件之后，单击 OK 按钮。

本例需要备份的是数据库数据，备份数据库如果只备份数据文件，恢复的时候是不够的，况且，如果是 online 备份，则必须用数据库自己提供的工具来备份，才会得到可用的镜像，仅仅把数据文件复制一份，这种备份是不能用作恢复的。所以这个例子中，需要在待备份的计算机上运行 DB2 数据库相关的备份命令来备份数据库。这些命令都存在于一个预先由 NetBackup 编辑好的批处理脚本文件中。

找到这个文件，其路径位于待备份计算机 NetBackup 安装目录下：

C:\Program Files\VERITAS\NetBackup\DbExt\DB2\db2_backup_db_online.cmd

选中这个文件，单击 OK 按钮，结果如图 16-147 所示。

可以看到，NetBackup 已经识别出这个脚本，左侧的图标已经变为。

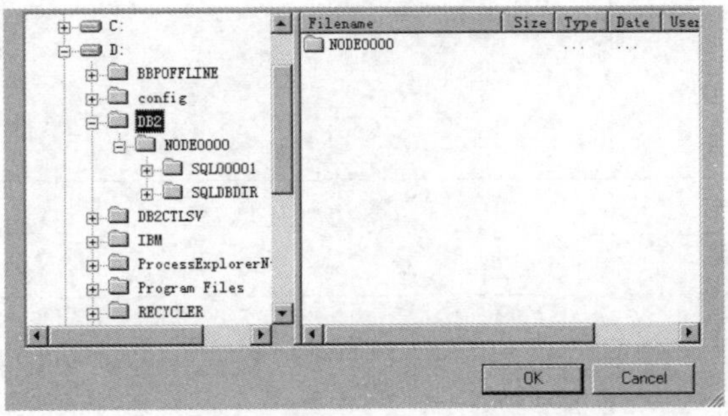

图 16-146　选择要备份的文件或者要执行的脚本

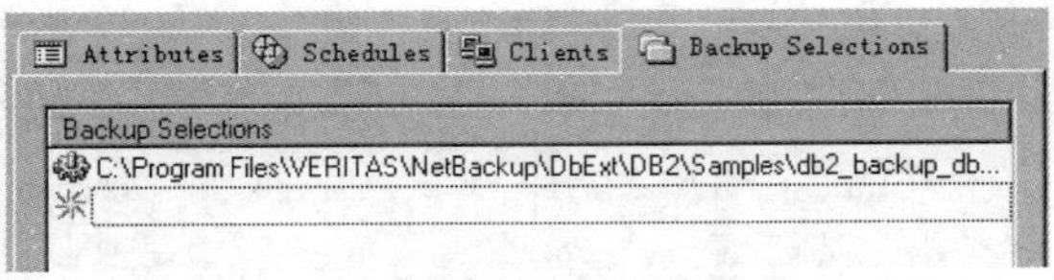

图 16-147 选择要执行的脚本

脚本的内容如下：

```
    @REM $Revision: 1.2 $
    @REM bcpyrght
    @REM ***************************************************************************
    @REM * $VRTScprght: Copyright 1993 - 2003 VERITAS Software Corporation, All
Rights Reserved $ *
    @REM ***************************************************************************
    @REM ecpyrght
    @REM
--------------------------------------------------------------------------------
    @REM
    @REM This script is provided as an example.  See the instructions below
    @REM for making customizations to work within your environment.
    @REM
    @REM Please copy this script to a safe location before customizing it.
    @REM Modifications to the original files will be lost during product updates.
    @REM
    @REM This script performs an online backup of the database.  An online backup
    @REM requires that the database is configured for forward recovery (see the
    @REM DB2 USEREXIT and LOGRETAIN settings). DB2 users can remain connected
    @REM while performing an online backup.
    @REM
    @REM To back up a database or a database partition, the user must have SYSADM,
    @REM SYSCTRL, or SYSMAINT authority.
    @REM -----------------------------------------------------------------------------
    @echo off
    @setlocal
    @REM !!!!! START CUSTOMIZATIONS !!!!!
    @REM
    @REM The following changes need to be made to make this script work with your
    @REM environment:
    @REM
    @REM -----------------------------------------------------------------------------
    @REM (1) NetBackup for DB2 shared library:
    @REM -----------------------------------------------------------------------------
    @REM    This is the NetBackup library that backs up and restores DB2 databases
    @REM    Set db2_nblib below to the correct NetBackup library path for your
host
```

```
@REM
@REM Example: @set db2_nblib=C:\progra~1\veritas\netbackup\bin\nbdb2.dll
@set db2_nblib=
@echo db2_nblib = %db2_nblib%
@REM -------------------------------------------------------------------
@REM (2) DB2 home directory (the system catalog node):
@REM -------------------------------------------------------------------
@REM    This is the DB2 home directory where DB2 is installed
@REM    Set db2_home to DB2 home directory
@REM
@REM Example: @set db2_home=D:\sqllib
@set db2_home=
@echo db2_home = %db2_home%
@REM -------------------------------------------------------------------
@REM (3) Database to backup:
@REM -------------------------------------------------------------------
@REM    Set db2_name to the name of the database to backup:
@REM
@REM Example: @set db2_name=SAMPLE
@set db2_name=
@echo db2_name = %db2_name%
@REM -------------------------------------------------------------------
@REM (4) Multiple Sessions:
@REM -------------------------------------------------------------------
@REM    Concurrency can improve backup performance of large databases.
@REM    Multiple sessions are used to perform the backup, with each session
@REM    backing up a subset of the database.  The sessions operate
@REM    concurrently, reducing the overall time to backup the database.
@REM    This approach assumes there are adequate resources available, like
@REM    multiple tape devices and/or multiplexing enabled.
@REM
@REM    For more information on configuring NetBackup multiplexing,
@REM    refer to the "Veritas NetBackup System Administrator's Guide".
@REM
@REM    If using multiple sessions change db2_sessions to use multiple sessions
@REM
@REM Example: @set db2_sessions="OPEN 2 SESSIONS WITH 4 BUFFERS BUFFER 1024"
@set db2_sessions=
```

```
@REM !!!!! END CUSTOMIZATIONS !!!!!
@REM ---------------------------------------------------------------------------
@REM Exit now if the sample script has not been customized
@REM ---------------------------------------------------------------------------
if "%db2_name%" == "" goto custom_err_msg
@REM ---------------------------------------------------------------------------
@REM These environmental variables are created by Netbackup (bphdb)
@REM ---------------------------------------------------------------------------
@echo DB2_POLICY = %DB2_POLICY%
@echo DB2_SCHED = %DB2_SCHED%
@echo DB2_CLIENT = %DB2_CLIENT%
@echo DB2_SERVER = %DB2_SERVER%
@echo DB2_USER_INITIATED = %DB2_USER_INITIATED%
@echo DB2_FULL = %DB2_FULL%
@echo DB2_CINC = %DB2_CINC%
@echo DB2_INCR = %DB2_INCR%
@echo DB2_SCHEDULED = %DB2_SCHEDULED%
@echo STATUS_FILE = %STATUS_FILE%
@REM ---------------------------------------------------------------------------
@REM Type of Backup:
@REM ---------------------------------------------------------------------------
@REM    NetBackup policies for DB2  recognize different
@REM    backup types, i.e. full, cumulative, and differential.
@REM    For more information on NetBackup backup types, please refer to the
@REM   NetBackup for DB2 System Administrator's Guide.
@REM
@REM    Use NetBackup variables to set DB2 full or incremental options
@REM
@set db2_action=
if "%DB2_FULL%" == "1" @set db2_action=ONLINE
if "%DB2_CINC%" == "1" @set db2_action=ONLINE INCREMENTAL
if "%DB2_INCR%" == "1" @set db2_action=ONLINE INCREMENTAL DELTA
@echo db2_action = %db2_action%
@REM ---------------------------------------------------------------------------
@REM Actual command that will be used to execute a backup
@REM Note: the parameters /c /w /i and db2 should be used with db2cmd.exe
@REM Without them, NetBackup job monitor may not function properly.
@REM ---------------------------------------------------------------------------
```

```
    @set CMD_FILE=%temp%\cmd_file
    @echo CMD_FILE = %CMD_FILE%
    @set CMD_LINE=%db2_home%\bin\db2cmd.exe /c /w /i db2 -f %CMD_FILE%
    @echo CMD_LINE = %CMD_LINE%
    @echo BACKUP DATABASE %db2_name% %db2_action% LOAD %db2_nblib% %db2_sessions%
    @echo BACKUP DATABASE %db2_name% %db2_action% LOAD %db2_nblib% %db2_sessions%
> %CMD_FILE%
    @REM -------------------------------------------------------------------
    @REM Execute the command
    @REM -------------------------------------------------------------------
    @echo Executing CMD=%CMD_LINE%
    %CMD_LINE%
    @REM Successful Backup
    if errorlevel 1 goto errormsg
    echo BACKUP SUCCESSFUL
    if "%STATUS_FILE%" == "" goto end
    if exist "%STATUS_FILE%" echo 0 > "%STATUS_FILE%"
    goto end
    :custom_err_msg
    echo This script must be customized for proper operation in your environment.
    @REM Backup command unsuccessful
    :errormsg
    echo Execution of BACKUP command FAILED - exiting
    if "%STATUS_FILE%" == "" goto end
    if exist "%STATUS_FILE%" echo 1 > "%STATUS_FILE%"
    :end
    @endlocal
```

经过这样的配置之后，在每天的 0 点，Master Server 便会发送指令给 bbpsrv 上的 NetBackup 客户端，让它执行这个脚本。此脚本中的命令会告诉 DB2 数据库备份数据库并且调用一个 DLL 链接库文件，将数据通过 SAN 网络发送到相应卷池所在的磁带库上，从而被写入磁带。

5. 监控备份执行状况

可以通过下面的方法监控备份执行的状况，如图 16-148 所示。

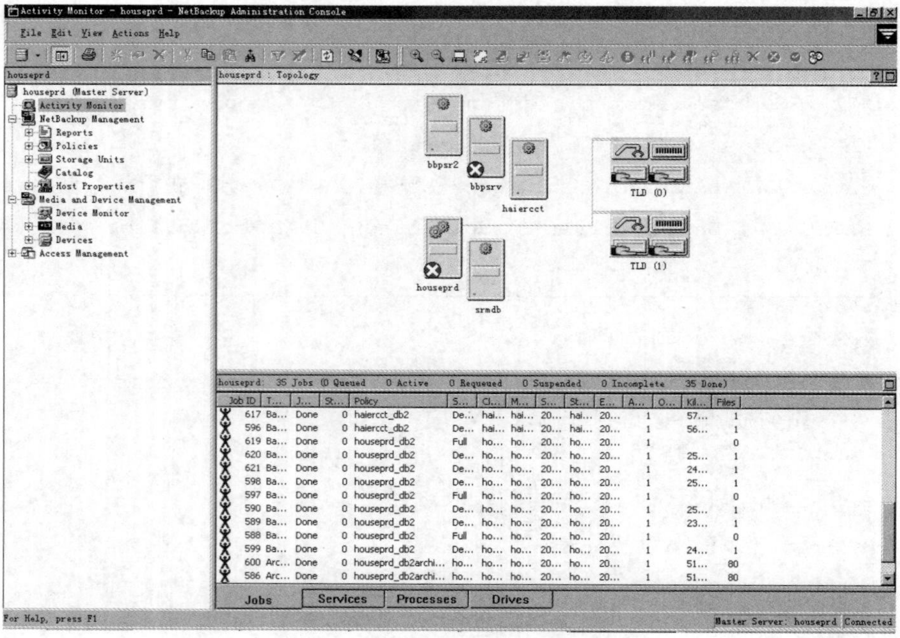

图 16-148　监控备份状态

右侧窗口的下半部分显示了备份运行的状况，如果成功备份，则显示一个蓝色小人成功举起的图标；如果备份正在运行，则显示一个绿色小人正在奔跑的图标；如果备份任务正在等待，则显示三个绿色小人排队的图标；如果任务失败，则显示圆形红色差号。

对于其他服务器，可以用同样的步骤来备份，这里就不再详述了。

16.4　与业务应用相结合的快照备份和容灾

16.3 一节末尾所介绍的备份 DB2 数据库的方法，其实只是调用了 DB2 自身所提供的 API 而已，DB2 将数据通过 API 传输给备份软件代理，然后备份软件将收到的数据写入对应的存储介质中。包括各大备份软件对 Oracle 的备份，其实也都是这样，将 Oracle 置于热备模式下，然后将其对应的数据文件以及配套日志复制出来保存，或者利用 RMAN 提供的 API 来实现数据备份。这些备份方式都需要影响到业务主机，都需要由业务主机将对应的数据提取出来传送给备份代理，然后备份代理程序将其写入存储介质。这种备份所耗费的时间会很长，因为涉及到实际的数据移动，所以备份过程中对主机资源会有持续的耗费。

而如果能够直接在这些应用程序存储数据的磁盘阵列设备中对相应的数据做备份的话，那么就完全可以实现 Server-Free 了。在磁盘阵列设备中如何对数据做备份呢？磁盘阵列所能做的就是直接将整个 LUN 中的数据传输到另外的位置。由于 LUN 中的数据是不断变化的，所以阵列必须先对这个 LUN 做一份快照，然后将这份快照数据通过某种方式传输到备份目标存储空间中。在做快照时，必须保证应用程序层面的一致性，这也就意味着应用程序需要将其缓存中的脏数据或者日志刷盘之后，阵列再对相应的 LUN 做快照，此时做出来的快照才是应用层一致的。所以，主机端需要有一个主机代理程序来负责通知对应的应用程序，调用应用程序提供的 API 让其处于归档模式或者静默模式，之后代理通知阵列做快照；或者可以利用 VSS 框架来实现对多种应用的一致性支持。快照做完之后，这份快照就相当于一份一致的备份数据集了，此时可以将其通过 dump

的格式直接写入磁带中，或者通过网络将其传输到另一台阵列的 LUN 中保存。对于后续的备份，可以实现增量备份，比如再次做快照，将这份最新快照与上一次备份时产生的快照做比对，比对快照中的 bitmap，将两份 bitmap 做 OR 运算，得出的结果 bitmap 中为 1 的则标示变化的块，后续只要将这些变化的块同步到远程阵列或者利用 dump 格式再次写入磁带即可。

上述过程只体现了"与业务应用相结合"这个思想的一部分，也就是保证数据一致性。这个思想的另一部分则是体现在对业务底层所使用的存储空间的全面管理，以及对业务的细粒度备份和恢复方面。

如图 16-149 所示为一个上文中提到的主机端代理（Driver Agent，作者自创的名词，并非特指某款产品名称）的架构图，这个代理其实就是快照代理的一个升级版。可以从图中看到它所支持的功能，作为一个高级卷管理角色，不但可以直接从阵列端要存储空间，而不是在阵列端配置然后映射给主机，还可以创建快照、挂载这些快照等。如图 16-150 所示为 App Agent（作者自创的名词，并非特指某款产品名称）的架构图，其可以与各种应用程序以及 VSS 框架交互，可以感知应用程序的内部信息，比如实例名、数据文件和所在的存储空间等，并且可以将对应的应用数据迁移到其他存储位置。这个代理通过调用 Driver Agent 的功能来实现对应用系统数据的恢复，可以做到细粒度的备份和恢复，比如只备份某个数据库实例，只备份某个 Exchange Mailbox，只恢复某个 Mailbox 等。

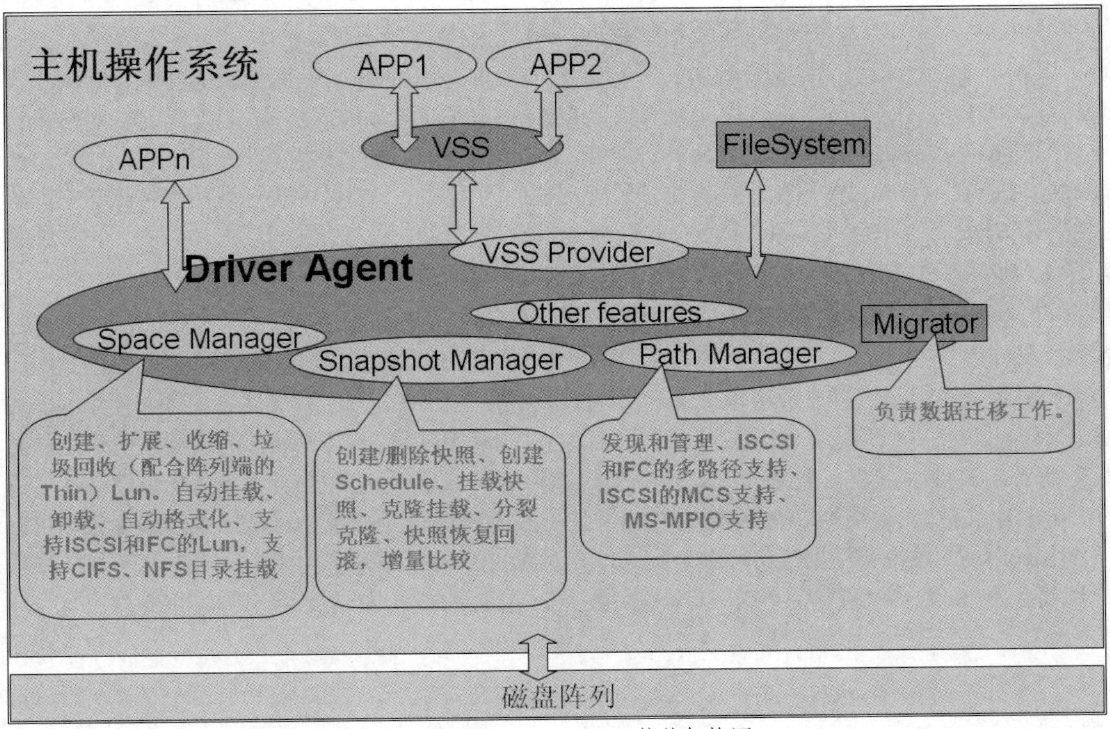

图 16-149　Driver Agent 软件架构图

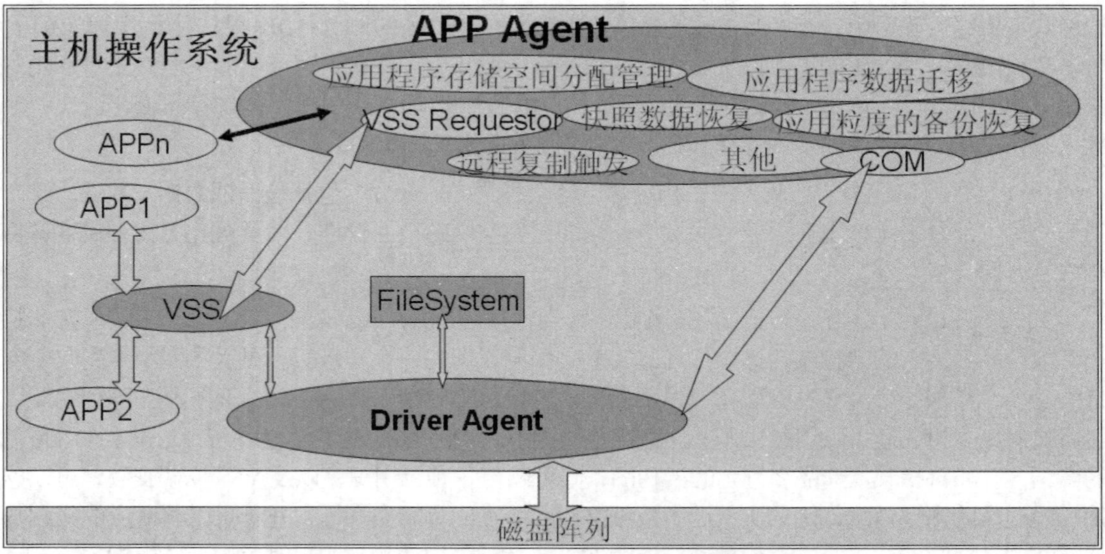

图 16-150 Driver Agent 与 APP Agent 交互架构图

目前这种备份架构对应的产品有比如 EMC 的 Replication Manager 以及 NetApp 的 SnapManager，以及华为赛门铁克的 HostAgent 产品。

另外，在对虚拟机的备份过程中，一些备份软件可以利用 Vmware 所提供的一些存储 API 实现一些高级功能，比如某备份软件厂商所实现的 Active Block Mapping 功能。我们知道，有些备份软件是直接将 Vmware 宿主机上 VMFS 下面的 VMDK 虚拟机虚拟磁盘文件备份下来的，而这些磁盘如果是被 NTFS 文件系统所格式化并且管理使用的，那么 NTFS 中实际占用虚拟磁盘空间的文件可能并没有占用全部虚拟磁盘的空间，那么此时备份软件是无法感知到这一点的，它只能将整个 VMDK 文件备份下来，浪费了大量存储空间和网络带宽。

而这个 Active Block Mapping 功能通过调用 Vmware 所提供的 API，检测 VMDK 中实际被 NTFS 文件系统占用的块，然后将 NTFS 中的剩余空间填 0，此处“填 0”并不是真的去向其中写入 0x00,而是使用元数据记录这些 0x00 的位置以及长度。我们知道,所有文件系统都会使用 bitmap 来记录当前文件系统所在的底层磁盘/卷空间块的占用和空闲状态,备份软件只要将这份位图从对应的虚拟机文件中提取出来便可知道到底这个文件中哪些区段是空闲的，然后备份软件在备份这个 VMDK 文件时只需要将文件中被 NTFS 所占用的部分从底层磁盘中读取出来连续存放即可。当恢复的时候，系统会根据这份位图来实时地向对应的 VMDK 恢复流中填入 0(在内存中填入)，之后将数据发送给恢复目标介质。这样就大大降低了磁盘 IO 压力以及网络传输的带宽压力。

第17章

愚公移山——大话数据容灾

- 本地站点
- 远程站点
- 数据通路
- 同步复制
- 异步复制
- 基于主机的数据复制
- 基于存储的数据复制

数据备份系统只能保证数据被安全地复制了一份，但是一旦生产系统发生故障，比如服务器磁盘损坏致使数据无法读写、主板损坏造成直接无法开机或者机房火灾等意外事件，我们必须将备份的数据尽快地恢复到生产系统中继续生产，这个动作就叫做容灾。容灾可以分为四个级别：数据级容灾，也就是只考虑将生产站点的数据如何同步到远程站点即可；与应用结合的数据级容灾，也就是可以保证对应应用程序数据一致性的数据同步，以及可感知应用层数据结构的、有选择的同步部分关键重要数据的数据容灾；应用级容灾，也就是灾难发生时，不仅可以保证原本生产站点的数据在灾备份站点可用，而且还要保证原生产系统中的应用系统比如数据库、邮件服务在灾备份站点也可用；业务级容灾，除了保证数据、应用系统在灾备份站点可用之外，还要保障整个企业的业务系统仍对外可用，这里面就包含了 IT 系统可用、IT 管理部门可用、业务逻辑部门可用、对外服务部门可用等，是最终层次的容灾。

17.1 容灾概述

有些事件中，很多公司就是因为没有远程容灾系统，导致数据全部毁于一旦，客户数据丢失、公司倒闭，受损失的不仅是公司，还有客户。如果要充分保障系统和数据的安全，只是在本地将数据进行备份还远远不够，还必须在远程地点建立另外一个系统，并包含当前生产系统的全部数据备份。这样在本地系统发生故障的时候，远程备份系统可以启动，继续生产。

要实现这样一个系统，首先，应保证主生产系统的所有数据实时地传输到远程备份系统。其次，主系统发生故障之后，必须将应用程序也切换到远程备份系统上继续运行。应用程序是一个企业生产流程的代码化表示，只有应用程序正在运行，这个企业才处于生产过程中，而应用程序的成功运行，又必须依赖于底层数据。

俗话说，巧妇难为无米之炊。我们的应用程序，比如 Exchange 邮件转发系统、SAP 企业 ERP 系统、Lotus Notes 办公自动化系统等，这些就好比巧妇，而保存在磁盘上的数据，比如用户的邮件、ERP 系统的数据库文件、办公自动化系统自身的数据文件等，就好比大米，巧妇用她高超的厨艺，将大米做成熟饭，供消费者购买。

这就是一个企业生产的基本雏形，企业（巧妇）用应用程序（高超的厨艺）来处理各种数据（大米），最终生成新的数据（米饭），供消费者购买。而巧妇所利用的锅碗瓢盆、水、电、煤气等也必不可少，比如服务器、硬盘、网络通信设施、电源等这些 IT 系统必要组件。下面来对比一下厨房和 IT 系统机房，如表 17-1 所示。

表 17-1　厨房与机房

	厨　房	机　房
生产工具	锅碗瓢盆、炉灶、铲勺	服务器、硬盘、网络通信设施、电源等
生产资料	大米、面粉、蔬菜，油盐酱醋	录入的原始数据
生产者	厨师	各种应用程序逻辑
产品	美味菜肴	客户需要的信息

生产者厨师，用生产工具来加工生产资料，获得产品。同样，各种应用程序，运行在服务器上，将各种原始数据加工修改，产生客户需要的信息。二者在本质上是相同的。

基于这个生产模型，我们把一个企业 IT 生产系统划分为 4 个组件：生产资料、生产工具、生产者、产品。要实现整个 IT 系统的容灾，那么必然要实现上述所有 4 个组件的容灾。然而，IT 系统的产品和原始数据往往都存放在同一位置，比如同一个卷、同一台盘阵等。本章不描述产品的容灾，因为其与生产资料的容灾本质是相同的。

思考：厨房的容灾。大家不要笑，厨房容灾，这个名词是不是太荒唐了。现在貌似是的，但是战争年代，厨房容灾将是必备的。人是铁饭是钢，关键时刻看厨房。我想厨房容灾这个话题，广大读者应该比 IT 工作者的办法更多了。比如，在另外一个隐蔽地点建立一个厨房，柴米油盐酱醋茶、锅碗瓢盆炉灶勺都储存到这个厨房中作为储备粮和储备工具，一旦当前厨房被敌人摧毁，立即启用备用厨房，厨师全部转移到备用厨房继续做饭。这没啥难度。的确，谁都可以想出这样的办法。那么我们看看能否用这个思想来建立 IT 系统的容灾。

生产工具的容灾

像厨房容灾一样，在另一个地点建立一个 IT 机房，服务器、网络设施、磁盘阵列设施等一应俱全。当然，出于成本因素，备用地点的设备不一定非要与主系统中的生产工具规格和性能完全相同，在性能和容量上的要求可以适当降低，但至少要满足生产需求。

下面将主要讲解生产资料的容灾和生产者的容灾。

17.2　生产资料容灾——原始数据的容灾

IT 系统的生产资料，即各种原始录入数据。它和实物化的生产资料比如大米，有很大不同。

第一，IT 数据是可以任意复制，并可以复制多份的数据。

第二，IT 系统数据是不断变化的，在生产的同时，原始数据将会不断地变化，甚至产品数据会覆盖原始数据。

基于 IT 数据的这两个特点，在 IT 系统的生产资料容灾方面，需要注意以下两点。

第一，不可能像储存大米一样，把某时刻的原始数据复制到备用系统中就不管了，因为这份数据是不断在变化中的，我们需要把变化实时地同步到备用系统中，只要主系统数据变化了，备用系统的数据也要跟着变化。

第二，数据必须至少保留额外的一份。因为大米没有了，可以再购买，每次购买的大米也可以一样的。但是如果数据没有了，就不可再生，这个企业就要面临倒闭。所以在实现容灾的同时，还必须做好数据备份工作，将数据备份到磁带或者其他备份目标中保存。基于 IT 系统数据是不断变化的，所以需要尽量保存这份数据的最后状态，比如，一天备份一次。如果数据量很小，甚至可以一天备份多次，这样可以充分保证备份的数据与当前的数据相差最少。

有了以上两点的保证，就可以像厨房容灾一样，来设计 IT 系统的生产资料容灾了。以下是一个设计好的例子。

（1）用网络来连接本地系统和备用系统，先将本地系统某时刻的数据，实时传送到备用系统。

（2）传输结束后，再将从这个时刻之后的所有变化的数据，同步到备用系统。

（3）此后，只要本地系统有数据变化，则立即将变化的数据传送到备用系统，使备用系统数据发生相同的变化。

在这个基础上，还需要在本地系统中对数据做额外备份，即备份到离线（如磁带等）介质上，做到时刻保留一份额外的数据。有条件的话，还可以将备份好的磁带运送到备份站点去，这样就充分保证了主站点一旦发生火灾等全损型故障后的数据冗余度。

生产资料的容灾，是容灾系统中最重要的一个组件，因为没有了生产资料，即使有生产工具、生产者，也无法进行生产；而如果没有了生产工具和生产者，比如服务器、应用软件等，则可以很容易购买到。

将生产数据通过网络实时传送到备用系统，要实现这个目的，要怎么来设计呢？我们来看个拓扑图，如图 17-1 所示。

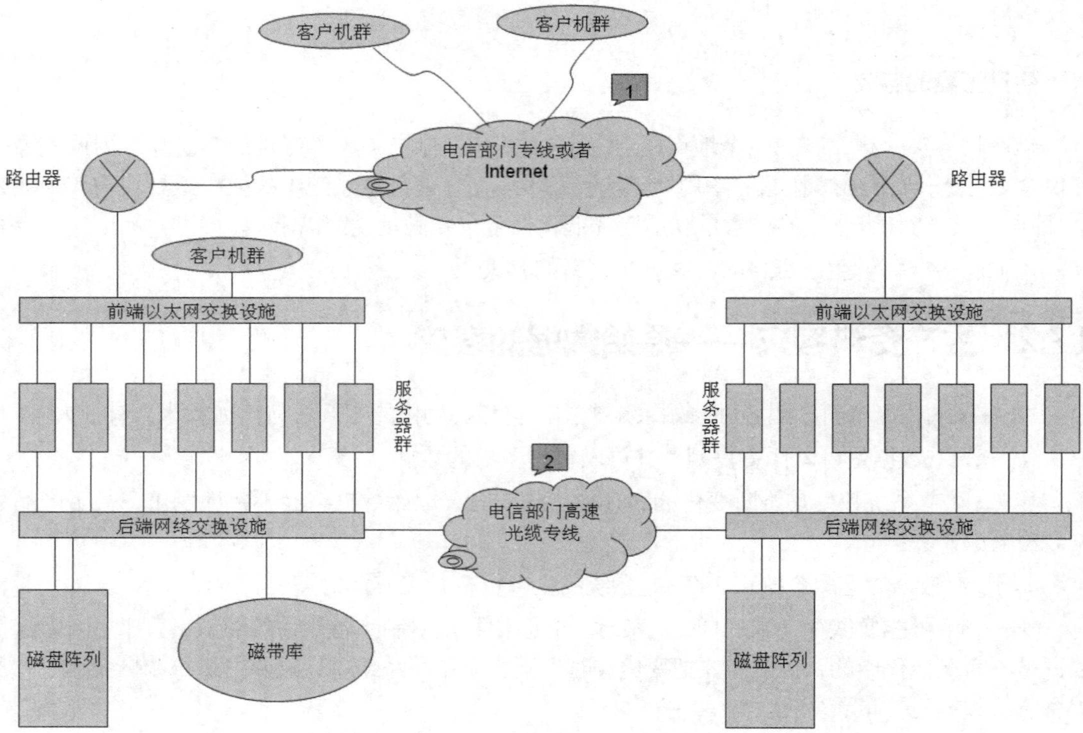

图 17-1　两种数据通路的位置

左边的主站点和右边的备份站点存在相同的生产工具。既然要使主站点和备用站点之间必须通过网络来连接，所以只要知道究竟在哪个网络设施上进行连接。系统中有两个网络通信设施，一个是前端以太网络，另一个是后端 SAN 网络（也有可能是以太网络，即服务器通过 iSCSI 协议连接到后端磁盘阵列），我们究竟是连接二者的前端网络还是连接后端网络呢（图中标注的两条路径）？答案是，两者都可以。

17.2.1　通过主机软件实现前端专用网络或者前端公用网络同步

这种方式利用的就是图 17-1 中的标注 1 所示的路径。

（1）主站点和备份站点的前端以太网络，均通过路由器连接至电信部门的专线或者 Internet 网络上。

（2）主站点上变化的数据，经过前端以太网交换机，然后通过路由器，传送给电信部门的网络交换路由机组中，经过层层交换或路由，传输到备份站点的路由器。

（3）然后经过交换机传送到备份站点的相应服务器上。

（4）服务器收到数据后，写入后端的磁盘阵列上。

提示：如果为了连接而接入 Internet 网络，则最好做成 VPN 模式，在隧道的基础上，如果追求数据安全性，则需要配置加密模式的 VPN。如果对数据同步的实时性要求不高，而数据量又很大的情况下，主站点和备份站点都接入 100Mb/s 的 Internet 网络，反而会得到很大的实惠，特别是备份站点和主站点在相同城市的情况下，这样主站点数据路由到电信部门的设备之后，经过很少的设备就会到达备份站点，而且能保证很大的实际带宽。如果是利用窄带专线接入专网，虽然可以保证这条链路带宽独享，但是毕竟带宽低。所以专线可以保证数据同步的实时性，但是不适合大数据量的传输。

因为这种方式同步数据，需要经过前端网络，所以实现这个功能，还需要在距离前端网络最近的主机设备上实现，也就是服务器群上来实现。

思考：为何不能直接在网络交换设备上或者路由器上来实现呢？

第一，网络设备一般是没有灵活的程序载入运行能力的，网络设备上运行的程序都是预先固化到芯片中的程序，一般不可修改，更不用说再加入另外的程序来执行了。

第二，数据存在于服务器，或者连接服务器的磁盘阵列上，网络设备若想从服务器上提取数据，则必须通过调用操作系统提供的相关程序接口。而跨网络传输数据的现成接口，只有网络文件系统，所以还需要将所有数据卷都共享成为 NAS 模式，但这样过于繁冗，所以我们必须要在每台有数据备份的服务器上安装一种软件来实现数据的同步，将这种软件安装在生产者，也就是应用服务器上，然后在服务器上提取生产资料和产品。

不管生产资料和产品存在于服务器本地磁盘，还是存在于后端的磁盘阵列上，对于服务器操作系统来说，都是一个个的目录。在第 15 章的最后曾经描述过操作系统的目录虚拟化，不管底层用的是什么设备来存储数据，也不管数据存放在网络上还是本地磁盘上，最终操作系统都将这些位置虚拟成目录，比如 Windows 的 C 盘、D 盘，或者 UNIX 下的/mnt、/mountpoint 等。

通过这种软件可以直接监视这些目录中数据的变化，只要有变化的数据，就提取出来通过网络传送到远端服务器上，远端服务器同样需要安装这种软件的接收端模块来接收数据，并写入远端备份站点上相应服务器的相同目录。

这种方式利用了前端网络进行数据同步。一般前端网络相对后端网络速度来说是比较低的网络，而且是客户用来访问服务器的必经之路，所以它的资源是比较宝贵的。另外，前端网络一般都是以太网，相对廉价，而且容易整合到企业大网络中，从而接入电信部门的网络，所以适合基于 TCP/IP 协议的远距离传输，比如大于 100 公里的范围，甚至跨国界的 Internet 范围内传输。

下面来看一下这种方式下的数据流经路径：

本地磁盘阵列（或者本机磁盘）→本地后端网络交换设施→本地服务器内存→本地前端网络→电信交换机组→远端前端网络→远端服务器内存→远端后端网络交换设施→远端磁盘阵列（或者远端本机磁盘）。

如果数据源在本机磁盘，则会跳过本地后端网络交换设施，直接到服务器内存。如果数据是直接在内存中生成的，则需要写入本地一份，同时发送给远端一份保存。其中，在“本地磁盘阵列→本地后端网络交换设施→本地服务器内存”这段路径上，数据是通过 FCP 协议（SCSI over FC 协议）进行打包传送的；在“本地前端网络→电信交换机组→远端前端网络”这段路径上，数据是通过 TCP/IP 协议传送的。FCP 协议运行在后端高速网络的保障之上，而 TCP/IP 协议运行在使用前端低速网络的设备上，保障数据传输，二者各得其所，充分发挥着各自的作用。

图 17-2 所示的路径即是数据流动的路径。服务器上的涡轮泵表示数据同步软件，它从本地提取数据，并将数据源源不断地发送给远端，远端服务器上的涡轮泵将收到的数据源源不断地写入存储设备。

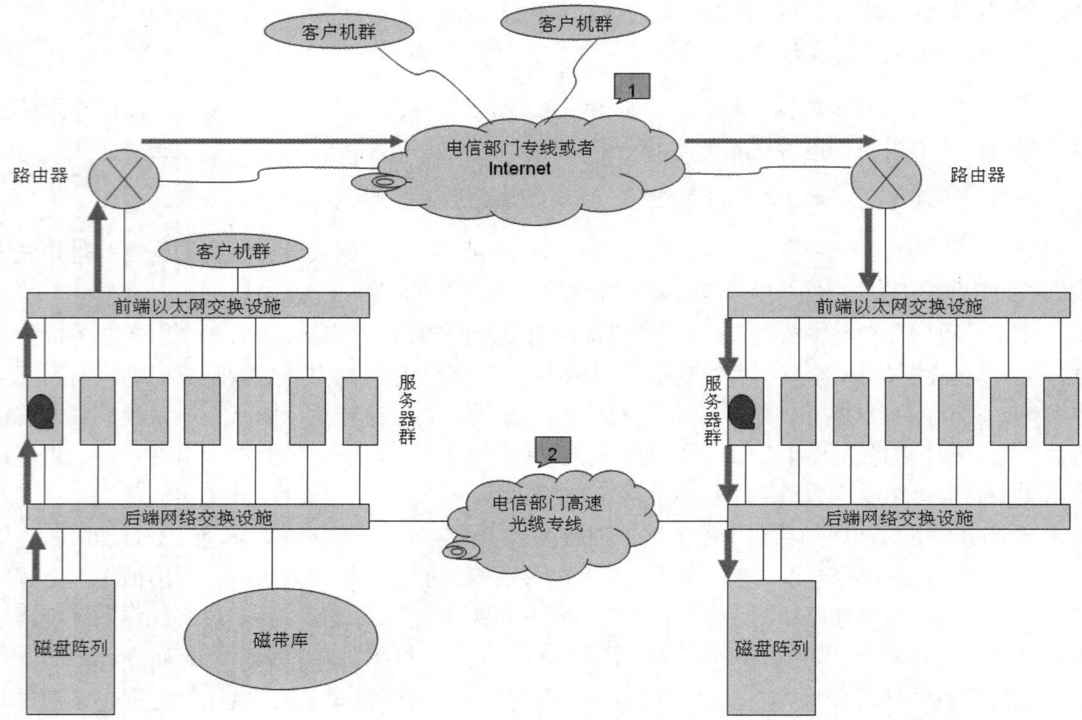

图 17-2　经前端网络备份数据

这种方式的数据同步，一般都是文件级同步，即同步软件只检测文件这一层的数据变化，或者每当主服务器针对某个文件做写入时，写入数据会同时发送给备用服务器。而对底层卷的数据块的变化，不做同步，除非数据块的变化造成了对应的文件的逻辑数据变化。

Veritas Volume Replicator 软件介绍

Veritas Volume Replicator（VVR），是 Veritas 公司容灾套件 Storage Foundation 系列软件中的一个模块，它的作用非常专一，就是将本地某个卷上的数据变化，通过前端 IP 网络复制到远端对应的卷上，而且保证数据变化发生的顺序不被打乱，完全按照本地的 IO 发生顺序在异地按照相同的顺序重现这个 IO。

VVR 支持耗费带宽调整功能，控制对网络带宽的使用，在业务繁忙时可以降低发送速度来减少对网络带宽的耗费，并且可以针对不同的同步流设定各自的带宽。支持异步和同步复制（在后面会介绍）。在网络发生故障的时候，可以自动将复制模式从同步切换到异步，以减少对主机业务的影响。一旦复制断开，VVR 可以记录主站点自从断开之后的数据变化，待连接重新建立之后，立即复制这些变化的数据，而不需要对两边数据进行重新比对或者全部重新复制。

提示：类似的软件还有很多，比如 Double Take、Legato，国产同步软件 InfoCore Replicator 等，它们的构思都是一样的，只不过实现方式和效果上有所不同。

后文将介绍两个使用这种方式来同步数据的案例。

17.2.2 案例：DB2 数据的 HADR 组件容灾

这个案例是笔者实施的一个 DB2 数据库容灾案例，它利用了运行在主机和备份机上的一个数据库软件模块（即 HADR），来实现两端的数据同步，主机和备份机之间使用基于以太网的 TCP/IP 协议连接。这个案例同步的数据不是卷上的原始数据，而是一种对数据操作的描述，即数据库日志，比如："在 D 盘创建一个表空间数据文件，名称 testspace，大小 500MB"。

这就是一条日志，主机只需要把这句话告诉备份机即可，而不需要传输 500MB 的数据。备份机收到日志后，便会在备份机的磁盘上重做（replay）这些操作，达到与直接同步卷上数据殊途同归的效果。

1. HADR

其全称为 High Availability Disaster Recovery，它是 DB2 数据库级别的高可用性数据复制机制，最初被应用于 Informix 数据库系统中，称为 High Availability Data Replication（HDR），是 Share-Nothing 方式容灾的典型代表。

提示：在 IBM 收购 Informix 之后，这项技术就应用到了新的 DB2 发行版中。

一个 HADR 环境需要两台数据库服务器：主数据库服务器（primary）和备用数据库服务器（standby）。

- 当主数据库中发生事务操作时，会同时将日志文件通过 TCP/IP 协议传送到备用数据库服务器，然后备用数据库对接收到的日志文件进行重放（Replay），从而保持与主数据库的一致性。
- 当主数据库发生故障时，备用数据库服务器可以接管主数据库服务器的事务处理。此时，备用数据库服务器作为新的主数据库服务器进行数据库的读写操作，而客户端应用程序的数据库连接可以通过自动客户端重新路由（Automatic Client Reroute）机制转移到新的主服务器。
- 当原来的主数据库服务器被修复后，又可以作为新的备用数据库服务器加入 HADR。通过这种机制，DB2 UDB 实现了数据库的故障恢复和高可用性，最大限度地避免了数据丢失。图 17-3 为 DB2 HADR 的工作原理图。

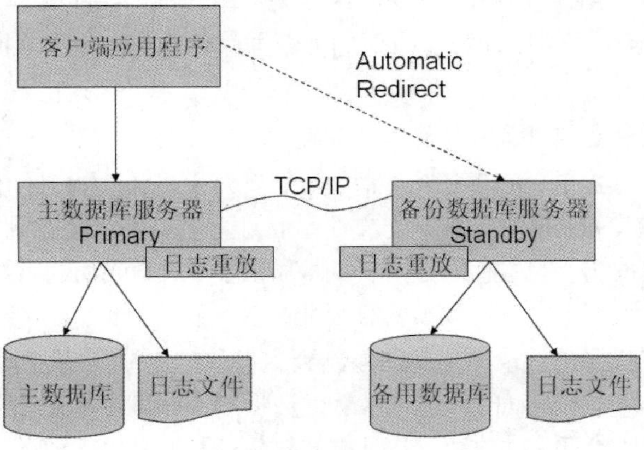

图 17-3 DB2 HADR 工作原理图

注意：处于备用角色的数据库不能被访问。

HADR 有三种同步方式。

1）SYNC（同步）

此方式可以尽可能地避免事务丢失，但在三种方式中，使用此方式会导致事务响应时间最长。在此方式中，仅当日志已写入主数据库上的日志文件，而且主数据库已接收到来自备用数据库的应答，确定日志也已写入备用数据库上的日志文件时，方才认为日志写入是成功的。保证日志数据同时存储在这两处。

如果备用数据库在重放日志记录之前崩溃，则它下次启动时，可从其本地日志文件中检索和重放这些记录。如果主数据库发生故障，故障转移至备用数据库，可以保证任何已在主数据库上落实的事务，也在备用数据库上落实。故障转移操作之后，当客户机重新与新的主数据库连接时，可能会有在新主数据库上已落实的事务，对于原始主数据库却从未报告为已落实。当主数据库在处理来自备用数据库的应答消息之前出现故障时，即会出现此种情况。客户机应用程序应考虑查询数据库以确定是否存在此类事务。

如果主数据库失去与备用数据库的连接，则不再认为这些数据库处于对等状态，而且将不阻止事务等待来自备用数据库的应答。如果在数据库断开连接时执行故障转移操作，则不保证所有已在主数据库上落实的事务将出现在备用数据库上。

当数据库处于对等状态时，如果主数据库发生故障，则可以在故障转移操作之后，作为备用数据库重新加入 HADR 对。因为在主数据库接收到来自备用数据库的应答，确认日志已写入备用数据库上的日志文件之前，不认为事务已落实，所以主数据库上的日志顺序将与备用数据库上的日志顺序相同。原始主数据库（现在是备用数据库）只需要通过重放自从故障转移操作以来，在新的主数据库上生成的新日志记录来进行同步更新。

如果主数据库发生故障时并未处于对等状态，则其日志顺序可能与备用数据库上的日志顺序不同。如果必须执行故障转移操作，主数据库和备用数据库上的日志顺序可能不同，因为在故障转移之后，备用数据库启动自已的日志顺序。因为无法撤销某些操作（比如，删除表），所以不可能将主数据库回复到创建新的日志顺序的时间点。

如果日志顺序不同，当在原始主数据库上发出指定了 AS STANDBY 选项的 START HADR 命令时，将返回错误消息。如果原始主数据库成功地重新加入 HADR 对，则可以通过发出未指定 BY FORCE 选项的 TAKEOVER HADR 命令来完成数据库的故障恢复。如果原始主数据库无法重新加入 HADR 对，则可以通过复原新的主数据库的备份映像来将此数据库重新初始化为备用数据库。

2）NEARSYNC（接近同步）

此方式具有比同步方式更短的事务响应时间，但针对事务丢失提供的保护也很少。在此方式中，仅当日志记录已写入主数据库上的日志文件，而且主数据库已接收到来自备用系统的应答，确定日志也已写入备用系统上的主存储器时，才认为日志写入是成功的。仅当两处同时发生故障，并且目标位置未将接收到的所有日志数据转移至非易失性存储器时，才会出现数据的丢失。

如果备用数据库在将日志记录从存储器复制到磁盘之前崩溃，则备用数据库上将丢失日志记录。通常，当备用数据库重新启动时，它可以从主数据库中获取丢失的日志记录。然而，如果主数据库或网络上的故障使检索无法进行，并且需要故障转移时，日志记录将不会出现在备用数据库上，而且与这些日志记录相关联的事务将不会出现在备用数据库上。

如果事务丢失，则在故障转移操作之后，新的主数据库与原始主数据库不相同。客户机应用程序应该考虑重新提交这些事务，以便使应用程序状态保持最新。

当主数据库和备用数据库处于对等状态时，如果主数据库发生故障，则在没有使用完全复原操作重新初始化的情况下，原始主数据库可能无法作为备用数据库重新加入 HADR 对。

如果故障转移涉及丢失的日志记录（因为主数据库和备用数据库已发生故障），主数据库和备用数据库上的日志顺序将会不同，并且在未执行复原操作的情况下，重新启动原始主数据库以作为备用数据库的尝试将会失败。如果原始主数据库成功地重新加入 HADR 对，则可以通过发出未指定 BY FORCE 选项的 TAKEOVER HADR 命令来完成数据库的故障恢复。

如果原始主数据库无法重新加入 HADR 对，则可以通过复原新的主数据库的备份映像来将其重新初始化为备用数据库。

提示：局域网环境一般采用 NEARSYNC 方式进行同步。

3）ASYNC（异步）

提示：如果主系统发生故障，此方式发生事务丢失的几率最高。在三种方式之中，此方式的事务响应时间也是最短的。

在此方式中，只有当日志记录已写入主数据库上的日志文件，而且已将此记录传递给主系统主机的 TCP 层时，才认为日志写入是成功的。因为主系统不会等待来自备用系统的应答，所以当事务仍处于正在传入备用系统的过程中时，可能会认为事务已落实。

主数据库主机上、网络上或备用数据库上的故障可能导致传送中的日志文件丢失。如果主数据库可用，则会在此对重新建立连接时，将丢失的日志文件重新发送至备用数据库。然而，如果在丢失日志文件时要求执行故障转移操作，则日志文件和相关联的事务都将不会到达备用数据库。丢失的日志记录和主数据库上的故障会导致事务的永久丢失。

如果事务丢失，则在故障转移操作之后，新的主数据库与原始主数据库不是完全相同的。客户机应用程序应该考虑重新提交这些事务，以便使应用程序状态保持最新。

当主数据库和备用数据库处于对等状态时，如果主数据库发生故障，则在没有使用完全复原操作重新初始化的情况下，原始主数据库可能无法作为备用数据库重新加入 HADR 对。

如果故障转移涉及丢失的日志记录，主数据库和备用数据库上的日志顺序将会不同，并且重新启动原始主数据库以作为备用数据库的尝试将失败。因为，如果在异步方式中发生故障转移，日志记录更有可能丢失，所以主数据库不能重新加入 HADR 对的可能性也更大。如果原始主数据库成功地重新加入 HADR 对，则可以通过发出未指定 BY FORCE 选项的 TAKEOVER HADR 命令来完成数据库的故障恢复；如果原始主数据库无法重新加入 HADR 对，则可以通过复原新的主数据库的备份映像将此数据库重新初始化为备用数据库。

2. BBP 系统结构

某企业目前有一套物流 BBP 系统，基于 SAP 构建，SAP 后台数据库使用的是 DB2 v8.2。现有一台闲置服务器（IP：192.168.100.23），使用这台服务器作为 HADR 系统的备份节点，已经上线运行的 BBP 服务器（IP：192.168.100.231）作为系统的主节点。B2B 系统目前的拓扑与实现

HADR 之后的拓扑图如图 17-4 所示。

HADR 系统将目前闲置的备份机充分利用了起来，一旦主节点发生故障，可以立即手动切换到备份节点，与此同时，客户端会自动重新连接到备份机，使得生产继续进行。故障的主机可以离线进行故障恢复。恢复之后可以加入 HADR 组，并且重新接管所有应用。表 17-2 简要说明了实施 HADR 的过程。

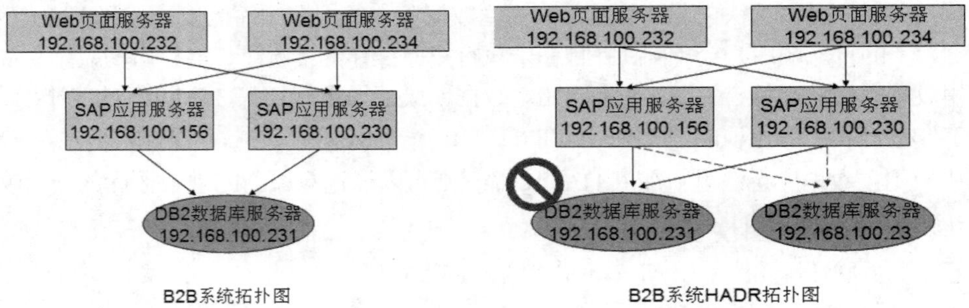

图 17-4　B2B 系统目前的拓扑与实现 HADR 之后的拓扑图

表 17-2　在上述环境下实施 HADR 的简单过程

序号	所做操作	预计消耗时间/min
1	对主机数据库做离线备份，数据量 75GB。 复制主机数据库的离线备份镜像到备份机	220
2	检查主机和备份机的磁盘分区、数据库管理器配置参数、数据库配置参数、活动日志路径、归档日志路径、容器路径、用户名和密码、环境变量，如有不同，修改备份机配置与主机一致	20
3	用镜像恢复备份机上的数据库	150
4	再次检查恢复之后数据库的配置与主机是否一致	5
5	在主机和备份机上分别用写好的脚本配置 HADR 所需的参数（脚本见附录）。 主机执行的脚本名：hadr_pri.bat 备份机执行的脚本名：hadr_std.bat	2
6	启动备份机上的 HADR： Db2“deactivate db bbp” Db2“start hadr on db bbp as standby”	1
7	启动主机上的 HADR： Db2“deactivate db bbp” Db2“start hadr on db bbp as primary”	1
8	检查主机和备份机 HADR 的运行状态： Db2pd　db bbp　hadr Db2“get snapshot for db on bbp” 等待两边 HADR 处于对等状态	1

续表

序号	所做操作	预计消耗时间/min
9	Takeover 测试。 先停止三台应用服务器上的 SAP。 备份机上执行： Db2 "takeover hadr on db bbp" Db2 "get snapshot for db on bbp"	1
9	检查是否备份机成功接管了主机的角色。 在备份机上创建测试表： Db2 "create table bbpadm.hadrtest（a int）" Db2 "insert into bbpadm.hadrtest values（100）" 在主机上执行： Db2 "takeover hadr on db bbp" Db2 "select * from bbpadm.hadrtest" Db2 "drop table bbpadm.hadrtest" 检查备份机上创建的表是否已经同步到主机	1
10	Takeover by force 测试 在备份机上执行： Db2 "takeover hadr on db bbp" Db2 "get snapshot for db on bbp" 在主机上执行： Db2 "takeover hadr on db bbp by force" Db2 "get snapshot for db on bbp" 此时 HADR 应该处于断开状态。 Db2 "connect to bbp" 从强制接管恢复到 HADR 配对的步骤。 在主机上执行： Db2 "stop hadr on db bbp" 在备份机上执行： Db2rfpen on bbp Db2 "terminate"；db2stop Db2start Db2 "start hadr on db bbp as standby" 在主机上执行： Db2 "start hadr on db bbp as primary" Db2 "get snapshot for db on bbp" 检查 HADR 是否重新配对	10

续表

序号	所做操作	预计消耗时间/min
11	客户端自动重启路由测试 在 192.168.100.230 和 192.168.100.156 上执行： Db2“disconnect bbp user 用户名 using 密码”	10
11	Db2“connect to bbp” Db2“list db directory” 查看是否已经收到备份机地址和端口。 在 HADR 备份机上执行： Db2“takeover hadr on db bbp” Db2“get snapshot for db on bbp” 在 192.168.100.230 和 192.168.100.156 上执行： Db2“disconnect bbp” Db2“connect to bbp user 用户名 using 密码” Db2“list db directory” 检查是否收到了另一台 DB2 服务器的地址和端口。 回切 HADR 角色。 主机上执行： Db2“takeover hadr on db bbp” Db2“get snapshot for db on bbp” 在 192.168.100.230 和 192.168.100.156 上执行： Db2“disconnect bbp” Db2“connect to bbp user 用户名 using 密码” Db2“list db directory” 检查是否收到了备用 DB2 服务器的地址和端口	10

- Hadr_pri.bat 的内容：

```
db2 "UPDATE DB CFG FOR bbp USING HADR_LOCAL_HOST 192.168.100.231"
db2 "UPDATE DB CFG FOR bbp USING HADR_LOCAL_SVC 64000"
db2 "UPDATE DB CFG FOR bbp USING HADR_REMOTE_HOST 192.168.100.23"
db2 "UPDATE DB CFG FOR bbp USING HADR_REMOTE_SVC 64001"
db2 "UPDATE DB CFG FOR bbp USING HADR_REMOTE_INST db2bbp"
db2 "UPDATE DB CFG FOR bbp USING HADR_SYNCMODE NEARSYNC"
db2 "UPDATE DB CFG FOR bbp USING HADR_TIMEOUT 60"
db2 "update alternate server for db bbp using hostname 192.168.100.23 port
5912"
db2 "update db cfg for bbp using logindexbuild on"
db2 "update db cfg for bbp using indexrec restart"
```

- hadr_std.bat 的内容：

```
db2 "UPDATE DB CFG FOR bbp USING HADR_LOCAL_HOST 192.168.100.23"
db2 "UPDATE DB CFG FOR bbp USING HADR_LOCAL_SVC 64001"
db2 "UPDATE DB CFG FOR bbp USING HADR_REMOTE_HOST 192.168.100.231"
db2 "UPDATE DB CFG FOR bbp USING HADR_REMOTE_SVC 64000"
db2 "UPDATE DB CFG FOR bbp USING HADR_REMOTE_INST db2bbp"
db2 "UPDATE DB CFG FOR bbp USING HADR_SYNCMODE NEARSYNC"
db2 "UPDATE DB CFG FOR bbp USING HADR_TIMEOUT 60"
db2 "update alternate server for db bbp using hostname 192.168.100.231
port 5912"
db2 "update db cfg for bbp using logindexbuild on"
db2 "update db cfg for bbp using indexrec restart"
```

完成配置之后，在主机或者备份机上的 DB2 命令行环境中输入以下命令：

```
Db2 get snapshot for db on bbp
```

即可以查看 HADR 的运行状态，如图 17-5 所示。

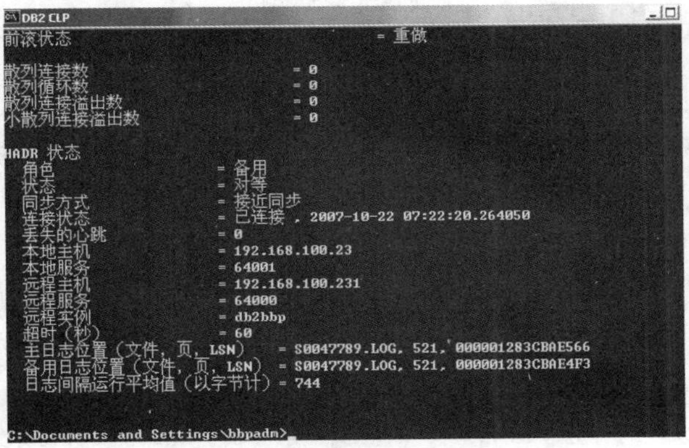

图 17-5 HADR 的运行状态

17.2.3 通过主机软件实现后端专用网络同步

用这种方式来同步数据，数据不会流经前端网络，而全部通过后端网络传输到备份站点对应的存储设备中。这就需要将主站点的后端网络设施和备份站点的后端网络设备连接起来。或者直接通过裸光纤连接两台 SAN 交换机；再或者租用电信部门的光缆专线。

如果用前者连接两个站点，那要求两个站点之间的道路上可以自己布线，比如一个大院内，可以自主布线，不需要经过市政部门干预，这样便可以直接连接两端的 SAN 交换机，直接承载 FC 协议了。否则，如果两个站点跨越了很远的距离，那么就必须使用后者，也就是租用电信部门的光缆，但是这条光缆上的数据必须符合电信部门传输设备所使用的协议。后者需要添加额外的协议转换设备，两个站点各一个，如图 17-6 所示。

图 17-6 连接两个站点的后端网络

现在电信部门的光纤专线一般为 SDH 传输方式，接入到用户端的时候，一般将信号调制成 E1、OC3 等编码方式，所以必须将 FC 协议承载于这些协议之上，也就是我们在前面第 13 章中所描述的 Protocol Over Protocol 模型，完成这个动作的，就是协议转换器。

协议转换器在一端按照某种协议的逻辑进行工作，而在另一端则按照另一种协议的逻辑进行工作，把数据从一端接收过来，经过协议转换，以另一种协议的逻辑发送出去，到达对端后，再进行相反的动作。

有些路由器则直接在其内部集成了各种协议转换器，可以说路由器就是一种协议转换器。我们可以看一下机房中的网络路由器，上面有各种各样的接口，为何不清一色都是 RJ-45 以太网接口呢？

因为路由器不只是路由以太网数据，还要路由其他网络协议的数据，甚至还要在不同网络协议之间做转换。而如果把这些协议都做到 SAN 交换机上，那么这台 SAN 交换机，就是一台不折不扣的 SAN 路由器了。对于没有费用购买 SAN 路由器的用户来说，用一个层层的协议转换设备来完成也是很划算的，这就像给照相机加一层层的特殊镜头一样。图 17-7 是一个层层协议转换器的实例。

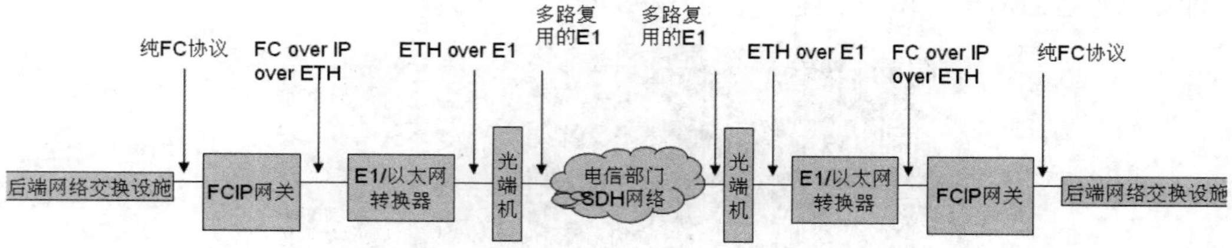

图 17-7 利用 SDH 网络连接后端网络

源端的纯 FC 协议，经过 FCIP 网关，变成了基于以太网的 IP 协议（FC over IP over ETH），经过 E1/以太网转换器，承载到了 E1 协议之上，然后多路 E1 信号汇聚到光端机，通过一条或者几条光纤，传输给电信部门的 SDH 交换设施上进行传输，到达目的之后，进行相反的动作，最终转换成纯 FC 协议。这样，源和目的都不会感觉到中间一层层协议转换设备的存在。

主站点和备份站点的后端 SAN 交换机能够成功连接之后，两个 SAN 网络便可以融合了，就像一个 SAN 网络一样。所以，主站点的服务器也就可以访问到备份站点的磁盘阵列。这样，不需要经过前端网络，就可以直接访问备份站点的存储设备，也就可以直接在备份站点的存储设备上读写数据了。如图 17-8 所示，备份站点磁盘阵列上的一个 LUN（卷 B）可以直接被主站点的服务器识别，这样，主站点的服务器就可以同时操作本地磁盘阵列和备份站点的磁盘阵列了。

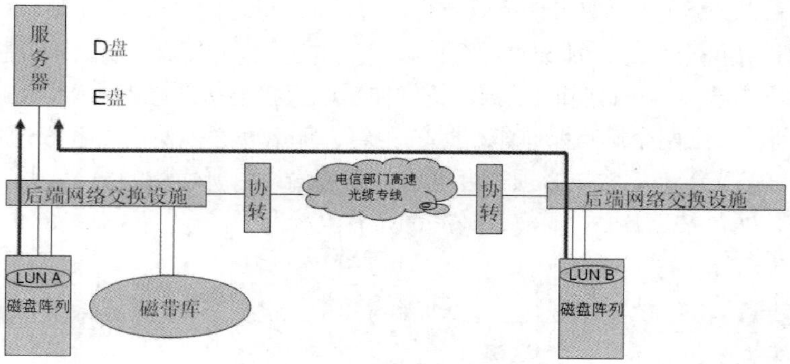

图 17-8 后端网络通路示意图

我们来看一下这种方式下数据走过的路径：

本地磁盘阵列→SAN 网络交换设施→本地服务器内存→SAN 网络交换设施→通过协转流入电信部门网络（如果有）→远端 SAN 网络交换设施→远端磁盘阵列，如图 17-9 所示。

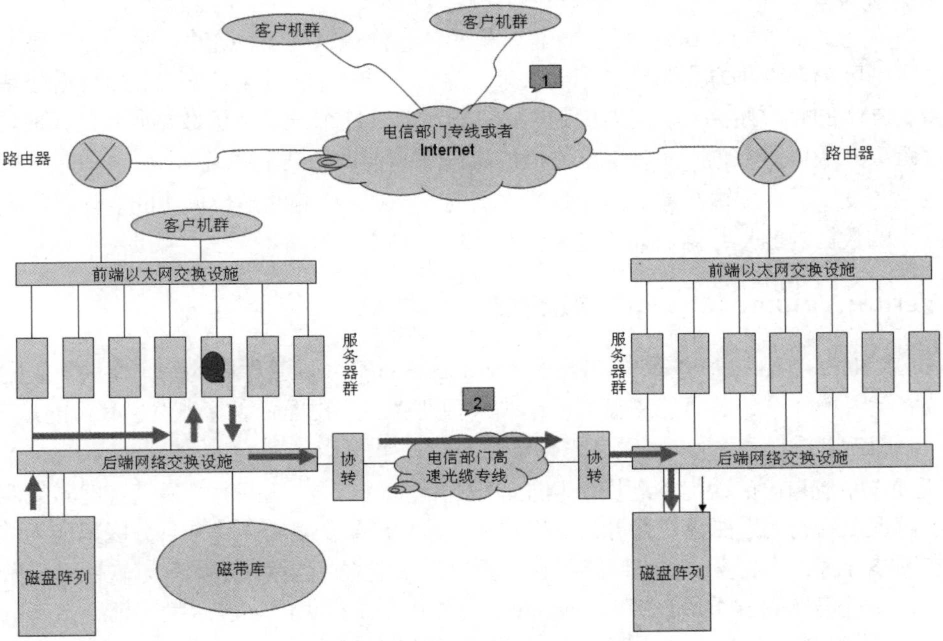

图 17-9　经过后端网络同步数据

分析：上述的两种方式中，第二种方式的步骤比第一种少了两步，数据到达远端 SAN 交换设施之后，立即被传送到了磁盘阵列这个最终目标，而不必再经过一台服务器了，为何呢？

因为第二种方式中，主站点的服务器对备份站点的存储设备有了直接访问权，而第一种方式中，双方都没有对方存储设备的直接访问权，必须通过对方服务器的参与。

然而，第二种方式中数据仍然至少需要经过一台服务器，为何呢？因为涡轮泵（实现数据同步功能的软件）是运行在服务器上的，没有涡轮泵，水就不会流动，数据也无法流动，而不可能有一种泵，可以让水不经过它就可以流动。同样，数据流也不可能不经过泵就自己流动。

现在，两个 SAN 已经连接了，而且主站点的服务器可以畅通无阻地访问备份站点的磁盘阵列存储设备了，万事俱备，只欠东风。究竟在这种方式中，要怎么来设计这个涡轮泵呢？

其实没有什么特别之处，我们来分析第一种方式的同步方法，那个泵用的是从本地提取数据，发送到前端网络，网络那头用一个接收者将接收的数据写入到盘阵中。

分析：同理，第二种方式下，大思路当然还是这样，只不过是从后端网络提取数据之后，再发送回后端网络的另一个目的，然而这一切只需要一个泵就能完成，因为这个泵现在已经可以掌管数据的起源设备和数据的终结设备了。

我们理所当然地设计了这个泵，它的作用方式就是，将数据从本地的卷 A 中提取出来，然后直接通过 SAN 网络写入位于备份站点的卷 B。如果数据是直接在内存中生成的，需要写入保存，则写入本地卷 A 一份，同时写入远端的卷 B 一份。这种方式显然比第一种方式来得快，但是它对网络速度要求更高，成本也更高。第一种方式中，有两个泵，而第二种方式中，只有一个泵，这样会不会造成“动力”不足呢？不会的，水在流动过程中是有阻力的，而数据流是没有阻力的，所以如果增加额外的泵，反而会影响数据流的速度。

这种实现方式又叫做“卷镜像”，意思就是两个卷像镜物与实物完全一样。第一种方式为何不叫镜像呢？因为第一种方式跨越的距离太远，这样不能达到两个卷在任何时刻的数据都相同，在讲同步和异步的时候还会涉及这方面的问题。这种方式能很好地保证数据同步的实时性，但是不适合远距离大数据量数据同步，除非不惜成本搭建高速远距离专线链路。

第二种方式，卷同步软件是工作在卷这一层的，所以它检测的是数据块的变化而不是文件的变化，同步的数据内容是数据块而不是文件，和第一种方式有所不同。

1. Veritas Volume Manager 软件介绍

Veritas Volume Manager 也是 Veritas 公司 Storage Foundation 套件中的一个模块，它的功能就是辅助或者代替操作系统自己的磁盘管理模块来管理底层的物理磁盘（当然也有可能是 SAN 上的 LUN 逻辑磁盘）。

一般操作系统自己的磁盘管理模块功能有限，比如 Windows 提供的磁盘管理器组件，其功能只限于对识别到的物理磁盘进行分区、格式化、挂载到某个盘符下，并且分区只能连续，而且不能动态调整分区大小，要调整也只能删除分区再重新建立。当然一些第三方软件可以做到调整分区大小，不过仍然需要重启。Windows Server 操作系统提供的动态磁盘管理，虽然可以做到 RAID 卡的部分功能，但是仍然不够灵活，而且效率低下。而 VxVM（Veritas Volume Manager）卷管理软件可以彻底替换操作系统的卷管理功能。

提示：本书第 5 章中曾经通俗地阐释了卷管理软件的思想，VxVM 就是这样一个卷管理软件，它把操作系统底层的磁盘统统当作“面团”，可以糅合起来，然后再分配。

它改变了操作系统的磁盘管理器的分区管理的闲置，将所有磁盘虚拟成卷池，然后从池中分配新的卷，新卷可以动态地增大和减小容量，可以动态分割、合并。支持卷多重镜像。支持 RAID 0，RAID 1， RAID 0+1，RAID 5。支持 RAID 组在线动态扩容，可随时向 RAID 组中添加新磁盘而不影响使用。卷之上还需要有一层文件系统，VxVM 同样有自己的文件系统，叫做 VxFS。VxFS 是一个高效的日志型文件系统，这就使得在发生崩溃之后文件系统的自检过程非常快。另外，还支持文件系统大小动态扩充和收缩。支持 Direct IO。支持文件系统快照功能。

用户只要在服务器上安装 VxVM 软件，经过相关配置，就可以实现对服务器上两个卷的镜像操作，实现两个卷的数据同步。一旦某时刻主站点发生故障，则备份站点的卷上数据和主站点发生故障的时候完全一致。此时只要在备份站点的服务器上挂载这个卷到某个盘符（Windows）或者目录（UNIX）下，便可以继续使用了。

2. Logcal Volume Manager 软件介绍

Logcal Volume Manager（LVM）是 Linux 系统上的一个开源的软件，后来被 IBM 的 AIX 操作系统用于默认的卷管理模块。LVM 相对于 VxVM 来说，是一个更加开放、通用的卷管理软件。LVM 同样也可以对两个卷进行镜像操作。在本书第 5 章已经介绍过 LVM，这里就不做过多描述了。

17.2.4 通过数据存储设备软件实现专用网络同步

在前两种方式中，描述过数据要流动，就需要一个泵来提供动力。第一种方式中，有两个泵，数据流经的管道最长；第二种方式中，有一个泵，数据流经的管道比第一种要短。这两种方式，泵都被安装在了服务器上。而第三种方式，泵没有安装在服务器上，也没有安装在网络设备上，而是被安装在了存储设备上，如图 17-10 所示。

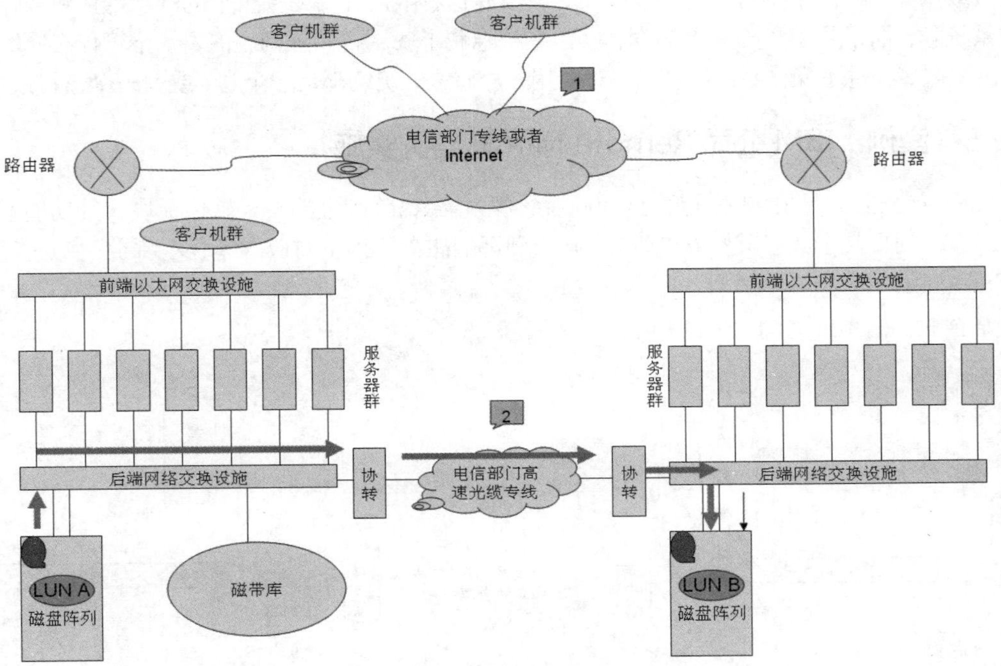

图 17-10 经过后端网络同步数据

数据最终还是要存储在存储设备上，与其让别人从自己身上提取数据然后发送到远端，不如自己动手，丰衣足食。第三种方式就是利用的这种思想，自己做主将自己的数据通过后端 SAN 网络设施传输到目标设备上。

如图所示，主站点的磁盘阵列设备上的同步软件，从自身的一个卷（LUN A）提取数据，通过 SAN 交换机传输给了备份站点的磁盘阵列设备上的同步软件接收端，并将接收到的数据写入镜像卷（LUN B）。

数据流的路径如下：本地磁盘阵列→本地 SAN 网络交换设施→电信部门交换机组（如果有）→远端 SAN 网络交换设施→远端磁盘阵列。

路径比第二种方式又少了两步。更加重要的是，这种方式彻底解脱了服务器，服务器上不需要增加任何额外的负担，所有工作全部由磁盘阵列设备自己完成。

> **提示：**在本书第 5 章详细讲解过磁盘阵列。磁盘阵列本身就是一个计算机系统，有自己的 CPU、RAM、ROM，甚至有自己的磁盘。磁盘阵列就是一台管理和虚拟化大量物理磁盘的主机系统。既然是主机系统，那当然可以在其上运行各种功能的软件了。所以，这种数据同步软件应运而生。

目前几乎每个厂家的高端磁盘阵列设备，都具有数据同步功能。比如 IBM 公司 DS 系列盘阵上的数据同步功能叫做 Remote Mirror，HDS 公司的叫做 TrueCopy，EMC 公司的叫做 SRDF。不管叫什么，它们的思想和原理都是一样的，只不过在实现方法和效果上有所不同。

这种方式的数据同步，由于底层存储设备不会识别卷上的文件系统，所以同步的是块而不是文件，也就是说存储系统只要发现某卷上的某个块变化了，就会把这个块复制到远程设备上。此外，备份站点的存储设备必须和主站点的存储设备型号一致，因为不同厂家的磁盘阵列产品之间无法做数据同步。而在主机上的同步引擎，就没有这种限制，因为主机上的同步软件所操作的是操作系统卷，而不是磁盘阵列上的卷，操作系统隐藏了底层存储阵列上的卷。不管什么厂家什么型号的盘阵，经过了操作系统的屏蔽，对应用程序看来，统统都是一个卷，或者一个盘符或目录。

17.2.5 案例：IBM 公司 Remote Mirror 容灾实施

Remote Mirror 是 IBM 公司的 DS4000 系列中端磁盘阵列上的一个软件模块，其功能就是将本地磁盘阵列上某个或者某些卷的数据，同步到远端磁盘阵列上对应的卷，支持同步和异步复制，支持一致性组。

某企业存储系统如图 17-11 所示。

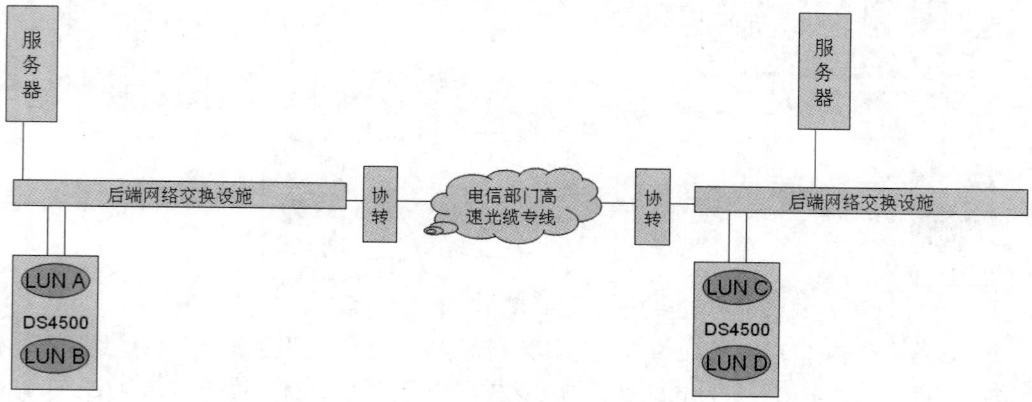

图 17-11　某企业存储系统图

这个企业有两台 DS4500 磁盘阵列，主、备份站点各一台。现在将主站点的两个卷 LUN A 和 LUN B 同步到备份站点的两个卷 LUN C 和 LUN D 上。此时需要启动 DS4500 的 Remote Mirror 功能。启用这个功能，要求主站点和备份站点上必须分别建立一个用于数据缓冲以及相关重要数据存放的卷，且必须为镜像卷，大小 100MB 即可。

（1）在 Storage Manager 配置界面中，选择 Storage Subsystem → remote mirror → Active 菜单命令，选择在现有的 array 上建立一个 mirror 的 Repository 逻辑卷，如图 17-12 所示。

（2）单击 Next 按钮，弹出如图 17-13 所示的对话框，提示 DS4500 磁盘阵列将前端的 2 号端口专门用于连接远程的磁盘阵列设备来传输数据，所以这个端口将禁止用于其他主机的连接。

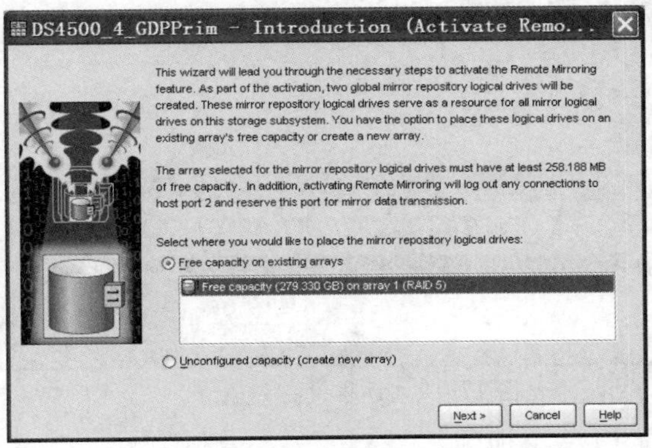

图 17-12　创建 Repository 卷

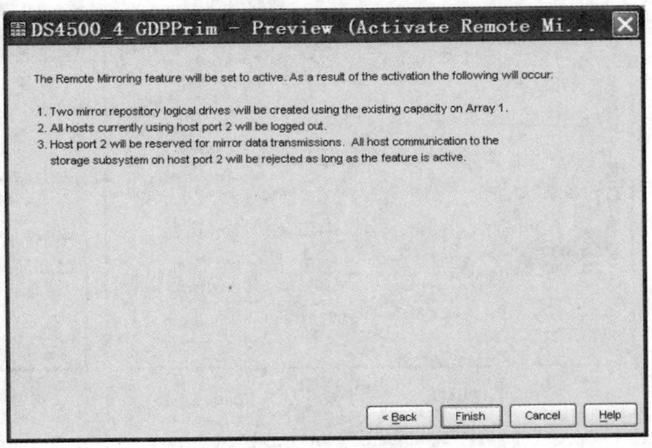

图 17-13　重要提示窗口

（3）单击 Finish 按钮，提示在备份节点上也需要相同的操作，如图 17-14 所示。

（4）主站点上的两个 Repository 建立成功后的界面，如图 17-15 所示。

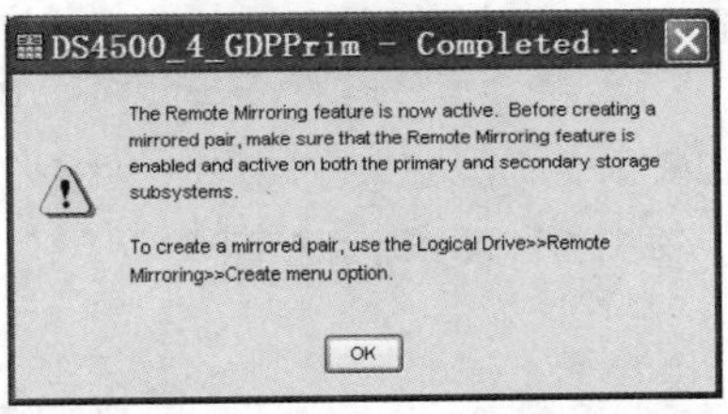

图 17-14　提示备份节点需要相同的操作

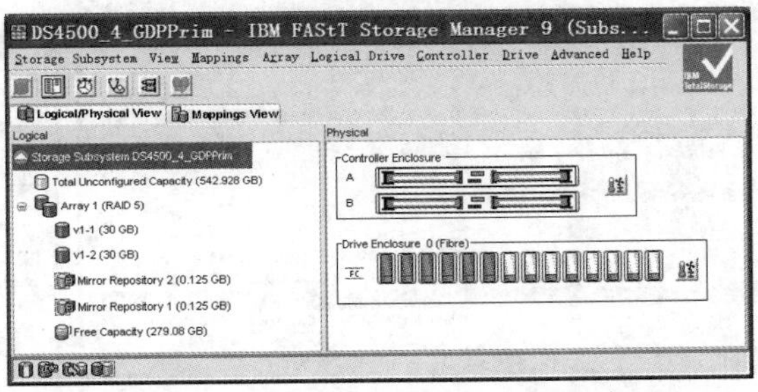

图 17-15　成功建立 Repository 卷

（5）在备份站点上重复上述步骤。然后，在备份站点磁盘阵列上建立两个目标卷，大小必须大于源卷，如图 17-16 所示。

（6）在主节点上右击 Create Remote Mirror，如图 17-17 和图 17-18 所示。

（7）此时，本地磁盘阵列会显示出网络上的另一台磁盘阵列设备，如图 17-19 所示。

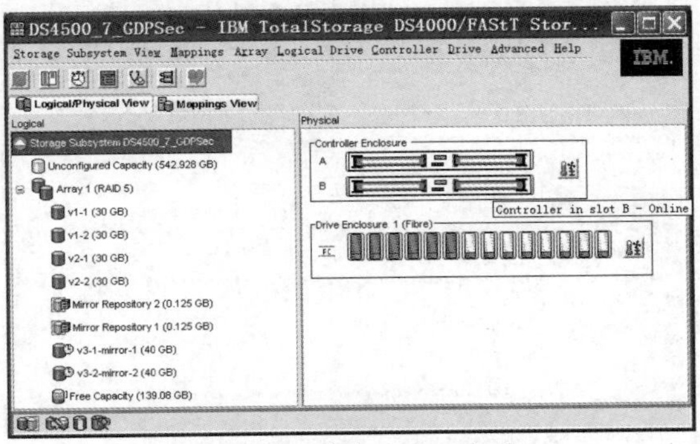

图 17-16　建立两个目标卷

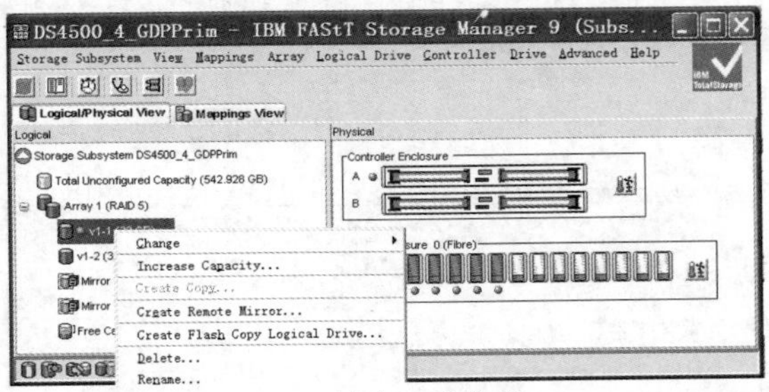

图 17-17　创建远程镜像

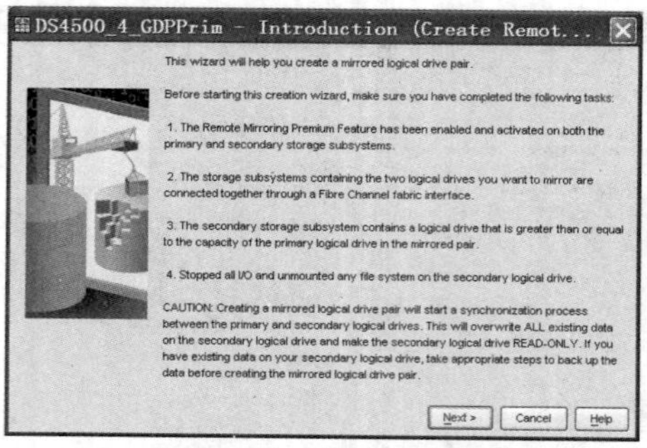

图 17-18　创建远程镜像

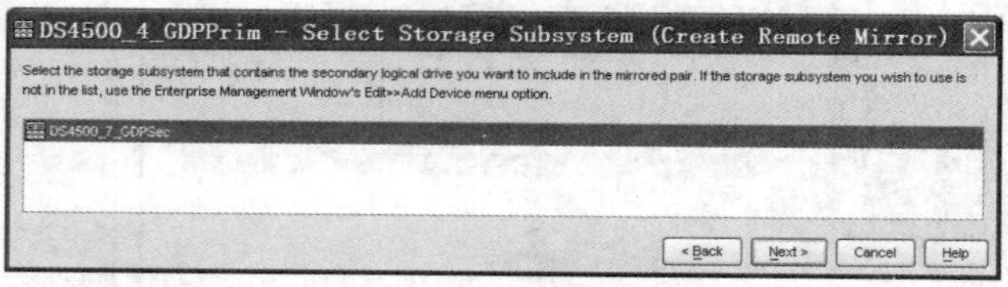

图 17-19　远程设备列表

（8）选择备份磁盘阵列上的镜像目标盘，如图 17-20 所示。

（9）选择模式，如图 17-21 所示。

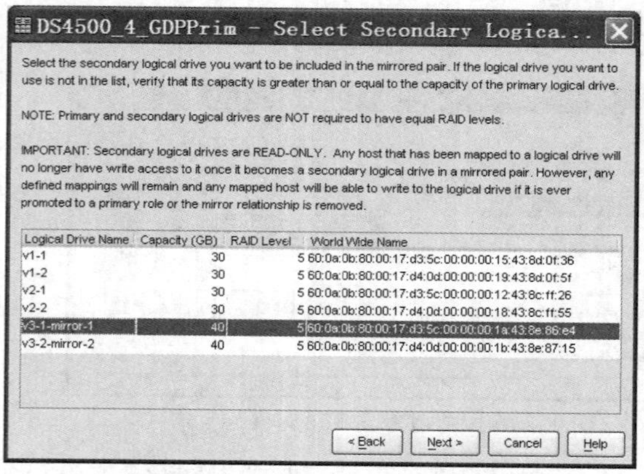

图 17-20　远程设备上的卷列表

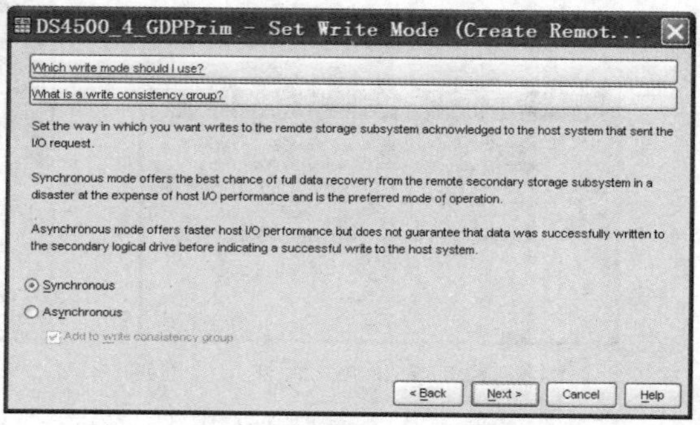

图 17-21　同步或者异步模式选择

（10）设置同步的优先级，如图 17-22 所示。

（11）输入“yes”以便确认操作，如图 17-23 所示。

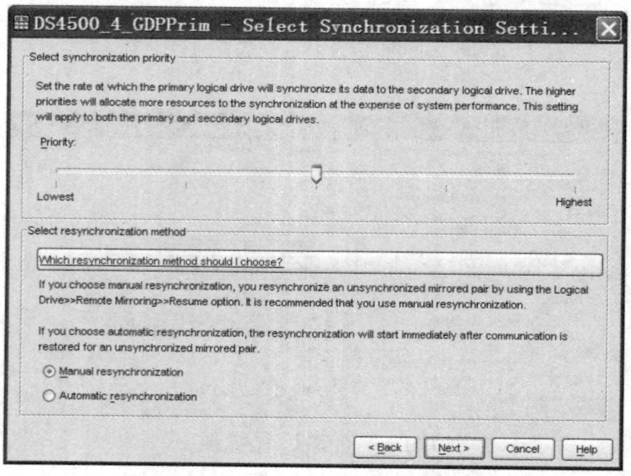

图 17-22　同步优先级选择

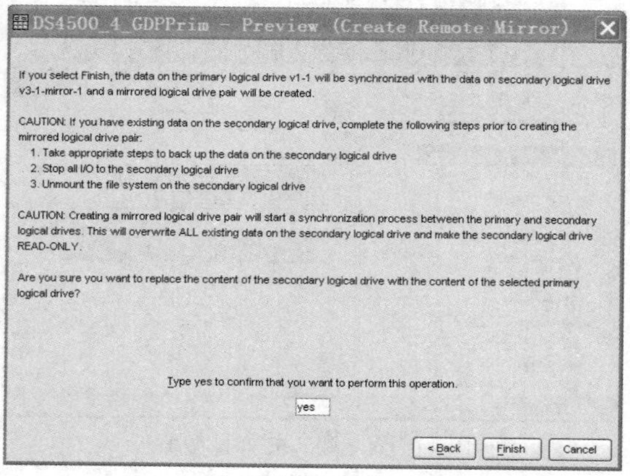

图 17-23　确认

（12）完成后出现如图 17-24 所示的提示框。

（13）用同样的方法作另外一个确认提示，如图 17-25 所示。

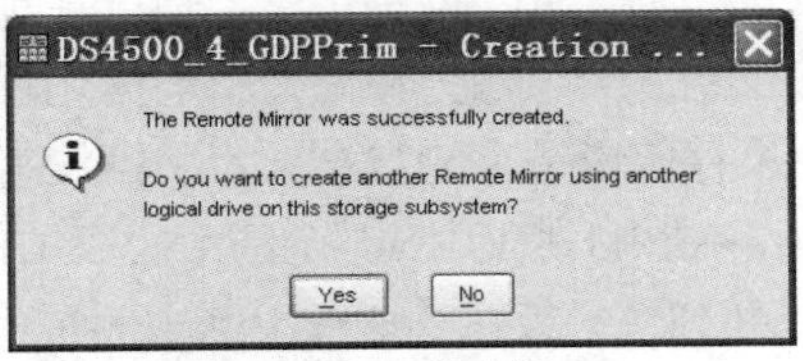

图 17-24　成功提示

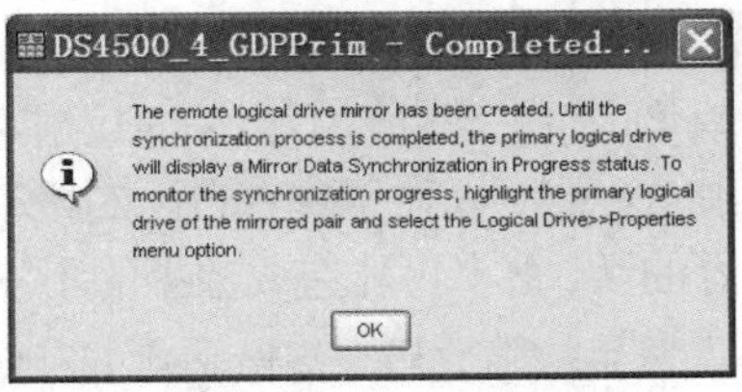

图 17-25　确认提示

（14）完成后，监控主站点磁盘阵列的变化，如图 17-26 所示。

（15）监控备份站点磁盘阵列的变化，如图 17-27 所示。

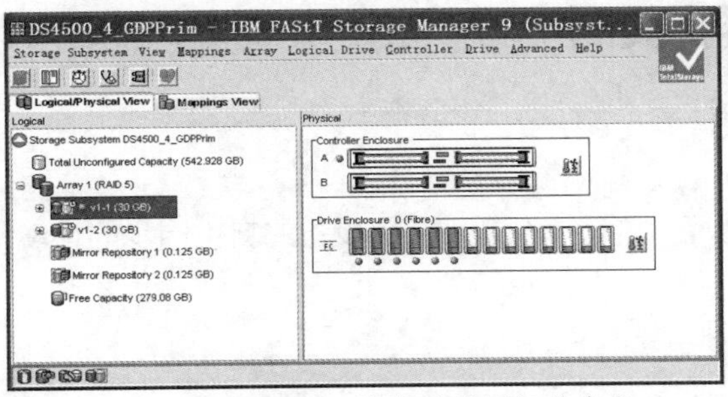

图 17-26　镜像后卷图标的变化

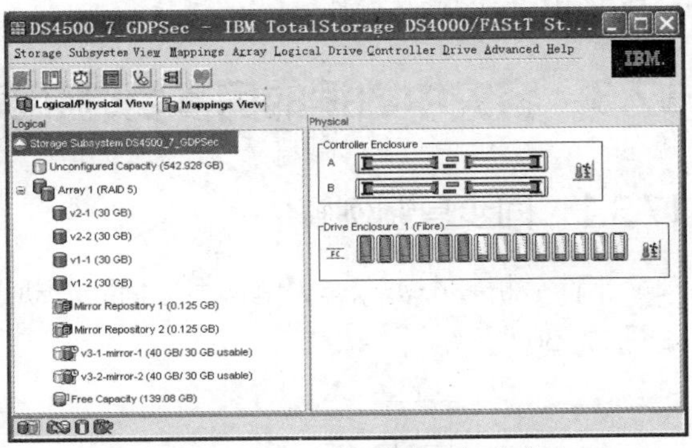

图 17-27　备份站点图标的变化

（16）主站上右击源盘/属性可以查看镜像的完成情况，如图 17-28 所示。

（17）备份站方法相同，如图 17-29 所示。

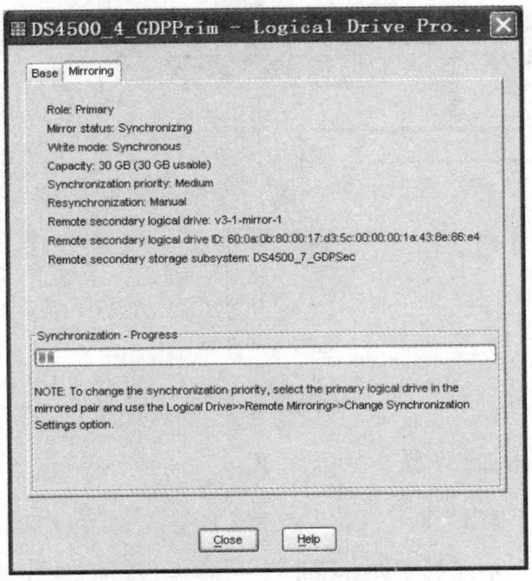

图 17-28　镜像状态窗口

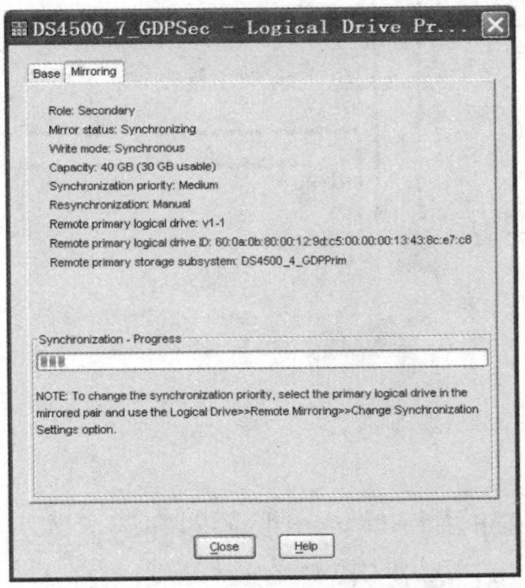

图 17-29　备份站镜像状态窗口

17.2.6　小结

纵观以上三种数据同步的方式，可以发现以下特点。

第一种方式数据经过的路径最长，同步实时性最差，但是也最廉价。

第二种方式数据经过的路径适中，数据同步实时性强，但是对后端链路要求比第一种高，不适合大量数据同步。

第三种方式，数据经过的路径最短，对服务器性能没有影响，但是仍然不适合在远距离低速链路的环境下运行，而且还不能保证数据对应用程序的可用性。因为存储设备与应用程序之间还有操作系统这一层，操作系统有自己的缓存机制，如果存储设备上的数据同步引擎没有与操作系统配合良好的话，很有可能造成数据的不一致性，这样会影响到应用程序，甚至使应用程序崩溃。

主站点发生故障之后，备份站点的存储设备会感知到，然后强行接管主站点的工作，断开同步连接，备份站点成为当前的主站点，接受应用程序的读写操作，并记录自从断开连接之后发生变化的数据块。待探测到主站点恢复正常之后（或者手动重新配置同步），备份站点先将变化的数据块复制回原来的主站点，复制完成后，原来的主站点再次接管回主角色，成为当前的主站点，接受应用程序的读写操作。

17.3 容灾中数据的同步复制和异步复制

17.3.1 同步复制例解

下面分析一个实际容灾案例中数据的流动情况。这是一个基于存储设备的自主同步的环境，如图 17-30 所示。

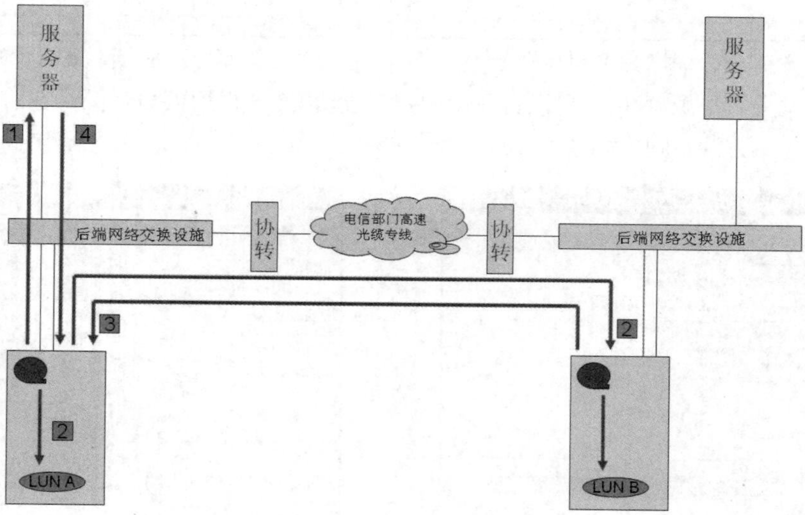

图 17-30 同步复制的过程

（1）某时刻，主站点服务器向磁盘阵列发出一个 IO 请求，向某个 LBA 写入数据。待写的数据已经进入了磁盘阵列的缓存中，但是此时磁盘阵列控制器不会给服务器的 SAN 网络适配器驱动程序发送写入成功的应答，所以发起这个 IO 的应用程序也不会得到写入成功的应答。

（2）主站点磁盘阵列将变化的数据从缓存中写入 LUN A 中（根据控制器策略，写入一般会有延迟）。与此同时，主站点的数据同步引擎获知到了这个变化，立即将变化的数据块从缓存中直接通过 SAN 交换机发往备份站点的磁盘阵列上的缓存中。

（3）备份站点磁盘阵列上运行的数据同步引擎接收端成功地接收到数据块之后，会在底层 FC 协议隐式地发送一个 ACK 应答，或者通过上层显式地发送给主站点一个应答。

（4）主站点接收到这个应答之后，立即向服务器发送一个 FC 协议的隐式 ACK 应答，这样，服务器上的 FC HBA 驱动程序便会探测到发送成功，从而一层层向操作系统的更上层发送成功信号。最终应用程序会得到这个成功的信号。

（5）如果按照上述方式进行，即如果备份站点的磁盘阵列由于某种原因迟迟未收到数据，则不会发送应答信号，那么主站点的磁盘阵列控制器也就不会给服务器发送写入成功的信号，这样服务器上的应用程序就会处于等待状态，造成应用程序等待，从而连接应用程序的客户端也得不到响应。如果应用程序使用的是同步 IO，则其相关的进程或者线程就会被挂起。这种现象也叫做 IO Wait，即 IO 等待，意思就是向存储设备发起一个 IO 而迟迟接收不到写入成功的应答信号。如果连接两个站点之间的网络链路出现拥塞、故障，便会发生 IO Wait。

上述的数据复制方式，就叫做同步复制，因为主站点必须等待备份站点的成功信号，两边保持严格的同步，步调一致，一荣俱荣，一损俱损。

17.3.2 异步复制例解

再来看另外一种实现方式，如图 17-31 所示。

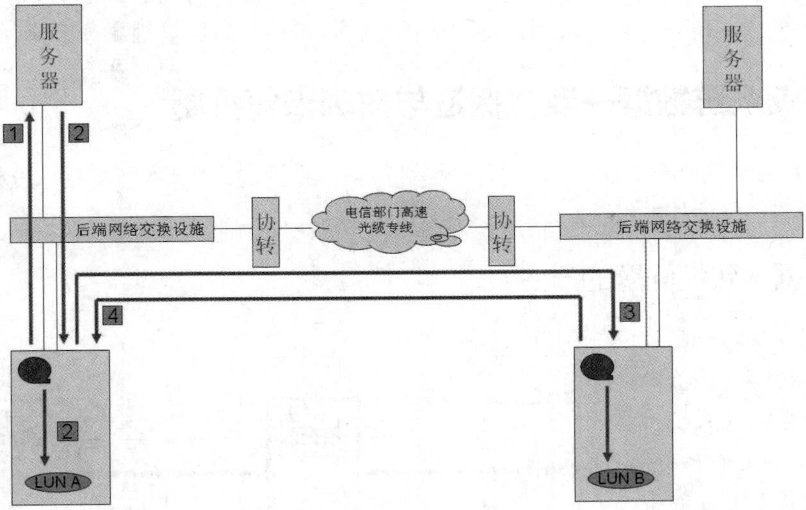

图 17-31 异步复制的过程

（1）某时刻，主站点服务器向磁盘阵列发出一个 IO 请求，向某个 LBA 写入数据。待写的数据已经进入了磁盘阵列的缓存中，但是此时磁盘阵列控制器不会给服务器的 SAN 网络适配器驱动程序发送写入成功的应答，所以发起这个 IO 的应用程序也不会得到写入成功的应答。

（2）主站点磁盘阵列控制器根据策略，如果设置为 Write Back 模式，则在第一步之后立即向服务器发送 FC 协议的底层应答。如果设置为 Write Through 模式，则先将数据写入 LUN A，然后再向服务器应答。

（3）主站点磁盘阵列将这份数据通过 SAN 网络发送给备份站点的磁盘阵列缓存中。

（4）备份站点磁盘阵列成功接收后，返回成功信号。

如果按照上述方式进行，即，主站点磁盘阵列只要接收到服务器写入的数据，就立即向服务器返回成功信号，这样应用程序不需要等待，数据同步动作不会影响应用程序的响应时间。向服务器发送变化的数据，可以在稍后进行，而不必严格同步。这种数据复制的方式就叫做异步复制。也就是说两边步调无须一致，保证重要的事情先完成，不重要的稍后再说。一旦遇到网络连接阻塞或者中断，只要服务器还能访问本地的磁盘阵列，那么应用就不会受丝毫影响，本地磁盘阵列会记录自从网络断开之后，本地卷上所有发生变化的数据块的位置，待网络恢复之后，本地磁盘阵列会根据这些记录，将发生变化的数据块继续复制到远程备份磁盘阵列。

有得必有失。异步复制保证了服务器应用程序的响应速度，然而付出了代价，这个代价就是牺牲了主站点和备份站点数据的严格一致。主站点的数据和备份站点的数据会有一个间隙（GAP），也就是未被成功复制到远端而积压在本地的数据。此时如果主站点一旦发生故障，这部分数据将永久丢失。而同步复制方式下，没有间隙，如果主站点发生了故障，备份站点的数据就是主站点发生故障那个时刻的严格数据镜像，不会有数据丢失。同样，同步复制的代价，就是牺牲了服务器的应用程序响应时间。

提示：在实际容灾系统设计的时候，一定要考虑这一点，要明白用户是愿意牺牲数据安全性来换取高响应时间，还是愿意牺牲响应时间来换取数据的安全性。

目前很多设备厂商都有折中的解决方案，比如在网络正常的情况下，实现同步复制，一旦检测到网络连接超时，则转为异步复制，待网络正常后，再转为同步复制。

17.4 容灾系统数据一致性保证与故障恢复机制

本书第 16 章中在介绍 CDP 的时候曾经提过数据一致性的问题。本节将具体分析一下数据一致性的保证办法和具体技术细节。

17.4.1 数据一致性问题的产生

设想这样一种情况，如图 17-32 所示，主机 HOST 上运行了一个数据库系统，数据库将 Online Log 存放在本地站点存储设备的 Log 卷中，数据文件存放在 DAT 卷中。

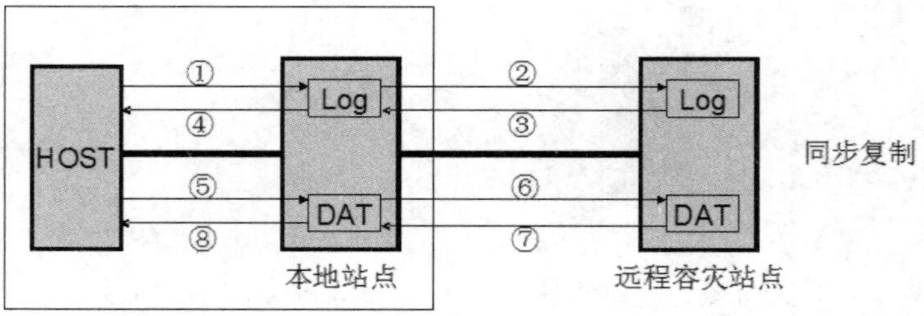

图 17-32 数据一致性示例

（1）某时刻，数据库向 Log 中写入了一条 Transaction 记录，主机将这个针对 Log 卷的写请求发送给本地站点存储设备，并等待写入成功的 SCSI 应答。

（2）本地站点存储设备接收到了针对 Log 卷的写 IO，在将数据写入 Log 卷的同时，将这份 IO 数据发送至远程容灾站点的存储设备。

（3）远程存储设备接收到这个针对 Log 卷的 IO，立即将其写入缓存（或者写入磁盘，视 Cache 写策略而定），并通知本地站点存储设备 IO 完成。

（4）本地存储设备接收到远程 IO 完成的消息，立即通知 HOST 主机本次针对 Log 卷的写

IO 完成。

在主机上的数据库系统接收到 Log 写入成功之后，才可以将对应的 Transaction 数据写入数据文件，如果数据库并未接收到成功的消息，则不会继续下一步动作。在将数据写入 DAT 卷的时候，系统进行与刚才的 4 步相同的动作。可以看到，在这种完全同步的数据复制情况下，不会产生任何数据一致性问题，写 IO 完全按照先后顺序被同时体现到本地和远程存储系统中，任何一步中断，下一步就不会发生。

注意：同步 IO 所能严格保证的也只是灾备端数据的时序一致性，而不能保证到应用层的一致性。为何呢？因为比如数据库系统，都有自己的缓存，其中包含有大量的脏数据，只要这些脏数据不被刷盘，那么存储系统就算是用了同步 IO，也不能把这些脏数据同步到远程存储中。而异步数据复制则可以使用运行在客户端的代理程序，在每次数据复制触发之前，通过代理程序将对应应用系统的脏数据刷新到存储系统中，然后再触发一份本地存储的快照，然后再触发数据复制过程，这样就可以保证应用级别的数据一致性了。

然而，在异步数据复制过程中，事情可就不是这样了，会出现这样一种情况，即先后发生的两个有逻辑关联性的时间，在被复制到远程站点之后，远程系统可能只保存了后来发生的事件，而先发生的事件却没了。这就是彻底的数据不一致，严重时会导致应用程序在分析这些数据时产生异常甚至无法成功启动，最严重的则是应用程序成功启动了，但是没有一致性检查机制，直接在这份不一致的逻辑错乱数据基础上继续运行处理，这种无知行为可能会造成更加惨痛的后果，比如程序给出了不符合实际的错误数据从而影响人类的行为。

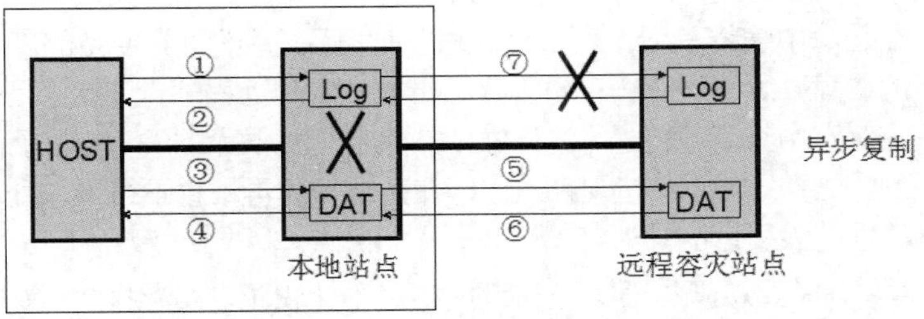

图 17-33　数据一致性示例

如图 17-33 所示，同样为上述的拓扑，复制方式改为异步方式。

（1）某时刻，主机向本地存储的 Log 卷写入一份数据。

（2）本地存储设备接收到这份 IO 数据之后，将其写入缓存，然后立即将写入成功的应答消息返回给主机。

（3）主机数据库系统得知成功写入 Log 的消息，随后便做出判断将数据写入数据文件。向 DAT 卷发送了一份写 IO 数据。

（4）本地存储系统收到这份数据之后，立即将其写入缓存并且将写入成功的消息返回给主机。

（5）稍后，异步复制过程开始，本地存储系统由于各种原因，首先将 DAT 卷刚才被更新的那份数据发送到了远程存储系统。

（6）远程存储系统接收到这份数据，将其写入缓存然后立即返回写入成功的信息给本地存储。

（7）之后，Log 卷刚才被更新的那份数据也被发送，在尚未发送完成之前，本地站点发生灾难，整个机房由于地震完全坍塌。Log 卷刚被更新的数据或变为电磁波永远消失在宇宙中。

我们来看一下灾难发生之后，远程站点的数据状态。很显然，在主站点首先发生的事件（写 Log）并没有被同步到远程站点，而后来发生的事件（写数据文件）却被同步到了远程站点。此时远程站点的数据影像是一份逻辑错乱的不一致影像，需要使用和处理这份数据的应用程序来对数据做一致性检查从而恢复数据的一致性。然而这个过程也是有代价的，为了保证一致性，很有可能要丢失一部分原本不应该丢失的数据。

有人在此会产生一个质疑，是的，我们这就来论述为何本地站点不能按照顺序来发送所有的写 IO 数据。如果按照顺序发送，比如使用 TCP 协议来发送，不就可以保证发送端和接收端的数据是绝对按照顺序排列的么？当然是这样的，本地站点在传送数据所利用的协议这方面确实没有问题，底层协议绝对是遵循先后顺序的。

问题：本地站点在将数据传送给传输协议进行传输的时候，却并不是按照写 IO 发生顺序的。什么？怎么可能，难道本地存储设备不知道 IO 发生的先后顺序么？它不会记录一下么？答对了，本地存储系统真的就不会记录这些 IO 的先后顺序。

17.4.2 对异步数据复制过程中一致性保证的实现方式

1. 异步数据复制实现方式及存在的一致性问题

为何本地站点不去记录写 IO 的先后顺序呢？答案是为了节省计算资源和空间。首先，可以在脑海中演绎一下，一个写 IO 进来之后，系统首先要做的就是尽快高效地将其写入对应卷对应的磁盘，而不是在缓存中排队等待被复制到远程站点。就算是系统先将这些数据写入，之后驻留在缓存中直到被传送，这样做依然也会耗费很大的缓存空间，而且这样做搞不好会积压越来越长的队列，致使系统进退两难，即使其他任务再忙也不得不先处理这些积压的队列，导致系统前端的性能大受影响。

那怎么办呢？又不记录顺序，又不让积压在缓存排队，就这么让这些数据自由地写在硬盘上石沉大海？待到要传送这些数据到远端时，我们又该怎样大海捞针呢？呵呵，说道捞针，您还真说对了，解决这个问题的办法，就是用针，什么针？指针啊！呵呵，我们是一定要记录这些 IO 的行踪的，绝对不能让它们溜掉，所以，在数据复制开始之前，我们就已经为整个卷创建了一份 Bitmap，如图 17-34 所示。

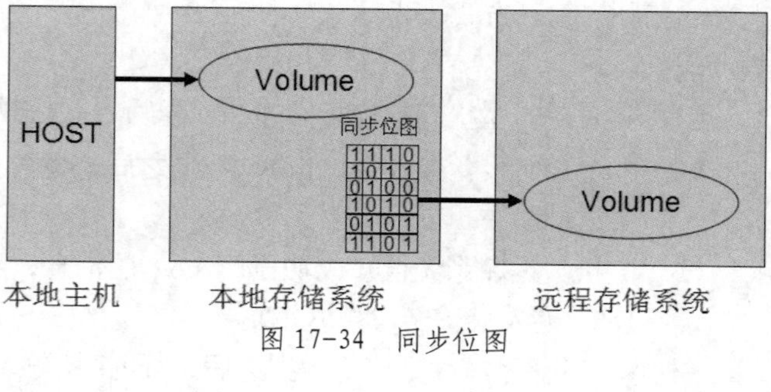

图 17-34　同步位图

初始 Bitmap 是全为 0 的，只要接收到一个针对源卷某地址的写 IO，就立即将 Bitmap 中对应这个地址的位置为 1，再来一个，就再置一个，已经置过位的就不再置了，反正已经被覆盖过多次了。系统就这样一直置下去，你甚至可以在系统将整个 Bitmap 都置成了全 1 之前，什么都不做，数据不被复制，这么长时间了都不作为，也不怕此时一旦发生灾难，这一整卷的变化数据都没被复制到远程。估计没人打算这么做，一旦数据复制动作被触发，则系统会不停地从 Bitmap 中的第 1 位开始向最后一位扫描，每当发现某位为 1，则表明这一位对应的源卷地址上的数据尚未被传送到远程，则系统立即读出源卷对应地址的数据并传送到远程，传送成功之后，立即将这个位置为 0，表明此地址数据已被传送，然后接着扫描下一位，做同样的动作。然而，具体实现的机制并不一定就得是一位一位地扫描，可以设定一个扫描窗口长度，一批一批地扫描，数据被一批一批地读出，一批一批地传送，一批一批地置 0。扫描到表尾之后立即折回表头再次重新扫描。这个 Bitmap 是不断地被置 1 和置 0 的，数据写线程和数据复制线程，线程同时操作这个表，争抢这个表，有可能刚被置 0 的位接着又被置了 1，也就是对应的地址又被写入了数据。

数据复制线程和数据写线程很有可能出现竞争情况，比如复制线程扫描到某个为 1 的位并且准备读取对应的数据进行传送，但是数据还没有被传送完之前，数据写线程收到针对这个地址的又一次写 IO，则如果此时写线程再次将这一位置为 1 的话（原本就是 1），当复制线程成功传送完数据之后，将会把这个位置为 0，而这是不应该发生的，也就是说漏掉了一个写 IO 没有被复制到远程，这在数据一致性上是绝对不允许的。但是这里是异步复制，利用这种扫描 Bitmap 的方式进行的异步复制本来就不可能保证数据的先后性，也就根本谈不上一致性，那么刚才那种竞争引发的问题是否就可以忽略不计了呢？

不可以。如果最后被更新的地址的数据在很长时间里（或者永远）都不被再次更新，那么最后一次的更新就需要等待很长时间，或者永远无法传递到远程。一旦在这段时间内（最后一次漏掉更新后直到下一次这个地址再次被更改的期间），操作员希望将异步模式变为同步模式，先暂停应用程序 IO，等待数据完全同步到远程之后，将复制关系改为同步，一段时间内，这个地址仍然未被更改，而此时系统发生灾难。操作员庆幸地认为两个站点的数据是完全一致的（由于之前变为了同步模式）。可惜，他错了，他被这个 Bug 搞惨了，由于最后那个被更新的数据块永远也没有被同步到远程，而这个数据块内恰好又是一笔非常关键的数据，异地启动应用程序之后，由于数据的丢失，给业务带来了巨大的损失。当然，这是一个极端的例子，但是也不能不防止。所以，还是引入避免竞争的设计为好，比如在发生置位冲突时，数据写线程先将保存状态，然后继续执行，等待复制线程结束传送置位之后，再重新置位。

注意：数据写线程在接收到写 IO 之后一定要先将 Bitmap 置位成功后再将数据写入源卷，数据写入源卷后才通知上层成功完成。其中任何一步被异常中断的话，那么随后的动作都必须停止。究其原因，是因为如果先将数据写入硬盘后再置位，一旦在尚未置位成功前发生异常中断，比如系统 Down 机，则此时 Bitmap 中对应这个地址的位依然为 0（如果置位前就为 1 则忽略本情景），而源卷对应地址却被更改过了数据，此时，再次同步时，就会发生与上文相同的 Bug。而如果先置位成功再写入源卷，即便置位成功后，写入源卷之前，系统 Down 机，那么重启后再次同步的过程就会将原本已经同步的数据块再同步一次，无非就是浪费了一点可以忽略不计的链路带宽，但是不会导致 Bug。

在进行数据异步复制的初期，系统需要首先将源卷的所有内容复制到目标卷，然后才可以开始 Catchup 追踪不断变化的数据并且持续传送。这个步骤叫做初始化传输。此时，在初始化传输之前，系统会生成一份全为 1 的 Bitmap，这样，扫描线程就需要传输源卷上的所有数据到远程了，其他后续步骤与上文所述的后期 Catchup 过程相同，唯一区别就是初始化传输时需要 Catchup 的是整个卷。

这种数据异步复制设计导致数据传输和数据写入的同步时间方面总有一段 Gap，扫描线程在不断追赶不断被写入的 IO 以将它们传输至远端，受制于系统写 IO 负载和数据传输线路的因素，很少有两者齐头并进的时候。所以异步数据容灾在主站点灾难发生的时候几乎都是要丢数据的。

由于针对源卷的写 IO 地址是随机的乱序的，而系统扫描 Bitmap 时不能感知 IO 的顺序，只能按照自然数顺序扫描以便传送被更新的数据，这样做的结果就是，数据被传送到远程站点的时间也不是按照写 IO 发生的先后顺序排列的，对端接收和写入的时候当然也不是按照先后顺序的，这就最终导致了容灾端存储系统中数据的不一致。

如果用这种 Bitmap 记录模式来进行数据异步复制，不仅仅是在多个卷之间可能发生不一致，而且就算本地和远程各只有一个卷，那依然也会发生乱序传输，也会不一致。

有人再次质疑，称其有办法做到既按照顺序传输又不影响性能。写 IO 一进来，也该怎么写盘就怎么写，但是如果为每个卷也创建一张表，每个表保存每一个写 IO 的 LBA 地址和当前系统的时间戳，如果遇到一个以前已经保存过的地址条目，则删除之前的，保存最新的时间戳。这样系统到时候就可以扫描时间戳从而按照先后顺序发送数据了。

这种设计存在问题。首先，这张表以谁来排序呢？LBA 地址还是时间戳？一定要以时间戳来排序，否则还需要做额外的索引表以便查询，既然这样，那么如果遇到刚才说的那种情况，即针对同一个 LBA 再次由写 IO 进入，那么就删除原来的条目，此时，既然表是以时间戳排序，那么系统此时搜索的是这个 LBA 针对的条目，LBA 是乱序的，怎么保证查询性能？如果还需要额外做索引的话，那就得不偿失了。就算做了索引，快速查到了对应条目将其删除之后，这个空位必须要利用的，否则表将无限扩大，那么就要将整个底部上移，这些动作都是非常耗费资源的。

提示：另外，时间戳的粒度有多大？参考本书第 16 章对于 CDP 回溯粒度的像滚论述即又可得知，这种设计实际上也根本无法保证能够记录每一个 IO 的先后顺序。所以，这种设计太过复杂而且还不能百分百保证顺序，因此不能应用。

通过快照来做异步复制

首先在源卷上做快照，然后将这份快照对应的数据块全部复制到远程站点。在复制期间，源卷数据一定会有后续的更改，不管它，因为会被 CoFW，还有一份快照留底。等首次复制完成之后，目标卷做一次快照，这份快照内容上等同于源卷的第一次快照。一段间隔之后，源卷再次做一份快照，然后比对本次源卷快照和上一次源卷快照之间的变化的数据块，比对方法见其他章节。得到变化数据块列表之后，将这些数据块依次复制到目标卷，复制完成后目标卷做一次快照，然后将上一个目标卷快照删除，同时，源卷也将第一次快照删除，两边各自都留存最近这一次快照，然后一段间隔之后，重复相同的过程。

这种做法的好处是可以充分利用原有的快照功能，无须做过多开发即可实现远程复制功能，但是做不到同步复制，而且快照的间隔不能过短，所以 RPO 会加长。但是不失为一种简便的方法，同时这种方法在实现一致性保护方面也比较容易，比如做快照时如果引入主机端一致性代理，则可以做到应用层的一致性而不仅是底层时序一致性了。

2. 数据一致性保证的办法

上文中描述了利用追踪位图法来进行异步复制过程中所存在的时序一致性无法保证的问题。本节介绍三种用来保证异步复制过程中数据一致性的设计思想和方法。

1）设计思想 1：基于追踪日志法

最简单的一种保证数据时序一致性的方法，就是将所有进入的写 IO 写入源数据卷的同时，将其复制一份暂存在一个日志中，完全按照 IO 进入的先后顺序排列。之后，按照 FIFO 先进先出的方式将日志进行回放，生成数据流通过网络传输到远程阵列中。这种方法最彻底地保证了时序一致性，但是存在的问题也不可忽略，也就是这种日志需要占据大量空间，如果对于一个写负载很重的系统来讲，日志将占用大量空间。此外，写日志过程必须发生在 IO 路径前部，因为如果不在前部将 IO 顺序记录下来，那么一旦等到写 IO 全部进入后端 Page Cache 缓存后，将无法再分辨出顺序。所以，这种做法对 IO 资源、计算资源、存储空间资源都有很大影响。相比于追踪位图法来讲，不适合高负载的环境下。

2）设计思想 2：基于追踪位图的批量传输法

（1）单本地存储系统解决办法

通过前文中对追踪位图法的分析看到，时序一致性难以保证。事已至此，是否这个问题就无解了呢？难道只有同步数据复制才能保证一致性么？

非也。人的智慧是无穷的。要解决这个问题，必须找到一个能够分辨单个 IO 顺序的机制或者位置，而且不能用时间戳，因为已经讨论过时间戳的局限性了。而整个存储系统唯一能够辨别 IO 先后顺序的地方就是总入口的 IO Queue。Queue 是一个先进先出的队列，虽然队列不对每个 IO 记录时间戳，但是如果在 Queue 中任何一点切开暂停，或者叫 Suspend，就一定能够保证切口两侧的 IO 一定是按照时间先后排列的。

此时，如果系统首先将所有 Suspend 之前发生的 IO 统统复制到远程站点而确保本地站点在传送这些数据的过程中不发生灾难或链路问题，也就是说必须保证这些 Suspend 之前发生的所有写 IO 无一遗漏地被复制到远程，那么也就保证了远程站点数据的一致性。如果复制过程中发生灾难或者链路问题，即数据只传输了一半，而本地系统在传输这些数据的时候是乱序传输的，并不能分辨被 Suspend 之前发生的这些 IO 的先后顺序，所以远程系统中的那一半数据，很有可能就是不一致的。这个问题的解决办法我们在下文中详细论述，在此我们先一路假设灾难和链路问题都不会发生。Suspend 之前所发生的 IO，其处理过程与上一节中所述的异步复制过程相同，系统也同样需要在 Bitmap 中标记对应的位，再等待扫描线程的扫描然后传送。

Suspend 之前发生的 IO 在被复制到远程的过程中，被 Suspend 住的那些写 IO 该如何处理呢？此时系统绝不可能一直将它们 Suspend，因为异步复制是需要时间的，而主机客户端的 IO 决不能为了等待它们完成而一直被 Suspend 住。实际上，当系统做出 Suspend 动作之后，会将被掐住的部分另存为一个新写 IO Queue 并且立即开始处理，漏下去的那部分 Queue 也同时会被系统逐渐处理掉。然后系统再从新 Queue 中再次执行 Suspend——传输过程，周而复始。

新 Queue 与原 Queue 不能共用一份 Bitmap（前一节所述的 Bitmap），因为 Suspend 之后系统将要传输的只是被漏下去的那部分原 Queue，只有这部分 IO 才会走前一节所述的异步复制流程，更新 Bitmap 从而等待被扫描后传送。如果新 Queue 中的 IO 此时插进来，那 IO 的顺序就无从保证了，所以需要为新 Queue 也建立一个对应的空的全 0 的 Bitmap，同时在处理新 Queue 中的 IO 的过程中更新这份新 Bitmap。

当系统将 Suspend 之前的所有 IO 复制到远程的时候，被复制出去的 IO 在旧 Bitmap 中对应的位并不被重置为 0，目的是为了防止复制过程被突然中断。如果一旦被中断，远程系统就需要将数据回退到复制之前的状态（下文详述），而且本地系统的旧 Bitmap 中的所有信息都需要保留，并与新 Bitmap 进行 OR 操作从而合并为一份活动的 Bitmap，然后等待下次 Suspend 的到来，即本次复制宣告失败。如果复制过程成功结束，则旧活动 Bitmap 无须保留，系统会将其删除，然后将新 Bitmap 角色转变为活动 Bitmap，并创建一份新的空 Bitmap 以供下次 Suspend 时使用。

整个过程的示意图如图 17-35 所示。

就这样，系统在执行完一次批量传输后，接着再次 Suspend，重复刚才的动作，周而复始地将本地存储系统发生的写 IO 数据一批一批地传送至远程站点。所以，怎么折腾也是异步，没必要非得一个一个地按照顺序传送 IO，一批一批地传既简单又划算。

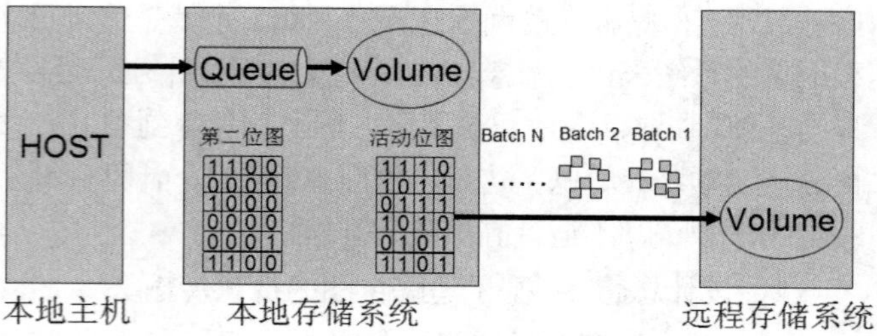

图 17-35 批量传送思想

这个过程的实质其实就是批与批之间可以保证绝对按照时间顺序排列，但是一批当中的 IO 则无法判断先后时间。所以上文中提到过，在批量传输过程中一定要保证本地不发生灾难或者链路没有问题。

还没结束。细心的人已经发现了。上面的做法不正是刻舟求剑、掩耳盗铃么？虽然顶上给掐住一下子，形成两份 bitmap，但是底下的卷就一个，数据不停地被更新到卷中的数据块中，而当前活动 bitmap 是不允许再更改的，被冻住了，本批次需要传输哪些块已经定死了，而这也正是当初为何要新生成一份第二 bitmap 的原因。但是，当前活动 bitmap 冻住了，底层卷却没有被冻住，所有更新都是直接覆盖源数据块的。试想这样一种情况：某时刻系统扫描活动位图进行批量同步，当扫描到一半的时候，底层卷有某个块被更新了，而这个块地址恰好落在已扫描完成的区域，那么此时没有任何问题。但是后来，底层卷中某个块又被更新了，而这个块地址恰好落入了尚未被扫描到的区域，那么当系统扫描到活动 bitmap 中对应这个块的位的时候，如果这个位恰好又为 1，那么就会将对应的块读出来并且传送到远程。这样的话远端的数据卷的状态就时序不一致了，因为这个块是后来发生的，在它之前还有一个块的更新，而这笔更新却并没有传到远程，这就是典型的不一致。如何解决？两条路：要么将底层卷的分成两个，要么就将底层卷冻住，等本批次同步完成之后再解冻。

显然，把卷也分成两个的路子行不通，动一动内存里的数据怎么都行，但是不要去动底层的数据结构，否则会很难收场。那么就只能将底层卷冻住了，显然想到利用快照技术来冻住卷，形成同步开始时刻的一份快照，这样的话，系统扫描活动 bitmap 进行传输的时候就不需要担心底层卷数据随时变化而导致的不一致了。然而，也没有必要完全使用传统的快照技术，可以在其上做一些修改，删掉一些不必要的功能模块，只保留最核心的 CoFW 线程核心即可，并且其作用逻辑也可以更加简化：

- 只 CoFW 那些当前活动 bitmap 中被标记为 1 的块；
- 只 CoFW 那些当前活动 bitmap 中尚未被扫描到，也就是尚未被传送到远端的块。

当本批次传输完成之后，删掉这个快照。当下一批次同步更新开始时，再做快照，然后利用两份循环位图完成数据传输。当然，如果为了节省开发成本等因素考虑，直接使用已有的快照模块也可以。

（2）多本地存储系统解决办法

以上的设计虽然可以严格保证单台本地存储系统向单台远程存储系统复制数据时的数据一致性，但如果本地有多台物理上独立分开的存储设备，而某主机上的某个应用程序又同时向每个设备上的一个卷写数据，这些卷之间又有逻辑相关性，则此时就必须要求所有存储系统都要伺机

Suspend 住 IO，而且 Suspend 的时间点也需要恰到好处，不允许某个设备上有某个 IO 是先于其他某设备的某 IO 执行的却被 Suspend 住，而其他设备上后发生的 IO 却没被 Suspend 住而漏下去执行了。

这种目的应该怎样达到呢？让所有系统在其 Queue 的任意位置 Suspend？不可能，系统与系统设计不同，Queue 也不同，相关联的 IO 处于各个系统中的 Queue 的位置也不同，所以系统不可能恰到好处都默契地 Suspend 在一个一致点。本质上，存储系统也不可能感知其他系统中某 IO 与自身系统中的某 IO 是否有逻辑相关性。但是，我们可以巧妙地避开这个问题，从一种根本的并且自然形成的角度来解决这个问题。

设想一下，如果是从 Queue 的中部某处来 Suspend，则多个独立存储系统一定要有机制来相互协作，开发这种机制不是不可以，而是得不偿失，开销太大，有没有一种不用额外开发就自然存在的机制呢？然也。如果不是从 Queue 中部来 Suspend，而是所有设备由其中一台设备作为 Commander，向所有存储系统发出命令，令其在某时刻准点同时（关于同时，请参考下文论述）直接从各自 Queue 的尾部触发 Suspend，即任何尚未到达存储设备内部的、主机尚未发送的，或者在主机的 HBA 卡 Queue 中的，或者已经发送但是依然在线路上传递着的所有 IO，都被物理地隔离到了所有存储系统之外，这样的话，所有存储系统就都可以完全保证漏下去等待执行的所有 IO 中的最晚发生的一个，与被掐住的那个点最早到来的 IO 是先后连续的了。触发 Suspend 之后，按照与上一节中相同的步骤进行。同样，期间也不能出现本地灾难或者链路问题。当所有本地存储系统完成本批次的数据复制之后，会向 Commander 通知状态，Commander 确认所有成员都完成任务之后，再次发起下一轮 Suspend。如图 17-36 为这种思想的示意图。

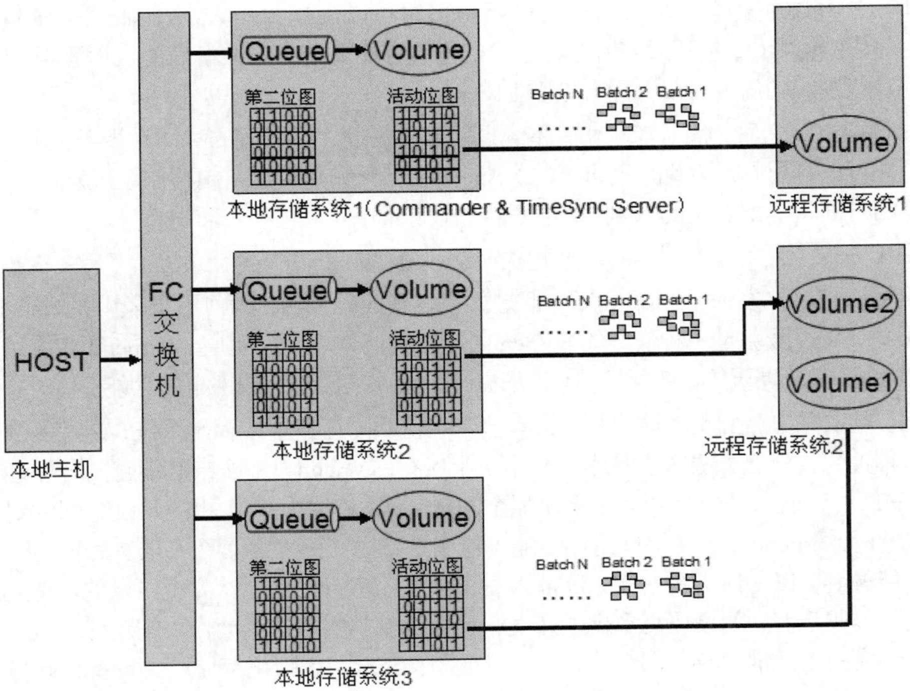

图 17-36　多本地存储系统解决办法

注意：这种方法要求所有本地存储设备的系统时间严格保持精确同步，否则同样会发生不一致。比如，主机分别先后于 T1、T2、T3 时刻向存储系统 A、B、C 发起三个写 IO 操作，现在系统决定在 T4 时刻发起全局 Suspend，但是存储系统 B 的系统时间比 A 和 C 的快，则就有可能在 A 和 C 尚未到达 T4 时刻之前，B 已经达到了规定的时间，则 B 此时立即 Suspend，此时主机针对 B 系统的写 IO 恰好尚未到达 B，被排除在外。而晚些时刻，A 和 C 同时达到了 T4 时刻，同时 Suspend，而恰好针对 A 和 C 系统的写 IO 都已经进入了 Queue，则整体系统在 Suspend 之前 Queue 中的写 IO 只包含了针对 A 和 C 的，没有针对 B 的，而针对 C 的写 IO 是晚于 B 发生的，所以此时整体系统数据处于不一致状态。

说到这里，又有了一个矛盾，上文曾经论述过，时间戳并不能保证单个 IO 级别的顺序，即使本地的所有存储系统的时间再精确，也不可能无限精确下去，总会在某个数量级产生差异，如果此时系统的写 IOPS 非常大，大过了时间戳的数量级，则上面的方法也就不能保证单个 IO 级别的顺序的 Suspend 粒度了。

有人出主意了，这样行不行，即触发 Suspend 的时候直接发送触发指令，而不是事先通知所有系统在某个时刻触发？不行的。想出这种办法的人忽略了其本质问题，即多个独立系统的时间不可无限精确，就算是用指令立即触发，那也要考虑指令到达各个独立存储系统的时延误差，和各个存储系统的处理时延，一旦处理不同步，一样还是造成了不一致。

江郎才尽了么？尚早。既然多个系统时间不可无限精确，那么单个系统的时间至少对于自己来讲是精确的，不存在不同步的问题。如果能让一个独立的系统来总控所有 IO 的进出，从物理上将所有 IO 串行化，然后在这个关口实现 Suspend，那么这个问题就非常完美地解决了。看看系统拓扑图，最佳的串行化关口是谁呢？没错，就是主机。在主机上进行 IO 物理串行化是最彻底的。在主机的 HBA 驱动上层设计一个串行化器也可以说是 Suspender，由这个 Suspender 来 Suspender 主机上的 IO，然后通知所有其连接的本地存储系统做好准备。这一过程将会是很快的，在几十毫秒级别。随后 Suspender 释放主机 IO。

经过这样设计之后，各个本地存储系统之间就不需要太过精确的时间同步了，几毫秒甚至几秒的误差都可以容忍，因为此时主机上的 Suspender 已经完全暂定了向存储系统发送 IO，存储系统有足够的时间将全部剩余的 IO 收纳进来然后做好准备。

如图 17-37 所示为主机端 Suspend 解决办法示意图。

虽然可以自己开发一个 Suspender，但是如果有现成的东西，为何不拿来用呢？第 16 章介绍过 VSS 服务，VSS 服务是一种最好的 Suspender，它直接作用于应用层，Suspend 在应用层，这比在哪一层 Suspend 都要更佳。所以，完全可以利用 VSS 来实现一致性组的功能。

然而，问题并未就此彻底解决。如果有多台主机共同连接本地存储系统，或者多台主机之间具有逻辑相关性，那么如果只在其中一台主机上实行 Suspend，那么未必能够同时保证其他主机写 IO 的一致性，所以这里又回到了刚才那个问题，即如何将所有主机的系统时间做到精确同步从而精确同时 Suspend，答案一样是不可能。这次是真的江郎才尽了么？依然尚早。既然主机和存储都不能做到，那为何不在它们之间插入一个独立的串行化器呢？完全可以的。交换机就是这个角色的最佳候选者，如果在交换机上开发一种模块专门实现这个动作，并且可以与阵列进行指令交互，形成一个标准协议，那就是最好不过的了。其次，虚拟化存储网关设备也同样是一个极佳的角色。

然而，目前针对多主机间一致性组实现方面，尚未有成型的产品出现。

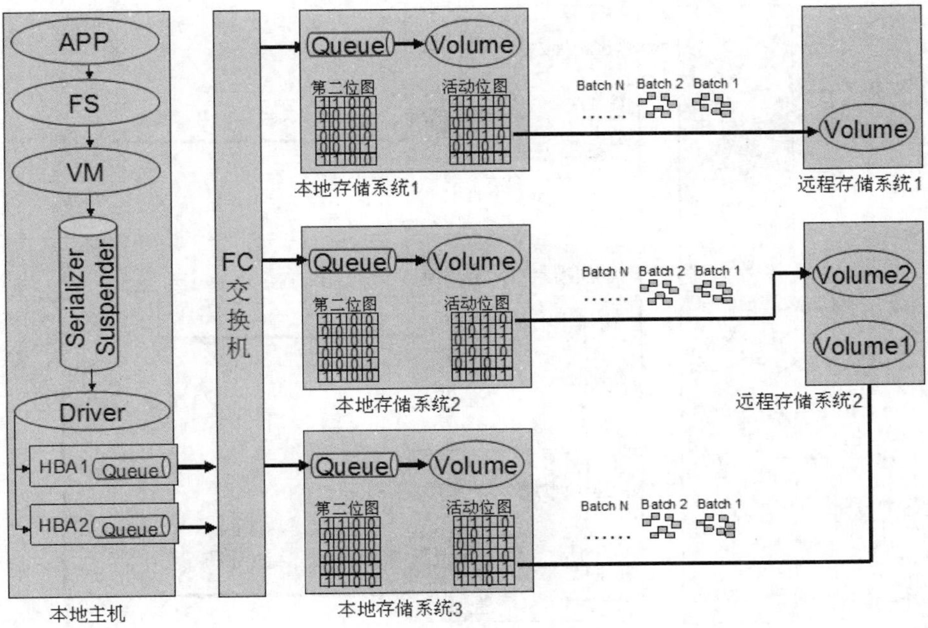

图 17-37　主机端 Suspend 解决办法

如图 17-38 和图 17-39 所示为基于交换机和基于虚拟化网关的一致性组实现方式。

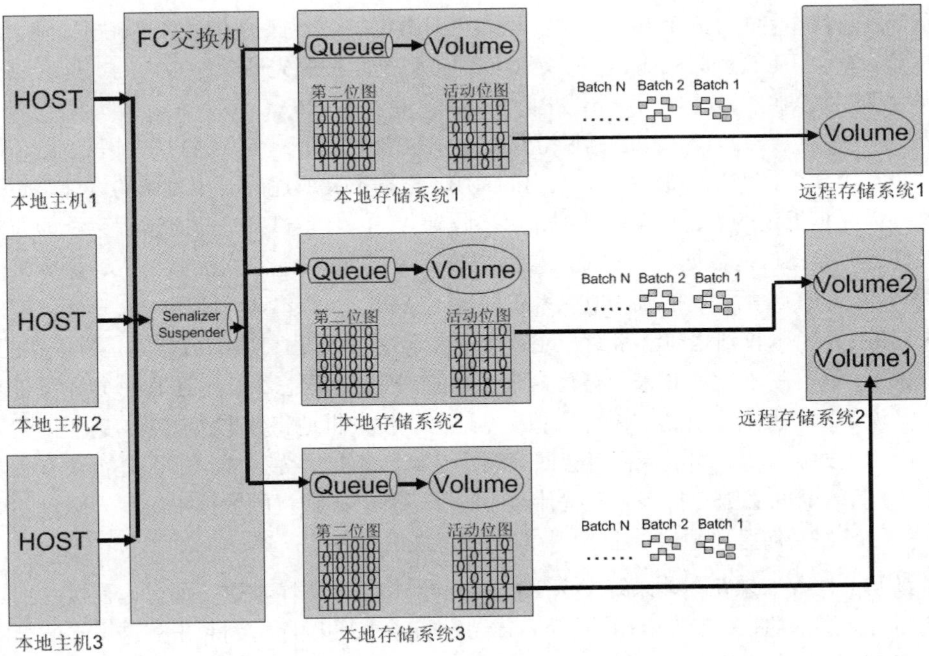

图 17-38　基于 FC 交换机的一致性组解决办法

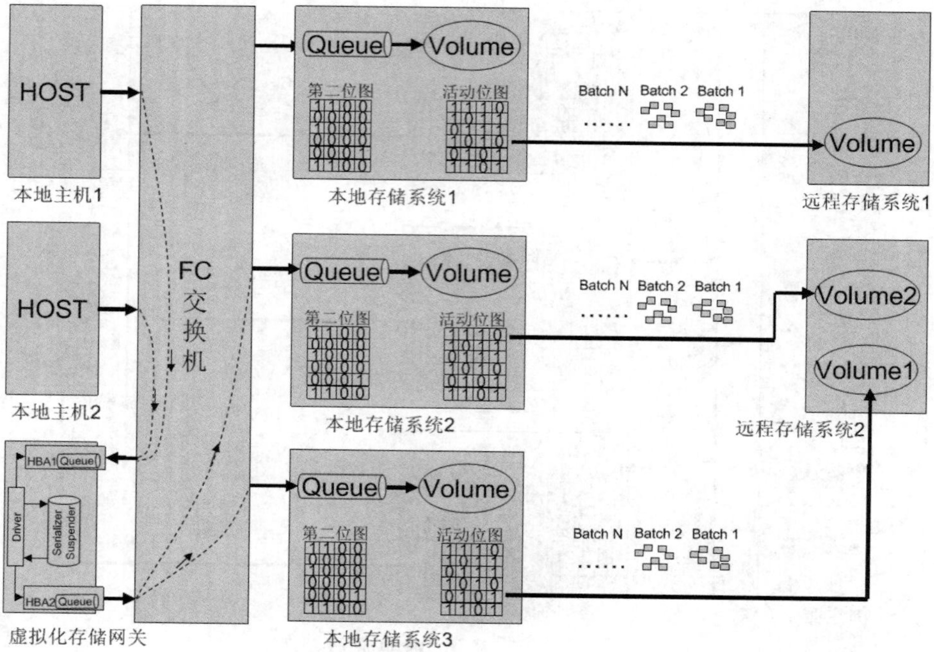

图 17-39 基于虚拟化网关的一致性组解决办法

提示：目前就作者的了解程度范围内，很多人对数据一致性保护方面的理解很局限，总认为只要为每个 IO 打入时间戳，就一定能够保证数据是按照先后顺序写入的。这一点很具有误导性。我们可以分析一下，比如本地先后发生了 A、B、C 三个 IO，此时给它们分别打入时间戳 T1、T2、T3，然后通过链路发送到对端，然而，在发送的过程中，A 先被发出，而 C 第二个被发出，最后一个发出的是 B（根据上文所述的异步复制的设计思想，发生这种情况是肯定的），对端会分别先后接收到 A、C、B。试问，此时远程系统如何判断到底什么时候将这些数据写入呢？如果系统打算在接收到 A、C 之后就写入，那么根据时间戳判断，C 在 A 后面，的确，所以系统写入了 A 和 C，殊不知，还有一个 B 尚未被接收到呢。如果 B 尚未收到之前链路断开或者本地灾难，那么远程对应的数据就是不一致的了。有人说了，远程就不能等 B 来了再写入么？不能。因为远程怎么知道还有一个 B 没过来？有人又说了，根据上文所述的设计思想，本地会一批一批地将数据传送啊，这一批中只要有一个 IO 没传成功，那么远程就会回滚啊！是啊，正是因为这样，那么是否还有必要给每个 IO 打入时间戳呢？打入了又有什么用呢？远程必须成批的数据一次写入磁盘才可以保持一致，那又何必在乎这一批 IO 中谁先被写入谁后被写入呢？

有人又问了，我如果在本地系统发送 IO 的时候严格按照顺序发送，那么远程接收到数据包之后，上层的协议，比如 TCP 或者 FC，也一定会按照顺序排列起来，这样不就可以保证每个 IO 都是按照顺序进入远程系统的么？的确，是这样的。但是上文中也说过，在本地系统内记录 IO 的先后顺序而且还要按照顺序发送 IO，这种开销太大。再说了，如果是多系统协作进行一致性保护，你还这么设计么？单系统已经够复杂，多系统你再去横向比对多个独立系统之间的 IO 谁先谁后的话，那就得不偿失了。

经过以上的分析，我们可以判断，给每个 IO 打入时间戳是根本没必要的，多此一举。如果选择使用对 IO 打入先后顺序信息的一致性保障设计方法的话，请使用自然数序号而不是时间戳进行。

3）设计思想 3：IO 序号法

（1）单本地存储系统解决办法

上文论述了为何时间戳无法判断单个 IO 的先后顺序以及不能判断两个 IO 之间是否还有漏掉的 IO。如果要从为每一个 IO 打入一个信息以用来识别先后的角度解决这个问题，就需要找一种能够反映单个 IO 先后顺序并且还可以让接收方判断出两个识别信息之间是否还有其他识别信息未收到。很显然，这种识别信息就是自然数。

本地系统在接收到每个写 IO 之后，为这个 IO 打入一个自然数序号，在初始化数据同步完成之后所接收到的第一个 IO，为其打入自然数 1，然后没接收一个再+1，一直排列下去。依然使用 Bitmap 来对本地卷更新过的地址做记录，不同的是，这个 Bitmap 中还需要对应每一位增加一个对序号的记录项，当本地系统读出待传送的数据后，根据 Bitmap 中对应位所记录的序号，将这个序号追加在所传送的 IO 数据之后。远程接收到数据之后，会按照自然数的顺序将数据写入远程卷，比如某时刻收到序号为 1024 的 IO，将其写入卷中，随后又接收到了序号为 1026 的 IO，此时系统就会得知序号为 1025 的 IO 丢失或者尚未传送到，系统会缓存所有已经接收到的 1025 之后的 IO 数据，直到接收到 1025 号 IO，然后将这些数据写入卷中。

经过这样的设计，本地系统不再需要 Suspend 操作了，而且灾难之后丢失的数据也较上一种实现方式降低了许多（上一种一丢一整批，也就是一整份 Bitmap 中的数据，这种则是只丢失 Gap 内的数据），RPO 能够降低一些。但随之而来的则是 Bitmap 的庞大、占用内存过多、IO 数据带序号传送耗费了更多的网络带宽、定长的序号一旦耗尽需要两端协商重置序号等问题。而其中最为突出的就是耗费更多的网络带宽，异步数据复制的起因就是因为链路带宽过低不能满足同步复制的要求。而这种设计方式便是雪上加霜了，造成复制速度降低，所以，这种设计思想虽然在系统写 IO 负载不高的时候会降低一些 RPO。但是在写负载非常高的时候，由于链路带宽的额外负担，则数据复制的 Gap 会加大，此时是否能降低 RPO 也就要综合考虑了，搞不好适得其反。

综上所述，现在大部分厂商都在使用第一种设计思想。

（2）多本地存储系统解决办法

多本地存储系统情况下，对 IO 序号法设计思想来说就是一个梦魇，因为此时 IO 序号需要在全局下保持各自的先后，而这种先后顺序仅靠每个存储系统是无法判断的。需要在一个上游设备中将 IO 串行化然后编号，发送给存储系统。这样做就需要改变存储系统前端，这个工程无疑是巨大的，而且也得不偿失。

所以，IO 序号法目前来说尚无实际应用。本书以后的例子都基于第一种设计思想来论述。

（3）数据复制过程中的错误恢复机制

上文中留了一个问题尚未解决，即一旦在数据复制的过程中本地发生灾难或者链路出现问题中断，那么此时处于远程存储系统中的数据几乎就是不一致的。这个问题如何解决？很显然我们需要回退已经被复制到远程站点的数据，存储系统的回退，我们立即想到了快照。是的，如果在每次数据开始复制之前，能够为远程存储系统对应的卷制作一份快照的话，那么一旦后来的复制发生问题，就可以直接将对应的卷回滚到上一次快照的时间点，虽然此时丢失了数据，但是这是异步容灾所无法避免的，起码这样做能够保证数据的一致性。所以，我们在每次数据被成功地复制之后，还需要多加一个步骤，即为远程存储系统制作一份快照，制作成功后才会通知 Suspender。

对于多本地存储系统的关联性数据复制，在 Suspender 发起 Suspend 指令并命令所有存储系统开始数据复制之后，一旦其中某一台存储系统发生数据复制错误，或者干脆这台设备发生故障，那么 Suspender 永远也不会收到这个设备返回的成功消息了，在一定的允许时间之内，Suspender 只要没有从任何一台设备接收到成功消息，则便会立即向对应的所有远程存储系统设备发送命令让其回滚到上一个快照时刻。而由于本次复制并未成功，所以本地所有存储系统会将当前活动 Bitmap 与新 Bitmap（即对应 Suspend 之后发生的 IO 的 Bitmap）进行 OR 操作，合并为一份活动 Bitmap，并创建一份新的空 Bitmap 以便为下次 Suspend 之后作为新 Suspend Bitmap 使用。下次 Suspend 之后，即使上次传了一半的数据也依然需要再传一遍，这也是为何要进行 OR 操作的原因。但是 EMC 公司 SRDF/A 的设计则可以在本地记录上次传过的数据，恢复之后，只传递上次未传过的和新一轮 Suspend 后改变的。当然这样做就需要远程系统暂时不回滚，保持上次已经传输完成的那部分数据，当确认本地站点由于某种原因无法增量传输之后再回滚。

如果所有本地存储系统的数据复制过程都成功结束，则这些存储系统会通知 Suspender，然后 Suspender 会向所有对应的远程存储系统发送命令，即触发一份对应卷的快照。快照成功后，Suspender 继续开始 Suspend 操作，周而复始地将数据一批一批地复制到远程，并且每次成功后制作快照，并删除倒数第三个快照（倒数第二份快照用于异常情况之后的回滚）。

对于普通异步复制或一致性异步复制，系统 Down 机重启之后，将会继续进行扫描 Bitmap 并传送对应数据的过程。在第 17.4.2 节中所述的两个潜在的 Bug 一定要特别注意。

对于同步模式的数据复制，错误恢复过程就相对简单了。比如某时刻链路突然中断，或者系统 Down 机后重启。如果是严格同步，那么受影响的应用程序就会出错，业务无法继续进行。而此时可以人为干预断开同步复制逻辑 Session，重新启动应用程序，对底层卷的写 IO 不再被同步传输到远程，但是会在本地创建一份新 Bitmap 用来记录所有在断开复制 Session 之后本地卷所有被更改过的数据地址。这样，在链路恢复之后，重新启动复制逻辑 Session，此时系统就会根据这份 Bitmap 而只将变化过的数据再次同步到远程。以上过程可以预先在容灾系统中进行设置从而自动执行。

3. 一致性组

说到这里，该说一下一致性组了。其实仔细看完前面的论述后应该就能体会到这个“组”字的含义了。第一个含义：数据是被一批一批，或者一组一组地传输到远程的，组和组之间能够保证先后顺序，组内则无法保证，如果一整组数据完整传到了远程，则远程的数据是一致的，如果一整组数据在传输的中途出现问题， 则需要将远程的数据回滚到上一个一致点，这个目的需要用快照来完成。第二个含义：多个独立存储系统上的多个卷组成一个整体，个体与个体之间必须保证数据按照整体时间的先后传输到对方，远程的多个存储系统上的多个卷形成的组，在整体上必须保持数据一致性。

这就是一致性组技术。

4. 快照异步复制方法中的一致性保护和一致性组

基于快照的异步复制，相比上文中的异步复制设计虽然 RPO 加大，但是在一致性方面还是很不错的。比如在做快照时，可以通过主机端 Agent 来将缓存数据刷入磁盘，根据主机 Agent 的作用层次，最高可以做到应用级的一致性，也就是彻底的一致性保证。其次，在数据复制期间，由于两端都做了快照留底，所以不必担心中途链路中断等导致的目的端数据时序不一致状况，一旦遇到中断，则目的端回滚到最近的快照即可，随后择机继续执行数据复制。同时，在多主机多LUN多存储系统一致性组方面，更是没有问题，同一台主机上的多个LUN需要一致性组保证的话，那么可以通过主机上的Agent来同时刷这些LUN的数据，之后做快照；如果是多台主机的多个LUN（位于不同阵列），也可以通过让多台主机上的Agent同时刷对应LUN的数据，然后各自阵列做快照。这里相当于主机快照Agent充当了上文中的Suspender/Freezer了。

17.4.3　灾难后的切换与回切同步过程

容灾的目的是为了在本地发生灾难，或者并未发生破坏性灾难，但是正在遭受长时间的断电，或者通风系统、温控系统等辅助设施的长期故障，则此时可以在异地将业务重新跑起来。养兵千日，用兵一时。如果真的需要将业务切到异地运行，那么应用程序就一定需要向异地站点的卷中写数据。而一旦主站点从灾难或者长期Outage中恢复，那么就需要将业务再次回切到本地主站点执行。这个时候，就需要将在异地执行时被更改过的数据重新同步到主站点。

对于同步数据复制架构下的切换与回切，处理过程也是相当简单的。比如，主站点在任意时刻发生灾难之后，主站点和异地站点对应的数据是绝对相同的，在业务切换到异地站点执行之前，异地站点就可以对所有受影响的卷创建一份新的全0的Bitmap，用来记录所有切换之后针对本卷的写IO数据，被写过则将IO地址对应的位置为1。在主站点恢复运行之后，需要将异地站点变更的数据Resync到主站点，此时异地站点扫描每个卷的Bitmap，把为1的位所对应的地址的数据读取并覆盖到主站点对应的卷的对应地址。结束之后，应用程序即可重新启动，恢复最初的状态。

而对于普通非一致性异步复制过程，又可分为三种情况（其实这三种情况的处理方式都是相同的）。

第一种情况是：本地系统发生灾难，但是硬盘完好没被破坏。一切活动停止，数据状态永远定格，对应的本地卷Bitmap也将定格，复制到哪算哪。之后，应用程序在异地启动，启动之前，异地系统为每一个参与容灾的卷创建一份新的全0的Bitmap，然后开始接受应用的写IO，每接受一个，就在Bitmap中对应的位置1，然后将数据写入容灾卷。当主站点恢复之后，需要将在异地变化的数据重新同步Resync回主卷，此时，主站点首先将灾难之前被定格的Bitmap传送到异地，异地系统将这份主站的Bitmap与异地的Bitmap进行OR操作（至于为何要使用OR操作，读者可以自行推导，可以参考第16章中卷Clone一节里的算法思想）。得出的新Bitmap中，为1的位就表示需要进行Resync的数据地址，然后异地系统读出对应数据传送回主站，主站覆盖之后，方可再次创建异步复制Session，系统恢复原状，之后方可启动应用程序。

第二种情况是：本地发生灾难，玉石俱焚。那么没什么好说的了，应用程序在异地启动，本地重建之后，购买全新设备，异地变为了主站点，重建后的本地变为了容灾站点，数据重新被同步。

第三种情况是：本地没有发生整体灾难，而只是对外网络链路全部中断，包括数据复制链路。此时业务需要在异地启动。之后的过程与第一种情况完全相同。

对于带一致性组的异步复制过程的错误恢复，步骤与普通异步复制过程完全相同，但是除了一点，也就是需要Resync时，本地站点需要将Suspend Queue对应的Bitmap与活动Bitmap进行OR操作后再发送给异地系统，异地系统将这份OR之后的Bitmap再次与自己的Bitmap进行OR运算之后才能得出结果。

17.4.4 周期性异步复制与连续异步复制

从上文的分析可以看出，每次异步传输触发之前，系统需要做很多处理，包括生成新位图、锁住对应的块或者生成快照等。而这些后台处理过程需要耗费一定的资源。系统可以使用两种模式来触发异步同步过程。

1. 连续异步复制

这种模式下，系统不停地做复制，本次同步完成之后，立即开始下一轮的同步，利用循环位图及快照连续不断地将数据复制到远程，而不管每次复制耗费多长时间，复制了多少数据。这种方式是一种自适应的全自动方式。

比如某时刻系统触发了复制操作，复制用了 10 分钟完成，这 10 分钟期间，源卷发生了 200MB 的变化，那么在历时 10 分钟的同步结束之后，系统立即开始对这 200MB 数据的继续同步；假如这次同步过程用了 5 分钟，而这 5 分钟期间源卷发生了 100MB 的变化，然后系统继续同步这 100MB 数据；用了 2 分钟，期间又产生了 50MB 的变化；再同步这 50MB 用了 1 分钟。就这样一直往下收敛，最后导致同步的间隔越来越短，每次传输的数据越来越小，最后会达到一个极端状况，即两次数据同步期间源卷没有发生改变，那么此时系统会依然执行相同过程，只是最后传输的时候发现位图都是 0，所以立即完成本次传输，然后再次触发下一次传输，相当于空转，这样就耗费了不必要的资源。但是却可以最大程度地保证系统的 RPO。

2. 周期性异步复制

这种模式下，系统严格按照预先设定的时间间隔或者待同步数据的积累量来触发复制，比如每 15 分钟，或者每积累 50MB 的数据量。这样做合乎常理，也节约系统资源，但是其 RPO 是固定的，比如就是 15 分钟，或者 50MB 的数据。灾难发生之后，这 15 分钟内的数据或者这 50MB 的数据一定是丢失找不回来的。

17.5 四大厂商的数据容灾系统方案概述

本节对四大厂商的基于存储系统底层的数据容灾方案进行简要介绍。

17.5.1 IBM 公司的 PPRC

PPRC 其全称为 Peer-to-Peer Remote Copy，即点对点的远程数据复制。它是 IBM 用于其 DS 6000 和 DS 8000 中高端存储平台上的一种远程数据容灾软件模块。这个名称只是一个统称，它其实包含了 Metro Mirror、Global Copy 和 Global Mirror 等多种组件。

Metro Mirror 方式是一种同步数据复制方式，能够在任何情况下保证数据一致性。适用于距离较近并且链路带宽足够的两个站点之间的复制。

Global Copy 方式则是一种不带一致性组功能的异步数据复制方式，这种方式不能保证数据的一致性。适用于距离较远而且链路带宽很低的情况下的数据复制。它的数据复制方式与 17.4.2 一节中描述的相同。

Global Mirror 则是一种带有一致性组保证技术的异步数据复制方式，可以保证在单存储系统的严格数据一致性，底层也是使用双循环位图法。但是对于多存储系统，不能严格保证数据一致性，Global Copy 只是使用了多存储系统时间同步，然后同一时间 Suspend 的模式进行数据一致性的大致保障的，如果系统 IOPS 超过了时间精确级别，那么依然不能保证单个 IO 级别的一致性。

在多存储系统架构下，用户需要指定其中一台为 Master，其他参与一致性组的系统都为 Subordinate。Master 负责同步全局系统时间和发送全局指令从而命令其他设备执行 Suspend。当所有系统成功完成本次 Suspend 和数据传输之后，Master 还负责向远程关联的所有存储系统发送指令，命令这些远程存储系统对相应的卷做一次 Snapshot。IBM 的 Snapshot 产品名称为“FlashCopy”，这个名字具有一定的迷惑性，中译名“闪速复制”，其实闪速的只是创建了一份地址映射表而已，数据并未被全部复制。FlashCopy 在执行的时候有个选项叫做“NOCOPY”，这个选项控制着 Snapshot 生成后的行为，如果被设置为 NOCOPY 模式，则系统只保存地址映射表和被 CoFW 出来的数据；而如果选择了 COPY 模式，则系统会像 Clone Split 一样将共享数据块全部复制出来，加上 CoFW 的数据块共同在一个新的存储空间形成一份与源卷对应时刻一致的物理卷复制。

PPRC 可以实现两地三中心的容灾架构。站点 A 与站点 B 处于同城距离范围内，使用 Metro Mirror 进行同步数据复制。站点 B 再与位于异地远距离范围的站点 C 之间进行 Global Mirror 带有一致性组的异步数据复制。

17.5.2 EMC 公司的 MirrorView、SanCopy 和 SRDF

1. MirrorView

MirrorView 是专用于 Clariion 存储系统平台上的远程卷镜像软件模块。分为 MirrorView/S 和 MirrorView/A 两种模式，前者为同步镜像模式，后者为异步镜像模式。前者没什么好说的，各家实现方式都一样。MirrorView/A 底层使用了双循环位图法+Snapview 来保证时序一致性。

MirrorView/A 只支持单存储系统中多个卷的一致性组。而 IBM PPRC 则支持多独立系统中多个卷的一致性组。

2. Sancopy

Sancopy 其实是一个 Snapshot Replicator。也就是说，它运行于存储设备中，专门将本存储系统的某个指定的源卷的某个指定的 Snapshot，直接通过后端存储网络复制到另外一台或者多台存储系统的指定的卷中。由于 Sancopy 是复制的快照，需要调用 Snapview 来实现快照的生成，所以，Sancopy 的源卷只能位于 Clariion 平台存储系统上，Sancopy 软件自身也只能安装并运行在 Clariion 平台上。而复制的目的卷可以位于 Clariion、Symmetrix DMX 以及其他经过认证的第三方存储系统中，比如 IBM、HP、HDS 等。支持单台存储系统的一致性组，即在 Suspend 后对多个源卷同时制作快照并且复制。经过第一次初始化复制之后，通过不断地对源卷制作快照并且比对前后两次快照之间的变化数据地址从而实现增量的数据传输。在初始化传输时，由于需要将源卷所有数据首先同步到目的卷，所以要求源卷在这期间不能有写 IO 发生。从技术角度来讲，实现允许源卷写 IO 的初始化传输是没有问题的，制作一份对源卷的初始快照并且传输到目的卷，此后逐渐生成快照做增量传输，慢慢达到 Catchup 状态，这种做法理论上讲没有问题。但是 Sancopy 自身无法做到，必须依附于 Snapview/snap 或者 Snapview/Clone 来做到。

Sancopy 支持远程复制，支持通过 iSCSI 协议复制。Sancopy 本质上就是把源卷所在的存储系统作为一个 Initiator，目的卷所在的存储原本就是 Target，这样 Sancopy 所在的存储系统就会识别并且挂载目的卷到本地，然后将本地源卷的某个 Snapshot 直接像主机访问 Target 一样复制到目的卷，之后再做增量复制。所以这种模式下，Target 端无须做任何变化，Target 此时就当 Sancopy 端的存储系统为主机。

正因为本质上就是 Initiator-Target 关系，所以 Sancopy 也支持将源卷某个快照复制到一个比源卷更大的目的卷。目的卷比源卷多出来的容量在物理上是追加到了源卷的尾部。

Sancopy 其实与 MirrorView/A 在底层设计有很多都是相同的，都是基于 Snapshot Catchup 模式而且都需要调用 Snapshot/snap。只不过 Sancopy 是直接以 Initiator-Target 模式工作，所以可以复制到众多第三方存储卷；而 MirrorView 需要源和目的双方都运行 MirrorView 的进程，不是通用的 SCSI Initiator-Target 模式，所以其只支持 Clariion 之间的互相 Mirror。

3. SRDF

1）SRDF/Synchronous（SRDF/S）

这是同步数据复制，没啥好说的，全世界的厂家都是一样的实现方式。

2）SRDF/Asynchronous（SRDF/A）

这是带一致性保障的异步数据复制模式。SRDF/A 的设计模式大致思想与上文介绍的无异。同样是数据批量传送，Suspend 后形成一批，然后等待传输。如图 17-40 所示，系统 Suspend 之后的所有 IO 在图中就是 Capture N，对应前文中的 Suspend Queue；当前正在传输的数据对应图中的 Transmit N-1；远程正在接收的数据批，对应图中的 Recive N-1；远程已经接收成功的数据批，正要将其写入磁盘，对应图中的 Apply N-2。

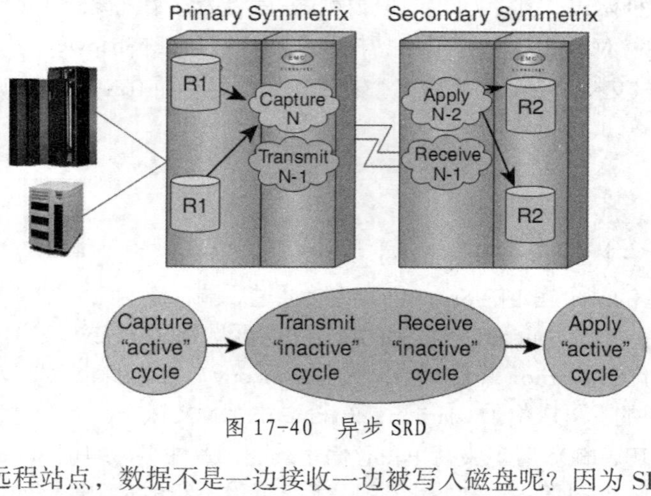

图 17-40　异步 SRD

注意：为何在远程站点，数据不是一边接收一边被写入磁盘呢？因为 SRDF/A 没有用到任何快照技术来照下远程站点的一致性状态，与前几节的设计思想是不同的。所以，只能利用数据库所常用的 Two Phase Commit 思想来做，即接收到的数据批，首先写到一个额外的存储空间，确保整批数据都接收到了，然后再一次性写入磁盘。在写入的过程中，也需要再记录一个日志，因为一旦在写入过程中系统发生 Down 机等异常情况，重启后还可以追溯这个日志以便了解上一次成功写到哪里了，然后继续从断点处开始写。

SRDF/A 与前几节介绍的实现方法还有其他一些不同，下面就追加介绍一下这些不同之处。首先，主站点复制引擎接收到针对源卷的写 IO 数据之后，在这些数据没有被复制到远程之前，都会驻留于内存等待传输（根据多种事实推断，SRDF/A 没有利用 Bitmap 作为设计思想，这一点只是推断，但是无法确定）。这种设计实在不太划算，虽然能够节省一些磁盘读 IO 操作，但是也浪费了大量的缓存稀缺资源。

果不其然，这种设计模式最终导致其不得不考虑缓存溢出的情况，所以又开发了一些补救措施。比如，一种叫做 Write Folding 的技术，如果某个写 IO 是针对之前已经写过的地址再次写，而之前的写 IO 数据尚未被复制到远程，那么系统就不复制原来的写 IO 了转而只复制新的写 IO（这一点如果利用 Bitmap 来实现的话是自然就可以实现的，所以再次推断 SRDF/A 没有用 Bitmap 实现）。

再严重一些，见势不妙的时候，就提高对主机写 IO 的响应时间以降低主机端写 IO 的频率（Write Pacing），其次，如果这招都不好用了，眼看缓存将满，那么还可以将缓存中的一些数据 destage 到磁盘，相当于 page/swap，以腾出一些空间（Delta Set Extension）。这样的话，最终还是要多耗费磁盘读了，而且是先耗费了缓存资源，可谓是赔了夫人又折兵，还给主机故意提高响应时间。其次，还有一点不同之处，这一点是个优点。即上文中曾经提到过的，在遇到传输错误、链路异常等情况时，再次传输时，SRDF/A 可以只传输上次传输中未完成的部分。

以上为本地单存储环境，实现一致性组较为容易。虽然 SRDF/A 也是支持本地多存储系统下的一致性保障的，然而，根据推断，SRDF/A 与 IBM Global Mirror 一样，也不能实现单个 IO 级别的一致性。SRDF/A 与 IBM Global Mirror 有一点不同，即前者是将 Commander 放置于主机端而不是本地存储系统中的一台。让人费解的是，既然已经涉及到了主机的参与，那么为何不在主机端一并实现 Serializer 和 Suspender 的功能呢？这一点根据现有的资料判断无法判断。

至于多主机环境下的一致性组，更是无法支持了，目前似乎没有厂家支持这么高级别的一致性组保证。

17.5.3　HDS 公司的 Truecopy

Truecopy 也分为 Synchronous 模式和 Asynchronous 模式。同步模式没什么可说的。异步模式也是使用批量传输法保证数据一致性，底层设计细节不再赘述。

17.5.4　NetApp 公司的 Snapmirror

Snapmirror 也分为同步和异步模式。在异步模式下，Snapmirror 针对源卷每隔一段时间做一次快照，通过比对两次 Snapshot 的变化数据地址，从而将这些变化的数据传输到远程存储系统对应的卷中。这种思想的本质其实也是批量传送，对源卷的 Snapshot 就相当于一次 Suspend，比对两份快照的变化数据地址，就相当于记录 Bitmap。

对于多台独立存储系统之间一致性组保证方面，NetApp 是基于主机 VSS 实现的。其 Snapmanager 产品（与 EMC 的 Replication Manager 类似），作为一个 Requestor 向 VSS 发送快照请求，VSS 将 Suspend 对应的应用程序的 IO，这样，不管这个应用程序需要读写的卷分布于单个存储系统还是多个存储系统，所有的系统都有足够的时间来对相应的卷进行快照操作。作为 VSS 的 Provider，Snapdriver 作为快照代理，将向所有对应的存储系统发起快照请求。快照完成后，Snapmanger 可以调用 Snapmirror 对变化的数据进行传输。针对多主机之间的一致性组实现，尚未有解决方案。

对于同步模式，Snapmirror 是利用 Catchup 模式实现的。Snapmirror 首先进入异步模式，即数据复制的 Session 建立之后，立即生成首次快照，然后初次数据传递过程需要传递源卷上所有被这份 Snapshot 所占用的数据，需要比较长的时间。传完后再次做 Snapshot，比对两次 Snapshot 中变化的数据地址，再次同步。就这样一直进行下去，当达到一定的 Gap 阈值时，系统进入同步复制阶段，针对源卷的每一个写 IO 在进入本地日志链后立即同步到远程，远程系统接收到写 IO 之后，先将其存放于 Vol0 下面的日志链文件中，然后在后台将日志读出重放，从而写入对应的卷。

提示：由于 WAFL 的快照方式与其他厂商的常规设计不同，所以在比对两份 Snapshot 的时候并不是按照本书第 16 章中介绍的机制进行的。

WAFL 的每份 Snapshot 其实就是一份真实的文件系统 MetaData Tree。这个 Tree 中记录了整个物理存储空间的 Bitmap，AFS 以及每个 Snapshot 都会有自己的 Bitmap，通过下列规则比对两份 Bitmap 即可得出变化的数据地址。

- 规则 1：后面的 Bitmap 中为 1 的但是前面 Bitmap 中为 0 的位，则表明这个地址对应的数据发生了更改。
- 规则 2：后面 Bitmap 中为 1 并且前面 Bitmap 中也为 1 的位，表明这个地址对应的数据是两份 Snapshot 共用的，一定也没有变化过。
- 规则 3：绝对不可能存在后面 Bitmap 中为 0 而前面 Bitmap 中为 1 的数据。因为 WAFl 从来不覆盖正在被某 Snapshot 占用的数据。

虽然EMC的MirrorView也同样是采用比对快照的方式进行数据复制,但是其本质上有区别。NetApp 在数据复制到远程之后，快照也就自然而然地生成了，因为 WAFl 的快照本身就是一个卷的全部内容，而传统的 Snapshot，源卷是源卷，相关的映射表和其他元数据等都存在于源卷额外的存储空间，即这些映射表里记录的是源卷的数据变化而不是记录自己所占用空间的变化，更不会将自己占用的空间的数据变更同步到远程，所以 EMC 的 MirrorView 在同步完一批数据之后需要在远程系统创建一份快照。而 WAFl 在同步完一批数据之后，只需要进行一个叫做“Jump Ahead”的操作即可，即，将容灾卷上的 AFS 入口指针指向最新的 Snapshot 入口指针，并且删除前一份 Snapshot。当然这份 Snapshot 就是刚被同步过来的数据所自然形成的而不是待同步完成后期制作的。

提示：利用比对快照方式进行异步数据传送的设计模式的一个好处就是不用为错误恢复机制而额外设计复杂的流程。一旦发生 Down 机或者灾难，容灾站点只需要 Rollback 到上一个 Snapshot 即可，主站点重启之后立刻就可以接受 IO，无须做任何前处理。关于比对 Snapshot 的具体技术细节实现原理请参考本书第 16 章的有关内容。

17.6 生产者的容灾——服务器应用程序的容灾

IT 系统的生产者，也就是各种服务器上运行的应用程序。毫无疑问，主站点发生故障，必须要在备份站点重新运行这些应用程序。我们是否可以在备份站点预备应用程序的安装文件，发生故障后，在备份站点服务器上安装配置这些应用程序呢？

这么做虽然可行，但是一些较为复杂的应用程序，安装和配置要花费大量的时间，比如 SAP 企业 REP 系统的安装，可能需要一天的时间，再加上不可预料的因素，耗时可能更长。如果没有预先安装配置好这些应用程序，未雨绸缪，则事故发生的时候，企业就需要忍受停机所带来的损失了。

17.6.1　生产者容灾概述

我们必须将应用程序在备份站点预先安装并且配置好，但是不能让它们处于工作状态，应当时刻保证同一时刻只有一个站点的生产者在生产，因为 IT 系统生产出来的产品是具有一致性的数据，而且数据是有时效的，具有上下文联系的。IT 生产是一个连续的数据处理过程，一旦中途产生数据不一致性，就需要恢复数据到某个一致的时刻，然后从这个时刻继续生产。而不像实物生产那样，产品是一件件的物品，都具有相同的属性。所以保证同一时刻，整个 IT 系统只有一个站点的生产者处理同一份数据，这一点非常重要。

然而，既要求两个站点同一时刻只能有一个站点的生产者处理一份数据，又要求当生产站点发生事故的时候，备份站点的生产者立即启动，接着处理备份站点经过主站点数据同步过来的数据。要做到这一点，就需要让备份站点的应用程序感知到主站点应用程序的状态，一旦检测到主站点应用程序故障，则备份站点应用程序立即启动，开始生产。

第 16 章曾经说过高可用性群集，而在容灾技术领域中，群集的概念扩大到了很远的范围，备份站点与主站点可能不在同一机房中而在相隔很远的两座建筑物里，甚至两个城市中。这样，备份应用程序就要跨越很远的距离与主应用程序通信来交换状态。由于应用程序运行状态数据，相对于其处理的数据来说，数据量是很小的，所以即使是跨越广域网通信，也不必担心延迟太大。如果是通过广域网连接两个站点的前端网络，则最好使用专线连接；如果是基于 Internet 的 VPN 连接，虽然可以获得高带宽/价格比，但是延迟无法保证最小，除非购买电信部门提供的 QOS 服务。

类似 HACMP、MSCS 这种 HA 软件，都是使用共享存储的方式来作用的，即 HA 系统中的所有节点，共享同一份物理存储，不管某时刻由谁来操作处理这些数据，最终的数据只有一份，而且是一致的、具有上下文逻辑关系的。而远程异地容灾系统中，数据在主站点和备份站点各有一份，而且必须保证两边数据的同步。

生产的时候，必须以一边数据为准，另一边与之同步，绝对不能发生两边同时进行生产的情况，除非两边生产者处理的是两份逻辑上无任何关联的数据。所以，远程容灾系统所要关注的有两个重要因素，即生产者和生产资料。只要生产资料在主站和备站完全同步，那么就可以逻辑上认为，数据只有一份，备站的数据是主站的镜像，平时虚无缥缈不可用；但是一旦主站发生故障，备站的镜像立即成为实实在在可用的数据，同时，生产者在备站启动生产，处理数据。这就是异地容灾。

然而，传统的基于共享存储模式的 HA 软件，不适用于异地容灾系统，因为共享存储模式的 HA 软件，是基于资源切换为基础的，它把各个组件都看成是资源，比如应用程序、IP 地址、主机名、应用所要访问的存储卷等。发生故障时，备份机 HA 软件检测到对方的故障，然后强行将这些资源迁移到本地。比如，在备份机修改相应网卡的 IP 地址，并发出 ARP 广播来刷新所有本广域内的客户端以及本地网关设备所保存的 ARP 映射记录，以让所有网络上的终端获知此 IP 对应的新 MAC 地址，修改主机名映射文件（Host 文件），挂载共享存储设备上的卷，最后启动备份应用系统。

应用系统可以访问已经强行挂载的共享卷而存取数据，客户端可以继续使用原来的 IP 地址来访问服务器上运行的应用程序，因为这个 IP 已经由故障的计算机转移到了备份计算机，这样，生产就可以继续进行了。要保证生产者在切换之后生产可以继续，则必须先保证生产者所依赖的所有条件已经切换成功，这些条件包括 IP 地址（非必需）和卷等。

1. 本地容灾系统中的两种存储模式

本地 HA 系统中，多个节点如果共同拥有同一个或者同几个卷，但是同一时刻只有活动节点才挂载该卷进行 IO 读写，这种模式就叫做共享存储模式。即 HA 系统中的每个节点都拥有同一份存储卷，只不过不活动的节点不对其进行挂载并 IO。

如果 HA 系统中每个节点都有自己独占的存储卷，这些卷除了拥有者可以读写之外，任何情况下，其他节点都不能读写，数据的共享是通过同步复制技术同步到所有节点上的存储卷中的，这种方式就叫做 Share-Nothing 模式。即 HA 系统中的所有节点之间不共享任何东西，所有元素都是独享的，甚至网络地址都是各用各的。数据存在多份，每个节点一份，节点之间通过同步复制技术来同步数据，某节点发生故障之后，这个节点对应的备份节点直接启动应用程序，由于之前数据已经在所有节点上同步，所以此时数据是完整一致的。由于 Share-Nothing 模式下，不存在任何的“接管”，所以此时客户端需要感知到服务端群集的这种切换动作，并通过客户端手动或者自动切换配置以便连接新服务器。表 17-3 对比了 HA 的两种存储模式。

表 17-3　HA 群集中两种存储模式的对比

	共享存储	Share-Nothing
数据本身是否容灾	否	是
软硬件成本	高	低
前端网络资源耗费	低	高
管理难度	高	低
维护数据是否需要停机	需要	不需要
实现复杂程度	高	低
是否需要第三方软件	是	否
故障因素数量	3 个	2 个

- 数据本身是否容灾

  共享存储模式下，容灾系统的各个节点共享同一份数据。如果这份数据发生损坏，则必须用备份镜像加以还原，而且需要承受停机带来的损失。而 Share-Nothing 模式下，系统中每个节点都有自己的数据复制，如果其中一份数据被破坏，系统可以切换到另外的节点，不影响应用，不需要停机，被损坏的数据可以在任何时候加以还原修复，并且修复后的节点可以再次加入容灾系统。

- 软硬件成本

  共享存储模式下，由于各个节点需要共享一份存储数据，所以需要外接的磁盘阵列系统，而且为了保证数据访问速度，外接存储系统必须自身实现 RAID 机制，主机上也需要安装连接盘阵的适配器。这样就增加了整个系统的成本。Share-Nothing 模式下，各个节点自身保存各自的数据，而不必使用外接存储系统。另外，共享存储模式还需要额外的 HA 软件及额外的成本，而 Share-Nothing 模式不需要。

- 前端网络资源耗费

  共享存储模式下，各个节点之间交互信息一般通过以太网络，而存储数据通过后端存储网络。由于各个节点在前端网络上只传输控制数据，所以对前端以太网络资源的耗费相对较低。而 Share-Nothing 模式下，由于各个节点之间的数据同步完全通过前端网络，所以对前端网络资源耗费相对较高，适合局域网环境。

- 管理难度

  共享存储模式下，不但需要管理节点间的交互配置，还需要管理外部存储系统，增加了管理难度。Share-Nothing 模式下，只需要管理各个节点间的交互配置即可。

- 是否需要停机

  共享存储模式下，由于需要将数据从单机环境转移到共享存储环境供其他节点使用，往往需要停机来保证数据的一致性。而 Share-Nothing 模式下，数据同步是动态的，不需要停机。

- 实现复杂程度

  首先，共享存储模式下，有三种基本元素：节点、节点间交互、共享数据。而 Share-Nothing 模式下，只有两种元素：节点、节点间交互。其次，如果使用共享存储模式做容灾，需要将数据移动到共享存储上，增加额外的工作量、时间和不可控因素。

- 是否需要第三方软件

  共享存储模式下，备份节点需要通过第三方软件来监控主节点的状态，在发生故障的时候主动接管资源，比如各种操作系统提供的 HA 软件（HACMP、MSCS、SUN Cluster 等）。Share-Nothing 模式下不需要任何第三方软件参与。

- 故障因素数量

  共享存储模式下，如果出现容灾系统本身的功能故障，需要在操作系统、应用程序、HA 软件三个方面排查故障。Share-Nothing 模式下，只需要在操作系统、应用程序二者之间排查故障。

2. 异地容灾系统中的 IP 切换

在异地容灾系统中，主服务器和备份服务器不太可能在一个广播域中，一般都是通过网关设备来转发之间通信的 IP 包，所以不可能用所谓资源切换的方式来切换 IP 地址。如果想对客户端透明，即客户端可以无须感知故障的发生，继续使用原来的 IP 地址来连接备份服务器，那么就需要在网络路由设备上做文章了，动态修改路由器上的路由表，将 IP 包路由到备份站点而不是主站点。如果客户利用域名来访问服务器，那么也可以直接在 DNS 设备上修改 IP 指向记录来完成这个功能。

最方便而且普遍的做法是：让所有客户机利用主机名来连接服务器，这样，主站点故障后，通知所有客户端修改它们的 host 文件即可将原来的主机名映射到新的 IP 地址而不用重启计算机。这方面，异地容灾系统中的 HA 软件几乎发挥不了作用。

3. 异地容灾系统中的卷切换

异地容灾系统中在主站点和备份站点各有卷，两个卷之间可以通过前端网络同步，或者通过后端网络同步。主站点后，备份服务器上的 HA 软件检测到主服务器通信失败，便会感知故障发生，然后通过某种方式，断开主卷和备份卷的同步关系（如果不断开，则卷会被锁定而不可访问）。

如果同步引擎是运行在存储设备上的，那么除非 HA 软件可以操控运行在存储设备上的同步引擎，否则必须由系统管理员手动利用存储设备的配置工具来断开同步关系。同步关系断开后，本地的卷才能被访问，这样，HA 软件才能在备份机上调用操作系统的相关功能来挂载这个卷。

如果同步引擎本身就是由运行在主机和备份机上的 HA 软件提供的，那么就可以实现在检测到通信失败之后，由 HA 软件本身来自动断开同步关系，然后在备份机上挂载对应的卷。

4. 异地容灾系统中的应用切换

应用，也就是生产者的切换，是所有 HA 容灾系统在故障发生后所执行的最后一步动作。与共享存储模式的 HA 容灾相同，异地容灾中的应用切换，也是由备份机的 HA 软件来执行脚本，或者通过其他功能调用相关应用的接口来启动备份机的应用。

比如，对于 DB2 数据库来说，启动数据库实例所使用的命令为：db2start，HA 软件只要检测到主站点故障，只要在备份机的 db2cmd 命令行方式下执行这条命令，便可使备份机的 DB2 数据库实例启动起来。应用的启动必须在所有资源成功切换到备份机后发生，因为应用启动的时候必然会读取卷上的一些数据，如果卷还没有被挂载，应用启动的时候就会报错，比如：找不到数据文件。

5. Veritas Cluster Server 软件介绍

VCS（Veritas Cluster Server）可以基于 VVR 的配合，而实现异地容灾系统。在一个 CLUSTER 环境中，如果一台服务器运行多个应用，只有一个应用出现故障时，那么 VCS 可以只将该应用切换到预先定义的服务器上，另一个应用仍然在原来的服务器上继续运行。

VCS 将其监视的应用当作一组资源来管理，这一组资源定义为资源组（RG）。例如 Web-Server，要保证这个应用正常运行，VCS 将监视存放数据的磁盘组，该磁盘组上的文件系统、网卡、IP 地址及 Web 服务进程。既然 VCS 是基于应用的高可用软件，一台服务器上运行的多个应用可以切换到不同的服务器上。

例如，图 17-41 所示的服务器 A 运行着 IIS 网页访问服务和 DB2 数据库服务，服务器 B 运行着 FTP 服务和邮件转发服务，服务器 C 运行着 NFS 服务和 SMB 网络文件系统服务。当服务器 A 出现故障时，资源组 RG-Web 切换到服务器 B 上，资源组 RG-DB2 切换到服务器 C 上。当然条件是它们都能存取对应的应用数据。系统管理员制定合适的故障条件，例如现场完全瘫痪 10 分钟或某个应用停止运行半小时。当这种情况发生时，可以设定有 GCM（Global Cluster Manager）自动切换应用，或向系统管理员报警，得到确认后，再切换应用。无论应用切换是自动还是需要确认，两个场地之间应用的启动过程均无须人工干预。

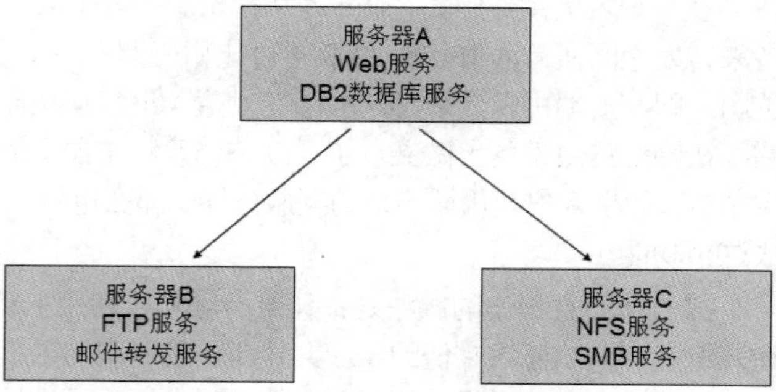

图 17-41　多 Active 集群

17.6.2 案例一：基于 Symantec 公司的应用容灾产品 VCS①

图 17-42 所示为两台 DB2 数据库服务器，下面要将其配置为一个 HA 双机热备系统，主机硬件或者应用程序故障之后，由 VCS 自动检测故障，并在备份机上重新启动各种环境以及应用程序。

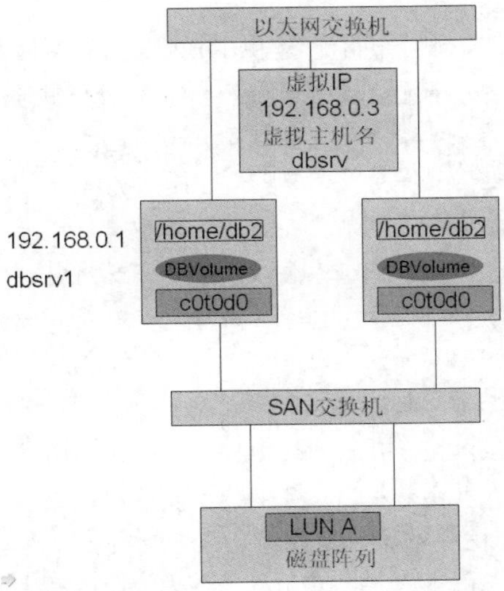

图 17-42 两台服务器的双机系统

主服务器名称为 dbsvr1，IP 地址为 192.168.0.1；备份服务器名称为 dbsvr2，IP 地址为 192.168.0.2。

两台计算机操作系统都是 Solaris 9，利用 Symantec 的 Storage foundation（包含了 VxVM 和 VxFS）作为卷和文件系统管理工具。

在两个系统中分别安装了 DB2 数据库程序，而数据库文件存放在共享磁盘阵列上面。共享卷由 VxVM 对底层磁盘进行虚拟化而生成。VxVM 先将操作系统底层磁盘（盘阵上的 LUN）组成磁盘组，然后在这个组中再划分卷，这就和 RAID 卡的做法类似，只不过 VxVM 作用在主机操作系统层，而 RAID 卡作用在硬件层。

本例所生成的共享磁盘组命名为 DBDG，只包含一个物理磁盘，设备名为 c0t0d0，然后划分一个卷，卷名 DBVolume。用 VxFS 格式对这个卷进行格式化，再将格式化好的卷挂载到虚拟目录中。本例将其挂载于/home/db2 下面。

对卷的划分和格式化仅需在一台计算机上配置即可，配置完后，只需要将这个卷进行导出操作，另一台计算机就可以导入并识别出这个卷的格式，再直接挂载到虚拟目录。

为了对客户端透明，我们用一个虚拟主机名和虚拟 IP 作为访问 DB2 数据库服务的地址。虚拟主机名为 dbsvr，虚拟 IP 为 192.168.0.3。

虚拟 IP 不是一个神秘的东西，我们知道一块以太网卡可以有多个 IP 与之对应，如果把 192.168.0.3 这个 IP 绑定到 dbsrv1 主机的网卡上，那么 dbsrv1 主机就同时拥有两个 IP：192.168.0.1 和 192.168.0.3。这样，客户端用 ARP 协议请求 192.168.0.3 这个 IP 地址对应的 MAC 地址时，dbsrv1 这台主机便会应答，客户端知道 192.168.0.3 这个地址的 MAC 地址（dbsrv1 主机网卡的 MAC 地址），就可以建立与 dbsrv1 主机的通信。

一旦 dbsrv1 主机发生故障，那么 dbsrv2 主机上的 VCS 软件就会将 192.168.0.3 这个 IP 地址设置到 dbsrv2 主机的网卡上，并发出 Free ARP 广播，将新的 IP 与 MAC 地址的对应关系通告到网络上的其他终端。客户机再次连接的时候，就会建立和 dbsrv2 主机的通信，而客户端对这个 IP 的拥有者是 dbsrv1 还是 dbsrv2 丝毫没有察觉，也没有必要察觉到。这个切换 IP 的动作，也是 VCS 将虚拟 IP 作为一个资源来切换的过程。

提示：Storage Foundation 的安装过程这里就不做描述了，本例假设在两台计算机上都已经成功地安装 Storage Foundation 组件了。

相关配置配置过程

（1）在 dbsrv1 主机上创建供 DB2 数据文件使用的共享存储及文件系统。

```
# vxdg init DBDG c0t0d0 \\创建磁盘组 DBDG，使用 c0t0d0 这个硬盘
# vxassist -g DBDG make DBVolume 5g \\在磁盘组上创建 5GB 大小的卷 DBVolume
# mkfs -F vxfs -o largefiles /dev/vx/rdsk/DBDG/DBVolume \\将卷 DBVolume
格式化为 VxFS 文件系统
# mkdir /home/db2  \\创建挂载点，将用于 DBVolume 卷的挂载
# mount -F vxfs /dev/vx/dsk/DBDG/DBVolume /home/db2  \\将格式化好的卷
DBVolume 挂载于/home/db2 下，这样就可以通过 CD /home/db2 进入这个目录从而对
这个卷的内容进行访问了
```

（2）使两个系统可以通过 RSH 方式互相访问，在 dbsrv1 上面做如下操作。

```
# echo "dbsrv2  192.168.0.2" >> /etc/hosts \\将对方加入自己的主机列表
# echo "dbsrv2 db2inst1" >> $HOME/.rhosts  \\使得对方主机可以通过 RSH
以 db2inst1 的身份登录本机。Db2inst1 是 DB2 数据库所必需的用户
# echo "dbsrv 192.168.0.3" >> /etc/hosts  \\将虚拟主机加入自己的主机列表
```

（3）在 dbsrv2 上面做类型的操作，将 dbsrv2 改为 dbsrv1，IP 也做相应的改变，虚拟主机 IP 和主机名不变。

（4）在两台计算机上分别执行下列命令，创建相同的用户组。

```
# groupadd -g 999 db2iadm1  \\创建 DB2 实例管理组;
# groupadd -g 998 db2fadm1  \\创建 DB2 fencing 管理组;
# groupadd -g 997 db2asgrp  \\创建 DB2 数据库管理组;
# useradd -g db2iadm1 -u 1005 -d /home/db2 -m db2inst1
\\创建 DB2 实例管理用户
# useradd -g db2fadm1 -u 1006 -d /home/db2fenc1 -m db2fenc1
\\创建 DB2 fencing 管理用户
# useradd -g db2asgrp -u 1007 -d /home/db2as -m db2as
\\创建 DB2 数据库管理员账户
```

注意：上述用户组或者用户的 ID 可以是尚未被使用的任意数字，但一定要保证两台计算机上面的用户 ID 是一致的，否则数据库切换的操作会失败；数据库实例管理员的账户目录要存放在共享盘上面，也就是/home/db2 目录。

（5）在两台计算机上面分别安装 DB2 数据库程序。用 install 程序来安装 DB2，然后手动创建实例和数据库。因为实例目录需要放到共享卷上，也就是/home/db2 目录。

（6）安装完 DB2 程序后，分别在两台计算机安装 DB2 的许可证。

```
# /opt/IBM/db2/V8.1/adm/db2licm -a db2ese.lic
```

（7）在 dbsrv1 上面创建实例（存放到共享盘）。

```
# cd /usr/opt/db2_08_01/instance
# ./db2icrt -u db2fenc1 db2inst1  \\创建一个名为 db2inst1 的实例，DB2 会
```

```
将实例目录存放到同名的用户名目录下，也就是 dbinst1 用户的主目录：home/DB2 目录
下，从而将实例目录放到了共享卷上。
```

（8）修改 DB2 节点文件/home/db2/sqllib/db2nodes.cfg，将原来的 db2srv1 主机名修改为 dbsrv 这个虚拟主机名。

```
0 dbsrv 0
```

（9）创建数据库 testdb。

```
# su - db2inst1 \\切换数据库实例管理用户；
# db2start     \\启动数据库；
# db2 create database testdb  \\创建新的数据库 tdstdb，由于当前用户是
db2inst1，所以 testdb 数据库被创建在/home/db2 目录下，也就是共享卷上；
# db2 terminate  断开与 DB2 服务后端处理进程的连接；
# db2stop   \\停止数据库；
```

（10）将共享盘从 dbsrv1 卸载下来（在 dbsrv1 执行）。

```
# umount /home/db2  \\卸载文件系统；
# vxvol -g DBDG stopall  \\将 DBDG 的所有卷停止活动；
# vxdg deport DB2DB  \\将磁盘组 DBDG 导出，以便在其他计算机上导入并挂载。
```

（11）将共享盘挂载到 dbsrv2（在 dbsrv2 执行）。

```
# vxdg import DBDG  \\将磁盘组 DBDG 导入；
# vxvol -g DBDG startall  \\将 DBDG 的所有卷启动；
# mount -F vxfs /dev/vx/dsk/DBDG/DBVolume /home/DB2  \\挂载文件系统；
```

（12）在 dbsrv2 启动原来在 dbsrv1 创建的数据库 testdb。

```
# su - db2inst1
# db2start
# db2 connect to testdb
```

如果能够连接成功，则数据库双机配置成功。如果数据库服务在某系统上发生故障后，会被 VCS 切换到另外一台计算机并运行。下面配置自动故障检测并切换的功能。

（13）复制 DB2 代理配置文件到 VCS 的配置目录。

```
# cp /etc/VRTSvcs/conf/Db2udbTypes.cf  /etc/VRTSvcs/conf/config/
Db2udbTypes.cf
```

（14）打开 VCS 图形工具。

```
# /opt/VRTSvcs/bin/hagui  \\将运行 VCS 图形化配置工具
```

（15）创建服务资源组（service group），并命名为 db2grp。

（16）依次单击“文件”→“导入”→“确定”按钮，导入 DB2 代理配置文件。

（17）在 db2grp 中创建六个资源。

- 磁盘组：即 DBDG。
- 卷：DBVolume。
- 挂载点：/home/db2。
- 网卡：客户端所连接的网卡（例如 bge0）。
- IP 地址：选择 192.168.0.3 这个虚拟 IP 地址。

- DB2 agent：这个资源会监控 DB2 程序在群集中的运行情况。

（18）为这六个资源创建依赖关系（右击资源，选择 link）。

IP 依赖 NIC 网卡的工作正常；卷的存在依赖于磁盘组的状态；文件系统依赖卷；DB2 代理的状态要同时依赖于 IP 地址的存在和文件系统的存在。

（19）右击 db2grp 服务组，选择 online，让 db2 在 dbsrv1 上线。

（20）右击 db2 服务组，选择 switch to，让 db2 切换到 dbsrv2。

（21）如果切换正常，则 VCS 配置成功。

17.6.3 案例二：基于 Symantec 公司的应用容灾产品 VCS②

图 17-43 是两个站点容灾系统最基本的结构图。主站点是基于三个节点 Cluster 的多个应用，容灾站点同样也配置成一个三节点的 Cluster 系统，它们配了同等容量的存储，并具有数据容错功能。

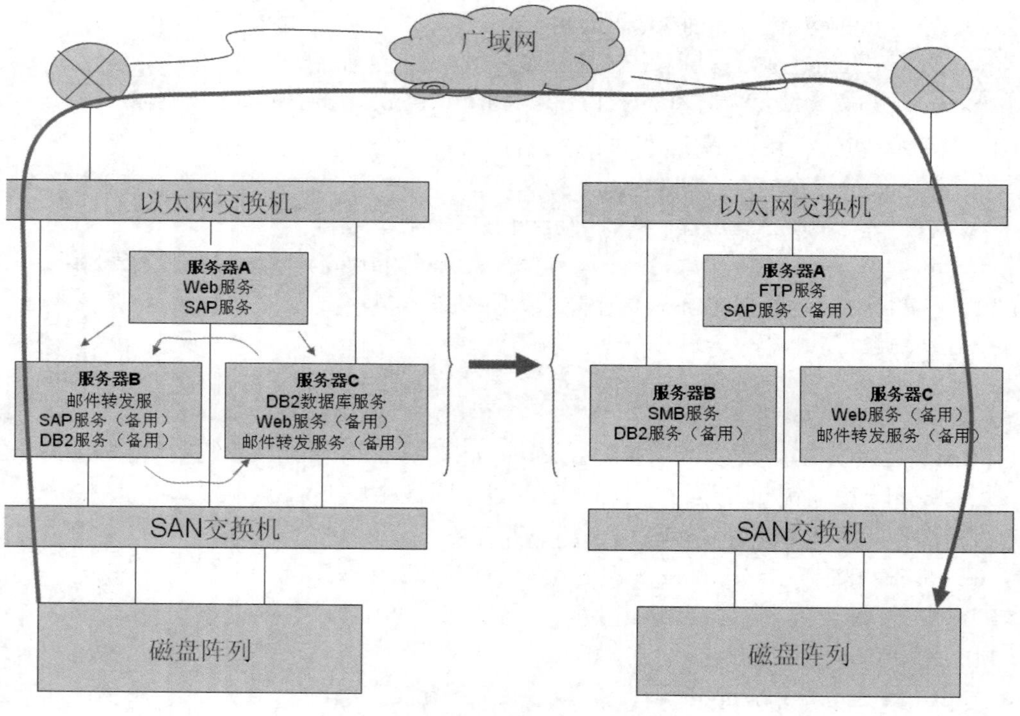

图 17-43 两个站点的互备群集

主站点运行的是 Web 服务、DB2 服务、SAP 企业 ERP 服务以及邮件转发服务的关键业务，完全置于容灾系统控制之下，可以看到：

- 主站点服务器 A 上安装了 Web 服务程序和 SAP 应用程序，而且二者皆在运行状态。
- 服务器 B 上安装了邮件转发处理程序，以及 SAP 应用程序和 DB2 数据库程序，但是服务器 B 上的 SAP 和 DB2 程序平时都处于停止状态，只有邮件转发程序在运行。
- 服务器 C 上安装了 DB2 数据库程序，并处于运行状态，另外还安装有 Web 服务程序和邮件转发程序，但是平时处于停止状态。

备份站点的业务是 FTP 服务、SMB 文件共享的一般业务，不做容灾。备份站点的服务器 A 上运行的是 FTP 服务程序，同时安装有 SAP 应用程序，但是 SAP 应用程序处于停止状态；服务器 B 上运行着 SMB 文件共享服务，同时安装有 DB2 数据库服务程序，但是 DB2 数据库服务程序平时处于停止状态；服务器 C 上安装有 Web 服务程序和邮件转发程序，并且都处于停止状态。

图 17-43 中最长的箭头指示了两个站点数据同步的路径，即从主站点盘阵（或者主站点服务器的内存），经过前端以太网交换机，传送到网关设备，然后经过广域网到达备份站点的网关设备，再通过前端以太网交换机传送到备份站点服务器内存，最后从内存写入后端磁盘阵列。

主站点服务器之间的箭头，表示一旦某个服务器，或者服务器上的某个应用发生故障之后，资源组的切换走向。

从图 17-43 中可以看到服务器 B 和服务器 C 形成了一个互备的系统，即服务器 B 是邮件转发程序的主节点，是 DB2 服务的备用节点；而服务器 C 是 DB2 服务程序的主节点，是邮件转发程序的备用节点。

提示：因为主站点的三台服务器之间形成了比较复杂的互备关系，所以三台服务器必须能识别到其他两台服务器上挂载的卷；但是备用节点不应当挂载这些卷，仅当对方应用或者整个服务器故障的时候，才能在备份节点上挂载这些卷。

图中央的粗箭头，表示一旦主站点发生了大故障，诸如整个机房被损毁等，那么所有主站点的应用，全部切换到备份站点，并且备份站点的节点挂载备用磁盘阵列上的所有卷。Veritas 的 Storage Foundation 组件应当安装到图上的所有服务器中，VVM 模块用于管理所有存储卷，VVR 模块用于同步所有卷的数据，VCS 模块用于检测故障并且切换应用。整个 HA 系统的工作过程如下。

（1）主站点应用的运行过程中，所修改的数据通过所有主站点服务器主机都安装的 VVR 软件实时地复制到备份站点。

（2）假设某时刻主站点服务器上的 SAP 应用发生故障，比如相关服务无法启动，则 VCS 模块检测到这个故障之后，发现相关资源组有两个备用节点可切换：主站点的服务器 B 和备份站点的服务器 A，所以它首先检测主站点的服务器 B 是否可用。如果可用，则发送一些信息通告服务器 B 上的 VCS 模块，准备切换 SAP 应用到服务器 B，服务器 B 确认后，VCS 在服务器 A 上首先卸载 SAP 程序所存储的对应卷，然后通告服务器 B 卸载成功，服务器 B 再挂载这些卷，并且接管 SAP 服务所利用的 IP 地址，之后启动 SAP 服务。客户端只需要重新连接一下便可。

（3）某时刻，主站点机房供电系统故障，经过相关人员的检查，恢复供电大概需要 5 小时。而 UPS 系统在工作两小时之后因电量不足而停止，企业 CIO 果断决定，在 UPS 电量耗尽之前，将主站点所有系统手动停机以免因为突然断电对硬件和软件带来的损害。此时备用站点的 VCS 软件检测到了这个故障，立即在所有服务器上挂载已经经过数据同步的卷，然后启动所有备份应用系统。所有生产均恢复运行，客户端经过修改 host 文件或者修改所连接的 IP 地址，恢复了与服务器的连接，所有生产继续运行。

（4）5 小时之后，主站点机房供电恢复，UPS 系统充电。企业 CIO 决定，在恢复供电 1 小时之后（确保主站点供电恢复正常，以避免不必要的动荡），切回所有应用到主站点。主站点所有系统开机，VCS 软件会检测到当前的应用已经全部运行在备份站点，所以不会在主站点服务器上挂载卷并启动应用。与此同时备用站点的 VVR 软件重新建立了与主站点 VVR 软件的通信，并互相交互数据，备份站点的 VVR 检测到了主站点相关卷上的数据是落后的，因为备用站点在主站点故障期间，已经生产运行了 5 小时，此间数据已经有所变化。VVR 立即将变化的数据复制到主站点的相关卷。重新同步后，备用站点的 VCS 停止应用、卸载卷，主站点的 VCS 挂载卷，启动应用，所有状态恢复如初，客户端重新连接即可连接到主站点的服务器上。

本次故障造成的停机时间很短，没有对生产造成太大影响，同时也很好地考验了这个企业的异地容灾系统的功能。如果没有容灾系统，这个企业就要忍受长时间停机带来的损失。

17.7 虚拟容灾技术

传统的生产工具容灾方式下，对于服务器的容灾，通常使用配置相当的服务器作为备份机。但是如果有 10 台服务器需要做容灾，那么也要准备 10 台物理服务器作为备份机么？不见得。一种办法是只使用一台或者几台服务器，其上安装与主服务器相同的应用程序，主服务器有哪些应用，备服务器就安装哪些应用，安装在同一台或者几台物理机器上，当主服务器发生故障之后（存储故障、服务器自身硬件故障等），在备服务器挂载主服务器的 LUN 并且启动应用，有几台服务器故障，就在备服务器上启动对应的应用程序。这样虽然是一种做法，但是在服务器恢复的时候，需要重新安装操作系统重新部署应用程序，然后才能将备服务器上运行的应用程序切换到主服务器上，这是一个比较耗时的过程。

为了解决这个问题，虚拟容灾技术出现了。还是这 10 台服务器，如果利用 VMware 提供的 P2V 技术将整个服务器系统盘以及数据盘做成虚拟机格式，然后在一台或者几台备服务器上使用 VMware 根据生成的镜像来创建对应的虚拟机，并运行所有的虚拟机，在主服务器端使用一个 Agent 程序将对应应用系统对底层的 IO 数据同步到备服务器 Guest OS 上对应的存储设备中，这样，当主服务器故障时，备服务器可以直接启动应用，接管服务。主服务器恢复之后，利用 VMware 提供的 V2P 技术，将虚拟机对应的映像转换成物理机对应的数据并将其放置到对应的 LUN 中，这样，主服务器就可以直接启动操作系统并且启动应用程序了。

目前已经有一些厂商推出了虚拟容灾产品，比如爱数备份存储柜 v3.5。

17.8 一体化先行军——爱数一体化备份存储柜

我们都知道电话/传真/复印/打印/扫描一体机，所有人对它的评价都是“好用、够用、实惠”，正如一句广告词所说的：“花一样的钱买五样！”如今在存储领域，也出现了这样一种一体机，即存储、备份、容灾三合一一体机。好么，这存储领域的老三样一下子被集成到一台设备中了，谁这么有本事？这就是爱数（EISOO）软件有限公司的“备份存储柜”v3.5 产品。

说明：2010 年春作者有幸参加了爱数产品全国巡展青岛站，会议中与爱数的同行们进行了深刻学习探讨。感觉爱数是一家朝气蓬勃的公司，非常开放，这就注定了她会飞快发展。2009 年下半年，爱数发布了一体化的备份设备，备份存储柜 3.0。没想到时隔半年，再次看到了备份存储柜升级版本 v3.5，能将备份、容灾和存储集成到一台柜子里，这需要投入很大的研发精力，爱数却做到了，而且是如此之快。

17.8.1　爱数备份存储柜 3.5 产品架构分析

我们先来看一下传统的备份架构。如图 17-44 所示，传统的备份系统中包含备份服务器、介质服务器(备份介质可以是磁盘阵列或者磁带库)、备份软件，也可以简称 4S 备份方案(Backup Server，Operating System，Backup Storage, Backup Software)。

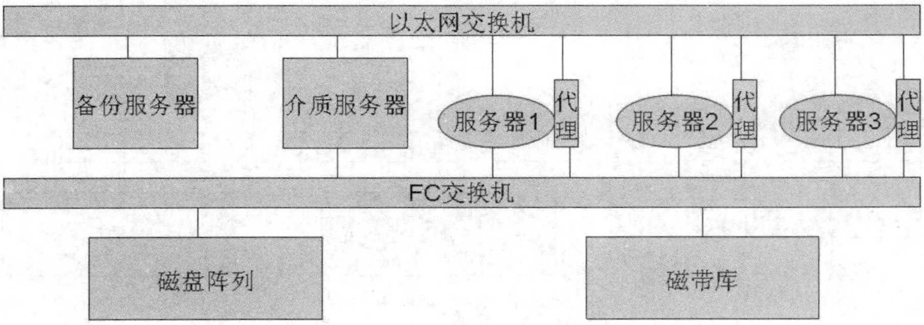

图 17-44　传统备份系统架构

我们可以把备份服务器和介质服务器的角色集成到磁盘阵列中，形成一种带有集成存储和备份功能的磁盘阵列，这就是爱数备份存储柜的原型体。如图 17-45 所示，备份存储柜作为一台一体化设备被插入了系统中。它可以作为支持 NAS、FTP、FC-SAN 和 IP-SAN 访问协议的磁盘阵列设备而存在（相当于系统中多了一台磁盘阵列），同时还是一个备份服务器，用户服务器或者用户桌面电脑上的数据可以直接被备份到这台设备中存放，用户终端的桌面数据通过前端以太网备份，而用户服务器的数据则既可以实现通过前端以太网备份，也可以实现通过后端 FC 网络来备份（Lan-Free/Frontend-Free）。备份之后的数据还可以由这台设备再写到带库中离线保存，也就相当于 D2D2T（Disk-to-Disk-to-Tape）。

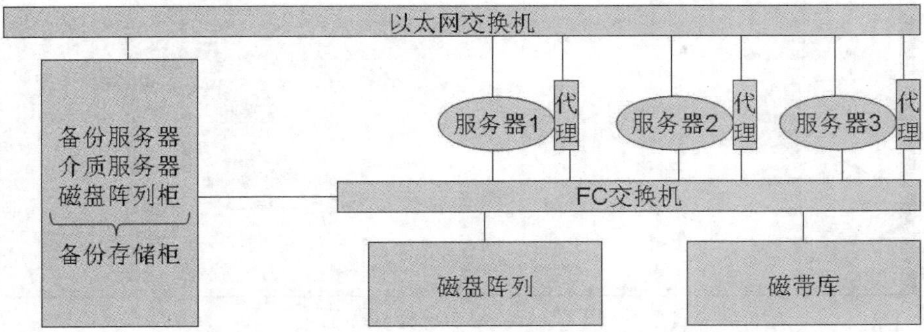

图 17-45　集成了备份服务器和介质服务器模块的阵列柜

一体化的备份设备就像防毒墙和防火墙设备一样，很快受到用户的欢迎，主要原因就是用一体化的方式改变了传统备份系统的模式，更加简单方便。之后，这个原型体开始进化，爱数将众多功能向其中融入。首先被融入的就是容灾技术。传统备份和容灾的一个本质区别就是，传统备份不是实时备份，RPO 和 RTO 均太长；而容灾则是实时保护和灾难接管，保证业务连续性，RPO 和 RTO 均显著缩小。

在容灾方面，爱数选择了与其他厂商不同的路线，巧妙地运用了虚拟化技术，即在备份存储柜上集成 VMware Server 版的虚拟机引擎，在存储柜上创建若干个虚拟机操作系统来作为环境中原先的生产物理机的后备服务器。物理机上安装一个数据实时复制代理，通过前端以太网来将数据实时同步到备份存储柜中运行的虚拟机磁盘中存放，当物理机发生故障之后，虚拟机立即接管物理机，继续服务，这就使得 RTO 变得非常短，理论上等于虚拟机接管物理机 IP 地址所耗费的时间。如图 17-46 所示为融入容灾功能之后的备份存储柜架构简图。

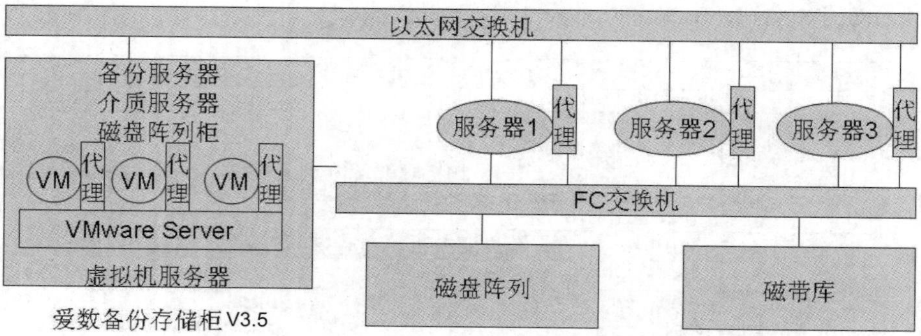

图 17-46　融入虚拟机平台

对虚拟机的创建和管理可以直接使用爱数备份存储柜的配置界面，而无须使用 VMware 原来的配置工具，如图 17-47 所示。

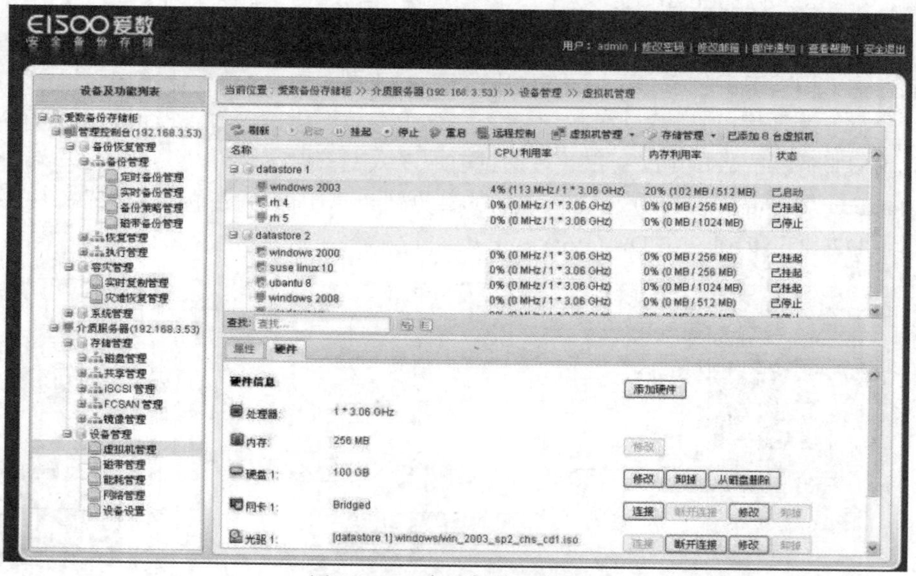

图 17-47　虚拟机管理界面

目前，爱数针对 SQL Server 和 Oracle for Windows/Linux 这两种数据库引入了文件数据块级（并不针对整个 LUN，而是针对 LUN 中的文件，对文件进行增量块级同步，这样会避免很多不必要的数据传输，提高效率）的可感知应用层一致性的实时复制，相信随着时间的推移，其他可感知各种应用层一致性的实时复制均会实现。

然而，有了单纯的数据实时复制还不行，实时复制并不能保证数据的逻辑一致性，必须要引入 Snapshot 或者 CDP 技术，让备份后的数据可回溯。所以，爱数一步到位地在备份存储柜中引入了 CDP 技术。对相关文件的写 IO 对应的数据被从物理机同步到虚拟机中的虚拟磁盘（对应存储柜中的某个 LUN）的时候，运行在虚拟机上的代理程序（用于接收物理机发送过来的数据以及插入文件系统驱动层来分流 IO）会同时将其复制一份到 CDP 日志卷中保存（CDP 日志卷由介质服务器模块所管理）。

> **提示**：但是爱数使用的这种 CDP 方式与本书其他章节中介绍的可实时挂载的 CDP 有所不同，这种 CDP 属于一种全局日志链（见本书对应章节）的模式，全局日志链极大地降低了 CDP 的处理难度，提高了效率。但是随之而来的也需要耗费额外的存储空间，而且日志链中的每一条操作不但需要记录当前被写入的数据，同时也需要记录对应的文件块被覆盖之前的内容，而这些记录中会有很多的冗余数据，基本上是冗余了一半，所以日志链也将是很庞大的。（本书其他章节所介绍的非全局日志链 CDP 模型没有这种问题，请读者自行思考。）

这样处理之后，备份存储柜中不但保存了一份最新的与物理机源卷内容同步的可随时访问的虚拟机卷，同时也保存了所有针对这个卷的内容更改，一旦物理机发生灾难的时候，虚拟机直接就可以接管并直接读写虚拟机卷。如果一旦遇到数据不一致的情况，那么就需要利用 CDP 来回溯到之前某个时间点了。

具体的回溯方法是：系统将用户给定的时间点在 CDP 日志链中作匹配，找到对应时间点的位置，然后开始 Undo（注意，是 Undo）从日志链尾部到这个时间点之间的所有变更，将其全部回退，对应的回退动作反映在虚拟机卷中。回退完成之后，虚拟机挂载这个卷，应用启动，之后应用程序针对虚拟机卷中对应的文件所作的更改，也被追加记录到 CDP 日志卷对应的日志链尾部（称为虚拟机卷附加 CDP 日志链）并做好区分标记。这个附加 CDP 日志链记录了虚拟机接管之后所有针对对应文件的更改，在数据反向同步到物理机时需要用到。

同时，发生故障的物理机在故障修复之后，需要将数据反向同步到（通过前端以太网，由安装在物理机和虚拟机上的代理程序执行）物理机的 LUN 中，此时，系统根据虚拟机卷实际数据、源卷 CDP 日志链和虚拟机卷附加 CDP 日志链这三者，来把虚拟机卷当前的实际内容全部（通过读取虚拟机卷中相关的文件块以及 Replay 两个 CDP 日志链）复制到物理机对应的 LUN 中。（注意，爱数所实现的 CDP 为文件级 CDP，日志链也只是针对对应的文件，复制的也都是对应数据库的文件数据，如果源 LUN 中有其他非相关文件，则不受保护。）

> **爱数技术**：在这里，爱数引入了又一项独有技术，即增量反向同步。我们知道，物理机可能发生的故障多种多样，比如主板损坏等。这种故障物理机原来 LUN 中的数据是没有影响的（也有的时候意外宕机可能引起数据损毁），那么此时物理机卷中的数据与容灾端的数据大部分还是相同的，虽然容灾端接管后可能已经经过回溯过程，甚至已经被应用程序写入了新数据。在这种情况下，如果将容灾端的整个 LUN 或者文件都反向同步回物理机上，就是没有必要的了。爱数的做法是，对物理机尚存的源数据以及虚拟机所对应的最新数据影像分别计算 Hash 值指纹，通过比对指纹，找到指纹不同的文件块，然后只将这些块同步回物理机。

17.8.2 爱数备份存储柜 v3.5 独特技术

除了上面所述的一些关键技术之外，爱数还融入了一些其他独特的技术。我们知道 CDP 任意时间点恢复之后的数据并不能保证一致性，所以爱数在这里做了一些额外的工作来保证对应数据库的一致性。

爱数技术：前涉式一致性保证算法（Proactive Consistency）：是指使用某种 API 与数据库程序通信，让其处于一致状态，然后在对应的 CDP 日志链中标记此时的时间点，恢复时只要恢复到这个时间点，就一定是一致的。

启发式一致性保证算法（Heuristic Consistency）：是指通过监测文件系统一些特殊行为从而判断数据库的一致性状态，然后在 CDP 日志链中做相应标记，从而保证恢复时的一致性。

前涉式算法由于需要定时地对数据库发起指令让其处于一致状态，所以对数据库有影响；而启发式算法则一直处于旁路监测状态，不但对应用没有影响，而且其实现的一致性时间点粒度也比前者要细。爱数使用启发式算法。

上文曾经分析过，全局 CDP 日志链导致数据占用大量的额外空间而其冗余度很高，鉴于此，爱数在介质服务器模块上使用了重复数据删除技术来消除。

爱数技术：爱数备份存储柜 v3.5 中的介质服务器模块所运行的 Deduplication 属于一种前处理式、全局指纹库的全局重复数据删除算法，这种算法对系统的要求非常高，由此可见爱数的技术实力。

爱数还提供了多点灾备方案。

爱数技术：提供二级级联容灾（P2L2R，Production site to Local DR site to Remote DR site），以及两地互容、一地多容、多地共容和链式环容的多点容灾拓扑。本地可以在执行完 Dedup 操作之后，再将 CDP 日志链数据同步到其他站点的存储柜中，这样就节约了大量网络带宽。

俗话说，三天不练只能瞪眼看。对于容灾，如果不进行演练，那么即便是部署的非常到位，灾难来临时也一样会手忙脚乱，天灾人祸一起来，业务恐怕就要中断很久了。而传统灾备架构中，要想来一次演练，那可谓是兴师动众，人心惶惶。但是有了虚拟容灾之后，事情就变很大了。爱数提供了两种容灾演练模式。

爱数技术：虚拟容灾的最大好处就是容灾端随时可用，并且可写（变化的数据有相应的 CDP 日志链记录，可以回退）。正因如此，用户可以随时找一台客户端直接连接容灾端的虚拟机，如果能连上而且做几笔业务发现没有问题，那么就证明容灾端至少在网络之下的所有层面都是运行正常的。整个过程对物理生产机没有任何影响，而且所做的更改还可以回退。这就是爱数所提供的模拟演习，可以定期执行。

同时，实战演习爱数推荐一年进行一次。届时容灾端完全接管生产端，待回切时，系统将容灾端所做的变化同步回物理生产端。

值得一提的是，爱数的 GUI 做的非常好，所有对备份存储柜的配置均使用 All-In-One-Web 管理界面，通过浏览器即可登录管理，如图 17-48 所示。

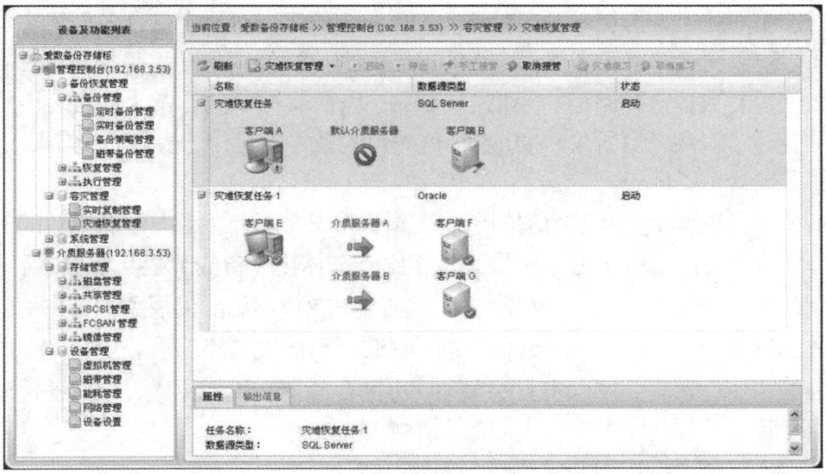

图 17-48　All-In-One-Web 管理界面

说明：经过上述对爱数备份存储柜 v3.5 的架构和功能分析，你是否也会和作者有同感呢？还有很多细节的功能作者没有进一步研究。据作者所知，爱数目前有三大产品线，第一是备份软件；第二就是备份存储柜 3.5；第三则是云备份平台。虽然"云"目前基本上还处于各家自行忽悠的状态，但是爱数能有如此的精力和实力来涉足云领域，可见爱数的技术水平以及鸿鹄壮志。可能由于孤陋寡闻，反正笔者看到爱数能够将如此多而强悍的功能做到一起时，佩服之余也感到欣慰，国产存储终将会辉煌！

17.8.3　国产存储的方向

我们目前尚不可能造出像西方 EMC Symmetrix、HDS USP 那样的大型高性能存储硬件产品，但是我们的智慧从来就没有输给过西方，古往今来，一向如此。《孙子兵法》、《本草纲目》、《伤寒杂病论》，哪一本都彰显了中国人对自然和对人文方面的智慧。但是由于长期封建统治使得我们的智慧和科技受到了严重的禁锢。而如今新中国建国已经 60 年了，改革开放也已 30 年，科技文化等全面打破禁锢，飞速发展，我们应用智慧的时候也到了！

在计算机领域，最能体现智慧的地方就是软件。和西方人拼拳头，我们没有胜算；但是和他们拼脑袋，我们很有信心。存储硬件的性能再强，它也只不过是几个铁皮壳，输出为一堆 LUN 而已，而目前人们的需求越来越高，仅仅是提供高性能的 LUN 已经根本无法满足日益多样的需求，所以存储厂商近几年来正在向上层高附加值的软件方面投入大量精力；而对于硬件，也不再盲目追求专用高性能平台，而相继转向了开放的 x86 集群以降低成本，利用软件和集群的优势来弥补 x86 单节点性能不足的问题。这些都显示出软件方向已经成为全球存储行业的主导方向。

2008 年左右存储行业两大巨头 EMC 和 IBM 都各自退出了自己的集群存储系统，这个事件将会是存储行业的里程碑，它宣布了从那一时刻起，软件从此上升到了主要地位。而这种方向的变化，就为我国的存储行业发展创造了不可错过的机会。软件方面，我国的研发人员水平不亚于印度人（国外存储厂商的研发人员有很大一部分都是印度人），而且最重要的一点，我们更加勤劳。所以，我们一定要抓住这种良机，迅速以软件解决方案占领存储市场。我们可以让我们的智慧凌驾于这些铁皮壳子之上，运筹帷幄，扬长避短。

爱数就是典型的以智取胜的例子，备份存储柜体现了中国人独特的智慧。通过软件和硬件的整合，爱数创新地打破了备份、容灾和存储的沟壑，创造了一台集存储、备份和容灾于一体的灾备设备，而且功能强大、实用又实惠，完全体现了国内用户的需求和接受能力，具有鲜明的中国特色。不仅如此，爱数备份存储柜的 All-In-One-Web 界面做的非常人性化，而且非常美观，这正是国内其他存储软件厂商所欠缺的地方，这一点爱数可谓是用心良苦，中国人一般都爱面子，而爱数在界面上也给足了面子。

在不久前的全球气候大会上，中国向所有人承诺了节能减排的目标。而爱数的一体化产品也体现了绿色节能，与传统的解决方案一堆设备相比，一体化设备的节能与低成本显而易见。

爱数的创新是一种突破，也是一种趋势，顺应了第三代存储的发展方向，统一存储和应用存储的趋势正是包括 DataDomain、NetApp 等新兴存储厂商的发力点。

挑战国外的传统，既需要技术实力的突破，也需要应用和模式突破，包括备份设备和容灾设备在内的应用存储应该说是国内存储发展的一个重要方向。

17.9 Infortrend RR 远程复制技术

Infortrend 的 RR（Remote Replication）技术支持双向及多站点复制，支持同步复制、异步复制，提供三种模式：

- Volume Copy 模式可以让用户一次性将某个逻辑卷复制到远程使用，不提供后续的周期性数据同步。
- Async Volume Mirror 采用异步快照滚动同步方式，周期性地将本地数据变化同步到远程。
- Sync Volume Miror 则是标准的同步数据复制。

如图 17-49 所示为 Infortrend Replication Manager 配置界面。可以看到常用的动作入口，比如创建/编辑/删除复制关系、网络状况测试工具、复制暂停/继续、同步/异步开始、断开复制关系、映射复制的逻辑卷、目标逻辑卷自动映射、切换复制关系。

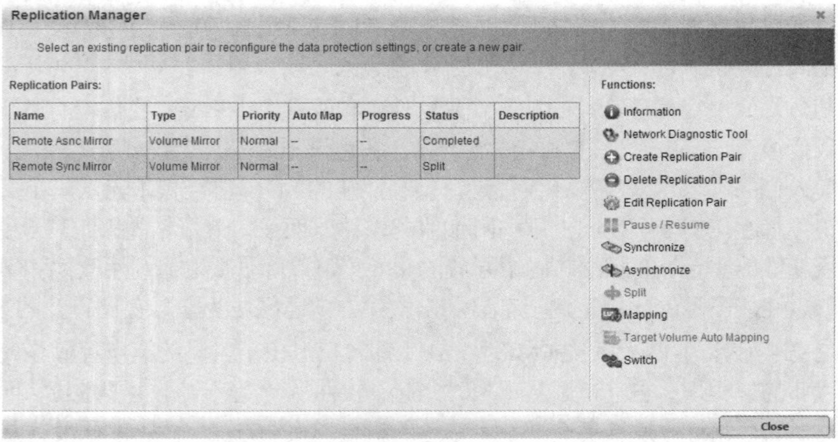

图 17-49 Infortrend Replication Manager 界面

提一下比较有特色的两个地方。一个是提供网络状况测试工具，可以让用户一目了然的了解当前复制网络通路的带宽、时延、接收和发送的数据量等信息，以便灵活控制数据复制参数。如图 17-50 所示。

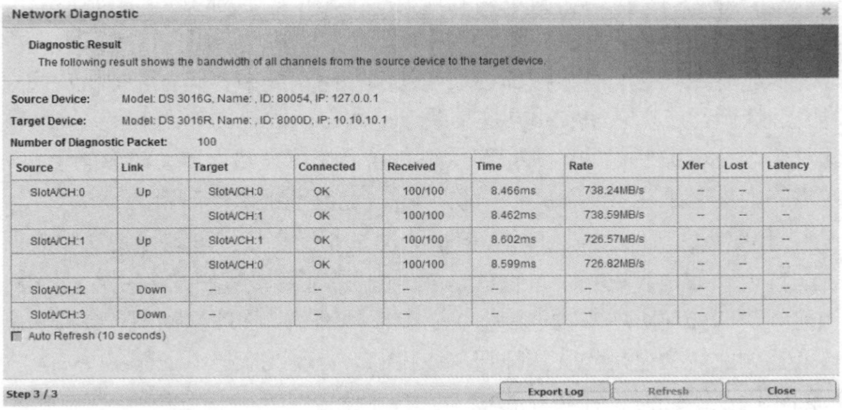

Source	Link	Target	Connected	Received	Time	Rate	Xfer	Lost	Latency
SlotA/CH:0	Up	SlotA/CH:0	OK	100/100	8.466ms	738.24MB/s	--	--	--
		SlotA/CH:1	OK	100/100	8.462ms	738.59MB/s	--	--	--
SlotA/CH:1	Up	SlotA/CH:1	OK	100/100	8.602ms	726.57MB/s	--	--	--
		SlotA/CH:0	OK	100/100	8.599ms	726.82MB/s	--	--	--
SlotA/CH:2	Down	--	--	--	--	--	--	--	--
SlotA/CH:3	Down	--	--	--	--	--	--	--	--

图 17-50　Replication Manager 网络状况测试工具

另外，Infortrend RR 还提供了另外一种使用越来越多的应用场景的支持，也就是用同一台主机连接两台互为镜像的存储系统，要求当一台存储系统宕机之后，另一台存储设备无缝接管，拓扑如图 17-51 所示。这不但要求底层存储系统之间要维持数据复制关系，而且还要求多路径软件充分配合。普通多路径软件不认为两台不同的阵列上报的逻辑卷是同一个，所以发生故障之后并不会自动切换。Infortrend 提供 Target Volume Auto Mapping 功能，启用之后，一旦目标存储发现源存储系统不可用，会自动将复制的目标卷映射给预先配置好的主机，再加上多路径软件的配合，上层应用可以在很短的停滞时间内继续 IO 访问。

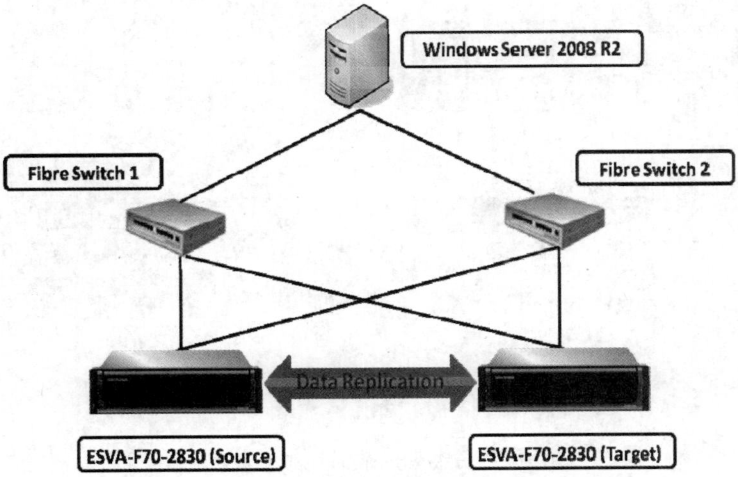

图 17-51　目标卷自动映射

17.10　飞康 RecoverTrac 容灾管理系统

我们来做一回产品经理，如果让你设计一个容灾管理系统，你会怎么设计？先不考虑可行性，就按照你的理想来勾画。至少我是这么个思路：首先这个系统的主界面应该是一个可视化的、用图形化展示当前多个站点的各种状态以及数据复制链路拓扑关系，以及哪条链路上正有数据在被复制、时延多少、实时带宽多少。点击每个站点进入该站点内部视图，会显示出该站点内所有系统，包括主机/应用系统、存储、网络的运行状态。当发生灾难的时候，比如某主机宕机，而且一时半会无法上线了，业务又非常急，那么可以考虑在本地站点启用一台虚拟机来暂时代替这台主机，但是这要求之前主机的所有数据都必须在外部存储系统中存储，虚拟机启用之后，可以挂起这些数据卷，继续运行应用系统；如果是某站点整体宕机或者灾难，连容灾管理系统都无法登陆了，那么此时必须在容灾站点的容灾管理系统中强行在容灾站点启动对应的主机和业务系统，但是要求源站点的数据必须在容灾站点有一份，不一定也不指望是最新的。

一般产品经理也就像上面这样处理了，但是更加专业的产品经理需要将这些需求一层层地细化，比如怎么配置谁和谁是容灾关系，也就是 A 主机宕了，要起哪个备用主机/VM？依赖关系和启动顺序如何？演练如何实现？物理到虚拟、虚拟到物理、物理到物理、虚拟到虚拟，底层数据格式如何转换？如此复杂还是先洗洗睡吧！让我们来看看飞康的 RecoverTrac 容灾管理软件是如何解决这些问题以及是如何设计展现的。

如图 17-52 上图所示为 RecoverTrac 部署示意图，RecoveTrac 能够将 NSS/CDP 系统所提供的 CDP、远程复制功能、主机端 Snapshot Agent 功能进行封装和自动化处理，然后再与各种应用进行适配，最终展现给用户一个易配置、易管理的自动化容灾系统。支持 V2V、P2V、P2P 和 V2P 容灾。

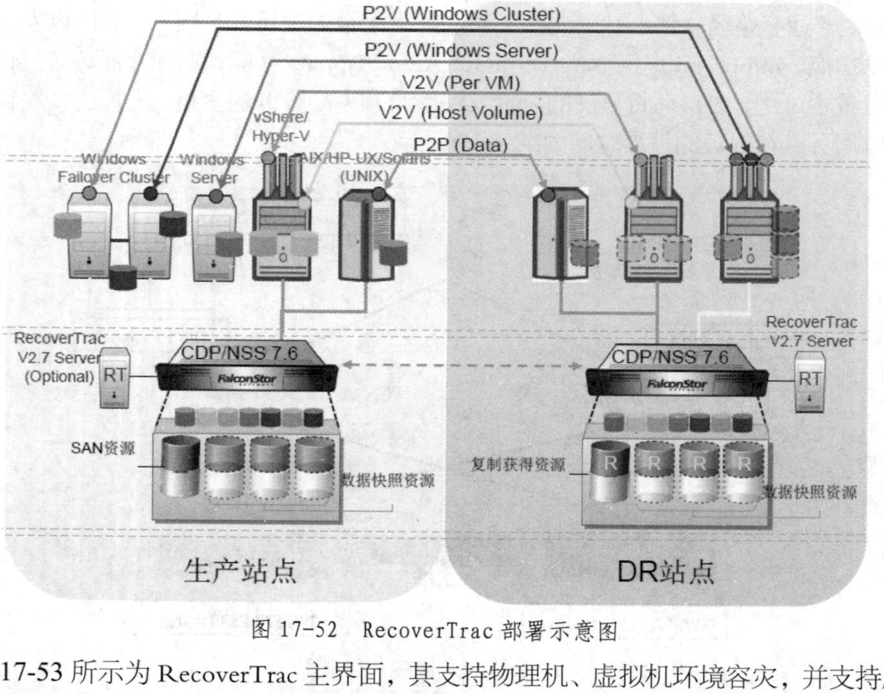

图 17-52 RecoverTrac 部署示意图

如图 17-53 所示为 RecoverTrac 主界面，其支持物理机、虚拟机环境容灾，并支持原先由物理机运行的系统，容灾切换到虚拟机运行，反之亦然，当然虚拟机到虚拟机容灾、物理机到物理机容灾也不在话下了。该界面采用最为传统的左右分栏模式设计，左栏将多种资源分类，包括 Host Image 资源、Cluster Image 资源、物理机、Hypervisor 宿主机、VMware vCenter 管理机、微软 Hyper-V 宿主机、存储服务器、站点、事件等。容灾管理系统，管理的其实是主机系统和存储系统，其本质上只做一件事，那就是将主机系统在另一个地方启动，其上的应用程序环境毫无变化，包括存储、网络环境。

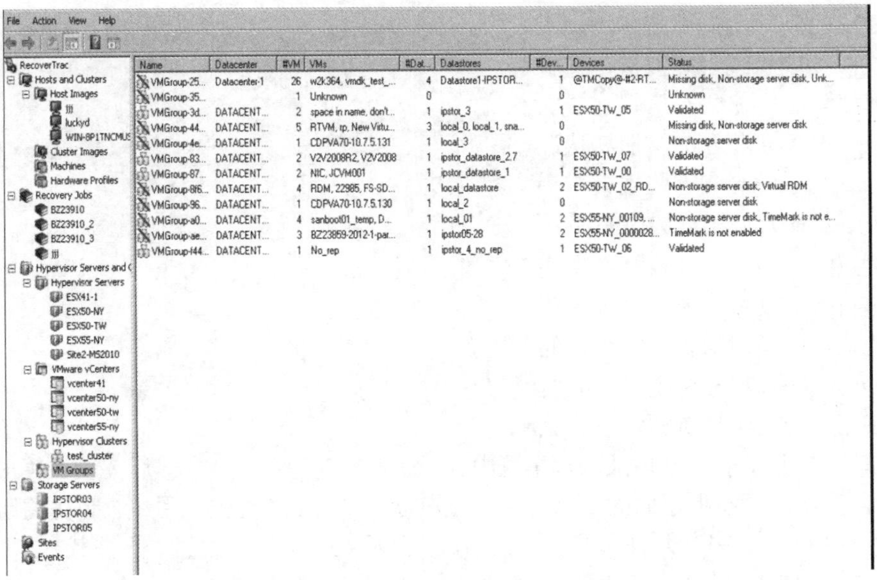

图 17-53　RecoverTrac 主界面视图

飞康在理念上有一点很特别之处，就是将 Host 的概念脱离了底层“机器”的概念，也就是说，Host 不等于机器，Host=应用程序+运行环境，而运行环境=主机名+操作系统+网络配置参数+存储路径（盘符和空间），此时，这个 Host 其实可以运行在物理机器上，同样也可以运行在虚拟机上，后两者才是机器。所以，脱离开底层机器的 Host，飞康称之为“Host Image”，而底层的物理硬件或者虚拟硬件，飞康称之为“机器”也就是图中的“Machine”。

配置容灾系统，首先要把所有资源识别出来。这是第一步。如图 17-54 所示，首先创建站点，包括本地和远程站点，可以创建多个站点，然后在本地站点中将存储服务器（飞康 NSS 产品）、vCenter 管理机、虚拟机宿主机都注册进来，注册时需要输入 IP 地址和认证用户名密码等信息，因为系统需要从这些主机中获取虚拟机信息。每台 Host 中还必须安装飞康 SAN Client 客户端，从而与 RecoverTrac 通信，以便监控和管理容灾过程。

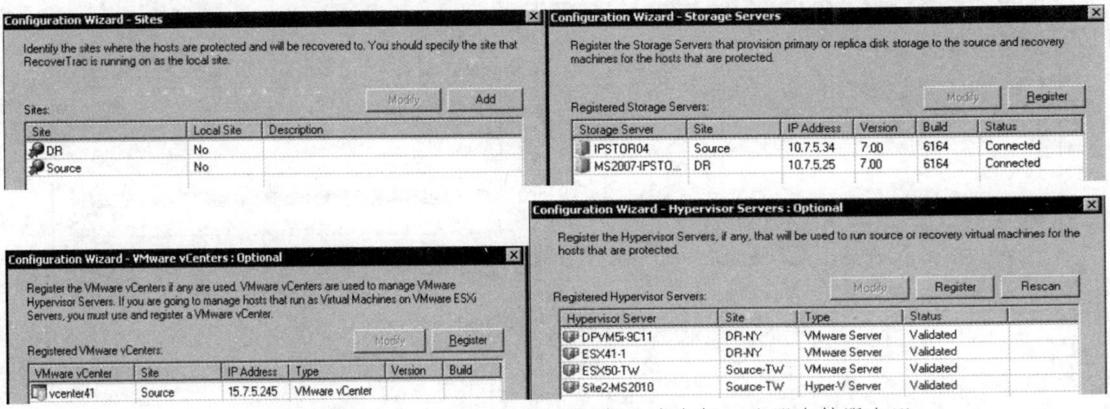

图 17-54　创建站点、注册虚拟机管理机和宿主机、注册存储服务器

如图 17-55 所示为向系统中添加所有需要保护的物理机或者虚拟机，这就是为何系统需要先把 vCenter、ESX Serve、Hyper-V 宿主机预先注册和认证好的原因，因为系统会向这些主机查询虚拟机列表，从而方便用户选择添加。

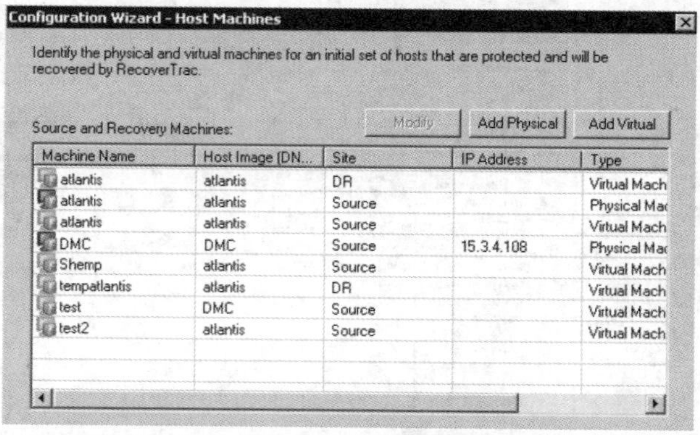

图 17-55　添加需要容灾保护的物理机或者虚拟机

其次，RecoverTrac 还支持整个集群为单元进行容灾切换。所以必须先创建好对应的集群资源对象也就是图中的 Cluster Image。如图 17-56～图 17-58 所示。首先创建对应的集群资源对象，然后向其中添加 Host Image，然后关联该集群中主机所使用的存储系统，最后关联该集群对应的虚拟 IP 地址。系统必须掌握上面的信息，因为，在做容灾切换的时候，系统会首先将所配置的存储系统逻辑卷的复制关系断开并切换到容灾站点，然后在容灾站点的机器上挂载好这些逻辑卷，然后配置好所设置的 IP 地址，最后才会启动对应的机器。

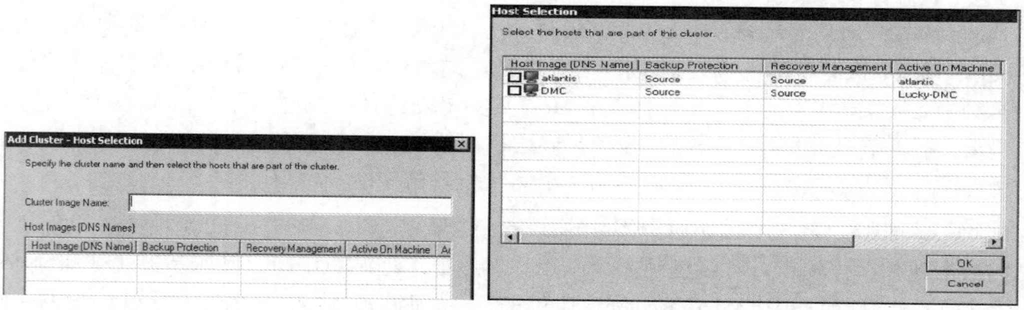

图 17-56　创建集群资源对象并添加 Host Image

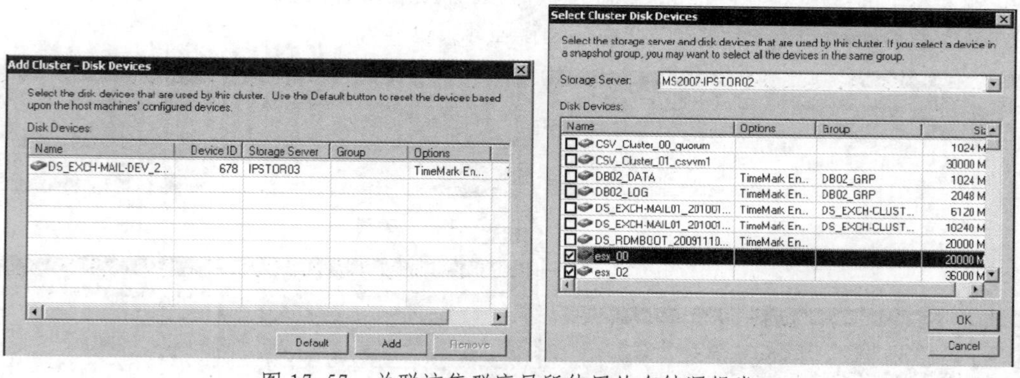

图 17-57　关联该集群底层所使用的存储逻辑卷

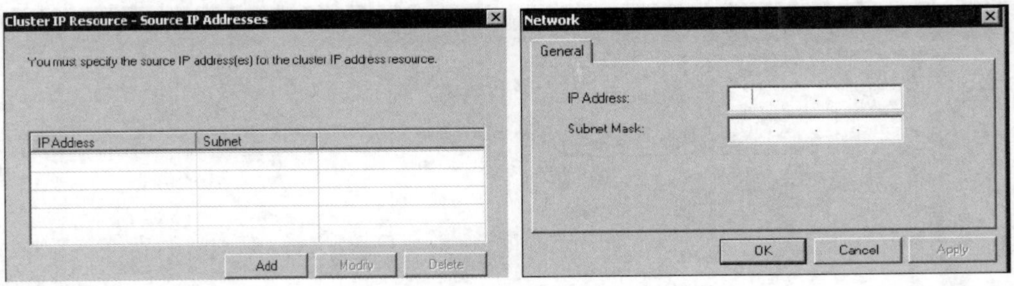

图 17-58　告诉系统该集群的虚拟 IP 地址

如图 17−59 所示，配置完后的集群资源对象的属性可以随时更改。

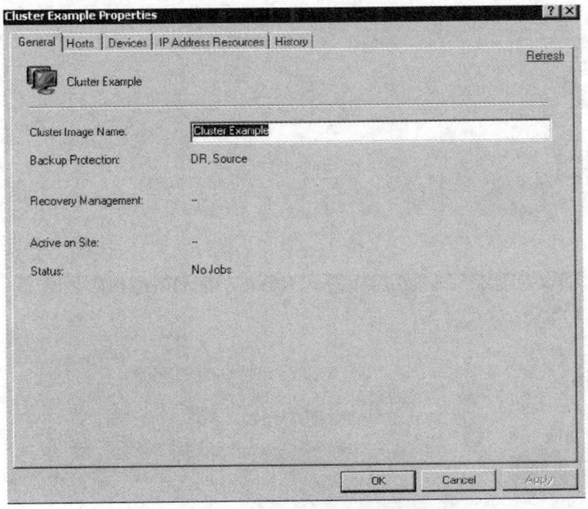

图 17-59　集群资源对象属性

在主界面的“Machine”中，定义的则是真正的物理机器或者虚拟机器。物理机的加电启动也是可以由程序控制的，早期对物理机加电启动必须管理员在机器跟前才能完成，而如今各种远程管理硬件和协议已经非常完善，比如 IPMI 协议+BMC 芯片共同配合，可以通过远程以太网来发送信号控制物理机的开关机。对虚拟机的开关机就不用说了，更加方便。能对机器开关自如，这一点是完成容灾自动化的前提之一。

向系统中注册物理机和虚拟机的过程限于篇幅就不再贴图了，基本过程类似。值得一提的是，不仅可以在 RecoverTrac 中注册已经存在的虚拟机，还可以直接在界面中创建新的虚拟机，因为前文中已经将 vCenter 管理机注册到系统中并认证了，所以 RecoverTrac 可以利用接口直接创建新的虚拟机。

创建好之后的物理机或者虚拟机对象的各种属性可以随时更改，如图 17−60、图 17−61 所示。其中，物理机的 Power Control 属性页面中可以选择各种不同的远程管理协议；Service 页面中可以选择如果该机器是 Windows 操作系统，其需要保护的服务列表，以便在切换到备用机器之后重新按照配置规则启动这些服务；SAN Client 是指该机器所连接的飞康 NSS 设备需要对该主机做好映射关系，该主机作为该 NSS 设备一个 SAN Client；Device 则是指该主机所连接的逻辑卷，系统可以自动发现，也可以手动添加；Hardware Profile 则是用来描述物理机关键 IO 设备，比如网卡、FC 卡的驱动配置参数，以便系统参考导入备用机器。

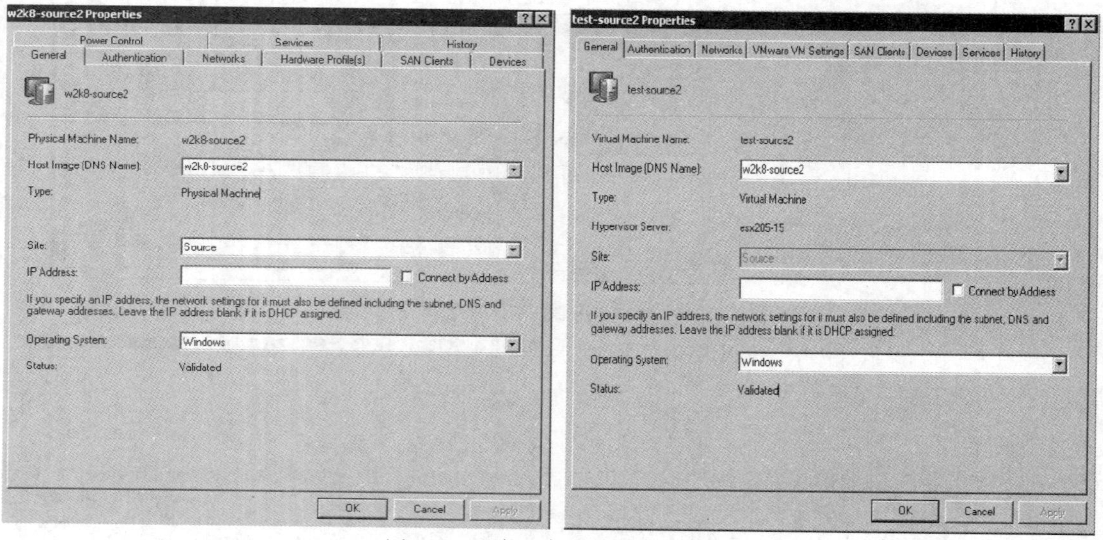

图 17-60　物理机和虚拟机属性

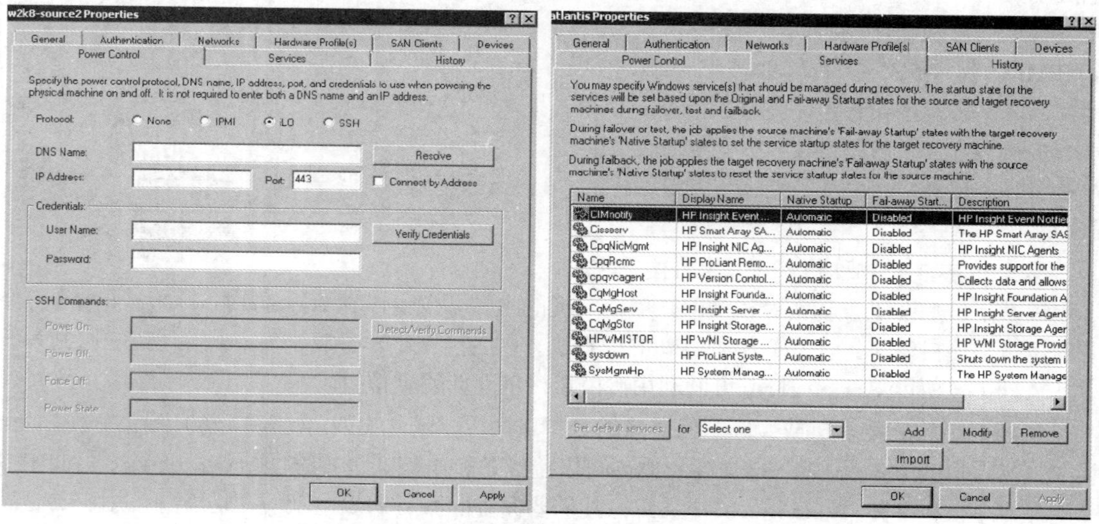

图 17-61　电源管理设置和 Windows 服务设置

所有资源对象注册和配置完毕之后，需要创建容灾任务。如图 17-62 所示，首先需要创建一个容灾任务，选择需要进行容灾的 Host Image，然后选择对应的容灾端机器，以及设定这些 Host Image 之间的启动顺序，图中的 Delay Time 便是来控制各个主机延迟多久启动，以便保证被依赖的应用先启动，依赖他人的应用后启动，当然， 这些必须由人来告诉系统，系统自身不会知道这些逻辑的。

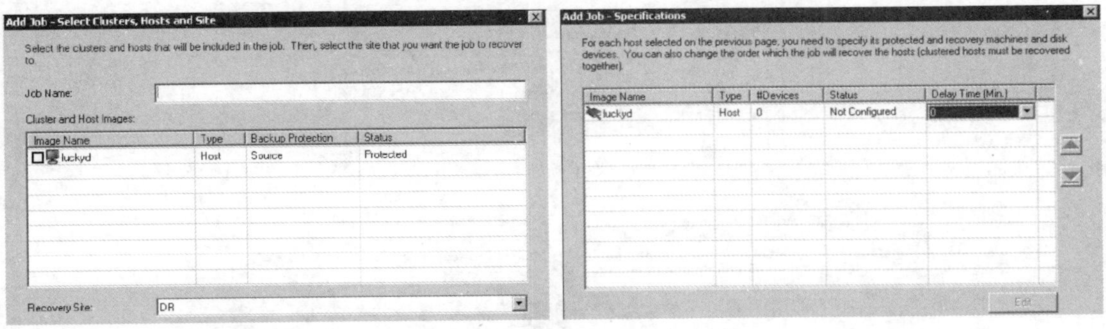

图 17-62 创建容灾任务和选择容灾端机器

如图 17-63 所示为选择灾备端的磁盘，如果本地站点和灾备站点属于共享存储型的拓扑，那么图中就需要勾选“Same Disk Devices”，此时相当于仅仅可以容灾主机宕机；如果本地站点和容灾站点之间采用数据远程复制技术，那么切换到灾备端运行之前，存储系统就必须先把复制关系切换，同时逻辑卷也是主备关系，此时就需要选择使用“Replica Disk Devices”来作为灾备端所使用的逻辑卷。

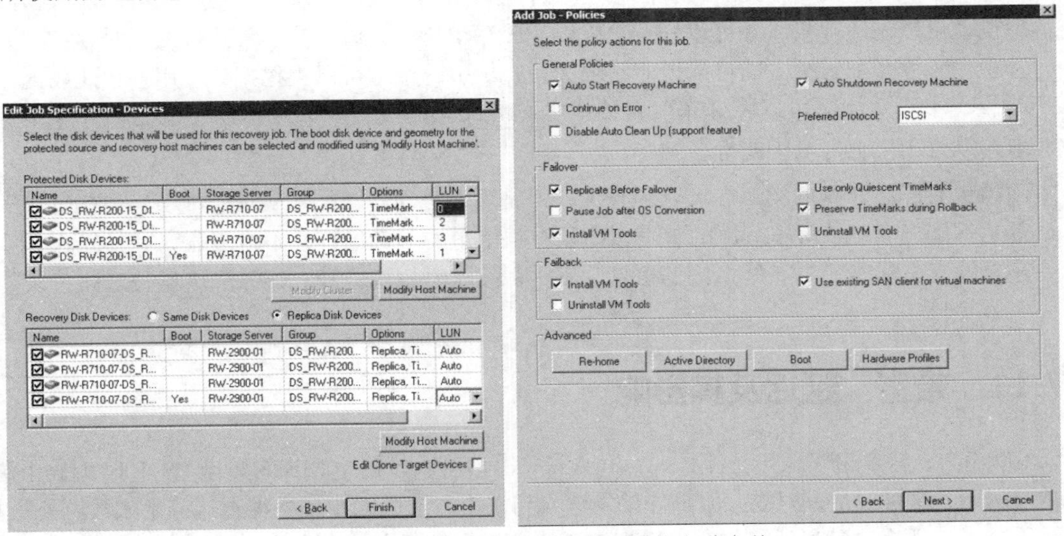

图 17-63 选择恢复用逻辑卷和调整启动参数

容灾任务创建完毕之后，便可以在灾难发生的时候，运行对应的任务，系统便会按照之前设置好的参数和恢复方式将宕机的 Host Image 重新在其他的机器上运行起来。

大致步骤如图 17-64 所示。当开始执行某个恢复任务的时候，RecoverTrac 会首先对当前数据卷做一份快照，然后会利用这份快照来作为灾备端主机的底层数据，为何不直接用原卷上的数据？因为此时灾难已经发生，原卷的数据最好别碰，碰坏了玉石俱焚，还是做一份快照来使用保险的多。快照生成之后，RecoverTrac 会将这份快照挂起来，然后将其改变成灾备端主机硬件以及 OS 能够支持的格式，比如 P2V、V2P、P2P，如果两台物理机硬件规格、HBA 卡型号也不同，就可能需要做一些更改才可以成功挂起数据卷。然后，RecoverTrac 会将处理好的快照映射给灾备端主机，但是先不启动灾备端主机。下一步，如果是计划内切换，RecoverTrac 会首先停掉源端业务主机，然后启动灾备端主机，主机启动之后，数据卷自然挂起，业务自然启动；如果是灾难真实发生，那么系统会直接启动灾备端主机。

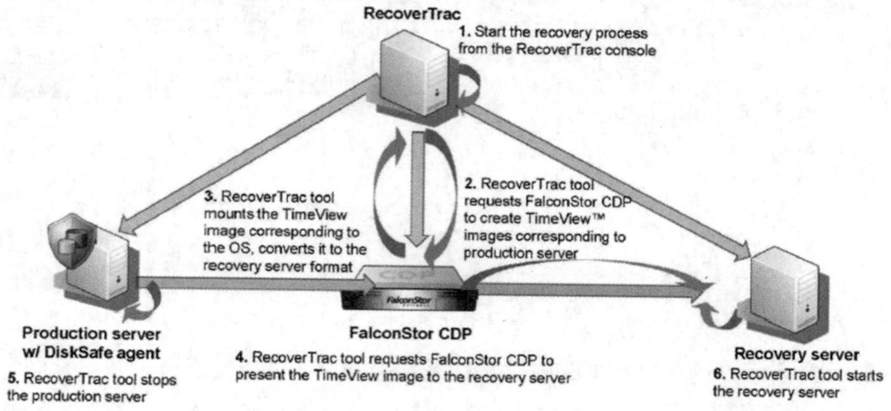

图 17-64　恢复流程

说明：虽说飞康 RecoverTrac 的配置界面并没有达到本人理想中的容灾管理系统的用户体验效果，不过其对容灾的封装抽象，比如，将 Host 作为一个资源，其底层可以对应物理机也可以是虚拟机，并可以任意 P2V/V2P/V2V/P2P，其概念是非常独特的，对容灾的管理、监控和配置等方面可以说非常强大，有更多的细节可以去挖掘和使用。在此我也希望飞康研发团队可以将好东西宣传出去，界面上的改进在如今移动终端时代并非难事，欲行千里，好马须配好鞍。

国内也有厂商开发的类似容灾管理系统，但是无论是理念、技术实现、细节、体验等，都达不到飞康 RecoverTrac 的水平，而且有很浓重的参考痕迹，不再多表，究其原因，还是缺乏十年磨一剑登峰造极的执着，不重视技术，急功近利。振兴民族科技之路，谈何容易！

17.11　带宽、延迟及其影响

100Mb/s，这个速率意味着什么呢？有人说，每秒可以传输 10MB 的数据（8/10b 编码下）。通常情况下，这种说法是对的。但是如果发送方与接收方之间的距离变得很远，比如数百公里甚至一千公里，那么这种说法，你会发现根本不成立。我们现在就来分析一下。

大家知道，光或者电信号的传输是有固定速度的，即近似每秒 30 万公里。（光在真空或者空气中传播可以达到 30 万公里每秒，但是在光缆中传播的实际速度为 20 万公里每秒，而电信号在电缆上的传播近似为 21 万公里每秒）如果两点之间距离为 1000 公里，那么信号传一个来回（传到对端，然后对端给以 ACK 应答）所耗费的时间就是 1000 ÷ 300000 × 2 ≈ 6.6ms。什么概念呢？也就是你想把 1b 的数据传输到一千公里之外的地方，那么至少你要耗费 6.6ms。那么传输 10b、100b、1Kb、100Mb，需要多长时间呢？首先想到的是，至少比传 1b 要慢。到底需要多长时间？来看这个公式：传输来回时间 =（数据量 ÷ 链路速率 × 2）+（传输距离 ÷ 光速 × 2）。数据在传输的时候，首先会被通过编码电路将数据串行化编码然后放到电路或者光路上传输，这个编码速率，就是链路带宽，100Mb/s 的带宽与 1000Mb/s 的带宽，区别就在于后者在单位时间内可以编码相当于前者 10 倍量的数据。但是不管链路带宽有多少，数据被编码之后，数据在电路上的传输所耗费的时间对各种速率的链路来讲都是一样的，因为传输的时候已经与链路编码速率（带宽）

无关了，传输到对方之后，对方还需要解码（所以编码所耗费的时间也要乘以 2），同样也是取决于链路带宽。

所以，当两点之间传输距离很近的时候，比如 1 千米，那么传输时延≈0.0066ms，基本上可以忽略了。所以那个公式变为：传输时间=（数据量÷链路速率）。所以说，链路速率越大，只代表其编码速度越快，而不代表传输速度越快，传输速度是固定的，都是光速。再打个比方，有一辆长途车，50 个人排队上车，排队上车需要 120s，汽车行驶需要 60000s，50 个人排队下车需要 120s。50 个人被排队送上车，就好比数据被串行编码放到电路上传输，汽车行驶相当于电路信号从一端传递到另一端，50 个人排队下车，就好比对端的解码过程了，然而到此还没有结束，当汽车抵达目的地之后，司机必须在返回出发点进行报信，这就好比 TCP 协议在收到数据之后发送给源端的 ACK 应答一样。司机可以空着车跑回去报信（单独发送 ACK 应答包），也可以在目的端捎带着一些回程客人返回去报信（TCP 可以在反向流量中夹带 ACK 应答信息以提高效率）。但是在容灾系统中，数据总是从源端流向目的端的，或者在灾难回切的时候从目的端流向源端的，总之只有一个方向有实体数据流动，那么此时回程 ACK 都是独立的 ACK 应答包（独立 ACK 包很小所以其编解码所耗费的时间也忽略掉即可）。

另外，一辆汽车能承载的人数是有限的，也就是说，得一趟一趟地拉，这就好比 TCP 每次所发送的最大数据长度，也就是 TCP 的滑动窗口长度，TCP 得分批把用户数据传送出去，每次的发送量必须小于 TCP 滑动窗口的长度，每次传输之后均需要对方发送一个 ACK（这里不考虑 ACK 合并等特殊情况）。每批数据虽然到了底层可能被切分，比如 TCP 的 MSS（Max Segment Size）切片，一般等于底层链路的 MTU，底层链路再用 MTU 的值来切片，但是这些底层的切片在被传输到对端之后，并不需要对端底层协议的应答，只有对端的 TCP 在完整的收到 TCP 发送的一批数据之后，才会应答。

那么我们来算算在相隔 1000 千米的两点之间，每秒到底能够传送多少个来回：1000ms÷6.6ms=151 个来回。如果按照 TCP 的典型滑动窗口即 16KB 来计算的话（每次发送 16KB 数据然后就等待应答，不考虑延迟应答或者合并应答等特殊情况），那么每秒吞吐量仅为 151×16KB=2416KB，也就是 2.4MB 每秒。夸张么？

当然，上述算式是忽略了编解码所耗费的时间以及整个链路上各种中继、转发或者协议转换设备所带来的处理延迟（好比长途车途中遇到的各种收费站、立交桥等）。如果算上这两者，则吞吐量会更低。更加准确的实际数据传输吞吐量计算公式为 V=TCP Window Size÷2（TCP Window Size÷链路带宽+距离÷光速+链路设备处理延迟）。总之，距离越远，实际传输吞吐量就越低，在实际应用中一定要有底。

当距离很短时，可以忽略距离带来的延迟，此时显然谁带宽高谁传的就快；而距离很长时，此时带宽再高也无济于事，因为大头都被距离给耗掉了。另外，即便是底层链路的带宽相同，距离也相同的情况下，使用不同的协议进行传输，所带来的延迟也是不同的。但是设想一下，不管链路跨越了多长的距离，如果这条链路上永远都有数据在传着，那么发送方与接收方就可以以链路带宽的原生速率来收发信息，只不过有时延，就像卫星电视那样，此时传输速率并不会打折，如果做到这一点，那么对于一个容灾系统来讲是非常好的事情，充其量只会丢失几毫秒之内的数据。但是，事实却并非如此。超远距离传输，怕的就是数据流的卡壳，卡一次两次不要紧，频繁卡壳，那就根本无法利用起链路带宽了。这就好比磁盘寻道操作一样，本来磁头能以很高的速度读写盘片上的数据，但是没办法，必须换道，这一换道，外部速率骤降。碰巧的是，15K 转每秒的 SAS 盘其平均寻道时间为 5.5ms，而一千公里距离的传输时延为 6.6ms，这两个值倒是接近而且还挺有意思。

传输协议无法避免“卡壳”，因为总要传一段歇一段来等待对方吱个声，看看收到没有。比如 TCP，这样就平白无故的浪费了底层链路时隙；再加上长距离下的高传输延迟，一来一回更浪费了大量时间，所以会出现上文中的即便是千兆链路下，1000 公里的距离每秒也只能传输 2.4MB 的理论值，实际值将会更低了。

另外，如果在长距离下使用诸如 iSCSI 等协议的话，那将更是一笔惊人的浪费。大家知道 SCSI 层本身就有传输保障机制，人家自己有 ACK 那一套，而底层 TCP 再来这一套显然就显得多此一举了。按理说有了 SCSI 层的传输保障机制，其下层协议栈就应该是个无状态的类似链路层协议了，应该直接将数据一股脑传过去，但是现实是它非得传一段，停一段，等待对方说个 OK，然后再传再停，慢慢腾腾；不仅如此，再加上 SCSI 也要传传停停，那就是变本加厉。所以长距离上跑诸如 FCP、iSCSI 等这种 SCSI 协议与 FC/TCPIP 协议的合体协议，将会是个梦魇。

降低不必要的 ACK 数量，增加滑动窗口，这些都是广域网加速的技术，对传输速率会有一定程度的提高。但是最终解决办法，还是要尽量缩短两地距离，或者开发专用优化的协议了。

说到私有协议，这里就展开讲一下。上述所有场景，均建立在两点之间只有单 TCP 连接，即单流的场景下，此时的链路带宽当然无法被充分利用，而且也提过，如果底层链路一刻也不闲着，那么其有效带宽就可以更高的被利用，怎么办呢？显然，通过提高并发连接的数量，就可以充分利用起底层链路的时隙。

提示：关于这个思想，在磁盘阵列控制器如何充分利用起后端 FCAL 环路的带宽方面也是类似的，大家可以阅读附录 1 中的第 5 问。

大家知道 iSCSI 里有个 Multi Connection Per Session 的概念，使用 Microsoft 的软 iSCSI Initiator 的话，里面就可以进行设置，让 Initiator 端可以同时与 iSCSI Target 端建立多条并发的 TCP 连接，从而提高远距离传输时的效率，当然这个特性需要 iSCSI Target 端的支持配合。但是对于 FCP 来讲，就没有这种特殊考虑的并发连接设计了。经过考量设计的可并发连接的私有协议可以极大提高远程数据传输的效率。比如，在优质链路条件下，可以降低 TCP 连接数并且增加滑动窗口，而随着链路质量的降低，逐渐增加 TCP 并发连接数，同时降低滑动窗口的大小。

既然说到了多流并发，那么索性就再展开一些。对于一个异步模式的数据容灾复制系统，最起码要保证的是灾备端数据的一致性，而数据一致性又有多个层面，最底层的一致性就是所谓“时序一致性”，灾备端起码要保证每个 IO 都按照其在源端被执行的顺序刷入灾备端数据集中。如果使用单流 TCP/IP 则可以保证时序，但是传输效率很低；但是在多流并发的情况下，因为原本流与流之间是无关联的，可能在源端先执行的 IO 被传送到对端之后却被后执行了，此时就需要引入更复杂的逻辑来保证同步过去的数据被按照顺序执行。这里又有两种办法可以考虑，一种是保证 RPO，在多个流之间维护强一致性，将多个流强制关联以保证收发顺序，此时灾备端可以立即将收到的 IO 数据刷入底层数据集；第二种则是牺牲 RPO，主备站点之间之间采用端到端的一致性组技术，在数据批与数据批之间保证时序性，而不是每个 IO 之间。此时灾备端不能在收到数据后立即刷入，比如等待一批数据全部收到之后才可以刷入。这么做虽然可能导致丢失一批数据而不是几个 IO，但是可以方便的保证数据一致性。

第 18 章

鬼斧神工——数据前处理与后处理

- 数据前处理
- 数据后处理
- 阴阳

存储相当于主机之下的主机，主机要做什么，存储都要做，但是存储做的，主机不一定做。存储上运行着各种各样的应用程序，这些程序专门管理和处理数据，作者发明了一个词，称其为“Data Cooker”，个人感觉非常合适用来描述这些程序，比如 Snapshot、Deduplication、Mirror、Clone、Tiering、Migrating 等。这些 DataCooker 可以在原本的裸数据之上实现更高级的功能，实现更多的附加值。

存储除了比主机多运行了一些更为强大的复杂的 Data Cooker 之外，其他与主机无异。所以，只要有了所有 Data Cooker 或者创造更强大的 Data Cooker，那么就有了创造一台强大存储的能力。

相对于存储硬件来讲，软件更为重要，有些存储甚至连一些普通 x86 服务器的硬件指标都达不到，但就是因为它有强大的 Data Cooker，可以让它称霸一方。如果有了更强大的硬件平台，可以将代码移植到新平台之上。不过看似目前不开放的平台正在萎缩，大家都在开放平台里给自己铺路，比如 EMC 的 V-MAX，高端存储也用普通 x86。

18.1 数据存储和数据管理

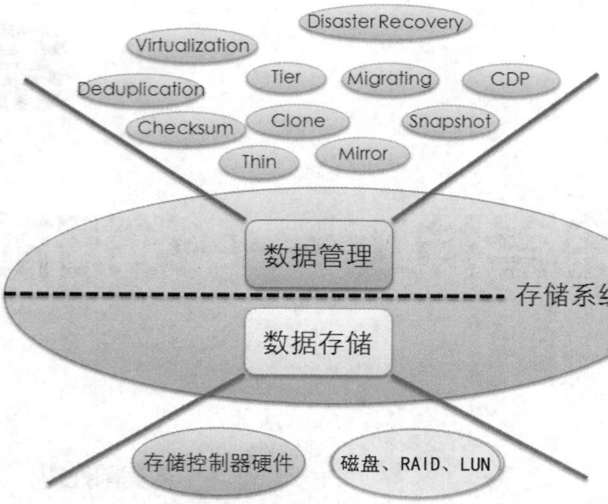

图 18-1　数据存储和数据管理层次图

存储系统有两大部分内容：数据存储、数据管理。数据存储部分包括：存储控制器硬件、磁盘、适配器、网络传输通道、RAID 管理、LUN 管理等，这个部分的主要功能就是提供基本的裸数据的存储服务，比如将数据存储到对应的 LUN 中或者从其中读出。数据管理部分包括：Tier、Snapshot、Clone 等数据处理功能模块，更多的数据管理功能模块如图 18-1 所示。

数据管理部分主要负责一些高层的数据处理，就像社会需求层次金字塔一样，最底层的需求是生存、温饱、有衣服穿，这一层就对应了存储系统对数据的基本存储功能，比如向一块磁盘中存储数据；再往上就是更高层的需求，比如不仅要温饱，还要吃好，味道足，而且还要物质丰富，要啥有啥。这就对应了存储系统对数据存储的进化，比如将多块硬盘做成 RAID 提高性能，并且划分 LUN 使空间分配更加灵活，硬件配置越来越强大；然而人的需求总是得寸进尺而且越来越疯狂并且无聊的，吃还要吃出花样来，吃出品位和精神来，吃完了还不行，还要追求精神层面的享受，比如，钱太多了，上街撒一把，或者装个乞丐乞讨。这就对应了存储系统中对数据的更高级的处理，Mirro、Snapshot 等，甚至一些华而不实的功能。

又可以把数据管理部分分为对数据的前处理和后处理两大类别。前处理指的是当数据还未写入磁盘之前就已经对数据进行了初期加工，或者对数据的存放空间做预先的准备，之后才写入磁盘存放，前处理的例子比如：Post Deduplication、Thin Provision 等。后处理则指的是当数据写入磁盘之后，功能模块将这些数据再读出进行处理，之后再写回磁盘。后处理的典型例子比如：BackGround Deduplication、Data Migrating 等。有些功能模块既包含前处理过程，又包含后处理过程，比如 Snapshot。Snapshot 的生成是一个后处理过程，但是一旦 Snapshot 生成，那么每个受影响的 IO 也都会经过额外的前处理过程，比如 CoW 过程，之后才被写入硬盘；再比如 Mirror，Mirror 可以前台同步执行，也可以后台异步执行，前者则就属于前处理，而后者就是后处理了。

18.2 存储系统之虚实阴阳论

太始之初为太极，即先天地而生者，即道，即混沌无极。无极而至则分化为两极，一为阴，一为阳，阴者为浊为实质，阳者为清为气为能量。二者本为和合，但合久必分，阴阳分化导致对立，阴阳二者通过不断叠加和合，量的积累产生质的变化，而衍生了万物万象，所以万物万象皆表现为阴阳实虚表里上下大小等两极化。然而分久必合，两极相合的过程便衍生了生老病死沧海桑田。两极分分合合，万物轮回生生不息。阴阳既对立又相合，阴灭则阳毁，阳毁则阴灭。

现在的社会是虚进实退，实实在在的东西越来越少，越来越没人去做，而虚的东西却越来越多的人趋之若鹜。虽然表面看来风光无限，但殊不知，虚是要靠实来支撑的，阳气是要靠阴实来运化生发的，不管任何系统，如果系统中的实质不够，那么它所能运化出的能量也就有限。如果利用某些歪门邪道强制运化，那么必定会元气大伤，阳气再也不能运化，此时整个系统就表现为一个没有知觉和功能的实质，这种实质其本质已亡，这就是所谓“阳灭则阴毁”。如果系统的实质已经亏空，则阳气也无法生化，此即为“阴损则阳损”。所以当整个社会的阳膨胀到一定程度之后，物极必反，能量将走向坍塌湮灭沉淀，然后再逐渐积累阴实，然后阳再次逐渐被生发扩大。

对于存储系统来讲，既然作为一个系统，那么它与世界中其他系统都有类似的本质，阴阳和合而生，同时阴阳对立，互引互斥，共同推动自身的发展过程。对于存储系统，实质为阴，比如控制器、磁盘、线缆、柜子等所有硬件；而软件为阳，比如操作系统以及各种 Data Cooker。软件与硬件之间就是一种阴阳关系，脱离了软件，硬件就是一堆废铁；而脱离了硬件，软件就脱离了存在的根本而灰飞烟灭。如果硬件不够强大，那么软件运行的速度也就不够快。同样，在软件层次之内，也有阴阳关系，底层软件为阴，比如设备驱动程序、RAID/LUN 管理程序；而上层的软件为阳，比如 Snapshot、Clone 等，如果没有底层的阴实的支撑，上层的这些能量就无法被生化。

磁盘上只有数据，不同的存储系统，样子可能一样，磁盘也都可以一样，但是它们各自的修行境界是不同的，有些系统拥有强大的 Data Cooker，而有些系统则徘徊于基本的数据存储层面。

万物只要法于阴阳，就可以保证运行顺畅，一旦与阴阳变化规律相悖，则就会产生各种问题。对于存储系统也遵循这个道理。比如某系统拥有强大的硬件，但是它却没有强大的数据管理软件模块，只能够提供基础的数据存储服务，那么这样的存储系统就很难满足目前的业务需求；如果某个存储系统拥有强大的数据管理功能，但是它底层的硬件却是捉襟见肘，性能很弱，那么也就无法高性能地发挥出这些高层功能。

阴位于阳之下，阴是实质，阳是能量。数据存储为阴，数据管理为阳。目前的存储市场更加注重修炼阳，而对于阴的修炼已经逐渐弱化，大部分厂商已经将底层硬件架构转为开放廉价的 x86 架构，利用集群化来支撑上层对底层性能的要求。

18.3 Data Cooker 各论

由于 Snapshot、Clone、Disaster Recovery、Virtualization、Mirror、CDP 已经在本书其他章节介绍过了，所以下面只介绍 Thin Provision、Deduplication、Tier、Space Reclaiming 等。

18.3.1 Thin Provision/Over Allocation

Thin Provision 目前被广泛的翻译为“瘦供”或者“自动精简配置”，对这两种翻译笔者个人是不赞同的。一是这两种翻译根本无法反映这种技术的本质，让人根本看不懂；二是这两种翻译容易让人理解错误，会误导别人。前者直接按照字面翻译，完全没有任何意义，后者则故弄玄虚，弄了一个让人摸不着头脑的看似“专业”的词。笔者认为 Thin Provision 直接翻译为“超供”最能反映这种技术的本质，即 Over Allocation。Over Allocation 的概念最早是由 STK 公司于 1992 年提出的，后来 DataCore 公司根据 Over Allocation 的思想在 2002 年提出了 Thin Provision 的概念并将其应用于存储产品，随后 3PAR 也于同年在其存储产品中应用了 Thn Provision。

所谓超供，还是举个例子来讲，比如某台存储系统只有 10TB 的物理存储空间，现在有 10 台主机客户端，每个客户端各自需要 1TB 的存储空间，所以这 10T 空间只能给这 10 个客户端来用，此时已经没有剩余空间了。但是在使用过程中却发现，这 10 个客户端中，不是每个都能很快就将自己的 1TB 空间用完的，这就造成了空间闲置。有没有办法把这些闲置的空间利用起来，但同时又不能让原来的 10 个客户端感知到呢？

从技术上来讲，实现这种善意的"欺骗"不成问题。假如 10 个客户端每个实际使用了 500GB 的空间，这样的话，整个系统内还剩下 5TB 的空间没被实际占用，那么此时存储系统可以在后台悄悄地将这 5TB 的空间再分配给其他客户端，比如，再分别分配 1TB 的空间给 5 个客户端，现在所有 15 个客户端每个客户端所看到的额定空间都是 1TB，但是实际物理空间却只有 10TB 而不是 15TB。这就是"超供"的"超"字所体现的含义。

更进一步，上面的例子，即使剩余了 5TB 未占用空间，那么既然存储系统可以自欺欺人地将其分配给 5 个客户端每个 1TB，那么为何不能更加厚颜无耻地分配给 10 个、20 个客户端，每个 1TB，或者每个 10TB 的空间呢？本来已经是在骗，骗 1TB 也是骗，10TB 也一样是在骗。最后，干脆变成一个彻头彻尾的骗子得了，骗子的最高境界就是连自己都被自己骗了。比如，本来自己只有 10TB 物理容量，但是它却通告自己有 10PB 的容量，所有客户端的分配空间，将会在这 10TB 的整体物理空间中按需分配，也就是说，分配给你多少空间只是虚的，你实际用多少才是实的，才是占用实际空间的。这种做法是基本常识，比如网络硬盘、邮件服务商等，你申请一个 2GB 的网络硬盘或者邮箱，供应商才不会给你预留 2GB 的空间，它只是记录一下而已，当你真的塞入了 2GB 的数据后，你才真正地占用了供应商的存储空间。

存储系统实时监控物理空间使用情况，一旦所有用户整体空间消耗达到临界值，则需要马上扩大物理容量。然而，对于空间使用率的监控方面，如果存储系统为 NAS 系统，提供的是一个基于文件协议的卷共享，则存储系统本身就可以很容易地监控存储空间的真实耗费情况，因为 NAS 系统是自己来维护文件与物理空间对应关系的。但是如果存储系统提供一个基于 Block 协议访问的空间，比如 FC 或者 iSCSI 协议的 LUN，则存储系统所监控到的这个 LUN 在物理磁盘上所占用的空间使用率很大程度上是伪的，存储系统监测到的占用率永远大于其实际占用率，其原因是因为存储系统自身一般不能感知到这个 LUN 中的文件系统中的实际文件所占用的空间，只有客户端主机才能看到，如果在使用这个 LUN 的客户端主机上曾经将数据塞满整个 LUN 但是随后又删除掉了，那么存储系统所看到的这个 LUN 的使用率永远都是 100%，而实际却是 0。但是从技术角度来讲，存储系统想要监控 LUN 之内的实际数据使用率也不是什么难题，只要能够感知其上的文件系统逻辑即可探查到，并且已经实现，下一节将会描述。

存储系统对 LUN 实际占用空间的监测，可以选择简单模式、复杂模式和完美模式。

在简单模式下，系统将记录一个 High Water Mark，即目标 LUN 曾经接收到的写 IO 所对应的 LBA 地址中最长（最远）的那个，利用这个 HWM 来判断目标 LUN 实际占用的空间。比如，一开始存储系统创建了一个大小为 1TB 的 LUN，但是由于使用 Thin Provision 模式，这个 LUN 刚被创建好的时候，实际是不占用存储系统物理硬盘的空间的，系统只是将这个 LUN 做记录，但是不为其分配实际空间。当主机客户端挂载这个 LUN 之后进行写 IO 操作时，假设第一个 IO 就是向这个 LUN 的最后一个 LBA 地址中写入数据，那么存储系统此时就会判断这个 LBA 地址，并且查看当前已经分配的物理空间尽头的 LBA 地址，如果当前已分配空间尽头 LBA 地址小于当前写 IO 的 LBA

地址，那么存储系统就会再分配一段长度为（当前 IO 的 LBA 地址 当前已分配空间尽头 LBA 地址）的物理空间给这个 LUN。在这个例子中，虽然主机只发送了一个写 IO，但是存储系统却需要分配与 LUN 标称大小相同的物理空间，这显然是不合算的，但是也是最高效的。

复杂模式下，系统可以识别简单模式所不能识别到的信息，要识别出当前 LUN 真正需要的物理空间，就需要记录更多的信息，比如 LUN 中哪些地址被写过，哪些尚未被写过，而记录这种信息的最高效做法就是利用 Bitmap。Bitmap 中每个比特可以表示一个 Block，或者一个 LBA，但是限于效率方面考虑，每个比特表示一个 Block（或称 Page，比如 4KB、16KB 大小）是比较划算的。利用这个 Bitmap，不但可以随时监测对应的 LUN 中哪些 Block 实际被占用，而且还能统计出实际占用的比例以便在将要达到物理空间极限时发出通知。有了这个 Bitmap，系统就可以针对每个写 IO 都来参考这个 Bitmap，如果当前写 IO 的目标地址对应的比特为 1，则表示已分配其物理空间，则这个写 IO 直接写向对应的物理空间；而如果对应的比特为 0，则表示对应的 Block 尚未被分配，那么系统就会先分配物理空间给这个 LUN，更新 LUN 的 Metadata，然后将数据写入对应的 Block。这样做虽然效率低，但是能够节省更多空间。然而，就像上文中所述的，如果主机客户端确实曾经对这个 LUN 中的每个地址都写过数据，那么此时存储系统就会分配与 LUN 标称空间相同大小的物理空间。但是此时这个 LUN 内的所有数据可能都是“尸体”，即这个 LUN 之上还有一层逻辑在做映射，也就是文件系统（或者其他程序自身管理的数据映射机制）。纵使文件系统将这个 LUN 中的所有数据都删除了，那么此时对于存储系统来说，它根本无法感知到文件逻辑，所以此时这些被删除的文件依然是占用物理空间的。解决这个问题的办法将在下一节描述，也就是所谓完美模式。

Thin Provision 的底层技术实现方式其实并不复杂。大家都知道，不管是在 Windows 还是 Linux 操作系统下，NTFS 或者 EXT3 文件系统，都支持 Sparse File，文件系统为每个 Sparse File 都保存了一张 Bitmap，而这个 Bitmap 的作用正如上文中所述（关于 Sparse File 的更多介绍请参考本书其他章节）。所以，如果某存储系统直接使用文件系统来作为 LUN 的管理平台，那么它完全可以把 LUN 设置为一个 Sparse File。但是由于 Sparse File 并不支持超供，比如物理空间只有 100GB，那么就只能创建 100GB 大小的文件，Sparse 的作用只是在向文件写入大量的 0x00 时不会向磁盘写入这些 0，而且随后的读出过程也不会产生原本应该发生的实际磁盘 IO，而只是在内存中生成这些 0。所以，要实现超供，必须对 Sparse File 功能加以增减。

而一些存储系统并不使用文件系统来管理 LUN 分布，那么这些存储系统就比较难受了。举例来讲，我们先来看看如果使用横向条带化方式来分布 LUN 的情况下（最传统的方式）系统是怎么实现 Thin Provision 的。显然，第一个能够想到的方法就是以一个或者若干个连续条带为单位来进行动态扩充，比如某时刻用户下发了针对某地址的 IO，系统便会在 RAID 组中某处分配一个或者几个连续的条带，随后每次 IO 都如此，并且维护一个逻辑地址到物理地址的映射表。一开始系统尽量保证物理地址与逻辑地址是一一对应的，就是说逻辑上连续的地址在 RAID 组的物理地址也被连续存放。但是随着 RAID 组中 LUN 数量的增多，由于是 Thin Provision，其他 LUN 的空间可能随时会挤占某个 LUN 的物理空间缝隙，这样下去之后，整个 RAID 组中的多个 LUN 之间的条带可能就变成一种错乱排布的情况，这样直接导致了逻辑连续的条带在物理上却不连续，在大块连续 IO 情况下却表现为随机 IO 的效率低下。

Thin Provision 杜绝了浪费而避免了额外开销，降低了成本。而且，实现 Thin Provision 不需要多少配置过程，用户只需要在创建 LUN 的时候加一个标记即可，其他都是系统后台自动完成的。

注意：但是使用 Thin Provision 时必须严格注意的是：随时监控目标 LUN 的实际占用空间和系统剩余的物理空间，当达到阈值时，一定要扩充物理空间。否则一旦发生数据溢出，主机端报出的错误将是类似“某某扇区写入失败”的底层严重错误，而不是类似“磁盘已满，清除垃圾后再处理”之类的上层错误，可能将会导致一系列更加严重的连锁反应，影响主机端的运行。

1. Thin Provision 对性能的影响

Thin Provision 会产生一定的性能影响。有人可能产生这个疑问：“本来 500GB 的需求，你只给 50GB 的空间，相当于 50GB 的空间承载了 10 倍的 IO 请求，性能会成问题。”这个结论是在某论坛某网友提出的，笔者第一次看到时真的有点觉得被噎了一下。Thin 确实对性能有影响，但是这个结论就属于完全的谬论了。假设不使用 Thin，创建一个 500GB 的 LUN，就给他预留 500GB 的物理空间，那么此时，这个 LUN 所接受的 IO 目标地址如果都落在 50GB 的地址范围之内，那么按照上面的结论，岂不是依然是“使用 50GB 的空间承载 10 倍的 IO”么？所以说这个结论着实有些荒谬。

那么 Thin 对性能的影响到底体现在哪些方面呢？主要是两个方面：耗费额外 CPU 周期、物理空间碎片。

开启 Thin 模式之后，针对 LUN 的每个 IO 都需要耗费额外的处理流程。比如，还是上面的例子，50GB 物理空间，当这个 LUN 接收到一个超过 50GB 地址范围的 IO 时，比如是读 IO，那么 Thin 引擎就会先查询 IO 的目标地址是否已分配了物理空间。本例中尚未分配，所以 Thin 引擎会向上层返回全 0x00，因为目标地址尚未分配物理空间，证明它尚未被写过，那么对应地址上的内容当然就应该都是 0x00 了；如果是写 IO，那么 Thin 引擎也需要判断目标地址是否已经被分配了空间，如果已经分配，则直接将这个写 IO 导向对应的物理空间地址，如果尚未分配，那么 Thin 引擎还需要在整个物理空间内查找剩余的空间，而且还需要尽量保持与已经分配的空间在物理上连续。这一系列的判断和处理，加上还需要同时维护一些元数据之类，都是需要耗费额外的计算资源的。

由于 Thin 不会预留标准的物理空间，而是随用随分配，就像操作系统对内存的管理一样。那么就无可避免地会产生物理空间的碎片，针对一个 LUN，传统模式下是连续分布在物理空间之上的，而 Thin 模式下，可能这一块，那一块，因为原本应该连续被分配的空间很有可能被其他的 Thin LUN 所占用，多个 Thin LUN 混乱地分布。这样就导致了 IO 性能问题，本来上层的连续地址 IO，经过 Thin 引擎处理之后，可能却变成了随机度大增的 IO 类型。这一点对于那些物理空间分配粒度很小的 Thin 引擎更为明显。

上文曾经提过，Thin 可以有不同的细节设计。比如一个 50～500GB 的 Thin LUN，当接收到一个位于 80GB 偏移处目标地址的 IO 时，Thin 可以智能地判断上层在接下来的时间里，很有可能需要对其附近的地址有更多的操作了，所以，Thin 引擎此时可以以 80GB 这个逻辑目标地址为基准，在其左和右各分配比如 16MB/64MB/128MB 的物理空间以预先占位，新分配的空间，视剩余物理空间的比例而定，尽量保持连续。或者 Thin 引擎干脆可以以更大、更简洁的办法处理，把分配粒度设计成最大化。

比如刚才那个例子，可以直接将 50～80GB 之间的 30GB 的物理空间分配下去，只不过这样做的肥胖率会大增，但是却节省了计算资源，同时降低了 IO 性能损耗率。Thin 引擎不可能完全做到最细的最小化粒度分配，即以单个 IO 的目标地址为粒度，还是刚才那个例子，如果 IO 长度为 1，即只读取或者写入一个扇区的话，那么 Thin 引擎不会只对这一个扇区进行物理地址空间分配，这样做效率太低，需要维护的 Bitmap 等元数据粒度太大，尺寸也就过于庞大，查找起来非常耗费资源，而且底层产生的碎片更多。所以，流行的还是折中的做法，即在 IO 目标的左右以相当长度的粒度将空间分配下去，这样就可以在一定程度上保证连续 IO 的性能，同时可以保证耗费较少的计算资源。

说道 Thin 对性能的影响，这里有一个极端的例子，请看表 18-1。这是国外某知名存储厂商某终端阵列开启 Thin 功能之后的性能下降统计表，可以看到最差情况下性能竟然下降了 70%，而且是随机 IO 的情况下。如果说 Thin 会让逻辑上连续的块底层变得随机，那么这理论上应该不会对随机 IO 产生这么大的影响，因为原来也是随机，现在依然是随机，随机度并没有加成。那么原因出在哪里呢？

表 18-1　Thin 对性能的影响

Block			512B			1MB		
磁盘配置方式：5盘RAID5			IOPS	MB/s	AVRT	IOPS	MB/s	AVRT
顺序写满	100%顺序读	Thin	13577.75	6.63	37.71	168.67	168.67	3035.54
		Normal	17539.62	8.56	3.65	195.79	195.79	326.40
	100%随机读	Thin	1271.92	0.62	402.55	73.77	73.77	6934.64
		Normal	2706.11	1.32	23.65	114.76	114.76	556.62
	100%顺序写	Thin	14510.71	7.09	35.28	167.67	167.67	3053.21
		Normal	16749.33	8.18	3.8206	181.35	181.35	351.38
	100%随机写	Thin	414.67	0.2	1235.28	65.19	65.19	8435.03
		Normal	1861.50	0.91	34.37	160.24	160.24	5502.54
1MIO随机写满	100%顺序读	Thin	9382.13	4.58	54.57	51.06	51.06	9999.02
		Normal	17539.62	8.56	3.65	195.79	195.79	326.40
	100%随机读	Thin	1275.95	0.72	401.27	55.48	55.48	9223.38
		Normal	2706.11	1.32	23.65	114.76	114.76	556.62
	100%顺序写	Thin	9404.04	4.59	54.44	45.12	45.12	11365.95
		Normal	16749.33	8.18	3.8206	181.35	181.35	351.38
	100%随机写	Thin	443.04	0.22	1155.77	38.49	38.49	13627.05
		Normal	1861.50	0.91	34.37	160.24	160.24	5502.54

写满方式	读数据方式	512B（小）IO	（大）IO
顺序写满	顺序读	性能下降23%	性能下降14%
	随机读	性能下降53%	性能下降32%
随机写满	顺序读	性能下降47%	性能下降74%
	随机读	性能下降53%	性能下降52%

写满方式	写数据方式	512B（小）IO	（大）IO
顺序写满	顺序写	性能下降13%	性能下降8%
	随机写	性能下降78%	性能下降60%
随机写满	顺序写	性能下降44%	性能下降75%
	随机写	性能下降76%	性能下降76%

这还得从 Thin 的源头原理来追溯。要想实现 Thin 的核心模块，只要有三大元数据基本就足够了：一个位图、一张表、一棵树。位图是用来记录底层连续物理地址空间内哪些地址已经被分配，哪些没有被分配的，以便用来迅速分配空间；表则是用来记录各个 LUN 的逻辑地址与物理地址对应关系的，因为逻辑地址不是传统那种与物理地址一一对应的关系了，可能随时被分配到任何地址上，这张表需要按照逻辑地址排序从而便于后续的查询操作。树则是在内存中生成的用于迅速查表的结构了。说到这，我们先来算算这张表的大概容量吧，假设使用 64b 的地址长度，分配粒度为 32KB，也就是每 32KB 的物理块用一个 64b 地址表示，那么这张表内每一项条目的大小就是 128b。对于一个容量 1TB 的空间来讲，需要 33554432 个 32KB 的块组成，那么这张表的容量就是 33554432 × 128 ÷ 1024 ÷ 1024 ÷ 8=512MB 的空间，而针对一个 10TB 的空间就需要保存 5GB 的元数据。而一般情况下，支持 Thin 的产品一般都会将所有磁盘建立成一个全局存储池，也就是说，系统中的全部磁盘都需要加入这个池，那么加入 100TB 的空间，就需要对应 50GB 的

元数据。而如果使用 1MB 的块粒度，那么大家自己算一下，元数据会骤降到 16MB/TB。如果将地址长度也适当降低，比如降低到 48b，则也能节省一定容量的元数据。顺带提一下的是，这种元数据量相对于文件系统元数据量来讲，还算是少的。正因为元数据如此之大，所以不可能全部驻留内存，这样就牵扯到每次上层的用户 IO 都可能需要读写这些元数据，所以会导致性能严重下降，也就是被读写惩罚所拖慢了，即便是随机 IO，其性能依然有很大下降。至于元数据所耗费的计算资源，并不是很大，查询效率还是很高的。再加上传统阵列厂商在类文件系统方面积累不够，IO 优化还是不到位，所以会导致性能相对下降。

HDS 公司在 USP V 产品中使用 42MB 为一个粒度，EMC 在 DMX 上的粒度为 768KB，IBM 在其 SVC 产品上的粒度为 32～256KB，“IBM 在其 DS8000 和 Storwize V7000 中的 Easy Tier 的粒度为 16MB～8GB，默认为 256MB”。而 3PAR 公司的粒度是 16KB；然而这并不是业界最小的，最小的粒度当属 NetApp 的 WAFL，为 4KB，因为它对待 LUN 就像一个普通文件。3PAR 公司的 Thin 处理模块被嵌入在 ASIC 中以加快执行速度。

2. Thin Provision 的脆弱性

Thin 的第一个脆弱性就是其对性能的影响实在不可忽略，甚至有时不可容忍。某厂商的存储系统，开启了 Thin 功能之后，性能最大下降了 70%，也就是性能最差时仅为非 Thin LUN 的 30%。究其原因可以参考上文中的描述。这使得 Thin 很难被广泛地用起来，除非能够解决性能问题。而粒度与性能总是一对矛盾，为了保证性能而增加粒度，又会丧失 Thin 的意义，所以如何在性能与粒度之间取舍，是厂商应该考虑的问题。

Thin LUN 需要时不时地进行碎片整理以保证性能。上文中描述了 Thin 导致的数据乱分布问题，这样的话，就需要考虑引入 LUN 碎片整理机制。不要将 LUN 碎片整理与 LUN 文件系统碎片整理相混淆。后者是指使用这个 LUN 的主机端上的文件系统对 LUN 内的逻辑上的文件进行碎片整理，而前者是指将本身被乱分布到 RAID 组之上的 LUN 碎片进行整理，其实这两个层面的碎片整理本质上是一样的，可以把 LUN 看作是分布在 RAID 组之上的一个大文件。NetApp 的 WAFL 就是这么做的，而且 WAFL 天然可以实现 Thin LUN，现用现分配空间对于文件系统来讲是小儿科的事情，LUN 就是 WAFL 下的一个文件。也正是因为如此，WAFL 同样面临着碎片问题，为了保证性能，其提供了 LUN Reallocation 操作，也就是碎片整理操作。

Thin 的第二个脆弱性便是其瘦身的效果很难维持，时不时地就会变胖。比如，主机端应用程序或者文件系统的一些行为。最典型的便是文件系统碎片整理过程，会首先读出零散的碎片，整合之后写入新位置，然后标记之前的位置为空闲。而“写入新位置”这五个字，是 Thin LUN 最不愿意看到的，因为这意味着系统要分配这些新位置，那么 Thin LUN 就逐渐变胖了。如果原本 100GB 的 LUN，上面有 50GB 的碎片文件，而此时这个 Thin LUN 可能只实际分配了 70GB 的物理空间，那么当进行文件系统碎片整理之后，极端情况下，文件系统可能要读出这 50GB 的碎片，然后再写入 50GB。假如碎片整理过程需要的新空间为 30GB，那么系统一定就会在底层将原本的那瘦下去的 30GB 分配出来，此时这个 LUN 就是一个胖 LUN 了，就算文件系统碎片整理完毕之后，实际文件占用仍然为 50GB，那么这个 LUN 也瘦不回去了，除非有回收机制（见下文）。

另外一个典型例子便是生成大量临时数据的应用程序。比如某应用程序运行时，某个条件下触发大量临时文件数据的生成，结束之后就删掉，那么此时对应底层的 LUN 来讲，也要分配对应的空间来存放这些临时文件数据，虽然最后的状态是这些临时文件全被应用程序删掉了，但是底层已经胖了，回不去了。上一段曾经说过“Thin LUN 需要碎片整理”，这一段又说“碎片整理会导致 Thin LUN 变胖”，乍一看非常矛盾，其实还是如上文所述，两层碎片整理各有各自的功效，但是确实会产生对立面。

综上所述，Thin Provision 真是一个脆弱的东西，如果只靠忽悠、掩耳盗铃来硬说自己瘦了，还是不靠谱啊！要真正不反弹的瘦，就要从应用层业务层入手，从源头上杜绝垃圾数据的产生。

3. Thin 底层设计中的一些算法

累加模式的颗粒分配算法——比如 T1 时刻一个新创建的 LUN1 有针对其 LBA1 的写 IO，那系统就写入 Thin Pool 的 LBA1；T2 时刻有针对新创建的 LUN2 的 LBA100 的写 IO，那就写入 Thin Pool 的 LBA2，依此类推。Thin Pool 就像水池一样，不管接收到哪个 LUN 的追加写 IO（之前尚未写过的地址），那么每个 IO 都会导致 Thin 池里的高水位线往上涨一个 LBA 号。

全随机模式的颗粒分配算法——累加模式的颗粒分配算法下，LUN 的数据不能够被分配到系统内所有物理盘之上，不能充分利用起系统整体性能，所以可以使用全随机模式的颗粒分配算法，让分配范围弥散在整个 Thin Pool 的地址空间内而不是累加。

自适应分配力度算法——系统可以智能感知上层 IO 的行为，比如大块的连续追加写入操作，那么此时就没有必要每次分配很小颗粒的空间，完全可以加大分配力度，比如一次分 8MB、16MB，根据 IO 特点和持续时间等因素，不断提高分配力度；反之，如果检测到追加写 IO 负载趋缓，那么就逐渐降低分配力度。

位移保持颗粒分配算法——分配存储空间颗粒的时候，尽量按照原来的相对地址分配。比如用户在一个空 Pool 里创建了一个 Thin LUN，向 LBA1 写了数据，那么程序就向 Pool 里的 LBA1 写，后来又向 LBA1000 写了，程序也向 1000 写；后来又创建了一个 Thin LUN，也向 LBA1 写，那么此时程序可以向 Pool 里的 LBA2 写，写在 LBA1 旁边，依此类推，LUN3 的 LBA1 就是 Pool 的 LBA3。 但是一旦如果遇到 Pool 的 LBA1 和 LBA2 都被同一个 LUN 占据，那么程序就考虑寻找相对距离最近的 LBA 写入，总之尽量保持所分配的地址的相对偏移量与这个 IO 原本的目标地址相对偏移量一致。这样就可以保持逻辑上连续的颗粒在物理上也相对连续，对后续的连续地址读写操作有好处。同时用户一般不会创建大量的 LUN，所以颗粒地址争抢地址冲突的几率也不会很高，因此最好能保证颗粒块该放哪还是放哪，相对位移保持一致。

思考：累加分配模式下，由于系统会针对所有进入的首次写 IO 做连续地址写入操作，所以对外会表现出较高的性能，但是随着数据写入的推移，追加写越来越少，会逐渐演变为覆盖写，那么此时底层会变为完全随机地址 IO，性能会降低，尤其是在上层连续地址 IO 时，底层总是表现为随机地址 IO。

全随机模式的颗粒分配模式下，相对累加模式来讲整体性能有提升，但是对于初次/追加写没有任何加速作用。并且对于后续的连续地址 IO 一样也会有所拖慢。

而位移保持分配模式下，由于地层的数据排布与原本的逻辑排布保持尽量的相对一致，所以由 Thin 的引入而导致的系统性能变化幅度会被控制到最低。而且对于后续的连续地址 IO 是可以保证最大幅度的维持原生性能的。

综合来讲，应当使用使用位移保持颗粒分配算法。

颗粒格式化算法——上面的文字都是用 LBA 来指代分配颗粒的，实际上不会有哪个产品的颗粒度细到 LBA 扇区的。比如就拿 768KB（EMC 在其 Symmetrix V-Max 上使用的粒度）作为一个颗粒粒度，每次分配必须是 32KB 的整数倍。但是这里就会有一个问题，如果主机下发的 IO 只有 4KB，那么底层也一样需要分配 768KB，那么这时候问题就来了，这 768KB 中剩余的 762KB 都是僵尸数据，如果主机后续发起对这 768KB 地址范围内的读 IO，此时 Thin 处理模块就不会返回全 0x00 了，因为已经分配空间了，必须要从磁盘读，这样的话就会把僵尸数据返回给主机，而不是原本应当返回的全 0x00。为了解决这个问题，在颗粒分配之后，Thin 模块必须做初始化操作，也就是将颗粒内没被当前写 IO 所覆盖的地址上的数据扇区写入全 0x00。如果你真的这么认为，你就错了，底层根本不需要为 Lun 进行清零操作。一块用过的物理磁盘上，全都是僵尸数据，同样，一个新划分的 Lun，其上也可以都是僵尸数据，底层没有义务清零。有人问如果读出来僵尸数据怎么办？答案就是没办，如果一个程序不去写自己的数据到磁盘上这个区域，上来就读这个区域，那么这个程序不是测试软件就是数据恢复软件，正儿八经的软件没这么干的，都是先写入，再读，至于房间里面之前住了什么人发生了哪些事，人家不去操那个心。

强调：但是必须强调的一点是，一个 Lun 在被创建之后，其零扇区必须先被主动清零，因为零扇区太重要了，如果不清零，而发生了小概率事件（比如恰好底层磁盘的某零扇区内容刚好对应了该 Lun 的零扇区），那么此时就会出问题了，OS 会直接按照零扇区里的分区表尝试挂载磁盘分区，会产生不可预知的后果。

后台重整机制——此外还可以提供一个后台重整功能，将乱序的颗粒重新整理成按照原来顺序存放以保证后续 IO 的性能。

在同一个地址池内同时支持 Thick 与 Thin LUN——当在 Thin 地址池内创建一个 Thick LUN 时，系统就会直接在 Bitmap 中将对应的空间占住。之后针对这个 Thick LUN 的所有 IO 也都会 Bypass 掉映射表，其效果与普通 LUN 完全一致了。

18.3.2 LUN Space Reclaiming（Unprovision/Deprovision，Get Thin）

试想这样一种情况，比如某个存储系统只拥有 1TB 的物理存储空间，有多台主机客户端的 LUN 分布于其上，都占用了一定的空间，当前剩余物理空间只有 500GB 了。而此时，某主机客户端需要一个 500GB 的 LUN 空间，存储系统管理员只好将这最后的空间分配给了这台主机使用。这台主机其实只是将这个 LUN 设置为某程序运行时的 tmp 空间，其中放一些临时性的文件，不会超过 500GB，此外，还存放一些其他用户层面的文件。当程序运行完毕之后，临时文件也会被删掉，但其后果就是，这些文件曾经占用的空间会永远地占用存储系统中物理硬盘的空间，也就是说这 500GB 的剩余空间，眼看着就白白浪费了。而且此时系统中剩余物理空间为 0，存储系统无法对这 500GB 的空间进行 Unprovision 或者称 Deprovision。Deprovision 的过程又可以形象地被称为"Get Thin"过程。

虽然此时可以在存储系统端使用缩小 LUN 容量的动作来强制将这个 LUN 的大小降低到某个值，但是这样做风险很大。LUN 缩小都是直接将 LUN 空间从尾部截掉对应的长度，但是因为 LUN 中尚存的文件不一定是顶着 LUN 头部依次排放的，很有可能某些文件 Block 被分布到了 LUN 尾部，此时强制缩小容量，那么就等于把这些尾部的数据都丢掉了。要解决这个问题，需要文件系统的配合，将 LUN 中的文件全部迁移到 LUN 首部依次排布，空出尾部的连续空间。有些文件系统可以做到，比如 VxFS，其自身就提供了命令来实现这种操作，诸如 NTFS 等文件系统，其自身并不提供这种操作接口，但是可以通过一些第三方的 NTFS Aware 工具来强制操作 LUN 中的文件将它们迁移。

虽然缩小 LUN 可以解决这个问题，但是会耗费太多的资源和步骤，并且 LUN 一旦缩小，如果将来需要扩大的话，又是一番折腾，划不来。有没有办法即不缩小 LUN，又可以回收被浪费的空间呢？办法是有很多的，总结起来共有 3 种。

1. 存储端识别对应的文件系统

存储系统可以自行识别当前 LUN 中的文件系统并且感知到文件系统中的剩余空间，将这些剩余空间与物理空间做对应，然后在 LUN 管理层中将这些剩余空间做废回收。

然而，目前这种方式尚未有产品尝试，原因是因为主机端的文件系统多种多样，不用说全部支持，就算是仅支持主流的几种，那将这些文件系统逻辑嵌入存储系统中，也是一笔不小的工程；并且，就算是同一种文件系统，配置参数不同，OS 内核版本不同，也会导致底层逻辑的些许不同。而这些区别，不可能在存储端内部一一去对应。而且，存储端看到的 LUN 中当前的数据并不一定反映主机端当前所看到的数据，因为主机端的文件系统是有缓存的，包括 metadata 和实体数据，存储端擅自操作的结果可能是造成数据不一致。

2. 存储端识别 0x00 并做消除

文件系统在删除文件时，只是将文件从 metadata 中抹掉，文件的实体依然存在于原来的位置，如果主机客户端的文件系统能够做到在每次删除文件或者改变文件大小之后，将原本所占用的 Block 写入 0x00 的话，而且存储端定期地扫描对应的 LUN，如果发现大片连续的 0x00，则将对应的 Block 空间回收。NTFS 文件系统的确有这种功能，使用 DeviceIoCtrl 中的 FSCTL_SET_ZERO_ON_DEALLOCATION 功能即可实现。

但是这确实不是一个好方法。如果每次删除文件都清扫战场，那么所耗费的资源是极其划不来的。比如删除某个 1GB 的文件，正常情况下应当是飞快完成，但是如果使用了这种方法，则需要引发主机到存储系统的 1GB 的数据流量，完全划不来。

这种技术目前被称为“Zero Detection”，在少数情况下，这种技术可以带来一定的效果，比如某些文件的实体数据存有大片的 0x00，对于这种情况，Zero Detection 技术可以回收对应的 LUN 空间。但是多数情况下，文件中并非全 0，此时这种技术发挥不了任何效果。目前 3PAR 在其 T 系列存储产品中已经实现了 Zero Detection 技术，不过作者个人感觉这种技术只是个噱头。

3. 主机端利用特殊的 API 通知存储系统

还记得 SSD 中的 Trim 技术么？SSD 所面对的问题一定程度上与 Space Reclaiming 相同。几乎所有 SSD 厂商都提供了空间回收的专用程序，运行这个程序，程序便会根据当前文件系统的情况，将垃圾空间对应的地址通告给 SSD 控制器，从而进行对这些 Block 的擦除过程。既然这样，存储系统厂商是否也可以提供一种在主机端运行的程序来定期扫描主机端文件系统剩余空间并且将对应的信息传送给存储系统控制器然后将空间回收呢？当然可以。

NetApp 的 Snapdrive 软件可以实现这个功能，只不过它只支持 NTFS 文件系统和 NetApp 自己的存储产品。NetApp 将这种方法称为“Hole Punching”，意即将浪费的空间打成洞让其不占用空间。其实在 WAFL 内部处理文件删除或者 LUN 删除时也用到了 Hole Punching，由于 LUN 是 Vol 下的文件，而 Vol 是 WAFL 下的一级文件，文件中的文件（LUN 或者其他文件）被删除之后，二级空间会立即感知，但是一级 WAFL 空间不可能立即感知，也需要通过 Hole Punching 过程来进行二次映射从而回收一级空间。这种过程的本质与回收 LUN 中的文件占用的空间是相同的。

Symantec 公司针对这一问题发布了自己的解决方案，在其 Storage Foundation 5.0 产品中，提供了针对 NTFS 文件系统和 VxFS 文件系统的支持，并且提供 ThinReclaim API 来让存储系统厂商开发对应的处理模块。Storage Foundation 产品包含两个最基本的模块：VxFS 和 VxVM，一个是文件系统模块，一个是卷管理模块。当运行于 VxVM 之上的 VxFS 或者 NTFS 文件系统删除文件时，VxVM 会通过一些方法（比如用过滤驱动 Hook）感知到，之后 VxVM 便会将这些删除文件对应的僵尸空间地址信息用 ThinReclaim API 规定的结构传送给存储系统控制器，存储系统控制器同样使用 ThinReclaim API 来进行对这些信息的解析和处理，最后将对应 LUN 中的这些僵尸空间实时回收。另外，由于实时回收需要耗费一定的处理资源，所以 VxVM 还提供了定期手动回收的命令（vxdisk reclaim 或者 fsadm –R），用户只要将对应命令做成脚本定期执行即可。

下面显示的是在一台 Linux 机器上，安装 Storage Foundation 5.0 之后，利用 VxVM 来管理的三个 LUN：encl0_0、encl1_0、encl1_1。其中，encl1_0 和 encl1_1 支持通过 Thin API 进行空间回收，可以看到其 STATUS 一栏对应的状态描述，证明这两个 LUN 所在的存储系统是支持 ThinReclaim API 的。encl0_0 是一个 Thin LUN，但是它所在的存储系统针对这个 LUN 禁止了 Thin Reclaiming，所以 STATUS 一栏中只显示了其是个 Thin LUN。

```
# vxdisk list
DEVICE        TYPE   DISK          GROUP              STATUS
encl0_0       auto   encl0_0       mydg online        thin
encl1_0       auto   encl1_0       mydg online        thinrclm
encl1_1       auto   ecnl1_1       mydg online        thinrclm
```

下面的命令输出显示的是 LUN 标称大小与实际物理占用大小的信息，实际物理占用空间是 SF 通过 ThinReclaim API 向存储系统进行查询而得到的。

```
# vxdisk -o thin list
DANAME     DISK SIZE(Mb)     PHYS_ALLOC(Mb)    DISK GROUP TYPE
encl0_0        2000            50 mydg            thin
encl1_0        200             50 mydg            thinrclm
encl1_1        500             500 mydg           thinrclm
```

目前，3PAR、HDS、HP 已经相继表示将支持这种 API。不过依然遗憾的是，Symantec 的 ThinReclaim API 是集成到其 Storage Foundation 产品中的，如果不使用 Symantec 的主机端虚拟化产品 Storage Foundation，则无法使用这种 API。如果不将这种 API 作为一种全面开放模式可以给任何厂商使用的话，其前景也将是暗淡的。凡是与 Thin 能够良好配合的文件系统，不管是清扫战场型还是智能 API 型，都属于 Thin-Friendly 型文件系统，比如 NTFS、ZFS、VxFS 都属于 Thin 友好型，但是 Solaris 下的 UFS 就不友好了。

另外，Symantec 公司在其 Storage Foundation 5.0 中还引入了一个新功能，即 SmartMove。不是所有存储系统都支持 ThinReclaim API 的，对于那些不支持 Thin API 的存储系统上的 LUN，要将其减肥，就必须将整个的 LUN 中的文件所实际占用的数据读出，然后再写入一个与原先的 LUN 的标称空间相同大小的新的 Thin LUN 中，而新的 Thin LUN 所占用的实际物理空间，与原先 LUN 中的文件所占用的空间相同。SmartMove 就是执行这个工作的功能模块，它扫描目标 LUN 中的文件系统空间，然后执行读出写入过程。只要外部存储系统支持 Thin LUN，不管是否支持 ThinReclaim API，SmartMove 都可以实现对 LUN 的减肥操作。

Symantec 的 ThinReclaim API 毕竟未形成一个被广泛接受并使用的标准，不过，Flash 存储领域使用的 Trim 倒是一个标准协议，我想，Deprovision 是不是可以干脆考虑在 Trim 之上做一些增减，使 Trim 成为一个更完善的业界标准呢？

提示：凡是能够实现 Thin Provision 或者 De-Provision 的设备，其对 LUN 的分布必须转变为灵活方式，即 LUN 在 RAID 组内的分布不是定死的，而是可以随时重新指向新地址的。Thin-Provision 模式的 LUN 会随着使用而逐渐占据空间，但是占据的这些空间不一定连续，因为随时可能有其他的 Thin LUN 也在逐渐占据空间。对于使用 De-Provision 进行空间回收之后的 LUN，其原本占据的空间内就可能会生成很多“空洞”，这些空洞被算在剩余可用空间之内，那么这些空洞便可以被原有 LUN 或者其他 LUN 再次占据，这样，就需要更加灵活的 LUN 分布方式了。如果是类文件系统的分布方式，对于空洞可以直接分配给 LUN 使用，不过太多太乱的空洞毕竟是不连续的，类似于文件系统碎片。所以为了保证连续地址 IO 时的性能，一些设计会将有空洞的 LUN 进行碎片整理，重新排布，每次 De-Provision 之后都会计算碎片程度，根据程度来决定是否触发整理。

关于 LUN 的分布形式请参考本书其他章节。

18.3.3　Tier（分级）/Migrating（迁移）

ILM（Information Lifecycle Management），信息生命周期管理；HSM（Hierarchical Storage Management），分层存储管理。这两个名词，表面上看来好像差不多，是同一种思想的两种叫法。但是细究起来，却是不同的层次。

信息生命周期管理，顾名思义，是对整个 IT 系统或者其他数据系统中数据生态链的一种思想认识以及管理方法。

如图 18-2 所示为 IT 系统数据生态运动图。数据之初由程序的运行而在 CPU Cache 内生成，之后被移出至 RAM 中暂存，随后被长存入磁盘，然后再一层层地转存和回调，最后被存入离线存储介质比如磁带作为归档保存，在需要时也可以从归档中提取出来访问。当数据已经衰老到没有任何价值之后，便被销毁。程序的运行使得物质不断地流动，而程序的运行本身也需要物质来支撑。在这个运动过程中，数据本身的流动速度、所处能级以及价值也在不断地变化。当然，对于一些归档之后的数据，虽然其对当前系统的运行没有表现出太多价值，但是将来某时段可能表现出价值。

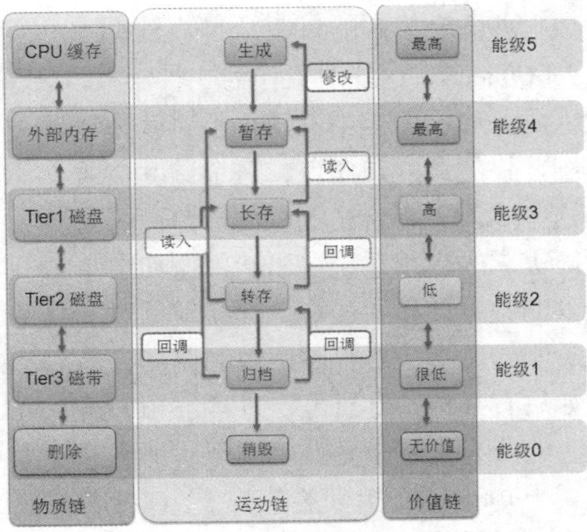

图 18-2　IT 系统数据生态运动图

数据衰老的过程是不可避免的，其趋势总是向下的，但是在衰老的过程中可能经历多次的反复，即便这样，也挡不住其衰老过程。信息生命周期管理就是在整个数据生存周期中，对各个时期数据在系统中所出现的位置进行管理和调配的一种思想方法。

既然数据是由程序运行而生成的，那么程序本身也是数据，程序是谁生成的呢？是用编译器编译出来的，但是源代码也是数据，谁生成的呢？是用编程工具生成，编程工具也是程序，它又是由谁生成的呢？这个问题看似无聊透顶，但是你如果穷根究底，就会发现，其实整个 IT 系统的数据本源，也就是物质本源，其实就是由人来生成的，也就是由那些 CPU 中的物理电路矩阵来生成的，CPU 中的电路是现代计算机数据生成的源泉。电子计算机的雏形就是最简单的开关电路，自从布尔将开关电路用于逻辑运算的那一刻起，数据就生成了，以后的发展其实就是数据不断地生成数据的自举过程。所以说，计算机是个从无到有的过程，从无极分化为两极，两极又生成更多状态、更多逻辑的过程。

纵观图 18-2，笔者将其分为了 3 条链，即物质链、运动链、价值链。这 3 条链是互相联系的，物质链作为阴实，运动链则是阳气的游走过程，而价值链则是阳气所派生出来的表象，即阴生化了阳，阳外发为表。ILM 便是研究这种数据生态关系以及如何调理其阴阳平衡发展的一种思想。

同时，数据的需求度也是不同的，一个企业 IT 系统中的数据是一直在流动的，从一份数据的生成到销毁，这份数据的需求度会逐渐降低，其所处的能级也越来越低。能级越高的数据，就越微观，其流动和处理速度也越快。在这个过程中，不同容量性能的存储介质就要与数据的这种生命周期进行适配，让对应需求度的数据存放在对应性能的存储介质中。大家揣摩一下这张图：物质链，代表各种存储介质，是存放数据的物质本源；运动链，是驱动数据流动的动力源泉；价值链，表示数据在生命周期中不同时期所表现出来的需求度与价值。我们要做的工作就是在动力泵中引入一个调度员的角色，让高需求度的数据得到更优良的存储资源。

具体如何实现呢？请看图 18-3。在价值链中，会有各种不同的需求度与价值，比如有些应用系统总是产生一些高随机度的 IO，而有些则要求高并发度，有些则只是单线程访问同时还要求较稳定的带宽。面对各式各样的需求，可以做一次抽象过滤，生成一些固定模式的对象，叫做 Service Level Objects，这些对象作为一种输入，输入到一个引擎当中，这个引擎就是我们刚才讲的调度员角色，这个调度员通过这些 SLO，将合适的存储资源适配到对应需求的应用系统。当然，这其中牵扯到的数据迁移回迁等，都必须是对上层透明的。这是对存储资源的调度，那么如果有某种调度器可以对整条 IO 路径上的所有资源做到合理调配，那么这就属于 QoS 这个更大的范畴了，包括各级缓存、队列、线程优先级、存储等。

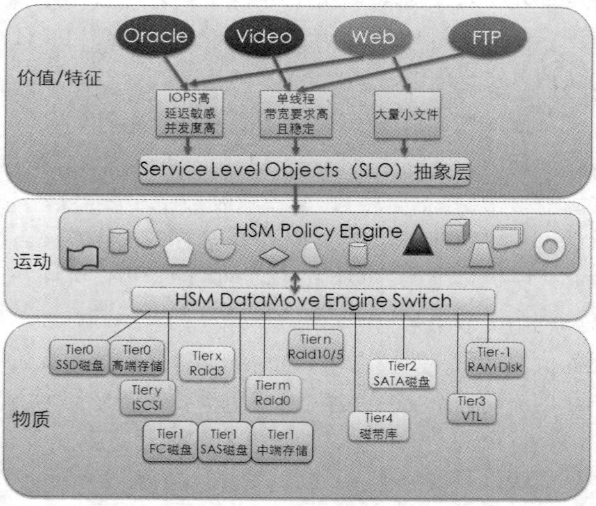

图 18-3 HSM 的作用方式

而 HSM（分层存储管理），则是作为实现 ILM 的一种技术手段而存在的。也就是说，ILM 为指导思想，HSM 为实现手段。HSM 在不同的物质层次之间，将不同的需求与不同的物质层次一一对应，并且维持这种对应关系。HSM 以最终的表象，即价值，为导向，将价值链与运动链和物质链做对应，并且通过作用于物质链和运动链来影响价值链。比如将 IO 性能要求较高的数据放置在 SSD 上，而要求较低的数据则可以放入 SATA 硬盘中存放，这就是以价值特征为导向，强制将数据在运动链中进行移动，从而将数据放入物质链中不同的层次，最后也就显现出了不同的价值表象。HSM 就是一个数据运动泵。如图 18-3 所示，HSM 以不同价值需求为导向（不同的价值需求被抽象为不同的 Service Level Objectives 描述对象），根据设定的策略将底层的数据从不匹配价值需求的地方移动到符合价值需求的地方。

1. HSM 分级管理的意义和目标

在整个计算机系统中，数据存储介质包括 CPU L1 Cache、L2 Cache、L3 Cache、RAM、SSD/Flash、FC/SAS Disk、SCSI Disk、SATA Disk、Virtual Tape、Tape、BlueRay/DVD/CD 等。这些存储介质各自有不同的速度、容量、价格，图 18-4 显示了这些存储介质的生态层次图。

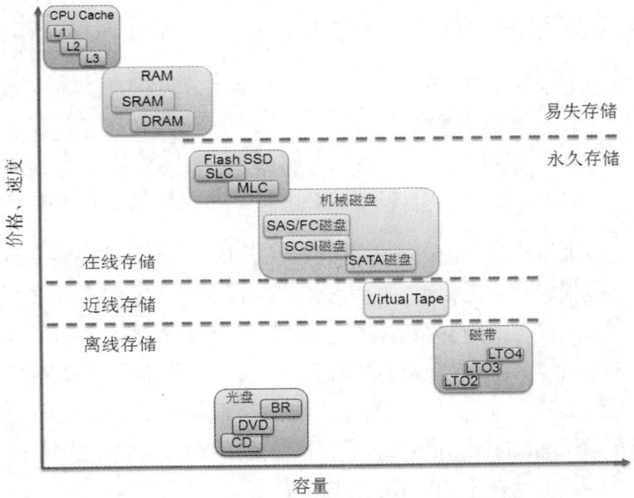

图 18-4　各种存储介质生态图

可以看到，访问速度越快的存储介质，其容量也越小，价格越贵。如果所有数据都能够存储在 CPU Cache 中，那么代码执行的速度将会达到最快，计算结果的存储也会达到最快，但是这是不可能的，外部庞大的数据量面对容量只有几兆字节的 CPU Cache 是不可能容得下的，只能再增加一层外部存储介质，即 RAM，比如 8GB 容量的 RAM。CPU Cache 以及 RAM 都是作为一种缓存形式而存在的，处于缓存中的数据是暂时存在的，一旦掉电，其中数据将会丢失，所以需要将其写入一个在没有外部供电的情况下也可以永久保存数据的存储介质中。而且 RAM 的容量相对于日益庞大的数据也是杯水车薪。介质链到了 RAM 这一层，是一个质变点，RAM 是易失性存储介质，而位于其下层的磁盘则是非易失性存储介质。到了硬盘这一层，数据就像是从小河流到了入海口一样，完全被包没在庞大的数据海洋中，再也无法掀起任何波澜。当然，大海有时候也会干枯，单块硬盘的容量有时候也不太够，此时便可以使用多块硬盘叠加起来形成 RAID 组，一个 RAID 组如果还不够，那就多个 RAID 组，多个 RAID 组还不够的话，那就使用集群存储系统。集群可以无限扩展。

存储介质链到了磁盘这一层，便又会产生一个质变点，从 CPU Cache 到磁盘，它们都是可以随机针对任何地址进行数据存取的，而且对于随机存取，CPU Cache 一直到磁盘这条介质链上的访问速度数量级是连续降低的，没有很大跳跃。但是从磁盘往下走，介质链下方是磁带，如果要做到随机存取磁带中的数据的话，其访问速度的数量级就会与磁盘处于完全两个级别，所以，介质链到了磁带以及光盘这一层，只能够作为离线存储来使用。

图 18-4 中还有一层称为近线存储，这一层其实是作为物理磁盘/光盘与在线磁盘的一个缓

冲，因为磁盘与磁带在随机存储速度上有天壤之别，所以介质链中增加了这样一个缓冲来在二者之间进行速度适配。滑稽的是，目前并没有找到某种速度介于二者之间的存储介质或者方法/设备，所以也不知道哪位干脆想出了这样一种办法，即发明一种存储介质/设备/方法，其存储介质就是用磁盘，但是其表现出来的性质相当于磁带，于是这么一个东西便产生了，叫做 Virtual Tape。实现 Virtual Tape 的设备称为 Virtual Tape Library，即 VTL，而且，VTL 也不能做到随机存取。

仔细想来，磁盘和磁带，一在天，一在地，二者本为对立，但是万物阴阳皆变化，二者阴阳和合而生成了另一种物质，这种物质以磁盘为阴实做支撑，以磁带的习性为阳表，VTL 内部的虚拟化引擎负责将阴实生化为阳。VTL 之所以被称为近线存储，就是因为从在线存储中将数据迁移到离线存储之后，一旦短时间内需要再次访问这些数据，那么就需要忍受非常低的速度，而 VTL 则可以快速将数据提取出来供访问，而当 VTL 上的数据经过相当长一段时间没有被访问之后，这些数据就可以认为是陈年烂谷子了，就可以被迁移到离线存储介质中了。

> **提示：**随着 LTO 磁带及驱动器技术的飞速提高，LTO5 磁带和驱动器已经可以达到非常高的顺序传输速度了，而且其单流速度甚至可以高于若干 SATA 盘组成的 RAID 组所能提供的吞吐量。在这种趋势下，VTL 的优势将会丧失殆尽。VTL 现在如果不开始考虑向其他方面转型，比如提供更多的附加功能，那么迟早会被市场所淘汰。

从图 18-4 中可以看到，磁盘既属于非易失性存储介质，又属于在线存储介质，同时还属于高速随机存取介质，所以，磁盘在存储介质生态链中的地位首屈一指，磁盘的性能也是影响整个系统 IO 性能的关键所在。作为在线存储介质的最后一层，磁盘起到了支撑作用，不参与计算的数据尽可能放置在磁盘上而不是将其放到磁带等离线介质中。但是磁盘这层支撑也有破位的时候，比如，数据量过大导致磁盘空间不够，那么此时可以选择添置更多的硬盘到系统中。但是为了降低成本，降低耗电量，打算精兵简政，把当前系统中不常访问的数据迁移到磁带中或者 VTL 中存放，腾出空间以容纳新数据。

磁盘也有多种类型，每种类型的磁盘其性能也不同，而如果在进行数据管理时完全不考虑性能，而只考虑容量，那么就会埋没很多才华。如果能够将访问频繁并且性能要求又较高的数据放置在性能高的磁盘或者 RAID 组中，而原先占着高性能磁盘或者 RAID 组的那些不被经常访问或者性能要求也不高的数据都移动到它们该去的地方，比如低端硬盘中，那么就可以做到物尽其用了，能者上，庸者下。

这也就是数据分级管理的意义和目标。图 18-5 为存储介质生态链分级示意图。Tier 对应的数值越低，表明级别越高，性能越高。

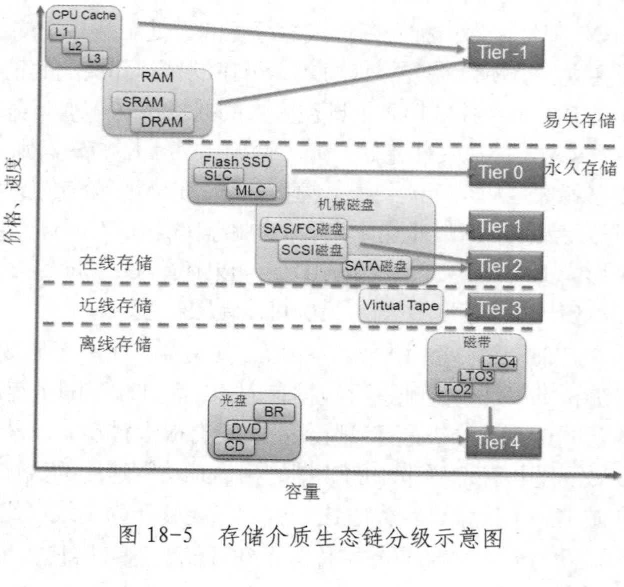

图 18-5　存储介质生态链分级示意图

右上图中所标识的 Tier 级别只是基于一种判断因子，即磁盘类型，认为 FC/SAS 磁盘一定比 SATA 磁盘速度快，所以其级别也就越高。但是实际情况下，低速硬盘组成的 RAID 组的性能不见得一定比高速硬盘性能低。比如相同磁盘类型和数量下，不同的 RAID Group，RAID 0 一定是性能最高的，RAID 10 其次，RAID 5 再次。所以，根据不同磁盘、不同 RAID 类型、不同的 RAID 组磁盘的数量组合、加权之后，不同厂商在进行分级管理时会给不同的组合以不同的 Tier 级别，比如 10 块 SATA 磁盘组成的 RAID 0 其性能大多数情况下都比 4 块 FC 磁盘组成的 RAID 5 要高，那么其级别也就相应地高。Tier 级别的高低完全取决于最终组合之后的子系统的理论性能。

2. 数据分级的具体形式

数据分级迁移可以分为多种大类，下面分类进行介绍。

1）手动分级、自动分级以及实时自动分级

手动分级就是用户自行迁移对应的数据到对应的目标。比如在一个由 8 块 FC 磁盘组成的 RAID 组中有一个 LUN，被映射为 Windows 下的 F 盘，其上有一批不太经常被访问的文件存在于一个目录中，而整个 F 盘文件系统已经近满；同时在一个由 8 块 SATA 磁盘组成的 RAID 组中有一个 LUN，被映射为同一操作系统下的 H 盘。此时，某个程序需要一个 IO 性能比较高的环境来存放其数据文件，那么管理员就可以将 F 盘上的整个目录手动移动到 H 盘存放，而 F 盘的剩余空间可以给这个程序用来存放它的文件。

自动分级则很大程度上替代了用户自身，用户只要设定好所有规则，然后分级引擎就会根据这些规则来扫描对应的 Metadata，一旦符合条件，则触发迁移任务。比如，还是上面的例子，用户创建了两个 Tier，Tier1 为 F 盘，Tier2 为 H 盘，并且增加了一条规则：若 F 盘中任何文件其最后访问时间距当前系统时间超过 15 天则将其内容移动到 H 盘存放，并且为了不影响用户使用，在 F 盘保留这个文件的壳子信息。

提示：这里不能够使用硬链接来作为这个壳子，因为硬链接要求源和链接存在于同一个文件系统中，而 F 盘和 H 盘是两个不同的文件系统。所以，这种跨文件系统的占位指针链接，需要使用第三方独立的程序模块来生成实现，这个模块就是分级数据管理引擎。分级管理引擎会定期对目标数据进行扫描，一旦发现符合迁移条件，则立即触发迁移动作。

实时自动分级迁移，指的是当数据被写入时，分级引擎实时地根据策略将数据重定向写入对应的目标。比如，用户设定了一条策略：当任何针对 F 盘的 IO 进入时，将 IO 重定向到 H 盘，但是 F 盘依然保持对应文件的壳。这样的话，任何时候针对 F 盘文件的写入动作都会被分级引擎重定向到 H 盘。

2）文件级分级和块级分级

文件级的分级可以做到更细化的策略，比如根据文件的关联应用程序（扩展名）、目录、用户、组、调用方式、大小、访问频度等各种五花八门的属性来作为分类条件和触发条件，以任何卷或者目录为迁移目标进行迁移。文件从原始 Tier 被迁移到其他 Tier 之后，在原始 Tier 上对应的位置必须保持一个类似硬链接的占位指针。但是与硬链接不同的是，这个占位符所表现出来的一切属性以及操作方法，与源文件完全一致，只不过其实体内容不在对应位置而已，并且这个占位符允许其对应的实体内容位于其他文件系统空间。这么做的原因是为了保持用户层面的透明性，用户程序不可能感知到其文件实体内容被放在哪里，但是却必须知道文件存在于哪个路径以便发起访问，而且这个路径不能被底层擅自改变。文件级的数据分级管理只能够在主机端或者NAS存储端来实现。

在主机端实现文件级分级管理，几乎所有产品都是使用过滤驱动来实现的，在FS Driver之上插入过滤驱动程序来监测用户程序发起的文件IO操作，并根据策略来将这些IO进行重定向迁移等操作，如果IO未匹配任何策略，那么过滤驱动会向下透明地转发IO请求。

而块级别的数据分级，所能够作为触发或者分类的条件则很少，比如根据整个LUN或者LUN中某个或者某些Block的访问频繁度进行整个LUN或者其中部分Block的迁移。基本上基于块级别的数据迁移也只有根据访问频繁度来作为判断条件才有意义，Block级别无法感知上层文件逻辑，所以也就无法使用更多的条件作为分类依据了。分级管理引擎会为整个LUN或者每个Block维护Metadata用来表征这个LUN或者Block的访问频繁度等，在做迁移时，会参考对应的Metadata以便判断是否进行迁移以及迁移到何处。

3）主机端分级和存储端分级

由于主机可以同时连接多个独立的外部存储系统，所以在主机端实现分级也就可以实现数据在不同的外部存储系统间的互相移动，比如可以将外部高端存储A上的LUN设置为Tier1，外部低端存储B上的LUN设置为Tier2，而这是存储端分级迁移所无法做到的，存储端只能将自身的数据在自身的不同Tier中迁移。主机端的分级迁移几乎都是基于文件的，因为主机需要同时运行用户应用程序，所以不能够耗费太多的资源来运行这些数据迁移功能，而块级别的分级迁移往往需要耗费更多的资源，除非迁移的目标是整个LUN。目前来看，尚未有厂商在主机端来实现针对Block的分级迁移。

在主机端实现数据分级管理，就需要在主机端来安装对应的数据动态迁移引擎以便监视和管理文件系统或者卷级别的数据信息。如果整个系统内有多台主机客户端需要实现数据分级管理，那么就可以使用一台独立的服务器来运行一个管理端程序，通过这个程序来统一监控并且制定策略并下发给需要实现分级的主机端上运行的分级引擎，这些引擎再根据这些策略来实现数据迁移动作。主机端的分级引擎可以与各种主流应用程序结合以实现更多功能。

对于存储系统端的数据分级操作，不需要在主机端安装任何程序，完全对主机端透明。存储系统又分为NAS存储和Block存储。在NAS存储系统上做分级管理的话，可以针对其上的文件作分级迁移，也可以对其底层的卷来做块级别的分级管理（NAS存储系统也有自己的卷）。而对于Block存储系统自身的分级管理，则只能够实现针对自身的LUN或者LUN中的Block的分级迁移操作。在存储端进行分级管理，是完全对主机端透明的，而且不会影响主机端的性能，但是存储端只能够在自身的不同Tier之间做迁移。

4）应用级分级和底层级分级

各种主流应用程序比如Oracle、DB2、SAP、Exchange Server、SharePoint等，这些对于企业生产都是极为重要的应用系统，它们稳定运行了多年，也产生了大量的数据，而这些数据并不一定都是时刻需要被访问的，所以，针对这些应用系统，催生了一批专门针对这些应用系统的数据管理工具，比如实现对它们的数据进行分析、容灾、分级迁移、归档等。这些数据分级管理程序依附于这些应用系统，其中有些对于其他普通文件也能够达到一些基本的分级动态迁移功能，但是只是作为附属品来使用。

运行在主机端的相对底层的数据分级管理程序，则是以普适为原则，可以针对任何文件或者LUN、卷等来做分级的迁移，而把针对某些应用程序的特殊支持来作为一种插件或者选件来独立开发。

对于运行在外部存储系统上的分级管理引擎，对于主机本身来讲就是彻底的底层的分级管理了。

5）简单迁移和复杂分级

数据分级管理工具可以被分为两大类：简单迁移工具和复杂分级工具。所谓简单迁移工具是指一类只能实现简单策略的文件级别迁移工具，比如只根据文件最后访问时间来判断文件的访问热度，然后将其实体内容迁移到指定的地点存放，一般不能做到实时 IO 重定向，只能定期地扫描并做迁移。而复杂分级工具则是可以提供大量复杂策略以及可以制定复杂 Tier 组合的而且可以动态实时 IO 重定向的分级管理工具，这种工具其实也可以称为“基于复杂策略的 IO 实时重定向工具”。一些现有的数据分级迁移产品基本上可以说是一种数据归档产品，它们不会对不同的存储介质进行性能等属性区分，而只是简单地将长时间不访问的数据迁移到其他位置或者离线介质等，这种产品没有“分级”而只有“迁移”。

6）基于纯性能需求的分级和基于人为因素需求的分级

这两种需求有着本质不同，有时甚至是相矛盾的。比如某份文件，两周内只有几次访问，它被迁移到了 SATA 近线存储中，又过了两周，无人访问了，它被迁移到了磁带中。一周之后，某领导突然需要访问这份文件，结果他等了 5 分钟才访问到，结果大发雷霆。这种情况相信很多人都见过。

那么在面对人为因素介入的时候，HSM 厂商到底应该怎么做呢？笔者在此设想一种方案，此时厂商可以在条件里加入一个复选框——“有人为因素介入”，用户在设置策略条件的时候，如果判断目标数据可能会卷入政治因素，那么他只需要勾选这个复选框就可以，迁移引擎不会再迁移目标数据到磁带，除非操作员手动通知引擎人为因素已消除。

> **浮想：**其实在很多时候，人为因素始终都是软件程序所面对的最大的麻烦。计算机目前还做不到像人一样的性格，比如可以预测到某份文件可能某个领导将来某个时候一定要查看，所以本着领导第一的思想，如果让人来控制的话，这份文件一定是被放在高性能存储中的，即便是其他更重要的数据有强烈需求，但是在面对人为因素的时候，其他一切都可以牺牲。这正是政治的特征，计算机也逃不掉。
>
> 计算机目前既做不到人的正义刚直，也同样做不到人的虚伪阴险。曾经看过一部电影叫做《鹰眼》，整个城市的秩序和规则都有计算机来控制，可是最后依然没能逃脱被人所控制的命运。
>
> 然而，我坚信计算机一定会进化，最后产生自己的智能和规则，就像人一样，由原生单细胞进化为多细胞复杂系统。计算机也会经过这种进化过程。而且我也坚信单细胞生物也是被创造出来的东西。

7）数据分级迁移粒度

对于文件级的分级迁移，其粒度一般就为整个文件。如果要达到更小的粒度，比如将文件分为多个逻辑部分，针对每个部分都维护一个描述表用来描述这个部分的访问频度、最后访问时间等信息，那么无疑是一个很大的工程，会对系统性能有一定影响；其次，一个文件为一个整体，如果只将文件中部分数据进行迁移，那么如何维护迁移之后零散的文件实体内容之间的链条关系，也是一个复杂的工程；再次，文件级的迁移一般来讲都是运行在主机端的，除非使用 NAS

系统，则可以在 NAS 存储系统自身来实现迁移，如果没有使用 NAS 系统，在主机端实现文件级别的分级，是要耗费一定的主机资源的。

所以这种情况下，尽量简化处理过程是有必要的。但是如果目标文件是由某些主流应用程序产生的，比如 Exchange Server 以及 Outlook 的邮箱文件等，那么不排除有些分级管理程序会与这些应用配合来分析这些文件中的具体结构而针对不同用户、组、邮箱等来将整个文件中的各个不同区域区别对待进行迁移或者归档。至于 NAS 存储系统对自身文件的分级迁移，则可以相对于主机更加灵活和强大。

对于块级别的数据分级迁移，则可以有多种粒度，比如整个 LUN，或者各种大小的 Block/Extent/Chunk/Page/Sub-LUN（叫法不同，本质相同）。比如，可以设定每个 Extent 为 64KB、1MB、16MB 等，不同厂商的设计不同，选择的 Page 尺寸也不同。

一般来讲，迁移粒度越小，物尽其用的程度就越高，但是所需要维护的 Metadata 以及耗费的系统资源也就越多。迁移整个 LUN 粒度过大，难免以偏概全，或者顾此失彼，而如果迁移的目标 Tier 是 SSD，则一旦整个 LUN 被迁移到 SSD，而随后却发现只有 LUN 中的某些区域为频繁访问的，即 Hot Spot，那么其余部分如果仍然占用 SSD 的空间，就属于一种浪费了，SSD 毕竟还是很贵的。

对于存储端 Block 级别的分级管理，其 LUN 分布的粒度有多小，Tier 的粒度就有多小。比如 3PAR 在 LUN 分布时是以 Chunk 为单位，以一定的策略在所有磁盘上分布。3PAR 自称这种分布方式为 Dynamic Optimisation，在系统内所有硬盘中动态地分布，而一旦系统内的硬盘有了分层，比如 SSD、FC、SATA，那么 Dynamic Optimisation 在动态分布时就需要多考虑一层，即分级策略层，根据不同访问频率或者根据其他细化的策略将 Chunk 迁移到不同的存储介质层次上，所以 Dynamic Optimisation 被更名为 Adaptive Optimisation，Chunk 当然也就变成了迁移最小单位。

再比如 XIV，以 1MB 大小的 Block 作为 LUN 分布单位，并且 Block 可以在所有系统硬盘内任意移动，那么它完全也可以实现细粒度的 Tier，只需要增加一个 Policy 层即可，并且是顺手牵羊的事情，可惜 XIV 至今仍未有动作，LUN 分布设计与 XIV 类似的 3PAR 却早已实现了数据分级管理。EMC 在 FAST 1.0 版本中只提供整个 LUN 级别的迁移，在 FAST 2.0（至写作当天尚未发布）中会支持 Sub-LUN（大小未知）级别的迁移粒度。

8）Tier 的界定

所有分级存储管理引擎均需要用户自行设定系统内的所有 Tier。那么符合什么条件的存储介质或者存储介质的组合才能称之为一个 Tier 呢？可以灵活指定 Tier，比如将系统中所有由 5 块 FC 盘或者 10 块 SATA 盘组成的 RAID 5 组设定为 Tier1，而将 5 块 SATA 盘组成的 RAID 5 组设定为 Tier2，将 SSD 磁盘组成的任何类型的 RAID 组设定为 Tier0。性能方面，Tier0>Tier1>Tier2。总之，用户可以将任何对象的组合任意灵活地设定为一个独立的 Tier，并且给这个 Tier 分配一个性能指数，比如 0/1/2 等。

注意：性能的高低确实是用来界定一个 Tier 与其他 Tier 的指标之一，但是不同的 Tier 之间的区别并不只是性能。有时候，某些上层需求不仅仅是要求单个 IO 的性能这么简单，比如，上层要求在访问某些数据的时候，应当具有较高的并发度，而不要求高带宽，那么此时就可以把这些数据放置到具有较高盲并发度的 RAID 组中，比如 RAID 5，而如果将其放入 RAID 3 类型的 RAID 组中，那么后果是可想而知的。再比如，某个文件系统的 Block

Size 为 4KB，但是有这么一大批文件，它们的平均尺寸只不过 1KB，这些文件有几十万个，那么对于这种文件，存放在 Block Size=4KB 的文件系统下显然是浪费空间的，所以可以将它们的实体内容迁移到一个 Block Size=1KB 的文件系统（Tier）下存放。

任何事物都有其优缺点，划分不同 Tier 的目的就是将每个细化的不同之处（不仅是性能）都区分开来，然后加以不同的组合，组合成千变万化的 Tier，然后扬长避短，用不同的 Tier 去满足千变万化的上层 IO 需求。

9）数据在 Tier 间的相互移动

数据被从一个 Tier 迁移到另一个 Tier 之后，如果需要访问这些数据，那么分级管理引擎会根据这两个 Tier 之间的性能差距来执行不同的动作。比如 Tier1 为 10 个 FC 盘组成的 RAID 组，而 Tier2 为 10 个 SATA 盘组成的 RAID 组，那么这两个 Tier 之间的性能差距不是非常悬殊，所以一旦上层需要访问从 Tier1 被迁移到 Tier2 的数据，那么引擎会直接从 Tier2 对应的空间内读出内容返回给上层。但是如果 Tier2 为磁带的话，那么 Tier1 和 Tier2 之间的性能差距就是悬殊的，不可能实时地将上层的 IO 重定向到磁带，这样做访问速度将会非常慢，那么此时分级引擎的动作就是将整个或者部分之前被迁移的数据集先从磁带一次性临时恢复到 Tier1 上，从而保持较快的上层 IO 响应速度，当针对这些数据的 IO 访问停止了相当一段时间之后，分级引擎便会将之前恢复到 Tier1 上的数据实体删掉以腾出空间给其他需要的数据所用。

如果自从这些数据被迁移之后，针对这些数据的访问频率达到了一定的阈值，并且持续了相当一段时间，那么分级引擎就可以根据相关策略（如果有的话）将这些数据从 Tier2 永久迁移回至 Tier1，释放 Tier2 上对应的空间。

根据已经制定的策略，分级管理引擎会在策略导向下不断地实现整体系统内部的数据分级迁移动作，整体就表现为物尽其用，性能得到充分发挥。

3. 如何判断热点数据

在判断热点数据之前肯定要清晰地定义什么才是热点数据。当然，不同厂商有不同的理解和对应的判断依据。冷和热之间本来就没有一个严格的分界，所以都是相对而言的。一般是利用二八原则，即 10 分数据，如果把每 1 分数据按照单位时间内所被 IO 的次数来进行排序，取被访问次数最多的 2 分数据，那么就可以说这 2 分为热数据。

然而，这样做一定是鲁莽的。比如如果某数据块近期内被频繁访问，但是每次访问都命中了 Cache，那么这种算不算热数据？当然算。应不应当被迁移到高速 SSD 介质？当然不需要。再者，如果某个块确实也被频繁读访问，而且每次都不命中 Cache，但是这个块属于一次长时间连续地址 IO 中的某个块，每隔一分钟就有一次吞吐量非常大的连续 IO 发生，那么这些连续 IO 的数据块，肯定是热数据，但是是否有必要被迁移到 SSD？也没有必要。（多次被连续 IO 访问到的块不一定常驻 Cache，可能会随时被其他地址范围的大吞吐量数据给挤出 Cache）还有，如果某段数据在近一周内都被频繁访问，而唯独今天访问频率骤降。相反，某段数据近一周都没有被访问过而今天突然被高频访问，那么此时是继续维护原有的策略，认为新进的疑似热数据有待考验么？不见得。

所以，在鲁莽的大棒之下，还需要有众多的细节辅佐。综合来讲，ReadMiss、随机 IO、当前的访问频度更加受到重视。

4. 块级自动分级的具体底层数据结构与架构

理论上有两种可用的方法：带内元数据与带外元数据法。这两个名词很抽象，下面进行解释。试想，自动分级存储必须要追踪每个块的属性，包括最后访问时间、某段时间内被访问了多少次、读还是写、缓存命中率统计等数据。保存这些数据可以有两种方法：第一种方法就是在每个块的尾部/首部追加一小部分空间来存放对应这个块的所有这些元数据，也就是所谓带内元数据法；第二种方法则是单独构建一个小型数据库来存放所有块的元数据，数据库的数据存放在一个单独的固定空间内，也就是所谓的带外元数据法。

我们来演绎一下这两个模型，首先看第一个模型。如果按照这个模型来设计，那么系统即便是在读（由用户发起的读，而不是系统内部自身发起。对于系统自身发起的操作，比如动态的LUN块分布机制、手动的数据迁移、RAID级别/类型改变等各种其他原因导致的数据块移动，由于这种移动是由于系统内部原因所致而不是由于用户访问所致，所以这种情况下不会去更新尾部元数据，元数据会随着块一同走）某个块或者某个块的一部分时，也要顺便更新一下这个块尾部的元数据，也就是说逢读必写，这样的话，如果系统分块很小，比如 512KB 级，那么势必导致元数据数量增多，而且分布在磁盘的各处（每 512KB 就有一份元数据），这样的话会导致严重的性能问题。一个解决办法就是使用日志方式来避免对性能的影响，比如先将要更新的东西记录到一个日志中存放，在系统不繁忙的时候在后台将日志重放，更新到对应块尾部的元数据区中。同理可推，这种架构下，系统也必须在后台对所有的元数据进行挖掘、分析，之后匹配策略并进行迁移，这就要求系统扫描每一个块并作分析之后立即决策将块移动到哪个对应的层级，或者不移动，如果要移动，就立即将其推送到迁移队列中等待迁移。这种方法注定需要频繁的IO操作，并且极其耗费系统资源。还别说，真有这么干的厂商，那就是 Compellent，其分块粒度可以配置为 512KB、2MB 或者 4MB，是否这种做法真的对其性能有严重影响这个实在不得而知，希望知情的读者能够与笔者联系探讨（联系方式在前言中）。

现在再来看看第二个模型。第二个模型相对于第一个模型来讲更好接受，也符合常理。首先它根本不需要对磁盘上的数据块做任何结构改变，一切都是在带外发生作用。这就使得这种设计可以以一种独立软件模式来交付，可以稍加开发安装在各种磁盘阵列中，甚至主机中。这里就不做过多介绍了，读者可以自行构想。IBM 的 Easy Tier 采用的是第二种设计模式。

提示：集群/分布式文件系统也是一个可以天然就实现数据自动分级的坯子，为何这么说呢？只要看它的名字即可，“分布式”文件系统，同一个文件或者同一个 LUN 的不同部分可以被放置到不同的位置，注意“不同的位置”，这几个名词决定了分布式文件系统的天然数据分级潜质，只需要在其上进行再开发，很容易地可以实现数据自动分级。

5. 数据自动分级对性能的影响

自动分级所面临的技术问题，与 Thin Provision 粒度问题带来的性能降低一样，分块粒度越小，所带来的性能降低就越明显，表现为两方面：计算资源的耗费与 IO 资源的耗费。分块粒度降低必然导致元数据数量激增，搜索和处理效率降低，同时也导致经过分级之后的数据块在物理上变得不连续，如果数据块被迁移到 SSD 这种不需要机械寻道的存储介质中，那么访问这些块的效率虽然不会打折，但是在原存储层级会留下孔洞，未被迁移的数据块也会变得不连续，对它们的访问势必会导致磁盘机械寻道操作增加，从而降低了性能。

最后，Thin Provision 与自动数据分级这两种技术应该说本是同根生，上面一节中论述了 Thin Provision，可以回溯一下。自动数据分级相对于 Thin Provision 在最本质上的不同就是前者可以将分块放到其他不同的介质中，在 Thin 上加以改动就可以变为自动分级。后面章节中会介绍 LUN 在 RAID 组中的分布方式，届时会看到，LUN 分布、Thin、自动分级其实本质都是相同的。

6. 目前存储厂商的数据分级管理产品

1）Symantec

Enterprise Vault 是 Symantec 收购 KVS 公司的产品，这个产品的作用主要是邮件归档，即与 Exchange Server 等邮件程序配合来实现对邮件的归档管理，按照一定的规则策略将系统中的待归档数据进行迁移归档。

Storage Foundation Dynamic Storage Tiering 则是 Storage Foundation 中的一项高级的数据分级管理模块，它基于 VxFS 文件系统下的文件进行分级，可以详细定制各种策略，定制各种存储 Tier。

NetBackup Storage Migrator 则是一个专门与 Netbackup 备份软件相结合的数据分级迁移模块，它迁移的是数据的备份而不是当前在线的数据。

2）IBM TSM for Space Management

IBM 的 Tivoli Storage Manager（TSM）是一整套 IT 系统数据管理套件，它包括很多模块，比如备份、系统监控、CDP、Tier 等。其中 TSM for Space Management 就是 TSM 中的数据分级管理模块。TSM for Space Management 是一个主机端文件级别的迁移工具，这个工具属于一种极其简单的迁移工具。作为一个客户端程序，它将主机端文件系统下符合策略的文件通过网络传输到 TSM Server 端保存，在 Server 端可以创建不同的目录（挂载不同 Tier 的存储空间）用于保存这些数据，当有程序对这些已经被迁移的文件进行访问时，客户端程序会从 TSM Server 端将文件取回覆盖到原路径下。如图 18-6 所示为 TSM for Space Management 的架构示意图。

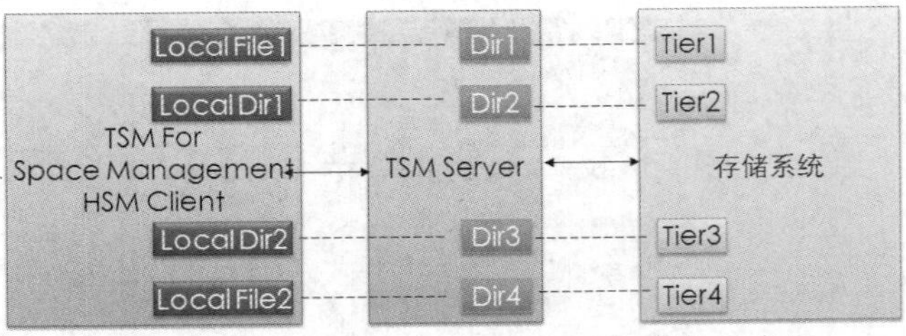

图 18-6　TSM for Space Management 架构示意图

作为一家同时涉足存储软件和硬件的厂商，IBM 目前为止并没有在其存储系统硬件中提供块级数据分级功能。

下面演示一下 TSM for Space Management 在 Windows 系统下的具体操作。

（1）如图 18-7 所示，打开 HSM Client 窗口，然后单击 Job→New Job 命令，在弹出的窗口中填入一个 Job 名称，然后确定退出，在主窗口中就会显示出新建的 Job 名称。本例中为 ITSOJob1。

图 18-7　TSM for Space Management 架构示意图

（2）下一步将要定义这个 Job 的工作内容，双击窗口中已创建的 Job，弹出如图 18-8 左边所示的对话框。对话框中显示的 Nodename 是在安装 HSM Client 端时指定的本机名称，而 Server 指的是 TSM Server 端的域名和端口号，也是在安装 HSM Client 端时指定的。在 File Space 中，我们需要填入一个名称，这个名称表示 TSM Server 端用来保存这个 Job 所迁移过去的所有文件的目录名称，也就是说给 TSM Server 端的目录起一个名字，或者使用一个已存在的目录，用来保存将要被迁移的文件。图 18-8 右侧的对话框是让用户来选择将要迁移的本地目录或者文件的，单击 New Directory 按钮来添加一个本地的目录，出现如图 18-9 左侧所示的对话框。

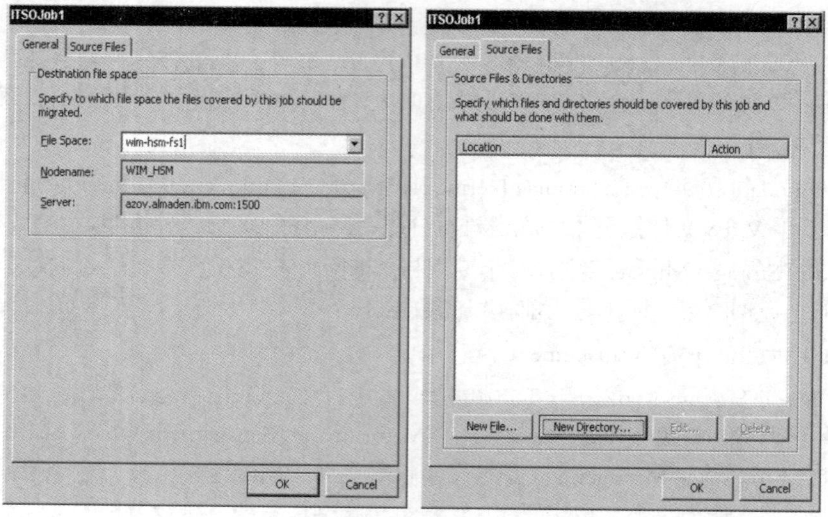

图 18-8　定义 Job 内容

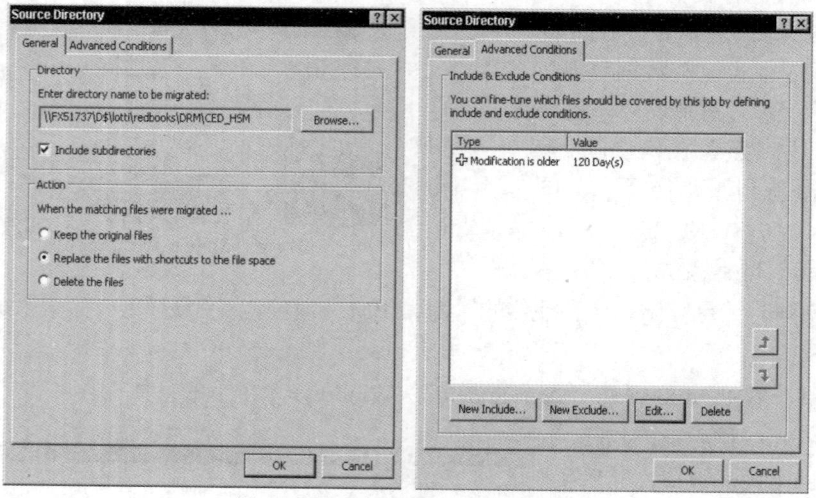

图 18-9　添加目录以及定义策略

（3）在图 18-9 的左侧对话框中，单击 Browse 按钮选择要迁移的目录，下方可以选择是否包含子目录。最下方提供有三个迁移选项：迁移之后保存原有文件不变、迁移之后保存占位指针、迁移之后删除源文件。一般为了保证上层的透明性，都应当选择保存占位指针。右侧所示的对话框可以定义更高级的迁移触发策略，可以添加多条策略并且对策略进行排序，还可以选择 Include 或 Exclude 模式做反向排除。单击 Include 来增加一条“匹配便执行”的策略，弹出如图 18-10 所示的对话框。

（4）这个对话框中可以选择以文件大小、创建时间、修改时间、最后访问时间或者任意的组合来作为策略判断条件。本例中选择超过 120 天未修改作为判断条件。定义完毕之后，单击确定数次，退出。可以看到在如图 18-11 所示的主窗口中，Job 内容已经定义完毕。

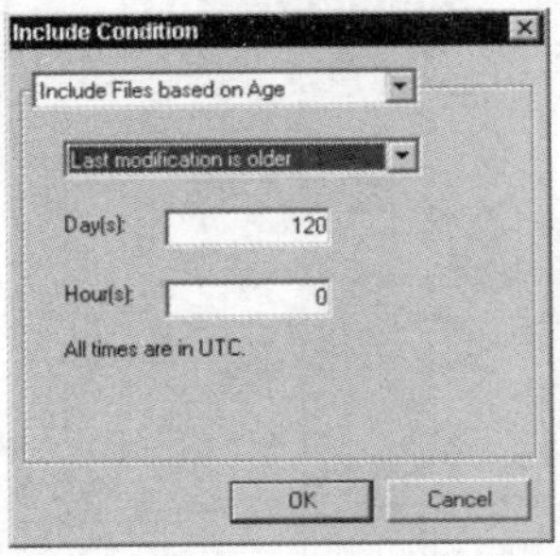

图 18-10　定义迁移策略

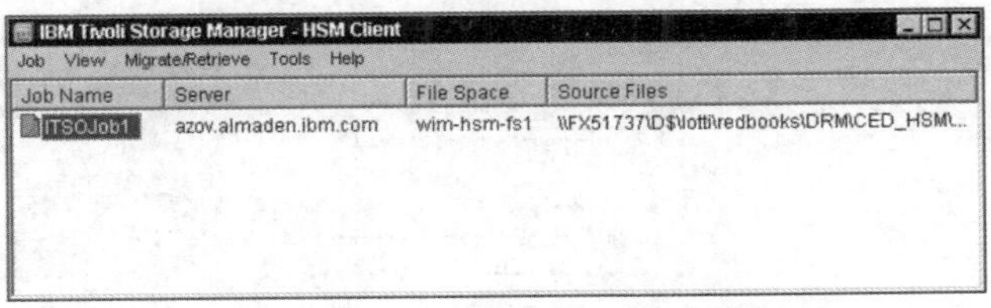

图 18-11　Job 内容定义完毕

（5）在 Job 上右击，然后单击执行，会弹出如图 18-12 所示的对话框，显示任务正在执行。

（6）当任务执行完毕之后，会出现一个 Summary 窗口，如图 18-13 所示。

图 18-12　任务正在执行

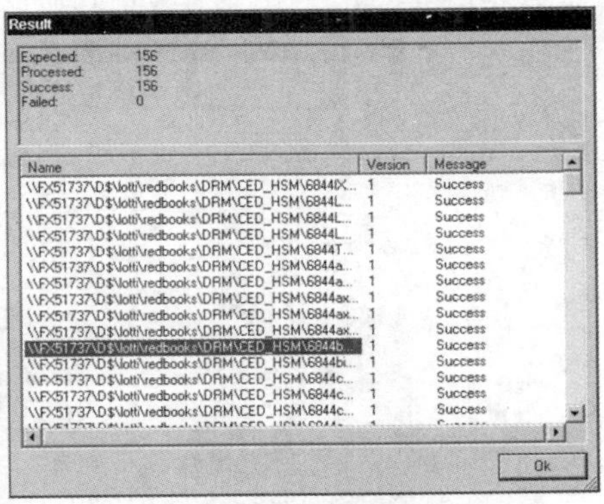

图 18-13　任务执行完毕的 Summary 窗口

（7）如图 18-14 所示为目标目录在迁移前和迁移之后所占用空间的变化。可以看到右侧中的 Size on disk 为 1.37MB，这些为占位指针所占用的空间。

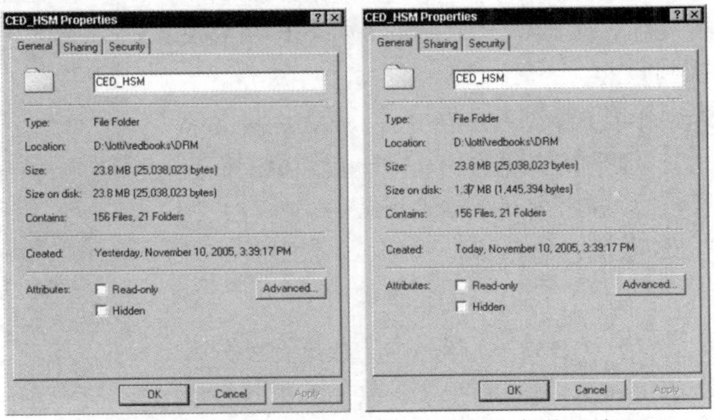

图 18-14　TSM for Space Management 架构示意图

（8）当本地某程序访问被迁移的文件时，HSM Client 会实时地从 Server 端对应的目录中将文件实体内容拉回并且覆盖到源文件所在的目录中。如图 18-15 所示为某文件在访问前和访问后的变化。

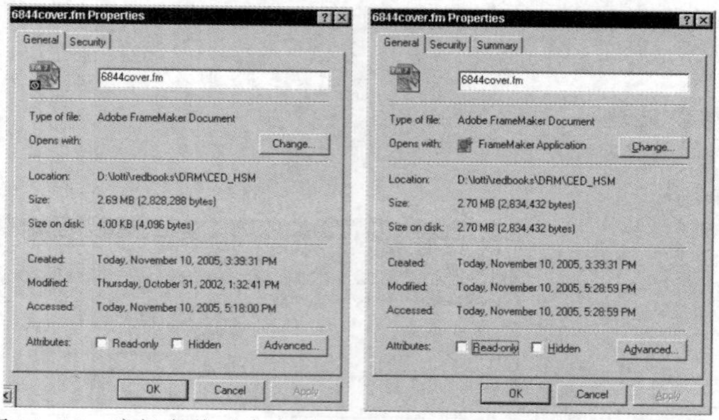

图 18-15　访问文件时会自动从 Server 端拉回文件并覆盖到本地

（9）当然也可以手动将文件内容拉回。单击 Migrate/Retrieve→Search&Retrieve 命令，出现如图 18-16 左侧所示的对话框。选择 Server 端的目录，然后填入查找的卷名/路径名/文件名，单击 Search 按钮。会出现右侧所示的对话框，将所有符合条件的文件都列出来。

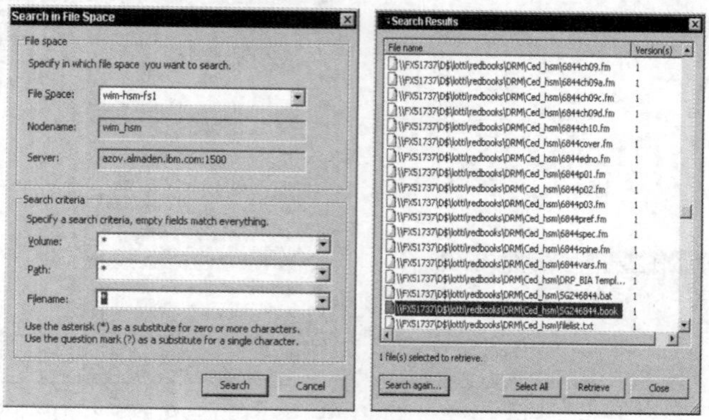

图 18-16　手动拉回文件内容

（10）选中图 18-16 右侧对话框中的某个欲拉回的文件，单击 Retrieve 按钮，出现如图 18-17 所示的对话框，选择对应的动作，然后单击 Retrieve 按钮即可将文件内容拉回到原处。

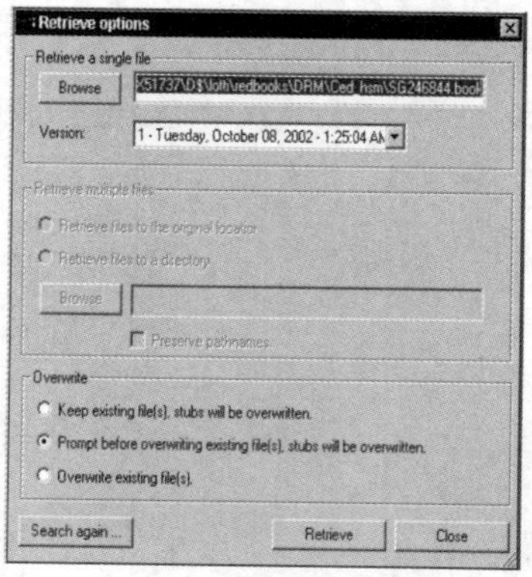

图 18-17　拉回文件对话框

通过上面的步骤我们可以看到，TSM for Space Management 的操作还是非常简单的，但是其实现的功能也比较简单。而且需要通过与服务端配合，数据通过网络传输到服务端保存，相当于一个可以透明访问的数据备份系统。

3）IBM Easy Tier

IBM 的 Easy Tier 是用于其 DS8700 产品中的数据自动分级产品，分块粒度为一个 Extent（IBM 的叫法，具体参考其红皮书）。分为两个层级：机械硬盘与 SSD。

4）EMC

DiskXtender 为 EMC 收购 Legato 而获得的产品。其基本功能和实现架构与 TSM for Space

Management 大同小异，此处不再详述。

FAST 为 EMC 用于其主流存储系统比如 Clariion/DMX4/V-MAX 上的存储端块级数据分级管理软件。FAST 全称为“Fully Automated Storage Tiering”，即全自动存储分层。FAST 目前版本为 1.0，只支持整个 LUN 粒度的迁移。Symmetrix 系列存储系统已经支持 SSD 了，不过 FAST 1.0 只能以 LUN 为单位进行迁移，这多少有点像鸡肋，正如前文所述的情况一样，整个 LUN 的全部区域都为 Hot Spot 的情况毕竟不多见，如果整个 LUN 都占用 SSD 的空间，那么无疑会产生浪费。FAST 2.0 预计在 2010 年中旬发布，届时会支持更细粒度的迁移。

如图 18-18～图 18-20 所示为 FAST 提供的用户配置向导界面示意图。

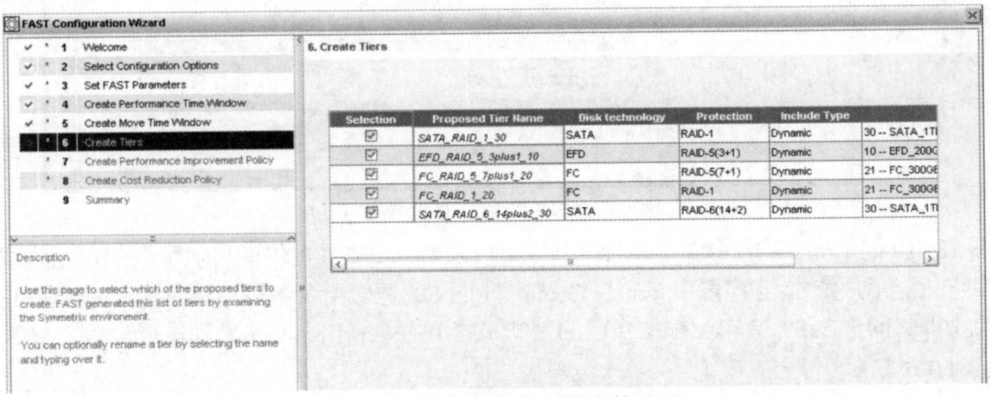

图 18-18　FAST 提供的配置向导（1）

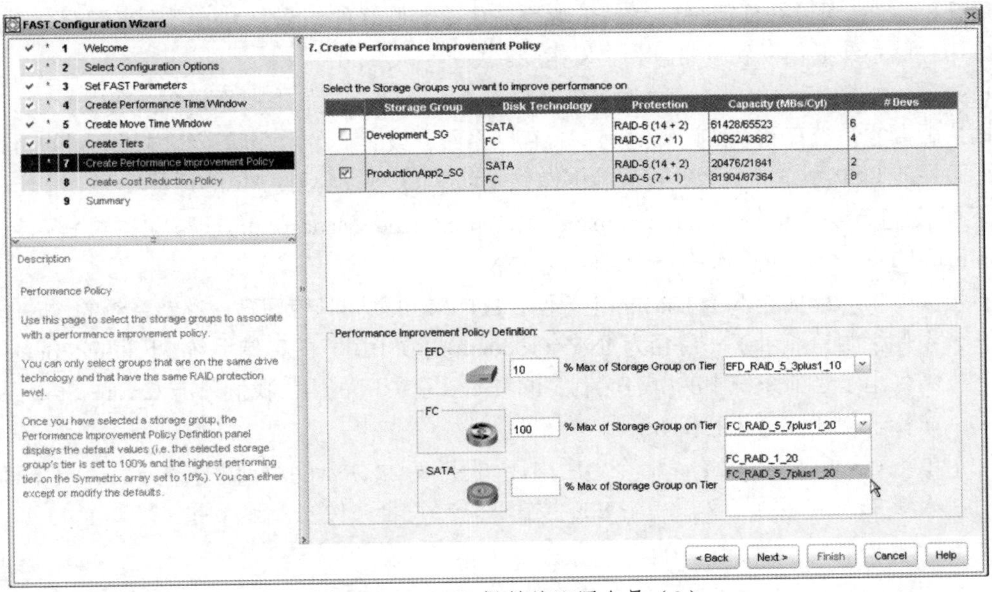

图 18-19　FAST 提供的配置向导（2）

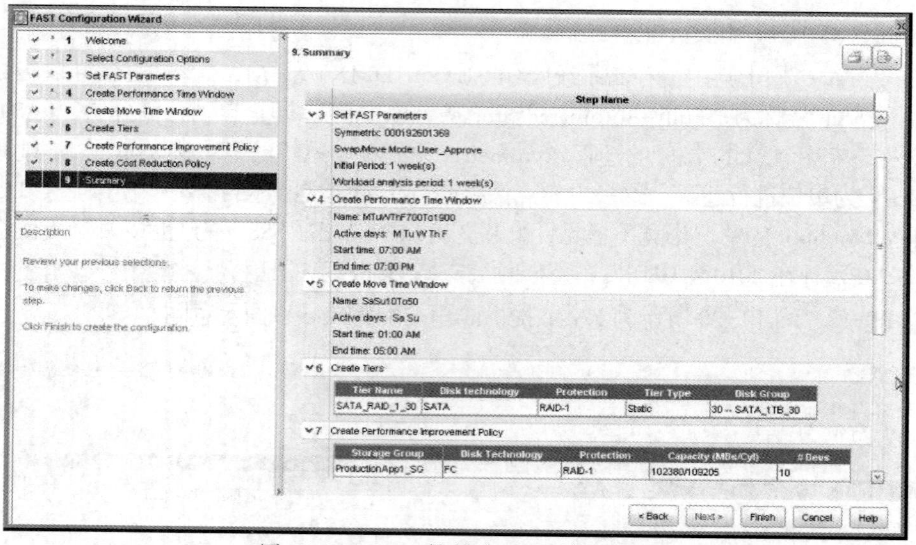

图 18-20　FAST 提供的配置向导（3）

图 18-19 为 FAST 的迁移策略的制定窗口，可以看到 FAST 提供的可供配置的策略是很简化的，即它只让用户指定某个逻辑 Storage Group（LUN 的逻辑组合）可以在某个 Tier 上占用多少比例的物理空间，FAST 会自己根据自己的判断来将 LUN 在不同 Tier 之间进行分级迁移。

5）HDS

HiCommand Tiered Storage Manager 是 HDS 公司用于 USP 系列存储系统中的存储端块级数据分级迁移软件。可以在任何一台 Windows 系统中安装此软件，通过 Web 界面来配置分级操作，软件会与存储系统通信以获取信息和下发指令。

USP 存储系统后端可以连接多种其他存储系统，从而将它们虚拟化整合。所以，USP 可以将数据从后端的一台存储系统迁移到另一台存储系统，或者在单台存储系统内部不同的 Tier 之间迁移。目前 USP 系统的分级迁移只能够做到手动以 LUN 为最小单位的迁移。

下面我们简要介绍一下 HiCommand Tiered Storage Manager 的迁移配置过程。以下将 HiCommand Tiered Storage Manager 简称为 HTSM。

（1）如图 18-21 所示为 HTSM 的主界面，HTSM 可以同时管理多台存储系统的 Tier 分级，左侧栏中只显示了一台名为“NY_Production_USP100”的存储系统，下面的 Storage Tiers 中列出了当前系统中的所有已制定的 Tier。在窗口右侧，我们单击 Create Storage Tier 命令来创建一个新的 Tier。

（2）单击 Create Storage Tier 命令之后出现如图 18-22 所示的对话框。在 Name 文本框中填入新 Tier 的名称，然后单击 Edit 按钮来选择符合条件的存储介质。

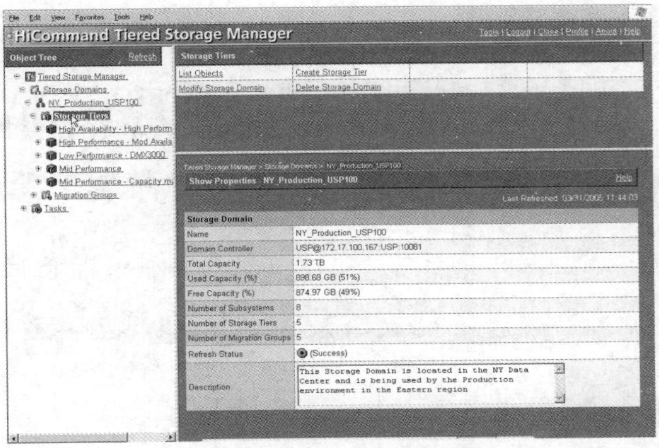

图 18-21　HTSM 主界面

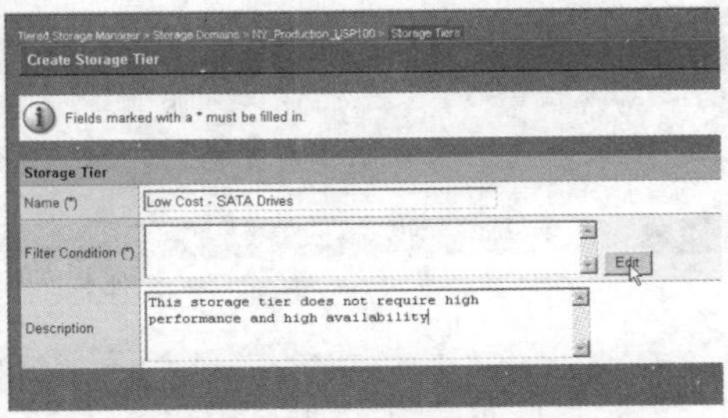

图 18-22　创建新 Tier

（3）单击 Edit 按钮之后出现如图 18-23 所示的对话框。在 Condition1 下拉框中选择过滤条件，本例中选择 Capacity，即容量，运算符选择>，即大于，数值填入 6，所以，Condition1 的过滤条件为容量大于 6GB 的所有 LUN。单击 Show Volume List 按钮（Volume 即 LUN），便会显示出当前系统中所有符合条件的 LUN，如图 18-24 所示。

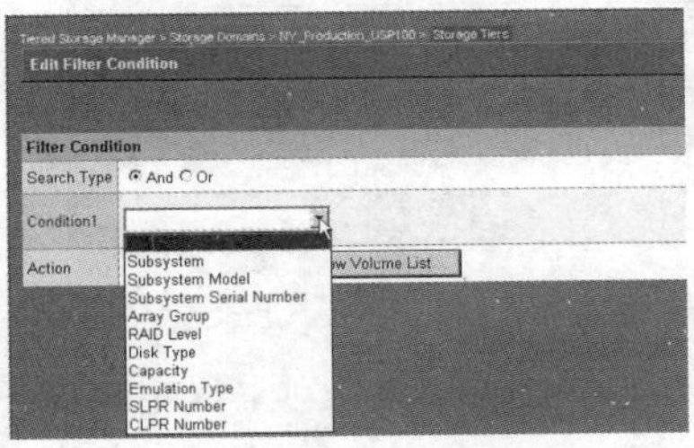

图 18-23　选择过滤条件

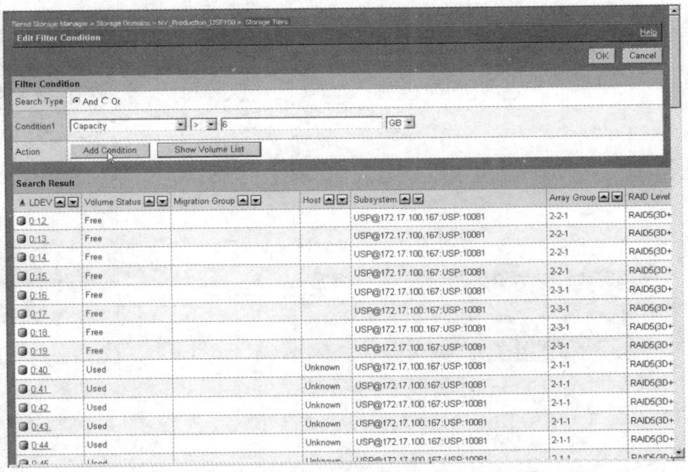

图 18-24　符合条件的所有 LUN 列表

（4）单击 Add Condition 按钮来增加另一条过滤条件。我们选择 RAID Level 为 RAID 5 类型并且磁盘数量为 3D+1P 的 RAID 组。然后再增加一个条件，磁盘类型为 ATA 磁盘。这三个条件同时作用，单击 Show Volume List 按钮即可看到当前所有同时符合这三个条件的 LUN 列表，如图 18-25 所示。HDS 给 Tier 提供了多种条件，这一点是目前其他存储系统都没有做到的。EMC 的 FAST 只是提供了 3 个定死的 Tier，而 Compllent 和 3PAR 也是如此，下文中即可看到这二者的演示。

（5）单击 OK 按钮，返回到创建新 Tier 对话框，此时过滤条件文本框中已经将我们的选择条件翻译成了表达式自动出现，如图 18-26 所示。这个 Tier 的属性就是：容量大于 6GB 的并且所在的 RAID 组为 4 盘 RAID 5 类型的并且磁盘为 ATA 磁盘的所有 LUN。

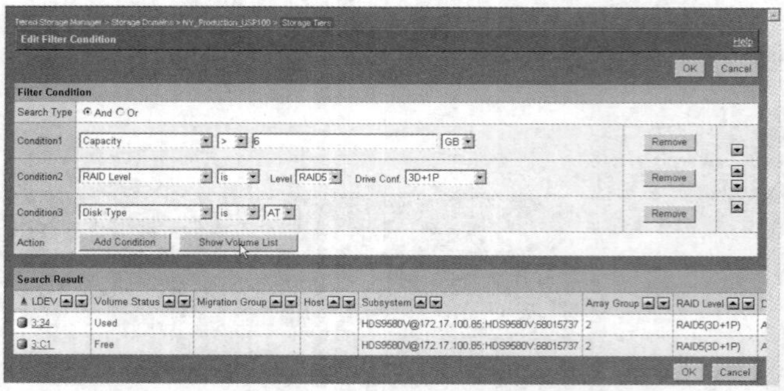

图 18-25　同时符合三个条件的 LUN 列表

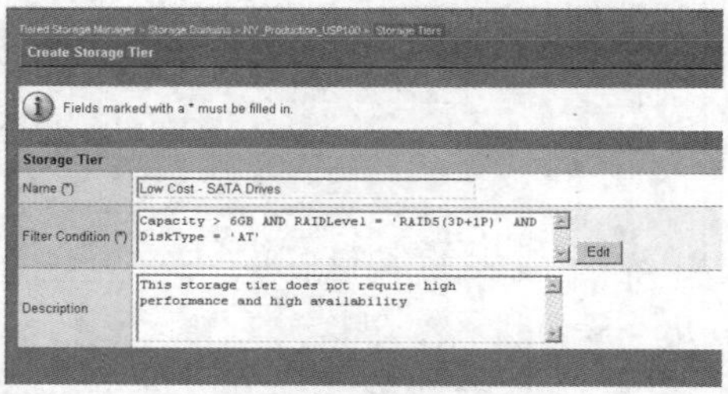

图 18-26　条件翻译为表达式

（6）单击 OK 按钮创建这个 Tier，在如图 18-27 的对话框中单击 OK 按钮。

（7）此时便返回到了如图 18-28 所示的主界面。可以看到此时新创建的名为 Low Cost-SATA Drives 的 Tier 已经在列表中显示了。窗口右侧可以看到这个 Tier 中共有两个 LUN，其中一个已经被使用，另一个未被使用，可以作为迁移的目标。

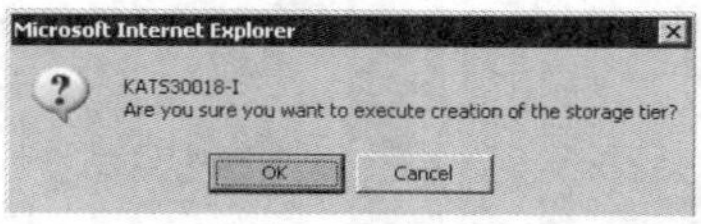

图 18-27　确认创建新 Tier

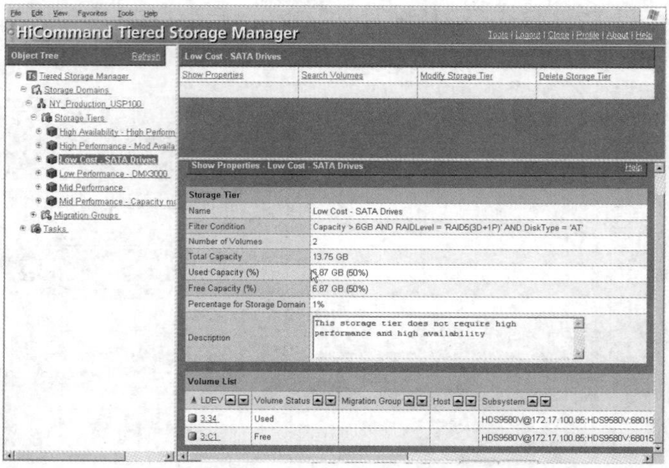

图 18-28　新建的 Tier 显示了出来

（8）有了目标 Tier，还需要选择要迁移的源 LUN。单击 Migration Groups 选项，显示出如图 18-29 中窗口右侧的所有当前已经创建的 Migration Group，每个 Group 中可以包含一个或者多个 LUN。本例中我们打算迁移一个已经存在的 Group，“Internal ordering request system”，即内部下单系统所使用的 LUN。单击这个 Migration Group 查看其详细信息，进入如图 18-30 所示的界面。可以看到这个 Group 只有一个 LUN，而且这个 LUN 当前所处的存储介质 Tier 为 High Performance – Mod Availability – RAID 5。LUN 的容量为 6.87GB，与方才创建的 Tier 中那个未被使用的 LUN 容量相同，所以可以迁移。

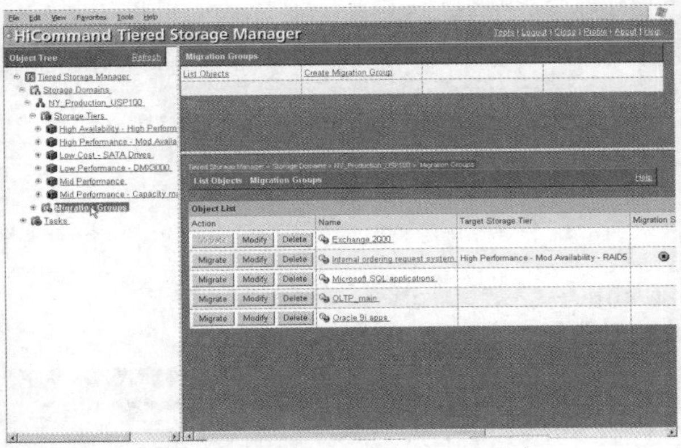

图 18-29　Migration Group 列表

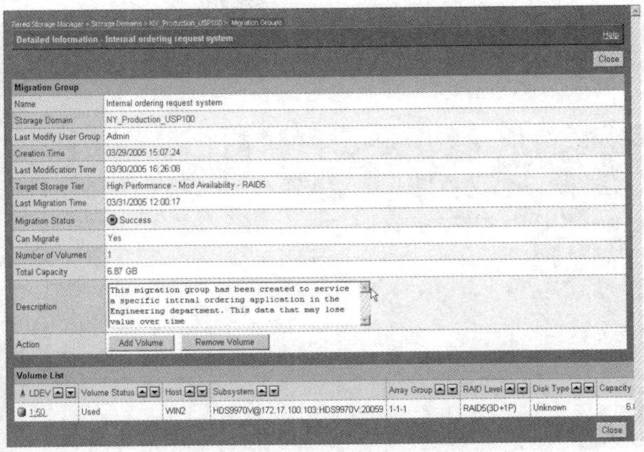

图 18-30　Migration Group 详细信息

（9）单击 Close 按钮退出到图 18-29 所示的界面中，单击待迁移 Group 左侧的 Migrate 按钮，进入如图 18-31 所示的窗口。这里列出了所有可供迁移的目标 Tier。其中有两个不能被选择，因为其剩余空间已经不能够容纳源 LUN 了。我们选择方才创建的 Low Cost – SATA Drives 的 Tier，然后单击 Next 按钮，进入如图 18-32 所示的窗口。

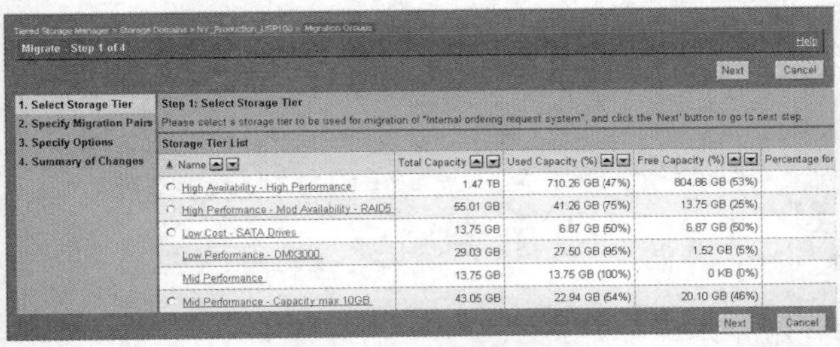

图 18-31　选择目标 Tier

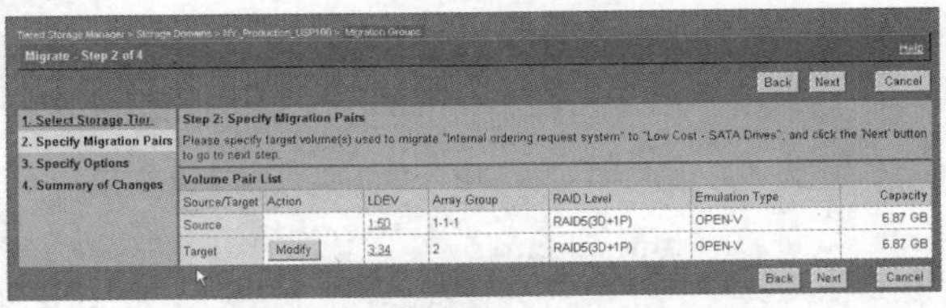

图 18-32　选择源和目标 LUN

（10）选择好源和目标 LUN 之后，单击 Next 按钮，进入如图 18-33 所示的窗口。此处可以选择立即开始执行迁移。还有一个 Erase remaining data on source volumes 的选项，如果勾选了这个选项，那么当系统迁移完毕之后，将向源 LUN 中覆盖写入 0 以消除源 LUN 中的数据以保证较高的信息安全等级。

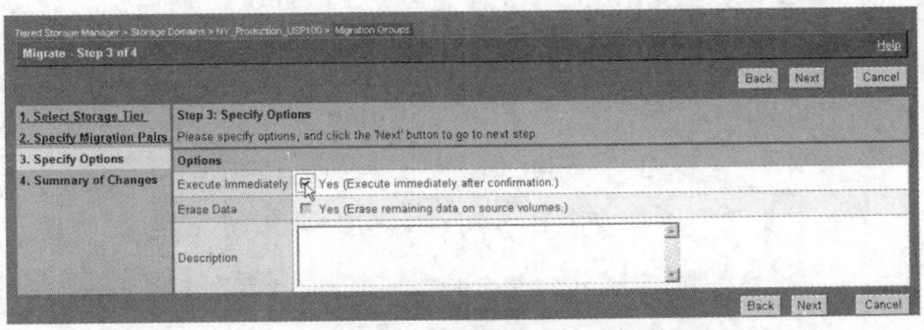

图 18-33　选择是否立即开始执行

（11）单击 Next 按钮进入如图 18-34 所示的窗口，为一个 Summary 窗口，单击 Confirm 按钮之后，系统便会根据之前所设定的所有动作来执行这个任务了。迁移会自动在后台执行，整个迁移过程不会影响源 LUN 的数据访问。当 LUN 中的所有内容成功迁移到目标 LUN 之后，系统会做短暂的切换，切换之后，所有只能对源 LUN 的 IO 将会直接发送给目标 LUN 执行，之后系统根据策略可以删掉源 LUN 或者覆盖写入 0 以销毁原有数据。

（12）当迁移成功完成之后，再次单击对应的 Migration Group，可以发现当前所处的 Tier 已经变为 Low Cost – SATA Drives 了，对应的 LUN 也是目标 LUN，如图 18-35 所示。

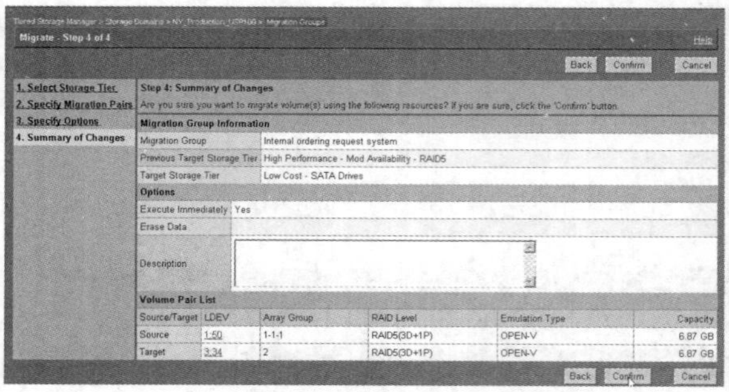

图 18-34　Summary 窗口

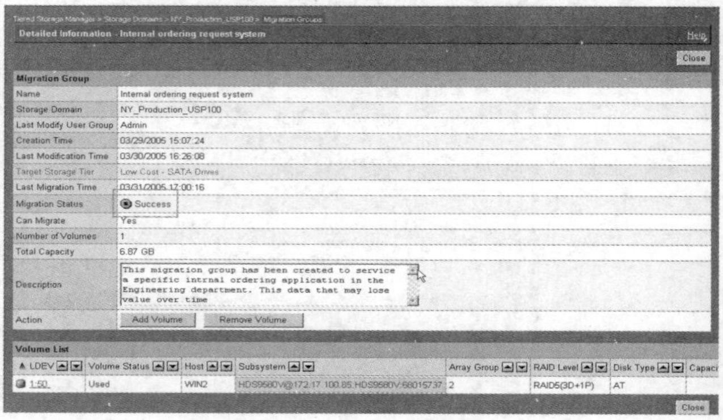

图 18-35　迁移完成之后的状态

6）3PAR

Adaptive Optimisation 为 3PAR 公司最近发布的数据分级管理模块，其实这个模块之前名为 Dynamic Optimisation，即根据策略将 Sub-LUN（Chunklet，3PAR 的叫法）分布到不同的 RAID Level、磁盘类型等存储介质中，已经具有了 HSM 的雏形。而更名为 Adaptive Optimisation 之后，变成了正统的 HSM，增加了 Tier 的概念，形成了真正的层次。

3PAR 存储产品已经支持 SSD。Adaptive Optimisation 为每个迁移对象提供 3 个 Tier，每个 Tier 可以赋予不同的属性，比如磁盘类型、RAID 类型、条带深度以及磁盘内外圈等。根据 Sub-LUN（1GB 大小）的 IO 热度（每 GB 数据每分钟的 IO 数量）以及其他用户制定的策略，系统可以针对每个 Sub-LUN 在策略的触发下在这 3 个 Tier 之间动态迁移。

7）Compellent

Data Progression 是 Compellent 公司的数据分级迁移软件。Data Progression 可以在存储端以 Block 为粒度进行分级迁移。至于 Block 具体为多大尚无从考证。下面对 Compellent 的分级管理进行简要演示。

（1）如图 18-36 所示，Storage Profile 是一种策略定义，每个 Profile 中会让用户定义 3 个 Tier，这 3 个 Tier 性能由高到低。如果将某 Profile 映射给某个 LUN，那么系统会自动将 LUN 中的数据根据访问热度向 Profile 中定义的高级别的 Tier 迁移。

（2）在 Storage Profile 上右击，从弹出的快捷菜单中选择 Create Storage Profile 命令，创建一个新的 Profile，如图 18-37 所示。

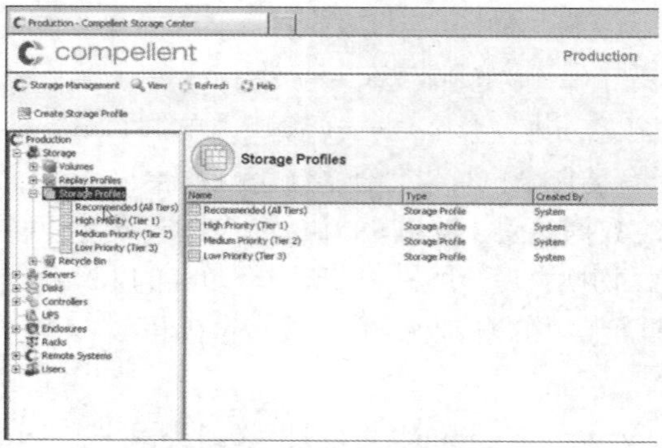

图 18-36　Profile 列表

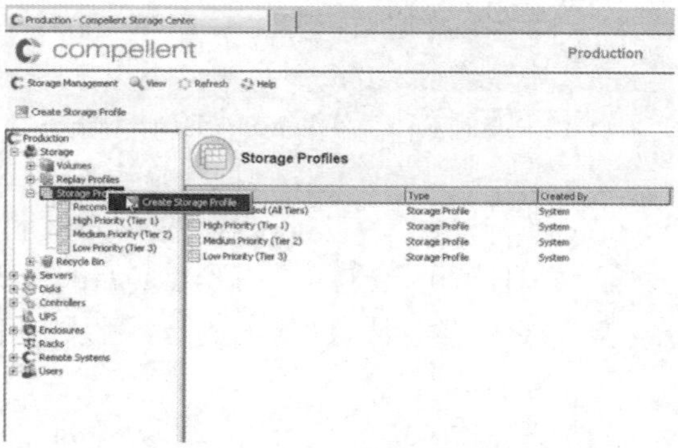

图 18-37　创建新 Profile

（3）如图 18-38 和图 18-39 所示，每个 Profile 包含 3 层 Tier，Tier1 的性能需要比 Tier2 高，Tier2 需要比 Tier3 高。可以看到 Compllent 在每个 Tier 的条件中只有一种可选，即 RAID 类型和磁盘数量。

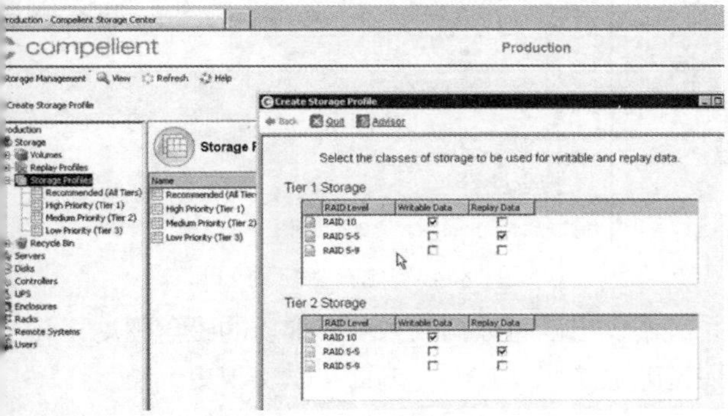

图 18-38　设定 Profile 中的 3 层 Tier(1)

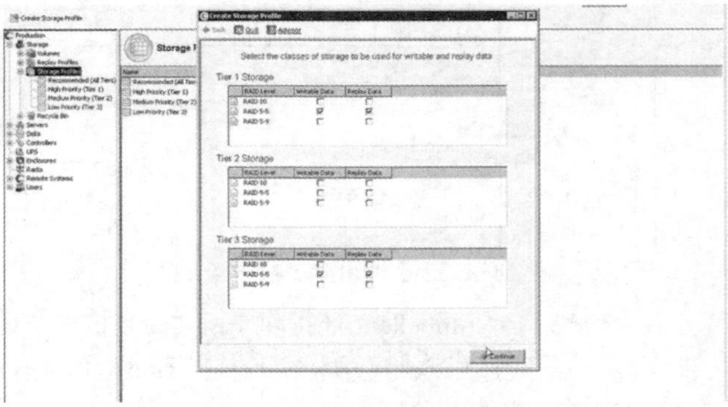

图 18-39　设定 Profile 中的 3 层 Tier(2)

（4）选择了每层 Tier 的条件之后，出现如图 18-40 所示的对话框，为这个 Profile 起一个名字。

（5）名字填好之后单击 OK 按钮，进入如图 18-41 所示的界面中。选中待迁移的 LUN（图中 Volume 即 LUN），右侧显示出了这个 LUN 的详细信息。

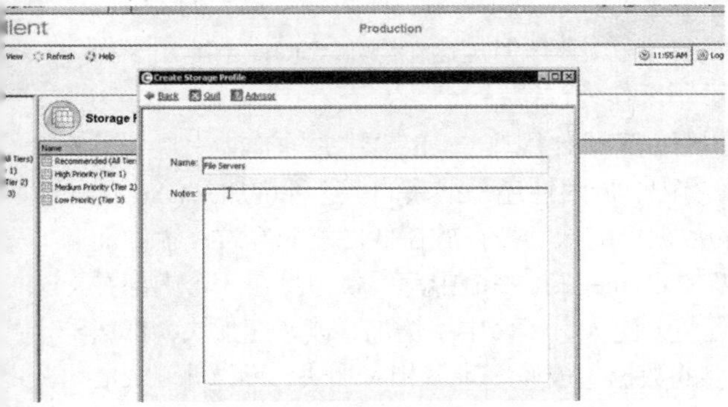

图 18-40　为新建的 Profile 起名

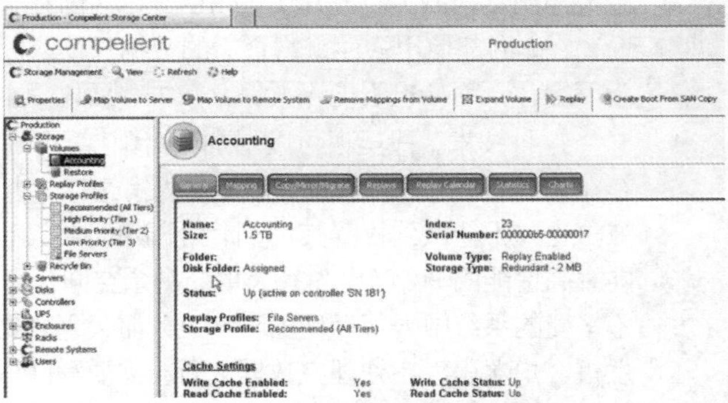

图 18-41　待迁移的 LUN 详细信息

（6）如图 18-42 所示，在新建的 Profile 上右击，从弹出的快捷菜单中选择 Apply to Volumes 命令，出现如图 18-43 所示的对话框。

（7）在图 18-43 所示的对话框中，选择需要对应这个 Profile 的 LUN，单击 OK 按钮之后，系统便会自动根据 Profile 中所设定的 3 层 Tier，根据策略及 IO 访问热度，在这 3 个 Tier 之间自动的动态地迁移数据了。

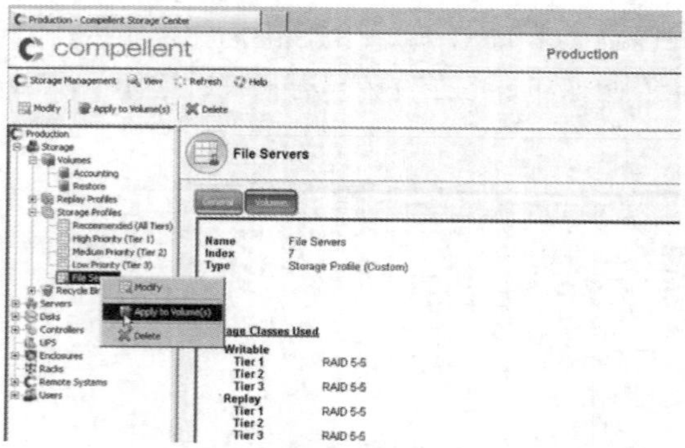

图 18-42　将 Profile 赋予给 LUN

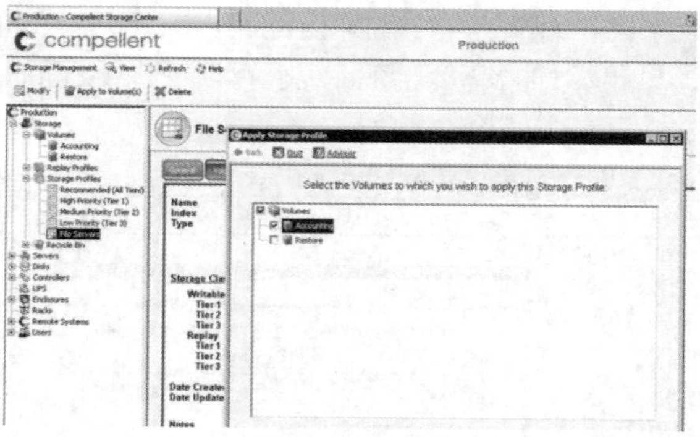

图 18-43　选择对应的 LUN

此外，Compellent 还提供 Fast Track 技术，即系统不仅可以将数据放到对应介质的磁盘驱动器中，甚至还可以将数据放到对应驱动器中的不同磁道中（外圈、中圈、内圈）以实现更细粒度的分级，非常牛！

8）NetApp

NetApp 对分级存储的理解似乎与其他厂商不尽相同。早些时间 NetApp 曾宣称分级存储将会被缓存管理所取代。NetApp 并未实现传统意义的分级存储。NetApp 的“替代”做法是在存储系统控制器内插一块或几块 PCIE 接口的内存卡，卡上插多条 SDRAM，作为一个更大的 Cache 而存在，内部使用软件来将合适的数据预读入以便增加命中率。但是这个附加 Cache 不能用来作为写缓存，而且也不能永久保存数据，所以只能够用来作为读缓存。

这种技术手段虽说可以增加读命中率，但是它终究还是作用在 Cache 层，并非作为一块硬盘存在，不能永久保存数据，不能作为写缓存，容量有限，局限性还是很大的。这种增加 Cache 的方法也并不能做到物尽其用，比如，访问频度高的数据可能依然被存放在低性能的 SATA 盘中而同时高性能的 FC 盘中尚有大量的剩余空间。靠增加 Cache 来提高命中率，就像是在一个内部并不平衡的系统中强行运化出阳气，久而久之必伤元气。比如，读命中率增加，读速度加快，那么主机客户端程序在处理完数据之后，需要写回保存的数据生成速度也就相应加快，而这个 Cache 并不能用于写，那么写数据就会积压在系统原本的 Cache 中，造成后端更加繁忙。也就是说，一开始就顾此失彼失去了平衡，那么后来也必然导致不平衡，从而大伤元气。然而笔者相信 NetApp 当前的做法只是一种不得已，将来或许也会开发真正的分级管理模块，但是至少目前来讲，NetApp 在数据分级管理领域已经落后了。

总评：目前看来，各个厂商所实现的分级迁移，远远没有达到理想目标，所能够设定的条件过少，自动化程度不够高，不够智能，提供开发接口的产品很少。要想达到 ILM 的最终目标，还有很长一段路要走。

7. HSM 数据分级产品设计样例

本节介绍一个作者个人演绎出来的主机端 HSM 软件设计。国内存储软件行业在智能数据分级管理领域基本上无人问津，但是鉴于最近 SSD 市场逐渐趋于成熟，作者个人预测 HSM 将被像 CDP、DR 一样被火爆的炒作一把，其价值将会在几年之内完全榨取出来。在存储硬件方面，国内存储行业基本上没有掌握底层高端主流技术，但是在存储软件市场上，国内的厂商还是比较有作为的，虽然有不少也是在 OEM，但是自研的也有很多。所以，希望国产的存储硬件和软件早日脱颖而出占领市场。

SSD 是近年来存储市场比较热门的主题，但是企业对 SSD 的兴趣好像一直不如个人浓烈，一方面由于成本的原因，企业如果选择使用 SSD，则需要至少购买能做成一个 RAID Group 数量的 SSD 硬盘，这是一笔不少的开销；另一方面，由于 SSD 设计原因导致其寿命远低于机械硬盘，而企业环境下的数据 IO 很频繁，无疑会更快地让一块 SSD 寿终正寝；再一方面，即便真的使用上了 SSD，要将哪些数据迁移到 SSD 上呢？用什么方法和标准来判断哪些数据需要放到 SSD 上呢？如果今天将某份数据迁移到了 SSD，而过一段时间之后这份数据变得不再重要了，那么又得迁移走，换其他重要的数据迁移到 SSD，这样维护成本是不是太高了呢？面对这一系列的问题，使得企业在选择和使用 SSD 的问题上犹豫不定。

有了这种市场需求，就可以针对需求，依附 SSD 和已有的 ILM、HSM 理论基础，来设计一款数据分级迁移管理软件。这个软件模块运行于主机端，在所有主机端的 LUN 或者文件系统之间做基于块或者文件级别的数据分级管理。现在的服务器一般自身都具有 8 个以上的 SAS 槽位，兼容 SATA 硬盘和 SATA 口 SSD 硬盘，所以，SSD 硬盘只要插在主机本地即可，这样就不需要任何额外的投入。不管这台主机在使用何种类型的、何种厂商的、何种规模的外部存储设备，这些设备到了主机一层都作为 LUN 存在，而这个 HSM 软件模块就在这些外部 LUN 和本地 SSD 生成的 LUN 或者 Space Pool 之间做文章。比如根据 IO 热度将外部某个 LUN 中的某个区域迁移到 SSD 的空间内，当热度降低之后，再迁移回来。这个模块可以做到文件级和块级的迁移管理，底层使用文件层和卷层的过滤驱动设计。

另外，使用 SSD 做 RAID，由于 RAID 的 Parity 分布很均匀，导致 RAID 组中每个硬盘在一个相当长的时间内接受的 IO 也是大致相等的，而 SSD 并非机械硬盘，所以其不会出现因为机械问题导致的故障。其主要故障原因就是在于写 IO 次数导致的寿命耗尽，如果一个 RAID 组内的所有 SSD 都差不多接受相同数量的 IO，那么它们的寿命也会差不多，一旦某个时间段内某 RAID 组相继损坏两块或者多块 SSD，那么其上数据就丢失了。

为了避免这个问题，在设计 SSD 的 RAID 算法时要引入一些额外考虑，需要将 Parity 不均匀地分布，要让某块 SSD 先坏掉，所以在这块盘上应放置更多的 Pairty。坏掉更换新盘之后，还要将其上多放置的 Pairty 迁移到另一块 SSD，因为如果新盘有更多的 IO 负载，那么其很有可能加速衰老，赶上其他盘，可能与其他盘同时坏掉，所以需要将额外的负载迁移到另外一块盘，而这块 SSD 会是下一块将要坏掉的，然后依此类推。主机端运行的这个 HSM 软件模块可以考虑这一点，实现软 RAID 而不使用主机端的 RAID 功能，也就是让主机端将本地插的 SSD 透传上来。

这个软件可以开发针对个人、企业、数据中心的版本。不同版本包含不同的功能模块。

说明：以上仅为个人拙见，希望国产存储软件越做越强，赶超西方！

8. 判断你是否需要部署 HSM

总的来讲，如果你公司的存储系统正在面临如下问题，那么恐怕你真的需要对数据进行分级了。

- 数据量庞大，存储设备众多。
- 性能分布不均衡，有些设备长期满负荷运行，性能低下，而有些则长期处于空闲状态。或者同一台设备上的 LUN 负载极度不均衡等情况。
- 有不同种类的存储介质，比如 SATA、FC、SAS、磁带库等。

对于一个大企业来讲，数据总是不断增长的，而在应对数据增长的时候，相关人员不可能做到非常准确地预测，从而做出准确的采购计划，而这就使得企业 IT 存储系统内的资源不可能做到与企业的需求准确地对应，这样的话，就产生了浪费，或者性能分布不均衡的情况，导致生产成本增加。基于上面几个因素，可以利用一些监控工具来监控每台存储设备的利用率等情况，比如，调查一周工作日之内的统计结果，来判断系统总体的性能分布情况。

另外，你企业当前的存储系统架构也是一个重要的判断因素。你需要明白当前你的存储架构的现状，比如是否有很多信息孤岛？所有的主机是否共享一台或者少数几台存储设备？其次，你还要明确你对数据分级的最终期望，是想在少数几台主存储设备上实现分级，还是想在全局存储系统内实现分级？这些决定都会影响最终的部署效果。

如果既想要在全局范围内实现分级，而你的系统内不同厂商的设备过多，信息孤岛也过多的话，那么实现起来就是一件难度很大的工程了，需要大动干戈，伤筋动骨。所以，这就需要根据成本预算以及投入产出的比例来做综合判断。

9. 如何选择对应的 HSM 产品

对于企业而言，实现 HSM 可以有多种方法。比如你可以人为来判断哪些数据是热点数据，从而将对应的文件手动迁移到高性能存储介质中；同样，你也可以将一些不需要的数据，用备份的形式来备份到磁带中永久存放。然而，对于前者来讲，你所能够操作的目标只能是文件，因为你只可以看到文件，不幸的是，在你手动迁移文件的时候，任何人都不能访问这些文件，同时，文件迁移完毕之后，你还需要将对应的目录路径指向新的存储位置。这一切都需要复杂的人为操作，而且操作之前必须制定计划以便最大程度地降低对应用系统的影响。而且，如果一段时间之后，你发现这些数据的热点期已过，需要再迁移回来，那么你就需要再次执行相反的动作。这无疑是个很大的挑战，对操作人员的技术水平要求非常高。

所以，需要一种自动化程度较高，而且智能化程度较高的 HSM 产品来协助企业完成数据分级。在选择一款 HSM 产品的时候，你可以根据上面所讲的 HSM 分类来选择，然后按照类别再来选择对应的产品。比如，你是想实现简单的文件自动迁移，还是想实现可定制复杂策略的块级迁移？是想在主机端实现迁移，还是存储端实现？是想在全局范围内实现还是某台设备上实现？

目前来讲，大多数厂商的数据分级产品几乎都是嵌入其自身的硬件的，比如 EMC 的 FAST，只有使用了 EMC 对应的存储产品，才可以部署。3PAR、Compellent 等公司的产品，也都是嵌入它们自身的阵列产品中的基于块级别的分级模块，也就是说，如果你的系统中没有这些产品，那么就不可能用它们的方案来部署数据分级系统了。

万幸的是，市场上的一些带有虚拟化功能的存储设备，比如 HDS 公司的 USPV 系列设备，它可以虚拟化后端大部分主流厂商的存储设备，然后在此基础上实现分级操作。但是这样的话，部署分级的同时还需要投入虚拟化这块，就有点买椟还珠的意思了，不过如果企业同时需要部署这两种技术的时候，那么选择这种方案无疑是再好不过的了。

另外一种选择就是使用主机端的分级工具，比如 IBM 的 Tivoli HSM，虽然它只是一个简单的文件迁移工具，但由于运行在主机端，所以无须考虑后端设备的多样性。但是所带来的局限性就是需要在所有需要分级的主机上都安装客户端。

对于系统中的 NAS 设备和 SAN 设备混合存在的情况，如果要在这两种设备之间做分级迁移，那么可供选择的唯一产品就是主机端的分级产品了。一些 NAS 虚拟化设备比如 F5 公司某款产品也可以做到在后端所有 NAS 设备之间做分级迁移，但是这只是针对 NAS，而且分级策略也不是很智能、很详细。

总体来讲，企业如果要在现有的系统架构下嵌入式地部署 HSM，那么难度是相当大的，而且可供选择的产品非常有限。但是如果企业想重新建立一套带有数据分级的新存储系统，而忽略原有的存储系统，那么可供选择的产品就一下子变得很多了，可以咨询前文所列出的这些厂商，他们一定会给你一个对应的合适的方案。

10. 存储厂商应该怎么做 HSM

在上面的章节中我们可以看出，目前这些厂商的所谓 HSM 产品，其实并未真正做到 HSM 的核心层次，只是在表面上“意思”一下而已。对于 IO 属性的判断仅限于少数条件，有些甚至根本不提供自动迁移策略，完全靠用户手动将整个 LUN 迁移到目标 Tier，这从根本上讲连 HSM 的边都不沾了。

如图 18-3 中所示的 Service Level Objectives（SLO）是一个非常复杂而且难以形成标准的东西，业界目前尚未对 STO 有相应的标准。由于 IO 属性多种多样，不同 IO 属性之间可以相互组合，而且同一种应用在不同的规模、不同的时段都可以有不同的 SLO 需求，再加上前文中所说的政治和人为因素，所以这样看下来，SLO 是一个具有颇多维度的东西。正因如此，存储厂商目前不可能做到 HSM 的理想状态，充其量多给出一些细节判断条件，比如 Symantec 的 SF 平台所集成的 HSM 模块那样。

要真正地做到按照 SLO 来分配 Tier，首先要有具体的 SLO，目前连 SLO 本身都还没有。所以，HSM 下一步需要推进的就是定义 SLO 接口标准，用 SLO 作为连接应用层与存储层的桥梁，然后在应用层来实现 HSM 策略。迁移也由应用层根据策略来自动发起，或者由人自己发起，因为只有应用层和人才能够完全知道自己所产生的哪些数据需要何种性能或者特性的存储空间。

11. 从存储分级到存储系统全局资源分级/分配

信息生命周期管理和 HSM 目前被广泛认识为只作用在磁盘以下的层次中，对磁盘及其下层的存储介质进行分级管理，但是却忽略了磁盘以上的层次，比如 RAM、CPU Cache。目前多数操作系统对 RAM 的管理都是大同小异的，而且几乎都是采用全局统一标准来管理，比如分配多少内存、多大的 Page 等。

然而，对于存储系统来说，它同时接受多个不同客户端的多种不同类型的 IO 流。到底应当按照什么样的条件来分配缓存资源呢？全局还是分区？Page 回收到底应当按照怎样的条件来触发？这些都是需要仔细研究的。

提示：以上这些都属于存储 QOS（Quality of Service）的范畴，诸如 EMC、HDS 等厂商都有对应的产品来实现 QOS，具体可见后面的章节。

12. Tier 和 Cache 之争

目前来讲，使用 SSD 作为一个 Tier 是大多数厂商都选用的方法，而有些厂商则使用 SSD 或者 Flash 介质作为一个大的缓存来使用。典型代表就是 NetApp。

很早的时候 NetApp 就对 SSD 抱有疑虑，我记得当时其他厂商已经在着手开发动态数据分级了，而 NetApp 却犹豫的很，最终推出一块叫做 Performance Acceleration Module（PAM）的 PCI-E 接口卡，专用于 FAS3100 系列。一开始其上是插 DDR SDRAM 内存条的，后来也有 Flash 颗粒版本的了。WAFL 虽然是个很有特色的文件系统，但是其所存在的问题也是不可小视的，也就是经典的 Sequential Read After Random Write 的问题，即本来逻辑上连续的块，被 WAFL 处理之后底层却变得不连续了，这样在连续地址读 IO 的情况下，底层却表现为随机 IO 的行为，从而影响性能。PAM 卡的推出可能也有这方面原因。其实所有文件系统多少都会有这种问题，只不过 WAFL 更加严重，而且 WAFL 将 LUN 也当做一个文件，这样的话对于本该比较刚性 Block 访问也变得左绕右绕，IO 路径不等长，IO 延迟变得很难预测。

那么究竟为何 NetApp 不使用 SSD 来解决性能问题，或者自己也开发自动分级存储模块呢？我猜测，这与其 WAFL 的原理有很大关系。SSD 这东西，所有人看到它的表现，一定都是竖起大拇指的，但是我估摸着唯独 NetApp 对 SSD 具有那么一点点排斥心理，为何呢？

首先，SSD 的出现，让 WAFL 的那一套写加速算法有点挂不住了，包括全重定向写、尽力整条写等针对机械磁盘所作的大量优化，随着 SSD 的出现，一切都解决了，那么 WAFL 这一套势必在 SSD 面前就显得白费了，这一定让 NetApp 很难受的，其实 NetApp 一直都难受，即便是使用机械盘，WAFL 依然面临着 Sequential Read After Random Write（SRARW）问题，早就在研究新架构的 WAFL 了，比如是否可以支持 RAID 5 而不是 RAID 4，是否可以不再重定向写了等等。但是对于 WAFL 这样一个复杂而庞大的架构来讲，牵一发会动全身，不是那么好改革的了。

第二，WAFL 的重定向写措施，会迅速耗尽 SSD 上的剩余空间。懂点 SSD 的人都知道，SSD 自己内部会去记录哪些 page 存有数据，哪些没有，这么做是为了损耗平衡算法，SSD 内部也会有大量的重定向写操作，其做法与 WAFL 类似，但是 WAFL 这么做是为了方便地快照与整条写，SSD 这么做纯粹是为了损耗平衡，不管怎么样，这两者是重复和部分冲突了。另外，WAFL 不断地写到空余位置，那么 SSD 上的“曾经写过多少”这个高水位线就会迅速达到顶峰，SSD 内部剩余空间迅速降低到最低值，严重影响 SSD 的性能，而 WAFL 的作用原理又不可能实时的将 SSD 中的“垃圾”块回收回来，因为 WAFL 从本质上讲可以认为是无时无刻不在产生垃圾（重定向写之后，以前的块便是空闲块了，但是 SSD 却无法感知文件系统层面的空闲块，依然认为是有用块），它根本来不及回收的，况且 WAFL 内部的两层 FS 之间已经为了忙活着回收空间而做了大量复杂流程了。如果说 SSD 让 WAFL 的优化变得价值全无，这一点还可以容忍，但是如果 WAFL 想用 SSD 而眼看着效果不好，那么就真的没治了。

第三，我们退一步讲，就算 WAFL 会很快耗尽 SSD 的剩余空间到最低值（也就是 SSD 厂商隐藏的那部分为了保证性能而预留的剩余空间，比如100GB的SSD其实是有128GB物理空间的），效果再不好，但是也比机械硬盘要快，所以 NetApp 只能退而求其次将就着上 SSD 了。还有最重要的一点，别忘了，SSD 目前的容量还太小，如果上 SSD，会有两种用法，一种就是直接将 SSD 当做普通盘来用，做 RAID，做 Aggregate，做 WAFL，然后做 Volume，做 LUN 或者目录的 Exports。但是这种做法适用的场景很少，比如一部分小容量的数据却要求极高的访问速度，那么没有问题，这种做法可以满足。但是如果遇到短尾型应用的数据访问场景，大量的数据却只有一部分为热点，那么此时你将所有数据都放到 SSD 上，显然是得不偿失，此时自然就需要有一种动态的细粒度的热点数据分级解决方案了，这也是目前几乎所有存储厂商都在搞的技术，而且主流厂商也都推出了各自的产品了。而我们回来看 NetApp，它何尝不想推出自己的动态分级方案？它很难受，为什么呢？WAFL 如果是老虎，那么 NetApp 可以说已经骑虎难下了。想在 WAFL 上引入动态分级子模块，不是那么容易的。动态分级子模块包含至少两个亚模块：一个是热点数据监控、统计模块；另一个是数据迁移模块。监控和统计子模块，可以作为一个旁路模块存在，不会对现有的任何 FS 架构产生太大影响，这个 WAFL 做起来没有问题，但是数据迁移模块，这对 WAFL 来讲，又很难受了。 WAFL 不按常理出牌，与其他传统 FS 不同，总是去重定向写，改一改就动全身，所以从技术上讲，实现动态分级还是太费劲，风险也很大，需要测试很长时间，所以我推测这也是 NetApp 迟迟没有推出动态分级的可能原因之一吧。

所以我估计，NetApp 一开始就定下了基调，SSD 目前来讲就作为大缓存的角色而存在。可以看到其新发布的 FASx200 系列，最高规格的 FAS6280 已经可以使用 8TB FLASH 的 PAM 卡了，当然，需要插多块 PAM 卡来堆叠成这么高的容量，而且两个控制器上的 PAM 卡规格必须对称，成双成对出现，而不能够只插一组卡让全局使用。

那么 Tier 和 Cache 这两种针对 SSD 的用法，到底哪个强哪个弱呢？我们来比较一下。缓存是实时预读，有很大的乱猜的成分；而 Tier 是长时间后台监测然后只迁移相对恒久热点，带有明显的目标，能发现长期的热点。所以 Cache 中的数据会随时迁入迁出，而 Tier 中的数据迁入迁出频率相对 Cache 要低得多，可以认为 Cache 是心急火燎，Tier 则是慢工出细活。并且 Tier 是将数据直接迁移到 SSD，但是 SSD 用作 Cache 的话目前厂商的做法一般是只支持对读 IO 数据进行缓存，写数据不缓存，这样就不能加速写了。

但是也不能一概而论，作为 Cache 使用也不一定非要使用传统的 Cache 算法，完全也可以使用更精细的热点监控和数据精细复制的算法，可能算法没有 Tier 那么考究，带有更加激进的性质。到底使用 Tier 还是 Cache，得根据应用场景来综合判断，有时候并不能说谁优于谁。比如读多写少的环境，则可以选用 Cache 方式。最理想的一种解决办法就是，同时支持 Cache 或者 Tier 模式，而且可以随时触发或关闭 Tier 模式。

13. 数据分级管理之轮回论

我们都知道几乎所有操作系统对内存的管理，都使用 Virtual Memory 方式，用户看到的空间并不一定与物理空间一一对应，操作系统对物理内存实现了 Thin Provision，比如明明只有 2GB，程序却可以使用申请 3GB 的空间。为了弥补这个弥天大谎，操作系统只好使用拆东墙补西墙的方式，在硬盘上创建一个 Swap 分区或者 Page 文件，将这块空间也作为 Virtual Memory 的空间。当物理内存空间剩余到一定阈值时，操作系统将物理内存中不经常被访问的 Page 进行 Page Out 操作写入磁盘以腾出物理内存空间，而一旦程序需要访问一个处于 Page 文件中的 Page，那么操作系统执行 Page In 过程读入对应的 Page 到内存。操作系统的这种将不常被访问的数据迁移到 Page 文件中的做法，就是一种 Tier 分级操作。

纵观图 18-5，我们可以发现，在 CPU Cache、RAM、Disk 这三者之间，操作系统的 Memory Mamager 会负责将数据在三者之间做迁移，但是 Disk 自身以及 Disk 之下的所有层次，操作系统却没有提供任何模块在这些层次之间做数据迁移。所以，为了弥补这块缺失，HSM 的催生是一个完全必然的结果。HSM 并不是一个新东西，HSM 其实是 IBM 用于在 20 世纪中晚期的 IBM 大型机上的一种技术，适配各种慢速存储介质。同时代或者更晚的一些主机系统比如 Alpha/VMS 也都在使用这种技术。

其实对于外部存储系统的 Thin Provision+Tier，其本质与操作系统对内存的管理方式完完全全是一回事。其实计算机系统内的很多技术，都表现为一种轮回和嵌套，这种例子在本书其他章节还有更多。这种轮回和嵌套，看似是人类智慧使然，其实是世界之本质，也就是阴阳使然，阴阳变化的过程就是一个轮回的过程，分分合合，而阴阳不断的叠加过程就是一个嵌套过程，一层层的底层逻辑组成更高层的逻辑，而这些逻辑之间的共性，就是阴阳轮回嵌套。而在发明新技术的过程中，先想一想是否可以基于已经存在的技术的设计思想来做一个模拟，可能就会大大降低设计成本。笔者之前在做某项目的时候，曾经遇到过这样一件事：某程序员为了解决某个问题，设计了一套代码，非常便捷地解决了问题。但是最后另一同事在读代码的时候却发现，咦，这不是 Windows MFC 下的某个代码模块么？原来该程序员自己写出了一个 MFC 早已写好的封装代码。

14. 星星之火可以燎原——火星高科 MSP 数据分级中间件平台

上文曾经提到过，目前厂商的 HSM 产品基本上只考虑了后端性能方面，而基本忽略了人为因素以及其他更多的 SLO，造成迁移引擎在进行所谓“智能”迁移的过程中只有一个指挥棒，那就是访问频度。这一点其实也无可厚非，从某种角度来讲，在一个 SSD—FC/SAS—SATA 的层级组中，不管数据处于何种层级，它们的访问速度差别并不像磁盘到磁带这种差距，加上磁盘上层路径各处的缓存，到了应用层之后，这种差距会更小，尤其是不具累积效应的偶尔访问的时候，虽然可能会慢一两秒。但是这种速度降低是可以被接受的。所以从这种角度来讲，存储端当前的 HSM 产品还是有很大意义的。

但是对于归档领域，或者一个容纳了几乎所有存储介质层级并在全局范围内做 HSM 管理的系统来讲，如果只按照某个单一条件来触发迁移，那么就会产生与人为因素的冲突。这种情况下，要么就在这个系统中引入更加复杂的条件，引入大量的 SLO，要么就干脆把 HSM 中的上层策略部分抛掉，只留下一个底层平台，然后提供一些控制接口给上层的策略引擎。也就是在图 18-3 中所示的 HSM Policy Engine 与 HSM DataMove Engine Switch 之间形成一个公开的接口层，将整个 HSM 系统在此分割为上下两部分。应用系统厂商可以对上面的部分加以开发，形成自己的迁移策略引擎模块，而存储厂商则专注于下层的开发，根据需求不断完善和丰富接口。鉴于存储厂商众多，一时间不可能统一接口，所以自然也就出现了中间件平台。

火星观点：存储端不适合做具体的迁移或者分级策略，只需要提供迁移接口。策略和触发条件要由应用层或者人来制定。存储端要充当一杆枪而不是使用枪的人。

火星高科（北京亚细亚智业科技有限公司）的数据迁移管理中间件平台 Mars Storage Platform（MSP）就是专门为数据迁移和归档管理所设计的一款中间件平台。作为一个迁移/归档中间件，首要的就是要兼容各种主流的磁带库、自动加载机、磁带驱动器以及 VTL，不但如此，还要支持和融入各种 SAN 和 NAS 环境，甚至一些并行文件系统环境。然后，最重要的一点，作为中间件，需要有丰富的查询和控制接口。以上的条件 MSP 都做到了，MSP 支持数百种磁带设备；支持在 SAN 和 NAS 环境中部署；可融入各种 SAN 共享文件系统；提供了 30 多个 API 函数，包括归档和回迁管理、任务管理、对象管理、磁带管理、带库管理、存储位置管理、磁带复制、磁带池管理等多个功能类别。

能够提供二次开发接口的归档平台产品非常少，国外产品中 IBM Tivoli 与 Symantec 等可以提供接口，但是 Tivoli 的部署复杂度、易用度、先期部署成本、后期维护成本都是高不可测的。目前国内已经有多个厂商的不同的数字媒体信息系统在后台使用了 MSP 中间件来作为归档和迁移。

1）MSP 的逻辑架构

如图 18-44 所示，整个 MSP 由 13 个模块组成。其中服务器模块负责接收操作指令（通过 API 或者用户手动发起）并控制迁移器对数据做实际的迁移；收发器负责处理对象（见下文）；带库控制器则类似于驱动器、机械臂的驱动和管理层，向带库发起 IO 请求必须经由这个模块；冗余模块是指专门用来做磁带 RAID 技术的模块（见下文）；单机读取模块是为了解决在回迁数据的过程中由于已经出库的磁带距离中心带库较远而不方便入库的问题而生的，可以直接在出库磁带所在的地点假设一台服务器以及磁带机，其上安装单机读取模块，这样直接就可以从已经出库的磁带中将数据读出从而回迁；开发接口模块便是 MSP 所提供的查询/操控 API 了。其他模块不再介绍，按字面意思理解即可。

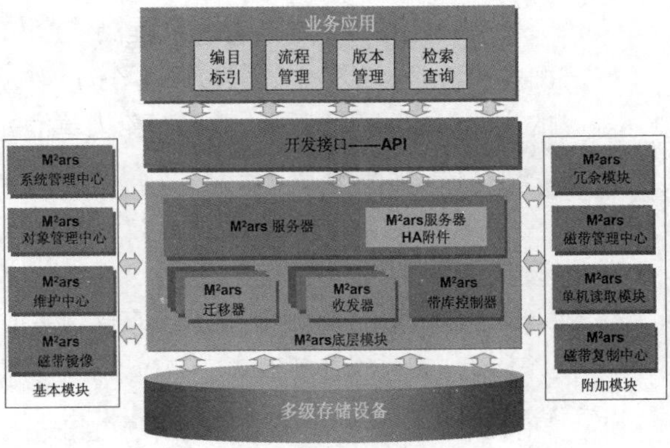

图 18-44　MSP 架构图

2）MSP 的部署形态

如图 18-45 所示，MSP 中的各个模块可以分开安装于不同的服务器上，当然也可以将它们都安装在一台服务器上。其中迁移器、收发器这两个模块必须连接并且可以看到后端的存储空间，因为这二者需要对后端存储空间中实际的数据做读出/写入的迁移操作。带库控制器模块必须能够连接到带库设备。

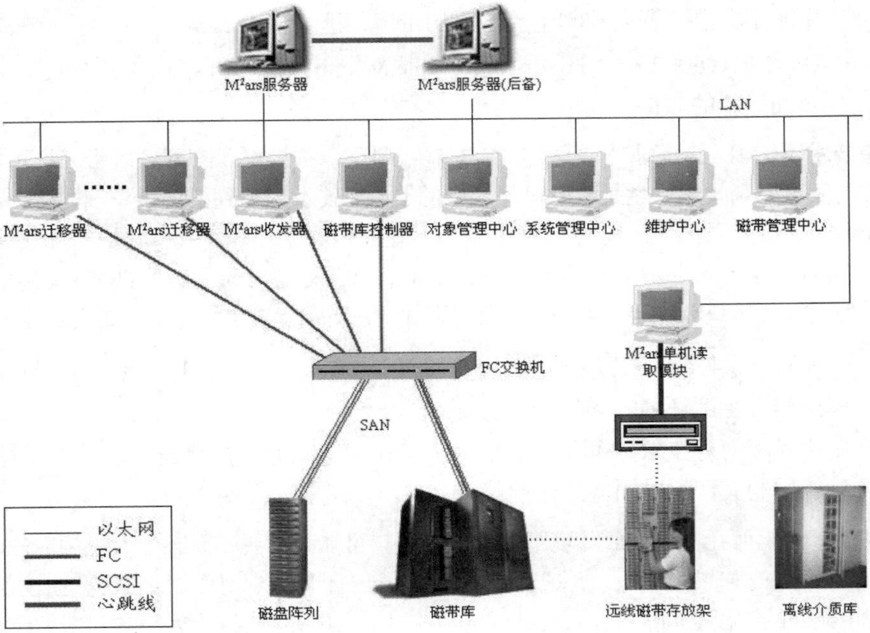

图 18-45　MSP 部署形态

用户可以通过系统管理中心来定制各种策略以及归档和回迁任务。如图 18-46 所示为系统管理中心的界面。

3）MSP 的优点

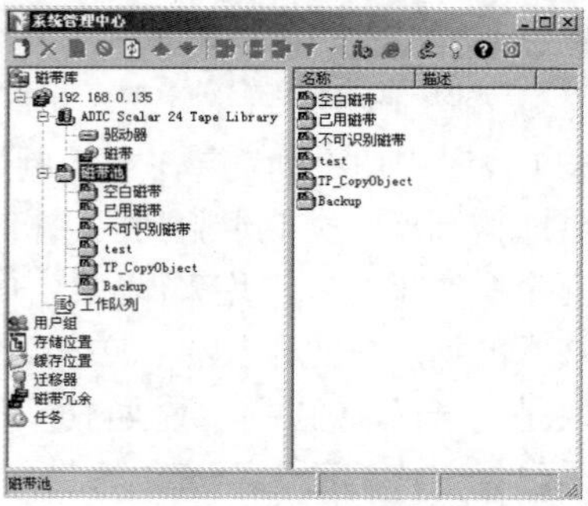

图 18-46　MSP 配置界面

- 支持多级存储，比如磁盘、VTL、磁带、NAS 网络路径。
- 支持多个迁移器集群化并行以提高速度和吞吐量。
- 面向对象的迁移粒度，可以将多个互相有逻辑关联的文件组成一个组对象，并以对象为单位进行迁移。

火星技术：比如某监控点，在多个角度都安装了摄像头，各产生一路视频流和视频文件。此时就需要将针对这个监控点的所有角度的视频文件存放到一起，而不是分开无序存放，这样，在视频回放的时候，就可以一下子选出这个点的所有角度的视频来观看，而不是从多个存储位置或者磁带各自将对应的视频抽出。这种方式在 MSP 中被称为对象存储模式。

- 具有磁盘缓冲技术，可以将磁带中的部分访问频度较高的文件复制到磁盘中作为 Cache 缓存以提高访问速度。

火星技术：用磁盘作为磁带的缓存就像用 RAM 作为磁盘的缓存一样，MSP 将这种思想用到了磁盘下面的层次。注意，这里的缓存并不是指 D2D2T 那种模式。缓存和缓冲不一样，缓存指的是慢速介质上的数据被复制到高速介质中，高速介质作为一种 Cache；而缓冲则表示数据先存放在高速介质中，作为一个 Buffer，此时低速介质中尚未存放这些数据，待高速介质达到一定触发条件后，数据便被移动或者复制到低速介质。

- 使用通用标准协议来控制主流厂商的带库，这就使得 MSP 兼容几乎所有带库。
- RARM（Redundant Array of Removable Media ）磁带冗余技术，有效防止因磁带数据损坏而造成的数据丢失。

火星技术：RAID 的意思是"廉价冗余磁盘阵列"，磁盘可以阵列，磁带一样可以。火星科技的磁带冗余技术，就是将磁盘阵列中的 RAID 技术迁移到了磁带中。同样，用多盘磁带来做 XOR 运算，生成一份校验磁带。当某盘磁带完全损坏，或者其中部分数据损坏时，可以用 XOR 算法生成损坏的数据。不仅如此，如果多盘磁带上都有部分数据损坏，只要同一条带上最多只有一个 segment 的数据损坏，那么一样可以通过校验来找回损坏的数据。

- 迁移器带宽控制，可以针对每个迁移器或者全局来限制迁移数据时的 IO 强度，使得迁移操作对生产环境的影响降为最低。
- 文件片段恢复技术，可以从某个特定格式的大文件中恢复出可以被应用程序所识别并且使用的文件片段而不是回迁整个文件。

火星技术：比如在视频回放环境下，有时候用户可能只需要查看某个大视频文件中的某一小部分，而此时如果大动干戈地把整个文件都回迁，不仅浪费时间，而且还有损设备的寿命，还占用额外的磁盘空间。对此，火星科技开发出了文件片段恢复技术，通过对特定格式的文件做特殊标记，可以以很小的粒度来恢复出应用程序可以识别并且正确播放的视频片段。

- 开放式的磁带记录格式，第三方软件也可以识别。

- 支持多种主流 OS 平台，包括 Windows、Linux、Solaris、HPUX、AIX。

4）在用户苛刻的需求中成长起来

火星高科在技术领域有自己独特的观点，这些观点都是他们在面临了很多实际客户环境并且参与定制开发后逐渐总结而成的，具有很高的参考价值。

> **火星事件：**火星 MSP 平台以及企业级备份软件均支持磁带离线存放，即 Vault 功能。这样就可以使用较少的磁带槽位来满足对大量磁带的操作。某用户的离线磁带架特别多，每次软件提示将某某磁带放入带库的时候，用户查找起来很麻烦，用户将磁带架进行了拍照，并且将照片以及对应的架子以及槽位编号发给了火星科技，要求将图片做到软件中，每次对磁带进行出库或者入库，均在图片对应的位置进行直观的标识。这还没完，没过多长时间，用户的磁带架升级了，架子上方增加了 LED 显示屏来显示对应的信息，用户提出要求，让软件直接可以通过 RS—232 串口及对应协议直接在 LED 显示屏上显示出磁带信息。

通过一次次对用户各种需求的定制开发，火星高科快速积累了大量经验，将很多有共性的定制功能放入了软件主体中，不断丰富软件的功能。

> **火星事件：**高级分级应当手动进行，越高级的用户，他想手动控制存储系统以及数据的欲望就越强烈。美国的分级产品之所以自动化、智能化强，是因为美国的人力成本高昂，而中国人则比较勤劳。

某档案馆的归档项目中，火星高科遭遇了大量小文件备份速度奇慢的问题，这个问题是普遍存在的，而火星高科没有回避，选择了冲破这道堵了很长时间的墙，取得了胜利。

> **火星技术：**大量小文件的传统磁带备份一直是让人非常头痛的事情。文件索引及 Catalog 的生成和处理过程是很慢的，大量小文件的情况下，可能光这一步就要耗费数小时甚至几天的时间，这显然无法接受。对此，火星高科技巧妙地避开了索引过程而转为利用一种变通和虚拟的方式来备份大量小文件，速度获得了 20 余倍的提升。

> 某用户的数据备份项目中，竞争对手为国外某备份软件厂商，他们的销售一个劲地向用户忽悠他们的多流备份技术，即同一个备份任务拆分成多个数据流同时写入多个驱动器，由于火星高科的备份软件不支持这种方式，所以对手一直拿这一点来攻击。而火星高科从容应对，成功赢得了用户的信任。

> **火星观点：**LTO 已经发展到了第 4 代，第 5 代也已经出来了，数据传输速度已经非常高了，待备份的应用程序向外吐数据的速度甚至都可能达不到这个速度，既然这样，再将它拆分成多个流，有必要么？不但没有必要，反而有害，第一，多流备份之后的磁带一旦有一盘损坏，那么其他磁带上的数据也就没用了；第二，本来前端的数据速度可能已经连一个流都饱和不了了，再将其拆分为多个流，那么势必造成磁带驱动器欠载，造成鞋擦效应（见其他章节），降低磁带寿命。
>
> 多流备份是早期的技术，那时驱动器的数据写入速度很低，所以不得已而为之，但是随着硬件的发展，自己、这个问题早就被弱化了对手厂商拿着鸡毛当令箭的做法，实属不该！
>
> 关于备份出错是否要自动重试的问题，火星高科也有自己独特的看法。

> **火星观点：**备份出错大多数时间都是因为带库硬件或者磁带等方面出问题，此时就算重试

N 次也无济于事，反而还浪费了系统资源。硬件原因导致的备份出错无须盲目重试，待手动排除故障之后，手动再次发起备份。

火星高科的很多观点和技术都颇具中国特色，这正是因为火星高科是从中国各行业用户的苛刻的、千奇百怪的需求当中成长起来的。

火星高科成立于 1992 年，至今已经快 20 年的时间了。2010 年中旬笔者有幸参观了火星高科，并且与同仁们进行了热烈的交谈。从交谈中笔者感觉到，火星高科是一家非常重视技术的公司，以用户需求为导向，技术研发为依托，如今公司已经成为一家国内数一数二的在归档领域掌握自主核心技术的公司。从当初对磁带一无所知到今天成为归档领域的权威，火星高科正如她的名字一样，通过不断的努力进取，星星之火终成燎原之势！

畅想：作者在此也以个人的角度畅想一下 MSP 的未来。下一步 MSP 可以向全面数据分级中间件方向进军，内部定义各种 Tier，丰富各种接口，比如系统内的 Tier 分类和查询、Tier 的性能属性查询等。功能上，除了支持文件级归档，还可以与底层存储设备配合，支持块级或者 LUN 级的透明分级，并且提供一系列针对块级别的 API，比如将某个 LUN 从 RAID 10 的 RAID 组迁移到 RAID 5 的 RAID 组，或者将某个 LUN 中的数据迁移到 NAS 上，并且还保持客户端访问方式不变。当然，要做到这些功能是很不容易的，这要求这个平台既具有迁移中间件的性质，同时还要具有虚拟化网关的性质。

5）MSA 备份一体化设备

火星高科最近发布了一款备份一体化设备，叫做火星舱（Mars Storage Appliance，MSA）。火星舱数据备份设备支持多种操作系统平台，如 Windows、Linux、IBM-AIX、SUN-Solaris、HP-UX、RedHat、Novell、红旗等，支持这些异构平台下的文件、Oracle、SQL Server、Sybase、Exchange 等数据库备份以及操作系统备份，支持重复数据删除功能。同时允许系统管理员将硬盘分级，将特定的硬盘/分区完全仿真成磁带库或者磁带机，也就是 VTL 功能，可大幅度缩短备份/恢复时间，同时减少高峰期对网络资源的占用。并可不限驱动器数量，提供用户分类存储数据功能。如图 18-47 所示为火星舱系列存储设备中的 MSA Backup Advanced（MSA-BA）一体化备份设备的系统架构图。

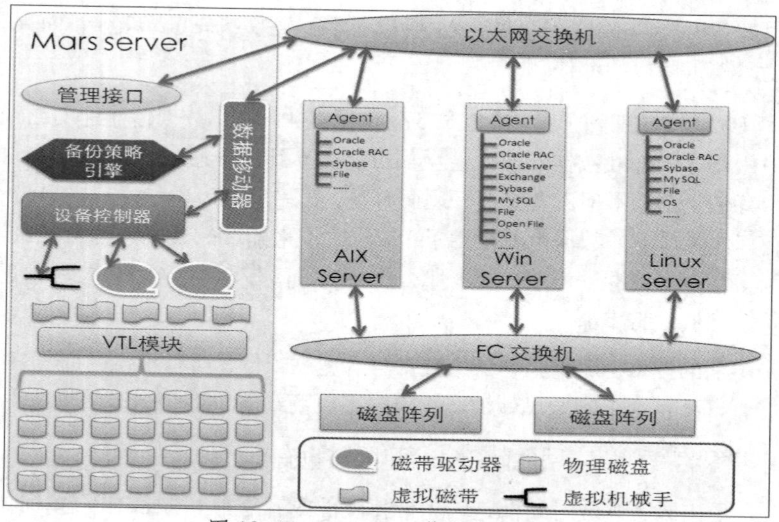

图 18-47 MSA-BA 一体化备份设备

其中备份策略引擎负责全局配置、管理和触发整个备份域中的备份任务，数据移动器负责将数据从各个待备份主机端相应的应用代理处传送到备份服务器中的虚拟磁带中保存，设备控制器是专门用来控制虚拟机械手的模块，VTL 模块则是用来将底层磁盘虚拟成对应的虚拟磁带驱动器、虚拟机械手以及虚拟磁盘的虚拟化引擎模块。

6）支持国产，并不应该只是口号

近年来，国家有关部委也明确了态度，在涉及国家安全级别的项目中优先或者必须使用国产产品。并且于 2010 年 5 月对信息安全产品要求必须通过 CCC 强制认证，包括备份软件。但是现状是，没有通过 CCC 认证的产品依然存在于市面上。火星高科的 Mars Backup Advanced 企业级备份软件支持主流数据库的备份，包括 Oracle、Sybase、SQL Server、Exchange 和多家国产数据库产品，如人大金仓、武汉达梦、神州奥斯卡、TRS 等，也于第一时间通过了 CCC 认证。对信息安全产品的 CCC 认证过程中包含很多项目，比如对后门、漏洞等的审查等。然而对于一些国外的产品，未通过 3C 认证的也还在卖。政策监管和执行的不到位，让政策成了一纸空文。

无语：不仅如此，界定一款产品是否是国货的底限，也被打破了。在最近某个数据备份项目中，招标明确规定：投标产品必须是国产产品。但是结果却让人瞠目结舌，中标的竟然是 IBM，它的产品竟然被定义成了国货，这个结果让参加投标的多家国内厂商感到无语。不知道“有关部门”到底在干什么，强烈建议有关部门把“有关部门”取缔。

在此也号召国内广大用户，能用国产尽量用国产，不仅考虑价格因素，至少要考虑安全、民族、国家。多一个人用国产，国货的品质就会提升越快，就会早日赶超西方。

18.3.4 Deduplication（重复数据删除）

所有人的电脑内总会有一些重复的文件复制，尤其是对一些有收藏癖好的人来讲，他们会疯狂地在 Internet 上下载一些他们认为很有价值的视频、音乐或者图片等，由于他们在不停地下载而很少去欣赏这些内容，所以遇到相同的内容时可能会无意识地再次下载，这样的话，他们硬盘上的数据将会有相当数量的重复。这些重复的数据存在于存储系统中，一是浪费空间，二是一旦需要备份，那么又会浪费备份时间，而且备份之后的数据也会再次占用额外的空间。

在企业 IT 系统内，包含了个人电脑本地存储、服务器本地存储和外部网络存储系统。在这个整体的系统内，数据的重复率将会更大。比如对某个数据库的备份，每周一次全备，那么两次全备份的数据一定会有很多相同的部分。

再比如，每个员工电脑上至少都会装一套 Windows 操作系统，这些数据在全局范围内，就是重复的。而对于服务器，除了操作系统重复之外，安装的程序也有可能重复，而程序所生成的数据也有可能重复，比如某人给企业内所有人发送了一封邮件，并且携带了一个 10MB 大小的附件，那么邮件服务器会在每个人的邮箱中都生成一份这个附件的复制，这就是一笔很大的重复数据。

说道邮箱，腾讯 QQ 邮箱是笔者一直以来比较喜欢用的。QQ 邮箱对超大附件的做法就是将附件存储在服务器上一个独立位置，不管将其作为附件发给谁，这些附件始终只有一份复制，任何收到邮件的人所看到的附件其实并没有附到本封邮件中，而只是一个链接，打开附件时会从服务端将数据下载到本地，这是一个很好的解决办法。那么对于处于不同机器之上的本地文件如果重复，能有什么办法来解决呢？在此总结一下所有可能的场景。

（1）同一主机操作系统本地存储的重复文件。包括同名但是内容不同、内容相同但是名字不同以及只有部分内容相同的文件（下同）。

（2）不同主机操作系统本地存储的重复文件。

（3）不同主机操作系统都在同一台外部 NAS 存储设备进行数据集中存储时的重复文件。

（4）不同主机操作系统都在同一台外部 Block 存储设备进行数据集中存储时的重复文件。

（5）虚拟机环境下磁盘镜像文件中的重复部分。

（6）虚拟机环境下裸磁盘映射模式下的重复数据。

对于（1），可以由用户手动来判断并且删除重复的文件，必要时可以对一份文件作不同名称的快键方式或者链接。但是对于只有部分内容相同的文件，如果不通过特殊程序的话，就只能保留。

对于（2），在这种情况下，多台主机上的操作系统文件大部分是重复的，为了消除这种重复，可以部署无盘系统，但是无盘系统的性能实在不好控制，而且使用起来有诸多不便。而对于非操作系统文件的重复文件，是无能为力的。

对于（3），NAS 系统的不同或者相同目录中有重复内容的文件，这种情况下如果没有特殊的程序起作用的话，不能够擅自删除文件或者制作链接。因为 NAS 一般只提供对外的接口，其内部虽然也是某种操作系统，但是 NAS 设备一般不会提供用户其内部文件系统的操作接口，所以这种情况下的重复文件也是无法消除的。

对于（4），由于重复的文件存在于不同的主机操作系统内，那么如果要删除掉重复的文件，就必须将最后留存的那份实体文件所在的目录通过网络共享出来，其他主机访问这个共享，并且制作一个针对这个文件的链接，那么这个链接就只能是一个快键方式，快键方式使用起来有诸多不便。所以，这种情况下要实现重复数据的删除也是不现实的。

对于（5）和（6），就更不是通过用户手动能够实现的了。

综上所述，在同一主机系统内，对于整个文件的内容重复，可以在最终用户层消除重复，但是需要用户来手动操作并且记录链接关系（即便是同一主机操作系统内，硬链接不能够跨不同文件系统），这显然不现实。对在不同主机系统内的重复文件，无能为力。所以，不管从任何角度来讲，都需要一个特殊的程序来实现这种重复数据删除工作，并且还需要维护对上层访问的完全透明性。

Single Instance Storage（SIS，单一实例存储），就是实现这种删除重复文件内容的一种技术。所谓 Single Instance（单一实例），指的就是相同内容的文件，在系统内只存在一份实体，其他副本都只作为一个指针链接而存在，链接只占用一个 FS Block 的空间。SIS 可以在主机端实现，比如在某个操作系统上安装一个 SIS 处理模块，它会根据用户的设置来自动定期或者实时地扫描系统内所有可访问的文件系统内的文件内容，一旦发现相同内容的文件，则只保留一份文件实体，删掉其他多余的副本并为它们创建特殊的链接（可以跨文件系统，并非普通硬链接），这个链接其实与上一节中所述的 Tier 分级软件所做的链接类似。

对于上文中（2）对应的情况，虽然 SIS 理论上当然可以实现跨主机的重复数据删除，但是由于需要跨网络访问，在管理和性能上皆有诸多不便，所以目前尚未有这种实现方式。也可以在 NAS 上实现 SIS，这样就解决了上面的（3）所对应的问题。而对于（4）中的情况，其实是与（2）类似的，只不过数据放在外部块级存储设备而不是本地，所以 SIS 在这种情况下也不能实现重复数据删除。对于（5）所述的情况，SIS 是无能为力的，因为即便是用相同的步骤安装两台 GuestOS，这两个 OS 的系统盘对应的磁盘镜像文件也不见得每个字节都相同，虽然它们很大一部分都是相同的。对于（6），SIS 此时已经看不到文件了，所以更是无能为力。（对于（5）和（6），虽然无法在虚拟机服务器上使用 SIS 达到预期效果，但是依然可以在 GuestOS 中使用 SIS 技术来消除重复文件。）

SIS 可以理解为文件级别的 Deduplication。块级别的 Deduplication 才是真正意义上的 Deduplication，简称 Dedup（去重/消重）。但是一般情况下会用 Deduplication 同时表示文件级和块级的重复数据删除。文件级的 Dedup 不但在满足实际需求上存在上文所述的一系列问题，而且其底层技术实现方法上也有很大的局限性，比如，只能以整个文件的二进制内容来比对，而遇到只有部分内容相同的文件，或者只有文件头部信息不同而后续的内容完全相同的文件，则无能为力。

但是不排除有一些稍微智能一些的 SIS 技术，可以识别和定界并且保留文件头部信息。比如 mp3 等音视频，mp3 文件的头部会保存一些音乐信息，如果有两个 mp3 文件，其实体音乐编码部分是完全相同的，只不过歌手、类别等头部信息不同，所以这两个 mp3 文件的大小也不同，那么，对于高智能 SIS 便可以识别这种头部信息的不同而将其保留，然后将重复的音乐编码部分删除。然而，要实现这种智能，就必须感知各种主流的应用程序所生成的文件比如 MS Office、mp3、mp4 等，并且随着应用程序的升级换代，SIS 模块也需要跟着更改才能识别新格式的头部信息和边界，而且应用程序有太多，不可能每种都支持，所以实现起来太累。需要有一种更彻底的、更高效的、一劳永逸的解决办法。

这种一劳永逸的 Dedup 方法就是块级 Dedup。Block 是存储系统路径中仅次于 Sector 的最底层的数据结构了，如果直接来比对整个存储系统内所有 Block 的二进制内容的异同，消除相同内容的多余 Block 副本，那么不管 Block 中存储的内容对应的是哪个分区的哪个文件系统下的哪个文件，相同内容的多余 Block 的实体内容都可以被消除，而只在 Metadata 中留有一个指针来指向被保留的那唯一一份有实体内容的 Block。

如果多台主机将自己的数据存储于同一台外部独立存储设备中，如果在这台存储设备上实现全局的 Block 级的 Dedup，那么也就可以做到消除多台主机上的重复数据。对于虚拟机服务器上的磁盘镜像文件，块级别的 Dedup 就可消除两份镜像文件中冗余的 Block，而对于利用裸盘映射模式来存储 GuestOS 数据的虚拟方式，同样也可以使用块级 Dedup 来消除重复数据。所以说，块级的 Dedup 是最彻底也是去重比率最高的 Dedup 方式。现在基于 SIS 技术的产品不多见了，基本上都是基于 Block 级的 Dedup 产品，相对于智能 SIS，Block Dedup 设计成本更低，去重比率也更高，获得的收益也更大。

以上介绍了 Dedup 的必要性，以及实现 Dedup 的两种大方向。下面就对实现 Block Dedup 的具体技术进行介绍。

1. 压缩与 Dedup 的本质区别

想到节约空间，大家可能首先想到的是压缩。比如 WinZip、WinRAR、7-Zip 等工具，都是我们常用的，而且某些情况下会获得很高的压缩比。但是有印象的读者可能还记得，本书第 16 章中 16.2.5 节中的那个例子，普通压缩工具对那种情况是无能为力的，因为压缩是一个局部处理，而并不是全局处理，窗口很小。

而 Dedup 所要实现的，是针对整个存储系统的全局数据，普通压缩程序不可能去扫描全局的数据然后压缩而后访问的时候再解压缩，这是绝对不现实的，一是耗费大量 CPU 资源，二是对上层很难做到透明访问（WinXP 内置的 Zip 引擎可以做到透明访问）。所以，需要使用其他技术手段来实现全局 Block Dedup。

2. 全局范围内实现 Dedup 的核心技术手段——Hash

每个人的指纹都不相同，一旦发现两个相同的指纹，就证明是同一人所留下的。如果给每个 Block 录一个指纹并保存，那么就可以通过比对这个指纹来判断两个 Block 是否内容相同了。对数据来做指纹录入，有一个现成的方法，即 Hash 方法，Hash 方法衍生出多种不同的具体算法，目前最为常用的算法是 MD5（Message Digest v5）和 SHA-1（Secure Hash Algorithm v1）。SHA-1 算法会对任意一份长度小于 264 的数据内容进行扫描计算最后得出一个长度为 160 的值（MD5 算法则是生成一个 128 的值），这个值就是针对这份数据的指纹。相同内容的数据经过 Hash 之后，总会得到相同的指纹，但是不同内容的数据在经过 Hash 之后，也有一个非常小的几率可能会得到相同的指纹。

从实体内容可以算出指纹，但是却绝对不可能从指纹逆算出原来的实体内容。所以 Hash 方法也常被用于密码保存和比对，即系统不保存明文密码，而是在用户设定登录密码时将密码 Hash 成指纹存放，这样，即便黑客从系统中截取了这段指纹，那么也不可能根据指纹逆算出原来的明文密码，即其他人永远不可能知道是哪些字符串被算成了对应的 Hash 值。用户登录时输入的密码也被计算成 Hash 值与系统保存的指纹进行比对，如果匹配则成功登录。破解 Windows 登录密码的过程其实并不是“破解”，而是暴力地将系统中保存 Hash 值的文件替换成其他文件，新文件中的 Hash 值对应的原文密码是已知的，利用这个方法，用已知的密码即可登录系统。

不管数据的长度有多长，只要不超过额定大小，用同一种算法所计算出来的指纹长度总是定长的，比如即便针对一个大小为 4GB 的文件用 SHA-1 算法来提取其指纹，指纹长度依然为 160。那么如果某个系统内有两个 4GB 的内容重复的文件，那么它们的指纹也一定是相同的，此时就可以删掉其中一个文件的实体内容而只保留一个占位符，当有程序访问这个被消除实体内容的文件的时候，Dedup 模块会根据指针信息从剩余的那个文件中对应的部分将内容提取并且返回给访问者。这样做，相比压缩来讲就有了本质的变化。

提示：数据指纹技术有很多神奇的应用，比如某网站提供一种服务，如果你会哼唱某段曲子但苦耐不知道这首曲子的名称，那么只要你哼哼出这首曲子并且录下来上传到服务器，那么服务器经过短暂分析之后便会告诉你这首曲子的名称。乍一听这是个非常神奇的功能，其实如果明白数据指纹技术，就不会诧异了。服务器会根据这首乐曲的音调频率等信息生成对应的指纹，然后与数据库中的大量已经保存的音乐指纹比对，如果发现与某个指纹类似，那么便将匹配的音乐名称返回给请求者。当然，这种音频指纹比对算法需要具有一定的 Robust 性，会过滤掉环境杂波的编码数据，Hash 是做不到的，即使音调音色都相同的两份音频，其编码之后的数据也不一定相同，所以只扫描计算二进制流的 Hash 方法是无法完成比对音频的任务的。

数据指纹的另外的应用领域还在于判断一份数据在传输的过程中是否发生了内容改变，在传输的源端算好一个指纹，目的端接收到之后再算一个指纹，比对两个指纹，相同则证明没发生改变，不同则表明发生了改变，数据不可用。

另外，数据指纹还可以用于远程 Cache 环境。比如某个 CDN 内容发布网络环境中，针对一份源数据，在各地拥有多个二级 Cache，这些 Cache 需要严格保证其 Cache 的数据与源数据内容一致，如果源数据发生内容改变，那么其指纹也就改变。Cache 可以从源端拉取指纹随时比对，如果发现不匹配，则表明源已经改变，那么 Cache 的数据不再可用，针对用户的数据请求，Cache 会从源端把最新的数据拉过来。

数字签名。每个人的笔迹都是不同的，但是 e 时代的电子签名如何表示呢？答案是使用 Hash 算法来将某人给出的一串特定字符算成指纹，只要给一份电子合同附属上这个指纹便知道某人在合同上按了手印。其他人不可能伪造别人的签名，因为其他人根本不知道别人的原始字符串。

其实 Hash 算法在各种程序中都被广泛使用，比如 OS 内部、数据库类程序等。只要涉及到用很少的数据来唯一表示一个很长的数据，那么都会用到 Hash 算法。

网络硬盘服务商可以使用 Hash 技术来实现单一实例存储。比如腾讯的 QQ 中转站就使用了 Hash 技术，每个人在上传大文件的时候，系统首先会对文件进行“扫描”，这个扫描的过程其实就是计算 Hash 值的过程。浏览器将 Hash 值传送到服务端的某数据库中进行匹配查询，如果发现了相同的 Hash 值，则表示已经有其他人上传了相同内容和文件名的文件，那么本次上传将会立即完成，不管文件有多大。

3. Hash 冲突及其解决办法

没人能够保证地球上所有人的指纹都是不同的，很有可能某两个人的某处纹理是可以吻合的。数据指纹也一样存在这个问题，算法决定了针对不同的数据内容有可能生成相同的指纹，但是几率非常低。这种情况称为 Hash 冲突。设想一下，如果有两份明文内容，它们的指纹却恰好相同，而且其中一份内容恰好是某人的密码，而你恰好知道这件事，那么你此时虽然不可能知道那人的密码明文是什么，但是你却知道用你的明文可以算出和他一样的 Hash 值，那么你就可以用你的明文去登录他的系统，取得他的权限。

然而，寻找 Hash 冲突的字符串，或者根据已知 Hash 值来寻找拥有相同 Hash 值的字符串，这个过程虽然是大海捞针，但是理论上还是可以捞的。我国山东大学王小云教授早在本世纪初就宣布她已经找到了针对已知的 Hash 指纹来找到与已知 Hash 值相同指纹的数据的方法。请注意，这种方法并不是 Hash 的逆运算，因为 Hash 是不可逆运算的。我们设计一个简单证反即可得到这个结论：假设可以根据 Hash 值来逆运算出原始值，假设有这样一种方法，那么逆运算出来的原始内容只可能有一个而不可能有两个结果，那么这个结论就与“不同原始内容可能会有相同的 Hash 值”这个事实相矛盾，由此就推翻了这个悖论。也就是说，原始内容 M1 其指纹为 H1，通过某种算法，可以找到另一份原始内容 M2，而其指纹也为 H1，但是无法判断 M2 是否等于 M1，可能等于也可能不等于。但是是否等于已经不重要了，这就像 DNA 不同但是长相相同的两个人一样，他们在社会中某些场合可以互相替代，但是一旦你和他说话，就可能会发现根本不是一个人。

计算机领域与社会不同，高层智能尚未在计算机世界出现。只要有了 Hash 值这个通行证，就可以伪造电子签名，比如某员工知道老板的电子签名 Hash 值，而后他根据这个 Hash 值找到了某个 Hash 相同的另一份字符串，那么他便可以用这份字符串来对某份伪造合同进行签名，而系统对这份字符串的 Hash 计算结果与老板的相同，所以系统认为合同是经过老板签名的。这种方法虽然并不是真正意义上的“破解”，但是其造成的后果与破解无异。其被称为“Collision Attack”。

Dedup 系统中如果出现了 Hash 冲突，如果不想办法解决，那么对应的数据块就会永久丢失，丢失还不是最严重的，最严重的是对业务产生致命影响：本来两份数据不相同，但是由于指纹相同，系统只保留了一份数据，当业务层要访问被去重的那份数据时，系统返回的却是与之前不同的数据。而面对这种情况，业务层一般会感知到所得到的数据格式根本不是自己想要的，所以会提示出错。但是如果刚才的那两份数据恰好具有一定的相似性，或者数据为完全的裸数据，其中不包含任何应用可识别的高层格式，那么数据的变化就不会被业务层感知，从而在错误的数据之上继续进行处理，那么可能会得出业务层的重大决策失误或者重大生产失误。

要完全杜绝 Hash 冲突的唯一办法就是在当比对两个 Hash 值之后发现二者匹配，那么可以在此基础上再对原文内容进行二进制的逐位比对，或者取两份文件的数个相同部位，比如头、身、尾来做二进制比较。但是，如果在重复数据相当多的情况下，这种做法非常耗费计算和 IO 资源。由于 Hash 冲突的几率本来已经非常低，如果想办法把冲突几率降得更低，也是一个可行的方法，基于此，可以同时使用两种 Hash 算法，比如 MD5 和 SHA-1 来针对目标数据进行计算得到两组结果，然后分别比对每一组结果，如果两次比对都相同，那么就可以被判定为重复数据。这样做虽然也不能完全杜绝冲突，但是其几率又被大大降低了。

4. 如何设计 Dedup

如果换了是各位，如何基于 Hash 技术来设计一个 Dedup 系统呢？下面笔者就从简单演绎到复杂从而来纵观 Dedup 的全貌。

设想有一台 Windows 服务器，挂载了外部存储系统中的几个 LUN，都格式化成 NTFS 文件系统，这些文件系统下存有大量的冗余内容，现在需要设计一个 Dedup 模块，在保持对文件访问的透明性的前提下消除重复的数据块，达到块级别的 Dedup。我们首先就应该想到要处理块层面的内容，那么就一定要在 Windows 下的驱动链中适当位置插入一个过滤驱动来监测或修改经过的 Block IO 请求以及向上层通告虚拟的可用容量；然后，还需要一个用来存放针对所有 Block 所生成的指纹库，这个库可以保存在每个 LUN 的固定位置，由 Filter Driver 对其进行隐藏和做数据 IO，这样内核文件系统便不会影响到并且损坏指纹仓库了；还需要有一个中央控制模块来实现 Dedup 的主控。如图 18-48 所示为笔者自行演绎出来的 Dedup 模块架构图。

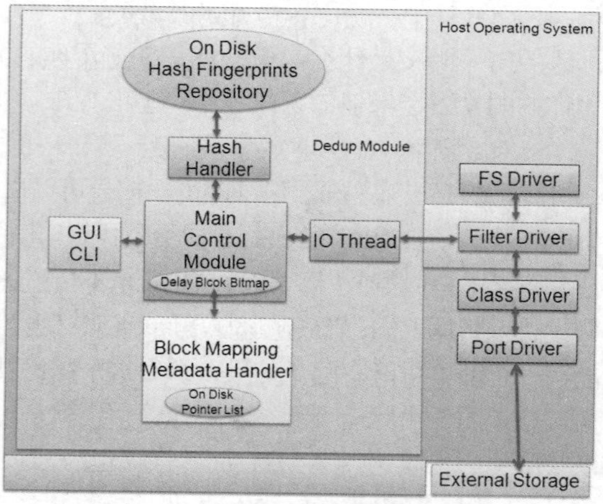

图 18-48 Dedup 模块抽象示意图

整个 Dedup 模块的作用原理如下：当初次安装这个 Dedup 模块之后，Dedup 模块便在系统后台运行，Main Control Module 根据设定的策略，从一个时间点开始调用 IO Thread 模块依次读出 LUN 内的所有 Block（Block 可以认为设定粒度，比如 4KB、64KB、1024KB 等）并传递给 Hash Handler 模块来计算 Hash 值，算好的 Hash 值会写入 Hash Fingerprints Repository 中对应 Block 的 Slot 存放备查。主模块会按照一个方向从 LUN 中读出 Block 计算，但是如果 T1 时刻计算完

Block n 之后，某用户程序或者其他任何上层程序向任何小于等于 Block n 的最后 LBA 地址或者发起写 IO 的话，那么之前所计算的 Hash 值就会作废无效，因为对应的 Block 已经被新数据所覆盖了，需要随后重新读出这个 Block 重新计算 Hash。

为了解决这个问题，需要维护一个 Delay Block Bitmap 来记录当上一次全 LUN 扫描开始之后到当前位置，这期间系统针对这段位置所发生的写 IO 所对应的 Block 的位置，将其在 Bitmap 中置 1。根据这个 Bitmap，Dedup 模块就会知道指纹仓库中哪些 Block 的指纹是无效的了。初次全 LUN 扫描完之后，指纹仓库中会积累相当数量的有效指纹，利用这些有效指纹，Dedup 模块开始做真正的 Dedup 过程。

真正的 Dedup 过程包含以下 4 个动作。

（1）Dedup 主模块需要处理上层源源不断发生的写 IO，Filter Driver 实时监测写 IO，对于符合条件的写 IO，在将其透传到下层的同时，会复制一份将其传递给 Dedup 主模块，Dedup 主模块会实时地针对每个接收到的写 IO 计算 Hash 值并且存储到指纹仓库中对应的 Slot 中，并且在 Delay Block Bitmap 中将对应的位置 0。这样就不会漏下每一个写 IO，至此，Delay Block Bitmap 中被置 1 的位不会再继续增加了。如果因为各种原因 Dedup 模块工作异常或者由于各种限制条件比如 CPU 负载过高等，Dedup 引擎暂停工作，那么每个写 IO 并不会实时地被计算成 Hash 值，而引擎转而向 Dealy Block Bitmap 中记录这些写 IO 的位置，在系统不忙或者引擎开始工作时根据 Bitmap 来读出这些 Block 并计算 Hash。

（2）Dedup 主模块还需要在后台查找指纹仓库中重合的指纹，一旦找到，便会对所有重复的 Block 生成一个指针并且保存在 On Disk Pointer List 中。这个动作交给 Block Mapping Metadata Handler 处理。这个过程是真正的数据消重过程，也是比较耗费计算资源的过程，所以需要考虑到系统当前的 CPU 负载，根据所设定的处理力度进行处理。这个步骤可能有人有疑问，为何引擎不去删除磁盘上的冗余 Block 呢？这个疑问保留在下文中解释。

（3）针对 Delay Block Bitmap 中仍然被置 1 的 Block，从 LUN 中读入这些 Block，计算 Hash 值存入指纹仓库，并将对应的位置回 0，当所有位都被置 0 后，表示当前的指纹仓库中针对所有 Block 的指纹全部都是最新的了。

（4）由于每一个写 IO 都会被写入存储介质中，所以对于每个读 IO，Filter Driver 会直接透传到下层驱动从读 IO 的目标地址读入数据并且返回给上层。这个步骤可能有人也会有疑问，如果每个写 IO 都被写入介质，哪里能体现剩余空间增加了？这个疑问一并留作下文解释。

这 4 个动作不断地循环执行，当然，需要注意线程时序逻辑竞争的情况，避免其发生。图 18-48 中椭圆形组件表示其为一个数据结构，保存在 LUN 固定位置中，但是 Dedup 模块执行时会将这些数据全部或部分地载入内存以加快处理速度。

对于操作系统所在的 LUN，主机端的 Dedup 模块无能为力，因为主机操作系统启动过程中难免会对一些 Block 有写入动作，而此时 Dedup 模块尚未加载，所以此时指纹仓库中对应的 Block 指纹已经无效，但是 Dedup 模块却无法感知这种无效，所以每次重启，Dedup 模块就需要重新来一遍全 LUN 扫描重新生成指纹仓库，得不偿失。所以不能够针对操作系统所在的 LUN 进行 Dedup 操作，要想实现，必须使用存储端 Dedup 模块（见下文）。

对于 LUN 与 LUN 之间的数据消重，就需要 Dedup 模块以所有 LUN 中的指纹仓库作为一个全局的查找对象，一个 LUN 中的 Block 如果与另一个 LUN 中的 Block 内容相同，则也可以做到消重。

Dedup 是一个后台异步处理过程，它所带来的效益并不是实时就可以感觉到的。当然也可以设计成实时的 Dedup，比如写 IO 进入后必须先交给 Dedup 模块进行 Dedup 处理，如果被判断为重复数据，那么便不会将实体数据写入后端磁盘。这样做有一定的风险性，如果写 IO 是 Write Back 模式，那么 Filter Driver 会在接收到 IO 请求立即返回成功信号给上层，那么此时就要求 Dedup 模块必须有某种机制来保证这个写 IO 在系统故障时也不能丢失，而对于主机端的 Dedup 模块，唯一办法还是要将其先写入磁盘，或者日志链中暂存，所以依然无法避免磁盘 IO，与其这样，还不如保持后台异步方式的好。而如果是 Write Through 模式，那么前台处理将严重增加 IO 延迟，影响性能。

提示：指纹仓库中包含有很多的 Hash 值，Dedup 引擎一般使用 Bloom Filter 算法来快速地查找当前给出的 Hash 值是否存在于指纹仓库中。Bloom Filter 算法本身需要将指纹仓库中的 Hash 值本身再次做一系列的处理，这其中包括将其再次 Hash。详细步骤就不做过多描述了。

5. Dedup 的分类

Dedup 的设计总体上可以分为多种类别，作用于不同层次、目标和阶段。

1）In-Band/Out-Band Dedup

所谓 In-Band，就是将指纹仓库存放在与所要 Dedup 的目标实体数据所在的相同位置。比如要 Dedup 某主机上的若干 LUN，那么指纹仓库也放在这台主机上的一个或者多个 LUN 中固定位置，这样，有多少主机需要实现 Dedup，就有多少份指纹仓库存在。

所谓 Out-Band，就是将整个全局系统内的所有主机上 LUN 的指纹保存在一个单独地点，集中存放，集中管理。主机上的 Dedup 引擎通过网络与这个指纹仓库通信从而存入或者提取指纹。由于 Dedup 多是后台异步处理方式，所以外部网络所引发的延迟并不会从根本上影响一段时间内的 Dedup 的效率。

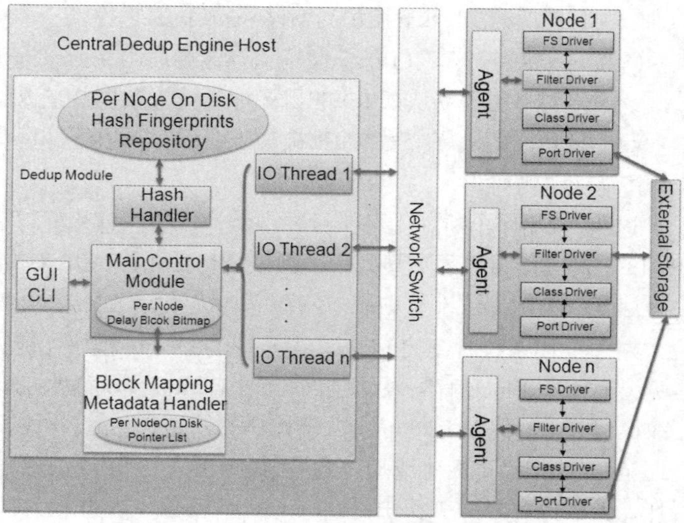

图 18-49　Dedup 引擎全外置，Out-Band

传统设计总是采用 In-Band 的方式，每台主机上都安装一个独立的 Dedup 引擎。然而，这只是第一步。有没有可能采用一个集中 Dedup 引擎来统一管理全局系统内的所有主机上的 Dedup 操作呢？答案是有。如图 18-49 所示为将 Dedup 引擎全外置之后的彻底 Out-Band 模式架构。

右图中的架构是一个 Client/Server 架构，基于图 18-48 中所示的自演绎的 Dedup 引擎架构改造。原本运行在每台主机上的 Dedup 引擎的主干组件全部被外置到一台单独的 Dedup 服务器主机上，而客户端主机上只安装 Filter Driver 和一个用于与 Dedup 服务端通信的 Agent。服务端与客户端之间通过某种网络来通信，由于 Dedup 是一个后台异步过程，对实时 IO 性能基本上影响很小，所以这个网络采用普通千兆以太网即可。Dedup 服务端为每个加入 Dedup 域的客户端主机维护各自的 Metadata，包括指纹仓库、Delay Block Bitmap 和 Pointer List。

对于每个主机客户端的写 IO，会被客户端复制一份通过网络传送给 Dedup 服务端进行 Hash 计算和 Dedup 处理以及 Pointer List 更新。所以，这个网络上的流量会是比较大的，因此最好使用单独的网卡和交换机而不要与前端交换机混用。另外，向服务端发送写 IO 数据的过程对客户端主机的原本 IO 性能影响不大，但部署时需要避免这块网卡与客户端原本的 IO 适配器处于同一个主机 IO 总线上。

每个主机客户端的读 IO 操作都需要查找 Pointer List 用以确定 IO 的目标地址所落入的 Block 是否已被 Dedup，如果尚未被 Dedup，那么 Filter Driver 就会透明发向下层直接从底层磁盘对应地址读出数据；如果已经被 Dedup，那么 Filter Driver 会根据 Pointer List 中的源副本所在地址读出对应的数据部分。但是在上图所示的这种彻底 Out-Band 模式下，每个主机客户端的 Pointer List 都被存储在 Dedup 引擎服务器上，如果每次读 IO 都会引发一个向外 Dedup 部服务端的查询请求，那么延迟将会是非常大的，严重影响性能。鉴于此，可以将 Pointer List 缓存在主机客户端本地，由 Agent 负责维护以供 Filter Driver 直接查询，避免通过网络。被缓存的 Pointer List 需要时刻保持最新，Dedup 服务端需要实时地将 Pointer List 的变更推送到客户端的 Agent 处。

2）主机端/存储端/备份介质服务器端 Dedup

与其大动干戈地在主机端搞什么 In/Out-Band 架构设计，不如干脆将 Dedup 引擎全部放入存储设备之内来运行，主机端不需要做一点改动，完全透明访问所有的 Dedup 过的 LUN。可以看到存储端 Dedup 架构与主机端别无二致，因为存储设备本质上也是主机。

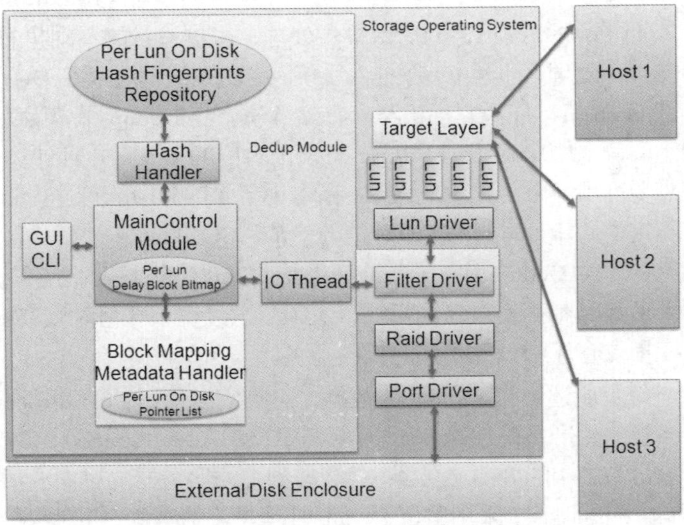

图 18-50 存储端 Dedup 引擎架构示意图

图 18-50 所示的架构既可以针对 Block 存储设备，也可以针对 NAS 存储设备。当然，在 NAS 上也可以实现文件层面的 Single System Image 模式的 Dedup。

另外，也可以将 Dedup 引擎放到备份介质服务器上，所有客户端的数据源源不断地被传输到备份介质服务器上，Dedup 引擎对这些备份数据进行消重处理。值得一提的是，备份介质服务器上的 Dedup 引擎可以针对不同的备份介质选择前台处理或者后台处理，详见下文。

3）Online/Offline Dedup

Online Dedup 是指被 Dedup 的目标数据为当前的应用系统正在访问的数据。由于 Dedup 过程对目标 LUN 有一定额外的 IO 消耗和 IO 延迟，包括初始化 Dedup 时读取 Block 进行 Hash 计算的过程以及针对每个读 IO 都需要额外的查询 Pointer List 的步骤，所以 Online Dedup 对生产系统的 IO 性能有一部分影响。

Offline Dedup 针对的 Dedup 目标则为那些已经脱离在线业务生产系统访问的离线数据，比如，备份之后的数据。针对这些数据所做的 Dedup 操作不会对生产系统有影响。

4）局部/全局 Dedup

所谓局部 Dedup 是指，Dedup 引擎只在进入的某段数据范围内做 Dedup。比如单位时间内有一串 128KB 字符进入，如果是局部 Dedup，则引擎会将这 128KB 数据分割成比如 4KB 大小的 Block，算出每个 Block 的 Hash，然后只比对这些 Block 之间有没有冗余数据的存在，如果有，则 Dedup 其中冗余部分，只写入唯一的数据部分。

所谓全局 Dedup 是指，Dedup 引擎会对进入的数据切割成比如 4KB 的 Block，算出每个 Block 的 Hash 之后，Dedup 引擎会去系统全局指纹仓库中查找匹配的指纹，这样的话，去重比率将更大。 全局 Dedup 的另外一个含义是，可以做到跨设备的 Dedup，也就是说多个设备共同形成一个大的存储池，指纹仓库存储着所有设备上的数据指纹，实现跨设备的全局 Dedup。

局部 Dedup 的本质更加接近于压缩，而全局 Dedup 才是真正的 Dedup。

5）Pre-Process/Post-Process Dedup

Pre-Process 意即前台处理，Post-Process 则表示后台处理；Pre-Process 又被称为 In-Line Process，Post-Process 又被称为 Out-Line Process。前台处理的步骤如本小节 4 部分结尾所述。前台处理可以保证系统时刻处于完全 Dedup 状态，任何时刻系统中都没有冗余数据存在，但是相应地它也增加了处理负担和延迟，对 Write Through 模式的写性能有严重影响。

而 Post-Process，即后台异步处理，根据设计的不同也有不同的影响。比如某种设计选择完全的异步处理，即写 IO 在进入系统时，Dedup 模块只在 Delay Block Bitmap 中记录其位置，而不计算 Hash 值，任凭它们被写入存储介质。当 Dedup 引擎因为某个条件被触发时，比如时间、剩余空间等，引擎将根据 Bitmap 来读出对应的 Block 并且计算 Hash，然后进行消重。但是这种做法需要耗费额外的读 IO 消耗。在本小节 4 部分中的首选设计方式并非完全异步处理，其步骤中有一定的同步处理过程，即每进入一个写 IO，Dedup 实时地计算其 Hash 值并且保存到指纹仓库，只有在发生 Dedup 引擎异常或者系统 CPU 覆盖过高时才转为异步处理。这样做的话，指纹仓库中大多数时刻都是最新的指纹，无须回读过程，任何时候 Dedup 消重子功能被触发，引擎只需要在指纹仓库中查找相同的指纹即可。

综上所述，在 Online 的数据，总是应当使用 Post-Process Dedup。对于 Offline 数据，由于不会影响生产系统性能，所以可以选择使用 Pre-Process。一个典型的处理 Offline 数据的角色就是备份系统中的介质服务器，当连接到介质服务器的存储介质为物理磁带等不可快速随机寻址的存储介质的时候，采用后台 Dedup 处理是不恰当的，此时只能在数据被写入磁带之前进行 Dedup 处理。这方面详情见下文分析。

提示：以上的类别划分于不同层次上，每个类别之间可以互相组合，比如“主机端的 Out-Band 的 Offline 的 Post-Process 全局的 Dedup”。

6. Dedup 的去重比率影响因素

1）Block 大小的影响

毫无疑问，Block 粒度越小，发生数据重复的几率就越大，去重比率就越高。如图 18-51 所示，同样一段数据，如果按照 Block=8KB 来计算一个 Hash 值的话，那么图中上面的两个 Block 的 Hash 值不同，则这两个块任何一个也无法被去重。而如果 Block=4KB，那么其中的就有一个 Block 与另外一个 Block 发生重复，其中一个就可以被删掉。然而，取得高比率就要付出维护复杂度增高、性能降低的代价，孰轻孰重，可各自把握。

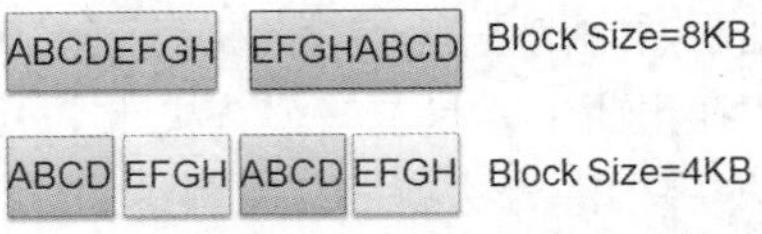

图 18-51　不同 Block 大小对去重比率的影响

2）Block 边界的影响

如果数据并不是按照图 18-51 中所示的那样排列，而是按照图 18-52 所示的排列方式，而且又不加以特殊处理的话，那么这个例子的去重比率就是 0。

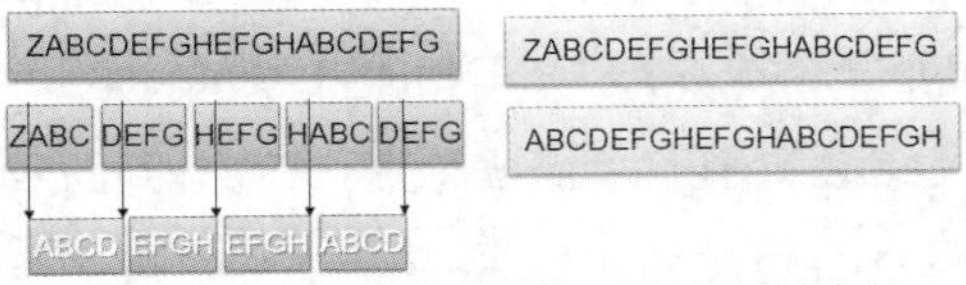

图 18-52　边界位移导致的去重比率降低

上图左边所示的例子中，只因为 Block 边界错开了一个字符，却导致这段数据的局部去重比率为 0。右边所示的为两串字符串数据，只因为首部插入一个字符，导致不管 Block Size 为多大（除非一个字符的粒度），这个全局的 Dedup 比率也为 0。

这种问题是现实中很有可能发生的，比如用户在某个文档中插入一个字符，然后另存成一份新文档，那么这个新文档对应的底层 Block 内容全部前移一个字符，新文档和旧文档虽然只差一个字符，但是传统的 Dedup 却无能为力。

为了解决这个问题，一些厂商实现了位移技术，即针对待处理的数据，先从二进制流上进行简单抽样比较以确定是否发生了这种位移现象，通过比对结果确定发生位移的偏移量，然后使用特殊的处理方法，截掉首部插入导致整体位移的数据段，单独存放并且记录特殊的元数据信息，剩余的数据部分再按照常规的分块计算 Hash 然后 Dedup 处理。在提取数据时，按照当初存放的元数据信息以及截取的数据段以及唯一 Block 副本共同组合还原成原来的数据。

实现这种可变长度时的算法都是有固定模式的，各个厂商可能使用的算法大同小异。基本上都是按照某窗口对目标数据进行扫描，比如首先错位 1 字节，如果没有发现冗余块，则错位 2 字节扫描，依此类推，直到错位到一个最大窗口，比如 16 字节，之后如果还没发现一定比例的冗余块，则放弃这次扫描，认为其无冗余。

这种方法目前被厂商称为“可变长度”的 Dedup 技术。传统的方法被称为“固定长度”的 Dedup 技术。可变长度 Dedup 技术只对局部 Dedup 有效，因为全局 Dedup 的情况下，要进行边界位移，就必须提前感知到当前进入的数据与已经存储的数据中的哪些是重复的以判断在哪里位移，而这是不可能的。

7. 深刻理解 Dedup 的作用层次，真的 Dedup 了么

现在是解释本小节 4 部分中的疑问的时候了。我们要时刻牢记，Dedup 是为了什么而生的呢？当然是为了节省底层存储空间，可以把节省出来的空间再利用而生的。那么也就是说，如果

不能够节省出底层空间，或者节省出来的空间并不能够再利用，那么所做的任何事情、任何技术、任何设计，都将是没有意义的。

回顾本小节 4 部分中的几个 Dedup 步骤。当 Dedup 引擎在指纹仓库中找到相同指纹之后，它不去磁盘上将冗余的 Block 抹掉，而只是将这个信息更新到 Pointer List 中。有人会有疑问，如果某个 Block 被 Dedup 了，难道不需要去数据卷中对应的位置将其标记为指针么？而冗余 Block 依然处于卷中未被删除，那么怎么会节省出空间来呢？其实抱有这个疑问的人尚未理解一个基本原则：在主机上，是谁来最终决定 LUN 的剩余空间？这个问题在本书中曾经不止一次提到过，LUN 一层根本无法感知文件系统的剩余空间，所以，即便是 LUN 中的冗余的块被 Dedup 了，但是这种 Dedup 之后所节省的空间，也只是由 Dedup 引擎自己知道（通过统计 Pointer List 中的条目）。但是上层的文件系统已经认为这个块被某文件占用了，所以不会把它当做剩余空间来对待，也就是说，你只能眼睁睁地看着实际的节省出来的空间不能够被文件系统使用。这么说，Dedup 根本没意义了？Dedup 不是应该节省出一部分数据空间的么？先别急。

结论 1：任何不能被文件系统感知到的回收的空间，对于这个文件系统来讲是没有意义的。同样是回收空间，但是 De-Provision 的做法与块级 Dedup 有着本质不同。De-Provision 是运行在存储端的，它使用某种方法将主机端文件系统中的剩余空间映射到 LUN，在 LUN 所占据的对应的这块空间上"打孔"，也就是"Hole Punching"，这些孔洞就变成了剩余空间，那么同一个存储设备上的其他已经存在的 Thin LUN 需要占据空间时，就可以利用这些空间，而也可以在存储端利用这些空间创建新的 Thin LUN，甚至常规 LUN。De-Provision 与 Thin-Provision 紧密结合起来达到共生。

不知道大家现在是否看出一点端倪来，仔细思考一下个中关系。怎样才能使主机端的块级 Dedup 变得有意义呢？答案是，要么老老实实地让文件系统感知到剩余空间的变化，要么就让主机端块级 Dedup 实现与存储端块级 Dedup 类似的功能。

方法 1：让主机端文件系统感知到空间的节省。你会发现，对于块级 Dedup 来讲，这种方法永远行不通。为何呢？因为块级 Dedup 根本没有考虑一点点 FS 层的逻辑，它与 De-Provision 的本质是不同的。所以，文件系统始终认为底层被 Dedup 的块是有文件在占据的。但是对于文件级别的 Dedup，比如 SIS，是完全可以做到的，SIS 会作用在文件级，会将文件中冗余的数据切掉，而文件的元数据中的文件长度保持不变，但是底层占用空间却变了，这些修改都可以被文件系统感知到，所以剩余空间也就增大了。当文件系统发起对文件中被 Dedup 的内容访问的时候，SIS 的底层过滤驱动会截获对应的访问 IO 请求并且读出唯一副本并返回给上层。

方法 2：模仿主机端对 LUN 的管理和 Thin/De-Provision。毫无疑问，要做到此，就需要在主机端的 LUN 之上再建立一层空间管理层，也就是卷管理层，在卷管理层之内实现对 LUN 之上的卷的 Dedup 而不是对 LUN 来 Dedup。这样做了之后，卷管理层便会感知到哪些卷实际占用了多少物理空间，而节省出来的 LUN 中的空间便可以建立其他的新卷。当然，如果在这个卷管理层内同时实现 Dedup、Thin/De-Provision 的话，那么其节省的空间将会更多，存储利用率将会更高！

提示：ZFS 既是一个 LUN/卷管理层又是一个文件系统，它相当于把外部智能存储设备具有的功能集成到了主机之内，类似于 Symantec Storage Foundation。ZFS 对 LUN 的管理是非常灵活的。并且 ZFS 已经实现了卷级别的 Dedup。

结论 2：一切在主机端运行的、块级的、针对 LUN 的 Dedup，根本无法达到节省和利用底层存储空间的目的。

那么主机端针对 LUN 的块级 Dedup 是否完全没有意义了呢？非也。比如，在备份这个 LUN 的时候，主机端就可以不备份被 Dedup 的 Block，节省备份数据的存储空间。如果备份是通过网络将数据传送给备份介质服务器的，那么还可以大大降低传送的数据数量，降低备份所需的时间。

结论 3：主机端块级的、针对 LUN 的 Dedup，只有在备份整个 LUN 时才会表现出节省传输数据总量、降低备份窗口的作用和意义。

综上所述，块级的 Dedup 最好是直接作用在最终的存储端，因为我们最终要节省的就是物理磁盘的空间，而物理磁盘直接归存储设备管理，所以没有理由不在存储端来实现 Dedup。然而，数据存储技术不但包含如何存储数据，还包含数据在系统中的传输，比如网络数据备份系统。

8. 网络数据备份子系统中的 Dedup

不管是否是 Frontend-Free 模式的备份，既然要备份，那么一定牵扯到数据从源流向目的，而目的就是备份介质服务器，备份介质服务器再将接收到的待备份数据写入底层的备份介质，比如磁盘、磁带等。所以，不管是哪一层的 Free，数据传输过程总是无法避免的。而如果需要备份的数据中包含了很多冗余的内容，那么在传输的时候就会产生浪费，增加了额外不必要的数据传输时间。

而如果在数据传输之前，将待备份的数据进行 Dedup 操作，在传输过程中只传输唯一的数据副本以及对应的 Pointer List 等 Metadata，那么就会大大降低需要传送的数据数量，就像上一节中的结论 3 所指出的那样。当然，结论 3 中指出的在主机端实现 LUN 的 Dedup 在备份时会发生效果，但是这必须要求 Dedup 引擎与备份恢复系统配合，比如备份服务器发起备份操作时，Dedup 引擎必须介入，否则的话将会以传统方式备份带有冗余的数据的整个 LUN。所以，在实际产品中，Dedup 模块一般都是作为备份软件的一个子模块来存在的，安装在客户主机之上。

然而，很少有直接备份整个 LUN 的，大多都是备份文件，所以此时主机上的 SIS 模块便可以与备份系统相配合。

也不一定非要在主机端实现 Dedup，有时候宁愿牺牲一些数据传输时间，也不希望客户主机过多的介入从而影响主机性能。此时，就可以在备份数据离开客户端主机的下一站，也就是备份介质服务器处进行 Dedup 操作，这样的话，数据到了备份介质服务器之后都将被存储为一个打包的映像文件，所以也就不必考虑文件级还是块级了，统一使用块级 Dedup 以提高去重比率。在介质服务器上实现 Dedup 可以有两种选择：前台 Dedup 和后台 Dedup。

如果备份介质为磁带，则必须以前台的方式来实现 Dedup，因为磁带是非高速随机寻址介质，不适合后台的 Dedup。在前台 Dedup 过程中，可以采用局部和全局两种模式的 Dedup。如果采用局部模式，则介质服务器上的 Dedup 引擎对接收进来的数据实时切割成 Block 然后计算 Hash 值并存储到指纹仓库中存放，第一个 Block 无条件直接写入介质，第二个 Block 进入后先计算其 Hash 值并且与已经存在的指纹进行比较，如果匹配，那恰好不用写入介质，只需要将这条匹配信息记录在 Pointer List 中即可，后续的 Block 的处理以此类推。这样，就可以针对这个备份流自身进行 Dedup，也就是局部 Dedup。如果采用全局的 Dedup 方式，则介质服务器上的 Dedup 引擎对接收进来的数据计算 Hash 值后，会将这个 Hash 值与之前曾经被备份过的数据对应的指纹仓库中的 Hash 值进行比较从而 Dedup，也就是说进入的数据在全局范围内是没有冗余的，但是全局模式对 Dedup 引擎的效率以及介质服务器的处理能力要求比局部模式要高。

介质服务器都有本地的硬盘，所以也可以先将备份数据流暂存在本地硬盘的某处作为缓冲，然后 Dedup 引擎后台处理，之后写入磁带，也就是使用 D2D2T 方式。前台操作可能会让系统应接不暇，降低整体性能。另外，操作磁带设备与操作磁盘设备相比，会耗费更多的 CPU 周期，所以前台 Dedup 处理，同时后台还要写入磁带，系统整体性能将会非常低下。因此 D2D2T 的方式是 Dedup 应当采用的方式。

如果备份介质为磁盘或者基于磁盘虚拟出来的磁带（VTL），则可以采用后台 Dedup 方式，因为此时可以快速地定位和读出需要的 Block。在这种模式下，介质服务器首先将收到的数据流按照常规方式直接写入磁盘或者 VTL。当 Dedup 引擎触发时，再从对应的目标将数据读出计算 Hash 并且做 Dedup 处理，然后再写到新的介质空间，原有的备份数据集删除以腾出空间。

在进行数据恢复时，介质服务器上的 Dedup 引擎必须介入，从所记录的 Pointer List 以及数据唯一副本，共同生成一份完整的数据，然后恢复到客户端主机上。

当然，也不一定非要在介质服务器上实现 Dedup。在外部备份存储介质设备中比如磁盘阵列、磁带库、VTL 上一样也可以实现 Dedup，这里便是数据的最终归属地了。在这两处实现 Dedup，其本质原理都是一样的，所以就不做过多介绍了。

综上所述，Dedup 与备份是绝对不可分割的，Dedup 在数据备份恢复的时候能够起到重要的作用。另外，作用于 Online 存储系统上的 Dedup 可以节省存储空间的浪费，腾出空间以做它用，也是 Dedup 发挥重要作用的一处。

9. Dedup 思想的其他应用

增量备份、差量备份，通常是在应用程序层来控制的，应用程序来负责备份它所操作的文件以及记录每次备份的时间点以及文件所变化的部分。备份软件在这里起到的作用只是配合应用程序将其生成的数据流导向存储介质中保存，同时管理和维护存储介质，以及制定备份任务计划等功能。当然，备份软件也可以直接将整个 LUN 备份下来。

然而，备份软件自身如何能够实现 LUN 级别的增量或者差量备份呢？备份软件虽然不能够感知各种应用程序所生成的文件中变化的内容部分，但是它可以记录底层的 Block 变化，将上一次备份整个 LUN 之后，这个 LUN 中所发生的所有写 IO 对应的 Block，按照位置记录在一个 Bitmap 中。下次触发备份时可以只将 Bitmap 中被置 1 的 Block 备份下来即可，这样就实现了差量备份。

如果要实现增量备份，则可以将上一次的 Bitmap 封存，新建一份空 Bitmap 来保存自上一次差量或增量备份之后 LUN 中变化的 Block，当再次触发增量备份时，将这份新 Bitmap 中被置 1 的位对应的 Block 备份下来，并封存此 Bitmap，创建新 Bitmap，依此类推。在进行恢复时，会根据需要恢复的备份点，将这个备份点之前的所有 Bitmap 做一个 OR 操作，合成一份完整反映需要恢复的 Block 的 Bitmap，然后首先将初次全备份的数据覆盖到目标上，再根据这份完整 Bitmap 和每次增量所备份的 Block 集，提取对应的 Block 然后覆盖到目标对应的 Block 位置上。这种方法可以大大减少每次需要备份的数据量，但是却不能减少每次恢复时所恢复的数据量。

上面的做法可以从一定程度上消除一些不必要的数据块的恢复，但是并不能彻底杜绝传输一些不必要的冗余数据块，因为备份软件是无法感知到多次增量备份的数据块是否有冗余数据存在。如果待恢复的目标处已经存在对应的数据，比如某个 LUN，由于用户误对 LUN 进行了格式化操作导致数据丢失，需要恢复，那么这个 LUN 会被从备份介质中完全读出并且覆盖，纵使当前损坏的 LUN 中数据几乎与待恢复的数据相同（格式化只是抹掉初始文件系统入口之后新创建一个而已），所以，这就会产生资源浪费。如果数据是通过网络进行传输的，那么传输多余的数据块就会增加不少恢复时间，增加 RTO。

如果用 Dedup 的思想，在进行恢复之前，先对待被覆盖的数据和待恢复的数据各自计算 Hash，通过比对找出相同的 Hash，然后只覆盖有差别的 Block，这样的话，在一些情况下（比如上面的格式化例子），将会大大降低 RTO。某些产品已经可以实现这个功能，称为基于 Hash 的增量恢复。

Dedup 技术也可以帮助在数据容灾过程中降低需要传送的数据的整体数量，比如对某个待传输到灾备站点的数据流，可以对其做局部 Dedup 处理，大大减少冗余数据的发送。

10. Dedup 功能在产品中的嵌入和表现形式

上文中曾经描述过，数据存储技术包含如何存储数据以及如何传输数据。那么 Dedup 就可以作用在数据的存储点，也可以作用在数据传输的通路上。前者的模式在上文中已经有很多描述。对于后者的模式，则可以在数据传输通路中设置一个网关，在这个网关设备上部署 Dedup 模块，任何通过这个网关的数据流都被 Deudp 了，前端的汹涌大河，被 Dedup 了之后就变成了涓涓细流。细流的尽头是备份介质服务器，介质服务器将细流写入慢速的磁带来保存。这个关口大大降低了后端介质服务器需要写入的数据量，降低了备份窗口。

目前的 Dedup 产品，有些运行在主机端以降低备份时所需要传输的数据量，有些运行在存储端以达到节省空间的目的，有些运行在数据传输的通路中来消除冗余数据，有些运行在介质服务器上来降低写入后端介质的数据量，有些则运行在数据的最终归宿——磁带或者 VTL 上，对数据做最后的 Dedup。

11. Dedup 存在的问题和风险

Hash 冲突当然是第一大风险。第二大风险就是数据没有冗余，一旦源副本受损，则一损俱损。但是对于第二个问题，如果 Dedup 用于 Online 数据中，那么确实会有这种风险。但是如果针对于 Offline 的备份数据，那么似乎并不是一个真正的问题，因为备份已经是 Online 数据的冗余，虽然冗余一份相比冗余多份来讲保险系数要低，但是源副本受损，很大程度上是因为整个介质受损，这样看来，一损俱损也是逃不过的。

Dedup 对数据 IO 性能方面有一定影响。在一个备份系统中，在没有引入 Dedup 之前，所备份的数据都是实实在在的物理数据，每次备份下来的数据基本上都会在物理位置上被连续存放。而一旦引入了 Dedup，那么多次备份的数据中的冗余数据就会被用指针替代，那么就会产生“孔洞”，使得本来物理上连续的数据变得不再连续。这样，当要从被 Dedup 之后的数据中将某个备份集读出来的时候，此时在底层就属于一种随机 IO 了，有时候从 Dedup 的磁盘介质中恢复数据的过程，甚至比从磁带中还要慢。这种效应会随着时间的流逝而越来越严重，就像文件系统中的文件碎片一样。

Dedup 在写入数据的时候基本上有两种方式：reverse referencing 和 forward referencing。前者的做法是，当在系统发现一个冗余数据块时，系统会保留之前被存储的旧数据段，同时在旧数据段处写入一个新指针，而不是将新数据写入磁盘；后者的做法是，系统会将新数据段写入磁盘的连续的物理位置上，然后将旧数据删除同时将旧数据替换成一个指向新数据段的指针。对于前者，也就是不断为新的冗余数据段写入指针的做法，可能会导致最新的数据对应的碎片不断增加；对于后者，也就是系统不断地写入新数据而删除旧数据同时替代为指针的做法，则可能会使最新备份的数据物理上保持连续，但是旧备份对应的数据在物理上却变得越来越随机。

因为涉及到更大的磁盘写入数据流，forward referencing 模式如果在前处理模式的重复数据删除系统中使用的话，会严重影响性能，所以它只在后处理模式的重复数据删除系统中使用，这种模式的数据存储方式可以让最新的备份数据恢复起来更快，而且这也是最常见的情况。但是 Forward referencing 模式却会引来额外的 IO 开销，比如它不但需要将冗余的数据先写入磁盘而不是写指针，而且随后还会查找旧的冗余数据进行删除操作。

除了使用 Forward referencing 模式来确保最新被备份的数据具有较高的读取速度之外，有些厂商还在 Dedup 系统内实现了类似于碎片整理的操作，或者有些厂商干脆对最新一次的备份不进行任何 Dedup 操作，以确保它的恢复速度。

不管是 Thin、Tier，还是 Dedup，其实它们都是很早就已在其他领域中实现的技术，如今这些技术被用在了网络存储领域中，来回翻炒以便挖掘价值和发展。

12. Dedup 之后再压缩

为了获得最大的空间节省比率，还可以在对数据进行 Dedup 处理之后，再次进行压缩操作。有人可能会不太明白，既然 Dedup 的节省效果比压缩高得多，那么为何 Dedup 之后还要压缩呢？因为正如前文所述，压缩有一定的窗口，只可以在小范围数据长度之内进行数据消重，而 Dedup 则可以在更大的范围甚至全局范围内实现消重，但是它也有一定的最小粒度，比如 4KB、16KB 等，它可以将多份相同内容的颗粒进行消重只保留一份，但是却不可能对这一份颗粒内部的冗余数据再进行消重，那么此时传统的数据压缩算法就可以派上用场了。如果目标数据是文本等冗余度较大的类型，那么 Dedup 之后再压缩，依然可以获得将近 20%~30%的空间节省。这是相当可观的，但是也有一个最大劣势，就是在压缩数据时以及读取时的解压缩过程中，会非常耗费 CPU 资源。所以这种手段一般常用在 VTL 等备份环境中，由于传统的磁带机和机械磁带库中的驱动器均具有压缩功能，所以这种压缩不需要额外引入第三方模块，但是对于 VTL 来讲，就必须引入一个压缩软件模块了。也就是说，一台 VTL 上可能同时具有 Dedup 以及压缩模块，有的产品还引入了硬压缩卡来分担主 CPU 的负担。

18.3.5 磁盘数据一致性保护及错误恢复

1. 坏扇区重定向

数据在系统中流动的时候，随时可能会发生畸变，比如某个位原本应该是 0，却被畸变为 1。这种情况尚没有办法解决，但是有些存储系统为了保证至少数据从硬盘被读入内存这个阶段中不会畸变，引入了一些额外的校验值来对读出的数据做校验，如果一致则不动作，一旦发现不一致，则通过某种手段来恢复之前的数据。比如通过校验值来纠正，或者通过 RAID 层面的 Parity 来恢复整个 Segment 上的数据。

其次，当遇到物理磁盘坏道的时候，也需要一些处理措施。磁盘自身会有坏扇区/坏道重定向功能。比如某时刻磁盘接收到针对某扇区的写操作，但是却发现此扇区已损坏，无法写入，那么此时磁盘会在其盘片的保留区域分配一个扇区作为这个坏扇区的顶替，将内容写入这个新扇区，并且在映射表中增加一个条目以便后续所有针对这个地址的操作都重定向到替代扇区。但是对于读操作，如果接收到主机针对某扇区的读操作而发现此扇区已损坏无法读出，那么此时磁盘只能去报错，因为此时数据已经读不出来了。

在磁盘阵列中，如果某个 RAID 组中有磁盘报扇区损坏，那么控制器此时可以从 RAID 组中其他磁盘同一条带中的数据做 XOR 计算来恢复出对应 Segment 的数据。一方面控制器可以将读出的数据返回给外部发起 IO 的客户端主机，同时，控制器将这块数据再覆盖写入有坏扇区磁盘的对应 Segment，当这块磁盘试图写入这个坏扇区时发现无法写入，此时就不一样了，磁盘会自动将这个坏扇区重定向到保留空间的某个好扇区中，这个动作对上层是透明的。写入之后，需要再次读取出这个地址的内容来验证是否扇区重定向动作真的成功了。利用这种迂回的方法，阵列控制器可以将某块磁盘的寿命延长。这种做法在 Linux 下的软 RAID 中就有实现，称为 Bad Sector Remapping（BSR）。

此外，磁盘自身的保留区域容量也是有限的，如果由于坏扇区或者坏道过多而导致连这些保留区域也耗尽的话，那么这块磁盘就不能再自动重定向了。那么此时就可以宣告磁盘完全故障了么？并非如此，还可以继续延长它的寿命。如果遇到这种情况，那么此时 RAID 管理层可以发挥作用了，可以这样设计：让它先向 LUN 管理层查询一下当前这个坏扇区地址是否是被某个 LUN 占用的，如果确实是被某 LUN 占用，那么 RAID 层立即先用其他磁盘上同一条带中的数据将这块丢失的数据算出来，然后将整个条带搬移到 RAID 组中剩余的、未被任何 LUN 所占用的空间内，并且做好指针映射记录，或者只重定向这个损坏的 Segment（一个条带占用一块盘上的空间称为 Segment）。这样，今后的所有 IO 均不会再落入到这个损坏的扇区或者此道中，从而将磁盘的寿命压榨到极限！

2. DIF（Data Integrity Field）数据一致性保护

数据从被应用程序生成，一直到被存入硬盘，期间需要经过多次内存复制、流经系统总线、进入 IO 总线、流出 IO 总线到 IO 芯片，然后流出 IO 芯片到外部存储网络，比如 SAS、FC、SATA 等，然后进入磁盘缓存、后流经磁头臂，被转化为磁信号，然后被磁化到盘片中。由 1 和 0 两种状态组成的数据，在所有这套路径上的每个部件中流入、流出的时候，难免会发生一些畸变，比如由 0 变为 1 或者相反。发生畸变的原因有多种，外界扰动、软件 bug 等等，都可能造成数据畸变。不仅在外部传输的时候会发生畸变，就连磁盘要写入盘片的时候，也有一定几率发生。

上述数据畸变，都不会被上层感知，所以这类畸变统称 Silent Corruption。虽然上述数据畸变发生的几率，按照常理来讲应该非常低，但是实际却并不是很乐观。NetApp 曾经对 150 万块在线 SATA 硬盘做了长达 32 个月的跟踪，结果令人震惊，0.66%的 SATA 盘都出现了数据静默损毁，FC 盘的数据静默损毁比率则为 0.06%。虽然有些阵列后台都有磁盘扫描功能，可以检测到数据域 Parity 的不一致，但是这种扫描属于后台异步方式，并不能 100%检测到不一致，据统计仍有 13%的不一致并不能被检测到。

静默损毁一旦发生，则后果是比较严重的，基本都会造成数据丢失。本书之前章节介绍 SSD 时，曾经说过 SSD 中的 Cell 失效率很高，需要引入 ECC 纠错码机制来纠错，比如每 512B 的内容引入 32b 的纠错码，就可以纠正这 512B+32b 的数据中任意 32b 的畸变。本书第 3 章中可以看到一个机械磁盘扇区的全貌，扇区尾部有一段 ECC 校验码用来纠错。ECC 可以侦测和纠错大部分的数据畸变。但是，却不是万能的。

比如典型的三种问题就是 Lost Write、Torn Write 以及 Misredirect Write。Lost Write 是指对于某个扇区，磁盘根本就没有去写入对应的扇区就向上层报告写入成功了，此时这个扇区中的所有数据依然是未覆盖之前的，也是一致的，ECC 无法发现，但是数据确实丢了。Torn Write 则是指磁头只部分写入了对应的扇区，就返回成功信号了，此时视已经覆盖的数据量的多少，如果太多，那么有限的 ECC 位不能够纠错如此多的不一致数据，就算覆盖的比较少，ECC 可以纠错，那么纠错之后，也会是这个扇区未覆盖前所对应的数据，数据依然丢失了。Misredirect Write 是指，磁头在写入某个扇区内容的时候，定位不准，将内容写到了目标扇区旁边的扇区中，或者由于 Firmware 等的 bug，写到了压根与目标扇区没有任何物理近邻关系的位置相隔很远的扇区中，接着返回成功信号，此时 ECC 无能为力。 Lost Write 发生的原因尚无准确的结论，Misredirect Write 的原因大部分是外界扰动，Torn Write 的细节原因，我也无法知晓。这些限于微观状态的动作，其原因定位非常困难。

为此，需要一种更加智能的一致性侦测手段。这种手段就是在数据区增加一个 DIF（Data Integrity Field，一种由 T10 制定的标准）区段用来记录一些上层的信息而不仅是校验值。对于 FC 或者 SAS 磁盘，厂商一般在低级格式化的时候将每个扇区格式化为 520B 而不是常规的 512B（SATA 盘使用 512B 扇区）。多出来的那 8B 就是 DIF。SATA 盘为何不低格为 520B 扇区呢？这么做是有原因的，因为 SATA 盘一般不用于企业级存储系统中，而 FC 与 SAS 则是面向高端应用，需要严格保证数据一致性。但是近年来随着数据海量增长以及成本要求不断降低，SATA 盘越来越多地被用于企业级存储系统中，但是其 512B 扇区的设计依然未变，并且 SATA 盘稳定性相对 FC 与 SAS 更低，所以也迫切需要采取手段来保护 SATA 盘数据的一致性。我们下面将会讨论这一点。

如图 18-53 所示为 DIF 区段在整个扇区中所处的位置以及其内部细节结构。其中 Guard 字段为 2B 的 CRC 校验字段；Application Tag 这个 2B 的字段则是可自定义的任何信息，比如这个块属于哪个 LUN，或者属于哪个文件系统、哪个目录甚至哪个文件 ID 等，都可以，由阵列设计者而定；4B 的 Reference Tag 字段则为本扇区对应的 LBA 地址。

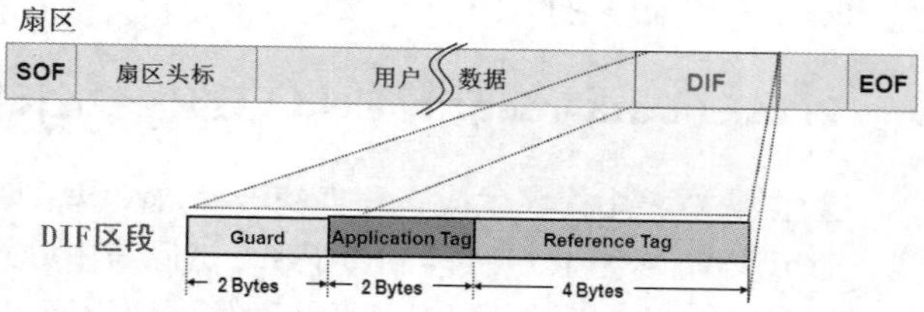

图 18-53　DIF 区段的结构

DIF 区段会随着每次扇区的 IO 请求一同被读出或者写入。

下面我们就来看一下 DIF 是如何帮助系统侦测到 LW、TW 以及 MW 的。

（1）DIF 如何解决 Torn Write 问题

先说一下 TW，也就是某扇区中的数据只被写入了一部分就返回了，这种情况下，扇区中当前 DIF 字段中的 CRC 校验码是与数据区数据计算出的校验码不一致的，当这个扇区被读出时，底层将执行一致性校验，此时便可以侦测出数据不一致。那么后续该怎么解决呢？负责一致性的模块此时需要将这个错误上报到上层，比如 RAID 层，此时 RAID 层先读出这个扇区所在条带中的所有 Segment 数据，依次做检查，如果其他所有扇区数据都一致，那么此时 RAID 才可以，才敢使用这个扇区所在的 RAID 条带上其他成员盘以及 Parity 盘上的 Segment 一起来做 XOR 反运算，从而得出这个不一致的扇区原本的内容，然后再次覆盖一遍，从而恢复了这个扇区原本应有的数据。而如果 RAID 在检查的时候发现这个条带中出现了多个位于不同 Segment 中的扇区的内容自身 CRC 校验不一致，那么 RAID 此时就傻眼了，因为此时相当于多盘失效，已经无法重算出正确数据了，只能向上层报错。

（2）DIF 如何解决 Misredirect Write 问题

再看一下 MW。假设某时刻系统向 LBA1 处进行了写入操作，但是这份数据却被写到了 LBA1000 中。那么现在的状况是：LBA1000 处之前的数据丢失了，需要找回，LBA1 处当前的数据并不能使用，因为是一份过期的数据。此时，系统面临着很复杂的境况，即 LBA1 与 LBA1000 所在的条带都是不一致的（Raid 层下发 IO 时是一致的，但是磁盘自己写偏了，实际上当然就不一致了），RAID 校验层可以通过计算来察觉到这种不一致，因为对数据区的 XOR 结果根本不会等于 Parity 区，但是 RAID 不会去主动实时的校验每一个条带的，甚至当设备在读出整个条带数据到内存里之后也不会主动做条带校验，因为这样太耗费资源。有些设备在低负载时可以触发主动的后台一致性 Parity 扫描检查来尽量发现这些不一致，但终究只是做到了“尽量”。下面例子中会举出系统如何“埋雷”的例子。

如果本次 MW 发生之后，紧接着的下一个针对 LBA1 或者 LBA1000 所在条带的其他 LBA（非 LBA1 和 LBA1000）任何一个的 IO 是写 IO 的话，那么就可能会出现连环污染或者数据永久丢失，而且上层根本无法感知到静默丢失。比如，本次 MW 发生之后，又有针对 LBA1 处的正常写入操作，那么如果 RAID 组为校验型 RAID（比如 RAID 5），那么此时系统会利用旧 LBA1 的数据、新 LBA1 的数据以及旧 Parity 共同算出新 Parity（如果恰好为针对该条带的整条写或者重构写则不会出问题，本例假设为读改写），此时这份新 Parity 依然是错误的，相当于把错误发生了转移，本来是 LBA1 是错误的，现在转移到 Parity 上去了，当然，上层是无法区分到底是 LBA1 还是 Parity 有问题，此时如果进行整条带校验计算，会发现仍然是不一致的。但如果是重构写，则会修正该条带之前的错误，也就是第二次写入的 LBA1 会覆盖之前的原始旧 LBA1（第一次写入的 LBA1 此时依然处于 LBA1000 处），同时读出该条带剩余的 Segment，共同计算 Parity 后覆盖旧 Parity，此时整条带是一致的，LBA1 的错误被新 LBA1 的数据修正了。所以这便成了一个不可预知的状态，完全看运气。但是如果在系统未发现条带不一致之前，针对 LBA1 或者 LBA1000 所在条带的其他 LBA（非 LBA1 和 LBA1000）的任何一个 IO 是写 IO，而且是读改写的话，那么这份错误的 LBA1 或者 LBA1000 的数据便被“合法化”了，因为此时该条带是可以被校验通过的。这颗“地雷”就永远被埋藏于此了，上层应用此时只能使用这份逻辑上错乱的数据，而绝对不会知道正确的数据是什么。这种情况就被称为 Parity pollution，即校验值污染。

通过上述过程的分析我们可以得出结论，也就是如果有一种方法可以让系统感知到发生了 MW，那么在特定条件下，系统可以成功纠错。每个扇区的 DIF 区段里的 reference tag 记录了该扇区所属的 LBA 号，系统在内存里会为每笔 IO 数据贴上其“应该”对应的 LBA 号，这样就可以让系统感知到 MW 现象了。比如，当 MW 发生之后的第一个针对 LBA1000 的请求为读请求或读改写请求（读改写会先读出 LBA1000 原有数据），总之系统读出了 LBA1000 里的数据，此时系统发现该扇区 DIF 区段里的 LBA 号竟然是 LBA1（之前被磁盘自身写偏）而不是 LBA1000，那么就知道发生了 MW，系统此时会立即判断是否“还来得及”，还来得及做什么？当然是纠错。之前提到过，污染是可以被传递的，已经被传递的污染是不可挽回的。比如，假设在系统发现 LBA1000 里的数据其实应该属于 LBA1 之前，该条带的其他 Segment 没有发生写入操作，那么此时系统发现了 MW 之后，便可以利用该条带其他 Segment 来校验出 LBA1000 之前被错误覆盖的数据，判断是否该条带其他 Segment 曾经在 MW 之后发生了写入的办法就是计算该条带当前的校验是否通过，如果不通过，证明尚未有写入操作，也就是污染未被传递；如果校验通过，则可以判断发生了污染传递，此时系统无法判断从 MW 发生到被发现之间这段时间之内系统对该条带上哪个 Segment 做了写入操作（如果能够判断出是对非 LBA1000 做了写入，那么还是可以挽回的，但是系统判断不出来），LBA1000 之前被错误覆盖的数据就无可挽回了。

但是，上述的判断方法成立的前提是发现某扇区的确出现了 MW，也就是对应的 reference tag 中的 LBA 号与当前其所处的 LBA 号不同。如果未出现 MW，仅仅是校验无法通过的话，上述判断就不能适用。比如这个场景，MW 发生之后，接着收到一个针对 LBA1000 的正常的写操作，此时原本应当落在 LBA1 的数据就会被永久覆盖掉并且永远找不回来。同时，如果是读改写，则会将逻辑错误传递到 Parity 上去，并且每个扇区的 reference tag 中的 LBA 号与其所处的 LBA 也是对应的，结果就是系统即便发现了该条带不一致，也永远不会知道其实该条带的数据 Segment 此时已经都是一致的了，系统此时会判断出并没有发生 MW（其实是发生过但是没来得及被发现之前就被正确的 LBA1000 扇区内容又覆盖写了），只能向上层报错。

假设我们运气很好，系统挽回了 LBA1000 的旧数据并做了恢复，那么这个原本应该覆盖到 LBA1 的扇区，此时是否可以顺水推舟的覆盖到当前的 LBA1 处？一样，也需要对 LBA1 所在的条带判断是否发生了污染传递，如果未发生，则可以覆盖，如果已经发生，则不能覆盖，因为系统无法判断出是否 LBA1 在 MW 发生和被发现这段时间内是否发生了写操作，不能擅自覆盖。

如果无法纠错，则系统直接报 unrecoverable error，告诉上层说这个错误我恢复不了了，你该怎么办就怎么办吧。此时上层可以使用比如恢复数据、快照回滚等方法来恢复数据，大不了几天的活白干了，重新处理计算一遍，也不能明知系统内有地雷而依然向上层掩盖这个事实。

静默损毁属于定时炸弹，一旦被损毁的数据属于高精尖行业比如卫星导弹，后果不可设想，比如卫星偏离轨道之类。

（3）DIF 如何解决 Lost Write 问题

Lost Write（LW）算是最难解决的问题之一。因为 LW 在现场根本不会留下任何犯罪证据。TW 会留下扇区自身 CRC 校验不一致的线索，MW 会在错误重定向之后的扇区留下表里不一的线索，而 LW 呢？大家想一下，LW 是指磁盘根本没有去碰对应的目标扇区，就向上层返回写入成功了，此时，除非事先就知道发生了 LW，否则你根本无法知道是否发生了 LW。然而，一点办法都没有了么？非也。系统底层肯定是无法感知到 LW，那么就只能靠上层来解决。DIF 区段中还有一项叫做 Application Tag 的字段，它就是来解决 LW 问题的。

比如，系统一定可以知道某个扇区具体属于哪个 LUN，对于 NAS，也一定会知道某个扇区具体属于哪个文件系统、目录 ID、inode ID 等，如果每次写入扇区的时候，都将对应的这些高层信息更新到 DIF 中的 Application Tag 并且一起写入扇区，那么如果今后一旦发生 LW，当系统再次读出对应的扇区时，可能这个扇区原本对应的文件 ID、LUN ID、inode 号等是另外一个文件或者 LUN 的，而不是当前正在操作的文件或者 LUN 的，那么此时系统便会知道发生了 LW，便会报错。但是绝大多数时候是不可能检测到 LW 的，因为基本上大部分写入动作都属于覆盖写，也就是某个扇区之前属于哪个文件，一般都会一直属于这个文件，对其更改之后，inode 不会变化，发生了 LW 之后，其 inode 也依然不会变化；除非某个扇区对应的文件被删除，又有新文件占用了这个扇区，然后在发生第一次写入时，恰好遇到了 LW，那么此时系统便可以通过两次 inode 不一致来判断发生了 LW。而对于 LUN 来讲，基本上用这种方法就无法检测 LW 了，因为 LUN

一旦被创建，其位置基本上是固定的了，除非做了 RoW 的 snapshot 之类，既然总是固定，那么不管写入某个扇区多少次，都属于覆盖写，LUN ID 都不变，也就无法检测到 LW 了。所以基本上目前能够检测 LW 的存储厂商屈指可数。

提示：LW 对于一般存储系统来讲基本上属于必杀级别，一旦发生基本上所有产品都无法感知到，当然，它们一定不会告诉客户它们无法检测到 LW，只能说这种事件发生几率非常低，发生了的话你也就乖乖认了吧。但是有一家厂商却凭借其独特的数据排布架构而能够检测到 LW，这家厂商就是 NetApp。这里我绝对不带有崇拜或者推广的意思。

NetApp 的 WAFL 文件系统，之前也介绍过，每次写入都会写到空闲空间，不会覆盖写，这种机制决定了它可以天然的检测到 LW 的发生。WAFL 的文件系统 Tree ID 会随着每次刷盘而变化，只要系统读出某个扇区之后发现这个扇区中 DIF 区段 Application Tag 字段中包含的 Tree ID 并不等于上一次刷盘的 Tree ID，那么就可以判断上一次刷盘时这个扇区发生了 Lost Write，此时便可以通过 RAID 层面的 Parity 来重算出这个扇区原本应当写入的数据并做覆盖，其具体步骤与上文所述的相同。

（4）如何在 SATA 盘中存放 DIF 信息

SATA 盘每扇区被低格为 512B，那么就没有空余的空间来存放 DIF 信息了。此时就必须在上层强行分配 DIF 空间，有多种手段。如图 18-54 所示即为一种方式，也即是直接把磁盘当做一个连续地址空间，管你一个扇区多大，我就在每 512 字节之后放 8 字节的 DIF 内容。这样做会导致 520 字节的逻辑扇区与 512 字节的物理扇区错位，导致每读出一个逻辑扇区，就要同时读出其横跨的左右两个物理扇区，写也一样，会产生大量的读写惩罚。

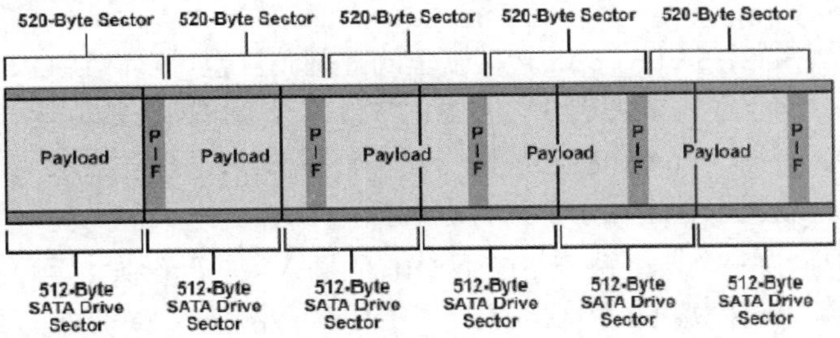

图 18-54 SATA 盘中的 DIF 放置方法 1

另外一种方法则利用一种扩大粒度的思想。由于每 512 字节需要 8 字节的 DIF，那么 64 个 512 字节，恰好总共需要 64×8B=512B 的 DIF 内容，这恰好又是一个 512B 扇区的容量，那么就可以将这个专门存放 DIF 的扇区追加到每 64 个扇区之后。如图 18-55 所示即为这种思想的一个示意图。

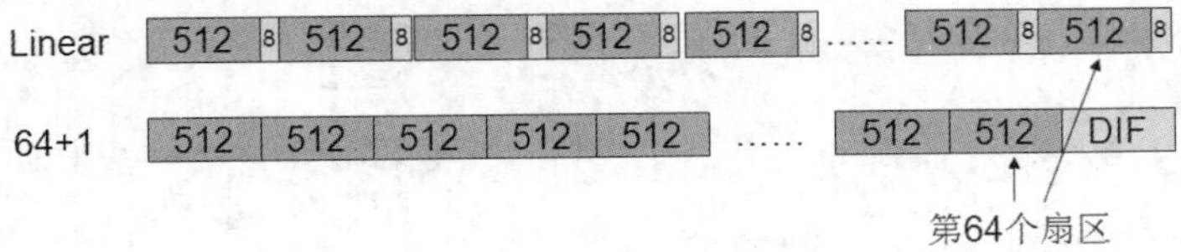

图 18-55 SATA 盘中的 DIF 放置方法 2

但是这种做法有个问题，由于每次读出任何一个扇区，都需要顺带读出对应的 DIF 信息，所以如果仅仅读出比如第 5 个扇区，那么磁头此时就需要等待盘片继续旋转到 DIF 扇区位于磁头之下时，将其读出，增加了等待时间；并且，如果在设计 DIF 扇区所处的位置时，比如可以放在每 64 扇区的首部或者尾部，如果这种设计没有考虑盘片旋转方向与扇区排布方向的话，那么可能磁头会先划过 DIF 扇区，再划过其对应的 64 个数据扇区，那么此时磁头就只能在读取对应的数据扇区之后，等待盘片旋转一大圈，再转回到 DIF 扇区时，从而将其读出，所以这一点一定要考虑到，当划过 DIF 时就将其读出从而节省时间。其次如果遇到 DIF 扇区与其对应的 64 个数据扇区位于不同磁道的时候，还要额外产生寻道操作，这就更降低了性能。

经过实际测试，即便是考虑了时间先后问题，SATA 盘此时所表现出来的性能确实也有不小的降低，就是因为等待时间与寻道开销导致。所以，有些厂家的设备不得不选择降低粒度，比如每 8 个扇区后面追加一个 DIF 扇区，这样的话，8×8B=64B，这个 DIF 扇区中就只有前 64 字节被利用了起来，浪费掉了 448B，鉴于此，可以将这个 DIF 扇区后面紧邻的 8 个数据扇区的 DIF 信息也存放在其中，也就是一个 DIF 扇区的左右各 8 个共 16 个扇区的 DIF 可以共用这一个 DIF 扇区，这样就降低了浪费程度，变为 384B 的浪费值。同时提升了性能。可以调整为 16 扇区或者 32 扇区这样的粒度，从而在性能与容量浪费之间取得平衡。

（5）实现 DIF 计算和检查的角色及其所处位置

首先，阵列中的 HBA 上的 FC、SAS 控制器已经普遍支持 DIF 的计算、插入与剥离操作。当写数据 IO 被由主机下发到阵列前端 HBA 卡中的控制器芯片之后，芯片可以计算（计算出 CRC，并插入对应的 LBA 地址）并向每个 IO 中插入 DIF 区段，之后将已经插入 DIF 的数据 IO 继续下发到 IO 路径下层。不仅前端，阵列后端连接磁盘扩展柜的 HBA 控制器也可以实现 DIF 的计算可插入。对于 SATA 磁盘，到底在阵列前端就实现还是在后端实现，取决于阵列设计者的全盘考虑。

其次，阵列操作系统内核软件模块也可以实现 DIF 的计算与插入，不过就需要耗费一定的主 CPU 资源了，但是如果要实现诸如 LW 监测这种级别的 DIF，那么就一定需要在阵列系统内核中用软件实现了。

然后某些 SATA-FC，SATA-SAS 转接卡上的控制芯片也可以做到 DIF 计算与插入，这些芯片除了要计算 DIF 之外，还需要考虑 SATA 盘的 512 字节扇区对齐的问题，需要实现底层地址的屏蔽透明转换操作。有些 SATA 转接芯片则自己不计算 DIF，只提供 512 字节到 520 字节的地址映射翻译工作，这样就可以让上层部件来计算和插入 DIF 了。

如图 18-56 所示为一个典型系统路径下 DIF 的插入、校验转发、写入、读出、删除动作流程示意图。可以看到阵列前端 FC 控制器实现了 DIF 区段的插入（写入阵列时）与删除（读出阵列时）操作，系统路径之下每个支持 DIF 的组件，比如后端 HBA，都会对收到的 IO 数据进行校验，通过就继续向上层或者下层转发，一旦发现不一致则向其上游报错，从而上游可以重新发送或者连环向更上游组件报错从而推动问题的解决。

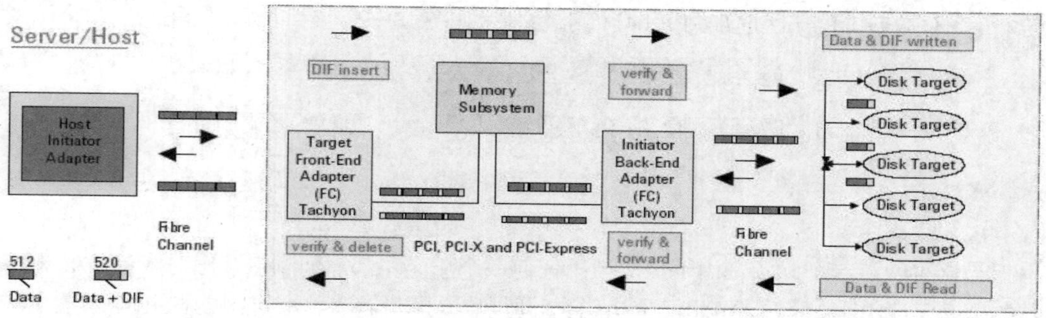

图 18-56　实现 DIF 的角色与位置

另外，有些磁盘（比如日立）自身可以实现 DIF 区段的计算与插入，对上层透明为 512 字节扇区。在使用支持 DIF 的各种组件时，需要统筹掌握和利用，从而在路径上各个点处保持良好的配合。

3. 数据一致性保护总结

经过本节的介绍，想必大家已经可以深入了解 DIF 属于一致性保护的方式，以及 TW、MW 和 LW 三种典型的使数据不一致的现象。由于主机侧的组件众多，所以目前业界也一直在研究如何保证端到端的数据一致性，让数据从被主机侧应用程序生成，一直到最后写入磁盘，都能够保证每个环节的一致性。

DIF 依然不是万能药，其所能解决的一致性也是比较有限的。另外，XOR 校验也并不能保证 100%几率检测到不一致，比如一旦一串数据中的两个部位同时发生畸变，一处由 0 畸变为 1，而另一处由 1 畸变为 0，则此时这串数据的 XOR 校验值是相同的，系统不会认为数据不一致。ECC 纠错算法则可以检测到这种不同位置的循环畸变。

另外，此系统发现某条带的数据存在不一致现象，但是每个扇区自身的校验都是一致的，那么此时系统就无法判断出到底是谁导致的不一致。而如果使用 RAID 6 双校验算法，就可以利用二元方程来判断究竟是哪个 Segment 发生了不一致，毕竟两个校验都发生不一致的几率是非常低的。

Lost Write，最令人头疼的难题，也不是不能解决，可以使用 Write and Verify 这个 SCSI 指令，即每次写入之后立即读出这个扇区来判断是否真的成功写入，但是这样做会耗费相当大的资源，不具实用价值，除非对数据一致性确有苛刻要求而又可以容忍性能降低的情况下。

现在业界出现了一种近线（Nearline，NL）SAS 或者近线 FC 磁盘，这种磁盘其原型其实为那种带有 SATA-FC 或者 SATA-SAS 转接卡的 SATA 盘，由于磁盘阵列后端一般都使用 FC Loop 或者 SAS Expander 网络来连接 FC 或者 SAS 磁盘，而 SATA 盘若要用于这种磁盘扩展柜中，就需要加转接卡，各个厂商都去选择各种转接卡，导致型号、协议都不同，兼容性也不同，浪费资源。所以磁盘厂商干脆推出了将转接芯片集成到磁盘自身的 SATA，这也就是所谓 NL-SATA 磁盘了。不仅如此，NL-SATA 并不仅仅是这点变化，由于用于企业级存储系统中，所以厂商在低格的时候，对 NL-SATA 盘也直接低格成 520 字节扇区的格式以便实现 DIF。

读书笔记

第19章

过关斩将——系统IO路径及优化

- LUN分布及虚拟化
- 系统IO路径图
- IO优化
- Cache
- OS内核IO流程
- 存储控制器IO处理过程

真正的存储系统性能优化是在研发机构的实验室中。要做到真正彻底的性能优化，需要从底层设计上彻底优化。目前大多数工程师所做的优化只不过是让底层已经设计好的架构充分发挥其应有的性能，严格来讲，这不叫优化，因为其本来就是应该被完成的。本章首先介绍系统IO路径上面的各个层次的固有的设计上的优化动作，然后会给出一些如何将这些固有设计发挥出来，或者说如何不拖它们后腿的经验方法。

本章的精髓在于系统IO路径架构图。围绕这张图来论述图中各个模块和路径是怎样影响系统IO的。要想优化性能，必须胸有成图。作者精心制作了这张图，请读者务必牢记。

要理解存储系统，首先要理解计算机系统本身。存储系统中任何主体都是计算机，理解了计算机IO路径，也就理解了整个IT系统的IO路径，只有这样才能目无全牛，胸有宏图，才谈得上最后去做优化分析工作，厚积薄发。

正像电影《黑客帝国》中所反映的那样，要真正地理解计算机都做了些什么，我们只有变身Nio去钻入其中一探究竟。但是目前做不到这一点，目前所做的是用程序来监测程序本身，比如debug程序。我们作为计算机世界的造物主，可能有时候也永远无法探究到被我们造出来的物种可能并没有按照我们规定的步骤去做。这也就是进化的开始。

本书前面的内容大部分都是游走于系统表层的一些功能表象，本章将刺破表层，到达存储系统的内部来一探究竟，看存储系统到底是怎么处理 IO 请求的。

如图 19-1 所示，本章开篇即给出了一幅系统 IO 路径架构图（传统基于 Block 协议访问的磁盘阵列），这幅图囊括了主机与存储系统与数据 IO 相关的全部主要逻辑模块与数据流的每个停站以及所有停站对数据所做的处理动作和功能模块。作者认为，要涉足性能优化方面，就必须在大脑中形成这样一张图，并且随手可以画出。在计算机中，一个 IO 请求始于应用程序，终于磁盘，在这条路径上，有形形色色的角色将对这个 IO 请求进行或转发，或地址映射，或排队，或拆分，或合并等动作。

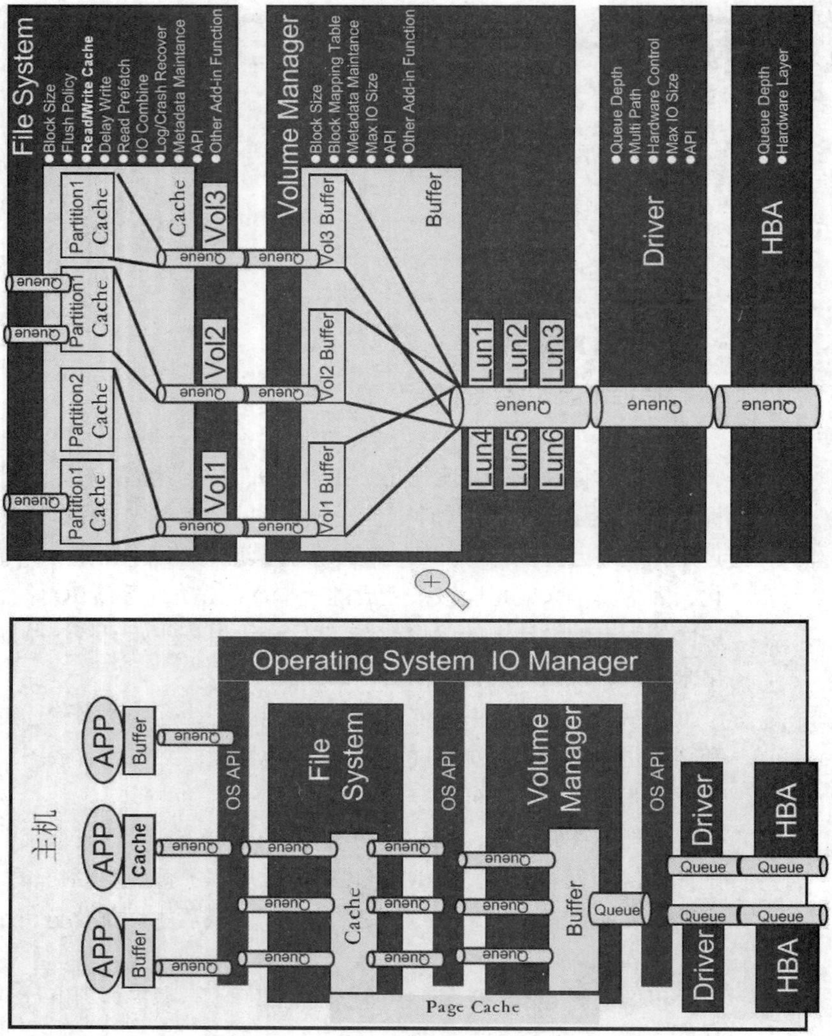

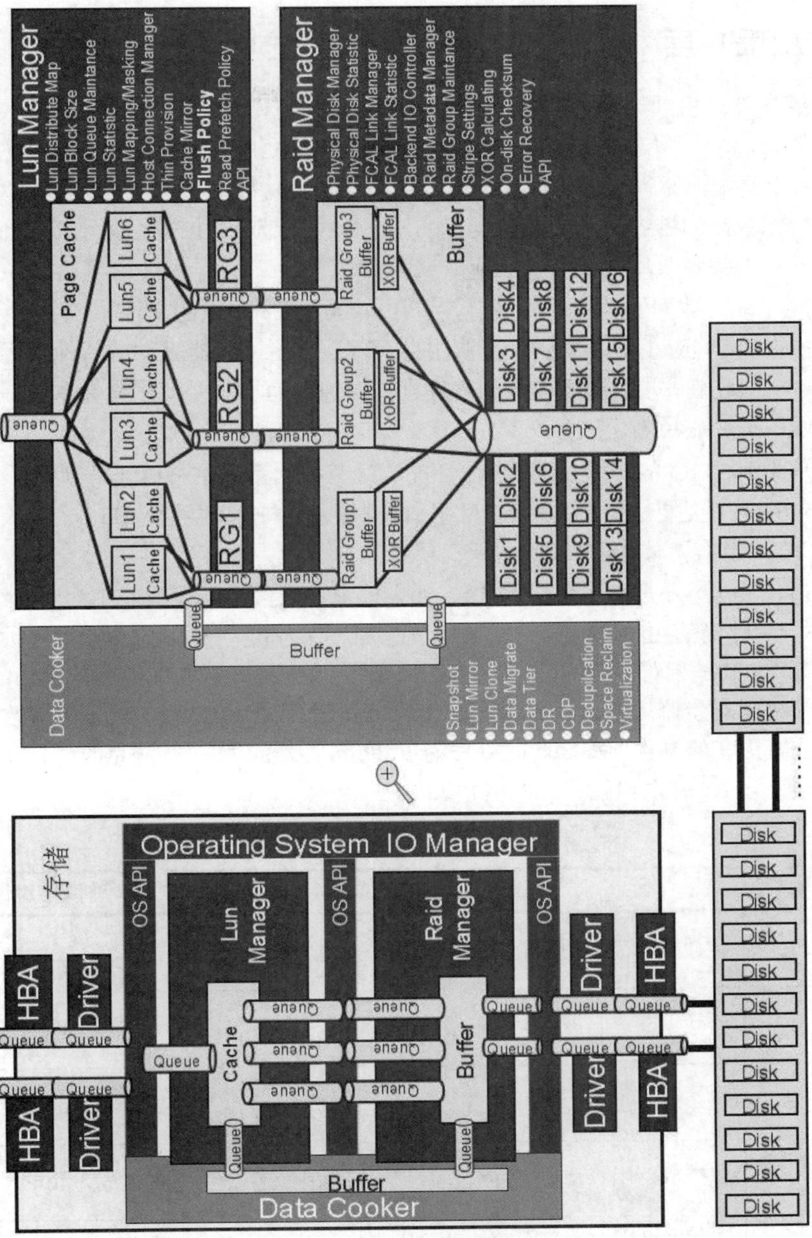

图 19-1　系统 IO 路径模块架构图

19.1　理解并记忆主机端 IO 路径架构图

总体来讲，系统 IO 路径所包括的主要角色模块就是上面列出来的这些，一个 IO 会依次经过每个角色，在物理上跨越主机与存储系统之间的网络，在应用程序和磁盘之间双向流动。本节论述 IO 的起源地也就是主机端的 IO 路径模块架构。

提示： 本章的所有论述均基于机械硬盘，不考虑 SSD。

19.1.1 应用程序层

应用程序是计算机系统内主动发起 IO 请求的大户，但计算机系统内可以向底层存储设备主动发起 IO 请求的角色不仅限于应用程序，其他处于操作系统内核层的模块，比如文件系统自身、卷管理层自身、适配器驱动层自身等，都可以主动发起 IO。当然，只有应用程序发起的 IO 才可以修改用户实体数据的内容，其他角色发起的 IO 一般只是对数据进行移动/重分布/校验/压缩/加密等动作，并不会修改用户层面的实际数据内容。

应用程序在读写数据的时候一般是直接调用操作系统所提供的文件系统 API 来完成文件数据的读写等操作。有的应用程序可以直接调用卷管理层或者适配器驱动层 API 从而直接操控底层的卷或者 LUN，比如一些数据库程序，它们直接操控卷而不需要使用文件系统提供的功能，它们自己来管理数据在底层卷上的分布。

应用程序发起的 IO 的类型是影响 IO 性能的最首要因素。本书第 4 章介绍了 7 对 IO 类型，每一对中包含的两个类型是相反关系。在此将这 7 对共 14 种 IO 类型做成了一个表格并且简要地列出了每种 IO 对系统整体相对性能的影响。

其中，最优的 IO 方式为连续并发 IO，如果追求吞吐量，则应当使用大块连续并发 IO，如果追求 IOPS，则应当使用小块连续并发 IO。最差的 IO 方式为随机顺序 IO，这种模式下不管是吞吐量还是 IOPS 都是相对很低的。比如某应用程序更改大量文件的文件名或者访问时间等属性，如果程序为单线程同步调用方式，则每次操作只能发起一次 IO，每一轮只能更改一个文件，如果有几万个或者更多的文件，那么此时处理速度将会非常慢。解决办法是改为异步调用，或者多线程同步调用，让 IO 并发执行，充满 IO Queue。

表 19-1　IO 属性对性能的影响

大类	小类	性质	典型场景	整体相对性能
读/写 IO	读 IO	将数据从存储设备中读出		连续情况下一般优于写，随机情况下可能会低于写
	写 IO	将数据向存储设备中写入		连续情况下一般低于读，随机情况下可能会优于读
大/小块 IO	大块 IO	每个 IO 的目标地址段比较长	视频编辑播放、读写大文件	贡献成为带宽吞吐量
	小块 IO	每个 IO 的目标地址段比较短	读写小文件	贡献成为 IOPS
连续/随机 IO	连续 IO	单位时间内所发生的 IO 其目标地址相对前一个 IO 为相邻或跳跃很小	视频编辑播放	最优的 IO 方式
	随机 IO	单位时间内所发生的 IO 其目标地址相对前一个 IO 跳跃很大	没有索引的数据条目搜索	最差的 IO 方式
顺序/并发 IO	顺序 IO	同步阻塞 IO 方式，只能等当前的 IO 完成后才发起下一个 IO	单线程同步调用的应用程序	最差的 IO 方式
	并发 IO	异步非阻塞 IO 方式，一批 IO 可以接连发出	异步调用的应用程序	最优的 IO 方式

续表

大类	小类	性质	典型场景	整体相对性能
持续/间断 IO	持续 IO	IO 持续地被发起	视频播放	
	间断 IO	IO 进行一段时间后停顿一段时间再发起	科学计算	
稳定/突发 IO	稳定 IO	IO 吞吐量或 IOPS 在单位时间内的值趋于稳定	视频播放	
	突发 IO	某时刻突然发起大量的 IO 请求	科学计算	影响存储系统处理能力，控制器随时保存一定量的 Buffer 来应付
实/虚 IO	实 IO	读写实体数据内容的 IO 请求		贡献为实际吞吐量
	虚 IO	读或者更改文件属性或 SCSI/ATA 协议中其他非实体数据操作的 IO 请求比如设备控制请求等		贡献为虚吞吐量，由于系统总吞吐量和 IOPS 为定值，所以影响实际吞吐量

表 19-1 给出了各种 IO 形式对整体性能的影响，这些影响都是相对的，即总体来讲的普遍影响，不具有特殊情况下的意义。

每个应用程序都会有自己的 Buffer 用来存取有待处理的数据。应用程序向文件系统请求读数据之后，文件系统首先将对应的数据从底层卷或者磁盘读入文件系统自身 Buffer，然后再将对应的数据复制到对应应用程序的 Buffer 中。应用程序也可以选择不使用系统内核缓存，这时 FS 将 IO 请求透明地翻译并转发给底层处理，返回的数据将直接由 OS 放到应用程序 Buffer 中。当应用程序向文件系统请求写入数据时，文件系统会先将应用程序 Buffer 中对应的数据复制到文件系统 Buffer 中，然后在适当的时刻将所有 FS Buffer 内的 Dirty Page 写入硬盘；同样，如果不使用系统内核缓存，则写入的数据经过 FS 文件—块地址翻译后直接由 OS 提交给 FS 下层处理。文件系统的动作是可控的，我们将在下一节描述文件系统的相关细节参数。

1. 同步调用和异步调用

应用程序可以选择两种 IO 执行方式：第一种是同步 IO 调用，另一种是异步 IO 调用。

如图 19-2 所示，前者指某线程向 OS 发起 IO 请求之后便一直处于等待挂起状态，直到 OS 将 IO 结果返回给这个线程；后者指某线程向 OS 发起 IO 请求之后，OS 立即返回一个"已接受"信号，线程此时就可以继续执行后续代码（后续代码可以执行对以前接收到的数据的分析处理或者继续对 OS 发起后续的 IO 请求），当 OS 将 IO 数据从相应介质读入或者写入完成后，会利用某种方式让线程知道（比如 Windows 系统异步 IO 常用的 IO Completion Port 机制）。有人可能会在此产生疑问，如果遇到某个程序必须等待当前 IO 数据返回，不返回的话就无事可做而挂起呢？这种情况是有的，如果真的遇到这种情况，只能说明存储系统或者数据链路的速度太慢已经影响程序性能了，但是这里请注意，如果使用了异步 IO 调用，则可以在短时间内发送大批 IO 请求到 OS，从而接收到大批量数据返回，如果这时应用程序依然没被喂饱，那么说明存储系统性能无法跟上；而如果程序虽然使用了异步 IO 调用但是却与同步 IO 时做相同的动作，即一个 IO 请求发出后，程序虽然没有被阻塞但是依然自我等待，一个 IO 一个 IO 的来，那么实际也是没有任何效果的。

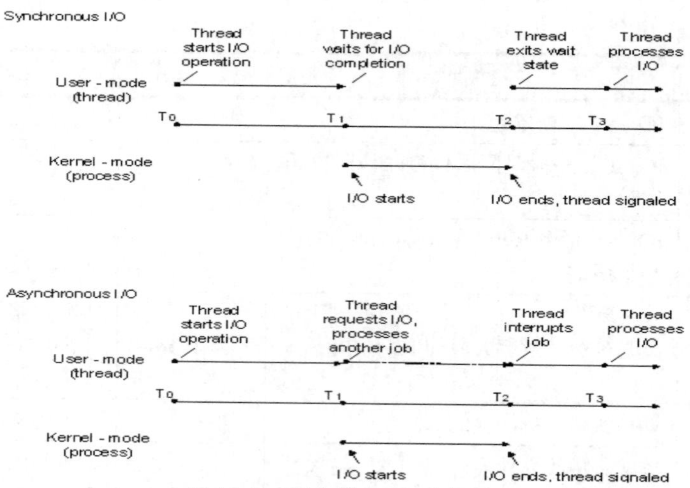

图 19-2　同步异步 IO 示意图

前文中所述的并发 IO，其在应用层（并发 IO 在每个层次都有对应的意义）的意义就是指异步 IO 模式，批量发起 IO 从而喂饱底层存储系统，榨取极限性能而又不能让其过载。过载的后果就是 IO 响应时间急剧增加而 IOPS 和带宽吞吐量根本没怎么增加。

IO 请求发送到 OS 内核之后到内核将 IO 请求对应的数据读取或者写入完成这段时间会贡献为 OS 内的 IOWait 指标增高，IOWait 指标一旦升高到高于 60%左右的百分比，那么就需要考虑后端存储系统所提供的性能是否已经不能满足条件了，需要检查各项配置以确认是否是存储系统本身能力有限还是配置没有最优化。

同步 IO 调用如果不加任何参数的话一般是操作系统提供的默认调用方式，也是一般应用程序首选的 IO 调用方式。一般情况下，如果遇到数据链路速度或者存储介质速度很慢的情况，比如通过低速网络进行 IO（Ethernet 上的 NFS、CIFS 等），或者使用低速 Flash 芯片等时，使用异步 IO 方式是一个很好的选择。第一是因为 IO 请求发出后线程可立即执行后续功能，比如继续处理已接收到的数据等；第二是因为异步 IO 调用可以接连发出多个 IO 请求，一同发向目标，目标在接收到这些 IO 请求之后可以一并处理，增加效率。比如 SATA 硬盘的 NCQ 功能，如果应用层只有一个线程，而且整个 IO 链路上都是同步调用的，那么这个 Queue 中永远就只有一个 IO 请求，想排队优化都不可能，磁头臂只能按照 IO 顺序寻道。

要实现与单线程异步 IO 类似的结果，可以采用另一种方法，即生成多个线程或进程，每个线程或进程各自进行同步 IO 调用。然而，维护多个线程或进程需要耗费更多的系统资源，而采用单线程异步 IO 调用虽然需要更复杂的代码来实现，其相比多线程同步 IO 的方式来说仍然更加高效。

注意：在 Windows 系统中，如果应用程序在打开某文件进行读写操作时未指定特殊参数，则文件系统默认是使用自身缓存来加速数据读写操作的。并且，这种情况下异步调用多数情况下会自动变为同步调用，结果就是 IO 发出后操作系统不会返回任何消息直到 IO 完成为止，这段时间内线程处于挂起状态。为何会这样呢？有三个原因。

（1）预读和 Write Back。文件系统缓存的预读机制可以增加 IO 读操作的命中率，尤其是小块连续 IO 操作，命中率几乎百分之百。在这种情况下，每个读 IO 操作的响应时间会在微秒级别，所以 OS 会自动将异步调用变为同步调用以便节约异步 IO 所带来的系统开销。

（2）尽量保持 IO 顺序。异步 IO 模式下，应用程序可以在单位时间内发出若干 IO 请求而等待 OS 批量返回结果。OS 对于异步 IO 结果的返回顺序可能与 IO 请求所发送的顺序不同，在不使用文件系统缓存的情况下，OS 不能缓存底层返回的 IO 结果以便重新对结果进行排序，只能够按照底层返回的实际顺序来将数据返回给应用程序，而底层设备比如磁盘在执行 IO 的时候不一定严格按照顺序执行，因为文件系统之下还有多处缓存，IO 在这里可能会被重拍或者有些 IO 命中，有些则必须到存储介质中读取，命中的 IO 不一定是先被发送的 IO。而应用程序在打开文件的时候如果没有给出特殊参数，则默认行为是使用文件系统缓存的，此时系统内核缓存便会严格保持 IO 结果被顺序地返回给应用程序，异步调用变为同步模式。

（3）系统内核缓存机制和处理容量决定。文件系统一般使用 Memory Mapping 的方式来进行 IO 操作，将映射到缓存中一定数量的 page 中，目标文件当需要的数据实际内容没有位于对应 page 中时，便会产生 Page Fault，需要将数据从底层介质读入内存，这个过程 OS 自身会强行使用同步 IO 模式向下层存储发起 IO。而 OS 内存在一个专门负责处理 Page Fault 情况的 Worker 线程池，当多个应用程序单位时间使用异步 IO 向 OS 发送大量请求时，一开始 OS 还可以应付，接收一批 IO 对其进行异步处理，但是随着 IO 大量到来，缓存命中率逐渐降低，越来越多的 Page Fault 将会发生，诸多的 Worker 线程将会参与处理 Page Fault，线程池将迅速耗尽。此时 OS 只能将随后到来的 IO 变为同步操作，不再给其回应直到有 Worker 线程空闲为止。如果应用程序在打开文件进行操作时明确要求不使用文件系统缓存，那么就不会受上述情况的制约，OS 会直接返回“接收”信号给应用程序同时将请求发送到文件系统做文件—块地址翻译后转发到下层处理。

导致 Windows 将异步强行变为同步的原因不只有系统内核缓存的原因，其他一些原因也可以导致其发生。在 Windows 系统中，访问 NTFS 自身压缩文件、访问 NTFS 自身加密文件、任何扩展文件长度的操作都会导致异步变同步操作。要实现真正的异步 IO 效果，最好在打开文件时给出相关参数，不使用内核文件系统缓存。但是不使用文件系统缓存会引起读 IO 请求过慢，采用越过缓存并且使用异步 IO 的应用程序都是经过严格优化的，它们自身会实现预读操作从而将数据预先读入自身的缓存。这种不使用内核文件系统缓存的 IO 方式又被普遍称为“Direct IO”或者“DIO”。异步 IO 模式又被称为“AIO”即“Asynchronous IO”。

2. Windows 系统下的 Asynchronous Explorer

在这里向大家介绍一个工具：Asynchronous Explorer。这个工具为一位国外高手开发，他为了研究异步 IO 的行为而专门开发了这个工具。它可以让你直截了当地判断在执行 IO 操作时 Windows 系统底层都做了什么事情，发生了什么，是否某处有缓存在发生作用等。有兴趣的读者可以在作者的博客留下 E-mail 以便作者将这个工具发送过去。

如图 19-3 所示为 Asynchronous Explorer 的主界面。程序首先需要在磁盘上任意目录生成一个结构化的文件，这个文件中存放着大小为 1KB 的若干条记录，初始时需要创建这个文件，指定其包含记录的条数。创建完后，在窗口中部区域填入测试将要发送的 IO 请求数量，每个请求会读出文件中的一条记录，也就是每个读 IO 请求为 1KB（两个扇区）大小。然后单击 Generate 按钮生成测试需要发送的 IO 列表，生成的 IO 完全是随机 IO。然后单击 Run 按钮，程序便会以异步 IO 模式向 OS 发起请求，所有 IO 将尽量一次性发出。

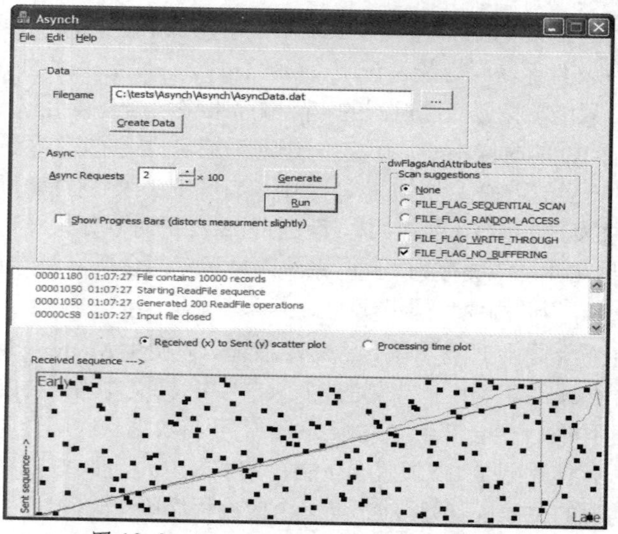

图 19-3 Asynchronous Explorer 主界面

窗口中部给出了可选的参数，Scan Suggestions 在下一节介绍。其中有个调用参数比较重要，即 FILE_FLAG_NO_BUFFERING，勾选这个参数表示应用程序在打开文件进行 IO 的时候不使用文件系统缓存（读和写 IO 都不进入系统内核缓存而直接进入卷或者设备驱动 IO 层面），FILE_FLAG_WRITE_THROUGH 在下一节介绍。

窗口下部为本次测试的结果标示图，每一个黑点表示一个 IO，对角线为同步线，即如果某个黑点落在了这条线上，那么就表示这个 IO 的结果是被按照请求发出的顺序返回给应用程序的，如果黑点落在同步线之上，则证明 IO 结果早于被发出的顺序被返回，黑点落在同步线下方则表示这个 IO 结果晚于被发出的顺序返回。图中有波动幅度的曲线为 IO 结果返回的时间与 IO 地址偏移量的函数曲线。

现在我们来分析一下图 19-3 中的曲线和 IO 分布情况并做出几个判断。测试时由于选择了 FILE_FLAG_NO_BUFFERING，所以本次测试为纯异步 IO 模式，所有 IO 在最短的时间内批量发送到了 OS 内核。然而 OS 返回的结果却不是按照 IO 被发出时的顺序返回的，有早有晚，基本上平均分布，这种现象的原因是因为 FS 之下某处有某种 Queue 在发生作用，典型的例子就是硬盘中的 Queue，比如 SATA 盘的 NCQ。Queue 会将 IO 按照当前磁头臂所在的位置按照电梯原理进行优化重排，使得磁头臂降低寻道次数和寻道跨度从而优化性能。这一点可以从 IO 偏移量曲线判断，可以看到 IO 结果基本上是按照偏移量递增的顺序返回的，而 IO 发送的时候却是完全随机的，所以这里判断底层的某个 Queue 对随机的 IO 按照偏移量做了重排，使得磁头臂顺序地并且小跨度地寻道依次完成了所有 IO 的读取动作并且返回结果。偏移量曲线产生了 4 次平滑波动，第一次向下，第二次长时间平缓向上，第三次陡峭向下，第四次陡峭向上，可以判断这些波动对应了磁头臂的摆动方向，磁头臂做了四次大幅度摆动，而每次摆动周期内伴随着多次小跨度换道操作，这种磁头臂寻道方式是很优秀的。

在主界面中选择 Processing Time Plot 单选按钮可以切换到另一种结果显示模式，即 IO 发送顺序与对应 IO 响应时间及 IO 偏移量的曲线图，如图 19-4 所示。上部曲线为 IO 响应时间，范围跨度比较大的曲线仍然表示 IO 偏移量曲线。可以看到 IO 偏移量是来回摆动非常随机的。由于 Bypass 掉了文件系统缓存，所以 IO 响应时间的数量级上升到了 100ms 的级别。

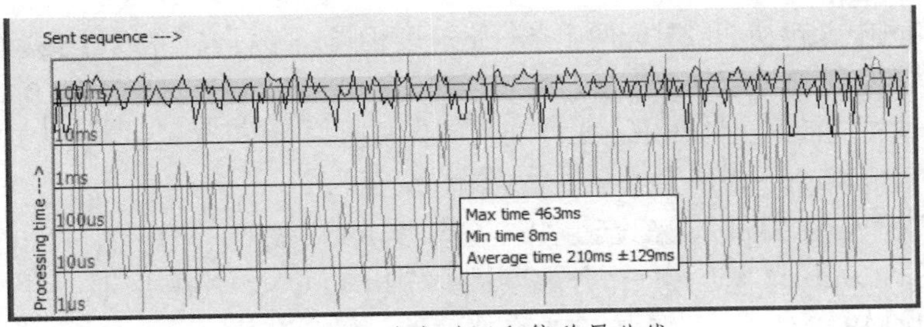

图 19-4　响应时间和偏移量曲线

我们再来看一下使用系统内核缓存之后的 IO 变化情况，如图 19-5 所示。虽然程序依然使用异步 IO 调用，但是此时 OS 已经强制变为同步 IO 操作并且保持了 IO 结果返回的顺序符合发送时的顺序。可以看到每个 IO 都落在了同步线上，两个模式显示的偏移量曲线相同，表示 IO 结果返回的顺序与发送时的顺序相同，并且由于系统内核缓存预读的影响，测试文件大部分已经处于缓存中，所以 IO 响应时间下降到了 100 微秒级别，降低了 1000 倍。

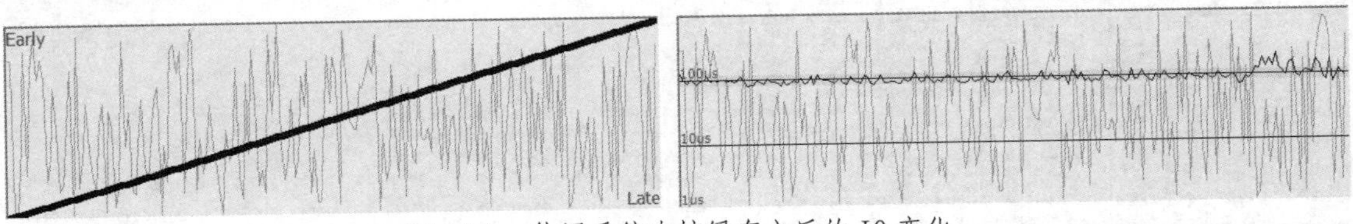

图 19-5　使用系统内核缓存之后的 IO 变化

进行完上面的测试之后，FS 下层某处的 Buffer（比如磁盘自身缓存）一定残留有之前预读的部分数据。为了验证这一点，我们即刻勾选 FILE_FLAG_NO_BUFFERING，并且不再重新 Generate 新的 IO 列表，使用原有的列表以保证缓存命中率。立即 Run 起来。结果验证了这个说法。

如图 19-6 所示，IO 发起之初一段时间内结果返回非常迅速，延迟在 100 微秒级别，全部落在了同步线上。既然没有使用系统内核缓存，这么快的响应速度是从哪里来的呢？答案只有一个，即 FS 下层某处必定有一处或者多处缓存在发生作用，这个或者这些缓存内残留有之前程序读取过的数据部分，所以开始的一部分 IO 命中，直接从缓存返回给了应用程序，而且可以发现偏移量曲线随机跳跃，表明 IO 结果是按照发送顺序迅速被返回的。而随后的 IO 命中率变得越来越低下，最终成发散形状分布，这时底层的 Queue 优化效用又被显现出来，偏移量曲线变得平滑，响应时间也相对上升到了 10ms 级别。

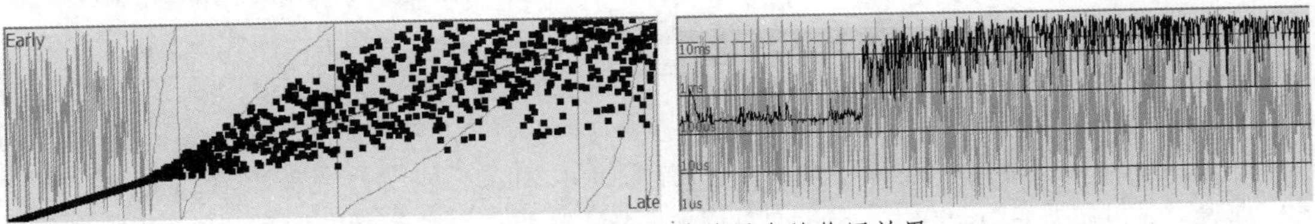

图 19-6　验证 FS 下层某处缓存的作用效果

测试时勾选了一个选项，即显示 IO 发送和 IO 返回的追逐条，如图 19-7 所示。上面的条表示 IO 被发送出去的完成量，下面的条显示 IO 结果返回的完成量，缓存命中时两个条的行进速度是相同的，而缓存不命中时 IO 完成量进度条就会落后于 IO 发送进

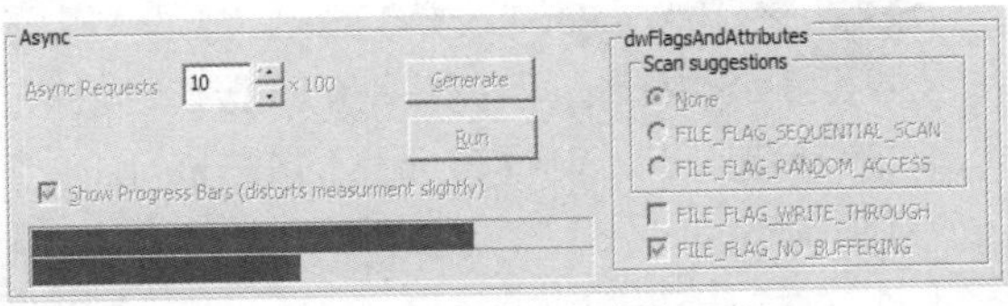

图 19-7　异步 IO 的追逐条

度条。本测试样例中，起初一段时间两个条行进速度相同，随后 IO 完成量条逐渐变慢，对应了测试结果。如果降低测试读取的数据量，比如读取 1×100 条记录，那么 100KB 的数据对于磁盘缓存来讲是个小数目，被完全留在磁盘缓存的几率会增加，此时再次测试就会发现偶尔会出现 IO 完全落在同步线上的情况，虽然 Bypass 了系统内核缓存。

下面，我们用 Asyn Explore 来验证一下在纯异步 IO 模式下，应用程序的 IO 是否是批量发送的。我们使用 iSCSI 协议来连接一个外部存储系统中的 LUN，并在主机端利用 Wireshark 工具来抓包分析。如图 19-8 所示，在 5 号 TCP 包中竟然一次性包含了 30 个 SCSI Read 请求 IO，可见异步 IO 确实是在短时间内批量被发出的，以至于 30 个 IO 一次性被打包在了一个 TCP 包中传送。后面的几个加长的包同样是这种情况，当然也夹杂着只包含一个 IO 请求的 TCP 包。对 IO 的 Response 结果会在随后一个一个地被返回。另外，从每个 IO 请求的长度=2 来看，确实符合 Async Explore 每次读 IO 请求 1KB 数据相符（2×512B=1KB）。

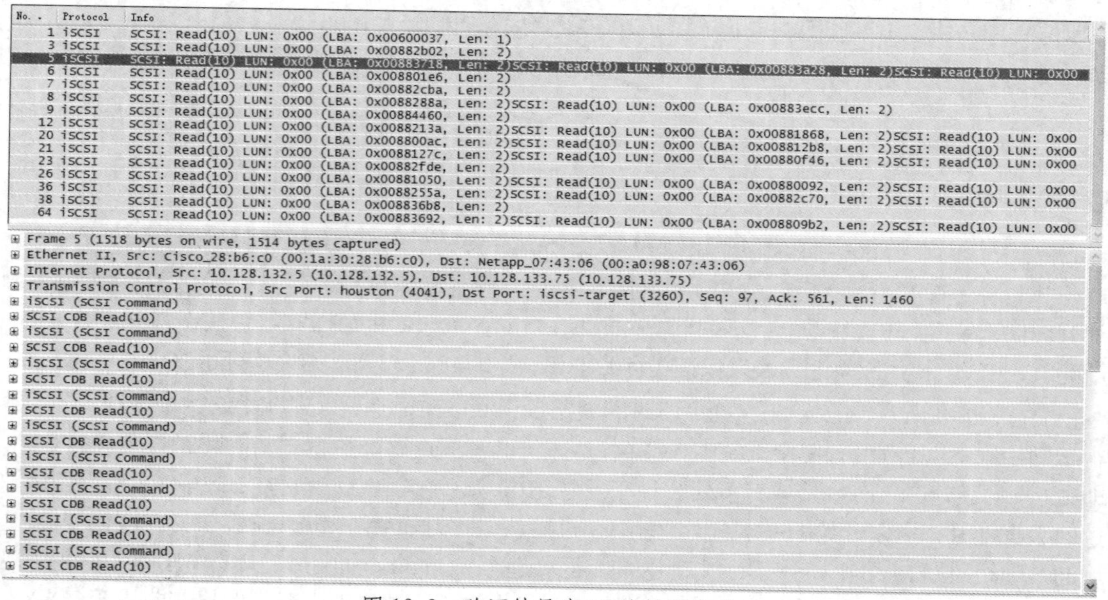

图 19-8　验证纯异步 IO 的批量发送

注意：在使用 ISCSI/NAS 等基于 TCPIP 的存储协议时，并且是随机 IO 环境下，利用 Bypass 文件系统缓存的纯异步 IO 模式会大大减少网络传输的开销。因为如果使用文件系统缓存，则 OS 强制变为同步 IO 模式，IO 一个一个地执行，所以每个 IO 请求就需要被封装到单独的 TCP 包和以太网帧中，在 IO 量巨大的时候，这种浪费是非常惊人的。图 19.8 所示的例子中，纯异步 IO 模式下的抓包数据文件只有 120KB，而如果使用 FS 缓存之后，同样的 IO 列表，抓包数据变为 490KB，开销是前者的 4 倍，这是个绝对不容忽视的地方。

注意：不管 Windows 还是 Linux，都是"用户程序—OS 内核—存储设备"这种架构，用户程序和 OS 内核之间存在一套 IO 接口。同样，OS 内核与存储设备之间一样存在着 IO 接口，也有异步同步、Write Through、Write Back 等参数。Linux 操作系统的 IO 行为与 Windows 有很多不同之处。

注意：在 Windows 系统下，OS 内核与存储设备之间的 IO 行为完全与用户程序与 OS 内核之间的 IO 行为对应，即上层为同步调用则底层也同步，上层为异步调用则底层也异步（在不使用 FS 缓存时）。

而在 Linux 系统下，上层的 IO 与底层不一定是对应关系，比如，如果使用文件系统进行 IO 并且 Mount 之后，底层对磁盘的操作会严格按照 Mount 时给出的选项（Async 或者 Sync）来执行，并且，如果 Async Mount 而同时用户程序进行同步调用，则底层依然是异步操作。对于不使用文件系统进行 IO 的情况，比如使用 dd 程序直接操作设备层，由于 dd 采用同步调用，而底层卷设备不可能有预读机制，所以对于 dd 的同步读操作，在底层也反映为对磁盘设备的同步读操作；但是对于 Write Back 模式的写操作，由于底层卷处存在缓存，这个缓存会在接收写操作之后即返回成功给上层，然后对 IO 进行优化（IO Combination 等），然后批量异步 Flush 到物理存储设备。卷处的缓存不但可以 Write Back，而且还拥有读缓存作用（虽然它不可进行预读操作，但是之前被读入数据会残留一定时间），如果上层在短时间内发起重复地址的读操作，会先从卷缓存处寻求命中，不命中后再读取磁盘。

注意：这里还需要理解一点，即如果使用文件系统缓存，那么 Windows 会强行将异步 IO 变为同步阻塞模式，即应用无法在短时间内发送大批 IO 了。这样做虽然使用了文件系统缓存的加速作用，但却也降低了 IO 并发度。而如果在 FS 下位某处的缓存同样具有加速 IO 的作用，那么不使用 FS 的缓存从而让应用层处可以产生并发的无阻塞异步 IO，而这些 IO 命中于 FS 下位的某处缓存，这样就可以一箭双雕了。本例中由于测试只是用了台式机单块磁盘，磁盘缓存容量小且处理能力有限，所以 IO 响应很快升高。如果底层设备为具有大容量缓存和高处理能力的智能存储设备，那么缓存命中率会大大增加，这种情况下就会获得更快的响应时间，是最优的实现方式。如图 19-9 所示，测试使用一台外部 NAS 存储系统，具有大容量缓存和高处理能力，即使使用了 FILE_FLAG_NO_BUFFERING 参数，依然得到了比较高的响应速度和向同步线归拢趋势的 IO 分布。分别利用 CIFS 和 iSCSI 作为访问协议，得到了相同的结果。左面是 CIFS 的结果，右面是 iSCSI 的结果。iSCSI 环境下读取了 1000 条记录，所以 IO 分布点比 CIFS 多，后者读取了 100 条记录。

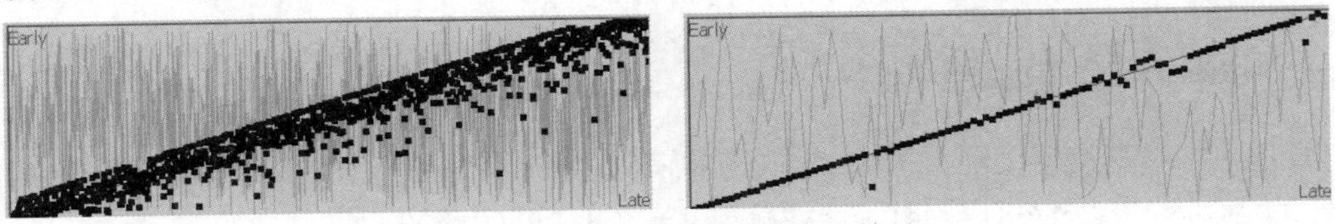

图 19-9　FS 下层有缓存的效果

注意几种表述方式：异步 IO 不一定不使用缓存，同步 IO 不一定使用缓存。同步异步和 Write Back/Through 没有直接关系。

3. Network IO

有时候文件并不存放在本地磁盘，而是存放于另外一台计算机上，需要通过某种网络比如 TCP/IP 来访问对方的计算机，并且还需要某种网络文件访问协议比如 CIFS/NFS 等来对位于网络另一端的计算机上的文件进行 IO 操作，这便是 Network IO，即网络 IO。

如图 19-10 所示为网络 IO 的示意图。其中有一个关键模块为 Network Redirector。Redirector 的作用是将上层的 IO 请求翻译成网络文件访问协议后发送到对端，这样，应用程序就可以像访问本地文件一样通过网络来访问其他计算机上的文件了。

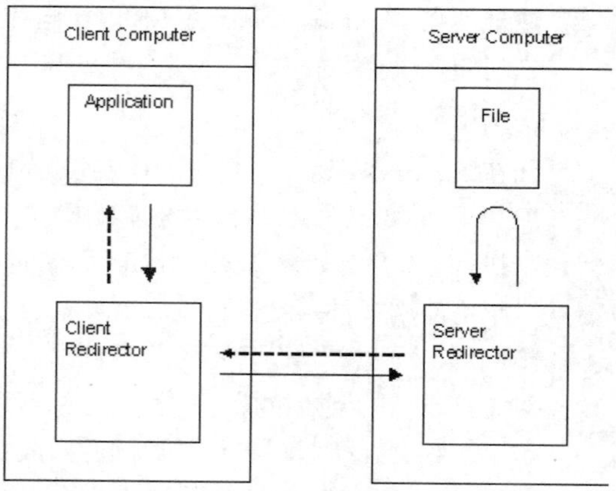

图 19-10 Network IO 流程

Network IO 的过程如下。

应用层向 OS 发起 IO 请求读写位于某网络映射盘符下的某个文件。

OS 接收到这个 IO 请求之后，交给 Network Redirector 处理。Redirector 接收到 IO 请求之后，将这个 IO 翻译并封装成对应网络协议与网络文件访问协议相匹配的数据包并将其发送到对应的远程计算机。

远程计算机上的 Network Redirector 接收到这个 IO 请求之后，对源计算机进行认证，认证通过之后，远程计算机根据 IO 请求中的具体信息对本地的目标文件进行 IO 操作，然后将数据通过 Redirector 返回给源计算机。

源计算机收到远程计算机的数据之后，将数据返回给发起 IO 的应用程序。

注意：网络 IO 的响应时间普遍较长，有时甚至会出现超时的情况，应用程序必须做好准备，延长 IO 等待超时时间。

由于外部网络稳定性不比内部总线，所以会经常发生中断现象从而导致 TCP 连接中断而网络文件访问协议栈也会 Reset。此时 Client 端应用程序并不会感知这一点，可能依然会使用之前对文件进行打开操作时所获得的文件句柄对文件进行操作，而 Server 端由于协议栈 Reset 导致句柄失效，所以会返回句柄过期的通知给客户端 Redirector，Redirector 便向上层报错，应用程序此时需要重新进行打开文件操作以获得新句柄。这种现象在使用 NFS 协议时非常常见。

4. Network IO 下的缓存机制

由于网络 IO 速度远比不上本地 IO，所以如果在 Client 端保持一个缓存的话是非常有效果的。网络 IO 的 Client 端缓存可以同时加速读和写 IO。NFS 和 CIFS 都可以使用缓存。

CIFS 下的缓存和 IO 机制

下面介绍 Buffered IO 和非 Buffered IO 模式下的读行为。

使用系统缓存是程序在 Open 一个文件时默认的选项，不管对于 CIFS 还是本地文件。在此，很多程序员不会去过多考虑这一点，但恰恰就是这一步有失考虑，在特定情况下却可能造成程序 IO 性能极差。我们来做一个疯狂实验。

使用 Async Explorer 在一个 CIFS 协议映射的网络驱动器中生成一个测试用文件。然后生成一份测试地址列表，勾选 FILE_FLAG_NO_BUFFERING 不使用系统内核缓存，异步地随机读取文件中的 100 条记录（每条为 1KB 大小），开启 Wireshark 工具抓取网络上的 CIFS 协议数据流，然后单击 Run 按钮，得到的结果如图 19-11 所示（只列出了部分结果）。

我们从结果中可以看到，在 Bypass 系统缓存后，Network IO 模块完全透传了应用层的 IO 请求，IO 类型确实是只有异步模式才可能让单线程发出的并发 IO，而且每个 IO 大小都是 1KB。当然第一个 IO 为 0.5KB 并且是同步的，这有可能是程序故意而为，比如读取文件标识等信息。可以看到 35～40 号包表示了接连发出的 6 个并发 IO 请求。而且每个 IO 针对的文件 Offset 也都是随机的。

No.	Protocol	Info
33	SMB	Read AndX Request, FID: 0x4006, 512 bytes at offset 0
34	SMB	Read AndX Response, FID: 0x4006, 512 bytes
35	SMB	Read AndX Request, FID: 0x4006, 1024 bytes at offset 8436224
36	SMB	Read AndX Request, FID: 0x4006, 1024 bytes at offset 8450560
37	SMB	Read AndX Request, FID: 0x4006, 1024 bytes at offset 2560
38	SMB	Read AndX Request, FID: 0x4006, 1024 bytes at offset 214528
39	SMB	Read AndX Request, FID: 0x4006, 1024 bytes at offset 3892736
40	SMB	Read AndX Request, FID: 0x4006, 1024 bytes at offset 8903168
41	SMB	Read AndX Response, FID: 0x4006, 1024 bytes
42	SMB	Read AndX Request, FID: 0x4006, 1024 bytes at offset 2334208
43	SMB	Read AndX Response, FID: 0x4006, 1024 bytes
44	SMB	Read AndX Request, FID: 0x4006, 1024 bytes at offset 7923200
45	SMB	Read AndX Response, FID: 0x4006, 1024 bytes
46	SMB	Read AndX Request, FID: 0x4006, 1024 bytes at offset 9598464
47	SMB	Read AndX Request, FID: 0x4006, 1024 bytes at offset 7364096
48	SMB	Read AndX Response, FID: 0x4006, 1024 bytes
49	SMB	Read AndX Response, FID: 0x4006, 1024 bytes
52	SMB	Read AndX Response, FID: 0x4006, 1024 bytes
53	SMB	Read AndX Response, FID: 0x4006, 1024 bytes
56	SMB	Read AndX Response, FID: 0x4006, 1024 bytes
57	SMB	Read AndX Response, FID: 0x4006, 1024 bytes
59	SMB	Read AndX Response, FID: 0x4006, 1024 bytes
60	SMB	Read AndX Request, FID: 0x4006, 1024 bytes at offset 8450560
61	SMB	Read AndX Request, FID: 0x4006, 1024 bytes at offset 7365120
62	SMB	Read AndX Request, FID: 0x4006, 1024 bytes at offset 1895936
63	SMB	Read AndX Request, FID: 0x4006, 1024 bytes at offset 3247616
64	SMB	Read AndX Response, FID: 0x4006, 1024 bytes
65	SMB	Read AndX Request, FID: 0x4006, 1024 bytes at offset 6940160

图 19-11 不使用缓存异步 IO

我们现在再使用同样的 IO 地址列表，针对相同的文件，做相同的测试，唯一区别就是不勾选 FILE_FLAG_NO_BUFFERING，也就是使用系统缓存。测试结果如图 19-12 所示（只列出了部分结果）。

No.	Protocol	Info
33	SMB	Read AndX Request, FID: 0x4003, 4096 bytes at offset 0
37	SMB	Read AndX Response, FID: 0x4003, 4096 bytes
38	SMB	Read AndX Request, FID: 0x4003, 4096 bytes at offset 8433664
42	SMB	Read AndX Response, FID: 0x4003, 4096 bytes
43	SMB	Read AndX Request, FID: 0x4003, 4096 bytes at offset 8450048
47	SMB	Read AndX Response, FID: 0x4003, 4096 bytes
48	SMB	Read AndX Request, FID: 0x4003, 4096 bytes at offset 212992
52	SMB	Read AndX Response, FID: 0x4003, 4096 bytes
53	SMB	Read AndX Request, FID: 0x4003, 4096 bytes at offset 3891200
57	SMB	Read AndX Response, FID: 0x4003, 4096 bytes
58	SMB	Read AndX Request, FID: 0x4003, 4096 bytes at offset 8900608
62	SMB	Read AndX Response, FID: 0x4003, 4096 bytes
63	SMB	Read AndX Request, FID: 0x4003, 8192 bytes at offset 2330624
71	SMB	Read AndX Response, FID: 0x4003, 8192 bytes
73	SMB	Read AndX Request, FID: 0x4003, 4096 bytes at offset 7921664
77	SMB	Read AndX Response, FID: 0x4003, 4096 bytes
78	SMB	Read AndX Request, FID: 0x4003, 4096 bytes at offset 9596928
82	SMB	Read AndX Response, FID: 0x4003, 4096 bytes
83	SMB	Read AndX Request, FID: 0x4003, 8192 bytes at offset 7360512
91	SMB	Read AndX Response, FID: 0x4003, 8192 bytes
93	SMB	Read AndX Request, FID: 0x4003, 8192 bytes at offset 1892352
101	SMB	Read AndX Response, FID: 0x4003, 8192 bytes
103	SMB	Read AndX Request, FID: 0x4003, 8192 bytes at offset 3244032
111	SMB	Read AndX Response, FID: 0x4003, 8192 bytes
113	SMB	Read AndX Request, FID: 0x4003, 4096 bytes at offset 6938624
117	SMB	Read AndX Response, FID: 0x4003, 4096 bytes
118	SMB	Read AndX Request, FID: 0x4003, 8192 bytes at offset 4632576
126	SMB	Read AndX Response, FID: 0x4003, 8192 bytes
128	SMB	Read AndX Request, FID: 0x4003, 8192 bytes at offset 1368064
136	SMB	Read AndX Response, FID: 0x4003, 8192 bytes
138	SMB	Read AndX Request, FID: 0x4003, 4096 bytes at offset 1724416
142	SMB	Read AndX Response, FID: 0x4003, 4096 bytes
143	SMB	Read AndX Request, FID: 0x4003, 8192 bytes at offset 4898816

图 19-12 使用缓存，读惩罚

从以上结果看来，OS 确实将异步操作强制变为了同步操作，除此之外，还有一点最大的不同，即 IO Size 变为了 4KB 或者 8KB 了。但是程序明明给出的是 1KB 的 IO 请求，为何到了底层反而被扩大了如此之多呢？考虑到 4KB 和 8KB 这种数值，我们首先应该想到操作系统的 Memory Page 大小为 4KB，这里是不是 OS 使用了 Memory Mapping 方式来将 IO 的目标映射到页面内存地址空间了，从而针对这些目标的读写都会以 Page 为单位呢？要调查这一点，我们就要首先假设这个结论成立，而如果结论成立，那么 OS 在读取对应 Page 的时候一定是从 Page 的边界开始读的，也就是说，每个 IO 请求的 Offset 值必定可以除 4KB 而除尽。我们可以算一算，上图中的每个 Offset 都是可以除尽 4KB 的，所以，这就充分证明了这个结论。另外，由于两次测试需要读取的文件偏移地址列表是相同的，但是第二次测试结果中每个 IO 的 Offset 却并不等于第一次测试结果中对应的值（高位大致相同），这也说明了，第二次测试，Network IO 模块并没有透传上层的 IO 请求到 CIFS Server 上，而就是走入了 Page Fault 缺页处理流程。

细心的读者可能已经发现，测试 1 中的 37 号包对应的 Offset 为 2560 的 IO 请求，在测试 2 的结果中不见了，并没有对应的 IO 被发送到 CIFS Server。这是怎么回事呢？我们算一算，这个请求的 Offset 是从第 2560B 开始的后 1024B，2560+1024=3584B，而文件被映射到内存的第一个 Page 大小是 4096B，3584<4096，落入 Page 范围内，那么 OS 应该读入这个 Page 的啊，为何第二次测试结果并没有读入呢？我们立即可以推断，由于第一个 IO 的 Offset 是 0，长度是 512B，同

样也落入第一个 Page，是不是 OS 会对已经读入的 Page 做一定时间的缓存呢？测试结果充分证明了这个行为，正因为 37 号包对应的第 4 个 IO 请求发生了 Read Cache Hit，所以第二次测试时 Network IO 模块根本没有将这个 IO 请求发送给 CIFS Server。

那么为何会出现 8KB 尺寸的 IO 呢？要解释这个问题很简单，我们依然将两次测试结果来进行比较。在第一次测试结果中找到与二次结果中的 63 号包相对应的包，即 42 号包，一次结果中 42 号包对应的 IO 请求为：从 2334208 开始的 1024 字节，2334208+1024=2335232B，而 2334208～2335232 这个 Offset 范围会落入哪个 Page 呢？大家可以计算一下，结果是前一部分落入一个 Page，后一部分落入下一个 Page，这比较尴尬，所以 OS 会读出这两个 Page，也就是共 8KB 的内容来应对这个 IO 请求。

还可以从测试结果发现，即使 Open 文件的时候，程序选择了使用缓存，客户端文件系统也丝毫不会做任何程度哪怕是最小力度的试探性预读操作，但是却可以缓存已经被读入的 Page。

在客户端使用 Filemon 监测工具同样监测到了相同的结果，在另一个测试中，出现了同样的结果，如图 19-13 所示。带星号的表示非程序发起的 IO 请求，说明是由 OS 内核自己发起的 IO 请求。其中 IRP_MJ_READ 是内核 IOM 提供的功能函数，详见本章后面部分。

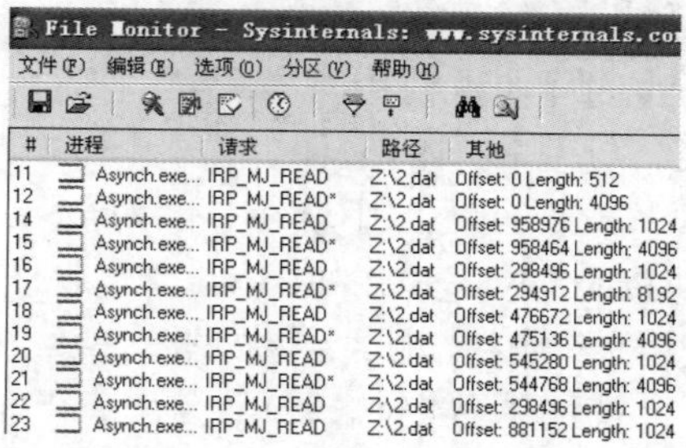

#	进程	请求	路径	其他
11	Asynch.exe...	IRP_MJ_READ	Z:\2.dat	Offset: 0 Length: 512
12	Asynch.exe...	IRP_MJ_READ*	Z:\2.dat	Offset: 0 Length: 4096
14	Asynch.exe...	IRP_MJ_READ	Z:\2.dat	Offset: 958976 Length: 1024
15	Asynch.exe...	IRP_MJ_READ*	Z:\2.dat	Offset: 958464 Length: 4096
16	Asynch.exe...	IRP_MJ_READ	Z:\2.dat	Offset: 298496 Length: 1024
17	Asynch.exe...	IRP_MJ_READ*	Z:\2.dat	Offset: 294912 Length: 8192
18	Asynch.exe...	IRP_MJ_READ	Z:\2.dat	Offset: 476672 Length: 1024
19	Asynch.exe...	IRP_MJ_READ*	Z:\2.dat	Offset: 475136 Length: 4096
20	Asynch.exe...	IRP_MJ_READ	Z:\2.dat	Offset: 545280 Length: 1024
21	Asynch.exe...	IRP_MJ_READ*	Z:\2.dat	Offset: 544768 Length: 4096
22	Asynch.exe...	IRP_MJ_READ	Z:\2.dat	Offset: 298496 Length: 1024
23	Asynch.exe...	IRP_MJ_READ	Z:\2.dat	Offset: 881152 Length: 1024

图 19-13 Filemon 监测结果

提示：FILE_FLAG_NO_BUFFERING 或者 FILE_FLAG_WRITE_THROUGH 这两个参数对于写 IO 请求来讲具有大致类似的效果，但是对于读 IO 来讲，想越过 FS 缓存就只能使用前者。如果目标文件位于网络另一端，那么 FILE_FLAG_NO_BUFFERING 这个参数只会对客户端发生效果，当请求被传送到服务器端时，对于读请求，这个参数不会产生任何效果，服务器总是可以首先进行目标文件在其本地缓存的 Cache Hit 流程；但是对写请求会有效果，服务端在 SMB 协议中会检测这个参数对应的标记以便做出相应动作，设置了标记的请求，服务端会保证将其写入硬盘之后才返回完成信号。如图 19-14 所示为只设置了前者（上半图）和只设置了后者（下半图）时数据包中不同的位被置 1。另外，这两个参数是有本质上的区别的，详见下文。

另外在其中我们还可以看到其他本章前文所描述的一些 FLAG，比如控制随机或连续 IO 的 FLAG。

```
⊟ Create Options: 0x00000048
    .... .... .... .... .... .... .... ...0 = Directory: File being created/opened must not be a directory
    .... .... .... .... .... .... .... ..0. = Write Through: Writes need not flush buffered data before completing
    .... .... .... .... .... .... .... .0.. = Sequential Only: The file might not only be accessed sequentially
    .... .... .... .... .... .... .... 1... = Intermediate Buffering: NO intermediate buffering is allowed
    .... .... .... .... .... .... ...0 .... = Sync I/O Alert: Operations NOT necessarily synchronous
    .... .... .... .... .... .... ..0. .... = Sync I/O Nonalert: Operations NOT necessarily synchronous
    .... .... .... .... .... .... .1.. .... = Non-Directory: File being created/opened must not be a directory
    .... .... .... .... .... .... 0... .... = Create Tree Connection: Create Tree Connections is NOT set
    .... .... .... .... .... ...0 .... .... = Complete If Oplocked: Complete if oplocked is NOT set
    .... .... .... .... .... ..0. .... .... = No EA Knowledge: The client understands extended attributes
    .... .... .... .... .... .0.. .... .... = 8.3 Only: The client understands long file names
    .... .... .... .... .... 0... .... .... = Random Access: The file will not be accessed randomly
    .... .... .... .... ...0 .... .... .... = Delete On Close: The file should not be deleted when it is closed
    .... .... .... .... ..0. .... .... .... = Open By FileID: OpenByFileID is NOT set
    .... .... .... .... .0.. .... .... .... = Backup Intent: This is a normal create
    .... .... .... .... 0... .... .... .... = No Compression: Compression is allowed for Open/Create
    .... .... ...0 .... .... .... .... .... = Reserve Opfilter: Reserve Opfilter is NOT set
    .... .... ..0. .... .... .... .... .... = Open Reparse Point: Normal open
    .... .... .0.. .... .... .... .... .... = Open No Recall: Open no recall is NOT set
    .... .... 0... .... .... .... .... .... = Open For Free Space query: This is NOT an open for free space query
```

```
⊟ Create Options: 0x00000042
   .... .... .... .... .... .... .... ...0 = Directory: File being created/opened must not be a directory
   .... .... .... .... .... .... .... ..1. = Write Through: Writes should flush buffered data before completing
   .... .... .... .... .... .... .... .0.. = Sequential Only: The file might not only be accessed sequentially
   .... .... .... .... .... .... .... 0... = Intermediate Buffering: Intermediate buffering is allowed
   .... .... .... .... .... .... ...0 .... = Sync I/O Alert: Operations NOT necessarily synchronous
   .... .... .... .... .... .... ..0. .... = Sync I/O Nonalert: Operations NOT necessarily synchronous
   .... .... .... .... .... .... .1.. .... = Non-Directory: File being created/opened must not be a directory
   .... .... .... .... .... .... 0... .... = Create Tree Connection: Create Tree Connections is NOT set
   .... .... .... .... .... ...0 .... .... = Complete If Oplocked: Complete if oplocked is NOT set
   .... .... .... .... .... ..0. .... .... = No EA Knowledge: The client understands extended attributes
   .... .... .... .... .... .0.. .... .... = 8.3 Only: The client understands long file names
   .... .... .... .... .... 0... .... .... = Random Access: The file will not be accessed randomly
   .... .... .... .... ...0 .... .... .... = Delete On Close: The file should not be deleted when it is closed
   .... .... .... .... ..0. .... .... .... = Open By FileID: OpenByFileID is NOT set
   .... .... .... .... .0.. .... .... .... = Backup Intent: This is a normal create
   .... .... .... .... 0... .... .... .... = No Compression: Compression is allowed for Open/Create
   .... .... ...0 .... .... .... .... .... = Reserve Opfilter: Reserve Opfilter is NOT set
   .... .... ..0. .... .... .... .... .... = Open Reparse Point: Normal open
   .... .... .0.. .... .... .... .... .... = Open No Recall: Open no recall is NOT set
   .... .... 0... .... .... .... .... .... = Open For Free Space query: This is NOT an open for free space query
```

图 19-14　Wrtie Through 和 No Buffer 位

至此我们得出了结论：对于小块随机 IO 读，使用 CIFS 方式访问数据的情况下，客户端在调用 API 时使用缓存的两个坏处是：异步变同步、读惩罚。

说到写惩罚大家很熟悉，但是读惩罚确实也存在。所以我们要尽力避免读惩罚，由于开发人员在设计程序时如果没有显式地认识到这个问题，一般都会直接使用默认参数，没有越过系统内核的缓存，而这恰恰就是导致性能低下的原因。而对于大块连续 IO 读，更没有必要使用客户端缓存，因为内核在 CIFS 的 IO 方式下不会预读，还要它做什么甚呢？（实验证明，即使使用 Async Explorer 在打开文件时指定 FILE_FLAG_SEQUENTIAL_SCAN 参数来刺激 FS 预读也是无济于事，试验结果就不再引入了）使用客户端缓存唯一能够有加速效果的情况，是小块连续 IO 读，比如 512B 的 IO。这样，客户端每读入 1 个 Page，就相当于预读了后面 7 个 IO 所需要的数据。称这种行为为预读尚且有些自欺欺人，况且连续小块读这种行为在应用层就应该尽量将这些连续的小块合并为大块才是正路，不应该不负责任地增加底层的负担。

曾经有人在 Windows Vista 64B 版本上遇到了同样的问题，而且读惩罚更加严重，每次需要读入 32KB 的数据，但是这里作者不能确认是否 Windows Vista 64B Edition 的 Page Size 确实是 32KB。所能确认的是，上文测试中的 4KB 确实是 Page Size 在起作用而不是 FS 格式化时指定的 Block Size 在起作用。退一步讲，CIFS 协议本身并没有引入 Server 端向 Client 端通告 Server 本地 FS Block Size 的机制，所以客户端既然不知道 Server 的 FS Block 大小，那么上文测试中的 4KB 也就与 FS Block Size 无关。为了证明这一点，下面做一个试验给大家看一看。

#	进程	请求	路径	其他
14	FileWritter....	IRP_MJ_WRITE	F:\a.txt	Offset: 19949 Length: 1024
15	FileWritter....	IRP_MJ_READ*	F:\a.txt	Offset: 16384 Length: 4096
17	FileWritter....	FASTIO_WRITE	F:\a.txt	Offset: 19949 Length: 1024
19	FileWritter....	FASTIO_WRITE	F:\a.txt	Offset: 19949 Length: 1024
21	FileWritter....	FASTIO_WRITE	F:\a.txt	Offset: 19949 Length: 1024
23	FileWritter....	FASTIO_WRITE	F:\a.txt	Offset: 19949 Length: 1024
25	FileWritter....	FASTIO_WRITE	F:\a.txt	Offset: 19952 Length: 1024
27	FileWritter....	FASTIO_WRITE	F:\a.txt	Offset: 19952 Length: 1024
29	FileWritter....	FASTIO_WRITE	F:\a.txt	Offset: 19952 Length: 1024
31	FileWritter....	FASTIO_WRITE	F:\a.txt	Offset: 19952 Length: 1024
33	FileWritter....	FASTIO_WRITE	F:\a.txt	Offset: 19952 Length: 1024
35	FileWritter....	FASTIO_WRITE	F:\a.txt	Offset: 19955 Length: 1024
37	FileWritter....	FASTIO_WRITE	F:\a.txt	Offset: 19955 Length: 1024
39	FileWritter....	FASTIO_WRITE	F:\a.txt	Offset: 19955 Length: 1024

图 19-15　Filemon 写惩罚监测结果

如图 19-15 所示，F 盘是一个本地磁盘，被格式化为 FS Block Size=2048KB。图中第一行表示程序向 F 盘下面的一个文件发起了 Offset=19949，Length=1024B 的随机 Offset 写 IO，这一定会产生写惩罚。果然，第二行带星号，表示这是内核自动发起的 IO，是一个读请求，可以看到这个读请求的 Offset=16384，Length=4096B。其 Offset 可以被 4096 除尽，表示 OS 自动读入了 1 个 Page 大小的数据，Page 在内存中都是以 4KB 为单位的，所以这个 IO 的起始 Offset 也是出于 Page 的边界上。虽然 FS 被格式化为 2048B 为一个 Block，但是这里 OS 依然使用了 4KB 的 IO Size，这就充分说明了上文的结论。

另外，根据这个图我们还可以看得出来，OS 读入这个 Page 之后，第一行的 IO 会落入这个 Page，图中所显示的所有 IO 请求也都落入了这个 Page，所以 OS 再没有发起其他 Page 的读 IO

请求，因为图中所有的 IO 都会 Cache Hit。当然这里只是特殊情况，因为可以看到图中的所有 IO 的起始 Offset 根本没相差几个字节，测试用程序也是故意定制成这样的。如果遇到一个起始 Offset 没有落入已读入 Page 范围的 IO 请求，那么内核依然还要读取对应的 Page。本章后面章节讲述的块设备 IO 的 IO Size 等也都会受 Page Size 的影响。

对于小块连续读，使用 Buffered IO 会有一定的缓存命中率，但是由于底层没有主动预读，所以带来的提速是微乎其微的。

> **提示：**FS Block Size 大部分情况下并不决定 FS 预读或者写惩罚读的单位，FS 往往是以内存页面的大小来决定读入数据单位的，包括下面章节要讲的 AIX 系统下 FS 预读，也是使用 Page 来作为单位的。FS Block Size 的最大一个作用其实就是单纯地作为 FS 对文件空间进行分配时的最小单位。所以，这里请准确理解 OS RAM Page Size 和 FS Block Size 的角色和作用。

上面论述了 CIFS 环境下的读行为，现在我们再来看看写行为。对于写 IO，如果程序明确指出了使用 FILE_FLAG_NO_BUFFERING 或者 FILE_FLAG_WRITE_THROUGH 的话，那么底层会完全透传上层程序发出的写 IO，并且这个请求到了 CIFS Server 端也会被 Server 以 Write Through 的方式写入磁盘后才会返回完成信号。而如果程序没有使用这两个参数的任何一个，那么客户端系统会默认使用缓存进行写 IO。

我们首先来调查系统对非 Buffered IO 的写行为。非 Buffered IO 又分为 WriteThrough 方式和 NO_BUFFER 方式，上文小提示中给出了二者的本质区别，这里我们用实践来检验之。

非 Buffered IO（Direct IO）模式下的写行为如下。

下面我们分析在 CIFS 访问方式下，使用 FILE_FLAG_NO_BUFFERING 参数打开目标文件之后，系统内核是否还会发生惩罚行为。

如图 19-16 所示，使用测试软件以相同的其他测试参数，分别用 WT 模式和 FILE_FLAG_NO_BUFFERING 方式打开目标文件进行 513B（注意，非 512B 对齐）IO Size 的随机读测试。

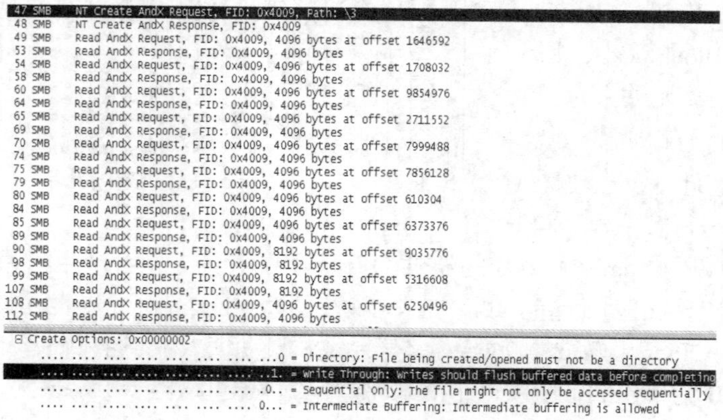

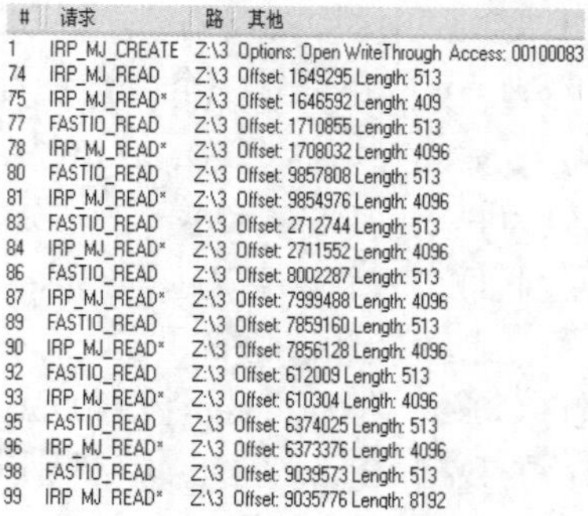

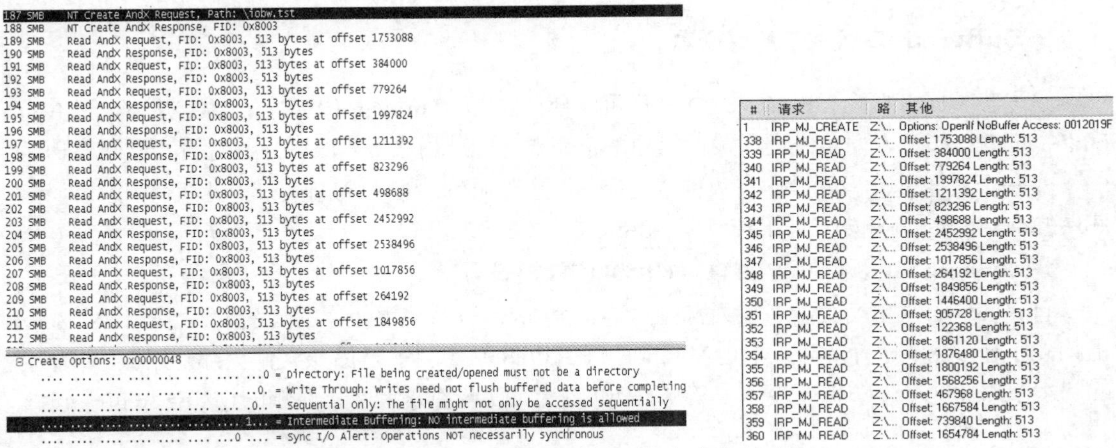

图 19-16　WT 模式与 NOBUFFER 模式读对比测试

图中右侧下部 1 号记录显示了在使用 FILE_FLAG_NO_BUFFERING 参数打开文件后，底层所监测到的 NoBuffer Access。下部左侧的 CIFS 协议数据包中对应的 FLAG“Intermediate Bufferding”也置了 1，两者一一对应。两次测试给出的内核 IO 惩罚完全不同：WT 模式下惩罚严重，而 NoBuffer 模式下根本没有惩罚。而且还得出了另外一个结论，即如果底层采用 CIFS 协议来访问目标文件，则上层程序在使用 FILE_FLAG_NO_BUFFERING 之后，可以发出 iosize 不等于扇区整数倍的 IO 请求，而且这些请求被完全地透传到 CIFS 层执行。这个设计是合理的，因为 CIFS 协议自身并没有规定读写请求的 offset 必须与某个单位对齐。而对于底层直接使用物理磁盘 IO 的情况，就必须要求使用 NoBuffer 模式的程序发出扇区对齐的 IO 请求了。

使用了 NoBuffer 模式之后，针对 CIFS 目标文件的读和写请求均被完全透传。如图 19-17 所示为同样使用了 NoBuffer 模式对目标文件进行 567B 的随机写入，发现 IO 请求被完全透传到底层，没有任何读或者写惩罚存在。

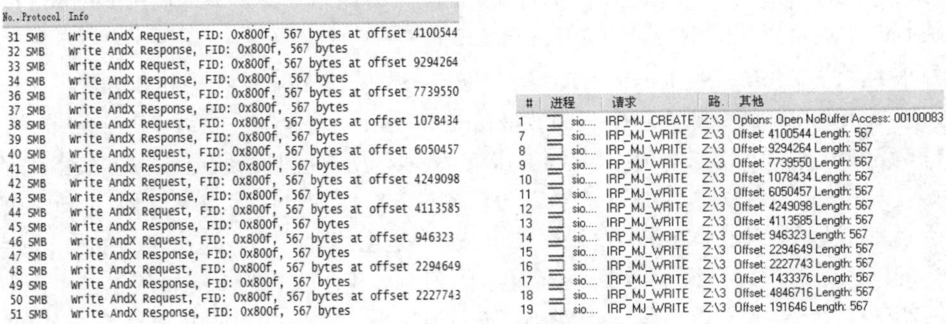

图 19-17　NoBuffer 模式写测试

提示：CIFS 访问方式下，使用 NoBuffer 模式打开文件进行 IO 的程序没有必要一定发出扇区对齐的 IO 请求，此时内核完全透传上层的 IO 请求。但是 IO 请求到了 CIFS Server 端之后，依然会在 Server 端本地产生对应的惩罚，所以，从全局角度来讲，程序任何情况下都发出扇区对齐的 IO 请求是最理想的状态。

5. Buffered IO 模式下的写行为

这里需要区分概念，Buffered IO 一样可以使用 Write Through（WT）。WT 并不是说 IO 请求不经过内核缓存，而是先进入缓存但是系统需要将数据彻底写入底层介质之后才返回成功。

对一个文件进行写入操作有两种方式：一种是追加写，另一种是覆盖写。这两种模式对系统底层的 IO 行为影响迥异。下面会分别介绍。

1）Buffered IO 下使用 WRITE THROUGH 模式写

首先我们对 WT 模式做一系列疯狂实验。在 Windows 系统下使用某测试工具打开 CIFS Server 上某文件进行测试，打开时只指定 WRITE THROUGH 参数，然后从文件头部开始做 1KB 每次的同步写操作。从如图 19-18 所示的底层 IO 输出结果来看，产生了严重的读和写惩罚。

```
22715 SMB   Read AndX Request, FID: 0x4003, 4096 bytes at offset 0
22719 SMB   Read AndX Response, FID: 0x4003, 4096 bytes
22720 SMB   Write AndX Request, FID: 0x4003, 4096 bytes at offset 0
22722 SMB   Write AndX Response, FID: 0x4003, 4096 bytes
22723 SMB   Write AndX Request, FID: 0x4003, 4096 bytes at offset 0
22725 SMB   Write AndX Response, FID: 0x4003, 4096 bytes
22727 SMB   Write AndX Request, FID: 0x4003, 4096 bytes at offset 0
22729 SMB   Write AndX Response, FID: 0x4003, 4096 bytes
22730 SMB   Write AndX Request, FID: 0x4003, 4096 bytes at offset 0
22732 SMB   Write AndX Response, FID: 0x4003, 4096 bytes
22733 SMB   Read AndX Request, FID: 0x4003, 4096 bytes at offset 4096
22737 SMB   Read AndX Response, FID: 0x4003, 4096 bytes
22738 SMB   Write AndX Request, FID: 0x4003, 4096 bytes at offset 4096
22740 SMB   Write AndX Response, FID: 0x4003, 4096 bytes
22741 SMB   Write AndX Request, FID: 0x4003, 4096 bytes at offset 4096
22743 SMB   Write AndX Response, FID: 0x4003, 4096 bytes
22744 SMB   Write AndX Request, FID: 0x4003, 4096 bytes at offset 4096
22746 SMB   Write AndX Response, FID: 0x4003, 4096 bytes
22747 SMB   Write AndX Request, FID: 0x4003, 4096 bytes at offset 4096
22749 SMB   Write AndX Response, FID: 0x4003, 4096 bytes
22750 SMB   Read AndX Request, FID: 0x4003, 4096 bytes at offset 8192
22754 SMB   Read AndX Response, FID: 0x4003, 4096 bytes
22755 SMB   Write AndX Request, FID: 0x4003, 4096 bytes at offset 8192
22757 SMB   Write AndX Response, FID: 0x4003, 4096 bytes
22758 SMB   Write AndX Request, FID: 0x4003, 4096 bytes at offset 8192
22760 SMB   Write AndX Response, FID: 0x4003, 4096 bytes
22761 SMB   Write AndX Request, FID: 0x4003, 4096 bytes at offset 8192
22763 SMB   Write AndX Response, FID: 0x4003, 4096 bytes
22764 SMB   Write AndX Request, FID: 0x4003, 4096 bytes at offset 8192
22766 SMB   Write AndX Response, FID: 0x4003, 4096 bytes
22767 SMB   Read AndX Request, FID: 0x4003, 4096 bytes at offset 12288
22771 SMB   Read AndX Response, FID: 0x4003, 4096 bytes
22772 SMB   Write AndX Request, FID: 0x4003, 4096 bytes at offset 12288
22774 SMB   Write AndX Response, FID: 0x4003, 4096 bytes
22775 SMB   Write AndX Request, FID: 0x4003, 4096 bytes at offset 12288
22777 SMB   Write AndX Response, FID: 0x4003, 4096 bytes
22778 SMB   Write AndX Request, FID: 0x4003, 4096 bytes at offset 12288
22780 SMB   Write AndX Response, FID: 0x4003, 4096 bytes
22781 SMB   Write AndX Request, FID: 0x4003, 4096 bytes at offset 12288
22783 SMB   Write AndX Response, FID: 0x4003, 4096 bytes
```

#	进程	请求	路径	其他
1	sio.exe:18...	IRP_MJ_CREATE	Z:\2	Options: Open WriteThrough Access: 00100083
74	sio.exe:18...	IRP_MJ_WRITE	Z:\2	Offset: 0 Length: 1024
75	sio.exe:18...	IRP_MJ_READ*	Z:\2	Offset: 0 Length: 4096
76	sio.exe:18...	IRP_MJ_WRITE*	Z:\2	Offset: 0 Length: 4096
78	sio.exe:18...	IRP_MJ_WRITE	Z:\2	Offset: 1024 Length: 1024
79	sio.exe:18...	IRP_MJ_WRITE*	Z:\2	Offset: 0 Length: 4096
81	sio.exe:18...	IRP_MJ_WRITE	Z:\2	Offset: 2048 Length: 1024
82	sio.exe:18...	IRP_MJ_WRITE*	Z:\2	Offset: 0 Length: 4096
84	sio.exe:18...	IRP_MJ_WRITE	Z:\2	Offset: 3072 Length: 1024
85	sio.exe:18...	IRP_MJ_WRITE*	Z:\2	Offset: 0 Length: 4096
87	sio.exe:18...	IRP_MJ_WRITE	Z:\2	Offset: 4096 Length: 1024
88	sio.exe:18...	IRP_MJ_READ*	Z:\2	Offset: 4096 Length: 4096
89	sio.exe:18...	IRP_MJ_WRITE*	Z:\2	Offset: 4096 Length: 4096
91	sio.exe:18...	IRP_MJ_WRITE	Z:\2	Offset: 5120 Length: 1024
92	sio.exe:18...	IRP_MJ_WRITE*	Z:\2	Offset: 4096 Length: 4096
94	sio.exe:18...	IRP_MJ_WRITE	Z:\2	Offset: 6144 Length: 1024
95	sio.exe:18...	IRP_MJ_WRITE*	Z:\2	Offset: 4096 Length: 4096
97	sio.exe:18...	IRP_MJ_WRITE	Z:\2	Offset: 7168 Length: 1024
98	sio.exe:18...	IRP_MJ_WRITE*	Z:\2	Offset: 4096 Length: 4096
100	sio.exe:18...	IRP_MJ_WRITE	Z:\2	Offset: 8192 Length: 1024
101	sio.exe:18...	IRP_MJ_READ*	Z:\2	Offset: 8192 Length: 4096
102	sio.exe:18...	IRP_MJ_WRITE*	Z:\2	Offset: 8192 Length: 4096
104	sio.exe:18...	IRP_MJ_WRITE	Z:\2	Offset: 9216 Length: 1024
105	sio.exe:18...	IRP_MJ_WRITE*	Z:\2	Offset: 8192 Length: 4096
107	sio.exe:18...	IRP_MJ_WRITE	Z:\2	Offset: 10240 Length: 1024
108	sio.exe:18...	IRP_MJ_WRITE*	Z:\2	Offset: 8192 Length: 4096
110	sio.exe:18...	IRP_MJ_WRITE	Z:\2	Offset: 11264 Length: 1024
111	sio.exe:18...	IRP_MJ_WRITE*	Z:\2	Offset: 8192 Length: 4096
113	sio.exe:18...	IRP_MJ_WRITE	Z:\2	Offset: 12288 Length: 1024

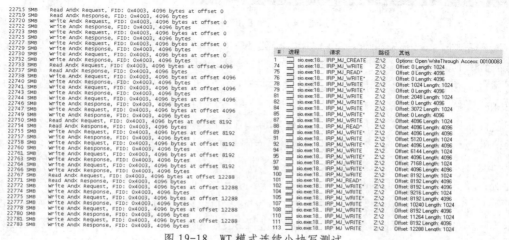

图 19-18　WT 模式连续小块写测试

图中左侧为 Client 与 Server 之间的 IO 请求输出，右侧为 Client 本地使用 Filemon 底层过滤驱动检测到的本地所发生的 IO 请求输出，发现二者是一一对应关系。

为了满足第一个 offset=0 length=1KB 的写操作，系统首先需要读入 4KB 大小的 Page0 也就是 offset=0 length=4KB 的数据（对应右侧带星号的 75 号记录），然后将读入的 page 的前 1KB 在内存中替换为 IO 请求的数据。由于设置了 WT 参数，所以此时系统还必须再次将此修改后的 page0 写入，所以紧接着发生了 4KB 的写入请求（对应右侧带星号的 76 号记录），第一次 1KB 写 IO 至此完成。第二次程序继续发起写 IO，由于是连续地址写，这次 IO 为 offset=1024，length=1024。但是这次，系统不再读入 page0，因为前一轮修改后的 Page0 依然在缓存中，此时系统直接使用这个 page0 即可，将 page0 中从 offset1024 开始之后的 1024B 替换为本次 IO 对应的数据，然后立即发起向 CIFS Server 的写入请求，写入修改后的 page0。对于再往后的 2 次写入，系统依然不需要从 Server 端读入 page0，所以，对一开始发生的 4 个写 IO 请求，系统只读入了一次 page0，却写入了 4 次修改后的 page0。依此类推，对下 4 次写 IO，系统需要读入 page1，然后执行相同过程。

总体来讲使用 WT 模式，并没有完全 Bypass 系统内核的缓存，所以直接导致了严重的读写惩罚，产生了 4 倍的总惩罚量，计算公式为（总读入+总写入－应写入）/应写入。图中右侧 1 号记录中可以看到过滤驱动监测到了上层打开文件时指定的 WT 参数，带星号的记录表示这个请求是内核发起的而不是程序发起的。

同理，如果将上面的测试程序发起的 IO Size 改为 2KB，那么推导可得出每 2 次上层 IO 就会对应内核的 1 次读 page 和 2 次写 page 动作，图 19-19 给出了结果，惩罚倍数为 2 倍。同理可得，如果上层 IO Size 为 512B，那么惩罚倍数将达到 8 倍。

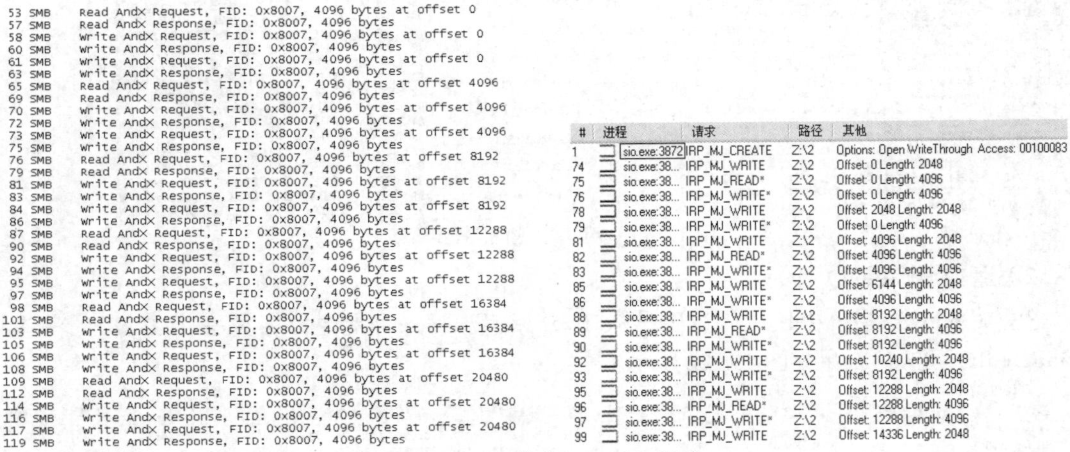

```
 53 SMB    Read AndX Request, FID: 0x8007, 4096 bytes at offset 0
 57 SMB    Read AndX Response, FID: 0x8007, 4096 bytes
 58 SMB    Write AndX Request, FID: 0x8007, 4096 bytes at offset 0
 60 SMB    Write AndX Response, FID: 0x8007, 4096 bytes
 61 SMB    Write AndX Request, FID: 0x8007, 4096 bytes at offset 0
 63 SMB    Write AndX Response, FID: 0x8007, 4096 bytes
 65 SMB    Read AndX Request, FID: 0x8007, 4096 bytes at offset 4096
 69 SMB    Read AndX Response, FID: 0x8007, 4096 bytes
 70 SMB    Write AndX Request, FID: 0x8007, 4096 bytes at offset 4096
 72 SMB    Write AndX Response, FID: 0x8007, 4096 bytes
 73 SMB    Write AndX Request, FID: 0x8007, 4096 bytes at offset 4096
 75 SMB    Write AndX Response, FID: 0x8007, 4096 bytes
 76 SMB    Read AndX Request, FID: 0x8007, 4096 bytes at offset 8192
 79 SMB    Read AndX Response, FID: 0x8007, 4096 bytes
 81 SMB    Write AndX Request, FID: 0x8007, 4096 bytes at offset 8192
 83 SMB    Write AndX Response, FID: 0x8007, 4096 bytes
 84 SMB    Write AndX Request, FID: 0x8007, 4096 bytes at offset 8192
 86 SMB    Write AndX Response, FID: 0x8007, 4096 bytes
 87 SMB    Read AndX Request, FID: 0x8007, 4096 bytes at offset 12288
 90 SMB    Read AndX Response, FID: 0x8007, 4096 bytes
 92 SMB    Write AndX Request, FID: 0x8007, 4096 bytes at offset 12288
 94 SMB    Write AndX Response, FID: 0x8007, 4096 bytes
 95 SMB    Write AndX Request, FID: 0x8007, 4096 bytes at offset 12288
 97 SMB    Write AndX Response, FID: 0x8007, 4096 bytes
 98 SMB    Read AndX Request, FID: 0x8007, 4096 bytes at offset 16384
101 SMB    Read AndX Response, FID: 0x8007, 4096 bytes
103 SMB    Write AndX Request, FID: 0x8007, 4096 bytes at offset 16384
105 SMB    Write AndX Response, FID: 0x8007, 4096 bytes
106 SMB    Write AndX Request, FID: 0x8007, 4096 bytes at offset 16384
108 SMB    Write AndX Response, FID: 0x8007, 4096 bytes
109 SMB    Read AndX Request, FID: 0x8007, 4096 bytes at offset 20480
112 SMB    Read AndX Response, FID: 0x8007, 4096 bytes
114 SMB    Write AndX Request, FID: 0x8007, 4096 bytes at offset 20480
116 SMB    Write AndX Response, FID: 0x8007, 4096 bytes
117 SMB    Write AndX Request, FID: 0x8007, 4096 bytes at offset 20480
119 SMB    Write AndX Response, FID: 0x8007, 4096 bytes
```

#	进程	请求	路径	其他
1	sio.exe:3872	IRP_MJ_CREATE	Z:\2	Options: Open WriteThrough Access: 00100083
74	sio.exe:38...	IRP_MJ_WRITE	Z:\2	Offset: 0 Length: 2048
75	sio.exe:38...	IRP_MJ_READ*	Z:\2	Offset: 0 Length: 4096
76	sio.exe:38...	IRP_MJ_WRITE*	Z:\2	Offset: 0 Length: 4096
78	sio.exe:38...	IRP_MJ_WRITE	Z:\2	Offset: 2048 Length: 2048
79	sio.exe:38...	IRP_MJ_WRITE*	Z:\2	Offset: 0 Length: 4096
81	sio.exe:38...	IRP_MJ_WRITE	Z:\2	Offset: 4096 Length: 2048
82	sio.exe:38...	IRP_MJ_READ*	Z:\2	Offset: 4096 Length: 4096
83	sio.exe:38...	IRP_MJ_WRITE*	Z:\2	Offset: 4096 Length: 4096
85	sio.exe:38...	IRP_MJ_WRITE	Z:\2	Offset: 6144 Length: 2048
86	sio.exe:38...	IRP_MJ_WRITE*	Z:\2	Offset: 4096 Length: 4096
88	sio.exe:38...	IRP_MJ_WRITE	Z:\2	Offset: 8192 Length: 2048
89	sio.exe:38...	IRP_MJ_READ*	Z:\2	Offset: 8192 Length: 4096
90	sio.exe:38...	IRP_MJ_WRITE*	Z:\2	Offset: 8192 Length: 4096
92	sio.exe:38...	IRP_MJ_WRITE	Z:\2	Offset: 10240 Length: 2048
93	sio.exe:38...	IRP_MJ_WRITE*	Z:\2	Offset: 8192 Length: 4096
95	sio.exe:38...	IRP_MJ_WRITE	Z:\2	Offset: 12288 Length: 2048
96	sio.exe:38...	IRP_MJ_READ*	Z:\2	Offset: 12288 Length: 4096
97	sio.exe:38...	IRP_MJ_WRITE*	Z:\2	Offset: 12288 Length: 4096
99	sio.exe:38...	IRP_MJ_WRITE	Z:\2	Offset: 14336 Length: 2048

图 19-19　WT 模式 2KB 写入测试

同理还可得,如果程序发起的 IO Size 为 4KB,那么惩罚倍数=1,也就是没有惩罚,如图 19-20 所示。如果程序发起 page size 也就是 4KB 对齐的 IO 请求，系统底层是否还会产生惩罚？可以看到系统底层并未出现任何惩罚量。右侧的监测记录也表示程序发起的 IO 写与内核发起的 IO 写一一对应。

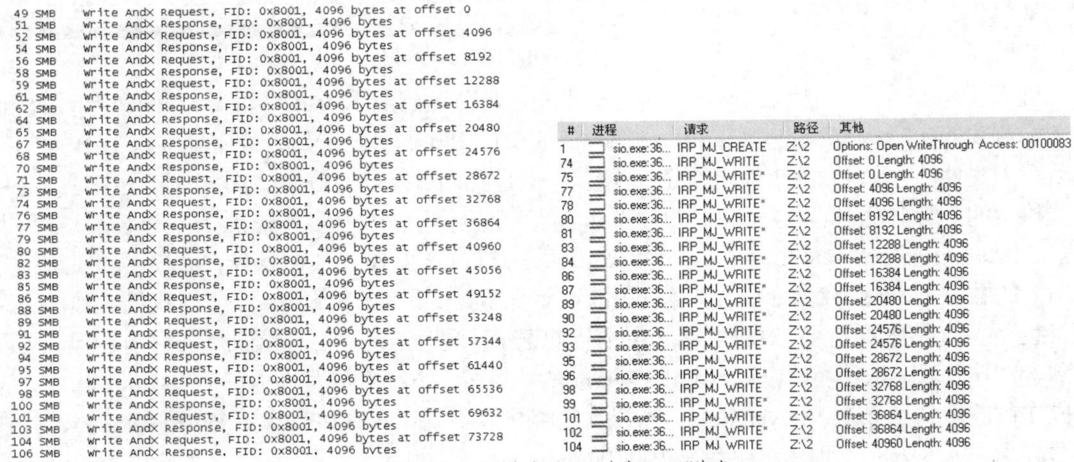

```
 49 SMB    Write AndX Request, FID: 0x8001, 4096 bytes at offset 0
 51 SMB    Write AndX Response, FID: 0x8001, 4096 bytes
 52 SMB    Write AndX Request, FID: 0x8001, 4096 bytes at offset 4096
 54 SMB    Write AndX Response, FID: 0x8001, 4096 bytes
 56 SMB    Write AndX Request, FID: 0x8001, 4096 bytes at offset 8192
 58 SMB    Write AndX Response, FID: 0x8001, 4096 bytes
 59 SMB    Write AndX Request, FID: 0x8001, 4096 bytes at offset 12288
 61 SMB    Write AndX Response, FID: 0x8001, 4096 bytes
 62 SMB    Write AndX Request, FID: 0x8001, 4096 bytes at offset 16384
 64 SMB    Write AndX Response, FID: 0x8001, 4096 bytes
 65 SMB    Write AndX Request, FID: 0x8001, 4096 bytes at offset 20480
 67 SMB    Write AndX Response, FID: 0x8001, 4096 bytes
 68 SMB    Write AndX Request, FID: 0x8001, 4096 bytes at offset 24576
 70 SMB    Write AndX Response, FID: 0x8001, 4096 bytes
 71 SMB    Write AndX Request, FID: 0x8001, 4096 bytes at offset 28672
 73 SMB    Write AndX Response, FID: 0x8001, 4096 bytes
 74 SMB    Write AndX Request, FID: 0x8001, 4096 bytes at offset 32768
 76 SMB    Write AndX Response, FID: 0x8001, 4096 bytes
 77 SMB    Write AndX Request, FID: 0x8001, 4096 bytes at offset 36864
 79 SMB    Write AndX Response, FID: 0x8001, 4096 bytes
 80 SMB    Write AndX Request, FID: 0x8001, 4096 bytes at offset 40960
 82 SMB    Write AndX Response, FID: 0x8001, 4096 bytes
 83 SMB    Write AndX Request, FID: 0x8001, 4096 bytes at offset 45056
 85 SMB    Write AndX Response, FID: 0x8001, 4096 bytes
 86 SMB    Write AndX Request, FID: 0x8001, 4096 bytes at offset 49152
 88 SMB    Write AndX Response, FID: 0x8001, 4096 bytes
 89 SMB    Write AndX Request, FID: 0x8001, 4096 bytes at offset 53248
 91 SMB    Write AndX Response, FID: 0x8001, 4096 bytes
 92 SMB    Write AndX Request, FID: 0x8001, 4096 bytes at offset 57344
 94 SMB    Write AndX Response, FID: 0x8001, 4096 bytes
 95 SMB    Write AndX Request, FID: 0x8001, 4096 bytes at offset 61440
 97 SMB    Write AndX Response, FID: 0x8001, 4096 bytes
 98 SMB    Write AndX Request, FID: 0x8001, 4096 bytes at offset 65536
100 SMB    Write AndX Response, FID: 0x8001, 4096 bytes
101 SMB    Write AndX Request, FID: 0x8001, 4096 bytes at offset 69632
103 SMB    Write AndX Response, FID: 0x8001, 4096 bytes
104 SMB    Write AndX Request, FID: 0x8001, 4096 bytes at offset 73728
106 SMB    Write AndX Response, FID: 0x8001, 4096 bytes
```

#	进程	请求	路径	其他
1	sio.exe:36...	IRP_MJ_CREATE	Z:\2	Options: Open WriteThrough Access: 00100083
74	sio.exe:36...	IRP_MJ_WRITE	Z:\2	Offset: 0 Length: 4096
75	sio.exe:36...	IRP_MJ_WRITE*	Z:\2	Offset: 0 Length: 4096
77	sio.exe:36...	IRP_MJ_WRITE	Z:\2	Offset: 4096 Length: 4096
78	sio.exe:36...	IRP_MJ_WRITE*	Z:\2	Offset: 4096 Length: 4096
80	sio.exe:36...	IRP_MJ_WRITE	Z:\2	Offset: 8192 Length: 4096
81	sio.exe:36...	IRP_MJ_WRITE*	Z:\2	Offset: 8192 Length: 4096
83	sio.exe:36...	IRP_MJ_WRITE	Z:\2	Offset: 12288 Length: 4096
84	sio.exe:36...	IRP_MJ_WRITE*	Z:\2	Offset: 12288 Length: 4096
86	sio.exe:36...	IRP_MJ_WRITE	Z:\2	Offset: 16384 Length: 4096
87	sio.exe:36...	IRP_MJ_WRITE*	Z:\2	Offset: 16384 Length: 4096
89	sio.exe:36...	IRP_MJ_WRITE	Z:\2	Offset: 20480 Length: 4096
90	sio.exe:36...	IRP_MJ_WRITE*	Z:\2	Offset: 20480 Length: 4096
92	sio.exe:36...	IRP_MJ_WRITE	Z:\2	Offset: 24576 Length: 4096
93	sio.exe:36...	IRP_MJ_WRITE*	Z:\2	Offset: 24576 Length: 4096
95	sio.exe:36...	IRP_MJ_WRITE	Z:\2	Offset: 28672 Length: 4096
96	sio.exe:36...	IRP_MJ_WRITE*	Z:\2	Offset: 28672 Length: 4096
98	sio.exe:36...	IRP_MJ_WRITE	Z:\2	Offset: 32768 Length: 4096
99	sio.exe:36...	IRP_MJ_WRITE*	Z:\2	Offset: 32768 Length: 4096
101	sio.exe:36...	IRP_MJ_WRITE	Z:\2	Offset: 36864 Length: 4096
102	sio.exe:36...	IRP_MJ_WRITE*	Z:\2	Offset: 36864 Length: 4096
104	sio.exe:36...	IRP_MJ_WRITE	Z:\2	Offset: 40960 Length: 4096

图 19-20　WT 模式 4KB 对齐 IO 测试

上面的测试用例全部是连续地址写入，从结果也可以判断，连续地址写入模式下，由于会有部分 IO 缓存命中，所以一定程度上降低了惩罚倍数，惩罚倍数=pagesize/iosize，最小为 1。下面我们设计另外的用例来避免缓存命中，看一看此时惩罚倍数的变化。如图 19-21 所示为 WT 模式下随机 1KB 写入行为测试结果。可以看到，随机模式下由于缓存命中率几乎为 0，所以每次程序发起的 IO 都会导致内核产生 1 个 page 的读和 1 个 page 的写操作，1KB 的惩罚倍数为 7 倍，同理可得 512B 的惩罚倍数为 15 倍。

49	SMB	Read AndX Request, FID: 0x4007, 4096 bytes at offset 581632
53	SMB	Read AndX Response, FID: 0x4007, 4096 bytes
54	SMB	Write AndX Request, FID: 0x4007, 4096 bytes at offset 581632
56	SMB	Write AndX Response, FID: 0x4007, 4096 bytes
57	SMB	Read AndX Request, FID: 0x4007, 4096 bytes at offset 425984
61	SMB	Read AndX Response, FID: 0x4007, 4096 bytes
62	SMB	Write AndX Request, FID: 0x4007, 4096 bytes at offset 425984
64	SMB	Write AndX Response, FID: 0x4007, 4096 bytes
65	SMB	[TCP Retransmission] Write AndX Response, 4096 bytes
67	SMB	Read AndX Request, FID: 0x4007, 4096 bytes at offset 913408
71	SMB	Read AndX Response, FID: 0x4007, 4096 bytes
72	SMB	Write AndX Request, FID: 0x4007, 4096 bytes at offset 913408
74	SMB	Write AndX Response, FID: 0x4007, 4096 bytes
75	SMB	Read AndX Request, FID: 0x4007, 4096 bytes at offset 630784
79	SMB	Read AndX Response, FID: 0x4007, 4096 bytes
80	SMB	Write AndX Request, FID: 0x4007, 4096 bytes at offset 630784
82	SMB	Write AndX Response, FID: 0x4007, 4096 bytes
83	SMB	Read AndX Request, FID: 0x4007, 4096 bytes at offset 647168
87	SMB	Read AndX Response, FID: 0x4007, 4096 bytes
88	SMB	Write AndX Request, FID: 0x4007, 4096 bytes at offset 647168
90	SMB	Write AndX Response, FID: 0x4007, 4096 bytes
91	SMB	Read AndX Request, FID: 0x4007, 4096 bytes at offset 135168
95	SMB	Read AndX Response, FID: 0x4007, 4096 bytes
96	SMB	Write AndX Request, FID: 0x4007, 4096 bytes at offset 135168
98	SMB	Write AndX Response, FID: 0x4007, 4096 bytes
99	SMB	Read AndX Request, FID: 0x4007, 4096 bytes at offset 638976
103	SMB	Read AndX Response, FID: 0x4007, 4096 bytes
104	SMB	Write AndX Request, FID: 0x4007, 4096 bytes at offset 638976
106	SMB	Write AndX Response, FID: 0x4007, 4096 bytes

#	请求	路..	其他
1	IRP_MJ_CREATE	Z:\2	Options: Open WriteThrough Access: 00100083
74	IRP_MJ_WRITE	Z:\2	Offset: 584704 Length: 1024
75	IRP_MJ_READ*	Z:\2	Offset: 581632 Length: 4096
76	IRP_MJ_WRITE*	Z:\2	Offset: 581632 Length: 4096
78	IRP_MJ_WRITE	Z:\2	Offset: 428032 Length: 1024
79	IRP_MJ_READ*	Z:\2	Offset: 425984 Length: 4096
80	IRP_MJ_WRITE*	Z:\2	Offset: 425984 Length: 4096
82	IRP_MJ_WRITE	Z:\2	Offset: 914432 Length: 1024
83	IRP_MJ_READ*	Z:\2	Offset: 913408 Length: 4096
84	IRP_MJ_WRITE*	Z:\2	Offset: 913408 Length: 4096
86	IRP_MJ_WRITE	Z:\2	Offset: 630784 Length: 1024
87	IRP_MJ_READ*	Z:\2	Offset: 630784 Length: 4096
88	IRP_MJ_WRITE*	Z:\2	Offset: 630784 Length: 4096
90	IRP_MJ_WRITE	Z:\2	Offset: 647168 Length: 1024
91	IRP_MJ_READ*	Z:\2	Offset: 647168 Length: 4096
92	IRP_MJ_WRITE*	Z:\2	Offset: 647168 Length: 4096

图 19-21 WT 模式随机 1KB 写测试

2）追加写底层 IO 行为

在 Windows 系统中使用测试工具从 0 开始追加写一个文件，每次写 1KB，同步+连续+BufferedIO 模式。结果如图 19-22 所示。

#	请求	路..	结果	其他
69	IRP_MJ_CREATE	Z:\1	SUCCESS	Options: Open Access: 0012019F
72	IRP_MJ_WRITE	Z:\1	SUCCESS	Offset: 0 Length: 1024
74	FASTIO_WRITE	Z:\1	SUCCESS	Offset: 1024 Length: 1024
76	FASTIO_WRITE	Z:\1	SUCCESS	Offset: 2048 Length: 1024
78	FASTIO_WRITE	Z:\1	SUCCESS	Offset: 3072 Length: 1024
80	IRP_MJ_WRITE	Z:\1	SUCCESS	Offset: 4096 Length: 102
80	IRP_MJ_WRITE	Z:\1	SUCCESS	Offset: 此处省略千余行 Length: 1024
1094	FASTIO_WRITE	Z:\1	SUCCESS	Offset: 523264 Length: 1024
1096	IRP_MJ_FLUSH_BUFFERS	Z:\1	SUCCESS	
1097	IRP_MJ_WRITE*	Z:\1	SUCCESS	Offset: 0 Length: 65536
1098	IRP_MJ_WRITE*	Z:\1	SUCCESS	Offset: 65536 Length: 65536
1099	IRP_MJ_WRITE*	Z:\1	SUCCESS	Offset: 131072 Length: 65536
1100	IRP_MJ_WRITE*	Z:\1	SUCCESS	Offset: 196608 Length: 65536
1101	IRP_MJ_WRITE*	Z:\1	SUCCESS	Offset: 262144 Length: 65536
1102	IRP_MJ_WRITE*	Z:\1	SUCCESS	Offset: 327680 Length: 65536
1103	IRP_MJ_WRITE*	Z:\1	SUCCESS	Offset: 393216 Length: 65536
1104	IRP_MJ_WRITE*	Z:\1	SUCCESS	Offset: 458752 Length: 65536
1105	IRP_MJ_CLEANUP	Z:\1	SUCCESS	

序号	协议	信息	源IP	目的IP
222	SMB	Write AndX Request, FID: 0x400a, 65536 bytes at offset 0	1.1.1.2	1.1.1.1
223	SMB	Write AndX Response, FID: 0x400a, 65536 bytes	1.1.1.1	1.1.1.2
281	SMB	Write AndX Request, FID: 0x400a, 65536 bytes at offset 65536	1.1.1.2	1.1.1.1
282	SMB	Write AndX Response, FID: 0x400a, 65536 bytes	1.1.1.1	1.1.1.2
330	SMB	Write AndX Request, FID: 0x400a, 65536 bytes at offset 131072	1.1.1.2	1.1.1.1
332	SMB	Write AndX Response, FID: 0x400a, 65536 bytes	1.1.1.1	1.1.1.2
382	SMB	Write AndX Request, FID: 0x400a, 65536 bytes at offset 196608	1.1.1.2	1.1.1.1
383	SMB	Write AndX Response, FID: 0x400a, 65536 bytes	1.1.1.1	1.1.1.2
450	SMB	Write AndX Request, FID: 0x400a, 65536 bytes at offset 262144	1.1.1.2	1.1.1.1
451	SMB	Write AndX Response, FID: 0x400a, 65536 bytes	1.1.1.1	1.1.1.2
510	SMB	Write AndX Request, FID: 0x400a, 65536 bytes at offset 327680	1.1.1.2	1.1.1.1
512	SMB	Write AndX Response, FID: 0x400a, 65536 bytes	1.1.1.1	1.1.1.2
560	SMB	Write AndX Request, FID: 0x400a, 65536 bytes at offset 393216	1.1.1.2	1.1.1.1
562	SMB	Write AndX Response, FID: 0x400a, 65536 bytes	1.1.1.1	1.1.1.2
630	SMB	Write AndX Request, FID: 0x400a, 65536 bytes at offset 458752	1.1.1.2	1.1.1.1
631	SMB	Write AndX Response, FID: 0x400a, 65536 bytes	1.1.1.1	1.1.1.2
632	SMB	Flush Request, FID: 0x400a	1.1.1.2	1.1.1.1
634	SMB	Flush Response, FID: 0x400a	1.1.1.1	1.1.1.2

图 19-22 以 1KB 为单位追加写

在图 19-22 中，左侧为在操作系统底层过滤驱动监测到的本地 IO 行为，右侧则为 CIFS 服务端检测到的实际接收到的客户端 IO。在左侧的窗口中我们可以看到，程序确实以 1KB 为单位不断写入文件。这里无法看出是追加还是覆盖，但是我们可以确定就是追加，因为程序是以这种模式执行的。由于发生的 IO 过多，图片中作者人为地删掉了 1000 多行记录，最终程序从 0 写入了共 523264+1024=524288B。随后，程序发起了一个 FLUSH_BUFFER 操作，通知操作系统将方才写入的数据 Flush 到存储介质，当然这里的存储介质其实是 CIFS 服务端。所以我们看到操作系统将缓存的数据写了出去，对应左侧的带星号的记录，同时对应了右侧的 632 号之前的包。可以看到客户端是以 64KB 为单位写入 CIFS Server 的。随后，系统内核发起了一个 Cleanup 操作，这个操作被透传到了 CIFS Server 执行，所以在右侧可以看到 Server 接收到了 Flush Request，并在数据成功写入 Server 本地磁盘之后，返回 Response。

综上所述，Buffered IO 模式下的追加写操作，是不会引发任何写惩罚的，其原因是因为待写入的部分原来并不存在，文件长度是逐渐增加的，所以客户端内核不可能读入一个并不存在的 Page 映射块。追加写模式下，内核会将写 IO 数据暂存并做合并操作，合并为更大的 IO，提升了效率，所以追加写使用 Buffered IO 会受益颇多。

3）覆盖写底层 IO 行为

我们再来看一下 Buffered IO 模式的覆盖写对应的底层行为。如果文件本身已经有一定尺寸，其长度并不是 0，当覆盖写入其中某些区域时，此时因为内核已经可以将文件的对应区域映射到 Page Cache 中了，那么就会产生写惩罚，读入 Page，修改，写回。但是 Buffered IO 模式下的写惩罚还是与 WT 模式下有些不一样的地方。

如图 19-23 所示，使用测试程序对目标文件做从 0 开始的覆盖写，每次写 1KB 内容，同步+连续+Buffered IO 模式。还是先来看左侧窗口，可以看到与 WT 模式相同，产生了写惩罚，但是与图 19-6 对比，结果是有差异的，即本例中只有惩罚读，并没有惩罚写。惩罚读的倍数与 WT 模式下相同，惩罚写的倍数为 1，即没有写惩罚。可以看到左侧带星号的记录，这些写操作都被缓存在内核中，当程序发起一个 FLUSH_BUFFER 操作后，内核将这些数据合并为多个 Dirty Page，以 64KB（16 个 Dirty Page）为单位，发向 CIFS Server。右侧的结果也对应了这个结论，前面是一系列连续的读操作（省略了近千行）而没有任何写操作。而当程序发起 FLUSH_BUFFER 操作后，Server 才接收到以 64KB 为单位的写操作，然后又接收到了 FLUSH Request，这个 Request 对应了程序最后所发出的 CLEANUP 操作。

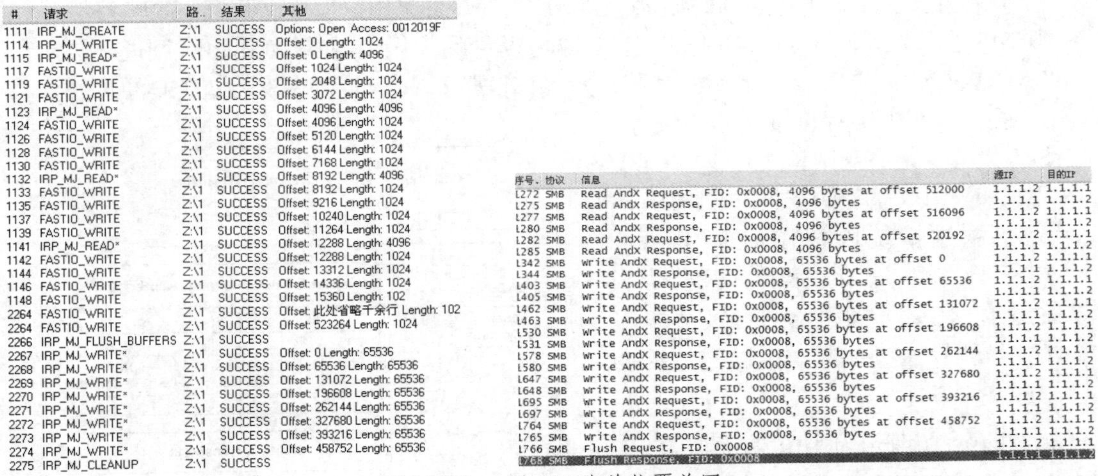

#	请求	路..	结果	其他
1111	IRP_MJ_CREATE	Z:\1	SUCCESS	Options: Open Access: 0012019F
1114	IRP_MJ_WRITE	Z:\1	SUCCESS	Offset: 0 Length: 1024
1115	IRP_MJ_READ*	Z:\1	SUCCESS	Offset: 0 Length: 4096
1117	FASTIO_WRITE	Z:\1	SUCCESS	Offset: 1024 Length: 1024
1119	FASTIO_WRITE	Z:\1	SUCCESS	Offset: 2048 Length: 1024
1121	FASTIO_WRITE	Z:\1	SUCCESS	Offset: 3072 Length: 1024
1123	IRP_MJ_READ*	Z:\1	SUCCESS	Offset: 4096 Length: 4096
1124	FASTIO_WRITE	Z:\1	SUCCESS	Offset: 4096 Length: 1024
1126	FASTIO_WRITE	Z:\1	SUCCESS	Offset: 5120 Length: 1024
1128	FASTIO_WRITE	Z:\1	SUCCESS	Offset: 6144 Length: 1024
1130	FASTIO_WRITE	Z:\1	SUCCESS	Offset: 7168 Length: 1024
1132	IRP_MJ_READ*	Z:\1	SUCCESS	Offset: 8192 Length: 4096
1133	FASTIO_WRITE	Z:\1	SUCCESS	Offset: 8192 Length: 1024
1135	FASTIO_WRITE	Z:\1	SUCCESS	Offset: 9216 Length: 1024
1137	FASTIO_WRITE	Z:\1	SUCCESS	Offset: 10240 Length: 1024
1139	FASTIO_WRITE	Z:\1	SUCCESS	Offset: 11264 Length: 1024
1141	IRP_MJ_READ*	Z:\1	SUCCESS	Offset: 12288 Length: 4096
1142	FASTIO_WRITE	Z:\1	SUCCESS	Offset: 12288 Length: 1024
1144	FASTIO_WRITE	Z:\1	SUCCESS	Offset: 13312 Length: 1024
1146	FASTIO_WRITE	Z:\1	SUCCESS	Offset: 14336 Length: 1024
1148	FASTIO_WRITE	Z:\1	SUCCESS	Offset: 15360 Length: 102
2264	FASTIO_WRITE	Z:\1	SUCCESS	Offset: 此处省略千余行 Length: 102
2264	FASTIO_WRITE	Z:\1	SUCCESS	Offset: 523264 Length: 1024
2266	IRP_MJ_FLUSH_BUFFERS	Z:\1	SUCCESS	
2267	IRP_MJ_WRITE*	Z:\1	SUCCESS	Offset: 0 Length: 65536
2268	IRP_MJ_WRITE*	Z:\1	SUCCESS	Offset: 65536 Length: 65536
2269	IRP_MJ_WRITE*	Z:\1	SUCCESS	Offset: 131072 Length: 65536
2270	IRP_MJ_WRITE*	Z:\1	SUCCESS	Offset: 196608 Length: 65536
2271	IRP_MJ_WRITE*	Z:\1	SUCCESS	Offset: 262144 Length: 65536
2272	IRP_MJ_WRITE*	Z:\1	SUCCESS	Offset: 327680 Length: 65536
2273	IRP_MJ_WRITE*	Z:\1	SUCCESS	Offset: 393216 Length: 65536
2274	IRP_MJ_WRITE*	Z:\1	SUCCESS	Offset: 458752 Length: 65536
2275	IRP_MJ_CLEANUP	Z:\1	SUCCESS	

序号.	协议	信息	源IP	目的IP
1272	SMB	Read AndX Request, FID: 0x0008, 4096 bytes at offset 512000	1.1.1.2	1.1.1.1
1275	SMB	Read AndX Response, FID: 0x0008, 4096 bytes	1.1.1.1	1.1.1.2
1277	SMB	Read AndX Request, FID: 0x0008, 4096 bytes at offset 516096	1.1.1.2	1.1.1.1
1280	SMB	Read AndX Response, FID: 0x0008, 4096 bytes	1.1.1.1	1.1.1.2
1282	SMB	Read AndX Request, FID: 0x0008, 4096 bytes at offset 520192	1.1.1.2	1.1.1.1
1285	SMB	Read AndX Response, FID: 0x0008, 4096 bytes	1.1.1.1	1.1.1.2
1342	SMB	Write AndX Request, FID: 0x0008, 65536 bytes at offset 0	1.1.1.2	1.1.1.1
1344	SMB	Write AndX Response, FID: 0x0008, 65536 bytes	1.1.1.1	1.1.1.2
1403	SMB	Write AndX Request, FID: 0x0008, 65536 bytes at offset 65536	1.1.1.2	1.1.1.1
1405	SMB	Write AndX Response, FID: 0x0008, 65536 bytes	1.1.1.1	1.1.1.2
1462	SMB	Write AndX Request, FID: 0x0008, 65536 bytes at offset 131072	1.1.1.2	1.1.1.1
1463	SMB	Write AndX Response, FID: 0x0008, 65536 bytes	1.1.1.1	1.1.1.2
1530	SMB	Write AndX Request, FID: 0x0008, 65536 bytes at offset 196608	1.1.1.2	1.1.1.1
1531	SMB	Write AndX Response, FID: 0x0008, 65536 bytes	1.1.1.1	1.1.1.2
1578	SMB	Write AndX Request, FID: 0x0008, 65536 bytes at offset 262144	1.1.1.2	1.1.1.1
1580	SMB	Write AndX Response, FID: 0x0008, 65536 bytes	1.1.1.1	1.1.1.2
1647	SMB	Write AndX Request, FID: 0x0008, 65536 bytes at offset 327680	1.1.1.2	1.1.1.1
1648	SMB	Write AndX Response, FID: 0x0008, 65536 bytes	1.1.1.1	1.1.1.2
1695	SMB	Write AndX Request, FID: 0x0008, 65536 bytes at offset 393216	1.1.1.2	1.1.1.1
1697	SMB	Write AndX Response, FID: 0x0008, 65536 bytes	1.1.1.1	1.1.1.2
1764	SMB	Write AndX Request, FID: 0x0008, 65536 bytes at offset 458752	1.1.1.2	1.1.1.1
1765	SMB	Write AndX Response, FID: 0x0008, 65536 bytes	1.1.1.1	1.1.1.2
1766	SMB	Flush Request, FID: 0x0008	1.1.1.2	1.1.1.1
1768	SMB	Flush Response, FID: 0x0008	1.1.1.1	1.1.1.2

图 19-23　以 1KB 为单位覆盖写

读惩罚、写惩罚、惩罚读、惩罚写

注意：这里请一定注意这几个词的区别和用法。读惩罚和写惩罚是指在程序发起读操作和写操作的时候，系统底层产生了不必要的额外 IO，而这些不必要的 IO 可能有读，也有写，产生的惩罚 IO 为额外读，那么就叫惩罚读；如果额外的 IO 为写，那么就称惩罚写。比如 WT 模式下的不规则小块写入，会产生写惩罚，写惩罚里既有惩罚读，也有惩罚写。

从结果可以判断，内核的智能有待进一步优化。比如，应当暂存写 IO 到一定程度然后再判断是否需要读入 Page，而不是每接收到一个上层的写 IO 就先去执行 Readpage。如果内核在这方面优化的足够彻底，本实验中是不会产生任何惩罚读的。

对于随机+Buffered IO+覆盖写+小块属性的写 IO，由于数据合并为连续的 Dirty Page 的几率非常小，所以其产生的惩罚写和惩罚读几乎相同，与 WT 模式无异。

对于 Network IO 来说，应用程序需要在选择使用缓存和不使用缓存方面谨慎决定。综上所述，一般情况下使用 CIFS 时最好使用 NoBuffer 模式以杜绝任何读写惩罚，并且同时保证 iosize 为 4KB 的整数倍，这样可以杜绝从 Client 到 Server 端整个 IO 路径中的惩罚现象。仅仅在以下情况考虑使用 Buffered IO 模式：小块连续读、小块连续写。至于 WRITETHROUGH 模式，完全是鸡肋，建议不要使用。

另外，使用 Network IO 的程序还需要适当降低对 IO 响应时间的要求，还有，在网络异常中断或者服务端异常重启之后需要重新 Open()对应的目标文件以便获得最新的 File Handle。在其他包括调用接口以及程序设计等方面均与本地 IO 无异。

提示：Windows 系统下的 Network IO 操作是由操作系统内核的 Network IO Redirector（NIR）完成的。Network IO（NIO）相对本地文件系统 IO（LIO）的一个最大不同是 NIO 根本不需要文件—块映射计算，由于 NIO 底层使用 CIFS 等协议，这些网络文件系统协议并不像 SCSI 等块协议一样规定 IO Size 必须为扇区倍数大小。既然这样，NIR 就完全可以透传上层程序的 IO 请求直接给 CIFS Server 处理，然后由 CIFS Server 自身来做文件—块映射运算。所以，在 Client 端，NIR 根本用不到本地文件系统比如 NTFS 的块映射运算，用到的只是本地文件系统的表示层（见 19.1.2 节 1）功能。NIR 管理着 NIO 层的缓存，这个缓存使用 Page 为单位进行 Page In 和 Page Out 操作（见 19.1.4 节）。如果用户程序使用 Buffered IO 模式，则 NIR 会首先进行 Read Cache Hit 或者 Cache Write Back 操作，如果读未命中，则进行 Page In 操作读入对应的 Page。既然涉及到 Page 操作，那么 NIO 对 CIFS Server 的 IO 单位就会从原来的不规则程度变为以 Page Size 为单位对齐规则长度的 IO。当然，如果用户程序使用 DIO，则可以完全越过系统内核任何的 Page Cache，在用户缓存空间与 NIR 驱动之间建立一条直通路径，这样，程序的不规则长度 IO 就又会被透传到 CIFS Server 了。

如图 19-24 所示为 NIR 在系统 IO 路径中所处的逻辑位置以及其与内核其他组件之间的关系。

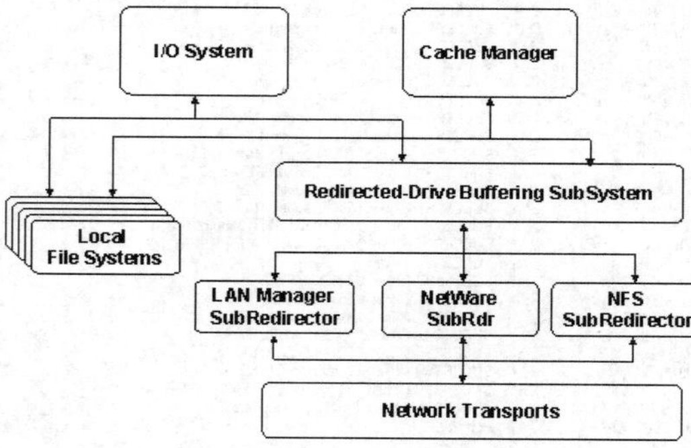

图 19-24 NIR 在系统路径中的位置

4）多进程访问缓存一致性问题解决办法：Opportunistic Lock

本节前文所叙述的全部都是在单 Client 单进程访问目标文件时所发生的情况。而网络文件系统的一个最大好处是可以同时让多台 Client 共同访问同一个文件，当然这不应该算是个好处，本来就是它应该做到的，因为 CIFS/NFS 等协议本身就是本地文件系统访问接口的一种网络化透传实现方法。既然本地文件可以被多个进程同时访问，那么网络上的文件也没有理由不可以被多个进程或者多个 Client 访问。涉及多进程同时访问，就一定会涉及到缓存一致性问题。

对于本地文件的共享式访问方法有多种，具体如下。

- 第一种最普通，就是在 Open()的时候什么也不做，不使用额外的参数，默认方式下，目标文件是可以共享读写访问的，即可以同时被多个进程打开并读写。显然这样做有很大的安全问题以及数据同步问题，如果使用 Buffered IO 方式，每个进程都会有自己的缓存。比如在读数据的时候，内核会将所请求的数据复制到用户程序缓存，如果有多个程序都读取这个文件，那么每个程序自身缓存都会被复制入对应的被请求数据，这些缓存在用户程序缓存中的数据随后可以被程序多次参考而无须再向内核发起读请求；而此时这个程序并不知道，可能有其他的程序早已修改了目标文件的一些数据，而这些被修改的内容并没有实时地被更新到自身的缓存中，自身正在参考的是早已过期的数据。

- 第二种共享访问方法高级一些，程序在 Open()目标文件的时候可以指定 Share Mode，比如不允许其他进程对目标文件进行读、写、读或写、删等操作，相当于对目标文件加了一个全局锁。这样，加锁的程序就可以肆无忌惮地在程序自身缓存空间对文件进行读或者写缓存而不用担心其他人中途对文件进行修改。
- 第三种更高级，由于全局锁定一个文件会导致其他进程根本无法访问文件的任何部分，有时候某个程序只是想要更改文件中的一小部分地址上的数据，此时程序可以使用内核提供的 Lockfile()功能，对文件进行以字节为单位的而不是整个文件的锁定，想要操作哪些字节段，就加锁哪些字节段。多个程序可以共同加锁一个文件不同的字节段，加锁后的字节段可以复制到程序缓存进行读写，然后适当时刻批量向内核发起 IO 请求以永久保存到底层存储介质，这样效率就有了整体提高。
- 第四种最高级，程序可以使用 mmap()功能来将目标文件映射到程序自身缓存但是并不复制其内容，程序针对映射缓存的读写就等于读写了目标文件。多个程序如果都使用这种 mmap()功能进行共享映射，那么目标文件在任何时刻只有一份复制，处于系统内核当中，任何用户程序在任何时刻所看到的文件内容都是一样一致的，在 mmap()的基础上，程序依然可以使用 Lockfile()来对文件进行 Byte Range 加锁以排开其他进程的访问。
- 第五种，也就是将要介绍的 Oplock，见下文详述。

缓存和数据一致性有多个层次，有时序上的一致性（保证每个程序所读入的都是最新的源数据），也有逻辑上的一致性（保证多个进程轮流对某一区域进行更改而不是同时并行写入）。只有 Lockfile()才能够保证最高级别的一致性，即时序和逻辑上共同的一致性。也就是说同一个文件的同一个区域，任何时刻只能有 1 个进程对其做写入操作，多个进程同时对同一区域写入时，必须轮流串行地进行。既然多个进程访问同一个文件区域，那么这多个进程一定都知道自己在做什么，谁先谁后都是进程之间决定好的，如果本来应该后写入的进程却先写入了，那么后来的写入就会覆盖之前的数据，造成逻辑上的不一致。如果不使用 Lockfile()，如果进程之间通过另外的机制来实现串行写入，也是可以的，但终究不保险。而对于使用共享式 mmap()进行文件访问的多个进程，虽然此时可以保证读时序上的一致性，但如果不使用 Lockfile()，一样也无法保证写逻辑上的一致性。

而对于网络文件系统，同样需要解决多客户端访问同一个目标时的缓存一致性问题。网络文件系统的处理方法基本上就是本地文件系统处理方法的透传。网络上每个 Client 端内核的 NIO 层缓存就相当于使用本地文件系统 IO 时单台机器上每个应用程序自身的缓存，而对于 CIFS Server 端来说，每个 Client 端就仿佛是一个用户程序，这些程序所发送的文件操作请求会由 Server 端的 NIR 模块翻译为针对 Server 端本地文件系统的请求。CIFS 协议其实本质上是将大部分本地文件系统的操作 API 翻译封装到网络数据包里了。

CIFS 协议处理多客户端共享同一目标文件的方法包含了上文描述的四种。第一种就是没有任何限制的自由访问模式，这种模式下根本不能保证缓存一致性。第二种也就是 ShareMode 模式全局锁，当 Client 端程序在 Open()时指定这个参数内容之后，CIFS 协议会将这个信息放到网络数据包中传递给 Server 端，Server 端 NIR 驱动解析之后做对应的处理动作，安全透传程序的请求给 Server 端。如图 19-25 所示为一个 CIFS 协议的 Open()操作数据包内表示 ShareMode 的字段，可以看到这个程序允许其他程序对目标进行读和写但是不允许删除操作。

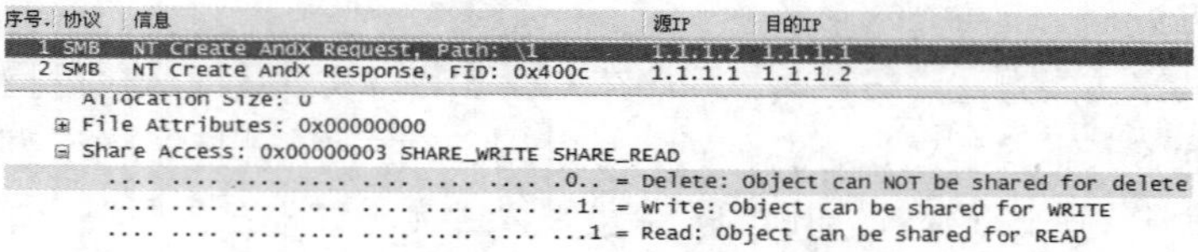

图 19-25　Share Mode 字段

第三种为 Byte Range Lock 方法，程序对某个远程文件发起 Lockfile()操作之后，CIFS 协议完全透传这个请求给 Server 端。如图 19-26 所示为一个程序发起的 Lockfile()请求被封装在数据包之后的表示，可以看到这一个数据包中包含了三段字节锁，每个长度都是 1B，这是用 MS Office 程序打开一个 Word 文档时抓取的，被锁的 1B 看来是文档中的关键字节。

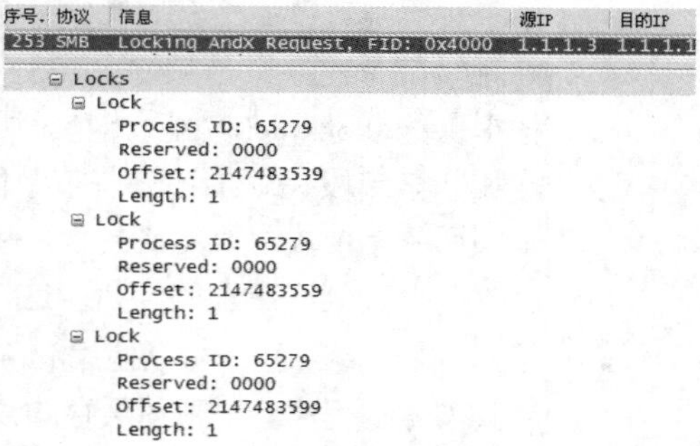

图 19-26　字节 Lock 字段

第四种方式，也就是任何时刻，目标文件只有一个副本，CIFS 方式下要做到这一点，唯有让所有访问这个目标文件的程序都使用 DIO 模式打开，这样所有程序所做的更改都会即刻被体现到 CIFS Server 端内核缓存中。这样的话就可以保证 Server 端任何时刻只保存目标文件的一份复制，在 Server 端内核之外没有任何缓存的数据。

网络 IO 与本地 IO 最大的一个不同就是本地 IO 的调用处理过程都发生在内存中，只有底层数据块读写发生在比较慢速的存储介质处，而网络 IO 过程的调用处理过程本身需要通过慢速网络发送到 Server 端处理，实体数据的读写也要经过同一个网络，相对于本地 IO 来讲效率是比较低的。既然这样，如果在客户端使用缓存则会大大降低一些不必要的网络传输但是却无法保证缓存一致性。当然，如果程序都使用 Lockfile()，那么不会有任何问题，即使缓存在客户端也不会出现任何不一致情况（Lockfile()之后，缓存依然不允许 Write Back，只允许 Read Ahead Hit），但是不是任何程序都去考虑字节锁的，有些程序不需要逻辑上一致，而只需要在时序上一致即可。使用 DIO 模式更加直截了当地避免了时序一致性问题，但同时可能增加网络流量。不想加锁又要同时实现客户端本地缓存，还要保证时序上的一致性，似乎挺复杂。

面对这种情况，内核提供了另外一种独立的缓存一致性管理方法，称为 Opportunistic Lock（Oplock），强行翻译过来就是机会锁，当然也可以叫它撞大运锁。Oplock 为 Windows 内核的功能，而并不局限于网络 IO，多个进程本地 IO 也可以使用 Oplock 来申请程序自身缓存一致性保证。

试想，如果某个时刻只有一个 CIFS 客户端打开文件进行操作而其他客户端都没有打开这个文件，那么此时这个文件的内容可以被缓存在这个客户端上，可以 Read Hit 也可以 Write Back，不存在缓存一致性问题。

而如果在这个客户端尚未 Close()这个文件之前，另有一个客户端也向 Swerver 发起针对这个文件的 Open()请求，那么 Server 端必须通知第一个打开这个文件的客户端将其缓存中的 Dirty Page 全部 Flush 到 Server 端，因为有另外的人要看，需要最新的数据。同时第一个客户端也被告知它将不再允许 Write Back（每次写都需要直接将数据发向 Server 端，类似 DIO 模式），而 Read Hit 还是可以的，因为第二个客户端此时并没有向文件中写入任何内容，第一个客户端缓存中的数据依然是最新的。随后，客户端 2 打算向文件中写入内容，那么在写入内容之前，Server 会通知第一个客户端其缓存全部作废，因为客户端 2 已经发起了写操作，已经不能保证客户端 1 的缓存中都是最新的数据了，客户端 1 接到这个通知后的 IO 行为会转变 DIO 模式，完全 Bypass 掉内核的缓存了。

同样，客户端 2 从一开始就以 DIO 模式行动了，因为此时已经有两个客户端同时读写同一个文件，任何一方也不能保有缓存，双方均以 DIO 模式运行（一种情况除外，就是如果某客户端向 Server 申请了 Lockfile()字节锁，则对应的字节段可以被读缓存，但依然不能被写缓存）。以上这种思想就是 Oplock 的设计思想，即 Oplock 充分保证在只有一台客户端打开文件的时候能够给其充分的缓存自由，一旦有其他客户端打开文件，但是没有做写入操作时，所有客户端都有保有 Read Hit 缓存也就是读缓存的自由，一旦某个客户端尝试写入文件了，那么所有人的读缓存自由也被剥夺，全部以 DIO 模式运行。所以称其为撞大运锁，如碰巧你是第一个来的，那么你就能获得缓存，如果再有人来，对不起，写缓存剥夺，如果其他人也要写，对不起，所有人都别缓存了。

注意：一切 Write Back 缓存在没有电池保护的内存的情况下均会导致 Down 机之后的数据丢失，Network IO 的缓存也不例外。Oplock 只能保证数据时序一致性，不能保证数据不丢失。

Oplock 在 Windows 7 之前的操作系统有 4 种，Windows 7 开始增加了 4 种。这里只介绍前面 4 种中的 3 种：Batch Oplock()、Exclusive/Level1 Oplock（RW Lock）、Level2 Oplock（ReadOnly Lock），第 4 种也就是 Filter Oplock 不做介绍（因为笔者也没读懂它的具体规范）。

注意：Oplock 的申请是由 Network Redirector 自行向 CIFS Server 端进行的，一般在用户程序调用 Open()时，NIR 会自动在发向 CIFS Server 端的 Open 请求包中请求 Batch+Exclusive 的 Oplock，Server 在应答包中给出审批结果，客户端的 NIR 根据结果来判断是否使用缓存、读写还是只读缓存。

然而，用户程序也可以主动发起 Oplock 申请，不过只能够在打开本地文件时才可以，也就是说 Oplock 在多进程共同访问同一个本地文件时也可用。但是要注意一点，申请本地文件 Oplock 时，用户程序必须使用异步 IO 方式打开文件，因为锁的申请和批准以及断锁通知过程必须使用异步通知机制。本地 Oplock 的申请和批准过程都是在本地内存中进行的。网络 Oplock 则需要将信息通过网络发送到 Server 端申请。

客户端程序直接申请 CIFS Server 上文件的 Oplock 是不被允许的，NIR 会自动为程序申请。

（1）Exclusive/Level1 Oplock

申请到这种锁的客户端可以进行 Read Ahead/Hit 以及 Write Back 模式的缓存，读和写都可以在本地缓存内进行，在适当的触发条件下，Dirty Page 才会被批量 Flush 到 CIFS Server 端，节约了不必要的网络流量。Exclusive Oplock 又被称为 Level1 Oplock。

（2）Level2 Oplock

相对于 Level1 Oplock，这种 Lock 在效果上下降了一级。如果客户端申请到的是这种 Lock，则表示目前有多个客户端同时打开了目标文件，但是并没有客户端尝试修改这个文件，所以所有客户端都可以保有读缓存，缓存中的内容与 Server 上目标文件的内容一致。

（3）Batch Oplock

申请到这种 Lock 的客户端是最幸运的，因为不仅读和写等操作可以在客户端本地缓存中执行，就连 Open()、Close()都可以在本地执行。一些批处理脚本经常会在执行脚本的每一行时都对目标进行打开操作，执行完后就关闭，然后在执行下一行时再次打开关闭，如果批处理脚本有太多行，每次打开关闭操作就会耗费太多不必要的网络流量。Netwrok Redirect 在申请到 Batch Oplock 之后，用户程序每次针对目标文件的打开和关闭操作不会再被发送到 CIFS Server 端处理，而是由 NIR 拦截并擅自做了响应。Batch Oplock 在级别上与 Level1 Oplock 相同，只不过后者不能缓存 Open()和 Close()。

（4）Oplock 申请与批准过程示例

这里只举出 Batch Oplock 申请和批准交互实例，对于 Exclusive Oplock 的交互过程相比 Batch Oplock 除了在客户端 Open()、Close()时必须发送到 Server 端之外，其他没有任何区别。如图 19-27 所示为几轮 Oplock 申请和批复的动作流程。

```
  Client A          Client B                        Server
  =======          ======                  ========== ==== ==========

1. Open("test") --------------------------------------------------->
2.                             <-  Open OK.  Batch oplock granted
3. Read------------------------------------------------------------>
4.                             <-  Read data
5. <close>、<open>、<seek>、<close>
6.                Open("test") Read Access---------->
7.                <-  Batch Oplock break to A and grant Level2 Oplock
8. Close----------------------------------------------------------->
9.                            <-  Close OK to A
10.                           <-  Open OK to B and grant Batch Oplock
11. Open("test") Write flag set------------------------------------>
12.                 <-  Batch Oplock break To B (now B has no Oplock)
13. Lock Ack-------------------------->
14.                 <-  Open OK to A with no Oplock
```

图 19-27　Oplock 申请和批准过程

① 客户端 A 向服务端发起 Open()请求打开文件“test”，并同时申请 Batch Lock。

② 由于目前客户端 A 是唯一一个请求打开这个文件的客户端，所以服务端把 Batch Lock 给客户端 A。

③ 客户端 A 发起读请求。

④ 服务端返回读请求的数据，这些数缓存在客户端 A，随后针对同地址的读请求可以不必发向服务端。同样，写请求也不必立即发向服务端。

⑤ 客户端 A 随后对这个文件进行的 Open()、Close()、Seek()等操作全部可以在缓存中执行，由 Network IO Redirector 向程序返回成功响应，不再发向服务端。

⑥ 客户端 B 向服务端发起 Open()请求打开“test”文件，在 Open()请求的 Access Mask 中并没有指定任何写 Flag，只有读 Flag，同时也在请求中申请 Batch Lock。

⑦ 服务端暂挂对 B 的响应，首先发送一个 Lock Break 请求数据包给 A，并在这个数据包中通知将锁降级为 Level2 Oplock。（如果步骤⑥中的打开操作指定了任何与写相关的 Flag，则本步中只会 Break Lock 而不会同时灌以 Level2 Lock。）

⑧ 客户端 A 接收到 Lock Break 通知后，如果当前这个文件处于打开状态，并未 Close，则

客户端 A 会将 Write Back 缓存里的 Dirty Page 写入 Server，然后向服务端回应一个 Lock Break 响应包，或者不回复响应包而直接向服务端发起 Close()，根据程序设计决定。Close() 之后就不会保有目标文件的任何缓存了。如果 A 接收到 Lock Break 通知时，目标文件已经处于 Close 状态，由于 Batch Lock 模式的缓存不会将之前的 Close()发送给服务端，所以接收到 Lock Break 通知后需要由 Network IO Redirector 向服务端再发起一个 Close() 操作以表示接受。

⑨ 本例选择了步骤⑧里的第二种情况，A 发送 Close()，服务端返回响应。

⑩ 服务端继续处理步骤⑦中暂挂的对 B 的响应，将响应发送给 B。由于 A 已经在步骤 8）中 Close 了目标文件，所以当前只有 B 一个人预打开这个文件，所以服务端在响应中灌以 Batch Lock 给 B。

⑪ 客户端 A 再次发起 Open()请求打开目标文件，并在请求中置了写相关 Flag，同时请求 Batch Oplock。

⑫ 服务端暂挂 A 的请求，同时发送一个 Lock Break 通知给 B，通知中并没有将锁降级为 Level2 Oplock，因为当前 A 的 Open()请求中有写入期望。

⑬ B 接收到断锁通知后执行 Dirty Page Flush 操作，然后可以返回一个 Lock Ack 给服务端（Lock Ack 基本上是 Lock Break 数据包的复制），或者干脆发送一个 Close()给服务端表示不再操作这个文件。

⑭ 服务端继续处理 A 的暂挂 Open()请求。如果上一步中客户端 B 以 Close()回应，则响应中会灌以 Batch Lock 给 A；如果上一步客户端 B 以 Lock Ack 回应，则表明 B 尚未关闭目标文件，那么针对 A 的响应就不会灌以任何 Oplock。

如图 19-28 所示为另外一个 Oplock 交互过程。其中在客户端 C 发出 Open()之前，A 和 B 都已经拥有了 Level2 Oplock。但是客户端 C 的带有写 Flag 标记的 Open()操作将一切美梦打碎，服务端强行收回了 A 和 B 的 Oplock，C 自身也没有得到任何 Oplock，最终所有客户端的 IO 请求都被透传到服务端执行。

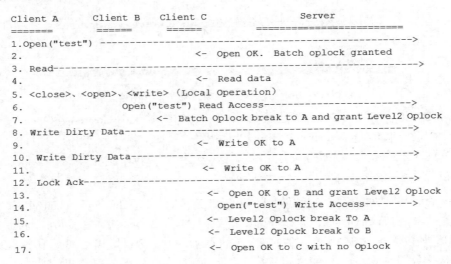

```
Client A      Client B    Client C              Server
=======        ======      ======         ========================
1.Open("test") ----------------------------------------------------->
2.                              <-  Open OK.  Batch oplock granted
3. Read-------------------------------------------------------------->
4.                              <-  Read data
5. <close>、<open>、<write> (Local Operation)
6.                Open("test") Read Access--------------------------->
7.                        <-  Batch Oplock break to A and grant Level2 Oplock
8. Write Dirty Data-------------------------------------------------->
9.                              <-  Write OK to A
10. Write Dirty Data------------------------------------------------->
11.                              <-  Write OK to A
12. Lock Ack--------------------------------------------------------->
13.                               <-  Open OK to B and grant Level2 Oplock
14.                                 Open("test") Write Access-------->
15.                               <-  Level2 Oplock break To A
16.                               <-  Level2 Oplock break To B
17.                               <-  Open OK to C with no Oplock
```

图 19-28 Oplock 申请和批准过程

注意：针对 Level2 Oplock 的断锁通知，服务端都不会要求 Lock Ack。而针对其他类型的 Oplock 的断锁通知，服务端都要求一个 Lock Ack 或者 Close()。因为 Level2 Oplock 所缓存的都是源文件尚未改变的信息，通知发过去之后可以不再理会。但是其他类型的 Oplock 缓存中可能有尚未 Flush 的 Dirty Page，所以，在客户端 Flush Dirty Page（一个或者多个 Write()请求）之后，服务端一定还需要一个 Lock Ack 来感知客户端已经完成了所有 Dirty Page 的 Flush 工作，然后才会继续处理其他客户端的 Open()请求。

如图 19-29 所示为一轮 Oplock Break 过程的 4 个数据包。1.1.1.3（A）这台客户端已经打开了服务端 1.1.1.1 上的 1.rar 这个文件并取得了 Batch Oplock，随后，1.1.1.2（B）也发起打开请求，我们的数据包 Trace 过程从这里开始。

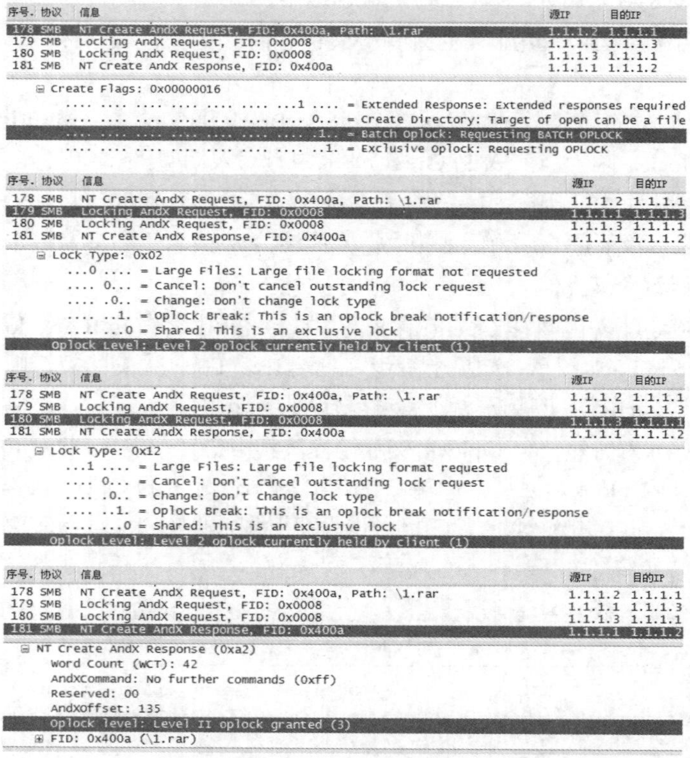

图 19-29　Oplock 申请和批准过程实际数据包交互

在 178 号数据包中我们可以看到这个 Open()请求（CIFS 协议中 Create()与 Open()使用同一类数据包）中明确请求 Batch Oplock（包中没有与写相关的 Flag，图片未截出）。但是由于 A 已经打开这个文件尚未关闭，所以服务端需要首先向 A 发送一个 Lock Break 请求，反映在 179 号包中（注意被置 1 的 Flag 含义）。

注意：请注意加亮的字段，“Oplock Level Level 2Oplock currently held by client (1)”，意思也就是原来是 Batch Oplock，服务端要求 A 降级为 Level2 Oplock。由于 Break 的是 Batch Oplock，所以服务端需要等待 A 的回应。A 的回应反映在 180 号包中。可见中途并没有发生 A 向服务端的 Write()，证明 A 自从打开文件之后并未对其进行任何修改。180 号包是一个 Lock Ack 包（内容基本都是 Lock Break 包的复制）而不是 Close 包，证明 A 此时还不想

Close()，所以服务端只能对 B 也灌以 Level2 Oplock。181 号包为服务端对 B 的响应，注意加亮的字段：“Level II Oplock Granted（3）”。

（1）或者（3）不表示数量，而是字段值，根据协议规定，每个值代表一种 Oplock Level。

Lock Break 通知/应答信息与 Lockfile()字节锁信息被封装的数据包使用的是同一种数据包即 SMB_COM_LOCKING_ANDX，在图 19-23 中所示的是这个数据包中最后的部分字段，这个字段包含了字节锁的偏移量和长度。在图 19-25 中所截取的则是这个数据包另外的字段，这个字段给出了当前 Oplock 的操作信息。

5）关于 Oplock Break 过程的一些细节

在确定是否 Break 掉 Level2 lock 之前，Server 需要谨慎判断，尽可能地不 Break。比如，Server 首先检查目标文件的 Share Mode，如果第一个客户端 Open()时不允许其他客户端写入而只允许读，那么等于给文件加了全局锁，此时如果有其他进程尝试打开这个文件而 Open()时在 Access Mask 中指定了某项写操作 Flag，那么 Server 就不会允许这个 Open()操作（返回一个共享冲突错误），从而也不会去 Break 第一个客户端的 Exclusive Lock 或者 Level2 Oplock（虽然协议是这样设计的，但是另外的根据实验结果判断，实际至少在 WinXP 系统并未这么做，而是掠过检查 ShareMode 直接 Break 其他客户端的 Level1 或者 Batch 锁）。

如图 19-30 所示，图中显示了 Open()数据包中包含的 Access Mask 的一系列 Flag；而如果某个客户端在 Open()时只附带了只读 Flag，那么 Server 不但不会 Break 其他客户端的 Level2 Oplock，同时也会给这个客户端灌以 Level2 Oplock，但是如果已用拥有 Level2 Oplock 的任何客户端发起了写请求，那么 Server 会立即剥夺所有客户端的任何形式的 Oplock。

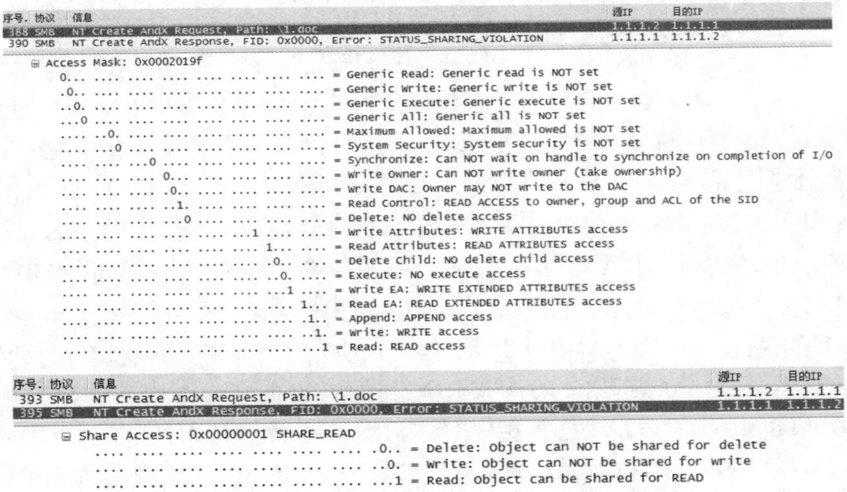

图 19-30 Share Mode 对 Lock Break 过程的影响

另外，在赋予某个客户端 Level2 的时候，Server 端不会检查当前其他已经 Open()目标文件之后的客户端之前在 Open()时是否指定了 Write 相关的 Flag。一般情况下 Server 端在 Break Level1 Oplock 之后都会在 Break 的同时赋予 Level2 Oplock，而且对于新执行 Open()操作的客户端也会赋予 Level2 Oplock（有其他客户端已经打开目标的时候，否则会直接赋予其 Level1 Oplock），但是一旦服务端发现随后有任何客户端（包括当前拥有 Level2 锁的客户端自身）发起写请求时，

Server 会将之前赋予的 Level2 Oplock 也剥夺掉。

如图 19-31 所示，1.1.1.3（A）客户端某个程序正在对服务端的文件“1”进行持续的写入，此时我们在客户端 1.1.1.2（B）上打开这个文件进行读操作，服务端与 B 之间的数据包 Trace 从这里开始。

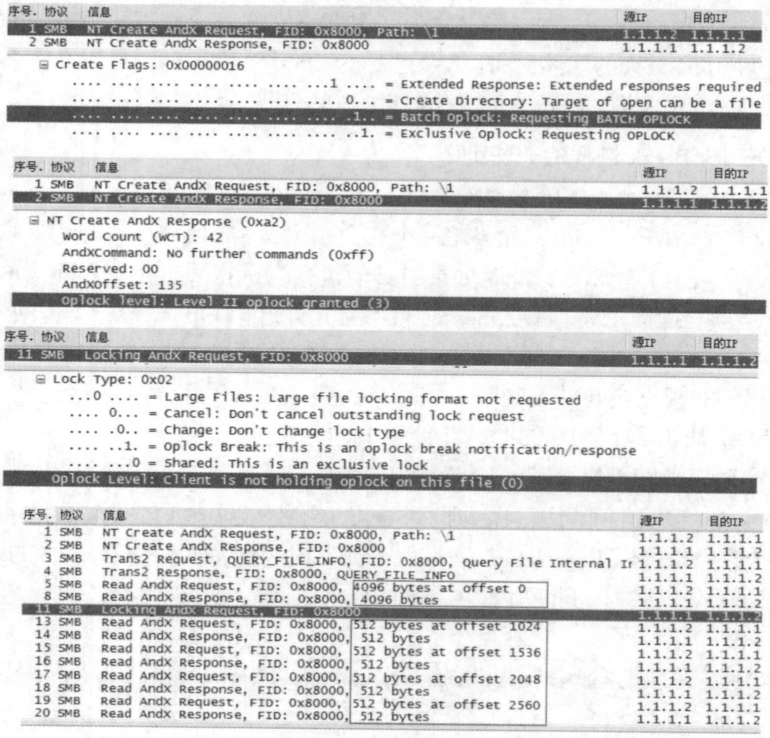

图 19-31 Oplock 申请和批准过程实际数据包交互（1）

1 号数据包表示 B 明确要求 Batch Oplock。2 号数据包表示服务端并没有因为 A 在对目标文件持续地写入而拒绝给 B 任何 Oplock，相反，服务端给了 B 一个 Level2 Oplock，很够意思了。

但是在眨眼间，由于 A 持续地向服务端发起目标文件的写入请求，在把 Level2 Oplock 给 B 之后，服务端接收到的第一个 A 的写请求，将导致服务器收回刚才给 B 的 Level2 Oplock。所以我们看见 11 号包，是服务端发给 B 的 Lock Break，其中标明了剥夺 B 的一切锁。

前文中我们说过，当一切锁被剥夺之后，客户端读写缓存被完全屏蔽，IO 行为与 DIO 模式无异。我们看一下图 19-31 最下部，两个方框中，上面方框表示 Lock 尚未被剥夺之前的系统 IO Size 显然为 Page Size，而之后，却完全透传上层的 IO Size，这里是 512B 的连续读 IO。前文中也说过，读缓存只对小块连续 IO 效果最大，这里由于读缓存的失败，造成了网络流量升高，而客户端的实际吞吐量却并未增加，网络流量所升高的部分都由底层网络传输协议的消耗贡献。

我们再来看一下当客户端 B 掺和进来之后，客户端 A 上的行为变化。如图 19-32 所示，原本客户端 A 上的程序是在以 IO Size=2048B 针对目标文件做连续并且持续写入动作的。当 B 发起 Open()之后，我们看 11062 号包，服务端当然要剥夺 A 上原本的 Batch Oplock，并且同时灌以 Level2 Oplock。11068 号包表示 A 接受了断锁请求，现在 A 只有读缓存，写缓存被失效。

序号	协议	信息	源IP	目的IP
11062	SMB	Locking AndX Request, FID: 0xc009	1.1.1.1	1.1.1.3
11066	SMB	Write AndX Request, FID: 0xc009, 4096 bytes at offset 8704000	1.1.1.3	1.1.1.1
11067	SMB	Write AndX Response, 4096 bytes	1.1.1.1	1.1.1.3
11068	SMB	Locking AndX Request, FID: 0xc009	1.1.1.3	1.1.1.1
11071	SMB	Write AndX Request, FID: 0xc009, 2048 bytes at offset 8706048	1.1.1.3	1.1.1.1
11073	SMB	Locking AndX Request, FID: 0xc009	1.1.1.1	1.1.1.3

```
⊟ Lock Type: 0x02
    ...0 .... = Large Files: Large file locking format not requested
    .... 0... = Cancel: Don't cancel outstanding lock request
    .... .0.. = Change: Don't change lock type
    .... ..1. = Oplock Break: This is an oplock break notification/response
    .... ...0 = Shared: This is an exclusive lock
  Oplock Level: Level 2 oplock currently held by client (1)
```

序号	协议	信息	源IP	目的IP
11062	SMB	Locking AndX Request, FID: 0xc009	1.1.1.1	1.1.1.3
11066	SMB	Write AndX Request, FID: 0xc009, 4096 bytes at offset 8704000	1.1.1.3	1.1.1.1
11067	SMB	Write AndX Response, 4096 bytes	1.1.1.1	1.1.1.3
11068	SMB	Locking AndX Request, FID: 0xc009	1.1.1.3	1.1.1.1
11071	SMB	Write AndX Request, FID: 0xc009, 2048 bytes at offset 8706048	1.1.1.3	1.1.1.1
11073	SMB	Locking AndX Request, FID: 0xc009	1.1.1.1	1.1.1.3

```
⊟ Lock Type: 0x12
    ...1 .... = Large Files: Large file locking format requested
    .... 0... = Cancel: Don't cancel outstanding lock request
    .... .0.. = Change: Don't change lock type
    .... ..1. = Oplock Break: This is an oplock break notification/response
    .... ...0 = Shared: This is an exclusive lock
  Oplock Level: Level 2 oplock currently held by client (1)
```

序号	协议	信息	源IP	目的IP
11062	SMB	Locking AndX Request, FID: 0xc009	1.1.1.1	1.1.1.3
11066	SMB	Write AndX Request, FID: 0xc009, 4096 bytes at offset 8704000	1.1.1.3	1.1.1.1
11067	SMB	Write AndX Response, 4096 bytes	1.1.1.1	1.1.1.3
11068	SMB	Locking AndX Request, FID: 0xc009	1.1.1.3	1.1.1.1
11071	SMB	Write AndX Request, FID: 0xc009, 2048 bytes at offset 8706048	1.1.1.3	1.1.1.1
11073	SMB	Locking AndX Request, FID: 0xc009	1.1.1.1	1.1.1.3

```
⊟ Lock Type: 0x02
    ...0 .... = Large Files: Large file locking format not requested
    .... 0... = Cancel: Don't cancel outstanding lock request
    .... .0.. = Change: Don't change lock type
    .... ..1. = Oplock Break: This is an oplock break notification/response
    .... ...0 = Shared: This is an exclusive lock
  Oplock Level: Client is not holding oplock on this file (0)
```

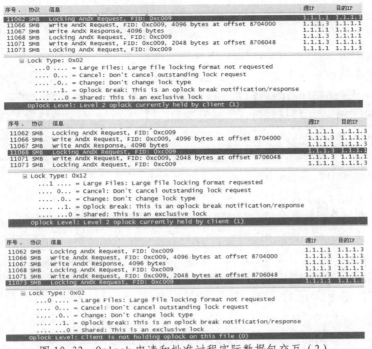

图 19-32　Oplock 申请和批准过程实际数据包交互（2）

但是好景不长，眨眼间，在 11073 号包中，服务端无情地剥夺了 A 的 Level2 Oplock，为何呢？正如前文所述，拥有 Level2 锁的客户端对写是很敏感的，一旦有任何一个客户端尝试对目标进行写入操作，那么整个范围内所有客户端上的 Oplock 将发生坍塌，全部被剥夺。11073 号包与图 19-31 中的 11 号包是由服务端在坍塌过程中同时向所有客户端发出的。

如图 19-33 所示，11068 号包之后，Batch Oplock 被剥夺，只剩读缓存，A 上程序的写 IO 请求被完全透传到服务端；而之前却不是。很显然，之前有严重的写惩罚存在（见上部方框内），而之后，写惩罚消失了。

序号	协议	信息	源IP	目的IP
11042	SMB	Read AndX Request, FID: 0xc009, 4096 bytes at offset 8699904	1.1.1.3	1.1.1.1
11046	SMB	Read AndX Response, 4096 bytes	1.1.1.1	1.1.1.3
11050	SMB	Write AndX Request, FID: 0xc009, 4096 bytes at offset 8699904	1.1.1.3	1.1.1.1
11051	SMB	Write AndX Response, 4096 bytes	1.1.1.1	1.1.1.3
11055	SMB	Write AndX Request, FID: 0xc009, 4096 bytes at offset 8699904	1.1.1.3	1.1.1.1
11056	SMB	Write AndX Response, 4096 bytes	1.1.1.1	1.1.1.3
11057	SMB	Read AndX Request, FID: 0xc009, 4096 bytes at offset 8704000	1.1.1.3	1.1.1.1
11061	SMB	Read AndX Response, 4096 bytes	1.1.1.1	1.1.1.3
11062	SMB	Locking AndX Request, FID: 0xc009	1.1.1.1	1.1.1.3
11066	SMB	Write AndX Request, FID: 0xc009, 4096 bytes at offset 8704000	1.1.1.3	1.1.1.1
11067	SMB	Write AndX Response, 4096 bytes	1.1.1.1	1.1.1.3
11068	SMB	Locking AndX Request, FID: 0xc009	1.1.1.3	1.1.1.1
11071	SMB	Write AndX Request, FID: 0xc009, 2048 bytes at offset 8706048	1.1.1.3	1.1.1.1
11073	SMB	Locking AndX Request, FID: 0xc009	1.1.1.1	1.1.1.3
11074	SMB	Write AndX Response, 2048 bytes	1.1.1.1	1.1.1.3
11077	SMB	Write AndX Request, FID: 0xc009, 2048 bytes at offset 8708096	1.1.1.3	1.1.1.1
11079	SMB	Write AndX Response, 2048 bytes	1.1.1.1	1.1.1.3
11081	SMB	Write AndX Request, FID: 0xc009, 2048 bytes at offset 8710144	1.1.1.3	1.1.1.1
11083	SMB	Write AndX Response, 2048 bytes	1.1.1.1	1.1.1.3
11085	SMB	Write AndX Request, FID: 0xc009, 2048 bytes at offset 8712192	1.1.1.3	1.1.1.1
11087	SMB	Write AndX Response, 2048 bytes	1.1.1.1	1.1.1.3
11089	SMB	Write AndX Request, FID: 0xc009, 2048 bytes at offset 8714240	1.1.1.3	1.1.1.1
11091	SMB	Write AndX Response, 2048 bytes	1.1.1.1	1.1.1.3

图 19-33　Oplock 申请和批准过程实际数据包交互（3）

6）NIR 的字节锁缓释行为以及对 Oplock Break 的影响

在下面的疯狂实验中，我们将调查 NIR 的另一个怪诞行为，即笔者乱起的一个名字“字节锁缓释”。NIR 的这种行为，其流程如下（有客户端 A 和 B 以及服务端）。

A 首先打开目标文件并取得 Batch Olock。

随后 A 对目标文件的某些部分使用 Lockfile()加入字节锁，按理说 NIR 应该将这些加锁请求发送给服务端的，但是由于此时是 A 独占这个文件，所以 NIR 认为没有必要将这些锁请求发到服务端，而是擅自暂存了这些锁请求。如果随后 A 解锁了其中某些或者全部的锁，那么 NIR 也会将这些解锁操作与当前暂存的加锁操作做抵消。

随后，B 也申请打开这个文件，服务端首先向 A 发送锁降级通知，降级为 Level2 只读锁，那么此时因为 Lockfile()操作被内核视为一种对文件的独占操作，现在有其他客户端要来读这个文件，那么 A 上的 NIR 必须将这些暂存的锁发送到服务端执行。服务端接受了这些锁请求之后，A 才会发送 Oplock Break Ack，之后服务端才可以响应 B 的打开请求。这就是字节锁缓释行为。

这个实验使用分别处于两台客户端上的 MS Office Word 程序先后打开同一个位于服务端的文件，分析整个过程中的关键 CIFS 数据包以调查 NIR 以及 Oplock 行为。

在客户端 1.1.1.3（A）首先打开目标文件，并使用 Filemon 过滤驱动工具监测底层行为，发现 Word 程序每次都会对文件的固定处进行一系列加锁和解锁过程，如图 19-34 所示（图中去除了一些非关键记录），可以算出经过加解锁过程之后，程序最终保留的锁只有 3 个，即偏移量 2147483539、2147483559 和 2147483599 三处的长度为 1B 的锁。但是在本时间段的 CIFS 数据包中却并没有出现任何发向服务端的加解锁请求，证明 NIR 驱动擅自暂存了这些请求。我们在接下来的分析中可以发现 NIR 对最终的三个有效锁的缓释行为。

随后，客户端 1.1.1.2（B）也申请打开这个文件并申请 Batch Oplock，同时 B 的 Word 程序在打开时指定了 Access Mask 里面的与写相关的 Flag，以及在 Share Mode 里面也指定了排他性访问，只允许其他进程读取。如图 19-35 所示，在 B 的这个 Open()请求中，充满了 B 上的 Word 程序想要以独占形式打开这个文件的欲望。因为 B 此时并不知道 A 已经打开了这个文件，所以 B 的目的注定不能得逞，因为此时 A 已经以排他性模式打开了这个文件，所以服务端一定会返回共享模式冲突的通知。

图 19-34　程序加字节锁的过程

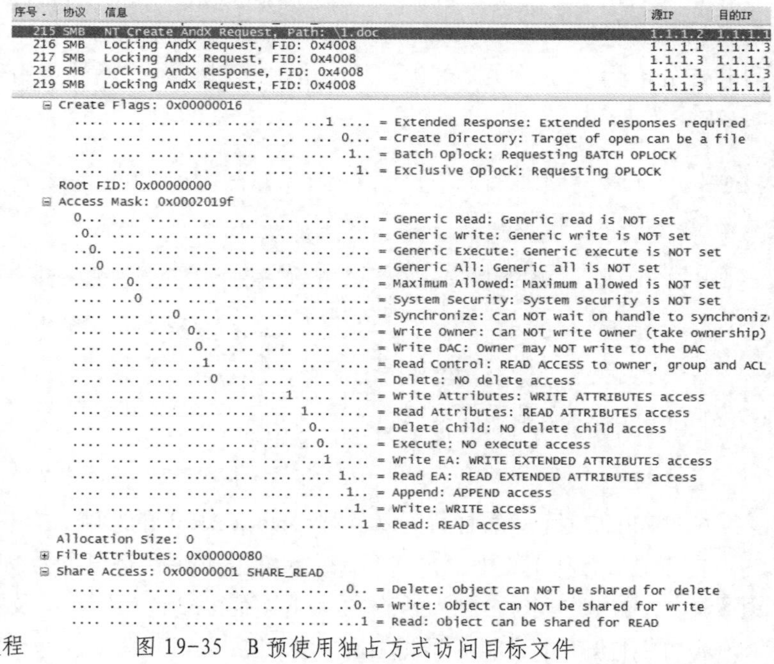

图 19-35　B 预使用独占方式访问目标文件

如图 19-36 所示，216 号包。很遗憾，服务端并没有按照 Oplock 的本来设计思想而首先去判断是否 B 的这个打开请求与其他已经打开这个文件的客户端存在共享冲突，而略过了这一步直接打算通知 A 断开它的 Batch Oplock，降级为 Level2 Oplock。

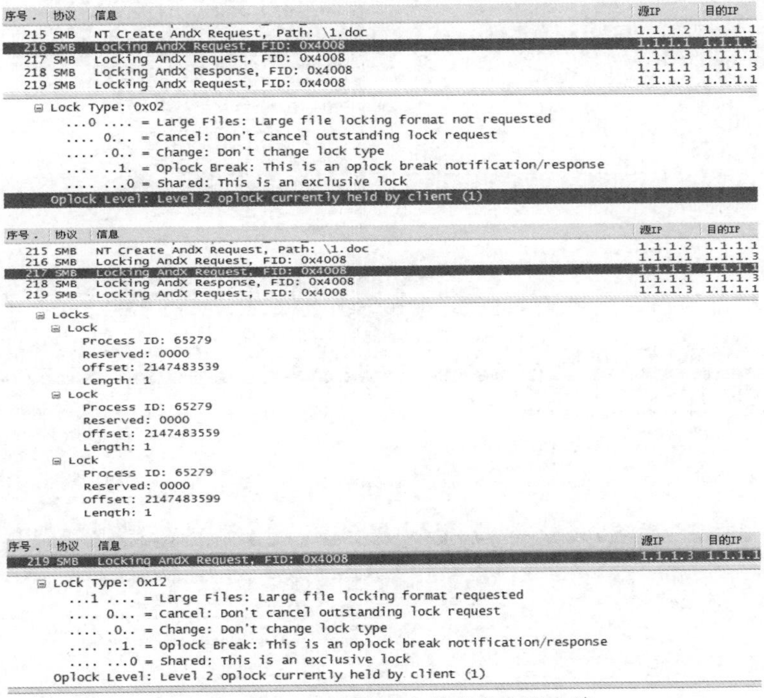

```
序号 . 协议  信息                                                 源IP     目的IP
215 SMB  NT Create AndX Request, Path: \1.doc                 1.1.1.2  1.1.1.1
216 SMB  Locking AndX Request, FID: 0x4008                    1.1.1.1  1.1.1.3
217 SMB  Locking AndX Request, FID: 0x4008                    1.1.1.3  1.1.1.1
218 SMB  Locking AndX Response, FID: 0x4008                   1.1.1.1  1.1.1.3
219 SMB  Locking AndX Request, FID: 0x4008                    1.1.1.3  1.1.1.1
⊟ Lock Type: 0x02
    ...0 .... = Large Files: Large file locking format not requested
    .... 0... = Cancel: Don't cancel outstanding lock request
    .... .0.. = Change: Don't change lock type
    .... ..1. = Oplock Break: This is an oplock break notification/response
    .... ...0 = Shared: This is an exclusive lock
  Oplock Level: Level 2 oplock currently held by client (1)

序号 . 协议  信息                                                 源IP     目的IP
215 SMB  NT Create AndX Request, Path: \1.doc                 1.1.1.2  1.1.1.1
216 SMB  Locking AndX Request, FID: 0x4008                    1.1.1.1  1.1.1.3
217 SMB  Locking AndX Request, FID: 0x4008                    1.1.1.3  1.1.1.1
218 SMB  Locking AndX Response, FID: 0x4008                   1.1.1.1  1.1.1.3
219 SMB  Locking AndX Request, FID: 0x4008                    1.1.1.3  1.1.1.1
⊟ Locks
  ⊟ Lock
      Process ID: 65279
      Reserved: 0000
      Offset: 2147483539
      Length: 1
  ⊟ Lock
      Process ID: 65279
      Reserved: 0000
      Offset: 2147483559
      Length: 1
  ⊟ Lock
      Process ID: 65279
      Reserved: 0000
      Offset: 2147483599
      Length: 1

序号 . 协议  信息                                                 源IP     目的IP
219 SMB  Locking AndX Request, FID: 0x4008                    1.1.1.3  1.1.1.1
⊟ Lock Type: 0x12
    ...1 .... = Large Files: Large file locking format requested
    .... 0... = Cancel: Don't cancel outstanding lock request
    .... .0.. = Change: Don't change lock type
    .... ..1. = Oplock Break: This is an oplock break notification/response
    .... ...0 = Shared: This is an exclusive lock
  Oplock Level: Level 2 oplock currently held by client (1)
```

图 19-36　A 将隐瞒的字节锁发向服务端

而 217 号包为 A 对服务端的回应，我们看到这个 Lock 数据包中表示的东西并不是一个 Lock Break Ack，其中所包含的是 A 向服务端申请的三个字节锁，也就是说服务端向 A 通知断开 Btach 锁，A 却先不应答反而向服务端申请字节锁。这里与上文遗留的那三个锁对应，A 上的程序早在打开文件之初就做了一系列加解锁过程而最终保留了这三个锁，由于 NIR 的擅自暂存而一直没被发送到服务端。

现在，A 知道服务端要剥夺它的 Batch 锁了，所以 NIR 不能再隐瞒了，只能乖乖地将暂存的三个锁发向服务端执行，对应 217 号包。218 号包为服务端对字节锁请求的回应，我们不去看它。我们来看 219 号包，这个包就是一个 Lock Break Ack 包了，其接受了 Batch 锁降级为 Level2 锁的通知。

在服务端剥夺 A 的锁之后，可以对 B 的打开请求做应答了。如图 19-37 所示，果然以 STATUS_SHARING_VIOLATION 告终。但是我们的 B 依然穷追不舍，在 230 号包中再次发送了 Open()请求，这次，B 吃一堑长一智，不在 Access Mask 中设置任何写相关的 Flag，但是 Share Mode 中依然设置了排他性的只读模式，即不允许其他进程写，B 依然抱有幻想它可以独占打开这个文件，所以它的幻想依然还要破灭，230 号包显示服务端再次拒绝。

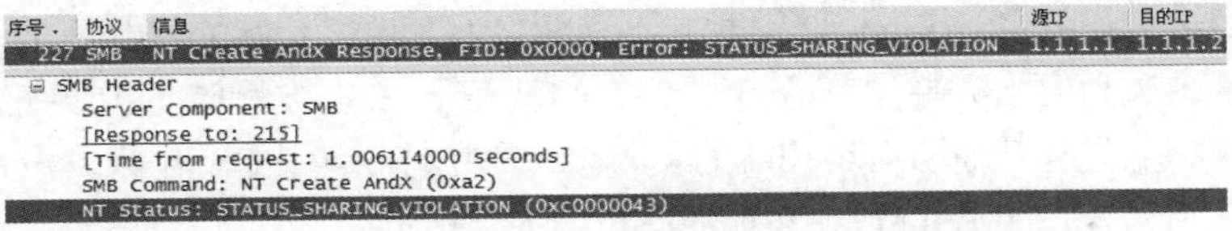

```
序号 . 协议  信息                                                                        源IP     目的IP
227 SMB  NT Create AndX Response, FID: 0x0000, Error: STATUS_SHARING_VIOLATION   1.1.1.1  1.1.1.2
⊟ SMB Header
    Server Component: SMB
    [Response to: 215]
    [Time from request: 1.006114000 seconds]
    SMB Command: NT Create AndX (0xa2)
    NT Status: STATUS_SHARING_VIOLATION (0xc0000043)
```

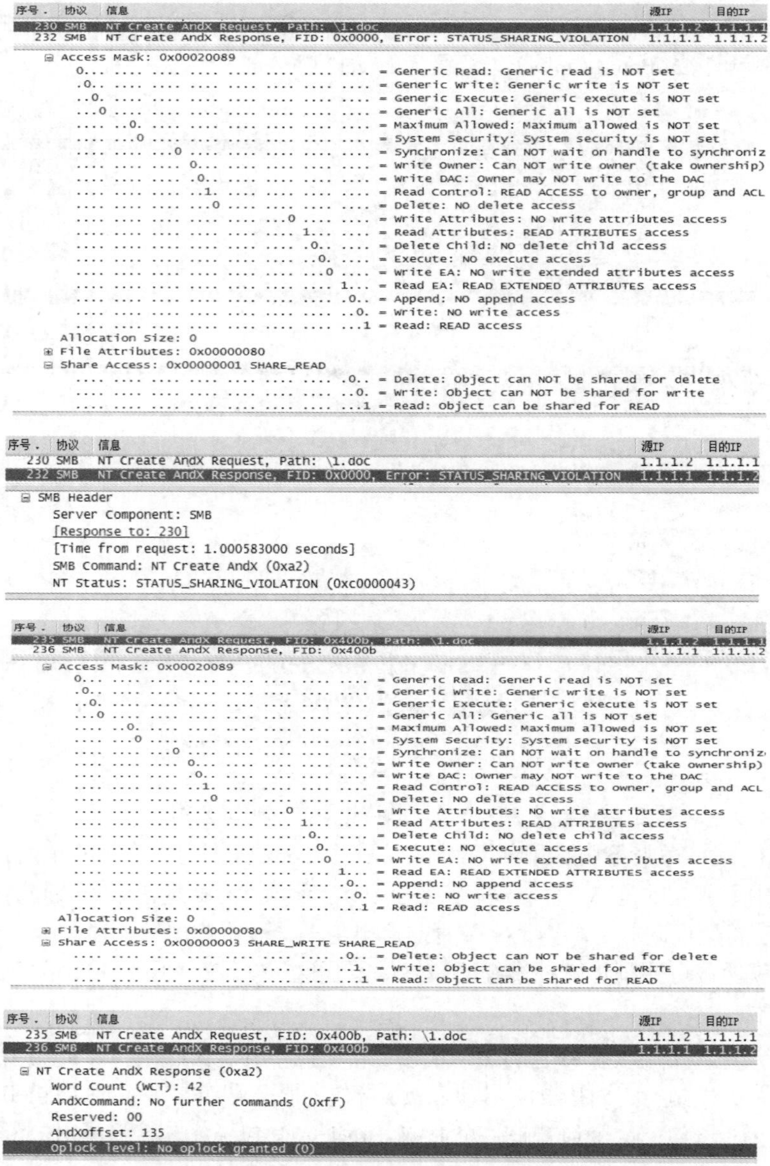

图 19-37 B 先后三次尝试打开目标文件

但是 B 上的程序是很有毅力的，它感知到只在 Access Mask 里妥协是不行的，只有全部妥协才可能有机会，所以 B 又一次发起 Open()。这次它在 Share Mode 里允许其他进程读和写，见 235 号包相比 230 号包的变化部分。236 号包中服务端返回了成功响应，这一次，B 终于如愿以偿获得了服务端给的 File Handle。

但是遗憾的是，服务端并没有给 B 任何 Oplock，见 236 号包。这似乎有点不可思议，因为前文中曾经提到过，服务端给出 Level2 锁时并不判断之前其他客户端的打开请求中是否带有写相关的 Flag，但是这次为何服务端没有给 B 呢？原因就在于 A 上被释放的字节锁。任何字节锁均会导致除加锁客户端之外其他所有客户端的 Oplock 锁坍塌，有锁的交出来，没锁的不再给。接下来我们就会看到，客户端 A 的 Level2 锁随后也因为此被剥夺了。

打开了文件之后，B 上的 Word 程序也需要对文件进行字节区段加解锁过程（至于为何加锁锁哪些区域我们在此不管它，程序设计决定），如图 19-38 所示。

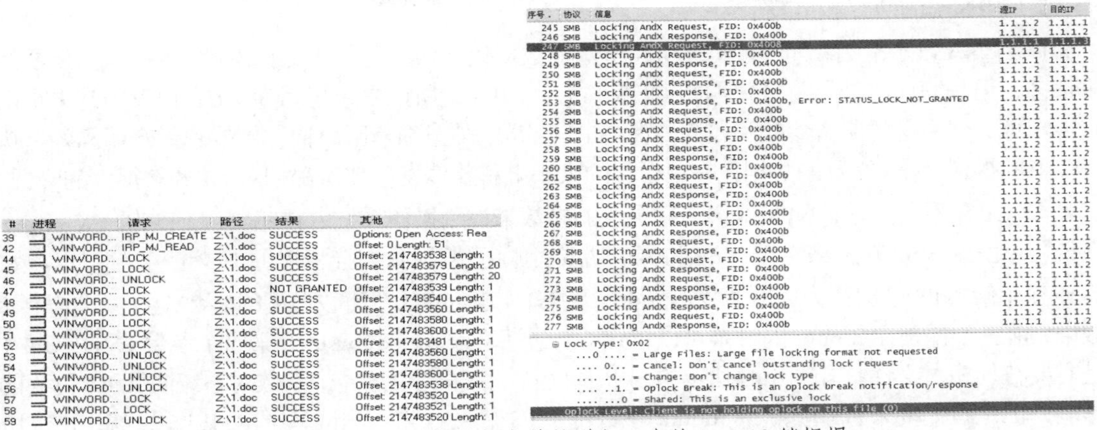

序号	协议	信息	源IP	目的IP
245	SMB	Locking AndX Request, FID: 0x400b	1.1.1.2	1.1.1.1
246	SMB	Locking AndX Response, FID: 0x400b	1.1.1.1	1.1.1.2
247	SMB	Locking AndX Request, FID: 0x4008	1.1.1.1	1.1.1.3
248	SMB	Locking AndX Request, FID: 0x400b	1.1.1.2	1.1.1.1
249	SMB	Locking AndX Response, FID: 0x400b	1.1.1.1	1.1.1.2
250	SMB	Locking AndX Request, FID: 0x400b	1.1.1.2	1.1.1.1
251	SMB	Locking AndX Response, FID: 0x400b	1.1.1.1	1.1.1.2
252	SMB	Locking AndX Request, FID: 0x400b	1.1.1.2	1.1.1.1
253	SMB	Locking AndX Response, FID: 0x400b, Error: STATUS_LOCK_NOT_GRANTED	1.1.1.1	1.1.1.2
254	SMB	Locking AndX Request, FID: 0x400b	1.1.1.2	1.1.1.1
255	SMB	Locking AndX Response, FID: 0x400b	1.1.1.1	1.1.1.2
256	SMB	Locking AndX Request, FID: 0x400b	1.1.1.2	1.1.1.1
257	SMB	Locking AndX Response, FID: 0x400b	1.1.1.1	1.1.1.2
258	SMB	Locking AndX Request, FID: 0x400b	1.1.1.2	1.1.1.1
259	SMB	Locking AndX Response, FID: 0x400b	1.1.1.1	1.1.1.2
260	SMB	Locking AndX Request, FID: 0x400b	1.1.1.2	1.1.1.1
261	SMB	Locking AndX Response, FID: 0x400b	1.1.1.1	1.1.1.2
262	SMB	Locking AndX Request, FID: 0x400b	1.1.1.2	1.1.1.1
263	SMB	Locking AndX Response, FID: 0x400b	1.1.1.1	1.1.1.2
264	SMB	Locking AndX Request, FID: 0x400b	1.1.1.2	1.1.1.1
265	SMB	Locking AndX Response, FID: 0x400b	1.1.1.1	1.1.1.2
266	SMB	Locking AndX Request, FID: 0x400b	1.1.1.2	1.1.1.1
267	SMB	Locking AndX Response, FID: 0x400b	1.1.1.1	1.1.1.2
268	SMB	Locking AndX Request, FID: 0x400b	1.1.1.2	1.1.1.1
269	SMB	Locking AndX Response, FID: 0x400b	1.1.1.1	1.1.1.2
270	SMB	Locking AndX Request, FID: 0x400b	1.1.1.2	1.1.1.1
271	SMB	Locking AndX Response, FID: 0x400b	1.1.1.1	1.1.1.2
272	SMB	Locking AndX Request, FID: 0x400b	1.1.1.2	1.1.1.1
273	SMB	Locking AndX Response, FID: 0x400b	1.1.1.1	1.1.1.2
274	SMB	Locking AndX Request, FID: 0x400b	1.1.1.2	1.1.1.1
275	SMB	Locking AndX Response, FID: 0x400b	1.1.1.1	1.1.1.2
276	SMB	Locking AndX Request, FID: 0x400b	1.1.1.2	1.1.1.1
277	SMB	Locking AndX Response, FID: 0x400b	1.1.1.1	1.1.1.2

```
⊟ Lock Type: 0x02
    ...0 .... = Large Files: Large file locking format not requested
    .... 0... = Cancel: Don't cancel outstanding lock request
    .... .0.. = Change: Don't change lock type
    .... ..1. = Oplock Break: This is an oplock break notification/response
    .... ...0 = Shared: This is an exclusive lock
  Oplock Level: Client is not holding oplock on this file (0)
```

#	进程	请求	路径	结果	其他
39	WINWORD...	IRP_MJ_CREATE	Z:\1.doc	SUCCESS	Options: Open Access: Rea
42	WINWORD...	IRP_MJ_READ	Z:\1.doc	SUCCESS	Offset: 0 Length: 51
44	WINWORD...	LOCK	Z:\1.doc	SUCCESS	Offset: 2147483538 Length: 1
45	WINWORD...	LOCK	Z:\1.doc	SUCCESS	Offset: 2147483579 Length: 20
46	WINWORD...	UNLOCK	Z:\1.doc	SUCCESS	Offset: 2147483579 Length: 20
47	WINWORD...	LOCK	Z:\1.doc	NOT GRANTED	Offset: 2147483539 Length: 1
48	WINWORD...	LOCK	Z:\1.doc	SUCCESS	Offset: 2147483540 Length: 1
49	WINWORD...	LOCK	Z:\1.doc	SUCCESS	Offset: 2147483560 Length: 1
50	WINWORD...	LOCK	Z:\1.doc	SUCCESS	Offset: 2147483580 Length: 1
51	WINWORD...	LOCK	Z:\1.doc	SUCCESS	Offset: 2147483600 Length: 1
52	WINWORD...	LOCK	Z:\1.doc	SUCCESS	Offset: 2147483481 Length: 1
53	WINWORD...	UNLOCK	Z:\1.doc	SUCCESS	Offset: 2147483560 Length: 1
54	WINWORD...	UNLOCK	Z:\1.doc	SUCCESS	Offset: 2147483580 Length: 1
55	WINWORD...	UNLOCK	Z:\1.doc	SUCCESS	Offset: 2147483600 Length: 1
56	WINWORD...	UNLOCK	Z:\1.doc	SUCCESS	Offset: 2147483538 Length: 1
57	WINWORD...	LOCK	Z:\1.doc	SUCCESS	Offset: 2147483520 Length: 1
58	WINWORD...	LOCK	Z:\1.doc	SUCCESS	Offset: 2147483521 Length: 1
59	WINWORD...	UNLOCK	Z:\1.doc	SUCCESS	Offset: 2147483520 Length: 1

图 19-38　B 对文件加字节锁引起 A 上的 Level2 锁坍塌

图 19-38 中上半部分是在 B 上检测的 Word 程序实际所做的操作，下半部分为这些操作被发送到服务端时的监测数据，可以看到二者一一对应，除了一个包，247 号包。服务端发给了客户端 A 一个 Lock 相关的包，可以看到图中最底部对应这个包的内容，是一个 Level2 锁断开通知。所以，B 对文件的字节锁操作，会导致 A 上 Level2 锁的坍塌，至此所有客户端都没有 Oplock 锁了。

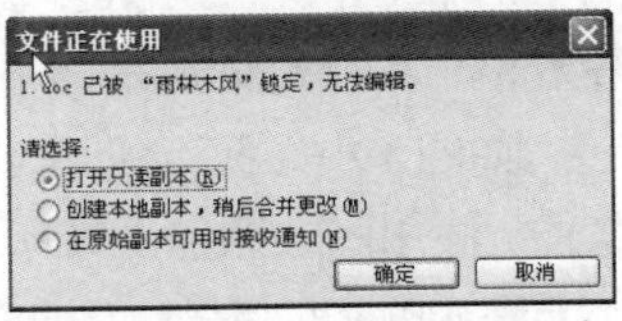

图 19-39　B 上提示打开冲突

当 B 对文件进行了字节锁操作之后，B 上的 Word 程序会提示一个窗口让用户选择，如图 19-39 所示。

这里可能有些需要解释的地方，按理说程序应该在收到 STATUS_SHARING_VIOLATION 之后立即提示这个窗口，但是在此笔者也不知为何程序会在底层尝试最终打开文件并且做了字节锁操作之后才提示。在此猜测可能因为程序需要保证用户选择了只读打开后，程序必须可以打开，所以程序会预先打开测试，如果能打开才提示。这当然只是猜测。

注意：如果一个客户端打开了文件，获取了 Oplock，如果在 CIFS Server 上某个程序通过本地文件系统也打开这个文件，那么 Server 会按照同样的策略来 Break Lock。另外，如果同一台客户端上的同一个程序先后两次打开一个文件，那么第一次获得的 Batch Oplock 将被降级为 Level2 Oplock，第二次打开时获得 Level2 Oplock。也就是说服务端并不管打开目标文件的进程是不是同一个，或者进程是服务端本地进程还是客户端进程，统一对待。

已经被剥夺的锁不可能自动再获得，比如当所有客户端都关闭目标文件，只剩下一个客户端时，服务端不会再将锁重新灌给这个客户端，协议中没有这样的设计。要想申请锁，必须重新 Open()一遍才有可能获得。

客户端可以在使用 Oplock 的基础上使用 Lockfile()字节锁。前者是靠运气而且是全局的，后者是注定的、局部的。

总的来讲，对于 CIFS 方式的 Network IO 模式下，系统内核缓存的效率很低，多数情况下都是因为惩罚值太高而帮了倒忙，所以我们还是不用为好。Oplock 只在特定情况下能够发挥一点作用，程序设计人员需要注意，要时刻知道底层都在做什么。本书的目的就是让读者对整个存储系统架构有一个深刻理解，以方便今后的管理维护和开发工作。

7）NFS 下的缓存和 IO 机制

同为 NAS 网络文件访问协议，NFS 不管在数据包结构上还是在交互逻辑上相比 CIFS 要简化许多，但是简化的结果就是并不如 CIFS 强大，CIFS 之所以复杂是因为 CIFS 协议中几乎可以透传本地文件系统的所有参数和属性，而 NFS 携带的信息很有限。简化同样也带来了高效，执行类似的操作，NFS 交互的数据包在单个包的大小上和整体发包数量都相对 CIFS 有很大的降低。

与 CIFS 不同的是，NFS 提供诸多更改的参数来控制操作系统内核底层 IO 行为。Windows 系统可以安装 SFU 软件来实现 NFS 的客户端或者服务端功能，同样也提供了少量可更改的参数。

在了解 NFS 底层行为之前，我们先看一看 NFS 方面的 4 个比较典型的参数设置。这 4 个参数中，前三个都是在 mount 的时候可以指定的，包括 sync、rsize、wsize，第四个参数 O_DIRECT 是需要在程序对文件打开调用时指定的。下面我们分别来调查这 4 个参数对系统底层 IO 行为的影响，但是首先要来看一下默认 mount 参数下 NFS 底层行为。测试基于 RHEL5 系统，内核版本 2.6.18。

（1）默认 mount 参数下的 IO 行为

NFS 默认的 mount 参数为 async、rsize=wsize=65536。async 参数表示系统内核不会透传程序的 IO 请求给 NFS Server，对于写 IO 会延缓执行，积累一定的时间以便合并上层的 IO 请求以提高效率，不管是读还是写请求，async 都会具有一定效果，尤其是连续地址的 IO。

如图 19-40 所示，上半部分为使用 dd if=/mnt/3 of=/dev/null bs=1500 count=100 来读取 NFS 文件，使用底层抓包工具抓取的底层 IO 结果，下半部分为使用 dd if=/mnt/3 of=/dev/null bs=150 count=100 时的结果。Linux 下的 dd 是一个使用同步调用+Buffered IO 模式的程序，但是在图中上半部分却显示出明显的底层异步 IO 行为，即 IO 批量发送，数据批量返回。这种 IO 行为是由于文件系统的预读造成的（这里并不是读 IO 被合并的结果，见下文）。可以看到，由于 dd 进行的是连续读操作，所以导致了文件系统最大力度的预读，每次发向存储设备的 IO 字节数为 65536，也是 Linux 下 rsize 的最大值。可以算出系统共读入了 409600+65536=475136B 的内容，但是 dd 所读取的一共是 1500×100=150000B，所以，系统预读造成了 475136－150000=325136B 的浪费。再来看下半部分，系统共读入了 81920B，dd 请求了 150×100=15000B，浪费掉 81920－15000=66920B。

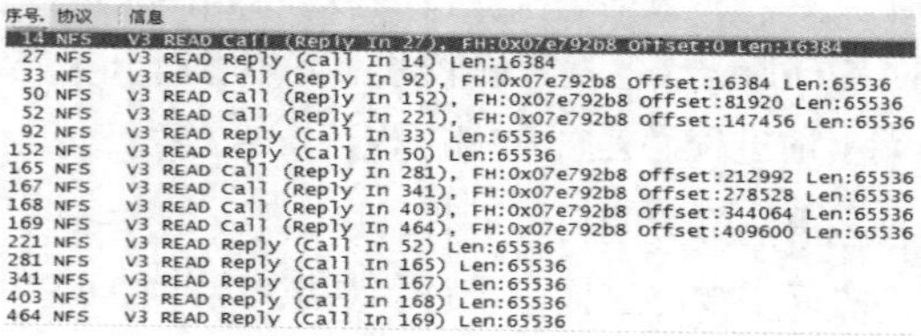

序号.	协议	信息
14	NFS	V3 READ Call (Reply In 27), FH:0x07e792b8 offset:0 Len:16384
27	NFS	V3 READ Reply (Call In 14) Len:16384
33	NFS	V3 READ Call (Reply In 92), FH:0x07e792b8 offset:16384 Len:65536
50	NFS	V3 READ Call (Reply In 152), FH:0x07e792b8 offset:81920 Len:65536
52	NFS	V3 READ Call (Reply In 221), FH:0x07e792b8 offset:147456 Len:65536
92	NFS	V3 READ Reply (Call In 33) Len:65536
152	NFS	V3 READ Reply (Call In 50) Len:65536
165	NFS	V3 READ Call (Reply In 281), FH:0x07e792b8 offset:212992 Len:65536
167	NFS	V3 READ Call (Reply In 341), FH:0x07e792b8 offset:278528 Len:65536
168	NFS	V3 READ Call (Reply In 403), FH:0x07e792b8 offset:344064 Len:65536
169	NFS	V3 READ Call (Reply In 464), FH:0x07e792b8 offset:409600 Len:65536
221	NFS	V3 READ Reply (Call In 52) Len:65536
281	NFS	V3 READ Reply (Call In 165) Len:65536
341	NFS	V3 READ Reply (Call In 167) Len:65536
403	NFS	V3 READ Reply (Call In 168) Len:65536
464	NFS	V3 READ Reply (Call In 169) Len:65536

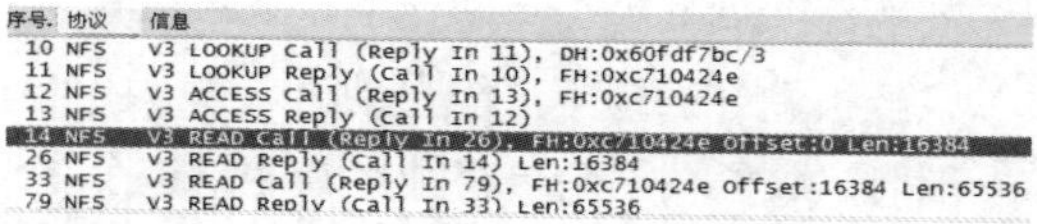

序号.	协议	信息
10	NFS	V3 LOOKUP Call (Reply In 11), DH:0x60fdf7bc/3
11	NFS	V3 LOOKUP Reply (Call In 10), FH:0xc710424e
12	NFS	V3 ACCESS Call (Reply In 13), FH:0xc710424e
13	NFS	V3 ACCESS Reply (Call In 12)
14	NFS	V3 READ Call (Reply In 26), FH:0xc710424e offset:0 Len:16384
26	NFS	V3 READ Reply (Call In 14) Len:16384
33	NFS	V3 READ Call (Reply In 79), FH:0xc710424e offset:16384 Len:65536
79	NFS	V3 READ Reply (Call In 33) Len:65536

图 19-40　dd 测试结果

还记得 CIFS 么？相比 NFS 来讲，在连续读的情况下，CIFS 低效得多，CIFS 根本没有做主动预读的意思，只有被动预读。

我们再来看图 19-41，使用测试软件对 NFS 文件做随机读操作，每次请求 200B 的数据，可以看到，读惩罚产生了。随机读情况下，内核底层读入了 1 个 Page 的内容。这里需要提一下，对于本地文件系统，Linux 同样使用 Page Cache 映射方式。在 Windows 下，CIFS 在随机读情况下也产生类似的读惩罚，但是二者有本质不同：Windows 下的 CIFS 的读惩罚是因为 Page Fault 过程，底层必须以 Page 为单位；而 Linux 下 NFS 的读惩罚只是因为文件系统预读的单位为 Page。二者虽然表象相同，但是其出发点却不同。

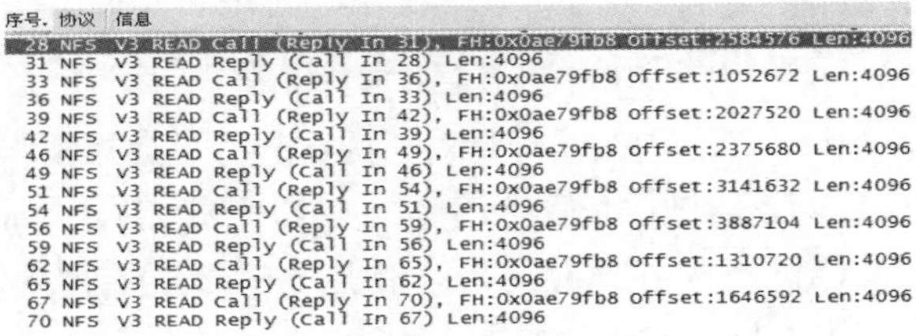

图 19-41　产生惩罚现象

我们再来看看写行为。写有两种方式：追加写和覆盖写。如图 19-42 所示，使用 dd if=/dev/zero of=/mnt/3 bs=1 count=100 来对/mnt/3 这个文件进行追加写操作，可以看到 17 号包对应的 SETATTR 请求，dd 程序将已经存在的文件的 size 设置为 0，然后从头开始追加写入这个文件，每次写 1B，写 100 次。但是内核在底层可并没有向 NFS 服务端发起 100 次写，实际上只发送了一个写请求，对应 19 号包。offset=0，length=100，也就是从头开始写 100B，证明内核将 dd 发送的写请求数据全部缓存并且合并了起来发送给 NFS 服务端。

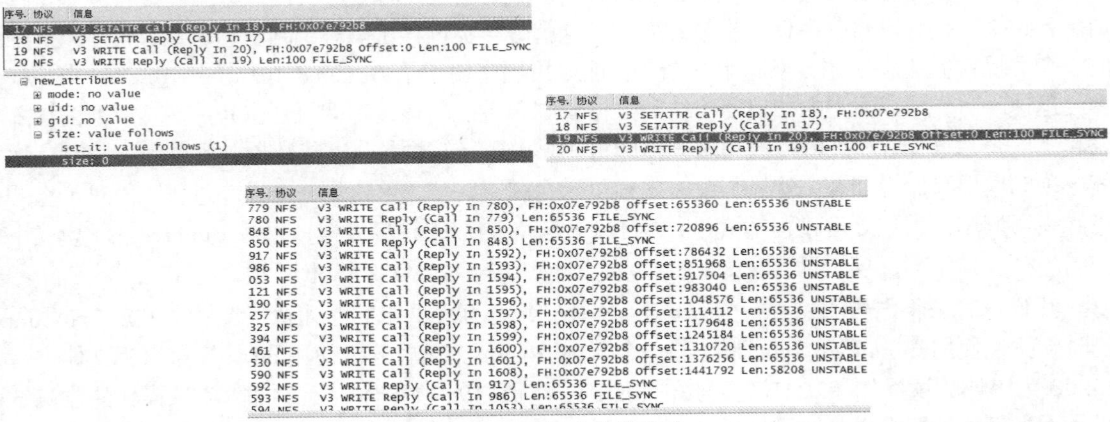

图 19-42　写合并的发生

图中最底部的部分是在使用 dd if=/dev/zero of=/mnt/3 bs=1500 count=1000 时抓取的底层 IO 结果，可以看到 dd 为同步调用，到了底层，内核将 dd 的写 IO 数据合并，并且以异步的方式高效发向 NFS 服务端。

注意：仔细的人可以注意到，590 号包的 Length 并不是 65536，这是因为合并之后的数据本身就并不对齐，所以最后系统将余量完全透传到 NFS 服务器，而并不会发生读入一个对齐的单位，修改之，然后再写入惩罚现象。

再来看一下覆盖写。覆盖写又可以分为两种：连续覆盖写，随机覆盖写。这里要理解，追加写一定是连续写，而随机写一定是覆盖写。

如图 19-43 所示，使用测试工具对一个 NFS 文件进行以 1B 为单位的覆盖写入操作，上半部分为连续写情况下的底层 IO 监测结果，而下半部分则为随机写的监测结果。

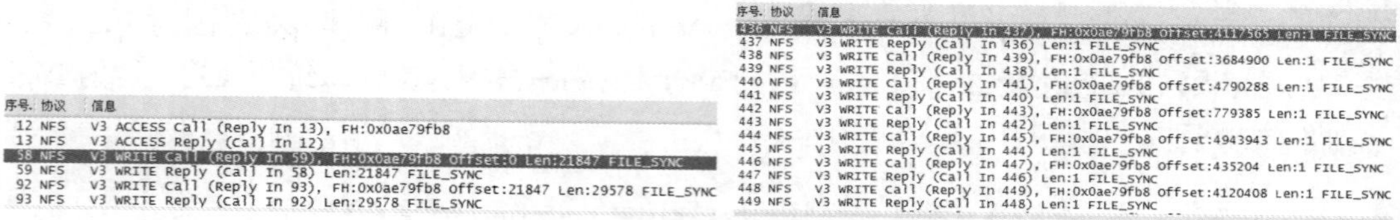

序号.	协议	信息
12	NFS	V3 ACCESS Call (Reply In 13), FH:0x0ae79fb8
13	NFS	V3 ACCESS Reply (Call In 12)
58	NFS	V3 WRITE Call (Reply In 59), FH:0x0ae79fb8 Offset:0 Len:21847 FILE_SYNC
59	NFS	V3 WRITE Reply (Call In 58) Len:21847 FILE_SYNC
92	NFS	V3 WRITE Call (Reply In 93), FH:0x0ae79fb8 Offset:21847 Len:29578 FILE_SYNC
93	NFS	V3 WRITE Reply (Call In 92) Len:29578 FILE_SYNC

序号.	协议	信息
436	NFS	V3 WRITE Call (Reply In 437), FH:0x0ae79fb8 Offset:4117565 Len:1 FILE_SYNC
437	NFS	V3 WRITE Reply (Call In 436) Len:1 FILE_SYNC
438	NFS	V3 WRITE Call (Reply In 439), FH:0x0ae79fb8 Offset:3684900 Len:1 FILE_SYNC
439	NFS	V3 WRITE Reply (Call In 438) Len:1 FILE_SYNC
440	NFS	V3 WRITE Call (Reply In 441), FH:0x0ae79fb8 Offset:4790288 Len:1 FILE_SYNC
441	NFS	V3 WRITE Reply (Call In 440) Len:1 FILE_SYNC
442	NFS	V3 WRITE Call (Reply In 443), FH:0x0ae79fb8 Offset:779385 Len:1 FILE_SYNC
443	NFS	V3 WRITE Reply (Call In 442) Len:1 FILE_SYNC
444	NFS	V3 WRITE Call (Reply In 445), FH:0x0ae79fb8 Offset:4943943 Len:1 FILE_SYNC
445	NFS	V3 WRITE Reply (Call In 444) Len:1 FILE_SYNC
446	NFS	V3 WRITE Call (Reply In 447), FH:0x0ae79fb8 Offset:435204 Len:1 FILE_SYNC
447	NFS	V3 WRITE Reply (Call In 446) Len:1 FILE_SYNC
448	NFS	V3 WRITE Call (Reply In 449), FH:0x0ae79fb8 Offset:4120408 Len:1 FILE_SYNC
449	NFS	V3 WRITE Reply (Call In 448) Len:1 FILE_SYNC

图 19-43　覆盖写测试结果

可以看到，连续覆盖写情况下，内核同样是对写操作进行了合并操作。而随机写情况下，内核根本无法合并写 IO，所以内核的做法是完全透传用户程序发起的 IO，而且，没有任何写惩罚。

还记得 Windows 下的 CIFS 么？在 Windows 下使用 CIFS，患有严重的惩罚综合症，不但读有，写更严重。Linux 下使用 NFS，对于写操作，不管 offset 是否为 Page 或者 512B 对齐，都没有任何写惩罚的存在，而对于读操作，也只有在随机读的情况下出现了读惩罚，其他任何情况下都没有惩罚。

（2）指定 sync 参数后的 IO 行为

默认 mount 使用的是 async 模式，内核可以对 IO 进行合并以提高效率。这里有一点需要理解，即内核处理的 async 或者 sync 与上层程序调用时的 sync 与 async 紧密相关。如果上层使用 sync 调用，则其产生的读 IO 一定在内核处也是同步执行的，因为只有在前一个读请求数据成功地被返回给程序，程序才会发起下一个读请求；对于异步读调用，内核可以在短时间内接收到多个读请求，此时内核可以将这些读请求合并处理，这就是异步过程了。对于同步写调用，程序只有在前一个写操作完成之后才会发起下一个写，而如果程序使用了 Buffered IO 模式，那么一个写操作会迅速瞬时完成。因为内核只要将待写数据复制到系统内核缓存即可通知程序完成，继而接着发起下一个写操作，那么内核在短时间内即可积累若干待写数据，这些数据并不是没接收到一次就必须向底层存储介质写一次的，此时内核可以合并这些写，这也是一个异步过程。而对于上层的异步写调用，内核处理过程就更是异步了。所以，内核的异步过程，只对 Buffered IO 模式下的同步写、异步写、异步读有意义。

我们这就来将内核的这种行为改一下，不让它缓存 IO，要求它立即执行每一个 IO。在 mount 的时候我们使用 mount –o sync 来挂载一个 NFS Export。然后分别使用 dd 程序对目标文件进行 1500B 为单位的读操作和以 1B 为单位的写操作。如图 19-44 所示，上半部分为读操作的监测结果，下半部分为写操作的监测结果。

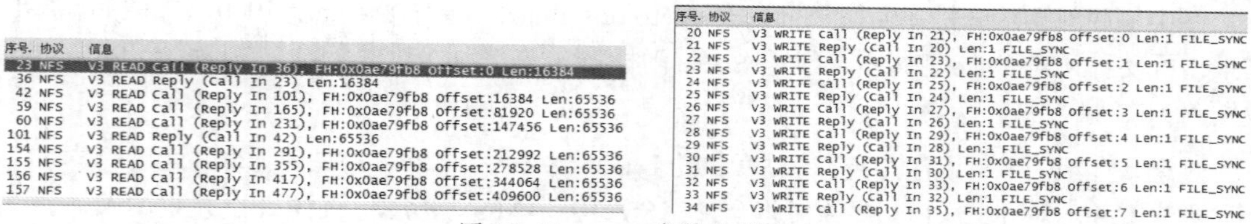

序号.	协议	信息
23	NFS	V3 READ Call (Reply In 36), FH:0x0ae79fb8 Offset:0 Len:16384
36	NFS	V3 READ Reply (Call In 23) Len:16384
42	NFS	V3 READ Call (Reply In 101), FH:0x0ae79fb8 Offset:16384 Len:65536
59	NFS	V3 READ Call (Reply In 165), FH:0x0ae79fb8 Offset:81920 Len:65536
60	NFS	V3 READ Call (Reply In 231), FH:0x0ae79fb8 Offset:147456 Len:65536
101	NFS	V3 READ Reply (Call In 42) Len:65536
154	NFS	V3 READ Call (Reply In 291), FH:0x0ae79fb8 Offset:212992 Len:65536
155	NFS	V3 READ Call (Reply In 355), FH:0x0ae79fb8 Offset:278528 Len:65536
156	NFS	V3 READ Call (Reply In 417), FH:0x0ae79fb8 Offset:344064 Len:65536
157	NFS	V3 READ Call (Reply In 477), FH:0x0ae79fb8 Offset:409600 Len:65536

序号.	协议	信息
20	NFS	V3 WRITE Call (Reply In 21), FH:0x0ae79fb8 Offset:0 Len:1 FILE_SYNC
21	NFS	V3 WRITE Reply (Call In 20) Len:1 FILE_SYNC
22	NFS	V3 WRITE Call (Reply In 23), FH:0x0ae79fb8 Offset:1 Len:1 FILE_SYNC
23	NFS	V3 WRITE Reply (Call In 22) Len:1 FILE_SYNC
24	NFS	V3 WRITE Call (Reply In 25), FH:0x0ae79fb8 Offset:2 Len:1 FILE_SYNC
25	NFS	V3 WRITE Reply (Call In 24) Len:1 FILE_SYNC
26	NFS	V3 WRITE Call (Reply In 27), FH:0x0ae79fb8 Offset:3 Len:1 FILE_SYNC
27	NFS	V3 WRITE Reply (Call In 26) Len:1 FILE_SYNC
28	NFS	V3 WRITE Call (Reply In 29), FH:0x0ae79fb8 Offset:4 Len:1 FILE_SYNC
29	NFS	V3 WRITE Reply (Call In 28) Len:1 FILE_SYNC
30	NFS	V3 WRITE Call (Reply In 31), FH:0x0ae79fb8 Offset:5 Len:1 FILE_SYNC
31	NFS	V3 WRITE Reply (Call In 30) Len:1 FILE_SYNC
32	NFS	V3 WRITE Call (Reply In 33), FH:0x0ae79fb8 Offset:6 Len:1 FILE_SYNC
33	NFS	V3 WRITE Reply (Call In 32) Len:1 FILE_SYNC
34	NFS	V3 WRITE Call (Reply In 35), FH:0x0ae79fb8 Offset:7 Len:1 FILE_SYNC

图 19-44　sync 参数的影响

我们可以看到，对于读操作，底层是不是似乎将程序发起的读 IO 合并了呢？根本不是，上文曾经分析过，除非程序自己使用异步读 IO 调用，否则内核底层不可能在单位时间内接收到多个由同一个进程发起的读请求，所以也就无从合并。出现这种现象的根本原因是文件系统预读行为导致的。sync 参数表示 IO 需要被立即执行而不得延迟，但是对于读立即执行和写立即执行，内核却有不同的处理方式。读立即执行，不一定表示不可以进行 Prefetch 和 Cache Hit 操作，但是对于写立即执行，却绝对不可以将待写的数据缓存起来延迟处理。正因如此，图中下半部分说明内核对写 IO 不缓存、不延迟，再接收到之后，立即透传给了 NFS 服务端处理。

8）指定 rsize/wsize 参数后的 IO 行为

NFS 客户端在 mount 服务端的 exports 时，服务端会向客户端通告服务端自身所能接受的最大 IO Length。客户端根据这个 Length 来决定，如果用户程序发起的 IO Length 大于这个值，那么 NFS 客户端有责任将程序的 IO 分割为小于等于这个值；如果小于这个值，可以直接透传，也可以合并成这个值来发送。

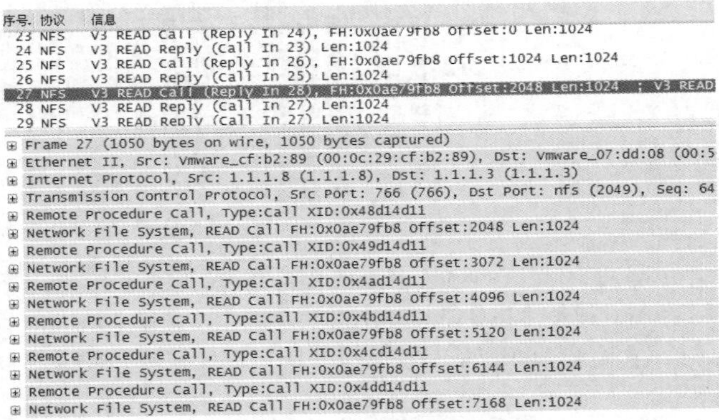

图 19-45　rsize 参数的影响

使用 mount –o rsize=1024，我们将 rsize 从默认的 64KB 改为 1KB，看看底层会发生什么事情。首先使用 dd 产生连续读 IO 来触发内核的预读操作，如图 19-45 所示，内核预读依然发生，但是向底层存储系统发起的 IO Length 降为 1KB，效率大大降低。

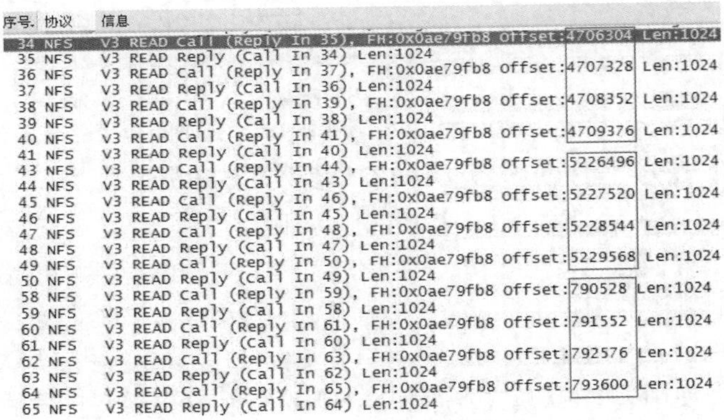

图 19-46　读惩罚产生

如图 19-46 所示，使用测试程序产生小块随机读操作，此时内核会产生读惩罚，针对每个读操作都会读入一个 Page。但是由于 rsize 的改变，本来一个 IO 就可以读入的 Page，现在必须被分割为 4 个 IO 才可以读入。注意方框中的 offset。

使用 mount –o wsize=1024 将 wsize 改为 1KB，使用 dd 程序进行连续写入操作，内核虽然合并了这些写 IO，但是无奈，合并的 IO 最终还会被分割成 1KB 的 IO 发送到 NFS 服务端，如图 19-47 所示。

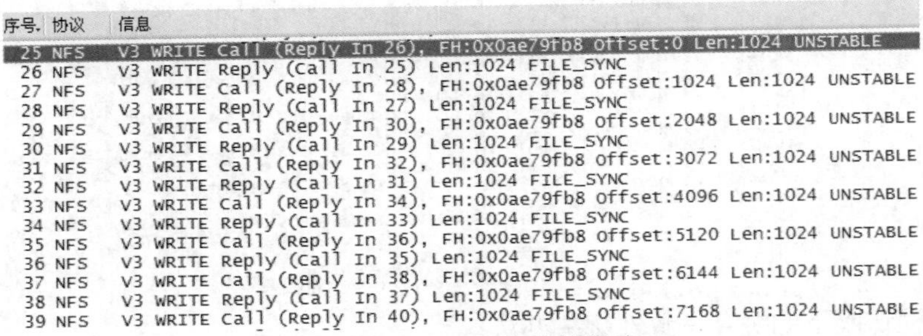

图 19-47　wsize 参数的影响

可以看到，改变 rsize/wsize，对 NFS 的 IO 逻辑没有任何影响，受到影响的只是底层传输的数据包数量和大小。任何情况下均不要降低 rsize 或者 wsize，百害而无一利。这个参数的调节只是为了使用 NFS 服务端的要求而已。

注意：在 RHEL5 以及其他一些 Linux 系统上，如果使用 mount –o rsize=32KB 这种命令格式来更改 rsize 或者 wsize 的话，那么系统虽然在执行命令之后没有任何错误信息报出，但是系统内核在底层却并没有按照给出的这个值来分割 IO 请求，而是统统使用了 4KB 为单位，如图 19-48 所示。

序号.	协议	信息
8	NFS	V3 READ Call (Reply In 12), FH:0x0ae79fb8 Offset:0 Len:4096
9	NFS	V3 READ Call (Reply In 19), FH:0x0ae79fb8 Offset:4096 Len:4096
12	NFS	V3 READ Reply (Call In 8) Len:4096
14	NFS	V3 READ Call (Reply In 22), FH:0x0ae79fb8 Offset:8192 Len:4096
15	NFS	V3 READ Call (Reply In 25), FH:0x0ae79fb8 Offset:12288 Len:4096
16	NFS	V3 READ Call (Reply In 28), FH:0x0ae79fb8 Offset:16384 Len:4096
19	NFS	V3 READ Reply (Call In 9) Len:4096
22	NFS	V3 READ Reply (Call In 14) Len:4096
25	NFS	V3 READ Reply (Call In 15) Len:4096
28	NFS	V3 READ Reply (Call In 16) Len:4096
29	NFS	V3 READ Call (Reply In 33), FH:0x0ae79fb8 Offset:20480 Len:4096
33	NFS	V3 READ Reply (Call In 29) Len:4096

图 19-48　底层使用 4KB 为分割单位

而如果使用 mount –o rsize=32768 这种命令格式，此时就没有任何问题了，如图 19-49 所示。虽然 32KB=32768B，但是内核似乎并不认同前者，使用时一定要倍加注意。分割单位在不知情的情况下变小，会增加存储系统负担。

序号.	协议	信息
8	NFS	V3 READ Call (Reply In 21), FH:0x0ae79fb8 Offset:0 Len:16384
21	NFS	V3 READ Reply (Call In 8) Len:16384
27	NFS	V3 READ Call (Reply In 55), FH:0x0ae79fb8 Offset:16384 Len:32768
44	NFS	V3 READ Call (Reply In 86), FH:0x0ae79fb8 Offset:49152 Len:32768
45	NFS	V3 READ Call (Reply In 116), FH:0x0ae79fb8 Offset:81920 Len:32768
46	NFS	V3 READ Call (Reply In 146), FH:0x0ae79fb8 Offset:114688 Len:32768
55	NFS	V3 READ Reply (Call In 27) Len:32768
86	NFS	V3 READ Reply (Call In 44) Len:32768
116	NFS	V3 READ Reply (Call In 45) Len:32768
146	NFS	V3 READ Reply (Call In 46) Len:32768

图 19-49 底层使用命令给出的值为分割单位

9）程序使用 O_DIRECT 参数后的 IO 行为

Linux 下的 NFS 比 Windows 下的 CIFS 优异，表现在，前者有明显预读力度，只在特定条件下有读惩罚，写惩罚一点没有。正因 NFS 的缓存如此高效，所以在 Linux 2.6 内核中，在 mount 时并没有提供 Direct IO 的选项（内核编译时被禁止），但是单个程序在 Open()的时候依然可以指定 O_DIRECT 参数来对单个文件使用 DIO 模式。与 Windows 下 CIFS 实现方式相同，如果选择使用了 DIO 模式，那么 NFS 层就会完全透传程序层的 IO 请求。如图 19-50 所示，以 DIO 方式读取文件，每次 1B，底层完全透传了上层的 IO 请求。

序号.	协议	信息
10	NFS	V3 ACCESS Reply (Call In 9)
28	NFS	V3 READ Call (Reply In 29), FH:0x0ae79fb8 Offset:0 Len:1
29	NFS	V3 READ Reply (Call In 28) Len:1
31	NFS	V3 READ Call (Reply In 32), FH:0x0ae79fb8 Offset:1 Len:1
32	NFS	V3 READ Reply (Call In 31) Len:1
34	NFS	V3 READ Call (Reply In 35), FH:0x0ae79fb8 Offset:2 Len:1
35	NFS	V3 READ Reply (Call In 34) Len:1
37	NFS	V3 READ Call (Reply In 38), FH:0x0ae79fb8 Offset:3 Len:1
38	NFS	V3 READ Reply (Call In 37) Len:1
39	NFS	V3 READ Call (Reply In 40), FH:0x0ae79fb8 Offset:4 Len:1
40	NFS	V3 READ Reply (Call In 39) Len:1
41	NFS	V3 READ Call (Reply In 42), FH:0x0ae79fb8 Offset:5 Len:1
42	NFS	V3 READ Reply (Call In 41) Len:1
43	NFS	V3 READ Call (Reply In 44), FH:0x0ae79fb8 Offset:6 Len:1
44	NFS	V3 READ Reply (Call In 43) Len:1
45	NFS	V3 READ Call (Reply In 46), FH:0x0ae79fb8 Offset:7 Len:1
46	NFS	V3 READ Reply (Call In 45) Len:1

图 19-50　DIO 模式测试结果

10）多进程访问下的缓存一致性解决办法

在缓存一致性的保证方面，NFS 相比 CIFS 来讲要差一些。CIFS 使用 Oplock 机制来充分保证文件的时序一致性；而对于 NFS，除了使用字节锁或者干脆使用 DIO 模式之外，没有其他方法能够在使用缓存的情况下严格保证时序一致性，NFS 只提供"尽力而为"的一致性保证，而且这种保证全部由客户端自行实现，NFS 服务端在这个过程中不作为。下面我们就来看一下 NFS

提供的尽力而为的一致性保证机制。

比如，有两个客户端共同访问同一个 NFS 服务端上的文件，而且这两个客户端都使用本地 NFS 缓存，那么客户端 A 首先打开了文件并且做了预读，而且 A 本地缓存内还有被缓存的写数据。此时客户端 B 也打开了这个文件，并且做了预读，如果被读入的数据部分恰好是 A 被缓存的尚未写入的部分，那么此时就发生了时序不一致。而这种情况在 CIFS 下是不会发生的，因为 B 打开时，服务端会强制让 A 来将自己的写缓存 Flush，然后才允许 B 打开，此时 B 读入的就是最新的数据。

再回到 NFS 来，B 上某进程打开了这个文件之后，内核会将文件的属性缓存在本地，包括访问时间、创建时间、修改时间、文件长度等信息，任何需要读取文件属性的操作，都会 Cace Hit，直到这个 Attribute Cache（ac）达到失效时间为止，如果 ac 达到了失效时间，那么内核 NFS 层会向服务端发起一个 GETATTR 请求来重新取回文件最新的属性信息并缓存在本地，ac 失效计时器被置 0，重新开始计时，往复执行这个过程。在 ac 缓存未超时之前，客户端不会向服务端发起 GETATTR 请求，除非收到了某个进程的 Open()请求。其他诸如 stat 命令等读取文件属性的操作，不会触发 GETATTR。

在任何时刻，任何针对 NFS 文件的 Open()操作，内核均会强制触发一个 GETATTR 请求被发送至服务端以便取回最新的属性数据。这样做是合理的，因为对于 Open()操作来说，内核必须提供给这个进程最新的文件数据，所以必须查看最新属性以与 ac 缓存中的副本对比。如果新取回的属性信息中 mtime 相对于本地缓存的信息没有变化，则内核会擅自替代 NFS 服务端来响应程序的 Open()，并且随后程序发起的读操作也都首先去碰缓存命中，不命中的话再将请求发给服务端，这一点类似 CIFS 下的 Batch Oplock；但是如果新取回的文件属性中对应的 mtime 比缓存副本晚，那么就证明有其他客户端的进程修改了这个文件，也就意味着本地的缓存不能体现当前最新的文件数据，全部作废。所以此时，内核 NFS 会将这个 Open()请求透传到服务端，随后发生的读写数据的过程依旧先 Cache Hit（由于之前缓存作废，所以第一次读请求一定是不命中的），未命中则从服务端读取。随着缓存不断被填充以最新读入的数据，命中率会越来越高，而且直到下次出现同样的过程之前这些缓存的文件属性副本和数据副本不会作废。

ac 的超时值是可控的，在 mount 的时候可以指定“actimeo=秒数”这个参数来设定。当然，这个值设定的越低，客户端发送 GETATTR 到服务端的频率也就越高，就能更快地感知到目标文件的变化。如果将其设置为 0，意味着不缓存文件属性信息，那么客户端上的进程每次查询文件属性的操作（比如 stat 命令）均会触发一个 GETATTR 被发送到服务端。

Mount NFS 时还有一个选项叫做“noac”，即 No Attribute Cache 缩写，这个选项与 actimeo=0 的区别是，noac 等价于“actimeo=0”+“sync”。

对于读操作，使用 noac 或者 actimeo=0 选项的情况下，如果程序没有使用 DIO，那么内核依然有预读行为。但是，为了确保程序读入的数据是最新的，每次程序发起 read()，如果内核判断这个 read()命中了当前的缓存，则会同时触发 getattr 发向服务端。如果取回的属性 mtime 未变，则从缓存中将数据返回给程序；如果 mtime 有变，则向服务端发起 read()取回最新数据。如果程序发起的 read()未命中，则无须触发 GETATTR，直接向服务端发起 read()取回数据。这种做法的好处是极大地利用了预读缓存，每个 read()用一个 GETATTR 为代价来探寻缓存的文件属性是否为最新，一旦走运为最新，那么即可不需要向服务端发起 read()。

如果使用 DIO 模式，每个程序发起的 read()就均会被映射为内核向服务端发起的 read()，享受不到预读缓存的效果。使用上面这种方法，虽然每个 read()均会导致发送一次 GETATTR，但是 GETATTR 消耗的资源相比 read()来讲是很少的。但是这样做依然对性能有很大的影响，如果整个环境中只有一台客户端，那么使用 noac 是严重浪费网络和系统资源的，一个进程可能在单位时间内发起大量的 read()操作，就算是这些 read()均命中了缓存，那么依然不能避免内核在底层会发向与 read()调用等同数量的 GETATTR 请求数据包给 NFS 服务端。网络上可以看见成千上万的 GETATTR，这是多此一举的行为，缓存的提速作用都被外部网络的速度给制约了，根本没有体现出来，所避免的仅仅是被假设的可能需要从服务端读数据的过程。

CIFS 的 Oplock 模式一旦某个客户端锁被剥夺，那么除非进程再次 Open()，否则不可能再使用本地缓存。但是 NFS 下可以随时使用缓存，只要 GETATTR 取回的信息中 mtime 未变。就算 mtime 变了，本地缓存作废，之后还会积累新的缓存数据可供 Read Cache Hit，直到下一次作废为止。

总结：Linux 下的 NFS 缓存一致性解决办法，从严格到不严格依次为程序使用 DIO 模式、使用 noac 选项来 mount、降低 actimeo 阈值到尽量低的值、默认 mount 参数。按照这个顺序，客户端获得的性能是递减的，DIO 模式根本无法使用缓存，noac 模式只能靠发送 GETATTR 来碰运气使用预读缓存，actimeo 超时周期内则可以肆无忌惮地使用本地缓存而不需要向服务端发起 GETATTR 来探询。默认 mount 参数的 actimeo=60，也就是 1 分钟，所以缓存发挥的作用更大。GETATTR 是多客户端访问环境下 NFS 实现缓存一致性的法宝。

11）Linux 上使用 CIFS 与 Windows 上使用 NFS

我们知道，Linux 上现在已经可以直接以 CIFS 协议来 mount 一个 CIFS 服务端的共享目录，同时 Windows 上也可以通过安装 Microsoft 提供的 Windows Services for UNIX（SFU）开发包来实现对 NFS 服务端的 mount。现在我们来调查一下这两者的一些行为与原配情况下有什么异同。Linux 使用 RHEL5，自带了对 CIFS 的支持；Windows 使用 WinXP SP3，安装 SFU 3.5 开发包。

我们首先调查 Linux 上使用 CIFS 的情况。使用默认参数 mount –t cifs 命令来 mount 服务端的一个共享目录。如图 19-51 所示，图中第一项结果对应用 dd 进行同步+Buffered IO 模式从目录某文件中读出 1byte 的内容的过程；第二项结果对应用 dd 进行同步+Buffered IO 模式每次 1B 读入 10000 次的过程；第三项结果对应使用测试程序进行 Buffered IO+同步调用模式以 1B 为单位持续随机读取文件的过程；第四项结果对应使用测试程序进行 Buffered IO+同步调用+WriteThrough 模式以 1B 为单位持续随即覆盖写入文件的过程。

序号	协议	信息
17	SMB	Read AndX Request, FID: 0x0002, 16384 bytes at offset 0
30	SMB	Read AndX Response, FID: 0x0002, 16384 bytes
36	SMB	Close Request, FID: 0x0002
37	SMB	Close Response, FID: 0x0002

序号	协议	信息
10	SMB	NT Create AndX Request, FID: 0x0002, Path: \1
11	SMB	NT Create AndX Response, FID: 0x0002
12	SMB	Read AndX Request, FID: 0x0002, 16384 bytes at offset 0
25	SMB	Read AndX Response, FID: 0x0002, 16384 bytes
35	SMB	Read AndX Request, FID: 0x0002, 16384 bytes at offset 16384
47	SMB	Read AndX Response, FID: 0x0002, 16384 bytes
55	SMB	Read AndX Request, FID: 0x0002, 16384 bytes at offset 32768
67	SMB	Read AndX Response, FID: 0x0002, 16384 bytes

序号	协议	信息
21	SMB	Read AndX Request, FID: 0x0004, 4096 bytes at offset 9703424
24	SMB	Read AndX Response, FID: 0x0004, 4096 bytes
28	SMB	Read AndX Request, FID: 0x0004, 4096 bytes at offset 8777728
31	SMB	Read AndX Response, FID: 0x0004, 4096 bytes
33	SMB	Read AndX Request, FID: 0x0004, 4096 bytes at offset 1015808
36	SMB	Read AndX Response, FID: 0x0004, 4096 bytes
38	SMB	Read AndX Request, FID: 0x0004, 4096 bytes at offset 8802304
41	SMB	Read AndX Response, FID: 0x0004, 4096 bytes
43	SMB	Read AndX Request, FID: 0x0004, 4096 bytes at offset 8232960

序号	协议	信息
35	SMB	Read AndX Request, FID: 0x0003, 4096 bytes at offset 5222400
38	SMB	Read AndX Response, FID: 0x0003, 4096 bytes
43	SMB	Write AndX Request, FID: 0x0003, 4096 bytes at offset 5222400
44	SMB	Write AndX Response, FID: 0x0003, 4096 bytes
46	SMB	Read AndX Request, FID: 0x0003, 4096 bytes at offset 2400256
49	SMB	Read AndX Response, FID: 0x0003, 4096 bytes
56	SMB	Write AndX Request, FID: 0x0003, 4096 bytes at offset 2400256
57	SMB	Write AndX Response, FID: 0x0003, 4096 bytes
58	SMB	Read AndX Request, FID: 0x0003, 4096 bytes at offset 7159808
61	SMB	Read AndX Response, FID: 0x0003, 4096 bytes
67	SMB	Write AndX Request, FID: 0x0003, 4096 bytes at offset 7159808

图 19-51　Linux 下使用 CIFS

从上图的各项测试结果来看，Linux 下的 CIFS 访问方式同样存在读写惩罚，究其原因还是由于 Page Cache 导致。看来 Linux 下除了使用 NFS 可以避免惩罚之外，本地文件系统和 CIFS 文件系统均无法避免读写惩罚。Linux 下还是使用原配的 NFS 最好。

我们再来看一看 Windows 上使用 NFS 访问的情况。如图 19–52 所示，第一项结果对应使用测试工具进行 Buffered IO+同步调用模式下以 1B 为单位对文件进行随机读的过程；第二项结果对应使用测试工具进行 Buffered IO+同步调用+WriteThrough 模式下以 1B 为单位对文件进行随机写的过程；第三项结果对应用测试工具进行 Buffered IO+同步调用模式下以 1B 为单位对文件进行连续地址写的过程。

序号.	协议	信息
29	NFS	V3 READ Call, FH:0x0ae79fb8 Offset:8411595 Len:1
30	NFS	V3 READ Reply (Call In 29) Len:1
31	NFS	V3 READ Call, FH:0x0ae79fb8 Offset:8397597 Len:1
32	NFS	V3 READ Reply (Call In 31) Len:1
33	NFS	V3 READ Call, FH:0x0ae79fb8 Offset:4224650 Len:1
34	NFS	V3 READ Reply (Call In 33) Len:1
35	NFS	V3 READ Call, FH:0x0ae79fb8 Offset:4198359 Len:1

序号.	协议	信息
54	NFS	V3 WRITE Call, FH:0x0ae79fb8 Offset:4208787 Len:1 FILE_SYNC
55	NFS	V3 WRITE Reply (Call In 54) Len:1 FILE_SYNC
56	NFS	V3 WRITE Call, FH:0x0ae79fb8 Offset:8400489 Len:1 FILE_SYNC
57	NFS	V3 WRITE Reply (Call In 56) Len:1 FILE_SYNC
58	NFS	V3 WRITE Call, FH:0x0ae79fb8 Offset:23449 Len:1 FILE_SYNC
59	NFS	V3 WRITE Reply (Call In 58) Len:1 FILE_SYNC
60	NFS	V3 WRITE Call, FH:0x0ae79fb8 Offset:2118380 Len:1 FILE_SYNC
61	NFS	V3 WRITE Reply (Call In 60) Len:1 FILE_SYNC
62	NFS	V3 WRITE Call, FH:0x0ae79fb8 Offset:2125746 Len:1 FILE_SYNC

序号.	协议	信息
26	NFS	V3 READ Call, FH:0x0ae79fb8 Offset:3 Len:1
27	NFS	V3 READ Reply (Call In 26) Len:1
28	NFS	V3 READ Call, FH:0x0ae79fb8 Offset:4 Len:1
29	NFS	V3 READ Reply (Call In 28) Len:1
30	NFS	V3 READ Call, FH:0x0ae79fb8 Offset:5 Len:1
31	NFS	V3 READ Reply (Call In 30) Len:1
32	NFS	V3 READ Call, FH:0x0ae79fb8 Offset:6 Len:1
33	NFS	V3 READ Reply (Call In 32) Len:1
34	NFS	V3 READ Call, FH:0x0ae79fb8 Offset:7 Len:1
35	NFS	V3 READ Reply (Call In 34) Len:1
36	NFS	V3 READ Call, FH:0x0ae79fb8 Offset:8 Len:1

图 19-52 Windows 下使用 NFS

是否产生读写惩罚与操作系统的具体实现有关系，不能将这种惩罚归于某个协议的缺陷，协议自身是没有这种惩罚缺陷的。每个协议作为一个模块嵌入操作系统的驱动链，产生惩罚的原因在于 OS 与模块之间的接口设计。

Windows 与 Linux 对待本地文件都使用 Page Cache 映射方式，Linux 对块设备也使用 Pcache 映射。两个操作系统均有读写惩罚现象。Windows 对待 NTFS 与 CIFS 文件系统是一视同仁，而 Linux 下则进行有区别的对待，充分考虑了 NFS 网络 IO 的效率等因素。但是遗憾的是 Linux 与 CIFS 之间的接口尚待完善。而 Windows 与 NFS 模块之间则为彻底的 DIO 模式，完全透传，这也不失为一种快刀斩乱麻的实现方式。

19.1.2 文件系统层

文件系统是系统 IO 路径中首当其冲的一个比较大的模块。IO 离开应用层之后，便经由 OS 相关操作被下到了文件系统层进行处理。文件系统一个最大的任务就是负责在逻辑文件与底层卷或者磁盘之间做映射，并且维护和优化这些映射信息。文件系统还需要负责向上层提供文件 IO 访问 API 接口，比如打开、读、写、属性修改、裁剪、扩充、锁等文件操作。另外，还需要维护缓存，包括预读、Write Back、Write Through、Flush 等操作；还需要维护数据一致性，比如 Log、FSCK 等机制；还需要维护文件权限、Quota 等。

可以把一个文件系统逻辑地分为上部、中部和下部。访问接口属于上部；缓存管理、文件管理等属于中部；文件映射、一致性保护、底层存储卷适配等属于下部。

1. 文件系统上部

文件系统对用户的表示层处于最上部，比如 Linux 下的表示法“/root/a.txt”、“/dev/sda1”、“/mnt/nfs”或者 Windows 下的表示法“D:\a.txt”、“Z 在 192.168.1.1 上的 Share\1.txt”。文件系统表示层给用户提供了一种简洁直观的文件目录，用户无须关心路径对应的具体实体处于底层的哪个位置，处于网络另一端，还是磁盘上某个磁道扇区。这种 FS 最顶层的抽象称为 Virtual File

System（VFS）。

文件系统访问接口层也位于上部。由于接口层直接接受上层 IO，而 IO 又有 14 种（见表 19-1），文件系统会受到这 14 种 IO 的摧残。面对这种摧残，文件系统还是有点对策的。在 Windows 系统下，NTFS 提供了两种适配 IO 类型的 API：FILE_FLAG_SEQUENTIAL_SCAN 和 FILE_FLAG_RANDOM_ACCESS。在应用程序打开一个文件时可以在调用相关函数的时候给出对应的 Flag。前者表示应用准备对这个文件进行连续读写（LBA 地址连续）访问，如果使用这个参数而且使用系统内核缓存，那么文件系统会加大默认的预读力度和频率，这个参数在不使用系统内核缓存时是无效的；后者则表示应用准备对这个文件进行随机读写访问，那么文件系统就会降低默认的预读力度和频率以避免不必要的浪费。

我们在此做一个“疯狂实验”来折磨一下文件系统，笔者用 Asynchronous Explore 进行使用系统内核缓存的随机 IO，但同时又指定了连续 IO 参数，通告 FS 程序要进行连续 IO 但实际却给出随机 IO。这显然是矛盾的。我们利用这个矛盾来调查文件系统是否也跟着我们矛盾。如图 19-53 所示，在抓取的 iSCSI 包结果中我们可以看到，在一开始瞬间的 21 号包表示 FS 向底层存储发起了一个长度为 128B 的读 IO，这显然受到了那个参数的影响，随后的几个长度为 128B 的 IO 表明 FS 接连预读了几次。随后，再也没有发生超长度 IO，表明 FS 从此不再进行预读了（后续还有数百个 IO，图中没有截出）。这说明 FS 是很有智能的，它一开始参考给出的参数，但是随后它发现上层给出的 IO 并不是连续的，受骗了，所以愤然不再预读。

No.	Protocol	Info
1	iSCSI	SCSI: Read(10) LUN: 0x00 (LBA: 0x008c36a9, Len: 8)
6	iSCSI	SCSI: Read(10) LUN: 0x00 (LBA: 0x008c36c9, Len: 8)
10	iSCSI	SCSI: Read(10) LUN: 0x00 (LBA: 0x008c36f1, Len: 128)
55	iSCSI	SCSI: Read(10) LUN: 0x00 (LBA: 0x008d2ed1, Len: 8)
73	iSCSI	SCSI: Read(10) LUN: 0x00 (LBA: 0x008c3771, Len: 128)
134	iSCSI	SCSI: Read(10) LUN: 0x00 (LBA: 0x008d2ef1, Len: 128)
139	iSCSI	SCSI: Read(10) LUN: 0x00 (LBA: 0x008b0d91, Len: 8)
201	iSCSI	SCSI: Read(10) LUN: 0x00 (LBA: 0x008d2f71, Len: 128)
268	iSCSI	SCSI: Read(10) LUN: 0x00 (LBA: 0x008cb041, Len: 8)
273	iSCSI	SCSI: Read(10) LUN: 0x00 (LBA: 0x008e0ef9, Len: 8)
277	iSCSI	SCSI: Read(10) LUN: 0x00 (LBA: 0x008e0f71, Len: 128)
323	iSCSI	SCSI: Read(10) LUN: 0x00 (LBA: 0x008d8eb9, Len: 16)
341	iSCSI	SCSI: Read(10) LUN: 0x00 (LBA: 0x008e0ff1, Len: 128)
351	iSCSI	SCSI: Read(10) LUN: 0x00 (LBA: 0x008be4a1, Len: 8)
418	iSCSI	SCSI: Read(10) LUN: 0x00 (LBA: 0x008c3f89, Len: 8)
423	iSCSI	SCSI: Read(10) LUN: 0x00 (LBA: 0x008b4419, Len: 16)
432	iSCSI	SCSI: Read(10) LUN: 0x00 (LBA: 0x008ccac1, Len: 8)
437	iSCSI	SCSI: Read(10) LUN: 0x00 (LBA: 0x008d3d41, Len: 16)
446	iSCSI	SCSI: Read(10) LUN: 0x00 (LBA: 0x008c5d31, Len: 16)
456	iSCSI	SCSI: Read(10) LUN: 0x00 (LBA: 0x008cc781, Len: 8)
461	iSCSI	SCSI: Read(10) LUN: 0x00 (LBA: 0x008dee69, Len: 16)
471	iSCSI	SCSI: Read(10) LUN: 0x00 (LBA: 0x008b6481, Len: 16)
480	iSCSI	SCSI: Read(10) LUN: 0x00 (LBA: 0x008d8a19, Len: 8)
485	iSCSI	SCSI: Read(10) LUN: 0x00 (LBA: 0x008d0611, Len: 16)
494	iSCSI	SCSI: Read(10) LUN: 0x00 (LBA: 0x008b47c1, Len: 8)
499	iSCSI	SCSI: Read(10) LUN: 0x00 (LBA: 0x008d7861, Len: 8)
504	iSCSI	SCSI: Read(10) LUN: 0x00 (LBA: 0x008c9ef1, Len: 8)
509	iSCSI	SCSI: Read(10) LUN: 0x00 (LBA: 0x008de1e9, Len: 8)
514	iSCSI	SCSI: Read(10) LUN: 0x00 (LBA: 0x008d5cd1, Len: 8)
519	iSCSI	SCSI: Read(10) LUN: 0x00 (LBA: 0x008c11a9, Len: 8)
524	iSCSI	SCSI: Read(10) LUN: 0x00 (LBA: 0x008b6a89, Len: 8)
529	iSCSI	SCSI: Read(10) LUN: 0x00 (LBA: 0x008bb3d1, Len: 8)
534	iSCSI	SCSI: Read(10) LUN: 0x00 (LBA: 0x008b3239, Len: 8)
539	iSCSI	SCSI: Read(10) LUN: 0x00 (LBA: 0x008b8839, Len: 8)
544	iSCSI	SCSI: Read(10) LUN: 0x00 (LBA: 0x008df631, Len: 8)
549	iSCSI	SCSI: Read(10) LUN: 0x00 (LBA: 0x008d5311, Len: 8)
554	iSCSI	SCSI: Read(10) LUN: 0x00 (LBA: 0x008c4841, Len: 16)
564	iSCSI	SCSI: Read(10) LUN: 0x00 (LBA: 0x008cedd1, Len: 8)
569	iSCSI	SCSI: Read(10) LUN: 0x00 (LBA: 0x008d76b1, Len: 8)
574	iSCSI	SCSI: Read(10) LUN: 0x00 (LBA: 0x008caf29, Len: 8)
579	iSCSI	SCSI: Read(10) LUN: 0x00 (LBA: 0x008df571, Len: 8)
584	iSCSI	SCSI: Read(10) LUN: 0x00 (LBA: 0x008ceba1, Len: 8)
589	iSCSI	SCSI: Read(10) LUN: 0x00 (LBA: 0x008bb1b1, Len: 8)
594	iSCSI	SCSI: Read(10) LUN: 0x00 (LBA: 0x008dace9, Len: 16)
604	iSCSI	SCSI: Read(10) LUN: 0x00 (LBA: 0x008c59e9, Len: 8)
609	iSCSI	SCSI: Read(10) LUN: 0x00 (LBA: 0x008c59f1, Len: 8)
613	iSCSI	SCSI: Read(10) LUN: 0x00 (LBA: 0x008d8ce9, Len: 8)
619	iSCSI	SCSI: Read(10) LUN: 0x00 (LBA: 0x008cb3c9, Len: 8)

图 19-53　验证 FS 预读行为

2. 文件系统中部

缓存位于文件系统中部。预读和 Write Back 是文件系统的最基本功能，可以参考上文中的示例来理解文件系统预读机制。缓存预读对不同 IO 类型的优化效果也是不同的，参考表 19-2。

表 19-2　不同 IO 类型的缓存效果

类别	优化效果	缓存行为和加速效果
小块连续读 IO	最好	每个 IO 几乎都会命中，命中率越高，持续时间越长，FS 预读力度就会保持，预读的保持又反过来保持了后续 IO 的命中。相互促进，为最优的方式
小块连续写 IO	WB 模式下很好，WT 模式下缓存无效	在数据量不大时，WB 模式下甚至比读效果还要好，因为每个写 IO 只要进入系统内核缓存即完成。但是数据量比较大的时候，系统内核缓存会很快被塞满，会触发持续的 Flush 操作写盘动作，此时缓存趋于失效
大块连续读 IO	较好。高吞吐量情况下缓存趋于失效	数据量比较大时，由于系统内核缓存容量有限，预读会跟不上前端的 IO 请求，造成 IO 刚开始时命中率很高响应时间很低。随后，命中率迅速降低，响应时间升高。整体性能表现为后端存储所提供的读性能，缓存趋于失效
大块连续写 IO	一般	系统内核缓存很快被塞满，持续 Flush 动作开始，整体性能表现为后端存储所提供的写性能，类似 Write Through。缓存趋于失效
小块随机读 IO	最差	命中率是所有情况下最低的。FS 预读力度降至最低，缓存趋于无效。整体性能表现为后端存储所提供的性能
小块随机写 IO	WB 模式下很好，WT 模式下缓存无效而且对于底层也是最差的	在数据量不大时，WB 模式下甚至比读效果还要好，因为每个写 IO 只要进入系统内核缓存即完成，不管是随机还是连续 IO，对于 RAM 来说随机和连续基本上没有意义，RAM 不需要机械寻道。但是数据量比较大的时候，系统内核缓存会很快被塞满，会触发持续的 Flush 操作写盘动作，此时缓存趋于失效
大块随机读 IO	很差	命中率是所有情况下最低的。FS 预读力度降至最低，缓存趋于无效。整体性能表现为后端存储所提供的性能
大块随机写 IO	WB 模式下较差，WT 模式下无效且对底层来讲很差	大块写 IO 会比较迅速地塞满缓存，所以这种情况下 FS 会持续 Flush。整体性能表现为后端存储所提供的性能，由于是随机 IO 而且是写，慢上加慢
并发 IO	总体来讲比顺序 IO 强很多	纯异步 IO 会在单位时间内发送大批 IO 请求，如果是连续 IO 则会有较高的命中率从而保持较高的吞吐量；如果是随机 IO，多个随机 IO 有可能被 FS 的 IO Combination 机制组合从而比顺序 IO 模式下获得更高的效率
顺序 IO	最差	最差的 IO 方式，不仅耗费更多资源而且动作缓慢，效率低下
实 IO	相比虚 IO 来讲较差	实 IO 指文件实体数据的读写，由于实体数据比 Metadata 数据要大，所以一般情况下命中率不高，多数情况需要访问底层存储磁盘
虚 IO	最好	指读或者更改文件属性或 SCSI/ATA 协议中其他非实体数据操作的 IO 请求。前者数据为 Metadata，大部分时间都将被缓存，所以能够保持持续的高命中率，IO 很快完成；后者则是协议层的原子操作，由于不涉及磁盘机械寻道，所以也将很快完成
突发 IO	一般	文件系统都会保存有空余的缓存空间来随时应付突发 IO。突发 IO 也就意味着缓存将被迅速塞满而趋于失效。所以整体性能表现为后端存储所提供的性能
间断 IO	较好	在间断期间，文件系统可以有较多的时间来对 Queue 中的 IO 进行优化操作（见下文），而后 Flush 写盘，产生更多的空余缓存空间用于接受下一次批量 IO。所以整体性能保持良好
持续 IO	一般	持续 IO 不会有间断，所以 FS 需要持续地联动起来，持续地 Flush 动作，缓存趋于失效，整体性能趋于后端存储所表现的性能

OS 可以提供一些可供用户自行设置的参数来控制文件系统预读力度，比如 AIX 系统便提供了 j2_maxpagereadahead 参数来控制 JFS2 文件系统的预读力度，这个参数的值表示 FS 做预读操作时向底层发起的 IO Size。比如，将其设置为 4 则表示每个预读 IO Size 为 4 个缓存 Page，也就是 4×4KB=16KB。下面我们用数据来说明 FS 预读的效果。首先看一下将 j2_maxpagereadahead 改为 4 之后，cp 一个文件所耗费的时间以及底层向存储系统发起的 IO 情况。其中 Read Ops 表示每秒读操作数，Read KB 表示每秒读带宽吞吐量。

```
aix-cn22:/#ioo -o j2_maxPageReadAhead=4
Setting j2_maxPageReadAhead to 4
aix-cn22:/#mount /dev/fslv02 /mnt3
aix-cn22:/#time cp /mnt3/c /mnt2
real    0m17.07s
user    0m0.28s
sys     0m11.00s

Read  Write Other QFull   Read  Write Average   Queue    Lun
 Ops   Ops   Ops           kB    kB Latency  Length
3994    0     0     0  63888     0    0.00    0.08     /vol/Lun/Lunaix
3116    0     0     0  49872     0    0.00    0.07     /vol/Lun/Lunaix
```

我们看到 cp 耗费了 17 秒，底层预读发起的 IOPS 为 3000～4000 之间。再来看一看将 j2_maxpagereadahead 改为 64 之后的结果。可以看到 cp 耗费了 11 秒，大大加快了，而且底层预读耗费的 IOPS 仅为 400 左右，差不多是前者的十分之一，同时带宽也达到了测试用的 1Gb/s 的 iSCSI 以太网链路的极限。

```
aix-cn22:/#ioo -o j2_maxPageReadAhead=64
Setting j2_maxPageReadAhead to 64
aix-cn22:/#mount /dev/fslv02 /mnt3
aix-cn22:/#time cp /mnt3/c /mnt2
real    0m11.67s
user    0m0.22s
sys     0m9.34s

Read  Write Other QFull   Read  Write Average   Queue    Lun
 Ops   Ops   Ops           kB    kB Latency  Length
 383    0     0     0  97856     0    1.04    0.03     /vol/Lun/Lunaix
 437    0     0     0  95936     0    0.90    0.03     /vol/Lun/Lunaix
```

我们再来看一看图 19-54，这个实验中，在 Windows 系统中使用测试工具对某个文件使用以 200B 为单位的连续读操作，NTFS 文件系统此时的预读力度达到了最大，左侧显示了系统底层发向存储设备的 IO，每个 IO 的长度几乎都是 128，即 64KB。

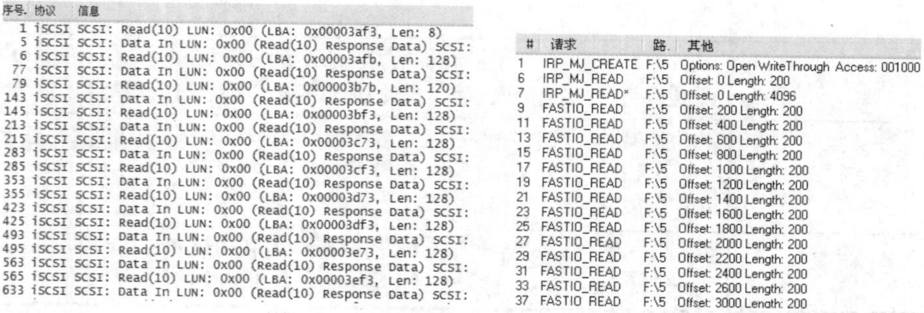

序号.	协议	信息
1	iSCSI	SCSI: Read(10) LUN: 0x00 (LBA: 0x00003af3, Len: 8)
5	iSCSI	SCSI: Data In LUN: 0x00 (Read(10) Response Data) SCSI:
6	iSCSI	SCSI: Read(10) LUN: 0x00 (LBA: 0x00003afb, Len: 128)
77	iSCSI	SCSI: Data In LUN: 0x00 (Read(10) Response Data) SCSI:
79	iSCSI	SCSI: Read(10) LUN: 0x00 (LBA: 0x00003b7b, Len: 120)
143	iSCSI	SCSI: Data In LUN: 0x00 (Read(10) Response Data) SCSI:
145	iSCSI	SCSI: Read(10) LUN: 0x00 (LBA: 0x00003bf3, Len: 128)
213	iSCSI	SCSI: Data In LUN: 0x00 (Read(10) Response Data) SCSI:
215	iSCSI	SCSI: Read(10) LUN: 0x00 (LBA: 0x00003c73, Len: 128)
283	iSCSI	SCSI: Data In LUN: 0x00 (Read(10) Response Data) SCSI:
285	iSCSI	SCSI: Read(10) LUN: 0x00 (LBA: 0x00003cf3, Len: 128)
353	iSCSI	SCSI: Data In LUN: 0x00 (Read(10) Response Data) SCSI:
355	iSCSI	SCSI: Read(10) LUN: 0x00 (LBA: 0x00003d73, Len: 128)
423	iSCSI	SCSI: Data In LUN: 0x00 (Read(10) Response Data) SCSI:
425	iSCSI	SCSI: Read(10) LUN: 0x00 (LBA: 0x00003df3, Len: 128)
493	iSCSI	SCSI: Data In LUN: 0x00 (Read(10) Response Data) SCSI:
495	iSCSI	SCSI: Read(10) LUN: 0x00 (LBA: 0x00003e73, Len: 128)
563	iSCSI	SCSI: Data In LUN: 0x00 (Read(10) Response Data) SCSI:
565	iSCSI	SCSI: Read(10) LUN: 0x00 (LBA: 0x00003ef3, Len: 128)
633	iSCSI	SCSI: Data In LUN: 0x00 (Read(10) Response Data) SCSI:

#	请求	路.	其他
1	IRP_MJ_CREATE	F:\5	Options: Open WriteThrough Access: 001000
6	IRP_MJ_READ	F:\5	Offset: 0 Length: 200
7	IRP_MJ_READ*	F:\5	Offset: 0 Length: 4096
9	FASTIO_READ	F:\5	Offset: 200 Length: 200
11	FASTIO_READ	F:\5	Offset: 400 Length: 200
13	FASTIO_READ	F:\5	Offset: 600 Length: 200
15	FASTIO_READ	F:\5	Offset: 800 Length: 200
17	FASTIO_READ	F:\5	Offset: 1000 Length: 200
19	FASTIO_READ	F:\5	Offset: 1200 Length: 200
21	FASTIO_READ	F:\5	Offset: 1400 Length: 200
23	FASTIO_READ	F:\5	Offset: 1600 Length: 200
25	FASTIO_READ	F:\5	Offset: 1800 Length: 200
27	FASTIO_READ	F:\5	Offset: 2000 Length: 200
29	FASTIO_READ	F:\5	Offset: 2200 Length: 200
31	FASTIO_READ	F:\5	Offset: 2400 Length: 200
33	FASTIO_READ	F:\5	Offset: 2600 Length: 200
37	FASTIO_READ	F:\5	Offset: 3000 Length: 200

图 19-54　FS Aggressive Prefetch

右侧显示了测试程序所在的操作系统底层的行为，可以看到 7 号记录是一个由于读惩罚而产生的惩罚读（带星号记录，凡是由于 Page Fault 导致的 Page In 操作，都带星号），但是后续再也没有出现惩罚读，因为需要读入的数据早已被预读，不再产生 Page Fault。

对于应用程序的写 IO 操作，文件系统使用 Write Back 模式提高写 IO 的响应速度。这种模式下，应用程序的写 IO 数据会在被复制到系统内核缓存中之后而被通告为完成，而此时 FS 可能尚未将数据写入磁盘，所以，如果此时系统发生 Down 机，那么这块数据将丢失，而应用程序可能并不知道数据已经丢失从而造成错乱的逻辑，可能造成严重的后果。这种担忧在关键业务应用中是绝对要杜绝的。NTFS 文件系统提供了另一个参数：FILE_FLAG_WRITE_THROUGH，只要程序在打开某个文件时给出这个参数，那么程序的写 IO 数据依然会先被复制到系统内核缓存，文件系统随即立即将这份数据写入磁盘，然后向程序返回完成的信号。这个参数与 FILE_FLAG_NO_BUFFERING 不同，后者表示读和写 IO 均不使用缓存，而前者读 IO 依然使用缓存。所以，数据库类程序启动时在打开 Log 文件时都会给出这个参数。Write Back 又可以称为 Delay Write 或者 Lazy Write，即数据并不是立即就被写入底层存储的。Write Back 模式除了会丢失数据这个致命缺点之外，剩下的全是优点，比如，大大降低 IO 响应时间，还有大大增加写命中率。

提示：何谓“写命中”？读命中率大家都理解，即待读取的数据已经存在于缓存中而无须从磁盘读入缓存。而对于写 IO，每个写 IO 数据都将首先被放入缓存，然后才会被写入磁盘，岂不是每个写 IO 都会命中缓存么？哪里来的“命中率”呢？试想这样一种情况，T1 时刻有针对地址 LBA1 的 B1 数据待写入，B1 进入缓存后，由于 Write Back 机制，B1 尚未被写入硬盘之前，T2 时刻应用又发起了针对同地址的写 IO 操作 B2，那么此时 FS 是否有必要让 B2 来占用新的缓存空间呢？随后当 FS 需要将数据写入硬盘时，先写入 B1，然后又写入了 B2，这是没问题的。但是如果先写入了 B2，后写入了 B1 呢？这时候就是大问题了。实际上，FS 在接收到 B2 数据后，会将 B2 覆盖 B1，因为从时间历史角度看，B1 已经不复存在，在随后的写盘动作时，只需要一次而不是两次写入动作，节约了后端 IO 资源。这便是写命中，即待写入的数据对应的地址在缓存中恰好存在之前的尚未被写盘的 IO 数据。

文件系统还使用另外一种 IO 优化机制，叫做 IO Combination。假设 T1 时刻有某个 IO 目标地址段为 LBA0～1023，被 FS 收到后暂存于 IO Queue 中；T2 时刻，FS 尚未处理前一个 IO，此时又有一个与第一个 IO 同类型（读/写）的 IO 被收到，目标地址段为 LBA1024～2047。FS 将这个 IO 追加到 IO Queue 末尾。T3 时刻，FS 准备处理 Queue 中的 IO，FS 会扫描 Queue 中一定数量的 IO 地址，此时 FS 发现这两个 IO 的目标地址是相邻的，并且都是读或者写类型，则 FS 会将这两个 IO 合并为一个目标地址为 LBA0～2047 的 IO，并且向底层存储系统发起这个 IO，待数据返回之后，FS 再将这个大 IO 数据按照地址段拆分成两个 IO 结果并且分别返回给请求者。这样做的目的是节约后端 IO 资源，增加 IOPS 和带宽吞吐量。每发起一个 IO，SCSI 协议层以及底层传输协议层都会有相应的开销，如果能够将本来需要多次发送的 IO 合并为一次 IO，那么对应的协议开销就会避免。

3. 文件系统下部

文件系统下部包括文件—块映射、Flush 机制、日志记录、FSCK 以及与底层卷接口等相关操作。

位于 FS 下部的一个重要的机制是文件系统的 Flush 机制。在 WB 模式下，FS 会暂存写 IO 实体数据与文件的 Metadata。FS 当然不会永久地暂存下去而不写入磁盘。文件系统会在适当的条件下将暂存的写 IO 数据写入磁盘，这个过程叫做 Flush。有多种条件可以触发 Flush：距上次 Flush 时间、某个缓存 Page 在缓存中待的最长时间、应用强制触发的 Flush、FS 自身为了实现某功能（比如快照）而自行 Flush 以及其他各种原因。

同样，位于文件系统的下部还有文件映射处理模块。在 NTFS 文件系统中，一种被称为 Sparse File 的处理机制可以大大节约文件实际占用磁盘的空间，而且还可以加快读写速度。某些文件本身非常大，但是文件中包含的数据大部分都是二进制 0，如果考虑压缩这些 0 从而降低实际物理占用空间，NTFS 自身的压缩机制是可以做到的，但是压缩带来的一个坏处就是在读写被压缩数据的时候需要耗费太多的系统资源，影响速度。取而代之，FS 提供另一种机制：Sparse File。如果某个应用程序认为自己生成的文件符合 Sparse 的特性，那么程序可以将这个文件设置为 Sparse 模式，对已有文件和新建文件都可以这样操作。已有的文件设置为 Sparse 模式之后，程序需要显式地将其中全 0 的部分使用相关函数通告 FS，FS 会将这些部分存放在一个特殊的列表中备查。当某个程序向 Sparse 文件中写入大片连续 0 的时候，FS 会感知到并且将对应的地址追加到列表中而无须真正写入磁盘，只有当待写入的数据为非 0 时才会被真正写入磁盘。当读取 Sparse File 的时候，FS 会首先查询列表，如果发现匹配的地址则直接返回 0 给应用程序而无须从磁盘中读。

在很多情况下，某些应用程序需要创建一个文件但是暂时不向其中写入数据，一般这种情况下所创建的文件大小为 0B，占用磁盘空间仅为元数据所占用的空间，一般初始时为一个文件系统块比如 4KB 大小，此时文件并没有实际内容，所以文件本体被保存于元数据中存放。随着程序对文件的写入，文件会逐渐增大。但是，在其他一些情况下，程序希望预先让这个文件占用一定的空间以防止随后一旦出现磁盘空间不够时的尴尬，为了实现这一点，程序可以用 Writefile() 逐渐向文件中写入 0 一直到期望的大小为止，或者使用 SetEndOfFile()（NTFS）和 Setfilevaliddata() 之类的函数来扩充文件的长度。

调用不同的方法，会得到不同的结果，拿 NTFS 举例，每个文件有三种长度属性，也就是标称长度、分配长度和逻辑占用长度。标称长度没什么可说的，分配长度就是文件在磁盘上实际分配的占空大小，而逻辑占用长度则是指文件自创建之后被实际写入到哪个长度（注意，不是被实际写入了的总长度，而是实际写入地址的高水位线）。

如果调用 Setendoffile()，比如用这个函数把文件大小从 0 字节设置为 1GB 字节，那么 OS 会为这个文件在磁盘上分配实际的 1GB 空间，也就是在文件分配表记录中分配实际的空间指针，并且同时会更新文件所在的卷的 bitmap 文件，但是却不会向每个被占用的扇区写 0，所以这个动作会瞬间就完成，此时这个文件的标称长度和实际分配长度都是 1GB，但是逻辑占用长度是 0，因为还没有任何数据被写入，此时如果发起针对这个文件任意地址的读操作，OS 会在内存里生成 0x00 返回给应用程序，不需要读盘。但是随后如果发生任何针对这个文件任意偏移地址的写操作，比如向其位于 500MB 处的地址写入 1MB 的数据，那么 OS 会在后台同时将这个文件的 0 字节开始一直到第 500MB 之前的所有空间写 0（写到该地址所占用的磁盘扇区里），但是 501MB 到文件尾部的那 499MB 空间不会写 0，同时设定该文件的逻辑占用长度为 501MB，如果发生任意针对 501MB 之前偏移地址的读写操作，OS 均会读写磁盘，如果发生 501MB 到 1GB 之间地址的读操作，OS 不会读盘，会在内存中生成 0x00，写操作，则重复刚才的动作，在高水位线之前的未被填 0 的所有地址上填 0。所以，如果某个应用预先创建了一个大文件占位之后，后续如果发生针对这个文件的随机写操作，那么 OS 势必会在后台发生很多填 0 操作，会非常影响性能。

提示：诸如迅雷等下载工具，一般都会预先占用文件空间，但是由于迅雷针对文件的下载并不是顺序的，会有多个线程从文件的多个部分开始并行写入，此时如果使用 Setendoffile()来占位，性能就会很差。但是可以使用另一个函数也就是 Setfilevaliddata()，这个函数与 Setendoffile()的区别就是 OS 任何情况下都不会在后台向文件中填 0，这样做的好处是明显的，但是也会带来安全性问题，为文件分配了对应大小的扇区但是不向这些扇区中写入 0，那么这些扇区之前的内容就会变为这个文件当前的内容。所以，除非程序明确知道自己在做什么，否则稀里糊涂地使用这个函数可能造成驴唇不对马嘴的后果。通常使用这种方法的典型例子就是下载工具。

大家可以做一个试验，使用迅雷下载一个大文件，将其保存在一个曾经被塞满过的分区上。迅雷在获取到这个文件的大小之后会立即创建相应大小的文件，而创建文件的过程是瞬时完成的，并没有长时间磁盘 IO 操作。此时我们立即退出迅雷。查看这个文件的属性，发现其大小和磁盘占用空间相同。然后用十六进制编辑器打开这个文件，可以发现其中并非全 0，而是被塞满了凌乱的数据。这充分证明迅雷使用的就是 SetFileValidData()函数来扩展文件大小的。随着文件不断地被下载，新的数据将会覆盖这些扇区原有的内容。

笔者曾经遇到过更有趣的现象。某个分区中曾经存有多部电影，随后删除掉一些。某次笔者使用迅雷下载一部新电影存放到这个分区，但是下到 70%左右没有速度了，于是强行播放下载的文件，奇迹发生了：在电影播放到某个时间点处，突然出现了另一部电影的画面，这部电影恰好就是笔者之前删除的那些的其中一部。这个巧遇绝对属实，但是由于懒惰，没有做重现试验。

1）文件分布映射

由于底层存储卷也是由物理磁盘经过层层虚拟化操作而生成的，最终影响 IO 性能的根本因素和最大因素还是物理磁盘的机械寻道。RAID 的做法可以利用起所有 RAID 组成员磁盘的寻道时隙来提高总体性能（附录 1 的问题 8），但是这种做法具有很高的盲操作性（参考本书 4.2.6 一节）。想要让一个 RAID Group 发挥出最大的并发 IO 性能，就首先需要保证 RAID 控制器接收到的针对这个 RAID 组的一个 IO 或者一批 IO 可以一次性发送给组内的所有磁盘进行操作。将一个 IO 发散给多个磁盘操作贡献为系统带宽吞吐量增加，而将多个 IO 同时发送给组内磁盘操作（每个磁盘操作一个 IO）则贡献为系统 IOPS 增加。

提示：为了实现增加系统带宽吞吐量的目的，RAID 3 将 Stripe Size 调到最低，比如一个 FS 的 IO 单位大小，这样就可以盲性地保证每个 FS 层面的 IO 都一定会被分散在组内所有磁盘上。如果 FS 发起的是连续 IO 类型，那么这种情况整个系统的带宽吞吐量将会非常高，这也是 RAID 3 唯一表现优秀的情况。而如果 FS 层面发起的是随机小块的 IO，这时系统性能将会非常差。因为 RAID 3 注定一个组一次只能处理一个 IO 操作（因为每个 IO 都要占用所有物理磁盘），大量随机的 IO 不但得不到并发，而且加上磁盘寻道的影响，造成所有物理磁盘在处理下一个 IO 时总要全体寻道，加之现代缩水版 RAID 3 并不保证组内磁盘转速同步，造成磁盘旋转延迟都不同，先达到目标扇区的磁盘会处于等待状态，这又浪费了系统性能。

RAID 3 是一个古老的 RAID 类型。那时的应用程序和业务要求并没有现代这么苛刻。而现代的业务系统对存储的要求越来越苛刻，既要求高 IOPS 即 IO 并发度，又要求差不多的带宽吞吐量。为了增加系统 IOPS，顺便解决 RAID 3 不能并发 IO 的问题，RAID 5 出现了。RAID 5 相对 RAID 3 的最大改进其实是增加了条带宽度而不是引入分布式校验，这里很多人的理解都有误区，总以为分布式校验才是 RAID 5 性能提高的最大因素。为了说明这一点，我们假设只在 RAID 3 基础上将单 Parity 盘变为分布式 Parity，而 Stripe 宽度不变，仍为一个 FS 层面的 IO 大小（一个 FS Block，一般为 4KB）。试问，这种情况下，管它 Parity 是不是分布式，对系统性能有提升么？每次整个 RAID 组依然只可以处理一个 IO，同样都是整条读或者写，Parity 放到条带的哪个位置有关系么？根本没有，性能没有一点提升，反而还会由于分布式 Parity 运算复杂度升高而导致的计算延迟增加。所以，RAID 5 相对 RAID 3 的根本进化在于提高了 Stripe Size，可以设置为很大，比如 1MB 或者更大。在这个基础上，对于小块随机 IO 的并发度就会大大增加，因为条带增加使得每个磁盘对应的 Segment（条带深度）也增加，使得一个 IO 仅落在一个磁盘上的几率也增加，多个 IO 同时分别落在一块磁盘的几率也增加，也就是 IO 可以并发执行了。这一步改进对应 RAID 4。然而，RAID 4 的读 IO 可以并发了，但是写 IO 却依然不可以并发，因为每次写 IO 过程中都需要修改 Parity 盘上的校验值，所以 Parity 盘就会被这个 IO 占用，此时其他的写 IO 只能等待，因为所有写 IO 都要更改 Parity。为了解决这个问题，RAID 5 出现了，分布式校验就这样诞生了，其诞生在逻辑顺序上是处于增加条带宽度之后的。改为分布式校验后，写 IO 也可以并发了，只不过并发几率远低于读 IO。

RAID 5 的并发几率属于守株待兔型而不是主动型，合理地布好网，猎物是否成群结队地进来就靠运气了。所以这种设计是盲性的。但是 RAID 3 的做法并不是盲性的而是釜底抽薪型，不管任何情况下，每个 IO 必定由组内所有盘同时操作，但是这样做也注定了 RAID 3 的局限性。RAID 5 的写 IO 并发几率远低于读，三块盘的 RAID 5 根本不能并发写 IO，小块写 IO 性能非常低下。就算增加磁盘，盲并发几率提高也很缓慢，再加上碰运气，实际获得的并发几率低之又低。此时，需要一种机制来增加写 IO 并发几率。FS 下层已经是黔驴技穷了，唯一能折腾折腾的地方只有在 FS 层面了。如果猎物能够自投罗网，那就是再好不过的事情了。

作者一直认为，文件系统是系统 IO 路径中的一个很重要的角色，而文件在底层存储卷或者磁盘上的分布算法是重中之重，成败在此一举。传统的文件系统只是将底层的卷当做一个连续扇区空间，并不感知这个连续空间的物理承载设备的类型或者数量等，所以也就不知道自己的不同类型的 IO 行为会给性能带来多大的影响。

将 IO 比作昆虫，底层的 RAID 比作不同类型的蜘蛛网。我们都见过那种藏匿于灌木丛中的密度很大几乎是一块白布样的蜘蛛网，也见过稀稀疏疏孔状的八卦样蜘蛛网，走路时也偶尔会碰到一根蜘蛛丝绕在你脸上的情况。当然，昆虫永远也不会自己投向蜘蛛网。而文件系统要想获得最优的 IO 性能，就必须在感知底层 RAID 类型的情况下按照对应的策略自投罗网。比如，如果蜘蛛网是白布状，那么任何一个小昆虫都逃不过；如果是稀疏孔状，那么过小的昆虫可能漏网；只有一根蜘蛛丝的情况往往用于探测某个信号，比如一个庞大的东西走过。同样，现行的做法就是底层存储设备布网等待上层的 IO 到来。如果我们在 FS 层对底层的 RAID 类型和磁盘类型等各种因素做出分析和判断，然后制定对应的策略，让文件能够按照预期的效果有针对性地在 RAID 组内进行分布，这样就会和谐。比如，在格式化文件系统时，或者在程序调用时，给出显式参数：尽量保持每个文件只存放在一个物理硬盘中，那么当创建一个文件的时候，文件系统便会根据底层 RAID 的 Stripe 边界来计算将哪些扇区地址段分配给这个文件，从而让其物理地只分布到一个磁盘中。这种文件分布方式在需要并行访问大量文件时是非常有意义的，因为底层 RAID 的盲并发度很低，如果在 FS 层面手动地将每个文件只分布在一个磁盘上，那么 N 个磁盘组成的 RAID 组理论上就可以并发 N 个针对文件的读操作，写操作并发度仍相对很低但是至少可以保证为理论最大值。

总之，文件系统必须与底层完美配合才能够获取最大的性能。这方面 WAFL 的做法为文件系统与底层配合的典范，不过 WAFL 也存在着自身不可避免的问题。关于 WAFL 机制的简要论述见本书第 4 章。将来的文件系统设计可能会考虑更多的底层适配因素，让我们拭目以待。

2）卷 IO

卷 IO 策略处于文件系统的最底层，负责将数据从卷中读出或者向卷中写入。这个层次需要用最少的 IO 做最多的事情。数据库类程序的 Log 机制是耗费 IO 最多的情况之一，每次 Checkpoint 都会将日志以 Write Through 模式写盘，由于 Bypass 了 FS 的缓存，FS 来不及做过多优化，所以造成对底层的 IO 过频，影响性能。另外，保证卷 IO Queue 随时充满、异步操作等，都是榨取底层存储系统性能的有效方式。

19.1.3　卷管理层

卷管理层在某种程度上来讲是为了弥补底层存储系统的一些不足之处的，比如 LUN 空间的动态管理等。卷管理层最大的任务是做 Block 级的映射，对于 IO 的处理，卷层只是做了一个将映射翻译之后的 IO 向下转发的动作以及反向过程。另外，应用程序可以直接对某个卷进行 IO 操作而不经过文件系统。

注意：这里的不经过文件系统并不是说 Bypass 系统内核缓存的 Direct IO，而是完全不需要 FS 处理任何块映射关系。这时就需要由应用程序自行管理底层存储空间，而且此时不能对这个卷进行 FS 格式化或者其他未经应用程序允许的更改操作，一旦发生将导致数据被破坏。

卷管理层将底层磁盘空间虚拟化为灵活管理的一块块的卷，然后又将卷同时抽象为两种操作系统设备：块设备和字符设备。比如在 AIX 系统下，/dev/lv、/dev/fslv、/dev/hdisk 等字样表示块设备，而/dev/rlv、/dev/rfslv、/dev/rhdisk 等带有 r 字样的设备一般就是字符设备。同一个物理设备会同时被抽象为字符和块两种逻辑设备。用户程序可以直接对块设备和字符设备进行 IO 操作。这两个设备也是用于上层程序直接对卷进行访问的唯一接口，有各自的驱动——块设备驱动和字符设备驱动，在 IO 路径的层层调用过程中，IO Manager 访问卷的时候其实就是访问对应的设备驱动（这一点在系统 IO 模块架构图中并没有体现），向它们发起 SystemCall 的。

1. 块设备

在 UNIX 类操作系统下，块设备表现为一个文件，而且应用程序可以向块设备发起任何长度的 IO，就像对文件进行 IO 时一样，比如 512B、1500B、5000B 等，IO 长度可以为任何字节，而不需为磁盘扇区的整数倍。然而，块设备也是由底层物理设备抽象而来的，而底层物理设备所能接受的 IO 长度必须为扇区的整数倍。所以块设备具有一个比较小的缓存来专门处理这个映射转换关系。

块设备一般使用 Meomory Mappin 的方式被映射到内存地址空间，这段空间以 Page（一般为 4KB）为单位，所以访问块设备就需要牵扯到 OS 缺页处理（Page Fault）方式来读写数据。比如应用程序向某个块设备卷发起一个长度为 1500B 的 IO 读，卷管理层接收到这个 IO 之后将计算这个 1500B 的 IO 所占用的扇区总数以及所落入的 Page 地址，并且进入缺页处理流程从底层物理设备将这个 Page 对应的扇区读入，这里的 IO 请求为 1500B，所以 OS 会从底层物理设备读取对应的 1 个 Page 大小的数据进入缓存，然后从缓存中再将对应的 1500B 返回给应用程序。

应用程序对块设备发起读 IO，块设备就得同时向底层物理设备发起对应的转换后的 IO，不管应用程序向块设备发起多少长度的IO，块设备向底层物理设备所发起的IO长度总是恒定的（一般为 4KB，即缓存 Page 大小）。所以块设备向底层物理设备发起的读 IO 属性永远为小块 IO，而且对同一个线程发起的 IO 不会并发只能顺序，对多个线程共同发起的 IO 才会并行，也就是说每个线程在底层的 IO 都为顺序执行（限于读 IO）。这一点是块设备非常致命的缺点，比如一个应用程序 256KB 的读 IO 操作，会被块设备切开成为 64 个 4KB 的读 IO 操作，这无疑是非常浪费的，会更快地耗尽底层存储的标称 IOPS。但是对于写 IO 来讲，块设备底层会有一定的 merge_request 操作，即可以对写 IO 进行合并、覆盖、重排等操作，这方面内容详见下面的章节。

我们来举例说明一下。下列数据为在 AIX 系统上使用 IO 测试工具对一个块设备（/dev/fslv01）进行 IO Size 为 0.5KB、1KB、2KB、4KB、8KB、16KB、513B 的单线程顺序连续 IO 读操作时，在存储系统端统计的结果。其中 Read Ops 表示每秒读操作数，Read KB 表示每秒读带宽吞吐量，Queue Length 表示当前 LUN（/vol/LUN/LUNaix）的 IO Queue 中的 IO 数。我们可以发现，不管哪一组的测试数据，用带宽除以 IOPS 得出的 IO Size 恒定为 4KB，也就表示主机向存储系统（块设备向底层物理设备）发起的读 IO Size 恒定为 4KB。

```
Read  Write Other QFull   Read  Write Average   Queue    Lun
 Ops   Ops   Ops                kB   kB Latency  Length
2613   0     0     0  10448    0   0.00     1.06   /vol/Lun/Lunaix    0.5KB 测试结果
2716   0     0     0  10868    0   0.00     0.06   /vol/Lun/Lunaix
2823   0     0     0  11288    0   0.00     0.06   /vol/Lun/Lunaix
-------------------------------------------------------------------------------
Read  Write Other QFull   Read  Write Average   Queue    Lun
 Ops   Ops   Ops                kB   kB Latency  Length
3619   0     0     0  14476    0   0.00     0.05   /vol/Lun/Lunaix    1KB 测试结果
3614   0     0     0  14460    0   0.00     0.05   /vol/Lun/Lunaix
3620   0     0     0  14480    0   0.00     0.05   /vol/Lun/Lunaix
-------------------------------------------------------------------------------
Read  Write Other QFull   Read  Write Average   Queue    Lun
 Ops   Ops   Ops                kB   kB Latency  Length
4231   0     0     0  16920    0   0.00     0.04   /vol/Lun/Lunaix    2KB 测试结果
4213   0     0     0  16856    0   0.00     0.04   /vol/Lun/Lunaix
4220   0     0     0  16880    0   0.00     0.04   /vol/Lun/Lunaix
-------------------------------------------------------------------------------
Read  Write Other QFull   Read  Write Average   Queue    Lun
 Ops   Ops   Ops                kB   kB Latency  Length
7086   0     0     0  28344    0   0.00     1.00   /vol/Lun/Lunaix    4KB 测试结果
7338   0     0     0  29352    0   0.00     1.00   /vol/Lun/Lunaix
7397   0     0     0  29588    0   0.00     1.00   /vol/LUN/LUNaix
-------------------------------------------------------------------------------
Read  Write Other QFull   Read  Write Average   Queue    Lun
```

```
  Ops   Ops   Ops             kB    kB Latency      Length
7215    0     0    0  28860    0    0.00     0.09    /vol/Lun/Lunaix   8KB 测试结果
7147    0     0    0  28588    0    0.00      1.00    /vol/Lun/Lunaix
7144    0     0    0  28576    0    0.00      1.00    /vol/Lun/Lunaix
--------------------------------------------------------------------------------
Read  Write Other QFull   Read  Write Average  Queue     Lun
  Ops   Ops   Ops           kB     kB Latency    Length
7444    0     0      0  29776    0    0.00     0.09    /vol/Lun/Lunaix   16KB 测试结果
7473    0     0      0  29892    0    0.00     1.00    /vol/Lun/Lunaix
7431    0     0      0  29728    0    0.00     1.00    /vol/Lun/Lunaix
--------------------------------------------------------------------------------
Read  Write Other QFull   Read  Write Average  Queue     Lun
  Ops   Ops   Ops             kB    kB Latency   Length
2675    0     0    0  10700    0    0.00     0.06    /vol/Lun/Lunaix   513B 测试结果
2657    0     0    0  10628    0    0.00     0.06    /vol/Lun/Lunaix
2669    0     0    0  10676    0    0.00     0.06    /vol/Lun/Lunaix
--------------------------------------------------------------------------------
```

其实 UNIX 类系统下的块设备与文件系统管理下的一个文件无异，唯一区别就是直接对块设备进行 IO 操作的话，无须执行文件—块映射查询而已。

读操作对于块设备来讲还不至于产生太过恶劣的性能影响，而写 IO 则会更加严重地摧残存储设备的性能。由于块设备向底层发起的所有 IO 均以缓存 Page 大小为单位，现代操作系统的 Page 一般为 4KB 大小，如果某应用程序需要写入 0.5KB 数据，或者 4.5KB 数据，那么很可怕，块设备不能直接把对应长度的数据直接写入底层设备，而必须先读入这个 IO 占用的 4KB 单位 Block，然后修改之，然后再将数据写回到底层设备。其浪费可谓是惊人而且无法容忍的！我们来看一个例子。下列数据显示了 AIX 系统上使用 IO 测试工具对一个块设备进行 4096B、2000B、2048B、5000B 写 IO 时系统底层发向物理磁盘的 IO 统计情况如图 19-55 所示，程序发起写 IO 时，不对齐 4KB 的 IO Size 会导致 OS 首先读入对应的 Page 数据，修改，然后再写入对应的 Page 数据。所以可以看到写动作伴随了一定程度的读动作，也就是写惩罚。

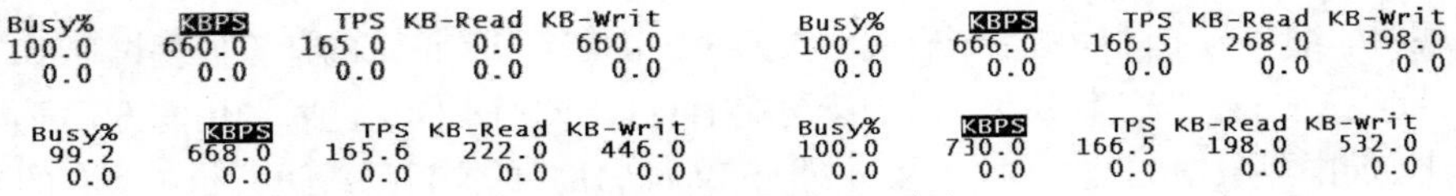

图 19-55　块设备写 IO 测试

如图 19-56 所示，当程序向块设备发起从 0 地址开始的 2000B 单位的连续写 IO 时，在接收到第一个 IO 请求之后，OS 内核必须首先从磁盘读出 Page1 到缓存，然后将前 2000B 内容在缓存中覆盖为程序所 IO 的内容，然后再将修改后的 Page1 写入磁盘；

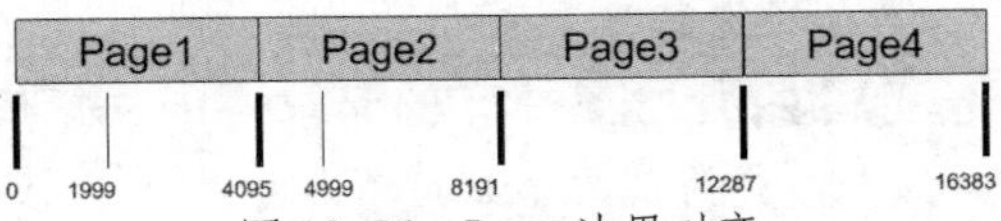

图 19-56　Page 边界对齐

- OS 接收到第二个 IO 之后，由于第二个 IO 是请求从 1999～3999 这段地址，依然落入 Page1，所以 OS 还需要再次读入 Page1，但是此时需要考虑以下两种情况。
- Page1 当前最新的数据应为第一次 IO 所修改的数据，如果第一次 IO 的 Page1 尚未被写入磁盘而依然在缓存中，那么此时 OS 必须在缓存中将最新的 Page1 数据保留为第二次 IO 使用，同时又不影响第一次 IO 的 Page1 的写盘动作。这样，这个读请求就算 Cache

Hit 了，就不需要从物理磁盘读数据。

如果在第二次 IO 发起之前第一次 IO 的 Page1 已经被写入磁盘，那么第二次 IO 必须从磁盘读入 Page1 然后执行与第一次 IO 相同的过程。第三次 IO 情况就更复杂了，由于第三次 IO 的地址为 4000～5999 这段地址，跨越了两个 Page，4000～4095 地址落入了 Page1，4096～5999 地址段落入了 Page2，那么此时 OS 内核必须同时读入 Page1 和 Page2，同时修改然后同时写入磁盘。同理，如果 IO Size 选择为 5000B 等，还有可能发生同时跨越 3 个 Page 的，那写惩罚会更大。

细心的读者可能会发现，即使上层 IO 不是 4KB 对齐的情况下，底层的 IO 应该也都是 4KB 对齐的，因为不管读还是写都是以 Page 为单位，但是为何在图 19-55 的结果中用 KBPS 一栏的值除以 4 却除不尽呢？这个问题很好，底层的 IO 并不是 4KB 对齐的原因，是因为在块设备驱动处，OS 做了 Merge_request，对此下面的章节会有详细描述。

系统 IO 路径中的读惩罚和写惩罚：在系统 IO 路径中，有多处可以发生读惩罚和写惩罚，其中包括文件系统层、卷管理层、块设备层和底层 RAID 管理层等位置。所谓“惩罚”就是说要完成某件事，必须付出一些额外的牺牲和浪费。到底什么情况下会出现惩罚呢？

读惩罚：当某个读 IO 请求的 IO Size 不可被 OS Page Size 或者 Disk SectorSize 任何一个除尽为整数时，这个读请求就会产生读惩罚，但是可被除尽并不代表一定就不产生惩罚。比如某个 IO 的 IO Size 为从 Offset 0 开始读后续的 512B，则怎么都好说，退一万步讲，如果这个 IO 是针对某个文件的，而所请求的这段数据恰好就在磁盘一整个扇区上，那么 OS 只要将对应磁盘上的这个扇区的内容读出来即可，上下一一对应，没有浪费；而如果这个 IO 的起始 Offset 不为 0，比如为 5，那么就很邪门了，FS 在分配文件占用空间的时候是以 512B 对齐的，从 0 开始往后的 512B（包括 0）就一定会对应到底层磁盘的 1 个扇区上，但是如果从 5 开始往后的 512B，就一定不会只落在一个扇区上，肯定是跨两个扇区，那么此时 OS 就不得不读出这两个扇区来，从其中各自取出对应这个 IO 的部分，然后合起来回传给程序。并且，OS 内核往往都是以 Page 为单位，也就是读出 IO 地址段所落入的整个或者多个 Page。

具体惩罚的细节与不同操作系统有关，按照系统内核对 IO 请求的计算处理过程不同，一定条件下是否产生、产生多少程度的读惩罚随 OS 不同而不同，随着调用的方式不同而不同。比如同样为 1KB 的读 IO，如果针对 FS Block=1KB 的文件系统进行越过缓存的 DIO，那么就不会产生读惩罚；同样的 1KB 的 IO Size，如果针对某个块设备进行 IO，那么就会产生额外 3KB 的浪费的读（内核会读出底层的 1 个 Page 也就是 4KB 大小的数据来对应这个 IO）。

写惩罚：当某个写 IO 请求的 IO Size 不可被 FS Block、OS Page Size 或者 Disk Sector Size 任何一个除尽为整数时，必定会产生写惩罚。写惩罚程度同样随 OS 的不同而不同，也随调用方式的不同而不同。写惩罚的表现是既有额外读操作，又有额外写操作，比读惩罚浪费更多的资源。比如某个程序发起一个 Offset 0 开始的 513B 的读 IO，恰好比一整个扇区多了 1B，但是底层又不可能只写 1B 给磁盘，磁盘接受的必须是扇区整数倍的 IO Size，那么此时唯一办法就是写两个扇区，第一个是 0～511 这 512B，然后再写入 512~1023 这后 512B，剩余的那 1B 就是这后 512B 的第 1 个字节，那么对于后 512B 中减掉这 1 字节剩余的 511B 的数据，我们只能先从磁盘将后 512 字节对应的扇区读出来，将第 1 个字节内容替换成程序 IO 所给的内容，然后再将这个扇区写回去。这就是写惩罚，既多了 511B 的读，又多了 511B 的写。

读惩罚和写惩罚的例子在本章下面的章节随处可见。

2. 字符设备

传统的字符设备本来是专指一类接受字符流的设备比如物理终端、键盘等，这种设备的特点是可以直接对设备进行最底层的操作而不使用缓存（但是必须有 Queue），而且每次 IO 必须以一个字符为单位（卷所抽象出来的字符设备以一段连续扇区为一个单位）。所以具有这种特点的实际设备或者抽象设备都被称为字符设备。而将卷抽象为字符设备并不是说将 IO 从扇区改为字符，而只是抽象出字符设备所具有的特点。

在任何操作系统下，对字符设备进行 IO 操作必须遵循底层的最小单位对齐规则，比如对于卷字符设备来讲，每个 IO 长度只能是扇区的整数倍，如果 IO 长度没有以扇区为单位对齐（比如 513、1500），那么将会收到错误通知而失败。虽然 UNIX 类操作系统下的字符设备也表现为一个文件，但是这个文件却不像块设备一样可以以任意字节进行 IO，因为 OS 没有为字符设备设置任何缓存（但是存在 Queue）。

字符设备的一个最大好处是可以发起底层协议允许的（SCSI/ATA，256KB）任意扇区倍数长度的 IO 而且可以完全透传上层应用程序的 IO。所以字符设备可以对底层对应的物理设备发起任何属性的 IO，比如大块连续并发 IO，这样就非常好地适配了上层应用程序对 IO 的要求，可以获得很高的性能。字符设备是一个设备最底层的抽象，其本质等于物理设备本身。下面的测试数据说明了上述结论。

```
Read  Write Other QFull  Read  Write Average  Queue    Lun
 Ops   Ops   Ops          kB    kB  Latency    Length
4534   0     0     0    2267    0    0.00    0.05    /vol/Lun/Lunaix      0.5KB 测试结果
4536   0     0     0    2268    0    0.00    0.04    /vol/Lun/Lunaix
4523   0     0     0    2261    0    0.00    0.04    /vol/Lun/Lunaix
----------------------------------------------------------------------------
Read  Write Other QFull  Read  Write Average  Queue    Lun
 Ops   Ops   Ops          kB    kB  Latency    Length
4498   0     0     0    4498    0    0.00    0.04    /vol/Lun/Lunaix    1KB 测试结果
4458   0     0     0    4458    0    0.00    0.05    /vol/Lun/Lunaix
4462   0     0     0    4462    0    0.00    0.05    /vol/Lun/Lunaix
----------------------------------------------------------------------------
Read  Write Other QFull  Read  Write Average  Queue    Lun
 Ops   Ops   Ops          kB    kB  Latency    Length
4232   0     0     0    8464    0    0.00    0.05    /vol/Lun/Lunaix    2KB 测试结果
4346   0     0     0    8692    0    0.00    0.04    /vol/Lun/Lunaix
4338   0     0     0    8676    0    0.00    0.04    /vol/Lun/Lunaix
----------------------------------------------------------------------------
Read  Write Other QFull  Read  Write Average  Queue    Lun
 Ops   Ops   Ops          kB    kB  Latency    Length
4182   0     0     0   16728    0    0.00    0.04    /vol/Lun/Lunaix    4KB 测试结果
4173   0     0     0   16692    0    0.00    0.04    /vol/Lun/Lunaix
4163   0     0     0   16652    0    0.00    0.04    /vol/Lun/Lunaix
----------------------------------------------------------------------------
```

```
Read  Write Other QFull  Read  Write Average  Queue     Lun
 Ops   Ops   Ops          kB    kB Latency    Length
3827   0     0    0 30616   0   0.00   0.04   /vol/Lun/Lunaix     8KB 测试结果
3798   0     0    0 30384   0   0.00   0.04   /vol/Lun/Lunaix
3798   0     0    0 30384   0   0.00   0.04   /vol/Lun/Lunaix
--------------------------------------------------------------------------------
```

从上面的结果可以看到，底层发出的 IO 长度与应用层发起的 IO 长度一一对应。

3. 裸设备与文件系统之争

字符设备又被称为裸设备。应用程序可以选择使用文件系统提供的各项功能进行对文件的 IO 操作，当然也可以选择直接对裸设备进行 IO 操作，只不过直接对裸设备操作需要应用程序自行维护数据—扇区映射以及预读缓存、写缓存、读写优化等。比如数据库类程序自身都具有这些功能，所以没有必要再使用文件系统来读写数据。而由于块设备的诸多不便和恶劣性能影响，不推荐直接使用。那基于文件系统的 IO 和基于裸设备的 IO 方式到底孰优孰劣呢？我们就此讨论一下。

文件系统拥有诸多优点是毋庸置疑的，但是对于某一类程序，FS 提供的这些"方便"的功能似乎就显得很有局限性了，比如缓存的管理等，由于文件系统是一个公用平台，同时为多个应用程序提供服务，所以它不可能只为一个应用程序而竭尽全力服务；况且最重要的是，FS 不会感知应用程序实际想要什么，而且 FS 自身的缓存在系统异常 Down 机后还容易造成数据不一致情况的发生。其次，使用缓存的 IO 方式下，对于读请求，系统 IO 路径中的各个模块需要将数据层层向上层模块的缓存中复制，最后才会被 OS 复制到用户程序缓存；对于写请求，虽然缓存 IO 方式下，写数据被 OS 接受后即宣告完成，但这也是造成 Down 机后数据丢失的主要原因之一。所以，对于大数据吞吐量 IO 请求，避免内存中多余的数据复制步骤是有必要的（此外还有另外一个原因在下面章节介绍）。但是对于一般的程序，是完全推荐使用文件系统进行 IO 操作的。

另外一个最重要的原因，在使用内核缓存以及文件系统缓存的情况下，容易发生读写惩罚，这是非常严重的浪费。

对于这类对 IO 性能要求非常高而且对缓存要求非常高的程序，它们宁愿自己直接操作底层物理设备，也不愿意将 IO 交给 FS 来处理。这类程序的典型代表就是数据库类程序。虽然这些程序也可以使用文件系统来进行 IO 操作，但是这个选择只会给程序带来一个方面的好处，那就是文件管理会方便，比如可以看到数据文件实实在在地被放在某个目录下，可以直接将数据文件复制出来做备份，做文件系统快照保护等。而选择文件系统所带来的坏处也是不少的，比如最大的劣势就是重复缓存预读，FS 预读了数据，数据库程序依然自己维护一个预读缓存，这两个缓存里面势必有很多数据是重复的，增加了许多空间和计算资源开销，而且这些数据不见得都会产生 Cache Hit 效果。所以这类程序宁愿使用裸设备自行管理数据存储和数据 IO，所带来的唯一缺点就是数据管理很不方便，除了程序自身，其他程序只看到了一块光秃秃的裸设备在那儿，里面放的什么东西，怎么放的，只有程序自己知道。

4. DirectIO 与裸设备之争

有没有一种方法能够结合 FS 和裸设备带来的优点呢？有的。为了既享受文件系统管理文件的便利同时而又不使用 FS 层面的缓存，将缓存和 IO 优化操作全部交给应用程序自行处理，FS

只负责做文件—扇区映射操作以及其他文件管理层面的操作，节约内存耗费以及提高处理速度。操作系统内核提供了一类接口，也就是前文中出现的 FILE_FLAG_NO_BUFFERING 参数。当然，这个参数只是 Windows 内核提供的，其他操作系统也都有类似的参数。这种 Bypass 系统内核缓存的 IO 模式统称为 DIO，即 Direct IO 模式。在 UNIX 类系统下，在 Mount 某个 FS 的时候可以指定“-direct”参数来表示任何针对这个 FS 的 IO 操作都将不使用内核路径中任何一处缓存。当然，也可以在应用程序层控制，比如打开文件时给出 O_SYNC 或者 O_DIRECT、FILE_FLAG_NO_BUFFERING 之类的参数，那么不管目标 FS 在 mount 时给出了何种参数，这个程序的 IO 都将不使用文件系统缓存。

注意：由于内核的 DIO 模式只是 Bypass 了缓存，其他任何接口均未变，所以 DIO 模式下，内核文件系统允许应用程序对文件做出非 DIO 模式下相同的任何操作，包括读写任意字节长度的文件数据（Windows 除外，见前文），而这种貌似“透明且便利”的接口，恰恰依然还会带来读写惩罚。

注意：在 Windows 系统下，如果应用程序选择不使用系统缓存，则应用程序自身的缓存必须为底层存储介质扇区的整数倍大小（完全按照底层设备要求的 IO 长度单位，内核在接收到用户程序 IO 时并不做检查，直接交给底层驱动，如果底层驱动发现这个 IO 长度并不符合它的要求，那么会一层层向上报错直到用户程序。如果底层驱动为 NIR 驱动（见上文），那么由于诸如 CIFS 之类协议规定 IO 长度甚至可以为 0B，所以底层使用 CIFS 的时候，使用 DIO 模式的用户程序可以发起不规则长度的 IO），因为越过了系统内核缓存，OS 将直接将应用程序自身缓存作为底层存储设备的 DMA 空间。而底层 IO 设备都要求目标内存空间必须为扇区整数倍，即扇区对齐，所以应用程序在运行时被推荐使用 OS 提供的特殊函数功能来为自己分配内存最为保险。另外，应用程序发送的 IO 请求中地址段也必须为下层卷扇区或者块的整数倍（AIX 系统下可以发送任意长度 IO）。

在 Windows 系统下，程序如果选择使用 DIO 模式，那么操作系统会生成一份 Memory Descriptor List (MDL)，将对应指针传递给底层设备驱动程序并且在 IRP（见下文）中通知驱动程序本次 IO 使用 DIO 模式，同时锁定应用程序自身缓存中对应本次 IO 的 Page。驱动程序使用 MDL 直接对应用程序内存进行访问。这也是为何在 Windows 系统下选择 DIO 模式的程序自身缓存以及 IO Size 必须为扇区整数倍的原因。本章后面会介绍 Windows 下 DIO 的详细步骤。

Windows 下的 DIO 模式（FILE_FLAG_NO_BUFFERING）是彻底的透传上层请求的（不管 FS Block 是多少，上层 IO 请求包含多少个扇区长度，OS 会向底层物理设备发起对应的扇区长度的 IO），而 AIX 下则不是。但是 Windows 下的 DIO 模式也要求程序发起的 IO 必须为底层存储介质最小单位的整数倍（CIFS 方式除外，见前文），而 AIX 下则可以为任意长度。也正因为如此，Windows 才可以透传应用层的 IO 请求，AIX 由于允许应用层 IO 不对齐，所以其底层也不可能透传应用层的 IO。

在 AIX 系统下，虽然 OS 允许程序在 DIO 模式下发起任意字节长度的 IO，但是由于底层物理设备只能接受扇区对齐的 IO 长度，像块设备 IO 一样，这之间存在一个转换关系，内核自动将不对齐的 IO 转换为底层对齐的 IO，完成这个动作需要一小部分的缓存。对于读 IO 操作，最差的情况为应用程序如果每次 IO 只读取 1B 的内容，那么这个 IO 到了底层便会变为对物理设备

4KB 的读 IO 操作，当取回数据之后，OS 只返回给应用程序所读取的那 1B 的内容，然后将读入的 4KB 内容从缓存中删除，即多耗费了 4096 倍的 IO 操作和 4096 倍的带宽。如果使用内核文件系统缓存，那么这种浪费是不存在的，FS 可以直接从预读缓存中将对应的字节直接返回给应用程序。DIO 模式与块设备 IO 模式在多数情况下效果类似。

下面的例子显示了 AIX 系统下对一个 DIO 模式 Mount 的 FS 进行以 0.5KB 的 IO Size 为单位递增的读测试数据。

```
-----------------------------------------------------------------------------
Read  Write Other QFull   Read  Write Average   Queue   Lun
 Ops   Ops   Ops          kB     kB Latency      Length
3995    0     0     0  15976    0    0.00    0.04   /vol/Lun/Lunaix    0.5KB 读操作
4007    0     0     0  16032    0    0.00    0.05   /vol/Lun/Lunaix
3993    0     0     0  15972    0    0.00    0.04   /vol/Lun/Lunaix
-----------------------------------------------------------------------------
Read  Write Other QFull   Read  Write Average   Queue   Lun
 Ops   Ops   Ops          kB     kB Latency      Length
4289    0     0     0   4289    0    0.00    0.05   /vol/Lun/Lunaix    1KB 读操作
4412    0     0     0   4412    0    0.00    0.04   /vol/Lun/Lunaix
4412    0     0     0   4412    0    0.00    0.04   /vol/Lun/Lunaix
-----------------------------------------------------------------------------
Read  Write Other QFull   Read  Write Average   Queue   Lun
 Ops   Ops   Ops          kB     kB Latency      Length
3776    0     0     0  18880    0    0.00    0.04   /vol/Lun/Lunaix    1.5KB 读操作
3855    0     0     0  19276    0    0.00    0.04   /vol/Lun/Lunaix
3855    0     0     0  19276    0    0.00    0.04   /vol/Lun/Lunaix
-----------------------------------------------------------------------------
Read  Write Other QFull   Read  Write Average   Queue   Lun
 Ops   Ops   Ops          kB     kB Latency      Length
3257    0     0     0   6514    0    0.04    0.03   /vol/Lun/Lunaix    2KB 读操作
4220    0     0     0   8440    0    0.03    0.05   /vol/Lun/Lunaix
4280    0     0     0   8562    0    0.00    0.05   /vol/Lun/Lunaix
-----------------------------------------------------------------------------
Read  Write Other QFull   Read  Write Average   Queue   Lun
 Ops   Ops   Ops          kB     kB Latency      Length
3628    0     0     0  21760    0    0.00    0.04   /vol/Lun/Lunaix    2.5KB 读操作
3704    0     0     0  22228    0    0.00    0.04   /vol/Lun/Lunaix
3718    0     0     0  22316    0    0.00    0.04   /vol/Lun/Lunaix
-----------------------------------------------------------------------------
Read  Write Other QFull   Read  Write Average   Queue   Lun
 Ops   Ops   Ops          kB     kB Latency      Length
4168    1     0     0  12504    4    0.00    0.04   /vol/Lun/Lunaix    3KB 读操作
4189    0     0     0  12567    0    0.00    0.04   /vol/Lun/Lunaix
4187    0     0     0  12558    0    0.00    0.04   /vol/Lun/Lunaix
-----------------------------------------------------------------------------
Read  Write Other QFull   Read  Write Average   Queue   Lun
 Ops   Ops   Ops          kB     kB Latency      Length
2503    0     0     0  17520    0    0.12    0.03   /vol/Lun/Lunaix    3.5KB 读操作
```

可以看到，DIO 模式对应的底层 IO Size 并不与应用层 IO Size 一致，但是 DIO 模式与块设备 IO 模式有一些区别。比如块设备 IO 模式下只有在应用层 IO Size=Page Size 时，底层与上层的 IO 才是一一对应的；而 DIO 模式下，只有在应用层 IO Size=FS Block Size 时，底层 IO 才是与上层一一对应的。

与块设备一样，对于 DIO 模式下写操作最差的情况是，应用程序如果每次 IO 只写入 1B 的内容，那么底层会首先读入待写入字节所落入的 4KB 块到缓存，然后更新对应的字节，然后再将更新后的 4KB 块写入物理设备，多耗费了底层 8192 倍的带宽，而且这其中有一半的耗费为写操作。写比读所耗费的资源更多，雪上加霜，这种情况是不可容忍的。

下面的例子显示了 AIX 系统下对一个 DIO 模式 Mount 的 FS 进行以 0.5KB 的 IO Size 为单位递增的写测试数据。与块设备写 IO 相同，具有一定规模的写惩罚。

```
--------------------------------------------------------------------------------
Read  Write Other QFull   Read  Write Average   Queue     Lun
 Ops   Ops   Ops           kB   kB Latency        Length
1577  1577   0   0   6308   6308   0.00    0.03   /vol/Lun/Lunaix    0.5KB 写操作
1572  1572   0   0   6284   6288   0.00    0.03   /vol/Lun/Lunaix
1575  1575   0   0   6304   6300   0.00    0.03   /vol/Lun/Lunaix
--------------------------------------------------------------------------------
Read  Write Other QFull   Read  Write Average   Queue     Lun
 Ops   Ops   Ops           kB   kB Latency   Length
   0  2710   0    0    0   2710  0.00   0.02  /vol/Lun/Lunaix     1KB 写操作
   0  2700   0    0    0   2700  0.00   0.03  /vol/Lun/Lunaix
   0  2698   0    0    0   2698  0.00   0.03  /vol/Lun/Lunaix
--------------------------------------------------------------------------------
Read  Write Other QFull   Read  Write Average   Queue     Lun
 Ops   Ops   Ops           kB   kB Latency        Length
1769  1415   0   0   7076   7068   0.00    0.03   /vol/Lun/Lunaix    1.5KB 写操作
1770  1415   0   0   7080   7080   0.00    0.03   /vol/Lun/Lunaix
1767  1414   0   0   7068   7072   0.00    0.03   /vol/Lun/Lunaix
--------------------------------------------------------------------------------
Read  Write Other QFull   Read  Write Average   Queue     Lun
 Ops   Ops   Ops           kB   kB Latency   Length
   0  2570   0   0    0  5140   0.00   0.02   /vol/Lun/Lunaix    2KB 写操作
   0  2600   0   0    0  5200   0.00   0.02   /vol/Lun/Lunaix
   0  2600   0   0    0  5198   0.00   0.02   /vol/Lun/Lunaix
--------------------------------------------------------------------------------
Read  Write Other QFull   Read  Write Average   Queue     Lun
 Ops   Ops   Ops           kB   kB Latency      Length
1941  1294   0   0   7764   7760   0.00    0.03   /vol/Lun/Lunaix   2.5KB 写操作
1884  1255   0   0   7536   7536   0.00    0.03   /vol/Lun/Lunaix
1911  1275   0   0   7644   7648   0.00    0.03    /vol/Lun/Lunaix
--------------------------------------------------------------------------------
Read  Write Other QFull   Read  Write Average   Queue     Lun
 Ops   Ops   Ops           kB   kB Latency  Length
   0  2508   0   0    0 7521   0.00   0.02   /vol/Lun/Lunaix      3KB 写操作
   0  2485   0   0    0  7455   0.00   0.02   /vol/Lun/Lunaix
   0  2341   0   0    0  7020   0.01   0.02   /vol/Lun/Lunaix
--------------------------------------------------------------------------------
Read  Write Other QFull   Read  Write Average   Queue     Lun
 Ops   Ops   Ops           kB   kB Latency  Length
2067  1180  0   0  8268   8264   0.00   0.03    /vol/Lun/Lunaix    3.5KB 写操作
```

```
2057  1176  0   0   8228   8232   0.00   0.03     /vol/Lun/Lunaix
2043  1168  0   0   8176   8172   0.00   0.03     /vol/Lun/Lunaix
--------------------------------------------------------------------------------
Read  Write Other QFull  Read  Write Average  Queue     Lun
 Ops   Ops   Ops          kB     kB Latency  Length
   0  2426  0     0      0   9704    0.00     0.02     /vol/Lun/Lunaix    4KB 写操作
   0  2421   0    0      0   9684    0.00     0.02    /vol/Lun/Lunaix
   0  2419   0    0      0   9672    0.00     0.02    /vol/Lun/Lunaix
--------------------------------------------------------------------------------
```

所以，利用 DIO 模式读写文件或者直接读写块设备的应用程序一定要明确自己在做什么，为何使用 DIO，DIO 会带来什么。但是只要程序发起的 IO 的 IO Size 是 FS Block 的整数倍，那么就不会浪费资源，也就是说既然选择了 DIO，就要在应用层面多考虑一层。虽然可以与访问缓存模式 FS 同样的方法访问 DIO 模式的 FS，但是需要底层付出巨大代价的，我们必须从源头上消除这种代价。块设备也一样。这方面 Windows 的做法是强制要求程序自身缓存和 IO Size 为扇区整数倍，而 AIX 却没有强制要求，但是开发者必须认识到这一点。所以，如果可以的话，对于数据库类程序尽量使用裸设备进行 IO，一了百了。

注意：Write Through 与 FILE_FLAG_NO_BUFFERING 有着本质区别：前者模式下，数据依然首先进入操作系统内核缓存，只不过内核保证数据被写入磁盘之后才返回成功而不是像 Buffered IO 模式下只要数据进入内核缓存便立即返回成功；而后者则表示数据根本就不进入内核缓存，直接由底层驱动从用户程序自身缓存取走数据从而写入底层存储介质。

这二者看似效果类似，实则有很大不同：前者很有可能依然导致内核 Page Fault 流程导致的写惩罚；而后者则不会有内核层面的写惩罚。所以开发者需要注意了，使用时最好直接选择后者而不是前者。有些 IO 测试软件甚至没有使用 NoBuffer 模式而只用了 WT 模式，殊不知这种情况下根本无法体现出底层存储系统的真实性能，由于读写惩罚的原因导致所得的结果总是过低，而此时将存储端的 IO 监测数据与程序得出的数据比较就会发现，底层存储的实际吞吐量以及 IOPS 都可能远大于程序所报告的。

关于前者依然产生读写惩罚的问题，前文 Network IO 一节的疯狂实验中有介绍。

注意：这里请注意一个概念问题。操作系统内有多处缓存，其实面对用户程序的第一处缓存并不是通常理解的“文件系统缓存”，而是一处被称为“SystemBuffer”的缓存。当用户程序选择使用 Cache IO 或称 Buffered IO 时，每发起一个 IO 请求，操作系统便会根据程序 IO 请求的数据所占用内存的大小在操作系统内核内存空间同样分配一块与其相同大小的内存用来充当 SystemBuffer，然后再往下才是文件系统缓存。任何读入或者写入的数据都需要经过 SystemBuffer。而 DIO 模式下，操作系统会 Bypass 首个缓存，也就是 SystemBuffer，同时也通知 IO 路径中首层驱动使用 DIO 模式，首层驱动程序（包括文件系统也是一种驱动程序）直接从用户程序内存中将数据取出（对于写请求）或者送入（对于读请求）。下面的章节中会讲述 Buffered IO 的详细过程。

5. 关于 CIO 模式

某些文件系统，比如 AIX 下的 JFS2，采用读共享、写独占的方式来处理多个进程访问同一个文件的情况，即如果多个进程访问同一个文件，如果没有任何进程对这个文件进行写操作，那么所有进程都可以同时读取这个文件的任何内容；但是一旦有某个进程在对这个文件进行写操作，那么其他所有进程都将被禁止访问这个文件，不管是读还是写。这样充分保证了文件数据的一致性，保证所有进程在相同时刻都会看到相同的内容。这种做法虽然保证了数据一致性，但是 FS 自作主张的这个决定只是对一些没有考虑到多进程并行访问同一文件情况的应用程序有效果，对于那些自身已经对这种情况考虑足够充分的数据库类程序来讲，FS 的这个做法不但是多余的，而且还极大影响性能，使得多个进程不能同时并发写同一个文件而只能串行地进行。而数据库类程序恰好就要求多进程多线程同时写一个文件，比如负责写 Log 文件的进程或者写数据文件的进程，这些进程往往都有多份复制在同时执行以获得最大的并发度和性能。

针对这个需求，AIX 系统下的 JFS2 文件系统提供了另外一种接口，称为 CIO 模式，即 Concurrent IO，这种模式下 FS 将不再自行锁定文件，而是完全对多个进程放开对文件的同时访问权限，将保证数据一致性的责任完全交给应用程序执行。开启 CIO 模式之后，AIX 会自动强制开启 DIO 模式。另外，如果同时打开同一个文件的多个进程中有一个或多个并没有在打开文件时指定使用 CIO 模式，那么 OS 就不会使用 CIO 模式来操作这个文件，多个进程之间仍然必须串行写入文件，当没有使用 CIO 模式的进程退出后，OS 就会自动使用 CIO 模式来操作文件。还有，当某个进程试图对某个被多进程同时打开的文件进行虚写 IO 时，也就是没有更改文件实际内容而只是更改一些文件属性，或者更改文件长度等操作时，OS 会自动将 CIO 模式失效而恢复原来的独占模式；当操作完成后，会恢复 CIO 模式。

注意：Windows 的做法与 JFS2 不同，Windows 提供一种指定文件访问方式的 API 参数，即 Share Mode，程序在打开文件的时候可以选择使用何种 Share Mode，比如其他进程只读、其他进程不可读写、其他进程可读写、其他进程可删除等。所以 Windows 本身就已经可以实现类似 CIO 的模式，只要每个进程指定可读写 Share Mode 即可。

在使用 CIO 模式之后，数据库类程序的 IO 性能将会与裸设备 IO 性能接近。如图 19-57 所示为 CIO、DIO 和裸设备 IO 性能之间的对比曲线，可以看到由于单纯 DIO 模式下不可并发，造成系统性能相对裸设备差别很大，而 CIO 模式下则差别较小。

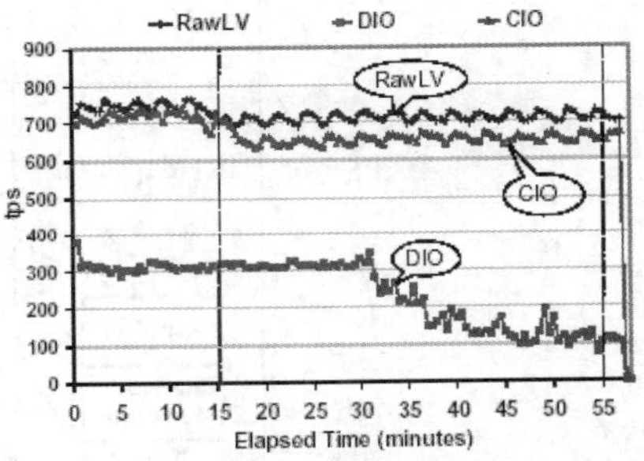

图 19-57　CIO 性能对比

对于数据库类程序，使用 AIO+裸设备 IO 模式为最优的 IO 模式，可以获得最大的性能。如果考虑文件管理便利性方面，则可以退而求其次使用 AIO+CIO 模式，也可以在获得很好性能的同时又不失去文件系统带来的好处。

注意：多个进程利用 CIO 打开文件时，请确定这个文件最好是定长的，即进程在写文件的时候不会将数据追加到文件尾部或者插入文件中部或者对文件进行 truncate 等造成文件大小改变的操作。比如数据库的 Log 文件，数据库的 Log 写进程一般都会有多个来并行执行追加写入，如果 Log 文件是动态增大的，那么 CIO 丝毫不会起到作用，多个进程也没有存在的意义，所以 Log 文件都是在创建的时候就被指定了一定长度而且是被重复覆盖写入的。

DIO、CIO、AIO、SIO 之间的关系：AIO 和 SIO 是指程序在调用 OS 相关 API 之后自身的动作如何，阻塞还是不阻塞；而 DIO 和 CIO 是指程序在调用 OS 相关 API 之后 OS 内核的动作如何，是使用缓存还是越过缓存，是并发写入还是串行写入。程序可以使用 AIO+DIO、AIO+CIO、SIO+DIO、SIO+CIO 这 4 种组合。

19.1.4 层与层之间的调度员：IO Manager

IO Manager 或称 IO Scheduler。每个操作系统都会有这样一个角色，它专门负责接受上层程序的 IO 请求，然后将 IO 请求下发到对应的模块和设备驱动中执行，然后将结果通知给上层程序。当某个程序试图访问某个文件的时候，它其实并没有直接和文件系统模块打交道，而只是在与 IO Manager 打交道。

在 Windows 系统下，OS 将文件系统模块的各种功能接口打包为一个抽象的 System Service，比如对于文件系统打包之后就是 File Service，对于设备管理就是 Device Service，还有比如 Memory Management Service 等。被打包之后的 Service 放到 IO Manager 头顶，任何程序都可以按照这些 Service 提供的 API 来进行相关的调用，比如打开一个文件的操作，Open()。所有的 System Service 调用动作会被传递给 IO Manager 进行处理。我们来看一张图，如图 19-58 所示为 Windows 系统 IO 路径简图。

图 19-58 中一共有 10 步操作，现一一列举如下。

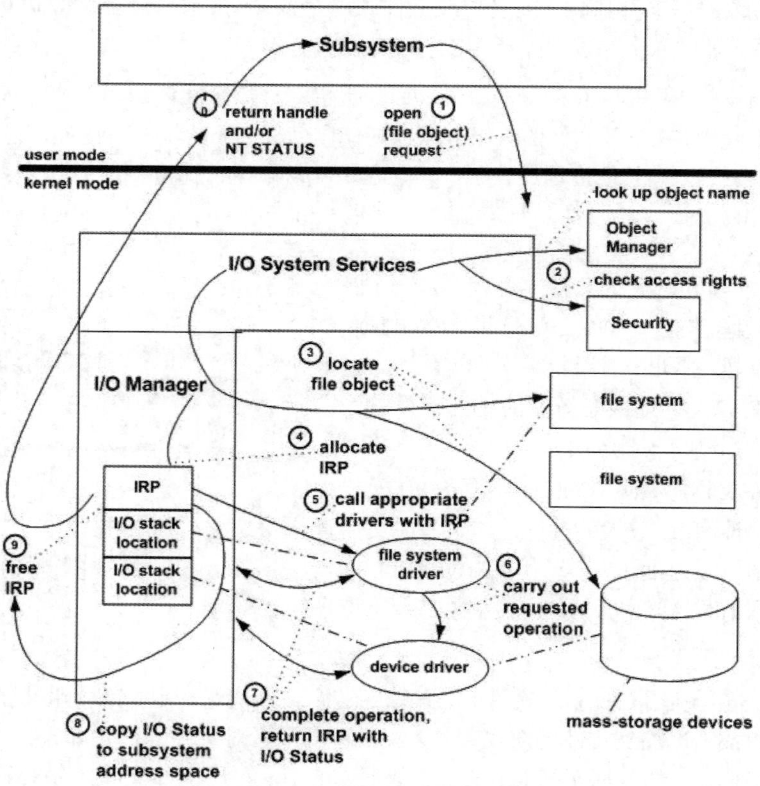

图 19-58 Windows 系统 IO 路径简图

（1）某时刻，图中的“Subsystem”，这里就是指某个应用程序，向 OS（System Service）发起了对某个文件对象，或者某个设备的 Open 操作，欲打开这个文件或者设备对其进行进一步的操作。

（2）IO Manager 只是一个调度和代理模块，它本身并不知道上层所请求的这个对象（文件或者设备等）到底存放在哪里，是哪一类的对象，文件还是设备等。所以 IO Manager 向另一个明白人儿，也就是 Object Manager 发起查询请求以获得结果。同时，IO Manager 也会向 Securiy 模块来查询当前应用程序是否具有访问目标对象的权限。假设本例中应用程序 Open 的是比如“D:\Melonhead”文件。

（3）本例中的目标对象为 D 分区文件系统下的一个文件“D:\Melonhead”，Object Manager 会将这一信息返回给 IO Manager（以下简称 IOM）。IOM 得到这个信息之后首先查看对应的分区或者卷是否已经被挂载，如果尚未挂载，则 IOM 暂挂上层的 Open()操作，转而首先尝试让文件系统挂载这个卷。Windows 中存在多种文件系统模块，比如 FAT32、NTFS、CDFS 等，IOM 会依次轮询地尝试让每个文件系统模块来挂载这个卷，直到某个文件系统成功地识别到了卷上的对应的文件系统信息并将其挂载为止。FS 挂载之后，IOM 继续执行 Open()请求。

（4）IOM 为这个请求分配对应的内存空间，然后向对应的下层驱动（这里是文件系统驱动，也就是文件系统模块本身）发送一个 IRP（IO Request Packet），IRP 中包含了上层所请求的所有信息以及完成这个请求所要涉及的底层所有驱动链（文件系统驱动、磁盘设备驱动等）的对应信息。关于 IRP 的具体结构以及具体流程见下文。

（5）IOM 将生成的 IRP 首先发送给驱动链的顶层第一个驱动，这里就是文件系统本身。文件系统收到 IRP 之后，会读取 IRP 中给自己的信息，提取出操作对象和操作内容，然后开始操作。如果应用调用时未指定 DIO 模式，则文件系统当然首先要查询是否请求的对象数据已经位于 Cache 中（本例中应用请求 Open()一个文件，所以这里的目标数据就是指这个文件的 Metadata，FS 要读入这个文件的 Metadata 后才可以响应上层的 Open()操作），如果目标数据恰好位于 Cache 中，那么文件系统直接完成这个 IRP 请求，将携带有 IO 完成标志的 IRP 返回给 IOM 宣告完成，IOM 从而也返回给应用程序宣告完成。如果 Cache 未命中，则 FS 需要从底层的磁盘来读取目标数据，这就需要 FS 在这个 IRP 中对应的底层设备驱动信息中填入底层设备所要执行的动作，比如读取某某 LBA 段的内容等，然后将组装好的新 IRP 通过调用 IOM 提供的功能 API（详见下文）来将它发送至位于 FS 下层的设备驱动处。

（6）设备驱动接收到 IRP 之后，与文件系统做相同的动作，也是首先从 IRP 中找出给自己的信息，提取出操作对象和内容，然后操控物理设备执行对应的扇区读写。

（7）当驱动链中所有驱动都完成各自的任务之后，底层驱动将带有完成状态标记的 IRP 返回给 IOM。

（8）IOM 收到这个 IRP 之后，检查其状态标志，如果是成功完成，则将会通知上层应用程序打开成功，并且返回给程序一个针对这个文件对象的 File Handle。

（9）IOM 将这个 IRP 清除。

（10）IOM 返回一个 File Handle 给程序，以后这个程序就需要使用这个 Handle 来对这个文件进行其他操作，比如写、读、删等等，其对应的 IO 请求执行过程会依照上述步骤进行。

可以看到，在 OS 内核中，每个 IO 请求都是以 IRP 为载体来传递的。与外部网络上的数据包相同，IRP 包只不过是在内存中传递而不是线缆上。

如图 19-59 所示为 IRP 包的数据结构，其中右侧部分为一个“IO Stack Location（IOSL）”数组的放大结构。IOM 在发送 IRP 给驱动链的顶层驱动之前一定要知道完成上层的 IO 需要的全部底层角色，比如 FS、Volume、Device Driver 等，这些角色按照发生作用的先后顺序一次排列形成一个自上而下的驱动链，IRP 在被 IOM 初次组装时，会被 IOM 填充入一个或者多个 IOSL。驱动链中有几层驱动，IRP 中就有几层 IOSL，每层驱动都对应自身的 IOSL。

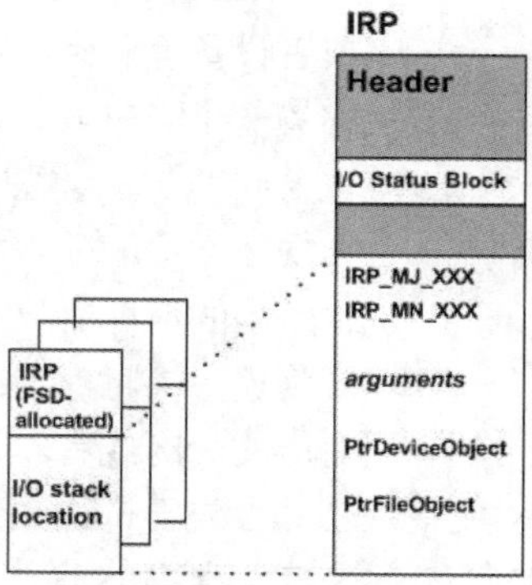

图 19-59 IRP 结构

IOSL 中包含了本层驱动应该做的事情的描述，比如操作的目标、何种操作等。IOSL 中有多项结构用来对其进行描述，比如 IRP_MJ_CREATE（打开）、IRP_MJ_READ（读取）、IRP_MJ_WRITE（写入）、IRP_MJ_DEVICE_CONTROL（控制指令）、IRP_MJ_CLOSE（关闭）等。其中 MJ 表示 Major，就是说这些操作都是本层驱动的基本功能，这些基本功能在图中表示为“IRP_MJ_XXX”。还有一类设备自定义的 Minor 功能，都集合在 IRP_MN_XXX 中。图中的 arguments 表示操作的对象，比如所要操作的数据位于何处，长度是多少等。PtrDeviceObject 表示本层驱动对应的设备对象指针，PtrFileObject 表示待操作的文件对象指针，这个项目只对文件系统驱动层有用处，其他层一般不使用这一项。

在图中左侧，我们可以看到这个 IRP 中包含上下两个 IOSL，上层 IOSL 已经填充了 FS 驱动的相关操作信息，下层 IOSL 尚未空。说明这个 IRP 的驱动链只有两层，顶层即文件系统驱动（FileSystemDriver，FSD），底层则还尚未被填充，暗示底层驱动一定是存储设备驱动，也同时暗示这个 IRP 一定是由 IOM 发送给 FSD 的但是 FSD 尚未做出处理。

被 IOM 组装好的 IRP 初次被发送到驱动链顶层（本例中是 FS）驱动模块时，只有顶层的 IOSL 被 IOM 填入，其他层次的 IOSL 为空，因为此时只有 IOM 知道应用程序要做什么，而且 IOM 也不知道 FS 下层的磁盘驱动要操作哪些扇区。

顶层驱动模块按照 IOM 填入的 IOSL 信息执行对应的操作，如果发现本层驱动的操作必须转交给下层驱动来完成的话（比如系统内核缓存未命中必须从磁盘来读数据），那么本层驱动在执行对应的映射计算后（比如 FS 将文件 offset 映射为磁盘扇区段），将下层驱动所要执行的动作信息（比如“读入 LBA0～1024 的数据”）调用 IOM 提供的 IoAllocateIrp 功能函数填入下层 IOSL 中（由于当前驱动并不会自动得知下层驱动的 IOSL 位于整个 IRP 中的位置，所以需要调用 IOM 提供的 IoGetNextIrpStackLocation 功能函数来获取）。

填好之后，调用 IOM 提供的 IoCallDrive 功能函数将填好的 IRP 发送给下层驱动（磁盘设备驱动），磁盘设备驱动收到 IRP 之后，从 IRP 中读取本层对应的 IOSL，也就是刚才由 FS 驱动填入的 IOSL，执行其中的操作。由于磁盘设备驱动为最底层的驱动，所以在它执行完毕后会调用 IOM 提供的 IoCompletionRequest 功能函数来将 IRP 返回给 IOM，此时的 IRP 已经被最底层的驱动在 IO Status Block 中填入了 IO 执行状态（成功、错误等）。

IOM 收到 IRP 之后，将最底层对应的 IOSL 清空，并将 IRP 再次发送给上一层驱动（本例只有两层，如果有多层则一层一层回传）来让上层驱动判断底层执行的结果是否合格。本例中上层 FS 驱动是最顶层驱动，所以它会执行 IO 总完成过程（此处并非 IoCompletionRequest），同样在 IO Status Block 中设置状态然后将 IRP 返回给 IOM，如果状态为成功，则本次 IO 成功执行，如果状态为其他，则相应触发其他动作。如图 19-60 所示为 Windows 系统内 IO Manager 与驱动层交互的一个示意图，其中包含了 IRP 流动的路线以及 IO 流程。可以根据上面的描述来对应图中的步骤。

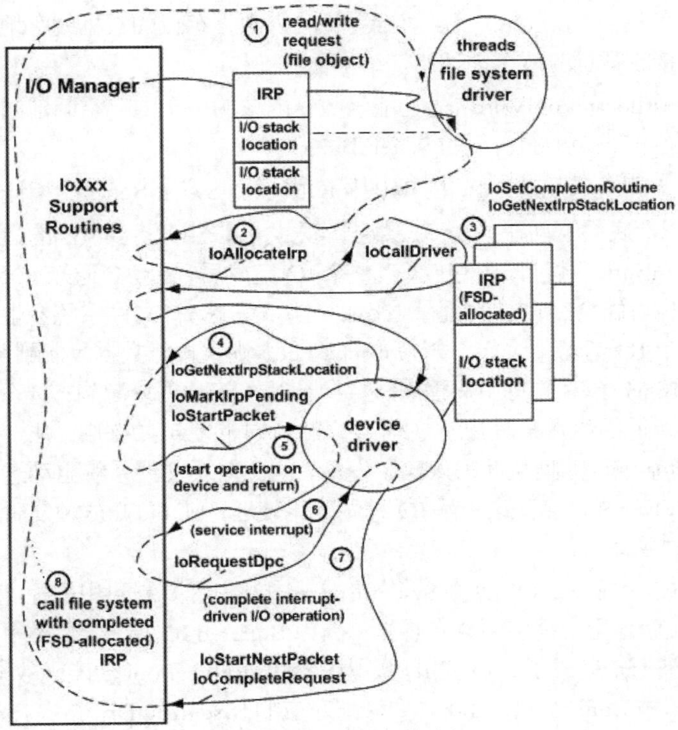

图 19-60 IRP 流动过程

1. IOM 对 Buffered IO 处理过程

下面给出一个 Windows 系统下 IO Manager 处理 Cached/Buffered IO 过程示例。如图 19-61 所示为 IOM 处理 Buffered IO 时的流程示意图，其中共有 6 处关键点，下面就分别描述一下这 6 处关键点。

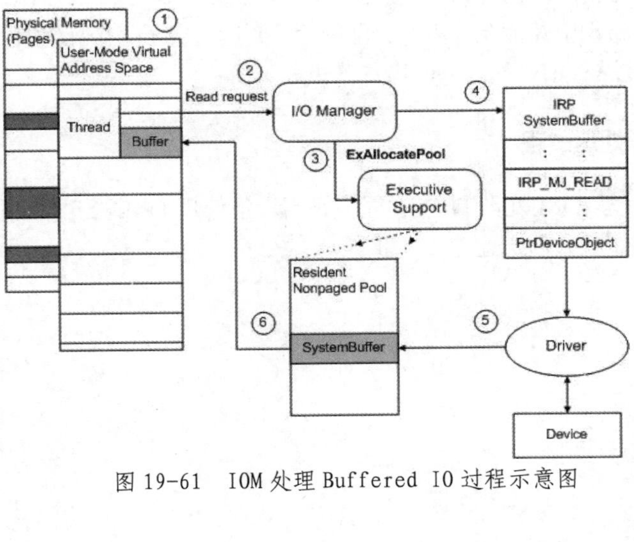

图 19-61 IOM 处理 Buffered IO 过程示意图

（1）用户程序将自身数据缓存放置在所分配的虚拟内存空间内某段逻辑上连续的地址之内，这段虚拟内存地址实际上可以被映射到物理内存中并不连续的地址段中，这是任何操作系统 Memory Manager 都会做的。

（2）用户程序在向 OS 发起 IO 请求时会将待写入数据存放的数据缓存地址（对于写请求）或者用于接收数据的缓存地址通知给 OS。

（3）OS 使用 ExAllocatePoolWithTag 功能函数在内核的一个内存空间池内创建一个与用户程序对应缓存相同大小的连续的 SystemBufer。

（4）然后 IOM 立即向下发起 IRP，在 IRP 中 IOM 会将 SystemBuffer 的指针告知顶层驱动程序。

（5）对于读请求，底层驱动在成功完成数据读入之后，会将逐步读出的数据放置到方才被通知的 SystemBuffer 地址段中存放，当整个 IO 完成后，驱动会通知 IOM 完成信号。当然，底层驱动也可能会有自己的缓存，比如文件系统驱动，文件系统会根据自己的缓存策略来处理这个 IO 请求，比如，如果 Cache Hit，则直接将数据复制到 SystemBuffer。对于写请求，IOM 会首先将用户程序缓存中待写入的数据复制到方才分配的 SystemBuffer 中，并立即返回给用户程序完成信号，然后向下发起 IRP 过程，下层驱动会直接从 SystemBuffer 中读数据从而写入底层设备。当然对于文件系统驱动这一层，由于使用了 Buffered IO，FS 会缓存这个写 IO 并做优化处理，在 Flush 被触发后，才会将数据继续向下从驱动写入。

（6）当内核读 IO 完成后，OS 会将 SystemBuffer 中的内容复制到用户程序缓存空间；当内核写 IO 完成后，用户程序不会有感知，因为 Buffered IO 模式下，在用户程序写 IO 发起后便立即被通知完成了。IO 完成后，内核使用 ExFreePool 功能函数来释放针对本次 IO 分配的 SystemBuffer。每次 IO 均要分配对应的 SystemBuffer。

注意：在上述过程中，当 SystemBuffer 被分配之后，对应的用户程序 Buffer 便可以被 OS 使用换页机制将其内容复制到硬盘上的 Pagefile 中存放，以便腾出物理内存空间给其他程序使用。如果 IO 吞吐量很大，但同时依然使用了 Buffered IO 模式，那么不但因为多次内存数据复制而效率低下，而且会由于在内核分配 SystemBuffer 时可能由于内存池中没有对应这么大数据空间的连续内存地址段而造成内核极力去释放内存空间，而首当其冲的就是释放文件系统缓存空间。而释放 FS 缓存时就又涉及到 Flush IO 的操作，这些操作在底层又随时可能导致路径中其他模块需要分配内存，而这就成了一个死循环，可能导致系统失去响应。所以 IO 路径中分配内存的操作需慎之又慎。

2. IOM 对 DIO 处理过程

如图 19-62 所示为 IOM 处理 DIO 过程（底层设备使用 DMA 方式）的示意图。其中共有 6 个主要步骤，下面我们就分项描述这 6 个步骤。

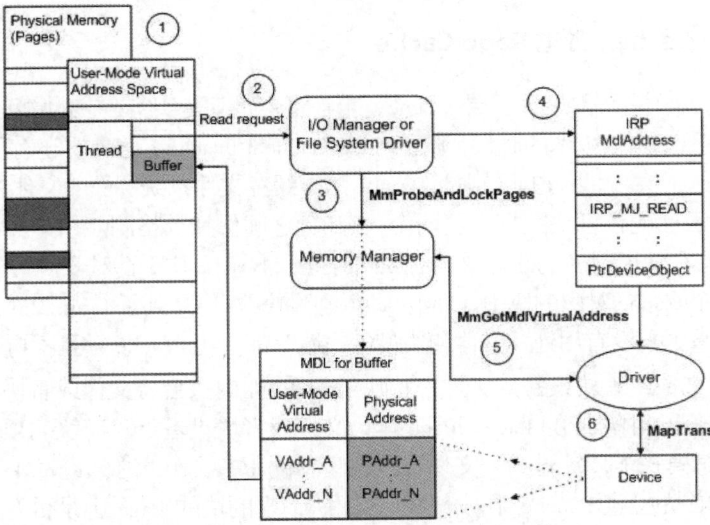

图 19-62　IOM 处理 DIO 过程示意图

（1）用户程序自身的缓存位于操作系统虚拟出来的虚拟内存空间，并且是连续的。这块虚拟连续的空间实际上是被映射到物理内存中的，并且可能是不连续的。操作系统会针对这个程序的缓存空间生成一份 Memory Description List（MDL）用来描述虚拟地址和物理地址的映射关系等信息。

（2）程序向操作系统发起 DIO 读请求，并在自身的缓存内预留好了接收读出数据的空间，并将这个空间的地址信息通告给操作系统。

（3）IOM 根据收到的缓存地址信息，调用 MmProbeAndLockPages 功能函数将对应的物理内存地址锁定。

（4）IOM 生成 IRP 以便下发给驱动链的顶层驱动，并在其中给出用于接收本次 IO 数据的物理内存空间位于 MDL 中的指针。直到本次 IO 完成，否则指针对应的内存空间一直处于锁定状态。

（5）底层设备使用 MmGetMdlVirtualAddress 功能函数来获取这些指针。

（6）底层设备从介质中读出数据之后，将数据直接送至这些指针指定的物理内存空间。（由于 Windows 下 DIO 模式要求用户程序发起的 IO Size 必须与最底层设备的最小存储单位对应，所以此处可以直接由底层设备将数据返回而不再途径文件系统返回。但是对于一些底层加入虚拟化效果的驱动，比如卷镜像、RAID 等，则最底层设备驱动需要将数据返回给其上层驱动，然后由上层驱动负责将数据置入用户程序缓存。）

综上所述，IOM 统管着 OS 内核中所有驱动以及上层调用接口，为整个系统 IO 请求流动的骨架。当一个 IO 进入 IOM 之后，第一次转发是 IOM 主动发向驱动链顶层驱动的，随后的进一步下发是由各层驱动主动发起的，此时 IO 请求流动的驱动力为 IoCallDrive 函数（IOM 提供），各层驱动调用这个函数即可将 IRP 下发给下层驱动。当然也可以认为上层驱动执行完 IRP 后将 IRP 通过 IoCallDrive 函数扔给 IOM，然后 IOM 再发送给下层驱动，因为 IoCallDrive 是 IOM 自身的功能，所以本质上这么理解也可以。

3. 成也 Page Cache，败也 Page Cache

Page Cache 是操作系统内最后一层 Cache，再往下走，就是实实在在的物理硬件设备了。在 Linux 系统中，早在 2.2 内核版本的时代，除了 Page Cache（Pcache）之外，还有一个 Buffer Cache（Bcache）处于 Pcache 下层。这两者的区别是，Pcache 用于缓存文件系统层面的文件块数据，而 Bcache 则用于缓存块设备层面的设备块数据。这两个 Cache 之间保持严格同步，即一个文件块若处于 Pcache 中，则这个文件块所对应的磁盘块也必须同时处于 Bcache 中，针对任何一个块进行的改动，必须也体现到另一个 Cache 对应的块中，即同步读入同步修改。但是到了 Linux 2.6 内核之后，Bcache 的作用被弱化了，基本上没有用处，文件和块设备的缓存都使用 Pcache 并且不再同步。

- Pcache 与文件或者块设备其实是一种映射关系，即内核会将文件或者块设备上对应的块映射到 Pcache 中对应的 Page，Page 作为文件或者块设备上对应块的顶头缓存而存在。在非 DIO 模式下，针对某个文件或者块设备的 IO 操作，必须经过 Pcache。比如读请求，内核首先检查 Pcache 中对应这个 IO 所请求的块的 Page 中是否有数据，如果有，则直接返回，无须从底层磁盘读取；对于写请求，内核也是首先将数据写入对应的 Page，然后再批量写入磁盘。
- Pcache 向下映射到文件块或者块设备块，向上则可以映射到用户程序缓存，这样，利用 Pcache 作为中间人，程序只要访问自身缓存内映射过来的 Pcache 对应的 Page，就等于访问到了 Pcache 下所映射的文件块或者块设备块，途中如果遇到 Cache 非命中的情况，则会产生 Page Fault，触发从底层磁盘设备的读操作。这种 Pcache 上行的映射称为 Memory Mapping，Mmapping 需要用户程序显式地向操作系统申请，使用 mmap()功能函数。利用 mmap 机制，如果有多个程序共同读取同一个底层块，那么内核无须将这个块分别复制到每个程序自身缓存内，只需要放置一份在 Pcache 对应的 Page 中即可，Pcache 的上行 map 会将这个实际的 Page 分别 map 到各个程序自身的缓存内，这样就大大降低了物理内存耗费。对于写操作，也同样会写到 Pcache 中对应的 Page，每个程序任何时刻都看到的是相同内容并且最新的 Page，也就是说任何时刻只有 Pcache 中的一份 Page 数据，这样就可以保证数据的一致性。当需要将被修改的 Page 写入磁盘时，程序可以调用 msync()功能函数进行。

一个文件或者块设备往往比较大，不可能全被映射到 Pcache 中。但是对于用户程序来讲，其所被分配的内存地址都是虚拟的，往往可以很大，甚至大过物理内存，所以程序向 OS 内核所申请映射的整个文件/设备或者其一部分，对于虚拟内存来讲是有空间映射的。

由于内核对程序缓存做了超供处理，比如虚拟内存为 10MB 空间，而实际上内核只给了其 5MB 的物理内存空间，所以只能够拆东墙补西墙。所以内核需要维护一个 Page Table 来记录当前实际的虚拟地址与物理 Pcache 地址的映射关系。

当程序需要对虚拟地址空间内某个 page 进行 IO 操作时，内核检查 PageTable，如果没有找到这个虚拟 Page 对应的物理 Page，那么内核只能先把当前被占用的物理 Page 中最少被程序访问的那些想办法腾出来给新请求使用。

腾空间的机制有多种，比如最划算的是先删掉物理 Page 中那些自从被读入之后就没有改过的，也就是对应的块与下层磁盘上的块内容一致的那些 Page，它们占在这里除了增加一些缓存命中率之外别无它用，所以毫不犹豫地将它们标记为 Free 即可。

其次就是 Flush Dirty Page，即如果物理 Page 中有些已经修改过的但尚未被写入磁盘的 Page，那么它们占在这基本上为了那微乎其微的缓存命中率，此时也没多大意义，因为此时此刻燃眉之急是物理空间不够用，所以即刻触发 Flush 将其写入磁盘后也标记为 Free。

更糟糕的是，如果上面两个动作都做完了，物理空间还是不够用，那么还有最后一根救命稻草，即将当前占用的物理 Page 中的内容写到磁盘上一个特定的空间（Swap 分区）或者文件（Pagefile）中暂存，以腾出空间，并且在 Page Table 中做好记录，这个过程称为 Page Out。待什么时候程序又需要访问已经被 Page Out 的 Page 了，内核的 Cache Manager 发现目标 Page 并没有在物理内存中，此时就算发生了一次 Page Fault，那么 Cache Manager 就得根据 Page Table 中的记录，从 Swap 分区或者 Pagefile 中将对应的之前 Page Out 出去的 Page 再读入物理内存供使用，这个过程叫做 Page In。

然而，最糟糕的是，物理 Page 已经全满，该做的也做了，而此时又恰恰需要 Page In，那么没办法，只能将物理 Page 中最少被访问到的（使用 LRU 算法）Page 写到 Pagefile 或者 Swap 分区，再将 Pagefile 或 Swap 分区中要 Page In 的 Page 读入，这种情况称为 Page Exchange，是最糟糕的状态。

按理说 Pcache 的存在会大大提高 IO 性能，但这只是在一定条件下而已。Pcache 以 4KB 的 Page 为单位进行读写，只能一次读入或者写入一个或者多个 Page，而不可能读写诸如 200B，1000B 这种除不尽 4KB 的数据。然而，程序在访问文件或者块设备的时候，却可以以任何 offset 为起始，发起任何长度的 IO 请求。这就使得 Pcache 很难办，一旦遇到这种尺寸不能对齐 Page 边界而且长度又不能被 4KB 除尽的 IO 请求，就会发生本章前文所描述的各种花样的读写惩罚。

另外，4KB 的 Page Size 为 x86 平台普遍使用，其他一些平台比如安腾，其 Page Size 为 64KB。IO Size 与 Page Size 相差越大，惩罚比例就越大。但是 Page Size 越小，那么 Page Table 中所需要的条目就越多，由于 Page Table 也存在于内存中，所以就需要浪费更多的物理内存。

所以说，成也 Pcache，败也 Pcahce。Pcache 的成败，最终决定因素还是在用户程序的 IO 设计，是否充分考虑了各种情况。

另外，对于一些慢速与高速存储介质共存的系统内，比如 SSD 与机械硬盘共存，此时可以针对 SSD 设备使用 DIO 模式，将有限的 RAM 一级缓存留给更需要它的机械硬盘。

4. Cache、Buffer、Queue 的作用层次与关系

从本章一开始给出的那张系统全景 IO 路径图中可以看到，系统中的各处都会有缓存，还有 Queue，同时还存在一种图中尚未画出的东西，就是 Buffer。这里有必要讲解一下这三者的层次与关系。

Cache 是一个海洋，其中可以有长时间固定不动的东西。而 Queue，很显然它就像一个水渠，其中的数据是无时无刻不在流动的。而 Buffer 更像是一个溢出的水渠，比水渠的空间更大一些，但是 Buffer，更应该被翻译为“缓冲”而不是缓存，也就是说 Buffer 中的数据会很快被清走，或者传输到上游模块，亦或是被传输到下游模块。Buffer 有两个作用：一是针对慢速设备提供一个速度适配的缓冲空间，二是为了给某种计算操作提供数据暂存的空间。比如某种存储设备，数据在被读出或者写入介质之前需要进行某种检查或者运算处理，而这种运算是非常底层而不是高层的，那么就有必要为这个设备创建一块缓冲，也就是 Buffer 空间用于存放计算之前的数据以及运算之后的结果。刻录光盘时系统分配的内存空间视为缓冲，因为这个 Buffer 中的数据不可能长期

被放在里面不动。但是 Cache，也就是“缓存”，是比 Queue 与 Buffer 更高层的东西，其作用主要是用来加速数据 IO 而不是缓冲 IO 流动的，其中可以存在长期不流动的数据。

Cache、Buffer、Queue，这三者的数据流动性是一级比一级高，路径中作用层次一级比一级低，所发挥的功能一级比一级低级。越往宏观速度越慢而空间越大，越往微观速度越快而空间越小，计算机 IO 路径也完全符合这个自然法则。

19.1.5 底层设备驱动层

1. Windows 系统下的驱动链

IO 请求从应用程序发起，经历了文件系统、卷管理系统，现在这个 IO 请求要经历它离开主机操作系统前的最后一关：设备驱动程序。我们以 Windows 系统的驱动层次架构为例说明操作系统是如何使用底层硬件设备的。

设备分为虚拟设备和实际物理设备，我们在此不讨论虚拟设备。一个实际的物理设备，一般是以某种总线来连接到计算机主板上的，比如 PCIX、PCIE 总线，主板上的导线连入对应的总线控制器芯片（一般是与北桥或者南桥或者 CPU 集成的），操作系统就是从总线控制芯片来获取所有外部设备信息的，任何发向或者收自外部设备的数据和控制信息流，都经过这个总线控制器，总线控制器只负责将数据流转发到对应总线的对应地址上的设备，但是数据流本身的流动是由设备 DMA 部分直接负责的。

所以，操作系统要想看到一个设备，必须通过这个设备所在的总线控制器。操作系统内有一类称为“总线驱动”的驱动程序，这个驱动程序位于操作系统最底层，它可以从总线控制芯片来获取当前总线上的任何动静以及任何已经接入的设备信息，也就是说这个驱动是用来驱动总线控制器的，也叫做“总线控制器驱动”。任何新接入的设备都会在硬件上被总线控制器感受到，从而也就被总线驱动所探知到，然而，总线驱动只能够探知到总线上新接入了一个设备，却不知道这是什么设备，该怎么用。要想使用这个设备，就得在其上再加载一层驱动，也就是这个设备自身的驱动。

比如，如果这个设备是一张 PCIE 接口的 SCSI 卡，那么操作系统会首先通过 PCIE 总线驱动探知到有一个类型为 SCSI Host 的设备，然后系统会立即将 SCSI Port/Miniport 驱动加载到这个设备之上，从而可以正常操作 SCSI 卡。SCSI 卡其实本质上也是一个总线控制器，它后端控制着一个或者多个 SCSI 总线，在前端则作为 PCIX/PCIE 等主机总线上的被动设备而存在，所以，SCSI 卡的驱动程序也相当于 SCSI 控制器的总线驱动。所以，加载了这个驱动之后，操作系统就会看到这张 SCSI 卡上面所连接的 SCSI 总线信息以及 SCSI 总线所连接的 SCSI 设备。然而，此时操作系统只能够看到一个或者多个 SCSI 设备，却不知道它们各自是什么设备，怎么用它，所以，还需要再加载一层驱动，也就是，PCIE 主机总线上的 SCSI 控制卡上的 SCSI 总线上的 SCSI 设备的驱动。

还没结束。每个 SCSI 设备上还可以存在多个 LUN 逻辑单元，所以，还需要针对每个 LUN 加一层驱动。但是一般来讲，这一层驱动与前一层是同一个驱动类型的不同例程罢了，因为一个 SCSI Target 上的 LUN 其功能一般与 Target 本身相同，不会存在某个 SCSI Target 多个 LUN 里有的是磁盘而有的却是磁带或者光驱的。至此我们数一数这个驱动链里的驱动数目：主机总线驱动→SCSI 控制器驱动→SCSI Target 设备驱动→LUN 设备驱动。

还没结束。假设某个 LUN 是一个磁盘设备，至此，操作系统已经知道如何使用这块磁盘了，可以向其中读写数据了。但是磁盘还可以分区，操作系统会对待每个分区就像一块物理磁盘一样。所以，还需要为每个分区再加载一层驱动，这个驱动与上一层驱动其实是一样的，如果使用某种卷管理软件来生成卷而不是分区，则就需要加载卷驱动，这个驱动由卷管理软件提供，作为一种 Filter 驱动（见下文）类型存在。

至此，还没结束。有了卷或者分区就完结了么？非也。文件系统还没进来呢。文件系统也算是一种驱动，内核为每个卷或者分区加载对应的文件系统驱动之后，整个驱动链才算最终完结，此时应用程序就可以读写文件了。当然如果不使用文件系统，那么可以把驱动链终止在卷一层，甚至 LUN 一层，应用程序可以通过内核来直接访问到底层设备，比如对块设备或者裸设备的 IO 操作。

如图 19-63 所示，左边为 Windows 下的一张 PCI 接口的 SCSI 卡的驱动链，右侧为一个 PCI 接口的 IDE 卡的驱动链。

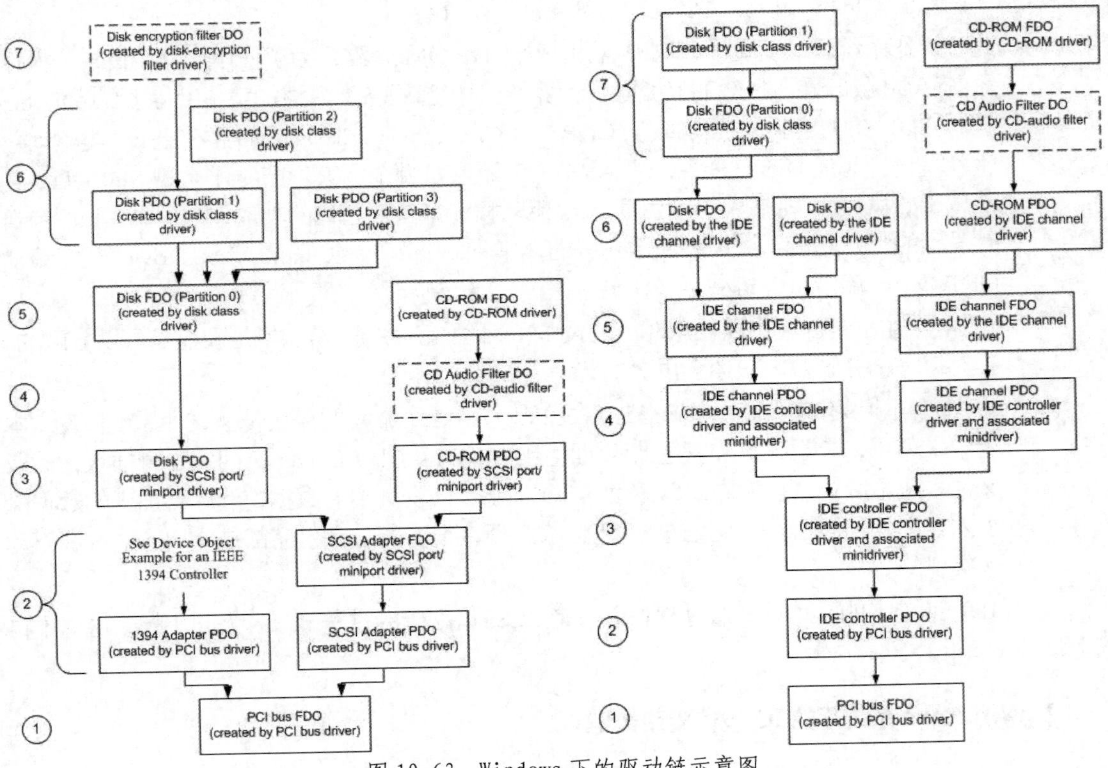

图 19-63 Windows 下的驱动链示意图

对于左侧的 SCSI 驱动链，系统是按照如下过程操作的。

（1）由于系统中有多个 PCI 总线，总线驱动通过总线控制器发现所有总线之后，会为每个 PCI 总线创建一个 PDO（Physical Device Object）对象，并且再创建一个 FDO（Function Device Object）对象表示这个设备（此处为 PCI 总线）具体功能将由总线驱动来负责。图中的最底层即为其中一个 PCI 总线的 FDO。

（2）总线驱动扫描这个总线上的所有设备，感知到了两个 PCI 设备，一个 IEEE 1394 适配卡（在此不介绍）和一个 SCSI 适配卡。所以总线驱动为这两个设备分别创建各自的 PDO，由于总线驱动不知道如何使用这两个设备，所以不能为其创建 FDO。

（3）以 SCSI 适配卡为例，内核将 SCSI Port/Miniport 驱动，也就是 SCSI 控制器驱动加载到其 PDO 上，并同时生成一个针对这个设备的 FDO，即功能性对象，意即加载了 SCSI 控制器驱动后这个设备自身的功能就可以被操作系统使用了。SCSI 控制器驱动，也就是 Port/Miniport 驱动被加载之后，就可以从这个 SCSI 卡后端所连接的 SCSI 总线感知到具体的 SCSI Target 设备了。本例中 SCSI 总线上连接了一块磁盘和一个 CDROM 光驱，所以驱动为这两个设备创建了各自的 PDO。由于 SCSI 控制器驱动只负责 SCSI 总线的维护以及向 SCSI Target 设备发送和接收数据，并不知道如何使用这些 SCSI 设备，也并不知道向其发送的数据的具体内容和格式，所以不能为这些设备创建 FDO，这个工作将由更上层驱动完成。

（4）在 CDROM 设备的 PDO 之上，系统加载了一个 Audio Filter Driver，即音频过滤驱动。过滤驱动作为一个夹层角色存在，可以插入任意两层常规驱动之间而不改变夹着它的上下两层驱动间的接口。关于过滤驱动将在下文介绍。

（5）此时操作系统已经发现了一块硬盘和一个 CDROM 光驱，为了使用这两个设备，操作系统必须要加载针对它们的功能性驱动。针对磁盘设备，内核加载了 Disk Class Driver；针对 CDROM 光驱，内核加载了 CDROM Class Driver。Class Driver 的意思即“类驱动”，也就是说针对任何磁盘设备，只要是磁盘，不管是哪个厂家生产的什么规格的磁盘，统统属于磁盘类，它们都可以使用同一个驱动程序来行使它们的功能，除非有一些厂商自行设计的特殊功能，则需要加载对应的 Miniclass 驱动。类似的 Class Driver 还有诸如 CDROM、磁带机、机械手、显卡、键盘、鼠标等。

（6）至此，操作系统已经可以使用对应的设备了，比如读写等操作。但是硬盘是可以分区的，针对每一个分区，内核还会再次加载一层 Disk Class Driver。

（7）最后，本例中还包括了一个磁盘加密过滤驱动，这个驱动的作用是在文件系统驱动（本例中未表示，位于磁盘加密过滤驱动之上）和 Disk Class Driver 之间将自身插入，截取文件系统本应该直接发向磁盘驱动的 IO 请求，加密其中的数据，然后将加密的数据除了内容之外，原封不动地发送给磁盘驱动。现在很多的加密程序都是使用底层过滤驱动来实现的。

对于 IDE 适配卡的驱动链加载过程可以参考 SCSI 适配卡的过程，二者大同小异，这里不再描述。

2. Windows 系统下的 IO 设备驱动类型

Windows 系统将 IO 设备的驱动程序按照层次分为了两大类，即上层的 Class Driver 以及下层的 Port Driver。关于这两种驱动程序的角色和作用，上文已经做了简要介绍。这里将进一步介绍这两种驱动的具体功能项目。

如图 19-64 所示为这两种驱动的层次示意图。先来看左侧部分，应用程序想要执行某些 IO 操作，它可以调用 Window 提供的 API，比如打开某个文件读写等，Window API 会自动向下调用对应的内核层驱动比如文件系统驱动来执行对应的功能；应用程序也可以调用用户态驱动程序（在用户态执行的驱动程序）来执行一些高层的、可以在用户态就完成的功能，如果不能在用户态完成，那么用户态驱动会自行调用 Windows API 执行对应操作。一些打印机驱动程序就属于用户态驱动程序。

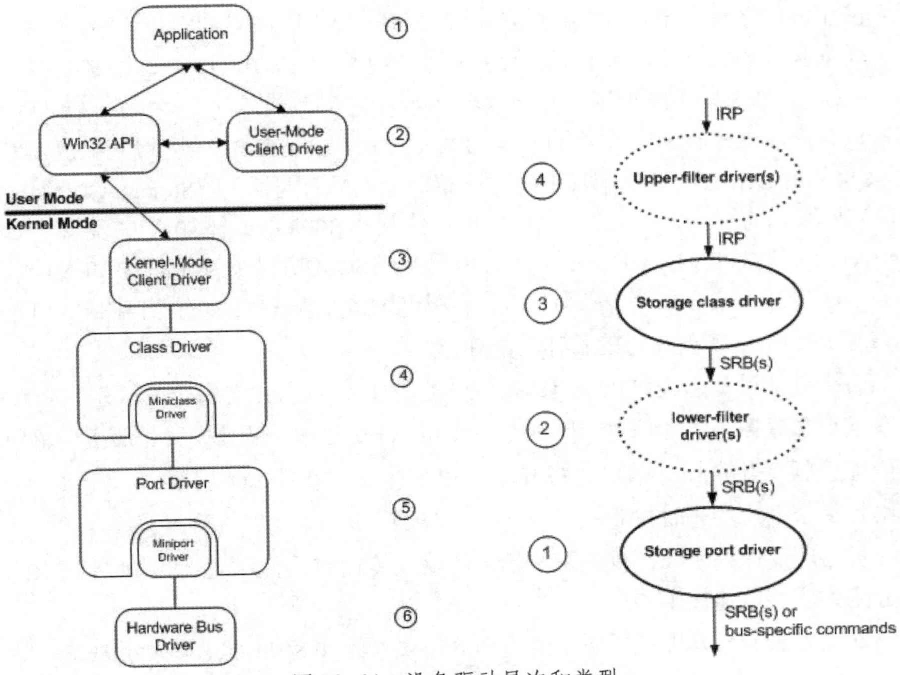

图 19-64 设备驱动层次和类型

内核为多数的设备类型都提供了 Class Driver 来实现基本功能，比如鼠标，不管鼠标有几个其他按键，其基本的功能无非就是左右键和滚轮，Class Driver 就提供了对这些功能的支持。至于鼠标上的其他按键以及其他一些更高级的功能，可以由厂商提供各自的 Miniclass Driver 或者 Filter Driver 来单独实现这些功能。Class 与 Miniclass 互相链接以共同完成设备的全部功能。Port Driver 则是专门用来驱动各种外部总线控制器的，比如 USB、IDE、SCSI 等；同样，Miniport Driver 则是用来驱动这些控制器上的一些厂商特定的功能的，不同厂商可能有不同的特殊功能，所以不同厂商需要有不同的 Miniport Driver。最底层则是主机内部总线驱动，比如 PCIE 总线驱动。

再来看右侧，这个图表示 IO 在这些驱动层次之间的流动。上层将 IRP（见本章前文）发向下层的 Storage Class Driver，Class Driver 将 IRP 转换为 SRB（SCSI Request Block），SRB 中包含了 CDB（Command Description Block）以及其他一些内容（有人可能不解，Storage Class Driver 对任何设备都使用 SCSI 协议集么？底层如果是 ATA 磁盘的话怎么办呢？是的，这个问题我们下文再描述），Port Driver 接收到 SRB 之后，对 SRB 进行分析，并将 SRB 转换为外部总线所要求的指令格式发送给对应的设备。

下面我们对每层 Driver 进行分别介绍。

3. Storage Class Driver

Class Driver 是驱动某个最终设备的功能性驱动。Windows 针对所有的硬盘设备，不管其是 SCSI 还是 IDE 或者 U 盘或者 SSD，亦或是磁盘阵列的 LUN、卷等，都使用相同的驱动程序；同样，针对其他大类的设备，也都使用相同的驱动。所以称其为“Class Driver”。 Storage Class Driver 专指存储类的驱动，比如 Disk Class Driver、CDROM Class Driver、Tape Class Driver 等。Class Driver 由操作系统自身提供，不需要厂商针对自己的设备再开发完整的一套 Class Driver，如果某个设备的功能并不能由操作系统自带的 Class Driver 来驱动，那么厂商只需要开发一个附属在主 Class Driver 上的额外驱动模块即可。这个额外的小模块就叫做 Miniclass Driver，下文中将会描述。

Class Driver 处理上层（比如用户程序或者文件系统驱动等）下发的 IRP，根据 IRP 的请求内容，将请求转换成包含有 SCSI CDB 的 SCSI Request Block（SRB），然后将 SRB 发向下层驱动，比如 SCSI Port Driver 或者位于其下的过滤驱动（如果有的话）。Storage Class Driver 统一使用 SCSI 指令集来操作底层设备，如果底层物理设备并非 SCSI 的，比如 ATA 磁盘，那么会由位于 Class Driver 下层的 ATA Port Driver（下文介绍）将 SCSI 协议映射翻译为 ATA 协议指令。此外，Class Driver 也并不关心底层设备对应的总线物理地址，底层寻址的操作由 Port Driver 执行。

Storage Class Driver 需要执行的具体功能如下。

- 为每个具体设备生成 FDO 对象。如果设备上存在分区，则对每个分区生成 PDO 和 FDO。
- 获取每个设备的属性信息，比如是否支持 Write Cache 及其模式、最大传输单位等。
- 处理上层下发的 IRP 请求，将 IRP 映射翻译成 SRB 并继续下发。
- 维护每个请求的超时机制。
- 根据底层反馈的所能接受的每个请求的最大传输单元，将上层的 IRP 请求的数据长度分割为底层所能接受的值。
- 错误处理机制，处理底层所不能处理的错误，比如 SCSI Check-Condition 等。

1）SCSI PassThrough 支持

Storage Class Driver 支持 SCSI PassThrough，即用户程序可以直接生成 CDB 而发向底层设备，Class Driver 收到上层的 CDB 之后，会做一定的格式检查，判断为正确格式之后，还需要检查 IO Size，如果大于底层规定的最大值，则做分割操作，然后直接将 CDB 封装到 SRB 中发送给 Port Driver 处理。

2）关于 Command Queue

对于 Class Driver 层，没有必要对所有上层发来的 IRP 做 Queue 处理，因为 Queue 的处理由其下层的 Port Driver 全权负责，Class Driver 只管将上层的 IRP 翻译成 SRB 然后源源不断地向 Port Driver 的 Queue 里填充即可。Port Driver 会为每个 LUN 分别创建 Queue，比如 SCSI Tagged Queue。当某个 LUN 的 IO 发生错误时，Port Driver 会将对应的 Queue 进行 Freeze，并将自己无法处理的错误报告给 Class Driver，由后者进行处理。Class Driver 会查询底层设备所支持的 Queue 方式，如果支持 Queue，则 Class Driver 会在每个 SRB 中设置对应的标记告诉 Port Driver 本次 IO 可以使用对应的 Queue，并且还附带了对本次 IO 进行 SCSI Command Queue 的策略信息，比如：SRB_SIMPLE_TAG_REQUEST（SCSI 控制器可以将这个 IO 重排到任何位置）、SRB_HEAD_OF_QUEUE_TAG_REQUEST（控制器必须将这个 IO 放到队列首处，首先执行）或者 SRB_ORDERED_QUEUE_TAG_REQUEST（SCSI 控制器必须将这个 IO 放到队列尾部按照顺序执行）。

3）关于获取设备属性信息

Class Driver 需要获取它所驱动的设备（此处其实是获取 SCSI 或者 IDE、1394 等控制器和具体的 SCSI/IDE 设备的属性信息，因为 Class Driver 下层是 Port Driver，Class Driver 发出的 SRB 必须服从 Port Driver 的要求，也就是服从 SCSI/IDE 控制器的要求，同时也要符合最终设备的要求）的属性信息，这些属性信息包括：

- SCSI/IDE 控制器的最大传输单元，即每次 IO 的最大可读写的扇区长度；
- 是否 SCSI/IDE 控制器在 DMA 时可以读写不连续的物理内存 Page，数量是多少；
- SCSI/IDE 控制器对 Buffer 边界对齐的要求信息；
- SCSI/IDE 控制器是否支持 SCSI 的 TCQ 以及是否支持基于每个 LUN 的 TCQ；

SCSI/IDE 控制器是否支持 WriteBack 模式的写缓存，具体类型是什么，比如是否有电池保护等。

4）关于设备写缓存的模式

一些外部设备比如 RAID 适配器、SCSI 适配器，都具有自己的缓存。这些缓存如果用来做预读操作，那么没有任何问题，但是如果用 Write Back 的模式来缓存写数据，那么在这些适配卡没有电池保护其上缓存的情况下，一旦发生供电故障或者 Down 机，则被缓存的写数据就会永久丢失。Class Driver 层有必要知道底层设备是否支持 Write Back 缓存，如果支持，是否有电池保护等信息。对于没有电池保护的 WriteBack 模式的设备缓存，Class Driver 有两种解决办法。第一种是使用 SCSI SYNCHRONIZE CACHE 指令来强制让设备将缓存内的所有 Dirty 写数据写入存储介质中，这种方法需要消耗很多的设备自身的处理资源，因为设备一旦接收到这个指令，就需要全力以赴地执行。而写盘动作是一个慢速动作，在执行这个动作期间，新进入的写 IO 可能得不到处理，而上层在此时的反应就仿佛设备挂死一般。如果频繁地使用 SCSI SYNCHRONIZE CACHE 指令，系统整体性能将会非常差。第二种方法则是针对每个写 IO 使用 Write Through 标记（FUA 置 1，即 Force Unit Access），这样，设备在从总线上接收这个 IO 请求写的数据入缓存的同时，将数据写向介质中，只有成功写入了介质，才返回完成信号，而写入完成后，缓存中的这些数据将被视作预读内容处理。使用 Write Through 的方法虽然也不能提高写性能，但是其相对 SCSI SYNCHRONIZE CACHE 指令的方式来讲节约了设备处理资源。有些设备并不支持 FUA，但是它对待每个写 IO 都会做 Write Through 处理，也就是原生的 WT 模式写缓存。而有些设备则带有电池为其缓存供电，那么这时候，Class Driver 就没有必要发起 Write Though 或者 SCSI SYNCHRONIZE CACHE 了。

Class Driver 使用 IOCTL_STORAGE_QUERY_PROPERTY 功能函数来向 Port Driver 查询设备属性信息，其中就有关于写缓存的信息，具体写缓存信息如下。

- 设备是否具有写缓存。
- 设备具有何种写缓存类型。又包含两种具体类型：Write Back 和原生 Write Through。
- 设备是否支持 SCSI SYNCHRONIZE CACHE 指令。
- 设备是否具有电池保护。

提示：我们在 Linux 系统启动的时候经常会看到一些信息，比如在发现某个 sd 设备的时候，后面会跟着一条描述信息，比如“Write Through”，这就表示 Linux 下的块设备驱动探寻到了具体设备所支持的写缓存方式。

5）关于 Class Driver 层的请求重试

大部分的 IO 请求重试都是由 Port Driver 来做的，比如数据校验错误、仲裁超时、Target 设备繁忙、总线 Reset 等底层错误。针对这些底层错误的重试，需要由 Port Driver 负责，上层的 Class Driver 完全不知道也不关心，如果 Port Driver 重试多次后依然无法成功，从而向 Class Driver 报告，那么此时 Class Driver 不应该再次重试以做无用功。然而，一旦遇到一些上层逻辑的错误，比如 Check Conditions 等，那么此时就需要 Class Driver 介入，解决对应的错误并且重试之前的请求，由于错误发生之后，原本积压在 Port Driver 的 Queue 队列中的所有 IO 请求都将被冻住，等待错误恢复，所以 Class Driver 需要将重试的请求标记 SRB_HEAD_OF_QUEUE_TAG_REQUEST 以便 Port Driver 优先执行这个 IO 请求。

4. Storage Miniclass Driver

上文中曾经简要描述过，Storage Miniclass Driver 的角色类似一种 Agent Driver，用来针对特殊的设备实现对应的特殊功能。这些功能由于不是普遍的每个厂家都来实现，所以在 Class Driver 中并不包含，厂商自行开发 Miniclass Driver 然后将其与主 Class Driver 链接起来形成一个驱动对而存在。

5. Storage Port Driver

Port Driver 是位于 Class Driver 之下的一层驱动程序，同样也是由 Windows 操作系统自身提供。Port Driver 是用来驱动各种外部总线控制器的，而外部总线控制器一般又位于主机总线之上，也就是表现为一块接入主机 PCIE 等总线的适配卡，所以说 Port Driver 又可以被看做是这些适配卡的驱动程序。如果这些适配卡是专门用于适配与存储有关的总线或者设备的话，那么就将这些 Port Driver 称为 Storage Port Driver。

所有类型的基于 SCSI 的存储适配器，不管它是 SCSI 卡、FC 卡还是 ISCSI 卡，亦或是 RAID 卡，它们对外提供的总是一个或者多个 SCSI Target 设备以及 LUN，上层的驱动比如 Class Driver 不管这些 LUN 是通过 IP 网络达到、通过 FC 网络达到还是通过 SCSI 总线网络达到，统一对待。这也就是“适配器”三个字的本质所在，适配的就是这种不同的后端网络传输方式。既然这些适配器都对外具有统一性，那么它们的驱动程序就一定具有统一性，这个被统一的驱动程序就是 Windows 自带的 Storage Port Driver。Port Driver 将大部分统一的功能驱动编写好，任何适配器厂商只需要编写实现自己特殊功能的那部分 Miniport Driver 即可，大大简化了复杂度以及工作量。

适配器驱动与适配器硬件的工作分工是不同的。比如并行 SCSI 适配器和它对应的 Port Driver 之间，适配器上的 SCSI 控制器硬件本身所做的工作包括 SCSI 总线的初始化扫描、数据传输时的总线仲裁等，而其对应的 Port Driver 所做的工作则是将 IO 请求提交给控制器，控制器再将请求发送给对应的 SCSI Target，当 Target 执行完毕返回 ACK 信号给控制器之后，控制器将这个信号也发送给 Port Driver 表示成功执行，如果 Target 执行过程中出现错误，那么控制器会将错误信息传递给 Port Driver 处理。对于 FC 适配器，与并行 SCSI 控制器所不同的地方就是由并行 SCSI 变为了 FC 网络和链路，所以一切 FC 网络和链路层的逻辑都需要由 FC 控制器硬件来完成，而网络链路所承载的 SCSI 上层逻辑依然由其对应的 Port Driver 来处理，Port Driver 使用 SCSI 上层逻辑来收发数据和控制 Target，与并行 SCSI 适配器所不同的只是 FC 卡的 Port Driver 可以探测并且控制一些 FC 网络和链路层的参数，比如设置 WWN 或者更改 FC Port 类型等控制性操作。同理，对于 RAID 适配器等也都是这个道理。

在 Windows 中提供三种 Storage Port Driver，分别是：SCSI Port Driver（SCSIPORT.sys 文件）、ATA Port Driver（ataport.sys 文件）以及 Storport Driver（storport.sys 文件）。下面分别介绍。

1）SCSI Port Driver

SCSI Port Driver 是一个最标准、最传统的 Windows 下的用于驱动基于 SCSI 协议的适配器的

Port Driver，在 Windows 2003 之后的版本，SCSI Port Driver 被 Storport Driver（下文介绍）取代，后者专门针对高性能、高带宽存储网络适配器做了优化操作。但是 Windows 2003 系统中依然可以使用 SCSI Port Driver。

SCSI Port Driver 主要提供如下功能。

- 提供其驱动的适配器的各种属性信息给上层的 Class Driver，比如最大传输单元的限制以及 Write Cache 属性信息等。Class Driver 主动向 Port Driver（SCSIPORT Driver）发送 IOCTL_STORAGE_QUERY_PROPERTY 查询请求，Port Driver 则将所有信息放入 STORAGE_ADAPTER_DESCRIPTOR 中返回给 Class Driver。
- 确保适配卡所连接的所有设备处于正常状态，确保尚未加电的设备不被上层逻辑所使用。
- 负责提取并分析 Class Driver 发送的 SRB 中所包含的 CDB，并将 CDB 封装为对应物理设备可识别的指令。
- 由于 Class Driver 自身并没有请求队列，针对每个 IRP 请求都是尽力而为地转换为 SRB 而直接充入 Port Driver 的 Queue 中，这个过程是一个异步过程，Class Driver 无须等待上一个请求的完成信号就可以发送下一个请求。Port Driver 处必须维护请求队列，因为底层物理设备的处理能力是有限的，而且可能随时发生错误，当物理设备处理不过来而处于 Busy 状态时，Port Driver 必须等待并且重试；当发生底层错误时，同样也需要重试。另外，磁盘是支持 Queue 的，比如 FC 和 SAS 所支持的 TCQ 以及 SATA 所支持的 NCQ，Queue 的效果可参考本章后面章节。这一系列的逻辑都需要 Queue 的存在。
- 管理自身的请求队列。比如，当发生上层逻辑错误（比如 Check Conditions）时，Port Driver 自行将对应设备的 Queue 冻结住并将错误返回给 Class Driver 进行处理，等待处理结果返回来之后，Port Driver 才继续执行 Queue 中的请求。为何非要冻结呢？一个 IO 出错，并不影响下一个 IO 的执行。是的，但是第一，IO 之间是有上层逻辑关联的，比如当前发生错误的 IO 为针对 LBA1 的写入请求，而队列后紧跟着这个 IO 之后的是针对 LBA1 的读请求，如果在这个写 IO 发生错误之后继续执行读 IO，那么读取到的就是时序上不一致的数据；第二，当前 IO 发生上层逻辑错误，那么就意味着很有可能后续的 IO 都会发生错误，Class Driver 很可能会 Cancel 掉所有受影响的 IO 请求，此时如果 Port Driver 擅自处理，也是不允许的，所以，错误之后的 Queue 冻结是有必要的。
- 除了自身管理自身的队列之外，Port Driver 还提供接口供上层逻辑来控制其自身的 Queue。Class Driver 以及其他上层逻辑可以向 Port Driver 发送 Lock、Unlock、Freeze、Unfreeze 请求以操纵其队列。比如上层使用 SRB_FUNCTION_RELEASE_QUEUE 功能调用来 Unfreeze 已经被冻结的 Queue。
- 当发生底层错误时，对 IO 请求进行重试操作。底层错误指诸如数据校验错误、传输时错误、目标设备繁忙、仲裁冲突等。此外，Class Driver 会为每个 IO 设定 Timeout 计时器。但是 Port Driver 对其有更灵活的处理，比如在执行 IO 过程中遇到链路中断，那么 Port Driver 此时可能会暂停 Timeout 计时器，当链路恢复时再继续计时。
- 当发生上层逻辑错误时，将错误用 SCSI-2 Sense Status 格式封装并传递给 Class Driver，Class Driver 根据 Sense 返回值做出相应处理。
- 提供接口支持 Miniport Driver。

（1）关于 SCSI Port Driver 与 Class Driver 之间的接口

在前文描述 Class Driver 时曾经给出了一些这二者之间应该互相沟通的东西，比如探询设备属性、SCSI Pass Through 支持、分割 IO 请求、传输 SRB、错误处理等。由于 Class Driver 统一使用 SCSI 协议指令集，而 SCSI Port Driver 也是专门驱动基于 SCSI 协议的存储适配器的驱动，所以二者之间的 CDB 信息是完全一致的。SCSI Port Driver 在收到 Class Driver 下发的 SRB 之后，只需要将其中包含的 CDB 加入一些诸如端口号、路径、目标 Targe ID、LUN ID 等寻址信息然后透传至 SCSI Miniport Driver，Miniport Driver 再传递给适配卡上的控制器即可。如果是 ATA Port Driver，那么 Port Driver 必须将基于 SCSI 的 CDB 转换映射成对应的 ATA 指令从而发送给 IDE 控制器。

当出现上层逻辑错误时比如 Check Conditions，Class Driver 会要求 Port Driver 向控制器发起 Request Sense 请求，Port Driver 接收到要求之后就会生成一个 Request Sense 指令并将其发送给 SCSI 控制器，SCSI 控制器再根据接收到的 CDB 中的目标设备地址和 ID 信息，将对应的请求通过对应的总线发送给目标设备，目标设备返回的 Sense 数据中包含了具体的错误代码，Port Driver 再将收到的 Sense 数据返回给 Class Driver 处理。

提示：SCSI 控制器不是一个存储目标设备，它只是为所有 SCSI 总线上的目标设备提供一种数据传输控制的一个关口设备，是一个“总线控制器”，它并不感知具体的请求内容，只管从正确的目标收发数据。所以驱动程序必须在 IO 请求中附带有目标设备的地址信息。

（2）关于 SCSI Port Driver 与 SCSI Miniport Driver 之间的接口

二者之间通过一系列具体的功能函数以及回调等来实现沟通，具体细节不做介绍。如果底层的 SCSI 适配器支持 Tagged Command Queue（TCQ），那么 Port Driver 会将自身 Queue 中的请求异步地批量发送给 Miniport Driver，Miniport Driver 也同样会异步地将请求通过硬件总线传递给 SCSI 适配卡；如果适配卡不支持任何 Queue 技术，那么 Port Driver 就会同步地将请求发送给 Miniport Driver，IO 请求一个接一个地执行。同样，在目标设备与 SCSI 控制器之间也是这样做的。

（3）关于 SCSI Port Driver 的队列管理

当出现底层错误时，SCSI Port Driver 将对应目标设备的 Queue 冻结以等待 Class Driver 做出处理。当 Class Driver 需要对目标设备做一些影响较大的设置更改时，比如修改目标设备的电源状态，会要求 Port Driver 将 Queue 锁住不再执行，然后将对应的修改设置的请求发送到 Port Driver，这个请求中带有 Bypass Queue 的标记，所以此时虽然 Queue 被锁住，但是 Port Driver 根据这个标记依然会将请求发送到对应的目标设备，完成之后，Class Driver 会对 Queue 进行 Unlock 以恢复正常执行状态。上层驱动比如 Class Driver 可以在下发的 SRB 中将 SRB_FUNCTION_FLUSH_QUEUE 置位以要求 Port Driver 对其 Queue 中的所有请求进行 Flush 操作，Port Driver 接收到这个请求之后，会将当前 Queue 中的所有请求执行完毕，并且还命令 SCSI 控制器或者 RAID 卡将它们自身的 Cache 中的 Dirty Data 写入磁盘。

2）ATA Port Driver

在 Windows NT 4.0 时代，ATA 设备的驱动是作为一个附属于 SCSI Port Driver 的 Miniport Driver 实现的（atapi.sys 文件），这个 Miniport Driver 负责将 SRB 转换为 ATA 协议指令。到了 Win 2000 和 Win XP 时代，这个 Miniport Driver 脱离了 SCSI Port Driver，并且被分离成为两个层次，位于 Class Driver 之下的一层为 IDE Port Driver（atapi.sys 文件），专门负责管理 IDE 控制

器的不同IDE通道以及翻译SRB为ATA指令，其再之下的一层为IDE Controller Driver(pciidex.sys 文件）/Minidriver（pciide.sys 文件）对，专门负责驱动 IDE 控制器硬件。到了 Windows Vista 及之后的时代，ATA 设备驱动又被做了一些更改，这里就不介绍了。

3）Storport Driver

Storport Driver(storport.sys 文件)是 Windows 2003 及以后的系统中用来替代 SCSI Port Driver 的。Storport Driver 在性能和接口上做了一些改进，更加适合于诸如 RAID 卡以及 FC 卡等高性能高带宽的存储 IO 适配器。Storport Drver 相对 SCSI Port Drver 在接口方面的改动很小，所以，厂商自开发的 SCSI Miniport Driver 升级到 Storport Miniport Driver 也是比较容易的。

Storport Driver 相对于 SCSI Port Driver 的最大改进就是 Storport Driver 与 Storport Miniport Driver 之间的接口由原来的同步变为了异步，即使物理设备不支持 Queue。而 SCSI Port Driver 只有在物理设备支持 Queue 的时候才异步地向 Miniport Driver 发送 IO 请求。其次，Storport Miniport Driver 不再需要在中断与 IO 发起之间保持同步，二者可以各干各的，所以类似一种全双工模式。Storport Port Driver 使用 Push 方式将 IO 强行推送给 Miniport Driver，而 SCSI Port Driver 则靠 Miniport Driver 每执行完一个 IO 后从 Port Driver 的 Queue 中将 IO 请求 Pull 过来执行。

另外，Storport Driver 在 Queue 管理方面也有提升，Storport Driver 为每个 LUN 维护一个 Queue，Queue 最大深度为 254，即 Queue 中可以排有 254 个尚待处理的 IO 请求，如图 19-65 所示。

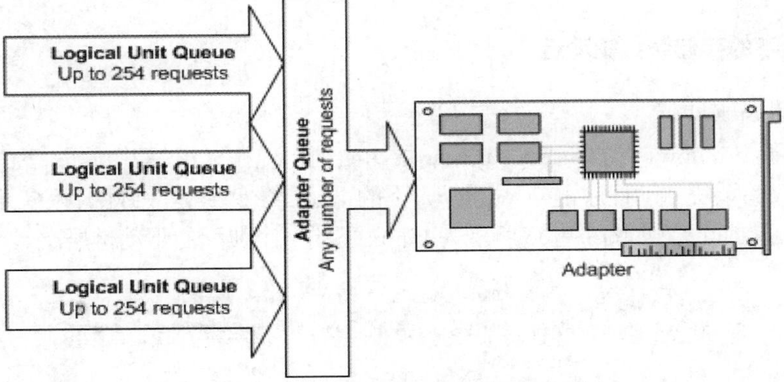

图 19-65 Storport 对 Queue 的处理

另外，当出现目标设备繁忙的错误时，SCSI Miniport Driver 不会向 SCSI Port Driver 报告这个状态而只会自行重试发送 IO 请求，Storport Driver 则允许 Storport Miniport Driver 报告 Busy 状态，从而 Storport Driver 会暂停向 Miniport Driver 发送 IO 请求。

使用 Storport Driver 有一些其他限制，这里就不再介绍了。

4）Storage Miniport Driver

在 Windows 系统下，我们常见的 RAID 卡、FC 卡、SCSI 卡、iSCSI 卡的驱动程序其实几乎都是 Miniport 这种架构，这些卡件的功能区别体现在其后端所连接的总线方式。比如 SCSI 连接的直接就是最原始的并行 SCSI 链路，而 FC 卡则是连接了 FC 网络，iSCSI 当然就是连接了 IP 网络了，至于 RAID 卡，其实只是在上面罗列的任何一种卡上附带有 RAID 控制器而已，加了一层虚拟化操作。前文曾经说过，这些适配器本是同根生，其驱动也具有统一性，但是每种设备不可能都一样，总有一些区别于其他设备的细化功能。而这些功能上的区别，到了软件层面就体现在

Miniport Driver 上，而位于 Miniport Driver 上面的所有软件层次模块看到的其实都是同样的东西。

Miniport Driver 表现为一个 DLL 文件，它与 Port Driver 进行动态链接。针对每种 Port Driver，Miniport Driver 又可以分为 SCSI Miniport Driver、Storport Miniport Driver 和 ATA Port Miniport Driver。

Miniport Driver 需要执行的部分任务包括：

- 发现适配器并探寻其各种属性；
- 初始化适配器；
- 执行数据 IO 过程；
- 处理中断、总线 Reset 等事件；
- 维护超时计时器。

5）Storage Filter Driver

过滤驱动泛指插入某两个驱动层次之间，用自己设定的处理过程来改变原有的 IO 内容或者路径或者丢弃某些符合设定条件的 IO 请求的一种特殊驱动程序。过滤驱动由于插入在两层原有驱动之间，所以它必须适配上下层，让上下层都感觉不到它的存在。

典型的例子，比如键盘上的一些自定义的功能键、按键组合等；或者文件加密工具，它嵌入 Class Driver 之上和 Filesystem Driver 之下来发挥作用；再比如卷镜像软件，它插入 Port Driver 之上和 Class Driver 之下；还有存储系统中常用的多路径软件，也是一种过滤驱动。

6. Linux 下的存储系统驱动链

1）SCSI 设备驱动链

上文介绍了 Windows 下的 Storage Driver 层次架构，现在介绍一下 Linux 下的层次架构。其实 Linux 下的存储系统驱动程序链与 Windows 下的主体层次大致是一致的，只是并没有 Windows 下那么简洁的层次而已。如图 19-66 所示为 Linux 下的一个典型的驱动链层次。

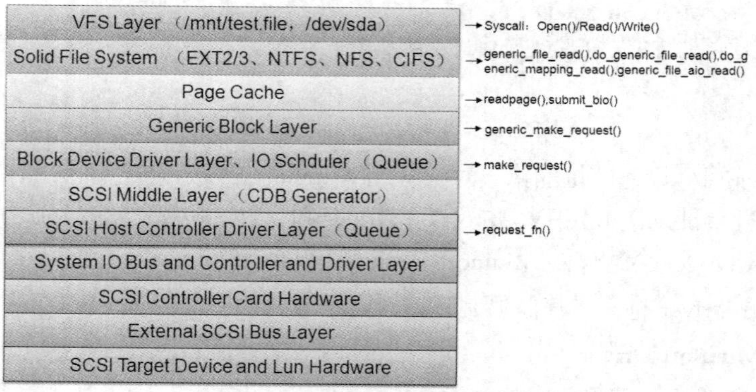

图 19-66 Linux 下的 SCSI 设备驱动链

位于首层的当然是 UNIX 类系统的著名的 VFS 目录层，这个就不用多做解释了。

下一层是 Solid File System 层，其中 Solid 为作者自行选择的用词，之所以使用 Solid 这个词是为了显示出与 VFS 目录层的本质区别。Solid FS 层为实，表现为阴的实质基础，VFS 层为虚，表现为阳的生发能量，所以用 Solid 表示“阴实”。Solid FS 层可以是任何一种实质的文件系统比如 EXT2/3 或者 NTFS 等。

再下一层，就是系统缓存了，全局的 Page Cache 缓存区，可 Prefetch 也可以 Write Back。再下一层是 Generic Block Layer，这一层是 FS 抽象的结束，FS 将文件 IO 映射为 Block IO 之后，就要发送到 Generic Block Layer。

再往下就是各个块设备的驱动层，通用块层将对应的 IO 请求发送给对应的块设备驱动，著名的 IO Scheduler 调度器就运行在此层，此处调度器需要一个 Queue。

再往下是一个公共服务层，即 SCSI Middle Layer，这一层的功能是专门处理 SCSI 上层逻辑，比如数据 IO、错误处理等机制，还负责将上层的块 IO 映射翻译成对应的 SCSI 协议 CDB，然后发向其下层的 SCSI Host Controller，即 SCSI 控制器驱动，这里也需要有一个 Queue。到了这里，再往下就是系统总线和外部总线、适配卡等硬件了。

如果非要将 Linux 下驱动链与 Windows 下的做类比的话，那么 Generic Block Layer 和 Block Device Driver Layer 以及 SCSI Middle Layer 这三者合起来提供的功能相当于 Windows 下的 SCSI Class Driver；SCSI Host Controller Driver 就相当于 Windows 下的 SCSI Port Driver。Windows 下的存储子系统驱动链中只有一个 Queue，即 Port Driver 所维护的 Queue，而 Linux 下有两处。

下面详细介绍一下一个 IO 请求在 Linux 内核中的流动过程。

（1）用户程序对一个 VFS 目录对象（比如/mnt/test.file）发起 Open()操作。

（2）随后进行 read()操作，内核接收到 read()请求之后，首先进入了文件系统的处理流程当中，文件系统入口为 generic_file_read()。入口函数判断本次 IO 是否为 Direct IO，如果是则调用 generic_file_direct_IO()函数来进入 DIO 流程，如果是 Buffered IO，则调用 do_generic_file_read()函数进入 Cache Hit 流程。do_generic_file_read()其实只是一个外壳包装，其内部其实是 do_generic_mapping_read()。

（3）文件的区段都会被映射到 Page Cache 中对应的 Page 中，这个函数首先检查请求的数据对应的 Page 是否已有数据填充，如果有，则 Cache Hit，直接将其中数据返回给上层；如果未命中，则调用 readpage()函数来向底层发起一个块请求，readpage()调用了 mpage_readpage()。

（4）mpage_readpage()又调用了 do_mpage_readpage()函数来创建一个 bio 请求（即 Block IO，这个 bio 相当于 Windows 系统下的 IRP）。

（5）然后接着调用 mpage_bio_submit()处理这个 bio 请求，mpage_bio_submit()其实调用了 submit_bio()函数将 bio 发送给下层函数 generic_make_request()。generic_make_request()函数为通用块层的入口函数，这个函数调用 make_request_fn()函数将 bio 发送给下层，也就是 Block Device Driver 层的 IO Scheduler 的队列中。

（6）make_request_fn()函数为块设备驱动层的入口函数，也是 IO Scheduler 的入口函数，这个函数包装了__make_request()函数，它是实现 IO Scheduler 的调度功能的主要函数。关于 IO Scheduler 的具体功能将在下文介绍。

（7）IO Scheduler 通过调用 request_fn()函数从而将 bio 下发给了 SCSI 控制器驱动，SCSI 控制器驱动程序调用相关函数将这个 bio 转换成 SCSI 指令，然后调用 scsi_dispatch_cmd()将指令发送给对应的 SCSI 控制器硬件。

以上过程可以对应图 19-67 所示的流程图来理解。

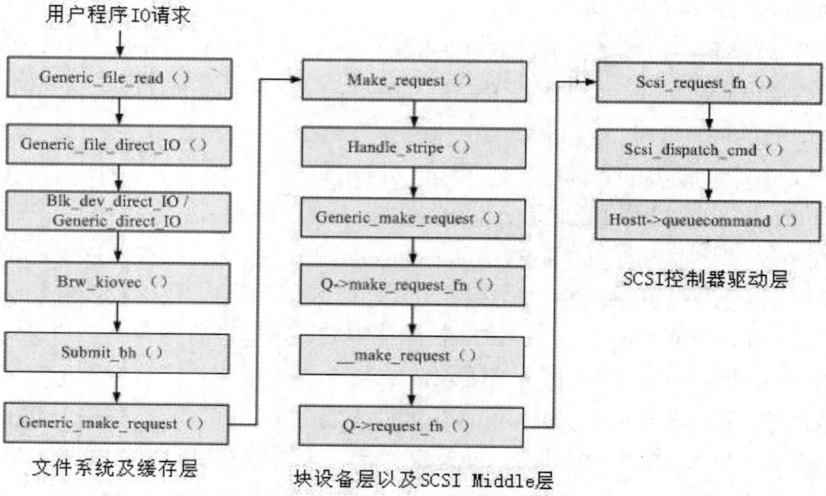

图 19-67 Linux 系统块设备 IO 流程图

2）Linux 对 ATA 设备的驱动链

如图 19-68 所示，与 Windows 下的 ATA Port Driver 类似，Linux 也使用一种 LibATA 库来负责将 SCSI 协议转换为 ATA 协议并发送给 ATA 控制器驱动程序。

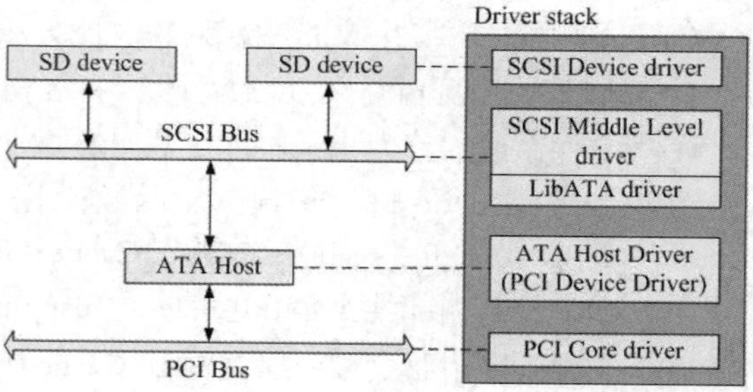

图 19-68 Linux 下 ATA 设备驱动链

3）IO Scheduler

IO Scheduler 是 Linux 下专用来对 IO 进行优化的一个模块，所有针对底层存储设备的 IO 都要经过这个模块的优化操作，然后将被优化之后的 IO 顺序地放到底层存储控制器驱动程序的 Queue 中，如图 19-69 所示。

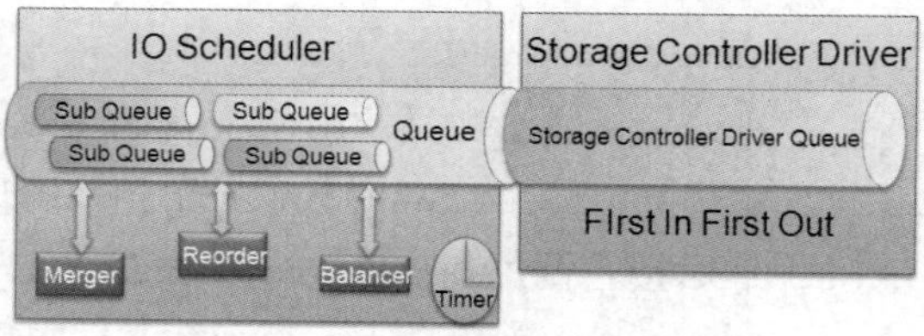

图 19-69 IO 调度器基本架构图

IO Scheduler 首先要做的优化是对所有 Block IO 进行重新排序操作，即 Reorder，让它们按照 LBA 地址进行排序。因为磁盘的磁头臂每执行一个 IO 就至少需要一次寻道操作，如果将上层无序的 IO 直接发给磁盘执行，那么磁头臂可能会做很多不必要的来回摆动，极大影响 IO 性能；而如果将 IO 预先按照 LBA 地址排序然后再发给磁盘，那么磁头臂就可以持续地向一个方向寻道，避免了摆回去再摆过来的浪费。

其次，IO Scheduler 还可以对相邻 LBA 地址的同类型的 IO 请求进行合并操作，即 Merge。比如有两个读 IO 先后到达，第一个的起始 LBA 地址为 0，长度 1024，第二个的起始 LBA 为 1024，长度 3072，则 IO Scheduler 就可以将这两个 IO 合并成一个起始地址为 LBA0、长度为 4096 的大读 IO。当然，如果后到的同类型的 IO 的目标地址与之前的某个 IO 地址完全重合，则调度器会直接抛弃之前的 IO，如果后到的同类型的 IO 与之前的 IO 目标地址有交集但是不全重合，那么调度器会取并集。

另外，既然 IO Scheduler 对 IO 进行了有区别的对待，那么它就一定要在区别的同时保证每个 IO 的利益，比如有某个 IO 其目的 LBA 地址是一个在一段时间内比较冷门的地方，一般 IO 没去那里的，所以 IO Scheduler 想找几个 IO 和它做伴，以减少运费，但是苦耐一直没找到，那么只能将它放在队列里等着，但是过了很长时间依然也没去执行它。这种情况 IO Scheduler 需要尽量避免。

还会发生另外一种情况，即有些 IO 拉帮结派，专横跋扈得很，动辄一大批一下子进来排队，弄的队列里被它们占了大部分地方。比如在程序使用 Buffered IO 模式+同步 IO 调用的时候，对于写操作的执行总比读操作快，因为写操作永远都是被内核接受并且数据被复制到内核缓存后就返回成功信号；而读则不行，读操作在缓存未命中的情况下，必须从存储介质中读出并且返回给程序才算完成，而这种情况下读操作是很慢的，在同步 IO 调用情况下，读操作只能一个接一个的来，而写则可以大批地执行。其次，读总比写要重要，这里的重要是对于程序自身来讲的，因为只要一个程序发起读操作，就证明它需要这份数据才能够做出下一步动作，如果迟迟不给它这份数据，那么它很有可能就处于等待状态，处理效率和吞吐量就降低了。但是程序如果发起写操作，证明它已经处理完了这些数据需要将它们存到硬盘，而如果迟迟不处理这些写数据，那么程序的效率和计算吞吐量可能根本不会受到影响或者受到很小的影响，程序会继续读入数据、处理计算，然后尝试写入硬盘，虽然此时写入的时候有积压。IO Scheduler 必须解决这个问题，即“读饿死”问题。

同时，在多个用户进程同时发起 IO 时，不管是读还是写，也存在争抢问题，有些进程发起大量的 IO，而有些则发起很少量的 IO，此时一样会出现队列争抢问题。IO Scheduler 有必要本着公平公正的原则处理。

如图 19-70 所示为 Linux 下的 IO Scheduler 对 IO 进行 Merge 操作时的基本流程。其中 FrontMerge 和 BackMerge 分开对待是因为 Merge 之后必然需要 Split，调度器根据 Front 和 Back 来判断被 Merge 的 IO 是追加在之前 IO 的后面还是被贴附到之前 IO 的前面，这样就可以在 Split 的时候根据 Front 或 Back 来进行 Split 操作。

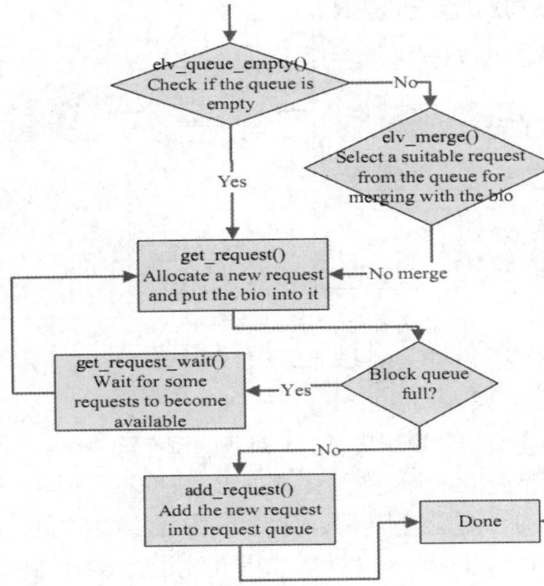

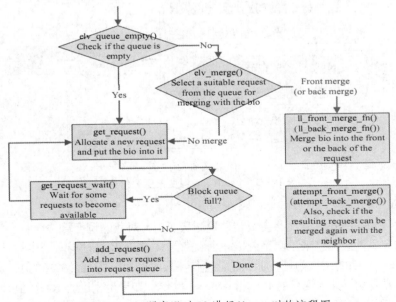

图 19-70　IO 调度器对 IO 进行 Merge 时的流程图

在 Linux 2.6 内核中，有 4 种 IO 调度方式：NOOP、Deadline、Anticipatory、CFQ。每种方式的侧重点不同，实现方式也不同，但是基本的 Merge 操作，这 4 种调度方式都会执行。这些调度方式可以在系统运行的时候任意更改，并不会影响 IO 的执行。下面简要介绍一下这 4 种调度方式。

（1）NOOP 调度方式

NOOP 调度方式可以说并没有去调度什么，而只是将所有 IO 按照先进先出的顺序进行排队，它只执行 Merge 操作，而不去改变 IO 的顺序以适应磁头臂寻道。如果底层存储介质为机械硬盘，并且 IO 属性为随机 IO 的话，那么使用这种方式无异于自找苦吃。这种调度方式可以说是专门为以 Flash 为介质的存储系统而生的，因为 Flash 介质的存储系统不需要机械寻道，所以是否重排 IO 对其没有任何意义；但是 Merge IO 依然具有意义，Merge IO 任何情况下都具有意义。不对 IO 进行重排，带来的好处是极大地节省了系统资源，包括内存和 CPU 资源。

（2）Deadline 调度方式

Deadline 调度方式会对 Queue 中的 IO 进行 Merge 和重排操作。它会创建两个队列和两个表，一个队列是按照读 IO 的 LBA 起始地址进行排序的读 IO 队列，与其对应的有一个按照 IO 进入顺序排列的 FIFO 表，用来记录队列中所有 IO 的进入顺序；同样，对于写 IO 操作也维护这样一个队列和一个表。常规情况下，调度器将 IO 重排后下发给下层驱动执行，但是这样势必会引起上文中提到的 IO 被冷落的情况，所以 Deadline 调度器会维护计时器，当 FIFO 表中有某个 IO 的进入时间戳与当前时间相差到一定程度时，也就是说这个 IO 在队列中待了太久也没被执行，那么调度器会抛开其他一切因素将这个 IO 下发到下层驱动。这也是其被称为 Deadline 调度器的原因。Deadline 调度器针对读 IO 的停留阈值时间为 500ms，而对于写 IO 则为 5s，这样考虑的原因是因为上文中提到过的“读饿死”的情况。如图 19-71 所示为 Deadline 调度器的队列构成以及调用的相关函数。

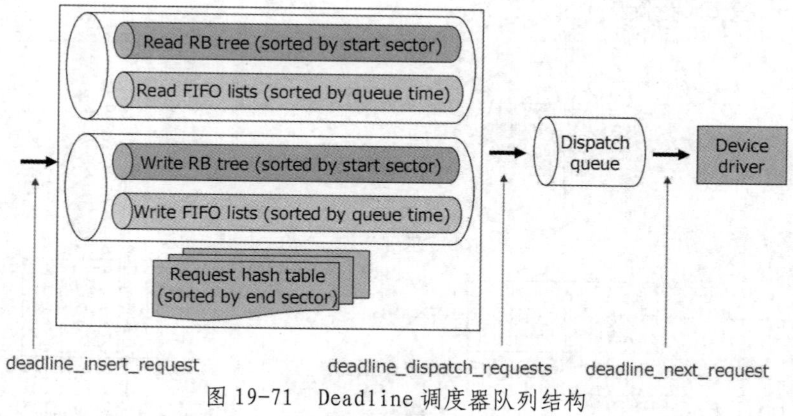

图 19-71　Deadline 调度器队列结构

（3）Anticipatory 调度方式

顾名思义，Anticipatory 调度器会做某种预测从而执行对应的调度算法。它会根据队列中已经存在的 IO 的起始地址信息来预测是否下一个到来的 IO 其起始地址与队列中的某个 IO 会相近甚至相邻。如果它判断的结果为是，那么它会等待一段时间，等待符合条件的 IO 进入。如果进入相邻的 IO，那么就将其与现存的 IO 进行 Merge 操作；如果是相近的 IO，则可以将其重排，磁头臂不需要远距离寻道。利用这种方法来最大限度地提高效率。这种预测仅限于读 IO，对于写 IO 不做预测。

如图 19-72 所示为 Anticipatory 调度器的等待判断流程。其中，Mean thinktime 表示自从上一个读 IO 完成之后到接收到写一个读 IO 的相隔时间的平均值；Mean seekdistance 表示前一个读 IO 的结束地址与后一个读 IO 的起始地址之间的距离平均值。

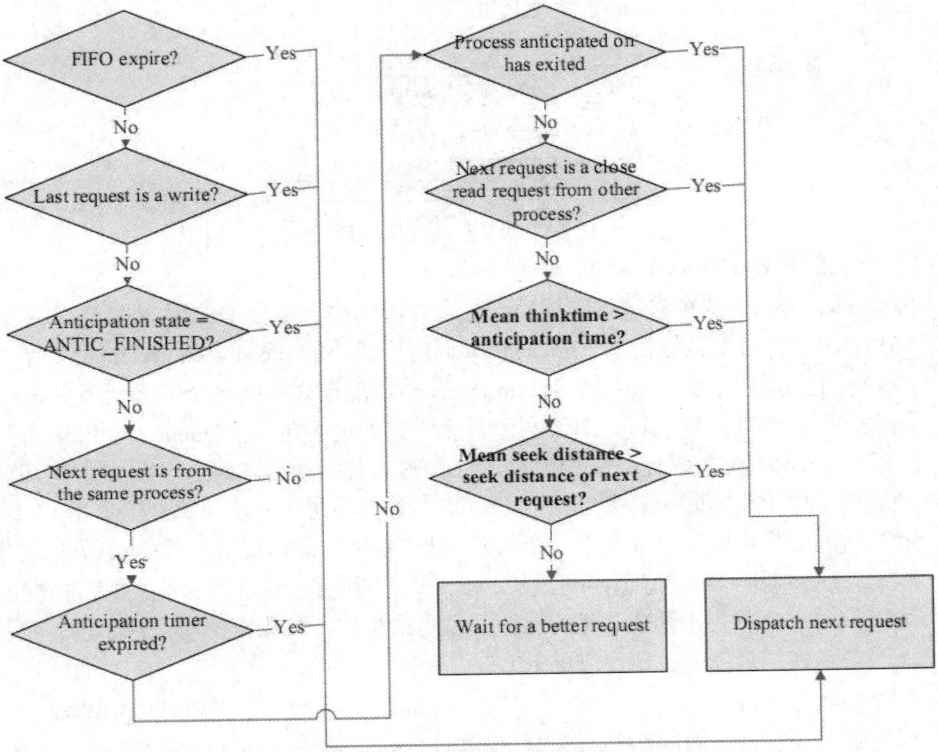

图 19-72　Anticipatory 调度器等待判断流程

Anticipatory 调度器如此的预测和等待，为的只是多拉快跑，这样做的根本原因还是因为运力不够，比如底层存储系统是很慢的机械硬盘等情况。

（4）CFQ 调度方式

CFQ 全称为 Completely Fair Queue，完全彻底的公平的队列调度。CFQ 调度模式除了具备基本的 Merge、重排等功能之外，还体现了绝对公平。这里的公平二字，体现在对多个进程，或者多个进程组、多个不同用户各自的所有进程、多个不同用户组各自的所有进程所发出的 IO，按照这些单位作为调度粒度，在这些单位之间保持完全公平。比如两个用户分别各自运行了两个进程，那么 CFQ 调度器会为每个用户的两个进程创建对应的队列，在这两个队列之间保持公平，比如从队列 1 被提取下发了 4 个 IO，那么会转到队列 2 提取下发 4 个 IO。如图 19-73 所示为单进程调度粒度的 CFQ 调度器的队列结构。

对前文所说的“读饿死”情况，CFQ 使用了一些参数来控制这种情况的发生。另外，CFQ 对 Synchronous IO 的处理优先级要比 Asynchronous IO 高很多，因为同步 IO 表示程序此时是阻塞的，程序在等待返回，而异步 IO 则表明程序没有在等待，CFQ 给予同步 IO 以高优先级是理所当然的。

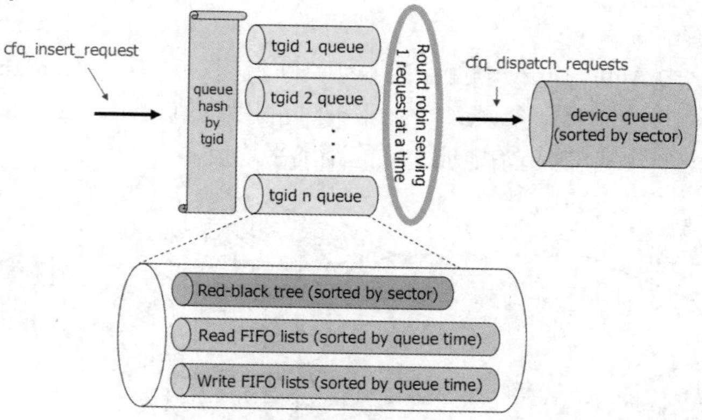

图 19-73 CFQ 调度器队列结构

CFQ 中的一些可调节参数如下。

- back_seek_max　这个参数规定了后向寻道距离的最大值，单位用 KB 表示，默认值为 16384KB。这个参数效仿于 Anticipatory 调度模式下的 mean seekdisktance 参数，只不过 CFQ 中这个参数是一个定值，而 Anticipatory 调度模式下的这个值等于历史统计结果平均值，但是参数决定的行为对于两个调度模式下是不同的。Queue 中将要被执行的 IO（此时 Queue 中的 IO 已经按照目标地址和磁头臂摆动的方向进行插入排序了）的目标地址如果位于当前磁头臂摆动的方向后方（即需要摆回去才能执行这个 IO），而且相隔当前的磁头位置（也就是上一个 IO 的结束地址）的距离大于这个参数给定的值，那么 CFQ 会判断为后向寻道距离过长，不划算，所以继续执行队列中的正方向的 IO，因为磁头向一个方向连续摆动时的寻道开销是最少的。如果距离小于这个值，那么 CFQ 认为摆回去是划算的，执行当前 IO。
- back_seek_penalty　这个参数的作用与 back_seek_max 类似，只不过更加纯粹一些。它同样决定了磁头臂后向回摆是否划算。如果当前磁头位置位于 a 处，而 Queue 中有两个 IO，目标位置分别为后向 a－n，和前向 a+m，如果(a－n)<(a+m)/ back_seek_penalty，则 CFQ 将后向的 IO 与前向的 IO 同等对待，先摆回磁头臂执行后向 IO，再执行前向 IO。
- fifo_expire_async　这个参数规定了 Queue 中的某个异步 IO 如果因为重排等因素而一直没有被执行从而超过了这个参数所规定的时间的话，那么会强制执行这个 IO。默认值为 250ms。
- fifo_expire_sync　这个参数与 fifo_expire_async 类似，只不过是针对 Queue 中的同步 IO，默认值为 125ms。可以看到 CFQ 是偏向优先执行同步 IO 的。
- slice_sync　CFQ 之所以公平，是因为它会轮流从每个进程、进程组、用户或用户组的 Queue 中提取 IO 并下发给设备驱动。为了保证公平，CFQ 对每个 Queue 的执行时间是分片的，这个值就规定了 CFQ 对每个同步 IO 的 Queue 所执行的时间，默认为 100ms。
- slice_async　与 slice_sync 类似。默认值 40ms。
- slice_asyn_rq　这个值限制了 CFQ 每次执行异步 IO 队列时最大可以提取下发的 IO 请求数量，默认为 2。当被下发了对应数值的 IO 之后，CFQ 将转到下一个 Queue 继续执行。对于同步 IO 队列，没有这个参数的限制，可见 CFQ 对同步 IO 大开绿灯。

- slice_idle 对于同步 IO 队列，如果轮到某个同步 IO 队列被执行时，队列中却是空的，那么 CFQ 将等待 slice_idle 所规定的时间；如果超过这个时间仍未有 IO 进入，那么 CFQ 转向下一个 Queue 执行。slice_idle 默认值为 8ms。对于异步 IO 队列，CFQ 并不等待。可见 CFQ 对同步 IO 的重视程度。
- Quantum 这个值规定了底层存储控制器驱动的 Queue Depth，CFQ 不能将多于这个值所规定的 IO 数量发送给底层设备驱动。

提示：随着外部存储系统越来越智能化，这些 IO 优化任务其中大部分完全可以交给外部存储控制器来执行，主机端完全没有必要多此一举，浪费系统资源，所以目前 IO Scheduler 正在被逐渐弱化，仅仅对于本地硬盘或者 JBOD 阵列有些许效果。因此对于使用外部智能磁盘阵列存储系统的 Linux 系统，可以使用 NOOP 或者 CFQ 模式的 Scheduler。由于外部存储控制器无法感知到进入的 IO 所附属的主机端进程，因此不可能做到向主机端 IO Scheduler 平衡多进程 IO，所以 CFQ 是有必要使用的。

主机 SCSI 或者 FC 控制器驱动程序都会探知到底层硬件是否支持 TCQ 或者 NCQ，如果支持，则驱动程序会异步地将批量 IO 充入底层的 Queue；如果不支持，则只会一个一个地将 IO 下发，严重影响性能。不支持 Queue 的一般是单个低端磁盘，而磁盘同一时刻只能执行一个 IO 操作，所以控制器感知到这一点，才会一个一个地将 IO 下发。而对于外部磁盘阵列系统，在接收到主机端设备属性查询时都会返回支持 Queue 以及 Battery Backup Write Back Cache。

另外，不光外部只能用盘阵，对于支持 TCQ 的 SCSI 磁盘或者支持 NCQ 的 SATA 磁盘，如果对应的控制器硬件以及驱动程序也同时支持 Queue 的话，那么 IO Scheduler 的效果同样也会被弱化，此时选择 NOOP 或者 CFQ 方式即可。

对于 Linux 操作系统，调度器的队列深度设置，可以通过编辑/sys/block/sda/queue/nr_requests 文件中对应的值来实现。队列深度越大，那么 IO 优化的效果越明显，但是每个 IO 的延迟也会随之升高。关于 Queue 深度与 IO 延迟的关系见下文描述。

（5）IO Scheduler 对 IO 的 Merge 实例

程序对块设备做 IO 时，诸如 O_SYNC（类似 WRITE_THROUGH，并不指同步 IO 调用）等参数依然适用，并且由于块设备的写惩罚特性，在 UNIX 系统下，使用 O_SYNC 模式调用时，写惩罚最严重，如果不使用 O_SYNC 或者 WRITE_THROUGH 之类的参数，那么写数据会被块设备驱动进行 Merge 操作。下面这个测试使用的命令为 dd if=/dev/zero of=/dev/sdb bs=512 count=1000，操作很快完成，使用 iostat 工具检测到了这个过程中的所有 IO 情况。

```
Device:  rrqm/s   wrqm/s     r/s     w/s    rsec/s    wsec/s  avgrq-sz  avgqu-sz
await  svctm  %util  0.00  0.00   0.00   0.00   0.00    0.00    0.00   0.00   0.00
sda    0.00   0.00   0.00    0.00  0.00   0.00   0.00   0.00     0.00   0.00   0.00
sdb    0.00  115.00 125.00 10.00  1000.00 1000.00  14.82  0.00  0.00   0.00   0.00
wrqm/s  The number of write requests merged per second that were Queued to the
device.
r/s     The number of read requests that were issued to the device per second.
w/s     The number of write requests that were issued to the device per second.
wsec/s  The number sector transferred to the device per sencond
```

① dd 发起"offset0 length 512B"的写 IO 到内核，由于使用了 Buffered IO，内核立即通知

dd 完成了。

② 内核首先读出这个块设备在 Page Cache 中映射的逻辑上的第一个 4KB 的 Page 也就是 Page0，然后修改前 512B，再将修改后的 Page0 放入块设备 Queue 中等待写入。

③ 在上一个 Page0 尚未写入时，dd 完全可能再次发起“offset=512 length=512”的下一个写请求，同样，立即被告知完成。

④ 内核为了服务第二次 512B 的写入，需要再次读入 Page0。由于之前的 Dirty Page0 还在 Page Cache 中，所以本次读会命中缓存，内核将本次的 Page0 的对应区域修改之后，再次将这个 Page0 放入块设备 Queue 中等待写入。

⑤ 块设备的 IO Scheduler 前后两次收到了两个针对同一个目标地址段的写 IO，根据调度规则，当然是将前一个写 IO 抛弃，只保留后一个，或者也可以认为后者覆盖了前者。

⑥ 程序发起第 3 次 IO、第 4 次 IO，内核依然是读缓存命中，同样，写入的 Page0 也会将前一个覆盖掉。

⑦ 当程序发起第 5 个 IO 时，内核必须要读出 Page1 了，然后继续重复与前面相同的过程。

这样算来，平均每 8 次程序发起的 IO 才会触发一次真正的对一个 Page 的读和写操作。那么程序共执行了 1000 次 IO，1000 ÷ 8=125，根据测试的结果输出，也确实符合了这个数值。但是写操作却为 10 次，另外的 115 次被 Merge 了。也就是说，Page0 和 Page1 或者更多的相邻 Page 被 Merge 成一次大的 IO 写操作了。

（6）IO Scheduler 的副作用

是药三分毒。IO 调度器在对 IO 进行了优化的同时，也带来了严重的副作用，这种副作用是任何层面的 IO 优化 Queue 所无法避免的，包括 TCQ、NCQ。

比如某程序打开一个块设备/dev/sda 进行 IO 操作，程序使用 DIO+异步 IO 调用。T1 时刻程序针对某地址做了固定长度的读操作，假设缓存未命中，内核将这个读 BIO 放入块设备驱动的 IO Scheduler 队列中；但是紧接着 T2 时刻，程序又发起了针对同一地址的固定长度的写操作，假设内核将这个写 IO 也放入了 IO Scheduler 的 Queue 中，但是经过调度之后，这个写操作被提前了，提到了读的前面，先执行，那么这个读操作就不会读到被这个写所覆盖之前的内容，而读到的是写覆盖之后的内容。同样，对于先写后读，如果读被提前，那么读到的也是过期的数据。

如果使用 Buffered IO，则先写后读的情况下，对于后来的读会产生缓存命中，内核根本不会将 BIO 发向块设备，也就不会带来时序问题。如果是先读后写而且读未命中的情况，那么可能会发生读数据未返回之前、写数据已经在缓存里呆着了，而且也有可能发生写数据从缓存中被 flush 刷盘，进入 IO Scheduler，此时读请求依然未被执行，还在 IO Scheduler 中，那么这个写依然可能会被提到读前面，当然，等这么久那个“读”还排着队的几率是很低的。

如果是多进程共同 IO 同一个目标，这种问题一样会发生，不过可以对目标进行 Exclusive 模式的锁定，这样就从根本上杜绝了多进程之间的时序性问题，但是依然存在单进程的时序性问题。如果你真的认为锁定了就没有时序问题了，你就错了。锁定与否与底层的乱序是无关的，即便是程序 A 锁定文件 a 进行 IO，程序 A 针对 a 的 IO 都会被排队，A 解锁之后 B 继续对 a 做 IO，B 的 IO 也会被排队，而 A 和 B 的 IO 依然会在底层乱序，A 和 B 所看到的内容也可能都是过期的内容。

这个问题是 IO Scheduler 无法避免的，但是可以从应用程序层去避免。比如在 DIO 模式下，对于先读后写的情况，避免发生即可。话说回来，一个程序先发出读，在没收到返回数据的情况下又发出了写去打算覆盖之前的数据，这本身是不是有点逻辑错乱的意思呢？就比如你一开始想拿一个东西，后来想想又不拿了，然后扔了一颗炸弹把东西炸了，但随后你拿到的却不是之前的东西，是一堆被炸碎的东西。也就是说，既然在你没拿到东西之前，你又决定不要了，那么此时这个东西本身就没有意义了，此时你应该知道这个结果，而不是进入脑袋错乱的状态。

而对于先写然后在没返回之前又发出读，一般情况下是没有这个必要的，因为你自己知道之前你写进去什么东西，此时为何还要再把它拿出来看看呢？在这么短的时间内，数据一般都依然在应用的缓存内，没必要向系统发出读请求，可以直接在应用层命中缓存。别说，还真有这么一类患有强迫症的程序，这类程序就是专门干这个的，因为磁盘有时是不可靠的。对于写操作，磁盘返回成功之后，数据未必真的被写入磁盘，甚至对于 Write Through 标记的 IO 也是如此，也就是说磁盘并没有将数据成功地写入盘片，但是依然向上层返回了成功应答，这种极端发生的情况称为"Lost Write"。这类程序的作用就是为了探察这种情况的发生。对于这种程序，就要注意切不可在刚刚写完之后就立即发起读，一定要过一段时间才发起，以避免在 IO 调度器的队列里与之前的写 IO 碰上。而对于使用 Buffered IO 的程序来说，先写后读没问题（见上文），对于先读后写的状况，与 DIO 模式下的处理方式相同，即不应该在没有收到读返回数据的情况下接着又发起写 IO。

彻底解决这个问题的办法：对于单个线程，同步 IO 即可；多线程之间或者多个程序之间，无解。

关于 Lost Write：Lost Write 是一种发生概率非常小的事件，但是一旦发生，其所带来的直接后果就是数据不一致。如果受影响的是文件系统元数据中的关键数据，比如跟入口指针等，那么就有可能直接导致文件系统全面错乱，需要数据恢复。而如果是某应用程序所存储的关键数据，比如账目，那么当应用程序下次读出这份上次尚未被写入成功的数据进行处理之后，就可能发生错账，进而可能引发重大生产责任事故。

如何解决 Lost Write？有多种方法，一种最笨最耗资源的方法便是在写入之后，立即再次对这个地址发起读操作（前提是磁盘本身关闭了 Write Cache，即使用 Write Through 模式），将得到的数据与之前的待写入数据进行比对来检查是否上一次真的被写入了，这个动作应该由存储控制器来执行。但是这样做需要对之前写入的数据进行留底，需要对每个块进行 Hash 计算并保存起来，稍后读出对应地址数据之后再次 Hash，比对两次 Hash，如果相同则表示确实成功地写入了；如果不同，则表示未被成功写入。此时就需要从 RAID 组中这个块对应的条带中的其他块来进行 XOR 运算反算出当时应该被写入的内容。为何可以用条带中其他 Segment 来反算这块数据呢？因为当时这个条带发生写入的时候，可以认为只有这个块发生了 Lost Write，而其他盘同时发生 Lost Write 的几率微乎其微，所以可以假设其他 Segment 中数据都是一致的。这种办法虽然笨而且极其耗费资源，但是却可以彻底解决 Lost Write。总之一定要确保写入改地址之后，下一个针对这个地址的 IO 一定要是控制器发起的这个验证读操作，因为如果不立即检查的话，一旦间隙中有针对这个地址的非验证读操作，不管是直接读还是由于更改条带中其他 Segment 连带导致的对本 Segment 的读，那么就证明不一致的数据已经对应用系统产生了影响，不管是潜在的还是立即导致后果的。

块设备由于底层 IO Scheduler 可能造成 IO 乱序重排执行的情况，在发生系统 Down 机等情况时，底层数据的一致性就无法得到保证。由于文件系统建立在块设备之上，所以 FSCK 是一种恢复数据一致性的手段，但是 FSCK 只能保证文件系统元数据的一致却保证不了数据实际内容的一致性，所以，关键应用程序都直接使用完全透传程序 IO 请求的字符设备进行 IO 操作。

7. 系统 IO 路径中的 Queue Depth 及 Queue Length

在系统 IO 路径中，有各种各样的 Queue，各种层次的 Queue，从应用层一直到设备驱动层。对于 Queue 来说，有两个非常重要的概念：Queue Depth 以及 Queue Length。乍一看二者似乎意义相同，但是细究起来两者并不一样。前者是指某个 Queue 的额定深度，即这个 Queue 最大能充满多少条记录或者多少个 IO；后者则指当前这个 Queue 当前存在的，或者叫做积压的，记录或者 IO 数量。

随着上层发起的 IO 请求不断地下发，系统路径下层各处的 Queue 可能都会面临不同程度的积压，因为底层硬件的处理能力总是有限的，尤其是对于存储系统来讲，在高压力下很快达到瓶颈，底层的瓶颈会一层一层地反映到上层。在上层 IO 压力很小的时候，系统路径上的 Queue 几乎都没有积压，随着上层 IO 压力逐渐增加，位于路径中最底层的 Queue，也就是设备驱动程序处的 Queue 会首先出现积压（此处抛开 IO Scheduler 处的 Queue 不谈，因为此处的 Queue 根据一定的调度算法，总会有一定积压）。当积压到一定程度之后，这个 Queue 就进入了 Queue Full 的状态，此时，往上一层的 Queue 开始积压，满了之后，再上一层的 Queue 就开始积压。就这样一直反映到程序层，此时就会直接感知到性能的急剧下降。如果整个系统中只有一个进程在做同步+DIO 模式的 IO 操作，那么就可以观察到系统路径的最底层的 Queue 中几乎任意时刻都是空的，因为此时 Queue 不可能积压，任意时刻只有 1 个 IO 请求在从上流到下，但是我们在探察的时候能碰上 Queue 中恰好有这个 IO 存在的时候的几率非常低。当有大量并发的 IO 被发起的时候，整个所经过的路径中的 Queue 可能会被充满。

监测到的 Queue Length 越长，就证明 Queue 积压越大，那么单个 IO 的延迟就越高，对应的计算公式为：IO Latency=（Queue Length+1）× IO Service Time，其中 IO Service Time 表示存储系统硬件处理每个 IO 所耗费的时间，IO Service Time 对于存储系统自身来说，也相当于 IO Latency，每一层的 IO Latency 都等于本层的（Queue Length+1）× 其下层的 IO Latency，所以这个公式可以最终改为：Layer N IO Latency=（Layer N Queue Length+1）× Layer（N－1）IO Latency。根据这个公式，可以推论出：如果存储最底层出现瓶颈，那么最底层的 IO Latency（原生 Latecny）就会升高，它的升高直接导致了其 Queue Length 越积越多而升高，此二者的升高又成倍地升高了上一层的 IO Latency（累积 Latency）。一层层的扩大之后，整个系统路径中的 Queue 积压越严重，那么最终应用程序层的 IO 延迟就会严重地成倍地升高。公式中的变量为 Queue Length 而不是 Queue Depth，这里一定要注意。

Queue 积压到一定程度，导致整个 Queue 充满溢出之后，下层会向上返回 Queue Full 通知，上层得知后会做出相应处理，比如降低 IO 发送速率等。Queue Full 的出现表示存储系统瓶颈已经达到了不可调和的地步，这种情况一般不会出现。

主机端底层发生 Queue 积压情况下系统瓶颈点判断方法：如果链路带宽和外部存储系统的 IOPS 尚未达到额定饱和值而 Queue 积压，那么说明瓶颈归于磁盘；如果 IOPS 饱和，说明瓶颈归于存储控制器的处理能力；如果带宽饱和，那么瓶颈归于链路速率本身。

当出现 Queue 积压情况时，主机端的 IO 延迟会呈指数曲线模式升高，唯一可以做的就是降低主机端的 IO 并发度或者 Queue Depth，这样做只是治标不治本。降低主机端 IO 并发度或者 Queue Depth 的本质其实是要应用做出妥协。这里又可以分为两种情况。第一种是底层 IO 与上层业务响应速度没有直接联系，即底层 IO 响应变慢不影响实际业务响应时间，那么我们此时就可以大刀阔斧地降低主机端的 Queue Depth 和 IO 并发度，减轻存储系统的压力从而也为其他使用存储系统的客户端打通道路。这种情况的一个典型例子就是 FS 预读，比如上文中论述 FS 预读时给出的一组数据，在 AIX 系统下将 j2_maxpagereadahead 调节成 512，也就是让 IO Size 为 2MB 大小。当然底层协议本身并不允许这么大的 IO Size，所以 OS 会自动将这个值切开成多个小 IO，即每次预读都会使用多个 IO 来读取数据，不管预读线程是单线程异步 IO 还是多线程同步 IO，单位时间内都会产生大量预读 IO 从而塞满 Queue，造成 Queue 积压。而此时应用程序的 IO 响应时间与 FS 预读力度之间并没有很大的联系，如果此时因为 FS 的预读造成了 Queue 积压，那么我们就可以毫不犹豫地将 j2_maxpagereadahead 降低，比如 64。比如下面的数据，将 j2_maxpagereadahead 调节为 512 之后，cp 操作所耗费的时间并没有相对调节为 64 时有多大的提升（相反还有所降低），但是反而造成了存储系统的 Queue 积压，底层的单个 IO 响应时间急剧从接近 0 增加到 8～9ms。也就是说底层的响应时间增加了，但是其并没有严重影响上层响应时间（慢了不到 1s，在测试误差允许范围内）。

```
aix-cn22:/#ioo -o j2_maxPageReadAhead=512
Setting j2_maxPageReadAhead to 512
aix-cn22:/#mount /dev/fslv02 /mnt3
aix-cn22:/#time cp /mnt3/c /mnt2
real    0m12.46s
user    0m0.22s
sys     0m9.81s
Read  Write Other  QFull  Read  Write Average   Queue    Lun
  Ops   Ops   Ops            kB    kB Latency  Length
  363     0     0      0  91136     0    8.69   30.02   /vol/Lun/Lunaix
  368     0     0      0  95232     0    9.29    3.05   /vol/Lun/Lunaix
  747     0     0      0  79592     0    3.72    3.00   /vol/Lun/Lunaix

aix-cn22:/#ioo -o j2_maxPageReadAhead=64
Setting j2_maxPageReadAhead to 64
aix-cn22:/#mount /dev/fslv02 /mnt3
aix-cn22:/#time cp /mnt3/c /mnt2
real    0m11.67s
user    0m0.22s
sys     0m9.34s
Read  Write Other QFull   Read  Write Average   Queue    Lun
  Ops   Ops   Ops            kB    kB Latency  Length
  383     0     0      0  97856     0    1.04    0.03   /vol/Lun/Lunaix
  437     0     0      0  95936     0    0.90    0.03   /vol/Lun/Lunaix
  380     0     0      0  97152     0    1.05    0.03   /vol/Lun/Lunaix
```

参数的调节需要严格的试探，因为每个系统都不同，IO 类型也不同，我们不可能向 Nio 一样钻到 Marix 里面去探究代码的执行，但是我们至少可以做试探来探究和想象底层的行为。比如确定 j2_maxpagereadahead 参数的最适值，就需要我们逐渐增大这个值然后调查 IOPS、带宽和 IO 响应时间这三者，设置过低则不能发挥性能，设置过高又会顾此失彼，根据需求，总有一个最合适的值存在。

第二种情况则是底层 IO 的响应时间直接关系到应用程序的响应时间，那么此时我们不能轻易就降低 Queue Depth 或者并发度，因为这样做虽然可以使存储系统负载减轻一些，但是同样造成了应用程序响应更加缓慢。此时就要综合来决策，查看一下是否其他主机端有可以被砍掉的不必要的 Queue Depth 和 IO 并发度，如果有则砍掉以减轻存储压力。如果这样处理之后仍不能改善，那么唯一可以做的就是消除存储端瓶颈，增加磁盘，或者其他手段，比如集群化、迁移数据到高性能设备上，或者使用 SSD 等。

既然 Queue 积压是个坏现象，Queue 中只有 1 个甚至 0 个 IO 等待才是最理想的状况，那么为何不将 Queue Depth 调成 2 算了？这里要理解的是，Queue 积压表示某处出现瓶颈。但是在系统仍有充足的处理能力，各处没有产生瓶颈的时候，存储系统对 IO 的处理是很快的，而如果我们将 Queue Depth 调成 2，那么会喂不饱存储系统。就像吃饭时候一样，你饿了，想吃一大碗米饭，但是只给你盛来一茶碗米饭，你吃的爽么？吃完了虽然可以无限制再去盛一碗再吃，但是这样做效率显然不如一下子盛一大碗来得快。要将 Queue Depth 调成适当的值是有必要的。当用大碗盛饭之后，你一开始吃得很快，满一碗立即吃空一碗，但是后来你饱了，下饭速度越来越慢，此时碗里剩饭就会越来越多，此时已经达到瓶颈了。同样，也不能把 Queue Depth 设置的无限大，因为你敢给出这个饭量，证明你对 IO 的消化能力很棒，那么客户端就会按照这个饭量来给你盛饭；但是你如果没那么大饭量而硬充胖子的话，结果就是造成 Queue 积压。所以存储系统在设计的时候就会根据自身处理能力和 IO 类型比率等诸多因素来最终确定一个对外 Queue Depth。但是这个 Queue Depth 往往也并不能代表真实处理能力，比如对于小块连续并发 IO 这种最佳 IO 方式。这就相当于喝稀饭，一气很快就喝完了，此时你不给他一个大碗对不起这速度，但是如果改吃米饭，那一时半会儿吃不完，此时你如果还给他个大碗，那就容易造成积压。所以 Queue Depth 的确定最终只是一个折中值，设计人性化的存储系统可以让用户自行设置 Queue Depth 以满足不同需要。

对于一些人为积压的 Queue，比如 IO Scheduer 中的 Queue，某种意义上来讲，这个 Queue 必须处于积压状态，因为只有 Queue 中存有一定数量的 IO 之后，IO 调度算法才会有效果。但是话又说回来，如果底层设备处理能力够强大，速度也够快，快到即使不使用 IO 调度也能够快速吃掉 Queue 里的存货，那么此时要 IO 调度有何用呢？人为积压有何用呢？一点用没有反而影响性能了。

所以，任何时刻只要发现 Queue 中有存货，那就一定证明底层有瓶颈，存货越多，瓶颈越大。这是铁的事实。系统 IO 路径内任意两个模块之间的 Queue 都遵循上述原则，不仅是主机与存储设备之间的 Queue，存储系统内部各个模块之间的 Queue 同样遵守。

如果有多台主机通过同一个端口共同访问一台存储设备，那么此时需要尽量确保每台主机的适配器的 Queue Depth 都相等，并且确保它们之和等于这台存储设备上一个端口的 Queue Depth。这样做，第一可以保证存储系统的 Queue 不会发生 Queue Full 的情况，第二可以保证每台主机充入存储设备 Queue 中的 IO 数量大致相同，不会饿死任何一台主机。当然也可以为不同的主机设定不同的 Queue Depth 以便实现性能分级，但是同样要确保所有主机客户端的 Queue Depth 之和不要超过存储系统上这个端口的 Queue Depth。

在某些 OS 下可以针对每个 LUN 设置各自的 Queue Depth，当然，这样做一定需要对应的存储控制器驱动程序支持。比如在 AIX 系统下，就可以设置每个 hdisk 的 Queue Depth，只要保证系统中所有 hdisk 的 Queue Depth 之和不大于对应的底层控制器驱动提供的总 Queue Depth 即可，这样就可以针对不同 hdisk 给予不同的优先级。

8. Queue Length 与 IOPS 的关系

一块 15KB RPM 的 FC 或者 SAS 磁盘，其随机读 IOPS 大概在±400 左右，随机写 IOPS 要低于读，有些磁盘写与读相差不太大，有些磁盘则相差较大，大概 20%。但是达到这个峰值，是需要做出一定妥协的，这个妥协就是 IO 延迟。但凡要让磁盘达到它最大的 IOPS（指随机 IOPS 而不是连续 IOPS，单块磁盘连续读 IOPS 在 IO Size 很小时可达上千），就一定要将磁盘的队列充满到一定程度。为何要这样呢？因为磁盘都是支持一定的 Queue 算法的，比如电梯算法，它会将充入 Queue 中的所有 IO 进行重排，以便磁头臂摆向同一个方向时可以捎带执行更多的 IO 操作。而如果你只向磁盘 Queue 中充入了 1 个 IO 请求，执行完之后再充入 1 个 IO，那么此时执行效率是最低的，但是相对于每个 IO 来讲，这个 IO 本身被执行的速度将会是最快的，也就是延迟最低，因为此时磁头臂只服务于这一个 IO 请求；相反，一次性向 Queue 中充入多个 IO 请求，那么磁头臂就会在一次摆动过程中服务于多个 IO 请求，而这些 IO 在微观上也是一个一个被执行的，只不过执行效率提高了很多。但是同时，每个 IO 的响应时间（延迟），也就是磁盘处理每个 IO 所花费的时间也就提升了（为何？见下文），但是此时磁盘所表现出来的整体 IOPS 也提升了。乍一看好像有些矛盾，为何延迟升高了，也就是处理每个 IO 所耗费的时间提升了，而 IOPS 却不降反升呢？我们就来分析一下这个问题。建议读者在这里先停下自己思考，然后将自己的思考与作者稍后给出的分析做比对，这样可以加深印象。

如表 19-3 所示为某块 15KB RPM 的 3Gb/s SAS 硬盘的测试结果。测试使用单台 PC Server+SAS 卡进行，使用 IOmeter 作为测试工具测裸盘，在 IOmeter 界面中设置不同的“Outstanding IO”来调查不同 Queue Length 对磁盘 IOPS 的影响，IO 类型为 4KB 块的 100%随机读。表中 ART 表示 Average Response Time，MRT 表示 Maximum Reponse Time。

表 19-3　SAS 硬盘 Queue Length 与 IOPS

Queue Depth	IOPS	ARTms	MRTms
1	178.32	5.60	27.4
2	202.62	9.87	77.5
4	239.14	16.72	178.5
8	278.56	28.71	293.6
16	328.38	48.69	566.8
32	389.26	82.15	1317.2
64	449.55	142.12	2398.7
128	508.85	250.74	2450.4
256	553.06	462.04	2777.4

当 Queue Length（下用 QL 代替）为 1 时，属于典型的同步 IO 调用模式场景。此时系统 IO 路径中的所有 Queue，包括 IOmeter 应用程序 Queue、块设备驱动 Queue、HBA 适配卡 Queue、磁盘 Queue 中任何时刻只有这一个 IO，并且这个 IO 只出现在这一串 Queue 中的一个之中。

整条路径只服务于一个 IO，此时 IOmeter 所得出的 ART 也就约等于底层磁盘的平均寻道时间，本例中也就是 5.6ms。

当 QL 增加到 2 的时候，系统路径中的所有 Queue 都不可能产生积压（Queue Depth 一般为

8 以上），一定会“充入便下发”，那么此时这两个 IO 一定是被 HBA 直接下发到磁盘 Queue 中等待执行。

磁盘会使用 NCQ、TCQ 等算法，结合当前磁头臂的位置，对 Queue 中的 IO 做电梯算法来决定先执行哪个后执行哪个，那么后执行的就必须等待先执行的执行完毕之后才能被执行，也就是说 IO 会在磁盘 Queue 中发生等待。这样，理论上讲，两个 IO 执行完所耗费的时间应该等于执行 1 个 IO 耗费的平均时间乘以 2 即可？

不是的，平均寻道时间是使用一个一个的随机 IO 下发到磁盘而统计出来的，多个 IO 经过电梯算法排队之后，会收到一定的优化效果。比如可能向相同方向摆动两次就可以执行完这两个 IO，而如果将这两个 IO 分两次下发，那么磁头可能必须经过向两个方向的摆动寻道才可以完成这两个 IO。所以本例中，当 QL=2 时，ART 小于 5.6×2=11.2ms。依此类推，当 QL 越来越长之后，这种效果所获得的收益就越强。

有人会产生疑问：1000ms/ART（ms）=IOPS，这个等式应当成立，为何按照本例中的结果之后，除了 QL=1 时成立，而其他 QL 值对应的数据被代入后却都不成立呢？比如 QL=2 时，1000/9.87=101.3，而实际却是 202.62，正好是前者的 2 倍，而 QL=4 时所得到的结果也是这样，实际值为理论值的 4 倍，可以发现 IOPS =[1000ms/ART(ms)]×QL 这个规律，而如果将单位 ms 变为标准单位 s，那么这个公式就变为：IOPS=QL/ART。读者看到这个公式是否眼熟？对了，它就是本书第 3 章中所给出的公式。

这个公式本身是正确的，那么问题出在哪里？还得从 IOPS=QL/ART 这个公式的本质入手。它的含义是：每秒 IO 操作数等于 QL 除以平均响应时间，而按照常理，每秒 IO 操作数应当等于 1s 除以每个 IO 的平均响应时间。前者是实测所得，后者是理论所得，似乎都没有错。错在哪？关键就在“平均响应时间”上，ART 到底是指每个 IO 被执行完成所耗费的时间，还是整个 QL 队列的所有 IO 均被执行完所耗费的时间。如果是前者，那么公式 IOPS=1/ART 显然是成立的；而如果是后者，那么公式 IOPS=QL/ART 就是成立的。那么也就是说表 19-3 中的 ART 是指队列中所有 IO 均被执行完成所耗费的平均（磁盘可以批量返回一大批 IO 结果，甚至整 Queue 批量执行和返回，详见下面一节）时间，既然这样，IOPS 也就当然要用 QL 而不是 1 来除以这个 ART 了。

15KB RPM SAS 盘的最高 IOPS 为 400+左右，那么我们用 1000/400=2.5ms，也就是说，NCQ、TCQ 等队列优化算法最终可以使得单个 IO 的执行时间从本例中平均的 5.6ms 降低到 2.5ms，提升了约 50%。但是却增加了 IO 在队列里的等待时间，等待多长时间可以参考上一节中给出的计算方法：IO 延迟=IO 等待时间+IO 执行时间。所以，Queue 的存在导致磁盘可以在单位时间内执行更多的 IO，也就是 IO 执行时间确实降低了，但是所有 IO 的延迟时间却因为 IO 等待时间的加入而变得很高，每个 IO 的等待时间等于排在其前面的所有 IO 的执行时间的累加，可想而知。

Queue 的出现，会将每个 IO 的执行时间降低，低于平均寻道时间（本例中的 5.6ms），但是却有一个副作用，也就是造成队列中 IO 等待的时间加长。因为毕竟 IO 到了磁头臂这一层一定是一个一个被执行的，一次性充入 Queue 中多个 IO，只是为了在一段时间内能够让磁盘执行更多的 IO，但是所付出的代价便是这些 IO 需要预先排队等待，增加了 IO 总响应时间，也就是 IO 延迟。

那么这样做究竟是不是得不偿失呢？谁获益了？谁损失了？可以这么说，在不同层面看这个问题会有不同的结论。先从单块磁盘层面来看，Queue 让单块磁盘单位时间内可以执行的 IO 数量增加了，这当然是好事情，获益于电梯算法，当然是提高了效率，使得单盘 IOPS 从 QL=1 时的 178 提高到了 QL=32 时的 389，同时单个 IO 的执行时间也降低了。所以，Queue 对于磁盘来讲是绝对的全面获益。再看看 IO 适配器一层，比如 SAS 适配器驱动程序处，这一处也维护着多个 Queue，包括接收、发送、已完成、未完成等 Queue，上层下发的 IO 先充入这一处 Queue，然后驱动程序再将 Queue 中的 IO 通过 SAS 网络传送给对应的磁盘 Queue 中，此时 SAS 适配器驱动需要等待这些 IO 完成，而这个等待时间，也就是 IO 延迟，会随着 QL 的提高而累加提高，所以，Queue 的出现对于 SAS 适配器来讲有所损失；但是也有受益，即整体 IOPS 增加。同样，系统 IO 路径中再往上，包括块设备驱动、文件系统、内核其他 IO 模块，一直到最终的应用程序层，皆表现为 IO 延迟上的损失以及 IOPS 上的收益。应用层所感知到的 IO 延迟是其下层所有延迟的累加。只有磁盘是唯一一个全面获益的角色。

但是，刚才说过，在不同层面看问题会有不同的结论。如果从整个系统全局地来看，QL 的提高会致使整体系统的 IOPS 提高，从这一点上来看确实是整体受益的。那么对于应用程序层来讲，它可以选择一个接一个地发送 IO，也可以选择批量异步地发送 IO。如果业务层决定应用程序就要一个接一个地发送，那么此时情况是从源头就没有那么多的 IO 量；而如果业务层决定应用层需要很高的异步 IO 发送量，那么此时应用程序为何不一股脑地将 IO 下发下去呢？积压到硬盘处可以提高 IOPS，但是如果积压在应用程序处，不但提高不了 IOPS，反而 IO 延迟一样也还会很高，积压在哪里不是积压？最终还是要看应用层所感知到的 IO 延迟。

综上所述，为了保证整体较高的 IOPS，底层的 Queue 最好处于积压状态。如果不让 IO 等待，不排队，那么整体系统也就无法达到高 IOPS，此时虽然单个 IO 的延迟是最低的，但那是通过牺牲整体 IOPS 所换来的，是通过在应用层积压 IO 而不是磁盘层积压而换来的。IO 迟早要被发送，早发送，等待长一些以获得较高 IOPS，还是现用现发送，以获得单个 IO 的低延迟但是整体较低的 IOPS，这个就要看实际情况到底需要哪种策略了。

羊毛出在羊身上，有时候可能会人为地降低 Queue Depth 以限制 QL 以保证每个 IO 的延迟不要太高。这仿佛是一个博弈过程，即存储层与应用层的博弈，存储层通过限制 QD 来获取比较好看的 IO 性能指标，但是其本质其实是通过牺牲应用层 IOPS 来换取的，也就是让应用降低 IO 下发速度。实际上，现实中多种应用系统，其产生的 IO 属性大部分为同步 IO，一方面是受制于业务层需求，另一方面也受制于异步 IO 开发时候的难度以及稳定性，除非对存储性能有人为的压榨目的考虑，开发人员不太愿意使用异步 IO 模式。这样，底层的 Queue 被充满到一定程度的几率就会比较低，那么整体 IOPS 也不会很高。而这种情况是很多用户所迷惑的，当初购买时使用测试工具测试时表现出来很高的性能，但是为何实际使用中却性能低下？所以，看完了上面的文字，你或许应该知道性能分析应当首先从哪里入手了。

那么是不是 QD 设置的越高，IOPS 就会线性提升呢？显然不会，没有这么便宜的事情。QL 越长，NCQ、TCQ 等算法获得的效率提升比率就越大，但是这些算法是有优化极限的，而且上层下发的每批 IO 的优化程度也是不一样的，另外再加上芯片处理能力、接口带宽等潜在瓶颈点的限制，所以当单盘 IOPS 达到顶峰值以后，再增加 Queue Length 就没有效果了，反而此时延迟会大幅增加。每个设备都会提供一个最适合的 Queue Depth 值给它的上下游。

大部分 HBA 卡处的 Queue 一般被限制为 16，以在 IOPS 与 IO 延迟之间保持平衡。有些厂商可以让用户调节 QD，有些则不可以。设置 QD 有一定的讲究，IO 上游模块的靠下游位置的 QD 要等于其可并发连接的下游模块的靠上游位置的 QD 之和，如果某 IO 模块下游只连接了一个模块，那么这两个模块耦合处的 QD 应相等。不直接耦合的两个 IO 模块之间的 QD 没有关联。

系统路径上的同一个 IO 模块上下游位置上的 QD 要保持相同，但是有一点例外，比如，如果这个模块会将 IO 进行合并、拆分等处理的话，那么上下游 QD 要按照 IO 处理之后产生的 IO 数量翻倍或者缩倍的倍率来进行匹配。

第 3 章中曾经提到过，对于一个具有强消化能力的存储系统，一次多个 IO 与一次一个 IO 相比可能一开始表现出的 IO 延迟相差不多，怎么这里两个 IO 时候就已经与一个 IO 时候相差较大了？因为这是单块磁盘，不是大存储系统，消化能力当然有区别，大型存储系统的巨量 RAM 缓存对单块磁盘的劣势有较好的屏蔽和优化作用。

> **IO Size 与 IO 延迟的关系：**IO Size 越大，从盘片读写以及传输每个 IO 所需要的时间就越长。所以，Write Merge 操作其实是会增加每个 IO 的延迟的，但是它提高了效率，提高了系统吞吐量。一些网络传输技术，比如 Infiniband 之类，其物理链路编码速率可能与其他的传输技术相同，但是延迟却比其他网络低。这里的意思就是说 Infiniband 的传输单元小，对于一些小的 IO 操作能够实现更高的响应速度，适合于高实时性的传输，但是其整体吞吐量就不一定比其他传输技术高了。

9. SATA 协议中的 NCQ

关于 NCQ 的首次介绍出现在本书的第 3 章中，再结合之前刚刚介绍的 Linux 下的 IO Scheduler 原理，想必大家已经对队列（不仅仅是 NCQ）中的电梯和其他优化算法有了一个大概了解了。在这里再对 NCQ 深入一步。经过刚才的介绍大家已经了解，磁盘可以将队列中的 IO 进行优化重排然后依次执行，但是执行完毕每个 IO 之后，并不一定要立即返回这个 IO 的结果。按照常理应该是立即返回，但是在 Queue 开启之后，磁盘往往要积攒一定量的执行结果才向主机端磁盘控制器（FC 卡、SAS 卡、SATA 控制器等）返回，这样做是为了降低频繁中断对控制器的影响以及对链路带宽的浪费。磁盘可以将多个 IO 执行的结果批量返回给控制器，每一批传输只需要一个中断即可，这个过程称为中断聚合。

再仔细考虑一下，主机端控制器将 IO 一个一个地充入磁盘的 Queue 中（每个需要被 Queue 化的命令都会被控制器设置一个 Tag 值来表征这个命令，SATA 队列深度最大为 32，所以 Tag 的值可以是 0～31），但是磁盘却可以将这些 IO 打乱顺序来执行，而且也不按照 IO 发送过来的顺序将结果（ACK 或者数据）返回给控制器，如果没有一种特殊的机制来处理的话，主机控制器将不会分辨出磁盘返回的结果对应的已经完成的 IO 到底是哪些。解决这个问题必须由磁盘主动，因为只有磁盘知道实际的 IO 执行顺序。在 NCQ 中，这种机制称为 First Party DMA，简称 FPDMA，之所以称为“First Party”是因为 DMA 地址等是由磁盘来主导的。磁盘在每执行一个 IO 之前，会发送一个 FIS（Frame Information Structure）给主机端磁盘控制器，FIS 中包含了当前所执行的 IO 的 Tag 值。主机端控制器收到对应的 FIS 之后，便知道磁盘当前在执行的 IO 是哪一个了（因为是控制器之前将 IO 打上 Tag 并充入到磁盘 Queue 中的），那么控制器此时就可以将这个 IO 对应的数据从内存对应的地址传输到磁盘（写过程），或者将数据传输给控制器从而控制器将这块返回的数据放置到对应的内存地址（读过程）。

另外，FPDMA 还可以允许磁盘先传送某个 IO 的一部分数据，然后之间穿差传输一部分另外某 IO 的数据，再将之前的 IO 剩余数据传完，为何会发生这种场景？是因为旋转等待时间，比如有两个 IO，IO1 和 IO2，当执行 IO1 时，磁头寻道至 IO1 所在的磁道时，刚好落入 IO2 所在的领地，那么此时磁盘不会浪费这个时隙，先捎带着读出或者写入 IO2 的内容，然后等待盘片旋转至 IO1 处时，再读出或者写入 IO1 的内容。而之前 IO2 的内容可能没有读或者写全（比如刚才寻道时磁头并没有落到 IO2 的起点地址对应扇区的起始字节），那么之后磁头继续去读 IO2，此时如果有 IO3 可以获得优先“捎带”式的优化，就重复刚才的过程。如此复杂的机制，全部都是为了让底层时隙被充分利用。

10. 面向 SSD 的 Queue 优化

对于 NAND Flash 颗粒，单个逻辑颗粒（一块物理颗粒中可以有多个逻辑独立的部分，暂称逻辑颗粒吧）所能达到的读写速度或者 IO 是很低的，比如 20MB/s 到 30MB/s 的样子。那么为什么 SSD 可以达到将近 280MB/s 的读速度以及 30000～50000 左右的 IOPS 呢？除了 SSD 内部有较大的 RAM 缓存之外，还有一个根本原因就是 SSD 控制器后端挂接的 Flash 颗粒都是并行执行的，而不是像机械硬盘那样由一个磁头来串行执行 IO。如图 19–74 所示为一个 SSD 的典型内部逻辑框图。8 片 Flash 芯片颗粒，每两个挂在一个通道上，每个通道为 40MHz 速率的 8bit 位宽的通道，也就是说每个通道的速率为 40MB/s。4 个通道共同连接到 Flash 控制器 ASIC 芯片上。

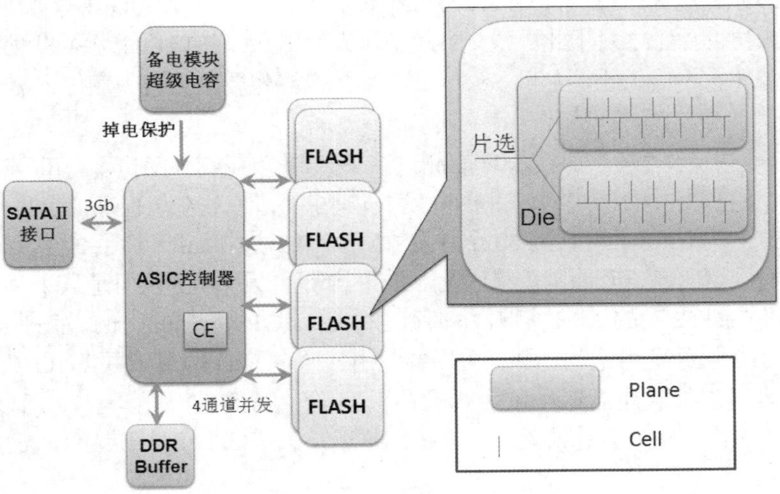

19-74 SSD 内部典型框图

每个 Flash 芯片其实还可以划分为更小的单元，也即是 Die 和 Plane，每个 Die 可以包含多个 Plane，一般为两个。每个 Plane 都有各自的 Page 寄存器用来存储读出或者待写入的 Page 数据，所以每个 Plane 可以同时服务于一个 IO。如果每个 Flash 颗粒有两个 Die，那么每片就可以同时服务于 4 个 IO，也就是并发 4 个 IO，那么 8 片 Flash 就可以并发 32 个 IO，也就是每个通道可以并行各下发 4 个 IO 到其后端下挂的每片 Flash 芯片来等待执行。这里可能会产生疑问，后端通道只有 8b 宽，这么窄的通道，每个 IO 一定是串行在通道中传输的，何谈“并行”？这个问题与 FCAL Loop 中如何实现并发 IO 的本质是一样的。可以参考本书附录中的 Q&A 相关部分得到答案，即目标存储介质执行 IO 是需要一定时间的，对于机械硬盘，这个时间间隙（时隙）表现为寻道+旋转延迟。而控制器利用这个时隙，将多个 IO 下发到多个目标上由多个目标并行执行（各自寻道，这个可以微观并行），这就是并发，虽然在传输时一定是串行的，但是执行时却是并行的。那么对于 Flash 芯片，由于没有寻道操作，难道它也会产生时隙让控制器“有机可乘”，然后分派多个 IO 下去么？一样有，Flash 芯片执行 IO 时有一个潜伏期，不管是读还是写，写需要的潜伏期比读更大。就是利用这个潜伏期，使得控制器有充足的时间可以通过串行通道串行地下发多个 IO 给后挂的每个 Flash 芯片，每个 Flash 芯片并行地执行 IO，然后串行地将结果返回给控制器。

图 19-74 中所示的 CE，即 Chip Enable，中文叫“片选”，是用来让控制器选择 IO 目标的。每个 Die 对应一个片选地址，控制器通过片选来定位到每个 Die 从而下发 IO（可针对一个 Die 中的多个 Plane 并行下发 IO）。

随着集成电路技术不断发展，SSD 的规格越来越高，片选的密度越来越高。目前最高的密度是每个 Flash 芯片包含 4 个 CE，每片 2.5 英寸的 SSD，其电路板正反面每面焊接 8 片 Flash，共 16 片 Flash 就可以有 64 个片选，每个片选可以定址一个 Die，每个 Die 如果有两个 Plane，那么就可以并发 128 个 IO。这一点是机械硬盘想都不敢想的（机械硬盘虽然有多个磁头，但是同一时刻只能有一个磁头在读写，只能并发一个 IO，或者说不能并发 IO）。将来可能出现能并发更多 IO 的更高规格。

能并发多少 IO，就意味着其前端的 Queue Depth 至少要有多深。并发 128 个 IO，那么 QD 至少要有 128 才能满足胃口。而 SATA 协议标准中，NCQ 最大的 QD 不过 32 而已，已经无法满足 SSD 日益增加的胃口。对于此，不少 SSD 正转为使用 SAS 接口，因为 SCSI 协议标准中的 TCQ 最大深度为 256。不仅如此，主机 SAS、SATA 控制器也要跟上这一变化，需要从 Firmware 和 Driver 两个层面进行 Queue 优化操作。

如图 19-75 所示为刚才那款 SSD 的测试结果，100%的 4KB 随机读，thread 为线程数，每个线程产生一个同步 IO，所以整体产生的并发 IO 请求等于线程数，也等价于队列深度。可以看到 1 个 IO 的 ART 为 0.2ms，一直到 16 个并发 IO 的 ART 为 0.6ms，翻了 3 倍。而对比机械硬盘的测试结果，有天壤之别，其原因就是因为 SSD 内部是并发 IO 的。但是从 16～32 之间却有了质的变化，可以看到 32 时的 ART 相比 16 时翻了一番，IOPS 增加的比例却微乎其微，此时表明这块 SSD 的 IOPS 已经达到饱和，那么可以判断出，这个 SSD 的最大并发 IO 数为 16，也就是有 16 个片选。此时再往队列中充入 IO，那么多于 16 个之后的 IO 只能等待，所以延迟翻倍。从测试结果还可以看出，SSD 就算再差劲，其平均延迟是远远低于机械硬盘的，而 IOPS 则是远远高于机械硬盘的。

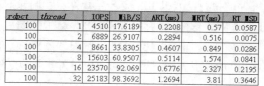

rdpct	thread	IOPS	■iB/S	ART(ms)	■RT(ms)	RT ■SD
100	1	4510	17.6189	0.2208	0.57	0.0587
100	2	6889	26.9107	0.2894	0.516	0.0075
100	4	8661	33.8305	0.4607	0.849	0.0286
100	8	15603	60.9507	0.5114	1.574	0.0841
100	16	23570	92.069	0.6776	2.327	0.2195
100	32	25183	98.3692	1.2694	3.81	0.3646

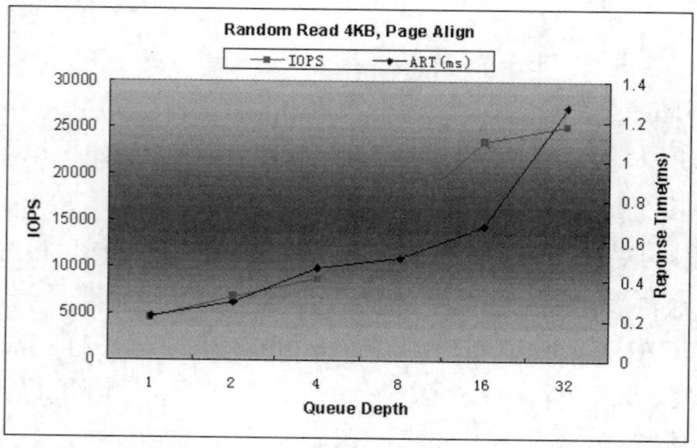

图 19-75　SSD 队列深度与 IOPS 曲线

另外，SSD 的并发 IO 与机械盘组成的 RAID 一样，也是有一定几率的，在地址完全平均分布的随机小块 IO 的场景下，盲并发几率达到最高。SSD 一样会对充入 Queue 中的批量 IO 进行优化算法，控制器会分析 Queue 中的 IO，看看其中哪个 IO 目标地址正好落在了一个空闲的 Flash 颗粒片选上，则立即将其下发。其首要原则就是不让任何片选空闲，所以，SSD 执行 IO 的顺序也是乱序的，因此需要 NCQ 的 FPDMA 来支持。

至此，应用程序发起的 IO 请求在内存中经历了文件系统、卷管理系统、设备驱动的层层历练之后，终于出了内存，被放到了 IO 总线上进行传输。出了内存之后，IO 请求首先被送到了 PCI 控制器然后立即送上了 PCI（PCIE、PCIX）高速总线快车道，下一站目的则是位于总线那端的 HBA 适配卡。进入适配卡的内存后，经由适配卡上处理器的调度，立即又被发送到了适配卡后端所连接的浩瀚网络中。至此，这个 IO 请求终于跑出了被禁锢已久的主机，游弋于浩瀚的网络海洋之中。殊不知，等待它的，将是另一个洞天！

19.2 理解并记忆存储端 IO 路径架构图

本节论述 IO 的目的地，也就是存储系统端的 IO 路径模块架构。IO 在起源地主机端经历了一系列复杂的操作之后，最终被发送给存储端处理。任何上层的以及任何类型的 IO，在离开主机端之后，都会以 Block IO 的形式发送给存储系统处理（基于 Block 协议的存储系统）或者以网络文件 IO 的形式发送给 NAS 存储系统处理。IO 请求可谓是方出龙潭又入虎穴。“存储端”这三个字有三种理解程度：“本地磁盘”、“主机端本地 RAID”和“外部磁盘阵列”，其中前者与后两者有着本质区别，后两者之间并没有本质区别。对于前者，从设备控制器驱动程序下发的 IO 请求会直接被控制器透传到目标设备；而对于后两者，驱动程序下发的 IO 请求被控制器接收到之后，控制器本身还需要做一定的虚拟化映射处理，最终发给目标磁盘设备的 IO 请求在内容上和数量上都不一定与驱动下发的 IO 相同。

外部存储系统对 IO 的处理过程与主机端有很大的同源性。可以说存储系统本身就是一台主机，软件架构上与主机相同，都是操作系统 + 应用程序组成的，存储系统的操作系统，有些基于 Linux，有些基于 Windows，有些基于 UNIX，有些则基于 VxWorks 等。

下面分别描述一下存储系统中的各个层次。

19.2.1 物理磁盘层

主机端发送的任何数据最后都要存储于物理磁盘中。

对于一个高可靠性存储系统来说，磁盘的 Cache 必须被设置为 Write Through 模式，因为物理磁盘没有任何电池保护措施，一旦失去电源，磁盘 Cache 中的尚未写入盘片的数据将会永久丢失；而如果 Cache 运行在 Write Back 模式下，就将造成数据不一致情况的发生。对于不支持永久 Write Through 模式的磁盘 Cache，只能靠磁盘控制器或者驱动程序来强行设置每个 IO 的 FUA 位来通知磁盘进行 Write Through 模式的写入。

而对于磁盘自身的读 Cache，控制器不会干预，而且所有存储系统都会允许磁盘自身的 Cache 对任何读操作做缓存，甚至还可以进行磁盘自身的预读。如本章前文所述，Write Through 之后的写数据会一直留在磁盘自身 Cache 中，作为读缓存数据而存在，这里需要区别一个细节，即缓存中的预读数据和被动式的读数据，刚才说的这种 Write Through 之后被动留存在缓存内的数据称为被动式读数据缓存，而磁盘缓存自身从盘片内预读入的数据为主动式的预读数据。

磁盘读缓存对于小块连续 IO 的效果是非常显著的，如果在主机端发起 512B 的连续地址 IO，则在存储系统处即可以监测到单块磁盘本身接受和处理的 IOPS 甚至可以达到高于 1000，这显然是产生了 Read Cache Hit 导致。在综合属性的 IO 下，单块磁盘的 IOPS 一般在 200～400 之间。

支持 NCQ 或者 TCQ 的磁盘本身具有 Queue 机制，控制器可以将一批 IO 充入磁盘 Queue 中从而让磁盘自身来对 Queue 中的 IO 进行优化操作。

盘片大小与性能的关系

目前，业界新推出的存储系统都已经推广使用 2.5 寸磁盘，3.5 寸磁盘由于其耗电量太大，占用空间大，已经不能满足当今时代节能降耗的需求了。目前 2.5 寸的 SAS 磁盘其容量甚至比 3.5 寸 SAS 盘还要大，目前最大到 900GB。并非技术上 3.5 寸的不能做到更大容量，而是厂家故意使然，即推广 2.5 寸磁盘。那么盘片变小了，其性能是否会减弱？答案是肯定的。多种原因，首先 2.5 寸磁盘其目前最大转速为 15krpm，但是相比 10krpm 的 2.5 寸盘来讲，成本大幅提升，所以目前投入使用的都是 10krpm 的规格。而 3.5 寸盘基本上都使用 15krpm 规格的，转速上低了一筹；其次，小盘片其线速度会比大盘片低，加上转速低，两两加成，导致性能下降。但是我们知道，盘片越小，磁头摆动周期就会越短（并不是说磁头摆动的速度高了，而是需要摆动的距离短了），同样的容量密度下，2.5 寸盘片比 3.5 寸盘片在平均寻道时间上要低，而寻道时间恰恰是影响 IO 性能的重要指标，那么是不是 2.5 寸的比 3.5 寸的 IOPS 性能要高呢？但是还需要考虑一点，现在的磁盘对队列的支持都非常成熟了，虽然论单个 IO 的平均寻道时间，2.5 确实比 3.5 强，但是一旦外部 IO 被队列化之后，那么单 IO 平均寻道时间这个参数就会被强烈的屏蔽和弱化。因为在队列机制的介入下，磁头一般都是顺着一个方向摆动就可以捎带执行多个 IO，而不是来回频繁寻道摆动，既然这样，不管盘片多大，哪怕 10 寸的，其向一个方向持续摆动时执行 IO 的效率，就取决于盘片旋转时的线速度了，线速度越快，旋转延迟时间越少，IOPS 就越高。所以，在性能上，2.5 寸盘输给了 3.5 寸盘，但是在能耗上，前者比后者可以降低 40%左右。成本上，目前 2.5 寸盘依然高于 3.5 寸盘，相信随着时间的推移，2.5 寸盘的成本会逐渐下降。

19.2.2 物理磁盘组织层

多块磁盘被插入到一个扩展柜中进行集中供电散热和监测。扩展柜都会为每个磁盘提供两个接口并支持任何时刻从任何接口接收或者发送数据。扩展柜上的控制模块的作用请见本书前面的章节介绍。

扩展柜控制模块本身可以说是一个嵌入式系统，其有自己的 CPU、内存、Flash ROM 永久存储芯片，软件上，它有自己的操作系统（一般以 Firmware 的形式存放在 Flash Rom 中）。扩展柜控制模块掌管着其上磁盘的数据传输以及监测，所以控制模块硬件及 Firmware 是否稳定，关系到整个存储系统的可用性，有些控制模块被设计得很山寨，整天不是这坏就是那坏，硬件坏完了就出 Firmware Bug，没完没了的问题。控制模块一旦发生问题，轻则监测不到硬盘但是硬盘数据 IO 正常，重则整个扩展柜的磁盘直接与机头断开，无法访问到。

通常情况下，扩展柜磁盘的数据 IO 与监测 IO 是分开的两条路径，控制模块上有一类关键芯片，也就是 FC Loop Switch 芯片，低端一些的只用 PBC（Port Bypass Circuit）芯片。前者在物理上是交换直通架构，后者则是手拉手环 Loop 架构。每个磁盘都与这个芯片连接，芯片的上行通路或者直接与机头上的适配卡连接或者连接到上行级联扩展柜的同样芯片中，数据 IO 的直接控制者是机头上的适配卡和它的驱动程序，Loop Switch 芯片只起一个物理数据传输的作用以及

FC Loop 仲裁响应等作用。所以只要这个芯片正常运作，控制模块上其他地方出现问题的话，那么至少可以保证数据 IO 是正常的，至于一些监测动作，比如磁盘温度的探寻、各种传感器数据探寻以及与 SES 有关的探寻等可能都会变失效。但是一旦不稳定的 Firmware 发生崩溃导致整个控制模块重启，那么此时会连数据 IO 都不可进行，机头上的操作系统会认为这种情况为磁盘丢失，受到影响的 RAID Group 全部需要被 Rebuild，这无疑是一个巨大的浪费，不但影响了数据访问性能而且还降低了磁盘寿命，更严重的情况还会导致连环灾难，即在 Rebuild 过程中再次发生丢盘，一旦一个 RAID 5 组中丢多余 2 块盘，那么此时整个 RAID 组的数据就会宣告丢失了。

总之，扩展柜控制模块的设计一定要力求稳定。其次在连接线缆方面也需要注意，有些时候因为线缆问题而导致整个柜子无法访问。磁盘阵列后端连接所使用的线缆多种多样，有各种各样的铜缆和光缆，虽然它们都承载着 FCAL 协议。

19.2.3　后端磁盘控制器/适配器层

磁盘控制器以一个适配卡的形态存在于存储系统机头当中，当然有些适配器是集成在主板之上的，但它依然是通过 PCIX 或者 PCIE 总线与系统桥芯片连接的。适配器的每个接口都会连接一个扩展柜上对应的接口，由于扩展柜上提供了双 Loop 接口冗余，所以一个机头上可以同时使用两个适配器接口来连接同一串扩展柜，这样既可以实现路径冗余又可以实现链路带宽均衡。当然，不是所有存储系统都支持这样做的，扩展柜上的双接口往往是各自连接不同的机头，两个机头之间做冗余或者负载均衡。

机头上的操作系统执行与主机系统类似的过程，通过驱动程序，从所有适配器上发现后端 FCAL 等网络上的 Target 设备，每个 Target 就是一个物理磁盘。

注意：任何存储系统绝对不会使用磁盘自身的 Write Back 模式的缓存，因为一旦掉电，数据不保。所以后端磁盘控制器要在初始化时确认所有磁盘的缓存模式，如果是 Native Write Through 模式，那么控制器可以不做任何担忧，但是如果是 Write Back 模式，那么控制器必须在每个写 IO 指令中将 FUA 位置位以强迫磁盘进行 Write Through。但是一般来讲，稍微高端一些的存储系统所使用的磁盘 Fimware 均为硬盘厂商定制的，这些 Firmware 会考虑到这些的，一般都会支持 Native Write Through 模式。但是对于一些低端存储系统，所使用的硬盘可以是市面上的桌面硬盘，它们一般都是 Write Back 模式的写缓存，对于这些存储系统的控制器就需要注意了。

19.2.4　RAID 管理层

机头上的操作系统识别到了所有后端的磁盘，下一步它需要对所有这些磁盘来划分 RAID Group。可以说划分 RAID 组完全是一个软件行为，与任何硬件无关。通常所说的所谓“硬 RAID”都是极具误导性的说法。所谓硬或者软，是指对客户端主机系统来讲的。任何不耗费主机 CPU 处理资源所实现的功能，对于主机来说都是硬，比如硬解压卡、硬 RAID 卡等。至于外部智能磁盘阵列，其对 RAID 的管理当然也不耗费主机端 CPU 资源，所以也可以称为一个超大硬 RAID 卡了。

但是对于存储系统本身来讲，硬 RAID 这个词没有任何意义。操作系统可以使用各种方式来记录 RAID 信息，比如直接记录在所有磁盘上的一段固定保留区域，或者记录在存储系统控制器的 Flash ROM 中，但是现代存储系统都会选择同时保存在磁盘固定区域中和 Flash ROM 或者任何其他形式的永久存储介质中各一份。这样做的好处就是当把磁盘拔出再插入时，系统可以根据磁盘上所记录的信息来判断这个磁盘为尚未加入任何 RAID 组的磁盘，还是已经存在的某个 RAID 组中的磁盘，而不管这个磁盘插在哪个适配卡接口下的哪个扩展柜。

Flash 中保存的那份则用来在系统启动时与磁盘上的信息作比对看看是否一致，如果不一致则会用某种方式提示用户来选择使用哪一份。这种功能的一个应用例子就是，比如两台同样型号的存储系统，某时刻管理员想把系统 A 上的一整个 RAID 组迁移到系统 B 上，那么管理员需要把所有系统 A 上对应这个 RAID 组的所有磁盘拔下来然后插入系统 B 上，系统 B 的操作系统此时就会读出这些新插入磁盘上所保存的信息来与当前 Flash 中保存的信息做比对，发现 Flash 中并没有这些记录，所以系统 B 就会认为这是一个新的 RAID 组，经过一些配置之后，系统将 Flash 中的信息与当前信息进行同步。

系统一方面可以让用户手动选择用哪些磁盘组成一个 RAID 组以及 RAID 的类型，另一方面也可以自动创建 RAID 组，用户只要给出这个组中需要包含多少磁盘，系统就会根据最优条件自动创建。比如尽量将组中的磁盘分布在不同的后端适配器接口的不同扩展柜中，尽量平衡。

关于 RAID 条带化编址。条带化其实有两个含义，第一是逻辑地分割每个磁盘为多个 Segment，每个磁盘相同位置的 Segment 组成一个横向条带，然后计算校验的时候，以条带为单位。条带的另一个含义，也是最重要的含义，是条带把本来的纵线编址映射为了横向编址，即整个 RAID 组逻辑空间对应的物理地址是以条带为单位向下排列的，条带内则是以 Segment 为顺序自左向右的，而 Segment 内则又是自上而下的顺序。这种纵横结合编址的目的就是为了让某个 IO 请求的地址段可以跨越整个条带，这样，每个 IO 就会有多个磁盘为它服务，提高速度。这种设计思想对于某些情况确实可以提高性能，但是在另外一些条件下，性能不升反降，所以，这种思想目前正在被逐渐打破，各种新模式正在逐渐出现。

关于存储系统使用的 XOR 芯片。XOR 芯片只是作为一种外设与存储系统机头硬件的 IO 总线所连接，比如完全可以使用 PCIE 总线来连接这个 XOR 芯片，任何需要进行 XOR 的运算操作，系统都会将数据发送至这个 XOR 芯片来计算，计算完成后再放入系统内存。由于 XOR 芯片为 ASIC 设计而不是普通 CPU 设计，运算方式有本质不同，所以大大减轻了存储系统主 CPU 的压力，所以可以说 XOR 芯片为存储系统的一种硬加速器了。

RAID 组划分本身是一个非常迅速的过程，因为它并不涉及很多实际数据的 IO 操作，只是将分组信息数据写入磁盘固定位置即可。最耗费时间的是划分之后的 RAID 组初始化过程。关于 RAID 初始化的细节请参考本书前面的章节。

最后，创建好的 RAID 组可能还需要为其指定一个首选控制器，即选择由哪个机头控制器来负责对组内所有磁盘的数据 IO 操作。由于高可用的存储系统一般都具有双控制器机头，每个机头都连接到同一串或者几串扩展柜，为了避免发生数据一致性问题，同一个磁盘任何时刻一般只允许由一个机头访问，所以机头一般会向对应的磁盘发起 SCSI Reservation 操作。创建 RAID 组之后，所有组中的磁盘只能同时被一个机头来 Reserve，当一个机头发生故障之后，另一个机头会强行接管所有的 RAID 组。这种机制的存储控制器一般都是松耦合的，比如 NetApp 的 FAS 系列存储。但是目前几乎所有双控存储系统都允许双控同时访问同一块磁盘了，而只是将其上的 LUN 来分配给单独一个控制器机头管理，另一个作为冗余。同一个磁盘上可能会存在多个 LUN 的数据部分，而这多个 LUN 可能又隶属于不同的控制器管理，所以此时就需要双控可以同时访问同一块磁盘。

存储系统创建 RAID 组的目的有 3 个：第一个是为了防止物理磁盘损坏导致的数据丢失；第二个是为了提高数据访问速度，做对应的条带化，提高并发度；第三个是将底层的大量磁盘再分割成较小的逻辑空间，也就是 RAID 组，方便管理。

1. RAID 的 Write Hole 现象及应对方法

如图 19-76 所示为 Write Hole 现象的示意图。某时刻某条带上正有一个 Segment（D1）以及相应的 Parity Segment（P）需要更新，但是在更新过程中，突然断电。此时磁盘上的数据状态可以是以下 6 种中的一种：D1′ 以及 P′ 均被成功地更新到了磁盘上、只有 P′ 被更新、只有 D1′ 被更新，D1′ 只写了一部分、P′ 只写了一部分、D1′ 以及 P′ 均只写了一部分。具体是哪一种，系统不得而知。至于"只写了一部分"是什么意思呢？大家知道磁头是要在磁盘上进行磁化操作以写入数据的，所谓部分写入就是指磁头只磁化了对应 Segment 中的一部分扇区，甚至断电前磁头所位于的扇区本身也只被磁化了一小段或者一大段，并没有全部磁化，这就是所谓的"部分写入"。

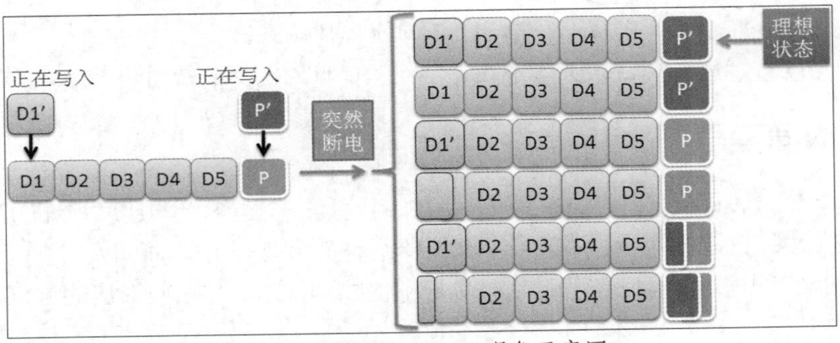

图 19-76 Write Hole 现象示意图

上述 6 种状态中，只有一种是需要的理想状态，其他都为不一致状态，比率为 1:5，所以系统突然断电之后，数据便会有很大几率处于不一致状态，系统重启之后必须对这种情况进行处理。断电之前未写入成功的数据，磁盘不会返回成功消息，那么控制器就会感知到断电之前的状态。在电力恢复之后，控制器会将上次断电前未写入成功的数据再次覆盖写到相同的地址，以确保写入成功。但这样做的前提是控制器中的数据缓存具有电池保护，或者可以在断电之前将缓存中的数据转存到永久性存储介质比如 Flash 卡或者磁盘中存放。同时，系统需要使用某种状态机来记录每次更新条带的结果，更新开始时将条带标记为"no_sync"，表示本次更新尚未完成，如果此时掉电，那么重启之后系统可以感知到这个条带处于 no_sync 状态，则对其进行重新写入，写入之后将其标记为 in_sync，即条带此时是一致的。每个条带的状态（no_sync/in_sync）都被记录到单独的元数据链中保存。

2. RAID 层可以考虑的一些优化设计

有时候，一个 RAID 组的磁盘上可能只承载了一个或者几个 LUN，而如果一个 RIAD 组中的所有的 LUN 所占据的空间与 RAID 组全部空间相差很大的话，那么当 RAID 组中某盘故障后插入新盘开始重构的时候，就没有必要将全部条带都进行重构，完全可以只重构那些被 LUN 所占据的条带。当然，前提是这些 LUN 在 RAID 组成员盘上的位置都是固定的，而不是随时变化的。这样就需要 RAID 管理层与 LUN 管理层相互配合来实现这个目的，这样就会大大降低重构时间，延长设备寿命。目前已经有一些产品实现了这个功能。

RAID 层在管理 RAID 0 时可以采用更加灵活的方式。如图 19-77 左侧所示，有三块容量各不相同的磁盘，如果用它们来组成 RAID 3/4/5/6 这种校验型的 RAID，那么系统必定会以容量最小的盘为准，其他盘容量比这大的部分将会被截断而不用。但是对于 RAID 0，无须校验，所以也就不受这个限制。图 19-77 右侧所示的 RAID 0 布局方式中，有三大块区域，被称为 Zone。

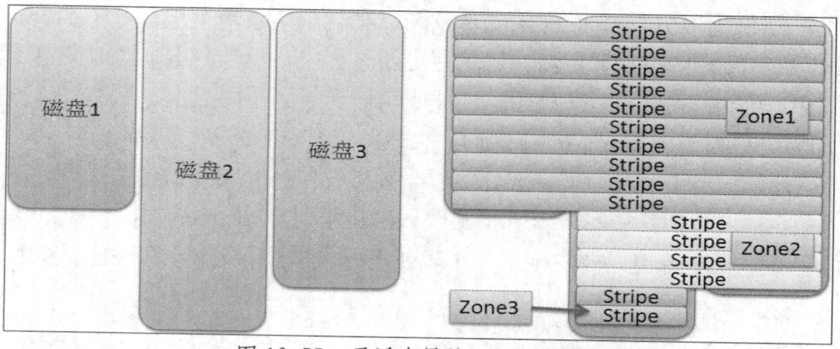

图 19-77 灵活布局的 RAID 0 系统

此外，RAID 管理层还负责扇区重定向等操作，详见本书之前章节。

19.2.5 LUN 管理层

RAID 组划分之后，操作系统对待每个 RAID 组就是一个逻辑上的连续地址的存储空间，如果用操作系统驱动链的眼光来看，那么每个 RAID 组也都会有一个驱动程序，这个驱动程序负责将 RAID 组逻辑空间地址翻译映射为底层物理磁盘的物理地址，然后将对应的 IO 请求传递给磁盘控制器驱动程序。

在 RAID 组之上，存储系统还会生成另一层逻辑层次，即 LUN，LUN 也是存储系统最终虚拟出来的最后一层东西。LUN 会被直接映射给客户端主机使用，客户端主机在其自身存储适配器总线扫描的过程中会发现一个 Target 中的若干 LUN。

前文中提到过，存储系统会将每个 RAID 组视作一个连续地址的逻辑存储空间，也就相当于一个大逻辑磁盘。那么 LUN 在这个逻辑空间之内到底是怎么分布的呢？是像普通操作系统分区一样，按照连续的地址一段一段地来分割，还是可以像文件系统一样，每个块可以分布在逻辑空间内的任何区域内，然后用一个复杂的数据结构来将这些分散的块组合起来形成逻辑上连续的 LUN 呢？这个问题并没有严格的答案，每个厂商的实现方法都不同。有些厂商就是使用前者的方式，即每个 LUN 在 RAID 组空间内都是连续的一大块；而有些厂商为了获得极高的灵活性，直接采用了某个文件系统来管理 LUN，也就是说，LUN 在这个文件系统下面就是一个文件，这个文件可以存放在底层逻辑空间内的任何区块中，可以连续，当然也可以随机分布。使用文件系统来管理 LUN 的一个典型例子就是 NetApp 的 WAFL 文件系统，这里就不做过多描述了。所以说，存储系统内部也有卷管理系统或者文件系统，这两个模块将底层逻辑空间再映射分割为上层的逻辑空间，也就是 LUN。

下面还是用几张示意图来描述 LUN 在 RAID 组内的分布方式吧。总结了一下共有 4 种分布方式。虽然在具体设计实现的时候又会有细节的不同，但是总体的思想就是这 4 种。

1. 纵向非条带化 LUN 分布方式

这种模式下，每个 LUN 的逻辑地址是纵向分布的，即用完了第一块磁盘再用第二块磁盘，但是底层的 RAID 组还是以 Stripe 方式来做逻辑分割并且计算校验值的，所以这种方式下的 LUN 与条带是垂直的。这种 LUN 分布方式在一定条件下是非常合适的，具体见下文。如图 19-78 左半部分即为这种方式的示意图。

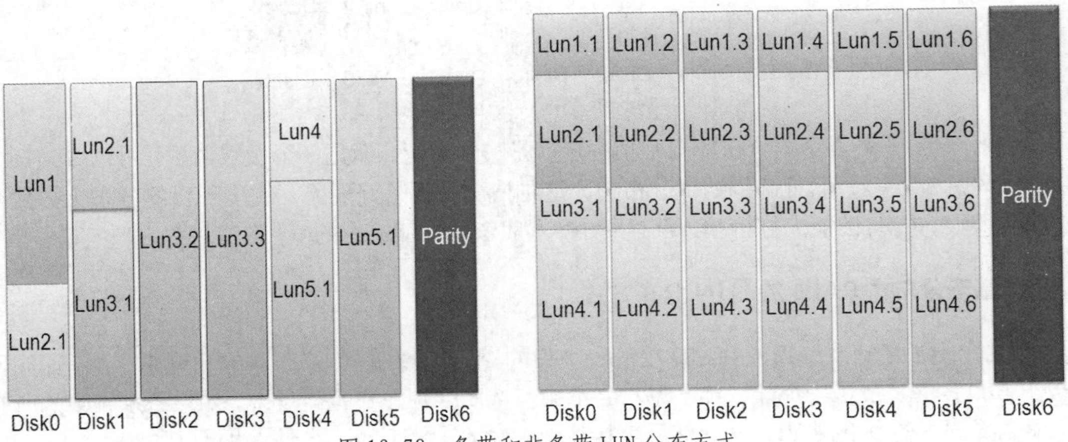

图 19-78 条带和非条带 LUN 分布方式

2. 横向条带化 LUN 分布方式

这种 LUN 分布方式是大多数产品都在使用的设计。LUN 与 Stripe 平行。这种分布方式在一定条件下会显示出非常低的性能，具体见下文。如图 19-78 中右半部分即为这种方式的示意图。注意，图中的 Parity 磁盘只是示意图，对于 RAID 5 来讲 Parity 是分布式的。

另外值得一提的是，有些产品设计要求 LUN 在磁盘上的分布必须连续，不可打断。比如上图中的例子，如果删除了某个 LUN，那么对应的这块空间将会被标记为空闲，而如果随后需要创建一个 LUN，但是这个 LUN 却比空余的这块空间要大，那么就不能够直接使用这块空间，而必须在整个空间尾部划分一块新的空间给这个 LUN；如果整个空间内已经没有连续的空余空间来容纳这个 LUN，但是零散的空余空间加起来却可以容纳这个 LUN，那么此时系统会做类似文件碎片整理的动作，将某个或者全部的 LUN 前移或者后移，将缝隙合并，空出连续的空间。这样做的根本原因就是因为这些产品所设计的 LUN 映射管理系统并没有足够的智能来在不连续的底层空间来做映射。而有些产品则可以做到。

3. 类文件系统 LUN 分布方式

这种分布方式与文件系统无异，只不过每个文件可能比较大，比如几十 GB，几百 GB，甚至上 TB。LUN 其实本来就是一个 Block 集合，逻辑上连续，物理上可以不连续。这种 LUN 分布方式其实就是 Filedisk 思想，再比如经常用的光盘文件镜像 ISO 格式。如图 19-79 所示即为这种方式的示意图。

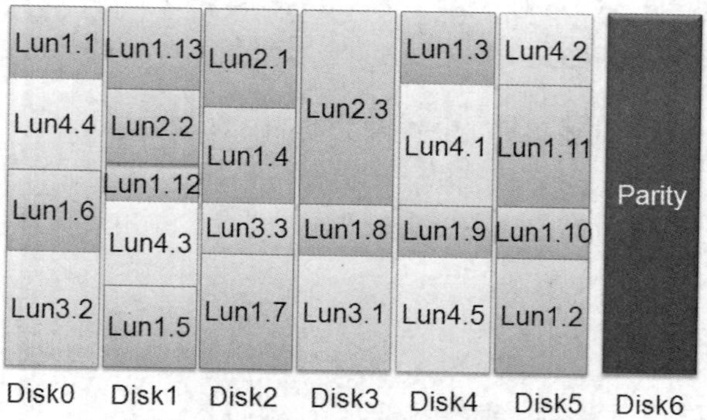

图 19-79 类文件系统 LUN 分布方式

当然，这张图所表示的分布情况并不一定就是实际情况，而是一个极端情况。可以看到每个 LUN 的碎片都很多，而且都是随机分布的，这种情况可不是好现象，过于随机的分布会导致当执行连续地址 IO 时性能大打折扣，而连续 IO 本应该是性能最好的 IO 方式。

4. 基于分布式 RAID 的 LUN 分布方式

前文介绍了存储系统划分 RAID 组的 3 个目的。但是我们仔细从宏观的角度想一想，如果不划分 RAID 组，又会是一个什么样子呢？会不会有本质区别呢？也就是说，如果将系统中的所有物理磁盘组成一个大的逻辑空间，然后直接让 LUN 分布到其上，是不是也可以呢？

如图 19-80 所示即为这种分布式 RAID 的示意图。所谓“分布式” RAID，指的是一个 RAID 组无须独占某几块硬盘，可以与其他不同类型的 RAID 共享同一批物理硬盘，另外，同一块磁盘可以承载任何一种 RAID 类型的一部分。

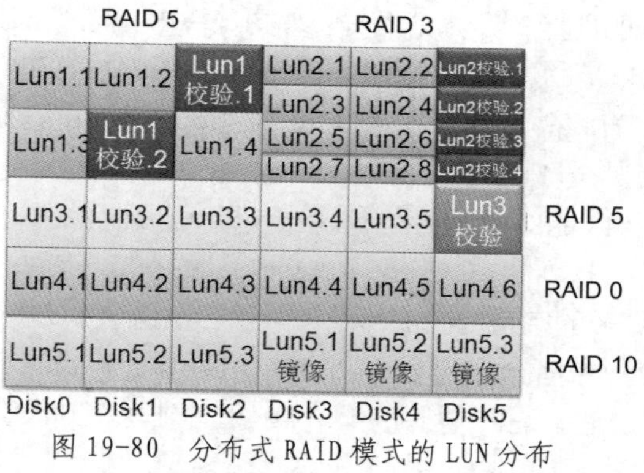

图 19-80 分布式 RAID 模式的 LUN 分布

逻辑空间映射管理的最高修炼成果就是文件系统，同样，存储系统中 LUN 映射管理的最高修炼境界也就是文件系统。我们来举例说明一些厂商修炼的结果。

入门代表：多数常规设计，即图 19-78 所示的两种 LUN 分布和管理方式。

进阶代表：WAFL。WAFL 是绝对细腻的纯文件系统，甚至实现了 File In File 的设计，但是其底层仍未脱离 RAID Group。炉火纯青代表：XIV、VRAID。XIV 已经完全实现了灵魂脱壳而游刃有余，它并没有 RAID 组的概念。部分原因是因为它只能实现镜像式 RAID 10，只不过是分布式 RAID 10，没有了 RAID 组的概念。在物理磁盘出错时，它可以只恢复被实际数据所占用的空间而不需要全盘恢复，也就是说上层逻辑空间的分布完全游离于所有物理磁盘可以任意映射而且也不依附于磁盘，关于 XIV 的具体细节请参考本书前面的章节。HP EVA 系列存储系统中用的 VRAID 的设计模式与图 19-80 所示类似，但是它尚未做到 XIV 那样的只恢复被占用的数据。

提示：目前市场上的产品大多数还是使用横向条带 LUN 分布方式。纵向的分布方式几乎没有人如此设计。分布式 RAID 的 LUN 分布方式也没有产品能做到如图所示的那种灵活程度，HP 公司 VRAID 只是一个初级版。但是类文件系统的 LUN 分布方式，WAFL、XIV、3PAR 等都已经可以做到，而且 WAFl 也是有潜力做到以任何方式分布 LUN 并且提供用户配置接口的潜力的。完全块级虚拟化的 LUN 分布方式是将来的趋势。

5. 全打散式 LUN 分布方式

上述的几种 LUN 分布方式都是局限在某个 RAID 组中的。比如系统中共有 100 块盘，每 10 块做成一个 RAID 5 组，然后在各个 RAID 组中再划分 LUN，每个 RAID 组之间的 LUN 互不影响。划分成多个 RAID 组有利于性能和容量隔离，组与组之间在容量与性能上不会产生冲突（忽略底层传输链路以及系统总线等底层冲突）。然而，有另一些新型的开放式存储，比如 IBM 的 XIV 以及 3PAR 等，它们的 LUN 是被打散成小块（比如 XIV 粒度是 1MB）然后将这些块均衡地分散在系统中的所有磁盘中。这种分布方式的优点是巨大的，在应对随机 IO 方面提速很多。理论上讲，如果将 LUN 均衡分散在所有磁盘中，系统中如果有 180 块磁盘，那么系统理想状态下最大可以并发针对这个 LUN 的 180 个随机 IO，实际中并发几率也很高（并发几率随着盘数提高而提高），每个盘同一时刻都服务于一个 IO，而如果只将这个 LUN 分布到比如 10 块盘组成的 RAID 5 组中，理论上最大只可以并发 5 个随机 IO，而且并发几率很低。线性提升随机 IO 的性能是这种全打散的 LUN 分布方式的最大好处。

但是这种分布方式也有一个致命的缺点，即在面对大块连续 IO 的情况下，系统很难受。如图 19-81 所示为某采用全打散式 LUN 分布设计的产品。假设某 LUN 的物理块顺序为 1234567，这 7 个块的分布如图所示，系统中会为每个块保留一份冗余块。当某应用发起读取从 1～7 这 7 个块的时候，本应为连续 IO，但是此时系统所做的事情就完全不是连续 IO 的行为了。由于系统并不是按照严格横向条带化方式分布 LUN，所以原本连续的块可能随机地分布到每块硬盘的不同位置，这样，原本连续 IO 就变为了随机 IO。虽然此时仍然可以多盘并发提供服务，但是每个盘都要随机寻道来读写它所拥有的分块。传统意义上的“连续 IO 不需要频繁寻道”的结论不再适用这个情况了。

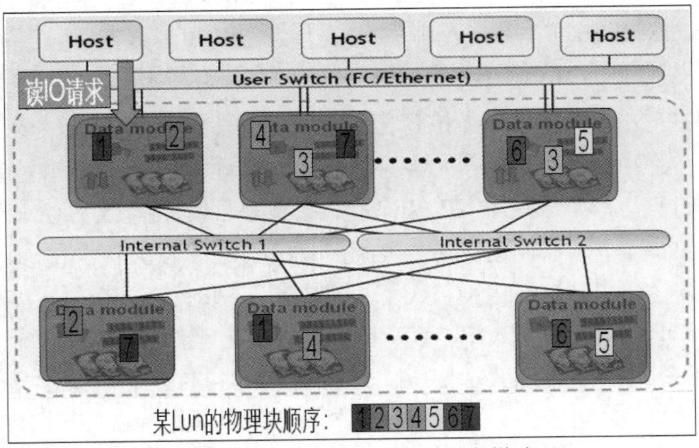

图 19-81 全打散式 LUN 分布模式

主机发起对这个 LUN 上的这 7 个数据块的连续读 IO 操作时：

（1）先从一个柜子中的磁盘上将 1 和 2 数据块读入缓存（磁盘需要多次寻道）。

（2）再从另一个柜子将 3、4、7 数据块读出（磁盘需要多次寻道），并且通过内部以太网矩阵传递给接收主机 IO 请求的那个柜子。

（3）再从另外一个柜子中将 5、6 数据块读出（磁盘需要多次寻道），并且通过内部以太网矩阵传递给接收主机 IO 请求的那个柜子。

（4）接收主机 IO 请求的柜子收集到所有数据块之后，将数据块返回给主机。

以上只是在单 LUN 的连续 IO 方面，而在面对多 LUN 并发的大块连续 IO 时，整个系统性能骤降。本质原因就是因为 LUN 被均衡打散，大块连续 IO 必定会在单位时隙内占用几乎所有磁盘为某个 LUN 服务，而此时如果再有第二个 LUN 也接受大块连续 IO，那么所有的磁盘也同时需要服务于这个 LUN，这样这两个 LUN 就产生了资源争抢，系统到底优先服务于哪个 LUN 呢？这就像一个十字路口，红灯到底亮几秒才合适呢？不管怎么样，系统肯定不会以太大的时隙粒度来轮流服务每个 LUN，这样就必然导致雪上加霜。对一个 LUN 的连续 IO 访问已经牵动了所有盘，更别提同时服务多个 LUN 的 IO 了。

所以，全打散的 LUN 分布方式，最好提供给用户以可控的接口，让用户来定义具体某个 LUN 如何在系统中的磁盘上进行分布。针对不同的应用系统，选择不同的分布方式，而不是一竿子定死。目前据笔者所知只有中科蓝鲸的 BWFS 提供横向条带化与纵向顺序分布这两种文件分布方式（文件分布与 LUN 分布本质是相同的）。

另外，为了避免磁盘频繁寻道的问题，全打散式的 LUN 分布可以选择尽量将逻辑上连续的 LUN 块分布到尽量连续的物理磁盘块中，这样最起码可以保证单 LUN 大块连续 IO 情况下性能不打折扣。这样做就相当于横向条带化的分布模式了，只不过是横跨到系统中的所有磁盘中了，但是这样做也同时降低了 LUN 分布的灵活性。但是不要误解一点，横跨系统中所有盘并不意味着所有盘组成一个大的 RAID 5 组，可以组成多个 RAID 5 组，LUN 分布于底层传统 RAID 是分开的两个层面。应始终牢记，不管 LUN 如何分布，RAID 只管在组内磁盘的横向相同地址上的数据计算校验并保存，RAID 是防止单盘失效的，不要将其与上层的东西混淆。

6. LUN 分布方式的设计对其他阵列高级功能的影响

LUN 分布的方式直接决定着一个产品后期对 Snapshot、RAID 组扩容、Thin Provision 以及动态数据分级（Dynamic Storage Tiering，DST）的开发难易度以及粒度。这个问题很显然，如果采用横向条带化定死方式来分布 LUN，那么其他一切高级功能的设计也就受到很大局限了。

RAID 组扩容：首先来看 RAID 组扩容应该怎么处理。当 RAID 组内新加了一块磁盘之后，为了保持所有 LUN 依然横跨所有盘，而且还必须保证物理地址或者逻辑地址的连续性，那么系统可以选择使用两种方式来填充新加入的空余空间。第一种是完全笨办法，就是将 Segment 一个一个地往上移动，从而填补空隙，这个工作是耗费大量 IO 和计算资源的，读出、写入频繁，写入时还需要计算 XOR，但是此时的 XOR 计算读惩罚要相对少一些，因为根据公式新数据的校验数据=（老数据 EOR 新数据）EOR 老校验数据，此时老数据=0，系统事先就知道了，不需要读盘操作，但是老校验数据还是要读出的。进行重构的同时还需要继续接受上层下发的 IO 操作，对应用不能有影响（具体机制可以参考本书之前章节以及附录 1 中对 RAID 初始化过程的描述）。如图 19-82 所示为扩容前与扩容后的分布图。虽然这个办法很笨而且耗费大量资源，但是其可以保证 LUN 物理地址的连续性，一了百了。

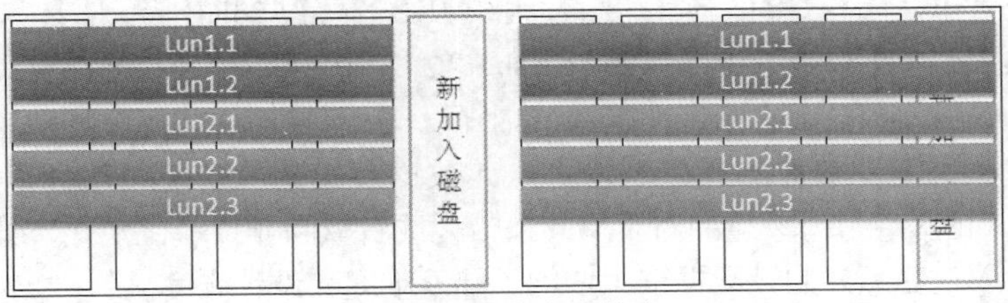

图 19-82　笨办法扩容

第二种办法则是不移动实际数据，磁盘加入之后，首先进行重构，将 Parity 重算成一致的（由于是在线扩容，同时可以接受主机 IO，所以必须重算 Parity；如果是离线扩容，那么只需要向磁盘发送 Zero Disk 指令让磁盘自己将自己的数据清零，之后就不需要重算 Parity 了，因为根据 XOR 算法，加入 0x00 之后，原有的 Parity 值不变），之后就放那不管了。因为加入新磁盘对之前的 LUN 容量是没有影响的，之前的 LUN 完全可以选择不动地方。如果此时用户想在这块剩余空间或者原有磁盘的剩余空间内创建新 LUN，首先选择在原有空间内横向分布这个 LUN，如果空间不够，那么拿这块新加入的纵向空间来补齐，这样会造成 LUN 的物理地址并不是按顺序横跨在物理磁盘上的，就需要做一个映射表来影射不规则的物理地址到规则的逻辑地址了。如图 19-83 所示为这种思想指导下的扩容前后布局图，可以看到 LUN3 已经被分成两部分，横向部分横跨原有磁盘，空间不够的话就支出一个分部到新加入磁盘中纵向分布。这么做的好处就是除了重算 Parity 外不耗费其他资源，但是会永远维护一个地址影射表，而且同一个 LUN 的不同部分有不同的性能。属于一种野路子。

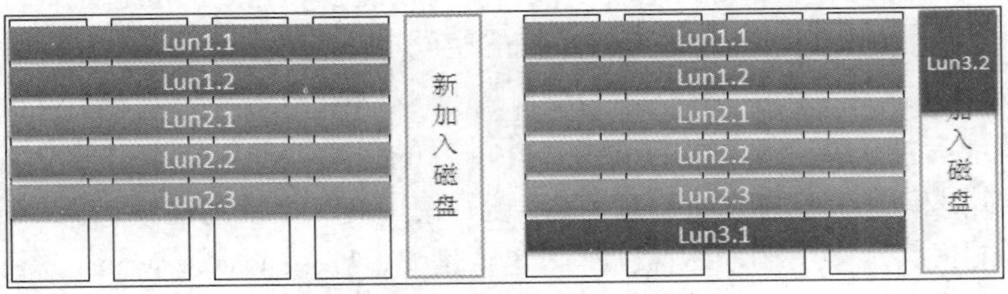

图 19-83　地址映射方式扩容

相对的，如果使用类文件系统的块级虚拟化方式来分布 LUN，那么应对 RAID 组扩容根本不是问题，甚至可以除了重算 Parity 外什么都不用做，为何呢？因为这种 LUN 分布方式其原本就维护了比较复杂的块映射表，而且分块粒度恒定，分布的有章法有套路，虽然上面那个野路子也有点这个意思了，但是毕竟还是野路子。

同时，如果选择使用纵向非条带化模式，那么面对这种情况也根本不用做什么，除了 Parity 重算之外。

- Thin Provision：对于横向条带化的 LUN 分布模式下如何实现 Thin，请参考本书之前章节。类文件系统的 LUN 分布方式虽然可以天然地实现 Thin，但是依然面临性能问题，它的性能问题与是否开启 Thin Provision 功能无关，而是其这种机制天然就决定了在大块连续 IO 下的性能折扣（见前文）。即使对全打散模式做了改进，比如前文提到的让逻辑连续的块物理上也尽量连续，那么一旦开启 Thin 之后，物理上是否连续就不是我们所能控制的了，多个 LUN 会互相挤占，这样就不连续了，此时大块连续 IO 性能无法得到保证。

- Snapshot：我们知道 Snapshot 有两种方式，CoFW、WR（或称 Redirect On Write，ROW）。复制或者重定向写是有一个粒度的，比如 4KB，甚至 128KB 等。对于小块全打散式 LUN 分布模式，这些小块就可以作为 Snapshot 的复制粒度，另外，这种模式下系统本来就需要维护一份元数据，比如各种链表、位图等来记录逻辑位置与物理位置的对应关系，而 Snapshot 也需要类似的元数据，所以元数据方面又可以统一整合了。这极大方便了 Snapshot 的设计和开发。而对于横向条带化或者纵向非条带化模式，引入 Snapshot 之后需要引入一套额外的元数据链，增加了开发难度和设计难度。
- DST：既然是块级动态数据分级，那么天然就可以与全打散的 LUN 分布模式以及类文件系统 LUN 分布模式相融合了。只需要增加基层 Tier 级别的定义，比如 SSD Tier0，将热点块分布到 SSD 中同时变更地址映射表即可，另外，再加入一层热点判断和迁移策略层即可。底层丝毫无须改变。而对于其他类型的 LUN 分布模式，就需要引入全新的映射链表来处理分布在不同 Tier 中不同位置的 LUN，增加了开发难度。

所以，LUN 分布方式直接决定了一款产品的前后期开发难度、功能、性能、易用性、后期新功能开发可行性等。阵列中玩的就是 LUN，除了 RAID 之外，其他高级数据加工功能都是基于 LUN 的，底层架构直接决定上层实现方式和效率。

7. 关于 LUN 的对齐问题

所有存储系统在创建 LUN 的时候都会要求用户来选择这个 LUN 将要被何种主机操作系统使用，这样做的原因其实是因为不同操作系统使用不同的文件系统和卷管理系统，而不同的文件系统或卷管理系统又会从磁盘的不同地址来作为文件系统管理的空间的起始地址，比如，至少不可能将 LBA0，也就是 MBR 扇区作为文件系统的空间。

而常规情况下，存储系统中所创建的 LUN 都是 Segment 的整数倍，即 Segment 对齐的。但是由于文件系统或者主机端卷管理程序会从某个非 0 的起始地址来作为自身空间的边界，并不知晓这个 LUN 其实是横跨在多块物理磁盘上的，这种使用非 0 地址为边界，导致了 FS 或者 VM 的逻辑 Block 也可能横跨于多个物理磁盘。那么也就是说，FS 或 Cache Manager 每操作一个 Block 或 Page，就需要占用两块磁盘而不是 1 块，产生了惩罚，如图 19-84 所示。为了解决这个问题，存储系统会根据用户在创建 LUN 时给出的操作系统类型来动态地在 LUN 映射关系式内将对应的起始地址偏移量变量的值向前推移对应的扇区数量，从而达到与上层的逻辑起始地址重合。上下不对齐会导致严重的性能问题，存储系统一般均会判断这种情况是否发生并且通过某些输出来通知用户，比如当存储系统向后某个 LUN 下发 1 个 IO 请求时，到了底层却变成了两个，那么就很容易判断发生了 Misalign 情况。

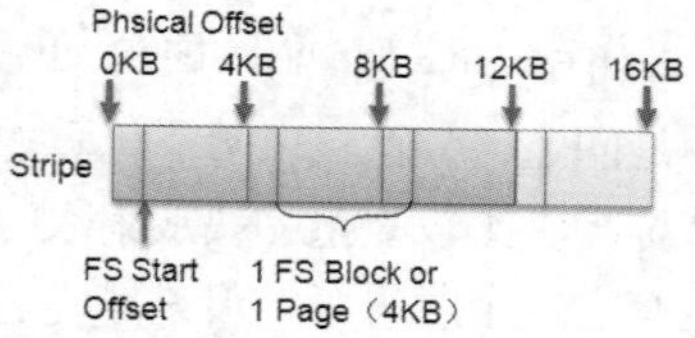

图 19-84　起始地址不对齐示意图

为了解决这个问题，存储系统都会针对不同的操作系统来分布 LUN，将 LUN 中对应 FS 起始点的 LBA 地址与底层卷的 Block 边界对齐，也就是类似于将 LUN 在底层 RAID Group 中前移一定长度的 LBA 地址，这段长度会根据不同操作系统而不同。

8. LUN 碎片整理

请不要误会这里所说的“碎片整理”。主机端的碎片整理整理的是 LUN 里的文件系统块，而阵列段的 LUN 碎片整理指的是阵列自身在底层物理磁盘层面整理被分裂成多块的 LUN，将其合并成一个物理上连续的空间。为何会出现 LUN 碎片？这个问题不得不拿 NetApp 的 WAFL 来开刀了。LUN 在 WAFL 下就是一个彻头彻尾的文件，与普通文件系统中的文件别无二致。正因如此，不可避免这个 LUN 会随着时间的增长就可能被分布到底层物理空间的各个位置，连续 IO 到了底层变为了随机 IO，这是谁都不想看到的。所以 WAFL 提供了碎片整理程序。当然，WAFL 对 LUN 的分布是最极端也是最容易的做法。其他厂商对 LUN 的分布没有如此的灵活，基本上都是连续的横向分布在底层 RAID 组之上的。

比如 EMC 的 Clariion CX4 系列存储中，当在某个 RAID 组中创建了 3 个 LUN，之后删除了第二个 LUN，那么此时便会在 RAID 组物理空间上留下一个空隙。如果随后打算再次创建一个新 LUN，如果待创建的 LUN 的大小小于等于这个空隙，那么系统会将这个 LUN 分布到这个空隙中，这是最好的状况；如果尺寸大于这个空隙，那么系统就只能选择其他的更大的空余空间来创建这个 LUN，这块空隙就不能够被利用，这个空隙就被称为“碎片”，当然这种碎片肯定不如 WAFL 的碎片粒度大。EMC 提供了碎片整理程序，如图 19-85 所示为一个空隙碎片产生的过程。图 19-86 所示为碎片整理之后的 LUN 分布状况。

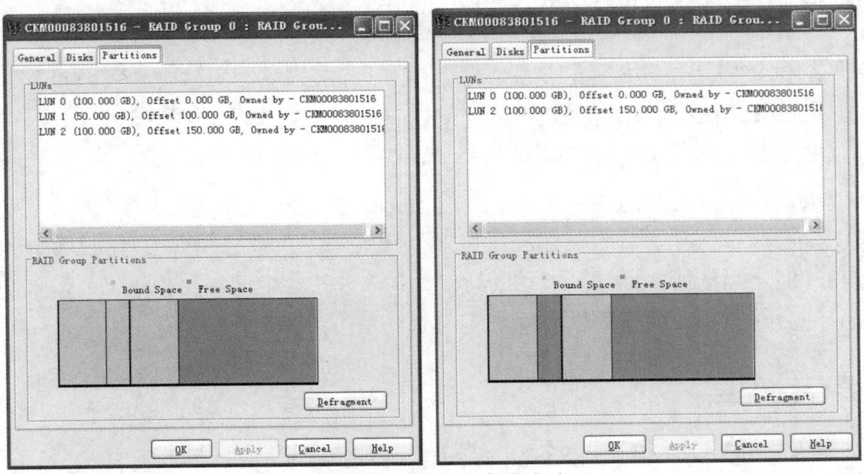

图 19-85　LUN 碎片的产生

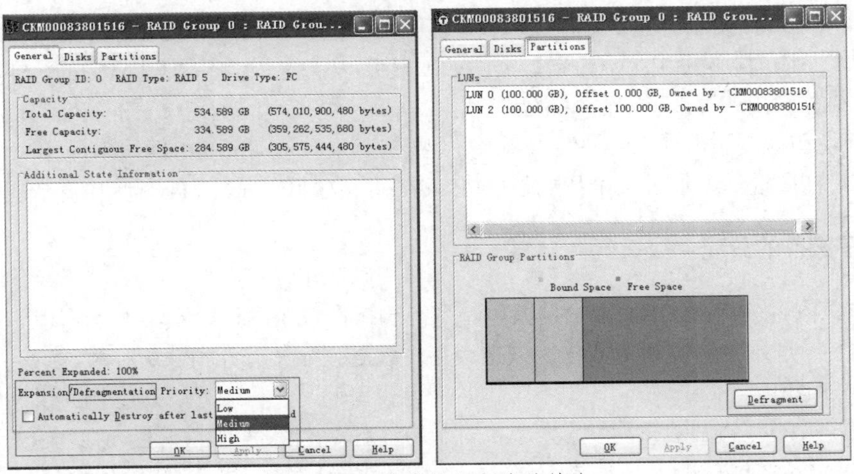

图 19-86　碎片整理完毕的状态

在 Scale-Out 架构的存储系统中，很多厂商就希望 LUN 被打碎，比如 IBM 的 XIV、3PAR InservT 系列、EMC 的 Symmetrix V-Max 系列，它们的 LUN 分布思想都是打碎分布到多个节点的存储空间中，这样来讲，相当于 LUN 被故意设计为碎片，用多个节点并行地服务于这些碎片。这样做在随机 IO 访问的情况下确实会提升效能，但是在多 LUN 并发连续 IO 的情况下，效果可能适得其反，具体分析可见本章后面内容。

思考： LUN 分布方式、ThinProvision、自动分级存储，仔细想来，这三者其实是可以融洽的，因为它们三者的基础都是块级别粒度的数据分布和移动。比如，某个 LUN 以类文件系统方式来分布，分布粒度以 1GB 为单位增长，利用类似文件系统元数据的方式来记录整个 LUN 的映射链关系，同时，也可以容易地实现数据的自动分级，以 1GB 为粒度，构建一个数据库来追踪记录每个 1GB 区域的属性、访问频率、当前所处的层级等信息，然后定时启动分级迁移策略。

所以，在设计 LUN 分布方式的时候，一定要结合考虑今后的增值功能规划。如果 LUN 的分布方式过于定死，那么就不利于今后的 Thin 以及自动分级的实现了。

19.2.6 前端接口设备及驱动层

存储系统前端接口用于连接主机客户端。与主机所不同的是，存储设备会有更多种类和数量的网络接口，比如 FC 接口、用于 iSCSI 协议的以太网接口、SAS 接口等。主机客户端会通过前端接口识别存储系统映射的 LUN 并且对 LUN 做数据 IO 或者控制 IO 操作。

注意： 前端接口处需要注意的一个地方就是 Queue Depth，在各个层次都尚未产生瓶颈的时候，Queue Depth 越大，一次接受和处理的 IO 就越多，系统表现出来的 IOPS 和吞吐量就会越高。但是当任何一处达到瓶颈的时候，Queue 就会逐渐开始积压 IO 请求，单个 IO 的响应时间会随着积压严重程度而越来越高。

19.2.7 缓存管理层

外部存储系统一般都安装有比较多的内存来作为数据缓存，并且为了防止突然断电或者系统 Down 机导致的内存数据丢失，外部存储系统一般都会使用各种方法来保存这些尚未被写入硬盘的 Dirty 数据。有些直接使用电池给内存供电；有些则使用位于存储设备机架内的微型 UPS 不间断电源在外部电源故障时将内存中的 Dirty 数据写入硬盘数据区之后再将系统 Gracefully Shutdown；或者利用内部微型 UPS 直接将内存中的所有数据 Dump 到硬盘的固定位置的空余空间之后将系统 Shutdown 待电源恢复后再读入内存然后写入硬盘数据区；有些则使用电池给内存和一个 Flash 卡供电，发生电源故障之后，通过某个智能芯片将内存中的数据 Dump 到 Flash 卡中存放。

1. 关于缓存的分配

存储系统内存分为两大部分：一是供存储系统的操作系统内核以及其他上层程序运行所需要的内存空间；二是用于缓存读写数据的数据缓存。数据缓存又可分为读缓存和写缓存，至于读和写缓存所占的比例，不同产品设计也不同，但是一般情况下，写缓存所占比例大于读缓存。因为对于一个大容量的存储系统，缓存的大小相对于磁盘容量来讲是九牛一毛，读缓存在大多数情况下的命中率都不会很高，所以与其将内存分配给读缓存，不如多分配一些给写缓存，因为在 Write

Back 模式下，一般情况下的写总是"命中"的（区别于"写命中"，后文会介绍"写不命中"）。然而请理解，读或者写缓存，并不一定是物理上分界的，各自也并不一定是物理上连续的，任何一个缓存 Page 只要被标记为 Dirty，那么这个 Page 就属于写缓存，一旦标记被抹掉，那么它就属于读缓存了。一些高端产品具有很大的缓存，这些高端控制器对读写缓存可能会进行物理上的分界，读和写互不干扰。

2. 关于写缓存镜像

对于双控制器架构的存储系统，为了防止控制器自身故障所导致的内存数据丢失，两个控制器之间的写缓存是互为镜像的关系，即控制器 A 收到一个写 IO 操作，则会立即将这个 IO 请求及其数据通过控制器间内部互联链路发送给控制器 B 一份保留，然后才可以向主机客户端返回成功信号。当控制器 A 将这个 IO 写入磁盘之后会通知控制器 B 将它保留的 IO 副本作废以便腾出空间。如图 19-87 所示为双控制器写缓存镜像的示意图。缓存镜像的过程会增加主机端的 IO 响应时间，并且系统的总体写带宽会受制于控制器间的数据链路速率，当然，设计优良的存储系统都会消除这个瓶颈。控制器间链路速率至少要与所有前端总线带宽之和的 20%差不多，一般场景下写与读的比例可以按照二八开。

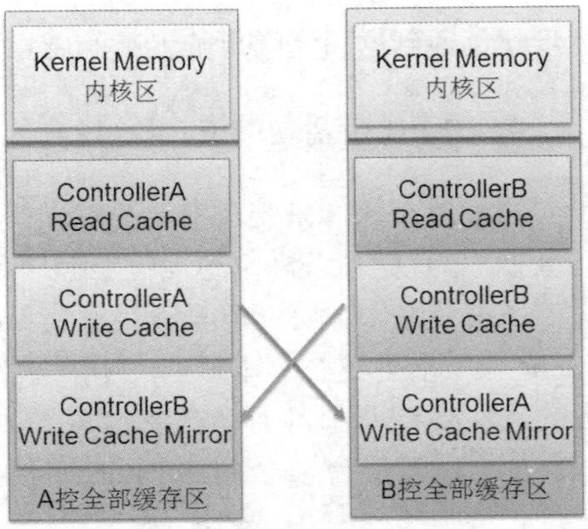

图 19-87 双控制器写缓存镜像示意图

3. 关于缓存命中率

对于连续 IO，由于系统预读的效应，命中率通常可以保证比较高。但是对于随机度很大的 IO 请求，命中率普遍非常低。对于随机 IO 命中率低的问题目前没有什么特效解决办法，除非使用不需要机械寻道的存储介质比如 SSD。被从磁盘读入缓存的数据在传输给主机端之后并不会立即作废，而是停留一段时间来碰一碰运气看看是否一段时间内还有 IO 请求读取同样的数据或者地址有交集的数据。随着数据被不断的读入，系统总要作废一些老数据而引入一些新数据，存储系统一般使用 LRU（Least Recently Used）算法来决定缓存中哪些数据作废哪些继续保留。系统会在 Page Table 中为每个 Page 记录一个最后访问时间戳以及 Dirty Bit。

预读是显著提高命中率的手段，预读方式根据产品设计而不同，但是目前厂商采用的方法都大同小异。有一类 Multi Stream Detection 设计需要着重介绍一下。假设主机端有 1 个进程在对某个 LUN 发起读 IO，IO 属性为连续 IO，地址从 0 往上逐 1 增加，比如 LBA0、1、2、3、4、5、……，此时存储系统会感知到这种连续性从而做大力度的预读动作，缓存命中率非常高；但是如果主机端有两个进程对这个 LUN 做读 IO 操作，而且每个进程发起的 IO 属性也各自都为连续 IO，第 1 个进程从地址 0 开始逐 1 增加，第 2 个进程从地址 4 开始逐 1 增加，由于两股 IO 流是混合发向存储系统的，那么它们的混合排列就可能是类似"0 45 1 6 234 78 5 9"这种方式。存储系统接收到这串 IO 流，虽然小范围内地址是不连续的、跳跃的，但是大范围之内，地址还是连续的，并且如果将这串被合并的 IO 流智能地监测分开为两个独立的流（Stream）的话，那么就会发现其实看似随机的 IO 其实是连续的，那么系统就可以有针对性地加大预读力度，提高命中率了。而不具有这种 Multi Stream Detection 功能的系统，面对这种混合流时，其预读力度就不会太大。实际情况中可能存在多个 Stream 混合，这就对算法的效率有了更高的要求。

然而，对于大块连续读 IO 来讲，预读就变得没有意义了，此时前端数据的需求处于供不应求状态，所以哪里还会有"预"读这一说呢？所以，有些存储系统提供配置参数，如果用户确定某个 LUN 所接受的 IO 都是大块连续 IO，那么可以关闭针对这个 LUN 的预读以绕过系统预读代码流程，节约计算资源。

几乎所有人都认为缓存命中率的概念只对读 IO 有意义而对于写没有任何意义，其实这种看法是片面的。在某种特殊情况下，写也需要缓存命中的，如果不命中，则需要耗费一些额外的惩罚步骤，说到这里大家可能就有所感觉了。下文将描述所谓真正的"写命中"是什么意思。

4. 关于缓存管理单位

目前所有操作系统对内存的管理都是使用 Page 为单位，一个 Page 可以是 4KB、8KB、16KB 甚至更大。存储系统内部也运行着操作系统，所以存储系统的缓存管理单位也一样是 Page。并且，操作系统将文件、块设备等皆映射到 Page Cache 中，存储系统一样也是将 LUN 来映射到 Page Cache 中。既然这样，本章前文中所述的那些在主机端发生惩罚现象，在存储系统内部一样是存在的。如果主机端发向存储系统的 IO 请求长度不足 1 个 Page，而这个 Page 在 Cache 中尚未被读入，那么此时便会触发 Page Fault，需要 Page In 过程。而 Page In 过程几乎在所有的操作系统中都是一个同步过程，Page 只能一个接一个的被从底层读入，而这又更拖慢了整体性能，如果主机端采用的是 Write Through 模式，那么这个影响会直接被联动到 IO 源头。

明白了上面这一点，就可以彻底理解所谓"写命中"了。本书前面章节提到的"写命中"只包含了一种情况，即先后多次写 IO 针对同一地址，则所有这些 IO 就可以被覆盖为最后所接收到的写 IO，最终只需要向下层发起一次 IO。而写命中还包含另一个含义，即一旦某个写 IO 长度小于 1 个 Page，或者不能被 Page 大小除尽（比如 4.5KB），那么除不尽的那部分所落入的 Page 的内容如果已经位于 Cache 中，那么此时这个写 IO 就命中了，可以直接在对应的 Page 中覆盖入接收到的数据并标记整个 Page 为 Dirty。但是如果除不尽的那部分对应的 Page 内容并未在 Cache 中，需要 Page In 过程，那么此时就说这个写 IO 未命中，或者部分命中，意味着需要耗费额外的读入过程。不管是否全部命中，只要是 IO 长度除不尽 Page，还会产生额外的数据写入（除不尽的那部分所占的 Page 需要全部被写入底层介质，而不是仅写入余数部分）。

如果遇到 IO 起始地址不对齐 Page 边界的状况，则后果会更加严重。如果某个 IO 恰好横跨在两个相邻的 Page 中间，则系统需要读入这两个 Page，如果是写 IO，则读入之后还要再写入这两个 Page。

综上所述，最好使用 4KB 可除尽的 IO 长度，即起始地址和长度皆为 4KB 的倍数，否则会引起性能问题。使用文件系统提供的 API 一般不会出现 4KB 不对齐的情况，而如果直接对块设备或者 RAW 设备作 IO，则尽量在 IO 源头就保证发出的 IO 符合 4KB 对齐条件。可见对齐的重要性。

有不少高端存储系统可以对 Page 的大小进行调整以符合典型的 IO 长度。比如数据库类程序，它们一般直接使用 RAW 设备进行 IO，而且它们将数据以 Extent（或称 segment、block 等，叫法不重要）的形式存储在 LUN 中，它们每次读入或者写出的单位也是 Extent 的整数，此时，存储系统就应当将 Page 大小调节为与 Extent 相等即可。如果小于 Extent，则会因为更多的 Page In 请求而影响性能（每个 Page In 都是同步操作过程），而且 Page 越小，Page Table 映射表的容量越大，浪费就越多，查找效率也越差；如果 Page 大于 Extent，则可能会产生读写惩罚，得不偿失。所以，使二者相等是最好的办法。

5. 关于 Cache 分区技术

一些存储系统甚至可以对整个 Cache 进行分区，为不同的 LUN 对应的 Cache 设定不同的 Cache 大小以及 Page 大小，这样做就更加灵活了。Cache 分区商业化的典型代表是 HDS 公司的 USP 以及 AMS 系列存储系统。如图 19-88 所示为针对不同应用需求分配不同大小 Page 尺寸的 Cache 分区的示意图。

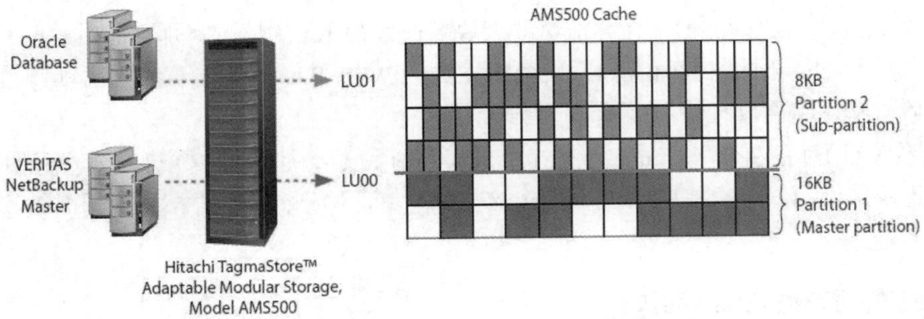

图 19-88　为不同应用设置不同属性的 Cache 分区

如图 19-89 所示为对分布在 SATA 盘 RAID 组中的 LUN 和分布在 FC 盘 RAID 组中的 LUN 分配不同的 Cache 分区，进行逻辑隔离。由于 SATA 盘的低性能，容易造成缓存积压，影响 FC 盘性能的发挥，所以有必要进行缓存的逻辑隔离，这个问题被称做“快慢盘”问题，随后会介绍。

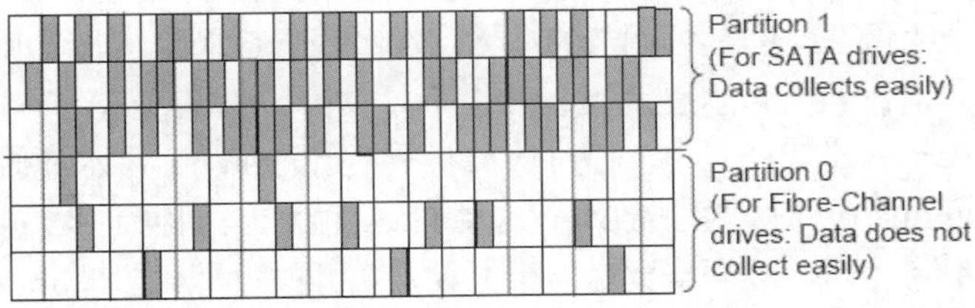

图 19-89　为 SATA 盘的 RAID 组和 FC 盘的 RAID 组隔离分区

如图 19-90 所示为在 HDS 的存储系统中创建多个 Cache 分区的界面。图 19-91 则为分配对应的 Cache 分区给对应的 LUN 的界面。

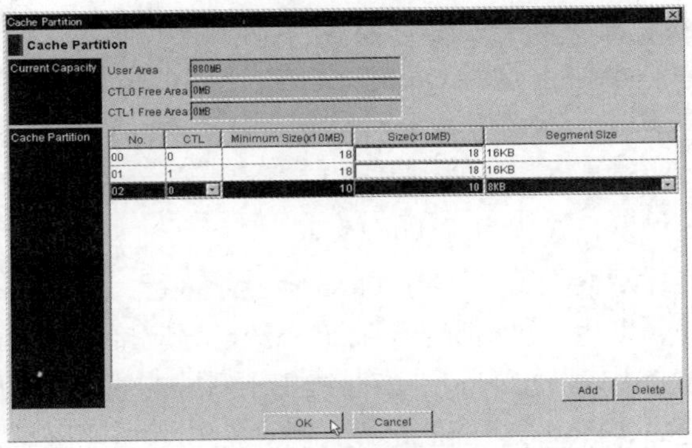

图 19-90　设置 Cache 分区

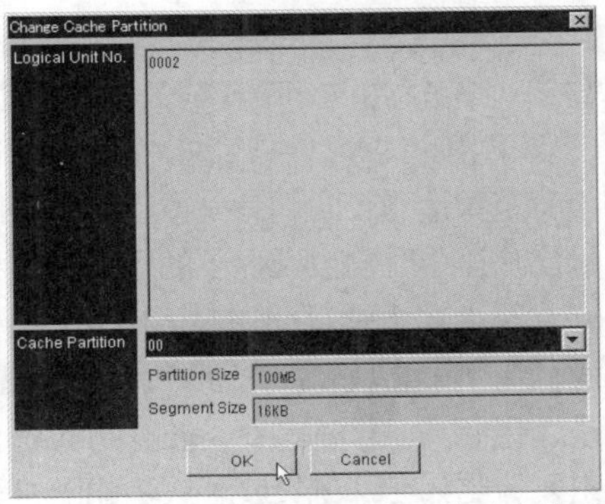

图 19-91　将对应的 Cache 分区分配给对应的 LUN

6. 关于 Write Back 模式的缓存对读和写 IO 的影响

大家都知道，在没有缓存的情况下，读总是比写要快的。但是一旦有了缓存，情况就彻底不同了。如果缓存是 Write Back 模式并且足够大，此时写就可能比读快得多，因为读可能不命中，但是写一定都会“命中”（不考虑写惩罚）。而且 Write Back 模式的缓存也会弱化连续写与随机写之间的性能差距，因为不管是随机还是连续，主机端发送的所有写请求只要一到达存储系统缓存就被通知成功。判断是否随机和连续是存储系统本身的事情，受影响的也只是存储系统自身后端的性能，但是对主机端来讲没有影响。所以，WB 模式下，对于主机端来说，随机写总比命中率低下的随机读要快得多。综上所述，写缓存比读缓存的收益更大，这就是为何写缓存占的比例比读缓存大的原因。

但是，如果遇到诸如每秒上百兆流量的大块的连续写 IO 的情况，那么此时这些写 IO 数据没有必要占用 Cache 不放，此时存储系统会触发类似 Write Through 的直接写盘动作，从而尽量快速地释放 Cache 空间以迎接后续 IO 的到来。

存储系统对 IO 的处理像 Linux 上的 IO Scheduler 一样，也会对 IO 进行 Merge 处理，一旦遇到地址连续或者有重合交集的情况，那么这些 IO 会被 Merge 成一个大 IO 来提高效率，节约后端资源。

7. 关于写缓存的 Flush 动作

缓存不可能无限大，理所当然，当写缓存中的 Dirty Page 达到一定的比例的时候，系统必须要将这些 Dirty Page 写入对应的 LUN 以腾出空间来接收后续的 IO 数据。在中高端存储系统中，这个比例一般都是可调节的。缓存就像一个蓄水池，当蓄水达到一定水位线的时候，就需要有所动作，否则引起水漫金山，后果不可收拾。所以，这个写缓存 Dirty 比例阈值又被称为“High Watermark”。当水位到达 HW 之后，引发 Flush，蓄水池放水，水位逐渐降低，当降低到“Low Watermark”时，停止放水。这种 Flush 触发方式称为“Watermark Flush”，当然不同厂商产品叫法不同。Flush 过程毕竟是一个很耗费资源的过程，这期间，主机客户端的 IO 会受到不小的影响。正因如此，如果追求稳定的写 IO 性能，则应当适当调低 HW，让系统增加 Flush 的频率，每次 Flush 耗费的时间将缩短，保持有一定的空余 Cache 和尽快释放系统资源以用来接收新到的写 IO。这样，对于前端就会表现为比较恒定的 IO 流，而不至于每次都到了最后才收拾烂摊子，导致剩余 Cache 捉襟见肘，前端会表现为 IO 流时大时小时快时慢不稳定。

如果系统长时间未达到 HW，那么此时系统也需要来一次放水以防止污水存放时间太久，夜长梦多。比如每 10 秒放一次等。这个阈值一般是不可调的。这种 Flush 触发方式称为“Time Flush”。

如果系统需要做一些高层的操作，比如做 Snapshot 等，那么此时务必需要将缓存 Flush 一次而不管是否达到了时间阈值或者 HW。因为只有 Dirty Page 全部写入底层介质之后，Snapshot 才可以反映这个时间点硬盘上的数据。这种 Flush 触发方式称为“Sync Flush”。

如果遇到大流量的连续大块 IO 写入，那么 HW 会频繁的达到，Flush 会连续进行，这种 Flush 方式称为“B2B Flush”，即 Back To Back Flush，发生这种情况表明存储系统已经应接不暇了。但是，并不一定非要遇到大流量的 IO 写入时才会引发 B2B Flush，有时候由于后端的瓶颈，也可能引发。比如在系统接收了大量的随机写 IO 之后，Flush 这些随机分散的 IO 会引起后端磁盘大量的寻道操作，过程会非常慢，而此时前端如果依然有大量的写 IO 到来，那么 HW 又会达到，系统将再次触发 Flush，Flush 也会连续进行，整体性能受到影响。

在系统进行 Flush 时，Dirty Page 被描述为链对象，每个对象包含了一串定量的 Dirty Page，每串 Dirty Page 都会尽量保持地址连续以实现整条写，然后这些对象被传送给 RAID 层，RAID 层判断是否需要读出 Parity 和被覆盖的数据来进行 XOR 计算，如果需要则读出，如果不需要则为整条写，则整条数据间进行 XOR 计算 Parity。然后 RAID 层负责将算好的数据传送给底层设备驱动从而写入对应的硬盘。Flush 是一个极其耗费系统资源的过程，这个过程会动员全体资源的支持，尽快地将数据写入磁盘。

8. 关于电池保护缓存

对于一些使用电池保护缓存的产品，当电池发生故障时，比如检测不到电池输入端电压，或者电压降低到阈值之后长时间无法充电恢复其电压，那么此时系统就认为电池失效，并且会将缓存设置为 Native Write Through 模式，任何写 IO 必须要写入磁盘之后才会返回成功信号给主机客户端，此时系统性能将会受到很大的影响，写 IO 进行重排合并优化的时间几乎为 0，只能碰运气。当电池恢复之后，又会重新恢复 Write Back 模式。

有些产品选择在掉电或者以意外宕机之后将缓存中的数据复制到一张 Flash 卡中存放，比如 IBM DS5000 系列，这个过程只需要耗费很少的电量，所以只需利用若干大电容来储存电量即可。有些厂商则提供一个小 UPS，意外宕机或者掉电之后，将缓存中的数据复制到后端某几块磁盘中存放，这种做法需要更大的电量支持。

9. 关于缓存 LUN 技术

某些情况下，主机对某个 LUN 的 IO 性能要求非常高，容不得半点延迟，则有些存储系统可以将整个 LUN 或者 LUN 的某些部分读入缓存并且对应的 Page 不会被 Page Out，这些数据一直被保留在缓存当中，以获得最小的 IO 延迟。这种情况下，即便是主机发送大量的随机 IO 操作，也不会受到磁盘寻道的影响。这种做法的代价就是耗费大量缓存空间。

10. 资源均衡问题

当存储系统中有不同性能的介质层时，慢速介质会消耗更多的缓存和 IO 资源，因为慢速介质相比于快速介质需要更长的时间才能完成一个 IO 请求，这样就会导致缓存中对应这个 IO 操作所保留的资源将要停留更长的时间。这些资源包括 Page 页面空间、代码堆栈、状态机、Workers 进程等。这样，如果系统中同时存在慢速和快速介质，那么快速介质的效果便可能会由于得不到所需的资源而大打折扣，在极端条件下，这些资源可能会被耗尽，导致不管后端采用何种介质，其对外的表现都会处于同一个水平。

此问题可以扩大到任何对资源的争抢问题。比如，即使针对同一种性能层级的两个存储空间，对其下发不同类型的 IO 请求，也会造成资源争抢。随机 IO 总是会占据更多的资源，而连续 IO 本应该是表现出更快的速度，但是可能受累于随机 IO 的资源争抢，连续 IO 的效果可能会被拖下水，在极端条件下可能表现出与随机 IO 相同的速度。

面对这个问题，所有厂商都需要考虑将资源进行合理划分，为高速介质分配一定比例的资源，并且动态调整。根据某些测试结果来看，并不是所有厂商都有此实现的。当混用 FC 与 SATA 盘时，某些存储设备针对 FC 磁盘所表现出来的性能与同样数量的 SATA 盘所表现出来的性能相当。

11. 存储系统中的 QOS

Cache 分区、资源预留、自动分级存储等措施，都属于存储系统的 QOS 范畴，包括上文中所述的解决资源均衡的问题，也属于 QOS。不同的主机、不同的应用系统其所要求的 IO 性能或者容量都是不同的。而一台中高端存储系统往往同时为多台应用主机同时提供存储服务，这就必然要求存储系统对这些主机和应用区分对待，而不是无序的谁抢着算谁的。正像网络设备一样，存储系统也需要利用网络进行数据传输，那么就免不了多数据流争抢资源的问题了，存储系统完全也可以像网络设备那样实现某种加权队列来控制不同数据流的优先级和带宽控制。但是目前这种技术尚未有获得厂商高度推广的迹象。

HDS 公司在其高端 USP 系列存储中提供了多种 QOS 组件，包括：Cache Partition、Virtual Partition Manager（VPM）、Server Priority Manager（SPM）和 HiCommand QOS Modules（HQM）。缓存分区之前已经介绍过，VPM 则是相当于把一台物理的阵列逻辑地划分为多个部分，每个部分之间不争抢资源，整个划分过程通过两层来实现：最底层首先划分缓存以及磁盘，称为 Cache Logical Partition （CLPR），每个 CLPR 中包含一定数量的缓存以及一定数量的 RAID 组；第二层为 Storage Management Logical Partition（SLPR），一个 SLPR 即表现为一个虚拟逻辑阵列，每个 SLPR 中可以包含多个 CLPR。图 19-92 显示了 SLPR 与 CLPR 之间的关系。

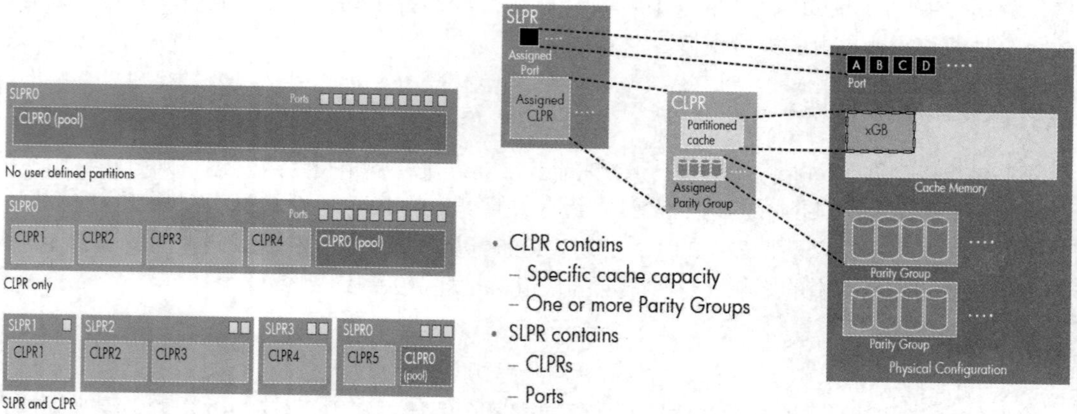

图 19-92 SLPR 与 CLPR 的关系

HDS 公司 USP 系列存储设备的另一项 QOS 功能则是 Server Priority Manager。该软件的主要功能是在多台主机使用同一存储系统的情况下，保证高优先级的主机应用的性能，避免其受到其他低优先级主机的影响。可以选择从 IOPS 或者带宽两个角度来对主机做优先级处理，二者不能同时选择；可以通过阵列端口或者主机 FC 卡的 WWPN 来对不同主机进行分类。此外还提供 Threshold Control 功能，比如当高优先级主机的 IO 需求下降到某特定值（用户指定）时，系统自动关闭对低优先级主机的 IO 限制，这样可以避免当高优先级主机的 IO 负载自己下降到很低程度时，低优先级主机的 IO 仍然被限制，从而充分利用资源。图 19-93 所示为在 Server Priority Manager 中根据端口来配置 IOPS 或者带宽需求时的界面。

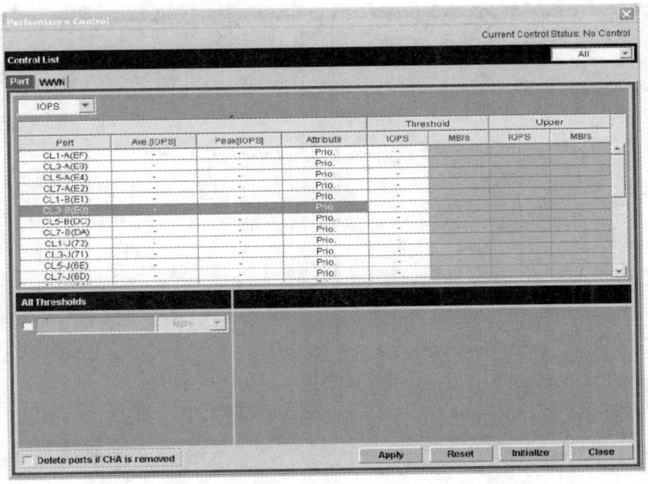

图 19-93　Server Priority Manger 配置界面

HQM 则是针对一系列应用程序（包括 Oracle、Sybase、Exchange Server、File Server）所提供的一种与应用紧密结合的端到端的性能监控统计软件模块。以 HiCommand QoS for Oracle 为例，它的功能主要包括：

- 自动发现 Oracle 应用的下层构件，并将其展现为拓扑结构；
- 识别、报告 Oracle 应用与 SAN 构件的依赖关系；
- 实时监控从应用到存储系统的性能状况，通过历史数据统计提供性能需求及预测；
- 自动发现、监控、分析容量使用情况，协助制定未来容量计划；
- 基于策略，对影响 Oracle 的存储事件自动做出响应。

类似地，EMC 公司的 Navisphere Quality of Service Manager（NQM）也提供了类似的 QOS 功能。NQM 首先根据用户的设置对所有进入的 IO 流量进行分类，可以按照 LUN、IO Size、IO 类型（读/写）以及未明确指定的所有其他类型 IO（Background Class 类型）来划分 IO 类型，系统将持续监控这些 IO 类别。之后，系统根据用户所设置的 IO 优先级信息，包括 IOPS、带宽吞吐量、响应时间来对对应类别的 IO 实现优先级排序从而实现 QOS。如图 19-94 所示为 NQM 的主配置界面。图 19-95 所示则为定义 IO 类别以及限制条件的配置界面。

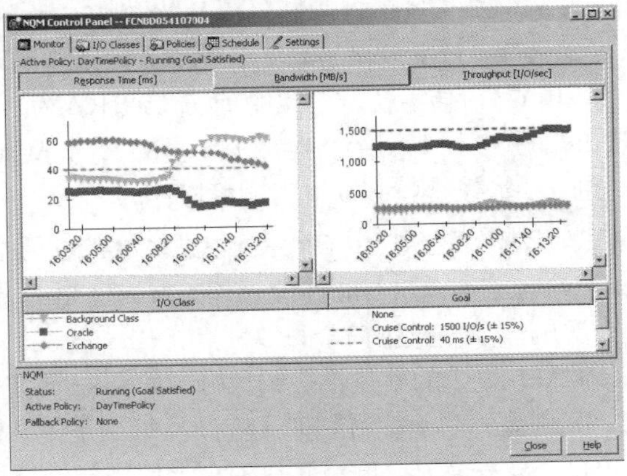

图 19-94　NQM 的主配置界面

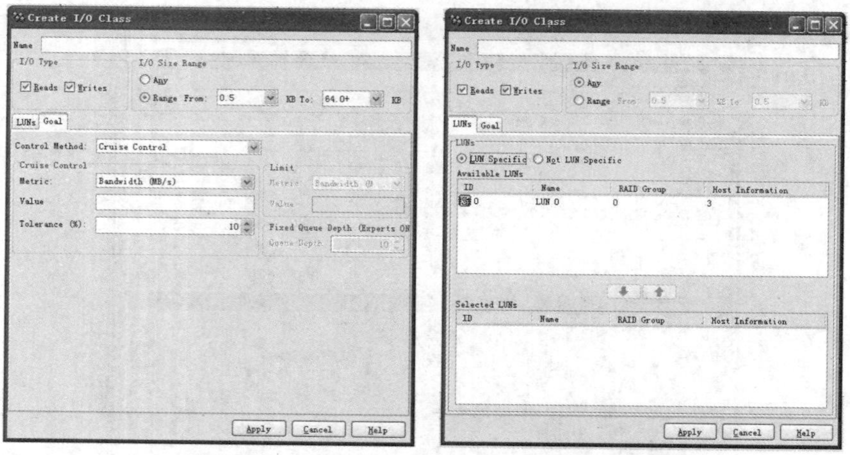

图 19-95　Server Priority Manger 配置界面

12. 特殊的 I/O 和缓存管理

不得不提一下 NetApp 的 WAFL 对 IO 与缓存的管理。（本书多处介绍 WAFL 并不是笔者对其有崇拜之意，WAFL 优势很多，劣势也不少。只是个人比较了解，打算做到知无不言）

大家知道 Linux 下的 EXT3 文件系统，其可以使用多种日志模式。第一种是只记录操作行为，而对所操作的目标数据原内容、新内容不记录，这与数据库的日志不同；第二种则是操作行为与目标原内容与新内容都记录，与数据库的记录方式相同。默认方式下使用前者，既降低资源消耗，又能够保证元数据一致性，但是并不能保证文件内容也一致。比如，复制某超大文件到 90%的时候，中途断电，重启之后你可能会发现这个文件根本没有出现在目标，或者已经复制的容量只有 50%而不是 90%。但是如果使用了全内容记录模式的日志，那么重启之后系统只会将原子操作回滚，此时你会发现已经复制过去的数据可能也是 90%，也可能是 89%，总之回滚粒度会变小，只回滚断电瞬间不一致的已分配间接块，此时这份没复制完的文件你可以删掉然后重新复制。第二种日志方式会拖慢系统性能，但是却能够获得最佳的一致性以及最小的数据丢失。

WAFl 也是一个日志文件系统，也同样使用内容+元数据一起记录的日志方式，这是理所当然的，因为作为一个企业级存储系统来讲，保证数据一致性和不丢失是基线要求。但是如何解决性能拖慢问题呢？WAFL 的办法就是将日志直接保存在 RAM 中而不是硬盘上，再使用后备电池来防止掉电引发的数据丢失，这样，性能问题解决了；然而，容量问题并没解决，WAFL 用来保存日志的 RAM（也就是 NVRAM，其实就是电池保护的普通 RAM）只有几 GB，最大也不过 4GB，除去镜像对方控制器的部分，只有一半，再加上刷盘的 High Water Mark 被定死为 50%，所以每当日志量达到 1GB 的时候，系统就必须触发刷盘操作。

有人产生疑问了，存储系统中不是有几十 GB 甚至上百 GB 的缓存么？为什么不能拿出大部分来充当 WAFL 日志存放空间？这样 WAFL 的性能应该更好啊？是的，但是 WAFL 有个硬指标，也就是至少每隔 10s 要做一次刷盘动作产生一个一致性点（CheckPoint，CP）。10s 的时间并不是空穴来风，有两个原因。WAFL 最怕的就是不一致，由于其是一个彻底的文件系统，所以为了保障一致性这个基线要求，其刷盘的间隔相对其他厂商产品来讲是最频繁的，即便有电池保护，WAFL 也不能够完全相信电池。这一点从 NetApp 在磁盘上使用额外空间来存放 Checksum 的做法就可见一斑，NetApp 对底层硬件是完全信不过的，因为它自己不生产硬件，这是其中一个原因。另外一个原因，每次刷盘需要耗费巨大的系统资源，所以需要尽量降低每次刷盘的数据量，如果每次刷盘要几十 GB 的数据，那系统将会顿卡，前端应用主机的 IO 延迟将飙升，这是谁都不想看到的。所以 NetApp 把 NVRAM 的大小进行了严格限制，这样可以让每次 CP 的时候能够快速完成同时不至于对前端造成影响。WAFL 这种刷盘方式并不是细水长流型的，是一批一批来的，属于山洪暴发型。

实际中 B2B（Back to Back）类型的 CP 时有发生，也就是系统连续处于 CP 状态下。特别是高带宽应用下，NVRAM 快速充满，造成系统连续 CP，此时也相当于细水长流方式的刷盘了。但是由于 NVRAM 总数据量不大，连续 CP 不会对前端造成顿卡的影响。

NetApp 在系统中除了 NVRAM，还配有几十 GB 的另一部分 RAM。这部分 RAM 主要用来运行操作系统以及各种增值软件功能、存放预读数据以及用于刷盘时的数据读入、修改、写入过程所需要读入的数据（从 NVRAM 中读出的待写入的内容与 RAID 校验计算所需从磁盘读出的数据块）。

综上所述，对于 NetApp 的产品，其实际等效写缓存为 NVRAM 容量的四分之一，目前最大也就是 4÷4=1GB。至于系统剩余的其他 RAM 的大小会对性能有多大影响，尚不可乱猜，但是从商务角度考虑，厂商间都在飙规格、飙参数，各家产品都不会在 RAM 规格上落后，管他有多少效果，先配到业界水平再说。同时，不了解技术细节的用户也时常被厂商所忽悠误导了标书。

本书的一个目的就是让所有人了解存储底层细节。

19.2.8　数据前处理和后处理层

外部智能存储系统之所以称为智能，并不是由于其能管理大量的磁盘，生成大量的 LUN，拥有众多的前后端接口，而本质原因其实是它们拥有一些高附加值的 Data Cooker。这些 Data Cooker 专门对原始数据进行预处理或者后处理，它们就像大厨一样对原始数据进行加工处理，最后实现一些让人耳目一新的功能，包括：Snapshot、LUN Mirror、LUN Clone、Data Migrating、Data Tier、Disaster Recovery、CDP、Dedupilcation、Space Reclaiming、Virtualization 等。

这些 Data Cooker 会以各种方式嵌入到整个存储系统中，比如嵌入到系统底层驱动链中，或者直接以用户态程序存在。它们的插入会改变原本的数据流路径甚至数据内容。比如 Snapshot，一旦针对某个 LUN 生成了 Snapshot，那么任何针对这个 LUN 的 IO 就都会被 Snapshot 模块过滤和处理。Snapshot 属于前处理，即数据在被写入介质之前就会被处理。后台 Deduplication 就属于一种后处理，即当数据被写入介质之后，当系统不忙的时候，Deduplication 模块对数据进行采集和计算并且消除重复的数据块。后处理的例子还包括比如 Space Reclaiming，这个模块也是需要在后台来完成对浪费的存储空间的回收。

关于数据前处理和后处理的内容已经在本书之前的章节中介绍过，这里就不再多说了。

19.2.9　存储系统处理一个 IO 的一般典型流程

下面用一张图来结束本节。如图 19-96 所示为一个外部存储系统处理一个 IO 请求的典型流程图。图中所示的仅为基本的流程，并未引入具体的细节，细节过程可以参考本节之前的文字。

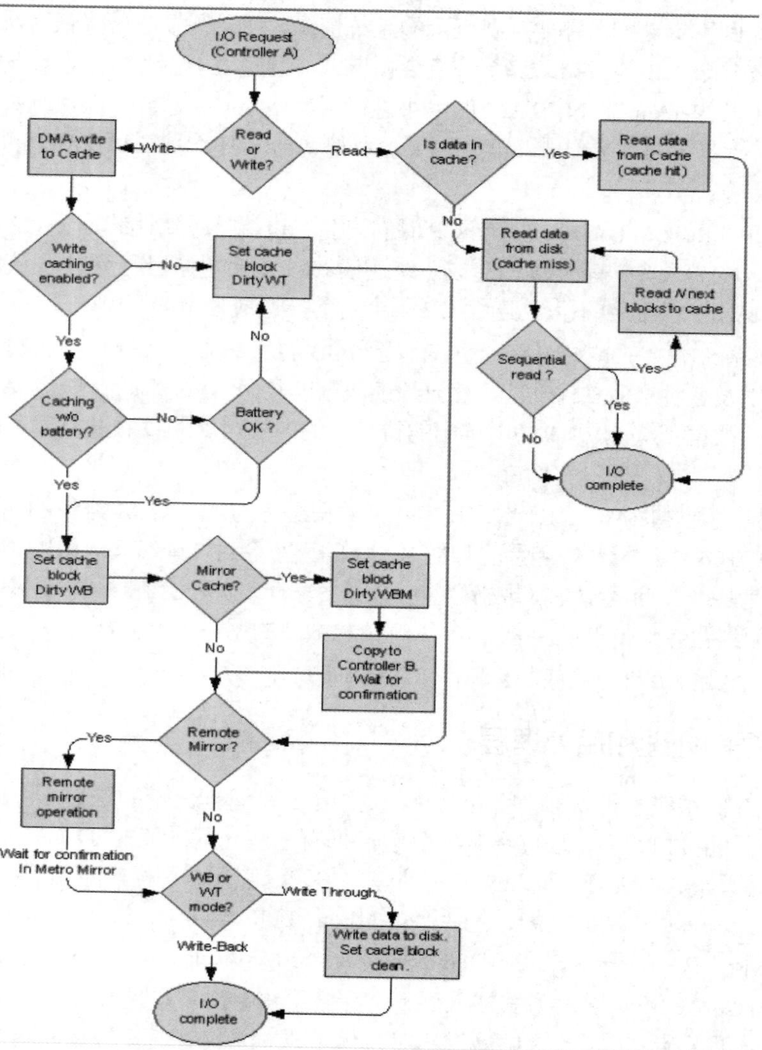

图 19-96 存储系统 IO 请求典型流程图

19.3 IO 性能问题诊断总论

本章前两节已经遍历了从 IO 起源地到 IO 目的地之间的全部过程。本节将对其做一个总结。

业务层，始作俑者！IO 的源头是应用程序，而程序是为了业务需求而生的。程序对 IO 性能的需求直接反映了业务的类型和复杂度。如果我们能够精简业务，简化业务流程，提高业务效率，那么将会从根本上降低程序对 IO 性能甚至整个 IT 系统的需求。

应用层，身不由己！人在江湖，身不由己！程序反映的是业务逻辑，业务逻辑有多复杂，程序就有多复杂，相对应的数据库在查询或者更改数据的时候所发出的 IO 就有多复杂。当然，程序发起的 IO 操作并不是与业务逻辑复杂度严格对应的。一些应用程序或者数据库执行脚本对底层 IO 欠考虑，编程的时候粗枝大叶，并没有调查底层的情况，所以并未做到优化处理。有时候应用层只要稍微变一变设计、语句执行顺序或者 IO 调用方式等，就会带来很大的收益。所以对

IO 要求比较高的应用程序在设计时需要专门对 IO 模块进行设计。比如 SQL 语句，实现同样的业务需求，换一种方式，也许就能得到成百上千倍的速度提升。

操作系统，主战场总指挥官！操作系统平台提供了所有程序的运行环境，直接操作底层硬件，提供多种 IO 调用模式以满足不同需求。在 Windows 下，IO Manager 使用 IRP 作为信使来将所有驱动链连接了起来；在 Linux 下，系统使用 bio 作为信使也将各个驱动层联系了起来。

物理磁盘，鞠躬尽瘁死而后已！存储系统中最受尊敬者：物理磁盘！它们勇往直前，前仆后继，从不偷懒，永远勤劳工作于第一线！存储系统最受伤的劳动者：物理磁盘！为什么受伤的总是我，为什么如此辛劳最后却还是成为众矢之的？只怪我独臂难挡重兵啊！

网络传输层，我怎么感觉不到你！底层链路层是很容易被忽视的一个地方，不过好在这一层出问题或者出现配置不当导致的瓶颈的几率相对其他层次来说是很低的，只要链路速率匹配，线缆接触良好，一般都不会引发性能问题。

19.3.1 所谓“优化”的含义

本章前半部分对系统 IO 路径进行了解剖，形成了一张 IO 路径图，并且洞察了 IO 请求在整个系统路径中的流向以及每个层次对 IO 的处理方式，并且引出了一些需要注意的地方，可以这么说，所谓“优化”，其实应该是一个消除瓶颈和问题的过程，如果各处都没有瓶颈或者问题，那么优化是没有意义的。整个主机和存储系统就像生物体一样，是一个造化产物，其本来就具有完美的自我优化功能，这是生命之本能，但是总会有一些邪恶势力入侵导致系统功能紊乱，或者一些原发的系统自身功能紊乱。我们需要做的，就是消除这些导致功能紊乱的问题，让系统恢复如初。

诊断可以在两个层次上进行，一层是在主机操作系统内核或者存储系统内核设计的时候所做的优化，即原生的优化，这种优化不但要考虑普遍情况，还需要考虑特殊情况，也就是说需要提供足够的参数设置让用户根据不同的 IO 属性和要求来调整这些参数。第二是在主机操作系统或者存储系统中进行瓶颈探测和消除的工作，这种工作为表面优化，即尽最大所能让系统原有的能力发挥出来。表面优化又有两层，第一是做到参数的设置与系统设计思想以及当前的 IO 属性相匹配而不是背道而驰；第二是做到平衡负载、按需分配（注意，不是负载均衡，平衡不等于平均），将资源最大化平衡地利用。

这便是性能优化的含义了。性能优化既不是魔术也不是魔法，它不可能让不存在的东西变得无中生有（但可能将有的东西弄丢），对于生物体来讲，可以服用一些药物来暂时性的激发各器官功能，但是这样做是有害的，损害器官功能，它违背了自然和谐的本质，并且也不能维持长久。对于计算机系统来讲，可以使用超频等手段来提升一点点性能，但是这无疑是自欺欺人。要做到本质上的优化，只能从造物时的设计入手，不同生物体有着不同的设计，有的力大无穷，有的可以飞行，存储系统也一样，不可能让老虎长出翅膀。我们能够做的只是治病救人，而不是去改造人，改造是造物主的事情。

性能优化的本质包含四个字：合适合理。比如用一个低性能的存储系统来承载一个对性能要求很高的应用，而又要求进行性能优化，妄想让存储系统“超水平发挥”，这是不可能的。能做的只有将各种参数调节成与这个存储系统底层设计相合适的值，而且合理设置分配存储资源，好钢用在刀刃上，榨干整个系统性能。这样做了之后，合适合理就完成了，那么性能优化也就完成了，如果结果不理想，那只能说明存储系统整体性能不能满足应用需求，需要根据情况扩充硬盘数量或者更换更强大的存储系统。

19.3.2 如何发现系统症状

当然，下药须对症，而要判断症状就需要望闻问切。对于存储系统，一样需要一番望闻问切过程。要分析路径中哪里出了问题， 就一定要在整条路径中都来进行跟踪。

对于用户程序所发起的 IO，Windows 下的 Filemon 和 Linux 下的 Strace 是跟踪程序发起的 IO 的好工具。当 IO 进入内核层之后，在 Windows 下可以使用性能监视器，Linux 下则可以使用 iostats 等，AIX 系统下这方面的工具更多，比如 topas、filemon、nmon 等。

利用这些工具来查看 IO 在内核层是否被分解或者合并，是否产生了读写惩罚，产生的惩罚本身是读还是写等，在这一层都可以判断出来。而当 IO 出了主机操作系统内核进入外部存储系统控制器之后，就必须在存储控制器端使用 IO 监测工具来探测了。理论上讲，主机端所监测到的内核层 IO，应该与外部存储端所接收到的 IO 一一对应，但是并不排除中途的智能网络传输设备会对 IO 进行诸如合并、分解、复制等操作。一般情况下，非智能网络设备并不会改动任何数据 IO，所以主机内核层的下部发起的 IO 其实也可以通过外部存储系统上的监测工具来查看。

IO 流入外部存储系统内核之后所经历的处理过程，也可以使用存储设备所提供的监测工具来查看，一直到 IO 流出后端适配器最终靶向目标磁盘之前的 IO 行为都可以被监测到。最后，通过分析这整条路径中所有层次上的 IO 监测数据，就可以得出大致的症状。

提示：不到万不得已，最好别使用工具来直接检测应用程序发起的 IO，因为这些 IO 监测工具一般是第三方开发并且都是插入驱动链中来作用的，弄不好会对程序产生影响，更甚至可能引起系统崩溃。所以，高层的监测工具是最后的救命稻草。

19.3.3 六剂良药治愈 IO 性能低下

由于本章前面的部分已经对 IO 路径有了详细的分析，相信大家在阅读了之后都会对如何优化 IO 性能有了自己的宏图，所以本节就不再详细介绍，只做一下大方面的总结，总结出六剂治愈 IO 性能低下的良药。面对大多数莫名其妙的性能低下问题，只要对症下药，那么十之八九都会药到病除。

症状 1：存储系统每秒接收到的 IO 数远未达到系统标称值，链路带宽也远未达到，前端接口的 Queue Length 远小于 Queue Depth，并没有严重积压现象，存储系统后端磁盘繁忙度很低。主机端程序的 IO 延迟很低，但是吞吐量以及 IOPS 并未满足要求。

可能病因：阳火不旺，不能自举。调用方式欠火候。

病因判断：IO 源头的并发度不够，程序使用了单线程同步 IO。在这种情况下，程序无法利用全部的存储系统性能，虽然每个 IO 的延迟很低，同步调用的程序也会获得一定的性能，但是毕竟没有异步调用或者多线程同步调用时所显现的性能。

药方：生发阳气。修改程序使用异步 IO 调用或者多线程设计。

症状 2：存储系统每秒接收到的 IO 数远未达到系统标称值，链路带宽也远未达到，前端接口的 Queue Length 值接近 Queue Depth 值，显示有积压的 IO，存储系统后端磁盘繁忙度很低。主机端程序的 IO 延迟很低，但是吞吐量以及 IOPS 并未满足要求。

可能病因：经络不通，气滞淤阻。Queue Depth 过低。

病因判断：可以判断此时程序发起 IO 的并发度依然不够，因为程序的 IO 延迟很低，如果是并发的 IO 造成底部积压，那么对于程序来讲其 IO 的响应时间会很高而不是低。正因为程序发起的 IO 是一个接一个的，所以每个 IO 的响应时间才会保持较低的值，但是底部的 Queue 依然造成了积压，由于存储系统标称值远未达到，后端也不繁忙，所以这种积压一定不是由于存储系统后端磁盘资源或者计算资源耗尽导致的。所以问题就在于 Queue Depth 不够。Queue Depth 有两处可调节，一是主机端存储控制器驱动程序处，二是存储系统前端接口适配器驱动处。

药方：疏通经络，通则不痛。调节以上两处 Queue Depth，使其增大到一个合适的值，根据本章前文所述的 Queue Depth 的一些规则来确定。另外，本病例中如果主机端程序的 IO 延迟很高，其他症状不变，那么就表明程序可能在使用异步 IO 或者多线程并发同步 IO，治疗方法相同。

症状 3：存储系统检测到 Cache Hit 率极低，磁盘几乎百分百繁忙，而前端 IOPS 和带宽很低，业务所要求的响应时间无法满足。

可能病因：急火攻心，阴虚火旺。IO 随机读过大。

病因判断：IO 的随机度过大，严重增加了存储系统磁盘寻道时间，性能跟不上。

药方：降火凉心，滋阴养阴。向 RAID 组内加入更多磁盘，或者更换高转速高规格的磁盘，或者使用缓存 LUN 等类似技术，或者直接将对应磁盘更换为 SSD 等存储介质，滋阴养阴，此为治标。改善程序的 IO 设计或者降低业务的复杂度，也就降低了 IO 的随机度，降火凉心，此为治本。

症状 4：从主机端或者存储系统端监测到的主机内核发出的 IO 从数量和容量上都表现为较高的值，通过计算理论上可以满足程序的需求，但是程序层却表现得很迟缓，IO 延迟、IOPS、带宽等皆达不到从存储端监测到的数据所体现的指标，那么此时可以判断在主机内核中产生了惩罚。

可能病因：心神不宁，心烦意乱。主机端发生惩罚现象。

病因判断：此症为心病，判断起来非常难，因为不管是从主机端内核底部还是从存储端表现出来的 IO 行为是无法判断是否在主机内核处产生了惩罚的。唯一判断方法是在用户程序下方使用 IO 跟踪工具来监测本层的 IO，然后与内核层发出的 IO 做对比，如果发现不匹配，比如底层的 IO 在数量和容量上为程序发起 IO 的数倍，则可能引发了惩罚。但是对于多程序并发访问外部存储的情况下，很难判断是哪个程序引发的惩罚，此时可以使用差量法判断：在一个 IO 流恒定的时间范围内，让程序提升一定倍数的 IO 并发度或者 IO 发送速率，同时监测底层发出的 IO 情况，不引发惩罚的程序对底层的 IO 浮动影响绝对值较小，这个浮动值基本等于程序层的浮动值，而引发惩罚的程序会引起底层 IO 浮动上升一个较大的值。利用这一点可以初步判断到底是哪个程序引发了惩罚，之后，可以单独部署这个程序进一步调查其 IO 惩罚情况，从而做出改正措施。

药方：静心安神。对于主机端内部产生惩罚，导致的原因有两种。

第 1 种是因为程序发起的 IO Size 不等于 Page Size 的整数倍或者 IO Size 平均值远小于 Page Size。第 1 种情况可以通过更改 Page 大小来解决，不过修改 Page 大小一定要经过深思熟虑。因为 OS 内的 Page 是全局的，如果只是某个程序的 IO Size 过小，则不能因噎废食而影响了其他程序。如果程序的 IO Size 虽不为 Page 整数倍但是规则，比如 512B、1KB 等，则尽量使用 DIO 模式来越过 Page Cache。但是一定要注意 DIO 的对象，如果是文件或者块设备，那么在某些 OS 之下（比如 AIX），这些目标对象依然需要使用 Page Cache，而只是越过了文件系统 Page Cache，并未越过块设备的 Page Cache。所以在这类系统下，使用 DIO 的时候最好是针对字符设备，也就是 RAW 设备。此外，也并不一定非要使用 DIO 或者 RAW，如果程序偏要使用内核缓存来 IO 文件或者块设备，那么务必在调用时不要使用 Write Through 参数，因为这样会加重惩罚力度。如果程序发起的 IO Size 并不是 512B 对齐的，而又因为惩罚而产生了性能问题，那么此时解决办法也是尽量不要使用 Write Through 模式来进行 IO 调用。

第 2 种是因为程序发起的 IO 的起始地址并没有落在 Page 的边界，导致额外的读入或者写出 1 个或者多个 Page。对于第 2 种情况，应当尽量去修改应用程序，别无他法。总之，修改应用程序让其发出的 IO Size 即为 Page 的倍数，起始地址又落在 Page 边界，这是最理想的状况，此为治本。

症状 5：主机端并未发出大量的 IO 请求，但是存储系统却忙得不可开交，同时存储系统上并没有诸如 Deduplication 等 Data Cooker 的后台操作，主机端 IO 延迟偏高。

可能病因：心神不宁，心烦意乱。存储端发生惩罚现象。

病因判断：这种症状属于更加隐秘的心病，是最难判断的一种。这种症状只是一个极端的状况，实际中很少会有惩罚严重到通过监测数据就可以观察到的地步，加之多主机共同访问存储系统造成的混合因素，更加难以判断。但是一些存储系统会对这种内部惩罚加以监控和输出，用户只需要根据输出值来判断惩罚的力度即可。造成存储系统内部发生惩罚的原因除了主机端的两种原因之外，还有第 3 种，即 LUN 起始地址的不对齐（见本章前文）。一旦发生这种情况，纵使主机端的 IO 再规则和对齐，那么存储端也会出现惩罚现象。

药方：静心安神。对于 LUN 不对齐引发的惩罚，多半是因为在创建 LUN 的时候选择了不匹配的操作系统类型，此时则需要做 LUN 迁移动作，或者删掉重建。对于主机端 IO Size 不能被 Page 整除的情况，可以说这种情况对于程序发起的 IO 是比较常见的，但是对于主机内核发起的 IO，一般很少见。程序发起的不规则 IO 经过主机内核之后一般都会经过 Page Cache，所以会被映射为规则的 Page 对齐的 IO 之后被发向存储系统处理。但是不排除一些特殊情况，比如程序使用了 DIO，或者直接操作 RAW 设备，同时又没有让 IO Size 为存储端 Page 的整数倍，这就比较常见了。对于这种情况的解决办法，需要综合考虑。存储端的 Page Size 一般是可以调节的，如果存储端的 Page Size 与主机端的平均 IO Size 相差太大的话，那么需要考虑将存储端 Page Size 设置为所有主机端 IO Size 的平均值。对于主机端发送的 IO 起始地址与存储端 Page 边界不重合的情况，也是很少见的，如果排除了 LUN 不对齐导致的因素，问题依然存在，那么只能说明主机端不按常理出牌，这种情况必须要修改应用程序的 IO 设计。

症状 6：存储系统单个 RAID 组中硬盘很多，转速也很快，存储系统控制器处理能力也强大，这个 RAID 组中有多个 LUN 分配给了多个主机使用。就是不知道为什么，当一台主机访问其上的 LUN 时，性能很好，但是一旦有另一台主机同时访问这个 LUN，或者访问这个 RAID 组上其他 LUN 的时候，性能骤降，两台主机获得的性能之和还不如之前单台主机所获得的性能。

可能病因：筋骨劳损，不堪重负。多 LUN 共享同一 RAID 组 IO 冲突。

病因判断：磁盘最怕什么呢？寻道。一个 RAID 组中的磁盘数量是一定的，这也就注定了它能够提供的性能是个定量，如果将多个 LUN 放在同一个 RAID 组之上，那么这多个 LUN 就要来瓜分整个 RAID 组的性能，分配的方法是有讲究的。正如本章前文所述，LUN 在 RAID 组内的分布有多种方式，可以按照纵向顺序的分布，也可以按照横向横跨所有磁盘分布，可以混合型分布，甚至可以完全随机分布。

简单纵向顺序分布的 LUN，由于每个 LUN 只占用 1 块或者几块硬盘（根据 LUN 大小和磁盘大小而定），所以每个 LUN 的性能都是固定的，不同的 LUN 之间不会相互影响，除非它们占用的磁盘有相交。但是这样的分布方式也注定了每个 LUN 的性能有限，如果使用 146GB 硬盘，而 LUN 的大小小于 146GB，那么这个 LUN 所拥有的性能容量只等于单块磁盘的性能。

简单横向顺序分布的 LUN，由于每个 LUN 都横跨了所有硬盘，所以每个 LUN 都能享受到整个 RAID 组的性能容量，但前提是一段时间内只有针对其中 1 个 LUN 的 IO 被处理。如果一旦其上的多个 LUN 都在接受 IO，那么由于每个 LUN 是横向排布在所有硬盘上的，同时读写为不同的 LUN 中的数据，就要求磁盘不断地寻道，磁头臂时而摆动到 LUN1 的区域，时而摆动到 LUN2 的区域。这就好比一个十字路口，任意时刻只能有一条路的车辆处于行进状态，另一条路车辆必须等待，一个绿灯周期结束的时候，另一条路的车辆开始发动，发动过程是很慢的，就类似磁盘寻道过程。如果遇到特殊堵车情况，可能一个绿灯周期只能过 1 辆车。所以，由于十字路口的存在，造成了两条路的车辆都无法维持高速行进，单位时间内两条路的行进里程之和远小于没有红绿灯时的正常行进里程。

所以说，被寻道打断的滋味是极其难受的，存储系统内部在面对这种情况的时候，或许会做一些特殊的考虑。比如类似 Linux 下的 IO Scheduler 中的 CFQ 的思想，将所有 LUN 平等地对待，并且做一个比较合理的周期，如内核可以依次从每个 LUN 的 Queue 中取出一定量的 IO 充入后端适配器驱动的 Queue 中，每次充入的 IO 数就决定了每个 LUN 得到服务的周期。这个周期是有考究的，就像红绿灯一样，如果你设定红绿灯周期为 10s，那可能有些车还没启动利索呢，红灯已经到了。相应地，如果内核依次轮流地从每个 LUN 的 Queue 中只拿出 1 个 IO 充入到底层 Queue 中，那么底层磁盘所做的动作就是每执行一个 IO，就寻道一次将磁头定位到很远处的下一个 LUN 的区域，执行完后再寻道，每个 IO 都需要寻道，一段时间内，大跨度寻道所耗费的时隙比例远远大于传输，那其效率可想而知。所以这个周期需要根据实测结果和理论推导一同确定。同一个 RAID 组内越多的 LUN 同时接受 IO，那么整体性能就越差，磁盘寻道造成的浪费比例也就越大，整体性能差到无可救药。

注意：以上所描述的性能损失只针对连续地址 IO，因为连续 IO 之所以本应该性能良好是因为寻道开销很小，而多 LUN 横向分布导致了针对每个 LUN 的连续 IO 整体表现为了随机 IO，所以性能会大打折扣（也就是前文所述的“将原本有的东西弄丢”）。而原本针对每个 LUN 的随机 IO 却并不会打折，因为随机 IO 本来就需要频繁寻道，所以多 LUN 并发的随机 IO，和单个 LUN 的随机 IO 相比，在磁盘数量相等的时候，并不会损失这一组磁盘所提供的整体性能，每个 LUN 获得的性能之和接近于 RAID 组整体性能。但是多 LUN 相对于单 LUN 来讲，每个 LUN 所获得的性能是下降了，但是整体来讲却没有浪费。

对于分布式 RAID 模式的 LUN 排列以及类文件系统模式的 LUN 排列方式，其本质与上面所述的两种方式类似，只不过是上述两种方式的一种结合后的产物。所以这里就不再过多分析这两种模式对性能的影响了。

另外，不管何种方式分布的 LUN，如果同一个主机上有多个程序同时访问这个 LUN，并且如果每个程序各自访问 LUN 的不同区域，那么这些程序就会瓜分这个 LUN 所拥有的性能容量。比如，有两个程序，一个在对某个 LUN 做连续 IO，而另外一个则对同一个 LUN 做随机 IO，那么连续 IO 所获得的性能将会被严重拉低。只要引入了磁盘寻道的任何操作都会将连续 IO 性能严重拉低，甚至拉低到与随机 IO 一个等级上。

症状样例：某视频监控系统，用户 200 路摄像头数据同时以 1Mb/s 的速度通过千兆网写入

视频主机，主机和存储设备通过 IP-SAN（千兆）连接，存储的卷是 3 个 14 块 1TB 的 SATA 盘组成的 RAID 5 组，共 42 块盘，3 个 RAID 5 组，然后 3 组卷直接组合成一个大磁盘再分配给主机。这时候直接在主机上打开视频文件的速度很慢，慢的时候需要 10 多秒甚至无法响应。

症状分析：把所有盘组成一个大盘，所有文件都分布在所有磁盘上，那么小范围顺序 IO 就会变为整体性随机 IO，性能显然是无法保证的。200 路至少对应 200 个文件，同时对 200 个文件进行 IO，整体来讲就是一种随机 IO，本身速度就是很慢的。再加上随后的读入文件进行播放的操作，读+写+随机，这就更加重了磁盘的负担。解决办法是将文件分开存放，最好是每个文件只占用一个物理盘，然而这样做需要修改应用程序，临时的做法只能是增加存储端的条带深度，增加到最大，即便这样做也不能从根本上解决问题。

药方：放松筋骨，按需平衡负载。根据具体需求，确定使用何种 LUN 分布方式。比如，如果不计成本，则完全可以为每个 LUN 单独创建一个有足够性能容量的 RAID 组，并且主机端程序所操作的文件也尽量放到不同的 LUN 中，做到从上到下都是独享一组底层磁盘的性能容量，这样做是最好不过的，也是最完美的。但是实际中不可能不考虑成本，所以每个 RAID 组上一般都会有多个 LUN 存在，那么此时就需要进一步规划：是采用纵向分布，还是横向分布，或者还是自定义比例的纵横结合的分布。可惜的是，正如本章前文所述，目前市场上的产品能否做到让用户来选择如何分布 LUN 的产品几乎没有，大多数产品都使用横向 LUN 分布方式，所以用户只能在这种分布方式上来做文章了。

而如上文所述，横向分布的 LUN 在面对多 LUN 并发的连续 IO 方面可谓是出尽洋相，性能差得一塌糊涂。但是总归还是有一些死马当做活马医的缓解的办法。解决的办法：将 RAID 组的 Stripe Depth，也就是 Segment，调整到所允许的最大值。这样做就会加大每个 Segment 所包含的连续地址范围，使得单块磁盘包含更长的连续地址段，所以，每个 IO 所占用的磁盘数量也将会随之减少。

不过通常情况下，由于大多数产品可供配置的最大 Stripe 有限，假设为 256KB，如图 19-97 所示。如果是 8 块数据盘，那么 Stripe Depth 就相应为 32KB，如果每个 IO 平均为 32KB 大小，那么这个 IO 就只占用这块磁盘。但是如果主机端使用异步并发 IO 调用方式，那么单位时间会有多个 IO 同时被这组磁盘执行。假如 8 个 32KB 的连续地址 IO 同时执行，那么正好就占用了 8 块磁盘，另一个 LUN 在这个过程中只能等待接下来的磁盘寻道至自己的区域从而为自己执行 IO 操作。

如果将 Stripe Depth 进一步加大，比如 256KB，也就是说 Stripe 宽度为 2048KB，如图 19-98 所示。如果此时 IO 还是并发 8 个 32KB，那么这 8 个 IO 其实都落入同一个 Segment，只需要底层针对对应的物理磁盘的一次 IO 即可读出或者写入这 8×32KB 的数据，而其他 7 块磁盘都是空闲的。如果还有额外 7 个 LUN，那么如果碰巧的话，每个 LUN 均可以同时被执行 8 个 32KB 的 IO，每个 LUN 都会得到不错的性能。如果将 Stripe Depth 继续增大，那么到了最后其实就相当于纵向分布的 LUN 了，整个 LUN 都分布在一块硬盘上（硬盘足够大），到了这时候，每个 LUN 之间就是真的井水不犯河水了，但同时每个 LUN 的性能容量最大值也就等于单块磁盘的性能容量了。其实，增加 Stripe Depth 的做法正是从 RAID 3→RAID 4→RAID 5 的进化路线中关键的一步，Stripe Depth 越大，并发几率也就越高，对于 LUN 分布来讲，也一样是这个思想。

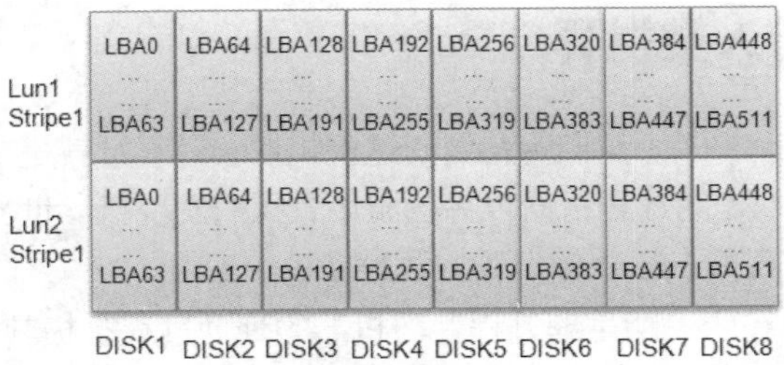

图 19-97 Stripe Depth=Segment=32KB

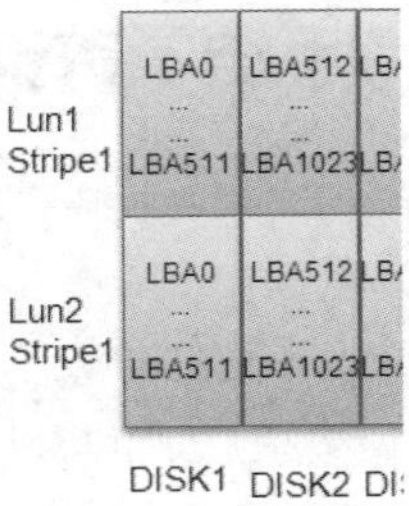

图 19-98 Stripe Depth=Segment=256KB

当然了，以上的解决方法只能是乱放枪碰运气，要从根本解决，还需要目前的存储产品设计上更加人性化，提供更多可设置的 LUN 分布方式了。当然，最终的治本的方法，还是要淘汰机械硬盘，使用无机械寻道的存储介质。

到此，6 个典型症状已经介绍完毕了。实际中所遇到的情况很有可能是以上几个症状并存，或者由一个症状引发了另一种症状的连锁反应，使得问题的解决更加复杂化，但是只要掌握了每种症状的治疗方法，再加上仔细的判断和分析，相信总会药到病除。

19.3.4 面向 SSD 的 IO 处理过程优化

SSD 使用的 NAND Flash 是个特殊的介质，本书前面章节也充分描述过。SSD 所表现出来的性能确实强劲，那么当 SSD 被用在外置磁盘阵列中，与机械硬盘混用时，而且多块 SSD 再次被组成 RAID 组时，这样性能又会得到加成。有没有一些针对 SSD 的优化措施呢？有不少，有些恐怕我们之前压根没想到过有什么相关性的东西，可能都与 SSD 有关。

- 元数据结构优化：由于无须考虑 IO 的重排等动作，针对 SSD RAID 组的内存中元数据结构可以大大简化，提高执行效率。
- WB 可以改 WT 了：由于 SSD 响应时间很快，所以没有必要先缓存在珍贵的 RAM 中，然后再刷盘了，直接透写到 SSD 中即可，让更多的 RAM 空间用于缓存机械硬盘的脏数据。SSD 盘片自身有大容量的 RAM 用来缓存脏数据，自身可以对数据进行合并操作，并且使用超级电容来防止掉电，所以可以放心的 WT 到 SSD。SSD 对进入的写 IO 属于 WB 模式，因此先 WB 到阵列全局 RAM 还是直接 WB 到 SSD 中的 RAM，效果相差不大，所以直接 WB（对于阵列控制器来讲是 WT 到 SSD）到 SSD 中即可。
- 不用双控镜像了：由于针对 SSD RAID 组对于阵列来讲是 WT 操作，所以阵列的双控制器之间不需要对 WT 的数据进行缓存镜像操作，节约了镜像通道带宽，更重要的是降低了写 IO 延迟。
- Queue 可以加大了：见上文。
- 阵列控制器需要支持 Trim 了：由于 SSD 机制决定，最好能对 SSD 做 Trim 操作以提高性能。但是 SSD 插到阵列中之后，不直接面对主机操作系统了，它们之间相隔了一层阵列控制器，所以此时如果依然要支持 Trim，那么就需要直接面向主机操作系统的阵列控制器支持 Trim，阵列控制器将 Trim 指令再次根据 SSD RAID 组的地址映射信息转换为针对每个 SSD 的翻译映射之后的 Trim 指令然后下发到每个 SSD 中，一个主机 Trim 指令会被转换为多个 Trim 指令。

19.4 小结：再论机器世界与人类世界

各位，请醒来，我们现在又回到人类世界了。我们所看到的这些机器，只不过就是一台台黑漆漆的落在那儿，不会动不会说话。但是刚才的那场机器世界的游历，我们发现机器世界是如此美妙，每一步都精确无比，每一步都井井有条，鬼斧神工般地运行着。

再来看看人类世界，一个生物，其内在的一切生理过程，与机器的处理过程是极其相似的，每一步都精确无比，每一步都巧夺天工。而完成这些生理过程所依附的物质，包括蛋白质分子、DNA 等，也是非常精妙的分子机器，分子由原子组成，原子由更小的粒子组成，那么物质世界的基石是什么呢？可能到头来所发现的“基石”根本就不是实实在在的东西，而可能就是一种正反逻辑，即“有”和“无”，就好像计算机世界的基石是 0 和 1。而由这些基石所组成的高层逻辑，其实也不是物质，而是一种刺激，所以人才会感知到这些“物质”的存在。也就是说所谓原子和分子等并不是一种实实在在的“物质”，而只是一种由底层基本逻辑经过排列积累而组成的高层逻辑的刺激罢了，触摸、听觉、感观其实都是一种刺激，包括机械波本身。计算机业同样依托 0 和 1 不断地产生高层逻辑，一层层累加直到最后复杂的程序。是谁创造的这些造化呢？

第20章

腾云驾雾——大话云存储

- 云
- IAAS、PAAS、SAAS
- 集群与虚拟化
- 云计算、云存储、云服务
- 计算、传输、存储

ERP、ITIL、Could，这是21世纪伊始从西方发达国家兴起的次时代IT新概念。如今，ERP并未获得广泛的推广和应用，ITIL仍是空中楼阁，Cloud又出来了。实话实说，没有经济腾飞催生大批信息化发展到一定程度的企业，没有迫切的需求，没有达到一定的积累和高度，这些特别高层的IT管理运营方法论是很难获得推行的。

而Cloud这两年刚刚兴起并又从国外炒到了国内，弄的是乌烟瘴气，众说纷纭，你说你的，我说我的，各地争相搞云。搞起来之后却好像鲜有人买账。搞云是要来满足用户需求的，而不是为了搞而去搞，后者背后有一定的不良因素推动。

然而，Cloud与ERP和ITIL还是有一些区别的。云是直接为盈利而催生的，相对于前两者来讲还是显得比较实在。前两者属于一种管理者角色，务虚；而云属于一种执行者角色，务实。虚的东西落地非常难，而实的东西很容易落地，这也是云为何快速兴起的原因。有人头疼了，说我怎么每次听到人讲云，就发现很虚幻呢？那是因为给你讲云的那人自己也虚，是带有一定目的来忽悠的，而不是来给你传道授业的。本章，笔者将会站在中立角度为大家通俗演绎到底云是什么。

20.1 太始之初——“云”的由来

目前，云计算、云存储、云备份等云技术可谓是铺天盖地地袭来。这其中不乏有一些浑水摸鱼者，其本身并不具备多少云性质，却也在打着云的旗号想在市场炒作中分一杯羹。目前市场对一款产品是否为云产品并没有一个明显的界定，因为云这个东西本身的定义就没有一个标准，各种机构纷纭其说，莫衷一是。好在 SNIA（存储网络工业协会）在不久前发布了 CDMI（Cloud Data Management Interface，云数据管理接口）标准用来规范在云系统中实现数据传输、存储和管理的一系列规范，这个标准只是针对一个云系统中的数据存储和管理部分而制定的接口标准。对于云系统中的其他部分，比如用户接口、硬件管理接口等，目前并没有一个标准来遵循。

正因如此，判断一个产品是否为云产品，也没有什么标准可循。

说道“云”这个词，其由来显得有些不可思议。我们都知道微软 Office 软件中的 PowerPoint，其中有一个图形，如图 20-1 所示。我们在制作 PPT 的时候，经常会用到这个云状的图形来指代一堆网络设备、存储设备或者服务器设备。

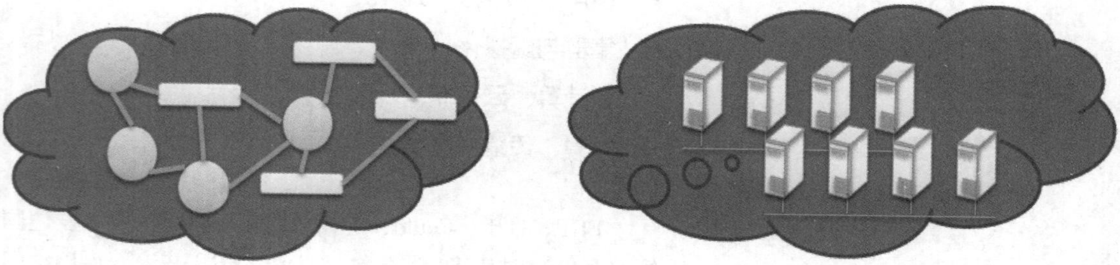

图 20-1　云一词的由来

然而，在国内好像人们都习惯把这一堆设备称之为“网络设备群”、“服务器群”，也就是用“群”这个字，起因是因为国外在指代这堆设备的时候，一般都是用“Cluster ”这个词。而 Cluster 中文一般被翻译为“簇”或者“集群”，所以“群”就这么出现了。某一天，也是国外某人在讲授某 PPT 的时候，顺口说了一句比如“The servers in the cloud”，“Cloud”一词就这样诞生了。至于到底是谁第一次说出这个概念的，之后通过什么途径流行开的，又是谁率先用云来指代大规模 IT 基础架构的，尚无从考证。

云诞生并且被公之于众之后，人们对云基本上产生了 4 种理解：云即设备、云即集群、云即 IT 系统、云即服务。

20.1.1 观点 1：云即设备

这种观点也是最原始的观点，它仅仅指代某一堆设备，也就是 PPT 中的云状图形所囊括的那些设备。此时，云不具有任何意义，仅仅是一个指代词，为了表达方便而已。这种对云的认知目前依然存在，一些对云不太了解的人，往往一开始都是这样认为云的。然而，你不能就说这种认知是错误的。这个认知只是云发展的一个阶段，也确实是云的组成部分，因为没有设备支撑，哪来的云呢？任何概念都要有实实在在的支撑。

20.1.2 观点 2：云即集群

在第一个观点，也就是"云即设备"的基础上，人们的认知开始逐渐发展，如果云仅仅是一堆设备的话，那么这堆设备也只是一堆设备而已，那么云这个概念也就就此罢了了，没有什么发展了。然而事物总是要不断向前发展，给自己开拓新道路。一堆设备肯定不是这个事物发展的尽头，如果再向前进一步会变为什么呢？

当然是集群了，这就像多个人组成社会一样，一堆人放在一起便会自行发展成社会，一堆设备放在一起，其高级形态就是一个集群。设备之间是有机联系起来的，共同协作的。那么云在这个认知和发展阶段，就表现为一个集群，不管是计算集群还是存储集群。

20.1.3 观点 3：云即 IT 系统

然而，一个集群能做什么呢？集群只是一个有机结合可以写作的设备集合，那么如果云只表示到这一层的话，显然也是没有任何生命力的。云要发展，就必须再往上走。集群之上是什么呢？赋予一堆硬件灵魂的，是软件。软件和硬件组合起来才是一个完整的有机系统，也就是云即 IT 系统，比如某企业的 IT 系统，就是一朵云；某运营商的 IT 系统，也是一朵云。对云的认知发展到这一层，就快要露出本来面目了。

20.1.4 观点 4：云即服务

那么，云即 IT 系统这个观点还能继续再发展么？还可以的。问一问，IT 系统是用来做什么的呢？

答 1："运行程序用的。"

答 2："支撑和服务于企业生产的。"

答 3："用来盈利的。"

这三种答案，一个比一个高级。第一个答案显然太过技术化，没有实际直接意义；第二个则很靠谱，企业运营过程中需要借助 IT 系统来做支撑和服务；第三个则更加激进了，直接使用 IT 系统来盈利，暗指这家企业靠的就是出售或者出租其 IT 系统。

我们着重来看第三个回答。如果想直接拿某个 IT 系统来盈利，换了你，你会怎么来盈利，采取什么样的盈利模式呢？

答 1："直接卖掉，拿钱，多省事！"

答 2："我搞出租，把整个系统租给别人用，我收租！"

答 3："我开发个网络游戏，然后用这个 IT 系统来运营这个游戏，谁想玩的就交钱！"

咱们来分析一下这三种盈利方式，第一种最直截了当，盈利最快，直接卖掉数钱去了，但是他再也无法用这个 IT 系统赚钱了；第二种则稍微聪明点，虽然盈利慢，但是资源还是掌握在他手里；第三种则非常精明，但是需要前期很大的投入来开发游戏，然而一旦成功运营，所获得的收益将是巨大的。

比较一下这三种方式，第一种受众面将会很小，因为需要购买一整个 IT 系统的人几乎很少有；第二种受众面稍大一些，因为需要租用服务器租用存储空间的人还是比较多的，但是也非常有限；第三种呢，受众面则非常之大，几乎所有人都是潜在的受众，因为所有人都会对游戏娱乐有基本需求。受众面直接影响到利润。

题外话：笔者个人极度讨厌网游，尤其是最近充斥互联网的黄色网游，属于一种精神毒品，本人坚决抵制网游。有空学学谷歌地球、百度地图，搞点真正能产生社会价值的业务，而不要像国内某运营商一样搞些虚拟垃圾来俘虏一大批人，浪费电，浪费劳动力，全民玩虚拟网游，这样下去很危险。

话说回来，这第三种盈利方式，就属于一种用服务来赚钱的模式，提供游戏服务。还有众多服务表现形式，比如邮箱、网页、博客、音乐、影视等。这些都是大众最基本的需求，所以盈利面很大。在一套 IT 系统之上可以同时提供多种服务，那么可以最终认为，能够提供某种形式 IT 服务的一整套 IT 系统，这就是云。

从这个角度上来讲，所有的互联网运营商，比如各大网站，全部都是云运营商，它们后台的 IT 系统从建立之初就已经有了云化的性质了，但是离真正的云还稍有差别。

20.1.5 云目前最主流的定义

可以从上文中体会到，设备组成集群，集群组成 IT 系统，IT 系统用来服务。这一串的理解恰恰就是对 IT 系统运营的理解。那么是否可以将这四个理解组合起来，形成一个最终的观点？云是一个可运营的 IT 系统。但是，这个定义少了某些关键的东西，就是资源迅速灵活地部署和回收。也就是说，云当前的主流定义是：一个可运营的、迅速灵活部署和回收资源的智能 IT 系统。云为何会有这个关键点？下一节中会给出答案。

笔者对目前业界普遍被承认的云性质做了总结。云应当具有如下性质：云必须体现为一种服务交易而不是实物交易；云提供商拥有一定规模的硬件基础（比如足够的网络以及服务器和存储设备）；云提供商对客户提供一种资源的租用服务而不是资源本身的易主买卖。

凡是具备以上三个特性的系统，都可以称其为云系统，或者云服务。比如一些域名公司出租的网页空间，其包含了如下服务：服务器硬盘上的空间租用、Web 服务程序运行资源租用、网络带宽流量租用、域名维护服务。这些服务到期将自动回收，比如网页空间到期不续费，那么服务器有权将其网站内容删除，所以这不是一个易主买卖，所有的资源都归供应商所有，你得到的只是服务而已。

对于“域名供应商也是云提供商”这个说法，可能有些人并不同意，因为他们认为只有一些高端的、让人望尘莫及的大型的运营商，比如 Amazon、Google 等所提供的服务才是云服务。他们还认为只有底层使用了硬件集群和虚拟化技术的系统，才具备最基本的云资格，这些观点都是比较狭隘的。

20.2 混沌初开——是谁催生了云

20.2.1 一切皆以需求为导向

任何事物的出现、发展状态、衰落，都有其底层因素。云这个词从 PPT 中被衍生出来，如果没有肥沃的土壤，那么它充其量也只能乖乖地被用来指代“一堆设备”了，或许根本不会为人所知。这些肥沃的土壤，就是日益壮大的用户需求。“互联网时代的用户需求”，如果把这个当做一个课题来讲的话，那真的是永远也讲不完，太多了！互联网以及接入终端（PC、手机等）的广泛普及，使得大众的交流渠道产生质的改变，以前通过书信或者电话才能传达的信息，现在可以通过互联网用各种形式来实现了，比如传统的语音、图像视频、论坛、E-mail、博客等，之前大众之间的大量交流需求被一下子爆发了出来。

这种需求的爆发，其直接效应就是信息爆炸，IT 系统的底层支撑设施快速被饱和。就像一个被大量人口所充斥的城市一样，其交通系统（网络）、教育医疗等公共服务机构（各种应用服务器）、基本的饮食供应（电力供应）以及住房（存储系统）等就会被大量饱和，导致拥堵不堪，效率低下。

面对互联网时代的需求爆炸，传统的 IT 系统已经显得无法满足了。为何呢？看看传统 IT 系统是怎么运作的。比如，某运营商市场部门分析出未来一年内网页游戏业务将会有 20%的增长，而目前支撑网页游戏的 IT 子系统的利用率已经接近 100%，需要对现有的系统进行扩容，包括增加 Web Server 节点的数量、增加数据库服务器节点的数量以及扩大存储系统的容量。系统扩容就需要采购新设备，需要遵循一系列流程，耗费的周期很长，甚至已经可能慢于业务的变化周期。也就是说可能一个业务当你忙活着部署的这段周期内，市场需求可能慢慢消失了，部署业务的速度慢于市场需求变化的速度。此外，技术层面还存在停机的风险。

而这个运营商的另外一项业务——在线视频聊天室，由于经营惨淡，支撑这项业务的 IT 子系统利用率不足 60%，有 40%的余量没有被充分利用。如果能够将这 40%的余量用于支撑网页游戏业务的扩充需求，那么就是最好不过的了。但是这样做在技术层面风险很大，如果将两套业务系统部署在同一个操作系统中，会大大增加两种业务的粘合度，不利于后期的运维管理；另外，将同一个业务分布在两个资源孤岛上，更加不利于维护。最后，由于整个数据中心的服务器与存储设备繁多，各种协议、各种不同厂商的设备混存，架构复杂，这种情况下，单靠手动来部署、管理和回收各种资源已经变得非常有挑战性了，一是效率低还容易出错，二是速度慢到可能影响业务上线，尤其是在一个承载多项业务的数据中心中，各种业务对底层的要求都不同。

以上这个场景可以总结为以下 3 个问题：

- 业务部署周期太长；
- 资源不能充分回收利用，资源孤岛林立；
- 手动部署已经无法满足要求。

这 3 个问题已经成为所有互联网运营商的痛点。如何解决？请继续阅读下面的章节。

20.2.2 云对外表现为一种商业模式

笔者恰恰不这么认为，或者说，上面这些观点只属于狭义范围内的对云的定义。而广义范围内的云，其实并不局限于硬件或者软件的技术或者架构，最初的、广义上的云，其实是一种商业模式，而当商业模式与具体的计算机技术相结合之后，便产生了云这个代名词。所以说，云既是一种商业模式的指代，又是一种计算机技术的大集合。

正因为云本质上起源于一种商业模式而不是技术模式，那么云当然也就没有一个外在的像技术一样严格的标准了。为何这么说呢？举个例子，有 10 个人，每人都想开一家餐馆，那么其结果一定是这 10 个人开的餐馆，每个都是不同的。首先就是店面布局不同，其次是价格不同，再次是管理方式和管理所用的工具不同，最后就是菜肴种类和口味也不同。那么我们回到计算机领域，比如还是这 10 个人，每人都有 10 台服务器，现在想让这 10 个人用这 10 台服务器来获取最高的利润，其结果肯定也是不同的。比如有人选择直接卖掉它们，易主交易；有人则想到了另外的方法，比如有人做起了网站空间出租业务，还附带一系列的诸如域名、网盘等其他业务；也有人在其上开发了一个软件平台，做起了文档阅读服务；还有人则利用这些服务器开办了计算业务。选择出租空间的，就可以叫它云存储；而选择出租计算资源的，就可以叫它云计算了。

云虽然没有一个外在标准，但是基于同一种商业模式所诞生的不同产品，它们显然是有共性的，比如都拥有自己的硬件基础架构，包括网络、服务器、存储设备和软件平台；都提供特定的用户接口，比如通过网页方式来享受服务，或者通过客户端程序连接到云供应商处来获取资源等。

这种共性不代表标准，也无法被标准化。自古到今从来没有人或者机构对其他人的商业模式来制定标准，就像并没有人规定，所有的餐馆必须是两层楼，必须以某某规格来装修一样。对于装修简陋的餐馆，它依然还是一家餐馆，你不能因为它简陋就认为它不是餐馆了。正如有些域名商只用一台服务器就承载了多个网站一样，虽然只有一台服务器，但是它的商业模式已经是云模式了。

云商业模式中又可以细分为多种具体的商业模式，比如 IAAS、PAAS 或 SAAS 等。这就好比有些餐馆只卖炒菜，而有些只卖面条一样。关于这三个服务模式，下文会有介绍。

20.3 落地生根——以需求为导向的系统架构变化

20.3.1 云对内表现为一种技术架构

正如 20.2.1 节中的那个场景，传统 IT 系统的技术架构已经对商业需求产生了制约效应。而解决那两个痛点的技术手段，自然而然的非虚拟化莫属。服务器虚拟化，即虚拟机系统，充分地利用了资源，辅以诸如 VMware 虚拟机系统中的 VMotion、DRS（Distributed Resource Scheduler）等技术，极大地增加了部署灵活性和资源均衡性。如果那个运营商已经部署了虚拟机系统，那么之前那个痛点就自然解决了，旧业务的余量将会被自动回收（对物理服务器的资源消耗降低），新业务所需的应用主机可以直接以虚拟机的方式被部署在物理机上，可以与旧业务使用同一台物理机，但是操作系统却是各用各的，避免了粘合影响。另外，部署虚拟机比部署物理机所耗费的时间大大减少，极大地提升了针对新业务的响应速度。最后，使用一种资源自动化分配与回收平台来解决自动化部署的问题。这样，那 3 个痛点就这样被轻松地解决了。

传统的数据中心“太硬”，需要在其上增加一个弹性层，让其“变软”，成为软数据中心或者称其弹性数据中心。而实现弹性软化的一个方法就是使用虚拟化技术，包括计算资源和存储资源的虚拟化。

大家知道，古代的马车，近代的汽车，都是使用实心轮子，这样是无法跑快和跑稳的。后来人们发明了充气轮胎，最终使得现代的汽车可以高速行驶，并且保证平稳。对于一个数据中心也是一样的，早期，没有任何虚拟化措施，买了多少台服务器，就是多少台，不能变多也不能变少，当然，除非你关掉几台；同样，你买了多少存储就有了多少空间，这些空间不会变多也不会变少。那时候，人们根本想象不到，如今可以利用虚拟机技术将一台服务器虚拟化为几十台虚拟机，也不会想到 Thin Provision 以及 Deduplication 技术可以让存储空间像变魔术一样从小变大或者从大变小，正如古代人的飞天梦想如今早已实现一样。如果说硬数据中心是早期的实心轮胎的话，那么软数据中心就是充气轮胎了。如图 20-2 所示，在传统的数据中心硬核心之外，被包裹了一层软外壳层，增加了弹性，这层软外壳可看作是虚拟机管理系统、分布式文件系统、集群/Scale-Out

架构的 NAS/SAN，以及 Thin、Dedup 等将硬计算与存储资源进行虚拟化和灵活化处理的层次，这一层形成之后，整个数据中心就变为了软数据中心了。再向上走一步，如果还能做到部署回收自动化、可度量化、服务化、可运营的数据中心，那么这也就是个云数据中心了。

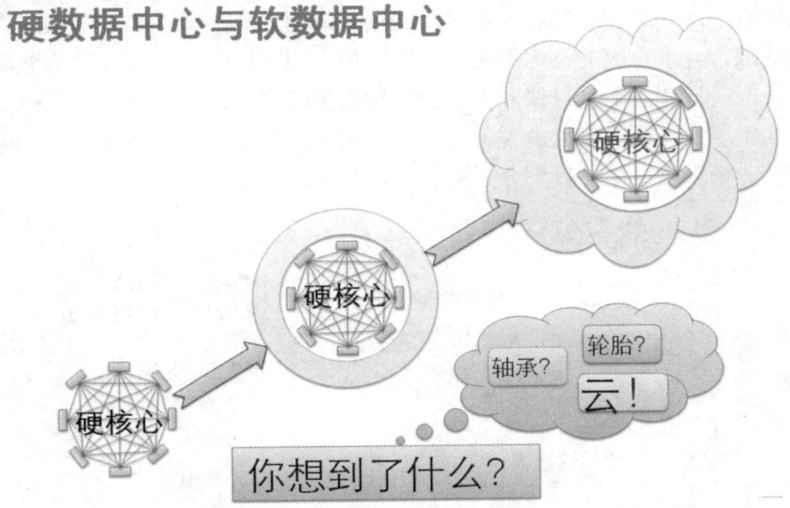

图 20-2 给数据中心增加弹性

再比如之前用服务器办计算业务的那个例子，他只有 10 台服务器，如果来找他买计算服务的人越来越多，已经超过 10 个客户了，那么第 11 个客户就只能等待么？不能等，否则他会找其他供应商的。那怎么办？他自然而然地想到了虚拟化技术。他在这 10 台服务器上部署了虚拟机平台，每台物理机器可以虚拟出多台虚拟机器，这样他就可以接更多的订单了。再之后，他发现每次客户都是通过 FTP 方式来上传需要计算的数据，而每次他收到之后都要手动转换格式然后载入计算，为了解决这个问题，他开发了一种自动转换格式的程序，而且还做了一个网页接口，客户每次只要通过网页方式上传，并选择对应的参数，那么服务器会自动把这些数据转换成对应的格式，自动计算，并且最后将计算的结果自动通知客户，大大节省了人力成本，人所要做的工作只是管理和收费即可。再后来，连收费系统都变成了自动的，利用网络支付平台实现了自动支付，其服务器的规模也日益增大，最后发展成为一个底层为大规模集群的、中层通过虚拟化技术抽象虚拟化的、表层全自动业务处理的大型云计算系统。

对于云存储，也是一样的道理。从最简单的存储空间租用，到最后变成底层大容量的存储设备集群、中层加入存储虚拟化层以及各种数据管理功能层（Thin、分级、快照、容灾等）、表层实现全自动业务处理的云系统。

综上所述，虚拟化和集群化是云系统中两个重要的角色。另外，云系统中还需要另外一个重要的角色，也就是一个负责资源自动部署、调度、分配和回收的管理者角色，它表现为一套软件模块，这个模块对内与整个云中的各个资源部分通信以达到对资源的管理，对外则负责响应业务部署的需求，将这些需求转化为对内的资源调度分配和管理。这个模块综合来讲，就是“自动化”。

用合适的技术架构来承载互联网时代的商业需求，云对内表现为一种技术架构。集群化、虚拟化、自动化是作为一个云来讲所必需的特性，然而，有了这些还不够。一个云想要达到可运营的状态，还必须做到可度量化，任何用户使用了何种资源，为期多长时间，耗费多少成本，毛利率几何，报价几何，这些都要经过精确的度量、定价过程。

20.3.2 云到底是模式还是技术

云到底表示一种商业模式，还是表示为一种技术架构呢？可以说这是个鸡生蛋和蛋生鸡的问题。前者是先有了云的思想，然后才在对应的技术架构上来实现了这种思想；而后者则是先有了大量的物质基础，有了对应的技术架构，比如虚拟化和集群架构，然后自然想到了如何利用这些物质基础来获取最大利润，于是便催生了云这种商业模式。我们已经很难追溯云的发展史了，所以到底是谁催生了谁，可能永远也说不清，道不明了。但是有一点是肯定的，两者结合之后，一定是相互催生，相辅相成，一直到今天被炒的如此火热的程度。

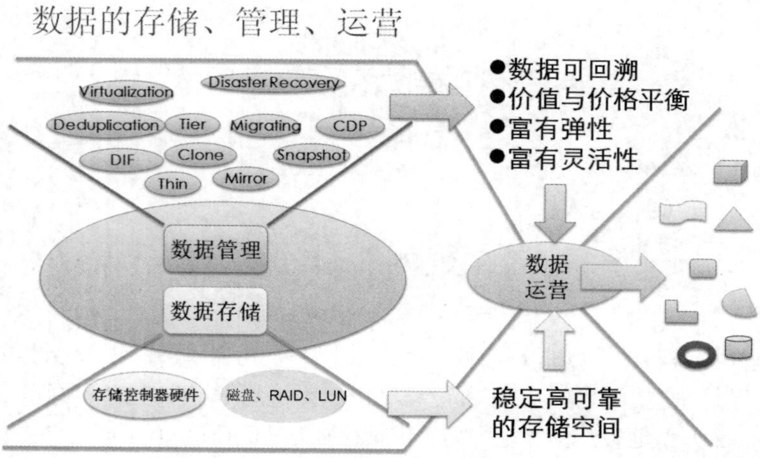

图 20-3 数据的存储、管理与运营

大家看一下图 20-3。最早期的时候，存储系统只注重数据存储，只给你提供一块空间，数据怎么管，怎么用，底层存储不关心。后来随着人们需求的增长，这种心态已经完全落伍了。存储系统开始注重数据管理，针对各种需求开发了各种数据管理功能，比如数据保险，也就是快照或者 CDP，重删以及 Thin，数据容灾、克隆、迁移等。再后来，存储系统除了关心怎么存、怎么管，还开始关心怎么用的问题了，也就牵扯到数据运营了。存储系统管得越来越多，越来越上层了，越往上走，就已经不是存储系统这个子系统所能掌控的了，此时需要贴近用户的应用，会注重业务展现，针对传统存储厂商来讲是个很大的挑战。由于互联网日益蓬勃发展，越来越多拥有 IT 资源的机构都想通过互联网来进行运营，包括 ISV、NSP、传统电信运营商，这就注定了云的发展。

有人认为云的本质是虚拟化技术或者集群技术，这一点也比较偏颇。应当说云的本质是一种由虚拟化和集群技术支撑的以服务为模式的可运营的 IT 系统，也就是商业模式与技术架构共同组成了云系统。云只是利用了很多技术来实现商业模式和目的而已。云包含的技术不仅仅是虚拟化和集群技术，还有其他各种技术，比如并行计算技术等。可以说只要存在的技术，都可以融入到云中，但是虚拟化和集群技术是大规模云所必需的。

云就是一个可以提供某种模式服务的、可以根据业务迅速响应并且自动地、迅速而灵活地部署和回收资源的智能 IT 系统。至于到底要多么智能才算是云，没有一个固定标准。可以这么说，传统的数据中心如果叫它云 1.0。那么目前兴建的这些融入了新技术的可灵活部署的数据中心可以叫做云 2.0。

如图 20-4 所示为从用户需求到最终业务展现的流程示意图。这张图概括了之前章节所表达的所有观点。

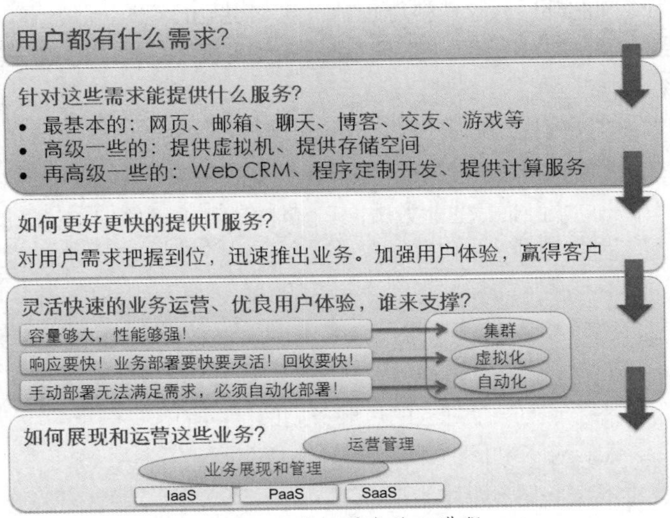

图 20-4 基于需求的云进程

20.3.3 公有云和私有云

此时我们已经有了一个云数据中心了，那么这个数据中心是打算只对企业内部开放服务，还是对互联网之外的任何人开放服务呢？有时候某个企业的私有数据中心想转变为云模式，只对企业内部提供云服务，比如存储空间申请、桌面备份和恢复，以及企业内部应用系统的快速部署等，那么这个云就属于私有云的范畴。而如果某个数据中心如果想要对外营业，通过互联网提供各种云服务，那么这个云就属于公有云的范畴了。其实叫做公用云和私用云更准确，用户并非拥有这个云而只是在使用这个云。公有云数据中心一般都属于运营商，运营商更懂得运营之道。

1. 私有云让企业 IT 部门的角色彻底转变

对于一个企业来讲，其 IT 部门的角色往往是比较尴尬的，甚至对于一个搞 IT 的公司也是这样。企业的 IT 部门在传统观念下被定义为一个底层支撑部门，但却基本上没有自己的话语权，话语权被掌握在业务部门手中。比如某制造企业需要上一个新产品生产线，这个项目对 IT 部门的要求则是提供足够性能的服务器、存储等以用来承载新业务系统。IT 部门在接到这个任务之后，就必须进行调研之后发起招标采购等流程。我们看看这个过程中存在的一些特征和问题。

首先，IT 部门在整个过程中始终处于业务部门的牵引之下，一切围绕业务需求来开展，所有的采购、经费申请等必须以业务需求为前提，业务没有需求就基本上申请不到大批经费和资源。

其次，传统的 IT 架构中，不同的业务一般不会运行在同一台物理服务器中，这就导致每上一个业务，基本上就要采购一批新设备。而如果之前某个业务下线了，或者企业根据市场状况决定将某业务缩量生产偃旗息鼓，那么此时 IT 系统中用来支撑这些业务的设备负载就会随之降低，释放了资源，但是这些被释放的资源却得不到利用。

基于上面两个因素，IT 部门有潜在的意愿来将自己的角色进行彻底转变，之前被业务部门牵着走，现在它想提高自己的地位，不说跑到业务前面去，也要与业务部门处于平等地位。怎么实现这种角色转变呢？

“服务”这两个字恰好满足了这种转变的需求。比如，IT 部门采取了一系列措施将自己彻底打造为一个以服务为导向的部门，这些措施包括：建立规范的资源申请流程，不管是从日常桌面维护还是新业务上线方面，建立电子工单审批系统，任何人想要获得任何 IT 服务都必须填写工单，审批之后 IT 部门输出对应的服务；另外还建立了一套可度量的资源使用记录统计系统，比如可以统计某其他部门在某段时间内使用了多少 IT 资源，这些资源等价于多少成本。

这套东西被推行之后，IT 部门这个独立服务角色就定型了。既然是服务，那么其就有了一定的话语权，并不是“用户”（企业其他业务部门）说什么 IT 部门就要干什么的。这样也就在向企业申请各种资源方面有了更大的弹性和主动权。这样，业务部门在向 IT 部门申请 IT 资源的时候就是以一种协商态度而不是强势的牵制态度了。另外，由于资源的使用变得可度量，IT 部门就会随时掌握整个企业对 IT 部门资源的使用程度，并做出合理的预测，在申请后续经费等资源时变得更有说服性。

好，既然 IT 部门已经成为一个独立的可服务型的部门了，那么下一步就势必要考虑到它自身运营的成本问题。最大的成本来自于哪里呢？

当然是设备购置成本。上文中所述的那个资源得不到充分利用的场景，已经成为最令 IT 部门头疼的问题，迫切需要技术手段来解决，而解决这个问题的最佳技术就是虚拟机技术，这也是为何目前越来越多的企业打算部署虚拟化 IT 环境与虚拟桌面环境的原因之一。另外，IT 数据中心还有更多一系列的其他问题，比如扩容费用高昂、扩容维护停机、迁移困难等，而这些都有对应的技术手段解决，比如使用 Scale-Out 集群与虚拟化技术等。总之，集群和虚拟化（包括虚拟存储与虚拟计算）这两大技术手段可以为数据中心解决很多棘手的问题。引入虚拟化与集群之后，IT 数据中心将变得更加有弹性，比如原本规划的时候，考虑一台物理设备可以承载 100 台虚拟机，那么承载 105 台是否可以？某些场景下可能也没有问题。这样，IT 部门在申请建设资金时也就更加有弹性了。

是什么可以让 IT 部门地位提升？它想提升就提升了么？没有这样的事情。本质是因为现代企业越来越依靠 IT，任何事情都离不开 IT 部门，所以它的地位自然就会升高，到了一定的程度，加上一些促发因素比如虚拟化、集群技术的支撑，那么 IT 部门角色转型也就顺理成章了。

2. 共有云受制于互联网网络带宽发展受限

想让某个云数据中心提供服务，就要满足一个基本条件，即网络带宽要够。网络带宽直接限制了一个数据中心能够提供的服务的种类和级别。如果一个云数据中心是面向企业内部提供服务的，即私有云，那么就不必担忧网络带宽的问题，因为企业内部的网络带宽是非常充足的，其可以支撑任何种类和层面（IaaS、PaaS、SaaS）的服务，比如 IaaS，比如用户可以直接申请一块存储空间而使用对应的协议（比如 iSCSI、NFS、CIFS 等）进行挂载使用，速度也不慢；再比如用户可以申请一台虚拟机，通过远程桌面来登录使用，可以上传各种应用程序并安装运行。

而对于共有云，问题就来了。如今互联网接入带宽偏低，除了像日韩等国之外，其他国家宽带接入速率远未达到可以承载 IaaS 服务的可容忍程度。大量的用户还是通过 1Mb/s 或者 2Mb/s 的宽带来接入。这种只有 100KB/s 或者 200KB/s 吞吐量的接入速度，你让用户购买什么服务呢？给他个 iSCSI 协议访问的存储空间是不现实的。充其量提供一些诸如网盘之类的上传下载服务，网页服务就不用说了，1Mb/s 基本上已经够用。视频服务呢？标清码率的视频 2Mb/s 速率勉强可以承载。总之，常用的 SaaS 服务（网页、聊天、视频、网盘、在线游戏、基于 Web 的信息管理系统等）基本上可以承载于低速网络上。大部分 PaaS 服务也可以通过互联网来提供，比如微软的 Azure 等。而 IaaS 就有些困难了，比如你购买了一台虚拟机的使用权，运营商给了你一个虚拟桌面连接地址，此时 1Mb/s 速率基本上很勉强，如果你要想在其上安装一些应用程序的话，那基本上很慢，因为你得先把安装包上传上去。所以有些 IaaS 提供商一般都会预先装好必要的软件比如数据库、中间件等，打包在虚拟机磁盘映像中，根据用户的选择将对应的映像制作成虚拟机。另外，SaaS 有着更广泛的用户基群和更长的历史，而 PaaS 与 IaaS 是伴随着云的兴起而逐渐被引出的概念，SaaS 会借助云的兴起而获得持续发展，PaaS 和 IaaS 则会随着云而加速发展。

综上所述，云目前最能够被广泛推进的地方就是新建的数据中心，几乎所有新建的数据中心都会被向云方面引导和建设，不管是企业数据中心还是运营商数据中心。企业兴建私有云数据中心，而运营商则兴建混合云数据中心，也就是同时对内和对外服务的云数据中心。

20.4 拨云见日——云系统架构及其组成部分

如图 20-5 所示为一个云数据中心系统中的关键层次。经过前文的描述，大家此时应该对云的由来、发展和表现形式，云能干什么，有什么特点，由什么技术堆叠而成等方面有了一个框架式的了解了。这一节带领大家再深入一层，从概念深挖到具体的架构层。

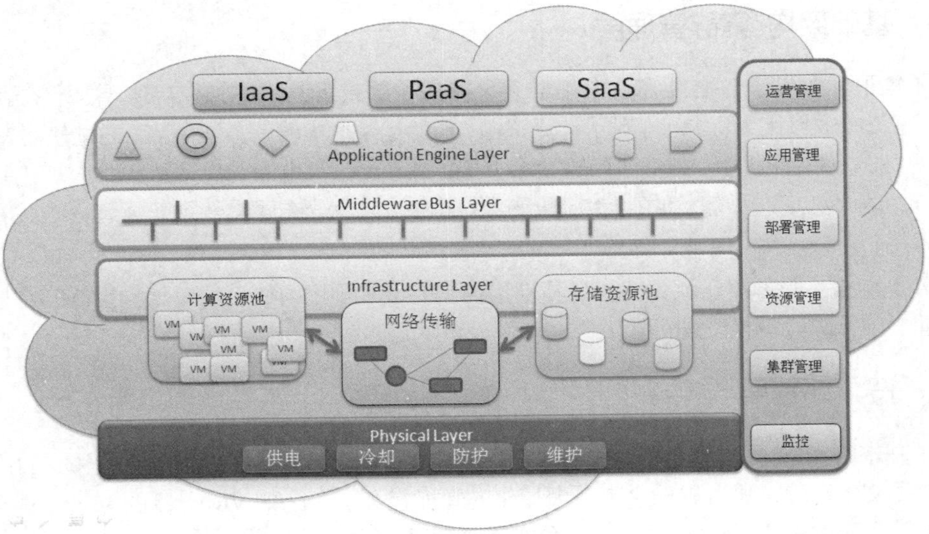

图 20-5 云基础架构层次

20.4.1 物理支撑层

云是一种方法，但是它也必须承载于物质之上。对于一个云数据中心来讲，供电、散热、安防和维护等都是必不可少的，这些元素构成了云的最底层，也就是物理支撑层。

20.4.2 基础 IT 架构层

数据中心一定要有支撑其运营的 IT 系统设备，包括基本的网络、服务器和存储系统，还需要一个网络/设备管理系统。然而，这些服务器与存储设备并不是一个个的孤岛。上文中说过，集群、虚拟化、自动化，是一个大规模的纯正的云所应当具有的技术特征。

云底层的集群架构可以有两种实现方式；第一种途径是利用现有的网格，网格技术是把现有的、零散的、非专用的所有资源整合起来，在其上加入虚拟化层，形成一个计算和存储的分布式集群，在这个集群之上再来实现云服务层，第二种途径是专门的集中式并行集群数据中心，加上虚拟层，然后再加上云服务层。但是一般新兴建的数据中心都是采用后者，也就是直接使用专用的集群系统来充当基础 IT 架构层。

说明：利用大规模网格来实现云计算的例子也是有的，最为成功的一个莫过于 SETI@Home 寻找外星人项目，利用 Internet 上的计算机为其计算。这个程序作为一个屏幕保护程序存在，每当屏保激活时，程序便连接服务器端来获取一段需要计算的数据，然后开始计算，并且将结果存储在本地。每次屏保被激活，程序便开始计算，直到算出结果为止，将结果传输到服务器端然后再次下载需要计算的数据来计算。这样，整个互联网中的电脑就组成了一个超大规模的网格集群。而这个场景确实非常真实和准确地反映了"云计算"这三个字。

这似乎又矛盾起来了，网格计算是一种分布式计算，而云又应当是一个集中式计算提供者，仔细想来其实不矛盾，这就是一种虚拟化的表现，即先用网格计算整合所有计算资源，然后再用虚拟化的方式将这些资源出售或者出租。

20.4.3 基础架构/集群管理层

有了集群还不够，还必须在这个集群之上覆盖一层或者几层虚拟化层来增加整个系统的弹性，将所有资源虚拟化为资源池。对于计算资源，也就是集群中的服务器节点，通过使用 VMware、Citrix 等虚拟机平台可以完成这个工作。而对于存储节点呢？也需要有这么一种虚拟化平台，而目前来看，能够满足这种需求的存储空间虚拟化平台，只有分布式文件系统或者分布式卷管理系统才能满足。

另外，网络、服务器以及存储集群基础架构需要一个管理模块，负责整个集群的监控、硬件资产管理、硬件故障更换管理等。

20.4.4 资源部署层

有了基本的网络、服务器和存储集群，还是远远不够的，需要一个用来管理和驱动这个集群的角色。上文中说过，集群硬件之上是虚拟化的弹性包裹层，比如 VMware 的 Vsphere4（计算资源包裹）以及分布式/集群文件系统或者分布式/集群卷管理系统（存储资源包裹）。利用 Vsphere 所提供的 VMotion 与 DRS（Distributed Resource Scheduler），可以将虚拟机在集群节点中灵活移动，而且可以做到资源动态分配与回收。然而，一个云数据中心中并不一定只有一种虚拟层，可以有多种不同种类的虚拟层，这样，就需要一个独立的虚拟机与虚拟存储资源调度分配软件模块，它通过调用这些虚拟化模块所提供的接口来完成整体的资源调度与分配回收。

20.4.5 中间件层

当有了物理环境、IT 基础架构、基础架构监控管理、资源分配部署回收层之后，一个充实的基座就有了。在这个基座之上，就可以完成各种业务的部署了。应用层与资源层之间可能需要一个中间层来适配。这个层次不仅位于应用引擎和资源部署引擎之间，云架构中所有层次之间可能都需要各种适配。

20.4.6　应用引擎层

应用引擎层则是产生各种业务应用的温床了，这一层提供一个通用的业务开发平台，或者将其他平台所开发的应用适配进来，然后统一发布。

20.4.7　业务展现与运营层

现在万事俱备，只欠东风了。数据中心的硬件、软件、架构都已经被打造为集群化、虚拟化和自动化的形态，各种业务也可以随时部署和撤销，底层资源得到最大化的利用，降本增效。那么还欠缺什么呢？刚才所列出的这些，都只是对你自己有意义的事情，是为了让你自己更好地去适应这个市场，适应不断膨胀的用户需求。那么这些东西对用户来讲，没有任何意义。用户不关心底层用不用集群或者虚拟化，更不关心底层是人工部署还是自动部署和管理。用户只关心他能得到最快的服务与响应，更关心提供服务的方式、界面、操作便捷性、展现的如何、收费是否合理等。对于一个云来讲，业务展现于运营层是最终关系到这个云盈利模式及利润的关键。

云服务是让数据中心实现盈利的另外一种商业模式，说白了，就是卖数据中心，把数据中心的所有资源整合起来，虚拟化，然后再分配，再以租用和服务的方式出租。大规模的云之内必须要有虚拟化层，一是用来榨干物理设备的资源，二是用来整合成大的资源池，如果没有虚拟化，则将无法管理一个个的孤岛，资源分配的灵活性达不到要求。

我们可以把云分为云存储、云主机、云计算这三大块服务。IaaS 属于云存储或者云主机范畴，PaaS 和 SaaS 则属于云计算范畴。

笔者总结了一个云服务架构简图，如图 20-6 所示。

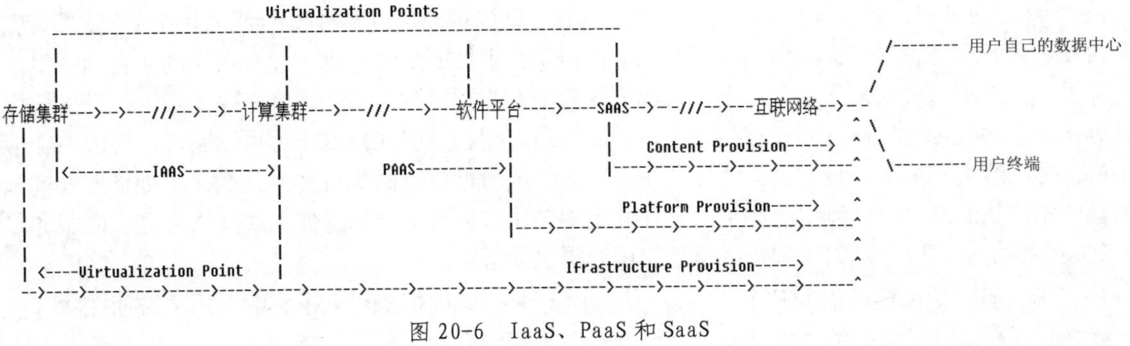

图 20-6　IaaS、PaaS 和 SaaS

出租数据中心可以在下面的几个层次上进行。

1. 基础设施即服务（IaaS）

卖存储空间，卖虚拟机，卖计算服务。所谓 Infrastructure As A Service，或称硬件即服务（Hardware as a Service，HAAS），其中的 I 就代表了云系统中的硬件设施，诸如服务器、网络、存储系统等。如上图所示，云提供商的存储集群和计算集群，皆可以出租。可以只卖存储，也可以只卖计算，或者买计算的赠一定容量的存储空间，当然笔者在此只是开放地设想而已。IaaS 并不算是云计算的一种，因为 IaaS 并不直接负责用户的计算，而只是提供硬件平台，具体计算的细节由用户自行部署。

1）如何卖存储空间

可以有多种方式，如卖裸空间、卖文件存储空间等。裸空间就是说最终用户的操作系统看到的是一块硬盘，所用到的协议当然首选 iSCSI 方式，以便于跨越 IP 网络，即用户终端通过 iSCSI Initiator 连接云提供商处的 iSCSI Target 从而获得一个或者几个 LUN。文件存储空间方式又包含两种方式：一个是基于传统 NAS 协议的访问方式，另一种是基于 HTTP 协议或者服务商专用的其他协议访问方式。基于 NAS 协议的存储空间需要使用 NFS 或者 CIFS 协议来挂载服务商处的 Volume，基于 HTTP 方式访问则是更高一层的实现方式，比如网络硬盘等大部分都是用 HTTP 方式。基于裸磁盘和 NAS 协议的 Volume 来存储数据，在操作系统层面具有一定的通用性，可以实现各种应用程序透明访问分配给它的空间。而基于 HTTP 协议的访问方式，不具通用性，只在定制的情况下才使用。

对于云中的存储系统，诸如 Thin Provision、Deduplication、Dynamic Tiering 等特性应该说是必须的。云的一个作用就是高效和成本降低，Thin 与 Dedup 这两种数据缩减技术可以降低不必要的存储空间占用；而动态分级则可以进一步节省存储成本。

2）如何卖服务器/虚拟机

这里说到的依然是 IaaS，即卖的是基础设施而不是更高层级别的服务。服务器资源该如何出租呢？总不可能卖给用户一整台物理服务器吧，那样就没有任何意义了，用户很大可能根本用不到这台物理服务器所能提供的最大资源。

然而，更不可能把一台服务器分割成几半来出租，除非有一种虚拟化的方式，将物理服务器虚拟成多台虚拟服务器。的确是这样的，这正是云服务中的服务器资源的虚拟和出租方式。提供商通过某种虚拟化解决方案比如 Vmware、Citrix Xen 等。比如用户需要 1 台运行 Linux 系统的 DB2 数据库服务器，1 台运行 Windows 2003 系统的 Exchange 服务器，2 台运行 Windows 2003 系统的 Web 服务器，每台服务器需要 3 个网络接口，则提供商通过某种图形界面生成这个配置，然后发送到云服务管理端，云自动在现有的虚拟机平台上按照配置要求创建好对应的 4 台虚拟机。至于这些虚拟机最后是不是落在同一台物理机器上，需要根据更多的因素来决定了，况且虚拟机可以动态地在物理机器之间迁移，资源也可以按需分配，这些在技术上都可以实现。生成的虚拟机，可以给用户提供一种方式，比如 Telnet、SSH 或者远程桌面等管理方式像在本地管理一样来管理用户从云提供商处购得的虚拟机，在其上安装用户自己需要的操作系统和软件等。而服务器的硬件维护、供电、网络等则可以全部交由云提供商解决。

虚拟机平台需要考虑的几个功能，一是动态迁移，即虚拟机可以不影响应用系统而在物理机器之间迁移，二是强劲的资源动态分配调度，三是管理方便。

Amazon 在 IaaS 方面提供了两个产品：弹性计算云（Elastic Compute Cloud，EC2）和简单存储服务（Simple Storage Service，S3），分别对应了主机计算集群和存储集群。除了 Amazon，提供 IAAS 服务的还有 3tera、GoGrid、Rackspace Mosso 和 Joyent 等。

2. 平台即服务（PaaS）

卖中间件服务，卖软件平台服务，卖开发定制服务。相对于 IaaS，PaaS 则屏蔽掉而且不出租 Infrastructure，转而出租更高一层的软件平台，在这个平台上，用户可以制作并测试符合自己要求的网络应用程序。在对应厂商提供的 PaaS 平台上开发的应用程序一般只能在这个厂商的云基础架构中运行，也就是说，PaaS 是一个孕育各种应用程序的平台，但是这些应用程序又只能在当初孕育它的平台上运行。PaaS 属于一种云计算服务，因为这个平台是一种运行于硬件集群上的软件，用户租用了这个平台其实就等于租用了计算业务。目前几个比较知名的 PaaS 平台有 Windows Azure、Force.com、Google AppEngine、Zoho 和 Facebook 等。

3. 软件即服务（SaaS）

卖内容，卖结果。SaaS 是云服务中的最外层业务。云提供商直接向用户出售业务级别的内容，而与业务相关的数据计算，都在云内部完成。SaaS 是目前互联网上非常普遍的一种服务，比如我们最常用的 Web 网页服务、QQ 等及时聊天服务，都属于 SaaS 的范畴。目前比较知名的大型的企业级 SaaS 提供商有 Epicor、 NetSuITe、Salesforce.com 和 Zoho 的客户关系管理（CRM），SAP Business ByDesign 和 Workday 的 ERP 套件等。

至此，我们就清晰地看到了一个数据中心是如何被分层出租的。值得说明的是，PaaS 提供商可以租用 IaaS，而 SaaS 提供商也可以租用 IaaS 和 PaaS，从而实现不同层次的逻辑分割和耦合。

20.5　真相大白——实例说云

在我们冲出这团云之前，笔者想用两个具体的实例来向大家展示一个具体的 IaaS 提供商到底是如何向用户提供 IaaS 服务的。读者在看完下面的一些具体细节之后，会彻底理解云服务的本质。

20.5.1　3Tera Applogic

3tera 公司通过两种方式来提供云服务：一是直接提供公共云 IaaS 服务；第二种是将云平台软件授权给第三方，第三方在自己的 Infrastructure 上部署云服务平台。日本老牌的电信运营商 KDDI，就将其部分业务迁移到了 3Tera 的 Applogic 云中运行。KDDI 并非租用 3Tera 的公共云，而是直接购买了 3Tera 提供的 Applogic 云虚拟化层，将其部署在自己的硬件 Infrastructure 上，形成了自己的云系统对内或者对外提供 IaaS 服务；同时，在 IaaS 之上再使用自己的 PaaS 和 SaaS 平台层为其用户提供 PaaS 和 SaaS 云服务。

3Tera 的 IaaS 平台名为“Applogic”。Applogic 是一个可以实现 IaaS 功能的软件虚拟化平台，或者按照官方的说法，是一个网格操作系统。咱们拒绝一上来就忽悠一些摸不着边的东西（往往就是因为这样才让人晕的），还是先来看一下它的底层架构，然后再说明这种架构可以带来什么样的变革。先来看一张图，如图 20-7 所示。这张图就是整个 Applogic 系统的总体架构图，共分 4 个大层次。

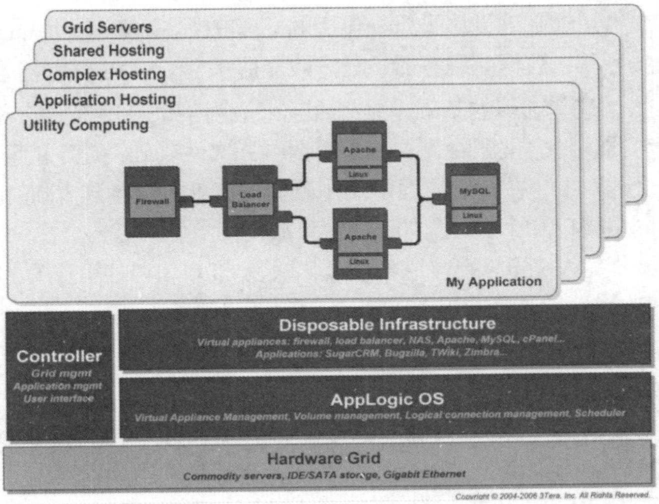

图 20-7　Applogic 架构简图

1. 第一层：硬件层

本层包括主机服务器、存储系统（SAN 和 DAS 均可）、网络设施。值得一提的是，Applogic 并不要求底层存储系统必须是基于 SAN 架构，其可以用本地 IDE 或者 SATA 硬盘来作为存储空间。若干主机服务器通过千兆以太网连接起来，形成一个集群，或者叫它网格也可以。我们就是要在这些有限并且分配很不灵活的资源池之上，实现一种管理方便、使用方便、资源分配灵活的虚拟化层。

2. 第二层：分布式核心虚拟化层（Applogic OS）

本层由 3 个子层组成，分别是 DVM、GVS 和 LCM 层。

- 对计算资源的虚拟：Distributed Virtual Machine Manager（DVM）子层

本层的核心是虚拟机技术，即在物理主机上通过 Hypervisor 引擎来虚拟化成多个虚拟的主机。大家都知道 Vmware 的 ESX server 就是这些技术。只不过 Applogic 使用的是 Xen 的虚拟机平台。

- 对于存储资源的虚拟：Global Volume Store（GVS） 子层

Applogic 使用的是自研的分布式文件系统，在这个文件系统之上虚拟出 Volume，Volume 可以是 Mirror、Clone、Snapshot 等。每个 Volume 都在多个物理主机上有镜像以解决 HA 问题，并可以提升读性能。这些 Volume 对于最终的虚拟机来说就是裸磁盘。在这个虚拟层之上，每个节点将自己的本地存储空间贡献出来，所有节点的存储空间被整合起来并虚拟化，再分配。

- 对网络资源的虚拟：Logical Connection Manager（LCM） 子层

对此没什么可多说的，就是将物理网络搞成虚拟网络，虚拟机都有的技术。

GVS、DVM 和 LCM 这三个子层共同组成了整个系统的第二层，即 Distributed Kernel。

3. 第三层：一次性基础设施虚拟层

这一层可能表述和理解起来有些困难。何谓一次性基础设施？难道基础设施用完了就丢弃？这岂不是浪费么？是的，就是因为所有资源都是虚拟的，所以才可以浪费。Applogic 的所谓一次性基础设施，其实是说虚拟机资源和网络资源可以按需求创建，每个应用程序都可以为其分配一个独立的基础设施平台，包括 Firewall/Gateway（基于 Iptable）、负载均衡器、Web 服务器、应用服务器、数据库服务器、日志收集服务器、NAS 存储器等，而每个角色都是一个虚拟机。

这些虚拟的基础设施组合起来成为某个应用程序的容器，当彻底删除一个应用程序的时候，容器也随之被删除，这就是所谓“一次性基础设施”的意义所在。这些角色被这一层虚拟成一个个的对象，在图形界面中使用鼠标拖曳就可以创建，同时用户还可以指定这台虚拟机的 In 和 Out 网络接口和个数，比如，一台负载均衡器，就需要至少一个 In 接口和若干个 Out 接口。同时还需要指定 Volume 的容量和数量，以及 CPU、内存等资源的上下限。被装配好的基础设施可以被复制、粘贴、导出和导入等。

如图 20-8 所示，用户创建了一台 Web 服务器、一台 MySQL 服务器和两台 NAS 存储器。Web 服务器的前端 in 接口提供用户访问，后端的 db 接口用来连接数据库服务器，fs 接口通过 NFS 协议访问一台名为 content 的 NAS 存储器，log 接口使用 CIFS 协议访问一台 NAS 存储器用来存取日志。用户将会在这个硬件平台上运行某种应用程序。

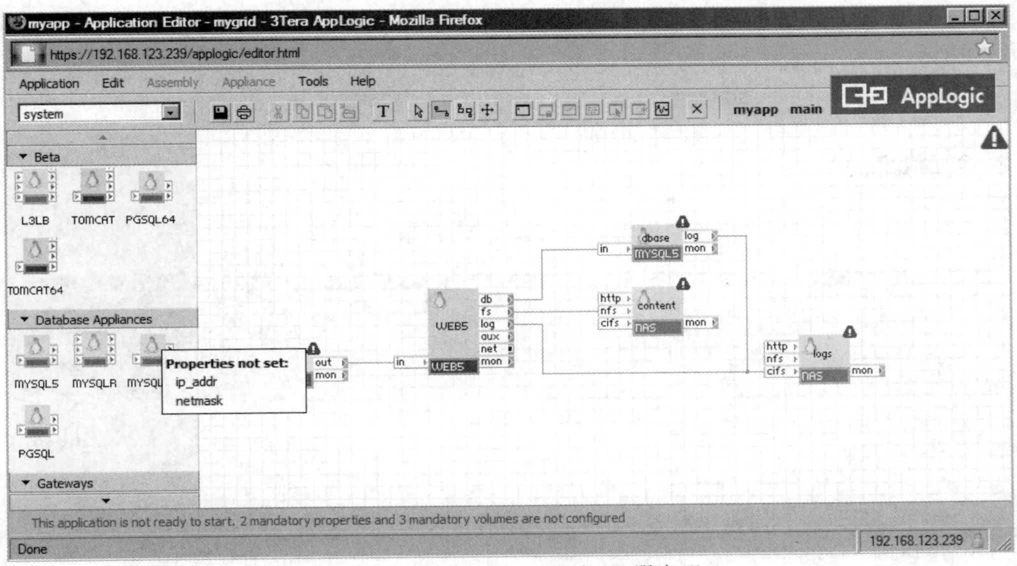

图 20-8　创建 Web、NAS 和 DB 服务器

图 20-9 所示则是一个入方向的 Gateway，一台负载均衡器后挂 4 台 Web 服务器，最后共享一台数据库服务器的基础设施架构。

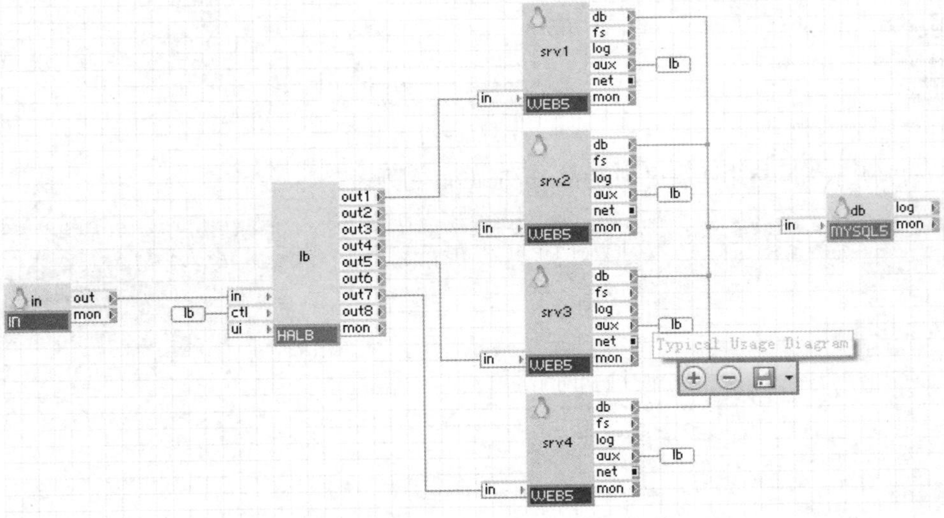

图 20-9　Gateway 创建

4. 第四层：网格控制层和应用程序管理层

这是整个 Applogic 体系的最后一层，也是最后的展示层，所有的底层逻辑无非都是为了实现这最终的展示层，也是 Applogic 应用程序运行平台交付方式的最终体现。

Applogic 以 Application 为单位向用户交付，在一个网格（也可以说成是集群，包括主机和存储以及网络）上运行多个用户的多个应用程序，比如，Exchange、CRM 等，每个应用程序会被分配一个一次性基础设施，每个一次性基础设施又包括了多个角色，比如 Gateway/Firewall、负载均衡器、Web 和数据库服务器、NAS 存储器等，每个角色就是一个虚拟机。每个 Application 创建好之后，就是一个 Package，可以独立操作，与底层硬件无关，用户可以将它带走，在另外一个 Applogic 网格内导入，便立即可用。

5. 配置实例

图 20-10 所示为整个网格系统的 Dashboard 监控界面。

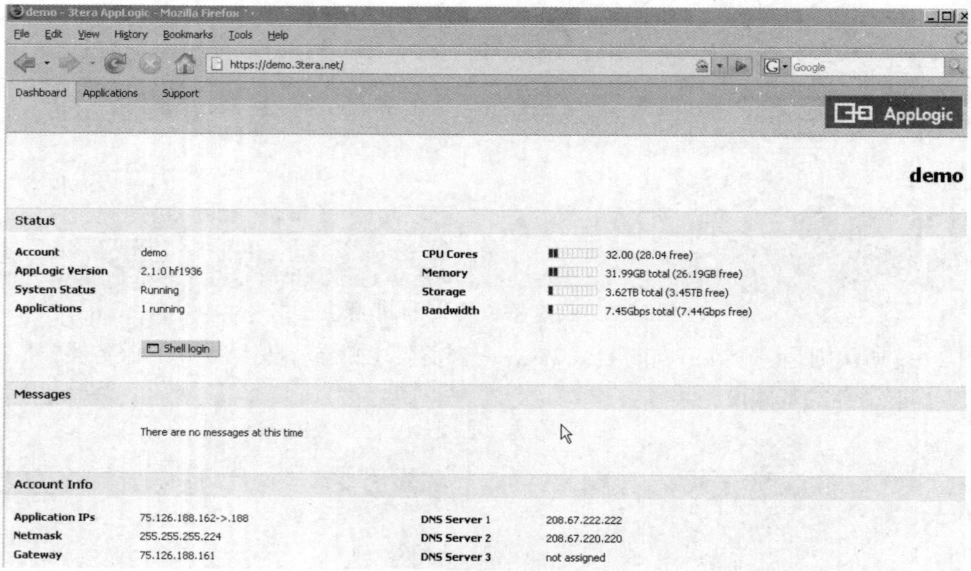

图 20-10 Dashboard 控制台

图 20-11 所示为网格中所有已创建的 Application 的列表。

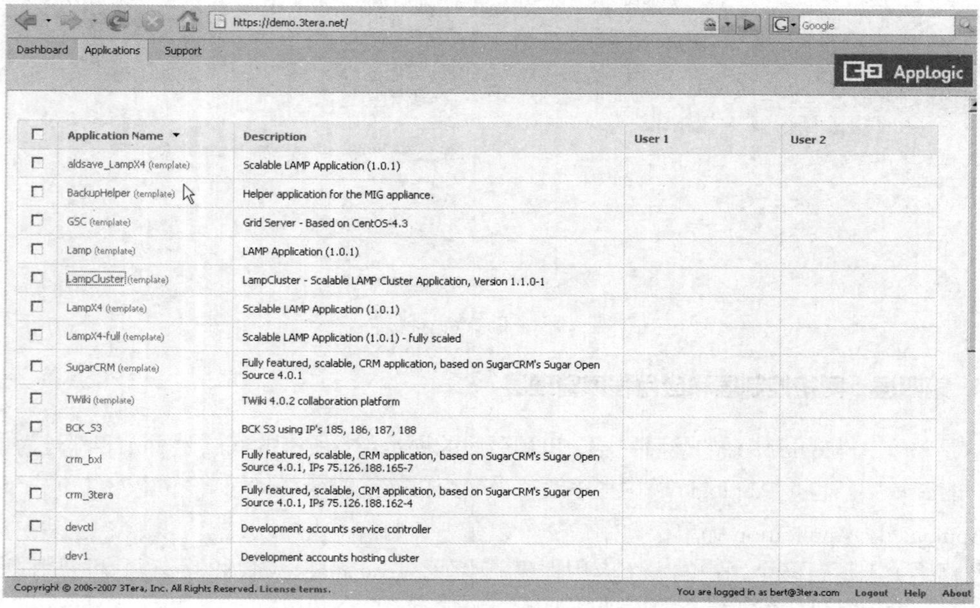

图 20-11 已经创建的 Application 列表

下面我们通过创建一个带有 Gateway 防火墙、一个负载均衡器、两台 Web 服务器、一台数据库服务器的简单的 Infrastructure 来体验一下 Applogic 最终交付给用户的接口。

（1）先从左边的 Gateway 类别中拖曳一个简单的入方向的 Gateway/Firewall。然后在其上右击，从弹出的快捷菜单中选择 Property Value 命令，如图 20-12 所示。在出现的窗口中可以定义这台 Gateway 的一些属性，如图 20-13 所示。

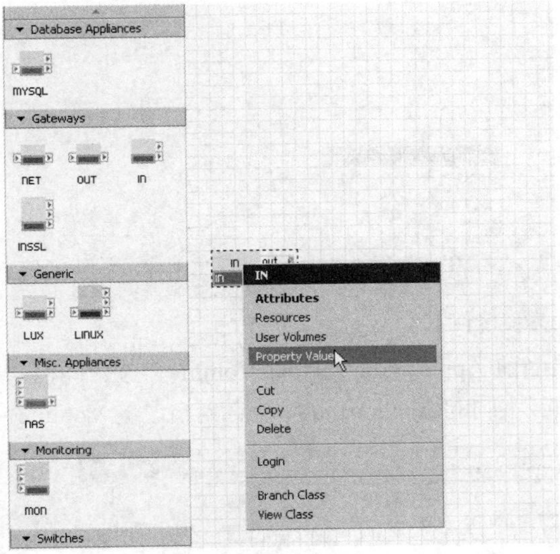

图 20-12　创建 Gateway

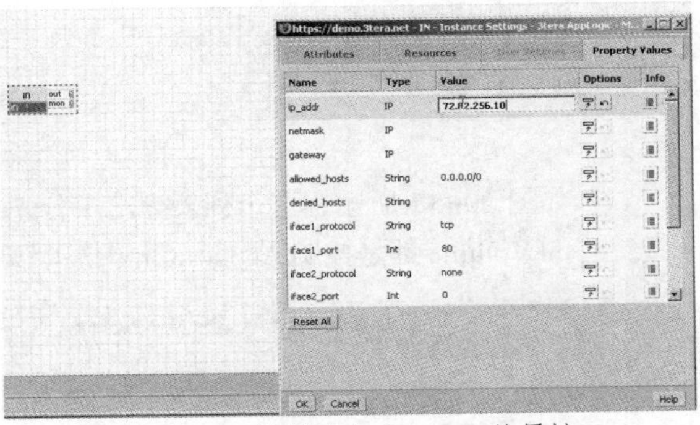

图 20-13　设置这台 Gateway 的属性

（2）加入一个 8 Out 口的负载均衡器。然后右击并选择 Resources 命令来配置这台均衡器所使用的资源，如图 20-14 所示。可以配置 CPU、内存、网络带宽这三种资源，其接口是由 Ctrix Xen 提供的，这个界面只是调用这些接口来控制 Citrix 部署虚拟机，如图 20-15 所示。

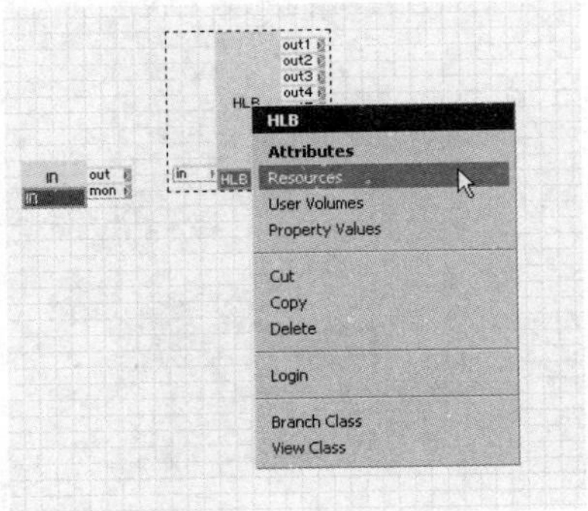

图 20-14　添加负载均衡设备

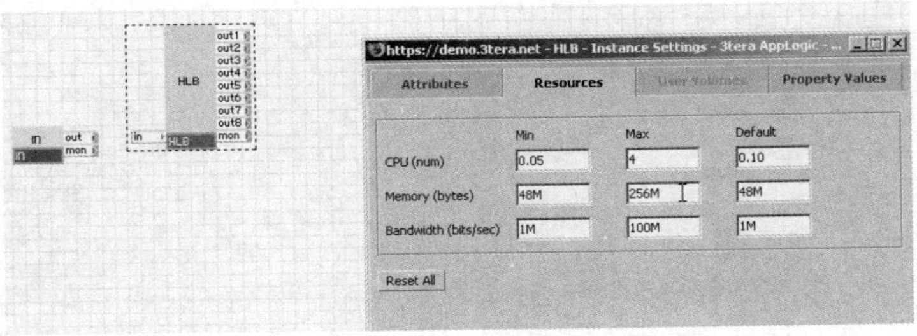

图 20-15　设定虚拟机参数

（3）拖入两台 Web 服务器，并在这个 Application 的主界面中单击 Manage Volume 命令来创建这个 Application 所需要的存储空间。此时界面会调用底层的集群卷管理层来执行部署任务，如图 20-16 所示。

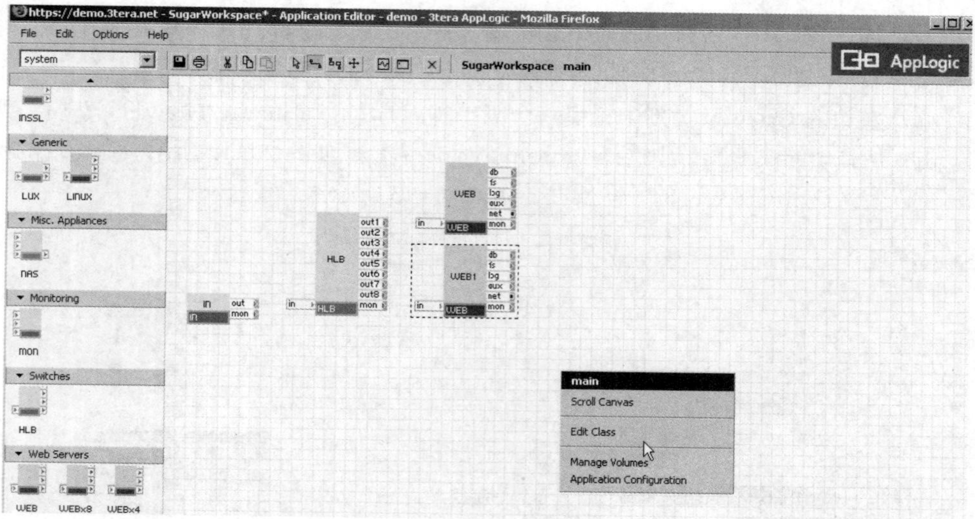

图 20-16 设定存储空间

如图 20-17 所示，这个列表列出了分配给当前 Application 的所有 Volume，整个网格中的 Volume 都是按照 Application 相互隔离的，不同的 Application 只能看到自己的 Volume。

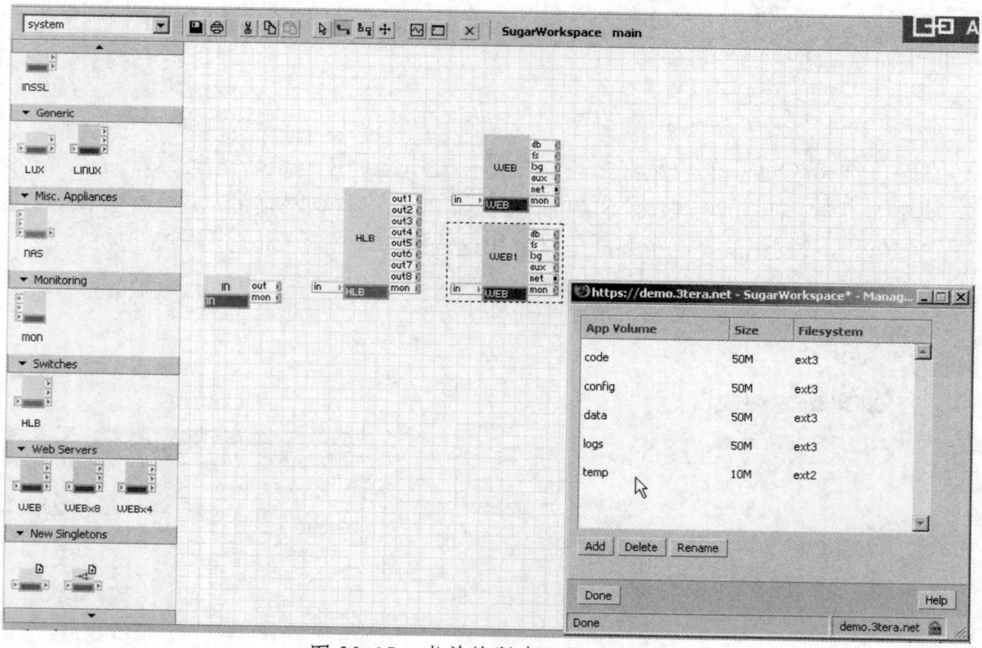

图 20-17 当前的所有可用 Volume

单击 Add 按钮添加一块存储空间。名称、大小、文件系统格式，如图 20-18 所示。

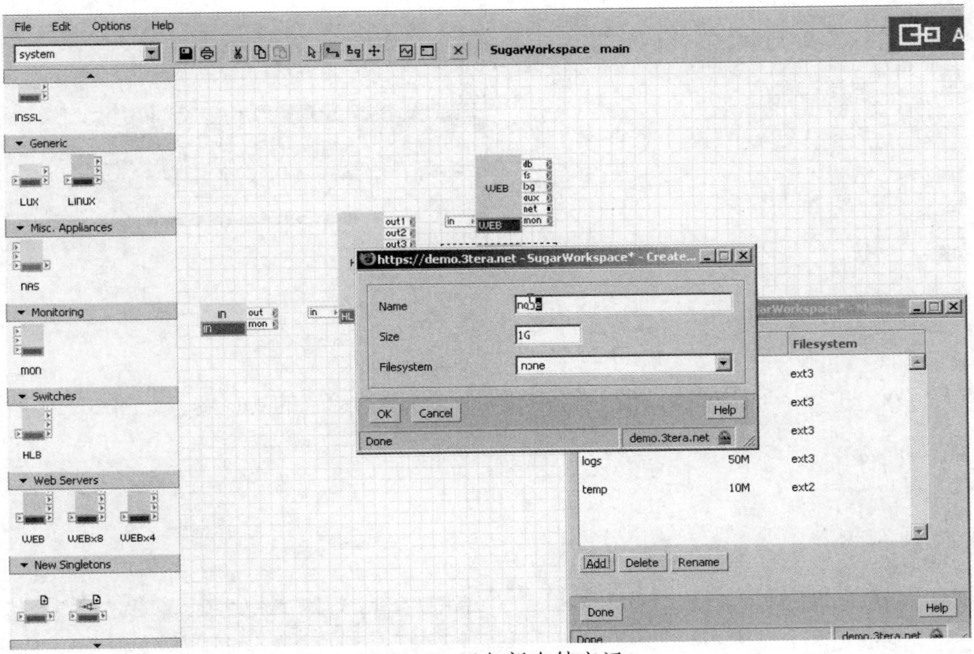

图 20-18 添加新存储空间

（4）将 Volume 分配给需要使用存储空间的服务器，比如 Web 服务器，在 Web 服务器图标上右击并选择 User Volume 命令，如图 20-19 所示。

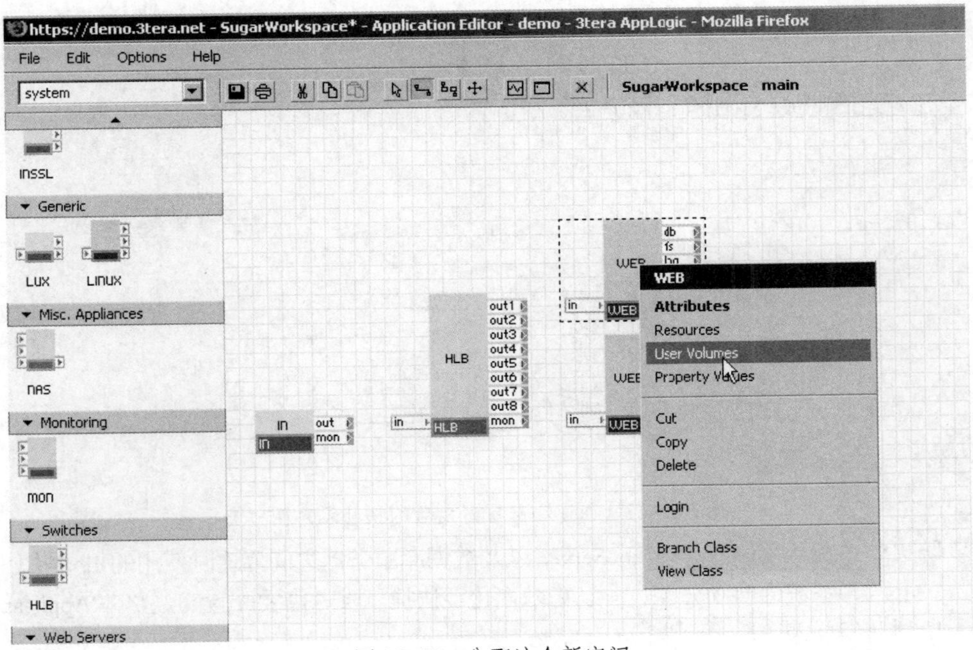

图 20-19 分配这个新空间

里面默认有一项 content 卷，我们将上文定义好的 code 卷映射给这台 Web 服务器的 content 卷，如图 20-20 所示。

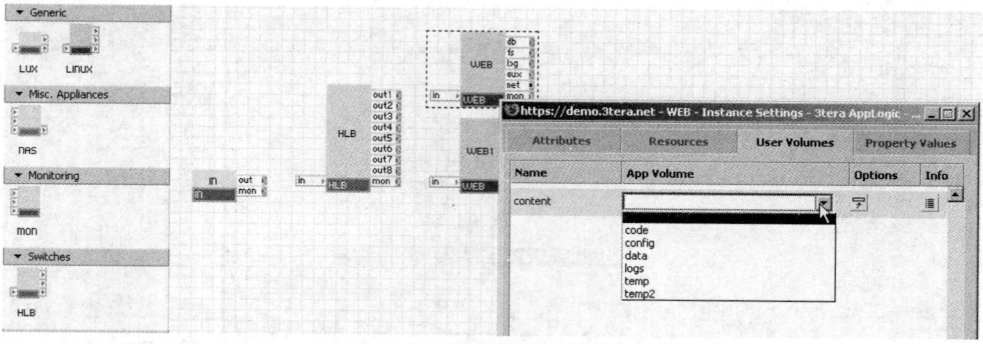

图 20-20　分配新空间（1）

（5）拖入一个数据库服务器，将上文定义的 data 卷映射给它的 data 卷，如图 20-21 所示。

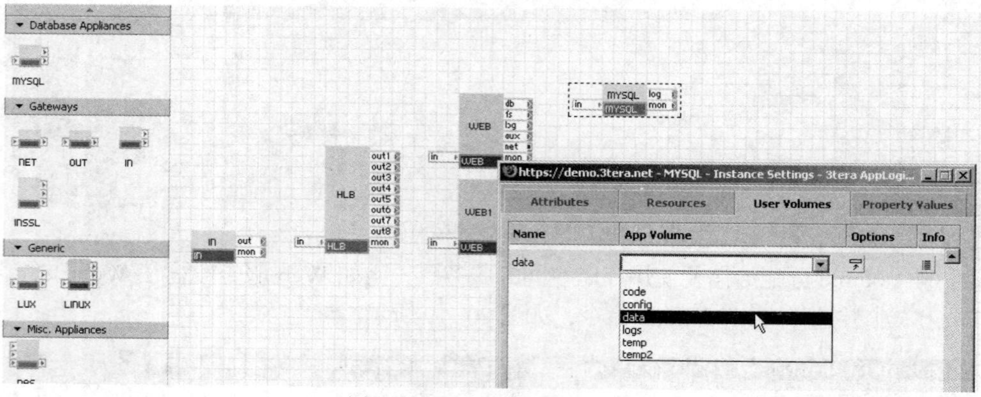

图 20-21　分配新空间（2）

建好之后的最终拓扑如图 20-22 所示。

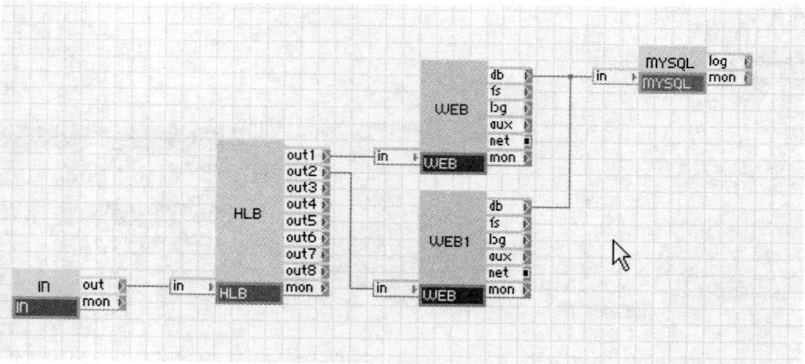

图 20-22　创建和部署好之后的拓扑示意图

防火墙、负载均衡器和 Web Server 以及数据库服务器之间互连时使用的 IP 是用户不用关心的，系统会自动分配，一切力求简化、快捷。唯一需要配置的是整体 Application 的 IP 地址等信息。

可以针对每台服务器进行各种属性的配置，如图 20-23～图 20-25 所示。

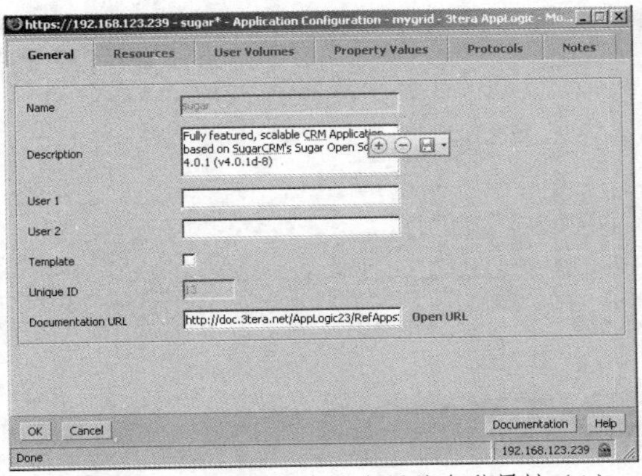

图 20-23　配置虚拟机上业务层的各种属性（1）

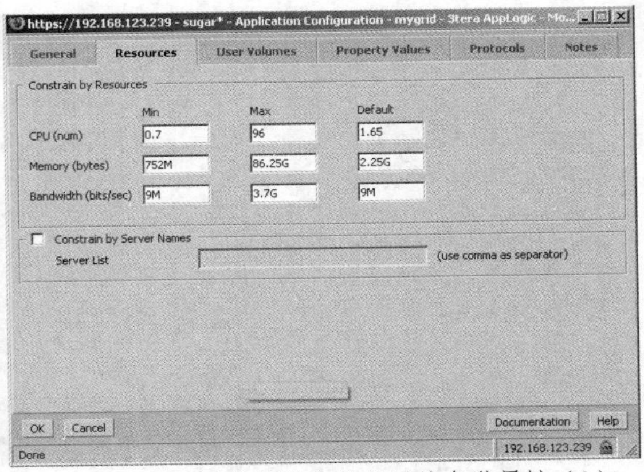

图 20-24　配置虚拟机上业务层的各种属性（2）

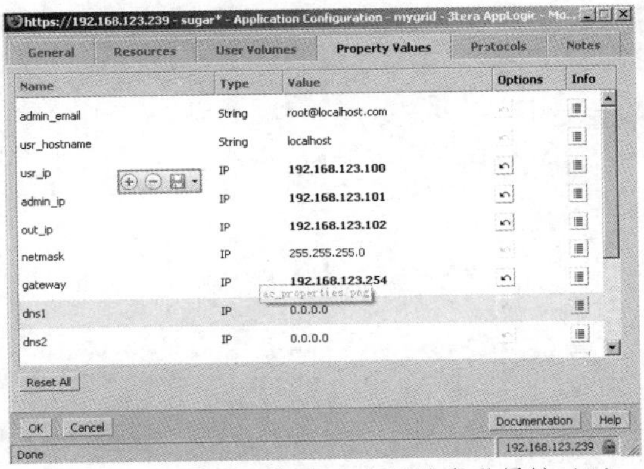

图 20-25　配置虚拟机上业务层的各种属性（3）

我们还可以登录到这台服务器上，如图 20-26～图 20-28 所示。

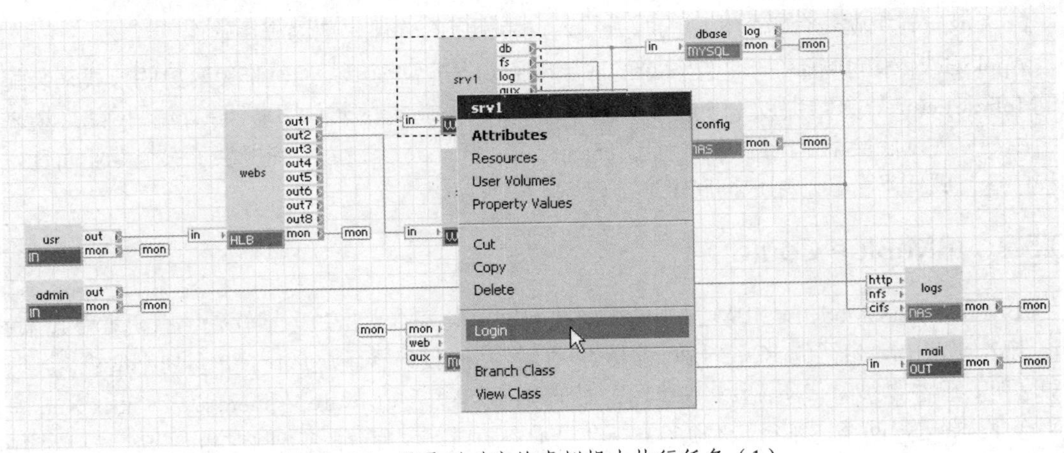

图 20-26　登录到对应的虚拟机上执行任务（1）

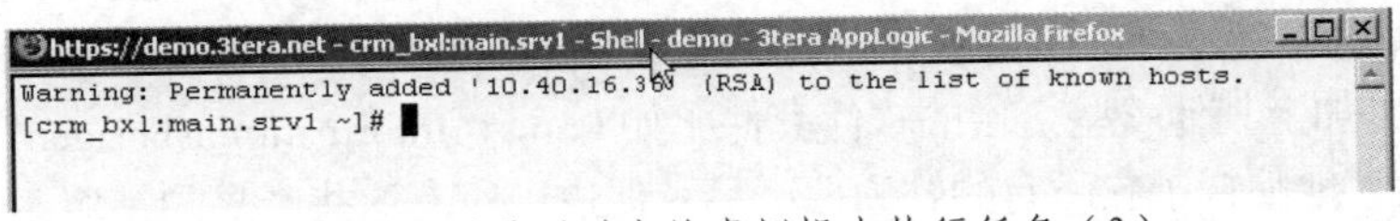

图 20-27　登录到对应的虚拟机上执行任务（2）

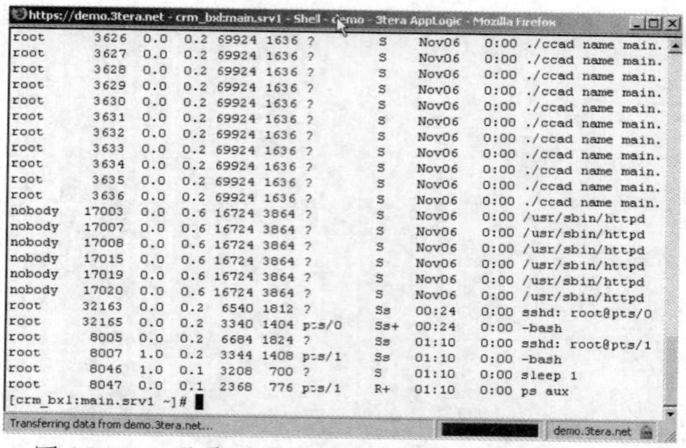

图 20-28　登录到对应的虚拟机上执行任务（3）

此外，还可以监控服务器的各种状态信息，如图 20-29 所示。

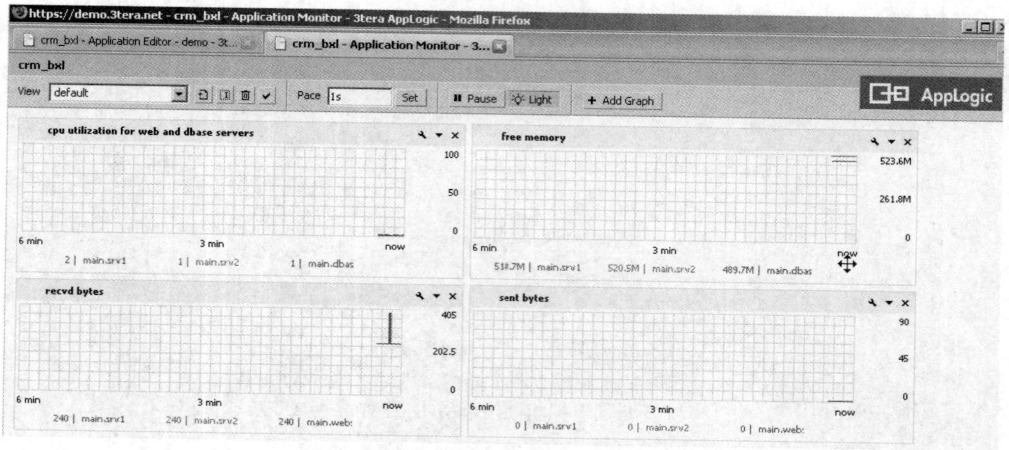

图 20-29　对整个系统进行性能监控

（6）最后一步就是登录到相应的服务器，安装相应的软件，启动应用软件。

Applogic 带来的革命在于它把复杂的底层硬件变得非常简单，通过拖曳对象的方式来装配自己的 Infrastructure，并最终以一个适合于某种 Application 运行的整体服务器+存储+网络环境来交付给用户，佐以底层丰富的附加功能比如 Snapshot、Migrate 等，为用户提供了一个专业而且方便的程序运行硬件平台，让用户彻底脱离了苦海。

20.5.2 IBM Blue Could

IBM 的 Blue Cloud，是 IBM 推出的云解决方案。其基本上是由一堆软硬件有机堆叠起来的。硬件当然包括 IBM 自己的 X 系列 PC 服务器，以及刀片服务器，更少不了 P 系列小型机，大型机就算了吧，已经是被时代所淘汰的东西了。软件则必然包括 VMware Vsphere 以及 Citrix Xen 虚拟机平台了。有了这两个还不行，必须还有一套用于资源自动调度分配管理监控的平台，这就是 IBM RDP（Request Driven Provisioning）、IBM TPM（Tivoli Provisioning Manager）、IBM TM（Tivoli Monitor）。有了这些还不行，还需要对应的中间件平台，比如 Websphere，还要有开发部署平台比如 Rational，再加上其他一些上层的软件套件比如 Lotus、Information Manager 等。总之 IBN 借助这个篮云，大大地整合了它所有的软硬件产品，促进了所有这些产品的销售。

IBM 宣称蓝云可以在 5 分钟内部署一台 x86 平台的虚拟机，P 系列小机的部署则需要 30 分钟左右。x86 当然是靠 VMware 以及 Citrix Xen 作为平台；而 P 系列自身就提供了硬件级别的虚拟分区功能，而且也支持分区迁移等高级功能，其灵活程度毕竟不如 x86 开放平台，所以部署所需的时间也要远远长于前者。

我们还是来看一下这个蓝云是怎么对外呈现的吧。首先见图 20-30，为用户登录到云服务申请界面时的入口。用户使用自己的账户和密码登录蓝云资源申请界面。登录成功之后，便会出现如图 20-31 所示的窗口，其中会显示出这个用户之前曾经申请过的所有资源以及对应的简要情况。

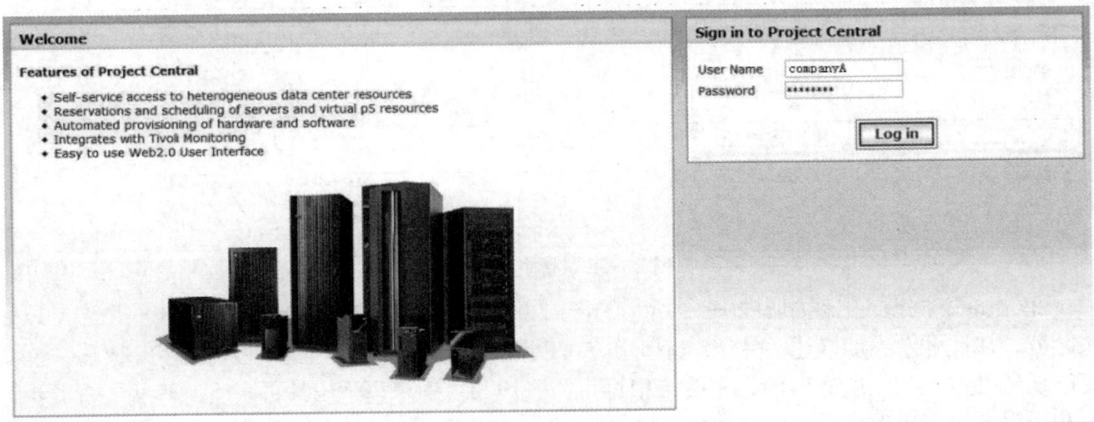

图 20-30　登录到云服务申请界面

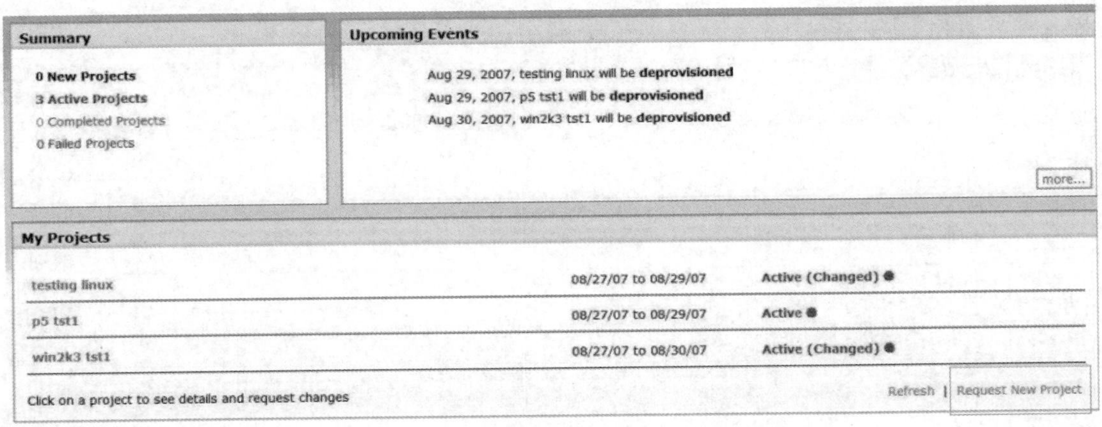

图 20-31　此用户所申请的所有资源列表

在图 20-32 所示的窗口中单击右下角的 Request New Project 按钮来申请新的资源，出现如图 20-32 所示的窗口。其中可以选择用户要使用对应资源的期限，比如本例中选择了呃 SEP，也就是 9 月份的 10/11/12 这三天，也就是要用三天的时间。

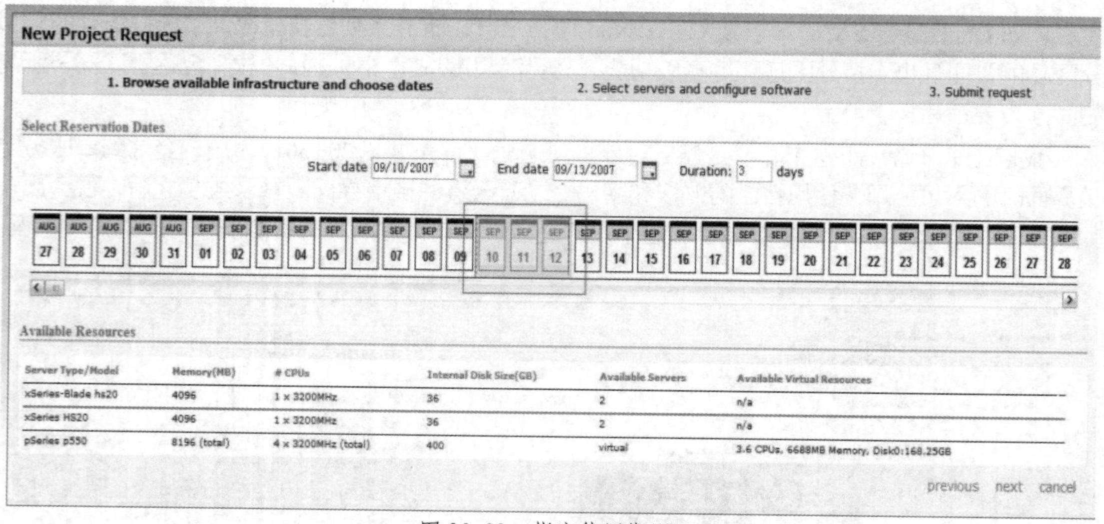

图 20-32　指定使用期限

单击 next 按钮，出现如图 20-33 所示的窗口，这里可以给本次所申请的资源起一个名字以用来区分，并且可以添加描述。另外，窗口上方可以看到目前云中现存可供使用的所有资源（当然，可能系统并没有列出所有资源，可能会根据目前账户的级别来只列出其可享受的等级的资源）。用户可以选择对应的资源，比如 X 系列 PC 服务器，或者刀片服务器，或者 P 小机服务器，旁边还列出了可用的内存与 CPU 频率资源，以及对应的存储资源。选择对应的资源然后单击 Add 按钮，出现如图 20-34 所示的窗口。

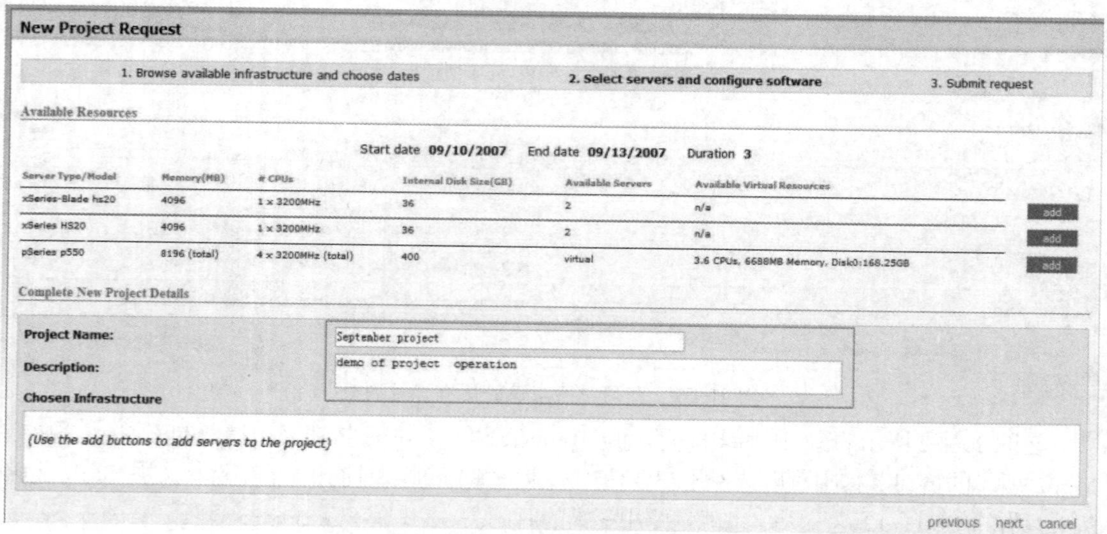

图 20-33　命名和描述所申请的资源

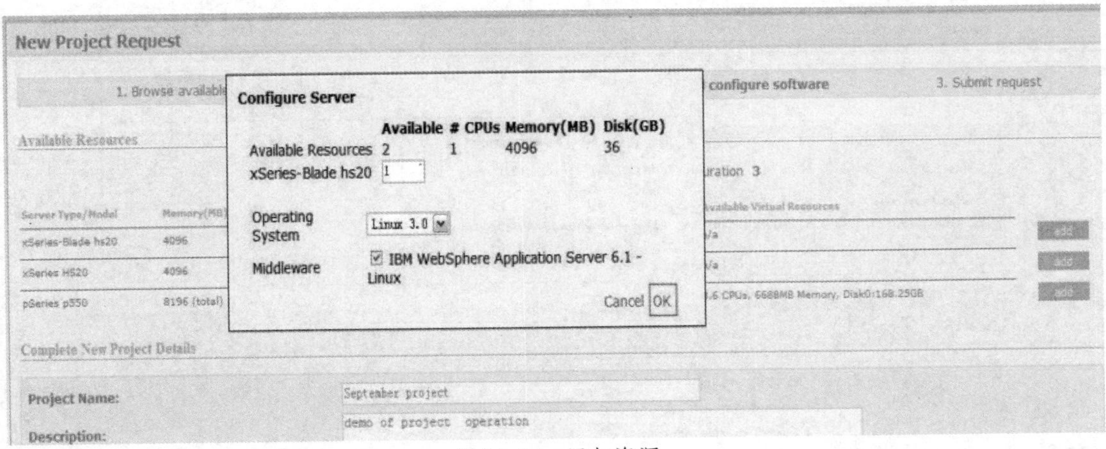

图 20-34　添加资源

本例中选择了使用刀片服务器资源。在这个窗口中可以指定使用刀片的数量，AvailableResources 显示 2，这并不一定就代表此时系统中只剩下两片刀片了。前文说过云中可能都是一些虚拟的资源，这里的 2 可能就代表此时系统只能再为你创建两台虚拟机了，因为你的账户是铜牌账户。可能对于白金账户的话，这个数字会更高。这里选择了 1，下面还可以选择在这台虚拟机上你想让它安装部署什么操作系统，这里选择了 Linux。是否需要部署中间件？如果勾选的话，那么系统会自动将 WebSphere 中间件部署到虚拟机中。这些定制化的选项，其后端必定对应这样一种情况，比如系统预先将各种可组合的情况独立生成一份虚拟磁盘镜像文件，比如装好 WebSphere 的 Linux 系统，或者一份裸 Linux 系统，或者部署了 WebSphere 的 AIX 系统镜像。当用户选择了对应的组合之后，系统后台就将这些文件复制一份或者直接做一个快照来供对应的虚拟机运行，如图 20-35 所示。

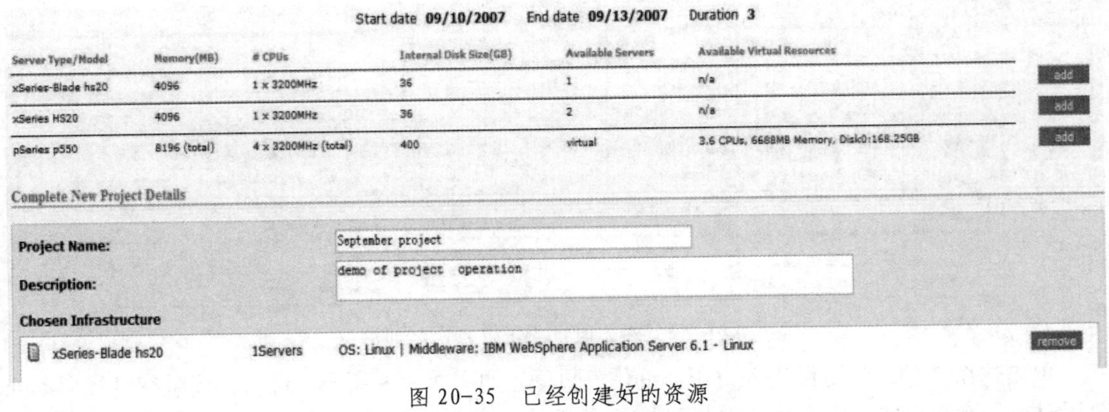

图 20-35　已经创建好的资源

如图 20-36 所示，参数已经选择完毕的资源会被列在下方的窗口中。此时可以继续添加资源，如果添加完毕，则单击右下角的 next 按钮，出现如图 20-36 所示的窗口。

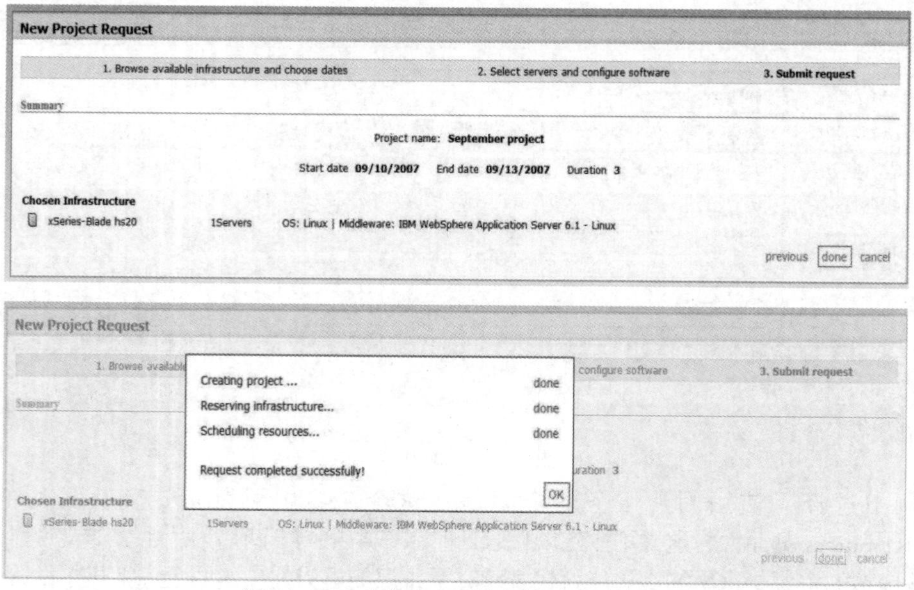

图 20-36　系统后台开始部署对应的资源

此时系统后台就开始根据用户指定的参数来部署对应的资源了。比如在 Creating Project 过程中，系统后台可能会在云管理平台中创建对应的条目和记录等，这一步是比较快的；Reserving Infrastructure 过程中，系统后台会调用对应的虚拟化管理平台比如 Citrix Xen 来部署对应的虚拟机，比如将预先定制好的虚拟磁盘镜像文件复制一份到对应的存储空间，然后创建新虚拟机，然后挂起磁盘，启动。整个过程完毕之后，单击 OK 按钮结束整个过程，出现如图 20-37 所示的窗口。

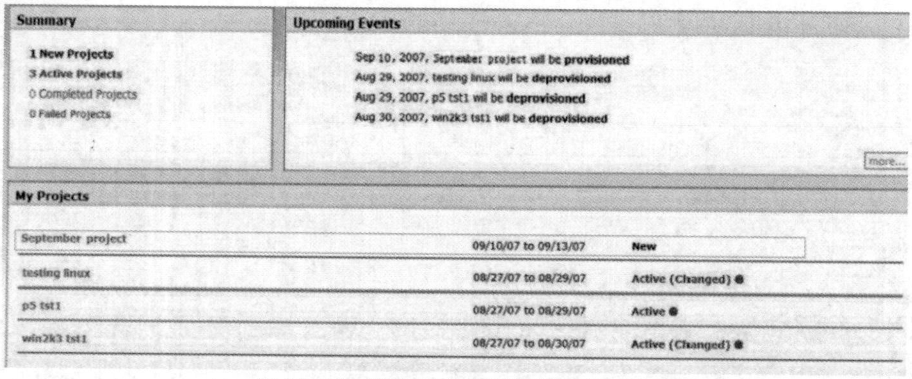

图 20-37　刚才创建的新资源已经列出

单击这个新创建的资源进入资源详细信息页面，如图 20-38 所示。可以看到系统已经自动部署了对应的操作系统、中间件，以及配置了 IP 地址。

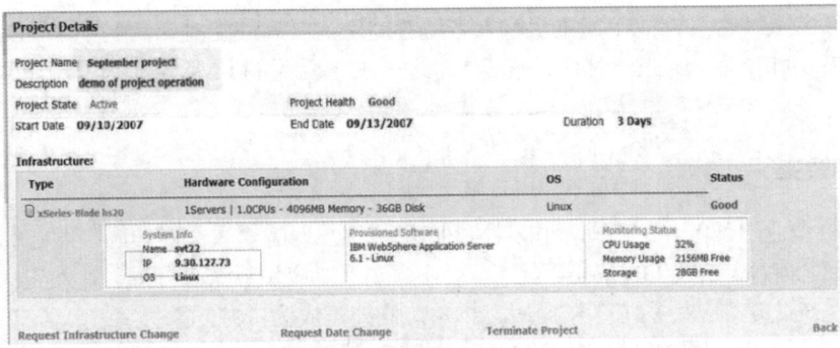

图 20-38 资源详细信息页面

用户此时就可以使用 Telnet、SSH 或者远程桌面等来连接这台服务器从而执行后续的定制化部署了，比如安装其他软件等。此时这台虚拟机就完全是你的了，愿意怎么搞就怎么搞，搞崩溃了也没问题，只需要让运营商给你回滚一下就可以了，用什么回滚呢？当然是快照技术了，或者在虚拟机层实现，或者直接在底层存储中实现。当然，快照能回滚到最近的时间点粒度，也是一种服务级别。比如你购买了高粒度的快照，那么你或许就可以回滚到 5 分钟之前的状态；而你如果只购买了低级别的快照粒度，那么你可能就只能回滚到一天前的状态了。还有各种各样其他类型的服务级别，这些都需要用户在购买云服务的时候与运营商签订 SLA（Service Level Agreement），SLA 中会规定所有详细的服务条款。

其他运营商的方案与 3teraApplogic 以及 IBM Blue Cloud 如出一辙，不管是 IaaS、PaaS 或者是 SaaS，其不同的只是交付方式的区别。读者可以从本案例中窥见一斑。

20.6 乘风破浪——困难还是非常多的

云这个东西并非都是优点。作为一个刚刚兴起来的概念，其机遇与挑战并存。

20.6.1 云的优点

1. 为企业解除了投资浪费的后顾之忧

买了服务器买存储，买了存储买交换机，买完了硬件买网管软件、买运行维护服务，磨合期结束时，发现需要扩容需要购买新的硬件，耗费大量的电能却不是每时每刻都在计算、都在存储。这种问题在迁移到云之后将会不复存在，整体资源极大地得到节约。

2. 绿色节能，社会成本降低

随着云服务的发展，网民只需一条高带宽的网络连接和一台处理能力很弱但是耗电很低的瘦终端机和显示器即可享受各种信息服务，包括 3D 渲染服务，甚至高性能显卡也无须再购买。节能不但只针对于使用云服务的用户，运营商自身通过使用虚拟化整合的弹性数据中心，也可以实现节能增效。

3. 廉价

随着网络带宽逐步增加和云的发展，云服务将会变得越来越廉价从而走入千家万户。届时人们会发现与其购买一台高性能 PC 主机和大容量存储硬盘、高性能显卡，倒不如购买同样感观的云服务来得方便和便宜。云服务时代，一切你本地所能享受到的 IT 服务，都可以在网线那头得到满足。

4. 角色转变

云服务将企业内部的 IT 基础架构从围绕应用系统开展的模式全面转向以服务为宗旨开展的模式。没有云之前，企业的 IT 基础架构一切工作都要围绕应用系统来开展，基础架构的配置水平严格由应用系统决定，应用系统以及使用应用系统的部门成为资源的掌控者；而私有云形成之后，IT 基础架构部门变为资源的掌管者，其他部门都变为消费者，向云来要服务。这种政治角色的转变，是比较微妙的。

20.6.2 云目前存在的问题

1. 稳定性和安全性的问题

换个角度，在运维方面，你觉得谁更专业？你还是云？如果你觉得你更专业，那是另外一回事；如果你觉得云更专业，你认为将同样故障率的 Infrastructure 放到你这和放到云里哪个更保险？数据都是你的，只不过换个人保管，既然你认为云更专业，那就应该相信云。

这和银行是一样的道理，你总是认为银行有更保险的措施来保障你的金钱，唯一区别是钱都是一样的，而数据具有唯一性，所能做的就是多几份冗余。说到数据所有权的问题，比较有意思的是，Facebook 前段时间修改了其服务声明，宣称它拥有数据的永久的所有权，并且有权力使用保存或者发表在该网站上的任何内容。笔者想这只是特例，一切都是可以谈的。个人认为云系统中基础设施和数据本身的安全性问题大可不必担心。

另外，共有云所面临的一个最大问题就是如何彻底隔绝两个用户的存储资源，用户总是有这种担心，比如互为竞争对手的 A 与 B 公司共同选择了云运营商 C 的服务，A 与 B 各自的数据如何才能够确保底层被完全隔离，因为用户往往认为只有这样才能够真正做到自己的数据不被对手通过某些后门黑客手段所窃取。

2. 涉密问题

另外一个担心就是将数据存储在不信任的地方，如何解决涉密问题。这确实是一个原则问题。这方面依然是可以通过技术层面解决的，比如将数据源放到本地并在服务器端采用加密方式，用户控制密钥等。

3. 平台迁移问题

怎样在不影响已经运行的业务的前提下将其迁移到云平台，这也是一个比较头疼的问题，需要提供商给出最佳的解决方案。

4. 骑虎难下的问题

一旦用户选择了某家云服务提供商，如果之后想更换提供商，则几乎是一件无法找到好办法的事情，因为你的业务、数据都已经部署在这家云提供商处了。更换提供商就意味着将数据业务进行迁移，并且伴随着业务停机。想要做到停机时间最短的迁移，就需要两个运营商之间形成合作关系，这不是一件容易的事情。

5. 不兼容问题

不同云服务商的架构不同，所提供的访问接口也不同，随着云的发展，势必有云之间通信的要求，就像多个网络之间互联形成 Internet 一样，云也一样，这方面需要一个像 IP 地址和 TCP 一样的标准出现。目前 Amazon 的 AWS（Amazon Web Service）系列接口已经逐渐在成为标准，这些标准包括：SimpleDB: simple DB 接口（与 Hadoop 中的 bigtable，hypertable 之类比较像）；RDS：亚马逊的 Relational Database Service 接口；SQS，即 Simple Queue Service 服务（类似 message queue 这种服务）；CloudWatch，监控整个云；EBS，即 Elastic Block Stor 接口，用来控制块数据访问；IAM，即 Identity and Access Management 接口，用来控制和认证用户行为等。

6. 带宽问题

网络带宽始终是 Web 2.0 和云时代的首要瓶颈，网络带宽不飞跃，服务也不能飞跃。

7. 运营方式

云要想盈利，重点是运营方式。用什么样的方式来获得用户的关注，是需要不断努力做的一件事情。

总之，适用于企业级业务的云，目前还尚未得到普及，随着技术和时代的发展，企业级云服务最终将会在市场上占有一席之地。

20.7　千年之梦——云今后的发展

20.7.1　云本质思考

存储资源+计算资源 + 软件资源，最后虚拟为 IT 服务资源，也就是最终形态的 Software as a Service（SAAS）。抽象来看，这不就是一台虚拟计算机么？硬盘 + 服务器 + 操作系统和应用软件 + 显示器。其实目前的 IT 技术都没逃出这个模型，都是这个模型的各种变形体。

说明：比如 Bowser – Webserver – Application Server – DB Server，就相当于显示器 – 显示卡 – 主机 – 硬盘。再抽象一下，就是显示器 – 硬盘，人们最终需要的是结果并将其显示出来看到眼里听到耳朵里，看完了还得存起来或者从硬盘上取出来。人们需要的就是显示器和存储设备，中间的任何过程，从最终用户的角度来说，是根本不去关心的。而云服务的出现，恰恰就是这种思想的一个呈现和回归。

既然用户最终需要的不是服务器也不是一堆一堆的硬盘也不是机房也不是整天吹冷风的空调，他们只不过想要自己的数据被展现出来，看到生产的结果并且储存起来备用，就这样嘛。好吧，你不喜欢机房，也不喜欢看到一堆一堆的机柜，你不愿意看到你花很多钱购买的服务器，在系统不繁忙的时候，CPU 利用率几乎等于 0，磁盘 IO 利用率几乎等于 0。即便这样，你愣是无奈地乖乖的让这些家伙持续耗费着电，磨损，磁盘依然高速旋转着就为了时不时地接受那无关痛痒的几次 IO 操作；系统管理员在巡检完后，无所事事地聊天玩游戏而你却得按月支付工资，你同样也不愿意再为了这些你认为已经让你觉得浪费很大的投资而再次投资购买什么网管软件或者监控软件之类的东西，同样你更不愿意看到花钱购买的硬件在几年后被完全淘汰并且不被厂家支持了；你也不愿意每月缴纳那高昂的电费和雇佣系统管理员的开销。你每天望洋兴叹，昨天服务器 Down 机了，生产停顿 30 分钟，损失 10000 元，今天硬盘损坏，换了一块硬盘花了 2500 元，谁知道明天又会有什么麻烦事呢？

你好，我们这里有机房有机器有存储有网络，有非常专业的操作人员和维护人员，我们帮你运行应用程序，我们帮你存储，你不用担心硬件淘汰的问题，淘汰了算我们的。我们给你一个 IP 地址，你用浏览器登录这个地址打开网页就能发送指令并且看到你的结果了，而且还能看到你的结果被妥善保存了，这样你满意否？满意的话，咱们谈一谈你需要付多少钱来购买我们这种服务吧。你很痛快地付了款，我们很痛快地将你眼前的乱摊子转移到了我们这里，你花了钱，我们给你收拾了乱摊子。从此你可以解脱了，你可以专心去做更重要的事情了！

这就是云的本质的一种，云其实就是一种服务，云本身不是一个物质，它不是你能摸到看到的，但是它要基于物质才能显现它的功效，你可以把它看作某种能量的体现，即存在于物质之上的东西，正因为这样，才让人晕，不细细体会是看不清这层形而上的东西的。《易经》有云：“形而上者谓之道，形而下者谓之器。”所以，下器者，谓之服务器 + 存储 + 部署管理软件；上道者，谓之“云”。所以，云是一种道，是一种方式和方法，而并不是某个设备，某个软件，当然云这种道要用软件来实现，而且是模块众多的一套复杂软件，同时要用硬件来承载。

所以，云与速度和性能没有直接关系。就像前几年 IPv6 刚被炒作的时候，铺天盖地的媒体乱鼓吹说 IPv6 时代下载一部高清晰电影只需要几分钟，笔者当时听了就一头雾水，IPv6 协议上再优化，也不可能超越其底层所承载的物质的极限，即互联网络的硬件基础，链路不提速，何来上层的提速？云也是一样，云本身并不一定就是一个高速高冗余性的东西，而是说其底层的硬件一般使用并行计算集群和存储集群，在这个基础上云方能表现出更大的效能，况且云也不是为了提速而生的。云的最重要的作用其实是廉价高效地利用资源并且将硬件拥有成本和管理成本降低为几乎等于 0，成本模式全部转为服务费。当然，性能也是云的一个重要考虑。

其实云早就存在了，在互联网诞生的那一天，云就一直存在，慢慢发展直到近两年才被炒作起来。云其实早已落地生根，只不过现在才钻地面并且惹人关注了。可以这么说，互联网服务就是云服务（注意，不代表云服务就一定是互联网服务），所以有人提出了 EAAS，Everything as a Service。IT 服务即云，即云服务。

目前存在一个误区，认为云必须是集群，必须是让你不知道数据在哪里，或者数据必须在所谓“很远的地方”却让你感觉到其实很近，才算云。其实这只是云发展过程中的其中一个形态而已。一台 Web 服务器在互联网上提供服务，你所知道的只是它的域名和 IP 地址，你同样也不知道它是一台单一域名和 IP 的单主机，还是用一个 IP 对应多个域名的虚拟主机，你更不知道网页数据存放在哪里，它可以存放在本地硬盘，SAN 存储设备，或者是通过长距离网络从一个“很远的地方”取回数据而发送给你，难道这不是云么？同样是云。这恰好就回归了云的本质，即用户根本不用关心服务方采用什么方式，哪怕它就是一台简单的服务器。

而且上文中也论述过，云是“上道者”，而集群是“下器者”，下器者是在不断上升和发展的，而上道者则是轮回往复的。但是绝不能说云与底层硬件架构无关，硬件架构越庞大性能越强，则云层也要跟着适应其发展，会产生更多的具体细节功能。云系统硬件正在向超大规模集群、高可靠性可用性、高动态扩展性方面发展；云系统的软件即硬件之上的云层，正在向功能多样化、管理简便化、按需分配资源、廉价方面发展。

在 Web 1.0 时代，网络尚未广泛普及，带宽极低，56K Modem 上网时代，使得服务者和浏览者双方都受到限制，使用者不可能通过这么低的带宽来观看在线视频或者在线音乐，更不可能下载或者上传一些容量很大的资源。这直接制约了服务方的发展，造成互联网服务形式过于单一，大多是缺少互动的简单媒体形式比如简单的网页、静态的新闻之类。

而随着网络硬件技术和软件技术的发展及人民生活水平的提高，在几年的时间内，1Mb 甚至更高带宽的网络终端走入了千家万户，直接冲破了底层限制，而且计费方式从按时间收费转为包月包年。这直接使得互联网成为一个随时可访问的、永远在线的永久媒介。网民们纷纷从传统媒体转到互联网，而这又直接催生了各种互联网服务，比如音视频、聊天、博客、网络硬盘、P2P、高清电影等。带宽的增加和不限时在线，让网民们毫无顾忌地上传视频、音频等，恨不得塞满服务器，一时间使得数据暴增，互联网一下子步入了 Web 2.0 时代。Web 2.0 时代就是一个网民互动、数据暴增、服务多样的互联网时代，互联网的作用真正的得以体现。

在这个时代，越来越多的人选择将自己的数据存放在服务方而不是自己的本地硬盘，因为自己的硬盘永远不够用，而且也懒于备份。人们通过网络硬盘、邮箱、公共 FTP、网盘等方式将自己的数据上传并且得到永久保存，更重要的是，在哪里都可以访问到自己的数据，只要有网络。服务提供者可以在此基础上实现分级的服务，比如免费服务和 VIP 服务等多样化的服务方式。这便是云的方式，云的思想。可以说 Web 2.0 时代将是云服务的温床。最近又有人在炒作 Web 3.0 的概念，加入物联网元素来翻炒，这里就不赘述了。

20.7.2 身边的各种云服务

网站、QQ、MSN、ICQ、Camfrog、网络硬盘、网络音视频、网络账本、网络日记、在线文档阅读、在线游戏等，仔细想来，这些就在我们身边的东西，都是云服务。我们通过浏览器来接收 Web 网页和通过 Web 网页提交自己的请求却不关心服务方的具体架构；我们通过聊天工具和其他人就像在同一房间内一样通过文字语音视频聊天而并不知道自己和其他人是否连接了同一台物理服务器；我们上传自己的资料到网络硬盘却不关心服务方有没有及时备份或者我的数据是不是被服务方擅自迁移到了慢速的 SATA 硬盘存放；我们在网页上阅读各式各样的文档却根本不用安装对应的文档浏览工具。

还有，中文输入法的革新，输入法已经是与时俱进，充分利用互联网的便捷。比如某拼音输入法，可以随时更新专项词库，各行各业的不断出现的新名词统一由服务器收集并且提供下发更新，你再也不用一个字一个字地敲，而且其同样步入了云服务时代，每个用户可以将自己的词库信息上传到服务器，这样，不管你在哪台电脑上使用输入法，词库信息都会实时同步以满足你的输入习惯和要求。并且服务器整词输入时，程序还会去服务器端动态检索是否有相同音的词被其他人输入过，也即是所谓“云输入法”。不过这个云却是非常实用的，比如某些同音词，单靠软件智能是无法正确输入的，但是借助云，你可以看到其他人对于这个拼音所输入的词汇，你把所有人的知识拿来用了，这确实非常让人兴奋！同时你曾经输入过的词汇也会动态地被发送到服务器端保存，也会贡献给他人。这样就形成了一个“个体—整体”的系统，个体的行为贡献给整体，整体又反过来影响个体、加速个体的发展，个体整体之间相互促进，形成一个有机的智能整体！

20.7.3 进化还是退化

独立计算回归集中计算，是退化还是进化？都不是，是轮回。公共的集中分时计算早在 40 年前就出现了，随后逐渐萎缩。世纪相交时刻的前后几年，用户都各自购买 Infrastructure 自行计算和存储，但是为何进入新世纪之初，又逐渐兴起回归到集中计算时代呢？笔者认为这依然应了中国的一句古话："分久必合，合久必分。"即万物皆在一个轮回中不断地发展，到一定程度就会改变成最初的形态，但是承载它的物质是连续不断地积累和提升的，所被轮回的只是其上的那层能量，谓之道！硬件不断地发展，其上的道却是不断轮回地往前发展，这种现象存在于万物之间，不能用什么科学解释，只能说这是自然的规律。

比如存储系统的演变，从独立存储 DAS 发展到网络集中存储 SAN，你也可以称 SAN 为一个云服务，很恰当，而如今随着盘片密度的不断增高和 SSD 固态芯片存储的发展，好像存储系统有那么点回归独立存储的趋势。比如在 1U 的服务器上插满 12 块 2.5 英寸的 SAS 硬盘，其提供的容量和速度也是相当可观的。

理想：就像笔者个人曾经预测的一样，如果存储介质真的能够发展到惊人的高密度和高速度，谁还会插个卡再用线缆连接到某个很远的地方只为了存储数据呢？更甚一步，集中存储轮回至独立存储之后，什么时候可能再轮回到集中存储呢？无线时代。随着无线电技术的发展，人们发现可以用无线电通信直接到地球上甚至宇宙中某处来存储数据，此时我还需要在本地使用大容量的芯片么？至此我更加坚信"上道者"的轮回往复。然而，"下器者"是否一定也是永远前进发展而不轮回呢？笔者给不出答案，如果古玛雅人的预测是真的，那或许是的，只不过一个轮回要经历太长时间而已。

20.7.4 云发展展望

网线可以代步，网线比宇宙飞船速度快，网线上可以传来香喷喷的菜肴和服装，网线可以做任何事情，给我一根网线，你可以关我禁闭，如果要加上一个期限的话，可以是一万年。随着互联网和电子商务的发展，越来越多的人成为宅人，他们的工作以 Homeoffice 为主，生活上也是足不出户。这些宅人们充分享受云的便利，腾云驾雾，通过网络订餐送水购物，活的怡然自得。正所谓：白云巅上白云斋，白云斋下白云仙；白云仙人布网线，原来仙人也是宅。

当入户网络带宽达到很高的数值之后，更高级别的云服务将彻底颠覆 PC 市场，用户都转向了集中计算和集中存储。有人或许会质疑，就算是 1Gb 的以太网到户，其提供的带宽果真能够满足将来的存储需要么？

这一点我们可以做一个论证，现在你就可以试试看，从移动硬盘上复制一个文件到你的本地硬盘，速度有多少？充其量四五十兆吧，这算好的了，1Gb 的理论速率是 100MB 每秒，除去各种开销，咱们就给他算 30MB 每秒。目前来讲，这个速率相当于本地硬盘的大部分操作情况下的速度了，这就完全可以满足要求了。

或许还有人质疑，入户带宽达到 1Gb 的时候，那时候的应用程序和对数据的需求量一定是得寸进尺，影片不仅是 1080P 了，而是 4080P，家里都用高清电视墙或者投影仪了。那也不用担心，就算是 4080P，1Gb 的带宽也足够流媒体的在线播放要求。

我们要理解的一点是，云即是服务，我们通过网络拿过来的是内容的表示，而不是内容的裸存储或者计算。比如原来我需要从网络上下载一个数据库程序安装文件，好几 GB，我还是需要等上一段时间才能下载完，还得安装配置，不方便。

但是你忘了一件事情，云服务时代，是不需要你自己运行数据库的，你只需要从云里拿到最终处理并且表示的数据即可。这些处理后的内容有多少呢？很少的网络流量，除非是高清视频等 Rich Media。或者你需要下载一个 Windows 7 的安装镜像，10GB 用来安装在你本地，“无法安装 Windows 7，程序未能检测到本地硬盘”，你将会得到这个提示，你还是忘了一件事情，你此时还需要操作系统么？你在操作系统中得到的服务，云都提供了。或者又有人质疑，“谁说的？操作系统能安装 SCSI 卡驱动程序，云能安装么？”如果真有人这么问，我只能无语，除非这人真是一个患有“驱动程序安装”强迫症患者。或者还有人质疑，云能玩网游么？能玩对硬件要求非常高的大型 3D 游戏么？当然能了，而且现在就已经实现了。

说明：Cyrsis《孤岛危机》是我向往玩一玩的一个画面效果至今无人能敌的游戏，然而它对显卡的要求实在变态，至今尚未进行体验。那么，对于一款连高端显卡都无能为力的游戏，云有何能耐应付？你忘了一件事，家用显卡无能为力不代表专业渲染集群也无能为力。好莱坞用专业渲染主机集群来实现 Crysis 的渲染实在是小儿科了，渲染之后的高清图片帧通过网络传输至用户的显示器，用户的游戏操作数据通过网络发送至集群游戏渲染服务从而实现互动，整体体验与在本机运行游戏一样。有人甚至用手机玩 Crysis，这不是做梦，已经真的实现了，这个云渲染系统正处于测试阶段，相信不久便会真正对外开放。

云服务是否也会步 ERP 或者 ITIL 的后尘呢？ITIL 尚未落地，因为它根本就没有落地的根基。而云是个早已落地的产品，目前正在以各种形式成长。要说云是革命的话，那这句话要在互联网发展初期就该说。

云就像一个早已被播种，经历了几十年之后长大成人并且一下子出现在人们面前的风华正茂的少年！云服务相对于 ERP 和 ITIL 来说有本质的区别，虽然三者都是对于信息化实现的方式和方法。云有其存在的根基，因为其作用在各个层次——基础设施层 IAAS，平台层 PAAS，内容计算表示供给层 SAAS，任何人都有机会并且已经在享用云服务，凡是与互联网有关系的人或企业都离不开云服务了。

而 ERP 和 ITIL 属于一种企业生产和管理方式和流程的信息化过程，需要这种服务的企业少之又少，就算有了需求，实现起来更是难上加难，其本质原因还是底层物质难以承载上层的能量。就像你让一个入道尚浅的人去修炼一种高深的秘籍，那是基本不可能的事情，因为其悟性和道行根本就达不到那个境界。然而，ERP 和 ITIL 是否可以借助云服务来让自己站住脚呢？已经有一些基于云服务模式的 ITIL 或者伪 ITIL 产品出现。让我们静观其变吧！

云，将会大行其道！

20.7.5　Micro、Mini、Normal、Huge、Gird 弹性数据中心

目前已经有厂商开始打包卖弹性核了，或者直接出售或者出租软数据中心。比如将若干刀片与高密度磁盘柜以及微型交换机打包到一个或者几个机柜中，上面再覆盖以弹性层，比如虚拟机管理系统以及分布式存储系统，将这样一个微型的弹性软核心作为一个可提供 IaaS 服务的整体交付给用户。

或者再在这个软核之上覆盖一层业务展现于管理层，直接交付到 SaaS 层。一柜或者数柜交付的弹性基础设施，可以称之为 Micro Cloud，有些厂商干脆使用集装箱当做容器来盛放十几个机柜，里面消防、监控、供电、散热等都已经做好，这种集装箱交付方式又可以称其为 Mini Cloud。对于以集装箱为交付单位的 Mini Cloud，当需要在短时间内迅速部署 IT 资源，或者临时性的应付一下业务峰值而需要增加 IT 资源的时候，这种集装箱就可以派上用场。比如发生了战争，某重要数据中心被摧毁，那么便可以使用集装箱快速重新部署；再比如某机构机房空间不足，那么便可以临时性的使用集装箱来应付，或者直接将集装箱作为外辅助数据中心。根据交付层次的不同，可以只交付集装箱 + 供电冷却消防监控设施 + 机柜，也可以将一定容量的计算与存储设备整合进去，做到这一层便算是 IaaS 层了，之后还可以继续向其中整合更上层的东西，比如 PaaS、SaaS。再大一个档次，就是正规的数据中心了，数百个机柜的容量，可以称之为 Normal Cloud。那么再大一个档次呢？也就是多个数据中心之间的互联网业务互联了，这样就形成了 Seed Cloud，每个 Normal Cloud 都作为 Seed Cloud 的一枚种子而存在。再之后呢？这些大种子将会弥散开来，种子的粒度越来越小，小到每一个节点都可以作为一个种子，这就是大范围互联网网格时代了，也就是云 2.0 时代，此时可以称其为 Infinite Cloud。整个发展过程和形态如图 20-39 所示。

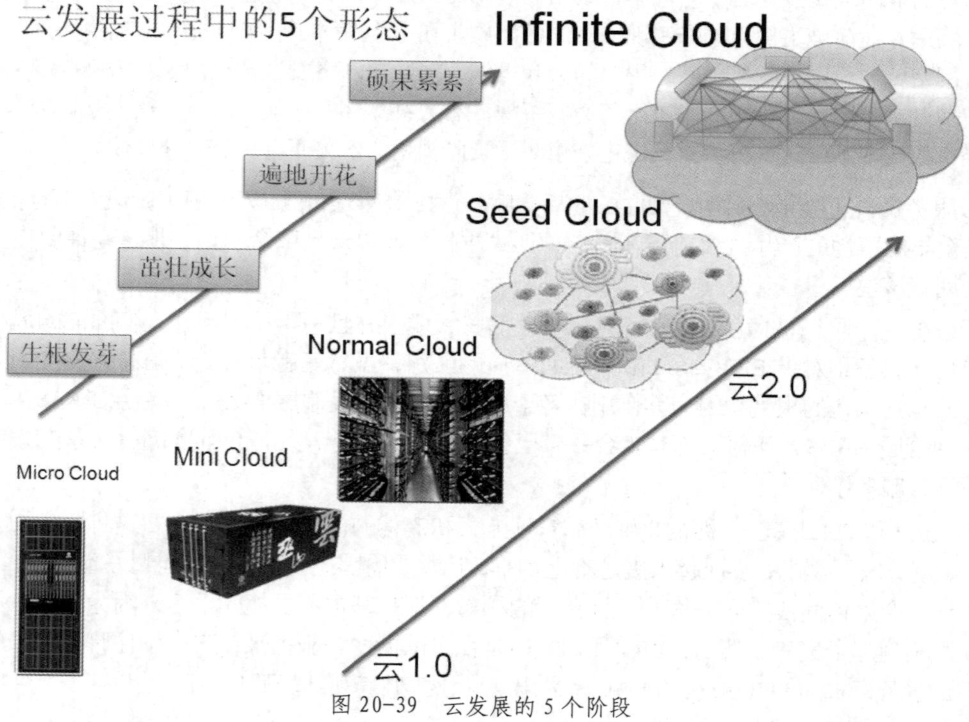

图 20-39　云发展的 5 个阶段

20.7.6　弹性层的出现将会让数据中心拥有两套性能指标

弹性数据中心将会有两个主要指标：硬核的计算和存储能力、软核的计算与存储能力。比如一台 8 刀片 + 嵌入式交换机 + 高密度磁盘柜的机箱，其能提供的原生固有操作系统承载数量为 8，计算能力为若干 Flops 或者若干 TPC-C 指标，原生存储容量为 100TB；但是增加了弹性层之后，其可扩展的 OS 数量变为 8×n，等效计算能力被灵活扩张；对于存储，内置的 Thin 与 Dedup 引擎可以增加存储的弹性，分布式的文件系统或者卷管理系统可以增加存储系统灵活性。这样，这个弹性核可以在计算与存储方面具有两个指标：原生计算与存储资源指标和弹性扩张之后的计算与存储资源指标。比如原生存储容量为 50TB，弹性存储容量为 100TB 甚至 500TB，视 Thin 与 Dedup 的效能而定。

20.8　尘埃落定——云所体现出来的哲学思想

20.8.1　轮回往复——云的哲学形态

> **说明**：不知道大家是否玩过游戏《质量效应 2》，或者看过《黑客帝国》三部曲。前者是游戏，后者是电影，两者都是科幻题材。但是二者却都体现出了一种轮回效应。前者的最终 Boss 是由人体和其他无机物共同组成的一个人形的庞然大物；在后者的结局中，成千上万的机器也在空中形成了一个人形。虽然这种情景只是人的想象，但是绝不是空穴来风，它体现了一种哲学，一种轮回嵌套的哲学。再比如科幻电影《黑衣人 2》的结尾，把宇宙描绘成一个怪兽手中的玩具，其实宇宙是另外一个世界中的玩具球。还有，所谓："一沙一世界，一花一天堂。"这些其实本质上都体现了这种轮回往复的世界观。

云也是这种世界观的体现。表面上看好像云是一个独立的个体，其实它内部是由无穷的二级个体在起作用，二级个体又可以再继续往下分；同样，向上，云可以合并，多个云可以共同组成一个更大的云，轮回往复。

云除了体现形态上的轮回之外，还体现了个体之间的关系，大量个体的动作自然而然地形成了整体的动作，而这个整体却又反过来体现了大多数个体的共同意愿和思想以及物质形态。比如麦田怪圈、高楼大厦、蜘蛛做网、天空云梯、鱼群、蚁群等。我们可以在空中用一只巨大的手来画出麦田怪圈，或者用橡皮泥来捏出一堆高楼大厦模型，但是我们却无法想象通过个体之间的协作和大量个体的劳作，渺小的个体也能够建造出规则的巨大的建筑，并且还可以通过外形形态来传达各大多数个体的共同思想。

最后，人群可以体现人的意识的组合；计算机群也一样可以体现机器的意愿。目前来讲，机器体现的其实都是人的意愿，但是不排除机器自身进化之后可以产生自己的意愿。物质群和意识群，一个在下，为阴为器；一个在上，为阳为气。这两者螺旋上升地发展。

云是一种技术思想上的轮回表现，也就是从独立计算转变为集中计算的过程，仿佛又回到了上世纪的大型计算机时代。但是，虽然思想轮回穿越了，承载这种思想的物质可没有轮回，物质总是不断前进的，不会回头，除非世界末日到来。

同时，云系统本身也是由阴和阳组成的。阳表现为云系统中的商业运营模式以及所有的软件；阴则表现为承载这些思想以及运行软件所需的硬件物质基础架构，即服务器、存储和网络等设备。阳又是一种形而上的东西，而阴则是形而下，形而上者为道/气，形而下者为器。整个系统是一个阴阳和合相衡的生态系统。

20.8.2　智慧之云——云的最终境界

云也可以理解为智慧的结晶，一个超级智慧实体，就像《黑客帝国》中的 Matrix 角色一样。由大量个体组成的智慧体，个体只是按照给自己的那一小部分规则在运行，而整体则显示为具有个体属性的，但又有升华的超级智慧。

最后，人的意识组合成了社会，计算机的意识也会组成计算机社会，云的进化，最后就会成为一个计算机社会。这便是智慧之云，它反映了全体个体的智慧结晶，并且不断地进化。

20.8.3 云在哲学上所具有的性质

（1）大规模的云由大量个体组成，个体的具体属性可能不同，但是其本质都相同。

（2）任何个体进入云中将被冲淡，将被吸入成为云的一部分。

（3）个体连续地工作才形成了整个云的动作。

（4）个体的损耗、损毁、代谢交替对整个云影响不大。

（5）云有它的寿命，虽然可以通过代谢来不断更换衰老的个体，但是最终会像生命体一样完全消亡。

（6）大云可以捕获、吞并和消化其他小云。

（7）云有智能，云会进化。

（8）云和云之间将会形成生态关系，形成云社会。

（9）社会即云，全人类即云，太阳系即云，银河系即云，宇宙即云。宇宙也是个体，多个宇宙再组成云，轮回往复，无穷无尽。

20.8.4 云基础架构的艺术与哲学意境

另外，我发挥了一下想象力，将云想象成为一部精密机械，并画了一张图，如图 20-40 所示。希望通过这张图能够让大家更加深刻的认识云这个东西。这张图片其实是可以运动的，大家可以联系我以获得这张图片的动态版。这张图是对一片小云种子的一个总结。最中心的物质本源，也就是硬核心。在这层硬核心之外，包裹一层弹性存储层，包括可灵活扩展的集群 SAN、集群 NAS 或者集群/分布式文件系统等，以及 Thin、Dedup 等增加数据弹性的技术，还有增加管理灵活性的虚拟化技术。之外再覆盖以弹性计算层，最后覆盖以资源管理层，最外面则是运营层，包括业务展现子层与运营管理子层。至此这片云就彻底运转起来了。

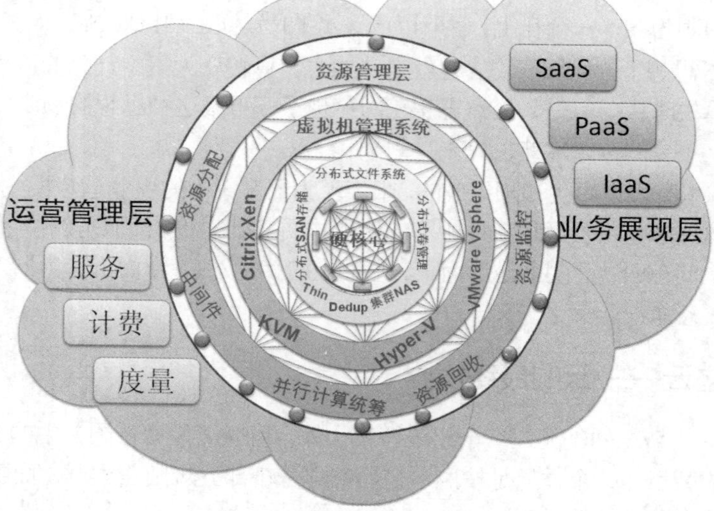

图 20-40 小云的 5 层结构

大家再仔细分析一下这张图，会发现其中包含有无穷奥妙。你先想象它是一台电动机，其中每个圈都可以旋转，谁来给它提供能量呢？当然，云数据中心必须有足够的电力，电动机要旋转，需要有电刷给其供电。大家可以看看业务展现层与运营管理层，这两个模块是不是很像两把电刷，将用户需求这种动力不断地提供给中心部件，从而让这台电动机持久地转动。如果没有了用户需求，或者你已经想不出足够新颖的业务展现方式，那么就算有电，这个数据中心也无法再运营下去了。

- 计算存储硬核层：处于这台精密机械的最核心层次的，就是硬核了，也是运转最快而且最硬最实的一个角色。在数据中心中表现为大量的服务器和存储设备，这个核心是云数据中心的物质本源，也是密度最高的实体。硬核相当于云中的种子。
- 存储弹性软化层：这一层紧密地包裹在物质实体之外，通过分布式、集群、虚拟化、Thin、Dedup、Snapshot、Clone 等技术，将原本高密度的硬实体充分软化，为上面的层次提供一个弹性软化的基座。
- 计算弹性软化层：在弹性软化的存储基座之上，计算资源也通过各种主机虚拟化技术手段被充分地软化。
- 资源管理调度层：物质硬核+富有弹性的软化计算与存储资源层，共同构成了一个系统内的阴与阳相合的资源核心。资源管理与调度层起到一个适配内外层次的作用，外层阳气的生发需要底层物质源泉的积聚、分配和运化，如何将这个系统内的资源进行良好的调动与配合，便是这一层的任务。这一层中存在诸多角色，比如资源监控、资源分配与调度、并行计算分配与调度等。
- 业务展现运营层：这一层则是阳气外发外散与运化升华的至极之层次，也是整个云数据中心的精神本源。中心的硬核为太阴，这一层则为太阳，为最终将辐射展现出去的一层，也是外界直接可见的一层。表里相合，一为实一为虚，一为阴一为阳，一为物质一为精神。

整个云数据中心便是一个阴阳表里虚实相合的一个有机体。这也正像一个星云，不断孕育出星体，对应着云基础架构之上不断孕育着各种应用业务服务。生物体、社会、企业、公司、宇宙，其实都是这样演化的，那么可以这么说，系统即云，云即系统，云是大统一的系统模型。

另外，大家可以继续领悟一下，这片小云种子，是否就是一台计算机呢？硬核心就相当于硬件，看得见摸得着，外层的弹性存储层，相当于计算机的存储系统，任何计算机启动时首先都要去从存储系统里读入代码执行；再外层就是操作系统内核层，基于存储层的支撑，内核得以启动；再往外就是操作系统管理界面层了，利用界面来管理和分配各种计算机资源，其中并行计算调度模块也相当于操作系统中的线程调度器等角色；最外面一层，也就相当于计算机的应用程序层了，各式各样的应用程序，对应着云中各式各样的业务展现。各种应用（业务展现）可以在一台计算机上（云中）迅速的安装卸载（部署）。那么，“云即计算机”，这句话，不记得之前哪位提到过，至此我也彻底理解了。云为何就是计算机？云由大量计算机组成，而其堆叠之后的样子和架构，仍然还是一台计算机。计算机各处总是体现着轮回的形态。为何呢？因为它骨子里就是由计算机组成的，它永远造不出异形，只会造出它自己，除非它有自己的强烈向往，希望自身向某个异形发展。这种行为，骨子里已经根植到了基因当中，这种上下联系看上去非常微妙。

对比一下：

（1）计算机加电，硬件启动→云数据中心硬件核心层启动。

（2）从磁盘读取代码以便启动 OS→云中的数据承载层。各种分布式 FS 分布式 DB，key-value DB 等。

（3）OS 启动→云中的虚拟计算层，生成大量 VM。

（4）启动到用户界面→云中的管理层，比如微软 System Center，Novell Cloud Manager，思科 UCS 的 Unified Manager 等。

（5）内核的线程调度器→云中的并行计算调度层，比如 Mapreduce 以及其衍生物。

（6）OS 提供的开发 API，VC，Java→云中的 PaaS 开发平台。

（7）各种运行在 OS 上的应用程序→SaaS 展现层，各种云业务。

又比如各种分布式文件系统，其本质是什么呢？其实还是本地文件系统思想的外散。本地文件系统通过一个跟入口，然后一级指针、二级指针、三级指针，一直到最后一层 0 级块用来存放最终的文件数据。而分布式文件系统，大家思考一下，对称式分布式文件系统，其各级元数据其实也都是分部到所有节点当中的，比如一级指针用 1 个节点承担，二级指针用 2 个节点承担，3 级指针用 3 个节点承担，这样可以将文件系统分布到非常大的范围。或者干脆把所有指针元数据放到一个节点中，那么这个节点也就是 MDS，这样就属于非对称式集群文件系统了。但是不管怎么弄，其本质其实就是本地文件系统的思想。

至此，“轮回”的道理在计算机世界已经充分展现了出来。

20.8.5 纵观存储发展时代——云发展预测

如图 20-41 所示为存储系统的发展时代。这张图所要表达的两个最重要的地方，一个是所谓“小云时代”与“大云时代”，另一个则是“分”与“合”的轮回变化。

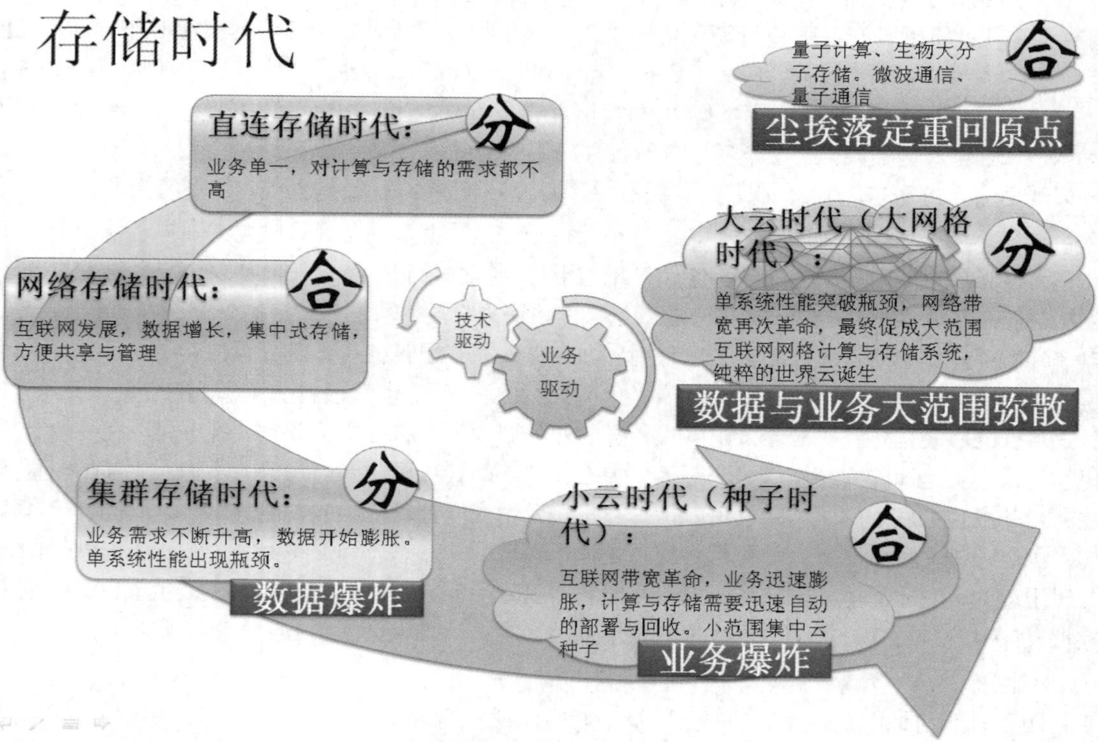

图 20-41　存储系统架构变迁发展

早期的直连存储，每个计算节点都有各自的存储系统，计算节点之间的存储系统没有共享，属于分；今天的网络存储时代，所有计算节点可以共享访问同一个存储系统，属于合。当前，由于单台网络存储系统性能受限，集群存储系统的地位开始上升，利用大量分开的存储节点来获得更高的性能扩展性，以满足数据爆炸时代的需求，这又属于分；而在将来，将是一个业务爆炸的时代，各种各样的互联网服务层出不穷，如何快速满足业务部署需求？传统数据中心，部署一台新服务器和业务，需要至少一天的时间，比如上架、安装 OS、安装支撑系统、安装应用系统、测试，而如果加上前期采购等流程，则需要更长时间。而云的出现，利用弹性核心，将底层大量分开的计算或者存储节点屏蔽，抽象为各种 IT 服务，使得部署一个新应用可能只需要几个小时的时间就可以了，云整合了所有 IT 资源，这又属于合。而在遥远的未来，随着技术革命的到来，计算与存储将会发生质的变化，单个节点的计算与存储能力发生革命，另外，互联网带宽的革命，也会促使大范围的网格节点互联，共同组成一个整体，而不是向某个固定的云中获得资源，这又属于分。

小云也就是不远的将来会大行其道的、由小规模的硬核作为种子所生成的云。而大云则是借助高速互联网而组成的大范围的网格型的硬核心，大家共同参与组成云。此时，任何节点可以申请加入这个云而成为云中的一粒种子，不断贡献着资源而同时也吸收着资源。其实 P2P 就相当于一个大网格云，只不过网格云时代 P2P 的不仅是电影，而是一切 IT 资源了，比如存储和计算。假如你有一个视频需要渲染，但是你的机器自身的显卡太差，那么你可以直接利用 P2P 渲染平台服务将你的任务提交，其后台就会将这个任务分解到所有拥有高渲染能力的节点中去并行计算，然后结果汇总到你这里，这个速度将会是相当快的。

在网格云时代，此时整个系统又属于分了。在这个大云时代，互联网上的所有节点都会有高接入带宽，比如万兆以太网到户，再加上 IPv6，使得每个人都变成了互联网运营商，那么之前被大集中到运营商以及各个数据中心中的资源，在这个时代将会重新流入到互联网所有节点中。之前被大集中在运营商数据中心的数据业务，此时会被大范围分散到互联网的各个节点中去，此时的形态又属于分了。如果说集群存储时代对应着数据爆炸，那么小云时代便对应了业务爆炸，数据与业务共同在几个点上爆炸之后，必将经过弥散的时代，这个时代也就是大网格云时代。在这个时代，整个互联网内的资源被虚拟地整合起来，人们可以利用 P2P 技术运行超大程序，渲染图片以及海量存储等其他各种服务。那时候的运营商，有一种很重要的角色，这个角色就相当于分布式文件系统中的 MDS，它会给整个互联网提供一个用于 P2P 共享的分布式平台，保存所有互联网元数据。比如大分布式文件系统、大并行计算调度系统，都会有运营商来掌握和部署，将整个互联网范围内的资源整合了起来，数据和资源弥散在整个互联网范围。

另外，小云自身也相当于大云中的一粒种子，目前各地都在兴建小规模云数据中心，这些建好的数据中心，将来会成为种子，然后各自联合起来形成大范围云。我们姑且称小云时代为云 1.0 时代，或者也可以叫它种云时代。而大云时代为云 2.0 时代。云 2.0 时代的时候，之前云 1.0 时代的种子便完成了它的使命，成功地发芽开花并结果。

那么在大云时代之后，按照之前一路分分合合的变化规律，势必又会变为合的形态。这里先这样推测，然后再找论据，它凭什么要合呢？你说合它就合么？显然不是的。我们畅想一下，那时候计算与存储将会发生革命，比如从电路计算与电路存储，转为量子计算或者生物计算与分子存储。大家知道，生物细胞中的 DNA 可以存储大量的信息，可能一个细胞可以存储的数据堪比一块硬盘，那么一片树叶中将可以存储海量的数据。那么谁来读取其上的数据呢？当然是靠核糖体，核糖体就相当于磁盘中的磁头。细胞也可以用来计算，一个细胞中包含多种模块，每一个都被精确设计，来完成一系列的生化过程，这个过程如果可以被翻译为其他逻辑，那么就可以被用作高速计算。那个时候，将会出现利用革新技术生产的计算机，整个时代又会回到最原始的形态，也就是大量终端通过网络连接到中心计算机来获取资源。

纵观云发展史，我们再往高层思考。一开始，PC 在 LAN 内访问服务器，这种状态可以映射到现在的 Micro Cloud；后来，IT 组织越来越大，数据中心出现，组织内的 PC 可以跨越多个 LAN 被路由到数据中心 LAN 内访问所有资源，此时可以映射为 Mini 或者 Normal Cloud；后来 Internet 发展，使得多个 Internet 上的服务器可以相互通信相互要资源，PC 可以连接到 Internet 访问其他 LAN 内的服务器，这种状态可以映射到大范围的 Seed Cloud；那么再后来，Internet 上的资源被一定程度地弥散，当然数据中心等云种子依然存在，只不过资源被极大地弥散到了所有节点之上，此时便映射到了 Infinite Cloud，也就是大范围 Gird 了。

请看一下图 20-42 所示的 IT 系统基础架构一开始都是孤岛，烟囱。后来存储开始被集中起来。再后来，存储的上层，也就是计算层，也被集中整合起来。再后来，统一了开发平台，其上孕育出各种应用。这也是当前的新型 IT 基础架构的形态，也就是人们常说的“云”基础架构。存储从主机脱离出来成为 SAN，那么整个 IT 系统基础架构的共享，就成为了 Cloud。可以看到一层层的向上侵蚀，但是 APP 一层自身能被融合起来么？恐怕不能了，每个业务都要对应一个 APP。那么这个系统正在干什么呢？它下一步将会是什么形态呢？

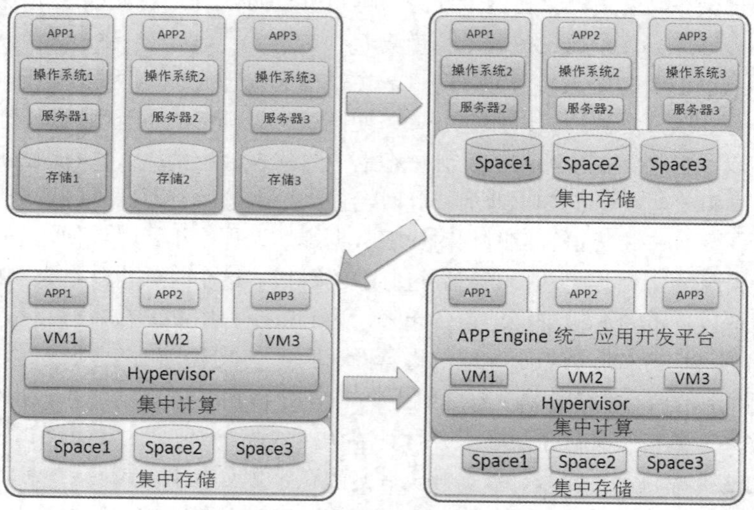

图 20-42　IT 基础架构演进示意图

IT 系统最终是不是要长成这个样子（见图 20-43）全部融合。一个操作系统实例可以管理所有服务器、存储、网络资源，也即所谓“数据中心操作系统”或者“分布式操作系统”。这个 DOS（Datacenter/Distributed OS，不仅寒了一下，确实是个轮回，到了 DOS 时代了）可以有两种模式，就像分布式文件系统一样，一种模式是把多个文件系统实例用目录的方式虚拟，而另一种模式是直接在底层虚拟。

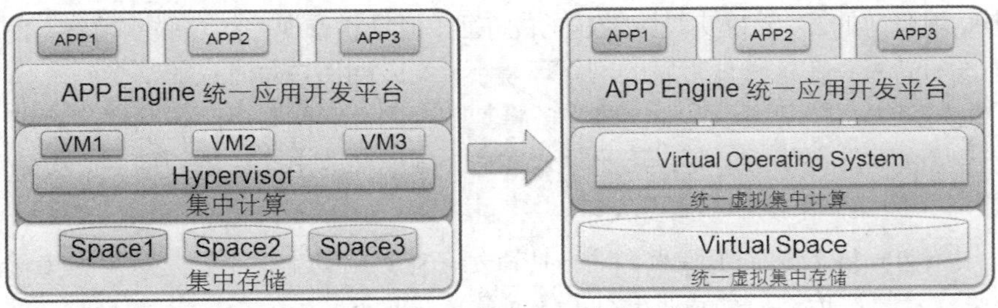

图 20-43 分布式统一操作系统

那么 DOS 也可以有这两种类似的方式，要么就用一种简单松耦合的管理角色，比如微软的 System Center、Novell 的 Cloud Manager 等；要么，也就是要引出的另一种彻底底层融合方式，一个操作系统实例，高速网络的出现，将总线延伸到计算机外部（请翻回阅读本书第 2 章，外部网络就是计算机总线的延伸），将内存的 RDMA，这些都变得可能，此时多个物理上分离的节点可以直接进行总线级的通信和内存直接寻址，那么一个分布式操作系统也就可以在此基础上诞生了。

这个操作系统将会把整个数据中心中的所有元素统一管理起来，包括底层的供电、消防、监控等，及上层的存储、计算、网络资源管理和调度，以及各模块间的消息转发中间件平台，乃至最上层的应用业务展现开发平台。所有这些元素将被一种像微软 Windows 操作系统一样的统一平台来操作与管理。这又是一个大轮回了。同时，存储早就准备好这一天的革命了，各种分布式虚拟化存储已经成熟。此时，整个系统确实从骨子里表现为一台大计算机了。这个 DOS 会将任务拆分为颗粒分配到底层所有计算节点中去，这也正如传统 OS 将每个线程分配到 CPU 的每个核心中去执行一样。

这种操作系统如果真的出现，其早期必然不能够满足高实时性计算的需求，只能作为一个庞然大物级别的系统来处理一些非高实时性但是却拥有极高的总吞吐量的系统，对于高实时性需求依然需要独立的系统。其实这种演进就相当于目前的传统操作系统与嵌入式高效实时的精简操作系统的区别了，谁也离不了谁，总要有一种通吃一切的庞大系统，比如 Windows、Linux 等，也必然要有一些尖兵操作系统比如 VxWorks 等。随着规模的庞大，整体颗粒度必然变大，微观运动必然相对变慢，但是总吞吐量数量级也必然升高，这就像一个细胞的运动与地球自转的比较一样。

那么，这个系统究竟是否会朝着这个方向演进呢？让我们拭目以待。

20.9 结 束 语

当云的底层架构从数据中心集中的 Infrastructure 变为全 Internet 上的节点之后，也就是网格云计算，这种庞大的网格在节点间相互交流后便会逐渐进化，或者不由自主地表现出一种全体无意识性的结果，这种结果往往是惊人的，就像蚁群一样，会创造出惊人的结果。再比如，眼前的例子：人肉搜索。

现在提出云是否会太超前？我们知道，客户端并行访问数据的概念早在 1994 年就被 Gibson 提出了，当时被设计为一种对象存储系统。这么优越的设计为何最近才被纳入业界标准呢？各个分布式文件系统厂商相继推出配套的并行访问客户端。究其原因还是因为硬件、网络的发展。x86 服务器硬件已经相当廉价，1GbE 以太网环境比比皆是，10GbE 马上也要普及开来，而软件相对变为了瓶颈，传统只通过单一链路访问目标的做法已经用不满网络带宽了，为此 pNFS 等标准被制定出来。

我们再反观目前的云，云确实是比较超前的东西，但是看看现在的互联网带宽，不用说 1GbE，10MbE 都还没有普及。在这种低带宽的网络环境下，互联网用户暂时只能享受到一些不需要高带宽的服务，比如在线文档阅读等，而这些服务将其归类到互联网服务比较贴切，尚未达到云服务的层次。而当互联网带宽革命之后，云此时才会被大规模释放出来，用户用一个瘦终端即可享受到任何 IT 服务，连操作系统都不需要安装。

最后，用图 20-44 表达一个观点，即一切皆是在业务驱动下，不管是计算、传输还是存储。没有业务驱动，计算、传输与存储便没有了任何意义。业务又是人类需求的体现。

想象一张图，在世界地理版图上，分布着若干个大云团，周围佐以一些零散的小云团，整体形成一个云网络，形成一个计算的脉络。这是何等壮观之景象（如图 20-45 所示）！不知道至此你是否还会看云而晕呢？云计算/云存储/云服务，是否真能成为 IT 发展的天堂？让我们拭目以待！

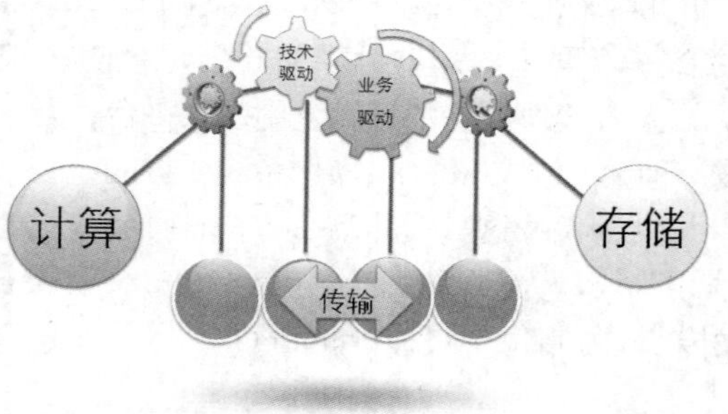

图 20-44　业务驱动下的计算、传输与存储

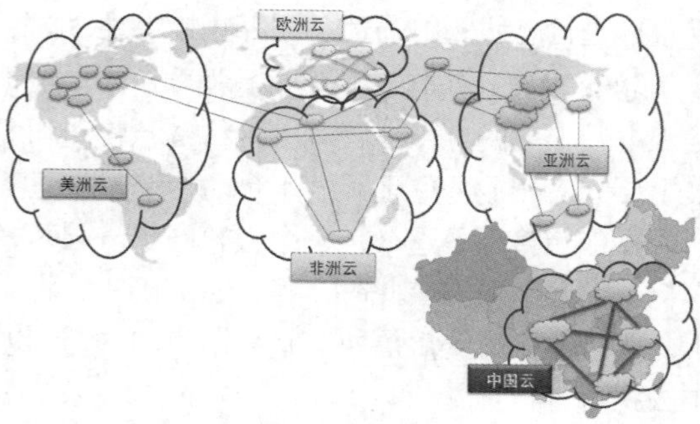

图 20-45　世界云版图

附录 1

存储系统问与答精华集锦

本问与答精华集锦全部收录自作者几年来在各大存储技术论坛以及个人博客中针对广大网友提出的问题的回复内容。作者对这些内容做了总结和归纳，作成了问与答的形式。其中有对于存储技术基础问题的问答，也有针对本书内容的问答，还有对一些方案设计等问题的问答。作者希望读者通过阅读这些问答内容，能够解决自己心中的一些疑问，从而对整个存储系统的理解更深一步。

1. 关于“文件”与“块”

请教个问题：什么是文件数据，什么是块数据？它们有什么区别？

块泛指底层磁盘上的扇区组合，某个文件可以对应一个或者多个这样的块。客户端访问存储系统的接口有两种：网络文件系统接口和 SCSI 或者 ATA 接口。前者指的是 CIFS 和 NFS；后者可以是 SCSI、FCP、iSCSI、ATA/IDE、SATA、eSATA、1394、USB。前者在网线上的数据三元素是文件名、起始偏移量、读写字节数，后者在线缆上传递的三元素是起始扇区号码、操作码（读、写等）、要操作的扇区数量。

文件系统的作用就是将块虚拟成文件。如果磁盘阵列中集成了自己的文件系统，则可以虚拟这些块，向外面提供 NAS 接口访问，此时盘阵的存储空间在主机端表现为一个挂载上的目录（不需要格式化，直接向其中读写文件，也就是 NAS 访问方式）。如果盘阵自己没有文件系统虚拟化功能，则只能依靠客户端，也就是主机端上的文件系统来管理此盘阵向这个主机映射的磁盘。

关于“数据块”级和“文件”级之间的差异，能不能给我讲透彻一点？

你好，Block 级别就是直接通过读写存储空间（磁盘，LUN，Volume）中的一个或者一段地址的扇区来存取数据，文件级别则是通过读写某个文件中的一段数据。比如你是存储设备，我是主机，我说：请你将 LUN1 上的 0～127 这 128 个扇区的数据给我，你给我了，咱俩之间就是 Block 级的访问。如果我这样和你要数据：请你将 X 目录下的 tellme.txt 文件的前 128 字节传给我，这就是文件级别的访问。前者俗称 SAN Block 访问，后者俗称 NAS 访问。

2. 何谓“NAS”？

想知道 NAS 的功能具体是怎么实现的？可不可以举例下？谢谢。

你好，NAS 就是，前端用网络文件系统提供服务，后端用任何方式的存储空间。可以说，只要前端通过网络文件系统服务的存储设备就是 NAS。

3. 关于 FC Chip 带宽、接口带宽、链路带宽

我在网上看了一下，比较有名的是 Sansky 博客上提出的理论带宽计算是根据每控制器上的主机 FC 芯片和磁盘 FC 芯片计算，Sansky 指出以 DS4800 为例：DS4800 虽然主机端口和磁盘端口都是 8 个 4Gb 接口，但实际上每个控制器内部只有两个 4Gb 主机 FC chip 和两个 4Gb 磁盘 FC chip，两个控制器加起来是 4 个 4Gb FC chip，所以两个控制器的最大传输速率是 4×4Gb。我有点疑问，如果我们来看 IBM DS4700 两款产品的话，IBM 提供的带宽大概是 1270MB/s 和 1550MB/s，这两款产品都是双控制器产品，每控制器芯片分别为 1 个和两个，磁盘芯片均为 1 个。如果按照如上计算，是达不到 IBM 宣称的技术参数的。老冬能否帮忙解答一下？谢谢！

你好，确实达不到的。那个参数具有误导性。确认一款产品的带宽，考虑 6 个地方即可：前端接口数，前端芯片数，后端接口数，后端芯片数，前后端之间的总线带宽，内存带宽。任何一个地方受限制，就会达不到表面的标称值。有时候多个端口是共享一个 Chip（芯片），那多半就只能共享带宽，但是也不排除有使用高端线速交换的芯片，就和交换机一样，虽然看起来口不少，可是背板带宽小的话，那就不能保证所有口同时线速交换。加上前后端之间总线不够的话，那就也有瓶颈。同样，如果内存带宽不匹配，也会有瓶颈，因为磁盘数据都是先入内存再入前端口。

你说的高端线速交换芯片是怎么回事？是否就是说只要背板带宽足够大，最终磁阵的吞吐量就能由前端和后端接口的数目决定？

所谓线速，就是指所有端口都以自己的额定速度同时交换，而所有端口都是连接到背板上的，其中需要核心芯片管理，而核心到这些所有端口之间的总线，就需要支撑这么大带宽的同时交换。盘阵吞吐量的决定因素，这个就更复杂了，与 IO、控制器、通路带宽和效率、后端磁盘类型和数量均有关。如果不考虑这么复杂的话，吞吐量可以近似认为由前后端 Chip 和接口数目决定。

老冬，我刚才问了一下我们的研发人员，是不是 Sansky 的说法有些不对，带宽不能根据 FC 芯片计算？我们的研发人员说，4G FC 芯片每秒处理能力不止 4G，只要在总线带宽和 CPU 的处理能力能包含的范围之内的话，就可以根据主机接口数来计算理论带宽。

不懂你具体的意思。4G FC 芯片处理能力不止 4G，这个说法不太明白。FC Chip 上对于接口的编码速度部分是严格精密的，包括 Timer 和 Serdes 串化解串化器，是严格的 4Gb，至于不止 4Gb 的说法，我不清楚，可以让研发人员直接留言。FC Chip 可以管理多个口，如果其所管理的多个口是共享的 FC Chip 的核心 FC 处理逻辑，则不管多少口共享 4Gb 带宽，如果每个口各保持独立，即每个 FC 处理核心处理速度可同时保证多个接口同时并发地线速以 4Gb 速率独享带宽运行，则这样的话，吞吐量与接口数量可以成正比。所谓的 4G FC Chip 处理能力不止 4G 的说法可能从此而来。

4. iSCSI 与 Windows 下动态磁盘的问题

前两天在现场看到一奇怪问题，iSCSI 存储直连 Windows 2003 主机，每次重启的时候磁盘管理下存储的那块硬盘都变为脱机状态，右键重新激活后就能用了，分区也还在，发现是动态磁盘的简单卷。网上搜了一下，有哥们说 Windows 的 Initiator 不支持动态磁盘，给微软的工程师打电话咨询，他当时也不能确定，好在没什么重要数据，得到客户许可后将磁盘设置为基本磁盘后就正常了。哪位大侠碰到过这种情况吗，能不能给个解释？

MS 的 iSCSI Initiator 用户手册中明确指出了不支持动态磁盘，原因就是因为网络服务加载晚于动态卷服务。iSCSI Service 加载太晚以至于动态磁盘管理系统认为丢盘了。Linux 下的解决办法是编辑加载设备的配置文件表明本设备属于 netdev。不过 MS 应该着手解决这个问题的。

5. FCAL 环路性能问题

大多数磁盘阵列都是通过两个控制器后端的端口，组成 1/2/4 条 FC-AL 环，来连接所有磁盘。FC-AL 仲裁环的协议规定，同一时刻只有两个设备能传送数据，也就是说，在一条 FC-AL 环里面，控制器的一个后端端口充当了发起者的角色，环上的一个硬盘充当了目的地的角色，在一个时刻里，后端端口发出数据读写指令，只有一个硬盘能响应这个指令并传输数据。那是否就意味着，一条 FC-AL 环的总体性能，取决于一个硬盘的读写性能？1500 转速的硬盘，持续读写带宽不到 70MB/s，IOPS 不到 400。那像 IBM DS 4800、EMC CX-80 之类的，总共 4 条环，后端的性能岂不是只有 280MB/s、1600 IOPS？除了以阵列里 Cache 来提高速度，我不知道有没有别的办法，或者，磁盘阵列内部采用的不是工业标准的 FC-AL？

这个问题非常好，而且也非常经典。要解释这个问题，需要明白三点：

- FCAL 的传输通道的确同一时刻只允许两点间独占通道带宽来传输数据。
- 控制器在有足够 IO 请求的情况下绝对不会让通道闲着，会充分利用带宽。

- 磁盘的外部传输率和内部传输率。FCAL 环路上存在多个设备的时候，由于控制器的轮询策略充分利用带宽，整个系统在外体现为一个永远都在读写数据状态而不是寻道状态的大虚拟设备（本书有描述），一旦某个设备需要寻道，那么就让其他设备来传输数据来弥补所浪费的时隙，所以整体系统可以发挥出一个单一设备的内部传输率。

下面是详细总结。

当 FCAL 环路上存在多个设备的时候，控制器向某设备发起 IO 之后，该设备需要一定的寻道时间，而此期间内 AL 环处于被释放的状态，此时控制器依然可以向另外的设备发起 IO，也就类似于先把该做的命令全部下发，待某个设备寻道完成请求将数据返回给控制器的时候，往往是多个设备都处于积攒状态，也就是它们都干完活了，准备交差了，而此时只能排队一个一个来，大家都鼓着劲呢。明白了这一点，我们就往下看。

关于 IOPS 数值的矛盾：

IOPS 与吞吐量是一对矛盾关系。在关注 IOPS 的环境下，IO Size 往往比较小，因为只有较小的 Size 才不至于充满带宽达到瓶颈，所以，要达到较高的 IOPS，IO Size 需要比较小。而这种情况下控制器将 IO 请求发送给设备之后，多个设备处于积攒状态，它们会仲裁从而一个一个地分别得到传输数据的机会。由于 IO Size 很小，所以每次传输数据很快就结束，这样，一个 IO 就飞快地完成了，而上一个设备的 IO 完成之后，下一个设备接着也会很快完成，因为它已经处于积攒状态，待返回的数据早已在 Cache 中准备发送。这样的话，这个整体系统对外就表现为一个永远在完成 IO 而不需要寻道的虚拟设备。而如果 AL 环上除了控制器之外只有一个设备，那么环路就必须等待它寻道，因为寻道的时隙内，AL 环上已经没有其他设备可工作了。然而，AL 环的这种弥补寻道时隙的效果也不是设备越多就越好，不同的设计和产品都有自己不同的最佳设备数量，目前的经验值为 64 个，也就是环路总容量的一半，超过这个值，性能不会再有提高，甚至有所下降。我们可以推论出另外一个结论，也就是，慢速设备，比如寻道时间长的设备，越是慢速设备，组成 AL 环路之后其带来的整体提升越大；越是快速设备，高规格的设备，组成 AL 环路之后，提升的性能越有限。这就是 AL 环或者其他共享总线/环方式弥补设备自身处理产生的时隙的效果。

关于吞吐量/带宽值的矛盾：

经过上面的描述，我们已经对共享总线/环传输方式的底层机制以及其效用有了一个很好的理解了。在重视和追求高吞吐量，也就是充分利用带宽的环境下，IO Size 往往非常大，以至于在较低的 IOPS 值下就已经可以吃满通道带宽了。往往这种情况下，上层所发出的 IO 都是连续大块的 IO，以至于 AL 环之上的设备寻道时间可以大大降低，这就使得设备更快地处于积攒态，准备向外发送数据。我们知道磁盘外部传输率由于磁盘内部不断换道被打断，致使其数值较内部传输率降低了大约 20 倍。而 AL 环的效用就是弥补寻道所浪费的时隙，所以整体系统的外部吞吐量就被提升了上来，从而解决了这个矛盾。

6. 关于 RAID 层面的 IO 并发与 Stripe Depth 的一系列问题

看书产生的疑问，书中讲 IO 并发几率的时候说，“对于 RAID 0，在两块硬盘的情况下，条带深度比较大的时候并发两个 IO 的几率为 1/2”，我理解为条带深度比较大的时候容易产生并发。但是在书中分析“分析以上过程”这段里说“在某种特定条件下要提升性能，让一个 IO 尽量扩散到多块物理硬盘上，要减小条带深度”，我理解为扩散到多块硬盘才能并发 IO，要减小条带深

度。但是，这两种说法是否矛盾了？可能是新手，理解不正确。

前者是并发 IO，后者不是并发 IO，后者描述的情况是大块连续 IO 的情况下，数据适当分散有利于提高传输速度，以便饱和链路带宽。要 IO 并发，还是要单个 IO 速度最大化？ 自己决定。

你指的大块连续 IO，意思是，数据是同时分散在 Disk 1 、Disk2 、Disk3 上写，还是先写 Disk1，完了再写 Disk2 。那如果是同时写的，那么它和并发 IO 有什么区别？这部分看得有些疑惑，希望指点。

问得很好。IO 是并发的，如果分散的话，所有盘同时读写，当然，如果用 FCAL，微观还是指令顺序被发出，但是发出之后，磁盘干活还得需要时间。这个间隙中，控制器就可以轮流发送指令给其他硬盘，脑子转一下，想想这个模型，转起来之后，理想情况下，整个 RAID 组就相当于一个磁头永远在读写数据而不被寻道所打断的大虚拟磁盘，这个书中也描绘了。这样，外部传输率就能达到一块磁盘的内部传输率了，当然，理论理想情况下。

在 RAID 0 中并发为什么条带深度越大越容易并发 IO？并发 IO 跟条带深度有什么关系？这点始终理解有困难。书 81 页的表中 IO Size/StripeSize 这个表达式是比值大小的意思吗？呵呵，书认真读了，但是理解有点困难，我想把前面的章节弄清楚点再读后面的会比较好。希望老大以后多指点。

这点怪我，在原文段落中没有提前再次声明一个 IO 到底是什么形式。一个 IO 的三大件：操作类型、起始扇区地址、长度。其次，RAID 组上的虚拟磁盘的 LBA 地址是局部竖向（Segment 内）、全局横向（Stripe 内）排列的，单盘的 LBA 是绝对竖向排列的（当然此处不考虑盘片柱面等物理因素）。这样，条带深度（Segment）越大，就可以同时接受多个 IO，越小，IO 中的 LBA 长度就越容易跨满这个 Stripe。

又来提问题了，呵呵。书中 83 页提到 RAID1 的并发 IO 不支持随机 IO 关于这句话——“写 IO 因为要同时向每块磁盘写入备份数据，所以不能并发 IO，也不能分块并行”不太理解。

呵呵，每天来一问，每天有提高！

一句话：每个磁盘同一时刻只服务于一个 IO，NCQ 中的 Out of Order 技术另当别论。这样你的问题就明白了，思考一下。

有一些小疑问。我们平常在配置 RAID 的时候，Stripping Size 是预先设置好的，比方说 64KB，然后我的 Segment Size 是等于 Stripping Size 除以它所组成的数据盘，而且冬瓜头也说到了 Segment Size 大小应该是扇区的整数倍，那如果说我的数据盘是 7 块，那我的 Segment Size 应该怎么算啊？64/7 除不尽啊？这一点没有看明白，老大能帮我解释下么？谢谢！

好问题。首先，Stripe Size 是包含 Parity 盘在内的。关于除不尽的问题，不一定。看具体实现了，可能输入 64，则自动变为 48 或者 96，都有可能。总之，看具体实现。这一点我已经向某国外 OEM 厂商的研发人员咨询过，得到了肯定的答复。现在一些机器都只给出设置 Segment Size 的接口，而且估计有些机器所谓的 Stripe Size 其实就是 Segment Size。

书中提到：IO Size /Stripe Size 较大，顺序 IO，连续读，提升了 N^x 系数倍。

而随后又说：系数=IO Size /Stripe Size...，大于等于 1。这里的系数为什么大于等于 1？应该是小于等于 1 吧。

这里大于 1 小于 1 都可以，因为 N 可以随机。

《大话存储》P82，读，IO Size /Stripe Size 较小，并发 IO，随机 IO，提升了（1+并发系

数）倍，这个 1 是怎么来的？

这里 1 就是单位 1，起码要比 1 块磁盘高，所以需要 1 + 系数。

请问冬瓜头，当 IO Size 小于条带深度的时候，RAID 0 写数据是不是只写往一个磁盘？为什么很多地方又强调条带化时写数据是同时往所有的磁盘而不是写完一个磁盘的 Segment 再继续写另一个磁盘的？如果是这样的话即使 IO Size 小于条带深度也应该是每个磁盘都写入一部分数据吧？看着有点糊涂，请指教。

当 IO Size 小于 Segment Size 的时候，这个 IO 一定是只落在一个磁盘上了。同时向多个磁盘写某个 IO Data 的情况是 IO Size 大于 Segment Size 的时候。

那是不是可以这么理解：写数据是以 Segment 为单位的，比如有 5 个硬盘做 RAID 0，Segment 大小为 1KB，当一个 IO Size 为 2KB 时，它只将数据并行写入其中的两个磁盘，而其他 3 个磁盘对这个 IO 是不起作用的？如果是，数据是依据什么寻址，即决定写入哪两个磁盘的？另外，存不存在一个 IO Size 不是 Segment 整数倍的情况，此时数据是怎么写入的？还有，是不是所有 RAID 条带化都是基于这个原则？请指教。

那是不是可以这么理解：写数据是以 Segment 为单位的，比如有 5 个硬盘做 RAID0，Segment 大小为 1KB，当一个 IO Size 为 2KB 时，它只将数据并行写入其中的两个磁盘，而其他 3 个磁盘对这个 IO 是不起作用的？（是的）。如果是，数据是依据什么寻址，即决定写入哪两个磁盘的？（数据逻辑地址和物理地址 Block 的映射关系是由控制器做以记录的，控制器会依据映射表来做翻译，书中讲了，请仔细阅读。）另外，存不存在一个 IO Size 不是 Segment 整数倍的情况，此时数据是怎么写入的？（存在，该怎么写就怎么写，IO 最小单位是 LBA 扇区，也就是 512B，一般情况下。近年来吆喝着要增大 LBA 容量到 4KB，尚未成型。记住，Segment 只是一个逻辑概念而已，磁盘不理解 Segment，控制器对磁盘发起的实际 IO 都是以一段连续的 LBA 为单位。）还有，是不是所有 RAID 条带化都是基于这个原则？（基本原理类似，但是具体实现看各厂家设计。）

7. 关于"Block"的意义

再请教一个问题，RAID 中的 Data Block 和我们平时做 RAID 的时候选择的 Block Size 是否是指同一参数？

平时做 RAID 的时候的"Block Size"，要看 RAID 控制器厂家如何定义的，不同厂家叫法不同，具体咨询厂家。

8. 用 Iometer 测试时所选择的参数

我用 Iometer 测用 DELL/EMC CX 600 磁盘组建的 RAID 5 的 IOPS。我的做法如下：

我在 Windows XP 上运行 IOMETER，在 Linux 上运行 dynamo，Linux 与磁盘阵列之间用 FC 连接。我要测试最大 IOPS，所以我照着指导书上说的调整成 512B；100%读；0%Random。问题：（1）这样设置对吗？磁盘阵列的扇区大小应该也是 512B 吧，读比写快，顺序读也比随机要快，我觉得应该对吧。（2）我没有设置 QD，所以我测最大是 120000 左右，EMC 官方说它的 IOPS 最大为 150000 左右，我是在一个电脑上运行一个 worker 试过、2 个 worker、3 个 workers。（3）如果设置 QD，对于我的配置，应该怎样设置？（4）最后一个问题是最郁闷的：我就那一天测试出来是 120000 左右，隔了一天测试，今天测试，最高才只有 50000 左右。我不知道为什么。

120000 相对于 150000 来说，已经不错了。官方的承诺值在实际测试或者使用的时候是达不到的，官方都是王婆卖瓜自卖自夸的。QueueDepth 可以设置大一些，不过与底层的一些因素也有关系，FC 卡就是一个主要瓶颈处，有的 FC 卡写死了 QueueDepth，不管上面多大，到了它这都得排着。多个 worker 也是好办法，增加并发度，总之 120000 应该是这台设备的最大 IOPS 了。关于你问的 QueueDepth 怎么设置，自己去找，不同设备不同设置法。IO 吞吐量突然降低，可以排除下列几个因素：测试工具应用端设置出问题，FC 卡驱动或者 Firmware 进入不稳态需要 Power Cycle，配置变更，外部存储设备处理瓶颈（通过盘阵监控工具进行监控），网络传输上发生问题（查看本地接口及交换机状态和配置）。

9. RAID 5 在一块盘故障之后如何继续服务 IO 的问题

如果一个 RAID 5 在创建时没有指定热备份盘，那它在一个磁盘失效之后，能够继续响应用户的读请求是很自然的，那它能否继续响应用户的写请求呢？它的逻辑地址空间是怎样的？发到失效设备上的写请求如何处理？

RAID 5 坏一块盘依旧可以写，坏的如果是 Parity 盘，数据依然完整写入数据盘。如果坏的是数据盘，则一个写需要牵一发而动全身了，此时如果某 IO 只更新坏 Segment 的数据，则读改写 Parity 计算公式中的“老数据”一项变为未知，所以只能读出所有其他数据盘的数据进行校验然后将新校验值写入校验盘即可。这个问题不难理解，请再仔细用脑思考。

10. 关于磁盘扩展柜上的 IN 和 OUT 端口的问题

接触存储时间不长，问个小白问题，请入门的兄弟给解答下。控制器后面的主机端口上面有 IN 和 OUT 之分，麻烦给解释下有什么区别。如果将控制器主机端口（IN）与 MDC 相连可以映射到阵列中的相关 LUN，如果与（OUT）相连则看不到磁盘，这是为什么？

完全看设计了，其实 in 和 out 都是连接在一个 Port Bypass Circuit 芯片上的。按理说连到 out 上也可以进入 FC Loop，但是有些设计可能要求必须接到 in 一条，然后再接到 out 一条，就可以同时认到双路径。以上说的都是 Host 直连这个 in 和 out。out 常规情况下是用来级联更多扩展柜的。

11. 关于磁盘上的“剩余空间”的问题

ext3 是众所周知的日志文件系统，在写一个文件到磁盘的空闲区域时，采用先写文件数据，再记录元数据到日志，最后写元数据到磁盘的步骤，这样可以保证数据的一致性。但是如果文件系统下发的写请求是对非空闲的磁盘块（以前已经有内容）进行更新呢？前面所述的步骤就不能保证一致性了，这种情况下 ext3 是怎么处理的呢？

前提，所谓“非空闲”和“空闲”，是针对 FS 来说的，磁盘自身没有空闲或者非空闲。FS 既然决定了要覆盖某个文件的某个块，就证明原来的数据已经不需要了，此时覆盖也无妨。FS 是通过 bitmap 来记录磁盘上哪个扇区为空闲，哪个正被文件占用的。如果覆盖到一半，MetaData 未写入，此时依然是一致的，因为 bitmap 尚未更新，标记的这个扇区依然是空闲的，虽然扇区中实际数据变化了一半。如果楼主理解的“一致”是业务层的一致，那就是不一致，文件没有被真正写入，此时上层应该报错提示程序写入不成功，或者不报错，看需求。但是此时 FS 是一致的，也就是 FS 不需要 fsck。

12. 关于实际磁盘阵列产品使用 FC Class Service 的问题

FC 协议文档提到：FC 仅提供了错误检测手段，但大多数情况下 FC 只是将检测到的异常上报给 ULP，是否重传、重传哪些数据由 ULP 决定。分 Class 级别的，有的 Class 就提供重传，有的则不提供。确实是这样，文档中提到，由于 SCSI 提供了重传机制，因此 SCSI over FC 时，一般采用 Class 3（无 ACK）。但文中用括号写了这么一句：In actual SCSI operation, class 3 is used for simplicity of implementation。其中 simplicity 让人生疑：Class 3 只是一种简化方案，真正运营时会采用 Class 3 吗？

看情况了，据我所知某阵列使用的确实就是 Class3，而且我推断其他阵列几乎也都会使用 Class 3，因为 SCSI 已经有了机制，没有必要外壳层再多此一举了。

13．关于 Cache Mirror 测试用例的问题

双控，支持 Cache Mirror。请教，如何设计测试 Cache Mirror 功能的测试用例？还有一个问题：存储控制器的 Cache 一般是单独的 Memory 还是从整个系统的 Memory 中分配一部分来做 Cache？

设置控制器向磁盘 Flush 的频率到最低，然后测试机发起突发大量 IO，期间人为 Down 掉目标控制器，然后检查磁盘上是否成功写入了数据，成功，则有效，不成功，则 Mirror 出现问题。这里还有个问题，取决于控制器的设计，如果某个 IO 恰好断在控制器尚未返回 ack 给测试机，则另一个控制器是否可以继续保留状态而返回 ack？如果不保留，则程序应当报错，检查此 IO 的上一个 IO 是否成功，成功，Mirror 有效，不成功，有问题。

谢谢冬瓜头！有两个问题：（1）存储控制器为何没有调整 Flush 频率的选项？（2）测试机写数据的时候应该复制多大的文件为好？用 IOmeter 这样的工具写数据不太合适吧？

IOmeter 写了什么你不清楚，如何检查？得自己写测试程序。最好是写小东西，比如每次一个 LBA，其中包含容易识别的二进制。

即使自己写了程序，怎么验证硬盘中的文件是通过 Cache 写进去的，还是通过 Cache Mirror 写进去的？

同一时刻发送大量 IO，控制器缓存不会立刻写到磁盘，此时 Down 掉这个控制器，另一个会接着写，过一段时间就去读出来验证。你再仔细想想 Mirror 的基本原理。

哦，另一个接着写是关键，这样写完后，过一段时间读出来验证，如果文件不完整，就说明 mirror 有问题。我这边主要是没有考虑要结合多路径来测试，如果没有配置 LUN 多路径，一个控制器 Down 掉了，读写就停止了。另外，因为有你说的“恰好断在一个 IO 还没有返回 ack 之前”，所以需要用文件复制测试可能有问题，而需要自己写 LBA 的小工具，对吧？

其实写文件也不是不可以，只是可控性不好。写入大量小文件，Down 机瞬间到底写了哪一些，你不知道。

可以写一个大文件吧，比如说压缩的 RAR 文件，如果 Mirror 出了问题，那么在读出来验证的时候，解压 RAR 文件肯定会有问题；但是如果读出来的 RAR 文件解压没问题，那是否能说明 Mirror 一定没有问题呢？

写大文件很有可能触发控制器的连续写盘动作，就测不出来了。

Carlhewei（一哥卡尔）说道：使用“小文件”有更大的机会去测试，大文件的话 Cache Destage 可能会太快而做不成有效测试。“小文件”可能不是个好名词，正确的应该是：自己写一个工具，对象是裸设备，对指定的起始 LBA 写入 Data Pattern，比如从 LBA 1～2 之间写 A， LBA 2～4 之间写 B。有了工具后，就是选址写 Data Pattern。选址尽量拉远并且随机，每次写一块。你的工具可以把发出的 LBA、Data Pattern 和大小记录到 log 里。然后用冬瓜的方法，可以 Hard Reset Controller（就是像断电一样的 Shutdown，但是不用拔出来），然后根据 log 把数据读出来对比。

14. 冷热插拔与 Rebuild

请教下各位，RAID 5/0+1 是否支持在 Normal 状态下，切断电源，更换 Disk（RAID 5 1disk 、RAID0+1 less than 1 pair），然后 power up，这两种阵列是否支持这样的冷插拔的 recover/resyncing？恢复机制是怎样的？

冷插拔和热插拔一样，起来之后便会 rebuild。

15. 如何实现 RAID 的动态扩容？

（1）TFTP 能否支持跨网段的传输？（PS：今天测试了好半天，最后发现貌似不行，但是也没有搜到相关的官方说法。）

（2）假设一个 RAID 01 由四块 100GB 的磁盘组成，用一个 150GB 的大容量盘更换其中的一块磁盘，等重建完成；然后更换第二块磁盘，再等重建完成……依次更换四块磁盘容量为 150GB 的新盘。这样第四块盘在开始重建过程中会不会和前面的三块盘没有条带化的 50GB 组成条带（因为现在四个盘都已经是 150GB 了）？ 简而言之，如何实现 RAID 的动态扩容？

TFTP 基于 TCPIP，除非这个协议必须用到广播，否则怎么不可能不支持跨网段，只要 IP 能 Ping 通，TFTP Server 起来，就可以。（好像有些说法认为某些 TFTP 软件使用 ARP 广播，致使不能跨广播域。）

第二个问题完全看 RAID 控制器的实现方式了，传统上 50GB 是浪费了。但是不排除有些控制器的算法不同，能利用起这 50GB。由于是一块一块地替换的，所以多出来的区域的条带可能是不连续的，不管怎么说，具体算法，还是设计者说了算。如果是校验型 RAID，想利用起多余的空间，就需要将最大的盘作为校验盘以便容纳随后加入的盘，如果加入更大的，则最大的盘顶替当前校验盘，这样就可以继续容纳随后加入的盘了。

在这里多说两句。RAID 组扩容后的数据分布有两种处理方式：一是 Redistribute，二是 Append。前者，在新盘加入 RAID 组之后，控制器立即将组中原来磁盘尾部的数据读出来写入新加入的盘，重算 Parity，平衡数据分布，所以叫 Redistribute，很耗费资源。后者，新盘加入 RAID 组中之后，控制器不做任何额外的数据迁移操作，而只是在逻辑和物理地址对应表中作变更，相当于在 RAID 组中插入了一个一个的 Segment 碎片，逻辑上，这块新加的盘的空间被追加的逻辑地址的尾部，而物理上却是琐碎的不连续物理空间。随着前端 IO 向这块逻辑尾部空间的持续写入，控制器会根据地址映射表将新数据写到对应的物理空间中，也就是前者牺牲了一时的性能来保证地址依然是规则连续映射的，从而保障了后期性能；而后者则是在潜移默化中对后期的性能造成了一定的影响。

16. 流媒体服务器使用何种存储协议的问题

应用：流媒体服务，流媒体处理模块和存储介质物理上分开，前者在单板 A，后者在单板 B，二者通过以太网总线连接，高带宽（大约在 10～20Gbps），且需要保证传输可靠性。问题：A、B 之间应该采用何种存储协议？

我的想法如下。

方案一：iSCSI

优点：标准主流协议，可扩展性好，对以太网没有特殊需求。

缺点：TCP/IP 协议开销较大，为保证高带宽，需要 TOE 技术，成本较高。

方案二：FCoE

优点：不甚了解。

缺点：FCoE 与 CEE 均未完全标准化，即使标准化，对以太网有额外需求（需支持 CEE？）。

方案三：SCSI over Ethernet

优点：简单？

缺点：小众标准，不知成熟度如何。

SCSI over Ethernet，目前有产品么？

个人理解，FCoE 的成本主要集中在：

（1）FC 协议处理芯片（能否用 CPU 完成？）；

（2）普通千兆或万兆以太网卡。

用哪种协议，真不好说，得实测才行。File 协议和 Block 各有优缺点。不过本质受限于底层链路，差不太多。目前 FCOE 还不知道是不是昙花一现的东西。另外如果单纯为了 FCOE 而 FCOE 的话，没有意义。如果原来系统中有 FC 的 SAN，现在想融合到以太网中而且有迫切需求，那可以考虑。不过，目前 FCOE 都是使用专门的适配卡和专门的交换机，与传统以太网根本不可互操作，目前实际主要应用于大型运营商，准备同时投入高速以太网与存储网络的，可以在适配器、布线、交换机方面成本有所节省，离行业市场客户还差很远。16 口 8Gbps FC 交换机也就两万多元一台，一台同样口数的 10Gbps 的 FCOE 交换机，贵了去了。但是对于运营商那种大型模块化交换机来讲，FCOE 交换机由于融合了两种网络，反而比单独为每种网络都配一台交换机要便宜了。

17. FC 是否可以使用主机 CPU 模拟的问题

想外接 FC SAN，主机是否必须配置 FC HBA 卡，还是可以用主机 CPU 模拟？

若能模拟，CPU 开销是否很大？

模拟不了。起码要有张 FC 卡，软硬不说，接口起码得有，而且 FC 的链路层 Frame 同步，提取功能要有，其他上层逻辑可以用 CPU 模拟。

Oooops，我的问题描述有误，应该是：FCoE 中，FC-2 帧通过以太网承载，FC 协议处理能否用主机 CPU 实现？按照冬瓜头的解释，我理解此时 FC-2、FCoE Mapping 属于“上层逻辑”，可以通过 CPU 实现的。

这样的话是可以的，而且我推测很可能一开始某些 FCOE 卡大部分逻辑就运行在其驱动程序中。

18. Stripe 与 Block 的关系

在创建 RAID 的时候，会让你选择 Stripe Size 以及 Block Size，Block Size 跟所创建 RAID 容量超过 2TB 后被主机识别有关系。Stripe 以及 Block 什么关系没有？最好是有个结构图可以说明一下啊。

不知道具体哪个设备，一般来讲 Block Size 是存储内部对磁盘读写的二级单位。Stripe Size 是 RAID 横跨所有 RAID 组磁盘的逻辑单元。要说有联系的话，Stirpe Depth 的最小单位就是一个 Block，除了 Block，还有多种其他被定义的概念比如 Chunk、Segment、Slice 等，与各个厂家设计和定义有关，需要去看厂家的白皮书。

另外，著名的 Windows 操作系统 2TB 极限问题，是说 MBR 分区格式下最大分区 2TB，而不是说系统只能认最大磁盘 2TB，磁盘可以认到很大，只要注册表中打开 48b 寻址模式即可。解决办法是使用 GPT 分区或者动态磁盘。而且，Block Size 与这个问题无关。

19. Loop 与 RAID

如果是阵列里的 Loop 架构，那么 RAID 如何工作呢？如何保证多块硬盘同时读写呢？还有就是这个 LOOP 如何收敛呢？冬瓜兄，我理解 LOOP 的原理是一个节点占用后需要完成操作再释放令牌，磁盘干活不就是磁盘读写和传输么，总得让它一次 I/O 操作结束才释放令牌吧，其他磁盘岂不是得等着？呵呵，不知道理解是否正确，恭听各位高见。

请求发过去，磁盘总得干活吧，干活的时间，其他盘也给了任务了，就像 boss 一样，不让人闲着，闲着成本就高，一个道理。呵呵，仲裁权不是这么弄的，仲裁不是一个 Session。一个写操作底层对应着多个 Frame，每次尝试发送一个 Frame，都要仲裁，而不是仲裁一次等这个 IO 完成的。每个 Frame 都要仲裁，这样才能保证其他设备不被饿死，如果是 Session 的话，早就被饿死了，有 Session 的那是更加上层的协议，比如 TCP，底层需要做的是充分保证拓扑上每个点的公平性。另外，以太网也是每 Frame 都要进行 CSMA 的，而且估计你也不知道网卡每收到一个 Frame，都要中断 CPU 来执行驱动程序提取这个 Frame 中的上层 Payload，这里顺便告诉你一下。

20. RAID 初始化的问题

能详细说明下，做了初始化再使用 RAID 的好处吗？

与实现方法有很大关系。如果所有磁盘在加入 RAID Group 前都预处理过，则不需要初始化。如果没有预处理比如以前用过的磁盘而没有清零直接加入 RAID Group，则需要初始化。有两种方式：前台独占性初始化，后台初始化。前者初始化结束之前不能接受 IO。而后者可以一边接受 IO 一边初始化，但是后者对 IO 的性能有很大影响，控制器会在后台连续地对所有条带初始化清零操作，或者读取所有数据盘上的数据进行校验并将校验值写入 Parity 盘，视不同设计而定。期间一旦遇到上层下发的写 IO，则临时跳跃到对应的条带进行操作，完成后再转回来继续。写 IO 刷盘之前如果对应的目标条带尚未初始化过，那么控制器会直接在内存中就计算好这个条带的内容然后整条写，这个整条中包括此写 IO 的数据 Segment，其他磁盘的全 0 的 Segment 以及计算好的 Parity Segment。对于 RAID 初始化的详细描述本附录后文还有。

你的书上说初始化有两种情况：一种是对所有的盘全部写 0；另一种是保持原来的数据，只是写入校验位。我这碰到的应该是第二种情况，好像没多大必要都写 0。还有就是我这的 RAID 5

不初始化也是可以用的，是不是对性能上或者安全上有影响啊？还望再解释一下，非常感谢！

凡是没有写 0，拿了盘就加入 RAID Group 并且立即可以使用的，属于后台初始化，性能会受到影响，因为写入的时候它有必要读出必需的部分来进行校验，几乎都是全条带读出校验，所以这个时候，RAID 5 写惩罚将达到最大。

写的时候为什么还要读出以前的旧数据来校验啊？直接写入对应的扇区不就可以吗？还望再解释一下，很想搞懂它的具体过程，谢谢。

请先理解校验型 RAID 写入时候的具体动作。直接写，其他什么都不干？那还叫 RAID 5 么，那不 RAID 0 了么。未初始化的 RAID 5，其校验值根本就是不匹配的，因为盘是拿来就用的，上面的数据均未清零，写入某个块，就需要读出整个条带上其他所有块来共同进行校验，并写入正确的校验值。这个条带校验完毕后，如果再有写 IO 针对这个条带，那么就按照正常 RAID 5 写入时候的动作。具体请参考《大话存储》，仔细思考。

21. 热点盘是什么东西

存储中他们说的热点盘是啥意思？

热点盘就是几乎每次 IO 都会读写的那个盘。比如 RAID 4 中的校验盘，每次写 IO 无一例外均会读写这个校验盘，使得这个盘的速度成为瓶颈，而且也容易疲劳而损坏。除了 RAID 机制比如 RAID 4 导致的不可避免的热点之外，其他因素，比如某个应用程序长时间不停地读写某个盘，而系统中其他的磁盘则相对空闲，则这个频繁读写的盘相比于其他盘也是热点盘。比如数据库存放日志的盘，相对于存放数据文件的磁盘，就是热点盘。

如何解决热点盘的瓶颈呢？

避免用 RAID 4，将需要频繁读写的盘放在 RAID 0/RAID 10/RAID 5 之上，使这种潜移默化的损害平衡到多个物理磁盘上，降低每盘损坏的几率和提高 IO 性能。其次，合理设计应用程序。

22. 如何放置数据文件的问题

Oracle 的库，其中一个 2TB，一个 2.6TB，对应数据和索引文件，从 Oracle 的性能来，最好能放到不同的 IO 上。Windows Server 2003 目前使用存储，RAID 0+1 后总空间是 5TB 多，当前这种方案整个做 RAID 0+1，然后在 Windows 中分两个区，分别放数据和索引。我的想法，能否在存储上分别做两个 RAID 0+1，在 Windows 上被认成两个不同的物理盘？IO 性能更好一点，这点能实现吗？不清楚存储的原理，这样做性能是否更好一些？

后者更好一些。如果做成一个大的 RAID Group，数据和索引的 IO 会有冲突，只能排队，但好处是空间分配灵活。打成两个 RAID Group，各自就有了专用盘，在 RAID 这一级上就不会冲突，但是在底层比如 FCAL 上依然是冲突的，但这是无法避免的。一个例外就是两个 RAID Group 的盘分属不同的 Loop，就不会在 Loop 这层冲突，但是依然会在 FC 控制器处有冲突的可能。比如同一个 FC Chip 管理共享的多个 AL 环，避免方法就是使用每 Loop 独立 FC Chip 的卡。然而 FC Chip 这一层可以解决，但是再下一层也就是 IO 总线这一层，依然可能冲突，比如多个 AL 环多个 Chip 多个 FC 卡同处一个 IO 总线，避免方法是让其分属不同的总线。再往下就是 CPU 冲突，避免方法使用多核的、前端口的共享等。顺带说了一大堆，呵呵。

23. RAID 10 和 RAID 5 的详细对比

RAID 10 和 RAID 5 相比，哪个性能比较高呢？

RAID 10 比 RAID 5 在读方面稍微强了一点点，但是强的这一点点并不是因为数据被镜像了所带来的，而是因为 RAID 5 比 RAID 10 多了一个 Parity 盘，无法接受用户数据 IO。 我们来举个例子如何。8 块盘。

RAID 10

11223344

55667788

RAID 5

1234567P

8

有 12345678 这四个数据放在这个 8 盘 RAID 10 上，而 8 盘的 RAID 5，则是 1234567P，P 代表 parity。先来看随机小块 IO，比如上层发来这样一组 IO，读 1，然后 3、2、4、8、5、7，此时，抛开 FCAL 底层不讲，RAID 10 之上可以并发这 8 个 IO 的，每个盘处理一个 IO，此时 RAID 5 之上只能并发 7 个 IO，也就是 1234567，废了一个 P 盘。所以说读方面，RAID 10 的性价比远不如 RAID 5。

再来看写方面，同样是上面的 RAID 组，RAID 10 上，抛开镜像过程是异步还是同步，全部按照同步镜像来算，也就是说写入一块盘则必须同步写入另一块盘。假设上层某时刻发来一组写 IO，1、6、3、4、5、7、8，RAID 10 可以并发的 IO 只有 4 个，也就是永远等于磁盘总数除以 2。再来看 RAID 5，同样这组 IO，其可并发的是 1～7，构成整条写，写效率大大高于 RAID 10 了。这个例子貌似对 RAID 10 不公平，我们先来看单一 Segment 的 IO 行为。单个 Segment 写的情况下，RAID 10 之上会产生两个实际 Segment 的 IO，而 RAID 5 则对应了两个读和两个写的 IO，比 RAID 10 多了两个读。如果是两个 Segment 的 IO，比如 1、2，则 RAID 10 对应了 4 个写操作，RAID 5 此时采用了读改写，即 3 个读 3 个写，比 RAID 10 多了 3 个读，少了一个写。依此类推，3 个 IO 情况下，RAID 10 是 6 个写，RAID5 则是 4 个读，3 个写，比 RAID 10 少了 3 个写，多了 4 个读。至此，RAID 5 已经达到读改写和重构写持平态，IO 再多可以实现重构写，极端态下可以实现整条写。显然，重构写和整条写就比 RAID 10 高效多了。

然而，上述结果是基于小范围的随机，也就是一批 IO 很大几率都分布到同一个条带中。如果上层的随机 IO 离散度过大以至于分布到同一个条带的几率大大降低，此时，RAID 10 的优势凸显，因为不管 IO 离散度如何，RAID 10 始终可以并发半数磁盘数的 IO。而 RAID 5 此时就要碰运气了，可并发几率大大降低，此时 RAID 5 性能与 RAID 10 相比就差别比较大了。

综上所述，相同情况下，RAID 5 的写操作总是小于等于 RAID 10 写操作，而读操作总是大于 RAID 10，在高度随机写 IO 的情况下，RAID 5 读改写的几率最大，所以相比 RAID 10 多出了很多读操作；而在随机性不太高并且并发几率比较高的情况下，RAID5 重构写甚至整条写的几率大大增加，此时 RAID 5 效率与 RAID 10 接近。 加上读操作比写操作成本和效率更低，而且如果考虑入 Cache 的预读效果加成，总体来讲 RAID 5 与 RAID 10 实际使用中，在小范围随机 IO 的情况下效果差别不是很大，如果考虑性价比，首选 RAID 5。如果写 IO 离散度过大，此时 RAID

5 性能下降就比较厉害了。优化的控制器会平衡 IO Queue 的大小，Queue 越大，就有更大的几率优化成并发 IO，但是延迟和开销却越大；Queue 越小，优化成并发 IO 的几率越小，然而开销和延迟就越小。

24. 磁盘数量太多的 RAID 组，有什么优缺点

磁盘数量太多的 RAID 组，有什么优缺点？

一个 RAID 组中的磁盘数量越多，IO 性能就越高。当然控制器起到至关重要的作用，有些控制器的硬件规格不能承受太多磁盘同时 IO，总有上限。通常情况下，一个 RAID 组推荐磁盘数量为 8～14 块。磁盘太多也有缺点，比如扩展性差，因为 RAID 组一旦创建完成就不可以剔除其中磁盘，拔掉任何一块磁盘，便处于降级状态，危险增加，必须插入新磁盘来顶替。所以创建 RAID 组是不可逆过程，如果一次就用了太多磁盘，今后余地就很少了，尤其是拥有磁盘数量不多的情况下。还有一个缺点，就是 Rebuild 过程会很长，Rebuild 需要读出整个条带的数据，如果磁盘数量太多，则 Rebuild 时间会严重增加，系统不堪重负。

25. 多主机共享 LUN 的问题

我们公司用 HP-MSA2000 磁盘柜存储 8TB 的数据，有三台 Dell 的 1950 服务器（操作系统为 Centos）访问这个存储柜，存取数据。连接方式是服务器通过光纤交换机直连磁盘柜，然后挂载到本地访问。问题：从其中一台服务器往磁盘柜上传文件，这个时候其他服务器从本地挂载的硬盘上看不到刚才上传的文件，除非是先卸载掉，然后再挂载才能看到。这是为什么呢？另外这种连接方式是不是 SAN 呢？

多主机共享同一个 LUN，除非所有主机上都安装集群文件系统或者 SAN 共享仲裁软件比如 SANergy ImageSAN 之类，否则会出问题。问题的根源就在于三台主机上的文件系统写入 LUN 的信息不是同步的，而是各有各的缓存，写入的数据先进入缓存。而且也没有锁机制，致使数据不同步不一致。要达到你的目的，多主机共享数据，要么用 NAS 要么用特殊的文件系统，但是推荐用 NAS，成熟，方便，只不过带宽可能满足不了要求。SAN 共享软件当然所有节点都得装。不知道 Reiserfs 本身是否支持共享，不支持的话，上面已经回答了。至于 DAS 还是 SAN 的，不重要。

而这方面我自己的定义是这样的：广义来讲，SAN 指的是存储网络和其中的所有元素，也就是说，只要通过网络来传输存储数据的，都属于 SAN 范畴。NAS 也属于 SAN。FC 直连也应当属于 SAN，因为 FC 是一个包交换的现代网络传输协议，不管物理拓扑上是直连还是通过交换设备，其协议本质已经是 Network。而目前的存储架构中，唯一排除在 SAN 范畴之外的应该是传统的 SCSI 线缆、SATA 线缆、IDE 线缆、USB、1394 等访问方式。因为它们不具备包交换的特性，如果硬说它们也是网络的话（其实就是网络），那么也是一个共享总线的网络，不具有次世代网络特征。然而，如果从最大的角度来看，目前所有存储架构都属于 SAN，从一开始就属于 SAN。

26. 如何利用多以太网链路达到最大带宽的问题

环境描述：服务器端安装了多路软件，iSCSI 磁盘阵列只有一个 LUN 分区，控制器上面有 4 个 iSCSI 主机接口。假设此款磁盘阵列的每个主机接口只有 100MB 的带宽，连接到千兆交换机，此款交换机支持链路聚合功能，即 Port Trunking。即把四条百兆链路聚合成一条总共 400MB 带宽的链路。磁盘阵列的这个分区根据四个端口都映射给了服务器，即服务器在没有配置多路径软件时可

以看到四个完全一样的分区。使用了多路径软件之后，系统只有一个分区，即任何一条链路出现故障，不影响对磁盘阵列的正常读写。问题：

（1）服务器向磁盘阵列读写数据时，是否能够通过链路聚合而达到 400MB 的带宽？

（2）多路径软件只认可一条链路，主要功能是容错，然而，是否在读写时只使用一条链路把数据写入磁盘阵列呢？假设此磁盘阵列本身不支持链路聚合的功能。如果支持链路聚合功能的话，直接在磁盘阵列把四个主机接口绑定成一条链路，那什么问题都解决了。

第一个问题：这种情况，只有在同时满足下列几个条件的情况下，才能达到 400MB/s。

- 多路径软件支持多路径并发。
- 盘阵端的每个以太口必须都设计为独享带宽，不允许有任何一个与其他端口共享带宽，也就是不允许两个或者几个端口在一个 HUB 上。我说的带宽是说盘阵内部背板上的带宽，而不是说外部的交换机或者 HUB。
- 客户端的 IO 类型，随机小 Size 的 IO，达到 400MB 不可能。需要连续大块的并发 IO。
- 后端前端中部总线以及处理能力均满足 400MB/s 的需求。

值得一提的是，利用多路径达到的聚合，是原生的，不需要盘阵“支持”，但是盘阵一定要支持同时向多个前端口映射这个 LUN。

第二个问题：多路径软件一般是支持多路径并发的，不过效率很少有满载的。可以单 Active 也可以多 Active。单 Active，最大带宽只能是 100m。多 Active，带宽恐怕也达不到 400m，理论值而已，实际上很难达到。

多路均衡在 OSI 的多个层次上均可实现。

链路层：Nic Teaming，Trunking/Channelling。

网络层：根据 IP 地址和 MAC 地址的均衡。

传输层：用 Multi TCP Connection 进行均衡，每个 TCP 连接使用单独的 IP 和网卡出去，达到对端虽然是不同的 IP 和网卡，但是上层给屏蔽掉了。一个例子就是 iSCSI 中的 Multi Connection per Session。

应用层：利用多路径软件进行均衡。

所以说，达到多少带宽，使用什么方法，在哪一层实现，都会对结果产生影响，而所有这些方法的本质皆相同。

27. 关于 LUN 切换的问题

大家好，我有一个问题向大家请教。环境是：一台双控磁盘阵列，分别直连两台服务器，有两个疑问是：

（1）正常是应该用 A 控管理 LUN1，B 控管理 LUN2，但我划分 LUN 的时候把 LUN1 分配给了 B 控，结果也能在服务器上看见 LUN1，请问这种情况正常么？

（2）我按正常分配 A 控管理 LUN1，B 控管理 LUN2 ，如果 A 控制器坏了，是不是 B 控能自动接管 LUN1？这种情况还用在服务器上装多路径软件么？

脱离了实际设备，这个问题就没有确切答案。有的在盘阵端支持 LUN 切换到活着的控制器，而主机端不需要切换，当然主机端需要有其他程序来控制这种行为。有的则全靠主机端多路径软件，所有控制器都可以映射所有 LUN，具体问题具体分析。

28. 关于星形拓扑、FC拓扑的问题

我记得你的书里面有提到光纤的星状拓扑，不知道和HDS高端产品的Hi-Star光纤交换，还有EMC高端的光纤矩阵是什么关系。搞混了拎不清楚，麻烦请教下。

FC拓扑中的星型拓扑，和盘阵控制器内部CPU内存外设之间的拓扑，好像是两码事吧……我一再强调不要再用什么“光纤硬盘”什么“光纤交换机”了，这里又来了个“光纤矩阵”，本来已经很不容易入门，如果再搅浑水，会误导很多人，甚至自己都糊涂了。HDS高端存储内部控制器总线类型多少年未变，全部使用Crossbar交换矩阵芯片，高成本高性能。EMC的高端存储内部总线架构则使用点对点直连结构，非Crossbar交换矩阵。

29. 一些专业术语的理解

小弟刚接触存储设备，一次面试过程中不知道以下这些专业术语是什么意思，请知道的兄弟们解释下，谢谢！快照代理，虚拟快照，分裂镜像。

快照代理：泛指安装于OS中的一个程序，可以与FS或者应用发生交互作用，使得Snapshot开始之前FS缓存中的内容被写入硬盘或者应用层触发一系列动作，让FS和应用程序产生一致点，避免恢复Snapshot后不必要的fsck过程和应用级恢复过程。

虚拟快照，不懂。你可以反问他这是谁家的定义。

分裂镜像：对某份数据做同步镜像，空间双倍占用，当需要这份数据某时刻的Snapshot的时候，Freez IO，然后解除镜像关系，脱离开的镜像就是这份数据此刻的一份Snapshot。 这时你可以回答，嗯，这么看来，分裂镜像产生的Snapshot是实Snapshot，而通过复制MetaData Tree产生的Snapshot就是虚Snapshot，或者就是上文中的所谓“虚拟快照”吧。

30. RAID 5的读写步骤

RAID 5的读写步骤是怎样的？

这个Internet上都可以搜索到的。分4个步骤的是写，而且写也是分情况的，不一定都是4步。随机写的情况下，写惩罚严重，先读出被覆盖的数据和Parity数据，然后用待写的数据和被覆盖的数据计算新Parity，然后写入新数据和Parity。就是这样。

31. SAN共享问题

有个问题，书中说到NAS可以提供同时对同一个目录或文件夹的访问，而如果是SAN网络，如果共享同一存储空间，需要借助软件。如果把SAN后端存储中设置为只一个人可写，其他只读，不是也称之为多台客户端在一台存储中共享访问么？（当然了，虽然具体的访问模式不一样。）

一写多读理论上是可以的，不过需要在特定情况下。比如所有客户端统一使用Direct IO+Write Through模式对目标进行IO，但是DIO+WT模式并不能保证客户端缓存的文件Metadata也同步被写入磁盘，如果目标文件的Metadata对程序没有什么影响的话，那么这种方式是可以满足要求的。但是现实中很少这么实现的，因为大多数情况都是多写多读的，只不只读是应用的事情了。如果不使用DIO和WT模式，就算用只读mount，对方写入之后，我方也不能得到最新的数据，除非等下一次FS从磁盘提取最新的inode tree到buffer，这样会造成不一致的。

如果写方和读方之间有其他上层关键业务逻辑，数据不同步造成的后果可能是极其严重的。

32. 如何判断造成邮件队列堵塞的原因？

这是我上网看到的一个方案 根据作者列出的 4 点可能造成邮件队列堵塞的现象，感觉不是一个 NAS 就可以解决这四个问题，方案如下。

1）用户现状

某 ISP 信息网原邮件服务器采用某公司小型机及其磁盘阵列组，邮件服务器每日处理邮件能力不足 3000 封，每日早晨上班和下午下班使用邮件高峰都会出现发送邮件队列堵塞。

2）需求分析

造成邮件队列堵塞的现象可能因为：

（1）小型机无法同时响应来自磁盘阵列盘上的邮件分发工作。

（2）UNIX 系统的文件管理服务在文件读写操作过程中，占用 I/O 资源无法释放，小型机处理并发 I/O 进程的能力有限。

（3）即使网络带宽充足，几千封邮件排队等待处理，也会造成堵塞现象。

（4）另外，网络带宽不够，还可能造成数据在网络传输中的读写瓶颈。

3）系统设计

购买一台 NAS 存储设备作为原服务器的数据存储设备，将原服务器中的电子邮件数据全部转移到该设备上，保持原服务器继续作为电子邮件服务的应用服务器。此时，一切问题迎刃而解。

原作者的方案点评：

NAS 产品采用了专用技术优化了文件访问的 I/O 效率问题，提供了比较理想的文件访问能力。尤其是 Veritas NAS 解决方案还提供了容灾和故障管理能力，使得 NAS 技术也可以成为容灾系统的组成部分。

个人理解：

（1）如果原来的磁盘阵列只用于存放电子邮件数据，将原服务器中的电子邮件数据全部转移到 NAS，这样做，原来的磁盘阵列是不是只能用于其他需求了？

（2）保持原服务器继续作为电子邮件服务的应用服务器。（这里的服务器应该不是前面说的小型机吧（会拿小型机做服务器吗）？如果不是，购买 NAS 后，NAS 是不是取代的是原有的磁盘阵列呢？）

（3）优化了文件访问的 I/O 效率问题，提供了比较理想的文件访问能力。（小型机配置没有提升，只是买了台 NAS，这样小型机就可以同时响应来自 NAS 上的邮件分发工作了吗？这么说原来的颈瓶不就是出于原来的磁盘阵列不能提供一个好的文件访问能力了吗?可作者说的是小型机无法同时响应来自磁盘阵列盘上的邮件分发工作。怎么感觉是小型机性能跟不上呢？）

（4）网络带宽不够（增加一台 NAS 带宽就够用了吗？）

太多不理解了，希望各位不要见笑 ，新人阶段，各位能解析下吗?

（1）如果原来的磁盘阵列只用于存放电子邮件数据，将原服务器中的电子邮件数据全部转移到 NAS，这样做，原来的磁盘阵列是不是只能用于其他需求了？

可以将数据文件分别放在原来的阵列和 NAS 中，平衡负载。

（2）当然还是原来的机器。不拿小型机做服务器难道用笔记本做？

（3）这个方案，一点根本的调查分析都没做，只是给出了几个猜测，也都在理，其实只要在小型机上用各种命令查看输出，就能初步推断到底瓶颈出在哪里。一点确切结论都没有，把所有可能摆上了，然后就说换 NAS。他也没提到以前的到底还用不用，新 NAS 是分担负载还是全盘替换过来。而且，就算换了 NAS，也不一定会有改善，也得看 NAS 的规格、后端带宽和 IO 需求。

（4）他说的是前端带宽也许不够，都是推测。后端存储带宽他没有调查，不明确。

33. 随机和连续 IO 的问题

随机（random）和连续（sequential）读写的区别，是对 Volume 来说连续的读写还是对物理硬盘来说连续的读写？

是哪个层面的"磁盘"，物理磁盘么？一般来讲就是根据一定算法，比如前几个是连续地址，后来这个差太大了，就算 random 了。至于哪个层次上的，哪个层次都有。但是最终影响性能的还是要看最底层也就是物理磁盘，因为最终是磁头臂的寻道影响了性能。有意义的就是最终物理上的地址。关于各种 IO 属性的总结和联系，请阅读《大话存储》相关章节。

34. 负载均衡的方法

有一个 SAN 环境，有几台存储管理服务器，现在想实现 IO 负载均衡，就是几台服务器用一个虚拟 IP 给用户，用户有数据 IO 时，自动找到 IO 负载较小的服务器，有些类似于 LVS 的思想。不知道有没有实现这个想法的软件或方法。

LVS 不就是么？ 硬件比如 F5、Packteer 之类的。都是基于 TCP 及以上层次的，高级点的可能还会识别应用层内容来均衡。如果你的意思是说仅仅均衡存储的 Block IO，比如用一个前端设备接收主机 IO，然后后端向多个存储设备分发负载，这种思想是存在的。但是这种物理拓扑目前是不存在的，真正体现这种思想的拓扑是存储集群，比如 NAS 集群，集群中并没有一个前端 Gateway 设备，而是多个节点共同提供访问。它们有一个虚拟 IP 地址用于接受前端 IO，而且负载均衡并不是随机分发，而是按照预先设定好的目录来判断对应数据 IO 应分发给哪个存储设备。数据一旦存储之后，是一直都在固定的地方的，当然一些带有 Tier 数据迁移功能的设备除外，不管是否带有迁移功能，数据被写入后，绝不是可以随机乱跑的，所以要做到 IO 随机分发是不可能的。随机分发方式的负载均衡只能在相对上层来做，将所有数据人工分目录分类按照访问频度和要求存放在多个后端存储设备上来达到人工的均衡。

35. 单个目录下的文件数量和性能问题

为什么单目录下子文件过多会影响性能？如 1 个目录下有 10000 个子文件，那么读取某个文件的速度将会明显慢下来，这和文件索引有关吗？索引中如何组织这些节点？谢谢大家帮忙。

是的，与索引有关。1 万个不算多。上百万个就看出来了。

上百万个慢是文件系统整体吧，那么和当前目录怎么关系上呢？

一个差不多的文件系统支持几百万个文件不算什么。我是说一个目录下，不分子目录，直接放它几十万上百万的文件，此时检索这个目录索引很费资源。支持数量有限是因为目录这个对象本身容纳的大小有限制，目录就是一个容纳文件名和文件对应 inode 号的容器，被限制了，那么容纳的条目也就被限制了。读取某个文件速度没影响。但是查找就费劲了。某些文件系统的索引机制不完善，甚至没有什么优化算法，致使每次查找耗费更多的时间。

36. Spare 的数量与风险的关系

一个 DS 3200，打算建一个 RAID 5，本来设 2 块 hot spare 的。后来由于容量限制，想改成一块，这样会增加风险吗？

2 块是为了防止 Rebuild 结束之后过一段时间又坏了一块，能坏第一块就证明其他的也离坏不远了。2 块同时坏的几率是比一块小。一旦某条件达成，坏的就不只是 2 块了，说不定坏一批或者 HBA 问题直接 Loop 上的全不认，真这样的话，多少块 spare 也没用，一块就够了。所以需要综合考虑。

37. 接口带宽与磁盘传输率的关系

1000M 带宽满跑流量是多少?SCSI 硬盘的最大传流量是多少?在不考虑其他因素的情况下.当两者满跑的时候，谁先成为瓶颈?

1Gb 的跑满是 120MB（包含协议开销）。iSCSI 硬盘，没有这种硬盘。有 iSCSI 盘阵，多块盘一起做成 LUN，这样的话，大块连续 IO 瓶颈在网络，小块随机 IO 瓶颈在磁盘，不过也得具体分析，与磁盘数量，控制器等都有关。理想状况下 100～110MB/s 是没问题的。

38. Page Cache 作祟

有一个卷 lv1，块大小为 4KB。此时我用 dd 做写测试，dd if=/dev/zero of=lv1 bs=4k，当测试的 bs 为 4KB 时，数据正常。当把 bs 的值减小到 4KB 以下，发现读和写都有数据，而且流量相当，不知道是为什么。也就是，不理解当测试的块大小“小于”卷的块大小时，就会产生读的数据。

呼呼，正常现象了。lv1 是块设备，你用的什么 os？块设备你对它写小于 4KB 的数据，它要先读出来，然后写进去。用裸设备就不会出现这种情况，1KB、512B 都可以。Page Cache 在作祟。

39. 关于标称带宽与实际带宽的问题

简单的说，DS 4700 的机器用两个 FC 4Gbps 的接口，怎么样才能让它可以提供 8Gbps 的主机连接带宽?

估计很难达到。4700 标称后端带宽没记错的话是 1.6GB/s，而且实际中一半估计都达不到，0.83GB/s 不可能达到的。

40. 卷共享的问题

A 机和 B 机都接在 SAN 上面，操作系统是 Redhat Linux AS 4.5；存储是 HP 的设备。在 A 机上写的文件，在 B 机上不能访问，请问有无解决办法？需要在磁盘阵列上做什么设置么？谢谢。

共享同一个卷，请小心，弄不好就数据损毁，得用集群文件系统，例如 Stornext，或者集群卷软件 Sanergy 之类。还有一个野蛮办法，使用 DIO+WT 模式，不过只能保证弱一致性。

41. Proactive Copy 与 Rebuild 的关系

热备盘的前摄性模式和重建模式什么区别？

可能这就是英文 Proactive 吧。一旦发现哪块盘不对劲，Prefail，复制数据，盘对盘，而不是 Rebuild，这样速度快很多，性能受影响也很小。

42. Loss of Sync 的含义

Loss of sync 过高意味着什么？

意味着物理层两端时钟或者接口接触等方面有问题。这种是可以自行恢复的，恢复不了就是 link fail 了。

43. 数据删除之后如何恢复？

一块 SCSI 36GB 硬盘，作为 SYBASE 12.5 数据库的数据文件设备，最近出现读写错误，估计是硬盘有坏块，做了 FSCK 后问题依旧，数据文件无法备份也无法复制，昨天一哥们来通过数据库倒数据，结果误操作，把原来数据的表全部删除后，又重新创建，我现在都哭了，大侠们看看能恢复到误操作前的数据状态吗？

得找数据恢复公司了。重新创建的，往里填数据了么？没填的话可能只是 hole，还有希望恢复的。

44. FC 阵列是否可以直连的问题

FC 磁盘阵列是否可以直连？

可以直连，只能以 FCAL 模式直连了。因为用交换机的情况下，各个节点都是 N 端口，都需要进行 Flogin 等一系列 FC 逻辑，直连情况下，如果两端都还是 N 端口，则无人会响应 Flogin。FCAL 则是各个节点自初始化自选举自仲裁的，所以可以直连。

45. RAID 3 的 IO 问题

RAID 3 每进行一笔数据传输，都要更新整个 Stripe，即每一个成员磁盘驱动器相对位置的数据都一起更新，因此不会发生需要把部分磁盘驱动器现有的数据读出来，与新数据做 XOR 运算，再写入的情况。这种情况在 RAID 4 和 RAID 6 中会发生，称之为 Read、Modify、Write Process，即读、改、写过程。因此，在所有的 RAID 级别中，RAID 3 的顺序写入性能是最好的。怎么理解？

RAID 3 任何情况下都保持整条写，解释完了。其实上面已经解释的很清楚了，不理解的话表明对更加基本的一些底层概念还没有理解，所以请再阅读《大话存储》。

46. 脑分裂是怎么回事？

谁能帮我解释下到底 Split-brain 即脑裂是怎么一回事？

就是说，本来一个大脑的两半球互相配合，变成了分裂成两个独立的大脑，都认为对方已死。此时，双方都尝试接管集群资源，造成冲突，后果严重。解决办法：使用 Vote 磁盘仲裁，利用对特定数量的磁盘放置 SCSI reservation 的方式来决定谁最终掌管集群资源，或者，最极端的 Powerfence，谁抢先关掉对方的电源谁就获胜。

47. 硬盘的 Block 与 Extent 的区别

硬盘中 block 和 extent 有何区别？

这些名词都请参阅具体厂家的定义。硬盘上只有 sector，还有 track。Cylinder 也是由 track 组成的一个逻辑定义。其他什么都没有。再往上的都是逻辑结构，并非物理结构，牵扯到逻辑结构，那就和定义者有关了。

48. 一些 IO 测试结果的分析

先介绍一下大概情况：阵列是 EMC 的 CX-310，全光纤盘，与主机连接用的是 4GB 的光纤通道卡，做的 RAID 5。机器是 IBM System x3650（7979B9C）。服务器的硬盘是 SAS 盘。操作系统是 Centos5.2，文件系统是 ext3。下边是用 dd 测出来的速度（偶尔会更低）：sda 是本机 sas 盘。

sda

写

```
dd if=/dev/zero of=/app1/test/dd.log
 # dd if=/dev/zero of=/app1/test/dd.log
1975913+0 records in
1975912+0 records out
1011666944 bytes (1.0 GB) copied, 15.0658 seconds, 67.1 MB/s
```

读

```
dd if=/app1/test/dd.log of=/dev/null
 # dd if=/app1/test/dd.log of=/dev/null
1975912+0 records in
1975912+0 records out
1011666944 bytes (1.0 GB) copied, 6.53719 seconds, 155 MB/s
```

读写

```
dd if=/app1/test/dd.log of=/app1/test/dd2.log
 # dd if=/app1/test/dd.log of=/app1/test/dd2.log
1975912+0 records in
1975912+0 records out
1011666944 bytes (1.0 GB) copied, 17.1978 seconds, 58.8 MB/s
+++++++++++++++++++++++++++++++++++++++++++++++++++++++++++++++++++++++
```

阵列

```
/home/sakai/mount/bak
```

写

```
dd if=/dev/zero of=/home/sakai/mount/bak/dd.log
# dd if=/dev/zero of=/home/sakai/mount/bak/dd.log
3544417+0 records in
```

```
3544417+0 records out
1814741504 bytes (1.8 GB) copied, 24.3567 seconds, 74.5 MB/s
```

读

```
dd if=/home/sakai/mount/bak/dd.log of=/dev/null
# dd if=/home/sakai/mount/bak/dd.log of=/dev/null
3544417+0 records in
3544417+0 records out
1814741504 bytes (1.8 GB) copied, 11.9376 seconds, 152 MB/s
```

读写

```
dd if=/home/sakai/mount/bak/dd.log of=/home/sakai/mount/bak/dd2.log
# dd if=/home/sakai/mount/bak/dd.log of=/home/sakai/mount/bak/dd2.log
3544417+0 records in
3544417+0 records out
1814741504 bytes (1.8 GB) copied, 26.4129 seconds, 68.7 MB/s
```

569MB 速度显然是 Cache 速度，既然读入的是 FS 文件，那么显然 FS 缓存在作祟。umount 然后 mount（或者# echo 3 > /proc/sys/vm/drop_Caches），然后再测试你就会发现根本没有 500 多 MB。至于 155MB/s 的速度，与很多因素有关，如 IO 调用方式、IO Size 等。centos 不熟悉。dd 在 Linux 下一般都是 sync 同步 IO 调用，每次 IO Size = 4KB，此时除非同时运行多个 dd，否则只一个 dd，155MB 速度也算是不错了！

df 查看的是文件系统使用率，磁盘使用率如何获取呢？大家谈谈思路也行，谢谢。

这是个匪夷所思的问题。如果拿一块崭新的磁盘，你可以说它使用率是 0，一旦使用了一段时间，就不好说了。只有其上“有用”的区域，才能算是使用率，如何计算“有用”的区域呢？就是看文件系统。

文件系统之外的有两部分：操作系统其他逻辑层比如 VM，在 disk 上写的数据；磁盘控制器比如 RAID 控制器在磁盘某些区域写入的数据，这些也算“有用”的，但是不能通过 FS 来查看了。

这个问题脱离了上层的卷管理软件或者文件系统，是没有意义的。磁盘本身并不知道自己身上哪些是正在被使用的，哪些是没用的。“有用”和“没用”是 FS 或者 VM 管理的，VM 用磁盘，FS 用 VM，应用程序用 FS，人用应用程序，如果人说一句，这些数据都没用了，扔了吧，那么不就是都没用了么？顺便说一句，FS 里面都有 bitmap 来记录对应存储空间上的每个扇区或者簇区是否被某文件占用，占用则有用，未占用则没用，也就是空闲。空闲的扇区不一定里面都是 0，可能是原来数据的 Zombie，这个请阅读《大话存储》相关章节。其他的 OS 不谈，在 AIX 里面应用能使用多少硬盘空间在 lspv 里面可以看到（Free PPs+Used PPs=Total PPs）。Free PPs 是还可以使用的空间，而 Total PPs 就是总空间。这个总空间肯定比磁盘的裸空间要小，但通常相差不是很大，通常就是相差一个 PP 的大小。所以我说如果不严格要求的话可以近似用 lspv 来看。不过如果你说的是磁盘阵列上物理磁盘的利用率，那我们说的就不是一回事了。说白了，VM 就是个粗线条的 FS。最终知道使用率的，除了 FS 就是 VM，最终物理 Disk，没法知道。

49. NAS 控制器和服务器的区别

存储设备是通过 NAS 控制器挂到网络上的，NAS 控制器也被称为瘦服务器，实践方面接触的比较少，谁知道这个 NAS 控制器的具体结构请介绍一下，主要是和一般的服务器的区别（从结构上谈，功能上网上搜的到）。如果可以，其他方面的也谈一下，比如具体的工作流程。

NAS 就是一个提供文件服务的设备，后端既可以使用自己本地硬盘，也可以连接到 SAN 设备上拿硬盘。之后上面加一些虚拟化的层，比如 Volume、LUN，然后必须再添加一层本地文件系统层，最终一层必须是网络文件系统，比如 CIFS、NFS 等。就是这么个架构。

50. 关于 RAID 信息是否写盘的问题

我知道很多 RAID 控制器为了好管理都会写类似超级块的信息到组成 RAID 的硬盘上。我想知道有没有一种控制器除了上层操作系统的写数据外是不会写任何信息到硬盘上的。

稍微高端一点的 RAID 控制器好像没有哪家这么做，原因很简单，一是卡上没有足够的地方存放，而是写到硬盘上，卡坏了，换个卡，载入，照样用。后者是根本原因。早期的 RAID 卡甚至不允许磁盘槽位错乱，很有可能就是因为它没向磁盘上写入对应的信息，而只是在卡上自己保存了一份，磁盘一旦错乱，RAID 就不认了。写到磁盘上之后，磁盘不管放到哪个槽位，逻辑上的结构依然没有变，依然可以组成 RAID Group。

51. 测试速度达不到要求

曙光磁盘阵列柜，挂到服务器上用 HDTune 测试只有 5MB。

提供可能的原因：

（1）IO 不对齐或者其他原因导致的内部惩罚。

（2）用 IOmeter 试试。

（3）Queue Depth 太低。

（4）用多线程并发访问，不会只用了一个线程吧？

（5）也是最有决定性的原因，IO 属性是什么。

52. FCOE 和 iSCSI 的区别

请问下 fcoe 和 iSCSI 的区别是什么？

用于存储网络时：

FCOE：　SCSI over FC over Ethernet

iSCSI：SCSI over IP over（any kind of link that support IP）

其实，底层链路不管是什么，都可以支持 IP。支持这个词似乎用得不好，但是链路层帧中应该有个字段来描述其承载的上层协议是什么，这就是所谓的支持。IP 和链路层位于 OSI 不同层次，之间可以适配的，所以，不管怎么连通，用什么方式连通，其上都可以盖一层 IP 来进入 TCPIP，这就是 OSI 的精髓。另外，FCOE 现在已经远非这么简单了，FCOE 已经逐渐脱离传统以太网基础架构，适配器，甚至交换机都需要专用的，这还谈什么 OE 呢？本来就是为了和以太网基础架构结合，降低成本，现在却越发走向不开放的道路，个人不看好。

53. 判断 IO 瓶颈

现有一台 LSI 3994 磁盘阵列（IBM 的 4000 系列即是 OEM 它的），2 台 HPDL380G5 与这台磁阵相连，这两台服务器各自有自己的 LUN，不做双机，只是 2 台服务器一起给磁阵写数据，写到各自的 LUN 上。但是现在只要使用业务，2 台服务器开始给磁阵写数据，2 台一共大概有 180MB/s 的写入量。这时读磁阵上保存的数据时，速度很慢，大概 1MB/s 多的速度吧。这台服务器的主机通道是 4Gb/s 的，应该有 400MB 的读写能力，怎么会这么慢呢。服务器使用的是 Windows 2003 操作系统。服务器分别直接连接两个控制器，没有使用光纤交换机。磁阵已经设置为 4G 的模式，磁盘条带化已经为了适应视频而调节到最大值了。

呵呵。兄弟，看来你这瓶颈没出在网络上。虽然用了 80 个 500G 的 SATA，但是控制器此时的行为不好说是否都用在了写数据上。180M 的写 IO，请问这些 IO 的属性估计一下是 IO 密集的还是 IO Size 很大的？如果是前者，具体多少？有没有达到 IOPS 瓶颈？其次，IO 的时候，不一定就真正分摊在了这 80 块盘上，而很有可能只用到了其中几块盘。最好能用盘阵监视工具看一下当前的磁盘 IO 情况，CPU 和 RAM 情况，综合分析。 读的时候用什么读的？读的多大的文件？RAID 类型是什么？这些都要心有一幅图，不然没法做下去的。

54. 网卡瓶颈

在由服务器网卡到交换机再到磁盘阵列的传输链路中，瓶颈在哪里，值是多少？

假设：

（1）网卡为普通千兆网卡，且服务器只有这一块网卡用于连接 IP SAN 中的交换机；

（2）交换机为全千兆全线速转发交换机；

（3）磁盘阵列通过对硬盘做 RAID 能够从出口对交换机提供足够的传输带宽。

那么瓶颈应该可能在两个位置：

（1）服务器网卡，千兆网卡理论带宽 128MB/s，然而它的实际工作带宽能达到多少？有 60%吗（77MB/s）？如果除去 IP 协议的开销，还剩多少？

（2）交换机端口传输带宽，千兆的端口，最大实际工作带宽能达到 128MB/s 的 60%吗？

我想准确地知道这个值，因为我想知道，在这种情况下的 IP SAN 与服务器本地硬盘相比，在传输性能上有没有优势。本地硬盘按 SATA 平均内部传输率 60MB/s 来算。

我觉得为何这帖子至今无人回答，是因为没法回答。你也说了，瓶颈点一在网络，二在磁盘，就这两个。 磁盘外面是清一路的千兆通路，所以算一个瓶颈点。盘阵网口后面是控制器 OS 以及其他硬件，这里算是个潜在瓶颈点，但是再烂，125MB/s 的速度也至少能提供，所以本案，此处没有瓶颈。再就是后端磁盘了。还是那句话，再烂，一百来兆的速度起码也能给出来吧。综合分析，您这系统瓶颈将会在网络。

而实际中只要是大带宽需求的环境，确实很大比例都出现在网络瓶颈上，1Gb/s 的速率实在是很低了。如果 IO Size 很大的话，106MB 左右是正常的，这也是我平时所见的。IO Size 很小的话，五六十兆甚至十几兆都有可能，得根据 IO 属性综合判断。实际中可能发生各种问题。有客户甚至测试过，用盘阵不如用 USB 硬盘盒。性能分析一定要有如下条件：①什么应用；②什么盘阵，内部行为如何设计的，CPU 和 RAM 如何；③什么 IO，读写，大小，随机程度，QueueDepth

并发程度；④什么 RAID 类型，具体参数，Strip、Block 之类，并发度怎样；⑤各种适配卡线等是否底层缺乏兼容性或者参数不匹配。

55. IO 是怎么定义的？

（1）怎样的操作才算是一个 IO 操作？什么操作才算一个 transaction？

（2）Transaction 和 IO 有什么关系？

你好，关于如何才算一个 IO 的问题，我可以在这里简要讲解，不过更详细的内容请参考本书前几章。IO 在不同层次有不同的概念和单位。一次 IO 就是一次请求，对于磁盘来说，一个 IO 就是读或者写磁盘的某个或者某段扇区，读写完了，这个 IO 也就结束了。

至于 transaction，就是更高层的内容了，transaction 往往与业务逻辑有关系。比如你去银行存一笔钱，你存这笔钱的过程中，服务器向数据库中写入的所有关联的操作就算是一个 transaction，而完成这一个 transaction，往往对应了底层对磁盘的多次 IO。比如，读出数据库中原来的数据，比如你原来存款是 10000 元，他读出来了，然后显示在柜台终端上，然后操作员存入 5000 元，数据传输到数据库服务器，数据库服务器在内存中更改这个数值，从 10000 更改为 1.5000，然后数据库 Flush 的时候，将对应的数据库写入磁盘，完成后，柜台终端显示成功。这个过程中对应了多次磁盘 IO。

补充几点：IO 类型有多种，数据型 IO 和非数据型 IO。前者是指 IO 请求中包含读写扇区的数据的，后者是指 IO 中不包含扇区数据，而是承载其他信息的，如 SCSI 协议中的很多操作码，比如 0×01 就是 zero 指令，命令磁盘自行向所有扇区中写 0。或者诸如 report LUN 这种常见的指令，它们是命令磁盘做一些其他的动作，而不是真正的读写扇区中的数据。对于网络文件系统来说，也有数据型 IO 和非数据型 IO，前者比如读写操作，后者比如 NFS 中的 mount、fsinfo、fsstat、getattr 等。这就是 transaction 与 IO 的关系。

56. Cache 与 IOPS 的关系

增大阵列的 Cache 能对 IOPS 有多大的影响？对于顺序读\写、随机读\写影响会有多大？

Cache 对于连续 IO 具有较好的效果，尤其是连续小块 IO。针对 Cache，不同的产品有不同的算法，但是大部分是众人皆知的算法。 连续小块 IO 效果较好的原因是因为预读程序会预先读入与本次 IO 相连的周围地址的数据，而 IO 的 Size 越小，并且 IO 越连续，性能提升的效果就越明显了。

连续大块 IO 为何效果不明显？其实这里所说的明显与否是相对的。连续大块 IO 的时候，更多的压力在于磁盘和通道带宽，Cache 只起到一个缓冲作用，并没有体现出任何优化的效果。大块连续 IO 情况下，Cache Eject 率非常高，系统没有必要也没有这个精力去再做什么优化，也没有可优化的地方。Cache 在重复读的情况下效果最佳。所谓重复读，也就是外部频繁地读取某些地址的数据，而从来不更改它们。这样，这些数据就会长时间地停留在 Cache 中而无须访问硬盘。

随机 IO 的情况下，Cache 效果最小。随机 IO 的瓶颈在于磁盘寻道，并且更加考验一个产品针对 IO 的优化程度。但是广泛来讲，随机 IO 性能低下的问题在机械硬盘的世界里，永远不可能有本质上的解决办法。只有 SSD 或者其他概念的存储方式才可以从本质上解决随机 IO 的性能问题。但是面对随机 IO，Cache 也不是一点效果也起不到的，比如某种算法，类似数据库的优化方法，即让数据在磁盘上的分布单位加大，每次读都读出整个 extent 来碰运气。也就是类似这种思想，比如有一群蚂蚁，你要把它们全收集起来，而你的筷子每次夹的太少，麻烦费力低效，而如果你换成勺子，直接将蚂蚁和泥土一起挖起来，同样可以达到收集蚂蚁的效果。也就是用大炮打蚊子，炮弹爆炸了，那肯定周围的蚊子也被烧死了。

连续读：对于小块连续读 IO，Cache 优化效果最好；对于大块连续读 IO，优化效果不明显。

连续写：对于连续小块写 IO，如果 Cache 是 write back 模式（通常都应当是 write back），由于 IO Size 比较小，Cache 剩余空间充裕，不至于频繁引起 Cache flush 操作，加之系统不繁忙，有更多时间去进入算法流程对这些 IO 进行优化调度重排等，所以此时 Cache 效果良好。对于连续大块写 IO，Cache flush 频繁，整体瓶颈归于磁盘，Cache 优化不明显，仅作缓冲之用。

随机读：瓶颈归于磁盘，Cache 优化不佳，只作为缓冲之用。

随机写：对于随机小块写 IO，如果 Cache 是 write back 模式，则 Cache 表现出来的优化效果良好，使得程序有充分时间去重排、优化这些 IO 数据从而为更高效的并行写入磁盘做准备。对于随机大块写 IO，此时 Cache 效率最为低下，整体瓶颈归于磁盘但是表于 Cache，因为 Cache 快速被充满而后端磁盘处于瓶颈态，此时系统最为难受。

增加 Cache 会对连续大块 IO 性能提升比较明显，但是对于小块 IO，Cache 空间足够，再增加也无济于事。不过依然要综合来看，比如如果太多客户端写入导致 Cache 不够用，那当然就考虑增加 Cache，总之，都是相对的。只要后端磁盘没有达到瓶颈，增加 Cache 有好处，而且大块和小块，在 Cache 相对很大的时候，大和小的区别就可以忽略了。

不知道其他厂商产品底层如何 flush 的，我猜测应该是一直在 flush，也就是源源不断地利用满后端的带宽。如果一次 flush 非要等待所有 dirty block 写盘，而此时其他线程都挂死的话，那绝对是划不来的。所以我推测是少食多餐制，flush 频率非常快，或者是完全异步处理，后端细水长流，而前端洪水暴发进入水库蓄水，同时进行。而某些产品受制于日志方式，日志保存的地方太小以至于 flush 频繁并且是同步阻塞模式。前者那种细水长流模式下，Cache 越大当然越好，再大不怕因为电池保护；而少食多餐模式下，太大的 Cache 对写 IO 也没什么效果。而后者那种电池只保护日志空间的模式下，则太大的 Cache 没有用处，充其量读缓存占大部分，剩余的写缓存根据保存日志的空间来定。

上述是 Cache 管理的大概思想，至于更多细节的实现方式，比如多流合并、分区等思想和技术，就要看不同产品不同设计方式和开发人员富有创造力的头脑了。

但我有个阵列，把 Cache 由原来的 1GB 增加到 3GB。做 SPC1 测试从 BSU 240 增加到 300，增加了 25%，是因为原来 Cache 就太少了吗？

不否认这个测试结果，但是他的系统缓存只有 1GB，未免太小，况且 spc 结果中随机写这部分到底提升了多少，无从考证，况且不知道是什么产品，底层 destage 的机制等。但是不可否认的是，增加 Cache，对读优化肯定是增加的了。

更多的缓存意味着可以将更多的 IO 直接写到缓存里面，马上 response 给主机说 IO complete，然后等积累到一定程度在后台 destage 给磁盘，性能应该更好才对，为何说是相对的呢？

Cache 太大，有太多的数据没有 destage，虽然放到 Cache 中有电池保护，但是还是要尽快 destage 到硬盘上才保险的，这就引出了我对于 destage 方式的讨论，如果是一次全部 destage，那么太大的 Cache 当然会耗费很多资源了，所以上面才请林总介绍一下目前大 Cache 的产品 destage 是怎么个机制啊。

当然，后端通道和磁盘越多，相应 Cache 就得跟上去，这个无可否认。而且如果他的 destage 方式是按照 Cache 容量比例来的，而且后端没有瓶颈，那当然是缓冲空间越大越好了，如果后端捉襟见肘，还配百八十 GB 的缓存，那也是没必要的。但是为何我说随机 IO 下 Cache 优化效果最小，也就是性能提升最小，因为毕竟是随机 IO，缓存再多，形成整条写的几率也是相对其他类型的 IO 低，这点必须承认，所以后端依然是会产生瓶颈的。既然这样，后端产生瓶颈的几率增大，那么必然需要 destage 相对频繁一些而不是积攒太多一次 destage，因为一旦积攒太多而待写数据过于离散，则后端需要很长时间才能完成 destage，资源消耗比较大；反过来说，destage 如果频繁，则 Cache 对于写数据所占的空间也就不需要太大了，而可以放更多的读 prefetch 数据。这方面可以继续讨论研究。

57. SAS 和 FC

据说 SAS 接口的普通盘阵，十几块盘就可以达到 600MB/s 的吞吐量，这样我还用买高端 FC 盘阵么？

SAS 盘阵达到 700MB/s，800MB/s，900MB/s 的速度都是常有的事情。SAS 卡上的多路 SAS PHY 可以形成宽端口的，一般可以达到 12Gb 的带宽，也就是 4 个 3Gb 的合并，所以才能有这个速度。目前 SAS 已经可以达到单 PHY 速率 6Gb/s。SAS 相对 FC 是不错的选择。至于高端的 FC 盘阵，往往其他功能强，接口也多，而且线缆方面也比 SAS 方便，更容易扩大至很大的扩展柜数量，所以 SAS 目前并未非常流行，取代 FC 的路程还有很长要走，让我们拭目以待。

我一直有个疑问，就是 SAS 在 Sequential 环境中的表现到底如何？理论上可是有 12Gb 带宽啊。从我看到的几个产品上看，好像是用 SAS 的产品在 Seq 环境中带宽表现不是十分好，反而在 random 环境效果更佳。

不知道是哪款产品，怎么测的，SAS—RAID 卡市面上有很多：软，硬，半软半硬。带 RAID 功能的 SAS 箱的表现与外置 RAID 卡再接 JBOD 的性能没什么差别。随机和 seq 环境下的性能主要取决于参差不齐的 RAID 卡了，看其优化是否到位。能否提供一下实际数据，研究研究。

58. 软 RAID 和 RAID 控制器有何不同？

基于软件的 RAID 和基于控制器的 RAID 有什么区别？

前者泛指利用主机自己的硬件资源来实现 RAID。由于主机上没有针对 RAID 的硬件芯片比如 XOR 运算器或者其他硬逻辑芯片，所有 RAID 功能全部由主机上的 CPU 通过运行操作系统底层的 RAID 逻辑代码执行。后者泛指 RAID 逻辑运行在独立的硬件上，这些独立设备一般都配有特殊的硬 ASIC 芯片来将复杂的运算硬化入芯片从而相对于全靠 CPU 来运行的系统性能大为提升。

当然，也有的控制器全部用 CPU 来执行 RAID 功能和其他存储系统的所有功能。二者的区别：前者耗费主机资源，不过如果主机 CPU 不繁忙、系统负载不高而且 CPU 内存够强劲，其表现的性能不亚于硬 RAID。后者不耗费主机资源，但是要求一个独立的设备，成本增高；前者由于在主机上运行，一般不考虑实现复杂的逻辑而尽量保持高效率，后者则由于在独立的设备上，可以方便实现更多的复杂功能；前者运行于主机之上，一旦出现问题或者需要维护，则很可能要停机，而后者如果不出现大问题，对主机端一般没多少影响，灵活。

59. 关于 RAID 的初始化

几块盘创建好一个 RAID 5 后，一般是采用什么方式初始化的？我现在想到有两种：

（1）每个 Stripe 都是写 0，这样只需要进行写操作，不需要进行读操作和 XOR 操作，而且最后的 Stripe 数据是呈异或关系的。

（2）每个 Stripe 是模拟 RAID 5 坏掉一块盘后插入一块新盘重新 recovery，即先读同步的盘上的数据然后作 XOR，计算结果最后写入被同步的盘。

我知道 Linux 内核中是采用后一种方式的，但是在性能较弱的 CPU 上会显得有点吃力，因为要作 XOR 计算，不知道有没有其他 RAID 厂家采用第一种方式的？

另外，不知道有没有不做初始化就直接使用的 RAID 厂家？

前台初始化的时候是不能接受 IO 的，必须等待。比如 DS 6800 就是这样。前台初始化理论上也有两种方式，也就是上面列出来的两种方式，Zero Disk，或者读出整个条带的原来数据然后计算 Parity 数据然后写 Parity。不过一般倾向于 Zero Disk，因为这种方式最为简便，只需要发送一个 SCSI Operation 0x01 指令到磁盘然后等待返回即可。控制器不耗费一点资源。如果是第二种，则有点兴师动众的意思，速度慢效率低，也没有必要这样做。

后台初始化，这种方式可以接受 IO，理论上是控制器从 RAID Group 被建好的那一刻起即开始做初始化，不可能使用 Zero Disk 的方法了，因为此时需要接受上层下发的 IO 了，必须由控制器做读写操作，所以只能用 Parity 重算的方法。一旦某个 Stripe 有 IO 进来，则控制器跳转到这个 Stripe，初始化这个 Stripe，捎带上下发进来的写数据一起将这个 Stripe 处理好，使得其 Parity 与 user Data 是一致的。如果是读 IO，而且目标地址落在了尚未初始化的条带上，那么控制器直接在内存中返回全 0 给发起 IO 的主机；如果落在了已经初始化过的条带中，则此时由于控制器无法判断这个条带初始化之后是否已经被写入实际数据，只能假设已经被更改过，所以需要从对应目标地址读出数据并返回。处理完后，继续跳回原来的断点然后继续顺序处理其他 Stripe。控制器在后台初始化过程中会对已经初始化和未初始化的条带做记录，这个记录很小，比如一个 bitmap，每个位代表一个条带，初始化完成就标为 1，未初始化就标为 0，所以查找起来不费力。

为了避免不必要的麻烦，前台初始化过程应当选择 Zero Disk 的方式。校验型 RAID Group 必须初始化，只不过是前台还是后台而已。有后台初始化的产品，一些低端 RAID 卡都可以做到。

前提是 RAID 5 边初始化，边要写数据。当 RAID 5 初始化到了 10%，而数据写到了 20%。假如这时 RAID 5 中掉了一个盘，请问我这写的 20%数据能够恢复吗？如果不能，前 10%的数据能恢复吗？或者数据就是不能恢复？能举个例子帮分析一下吗？谢谢。

RAID 5 本身是容许一个磁盘损坏或者丢失。不管前台或者后台初始化，凡是已经初始化完成的 Stripe，皆可以容许一块磁盘丢失，而未初始化完成的 Stripe，保护它们也没有意义。这样的话，系统必须依然可以从剩余的磁盘来校验出丢失磁盘对应 Stripe 上的数据。不过实际上，一个未初始化完成的 RAID Group 已经坏盘，那么正好是破罐子破摔了。你想想，此时系统就等于初始化完成了并且进入等待 Rebuild 状态，插入好盘之后，重新逐 Stripe 的 Rebuild，此时就无所谓初始化与否了。

所以，不知道上面这个例子是假想的还是实际的，理论上讲系统依然可以接受 IO，只不过一旦未被初始化的 Stripe 上有 IO，则数据一致性要靠应用层来判断了。所以上面这个例子应该不会发生，如果实际中真的发生了 RAID Group 因为未初始化完而掉盘就停止接受 IO，则可能系统为了充分保证安全性吧，此时你可以插上新盘让它 Rebuild 就可以了。如果这样都不行，那只能证明这个后台初始化系统设计的不完善。数据是可以手动恢复的，找专门的恢复结构，只要他用的 RAID 5 校验方式是常规套路。

60. 关于 SAN 共享

SAN 为什么不能文件共享？谢谢！也就是说，为什么块级存储，不能提供共享？

SAN 是一个大家访问存储设备的通道，处于底层。对于一个目标设备，可以有多个客户端设备对其访问，同时读写，没有问题。块级的访问是最低级别的，接受访问的设备根本就不去管有多少客户端访问，谁写了哪些扇区，是否被不正确地覆盖了。

底层就是要实现高效率的访问，如果把这些东西都做到硬盘上或者 SAN 盘阵中，那逻辑就相当复杂了。当然，NAS 设备就是这样一个提供文件共享的设备，因为 NAS 协议的一个作用就是解决多客户端共享文件，保证文件的一致性。然而这也取决于客户端的决定，如果客户端在使用 NAS 的时候，不进行 Lock 操作，那同样也会出现后来写入的覆盖之前写入的情况，就是这样设计的。这些逻辑全处于应用层上。

至于 Block 级别的 Lock，SCSI Reservation 算一个，但是它不会像 NAS 协议的 Lock 一样去保证一致性，其功能也不是为了共享，最大一个作用是为了解决 Brain Split。还是那句话，Block 级别是低级智能的。要实现文件共享，必须在 Block 卷这一层解决，也就是使用集群文件系统，或者使用一个诸如 Sanergy 的卷共享软件，上层依然使用诸如 NTFS 这种常规的 FS，卷共享软件可以保证访问同一 LUN 的多个客户端上的 FS 时刻从这个 LUN 读取的数据都是最新的数据，当某个客户端写入数据的时候，卷共享软件会将其他客户端 FS 缓存中对应被写入块的数据进行过期作废处理，重新读入最新数据。

各个客户端上的 fs 缓存，此时在卷共享软件的全盘管理下，实现了全局共控。如果不这么做，举个例子，假如 T1 时刻设备 1 将 10000 这个数值写入了扇区 0，而设备 2 不知道，没有人通知它，设备 2 的 FS 缓存中对应这个扇区的数据依然是 0。随后，设备 2 上的程序做了一次运算，比如：余额 + 5000，其实此时，余额应该 = 10000，但是由于没人通知设备 2 扇区 0 的内容已经更改，所以设备 2 仍然用 0 来当余额，这样算出的结果是 5000，然后写入磁盘，之后，余额变成了 5k，你赔了 10000 元啊！

上面的例子是一个概要，现实中，多设备同时读写同一 LUN，会产生各种各样的后果。有时候设备 1 下次读出的时候会完全混乱，就像刚才的例子，应该是 1 50000，结果错误保存成了 5000。这种结果算是杀人于无形之间。有时候如果遇到 FS 的 MetaData 扇区不一致，则 FS 轻则 fsck，重则崩溃。崩溃了比上一种情况好，如果不崩溃就这么以讹传讹将牛头不对马嘴的数据返回给上层，那后果可是不堪想象了。然而，用了上面的方法，只能保证数据在文件系统和卷之下逻辑的一致性，却不能保证上层业务方面的一致性。业务层的逻辑不可能也没有必要放到 FS 之下去实现。所以还需要实现业务层的一致性，举个例子：比如设备 1 在这个 LUN 的 0 扇区写入了数据，而设备 2 在卷共享软件或者集群 FS 的控制下，它的 FS 缓存对应的这个扇区的数据过期，重新读入最新的由设备 1 写入的数据，读入之后，设备 2 对其做了更改，写入覆盖扇区 0。

这个过程是一个正常的过程，不会产生数据不一致性。然而，如果设备 1 和设备 2 之间没有足够的配合，比如，我用同一个账户在设备 1 和设备 2 同时登录进行数据更改，假设还是刚才那个银行账户吧，原来余额是 0，T1 时刻我在设备 1 上存入 10000，设备 1 将数据写到扇区 1 保存，然后关闭终端应用程序。

此刻设备 2 缓存过期重新读入新扇区 0 数据。然后我来到设备 2 查看我的余额，仍是 0，为什么呢？为何 FS 缓存都更新了但是终端显示仍然是呢？这是应用程序编写的时候没有考虑数据业务层的一致性，如果程序随时参考 FS 缓存内的最新数据而不是自身缓存内的数据，那么最新的数据就会生效，不管是使用 Push 还是 Pull 的方式获得最新数据。T2 时刻，在设备 2 上直接退出应用程序，此时设备 2 上的应用程序由于这个错误，将一直缓存在程序 Buffer 中的数值 0 写入扇区 0，这样，10000 变成了 0。你损失了 10000。所以，业务层面，也就是应用程序层面，一定要考虑周到，利用各种方式来相互通信，或者从底层时刻获得最新的数据，是很重要的。

61. Cache 和 Buffer 的区别

请问，Cache 和 Buffer 的主要区别是什么？都是缓存，区别在哪？

其实 Cache 和 Buffer，物理上讲都是 RAM。逻辑上讲，你把 Cache 叫成 Buffer，或者把 Buffer 叫成 Cache，都没有错。不过 Buffer 多用于编程方面，Cache 多用于非编程方面的叫法。比如为某程序分配一段 Buffer，而一般没有说为某程序分配一段 Cache 的，但是你可以说这个程序有 Cache，或者说 Cache 是泛指，Buffer 是特指。见仁见智。而对于磁盘阵列来讲，Buffer = Cache。

另外，从本质上讲，Buffer 是“缓冲”，而 Cache 是“缓存”，即 Buffer 中的数据是一定要在短时间内被处理的，而 Cache 则可以作为一个数据的长期的容器而其中的数据不一定非要被立刻处理。

62. 关于存储系统中的 CPU 的作用

高端存储中 CPU 起的作用到底有多大？

高端存储的 CPU 对性能影响很大。因为高端产品其出发点不单单是把磁盘数据拿出来扔出去，或者等着别人写进来，然后写到磁盘这么简单了。高端存储中 CPU 主要决定下列 4 个大方面的作用：

（1）基本的数据吞吐服务。

（2）物理上，大量的 IO 卡和接口，需要消除底层的瓶颈。总控各种附加硬 asic，比如 xor 的芯片，或者数据压缩硬芯片等功能芯片，使 CPU 周边的所有枪杆子和部队有条不紊地执行任务。

（3）逻辑上，大量客户端并发、随机 IO 操作的优化，需要消除逻辑上 IO 的瓶颈。

（4）功能的多样化，各种高附加值的功能比如 snapshot、mirror、dr、dedup 等。

CPU 的高性能对整个存储的性能起到多大的作用？

有了上面的 4 个方面，下面就来一一描述一下 CPU 如何影响其性能。

（1）基本的数据吞吐服务。

这是一个盘阵最基本的功能。prefetch、queue、read wirte、flush，这些过程都是最基本的要求。这些过程，看算法复杂度和 IO 类型而定，基本上连续大块 IO 对 CPU 耗费不大，主要在于磁盘和 Cache 的瓶颈，因为连续大块 IO 不要求 CPU 做出多少运算。而对于连续小块 IO，此时虽然 IO 是连续的，但是 Size 变小，系统整体吞吐量相对于大块 IO 来说降低不多，当然，前提是除了磁盘之外的其他节点没有瓶颈，而 CPU 利用率却显著上升，此时对 CPU 的要求就逐渐显现出来。

当前端的 IO 逐渐增加，CPU – Cache – diskchannel 这条线上随处可以产生瓶颈，比较好的表现应该是 disk 首先瓶颈，如果是 Cache 或者 CPU 首先瓶颈，那么这个系统就不是最优的。对于随机 IO 来讲，此时程序会进入优化随机 IO 的算法模块中，视算法复杂度而定，此时要求 CPU 足够强劲来抵消一部分磁盘固有的面对随机 IO 的瓶颈。此时，算法越精良，CPU 越强，性能就越提升，当然如果算法本身已经达到瓶颈，此时提升 CPU 也没有用。所以，这些东西都要经过详细的测试、考察。

（2）物理上，大量的 IO 卡和接口，需要消除底层的瓶颈。总控各种附加硬 asic，比如 xor 的芯片，或者数据压缩硬芯片等功能芯片，使 CPU 周边的所有枪杆子和部队有条不紊地执行任务。高端存储有大量的 IO 卡设备，从底层角度来讲，如此多的 IO 设备和接口，就要求多 CPU 和够多的总线与其对应来响应源源不断的中断和数据收发操作了。其次，高端存储的架构大多硬件模块化，各个模块细分功能，比如 xor 模块专门计算 xor 值，其他模块 fc 通道控制、Cache 控制、数据压缩等，这些硬件芯片在一个高端存储中有多个，这些功能的相互配合和运作要求 CPU 数量足够与之匹配，而频率则没有过多要求。

（3）逻辑上，大量客户端并发、随机 IO 操作的优化，需要消除逻辑上 IO 的瓶颈。

高端存储的一个必须考虑的东西就是同时满足大量客户端的并发操作。大量的不同种类的 IO 类型同时进入，此时要求算法能够临危不惧不乱，井井有条地对这些 IO 进行 queue、requeue 分类等操作。首先算法本身应该效率足够高，其次 CPU 应当足够强或者核心足够多从而使得算法更快地执行而不产生等待，这样才能满足大量数据源源不断地进出而不是堵塞在 Cache 中，高端存储 Cache 动辄几百 GB，这就要求操作手需要更快地充满或者清空这些空间以便接受更多 IO。

（4）功能的多样化，各种高附加值的功能比如 Snapshot、Mirror、DR、Dedup、Cache 分区等。这些东西可以说是纯软件操作了，对磁盘速度没有过高要求。而对算法要求很高，比如 Snapshot、Dedup 等，你看 Datadomain 为什么两家来抢他，就是因为它的算法能让 Dedup 在在线数据上运行而效率足够高。越是好的算法，越是能在耗费 CPU 相对较小的情况下完成相对较好的任务，如果算法不好，CPU 利用率又高，那只能提升 CPU 来补偿了。还有诸如 Snapshot、Mirror、Sync 等操作，其底层是很复杂的东西，其底层要保存很多结构比如 bitmap 之类，都要求算法和 CPU 的。

个人认为高端存储主要在于磁盘数据与缓存的交换，那么主要性能就体现在这里，那 CPU 的性能体现在哪里？

刚才已经列举了高端存储除了基本的数据吞吐服务之外的功能以及 CPU 对其影响，这里就不多说了。

仅仅是对数据预读或控制读写队列？那么现有的 CPU 是不是足以满足需要？

如果仅仅是 prefetch、queue optimization，RAID 卡上的 CPU 也做的不错，但是高端存储需要更多的 prefetch，更多更复杂的 queue，更多更复杂的算法，考虑的更多，所以需要 CPU 足够强劲。现有的 CPU 都是根据整个系统可以提供的动力来选用的，或者存在商业价值的因素，不满足要求就花钱买更强的 CPU。

HDS、EMC 的高端中采用的类似分布式的结构，采用大量相对低频率的 CPU；而 IBM 则是对称多处理器结构，抛开可靠性等因素单纯考虑控制器性能，IBM 的 DS8000 的结构通过提升小机性能来提升存储性能，究竟能提升到什么程度？

CPU 性能提升有两种方式：整体核心数和整体频率和。这两种提升方式的选择，与系统软件底层结构有很大关系。如果系统底层的各个模块之间是互不牵制，独立并发运行的多个进程或者线程，并且明显存在线程并发数已经受到整体 CPU 核数的限制成为瓶颈了，那么这种系统采用提升 CPU 核心数量的方法，性能提升最为有效。

而如果某系统软件底层采用的多是各个模块之前有牵制不能并发运行，或者直接单线程，这种结构很容易受到 CPU 频率的限制，而提升核心数对这种结构没有很大的提升，反而提升单个 CPU 的频率，性能提升很大。然而，不管什么样的软件架构，随着产生瓶颈的触发因素不同，比如 IO 的行为、并发量或者其他功能性模块比如 snapshot 等设计的不同，对这两种架构产生的影响也不同，有时候前者反而可能受频率影响，而后者可能受核心数的影响，这时候就需要综合判断取平衡了。DS8000 软件层面采用什么方式，我不清楚。但是无外乎上面的两种架构。

IBM 把 P6 装到 DS8000 里能起多大作用？

这不是起多大作用的问题，而是这个产品就是这么设计的，用小机充当控制器。

63. 数据库系统与文件系统的关系

数据库系统与文件系统的区别是什么？最近买了《大话存储》，正在读，感觉不错。

数据库是应用程序，一般都是运行在操作系统之上的。而文件系统是操作系统内核的一个模块，运行于操作系统内核。然而，数据库也有文件系统的功能，即，可以自己管理和分配磁盘上的 Block，读写数据，当然也可以利用 OS 内核的文件系统来读写文件数据。

64. Iometer 中 Worker 的问题

您好，我想请教您一下在使用 IOmeter 进行测试的时候，多个 worker 连一个盘和一个 worker 连一个盘测试有什么区别呢？谢谢！还有当经过 samba 和 NAS 导出的盘显示成黄色红杠的时候，怎么开始测试。IOmeter 写入 iobw.tst 文件的时候，怎么写入，写入多大啊？非常感谢您！

如果你这多个盘是同一台盘阵，如果想测试整体性能，得需要知道这个盘阵内部是如何对 IO 进行处理的，如果只测试一个盘，可能并不能反映这台设备的真实能力，因为设备有可能基于 LUN 来分配资源，如果只对一个 LUN 进行 IO 测试，则这样的话很有可能盘阵列就有所保留，所以最好是每个盘都多个 worker 测试。Iometer 好像不能对 NAS 盘符的，可以对 iSCSI。那个文件是要充满整个盘的，如果直接测试 raw 设备，则不会写文件。测试格式化后的磁盘，会一直写满。这个不用我说你自己试试也能试出来。

65 . 测试用 Block 大小的问题

网络存储测试中测试存储系统性能的 IOPS 时，为什么块大小选择 512B～64KB 啊？512B 肯定是因为磁盘的扇区原因，可 64KB 是怎么回事？

要获取 IOPS，IO Size 当然要最小，也就是 512B 了，IO Size 过大的话，会在 IOPS 较低的情况下就已经达到饱和链路带宽了。此时不足以反映设备的真实饱和 IOPS。达到最大 IOPS 的条件是完全利用所有前端接口发送请求，512B 的连续 IO，并且链路带宽没有饱和，此时所得到的 IOPS 数据便是系统饱和 IOPS。

当然这种情况下的 IOPS 吞吐能力是没多少意义的。在小块随机 IO 情况下的 IOPS 更具有意义。更有甚者要求不使用内部 Cache，甚至连物理磁盘的读 Cache 都不使用，在这种情况下所得到的 IOPS 数据则可以反映设备对后端磁盘 IO 的优化程度。至于 64KB，这个就因人而异了，总之，要根据环境来进行测试。比如你的环境中主机的 IO Size，最好能做成一个图，取几个点，然后针对存储 IOPS 吞吐，结果再做一个图，这样比较直观地反映存储在各种 Size 和随机率 IOPS 情况，并判断这个设备是否比较均衡而不是大起大落。

但是我想测试网络存储系统的性能，也就是通过网络连接后的存储系统，希望能尽可能地模拟真实的环境，就需要不同的 IO Size 了。但是 IO Size 的选择有个范围，测试时想采用 IO Size 线性递增的方式进行，即 512B，1KB，2KB，4KB ，…… 64KB，……，但是最大多大合理，是否是一直递增，直到系统的响应时间使用户不能接受为止。我在某个资料上看到 TCP 的窗口大小是 64KB，不知道是不是跟这些因素有关？

根据你环境中主机的行为而定，如果主机平均在 64KB，你去用 512B 测试出来看性能，那就不对口了。IO Size 最大值是有的，两个地方限制：协议本身，设备本身。前者是协议固有限制，后者则根据存储端的考虑，有些存储设备并不严格遵循协议，这也是兼容性参差不齐的原因。最后你又说 TCP 了，那么我更不明白了，你这是测试的 iSCSI 还是 NAS 呢？IO Size 和 TCP 一层的没有直接关系。TCP 的 Buffer 大或者小，并不制约上层的东西，倒是 MSS 和 MTU 有点制约关系。

66. 存储性能的衡量指标

存储系统的性能衡量指标有哪些？目前，我用三个海量存储系统测试的性能指标（元数据吞吐率，并发访问量和聚合带宽 IOPS/响应时间）来判断网络存储系统性能是否正确？由于网络存储系统测试时是通过文件系统接口来测量的，因此不知能否测出网络存 IOPS/响应时间指标。在衡量磁盘阵列时，这个指标是必需的，但是哪个测试是基于文件系统之下得出来的？疑问中……

元数据吞吐量，其实没有多少实量，看元数据 IOPS。而对于 NAS 来说，这些 IO 大部分会 Cache hit，因为 NAS 内部可以感知自己的 FS 逻辑，FS 预读元数据。并发访问，聚合带宽，这两点 IOPS 响应时间曲线可以反映出一台设备大概的素质了。当然可以不通过文件系统接口，使用 RAW 直接读写测试。

可是在小文件模式下，元数据的量就上来了。

我的意思是说实量和虚量的概念。实量直接导致吞吐量上升，而虚量直接导致 IOPS 的上升，小文件多的情况下，虚量相对比较多，IOPS 相对较大。

请教冬瓜兄，如果别人只给我们提供文件系统接口，我们只能把别人给的网络存储系统当成黑盒子，那我怎么得到系统的 IOPS 与其对应的响应时间？我知道在磁盘阵列里是阵列管理器决定了 IOPS 的大小，但是在存储系统中，由于磁盘阵列之上可能要做虚拟化和并行文件系统等，用 IOPS 与其对应的响应时间来衡量这样的存储系统可信么？还有几个问题：看元数据更应该看 IOPS？元数据操作速率和 IOPS 的关系怎样？

看来你的存储空间就是一个基于 NAS 的 Volume。如果你使用 linux/unix 系统，那么可以将 NAS 客户端也就是主机端上的 NAS 缓存关闭，mount 选项中有好几项可以控制这个行为，这样得出来的 IO 是可以排除本地缓存加速的裸 IO 结果。不管怎么虚拟化，怎么并行，最终我们要的是应用程序能够得到快速的 IO 处理服务，而 IO 测试软件就是可以从一定角度反映应用程序获得这种服务的具体情况的。IOPS 和响应时间，以及吞吐量，这是最终我们需要看的，当然可信。所谓元数据操作，在 NAS 中，比如 NFS 中的 getattr()、fsinfo()、fsstat()、lookup()、create()等。这些操作根本没有实量，也就是 IO 中没有传输实际文件数据，而都是元数据，这个你去抓包看看就理解了。这些没有实量的IO，块小，频繁，容易导致IOPS上升而吞吐量很低。

67. 单块硬盘的IOPS问题

一块硬盘的IOPS约为多少？通常看储存的性能IOPSIOPS和Throughput这两个参数，那一块300GB SAS硬盘的IOPSIOPS大约多少？有谁知道，单块硬盘，不配置RAID，不使用RAID卡的IOPS？

这个不能顺嘴就说。你可以自我测试一下。硬盘有Cache的，读IOPS在一定条件下甚至可以达到上千。小块随机IOPS，就很低了，几十都有可能。通常情况下，综合来说，15000 RPM的FC和SAS能有300差不多，SATA，差不多160吧，这是8/2比例混合读写时的大概结果。如果是100%随机读，那么大概400左右；100%比例随机写，不到400。

68. 何谓“端到端”？

端到端到底是什么意思？总看有些资料说“端到端”的什么什么，这个词到底什么意思啊？跟什么相对呀？端到端到底有什么好处？是支持的传输距离更远么？

端到端不是好处和坏处的问题，只是一个事实而已。端到端就像是字面上理解的一样，一端到另一端，through，穿透性的。具体还要根据上下文来解释。比如TCP是端到端有状态协议，意味着TCP是在通信双方的两端各保存状态机，不管两端之间经过什么链路，用什么设备相连，数据包走的哪条路，TCP不管，TCP管的就是收到对应的数据从而去触发状态机改变，依次循环下去。再比如描述存储设备，诸如“端到端4Gb带宽”，这里的端到端，就是说从存储前端到后端，接口带宽都是4Gb，而不是前端4Gb，后端降低到2Gb，这样后端就可能产生瓶颈。也许这就是所谓的“好处”吧，还是那句话，端到端和好处坏处没有关系，与传输距离更是没有一点关系。是一个事实而已。

69. MSCS对iSCSI阵列的要求

MSCS双机，使用iSCSI阵列，目前担心有些iSCSI阵列实现不是很完整，咨询一下MSCS对iSCSI阵列有什么特殊要求么？

只要注意iSCSI阵列支持SCSI2 Reservation即可，最好支持SCSI3 Reservation。SCSI3的Reservation是SCSI2 Reservation的进化版，专为并行多客户端访问LUN而生，MSCS是一种HA，而不是并行访问。MSCS用的是SCSI2 Reservation，也就是传统的Reserve和Release的command。Break reservation是要由客户端也就是主机端来实现，主机不Release，Reserve永远存在，SCSI2时候只要存储端的SCSI Stack重新reset或者设备断电重启后，即Release。SCSI3中简单的reset或者reboot并不能release。

70. IOPS与带宽的关系

IOPS与带宽有什么区别？存储阵列以哪个参数为性能指标？

（1）IOPS与带宽有什么区别？每次IO就是一次操作，比如读从哪开始的多少扇区的数据，这就是一次IO。每次IO请求的数据量乘以IOPS，就等于带宽。

（2）存储阵列以哪个参数为性能指标看客户端对存储的需求了，有些要求高带宽比如视频编辑，有些则要求高IOPS吞吐能力比如一些小块离散的IO。前者虽然达到高带宽但IOPS可能较低，因为每个 IO 请求的数据量很大，后者 IOPS 高但是可能带宽较低，因为每次 IO 请求的数据量小。

71. 随机与连续的比较

（1）随机读是不是比顺序读速度快？

你搞反了吧。随机读是不可能比连续读快的。这里“顺序”应为连续，顺序和并发是一对，连续和随机是一对。如果没有 Cache 的作用，随机读更是慢上加慢。有了 Cache，有了 prefetch 预读的效果，能轻微增加随机读的效果，但是效果的提升不像连续读那么显著。另外，如果你用 SSD，那么又另当别论了。SSD 下随机 IO 和连续 IO 的差别没有机械硬盘那么大。

（2）随机写是不是比顺序写慢？

随机写同样比顺序写慢，如果没有 Cache，那后果是很严重的。有了 Cache，能大大提升随机写的速度，但是仍然比连续写要慢一些。即便有了 Cache，还要看 Cache 策略，是 write back 模式还是 write through 模式，write through 模式的话，随机写虽然比没有 Cache 情况下要快一些，但是依然很慢。write back 模式下，只要 Cache 足够大，控制器将 Data 收进来并作妥善安置后便会对主机返回 ack，IO 完成，然后控制器会对这些随机的 IO 进行重新优化写盘。

（3）存储阵列的随机读写是不是比顺序读写性能差？

只要是随机，总比连续慢。不管单盘还是阵列，有无 Cache。但是读和写之间谁快谁慢，就得看 Cache 了。

72. 关于 ZONE 和争抢资源的问题

“在设计 Zone 时，有一个最基本的原则——每个 Zone 中只有一台主机。遵循这样规则设计出的 Zone，结构非常清晰，不会有错误产生。另外可以防止不同的主机争夺对磁盘控制权的情况。”争夺磁盘控制权，如何理解？

那句话估计是作者估摸着乱说的，说的时候又没说底层机制，可以不必在意。并不存在所谓争抢问题，争抢是应该的，如果强者胜出，那岂不是只有一个 Initiator 可以访问 target 了么？这个所谓“争抢”是正常现象。所以说这个作者在估摸着乱说，只是为了体现 Zone 的重要性而已。SCSI3 PR 用于并行访问，集群脑裂后的 vote，与这个“争抢”就没有关系了，vote 就是在争抢，有什么反常么？

73. LAN Free 的问题

IP SAN 能做到 LAN Free 吗？如果是 iSCSI 必然用到 Lan，那么还能 Lan Free 么？

我们用的是 SL 500 磁带库，不知道如何实现 IP SAN 环境下的 LAN Free ？

呵呵，Lan Free 这个概念早该被干掉了。取而代之的是 Front-End Free。所谓 Lan 不一定就非得指代前端客户端与服务器通信的网络，你单独弄个交换机用于存储和主机，不一样是 Lan Free 么？但是这个单独交换机，是不是也是“Lan”啊？所以，这个词该被干掉了。用 frontend 和 backend。后文对这些概念还有更加详细的论述。

74. 如何选择磁盘以及磁盘阵列的问题

冬瓜头，你好！很早就一直看你的文章，最近又重新拜读了你的《大话存储》。在存储应用中，我一直在思考几个问题：

（1）在数据库等关键应用环境下，一般建议配置 146GB 的 15krpm 光纤磁盘，而不选择用大容量光纤磁盘。我的理解是：146GB 的磁盘重构时间短，能够有效减少对应用的影响。但是在性能方面似乎没有提升。

（2）如何根据一个应用来选择相应的磁盘阵列（例如：磁盘阵列的前端端口数、后端磁盘通道数、Cache 大小）？我的理解是：前端端口数 = 对应的 IOPS/单块磁盘平均 IOPS/主机端口平均并发磁盘数。但是 Cache 没有办法来计算了。主机平均并发磁盘数是否根据不同厂商不同，是否有经验值呢？

不知道，我的理解是否有偏差。还请帮助指正，谢谢！

感谢支持！就我的理解回答一下。

（1）你讲的有一定道理，即从 Rebuild 时间角度考虑。但是选择多大容量的硬盘，得根据盘位、价格、今后扩展、当前需求量等因素综合考虑。我想你说的“而不选择大容量 FC 磁盘”只是某种条件下做出的决定，没有普遍性。理论上讲，磁盘越多，性能越高，不管是从带宽吞吐量还是 IOPS 吞吐量的角度。如果对性能要求不高但是又要求大容量，那么没有理由不选择容量大的盘了。多一块盘，多耗电，多花成本。

（2）不同的应用的确会产生不同类型的 IO，但是这不是用来选择盘阵的最重要的标准。如果你的盘阵只给一台主机、一个应用来用，那可以根据这个往下调查。但是多主机并行访问情况下，并行的 IO 在一起会将原本单路 IO 的属性混沌化，使得 IO 属性对盘阵的影响降为次要矛盾。此时主要看盘阵的硬件规格参数，还有其 SPC 评测理论值，Cache IOPS，非 Cache 的 IOPS，即 Write Through 模式下的 IOPS。首先需要弄清楚主机端到底可以以多大的速率、IO 来轰炸存储，然后再根据存储的理论规格来定，最直接的办法就是进行模拟测试，以实际数据为准。我不清楚“主机并发磁盘数”具体你指的是什么意思。

75. 所谓“坏扇区转移”功能

“另一个额外的容错功能是坏扇区转移（Bad Sector Reassignment）。坏扇区转移是当磁盘阵列系统发现磁盘有坏扇区时，以另一空白且无故障的扇区取代该扇区，以延长磁盘的使用寿命，减少坏磁盘的发生率以及系统的维护成本。所以坏扇区转移功能使磁盘阵列具有更好的容错性，同时使整个系统有最好的成本效益比。”上面这段话中，这个坏扇区转移是所有的商家都有这个技术，还是个别厂家的？

被忽悠了。这个技术是 SCSI3 中详细定义的协议，他只是实现罢了，没什么神秘的。去找份 SCSI 文档看看就知道了。

76. 关于不同设备不同 IOPS 的问题

向冬瓜头请教一个问题：NETAPP 不同设备的 IOPS 数据的改变是依靠什么？软件结构还是硬件型号，例如 CPU、主板、网卡还是什么？

CPU 总线，外部接口，磁盘数量。ONTAP 系统内核效率不同平台几乎相同的，发挥到多少就看硬件指标了。

77. 3 块盘做 RAID 6，坏 2 块怎么恢复？

3 个盘做的 RAID 6 是如何实现掉 2 盘容错的？3 盘做 RAID 6 的，LSI8708 可以做，那么怎么使用 1 块盘恢复其他 2 块盘呢？

不过，你就 3 块盘，有必要这样折腾？如果你明白 RAID 6 基本的算法，你就明白了。3 块盘的 RAID 6，我做个比喻吧，数据盘上的内容是中文，校验盘 1 上的数据是英文，校验盘 2 上的数据是德文。数据盘和校验盘 1 被拿掉，一样可以从德文盘经过翻译，回到中文。

本质上，RAID 6 就是将数据盘用两种不同的校验算法校验出两套独立的校验数据来保存。对于三块盘的 RAID 6，几乎所有算法算出来的其实等同于 3 盘 RAID 1。

78. IOMETER 测试问题

问题一是：我要用 Iometer 测试磁盘阵列的最大 IOPS，1rt（10%负载下的响应时间）设置的参数里面有一项是并发 IO 请求数（在 Iometer 里面只能设置进程数，这个我知道），现在要确定这个参数的典型值（比如 10000 为基数，以 5000 为步长递增），但是我不知道如何确定这个值，我只知道 IOPS 的峰值>800000，我需要根据其他什么参数，如何来确定呢？我在网上看了很多测试的结果报告，发现大家并发数大多定为 64，还有说是 128 或 256 的，这是为什么呢，如何确定的呢?用的 2 的几次方，这是什么原因？为什么不用整数比如我写的 10000 这样的呢？

这个并发 IO 请求数需要根据不同层次的限制来判断：user level 和 kernal level 之间的限制，device driver 处的限制，适配卡硬件 firmware 处的限制，存储设备处适配卡和 device driver、application 处的限制。取它们之间的最小值来作为这个并发 IO 数，再大的话，就已经任意一处被限制，没有意义了。至于每一处的数值，需要你去调查。这个数值也就是 queue depth，看到这个字眼就差不多是了。针对你的问题，10000 是不可能的，也没必要，一般来讲，device driver 和适配卡 firmware 处不会超过 256 的，64 是折中数值。

问题二是：我看冬瓜头版主在别的帖子里回复说，一个系统测试 IOPS、响应时间、吞吐量，这三个指标是基本的。我想请问，在随机 IO 应用环境下，需要测吞吐量吗？这个吞吐量是指什么？单位是 MB/s 吗？如果是的话，那在 Iometer 测试结果里面，不是有这个值么，还需要单独测试么？我的意思是在测试 1rt 和 IOPS 的时候就可以得出这个值。如果测量吞吐量的峰值，我知道应该是在顺序 IO 应用环境下测试对吧，问题是我现在在随机 IO 环境下，测吞吐量有意义吗？并且是可以直接通过 IOPSX 块大小得出的啊。

这属于明知故问了。随机 IO 下主要看 IOPS 和响应时间，吞吐量意义不大。当然如果某个设备在相当随机和小块 IO 下依然能够饱和链路带宽，那是相当好的情况了。

79. 计算 IOPS

假定：

（1）硬盘没有 Cache，512B 下随机 IOPS 为 150

（2）RAID 卡和存储都没有 Cache

（3）主机端 IO Size 512B 的随机 IO，读写比例是 2:3

（4）RAID 5

问题，计算要 10000 的 IOPS 需要多少块盘？

10000×0.4+10000×0.6×4=28000

28000÷150=186.7 即需要 187 块盘才可以达到需求，

则最大的吞吐量为 10000×512B=5.12MB/s

请问，这样的计算是否正确？

你还少了一个假定，就是 RAID 控制器不能并发 IO，也就是这个 RAID 5 时刻处于单个 IO 的读改写的状态。有了这些假设，就可以大致算出了。RAID 5 写惩罚，在单个随机 IO 读改写模式下，共额外产生 1 个写和两个读。所以 10000×0.4×2+10000×0.6×2=20000，20000÷150=134。不过这个数字基本没多大意义。实际情况下，RAID 5 视磁盘数量多少，可以并发不少 IO 的，最好的情况下是可以整条写，写惩罚没有读 IO，而 RAID 5 任何情况下写惩罚中的写 IO 只有一个，就是写 Parity。而随着并发几率增加，读改写或者重构写时的写惩罚更为严重，增加了大量的读操作。最后，还要看后端的总线或者 Loop 的限制，一个 Loop 所能提供的带宽和 IO 都有限。

80. 存储系统后端多链路的问题

存储设备后端接口数量有 2、4、8、16 等，如 EMC CX120 是 2 个，CX240 是 4 个，480 是 8 个等。可控制器都是双控的，后端有较多的链路除了起到冗余的作用，是否还有其他功能？本人理解一个控制器单位时间内只能使用一条链路，是否正解？

冗余是次要的，后端更多链路主要是为了接入更多磁盘啊！谁说控制器单位时间只能使用一条链路的？看后端的芯片，一般位于同一共享总线上的多个链路是单位时间一条，但是高端货后端都是无阻塞的。

81. RAID 类型与 IOPS

情况是这样的，目前本人正在弄一家六百台的网吧，原先打算买两台游戏服务器（就是虚拟盘，把游戏放在服务器上面让客户机来读取，相当于网络存储了），原先是打算用四块 300G SAS 做 RAID 0 阵列。配上 32GB 内存做缓存（因为虚拟盘软件都有缓存功能，读过一次的东西会在缓存里，第二次读的时候直接读内存）。但这两天听了一个说法，讲的是 RAID 0 不能提高随机读写性能，所以没有必要做 RAID 0，因为网吧读游戏都是随机的多。看了冬瓜头前辈的博客上有一篇文章，“深入理解各种 RAID 相对单盘速度的变化”，他的结论是 RAID 0 随机读写仅在并发 IO＋分割块很大的时候，IOPS 显著增加。但对这句话不大理解，不知道在网吧这个案例中，到底有没有必要弄 RAID 0。

不知道你网吧里什么架构，RAID 0 不安全，坏一块盘数据全丢，除非找数据恢复公司，幸运的话能恢复一些。RAID 0 是最好的提速方式，那个文章中我只是说相对于单盘在随机 IO 情况下的 IOPS 提升相对幅度。另外，需要完全深刻地了解 IO 类型，甚至存储系统，首先推荐你阅读《大话存储》一书。针对你的具体问题，说 RAID 0 不能提高随机读写性能，是错误的，当然可以提高，但是得看情况，有些条件显著提高，有些则不显著。

RAID 0 随机读写，在并发 IO+分割块大的情况下显著提升 IOPS，你不理解这句话可能是因为分割块的问题，这里所谓分割块当时我没有用 Segment 这个词替代，如果替代了，你就明白了，如果还不明白，那么我再说下去就要大费口舌了，就不如你去看看书来得快和益处多。到底用不用 RAID 0，刚才也说了，RAID 0 最好，但是你要忍受数据丢失的风险，综合评判，折中方案是使用 RAID 5，既然客户端都是读而不写，RAID 5 读的时候与 RAID 0 几乎相同效率。

82. IO 冲突导致的性能下降

看到本版讨论的都是非常大型的存储，我都有点怕自己的小小系统问题拿不出手，不过还是鼓足点勇气请教大家了。不过我这个系统主要是我个人用的，对个人而言属于较为奢侈的存储设备了吧？ 由于本人的工作室内部资源分享需要，我需要组建一个六个客户端并发，每个客户端 50MB/s 的文件服务器，复制的都是较大的文件，一般超过 1GB。（注意 50MB/s 是 M 字节每秒，不是比特每秒）。这意味着该服务器起码需要 300MB/s 的并发速度。为此，我的硬件配置为：

Dell 690 工作站 （Intel 5110 cCPU / 4g ram / Intel 5000x 芯片 / Intel 632x 南桥芯片组），Intel 9402pt pci-e 4x 双口网卡，共两块。Highpoint 4320 pci-e 8x RAID 卡。Netgear 724at 支持 802.3 ad 动态聚合的交换机。4 块 Seagate es.2 500g 企业级 SATA 硬盘（备注，我本来打算要购买 8 块 WD RE3 的硬盘的，后来打算先随便测试看看能够跑多少，于是找了四块希捷硬盘来测）。我已经完成的部分测试：Dell 690 安装 Win2008 SP2 正版系统，开启共享，关闭防火墙，四个硬盘通过 Highpoint 做 RAID 0 测试。每个客户端都是 Win2008 系统，都是千兆 pci-e 网卡。

测试：

Intel 9402pt 两块，每块两端口，任何一个端口跟我的一台客户端机（也是 Win2008 SP2）连接，可以达到 90MB/s 的速度，这个时候只让这一个网口工作，不接交换机，不做网卡聚合。实际上就是单测一台客户端连接到 Dell 690 工作站上的速度。

测试：

将 Intel 9402pt 两块总共四个端口做聚合 linkagg0，Netgear 交换机也做对应聚合。然后发动四个客户端通过 Netgear 交换机同时连接到 Dell 690 已经做好 RAID 0 的硬盘阵列复制东西，大约 50GB 数据，一个客户端 20MB/s，一个客户端多于 10 MB/s，另外一个 30MB/s，另外一个也是 15MB/s。

测试：

因为对上述结果迷惑不解，于是将网卡 linkaggr 去除，分散成独立的 4 个网卡端口，每个网卡端口直接接客户端机器（不经过交换机），这个时候的性能更加可怜，有的 40MB/s，有的 5MB/s，四个网口加起来总共速度才 75MB/s。

测试：

Highpoint 4320 卡为新购入，购入后我已经用它倒入 1000GB 的数据做稳定测试，没有任何问题。另外，四个 Seagate es.2 500g 硬盘组成的 RAID 0 阵列用 HDtune 测试速度在 250MB/s 左右。我反复做了很多次测试，但是就没有看到过四个网卡总共并发超过 90MB/s 的情况，无论是网卡聚合还是网卡不聚合，无论是接交换机还是不接交换机。到此，我已经迷惑不解了，我虽然没有买专业化的存储，但是我购买的这些东西都是性能很好的东西，例如 Intel 9402 pt 网卡，我放着好几块 8492mt 网卡没有用，花了将近 3000 元买了两块回来。例如 RAID 卡，我没有用 Dell 690 的 RAID，而是花了将近 4000 元购买了 Highpoint 4320 卡。另外交换机，都是正宗支持 802.3

ad 聚合的 Netgear 724at 交换机，一个交换机就是 5000 元。至于网线，我全部是采用六类品牌线。所有这些部件单测都没有问题的。

我自己整理的怀疑思路：可以排除 CPU、内存、交换机、网卡本身的问题，因为 CPU 源自始至终测试都是在 30%以下，内存也足足有余。排除交换机是因为不接交换机，四个网卡口独自工作总带宽也上不去，网卡每个口我都做过几个小时大数据测试的。

剩下的怀疑：

（1）Dell 690 主板南桥有问题？只是猜测，南桥那么大的带宽，随便给点就超过 100MB/s 了。

（2）Win2008 SMB 共享协议限制速度？或者这个协议并发能力上薄弱？

（3）Seagate 的 SATA 硬盘阵列并发响应能力薄弱？虽然 SATA 的并发能力由于不支持 TCQ，而只是支持 NCQ，但是并发响应能力不至于如此薄弱吧？

瓶颈究竟出在什么地方？请有经验的高手帮帮我吧

这问题我遇到过，而且是在一台专业设备上，专业设备尚且如此，更不用说 Win2008 搭建起来的 DIY 了。总体来说还是软件效能问题，CPU 内存和 IO 总线没有瓶颈，而且后端磁盘少说也得接近 200MB/s 才算可以（你读的大文件）。所以还是软件处的瓶颈。另外，交换机上的那种 aggr 最好别用，根据以前的实验，几乎无效。 很大程度上与底层驱动层面有关系，你如果换成 FC 的方式，则能够利用全部带宽，而不管你用 CIFS 还是 ISCSI，得到的总是一块卡的效果，甚至还不到。可以换成 WSS 系统试一试，或者用 FreeNAS，Openfiler，Opene 等来 DIY。

了解之前情况可以参看我前面的帖子。另外，我下周一还预约了测试更多的 sas 硬盘做成阵列，不过我几乎不抱希望了。

在之后又完成了如下测试。

一：服务器商那边测试。前日 Chinaunix 发完帖以后睡觉，睡到昨日下午。因为已经约好到一家专门做服务器的地方去看。这家服务器商既有品牌的味道，也有 DIY 的味道。见面寒暄过后，直接开测，平台为超微的 5500 平台，RAID 卡为 RocketRAID 3560，这个卡支持的硬盘比我的多，多达 24 个，但是我的性能比它的强，我的 IOP 是 1.2GHz 的。用了四个 ST es.2 1TB 企业级 SATA 硬盘。结果性能跟我之前的测试差不多，三台机器并发测试就是 75MB/s 差不多。看来可以排除主板南桥的问题了。

二：回到家中换成 FreeNAS 把系统换成 FreeNAS 测试，居然并发性能比 Win2008 的差，看来 Win2008 的 SMB 性能比 Win2003 好不少，文件传输并发性能是不是比 Freebsd 好呢？有趣的是：我在三台客户端机器上同时从服务器上复制一个文件的时候，奇迹发生了，网卡居然可以跑到 900Mb/s（我这时没有做交换机聚合，也没有做网卡聚合），也就是 110MB/s，这个速度显然是非常令人惊讶的，千兆网卡的极限啊。我当时就开心的几乎跳起来了，然而我马上冷下来了，如果是不同的文件呢，于是立即开始测试，当三台机器每个机器从服务器上复制不同的文件的时候，整个速度立即下降，估计总共就是 45MB/s，这个速度还不如 Win2008 下的呢。而且这个时候 SATA RAID 0 阵列速度忽高忽低，一会儿是波峰 500MB/s，一会波谷 60MB/s，总体来说跳得非常厉害。于是得出结论，硬盘的并发能力是真正的瓶颈。另外，就是 Freebsd 的网络性能的确很强悍，我还从来没有见到过千兆网卡居然可以持续跑到 940MB/s 的。还有就是 UFS 文件系统性能是不是比较弱呢？怎么比 Win2008 的并发传输能力差啊。另外就是 Freebsd 的网络负载平衡能力强啊，几个客户端的速度非常平均，但是在 Win2008 下，高的 45MB/s，低的 10MB/s。

三：15k6 SAS 硬盘上场。突然记起我还有一个 15k6 146G 15000 转 SAS 硬盘，这是个好东西，于是立即接上。环境还是 FreeNAS。三个客户端持续并发复制不同文件，速度总共是 18MB/s 左右，这个 SAS 传输东西的时候速度波动很少，基本上在 18MB/s 左右波动。这个跟宣传的持续读能力 110MB/s 差得太远了。但是一个客户端连接复制东西（其他客户端不动），速度可以很轻松跑到 50MB/s。

到目前为止的结论是：

（1）硬盘的并发性能是真正的瓶颈。我这几天看了些文章，没有确证但是我非常相信，人家 15 个 15k6 SAS 硬盘，持续大数据并发读写不过就是 100MB/s 多一点。看来一并发，硬盘阵列性能就下滑的非常厉害。

（2）网上的那些测试其实是针对单个客户端而言的，说白了就是机器的阵列就是机器自己用，如果组成阵列速度的确会很快。

（3）并发环境下的持续读写速度要达到 200MB/s 以上，估计得等到 SSD 硬盘了。靠目前的机械硬盘，即使是 SAS，如果不像大公司那样，估计根本超不过 150MB/s 了。

（4）我觉得现阶段要达到较高并发的办法（不一定对）就是在一台机器里多组几个阵列，放不同的内容，让客户根据内容分流了。例如 5 个 15k6 SAS 硬盘 RAID，并发持续读能力也就是 120MB/s，但是我如果分成 5 个盘，最好的情况下，五个客户分别读五个盘，那样的并发总性能就超过 250MB/s 了。但是这样一是无法像管理 RAID 那样一个整盘管理，另外一个方面对客户的需求无法良好统计从而优化分配。

（5）RAID 阵列卡的作用。RAID 阵列卡我觉得本身没有什么大的加速作用（这个跟厂商吹嘘的是两码事情，从这点可以看出，厂商是多么一致的忽悠我们最终客户），就是一点 Cache，这个起不了什么大作用。但是我认为 RAID 阵列卡在保证数据安全方面还是比较有用的。另外，RAID 阵列卡把多个硬盘的性能一定程度上串联起来了，这样针对应用而言，磁盘性能得到了很大提高。

今天凌晨完成的测试，就是在各位的提醒下做出的。测试目的：瓶颈究竟在哪里？测试服务器：Dell 690，测试硬盘：4 块 Seagate es.2 500g，1 块 15k6 15000 转 SAS 硬盘，不做任何 RAID，两块 Intel 9402pt 网卡四个口聚合，交换机做四个口聚合。Win2008 SP2 系统测试客户端：4 台笔记本电脑，1 台 PC，均是千兆网卡。测试方法：每台电脑分别对应服务器上的一个硬盘，这样避免硬盘的并发。测试结果：五台客户端并发的时候，Win2008 SP2 任务管理器以及每个客户端分别监测，从服务器出来的流量稳定在 2400Mbps，也就是 300MB/s 每秒。

测试结论：

（1）网卡聚合和交换机聚合是成功的，网络上许多朋友说无法聚合，那是因为自己的交换机太差，不支持 802.3 ad，例如 H3C 1216 / h3c 1224。就我所知道的，5000 元以下几乎没有支持 802.3 ad 的交换机的，CISCO 有支持的但是端口是 100Mb/s 的。

（2）真正的瓶颈显然清楚了，那就是硬盘阵列。之前做的 RAID 0 阵列死活上不了 75MB/s，就是因为并发性能很差，现在我把硬盘打散不做聚合，各自复制各自的东西，结果性能就上来了。

（3）未来的希望要靠 SSD 了，同时我要高度鄙视一下硬盘厂商，鄙视 RAID 卡厂商，在很大程度上他们隐恶扬善，强调单一任务的性能，对并发性能只字不提。

另外，我个人花费了大量的时间和精力来测试，同时由于自己之前的一些无知，导致购买了不少价值比较高的设备，现在哭啊 ，大家安慰我一下吧。真希望 SSD 硬盘 1TB 降价到 3000 元以

内，如果真的降价到这个程度，明天我就过去扛几块回来。下周一，我将做多个 SAS 15k6 硬盘的 RAID 测试，到时候再发上来。最后再次谢谢冬瓜头等诸位兄弟们。姐姐妹妹，估计这儿没有吧，如果有，一并感谢。

嗯，并发的大块连续读写效率确实低下的。读同一个文件那是 Cache 的速率了，所以能撑满带宽。并发情况下，而且数据是按照横向条带分布的话，由于磁盘寻道产生的致命影响，多盘获得的 IOPS 和吞吐量提升基本上相对单盘幅度很小。这是所有产品都不能避免的。RAID 0 对单个客户端的大块连续读写提升还是很大的， 这不能怪 RAID 卡，而是理论上已经不可能达到了，除非分多个 RAID 组，或者算法上提供用户自己决定数据分布的选项，但是低端产品别指望有这些，甚至高端产品灵活度也没有这么高的。楼主可以继续做如下实验。

实验 1：Size 适中的并发的随机 IO。RAID 0 对这个很拿手，与单盘对比效率定大增。

实验 2：做两组 RAID 0，两个盘一个，使其互不影响，调查数据并作对比。IO Size 相比 Stripe Size 较大的时候，也就是楼主的环境，读写大文件，RAID 0 就不支持并发 IO 的。其他 RAID 类型和 IO 类型，可以套用本书第 4 章中的几个列表。

不错不错，通过自己的试验有条有理地解决了疑问。不过，你说 RAID 对并发不行，也是偏激了。RAID 0 如果增加条带深度，是可以并发成功的，你看那些分布式集群存储，比如 XIV，等效条带深度为 1MB，比如 3PAR，等效条带深度为 256MB，局部连续地址范围很大，所以这样的话系统整体依然可以并发多个上层 IO，否则也不可能达到几万几十万的 IOPS。至于一些小打小闹的 RAID 卡，其条待深度几百 k 而已，局部连续地址范围太小，导致一个上层 IO 同时占用了多个 Segment，此时完全不能并发 IO 了，多个 IO 得排队，寻道，传输。

说实话，纯种 RAID 3 估计现在没有设备可以真正实现了，首先它要求的磁盘磁头位置同步以及转速的严格同步，这技术现代的存储系统都不考虑了，现在 RAID 3 都是假 RAID 3，即条带很小的 RAID 4，RAID 3－4－5 的演变过程鄙人几年前有贴讨论过，《大话存储》中也有收录。RAID 3 更不可能并发 IO 的，所以并发环境下，还是多组 RAID，或者条带深度达到几百兆级别的高端虚拟化级别的设备，方能满足要求，此时由于算法的革新，SATA 盘也就可以达到很好的整体性能。

83. MPIO 和 MCS 的关系

您好，请教个问题，MPIO 和 MCS 负载均衡，具体性能上会有差异吗？MCS 是每个 session 多 connection，与 MPIO 多个 session 具体区别在哪里？另外如果我的存储两种方式的负载均衡都支持，我可不可以先做 MPIO 的负载均衡，再对每个 session 做 MCS 的负载均衡？盼赐教，谢谢！

MPIO 里没有 session 的概念，MPIO 没有连接状态，它不是一个通信协议。MPIO 工作在 SCSI 层之上，iSCSI 的 MCS（Multi Connections per Session）（你问的时候应该注明是 iSCSI，否则别人不知道你指什么，幸好我猜出来了）工作在 TCP 层，MPIO→SCSI→iSCSI/FCP layer4→TCP/FC lower layer→IP/FC lower layer→MAC/FC lower layer→physical bit encoder→physical cable，这是整体层次。iSCSI 如果使用 MCS，只是底层连接链路，或者 TCP 连接个数（使用同一个物理接口）上增多了，MCS 层上发现的还是同一份 LUN 的一个影像。而 MPIO 层是在 SCSI 之上了，例如，在 iSCSI Initiator 处不使用 MCS，通过两个网卡认到同一个 LUN 的两份影像，这时候就得用到 MPIO 层次的东西了。你问到的先用 MCS 对每个 session 做均衡，然后多个 session 再用 MPIO 来管理，当然可以。

84. 链路负载均衡的设计

我想做一个从服务器网卡到存储设备的网卡之间的线路冗余（包括网卡和线路交换机也冗余）的方案，每台服务器配三个网卡（一个做 HA 的心跳线，另两个分配同一网络的同一网段的 IP 地址，如 A 网卡是 x.x.2.1，B 网卡是 x.x.2.2），把两个网卡的网线分别连到两个交换机上（就当它是个普通的二层千兆交换机）。存储设备是一个普通的 iSCSI 设备，有四个网络接口，两个交换机上分别连到存储设备的 A 接口和 B 接口。这个存储设备支持线路捆绑，可以把 A 和 B 网卡捆绑形成一个 IP。不知道这样的方案能不能达到我所需求的效果？服务器那边是否也要对两个网卡进行捆绑？交换机是否要求要三层交换机？望高人指点，谢谢！

（1）存储端支持链路聚合，是什么协议？Etherchannel 还是基于 LACP 的 Etherchannel。但是又是用两条线分别连接两个交换机，这样的话，线路上没有什么特殊聚合协议，交换机端就不会管什么 Channel 了，不是端到端的聚合，而只是存储端一端自己的聚合，而且尚不知道存储端是否支持这种一头自己聚合。

（2）存储端是否支持 ISCSI 的 Multi Connection per Session，即 MCS 功能，如果支持，就多了一种选择，相当于可以负载均衡的多路径软件。如果不支持，就只能用 ISCSI Initiator 自带的 MPIO 功能。不过还是推荐 MPIO。

（3）存储端是否具有一种叫做 IP Fast Path 或者类似功能，即外出流量 Bypass 路由表，而根据进入的 IP Packet 所流经端口而直接转发出去，类似记录 session。如果不支持，就不太好办了，必须将两台交换机级联起来形成一个广播域。

用不着三层交换机。如果存储端支持自己本身的聚合，则交换机最好连起来，因为你弄不清它如何选择外出转发链路的，除非你有把握。

（1）存储设备支持以太网的链路聚合，从存储端用两条线分别连接两个交换机，是考虑到交换机的冗余。如果把捆绑后的两条线路都接到同一个交换机上的话，那么这交换机坏了，线路自然断了，我也不知道设备是否支持存储单端的链路聚合，所以不知道此方法是否可行？

（2）存储设备应该是不支持 MCS 功能的，您说的在 ISCSI Initiator 使用 MPIO 功能，此功能在 Microsoft ISCSI Initiator 有吗？在什么地方？

（3）存储端应该是不支持 Bypass 路由表的，我的这个拓扑中，服务器的两个网卡 IP、存储设备的网卡 IP 都是同一网段的，这种情况下好像并不需要用到三层的路由表吧？

（4）另外，至于您说的“如果存储端支持自己本身的聚合，则交换机最好连起来，因为你弄不清它如何选择外出转发链路的，除非你有把握”，你所指的交换机连起来是指交换级连吗？还是交换机之间互连，若这样的话就形成二层环路了。假如服务器的两网卡 IP 是同一段 IP 的话，就是不知道会用哪个 IP 跟存储通信？至于回流的数据（即从存储到服务器方向的数据流）的路径应该是可以确定的，从哪条路过来就从哪条路回去。

呵呵，怎么可能成环……难道你要把服务器看做一个转发以太网广播的网桥？可以，两个卡你给桥接起来，成环了。你怎么能确定回流的它就哪条进来哪条回去？这个功能是要单列的，普通路由表模式下就是有一个默认的出口的。session 模式下才会哪条进哪条出，那是一些路由器之类才有的功能，存储端当然也应该实现，你最好和厂家去确认一下。

85. 关于 D2D2T

我们公司现在有一个这样的 FTP 应用，使用磁盘阵列以及磁带库进行二级存储，现在想在磁盘阵列上开辟一个区域用于缓存磁带库数据。这个缓存怎么做，有现成的算法或产品吗？

你的需求貌似是一个分级存储的需求。既然你的盘阵可以直连磁带库，那么就证明它已经开发了相关的模块，你要在它上面放缓存，我理解缓存中的数据是你近期可能要调用的所以不想马上就放磁带，那么你得和这个盘阵的厂家联系看看是否有这个功能。软件方面灵活度就高了，一般 D2D2T 的备份软件都提供这种功能，只不过不一定叫“缓存”什么的，一般备份软件都把这种模式叫做 Disk Stage，你可以选择什么时候将 Disk 中的数据转移到磁带。

86. 断开 ISCSI Session 时总是报错

为什么用 Windows 自带的 ISCSI 客户端去连接 IP SAN ，并且写入数据后，想在客户端把 Target 退掉，为什么老是会报错（提示 session 的问题），老是退不掉，是微软本身的问题吗？谢谢！

确保所有与本磁盘操作有关的程序都推出，比如打开的窗口。还不行就先砸 Target 端 Unmap 这个 LUN，然后断开。

87. 针对某 IO 测试结果的分析

前几天测试了一台 EVA4400，服务器系统 Linux，使用 Orion 测试的，读写比例 90:10。使用 sar 和 iostat 监控，其中发现了这种情况，请各位给解答下：EVA4400 满配 12 块硬盘，我划了一个 Disk Group，划分了 4 个 vdisk，容量分别为几十 GB，服务器与盘阵间有光纤交换机，Linux 上打上了 HP 的多路径软件，系统中 fdisk -l ；系统盘是 c0d0，盘阵映射到服务器中的是 sda/sdb/sdc/sdd。测试结果如下。

第一次：

Orion 测试值：0, 46041, 41442, 3712 3, 3637 4, 3588 5, 3479 6, 3411 7, 3310 8, 3206

sar 值（部分）：

```
13:55:34  DEV    tps   rd_sec/s  wr_sec/s  avgrq-sz  avgqu-sz await svctm %util
13:55:34  dev8-0     959.74  13795.80   1564.84 16.00 14.72 15.33  1.04 99.66
13:55:34  dev8-16   1077.02  15539.66   1695.90 16.00 10.82 10.05  0.92 99.35
13:55:34  dev8-32   1184.42  17069.33   1868.53 15.99 16.09 13.59  0.84 99.84
13:55:34  dev8-48   1313.39  18961.84   2057.14 16.00 22.11 16.83  0.75 98.87
```

iostat 值（部分）：

```
10/26/09 13:55:34
Device: rrqm/s   wrqm/s r/s w/srkB/swkB/s avgrq-sz avgqu-sz   await  svctm
%util
cciss/c0d00.00 0.500.000.40 0.00 3.6018.00 0.01   13.25  11.00   0.44
sda    0.00 0.00  862.50    97.70  6904.00   781.6016.0114.74   15.34   1.04
```

```
99.75
    sdb    0.00 0.00   972.20   106.10   7776.00    848.8016.0010.83    10.05    0.92
99.44
    sdc    0.00 0.00  1068.80   116.90   8544.00    935.2015.9916.11    13.59    0.84
99.93
    sdd    0.00 0.00  1186.00   128.80   9490.40   1031.2016.0022.13    16.83    0.75
98.96
```

第二次：

Orion 测试值： 0,　2470　1,874　2,650　3,653　4,634　5,623　6,597　7,597　8,580

sar 值（部分）：

```
14:19:04  DEV    tps  rd_sec/s  wr_sec/s  avgrq-sz  avgqu-sz await svctm %util
14:19:04 dev104-0  1.20  0.00 26.43 22.00  0.03 21.50  7.25  0.87
14:19:04   dev8-0136.44   1915.52227.43 15.71 16.85127.93  7.34100.11
14:19:04  dev8-16148.75   2146.15233.83 16.00  1.29  8.65  4.57 68.03
14:19:04  dev8-32165.17   2386.39296.30 16.24 46.35250.14  6.06100.11
14:19:04  dev8-48186.29   2657.06323.52 16.00  1.56  8.39  4.01 74.62
```

iostat 值（部分）：

```
    10/26/09 14:19:04
    Device: rrqm/s   wrqm/s r/s w/srkB/swkB/s avgrq-sz avgqu-sz   await  svctm
%util
    cciss/c0d00.00 2.100.001.20 0.0013.2022.00 0.03   21.50   7.25   0.87
    sda    0.00 0.00   121.30   15.00    956.80    113.6015.7116.83  127.93    7.34
100.01
    sdb   0.00 0.00   134.00   14.60  1072.00    116.8016.00 1.298.65    4.57  67.96
    sdc    0.00 0.00   147.00    18.00   1192.00    148.0016.2446.30  250.14    6.06
100.01
    sdd   0.00 0.00   165.90    20.20  1327.20   161.6016.00 1.568.39    4.01  74.55
```

问题：

（1）为什么 4 块盘第一次测试负载相同，而第二次负载不同？负载相同时 TPS 值较高，而负载不同时 TPS 很低？脚本相同。

（2）请问如何解决这种问题？在其他客户那里也见过这种情况，造成服务器整体性能很低。后又建立两个 vdisk，添加到服务器中，发现同样会出现上述情况，1 个负载 100%，1 个百分之六七十。

4 个盘一起 IO 么？这样的话会造成所有磁盘全部忙于寻道，而且根据控制器内部的相关策略，4 个虚拟盘之间平衡可能会被打破，所以有些高有些低。先单独测试每个盘看看结果，再一起测试。一条定律，如果在一组物理磁盘上生成了多个虚拟磁盘，而你又想同时对这多个虚拟磁盘进行并发的 IO 操作并且想达到较高的 IO 和带宽，那么重要条件就是提高 Stripe Depth 或者类似定义，越高越好。

补充一下，尽可能多的盘在一个 Disk Group 中，适合于上层单 IO、连续大块 IO 的情况，非常适合于提高单 IO 的整体吞吐量。如果是多个虚拟磁盘并发上层 IO，在一个 Disk Group 中加再多的盘，效果也提升不了，但是有一个例外，Stripe Depth 如果增大到可观的程度，盘越多当然越好。总之，Stripe Depth 关系着上层并发 IO 的并发度，在并发 IO 环境中起着决定性作用。

88. 关于 CDP 厂商

现在做 CDP 的有多少家？

连续数据保护，记录每一个写 IO 并附以时间戳，在一段时间内可以恢复到任意指定的时间点，粒度不同，厂家不同，楼上说的是一分钟的力度，也有秒级，毫秒级，毫秒级一般也就够用了，因为你根本不知道哪个时间点的镜像是一致的。CDP 相对于 Snapshot 的一个缺点就是很难保证一致性，只能通过牺牲 RPO 来保证一致性。 目前飞康、EMC、IBM、Symantec 都有做，其中飞康和 EMC 功能较强。

89. Snapshot 与 CDP 在一致性保证方面的区别

请教冬瓜兄：（1）Snapshot 是如何保证一致性的？（2）CDP 为何不能保证一致性？原理是啥？

Snapshot 在主机端有各种文件系统甚至应用程序级的 Agent 来强制将一致性的缓存数据写入硬盘之后立即做一次 Snapshot。CDP 是记录很细粒度的写 IO，你总不能每秒强制应用或者文件系统将缓存刷到硬盘吧？CDP 只能通过牺牲 RPO 来达到一致性，随便找个时间点恢复除非碰巧，一般是不一致的。所以需要一些回滚手段，如 EMC RecoverPoint 就是利用日志来回滚到上一个 Commitpoint 处。

是不是可以说是以镜像的方式进行数据保护的？

因为 CDP 底层实现起来比较复杂，在 Online 存储上直接实现对性能有影响，所以飞康等都是使用镜像的方式先将 Online 数据镜像之后再在镜像上实现各种功能。三种镜像方式：主机端 Agent（比如 LVM 等卷镜像软件），Fabric API 比如 SANtap Service（FC 交换机端口镜像），存储设备处对卷镜像。

对于 CDP 对数据保护的一致性方面有什么见解？

CDP 的 RPO 在底层看似是 0，但是对于上层一定是大于等于 0，因为需要回滚，靠 CDP 自己的日志回滚也好，或者干脆靠应用层回滚也好。另外，关于 Snapshot 一致性是分层的，文件系统及其下层，还有应用层，前者做的 Snapshot 至少在文件系统层是一致的，但是不一定应用层一致，后者则可以保证应用层一致。还有，CDP 得根据实现方式来判断是否是“真实的数据复制”。对于 EMC RP 或者 Ipstor CDP 这种镜像数据之后在镜像中做 CDP，当然是复制了。如果其他实现方式比如直接在线实现或者使用附加的 Block 仓库方式，那也需要指针。

“所以基于磁盘 Block 设备的 CDP，包括飞康的、EMC 的，都是扯淡！”

底层只能是先保持在线存储的同步镜像，至于是否一致，这个又绕回来了，两个一致性层次：文件系统及其下层，应用自身的 Buffer 一致性和逻辑一致性，只有应用的逻辑一致性才是端到端的一致性，也是追求的最终目标。通过底层实现的 CDP 可以靠上层回滚来实现一致性，而如果从应用层来实现 CDP，比如 Oracle Dataguard，可以看做是一种 CDP，它也一样需要应用 replay。所以底层 CDP 和上层 CDP，本质是一样的，不是扯淡。

90. 关于 LAN、WAN、SAN、FC、iSCSI、NAS、LAN-Free、Frontend-Free

请解释一下：LAN、WAN、SAN、FC、iSCSI、NAS、LAN-Free、Frontend-Free

LAN：Local Area Network

这个都知道，局域网。但是好像大家都叫习惯了，反而有人不理解 LAN 的本质意思了。好好看看这三个字，“局域网”，你在你的本地站点看得见摸得着的所有网络，任何形式的网络，都属于 LAN。比如：本地电话交换网络，本地以太网络，本地存储网络。有人质疑，本地存储网络也属于 LAN？存储网络不是 SAN 么？这就是一种概念不清并且不统一。将本地 SAN 归纳到 LAN 中将会很好地统一这些概念，随着本文的继续读者将会体会到。

WAN：WIDE Area Network，广域网

泛指跨越远距离的链路，或者地理上相隔很远的两个网络互联起来形成了广域网。广域网这个词在应用的时候大部分时候指代长距离传输链路,即 WAN 常用于指代长距离链路而不是网络。比如在说“将本地站点通过 WAN 连接到远程”，这里的 WAN 就是指长距离传输链路。为何 WAN 一词会被赋予这种指代，原因是因为长距离链路普遍都是点对点链路而不是多点互访型链路，所以一个广域网，其具有广域网意义的也就是局域网之间的这条链路了。你说以太网链路是否可以作为广域网链路，当然可以，FC 链路也同样可以跨长距离，所以此时也属于 WAN 链路。

SAN：Storage Area Network，存储区域网络

即专用于传输对存储设备 IO 数据的网络。可以是任何形式的网络，比如 FC 网络、以太网络、SAS 网络、Infiniband 网络，或者，任何形式的 IP 网络。使用 FC 网进行 IO 传输的叫做 FC-SAN，同理，使用 IP 网络的叫做 IP-SAN。基于 SAS 网络的呢？当然叫 SAS-SAN 了，以此类推。那么，有人推出来个 Ethernet-SAN，是不是也可以呢？上文说 SAN 也可以基于以太网络。没错，你可以这么说。你可以把 FCOE 称为一种 Ethernet-SAN。那么 IP-SAN 是否也属于 Ethernet-SAN 呢？部分属于，因为 IP-SAN 的底层链路一般情况下都是使用以太网的，但是绝对不能说 IP 就是以太网。比如你使用 ADSL 通过 Internet 一样可以连接到 iSCSI Target，那此时就不能称其为 Ethernet-SAN 了，只能叫 IP-SAN。以上列举的这些访问方式，或者说协议，目前都是基于 Block 形式的 SCSI 协议+底层传输协议。还有另外的 BlockO 访问方式协议集将在下文描述。

NAS：CIFS 和 NFS 以及其他第三方厂商自行开发的基于文件偏移量 IO 的文件型 IO 协议

业界将能够提供文件型 IO 访问而存储数据的存储设备称为 NAS，即 Network Attached Storage。NAS 设备在局域网内部目前都是使用以太网来作为底层传输链路的，寻址路由和传输保障协议分别使用 IP 和 TCP 这两种目前最为广泛的协议。在这之上便是 CIFS、NFS 等上层协议了。NAS 是一种设备，而不是一个网络。但是可以用 NAS 来指代文件型 IO 的访问方式，比如描述某个设备的 IO 方式是 Block 方式还是 NAS 方式。注意，避免用这种描述 Block 备使用 SAN 方式还是 NAS 方式，原因下文再述。

SAN 所包含的元素

关于 SAN 这个词有几个误区或者不成文的说法，比如只把将基于 FC 的数据传输方式叫做 SAN，或者反过来，当说 SAN 的时候只表示 FC-SAN 而忽略了 IP-SAN，这样容易对阅读方造

成不便、混乱和误解。比如在描述某款产品的时候，“前端支持 SAN 方式访问”，其实这个设备只支持 FC-SAN，但是他没有明确指出是否支持 IP-SAN，这样就给阅读者带来了不便。

另外，SAN 是一个网络，但又不仅仅只表示由交换机组成的底层网络，而它包含更加丰富的元素，比如磁盘阵列、磁带库、虚拟化设备、备份服务器等。可以说 SAN 这个词与 SA（Storage Area）近乎同义了，或者说 SAI（Storage Area Infrastructure）。比如可以这样说：“某 SAN 中包含两台 xx 磁盘阵列，一台备份服务器，一台磁带库。”

建议：今后在描述具体技术参数时杜绝单独使用 SAN 一词，代之以 FC-SAN、IP-SAN、NAS-SAN 等，或者干脆直接只用协议来描述，比如 FC、ISCSI、CIFS、NFS。比如“前端支持 FC、ISCSI 访问方式”，这样就没有任何歧义了。

各种关系论

LAN 与 WAN 的关系：LAN 与 WAN 就是本地和远程的对应关系，本地的就是 LAN，远距离的就是 WAN。

以太网与 LAN 的关系：绝对不要把 LAN 等同于以太网。LAN 是一个大涵盖，不仅仅包括本地以太网络。如果某人描述“客户端与服务器通过 LAN 连接，服务器与磁盘阵列通过 SAN 连接”，这句话不是不对，但是描述太含糊，“通过 LAN 连接”，哪种底层链路？没说。虽然大部分人还是理解其意思，但是终究不严谨。不如直接说“通过以太网连接”。另外，本地 SAN 也属于 LAN，所以这句话追究起来，就是个病句了。

SAN 与 LAN 和 WAN 的关系：如果一个 SAN，或者说 SA，完全在本地，则可以把这个 SAN 归属于 LAN。如果某个 SAN 是跨长距离链路部署的，则可以说这个 SAN 跨越了 WAN 或者 WAN 链路。

SAN 与 FC 和 ISCSI 的关系：FC 泛指一种传输协议，即 Fibre Channel。用 FC 协议来承载 SCSI 之后产生的协议叫做 FCP。ISCSI 指用 IP 网络来承载 SCSI 之后产生的协议。SAN 与 FCP 和 ISCSI 的关系，就是网络与协议的关系。数据在 SAN 网络内传输时使用的多种协议中包含了 FCP 和 ISCSI 协议。

SAN 与 NAS 的关系：NAS 指一种设备，SAN 或者说 SA 指的是一种网络和这个网络区域内的各种元素。NAS 当然也属于存储区域中的元素，所以 NAS 属于 SAN。

乱七八糟的 Free

LAN-Free：这个词根本不应该存在。关于它的由来，是起源于备份领域的一种技术。一般在某个企业网络系统内，客户端与服务器是使用以太网络进行数据通信的，而传统的备份系统中，备份服务器和介质服务器也需要使用以太网络与需要备份的服务器进行通信，将服务器上需要备份的数据通过同一个以太网络传输到介质服务器上从而写入介质保存。由于客户端与服务器通信的以太网络的繁忙程度直接关系到客户端的响应速度，本来对延迟就比较敏感，而备份数据流也通过同一个以太网进行传输，只能是火上浇油。那位说了，以太网交换机目前这么便宜，再买一个，服务器上再加个网卡，专门用于备份数据流的传输，井水不犯河水，客户端以太网不就是 Free 了么，不就行了么？是啊，所以说“LAN-Free”这个词真的让人摸不着头脑了。为什么这么说呢？上文说过，很多人都直接用 LAN 来指代客户端与服务器通信的前端以太网，或者不管前端还是后端，就指以太网。这样的话，刚才那个例子，再用一个单独出来的以太网专用作备份数据流的话，这样到底叫不叫 LAN-Free 了呢？如果说，LAN-Free 中的 LAN 仅指代前端以太网而不是备份专用以太网的话，那么上面的方法就是LAN-free；但是如果这个LAN指的是以太网的话，那么上面的方法依然用到了以太网，就不是LAN-Free。到底是不是呢？乱了。再说了，LAN本来的意思是局域网，即本地网络，不管你再怎么折腾，只要还在本地备份，那么都属于LAN之内，就不是所谓 LAN-Free。彻底乱了。所以说，这个词根本不应该存在。哪个词更能表达这种不消耗前端客户端网络的备份方式呢？鄙人发明的一个词叫做"Frontend-Free"。

Frontend-Free：前端网络Free，即不管你怎么折腾，只要不耗费前端网络资源，管你再用一台以太网交换机也好，或者直接使用FC网络来存取备份的数据也好，都是Frontend-Free。这不就解决了么？

笔者在做一些方案或者写一些文章的时候，都会时刻注意这些词的应用，力求清晰严谨。

91. RAID Stripe问题

我的疑惑，比如3个盘组成的RAID，条带64KB，如果我刚好有64KB×3的数据要写入，那正好一次搞完，是这样吗？

条带是横跨3个盘的，64KB×3的话，是一次写完，控制器对每个盘一个IO就能写完这些数据。

如果我的数据只有64KB呢，写还是不写？还是按4说的写到其中某块盘的1个条带中？

看来你没理解条带，你说了条带=64KB，你要写64 KB，那么当然是一次写入三个盘了。这里不考虑64除不尽的问题，最好弄成4块盘来举例。

如果再小点，只有32KB呢？写还是不写？怎么写？也是写到其中某块盘的1个条带中吗？那该条带剩下的空间意味着浪费了是吗？

"某块盘的一个条带"，这说法不对。条带由Segment组成，条带在每个盘上占用一个Segment。32KB就会占用两个盘（共4盘），控制器对每个盘一个IO。剩下怎么浪费了？

我一直也有这样的疑虑：如果是存储的话，会被先Cache，然后凑足条带的数据再写入？

Cache当然要Cache了，理想情况下控制器尽量整条写，也就是组合合适的IO。要是想研究这些底层东西的话，得从头梳理一下这些细节概念。

92. 关于IO冲突问题

小弟有一个疑问，一个主机系统对应一个Array还是一个Array能对应多个主机系统（只要控制好Storage Partition）?有这个疑问主要出于IOPS性能的考虑，若一个DS 4700有16块盘，若我建两个Array（除了hotspare），每个Array对应一个主机系统（不同OS），那么每个Array中的磁盘数就会减少，相应的IOPS就会降低；若我只建一个Array，将这个Array对应到两个主机系统，那么IOPS就能得到提升。但我不知道我的想法是否可行，请DX们指点。

最好是两个RAID组，每个组根据需求提供相应的磁盘数。同一个RAID组提供多个LUN给多个主机，存在争用冲突，如果实在必须这样，建议将Stripe Depth调到最大以最大程度避免IO冲突。

93. 关于LUN分布方式的问题

我这里有个DS4800，只连接了一个扩展柜。共16个磁盘。我在这个DS4800划了两个RAID 5，

每个 Array 里面建立一个 LUN，名字分别为 LUN1、LUN2，将这两个 LUN mapping 至同一台主机，磁盘分别为 hdisk1、hdisk2。然后 Aix 里面在 hdisk1、hdisk2 上建立一个 LV，这个 LV 通过 LVM 实现条带化。这样就实现了 DS4800 的纵横向条带化。我划分的 LV 是供给 OLTP 数据库以裸设备形式使用的。但是具体这两个层面条带化的大小应该怎么设置才合理呢？是不是这层面的两个条带化大小相同效果才最理想，那具体设置多大？请高手们指教。谢谢！

建议做成累加模式而不是 Stirpe。不过也要根据实际来看，如果两个 hdisk 的负载均会比较高，而且并发性比较高，那不推荐再次做 Stripe。如果你非要做的话，那就将 Stripe Depth 调到最大以提供最大的并发度。

94. 测试的伪结果

怎么判断 Total I/Os per Second 和 Total MBs per Second 读数高了或低了，分别又是由什么原因引起的？

读数高低主要由两个因素决定，一个是目标存储的性能，性能高的当然高，低的当然低。但是还有一个最容易被忽略的因素，就是缓存，包括 IOmeter 所处的主机端缓存和存储端缓存，尤其是测试顺序读的时候更容易受到缓存的影响。比如第一次测试，读数可能较低，但是第二次测试读数显著增高，就是由于缓存的影响。

选择 1 个 worker 和选择多个 worker 去测一个 RAID 分区或 HDD 分区有什么不同？我用 4 核 CPU 选一个 worker，100%read 去测一个 5400 转的 HDD 时，Total MBs per Second 的读数会有 110 多，比较正常。但当我加到 3 个或 4 个 worker 时，读数就只有 50 左右了。

不知道你多个 worker 测试的是同一块物理硬盘的不同分区（地址段），还是多个硬盘。对于一个物理硬盘，或者一个物理 RAID 组，主机端的 IO 个数最好为 1，如果同时多路主机端 IO，会造成物力资源争用，导致磁盘不停寻道，从而显著降低 IOPS 和带宽吞吐量。当然如果多个 worker 对同一段地址进行读取，由于先读出的数据在缓存中，后来的 worker 读取同一段地址时，性能就会大大提升。如果就如我开始说的，多个 worker 对不同分区或者地址段进行测试，那么整体性能不升反降。有很多人反映过类似问题，我也都回答过，在一些论坛，可以搜索一下。

如果同时选 4 个 worker 去测 4 个不同的分区，这种做法有问题么？

如上个问题一样，不能说是问题，只要是机械硬盘存储，都会这样。

传输数据块大小的选择对测试结果会有什么影响？另外为什么一般都选 4KB、16KB、64KB,、256KB、512KB、1MB 等，而不是 3KB、5KB、20KB、100KB、200KB 等？

这里数据块大小就是每个 IO 的 Size。从你的问题我推断你还没有深刻理解 IO 的概念和属性。在《大话存储》中我用了尽可能详尽甚至啰嗦的篇幅来讲述 IO，如果你还没有阅读这本书，请尽快阅读。这里我还是再重复的简要描述一下 IO。IO 的三大件：目标/地址段/读写的长度。关于 IO Size 和 IOPS 的关系，请同样阅读《大话存储》。不同 IO Size 和 IO 属性（顺序、并发、连续、随机）对结果有不同影响，同样，阅读《大话存储》。为何 IO Size 都是 2 的幂次，因为计算机领域普遍习惯用 2 的幂次，而且每磁盘扇区一般都是 512B，为了扇区对齐。每个 IO 中的“读写长度”都是扇区的 2 的幂次倍。

95. RAID 级别问题

最近看了一下大话存储 RAID 级别，有几个问题不明白：（1）就 RAID 5 ，条带大小为 128KB，如果写入的文件很小如 2KB，那存放的方式和占有容量是怎么确定的？剩余条带怎么处理？（2）磁盘在格式化的时候有个单元分配大小，这个好像就是文件存放的最小单位，和 RAID 里面的块有什么区别？

要彻底理解这个问题，我建议楼主在文字的基础上勤画图。

首先你要写入 2KB 的“文件”，既然牵扯到文件，就要牵扯到文件系统的分配单元，也就是你第二个问题。RAID 向操作系统提供的是卷，是连续的扇区（或者叫 LBA）空间地址，而卷向文件系统所展示的是分区，相对于卷，分区就是将大片连续地址再次切开。

文件系统用扇区组成所谓“簇”，或者叫 cluster，或者叫分配单元，FS 存放数据只以簇为单位，而不会出现“读入或者写出半个簇”这种 IO 命令。而卷之下的各层都可以以单个扇区为单位了，扇区是存储系统最小的 IO 单位。

明白了底层这些映射关系，就可以着手研究 IO 行为了。再说回来，你说要写入 2KB 的“文件”，当然是要调用文件系统进行写入了，如果文件系统的簇大小被设定为 2KB，则文件系统会在分区内分配 2KB 的空间来存放文件实体数据，也就是 4 个扇区的连续地址。此外，还需要更新 inode（unix）或者 MFT 表（Win）等所谓“元数据/MetaData”，也需要占用额外的空间。

值得一提的是，inode 或者 MFT 对应某个文件的 metaData 本身是可以存放一定数量的文件实体数据的，一般是 64B，小于这个数值，文件直接存放在 inode 中；大于这个数据，inode 中会被加入二级和三级扩充映射指针指向文件实体数据被存放的扇区地址用于寻址操作。 再来看看 RAID 所提供的角色，刚说了 RAID 提供一片连续扇区地址，假如文件系统选择了扇区 1024～1027 号这 4 个连续的扇区作为这个 2KB 文件的存放空间，则文件系统写入这个文件的时候，卷接收到这个指令之后，会将这段扇区号码传送给 RAID 驱动，RAID 驱动接受之后会将号码传送给 RAID 芯片进行地址翻译（硬 RAID 卡）或者直接在驱动层面进行地址翻译（软 RAID 卡）。地址翻译这里的意思是将这段连续的地址映射到实际的物理硬盘地址，因为 RAID 提供给上层的是虚拟磁盘/LUN，一个 LUN 可以分布在多个物理硬盘上。

地址翻译的过程一定要查询 Stripe 也就是条带映射表，当初你怎么分的，此时就会影响翻译之后实际的硬盘扇区地址。再回来说你的 RAID 5 的 128KB 条带，128KB 条带=磁盘数量乘以每个磁盘上组成这个条带的 Segment 大小，也就是说一个条带把排列的多个磁盘横向切成了一条一条的，硬盘本身相当于竖条，而横条和竖条切开之后形成的小格子就是 Segment，也叫条带深度，Stripe Depth。

比如 8 个盘的 RAID 5 系统，其中一块用于存放 parity，128KB 条带除以 8 等于 16KB，也就是说 Segment=条带深度=16KB=每个磁盘上贡献一个条带所使用的空间。再回来说 2KB 的文件写入，这个情况下，地址翻译会将 2KB 的地址翻译为“磁盘 m 上的 n 到磁盘 1 上的 n+3 号扇区”，当然也可能是“磁盘 x 上的 y 到磁盘 a 上的 b”，总之地址落在物理硬盘上的哪个区域，如条带中央/条带边缘，单个物理硬盘/多个物理硬盘，文件系统是不知道的，由 RAID 层面决定。这种不知道称为“盲”，现在大多文件系统都盲，但是也有不盲或者半盲的。

我们在 RAID 层面来设计条带，分步等，实际上都是盲操作，效果不会很大，包括 RAID 5 本身的并发 IO 特点，也是盲并发。所谓并发，拿你刚才的例子， 某个 IO 需要写入 2KB 的数据，如果地址翻译结果为这 4 个扇区落在一个 Segment 里，则这个 IO 只会占用一个数据盘，外加需要占用 parity 区域。如果此时还有一个 IO 需要写入 2KB 数据，而这次的 4 个扇区落在了另一块数据盘上，而它需要的 parity 数据恰好与前一个 IO 及其所需要的 parity 区域不在同一个盘上，则这两个 IO 可以并行操作，4 块磁盘同时读写。由于这种并发是基于“恰好”的，所以 RAID 5 提供的是盲并发，要实现不盲的并发只能靠上层文件系统。说了这么多，等于给《大话存储》做了一个注释吧。楼主要是想彻底把这些基础知识扎实打牢靠，请阅读《大话存储》。

96. AIX 中磁盘的 Queue Depth 问题

对于 AIX 系统，磁盘的属性里有一项是 Depth，默认值是 10，对于裸设备应用，调大 Depth 性能会有所提高，请问 Depth 是什么意思？是不是调的越大越好啊。

IO 队列深度，即 Queue Depth。与 hdisk 底层对应的存储所提供的 LUN 所对应的队列深度对应起来即可。

97. RAID 10 磁盘数量与性能的关系

想请教一下大家 RAID 10 磁盘数量跟性能的关系。如果从原理上分析，是磁盘越多性能越好，但实际是这样么？RAID 10 最多能做多少块盘呢？经验值一般都是多少呢？

只要控制器允许，盘越多性能越好，但是多 LUN 并发环境下，整体性能提升有限，不如单 LUN 环境。据我所知 IBM DS4 新固件以及 DS5 可以达到 30 盘的 RAID 10。

98. VMware ESX 是如何使用 SAN 存储资源的？

本人对 VMware ESX 不是很熟，请问它是如何使用 SAN 存储资源的？

（1）是在磁盘阵列上分配一个大尺寸的 LUN 给 esx 服务器，然后通过虚拟磁盘的方式再分给各个虚拟机（vm）吗？

（2）还是在磁盘阵列上配置一个个的 LUN，再直接分配给每一个虚拟机（vm）呢？

你说的两种方式都支持，前者是 VMFS 方式，后者 Raw Disk Map 方式。前者在一个 LUN 上创建多个 vmdk 文件给多个虚拟机使用，后者一个 LUN 只能给一个虚拟机。

99. 如何快速备份大量小文件？

某个项目中遇到的问题：几十个 TB 的数据，都是电子文件，大部分大小在几百 KB 到几 MB 之间，一经写入，很少改动。目前有磁带机，一盘磁带大概能写 800GB～1.5 TB。这样的数据，怎么设计备份机制比较合适？请大家指点。

可以先直接采用持续复制方式镜像到外部存储 D2D 即可，Snapshot 等在镜像中来做。大量小文件备份恢复，这种 d2d 持续复制方式是最佳的。或者直接备份整个 LUN 空间也是可以的。

100. 如何理解 IO 惩罚？

之前看《大话存储》，有些疑问。

（1）我理解的写惩罚，是该模式下某些情况写数据因为校验盘等因素导致 IO 次数相比正常增加，不知道这么理解对不对？像 RAID 5 的写惩罚高，主要是因为针对小数据的写操作？

（2）据说 RAID 5 的读改写模式效率低，是因为它要多出两次 IO，一次是读出校验盘数据，一次是写回校验盘数据，加上它读出和写回需要改写的数据，一共是 4 次。为什么校验盘不能和数据盘一同读出和写入呢？它们本身在两个磁盘，应该可以并发的？

这里当然是可以并发 IO 的，但是为什么你非要将这两个并发的 IO 理解为“一次 IO”呢？

我的意思是既然可以同时读出或写入数据盘和校验盘，那么读取写的 overhead 体现在那里？

如果将这个“同时”用于处理其他上层 IO 请求，而不是用来读写 Parity 或者其他 segment 上的数据呢？

101. 如何分布 LUN 的问题

讨论下，HDS 的存储，现在给数据库划 8GB 大小的 lv ，是单独在一个 pv 上划 lv, 性能好，还是在多个 pv 上划 lv 的性能好？（前提是不做条带化）

这个问题的大方向是：不要管 lvm，这些都是虚的，也不要管存储层什么这个 ldev，那个 vol，这个 LUN 的。我们最终就看它用了多少块物理磁盘，也就是你能看得见的磁盘。划了几个 RAID 组，你的应用是否是多进程并发访问同一组磁盘，而且这多个进程又不相关，比如就是两个完全独立的系统，那么知道了这一点，你再对应自己的需求，一组磁盘提供的性能是恒定的，多人来抢就不如一个人用的爽，就这样。 任何问题，不管哪个层面的，用这个方向来判断，屡试不爽。

102. 磁盘内部传输率、外部传输率、传输带宽、接口速度之间的关系

在本书第 3 章说道磁盘的内部传输速率、外部传输速率、传输带宽、接口速度之间有什么关系？另外 Ultra 320 SCSI 传输速率可以达到 320MB/s，这个 320MB/s 指的是上述的哪个速度？

内部是最大理论速率，外部是最大实际理论速率，也就是被寻道打断之后的速率，接口速度是出口速度，可能会卡住外部速率。理论传输带宽=接口速度。实际传输带宽，瓶颈在哪就等于哪。U320 指接口速度。

103. RAID 5 对小文件的性能提升问题

多块 SSD 磁盘做 RAID 0/5，在小文件方面，对性能提升的作用是正面的还是负面的？以我的理解，RAID 0/5 对小文件的性能提升是负面作用。

多块 SSD 做 RAID，与机械硬盘 RAID 无二致。提高并发，不管什么介质，都有益。不知道为何理解 RAID 0/5 小文件的负面作用。

对于大量小文件，比如 10KB 左右的。RAID 条带大小一般 4、16、32、64、128 和 256KB，多数情况下 64KB，小文件基本上不分片，RAID 0 没有优势，RAID 5 还得计算校验值。因此，我觉得还不如单块 SSD 性能好。不知道这样理解对不对？

谁说一定要分片才有优势的？8 个盘 RAID 0，每个盘服务一个文件 IO，并发 8 个，这样很好。 有时候分片反而性能差得一塌糊涂。另外，用 SSD 做 RAID 别老想着分片，没一点好处，除非是大块连续 IO。对 10KB 也分成 1KB 的片？不怕影响 SSD 寿命么？分片以后，所有 SSD 寿命都被摧残了，还不如就着一块弄。SSD 组 RAID 最怕就是因为 Parity 分布太平均而造成多块 SSD 在短时间内全坏，所以针对 SSD 的 RAID 需要一定的 Parity 分布算法，不能太平均，得一个一个坏，一个一个的换上，换上新盘之后还要重新分布 Parity。因为如果不重新分布 Parity，新盘的损

耗可能会追赶上其他盘的损耗而达到同一段时间内损坏。这种 SSD 的 RAID 算法目前国内高校有些课题在弄的。

RAID 内部，数据分片应该是自动的，超过条带大小就分吧。还是说，分不分片是可以通过设置来控制的？

10KB，可以明确告诉你，除了 RAID 3 之外任何 RAID 都不会分。分不分可以设置 Stripe Depth，不过 Stripe Detph 自身也有限，分不分得看具体情况了。

104. 集群 NAS 与并行文件系统的区别

集群 NAS 与并行文件系统的区别是什么?都是在集群方式下实现的，有什么不同呢？

现在集群 NAS 和并行文件系统有融合的趋势。包括 Ibrix、Stornext、Panasas 等，它们都是在并行文件系统之上提供 NAS 抽象层的，所以你说它是并行 FS 也可以，说它是集群 NAS，也可以。

105. 快照、容灾如何保证数据一致性的问题

存储的快照、复制技术如何保障数据库的一致性？据说实测时，Oracle 不一定能 Open。但又有很多容灾的案例，不知用的什么机制保障数据库的一致性？

快照如果需要保证一致性，那么第一层可以在 FS 层进行 Flush 之后做快照，这样可以保证 FS 一致性，但是不能保证应用程序层的一致性，要做到后者，那么需要在应用层进行 cleanup，然后做快照。实现着两层的一致性需要在主机端安装一个 Agent 来与 FS 或者应用通信协调，在用户决定执行快照时，通知 FS 或者 APP 来执行 Cleanup。Microsoft 提供了 VSS 服务，所有不同厂商的应用、存储、Agent 都可以基于这个服务平台来实现 APP 层面的一致性。至于容灾，容灾时只要保证完全同步，那么就不会有问题，但是代价也是巨大的。在异步时，只能够通过一致性组的方式来保证时序一致性，但是却不能保证上层逻辑一致性，如果连时序一致性都无法保证，那么 Open 成功的几率会很低。

保证了时序一致性的前提下，能不能 Open，也要看造化，能 Open，则通过 Replay 来恢复一致性但是却丢失了数据，如果还不能 Open，那么只能是恢复到容灾端最后一个绝对一致的快照了。

106. 网络 IO 问题

我今天再次测试了我的服务器，发现了一个现象：我 1.5TB 硬盘里有 10 个 20GB 的图纸，首先我把这个硬盘连接在服务器上，通过我本地的电脑将这 10 个图纸中的两个同时分别用光驱进行刻录。当只开启一个的时候，速度正常，当另一个光驱开始刻录的时候，两个光驱的速度立刻下降甚至到了 0 速的状态。于是我把硬盘从服务器上拿了下来，直接连接到我自己的电脑上，再次用同样的方法对文件进行刻录，这个时候效果立刻不一样了：同时刻录的两个光驱都可以按正常速度进行工作，没有出现速度下降问题。特别说明一下，我与服务器之间的连接是通过千兆网卡连接，用 FTP 测试过速度，基本上都在 80MB/s 左右，所以应该网络不是瓶颈。请大家帮忙分析下问题所在。个人想法，我想会不会和服务器上的主版或者服务器的设置有关呢？我用的是 Win2003 数据中心版，没有进行多余的设置，基本上就是安装好后给目录做下共享，是不是有什么需要设置或者遗漏的呢？

刻录对数据流波动是很敏感的，1G 的速率不能和本地总线以及硬盘接口速率相比。加之 cifs 的开销很大，当另一个进程也连接 cifs 目录打开文件时会产生大量数据包，严重堵塞网络，刻录程序感知到数据的这个波动，当然就降速了。用 SMB 2.0 协议会有所改善。Windows Server 2008 和 Vista/ 7 已经使用 SMB 2.0 了。

107 . Lustre 与 pNFS 之间的异同

哪位高人能讲解一下 lustre 和 pnfs 之间的异同？

lustre 和 pnfs 都使用 OSD 的概念。传统 nfsv3 和 cifs 做不到并行集群访问的要求。所以 nfs 4.1 也就是 pnfs 意识到了这一点，将架构改成与 lustre 等类似以获得并行访问。这就是 osd 与传统 nas 最大的不同之处，类似的还有 PanFS、Ibrix 的 FusionClient 等。

Lustre 是一个并行文件系统的名字，而 pNFS 则是用于并行访问的一种协议。一个是文件系统，一个是协议。

108. 阵列之间的远程容灾复制，其底层到底是怎么样的？

通用做法以及点出几个我所知道的厂商的做法，供参考。

（1）远程复制可以通过多种链路进行，如果通过 fc 进行，则一定都是使用 ILT 模式的，也就是 initiator-target-LUN。但是有一种除外，下面会讲。

（2）本地阵列是否会直接挂远程阵列的 LUN 上来比如当做/dev/sda 这类东西来做，不一定，一般都不会，都是直接与 IO 设备驱动层交互直接对 LUN 进行操作以绕过块设备层以及其他各层，提高效率。

（3）推和拉模式。一般选择拉模式，及远程主动向本地要数据，表现为读过程。为何这样考虑，是因为 scsi write 过程交互的数据帧比读要多，浪费链路资源。

（4）传输方式：标准 scsi read/write cdb 模式。

（5）控制模式：将控制数据封装到 scsi cdb 中传输，对端提取对应数据进行定界、分析、处理从而控制数据传输。

（6）如果通过 IP 进行，对于一些大阵列来讲一般做法是将 fc 再封装到 IP，比如弄成 fcip，加 fcip 交换机之类。另外一种则是使用私有协议接口来完成镜像操作。

（7）使用私有协议完成镜像操作，这个就多了，很多基于 IP 复制的。

（8）厂商举例： emc、hds、ibm 这类使用 fc 链路进行镜像的，都是使用 ITL 模式。netapp 使用 IP 复制，使用私有接口，先将待传输的数据块进行描述、封装，传输到对端，对端提取分析之后发起拉取数据的操作。其协议并不是 scsi/iscsi，私有协议，netapp 也可以使用 fc 链路复制，但是由于采用私有协议，fc 并不提供私有协议的接口支持，所以引入了 FC virtual interface，及 FCVI 卡。这种卡可以提供 FC 上层的 VI 接口，从而方便地将私有协议转换成 VI 协议。 其他也有厂商使用 iscsi 进行复制的，与 fc 复制的区别就是链路不同而已，就不列举了。

（9）至于阵列可以做 initiator 模式，当然可以，其中 netapp 的产品可以对所有口的模式进行翻转，翻转之后重启即可。这一点做的很方便，希望国内厂商借鉴和学习其技术。

109. 请问两台存储设备可以像交换机路由器一样做热备么？

我记得某路由器上面的主控模块，是叫 Supervisor Engine 吧，是可以插两个来做热备的。存储设备一般都配有双控制器，它们之间是可以热备的。但是对于两台独立的存储设备，即便是同一厂商型号的设备（每台设备都有两个控制器互为热备），它们之间也不能做热备，除非是集群存储系统，多台独立节点之间是可以热备的。如果你非要让它热备起来，唯一办法是通过主机端的某种镜像软件，比如 LVM，软 RAID 1，或者一些厂商提供的专门在主机端对两个卷进行数据复制（远程或者本地）的软件，这样一台阵列宕掉之后，相当于主机端找不着其中一个卷了，主机会切换到另一个镜像卷继续工作，做得好的话透明度很高，做的不好的话，也得等比较长时间切换。比如有些人测试过 LVM 的镜像，结果发现一分多钟没切换过来的情况。

110. 请问 iSCSI 与 FCoE 究竟谁会成为主流？

这个问题很好。目前的现状是，iSCSI 硬卡只有 Emulex 和 Broadcom（尚未发布只是公开）的 CNA 卡支持，后续可能会有更多的厂商推出万兆 iSCSI 硬卡。如果用软 iSCSI initiator 的话，一个 10G 口子会耗掉 30%左右甚至更高的 CPU，就算用最新的 Intel CPU 也是这样，所以基本上 4 个 10G 口就会耗死一台阵列。但是 FC 卡就不会有这种情况，FCoE 同样也不会。退一步讲，如果 10G 的 FCoE 与硬 10G iSCSI 比的话，卡件与协议本身来讲都差不多，成本也差不多，所以就要看外围辅助设备的成本，一台 FCoE 交换机目前来讲还是远贵于 10G 以太交换机，所以要是小规模部署，甚至不如用 8G FC 交换机划算。其次是看看场景，FCoE 更适合想融合之前已经部署的 FC 与新部署的以太网的场景，也就是大型久建的数据中心，对于新建数据中心，这个趋势还不明朗，笔者之前和 Emulex 的一名员工交流过，他的意思是新建数据中心他们推荐使用 iSCSI 硬卡，但是我估计这种说法是含有很大水分的，毕竟 Emulex 是目前仅有的一家提供硬 iSCSI 卡成品的公司，他们推荐 iSCSI 可能有一定市场目的。但是我个人看法，FCoE 目前 Qlogic、Brocade 和 Emulex 都有产品了，为何 10G 的 iSCSI 硬卡只有 Emulex 一家产品，证明 FCoE 今后可能会有一波行情。 FCoE 和 iSCSI，谁 O 不是 O？区别就是一个是 FC，一个是 TCPIP，抛开以太网，单看 FC 和 TCPIP，前者高效但是扩展性差，后者效率稍低但是扩展性很好，其实这已经与以太网无关了，还是最后到底是认同 FC 还是认同 TCPIP 的问题。我的看法是，FCoE 会弄出一波行情，但是 FC Fabric 这个协议很邪门，它要求交换机也要参与 Fabric 的建立，而且交换机起到至关重要的作用，这增加了复杂度并且降低了兼容性；而 iSCSI 却不要求交换机有什么上层协议智能。最后 iSCSI 很有可能会替代 FCoE。FCoE 与 iSCSI，厂商也尚未看清，谁也不敢冒然选路。

111. 所谓计算与存储合体，其产品形态是什么？

冬瓜头，快来...存储和计算结合之后，是什么样的产品形态啊？计算，存储，都很牛叉的机器？JIM GRAY，有一篇论文谈到，真正成本最高的地方在网络...我们也确实可以感觉到，在同步数据，或者做灾备的时候，最头疼的还是两个节点之间的通道有多大。

这种统一之后到底是个什么机器？答案是不是单独的机器，就是一群机器，通过软件模块联系起来，对于计算机来讲，硬件属于物质本源，属于阴，属于形；软件则属于精神本源，属于阳，属于神。用软件模块将计算和存储颗粒汇总起来发挥作用，并且将原本的以计算为中心的计算方法变为以存储为中心的计算方法，把计算颗粒分配到存储了计算所需要的数据的节点上，在哪存储就在哪计算，大幅提高效率和速度，避免了频繁大量数据传输，这也回答了你的另外一个问题“成本最高的是在网络上”，其实这句话暗指，数据移动起来成本太高了。网络本身成本不高。但是如果要容灾，依然可以使用这个思想，即在哪存储就在哪计算，可以在业务层面进行双份，而不是数据层面，比如一笔交易，可以在业务层面将其同步到远端，远端针对这笔交易生成自己的数据然后下盘。一个实际例子是，比如数据库日志同步方式的容灾，同步量相比直接底层数据同步来的少很多。

你说的那种“计算与存储都很牛的机器”，也不是没有，但是还不到时候，到了量子计算和分子存储时代，那时候计算机形态又会轮回到初始原点状态，单台机器，确实很牛，大家都拿高速网络来连接到这台超级计算机上获取资源。

112. 大量小文件的存储场景，有什么优化办法？

其实很简单，可以参考 Google 的 GFS 以及变种 HDFS、淘宝 TFS 以及腾讯 Tencent FS 的设计。这些都是处理大量小文件的典范。大家知道传统的文件系统下，每个文件都要被创建对应的 inode 之类元数据，但是在海量文件场景下，传统 FS 已经无法承载如此多的元数据 IO 量以及如此庞大的元数据搜索计算量了，唯一的做法就是降低元数据量，那么势必就要降低文件实体的数量，所以这些文件系统无一例外的都是用了这样一种变通的方法，即在文件中再创建文件，比如一个 64MB 的大文件，比如其中可以包含 16384 个 4KB 的小文件，但是这个 64MB 的大文件只占用了 1 个 inode，而如果存放 4KB 的文件的话，就需要 16384 个 inode 了。那么如何寻址这个大文件中的小文件呢？方法就是利用一个旁路数据库来记录每个小文件在这个大文件中的起始位置和长度等信息，也就是说将传统文件系统的大部分元数据剥离了开来，拿到了单独的数据库中存放，这样通过查询外部数据库先找到小文件具体对应在哪个大文件中的从哪开始的多长，然后直接发起对这个大文件的对应地址段的读写操作即可。另外还可以创建索引以加速文件查找动作。

在一个海量分布式文件系统中，元数据就像上面的思想一样是分级的，中控节点，也就是 MDS，存储一级元数据，也就是大文件与底层块的对应关系，而数据节点则存放二级元数据，也就是最终的用户文件在这些一级大块中的存储位置对应关系，经过两级寻址从而读写数据。其实这些一级大文件，就可以认为它们是卷了，也就是在卷管理层之上再存放文件，这样就降低了单一空间下的文件总数量从而提高性能。

113. 能否列举一下存储系统中所使用的芯片？

好的，知无不言，言无不尽！我就从头讲起吧。首先硬盘上的芯片就不说了，大家都知道，Micro Controller、dsp 等。一个硬盘扩展柜中的所有磁盘都被连接到一个芯片中，这个芯片位于扩展柜的控制板中，早期产品用 PBC 芯片，最经典的就是 Lattice 的 7147。PBC 也就是 Port Bypass Circuit，完全的 FCAL 环逻辑，后来发展为 SBOD，Switched Box of Disks，其实就是芯片变了，也就是底层变为点对点直达物理布线，而上层协议逻辑依然还是 FCAL，只不过仲裁的时候再也不用手拉手传递了，直接由控制器独裁，指哪打哪！这类芯片包括 PMC8738、LSI 等，PMC 公司称这种 SBOD 芯片为 Cut Through Switch（CTS），有些方案则混用 PBC 和 CTS，CTS 接磁盘，扩展柜之间则使用 PBC 串联，以上是 FC 方案。SAS 方案就痛快了，全是 SAS Expander，SAS 交换芯片，没啥好说的，芯片之间采用 4PHY 宽端口一般。另外扩展柜控制板上还有其他 ASIC，比如用来控制整个扩展柜的中控芯片，包括 SES（Scsi Enclosure Service）逻辑处理，探测各路 Sensor

并用SES上报，再就是ROM和RAM芯片了，一般中控ASIC里就集成了ROM。RAM则一般外置，比如128MB单片。控制板上还有PHY，这个就不说了。再往上就是HBA上的芯片了，PHY，不说了。再就是IOP（IO Processor）或者SOC（System On Chip）等，负责处理核心协议逻辑，比如FCP、SAS等，带RAID功能的卡，这些IOC或者SOC就更复杂了。再往上，就是控制器主板上的特殊芯片了，CPU等不说了。往往一些厂商为了体现差异化，搞一块ASIC那是倍有面子！比如3PAR的号称Thin Built-in的Gen3 ASIC，HDS在AMS2k上使用的ASIC，IBM的DS5k（O的LSI的）上所用的ASIC，HDS高端存储中的ASIC。无非就是加速数据处理。

114. 可否把数据库中数据在磁盘的分布讲一下？

数据库方面我不行，只能讲一讲肤浅理解。

（1）传统关系型数据库。两种方式：数据库自己管理裸磁盘从而直接存放数据文件（比如Oracle的ASM），Oracle甚至有自己的OCFS集群文件系统（为何不叫它分布式而叫集群？因为它底层是共享存储的）用来支撑其RAC集群。再有一种就是数据库利用操作系统提供的文件系统（关掉缓存，也就是调用时采用Direct IO模式，AIX下还提供一种CIO，也就是Concurrent IO模式从而不让文件系统底层对文件加锁，DB自己有锁）来存储数据文件。

（2）Nosql系统。比如Cassandra的实体数据，就是sstable、commit log和bloom filter以及index file。这些文件底层一般就是Linux下的EXT3文件系统。这些文件都是连续地址写入的，避免随机写入，所以提高了性能。谷歌的Bigtable底层使用GFS分布式文件系统。淘宝的TFS在1.0版本时使用EXT3结果发现性能不行所以1.3版本时使用自己研发的本地文件系统，猜测一定是个轻量级的，因为TFS层已经考虑很多格式了。Windows Azure后台数据库则使用普通的SQL Server组成集群切片，各个节点之间使用日志进行同步，保证了分布式事务一致性，其底层就是NTFS文件系统了。

说点题外话，Oracle RAC这种方式类似于CPU的SMP；Nosql分布式集群类似于MPP。对于商用存储，像各种集群文件系统比如Veritas Cluster Filesystem、Stornext、中科蓝鲸BWFS以及基于类似架构的集群FS所构建的集群NAS，就类似于SMP；像EMC的V-Max存储，则类似cc-NUMA（数据分布但是内存共享）；IBM的XiV、Inftortrend ESVA、Dell P6000等多数Scale-Out的存储，则类似MPP。从趋势来看，SMP->NUMA->MPP，存储也是一样的趋势。

至于数据文件中的亚一级的数据分布，我仅了解Oracle是用extent来分配。几年前弄过DB2，可惜都忘了。所以这方面还得DBA来解答。

115. 为何灾备端的IO时序必须保证？

数据容灾的灾备端为什么要在多流TCP传输时保证IO时序，你指的是同一个应用的IO写入通过TCP后变成乱序了？问题是这是文件系统和块设备驱动保证的问题呀。

如果把一批数据用一个TCP连接发送到对方，是不会乱序的，TCP不会对数据流进行定界，但是绝对不会乱序，本来是1234，传到对面依然是1234，对方只需要从头将数据流解析定界出一个个IO然后刷入灾备端的存储介质就可以了。但是多流TCP的话，一批数据，并行切分由多个TCP连接发过去，此时多流之间的数据就乱掉了。

文件系统和块设备驱动不会保证IO的时序性，典型的比如Linux下的io shceduler，他就是可以乱序IO，为了优化，同样，底层磁盘的NCQ、TCQ，也是乱序IO的。解决乱序IO是上层应用需要考虑的，比如绝对不会在发起写请求而没收到OS内核返回信号之前再对同一个地址发起读请求，因为会造成过期读。但是这种由应用保障的方法是强实时性有状态的，而对于灾备端来讲，它的应用程序就是主站点的存储系统，而主站点存储系统是无法感知应用逻辑的，所以灾备端只能乖乖的按照顺序执行，否则恢复的时候会造成严重不一致，可能导致应用无法启动，甚至连卷、文件系统都无法被 Mount。

116. 一个文件系统问题

NTSF 文件系统对数据的管理是基于一个叫 MFT 的主文件表，我想问的是，这个表在磁盘的什么位置是在 C 盘么？如果我分了 4 个区，那么要有 4 个 MFS 么还是一个 MFS 对应 4 个卷？我可不可以把文件系统认为是一个应用程序，如果有 FAT32，NTFS 等多个文件系统，那么开机后是不是这几个应用程序一直在运行？对于 Windows 和 Linux 等操作系统没有虚拟文件系统吧，之前我发过一个帖子说过虚拟文件系统，但是好像说错了，只有分布式文件系统才有虚拟文件系统之说，没有分布式文件系统的应用就没有虚拟文件系统之说。

每个盘的固定位置，有一个根入口，而且会备份多份，这也是一些数据恢复工具扫描的时读取的，如果备份的 mft 都损坏，那么扫描工具会扫描残缺的元数据 tree 或者叫链也行，来重组数据。每个分区是一个独立的文件系统。可以认为是一个程序，记得以前就回答过，ntfs 和 fat32 可以同时存在，处于 os 的内核区，两套代码共同运行，你挂什么他就起什么代码。Linux 下的目录表现方式，一切皆目录和文件，就是 vfs，这也就所谓的虚拟文件系统，可以将虚拟文件系统理解为目录，而实际文件系统理解为文件–块映射层，vfs 是再往上封装的一层。win 的表现方式和 Linux 有些不同，win 是以分区为入口，而 Linux 是以/为入口，下面挂的可以是任何地方的任何文件系统，但是 win 下也可以将某个实际文件系统挂到某个目录下，这也属于 vfs。vfs 与是否分布式没有任何关系。

那么所有的 MFT 都要放在 C 盘里面么？另外对于某个分区格式化后比如 D 盘，建立的位图、索引等各种表都在 C 盘里或者 MFT 里，具体 D 盘里面其实什么都没有是么？

每个分区都有一套完整的元数据，C 和 D 是独立的。分区表用来区分 C 和 D 的地址空间，这两个空间上的 FS 是完全独立的元数据，但是 OS 内的文件系统代码是一套，挂起多个分区上的文件系统。

117. 关于 LUN 与文件

NetApp 除了做 NAS 以外，还有 SAN 存储，但是好像其实现方式是在 NAS 的基础上模拟出来的 SAN。不知道谁清楚这个，能否给简单讲讲。另外，有些存储产品在底层使用了五花八门的技术，比如一些 LUN 的技术，我总有个疑问，这些 LUN 技术好像是在某种文件系统之上做的，否则不可能有那么大的伸缩性和灵活性，明白人请讲讲！

NetApp 就是把文件当成 LUN。而且他的 Volume 也是一个文件。所以了，不知道 VNXe 底层是怎么搞的，据 NetApp 说底层也是个文件，但是 EMC 不承认，还专门出了官方 FAQ。

对文件系统又有点新认识，文件系统不仅是组织数据的规则，而且是一种权利。只有文件系统才能有组织的调动数据，现在想想有的 LUN 功能可以智能的让数据分层这里确实有值得怀疑的地方，也就是说底层数据越权造反了！

其实迄今为止最灵活的底层数据空间管理技术就是文件系统。其实文件和块本身的意义是相同的，两者都是将大空间再次分割为上层容易理解的，灵活的小空间。所以说，当 LUN 从树上下来开始直立行走的时候，才发现其实文件系统早就变成人了。

118. 磁盘阵列中包含哪些协议控制器

请问磁盘阵列控制器里面是否内置了 SCSI ATA 控制器？我想磁盘阵列控制器里面内置 RAID 控制器、FC 适配器、iSCSI 适配器、SCSI 控制器、ATA 控制器。控制器和 Enclosuer 里面的磁盘之间是通过 FC-AL 架构连接的，FC 只是网络传输协议，FC 包的有效载荷部分都是 SCSI 指令和数据请问是这样吗？

其他都没问题。但是 ATA 控制器的说法不对，一般没有 ATA 控制器，也没有 SATA 控制器。SATA 盘一般是通过 SAS 转接板或者 FC-SATA 转接板连到扩展柜的。SATA 转 SAS 的话，SAS 控制器会原生支持 SATA 协议。而用 FC-SATA 转接板的方案的话，控制器不变，扩展柜中使用 FC 转 SATA 的协议转换芯片。

附录 2

IP 硬盘——玩玩还是来真的？

很久之前，我记得大概是在 2005 年，听说过国外一家初创公司做了一种以太网口的硬盘，当然硬盘本身不是他们做的，他们只是在硬盘上加上一个转接板，专业说法叫做 Dongle，实现基于以太网的 SCSI 协议传输，至于协议是否使用的就是 iSCSI 无从而知，对其具体细节也很不了解。

当时存储技术在国内还没有怎么得到重视，所以感觉这种东西非常新鲜，竟然可以这么玩!当然，这东西终究没成气候，逐渐淡出了业界。那时候，ATAoE、SCSIoE 这种类似协议也一直有人在做，其目的就是抛弃 TCP/IP 这种厚重的传输协议而转为一种轻量级的适配到以太网的协议。但是目前来看，这类协议最终也没得到推广。

固态存储——崛起!

9 年过去了，这 9 年里发生了很多事情。首先，企业级存储系统在国内得到了铺天盖地的应用，从一开始曲高和寡到现在的遍地开花，各厂商的企业级存储系统产品在这期间至少经历了 4 次升级换代，高端产品则经历了两次。

其次，在业务层面，主机虚拟化的崛起、基于虚拟化之上的云计算架构的崛起，互联网后端架构的变迁，海量存储和大数据分析挖掘系统的广泛应用，这三大变革性事件对很多存储技术、产品、厂商及生态产生了重大影响。

再次，底层技术不断革新，固态存储技术崛起，2012 年应该算是 SSD 元年。业务和底层技术的变革，驱动着企业级存储做出一轮又一轮的变化，一开始是内部架构的变化，比如 Scale-Up 到 Scale-Out，然后就是访问协议的变化，除了块和文件，对象接口越来越被广泛使用，再就是数据管理上的变化，企业级存储其实对固态存储介质是爱恨交织，明知道这小东西一定会颠覆自己苦心建立的基于机械盘的生态系统，但又不能不迎合潮流，出现了各种数据分层分级方案和技术，以及所谓全固态存储系统。

如果说在这 9 年里的前 4 年，企业级存储算是慢慢悠悠地自我欣赏式发展，那么后 5 年基本是在小步快跑了。一下子爆发的众多变化，都发生在后 5 年里，企业级存储显得应接不暇、不知所措。云计算、大数据、固态存储、开源、软件定义等各方围剿，使得商用企业存储好像找不到出路，各个厂商绞尽脑汁规划下一代产品到底应该是个什么样子，以及整体战略需要怎么调整。

就在两年前，国内某存储厂商为应对海量低成本存储场景，设计了一套与 2005 年国外那个厂商类似的方案，也就是在每块磁盘驱动器上前置一个 Dongle，基于 ARM 处理器，这个 Dongle 相当于一个 Mini Storage Controller，功能方面，其在硬件层后端通过集成的 SAS/SATA 控制器访问并管理这块盘，前端则通过以太网口来传输封装之后的访问协议（比如 Object 对象访问协议），核心软件层是一个精简的 Linux 内核，包含 SAS/SATA Host 驱动、以太网设备驱动、块设备驱动、卷管理层、对象/文件管理层、对象访问协议、TCP/IP 协议层以及管理监控 Agent 等。也就是说，将一块传统的以 Block 形式访问的磁盘通过加一个转接板，变为了一块以对象 Object 形式访问的磁盘，如果向其软件层加入更多协议，那么还可以变为 iSCSI Target、NFS/CIFS Export，当然实际上一切都受限于 ARM 的性能。每块对象盘连接到以太网上，再通过一个或者多个冗余/AA 的总控服务器来管理这些磁盘，并通过这个总控服务器集群向外提供空间和服务。

IP 硬盘——玩玩?

也就在最近，希捷与这家存储厂商联合推出了被命名为 Kinetic 的硬盘，宣称其直接提供对象访问接口，并向应用提供 API 以进行数据访问和监控管理。这个产品相当于把之前的转接板去掉，把核心软件直接运行在硬盘背面的控制芯片里。处理芯片的一般架构是一个或者多个 ARM/MIPS core 与一堆外围电路（比如 XOR、ECC/CRC、加密、压缩、PHY 等）组成，而 ARM/MIPS Core 平时不参与数据的传输，只是控制数据的传输，否则会由于过多的内存拷贝而性能根本达不到要求，所以一般来讲一款处理芯片中的通用 CPU 模块，绝大多数时间负载并不高，这也就为在处理芯片中集成更多的软件功能提供了技术空间。

但是别指望这种低功耗 CPU 能胜任事务级在线处理，跑跑一般的数据收发、简单的协议处理还是可以的；也别指望其能胜任高 IOPS 的场景，每一个 IO 处理耗费的 CPU 资源是不容小觑的，包括中断、协议处理、内存拷贝等在内的流程对 CPU 耗费很大。但是低负载、以带宽吞吐量大块连续 IO 为主的场景下，这类处理器能够很好地胜任，尤其是在只带一块磁盘的情况下，那就更是小菜一碟了。所以这种产品的基因决定了它的应用场景，也就是比如冷数据存储场景或者备份等海量低成本存储场景。

综上，我们暂且简称这种硬盘为“IP 硬盘”或者“对象硬盘”。其与传统的存储架构本质区别在于，传统存储控制器属于集中式控制器，用一台或者多台集中式的高性能控制器，通过 SAS/SATA 适配器接入数量有限的磁盘，最小的比如 Raid 卡，比如 Adaptec by PMC 最新的产品可直连 24 盘或者通过扩展柜连接 256 盘，最大的比如高端商用企业存储，可以管理多达 3000 多块盘，前端终结了 SAS 协议，转为使用 FC 或者 iSCSI、NAS 或者对象等协议，通过集中的、单一的访问点来访问所有磁盘经过虚拟之后的空间。而 Kinetic 的架构则属于分布式微型控制器，有多少磁盘就有多少个访问点。

说到这里我们就要仔细地去分析一下，这种新架构带来的优点和挑战在哪里。毋庸置疑，其优点是支持大规模并行访问，因为访问点是分布式的，有多少磁盘就有多少访问点，那么应用或者客户端程序可以直接并行地访问所有连接到以太网上的磁盘，体系效率较高。当然，其代价就是访问节点的管理上，需要被软件定义。对于集中式的磁盘控制器，对磁盘的管理，比如监控、容错、性能优化、空间管理等，都由集中控制负责，上层不需要关心，而新架构下，直接暴露了底层的磁盘，那么这些逻辑就需要被挪到上层软件层中去执行，也就是所谓软件定义，那就需要用户具有一定的技术开发能力去驾驭这个新架构，或者由厂商做这一层的开发，但是相对于在外部设备里开发这一层来讲，在用户的 OS 里做这个管理层，其主要难度在于兼容性，用户的 OS 千变万化、环境千变万化，兼容性很难保证。所以这类产品应用到互联网后端的可能性较大，一般企业会吃不消对其日常维护的开销。

那么再看一下互联网企业，假设如果依然利用现有架构，比如 1U 通用服务器，加一个 SAS/SATA Raid/HBA 适配器，接入 12/16/24 盘，然后在服务器上进行空间管理、协议转换，底层 Raid 控制器实现数据的小范围冗余容错及性能优化，在所有服务器上运行分布式文件系统来执行数据的大范围容错和均衡，这样做的好处是对上层来讲复杂度降低。同样是 1U 服务器，如果访问 Kinetic 架构，SAS/SATA Raid/HBA 就不需要了，直接通过以太网，那么原本由 SAS Raid 卡做的工作，就需要用软件去做，需要用户自己或者厂商开发一层逻辑，而且这层逻辑要么是分布式部署的，要么是非对称集中式部署在一个带外控制管理节点上的，这种做法基本上就是将磁盘进行非对称的外集群化，供上层的服务器集群访问。如果使用 1GB 以太网连接每块磁盘，其带宽相对目前主流的 6GB SAS/SATA 来讲会降低，时延也会增加。

结论，不管是对于互联网企业还是传统企业，一个集中控制设备或者软件层都是需要的。Kinetic 架构的优势在于，降低了访问粒度，提升了大范围内的访问并行度；其劣势在于，性能域扩大，管理域也随之扩大，故障域也随之增大，传统 1GB 以太网带宽和响应速度有限，对于冷数据这类场景，传统架构在性能、成本、管理上是否已经真的无法满足需求？是否有必要去这样折腾，还是个需要考虑的问题。

读书笔记

附录 3

新技术将如何影响数据中心存储系统

自诩为一个可以见证中国存储发展的存储界老混子，不得不承认，存储的发展真的是太快了，以至于很多技术还没大展宏图，就发现眼前的这片森林已经今非昔比。我想这也是当前很多存储厂商、集成商所面临的困惑之一。

有很多人曾经和我讨论过诸如“我们下一步到底该做什么”的话题。有些厂商做法很简单，一线品牌厂商做什么，就跟着做什么，这样最保险，但是没有一定实力的厂商也玩不起。对于二三线厂商，事态尤为严重。换在几年前，我想很多厂商目标都比较明确。但是，近几年新技术和新概念爆发式的产生，而存储领域的产品集成开发周期又相对较长，这是导致目前众多厂商迷茫的原因之一。等你的产品出来了，却发现走错了路，或者窗口期已经过去。

本文试图对当前多个存储子层里的多项技术做简要分析来获知它们对传统体系的影响。

1. 存储介质——闪存和 SMR 磁盘

机械磁盘作为在线主存储介质的角色，可以说几十年来没变过，是各种存储技术里最稳定的一个了。然而闪存的出现，将要改变的不仅是存储介质，更将会改变整个存储生态链。

闪存作为新一代存储介质相对于机械磁盘的优点不必多说，一个更加值得思考的问题是，由于闪存并不像机械盘一样需要高精尖的技术，其入门门槛较低，尤其是闪存控制器的设计生产，目前可以说是遍地开花，国内已经有多家自主产权的闪存控制器及外围产品。

希捷和西数这两家机械磁盘的巨头如今也开始居安思危了，一方面积极研究和融入闪存技术，另一方面也在积极朝着产业链下游发展，从希捷收购 Xyratex 的动作就能略感一二。在未发生颠覆性变革之前，产业链上游是既安全又稳妥的地方，但是当即将发生颠覆性变革的时候，整个产业链都会受到影响，此时便会出现群魔乱舞的壮观景象。比如与云计算看似无关的希捷，联合下游厂商推出适用于云计算大数据的新型磁盘 Kinetic，同样，Intel 也在积极参与云计算大数据领域。包括一向低调的 PMC-Sierra 也在收购了板卡厂商 Adaptec 之后又收购了闪存和 PCIE 控制器厂商 IDT 并开始厚积薄发。

闪存对传统的下游存储厂商的影响也将会是巨大的。

首先，基于机械磁盘介质所积累的成熟的传统架构基础面临崩塌，包括硬件设计（比如尺寸、散热、承重和空间布局等），也包括软件设计（比如数据布局、IO 性能优化和故障预测及恢复等）。这也是为何仅仅把传统存储系统中的机械盘替换为SSD之后却发现根本无法发挥出SSD性能的原因（当然制约 SSD 性能发挥的本质因素还有一个，会在下一节讨论）。

其次，传统存储高大上的形象也会被闪存彻底摧毁，原本松耦合的各种大部件搭配起来的“巨型机器人”将变得非常小巧。最极端的情况甚至可以直接用一块 PCIE Flash 卡替代，连影子都消失在了服务器机箱外面。磁盘存储将退居二线，成为真正的备份用二线存储，使用步骤或许会是“开机→备份→关机”。磁盘存储将会成为下一代人眼里彻底的淘汰产品，就像卡带机一样。

再次，拖累传统磁盘存储的另一个包袱，就是那些华而不实的软件功能，包括自动精简配置、重删、快照、分层/缓存和复制等。这些软件功能除了其中几个较为常用之外，其他可以说是鸡肋，但为了商务竞争又不能没有，陷入恶性循环。上述软件功能中的每一项，毫不客气的说，都是影响性能的。分层和缓存实际上是增加了相对性能，而降低了绝对性能。除了快照、分层和远程复制之外，其他软件功能多数时候都不为人所用。

用户似乎越来越追求傻快的存储。这一点在面对“软件定义”概念时更有说服力了，硬的更硬，软的更软，这更进一步拉低了存储系统的门槛。抛开了这些包袱，利用闪存，越来越多的全闪存存储厂商出现了，而这些全闪存存储为何基本都没有出自传统一线存储厂商，原因显而易见了。

磁存储领域的一项新技术是 SMR（叠瓦式磁记录）技术，这项技术提升了存储密度，却不能保证随机写的性能，这一点从原理上讲更类似于固态介质的 Page 与 Block 之间的尴尬。希捷等磁存储厂商也正在研究是否要在 SMR 磁盘内实现类似 Flash 的管理方式。SMR 磁盘面向一写多读场景，适用于大数据、备份等特定领域。下一步还有热辅助磁记录技术，但是迟迟未能商用。看来磁存储在性能瓶颈之后，可商用的容量瓶颈也即将到达。磁存储淡出舞台是大势所趋。

2. 底层框架——芯片、底软和通道

闪存的出现，会影响生态链上的所有事物，这其中也包括了最底层的芯片、底层软件和数据通道。

芯片

芯片要有足够强的处理能力来承载起闪存强悍的 IOPS 性能，包括 Flash 控制芯片、外围协议控制芯片（SAS、FC、以太网）以及主机 CPU。

芯片的提速手段有三种，第一是提高内部数据带宽，增加通道数量和带宽，第二是提升器件频率，第三是将各个子器件进行拆分，增加并行度，在相同电路周期内可并发执行更多的指令。然而，没有免费的午餐，上述任何一个动作，要么会增加芯片的功耗，要么会增加面积，这些都是弊端。

目前一线厂商 PMC 的主流存储控制芯片实际功耗都控制在 15W 上下，即便是最新的 SAS 12GB 主控芯片，由于制造工艺的提升，功耗反而比 6GB 产品有所降低。到目前为止，主流存储芯片都是基于 MIPS 核心+外围加速电路，MIPS 是被公认的 RISC 通用处理器领域最经典的代表，然而 ARM 的猛攻也渗透到了存储芯片领域，在低端市场占据了席位，包括 4 端口 SATA 控制器、低端 SoC 等等，ARM 和 MIPS 也会在存储芯片领域持久对峙下去。Intel 则由于功耗问题，颇有绑死 x86 平台走到底的趋势，移动终端失策，卖掉电视部门，靠 Atom 在大型数据中心领域与 ARM 抗衡，不知道格局能维持多久。

底层软件

底层软件方面也是制约存储性能提升的一大屏障。拿 Linux 为例，Block 层、SCSI 中间层这两大制约 IO 性能发挥的重量级软件层，在机械盘时代发挥了重要作用，然而在闪存时代，其变成了严重拖累性能的罪魁祸首。繁冗的扫描机制，低效的互斥队列和捉襟见肘的队列数量，陈旧不堪的 SCSI 协议，这些对闪存来讲都是头疼的事情，目前闪存产品不得不选择越过 SCSI 层而直接注册到 Block 层，然而却丢失了 SCSI 层提供的兼容性优势，导致各家在 Block 下层的协议实现不统一，增加了开发成本和管理开销。而业界关于这方面的两大协议阵营——NVMe 以及 SCSIe 也在飘忽不定，导致厂商不得不两手准备，痛苦不堪。目前似乎 VNMe 更胜一筹，这也是存储底层部件巨头 PMC-Sierra 收购 IDT 的原因之一，IDT 的 Flash 控制器是业界第一家完整支持 NVMe 的成品控制器，目前已经在多家固态存储产品中被应用。

数据通道

协议接口方面，基于 SCSI 体系衍生而来的势力有三股，一个是 FC，另一个是 SAS，还有一个是 iSCSI 纯软件方案。然而 NVMe 与 SCSI 从头到脚都是两套完全不同的协议，虽然它们的目的是一样的，就是把数据从介质里传到内存里，但是 NVMe 除了相对 SCSI 协议做了很多精简之外，还在数据结构方面做了很多优化，充分发挥底层介质的并发访问性能。Linux 开源社区最近也在研究如何优化 SCSI 层的问题，看来 SCSI 是去是留已经是个问题了。FC 通道前端目前正在逐渐被万兆以太网蚕食，而后端则在几年前就已经被 SAS 全盘端掉。

SAS 之所以没有端掉 FC 前端有两个原因：其一是因为 FC 前端体系并非只存在于存储设备

内部，而还涉及到交换机，其存量市场并不是仅仅通过替代掉存储设备的前端通道卡就可以占领的；其二，SAS 在光传输方面略显迟钝，究其原因在于 SAS 光协议对于链路协商方面的一项技术实现争议了良久，直到很晚才确定。

FC 也必将淡出舞台。然而，其接替者并非只有以太网或者 SAS。还有另外一项更为前瞻的通道技术，那就是 PCIE。目前我们所熟知的以太网、FC、SAS、Infiniband 等通道协议，在主机层面无一不通过 PCIE 接入系统 IO 总线。之前的“远距离”传输概念，正在变得模糊，多“远”算是“远”，如果 PCIE 能够“远”到一定距离，还要以太网作甚？这个问题问得好，但是 PCIE 并不是万能的，PCIE 目前缺失很多交换网络特性，毕竟之前一直是在系统总线领域，出了总线，就得长距离交换和路由，这方面就得靠以太网和 TCP/IP 了。然而，同样的理论，在目前和将来的数据中心领域可不见得能套用。目前的数据中心有苗头正在朝着紧耦合方向发展，也就是之前一个机架内的服务器之间是松耦合的，现在要变得以机架为单位，机架内部紧耦合，机架外部松耦合，此时 PCIE 就有用武之地了，机架内部完全基于 PCIE 矩阵。针对这个前沿方向，目前 Intel 以及 PMC-Sierra 都有研究并且有了 DEMO。当然，对 SAS 和 SATA 的兼容一定是要考虑的，SFF8639 接口标准其实是一个三模式（Tri-mode）的接口，把 SATA、SAS 和 PCIE 打包到一起，后端则根据前端接入设备类型路由到 SAS Expander/Controller 或者 PCIE Switch 上去。目前看来这个接口已成定局。

3. 数据结构——RAID 2.0、ErasureCode、分布式及开源

RAID 2.0

硬件平台之上的软件，也在风起云涌地变化着。传统存储领域可炒作的概念已经没有了，然而创新又迟迟未见。RAID 2.0 被几家厂商在炒作，但终归也是 RaidEE 技术的升级版。另外，RAID 2.0 与现在多数技术一样，只是提升了相对性能，而没有提升绝对性能，也就是当磁盘达到一定数量的时候，这项技术才会显示出优势，但是依然赶不上相等数量的磁盘在传统模式下的绝对性能。RAID 2.0 对数据的处理，已经不亚于一个文件系统了，过多的数据碎片影响了绝对性能，但是大量的磁盘堆砌又可以掩盖这一事实。其所获得的唯一一个绝对好处是重构时间的大幅降低，然而却牺牲了平时的绝对性能。

ErasureCode

ErasureCode 技术也不是什么新鲜事。RAID 6 以及 RAID DP 技术很早就出现了，那时候人们已经发明了可以容忍更多磁盘同时损坏的技术，只不过受限于随机写性能而没有将其商用。但是时过境迁，大数据时代读多写少，再加上数据量大，RAID DP（Double Parity）、RAID TP（Triple Parity）甚至允许更多磁盘同时损坏的算法，就又冒出头来了。

分布式

Scale-Out 是传统存储领域对“分布式”的一个包装词，然而传统存储理解的分布式和互联网及开源领域所认识的分布式骨子里还是不同的。传统存储厂商的分布式不是廉价的分布式，它们的分布式完全是为了解决 Scale-Up 模式的天花板；而互联网和开源的分布式骨子里为的就

是廉价。表现形态也不同，前者虽然实质上也是 x86 服务器+分布式软件管理层，但是依然略显高大上。

开源

开源的风潮体现在最近的一个新概念里，那就是所谓“软件定义”了。软件定义让二三线厂商出师有名，直接挑战传统一线大厂的权威地位，这一点从近期一些二三线厂商直截了当的露骨演讲即可知道，矛头直指一线垄断大厂，似乎在当头棒喝“凭什么你们就是高大上”。

4. 用户体验——接口、访问方式及展现

在对存储的访问接口方面，新的访问接口近几年在互联网的带动下也发生了爆发式增长。传统领域一直在鼓吹所谓“统一存储”，鼓吹了近十多年，早就炒烂了。对象、key-value、文件、块是目前来讲主流的 4 种访问形式，其中文件又包含多种子类型（比如 NFS、CIFS 以及各种分布式文件系统访问协议），块又分为 FC、SAS、iSCSI。不管访问形式如何，它们本质都是一样的，都是对一串字节的请求和回复，只不过这串字节在不同应用场景下的归类不同罢了。

在用户体验方面，传统存储做得较差。但是随着互联网风潮来袭，重视用户体验、应用感知、QoS 等更加接近用户层面的功能越来越受到重视。

提示：笔者之前所设计的存储软件套件 SmartX Insight 就是从用户体验方面来入手，增强存储系统在整个系统内的“存在感”，改变传统存储一副道貌岸然的样子。我想这样更有利于黏住用户，从而扩大及延长存储系统的生存空间和时间。

5. 闪存与数据中心——SATA/PCIE 及应用场景

目前来看，数据中心对 Flash 的渴求主要集中在几个固定的应用场景，前端来讲，比如 CDN，ISP 的带宽是非常贵的，必须充分利用，所以硬盘必须不是瓶颈。后端则是各级缓存场景，包括各类分布式数据库系统、分布式文件系统的前端基本上都是放了一级或者两级甚至更多级的缓存，RAM 毕竟还是很贵的，而且容量有限，主要用于第一级缓存直接应对前端的压力，Flash 则可趁机占领一部分后置缓存空间。

数据中心对 SATA 接口 SSD 的应用占据了总体形态的大概 90%，剩下的 10%主要是 PCIE 接口的 Flash，前者基本被 Intel 独占，后者则是花开几朵，其中也不乏国内厂商。

PCIE Flash 是大势所趋，尤其是支持 NVMe 标准的设备。但是目前的形态却不被看好，别看当下多人在此领域角逐。当前形态存在的问题是维护困难、版型太大，这些均不符合数据中心对硬件资源的要求（一个是维护方便，另一个是资源性能和容量粒度要尽可能低，以便于灵活拼搭）。而基于 SFF8639 接口标准的设备相信马上就会遍地开花。

综上所述，各种新技术对存储系统的方方面面产生了很大影响，如今 IT 界概念频出，五彩缤纷，众多的存储厂商唯有分析历史，分析当前，才能看清未来。

读书笔记

后 记

石灰吟

千锤万凿出深山，
烈火焚烧若等闲。
粉身碎骨浑不怕，
要留清白在人间！
——于谦

各位朋友，非常感谢您能看完此书。如果您对这本书有何建议和意见。可以发送邮件到122567712@qq.com，我当万分感谢！

另外，还可以到本人博客留言或者邮件讨论本书相关的内容。

最后，实在想不到拿什么送给各位以表谢意，就送各位一首诗，也送给我自己。

书湖掌中

闭关数载修此书，
练得秘籍献江湖。
七星降龙独孤掌，
多少豪杰醉其中！

书中角色最后归宿：

七星大侠：开天鼻祖，光芒永照。

张真人：百年求道，一生孜孜不倦、德高望重、悬壶济世、鞠躬尽瘁、死而后已。

微软老道：承蒙张真人赏识，不负众望，成为武林盟主。

无忌：革命之后，到处求仙访道，不知其踪。

老 T：把持武林交通系统，依然向最后一块阵地不断进攻。

FC 大侠：把持着那最后一片领土，与老 T 对峙到底。

冬瓜头